城市建设标准专题汇编系列

绿色建筑标准汇编

本社　编

中国建筑工业出版社

图书在版编目（CIP）数据

绿色建筑标准汇编/中国建筑工业出版社编. —北京：
中国建筑工业出版社，2016.12
（城市建设标准专题汇编系列）
ISBN 978-7-112-19815-3

Ⅰ.①绿… Ⅱ.①中… Ⅲ.①生态建筑-标准-汇编-
中国 Ⅳ.①TU201.5-65

中国版本图书馆 CIP 数据核字（2016）第 216965 号

责任编辑：丁洪良 何玮珂 孙玉珍

城市建设标准专题汇编系列
绿色建筑标准汇编
本社 编
*
中国建筑工业出版社出版、发行（北京西郊百万庄）
各地新华书店、建筑书店经销
北京红光制版公司制版
廊坊市海涛印刷有限公司印刷
*
开本：787×1092 毫米 1/16 印张：83¾ 字数：3083 千字
2016 年 11 月第一版 2016 年 11 月第一次印刷
定价：**188.00** 元
ISBN 978-7-112-19815-3
（29356）

出　版　说　明

　　工程建设标准是建设领域实行科学管理，强化政府宏观调控的基础和手段。它对规范建设市场各方主体行为，确保建设工程质量和安全，促进建设工程技术进步，提高经济效益和社会效益具有重要的作用。

　　时隔 37 年，党中央于 2015 年底召开了"中央城市工作会议"。会议明确了新时期做好城市工作的指导思想、总体思路、重点任务，提出了做好城市工作的具体部署，为今后一段时期的城市工作指明了方向、绘制了蓝图、提供了依据。为深入贯彻中央城市工作会议精神，做好城市建设工作，我们根据中央城市工作会议的精神和住房城乡建设部近年来的重点工作，推出了《城市建设标准专题汇编系列》，为广大管理和工程技术人员提供技术支持。《城市建设标准专题汇编系列》共 13 分册，分别为：

1. 《城市地下综合管廊标准汇编》
2. 《海绵城市标准汇编》
3. 《智慧城市标准汇编》
4. 《装配式建筑标准汇编》
5. 《城市垃圾标准汇编》
6. 《养老及无障碍标准汇编》
7. 《绿色建筑标准汇编》
8. 《建筑节能标准汇编》
9. 《高性能混凝土标准汇编》
10. 《建筑结构检测维修加固标准汇编》
11. 《建筑施工与质量验收标准汇编》
12. 《建筑施工现场管理标准汇编》
13. 《建筑施工安全标准汇编》

　　本次汇编根据"科学合理，内容准确，突出专题"的原则，参考住房和城乡建设部发布的"工程建设标准体系"，对工程建设中影响面大、使用面广的标准规范进行筛选整合，汇编成上述《城市建设标准专题汇编系列》。各分册中的标准规范均以"条文＋说明"的形式提供，便于读者对照查阅。

　　需要指出的是，标准规范处于一个不断更新的动态过程，为使广大读者放心地使用以上规范汇编本，我们将在中国建筑工业出版社网站上及时提供标准规范的制订、修订等信息。详情请点击 www.cabp.com.cn 的"规范大全园地"。我们诚恳地希望广大读者对标准规范的出版发行提供宝贵意见，以便于改进我们的工作。

目　录

中华人民共和国国家标准

公共建筑节能设计标准

Design standard for energy efficiency of public buildings

GB 50189—2015

主编部门：中华人民共和国住房和城乡建设部
批准部门：中华人民共和国住房和城乡建设部
施行日期：２０１５年１０月１日

中华人民共和国住房和城乡建设部
公 告

第 739 号

住房城乡建设部关于发布国家标准
《公共建筑节能设计标准》的公告

现批准《公共建筑节能设计标准》为国家标准，编号为 GB 50189－2015，自 2015 年 10 月 1 日起实施。其中，第 3.2.1、3.2.7、3.3.1、3.3.2、3.3.7、4.1.1、4.2.2、4.2.3、4.2.5、4.2.8、4.2.10、4.2.14、4.2.17、4.2.19、4.5.2、4.5.4、4.5.6 条为强制性条文，必须严格执行。原《公共建筑节能设计标准》GB 50189－2005 同时废止。

本标准由我部标准定额研究所组织中国建筑工业出版社出版发行。

中华人民共和国住房和城乡建设部
2015 年 2 月 2 日

前　　言

根据住房和城乡建设部《关于印发〈2012 年工程建设标准规范制订、修订计划〉的通知》（建标〔2012〕5 号）的要求，标准编制组经广泛调查研究，认真总结实践经验，参考有关国际标准和国外先进标准，并在广泛征求意见的基础上，修订本标准。

本标准的主要技术内容是：1. 总则；2. 术语；3. 建筑与建筑热工；4. 供暖通风与空气调节；5. 给水排水；6. 电气；7. 可再生能源应用。

本标准修订的主要技术内容是：1. 建立了代表我国公共建筑特点和分布特征的典型公共建筑模型数据库，在此基础上确定了本标准的节能目标；2. 更新了围护结构热工性能限值和冷源能效限值，并按建筑分类和建筑热工分区分别作出规定；3. 增加了围护结构权衡判断的前提条件，补充细化了权衡计算软件的要求及输入输出内容；4. 新增了给水排水系统、电气系统和可再生能源应用的有关规定。

本标准中以黑体字标志的条文为强制性条文，必须严格执行。

本标准由住房和城乡建设部负责管理和对强制性条文的解释，由中国建筑科学研究院负责具体技术内容的解释。执行过程中如有意见或建议，请寄送中国建筑科学研究院《公共建筑节能设计标准》编制组（地址：北京市北三环东路 30 号，邮政编码 100013）。

本 标 准 主 编 单 位：中国建筑科学研究院
本 标 准 参 编 单 位：北京市建筑设计研究院有限公司

中国建筑设计研究院
上海建筑设计研究院有限公司
中国建筑西南设计研究院
天津市建筑设计院
同济大学建筑设计研究院（集团）有限公司
中国建筑西北设计研究院有限公司
中国建筑东北设计研究院
同济大学中德工程学院
深圳市建筑科学研究院
上海市建筑科学研究院
新疆建筑设计研究院
中建国际设计顾问有限公司
山东省建筑设计研究院
中南建筑设计院股份有限公司
华南理工大学建筑设计研究院
仲恺农业工程学院
同方泰德国际科技（北京）有限公司
开利空调销售服务（上海）有限公司
特灵空调系统（中国）有

限公司

大金（中国）投资有限公司

江森自控楼宇设备科技（无锡）有限公司

北京金易格新能源科技发展有限公司

西门子西伯乐斯电子有限公司

北京绿建（斯维尔）软件有限公司

珠海格力电器股份有限公司

深圳市方大装饰工程有限公司

欧文斯科宁（中国）投资有限公司

曼瑞德集团有限公司

广东艾科技术股份有限公司

河北奥润顺达窗业有限公司

北京振利节能环保科技股份有限公司

本标准主要起草人员： 徐　伟　邹　瑜　徐宏庆
万水娥　潘云钢　寿炜炜
陈　琪　徐　凤　冯　雅
顾　放　车学娅　柳　澎
王　谦　金丽娜　龙惟定
赵晓宇　刘明明　刘　鸣
毛红卫　周　辉　于晓明
马友才　陈祖铭　丁力行
刘俊跃　陈　曦　孙德宇
杨利明　施敏琪　钟　鸣
施　雯　班广生　邵康文
刘启耀　陈　进　曾晓武
田　辉　陈立楠　李飞龙
魏贺东　黄振利　王碧玲
刘宗江

本标准主要审查人员： 郎四维　孙敏生　金鸿祥
徐华东　赵　锂　戴德慈
吴雪岭　张　旭　赵士怀
职建民　王素英

目　次

Contents

1 总 则

1.0.1 为贯彻国家有关法律法规和方针政策，改善公共建筑的室内环境，提高能源利用效率，促进可再生能源的建筑应用，降低建筑能耗，制定本标准。

1.0.2 本标准适用于新建、扩建和改建的公共建筑节能设计。

1.0.3 公共建筑节能设计应根据当地的气候条件，在保证室内环境参数条件下，改善围护结构保温隔热性能，提高建筑设备及系统的能源利用效率，利用可再生能源，降低建筑暖通空调、给水排水及电气系统的能耗。

1.0.4 当建筑高度超过150m或单栋建筑地上建筑面积大于200000m² 时，除应符合本标准的各项规定外，还应组织专家对其节能设计进行专项论证。

1.0.5 施工图设计文件中应说明该工程项目采取的节能措施，并宜说明其使用要求。

1.0.6 公共建筑节能设计除应符合本标准的规定外，尚应符合国家现行有关标准的规定。

2 术 语

2.0.1 透光幕墙 transparent curtain wall

可见光可直接透射入室内的幕墙。

2.0.2 建筑体形系数 shape factor

建筑物与室外空气直接接触的外表面积与其所包围的体积的比值，外表面积不包括地面和不供暖楼梯间内墙的面积。

2.0.3 单一立面窗墙面积比 single facade window to wall ratio

建筑某一个立面的窗户洞口面积与该立面的总面积之比，简称窗墙面积比。

2.0.4 太阳得热系数（SHGC） solar heat gain coefficient

通过透光围护结构（门窗或透光幕墙）的太阳辐射室内得热量与投射到透光围护结构（门窗或透光幕墙）外表面上的太阳辐射量的比值。太阳辐射室内得热量包括太阳辐射通过辐射透射的得热和太阳辐射被构件吸收再传入室内的得热两部分。

2.0.5 可见光透射比 visible transmittance

透过透光材料的可见光光通量与投射在其表面上的可见光光通量之比。

2.0.6 围护结构热工性能权衡判断 building envelope thermal performance trade-off

当建筑设计不能完全满足围护结构热工设计规定指标要求时，计算并比较参照建筑和设计建筑的全年供暖和空气调节能耗，判定围护结构的总体热工性能是否符合节能设计要求的方法，简称权衡判断。

2.0.7 参照建筑 reference building

进行围护结构热工性能权衡判断时，作为计算满足标准要求的全年供暖和空气调节能耗用的基准建筑。

2.0.8 综合部分负荷性能系数（IPLV） integrated part load value

基于机组部分负荷时的性能系数值，按机组在各种负荷条件下的累积负荷百分比进行加权计算获得的表示空气调节用冷水机组部分负荷效率的单一数值。

2.0.9 集中供暖系统耗电输热比（EHR-h） electricity consumption to transferred heat quantity ratio

设计工况下，集中供暖系统循环水泵总功耗（kW）与设计热负荷（kW）的比值。

2.0.10 空调冷（热）水系统耗电输冷（热）比 $[EC(H)R-a]$ electricity consumption to transferred cooling（heat）quantity ratio

设计工况下，空调冷（热）水系统循环水泵总功耗（kW）与设计冷（热）负荷（kW）的比值。

2.0.11 电冷源综合制冷性能系数（SCOP） system coefficient of refrigeration performance

设计工况下，电驱动的制冷系统的制冷量与制冷机、冷却水泵及冷却塔净输入能量之比。

2.0.12 风道系统单位风量耗功率（W_s） energy consumption per unit air volume of air duct system

设计工况下，空调、通风的风道系统输送单位风量（m³/h）所消耗的电功率（W）。

3 建筑与建筑热工

3.1 一般规定

3.1.1 公共建筑分类应符合下列规定：

1 单栋建筑面积大于300m²的建筑，或单栋建筑面积小于或等于300m²但总建筑面积大于1000m²的建筑群，应为甲类公共建筑；

2 单栋建筑面积小于或等于300m²的建筑，应为乙类公共建筑。

3.1.2 代表城市的建筑热工设计分区应按表3.1.2确定。

表3.1.2 代表城市建筑热工设计分区

气候分区及气候子区		代表城市
严寒地区	严寒A区	博克图、伊春、呼玛、海拉尔、满洲里、阿尔山、玛多、黑河、嫩江、海伦、齐齐哈尔、富锦、哈尔滨、牡丹江、大庆、安达、佳木斯、二连浩特、多伦、大柴旦、阿勒泰、那曲
	严寒B区	

气候分区及气候子区		代表城市
严寒地区	严寒 C 区	长春、通化、延吉、通辽、四平、抚顺、阜新、沈阳、本溪、鞍山、呼和浩特、包头、鄂尔多斯、赤峰、额济纳旗、大同、乌鲁木齐、克拉玛依、酒泉、西宁、日喀则、甘孜、康定
寒冷地区	寒冷 A 区	丹东、大连、张家口、承德、唐山、青岛、洛阳、太原、阳泉、晋城、天水、榆林、延安、宝鸡、银川、平凉、兰州、喀什、伊宁、阿坝、拉萨、林芝、北京、天津、石家庄、保定、邢台、济南、德州、兖州、郑州、安阳、徐州、运城、西安、咸阳、吐鲁番、库尔勒、哈密
	寒冷 B 区	
夏热冬冷地区	夏热冬冷 A 区	南京、蚌埠、盐城、南通、合肥、安庆、九江、武汉、黄石、岳阳、汉中、安康、上海、杭州、宁波、温州、宜昌、长沙、南昌、株洲、永州、赣州、韶关、桂林、重庆、达县、万州、涪陵、南充、宜宾、成都、遵义、凯里、绵阳、南平
	夏热冬冷 B 区	
夏热冬暖地区	夏热冬暖 A 区	福州、莆田、龙岩、梅州、兴宁、英德、河池、柳州、贺州、泉州、厦门、广州、深圳、湛江、汕头、南宁、北海、梧州、海口、三亚
	夏热冬暖 B 区	
温和地区	温和 A 区	昆明、贵阳、丽江、会泽、腾冲、保山、大理、楚雄、曲靖、泸西、屏边、广南、兴义、独山
	温和 B 区	瑞丽、耿马、临沧、澜沧、思茅、江城、蒙自

3.1.3 建筑群的总体规划应考虑减轻热岛效应。建筑的总体规划和总平面设计应有利于自然通风和冬季日照。建筑的主朝向宜选择本地区最佳朝向或适宜朝向,且宜避开冬季主导风向。

3.1.4 建筑设计应遵循被动节能措施优先的原则,充分利用天然采光、自然通风,结合围护结构保温隔热和遮阳措施,降低建筑的用能需求。

3.1.5 建筑体形宜规整紧凑,避免过多的凹凸变化。

3.1.6 建筑总平面设计及平面布置应合理确定能源设备机房的位置,缩短能源供应输送距离。同一公共

建筑的冷热源机房宜位于或靠近冷热负荷中心位置集中设置。

3.2 建 筑 设 计

3.2.1 严寒和寒冷地区公共建筑体形系数应符合表 3.2.1 的规定。

表 3.2.1 严寒和寒冷地区公共建筑体形系数

单栋建筑面积 A (m²)	建筑体形系数
300<A≤800	≤0.50
A>800	≤0.40

3.2.2 严寒地区甲类公共建筑各单一立面窗墙面积比(包括透光幕墙)均不宜大于 0.60;其他地区甲类公共建筑各单一立面窗墙面积比(包括透光幕墙)均不宜大于 0.70。

3.2.3 单一立面窗墙面积比的计算应符合下列规定:

1 凸凹立面朝向应按其所在立面的朝向计算;

2 楼梯间和电梯间的外墙和外窗均应参与计算;

3 外凸窗的顶部、底部和侧墙的面积不应计入外墙面积;

4 当外墙上的外窗、顶部和侧面为不透光构造的凸窗时,窗面积应按窗洞口面积计算;当凸窗顶部和侧面透光时,外凸窗面积应按透光部分实际面积计算。

3.2.4 甲类公共建筑单一立面窗墙面积比小于 0.40时,透光材料的可见光透射比不应小于 0.60;甲类公共建筑单一立面窗墙面积比大于等于 0.40时,透光材料的可见光透射比不应小于 0.40。

3.2.5 夏热冬暖、夏热冬冷、温和地区的建筑各朝向外窗(包括透光幕墙)均应采取遮阳措施;寒冷地区的建筑宜采取遮阳措施。当设置外遮阳时应符合下列规定:

1 东西向宜设置活动外遮阳,南向宜设置水平外遮阳;

2 建筑外遮阳装置应兼顾通风及冬季日照。

3.2.6 建筑立面朝向的划分应符合下列规定:

1 北向应为北偏西 60°至北偏东 60°;

2 南向应为南偏西 30°至南偏东 30°;

3 西向应为西偏北 30°至西偏南 60°(包括西偏北 30°和西偏南 60°);

4 东向应为东偏北 30°至东偏南 60°(包括东偏北 30°和东偏南 60°)。

3.2.7 甲类公共建筑的屋顶透光部分面积不应大于屋顶总面积的 20%。当不能满足本条的规定时,必须按本标准规定的方法进行权衡判断。

3.2.8 单一立面外窗(包括透光幕墙)的有效通风换气面积应符合下列规定:

1 甲类公共建筑外窗(包括透光幕墙)应设可开启窗扇,其有效通风换气面积不宜小于所在房间外墙面积的 10%;当透光幕墙受条件限制无法设置可

开启窗扇时，应设置通风换气装置。

2 乙类公共建筑外窗有效通风换气面积不宜小于窗面积的30%。

3.2.9 外窗（包括透光幕墙）的有效通风换气面积应为开启扇面积和窗开启后的空气流通界面面积的较小值。

3.2.10 严寒地区建筑的外门应设置门斗；寒冷地区建筑面向冬季主导风向的外门应设置门斗或双层外门，其他外门宜设置门斗或应采取其他减少冷风渗透的措施；夏热冬冷、夏热冬暖和温和地区建筑的外门应采取保温隔热措施。

3.2.11 建筑中庭应充分利用自然通风降温，并可设置机械排风装置加强自然补风。

3.2.12 建筑设计应充分利用天然采光。天然采光不能满足照明要求的场所，宜采用导光、反光等装置将自然光引入室内。

3.2.13 人员长期停留房间的内表面可见光反射比宜符合表3.2.13的规定。

表3.2.13 人员长期停留房间的内表面可见光反射比

房间内表面位置	可见光反射比
顶棚	0.7～0.9
墙面	0.5～0.8
地面	0.3～0.5

3.2.14 电梯应具备节能运行功能。两台及以上电梯集中排列时，应设置群控措施。电梯应具备无外部召唤且轿厢内一段时间无预置指令时，自动转为节能运行模式的功能。

3.2.15 自动扶梯、自动人行步道应具备空载时暂停或低速运转的功能。

3.3 围护结构热工设计

3.3.1 根据建筑热工设计的气候分区，甲类公共建筑的围护结构热工性能应分别符合表3.3.1-1～表3.3.1-6的规定。当不能满足本条的规定时，必须按本标准规定的方法进行权衡判断。

表3.3.1-1 严寒A、B区甲类公共建筑围护结构热工性能限值

围护结构部位		体形系数 ≤0.30	0.30<体形系数≤0.50
		传热系数 K [W/ (m²·K)]	
屋面		≤0.28	≤0.25
外墙（包括非透光幕墙）		≤0.38	≤0.35
底面接触室外空气的架空或外挑楼板		≤0.38	≤0.35
地下车库与供暖房间之间的楼板		≤0.50	≤0.50
非供暖楼梯间与供暖房间之间的隔墙		≤1.2	≤1.2

续表 3.3.1-1

围护结构部位		体形系数 ≤0.30	0.30<体形系数≤0.50
		传热系数 K [W/ (m²·K)]	
单一立面外窗（包括透光幕墙）	窗墙面积比≤0.20	≤2.7	≤2.5
	0.20<窗墙面积比≤0.30	≤2.5	≤2.3
	0.30<窗墙面积比≤0.40	≤2.2	≤2.0
	0.40<窗墙面积比≤0.50	≤1.9	≤1.7
	0.50<窗墙面积比≤0.60	≤1.6	≤1.4
	0.60<窗墙面积比≤0.70	≤1.5	≤1.4
	0.70<窗墙面积比≤0.80	≤1.4	≤1.3
	窗墙面积比>0.80	≤1.3	≤1.2
屋顶透光部分（屋顶透光部分面积≤20%）		≤2.2	
围护结构部位		保温材料层热阻 R [(m²·K) /W]	
周边地面		≥1.1	
供暖地下室与土壤接触的外墙		≥1.1	
变形缝（两侧墙内保温时）		≥1.2	

表3.3.1-2 严寒C区甲类公共建筑围护结构热工性能限值

围护结构部位		体形系数 ≤0.30	0.30<体形系数≤0.50
		传热系数 K [W/ (m²·K)]	
屋面		≤0.35	≤0.28
外墙（包括非透光幕墙）		≤0.43	≤0.38
底面接触室外空气的架空或外挑楼板		≤0.43	≤0.38
地下车库与供暖房间之间的楼板		≤0.70	≤0.70
非供暖楼梯间与供暖房间之间的隔墙		≤1.5	≤1.5
单一立面外窗（包括透光幕墙）	窗墙面积比≤0.20	≤2.9	≤2.7
	0.20<窗墙面积比≤0.30	≤2.6	≤2.4
	0.30<窗墙面积比≤0.40	≤2.3	≤2.1
	0.40<窗墙面积比≤0.50	≤2.0	≤1.7
	0.50<窗墙面积比≤0.60	≤1.7	≤1.5
	0.60<窗墙面积比≤0.70	≤1.7	≤1.5
	0.70<窗墙面积比≤0.80	≤1.5	≤1.4
	窗墙面积比>0.80	≤1.4	≤1.3
屋顶透光部分（屋顶透光部分面积≤20%）		≤2.3	
围护结构部位		保温材料层热阻 R [(m²·K) /W]	
周边地面		≥1.1	
供暖地下室与土壤接触的外墙		≥1.1	
变形缝（两侧墙内保温时）		≥1.2	

表 3.3.1-3　寒冷地区甲类公共建筑围护结构热工性能限值

围护结构部位		体形系数≤0.30		0.30<体形系数≤0.50	
		传热系数 K[W/(m²·K)]	太阳得热系数 $SHGC$（东、南、西向/北向）	传热系数 K[W/(m²·K)]	太阳得热系数 $SHGC$（东、南、西向/北向）
屋面		≤0.45	—	≤0.40	—
外墙（包括非透光幕墙）		≤0.50	—	≤0.45	—
底面接触室外空气的架空或外挑楼板		≤0.50	—	≤0.45	—
地下车库与供暖房间之间的楼板		≤1.0	—	≤1.0	—
非供暖楼梯间与供暖房间之间的隔墙		≤1.5	—	≤1.5	—
单一立面外窗（包括透光幕墙）	窗墙面积比≤0.20	≤3.0	—	≤2.8	—
	0.20<窗墙面积比≤0.30	≤2.7	≤0.52/—	≤2.5	≤0.52/—
	0.30<窗墙面积比≤0.40	≤2.4	≤0.48/—	≤2.2	≤0.48/—
	0.40<窗墙面积比≤0.50	≤2.2	≤0.43/—	≤1.9	≤0.43/—
	0.50<窗墙面积比≤0.60	≤2.0	≤0.40/—	≤1.7	≤0.40/—
	0.60<窗墙面积比≤0.70	≤1.9	≤0.35/0.60	≤1.7	≤0.35/0.60
	0.70<窗墙面积比≤0.80	≤1.6	≤0.35/0.52	≤1.5	≤0.35/0.52
	窗墙面积比>0.80	≤1.5	≤0.30/0.52	≤1.4	≤0.30/0.52
屋顶透光部分（屋顶透光部分面积≤20%）		≤2.4	≤0.44	≤2.4	≤0.35

围护结构部位	保温材料层热阻 R[(m²·K)/W]
周边地面	≥0.60
供暖、空调地下室外墙（与土壤接触的墙）	≥0.60
变形缝（两侧墙内保温时）	≥0.90

表 3.3.1-4　夏热冬冷地区甲类公共建筑围护结构热工性能限值

围护结构部位		传热系数 K[W/(m²·K)]	太阳得热系数 $SHGC$（东、南、西向/北向）
屋面	围护结构热惰性指标 D≤2.5	≤0.40	—
	围护结构热惰性指标 D>2.5	≤0.50	
外墙（包括非透光幕墙）	围护结构热惰性指标 D≤2.5	≤0.60	—
	围护结构热惰性指标 D>2.5	≤0.80	
底面接触室外空气的架空或外挑楼板		≤0.70	—
单一立面外窗（包括透光幕墙）	窗墙面积比≤0.20	≤3.5	—
	0.20<窗墙面积比≤0.30	≤3.0	≤0.44/0.48
	0.30<窗墙面积比≤0.40	≤2.6	≤0.40/0.44
	0.40<窗墙面积比≤0.50	≤2.4	≤0.35/0.40
	0.50<窗墙面积比≤0.60	≤2.2	≤0.35/0.40
	0.60<窗墙面积比≤0.70	≤2.2	≤0.30/0.35
	0.70<窗墙面积比≤0.80	≤2.0	≤0.26/0.35
	窗墙面积比>0.80	≤1.8	≤0.24/0.30
屋顶透明部分（屋顶透明部分面积≤20%）		≤2.6	≤0.30

表 3.3.1-5　夏热冬暖地区甲类公共建筑围护结构热工性能限值

围护结构部位		传热系数 K $[W/(m^2 \cdot K)]$	太阳得热系数 $SHGC$ (东、南、西向/北向)
屋面	围护结构热惰性指标 $D \leqslant 2.5$	$\leqslant 0.50$	—
	围护结构热惰性指标 $D > 2.5$	$\leqslant 0.80$	
外墙(包括非 透光幕墙)	围护结构热惰性指标 $D \leqslant 2.5$	$\leqslant 0.80$	—
	围护结构热惰性指标 $D > 2.5$	$\leqslant 1.5$	
底面接触室外空气的架空或外挑楼板		$\leqslant 1.5$	—
单一立面 外窗(包括 透光幕墙)	窗墙面积比 $\leqslant 0.20$	$\leqslant 5.2$	$\leqslant 0.52/$—
	$0.20 <$ 窗墙面积比 $\leqslant 0.30$	$\leqslant 4.0$	$\leqslant 0.44/0.52$
	$0.30 <$ 窗墙面积比 $\leqslant 0.40$	$\leqslant 3.0$	$\leqslant 0.35/0.44$
	$0.40 <$ 窗墙面积比 $\leqslant 0.50$	$\leqslant 2.7$	$\leqslant 0.35/0.40$
	$0.50 <$ 窗墙面积比 $\leqslant 0.60$	$\leqslant 2.5$	$\leqslant 0.26/0.35$
	$0.60 <$ 窗墙面积比 $\leqslant 0.70$	$\leqslant 2.5$	$\leqslant 0.24/0.30$
	$0.70 <$ 窗墙面积比 $\leqslant 0.80$	$\leqslant 2.5$	$\leqslant 0.22/0.26$
	窗墙面积比 > 0.80	$\leqslant 2.0$	$\leqslant 0.18/0.26$
屋顶透光部分(屋顶透光部分面积 $\leqslant 20\%$)		$\leqslant 3.0$	$\leqslant 0.30$

表 3.3.1-6　温和地区甲类公共建筑围护结构热工性能限值

围护结构部位		传热系数 K $[W/(m^2 \cdot K)]$	太阳得热系数 $SHGC$ (东、南、西向/北向)
屋面	围护结构热惰性指标 $D \leqslant 2.5$	$\leqslant 0.50$	—
	围护结构热惰性指标 $D > 2.5$	$\leqslant 0.80$	
外墙(包括非 透光幕墙)	围护结构热惰性指标 $D \leqslant 2.5$	$\leqslant 0.80$	—
	围护结构热惰性指标 $D > 2.5$	$\leqslant 1.5$	
单一立面 外窗(包括 透光幕墙)	窗墙面积比 $\leqslant 0.20$	$\leqslant 5.2$	—
	$0.20 <$ 窗墙面积比 $\leqslant 0.30$	$\leqslant 4.0$	$\leqslant 0.44/0.48$
	$0.30 <$ 窗墙面积比 $\leqslant 0.40$	$\leqslant 3.0$	$\leqslant 0.40/0.44$
	$0.40 <$ 窗墙面积比 $\leqslant 0.50$	$\leqslant 2.7$	$\leqslant 0.35/0.40$
	$0.50 <$ 窗墙面积比 $\leqslant 0.60$	$\leqslant 2.5$	$\leqslant 0.35/0.40$
	$0.60 <$ 窗墙面积比 $\leqslant 0.70$	$\leqslant 2.5$	$\leqslant 0.30/0.35$
	$0.70 <$ 窗墙面积比 $\leqslant 0.80$	$\leqslant 2.5$	$\leqslant 0.26/0.35$
	窗墙面积比 > 0.80	$\leqslant 2.0$	$\leqslant 0.24/0.30$
屋顶透光部分(屋顶透光部分面积 $\leqslant 20\%$)		$\leqslant 3.0$	$\leqslant 0.30$

注：传热系数 K 只适用于温和 A 区，温和 B 区的传热系数 K 不作要求。

3.3.2　乙类公共建筑的围护结构热工性能应符合表 3.3.2-1 和表 3.3.2-2 的规定。

表 3.3.2-1　乙类公共建筑屋面、外墙、楼板热工性能限值

围护结构部位	传热系数 $K[W/(m^2 \cdot K)]$				
	严寒 A、B 区	严寒 C 区	寒冷地区	夏热冬冷地区	夏热冬暖地区
屋面	$\leqslant 0.35$	$\leqslant 0.45$	$\leqslant 0.55$	$\leqslant 0.70$	$\leqslant 0.90$
外墙(包括非透光幕墙)	$\leqslant 0.45$	$\leqslant 0.50$	$\leqslant 0.60$	$\leqslant 1.0$	$\leqslant 1.5$

围护结构部位	传热系数 $K[W/(m^2 \cdot K)]$				
	严寒 A、B 区	严寒 C 区	寒冷地区	夏热冬冷地区	夏热冬暖地区
底面接触室外空气的架空或外挑楼板	≤0.45	≤0.50	≤0.60	≤1.0	—
地下车库和供暖房间与之间的楼板	≤0.50	≤0.70	≤1.0	—	—

表 3.3.2-2　乙类公共建筑外窗(包括透光幕墙)热工性能限值

围护结构部位	传热系数 $K[W/(m^2 \cdot K)]$					太阳得热系数 SHGC		
外窗(包括透光幕墙)	严寒 A、B 区	严寒 C 区	寒冷地区	夏热冬冷地区	夏热冬暖地区	寒冷地区	夏热冬冷地区	夏热冬暖地区
单一立面外窗(包括透光幕墙)	≤2.0	≤2.2	≤2.5	≤3.0	≤4.0	—	≤0.52	≤0.48
屋顶透光部分(屋顶透光部分面积≤20%)	≤2.0	≤2.2	≤2.5	≤3.0	≤4.0	≤0.44	≤0.35	≤0.30

3.3.3 建筑围护结构热工性能参数计算应符合下列规定:

　　1 外墙的传热系数应为包括结构性热桥在内的平均传热系数,平均传热系数应按本标准附录 A 的规定进行计算;

　　2 外窗(包括透光幕墙)的传热系数应按现行国家标准《民用建筑热工设计规范》GB 50176 的有关规定计算;

　　3 当设置外遮阳构件时,外窗(包括透光幕墙)的太阳得热系数应为外窗(包括透光幕墙)本身的太阳得热系数与外遮阳构件的遮阳系数的乘积。外窗(包括透光幕墙)本身的太阳得热系数和外遮阳构件的遮阳系数应按现行国家标准《民用建筑热工设计规范》GB 50176 的有关规定计算。

3.3.4 屋面、外墙和地下室的热桥部位的内表面温度不应低于室内空气露点温度。

3.3.5 建筑外门、外窗的气密性分级应符合国家标准《建筑外门窗气密、水密、抗风压性能分级及检测方法》GB/T 7106 - 2008 中第 4.1.2 条的规定,并应满足下列要求:

　　1 10 层及以上建筑外窗的气密性不应低于 7 级;

　　2 10 层以下建筑外窗的气密性不应低于 6 级;

　　3 严寒和寒冷地区外门的气密性不应低于 4 级。

3.3.6 建筑幕墙的气密性应符合国家标准《建筑幕墙》GB/T 21086 - 2007 中第 5.1.3 条的规定且不应低于 3 级。

3.3.7 当公共建筑入口大堂采用全玻幕墙时,全玻幕墙中非中空玻璃的面积不应超过同一立面透光面积(门窗和玻璃幕墙)的 15%,且应按同一立面透光面积(含全玻幕墙面积)加权计算平均传热系数。

3.4　围护结构热工性能的权衡判断

3.4.1 进行围护结构热工性能权衡判断前,应对设计建筑的热工性能进行核查;当满足下列基本要求时,方可进行权衡判断:

　　1 屋面的传热系数基本要求应符合表 3.4.1-1 的规定。

表 3.4.1-1　屋面的传热系数基本要求

传热系数 K $[W/(m^2 \cdot K)]$	严寒 A、B 区	严寒 C 区	寒冷地区	夏热冬冷地区	夏热冬暖地区
	≤0.35	≤0.45	≤0.55	≤0.70	≤0.90

　　2 外墙(包括非透光幕墙)的传热系数基本要求应符合表 3.4.1-2 的规定。

表 3.4.1-2　外墙(包括非透光幕墙)的传热系数基本要求

传热系数 K $[W/(m^2 \cdot K)]$	严寒 A、B 区	严寒 C 区	寒冷地区	夏热冬冷地区	夏热冬暖地区
	≤0.45	≤0.50	≤0.60	≤1.0	≤1.5

　　3 当单一立面的窗墙面积比大于或等于 0.40 时,外窗(包括透光幕墙)的传热系数和综合太阳得热系数基本要求应符合表 3.4.1-3 的规定。

表 3.4.1-3　外窗（包括透光幕墙）
的传热系数和太阳得热系数基本要求

气候分区	窗墙面积比	传热系数 K [W/(m²·K)]	太阳得热系数 $SHGC$
严寒 A、B 区	0.40<窗墙面积比≤0.60	≤2.5	—
	窗墙面积比>0.60	≤2.2	
严寒 C 区	0.40<窗墙面积比≤0.60	≤2.6	—
	窗墙面积比>0.60	≤2.3	
寒冷地区	0.40<窗墙面积比≤0.70	≤2.7	—
	窗墙面积比>0.70	≤2.4	
夏热冬冷地区	0.40<窗墙面积比≤0.70	≤3.0	≤0.44
	窗墙面积比>0.70	≤2.6	
夏热冬暖地区	0.40<窗墙面积比≤0.70	≤4.0	≤0.44
	窗墙面积比>0.70	≤3.0	

3.4.2　建筑围护结构热工性能的权衡判断，应首先计算参照建筑在规定条件下的全年供暖和空气调节能耗，然后计算设计建筑在相同条件下的全年供暖和空气调节能耗，当设计建筑的供暖和空气调节能耗小于或等于参照建筑的供暖和空气调节能耗时，应判定围护结构的总体热工性能符合节能要求。当设计建筑的供暖和空气调节能耗大于参照建筑的供暖和空气调节能耗时，应调整设计参数重新计算，直至设计建筑的供暖和空气调节能耗不大于参照建筑的供暖和空气调节能耗。

3.4.3　参照建筑的形状、大小、朝向、窗墙面积比、内部的空间划分和使用功能应与设计建筑完全一致。当设计建筑的屋顶透光部分的面积大于本标准第 3.2.7 条的规定时，参照建筑的屋顶透光部分的面积应按比例缩小，使参照建筑的屋顶透光部分的面积符合本标准第 3.2.7 条的规定。

3.4.4　参照建筑围护结构的热工性能参数取值应按本标准第 3.3.1 条的规定取值。参照建筑的外墙和屋面的构造应与设计建筑一致。当本标准第 3.3.1 条对外窗（包括透光幕墙）太阳得热系数未作规定时，参照建筑外窗（包括透光幕墙）的太阳得热系数应与设计建筑一致。

3.4.5　建筑围护结构热工性能的权衡计算应符合本标准附录 B 的规定，并应按本标准附录 C 提供相应的原始信息和计算结果。

4　供暖通风与空气调节

4.1　一 般 规 定

4.1.1　甲类公共建筑的施工图设计阶段，必须进行热负荷计算和逐项逐时的冷负荷计算。

4.1.2　严寒 A 区和严寒 B 区的公共建筑宜设热水集中供暖系统，对于设置空气调节系统的建筑，不宜采用热风末端作为唯一的供暖方式；对于严寒 C 区和寒冷地区的公共建筑，供暖方式应根据建筑等级、供暖期天数、能源消耗量和运行费用等因素，经技术经济综合分析比较后确定。

4.1.3　系统冷热媒温度的选取应符合现行国家标准《民用建筑供暖通风与空气调节设计规范》GB 50736 的有关规定。在经济技术合理时，冷媒温度宜高于常用设计温度，热媒温度宜低于常用设计温度。

4.1.4　当利用通风可以排除室内的余热、余湿或其他污染物时，宜采用自然通风、机械通风或复合通风的通风方式。

4.1.5　符合下列情况之一时，宜采用分散设置的空调装置或系统：
　　1　全年所需供冷、供暖时间短或采用集中供冷、供暖系统不经济；
　　2　需设空气调节的房间布置分散；
　　3　设有集中供冷、供暖系统的建筑中，使用时间和要求不同的房间；
　　4　需增设空调系统，而难以设置机房和管道的既有公共建筑。

4.1.6　采用温湿度独立控制空调系统时，应符合下列要求：
　　1　应根据气候特点，经技术经济分析论证，确定高温冷源的制备方式和新风除湿方式；
　　2　宜考虑全年对天然冷源和可再生能源的应用措施；
　　3　不宜采用再热空气处理方式。

4.1.7　使用时间不同的空气调节区不应划分在同一个定风量全空气风系统中。温度、湿度等要求不同的空气调节区不宜划分在同一个空气调节风系统中。

4.2　冷源与热源

4.2.1　供暖空调冷源与热源应根据建筑规模、用途、建设地点的能源条件、结构、价格以及国家节能减排和环保政策的相关规定，通过综合论证确定，并应符合下列规定：
　　1　有可供利用的废热或工业余热的区域，热源宜采用废热或工业余热。当废热或工业余热的温度较高、经技术经济论证合理时，冷源宜采用吸收式冷水机组。
　　2　在技术经济合理的情况下，冷、热源宜利用浅层地能、太阳能、风能等可再生能源。当采用可再生能源受到气候等原因的限制无法保证时，应设置辅助冷、热源。
　　3　不具备本条第 1、2 款的条件，但有城市或区域热网的地区，集中式空调系统的供热热源宜优先采用城市或区域热网。

4 不具备本条第1、2款的条件，但城市电网夏季供电充足的地区，空调系统的冷源宜采用电动压缩式机组。

5 不具备本条第1款～第4款的条件，但城市燃气供应充足的地区，宜采用燃气锅炉、燃气热水机供热或燃气吸收式冷（温）水机组供冷、供热。

6 不具备本条第1款～5款条件的地区，可采用燃煤锅炉、燃油锅炉供热，蒸汽吸收式冷水机组或燃油吸收式冷（温）水机组供冷、供热。

7 夏季室外空气设计露点温度较低的地区，宜采用间接蒸发冷却冷水机组作为空调系统的冷源。

8 天然气供应充足的地区，当建筑的电力负荷、热负荷和冷负荷能较好匹配、能充分发挥冷、热、电联产系统的能源综合利用效率且经济技术比较合理时，宜采用分布式燃气冷热电三联供系统。

9 全年进行空气调节，且各房间或区域负荷特性相差较大，需要长时间地向建筑同时供热和供冷，经技术经济比较合理时，宜采用水环热泵空调系统供冷、供热。

10 在执行分时电价、峰谷电价差较大的地区，经技术经济比较，采用低谷电能够明显起到对电网"削峰填谷"和节省运行费用时，宜采用蓄能系统供冷、供热。

11 夏热冬冷地区以及干旱缺水地区的中、小型建筑宜采用空气源热泵或土壤源地源热泵系统供冷、供热。

12 有天然地表水等资源可供利用，或者有可利用的浅层地下水且能保证100%回灌时，可采用地表水或地下水地源热泵系统供冷、供热。

13 具有多种能源的地区，可采用复合式能源供冷、供热。

4.2.2 除符合下列条件之一外，不得采用电直接加热设备作为供暖热源：

1 电力供应充足，且电力需求侧管理鼓励用电时；

2 无城市或区域集中供热，采用燃气、煤、油等燃料受到环保或消防限制，且无法利用热泵提供供暖热源的建筑；

3 以供冷为主、供暖负荷非常小，且无法利用热泵或其他方式提供供暖热源的建筑；

4 以供冷为主、供暖负荷小，无法利用热泵或其他方式提供供暖热源，但可以利用低谷电进行蓄热，且电锅炉不在用电高峰和平段时间启用的空调系统；

5 利用可再生能源发电，且其发电量能满足自身电加热用电量需求的建筑。

4.2.3 除符合下列条件之一外，不得采用电直接加热设备作为空气加湿热源：

1 电力供应充足，且电力需求侧管理鼓励用电时；

2 利用可再生能源发电，且其发电量能满足自身加湿用电量需求的建筑；

3 冬季无加湿用蒸汽源，且冬季室内相对湿度控制精度要求高的建筑。

4.2.4 锅炉供暖设计应符合下列规定：

1 单台锅炉的设计容量应以保证其具有长时间较高运行效率的原则确定，实际运行负荷率不宜低于50%；

2 在保证锅炉具有长时间较高运行效率的前提下，各台锅炉的容量宜相等；

3 当供暖系统的设计回水温度小于或等于50℃时，宜采用冷凝式锅炉。

4.2.5 名义工况和规定条件下，锅炉的热效率不应低于表4.2.5的数值。

表4.2.5 名义工况和规定条件下锅炉的热效率（%）

锅炉类型及燃料种类		锅炉额定蒸发量 D（t/h）/额定热功率 Q（MW）					
		$D<1$ / $Q<0.7$	$1 \leqslant D \leqslant 2$ / $0.7 \leqslant Q \leqslant 1.4$	$2<D \leqslant 6$ / $1.4<Q \leqslant 4.2$	$6 \leqslant D \leqslant 8$ / $4.2 \leqslant Q \leqslant 5.6$	$8<D \leqslant 20$ / $5.6<Q \leqslant 14.0$	$D>20$ / $Q>14.0$
燃油燃气锅炉	重油	86		88			
	轻油	88		90			
	燃气	88		90			
层状燃烧锅炉		75	78	80		81	82
抛煤机链条炉排锅炉	Ⅲ类烟煤					82	83
流化床燃烧锅炉					84		

4.2.6 除下列情况外，不应采用蒸汽锅炉作为热源：

1 厨房、洗衣、高温消毒以及工艺性湿度控制等必须采用蒸汽的热负荷；

2 蒸汽热负荷在总热负荷中的比例大于70%且总热负荷不大于1.4MW。

4.2.7 集中空调系统的冷水（热泵）机组台数及单机制冷量（制热量）选择，应能适应负荷全年变化规律，满足季节及部分负荷要求。机组不宜少于两台，且同类型机组不宜超过4台；当小型工程仅设一台时，应选调节性能优良的机型，并能满足建筑最低负荷的要求。

4.2.8 电动压缩式冷水机组的总装机容量，应按本标准第4.1.1条的规定计算的空调冷负荷值直接选定，不得另作附加。在设计条件下，当机组的规格不

符合计算冷负荷的要求时，所选择机组的总装机容量与计算冷负荷的比值不得大于1.1。

4.2.9 采用分布式能源站作为冷热源时，宜采用由自身发电驱动、以热电联产产生的废热为低位热源的热泵系统。

4.2.10 采用电机驱动的蒸气压缩循环冷水（热泵）机组时，其在名义制冷工况和规定条件下的性能系数（COP）应符合下列规定：

1 水冷定频机组及风冷或蒸发冷却机组的性能系数（COP）不应低于表4.2.10的数值；

2 水冷变频离心式机组的性能系数（COP）不应低于表4.2.10中数值的0.93倍；

3 水冷变频螺杆式机组的性能系数（COP）不应低于表4.2.10中数值的0.95倍。

表4.2.10 名义制冷工况和规定条件下冷水（热泵）机组的制冷性能系数（COP）

类　型		名义制冷量 CC (kW)	性能系数 COP (W/W)					
			严寒 A、B 区	严寒 C 区	温和地区	寒冷地区	夏热冬冷地区	夏热冬暖地区
水冷	活塞式/涡旋式	$CC \leqslant 528$	4.10	4.10	4.10	4.10	4.20	4.40
	螺杆式	$CC \leqslant 528$	4.60	4.70	4.70	4.70	4.80	4.90
		$528 < CC \leqslant 1163$	5.00	5.00	5.00	5.10	5.20	5.30
		$CC > 1163$	5.20	5.30	5.40	5.50	5.60	5.60
	离心式	$CC \leqslant 1163$	5.00	5.00	5.10	5.20	5.30	5.40
		$1163 < CC \leqslant 2110$	5.30	5.40	5.40	5.50	5.60	5.70
		$CC > 2110$	5.70	5.70	5.70	5.80	5.90	5.90
风冷或蒸发冷却	活塞式/涡旋式	$CC \leqslant 50$	2.60	2.60	2.60	2.60	2.70	2.80
		$CC > 50$	2.80	2.80	2.80	2.80	2.90	2.90
	螺杆式	$CC \leqslant 50$	2.70	2.70	2.70	2.80	2.90	2.90
		$CC > 50$	2.90	2.90	2.90	3.00	3.00	3.00

4.2.11 电机驱动的蒸气压缩循环冷水（热泵）机组的综合部分负荷性能系数（IPLV）应符合下列规定：

1 综合部分负荷性能系数（IPLV）计算方法应符合本标准第4.2.13条的规定；

2 水冷定频机组的综合部分负荷性能系数（IPLV）不应低于表4.2.11的数值；

3 水冷变频离心式冷水机组的综合部分负荷性能系数（IPLV）不应低于表4.2.11中水冷离心式冷水机组限值的1.30倍；

4 水冷变频螺杆式冷水机组的综合部分负荷性能系数（IPLV）不应低于表4.2.11中水冷螺杆式冷水机组限值的1.15倍。

表4.2.11 冷水（热泵）机组综合部分负荷性能系数（IPLV）

类　型		名义制冷量 CC (kW)	综合部分负荷性能系数 IPLV					
			严寒 A、B 区	严寒 C 区	温和地区	寒冷地区	夏热冬冷地区	夏热冬暖地区
水冷	活塞式/涡旋式	$CC \leqslant 528$	4.90	4.90	4.90	4.90	5.05	5.25
	螺杆式	$CC \leqslant 528$	5.35	5.45	5.45	5.45	5.55	5.65
		$528 < CC \leqslant 1163$	5.75	5.75	5.75	5.85	5.90	6.00
		$CC > 1163$	5.85	5.95	6.10	6.20	6.30	6.30

类　型		名义制冷量 CC（kW）	综合部分负荷性能系数 IPLV					
			严寒 A、B区	严寒 C区	温和 地区	寒冷 地区	夏热冬 冷地区	夏热冬 暖地区
水冷	离心式	CC≤1163	5.15	5.15	5.25	5.35	5.45	5.55
		1163＜CC≤2110	5.40	5.50	5.55	5.60	5.75	5.85
		CC＞2110	5.95	5.95	5.95	6.10	6.20	6.20
风冷或蒸发冷却	活塞式/涡旋式	CC≤50	3.10	3.10	3.10	3.10	3.20	3.20
		CC＞50	3.35	3.35	3.35	3.35	3.40	3.45
	螺杆式	CC≤50	2.90	2.90	2.90	3.00	3.10	3.10
		CC＞50	3.10	3.10	3.10	3.10	3.20	3.20

4.2.12 空调系统的电冷源综合制冷性能系数（SCOP）不应低于表 4.2.12 的数值。对多台冷水机组、冷却水泵和冷却塔组成的冷水系统，应将实际参与运行的所有设备的名义制冷量和耗电功率综合统计计算，当机组类型不同时，其限值应按冷量加权的方式确定。

表 4.2.12　空调系统的电冷源综合制冷性能系数（SCOP）

类　型		名义制冷量 CC（kW）	综合制冷性能系数 SCOP（W/W）					
			严寒 A、B区	严寒 C区	温和 地区	寒冷 地区	夏热冬 冷地区	夏热冬 暖地区
水冷	活塞式/涡旋式	CC≤528	3.3	3.3	3.3	3.3	3.4	3.6
	螺杆式	CC≤528	3.6	3.6	3.6	3.6	3.6	3.7
		528＜CC＜1163	4	4	4	4	4.1	4.1
		CC≥1163	4	4.1	4.2	4.4	4.4	4.4
	离心式	CC≤1163	4	4	4	4.1	4.1	4.2
		1163＜CC＜2110	4.1	4.2	4.2	4.4	4.4	4.5
		CC≥2110	4.5	4.5	4.5	4.5	4.6	4.6

4.2.13 电机驱动的蒸气压缩循环冷水（热泵）机组的综合部分负荷性能系数（IPLV）应按下式计算：

$$IPLV = 1.2\% \times A + 32.8\% \times B + 39.7\% \times C + 26.3\% \times D \qquad (4.2.13)$$

式中：A——100%负荷时的性能系数（W/W），冷却水进水温度 30℃/冷凝器进气干球温度 35℃；

　　　B——75%负荷时的性能系数（W/W），冷却水进水温度 26℃/冷凝器进气干球温度 31.5℃；

　　　C——50%负荷时的性能系数（W/W），冷却水进水温度 23℃/冷凝器进气干球温度 28℃；

　　　D——25%负荷时的性能系数（W/W），冷却水进水温度 19℃/冷凝器进气干球温度 24.5℃。

4.2.14 采用名义制冷量大于 7.1kW、电机驱动的单元式空气调节机、风管送风式和屋顶式空气调节机组时，其在名义制冷工况和规定条件下的能效比（EER）不应低于表 4.2.14 的数值。

表 4.2.14　名义制冷工况和规定条件下单元式空气调节机、风管送风式和屋顶式空气调节机组能效比（EER）

类　型		名义制冷量 CC（kW）	能效比 EER（W/W）					
			严寒 A、B区	严寒 C区	温和 地区	寒冷 地区	夏热冬 冷地区	夏热冬 暖地区
风冷	不接风管	7.1＜CC≤14.0	2.70	2.70	2.70	2.75	2.80	2.85
		CC＞14.0	2.65	2.65	2.65	2.70	2.75	2.75

类 型		名义制冷量 CC (kW)	能效比 EER (W/W)					
			严寒 A、B 区	严寒 C 区	温和 地区	寒冷 地区	夏热冬 冷地区	夏热冬 暖地区
风冷	接风管	7.1<CC≤14.0	2.50	2.50	2.50	2.55	2.60	2.60
		CC>14.0	2.45	2.45	2.45	2.50	2.55	2.55
水冷	不接风管	7.1<CC≤14.0	3.40	3.45	3.45	3.50	3.55	3.55
		CC>14.0	3.25	3.30	3.30	3.35	3.40	3.45
	接风管	7.1<CC≤14.0	3.10	3.10	3.15	3.20	3.25	3.25
		CC>14.0	3.00	3.00	3.05	3.10	3.15	3.20

4.2.15 空气源热泵机组的设计应符合下列规定：

1 具有先进可靠的融霜控制，融霜时间总和不应超过运行周期时间的 20%；

2 冬季设计工况下，冷热风机组性能系数（COP）不应小于 1.8，冷热水机组性能系数（COP）不应小于 2.0；

3 冬季寒冷、潮湿的地区，当室外设计温度低于当地平衡点温度时，或室内温度稳定性有较高要求时，应设置辅助热源；

4 对于同时供冷、供暖的建筑，宜选用热回收式热泵机组。

4.2.16 空气源、风冷、蒸发冷却式冷水（热泵）式机组室外机的设置，应符合下列规定：

1 应确保进风与排风通畅，在排出空气与吸入空气之间不发生明显的气流短路；

2 应避免污浊气流的影响；

3 噪声和排热应符合周围环境要求；

4 应便于对室外机的换热器进行清扫。

4.2.17 采用多联式空调（热泵）机组时，其在名义制冷工况和规定条件下的制冷综合性能系数 IPLV (C) 不应低于表 4.2.17 的数值。

表 4.2.17 名义制冷工况和规定条件下多联式空调（热泵）机组制冷综合性能系数 IPLV (C)

名义制冷量 CC (kW)	制冷综合性能系数 IPLV (C)					
	严寒 A、B 区	严寒 C 区	温和 地区	寒冷 地区	夏热冬 冷地区	夏热冬 暖地区
CC≤28	3.80	3.85	3.85	3.90	4.00	4.00
28<CC≤84	3.75	3.80	3.80	3.85	3.95	3.95
CC>84	3.65	3.70	3.70	3.75	3.80	3.80

4.2.18 除具有热回收功能型或低温热泵型多联机系统外，多联机空调系统的制冷剂连接管等效长度应满足对应制冷工况下满负荷时的能效比（EER）不低于 2.8 的要求。

4.2.19 采用直燃型溴化锂吸收式冷（温）水机组

时，其在名义工况和规定条件下的性能参数应符合表 4.2.19 的规定。

表 4.2.19 名义工况和规定条件下直燃型溴化锂吸收式冷（温）水机组的性能参数

名义工况		性能参数	
冷（温）水进/出口温度（℃）	冷却水进/出口温度（℃）	性能系数（W/W）	
		制冷	供热
12/7（供冷）	30/35	≥1.20	—
—/60（供热）	—	—	≥0.90

4.2.20 对冬季或过渡季存在供冷需求的建筑，应充分利用新风降温；经技术经济分析合理时，可利用冷却塔提供空气调节冷水或使用具有同时制冷和制热功能的空调（热泵）产品。

4.2.21 采用蒸汽为热源，经技术经济比较合理时，应回收用汽设备产生的凝结水。凝结水回收系统应采用闭式系统。

4.2.22 对常年存在生活热水需求的建筑，当采用电动蒸汽压缩循环冷水机组时，宜采用具有冷凝热回收功能的冷水机组。

4.3 输配系统

4.3.1 集中供暖系统应采用热水作为热媒。

4.3.2 集中供暖系统的热力入口处及供水或回水管的分支管路上，应根据水力平衡要求设置水力平衡装置。

4.3.3 在选配集中供暖系统的循环水泵时，应计算集中供暖系统耗电输热比（EHR-h），并应标注在施工图的设计说明中。集中供暖系统耗电输热比应按下式计算：

$$EHR\text{-}h = 0.003096 \sum (G \times H / \eta_b) / Q$$
$$\leqslant A(B + \alpha \sum L) / \Delta T \qquad (4.3.3)$$

式中：EHR-h——集中供暖系统耗电输热比；

G——每台运行水泵的设计流量（m³/h）；

H——每台运行水泵对应的设计扬程（mH$_2$O）；

η_b——每台运行水泵对应的设计工作点效率；

Q——设计热负荷（kW）；

ΔT——设计供回水温差（℃）；

A——与水泵流量有关的计算系数，按本标准表4.3.9-2选取；

B——与机房及用户的水阻力有关的计算系数，一级泵系统时 B 取17，二级泵系统时 B 取21；

$\sum L$——热力站至供暖末端（散热器或辐射供暖分集水器）供回水管道的总长度（m）；

α——与 $\sum L$ 有关的计算系数；

当 $\sum L \leqslant 400\text{m}$ 时，$\alpha = 0.0115$；

当 $400\text{m} < \sum L < 1000\text{m}$ 时，$\alpha = 0.003833 + 3.067/\sum L$；

当 $\sum L \geqslant 1000\text{m}$ 时，$\alpha = 0.0069$。

4.3.4 集中供暖系统采用变流量水系统时，循环水泵宜采用变速调节控制。

4.3.5 集中空调冷、热水系统的设计应符合下列规定：

1 当建筑所有区域只要求按季节同时进行供冷和供热转换时，应采用两管制空调水系统；当建筑内一些区域的空调系统需全年供冷、其他区域仅要求按季节进行供冷和供热转换时，可采用分区两管制空调水系统；当空调水系统的供冷和供热工况转换频繁或需同时使用时，宜采用四管制空调水系统。

2 冷水水温和供回水温差要求一致且各区域管路压力损失相差不大的中小型工程，宜采用变流量一级泵系统；单台水泵功率较大时，经技术经济比较，在确保设备的适应性、控制方案和运行管理可靠的前提下，空调冷水可采用冷水机组和负荷侧均变流量的一级泵系统，且一级泵应采用调速泵。

3 系统作用半径较大、设计水流阻力较高的大型工程，空调冷水宜采用变流量二级泵系统。当各环路的设计水温一致且设计水流阻力接近时，二级泵宜集中设置；当各环路的设计水流阻力相差较大或各系统水温或温差要求不同时，宜按区域或系统分别设置二级泵，且二级泵应采用调速泵。

4 提供冷源设备集中且用户分散的区域供冷的大规模空调冷水系统，当二级泵的输送距离较远且各用户管路阻力相差较大，或者水温（温差）要求不同时，可采用多级泵系统，且二级泵等负荷侧各级泵应采用调速泵。

4.3.6 空调水系统布置和管径的选择，应减少并联环路之间压力损失的相对差额。当设计工况下并联环路之间压力损失的相对差额超过15%时，应采取水力平衡措施。

4.3.7 采用换热器加热或冷却的二次空调水系统的循环水泵宜采用变速调节。

4.3.8 除空调冷水系统和空调热水系统的设计流量、管网阻力特性及水泵工作特性相近的情况外，两管制空调水系统应分别设置冷水和热水循环泵。

4.3.9 在选配空调冷（热）水系统的循环水泵时，应计算空调冷（热）水系统耗电输冷（热）比 $[EC(H)R\text{-}a]$，并应标注在施工图的设计说明中。空调冷（热）水系统耗电输冷（热）比计算应符合下列规定：

1 空调冷（热）水系统耗电输冷（热）比应按下式计算：

$$EC(H)R\text{-}a = 0.003096\sum(G \times H/\eta_b)/Q$$
$$\leqslant A(B + \alpha\sum L)/\Delta T \qquad (4.3.9)$$

式中：$EC(H)R\text{-}a$——空调冷（热）水系统循环水泵的耗电输冷（热）比；

G——每台运行水泵的设计流量（m^3/h）；

H——每台运行水泵对应的设计扬程（mH$_2$O）；

η_b——每台运行水泵对应的设计工作点效率；

Q——设计冷（热）负荷（kW）；

ΔT——规定的计算供回水温差（℃），按表4.3.9-1选取；

A——与水泵流量有关的计算系数，按表4.3.9-2选取；

B——与机房及用户的水阻力有关的计算系数，按表4.3.9-3选取；

α——与 $\sum L$ 有关的计算系数，按表4.3.9-4或表4.3.9-5选取；

$\sum L$——从冷热机房出口至该系统最远用户供回水管道的总输送长度（m）。

表 4.3.9-1　ΔT 值（℃）

冷水系统	热水系统			
	严寒	寒冷	夏热冬冷	夏热冬暖
5	15	15	10	5

表 4.3.9-2　A 值

设计水泵流量 G	$G \leqslant 60\text{m}^3/\text{h}$	$60\text{m}^3/\text{h} < G \leqslant 200\text{m}^3/\text{h}$	$G > 200\text{m}^3/\text{h}$
A 值	0.004225	0.003858	0.003749

表 4.3.9-3　B值

系统组成		四管制单冷、单热管道B值	两管制热水管道B值
一级泵	冷水系统	28	—
	热水系统	22	21
二级泵	冷水系统	33	—
	热水系统	27	25

表 4.3.9-4　四管制冷、热水管道系统的 α 值

系统	管道长度∑L范围（m）		
	∑L≤400m	400m<∑L<1000m	∑L≥1000m
冷水	α=0.02	α=0.016+1.6/∑L	α=0.013+4.6/∑L
热水	α=0.014	α=0.0125+0.6/∑L	α=0.009+4.1/∑L

表 4.3.9-5　两管制热水管道系统的 α 值

系统	地区	管道长度∑L范围（m）		
		∑L≤400m	400m<∑L<1000m	∑L≥1000m
热水	严寒	α=0.009	α=0.0072+0.72/∑L	α=0.0059+2.02/∑L
	寒冷			
	夏热冬冷	α=0.0024	α=0.002+0.16/∑L	α=0.0016+0.56/∑L
	夏热冬暖	α=0.0032	α=0.0026+0.24/∑L	α=0.0021+0.74/∑L
冷水		α=0.02	α=0.016+1.6/∑L	α=0.013+4.6/∑L

2　空调冷（热）水系统耗电输冷（热）比计算参数应符合下列规定：

1）空气源热泵、溴化锂机组、水源热泵等机组的热水供回水温差应按机组实际参数确定；直接提供高温冷水的机组，冷水供回水温差按机组实际参数确定。

2）多台水泵并联运行时，A值应按较大流量选取。

3）两管制冷水管道的B值应按四管制单冷管道的B值选取；多级泵冷水系统，每增加一级泵，B值可增加5；多级泵热水系统，每增加一级泵，B值可增加4。

4）两管制冷水系统α计算式应与四管制冷水系统相同。

5）当最远用户为风机盘管时，∑L应按机房出口至最远端风机盘管的供回水管道总长度减去100m确定。

4.3.10　当通风系统使用时间较长且运行工况（风量、风压）有较大变化时，通风机宜采用双速或变速风机。

4.3.11　设计定风量全空气空气调节系统时，宜采取实现全新风运行或可调新风比的措施，并宜设计相应的排风系统。

4.3.12　当一个空气调节风系统负担多个使用空间时，系统的新风量应按下列公式计算：

$$Y = X/(1+X-Z) \qquad (4.3.12\text{-}1)$$
$$Y = V_{ot}/V_{st} \qquad (4.3.12\text{-}2)$$
$$X = V_{on}/V_{st} \qquad (4.3.12\text{-}3)$$
$$Z = V_{oc}/V_{sc} \qquad (4.3.12\text{-}4)$$

式中：Y——修正后的系统新风量在送风量中的比例；

V_{ot}——修正后的总新风量（m^3/h）；

V_{st}——总送风量，即系统中所有房间送风量之和（m^3/h）；

X——未修正的系统新风量在送风量中的比例；

V_{on}——系统中所有房间的新风量之和（m^3/h）；

Z——新风比需求最大的房间的新风比；

V_{oc}——新风比需求最大的房间的新风量（m^3/h）；

V_{sc}——新风比需求最大的房间的送风量（m^3/h）。

4.3.13　在人员密度相对较大且变化较大的房间，宜根据室内 CO_2 浓度检测值进行新风需求控制，排风量也宜适应新风量的变化以保持房间的正压。

4.3.14　当采用人工冷、热源对空气调节系统进行预热或预冷运行时，新风系统应能关闭；当室外空气温度较低时，应尽量利用新风系统进行预冷。

4.3.15　空气调节内、外区应根据室内进深、分隔、朝向、楼层以及围护结构特点等因素划分。内、外区宜分别设置空气调节系统。

4.3.16　风机盘管加新风空调系统的新风宜直接送入各空气调节区，不宜经过风机盘管机组后再送出。

4.3.17　空气过滤器的设计选择应符合下列规定：

1　空气过滤器的性能参数应符合现行国家标准《空气过滤器》GB/T 14295的有关规定；

2　宜设置过滤器阻力监测、报警装置，并应具备更换条件；

3　全空气空气调节系统的过滤器应能满足全新风运行的需要。

4.3.18　空气调节风系统不应利用土建风道作为送风道和输送冷、热处理后的新风风道。当受条件限制利用土建风道时，应采取可靠的防漏风和绝热措施。

4.3.19　空气调节冷却水系统设计应符合下列规定：

1 应具有过滤、缓蚀、阻垢、杀菌、灭藻等水处理功能;

2 冷却塔应设置在空气流通条件好的场所;

3 冷却塔补水总管上应设置水流量计量装置;

4 当在室内设置冷却水集水箱时,冷却塔布水器与集水箱设计水位之间的高差不应超过8m。

4.3.20 空气调节系统送风温差应根据焓湿图表示的空气处理过程计算确定。空气调节系统采用上送风气流组织形式时,宜加大夏季设计送风温差,并应符合下列规定:

1 送风高度小于或等于5m时,送风温差不宜小于5℃;

2 送风高度大于5m时,送风温差不宜小于10℃。

4.3.21 在同一个空气处理系统中,不宜同时有加热和冷却过程。

4.3.22 空调风系统和通风系统的风量大于10000m³/h时,风道系统单位风量耗功率（W_s）不宜大于表4.3.22的数值。风道系统单位风量耗功率（W_s）应按下式计算:

$$W_s = P/(3600 \times \eta_{CD} \times \eta_F) \qquad (4.3.22)$$

式中:W_s——风道系统单位风量耗功率 [W/(m³/h)];

P——空调机组的余压或通风系统风机的风压(Pa);

η_{CD}——电机及传动效率(%),η_{CD}取0.855;

η_F——风机效率(%),按设计图中标注的效率选择。

表4.3.22 风道系统单位风量耗功率W_s[W/(m³/h)]

系统形式	W_s限值
机械通风系统	0.27
新风系统	0.24
办公建筑定风量系统	0.27
办公建筑变风量系统	0.29
商业、酒店建筑全空气系统	0.30

4.3.23 当输送冷媒温度低于其管道外环境温度且不允许冷媒温度有升高,或当输送热媒温度高于其管道外环境温度且不允许热媒温度有降低时,管道与设备应采取保温保冷措施。绝热层的设置应符合下列规定:

1 保温层厚度应按现行国家标准《设备及管道绝热设计导则》GB/T 8175中经济厚度计算方法计算;

2 供冷或冷热共用时,保冷层厚度应按现行国家标准《设备及管道绝热设计导则》GB/T 8175中经济厚度和防止表面结露的保冷层厚度方法计算,并取大值;

3 管道与设备绝热层厚度及风管绝热层最小热阻可按本标准附录D的规定选用;

4 管道和支架之间,管道穿墙、穿楼板处应采取防止"热桥"或"冷桥"的措施;

5 采用非闭孔材料保温时,外表面应设保护层;采用非闭孔材料保冷时,外表面应设隔汽层和保护层。

4.3.24 严寒和寒冷地区通风或空调系统与室外相连接的风管和设施上应设置可自动连锁关闭且密闭性能好的电动风阀,并采取密封措施。

4.3.25 设有集中排风的空调系统经技术经济比较合理时,宜设置空气-空气能量回收装置。严寒地区采用时,应对能量回收装置的排风侧是否出现结霜或结露现象进行核算。当出现结霜或结露时,应采取预热等保温防冻措施。

4.3.26 有人员长期停留且不设置集中新风、排风系统的空气调节区或空调房间,宜在各空气调节区或空调房间分别安装带热回收功能的双向换气装置。

4.4 末端系统

4.4.1 散热器宜明装;地面辐射供暖面层材料的热阻不宜大于0.05m²·K/W。

4.4.2 夏季空气调节室外计算湿球温度低、温度日较差大的地区,宜优先采用直接蒸发冷却、间接蒸发冷却或直接蒸发冷却与间接蒸发冷却相结合的二级或三级蒸发冷却的空气处理方式。

4.4.3 设计变风量全空气空气调节系统时,应采用变频自动调节风机转速的方式,并应在设计文件中标明每个变风量末端装置的最小送风量。

4.4.4 建筑空间高度大于等于10m且体积大于10000m³时,宜采用辐射供暖供冷或分层空气调节系统。

4.4.5 机电设备用房、厨房热加工间等发热量较大的房间的通风设计应满足下列要求:

1 在保证设备正常工作前提下,宜采用通风消除室内余热。机电设备用房夏季室内计算温度取值不宜低于夏季通风室外计算温度。

2 厨房热加工间宜采用补风式油烟排气罩。采用直流式空调送风的区域,夏季室内计算温度取值不宜低于夏季通风室外计算温度。

4.5 监测、控制与计量

4.5.1 集中供暖通风与空气调节系统,应进行监测与控制。建筑面积大于20000m²的公共建筑使用全空气调节系统时,宜采用直接数字控制系统。系统功能及监测控制内容应根据建筑功能、相关标准、系统类型等通过技术经济比较确定。

4.5.2 锅炉房、换热机房和制冷机房应进行能量计量,能量计量应包括下列内容:

1 燃料的消耗量;

2 制冷机的耗电量；

3 集中供热系统的供热量；

4 补水量。

4.5.3 采用区域性冷源和热源时，在每栋公共建筑的冷源和热源入口处，应设置冷量和热量计量装置。采用集中供暖空调系统时，不同使用单位或区域宜分别设置冷量和热量计量装置。

4.5.4 锅炉房和换热机房应设置供热量自动控制装置。

4.5.5 锅炉房和换热机房的控制设计应符合下列规定：

1 应能进行水泵与阀门等设备连锁控制；

2 供水温度应能根据室外温度进行调节；

3 供水流量应能根据末端需求进行调节；

4 宜能根据末端需求进行水泵台数和转速的控制；

5 应能根据需求供热量调节锅炉的投运台数和投入燃料量。

4.5.6 供暖空调系统应设置室温调控装置；散热器及辐射供暖系统应安装自动温度控制阀。

4.5.7 冷热源机房的控制功能应符合下列规定：

1 应能进行冷水（热泵）机组、水泵、阀门、冷却塔等设备的顺序启停和连锁控制；

2 应能进行冷水机组的台数控制，宜采用冷量优化控制方式；

3 应能进行水泵的台数控制，宜采用流量优化控制方式；

4 二级泵应能进行自动变速控制，宜根据管道压差控制转速，且压差宜能优化调节；

5 应能进行冷却塔风机的台数控制，宜根据室外气象参数进行变速控制；

6 应能进行冷却塔的自动排污控制；

7 宜能根据室外气象参数和末端需求进行供水温度的优化调节；

8 宜能按累计运行时间进行设备的轮换使用；

9 冷热源主机设备 3 台以上的，宜采用机组群控方式；当采用群控方式时，控制系统应与冷水机组自带控制单元建立通信连接。

4.5.8 全空气空调系统的控制应符合下列规定：

1 应能进行风机、风阀和水阀的启停连锁控制；

2 应能按使用时间进行定时启停控制，宜对启停时间进行优化调整；

3 采用变风量系统时，风机应采用变速控制方式；

4 过渡季宜采用加大新风比的控制方式；

5 宜根据室外气象参数优化调节室内温度设定值；

6 全新风系统送风末端宜采用设置人离延时关闭控制方式。

4.5.9 风机盘管应采用电动水阀和风速相结合的控制方式，宜设置常闭式电动通断阀。公共区域风机盘管的控制应符合下列规定：

1 应能对室内温度设定值范围进行限制；

2 应能按使用时间进行定时启停控制，宜对启停时间进行优化调整。

4.5.10 以排除房间余热为主的通风系统，宜根据房间温度控制通风设备运行台数或转速。

4.5.11 地下停车库风机宜采用多台并联方式或设置风机调速装置，并宜根据使用情况对通风机设置定时启停（台数）控制或根据车库内的一氧化碳浓度进行自动运行控制。

4.5.12 间歇运行的空气调节系统，宜设置自动启停控制装置。控制装置应具备按预定时间表、服务区域是否有人等模式控制设备启停的功能。

5 给 水 排 水

5.1 一 般 规 定

5.1.1 给水排水系统的节水设计应符合现行国家标准《建筑给水排水设计规范》GB 50015 和《民用建筑节水设计标准》GB 50555 有关规定。

5.1.2 计量水表应根据建筑类型、用水部门和管理要求等因素进行设置，并应符合现行国家标准《民用建筑节水设计标准》GB 50555 的有关规定。

5.1.3 有计量要求的水加热、换热站室，应安装热水表、热量表、蒸汽流量计或能源计量表。

5.1.4 给水泵应根据给水管网水力计算结果选型，并应保证设计工况下水泵效率处在高效区。给水泵的效率不宜低于现行国家标准《清水离心泵能效限定值及节能评价值》GB 19762 规定的泵节能评价值。

5.1.5 卫生间的卫生器具和配件应符合现行行业标准《节水型生活用水器具》CJ/T 164 的有关规定。

5.2 给水与排水系统设计

5.2.1 给水系统应充分利用城镇给水管网或小区给水管网的水压直接供水。经批准可采用叠压供水系统。

5.2.2 二次加压泵站的数量、规模、位置和泵组供水水压应根据城镇给水条件、小区规模、建筑高度、建筑的分布、使用标准、安全供水和降低能耗等因素合理确定。

5.2.3 给水系统的供水方式及竖向分区应根据建筑的用途、层数、使用要求、材料设备性能、维护管理和能耗等因素综合确定。分区压力要求应符合现行国家标准《建筑给水排水设计规范》GB 50015 和《民用建筑节水设计标准》GB 50555 的有关规定。

5.2.4 变频调速泵组应根据用水量和用水均匀性等

因素合理选择搭配水泵及调节设施，宜按供水需求自动控制水泵启动的台数，保证在高效区运行。

5.2.5 地面以上的生活污、废水排水宜采用重力流系统直接排至室外管网。

5.3 生活热水

5.3.1 集中热水供应系统的热源，宜利用余热、废热、可再生能源或空气源热泵作为热水供应热源。当最高日生活热水量大于 5m³ 时，除电力需求侧管理鼓励用电，且利用谷电加热的情况外，不应采用直接电加热热源作为集中热水供应系统的热源。

5.3.2 以燃气或燃油作为热源时，宜采用燃气或燃油机组直接制备热水。当采用锅炉制备生活热水或开水时，锅炉额定工况下热效率不应低于本标准表 4.2.5 中的限定值。

5.3.3 当采用空气源热泵热水机组制备生活热水时，制热量大于 10kW 的热泵热水机在名义制热工况和规定条件下，性能系数（COP）不宜低于表 5.3.3 的规定，并应有保证水质的有效措施。

表 5.3.3 热泵热水机性能系数（COP）（W/W）

制热量 H(kW)	热水机型式		普通型	低温型
$H \geqslant 10$	一次加热式		4.40	3.70
	循环加热	不提供水泵	4.40	3.70
		提供水泵	4.30	3.60

5.3.4 小区内设有集中热水供应系统的热水循环管网服务半径不宜大于 300m 且不应大于 500m。水加热、热交换站室宜设置在小区的中心位置。

5.3.5 仅设有洗手盆的建筑不宜设计集中生活热水供应系统。设有集中热水供应系统的建筑中，日热水用量设计值大于等于 5m³ 或定时供应热水的用户宜设置单独的热水循环系统。

5.3.6 集中热水供应系统的供水分区宜与用水点处的冷水分区同区，并应采取保证用水点处冷、热水供水压力平衡和保证循环管网有效循环的措施。

5.3.7 集中热水供应系统的管网及设备应采取保温措施，保温层厚度应按现行国家标准《设备及管道绝热设计导则》GB/T 8175 中经济厚度计算方法确定，也可按本标准附录 D 的规定选用。

5.3.8 集中热水供应系统的监测和控制宜符合下列规定：

　　1 对系统热水耗量和系统总供热量宜进行监测；

　　2 对设备运行状态宜进行检测及故障报警；

　　3 对每日用水量、供水温度宜进行监测；

　　4 装机数量大于等于 3 台的工程，宜采用机组群控方式。

6 电 气

6.1 一般规定

6.1.1 电气系统的设计应经济合理、高效节能。

6.1.2 电气系统宜选用技术先进、成熟、可靠，损耗低、谐波发射量少、能效高、经济合理的节能产品。

6.1.3 建筑设备监控系统的设置应符合现行国家标准《智能建筑设计标准》GB 50314 的有关规定。

6.2 供配电系统

6.2.1 电气系统的设计应根据当地供电条件，合理确定供电电压等级。

6.2.2 配变电所宜靠近负荷中心、大功率用电设备。

6.2.3 变压器应选用低损耗型，且能效值不应低于现行国家标准《三相配电变压器能效限定值及能效等级》GB 20052 中能效标准的节能评价值。

6.2.4 变压器的设计宜保证其运行在经济运行参数范围内。

6.2.5 配电系统三相负荷的不平衡度不宜大于15%。单相负荷较多的供电系统，宜采用部分分相无功自动补偿装置。

6.2.6 容量较大的用电设备，当功率因数较低且离配变电所较远时，宜采用无功功率就地补偿方式。

6.2.7 大型用电设备、大型可控硅调光设备、电动机变频调速控制装置等谐波源较大设备，宜就地设置谐波抑制装置。当建筑中非线性用电设备较多时，宜预留滤波装置的安装空间。

6.3 照 明

6.3.1 室内照明功率密度（LPD）值应符合现行国家标准《建筑照明设计标准》GB 50034 的有关规定。

6.3.2 设计选用的光源、镇流器的能效不宜低于相应能效标准的节能评价值。

6.3.3 建筑夜景照明的照明功率密度（LPD）限值应符合现行行业标准《城市夜景照明设计规范》JGJ/T 163 的有关规定。

6.3.4 光源的选择应符合下列规定：

　　1 一般照明在满足照度均匀度条件下，宜选择单灯功率较大、光效较高的光源，不宜选用荧光高压汞灯，不应选用自镇流荧光高压汞灯；

　　2 气体放电灯用镇流器应选用谐波含量低的产品；

　　3 高大空间及室外作业场所宜选用金属卤化物灯、高压钠灯；

　　4 除需满足特殊工艺要求的场所外，不应选用白炽灯；

　　5 走道、楼梯间、卫生间、车库等无人长期逗留的场所，宜选用发光二极管（LED）灯；

6 疏散指示灯、出口标志灯、室内指向性装饰照明等宜选用发光二极管（LED）灯；

7 室外景观、道路照明应选择安全、高效、寿命长、稳定的光源，避免光污染。

6.3.5 灯具的选择应符合下列规定：

1 使用电感镇流器的气体放电灯应采用单灯补偿方式，其照明配电系统功率因数不应低于 0.9；

2 在满足眩光限制和配光要求条件下，应选用效率高的灯具，并应符合现行国家标准《建筑照明设计标准》GB 50034 的有关规定；

3 灯具自带的单灯控制装置宜预留与照明控制系统的接口。

6.3.6 一般照明无法满足作业面照度要求的场所，宜采用混合照明。

6.3.7 照明设计不宜采用漫射发光顶棚。

6.3.8 照明控制应符合下列规定：

1 照明控制应结合建筑使用情况及天然采光状况，进行分区、分组控制；

2 旅馆客房应设置节电控制型总开关；

3 除单一灯具的房间，每个房间的灯具控制开关不宜少于 2 个，且每个开关所控的光源数不宜多于 6 盏；

4 走廊、楼梯间、门厅、电梯厅、卫生间、停车库等公共场所的照明，宜采用集中开关控制或就地感应控制；

5 大空间、多功能、多场景场所的照明，宜采用智能照明控制系统；

6 当设置电动遮阳装置时，照度控制宜与其联动；

7 建筑景观照明应设置平时、一般节日、重大节日等多种模式自动控制装置。

6.4 电能监测与计量

6.4.1 主要次级用能单位用电量大于等于 10kW 或单台用电设备大于等于 100kW 时，应设置电能计量装置。公共建筑宜设置用电能耗监测与计量系统，并进行能效分析和管理。

6.4.2 公共建筑应按功能区域设置电能监测与计量系统。

6.4.3 公共建筑应按照明插座、空调、电力、特殊用电分项进行电能监测与计量。办公建筑宜将照明和插座分项进行电能监测与计量。

6.4.4 冷热源系统的循环水泵耗电量宜单独计量。

7 可再生能源应用

7.1 一般规定

7.1.1 公共建筑的用能应通过对当地环境资源条件

和技术经济的分析，结合国家相关政策，优先应用可再生能源。

7.1.2 公共建筑可再生能源利用设施应与主体工程同步设计。

7.1.3 当环境条件允许且经济技术合理时，宜采用太阳能、风能等可再生能源直接并网供电。

7.1.4 当公共电网无法提供照明电源时，应采用太阳能、风能等发电并配置蓄电池的方式作为照明电源。

7.1.5 可再生能源应用系统宜设置监测系统节能效益的计量装置。

7.2 太阳能利用

7.2.1 太阳能利用应遵循被动优先的原则。公共建筑设计宜充分利用太阳能。

7.2.2 公共建筑宜采用光热或光伏与建筑一体化系统；光热或光伏与建筑一体化系统不应影响建筑外围护结构的建筑功能，并应符合国家现行标准的有关规定。

7.2.3 公共建筑利用太阳能同时供热供电时，宜采用太阳能光伏光热一体化系统。

7.2.4 公共建筑设置太阳能热利用系统时，太阳能保证率应符合表 7.2.4 的规定。

表 7.2.4 太阳能保证率 f（%）

太阳能资源区划	太阳能热水系统	太阳能供暖系统	太阳能空气调节系统
Ⅰ资源丰富区	≥60	≥50	≥45
Ⅱ资源较富区	≥50	≥35	≥30
Ⅲ资源一般区	≥40	≥30	≥25
Ⅳ资源贫乏区	≥30	≥25	≥20

7.2.5 太阳能热利用系统的辅助热源应根据建筑使用特点、用热量、能源供应、维护管理及卫生防菌等因素选择，并宜利用废热、余热等低品位能源和生物质、地热等其他可再生能源。

7.2.6 太阳能集热器和光伏组件的设置应避免受自身或建筑本体的遮挡。在冬至日采光面上的日照时数，太阳能集热器不应少于 4h，光伏组件不宜少于 3h。

7.3 地源热泵系统

7.3.1 公共建筑地源热泵系统设计时，应进行全年动态负荷与系统取热量、释热量计算分析，确定地热能交换系统，并宜采用复合热交换系统。

7.3.2 地源热泵系统设计应选用高能效水源热泵机组，并宜采取降低循环水泵输送能耗等节能措施，提高地源热泵系统的能效。

7.3.3 水源热泵机组性能应满足地热能交换系统运行参数的要求，末端供暖供冷设备选择应与水源热泵机组运行参数相匹配。

7.3.4 有稳定热水需求的公共建筑，宜根据负荷特点，采用部分或全部热回收型水源热泵机组。全年供热水时，应选用全部热回收型水源热泵机组或水源热水机组。

附录 A 外墙平均传热系数的计算

A.0.1 外墙平均传热系数应按现行国家标准《民用建筑热工设计规范》GB 50176 的有关规定进行计算。

A.0.2 对于一般建筑，外墙平均传热系数也可按下式计算：

$$K = \varphi K_P \qquad (A.0.2)$$

式中：K——外墙平均传热系数[W/(m² · K)]；
K_P——外墙主体部位传热系数[W/(m² · K)]；
φ——外墙主体部位传热系数的修正系数。

A.0.3 外墙主体部位传热系数的修正系数 φ 可按表 A.0.3 取值。

表 A.0.3 外墙主体部位传热系数的修正系数 φ

气候分区	外保温	夹心保温(自保温)	内保温
严寒地区	1.30	—	—
寒冷地区	1.20	1.25	—
夏热冬冷地区	1.10	1.20	1.20
夏热冬暖地区	1.00	1.05	1.05

附录 B 围护结构热工性能的权衡计算

B.0.1 建筑围护结构热工性能权衡判断应采用能自动生成符合本标准要求的参照建筑计算模型的专用计算软件，软件应具有下列功能：

1 全年 8760h 逐时负荷计算；

2 分别逐时设置工作日和节假日室内人员数量、照明功率、设备功率、室内温度、供暖和空调系统运行时间；

3 考虑建筑围护结构的蓄热性能；

4 计算 10 个以上建筑分区；

5 直接生成建筑围护结构热工性能权衡判断计算报告。

B.0.2 建筑围护结构热工性能权衡判断应以参照建筑与设计建筑的供暖和空气调节总耗电量作为其能耗判断的依据。参照建筑与设计建筑的供暖耗煤量和耗气量应折算为耗电量。

B.0.3 参照建筑与设计建筑的空气调节和供暖能耗应采用同一软件计算，气象参数均应采用典型气象年数据。

B.0.4 计算设计建筑全年累计耗冷量和累计耗热量时，应符合下列规定：

1 建筑的形状、大小、朝向、内部的空间划分和使用功能、建筑构造尺寸、建筑围护结构传热系数、做法、外窗(包括透光幕墙)太阳得热系数、窗墙面积比、屋面开窗面积应与建筑设计文件一致；

2 建筑空气调节和供暖应按全年运行的两管制风机盘管系统设置。建筑功能区除设计文件明确为非空调区外，均应按设置供暖和空气调节计算；

3 建筑的空气调节和供暖系统运行时间、室内温度、照明功率密度值及开关时间、房间人均占有的使用面积及在室率、人员新风量及新风机组运行时间表、电气设备功率密度及使用率应按表 B.0.4-1～表 B.0.4-10 设置。

表 B.0.4-1 空气调节和供暖系统的日运行时间

类别		系统工作时间
办公建筑	工作日	7：00～18：00
	节假日	—
宾馆建筑	全年	1：00～24：00
商场建筑	全年	8：00～21：00
医疗建筑-门诊楼	全年	8：00～21：00
学校建筑-教学楼	工作日	7：00～18：00
	节假日	—

表 B.0.4-2 供暖空调区室内温度(℃)

建筑类别	运行时段	运行模式	下列计算时刻(h)供暖空调区室内设定温度(℃)											
			1	2	3	4	5	6	7	8	9	10	11	12
办公建筑、教学楼	工作日	空调	37	37	37	37	37	37	28	26	26	26	26	26
		供暖	5	5	5	5	5	12	18	20	20	20	20	20
	节假日	空调	37	37	37	37	37	37	37	37	37	37	37	37
		供暖	5	5	5	5	5	5	5	5	5	5	5	5
宾馆建筑、住院部	全年	空调	25	25	25	25	25	25	25	25	25	25	25	25
		供暖	22	22	22	22	22	22	22	22	22	22	22	22
商场建筑、门诊楼	全年	空调	37	37	37	37	37	37	28	25	25	25	25	25
		供暖	5	5	5	5	5	12	16	18	18	18	18	18
办公建筑、教学楼	工作日	空调	26	26	26	26	26	26	37	37	37	37	37	37
		供暖	20	20	20	20	20	18	12	5	5	5	5	5
	节假日	空调	37	37	37	37	37	37	37	37	37	37	37	37
		供暖	5	5	5	5	5	5	5	5	5	5	5	5

续表 B.0.4-2

建筑类别	运行时段	运行模式	下列计算时刻(h)供暖空调区室内设定温度(℃)											
			1	2	3	4	5	6	7	8	9	10	11	12
办公建筑、教学楼	工作日	空调	26	26	26	26	26	26	37	37	37	37	37	37
		供暖	20	20	20	20	20	20	18	12	5	5	5	5
	节假日	空调	37	37	37	37	37	37	37	37	37	37	37	37
		供暖	5	5	5	5	5	5	5	5	5	5	5	5
宾馆建筑、住院部	全年	空调	25	25	25	25	25	25	25	25	25	25	25	25
		供暖	22	22	22	22	22	22	22	22	22	22	22	22
商场建筑、门诊楼	全年	空调	25	25	25	25	25	25	25	37	37	37	37	37
		供暖	18	18	18	18	18	18	18	18	12	5	5	5

表 B.0.4-3　照明功率密度值(W/m²)

建筑类别	照明功率密度
办公建筑	9.0
宾馆建筑	7.0
商场建筑	10.0
医院建筑-门诊楼	9.0
学校建筑-教学楼	9.0

表 B.0.4-4　照明开关时间(%)

建筑类别	运行时段	下列计算时刻(h)照明开关时间(%)											
		1	2	3	4	5	6	7	8	9	10	11	12
办公建筑、教学楼	工作日	0	0	0	0	0	0	10	50	95	95	95	80
	节假日	0	0	0	0	0	0	0	0	0	0	0	0
宾馆建筑、住院部	全年	10	10	10	10	10	30	30	30	30	30	30	30
商场建筑、门诊楼	全年	10	10	10	10	10	10	60	60	60	60	60	60

建筑类别	运行时段	下列计算时刻(h)照明开关时间(%)											
		13	14	15	16	17	18	19	20	21	22	23	24
办公建筑、教学楼	工作日	80	95	95	95	95	30	30	0	0	0	0	0
	节假日	0	0	0	0	0	0	0	0	0	0	0	0
宾馆建筑、住院部	全年	30	30	50	50	60	90	90	90	90	80	10	10
商场建筑、门诊楼	全年	60	60	60	60	80	90	100	100	100	10	10	10

表 B.0.4-5　不同类型房间人均占有的建筑面积(m²/人)

建筑类别	人均占有的建筑面积
办公建筑	10
宾馆建筑	25
商场建筑	8
医院建筑-门诊楼	8
学校建筑-教学楼	6

表 B.0.4-6　房间人员逐时在室率(%)

建筑类别	运行时段	下列计算时刻(h)房间人员逐时在室率(%)											
		1	2	3	4	5	6	7	8	9	10	11	12
办公建筑、教学楼	工作日	0	0	0	0	0	0	10	50	95	95	95	80
	节假日	0	0	0	0	0	0	0	0	0	0	0	0
宾馆建筑、住院部	全年	70	70	70	70	70	70	70	70	50	50	50	50
	全年	95	95	95	95	95	95	95	95	95	95	95	95
商场建筑、门诊楼	全年	0	0	0	0	0	0	0	0	0	80	80	80
	全年	0	0	0	0	0	0	0	0	0	80	80	40

建筑类别	运行时段	下列计算时刻(h)房间人员逐时在室率(%)											
		13	14	15	16	17	18	19	20	21	22	23	24
办公建筑、教学楼	工作日	80	95	95	95	95	30	30	0	0	0	0	0
	节假日	0	0	0	0	0	0	0	0	0	0	0	0
宾馆建筑、住院部	全年	70	70	70	70	70	70	70	70	70	70	70	70
	全年	95	95	95	95	95	95	95	95	95	95	95	95
商场建筑、门诊楼	全年	80	80	80	80	80	80	80	50	0	0	0	0
	全年	20	50	60	60	20	20	0	0	0	0	0	0

表 B.0.4-7　不同类型房间的人均新风量 [m³/(h·人)]

建筑类别	新风量
办公建筑	30
宾馆建筑	30
商场建筑	30
医院建筑-门诊楼	30
学校建筑-教学楼	30

表 B.0.4-8　新风运行情况

（1 表示新风开启，0 表示新风关闭）

建筑类别	运行时段	1	2	3	4	5	6	7	8	9	10	11	12
		\multicolumn{12} 下列计算时刻(h)新风运行情况											
办公建筑、教学楼	工作日	0	0	0	0	0	0	0	1	1	1	1	1
	节假日	0	0	0	0	0	0	0	0	0	0	0	0
宾馆建筑、住院部	全年	1	1	1	1	1	1	1	1	1	1	1	1
	全年	1	1	1	1	1	1	1	1	1	1	1	1
商场建筑、门诊楼	全年	1	1	1	1	1	1	1	1	1	1	1	1
	全年	0	0	0	0	0	0	0	0	0	0	0	0

建筑类别	运行时段	13	14	15	16	17	18	19	20	21	22	23	24
		\multicolumn{12} 下列计算时刻(h)新风运行情况											
办公建筑、教学楼	工作日	1	1	1	1	1	1	1	0	0	0	0	0
	节假日	0	0	0	0	0	0	0	0	0	0	0	0
宾馆建筑、住院部	全年	1	1	1	1	1	1	1	1	1	1	1	1
	全年	1	1	1	1	1	1	1	1	1	1	1	1
商场建筑、门诊楼	全年	1	1	1	1	1	1	1	1	1	1	1	1
	全年	0	0	0	0	0	0	0	0	0	0	0	0

表 B.0.4-9　不同类型房间电器设备功率密度（W/m²）

建筑类别	电器设备功率
办公建筑	15
宾馆建筑	15
商场建筑	13
医院建筑-门诊楼	20
学校建筑-教学楼	5

表 B.0.4-10　电气设备逐时使用率（%）

建筑类别	运行时段	1	2	3	4	5	6	7	8	9	10	11	12
		\multicolumn{12} 下列计算时刻(h)电气设备逐时使用率											
办公建筑、教学楼	工作日	0	0	0	0	0	0	0	10	50	95	95	50
	节假日												
宾馆建筑、住院部	全年	95	95	95	95	95	95	95	95	95	95	95	95
	全年	0	0	0	0	0	0	0	0	0	0	0	0
商场建筑、门诊楼	全年	0	0	0	0	0	0	0	30	50	80	80	80
	全年	0	0	0	0	0	0	0	20	95	95	80	40

建筑类别	运行时段	13	14	15	16	17	18	19	20	21	22	23	24
		\multicolumn{12} 下列计算时刻(h)电气设备逐时使用率											
办公建筑、教学楼	工作日	50	95	95	95	95	30	30	0	0	0	0	0
	节假日												
宾馆建筑、住院部	全年	0	0	0	0	80	80	80	80	80	0	0	0
	全年	95	95	95	95	95	95	95	95	95	95	95	95
商场建筑、门诊楼	全年	80	80	80	80	80	80	80	70	50	50	0	0
	全年	20	50	60	60	60	20	0	0	0	0	0	0

B.0.5 计算参照建筑全年累计耗冷量和累计耗热量时，应符合下列规定：

1　建筑的形状、大小、朝向、内部的空间划分和使用功能、建筑构造尺寸应与设计建筑一致；

2　建筑围护结构做法应与建筑设计文件一致，围护结构热工性能参数取值应符合本标准第 3.3 节的规定；

3　建筑空气调节和供暖系统的运行时间、室内温度、照明功率密度及开关时间、房间人均占有的使用面积及在室率、人员新风量及新风机组运行时间表、电气设备功率密度及使用率应与设计建筑一致；

4　建筑空气调节和供暖应采用全年运行的两管制风机盘管系统。供暖和空气调节区的设置应与设计建筑一致。

B.0.6 计算设计建筑和参照建筑全年供暖和空调总耗电量时，空气调节系统冷源应采用电驱动冷水机组；严寒地区、寒冷地区供暖系统热源应采用燃煤锅炉；夏热冬冷地区、夏热冬暖地区、温和地区供暖系统热源应采用燃气锅炉，并应符合下列规定：

1　全年供暖和空调总耗电量应按下式计算：

$$E = E_H + E_C \qquad (B.0.6\text{-}1)$$

式中：E——全年供暖和空调总耗电量（kWh/m²）；

E_C——全年空调耗电量（kWh/m²）；

E_H——全年供暖耗电量（kWh/m²）。

2　全年空调耗电量应按下式计算：

$$E_C = \frac{Q_C}{A \times SCOP_T} \qquad (B.0.6\text{-}2)$$

式中：Q_C——全年累计耗冷量（通过动态模拟软件计算得到）（kWh）；

A——总建筑面积（m²）；

$SCOP_T$——供冷系统综合性能系数，取 2.50。

3　严寒地区和寒冷地区全年供暖耗电量应按下式计算：

$$E_H = \frac{Q_H}{A \eta_1 q_1 q_2} \qquad (B.0.6\text{-}3)$$

式中：Q_H——全年累计耗热量（通过动态模拟软件计算得到）（kWh）；

η_1——热源为燃煤锅炉的供暖系统综合效率，取 0.60；

q_1——标准煤热值，取 8.14 kWh/kgce；

q_2——发电煤耗（kgce/kWh）取 0.360kgce/kWh。

4　夏热冬冷、夏热冬暖和温和地区全年供暖耗电量应按下式计算：

$$E_H = \frac{Q_H}{A \eta_2 q_3 q_2} \varphi \qquad (B.0.6\text{-}4)$$

式中：η_2——热源为燃气锅炉的供暖系统综合效率，取 0.75；

q_3——标准天然气热值，取 9.87 kWh/m³；

φ——天然气与标煤折算系数，取 1.21kgce/m³。

附录 C 建筑围护结构热工性能权衡判断审核表

表 C 建筑围护结构热工性能权衡判断审核表

项目名称						
工程地址						
设计单位						
设计日期				气候区域		
采用软件				软件版本		
建筑面积		m²		建筑外表面积		m²
建筑体积		m³		建筑体形系数		

设计建筑窗墙面积比				屋顶透光部分与屋顶总面积之比 M	M 的限值	
立面1	立面2	立面3	立面4			
					20%	

围护结构部位	设计建筑		参照建筑		是否符合标准规定限值
	传热系数 K W/(m²·K)	太阳得热系数 $SHGC$	传热系数 K W/(m²·K)	太阳得热系数 $SHGC$	
屋顶透光部分					
立面1外窗（包括透光幕墙）					
立面2外窗（包括透光幕墙）					
立面3外窗（包括透光幕墙）					
立面4外窗（包括透光幕墙）					
屋面		—		—	
外墙（包括非透光幕墙）		—		—	
底面接触室外空气的架空或外挑楼板					
非供暖房间与供暖房间的隔墙与楼板		—		—	

围护结构部位	设计建筑	参照建筑	是否符合标准规定限值
	保温材料层热阻 R [（m²·K）/W]	保温材料层热阻 R [（m²·K）/W]	
周边地面			
供暖地下室与土壤接触的外墙			
变形缝（两侧墙内保温时）			

权衡判断基本要求判定	围护结构传热系数基本要求 K [W/（m²·K）]	设计建筑是否满足基本要求	
	屋面		
	外墙（包括非透光幕墙）		

权衡判断基本要求判定	围护结构传热系数基本要求 K [W/ (m² · K)]		设计建筑是否满足基本要求
	外窗（包括透光幕墙）		
	太阳得热系数 $SHGC$		
	围护结构是否满足基本要求	是 / 否	
权衡计算结果	设计建筑（kWh/ m²）		参照建筑（kWh/ m²）
全年供暖和空调总耗电量			
权衡判断结论	设计建筑的围护结构热工性能合格 / 不合格		

附录 D 管道与设备保温及保冷厚度

D.0.1-3 选用。热设备绝热层厚度可按最大口径管道的绝热层厚度再增加 5mm 选用。

D.0.1 热管道经济绝热层厚度可按表 D.0.1-1～表

表 D.0.1-1 室内热管道柔性泡沫橡塑经济绝热层厚度（热价 85 元/GJ）

最高介质温度（℃）	绝热层厚度（mm）						
	25	28	32	36	40	45	50
60	≤DN20	DN25～DN40	DN50～DN125	DN150～DN400	≥DN450	—	—
80	—	—	≤DN32	DN40～DN70	DN80～DN125	DN150～DN450	≥DN500

表 D.0.1-2 热管道离心玻璃棉经济绝热层厚度（热价 35 元/GJ）

最高介质温度（℃）		绝热层厚度（mm）								
		25	30	35	40	50	60	70	80	90
室内	60	≤DN40	DN50～DN125	DN150～DN1000	≥DN1100	—	—	—	—	—
	80	—	≤DN32	DN40～DN80	DN100～DN250	≥DN300	—	—	—	—
	95	—	—	≤DN40	DN50～DN100	DN125～DN1000	≥DN1100	—	—	—
	140	—	—	—	≤DN25	DN32～DN80	DN100～DN300	≥DN350	—	—
	190	—	—	—	—	≤DN32	DN40～DN80	DN100～DN200	DN250～DN900	≥DN1000
室外	60	—	≤DN40	DN50～DN100	DN125～DN450	≥DN500	—	—	—	—
	80	—	—	≤DN40	DN50～DN100	DN125～DN1700	≥DN 1800	—	—	—
	95	—	—	≤DN25	DN32～DN50	DN70～DN250	≥DN300	—	—	—
	140	—	—	—	≤DN20	DN25～DN70	DN80～DN200	DN250～DN1000	≥DN1100	—
	190	—	—	—	—	≤DN25	DN32～DN70	DN80～DN150	DN200～DN500	≥DN600

表 D.0.1-3　热管道离心玻璃棉经济绝热层厚度（热价 85 元/GJ）

最高介质温度（℃）		绝热层厚度（mm）								
		40	50	60	70	80	90	100	120	140
室内	60	≤DN50	DN70~DN300	≥DN350	—	—	—	—	—	—
	80	≤DN20	DN25~DN70	DN80~DN200	≥DN250	—	—	—	—	—
	95	—	≤DN40	DN50~DN100	DN125~DN300	DN350~DN2500	≥DN3000	—	—	—
	140	—	—	≤DN32	DN40~DN70	DN80~DN150	DN200~DN300	DN350~DN900	≥DN1000	—
	190				≤DN32	DN40~DN50	DN70~DN100	DN125~DN150	DN200~DN700	≥DN800
室外	60		≤DN80	DN100~DN250	≥DN300	—	—	—	—	—
	80		≤DN40	DN50~DN100	DN125~DN250	DN300~DN1500	≥DN2000	—	—	—
	95		≤DN25	DN32~DN70	DN80~DN150	DN200~DN400	DN500~DN2000	≥DN2500	—	—
	140			≤DN25	DN32~DN50	DN70~DN100	DN125~DN200	DN250~DN450	≥DN500	
	190				≤DN25	DN32~DN50	DN70~DN80	DN100~DN150	DN200~DN450	≥DN500

D.0.2　室内空调冷水管道最小绝热层厚度可按表 D.0.2-1、表 D.0.2-2 选用；蓄冷设备保冷厚度可按对应介质温度最大口径管道的保冷厚度再增加 5mm～10mm 选用。

表 D.0.2-1　室内空调冷水管道最小绝热层厚度（介质温度≥5℃）（mm）

地区	柔性泡沫橡塑		玻璃棉管壳	
	管径	厚度	管径	厚度
较干燥地区	≤DN40	19	≤DN32	25
	DN50~DN150	22	DN40~DN100	30
	≥DN200	25	DN125~DN900	35
较潮湿地区	≤DN25	25	≤DN25	25
	DN32~DN50	28	DN32~DN80	30
	DN70~DN150	32	DN100~DN400	35
	≥DN200	36	≥DN450	40

表 D.0.2-2　室内空调冷水管道最小绝热层厚度（介质温度≥-10℃）（mm）

地区	柔性泡沫橡塑		聚氨酯发泡	
	管径	厚度	管径	厚度
较干燥地区	≤DN32	28	≤DN32	25
	DN40~DN80	32	DN40~DN150	30
	DN100~DN200	36	≥DN200	35
	≥DN250	40	—	—
较潮湿地区	≤DN50	40	≤DN50	35
	DN70~DN100	45	DN70~DN125	40
	DN125~DN250	50	DN150~DN500	45
	DN300~DN2000	55	≥DN600	50
	≥DN2100	60	—	—

D.0.3　室内生活热水管经济绝热层厚度可按表 D.0.3-1、表 D.0.3-2 选用。

表 D.0.3-1　室内生活热水管道经济绝热层厚度
（室内 5℃全年≤105 天）

绝热材料 介质温度	离心玻璃棉		柔性泡沫橡塑	
	公称管径（mm）	厚度 （mm）	公称管径（mm）	厚度 （mm）
≤70℃	≤DN25	40	≤DN40	32
	DN32～DN80	50	DN50～DN80	36
	DN100～DN350	60	DN100～DN150	40
	≥DN400	70	≥DN200	45

表 D.0.3-2　室内生活热水管道经济绝热层厚度
（室内 5℃全年≤150 天）

绝热材料 介质温度	离心玻璃棉		柔性泡沫橡塑	
	公称管径（mm）	厚度 （mm）	公称管径（mm）	厚度 （mm）
≤70℃	≤DN40	50	≤DN50	40
	DN50～DN100	60	DN70～DN125	45
	DN125～DN300	70	DN150～DN300	50
	≥DN350	80	≥DN350	55

D.0.4　室内空调风管绝热层最小热阻可按表 D.0.4 选用。

表 D.0.4　室内空调风管绝热层最小热阻

风管类型	适用介质温度（℃）		最小热阻 $R[(m^2 \cdot K)/W]$
	冷介质最低 温度	热介质最高 温度	
一般空调风管	15	30	0.81
低温风管	6	39	1.14

本标准用词说明

1　为便于在执行本标准条文时区别对待，对要求严格程度不同的用词说明如下：

　　1）表示很严格，非这样做不可的：

　　　　正面词采用"必须"，反面词采用"严禁"；

　　2）表示严格，在正常情况下均应这样做的：

　　　　正面词采用"应"，反面词采用"不应"或"不得"；

　　3）表示允许稍有选择，在条件许可时首先应这样做的：

　　　　正面词采用"宜"，反面词采用"不宜"；

　　4）表示有选择，在一定条件下可以这样做的采用"可"。

2　条文中指明应按其他有关标准执行的写法为："应符合……的规定"或"应按……执行"。

引用标准名录

1　《建筑给水排水设计规范》GB 50015

2　《建筑照明设计标准》GB 50034

3　《民用建筑热工设计规范》GB 50176

4　《智能建筑设计标准》GB 50314

5　《民用建筑节水设计标准》GB 50555

6　《民用建筑供暖通风与空气调节设计规范》GB 50736

7　《建筑外门窗气密、水密、抗风压性能分级及检测方法》GB/T 7106

8　《设备及管道绝热设计导则》GB/T 8175

9　《空气过滤器》GB/T 14295

10　《清水离心泵能效限定值及节能评价值》GB 19762

11　《三相配电变压器能效限定值及能效等级》GB 20052

12　《建筑幕墙》GB/T 21086

13　《城市夜景照明设计规范》JGJ/T 163

14　《节水型生活用水器具》CJ/T 164

中华人民共和国国家标准

公共建筑节能设计标准

GB 50189—2015

条 文 说 明

修 订 说 明

《公共建筑节能设计标准》GB 50189－2015 经住房和城乡建设部 2015 年 2 月 2 日以第 739 号公告批准、发布。

本标准是在《公共建筑节能设计标准》GB 50189－2005 的基础上修订而成。上一版的主编单位是中国建筑科学研究院和中国建筑业协会建筑节能专业委员会，参编单位是中国建筑西北设计研究院、中国建筑西南设计研究院、同济大学、中国建筑设计研究院、上海建筑设计研究院有限公司、上海市建筑科学研究院、中南建筑设计院、中国有色工程设计研究总院、中国建筑东北设计研究院、北京市建筑设计研究院、广州市设计院、深圳市建筑科学研究院、重庆市建设技术发展中心、北京振利高新技术公司、北京金易格幕墙装饰工程有限责任公司、约克（无锡）空调冷冻科技有限公司、深圳市方大装饰工程有限公司、秦皇岛耀华玻璃股份有限公司、特灵空调器有限公司、开利空调销售服务（上海）有限公司、乐意涂料（上海）有限公司、北京兴立捷科技有限公司，主要起草人是郎四维、林海燕、涂逢祥、 陆耀庆 、冯雅、龙惟定、潘云钢、寿炜炜、刘明明、 蔡路得 、罗英、金丽娜、卜一秋、郑爱军、刘俊跃、彭志辉、黄振利、班广生、盛萍、曾晓武、鲁大学、余中海、杨利明、张盐、周辉、杜立。

本次修订的主要技术内容包括：1. 根据国家统计局建筑类型分布数据和国内典型公共建筑调研信息，建立了代表我国公共建筑特点和分布特征的典型公共建筑模型数据库，并确定本标准节能目标；2. 采用收益投资比（SIR）组合优化筛选法，通过模拟计算分析并结合国内产业现状和工程实际更新了围护结构热工性能限值和冷热源能效限值；围护结构热工性能限值和冷源能效限值均按照建筑热工分区分别作出规定；3. 增加了窗墙面积比大于 0.70 时围护结构热工性能限值，增加了围护结构进行权衡判断建筑物热工性能所需达到的基本要求，补充细化了权衡计算的输入输出内容和对权衡计算软件的要求；4. 增加了建筑分类和建筑设计的有关规定；5. 将原第三章室内环境节能设计计算参数移入附录 B 围护结构热工性能的权衡计算；6. 增加了不同气候区空调系统的电冷源综合制冷性能系数限值，修订了空调冷（热）水系统耗电输冷（热）比、集中供暖系统耗电输热比、风道系统单位风量耗功率的计算方法及限值；7. 新增了给水排水系统、电气系统和可再生能源应用的相关规定；8. 增加了对超高超大建筑的节能设计复核要求。

为便于广大设计、施工、科研、学校等单位有关人员在使用本标准时能正确理解和执行条文规定，《公共建筑节能设计标准》编制组按章、节、条顺序编制了本标准的条文说明，对条文规定的目的、依据以及执行中需要注意的有关事项进行说明，且着重对强制性条文的强制性理由作出解释。本条文说明不具备与标准正文同等的法律效力，仅供使用者作为理解和把握标准规定的参考。

目　次

1 总 则

1.0.1 我国建筑用能约占全国能源消费总量的27.5%，并将随着人民生活水平的提高逐步增加到30%以上。公共建筑用能数量巨大，浪费严重。制定并实施公共建筑节能设计标准，有利于改善公共建筑的室内环境，提高建筑用能系统的能源利用效率，合理利用可再生能源，降低公共建筑的能耗水平，为实现国家节约能源和保护环境的战略，贯彻有关政策和法规作出贡献。

1.0.2 建筑分为民用建筑和工业建筑。民用建筑又分为居住建筑和公共建筑。公共建筑则包括办公建筑（如写字楼、政府办公楼等），商业建筑（如商场、超市、金融建筑等），酒店建筑（如宾馆、饭店、娱乐场所等），科教文卫建筑（如文化、教育、科研、医疗、卫生、体育建筑等），通信建筑（如邮电、通讯、广播用房等）以及交通运输建筑（如机场、车站等）。目前中国每年建筑竣工面积约为 25 亿 m²，其中公共建筑约有 5 亿 m²。在公共建筑中，办公建筑、商场建筑，酒店建筑、医疗卫生建筑、教育建筑等几类建筑存在许多共性，而且其能耗较高，节能潜力大。

在公共建筑的全年能耗中，供暖空调系统的能耗约占40%～50%，照明能耗约占30%～40%，其他用能设备约占10%～20%。而在供暖空调能耗中，外围护结构传热所导致的能耗约占20%～50%（夏热冬暖地区大约20%，夏热冬冷地区大约35%，寒冷地区大约40%，严寒地区大约50%）。从目前情况分析，这些建筑在围护结构、供暖空调系统、照明、给水排水以及电气等方面，有较大的节能潜力。

对全国新建、扩建和改建的公共建筑，本标准从建筑与建筑热工、供暖通风与空气调节、给水排水、电气和可再生能源应用等方面提出了节能设计要求。其中，扩建是指保留原有建筑，在其基础上增加另外的功能、形式、规模，使得新建部分成为与原有建筑相关的新建建筑；改建是指对原有建筑的功能或者形式进行改变，而建筑的规模和建筑的占地面积均不改变的新建建筑。不包括既有建筑节能改造。新建、扩建和改建的公共建筑的装修工程设计也应执行本标准。不设置供暖供冷设施的建筑的围护结构热工参数可不强制执行本标准，如：不设置供暖空调设施的自行车库和汽车库、城镇农贸市场、材料市场等。

宗教建筑、独立公共卫生间和使用年限在 5 年以下的临时建筑的围护结构热工参数可不强制执行本标准。

1.0.3 公共建筑的节能设计，必须结合当地的气候条件，在保证室内环境质量，满足人们对室内舒适度要求的前提下，提高围护结构保温隔热能力，提高供暖、通风、空调和照明等系统的能源利用效率；在保

证经济合理、技术可行的同时实现国家的可持续发展和能源发展战略，完成公共建筑承担的节能任务。

本次标准的修订参考了发达国家建筑节能标准编制的经验，根据我国实际情况，通过技术经济综合分析，确定我国不同气候区典型城市不同类型公共建筑的最优建筑节能设计方案，进而确定在我国现有条件下公共建筑技术经济合理的节能目标，并将节能目标逐项分解到建筑围护结构、供暖空调、照明等系统，最终确定本次标准修订的相关节能指标要求。

本次修订建立了代表我国公共建筑使用特点和分布特征的典型公共建筑模型数据库。数据库中典型建筑模型通过向国内主要设计院、科研院所等单位征集分析确定，由大型办公建筑、小型办公建筑、大型酒店建筑、小型酒店建筑、大型商场建筑、医院建筑及学校建筑等七类模型组成，各类建筑的分布特征是在国家统计局提供数据的基础上研究确定。

以满足国家标准《公共建筑节能设计标准》GB 50189 - 2005 要求的典型公共建筑模型作为能耗分析的"基准建筑模型"，"基准建筑模型"的围护结构、供暖空调系统、照明设备的参数均按国家标准《公共建筑节能设计标准》GB 50189 - 2005 规定值选取。通过建立建筑能耗分析模型及节能技术经济分析模型，采用年收益投资比组合优化筛选法对基准建筑模型进行优化设计。根据各项节能措施的技术可行性，以单一节能措施的年收益投资比（简称 SIR 值）为分析指标，确定不同节能措施选用的优先级，将不同节能措施组合成多种节能方案；以节能方案的全寿命周期净现值（NPV）大于零为指标对节能方案进行筛选分析，进而确定各类公共建筑模型在既定条件下的最优投资与收益关系曲线，在此基础上，确定最优节能方案。根据最优节能方案中的各项节能措施的 SIR 值，确定本标准对围护结构、供暖空调系统以及照明系统各相关指标的要求。年收益投资比 SIR 值为使用某项建筑节能措施后产生的年节能量（单位：kgce/a）与采用该项节能措施所增加的初投资（单位：元）的比值，即单位投资所获得的年节能量（单位：kgce/（年·元））。

基于典型公共建筑模型数据库进行计算和分析，本标准修订后，与 2005 版相比，由于围护结构热工性能的改善，供暖空调设备和照明设备能效的提高，全年供暖、通风、空气调节和照明的总能耗减少约20%～23%。其中从北方至南方，围护结构分担节能率约6%～4%；供暖空调系统分担节能率约7%～10%；照明设备分担节能率约7%～9%。该节能率仅体现了围护结构热工性能、供暖空调设备及照明设备能效的提升，不包含热回收、全新风供冷、冷却塔供冷、可再生能源等节能措施所产生的节能效益。由于给水排水、电气和可再生能源应用的相关内容为本次修订新增内容，没有比较基准，无法计算此部分所

产生的节能率，所以未包括在内。该节能率是考虑不同气候区、不同建筑类型加权后的计算值，反映的是本标准修订并执行后全国公共建筑的整体节能水平，并不代表某单体建筑的节能率。

1.0.4 随着建筑技术的发展和建设规模的不断扩大，超高超大的公共建筑在我国各地日益增多。1990 年，国内高度超过 200m 的建筑物仅有 5 栋。截至 2013 年，国内超高层建筑约有 2600 栋，数量远远超过了世界上其他任何一个国家，其中，在全球建筑高度排名前 20 的超高层建筑中，国内就占有 10 栋。特大型建筑中，城市综合体发展较快，截至 2011 年，我国重点城市的城市综合体存量已突破 8000 万 m²，其中北京就达到 1684 万 m²。超高超大类建筑多以商业用途为主，在建筑形式上追求特异，不同于常规建筑类型，且是耗能大户，如何加强对此类建筑能耗的控制，提高能源系统应用方案的合理性，选取最优方案，对建筑节能工作尤其重要。

因而要求除满足本标准的要求外，超高超大建筑的节能设计还应通过国家建设行政主管部门组织的专家论证，复核其建筑节能设计特别是能源系统设计方案的合理性，设计单位应依据论证会的意见完成本项目的节能设计。

此类建筑的节能设计论证，除满足本规范要求外，还需对以下内容进行论证，并提交分析计算书等支撑材料：

1 外窗有效通风面积及有组织的自然通风设计；

2 自然通风的节能潜力计算；

3 暖通空调负荷计算；

4 暖通空调系统的冷热源选型与配置方案优化；

5 暖通空调系统的节能措施，如新风量调节、热回收装置设置、水泵与风机变频、计量等；

6 可再生能源利用计算；

7 建筑物全年能耗计算。

此外，这类建筑通常存在着多种使用功能，如商业、办公、酒店、居住、餐饮等，建筑的业态比例、作息时间等参数会对空调能耗产生较大影响，因而此类建筑的节能设计论证材料中应提供建筑的业态比例、作息时间等基本参数信息。

1.0.5 设计达到节能要求并不能保证建筑做到真正的节能。实际的节能效益，必须依靠合理运行才能实现。

就目前我国的实际情况而言，在使用和运行管理上，不同地区、不同建筑存在较大的差异，相当多的建筑实际运行管理水平不高、实际运行能耗远远大于设计时对运行能耗的评估值，这一现象是严重阻碍了我国建筑节能工作的正常进行。设计文件应为工程运行管理方提供一个合理的、符合设计思想的节能措施使用要求。这既是各专业的设计师在建筑节能方面应尽的义务，也是保证工程按照设计思想来取得最优节

能效果的必要措施之一。

节能措施及其使用要求包括以下内容：

1 建筑设备及被动节能措施（如遮阳、自然通风等）的使用方法，建筑围护结构采取的节能措施及做法；

2 机电系统（暖通空调、给排水、电气系统等）的使用方法和采取的节能措施及其运行管理方式，如：

（1）暖通空调系统冷源配置及其运行策略；

（2）季节性（包括气候季节以及商业方面的"旺季"与"淡季"）使用要求与管理措施；

（3）新（回）风风量调节方法，热回收装置在不同季节使用方法，旁通阀使用方法，水量调节方法，过滤器的使用方法等；

（4）设定参数（如：空调系统的最大及最小新（回）风风量表）；

（5）对能源的计量监测及系统日常维护管理的要求等。

需要特别说明的是：尽管许多大型公建的机电系统设置了比较完善的楼宇自动控制系统，在一定程度上为合理使用提供了相应的支持。但从目前实际使用情况来看，自动控制系统尚不能完全替代人工管理。因此，充分发挥管理人员的主动性依然是非常重要的节能措施。

1.0.6 本标准对公共建筑的建筑、热工以及暖通空调、给水排水、电气以及可再生能源应用设计中应该控制的、与能耗有关的指标和应采取的节能措施作出了规定。但公共建筑节能涉及的专业较多，相关专业均制定了相应的标准，并作出了节能规定。在进行公共建筑节能设计时，除应符合本标准外，尚应符合国家现行的有关标准的规定。

2 术 语

2.0.3 本标准中窗墙面积比均是以单一立面为对象，同一朝向不同立面不能合并计算窗墙面积比。

2.0.4 通过透光围护结构（门窗或透光幕墙）成为室内得热量的太阳辐射部分是影响建筑能耗的重要因素。目前 ASHARE 90.1 等标准均以太阳得热系数（SHGC）作为衡量透光围护结构性能的参数。主流建筑能耗模拟软件中也以太阳得热系数（SHGC）作为衡量外窗的热工性能的参数。为便于工程设计人员使用并与国际接轨，本次标准修订将太阳得热系数作为衡量透光围护结构（门窗或透光幕墙）性能的参数。人们最关心的也是太阳辐射进入室内的部分，而不是被构件遮挡的部分。

太阳得热系数（SHGC）不同于本标准 2005 版中的遮阳系数（SC）值。2005 版标准中遮阳系数（SC）的定义为通过透光围护结构（门窗或透光幕

墙）的太阳辐射室内得热量，与相同条件下通过相同面积的标准玻璃（3mm 厚的透明玻璃）的太阳辐射室内得热量的比值。标准玻璃太阳得热系数理论值为 0.87。因此可按 SHGC 等于 SC 乘以 0.87 进行换算。

随着太阳照射时间的不同，建筑实际的太阳得热系数也不同。但本标准中透光围护结构的太阳得热系数是指根据相关国家标准规定的方法测试、计算确定的产品固有属性。新修订的《民用建筑热工设计规范》GB 50176 给出了 SHGC 的计算公式，如式（1）所示，其中外表面对流换热系数 α_e 按夏季条件确定。

$$SHGC = \frac{\sum g \cdot A_g + \sum \rho \cdot \dfrac{K}{\alpha_e} A_f}{A_w} \qquad (1)$$

式中：SHGC——门窗、幕墙的太阳得热系数；

g——门窗、幕墙中透光部分的太阳辐射总透射比，按照国家标准 GB/T 2680 的规定计算；

ρ——门窗、幕墙中非透光部分的太阳辐射吸收系数；

K——门窗、幕墙中非透光部分的传热系数〔W/（m²·K）〕；

α_e——外表面对流换热系数〔W/（m²·K）〕；

A_g——门窗、幕墙中透光部分的面积（m²）；

A_f——门窗、幕墙中非透光部分的面积（m²）；

A_w——门窗、幕墙的面积（m²）；

2.0.6 围护结构热工性能权衡判断是一种性能化的设计方法。为了降低空气调节和供暖能耗，本标准对围护结构的热工性能提出了规定性指标。当设计建筑无法满足规定性指标时，可以通过调整设计参数并计算能耗，最终达到设计建筑全年的空气调节和供暖能耗之和不大于参照建筑能耗的目的。这种方法在本标准中称之为权衡判断。

2.0.7 参照建筑是一个达到本标准要求的节能建筑，进行围护结构热工性能权衡判断时，用其全年供暖和空调能耗作为标准来判断设计建筑的能耗是否满足本标准的要求。

参照建筑的形状、大小、朝向以及内部的空间划分和使用功能与设计建筑完全一致，但其围护结构热工性能等主要参数应符合本标准的规定性指标。

2.0.11 电冷源综合制冷性能系数（SCOP）是电驱动的冷源系统单位耗电量所能产出的冷量，反映了冷源系统效率的高低。

电冷源综合制冷性能系数（SCOP）可按下列方法计算：

$$SCOP = \frac{Q_c}{E_e} \qquad (2)$$

式中：Q_c——冷源设计供冷量（kW）；

E_e——冷源设计耗电功率（kW）。

对于离心式、螺杆式、涡旋/活塞式水冷式机组，E_e 包括冷水机组、冷却水泵及冷却塔的耗电功率。

对于风冷式机组，E_e 包括放热侧冷却风机消耗的电功率；对于蒸发冷却式机组 E_e 包括水泵和风机消耗的电功率。

3 建筑与建筑热工

3.1 一 般 规 定

3.1.1 本条中所指单栋建筑面积包括地下部分的建筑面积。对于单栋建筑面积小于等于 300m² 的建筑如传达室等，与甲类公共建筑的能耗特性不同。这类建筑的总量不大，能耗也较小，对全社会公共建筑的总能耗量影响很小，同时考虑到减少建筑节能设计工作量，故将这类建筑归为乙类，对这类建筑只给出规定性节能指标，不再要求作围护结构权衡判断。对于本标准中没有注明建筑分类的条文，甲类和乙类建筑应统一执行。

3.1.2 本标准与现行国家标准《民用建筑热工设计规范》GB 50176 的气候分区一致。

3.1.3 建筑的规划设计是建筑节能设计的重要内容之一，它是从分析建筑所在地区的气候条件出发，将建筑设计与建筑微气候、建筑技术和能源的有效利用相结合的一种建筑设计方法。分析建筑的总平面布置、建筑平、立、剖面形式、太阳辐射、自然通风等对建筑能耗的影响，也就是说在冬季最大限度地利用日照，多获得热量，避开主导风向，减少建筑物外表面热损失；夏季和过渡季最大限度减少得热并利用自然能来降温冷却，以达到节能的目的。因此，建筑的节能设计应考虑日照、主导风向、自然通风、朝向等因素。

建筑总平面布置和设计应避免大面积围护结构外表面朝向冬季主导风向，在迎风面尽量少开门窗或其他孔洞，减少作用在围护结构外表面的冷风渗透，处理好窗口和外墙的构造型式与保温措施，避免风、雨、雪的侵袭，降低能源的消耗。尤其是严寒和寒冷地区，建筑的规划设计更应有利于日照并避开冬季主导风向。

夏季和过渡季强调建筑平面规划具有良好的自然风环境主要有两个目的，一是为了改善建筑室内热环境，提高热舒适标准，体现以人为本的设计思想；二是为了提高空调设备的效率。因为良好的通风和热岛强度的下降可以提高空调设备冷凝器的工作效率，有利于降低设备的运行能耗。通常设计时注重利用自然通风的布置形式，合理地确定房屋开口部分的面积与位置、门窗的装置与开启方法、通风的构造措施等，注重穿堂风的形成。

建筑的朝向、方位以及建筑总平面设计应综合考虑社会历史文化、地形、城市规划、道路、环境等多方面因素，权衡分析各个因素之间的得失轻重，优化建筑的规划设计，采用本地区建筑最佳朝向或适宜的朝向，尽量避免东西向日晒。

3.1.4 建筑设计应根据场地和气候条件，在满足建筑功能和美观要求的前提下，通过优化建筑外形和内部空间布局，充分利用天然采光以减少建筑的人工照明需求，适时合理利用自然通风以消除建筑余热余湿，同时通过围护结构的保温隔热和遮阳措施减少通过围护结构形成的建筑冷热负荷，达到减少建筑用能需求的目的。

建筑物屋顶、外墙常用的隔热措施包括：

1　浅色光滑饰面（如浅色粉刷、涂层和面砖等）；

2　屋顶内设置贴铝箔的封闭空气间层；

3　用含水多孔材料做屋面层；

4　屋面遮阳；

5　屋面有土或无土种植；

6　东、西外墙采用花格构件或爬藤植物遮阳。

3.1.5 合理地确定建筑形状，必须考虑本地区气候条件，冬、夏季太阳辐射强度、风环境、围护结构构造等各方面的因素。应权衡利弊，兼顾不同类型的建筑造型，对严寒和寒冷地区尽可能地减少房间的外围护结构面积，使体形不要太复杂，凹凸面不要过多，避免由此造成的体形系数过大；夏热冬暖地区也可以利用建筑的凹凸变化实现建筑的自身遮阳，以达到节能的目的。但建筑物过多的凹凸变化会导致室内空间利用效率下降，造成材料和土地的浪费，所以应综合考虑。

通常控制体形系数的大小可采用以下方法：

1　合理控制建筑面宽，采用适宜的面宽与进深比例；

2　增加建筑层数以减小平面展开；

3　合理控制建筑体形及立面变化。

3.1.6 在建筑设计中合理确定冷热源和风动力机房的位置，尽可能缩短空调冷（热）水系统和风系统的输送距离是实现本标准中对空调冷（热）水系统耗电输冷（热）比（$EC(H)R\text{-}a$）、集中供暖系统耗电输热比（$EHR\text{-}h$）和风道系统单位风量耗功率（W_s）等要求的先决条件。

对同一公共建筑尤其是大型公建的内部，往往有多个不同的使用单位和空调区域。如果按照不同的使用单位和空调区域分散设置多个冷热源机房，虽然能在一定程度上避免或减少房地产开发商（或业主）对空调系统运行维护管理以及向用户缴纳空调用费等方面的麻烦，但是却造成了机房占地面积、土建投资以及运行维护管理人员的增加；同时，由于分散设置多个机房，各机房中空调冷热源主机等设备必须按其所在空调系统的最大冷热负荷进行选型，这势必会加大

整个建筑冷热源设备和辅助设备以及变配电设施的装机容量和初投资，增加电力消耗和运行费用，给业主和国家带来不必要的经济损失。因此，本标准强调对同一公共建筑的不同使用单位和空调区域，宜集中设置一个冷热源机房（能源中心）。对于不同的用户和区域，可通过设置各自的冷热量计量装置来解决冷热费的收费问题。

集中设置冷热源机房后，可选用单台容量较大的冷热源设备。通常设备的容量越大，高能效设备的选择空间越大。对于同一建筑物内各用户区域的逐时冷热负荷曲线差异性较大，且各同时使用率比较低的建筑群，采用同一集中冷热源机房，自动控制系统合理时，集中冷热源共用系统的总装机容量小于各分散机房装机容量的叠加值，可以节省设备投资和供冷、供热的设备房面积。而专业化的集中管理方式，也可以提高系统能效。因此集中设置冷热源机房具有装机容量低、综合能效高的特点。但是集中机房系统较大，如果其位置设置偏离冷热负荷中心较远，同样也可能导致输送能耗增加。因此，集中冷热源机房宜位于或靠近冷热负荷中心位置设置。

在实际工程中电线电缆的输送损耗也十分可观，因此应尽量减小高低压配电室与用电负荷中心的距离。

3.2　建　筑　设　计

3.2.1 强制性条文。严寒和寒冷地区建筑体形的变化直接影响建筑供暖能耗的大小。建筑体形系数越大，单位建筑面积对应的外表面面积越大，热损失越大。但是，体形系数的确定还与建筑造型、平面布局、采光通风等条件相关。随着公共建筑的建设规模不断增大，采用合理的建筑设计方案的单栋建筑面积小于 $800m^2$，其体形系数一般不会超过 0.50。研究表明，2 层～4 层的低层建筑的体形系数基本在 0.40 左右，5 层～8 层的多层建筑体形系数在 0.30 左右，高层和超高层建筑的体形系数一般小于 0.25，实际工程中，单栋面积 $300m^2$ 以下的小规模建筑，或者形状奇特的极少数建筑有可能体形系数超过 0.50。因此根据建筑体形系数的实际分布情况，从降低建筑能耗的角度出发，对严寒和寒冷地区建筑的体形系数进行控制，制定本条文。

在夏热冬冷和夏热冬暖地区，建筑体形系数对空调和供暖能耗也有一定的影响，但由于室内外的温差远不如严寒和寒冷地区大，尤其是对部分内部发热量很大的商场类建筑，还存在夜间散热问题，所以不对体形系数提出具体的要求，但也应考虑建筑体形系数对能耗的影响。

因此建筑师在确定合理的建筑形状时，必须考虑本地区的气候条件，冬、夏季太阳辐射强度、风环境、围护结构构造等多方面因素，综合考虑，兼顾不

同类型的建筑造型,尽可能地减少房间的外围护结构,使体形不要太复杂,凹凸面不要过多,以达到节能的目的。

在本条中,建筑面积应按各层外墙外包线围成的平面面积的总和计算,包括半地下室的面积,不包括地下室的面积;建筑体积应按与计算建筑面积所对应的建筑物外表面和底层地面所围成的体积计算。

3.2.2 窗墙面积比的确定要综合考虑多方面的因素,其中最主要的是不同地区冬、夏季日照情况(日照时间长短、太阳总辐射强度、阳光入射角大小)、季风影响、室外空气温度、室内采光设计标准以及外窗开窗面积与建筑能耗等因素。一般普通窗户(包括阳台门的透光部分)的保温隔热性能比外墙差很多,窗墙面积比越大,供暖和空调能耗也越大。因此,从降低建筑能耗的角度出发,必须限制窗墙面积比。

我国幅员辽阔,南北方、东西部地区气候差异很大。窗、透光幕墙对建筑能耗高低的影响主要有两个方面,一是窗和透光幕墙的热工性能影响到冬季供暖、夏季空调室内外温差传热;二是窗和幕墙的透光材料(如玻璃)受太阳辐射影响而造成的建筑室内的得热。冬季通过窗口和透光幕墙进入室内的太阳辐射有利于建筑的节能,因此,减小窗和透光幕墙的传热系数抑制温差传热是降低窗口和透光幕墙热损失的主要途径之一;夏季通过窗口和透光幕墙进入室内的太阳辐射成为空调冷负荷,因此,减少进入室内的太阳辐射以及减小窗或透光幕墙的温差传热都是降低空调能耗的途径。由于不同纬度、不同朝向的墙面太阳辐射的变化很复杂,墙面日辐射强度和峰值出现的时间是不同的,因此,不同纬度地区窗墙面积比也应有所差别。

近年来公共建筑的窗墙面积比有越来越大的趋势,这是由于人们希望公共建筑更加通透明亮,建筑立面更加美观,建筑形态更为丰富。但为防止建筑的窗墙面积比过大,本条规定要求严寒地区各单一立面窗墙面积比均不宜超过 0.60,其他地区的各单一立面窗墙面积比均不宜超过 0.70。

与非透光的外墙相比,在可接受的造价范围内,透光幕墙的热工性能要差很多。因此,不宜提倡在建筑立面上大面积应用玻璃(或其他透光材料)幕墙。如果希望建筑的立面有玻璃的质感,可使用非透光的玻璃幕墙,即玻璃的后面仍然是保温隔热材料和普通墙体。

3.2.4 玻璃或其他透光材料的可见光透射比直接影响到天然采光的效果和人工照明的能耗,因此,从节约能源的角度,除非一些特殊建筑要求隐蔽性或单向透射以外,任何情况下都不应采用可见光透射比过低的玻璃或其他透光材料。目前,中等透光率的玻璃可见光透射比都可达到 0.4 以上。根据最新公布的建筑常用的低辐射镀膜隔热玻璃的光学热工参数中,无论传热系数、太阳得热系数的高低,无论单银、双银还是三银镀膜玻璃的可见光透光率均可以保持在 45%

~85%,因此,本标准要求建筑在白昼更多利用自然光,透光围护结构的可见光透射当窗墙面积比较大时,不应小于 0.4,当窗墙面积比较小时,不应小于 0.6。

3.2.5 对本条所涉及的建筑,通过外窗透光部分进入室内的热量是造成夏季室温过热使空调能耗上升的主要原因,因此,为了节约能源,应对窗口和透光幕墙采取遮阳措施。

遮阳设计应根据地区的气候特点、房间的使用要求以及窗口所在朝向。遮阳设施遮挡太阳辐射热量的效果除取决于遮阳形式外,还与遮阳设施的构造、安装位置、材料与颜色等因素有关。遮阳装置可以设置成永久性或临时性。永久性遮阳装置包括在窗口设置各种形式的遮阳板;临时性的遮阳装置包括在窗口设置轻便的窗帘、各种金属或塑料百叶等。永久性遮阳设施可分为固定式和活动式两种。活动式的遮阳设施可根据一年中季节的变化,一天中时间的变化和天空的阴暗情况,调节遮阳板的角度。遮阳措施也可以采用各种热反射玻璃和镀膜玻璃、阳光控制膜、低发射率膜玻璃等。

夏热冬暖、夏热冬冷、温和地区的建筑以及寒冷地区冷负荷大的建筑,窗和透光幕墙的太阳辐射得热夏季增大了冷负荷,冬季则减小了热负荷,因此遮阳措施应根据负荷特性确定。一般而言,外遮阳效果比较好,有条件的建筑应提倡活动外遮阳。

本条对严寒地区未提出遮阳要求。在严寒地区,阳光充分进入室内,有利于降低冬季供暖能耗。这一地区供暖能耗在全年建筑总能耗中占主导地位,如果遮阳设施阻挡了冬季阳光进入室内,对自然能源的利用和节能是不利的。因此,遮阳措施一般不适用于严寒地区。

夏季外窗遮阳在遮挡阳光直接进入室内的同时,可能也会阻碍窗口的通风,设计时要加以注意。

3.2.7 强制性条文。夏季屋顶水平面太阳辐射强度最大,屋顶的透光面积越大,相应建筑的能耗也越大,因此对屋顶透明部分的面积和热工性能应予以严格的限制。

由于公共建筑形式的多样化和建筑功能的需要,许多公共建筑设计有室内中庭,希望在建筑的内区有一个通透明亮,具有良好的微气候及人工生态环境的公共空间。但从目前已经建成工程来看,大量的建筑中庭热环境不理想且能耗很大,主要原因是中庭透光围护结构的热工性能较差,传热损失和太阳辐射得热过大。夏热冬暖地区某公共建筑中庭进行测试结果显示,中庭四层内走廊气温达到 40℃ 以上,平均热舒适值 $PMV \geqslant 2.63$,即使采用空调室内也无法达到人们所要求的舒适温度。

对于需要视觉、采光效果而加大屋顶透光面积的建筑,如果所设计的建筑满足不了规定性指标的要求，突破了限值，则必须按本标准第3.4节的规定对该建筑进行权衡判断。权衡判断时，参照建筑的屋顶透光部分面积应符合本条的规定。

透光部分面积是指实际透光面积，不含窗框面积，应通过计算确定。

3.2.8 公共建筑一般室内人员密度比较大，建筑室内空气流动，特别是自然、新鲜空气的流动，是保证建筑室内空气质量符合国家有关标准的关键。无论在北方地区还是在南方地区，在春、秋季节和冬、夏季节的某些时段普遍有开窗加强房间通风的习惯，这也是节能和提高室内热舒适性的重要手段。外窗的可开启面积过小会严重影响建筑室内的自然通风效果，本条规定是为了使室内人员在较好的室外气象条件下，可以通过开启外窗通风来获得热舒适性和良好的室内空气品质。

近来有些建筑为了追求外窗的视觉效果和建筑立面的设计风格，外窗的可开启率有逐渐下降的趋势，有的甚至使外窗完全封闭，导致房间自然通风不足，不利于室内空气流通和散热，不利于节能。现行国家标准《民用建筑设计通则》GB 50352中规定：采用直接自然通风的房间……生活、工作的房间的通风开口有效面积不应小于该房间地板面积的1/20。这是民用建筑通风开口面积需要满足的最低规定。通过对我国南方地区建筑实测调查与计算机模拟表明：当室外干球温度不高于28℃，相对湿度80%以下，室外风速在1.5m/s左右时，如果外窗的有效开启面积不小于所在房间地面面积的8%，室内大部分区域基本能达到热舒适性水平；而当室内通风不畅或关闭外窗，室内干球温度26℃，相对湿度80%左右时，室内人员仍然感到有些闷热。人们曾对夏热冬暖地区典型城市的气象数据进行分析，从5月到10月，室外平均温度不高于28℃的天数占每月总天数，有的地区高达60%～70%，最热月也能达到10%左右，对应时间段的室外风速大多能达到1.5m/s左右。所以做好自然通风气流组织设计，保证一定的外窗可开启面积，可以减少房间空调设备的运行时间，节约能源，提高舒适性。

甲类公共建筑大多内区较大，且设计时各层房间分隔情况并不明确，因此以房间地板面积为基数规定通风开口面积会出现无法执行的情况；而以外区房间地板面积计算，会造成通风开口面积过小，不利于节能。以平层40m×40m的高层办公建筑为例，有效使用面积按67%计，即为1072m²，有效通风面积为该层地板面积5%时，相当于外墙面积的9.3%；有效通风面积为该层地板面积的8%时，相当于外墙面积的15%。考虑对于甲类建筑过大的有效通风换气面积会给建筑设计带来较大难度，因此取较低值，开启有效通风面积不小于外墙面积的10%对于100m以下的建筑设计均可做到。当条件允许时应适当增加有效

通风开口面积。

自然通风作为节能手段在体量较小的乙类建筑中能发挥更大作用，因此推荐较高值。房间面积6m（长）×8m（进深）层高3.6m的公共建筑，有效通风面积为房间地面面积的8%时，相当于外墙面积的17%。以窗墙比0.5计，为外窗面积的34%；以窗墙比0.6计，为外窗面积的28%。

3.2.9 目前7层以下建筑窗户多为内外平开、内悬内平开及推拉窗形式；高层建筑窗户则多为内悬内平开或推拉扇开启；高层建筑的玻璃幕墙开启扇大多为外上悬开启扇，目前也有极少数外平推扇开启方式。

对于推拉窗，开启扇有效通风换气面积是窗面积的50%；

对于平开窗（内外），开启扇有效通风换气面积是窗面积的100%。

内悬窗和外悬窗开启扇有效通风换气面积具体分析如下：

根据现行行业标准《玻璃幕墙工程技术规范》JGJ 102的要求："幕墙开启窗的设置，应满足使用功能和立面效果要求，并应启闭方便，避免设置在梁、柱、隔墙等位置。开启扇的开启角度不宜大于30°，开启距离不宜大于300mm。"这主要是出于安全考虑。

以扇宽1000mm，高度分别为500mm、800mm、1000mm、1200mm、1500mm、1800mm、2000mm、2500mm的外上悬扇计算空气流通界面面积，如表1所示。不同开窗角度下有效通风面积见图1。

表1　悬扇的有效通风面积计算

开启扇面积（m²）	扇高（mm）	15°开启角度		30°开启角度	
		空气界面（m²）	下缘框扇间距（mm）	空气界面（m²）	下缘框扇间距（mm）
0.5	500	0.19	130	0.38	260
0.8	800	0.37	200	0.73	400
1.0	1000	0.52	260	1.03	520
1.2	1200	0.67	311	1.34	622
1.5	1500	0.95	388	1.90	776
1.8	1800	1.28	466	2.55	932
2.0	2000	1.53	520	3.05	1040
2.5	2500	2.21	647	4.41	1294

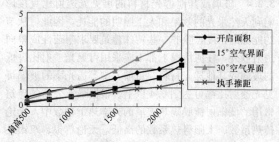

图1　不同开窗角度下有效通风面积

由表 1 中可以看出，开启距离不大于 300mm 时，"有效通风换气面积"小于开启扇面积，仅为窗面积的 19%～67%。当幕墙、外窗开启时，空气将经过两个"洞口"，一个是开启扇本身的固定洞口，一个是开启后的空气界面洞口。因此决定空气流量的是较小的洞口。如果以开启扇本身的固定洞口作为有效通风换气面积进行设计，将会导致实际换气量不足，这也是目前市场反映通风量不够的主要原因。另一方面，内开悬窗开启角度更小，约 15°左右，换气量更小。

3.2.10 公共建筑的性质决定了它的外门开启频繁。在严寒和寒冷地区的冬季，外门的频繁开启造成室外冷空气大量进入室内，导致供暖能耗增加。设置门斗可以避免冷风直接进入室内，在节能的同时，也提高门厅的热舒适性。除了严寒和寒冷地区之外，其他气候区也存在类似的现象，因此也应该采取各种可行的节能措施。

3.2.11 建筑中庭空间高大，在炎热的夏季，太阳辐射将会使中庭内温度过高，大大增加建筑物的空调能耗。自然通风是改善建筑热环境，节约空调能耗最为简单、经济，有效的技术措施。采用自然通风能提供新鲜、清洁的自然空气（新风），降低中庭内过高的空气温度，减少中庭空调的负荷，从而节约能源。而且中庭通风改善了中庭热环境，提高建筑中庭的舒适度，所以中庭通风应充分考虑自然通风，必要时设置机械排风。

由于自然风的不稳定性，或受周围高大建筑或植被的影响，许多情况下在建筑周围无法形成足够的风压，这时就需要利用热压原理来加强自然通风。它是利用建筑中庭高大空间内部的热压，即平常所讲的"烟囱效应"，使热空气上升，从建筑上部风口排出，室外新鲜的冷空气从建筑底部被吸入。室内外空气温度差越大，进排风口高度差越大，则热压作用越强。

利用风压和热压来进行自然通风往往是互为补充、密不可分的。但是，热压和风压综合作用下的自然通风非常复杂，一般来说，建筑进深小的部位多利用风压来直接通风，进深较大的部位多利用热压来达到通风的效果。风的垂直分布特性使得高层建筑比较容易实现自然通风。但对于高层建筑来说，焦点问题往往会转变为建筑内部（如中庭、内天井）及周围区域的风速是否会过大或造成紊流，新建高层建筑对于周围风环境特别是步行区域有什么影响等。在公共建筑中利用风压和热压来进行自然通风的实例是非常多的，它利用中庭的高大空间，外围护结构为双层通风玻璃幕墙，在内部的热压和外表面太阳辐射作用下，即平常所讲的"烟囱效应"热空气上升，形成良好的自然通风。

对于一些大型体育馆、展览馆、商业设施等，由于通风路径（或管道）较长，流动阻力较大，单纯依靠自然的风压，热压往往不足以实现自然通风。而对于空气和噪声污染比较严重的大城市，直接自然通风会将室外污浊的空气和噪声带入室内，不利于人体健康，在上述情况下，常采用机械辅助式自然通风系统，如利用土壤预冷、预热、深井水换热等，此类系统有一套完整的空气循环通道，并借助一定的机械方式来加速室内通风。

由于建筑朝向、形式等条件的不同，建筑通风的设计参数及结果会大相径庭；周边建筑或植被会改变风速、风向；建筑的女儿墙，挑檐，屋顶坡度等也会影响建筑围护结构表面的气流。因此建筑中庭通风设计必须具体问题具体分析，并且与建筑设计同步进行（而不是等到建筑设计完成之后再做通风设计）。

因此，若建筑中庭空间高大，一般应考虑在中庭上部的侧面开一些窗口或其他形式的通风口，充分利用自然通风，达到降低中庭温度的目的。必要时，应考虑在中庭上部的侧面设置排风机加强通风，改善中庭热环境。尤其在室外空气的焓值小于建筑室内空气的焓值时，自然通风或机械排风能有效地带走中庭内的散热量和散湿量，改善室内热环境，节约建筑能耗。

3.2.12 应优先利用建筑设计实现天然采光。当利用建筑设计实现的天然采光不能满足照明要求时，应根据工程的地理位置、日照情况进行经济、技术比较，合理的选择导光或反光装置。可采用主动式或被动式导光系统。主动式导光系统采光部分实时跟踪太阳，以获得更好的采光效果，该系统效率较高，但机械、控制较复杂，造价较高。被动式导光系统采光部分固定不动，其系统效率不如主动式系统高，但结构、控制较简单，造价低廉。自然光导光、反光系统只能用于一般照明的补充，不可用于应急照明。当采用天然光导光、反光系统时，宜采用照明控制系统对人工照明进行自动控制，有条件时可采用智能照明控制系统对人工照明进行调光控制。

3.2.13 房间内表面反射比高，对照度的提高有明显作用。可参照国家标准《建筑采光设计标准》GB 50033 的相关规定执行。

3.2.14 设置群控功能，可以最大限度地减少等候时间，减少电梯运行次数。轿厢内一段时间无预置指令时，电梯自动转为节能方式主要是关闭部分轿厢照明。高速电梯可考虑采用能量再生电梯。

在电梯设计选型时，宜选用采用高效电机或具有能量回收功能的节能型电梯。

3.3 围护结构热工设计

3.3.1、3.3.2 强制性条文。采用热工性能良好的建筑围护结构是降低公共建筑能耗的重要途径之一。我国幅员辽阔，气候差异大，各地区建筑围护结构的设计应因地制宜。在经济合理和技术可行的前提下，提高我国公共建筑的节能水平。根据建筑物所处的气候特点和技术情况，确定合理的建筑围护结构热工性能参数。

本标准修订时，建筑围护结构的热工性能参数是根据不同类型、不同气候区的典型建筑模型的最优节能方案确定的。并将同一气候区不同类型的公共建筑限值按其分布特征加权，得到该气候区公共建筑围护结构热工性能限值，再经过专家论证分析最终确定。

围护结构热工性能与投资增量经济模型的准确性是经济、技术分析的关键。非透光围护结构（外墙、屋顶）的热工性能主要以传热系数来衡量。编制组通过调研，确定了目前最常用的保温材料价格，经统计分析建立传热系数与投资增量的数学模型。对于透光围护结构，传热系数 K 和太阳得热系数 $SHGC$ 是衡量外窗、透光幕墙热工性能的两个主要指标。外窗造价与其传热系数和太阳得热系数的经济分析模型是通过对调研数据进行统计分析确定的。

外墙的传热系数采用平均传热系数，主要考虑围护结构周边混凝土梁、柱、剪力墙等"热桥"的影响，以保证建筑在冬季供暖和夏季空调时，围护结构的传热量不超过标准的要求。

本次修订以太阳得热系数（$SHGC$）作为衡量透光围护结构性能的参数，一方面在名称上更贴近人们关心的太阳辐射进入室内得热量，另一方面国外标准及主流建筑能耗模拟软件中也是以太阳得热系数（$SHGC$）作为衡量窗户或透光幕墙等透光围护结构热工性能的参数。

由于严寒 A 区的公共建筑面积仅占全国公共建筑的 0.24%，该气候区的公共建筑能耗特点和严寒 B 区相近，因此，对严寒 A 区和 B 区提出相同要求，以规定性指标作为节能设计的主要依据。严寒和寒冷地区冬季室内外温差大、供暖期长，建筑围护结构传热系数对供暖能耗影响很大，供暖期室内外温差传热的热量损失占主导地位。因此，在严寒、寒冷地区主要考虑建筑的冬季保温，对围护结构传热系数的限值要求相对高于其他气候区。在夏热冬暖和夏热冬冷地区，空调期太阳辐射得热是建筑能耗的主要原因，因此，对窗和幕墙的玻璃（或其他透光材料）的太阳得热系数的要求高于北方地区。

夏热冬冷地区要同时考虑冬季保温和夏季隔热，不同于北方供暖建筑主要考虑单向的传热过程。能耗分析结果表明，在该气候区改变围护结构传热系数时，随着 K 值的减少，能耗并非按线性规律变化；提高屋顶热工性能总是能带来更好的节能效果，但是提高外墙的热工性能时，全年供冷能耗量增加，供热能耗量减少，变化幅度接近，导致节能效果不明显。但是考虑到随着人们生活水平的日益提高，该地区对室内环境热舒适度的要求越来越高，因此对该地区围护结构保温性能的要求也作出了相应的提高。

目前以供冷为主的南方地区越来越多的公共建筑采用轻质幕墙结构，其热工性能与重型墙体差异较大。本次修订分析了轻型墙体和重型墙体结构对建筑全年能耗的影响，结果表明，建筑全年能耗随着墙体热惰性指标 D 值增大而减小。这说明，采用轻质幕墙结构时，只对传热系数进行要求，难以保证墙体的节能性能。通过调查分析，常用轻质幕墙结构的热惰性指标集中在 2.5 以下，故以 $D=2.5$ 为界，分别给出传热系数限值，通过热惰性指标和传热系数同时约束。

夏热冬暖地区主要考虑建筑的夏季隔热。该地区太阳辐射通过透光围护结构进入室内的热量是夏季冷负荷的主要成因，所以对该地区透光围护结构的遮阳性能要求较高。

当建筑师追求通透、大面积使用透光幕墙时，要根据建筑所处的气候区和窗墙面积比选择玻璃（或其他透光材料），使幕墙的传热系数和玻璃（或其他透光材料）的热工性能符合本标准的规定。为减少做权衡判断的机会，方便设计，本次修订对窗墙面积比大于 0.70 的情况，也做了节能性等效的热工权衡计算，并给出其热工性能限值。当采用较大的窗墙面积比时，其透光围护结构的热工性能所要达到的要求也更高，需要付出的经济代价也更大。但正常情况下，建筑应采用合理的窗墙面积比，尽量避免采用大窗墙面积比的设计方案。通常，窗墙面积比不宜大于 0.7。乙类建筑的建筑面积小，其能耗总量也小，可适当放宽对该类建筑的围护结构热工性能要求，以简化该类建筑的节能设计，提高效率。

在严寒和寒冷地区，如果建筑物地下室外墙的热阻过小，墙的传热量会很大，内表面尤其是墙角部位容易结露。同样，如果与土壤接触的地面热阻过小，地面的传热量也会很大，地表面也容易结露或产生冻脚现象。因此，从节能和卫生的角度出发，要求这些部位必须达到防止结露或产生冻脚的热阻值。因此对地面和地下室外墙的热阻作出了规定。为方便计算本标准只对保温材料层的热阻性能提出要求，不包括土壤和混凝土地面。周边地面是指室内距外墙内表面 2m 以内的地面。

温和地区气候温和，近年来，为满足旅游业和经济发展的需要，主要公共建筑都配置了供暖空调设施，公共建筑能耗逐年呈上升趋势。目前国家在大力推广被动建筑，提出被动优先、主动优化的原则，而在温和地区，被动技术是最适宜的技术，因此，从控制供暖空调能耗和室内热环境角度，对围护结构提出一定的保温、隔热性能要求有利于该地区建筑节能工作，也符合国家提出的可持续发展理念。

温和 A 区的采暖度日数与夏热冬冷地区一致，温和 B 区的采暖度日数与夏热冬暖地区一致，因此，对于温和 A 区，从控制供暖能耗角度，其围护结构保温性能宜与具有相同采暖度日数的地区一致，一方面可以有效降低供暖能耗，另一方面围护结构热工性能的提升也将有效改善室内热舒适性，有利于减少供暖系统的设置和使用。温和地区空调度日数远小于夏热冬冷地区，但温和地区所处地理位置普遍海拔高、纬度低，太阳高度角较高、辐射强，空气透明度大，多数地区太阳年日照小时数为 2100h～2300h，年太阳能总辐照量 4500MJ/m² ～6000MJ/m²，太阳辐射是导致室内过热的主要原因。因此，要求其遮阳性能分别与相邻气候区一致，不仅能有效降低能耗，而且可以明显改善夏季室内热环境，为采用通风手段满足室内热舒适度、尽量减少空调系统的使用提供可能。但考虑到该地区经济社会发展水平相对滞后、能源资源条件有限，且温和地区建筑能耗总量占比较低，因此，本标准对温和 A 区围护结构保温性能的要求低于相同采暖度日数的夏热冬冷地区；对温和 B 区，也只对其遮阳性能提出要求，而对围护结构保温性能不作要求。

由于温和地区的乙类建筑通常不设置供暖和空调系统，因此未对其围护结构热工性能作出要求。

3.3.3 本条是对本标准第 3.3.1 条和 3.3.2 条中热工性能参数的计算方法进行规定。建筑围护结构热工性能参数是本标准衡量围护结构节能性能的重要指标。计算时应符合现行国家标准《民用建筑热工设计规范》GB 50176 的有关规定。

围护结构设置保温层后，其主断面的保温性能比较容易保证，但梁、柱、窗口周边和屋顶突出部分等结构性热桥的保温通常比较薄弱，不经特殊处理会影响建筑的能耗，因此本标准规定的外墙传热系数是包括结构性热桥在内的平均传热系数，并在附录 A 对计算方法进行了规定。

外窗（包括透光幕墙）的热工性能，主要指传热系数和太阳得热系数，受玻璃系统的性能、窗框（或框架）的性能以及窗框（或框架）和玻璃系统的面积比例等影响，计算时应符合《民用建筑热工设计规范》GB 50176 的规定。

外遮阳构件是改善外窗（包括透光幕墙）太阳得热系数的重要技术措施。有外遮阳时，本标准第 3.3.1 条和 3.3.2 条中外窗（包括透光幕墙）的遮阳性能应为由外遮阳构件和外窗（包括透光幕墙）组成的外窗（包括透光幕墙）系统的综合太阳得热系数。外遮阳构件的遮阳系数计算应符合《民用建筑热工设计规范》GB 50176 的规定。需要注意的是，外窗（包括透光幕墙）的太阳得热系数的计算不考虑内遮阳构件的影响。

3.3.4 围护结构中窗过梁、圈梁、钢筋混凝土抗震柱、钢筋混凝土剪力墙、梁、柱、墙体和屋面及地面相接触部位的传热系数远大于主体部位的传热系数，形成热流密集通道，即为热桥。对这些热工性能薄弱

的环节，必须采取相应的保温隔热措施，才能保证围护结构正常的热工状况和满足建筑室内人体卫生方面的基本要求。

热桥部位的内表面温度规定要求的目的主要是防止冬季供暖期间热桥内外表面温差小，内表面温度容易低于室内空气露点温度，造成围护结构热桥部位内表面产生结露，使围护结构内表面材料受潮、长霉，影响室内环境。因此，应采取保温措施，减少围护结构热桥部位的传热损失。同时也可避免夏季空调期间这些部位传热过大导致空调能耗增加。

3.3.5 公共建筑一般对室内环境要求较高，为了保证建筑的节能，要求外窗具有良好的气密性能，以抵御夏季和冬季室外空气过多地向室内渗漏，因此对外窗的气密性能要有较高的要求。根据国家标准《建筑外门窗气密、水密、抗风压性能分级及检测方法》GB/T 7106 - 2008，建筑外门窗气密性 7 级对应的分级指标绝对值为：单位缝长 $1.0 \geqslant q_1 [m^3/(m \cdot h)] > 0.5$，单位面积 $3.0 \geqslant q_2 [m^3/(m^2 \cdot h)] > 1.5$；建筑外门窗气密性 6 级对应的分级指标绝对值为：单位缝长 $1.5 \geqslant q_1 [m^3/(m \cdot h)] > 1.0$，单位面积 $4.5 \geqslant q_2 [m^3/(m^2 \cdot h)] > 3.0$。建筑外门窗气密性 4 级对应的分级指标绝对值为：单位缝长 $2.5 \geqslant q_1 [m^3/(m \cdot h)] > 2.0$，单位面积 $7.5 \geqslant q_2 [m^3/(m^2 \cdot h)] > 6.0$。

3.3.6 目前国内的幕墙工程，主要考虑幕墙围护结构的结构安全性、日光照射的光环境、隔绝噪声、防止雨水渗透以及防火安全等方面的问题，较少考虑幕墙围护结构的保温隔热、冷凝等热工节能问题。为了节约能源，必须对幕墙的热工性能作出明确的规定。这些规定已经体现在第 3.3.1、3.3.2 条中。

由于透光幕墙的气密性能对建筑能耗也有较大的影响，为了达到节能目标，本条文对透光幕墙的气密性也作了明确的规定。根据国家标准《建筑幕墙》GB/T 21086 - 2007，建筑幕墙开启部分气密性 3 级对应指标为 $1.5 \geqslant q_L [m^3/(m \cdot h)] > 0.5$，建筑幕墙整体气密性 3 级对应指标为 $1.2 \geqslant q_A [m^3/(m^2 \cdot h)] > 0.5$。

3.3.7 强制性条文。由于功能要求，公共建筑的入口大堂可能采用玻璃肋式的全玻幕墙，这种幕墙形式难于采用中空玻璃，为保证设计师的灵活性，本条仅对入口大堂的非中空玻璃构成的全玻幕墙进行特殊要求。为了保证围护结构的热工性能，必须对非中空玻璃的面积加以控制，底层大堂非中空玻璃构成的全玻幕墙的面积不应超过同一立面的门窗和透光幕墙总面积的 15%，加权计算得到的平均传热系数应符合本标准第 3.3.1 条和第 3.3.2 条的要求。

3.4 围护结构热工性能的权衡判断

3.4.1 为防止建筑物围护结构的热工性能存在薄弱环节，因此设定进行建筑围护结构热工性能权衡判断计算的前提条件。除温和地区以外，进行权衡判断的

甲类公共建筑首先应符合本标准表 3.4.1 的性能要求。当不符合时，应采取措施提高相应热工设计参数，使其达到基本条件后方可按照本节规定进行权衡判断，满足本标准节能要求。建筑围护结构热工性能判定逻辑关系如图 2 所示。

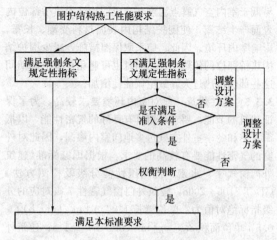

图 2　围护结构热工性能判定逻辑关系

　　根据实际工程经验，与非透光围护结构相比，外窗（包括透光幕墙）更容易成为建筑围护结构热工性能的薄弱环节，因此对窗墙面积比大于 0.4 的情况，规定了外窗（包括透光幕墙）的基本要求。

3.4.2　公共建筑的设计往往着重考虑建筑外形立面和使用功能，有时由于建筑外形、材料和施工工艺条件等的限制难以完全满足本标准第 3.3.1 条的要求。因此，使用建筑围护结构热工性能权衡判断方法在确保所设计的建筑能够符合节能设计标准的要求的同时，尽量保证设计方案的灵活性和建筑师的创造性。权衡判断不拘泥于建筑围护结构各个局部的热工性能，而是着眼于建筑物总体热工性能是否满足节能标准的要求。优良的建筑围护结构热工性能是降低建筑能耗的前提，因此建筑围护结构的权衡判断只针对建筑围护结构，允许建筑围护结构热工性能的互相补偿（如建筑设计方案中的外墙热工性能达不到本标准的要求，但外窗的热工性能高于本标准要求，最终使建筑物围护结构的整体性能达到本标准的要求），不允许使用高效的暖通空调系统对不符合本标准要求的围护结构进行补偿。

　　自 2005 版标准使用建筑围护结构权衡判断方法以来，该方法已经成为判定建筑物围护结构热工性能的重要手段之一，并得到了广泛地应用，保证了标准的有效性和先进性。但经过几年来的大规模应用，该方法也暴露出一些不完善之处。主要体现在设计师对方法的理解不够透彻，计算中一些主要参数的要求不够明确，工作量大，导致存在通过权衡判断的建筑的围护结构整体热工性能达不到标准要求的情况。本次修订通过软件比对、大量算例计算，对权衡判断方法

进行了完善和补充，提高了方法的可操作性和有效性。

3.4.3　权衡判断是一种性能化的设计方法，具体做法就是先构想出一栋虚拟的建筑，称之为参照建筑，然后分别计算参照建筑和实际设计的建筑全年供暖和空调能耗，并依照这两个能耗的比较结果作出判断。当实际设计的建筑能耗大于参照建筑的能耗时，调整部分设计参数（例如提高窗户的保温隔热性能、缩小窗户面积等），重新计算设计建筑的能耗，直至设计建筑的能耗不大于参照建筑的能耗为止。

　　每一栋实际设计的建筑都对应一栋参照建筑。与实际设计的建筑相比，参照建筑除了在实际设计建筑不满足本标准的一些重要规定之处作了调整以满足本标准要求外，其他方面都相同。参照建筑在建筑围护结构的各个方面均应完全符合本标准的规定。

3.4.4　参照建筑是进行围护结构热工性能权衡判断时，作为计算满足标准要求的全年供暖和空气调节能耗用的基准建筑。所以参照建筑围护结构的热工性能参数应按本标准第 3.3.1 条的规定取值。

　　建筑外墙和屋面的构造、外窗（包括透光幕墙）的太阳得热系数都与供暖和空调能耗直接相关，因此参照建筑的这些参数必须与设计建筑完全一致。

3.4.5　权衡计算的目的是对围护结构的整体热工性能进行判断，是一种性能化评价方法，判断的依据是在相同的外部环境、相同的室内参数设定、相同的供暖空调系统的条件下，参照建筑和设计建筑的供暖、空调的总能耗。用动态方法计算建筑的供暖和空调能耗是一个非常复杂的过程，很多细节都会影响能耗的计算结果。因此，为了保证计算的准确性，本标准在附录 B 对权衡计算方法和参数设置等作出具体的规定。

　　需要指出的是，进行权衡判断时，计算出的是某种"标准"工况下的能耗，不是实际的供暖和空调能耗。本标准在规定这种"标准"工况时尽量使它合理并接近实际工况。

　　权衡判断计算后，设计人员应按本标准附录 C 提供计算依据的原始信息和计算结果，便于审查及判定。

4　供暖通风与空气调节

4.1　一般规定

4.1.1　强制性条文。为防止有些设计人员错误地利用设计手册中供方案设计或初步设计时估算用的单位建筑面积冷、热负荷指标，直接作为施工图设计阶段确定空调的冷、热负荷的依据，特规定此条为强制要求。用单位建筑面积冷、热负荷指标估算时，总负荷计算结果偏大，从而导致了装机容量偏大、管道直径

偏大、水泵配置偏大、末端设备偏大的"四大"现象。其直接结果是初投资增高、能量消耗增加，给国家和投资人造成巨大损失。热负荷、空调冷负荷的计算应符合国家标准《民用建筑供暖通风与空气调节设计规范》GB 50736－2012 的有关规定，该标准中第5.2节和第7.2节分别对热负荷、空调冷负荷的计算进行了详细规定。

需要说明的是，对于仅安装房间空气调节器的房间，通常只做负荷估算，不做空调施工图设计，所以不需进行逐项逐时的冷负荷计算。

4.1.2 严寒A区和严寒B区供暖期长，不论在降低能耗或节省运行费用方面，还是提高室内舒适度、兼顾值班供暖等方面，通常采用热水集中供暖系统更为合理。

严寒C区和寒冷地区公共建筑的冬季供暖问题涉及很多因素，因此要结合实际工程通过具体的分析比较、优选后确定是否另设置热水集中供暖系统。

4.1.3 提倡低温供暖、高温供冷的目的：一是提高冷热源效率，二是可以充分利用天然冷热源和低品位热源，尤其在利用可再生能源的系统中优势更为明显，三是可以与辐射末端等新型末端配合使用，提高房间舒适度。本条实施的一个重要前提是分析系统设计的技术经济性。例如，对于集中供暖系统，使用锅炉作为热源的供暖系统采用低温供暖不一定能达到节能的目的；单纯提高冰蓄冷系统供水温度不一定合理，需要考虑投资和节能的综合效益。此外，低温供热或高温供冷通常会导致投资的增加，因而在方案选择阶段进行经济技术比较后确定热媒温度是十分必要的。

4.1.4 建筑通风被认为是消除室内空气污染、降低建筑能耗的最有效手段。当采用通风可以满足消除余热余湿要求时，应优先使用通风措施，可以大大降低空气处理的能耗。自然通风主要通过合理适度地改变建筑形式，利用热压和风压作用形成有组织气流，满足室内通风要求、减少能耗。复合通风系统与传统通风系统相比，最主要的区别在于通过智能化的控制与管理，在满足室内空气品质和热舒适的前提下，使一天的不同时刻或一年的不同季节交替或联合运行自然或机械通风系统以实现节能。

4.1.5 分散设置的空调装置或系统是指单一房间独立设置的蒸发冷却方式或直接膨胀式空调系统（或机组），包括为单一房间供冷的水环热泵系统或多联机空调系统。直接膨胀式与蒸发冷却式空调系统（或机组）的冷、热源的原理不同：直接膨胀式采用的是冷媒通过制冷循环而得到需要的空调冷、热源或空调冷、热风；而蒸发冷却式则主要依靠天然的干燥冷空气或天然的低温冷水来得到需要的空调冷、热源或空调冷、热风，在这一过程中没有制冷循环的过程。直接膨胀式又包括了风冷式和水冷式两类。这种分散式

的系统更适宜应用在部分时间部分空间供冷的场所。

当建筑全年供冷需求的运行时间较少时，如果采用设置冷水机组的集中供冷空调系统，会出现全年集中供冷系统设备闲置时间长的情况，导致系统的经济性较差；同理，如果建筑全年供暖需求的时间少，采用集中供暖系统也会出现类似情况。因此，如果集中供冷、供暖的经济性不好，宜采用分散式空调系统。从目前情况看：建议可以以全年供冷运行季节时间3个月（非累积小时）和年供暖运行季节时间2个月，来作为上述的时间分界线。当然，在有条件时，还可以采用全年负荷计算与分析方法，或者通过供冷与供暖的"度日数"等方法，通过经济分析来确定。分散设置的空调系统，虽然设备安装容量下的能效比低于集中设置的冷（热）水机组或供热、换热设备，但其使用灵活多变，可适应多种用途、小范围的用户需求。同时，由于它具有容易实现分户计量的优点，能对行为节能起到促进作用。

对于既有建筑增设空调系统时，如果设置集中空调系统，在机房、管道设置方面存在较大的困难时，分散设置空调系统也是一个比较好的选择。

4.1.6 温湿度独立控制空调系统将空调区的温度和湿度的控制与处理方式分开进行，通常是由干燥的新风来负担室内的湿负荷，用高温末端来负担室内的显热负荷，因此空气除湿后无需再热升温，消除了再热能耗。同时，降温所需要的高温冷源可由多种方式获得，其冷媒温度高于常规冷却除湿联合进行时的冷媒温度要求，即使采用人工冷源，系统制冷能效比也高于常规系统，因此冷源效率得到了大幅提升。再者，夏季采用高温末端之后，末端的换热能力增大，冬季的热媒温度可明显低于常规系统，这为使用可再生能源等低品位能源作为热源提供了条件。但目前处理潜热的技术手段还有待提高，设计不当则会导致投资过高或综合节能效益不佳，无法体现温湿度独立控制系统的优势。因此，温湿度独立控制空调系统的设计，需注意解决好以下问题：

1 除湿方式和高温冷源的选择

1）对于我国的潮湿地区［空气含湿量高于12g/（kg·干空气）］，引入的新风应进行除湿处理，达到设计要求的含湿量之后再送入房间。设计者应通过对空调区全年温湿度要求的分析，合理采用各种除湿方式。如果空调区全年允许的温、湿度变化范围较大，冷却除湿能够满足使用要求，也是可应用的除湿方式之一。对于干燥地区，将室外新风直接引入房间（干热地区可能需要适当的降温，但不需要专门的除湿措施），即可满足房间的除湿要求。

2）人工制取高温冷水、高温冷媒系统、蒸发冷却等方式或天然冷源（如地表水、地下

水等），都可作为温湿度独立控制系统的高温冷源。因此应对建筑所在地的气候特点进行分析论证后合理采用，主要的原则是：尽可能减少人工冷源的使用。

   2 考虑全年运行工况，充分利用天然冷源

   1）由于全年室外空气参数的变化，设计采用人工冷源的系统，在过渡季节也可直接应用天然冷源或可再生能源等低品位能源。例如：在室外空气的湿球温度较低时，应采用冷却塔制取的16℃～18℃高温冷水直接供冷；与采用7℃冷水的常规系统相比，前者全年冷却塔供冷的时间远远多于后者，从而减少了冷水机组的运行时间。

   2）当冬季供热与夏季供冷采用同一个末端设备时，例如夏季采用干式风机盘管或辐射末端设备，一般冬季采用同一末端时的热水温度在30℃/40℃即可满足要求，如果有低品位可再生热源，则应在设计中充分考虑和利用。

   3 不宜采用再热方式

   温湿度独立控制空调系统的优势即为温度和湿度的控制与处理方式分开进行，因此空气处理时通常不宜采用再热升温方式，避免造成能源的浪费。在现有的温湿度独立控制系统的设备中，有采用热泵蒸发器冷却除湿后，用冷凝热再热的方式。也有采用表冷器除湿后用排风、冷却水等进行再热的措施。它们的共同特点是：再热利用的是废热，但会造成冷量的浪费。

4.1.7 温湿度要求不同的空调区不应划分在同一个空调风系统中是空调风系统设计的一个基本要求，这也是多数设计人员都能够理解和考虑到的。但在实际工程设计中，一些设计人员忽视了不同空调区在使用时间等要求上的区别，出现了把使用时间不同的空气调节区划分在同一个定风量全空气风系统中的情况，不仅给运行与调节造成困难，同时也增大了能耗，为此强调应根据使用要求来划分空调风系统。

4.2 冷源与热源

4.2.1 冷源与热源包括冷热水机组、建筑内的锅炉和换热设备、蒸发冷却机组、多联机、蓄能设备等。

   建筑能耗占我国能源总消费的比例已达27.5%，在建筑能耗中，暖通空调系统和生活热水系统耗能比例接近60%。公共建筑中，冷、热源的能耗占空调系统能耗40%以上。当前，各种机组、设备类型繁多，电制冷机组、溴化锂吸收式机组及蓄冷蓄热设备等各具特色，地源热泵、蒸发冷却等利用可再生能源或天然冷源的技术应用广泛。由于使用这些机组和设备时会受到能源、环境、工程状况、使用时间及要求等多种因素的影响和制约，因此应客观全面地对冷热源方案进行技术经济比较分析，以可持续发展的思路确定合理的冷热源方案。

   1 热源应优先采用废热或工业余热，可变废为宝，节约资源和能耗。当废热或工业余热的温度较高、经技术经济论证合理时，冷源宜采用吸收式冷水机组，可以利用废热或工业余热制冷。

   2 面对全球气候变化，节能减排和发展低碳经济成为各国共识。我国政府于2009年12月在丹麦哥本哈根举行的《联合国气候变化框架公约》大会上，提出2020年我国单位国内生产总值二氧化碳排放比2005年下降40%～45%。随着《中华人民共和国可再生能源法》、《中华人民共和国节约能源法》、《民用建筑节能条例》、《可再生能源中长期发展规划》等一系列法规的出台，政府一方面利用大量补贴、税收优惠政策来刺激清洁能源产业发展；另一方面也通过法规，帮助能源公司购买、使用可再生能源。因此，地源热泵系统、太阳能热水器等可再生能源技术应用的市场发展迅猛，应用广泛。但是，由于可再生能源的利用与室外环境密切相关，从全年使用角度考虑，并不是任何时候都可以满足应用需求，因此当不能保证时，应设置辅助冷、热源来满足建筑的需求。

   3 发展城镇集中热源是我国北方供暖的基本政策，发展较快，较为普遍。具有城镇或区域集中热源时，集中式空调系统应优先采用。

   4 电动压缩式机组具有能效高、技术成熟、系统简单灵活、占地面积小等特点，因此在城市电网夏季供电充足的区域，冷源宜采用电动压缩式机组。

   5 对于既无城市热网，也没有较充足的城市供电的地区，采用电能制冷会受到较大的限制，如果其城市燃气供应充足的话，采用燃气锅炉、燃气热水机作为空调供热的热源和燃气吸收式冷（温）水机组作为空调冷源是比较合适的。

   6 既无城市热网，也无燃气供应的地区，集中空调系统只能采用燃煤或者燃油来提供空调热源和冷源。采用燃油时，可以采用燃油吸收式冷（温）水机组。采用燃煤时，则只能通过设置吸收式冷水机组来提供空调冷源。这种方式应用时，需要综合考虑燃油的价格和当地环保要求。

   7 在高温干燥地区，可通过蒸发冷却方式直接提供用于空调系统的冷水，减少了人工制冷的能耗，符合条件的地区应优先推广采用。通常来说，当室外空气的露点温度低于15℃时，采用间接式蒸发冷却方式，可以得到接近16℃的空调冷水来作为空调系统的冷源。直接水冷式系统包括水冷式蒸发冷却、冷却塔冷却、蒸发冷凝等。

   8 从节能角度来说，能源应充分考虑梯级利用，例如采用热、电、冷联产的方式。《中华人民共和国节约能源法》明确提出："推广热电联产，集中供热，提高热电机组的利用率，发展热能梯级利用技术，热、电、冷联产技术和热、电、煤气三联供技术，提高热能综合利用率。"大型热电冷联产是利用热电系统发展供热、供电和供冷为一体的能源综合利用系统。冬季利用热电厂的热源供热，夏季采用溴化锂吸收式制冷机供冷，使热电厂冬夏负荷平衡，高效经济运行。

9 水环热泵空调系统是用水环路将小型的水/空气热泵机组并联在一起，构成一个以回收建筑物内部余热为主要特点的热泵供暖、供冷的空调系统。需要长时间向建筑物同时供热和供冷时，可节省能源和减少向环境排热。

水环热泵空调系统具有以下优点：

1）实现建筑内部冷、热转移；

2）可独立计量；

3）运行调节比较方便，在需要长时间向建筑同时供热和供冷时，能够减少建筑外提供的供热量而节能。

但由于水环热泵系统的初投资相对较大，且因为分散设置后每个压缩机的安装容量较小，使得 COP 值相对较低，从而导致整个建筑空调系统的电气安装容量相对较大，因此，在设计选用时，需要进行较细的分析。从能耗上看，只有当冬季建筑物内存在明显可观的冷负荷时，才具有较好的节能效果。

10 蓄能系统的合理使用，能够明显提高城市或区域电网的供电效率，优化供电系统，转移电力高峰，平衡电网负荷。同时，在分时电价较为合理的地区，也能为用户节省全年运行电费。为充分利用现有电力资源，鼓励夜间使用低谷电，国家和各地区电力部门制定了峰谷电价差政策。

11 热泵系统属于国家大力提倡的可再生能源的应用范围，有条件时应积极推广。但是，对于缺水、干旱地区，采用地表水或地下水存在一定的困难，因此，中、小型建筑宜采用空气源或土壤源热泵系统为主（对于大型工程，由于规模等方面的原因，系统的应用可能会受到一些限制）；夏热冬冷地区，空气源热泵的全年能效比较好，因此推荐使用；而当采用土壤源热泵系统时，中、小型建筑空调冷、热负荷的比例比较容易实现土壤全年的热平衡，因此也推荐使用。对于水资源严重短缺的地区，不但地表水或地下水的使用受到限制，集中空调系统的冷却水在全年运行过程中，水量消耗较大的缺点也会凸现出来，因此，这些地区不应采用消耗水资源的空调系统形式和设备（例如冷却塔、蒸发冷却等），而宜采用风冷式机组。

12 当天然水可以有效利用或浅层地下水能够确保100%回灌时，也可以采用地表水或地下水源地源热泵系统，有效利用可再生能源。

13 由于可供空气调节的冷热源形式越来越多，节能减排的形势要求下，出现了多种能源形式向一个

空调系统供能的状况，实现能源的梯级利用、综合利用、集成利用。当具有电、城市供热、天然气、城市煤气等多种人工能源以及多种可能利用的天然能源形式时，可采用几种能源合理搭配作为空调冷热源，如"电+气"、"电+蒸汽"等。实际上很多工程都通过技术经济比较后采用了复合能源方式，降低了投资和运行费用，取得了较好的经济效益。城市的能源结构若是几种共存，空调也可适应城市的多元化能源结构，用能源的峰谷季节差价进行设备选型，提高能源的一次能效，使用户得到实惠。

4.2.2 强制性条文。合理利用能源、提高能源利用率、节约能源是我国的基本国策。我国主要以燃煤发电为主，直接将燃煤发电生产出的高品位电能转换为低品位的热能进行供暖，能源利用效率低，应加以限制。考虑到国内各地区的具体情况，只有在符合本条所指的特殊情况时方可采用。

1 随着我国电力事业的发展和需求的变化，电能生产方式和应用方式均呈现出多元化趋势。同时，全国不同地区电能的生产、供应与需求也是不相同的，无法做到一刀切的严格规定和限制。因此如果当地电能富裕、电力需求侧管理从发电系统整体效率角度，有明确的供电政策支持时，允许适当采用直接电热。

2 对于一些具有历史保护意义的建筑，或者消防及环保有严格要求无法设置燃气、燃油或燃煤区域的建筑，由于这些建筑通常规模都比较小，在迫不得已的情况下，也允许适当地采用电进行供热，但应在征求消防、环保等部门的批准后才能进行设计。

3 对于一些设置了夏季集中空调供冷的建筑，其个别局部区域（例如：目前在一些南方地区，采用内、外区合一的变风量系统且加热量非常低时——有时采用窗边风机及低容量的电热加热、建筑屋顶的局部水箱间为了防冻需求等）有时需要加热，如果为这些要求专门设置空调热水系统，难度较大或者条件受到限制或者投入非常高。因此，如果所需要的直接电能供热负荷非常小（不超过夏季空调供冷时冷源设备电气安装容量的20%）时，允许适当采用直接电热方式。

4 夏热冬暖或部分夏热冬冷地区冬季供热时，如果没有区域或集中供热，热泵是一个较好的方案。但是，考虑到建筑的规模、性质以及空调系统的设置情况，某些特定的建筑，可能无法设置热泵系统。当这些建筑冬季供热设计负荷较小，当地电力供应充足，且具有峰谷电差政策时，可利用夜间低谷电蓄热方式进行供暖，但电炉不得在用电高峰和平段时间启用。为了保证整个建筑的变压器装机容量不因冬季采用电热方式而增加，要求冬季直接电能供热负荷不超过夏季空调供冷负荷的20%，且单位建筑面积的直接电能供热总安装容量不超过20W/m²。

5 如果建筑本身设置了可再生能源发电系统（例如利用太阳能光伏发电、生物质能发电等），且发电量能够满足建筑本身的电热供暖需求，不消耗市政电能时，为了充分利用其发电的能力，允许采用这部分电能直接用于供暖。

4.2.3 强制性条文。在冬季无加湿用蒸汽源，但冬季室内相对湿度的要求较高且对加湿器的热惰性有工艺要求（例如有较高恒温恒湿要求的工艺性房间），或对空调加湿有一定的卫生要求（例如无菌病房等），不采用蒸汽无法实现湿度的精度要求时，才允许采用电极（或电热）式蒸汽加湿器。

4.2.4 本条中各款提出的是选择锅炉时应注意的问题，以便能在满足全年变化的热负荷前提下，达到高效节能运行的要求。

1 供暖及空调热负荷计算中，通常不计入灯光设备等得热，而将其作为热负荷的安全余量。但灯光设备等得热远大于管道热损失，所以确定锅炉房容量时无需计入管道热损失。负荷率不低于50%即锅炉单台容量不低于其设计负荷的50%。

2 燃煤锅炉低负荷运行时，热效率明显下降，如果能使锅炉的额定容量与长期运行的实际负荷接近，会得到较高的热效率。作为综合建筑的热源往往长时间在很低的负荷率下运行，由此基于长期热效率高的原则确定单台锅炉容量很重要，不能简单地等容量选型。但在保证较高的长期热效率的前提下，又以等容量选型最佳，因为这样投资节约、系统简洁、互备性好。

3 冷凝式锅炉即在传统锅炉的基础上加设冷凝式热交换受热面，将排烟温度降到40℃～50℃，使烟气中的水蒸气冷凝下来并释放潜热，可以使热效率提高到100%以上（以低位发热量计算），通常比非冷凝式锅炉的热效率至少提高10%～12%。燃料为天然气时，烟气的露点温度一般在55℃左右，所以当系统回水温度低于50℃，采用冷凝式锅炉可实现节能。

4.2.5 强制性条文。中华人民共和国国家质量监督检验检疫总局颁布的特种设备安全技术规范《锅炉节能技术监督管理规程》TSG G0002-2010中，工业锅炉热效率指标分为目标值和限定值，达到目标值可以作为评价工业锅炉节能产品的条件之一。条文表中数值为该规程规定限定值，选用设备时必须要满足。

4.2.6 与蒸汽相比，热水作为供热介质的优势早已被实践证明，所以强调优先以水为锅炉供热介质的理念。但当蒸汽热负荷比例大，而总热负荷不大时，分设蒸汽供热与热水供热系统，往往导致系统复杂、投资偏高、锅炉选型困难，而且节能效果有限，所以此时统一供热介质，技术经济上往往更合理。

超高层建筑采用蒸汽供暖弊大于利，其优点在于比水供暖所需的管道尺寸小，换热器经济性更好，但由于

介质温度高，竖向长距离输送，汽水管道易腐蚀等因素，会带来安全、管理的诸多困难。

4.2.7 在大中型公共建筑中，或者对于全年供冷负荷变化幅度较大的建筑，冷水（热泵）机组的台数和容量的选择，应根据冷（热）负荷大小及变化规律确定，单台机组制冷量的大小应合理搭配，当单机容量调节下限的制冷量大于建筑物的最小负荷时，可选一台适合最小负荷的冷水机组，在最小负荷时开启小型制冷系统满足使用要求，这种配置方案已在许多工程中取得很好的节能效果。如果每台机组的装机容量相同，此时也可以采用一台或多台变频调速机组的方式。

对于设计冷负荷大于528kW以上的公共建筑，机组设置不宜少于两台，除可提高安全可靠性外，也可达到经济运行的目的。因特殊原因仅能设置一台时，应选用可靠性高，部分负荷能效高的机组。

4.2.8 强制性条文。从目前实际情况来看，舒适性集中空调建筑中，几乎不存在冷源的总供冷量不够的问题，大部分情况下，所有安装的冷水机组一年中同时满负荷运行的时间没有出现过，甚至一些工程所有机组同时运行的时间也很短或者没有出现过。这说明相当多的制冷站房的冷水机组总装机容量过大，实际上造成了投资浪费。同时，由于单台机组装机容量也同时增加，还导致了其在低负荷工况下运行，能效降低。因此，对设计的装机容量作出了本条规定。

目前大部分主流厂家的产品，都可以按照设计冷量的需求来提供冷水机组，但也有一些产品采用"系列化或规格化"生产。为了防止冷水机组的装机容量选择过大，本条对总容量进行了限制。

对于一般的舒适性建筑而言，本条规定能够满足使用要求。对于某些特定的建筑必须设置备用冷水机组时（例如某些工艺要求必须24h保证供冷的建筑等），其备用冷水机组的容量不统计在本条规定的装机容量之中。

应注意：本条提到的比值不超过1.1，是一个限制值。设计人员不应理解为选择设备时的"安全系数"。

4.2.9 分布式能源站作为冷热源时，需优先考虑使用热电联产产生的废热，综合利用能源，提高能源利用效率。热电联产如果仅考虑如何用热，而电力只是并网上网，就失去了分布式能源就地发电（site generation）的意义，其综合能效还不及燃气锅炉，在现行上网电价条件下经济效益也很差，必须充分发挥自身产生电力的高品位能源价值。

采用热泵后综合一次能效理论上可以达到2.0以上，经济收益也可提高1倍左右。

4.2.10、4.2.11 第4.2.10条是强制性条文。随着人民生活水平的不断提高，建筑业的持续发展，公共建筑中空调的使用进一步普及，我国已成为冷水机组

的制造大国，也是冷水机组的主要消费国，直接推动了冷水机组的产品性能和质量的提升。

冷水机组是公共建筑集中空调系统的主要耗能设备，其性能很大程度上决定了空调系统的能效。而我国地域辽阔，南北气候差异大，严寒地区公共建筑中的冷水机组夏季运行时间较短，从北到南，冷水机组的全年运行时间不断延长，而夏热冬暖地区部分公共建筑中的冷水机组甚至需要全年运行。在经济和技术分析的基础上，严寒寒冷地区冷水机组性能适当提升，建筑围护结构性能作较大幅度的提升；夏热冬冷和夏热冬暖地区，冷水机组性能提升较大，建筑围护结构热工性能作小幅提升。保证全国不同气候区达到一致的节能率。因此，本次修订根据冷水机组的实际运行情况及其节能潜力，对各气候区提出不同的限值要求。

实际运行中，冷水机组绝大部分时间处于部分负荷工况下运行，只选用单一的满负荷性能指标来评价冷水机组的性能不能全面地体现冷水机组的真实能效，还需考虑冷水机组在部分负荷运行时的能效。发达国家也多将综合部分负荷性能系数（IPLV）作为冷水机组性能的评价指标，美国供暖、制冷与空调工程师学会（ASHRAE）标准 ASHARE90.1-2013 以 COP 和 IPLV 作为评价指标，提供了 Path A 和 Path B 两种等效的办法，并给出了相应的限值。因此，本次修订对冷水机组的满负荷性能系数（COP）以及水冷冷水机组的综合部分负荷性能系数（IPLV）均作出了要求。

编制组调研了国内主要冷水机组生产厂家，获得不同类型、不同冷量和性能水平的冷水机组在不同城市的销售数据，对冷水机组性能和价格进行分析，确定我国冷水机组的性能模型和价格模型，以此作为分析的基准。以最优节能方案中冷水机组的节能目标与年收益投资比（SIR 值）作为目标，确定冷水机组的性能系数（COP）限值和综合部分负荷性能系数（IPLV）限值。

2005 版标准中只对水冷螺杆和离心式冷水机组的综合部分负荷性能系数（IPLV）提出要求，而未对风冷机组和水冷活塞或水冷涡旋式机组作出要求，本次修订增加了这部分要求。同时根据不同制冷量冷水机组的销售数据及性能特点对冷水机组的冷量分级进行了调整。

2006 年～2011 年的销售数据显示，目前市场上的离心式冷水机组主要集中于大冷量，冷量小于528kW 的离心式冷水机组的生产和销售已基本停止，而冷量 528kW～1163kW 的冷水机组也只占到了离心式冷水机组总销售量的 0.1％。因此在本次修订过程中，对于小冷量的离心式冷水机组只按照小于1163kW 冷量范围作统一要求；而对大冷量的离心式冷水机组进行了进一步的细分，分别对制冷量在

1163kW～2110kW、2110kW～5280kW，以及大于5280kW 的离心机的销售数据和性能进行了分析，同时参考国内冷水机组的生产情况，冷量大于 1163kW 的离心机按照冷量范围在 1163kW～2110kW 和大于等于 2110kW 的机组分别作出要求。

水冷活塞/涡旋式冷水机组，冷量主要分布在小于528kW、528kW～1163kW 的机组只占到该类型总销售量的 2％左右，大于 1163kW 的机组已基本停止生产，并且根据该类型机组的性能特点，大容量的水冷活塞/涡旋式冷水机组与相同的螺杆式或离心式相比能效相差较大，当所需容量大于 528kW 时，不建议选用该类型机组，因此本标准对容量小于 528kW 的水冷活塞/涡旋式冷水机组作出统一要求。水冷螺杆式和风冷机组冷量分级不变。

现行国家标准《冷水机组能效限定值及能源效率等级》GB 19577 和《单元式空气调节机能效限定值及能源效率等级》GB 19576 为本标准确定能效最低值提供了参考。表 2 为摘自现行国家标准《冷水机组能效限定值及能源效率等级》GB 19577 中的能源效率等级指标。图 3 为摘自《中国用能产品能效状况白皮书（2012）》中公布的冷水机组总体能效等级分布情况。

表 2　冷水机组能效限定值及能源效率等级

类型	名义制冷量 CC（kW）	能效等级 COP				
		1	2	3	4	5
风冷式或 蒸发冷却式	CC≤50	3.20	3.00	2.80	2.60	2.40
	CC>50	3.40	3.20	3.00	2.80	2.60
水冷式	CC≤528	5.00	4.70	4.40	4.10	3.80
	528<CC≤1163	5.50	5.10	4.70	4.30	4.00
	CC>1163	6.10	5.60	5.00	4.60	4.20

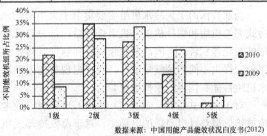

数据来源：中国用能产品能效状况白皮书(2012)

图 3　冷水机组总体能效等级分布

2005 版标准中的限值是根据能效等级中的三级（离心）、四级（螺杆）和五级（活塞）分别作出要求的。根据《中国用能产品能效状况白皮书 2012》中的数据显示，2011 年我国销售的各类型冷水机组中，四级和五级能效产品占总量的 16％，三级及以上产品占 84％，其中节能产品（一级和二级能效）则占到了总量的 57％。此外，根据调研得到的数据显示，当前主要厂家生产的主流冷水机组性能系数与 2005

版标准限值相比，高出比例大致为 3.6%～42.3%，平均高出 19.7%。可见，当前我国冷水机组的性能已经有了较大幅度的提升。

本标准修订后，表 4.2.10 中规定限值与 2005 版标准相比，各气候区能效限值提升比例，从严寒 A、B 区到夏热冬暖地区，各类型机组限值提升比例大致为 4%～23%，其中应用较多、容量较大的螺杆和离心机组，限值提升也较多。根据各类型销量数据以及各气候区分布加权后，全国综合平均提升比例为 12.9%，冷水机组能效提升所带来的空调系统节能率约为 4.5%。将主要厂家主流产品性能与表 4.2.10 中规定限值进行对比，目前市场上有一部分产品性能将无法满足要求，各类产品应用在不同气候区，性能需要改善的产品所占比例，从北到南为 11.5%～36.3%，全国加权平均后约有 27.9% 的冷水机组性能需要改善才能满足要求。

根据当前冷水机组市场价格，按照表 4.2.10 中规定限值要求，则气候区各类型冷水机组初投资成本增量比例，从北到南为 11%～21.7%，全国加权平均增量成本比例约为 19.1%，静态投资回收期约为 4 年～5 年。

随着变频冷水机组技术的不断发展和成熟，自 2010 年起，我国变频冷水机组的应用呈不断上升的趋势。冷水机组变频后，可有效地提升机组部分负荷的性能，尤其是变频离心式冷水机组，变频后其综合部分负荷性能系数 IPLV 通常可提升 30% 左右；但由于变频器功率损耗及电抗器、滤波器损耗，变频后机组的满负荷性能会有一定程度的降低。因此，对于变频机组，本标准主要基于定频机组的研究成果，根据机组加变频后其满负荷和部分负荷性能的变化特征，对变频机组的 COP 和 IPLV 限值要求在其对应定频机组的基础上分别作出调整。

当前我国的变频冷水机组主要集中于大冷量的水冷式离心机组和螺杆机组，机组变频后，部分负荷性能的变化差别较大。因此对变频离心和螺杆式冷水机组分别提出不同的调整量要求，并根据现有的变频冷水机组性能数据进行校核确定。

对于风冷式机组，计算 COP 和 IPLV 时，应考虑放热侧散热风机消耗的电功率；对于蒸发冷却式机组，计算 COP 和 IPLV 时，机组消耗的功率应包括放热侧水泵和风机消耗的电功率。双工况制冷机组制造时需照顾到两个工况工作条件下的效率，会比单工况机组低，所以不强制执行本条规定。

名义工况应符合现行国家标准《蒸气压缩循环冷水（热泵）机组 第 1 部分：工业或商业用及类似用途的冷水（热泵）机组》GB/T 18430.1 的规定，即：

1 使用侧：冷水出口水温 7℃，水流量为 0.172m³/(h·kW)；

2 热源侧（或放热侧）：水冷式冷却水进口水温

30℃，水流量为 0.215m³/(h·kW)；

3 蒸发器水侧污垢系数为 0.018m²·℃/kW，冷凝器水侧污垢系数 0.044m²·℃/kW。

目前我国的冷机设计工况大多为冷凝侧温度为 32℃/37℃，而国标中的名义工况为 30℃/35℃。很多时候冷水机组样本上只给出了相应的设计工况（非名义工况）下的 COP 和 NPLV 值，没有统一的评判标准，用户和设计人员很难判断机组性能是否达到相关标准的要求。

因此，为给用户和设计人员提供一个可供参考方法，编制组基于我国冷水机组名义工况下满负荷性能参数及非名义工况下机组满负荷性能参数，拟合出适用于我国离心式冷水机组的设计工况（非名义工况）下的 COP_n 和 NPLV 限值修正公式供设计人员参考。

水冷离心式冷水机组非名义工况修正可参考以下公式：

$$COP = COP_n/K_a \quad (3)$$
$$IPLV = NPLV/K_a \quad (4)$$
$$K_a = A \times B \quad (5)$$
$$A = 0.000000346579568 \times (LIFT)^4 - 0.00121959777$$
$$\times (LIFT)^2 + 0.0142513850 \times (LIFT)$$
$$+ 1.33546833 \quad (6)$$
$$B = 0.00197 \times LE + 0.986211 \quad (7)$$
$$LIFT = LC - LE \quad (8)$$

式中：COP——名义工况下离心式冷水（热泵）机组的性能系数；

COP_n——设计工况（非名义工况）下离心式冷水（热泵）机组的性能系数；

IPLV——名义工况下离心式冷水（热泵）机组的性能系数；

NPLV——设计工况（非名义工况）下离心式冷水（热泵）机组的性能系数；

LC——冷水（热泵）机组满负荷时冷凝器出口温度（℃）；

LE——冷水（热泵）机组满负荷时蒸发器出口温度（℃）；

上述满负荷 COP 值和 NPLV 值的修正计算方法仅适用于水冷离心式机组。

4.2.12 目前，大型公共建筑中，空调系统的能耗占整个建筑能耗的比例约为 40%～60%，所以空调系统的节能是建筑节能的关键，而节能设计是空调系统节能的基础条件。

在现有的建筑节能标准中，只对单一空调设备的能效相关参数限值作了规定，例如规定冷水（热泵）机组制冷性能系数（COP）、单元式机组能效比等，却没有对整个空调冷源系统的能效水平进行规定。实际上，最终决定空调系统耗电量的是包含空调冷热源、输送系统和空调末端设备在内整个空调系统，整体更优才能达到节能的最终目的。这里，提出引入空调系统电冷源综合制冷性能系数（SCOP）这个参数，保证空调冷源部分的节能设计整体更优。

通过对公共建筑集中空调系统的配置及实测能耗数据的调查分析，结果表明：

1 在设计阶段，对电冷源综合制冷性能系数（SCOP）进行要求，在一定范围内能有效促进空调系统能效的提升，SCOP若太低，空调系统的能效必然也低，但实际运行并不是SCOP越高系统能效就一定越好。

2 电冷源综合制冷性能系数（SCOP）考虑了机组和输送设备以及冷却塔的匹配性，一定程度上能够督促设计人员重视冷源选型时各设备之间的匹配性，提高系统的节能性；但仅从SCOP数值的高低并不能直接判断机组的选型及系统配置是否合理。

3 电冷源综合制冷性能系数（SCOP）中没有包含冷水泵的能耗，一方面考虑到标准中对冷水泵已经提出了输送系数指标要求，另一方面由于系统的大小和复杂程度不同，冷水泵的选择变化较大，对SCOP绝对值的影响相对较大，故不包括冷水泵可操作性更强。

电冷源综合制冷性能系数（SCOP）的计算应注意以下事项：

1 制冷机的名义制冷量、机组耗电功率应采用名义工况运行条件下的技术参数；当设计与此不一致时，应进行修正。

2 当设计设备表上缺乏机组耗电功率，只有名义制冷性能系数（COP）数值时，机组耗电功率可通过名义制冷量除以名义性能系数获得。

3 冷却水流量按冷却水泵的设计流量选取，并应核对其正确性。由于水泵选取时会考虑富裕系数，因此核对流量时可考虑1～1.1的富裕系数。

4 冷却水泵扬程按设计设备表上的扬程选取。

5 水泵效率按设计设备表上水泵效率选取。

6 名义工况下冷却塔水量是指室外环境湿球温度28℃，进出水塔水温为37℃、32℃工况下该冷却塔的冷却水流量。确定冷却塔名义工况下的水量后，可根据冷却塔样本查对风机配置功率。

7 冷却塔风机配置电功率，按实际参与运行冷却塔的电机配置功率计入。

8 冷源系统的总耗电量按主机耗电量、冷却水泵耗电量及冷却塔耗电量之和计算。

9 电冷源综合制冷性能系数（SCOP）为名义制冷量（kW）与冷源系统的总耗电量（kW）之比。

10 根据现行国家标准《蒸气压缩循环冷水（热泵）机组 第1部分：工业或商业用及类似用途的冷水（热泵）机组》GB/T 18430.1的规定，风冷机组的制冷性能系数（COP）计算中消耗的总电功率包括了放热侧冷却风机的电功率，因此风冷机组名义工况下的制冷性能系数（COP）值即为其综合制冷性能系数（SCOP）值。

11 本条文适用于采用冷却塔冷却、风冷或蒸发冷却的冷源系统，不适用于通过换热器换热得到的冷却水的冷源系统。利用地表水、地下水或地埋管中循环水作为冷却水时，为了避免水质或水压等各种因素对系统的影响而采用了板式换热器进行系统隔断，这时会增加循环水泵，整个冷源的综合制冷性能系数（SCOP）就会下降；同时对于地源热泵系统，机组的运行工况也不同，因此，不适用于本条文规定。

4.2.13 冷水机组在相当长的运行时间内处于部分负荷运行状态，为了降低机组部分负荷运行时的能耗，对冷水机组的部分负荷时的性能系数作出要求。

IPLV是对机组4个部分负荷工况条件下性能系数的加权平均值，相应的权重综合考虑了建筑类型、气象条件、建筑负荷分布以及运行时间，是根据4个部分负荷工况的累积负荷百分比得出的。

相对于评价冷水机组满负荷性能的单一指标COP而言，IPLV的提出提供了一个评价冷水机组部分负荷性能的基准和平台，完善了冷水机组性能的评价方法，有助于促进冷水机组生产厂商对冷水机组部分负荷性能的改进，促进冷水机组实际性能水平的提高。

受IPLV的计算方法和检测条件所限，IPLV具有一定适用范围：

1 IPLV只能用于评价单台冷水机组在名义工况下的综合部分负荷性能水平；

2 IPLV不能用于评价单台冷水机组实际运行工况下的性能水平，不能用于计算单台冷水机组的实际运行能耗；

3 IPLV不能用于评价多台冷水机组综合部分负荷性能水平。

IPLV在我国的实际工程应用中出现了一些误区，主要体现在以下几个方面：

1 对IPLV公式中4个部分负荷工况权重理解存在偏差，认为权重是4个部分负荷对应的运行时间百分比；

2 用IPLV计算冷水机组全年能耗，或者用IPLV进行实际项目中冷水机组的能耗分析；

3 用IPLV评价多台冷水机组系统中单台或者冷机系统的实际运行能效水平。

IPLV的提出完善了冷水机组性能的评价方法，但是计算冷水机组及整个系统的效率时，仍需要利用实际的气象资料、建筑物的负荷特性、冷水机组的台数及配置、运行时间、辅助设备的性能进行全面分析。

从2005年至今，我国公共建筑的分布情况以及空调系统运行水平发生了很大变化，这些都会导致IPLV计算公式中权重系数的变化，为了更好地反映我国冷水机组的实际使用条件，本次标准修订对

IPLV 计算公式进行了更新。

本次标准修订建立了我国典型公共建筑模型数据库，数据库包括了各类型典型公共建筑的基本信息、使用特点及分布情况，同时调研了主要冷水机组生产厂家的冷机性能及销售等数据，为建立更完善的 IPLV 计算方法提供了数据基础。根据对国内主要冷水机组生产厂家提供的销售数据的统计分析结果，选取我国 21 个典型城市进行各类典型公共建筑的逐时负荷计算。这些城市的冷机销售量占到了统计期（2006 年～2011 年）销售总量的 94.8%，基本覆盖我国冷水机组的实际使用条件。

编制组对我国各气候区内 21 个典型城市的 6 类常用冷水机组作为冷源的典型公共建筑分别进行了 IPLV 公式的计算，以各城市冷机销售数据、不同气候区内不同类型公共建筑面积分布为权重系数进行统计平均，确定全国统一的 IPLV 计算公式。

IPLV 规定的工况为现行国家标准《蒸气压缩循环冷水（热泵）机组 第 1 部分：工业或商业用及类似用途的冷水（热泵）机组》GB/T 18430.1 中标准测试工况，即蒸发器出水温度为 7℃，冷凝器进水温度为 30℃，冷凝器的水流量为 0.215m³/(h·kW)；在非名义工况（即不同于 IPLV 规定的工况）下，其综合部分负荷性能系数即 NPLV 也应按公式（4.2.13）计算，但 4 种部分负荷率条件下的性能系数的测试工况，应满足 GB/T 18430.1 中 NPLV 的规定工况。

4.2.14 强制性条文。现行国家标准《单元式空气调节机》GB/T 17758 已经开始采用制冷季节能效比 SEER、全年性能系数 APF 作为单元机的能效评价指标，但目前大部分厂家尚无法提供其机组的 SEER、APF 值，现行国家标准《单元式空气调节机能效限定值及能源效率等级》GB 19576 仍采用 EER 指标，因此，本标准仍然沿用 EER 指标。EER 为名义制冷工况下，制冷量与消耗的电量的比值，名义制冷工况应符合现行国家标准《单元式空调机组》GB/T 17758 的有关规定。

4.2.15 空气源热泵机组的选型原则。

1 空气源热泵的单位制冷量的耗电量较水冷冷水机组大，价格也高，为降低投资成本和运行费用，应选用机组性能系数较高的产品。此外，先进科学的融霜技术是机组冬季运行的可靠保证。机组在冬季制热运行时，室外空气侧换热盘管低于露点温度时，换热翅片上就会结霜，会大大降低机组运行效率，严重时无法运行，为此必须除霜。除霜的方法有很多，最佳的除霜控制应判断正确，除霜时间短，融霜修正系数高。近年来各厂家为此都进行了研究，对于不同气候条件采用不同的控制方法。设计选型时应对此进行了解，比较后确定。

2 空气源热泵机组比较适合于不具备集中热源的夏热冬冷地区。对于冬季寒冷、潮湿的地区使用时，

必须考虑机组的经济性和可靠性。室外温度过低会降低机组制热量；室外空气过于潮湿使得融霜时间过长，同样也会降低机组的有效制热量，因此设计师必须计算冬季设计状态下机组的 COP，当热泵机组失去节能上的优势时就不应采用。对于性能上相对较有优势的空气源热泵冷热水机组的 COP 限定为 2.0；对于规格较小、直接膨胀的单元式空调机组限定为 1.8。冬季设计工况下的机组性能系数为冬季室外空调或供暖计算温度条件下，达到设计需求参数时的机组供热量（W）与机组输入功率（W）的比值。

3 空气源热泵的平衡点温度是该机组的有效制热量与建筑物耗热量相等时的室外温度。当这个温度高于建筑物的冬季室外计算温度时，就必须设置辅助热源。

空气源热泵机组在融霜时机组的供热量就会受到影响，同时会影响到室内温度的稳定度，因此在稳定度要求高的场合，同样应设置辅助热源。设置辅助热源后，应注意防止冷凝温度和蒸发温度超出机组的使用范围。辅助加热装置的容量应根据在冬季室外计算温度情况下空气源热泵机组有效制热量和建筑物耗热量的差值确定。

4 带有热回收功能的空气源热泵机组可以把原来排放到大气中的热量加以回收利用，提高了能源利用效率，因此对于有同时供冷、供热要求的建筑应优先采用。

4.2.16 空气源热泵或风冷制冷机组室外机设置要求。

1 空气源热泵机组的运行效率，很大程度上与室外机的换热条件有关。考虑主导风向、风压对机组的影响，机组布置时避免产生热岛效应，保证室外机进、排风的通畅，一般出风口方向 3m 内不能有遮挡。防止进、排风短路是布置室外机时的基本要求。当受位置条件等限制时，应创造条件，避免发生明显的气流短路；如设置排风帽，改变排风方向等方法，必要时可以借助于数值模拟方法辅助气流组织设计。此外，控制进、排风的气流速度也是有效避免短路的一种方法；通常机组进风气流速度宜控制在 1.5m/s～2.0m/s，排风口的排气速度不宜小于 7m/s。

2 室外机除了避免自身气流短路外，还应避免含有热量、腐蚀性物质及油污微粒等排放气体的影响，如厨房油烟排气和其他室外机的排风等。

3 室外机运行会对周围环境产生热污染和噪声污染，因此室外机应与周围建筑物保持一定的距离，以保证热量有效扩散和噪声自然衰减。室外机对周围建筑产生的噪声干扰，应符合现行国家标准《声环境质量标准》GB 3096 的要求。

4 保持室外机换热器清洁可以保证其高效运行，因此为清扫室外机创造条件很有必要。

4.2.17 强制性条文。近年来多联机在公共建筑中的

应用越来越广泛，并呈逐年递增的趋势。相关数据显示，2011 年我国集中空调产品中多联机的销售量已经占到了总量的 34.8%（包括直流变频和数码涡旋机组），多联机已经成为我国公共建筑中央空调系统中非常重要的用能设备。数据显示，到 2011 年市场上的多联机产品已经全部为节能产品（1 级和 2 级），而 1 级能效产品更是占到了总量的 98.8%，多联机产品的广阔市场推动了其技术的迅速发展。

现行国家标准《多联式空调（热泵）机组》GB/T 18837 正在修订中，而现行国家标准《多联式空调（热泵）机组能效限定值及能源效率等级》GB 21454 中以 $IPLV(C)$ 作为其能效考核指标。因此，本标准采用制冷综合性能指标 $IPLV(C)$ 作为能效评价指标。名义制冷工况和规定条件应符合现行国家标准《多联式空调（热泵）机组》GB/T 18837 的有关规定。

表 3 为摘录自现行国家标准《多联式空调（热泵）机组能效限定值及能源效率等级》GB 21454 中多联式空调（热泵）机组的能源效率等级限值要求。

表 3　多联式空调（热泵）机组的能源效率等级限值

制冷量 CC (kW)	制冷综合性能系数				
	1	2	3	4	5
$CC \leq 28$	3.60	3.40	3.20	3.00	2.80
$28 < CC \leq 84$	3.55	3.35	3.15	2.95	2.75
$CC > 84$	3.50	3.30	3.10	2.90	2.70

对比上述要求，表 4.2.17 中规定的制冷综合性能指标限值均达到该标准中的一级能效要求。

4.2.18 多联机空调系统是利用制冷剂（冷媒）输配能量的，在系统设计时必须考虑制冷剂连接管（配管）内制冷剂的重力与摩擦阻力对系统性能的影响。因此，设计系统时应根据系统的制冷量和能效比衰减程度来确定每个系统的服务区域大小，以提高系统运行时的能效比。设定因管长衰减后的主机制冷能效比（EER）不小于 2.8，也体现了对制冷剂连接管合理长度的要求。"制冷剂连接管等效长度"是指室外机组与最远室内机之间的气体管长度与该管路上各局部阻力部件的等效长度之和。

本标准相比国家现行标准《多联机空调系统工程技术规程》JGJ 174 及《民用建筑供暖通风与空气调节设计规范》GB 50736 中的相应条文减少了"当产品技术资料无法满足核算要求时，系统冷媒管等效长度不宜超过 70m"的要求。这是因为随着多联机行业的不断发展及进步，各厂家均能提供齐全的技术资料，不存在无法核算的情况。

制冷剂连接管越长，多联机系统的能效比损失越大。目前市场上的多联机通常采用 R410A 制冷剂，由于 R410A 制冷剂的黏性和摩擦阻力小于 R22 制冷剂，故在相同的满负荷制冷能效比衰减率的条件下，

其连接管允许长度比 R22 制冷剂系统长。根据厂家技术资料，当 R410A 系统的制冷剂连接管实际长度为 90m～100m 或等效长度在 110m～120m 时，满负荷时的制冷能效比（EER）下降 13%～17%，制冷综合性能系数 $IPLV(C)$ 下降 10% 以内。而目前市场上优良的多联机产品，其满负荷时的名义制冷能效比可达到 3.30，连接管增长后其满负荷时的能效比（EER）为 2.74～2.87。设计实践表明，多联机空调系统的连接管等效长度在 110m～120m，已能满足绝大部分大型建筑室内外机位置设置的要求。然而，对于一些特殊场合，则有可能超出该等效长度，故采用衰减后的主机制冷能效比（EER）限定值（不小于 2.8）来规定制冷剂连接管的最大长度具有科学性，不仅能适应特殊场合的需求，而且有利于产品制造商提升技术，一方面继续提高多联机的能效比，另一方面探索减少连接管长度对性能衰减影响的技术途径，以推动多联机企业的可持续发展。

此外，现行国家标准《多联式空调（热泵）机组》GB/T 18837 及《多联式空调（热泵）机组能效限定值及能源效率等级》GB 21454 均以综合制冷性能系数 $[IPLV(C)]$ 作为多联机的能效评价指标，但由于计算连接管长度时 $[IPLV(C)]$ 需要各部分负荷点的参数，各厂家很少能提供该数据，且计算方法较为复杂，对设计及审图造成困难，故本条使用满负荷时的制冷能效比（EER）作为评价指标，而不使用 $[IPLV(C)]$ 指标。

4.2.19 强制性条文。本条规定的性能参数略高于现行国家标准《溴化锂吸收式冷水机组能效限定值及能效等级》GB 29540 中的能效限定值。表 4.2.19 中规定的性能参数为名义工况的能效限定值。直燃机性能系数计算时，输入能量应包括消耗的燃气（油）量和机组自身的电力消耗两部分，性能系数的计算应符合现行国家标准《直燃型溴化锂吸收式冷（温）水机组》GB/T 18362 的有关规定。

4.2.20 对于冬季或过渡季需要供冷的建筑，当条件合适时，应考虑采用室外新风供冷。当建筑物室内空间有限，无法安装风管，或新风、排风口面积受限制等原因时，在室外条件许可时，也可采用冷却塔直接提供空调冷水的方式，减少全年运行冷水机组的时间。通常的系统做法是：当采用开式冷却塔时，用被冷却塔冷却后的水作为一次水，通过板式换热器提供二次空调冷水（如果是闭式冷却塔，则不通过板式换热器，直接提供），再由阀门切换到空调冷水系统之中向空调机组供冷水，同时停止冷水机组的运行。不管采用何种形式的冷却塔，都应按当地过渡季或冬季的气候条件，计算空调末端需求的供水温度及冷却水能够提供的水温，并得出增加投资和回收期等数据，当技术经济合理时可以采用。也可考虑采用水环热泵等可同时具有制冷和制热功能的系统，实现能量的回

收利用。

4.2.21 目前一些供暖空调用汽设备的凝结水未采取回收措施或由于设计不合理和管理不善,造成大量的热量损失。为此应认真设计凝结水回收系统,做到技术先进,设备可靠,经济合理。凝结水回收系统一般分为重力、背压和压力凝结水回收系统,可按工程的具体情况确定。从节能和提高回收率考虑,应优先采用闭式系统即凝结水与大气不直接相接触的系统。

回收利用有两层含义:

1 回到锅炉房的凝结水箱;

2 作为某些系统(例如生活热水系统)的预热在换热机房就地换热后再回到锅炉房。后者不但可以降低凝结水的温度,而且充分利用了热量。

4.2.22 制冷机在制冷的同时需要排除大量的冷凝热,通常这部分热量由冷却系统通过冷却塔散发到室外大气中。宾馆、医院、洗浴中心等有大量的热水需求,在空调供冷季节也有较大或稳定的热水需求,采用具有冷凝热回收(部分或全部)功能的机组,将部分冷凝热或全部冷凝热进行回收予以有效利用具有显著的节能意义。

冷凝热的回收利用要同时考虑质(温度)和量(热量)的因素。不同形式的冷凝热回收机组(系统)所提供的冷凝器出水最高温度不同,同时,由于冷凝热回收的负荷特性与热水的使用在时间上存在差异,因此,在系统设计中需要采用蓄热装置和考虑是否进行必要的辅助加热装置。是否采用冷凝热回收技术和采用何种形式的冷凝热回收系统需要通过技术经济比较确定。

强调"常年"二字,是要求注意到制冷机组具有热回收的时段,主要是针对夏季和过渡季制冷机需要运行的季节,而不仅仅限于冬季需要。此外生活热水的范围比卫生热水范围大,例如可以是厨房需要的热水等。

4.3 输配系统

4.3.1 采用热水作为热媒,不仅对供暖质量有明显的提高,而且便于调节。因此,明确规定散热器供暖系统应采用热水作为热媒。

4.3.2 在供暖空调系统中,由于种种原因,大部分输配环路及热(冷)源机组(并联)环路存在水力失调,使得流经用户及机组的流量与设计流量不符。加上水泵选型偏大,水泵运行在不合适的工作点处,导致水系统大流量、小温差运行,水泵运行效率低、热量输送效率低。并且各用户处室温不一致,近热源处室温偏高,远热源处室温偏低。对热源来说,机组达不到其额定出力,使实际运行的机组台数超过按负荷要求的台数。造成了能耗高,供热品质差。

设置水力平衡装置后,可以通过对系统水力分布的调整与设定,保持系统的水力平衡,提高系统输配

效率,保证获得预期的供暖效果,达到节能的目的。

4.3.3 规定集中供暖系统耗电输热比(*EHR-h*)的目的是为了防止采用过大的循环水泵,提高输送效率。公式(4.3.3)同时考虑了不同管道长度、不同供回水温差因素对系统阻力的影响。本条计算思路与《严寒和寒冷地区居住建筑节能设计标准》JGJ 26 - 2010 第5.2.16条一致,但根据公共建筑实际情况对相关参数进行了调整。

居住建筑集中供暖时,可能有多幢建筑,存在供暖外网的可能性较大,但公共建筑的热力站大多数建在自身建筑内,因此,在确定公共建筑耗电输热比(*EHR-h*)时,需要考虑一定的区别,即重点不是考虑外网的长度,而是热力站的供暖半径。这样,原居住建筑计算时考虑的室内干管部分,在这里统一采用供暖半径即热力站至供暖末端的总长度替代了,并同时对 *B* 值进行了调整。

考虑室内干管比摩阻与 $\sum L \leqslant 400m$ 时室外管网的比摩阻取值差距不大,为了计算方便,本标准在 $\sum L \leqslant 400m$ 时,全部按照 $\alpha = 0.0115$ 来计算。与现行行业标准《严寒和寒冷地区居住建筑节能设计标准》JGJ 26 相比,此时略微提高了要求,但对于公共建筑是合理的。

4.3.4 对于变流量系统,采用变速调节,能够更多地节省输送能耗,水泵调速技术是目前比较成熟可靠的节能方式,容易实现且节能潜力大,调速水泵的性能曲线宜为陡降型。一般采用根据供回水管上的压差变化信号,自动控制水泵转速调节的控制方式。

4.3.5 集中空调冷(热)水系统设计原则。

1 工程实践已充分证明,在季节变化时只是要求相应作供冷/供暖空调工况转换的空调系统,采用两管制水系统完全可以满足使用要求,因此予以推荐。

建筑内存在需全年供冷的区域时(不仅限于内区),这些区域在非供冷季首先应该直接采用室外新风做冷源,例如全空气系统增大新风比、独立新风系统增大新风量。只有在新风冷源不能满足供冷量需求时,才需要在供热季设置为全年供冷区域单独供冷水的管路,即分区两管制系统。对于一般工程,如仅在理论上存在一些内区,但实际使用时发热量常比夏季采用的设计数值小且不长时间存在,或这些区域面积或总冷负荷很小,冷源设备无法为之单独开启,或这些区域冬季即使短时温度较高也不影响使用,如为其采用相对复杂投资较高的分区两管制系统,工程中常出现不能正常使用的情况,甚至在冷负荷小于热负荷时房间温度过低而无供热手段的情况。因此工程中应考虑建筑是否真正存在面积和冷负荷较大的需全年供应冷水的区域,确定最经济和满足要求的空调管路制式。

2 变流量一级泵系统包括冷水机组定流量、冷

水机组变流量两种形式。冷水机组定流量、负荷侧变流量的一级泵系统形式简单，通过末端用户设置的两通阀自动控制各末端的冷水量需求，同时，系统的运行水量也处于实时变化之中，在一般情况下均能较好地满足要求，是目前应用最广泛、最成熟的系统形式。当系统作用半径较大或水流阻力较高时，循环水泵的装机容量较大，由于水泵为定流量运行，使得冷水机组的供回水温差随着负荷的降低而减少，不利于在运行过程中水泵的运行节能，因此一般适用于最远环路总长度在500m之内的中小型工程。通常大于55kW的单台水泵应调速变流量，大于30kW的单台水泵宜调速变流量。

随着冷水机组性能的提高，循环水泵能耗所占比例上升，尤其当单台冷水机组所需流量较大时或系统阻力较大时，冷水机组变流量运行水泵的节能潜力较大。但该系统涉及冷水机组允许变化范围，减少水量对冷机性能系数的影响，对设备、控制方案和运行管理等的特殊要求等，因此应经技术和经济比较，与其他系统相比，节能潜力较大并确有技术保障的前提下，可以作为供选择的节能方案。

系统设计时，应重点考虑以下两个方面：

(1) 冷水机组对变水量的适应性：重点考虑冷水机组允许的变流量范围和允许的流量变化速率；

(2) 设备控制方式：需要考虑冷水机组的容量调节和水泵变速运行之间的关系，以及所采用的控制参数和控制逻辑。

冷水机组应能适应水泵变流量运行的要求，其最低流量应低于50%的额定流量，其最高流量应高于额定流量；同时，应具备至少每分钟30%流量变化的适应能力。一般离心式机组宜为额定流量的30%～130%，螺杆式机组宜为额定流量的40%～120%。从安全角度来讲，适应冷水流量快速变化的冷水机组能承受每分钟30%～50%的流量变化率；从对供水温度的影响角度来讲，机组允许的每分钟流量变化率不低于10%（具体产品有一定区别）。流量变化会影响机组供水温度，因此机组还应有相应的控制功能。本处所提到的额定流量指的是供回水温差为5℃时蒸发器的流量。

水泵的变流量运行，可以有效降低运行能耗，还可以根据年运行小时数量来降低冷水输配侧的管径，达到降低初投资的目的。美国ANSI/ASHRAE/IES Standard 90.1-2004 就有此规定，但只是要求300kPa、37kW以上的水泵变流量运行，而到ANSI/ASHRAE/IES Standard 90.1-2010出版时，有了更严格的要求。ANSI/ASHRAE/IES Standard 90.1-2010中规定，当末端采用两通阀进行开关量或模拟量控制负荷，只设置一台冷水泵且其功率大于3.7kW或冷水泵超过一台且总功率大于7.5kW时，水泵必须变流量运行，并且其流量能够降到设计流量

的50%或以下，同时其运行功率低于30%的设计功率；当冷水机组不能适应变流量运行且冷水泵总功率小于55kW时，或者末端虽然有采用两通阀进行开关量或模拟量控制负荷，但是其数量不超过3个时，冷水泵可不作变流量运行。

3 二级泵系统的选择设计

(1) 机房内冷源侧阻力变化不大，多数情况下，系统设计水流阻力较高的原因是系统的作用半径造成的，因此系统阻力是推荐采用二级泵或多级泵系统的充要条件。当空调系统负荷变化很大时，首先应通过合理设置冷水机组的台数和规格解决小负荷运行问题，仅仅靠增加负荷侧的二级泵台数无法解决根本问题，因此"负荷变化大"不列入采用二级泵或多级泵的条件。

(2) 各区域水温一致且阻力接近时完全可以合用一组二级泵，多台水泵根据末端流量需要进行台数和变速调节，大大增加了流量调解范围和各水泵的互为备用性。且各区域末端的水路电动阀自动控制水量和通断，即使停止运行或关闭检修也不会影响其他区域。以往工程中，当各区域水温一致且阻力接近，仅使用时间等特性不同，也常按区域分别设置二级泵，带来如下问题：

一是水泵设置总台数多于合用系统，有的区域流量过小采用一台水泵还需设置备用泵，增加投资；

二是各区域水泵不能互为备用，安全性差；

三是各区域最小负荷小于系统总最小负荷，各区域水泵台数不可能过多，每个区域泵的流量调节范围减少，使某些区域在小负荷时流量过大、温差过小，不利于节能。

(3) 当系统各环路阻力相差较大时，如果分区分环路按阻力大小设置和选择二级泵，有可能比设置一组二级泵更节能。阻力相差"较大"的界限推荐值可采用0.05MPa，通常这一差值会使得水泵所配电机容量规格变化一档。

(4) 工程中常有空调冷热水的一些系统与冷热源供水温度的水温或温差要求不同，又不单独设置冷热源的情况。可以采用再设换热器的间接系统，也可以采用设置二级混水泵和混水阀旁通调节水温的直接串联系统。后者相对于前者有不增加换热器的投资和运行阻力，不需再设置一套补水定压膨胀设施的优点。因此增加了当各环路水温要求不一致时按系统分设二级泵的推荐条件。

4 对于冷水机组集中设置且各单体建筑用户分散的区域供冷等大规模空调冷水系统，当输送距离较远且各用户管路阻力相差非常悬殊的情况下，即使采用二级泵系统，也可能导致二级泵的扬程很高，运行能耗的节省受到限制。这种情况下，在冷源侧设置定流量运行的一级泵，为共用输配干管设置变流量运行的二级泵，各用户或用户内的各系统分别设置变流量

运行的三级泵或四级泵的多级泵系统，可降低二级泵的设计扬程，也有利于单体建筑的运行调节。如用户所需水温或温差与冷源不同，还可通过三级（或四级）泵和混水阀满足要求。

4.3.7 一般换热器不需要定流量运行，因此推荐在换热器二次水侧的二次循环泵采用变速调节的节能措施。

4.3.8 由于冬夏季空调水系统流量及系统阻力相差很大，两管制系统如冬夏季合用循环水泵，一般按系统的供冷运行工况选择循环泵，供热时系统和水泵工况不吻合，往往水泵不在高效区运行，且系统为小温差大流量运行，浪费电能；即使冬季改变系统的压力设定值，水泵变速运行，水泵冬季在设计负荷下也可能长期低速运行，降低效率，因此不允许合用。

如冬夏季冷热负荷大致相同，冷热水温差也相同（例如采用直燃机、水源热泵等），流量和阻力基本吻合，或者冬夏不同的运行工况与水泵特性相吻合时，从减少投资和机房占用面积的角度出发，也可以合用循环泵。

值得注意的是，当空调热水和空调冷水系统的流量和管网阻力特性及水泵工作特性相吻合而采用冬、夏共用水泵的方案时，应对冬、夏两个工况情况下的水泵轴功率要求分别进行校核计算，并按照轴功率要求较大者配置水泵电机，以防止水泵电机过载。

4.3.9 空调冷（热）水系统耗电输冷（热）比反映了空调水系统中循环水泵的耗电与建筑冷热负荷的关系，对此值进行限制是为了保证水泵的选择在合理的范围，降低水泵能耗。

与本标准2005版相比，本条文根据实际情况对计算公式及相关参数进行了调整：

1 本标准2005版中，系统阻力以一个统一规定的水泵的扬程 H 来代替，而实际工程中，水系统的供冷半径差距较大，如果用一个规定的水泵扬程（标准规定限值为36m）并不能完全反映实际情况，也会给实际工程设计带来一些困难。因此，本条文在修订过程中的一个思路就是：系统半径越大，允许的限值也相应增大。故把机房及用户的阻力和管道系统长度引起的阻力分别计算，以 B 值反映了系统内除管道之外的其他设备和附件的水流阻力，$\alpha\sum L$ 则反映系统管道长度引起的阻力。同时也解决了管道长度阻力 α 在不同长度时的连续性问题，使得条文的可操作性得以提高。公式中采用设计冷（热）负荷计算，避免了由于应用多级泵和混水泵造成的水温差和水流量难以确定的状况发生。

2 温差的确定。对于冷水系统，要求不低于5℃的温差是必需的，也是正常情况下能够实现的。在这里对四个气候区的空调热水系统分别作了最小温差的限制，也符合相应气候区的实际情况，同时考虑到了空调自动控制与调节能力的需要。对非常规系统

应按机组实际参数确定。

A 值是反映水泵效率影响的参数，由于流量不同，水泵效率存在一定的差距，因此 A 值按流量取值，更符合实际情况。根据现行国家标准《清水离心泵能效限定值及节能评价值》GB 19762 中水泵的性能参数，并满足水泵工作在高效区的要求，当水泵水流量≤60m³/h 时，水泵平均效率取63%；当60m³/h ＜水泵水流量≤200m³/h 时，水泵平均效率取69%；当水泵水流量＞200m³/h 时，水泵平均效率取71%。

当最远用户为空调机组时，$\sum L$ 为从机房出口至最远端空调机组的供回水管道总长度；当最远用户为风机盘管时，$\sum L$ 应减去100m。

4.3.10 随着工艺需求和气候等因素的变化，建筑对通风量的要求也随之改变。系统风量的变化会引起系统阻力更大的变化。对于运行时间较长且运行中风量、风压有较大变化的系统，为节省系统运行费用，宜考虑采用双速或变速风机。通常对于要求不高的系统，为节省投资，可采用双速风机，但要对双速风机的工况与系统的工况变化进行校核。对于要求较高的系统，宜采用变速风机，采用变速风机的系统节能性更加显著，采用变速风机的通风系统应配备合理的控制措施。

4.3.11 空调系统设计时不仅要考虑到设计工况，而且应考虑全年运行模式。在过渡季，空调系统采用全新风或增大新风比运行，都可以有效地改善空调区内空气的品质，大量节省空气处理所需消耗的能量，应该大力推广应用。但要实现全新风运行，设计时必须认真考虑新风取风口和新风管所需的截面积，妥善安排好排风出路，并应确保室内必须满足正压值的要求。

应明确的是："过渡季"指的是与室内外空气参数相关的一个空调工况分区范围，其确定的依据是通过室内外空气参数的比较而定的。由于空调系统全年运行过程中，室外参数总是不断变化，即使是夏天，在每天的早晚也有可能出现"过渡季"工况（尤其是全天24h使用的空调系统），因此，不要将"过渡季"理解为一年中自然的春、秋季节。

在条件合适的地区应充分利用全空气空调系统的优势，尽可能利用室外天然冷源，最大限度地利用新风降温，提高室内空气品质和人员的舒适度，降低能耗。利用新风免费供冷（增大新风比）工况的判别方法可采用固定温度法、温差法、固定焓法、电子焓法、焓差法等。从理论分析，采用焓差法的节能性最好，然而该方法需同时检测温度和湿度，且湿度传感器误差大、故障率高，需要经常维护，数年来在国内、外的实施效果不够理想。而固定温度和温差法，在工程中实施最为简单方便。因此，本条对变新风比控制方法不作限定。

4.3.12 本条文系参考美国供暖制冷空调工程师学会

标准《Ventilation for Acceptable Indoor Air Quality》ASHRAE 62.1 中第 6 章的内容。考虑到一些设计采用新风比最大的房间的新风比作为整个空调系统的新风比，这将导致系统新风比过大，浪费能源。采用上述计算公式将使得各房间在满足要求的新风量的前提下，系统的新风比最小，因此本条规定可以节约空调风系统的能耗。

举例说明式（4.3.12）的用法：假定一个全空气空调系统为表 4 中的几个房间送风：

表 4　案例计算表

房间用途	在室人数	新风量（m³/h）	总风量（m³/h）	新风比（%）
办公室	20	680	3400	20
办公室	4	136	1940	7
会议室	50	1700	5100	33
接待室	6	156	3120	5
合计	80	2672	13560	20

如果为了满足新风量需求最大（新风比最大的房间）的会议室，则须按该会议室的新风比设计空调风系统。其需要的总新风量变成：$13560 \times 33\% = 4475$（m³/h），比实际需要的新风量（2672m³/h）增加了 67%。

现用式（4.3.12）计算，在上面的例子中，V_{ot} = 未知；$V_{st} = 13560$m³/h；$V_{on} = 2672$m³/h；$V_{oc} = 1700$m³/h；$V_{sc} = 5100$m³/h。因此可以计算得到：

$Y = V_{ot}/V_{st} = V_{ot}/13560$

$X = V_{on}/V_{st} = 2672/13560 = 19.7\%$

$Z = V_{oc}/V_{sc} = 1700/5100 = 33.3\%$

代入方程 $Y = X/(1 + X - Z)$ 中，得到

$V_{ot}/13560 = 0.197/(1 + 0.197 - 0.333) = 0.228$

可以得出 $V_{ot} = 3092$m³/h。

4.3.13 根据二氧化碳浓度控制新风量设计要求。二氧化碳并不是污染物，但可以作为评价室内空气品质的指标，现行国家标准《室内空气质量标准》GB/T 18883 对室内二氧化碳的含量进行了规定。当房间内人员密度变化较大时，如果一直按照设计的较大人员密度供应新风，将浪费较多的新风处理用冷、热量。我国有的建筑已采用了新风需求控制，要注意的是，如果只变新风量、不变排风量，有可能造成部分时间室内负压，反而增加能耗，因此排风量也应适应新风量的变化以保持房间的正压。在技术允许条件下，二氧化碳浓度检测与 VAV 变风量系统相结合，同时满足各个区域新风与室内温度要求。

4.3.14 新风系统的节能。采用人工冷、热源进行预热或预冷运行时新风系统应能关闭，其目的在于减少处理新风的冷、热负荷，降低能量消耗；在夏季的夜间或室外温度较低的时段，直接采用室外温度较低的空气对建筑进行预冷，是一项有效的节能方法，应该推广应用。

4.3.15 建筑外区和内区的负荷特性不同。外区由于与室外空气相邻，围护结构的负荷随季节改变有较大的变化；内区则由于无外围护结构，室内环境几乎不受室外环境的影响，常年需要供冷。冬季内、外区对空调的需求存在很大的差异，因此宜分别设计和配置空调系统。这样，不仅方便运行管理，易于获得最佳的空调效果，而且还可以避免冷热抵消，降低能源的消耗，减少运行费用。

对于办公建筑而言，办公室内、外区的划分标准与许多因素有关，其中房间分隔是一个重要的因素，设计中需要灵活处理。例如，如果在进深方向有明确的分隔，则分隔处一般为内、外区的分界线；房间开窗的大小、房间朝向等因素也对划分有一定影响。在设计没有明确分隔的大开间办公室时，根据国外有关资料介绍，通常可将距外围护结构 3m~5m 的范围内划为外区，其所包围的为内区。为了满足不同的使用需求，也可以将上述从 3m~5m 的范围作为过渡区，在空调负荷计算时，内、外区都计算此部分负荷，这样只要分隔线在 3m~5m 之间变动，都是能够满足要求的。

4.3.16 如果新风经过风机盘管后送出，风机盘管的运行与否对新风量的变化有较大影响，易造成能源浪费或新风不足。

4.3.17 粗、中效空气过滤器的性能应符合现行国家标准《空气过滤器》GB/T 14295 的有关规定：

1 粗效过滤器的初阻力小于或等于 50Pa（粒径大于或等于 2.0μm，效率不大于 50% 且不小于 20%）；终阻力小于或等于 100Pa；

2 中效过滤器的初阻力小于或等于 80Pa（粒径大于或等于 0.5μm，效率小于 70% 且不小于 20%）；终阻力小于或等于 160Pa；

由于全空气空调系统要考虑到空调过渡季全新风运行的节能要求，因此其过滤器应能满足全新风运行的需要。

4.3.18 由于种种原因一些工程采用了土建风道（指用砖、混凝土、石膏板等材料构成的风道）。从实际调查结果来看，这种方式带来了相当多的隐患，其中最突出的问题就是漏风严重，而且由于大部分是隐蔽工程无法检查，导致系统不能正常运行，处理过的空气无法送到设计要求的地点，能量浪费严重。因此作出较严格的规定。

在工程设计中，有时会因受条件限制或为了结合建筑的需求，存在一些用砖、混凝土、石膏板等材料构成的土建风道、回风竖井的情况；此外，在一些下送风方式（如剧场等）的设计中，为了管道的连接及与室内设计配合，有时也需要采用一些局部的土建式封闭空腔作为送风静压箱。因此本条文对这些情况不

作严格限制。

　　同时由于混凝土等墙体的蓄热量大，没有绝热层的土建风道会吸收大量的送风能量，严重影响空调效果，因此当受条件限制不得已利用土建风道时，对这类土建风道或送风静压箱提出严格的防漏风和绝热要求。

4.3.19　做好冷却水系统的水处理，对于保证冷却水系统尤其是冷凝器的传热，提高传热效率有重要意义。

　　在目前的一些工程设计中，片面考虑建筑外立面美观等原因，将冷却塔安装区域用建筑外装修进行遮挡，忽视了冷却塔通风散热的基本要求，对冷却效果产生了非常不利的影响，导致了冷却能力下降，冷水机组不能达到设计的制冷能力，只能靠增加冷水机组的运行台数等非节能方式来满足建筑空调的需求，加大了空调系统的运行能耗。因此，强调冷却塔的工作环境应在空气流通条件好的场所。

　　冷却塔的"飘水"问题是目前一个较为普遍的现象，过多的"飘水"导致补水量的增大，增加了补水能耗。在补水总管上设置水流量计量装置的目的就是要通过对补水量的计量，让管理者主动地建立节能意识，同时为政府管理部门监督管理提供一定的依据。

　　在室内设置水箱存在占据室内面积、水箱和冷却塔的高差增加水泵电能等缺点，因此是否设置应根据具体工程情况确定，且应尽量减少冷却塔和集水箱高差。

4.3.20　空调系统的送风温度应以 h-d 图的计算为准。对于湿度要求不高的舒适性空调而言，降低湿度要求，加大送风温差，可以达到很好的节能效果。送风温差加大一倍，送风量可减少一半左右，风系统的材料消耗和投资相应可减少 40% 左右，风机能耗则下降 50% 左右。送风温差在 4℃～8℃ 之间时，每增加 1℃，送风量可减少 10%～15%。而且上送风气流在到达人员活动区域时已与房间空气进行了比较充分的混合，温差减小，可形成较舒适环境，该气流组织形式有利于大温差送风。由此可见，采用上送风气流组织形式空调系统时，夏季的送风温差可以适当加大。

4.3.21　在空气处理过程中，同时有冷却和加热过程出现，肯定是既不经济也不节能的，设计中应尽量避免。对于夏季具有高温高湿特征的地区来说，若仅用冷却过程处理，有时会使相对湿度超出设定值，如果时间不长，一般是可以允许的；如果对相对湿度的要求很严格，则宜采用二次回风或淋水旁通等措施，尽量减少加热用量。但对于一些散湿量较大、热湿比很小的房间等特殊情况，如室内游泳池等，冷却后再热可能是必要的方式之一。

　　对于置换通风方式，由于要求送风温差较小，当采用一次回风系统时，如果系统的热湿比较小，有可

能会使处理后的送风温度过低，若采用再加热显然降低利用置换通风方式所带来的节能效益。因此，置换通风方式适用于热湿比较大的空调系统，或者可采用二次回风的处理方式。

　　采用变风量系统（VAV）也通常使用热水盘管对冷空气进行再加热。

4.3.22　在执行过程中发现，本标准 2005 版中风机的单位耗功率的规定中对总效率 η 和风机全压的要求存在一定的问题：

　　1　设计人员很难确定实际工程的总效率 η；

　　2　对于空调机组，由于内部组合的变化越来越多，且设计人员很难计算出其所配置的风机的全压要求。这些都导致实际执行和节能审查时存在一定的困难。因此进行修改。

　　由于设计人员并不能完全掌控空调机组的阻力和内部功能附件的配置情况。作为节能设计标准，规定 W_s 的目的是要求设计师对常规的空调、通风系统的管道系统在设计工况下的阻力进行一定的限制，同时选择高效的风机。

　　近年来，我国的机电产品性能取得了较大的进步，风机效率和电机效率得到了较大的提升。本次修订按照新的风机和电机能效等级标准的规定来重新计算了风道系统的 W_s 限值。在计算过程中，将传动效率和电机效率合并后，作为后台计算数据，这样就不需要暖通空调的设计师再对此进行计算。

　　首先要明确的是，W_s 指的是实际消耗功率而不是风机所配置的电机的额定功率。因此不能用设计图（或设备表）中的额定电机容量除以设计风量来计算 W_s。设计师应在设计图中标明风机的风压（普通的机械通风系统）或机组余压（空调风系统）P，以及对风机效率 η_F 的最低限值要求。这样即可用上述公式来计算实际设计系统的 W_s，并和表 4.3.23 对照来评判是否达到了本条文的要求。

4.3.23　本标准附录 D 是管道与设备绝热厚度。该附录是从节能角度出发，按经济厚度和防结露的原则制定。但由于全国各地的气候条件差异很大，对于保冷管道防结露厚度的计算结果也会相差较大，因此除了经济厚度外，还必须对冷管道进行防结露厚度的核算，对比后取其大值。

　　为了方便设计人员选用，本标准附录 D 针对目前建筑常用管道的介质温度和最常使用、性价比高的两种绝热材料制定，并直接给出了厚度。如使用条件不同或绝热材料不同，设计人员应结合供应厂家提供的技术资料自行计算确定。

　　按照本标准附录 D 的绝热厚度的要求，在最长管路为 500m 的空调供回水系统中，设计流速状态下计算出来的冷水温升在 0.25℃ 以下。对于超过 500m 的系统管路中，主要增加的是大口径的管道，这些管道设计流速状态下的每百米温升都在 0.004℃ 以下，

因此完全可以将整个系统的管内冷水的温升控制在 0.3℃（对于热水温降控制在 0.6℃）以内，也就是不超过常用的供、回水温差的 6% 左右。但是，对于超过 500m 的系统管道，其绝热层表面冷热量损失的绝对值是不容忽视的，尤其是区域能源供应管道，往往长达一千多米。当系统低负荷运行时，绝热层表面冷热量损失相对于整个系统的输送能量的比例就会上升，会大大降低能源效率，其绝热层厚度应适当加厚。

保冷管道的绝热层外的隔汽层是防止凝露的有效手段，保证绝热效果。空气调节保冷管道绝热层外设置保护层主要作用有两个：

1 防止外力，如车辆碰撞、经常性踩踏对隔汽层的物理损伤；

2 防止外部环境，如紫外线照射对于隔汽层的老化、气候变化——雨雪对隔汽层的腐蚀和由于刮风造成的负风压对隔汽层的损坏。

实际上，空气调节保冷管道绝热层在室外部分是必须设置保护层的；在室内部分，由于外界气候环境比较稳定，无紫外线照射，温湿度变化并不剧烈，也没有负风压的危险。另外空气调节保冷管道所处的位置也很少遇到车辆碰撞或者经常性的踩踏，所以在室内的空气调节保冷管道一般都不设置保护层。这样既节省了施工成本，也方便室内的维修。

4.3.24 与风道的气密性要求类似，通风空调系统即使在停用期间，室内外空气的温湿度相差较大，空气受压力作用流出或流入室内，都将造成大量热损失。为减少热损失，靠近外墙或外窗设置的电动风阀设计上应采用漏风量不大于 0.5% 的密闭性阀门。随着风机的启停，自动开启或关闭，通往室外的风道外侧与土建结构间也应密封可靠。否则，常会造成大量隐蔽的热损失，严重的甚至会结露、冻裂水管。

4.3.25 空气—空气能量回收过去习惯称为空气热回收。空调系统中处理新风所需的冷热负荷占建筑物总冷热负荷的比例很大，为有效地减少新风冷热负荷，宜采用空气—空气能量回收装置回收空调排风中的热量和冷量，用来预热和预冷新风，可以产生显著地节能效益。

现行国家标准《空气—空气能量回收装置》GB/T 21087 将空气热回收装置按换热类型分为全热回收型和显热回收型两类，同时规定了内部漏风率和外部漏风率指标。由于热回收原理和结构特点的不同，空气热回收装置的处理风量和排风泄漏量存在较大的差异。当排风中污染物浓度较大或污染物种类对人体有害时，在不能保证污染物不泄漏到新风送风中时，空气热回收装置不应采用转轮式空气热回收装置，同时也不宜采用板式或板翅式空气热回收装置。

在进行空气能量回收系统的技术经济比较时，应充分考虑当地的气象条件、能量回收系统的使用时间等因素。在满足节能标准的前提下，如果系统的回收期过长，则不宜采用能量回收系统。

在严寒地区和夏季室外空气比焓低于室内空气设计比焓而室外空气温度又高于室内空气设计温度的温和地区，宜选用显热回收装置；在其他地区，尤其是夏热冬冷地区，宜选用全热回收装置。空气热回收装置的空气积灰对热回收效率的影响较大，设计中应予以重视，并考虑热回收装置的过滤器设置问题。

对室外温度较低的地区（如严寒地区），如果不采取保温、防冻措施，冬季就可能冻结而不能发挥应有的作用，因此，要求对热回收装置的排风侧是否出现结霜或结露现象进行核算，当出现结霜或结露时，应采取预热等措施。

常用的空气热回收装置性能和适用对象参见表5。

表5 常用空气热回收装置性能和适用对象

项目	热回收装置形式					
	转轮式	液体循环式	板式	热管式	板翅式	溶液吸收式
热回收形式	显热或全热	显热	显热	显热	全热	全热
热回收效率	50%～85%	55%～65%	50%～80%	45%～65%	50%～70%	50%～85%
排风泄漏量	0.5%～10%	0	0～5%	0～1%	0～5%	0
适用对象	风量较大且允许排风与新风间有适量渗透的系统	新风与排风热回收点较多且比较分散的系统	仅需回收显热的系统	含有轻微灰尘或温度较高的通风系统	需要回收全热且空气较清洁的系统	需回收全热并对空气有过滤的系统

4.3.26 采用双向换气装置，让新风与排风在装置中进行显热或全热交换，可以从排出空气中回收50%以上的热量和冷量，有较大的节能效果，因此应该提倡。人员长期停留的房间一般是指连续使用超过3h的房间。

当安装带热回收功能的双向换气装置时，应注意：

1 热回收装置的进、排风入口过滤器应便于清洗；

2 风机停止使用时，新风进口、排风出口设置的密闭风阀应同时关闭，以保证管道气密性。

4.4 末端系统

4.4.1 散热器暗装在罩内时，不但散热器的散热量会大幅度减少；而且，由于罩内空气温度远远高于室内空气温度，从而使罩内墙体的温差传热损失大大增加。为此，应避免这种错误做法，规定散热器宜明装。

面层热阻的大小，直接影响到地面的散热量。实测证明，在相同的供暖条件和地板构造的情况下，在同一个房间里，以热阻为 0.02 [m² · K/W] 左右的花岗石、大理石、陶瓷砖等做面层的地面散热量，比以热阻为 0.10 [m² · K/W] 左右的木地板为面层时要高 30%～60%，比以热阻为 0.15 [m² · K/W] 左右的地毯为面层时高 60%～90%。由此可见，面层材料对地面散热量的巨大影响。为了节省能耗和运行费用，采用地面辐射供暖供冷方式时，要尽量选用热阻小于 0.05 [m² · K/W] 的材料做面层。

4.4.2 蒸发冷却空气处理过程不需要人工冷源，能耗较少，是一种节能的空调方式。对于夏季湿球温度低、温度日较差（即一日内最高温度与最低温度之差值）大的地区，宜充分利用其干燥、夜间凉爽的气候条件，优先考虑采用蒸发冷却技术或与人工冷源相结合的技术，降低空调系统的能耗。

4.4.3 风机的变风量途径和方法很多，通常变频调节通风机转速时的节能效果最好，所以推荐采用。本条中提到的风机是指空调机组内的系统送风机（也可能包括回风机）而不是变风量末端装置内设置的风机。对于末端装置所采用的风机来说，若采用变频方式应采取可靠的防止对电网造成电磁污染的技术措施。变风量空调系统在运行过程中，随着送风量的变化，送至空调区的新风量也相应改变。为了确保新风量能符合卫生标准的要求，同时为了使初调试能够顺利进行，根据满足最小新风量的原则，应在设计文件中标明每个变风量末端装置必需的最小送风量。

4.4.4 公共建筑采用辐射为主的供暖供冷方式，一般有明显的节能效果。分层空调是一种仅对室内下部人员活动区进行空调，而不对上部空间空调的特殊空调方式，与全室性空调方式相比，分层空调夏季可节省冷量30%左右，因此，能节省运行能耗和初投资。

4.4.5 发热量大房间的通风设计要求。

1 变配电室等发热量较大的机电设备用房如夏季室内计算温度取值过低，甚至低于室外通风温度，既没有必要，也无法充分利用室外空气消除室内余热，需要耗费大量制冷能量。因此规定夏季室内计算温度取值不宜低于室外通风计算温度，但不包括设备需要较低的环境温度才能正常工作的情况。

2 厨房的热加工间夏季仅靠机械通风不能保证人员对环境的温度要求，一般需要设置空气处理机组对空气进行降温。由于排除厨房油烟所需风量很大，需要采用大风量的不设热回收装置的直流式送风系统。如计算室温取值过低，供冷能耗大，直流系统使得温度较低的室内空气直接排走，不利于节能。

4.5 监测、控制与计量

4.5.1 为了降低运行能耗，供暖通风与空调系统应进行必要的监测与控制。20世纪80年代后期，直接数字控制（DDC）系统开始进入我国，经过20多年的实践，证明其在设备及系统控制、运行管理等方面具有较大的优越性且能够较大地节约能源，在大多数工程项目的实际应用中都取得了较好的效果。就目前来看，多数大、中型工程也是以此为基本的控制系统形式。但实际情况错综复杂，作为一个总的原则，设计时要求结合具体工程情况通过技术经济比较确定具体的控制内容。能源计量总站宜具有能源计量报表管理及趋势分析等基本功能。监测控制的内容可包括参数检测、参数与设备状态显示、自动调节与控制、工况自动转换、能量计量以及中央监控与管理等。

4.5.2 强制性条文。加强建筑用能的量化管理，是建筑节能工作的需要，在冷热源处设置能量计量装置，是实现用能总量量化管理的前提和条件，同时在冷热源处设置能量计量装置利于相对集中，也便于操作。

供热锅炉房应设燃煤或燃气、燃油计量装置。制冷机房内，制冷机组能耗是大户，同时也便于计量，因此要求对其单独计量。直燃型机组应设燃气或燃油计量总表，电制冷机组总用电量应分别计量。《民用建筑节能条例》规定，实行集中供热的建筑应当安装供热系统调控装置、用热计量装置和室内温度调控装置，因此，对锅炉房、换热机房总供热量应进行计量，作为用能量化管理的依据。

目前水系统"跑冒滴漏"现象普遍，系统补水造成的能源浪费现象严重，因此对冷热源站总补水量也应采用计量手段加以控制。

4.5.3 集中空调系统的冷量和热量计量和我国北方地区的供热热计量一样，是一项重要的建筑节能措施。设置能量计量装置不仅有利于管理与收费，用户也能及时了解和分析用能情况，加强管理，提高节能意识和节能的积极性，自觉采取节能措施。目前在我国出租型公共建筑中，集中空调费用多照用户承租建筑面积的大小，用面积分摊方法收取，这种收费方法的效果是用与不用一个样、用多用少一个样，使用户产生"不用白不用"的心理，使室内过热或过冷，造成能源浪费，不利于用户健康，还会引起用户与管理者之间的矛盾。公共建筑集中空调系统，冷、热量的计量也可作为收取空调使用费的依据之一，空调按用户实际用量收费是未来的发展趋势。它不仅能够降低空调运行能耗，也能够有效地提高公共建筑的能源管理水平。

我国已有不少单位和企业对集中空调系统的冷热量计量原理和装置进行了广泛的研究和开发，并与建筑自动化（BA）系统和合理的收费制度结合，开发了一些可用于实际工程的产品。当系统负担有多栋建筑时，应针对每栋建筑设置能量计量装置。同时，为了加强对系统的运行管理，要求在能源站房（如冷冻机房、热交换站或锅炉房等）应同样设置能量计量装置。但如果空调系统只是负担一栋独立的建筑，则能量计量装置可以只设于能源站房内。当实际情况要求并且具备相应的条件时，推荐按不同楼层、不同室内区域、不同用户或房间设置冷、热量计量装置的做法。

4.5.4 强制性条文。本条文针对公共建筑项目中自建的锅炉房及换热机房的节能控制提出了明确的要求。供热量控制装置的主要目的是对供热系统进行总体调节，使供水水温或流量等参数在保持室内温度的前提下，随室外空气温度的变化进行调整，始终保持锅炉房或换热机房的供热量与建筑物的需热量基本一致，实现按需供热，达到最佳的运行效率和最稳定的供热质量。

气候补偿器是供暖热源常用的供热量控制装置，设置气候补偿器后，可以通过在时间控制器上设定不同时间段的不同室温节省供热量；合理地匹配供水流量和供水温度，节省水泵电耗，保证散热器恒温阀等调节设备正常工作；还能够控制一次水回水温度，防止回水温度过低而减少锅炉寿命。

虽然不同企业生产的气候补偿器的功能和控制方法不完全相同，但气候补偿器都具有能根据室外空气温度或负荷变化自动改变用户侧供（回）水温度或对热媒流量进行调节的基本功能。

4.5.5 供热量控制调节包括质调节（供水温度）和量调节（供水流量）两部分，需要根据室外气候条件和末端需求变化进行调节。对于未设集中控制系统的工程，设置气候补偿器和时间控制器等装置来实现本条第2款和第3款的要求。

对锅炉台数和燃烧过程的控制调节，可以实现按需供热，提高锅炉运行效率，节省运行能耗并减少大气污染。锅炉的热水温度、烟气温度、烟道片角度、大火、中火、小火状态等能效相关的参数应上传至建筑能量管理系统，根据实际需求供热量调节锅炉的投运台数和投入燃料量。

4.5.6 强制性条文。《中华人民共和国节约能源法》第三十七条规定：使用空调供暖、制冷的公共建筑应当实行室内温度控制制度。用户能够根据自身的用热需求，利用空调供暖系统中的调节阀主动调节和控制室温，是实现按需供热、行为节能的前提条件。

除末端只设手动风量开关的小型工程外，供暖空调系统均应具备室温自动调控功能。以往传统的室内供暖系统中安装使用的手动调节阀，对室内供暖系统的供热量能够起到一定的调节作用，但因其缺乏感温元件及自力式动作元件，无法对系统的供热量进行自动调节，从而无法有效利用室内的自由热，降低了节能效果。因此，对散热器和辐射供暖系统均要求能够根据室温设定值自动调节。对于散热器和地面辐射供暖系统，主要是设置自力式恒温阀、电热阀、电动通断阀等。散热器恒温控制阀具有感受室内温度变化并根据设定的室内温度对系统流量进行自力式调节的特性，有效利用室内自由热从而达到节省室内供热量的目的。

4.5.7 冷热源机房的控制要求。

1 设备的顺序启停和连锁控制是为了保证设备的运行安全，是控制的基本要求。从大量工程应用效果看，水系统"大流量小温差"是个普遍现象。末端空调设备不用时水阀没有关闭，为保证使用支路的正常水流量，导致运行水泵台数增加，建筑能耗增大。因此，该控制要求也是运行节能的前提条件。

2 冷水机组是暖通空调系统中能耗最大的单体设备，其台数控制的基本原则是保证系统冷负荷要求，节能目标是使设备尽可能运行在高效区域。冷水机组的最高效率点通常位于该机组的某一部分负荷区域，因此采用冷量控制方式有利于运行节能。但是，由于监测冷量的元器件和设备价格较高，因此在有条件时（如采用了DDC控制系统时），优先采用此方式。对于一级泵系统冷机定流量运行时，冷量可以简化为供回水温差；当供水温度不作调节时，也可简化为总回水温度来进行控制，工程中需要注意简化方法的使用条件。

3 水泵的台数控制应保证系统水流量和供水压力/供回水压差的要求，节能目标是使设备尽可能运行在高效区域。水泵的最高效率点通常位于某一部分流量区域，因此采用流量控制方式有利于运行节能。对于一级泵系统冷机定流量运行时和二级泵系统，一级泵台数与冷机台数相同，根据连锁控制即可实现；而一级泵系统冷机变流量运行时的一级泵台数控制和二级泵系统中的二级泵台数控制推荐采用此方式。由于价格较高且对安装位置有一定要求，选择流量和冷量的监测仪表时应统一考虑。

4 二级泵系统水泵变速控制才能保证符合节能要求，二级泵变速调节的节能目标是减少设备耗电量。实际工程中，有压力/压差控制和温差控制等不同方式，温差的测量时间滞后较长，压差方式的控制效果相对稳定。而压差测点的选择通常有两种：（1）取水泵出口主供、回水管道的压力信号。由于信号点的距离近，易于实施。（2）取二级泵环路中最不利末端回路支管上的压差信号。由于运行调节中最不利末端会发生变化，因此需要在有代表性的分支管道上各设置一个，其中有一个压差信号未能达到设定要求时，提高二次泵的转速，直到满足为止；反之，如所有的压差信号都超过设定值，则降低转速。显然，方法（2）所得到的供回水压差更接近空调末端设备的使用要求，因此在保证使用效果的前提下，它的运行节能效果较前一种更好，但信号传输距离远，要有可靠的技术保证。但若压差传感器设置在水泵出口并采用定压差控制，则与水泵定速运行相似，因此，推荐优先采用压差设定值优化调节方式以发挥变速水泵的节能优势。

5 关于冷却水的供水温度，不仅与冷却塔风机能耗相关，更会影响到冷机能耗。从节能的观点来看，较低的冷却水进水温度有利于提高冷水机组的能效比，但会使冷却塔风机能耗增加，因此对于冷却侧能耗有个最优化的冷却水温度。但为了保证冷水机组能够正常运行，提高系统运行的可靠性，通常冷却水进水温度有最低水温限制的要求。为此，必须采取一定的冷却水水温控制措施。通常有三种做法：（1）调节冷却塔风机运行台数；（2）调节冷却塔风机转速；（3）供、回水总管上设置旁通电动阀，通过调节旁通流量保证进入冷水机组的冷却水温高于最低限值。在（1）、（2）两种方式中，冷却塔风机的运行总能耗也得以降低。

6 冷却水系统在使用时，由于水分的不断蒸发，水中的离子浓度会越来越高。为了防止由于高离子浓度带来的结垢等种种弊病，必须及时排污。排污方法通常有定期排污和控制离子浓度排污。这两种方法都可以采用自动控制方法，其中控制离子浓度排污方法在使用效果与节能方面具有明显优点。

7 提高供水温度会提高冷水机组的运行能效，但会导致末端空调设备的除湿能力下降、风机运行能耗提高，因此供水温度需要根据室外气象参数、室内环境和设备运行情况，综合分析整个系统的能耗进行优化调节。因此，推荐在有条件时采用。

8 设备保养的要求，有利于延长设备的使用寿命，也属于广义节能范畴。

9 机房群控是冷、热源设备节能运行的一种有效方式，水温和水量等调节对于冷水机组、循环水泵和冷却塔风机等运行能效有不同的影响，因此机房总能耗是总体的优化目标。冷水机组内部的负荷调节等

都由自带控制单元完成，而且其传感器设置在机组内部管路上，测量比较准确和全面。采用通信方式，可以将其内部监测数据与系统监控结合，保证第 2 款和第 7 款的实现。

4.5.8 全空气空调系统的节能控制要求。

1 风阀、水阀与风机连锁启停控制，是一项基本控制要求。实践中发现很多工程没有实现，主要是由于冬季防冻保护需要停风机、开水阀，这样造成夏季空调机组风机停时往往水阀还开，冷水系统"大流量、小温差"，造成冷水泵输送能耗增加、冷机效率下降等后果。需要注意在需要防冻保护地区，应设置本连锁控制与防冻保护逻辑的优先级。

2 绝大多数公共建筑中的空调系统都是间歇运行的，因此保证使用期间的运行是基本要求。推荐优化启停时间即尽量提前系统运行的停止时间和推迟系统运行的启动时间，这是节能的重要手段。

3 室内温度设定值对空调风系统、水系统和冷热源的运行能耗均有影响。根据相关文献，夏季室内温度设定值提高 1℃，空调系统总体能耗可下降 6% 左右。因此，推荐根据室外气象参数优化调节室内温度设定值，这既是一项节能手段，同时也有利于提高室内人员舒适度。

6 新建建筑、酒店、高等学校等公共建筑同时使用率相对较低，不使用的房间在空调供冷/供暖期，一般只关闭水系统，过渡季节风系统不会主动关闭，造成能源浪费。

4.5.9 推荐设置常闭式电动通断阀，风机盘管停止运行时能够及时关断水路，实现水泵的变流量调节，有利于水系统节能。

通常情况下，房间内的风机盘管往往采用室内温控器就地控制方式。根据《民用建筑节能条例》和《公共机构节能条例》等法律法规，对公共区域风机盘管的控制功能提出要求，采用群控方式都可以实现。

1 由于室温设定值对能耗有影响和响应政府对空调系统夏季运行温度的号召，要求对室温设定值进行限制，可以从监控机房统一设定温度。

2 风机盘管可以采用水阀通断/调节和风机分档/变速等不同控制方式。采用温控器控制水阀可保证各末端能够"按需供水"，以实现整个水系统为变水量系统。

考虑到对室温控制精度要求很高的场所会采用电动调节阀，严寒地区在冬季夜间维持部分流量进行值班供暖等情况，不作统一限定。

4.5.10 对于排除房间余热为主的通风系统，根据房间温度控制通风设备运行台数或转速，可避免在气候凉爽或房间发热量不大的情况下通风设备满负荷运行的状况发生，既可节约电能，又能延长设备的使用年限。

4.5.11 对于车辆出入明显有高峰时段的地下车库，采用每日、每周时间程序控制风机启停的方法，节能效果明显。在有多台风机的情况下，也可以根据不同的时间启停不同的运行台数的方式进行控制。

采用 CO 浓度自动控制风机的启停（或运行台数），有利于在保持车库内空气质量的前提下节约能源，但由于 CO 浓度探测设备比较贵，因此适用于高峰时段不确定的地下车库在汽车开、停过程中，通过对其主要排放污染物 CO 浓度的监测来控制通风设备的运行。国家相关标准规定一氧化碳 8h 时间加权平均允许浓度为 20mg/m³，短时间接触允许 30mg/m³。

4.5.12 对于间歇运行的空调系统，在保证使用期间满足要求的前提下，应尽量提前系统运行的停止时间和推迟系统运行的启动时间，这是节能的重要手段。在运行条件许可的建筑中，宜使用基于用户反馈的控制策略（Request-Based Control），包括最佳启动策略（Optimal Start）和分时再设及反馈策略（Trim and Respond）。

5 给 水 排 水

5.1 一 般 规 定

5.1.1 节水与节能是密切相关的，为节约能耗、减少水泵输送的能耗，应合理设计给水、热水、排水系统、计算用水量及水泵等设备，通过节约用水达到节能的目的。

工程设计时，建筑给水排水的设计中有关"用水定额"计算仍按现行国家标准《建筑给水排水设计规范》GB 50015 的有关规定执行。公共建筑的平均日生活用水定额、全年用水量计算、非传统水源利用率计算等按国家现行标准《民用建筑节水设计标准》GB 50555 有关规定执行。

5.1.2 现行国家标准《民用建筑节水设计标准》GB 50555 对设置用水计量水表的位置作了明确要求。冷却塔循环冷却水、游泳池和游乐设施、空调冷（热）水系统等补水管上需要设置用水计量表；公共建筑中的厨房、公共浴室、洗衣房、锅炉房、建筑物引入管等有冷水、热水量计量要求的水管上都需要设置计量水表，控制用水量，达到节水、节能要求。

5.1.3 安装热媒或热源计量表以便控制热媒或热源的消耗，落实到节约用能。

水加热、热交换站室的热媒水仅需要计量用量时，在热媒管道上安装热水表，计量热媒水的使用量。

水加热、热交换站室的热媒水需要计量热媒水耗热量时，在热媒管道上需要安装热量表。热量表是一种适用于测量在热交换环路中，载热液体所吸收或转换热能的仪器。热量表是通过测量热媒流量和焓差值来计算出热量损耗，热量损耗一般以"kJ 或 MJ"表示，也有采用"kWh"表示。在水加热、换热器的热媒进水管和热媒回水管上安装温度传感器，进行热量消耗计量。热水表可以计量热水使用量，但是不能计量热量的消耗量，故热水表不能替代热量表。

热媒为蒸汽时，在蒸汽管道上需要安装蒸汽流量计进行计量。水加热的热源为燃气或燃油时，需要设燃气计量表或燃油计量表进行计量。

5.1.4 水泵是耗能设备，应该通过计算确定水泵的流量和扬程，合理选择通过节能认证的水泵产品，减少能耗。水泵节能产品认证书由中国节能产品认证中心颁发。

给水泵节能评价值是按现行国家标准《清水离心泵能效限定值及节能评价值》GB 19762 的规定进行计算、查表确定的。泵节能评价值是指在标准规定测试条件下，满足节能认证要求应达到的泵规定点的最低效率。为方便设计人员选用给水泵时了解泵的节能评价值，参照《建筑给水排水设计手册》中 IS 型单级单吸水泵、TSWA 型多级单吸水泵和 DL 型多级单吸水泵的流量、扬程、转速数据，通过计算和查表，得出给水泵节能评价值，见表 6～表 8。通过计算发现，同样的流量、扬程情况下，2900r/min 的水泵比1450r/min 的水泵效率要高 2%～4%，建议除对噪声有要求的场合，宜选用转速 2900r/min 的水泵。

表 6 IS 型单级单吸给水泵节能评价值

流量 (m³/h)	扬程 (m)	转速 (r/min)	节能评价值 (%)
12.5	20	2900	62
	32	2900	56
15	21.8	2900	63
	35	2900	57
	53	2900	51
25	20	2900	71
	32	2900	67
	50	2900	61
	80	2900	55
30	22.5	2900	72
	36	2900	68
	53	2900	63
	84	2900	57
	128	2900	52
50	20	2900	77
	32	2900	75
	50	2900	71
	80	2900	65

续表 6

流量 (m³/h)	扬程 (m)	转速 (r/min)	节能评价值 ·(%)
50	125	2900	59
60	24	2900	78
	36	2900	76
	54	2900	73
	87	2900	67
	133	2900	60
100	20	2900	80
	32	2900	80
	50	2900	78
	80	2900	74
	125	2900	68
120	57.5	2900	79
	87	2900	75
	132.5	2900	70
200	50	2900	82
	80	2900	81
	125	2900	76
240	44.5	2900	83
	72	2900	82
	120	2900	79

注：表中列出节能评价值大于 50% 的水泵规格。

表 7　TSWA 型多级单吸离心给水泵节能评价值

流量 (m³/h)	单级扬程 (m)	转速 (r/min)	节能评价值 (%)
15	9	1450	56
18	9	1450	58
22	9	1450	60
30	11.5	1450	62
36	11.5	1450	64
42	11.5	1450	65
62	15.6	1450	67
69	15.6	1450	68
72	21.6	1450	66
80	15.6	1450	70
90	21.6	1450	69
108	21.6	1450	70
115	30	1480	72
119	30	1480	68
191	30	1480	74

表 8　DL 多级离心给水泵节能评价值

流量 (m³/h)	单级扬程 (m)	转速 (r/min)	节能评价值 (%)
9	12	1450	43
12.6	12	1450	49
15	12	1450	52
18	12	1450	54
30	12	1450	61
32.4	12	1450	62
35	12	1450	63
50.4	12	1450	67
65.16	12	1450	69
72	12	1450	70
100	12	1450	71
126	12	1450	71

泵节能评价值计算与水泵的流量、扬程、比转速有关，故当采用其他类型的水泵时，应按现行国家标准《清水离心泵能效限定值及节能评价值》GB 19762 的规定进行计算、查表确定泵节能评价值。

水泵比转速按下式计算：

$$n_s = \frac{3.65n\sqrt{Q}}{H^{3/4}} \tag{9}$$

式中：Q——流量（m³/s）（双吸泵计算流量时取 $Q/2$）；

H——扬程（m）（多级泵计算取单级扬程）；

n——转速（r/min）；

n_s——比转速，无量纲。

按现行国家标准《清水离心泵能效限定值及节能评价值》GB 19762 的有关规定，计算泵规定点效率值、泵能效限定值和节能评价值。

工程项目中所应用的给水泵节能评价值应由给水泵供应商提供，并不能小于现行国家标准《清水离心泵能效限定值及节能评价值》GB 19762 的限定值。

5.2　给水与排水系统设计

5.2.1　为节约能源，减少生活饮用水水质污染，除了有特殊供水安全要求的建筑以外，建筑物底部的楼层应充分利用城镇给水管网或小区给水管网的水压直接供水。当城镇给水管网或小区给水管网的水压和（或）水量不足时，应根据卫生安全、经济节能的原则选用储水调节和（或）加压供水方案。在征得当地供水行政主管部门及供水部门批准认可时，可采用直接从城镇给水管网吸水的叠压供水系统。

5.2.2　本条依据国家标准《建筑给水排水设计规范》GB 50015-2003（2009 年版）第 3.3.2 条的规定。加压站位置与能耗也有很大的关系，如果位置设置不合理，会造成浪费能耗。

5.2.3 为避免因水压过高引起的用水浪费，给水系统应竖向合理分区，每区供水压力不大于 0.45MPa，合理采取减压限流的节水措施。

5.2.4 当给水流量大于 10m³/h 时，变频组工作水泵由 2 台以上水泵组成比较合理，可以根据公共建筑的用水量、用水均匀性合理选择大泵、小泵搭配，泵组也可以配置气压罐，供小流量用水，避免水泵频繁启动，以降低能耗。

5.2.5 除在地下室的厨房含油废水隔油器（池）排水、中水源水、间接排水以外，地面以上的生活污、废水排水采用重力流系统直接排至室外管网，不需要动力，不需要能耗。

5.3 生活热水

5.3.1 余热包括工业余热、集中空调系统制冷机组排放的冷凝热、蒸汽凝结水热等。

当采用太阳能热水系统时，为保证热水温度恒定和保证水质，可优先考虑采用集热与辅热设备分开设置的系统。

由于集中热水供应系统采用直接电加热会耗费大量电能；若当地供电部门鼓励采用低谷时段电力，并给予较大的优惠政策时，允许采用利用谷电加热的蓄热式电热水炉，但必须保证在峰时段与平时段不使用，并设有足够热容量的蓄热装置。以最高日生活热水量 5m³ 作为限定值，是以酒店生活热水用量进行了测算，酒店一般最少 15 套客房，以每套客房 2 床计算，取最高日用水定额 160L/(床·日)，则最高日热水量为 4.8m³，故当最高日生活热水量大于 5m³ 时，尽可能避免采用直接电加热作为主热源或集中太阳能

热水系统的辅助热源，除非当地电力供应富裕、电力需求侧管理从发电系统整体效率角度，有明确的供电政策支持时，允许适当采用直接电热。

根据当地电力供应状况，小型集中热水系统宜采用夜间低谷电直接电加热作为集中热水供应系统的热源。

5.3.2 集中热水供应系统除有其他用蒸汽要求外，不宜采用燃气或燃油锅炉制备高温、高压蒸汽再进行热交换后供应生活热水的热源方式，是因为蒸汽的热焓比热水要高得多，将水由低温状态加热至高温、高压蒸汽再通过过热交换转化为生活热水是能量的高质低用，造成能源浪费，应避免采用。医院的中心供应中心（室）、酒店的洗衣房等有需要用蒸汽的要求，需要设蒸汽锅炉，制备生活热水可以采用汽—水热交换器。其他没有用蒸汽要求的公共建筑可以利用工业余热、废热、太阳能、燃气热水炉等方式制备生活热水。

5.3.3 为了有效地规范国内热泵热水机（器）市场，加快设备制造厂家的技术进步，现行国家标准《热泵热水机（器）能效限定值及能效等级》GB 29541 将热泵热水机能源效率分为 1、2、3、4、5 五个等级，1 级表示能源效率最高，2 级表示达到节能认证的最小值，3、4 级代表了我国多联机的平均能效水平，5 级为标准实施后市场准入值。表 5.3.3 中能效等级数据是依据现行国家标准《热泵热水机（器）能效限定值及能效等级》GB 29541 中能效等级 2 级编制，在设计和选用空气源热泵热水机组时，推荐采用达到节能认证的产品。摘录自现行国家标准《热泵热水机（器）能效限定值及能效等级》GB 29541 中热泵热水机（器）能源效率等级见表 9。

表 9 热泵热水机（器）能源效率等级指标

制热量 (kW)	形式	加热方式	能效等级 COP (W/W)				
			1	2	3	4	5
H<10kW	普通型	一次加热式、循环加热式	4.60	4.40	4.10	3.90	3.70
		静态加热式	4.20	4.00	3.80	3.60	3.40
	低温型	一次加热式、循环加热式	3.80	3.60	3.40	3.20	3.00
H≥10kW	普通型	一次加热式	4.60	4.40	4.10	3.90	3.70
		循环加热 不提供水泵	4.60	4.40	4.10	3.90	3.70
		循环加热 提供水泵	4.50	4.30	4.10	3.90	3.60
	低温型	一次加热式	3.90	3.70	3.50	3.30	3.10
		循环加热 不提供水泵	3.90	3.70	3.50	3.30	3.10
		循环加热 提供水泵	3.80	3.60	3.40	3.20	3.00

空气源热泵热水机组较适用于夏季和过渡季节总时间长地区；寒冷地区使用时需要考虑机组的经济性与可靠性，在室外温度较低的工况下运行，致使机组制热 COP 太低，失去热泵机组节能优势时就不宜

采用。

一般用于公共建筑生活热水的空气源热泵热水机型大于 10kW，故规定制热量大于 10kW 的热泵热水机在名义制热工况和规定条件下，应满足性能系数

（COP）限定值的要求。

选用空气源热泵热水机组制备生活热水时应注意热水出水温度，在节能设计的同时还要满足现行国家标准对生活热水的卫生要求。一般空气源热泵热水机组热水出水温度低于60℃，为避免热水管网中滋生军团菌，需要采取措施抑制细菌繁殖。如定期每隔1周～2周采用65℃的热水供水一天，抑制细菌繁殖生长，但必须有用水时防止烫伤的措施，如设置混水阀等，或采取其他安全有效的消毒杀菌措施。

5.3.4 本条对水加热、热交换站室至最远建筑或用水点的服务半径作了规定，限制热水循环管网服务半径，一是减少管路上热量损失和输送动力损失；二是避免管线过长，管网末端温度降低，管网内容易滋生军团菌。

要求水加热、热交换站室位置尽可能靠近热水用水量较大的建筑或部位，以及设置在小区的中心位置，可以减少热水管线的敷设长度，以降低热损耗，达到节能目的。

5.3.5 《建筑给水排水设计规范》GB 50015中规定，办公楼集中盥洗室仅设有洗手盆时，每人每日热水用水定额为5L～10L，热水用量较少，如设置集中热水供应系统，管道长，热损失大，为保证热水出水温度还需要设热水循环泵，能耗较大，故限定仅设有洗手盆的建筑，不宜设计集中生活热水供应系统。办公建筑内仅有集中盥洗室的洗手盆供应热水时，可采用小型储热容积式电加热热水器供应热水。

对于管网输送距离较远、用水量较小的个别热水用户（如需要供应热水的洗手盆），当距离集中热水站室较远时，可以采用局部、分散加热方式，不需要为个别的热水用户敷设较长的热水管道，避免造成热水在管道输送过程中的热损失。

热水用量较大的用户，如浴室、洗衣房、厨房等，宜设计单独的热水回路，有利于管理与计量。

5.3.6 使用生活热水需要通过冷、热水混合后调整到所需要的使用温度。故热水供应系统需要与冷水系统分区一致，保证系统内冷水、热水压力平衡，达到节水、节能和用水舒适的目的，要求按照现行国家标准《建筑给水排水设计规范》GB 50015和《民用建筑节水设计标准》GB 50555有关规定执行。

集中热水供应系统要求采用机械循环，保证干管、立管的热水循环，支管可以不循环，采用多设立管的形式，减少支管的长度，在保证用水点使用温度的同时也需要注意节能。

5.3.7 本条规定了热水管道绝热计算的基本原则，生活热水管的保温设计应从节能角度出发减少散热损失。

5.3.8 控制的基本原则是：(1) 让设备尽可能高效运行；(2) 让相同型号的设备的运行时间尽量接近以保持其同样的运行寿命（通常优先启动累计运行小时数

最少的设备）；(3) 满足用户侧低负荷运行的需求。

设备运行状态的监测及故障报警是系统监控的一个基本内容。

集中热水系统采用风冷或水源热泵作为热源时，当装机数量多于3台时采用机组群控方式，有一定的优化运行效果，可以提高系统的综合能效。

由于工程的情况不同，本条内容可能无法完全包含一个具体工程中的监控内容，因此设计人还需要根据项目具体情况确定一些应监控的参数和设备。

6 电 气

6.1 一般规定

6.1.3 建筑设备监控系统可以自动控制建筑设备的启停，使建筑设备工作在合理的工况下，可以大量节约建筑物的能耗。现行国家标准《智能建筑设计标准》GB 50314对设置有详细规定。

6.2 供配电系统

6.2.2 不但配变电所要靠近负荷中心，各级配电都要尽量减少供电线路的距离。"配变电所位于负荷中心"，一直是一个概念，提倡配变电所位于负荷中心是电气设计专业的要求，但建筑设计需要整体考虑，配变电所设置位置也是电气设计与建筑设计协商的结果，考虑配变电所位于负荷中心主要是考虑线缆的电压降不满足规范要求时，需加大线缆截面，浪费材料资源，同时，供电距离长，线损大，不节能。《2009全国民用建筑工程设计技术措施——电气》第3.1.3条第2款规定："低压线路的供电半径应根据具体供电条件，干线一般不超过250m，当供电容量超过500kW（计算容量），供电距离超过250m时，宜考虑增设变电所"。且IEC标准也在考虑"当建筑面积＞20000m²、需求容量＞2500kVA时，用多个小容量变电所供电"。故以变电所到末端用电点的距离不超过250m为宜。

在公共建筑中大功率用电设备，主要指电制冷的冷水机组。

6.2.3 低损耗变压器即空载损耗和负载损耗低的变压器。现行配电变压器能效标准国标为《三相配电变压器能效限定值及能效等级》GB 20052。

6.2.4 电力变压器经济运行计算可参照现行国家标准《电力变压器经济运行》GB/T 13462。配电变压器经济运行计算可参照现行行业标准《配电变压器能效技术经济评价导则》DL/T 985。

6.2.5 系统单相负荷达到20%以上时，容易出现三相不平衡，且各相的功率因数不一致，故采用部分分相补偿无功功率。

6.2.6 容量较大的用电设备一般指单台AC380V供

电的 250kW 及以上的用电设备，功率因数较低一般指功率因数低于 0.8，离配变电所较远一般指距离在 150m 左右。

6.2.7 大型用电设备、大型可控硅调光设备一般指 250kW 及以上的设备。

6.3 照 明

6.3.1 现行国家标准《建筑照明设计标准》GB 50034 对办公建筑、商店建筑、旅馆建筑、医疗建筑、教育建筑、博览建筑、会展建筑、交通建筑、金融建筑的照明功率密度值的限值进行了规定，提供了现行值和目标值。照明设计时，照明功率密度限值应符合该标准规定的现行值。

6.3.2 目前国家已对 5 种光源和 3 种镇流器制定了能效限定值、节能评价值及能效等级。相关现行国家标准包括：《单端荧光灯能效限定值及节能评价值》GB 19415、《普通照明用双端荧光灯能效限定值及能效等级》GB 19043、《普通照明用自镇流荧光灯能效限定值及能效等级》GB 19044、《高压钠灯能效限定值及能效等级》GB 19573、《金属卤化物灯能效限定值及能效等级》GB 20054、《管型荧光灯镇流器能效限定值及能效等级》GB 17896、《高压钠灯用镇流器能效限定值及节能评价值》GB 19574、《金属卤化物灯用镇流器能效限定值及能效等级》GB 20053。

6.3.3 夜景照明是建筑景观的一大亮点，也是节能的重点。

6.3.4 光源的选择原则。

1 通常同类光源中单灯功率较大者，光效高，所以应选单灯功率较大的，但前提是应满足照度均匀度的要求。对于直管荧光灯，根据现今产品资料，长度为 1200mm 左右的灯管光效比长度 600mm 左右（即 T8 型 18W，T5 型 14W）的灯管效率高，再加上其镇流器损耗差异，前者的节能效果十分明显。所以除特殊装饰要求者外，应选用前者（即 28W～45W 灯管），而不应选用后者（14W～18W 灯管）。

与其他高强气体放电灯相比，荧光高压汞灯光效较低，寿命也不长，显色指数也不高，故不宜采用。自镇流荧光高压汞灯光效更低，故不应采用。

2 按照现行国家标准《电磁兼容 限值 谐波电流发射限值（设备每相输入电流≤16A）》GB 17625.1 对照明设备（C 类设备）谐波限值的规定，对功率大于 25W 的放电灯的谐波限值规定较严，不会增加太大能耗；而对≤25W 的放电灯规定的谐波限值很宽（3 次谐波可达 86%），将使中性线电流大大增加，超过相线电流达 2.5 倍以上，不利于节能和节材。所以≤25W 的放电灯选用的镇流器宜满足下列条件之一：（1）谐波限值符合现行国家标准《电磁兼容 限值 谐波电流发射限值（设备每相输入电流≤16A）》GB 17625.1 规定的功率大于 25W

照明设备的谐波限值；（2）次谐波电流不大于基波电流的 33%。

7 室外景观照明不应采用高强投光灯、大面积霓虹灯、彩灯等高亮度、高能耗灯具，应优先采用高效、长寿、安全、稳定的光源，如高频无极灯、冷阴极荧光灯、发光二极管（LED）照明灯等。

6.3.5 当灯具功率因数低于 0.85 时，均应采取灯内单灯补偿方式。

6.3.6 一般照明保障一般均匀性，局部照明保障使用照度，但要两者相差不能太大。通道和其他非作业区域的一般照明的照度值不宜低于作业区域一般照明照度值的 1/3。

6.3.7 漫射发光顶棚的照明方式光损失较严重，不利于节能。

6.3.8 集中开、关控制有许多种类，如建筑设备监控（BA）系统的开关控制、接触器控制、智能照明开、关控制系统等，公共场所照明集中开、关控制有利于安全管理。适宜的场所宜采用就地感应控制包括红外、雷达、声波等探测器的自动控制装置，可自动开关实现节能控制，通常推荐采用。但医院的病房大楼、中小学校及其学生宿舍、幼儿园（未成年使用场所）、老年公寓、酒店等场所，因病人、小孩、老年人等不具备完全行为能力人，在灯光明暗转换期间极易发生踏空等安全事故；酒店走道照明出于安全监控考虑需保证一定的照度，因此上述场所不宜采用就地感应控制。

人员聚集大厅主要指报告厅、观众厅、宴会厅、航空客运站、商场营业厅等外来人员较多的场所。智能照明控制系统包括开、关型或调光型控制，两者都可以达到节能的目的，但舒适度、价格不同。

当建筑考虑设置电动遮阳设施时，照度宜可以根据需要自动调节。

建筑红线范围内的建筑物设置景观照明时，应采取集中控制方式，并设置平时、一般节日、重大节日等多种模式。

6.4 电能监测与计量

6.4.1 参照现行国家标准《用能单位能源计量器具配备和管理通则》GB 17167 要求，次级用能单位为用能单位下属的能源核算单位。

电能自动监测系统是节能控制的基础，电能自动监测系统至少包括各层、各区域用电量的统计、分析。2007 年中华人民共和国建设部与财政部联合发布的《关于加强国家机关办公建筑和大型公共建筑节能管理工作的实施意见》（建科〔2007〕245 号）对国家机关办公建筑提出了具体要求。

2008 年 6 月住房和城乡建设部发布了《国家机关办公建筑和大型公共建筑能耗监测系统分项能耗数据采集技术导则》，对能耗监测提出了具体要求。

6.4.2 建筑功能区域主要指锅炉房、换热机房等设备机房、公共建筑各使用单位、商店各租户、酒店各独立核算单位、公共建筑各楼层等。

6.4.3 照明插座用电是指建筑物内照明、插座等室内设备用电的总称。包括建筑物内照明灯具和从插座取电的室内设备，如计算机等办公设备、厕所排气扇等。

办公类建筑建议照明与插座分项监测，其目的是监测照明与插座的用电情况，检查照明灯具及办公设备的用电指标。当未分项计量时，不利于建筑各类系统设备的能耗分布统计，难以发现能耗不合理之处。

空调用电是为建筑物提供空调、采暖服务的设备用电的统称。常见的系统主要包括冷水机组、冷冻泵（一次冷冻泵、二次冷冻泵、冷冻水加压泵等）、冷却泵、冷却塔风机、风冷热泵等和冬季采暖循环泵（采暖系统中输配热量的水泵；对于采用外部热源、通过板换供热的建筑，仅包括板换二次泵；对于采用自备锅炉的，包括一、二次泵）、全空气机组、新风机组、空调区域的排风机、变冷媒流量多联机组等。

若空调系统末端用电不可单独计量，空调系统末端用电应计算在照明和插座子项中，包括 220V 排风扇、室内空调末端（风机盘管、VAV、VRV 末端）和分体式空调等。

电力用电是集中提供各种电力服务（包括电梯、非空调区域通风、生活热水、自来水加压、排污等）的设备（不包括空调采暖系统设备）用电的统称。电梯是指建筑物中所有电梯（包括货梯、客梯、消防梯、扶梯等）及其附属的机房专用空调等设备。水泵是指除空调采暖系统和消防系统以外的所有水泵，包括自来水加压泵、生活热水泵、排污泵、中水泵等。通风机是指除空调采暖系统和消防系统以外的所有风机，如车库通风机，厕所屋顶排风机等。特殊用电是指不属于建筑物常规功能的用电设备的耗电量，特殊用电的特点是能耗密度高、占总电耗比重大的用电区域及设备。特殊用电包括信息中心、洗衣房、厨房餐厅、游泳池、健身房、电热水器等其他特殊用电。

6.4.4 循环水泵耗电量不仅是冷热源系统能耗的一部分，而且也反映出输送系统的用能效率，对于额定功率较大的设备宜单独设置电计量。

7 可再生能源应用

7.1 一般规定

7.1.1 《中华人民共和国可再生能源法》规定，可再生能源是指风能、太阳能、水能、生物质能、地热能、海洋能等非化石能源。目前，可在建筑中规模化使用的可再生能源主要包括浅层地热能和太阳能。《民用建筑节能条例》规定：国家鼓励和扶持在新建

建筑和既有建筑节能改造中采用太阳能、地热能等可再生能源。在具备太阳能利用条件的地区，应当采取有效措施，鼓励和扶持单位、个人安装使用太阳能热水系统、照明系统、供热系统、供暖制冷系统等太阳能利用系统。

在进行公共建筑设计时，应根据《中华人民共和国可再生能源法》和《民用建筑节能条例》等法律法规，在对当地环境资源条件的分析与技术经济比较的基础上，结合国家与地方的引导与优惠政策，优先采用可再生能源利用措施。

7.1.2 《民用建筑节能条例》规定：对具备可再生能源利用条件的建筑，建设单位应当选择适合的可再生能源，用于供暖、制冷、照明和热水供应等；设计单位应当按照有关可再生能源利用的标准进行设计。建设可再生能源利用设施，应当与建筑主体工程同步设计、同步施工、同步验收。

目前，公共建筑的可再生能源利用的系统设计（例如太阳能热水系统设计），与建筑主体设计脱节严重，因此要求在进行公共建筑设计时，其可再生能源利用设施也应与主体工程设计同步，从建筑及规划开始即应涵盖有关内容，并贯穿各专业设计全过程。供热、供冷、生活热水、照明等系统中应用可再生能源时，应与相应各专业节能设计协调一致，避免出现因节能技术的应用而浪费其他资源的现象。

7.1.3 利用可再生能源应本着"自发自用，余量上网，电网调节"的原则。要根据当地日照条件考虑设置光伏发电装置。直接并网供电是指无蓄电池，太阳能光电并网直接供给负荷，并不送至上级电网。

7.1.5 提出计量装置设置要求，适应节能管理与评估工作要求。现行国家标准《可再生能源建筑应用工程评价标准》GB/T 50801 对可再生能源建筑应用的评价指标及评价方法均作出了规定，设计时宜设置相应计量装置，为节能效益评估提供条件。

7.2 太阳能利用

7.2.2 太阳能利用与建筑一体化是太阳能应用的发展方向，应合理选择太阳能应用一体化系统类型、色泽、矩阵形式等，在保证光热、光伏效率的前提下，应尽可能做到与建筑物的外围护结构从建筑功能、外观形式、建筑风格、立面色调等协调一致，使之成为建筑的有机组成部分。

太阳能应用一体化系统安装在建筑屋面、建筑立面、阳台或建筑其他部位，不得影响该部位的建筑功能。太阳能应用一体化构件作为建筑围护结构时，其传热系数、气密性、遮阳系数等热工性能应满足相关标准的规定；建筑光热或光伏系统组件安装在建筑透光部位时，应满足建筑物室内采光的最低要求；建筑物之间的距离应符合系统有效吸收太阳光的要求，并降低二次辐射对周边环境的影响；系统组件的安装不

应影响建筑通风换气的要求。

太阳能与建筑一体化系统设计时除做好光热、光伏部件与建筑结合外，还应符合国家现行相关标准的规定，保证系统应用的安全性、可靠性和节能效益。目前，国家现行相关标准主要有：《民用建筑太阳能热水系统应用技术规范》GB 50364、《太阳能供热采暖工程技术规范》GB 50495、《民用建筑太阳能空调工程技术规范》GB 50787、《民用建筑太阳能光伏系统应用技术规范》JGJ 203。

7.2.3 太阳能光伏光热系统可以同时为建筑物提供电力和热能，具有较高的效率。太阳能光伏光热一体化不仅能够有效降低光伏组件的温度，提高光伏发电效率，而且能够产生热能，从而大大提高了太阳能光伏的转换效率，但会导致供热能力下降，对热负荷大的建筑并不一定能满足用户的用热需求，因而在具体工程应用中应结合实际情况加以分析。另一方面，光伏光热建筑减少了墙体得热，一定程度上减少了室内空调负荷。

光伏光热建筑一体化（BIPV/T）系统的两种主要模式：水冷却型和空气冷却型系统。

7.2.4 太阳能保证率是衡量太阳能在供热空调系统所能提供能量比例的一个关键参数，也是影响太阳能供热采暖系统经济性能的重要指标。实际选用的太阳能保证率与系统使用期内的太阳辐照、气候条件、产品与系统的热性能、供热采暖负荷、末端设备特点、系统成本和开发商的预期投资规模等因素有关。太阳能保证率影响常规能源替代量，进而影响造价、节能、环保和社会效益。本条规定的保证率取值参考现行国家标准《可再生能源建筑应用工程评价标准》GB/T 50801 的有关规定。

7.2.5 太阳能是间歇性能源，在系统中设置其他能源辅助加热/换热设备，其目的是保证太阳能供热系统稳定可靠运行的同时，降低系统的规模和投资。

辅助热源应根据当地条件，尽可能利用工业余热、废热等低品位能源或生物质燃料等可再生能源。

7.2.6 太阳能集热器和光伏组件的位置设置不当，受到前方障碍物的遮挡，不能保证采光面上的太阳光照时，系统的实际运行效果和经济性会受到影响，因而对放置在建筑外围护结构上太阳能集热器和光伏组件采光面上的日照时间作出规定。冬至日太阳高度角最低，接收太阳光照的条件最不利，因此规定冬至日日照时间为最低要求。此时采光面上的日照时数，是综合考虑系统运行效果和围护结构实际条件而提出的。

7.3 地源热泵系统

7.3.1 全年冷、热负荷不平衡，将导致地埋管区域岩土体温度持续升高或降低，从而影响地埋管换热器的换热性能，降低运行效率。因此，地埋管换热

系统设计应考虑全年冷热负荷的影响。当两者相差较大时，宜通过技术经济比较，采用辅助散热（增加冷却塔）或辅助供热的方式来解决，一方面经济性较好，另一方面也可避免因吸热与释热不平衡导致的系统运行效率降低。

带辅助冷热源的混合式系统可有效减少埋管数量或地下（表）水流量或地表水换热盘管的数量，同时也是保障地埋管系统吸释热量平衡的主要手段，已成为地源热泵系统应用的主要形式。

7.3.2 地源热泵系统的能效除与水源热泵机组效率密切相关外，受地源侧及用户侧循环水泵的输送能耗影响很大，设计时应优化地源侧环路设计，宜采用根据负荷变化调节流量等技术措施。

对于地埋管系统，配合变流量措施，可采用分区轮换间歇运行的方式，使岩土体温度得到有效恢复，提高系统换热效率，降低水泵系统的输送能耗。对于地下水系统，设计时应以提高系统综合性能为目标，考虑抽水泵与水源热泵机组能耗间的平衡，确定地下水的取水量。地下水流量增加，水源热泵机组性能系数提高，但抽水泵能耗明显增加；相反地下水流量较少，水源热泵机组性能系数较低，但抽水泵能耗明显减少。因此地下水系统设计应在两者之间寻找平衡点，同时考虑部分负荷下两者的综合性能，计算不同工况下系统的综合性能系数，优化确定地下水流量。该项工作能有效降低地下水系统运行费用。

表10摘自现行国家标准《可再生能源建筑应用工程评价标准》GB/T 50801 对地源热泵系统能效比的规定，设计时可参考。

表 10　地源热泵系统性能级别划分

工况	1 级	2 级	3 级
制热性能系数 COP	COP≥3.5	3.0≤COP<3.5	2.6≤COP<3.0
制冷能效比 EER	EER≥3.9	3.4≤EER<3.9	3.0≤EER<3.4

7.3.3 不同地区岩土体、地下水或地表水水温差别较大，设计时应按实际水温参数进行设备选型。末端设备应采用适合水源热泵机组供、回水温度的特点的低温辐射末端，保证地源热泵系统的应用效果，提高系统能源利用率。

附录 A　外墙平均传热系数的计算

A.0.2、A.0.3 在建筑外围护结构中，墙角、窗间墙、凸窗、阳台、屋顶、楼板、地板等处形成热桥，称为结构性热桥。热桥的存在一方面增大了墙体的传热系数，造成通过建筑围护结构的热流增加，会加大

供暖空调负荷；另一方面在北方地区冬季热桥部位的内表面温度可能过低，会产生结露现象，导致建筑构件发霉，影响建筑的美观和室内环境。

国际标准"Thermal bridges in building construction-Heat flows and surface temperatures-Detailed calculations" ISO 10211：2007 中，热桥部位的定义为：非均匀的建筑围护结构部分，该处的热阻被明显改变，由于建筑围护结构被另一种不同导热系数的材料完全或部分穿透；或结构的厚度改变；或内外表面及不同，如墙体、地板、顶棚连接处。现行国家标准《民用建筑热工设计规范》GB 50176 中热桥的定义为：围护结构单元中热流强度明显大于平壁部分的节点。也曾称为冷桥。围护结构的热桥部位包括嵌入墙体的混凝土或金属梁、柱、墙体和屋面板中的混凝土肋或金属构件，装配式建筑中的板材接缝以及墙角、屋顶檐口、墙体勒脚、楼板与外墙、内隔墙与外墙连接处等部位。

公共建筑围护结构受结构性热桥的影响虽然不如居住建筑突出，但公共建筑的热桥问题应当在设计中得到充分的重视和妥善的解决，在施工过程中应当对热桥部位做重点的局部处理。

对外墙平均传热系数的计算方法，本标准 2005 版中采用的是现行国家标准《民用建筑热工设计规范》GB 50176 规定的面积加权的计算方法。这一方法是将二维温度场简化为一维温度场，然后按面积加权平均法求得外墙的平均传热系数。面积加权平均法计算外墙平均传热系数的基本思路是将外墙主体部位和周边热桥部位的一维传热系数按其对应的面积加权平均，结构性热桥部位主要包括楼板、结构柱、梁、内隔墙等部位。按这种计算方法求得的外墙平均传热系数一般要比二维温度场模拟的计算结果偏小。随着建筑节能技术的发展，围护结构材料的更新和保温水平不断提高。该方法的误差大、计算能力差等局限性逐渐显现，如无法计算外墙和窗连接处等热桥位置。

经过近 20 年的发展，国际标准中引入热桥线传热系数的概念计算外墙的平均传热系数，热桥线传热系数通过二维计算模型确定。现行行业标准《严寒和寒冷地区居住建筑节能设计标准》JGJ 26 以及现行国家标准《民用建筑热工设计规范》GB 50176 中也采用该方法。对于定量计算线传热系数的理论问题已经基本解决，理论上只要建筑的构造设计完成了，建筑中任何形式的热桥对建筑外围结构的影响都能够计算。但对普通设计人员而言，这种计算工作量较大，因此上述两个标准分别提供了二维热桥稳态传热模拟软件和平均传热系数计算软件，用于分析实际工程中热桥对外墙平均传热系数的影响。热桥线传热系数的计算要通过人工建模的方式完成。

对于公共建筑，围护结构对建筑能耗的影响小

于居住建筑，受热桥影响也较小，在热桥的计算上可做适当简化处理。为了提高设计效率，简化计算流程，本次标准修订提供一种简化的计算方法。经对公共建筑不同气候区典型构造类型热桥进行计算，整理得到外墙主体部位传热系数的修正系数值 φ，φ 受到保温类型、墙主体部位传热系数，以及结构性热桥节点构造等因素的影响，由于对于特定的建筑气候分区，标准中的围护结构限值是固定的，相应不同气候区通常也会采用特定的保温方式。

需要特别指出的是，由于结构性热桥节点的构造做法多种多样，墙体中又包含多个结构性热桥，组合后的类型更是数量巨大，难以一一列举。表 A.0.3 的主要目的是方便计算，表中给出的只是针对一般建筑的节点构造。如设计中采用了特殊构造节点，还应采用现行国家标准《民用建筑热工设计标准》GB 50176 中的精确计算方法计算平均传热系数。

附录 B　围护结构热工性能的权衡计算

B.0.1 为了提高权衡计算的准确性提出上述要求，权衡判断专用计算软件指参照建筑围护结构性能指标应按本标准要求固化到软件中，计算软件可以根据输入的设计建筑的信息自动生成符合本标准要求的参照建筑模型，用户不能更改。

权衡判断专用计算软件应具备进行全年动态负荷计算的基本功能，避免使用不符合动态负荷计算方法要求的、简化的稳态计算软件。

建筑围护结构热工性能权衡判断计算报告应该包含设计建筑和参照建筑的基本信息，建筑面积、层数、层高、地点以及窗墙面积比、外墙传热系数、外窗传热系数、太阳得热系数等详细参数和构造，照明功率密度、设备功率密度、人员密度、建筑运行时间表、房间供暖设定温度、房间供冷设定温度等室内计算参数等初始信息，建筑累计热负荷、累计冷负荷、全年供热能耗量、空调能耗量、供热和空调总耗电量、权衡判断结论等。

B.0.2 建筑围护结构的权衡判断的核心是在相同的外部条件和使用条件下，对参照建筑和所设计的建筑的供暖能耗和空调能耗之和进行比较并作出判断。建筑围护热工性能的权衡判断是为了判断建筑物围护结构整体的热工性能，不涉及供暖空调系统的差异，由于提供热量和冷量的系统效率和所使用的能源品位不同，为了保证比较的基准一致，将设计建筑和参照建筑的累计耗热量和累计耗冷量按照规定方法统一折算到所消耗的能源，将除电力外的能源统一折算成电力，最终以参照建筑与设计建筑的供暖和空气调节总耗电量作为权衡判断的依据。具体折算方法详见本标准第 B.0.6 条。

B. 0. 3 准确分析建筑热环境性能及其能耗需要代表当地平均气候状况的逐时典型气象年数据。典型气象年是以累年气象观测数据的平均值为依据，从累年气象观测数据中，选出与平均值最接近的 12 个典型气象月的逐时气象参数组成的假想年。

B. 0. 4 表 B. 0. 4-2 空调区室内温度所规定的温度为建筑围护结构热工性能权衡判断时的室内计算温度，并不代表建筑物内的实际温度变化。目前建筑能耗模拟软件计算时，一般通过室内温度的设定完成供暖空调系统的运行控制，即当室内温度为 37℃ 时空调系统停止工作，室内温度为 5℃ 时值班供暖，保证室内温度。

为保证建筑围护结构的热工性能权衡判断计算的基础数据一致，规定权衡判断计算节假日的设置应按照 2013 年国家法定节假日进行设置。学校的暑假假期为 7 月 15 日至 8 月 25 日，寒假假期为 1 月 15 日至 3 月 1 日。

室内人体、照明和设备的散热中对流和辐射的比例也是影响建筑负荷计算结果的因素，进行建筑围护结构热工性能权衡判断计算时可按表 11 选择。人员的散热量可按照表 12 选取。

表 11　人体、照明、设备散热中对流和辐射的比例

热源	辐射比例（%）	对流比例（%）
照明	67	33
设备	30	70
人体显热	40	60

表 12　人员的散热量和散湿量

类别	显热（W）	潜热（W）	散湿量（g/h）
教学楼	67	41	61
办公建筑、酒店建筑、住院部	66	68	102
商场建筑、门诊楼	64	117	175

B. 0. 5 围护结构的做法对围护结构的传热系数、热惰性等产生影响。当计算建筑物能耗时采用相同传热系数，不同做法的围护结构其计算结果会存在一定的差异。因此规定参照建筑的围护结构做法应与设计建筑一致，参照建筑的围护结构的传热系数应采用与设计建筑相同的围护结构做法并通过调整围护结构保温层的厚度以满足本标准第 3.3 节的要求。

B. 0. 6 由于提供冷量和热量所消耗能量品位以及供冷系统和供热系统能源效率的差异，因此以建筑物供冷和供热能源消耗量作为权衡判断的依据。在建筑能耗模拟计算中，如果通过动态计算的方法，根据建筑逐时负荷计算建筑能耗，涉及末端、输配系统、冷热

源的效率，存在一定的难度，需要耗费较大的精力和时间，也难于准确计算。建筑物围护结构热工性能的权衡判断着眼于建筑物围护结构的热工性能，供暖空调系统等建筑能源系统不参与权衡判断。为消除无关因素影响、简化计算、减低计算难度，本标准采用统一的系统综合效率简化计算供暖空调系统能耗。

本条的目的在于使用相同的系统效率将设计建筑和参照建筑的累计耗热量和累计耗冷量计算成设计建筑和参照建筑的供暖耗电量和供冷耗电量，为权衡判断提供依据。

本条针对不同气候区的特点约定了不同的标准供暖系统和供冷系统形式。空气调节系统冷源统一采用电驱动冷水机组；严寒地区、寒冷地区供暖系统热源采用燃煤锅炉；夏热冬冷地区、夏热冬暖地区、温和地区供暖系统热源采用燃气锅炉。

需要说明的是，进行权衡判断计算时，计算的并非实际的供暖和空调能耗，而是在标准规定的工况下的能耗，是用于权衡判断的依据，不能用作衡量建筑的实际能耗。

附录 D　管道与设备保温及保冷厚度

D. 0. 1　热价 35 元/GJ 相当于城市供热；热价 85 元/GJ 相当于天然气供热。表 D. 0. 1 的制表条件为：

1　按经济厚度计算，还贷期 6 年，利息 10%，使用期 120d（2880h）。

2　柔性泡沫橡塑导热系数按下式计算：

$$\lambda = 0.034 + 0.00013t_m \tag{10}$$

式中：λ——导热系数[W/(m·K)]；

t_m——绝热层平均温度℃。

3　离心玻璃棉导热系数按下式计算：

$$\lambda = 0.031 + 0.00017t_m \tag{11}$$

4　室内环境温度 20℃，风速 0m/s。

5　室外环境温度 0℃，风速 3m/s；当室外温度非 0℃时，实际采用的绝热厚度按下式修正：

$$\delta' = [(T_o - T_w)/T_o]^{0.36} \cdot \delta \tag{12}$$

式中：δ——室外环境温度 0℃ 时的查表厚度（mm）；

T_o——管内介质温度（℃）；

T_w——实际使用期室外平均环境温度（℃）。

D. 0. 2　较干燥地区，指室内机房环境温度不高于 31℃、相对湿度不大于 75%；较潮湿地区，指室内机房环境温度不高于 33℃、相对湿度不大于 80%；各城市或地区可对照使用。表 D. 0. 2 的制表条件为：

1　按同时满足经济厚度和防结露要求计算绝热厚度。冷价 75 元/GJ，还贷期 6 年，利息 10%；使用期 120d（2880h）。

2　柔性泡沫橡塑、离心玻璃棉导热系数计算公式应符合本标准第 D. 0. 1 条规定；聚氨酯发泡导热系

数应按下式计算：

$$\lambda = 0.0275 + 0.00009t_m \qquad (13)$$

D.0.3 表 D.0.3 的制表条件为：

　　1 柔性泡沫橡塑、离心玻璃棉导热系数计算公式同式（10）、式（11）；

　　2 环境温度 5℃，热价 85 元/GJ，还贷期 6 年，利息 10%。

D.0.4 表 D.0.4 的制表条件为：

　　1 室内环境温度：供冷风时，26℃；供暖风时，温度 20℃；

　　2 冷价 75 元/GJ，热价 85 元/GJ。

中华人民共和国国家标准

地源热泵系统工程技术规范

Technical code for ground-source heat pump system

GB 50366—2005

（2009 年版）

主编部门：中华人民共和国建设部

批准部门：中华人民共和国建设部

施行日期：２００６年１月１日

中华人民共和国住房和城乡建设部
公 告

第 234 号

关于发布国家标准《地源热泵系统
工程技术规范》局部修订的公告

现批准《地源热泵系统工程技术规范》GB 50366-2005 局部修订的条文，自 2009 年 6 月 1 日起实施。经此次修改的原条文同时废止。

局部修订的条文及具体内容，将在近期出版的《工程建设标准化》刊物上登载。

中华人民共和国住房和城乡建设部
2009 年 3 月 10 日

修 订 说 明

本次局部修订系根据原建设部《关于印发〈2008 年工程建设标准规范制订、修订计划（第一批）〉的通知》（建标〔2008〕102 号）的要求，由中国建筑科学研究院会同有关单位对《地源热泵系统工程技术规范》GB 50366-2005 进行修订而成。

《地源热泵系统工程技术规范》GB 50366-2005 自实施以来，对地源热泵空调技术在我国健康快速的发展和应用起到了很好的指导和规范作用。然而，随着地埋管地源热泵系统研究和应用的不断深入，如何正确获得岩土热物性参数，并用来指导地源热泵系统的设计，《规范》中并没有明确的条文。因此，在实际的地埋管地源热泵系统的设计和应用中，存在有一定的盲目性和随意性：①简单地按照每延米换热量来指导地埋管地源热泵系统的设计和应用，给地埋管地源热泵系统的长期稳定运行埋下了很多隐患。②没有统一的规范对岩土热响应试验的方法和手段进行指导和约束，造成岩土热物性参数测试结果不一致，致使地埋管地源热泵系统在应用过程中存在一些争议。

为了使《地源热泵系统工程技术规范》GB 50366-2005 更加完善合理，统一规范岩土热响应试验方法，正确指导地埋管地源热泵系统的设计和应用，本次修订增加补充了岩土热响应试验方法及相关内容，并在此基础上，对相关条文进行了修订。其内容统计如下：

1. 在第 2 章中，增加第 2.0.25 条、第 2.0.26 条、第 2.0.27 条、第 2.0.28 条及其条文说明。

2. 在第 3 章中，增加第 3.2.2A 条和第 3.2.2B 条及其条文说明。

3. 在第 4 章中，增加第 4.3.5A 条及其条文说明，对第 4.3.13 条进行了修订，对第 4.3.14 条中的公式（4）进行修改。

4. 增加附录 C：岩土热响应试验。

本规范中下划线为修改的内容；用黑体字表示的条文为强制性条文，必须严格执行。

本次局部修订的主编单位：中国建筑科学研究院

本次局部修订的参编单位：山东建筑大学、际高建业有限公司、北京计科地源热泵科技有限公司、北京恒有源科技发展有限公司、清华同方人工环境有限公司、北京市地质勘察技术院、中国地质调查局浅层地热能研究与推广中心、山东富尔达空调设备有限公司、湖北风神净化空调设备工程有限公司、河北工程大学、克莱门特捷联制冷设备（上海）有限公司、武汉金牛经济发展有限公司、广州从化中宇冷气科技发展有限公司、湖南凌天科技有限公司、北京依科瑞德地源科技有限责任公司、济南泰勒斯工程有限公司、山东亚特尔集团股份有限公司

本次局部修订的主要起草人：徐伟、邹瑜、刁乃仁、丛旭日、李元普、孙骥、于卫平、冉伟彦、冯晓梅、高翔、郁松涛、王侃宏、王付立、朱剑锋、魏艳萍、覃志成、林宣军、朱清宇、沈亮、吕晓辰、李文伟、苏存堂、顾业锋、郑良村、袁东立、冯婷婷

本次局部修订的主要审查人员：许文发、王秉忱、马最良、徐宏庆、王贵玲、胡松涛、李著萱、郝军、王勇

中华人民共和国建设部
公　告

第 386 号

建设部关于发布国家标准
《地源热泵系统工程技术规范》的公告

现批准《地源热泵系统工程技术规范》为国家标准，编号为 GB 50366-2005，自 2006 年 1 月 1 日起实施。其中，第 3.1.1、5.1.1 条为强制性条文，必须严格执行。

本规范由建设部标准定额研究所组织中国建筑工业出版社出版发行。

中华人民共和国建设部
2005 年 11 月 30 日

前　言

根据建设部建标［2003］104 号文件和建标标便（2005）28 号文件的要求，由中国建筑科学研究院会同有关单位共同编制了本规范。

在规范编制过程中，编制组进行了广泛深入的调查研究，认真总结了当前地源热泵系统应用的实践经验，吸收了发达国家相关标准和先进技术经验，并在广泛征求意见的基础上，通过反复讨论、修改与完善，制定了本规范。

本规范共分 8 章和 2 个附录。主要内容是：总则，术语，工程勘察，地埋管换热系统，地下水换热系统，地表水换热系统，建筑物内系统及整体运转、调试与验收。

本规范中用黑体字标志的条文为强制性条文，必须严格执行。

本规范由建设部负责管理和对强制性条文的解释，中国建筑科学研究院负责具体技术内容的解释。

本规范在执行过程中，请各单位注意总结经验，积累资料，随时将有关意见和建议反馈给中国建筑科学研究院（地址：北京市北三环东路 30 号；邮政编码 100013），以供今后修订时参考。

本规范主编单位：中国建筑科学研究院

本规范参编单位：山东建筑工程学院、际高集团有限公司、北京计科地源热泵科技有限公司、北京恒有源科技发展有限公司、清华同方人工环境有限公司、北京市地质勘察技术院、山东富尔达空调设备有限公司、湖北风神净化空调设备工程有限公司、河北工程学院、克莱门特捷联制冷设备（上海）有限公司、武汉金牛经济发展有限公司、广州从化中宇冷气科技发展有限公司、湖南凌天科技有限公司

本规范主要起草人：徐　伟　邹　瑜　刁乃仁
丛旭日　李元普　孙　骥
于卫平　冉伟彦　冯晓梅
高　翀　郁松涛　王侃宏
王付立　朱剑锋　魏艳萍
覃志成　林宣军

目　次

1 总　则

1.0.1 为使地源热泵系统工程设计、施工及验收，做到技术先进、经济合理、安全适用，保证工程质量，制定本规范。

1.0.2 本规范适用于以岩土体、地下水、地表水为低温热源，以水或添加防冻剂的水溶液为传热介质，采用蒸气压缩热泵技术进行供热、空调或加热生活热水的系统工程的设计、施工及验收。

1.0.3 地源热泵系统工程设计、施工及验收除应符合本规范外，尚应符合国家现行有关标准的规定。

2 术　语

2.0.1 地源热泵系统 ground-source heat pump system

以岩土体、地下水或地表水为低温热源，由水源热泵机组、地热能交换系统、建筑物内系统组成的供热空调系统。根据地热能交换系统形式的不同，地源热泵系统分为地埋管地源热泵系统、地下水地源热泵系统和地表水地源热泵系统。

2.0.2 水源热泵机组 water-source heat pump unit

以水或添加防冻剂的水溶液为低温热源的热泵。通常有水/水热泵、水/空气热泵等形式。

2.0.3 地热能交换系统 geothermal exchange system

将浅层地热能资源加以利用的热交换系统。

2.0.4 浅层地热能资源 shallow geothermal resources

蕴藏在浅层岩土体、地下水或地表水中的热能资源。

2.0.5 传热介质 heat-transfer fluid

地源热泵系统中，通过换热管与岩土体、地下水或地表水进行热交换的一种液体。一般为水或添加防冻剂的水溶液。

2.0.6 地埋管换热系统 ground heat exchanger system

传热介质通过竖直或水平地埋管换热器与岩土体进行热交换的地热能交换系统，又称土壤热交换系统。

2.0.7 地埋管换热器 ground heat exchanger

供传热介质与岩土体换热用的，由埋于地下的密闭循环管组构成的换热器，又称土壤热交换器。根据管路埋置方式不同，分为水平地埋管换热器和竖直地埋管换热器。

2.0.8 水平地埋管换热器 horizontal ground heat exchanger

换热管路埋置在水平管沟内的地埋管换热器，又称水平土壤热交换器。

2.0.9 竖直地埋管换热器 vertical ground heat exchanger

换热管路埋置在竖直钻孔内的地埋管换热器，又称竖直土壤热交换器。

2.0.10 地下水换热系统 groundwater system

与地下水进行热交换的地热能交换系统，分为直接地下水换热系统和间接地下水换热系统。

2.0.11 直接地下水换热系统 direct closed-loop groundwater system

由抽水井取出的地下水，经处理后直接流经水源热泵机组热交换后返回地下同一含水层的地下水换热系统。

2.0.12 间接地下水换热系统 indirect closed-loop groundwater system

由抽水井取出的地下水经中间换热器热交换后返回地下同一含水层的地下水换热系统。

2.0.13 地表水换热系统 surface water system

与地表水进行热交换的地热能交换系统，分为开式地表水换热系统和闭式地表水换热系统。

2.0.14 开式地表水换热系统 open-loop surface water system

地表水在循环泵的驱动下，经处理直接流经水源热泵机组或通过中间换热器进行热交换的系统。

2.0.15 闭式地表水换热系统 closed-loop surface water system

将封闭的换热盘管按照特定的排列方法放入具有一定深度的地表水体中，传热介质通过换热管管壁与地表水进行热交换的系统。

2.0.16 环路集管 circuit header

连接各并联环路的集合管，通常用来保证各并联环路流量相等。

2.0.17 含水层 aquifer

导水的饱和岩土层。

2.0.18 井身结构 well structure

构成钻孔柱状剖面技术要素的总称，包括钻孔结构、井壁管、过滤管、沉淀管、管外滤料及止水封井段的位置等。

2.0.19 抽水井 production well

用于从地下含水层中取水的井。

2.0.20 回灌井 injection well

用于向含水层灌注回水的井。

2.0.21 热源井 heat source well

用于从地下含水层中取水或向含水层灌注回水的井，是抽水井和回灌井的统称。

2.0.22 抽水试验 pumping test

一种在井中进行计时计量抽取地下水，并测量水位变化的过程，目的是了解含水层富水性，并获取水文地质参数。

2.0.23 回灌试验 injection test

一种向井中连续注水，使井内保持一定水位，或计量注水、记录水位变化来测定含水层渗透性、注水量和水文地质参数的试验。

2.0.24 岩土体 rock-soil body

岩石和松散沉积物的集合体,如砂岩、砂砾石、土壤等。

2.0.25 岩土热响应试验 rock-soil thermal response test

通过测试仪器,对项目所在场区的测试孔进行一定时间的连续加热,获得岩土综合热物性参数及岩土初始平均温度的试验。

2.0.26 岩土综合热物性参数 parameter of the rock-soil thermal properties

是指不含回填材料在内的,地埋管换热器深度范围内,岩土的综合导热系数、综合比热容。

2.0.27 岩土初始平均温度 initial average temperature of the rock-soil

从自然地表下 10～20m 至竖直地埋管换热器埋设深度范围内,岩土常年恒定的平均温度。

2.0.28 测试孔 vertical testing exchanger

按照测试要求和拟采用的成孔方案,将用于岩土热响应试验的竖直地埋管换热器称为测试孔。

3 工程勘察

3.1 一般规定

3.1.1 地源热泵系统方案设计前,应进行工程场地状况调查,并应对浅层地热能资源进行勘察。

3.1.2 对已具备水文地质资料或附近有水井的地区,应通过调查获取水文地质资料。

3.1.3 工程勘察应由具有勘察资质的专业队伍承担。工程勘察完成后,应编写工程勘察报告,并对资源可利用情况提出建议。

3.1.4 工程场地状况调查应包括下列内容:

1 场地规划面积、形状及坡度;

2 场地内已有建筑物和规划建筑物的占地面积及其分布;

3 场地内树木植被、池塘、排水沟及架空输电线、电信电缆的分布;

4 场地内已有的、计划修建的地下管线和地下构筑物的分布及其埋深;

5 场地内已有水井的位置。

3.2 地埋管换热系统勘察

3.2.1 地埋管地源热泵系统方案设计前,应对工程场区内岩土体地质条件进行勘察。

3.2.2 地埋管换热系统勘察应包括下列内容:

1 岩土层的结构;

2 岩土体热物性;

3 岩土体温度;

4 地下水静水位、水温、水质及分布;

5 地下水径流方向、速度;

6 冻土层厚度。

3.2.2A 当地埋管地源热泵系统的应用建筑面积在 3000～5000m² 时,宜进行岩土热响应试验;当应用建筑面积大于等于 5000m² 时,应进行岩土热响应试验。

3.2.2B 岩土热响应试验应符合附录 C 的规定,测试仪器仪表应具有有效期内的检验合格证、校准证书或测试证书。

3.3 地下水换热系统勘察

3.3.1 地下水地源热泵系统方案设计前,应根据地源热泵系统对水量、水温和水质的要求,对工程场区的水文地质条件进行勘察。

3.3.2 地下水换热系统勘察应包括下列内容:

1 地下水类型;

2 含水层岩性、分布、埋深及厚度;

3 含水层的富水性和渗透性;

4 地下水径流方向、速度和水力坡度;

5 地下水水温及其分布;

6 地下水水质;

7 地下水水位动态变化。

3.3.3 地下水换热系统勘察应进行水文地质试验。试验应包括下列内容:

1 抽水试验;

2 回灌试验;

3 测量出水水温;

4 取分层水样并化验分析分层水质;

5 水流方向试验;

6 渗透系数计算。

3.3.4 当地下水换热系统的勘察结果符合地源热泵系统要求时,应采用成井技术将水文地质勘探孔完善成热源井加以利用。成井过程应由水文地质专业人员进行监理。

3.4 地表水换热系统勘察

3.4.1 地表水地源热泵系统方案设计前,应对工程场区地表水源的水文状况进行勘察。

3.4.2 地表水换热系统勘察应包括下列内容:

1 地表水水源性质、水面用途、深度、面积及其分布;

2 不同深度的地表水水温、水位动态变化;

3 地表水流速和流量动态变化;

4 地表水水质及其动态变化;

5 地表水利用现状;

6 地表水取水和回水的适宜地点及路线。

4 地埋管换热系统

4.1 一般规定

4.1.1 地埋管换热系统设计前，应根据工程勘察结果评估地埋管换热系统实施的可行性及经济性。

4.1.2 地埋管换热系统施工时，严禁损坏既有地下管线及构筑物。

4.1.3 地埋管换热器安装完成后，应在埋管区域做出标志或标明管线的定位带，并应采用2个现场的永久目标进行定位。

4.2 地埋管管材与传热介质

4.2.1 地埋管及管件应符合设计要求，且应具有质量检验报告和生产厂的合格证。

4.2.2 地埋管管材及管件应符合下列规定：

　1 地埋管应采用化学稳定性好、耐腐蚀、导热系数大、流动阻力小的塑料管材及管件，宜采用聚乙烯管（PE80或PE100）或聚丁烯管（PB），不宜采用聚氯乙烯（PVC）管。管件与管材应为相同材料。

　2 地埋管质量应符合国家现行标准中的各项规定。管材的公称压力及使用温度应满足设计要求，且管材的公称压力不应小于1.0MPa。地埋管外径及壁厚可按本规范附录A的规定选用。

4.2.3 传热介质应以水为首选，也可选用符合下列要求的其他介质：

　1 安全、腐蚀性弱，与地埋管管材无化学反应；

　2 较低的冰点；

　3 良好的传热特性，较低的摩擦阻力；

　4 易于购买、运输和储藏。

4.2.4 在有可能冻结的地区，传热介质应添加防冻剂。防冻剂的类型、浓度及有效期应在充注阀处注明。

4.2.5 添加防冻剂后的传热介质的冰点宜比设计最低运行水温低3～5℃。选择防冻剂时，应同时考虑防冻剂对管道与管件的腐蚀性，防冻剂的安全性、经济性及其对换热的影响。

4.3 地埋管换热系统设计

4.3.1 地埋管换热系统设计前应明确待埋管区域内各种地下管线的种类、位置及深度，预留未来地下管线所需的埋管空间及埋管区域进出重型设备的车道位置。

4.3.2 地埋管换热系统设计应进行全年动态负荷计算，最小计算周期宜为1年。计算周期内，地源热泵系统总释热量宜与其总吸热量相平衡。

4.3.3 地埋管换热器换热量应满足地源热泵系统最大吸热量或释热量的要求。在技术经济合理时，可采用辅助热源或冷却源与地埋管换热器并用的调峰形式。

4.3.4 地埋管换热器应根据可使用地面面积、工程勘察结果及挖掘成本等因素确定埋管方式。

4.3.5 地埋管换热器设计计算宜根据现场实测岩土体及回填料热物性参数，采用专用软件进行。竖直地埋管换热器的设计也可按本规范附录B的方法进行计算。

4.3.5A 当地埋管地源热泵系统的应用建筑面积在5000m² 以上，或实施了岩土热响应试验的项目，应利用岩土热响应试验结果进行地埋管换热器的设计，且宜符合下列要求：

　1 夏季运行期间，地埋管换热器出口最高温度宜低于33℃；

　2 冬季运行期间，不添加防冻剂的地埋管换热器进口最低温度宜高于4℃。

4.3.6 地埋管换热器设计计算时，环路集管不应包括在地埋管换热器长度内。

4.3.7 水平地埋管换热器可不设坡度。最上层埋管顶部应在冻土层以下0.4m，且距地面不宜小于0.8m。

4.3.8 竖直地埋管换热器埋管深度宜大于20m，钻孔孔径不宜小于0.11m，钻孔间距应满足换热需要，间距宜为3～6m。水平连接管的深度应在冻土层以下0.6m，且距地面不宜小于1.5m。

4.3.9 地埋管换热器管内流体应保持紊流流态，水平环路集管坡度宜为0.002。

4.3.10 地埋管环路两端应分别与供、回水环路集管相连接，且宜同程布置。每对供、回水环路集管连接的地埋管环路数宜相等。供、回水环路集管的间距不应小于0.6m。

4.3.11 地埋管换热器安装位置应远离水井及室外排水设施，并宜靠近机房或以机房为中心设置。

4.3.12 地埋管换热系统应设自动充液及泄漏报警系统。需要防冻的地区，应设防冻保护装置。

4.3.13 地埋管换热系统应根据地质特征确定回填料配方，回填料的导热系数不宜低于钻孔外或沟槽外岩土体的导热系数。

4.3.14 地埋管换热系统设计时应根据实际选用的传热介质的水力特性进行水力计算。

4.3.15 地埋管换热系统宜采用变流量设计。

4.3.16 地埋管换热系统设计时应考虑地埋管换热器的承压能力，若建筑物内系统压力超过地埋管换热器的承压能力时，应设中间换热器将地埋管换热器与建筑物内系统分开。

4.3.17 地埋管换热系统宜设置反冲洗系统，冲洗流量宜为工作流量的2倍。

4.4 地埋管换热系统施工

4.4.1 地埋管换热系统施工前应具备埋管区域的工程勘察资料、设计文件和施工图纸，并完成施工组织设计。

4.4.2 地埋管换热系统施工前应了解埋管场地内已有地下管线、其他地下构筑物的功能及其准确位置，并应进行地面清理，铲除地面杂草、杂物，平整地面。

4.4.3 地埋管换热系统施工过程中，应严格检查并做好管材保护工作。

4.4.4 管道连接应符合下列规定：

1 埋地管道应采用热熔或电熔连接。聚乙烯管道连接应符合国家现行标准《埋地聚乙烯给水管道工程技术规程》CJJ 101 的有关规定；

2 竖直地埋管换热器的U形弯管接头，宜选用定型的U形弯头成品件，不宜采用直管道揻制弯头；

3 竖直地埋管换热器U形管的组对长度应能满足插入钻孔后与环路集管连接的要求，组对好的U形管的两开口端部，应及时密封。

4.4.5 水平地埋管换热器铺设前，沟槽底部应先铺设相当于管径厚度的细砂。水平地埋管换热器安装时，应防止石块等重物撞击管身。管道不应有折断、扭结等问题，转弯处应光滑，且应采取固定措施。

4.4.6 水平地埋管换热器回填料应细小、松散、均匀，且不应含有石块及土块。回填压实过程应均匀，回填料应与管道接触紧密，且不得损伤管道。

4.4.7 竖直地埋管换热器U形管安装应在钻孔钻好且孔壁固化后立即进行。当钻孔孔壁不牢固或者存在孔洞、洞穴等导致成孔困难时，应设护壁套管。下管过程中，U形管内宜充满水，并宜采取措施使U形管两支管处于分开状态。

4.4.8 竖直地埋管换热器U形管安装完毕后，应立即灌浆回填封孔。当埋管深度超过40m时，灌浆回填应在周围临近钻孔均钻凿完毕后进行。

4.4.9 竖直地埋管换热器灌浆回填料宜采用膨润土和细砂（或水泥）的混合浆或专用灌浆材料。当地埋管换热器设在密实或坚硬的岩土体中时，宜采用水泥基料灌浆回填。

4.4.10 地埋管换热器安装前后均应对管道进行冲洗。

4.4.11 当室外环境温度低于0℃时，不宜进行地埋管换热器的施工。

4.5 地埋管换热系统的检验与验收

4.5.1 地埋管换热系统安装过程中，应进行现场检验，并应提供检验报告。检验内容应符合下列规定：

1 管材、管件等材料应符合国家现行标准的规定；

2 钻孔、水平埋管的位置和深度、地埋管的直径、壁厚及长度均应符合设计要求；

3 回填料及其配比应符合设计要求；

4 水压试验应合格；

5 各环路流量应平衡，且应满足设计要求；

6 防冻剂和防腐剂的特性及浓度应符合设计要求；

7 循环水流量及进出水温差均应符合设计要求。

4.5.2 水压试验应符合下列规定：

1 试验压力：当工作压力小于等于1.0MPa时，应为工作压力的1.5倍，且不应小于0.6MPa；当工作压力大于1.0MPa时，应为工作压力加0.5MPa。

2 水压试验步骤：

　1）竖直地埋管换热器插入钻孔前，应做第一次水压试验。在试验压力下，稳压至少15min，稳压后压力降不应大于3%，且无泄漏现象；将其密封后，在有压状态下插入钻孔，完成灌浆之后保压1h。水平地埋管换热器放入沟槽前，应做第一次水压试验。在试验压力下，稳压至少15min，稳压后压力降不应大于3%，且无泄漏现象。

　2）竖直或水平地埋管换热器与环路集管装配完成后，回填前应进行第二次水压试验。在试验压力下，稳压至少30min，稳压后压力降不应大于3%，且无泄漏现象。

　3）环路集管与机房分集水器连接完成后，回填前应进行第三次水压试验。在试验压力下，稳压至少2h，且无泄漏现象。

　4）地埋管换热系统全部安装完毕，且冲洗、排气及回填完成后，应进行第四次水压试验。在试验压力下，稳压至少12h，稳压后压力降不应大于3%。

3 水压试验宜采用手动泵缓慢升压，升压过程中应随时观察与检查，不得有渗漏；不得以气压试验代替水压试验。

4.5.3 回填过程的检验应与安装地埋管换热器同步进行。

5 地下水换热系统

5.1 一般规定

5.1.1 地下水换热系统应根据水文地质勘察资料进行设计。必须采取可靠回灌措施，确保置换冷量或热量后的地下水全部回灌到同一含水层，并不得对地下水资源造成浪费及污染。系统投入运行后，应对抽水量、回灌量及其水质进行定期监测。

5.1.2 地下水的持续出水量应满足地源热泵系统最大吸热或释热量的要求。

5.1.3 地下水供水管、回灌管不得与市政管道连接。

5.2 地下水换热系统设计

5.2.1 热源井的设计单位应具有水文地质勘察资质。

5.2.2 热源井设计应符合现行国家标准《供水管井技术规范》GB 50296 的相关规定，并应包括下列内容：

1 热源井抽水量和回灌量、水温和水质；
2 热源井数量、井位分布及取水层位；
3 井管配置及管材选用，抽灌设备选择；
4 井身结构、填砾位置、滤料规格及止水材料；
5 抽水试验和回灌试验要求及措施；
6 井口装置及附属设施。

5.2.3 热源井设计时应采取减少空气侵入的措施。

5.2.4 抽水井与回灌井宜能相互转换，其间应设排气装置。抽水管和回灌管上均应设置水样采集口及监测口。

5.2.5 热源井数目应满足持续出水量和完全回灌的需求。

5.2.6 热源井位的设置应避开有污染的地面或地层。热源井井口应严格封闭，井内装置应使用对地下水无污染的材料。

5.2.7 热源井井口处应设检查井。井口之上若有构筑物，应留有检修用的足够高度或在构筑物上留有检修口。

5.2.8 地下水换热系统应根据水源水质条件采用直接或间接系统；水系统宜采用变流量设计；地下水供水管道宜保温。

5.3 地下水换热系统施工

5.3.1 热源井的施工队伍应具有相应的施工资质。

5.3.2 地下水换热系统施工前应具备热源井及其周围区域的工程勘察资料、设计文件和施工图纸，并完成施工组织设计。

5.3.3 热源井施工过程中应同时绘制地层钻孔柱状剖面图。

5.3.4 热源井施工应符合现行国家标准《供水管井技术规范》GB 50296 的规定。

5.3.5 热源井在成井后应及时洗井。洗井结束后应进行抽水试验和回灌试验。

5.3.6 抽水试验应稳定延续 12h，出水量不应小于设计出水量，降深不应大于 5m；回灌试验应稳定延续 36h 以上，回灌量应大于设计回灌量。

5.4 地下水换热系统检验与验收

5.4.1 热源井应单独进行验收，且应符合现行国家标准《供水管井技术规范》GB 50296 及《供水水文

地质钻探与凿井操作规程》CJJ 13 的规定。

5.4.2 热源井持续出水量和回灌量应稳定，并应满足设计要求。持续出水量和回灌量应符合本规范第 5.3.6 条的规定。

5.4.3 抽水试验结束前应采集水样，进行水质测定和含砂量测定。经处理后的水质应满足系统设备的使用要求。

5.4.4 地下水换热系统验收后，施工单位应提交热源井成井报告。报告应包括管井综合柱状图，洗井、抽水和回灌试验、水质检验及验收资料。

5.4.5 输水管网设计、施工及验收应符合现行国家标准《室外给水设计规范》GB 50013 及《给水排水管道工程施工及验收规范》GB 50268 的规定。

6 地表水换热系统

6.1 一般规定

6.1.1 地表水换热系统设计前，应对地表水地源热泵系统运行对水环境的影响进行评估。

6.1.2 地表水换热系统设计方案应根据水面用途，地表水深度、面积，地表水水质、水位、水温情况综合确定。

6.1.3 地表水换热盘管的换热量应满足地源热泵系统最大吸热量或释热量的需要。

6.2 地表水换热系统设计

6.2.1 开式地表水换热系统取水口应远离回水口，并宜位于回水口上游。取水口应设置污物过滤装置。

6.2.2 闭式地表水换热系统宜为同程系统。每个环路集管内的换热环路数宜相同，且宜并联连接；环路集管布置应与水体形状相适应，供、回水管应分开布置。

6.2.3 地表水换热盘管应牢固安装在水体底部，地表水的最低水位与换热盘管距离不应小于 1.5m。换热盘管设置处水体的静压应在换热盘管的承压范围内。

6.2.4 地表水换热系统可采用开式或闭式两种形式，水系统宜采用变流量设计。

6.2.5 地表水换热盘管管材与传热介质应符合本规范第 4.2 节的规定。

6.2.6 当地表水体为海水时，与海水接触的所有设备、部件及管道应具有防腐、防生物附着的能力；与海水连通的所有设备、部件及管道应具有过滤、清理的功能。

6.3 地表水换热系统施工

6.3.1 地表水换热系统施工前应具备地表水换热系统勘察资料、设计文件和施工图纸，并完成施工组织

设计。

6.3.2 地表水换热盘管管材及管件应符合设计要求，且具有质量检验报告和生产厂的合格证。换热盘管宜按照标准长度由厂家做成所需的预制件，且不应有扭曲。

6.3.3 地表水换热盘管固定在水体底部时，换热盘管下应安装衬垫物。

6.3.4 供、回水管进入地表水源处应设明显标志。

6.3.5 地表水换热系统安装过程中应进行水压试验。水压试验应符合本规范第 6.4.2 条的规定。地表水换热系统安装前后应对管道进行冲洗。

6.4 地表水换热系统检验与验收

6.4.1 地表水换热系统安装过程中，应进行现场检验，并应提供检验报告，检验内容应符合下列规定：

　　1 管材、管件等材料应具有产品合格证和性能检验报告；

　　2 换热盘管的长度、布置方式及管沟设置应符合设计要求；

　　3 水压试验应合格；

　　4 各环路流量应平衡，且应满足设计要求；

　　5 防冻剂和防腐剂的特性及浓度应符合设计要求；

　　6 循环水流量及进出水温差应符合设计要求。

6.4.2 水压试验应符合下列规定：

　　1 闭式地表水换热系统水压试验应符合以下规定：

　　　　1）试验压力：当工作压力小于等于 1.0MPa 时，应为工作压力的 1.5 倍，且不应小于 0.6MPa；当工作压力大于 1.0MPa 时，应为工作压力加 0.5MPa。

　　　　2）水压试验步骤：换热盘管组装完成后，应做第一次水压试验，在试验压力下，稳压至少 15min，稳压后压力降不应大于 3%，且无泄漏现象；换热盘管与环路集管装配完成后，应进行第二次水压试验，在试验压力下，稳压至少 30min，稳压后压力降不应大于 3%，且无泄漏现象；环路集管与机房分集水器连接完成后，应进行第三次水压试验，在试验压力下，稳压至少 12h，稳压后压力降不应大于 3%。

　　2 开式地表水换热系统水压试验应符合现行国家标准《通风与空调工程施工质量验收规范》GB 50243 的相关规定。

7 建筑物内系统

7.1 建筑物内系统设计

7.1.1 建筑物内系统的设计应符合现行国家标准《采暖通风与空气调节设计规范》GB 50019 的规定。其中，涉及生活热水或其他热水供应部分，应符合现行国家标准《建筑给水排水设计规范》GB 50015 的规定。

7.1.2 水源热泵机组性能应符合现行国家标准《水源热泵机组》GB/T 19409 的相关规定，且应满足地源热泵系统运行参数的要求。

7.1.3 水源热泵机组应具备能量调节功能，且其蒸发器出口应设防冻保护装置。

7.1.4 水源热泵机组及末端设备应按实际运行参数选型。

7.1.5 建筑物内系统应根据建筑的特点及使用功能确定水源热泵机组的设置方式及末端空调系统形式。

7.1.6 在水源热泵机组外进行冷、热转换的地源热泵系统应在水系统上设冬、夏季节的功能转换阀门，并在转换阀门上作出明显标识。地下水或地表水直接流经水源热泵机组的系统应在水系统上预留机组清洗用旁通管。

7.1.7 地源热泵系统在具备供热、供冷功能的同时，宜优先采用地源热泵系统提供（或预热）生活热水，不足部分由其他方式解决。水源热泵系统提供生活热水时，应采用换热设备间接供给。

7.1.8 建筑物内系统设计时，应通过技术经济比较后，增设辅助热源、蓄热（冷）装置或其他节能设施。

7.2 建筑物内系统施工、检验与验收

7.2.1 水源热泵机组、附属设备、管道、管件及阀门的型号、规格、性能及技术参数等应符合设计要求，并具备产品合格证书、产品性能检验报告及产品说明书等文件。

7.2.2 水源热泵机组及建筑物内系统安装应符合现行国家标准《制冷设备、空气分离设备安装工程施工及验收规范》GB 50274 及《通风与空调工程施工质量验收规范》GB 50243 的规定。

8 整体运转、调试与验收

8.0.1 地源热泵系统交付使用前，应进行整体运转、调试与验收。

8.0.2 地源热泵系统整体运转与调试应符合下列规定：

　　1 整体运转与调试前应制定整体运转与调试方案，并报送专业监理工程师审核批准；

　　2 水源热泵机组试运转前应进行水系统及风系统平衡调试，确定系统循环总流量、各分支流量及各末端设备流量均达到设计要求；

　　3 水力平衡调试完成后，应进行水源热泵机组的试运转，并填写运转记录，运行数据应达到设备技

术要求；

4 水源热泵机组试运转正常后，应进行连续24h 的系统试运转，并填写运转记录；

5 地源热泵系统调试应分冬、夏两季进行，且调试结果应达到设计要求。调试完成后应编写调试报告及运行操作规程，并提交甲方确认后存档。

8.0.3 地源热泵系统整体验收前，应进行冬、夏两季运行测试，对地源热泵系统的实测性能作出评价。

8.0.4 地源热泵系统整体运转、调试与验收除应符合本规范规定外，还应符合现行国家标准《通风与空调工程施工质量验收规范》GB 50243 和《制冷设备、空气分离设备安装工程施工及验收规范》GB 50274 的相关规定。

附录 A　地埋管外径及壁厚

A.0.1 聚乙烯（PE）管外径及公称壁厚应符合表 A.0.1 的规定。

表 A.0.1　聚乙烯（PE）管外径及公称壁厚（mm）

公称外径 dn	平均外径		公称壁厚/材料等级		
	最小	最大	公　称　压　力		
			1.0MPa	1.25MPa	1.6MPa
20	20.0	20.3	—	—	—
25	25.0	25.3	—	$2.3^{+0.5}$/PE80	—
32	32.0	32.3	—	$3.0^{+0.5}$/PE80	$3.0^{+0.5}$/PE100
40	40.0	40.4	—	$3.7^{+0.6}$/PE80	$3.7^{+0.6}$/PE100
50	50.0	50.5	—	$4.6^{+0.7}$/PE80	$4.6^{+0.7}$/PE100
63	63.0	63.6	$4.7^{+0.8}$/PE80	$4.7^{+0.8}$/PE100	$5.8^{+0.9}$/PE100
75	75.0	75.7	$4.5^{+0.7}$/PE100	$5.6^{+0.9}$/PE100	$6.8^{+1.1}$/PE100
90	90.0	90.9	$5.4^{+0.9}$/PE100	$6.7^{+1.1}$/PE100	$8.2^{+1.3}$/PE100
110	110.0	111.0	$6.6^{+1.1}$/PE100	$8.1^{+1.3}$/PE100	$10.0^{+1.5}$/PE100
125	125.0	126.2	$7.4^{+1.2}$/PE100	$9.2^{+1.4}$/PE100	$11.4^{+1.8}$/PE100
140	140.0	141.3	$8.3^{+1.3}$/PE100	$10.3^{+1.6}$/PE100	$12.7^{+2.0}$/PE100
160	160.0	161.5	$9.5^{+1.5}$/PE100	$11.8^{+1.8}$/PE100	$14.6^{+2.2}$/PE100
180	180.0	181.7	$10.7^{+1.7}$/PE100	$13.3^{+2.0}$/PE100	$16.4^{+3.2}$/PE100
200	200.0	201.8	$11.9^{+1.8}$/PE100	$14.7^{+2.3}$/PE100	$18.2^{+3.6}$/PE100
225	225.0	227.1	$13.4^{+2.1}$/PE100	$16.6^{+3.3}$/PE100	$20.5^{+4.0}$/PE100
250	250.0	252.3	$14.8^{+2.3}$/PE100	$18.4^{+3.6}$/PE100	$22.7^{+4.5}$/PE100
280	280.0	282.6	$16.6^{+3.3}$/PE100	$20.6^{+4.1}$/PE100	$25.4^{+5.0}$/PE100
315	315.0	317.9	$18.7^{+3.7}$/PE100	$23.2^{+4.6}$/PE100	$28.6^{+5.7}$/PE100
355	355.0	358.2	$21.1^{+4.2}$/PE100	$26.1^{+5.2}$/PE100	$32.2^{+6.4}$/PE100
400	400.0	403.6	$23.7^{+4.7}$/PE100	$29.4^{+5.8}$/PE100	$36.3^{+7.2}$/PE100

A.0.2 聚丁烯（PB）管外径及公称壁厚应符合表 A.0.2 的规定。

表 A.0.2　聚丁烯（PB）管外径及公称壁厚（mm）

公称外径 dn	平　均　外　径		公称壁厚
	最　小	最　大	
20	20.0	20.3	$1.9^{+0.3}$
25	25.0	25.3	$2.3^{+0.4}$
32	32.0	32.3	$2.9^{+0.4}$
40	40.0	40.4	$3.7^{+0.5}$
50	49.9	50.5	$4.6^{+0.6}$

续表 A.0.2

公称外径 dn	平　均　外　径		公称壁厚
	最　小	最　大	
63	63.0	63.6	$5.8^{+0.7}$
75	75.0	75.7	$6.8^{+0.8}$
90	90.0	90.9	$8.2^{+1.0}$
110	110.0	111.0	$10.0^{+1.1}$
125	125.0	126.2	$11.4^{+1.3}$
140	140.0	141.3	$12.7^{+1.4}$
160	160.0	161.5	$14.6^{+1.6}$

附录 B 竖直地埋管换热器的设计计算

B.0.1 竖直地埋管换热器的热阻计算宜符合下列要求：

1 传热介质与 U 形管内壁的对流换热热阻可按下式计算：

$$R_{\mathrm{f}} = \frac{1}{\pi d_i K} \qquad \text{(B.0.1-1)}$$

式中 R_{f}——传热介质与 U 形管内壁的对流换热热阻（m·K/W）；

d_i——U 形管的内径（m）；

K——传热介质与 U 形管内壁的对流换热系数 [W/(m²·K)]。

2 U 形管的管壁热阻可按下列公式计算：

$$R_{\mathrm{pe}} = \frac{1}{2\pi\lambda_{\mathrm{p}}} \ln\left(\frac{d_e}{d_e-(d_o-d_i)}\right) \qquad \text{(B.0.1-2)}$$

$$d_e = \sqrt{n}\, d_o \qquad \text{(B.0.1-3)}$$

式中 R_{pe}——U 形管的管壁热阻（m·K/W）；

λ_{p}——U 形管导热系数 [W/(m·K)]；

d_o——U 形管的外径（m）；

d_e——U 形管的当量直径（m）；对单 U 形管，$n=2$；对双 U 形管，$n=4$。

3 钻孔灌浆回填材料的热阻可按下式计算：

$$R_{\mathrm{b}} = \frac{1}{2\pi\lambda_{\mathrm{b}}} \ln\left(\frac{d_{\mathrm{b}}}{d_e}\right) \qquad \text{(B.0.1-4)}$$

式中 R_{b}——钻孔灌浆回填材料的热阻（m·K/W）；

λ_{b}——灌浆材料导热系数 [W/(m·K)]；

d_{b}——钻孔的直径（m）。

4 地层热阻，即从孔壁到无穷远处的热阻可按下列公式计算：

对于单个钻孔：

$$R_{\mathrm{s}} = \frac{1}{2\pi\lambda_{\mathrm{s}}} I\left(\frac{r_{\mathrm{b}}}{2\sqrt{a\tau}}\right) \qquad \text{(B.0.1-5)}$$

$$I(u) = \frac{1}{2}\int_u^\infty \frac{e^{-s}}{s}\mathrm{d}s \qquad \text{(B.0.1-6)}$$

对于多个钻孔：

$$R_{\mathrm{s}} = \frac{1}{2\pi\lambda_{\mathrm{s}}}\left[I\left(\frac{r_{\mathrm{b}}}{2\sqrt{a\tau}}\right) + \sum_{i=2}^N I\left(\frac{x_i}{2\sqrt{a\tau}}\right)\right] \qquad \text{(B.0.1-7)}$$

式中 R_{s}——地层热阻（m·K/W）；

I——指数积分公式，可按公式（B.0.1-6）计算；

λ_{s}——岩土体的平均导热系数 [W/(m·K)]；

a——岩土体的热扩散率（m²/s）；

r_{b}——钻孔的半径（m）；

τ——运行时间（s）；

x_i——第 i 个钻孔与所计算钻孔之间的距离（m）。

5 短期连续脉冲负荷引起的附加热阻可按下式计算：

$$R_{\mathrm{sp}} = \frac{1}{2\pi\lambda_{\mathrm{s}}} I\left(\frac{r_{\mathrm{b}}}{2\sqrt{a\tau_{\mathrm{p}}}}\right) \qquad \text{(B.0.1-8)}$$

式中 R_{sp}——短期连续脉冲负荷引起的附加热阻（m·K/W）；

τ_{p}——短期脉冲负荷连续运行的时间，例如 8h。

B.0.2 竖直地埋管换热器钻孔的长度计算宜符合下列要求：

1 制冷工况下，竖直地埋管换热器钻孔的长度可按下式计算：

$$L_{\mathrm{c}} = \frac{1000Q_{\mathrm{c}}[R_{\mathrm{f}}+R_{\mathrm{pe}}+R_{\mathrm{b}}+R_{\mathrm{s}}\times F_{\mathrm{c}}+R_{\mathrm{sp}}\times(1-F_{\mathrm{c}})]}{(t_{\max}-t_\infty)}\left(\frac{EER+1}{EER}\right)$$

$$\text{(B.0.2-1)}$$

$$F_{\mathrm{c}} = T_{\mathrm{c1}}/T_{\mathrm{c2}} \qquad \text{(B.0.2-2)}$$

式中 L_{c}——制冷工况下，竖直地埋管换热器所需钻孔的总长度（m）；

Q_{c}——水源热泵机组的额定冷负荷（kW）；

EER——水源热泵机组的制冷性能系数；

$t_{\max}$——制冷工况下，地埋管换热器中传热介质的设计平均温度，通常取 33～36℃；

t_∞——埋管区域岩土体的初始温度（℃）；

F_{c}——制冷运行份额；

T_{c1}——一个制冷季中水源热泵机组的运行小时数，当运行时间取一个月时，T_{c1} 为最热月份水源热泵机组的运行小时数；

T_{c2}——一个制冷季中的小时数，当运行时间取一个月时，T_{c2} 为最热月份的小时数。

2 供热工况下，竖直地埋管换热器钻孔的长度可按下式计算：

$$L_{\mathrm{h}} = \frac{1000Q_{\mathrm{h}}[R_{\mathrm{f}}+R_{\mathrm{pe}}+R_{\mathrm{b}}+R_{\mathrm{s}}\times F_{\mathrm{h}}+R_{\mathrm{sp}}\times(1-F_{\mathrm{h}})]}{(t_\infty-t_{\min})}\left(\frac{COP-1}{COP}\right)$$

$$\text{(B.0.2-3)}$$

$$F_{\mathrm{h}} = T_{\mathrm{h1}}/T_{\mathrm{h2}} \qquad \text{(B.0.2-4)}$$

式中 L_{h}——供热工况下，竖直地埋管换热器所需钻孔的总长度（m）；

Q_{h}——水源热泵机组的额定热负荷（kW）；

COP——水源热泵机组的供热性能系数；

$t_{\min}$——供热工况下，地埋管换热器中传热介质的设计平均温度，通常取 -2～6℃；

F_{h}——供热运行份额；

T_{h1}——一个供热季中水源热泵机组的运行小时数；当运行时间取一个月时，T_{h1} 为最冷月份水源热泵机组的运行小时数；

T_{h2}——一个供热季中的小时数；当运行时间取一个月时，T_{h2} 为最冷月份的小时数。

附录 C 岩土热响应试验（新增）

C.1 一 般 规 定

C.1.1 在岩土热响应试验之前，应对测试地点进行实地的勘察，根据地质条件的复杂程度，确定测试孔的数量和测试方案。地埋管地源热泵系统的应用建筑面积大于或等于 10000m² 时，测试孔的数量不应少于 2 个。对 2 个及以上测试孔的测试，其测试结果应取算术平均值。

C.1.2 在岩土热响应试验之前应通过钻孔勘察，绘制项目场区钻孔地质综合柱状图。

C.1.3 岩土热响应试验应包括下列内容：

1 岩土初始平均温度；

2 地埋管换热器的循环水进出口温度、流量以及试验过程中向地埋管换热器施加的加热功率。

C.1.4 岩土热响应试验报告应包括下列内容：

1 项目概况；

2 测试方案；

3 参考标准；

4 测试过程中参数的连续记录，应包括：循环水流量、加热功率、地埋管换热器的进出口水温；

5 项目所在地岩土柱状图；

6 岩土热物性参数；

7 测试条件下，钻孔单位延米换热量参考值。

C.1.5 测试现场应提供稳定的电源，具备可靠的测试条件。

C.1.6 在对测试设备进行外部连接时，应遵循先接水后接电的原则。

C.1.7 测试孔的施工应由具有相应资质的专业队伍承担。

C.1.8 连接应减少弯头、变径，连接管外露部分应保温，保温层厚度不应小于 10mm。

C.1.9 岩土热响应的测试过程应遵守国家和地方有关安全、劳动保护、防火、环境保护等方面的规定。

C.2 测 试 仪 表

C.2.1 在输入电压稳定的情况下，加热功率的测量误差不应大于±1%。

C.2.2 流量的测量误差不应大于±1%。

C.2.3 温度的测量误差不应大于±0.2℃。

C.3 岩土热响应试验方法

C.3.1 岩土热响应试验的测试过程，应遵循下列步骤：

1 制作测试孔；

2 平整测试孔周边场地，提供水电接驳点；

3 测试岩土初始温度；

4 测试仪器与测试孔的管道连接；

5 水电等外部设备连接完毕后，应对测试设备本身以及外部设备的连接再次进行检查；

6 启动电加热、水泵等试验设备，待设备运转稳定后开始读取记录试验数据；

7 岩土热响应试验过程中，应做好对试验设备的保护工作；

8 提取试验数据，分析计算得出岩土综合热物性参数；

9 测试试验完成后，对测试孔应做好防护工作。

C.3.2 测试孔的深度应与实际的用孔相一致。

C.3.3 岩土热响应试验应在测试孔完成并放置至少 48h 以后进行。

C.3.4 岩土初始平均温度的测试应采用布置温度传感器的方法。测点的布置宜在地埋管换热器埋设深度范围内，且间隔不宜大于 10m；以各测点实测温度的算术平均值作为岩土初始平均温度。

C.3.5 岩土热响应试验测试过程应符合下列要求：

1 岩土热响应试验应连续不间断，持续时间不宜少于 48h；

2 试验期间，加热功率应保持恒定；

3 地埋管换热器的出口温度稳定后，其温度宜高于岩土初始平均温度 5℃ 以上且维持时间不应少于 12h。

C.3.6 地埋管换热器内流速不应低于 0.2m/s。

C.3.7 试验数据读取和记录的时间间隔不应大于 10min。

本规范用词说明

1 为便于在执行本规范条文时区别对待，对要求严格程度不同的用词说明如下：

1）表示很严格，非这样做不可的：

正面词采用"必须"，反面词采用"严禁"；

2）表示严格，在正常情况下均应这样做的：

正面词采用"应"，反面词采用"不应"或"不得"；

3）表示允许稍有选择，在条件许可时首先应这样做的：

正面词采用"宜"，反面词采用"不宜"；

表示有选择，在一定条件下可以这样做的，采用"可"。

2 条文中指明应按其他有关标准执行的写法为："应符合……的规定"或"应按……执行"。

地源热泵系统工程技术规范

GB 50366—2005

（2009 年版）

条 文 说 明

目　次

1 总　则

1.0.1 制定本规范的宗旨。地源热泵系统可利用浅层地热能资源进行供热与空调，具有良好的节能与环境效益，近年来在国内得到了日益广泛的应用。但由于缺乏相应规范的约束，地源热泵系统的推广呈现出很大的盲目性。许多项目在没有对当地资源状况进行充分评估的条件下，就匆匆忙忙上马，造成了地源热泵系统工作不正常，影响了地源热泵系统的进一步推广与应用。为了规范地源热泵系统的设计、施工及验收，确保地源热泵系统安全可靠地运行以及更好地发挥其节能效益，特制定本规范。本规范侧重于地热能交换系统部分的规定，对建筑物内系统仅作简要规定。

1.0.2 规定了本规范的适用范围。地表水包括河流、湖泊、海水、中水或达到国家排放标准的污水、废水等。

1.0.3 本规范为地源热泵系统工程的专业性全国通用技术规范。根据国家主管部门有关编制和修订工程建设标准、规范等的统一规定，为了精简规范内容，凡其他全国性标准、规范等已有明确规定的内容，除确有必要者以外，本规范均不再另设条文。本条文的目的是强调在执行本规范的同时，还应注意贯彻执行相关标准、规范等的有关规定。

2 术　语

2.0.1 地源热泵系统通常还被称为地热热泵系统（geothermal heat pump system），地能系统（earth energy system），地源系统（ground-source system）等，后来，由 ASHRAE 统一为标准术语即地源热泵系统（ground-source heat pump system）。其中地埋管地源热泵系统，也称地耦合系统（closed-loop ground-coupled heat pump system）或土壤源地源热泵系统，考虑实际应用中人们的称呼习惯，同时便于理解，本规范定义为地埋管地源热泵系统。

2.0.21 本规范中抽水井和回灌井均用作地源热泵系统的低温热源，故将抽水井和回灌井统称为热源井。

2.0.26 对于工程设计而言，最为关心的是地埋管换热系统的换热能力，这主要反映在地埋管换热器深度范围内的综合岩土导热系数和综合比热容两个参数上。由于地质结构的复杂性和差异性，因此通过现场试验得到的岩土热物性参数，是一个反映了地下水流等因素影响的综合值。

2.0.27 一般来说，从地表以下 10~20m 深度范围内，岩土受外部环境影响，其温度会随季节发生变化；而在此深度以下至竖直地埋管换热器埋设深度范围内，岩土自身的温度受外界环境影响较小，常年恒定。

3 工程勘察

3.1 一般规定

3.1.1 工程场地状况及浅层地热能资源条件是能否应用地源热泵系统的基础。地源热泵系统方案设计前，应根据调查及勘察情况，选择采用地埋管、地下水或地表水地源热泵系统。浅层地热能资源勘察包括地埋管换热系统勘察、地下水换热系统勘察及地表水换热系统勘察。

3.1.2 在工程场区内或附近有水井的地区，可调查收集已有工程勘察及水井资料。调查区域半径宜大于拟定换热区 100~200m。调查以收集资料为主，除观察地形地貌外，应调查已有水井的位置、类型、结构、深度、地层剖面、出水量、水位、水温及水质情况，还应了解水井的用途，开采方式、年用水量及水位变化情况等。

3.1.4 工程场地可利用面积应满足修建地表水抽水构筑物（地表水换热系统）或修建地下水抽水井和回灌井（地下水换热系统）或埋设水平或竖直地埋管换热器（地埋管换热系统）的需要。同时应满足置放和操作施工机具及埋设室外管网的需要。

3.2 地埋管换热系统勘察

3.2.1 岩土体地质条件勘察可参照《岩土工程勘察规范》GB 50021 及《供水水文地质勘察规范》GB 50027 进行。

3.2.2 采用水平地埋管换热器时，地埋管换热系统勘察采用槽探、坑探或矸探进行。槽探是为了了解构造线和破碎带宽度、地层和岩性界限及其延伸方向等在地表挖掘探槽的工程勘察技术。探槽应根据场地形状确定，探槽的深度一般超过埋管深度1m。采用竖直地埋管换热器时，地埋管换热系统勘察采用钻探进行。钻探方案应根据场地大小确定，勘探孔深度应比钻孔至少深 5m。

岩土体热物性指岩土体的热物性参数，包括岩土体导热系数、密度及比热等。若埋管区域已具有权威部门认可的热物性参数，可直接采用已有数据，否则应进行岩土体导热系数、密度及比热等热物性测定。测定方法可采用实验室法或现场测定法。

　　1 实验室法：对勘探孔不同深度的岩土体样品进行测定，并以其深度加权平均，计算该勘探孔的岩土体热物性参数；对探槽不同水平长度的岩土体样品进行测定，并以其长度加权平均，计算该探槽的岩土体热物性参数。

　　2 现场测定法：即岩土热响应试验，岩土热响应试验详见附录C。

3.2.2A 应用建筑面积是指在同一个工程中，应用地埋管地源热泵系统的各个单体建筑面积的总和。根据近几年对我国应用地埋管地源热泵系统情况的调查，大中型地埋管地源热泵系统的应用建筑面积多在5000m² 以上，5000m² 以下多为小型单体建筑；根据国外对商用和公用建筑应用地埋管地源热泵系统的技术要求，应用建筑面积小于 3000m² 时至少设置一个测试孔进行岩土热响应试验。考虑我国目前地埋管地源热泵系统应用特点，结合国外已有的经验，为了保证大中型地埋管地源热泵系统的安全运行和节能效果，作此规定。

3.2.2B 测试仪器所配置的计量仪表，如流量计、温度传感器等，满足测试精度与要求。

3.3 地下水换热系统勘察

3.3.1 水文地质条件勘察可参照《供水水文地质勘察规范》GB 50027、《供水管井技术规范》GB 50296 进行。通过勘察，查明拟建热源井地段的水文地质条件，即一个地区地下水的分布、埋藏，地下水的补给、径流、排泄条件以及水质和水量等特征。对地下水资源作出可靠评价，提出地下水合理利用方案，并预测地下水的动态及其对环境的影响，为热源井设计提供依据。

3.3.3 渗透系数指单位时间内通过单位断面的流量（m/d），一般用来衡量地下水在含水层中径流的快慢。

3.3.4 水文地质勘探孔即为查明水文地质条件、地层结构，获取所需的水文地质资料，按水文地质钻探要求施工的钻孔。

3.4 地表水换热系统勘察

3.4.2 地表水水温、水位及流量勘察应包括近 20 年最高和最低水温、水位及最大和最小水量；地表水水质勘察应包括：引起腐蚀与结垢的主要化学成分，地表水源中含有的水生物、细菌类、固体含量及盐碱量等。

4 地埋管换热系统

4.1 一般规定

4.1.1 岩土体的特性对地埋管换热器施工进度和初投资有很大影响。坚硬的岩土体将增加施工难度及初投资，而松软岩土体的地质变形对地埋管换热器也会产生不利影响。为此，工程勘察完成后，应对地埋管换热系统实施的可行性及经济性进行评估。

4.1.2 管沟开挖施工中遇有管道、电缆、地下构筑物或文物古迹时，应予以保护，并及时与有关部门联系协同处理。

4.1.3 埋管区域不应以树木、灌木、花园等作为标识。

4.2 地埋管管材与传热介质

4.2.2 聚乙烯管应符合《给水用聚乙烯（PE）管材》GB/T 13663 的要求。聚丁烯管应符合《冷热水用聚丁烯（PB）管道系统》GB/T 19473.2 的要求。

4.2.3 传热介质的安全性包括毒性、易燃性及腐蚀性；良好的传热特性和较低的摩擦阻力是指传热介质具有较大的导热系数和较低的黏度。可采用的其他传热介质包括氯化钠溶液、氯化钙溶液、乙二醇溶液、丙醇溶液、丙二醇溶液、甲醇溶液、乙醇溶液、醋酸钾溶液及碳酸钾溶液。

4.2.4 可选择防冻剂包括：

1 盐类：氯化钙和氯化钠；

2 乙二醇：乙烯基乙二醇和丙烯基乙二醇；

3 酒精：甲醇，异丙基，乙醛；

4 钾盐溶液：醋酸钾和碳酸钾。

4.2.5 添加防冻剂后的传热介质的冰点宜比设计最低使用水温低 $3 \sim 5 \, ^\circ\!C$，是为了防止出现结冰现象。

地埋管换热系统的金属部件应与防冻剂兼容。这些金属部件包括循环泵及其法兰、金属管道、传感部件等与防冻剂接触的所有金属部件。

4.3 地埋管换热系统设计

4.3.2 全年冷、热负荷平衡失调，将导致地埋管区域岩土体温度持续升高或降低，从而影响地埋管换热器的换热性能，降低地埋管换热系统的运行效率。因此，地埋管换热系统设计应考虑全年冷热负荷的影响。

4.3.3 地源热泵系统最大释热量与建筑设计冷负荷相对应。包括：各空调分区内水源热泵机组释放到循环水中的热量（空调负荷和机组压缩机耗功）、循环水在输送过程中得到的热量、水泵释放到循环水中的热量。将上述三项热量相加就可得到供冷工况下释放到循环水的总热量。即：

$$最大释热量 = \sum [空调分区冷负荷 \times (1 + 1/EER)] + \sum 输送过程得热量 + \sum 水泵释放热量$$

地源热泵系统最大吸热量与建筑设计热负荷相对应。包括：各空调分区内热泵机组从循环水中的吸热量（空调热负荷，并扣除机组压缩机耗功）、循环水在输送过程失去的热量并扣除水泵释放到循环水中的热量。将上述前二项热量相加并扣除第三项就可得到供热工况下循环水的总吸热量。即：

最大吸热量 $= \sum[$空调分区热负荷$\times(1-1/COP)]+\sum$输送过程失热量$-\sum$水泵释放热量

最大吸热量和最大释热量相差不大的工程，应分别计算供热与供冷工况下地埋管换热器的长度，取其大者，确定地埋管换热器；当两者相差较大时，宜通过技术经济比较，采用辅助散热（增加冷却塔）或辅助供热的方式来解决，一方面经济性较好，同时，也可避免因吸热与释热不平衡引起岩土体温度的降低或升高。

4.3.4 地埋管换热器有水平和竖直两种埋管方式。当可利用地表面积较大，浅层岩土体的温度及热物性受气候、雨水、埋设深度影响较小时，宜采用水平地埋管换热器。否则，宜采用竖直地埋管换热器。图 1 为常见的水平地埋管换热器形式，图 2 为新近开发的水平地埋管换热器形式，图 3 为竖直地埋管换热器形式。在没有合适的室外用地时，竖直地埋管换热器还可以利用建筑物的混凝土基桩埋设，即将 U 形管捆扎在基桩的钢筋网架上，然后浇灌混凝土，使 U 形管固定在基桩内。

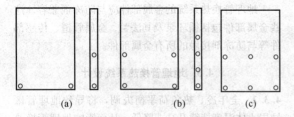

图 1 几种常见的水平地埋管换热器形式
(a) 单或双环路；(b) 双或四环路；(c) 三或六环路

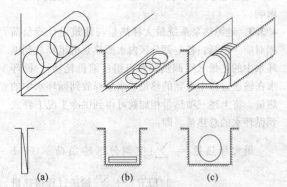

图 2 几种新近开发的水平地埋管换热器形式
(a) 垂直排圈式；(b) 水平排圈式；(c) 水平螺旋

4.3.5 地埋管换热器设计计算是地源热泵系统设计所特有的内容，由于地埋管换热器换热效果受岩土体热物性及地下水流动情况等地质条件影响非常大，使得不同地区，甚至同一地区不同区域岩土体的换热特性差别都很大。为保证地埋管换热器设计符合实际，满足使用要求，通常，设计前需要对现场岩土体热物

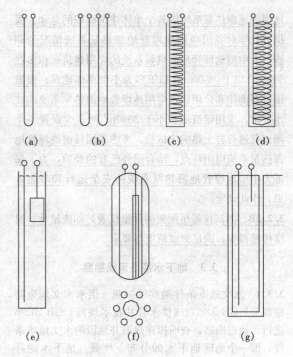

图 3 竖直地埋管换热器形式
(a) 单 U 形管；(b) 双 U 形管；(c) 小直径螺旋盘管；
(d) 大直径螺旋盘管；(e) 立柱状；
(f) 蜘蛛状；(g) 套管式

性进行测定，并根据实测数据进行计算。此外建筑物全年动态负荷、岩土体温度的变化、地埋管及传热介质特性等因素都会影响地埋管换热器的换热效果。因此，考虑地埋管换热器设计计算的特殊性及复杂性，宜采用专用软件进行计算。该软件应具有以下功能：

1 能计算或输入建筑物全年动态负荷；

2 能计算当地岩土体平均温度及地表温度波幅；

3 能模拟岩土体与换热管间的热传递及岩土体长期储热效果；

4 能计算岩土体、传热介质及换热管的热物性；

5 能对所设计系统的地埋管换热器的结构进行模拟，(如钻孔直径、换热器类型、灌浆情况等)。

目前，在国际上比较认可的地埋管换热器的计算核心为瑞典隆德大学开发的 g-functions 算法。根据程序界面的不同主要有：瑞典隆德 Lund 大学开发的 EED 程序；美国威斯康星 Wisconsin-Madison 大学 Solar Energy 实验室（SEL）开发的 TRNSYS 程序；美国俄克拉何马州 Oklahoma 大学开发的 GLHEPRO 程序。在国内，许多大专院校也曾对地埋管换热器的计算进行过研究并编制了计算软件。

4.3.5A 利用岩土热响应试验进行地埋管换热器的设计，是将岩土综合热物性参数、岩土初始平均温度和空调冷热负荷输入专业软件，在夏季工况和冬季工况运行条件下进行动态耦合计算，通过控制地埋管换热器夏季运行期间出口最高温度和冬季运行期间进口最低温度，进行地埋管换热器的设计。

条文中对冬夏运行期间地埋管换热器进出口温度的规定，是出于对地源热泵系统节能性的考虑，同时保证热泵机组的安全运行。在夏季，如果地埋管换热器出口温度高于33℃，地源热泵系统的运行工况与常规的冷却塔相当，无法充分体现地源热泵系统的节能性；在冬季，制定地埋管换热器出口温度限值，是为了防止温度过低，机组结冰，系统能效比降低。

为了便于设计人员采用，本条文分别规定了冬夏期间地埋管换热器进出口温度的限值，通常地埋管地源热泵系统设计时进出口温度限值的的确定，还应考虑对全年运行能效的影响；在对有利于提高冬夏全年运行能效和节能量的条件下，夏季运行期间地埋管换热器出口温度和冬季运行地埋管换热器进口温度可做适当调整。

4.3.6 引自加拿大地源热泵系统设计安装标准《Design and Installation of Earth Energy Systems for Commercial and Institutional Buildings》CAN/CSA-C448.1。

4.3.8 为避免换热短路，钻孔间距应通过计算确定。岩土体吸、释热量平衡时，宜取小值；反之，宜取大值。

4.3.9 目的为确保系统及时排气和加强换热。地埋管换热器内管道推荐流速：双U形埋管不宜小于0.4m/s，单U形埋管不宜小于0.6m/s。

4.3.10 利于水力平衡及降低压力损失。供、回水环路集管的间距不小于0.6m，是为了减少供回水管间的热传递。

4.3.11 地埋管换热器远离水井及室外排水设施，是为了减少水井及室外排水设施的影响。靠近机房或以机房为中心设置是为了缩短供、回水集管的长度。

4.3.12 目的在于增加系统的安全性、可靠性。便于系统充液，一般在分水器或集水器上预留充液管。连接地埋管换热器系统的室内送、回液联管上要安装闭式膨胀箱、充放液设施、压力表、温度计等基本仪器与部件。

4.3.13 保证地下埋管的导热效果，但对于地质情况多为岩石的区域，回填料导热系数可低于岩土体导热系数。

4.3.14 传热介质不同，其摩擦阻力也不同，水力计算应按选用的传热介质的水力特性进行计算。国内已有塑料管比摩阻均是针对水而言，对添加防冻剂的水溶液，目前尚无相应数据，为此，地埋管压力损失可参照以下方法进行计算。该方法引自《地源热泵工程技术指南》（Ground-source heat pump engineering manual）。

1 确定管内流体的流量、公称直径和流体特性。

2 根据公称直径，确定地埋管的内径。

3 计算地埋管的断面面积 A：

$$A = \frac{\pi}{4} \times d_j^2 \qquad (1)$$

式中 A——地埋管的断面面积（m²）；

d_j——地埋管的内径（m）。

4 计算管内流体的流速 V：

$$V = \frac{G}{3600 \times A} \qquad (2)$$

式中 V——管内流体的流速（m/s）；

G——管内流体的流量（m³/h）。

5 计算管内流体的雷诺数 Re，Re 应该大于2300以确保紊流：

$$Re = \frac{\rho V d_i}{\mu} \qquad (3)$$

式中 Re——管内流体的雷诺数；

ρ——管内流体的密度（kg/m³）；

μ——管内流体的动力黏度（N·s/m²）。

6 计算管段的沿程阻力 P_y：

$$P_d = 0.158 \times \rho^{0.75} \times \mu^{0.25} \times \underline{d_j^{-1.25}} \times V^{1.75} \qquad (4)$$

$$P_y = P_d \times L \qquad (5)$$

式中 P_y——计算管段的沿程阻力(Pa)；

P_d——计算管段单位管长的沿程阻力(Pa/m)；

L——计算管段的长度(m)。

7 计算管段的局部阻力 P_j：

$$P_j = P_d \times L_j \qquad (6)$$

式中 P_j——计算管段的局部阻力（Pa）；

L_j——计算管段管件的当量长度（m）。

管件的当量长度可按表1计算。

表1 管件当量长度表

名义管径		弯头的当量长度（m）				T形三通的当量长度（m）			
		90°标准型	90°长半径型	45°标准型	180°标准型	旁流三通	直流三通	直流三通后缩小1/4	直流三通后缩小1/2
3/8″	DN10	0.4	0.3	0.2	0.7	0.8	0.3	0.4	0.4
1/2″	DN12	0.5	0.3	0.2	0.8	0.9	0.3	0.4	0.5
3/4″	DN20	0.6	0.4	0.3	1.0	1.2	0.4	0.6	0.6
1″	DN25	0.8	0.5	0.4	1.3	1.5	0.5	0.7	0.8
5/4″	DN32	1.0	0.7	0.5	1.7	2.1	0.7	0.9	1.0
3/2″	DN40	1.2	0.8	0.6	1.9	2.4	0.8	1.1	1.2
2″	DN50	1.5	1.0	0.8	2.5	3.1	1.0	1.4	1.5
5/2″	DN63	1.8	1.3	1.0	3.1	3.7	1.3	1.7	1.8
3″	DN75	2.3	1.5	1.2	3.7	4.6	1.5	2.1	2.3
7/2″	DN90	2.7	1.8	1.4	4.6	5.5	1.8	2.4	2.7
4″	DN110	3.1	2.0	1.6	5.2	6.4	2.0	2.7	3.1
5″	DN125	4.0	2.5	2.0	6.4	7.6	2.5	3.7	4.0
6″	DN160	4.9	3.1	2.4	7.6	9.2	3.1	4.3	4.9
8″	DN200	6.1	4.0	3.1	10.1	12.2	4.0	5.5	6.1

8 计算管段的总阻力 P_z：

$$P_z = P_y + P_j \qquad (7)$$

式中 P_z——计算管段的总阻力（Pa）。

4.3.15 地埋管换热系统根据建筑负荷变化进行流量调节，可以节省运行电耗。

4.3.17 目的在于防止地埋管换热系统堵塞。

4.4 地埋管换热系统施工

4.4.3 地埋管的质量对地埋管换热系统至关重要。进入现场的地埋管及管件应逐件进行外观检查，破损和不合格产品严禁使用。不得采用出厂已久的管材，宜采用刚制造出的管材。聚乙烯管应符合《给水用聚乙烯（PE）管材》GB/T 13663 的要求；聚丁烯管应符合《冷热水用聚丁烯（PB）管道系统》GB/T 19473.2 的要求。

地埋管运抵工地后，应用空气试压进行检漏试验。地埋管及管件存放时，不得在阳光下曝晒。搬运和运输时，应小心轻放，采用柔韧性好的皮带、吊带或吊绳进行装卸，不应抛摔和沿地拖曳。

4.4.6 回填料应采用网孔不大于 15mm×15mm 的筛进行过筛，保证回填料不含有尖利的岩石块和其他碎石。为保证回填均匀且回填料与管道紧密接触，回填应在管道两侧同步进行，同一沟槽中有双排或多排管道时，管道之间的回填压实应与管道和槽壁之间的回填压实对称进行。各压实面的高差不宜超过 30cm。管腋部采用人工回填，确保塞严、捣实。分层管道回填时，应重点作好每一管道层上方 15cm 范围内的回填。管道两侧和管顶以上 50cm 范围内，应采用轻夯实，严禁压实机具直接作用在管道上，使管道受损。

4.4.7 护壁套管为下入钻孔中用以保护钻孔孔壁的套管。钻孔前，护壁套管应预先组装好，施钻完毕应尽快将套管放入钻孔中，并立即将水充满套管，以防孔内积水使套管脱离孔底上浮，达不到预定埋设深度。

下管时，可采用每隔 2～4m 设一弹簧卡（或固定支卡）的方式将 U 形管两支管分开，以提高换热效果。

4.4.8 U 形管安装完毕后，应立即灌浆回填封孔，隔离含水层。灌浆即使用泥浆泵通过灌浆管将混合浆灌入钻孔中的过程。泥浆泵的泵压足以使孔底的泥浆上返至地表，当上返泥浆密度与灌注材料的密度相等时，认为灌浆过程结束。灌浆时，应保证灌浆的连续性，应根据机械灌浆的速度将灌浆管逐渐抽出，使灌浆液自下而上灌注封孔，确保钻孔灌浆密实，无空腔，否则会降低传热效果，影响工程质量。

当埋管深度超过 40m 时，灌浆回填宜在周围邻近钻孔均钻凿完毕后进行，目的在于一旦孔斜将相邻的 U 形管钻伤，便于更换。

4.4.9 灌浆回填料一般为膨润土和细砂（或水泥）的混合浆或其他专用灌浆材料。膨润土的比例宜占 4%～6%。钻孔时取出的泥砂浆凝固后如收缩很小时，也可用作灌浆材料。如果地埋管换热器设在非常密实或坚硬的岩土体或岩石情况下，宜采用水泥基料灌浆，以防止孔隙水因冻结膨胀损坏膨润土灌浆材料而导致管道被挤压节流。对地下水流丰富的地区，为保持地下水的流动性，增强对流换热效果，不宜采用水泥基料灌浆。

4.4.10 系统冲洗是保证地埋管换热系统可靠运行的必须步骤，在地埋管换热器安装前、地埋管换热器与环路集管装配完成后及地埋管换热系统全部安装完成后均应对管道系统进行冲洗。

4.4.11 室外环境温度低于 0℃时，塑料地埋管物理力学性能将有所降低，容易造成地埋管的损害，故当室外环境温度低于 0℃时，尽量避免地埋管换热器的施工。

4.5 地埋管换热系统的检验与验收

4.5.2 地埋管换热系统多采用聚乙烯（PE）管。聚乙烯（PE）管是一种热塑性材料，管材本身具有受压发生蠕变和应力松弛的特性，与钢管不同。因此，对聚乙烯（PE）管水压试验期间压力降值的理解应更全面些，充分考虑到压力下降并不一定意味着管道有泄漏。

1 国内现有规范对水压试验的规定：

《通风与空调工程施工质量验收规范》GB 50243 中规定：

1）冷热水、冷却水系统的试验压力，当工作压力小于等于 1.0MPa 时，为 1.5 倍工作压力，但最低不小于 0.6MPa；当工作压力大于 1.0MPa 时，为工作压力加 0.5MPa。

2）系统试压：在各分区管道与系统主、干管全部连通后，对整个系统的管道进行系统的试压。试验压力以最低点的压力为准，但最低点的压力不得超过管道与组成件的承受压力。压力试验升至试验压力后，稳压 10min，压力下降不得大于 0.02MPa，再将系统压力降至工作压力，外观检查无渗漏为合格。

3）各类耐压塑料管的强度试验压力为 1.5 倍工作压力，严密性工作压力为 1.15 倍的设计工作压力。

《建筑给水排水及采暖工程施工质量验收规范》GB 50242 中规定：

低温热水地板辐射采暖系统：

1）试验压力为工作压力的 1.5 倍，但不小于 0.6MPa。

2）检验方法：在试验压力下稳压 1h，压力降不大于 0.05MPa 且不渗不漏。

采暖系统：

1）使用塑料管及复合管的热水采暖系统，应以系统顶点工作压力加 0.2MPa 做水压试验，同时在系统顶点的试验压力不小于 0.4MPa。

2）检验方法：使用塑料管的采暖系统应在试验压力下 1h 内压力降不大于 0.05MPa，然后降压至工作压力的 1.15 倍，稳压 3h，压力降不大于 0.03MPa，同时各连接处不渗、不漏。

《建筑给水聚乙烯类管道工程技术规程》CJJ/T 98 中规定：

1）试验压力应为管道系统设计工作压力的 1.5 倍，但不得小于 0.6MPa。

2）水压试验应按下列步骤进行：

将试压管段各配水点封堵，缓慢注水，同时将管内空气排出；

管道充满水后，进行水密封性检查；

对系统加压，应缓慢升压，升压时间不应小于 10min；

升压至规定的试验压力后，停止加压，稳压 1h，压力降不得超过 0.05MPa；

在工作压力的 1.15 倍状态下稳压 2h，压力降不得超过 0.03MPa，同时检查各连接处，不得渗漏。

《埋地聚乙烯给水管道工程技术规程》CJJ 101 中规定：

1）试验压力：水压试验静水压力不应小于管道工作压力的 1.5 倍，且试验压力不应低于 0.8MPa，不得以气压试验代替水压试验。

2）管道水压试验应分预试验阶段与主试验阶段两个阶段进行。

3）预试验阶段，应按如下步骤，并符合下列规定：

步骤 1：将试压管道内的水压降至大气压，并持续 60min。期间应确保空气不进入管道。

步骤 2：缓慢将管道内水压升至试验压力并稳压 30min，期间如有压力下降可注水补压，但不得高于试验压力。检查管道接口、配件等处有无渗漏现象。当有渗漏现象时应中止试压，并查明原因采取相应措施后重新组织试压。

步骤 3：停止注水补压并稳定 60min。当 60min 后压力下降不超过试验压力的 70%时，则预试验阶段的工作结束。当 60min 后压力下降到低于试验压力的

70%时，应停止试压，并应查明原因采取相应措施后再组织试压。

4）主试验阶段，应按如下步骤，并符合下列规定：

步骤 1：在预试验阶段结束后，迅速将管道泄水降压，降压量为试验压力的 10%～15%。

期间应准确计量降压所泄出的水量，设为 ΔV(L)。按照下式计算允许泄出的最大水量 ΔV_{max}(L)：

$$V_{max} = 1.2V\Delta P\{1/E_w + d_i/(e_n E_P)\} \qquad (8)$$

式中 V——试压管段总容积（L）；

ΔP——降压量（MPa）；

E_w——水的体积模量，不同水温时 E_w 值可按表 2 采用；

E_P——管材弹性模量（MPa），与水温及试压时间有关；

d_i——管材内径（m）；

e_n——管材公称壁厚（m）。

当 ΔV 大于 ΔV_{max}，应停止试压。泄压后应排除管内过量空气，再从预试验阶段的"步骤 2"开始重新试验。

表 2　温度与体积模量关系

温度 （℃）	体积模量 （MPa）	温度 （℃）	体积模量 （MPa）
5	2080	20	2170
10	2110	25	2210
15	2140	30	2230

步骤 2：每隔 3min 记录一次管道剩余压力，应记录 30min。当 30min 内管道剩余压力有上升趋势时，则水压试验结果合格。

步骤 3：30min 内管道剩余压力无上升趋势时，则应持续观察 60min。当整个 90min 内压力下降不超过 0.02MPa，则水压试验结果合格。

步骤 4：当主试验阶段上述两条均不能满足时，则水压试验结果不合格。应查明原因并采取相应措施后再组织试压。

2　国外地埋管换热系统水压试验标准及方法

加拿大地源热泵系统设计安装标准《Design and installation of earth energy systems for commercial and institutional buildings》CAN/CSA-C448.1（简称加拿大标准）中水压试验方法如下：

试压分四个阶段：

（1）竖直地埋管换热器插入钻孔前，应充水进行水压试验后再封堵。试验压力大于等于 690kPa，稳压 15min，没有明显压力降低或泄漏。该压力应保持

到回填后 1h。

（2）竖直或水平地埋管换热器与环路集管装配完成后，回填前应进行水压试验。

（3）各环路集管与机房分集水器连接完成后，回填前应充水进行水压试验。试验压力应大于等于690kPa，且系统最低点压力应小于管材破裂压力。试压持续至少2h，期间应无泄漏现象。

（4）地埋管换热系统全部安装完毕，且冲洗、排气完成并回填后应充水进行水压试验。试验压力应大于等于690kPa，且系统最低点压力应小于管材破裂压力。试压持续至少12h，期间压力降没有明显变化（应不大于3%）。

分别进行（3）、（4）两阶段水压试验的目的是为了保证水压试验结果的正确性。因为系统进行第（3）阶段试压时，地埋管环路可能会发生膨胀现象，一段时间后将导致压力有所下降，容易造成系统有泄漏的假象，故需要进行第（4）阶段水压试验。

美国地埋管地源热泵系统设计与安装标准《Closed-Loop/Geothermal Heat Pump Systems —Design and Installation Standards》1997（简称美国标准）中水压试验方法如下：

（1）所有地埋管安装前均应做压力试验，地埋管换热器所有部件回填前均应做压力试验。

（2）压力试验应为水压试验，试验压力至少为管材设计压力的1.5倍或系统运行压力的3倍。

（3）试验时间30min，期间应无泄漏现象。

3 国内地埋管换热系统应用时间不长，在水压试验方法上缺乏试验与实践数据。《埋地聚乙烯给水管道工程技术规程》CJJ 101适用于埋地聚乙烯给水管道工程，但其水压试验方法与地埋管换热系统工程应用实践有较大差距，也不宜直接采用。加拿大标准与美国标准相比，前者步骤清晰与目前地埋管换热系统工程应用实践相一致，故本规范水压试验方法是建立在加拿大标准基础上，在试验压力上考虑了与国内相关标准的一致性。

4.5.3 回填过程的检验内容包括回填料配比、混合程序、灌浆及封孔的检验。

5 地下水换热系统

5.1 一般规定

5.1.1 可靠回灌措施是指将地下水通过回灌井全部送回原来的取水层的措施，要求从哪层取水必须再灌回哪层，且回灌井要具有持续回灌能力。同层回灌可避免污染含水层和维持同一含水层储量，保护地热能资源。热源井只能用于置换地下冷量或热量，不得用于取水等其他用途。抽水、回灌过程中应采取密闭等措施，不得对地下水造成污染。

5.1.2 地源热泵系统最大吸热量或释热量按本规范第4.3.3条条文说明的规定计算。

5.1.3 地下水供水管不得与市政管道连接是为了避免污染市政供水和使用自来水取热；地下水回灌管不得与市政管道连接，是为了避免回灌水排入下水，保护水资源不被浪费。

5.2 地下水换热系统设计

5.2.3 氧气会与水井内存在的低价铁离子反应形成铁的氧化物，也能产生气体黏合物，引起回灌井阻塞，为此，热源井设计时应采取有效措施消除空气侵入现象。

5.2.4 抽水井与回灌井相互转换以利于开采、洗井、岩土体及含水层的热平衡。抽水井具有长时间抽水和回灌的双重功能，要求不出砂又保持通畅。抽水井与回灌井间设排气装置，可避免将空气带入含水层。

5.2.5 一般为了保证回灌效果，抽水井与回灌井比例不小于1:2。

5.2.6 为了避免污染地下水。

5.2.8 从保障地下水安全回灌及水源热泵机组正常运行的角度，地下水尽可能不直接进入水源热泵机组。直接进入水源热泵机组的地下水水质应满足以下要求（引自《采暖通风与空气调节设计规范》GB 50019第7.3.3条条文说明）：含砂量小于1/200000，pH值为6.5~8.5，CaO小于200mg/L，矿化度小于3g/L，Cl^-小于100mg/L，SO_4^{2-}小于200mg/L，Fe^{2+}小于1mg/L，H_2S小于0.5mg/L。

当水质达不到要求时，应进行水处理。经过处理后仍达不到规定时，应在地下水与水源热泵机组之间加设中间换热器。对于腐蚀性及硬度高的水源，应设置抗腐蚀的不锈钢换热器或钛板换热器。在使用海水时，建议在进入换热器前增加氯气处理装置以防止藻类在换热器内部滋生。

当水温不能满足水源热泵机组使用要求时，可通过混水或设置中间换热器进行调节，以满足机组对温度的要求。

变流量系统设计可降低地下水换热系统的运行费用，且进入地源热泵系统的地下水水量越少，对地下水环境的影响也越小。

5.3 地下水换热系统施工

5.3.2 热源井及其周围区域的工程勘察资料包括施工场区内地下水换热系统勘察资料及其他专业的管线布置图等。

5.4 地下水换热系统检验与验收

5.4.3 水质要求符合本规范第5.2.8条条文说明的规定。

6 地表水换热系统

6.1 一般规定

6.1.1 目的是减小对地表水体及其水生态环境和行船等的影响。

6.1.2 地表水体应具有一定的深度和面积，具体大小应根据当地气象条件、水体流速、建筑负荷等因素综合确定。

6.1.3 地源热泵系统最大吸热量或释热量按本规范第4.3.3条条文说明的规定计算。

6.2 地表水换热系统设计

6.2.1 取水口应远离回水口，目的是避免热交换短路。

6.2.2 有利于水力平衡。

6.2.3 为了防止风浪、结冰及船舶可能对其造成的损害，要求地表水的最低水位与换热盘管距离不应小于1.5m。最低水位指近20年每年最低水位的平均值。

6.2.4 地表水换热系统采用开式系统时，从保障水源热泵机组正常运行的角度，地表水尽可能不直接进入水源热泵机组。直接进入水源热泵机组的地表水水质应符合本规范第5.2.8条条文说明的规定。水系统采用变流量设计有利于降低输送能耗。

6.3 地表水换热系统施工

6.3.2 换热盘管任何扭曲部分均应切除，未受损部分熔接后须经压力测试合格后才可使用。换热盘管存放时，不得在阳光下曝晒。

6.3.3 换热盘管一般固定在排架上，并在下部安装衬垫物，衬垫物可采用轮胎等。

7 建筑物内系统

7.1 建筑物内系统设计

7.1.2 水源热泵机组应符合《水源热泵机组》GB/T 19409的要求。

水源热泵机组正常工作的冷（热）源温度范围（引自《水源热泵机组》GB/T 19409）：
水环热泵系统　　20～40℃（制冷）15～30℃（制热）
地下水热泵系统　10～25℃（制冷）10～25℃（制热）
地埋管热泵系统　10～40℃（制冷）－5～25℃（制热）

7.1.3 当水温达到设定温度时，水源热泵机组应能减载或停机。用于供热时，水源热泵机组应保证足够的流量以防止机组出口端结冰。

7.1.4 不同地区岩土体、地下水或地表水水温差别

较大，设计时应按实际水温参数进行设备选型。末端设备选择时应适合水源热泵机组供、回水温度的特点，保证地源热泵系统的应用效果，提高系统节能率。

7.1.5 根据水源热泵机组的设置方式不同，分为集中、水环和分体热泵系统。水环热泵系统是小型水/空气热泵的一种应用方式，即用水环路将小型水/空气热泵机组并联在一起，构成以回收建筑物内部余热为主要特征的热泵供热、供冷的系统。水环热泵系统机组的进风温度不应低于10℃或高于32.2℃。当进风温度低于10℃时，应进行预热处理。对于冬季间歇使用的建筑物，宜采用分体热泵系统，以防止停止使用时设备冻损。末端空调系统可采用风机盘管系统、冷暖顶/地板辐射系统或全空气系统。

7.1.6 夏季运行时，空调水进入机组蒸发器，冷源水进入机组冷凝器。冬季运行时，空调水进入机组冷凝器，热源水进入机组蒸发器。冬、夏季节的功能转换阀门应性能可靠，严密不漏。

7.1.7 当采用地源热泵系统提供（或预热）生活热水较其他方式提供生活热水经济性更好时，宜优先采用地源热泵提供生活热水，不足部分由辅助热源解决。生活热水的制备可以采用水路加热的方式或制冷剂环路加热两种方式。

7.1.8 为达到节能目的，可采用水或风侧节能器，且根据实际情况设置蓄能水箱。对于平均水温低于10℃的地区，由于供热量大，地埋管换热器出水温度较低，为节省热量，此时宜在水侧或风侧设置热回收装置对排热进行回收；或根据室外气象条件及系统特点采用过渡季增大新风量等节能措施。

8 整体运转、调试与验收

8.0.2 地源热泵系统试运转需测定与调整的主要内容包括：

1　系统的压力、温度、流量等各项技术数据应符合有关技术文件的规定；

2　系统连续运行应达到正常平稳；水泵的压力和水泵电机的电流不应出现大幅波动；

3　各种自动计量检测元件和执行机构的工作应正常，满足建筑设备自动化系统对被测定参数进行监测和控制的要求；

4　控制和检测设备应能与系统的检测元件和执行机构正常沟通，系统的状态参数应能正确显示，设备连锁、自动调节、自动保护应能正确动作。

调试报告应包括调试前的准备记录、水力平衡、机组及系统试运转的全部测试数据。

8.0.3 地源热泵系统的冬、夏两季运行测试包括室内空气参数及系统运行能耗的测定。系统运行能耗包括所有水源热泵机组、水泵和末端设备的能耗。

附录 A 地埋管外径及壁厚

A.0.1 表中数值引自《给水用聚乙烯（PE）管材》GB/T 13663。

A.0.2 表中数值引自《冷热水用聚丁烯(PB)管道系统》GB/T 19473.2。

附录 B 竖直地埋管换热器的设计计算

B.0.1 为了便于工程计算，几种典型土壤、岩石及回填料的热物性可参考表3确定。表3引自《2003 ASHRAE HANDBOOK HVAC Applications》中 Geothermal Energy 一章。

表3 几种典型土壤、岩石及回填料的热物性

		导热系数 λ_s [W/(m·K)]	扩散率 a $(10^{-6}m^2/s)$	密度 ρ (kg/m^3)
土壤	致密黏土（含水量15%）	1.4~1.9	0.49~0.71	1925
	致密黏土（含水量5%）	1.0~1.4	0.54~0.71	1925
	轻质黏土（含水量15%）	0.7~1.0	0.54~0.64	1285
	轻质黏土（含水量5%）	0.5~0.9	0.65	1285
	致密砂土（含水量15%）	2.8~3.8	0.97~1.27	1925
	致密砂土（含水量5%）	2.1~2.3	1.10~1.62	1925
	轻质砂土（含水量15%）	1.0~2.1	0.54~1.08	1285
	轻质砂土（含水量5%）	0.9~1.9	0.64~1.39	1285
岩石	花岗岩	2.3~3.7	0.97~1.51	2650
	石灰石	2.4~3.8	0.97~1.51	2400~2800
	砂岩	2.1~3.5	0.75~1.27	2570~2730
	湿页岩	1.4~2.4	0.75~0.97	—
	干页岩	1.0~2.1	0.64~0.86	—
回填料	膨润土（含有20%~30%的固体）	0.73~0.75	—	—
	含有20%膨润土、80%SiO₂砂子的混合物	1.47~1.64	—	—
	含有15%膨润土、85%SiO₂砂子的混合物	1.00~1.10	—	—
	含有10%膨润土、90%SiO₂砂子的混合物	2.08~2.42	—	—
	含有30%混凝土、70%SiO₂砂子的混合物	2.08~2.42	—	—

B.0.2 地埋管换热器中传热介质的设计平均温度的选取，应符合本规范第4.3.5A条的规定。

附录 C 岩土热响应试验（新增）

C.1 一般规定

C.1.1 工程场地状况及浅层地热能资源条件是能否应用地源热泵系统的前提。地源热泵系统方案设计之前，应根据实地勘察情况，选择测试孔的位置及测试孔的数量，确定钻孔、成孔工艺及测试方案。如果在打孔区域内，由于设计需要，存在有成孔方案或成孔工艺不同，应各选出一孔作为测试孔分别进行测试；此外，对于地埋管换热器埋设面积较大，或地埋管换热器埋设区域较为分散，或场区地质条件差异性大的情况，应根据设计和施工的要求划分区域，分别设置测试孔，相应增加测试孔的数量，进行岩土热物性参数的测试。

C.1.2 通过对岩土层分布、各层岩土土质以及地下水情况的掌握，为热泵系统的设计方案遴选提供依据。钻孔地质综合柱状图是指通过现场钻孔勘察，并综合场区已知水文地质条件，绘制钻孔揭露的岩土柱状分布图，获取地下岩土不同深度的岩性结构。

C.1.4 作为地源热泵系统设计的指导性文件，报告内容应明晰准确。

参考标准是指在岩土热响应试验的进行过程中（含测试孔的施工），所遵循的国家或地方相关标准。

由于钻孔单位延米换热量是在特定测试工况下得到的数据，受工况条件影响很大，不能直接用于地埋管地源热泵系统的设计。因此该数值仅可用于设计参考。

报告中应明确指出，由于地质结构的复杂性和差异性，测试结果只能代表项目所在地岩土热物性参数，只有在相同岩土条件下，才能类比作为参考值使用，而不能片面地认为测试所得结果即为该区域或该地区的岩土热物性参数。

C.1.5 测试现场应提供满足测试仪器所需的、稳定的电源。对于输入电压受外界影响有波动的，电压波动的偏差不应超过5%；测试现场应为测试仪器提供有效的防雨、防雷电等安全防护措施。

C.1.6 先连接水管和地埋管换热器等外部非用电的设备，在检查完外部设备连接无误后，最后再将动力电连接到测试仪器上，以保证施工人员和现场的安全。

C.2 测试仪表

C.2.3 对测试仪器仪表的选择，在选择高精度等级的元器件同时，应选择抗干扰能力强，在长时间连续测量情况下仍能保证测量精度的元器件。

C.3 岩土热响应试验方法

C.3.1 测试仪器的摆放应尽可能地靠近测试孔，摆放地点应平整，便于有关人员进行操作，同时减少水平连接管段的长度以及连接过程中的弯头、变径，减少传热损失。

在测试现场，应搭设防护措施，防止测试设备受日晒雨淋的影响，造成测试元件的损坏，影响测试结果。

岩土热物性参数作为一种热物理性质，无论对其进行放热还是取热试验，其数据处理过程基本相同。因此本规范中只要求采用向岩土施加一定加热功率的方式，来进行热响应试验。

现有的主要计算方法，是利用反算法推导出岩土热物性参数。其方法是：从计算机中取出试验测试结果，将其与软件模拟的结果进行对比，使得方差和 $f = \sum_{i=1}^{N}(T_{\text{cal},i} - T_{\text{exp},i})^2$ 取得最小值时，通过传热模型调整后的热物性参数即是所求结果。其中，$T_{\text{cal},i}$ 为第 i 时刻由模型计算出的埋管内流体的平均温度；$T_{\text{exp},i}$ 为第 i 时刻实际测量的埋管中流体的平均温度；N 为试验测量的数据的组数。也可将试验数据直接输入专业的地源热泵岩土热物性测试软件，通过计算分析得到当地岩土的热物性参数。

以下给出一种适用于单 U 形竖直地埋管换热器的分析方法，以供参考。

地埋管换热器与周围岩土的换热可分为钻孔内传热过程和钻孔外传热过程。相比钻孔外，钻孔内的几何尺寸和热容量均很小，可以很快达到一个温度变化相对比较平稳的阶段，因此埋管与钻孔内的换热过程可近似为稳态换热过程。埋管中循环介质温度沿流程不断变化，循环介质平均温度可认为是埋管出入口温度的平均值。钻孔外可视为无限大空间，地下岩土的初始温度均匀，其传热过程可认为是线热源或柱热源在无限大介质中的非稳态传热过程。在定加热功率的条件下。

1 钻孔内传热过程及热阻

钻孔内两根埋管单位长度的热流密度分别为 q_1 和 q_2，根据线性叠加原理有：

$$\begin{cases} T_{f1} - T_b = R_1 q_1 + R_{12} q_2 \\ T_{f2} - T_b = R_{12} q_1 + R_2 q_2 \end{cases} \tag{9}$$

式中 T_{f1}，T_{f2}——分别为两根埋管内流体温度（℃）；

T_b——钻孔壁温度（℃）；

R_1，R_2——分别看作是两根管子独立存在时与钻孔壁之间的热阻（m·K/W）；

R_{12}——两根管子之间的热阻（m·K/W）。

在工程中可以近似认为两根管子是对称分布在钻

孔内部的，其中心距为 D，因此有：

$$R_1 = R_2 = \frac{1}{2\pi\lambda_b}\Big[\ln\Big(\frac{d_b}{d_o}\Big) + \frac{\lambda_b - \lambda_s}{\lambda_b + \lambda_s} \cdot \ln\Big(\frac{d_b^2}{d_b^2 - D^2}\Big)\Big] + R_p + R_f \tag{10}$$

$$R_{12} = \frac{1}{2\pi\lambda_b}\Big[\ln\Big(\frac{d_b}{D}\Big) + \frac{\lambda_b - \lambda_s}{\lambda_b + \lambda_s} \cdot \ln\Big(\frac{d_b^2}{d_b^2 + D^2}\Big)\Big] \tag{11}$$

其中埋管管壁的导热热阻 R_p 和管壁与循环介质对流换热热阻 R_f 分别为：

$$R_p = \frac{1}{2\pi\lambda_p} \cdot \ln\Big(\frac{d_o}{d_i}\Big), R_f = \frac{1}{\pi d_i K} \tag{12}$$

式中 d_i——埋管内径（m）；

d_o——埋管外径（m）；

d_b——钻孔直径（m）；

λ_p——埋管管壁导热系数 [W/(m·K)]；

λ_b——钻孔回填材料导热系数 [W/(m·K)]；

λ_s——埋管周围岩土的导热系数 [W/(m·K)]；

K——循环介质与 U 形管内壁的对流换热系数 [W/(m²·K)]。

取 q_l 为单位长度埋管释放的热流量，根据假设有：$q_1 = q_2 = q_l/2$，$T_{f1} = T_{f2} = T_f$，则式（9）可表示为：

$$T_f - T_b = q_l R_b \tag{13}$$

由式(10)～(13)可推得钻孔内传热热阻 R_b 为

$$R_b = \frac{1}{2}\Big\{\frac{1}{2\pi\lambda_b}\Big[\ln\Big(\frac{d_b}{d_o}\Big) + \ln\Big(\frac{d_b}{D}\Big) + \frac{\lambda_b - \lambda_s}{\lambda_b + \lambda_s} \cdot \ln\Big(\frac{d_b^4}{d_b^4 - D^4}\Big)\Big] + \frac{1}{2\pi\lambda_p} \cdot \ln\Big(\frac{d_o}{d_i}\Big) + \frac{1}{\pi d_i K}\Big\} \tag{14}$$

2 钻孔外传热过程及热阻

当钻孔外传热视为以钻孔壁为柱面热源的无限大介质中的非稳态热传导时，其传热控制方程、初始条件和边界条件分别为

$$\frac{\partial T}{\partial \tau} = \frac{\lambda_s}{\rho_s c_s}\Big(\frac{\partial^2 T}{\partial r^2} + \frac{1}{r}\frac{\partial T}{\partial r}\Big), \frac{d_b}{2} \leqslant r < \infty, \tau > 0 \tag{15}$$

$$T = T_{ff}, \frac{d_b}{2} < r < \infty, \tau = 0 \tag{16}$$

$$-\pi d_b \lambda_s \frac{\partial T}{\partial r}\Big|_{r=\frac{d_b}{2}} = q_l, \tau > 0 \tag{17}$$

$$T = T_{ff}, r \to \infty, \tau > 0 \tag{18}$$

式中 c_s——埋管周围岩土的平均比热容 [J/(kg·℃)]；

T——孔周围岩土温度（℃）

T_{ff}——无穷远处土壤温度（℃）；

ρ_s——岩土周围岩土的平均密度（kg/m³）；

τ——时间（s）。

由上述方程可求得 τ 时刻钻孔周围土壤的温度分布。其公式非常复杂，求值十分困难，需要采取近似

计算。

当加热时间较短时，柱热源和线热源模型的计算结果有显著差别；而当加热时间较长时，两模型计算结果的相对误差逐渐减小，而且时间越长差别越小。一般国内外通过实验推导钻孔传热性能及热物性所采用的普遍模型是线热源模型的结论，当时间较长时，线热源模型的钻孔壁温度为：

$$T_b = T_{ff} + q_l \cdot \frac{1}{4\pi\lambda_s} \cdot Ei\left(\frac{d_b^2 \rho_s c_s}{16\lambda_s \tau}\right) \quad (19)$$

式中

$Ei(x) = \int_x^\infty \frac{e^{-s}}{S} dS$ 是指数积分函数。当时间足够长时，

$Ei\left(\frac{d_b^2 \rho_s c_s}{16\lambda_s \tau}\right) \approx \ln\left(\frac{16\lambda_s \tau}{d_b^2 \rho_s c_s}\right) - \gamma, \gamma$ 是欧拉常数，$\gamma \approx$

0.577216。$R_s = \frac{1}{4\pi\lambda_s} \cdot Ei\left(\frac{d_b^2 \rho_s c_s}{16\lambda_s \tau}\right)$ 为钻孔外岩土的导热热阻。

由式（13）和式（19）可以导出 τ 时刻循环介质平均温度，为

$$T_f = T_{ff} + q_l \cdot \left[R_b + \frac{1}{4\pi\lambda_s} \cdot Ei\left(\frac{d_b^2 \rho_s c_s}{16\lambda_s \tau}\right)\right] \quad (20)$$

式（14）和式（20）构成了埋管内循环介质与周围岩土的换热方程。式（20）有两个未知参数，周围岩土导热系数 λ_s 和容积比热容 $\rho_s c_s$，利用该式可以求得上述两个未知参数。

C.3.2 测试孔的深度相比实际的用孔过大或过小都不足以反映真实的岩土热物性参数；如果测试孔与实际的用孔相差过大，应当按照实际用孔的要求，制作测试孔；或将制成的实际用孔作为测试孔进行测试。

C.3.3 通过近年来对多个岩土热响应试验的总结，由于地质条件的差异性以及测试孔的成孔工艺不同、深度不一，测试孔恢复至岩土初始温度时所需时间也不一致，通常在 48h 后测试埋管的状态基本稳定；但

对于采用水泥基料作为回填材料的，由于水泥在失水的过程中会出现缓慢的放热，因此对于使用水泥基料作回填材料的测试孔，测试孔应放置足够的时间（宜为 10d 以上），以保证测试孔内岩土温度恢复至与周围岩土初始平均温度一致；此外，测试孔成孔完毕后，要求将测试孔放置 48h 以上，也是为了使回填料在钻孔内充分地沉淀密实。

C.3.4 随着岩土深度以及岩土性质的不同，各个深度的岩土初始温度也会有所不同。待钻孔结束，钻孔内岩土温度恢复至岩土初始温度后，可采用在钻孔内不同深度分别埋设温度传感器（如铂电阻温度探头）或向测试孔内注满水的 PE 管中，插入温度传感器的方法获得岩土初始的温度分布。

C.3.5 岩土热响应试验是一个对岩土缓慢加热直至达到传热平衡的测试过程，因此需要有足够的时间来保证这一过程的充分进行。在试验过程中，如果要改变加热功率，则需要停止试验，待测试孔内温度恢复至与岩土的初始平均温度一致时，才能再进行岩土热响应试验。

对于采用加热功率的测试，加热功率大小的设定，应使换热流体与岩土保持有一定的温差，在地埋管换热器的出口温度稳定后，其温度宜高于岩土初始平均温度 5℃以上。如果不能保持一定的温差，试验过程就会变得缓慢，影响试验结果，不利于计算导出岩土热物性参数。

地埋管换热器出口温度稳定，是指在不少于 12h 的时间内，其温度的波动小于 1℃。

C.3.6 为有效测定项目所在地岩土热物性参数，应在测试开始前，对流量进行合理化设置：地埋管换热器内流速应能保证流体始终处于紊流状态，流速的大小可视管径、测试现场情况进行设定，但不应低于 0.2m/s。

中华人民共和国国家标准

绿色建筑评价标准

Assessment standard for green building

GB/T 50378—2014

主编部门：中华人民共和国住房和城乡建设部
批准部门：中华人民共和国住房和城乡建设部
施行日期：2 0 1 5 年 1 月 1 日

中华人民共和国住房和城乡建设部
公 告

第 408 号

住房城乡建设部关于发布国家标准
《绿色建筑评价标准》的公告

现批准《绿色建筑评价标准》为国家标准，编号为 GB/T 50378－2014，自 2015 年 1 月 1 日起实施。原《绿色建筑评价标准》GB/T 50378－2006 同时废止。

本标准由我部标准定额研究所组织中国建筑工业出版社出版发行。

中华人民共和国住房和城乡建设部

2014 年 4 月 15 日

前 言

本标准是根据住房和城乡建设部《关于印发〈2011 年工程建设标准规范制订、修订计划〉的通知》（建标［2011］17 号）的要求，由中国建筑科学研究院和上海市建筑科学研究院（集团）有限公司会同有关单位在原国家标准《绿色建筑评价标准》GB/T 50378－2006 基础上进行修订完成的。

本标准在修订过程中，标准编制组开展了广泛的调查研究，总结了近年来《绿色建筑评价标准》GB/T 50378－2006 的实施情况和实践经验，参考了有关国外标准，开展了多项专题研究，广泛征求了有关方面的意见，对具体内容进行了反复讨论、协调和修改，最后经审查定稿。

本标准共分 11 章，主要技术内容是：总则、术语、基本规定、节地与室外环境、节能与能源利用、节水与水资源利用、节材与材料资源利用、室内环境质量、施工管理、运营管理、提高与创新。

本次修订的主要内容包括：

1. 将标准适用范围由住宅建筑和公共建筑中的办公建筑、商场建筑和旅馆建筑，扩展至各类民用建筑。

2. 将评价分为设计评价和运行评价。

3. 绿色建筑评价指标体系在节地与室外环境、节能与能源利用、节水与水资源利用、节材与材料资源利用、室内环境质量和运营管理六类指标的基础上，增加"施工管理"类评价指标。

4. 调整评价方法。对各类评价指标评分，并在每类评价指标评分项满足最低得分要求的前提下，以总得分确定绿色建筑等级。相应地，将《绿色建筑评价标准》GB/T 50378－2006 中的一般项和优选项并改为评分项。

5. 增设加分项，鼓励绿色建筑技术、管理的提高和创新。

6. 明确多功能的综合性单体建筑的评价方式与等级确定方法。

7. 修改部分评价条文，并对所有评分项和加分项条文赋以评价分值。

本标准由住房和城乡建设部负责管理，由中国建筑科学研究院负责具体技术内容的解释。执行过程中如有意见或建议，请寄送中国建筑科学研究院标准规范处（地址：北京市北三环东路 30 号；邮政编码：100013）。

本 标 准 主 编 单 位：中国建筑科学研究院

上海市建筑科学研究院（集团）有限公司

本 标 准 参 编 单 位：中国城市科学研究会绿色建筑与节能专业委员会

中国城市规划设计研究院

清华大学

中国建筑工程总公司

中国建筑材料科学研究总院

中国市政工程华北设计研究总院

深圳市建筑科学研究院有限公司

城市建设研究院

住房和城乡建设部科技发展促进中心

同济大学

本标准参加单位：拜耳材料科技（中国）有限公司

长沙大家物联网络科技有限公司

方兴地产（中国）有限公司

圣戈班（中国）投资有限公司

中国建筑金属结构协会建筑钢结构委员会

本标准主要起草人员：林海燕　韩继红　程志军
　　　　　　　　　　曾　捷　王有为　王清勤
　　　　　　　　　　鹿　勤　林波荣　程大章
　　　　　　　　　　杨建荣　于震平　蒋　荃
　　　　　　　　　　陈　立　叶　青　徐海云
　　　　　　　　　　宋　凌　叶　凌

本标准主要审查人员：吴德绳　刘加平　杨　榕
　　　　　　　　　　李　迅　窦以德　郎四维
　　　　　　　　　　赵　锂　娄　宇　汪　维
　　　　　　　　　　徐永模　毛志兵　方天培

目　次

Contents

1 总　则

1.0.1 为贯彻国家技术经济政策，节约资源，保护环境，规范绿色建筑的评价，推进可持续发展，制定本标准。

1.0.2 本标准适用于绿色民用建筑的评价。

1.0.3 绿色建筑评价应遵循因地制宜的原则，结合建筑所在地域的气候、环境、资源、经济及文化等特点，对建筑全寿命期内节能、节地、节水、节材、保护环境等性能进行综合评价。

1.0.4 绿色建筑的评价除应符合本标准的规定外，尚应符合国家现行有关标准的规定。

2 术　语

2.0.1 绿色建筑　green building

在全寿命期内，最大限度地节约资源（节能、节地、节水、节材）、保护环境、减少污染，为人们提供健康、适用和高效的使用空间，与自然和谐共生的建筑。

2.0.2 热岛强度　heat island intensity

城市内一个区域的气温与郊区气温的差别，用二者代表性测点气温的差值表示，是城市热岛效应的表征参数。

2.0.3 年径流总量控制率　annual runoff volume capture ratio

通过自然和人工强化的入渗、滞蓄、调蓄和收集回用，场地内累计一年得到控制的雨水量占全年总降雨量的比例。

2.0.4 可再生能源　renewable energy

风能、太阳能、水能、生物质能、地热能和海洋能等非化石能源的统称。

2.0.5 再生水　reclaimed water

污水经处理后，达到规定水质标准、满足一定使用要求的非饮用水。

2.0.6 非传统水源　non-traditional water source

不同于传统地表水供水和地下水供水的水源，包括再生水、雨水、海水等。

2.0.7 可再利用材料　reusable material

不改变物质形态可直接再利用的，或经过组合、修复后可直接再利用的回收材料。

2.0.8 可再循环材料　recyclable material

通过改变物质形态可实现循环利用的回收材料。

3 基本规定

3.1 一般规定

3.1.1 绿色建筑的评价应以单栋建筑或建筑群为评价对象。评价单栋建筑时，凡涉及系统性、整体性的指标，应基于该栋建筑所属工程项目的总体进行评价。

3.1.2 绿色建筑的评价分为设计评价和运行评价。设计评价应在建筑工程施工图设计文件审查通过后进行，运行评价应在建筑通过竣工验收并投入使用一年后进行。

3.1.3 申请评价方应进行建筑全寿命期技术和经济分析，合理确定建筑规模，选用适当的建筑技术、设备和材料，对规划、设计、施工、运行阶段进行全过程控制，并提交相应分析、测试报告和相关文件。

3.1.4 评价机构应按本标准的有关要求，对申请评价方提交的报告、文件进行审查，出具评价报告，确定等级。对申请运行评价的建筑，尚应进行现场考察。

3.2 评价与等级划分

3.2.1 绿色建筑评价指标体系由节地与室外环境、节能与能源利用、节水与水资源利用、节材与材料资源利用、室内环境质量、施工管理、运营管理7类指标组成。每类指标均包括控制项和评分项。评价指标体系还统一设置加分项。

3.2.2 设计评价时，不对施工管理和运营管理2类指标进行评价，但可预评相关条文。运行评价应包括7类指标。

3.2.3 控制项的评定结果为满足或不满足；评分项和加分项的评定结果为分值。

3.2.4 绿色建筑评价应按总得分确定等级。

3.2.5 评价指标体系7类指标的总分均为100分。7类指标各自的评分项得分 Q_1、Q_2、Q_3、Q_4、Q_5、Q_6、Q_7 按参评建筑该类指标的评分项实际得分值除以适用于该建筑的评分项总分值再乘以100分计算。

3.2.6 加分项的附加得分 Q_8 按本标准第11章的有关规定确定。

3.2.7 绿色建筑评价的总得分按下式进行计算，其中评价指标体系7类指标评分项的权重 $w_1 \sim w_7$ 按表3.2.7取值。

$$\Sigma Q = w_1 Q_1 + w_2 Q_2 + w_3 Q_3 + w_4 Q_4 + w_5 Q_5 + w_6 Q_6 + w_7 Q_7 + Q_8 \qquad (3.2.7)$$

表 3.2.7　绿色建筑各类评价指标的权重

		节地与室外环境 w_1	节能与能源利用 w_2	节水与水资源利用 w_3	节材与材料资源利用 w_4	室内环境质量 w_5	施工管理 w_6	运营管理 w_7
设计评价	居住建筑	0.21	0.24	0.20	0.17	0.18	—	—
	公共建筑	0.16	0.28	0.18	0.19	0.19	—	—

		节地与室外环境 w_1	节能与能源利用 w_2	节水与水资源利用 w_3	节材与材料资源利用 w_4	室内环境质量 w_5	施工管理 w_6	运营管理 w_7
运行评价	居住建筑	0.17	0.19	0.16	0.14	0.14	0.10	0.10
	公共建筑	0.13	0.23	0.14	0.15	0.15	0.10	0.10

注：1 表中"—"表示施工管理和运营管理两类指标不参与设计评价。
   2 对于同时具有居住和公共功能的单体建筑，各类评价指标权重取为居住建筑和公共建筑所对应权重的平均值。

3.2.8 绿色建筑分为一星级、二星级、三星级 3 个等级。3 个等级的绿色建筑均应满足本标准所有控制项的要求，且每类指标的评分项得分不应小于 40 分。当绿色建筑总得分分别达到 50 分、60 分、80 分时，绿色建筑等级分别为一星级、二星级、三星级。

3.2.9 对多功能的综合性单体建筑，应按本标准全部评价条文逐条对适用的区域进行评价，确定各评价条文的得分。

4 节地与室外环境

4.1 控 制 项

4.1.1 项目选址应符合所在地城乡规划，且应符合各类保护区、文物古迹保护的建设控制要求。

4.1.2 场地应无洪涝、滑坡、泥石流等自然灾害的威胁，无危险化学品、易燃易爆危险源的威胁，无电磁辐射、含氡土壤等危害。

4.1.3 场地内不应有排放超标的污染源。

4.1.4 建筑规划布局应满足日照标准，且不得降低周边建筑的日照标准。

4.2 评 分 项

Ⅰ 土地利用

4.2.1 节约集约利用土地，评价总分值为 19 分。对居住建筑，根据其人均居住用地指标按表 4.2.1-1 的规则评分；对公共建筑，根据其容积率按表 4.2.1-2 的规则评分。

表 4.2.1-1 居住建筑人均居住用地指标评分规则

居住建筑人均居住用地指标 A（m²）					得分
3 层及以下	4～6 层	7～12 层	13～18 层	19 层及以上	
$35 < A \leqslant 41$	$23 < A \leqslant 26$	$22 < A \leqslant 24$	$20 < A \leqslant 22$	$11 < A \leqslant 13$	15

居住建筑人均居住用地指标 A（m²）					得分
3 层及以下	4～6 层	7～12 层	13～18 层	19 层及以上	
$A \leqslant 35$	$A \leqslant 23$	$A \leqslant 22$	$A \leqslant 20$	$A \leqslant 11$	19

表 4.2.1-2 公共建筑容积率评分规则

容积率 R	得 分
$0.5 \leqslant R < 0.8$	5
$0.8 \leqslant R < 1.5$	10
$1.5 \leqslant R < 3.5$	15
$R \geqslant 3.5$	19

4.2.2 场地内合理设置绿化用地，评价总分值为 9 分，并按下列规则评分：

1 居住建筑按下列规则分别评分并累计：
  1）住区绿地率：新区建设达到 30%，旧区改建达到 25%，得 2 分；
  2）住区人均公共绿地面积：按表 4.2.2-1 的规则评分，最高得 7 分。

表 4.2.2-1 住区人均公共绿地面积评分规则

住区人均公共绿地面积 A_g		得 分
新区建设	旧区改建	
$1.0\,m^2 \leqslant A_g < 1.3\,m^2$	$0.7\,m^2 \leqslant A_g < 0.9\,m^2$	3
$1.3\,m^2 \leqslant A_g < 1.5\,m^2$	$0.9\,m^2 \leqslant A_g < 1.0\,m^2$	5
$A_g \geqslant 1.5\,m^2$	$A_g \geqslant 1.0\,m^2$	7

2 公共建筑按下列规则分别评分并累计：
  1）绿地率：按表 4.2.2-2 的规则评分，最高得 7 分；

表 4.2.2-2 公共建筑绿地率评分规则

绿地率 R_g	得 分
$30\% \leqslant R_g < 35\%$	2
$35\% \leqslant R_g < 40\%$	5
$R_g \geqslant 40\%$	7

  2）绿地向社会公众开放，得 2 分。

4.2.3 合理开发利用地下空间，评价总分值为 6 分，按表 4.2.3 的规则评分。

表 4.2.3 地下空间开发利用评分规则

建筑类型	地下空间开发利用指标		得分
居住建筑	地下建筑面积与地上建筑面积的比率 R_r	$5\% \leqslant R_r < 15\%$	2
		$15\% \leqslant R_r < 25\%$	4
		$R_r \geqslant 25\%$	6

建筑类型	地下空间开发利用指标		得分
公共建筑	地下建筑面积与总用地面积之比 R_{p1} 地下一层建筑面积与总用地面积的比率 R_{p2}	$R_{p1} \geq 0.5$	3
		$R_{p1} \geq 0.7$ 且 $R_{p2} < 70\%$	6

Ⅱ 室 外 环 境

4.2.4 建筑及照明设计避免产生光污染，评价总分值为4分，并按下列规则分别评分并累计：

1 玻璃幕墙可见光反射比不大于0.2，得2分；

2 室外夜景照明光污染的限制符合现行行业标准《城市夜景照明设计规范》JGJ/T 163 的规定，得2分。

4.2.5 场地内环境噪声符合现行国家标准《声环境质量标准》GB 3096 的有关规定，评价分值为4分。

4.2.6 场地内风环境有利于室外行走、活动舒适和建筑的自然通风，评价总分值为6分，并按下列规则分别评分并累计：

1 在冬季典型风速和风向条件下，按下列规则分别评分并累计：

1）建筑物周围人行区风速小于5m/s，且室外风速放大系数小于2，得2分；

2）除迎风第一排建筑外，建筑迎风面与背风面表面风压差不大于5Pa，得1分；

2 过渡季、夏季典型风速和风向条件下，按下列规则分别评分并累计：

1）场地内人活动区不出现涡旋或无风区，得2分；

2）50%以上可开启外窗室内外表面的风压差大于0.5Pa，得1分。

4.2.7 采取措施降低热岛强度，评价总分值为4分，并按下列规则分别评分并累计：

1 红线范围内户外活动场地有乔木、构筑物等遮阴措施的面积达到10%，得1分；达到20%，得2分；

2 超过70%的道路路面、建筑屋面的太阳辐射反射系数不小于0.4，得2分。

Ⅲ 交通设施与公共服务

4.2.8 场地与公共交通设施具有便捷的联系，评价总分值为9分，并按下列规则分别评分并累计：

1 场地出入口到达公共汽车站的步行距离不大于500m，或到达轨道交通站的步行距离不大于800m，得3分；

2 场地出入口步行距离800m范围内设有2条

及以上线路的公共交通站点（含公共汽车站和轨道交通站），得3分；

3 有便捷的人行通道联系公共交通站点，得3分。

4.2.9 场地内人行通道采用无障碍设计，评价分值为3分。

4.2.10 合理设置停车场所，评价总分值为6分，并按下列规则分别评分并累计：

1 自行车停车设施位置合理、方便出入，且有遮阳防雨措施，得3分；

2 合理设置机动车停车设施，并采取下列措施中至少2项，得3分：

1）采用机械式停车库、地下停车库或停车楼等方式节约集约用地；

2）采用错时停车方式向社会开放，提高停车场（库）使用效率；

3）合理设计地面停车位，不挤占步行空间及活动场所。

4.2.11 提供便利的公共服务，评价总分值为6分，并按下列规则评分：

1 居住建筑：满足下列要求中3项，得3分；满足4项及以上，得6分：

1）场地出入口到达幼儿园的步行距离不大于300m；

2）场地出入口到达小学的步行距离不大于500m；

3）场地出入口到达商业服务设施的步行距离不大于500m；

4）相关设施集中设置并向周边居民开放；

5）场地1000m范围内设有5种及以上的公共服务设施。

2 公共建筑：满足下列要求中2项，得3分；满足3项及以上，得6分：

1）2种及以上的公共建筑集中设置，或公共建筑兼容2种及以上的公共服务功能；

2）配套辅助设施设备共同使用、资源共享；

3）建筑向社会公众提供开放的公共空间；

4）室外活动场地错时向周边居民免费开放。

Ⅳ 场地设计与场地生态

4.2.12 结合现状地形地貌进行场地设计与建筑布局，保护场地内原有的自然水域、湿地和植被，采取表层土利用等生态补偿措施，评价分值为3分。

4.2.13 充分利用场地空间合理设置绿色雨水基础设施，对大于10hm²的场地进行雨水专项规划设计，评价总分值为9分，并按下列规则分别评分并累计：

1 下凹式绿地、雨水花园等有调蓄雨水功能的绿地和水体的面积之和占绿地面积的比例达到30%，得3分；

2 合理衔接和引导屋面雨水、道路雨水进入地面生态设施，并采取相应的径流污染控制措施，得3分；

3 硬质铺装地面中透水铺装面积的比例达到50%，得3分。

4.2.14 合理规划地表与屋面雨水径流，对场地雨水实施外排总量控制，评价总分值为6分。其场地年径流总量控制率达到55%，得3分；达到70%，得6分。

4.2.15 合理选择绿化方式，科学配置绿化植物，评价总分值为6分，并按下列规则分别评分并累计：

1 种植适应当地气候和土壤条件的植物，采用乔、灌、草结合的复层绿化，种植区域覆土深度和排水能力满足植物生长需求，得3分；

2 居住建筑绿地配植乔木不少于3株/100m²，公共建筑采用垂直绿化、屋顶绿化等方式，得3分。

5 节能与能源利用

5.1 控 制 项

5.1.1 建筑设计应符合国家现行相关建筑节能设计标准中强制性条文的规定。

5.1.2 不应采用电直接加热设备作为供暖空调系统的供暖热源和空气加湿热源。

5.1.3 冷热源、输配系统和照明等各部分能耗应进行独立分项计量。

5.1.4 各房间或场所的照明功率密度值不应高于现行国家标准《建筑照明设计标准》GB 50034中规定的现行值。

5.2 评 分 项

Ⅰ 建筑与围护结构

5.2.1 结合场地自然条件，对建筑的体形、朝向、楼距、窗墙比等进行优化设计，评价分值为6分。

5.2.2 外窗、玻璃幕墙的可开启部分能使建筑获得良好的通风，评价总分值为6分，并按下列规则评分：

1 设玻璃幕墙且不设外窗的建筑，其玻璃幕墙透明部可开启面积比例达到5%，得4分；达到10%，得6分。

2 设外窗且不设玻璃幕墙的建筑，外窗可开启面积比例达到30%，得4分；达到35%，得6分。

3 设玻璃幕墙和外窗的建筑，对其玻璃幕墙透明部分和外窗分别按本条第1款和第2款进行评价，得分取两项得分的平均值。

5.2.3 围护结构热工性能指标优于国家现行相关建筑节能设计标准的规定，评价总分值为10分，并按下列规则评分：

1 围护结构热工性能比国家现行相关建筑节能设计标准规定的提高幅度达到5%，得5分；达到10%，得10分。

2 供暖空调全年计算负荷降低幅度达到5%，得5分；达到10%，得10分。

Ⅱ 供暖、通风与空调

5.2.4 供暖空调系统的冷、热源机组能效均优于现行国家标准《公共建筑节能设计标准》GB 50189的规定以及现行有关国家标准能效限定值的要求，评价分值为6分。对电机驱动的蒸气压缩循环冷水（热泵）机组，直燃型和蒸汽型溴化锂吸收式冷（温）水机组，单元式空气调节机、风管送风式和屋顶式空调机组，多联式空调（热泵）机组，燃煤、燃油和燃气锅炉，其能效指标比现行国家标准《公共建筑节能设计标准》GB 50189规定值的提高或降低幅度满足表5.2.4的要求；对房间空气调节器和家用燃气热水炉，其能效等级满足现行有关国家标准的节能评价值要求。

表5.2.4 冷、热源机组能效指标比现行国家标准《公共建筑节能设计标准》GB 50189的提高或降低幅度

机组类型		能效指标	提高或降低幅度
电机驱动的蒸气压缩循环冷水（热泵）机组		制冷性能系数（COP）	提高6%
溴化锂吸收式冷水机组	直燃型	制冷、供热性能系数（COP）	提高6%
	蒸汽型	单位制冷量蒸汽耗量	降低6%
单元式空气调节机、风管送风式和屋顶式空调机组		能效比（EER）	提高6%
多联式空调（热泵）机组		制冷综合性能系数（IPLV（C））	提高8%
锅炉	燃煤	热效率	提高3个百分点
	燃油燃气	热效率	提高2个百分点

5.2.5 集中供暖系统热水循环泵的耗电输热比和通风空调系统风机的单位风量耗功率符合现行国家标准《公共建筑节能设计标准》GB 50189等的有关规定，且空调冷热水系统循环水泵的耗电输冷（热）比比现

行国家标准《民用建筑供暖通风与空气调节设计规范》GB 50736 规定值低20%，评价分值为6分。

5.2.6 合理选择和优化供暖、通风与空调系统，评价总分值为 10 分，根据系统能耗的降低幅度按表 5.2.6 的规则评分。

表 5.2.6 供暖、通风与空调系统能耗降低幅度评分规则

供暖、通风与空调系统能耗降低幅度 D_e	得分
$5\% \leqslant D_e < 10\%$	3
$10\% \leqslant D_e < 15\%$	7
$D_e \geqslant 15\%$	10

5.2.7 采取措施降低过渡季节供暖、通风与空调系统能耗，评价分值为6分。

5.2.8 采取措施降低部分负荷、部分空间使用下的供暖、通风与空调系统能耗，评价总分值为9分，并按下列规则分别评分并累计：

    1 区分房间的朝向，细分供暖、空调区域，对系统进行分区控制，得3分；

    2 合理选配空调冷、热源机组台数与容量，制定实施根据负荷变化调节制冷（热）量的控制策略，且空调冷源的部分负荷性能符合现行国家标准《公共建筑节能设计标准》GB 50189 的规定，得3分；

    3 水系统、风系统采用变频技术，且采取相应的水力平衡措施，得3分。

Ⅲ 照明与电气

5.2.9 走廊、楼梯间、门厅、大堂、大空间、地下停车场等场所的照明系统采取分区、定时、感应等节能控制措施，评价分值为5分。

5.2.10 照明功率密度值达到现行国家标准《建筑照明设计标准》GB 50034 中规定的目标值，评价总分值为8分。主要功能房间满足要求，得4分；所有区域均满足要求，得8分。

5.2.11 合理选用电梯和自动扶梯，并采取电梯群控、扶梯自动启停等节能控制措施，评价分值为3分。

5.2.12 合理选用节能型电气设备，评价总分值为5分，并按下列规则分别评分并累计：

    1 三相配电变压器满足现行国家标准《三相配电变压器能效限定值及能效等级》GB 20052 的节能评价值要求，得3分；

    2 水泵、风机等设备，及其他电气装置满足相关现行国家标准的节能评价值要求，得2分。

Ⅳ 能量综合利用

5.2.13 排风能量回收系统设计合理并运行可靠，评价分值为3分。

5.2.14 合理采用蓄冷蓄热系统，评价分值为3分。

5.2.15 合理利用余热废热解决建筑的蒸汽、供暖或生活热水需求，评价分值为4分。

5.2.16 根据当地气候和自然资源条件，合理利用可再生能源，评价总分值为10分，按表 5.2.16 的规则评分。

表 5.2.16 可再生能源利用评分规则

可再生能源利用类型和指标		得 分
由可再生能源提供的生活用热水比例 R_{hw}	$20\% \leqslant R_{hw} < 30\%$	4
	$30\% \leqslant R_{hw} < 40\%$	5
	$40\% \leqslant R_{hw} < 50\%$	6
	$50\% \leqslant R_{hw} < 60\%$	7
	$60\% \leqslant R_{hw} < 70\%$	8
	$70\% \leqslant R_{hw} < 80\%$	9
	$R_{hw} \geqslant 80\%$	10
由可再生能源提供的空调用冷量和热量比例 R_{ch}	$20\% \leqslant R_{ch} < 30\%$	4
	$30\% \leqslant R_{ch} < 40\%$	5
	$40\% \leqslant R_{ch} < 50\%$	6
	$50\% \leqslant R_{ch} < 60\%$	7
	$60\% \leqslant R_{ch} < 70\%$	8
	$70\% \leqslant R_{ch} < 80\%$	9
	$R_{ch} \geqslant 80\%$	10
由可再生能源提供的电量比例 R_e	$1.0\% \leqslant R_e < 1.5\%$	4
	$1.5\% \leqslant R_e < 2.0\%$	5
	$2.0\% \leqslant R_e < 2.5\%$	6
	$2.5\% \leqslant R_e < 3.0\%$	7
	$3.0\% \leqslant R_e < 3.5\%$	8
	$3.5\% \leqslant R_e < 4.0\%$	9
	$R_e \geqslant 4.0\%$	10

6 节水与水资源利用

6.1 控 制 项

6.1.1 应制定水资源利用方案，统筹利用各种水资源。

6.1.2 给排水系统设置应合理、完善、安全。

6.1.3 应采用节水器具。

6.2 评 分 项

Ⅰ 节水系统

6.2.1 建筑平均日用水量满足现行国家标准《民用建筑节水设计标准》GB 50555 中的节水用水定额的

要求，评价总分值为 10 分，达到节水用水定额的上限值的要求，得 4 分；达到上限值与下限值的平均值要求，得 7 分；达到下限值的要求，得 10 分。

6.2.2 采取有效措施避免管网漏损，评价总分值为 7 分，并按下列规则分别评分并累计：

　　1 选用密闭性能好的阀门、设备，使用耐腐蚀、耐久性能好的管材、管件，得 1 分；

　　2 室外埋地管道采取有效措施避免管网漏损，得 1 分；

　　3 设计阶段根据水平衡测试的要求安装分级计量水表；运行阶段提供用水量计量情况和管网漏损检测、整改的报告，得 5 分。

6.2.3 给水系统无超压出流现象，评价总分值为 8 分。用水点供水压力不大于 0.30MPa，得 3 分；不大于 0.20MPa，且不小于用水器具要求的最低工作压力，得 8 分。

6.2.4 设置用水计量装置，评价总分值为 6 分，并按下列规则分别评分并累计：

　　1 按使用用途，对厨房、卫生间、空调系统、游泳池、绿化、景观等用水分别设置用水计量装置，统计用水量，得 2 分；

　　2 按付费或管理单元，分别设置用水计量装置，统计用水量，得 4 分。

6.2.5 公用浴室采取节水措施，评价总分值为 4 分，并按下列规则分别评分并累计：

　　1 采用带恒温控制和温度显示功能的冷热水混合淋浴器，得 2 分；

　　2 设置用者付费的设施，得 2 分。

Ⅱ　节水器具与设备

6.2.6 使用较高用水效率等级的卫生器具，评价总分值为 10 分。用水效率等级达到 3 级，得 5 分；达到 2 级，得 10 分。

6.2.7 绿化灌溉采用节水灌溉方式，评价总分值为 10 分，并按下列规则评分：

　　1 采用节水灌溉系统，得 7 分；在此基础上设置土壤湿度感应器、雨天关闭装置等节水控制措施，再得 3 分。

　　2 种植无需永久灌溉植物，得 10 分。

6.2.8 空调设备或系统采用节水冷却技术，评价总分值为 10 分，并按下列规则评分：

　　1 循环冷却水系统设置水处理措施；采取加大集水盘、设置平衡管或平衡水箱的方式，避免冷却水泵停泵时冷却水溢出，得 6 分；

　　2 运行时，冷却塔的蒸发耗水量占冷却水补水量的比例不低于 80%，得 10 分；

　　3 采用无蒸发耗水量的冷却技术，得 10 分。

6.2.9 除卫生器具、绿化灌溉和冷却塔外的其他用水采用节水技术或措施，评价总分值为 5 分。其他用水中采用节水技术或措施的比例达到 50%，得 3 分；达到 80%，得 5 分。

Ⅲ　非传统水源利用

6.2.10 合理使用非传统水源，评价总分值为 15 分，并按下列规则评分：

　　1 住宅、办公、商店、旅馆类建筑：根据其按下列公式计算的非传统水源利用率，或者其非传统水源利用措施，按表 6.2.10 的规则评分。

$$R_u = \frac{W_u}{W_t} \times 100\% \qquad (6.2.10\text{-}1)$$

$$W_u = W_R + W_r + W_s + W_o \qquad (6.2.10\text{-}2)$$

式中：R_u——非传统水源利用率，%；

　　　　W_u——非传统水源设计使用量（设计阶段）或实际使用量（运行阶段），m^3/a；

　　　　W_R——再生水设计利用量（设计阶段）或实际利用量（运行阶段），m^3/a；

　　　　W_r——雨水设计利用量（设计阶段）或实际利用量（运行阶段），m^3/a；

　　　　W_s——海水设计利用量（设计阶段）或实际利用量（运行阶段），m^3/a；

　　　　W_o——其他非传统水源利用量（设计阶段）或实际利用量（运行阶段），m^3/a；

　　　　W_t——设计用水总量（设计阶段）或实际用水总量（运行阶段），m^3/a。

注：式中设计使用量为年用水量，由平均日用水量和用水时间计算得出。实际使用量应通过统计全年水表计量的情况计算得出。式中用水量计算不包含冷却水补水量和室外景观水体补水量。

表 6.2.10　非传统水源利用率评分规则

建筑类型	非传统水源利用率		非传统水源利用措施				得分
	有市政再生水供应	无市政再生水供应	室内冲厕	室外绿化灌溉	道路浇洒	洗车用水	
住宅	8.0%	4.0%	—	●○	●	●	5 分
	—	8.0%	—	○	○	○	7 分
	30.0%	30.0%	●○	●●	●○	●○	15 分
办公	10.0%	—	●	●	●	●	5 分
	—	8.0%	○	○	○	○	10 分
	50.0%	10.0%	●	●	●	●	15 分
商店	3.0%	—	●	●	●	●	2 分
	—	2.5%	○	○	○	○	10 分
	50.0%	3.0%	●	●	●	●	15 分
旅馆	2.0%	—	●	●	●	●	2 分
	—	1.0%	○	○	○	○	10 分
	12.0%	2.0%	●	●	●	●●	15 分

注："●"为有市政再生水供应时的要求；"○"为无市政再生水供应时的要求。

2 其他类型建筑：按下列规则分别评分并累计。

1）绿化灌溉、道路冲洗、洗车用水采用非传统水源的用水量占其总用水量的比例不低于80%，得7分；

2）冲厕采用非传统水源的用水量占其总用水量的比例不低于50%，得8分。

6.2.11 冷却水补水使用非传统水源，评价总分值为8分，根据冷却水补水使用非传统水源的量占总用水量的比例按表6.2.11的规则评分。

表 6.2.11 冷却水补水使用非传统水源的评分规则

冷却水补水使用非传统水源的量占总用水量比例 R_{nt}	得 分
10%≤R_{nt}<30%	4
30%≤R_{nt}<50%	6
R_{nt}≥50%	8

6.2.12 结合雨水利用设施进行景观水体设计，景观水体利用雨水的补水量大于其水体蒸发量的60%，且采用生态水处理技术保障水体水质，评价总分值为7分，并按下列规则分别评分并累计：

1 对进入景观水体的雨水采取控制面源污染的措施，得4分；

2 利用水生动、植物进行水体净化，得3分。

7 节材与材料资源利用

7.1 控 制 项

7.1.1 不得采用国家和地方禁止和限制使用的建筑材料及制品。

7.1.2 混凝土结构中梁、柱纵向受力普通钢筋应采用不低于400MPa级的热轧带肋钢筋。

7.1.3 建筑造型要素应简约，且无大量装饰性构件。

7.2 评 分 项

Ⅰ 节 材 设 计

7.2.1 择优选用建筑形体，评价总分值为9分。根据国家标准《建筑抗震设计规范》GB 50011-2010规定的建筑形体规则性评分，建筑形体不规则，得3分；建筑形体规则，得9分。

7.2.2 对地基基础、结构体系、结构构件进行优化设计，达到节材效果，评价分值为5分。

7.2.3 土建工程与装修工程一体化设计，评价总分值为10分，并按下列规则评分：

1 住宅建筑土建与装修一体化设计的户数比例达到30%，得6分；达到100%，得10分。

2 公共建筑公共部位土建与装修一体化设计，得6分；所有部位均土建与装修一体化设计，得10分。

7.2.4 公共建筑中可变换功能的室内空间采用可重复使用的隔断（墙），评价总分值为5分，根据可重复使用隔断（墙）比例按表7.2.4的规则评分。

表 7.2.4 可重复使用隔断（墙）比例评分规则

可重复使用隔断（墙）比例 R_{rp}	得 分
30%≤R_{rp}<50%	3
50%≤R_{rp}<80%	4
R_{rp}≥80%	5

7.2.5 采用工业化生产的预制构件，评价总分值为5分，根据预制构件用量比例按表7.2.5的规则评分。

表 7.2.5 预制构件用量比例评分规则

预制构件用量比例 R_{pc}	得 分
15%≤R_{pc}<30%	3
30%≤R_{pc}<50%	4
R_{pc}≥50%	5

7.2.6 采用整体化定型设计的厨房、卫浴间，评价总分值为6分，并按下列规则分别评分并累计：

1 采用整体化定型设计的厨房，得3分；

2 采用整体化定型设计的卫浴间，得3分。

Ⅱ 材 料 选 用

7.2.7 选用本地生产的建筑材料，评价总分值为10分，根据施工现场500km以内生产的建筑材料重量占建筑材料总重量的比例按表7.2.7的规则评分。

表 7.2.7 本地生产的建筑材料评分规则

施工现场500km以内生产的建筑材料重量占建筑材料总重量的比例 R_{lm}	得 分
60%≤R_{lm}<70%	6
70%≤R_{lm}<90%	8
R_{lm}≥90%	10

7.2.8 现浇混凝土采用预拌混凝土，评价分值为10分。

7.2.9 建筑砂浆采用预拌砂浆，评价总分值为5分。建筑砂浆采用预拌砂浆的比例达到50%，得3分；达到100%，得5分。

7.2.10 合理采用高强建筑结构材料，评价总分值为10分，并按下列规则评分：

1 混凝土结构：

1）根据400MPa级及以上受力普通钢筋的比

例，按表 7.2.10 的规则评分，最高得 10 分。

表 7.2.10   400MPa 级及以上受力普通钢筋评分规则

400MPa 级及以上受力普通钢筋比例 R_{sb}	得分
$30\% \leqslant R_{sb} < 50\%$	4
$50\% \leqslant R_{sb} < 70\%$	6
$70\% \leqslant R_{sb} < 85\%$	8
$R_{sb} \geqslant 85\%$	10

    2）混凝土竖向承重结构采用强度等级不小于 C50 混凝土用量占竖向承重结构中混凝土总量的比例达到 50%，得 10 分。

    2 钢结构：Q345 及以上高强钢材用量占钢材总量的比例达到 50%，得 8 分；达到 70%，得 10 分。

    3 混合结构：对其混凝土结构部分和钢结构部分，分别按本条第 1 款和第 2 款进行评价，得分取两项得分的平均值。

7.2.11 合理采用高耐久性建筑结构材料，评价分值为 5 分。对混凝土结构，其中高耐久性混凝土用量占混凝土总量的比例达到 50%；对钢结构，采用耐候结构钢或耐候型防腐涂料。

7.2.12 采用可再利用材料和可再循环材料，评价总分值为 10 分，并按下列规则评分：

    1 住宅建筑中的可再利用材料和可再循环材料用量比例达到 6%，得 8 分；达到 10%，得 10 分。

    2 公共建筑中的可再利用材料和可再循环材料用量比例达到 10%，得 8 分；达到 15%，得 10 分。

7.2.13 使用以废弃物为原料生产的建筑材料，评价总分值为 5 分，并按下列规则评分：

    1 采用一种以废弃物为原料生产的建筑材料，其占同类建材的用量比例达到 30%，得 3 分；达到 50%，得 5 分。

    2 采用两种及以上以废弃物为原料生产的建筑材料，每一种用量比例均达到 30%，得 5 分。

7.2.14 合理采用耐久性好、易维护的装饰装修建筑材料，评价总分值为 5 分，并按下列规则分别评分并累计：

    1 合理采用清水混凝土，得 2 分；

    2 采用耐久性好、易维护的外立面材料，得 2 分；

    3 采用耐久性好、易维护的室内装饰装修材料，得 1 分。

8 室内环境质量

8.1 控 制 项

8.1.1 主要功能房间的室内噪声级应满足现行国家标准《民用建筑隔声设计规范》GB 50118 中的低限要求。

8.1.2 主要功能房间的外墙、隔墙、楼板和门窗的隔声性能应满足现行国家标准《民用建筑隔声设计规范》GB 50118 中的低限要求。

8.1.3 建筑照明数量和质量应符合现行国家标准《建筑照明设计标准》GB 50034 的规定。

8.1.4 采用集中供暖空调系统的建筑，房间内的温度、湿度、新风量等设计参数应符合现行国家标准《民用建筑供暖通风与空气调节设计规范》GB 50736 的规定。

8.1.5 在室内设计温、湿度条件下，建筑围护结构内表面不得结露。

8.1.6 屋顶和东、西外墙隔热性能应满足现行国家标准《民用建筑热工设计规范》GB 50176 的要求。

8.1.7 室内空气中的氨、甲醛、苯、总挥发性有机物、氡等污染物浓度应符合现行国家标准《室内空气质量标准》GB/T 18883 的有关规定。

8.2 评 分 项

Ⅰ 室内声环境

8.2.1 主要功能房间室内噪声级，评价总分值为 6 分。噪声级达到现行国家标准《民用建筑隔声设计规范》GB 50118 中的低限标准限值和高要求标准限值的平均值，得 3 分；达到高要求标准限值，得 6 分。

8.2.2 主要功能房间的隔声性能良好，评价总分值为 9 分，并按下列规则分别评分并累计：

    1 构件及相邻房间之间的空气声隔声性能达到现行国家标准《民用建筑隔声设计规范》GB 50118 中的低限标准限值和高要求标准限值的平均值，得 3 分；达到高要求标准限值，得 5 分；

    2 楼板的撞击声隔声性能达到现行国家标准《民用建筑隔声设计规范》GB 50118 中的低限标准限值和高要求标准限值的平均值，得 3 分；达到高要求标准限值，得 4 分。

8.2.3 采取减少噪声干扰的措施，评价总分值为 4 分，并按下列规则分别评分并累计：

    1 建筑平面、空间布局合理，没有明显的噪声干扰，得 2 分；

    2 采用同层排水或其他降低排水噪声的有效措施，使用率不小于 50%，得 2 分。

8.2.4 公共建筑中的多功能厅、接待大厅、大型会议室和其他有声学要求的重要房间进行专项声学设计，满足相应功能要求，评价分值为 3 分。

Ⅱ 室内光环境与视野

8.2.5 建筑主要功能房间具有良好的户外视野，评价分值为 3 分。对居住建筑，其与相邻建筑的直接间距超过 18m；对公共建筑，其主要功能房间能通过外窗看到室外自然景观，无明显视线干扰。

8.2.6 主要功能房间的采光系数满足现行国家标准《建筑采光设计标准》GB 50033 的要求，评价总分值为 8 分，并按下列规则评分：

　　1 居住建筑：卧室、起居室的窗地面积比达到 1/6，得 6 分；达到 1/5，得 8 分。

　　2 公共建筑：根据主要功能房间采光系数满足现行国家标准《建筑采光设计标准》GB 50033 要求的面积比例，按表 8.2.6 的规则评分，最高得 8 分。

表 8.2.6　公共建筑主要功能房间采光评分规则

面积比例 R_A	得　分
$60\% \leqslant R_A < 65\%$	4
$65\% \leqslant R_A < 70\%$	5
$70\% \leqslant R_A < 75\%$	6
$75\% \leqslant R_A < 80\%$	7
$R_A \geqslant 80\%$	8

8.2.7 改善建筑室内天然采光效果，评价总分值为 14 分，并按下列规则分别评分并累计：

　　1 主要功能房间有合理的控制眩光措施，得 6 分；

　　2 内区采光系数满足采光要求的面积比例达到 60%，得 4 分；

　　3 根据地下空间平均采光系数不小于 0.5% 的面积与首层地下室面积的比例，按表 8.2.7 的规则评分，最高得 4 分。

表 8.2.7　地下空间采光评分规则

面积比例 R_A	得　分
$5\% \leqslant R_A < 10\%$	1
$10\% \leqslant R_A < 15\%$	2
$15\% \leqslant R_A < 20\%$	3
$R_A \geqslant 20\%$	4

Ⅲ　室内热湿环境

8.2.8 采取可调节遮阳措施，降低夏季太阳辐射得热，评价总分值为 12 分。外窗和幕墙透明部分中，有可控遮阳调节措施的面积比例达到 25%，得 6 分；达到 50%，得 12 分。

8.2.9 供暖空调系统末端现场可独立调节，评价总分值为 8 分。供暖、空调末端装置可独立启停的主要功能房间数量比例达到 70%，得 4 分；达到 90%，得 8 分。

Ⅳ　室内空气质量

8.2.10 优化建筑空间、平面布局和构造设计，改善

自然通风效果，评价总分值为 13 分，并按下列规则评分：

　　1 居住建筑：按下列 2 项的规则分别评分并累计：

　　　　1） 通风开口面积与房间地板面积的比例在夏热冬暖地区达到 10%，在夏热冬冷地区达到 8%，在其他地区达到 5%，得 10 分；

　　　　2） 设有明卫，得 3 分。

　　2 公共建筑：根据在过渡季典型工况下主要功能房间平均自然通风换气次数不小于 2 次/h 的面积比例，按表 8.2.10 的规则评分，最高得 13 分。

表 8.2.10　公共建筑过渡季典型工况下主要功能房间自然通风评分规则

面积比例 R_R	得　分
$60\% \leqslant R_R < 65\%$	6
$65\% \leqslant R_R < 70\%$	7
$70\% \leqslant R_R < 75\%$	8
$75\% \leqslant R_R < 80\%$	9
$80\% \leqslant R_R < 85\%$	10
$85\% \leqslant R_R < 90\%$	11
$90\% \leqslant R_R < 95\%$	12
$R_R \geqslant 95\%$	13

8.2.11 气流组织合理，评价总分值为 7 分，并按下列规则分别评分并累计：

　　1 重要功能区域供暖、通风与空调工况下的气流组织满足热环境设计参数要求，得 4 分；

　　2 避免卫生间、餐厅、地下车库等区域的空气和污染物串通到其他空间或室外活动场所，得 3 分。

8.2.12 主要功能房间中人员密度较高且随时间变化大的区域设置室内空气质量监控系统，评价总分值为 8 分，并按下列规则分别评分并累计：

　　1 对室内的二氧化碳浓度进行数据采集、分析，并与通风系统联动，得 5 分；

　　2 实现室内污染物浓度超标实时报警，并与通风系统联动，得 3 分。

8.2.13 地下车库设置与排风设备联动的一氧化碳浓度监测装置，评价分值为 5 分。

9　施 工 管 理

9.1　控　制　项

9.1.1 应建立绿色建筑项目施工管理体系和组织机构，并落实各级责任人。

9.1.2 施工项目部应制定施工全过程的环境保护计划，并组织实施。

9.1.3 施工项目部应制定施工人员职业健康安全管理计划，并组织实施。

9.1.4 施工前应进行设计文件中绿色建筑重点内容的专项会审。

9.2 评 分 项

Ⅰ 环境保护

9.2.1 采取洒水、覆盖、遮挡等降尘措施，评价分值为6分。

9.2.2 采用有效的降噪措施。在施工场界测量并记录噪声，满足现行国家标准《建筑施工场界环境噪声排放标准》GB 12523 的规定，评价分值为6分。

9.2.3 制定并实施施工废弃物减量化、资源化计划，评价总分值为10分，并按下列规则分别评分并累计：

　　1 制定施工废弃物减量化、资源化计划，得3分；

　　2 可回收施工废弃物的回收率不小于80%，得3分；

　　3 根据每10000m² 建筑面积的施工固体废弃物排放量，按表9.2.3的规则评分，最高得4分。

表9.2.3　施工固体废弃物排放量评分规则

每10000m² 建筑面积施工固体废弃物排放量 SW_c	得 分
350t＜SW_c≤400t	1
300t＜SW_c≤350t	3
SW_c≤300t	4

Ⅱ 资源节约

9.2.4 制定并实施施工节能和用能方案，监测并记录施工能耗，评价总分值为8分，并按下列规则分别评分并累计：

　　1 制定并实施施工节能和用能方案，得1分；

　　2 监测并记录施工区、生活区的能耗，得3分；

　　3 监测并记录主要建筑材料、设备从供货商提供的货源地到施工现场运输的能耗，得3分；

　　4 监测并记录建筑施工废弃物从施工现场到废弃物处理/回收中心运输的能耗，得1分。

9.2.5 制定并实施施工节水和用水方案，监测并记录施工水耗，评价总分值为8分，并按下列规则分别评分并累计：

　　1 制定并实施施工节水和用水方案，得2分；

　　2 监测并记录施工区、生活区的水耗数据，得4分；

　　3 监测并记录基坑降水的抽取量、排放量和利用量数据，得2分。

9.2.6 减少预拌混凝土的损耗，评价总分值为6分。损耗率降低至1.5%，得3分；降低至1.0%，得6分。

9.2.7 采取措施降低钢筋损耗，评价总分值为8分，并按下列规则评分：

　　1 80%以上的钢筋采用专业化生产的成型钢筋，得8分。

　　2 根据现场加工钢筋损耗率，按表9.2.7的规则评分，最高得8分。

表9.2.7　现场加工钢筋损耗率评分规则

现场加工钢筋损耗率 LR_{sb}	得 分
3.0%＜LR_{sb}≤4.0%	4
1.5%＜LR_{sb}≤3.0%	6
LR_{sb}≤1.5%	8

9.2.8 使用工具式定型模板，增加模板周转次数，评价总分值为10分，根据工具式定型模板使用面积占模板工程总面积的比例按表9.2.8的规则评分。

表9.2.8　工具式定型模板使用率评分规则

工具式定型模板使用面积占模板工程总面积的比例 R_{sf}	得 分
50%≤R_{sf}＜70%	6
70%≤R_{sf}＜85%	8
R_{sf}≥85%	10

Ⅲ 过程管理

9.2.9 实施设计文件中绿色建筑重点内容，评价总分值为4分，并按下列规则分别评分并累计：

　　1 进行绿色建筑重点内容的专项交底，得2分；

　　2 施工过程中以施工日志记录绿色建筑重点内容的实施情况，得2分。

9.2.10 严格控制设计文件变更，避免出现降低建筑绿色性能的重大变更，评价分值为4分。

9.2.11 施工过程中采取相关措施保证建筑的耐久性，评价总分值为8分，并按下列规则分别评分并累计：

　　1 对保证建筑结构耐久性的技术措施进行相应检测并记录，得3分；

　　2 对有节能、环保要求的设备进行相应检验并记录，得3分；

　　3 对有节能、环保要求的装修装饰材料进行相应检验并记录，得2分。

9.2.12 实现土建装修一体化施工，评价总分值为14分，并按下列规则分别评分并累计：

　　1 工程竣工时主要功能空间的使用功能完备，装修到位，得3分；

2 提供装修材料检测报告、机电设备检测报告、性能复试报告，得4分；

3 提供建筑竣工验收证明、建筑质量保修书、使用说明书，得4分；

4 提供业主反馈意见书，得3分。

9.2.13 工程竣工验收前，由建设单位组织有关责任单位，进行机电系统的综合调试和联合试运转，结果符合设计要求，评价分值为8分。

10 运营管理

10.1 控 制 项

10.1.1 应制定并实施节能、节水、节材、绿化管理制度。

10.1.2 应制定垃圾管理制度，合理规划垃圾物流，对生活废弃物进行分类收集，垃圾容器设置规范。

10.1.3 运行过程中产生的废气、污水等污染物应达标排放。

10.1.4 节能、节水设施应工作正常，且符合设计要求。

10.1.5 供暖、通风、空调、照明等设备的自动监控系统应工作正常，且运行记录完整。

10.2 评 分 项

Ⅰ 管 理 制 度

10.2.1 物业管理机构获得有关管理体系认证，评价总分值为10分，并按下列规则分别评分并累计：

1 具有 ISO 14001 环境管理体系认证，得4分；

2 具有 ISO 9001 质量管理体系认证，得4分；

3 具有现行国家标准《能源管理体系 要求》GB/T 23331 的能源管理体系认证，得2分。

10.2.2 节能、节水、节材、绿化的操作规程、应急预案完善，且有效实施，评价总分值为8分，并按下列规则分别评分并累计：

1 相关设施的操作规程在现场明示，操作人员严格遵守规定，得6分；

2 节能、节水设施运行具有完善的应急预案，得2分。

10.2.3 实施能源资源管理激励机制，管理业绩与节约能源资源、提高经济效益挂钩，评价总分值为6分，并按下列规则分别评分并累计：

1 物业管理机构的工作考核体系中包含能源资源管理激励机制，得3分；

2 与租用者的合同中包含节能条款，得1分；

3 采用合同能源管理模式，得2分。

10.2.4 建立绿色教育宣传机制，编制绿色设施使用手册，形成良好的绿色氛围，评价总分值为6分，并

按下列规则分别评分并累计：

1 有绿色教育宣传工作记录，得2分；

2 向使用者提供绿色设施使用手册，得2分；

3 相关绿色行为与成效获得公共媒体报道，得2分。

Ⅱ 技 术 管 理

10.2.5 定期检查、调试公共设施设备，并根据运行检测数据进行设备系统的运行优化，评价总分值为10分，并按下列规则分别评分并累计：

1 具有设施设备的检查、调试、运行、标定记录，且记录完整，得7分；

2 制定并实施设备能效改进方案，得3分。

10.2.6 对空调通风系统进行定期检查和清洗，评价总分值为6分，并按下列规则分别评分并累计：

1 制定空调通风设备和风管的检查和清洗计划，得2分；

2 实施第1款中的检查和清洗计划，且记录保存完整，得4分。

10.2.7 非传统水源的水质和用水量记录完整、准确，评价总分值为4分，并按下列规则分别评分并累计：

1 定期进行水质检测，记录完整、准确，得2分；

2 用水量记录完整、准确，得2分。

10.2.8 智能化系统的运行效果满足建筑运行与管理的需要，评价总分值为12分，并按下列规则分别评分并累计：

1 居住建筑的智能化系统满足现行行业标准《居住区智能化系统配置与技术要求》CJ/T 174 的基本配置要求，公共建筑的智能化系统满足现行国家标准《智能建筑设计标准》GB/T 50314 的基础配置要求，得6分；

2 智能化系统工作正常，符合设计要求，得6分。

10.2.9 应用信息化手段进行物业管理，建筑工程、设施、设备、部品、能耗等档案及记录齐全，评价总分值为10分，并按下列规则分别评分并累计：

1 设置物业管理信息系统，得5分；

2 物业管理信息系统功能完备，得2分；

3 记录数据完整，得3分。

Ⅲ 环 境 管 理

10.2.10 采用无公害病虫害防治技术，规范杀虫剂、除草剂、化肥、农药等化学品的使用，有效避免对土壤和地下水环境的损害，评价总分值为6分，并按下列规则分别评分并累计：

1 建立和实施化学品管理责任制，得2分；

2 病虫害防治用品使用记录完整，得2分；

3 采用生物制剂、仿生制剂等无公害防治技术，得2分。

10.2.11 栽种和移植的树木一次成活率大于90%，植物生长状态良好，评价总分值为6分，并按下列规则分别评分并累计：

1 工作记录完整，得4分；

2 现场观感良好，得2分。

10.2.12 垃圾收集站（点）及垃圾间不污染环境，不散发臭味，评价总分值为6分，并按下列规则分别评分并累计：

1 垃圾站（间）定期冲洗，得2分；

2 垃圾及时清运、处置，得2分；

3 周边无臭味，用户反映良好，得2分。

10.2.13 实行垃圾分类收集和处理，评价总分值为10分，并按下列规则分别评分并累计：

1 垃圾分类收集率达到90%，得4分；

2 可回收垃圾的回收比例达到90%，得2分；

3 对可生物降解垃圾进行单独收集和合理处置，得2分；

4 对有害垃圾进行单独收集和合理处置，得2分。

11 提高与创新

11.1 一般规定

11.1.1 绿色建筑评价时，应按本章规定对加分项进行评价。加分项包括性能提高和创新两部分。

11.1.2 加分项的附加得分为各加分项得分之和。当附加得分大于10分时，应取为10分。

11.2 加分项

Ⅰ 性能提高

11.2.1 围护结构热工性能比国家现行相关建筑节能设计标准的规定高20%，或者供暖空调全年计算负荷降低幅度达到15%，评价分值为2分。

11.2.2 供暖空调系统的冷、热源机组能效均优于现行国家标准《公共建筑节能设计标准》GB 50189的规定以及现行有关国家标准能效节能评价值的要求，评价分值为1分。对电机驱动的蒸气压缩循环冷水（热泵）机组，直燃型和蒸汽型溴化锂吸收式冷（温）水机组，单元式空气调节机、风管送风式和屋顶式空调机组，多联式空调（热泵）机组，燃煤、燃油和燃气锅炉，其能效指标比现行国家标准《公共建筑节能设计标准》GB 50189规定值的提高或降低幅度满足表11.2.2的要求；对房间空气调节器和家用燃气热水炉，其能效等级满足现行有关国家标准规定的1级要求。

表 11.2.2 冷、热源机组能效指标比现行国家标准《公共建筑节能设计标准》GB 50189 的提高或降低幅度

机组类型		能效指标	提高或降低幅度
电机驱动的蒸气压缩循环冷水（热泵）机组		制冷性能系数（COP）	提高12%
溴化锂吸收式冷水机组	直燃型	制冷、供热性能系数（COP）	提高12%
	蒸汽型	单位制冷量蒸汽耗量	降低12%
单元式空气调节机、风管送风式和屋顶式空调机组		能效比（EER）	提高12%
多联式空调（热泵）机组		制冷综合性能系数[IPLV(C)]	提高16%
锅炉	燃煤	热效率	提高6个百分点
	燃油燃气	热效率	提高4个百分点

11.2.3 采用分布式热电冷联供技术，系统全年能源综合利用率不低于70%，评价分值为1分。

11.2.4 卫生器具的用水效率均达到国家现行有关卫生器具用水效率等级标准规定的1级，评价分值为1分。

11.2.5 采用资源消耗少和环境影响小的建筑结构，评价分值为1分。

11.2.6 对主要功能房间采取有效的空气处理措施，评价分值为1分。

11.2.7 室内空气中的氨、甲醛、苯、总挥发性有机物、氡、可吸入颗粒物等污染物浓度不高于现行国家标准《室内空气质量标准》GB/T 18883规定限值的70%，评价分值为1分。

Ⅱ 创新

11.2.8 建筑方案充分考虑建筑所在地域的气候、环境、资源，结合场地特征和建筑功能，进行技术经济分析，显著提高能源资源利用效率和建筑性能，评价分值为2分。

11.2.9 合理选用废弃场地进行建设，或充分利用尚可使用的旧建筑，评价分值为1分。

11.2.10 应用建筑信息模型（BIM）技术，评价总分值为2分。在建筑的规划设计、施工建造和运行维护段中的一个阶段应用，得1分；在两个或两个以上阶段应用，得2分。

11.2.11 进行建筑碳排放计算分析，采取措施降低单位建筑面积碳排放强度，评价分值为1分。

11.2.12 采取节约能源资源、保护生态环境、保障安全健康的其他创新，并有明显效益，评价总分值为2分。采取一项，得1分；采取两项及以上，得2分。

本标准用词说明

1 为便于在执行本标准条文时区别对待，对要求严格程度不同的用词说明如下：

  1）表示很严格，非这样做不可的：

    正面词采用"必须"，反面词采用"严禁"；

  2）表示严格，在正常情况下均应这样做的：

    正面词采用"应"，反面词采用"不应"或"不得"；

  3）表示允许稍有选择，在条件许可时首先应这样做的：

    正面词采用"宜"，反面词采用"不宜"；

  4）表示有选择，在一定条件下可以这样做的，采用"可"。

2 条文中指明应按其他有关标准执行的写法为："应符合……的规定"或"应按……执行"。

引用标准名录

1 《建筑抗震设计规范》GB 50011-2010

2 《建筑采光设计标准》GB 50033

3 《建筑照明设计标准》GB 50034

4 《民用建筑隔声设计规范》GB 50118

5 《民用建筑热工设计规范》GB 50176

6 《公共建筑节能设计标准》GB 50189

7 《智能建筑设计标准》GB/T 50314

8 《民用建筑节水设计标准》GB 50555

9 《民用建筑供暖通风与空气调节设计规范》GB 50736

10 《声环境质量标准》GB 3096

11 《建筑施工场界环境噪声排放标准》GB 12523

12 《室内空气质量标准》GB/T 18883

13 《三相配电变压器能效限定值及能效等级》GB 20052

14 《能源管理体系 要求》GB/T 23331

15 《城市夜景照明设计规范》JGJ/T 163

16 《居住区智能化系统配置与技术要求》CJ/T 174

中华人民共和国国家标准

绿色建筑评价标准

GB/T 50378—2014

条 文 说 明

修 订 说 明

《绿色建筑评价标准》GB/T 50378－2014，经住房和城乡建设部 2014 年 4 月 15 日以第 408 号公告批准、发布。

本标准是在国家标准《绿色建筑评价标准》GB/T 50378－2006 基础上修订完成的，标准上一版的主编单位是中国建筑科学研究院、上海市建筑科学研究院，参编单位是中国城市规划设计研究院、清华大学、中国建筑工程总公司、中国建筑材料科学研究院、国家给水排水工程技术中心、深圳市建筑科学研究院、城市建设研究院，主要起草人是王有为、韩继红、曾捷、杨建荣、方天培、汪维、王静霞、秦佑国、毛志兵、马眷荣、陈立、叶青、徐文龙、林海燕、郎四维、程志军、安宇、张蓓红、范宏武、王玮华、林波荣、赵平、于震平、郭兴芳、涂英时、刘景立。

为便于广大设计、施工、科研、学校等单位有关人员在使用本标准时能正确理解和执行条文规定，标准修订组按章、节、条顺序编制了本标准的条文说明，对条文规定的目的、依据以及执行中需要注意的有关事项进行了说明。但是，本条文说明不具备与标准正文同等的法律效力，仅供使用者作为理解和把握标准规定的参考。

目　次

1 总　则

1.0.1 建筑活动消耗大量能源资源，并对环境产生不利影响。我国资源总量和人均资源量都严重不足，同时我国的消费增长速度惊人，在资源再生利用率上也远低于发达国家。而且我国正处于工业化、城镇化加速发展时期，能源资源消耗总量逐年迅速增长。在我国发展绿色建筑，是一项意义重大而十分迫切的任务。借鉴国际先进经验，建立一套适合我国国情的绿色建筑评价体系，制订并实施统一、规范的评价标准，反映建筑领域可持续发展理念，对积极引导绿色建筑发展，具有十分重要的意义。

　　本标准的前一版本《绿色建筑评价标准》GB/T 50378-2006（以下称本标准2006年版）是总结我国绿色建筑方面的实践经验和研究成果，借鉴国际先进经验制定的第一部多目标、多层次的绿色建筑综合评价标准。该标准明确了绿色建筑的定义、评价指标和评价方法，确立了我国以"四节一环保"为核心内容的绿色建筑发展理念和评价体系。自2006年发布实施以来，已经成为我国各级、各类绿色建筑标准研究和编制的重要基础，有效指导了我国绿色建筑实践工作。截至2012年底，累计评价绿色建筑项目742个，总建筑面积超过7500万 m^2。

　　"十二五"以来，我国绿色建筑快速发展。随着绿色建筑各项工作的逐步推进，绿色建筑的内涵和外延不断丰富，各行业、各类别建筑践行绿色理念的需求不断提出，本标准2006年版已不能完全适应现阶段绿色建筑实践及评价工作的需要。因此，根据住房和城乡建设部的要求，由中国建筑科学研究院、上海市建筑科学研究院（集团）有限公司会同有关单位对其进行了修订。

1.0.2 建筑因使用功能不同，其能源资源消耗和对环境的影响存在较大差异。本标准2006年版编制时，考虑到我国当时建筑业市场情况，侧重于评价总量大的住宅建筑和公共建筑中能源资源消耗较多的办公建筑、商场建筑、旅馆建筑。本次修订，将适用范围扩展至覆盖民用建筑各主要类型，并兼具通用性和可操作性，以适应现阶段绿色建筑实践及评价工作的需要。

1.0.3 我国各地区在气候、环境、资源、经济社会发展水平与民俗文化等方面都存在较大差异；而因地制宜又是绿色建筑建设的基本原则。对绿色建筑的评价，也应综合考量建筑所在地域的气候、环境、资源、经济及文化等条件和特点。建筑物从规划设计到施工，再到运行使用及最终的拆除，构成一个全寿命期。本次修订，基本实现了对建筑全寿命期内各环节和阶段的覆盖。节能、节地、节水、节材和保护环境（四节一环保）是我国绿色建筑发展和评价的核心内容。绿色建筑要求在建筑全寿命期内，最大限度地节能、节地、节水、节材和保护环境，同时满足建筑功能要求。结合建筑功能要求，对建筑的四节一环保性能进行评价时，要综合考虑，统筹兼顾，总体平衡。

1.0.4 符合国家法律法规和相关标准是参与绿色建筑评价的前提条件。本标准重点在于对建筑的四节一环保性能进行评价，并未涵盖通常建筑物所应有的全部功能和性能要求，如结构安全、防火安全等，故参与评价的建筑尚应符合国家现行有关标准的规定。当然，绿色建筑的评价工作也应符合国家现行有关标准的规定。

3 基本规定

3.1 一般规定

3.1.1 建筑单体和建筑群均可以参评绿色建筑。绿色建筑的评价，首先应基于评价对象的性能要求。当需要对某工程项目中的单栋建筑进行评价时，由于有些评价指标是针对该工程项目设定的（如住区的绿地率），或该工程项目中其他建筑也采用了相同的技术方案（如再生水利用），难以仅基于该单栋建筑进行评价，此时，应以该栋建筑所属工程项目的总体为基准进行评价。

3.1.2 本标准2006年版规定绿色建筑的评价应在其投入使用一年后进行，侧重评价建筑的实际性能和运行效果。根据绿色建筑发展的实际需求，结合目前有关管理制度，本次修订将绿色建筑的评价分为设计评价和运行评价，增加了对建筑规划设计的四节一环保性能评价。

　　考虑大力发展绿色建筑的需要，同时也参考国外开展绿色建筑评价的情况，将绿色建筑评价明确划分为"设计评价"和"运行评价"。设计评价的重点在评价绿色建筑方方面面采取的"绿色措施"和预期效果上，而运行评价则不仅要评价"绿色措施"，而且要评价这些"绿色措施"所产生的实际效果。除此之外，运行评价还关注绿色建筑在施工过程中留下的"绿色足迹"，关注绿色建筑正常运行后的科学管理。简言之，"设计评价"所评的是建筑的设计，"运行评价"所评的是已投入运行的建筑。

3.1.3 申请评价方依据有关管理制度文件确定。本条对申请评价方的相关工作提出要求。绿色建筑注重全寿命期内能源资源节约与环境保护的性能，申请评价方应对建筑全寿命期内各个阶段进行控制，综合考虑性能、安全、耐久、经济、美观等因素，优化建筑技术、设备和材料选用，综合评估建筑规模、建筑技术与投资之间的总体平衡，并按本标准的要求提交相应分析、测试报告和相关文件。

3.1.4 绿色建筑评价机构依据有关管理制度文件确

定。本条对绿色建筑评价机构的相关工作提出要求。绿色建筑评价机构应按照本标准的有关要求审查申请评价方提交的报告、文档，并在评价报告中确定等级。对申请运行评价的建筑，评价机构还应组织现场考察，进一步审核规划设计要求的落实情况以及建筑的实际性能和运行效果。

3.2 评价与等级划分

3.2.1 本次修订增加了"施工管理"类评价指标，实现标准对建筑全寿命期内各环节和阶段的覆盖。本次修订将本标准 2006 年版中"一般项"和"优选项"改为"评分项"。为鼓励绿色建筑在节约资源、保护环境的技术、管理上的创新和提高，本次修订增设了"加分项"。"加分项"部分条文本可以分别归类到七类指标中，但为了将鼓励性的要求和措施与对绿色建筑的七个方面的基本要求区分开来，本次修订将全部"加分项"条文集中在一起，列成单独一章。

3.2.2 运行评价是最终结果的评价，检验绿色建筑投入实际使用后是否真正达到了四节一环保的效果，应对全部指标进行评价。设计评价的对象是图纸和方案，还未涉及施工和运营，所以不对施工管理和运营管理两类指标进行评价。但是，施工管理和运营管理的部分措施如能得到提前考虑，并在设计评价时预评，将有助于达到这两个阶段节约资源和环境保护的目的。

3.2.3 控制项的评价同本标准 2006 年版。评分项的评价，依据评价条文的规定确定得分或不得分，得分时根据需要对具体评分子项确定得分值，或根据具体达标程度确定得分值。加分项的评价，依据评价条文的规定确定得分或不得分。

本标准中评分项的赋分有以下几种方式：

1 一条条文评判一类性能或技术指标，且不需要根据达标情况不同赋以不同分值时，赋以一个固定分值，该评分项的得分为 0 分或固定分值，在条文主干部分表述为"评价总分值为某分"，如第 4.2.5 条；

2 一条条文评判一类性能或技术指标，需要根据达标情况不同赋以不同分值时，在条文主干部分表述为"评价总分值为某分"，同时在条文主干部分将不同得分值表述为"得某分"的形式，且从低分到高分排列，如第 4.2.14 条，对场地年径流总量控制率采用这种递进赋分方式；递进的档次特别多或者评分特别复杂的，则采用列表的形式表达，在条文主干部分表述为"按某表的规则评分"，如第 4.2.1 条；

3 一条条文评判一类性能或技术指标，但需要针对不同建筑类型或特点分别评判时，针对各种类型或特点按款或项分别赋以分值，各款或项得分均等于该条得分，在条文主干部分表述为"按下列规则评分"，如第 4.2.11 条；

4 一条条文评判多个技术指标，将多个技术指标的评判以款或项的形式表达，并按款或项赋以分值，该条得分为各款或项得分之和，在条文主干部分表述为"按下列规则分别评分并累计"，如第 4.2.4 条；

5 一条条文评判多个技术指标，其中某技术指标需要根据达标情况不同赋以不同分值时，首先按多个技术指标的评判以款或项的形式表达并按款或项赋以分值，然后考虑达标程度不同对其中部分技术指标采用递进赋分方式。如第 4.2.2 条，对住区绿地率赋以 2 分，对住区人均公共绿地面积赋以最高 7 分，其中住区人均公共绿地面积又按达标程度不同分别赋以 3 分、5 分、7 分；对公共建筑绿地率赋以最高 7 分，对"公共建筑的绿地向社会公众开放"赋以 2 分，其中公共建筑绿地率又按达标程度不同分别赋以 2 分、5 分、7 分。这种赋分方式是上述第 2、3、4 种方式的组合。

可能还会有少数条文出现其他评分方式组合。

本标准中评分项和加分项条文主干部分给出了该条文的"评价分值"或"评价总分值"，是该条可能得到的最高分值。各评价条文的分值，经广泛征求意见和试评价后综合调整确定。

3.2.4 与本标准 2006 年版依据各类指标一般项达标的条文数以及优选项达标的条文数确定绿色建筑等级的方式不同，本版标准依据总得分来确定绿色建筑的等级。考虑到各类指标重要性方面的相对差异，计算总得分时引入了权重。同时，为了鼓励绿色建筑技术和管理方面的提升和创新，计算总得分时还计入了加分项的附加得分。

设计评价的总得分为节地与室外环境、节能与能源利用、节水与水资源利用、节材与材料资源利用、室内环境质量五类指标的评分项得分经加权计算后与加分项的附加得分之和；运行评价的总得分为节地与室外环境、节能与能源利用、节水与水资源利用、节材与材料资源利用、室内环境质量、施工管理、运营管理七类指标的评分项得分经加权计算后与加分项的附加得分之和。

3.2.5 本次修订按评价总得分确定绿色建筑的等级。对于具体的参评建筑而言，它们在功能、所处地域的气候、环境、资源等方面客观上存在差异，对不适用的评分项条文不予评定。这样，适用于各参评建筑的评分项的条文数量和总分值可能不一样。对此，计算参评建筑某类指标评分项的实际得分值与适用于参评建筑的评分项总分值的比率，反映参评建筑实际采用的"绿色措施"和（或）效果占理论上可以采用的全部"绿色措施"和（或）效果的相对得分率。

3.2.7 本条对各类指标在绿色建筑评价中的权重作出规定。表 3.2.7 中给出了设计评价、运行评价时居住建筑、公共建筑的分项指标权重。施工管理和运营管理两类指标不参与设计评价。各类指标的权重经广泛征求意见和试评价后综合调整确定。

3.2.8 控制项是绿色建筑的必要条件。对控制项的要求同本标准2006年版。

本标准2006年版在确定绿色建筑等级时，对各等级绿色建筑各类指标的最低达标程度均进行了限制。本次修订基本沿用本标准2006年版的思路，规

定了每类指标的最低得分要求，避免仅按总得分确定等级引起参评的绿色建筑可能存在某一方面性能过低的情况。

在满足全部控制项和每类指标最低得分的前提下，绿色建筑按总得分确定等级。评价得分及最终评价结果可按表1记录。

表1　绿色建筑评价得分与结果汇总表

工程项目名称							
申请评价方							
评价阶段		□设计评价 □运行评价		建筑类型	□居住建筑　□公共建筑		
评价指标		节地与室外环境	节能与能源利用	节水与水资源利用	节材与材料资源利用	室内环境质量	施工管理	运营管理
控制项	评定结果	□满足	□满足	□满足	□满足	□满足	□满足	□满足
	说明							
评分项	权重 w_i							
	适用总分							
	实际得分							
	得分 Q_i							
加分项	得分 Q_8							
	说明							
总得分 $\sum Q$								
绿色建筑等级		□一星级　　□二星级　　□三星级						
评价结果说明								
评价机构			评价时间					

3.2.9 不论建筑功能是否综合，均以各个条/款为基本评判单元。对于某一条文，只要建筑中有相关区域涉及，则该建筑就参评并确定得分。在此后的具体条文及其说明中，有的已说明混合功能建筑的得分取多种功能分别评价结果的平均值；有的则已说明按各种功能用水量的权重，采用加权法调整计算非传统水源利用率的要求；等等。还有一些条文，下设两款分别针对居住建筑和公共建筑的（即本标准第3.2.3条条文说明中所指的第3种情况），所评价建筑如同时具有居住和公共功能，则需按这两种功能分别评价后再取平均值，标准后文中不再一一说明。最后需要强调的是，建筑整体的等级仍按本标准的规定确定。

4　节地与室外环境

4.1　控　制　项

4.1.1 本条适用于各类民用建筑的设计、运行评价。

本条沿用自本标准2006年版控制项第4.1.1、

5.1.1条，有修改。《城乡规划法》第二条明确："本法所称城乡规划，包括城镇体系规划、城市规划、镇规划、乡规划和村庄规划"；第四十二条规定："城市规划主管部门不得在城乡规划确定的建设用地范围以外作出规划许可"。因此，任何建设项目的选址必须符合所在地城乡规划。

各类保护区是指受到国家法律法规保护、划定有明确的保护范围、制定有相应的保护措施的各类政策区，主要包括：基本农田保护区（《基本农田保护条例》）、风景名胜区（《风景名胜区条例》）、自然保护区（《自然保护区条例》）、历史文化名城名镇名村（《历史文化名城名镇名村保护条例》）、历史文化街区（《城市紫线管理办法》）等。

文物古迹是指人类在历史上创造的具有价值的不可移动的实物遗存，包括地面与地下的古遗址、古建筑、古墓葬、石窟寺、古碑石刻、近代代表性建筑、革命纪念建筑等，主要指文物保护单位、保护建筑和历史建筑。

本条的评价方法为：设计评价查阅项目区位图、

场地地形图以及当地城乡规划、国土、文化、园林、旅游或相关保护区等有关行政管理部门提供的法定规划文件或出具的证明文件；运行评价在设计评价方法之外还应现场核实。

4.1.2 本条适用于各类民用建筑的设计、运行评价。

本条沿用自本标准 2006 年版控制项第 4.1.2、5.1.2 条，有修改。本条对绿色建筑的场地安全提出要求。建筑场地与各类危险源的距离应满足相应危险源的安全防护距离等控制要求，对场地中的不利地段或潜在危险源应采取必要的避让、防护或控制、治理等措施，对场地中存在的有毒有害物质应采取有效的治理与防护措施进行无害化处理，确保符合各项安全标准。

场地的防洪设计符合现行国家标准《防洪标准》GB 50201 及《城市防洪工程设计规范》GB/T 50805 的规定；抗震防灾设计符合现行国家标准《城市抗震防灾规划标准》GB 50413 及《建筑抗震设计规范》GB 50011 的要求；土壤中氡浓度的控制应符合现行国家标准《民用建筑工程室内环境污染控制规范》GB 50325 的规定；电磁辐射符合现行国家标准《电磁辐射防护规定》GB 8702 的规定。

本条的评价方法为：设计评价查阅地形图，审核应对措施的合理性及相关检测报告或论证报告；运行评价在设计评价方法之外还应现场核实。

4.1.3 本条适用于各类民用建筑的设计、运行评价。

本条沿用自本标准 2006 年版控制项第 4.1.7、5.1.4 条，有修改。建筑场地内不应存在未达标排放或者超标排放的气态、液态或固态的污染源，例如：易产生噪声的运动和营业场所，油烟未达标排放的厨房，煤气或工业废气超标排放的燃煤锅炉房，污染物排放超标的垃圾堆等。若有污染源应积极采取相应的治理措施并达到无超标污染物排放的要求。

本条的评价方法为：设计评价查阅环评报告，审核应对措施的合理性；运行评价在设计评价方法之外还应现场核实。

4.1.4 本条适用于各类民用建筑的设计、运行评价。

本条由本标准 2006 年版控制项第 4.1.4、5.1.3 条整合得到，明确了建筑日照的评价要求。

建筑室内的环境质量与日照密切相关，日照直接影响居住者的身心健康和居住生活质量。我国对居住建筑以及幼儿园、医院、疗养院等公共建筑都制定有相应的国家标准或行业标准，对其日照、消防、防灾、视觉卫生等提出了相应的技术要求，直接影响着建筑布局、间距和设计。

如《城市居住区规划设计规范》GB 50180 - 93（2002 年版）中第 5.0.2.1 规定了住宅的日照标准，同时明确：老年人居住建筑不应低于冬至日日照 2 小时的标准；在原设计建筑外增加任何设施不应使相邻住宅原有日照标准降低；旧区改建的项目内新建住宅

日照标准可酌情降低，但不应低于大寒日日照 1 小时的标准。

如《托儿所、幼儿园建筑设计规范》JGJ 39 - 87 中规定：托儿所、幼儿园的生活用房应布置在当地最好日照方位，并满足冬至日底层满窗日照不少于 3h 的要求，温暖地区、炎热地区的生活用房应避免朝西，否则应设遮阳设施；《中小学校设计规范》GB 50099 - 2011 中对建筑物间距的规定是：普通教室冬至日满窗日照不应小于 2h。因此，建筑的布局与设计应充分考虑上述技术要求，最大限度地为建筑提供良好的日照条件，满足相应标准对日照的控制要求；若没有相应标准要求，符合城乡规划的要求即为达标。

建筑布局不仅要求本项目所有建筑都满足有关日照标准，还应兼顾周边，减少对相邻的住宅、幼儿园生活用房等有日照标准要求的建筑产生不利的日照遮挡。条文中的"不降低周边建筑的日照标准"是指：（1）对于新建项目的建设，应满足周边建筑有关日照标准的要求。（2）对于改造项目分两种情况：周边建筑改造前满足日照标准的，应保证其改造后仍符合相关日照标准的要求；周边建筑改造前未满足日照标准的，改造后不可再降低其原有的日照水平。

本条的评价方法为：设计评价查阅相关设计文件和日照模拟分析报告；运行评价查阅相关竣工图和日照模拟分析报告，并现场核实。

4.2 评 分 项

I 土 地 利 用

4.2.1 本条适用于各类民用建筑的设计、运行评价。本标准所指的居住建筑不包括国家明令禁止建设的别墅类项目。

本条在本标准 2006 年版控制项第 4.1.3 条基础上发展而来，并补充了对公共建筑容积率的要求。对居住建筑，人均居住用地指标是控制居住建筑节地的关键性指标，本标准根据国家标准《城市居住区规划设计规范》GB 50180 - 93（2002 年版）第 3.0.3 条的规定，提出人均居住用地指标；15 分或 19 分是根据居住建筑的节地情况进行赋值的，评价时要进行选择，可得 0 分、15 分或 19 分。

对公共建筑，因其种类繁多，故在保证其基本功能及室外环境的前提下应按照所在地城乡规划的要求采用合理的容积率。就节地而言，对于容积率不可能高的建设项目，在节地方面得不到太高的评分，但可以通过精心的场地设计，在创造更高的绿地率以及提供更多的开敞空间或公共空间等方面获得更高的评分；而对于容积率较高的建设项目，在节地方面则更容易获得较高的评分。

本条的评价方法为：设计评价查阅相关设计文

件、计算书；运行评价查阅相关竣工图、计算书。

4.2.2 本条适用于各类民用建筑的设计、运行评价。

本条在本标准 2006 年版控制项第 4.1.6 条基础上发展而来，并将适用范围扩展至各类民用建筑。本标准所指住区包括不同规模居住用地构成的居住地区。绿地率指建设项目用地范围内各类绿地面积的总和占该项目总用地面积的比率（%）。绿地包括建设项目用地中各类用作绿化的用地。

合理设置绿地可起到改善和美化环境、调节小气候、缓解城市热岛效应等作用。绿地率以及公共绿地的数量则是衡量住区环境质量的重要指标之一。根据现行国家标准《城市居住区规划设计规范》GB 50180 的规定，绿地应包括公共绿地、宅旁绿地、公共服务设施所属绿地和道路绿地（道路红线内的绿地），包括满足当地植树绿化覆土要求的地下或半地下建筑的屋顶绿化。需要说明的是，不包括其他屋顶、晒台的人工绿地。

住区的公共绿地是指满足规定的日照要求、适合于安排游憩活动设施的、供居民共享的集中绿地，包括居住区公园、小游园和组团绿地及其他块状、带状绿地。集中绿地应满足的基本要求：宽度不小于 8m，面积不小于 400m²，并应有不少于 1/3 的绿地面积在标准的建筑日照阴影线范围之外。

为保障城市公共空间的品质、提高服务质量，每个城市对城市中不同地段或不同性质的公共设施建设项目，都制定有相应的绿地管理控制要求。本条鼓励公共建筑项目优化建筑布局，提供更多的绿化用地或绿化广场，创造更加宜人的公共空间；鼓励绿地或绿化广场设置休憩、娱乐等设施并定时向社会公众免费开放，以提供更多的公共活动空间。

本条的评价方法为：设计评价查阅相关设计文件、居住建筑平面日照等时线模拟图、计算书；运行评价查阅相关竣工图、居住建筑平面日照等时线模拟图、计算书，并现场核实。

4.2.3 本条适用于各类民用建筑的设计、运行评价。由于地下空间的利用受诸多因素制约，因此未利用地下空间的项目应提供相关说明。经论证，场地区位、地质等条件不适宜开发地下空间的，本条不参评。

本条在本标准 2006 年版一般项第 5.1.11 条、优选项第 4.1.17 条基础上发展而来。开发利用地下空间是城市节约集约用地的重要措施之一。地下空间的开发利用应与地上建筑及其他相关城市空间紧密结合、统一规划，但从雨水渗透及地下水补给，减少径流外排等生态环保要求出发，地下空间也应利用有度、科学合理。

本条的评价方法为：设计评价查阅相关设计文件、计算书；运行评价查阅相关竣工图、计算书，并现场核实。

Ⅱ 室 外 环 境

4.2.4 本条适用于各类民用建筑的设计、运行评价。非玻璃幕墙建筑，第 1 款直接得 2 分。

本条在本标准 2006 年版控制项第 5.1.3 条基础上发展而来，适用范围扩展至各类民用建筑。建筑物光污染包括建筑反射光（眩光）、夜间的室外夜景照明以及广告照明等造成的光污染。光污染产生的眩光会让人感到不舒服，还会使人降低对灯光信号等重要信息的辨识力，甚至带来道路安全隐患。

光污染控制对策包括降低建筑物表面（玻璃和其他材料、涂料）的可见光反射比，合理选配照明器具，采取防止溢光措施等。现行国家标准《玻璃幕墙光学性能》GB/T 18091-2000 将玻璃幕墙的光污染定义为有害光反射，对玻璃幕墙的可见光反射比作了规定，本条对玻璃幕墙可见光反射比较该标准中最低要求适当提高，取为 0.2。

室外夜景照明设计应满足《城市夜景照明设计规范》JGJ/T 163-2008 第 7 章关于光污染控制的相关要求，并在室外照明设计图纸中体现。

本条的评价方法为：设计评价查阅相关设计文件、光污染分析专项报告；运行评价查阅相关竣工图、光污染分析专项报告、相关检测报告，并现场核实。

4.2.5 本条适用于各类民用建筑的设计、运行评价。

本条沿用自本标准 2006 年版一般项第 4.1.11、5.1.6 条。绿色建筑设计应对场地周边的噪声现状进行检测，并对规划实施后的环境噪声进行预测，必要时采取有效措施改善环境噪声状况，使之符合现行国家标准《声环境质量标准》GB 3096 中对于不同声环境功能区噪声标准的规定。当拟建噪声敏感建筑不能避免临近交通干线，或不能远离固定的设备噪声源时，需要采取措施降低噪声干扰。

需要说明的是，噪声监测的现状值仅作为参考，需结合场地环境条件的变化（如道路车流量的增长）进行对应的噪声改变情况预测。

本条的评价方法为：设计评价查阅环境噪声影响测试评估报告、噪声预测分析报告；运行评价查阅环境噪声影响测试评估报告、现场测试报告。

4.2.6 本条适用于各类民用建筑的设计、运行评价。

本条沿用自本标准 2006 年版一般项第 4.1.13、5.1.7 条，有修改。

冬季建筑物周围人行区距地 1.5m 高处风速 $V <$ 5m/s 是不影响人们正常室外活动的基本要求。建筑的迎风面与背风面风压差不超过 5Pa，可以减少冷风向室内渗透。

夏季、过渡季通风不畅在某些区域形成无风区和涡旋区，将影响室外散热和污染物消散。外窗室内外表面的风压差达到 0.5Pa 有利于建筑的自然通风。

利用计算流体动力学（CFD）手段通过不同季节

典型风向、风速可对建筑外风环境进行模拟，其中来流风速、风向为对应季节内出现频率最高的风向和平均风速，可通过查阅建筑设计或暖通空调设计手册中所在城市的相关资料得到。

本条的评价方法为：设计评价查阅相关设计文件、风环境模拟计算报告；运行评价查阅相关竣工图、风环境模拟计算报告，必要时可进行现场测试。

4.2.7 本条适用于各类民用建筑的设计、运行评价。

本条在本标准 2006 年版一般项第 4.1.12 条基础上发展而来，不仅扩展了适用范围，而且改变了评价指标。户外活动场地包括：步道、庭院、广场、游憩场和停车场。乔木遮阴面积按照成年乔木的树冠正投影面积计算；构筑物遮阴面积按照构筑物正投影面积计算。

本条的评价方法为：设计评价查阅相关设计文件；运行评价查阅相关竣工图、测试报告，并现场核实。

Ⅲ 交通设施与公共服务

4.2.8 本条适用于各类民用建筑的设计、运行评价。

本条沿用自本标准 2006 年版一般项第 4.1.15、5.1.10 条，有修改。优先发展公共交通是缓解城市交通拥堵问题的重要措施，因此建筑与公共交通联系的便捷程度很重要。为便于选择公共交通出行，在选址与场地规划中应重视建筑场地与公共交通站点的便捷联系，合理设置出入口。"有便捷的人行通道联系公共交通站点"包括：建筑外的平台直接通过天桥与公交站点相连，建筑的部分空间与地面轨道交通站点出入口直接连通，为减少到达公共交通站点的绕行距离设置了专用的人行通道，地下空间与地铁站点直接相连等。

本条的评价方法为：设计评价查阅相关设计文件；运行评价查阅相关竣工图，并现场核实。

4.2.9 本条适用于各类民用建筑的设计、运行评价。

本条为新增条文。场地内人行通道及场地内外联系的无障碍设计是绿色出行的重要组成部分，是保障各类人群方便、安全出行的基本设施。

本条的评价方法为：设计评价查阅相关设计文件；运行评价查阅相关竣工图，并现场核实。如果建筑场地外已有无障碍人行通道，场地内的无障碍通道必须与之联系才能得分。

4.2.10 本条适用于各类民用建筑的设计、运行评价。

本条为新增条文。本条鼓励使用自行车等绿色环保的交通工具，绿色出行。自行车停车场所应规模适度、布局合理，符合使用者出行习惯。机动车停车应符合所在地控制性详细规划要求，地面停车位应按照国家和地方有关标准适度设置，并科学管理、合理组织交通流线，不应对人行、活动场所产生干扰。

本条的评价方法为：设计评价查阅相关设计文件；运行评价查阅相关竣工图、有关记录，并现场核实。

4.2.11 本条适用于各类民用建筑的设计、运行评价。

本条在本标准 2006 年版一般项第 4.1.9 条基础上发展而来，并将适用范围扩展至各类民用建筑。根据《城市居住区规划设计规范》GB 50180-93（2002年版）相关规定，住区配套服务设施（也称配套公建）应包括：教育、医疗卫生、文化体育、商业服务、金融邮电、社区服务、市政公用和行政管理等八类设施。住区配套服务设施便利，可减少机动车出行需求，有利于节约能源、保护环境。设施集中布置、协调互补和社会共享可提高使用效率、节约用地和投资。

公共建筑集中设置，配套的设施设备共享，也是提高服务效率、节约资源的有效方法。兼容 2 种及以上主要公共服务功能是指主要服务功能在建筑内部混合布局，部分空间共享使用，如建筑中设有共用的会议设施、展览设施、健身设施以及交往空间、休息空间等；配套辅助设施设备是指建筑或建筑群的车库、锅炉房或空调机房、监控室、食堂等可以共用的辅助性设施设备；大学、独立学院和职业技术学院、高等专科学校等专用运动场所科学管理，在非校用时间向社会公众开放；文化、体育设施的室外活动场地错时向社会开放；办公建筑的室外场地在非办公时间向周边居民开放；高等教育学校的图书馆、体育馆等定时免费向社会开放等。公共空间的共享既可增加公众的活动场所，有利陶冶情操、增进社会交往，又可提高各类设施和场地的使用效率，是绿色建筑倡导和鼓励的建设理念。

本条的评价方法为：设计评价查阅相关设计文件；运行评价查阅相关竣工图、有关证明文件，并现场核实。如果参评项目为建筑单体，则"场地出入口"用"建筑主要出入口"替代。

Ⅳ 场地设计与场地生态

4.2.12 本条适用于各类民用建筑的设计、运行评价。

本条为新增条文。建设项目应对场地可利用的自然资源进行勘查，充分利用原有地形地貌，尽量减少土石方工程量，减少开发建设过程对场地及周边环境生态系统的改变，包括原有水体和植被，特别是大型乔木。在建设过程中确需改造场地内的地形、地貌、水体、植被等时，应在工程结束后及时采取生态复原措施，减少对原场地环境的改变和破坏。表层土含有丰富的有机质、矿物质和微量元素，适合植物和微生物的生长，场地表层土的保护和回收利用是土壤资源保护、维持生物多样性的重要方法之一。除此之外，根据场地实际状况，采取其他生态恢复或补偿措施，如对土壤进行生态处理，对污染水体进行净化和循环，对植被进行生态设计以恢复场地原有动植物生存环境等，也可作为得分依据。

本条的评价方法为：设计评价查阅相关设计文件、生态保护和补偿计划；运行评价查阅相关竣工图、生态保护和补偿报告，并现场核实。

4.2.13 本条适用于各类民用建筑的设计、运行评价。

本条在本标准 2006 年版一般项第 4.1.16 条、优选项第 5.1.14 条基础上发展而来。场地开发应遵循低影响开发原则，合理利用场地空间设置绿色雨水基础设施。绿色雨水基础设施有雨水花园、下凹式绿地、屋顶绿化、植被浅沟、雨水截流设施、渗透设施、雨水塘、雨水湿地、景观水体、多功能调蓄设施等。绿色雨水基础设施有别于传统的灰色雨水设施（雨水口、雨水管道等），能够以自然的方式控制城市雨水径流、减少城市洪涝灾害、控制径流污染、保护水环境。

当场地面积超过一定范围时，应进行雨水专项规划设计。雨水专项规划设计是通过建筑、景观、道路和市政等不同专业的协调配合，综合考虑各类因素的影响，对径流减排、污染控制、雨水收集回用进行全面统筹规划设计。通过实施雨水专项规划设计，能避免实际工程中针对某个子系统（雨水利用、径流减排、污染控制等）进行独立设计所带来的诸多资源配置和统筹衔接问题，避免出现"顾此失彼"的现象。具体评价时，场地占地面积大于 10hm² 的项目，应提供雨水专项规划设计，不大于 10hm² 的项目可不做雨水专项规划设计，但也应根据场地条件合理采用雨水控制利用措施，编制场地雨水综合利用方案。

利用场地的河流、湖泊、水塘、湿地、低洼地作为雨水调蓄设施，或利用场地内设计景观（如景观绿地和景观水体）来调蓄雨水，可达到有限土地资源多功能开发的目标。能调蓄雨水的景观绿地包括下凹式绿地、雨水花园、树池、干塘等。

屋面雨水和道路雨水是建筑场地产生径流的重要源头，易被污染并形成污染源，故宜合理引导其进入地面生态设施进行调蓄、下渗和利用，并采取相应截污措施，保证雨水在滞蓄和排放过程中有良好的衔接关系，保障自然水体和景观水体的水质、水量安全。地面生态设施是指下凹式绿地、植草沟、树池等，即在地势较低的区域种植植物，通过植物截流、土壤过滤滞留处理小流量径流雨水，达到径流污染控制目的。

雨水下渗也是消减径流和径流污染的重要途径之一。本条"硬质铺装地面"指场地中停车场、道路和室外活动场地等，不包括建筑占地（屋面）、绿地、水面等。通常停车场、道路和室外活动场地等，有一

定承载力要求，多采用石材、砖、混凝土、砾石等为铺地材料，透水性能较差，雨水无法入渗，形成大量地面径流，增加城市排水系统的压力。"透水铺装"是指采用如植草砖、透水沥青、透水混凝土、透水地砖等透水铺装系统，既能满足路用及铺地强度和耐久性要求，又能使雨水通过本身与铺装下基层相通的渗水路径直接渗入下部土壤的地面铺装。当透水铺装下为地下室顶板时，若地下室顶板设有疏水板及导水管等可将渗透雨水导入与地下室顶板接壤的实土，或地下室顶板上覆土深度能满足当地园林绿化部门要求时，仍可认定其为透水铺装地面。评价时以场地中硬质铺装地面中透水铺装所占的面积比例为依据。

本条的评价方法为：设计评价查阅地形图、相关设计文件、场地雨水综合利用方案或雨水专项规划设计（场地大于 10hm² 的应提供雨水专项规划设计，没有提供的本条不得分）、计算书；运行评价查阅地形图、相关竣工图、场地雨水综合利用方案或雨水专项规划设计（场地大于 10hm² 的应提供雨水专项规划设计，没有提供的本条不得分）、计算书，并现场核实。

4.2.14 本条适用于各类民用建筑的设计、运行评价。

本条在本标准 2006 年版一般项第 4.3.6 条基础上发展而来。

场地设计应合理评估和预测场地可能存在的水涝风险，尽量使场地雨水就地消纳或利用，防止径流外排其他区域形成水涝和污染。径流总量控制同时包括雨水的减排和利用，实施过程中减排和利用的比例需依据场地的实际情况，通过合理的技术经济比较，来确定最优方案。

从区域角度看，雨水的过量收集会导致原有水体的萎缩或影响水系统的良性循环。要使硬化地面恢复到自然地貌的环境水平，最佳的雨水控制量应以雨水排放量接近自然地貌为标准，因此从经济性和维持区域性水环境的良性循环角度出发，径流的控制率也不宜过大而应有合适的量（除非具体项目有特殊的防洪排涝设计要求）。本条设定的年径流总量控制率不宜超过 85%。

年径流总量控制率为 55%、70% 或 85% 时对应的降雨量（日值）为设计控制雨量，参见下表。设计控制雨量的确定要通过统计学方法获得。统计年限不同时，不同控制率下对应的设计雨量会有差异。考虑气候变化的趋势和周期性，推荐采用 30 年，特殊情况除外。

表 2　年径流总量控制率对应的设计控制雨量

城市	年均降雨量（mm）	年径流总量控制率对应的设计控制雨量（mm）		
		55%	70%	85%
北京	544	11.5	19.0	32.5

续表 2

城市	年均降雨量（mm）	年径流总量控制率对应的设计控制雨量（mm）		
		55%	70%	85%
长春	561	7.9	13.3	23.8
长沙	1501	11.3	18.1	31.0
成都	856	9.7	17.1	31.3
重庆	1101	9.6	16.7	31.0
福州	1376	11.8	19.3	33.9
广州	1760	15.1	24.4	43.0
贵阳	1092	10.1	17.0	29.9
哈尔滨	533	7.3	12.2	22.6
海口	1591	16.8	25.1	51.1
杭州	1403	10.4	16.5	28.2
合肥	984	10.5	17.2	30.2
呼和浩特	396	7.3	12.0	21.2
济南	680	13.8	23.4	41.3
昆明	988	9.3	15.0	25.9
拉萨	442	4.9	7.5	11.8
兰州	308	5.2	8.2	14.0
南昌	1609	13.5	21.8	37.4
南京	1053	11.5	18.9	34.2
南宁	1302	13.2	22.0	38.5
上海	1158	11.2	18.5	33.2
沈阳	672	10.5	17.0	29.1
石家庄	509	10.1	17.3	31.2
太原	419	7.6	12.5	22.5
天津	540	12.1	20.8	38.2
乌鲁木齐	282	4.2	6.9	11.8
武汉	1308	14.5	24.0	42.3
西安	543	7.3	11.6	20.0
西宁	386	4.7	7.4	12.2
银川	184	5.2	8.7	15.5
郑州	633	11.0	18.4	32.6

注：1 表中的统计数据年限为 1977～2006 年。
　　2 其他城市的设计控制雨量，可参考所列类似城市的数值，或依据当地降雨资料进行统计计算确定。

设计时应根据年径流总量控制率对应的设计控制雨量来确定雨水设施规模和最终方案，有条件时，可通过相关雨水控制利用模型进行设计计算；也可采用简单计算方法，结合项目条件，用设计控制雨量乘以场地综合径流系数、总汇水面积来确定项目雨水设施总规模，再分别计算滞蓄、调蓄和收集回用等措施实

现的控制容积，达到设计控制雨量对应的控制规模要求，即达标。

本条的评价方法为：设计评价查阅当地降雨统计资料、相关设计文件、设计控制雨量计算书；运行评价查阅当地降雨统计资料、相关竣工图、设计控制雨量计算书、场地年径流总量控制报告，并现场核实。

4.2.15 本条适用于各类民用建筑的设计、运行评价。

本条由本标准 2006 年版控制项第 4.1.5 条、一般项第 4.1.14、5.1.8、5.1.9 条整合得到。绿化是城市环境建设的重要内容。大面积的草坪不但维护费用昂贵，其生态效益也远远小于灌木、乔木。因此，合理搭配乔木、灌木和草坪，以乔木为主，能够提高绿地的空间利用率、增加绿量，使有限的绿地发挥更大的生态效益和景观效益。鼓励各类公共建筑进行屋顶绿化和墙面垂直绿化，既能增加绿化面积，又可以改善屋顶和墙壁的保温隔热效果，还可有效截留雨水。

植物配置应充分体现本地区植物资源的特点，突出地方特色。合理的植物物种选择和搭配会对绿地植被的生长起到促进作用。种植区域的覆土深度应满足乔、灌木自然生长的需要，满足申报项目所在地有关覆土深度的控制要求。

本条的评价方法为：设计评价查阅相关设计文件、计算书；运行评价查阅相关竣工图、计算书，并现场核实。

5 节能与能源利用

5.1 控 制 项

5.1.1 本条适用于各类民用建筑的设计、运行评价。

本条基本集中了本标准 2006 年版"节能与能源利用"方面热工、暖通专业的控制项条文。建筑围护结构的热工性能指标、外窗和玻璃幕墙的气密性能指标、供暖锅炉的额定热效率、空调系统的冷热源机组能效比、分户（单元）热计量和分室（户）温度调节等对建筑供暖和空调能耗都有很大的影响。国家和行业的建筑节能设计标准都对这些性能参数提出了明确的要求，有的地方标准的要求比国家标准更高，而且这些要求都是以强制性条文的形式出现的。因此，将本条列为绿色建筑必须满足的控制项。当地方标准要求低于国家标准、行业标准时，应按国家标准、行业标准执行。

本条的评价方法为：设计评价查阅相关设计文件（含设计说明、施工图和计算书）；运行评价查阅相关竣工图、计算书、验收记录，并现场核实。

5.1.2 本条适用于集中空调或供暖的各类民用建筑的设计、运行评价。

本条沿用自本标准 2006 年版控制项第 5.2.3 条，有修改。合理利用能源、提高能源利用率、节约能源是我国的基本国策。高品位的电能直接用于转换为低品位的热能进行供暖或空调，热效率低，运行费用高，应限制这种"高质低用"的能源转换利用方式。

本条的评价方法为：设计评价查阅相关设计文件；运行评价查阅相关竣工图，并现场核实。

5.1.3 本条适用于公共建筑的设计、运行评价。

本条沿用自本标准 2006 年版控制项第 5.2.5 条、一般项第 5.2.15 条，适用范围有拓展。建筑能源消耗情况较复杂，主要包括空调系统、照明系统、其他动力系统等。当未分项计量时，不利于统计建筑各类系统设备的能耗分布，难以发现能耗不合理之处。为此，要求采用集中冷热源的建筑，在系统设计（或既有建筑改造设计）时必须考虑使建筑内各能耗环节如冷热源、输配系统、照明、热水能耗等都能实现独立分项计量。这有助于分析建筑各项能耗水平和能耗结构是否合理，发现问题并提出改进措施，从而有效地实施建筑节能。

本条的评价方法为：设计评价查阅相关设计文件；运行评价查阅相关竣工图、分项计量记录，并现场核实。

5.1.4 本条适用于各类民用建筑的设计、运行评价。

本条沿用自本标准 2006 年版控制项 5.2.4 条。国家标准《建筑照明设计标准》GB 50034 规定了各类房间或场所的照明功率密度值，分为"现行值"和"目标值"。其中，"现行值"是新建建筑必须满足的最低要求，"目标值"要求更高，是努力的方向。本条将现行值列为绿色建筑必须满足的控制项。

本条的评价方法为：设计评价查阅相关设计文件、计算书；运行评价查阅相关竣工图、计算书，并现场核实。

5.2 评 分 项

I 建筑与围护结构

5.2.1 本条适用于各类民用建筑的设计、运行评价。

本条沿用自本标准 2006 年版一般项第 4.2.4、5.2.6 条，有修改。建筑的体形、朝向、窗墙比、楼距以及楼群的布置都对通风、日照、采光以及遮阳有明显的影响，因而也间接影响建筑的供暖和空调能耗以及建筑室内环境的舒适性，应该给予足够的重视。本条所指优化设计包括体形、朝向、楼距、窗墙比等。

如果建筑的体形简单、朝向接近正南正北，楼间距、窗墙比也满足标准要求，可视为设计合理，本条直接得 6 分。体形等复杂时，应对体形、朝向、楼距、窗墙比等进行综合性优化设计。对于公共建筑，如果经过优化之后的建筑窗墙比都低于 0.5，本条直接得 6 分。

本条的评价方法为：设计评价查阅相关设计文件、优化设计报告；运行评价查阅相关竣工图、优化设计报告，并现场核实。

5.2.2 本条适用于各类民用建筑的设计、运行评价。有严格的室内温湿度要求、不宜进行自然通风的建筑或房间，本条不参评。当建筑层数大于 18 层时，18 层以上部分不参评。

本条在本标准 2006 年版一般项第 5.2.7 条基础上发展而来。窗户的可开启比例对室内的通风有很大的影响。对开推拉窗的可开启面积比例大致为 40%～45%，平开窗的可开启面积比例更大。

玻璃幕墙的可开启部分比例对建筑的通风性能有很大的影响，但现行建筑节能标准未对其提出定量指标，而且大量的玻璃幕墙建筑确实存在幕墙可开启部分很小的现象。

玻璃幕墙的开启方式有多种，通风效果各不相同。为简单起见，可将玻璃幕墙活动窗扇的面积认定为可开启面积，而不再计算实际的或当量的可开启面积。

本条的玻璃幕墙系指透明的幕墙，背后有非透明实体墙的纯装饰性玻璃幕墙不在此列。

对于高层和超高层建筑，考虑到高处风力过大以及安全方面的原因，仅评判第 18 层及其以下各层的外窗和玻璃幕墙。

本条的评价方法为：设计评价查阅相关设计文件、计算书；运行评价查阅相关竣工图、计算书，并现场核实。

5.2.3 本条适用于各类民用建筑的设计、运行评价。

本条为新增条文。围护结构的热工性能指标对建筑冬季供暖和夏季空调的负荷和能耗有很大的影响，国家和行业的建筑节能设计标准都对围护结构的热工性能提出明确的要求。本条对优于国家和行业节能设计标准规定的热工性能指标进行评分。

对于第 1 款，要求对国家和行业有关建筑节能设计标准中外墙、屋顶、外窗、幕墙等围护结构主要部位的传热系数 K 和遮阳系数 SC 进一步降低。特别地，不同窗墙比情况下，节能标准对于透明围护结构的传热系数和遮阳系数数值要求是不一样的，需要在此基础上具体分析针对性地改善。具体说，要求围护结构的传热系数 K 和遮阳系数 SC 比标准要求的数值均降低 5%得 5 分，均降低 10%得 10 分。对于夏热冬暖地区，应重点比较透明围护结构遮阳系数的降低，围护结构的传热系数不做进一步降低的要求。对于严寒地区，应重点比较不透明围护结构的传热系数的降低，遮阳系数不做进一步降低的要求。对其他情况，要求同时比较传热系数和遮阳系数。有的地方建筑节能设计标准规定的建筑围护结构的热工性能已经比国家或行业标准规定有明显提升，按此设计的建筑在进行第 1 款的判定时有利于得分。

对于温和地区的建筑，或者室内发热量大的公共建筑（人员、设备和灯光等室内发热量累计超过 $50W/m^2$），由于围护结构性能的继续提升不一定最有利于运行能耗的降低，宜按照第 2 款进行评价。

本条第 2 款的判定较为复杂，需要经过模拟计算，即需根据供暖空调全年计算负荷降低幅度分档评分，其中参考建筑的设定应该符合国家、行业建筑节能设计标准的规定。计算不仅要考虑建筑本身，而且还必须与供暖空调系统的类型以及设计的运行状态综合考虑，当然也要考虑建筑所处的气候区。应该做如下的比较计算：其他条件不变（包括建筑的外形、内部的功能分区、气象参数、建筑的室内供暖空调设计参数、空调供暖系统形式和设计的运行模式（人员、灯光、设备等）、系统设备的参数取同样的设计值），第一个算例取国家或行业建筑节能设计标准规定的建筑围护结构的热工性能参数，第二个算例取实际设计的建筑围护结构的热工性能参数，然后比较两者的负荷差异。

本条的评价方法为：设计评价查阅相关设计文件、计算分析报告；运行评价查阅相关竣工图、计算分析报告，并现场核实。

Ⅱ 供暖、通风与空调

5.2.4 本条适用于空调或供暖的各类民用建筑的设计、运行评价。对城市市政热源，不对其热源机组能效进行评价。

本条在本标准 2006 年版一般项第 4.2.6 条基础上发展而来，适用范围有拓展。国家标准《公共建筑节能设计标准》GB 50189 - 2005 强制性条文第 5.4.3、5.4.5、5.4.8、5.4.9 条，分别对锅炉额定热效率、电机驱动压缩机的蒸汽压缩循环冷水（热泵）机组的性能系数（COP）、名义制冷量大于 7100W、采用电机驱动压缩机的单元式空气调节机、风管送风式和屋顶式空气调节机组的能效比（EER）、蒸汽、热水型溴化锂吸收式冷水机组及直燃型溴化锂吸收式冷（温）水机组的性能参数提出了基本要求。本条在此基础上，并结合《公共建筑节能设计标准》GB 50189 - 2005 的最新修订情况，以比其强制性条文规定值提高百分比（锅炉热效率则以百分点）的形式，对包括上述机组在内的供暖空调冷热源机组能源效率（补充了多联式空调（热泵）机组等）提出了更高要求。对于国家标准《公共建筑节能设计标准》GB 50189 中未予规定的情况，例如量大面广的住宅或小型公建中采用分体空调器、燃气热水炉等其他设备作为供暖空调冷热源（含热水炉同时作为供暖和生活热水热源的情况），可以《房间空气调节器能效限定值及能源效率等级》GB 12021.3、《转速可控型房间空气调节器能效限定值及能源效率等级》GB 21455、

《家用燃气快速热水器和燃气采暖热水炉能效限定值及能效等级》GB 20665 等现行有关国家标准中的节能评价值作为判定本条是否达标的依据。

本条的评价方法为：设计评价查阅相关设计文件；运行评价查阅相关竣工图、主要产品型式检验报告，并现场核实。

5.2.5 本条适用于集中空调或供暖的各类民用建筑的设计、运行评价。

本条沿用自本标准 2006 年版一般项第 4.2.5、5.2.13 条，有修改。

1) 供暖系统热水循环泵耗电输热比满足现行国家标准《公共建筑节能设计标准》GB 50189 的要求。

2) 通风空调系统风机的单位风量耗功率满足现行国家标准《公共建筑节能设计标准》GB 50189 的要求。

3) 空调冷热水系统循环水泵的耗电输冷（热）比需要比《民用建筑供暖通风与空气调节设计规范》GB 50736 的规定值低 20% 以上。耗电输冷（热）比反映了空调水系统中循环水泵的耗电与建筑冷热负荷的关系，对此值进行限制是为了保证水泵的选择在合理的范围，降低水泵能耗。

本条的评价方法为：设计评价查阅相关设计文件、计算书；运行评价查阅相关竣工图、主要产品型式检验报告、计算书，并现场核实。

5.2.6 本条适用于进行供暖、通风或空调的各类民用建筑的设计、运行评价。

本条在本标准 2006 年版优选项第 4.2.10、5.2.16 条基础上发展而来。本条主要考虑暖通空调系统的节能贡献率。采用建筑供暖空调系统节能率为评价指标，被评建筑的参照系统与实际空调系统所对应的围护结构要求与第 5.2.3 条优化后实际情况一致。暖通空调系统节能措施包括合理选择系统形式，提高设备与系统效率，优化系统控制策略等。

对于不同的供暖、通风和空调系统形式，应根据现有国家和行业有关建筑节能设计标准统一设定参考系统的冷热源能效、输配系统和末端方式，计算并统计不同负荷率下的负荷情况，根据暖通空调系统能耗的降低幅度，判断得分。

设计系统和参考系统模拟计算时，包括房间的作息、室内发热量等基本参数的设置应与第 5.2.3 条的第 2 款一致。

本条的评价方法为：设计评价查阅相关设计文件、计算分析报告；运行评价查阅相关竣工图、主要产品型式检验报告、计算分析报告，并现场核实。

5.2.7 本条适用于各类民用建筑的设计、运行评价。

本条在本标准 2006 年版一般项第 5.2.11 条基础上发展而来。空调系统设计时不仅要考虑到设计工

况，而且应考虑全年运行模式。尤其在过渡季，空调系统可以有多种节能措施，例如对于全空气系统，可以采用全新风或增大新风比运行，可以有效地改善空调区内空气的品质，大量节省空气处理所需消耗的能量。但要实现全新风运行，设计时必须认真考虑新风取风口和新风管所需的截面积，妥善安排好排风出路，并应确保室内合理的正压值。此外还有过渡季节改变新风送风温度、优化冷却塔供冷的运行时数、处理负荷及调整供冷温度等节能措施。

本条的评价方法为：设计评价查阅相关设计文件；运行评价查阅相关竣工图、运行记录，并现场核实。

5.2.8 本条适用于各类民用建筑的设计、运行评价。

本条在本标准 2006 年版一般项第 5.2.12 条基础上发展而来。多数空调系统都是按照最不利情况（满负荷）进行系统设计和设备选型的，而建筑在绝大部分时间内是处于部分负荷状况的，或者同一时间仅有一部分空间处于使用状态。针对部分负荷、部分空间使用条件的情况，如何采取有效的措施以节约能源，显得至关重要。系统设计中应考虑合理的系统分区、水泵变频、变风量、变水量等节能措施，保证在建筑物处于部分冷热负荷时和仅部分建筑使用时，能根据实际需要提供恰当的能源供给，同时不降低能源转换效率，并能够指导系统在实际运行中实现节能高效运行。

本条第 1 款主要针对系统划分及其末端控制，空调方式采用分体空调以及多联机的，可认定为满足（但前提是其供暖系统也满足本款要求，或没有供暖系统）。本条第 2 款主要针对系统冷热源，如热源为市政热源可不予考察（但小区锅炉房等仍应考察）；本条第 3 款主要针对系统输配系统，包括供暖、空调、通风等系统，如冷热源和末端一体化而不存在输配系统的，可认定为满足，例如住宅中仅设分体空调以及多联机。

本条的评价方法为：设计评价查阅相关设计文件、计算书；运行评价查阅相关竣工图、计算书、运行记录，并现场核实。

Ⅲ 照明与电气

5.2.9 本条适用于各类民用建筑的设计、运行评价。对于住宅建筑，仅评价其公共部分。

本条在本标准 2006 年版一般项第 4.2.7 条基础上发展而来。在建筑的实际运行过程中，照明系统的分区控制、定时控制、自动感应开关、照度调节等措施对降低照明能耗作用很明显。

照明系统分区需满足自然光利用、功能和作息差异的要求。公共活动区域（门厅、大堂、走廊、楼梯间、地下车库等）以及大空间应采取定时、感应等节能控制措施。

本条的评价方法为：设计评价查阅相关设计文

件；运行评价查阅相关竣工图，并现场核实。

5.2.10 本条适用于各类民用建筑的设计、运行评价。对住宅建筑，仅评价其公共部分。

本条沿用自本标准 2006 年版优选项第 5.2.19条，适用范围有拓展。现行国家标准《建筑照明设计标准》GB 50034 规定了各类房间或场所的照明功率密度值，分为"现行值"和"目标值"，其中"现行值"是新建建筑必须满足的最低要求，"目标值"要求更高，是努力的方向。

本条的评价方法为：设计评价查阅相关设计文件、计算书；运行评价查阅相关竣工图、计算书，并现场核实。

5.2.11 本条适用于各类民用建筑的设计、运行评价。对于仅设有一台电梯的建筑，本条中的节能控制措施不参评。对于不设电梯的建筑，本条不参评。

本条为新增条文。本标准 2006 年版并未对电梯节能作出明确规定。然而，电梯等动力用电也形成了一定比例的能耗，而目前也出现了包括变频调速拖动、能量再生回馈等在内的多种节能技术措施。因此，增加本条作为评分项。

本条的评价方法为：设计评价查阅相关设计文件、人流平衡计算分析报告；运行评价查阅相关竣工图，并现场核实。

5.2.12 本条适用于各类民用建筑的设计、运行评价。

本条为新增条文。2010 年，国家发改委发布《电力需求侧管理办法》（发改运行〔2010〕2643号）。虽然其实施主体是电网企业，但也需要建筑业主、用户等方面的积极参与。对照其中要求，本标准其他条文已对高效用电设备，以及变频、热泵、蓄冷蓄热等技术予以了鼓励，本条要求所用配电变压器满足现行国家标准《三相配电变压器能效限定值及能效等级》GB 20052 规定的节能评价值；水泵、风机（及其电机）等功率较大的用电设备满足相应的能效限定值及能源效率等级国家标准所规定的节能评价值。

本条的评价方法为：设计评价查阅相关设计文件；运行评价查阅相关竣工图、主要产品型式检验报告，并现场核实。

Ⅳ 能量综合利用

5.2.13 本条适用于进行供暖、通风或空调的各类民用建筑的设计、运行评价；对无独立新风系统的建筑，新风与排风的温差不超过 15℃ 或其他不宜设置排风能量回收系统的建筑，本条不参评。

本条沿用自本标准 2006 年版一般项第 4.2.8、5.2.10 条，有修改。参评建筑的排风能量回收满足下列两项之一即可：

1 采用集中空调系统的建筑，利用排风对新风进行预热（预冷）处理，降低新风负荷，且排风热回收装置（全热和显热）的额定热回收效率不低于 60%；

　　2 采用带热回收的新风与排风双向换气装置，且双向换气装置的额定热回收效率不低于 55%。

　　本条的评价方法为：设计评价查阅相关设计文件、计算分析报告；运行评价查阅相关竣工图、主要产品型式检验报告、运行记录、计算分析报告，并现场核实。

5.2.14 本条适用于进行供暖或空调的公共建筑的设计、运行评价。若当地峰谷电价差低于 2.5 倍或没有峰谷电价的，本条不参评。

　　本条沿用自本标准 2006 年版一般项第 5.2.9 条，有修改。蓄冷蓄热技术虽然从能源转换和利用本身来讲并不节约，但是其对于昼夜电力峰谷差异的调节具有积极的作用，能够满足城市能源结构调整和环境保护的要求。为此，宜根据当地能源政策、峰谷电价、能源紧缺状况和设备系统特点等选择采用。参评建筑的蓄冷蓄热系统满足下列两项之一即可：

　　1 用于蓄冷的电驱动蓄能设备提供的设计日的冷量达到 30%；参考现行国家标准《公共建筑节能设计标准》GB 50189，电加热装置的蓄能设备能保证高峰时段不用电；

　　2 最大限度地利用谷电，谷电时段蓄冷设备全负荷运行的 80% 应能全部蓄存并充分利用。

　　本条的评价方法为：设计评价查阅相关设计文件、计算分析报告；运行评价查阅相关竣工图、主要产品型式检验报告、运行记录、计算分析报告，并现场核实。

5.2.15 本条适用于各类民用建筑的设计、运行评价。若建筑无可用的余热废热源，或建筑无稳定的热需求，本条不参评。

　　本条沿用自本标准 2006 年版一般项第 5.2.14 条，有修改。生活用能系统的能耗在整个建筑总能耗中占有不容忽视的比例，尤其是对于有稳定热需求的公共建筑而言更是如此。用自备锅炉房满足建筑蒸汽或生活热水，不仅可能对环境造成较大污染，而且其能源转换和利用也不符合"高质高用"的原则，不宜采用。鼓励采用热泵、空调余热、其他废热等供应生活热水。在靠近热电厂、高能耗工厂等余热、废热丰富的地域，如果设计方案中很好地实现了回收排水中的热量，以及利用其他余热废热作为预热，可降低能源的消耗，同样也能够提高生活热水系统的用能效率。一般情况下的具体指标可取为：余热或废热提供的能量分别不少于建筑所需蒸汽设计日总量的 40%、供暖设计日总量的 30%、生活热水设计日总量的 60%。

　　本条的评价方法为：设计评价查阅相关设计文件、计算分析报告；运行评价查阅相关竣工图、计算

分析报告，并现场核实。

5.2.16 本条适用于各类民用建筑的设计、运行评价。

　　本条基于本标准 2006 年版涉及可再生能源的多条进行了整合完善。由于不同种类可再生能源的度量方法、品位和价格都不同，本条分三类进行评价。如有多种用途可同时得分，但本条累计得分不超过 10 分。

　　本条的评价方法为：设计评价查阅相关设计文件、计算分析报告；运行评价查阅相关竣工图、计算分析报告，并现场核实。

6 节水与水资源利用

6.1 控 制 项

6.1.1 本条适用于各类民用建筑的设计、运行评价。

　　本条沿用自本标准 2006 年版控制项第 4.3.1、5.3.1 条，有修改。在进行绿色建筑设计前，应充分了解项目所在区域的市政给排水条件、水资源状况、气候特点等实际情况，通过全面的分析研究，制定水资源利用方案，提高水资源循环利用率，减少市政供水量和污水排放量。

　　水资源利用方案包含下列内容：

　　1 当地政府规定的节水要求、地区水资源状况、气象资料、地质条件及市政设施情况等。

　　2 项目概况。当项目包含多种建筑类型，如住宅、办公建筑、旅馆、商店、会展建筑等时，可统筹考虑项目内水资源的综合利用。

　　3 确定节水用水定额、编制水量计算表及水量平衡表。

　　4 给排水系统设计方案介绍。

　　5 采用的节水器具、设备和系统的相关说明。

　　6 非传统水源利用方案。对雨水、再生水及海水等水资源利用的技术经济可行性进行分析和研究，进行水量平衡计算，确定雨水、再生水及海水等水资源的利用方法、规模、处理工艺流程等。

　　7 景观水体补水严禁采用市政供水和自备地下水井供水，可以采用地表水和非传统水源；取用建筑场地外的地表水时，应事先取得当地政府主管部门的许可；采用雨水和建筑中水作为水源时，水景规模应根据设计可收集利用的雨水或中水量确定。

　　本条的评价方法为：设计评价查阅水资源利用方案，核查其在相关设计文件（含设计说明、施工图、计算书）中的落实情况；运行评价查阅水资源利用方案、相关竣工图、产品说明书，查阅运行数据报告，并现场核实。

6.1.2 本条适用于各类民用建筑的设计、运行评价。

　　本条对本标准 2006 年版节水与水资源利用部分

多条控制项条文进行了整合、完善。合理、完善、安全的给排水系统应符合下列要求：

1 给排水系统的规划设计应符合相关标准的规定，如《建筑给水排水设计规范》GB 50015、《城镇给水排水技术规范》GB 50788、《民用建筑节水设计标准》GB 50555、《建筑中水设计规范》GB 50336 等。

2 给水水压稳定、可靠，各给水系统应保证以足够的水量和水压向所有用户不间断地供应符合要求的水。供水充分利用市政压力，加压系统选用节能高效的设备；给水系统分区合理，每区供水压力不大于0.45MPa；合理采取减压限流的节水措施。

3 根据用水要求的不同，给水水质应达到国家、行业或地方标准的要求。使用非传统水源时，采取用水安全保障措施，且不得对人体健康与周围环境产生不良影响。

4 管材、管道附件及设备等供水设施的选取和运行不应对供水造成二次污染。各类不同水质要求的给水管线应有明显的管道标识。有直饮水供应时，直饮水应采用独立的循环管网供水，并设置水量、水压、水质、设备故障等安全报警装置。使用非传统水源时，应保证非传统水源的使用安全，设置防止误接、误用、误饮的措施。

5 设置完善的污水收集、处理和排放等设施。技术经济分析合理时，可考虑污废水的回收再利用，自行设置完善的污水收集和处理设施。污水处理率和达标排放率必须达到100%。

6 为避免室内重要物资和设备受潮引起的损失，应采取有效措施避免管道、阀门和设备的漏水、渗水或结露。

7 热水供应系统热水用水量较小且用水点分散时，宜采用局部热水供应系统；热水用水量较大、用水点比较集中时，应采用集中热水供应系统，并应设置完善的热水循环系统。设置集中生活热水系统时，应确保冷热水系统压力平衡，或设置混水器、恒温阀、压差控制装置等。

8 应根据当地气候、地形、地貌等特点合理规划雨水入渗、排放或利用，保证排水渠道畅通，减少雨水受污染的概率，且合理利用雨水资源。

本条的评价方法为：设计评价查阅相关设计文件；运行评价查阅相关竣工图、产品说明书、水质检测报告、运行数据报告等，并现场核实。

6.1.3 本条适用于各类民用建筑的设计、运行评价。

本条沿用自本标准 2006 年版控制项第 4.3.3、5.3.4 条。本着"节流为先"的原则，用水器具应选用中华人民共和国国家经济贸易委员会 2001 年第 5 号公告和 2003 年第 12 号公告《当前国家鼓励发展的节水设备（产品）》目录中公布的设备、器材和器具。根据用水场合的不同，合理选用节水水龙头、节水便器、节水淋浴装置等。所有生活用水器具应满足现行

标准《节水型生活用水器具》CJ 164 及《节水型产品通用技术条件》GB/T 18870 的要求。

除特殊功能需求外，均应采用节水型用水器具。对土建工程与装修工程一体化设计项目，在施工图中应对节水器具的选用提出要求；对非一体化设计项目，申报方应提供确保业主采用节水器具的措施、方案或约定。

可选用以下节水器具：

1 节水龙头：加气节水龙头、陶瓷阀芯水龙头、停水自动关闭水龙头等；

2 坐便器：压力流防臭、压力流冲击式 6L 直排便器、3L/6L 两挡节水型虹吸式排水坐便器、6L 以下直排式节水型坐便器或感应式节水型坐便器，缺水地区可选用带洗手水龙头的水箱坐便器；

3 节水淋浴器：水温调节器、节水型淋浴喷嘴等；

4 营业性公共浴室淋浴器采用恒温混合阀、脚踏开关等。

本条的评价方法为：设计评价查阅相关设计文件、产品说明书等；运行评价查阅设计说明、相关竣工图、产品说明书或产品节水性能检测报告等，并现场核实。

6.2 评 分 项

I 节水系统

6.2.1 本条适用于各类民用建筑的运行评价。

本条为新增条文。计算平均日用水量时，应实事求是地确定用水的使用人数、用水面积等。使用人数在项目使用初期可能不会达到设计人数，如住宅的入住率可能不会很快达到100%，因此对与用水人数相关的用水，如饮用、盥洗、冲厕、餐饮等，应根据用水人数来计算平均日用水量；对使用人数相对固定的建筑，如办公建筑等，按实际人数计算；对浴室、商店、餐厅等流动人口较大且数量无法明确的场所，可按设计人数计算。

对与用水人数无关的用水，如绿化灌溉、地面冲洗、水景补水等，则根据实际水表计量情况进行考核。

根据实际运行一年的水表计量数据和使用人数、用水面积等计算平均日用水量，与节水用水定额进行比较来判定。

本条的评价方法为：运行评价查阅实测用水量计量报告和建筑平均日用水量计算书。

6.2.2 本条适用于各类民用建筑的设计、运行评价。

本条在本标准 2006 年版控制项第 4.3.2、5.3.3 条基础上发展而来。管网漏失水量包括：阀门故障漏水量，室内卫生器具漏水量，水池、水箱溢流漏水量，设备漏水量和管网漏水量。为避免漏损，可采取

以下措施：

1 给水系统中使用的管材、管件，应符合现行产品标准的要求。

2 选用性能高的阀门、零泄漏阀门等。

3 合理设计供水压力，避免供水压力持续高压或压力骤变。

4 做好室外管道基础处理和覆土，控制管道埋深，加强管道工程施工监督，把好施工质量关。

5 水池、水箱溢流报警和进水阀门自动联动关闭。

6 设计阶段：根据水平衡测试的要求安装分级计量水表，分级计量水表安装率达100%。具体要求为下级水表的设置应覆盖上一级水表的所有出流量，不得出现无计量支路。

7 运行阶段：物业管理机构应按水平衡测试的要求进行运行管理。申报方应提供用水量计量和漏损检测情况报告，也可委托第三方进行水平衡测试。报告包括分级水表设置示意图、用水计量实测记录、管道漏损率计算和原因分析。申报方还应提供整改措施的落实情况报告。

本条的评价方法为：设计评价查阅相关设计文件（含分级水表设置示意图）；运行评价查阅设计说明、相关竣工图（含分级水表设置示意图）、用水量计量和漏损检测及整改情况的报告，并现场核实。

6.2.3 本条适用于各类民用建筑的设计、运行评价。

本条为新增条文。用水器具给水额定流量是为满足使用要求，用水器具给水配件出口在单位时间内流出的规定出水量。流出水头是保证给水配件流出额定流量，在阀前所需的水压。给水配件阀前压力大于流出水头，给水配件在单位时间内的出水量超过额定流量的现象，称超压出流现象，该流量与额定流量的差值，为超压出流量。给水配件超压出流，不但会破坏给水系统中水量的正常分配，对用水工况产生不良的影响，同时超压出流量未产生使用效益，为无效用水量，即浪费的水量。因它在使用过程中流失，不易被人们察觉和认识，属于"隐形"水量浪费，应引起足够的重视。给水系统设计时应采取措施控制超压出流现象，应合理进行压力分区，并适当地采取减压措施，避免造成浪费。

当选用了恒定出流的用水器具时，该部分管线的工作压力满足相关设计规范的要求即可。当建筑因功能需要，选用特殊水压要求的用水器具时，如大流量淋浴喷头，可根据产品要求采用适当的工作压力，但应选用用水效率高的产品，并在说明中作相应描述。在上述情况下，如其他常规用水器具均能满足本条要求，可以评判其达标。

本条的评价方法为：设计评价查阅相关设计文件（含各层用水点用水压力计算表）；运行评价查阅设计说明、相关竣工图、产品说明书，并现场核实。

6.2.4 本条适用于各类民用建筑的设计、运行评价。

本条在本标准2006年版一般项第5.3.10条基础上发展而来。按使用用途、付费或管理单元情况，对不同用户的用水分别设置用水计量装置，统计用水量，并据此施行计量收费，以实现"用者付费"，达到鼓励行为节水的目的，同时还可统计各种用途的用水量和分析渗漏水量，达到持续改进的目的。各管理单元通常是分别付费，或即使是不分别付费，也可以根据用水计量情况，对不同管理单元进行节水绩效考核，促进行为节水。

对公共建筑中有可能实施用者付费的场所，应设置用者付费的设施，实现行为节水。

本条的评价方法为：设计评价查阅相关设计文件（含水表设置示意图）；运行评价查阅设计说明、相关竣工图（含水表设置示意图）、各类用水的计量记录及统计报告，并现场核实。

6.2.5 本条适用于设有公用浴室的建筑的设计、运行评价。无公用浴室的建筑不参评。

本条为新增条文。通过"用者付费"，鼓励行为节水。本条中"公用浴室"既包括学校、医院、体育场馆等建筑设置的公用浴室，也包含住宅、办公楼、旅馆、商店等为物业管理人员、餐饮服务人员和其他工作人员设置的公用浴室。

本条的评价方法为：设计评价查阅相关设计文件（含相关节水产品的设备材料表）；运行评价查阅设计说明（含相关节水产品的设备材料表）、相关竣工图、产品说明书或产品检测报告，并现场核实。

Ⅱ 节水器具与设备

6.2.6 本条适用于各类民用建筑的设计、运行评价。

本条为新增条文，并与本标准控制项第6.1.3条相呼应。卫生器具除按第6.1.3条要求选用节水器具外，绿色建筑还鼓励选用更高节水性能的节水器具。目前我国已对部分用水器具的用水效率制定了相关标准，如：《水嘴用水效率限定值及用水效率等级》GB 25501-2010、《坐便器用水效率限定值及用水效率等级》GB 25502-2010、《小便器用水效率限定值及用水效率等级》GB 28377-2012、《淋浴用水效率限定值及用水效率等级》GB 28378-2012、《便器冲洗阀用水效率限定值及用水效率等级》GB 28379-2012，今后还将陆续出台其他用水器具的标准。

在设计文件中要注明对卫生器具的节水要求和相应的参数或标准。当存在不同用水效率等级的卫生器具时，按满足最低等级的要求得分。

卫生器具有用水效率相关标准的应全部采用，方可认定达标。今后当其他用水器具出台了相应标准时，按同样的原则进行要求。

对土建装修一体化设计的项目，在施工图设计中应对节水器具的选用提出要求；对非一体化设计的项目，申报方应提供确保业主采用节水器具的措施、方案或约定。

本条的评价方法为：设计评价查阅相关设计文件、产品说明书（含相关节水器具的性能参数要求）；运行评价查阅相关竣工图纸、设计说明、产品说明书或产品节水性能检测报告，并现场核实。

6.2.7 本条适用于各类民用建筑的设计、运行评价。

本条沿用自本标准 2006 年版一般项第 4.3.8、5.3.8 条，有修改。绿化灌溉应采用喷灌、微灌、渗灌、低压管灌等节水灌溉方式，同时还可采用湿度传感器或根据气候变化的调节控制器。可参照《园林绿地灌溉工程技术规程》CECS 243 中的相关条款进行设计施工。

目前普遍采用的绿化节水灌溉方式是喷灌，其比地面漫灌要省水 30%～50%。采用再生水灌溉时，因水中微生物在空气中极易传播，应避免采用喷灌方式。

微灌包括滴灌、微喷灌、涌流灌和地下渗灌，比地面漫灌省水 50%～70%，比喷灌省水 15%～20%。其中微喷灌射程较近，一般在 5m 以内，喷水量为（200～400）L/h。

无须永久灌溉植物是指适应当地气候，仅依靠自然降雨即可维持良好的生长状态的植物，或在干旱时体内水分丧失，全株呈风干状态而不死亡的植物。无须永久灌溉植物仅在生根时进行人工灌溉，因而不需设置永久的灌溉系统，但临时灌溉系统应在安装后一年之内移走。

当 90%以上的绿化面积采用了高效节水灌溉方式或节水控制措施时，方可判定本条得 7 分；当 50%以上的绿化面积采用了无须永久灌溉植物，且其余部分绿化采用了节水灌溉方式时，方可判定本条得 10 分。当选用无须永久灌溉植物时，设计文件中应提供植物配置表，并说明是否属无须永久灌溉植物，申报方应提供当地植物名录，说明所选植物的耐旱性能。

本条的评价方法为：设计评价查阅相关设计图纸、设计说明（含相关节水灌溉产品的设备材料表）、景观设计图纸（含苗木表、当地植物名录等）、节水灌溉产品说明书；运行评价查阅相关竣工图纸、设计说明、节水灌溉产品说明书，并进行现场核查，现场核查包括实地检查节水灌溉设施的使用情况、查阅绿化灌溉用水制度和计量报告。

6.2.8 本条适用于各类民用建筑的设计、运行评价。不设置空调设备或系统的项目，本条得 10 分。第 2 款仅适用于运行评价。

本条为新增条文。公共建筑集中空调系统的冷却水补水量很大，甚至可能占据建筑物用水量的 30%～50%，减少冷却水系统不必要的耗水对整个建筑物的节水意义重大。

1 开式循环冷却水系统或闭式冷却塔的喷淋水系统受气候、环境的影响，冷却水水质比闭式系统差，改善冷却水系统水质可以保护制冷机组和提高换热效率。应设置水处理装置和化学加药装置改善水质，减少排污耗水量。

开式冷却塔或闭式冷却塔的喷淋水系统设计不当时，高于集水盘的冷却水管道中部分水量在停泵时有可能溢流排掉。为减少上述水量损失，设计时可采取加大集水盘、设置平衡管或平衡水箱等方式，相对加大冷却塔集水盘浮球阀至溢流口段的容积，避免停泵时的泄水和启泵时的补水浪费。

2 开式冷却水系统或闭式冷却塔的喷淋水系统的实际补水量大于蒸发耗水量的部分，主要由冷却塔飘水、排污和溢水等因素造成，蒸发耗水量所占的比例越高，不必要的耗水量越低，系统也就越节水；

本条文第 2 款从冷却补水节水角度出发，对于减少开式冷却塔和设有喷淋水系统的闭式冷却塔的不必要耗水，提出了定量要求，本款需要满足公式（1）方可得分：

$$\frac{Q_e}{Q_b} \geqslant 80\% \tag{1}$$

式中：Q_e——冷却塔年排出冷凝热所需的理论蒸发耗水量，kg；

Q_b——冷却塔实际年冷却水补水量（系统蒸发耗水量、系统排污量、飘水量等其他耗水量之和），kg。

排出冷凝热所需的理论蒸发耗水量可按公式（2）计算

$$Q_e = \frac{H}{r_0} \tag{2}$$

式中：Q_e——冷却塔年排出冷凝热所需的理论蒸发耗水量，kg；

H——冷却塔年冷凝排热量，kJ；

r_0——水的汽化热，kJ/kg。

集中空调制冷及其自控系统设备的设计和生产应提供条件，满足能够记录、统计空调系统的冷凝排热量的要求，在设计与招标阶段，对空调系统/冷水机组应有安装冷凝热计量设备的设计与招标要求；运行评价可以通过楼宇控制系统实测、记录并统计空调系统/冷水机组全年的冷凝热，据此计算出排出冷凝热所需要的理论蒸发耗水量。

3 本款所指的"无蒸发耗水量的冷却技术"包括采用分体空调、风冷式冷水机组、风冷式多联机、地源热泵、干式运行的闭式冷却塔等。风冷空调系统的冷凝排热以显热方式排到大气，并不直接耗费水资源，采用风冷方式替代水冷方式可以节省水资源消耗。但由于风冷方式制冷机组的 COP 通常较水冷方式的制冷机组低，所以需要综合评价工程所在地的水资源和电力资源情况，有条件时宜优先考虑风冷方式排出空调冷凝热。

本条的评价方法为：设计评价查阅相关设计文件、计算书、产品说明书；运行评价查阅相关竣工图纸、设计说明、产品说明，查阅冷却水系统的运行数据、蒸发量、冷却水补水量的用水计量报告和计算书，并现场核实。

6.2.9 本条适用于各类民用建筑的设计、运行评价。

本条为新增条文。除卫生器具、绿化灌溉和冷却塔以外的其他用水也应采用节水技术和措施，如车库和道路冲洗用的节水高压水枪、节水型专业洗衣机、循环用水洗车台，给水深度处理采用自用水量较少的处理设备和措施，集中空调加湿系统采用用水效率高的设备和措施。按采用了节水技术和措施的用水量占其他用水总用水量的比例进行评分。

本条的评价方法为：设计评价查阅相关设计文件、计算书、产品说明书；运行评价查阅相关竣工图纸、设计说明、产品说明，查阅水表计量报告，并现场核查，现场核查包括实地检查设备的运行情况。

Ⅲ 非传统水源利用

6.2.10 本条适用于各类民用建筑的设计、运行评价。住宅、办公、商店、旅馆类建筑参评第 1 款，除养老院、幼儿园、医院之外的其他建筑参评第 2 款。养老院、幼儿园、医院类建筑本条不参评。项目周边无市政再生水利用条件，且建筑可回用水量小于 $100m^3/d$ 时，本条不参评。

本条对本标准 2006 年版中涉及非传统水源利用率的多条进行了整合、完善。根据《民用建筑节水设计标准》GB 50555 的规定，"建筑可回用水量"指建筑的优质杂排水和杂排水水量，优质杂排水指杂排水中污染程度较低的排水，如沐浴排水、盥洗排水、洗衣排水、空调冷凝水、游泳池排水等；杂排水指民用建筑中除粪便污水外的各种排水，除优质杂排水外还包括冷却排污水、游泳池排污水、厨房排水等。当一个项目中仅部分建筑申报时，"建筑可回用水量"应按整个项目计算。

评分时，既可根据表中的非传统水源利用率来评分，也可根据表中的非传统水源利用措施来评分；按措施评分时，非传统水源利用应具有较好的经济效益和生态效益。

计算设计年用水总量应由平均日用水量计算得出，取值详见《民用建筑节水设计标准》GB 50555 - 2010。运行阶段的实际用水量应通过统计全年水表计量的情况计算得出。

由于我国各地区气候和资源情况差异较大，有些建筑并没有冷却水补水和室外景观水体补水的需求，为了避免这些差异对评价公平性的影响，本条在规定非传统水源利用率的要求时，扣除了冷却水补水量和室外景观水体补水量。在本标准的第 6.2.11 条和第 6.2.12 条中对冷却水补水量和室外景观水体补水量提出了非传统水源利用的要求。

包含住宅、旅馆、办公、商店等不同功能区域的综合性建筑，各功能区域按相应建筑类型参评。评价时可按各自用水量的权重，采用加权法计算非传统水源利用率的要求。

本条中的非传统水源利用措施主要指生活杂用水，包括用于绿化浇灌、道路冲洗、洗车、冲厕等的非饮用水，但不含冷却水补水和水景补水。

第 2 款中的"非传统水源的用水量占其总用水量的比例"指采用非传统水源的用水量占相应的生活杂用水总用水量的比例。

本条的评价方法为：设计评价查阅相关设计文件、当地相关主管部门的许可、非传统水源利用计算书；运行评价查阅相关竣工图纸、设计说明，查阅用水计量记录、计算书及统计报告、非传统水源水质检测报告，并现场核实。

6.2.11 本条适用于各类民用建筑的设计、运行评价。没有冷却水补水系统的建筑，本条得 8 分。

本条为新增条文。使用非传统水源替代自来水作为冷却水补水水源时，其水质指标应满足《采暖空调系统水质》GB/T 29044 中规定的空调冷却水的水质要求。

全年来看，冷却水用水时段与我国大多数地区的降雨高峰时段基本一致，因此收集雨水处理后用于冷却水补水，从水量平衡上容易达到吻合。雨水的水质要优于生活污废水，处理成本较低、管理相对简单，具有较好的成本效益，值得推广。

条文中冷却水的补水量以年补水量计，设计阶段冷却塔的年补水量可按照《民用建筑节水设计标准》GB 50555 执行。

本条的评价方法为：设计评价查阅相关设计文件、冷却水补水量及非传统水源利用的水量平衡计算书；运行评价查阅相关竣工图纸、设计说明、计算书，查阅用水计量记录、计算书及统计报告、非传统水源水质检测报告，并现场核实。

6.2.12 本条适用于各类民用建筑的设计、运行评价。不设景观水体的项目，本条得 7 分。景观水体的补水没有利用雨水或雨水利用量不满足要求时，本条不得分。

本条为新增条文。《民用建筑节水设计标准》GB 50555 - 2010 中强制性条文第 4.1.5 条规定"景观用水水源不得采用市政自来水和地下井水"，全文强制的《住宅建筑规范》GB 50368 - 2005 第 4.4.3 条规定"人工景观水体的补充水严禁使用自来水。"因此设有水景的项目，水体的补水只能使用非传统水源，或在取得当地相关主管部门的许可后，利用临近的河、湖水。有景观水体，但利用临近的河、湖水进行补水的，本条不得分。

自然界的水体（河、湖、塘等）大都是由雨水汇集而成，结合场地的地形地貌汇集雨水，用于景观水体的补水，是节水和保护、修复水生态环境的最佳选择，因此设置本条的目的是鼓励将雨水控制利用和景观水体设计有机地结合起来。景观水体的补水应充分利用场地的雨水资源，不足时再考虑其他非传统水源的使用。

缺水地区和降雨量少的地区应谨慎考虑设置景观水体，景观水体的设计应通过技术经济可行性论证确定规模和具体形式。设计阶段应做好景观水体补水量和水体蒸发量逐月的水量平衡，确保满足本条的定量要求。

本条要求利用雨水提供的补水量大于水体蒸发量的 60%，亦即采用除雨水外的其他水源对景观水体补水的量不得大于水体蒸发量的 40%，设计时应做好景观水体补水量和水体蒸发量的水量平衡，在雨季和旱季降雨水差异较大时，可以通过水位或水面面积的变化来调节补水量的富余和不足，也可设计旱溪或干塘等来适应降雨量的季节性变化。景观水体的补水管应单独设置水表，不得与绿化用水、道路冲洗用水合用水表。

景观水体的水质应符合国家标准《城市污水再生利用 景观环境用水水质》GB/T 18921－2002 的要求。景观水体的水质保障应采用生态水处理技术，合理控制雨水面源污染，确保水质安全。本标准第 4.2.13 条也对控制雨水面源污染的相关措施提出了要求。

本条的评价方法为：设计评价查阅相关设计文件（含景观设计图纸）、水量平衡计算书；运行评价查阅相关竣工图纸、设计说明、计算书，查阅景观水体补水的用水计量记录及统计报告、景观水体水质检测报告，并现场核实。

7 节材与材料资源利用

7.1 控 制 项

7.1.1 本条适用于各类民用建筑的设计、运行评价。

本条为新增条文。一些建筑材料及制品在使用过程中不断暴露出问题，已被证明不适宜在建筑工程中应用，或者不适宜在某些地区的建筑中使用。绿色建筑中不应采用国家和当地有关主管部门向社会公布禁止和限制使用的建筑材料及制品。

本条的评价方法为：设计评价对照国家和当地有关主管部门向社会公布的限制、禁止使用的建材及制品目录，查阅设计文件，对设计选用的建筑材料进行核查；运行评价对照国家和当地有关主管部门向社会公布的限制、禁止使用的建材及制品目录，查阅工程材料决算材料清单，对实际采用的建筑材料进行

核查。

7.1.2 本条适用于混凝土结构的各类民用建筑的设计、运行评价。

本条为新增条文。抗拉屈服强度达到 400MPa 级及以上的热轧带肋钢筋，具有强度高、综合性能优的特点，用高强钢筋替代目前大量使用的 335MPa 级热轧带肋钢筋，平均可节约钢材 12% 以上。高强钢筋作为节材节能环保产品，在建筑工程中大力推广应用，是加快转变经济发展方式的有效途径，是建设资源节约型、环境友好型社会的重要举措，对推动钢铁工业和建筑业结构调整、转型升级具有重大意义。

为了在绿色建筑中推广应用高强钢筋，本条参考国家标准《混凝土结构设计规范》GB 50010－2010 第 4.2.1 条之规定，对混凝土结构中梁、柱纵向受力普通钢筋提出强度等级和品种要求。

本条的评价方法为：设计评价查阅设计文件，对设计选用的梁、柱纵向受力普通钢筋强度等级进行核查；运行评价查阅竣工图纸，对实际选用的梁、柱纵向受力普通钢筋强度等级进行核查。

7.1.3 本条适用于各类民用建筑的设计、运行评价。

本条沿用本标准 2006 年版控制项第 4.4.2、5.4.2 条。设置大量的没有功能的纯装饰性构件，不符合绿色建筑节约资源的要求。而通过使用装饰和功能一体化构件，利用功能构件作为建筑造型的语言，可以在满足建筑功能的前提下表达美学效果，并节约资源。对于不具备遮阳、导光、导风、载物、辅助绿化等作用的飘板、格栅、构架和塔、球、曲面等装饰性构件，应对其造价进行控制。

本条的评价方法为：设计评价查阅设计文件，有装饰性构件的应提供其功能说明书和造价计算书；运行评价查阅竣工图和造价计算书，并现场核实。

7.2 评 分 项

Ⅰ 节 材 设 计

7.2.1 本条适用于各类民用建筑的设计、运行评价。

本条为新增条文。形体指建筑平面形状和立面、竖向剖面的变化。绿色建筑设计应重视其平面、立面和竖向剖面的规则性对抗震性能及经济合理性的影响，优先选用规则的形体。

建筑设计应根据抗震概念设计的要求明确建筑形体的规则性，抗震概念设计将建筑形体的规则性分为：规则、不规则、特别不规则、严重不规则。建筑形体的规则性应根据现行国家标准《建筑抗震设计规范》GB 50011－2010 的有关规定进行划分。为实现相同的抗震设防目标，形体不规则的建筑，要比形体规则的建筑耗费更多的结构材料。不规则程度越高，对结构材料的消耗量越多，性能要求越高，不利于节材。本条评分的两个档次分别对应抗震概念设计中建

筑形体规则性分级的"规则"和"不规则";对形体"特别不规则"的建筑和"严重不规则"的建筑,本条不得分。

本条的评价方法为:设计评价查阅建筑图、结构施工图、建筑形体规则性判定报告;运行评价查阅竣工图、建筑形体规则性判定报告,并现场核实。

7.2.2 本条适用于各类民用建筑的设计、运行评价。

本条为新增条文。在设计过程中对地基基础、结构体系、结构构件进行优化,能够有效地节约材料用量。结构体系指结构中所有承重构件及其共同工作的方式。结构布置及构件截面设计不同,建筑的材料用量也会有较大的差异。

本条的评价方法为:设计评价查阅建筑图、结构施工图和地基基础方案论证报告、结构体系节材优化设计书和结构构件节材优化设计书;运行评价查阅竣工图、有关报告,并现场核实。

7.2.3 本条适用于各类民用建筑的设计、运行评价。对混合功能建筑,应分别对其住宅建筑部分和公共建筑部分进行评价,本条得分值取两者的平均值。

本条沿用自本标准 2006 年版一般项第 4.4.8、5.4.8 条,并作了细化。土建和装修一体化设计,要求对土建设计和装修设计统一协调,在土建设计时考虑装修设计需求,事先进行孔洞预留和装修面层固定件的预埋,避免在装修时对已有建筑构件打凿、穿孔。这样既可减少设计的反复,又可保证结构的安全,减少材料消耗,并降低装修成本。

本条的评价方法为:设计评价查阅土建、装修各专业施工图及其他证明材料;运行评价查阅土建、装修各专业竣工图及其他证明材料。

7.2.4 本条适用于公共建筑的设计、运行评价。

本条沿用自本标准 2006 年版一般项第 5.4.9 条,并作了细化。在保证室内工作环境不受影响的前提下,在办公、商店等公共建筑室内空间尽量多地采用可重复使用的灵活隔墙,或采用无隔墙只有矮隔断的大开间敞开式空间,可减少室内空间重新布置时对建筑构件的破坏,节约材料,同时为使用期间构配件的替换和将来建筑拆除后构配件的再利用创造条件。

除走廊、楼梯、电梯井、卫生间、设备机房、公共管井以外的地上室内空间均应视为"可变换功能的室内空间",有特殊隔声、防护及特殊工艺需求的空间不计入。此外,作为商业、办公用途的地下空间也应视为"可变换功能的室内空间",其他用途的地下空间可不计入。

"可重复使用的隔断(墙)"在拆除过程中应基本不影响与之相接的其他隔墙,拆卸后可进行再次利用,如大开间敞开式办公空间内的玻璃隔断(墙)、预制隔断(墙)、特殊节点设计的可分段拆除的轻钢龙骨水泥板或石膏板隔断(墙)和木隔断(墙)等。是否具有可拆卸节点,也是认定某隔断(墙)是否属

于"可重复使用的隔断(墙)"的一个关键点,例如用砂浆砌筑的砌体隔墙不算可重复使用的隔墙。

本条中"可重复使用隔断(墙)比例"为:实际采用的可重复使用隔断(墙)围合的建筑面积与建筑中可变换功能的室内空间面积的比值。

本条的评价方法为:设计评价查阅建筑、结构施工图及可重复使用隔断(墙)的设计使用比例计算书;运行评价查阅建筑、结构竣工图及可重复使用隔断(墙)的实际使用比例计算书,并现场核实。

7.2.5 本条适用于各类民用建筑的设计、运行评价。

本条为新增条文。本条旨在鼓励采用工业化方式生产的预制构件设计、建造绿色建筑。本条所指"预制构件"包括各种结构构件和非结构构件,如预制梁、预制柱、预制墙板、预制阳台板、预制楼梯、雨棚、栏杆等。在保证安全的前提下,使用工厂化方式生产的预制构件,既能减少材料浪费,又能减少施工对环境的影响,同时可为将来建筑拆除后构件的替换和再利用创造条件。

预制构件用量比例取各类预制构件重量与建筑地上部分重量的比值。

本条的评价方法为:设计评价查阅施工图、工程材料用量概预算清单、计算书;运行评价查阅竣工图、工程材料用量决算清单、计算书。

7.2.6 本条适用于居住建筑及旅馆建筑的设计、运行评价。对旅馆建筑,本条第1款可不参评。

本条为新增条文。本条鼓励采用系列化、多档次的整体化定型设计的厨房、卫浴间。其中整体化定型设计的厨房是指按人体工程学、炊事操作工序、模数协调及管线组合原则,采用整体设计方法而建成的标准化厨房。整体化定型设计的卫浴间是指在有限的空间内实现洗面、沐浴、如厕等多种功能的独立卫生单元。

本条的评价方法为:设计评价查阅建筑设计或装修设计图或有关说明材料;运行评价查阅竣工图、工程材料用量决算表、施工记录。

Ⅱ 材 料 选 用

7.2.7 本条适用于各类民用建筑的运行评价。

本条沿用自本标准 2006 年版一般项第 4.4.3、5.4.3 条,并作了细化。建材本地化是减少运输过程资源和能源消耗、降低环境污染的重要手段之一。本条鼓励使用本地生产的建筑材料,提高就地取材制成的建筑产品所占的比例。运输距离指建筑材料的最后一个生产工厂或场地到施工现场的距离。

本条的评价方法为:运行评价核查材料进场记录、本地建筑材料使用比例计算书、有关证明文件。

7.2.8 本条适用于各类民用建筑的设计、运行评价。

本条沿用自本标准 2006 年版一般项第 4.4.4、5.4.4 条。我国大力提倡和推广使用预拌混凝土,其

应用技术已较为成熟。与现场搅拌混凝土相比，预拌混凝土产品性能稳定，易于保证工程质量，且采用预拌混凝土能够减少施工现场噪声和粉尘污染，节约能源、资源，减少材料损耗。

预拌混凝土应符合现行国家标准《预拌混凝土》GB/T 14902 的规定。

本条的评价方法为：设计评价查阅施工图及说明；运行评价查阅竣工图、预拌混凝土用量清单、有关证明文件。

7.2.9 本条适用于各类民用建筑的设计、运行评价。

本条为新增条文。长期以来，我国建筑施工用砂浆一直采用现场拌制砂浆。现场拌制砂浆由于计量不准确、原材料质量不稳定等原因，施工后经常出现空鼓、龟裂等质量问题，工程返修率高。而且，现场拌制砂浆在生产和使用过程中不可避免地会产生大量材料浪费和损耗，污染环境。

预拌砂浆是根据工程需要配制、由专业化工厂规模化生产的，砂浆的性能品质和均匀性能够得到充分保证，可以很好地满足砂浆保水性、和易性、强度和耐久性需求。

预拌砂浆按照生产工艺可分为湿拌砂浆和干混砂浆；按照用途可分为砌筑砂浆、抹灰砂浆、地面砂浆、防水砂浆、陶瓷砖粘结砂浆、界面砂浆、保温板粘结砂浆、保温板抹面砂浆、聚合物水泥防水砂浆、自流平砂浆、耐磨地坪砂浆和饰面砂浆等。

预拌砂浆与现场拌制砂浆相比，不是简单意义的同质产品替代，而是采用先进工艺的生产线拌制，增加了技术含量，产品性能得到显著增强。预拌砂浆尽管单价比现场拌制砂浆高，但是由于其性能好、质量稳定、减少环境污染、材料浪费和损耗小、施工效率高、工程返修率低，可降低工程的综合造价。

预拌砂浆应符合现行标准《预拌砂浆》GB/T 25181 及《预拌砂浆应用技术规程》JGJ/T 223 的规定。

本条的评价方法为：设计评价查阅施工图及说明；运行评价查阅竣工图及说明、砂浆用量清单等证明文件。

7.2.10 本条适用于各类民用建筑的设计、运行评价。砌体结构和木结构不参评。

本条沿用自本标准 2006 年版一般项第 4.4.5、5.4.5 条，并作了细化，与本标准控制项第 7.1.2 条相呼应。合理采用高强度结构材料，可减小构件的截面尺寸及材料用量，同时也可减轻结构自重，减小地震作用及地基基础的材料消耗。混凝土结构中的受力普通钢筋，包括梁、柱、墙、板、基础等构件中的纵向受力筋及箍筋。

混合结构指由钢框架或型钢（钢管）混凝土框架与钢筋混凝土筒体所组成的共同承受竖向和水平作用的高层建筑结构。

本条的评价方法为：设计评价查阅结构施工图及计算书；运行评价查阅竣工图、材料决算清单、计算书，并现场核实。

7.2.11 本条适用于混凝土结构、钢结构民用建筑的设计、运行评价。

本条由本标准 2006 年版一般项第 4.4.5、5.4.5 条发展而来。本条中"高耐久性混凝土"指满足设计要求下，性能不低于行业标准《混凝土耐久性检验评定标准》JGJ/T 193 中抗硫酸盐侵蚀等级 KS90，抗氯离子渗透性能、抗碳化性能及早期抗裂性能 III 级的混凝土。其各项性能的检测与试验方法应符合《普通混凝土长期性能和耐久性能试验方法标准》GB/T 50082 的规定。

本条中的耐候结构钢须符合现行国家标准《耐候结构钢》GB/T 4171 的要求；耐候型防腐涂料须符合行业标准《建筑用钢结构防腐涂料》JG/T 224 - 2007 中 II 型面漆和长效型底漆的要求。

本条的评价方法为：设计评价查阅建筑及结构施工图、计算书；运行评价查阅建筑及结构竣工图、计算书，并现场核实。

7.2.12 本条适用于各类民用建筑的设计、运行评价。

本条由本标准 2006 年版一般项第 4.4.7、5.4.7 条、优选项第 4.4.11、5.4.12 条整合得到。建筑材料的循环利用是建筑节材与材料资源利用的重要内容。本条的设置旨在整体考量建筑材料的循环利用对于节材与材料资源利用的贡献，评价范围是永久性安装在工程中的建筑材料，不包括电梯等设备。

有的建筑材料可以在不改变材料的物质形态情况下直接进行再利用，或经过简单组合、修复后可直接再利用，如有些材质的门、窗等。有的建筑材料需要通过改变物质形态才能实现循环利用，如难以直接回用的钢筋、玻璃等，可以回炉再生产。有的建筑材料则既可以直接再利用又可以回炉后再循环利用，例如标准尺寸的钢结构型材等。以上各类材料均可纳入本条范畴。

建筑中采用的可再循环建筑材料和可再利用建筑材料，可以减少生产加工新材料带来的资源、能源消耗和环境污染，具有良好的经济、社会和环境效益。

本条的评价方法为：设计评价查阅工程概预算材料清单和相关材料使用比例计算书，核查相关建筑材料的使用情况；运行评价查阅工程决算材料清单、计算书和相应的产品检测报告，核查相关建筑材料的使用情况。

7.2.13 本条适用于各类民用建筑的运行评价。

本条沿用自本标准 2006 年版一般项第 4.4.9、5.4.10 条，有修改。本条中的"以废弃物为原料生产的建筑材料"是指在满足安全和使用性能的前提下，使用废弃物等作为原材料生产出的建筑材料，其中废弃物主要包括建筑废弃物、工业废料和生活废弃物。

在满足使用性能的前提下，鼓励利用建筑废弃混凝土，生产再生骨料，制作成混凝土砌块、水泥制品或配制再生混凝土；鼓励利用工业废料、农作物秸秆、建筑垃圾、淤泥为原料制作成水泥、混凝土、墙体材料、保温材料等建筑材料；鼓励以工业副产品石膏制作成石膏制品；鼓励使用生活废弃物经处理后制成的建筑材料。

为保证废弃物使用量达到一定比例，本条要求以废弃物为原料生产的建筑材料重量占同类建筑材料总重量的比例不小于30%。以废弃物为原料生产的建筑材料，应满足相应的国家或行业标准的要求。

本条的评价方法为：运行评价查阅工程决算材料清单、以废弃物为原料生产的建筑材料检测报告和废弃物建材资源综合利用认定证书等证明材料，核查相关建筑材料的使用情况和废弃物掺量。

7.2.14 本条适用于各类民用建筑的运行评价。

本条为新增条文。为了保持建筑物的风格、视觉效果和人居环境，装饰装修材料在一定使用年限后会进行更新替换。如果使用易沾污、难维护及耐久性差的装饰装修材料，则会在一定程度上增加建筑物的维护成本，且施工也会带来有毒有害物质的排放、粉尘及噪声等问题。使用清水混凝土可减少装饰装修材料用量。

本条重点对外立面材料的耐久性提出了要求，详见下表。

表3　外立面材料耐久性要求

分类		耐久性要求
外墙涂料		采用水性氟涂料或耐候性相当的涂料
建筑幕墙	玻璃幕墙	明框、半隐框玻璃幕墙的铝型材表面处理符合《铝及铝合金阳极氧化膜与有机聚合物膜》GB/T 8013.1～8013.3规定的耐候性等级的最高级要求。硅酮结构密封胶耐候性优于标准要求
	石材幕墙	根据当地气候环境条件，合理选用石材含水率和耐冻融指标，并对其表面进行防护处理
	金属板幕墙	采用氟碳制品，或耐久性相当的其他表面处理方式的制品
	人造板幕墙	根据当地气候环境条件，合理选用含水率、耐冻融指标

对建筑室内所采用耐久性好、易维护的装饰装修材料应提供相关材料证明所采用材料的耐久性。

本条的评价方法为：运行评价查阅建筑竣工图

纸、材料决算清单、材料检测报告或有关证明材料，并现场核实。

8　室内环境质量

8.1　控　制　项

8.1.1 本条适用于各类民用建筑的设计、运行评价。

本条在本标准2006年版控制项第4.5.3条基础上发展而来。本条所指的噪声控制对象包括室内自身声源和来自室外的噪声。室内噪声源一般为通风空调设备、日用电器等；室外噪声源则包括来自于建筑其他房间的噪声（如电梯噪声、空调设备噪声等）和来自建筑外部的噪声（如周边交通噪声、社会生活噪声、工业噪声等）。本条所指的低限要求，与国家标准《民用建筑隔声设计规范》GB 50118中的低限要求规定对应，如该标准中没有明确室内噪声级的低限要求，即对应该标准规定的室内噪声级的最低要求。

本条的评价方法为：设计评价查阅相关设计文件、环评报告或噪声分析报告；运行评价查阅相关竣工图、室内噪声检测报告。

8.1.2 本条适用于各类民用建筑的设计、运行评价。

本条在本标准2006年版控制项第4.5.3条、一般项第5.5.9条基础上发展而来。外墙、隔墙和门窗的隔声性能指空气声隔声性能；楼板的隔声性能除了空气声隔声性能之外，还包括撞击声隔声性能。本条所指的围护结构构件的隔声性能的低限要求，与国家标准《民用建筑隔声设计规范》GB 50118中的低限要求规定对应，如该标准中没有明确围护结构隔声性能的低限要求，即对应该标准规定的隔声性能的最低要求。

本条的评价方法为：设计评价查阅相关设计文件、构件隔声性能的实验室检验报告；运行评价查阅相关竣工图、构件隔声性能的实验室检验报告，并现场核实。

8.1.3 本条适用于各类民用建筑的设计、运行评价。对住宅建筑的公共部分及土建装修一体化设计的房间应满足本条要求。

本条沿用自本标准2006年版控制项第5.5.6条。室内照明质量是影响室内环境质量的重要因素之一，良好的照明不但有利于提升人们的工作和学习效率，更有利于人们的身心健康，减少各种职业疾病。良好、舒适的照明要求在参考平面上具有适当的照度水平，避免眩光，显色效果良好。各类民用建筑中的室内照度、眩光值、一般显色指数等照明数量和质量指标应满足现行国家标准《建筑照明设计标准》GB 50034的有关规定。

本条的评价方法为：设计评价查阅相关设计文件、计算分析报告；运行评价查阅相关竣工图、计算分析报告、现场检测报告，并现场核实。

8.1.4 本条适用于集中供暖空调的各类民用建筑的设计、运行评价。

本条对本标准 2006 年版控制项第 5.5.1、5.5.3 条进行了整合、完善，并拓展了适用范围。通风以及房间的温度、湿度、新风量是室内热环境的重要指标，应满足现行国家标准《民用建筑供暖通风与空气调节设计规范》GB 50736 中的有关规定。

本条的评价方法为：设计评价查阅相关设计文件；运行评价查阅相关竣工图、室内温湿度检测报告、新风机组竣工验收风量检测报告、二氧化碳浓度检测报告，并现场核实。

8.1.5 本条适用于各类民用建筑的设计、运行评价。

本条沿用自本标准 2006 年版控制项第 5.5.2 条、一般项第 4.5.7 条。房间内表面长期或经常结露会引起霉变，污染室内的空气，应加以控制。在南方的梅雨季节，空气的湿度接近饱和，要彻底避免发生结露现象非常困难，不属于本条控制范畴。另外，短时间的结露并不至于引起霉变，所以本条控制"在室内设计温、湿度"这一前提条件下不结露。

本条的评价方法为：设计评价查阅相关设计文件；运行评价查阅相关竣工图，并现场核实。

8.1.6 本条适用于各类民用建筑的设计、运行评价。

本条沿用自本标准 2006 年版一般项第 4.5.8 条，有修改。屋顶和东西外墙的隔热性能，对于建筑在夏季时室内热舒适度的改善，以及空调负荷的降低，具有重要意义。因此，除在本标准的第 5 章相关条文对于围护结构热工性能要求之外，增加对上述围护结构的隔热性能的要求作为控制项。

本条的评价方法为：设计评价查阅围护结构热工设计说明等图纸或文件，以及计算分析报告；运行评价查阅相关竣工文件，并现场核实。

8.1.7 本条适用于各类民用建筑的运行评价。

本条沿用自本标准 2006 年版控制项第 4.5.5、5.5.4 条，有修改。国家标准《民用建筑工程室内环境污染控制规范》GB 50325 - 2010（2013 年版）第 6.0.4 条规定，民用建筑工程验收时必须进行室内环境污染物浓度检测；并对其中氡、甲醛、苯、氨、总挥发性有机物等五类物质污染物的浓度限量进行了规定。本条在此基础上进一步要求建筑运行满一年后，氨、甲醛、苯、总挥发性有机物、氡五类空气污染物浓度应符合现行国家标准《室内空气质量标准》GB/T 18883 中的有关规定，详见下表。

表 4　室内空气质量标准

污染物	标准值	备　注
氨 NH₃	≤0.20mg/m³	1h 均值
甲醛 HCHO	≤0.10mg/m³	1h 均值

续表 4

污染物	标准值	备　注
苯 C₆H₆	≤0.11mg/m³	1h 均值
总挥发性有机物 TVOC	≤0.60mg/m³	8h 均值
氡²²²Rn	≤400Bq/m³	年平均值

本条的评价方法为：运行评价查阅室内污染物检测报告，并现场核实。

8.2　评　分　项

Ⅰ　室内声环境

8.2.1 本条适用于各类民用建筑的设计、运行评价。

本条是在本标准控制项第 8.1.1 条要求基础上的提升。国家标准《民用建筑隔声设计规范》GB 50118 - 2010 将住宅、办公、商业、医院等建筑主要功能房间的室内允许噪声级分"低限标准"和"高要求标准"两档列出。对于《民用建筑隔声设计规范》GB 50118 - 2010 一些只有唯一室内噪声级要求的建筑（如学校），本条认定该室内噪声级对应数值为低限标准，而高要求标准则在此基础上降低 5dB (A)。需要指出，对于不同星级的旅馆建筑，其对应的要求不同，需要一一对应。

本条的评价方法为：设计评价查阅相关设计文件、环评报告或噪声分析报告；运行评价查阅相关竣工图、室内噪声检测报告。

8.2.2 本条适用于各类民用建筑的设计、运行评价。

本条是在本标准控制项第 8.1.2 条要求基础上的提升。国家标准《民用建筑隔声设计规范》GB 50118 - 2010 将住宅、办公、商业、旅馆、医院等类型建筑的墙体、门窗、楼板的空气声隔声性能以及楼板的撞击声隔声性能分"低限标准"和"高要求标准"两档列出。居住建筑、办公、旅馆、商业、医院等建筑宜满足《民用建筑隔声设计规范》GB 50118 - 2010 中围护结构隔声标准的低限标准要求，但不包括开放式办公空间。对于《民用建筑隔声设计规范》GB 50118 - 2010 只规定了构件的单一空气隔声性能的建筑，本条认定该构件对应的空气隔声性能数值为低限标准限值，而高要求标准限值则在此基础上提高 5dB。本条采取同样的方式定义只有单一楼板撞击声隔声性能的建筑类型，并规定高要求标准限值为低限标准限值降低 10dB。

对于《民用建筑隔声设计规范》GB 50118 - 2010 没有涉及的类型建筑的围护结构构件隔声性能可对照相似类型建筑的要求评价。

本条的评价方法为：设计评价查阅相关设计文件、构件隔声性能的实验室检验报告；运行评价查阅相关竣工图、构件隔声性能的实验室检验报告，并现场核实。

8.2.3 本条适用于各类民用建筑的设计、运行评价。

本条在本标准 2006 年版一般项第 5.5.10 条基础上发展而来。

解决民用建筑内的噪声干扰问题首先应从规划设计、单体建筑内的平面布置考虑。这就要求合理安排建筑平面和空间功能，并在设备系统设计时就考虑其噪声与振动控制措施。变配电房、水泵房等设备用房的位置不应放在住宅或重要房间的正下方或正上方。此外，卫生间排水噪声是影响正常工作生活的主要噪声，因此鼓励采用包括同层排水、旋流弯头等有效措施加以控制或改善。

本条的评价方法为：设计评价查阅相关设计文件；运行评价查阅相关竣工图，并现场核实。

8.2.4 本条适用于各类公共建筑的设计、运行评价。

本条为新增条文。多功能厅、接待大厅、大型会议室、讲堂、音乐厅、教室、餐厅和其他有声学要求的重要功能房间的各项声学设计指标应满足有关标准的要求。

专项声学设计应将声学设计目标在相关设计文件中注明。

本条的评价方法为：设计评价查阅相关设计文件、声学设计专项报告；运行评价查阅声学设计专项报告、检测报告，并现场核实。

Ⅱ 室内光环境与视野

8.2.5 本条适用于各类民用建筑的设计、运行评价。

本条沿用自本标准 2006 年版一般项第 4.5.6 条，并进行了拓展。窗户除了有自然通风和天然采光的功能外，还起到沟通内外的作用，良好的视野有助于居住者或使用者心情舒畅，提高效率。

对于居住建筑，主要判断建筑间距。根据国外经验，当两幢住宅楼居住空间的水平视线距离不低于 18m 时即能基本满足要求。对于公共建筑本条主要评价，在规定的使用区域，主要功能房间都能看到室外自然环境，没有构筑物或周边建筑物造成明显视线干扰。对于公共建筑，非功能空间包括走廊、核心筒、卫生间、电梯间、特殊功能房间，其余的为功能房间。

本条的评价方法为：设计评价查阅相关设计文件；运行评价查阅相关竣工图，并现场核实。

8.2.6 本条适用于各类民用建筑的设计、运行评价。

本条在本标准 2006 年版控制项第 4.5.2 条、一般项第 5.5.11 条基础上发展而来。充足的天然采光有利于居住者的生理和心理健康，同时也有利于降低人工照明能耗。各种光源的视觉试验结果表明，在同样照度的条件下，天然光的辨认能力优于人工光，从而有利于人们工作、生活、保护视力和提高劳动生产率。

本条的评价方法为：设计评价查阅相关设计文件、计算分析报告；运行评价查阅相关竣工图、计算分析报告、检测报告，并现场核实。

8.2.7 本条适用于各类民用建筑的设计、运行评价。

本条沿用自本标准 2006 年版优选项第 5.5.15 条，有修改。天然采光不仅有利于照明节能，而且有利于增加室内外的自然信息交流，改善空间卫生环境，调节空间使用者的心情。建筑的地下空间和大进深的地上室内空间，容易出现天然采光不足的情况。通过反光板、棱镜玻璃窗、天窗、下沉庭院等设计手法或采用导光管技术，可以有效改善这些空间的天然采光效果。本条第 1 款，要求符合现行国家标准《建筑采光设计标准》GB 50033 中控制不舒适眩光的相关规定。

第 2 款的内区，是针对外区而言的。为简化，一般情况下外区定义为距离建筑外围护结构 5m 范围内的区域。

三款可同时得分。如果参评建筑无内区，第 2 款直接得 4 分；如果参评建筑没有地下部分，第 3 款直接得 4 分。

本条的评价方法为：设计评价查阅相关设计文件、采光计算报告；运行评价查阅相关竣工图、采光计算报告、天然采光检测报告，并现场核实。

Ⅲ 室内热湿环境

8.2.8 本条适用于各类民用建筑的设计、运行评价。

本条沿用自本标准 2006 年版一般项第 4.5.10 条、优选项第 5.5.13 条，有修改。可调遮阳措施包括活动外遮阳设施、永久设施（中空玻璃夹层智能内遮阳）、固定外遮阳加内部高反射率可调节遮阳等措施。对没有阳光直射的透明围护结构，不计入面积计算。

本条的评价方法为：设计评价查阅相关设计文件、产品说明书、计算书；运行评价查阅相关竣工图、产品说明书、计算书，并现场核实。

8.2.9 本条适用于集中供暖空调的各类民用建筑的设计、运行评价。

本条沿用自本标准 2006 年版一般项第 4.5.9、5.5.8 条，有修改。本条文强调室内热舒适的调控性，包括主动式供暖空调末端的可调性及个性化的调节措施，总的目标是尽量地满足用户改善个人热舒适的差异化需求。对于集中供暖空调的住宅，由于本标准第 5.1.1 条的控制项要求，比较容易达到要求。对于采用供暖空调系统的公共建筑，应根据房间、区域的功能和所采取的系统形式，合理设置可调末端装置。

本条的评价方法为：设计评价查阅相关设计文件、产品说明书；运行评价查阅相关竣工图、产品说明书，并现场核实。

Ⅳ 室内空气质量

8.2.10 本条适用于各类民用建筑的设计、运行评价。

本条在本标准 2006 年版一般项第 4.5.4、5.5.7 条基础上发展而来。

第 1 款主要通过通风开口面积与房间地板面积的比值进行简化判断。此外，卫生间是住宅内部的一个空气污染源，卫生间开设外窗有利于污浊空气的排放。

第 2 款主要针对不容易实现自然通风的公共建筑（例如大进深内区、由于别的原因不能保证开窗通风面积满足自然通风要求的区域）进行了自然通风优化设计或创新设计，保证建筑在过渡季典型工况下平均自然通风换气次数大于 2 次/h（按面积计算。对于高大空间，主要考虑 3m 以下的活动区域）。本款可通过以下两种方式进行判断：

1 在过渡季节典型工况下，自然通风房间可开启外窗净面积不得小于房间地板面积的 4%，建筑内区房间若通过邻接房间进行自然通风，其通风开口面积应大于该房间净面积的 8%，且不应小于 2.3m^2（数据源自美国 ASHRAE 标准 62.1）。

2 对于复杂建筑，必要时需采用多区域网络法进行多房间自然通风量的模拟分析计算。

本条的评价方法为：设计评价查阅相关设计文件、计算书、自然通风模拟分析报告；运行评价查阅相关竣工图、计算书、自然通风模拟分析报告，并现场核实。

8.2.11 本条适用于各类民用建筑的设计、运行评价。

本条为新增条文。

重要功能区域指的是主要功能房间、高大空间（如剧场、体育场馆、博物馆、展览馆等），以及对气流组织有特殊要求的区域。

本条第 1 款要求供暖、通风或空调工况下的气流组织应满足功能要求，避免冬季热风无法下降，气流短路或制冷效果不佳，确保主要房间的环境参数（温度、湿度分布，风速，辐射温度等）达标。公共建筑的暖通空调设计图纸应有专门的气流组织设计说明，提供射流公式校核报告，末端风口设计应有充分的依据，必要时应提供相应的模拟分析优化报告。对于住宅，应分析分体空调室内机位置与起居室床的关系是否会造成冷风直接吹到居住者、分体空调室外机设计是否形成气流短路或恶化室外传热等问题；对于土建与装修一体化设计施工的住宅，还应校核室内空调供暖时卧室和起居室室内热环境参数是否达标。设计评价主要审查暖通空调设计图纸，以及必要的气流组织模拟分析或计算报告。运行阶段检查典型房间的抽样实测报告。

第 2 款要求卫生间、餐厅、地下车库等区域的空气和污染物避免串通到室内别的空间或室外活动场所。住区内尽量将厨房和卫生间设置于建筑单元（或户型）自然通风的负压侧，防止厨房或卫生间的气味因主导风反灌进入室内，而影响室内空气质量。同时，可以对于不同功能房间保证一定压差，避免气味散发量大的空间（比如卫生间、餐厅、地下车库等）的气味或污染物串通到室内别的空间或室外主要活动场所。卫生间、餐厅、地下车库等区域如设置机械排风，应保证负压，还应注意其取风口和排风口的位置，避免短路或污染。运行评价需现场核查或检测。

本条的评价方法为：设计评价查阅相关设计文件、气流组织模拟分析报告；运行评价查阅相关竣工图、气流组织模拟分析报告或检测报告，并现场核实。

8.2.12 本条适用于集中通风空调各类公共建筑的设计、运行评价。住宅建筑不参评。

本条在本标准 2006 年版一般项第 4.5.11 条、优选项第 5.5.14 条基础上发展而来。人员密度较高且随时间变化大的区域，指设计人员密度超过 0.25 人/m^2，设计总人数超过 8 人，且人员随时间变化大的区域。

二氧化碳检测技术比较成熟、使用方便，但甲醛、氨、苯、VOC 等空气污染物的浓度监测比较复杂，使用不方便，有些简便方法不成熟，受环境条件变化影响大。对二氧化碳，要求检测进、排风设备的工作状态，并与室内空气污染监测系统关联，实现自动通风调节。对甲醛、颗粒物等其他污染物，要求可以超标实时报警。

本条包括对室内的要求二氧化碳浓度监控，即应设置与排风联动的二氧化碳检测装置，当传感器监测到室内 CO$_2$ 浓度超过一定量值时，进行报警，同时自动启动排风系统。室内 CO$_2$ 浓度的设定量值可参考国家标准《室内空气中二氧化碳卫生标准》GB/T 17094 - 1997（2000mg/m^3）等相关标准的规定。

本条的评价方法为：设计评价查阅相关设计文件；运行评价查阅相关竣工图、运行记录，并现场核实。

8.2.13 本条适用于设地下车库的各类民用建筑的设计、运行评价。

本条在本标准 2006 年版一般项第 4.5.11 条、优选项第 5.5.14 条基础上发展而来。地下车库空气流通不好，容易导致有害气体浓度过大，对人体造成伤害。有地下车库的建筑，车库设置与排风设备联动的一氧化碳检测装置，超过一定的量值时需报警，并立刻启动排风系统。所设定的量值可参考国家标准《工作场所有害因素职业接触限值 第 1 部分：化学有害因素》GBZ 2.1 - 2007（一氧化碳的短时间接触容许浓度上限为 30mg/m^3）等相关标准的规定。

本条的评价方法为：设计评价查阅相关设计文件；运行评价查阅相关竣工图、运行记录，并现场核实。

9 施工管理

9.1 控　制　项

9.1.1 本条适用于各类民用建筑的运行评价。

项目部成立专门的绿色建筑施工管理组织机构，完善管理体系和制度建设，根据预先设定的绿色建筑施工总目标，进行目标分解、实施和考核活动。比选优化施工方案，制定相应施工计划并严格执行，要求措施、进度和人员落实，实行过程和目标双控。项目经理为绿色施工第一责任人，负责绿色施工的组织实施及目标实现，并指定绿色建筑施工各级管理人员和监督人员。

本条的评价方法为查阅该项目组织机构的相关制度文件，在施工过程中各种主要活动的可证明记录，包括可证明时间、人物、事件的纸质和电子文件、影像资料等。

9.1.2 本条适用于各类民用建筑的运行评价。

建筑施工过程是对工程场地的一个改造过程，不但改变了场地的原始状态，而且对周边环境造成影响，包括水土流失、土壤污染、扬尘、噪声、污水排放、光污染等。为了有效减小施工对环境的影响，应制定施工全过程的环境保护计划，明确施工中各相关方应承担的责任，将环境保护措施落实到具体责任人；实施过程中开展定期检查，保证环境保护目标的实现。

本条的评价方法为查阅环境保护计划书、施工单位 ISO 14001 文件、环境保护实施记录文件（包括责任人签字的检查记录、照片或影像等）、可能有的当地环保局或建委等有关主管部门对环境影响因子如扬尘、噪声、污水排放评价的达标证明。

9.1.3 本条适用于各类民用建筑的运行评价。

建筑施工过程中应加强对施工人员的健康安全保护。建筑施工项目部应编制"职业健康安全管理计划"，并组织落实，保障施工人员的健康与安全。

本条的评价方法为查阅职业健康安全管理计划、施工单位 OHSAS 18000 职业健康与安全体系文件、现场作业危险源清单及其控制计划、现场作业人员个人防护用品配备及发放台账，必要时核实劳动保护用品或器具进货单。

9.1.4 本条适用于各类民用建筑的运行评价；也可在设计评价中进行预审。

施工建设将绿色设计转化成绿色建筑。在这一过程中，参建各方应对设计文件中绿色建筑重点内容正确理解与准确把握。施工前由参建各方进行专业会审时，应对保障绿色建筑性能的重点内容逐一进行。

本条的评价方法为运行评价查阅各专业设计文件

专项会审记录。设计评价预审时，查阅各专业设计文件说明。

9.2 评　分　项

Ⅰ 环　境　保　护

9.2.1 本条适用于各类民用建筑的运行评价。

施工扬尘是最主要的大气污染源之一。施工中应采取降尘措施，降低大气总悬浮颗粒物浓度。施工中的降尘措施包括对易飞扬物质的洒水、覆盖、遮挡，对出入车辆的清洗、封闭，对易产生扬尘施工工艺的降尘措施等。在工地建筑结构脚手架外侧设置密目防尘网或防尘布，具有很好的扬尘控制效果。

本条的评价方法为查阅降尘计算书、降尘措施实施记录。

9.2.2 本条适用于各类民用建筑的运行评价。

施工产生的噪声是影响周边居民生活的主要因素之一，也是居民投诉的主要对象。国家标准《建筑施工场界环境噪声排放标准》GB 12523-2011 对噪声的测量、限值作出了具体的规定，是施工噪声排放管理的依据。为了减低施工噪声排放，应该采取降低噪声和噪声传播的有效措施，包括采用低噪声设备，运用吸声、消声、隔声、隔振等降噪措施，降低施工机械噪声。

本条的评价方法为查阅降噪计划书、场界噪声测量记录。

9.2.3 本条适用于各类民用建筑的运行评价。

目前建筑施工废弃物的数量很大，堆放或填埋均占用大量的土地；对环境产生很大的影响，包括建筑垃圾的淋滤液渗入土层和含水层，破坏土壤环境，污染地下水，有机物质发生分解产生有害气体，污染空气；同时建筑施工废弃物的产出，也意味着资源的浪费。因此减少建筑施工废弃物产出，涉及节地、节能、节材和保护环境这样一个可持续发展的综合性问题。施工废弃物减量化应在材料采购、材料管理、施工管理的全过程实施。施工废弃物应分类收集、集中堆放，尽量回收和再利用。

建筑施工废弃物包括工程施工产生的各类施工废料，有的可回收，有的不可回收，不包括基坑开挖的渣土。

本条的评价方法为查阅建筑施工废弃物减量化资源化计划，建筑施工废弃物回收单据，各类建筑材料进货单，各类工程量结算清单，统计计算的每10000m² 建筑施工固体废弃物排放量。

Ⅱ 资　源　节　约

9.2.4 本条适用于各类民用建筑的运行评价。

施工过程中的用能，是建筑全寿命期能耗的组成部分。由于建筑结构、高度、所在地区等的不同，建成每平方米建筑的用能量有显著的差异。施工中应制定节能和用能方案，提出建成每平方米建筑能耗目标值，预算各施工阶段用电负荷，合理配置临时用电设备，尽量避免多台大型设备同时使用。合理安排工序，提高各种机械的使用率和满载率，降低各种设备的单位耗能。做好建筑施工能耗管理，包括现场耗能与运输耗能。为此应该做好能耗监测、记录，用于指导施工过程中的能源节约。竣工时提供施工过程能耗记录和建成每平方米建筑实际能耗值，为施工过程的能耗统计提供基础数据。

记录主要建筑材料运输耗能，是指有记录的建筑材料占所有建筑材料重量的85%以上。

本条的评价方法为查阅施工节能和用能方案，用能监测记录，统计计算的建成每平方米建筑能耗值，有关证明材料。

9.2.5 本条适用于各类民用建筑的运行评价。

施工过程中的用水，是建筑全寿命期水耗的组成部分。由于建筑结构、高度、所在地区等的不同，建成每平方米建筑的用水量有显著的差异。施工中应制定节水和用水方案，提出建成每平方米建筑水耗目标值。为此应该做好水耗监测、记录，用于指导施工过程中的节水。竣工时提供施工过程水耗记录和建成每平方米建筑实际水耗值，为施工过程的水耗统计提供基础数据。

基坑降水抽取的地下水量大，要合理设计基坑开挖，减少基坑水排放。配备地下水存储设备，合理利用抽取的基坑水。记录基坑降水的抽取量、排放量和利用量数据。对于洗刷、降尘、绿化、设备冷却等用水来源，应尽量采用非传统水源。具体包括工程项目中使用的中水、基坑降水、工程使用后收集的沉淀水以及雨水等。

本条的评价方法为查阅施工节水和用水方案，统计计算的用水监测记录，建成每平方米建筑水耗值，有关证明材料。

9.2.6 本条适用于各类民用建筑的运行评价；也可在设计评价中进行预审。对不使用预拌混凝土的项目，本条不参评。

减少混凝土损耗、降低混凝土消耗量是施工中节材的重点内容之一。我国各地方的工程量预算定额，一般规定预拌混凝土的损耗率是1.5%，但在很多工程施工中超过了1.5%，甚至达到了2%~3%，因此有必要对预拌混凝土的损耗率提出要求。本条参考有关定额标准及部分实际工程的调查数据，对损耗率分档评分。

本条的评价方法为运行评价查阅混凝土用量结算清单、预拌混凝土进货单，统计计算的预拌混凝土损耗率。设计评价预审时，查阅减少损耗的措施计划。

9.2.7 本条适用于各类民用建筑的运行评价；也可在设计评价中进行预审。对不使用钢筋的项目，本条

得8分。

钢筋是混凝土结构建筑的大宗消耗材料。钢筋浪费是建筑施工中普遍存在的问题，设计、施工不合理都会造成钢筋浪费。我国各地方的工程量预算定额，根据钢筋的规格不同，一般规定的损耗率为2.5%~4.5%。根据对国内施工项目的初步调查，施工中实际钢筋浪费率约为6%。因此有必要对钢筋的损耗率提出要求。

专业化生产是指将钢筋用自动化机械设备按设计图纸要求加工成钢筋半成品，并进行配送的生产方式。钢筋专业化生产不仅可以通过统筹套裁节约钢筋，还可减少现场作业、降低加工成本、提高生产效率、改善施工环境和保证工程质量。

本条参考有关定额及部分实际工程的调查数据，对现场加工钢筋损耗率分档评分。

本条的评价方法为运行评价查阅专业化生产成型钢筋用量结算清单、成型钢筋进货单，统计计算的成型钢筋使用率，现场钢筋加工的钢筋工程量清单、钢筋用量结算清单，钢筋进货单，统计计算的现场加工钢筋损耗率。设计评价预审时，查阅采用专业化加工的建议文件，如条件具备情况、有无加工厂、运输距离等。

9.2.8 本条适用于各类民用建筑的运行评价。对不使用模板的项目，本条得10分。

建筑模板是混凝土结构工程施工的重要工具。我国的木胶合板模板和竹胶合板模板发展迅速，目前与钢模板已成三足鼎立之势。

散装、散拆的木（竹）胶合板模板施工技术落后，模板周转次数少，费工费料，造成资源的大量浪费。同时废模板形成大量的废弃物，对环境造成负面影响。

工具式定型模板，采用模数制设计，可以通过定型单元，包括平面模板、内角、外角模板以及连接件等，在施工现场拼装成多种形式的混凝土模板。它既可以一次拼装，多次重复使用；又可以灵活拼装，随时变化拼装模板的尺寸。定型模板的使用，提高了周转次数，减少了废弃物的产出，是模板工程绿色技术的发展方向。

本条用定型模板使用面积占模板工程总面积的比例进行分档评分。

本条的评价方法为查阅模板工程施工方案，定型模板进货单或租赁合同，模板工程量清单，以统计计算的定型模板使用率。

Ⅲ 过程管理

9.2.9 本条适用于各类民用建筑的运行评价。

施工是把绿色建筑由设计转化为实体的重要过程，为此施工单位应进行专项交底，落实绿色建筑重点内容。

本条的评价方法为查阅施工单位绿色建筑重点内容的交底记录、施工日志。

9.2.10 本条适用于各类民用建筑的运行评价。

绿色建筑设计文件经审查后，在建造过程中往往可能需要进行变更，这样有可能使绿色建筑的相关指标发生变化。本条旨在强调在建造过程中严格执行审批后的设计文件，若在施工过程中出于整体建筑功能要求，对绿色建筑设计文件进行变更，但不显著影响该建筑绿色性能，其变更可按照正常的程序进行。设计变更应存留完整的资料档案，作为最终评审时的依据。

本条的评价方法为查阅各专业设计文件变更文件、洽商记录、会议纪要、施工日志记录。

9.2.11 本条适用于各类民用建筑的运行评价。

建筑使用寿命的延长意味着更好地节约能源资源。建筑结构耐久性指标，决定着建筑的使用年限。施工过程中，应根据绿色建筑设计文件和有关标准的要求，对保障建筑结构耐久性相关措施进行检测。检测结果是竣工验收及绿色建筑评价时的重要依据。

对绿色建筑的装修装饰材料、设备，应按照相应标准进行检测。

本条规定的检测，可采用实施各专业施工、验收规范所进行的检测结果。也就是说，不必专门为绿色建筑实施额外的检测。

本条的评价方法为查阅建筑结构耐久性施工专项方案和检测报告，有关装饰装修材料、设备的进场检验记录和有关的检测报告。

9.2.12 本条适用于住宅建筑的运行评价；也可在设计评价中进行预审。

土建装修一体化设计、施工，对节约能源资源有重要作用。实践中，可由建设单位统一组织建筑主体工程和装修施工，也可由建设单位提供菜单式的装修做法由业主选择，统一进行图纸设计、材料购买和施工。在选材和施工方面尽可能采取工业化制造，具备稳定性、耐久性、环保性和通用性的设备和装修装饰材料，从而在工程竣工验收时室内装修一步到位，避免破坏建筑构件和设施。

本条的评价方法为运行评价查阅主要功能空间竣工验收时的实景照片及说明、装修材料、机电设备检测报告、性能复试报告、建筑竣工验收证明、建筑质量保修书、使用说明书、业主反馈意见书。设计评价预审时，查阅土建装修一体化设计图纸、效果图。

9.2.13 本条适用于各类民用建筑的运行评价；也可在设计评价中进行预审。

随着技术的发展，现代建筑的机电系统越来越复杂。本条强调系统综合调试和联合试运转的目的，就是让建筑机电系统的设计、安装和运行达到设计目标，保证绿色建筑的运行效果。主要内容包括制定完整的机电系统综合调试和联合试运转方案，对通风空调系统、空调水系统、给排水系统、热水系统、电气照明系统、动力系统的综合调试过程以及联合试运转过程。建设单位是机电系统综合调试和联合试运转的组织者，根据工程类别、承包形式，建设单位也可以委托代建公司和施工总承包单位组织机电系统综合调试和联合试运转。

本条的评价方法为运行评价查阅设计文件中机电系统的综合调试和联合试运转方案、技术要点、施工日志、调试运转记录。设计评价预审时，查阅设计方提供的综合调试和联合试运转技术要点文件。

10 运 营 管 理

10.1 控 制 项

10.1.1 本条适用于各类民用建筑的运行评价。

本条沿用自本标准 2006 年版控制项第 4.6.1、5.6.1 条。物业管理机构应提交节能、节水、节材与绿化管理制度，并说明实施效果。节能管理制度主要包括节能方案、节能管理模式和机制、分户分项计量收费等。节水管理制度主要包括节水方案、分户分类计量收费、节水管理机制等。耗材管理制度主要包括维护和物业耗材管理。绿化管理制度主要包括苗木养护、用水计量和化学药品的使用制度等。

本条的评价方法为查阅物业管理机构节能、节水、节材与绿化管理制度文件、日常管理记录，并现场核查。

10.1.2 本条适用于各类民用建筑的运行评价；也可在设计评价中进行预审。

本条沿用自本标准 2006 年版控制项第 4.6.3、4.6.4、5.6.3 条。建筑运行过程中产生的生活垃圾有家具、电器等大件垃圾，有纸张、塑料、玻璃、金属、布料等可回收利用垃圾；有剩菜剩饭、骨头、菜根菜叶、果皮等厨余垃圾；有含有重金属的电池、废弃灯管、过期药品等有害垃圾；还有装修或维护过程中产生的渣土、砖石和混凝土碎块、金属、竹木材等废料。首先，根据垃圾处理要求等确立分类管理制度和必要的收集设施，并对垃圾的收集、运输等进行整体的合理规划，合理设置小型有机厨余垃圾处理设施。其次，制定包括垃圾管理运行操作手册、管理设施、管理经费、人员配备及机构分工、监督机制、定期的岗位业务培训和突发事件的应急处理系统等内容的垃圾管理制度。最后，垃圾容器应具有密闭性能，其规格和位置应符合国家有关标准的规定，其数量、外观色彩及标志应符合垃圾分类收集的要求，并置于隐蔽、避风处，与周围景观相协调，坚固耐用，不易倾倒，防止垃圾无序倾倒和二次污染。

本条的评价方法为运行评价查阅建筑、环卫等专业的垃圾收集、处理设施的竣工文件，垃圾管理制度文件，垃圾收集、运输等的整体规划，并现场核查。设计评价预审时，查阅垃圾物流规划、垃圾容器设置等文件。

10.1.3 本条适用于各类民用建筑的运行评价。

本条沿用自本标准 2006 年版控制项第 5.6.2 条，将适用范围扩展至各类民用建筑，并扩展了污染物的范围。本标准中第 4.1.3 条虽有类似要求，但更侧重于规划选址、设计等阶段的考虑，本条则主要考察建筑的运行。除了本标准第 10.1.2 条已作出要求的固体污染物之外，建筑运行过程中还会产生各类废气和污水，可能造成多种有机和无机的化学污染，放射性等物理污染以及病原体等生物污染。此外，还应关注噪声、电磁辐射等物理污染（光污染已在第 4.2.4 条体现）。为此需要通过合理的技术措施和排放管理手段，杜绝建筑运行过程中相关污染物的不达标排放。相关污染物的排放应符合现行标准《大气污染物综合排放标准》GB 16297、《锅炉大气污染物排放标准》GB 13271、《饮食业油烟排放标准》GB 18483、《污水综合排放标准》GB 8978、《医疗机构水污染物排放标准》GB 18466、《污水排入城镇下水道水质标准》CJ 343、《社会生活环境噪声排放标准》GB 22337、《制冷空调设备和系统　减少卤代制冷剂排放规范》GB/T 26205 等的规定。

本条的评价方法为查阅污染物排放管理制度文件，项目运行期排放废气、污水等污染物的排放检测报告，并现场核查。

10.1.4 本条适用于各类民用建筑的运行评价。

本条为新增条文。绿色建筑设置的节能、节水设施，如热能回收设备、地源/水源热泵、太阳能光伏发电设备、太阳能热水设备、遮阳设备、雨水收集处理设备等，均应工作正常，才能使预期的目标得以实现。本标准中第 5.2.13、5.2.14、5.2.15、5.2.16、6.2.12 条等对相关设施虽有技术要求，但偏重于技术合理性，有必要考察其实际运行情况。

本条的评价方法是查阅节能、节水设施的竣工文件、运行记录，并现场核查设备系统的工作情况。

10.1.5 本条适用于各类民用建筑的运行评价；也可在设计评价中进行预审。

本条在本标准 2006 年版一般项第 5.6.9 条基础上发展而来，不仅适用范围扩展至各类民用建筑，而且强化为控制项。供暖、通风、空调、照明系统是建筑物的主要用能设备。本标准中第 5.2.7、5.2.8、5.2.9、8.2.9、8.2.12、8.2.13 条虽已要求采用自动控制措施进行节能和室内环境保障，但本条主要考察其实际工作正常，及其运行数据。因此，需对绿色建筑的上述系统及主要设备进行有效的监测，对主要运行数据进行实时采集并记录；并对上述设备系统按照设计要求进行自动控制，通过在各种不同运行工况下的自动调节来降低能耗。对于建筑面积 2 万 m² 以

下的公共建筑和建筑面积 10 万 m² 以下的住宅区公共设施的监控，可以不设建筑设备自动监控系统，但应设简易有效的控制措施。

本条的评价方法是运行评价查阅设备自控系统竣工文件、运行记录，并现场核查设备及其自控系统的工作情况。设计评价预审时，查阅建筑设备自动监控系统的监控点数。

10.2　评 分 项

Ⅰ　管 理 制 度

10.2.1 本条适用于各类民用建筑的运行评价。

本条在本标准 2006 年版一般项第 4.6.9、5.6.5 条基础上发展而来。物业管理机构通过 ISO 14001 环境管理体系认证，是提高环境管理水平的需要，可达到节约能源，降低消耗，减少环保支出，降低成本的目的，减少由于污染事故或违反法律、法规所造成的环境风险。

物业管理具有完善的管理措施，定期进行物业管理人员的培训。ISO 9001 质量管理体系认证可以促进物业管理机构质量管理体系的改进和完善，提高其管理水平和工作质量。

《能源管理体系　要求》GB/T 23331 是在组织内建立起完整有效的、形成文件的能源管理体系，注重过程的控制，优化组织的活动、过程及其要素，通过管理措施，不断提高能源管理体系持续改进的有效性，实现能源管理方针和预期的能源消耗或使用目标。

本条的评价方法为查阅相关认证证书和相关的工作文件。

10.2.2 本条适用于各类民用建筑的运行评价。

本条为新增条文，是在本标准控制项第 10.1.1、10.1.4 条的基础上所提出的更高要求。节能、节水、节材、绿化的操作管理制度是指导操作管理人员工作的指南，应挂在各个操作现场的墙上，促使操作人员严格遵守，以有效保证工作的质量。

可再生能源系统、雨废水回用系统等节能、节水设施的运行维护技术要求高，维护的工作量大，无论是自行运维还是购买专业服务，都需要建立完善的管理制度及应急预案。日常运行中应做好记录。

本条的评价方法为查阅相关管理制度、操作规程、应急预案、操作人员的专业证书、节能节水设施的运行记录，并现场核查。

10.2.3 本条适用于各类民用建筑的运行评价。当被评价项目不存在租用者时，第 2 款可不参评。

本条在本标准 2006 年版优选项第 5.6.11 条基础上发展而来。管理是运行节约能源、资源的重要手段，必须在管理业绩上与节能、节约资源情况挂钩。因此要求物业管理机构在保证建筑的使用性能要求、

投诉率低于规定值的前提下，实现其经济效益与建筑用能系统的耗能状况、水资源和各类耗材等的使用情况直接挂钩。采用合同能源管理模式更是节能的有效方式。

本条的评价方法为查阅物业管理机构的工作考核体系文件、业主和租用者以及管理企业之间的合同。

10.2.4 本条适用于各类民用建筑的运行评价。

本条为新增条文。在建筑物长期的运行过程中，用户和物业管理人员的意识与行为，直接影响绿色建筑的目标实现，因此需要坚持倡导绿色理念与绿色生活方式的教育宣传制度，培训各类人员正确使用绿色设施，形成良好的绿色行为与风气。

本条的评价方法为查阅绿色教育宣传的工作记录与报道记录，绿色设施使用手册。

Ⅱ 技术管理

10.2.5 本条适用于各类民用建筑的运行评价。

本条为新增条文，是在本标准控制项第 10.1.4、10.1.5 条的基础上所提出的更高要求。保持建筑物与居住区的公共设施设备系统运行正常，是绿色建筑实现各项目标的基础。机电设备系统的调试不仅限于新建建筑的试运行和竣工验收，而应是一项持续性、长期性的工作。因此，物业管理机构有责任定期检查、调试设备系统，标定各类检测器的准确度，根据运行数据，或第三方检测的数据，不断提升设备系统的性能，提高建筑物的能效管理水平。

本条的评价方法是查阅相关设备的检查、调试、运行、标定记录，以及能效改进方案等文件。

10.2.6 本条适用于采用集中空调通风系统的各类民用建筑的运行评价。

本条沿用自本标准 2006 年版一般项第 5.6.7 条，有修改。随着国民经济的发展和人民生活水平的提高，中央空调与通风系统已成为许多建筑中的一项重要设施。对于使用空调可能会造成疾病转播（如军团菌、非典等）的认识也不断提高，从而深刻意识到了清洗空调系统，不仅可节省系统运行能耗、延长系统的使用寿命，还可保证室内空气品质，降低疾病产生和传播的可能性。空调通风系统清洗的范围应包括系统中的换热器，过滤器，通风管道与风口等，清洗工作符合《空调通风系统清洗规范》GB 19210 的要求。

本条的评价方法是查阅物业管理措施、清洗计划和工作记录。

10.2.7 本条适用于设置非传统水源利用设施的各类民用建筑的运行评价；也可在设计评价中进行预审。无非传统水源利用设施的项目不参评。

本条为新增条文，是在本标准控制项第 10.1.4 条的基础上所提出的更高要求。使用非传统水源的场合，其水质的安全性十分重要。为保证合理使用非传统水源，实现节水目标，必须定期对使用的非传统水源的水质进行检测，并对其水质和用水量进行准确记录。所使用的非传统水源应满足现行国家标准《城市污水再生利用　城市杂用水水质》GB/T 18920 的要求。非传统水源的水质检测间隔不应大于 1 个月，同时，应提供非传统水源的供水量记录。

本条的评价方法为运行评价查阅非传统水源的检测、计量记录。设计评价预审时，查阅非传统水源的水表设计文件。

10.2.8 本条适用于各类民用建筑的运行评价；也可在设计评价中进行预审。

本条沿用自本标准 2006 年版一般项第 4.6.6、5.6.8 条。通过智能化技术与绿色建筑其他方面技术的有机结合，可望有效提升建筑综合性能。由于居住建筑/居住区和公共建筑的使用特性与技术需求差别较大，故其智能化系统的技术要求也有所不同；但系统设计上均要求达到基本配置。此外，还对系统工作运行情况也提出了要求。

居住建筑智能化系统应满足《居住区智能化系统配置与技术要求》CJ/T 174 的基本配置要求，主要评价内容为居住区安全技术防范系统、住宅信息通信系统、居住区建筑设备监控管理系统、居住区监控中心等。

公共建筑的智能化系统应满足《智能建筑设计标准》GB/T 50314 的基础配置要求，主要评价内容为安全技术防范系统、信息通信系统、建筑设备监控管理系统、安（消）防监控中心等。国家标准《智能建筑设计标准》GB/T 50314 以系统合成配置的综合技术功效对智能化系统工程标准等级予以了界定，绿色建筑应达到其中的应选配置（即符合建筑基本功能的基础配置）的要求。

本条的评价方法运行评价为查阅智能化系统竣工文件、验收报告及运行记录，并现场核查。设计评价预审时，查阅安全技术防范系统、信息通信系统、建筑设备监控管理系统、监控中心等设计文件。

10.2.9 本条适用于各类民用建筑的运行评价。

本条为新增条文。信息化管理是实现绿色建筑物业管理定量化、精细化的重要手段，对保障建筑的安全、舒适、高效及节能环保的运行效果，提高物业管理水平和效率，具有重要作用。采用信息化手段建立完善的建筑工程及设备、能耗监管、配件档案及维修记录是极为重要的。本条第 3 款是在本标准控制项第 10.1.5 条的基础上所提出的更高一级的要求，要求相关的运行记录数据均为智能化系统输出的电子文档。应提供至少 1 年的用水量、用电量、用气量、用冷热量的数据，作为评价的依据。

本条的评价方法为查阅针对建筑物及设备的配件档案和维修的信息记录，能耗分项计量和监管的数据，并现场核查物业管理信息系统。

10.2.10　本条适用于各类民用建筑的运行评价。

本条沿用自本标准 2006 年版一般项第 4.6.7 条，同时也是在本标准控制项第 10.1.1 条的基础上所提出的更高要求。无公害病虫害防治是降低城市及社区环境污染、维护城市及社区生态平衡的一项重要举措。对于病虫害，应坚持以物理防治、生物防治为主，化学防治为辅，并加强预测预报。因此，一方面提倡采用生物制剂、仿生制剂等无公害防治技术，另一方面规范杀虫剂、除草剂、化肥、农药等化学品的使用，防止环境污染，促进生态可持续发展。

本条的评价方法为查阅化学品管理制度文件病虫害防治用品的进货清单与使用记录，并现场核查。

10.2.11　本条适用于各类民用建筑的运行评价。

本条沿用自本标准 2006 年版一般项第 4.6.8 条。对绿化区做好日常养护，保证新栽种和移植的树木有较高的一次成活率。发现危树、枯死树木应及时处理。

本条的评价方法为查阅绿化管理制度、工作记录，并现场核实和用户调查。

10.2.12　本条适用于各类民用建筑的运行评价；也可在设计评价中进行预审。

本条沿用自本标准 2006 年版一般项第 4.6.5 条，略有修改。重视垃圾收集站点与垃圾间的景观美化及环境卫生问题，用以提升生活环境的品质。垃圾站（间）设冲洗和排水设施，并定期进行冲洗、消杀；存放垃圾能及时清运、并做到垃圾不散落、不污染环境、不散发臭味。本条所指的垃圾站（间），还应包括生物降解垃圾处理房等类似功能间。

本条评价方法为运行评价现场考察必要时开展用户抽样调查。设计评价评审时，查阅垃圾收集站点、垃圾间等冲洗、排水设施设计文件。

10.2.13　本条适用于各类民用建筑的运行评价。

本条由本标准 2006 年版一般项第 4.6.10 条和优选项第 4.6.12 条整合得到，同时也是在本标准控制项第 10.1.2 条的基础上所提出的更高一级的要求。垃圾分类收集就是在源头将垃圾分类投放，并通过分类的清运和回收使之分类处理或重新变成资源，减少垃圾的处理量，减少运输和处理过程中的成本。除要求垃圾分类收集率外，还分别对可回收垃圾、可生物降解垃圾（有机厨余垃圾）提出了明确要求。需要说明的是，对有害垃圾必须单独收集、单独运输、单独处理，这是《环境卫生设施设置标准》CJJ 27 - 2012 的强制性要求。

本条的评价方法为查阅垃圾管理制度文件、各类垃圾收集和处理的工作记录，并进行现场核查，必要时开展用户抽样调查。

11　提高与创新

11.1　一　般　规　定

11.1.1　绿色建筑全寿命期内各环节和阶段，都有可能在技术、产品选用和管理方式上进行性能提高和创新。为鼓励性能提高和创新，在各环节和阶段采用先进、适用、经济的技术、产品和管理方式，本次修订增设了相应的评价项目。比照"控制项"和"评分项"，本标准中将此类评价项目称为"加分项"。

本次修订增设的加分项内容，有的在属性分类上属于性能提高，如采用高性能的空调设备、建筑材料、节水装置等，鼓励采用高性能的技术、设备或材料；有的在属性分类上属于创新，如建筑信息模型（BIM）、碳排放分析计算、技术集成应用等，鼓励在技术、管理、生产方式等方面的创新。

11.1.2　加分项的评定结果为某得分值或不得分。考虑到与绿色建筑总得分要求的平衡，以及加分项对建筑"四节一环保"性能的贡献，本标准对加分项附加得分作了不大于 10 分的限制。附加得分与加权得分相加后得到绿色建筑总得分，作为确定绿色建筑等级的最终依据。某些加分项是对前面章节中评分项的提高，符合条件时，加分项和相应评分项可都得分。

11.2　加　分　项

Ⅰ　性　能　提　高

11.2.1　本条适用于各类民用建筑的设计、运行评价。

本条是第 5.2.3 条的更高层次要求。围护结构的热工性能提高，对于绿色建筑的节能与能源利用影响较大，而且也对室内环境质量有一定影响。为便于操作，参照国家有关建筑节能设计标准的做法，分别提供了规定性指标和性能化计算两种可供选择的达标方法。

本条的评价方法为：设计评价查阅相关设计文件、计算分析报告；运行评价查阅相关竣工图、计算分析报告，并现场核实。

11.2.2　本条适用于各类民用建筑的设计、运行评价。

本条是第 5.2.4 条的更高层次要求，除指标数值以外的其他说明内容与第 5.2.4 条同。尚需说明的是对于住宅或小型公建中采用分体空调器、燃气热水炉等其他设备作为供暖空调冷热源的情况（包括同时作为供暖和生活热水热源的热水炉），可以《房间空气调节器能效限定值及能效等级》GB 12021.3、《转速可控型房间空气调节器能效限定值及能源效率等级》GB 21455、《家用燃气快速热水器和燃气采暖热水炉能效限定值及能效等级》GB 20665 等现行有关国家标准中的能效等级 1 级作为判定本条是否达标的依据。

本条的评价方法为：设计评价查阅相关设计文件；运行评价查阅相关竣工图、主要产品型式检验报告，并现场核实。

11.2.3 本条适用于各类公共建筑的设计、运行评价。

本条沿用自本标准 2006 年版优选项第 5.2.17 条，有修改。分布式热电冷联供系统为建筑或区域提供电力、供冷、供热（包括供热水）三种需求，实现能源的梯级利用。

在应用分布式热电冷联供技术时，必须进行科学论证，从负荷预测、系统配置、运行模式、经济和环保效益等多方面对方案做可行性分析，严格以热定电，系统设计满足相关标准的要求。

本条的评价方法为：设计评价查阅相关设计文件、计算分析报告（包括负荷预测、系统配置、运行模式、经济和环保效益等方面）；运行评价查阅相关竣工图、主要产品型式检验报告、计算分析报告，并现场核实。

11.2.4 本条适用于各类民用建筑的设计、运行评价。

本条是第 6.2.6 条的更高层次要求。绿色建筑鼓励选用更高节水性能的节水器具。目前我国已对部分用水器具的用水效率制定了相关标准，如：《水嘴用水效率限定值及用水效率等级》GB 25501-2010、《坐便器用水效率限定值及用水效率等级》GB 25502-2010、《小便器用水效率限定值及用水效率等级》GB 28377-2012、《淋浴器用水效率限定值及用水效率等级》GB 28378-2012、《便器冲洗阀用水效率限定值及用水效率等级》GB 28379-2012，今后还将陆续出台其他用水器具的标准。

在设计文件中要注明对卫生器具的节水要求和相应的参数或标准。卫生器具有用水效率相关标准的，应全部采用，方可认定达标。

本条的评价方法为：设计评价查阅相关设计文件、产品说明书；运行评价查阅相关竣工图、产品说明书、产品节水性能检测报告，并现场核实。

11.2.5 本条适用于各类民用建筑的设计、运行评价。

本条沿用自本标准 2006 年版中的两条优选项第 4.4.10 条和第 5.4.11 条。当主体结构采用钢结构、木结构，或预制构件用量比例不小于 60% 时，本条可得分。对其他情况，尚需经充分论证后方可得分。

本条的评价方法为：设计评价查阅相关设计文件、计算分析报告；运行评价查阅竣工图、计算分析报告，并现场核实。

11.2.6 本条适用于各类民用建筑的设计、运行评价。

本条为新增条文。主要功能房间主要包括间歇性人员密度较高的空间或区域（如会议室），以及人员经常停留空间或区域（如办公室的等）。空气处理措施包括在空气处理机组中设置中效过滤段、在主要功能房间设置空气净化装置等。

本条的评价方法为：设计评价查阅暖通空调专业设计图纸和文件空气处理措施报告；运行评价查阅暖通空调专业竣工图纸、主要产品型式检验报告、运行记录、室内空气品质检测报告等，并现场检查。

11.2.7 本条适用于各类民用建筑的运行评价。

本条是第 8.1.7 条的更高层次要求。以 TVOC 浓度为例，英国 BREEAM 新版文件的要求不大于 $300\mu g/m^3$，比我国现行国家标准要求（不大于 $600\mu g/m^3$）更为严格。甲醛浓度也是如此，多个国家的绿色建筑标准要求均在（50~60）$\mu g/m^3$ 的水平，也比我国现行国家标准要求（不大于 0.10mg/m^3）严格。进一步提高对于室内环境质量指标要求的同时，也适当考虑了我国当前的大气环境条件和装修材料工艺水平，因此，将现行国家标准规定值的 70% 作为室内空气品质的更高要求。

本条的评价方法为：运行评价查阅室内污染物检测报告（应依据相关国家标准进行检测），并现场检查。

Ⅱ 创 新

11.2.8 本条适用于各类民用建筑的设计、运行评价。

本条主要目的是为了鼓励设计创新，通过对建筑设计方案的优化，降低建筑建造和运营成本，提高绿色建筑性能水平。例如，建筑设计充分体现我国不同气候区对自然通风、保温隔热等节能特征的不同需求，建筑形体设计等与场地微气候结合紧密，应用自然采光、遮阳等被动式技术优先的理念，设计策略明显有利于降低空调、供暖、照明、生活热水、通风、电梯等的负荷需求、提高室内环境质量、减少建筑用能时间或促进运行阶段的行为节能，等等。

本条的评价方法为：设计评价查阅相关设计文件、分析论证报告；运行评价查阅相关竣工图、分析论证报告，并现场核实。

11.2.9 本条适用于各类民用建筑的设计、运行评价。

本条前半部分沿用自本标准 2006 年版中的优选项第 4.1.18 条和第 5.1.12 条，后半部分沿用自本标准 2006 年版中的一般项第 4.1.10 条和优选项第 5.1.13 条。虽然选用废弃场地、利用旧建筑具体技术存在不同，但同属于项目策划、规划前期均需考虑的问题，而且基本不存在两点内容可同时达标的情况，故进行了条文合并处理。

我国城市可建设用地日趋紧缺，对废弃地进行改造并加以利用是节约集约利用土地的重要途径之一。利用废弃地进行绿色建筑建设，在技术难度、建设成本方面都需要付出更多努力和代价。因此，对于优先选用废弃地的建设理念和行为进行鼓励。本条所指的废弃场地主要包括裸岩、石砾地、盐碱地、沙荒地、废窑坑、废旧仓库或工厂弃置地等。绿色建筑可优先考虑合理利用废弃场地，采取改造或改良等治理措施，对土壤中是否含有有毒物质进行检测与再利用评估，确保场地利用不存在安全隐患、符合国家相关标准的要求。

本条所指的"尚可使用的旧建筑"系指建筑质量能保证使用安全的旧建筑，或通过少量改造加固后能保证使用安全的旧建筑。虽然目前多数项目为新建，且多为净地交付，项目方很难有权选择利用旧建筑。但仍需对利用"可使用的"旧建筑的行为予以鼓励，防止大拆大建。对于一些从技术经济分析角度不可行，但出于保护文物或体现风貌而留存的历史建筑，由于有相关政策或财政资金支持，因此不在本条中得分。

本条的评价方法为：设计评价查阅相关设计文件、环评报告、旧建筑使用专项报告；运行评价查阅相关竣工图、环评报告、旧建筑使用专项报告、检测报告，并现场核实。

11.2.10 本条适用于各类民用建筑的设计、运行评价。

建筑信息模型（BIM）是建筑业信息化的重要支撑技术。BIM 是在 CAD 技术基础上发展起来的多维模型信息集成技术。BIM 是集成了建筑工程项目各种相关信息的工程数据模型，能使设计人员和工程人员能够对各种建筑信息做出正确的应对，实现数据共享并协同工作。

BIM 技术支持建筑工程全寿命期的信息管理和利用。在建筑工程建设的各阶段支持基于 BIM 的数据交换和共享，可以极大地提升建筑工程信息化整体水平，工程建设各阶段、各专业之间的协作配合可以在更高层次上充分利用各自资源，有效地避免由于数据不通畅带来的重复性劳动，大大提高整个工程的质量和效率，并显著降低成本。

本条的评价方法为：设计评价查阅规划设计阶段的 BIM 技术应用报告；运行评价查阅规划设计、施工建造、运行维护阶段的 BIM 技术应用报告。

11.2.11 本条适用于各类民用建筑的设计、运行评价。

建筑碳排放计算及其碳足迹分析，不仅有助于帮助绿色建筑项目进一步达到和优化节能、节水、节材等资源节约目标，而且有助于进一步明确建筑对于我国温室气体减排的贡献量。经过多年的研究探索，我国也有了较为成熟的计算方法和一定量的案例实践。在计算分析基础上，再进一步采取相关节能减排措施降低碳排放，做到有的放矢。绿色建筑作为节约资源、保护环境的载体，理应将此作为一项技术措施同步开展。

建筑碳排放计算分析包括建筑固有的碳排放量和标准运行工况下的资源消耗碳排放量。设计阶段的碳排放计算分析报告主要分析建筑的固有碳排放量，运行阶段主要分析在标准运行工况下建筑的资源消耗碳排放量。

本条的评价方法为：设计评价查阅设计阶段的碳排放计算分析报告，以及相应措施；运行评价查阅设计、运行阶段的碳排放计算分析报告，以及相应措施的运行情况。

11.2.12 本条适用于各类民用建筑的设计、运行评价。

本条主要是对前面未提及的其他技术和管理创新予以鼓励。对于不在前面绿色建筑评价指标范围内，但在保护自然资源和生态环境、节能、节材、节水、节地、减少环境污染与智能化系统建设等方面实现良好性能的项目进行引导，通过各类项目对创新项的追求以提高绿色建筑技术水平。

当某项目采取了创新的技术措施，并提供了足够证据表明该技术措施可有效提高环境友好性，提高资源与能源利用效率，实现可持续发展或具有较大的社会效益时，可参与评审。项目的创新点应较大地超过相应指标的要求，或达到合理指标但具备显著降低成本或提高工效等优点。本条未列出所有的创新项内容，只要申请方能够提供足够相关证明，并通过专家组的评审即可认为满足要求。

本条的评价方法为：设计评价时查阅相关设计文件、分析论证报告及相关证明材料；运行评价时查阅相关竣工图、分析论证报告及相关证明材料，并现场核实。

中华人民共和国国家标准

混凝土结构耐久性设计规范

Code for durability design of concrete structures

GB/T 50476—2008

主编部门：中华人民共和国住房和城乡建设部
批准部门：中华人民共和国住房和城乡建设部
施行日期：２００９年５月１日

中华人民共和国住房和城乡建设部
公 告

第 162 号

关于发布国家标准
《混凝土结构耐久性设计规范》的公告

现批准《混凝土结构耐久性设计规范》为国家标准，编号为 GB/T 50476—2008，自 2009 年 5 月 1 日起实施。

本规范由我部标准定额研究所组织中国建筑工业

出版社出版发行。

中华人民共和国住房和城乡建设部

2008 年 11 月 12 日

前 言

本规范是根据建设部《关于印发〈二○○四年工程建设国家标准制定、修订计划〉的通知》（建标〔2004〕67 号文）要求，由清华大学会同有关单位共同编制而成。

在编写过程中，编制组开展了专题调查研究，总结了我国近年来的工程实践经验并借鉴了现行的有关国际标准，先后完成了编写初稿、征求意见稿和送审稿，并以多种方式在全国范围内广泛征求意见，经反复修改，最后审查定稿。

本规范共分 8 章、4 个附录，主要内容为：混凝土结构耐久性设计的基本原则、环境作用类别与等级的划分、设计使用年限、混凝土材料的基本要求、有关的结构构造措施以及一般环境、冻融环境、氯化物环境和化学腐蚀环境作用下的耐久性设计方法。

混凝土结构的耐久性问题十分复杂，不仅环境作用本身多变，带有很大的不确定与不确知性，而且结构材料在环境作用下的劣化机理也有诸多问题有待进一步明确。我国幅员辽阔，各地环境条件与混凝土原材料均存在很大差异，在应用本规范时，应充分考虑当地的实际情况。

本规范由住房和城乡建设部负责管理，由清华大学负责具体技术内容的解释。为提高规范质量，请在使用本规范的过程中结合工程实践，认真总结经验、

积累资料，并将意见和建议寄交清华大学土木系（邮编：100084；E-mail：jiegou@tsinghua.edu.cn）。

本规范主编单位、参编单位和主要起草人：

主编单位：清华大学

参编单位：中国建筑科学研究院

国家建筑工程质量监督检验中心

北京市市政工程设计研究总院

同济大学

西安建筑科技大学

大连理工大学

中交四航工程研究院

中交天津港湾工程研究院

路桥集团桥梁技术有限公司

中国建筑工程总公司

主要起草人：	陈肇元	邸小坛	李克非	廉慧珍
	徐有邻	包琦玮	王庆霖	黄士元
	金伟良	干伟忠	赵 筠	朱万旭
	鲍卫刚	潘德强	孙 伟	王 铠
	陈蔚凡	巴恒静	路新瀛	谢永江
	郝挺宇	邓德华	冷发光	缪昌文
	钱稼茹	王清湘	张 鑫	邢 锋
	尤天直	赵铁军		

目　次

1 总 则

1.0.1 为保证混凝土结构的耐久性达到规定的设计使用年限，确保工程的合理使用寿命要求，制定本规范。

1.0.2 本规范适用于常见环境作用下房屋建筑、城市桥梁、隧道等市政基础设施与一般构筑物中普通混凝土结构及其构件的耐久性设计，不适用于轻骨料混凝土及其他特种混凝土结构。

1.0.3 本规范规定的耐久性设计要求，应为结构达到设计使用年限并具有必要保证率的最低要求。设计中可根据工程的具体特点、当地的环境条件与实践经验，以及具体的施工条件等适当提高。

1.0.4 混凝土结构的耐久性设计，除执行本规范的规定外，尚应符合国家现行有关标准的规定。

2 术语和符号

2.1 术 语

2.1.1 环境作用 environmental action

温、湿度及其变化以及二氧化碳、氧、盐、酸等环境因素对结构的作用。

2.1.2 劣化 degradation

材料性能随时间的逐渐衰减。

2.1.3 劣化模型 degradation model

描述材料性能劣化过程的数学表达式。

2.1.4 结构耐久性 structure durability

在设计确定的环境作用和维修、使用条件下，结构构件在设计使用年限内保持其适用性和安全性的能力。

2.1.5 结构使用年限 structure service life

结构各种性能均能满足使用要求的年限。

2.1.6 氯离子在混凝土中的扩散系数 chloride diffusion coefficient of concrete

描述混凝土孔隙水中氯离子从高浓度区向低浓度区扩散过程的参数。

2.1.7 混凝土抗冻耐久性指数 DF（durability factor）

混凝土经规定次数快速冻融循环试验后，用标准试验方法测定的动弹性模量与初始动弹性模量的比值。

2.1.8 引气 air entrainment

混凝土拌合时用表面活性剂在混凝土中形成均匀、稳定球形微气泡的工艺措施。

2.1.9 含气量 concrete air content

混凝土中气泡体积与混凝土总体积的比值。对于采用引气工艺的混凝土，气泡体积包括掺入引气剂后形成的气泡体积和混凝土拌合过程中挟带的空气体积。

2.1.10 气泡间隔系数 air bubble spacing

硬化混凝土或水泥浆体中相邻气泡边缘之间的平均距离。

2.1.11 维修 maintenance

为维持结构在使用年限内所需性能而采取的各种技术和管理活动。

2.1.12 修复 restore

通过修补、更换或加固，使受到损伤的结构恢复到满足正常使用所进行的活动。

2.1.13 大修 major repair

需在一定期限内停止结构的正常使用，或大面积置换结构中的受损混凝土，或更换结构主要构件的修复活动。

2.1.14 可修复性 restorability

受到损伤的结构或构件具有能够经济合理地被修复的能力。

2.1.15 胶凝材料 cementitious material, or binder

混凝土原材料中具有胶结作用的硅酸盐水泥和粉煤灰、硅灰、磨细矿渣等矿物掺合料与混合料的总称。

2.1.16 水胶比 water to binder ratio

混凝土拌合物中用水量与胶凝材料总量的重量比。

2.1.17 大掺量矿物掺合料混凝土 concrete with high-volume supplementary cementitious materials

胶凝材料中含有较大比例的粉煤灰、硅灰、磨细矿渣等矿物掺合料和混合料，需要采取较低的水胶比和特殊施工措施的混凝土。

2.1.18 钢筋的混凝土保护层 concrete cover to reinforcement

从混凝土表面到钢筋（包括纵向钢筋、箍筋和分布钢筋）公称直径外边缘之间的最小距离；对后张法预应力筋，为套管或孔道外边缘到混凝土表面的距离。

2.1.19 防腐蚀附加措施 additional protective measures

在改善混凝土密实性、增加保护层厚度和利用防排水措施等常规手段的基础上，为进一步提高混凝土结构耐久性所采取的补充措施，包括混凝土表面涂层、防腐蚀面层、环氧涂层钢筋、钢筋阻锈剂和阴极保护等。

2.1.20 多重防护策略 multiple protective strategy

为确保混凝土结构和构件的使用年限而同时采取多种防腐蚀附加措施的方法。

2.1.21 混凝土结构 concrete structure

以混凝土为主制成的结构，包括素混凝土结构、钢筋混凝土结构和预应力混凝土结构；无筋或不配置受力钢筋的结构为素混凝土结构,钢筋混凝土和预应力混凝土结构在本规范统称为配筋混凝土结构。

2.2 符 号

c——钢筋的混凝土保护层厚度;

c_1——钢筋的混凝土保护层厚度的检测值;

C_a30——强度等级为C30的引气混凝土;

D_{RCM}——用外加电场加速离子迁移的标准试验方法测得的氯离子扩散系数;

DF——混凝土抗冻耐久性指数;

E_0——经历冻融循环之前混凝土的初始动弹性模量;

E_1——经历冻融循环后混凝土的动弹性模量;

W/B——混凝土的水胶比;

α_f——混凝土原材料中的粉煤灰重量占胶凝材料总重的比值;

α_s——混凝土原材料中的磨细矿渣重量占胶凝材料总重的比值;

$\triangle$——混凝土保护层施工允许负偏差的绝对值。

3 基 本 规 定

3.1 设 计 原 则

3.1.1 混凝土结构的耐久性应根据结构的设计使用年限、结构所处的环境类别及作用等级进行设计。

对于氯化物环境下的重要混凝土结构,尚应按本规范附录 A 的规定采用定量方法进行辅助性校核。

3.1.2 混凝土结构的耐久性设计应包括下列内容:

1 结构的设计使用年限、环境类别及其作用等级;

2 有利于减轻环境作用的结构形式、布置和构造;

3 混凝土结构材料的耐久性质量要求;

4 钢筋的混凝土保护层厚度;

5 混凝土裂缝控制要求;

6 防水、排水等构造措施;

7 严重环境作用下合理采取防腐蚀附加措施或多重防护策略;

8 耐久性所需的施工养护制度与保护层厚度的施工质量验收要求;

9 结构使用阶段的维护、修理与检测要求。

3.2 环境类别与作用等级

3.2.1 结构所处环境按其对钢筋和混凝土材料的腐蚀机理可分为5类,并应按表3.2.1确定。

表 3.2.1 环 境 类 别

环境类别	名 称	腐蚀机理
Ⅰ	一般环境	保护层混凝土碳化引起钢筋锈蚀
Ⅱ	冻融环境	反复冻融导致混凝土损伤
Ⅲ	海洋氯化物环境	氯盐引起钢筋锈蚀
Ⅳ	除冰盐等其他氯化物环境	氯盐引起钢筋锈蚀
Ⅴ	化学腐蚀环境	硫酸盐等化学物质对混凝土的腐蚀

注:一般环境系指无冻融、氯化物和其他化学腐蚀物质作用。

3.2.2 环境对配筋混凝土结构的作用程度应采用环境作用等级表达,并应符合表3.2.2的规定。

表 3.2.2 环 境 作 用 等 级

环境作用等级 环境类别	A 轻微	B 轻度	C 中度	D 严重	E 非常 严重	F 极端 严重
一般环境	Ⅰ-A	Ⅰ-B	Ⅰ-C	—	—	—
冻融环境	—	—	Ⅱ-C	Ⅱ-D	Ⅱ-E	—
海洋氯化物环境	—	—	Ⅲ-C	Ⅲ-D	Ⅲ-E	Ⅲ-F
除冰盐等其他氯化物环境	—	—	Ⅳ-C	Ⅳ-D	Ⅳ-E	—
化学腐蚀环境	—	—	Ⅴ-C	Ⅴ-D	Ⅴ-E	—

3.2.3 当结构构件受到多种环境类别共同作用时,应分别满足每种环境类别单独作用下的耐久性要求。

3.2.4 在长期潮湿或接触水的环境条件下,混凝土结构的耐久性设计应考虑混凝土可能发生的碱-骨料反应、钙矾石延迟反应和软水对混凝土的溶蚀,在设计中采取相应的措施。对混凝土含碱量的限制应根据附录B确定。

3.2.5 混凝土结构的耐久性设计尚应考虑高速流水、风沙以及车轮行驶对混凝土表面的冲刷、磨损作用等实际使用条件对耐久性的影响。

3.3 设 计 使 用 年 限

3.3.1 混凝土结构的设计使用年限应按建筑物的合理使用年限确定,不应低于现行国家标准《工程结构可靠性设计统一标准》GB 50153的规定;对于城市桥梁等市政工程结构应按照表3.3.1的规定确定。

表 3.3.1　混凝土结构的设计使用年限

设计使用年限	适　用　范　围
不低于 100 年	城市快速路和主干道上的桥梁以及其他道路上的大型桥梁、隧道，重要的市政设施等
不低于 50 年	城市次干道和一般道路上的中小型桥梁，一般市政设施

3.3.2　一般环境下的民用建筑在设计使用年限内无需大修，其结构构件的设计使用年限应与结构整体设计使用年限相同。

严重环境作用下的桥梁、隧道等混凝土结构，其部分构件可设计成易于更换的形式，或能够经济合理地进行大修。可更换构件的设计使用年限可低于结构整体的设计使用年限，并应在设计文件中明确规定。

3.4　材　料　要　求

3.4.1　混凝土材料应根据结构所处的环境类别、作用等级和结构设计使用年限，按同时满足混凝土最低强度等级、最大水胶比和混凝土原材料组成的要求确定。

3.4.2　对重要工程或大型工程，应针对具体的环境类别和作用等级，分别提出抗冻耐久性指数、氯离子在混凝土中的扩散系数等具体量化耐久性指标。

3.4.3　结构构件的混凝土强度等级应同时满足耐久性和承载能力的要求。

3.4.4　配筋混凝土结构满足耐久性要求的混凝土最低强度等级应符合表 3.4.4 的规定。

表 3.4.4　满足耐久性要求的混凝土最低强度等级

环境类别与作用等级	设计使用年限		
	100 年	50 年	30 年
Ⅰ-A	C30	C25	C25
Ⅰ-B	C35	C30	C25
Ⅰ-C	C40	C35	C30
Ⅱ-C	C_a35，C45	C_a30，C45	C_a30，C40
Ⅱ-D	C_a40	C_a35	C_a35
Ⅱ-E	C_a45	C_a40	C_a40
Ⅲ-C、Ⅳ-C、Ⅴ-C、Ⅲ-D、Ⅳ-D	C45	C40	C40
Ⅴ-D、Ⅲ-E、Ⅳ-E	C50	C45	C45
Ⅴ-E、Ⅲ-F	C55	C50	C50

注：1　预应力混凝土构件的混凝土最低强度等级不应低于 C40；

2　如能加大钢筋的保护层厚度，大截面受压墩、柱的混凝土强度等级可以低于表中规定的数值，但不应低于第 3.4.5 条规定的素混凝土最低强度等级。

3.4.5　素混凝土结构满足耐久性要求的混凝土最低强度等级，一般环境不应低于 C15；冻融环境和化学腐蚀环境应根据本规范 5.3.2、表 7.3.2 的规定确定；氯化物环境可按本规范表 6.3.2 的 Ⅲ-C 或 Ⅳ-C 环境作用等级确定。

3.4.6　直径为 6mm 的细直径热轧钢筋作为受力主筋，应只限在一般环境（Ⅰ类）中使用，且当环境作用等级为轻微（Ⅰ-A）和轻度（Ⅰ-B）时，构件的设计使用年限不得超过 50 年；当环境作用等级为中度（Ⅰ-C）时，设计使用年限不得超过 30 年。

3.4.7　冷加工钢筋不宜作为预应力筋使用，也不宜作为按塑性设计构件的受力主筋。

公称直径不大于 6mm 的冷加工钢筋应只在 Ⅰ-A、Ⅰ-B 等级的环境作用中作为受力钢筋使用，且构件的设计使用年限不得超过 50 年。

3.4.8　预应力筋的公称直径不得小于 5mm。

3.4.9　同一构件中的受力钢筋，宜使用同材质的钢筋。

3.5　构　造　规　定

3.5.1　不同环境作用下钢筋主筋、箍筋和分布筋，其混凝土保护层厚度应满足钢筋防锈、耐火以及与混凝土之间粘结力传递的要求，且混凝土保护层厚度设计值不得小于钢筋的公称直径。

3.5.2　具有连续密封套管的后张预应力钢筋，其混凝土保护层厚度可与普通钢筋相同且不应小于孔道直径的 1/2；否则应比普通钢筋增加 10mm。

先张法构件中预应力钢筋在全预应力状态下的保护层厚度可与普通钢筋相同，否则应比普通钢筋增加 10mm。

直径大于 16mm 的热轧预应力钢筋保护层厚度可与普通钢筋相同。

3.5.3　工厂预制的混凝土构件，其普通钢筋和预应力钢筋的混凝土保护层厚度可比现浇构件减少 5mm。

3.5.4　在荷载作用下配筋混凝土构件的表面裂缝最大宽度计算值不应超过表 3.5.4 中的限值。对裂缝宽度无特殊外观要求的，当保护层设计厚度超过 30mm 时，可将厚度取为 30mm 计算裂缝的最大宽度。

表 3.5.4　表面裂缝计算宽度限值（mm）

环境作用等级	钢筋混凝土构件	有粘结预应力混凝土构件
A	0.40	0.20
B	0.30	0.20 (0.15)
C	0.20	0.10
D	0.20	按二级裂缝控制或按部分预应力 A 类构件控制

环境作用等级	钢筋混凝土构件	有粘结预应力混凝土构件
E、F	0.15	按一级裂缝控制或按全预应力类构件控制

注：1 括号中的宽度适用于采用钢丝或钢绞线的先张预应力构件；

2 裂缝控制等级为二级或一级时，按现行国家标准《混凝土结构设计规范》GB 50010 计算裂缝宽度；部分预应力 A 类构件或全预应力构件按现行行业标准《公路钢筋混凝土及预应力混凝土桥涵设计规范》JTG D62 计算裂缝宽度；

3 有自防水要求的混凝土结构构件，其横向弯曲的表面裂缝计算宽度不应超过 0.20mm。

3.5.5 混凝土结构构件的形状和构造应有效地避免水、汽和有害物质在混凝土表面的积聚，并应采取以下构造措施：

1 受雨淋或可能积水的露天混凝土构件顶面，宜做成斜面，并应考虑结构挠度和预应力反拱对排水的影响；

2 受雨淋的室外悬挑构件侧边下沿，应做滴水槽、鹰嘴或采取其他防止雨水淌向构件底面的构造措施；

3 屋面、桥面应专门设置排水系统，且不得将水直接排向下部混凝土构件的表面；

4 在混凝土结构构件与上覆的露天面层之间，应设置可靠的防水层。

3.5.6 当环境作用等级为 D、E、F 级时，应减少混凝土结构构件表面的暴露面积，并应避免表面的凹凸变化；构件的棱角宜做成圆角。

3.5.7 施工缝、伸缩缝等连接缝的设置宜避开局部环境作用不利的部位，否则应采取有效的防护措施。

3.5.8 暴露在混凝土结构构件外的吊环、紧固件、连接件等金属部件，表面应采用可靠的防腐措施；后张法预应力体系应采取多重防护措施。

3.6 施工质量的附加要求

3.6.1 根据结构所处的环境类别与作用等级，混凝土耐久性所需的施工养护应符合表 3.6.1 的规定。

表 3.6.1 施工养护制度要求

环境作用等级	混凝土类型	养 护 制 度
Ⅰ-A	一般混凝土	至少养护 1d
	大掺量矿物掺合料混凝土	浇筑后立即覆盖并加湿养护，至少养护 3d
Ⅰ-B、Ⅰ-C、Ⅱ-C、Ⅳ-C、Ⅴ-C	一般混凝土	养护至现场混凝土的强度不低于 28d 标准强度的 50%，且不少于 3d
Ⅱ-D、Ⅴ-D、Ⅱ-E、Ⅴ-E	大掺量矿物掺合料混凝土	浇筑后立即覆盖并加湿养护，养护至现场混凝土的强度不低于 28d 标准强度的 50%，且不少于 7d

环境作用等级	混凝土类型	养 护 制 度
Ⅲ-D、Ⅳ-D、Ⅲ-E、Ⅳ-E、Ⅲ-F	大掺量矿物掺合料混凝土	浇筑后立即覆盖并加湿养护，养护至现场混凝土的强度不低于 28d 标准强度的 50%，且不少于 7d。加湿养护结束后应继续用养护喷涂或覆盖保温、防风一段时间至现场混凝土的强度不低于 28d 标准强度的 70%

注：1 表中要求适用于混凝土表面大气温度不低于 10℃ 的情况，否则应延长养护时间；

2 有盐的冻融环境中混凝土施工养护应按Ⅲ、Ⅳ类环境的规定执行；

3 大掺量矿物掺合料混凝土在Ⅰ-A环境中用于永久浸没于水中的构件。

3.6.2 处于Ⅰ-A、Ⅰ-B环境下的混凝土结构构件，其保护层厚度的施工质量验收要求按照现行国家标准《混凝土结构工程施工质量验收规范》GB 50204 的规定执行。

3.6.3 环境作用等级为 C、D、E、F 的混凝土结构构件，应按下列要求进行保护层厚度的施工质量验收：

1 对选定的每一配筋构件，选择有代表性的最外侧钢筋8～16 根进行混凝土保护层厚度的无破损检测；对每根钢筋，应选取 3 个代表性部位测量。

2 对同一构件所有的测点，如有 95% 或以上的实测保护层厚度 c_1 满足以下要求，则认为合格：

$$c_1 \geqslant c - \Delta \qquad (3.6.3)$$

式中　c——保护层设计厚度；

Δ——保护层施工允许负偏差的绝对值，对梁柱等条形构件取 10mm，板墙等面形构件取 5mm。

3 当不能满足第 2 款的要求时，可增加同样数量的测点进行检测，按两次测点的全部数据进行统计，如仍不能满足第 2 款的要求，则判定为不合格，并要求采取相应的补救措施。

4 一般环境

4.1 一般规定

4.1.1 一般环境下混凝土结构的耐久性设计，应控制在正常大气作用下混凝土碳化引起的内部钢筋锈蚀。

4.1.2 当混凝土结构构件同时承受其他环境作用时，应按环境作用等级较高的有关要求进行耐久性设计。

4.1.3 一般环境下混凝土结构的构造要求应符合本规范第 3.5 节的规定。

4.1.4 一般环境下混凝土结构施工质量控制应按照本规范第 3.6 节的规定执行。

4.2 环境作用等级

4.2.1 一般环境对配筋混凝土结构的环境作用等级应根据具体情况按表 4.2.1 确定。

表 4.2.1 一般环境对配筋混凝土结构的环境作用等级

环境作用等级	环境条件	结构构件示例
Ⅰ-A	室内干燥环境	常年干燥、低湿度环境中的室内构件;
	永久的静水浸没环境	所有表面均永久处于静水下的构件
Ⅰ-B	非干湿交替的室内潮湿环境	中、高湿度环境中的室内构件;
	非干湿交替的露天环境	不接触或偶尔接触雨水的室外构件;
	长期湿润环境	长期与水或湿润土体接触的构件
Ⅰ-C	干湿交替环境	与冷凝水、露水或与蒸汽频繁接触的室内构件;
		地下室顶板构件; 表面频繁淋雨或频繁与水接触的室外构件;
		处于水位变动区的构件

注：1　环境条件系指混凝土表面的局部环境；
　　2　干燥、低湿度环境指年平均湿度低于 60%，中、高湿度环境指年平均湿度大于 60%；
　　3　干湿交替指混凝土表面经常交替接触到大气和水的环境条件。

4.2.2 配筋混凝土墙、板构件的一侧表面接触室内干燥空气、另一侧表面接触水或湿润土体时，接触空气一侧的环境作用等级宜按干湿交替环境确定。

4.3 材料与保护层厚度

4.3.1 一般环境中的配筋混凝土结构构件，其普通钢筋的保护层最小厚度与相应的混凝土强度等级、最大水胶比应符合表 4.3.1 的要求。

4.3.2 大截面混凝土墩柱在加大钢筋的混凝土保护层厚度的前提下，其混凝土强度等级可低于本规范表 4.3.1 中的要求，但降低幅度不应超过两个强度等级，且设计使用年限为 100 年和 50 年的构件，其强度等级不应低于 C25 和 C20。

当采用的混凝土强度等级比本规范表 4.3.1 的规定低一个等级时，混凝土保护层厚度应增加 5mm；当低两个等级时，混凝土保护层厚度应增加 10mm。

4.3.3 在Ⅰ-A、Ⅰ-B 环境中的室内混凝土结构构件，如考虑建筑饰面对于钢筋防锈的有利作用，则其混凝土保护层最小厚度可比本规范表 4.3.1 规定适当减小，但减小幅度不应超过 10mm；在任何情况下，板、墙等面形构件的最外侧钢筋保护层厚度不应小于 10mm；梁、柱等条形构件最外侧钢筋的保护层厚度不应小于 15mm。

在Ⅰ-C 环境中频繁遭遇雨淋的室外混凝土结构构件，如考虑防水饰面的保护作用，则其混凝土保护层最小厚度可比本规范表 4.3.1 规定适当减小，但不应低于Ⅰ-B 环境的要求。

4.3.4 采用直径 6mm 的细直径热轧钢筋或冷加工钢筋作为构件的主要受力钢筋时，应在本规范表 4.3.1 规定的基础上将混凝土强度提高一个等级，或将钢筋的混凝土保护层厚度增加 5mm。

表 4.3.1 一般环境中混凝土材料与钢筋的保护层最小厚度 c（mm）

设计使用年限		100 年			50 年			30 年		
环境作用等级		混凝土强度等级	最大水胶比	c	混凝土强度等级	最大水胶比	c	混凝土强度等级	最大水胶比	c
板、墙等面形构件	Ⅰ-A	≥C30	0.55	20	≥C25	0.60	20	≥C25	0.60	20
	Ⅰ-B	C35	0.50	30	C30	0.55	25	C25	0.60	25
		≥C40	0.45	25	≥C35	0.50	20	≥C30	0.55	20
	Ⅰ-C	C40	0.45	40	C35	0.50	35	C30	0.55	30
		C45	0.40	35	C40	0.45	30	C35	0.50	25
		≥C50	0.36	30	≥C45	0.40	25	≥C40	0.45	20
梁、柱等条形构件	Ⅰ-A	C30	0.55	25	C25	0.60	25	≥C25	0.60	20
		≥C35	0.50	20	≥C30	0.55	20			
	Ⅰ-B	C35	0.50	35	C30	0.55	30	C25	0.60	30
		≥C40	0.45	30	≥C35	0.50	25	≥C30	0.55	25

设计使用年限 环境作用等级		100 年			50 年			30 年		
		混凝土强度等级	最大水胶比	c	混凝土强度等级	最大水胶比	c	混凝土强度等级	最大水胶比	c
梁、柱等条形构件	Ⅰ-C	C40	0.45	45	C35	0.50	40	C30	0.55	35
		C45	0.40	40	C40	0.45	35	C35	0.50	30
		≥C50	0.36	35	≥C45	0.40	30	≥C40	0.45	25

注：1 Ⅰ-A 环境中使用年限低于 100 年的板、墙，当混凝土骨料最大公称粒径不大于 15mm 时，保护层最小厚度可降为 15mm，但最大水胶比不应大于 0.55；

2 年平均气温大于 20℃且年平均湿度大于 75％的环境，除Ⅰ-A 环境中的板、墙构件外，混凝土最低强度等级应比表中规定提高一级，或将保护层最小厚度增大 5mm；

3 直接接触土体浇筑的构件，其混凝土保护层厚度不应小于 70mm；有混凝土垫层时，可按上表确定；

4 处于流动水中或同时受水中泥沙冲刷的构件，其保护层厚度宜增加 10～20mm；

5 预制构件的保护层厚度可比表中规定减少 5mm；

6 当胶凝材料中粉煤灰和矿渣等掺量小于 20％时，表中水胶比低于 0.45 的，可适当增加；

7 预应力钢筋的保护层厚度按照本规范第 3.5.2 条的规定执行。

5 冻融环境

5.1 一般规定

5.1.1 冻融环境下混凝土结构的耐久性设计，应控制混凝土遭受长期冻融循环作用引起的损伤。

5.1.2 长期与水体直接接触并会发生反复冻融的混凝土结构构件，应考虑冻融环境的作用。最冷月平均气温高于 2.5℃的地区，混凝土结构可不考虑冻融环境作用。

5.1.3 冻融环境下混凝土结构的构造要求应符合本规范第 3.5 节的规定。对冻融环境中混凝土结构的薄壁构件，还宜增加构件厚度或采取有效的防冻措施。

5.1.4 冻融环境下混凝土结构的施工质量控制应按照本规范第 3.6 节的规定执行，且混凝土构件在施工养护结束至初次受冻的时间不得少于一个月并避免与水接触。冬期施工中混凝土接触负温时的强度应大于 10N/mm²。

5.2 环境作用等级

5.2.1 冻融环境对混凝土结构的环境作用等级应按表 5.2.1 确定。

表 5.2.1 冻融环境对混凝土结构的环境作用等级

环境作用等级	环境条件	结构构件示例
Ⅱ-C	微冻地区的无盐环境 混凝土高度饱水	微冻地区的水位变动区构件和频繁受雨淋的构件水平表面
	严寒和寒冷地区的无盐环境 混凝土中度饱水	严寒和寒冷地区受雨淋构件的竖向表面

环境作用等级	环境条件	结构构件示例
Ⅱ-D	严寒和寒冷地区的无盐环境 混凝土高度饱水	严寒和寒冷地区的水位变动区构件和频繁受雨淋的构件水平表面
	微冻地区的有盐环境 混凝土高度饱水	有氯盐微冻地区的水位变动区构件和频繁受雨淋的构件水平表面
	严寒和寒冷地区的有盐环境 混凝土中度饱水	有氯盐严寒和寒冷地区受雨淋构件的竖向表面
Ⅱ-E	严寒和寒冷地区的有盐环境 混凝土高度饱水	有氯盐严寒和寒冷地区的水位变动区构件和频繁受雨淋的构件水平表面

注：1 冻融环境按当地最冷月平均气温划分为微冻地区、寒冷地区和严寒地区，其平均气温分别为：−3～2.5℃、−8～−3℃和−8℃以下；

2 中度饱水指冰冻前偶受水或受潮，混凝土内饱水程度不高；高度饱水指冰冻前长期或频繁接触水或湿润土体，混凝土内高度水饱和；

3 无盐或有盐指冻结的水中是否含有盐类，包括海水中的氯盐、除冰盐或其他盐类。

5.2.2 位于冰冻线以上土中的混凝土结构构件，其环境作用等级可根据当地实际情况和经验适当降低。

5.2.3 可能偶然遭受冻害的饱水混凝土结构构件，其环境作用等级可按本规范表 5.2.1 的规定降低一级。

5.2.4 直接接触积雪的混凝土墙、柱底部，宜适当提高环境作用等级，并宜增加表面防护措施。

5.3 材料与保护层厚度

5.3.1 在冻融环境下，混凝土原材料的选用应符合本规范附录 B 的规定。环境作用等级为Ⅱ-D 和Ⅱ-E 的混凝土结构构件应采用引气混凝土，引气混凝土的含气量与气泡间隔系数应符合本规范附录 C 的规定。

5.3.2 冻融环境中的配筋混凝土结构构件，其普通钢筋的混凝土保护层最小厚度与相应的混凝土强度等级、最大水胶比应符合表 5.3.2 的规定。其中，有盐冻融环境中钢筋的混凝土保护层最小厚度，应按氯化物环境的有关规定执行。

表 5.3.2　冻融环境中混凝土材料与钢筋的保护层最小厚度 c（mm）

设计使用年限 环境作用等级		100年			50年			30年		
		混凝土强度等级	最大水胶比	c	混凝土强度等级	最大水胶比	c	混凝土强度等级	最大水胶比	c
板、墙等面形构件	Ⅱ-C无盐	C45 ≥C50 Ca35	0.40 0.36 0.50	35 30 30	C45 ≥C50 Ca30	0.40 0.36 0.55	30 25 25	C40 ≥C45 Ca30	0.45 0.40 0.55	30 25 25
	Ⅱ-D 无盐	Ca40	0.45	35	Ca35	0.45		Ca35	0.50	30
	有盐									
	Ⅱ-E 有盐	Ca45	0.40		Ca40	0.45		Ca40	0.45	
梁、柱等条形构件	Ⅱ-C无盐	C45 ≥C50 Ca35	0.40 0.36 0.50	35 30 30	C45 ≥C50 Ca30	0.40 0.36 0.55	30 25 30	C40 ≥C45 Ca30	0.45 0.40 0.55	35 30 30
	Ⅱ-D 无盐	Ca40	0.45	40	Ca35	0.45	40	Ca35	0.50	35
	有盐									
	Ⅱ-E 有盐	Ca45	0.40		Ca40	0.45		Ca40	0.45	

注：1　如采取表面防水处理的附加措施，可降低大体积混凝土对最低强度等级和最大水胶比的抗冻要求；
　　2　预制构件的保护层厚度可比表中规定减少 5mm；
　　3　预应力钢筋的保护层厚度按照本规范第 3.5.2 条的规定执行。

5.3.3 重要工程和大型工程，混凝土的抗冻耐久性指数不应低于表 5.3.3 的规定。

表 5.3.3　混凝土抗冻耐久性指数 DF（％）

设计使用年限 环境条件	100年			50年			30年		
	高度饱水	中度饱水	盐或化学腐蚀下冻融	高度饱水	中度饱水	盐或化学腐蚀下冻融	高度饱水	中度饱水	盐或化学腐蚀下冻融
严寒地区	80	70	85	70	60	80	65	60	75
寒冷地区	70	60	80	60	50	70	60	45	65
微冻地区	60	60	70	50	45	60	50	40	55

注：1　抗冻耐久性指数为混凝土试件经 300 次快速冻融循环后混凝土的动弹性模量 E_1 与其初始值 E_0 的比值，$DF=E_1/E_0$；如在达到 300 次循环之前 E_1 已降至初始值的 60％或试件重量损失已达到 5％，以此时的循环次数 N 计算 DF 值，$DF=0.6 \times N/300$。
　　2　对于厚度小于 150mm 的薄壁混凝土构件，其 DF 值宜增加 5％。

6　氯化物环境

6.1　一般规定

6.1.1 氯化物环境中配筋混凝土结构的耐久性设计，应控制氯离子引起的钢筋锈蚀。

6.1.2 海洋和近海地区接触海水氯化物的配筋混凝土结构构件，应按海洋氯化物环境进行耐久性设计。

6.1.3 降雪地区接触除冰盐（雾）的桥梁、隧道、停车库、道路周围构筑物等配筋混凝土结构的构件，内陆地区接触含有氯盐的地下水、土以及频繁接触含氯盐消毒剂的配筋混凝土结构的构件，应按除冰盐等其他氯化物环境进行耐久性设计。

降雪地区新建的城市桥梁和停车库楼板，应按除冰盐氯化物环境作用进行耐久性设计。

6.1.4 重要配筋混凝土结构的构件，当氯化物环境作用等级为 E、F 级时应采用防腐蚀附加措施。

6.1.5 氯化物环境作用等级为 E、F 的配筋混凝土结构，应在耐久性设计中提出结构使用过程中定期检测的要求。重要工程尚应在设计阶段作出定期检测的详细规划，并设置专供检测取样用的构件。

6.1.6 氯化物环境中，用于稳定周围岩土的混凝土初期支护，如作为永久性混凝土结构的一部分，则应满足相应的耐久性要求；否则不应考虑其中的钢筋和型钢在永久承载中的作用。

6.1.7 氯化物环境中配筋混凝土桥梁结构的构造要求除应符合本规范第 3.5 节的规定外，尚应符合下列规定：

　　1　遭受氯盐腐蚀的混凝土桥面、墩柱顶面和车库楼面等部位应设置排水坡；

　　2　遭受雨淋的桥面结构，应防止雨水流到底面或下部结构构件表面；

　　3　桥面排水管道应采用非钢质管道，排水口应远离混凝土构件表面，并应与墩柱基础保持一定距离；

　　4　桥面铺装与混凝土桥面板之间应设置可靠的防水层；

　　5　应优先采用混凝土预制构件；

　　6　海水水位变动区和浪溅区，不宜设置施工缝与连接缝；

　　7　伸缩缝及附近部位的混凝土宜局部采取防腐蚀附加措施，处于伸缩缝下方的构件应采取防止渗漏水侵蚀的构造措施。

6.1.8 氯化物环境中混凝土结构施工质量控制应按照本规范第 3.6 节的规定执行。

6.2　环境作用等级

6.2.1 海洋氯化物环境对配筋混凝土结构构件的环

境作用等级，应按表6.2.1确定。

表6.2.1 海洋氯化物环境的作用等级

环境作用等级	环境条件	结构构件示例
Ⅲ-C	水下区和土中区：周边永久浸没于海水或埋于土中	桥墩，基础
Ⅲ-D	大气区（轻度盐雾）：距平均水位15m高度以上的海上大气区；涨潮岸线以外100～300m内的陆上室外环境	桥墩，桥梁上部结构构件；靠海的陆上建筑外墙及室外构件
Ⅲ-E	大气区（重度盐雾）：距平均水位上方15m高度以内的海上大气区；离涨潮岸线100m以内、低于海平面以上15m的陆上室外环境	桥梁上部结构构件；靠海的陆上建筑外墙及室外构件
Ⅲ-E	潮汐区和浪溅区，非炎热地区	桥墩，码头
Ⅲ-F	潮汐区和浪溅区，炎热地区	桥墩，码头

注：1 近海或海洋环境中的水下区、潮汐区、浪溅区和大气区的划分，按国家现行标准《海港工程混凝土结构防腐蚀技术规范》JTJ 275的规定确定；近海或海洋环境中的土中区指海底以下或近海的陆区地下，其地下水中的盐类成分与海水相近；
  2 海水激流中构件的作用等级宜提高一级；
  3 轻度盐雾区与重度盐雾区界限的划分，宜根据当地的具体环境和既有工程调查确定；靠近海岸的陆上建筑物，盐雾对室外混凝土构件的作用尚应考虑风向、地貌等因素；密集建筑群，除直接面海和迎风的建筑物外，其他建筑物可适当降低作用等级；
  4 炎热地区指年平均温度高于20℃的地区；
  5 内陆盐湖中氯化物的环境作用等级可比照上表规定确定。

6.2.2 一侧接触海水或含有海水土体、另一侧接触空气的海中或海底隧道配筋混凝土结构构件，其环境作用等级不宜低于Ⅲ-E。

6.2.3 江河入海口附近水域的含盐量应根据实测确定，当含盐量明显低于海水时，其环境作用等级可根据具体情况低于表6.2.1的规定。

6.2.4 除冰盐等其他氯化物环境对于配筋混凝土结构构件的环境作用等级宜根据调查确定；当无相应的调查资料时，可按表6.2.4确定。

6.2.5 在确定氯化物环境对配筋混凝土结构构件的作用等级时，不应考虑混凝土表面普通防水层对氯化物的阻隔作用。

表6.2.4 除冰盐等其他氯化物环境的作用等级

环境作用等级	环境条件	结构构件示例
Ⅳ-C	受除冰盐盐雾轻度作用	离开行车道10m以外接触盐雾的构件
Ⅳ-C	四周浸于含氯化物水中	地下水中构件
Ⅳ-C	接触较低浓度氯离子水体，且有干湿交替	处于水位变动区，或部分暴露于大气、部分在地下水土中的构件
Ⅳ-D	受除冰盐水溶液轻度溅射作用	桥梁护墙，立交桥桥墩
Ⅳ-D	接触较高浓度氯离子水体，且有干湿交替	海水游泳池壁；处于水位变动区，或部分暴露于大气、部分在地下水土中的构件
Ⅳ-E	直接接触除冰盐溶液	路面，桥面板，与含盐渗漏水接触的桥梁帽梁、墩柱顶面
Ⅳ-E	受除冰盐水溶液重度溅射或重度盐雾作用	桥梁护栏、护墙，立交桥桥墩；车道两侧10m以内的构件
Ⅳ-E	接触高浓度氯离子水体，有干湿交替	处于水位变动区，或部分暴露于大气、部分在地下水土中的构件

注：1 水中氯离子浓度（mg/L）的高低划分为：较低100～500；较高500～5000；高>5000；土中氯离子浓度（mg/kg）的高低划分为：较低150～750；较高750～7500；高>7500；
  2 除冰盐环境的作用等级与冬季喷洒除冰盐的具体用量和频度有关，可根据具体情况作出调整。

6.3 材料与保护层厚度

6.3.1 氯化物环境中应采用掺有矿物掺合料的混凝土。对混凝土的耐久性质量和原材料选用要求应符合附录B的规定。

6.3.2 氯化物环境中的配筋混凝土结构构件，其普通钢筋的保护层最小厚度及其相应的混凝土强度等级、最大水胶比应符合表6.3.2的规定。

6.3.3 海洋氯化物环境作用等级为Ⅲ-E和Ⅲ-F的配筋混凝土，宜采用大掺量矿物掺合料混凝土，否则应提高表6.3.2中的混凝土强度等级或增加钢筋的保护层最小厚度。

6.3.4 对大截面柱、墩等配筋混凝土受压构件中的钢筋，宜采用较大的混凝土保护层厚度，且相应的混凝土强度等级不宜降低。对于受氯化物直接作用的混凝土墩柱顶面，宜加大钢筋的混凝土保护层厚度。

表 6.3.2　氯化物环境中混凝土材料与钢筋的保护层最小厚度 c（mm）

环境作用等级 ＼ 设计使用年限		100 年			50 年			30 年		
		混凝土强度等级	最大水胶比	c	混凝土强度等级	最大水胶比	c	混凝土强度等级	最大水胶比	c
板、墙等面形构件	Ⅲ-C, Ⅳ-C	C45	0.40	45	C40	0.42	40	C40	0.42	35
	Ⅲ-D, Ⅳ-D	C45 / ≥C50	0.40 / 0.36	55 / 50	C40 / ≥C45	0.42 / 0.40	50 / 45	C40 / ≥C45	0.42 / 0.40	45 / 40
	Ⅲ-E, Ⅳ-E	C50 / ≥C55	0.36 / 0.36	60 / 55	C45 / ≥C50	0.40 / 0.36	55 / 50	C45 / ≥C50	0.40 / 0.36	45 / 45
	Ⅲ-F	≥C55	0.36	65	C50 / ≥C55	0.36 / 0.36	60 / 55	C50 / ≥C55	0.36 / 0.36	55 / 55
梁、柱等条形构件	Ⅲ-C, Ⅳ-C	C45	0.40	50	C40	0.42	45	C40	0.42	40
	Ⅲ-D, Ⅳ-D	C45 / ≥C50	0.40 / 0.36	60 / 55	C40 / ≥C45	0.42 / 0.40	55 / 50	C40 / ≥C45	0.42 / 0.40	50 / 40
	Ⅲ-E, Ⅳ-E	C50 / ≥C55	0.36 / 0.36	65 / 60	C45 / ≥C50	0.40 / 0.36	60 / 55	C45 / ≥C50	0.40 / 0.36	50 / 45
	Ⅲ-F	C55	0.36	70	C50 / ≥C55	0.36 / 0.36	65 / 60	C50	0.36	55

注：1　可能出现海水冰冻环境与除冰盐环境时，宜采用引气混凝土；当采用引气混凝土时，表中混凝土强度等级可降低一个等级，相应的最大水胶比可提高 0.05，但引气混凝土的强度等级和最大水胶比仍应满足本规范表 5.3.2 的规定；

2　处于流动海水中或同时受水中泥沙冲刷腐蚀的混凝土构件，其钢筋的混凝土保护层厚度应增加 10～20mm；

3　预制构件的保护层厚度可比表中规定减少 5mm；

4　当满足本规范表 6.3.6 中规定的扩散系数时，C50 和 C55 混凝土所对应的最大水胶比可分别提高到 0.40 和 0.38；

5　预应力钢筋的保护层厚度按照本规范第 3.5.2 条的规定执行。

6.3.5　在特殊情况下，对处于氯化物环境作用等级为 E、F 中的配筋混凝土构件，当采取可靠的防腐蚀附加措施并经过专门论证后，其混凝土保护层最小厚度可适当低于本规范表 6.3.2 中的规定。

6.3.6　对于氯化物环境中的重要配筋混凝土结构工程，设计时应提出混凝土的抗氯离子侵入性指标，并应满足表 6.3.6 的要求。

表 6.3.6　混凝土的抗氯离子侵入性指标

作用等级 ＼ 侵入性指标 ＼ 设计使用年限		100 年		50 年	
		D	E	D	E
28d 龄期氯离子扩散系数 D_{RCM} (10^{-12} m²/s)		≤7	≤4	≤10	≤6

注：1　表中的混凝土抗氯离子侵入性指标与本规范表 6.3.2 中规定的混凝土保护层厚度相对应，如实际采用的保护层厚度高于表 6.3.2 的规定，可对本表中数据作适当调整；

2　表中的 D_{RCM} 值适用于较大或大掺量矿物掺合料混凝土，对于胶凝材料主要成分为硅酸盐水泥的混凝土，应采用更为严格的要求。

6.3.7　氯化物环境中配筋混凝土构件的纵向受力钢筋直径应不小于 16mm。

7　化学腐蚀环境

7.1　一般规定

7.1.1　化学腐蚀环境下混凝土结构的耐久性设计，应控制混凝土遭受化学腐蚀性物质长期侵蚀引起的损伤。

7.1.2　化学腐蚀环境下混凝土结构的构造要求应符合本规范第 3.5 节的规定。

7.1.3　严重化学腐蚀环境下的混凝土结构构件，应结合当地环境和对既有建筑物的调查，必要时可在混凝土表面施加环氧树脂涂层、设置水溶性树脂砂浆抹面层或铺设其他防腐蚀面层，也可加大混凝土构件的截面尺寸。对于配筋混凝土结构薄壁构件宜增加其厚度。

当混凝土结构构件处于硫酸根离子浓度大于 1500mg/L 的流动水或 pH 值小于 3.5 的酸性水中时，应在混凝土表面采取专门的防腐蚀附加措施。

7.1.4 化学腐蚀环境下混凝土结构的施工质量控制应按照本规范第3.6节的规定执行。

7.2 环境作用等级

7.2.1 水、土中的硫酸盐和酸类物质对混凝土结构构件的环境作用等级可按表7.2.1确定。当有多种化学物质共同作用时，应取其中最高的作用等级作为设计的环境作用等级。如其中有两种及以上化学物质的作用等级相同且可能加重化学腐蚀时，其环境作用等级应再提高一级。

7.2.2 部分接触含硫酸盐的水、土且部分暴露于大气中的混凝土结构构件，可按本规范表7.2.1确定环境作用等级。当混凝土结构构件处于干旱、高寒地区，其环境作用等级应按表7.2.2确定。

表7.2.1 水、土中硫酸盐和酸类物质环境作用等级

作用因素 环境作用等级	水中硫酸根离子浓度 SO_4^{2-} (mg/L)	土中硫酸根离子浓度（水溶值）SO_4^{2-} (mg/kg)	水中镁离子浓度 (mg/L)	水中酸碱度（pH值）	水中侵蚀性二氧化碳浓度 (mg/L)
V-C	200~1000	300~1500	300~1000	6.5~5.5	15~30
V-D	1000~4000	1500~6000	1000~3000	5.5~4.5	30~60
V-E	4000~10000	6000~15000	≥3000	<4.5	60~100

注：1 表中与环境作用等级相应的硫酸根浓度，所对应的环境条件为非干旱高寒地区的干湿交替环境；当无干湿交替（长期浸没于地表或地下水中）时，可按表中的作用等级降低一级，但不得低于V-C级；对于干旱、高寒地区的环境条件可按本规范第7.2.2条确定；

　　2 当混凝土结构构件处于弱透水土体中时，土中硫酸根离子、水中镁离子、水中侵蚀性二氧化碳及水的pH值的作用等级可按相应的等级降低一级，但不低于V-C级；

　　3 对含有较高浓度氯盐的地下水、土，可不单独考虑硫酸盐的作用；

　　4 高水压条件下，应提高相应的环境作用等级；

　　5 表中硫酸根等含量的测定方法应符合本规范附录D的规定。

表7.2.2 干旱、高寒地区硫酸盐环境作用等级

作用因素 环境作用等级	水中硫酸根离子浓度 SO_4^{2-} (mg/L)	土中硫酸根离子浓度（水溶值）SO_4^{2-} (mg/kg)
V-C	200~500	300~750
V-D	500~2000	750~3000
V-E	2000~5000	3000~7500

注：我国干旱区指干燥度系数大于2.0的地区，高寒地区指海拔3000m以上的地区。

7.2.3 污水管道、厕舍、化粪池等接触硫化氢气体或其他腐蚀性液体的混凝土结构构件，可将环境作用确定为V-E级，当作用程度较轻时也可按V-D级确定。

7.2.4 大气污染环境对混凝土结构的作用等级可按表7.2.4确定。

表7.2.4 大气污染环境作用等级

环境作用等级	环境条件	结构构件示例
V-C	汽车或机车废气	受废气直射的结构构件，处于封闭空间内受废气作用的车库或隧道构件
V-D	酸雨（雾、露）pH值≥4.5	遭酸雨频繁作用的构件
V-E	酸雨 pH值<4.5	遭酸雨频繁作用的构件

7.2.5 处于含盐大气中的混凝土结构构件环境作用等级可按V-C级确定，对气候常年湿润的环境，可不考虑其环境作用。

7.3 材料与保护层厚度

7.3.1 化学腐蚀环境下的混凝土不宜单独使用硅酸盐水泥或普通硅酸盐水泥作为胶凝材料，其原材料组成应根据环境类别和作用等级按照本规范附录B确定。

7.3.2 水、土中的化学腐蚀环境、大气污染环境和含盐大气环境中的配筋混凝土结构构件，其普通钢筋的混凝土保护层最小厚度及相应的混凝土强度等级、最大水胶比应按表7.3.2确定。

表7.3.2 化学腐蚀环境下混凝土材料与钢筋的保护层最小厚度 c（mm）

环境作用等级 / 设计使用年限		100年			50年		
		混凝土强度等级	最大水胶比	c	混凝土强度等级	最大水胶比	c
板、墙等面形构件	V-C	C45	0.40	40	C40	0.45	35
	V-D	C50 ≥C55	0.36 0.36	45 40	C45 ≥C50	0.40 0.36	40 36
	V-E	C55	0.36	45	C50	0.36	40
梁、柱等条形构件	V-C	C45 ≥C50	0.40 0.36	40 35	C40 ≥C45	0.45 0.40	40 35
	V-D	C50 ≥C55	0.36 0.36	50 45	C45 ≥C50	0.40 0.36	45 40
	V-E	C55 ≥C60	0.36 0.33	50 45	C50 ≥C55	0.36 0.36	45 40

注：1 预制构件的保护层厚度可比表中规定减少5mm；

　　2 预应力钢筋的保护层厚度按照本规范第3.5.2条的规定执行。

7.3.3 水、土中的化学腐蚀环境、大气污染环境和含盐大气环境中的素混凝土结构构件，其混凝土的最低强度等级和最大水胶比应与配筋混凝土结构构件相同。

7.3.4 在干旱、高寒硫酸盐环境和含盐大气环境中的混凝土结构，宜采用引气混凝土，引气要求可按冻融环境中度饱水条件下的规定确定，引气后混凝土强度等级可按本规范表7.3.2的规定降低一级或两级。

8 后张预应力混凝土结构

8.1 一般规定

8.1.1 后张预应力混凝土结构除应满足钢筋混凝土结构的耐久性要求外，尚应根据结构所处环境类别和作用等级对预应力体系采取相应的多重防护措施。

8.1.2 在严重环境作用下，当难以确保预应力体系的耐久性达到结构整体的设计使用年限时，应采用可更换的预应力体系。

8.2 预应力筋的防护

8.2.1 预应力筋（钢绞线、钢丝）的耐久性能可通过材料表面处理、预应力套管、预应力套管填充、混凝土保护层和结构构造措施等环节提供保证。预应力筋的耐久性防护措施应按本规范表8.2.1的规定选用。

表 8.2.1 预应力筋的耐久性防护工艺和措施

编号	防护工艺	防护措施
PS1	预应力筋表面处理	油脂涂层或环氧涂层
PS2	预应力套管内部填充	水泥基浆体、油脂或石蜡
PS2a	预应力套管内部特殊填充	管道填充浆体中加入阻锈剂
PS3	预应力套管	高密度聚乙烯、聚丙烯套管或金属套管
PS3a	预应力套管特殊处理	套管表面涂刷防渗涂层
PS4	混凝土保护层	满足本规范第3.5.2条规定
PS5	混凝土表面涂层	耐腐蚀表面涂层和防腐蚀面层

注：1 预应力筋钢材质量需要符合现行国家标准《预应力混凝土用钢丝》GB/T 5223、《预应力混凝土用钢绞线》GB/T 5224 与现行行业标准《预应力钢丝及钢绞线用热轧盘条》YB/T 146 的技术规定；

2 金属套管仅可用于体内预应力体系，并应符合本规范第8.4.1条的规定。

8.2.2 不同环境作用等级下，预应力筋的多重防护措施可根据具体情况按表8.2.2的规定选用。

表 8.2.2 预应力筋的多重防护措施

环境类别与作用等级		预应力体系	
		体内预应力体系	体外预应力体系
Ⅰ大气环境	Ⅰ-A，Ⅰ-B	PS2，PS4	PS2，PS3
	Ⅰ-C	PS2，PS3，PS4	PS2a，PS3
Ⅱ冻融环境	Ⅱ-C，Ⅱ-D(无盐)	PS2，PS3，PS4	PS2a，PS3
	Ⅱ-D(有盐)，Ⅱ-E	PS2a，PS3，PS4	PS2a，PS3a
Ⅲ海洋环境	Ⅲ-C，Ⅲ-D	PS2a，PS3，PS4	PS2a，PS3a
	Ⅲ-E	PS2a，PS3，PS4，PS5	PS1，PS2a，PS3
	Ⅲ-F	PS1，PS2a，PS3，PS4，PS5	PS1，PS2a，PS3a
Ⅳ除冰盐	Ⅳ-C，Ⅳ-D	PS2a，PS3，PS4	PS2a，PS3a
	Ⅳ-E	PS2a，PS3，PS4，PS5	PS1，PS2a，PS3
Ⅴ化学腐蚀	Ⅴ-C，Ⅴ-D	PS2a，PS3，PS4	PS2a，PS3a
	Ⅴ-E	PS2a，PS3，PS4，PS5	PS1，PS2a，PS3

8.3 锚固端的防护

8.3.1 预应力锚固端的耐久性应通过锚头组件材料、锚头封罩、封罩填充、锚固区封填和混凝土表面处理等环节提供保证。锚固端的防护工艺和措施应按本规范表8.3.1的规定选用。

表 8.3.1 预应力锚固端耐久性防护工艺与措施

编号	防护工艺	防护措施
PA1	锚具表面处理	锚具表面镀锌或者镀氧化膜工艺
PA2	锚头封罩内部填充	水泥基浆体、油脂或者石蜡
PA2a	锚头封罩内部特殊填充	填充材料中加入阻锈剂
PA3	锚头封罩	高耐磨性材料
PA3a	锚头封罩特殊处理	锚头封罩表面涂刷防渗涂层
PA4	锚固端封端层	细石混凝土材料
PA5	锚固端表面涂层	耐腐蚀表面涂层和防腐蚀面层

注：1 锚具组件材料需要符合国家现行标准《预应力筋用锚具、夹具和连接器》GB/T 14370、《预应力筋用锚具、夹具和连接器应用技术规程》JGJ 85 的技术规定；

2 锚固端封端层的细石混凝土材料应满足本规范第8.4.4条要求。

8.3.2 不同环境作用等级下，预应力锚固端的多重防护措施可根据具体情况按表8.3.2的规定选用。

表8.3.2 预应力锚固端的多重防护措施

环境类别与作用等级	锚固端类型 埋入式锚头	暴露式锚头
Ⅰ大气环境 Ⅰ-A，Ⅰ-B	PA4	PA2，PA3
Ⅰ-C	PA2，PA3，PA4	PA2a，PA3
Ⅱ冻融环境 Ⅱ-C，Ⅱ-D(无盐)	PA2，PA3，PA4	PA2a，PA3
Ⅱ-D(有盐)，Ⅱ-E	PA2a，PA3，PA4	PA2a，PA3a
Ⅲ海洋环境 Ⅲ-C，Ⅲ-D	PA2a，PA3，PA4	PA2a，PA3a
Ⅲ-E	PA2a，PA3，PA4，PA5	不宜使用
Ⅲ-F	PA1，PA2a，PA3，PA4，PA5	不宜使用
Ⅳ除冰盐 Ⅳ-C，Ⅳ-D	PA2a，PA3，PA4	PA2a，PA3a
Ⅳ-E	PA2a，PA3，PA4，PA5	不宜使用
Ⅴ化学腐蚀 Ⅴ-C，Ⅴ-D	PA2a，PA3，PA4	PA2a，PA3a
Ⅴ-E	PA2a，PA3，PA4，PA5	不宜使用

8.4 构造与施工质量的附加要求

8.4.1 当环境作用等级为D、E、F时，后张预应力体系中的管道应采用高密度聚乙烯套管或聚丙烯塑料套管；分节段施工的预应力桥梁结构，节段间的体内预应力套管不应使用金属套管。

8.4.2 高密度聚乙烯和聚丙烯预应力套管应能承受不小于$1N/mm^2$的内压力。采用体内预应力体系时，套管的厚度不应小于2mm；采用体外预应力体系时，套管的厚度不应小于4mm。

8.4.3 用水泥基浆体填充后张预应力管道时，应控制浆体的流动度、泌水率、体积稳定性和强度等指标。

在冰冻环境中灌浆，灌入的浆料必须在10～15℃环境温度中至少保存24h。

8.4.4 后张预应力体系的锚固端应采用无收缩高性能细石混凝土封锚，其水胶比不得大于本体混凝土的水胶比，且不应大于0.4；保护层厚度不应小于50mm，且在氯化物环境中不应小于80mm。

8.4.5 位于桥梁梁端的后张预应力锚固端，应设置专门的排水沟和滴水沿；现浇节段间的锚固端应在梁体顶板表面涂刷防水层；预制节段间的锚固端除应在梁体上表面涂刷防水涂层外，尚应在预制节段间涂刷或填充环氧树脂。

附录A 混凝土结构设计的耐久性极限状态

A.0.1 结构构件耐久性极限状态应按正常使用下的适用性极限状态考虑，且不应损害到结构的承载能力和可修复性要求。

A.0.2 混凝土结构构件的耐久性极限状态可分为以下三种：

1 钢筋开始发生锈蚀的极限状态；

2 钢筋发生适量锈蚀的极限状态；

3 混凝土表面发生轻微损伤的极限状态。

A.0.3 钢筋开始发生锈蚀的极限状态应为混凝土碳化发展到钢筋表面，或氯离子侵入混凝土内部并在钢筋表面积累的浓度达到临界浓度。

对锈蚀敏感的预应力钢筋、冷加工钢筋或直径不大于6mm的普通热轧钢筋作为受力主筋时，应以钢筋开始发生锈蚀状态作为极限状态。

A.0.4 钢筋发生适量锈蚀的极限状态应为钢筋锈蚀发展导致混凝土构件表面开始出现顺筋裂缝，或钢筋截面的径向锈蚀深度达到0.1mm。

普通热轧钢筋（直径小于或等于6mm的细钢筋除外）可按发生适量锈蚀状态作为极限状态。

A.0.5 混凝土表面发生轻微损伤的极限状态应为不影响结构外观、不明显损害构件的承载力和表层混凝土对钢筋的保护。

A.0.6 与耐久性极限状态相对应的结构设计使用年限应具有规定的保证率，并应满足正常使用下适用性极限状态的可靠度要求。根据适用性极限状态失效后果的严重程度，保证率宜为90%～95%，相应的失效概率宜为5%～10%。

A.0.7 混凝土结构耐久性定量设计的材料劣化数学模型，其有效性应经过验证并应具有可靠的工程应用经验。定量计算得出的保护层厚度和使用年限，必须满足本规范第A.0.6条的保证率规定。

A.0.8 采用定量方法计算环境氯离子侵入混凝土内部的过程，可采用Fick第二定律的经验扩散模型。模型所选用的混凝土表面氯离子浓度、氯离子扩散系数、钢筋锈蚀的临界氯离子浓度等参数的取值应有可靠的依据。其中，表面氯离子浓度和扩散系数应为其表观值，氯离子扩散系数、钢筋锈蚀的临界浓度等参数还应考虑混凝土材料的组成特性、混凝土构件使用环境的温、湿度等因素的影响。

附录B 混凝土原材料的选用

B.1 混凝土胶凝材料

B.1.1 单位体积混凝土的胶凝材料用量宜控制在表

B.1.1规定的范围内。

表 B.1.1 单位体积混凝土的胶凝材料用量

最低强度等级	最大水胶比	最小用量（kg/m³）	最大用量（kg/m³）
C25	0.60	260	400
C30	0.55	280	
C35	0.50	300	
C40	0.45	320	450
C45	0.40	340	
C50	0.36	360	480
≥C55	0.36	380	500

注：1　表中数据适用于最大骨料粒径为 20mm 的情况，骨料粒径较大时宜适当降低胶凝材料用量，骨料粒径较小时可适当增加；

2　引气混凝土的胶凝材料用量与非引气混凝土要求相同；

3　对于强度等级达到 C60 的泵送混凝土，胶凝材料最大用量可增大至 530kg/m³。

B.1.2　配筋混凝土的胶凝材料中，矿物掺合料用量占胶凝材料总量的比值应根据环境类别与作用等级、混凝土水胶比、钢筋的混凝土保护层厚度以及混凝土施工养护期限等因素综合确定，并应符合下列规定：

1　长期处于室内干燥 I-A 环境中的混凝土结构构件，当其钢筋（包括最外侧的箍筋、分布钢筋）的混凝土保护层≤20mm，水胶比＞0.55 时，不应使用矿物掺合料或粉煤灰硅酸盐水泥、矿渣硅酸盐水泥；长期湿润 I-A 环境中的混凝土结构构件，可采用矿物掺合料，且厚度较大的构件宜采用大掺量矿物掺合料混凝土。

2　I-B、I-C 环境和 II-C，II-D，II-E 环境中的混凝土结构构件，可使用少量矿物掺合料，并可随水胶比的降低适当增加矿物掺合料用量。当混凝土的水胶比 W/B≥0.4 时，不应使用大掺量矿物掺合料混凝土。

3　氯化物环境和化学腐蚀环境中的混凝土结构构件，应采用较大掺量矿物掺合料混凝土，III-D、IV-D、III-E、IV-E、III-F 环境中的混凝土结构构件，应采用水胶比 W/B≤0.4 的大掺量矿物掺合料混凝土，且宜在矿物掺合料中再加入胶凝材料总重的 3%～5% 的硅灰。

B.1.3　用作矿物掺合料的粉煤灰应选用游离氧化钙含量不大于 10% 的低钙灰。

B.1.4　冻融环境下用于引气混凝土的粉煤灰掺合料，其含碳量不宜大于 1.5%。

B.1.5　氯化物环境下不宜使用抗硫酸盐硅酸盐水泥。

B.1.6　硫酸盐化学腐蚀环境中，当环境作用为 V-C

和 V-D 级时，水泥中的铝酸三钙含量应分别低于 8% 和 5%；当使用大掺量矿物掺合料时，水泥中的铝酸三钙含量可分别不大于 10% 和 8%；当环境作用为 V-E 级时，水泥中的铝酸三钙含量应低于 5%，并应同时掺加矿物掺合料。

硫酸盐环境中使用抗硫酸盐水泥或高抗硫酸盐水泥时，宜掺加矿物掺合料。当环境作用等级超过 V-E 级时，应根据当地的大气环境和地下水变动条件，进行专门实验研究和论证后确定水泥的种类和掺合料用量，且不应使用高钙粉煤灰。

硫酸盐环境中的水泥和矿物掺合料中，不得加入石灰石粉。

B.1.7　对可能发生碱-骨料反应的混凝土，宜采用大掺量矿物掺合料；单掺磨细矿渣的用量占胶凝材料总重 α_s≥50%，单掺粉煤灰 α_f≥40%，单掺火山灰质材料不小于 30%，并应降低水泥和矿物掺合料中的含碱量和粉煤灰中的游离氧化钙含量。

B.2　混凝土中氯离子、三氧化硫和碱含量

B.2.1　配筋混凝土中氯离子的最大含量（用单位体积混凝土中氯离子与胶凝材料的重量比表示）不应超过表 B.2.1 的规定。

表 B.2.1　混凝土中氯离子的最大含量（水溶值）

环境作用等级	构件类型	
	钢筋混凝土	预应力混凝土
I-A	0.3%	0.06%
I-B	0.2%	
I-C	0.15%	
III-C、III-D、III-E、III-F	0.1%	
IV-C、IV-D、IV-E	0.1%	
V-C、V-D、V-E	0.15%	

注：对重要桥梁等基础设施，各种环境下氯离子含量均不应超过 0.08%。

B.2.2　不得使用含有氯化物的防冻剂和其他外加剂。

B.2.3　单位体积混凝土中三氧化硫的最大含量不应超过胶凝材料总量的 4%。

B.2.4　单位体积混凝土中的含碱量（水溶碱，等效 Na_2O 当量）应满足以下要求：

1　对骨料无活性且处于干燥环境条件下的混凝土构件，含碱量不应超过 3.5kg/m³，当设计使用年限为 100 年时，混凝土的含碱量不应超过 3kg/m³。

2　对骨料无活性但处于潮湿环境（相对湿度≥75%）条件下的混凝土结构构件，含碱量不超过 3kg/m³。

3　对骨料有活性且处于潮湿环境（相对湿度≥75%）条件下的混凝土结构构件，应严格控制混凝土含碱量并掺加矿物掺合料。

B.3 混凝土骨料

B.3.1 配筋混凝土中的骨料最大粒径应满足表 B.3.1 的规定。

表 B.3.1 配筋混凝土中骨料最大粒径（mm）

混凝土保护层 最小厚度 （mm）		20	25	30	35	40	45	50	≥60
环境 作用	I-A，I-B	20	25	30	35	40	40	40	40
	I-C，Ⅱ，Ⅴ	15	20	20	25	25	30	30	35
	Ⅲ，Ⅳ	10	15	15	20	20	25	25	25

B.3.2 混凝土骨料应满足骨料级配和粒形的要求，并应采用单粒级石子两级配或三级配投料。

B.3.3 混凝土用砂在开采、运输、堆放和使用过程中，应采取防止遭受海水污染或混用海砂的措施。

附录 C 引气混凝土的含气量与气泡间隔系数

C.0.1 引气混凝土含气量与气泡间隔系数应符合表 C.0.1 的规定。

表 C.0.1 引气混凝土含气量（%）和
平均气泡间隔系数

含气量　　　环境条件 骨料 最大粒径（mm）	混凝土 高度 饱水	混凝土 中度 饱水	盐或化 学腐蚀 下冻融
10	6.5	5.5	6.5
15	6.5	5.0	6.5
25	6.0	4.5	6.0
40	5.5	4.0	5.5
平均气泡间隔系数（μm）	250	300	200

注：1 含气量从运至施工现场的新拌混凝土中取样用含气量测定仪（气压法）测定，允许绝对误差为 ±1.0%，测定方法应符合现行国家标准《普通混凝土拌合物性能试验方法标准》GB/T 50080；

　　2 气泡间隔系数为从硬化混凝土中取样（芯）测得的数值，用直线导线法测定，根据抛光混凝土截面上气泡面积推算三维气泡平均间隔，推算方法可按国家现行标准《水工混凝土试验规程》DL/T 5150 的规定执行；

　　3 表中含气量：C50 混凝土可降低 0.5%，C60 混凝土可降低 1%，但不应低于 3.5%。

附录 D 混凝土耐久性参数与腐蚀性离子测定方法

D.0.1 混凝土抗冻耐久性指数 DF 和氯离子扩散系数 D_{RCM} 的测定方法应符合表 D.0.1 的规定。

表 D.0.1 混凝土材料耐久性参数及其测定方法

耐久性能参数	试验方法	测试内容	参照规范/标准
耐久性指数 DF	快速冻融 试验	混凝土试件动弹模损失	《水工混凝土试验规程》 DL/T 5150
氯离子扩散 系数 D_{RCM}	氯离子外加电场快速迁移 RCM 试验	非稳态氯离子扩散系数	《公路工程混凝土结构防腐蚀技术规范》 JTG/T B07-1-2006

D.0.2 混凝土及其原材料中氯离子含量的测定方法应符合表 D.0.2 的规定。

表 D.0.2 氯离子含量测定方法

测试对象	试验方法	测试内容	参照规范/标准
新拌 混凝土	硝酸银滴定水溶氯离子，1L 新拌混凝土溶于 1L 水中，搅拌 3min，取上部 50mL 溶液	氯离子百分含量	《水质 氯化物的测定 硝酸银滴定法》GB 11896
	氯离子选择电极快速测定，取 600g 砂浆，用氯离子选择电极和甘汞电极进行测量	砂浆中氯离子的选择电位电势	《水运工程混凝土试验规程》JTJ 270
硬化 混凝土	硝酸银滴定水溶氯离子，5g 粉末溶于 100mL 蒸馏水，磁力搅拌 2h，取 50mL 溶液	氯离子百分含量	《水质 氯化物的测定 硝酸银滴定法》GB 11896
	硝酸银滴定水溶氯离子，20g 混凝土硬化砂浆粉末溶于 200mL 蒸馏水，搅拌 2min，浸泡 24h，取 20mL 溶液	氯离子百分含量	《混凝土质量控制标准》GB 50164 《水运工程混凝土试验规程》JTJ 270
砂	硝酸银滴定水溶氯离子，水砂比 2:1，10mL 澄清溶液稀释至 100mL	氯离子百分含量	《普通混凝土用砂、石质量及检验方法标准》JGJ 52
外加剂	电位滴定法测水溶氯离子，固体外加剂 5g 溶于 200mL 水中；液体外加剂 10mL 稀释至 100mL	氯离子百分含量	《混凝土外加剂匀质性试验方法》GB/T 8077

D.0.3 混凝土及水、土中硫酸根离子含量的测定方法应符合表 D.0.3 的规定。

表 D.0.3 硫酸根离子含量测定方法

测试对象	实验方法	测试内容	参照规范/标准
硬化混凝土	重量法测量硫酸根含量，5g 粉末溶于 100mL 蒸馏水	硫酸根百分含量	《水质 硫酸盐的测定 重量法》GB/T 11899
水	重量法测量硫酸根含量	硫酸根离子浓度，mg/L	
土	重量法测量硫酸根含量	硫酸根含量，mg/kg	《森林土壤水溶性盐分分析》GB 7871

本规范用词说明

1 为便于在执行本规范条文时区别对待，对要求严格程度不同的用词说明如下：

    1）表示很严格，非这样做不可的：

      正面词采用"必须"；

      反面词采用"严禁"。

    2）表示严格，在正常情况下均应这样做的：

      正面词采用"应"；

      反面词采用"不应"或"不得"。

    3）表示允许稍有选择，在条件许可时首先应这样做的：

      正面词采用"宜"；

      反面词采用"不宜"。

      表示有选择，在一定条件下可以这样做的，采用"可"。

2 条文中必须按指定的标准、规范或其他有关规定执行的写法为"应按……执行"或"应符合……要求（或规定）"。

中华人民共和国国家标准

混凝土结构耐久性设计规范

GB/T 50476—2008

条 文 说 明

目 次

1 总　则

1.0.1　我国 1998 年颁布的《建筑法》规定："建筑物在其合理使用寿命内，必须确保地基基础工程和主体结构的质量"（第 60 条），"在建筑物的合理使用寿命内，因建筑工程质量不合格受到损害的，有权向责任者要求赔偿"（第 80 条）。所谓工程的"合理"寿命，首先应满足工程本身的"功能"（安全性、适用性和耐久性等）需要，其次是要"经济"，最后要体现国家、社会和民众的根本利益如公共安全、环保和资源节约等需要。

　　工程的业主和设计人应该关注工程的功能需要和经济性，而社会和公众的根本利益则由国家批准的法规和技术标准所规定的最低年限要求予以保证。所以设计人在工程设计前应该首先听取业主和使用者对于工程合理使用寿命的要求，然后以合理使用寿命为目标，确定主体结构的合理使用年限。受过去计划经济年代的长期影响，我国设计人习惯于直接照搬技术标准中规定的结构最低使用年限要求，而不是首先征求业主意见来共同确定是否需要采取更长的合理使用年限作为主体结构的设计使用年限。在许多情况下，结构的设计使用年限与工程的经济性并不矛盾，合理的耐久性设计在造价不明显增加的前提下就能大幅度提高结构物的使用寿命，使工程具有优良的长期使用效益。

　　建筑物的使用寿命是土建工程质量得以量化的集中表现。建筑物的主体结构设计使用年限在量值上与建筑物的合理使用年限相同。通过耐久性设计保证混凝土结构具有经济合理的使用年限（或使用寿命），体现节约资源和可持续发展的方针政策，是本规范的编制目标。

1.0.2　本条确定规范的适用范围。本规范适用的工程对象除房屋建筑和一般构筑物外，还包括城市市政基础设施工程，如桥梁、涵洞、隧道、地铁、轻轨、管道等。对于公路桥涵混凝土结构，可比照本规范的有关规定进行耐久性设计。

　　本规范仅适用于普通混凝土制作的结构及构件，不适用于轻骨料混凝土、纤维混凝土、蒸压混凝土等特种混凝土，这些混凝土材料在环境作用下的劣化机理与速度不同于普通混凝土。低周反复荷载和持久荷载的作用也能引起材料性能劣化，与结构强度直接相关，有别于环境作用下的耐久性问题，故不属于本规范考虑的范畴。

　　本规范不涉及工业生产的高温高湿环境、微生物腐蚀环境、电磁环境、高压环境、杂散电流以及极端恶劣自然环境作用下的耐久性问题，也不适用于特殊腐蚀环境下混凝土结构的耐久性设计。特殊腐蚀环境下混凝土结构的耐久性可按现行国家标准《工业建筑防腐蚀设计规范》GB 50046 等专用标准进行，但需注意不同设计使用年限的结构应采取不同的防腐蚀要求。

1.0.3　混凝土结构耐久性设计的主要目标，是为了确保主体结构能够达到规定的设计使用年限，满足建筑物的合理使用年限要求。主体结构的设计使用年限虽然与建筑物的合理使用年限源于相同的概念但数值并不相同。合理使用年限是一个确定的期望值，而设计使用年限则必须考虑环境作用、材料性能等因素的变异性对于结构耐久性的影响，需要有足够的保证率，这样才能做到所设计的工程主体结构满足《建筑法》规定的"确保"要求（参见附录 A）。设计人员应结合工程重要性和环境条件等具体特点，必要时应采取高于本规范条文的要求。由于环境作用下的耐久性问题十分复杂，存在较大的不确定和不确知性，目前尚缺乏足够的工程经验与数据积累。因此在使用本规范时，如有可靠的调查类比与试验依据，通过专门的论证，可以局部调整本规范的规定。此外，各地方宜根据当地环境特点与工程实践经验，制定相应的地方标准，进一步细化和具体化本规范的相关规定。

1.0.4　本条明确了本规范与其他相关标准规范的关系。

　　我国现行标准规范中有关混凝土结构耐久性的规定，在一些方面并不能完全满足结构设计使用年限的要求，这是编制本规范的主要目的，并建议混凝土结构的耐久性设计按照本规范执行。对于本规范未提及的与耐久性设计有关的其他内容，按照国家现有技术标准的有关规定执行。

　　结构设计规范中的要求是基于公共安全和社会需要的最低限度要求。每个工程都有自身的特点，仅仅满足规范的最低要求，并不总能保证具体设计对象的安全性与耐久性。当不同技术标准规范对同一问题规定不同时，需要设计人员结合工程的实际情况自行确定。技术规范或标准不是法律文件，所有技术规范的规定（包括强制性条文）决不能代替工程人员的专业分析判断能力和免除其应承担的法律责任。

2　术语和符号

2.1.17　大掺量矿物掺合料混凝土的水胶比通常不低于 0.42，在配制混凝土时需要延长搅拌时间，一般需在 90s 以上。这种混凝土从搅拌出料入模（仓）到开始加湿养护的施工过程中，应尽量避免新拌混凝土的水分蒸发，缩小暴露于干燥空气中的工作面，施工操作之前和操作完毕的暴露表面需立即用塑料膜覆盖，避免吹风；在干燥空气中操作时宜在工作面上方喷雾以增加环境湿度并起到降温的作用。

　　本规范中所指的大掺量矿物掺合料混凝土为：在硅酸盐水泥中单掺粉煤灰量不小于胶凝材料总重的

30%、单掺磨细矿渣量不小于胶凝材料总重的50%；复合使用多种矿物掺合料时，粉煤灰掺量与0.3的比值加上磨细矿渣掺量与0.5的比值之和大于1。

2.1.21 本规范所指配筋混凝土结构中的筋体，不包括不锈钢、耐候钢或高分子聚酯材料等有机材料制成的筋体，也不包括纤维状筋体。

3 基 本 规 定

3.1 设 计 原 则

3.1.1 混凝土结构的耐久性设计可分为传统的经验方法和定量计算方法。传统经验方法是将环境作用按其严重程度定性地划分成几个作用等级，在工程经验类比的基础上，对于不同环境作用等级下的混凝土结构构件，由规范直接规定混凝土材料的耐久性质量要求（通常用混凝土的强度、水胶比、胶凝材料用量等指标表示）和钢筋保护层厚度等构造要求。近年来，传统的经验方法有很大的改进：首先是按照材料的劣化机理确定不同的环境类别，在每一类别下再按温、湿度及其变化等不同环境条件区分其环境作用等级，从而更为详细地描述环境作用；其次是对不同设计使用年限的结构构件，提出不同的耐久性要求。

在结构耐久性设计的定量计算方法中，环境作用需要定量表示，然后选用适当的材料劣化数学模型求出环境作用效应，列出耐久性极限状态下的环境作用效应与耐久性抗力的关系式，可求得相应的使用年限。结构的设计使用年限应有规定的安全度，所以在耐久性极限状态的关系式中应引入相应的安全系数，当用概率可靠度方法设计时应满足所需的保证率。对于混凝土结构耐久性极限状态与设计使用年限安全度的具体规定，可见本规范的附录A。

目前，环境作用下耐久性设计的定量计算方法尚未成熟到能在工程中普遍应用的程度。在各种劣化机理的计算模型中，可供使用的还只局限于定量估算钢筋开始发生锈蚀的年限。在国内外现行的混凝土结构设计规范中，所采用的耐久性设计方法仍然是传统方法或改进的传统方法。

本规范仍采用传统的经验方法，但进行了改进。除了细化环境的类别和作用等级外，规范在混凝土的耐久性质量要求中，既规定了不同环境类别与作用等级下的混凝土最低强度等级、最大水胶比和混凝土原材料组成，又提出了混凝土抗冻耐久性指数、氯离子扩散系数等耐久性参数的量值指标；同时从耐久性要求出发，对结构构造方法、施工质量控制以及工程使用阶段的维修检测作出了比较具体的规定。对于设计使用年限所需的安全度，已隐含在规范规定的上述要求中。

本规范中所指的环境作用，是直接与混凝土表面接触的局部环境作用。同一结构中的不同构件或同一构件中的不同部位，所处的局部环境有可能不同，在耐久性设计中可分别予以考虑。

3.1.2 本条提出混凝土结构耐久性设计的基本内容，强调耐久性设计不仅是确定材料的耐久性能指标与钢筋的混凝土保护层厚度。适当的防排水构造措施能够非常有效地减轻环境作用，应作为耐久性设计的重要内容。混凝土结构的耐久性在很大程度上还取决于混凝土的施工养护质量与钢筋保护层厚度的施工误差，由于国内现行的施工规范较少考虑耐久性的需要，所以必须提出基于耐久性的施工养护与保护层厚度的质量验收要求。

在严重的环境作用下，仅靠提高混凝土保护层的材料质量与厚度，往往还不能保证设计使用年限，这时就应采取一种或多种防腐蚀附加措施（参见2.1.20条）组成合理的多重防护策略；对于使用过程中难以检测和维修的关键部件如预应力钢绞线，应采取多重防护措施。

混凝土结构的设计使用年限是建立在预定的维修与使用条件下的。因此，耐久性设计需要明确结构使用阶段的维护、检测要求，包括设置必要的检测通道，预留检测维修的空间和装置等；对于重要工程，需预置耐久性监测和预警系统。

对于严重环境作用下的混凝土工程，为确保使用寿命，除进行施工建造前的结构耐久性设计外，尚应根据竣工后实测的混凝土耐久性能和保护层厚度进行结构耐久性的再设计，以便发现问题及时采取措施；在结构的使用年限内，尚需根据实测的材料劣化数据对结构的剩余使用寿命作出判断并针对问题继续进行再设计，必要时增加防腐措施或适时修理。

3.2 环境类别与作用等级

3.2.1 本条根据混凝土材料的劣化机理，对环境作用进行了分类：一般环境、冻融环境、海洋氯化物环境、除冰盐等其他氯化物环境和化学腐蚀环境，分别用大写罗马字母 I～V 表示。

一般环境（ I 类）是指仅有正常的大气（二氧化碳、氧气等）和温、湿度（水分）作用，不存在冻融、氯化物和其他化学腐蚀物质的影响。一般环境对混凝土结构的腐蚀主要是碳化引起的钢筋锈蚀。混凝土呈高度碱性，钢筋在高度碱性环境中会在表面生成一层致密的钝化膜，使钢筋具有良好的稳定性。当空气中的二氧化碳扩散到混凝土内部，会通过化学反应降低混凝土的碱度（碳化），使钢筋表面失去稳定性并在氧气与水分的作用下发生锈蚀。所有混凝土结构都会受到大气和温湿度作用，所以在耐久性设计中都应予以考虑。

冻融环境（ II 类）主要会引起混凝土的冻蚀。当混凝土内部含水量很高时，冻融循环的作用会引起内部或表层的冻蚀和损伤。如果水中含有盐分，还会加重损伤程度。因此冰冻地区与雨、水接触的露天混凝土构件应按冻融环境考虑。另外，反复冻融造成混凝土保护层损伤还会间接加速钢筋锈蚀。

海洋、除冰盐等氯化物环境（Ⅲ和Ⅳ类）中的氯离子可从混凝土表面迁移到混凝土内部。当到达钢筋表面的氯离子积累到一定浓度（临界浓度）后，也能引发钢筋的锈蚀。氯离子引起的钢筋锈蚀程度要比一般环境（Ⅰ类）下单纯由碳化引起的锈蚀严重得多，是耐久性设计的重点问题。

化学腐蚀环境（Ⅴ类）中混凝土的劣化主要是土、水中的硫酸盐、酸等化学物质和大气中的硫化物、氮氧化物等对混凝土的化学作用，同时也有盐结晶等物理作用所引起的破坏。

3.2.2 本条将环境作用按其对混凝土结构的腐蚀影响程度定性地划分成 6 个等级，用大写英文字母 A～F 表示。一般环境的作用等级从轻微到中度（Ⅰ-A、Ⅰ-B、Ⅰ-C），其他环境的作用程度则为中度到极端严重。应该注意，由于腐蚀机理不同，不同环境类别相同等级（如Ⅰ-C、Ⅱ-C、Ⅲ-C）的耐久性要求不会完全相同。

与各个环境作用等级相对应的具体环境条件，可分别参见本规范第 4～7 章中的规定。由于环境作用等级的确定主要依靠对不同环境条件的定性描述，当实际的环境条件处于两个相邻作用等级的界限附近时，就有可能出现难以判定的情况，这就需要设计人员根据当地环境条件和既有工程劣化状况的调查，并综合考虑工程重要性等因素后确定。在确定环境对混凝土结构的作用等级时，还应充分考虑环境作用因素在结构使用期间可能发生的演变。

由于本规范中所指的环境作用是指直接与混凝土表面接触的局部环境作用，所以同一结构中的不同构件或同一构件中的不同部位，所承受的环境作用等级可能不同。例如，外墙板的室外一侧会受到雨淋受潮或干湿交替为Ⅰ-B或Ⅰ-C，但室内一侧则处境良好为Ⅰ-A，此时内外两侧钢筋所需的保护层厚度可取不同。在实际工程设计中，还应从施工方便和可行性出发，例如桥梁的同一墩柱可能分别处于水中区、水位变动区、浪溅区和大气区，局部环境作用最严重的应是干湿交替的浪溅区和水位变动区，尤其是浪溅区；这时整个构件中的钢筋保护层最小厚度和混凝土的最大水胶比与最低强度等级，一般就要按浪溅区的环境作用等级Ⅲ-E或Ⅲ-F确定。

3.2.3 一般环境（Ⅰ类）的作用是所有结构构件都会遇到和需要考虑的。当同时受到两类或两类以上的环境作用时，通常由作用程度较高的环境类别决定或控制混凝土构件的耐久性要求，但对冻融环境（Ⅱ类）或化学腐蚀环境（Ⅴ类）有例外，例如在严重作用等级的冻融环境下可能必须采用引气混凝土，同时在混凝土原材料选择、结构构造、混凝土施工养护等方面也有特殊要求。所以当结构构件同时受到多种类别的环境作用时，原则上均应考虑，需满足各自单独作用下的耐久性要求。

3.2.4 混凝土中的碱（Na_2O 和 K_2O）与砂、石骨料中的活性硅会发生化学反应，称为碱-硅反应（Aggregate-Silica Reaction，简称 ASR）；某些碳酸盐类岩石骨料也能与碱起反应，称为碱-碳酸盐反应（Aggregate-Carbonate Reaction，简称 ACR）。这些碱-骨料反应在骨料界面生成的膨胀性产物会引起混凝土开裂，在国内外都发生过此类工程损坏的事例。环境作用下的化学腐蚀反应大多从表面开始，但碱-骨料反应却是在内部发生的。碱-骨料反应是一个长期过程，其破坏作用需要若干年后才会显现，而且一旦在混凝土表面出现开裂，往往已严重到无法修复的程度。

发生碱-骨料反应的充分条件是：混凝土有较高的碱含量；骨料有较高的活性；还要有水的参与。限制混凝土含碱量、在混凝土中加入足够掺量的粉煤灰、矿渣或沸石岩等掺合料，能够抑制碱-骨料反应；采用密实的低水胶比混凝土也能有效地阻止水分进入混凝土内部，有利于阻止反应的发生。混凝土含碱量的规定见附录 B.2。

混凝土钙矾石延迟生成（Delayed Ettringite Formation，简写作 DEF）也是混凝土内部成分之间发生的化学反应。混凝土中的钙矾石是硫酸盐、铝酸钙与水反应后的产物，正常情况下应该在混凝土拌合后水泥的水化初期形成。如果混凝土硬化后内部仍然剩有较多的硫酸盐和铝酸三钙，则在混凝土的使用中如与水接触可能会再起反应，延迟生成钙矾石。钙矾石在生成过程中体积会膨胀，导致混凝土开裂。混凝土早期蒸养过度或内部温度较高会增加延迟生成钙矾石的可能性。防止延迟生成钙矾石反应的主要途径是降低养护温度、限制水泥的硫酸盐和铝酸三钙（C_3A）含量以及避免混凝土在使用阶段与水分接触。在混凝土中引气也能缓解其破坏作用。

流动的软水能将水泥浆体中的氢氧化钙溶出，使混凝土密实性下降并影响其他含钙水化物的稳定。酸性地下水也有类似的作用。增加混凝土密实性有助于减轻氢氧化钙的溶出。

3.2.5 冲刷、磨损会削弱混凝土构件截面，此时应采用强度等级较高的耐磨混凝土，通常还需要将可能磨损的厚度作为牺牲厚度考虑在构件截面或钢筋的混凝土保护层厚度内。

不同骨料抗冲磨性能大不相同。研究表明，骨料的硬度和耐磨性对混凝土的抗冲磨能力起到重要作用，铁矿石骨料好于花岗岩骨料，花岗岩骨料好于石灰岩骨料。在胶凝材料中掺入硅灰也能有效地提高混凝土的抗冲磨性能。

3.3 设计使用年限

3.3.1 本条对混凝土结构的最低设计使用年限作出了规定。结构的设计使用年限和我国《建筑法》规定的合理使用年限（寿命）的关系见 1.0.1 和 1.0.3 的条文说明。

结构设计使用年限是在确定的环境作用和维修、使用条件下，具有规定保证率或安全裕度的年限。设计使用年限应由设计人员与业主共同确定，首先要满足工程设计对象的功能要求和使用者的利益，并不低于有关法规的规定。

我国现行国家标准《工程结构可靠性设计统一标准》GB 50153 对房屋建筑、公路桥涵、铁路桥涵以及港口工程规定了使用年限，应予遵守；对于城市桥梁、隧道等市政工程按照表 3.3.1 的规定确定结构的设计使用年限。

3.3.2 在严重（包括严重、非常严重和极端严重）环境作用下，混凝土结构的个别构件因技术条件和经济性难以达到结构整体的设计使用年限时（如斜拉桥的拉索），在与业主协商同意后，可设计成易更换的构件或能在预期的年限进行大修，并应在设计文件中注明更换或大修的预期年限。需要大修或更换的结构构件，应具有可修复性，能够经济合理地进行修复或更换，并具备相应的施工操作条件。

3.4 材 料 要 求

3.4.1 根据结构物所处的环境类别和作用等级以及设计使用年限，规范分别在第 4~7 章中规定了不同环境中混凝土材料的最低强度等级和最大水胶比，具体见本规范的 4.3.1 条、5.3.2 条、6.3.2 条、7.3.2 条的规定。在附录 B 中规定了混凝土组成原材料的成分限定范围。原材料的限定范围包括硅酸盐水泥品种与用量、胶凝材料中矿物掺合料的用量范围、水泥中的铝酸三钙含量、原材料中有害成分总量（如氯离子、硫酸根离子、可溶碱等）以及粗骨料的最大粒径等。具体见本规范的附录 B.1、B.2 和 B.3。

通常，在设计文件中仅需提出混凝土的最低强度等级与最大水胶比。对于混凝土原材料的选用，可在设计文件中注明由施工单位和混凝土供应商根据规定的环境作用类别与等级，按本规范的附录 B.1、B.2 和 B.3 执行。对于大型工程和重要工程，应在设计阶段由结构工程师会同材料工程师共同确定混凝土及其原材料的具体技术要求。

3.4.2 常用的混凝土耐久性指标包括一般环境下的混凝土抗渗等级、冻融环境下的抗冻耐久性指数或抗冻等级、氯化物环境下的氯离子在混凝土中的扩散系数等。这些指标均由实验室标准快速试验方法测定，可用来比较胶凝材料组分相近的不同混凝土之间的耐久性能高低，主要用于施工阶段的混凝土质量控制和质量检验。

如果混凝土的胶凝材料组成不同，用快速试验得到的耐久性指标往往不具有可比性。标准快速试验中的混凝土龄期过短，不能如实反映混凝土在实际结构中的耐久性能。某些在实际工程中耐久性能表现优良的混凝土，如低水胶比大掺量粉煤灰混凝土，由于其成熟速度比较缓慢，在快速试验中按标准龄期测得的抗氯离子扩散指标往往不如相同水胶比的无矿物掺合料混凝土；但实际上，前者的长期抗氯离子侵入能力比后者要好得多。

抗渗等级仅对低强度混凝土的性能检验有效，对于密实的混凝土宜用氯离子在混凝土中的扩散系数作为耐久性能的评定指标。

3.4.3 本条规定了混凝土结构设计中混凝土强度的选取原则。结构构件需要采用的混凝土强度等级，在许多情况下是由环境作用决定的，并非由荷载作用控制。因此在进行构件的承载能力设计以前，应该首先了解耐久性要求的混凝土最低强度等级。

3.4.4 本条规定了耐久性需要的配筋混凝土最低强度等级。对于冻融环境的 Ⅱ-D、Ⅱ-E 等级，表 3.4.4 给出的强度等级为引气混凝土的强度等级；对于冻融环境的 Ⅱ-C 等级，表 3.4.4 同时给出了引气和非引气混凝土的强度等级。

表 3.4.4 的耐久性强度等级主要是对钢筋混凝土保护层的要求。对于截面较大的墩柱等受压构件，如果为了满足钢筋保护层混凝土的耐久性要求而需要提高全截面的混凝土强度，就不如增加钢筋保护层厚度或者在混凝土表面采取附加防腐蚀措施的办法更为经济。

3.4.5 素混凝土结构不存在钢筋锈蚀问题，所以在一般环境和氯化物环境中可按较低的环境作用等级确定混凝土的最低强度等级。对于冻融环境和化学腐蚀环境，环境因素会直接导致混凝土材料的劣化，因此对素混凝土的强度等级要求与配筋混凝土要求相同。

3.4.6~3.4.7 冷加工钢筋和细直径钢筋对锈蚀比较敏感，作为受力主筋使用时需要相应提高耐久性要求。细直径钢筋可作为构造钢筋。

3.4.8 本条所指的预应力筋为在先张法构件中单根使用的预应力钢丝，不包括钢绞线中的单根钢丝。

3.4.9 埋在混凝土中的钢筋，如材质有所差异且相互的连接能够导电，则引起的电位差有可能促进钢筋的锈蚀，所以宜采用同样牌号或代号的钢筋。不同材质的金属埋件之间（如镀锌钢材与普通钢材、钢材与铝材）尤其不能有导电的连接。

3.5 构 造 规 定

3.5.1 本条提出环境作用下混凝土保护层厚度的确定原则。对于不同环境作用下所需的混凝土保护层最小厚度，可见本规范的 4.3.1 条、5.3.2 条、6.3.2 条和 7.3.2 条中的具体规定。

混凝土构件中最外侧的钢筋会首先发生锈蚀，一般是箍筋和分布筋，在双向板中也可能是主筋。所以本规范对构件中各类钢筋的保护层最小厚度提出相同的要求。欧洲 CEB-FIP 模式规范、英国 BS 规范、美国混凝土学会 ACI 规范以及现行的欧盟规范都有这样的规定。箍筋的锈蚀可引起构件混凝土沿箍筋的环向开裂，而墙、板中分布筋的锈蚀除引起开裂外，还会导致保护层的成片剥落，都是结构的正常使用所不允许的。

保护层厚度的尺寸较小，而钢筋出现锈蚀的年限大体与保护层厚度的平方成正比，保护层厚度的施工偏差会对耐久性造成很大的影响。以保护层厚度为 20mm 的钢筋混凝土板为例，如果施工允许偏差为 ±5mm，则 5mm 的允许负偏差就可使钢筋出现锈蚀的年限缩短约 40%。因此在耐久性设计所要求的保护层厚度中，必须计入施工允许负偏差。1990 年颁布的 CEB-FIP 模式规范、2004 年正式生效的欧盟规范，以及英国历届 BS 规范中，都将用于设计计算和标注于施工图上的保护层设计厚度称为"名义厚度"，并规定其数值不得小于耐久性要求的最小厚度与施工允许负偏差的绝对值之和。欧盟规范建议的施工允许偏差对现浇混凝土为 5～15mm，一般取 10mm。美国 ACI 规范和加拿大规范规定保护层的最小设计厚度已经包含了约 12mm 的施工允许偏差，与欧盟规范名义厚度的规定实际上相同。

本规范规定保护层设计厚度的最低值仍称为最小厚度，但在耐久性所要求最小厚度的取值中已考虑了施工允许负偏差的影响，并对现浇的一般混凝土梁、柱取允许负偏差的绝对值为 10mm，板、墙为 5mm。

为保证钢筋与混凝土之间粘结力传递，各种钢筋的保护层厚度均不应小于钢筋的直径。按防火要求的混凝土保护层厚度，可参照有关的防火设计标准，但我国有关设计规范中规定的梁板保护层厚度，往往达不到所需耐火极限的要求，尤其在预应力预制楼板中相差更多。

过薄的混凝土保护层厚度容易在混凝土施工中因新拌混凝土的塑性沉降和硬化混凝土的收缩引起顺筋开裂；当顶面钢筋的混凝土保护层过薄时，新拌混凝土的抹面整平工序也会促使混凝土硬化后的顺筋开裂。此外，混凝土粗骨料的最大公称粒径尺寸与保护层的厚度之间也要满足一定关系（见附录 B.3），如果施工不能提供规定粒径的粗骨料，也有可能需要增大混凝土保护层的设计厚度。

3.5.2 预应力筋的耐久性保证率应高于普通钢筋。在严重的环境条件下，除混凝土保护层外还应对预应力筋采取多重防护措施，如将后张预应力筋置于密封的波形套管中并灌浆。本规范规定，对于单纯依靠混凝土保护层防护的预应力筋，其保护层厚度应比普通钢筋的大 10mm。

3.5.3 工厂生产的混凝土预制构件，在保护层厚度的质量控制上较有保证，保护层施工偏差比现浇构件的小，因此设计要求的保护层厚度可以适当降低。

3.5.4 本条所指的裂缝为荷载造成的横向裂缝，不包括收缩和温度等非荷载作用引起的裂缝。表 3.5.4 中的裂缝宽度允许值，更不能作为荷载裂缝计算值与非荷载裂缝计算值两者叠加后的控制标准。控制非荷载因素引起的裂缝，应该通过混凝土原材料的精心选择、合理的配比设计、良好的施工养护和适当的构造措施来实现。

表面裂缝最大宽度的计算值可根据现行国家标准《混凝土结构设计规范》GB 50010 或现行行业标准《公路钢筋混凝土及预应力混凝土桥涵设计规范》JTG D62 的相关公式计算，后者给出的裂缝宽度与保护层厚度无关。研究表明，按照规范 GB 50010 公式计算得到的最大裂缝宽度要比国内外其他规范的计算值大得多，而规定的裂缝宽度允许值却偏严。增大混凝土保护层厚度虽然会加大构件裂缝宽度的计算值，但实际上对保护钢筋减轻锈蚀十分有利，所以在 JTG D62 中，不考虑保护层厚度对裂缝宽度计算值的影响。

此外，不能为了减少裂缝计算宽度而在厚度较大的混凝土保护层内加设没有防锈措施的钢筋网，因为钢筋网的首先锈蚀会导致网片外侧混凝土的剥落，减少内侧箍筋和主筋应有的保护层厚度，对构件的耐久性造成更为有害的后果。荷载与收缩引起的横向裂缝本质上属于正常裂缝，如果影响建筑物的外观要求或防水功能可适当填补。

3.5.6 棱角部位受到两个侧面的环境作用并容易造成碰撞损伤，在可能条件下应尽量加以避免。

3.5.7 混凝土施工缝、伸缩缝等连接缝是结构中相对薄弱的部位，容易成为腐蚀性物质侵入混凝土内部的通道，故在设计与施工中应尽量避让局部环境作用比较不利的部位，如桥墩的施工缝不应设在干湿交替的水位变动区。

3.5.8 应避免外露金属部件的锈蚀造成混凝土的胀裂，影响构件的承载力。这些金属部件宜与混凝土中的钢筋隔离或进行绝缘处理。

3.6 施工质量的附加要求

3.6.1 本条给出了保证混凝土结构耐久性的不同环境中混凝土的养护制度要求，利用养护时间和养护结束时的混凝土强度来控制现场养护过程。养护结束时的强度是指现场混凝土强度，用现场同温养护条件下的标准试件测得。

现场混凝土构件的施工养护方法和养护时间需要考虑混凝土强度等级、施工环境的温、湿度和风速、构件尺寸、混凝土原材料组成和入模温度等诸多因素。应根据具体施工条件选择合理的养护工艺，可参考中国土木工程学会标准《混凝土结构耐久性设计与施工指南》CCES01-2004（2005 年修订版）的相关规定。

3.6.3 本条给出了在不同环境作用等级下，混凝土结构中钢筋保护层的检测原则和质量控制方法。

4 一般环境

4.1 一般规定

4.1.1 正常大气作用下表层混凝土碳化引发的内部钢筋锈蚀，是混凝土结构中最常见的劣化现象，也是耐久性设计中的首要问题。在一般环境作用下，依靠混凝土本身的耐久性质量、适当的保护层厚度和有效的防排水措施，就能达到所需的耐久性，一般不需考虑防腐蚀附加措施。

4.2 环境作用等级

4.2.1 确定大气环境对配筋混凝土结构与构件的作用程度，需要考虑的环境因素主要是湿度（水）、温度和 CO_2 与 O_2 的供给程度。对于混凝土的碳化过程，如果周围大气的相对湿度较高，混凝土的内部孔隙充满溶液，则空气中的 CO_2 难以进入混凝土内部，碳化就不能或只能非常缓慢地进行；如果周围大气的相对湿度很低，混凝土内部比较干燥，孔隙溶液的量很少，碳化反应也很难进行。对于钢筋的锈蚀过程，电化学反应要求混凝土有一定的电导率，当混凝土内部的相对湿度低于70%时，由于混凝土电导率太低，钢筋锈蚀很难进行；同时，锈蚀电化学过程需有水和氧气参与，当混凝土处于水下或湿度接近饱和时，氧气难以到达钢筋表面，锈蚀会因为缺氧而难以发生。

室内干燥环境对混凝土结构的耐久性最为有利。虽然混凝土在干燥环境中容易碳化，但由于缺少水分使钢筋锈蚀非常缓慢甚至难以进行。同样，水下构件由于缺乏氧气，钢筋基本不会锈蚀。因此表 4.2.1 将这两类环境作用归为Ⅰ-A 级。在室内外潮湿环境或者偶尔受到雨淋、与水接触的条件下，混凝土的碳化反应和钢筋的锈蚀过程都有条件进行，环境作用等级归为Ⅰ-B 级。在反复的干湿交替作用下，混凝土碳化有条件进行，同时钢筋锈蚀过程由于水分和氧气的交替供给而显著加强，因此对钢筋锈蚀最不利的环境条件是反复干湿交替，其环境作用等级归为Ⅰ-C 级。

如果室内构件长期处于高湿度环境，即使年平均湿度高于60%，也有可能引起钢筋锈蚀，故宜按Ⅰ-B级考虑。在干湿交替环境下，如混凝土表面在干燥阶段周围大气相对湿度较高，干湿交替的影响深度很有限，混凝土内部仍会长期处于高湿度状态，内部混凝

土碳化和钢筋锈蚀程度都会受到抑制。在这种情况下，环境对配筋混凝土构件的作用程度介于Ⅰ-C 与Ⅰ-B 之间，具体作用程度可根据当地既有工程的实际调查确定。

4.2.2 与湿润土体或水接触的一侧混凝土饱水，钢筋不易锈蚀，可按环境作用等级Ⅰ-B 考虑；接触干燥空气的一侧，混凝土容易碳化，又可能有水分从临水侧迁移供给，一般应按Ⅰ-C 级环境考虑。如果混凝土密实性好、构件厚度较大或临水表面已作可靠防护层，临水侧的水分供给可以被有效隔断，这时接触干燥空气的一侧可不按Ⅰ-C 级考虑。

4.3 材料与保护层厚度

4.3.1 表 4.3.1 分别对板、墙等面形构件和梁、柱等条形构件规定了混凝土的最低强度等级、最大水胶比和钢筋的保护层最小厚度。板、墙、壳等面形构件中的钢筋，主要受来自一侧混凝土表面的环境因素侵蚀，而矩形截面的梁、柱等条形构件中的角部钢筋，同时受到来自两个相邻侧面的环境因素作用，所以后者的保护层最小厚度要大于前者。对保护层最小厚度要求与所用的混凝土水胶比有关，在应用表 4.3.1 中不同使用年限和不同环境作用等级下的保护层厚度时，应注意到对混凝土水胶比和强度等级的不同要求。

表 4.3.1 中规定的混凝土最低强度等级、最大水胶比和保护层厚度与欧美的相关规范相近，这些数据比照了已建工程实际劣化现状的调查结果，并用材料劣化模型作了近似的计算校核，总体上略高于我国现行的混凝土结构设计规范的规定，尤其在干湿交替的环境条件下差别较大。美国 ACI 设计规范要求室外淋雨环境的梁柱外侧钢筋（箍筋或分布筋）保护层最小设计厚度为 50mm（钢筋直径不大于 16mm 时为 38mm），英国 BS8110 设计规范（60 年设计年限）为 40mm（C40）或 30mm（C45）。

4.3.2 本条给出了大截面墩柱在符合耐久性要求的前提下，截面混凝土强度与钢筋保护层厚度的调整方法。一般环境下对混凝土提出最低强度等级的要求，是为了保护钢筋的需要，针对的是构件表层的保护层混凝土。但对大截面墩柱来说，如果只是为了提高保护层混凝土的耐久性而全截面采用较高强度的混凝土，往往不如加大保护层厚度的办法更为经济合理。相反，加大保护层厚度会明显增加梁、板等受弯构件的自重，宜提高混凝土的强度等级以减少保护层厚度。

4.3.3 本条所指的建筑饰面包括不受雨水冲淋的石灰浆、砂浆抹面和砖石贴面等普通建筑饰面；防水饰面包括防水砂浆、粘贴面砖、花岗石等具有良好防水性能的饰面。除此之外，构件表面的油毡等一般防水层由于防水有效年限远低于构件的设计使用年限，不

宜考虑其对钢筋防锈的作用。

5 冻融环境

5.1 一般规定

5.1.1 饱水的混凝土在反复冻融作用下会造成内部损伤，发生开裂甚至剥落，导致骨料裸露。与冻融破坏有关的环境因素主要有水、最低温度、降温速率和反复冻融次数。混凝土的冻融损伤只发生在混凝土内部含水量比较充足的情况。

冻融环境下的混凝土结构耐久性设计，原则上要求混凝土不受损伤，不影响构件的承载力与对钢筋的保护。确保耐久性的主要措施包括防止混凝土受湿、采用高强度的混凝土和引气混凝土。

5.1.2 冰冻地区与雨、水接触的露天混凝土构件应按冻融环境进行耐久性设计。环境温度达不到冰冻条件（如位于土中冰冻线以下和长期在不结冻水下）的混凝土构件可不考虑抗冻要求。冰冻前不饱水的混凝土且在反复冻融过程中不接触外界水分的混凝土构件，也可不考虑抗冻要求。

本规范不考虑人工造成的冻融环境作用，此类问题由专门的标准规范解决。

5.1.3 截面尺寸较小的钢筋混凝土构件和预应力混凝土构件，发生冻蚀的后果严重，应赋予更大的安全保证率。在耐久性设计时应适当增加厚度作为补偿，或采取表面附加防护措施。

5.1.4 适当延迟现场混凝土初次与水接触的时间实际上是延长混凝土的干燥时间，并且给混凝土内部结构发育提供时间。在可能情况下，应尽量延迟混凝土初次接触水的时间，最好在一个月以上。

5.2 环境作用等级

5.2.1 本规范对冻融环境作用等级的划分，主要考虑混凝土饱水程度、气温变化和盐分含量三个因素。饱水程度与混凝土表面接触水的频度及表面积水的难易程度（如水平或竖向表面）有关；气温变化主要与环境最低温度及年冻融次数有关；盐分含量指混凝土表面受冻时冰水中的盐含量。

我国现行规范中对混凝土抗冻等级的要求多按当地最冷月份的平均气温进行区分，这在使用上有其方便之处，但应注意当地气温与构件所处地段的局部温度往往差别很大。比如严寒地区朝南构件的冻融次数多于朝北的构件，而微冻地区可能相反。由于缺乏各地区年冻融次数的统计资料，现仅暂时按当地最冷月的平均气温表示气温变化对混凝土冻融的影响程度。

对于饱水程度，分为高度饱水和中度饱水两种情况，前者指受冻前长期或频繁接触水体或湿润土体，混凝土体内高度饱水；后者指受冻前偶受雨淋或潮

湿，混凝土体内的饱水程度不高。混凝土受冻融破坏的临界饱水度约为 85%～90%，含水量低于临界饱水度时不会冻坏。在表面有水的情况下，连续的反复冻融可使混凝土内部的饱水程度不断增加，一旦达到或超过临界饱水度，就有可能很快发生冻坏。

有盐的冻融环境主要指冬季喷洒除冰盐的环境。含盐分的水溶液不仅会造成混凝土的内部损伤，而且能使混凝土表面起皮剥蚀，盐中的氯离子还会引起混凝土内部钢筋的锈蚀（除冰盐引起的钢筋锈蚀按Ⅳ类环境考虑）。除冰盐的剥蚀作用程度与混凝土湿度有关；不同构件及部位由于方向、位置不同，受除冰盐直接、间接作用或溅射的程度也会有很大的差别。

寒冷地区海洋和近海环境中的混凝土表层，当接触水分时也会发生盐冻，但海水的含盐浓度要比除冰盐融雪后的盐水低得多。海水的冰点较低，有些微冻地区和寒冷地区的海水不会出现冻结，具体可通过调查确定；若不出现冰冻，就可以不考虑冻融环境作用。

5.2.2 埋置于土中冰冻线以上的混凝土构件，发生冻融交替的次数明显低于暴露在大气环境中的构件，但仍要考虑冻融损伤的可能，可根据具体情况适当降低环境作用等级。

5.2.3 某些结构在正常使用条件下冬季出现冰冻的可能性很小，但在极端气候条件下或偶发事故时有可能会遭受冰冻，故应具有一定的抗冻能力，但可适当降低要求。

5.2.4 竖向构件底部侧面的积雪可引发混凝土较严重的冻融损伤。尤其在冬季喷洒除冰盐的环境中，道路上含盐的积雪常被扫到两侧并堆置在墙柱和栏杆底部，往往造成底部混凝土的严重腐蚀。对于接触积雪的局部区域，也可采取局部的防护处理。

5.3 材料与保护层厚度

5.3.1 本条规定了冻融环境中混凝土原材料的组成与引气工艺的使用。使用引气剂能在混凝土中产生大量均布的微小封闭气孔，有效缓解混凝土内部结冰造成的材料破坏。引气混凝土的抗冻要求用新拌混凝土的含气量表示，是气泡占混凝土的体积比。冻融越严重，要求混凝土的含气量越大；气泡只存在于水泥浆体中，所以混凝土抗冻所需的含气量与骨料的最大粒径有关；过大的含气量会明显降低混凝土强度，故含气量应控制在一定范围内，且有相应的误差限制。具体可参照附录C的要求。

矿物掺合料品种和数量对混凝土抗冻性能有影响。通常情况下，掺加硅粉有利于抗冻；在低水胶比前提下，适量掺加粉煤灰和矿渣对抗冻能力影响不大，但应严格控制粉煤灰的品质，特别要尽量降低粉煤灰的烧失量。具体见规范附录B的规定。

严重冻融环境下必须引气的要求主要是根据实验

室快速冻融试验的研究结果提出的，50多年来工程实际应用肯定了引气工艺的有效性。但是混凝土试件在标准快速试验下的冻融激烈程度要比工程现场的实际环境作用严酷得多。近年来，越来越多的现场调查表明，高强混凝土用于非常严重的冻融环境即使不引气也没有发生破坏。新的欧洲混凝土规范EN206-1：2000虽然对严重冻融环境作用下的构件混凝土有引气要求，但允许通过实验室的对比试验研究后不引气；德国标准DIN1045-2/07.2001规定含盐的高度饱水情况需要引气，其他情况下均可采用强度较高的非引气混凝土；英国标准8500-1：2002规定，各种冻融环境下的混凝土均可不引气，条件是混凝土强度等级需达到C50且骨料符合抗冻要求。北欧和北美各国的规范仍规定严重冻融环境作用下的混凝土需要引气。由于我国国内在这方面尚缺乏相应的研究和工程实际经验，本规范现仍规定严重冻融环境下需要采用引气混凝土。

5.3.2　表5.3.2中仅列出一般冻融（无盐）情况下钢筋的混凝土保护层最小厚度。盐冻情况下的保护层厚度由氯化物环境控制，具体见第6章的有关规定；相应的保护层混凝土质量则要同时满足冻融环境和氯化物环境的要求。有盐冻融条件下的耐久性设计见条文6.3.2的规定及其条文说明。

5.3.3　对于冻融环境下重要工程和大型工程的混凝土，其耐久性质量除需满足第5.3.2条的规定外，应同时满足本条提出的抗冻耐久性指数要求。表5.3.3中的抗冻耐久性指数由快速冻融循环试验结果进行评定。美国ASTM标准定义试件经历300次冻融循环后的动弹性模量的相对损失为抗冻耐久性指数DF，其计算方法见表注1。在北美，认为有抗冻要求的混凝土DF值不能小于60%。对于年冻融次数不频繁的环境条件或混凝土现场饱水程度不很高时，这一要求可能偏高。

混凝土的抗冻性评价可用多种指标表示，如试件经历冻融循环后的动弹性模量损失、质量损失、伸长量或体积膨胀等。多数标准都采用动弹性模量损失或同时考虑质量损失来确定抗冻级别，但上述指标通常只用来比较混凝土材料的相对抗冻性能，不能直接用来进行结构使用年限的预测。

6　氯化物环境

6.1　一般规定

6.1.1　环境中的氯化物以水溶氯离子的形式通过扩散、渗透和吸附等途径从混凝土构件表面向混凝土内部迁移，可引起混凝土内钢筋的严重锈蚀。氯离子引起的钢筋锈蚀难以控制、后果严重，因此是混凝土结构耐久性的重要问题。氯盐对于混凝土材料也有一定的腐蚀作用，但相对较轻。

6.1.2　本条规定所指的海洋和近海氯化物包括海水、大气、地下水与土体中含有的来自海水的氯化物。此外，其他情况下接触海水的混凝土构件也应考虑海洋氯化物的腐蚀，如海洋馆中接触海水的混凝土池壁、管道等。内陆盐湖中的氯化物作用可参照海洋氯化物环境进行耐久性设计。

6.1.3　除冰盐对混凝土的作用机理很复杂。对钢筋混凝土（如桥面板）而言，一方面，除冰盐直接接触混凝土表层，融雪过程中的温度骤降以及渗入混凝土的含盐雪水的蒸发结晶都会导致混凝土表面的开裂剥落；另一方面，雪水中的氯离子不断向混凝土内部迁移，会引起钢筋腐蚀。前者属于盐冻现象，有关的耐久性要求在第5章中已有规定；后者属于钢筋锈蚀问题，相应的要求由本章规定。

降雪地区喷洒的除冰盐可以通过多种途径作用于混凝土构件，含盐的融雪水直接作用于路面，并通过伸缩缝等连接处渗漏到桥面板下方的构件表面，或者通过路面层和防水层的缝隙渗漏到混凝土桥面板的顶面。排出的盐水如渗入地下土体，还会侵蚀混凝土基础。此外，高速行驶的车辆会将路面上含盐的水溅射或转变成盐雾，作用到车道两侧甚至较远的混凝土构件表面；汽车底盘和轮胎上冰冻的含盐雪水进入停车库后融化，还会作用于车库混凝土楼板或地板引起钢筋腐蚀。

地下水土（滨海地区除外）中的氯离子浓度一般较低，当浓度较高且在干湿交替的条件下，则需考虑对混凝土构件的腐蚀。我国西部盐湖和盐渍土地区地下水土中氯盐含量很高，对混凝土构件的腐蚀作用需专门研究处理，不属于本规范的内容。对于游泳池及其周围的混凝土构件，如公共浴室、卫生间地面等，还需要考虑氯盐消毒对混凝土构件腐蚀的作用。

除冰盐可对混凝土结构造成极其严重的腐蚀，不进行耐久性设计的桥梁在除冰盐环境下只需几年或十几年就需要大修甚至被迫拆除。发达国家使用含氯除冰盐融化道路积雪已有40年的历史，迄今尚无更为经济的替代方法。考虑今后交通发展对融化道路积雪的需要，应在混凝土桥梁的耐久性设计时考虑除冰盐氯化物的影响。

6.1.4　当环境作用等级非常严重或极端严重时，按照常规手段通过增加混凝土强度、降低混凝土水胶比和增加混凝土保护层厚度的办法，仍然有可能保证不了50年或100年设计使用年限的要求。这时宜考虑采用一种或多种防腐蚀附加措施，并建立合理的多重防护策略，提高结构使用年限的保证率。在采取防腐蚀附加措施的同时，不应降低混凝土材料的耐久性质量和保护层的厚度要求。

常用的防腐蚀附加措施有：混凝土表面涂刷防腐面层或涂层、采用环氧涂层钢筋、应用钢筋阻锈剂等。环氧涂层钢筋和钢筋阻锈剂只有在耐久性优良的混凝土材料中才能起到控制构件锈蚀的作用。

6.1.5 定期检测可以尽快发现问题，并及时采取补救措施。

6.2 环境作用等级

6.2.1 对于海水中的配筋混凝土结构，氯盐引起钢筋锈蚀的环境可进一步分为水下区、潮汐区、浪溅区、大气区和土中区。长年浸没于海水中的混凝土，由于水中缺氧使锈蚀发展速度变得极其缓慢甚至停止，所以钢筋锈蚀危险性不大。潮汐区特别是浪溅区的情况则不同，混凝土处于干湿交替状态，混凝土表面的氯离子可通过吸收、扩散、渗透等多种途径进入混凝土内部，而且氧气和水交替供给，使内部的钢筋具备锈蚀发展的所有条件。浪溅区的供氧条件最为充分，锈蚀最严重。

我国现行行业标准《海港工程混凝土结构防腐蚀技术规范》JTJ 275 在大量调查研究的基础上，分别对浪溅区和潮汐区提出不同的要求。根据海港工程的大量调查表明，平均潮位以下的潮汐区，混凝土在落潮时露出水面时间短，且接触的大气的湿度很高，所含水分较难蒸发，所以混凝土内部饱水程度高、钢筋锈蚀没有浪溅区显著。但本规范考虑到潮汐区内进行修复的难度，将潮汐区与浪溅区按同一作用等级考虑。南方炎热地区温度高，氯离子扩散系数增大，钢筋锈蚀也会加剧，所以炎热气候应作为一种加剧钢筋锈蚀的因素考虑。

海洋和近海地区的大气中都含有氯离子。海洋大气区处于浪溅区的上方，海浪拍击产生大小为 0.1~20μm 的细小雾滴，较大的雾滴积聚在海面附近，而较小的雾滴可随风飘移到近海的陆上地区。海上桥梁的上部构件离浪溅区很近时，受到浓重的盐雾作用，在构件混凝土表层内积累的氯离子浓度可以很高，而且同时又处于干湿交替的环境中，因此处于很不利的状态。在浪溅区与其上方的大气区之间，构件表层混凝土的氯离子浓度没有明确的界限，设计时应该根据具体情况偏安全地选用。

虽然大气盐雾的混凝土表面氯离子浓度可以积累到与浪溅区的相近，但浪溅区的混凝土表面氯离子浓度可认为从一开始就达到其最大值，而大气盐雾区则需许多年才能逐渐积累到最大值。靠近海岸的陆上大气也含盐分，其浓度与具体的地形、地物、风向、风速等多种因素有关。根据我国浙东、山东等沿海地区的调查，构件的腐蚀程度与离岸距离以及朝向有很大关系，靠近海岸且暴露于室外的构件应考虑盐雾的作用。烟台地区的调查发现，离海岸 100m 内的室外混凝土构件中的钢筋均发生严重锈蚀。

表 6.2.1 中对靠海构件环境作用等级的划分，尚有待积累更多调查数据后作进一步修正。设计人员宜在调查工程所在地区具体环境条件的基础上，采取适当的防腐蚀要求。

6.2.2 海底隧道结构的构件维修困难，宜取用较高的环境作用等级。隧道混凝土构件接触土体的外侧如无空气进入的可能，可按 Ⅲ-D 级的环境作用确定构件的混凝土保护层厚度；如在外侧设置排水通道有可能引入空气时，应按 Ⅲ-E 级考虑。隧道构件接触空气的内侧可能接触渗漏的海水，底板和侧墙底部应按 Ⅲ-E 级考虑，其他部位可根据具体情况确定，但不低于 Ⅲ-D 级。

6.2.3 近海和海洋环境的氯化物对混凝土结构的腐蚀作用与当地海水中的含盐量有关。表 6.2.1 的环境作用等级是根据一般海水的氯离子浓度（约 18~20g/L）确定的。不同地区海水的含盐量可能有很大差别，沿海地区海水的含盐量受到江河淡水排放的影响并随季节而变化，海水的含盐量有可能较低，可取年均值作为设计的依据。

河口地区虽然水中氯化物含量低于海水，但是对于大气区和浪溅区，混凝土表面的氯盐含量会不断积累，其长期含盐量可以明显高于周围水体中的含盐浓度。在确定氯化物环境的作用等级时，应充分考虑到这些因素。

6.2.4 对于同一构件，应注意不同侧面的局部环境作用等级的差异。混凝土桥面板的顶面会受到除冰盐溶液的直接作用，所以顶面钢筋一般应按 Ⅳ-E 的作用等级设计，保护层至少需 60mm，除非在桥面板与路面铺装层之间有质量很高的防水层；而桥面板的底部钢筋通常可按一般环境中的室外环境条件设计，板的底部不受雨淋，无干湿交替，作用等级为 Ⅰ-B，所需的保护层可能只有 25mm。桥面板顶面的氯离子不可能迁移到底部钢筋，因为所需的时间非常长。但是桥面板的底部有可能受到从板的侧边流淌到底面的雨水或伸缩缝处渗漏水的作用，从而出现干湿交替、反复冻融和盐蚀。所以必须采取相应的排水构造措施，如在板的侧边设置滴水沿、排水沟等。桥面板上部的铺装层一般容易开裂渗漏，防水层的寿命也较短，通常在确定钢筋的保护层厚度时不考虑其有利影响。设计时可根据铺装层防水性能的实际情况，对桥面板顶部钢筋保护层厚度作适当调整。

水或土体中氯离子浓度的高低对与之接触并部分暴露于大气中构件锈蚀的影响，目前尚无确切试验数据，表 6.2.4 注 1 中划分的浓度范围可供参考。

6.2.5 与混凝土构件的设计使用年限相比，一般防水层的有效年限要短得多，在氯化物环境下只能作为辅助措施，不应考虑其有利作用。

6.3 材料与保护层厚度

6.3.1 低水胶比的大掺量矿物掺合料混凝土，在长期使用过程中的抗氯离子侵入的能力要比相同水胶比的硅酸盐水泥混凝土高得多，所以在氯化物环境中不宜单独采用硅酸盐水泥作为胶凝材料。为了增强混凝土早期的强度和耐久性发展，通常应在矿物掺合料中加入少量硅灰，可复合使用两种或两种以上的矿物掺合料，如粉煤灰加硅灰、粉煤灰加矿渣加硅灰。除冻融环境外，矿物掺合料占胶凝材料总量的比例宜大于40%，具体规定见附录B。不受冻融环境作用的氯化物环境也可使用引气混凝土，含气量可控制在 4.0%～5.0%，试验表明，适当引气可以降低氯离子扩散系数，提高抗氯离子侵入的能力。

使用大掺量矿物掺合料混凝土，必须有良好的施工养护和保护为前提。如施工现场不具备本规范规定的混凝土养护条件，就不应采用大掺量矿料混凝土。

6.3.2 表 6.3.2 规定的混凝土最低强度等级大体与国外规范中的相近，考虑到我国的混凝土组成材料特点，最大水胶比的取值则相对较低。表 6.3.2 规定的保护层厚度根据我国海洋地区混凝土工程的劣化现状调研以及比照国外规范的数据而定，并利用材料劣化模型作了近似核对。表 6.3.2 提出的只是最低要求，设计人员应该充分考虑工程设计对象的具体情况，必要时采取更高的要求。对于重要的桥梁等生命线工程，宜在设计中同时采用防腐蚀附加措施。

受盐冻的钢筋混凝土构件，需要同时考虑盐冻作用（第 5 章）和氯离子引起钢筋锈蚀的作用（第 6 章）。以严寒地区 50 年设计使用年限的跨海桥梁墩柱为例：冬季海水冰冻，据表 5.2.1 冻融环境的作用等级为 Ⅱ-E，所需混凝土最低强度等级为 C_a40，最大水胶比 0.45；桥梁墩柱的浪溅区混凝土干湿交替，据表 6.2.1 海洋氯化物环境的作用等级为 Ⅲ-E，所需保护层厚度为 60mm（C45）或 55mm（≥C50）；由于按照表 5.2.1 的要求必须引气，表 6.3.2 要求的强度等级可降低 $5N/mm^2$，成为 60mm（C_a40）或 55mm（≥C_a45），且均不低于环境作用等级 Ⅱ-E 所需的 C_a40；故设计时可选保护层厚度 60mm（混凝土强度等级 C_a40，最大水胶比 0.45），或保护层厚度 55mm（混凝土强度等级 C_a45，最大水胶比 0.40）。

从总体看，如要确保工程在设计使用年限内不需大修，表 6.3.2 规定的保护层最小厚度仍可能偏低，但如配合使用阶段的定期检测，应能具有经济合理地被修复的能力。国际上近年建成的一些大型桥梁的保护层厚度都比较大，如加拿大的 Northumberland 海峡大桥（设计寿命 100 年），墩柱的保护层厚度用 75～100mm，上部结构 50mm（混凝土水胶比 0.34）；丹麦 Great Belt Link 跨海桥墩用环氧涂层钢筋，保护层厚度 75mm，上部结构 50mm（混凝土水胶比 0.35），同时为今后可能发生锈蚀时采取阴极保护预置必要的条件。

6.3.3 大掺量矿物掺合料混凝土的定义见 2.1.17 条。氯离子在混凝土中的扩散系数会随着龄期或暴露

时间的增长而逐渐降低，这个衰减过程在大掺量矿物掺合料混凝土中尤其显著。如果大掺量矿物掺合料与非大掺量矿物掺合料混凝土的早期（如 28d 或 84d）扩散系数相同，非大掺量矿物掺合料混凝土中钢筋就会更早锈蚀。因此在 Ⅲ-E 和 Ⅲ-F 环境下不能采用大掺量矿物掺合料混凝土时，需要提高混凝土强度等级（如 $10～15N/mm^2$）或同时增加保护层厚度（如 5～10mm），具体宜根据计算或试验研究确定。

6.3.4 与受弯构件不同，增加墩柱的保护层厚度基本不会增大构件材料的工作应力，但能显著提高构件对内部钢筋的保护能力。氯化物环境的作用存在许多不确定性，为了提高结构使用年限的保证率，采用增大保护层厚度的办法要比附加防腐蚀措施更为经济。

墩柱顶部的表层混凝土由于施工中混凝土泌水等影响，密实性相对较差。这一部位又往往受到含盐渗漏水影响并处于干湿交替状态，所以宜增加保护层厚度。

6.3.6 本条规定氯化物环境中混凝土需要满足的氯离子侵入性指标。

氯化物环境下的混凝土侵入性可用氯离子在混凝土中的扩散系数表示。根据不同测试方法得到的扩散系数在数值上不尽相同并各有其特定的用途。D_{RCM} 是在实验室内采用快速电迁移的标准试验方法（RCM 法）测定的扩散系数。试验时将试件的两端分别置于两种溶液之间并施加电位差，上游溶液中含氯盐，在外加电场的作用下氯离子快速向混凝土内迁移，经过若干小时后劈开试件测出氯离子侵入试件中的深度，利用理论公式计算得出扩散系数，称为非稳态快速氯离子迁移扩散系数。这一方法最早由唐路平提出，现已得到较为广泛的应用，不仅可以用于施工阶段的混凝土质量控制，而且还可结合根据工程实测得到的扩散系数随暴露年限的衰减规律，用于定量估算混凝土中钢筋开始发生锈蚀的年限。

本规范推荐采用 RCM 法，具体试验方法可参见中国土木工程学会标准《混凝土结构耐久性设计与施工指南》CCES01-2004（2005 年修订版）。混凝土的抗氯离子侵入性也可以用其他试验方法及其指标表示。比如，美国 ASTM C1202 快速电量测定方法测量一段时间内通过混凝土试件的电量，但这一方法用于水胶比低于 0.4 的矿物掺合料混凝土时误差较大；我国自行研发的 NEL 氯离子扩散系数快速试验方法测量饱盐混凝土试件的电导率。表 6.3.6 中的数据主要参考近年来国内外重大工程采用 D_{RCM} 作为质量控制指标的实践，并利用 Fick 模型进行了近似校核。

7 化学腐蚀环境

7.1 一般规定

7.1.1 本规范考虑的常见腐蚀性化学物质包括土中

和地表、地下水中的硫酸盐和酸类等物质以及大气中的盐分、硫化物、氮氧化合物等污染物质。这些物质对混凝土的腐蚀主要是化学腐蚀，但盐类侵入混凝土也有可能产生盐结晶的物理腐蚀。本章的化学腐蚀环境不包括氯化物，后者已在第6章中单独作了规定。

7.2 环境作用等级

7.2.1 本条根据水、土环境中化学物质的不同浓度范围将环境作用划分为 V-C、V-D 和 V-E 共 3 个等级。浓度低于 V-C 等级的不需在设计中特别考虑，浓度高于 V-E 等级的应作为特殊情况另行对待。化学环境作用对混凝土的腐蚀，至今尚缺乏足够的数据积累和研究成果。重要工程应在设计前作充分调查，以工程类比作为设计的主要依据。

水、土中的硫酸盐对混凝土的腐蚀作用，除硫酸根离子的浓度外，还与硫酸盐的阳离子种类及浓度、混凝土表面的干湿交替程度、环境温度以及土的渗透性和地下水的流动性等因素有很大关系。腐蚀混凝土的硫酸盐主要来自周围的水、土，也可能来自原本受过硫酸盐腐蚀的混凝土骨料以及混凝土外加剂，如喷射混凝土中常使用的大剂量钠盐速凝剂等。

在常见的硫酸盐中，对混凝土腐蚀的严重程度从强到弱依次为硫酸镁、硫酸钠和硫酸钙。腐蚀性很强的硫酸盐还有硫酸铵，此时需单独考虑铵离子的作用，自然界中的硫酸铵不多见，但在长期施加化肥的土地中则需要注意。

表 7.2.1 规定的土中硫酸根离子 SO_4^{2-} 浓度，是在土样中加水溶出的浓度（水溶值）。有的硫酸盐（如硫酸钙）在水中的溶解度很低，在土样中加酸则可溶出土中含有的全部 SO_4^{2-}（酸溶值）。但是，只有溶于水中的硫酸盐才会腐蚀混凝土。不同国家的混凝土结构设计规范，对硫酸盐腐蚀的作用等级划分有较大差别，采用的浓度测定方法也有较大出入，有的用酸溶法测定（如欧盟规范），有的则用水溶法（如美国、加拿大和英国）。当用水溶法时，由于水土比例和浸泡搅拌时间的差别，溶出的量也不同。所以最好能同时测定 SO_4^{2-} 的水溶值和酸溶值，以便于判断难溶盐的数量。

硫酸盐对混凝土的化学腐蚀是两种化学反应的结果：一是与混凝土中的水化铝酸钙反应形成硫铝酸钙即钙矾石；二是与混凝土中氢氧化钙结合形成硫酸钙（石膏），两种反应均会造成体积膨胀，使混凝土开裂。当含有镁离子时，同时还能和 $Ca(OH)_2$ 反应，生成疏松而无胶凝性的 $Mg(OH)_2$，这会降低混凝土的密实性和强度并加剧腐蚀。硫酸盐对混凝土的化学腐蚀过程很慢，通常要持续很多年，开始时混凝土表面泛白，随后开裂、剥落破坏。当土中构件暴露于流动的地下水中时，硫酸盐得以不断补充，腐蚀的产物也被带走，材料的损坏程度就会非常严重。相反，

在渗透性很低的黏土中，当表面浅层混凝土遭硫酸盐腐蚀后，由于硫酸盐得不到补充，腐蚀反应就很难进一步进行。

在干湿交替的情况下，水中的 SO_4^{2-} 浓度如大于 200mg/L（或土中 SO_4^{2-} 大于 1000mg/kg）就有可能损害混凝土；水中 SO_4^{2-} 如大于 2000mg/L（或土中的水溶 SO_4^{2-} 大于 4000mg/kg）则可能有较大的损害。水的蒸发可使水中的硫酸盐逐渐积累，所以混凝土冷却塔就有可能遭受硫酸盐的腐蚀。地下水、土中的硫酸盐可以渗入混凝土内部，并在一定条件下使得混凝土毛细孔隙水溶液中的硫酸盐浓度不断积累，当超过饱和浓度时就会析出盐结晶而产生很大的压力，导致混凝土开裂破坏，这是纯粹的物理作用。

硅酸盐水泥混凝土的抗酸腐蚀能力较差，如果水的 pH 值小于 6，对抗渗性较差的混凝土就会造成损害。这里的酸包括除硫酸和碳酸以外的一般酸和酸性盐，如盐酸、硝酸等强酸及其他弱的无机、有机酸及其盐类，其来源于受工业或养殖业废水污染的水体。

酸对混凝土的腐蚀作用主要是与硅酸盐水泥水化产物中的氢氧化钙起反应，如果混凝土骨料是石灰石或白云石，酸也会与这些骨料起化学反应，反应的产物是水溶性的钙化物，其可以被水溶液浸出（草酸和磷酸形成的钙盐除外）。对于硫酸来说，还会进一步形成硫酸盐造成硫酸盐腐蚀。如果酸、盐溶液能到达钢筋表面，还会引起钢筋锈蚀，从而造成混凝土顺筋开裂和剥落。低水胶比的密实混凝土能够抵抗弱酸的腐蚀，但是硅酸盐水泥混凝土不能承受高浓度酸的长期作用。因此在流动的地下水中，必须在混凝土表面采取涂层覆盖等保护措施。

当结构所处环境中含有多种化学腐蚀物质时，一般会加重腐蚀的程度。如 Mg^{2+} 和 SO_4^{2-} 同时存在时能引起双重腐蚀。但两种以上的化学物质有时也可能产生相互抑制的作用。例如，海水环境中的氯盐就可能会减弱硫酸盐的危害。有资料报道，如无 Cl^- 存在，浓度约为 250mg/L 的 SO_4^{2-} 就能引起纯硅酸盐水泥混凝土的腐蚀，如 Cl^- 浓度超过 5000mg/L，则造成损害的 SO_4^{2-} 浓度要提高到约 1000mg/L 以上。海水中的硫酸盐含量很高，但有大量氯化物存在，所以不再单独考虑硫酸盐的作用。

土中的化学腐蚀物质对混凝土的腐蚀作用需要通过溶于土中的孔隙水来实现。密实的弱透水土体提供的孔隙水量少，而且流动困难，靠近混凝土表面的化学腐蚀物质与混凝土发生化学作用后被消耗，得不到充分的补充，所以腐蚀作用有限。对弱透水土体的定量界定比较困难，一般认为其渗透系数小于 10^{-5} m/s 或 0.86m/d。

7.2.2 部分暴露于大气中而其他部分又接触含盐水、土的混凝土构件应特别考虑盐结晶作用。在日温

差剧烈变化或干旱和半干旱地区，混凝土孔隙中的盐溶液容易浓缩并产生结晶或在外界低温过程的作用下析出结晶。对于一端置于水、土而另一端露于空气中的混凝土构件，水、土中的盐会通过混凝土毛细孔隙的吸附作用上升，并在干燥的空气中蒸发，最终因浓度的不断提高产生盐结晶。我国滨海和盐渍土地区电杆、墩柱、墙体等混凝土构件在地面以上1m左右高度范围内常出现这类破坏。对于一侧接触水或土而另一侧暴露于空气中的混凝土构件，情况也与此相似。

表7.2.2注中的干燥度系数定义为：

$$K = \frac{0.16 \sum t}{\gamma}$$

式中　K——干燥度系数；

　　　$\sum t$——日平均温度≥10℃稳定期的年积温（℃）；

　　　γ——日平均温度≥10℃稳定期的年降水量（mm），取 0.16。

我国西部的盐湖地区，水、土中盐类的浓度可以高出表7.2.1值的几倍甚至10倍以上，这些情况则需专门研究对待。

7.2.4　大气污染环境的主要作用因素有大气中 SO_2 产生的酸雨，汽车和机车排放的 NO_2 废气，以及盐碱地区空气中的盐分。这种环境对混凝土结构的作用程度可有很大差别，宜根据当地的调查情况确定其等级。含盐大气中混凝土构件的环境作用等级见第7.2.5条的规定。

7.2.5　处于含盐大气中的混凝土构件，应考虑盐结晶的破坏作用。大气中的盐分会附着在混凝土构件的表面，环境降水可溶解混凝土表面的盐分形成盐溶液侵入混凝土内部。混凝土孔隙中的盐溶液浓度在干湿循环的条件下会不断增高，达到临界浓度后产生巨大的结晶压力使混凝土开裂破坏。在常年湿润（植被地带的最大蒸发量和降水量的比值小于1）地区，孔隙水难以蒸发，不会发生盐结晶。

7.3　材料与保护层厚度

7.3.1　硅酸盐水泥混凝土抗硫酸盐以及酸类物质的化学腐蚀的能力较差。硅酸盐水泥水化产物中的 $Ca(OH)_2$ 不论在强度上或化学稳定性上都很弱，几乎所有的化学腐蚀都与 $Ca(OH)_2$ 有关，在压力水、流动水尤其是软水的作用下 $Ca(OH)_2$ 还会溶析，是混凝土抗腐蚀的薄弱环节。

在混凝土中加入适量的矿物掺合料对于提高混凝土抵抗化学腐蚀的能力有良好的作用。研究表明，在合适的水胶比下，矿物掺合料及其形成的致密水化产物可以改善混凝土的微观结构，提高混凝土抵抗水、酸和盐类物质腐蚀的能力，而且还能降低氯离子在混凝土中的扩散系数，提高抵抗碱-骨料反应的能力。所以在化学腐蚀环境下，不宜单独使用硅酸盐水泥作

为胶凝材料。通常用标准试验方法对 28d 龄期混凝土试件测得的混凝土抗化学腐蚀的耐久性能参数，不能反映这种混凝土的性能在后期的增长。

化学腐蚀环境中的混凝土结构耐久性设计必须有针对性，对于不同种类的化学腐蚀性物质，采用的水泥品种和掺合料的成分及合适掺量并不完全相同。在混凝土中加入少量硅灰一般都能起到比较显著的作用；粉煤灰和其他火山灰质材料因其本身的 Al_2O_3 含量有波动，效果差别较大，并非都是掺量越大越好。

因此当单独掺加粉煤灰或火山灰质掺合料时，应当通过实验确定其最佳掺量。在西方，抗硫酸盐水泥或高抗硫酸盐水泥都是硅酸盐类的水泥，只不过水泥中铝酸三钙（C_3A）和硅酸三钙（C_3S）的含量不同程度地减少。当环境中的硫酸盐含量异常高时，最好是采用不含硅酸盐的水泥，如石膏矿渣水泥或矾土水泥。但是非硅酸盐类水泥的使用条件和配合比以及养护等都有特殊要求，需通过试验确定后使用。此外，要注意在硫酸盐腐蚀环境下的粉煤灰掺合料应使用低钙粉煤灰。

8　后张预应力混凝土结构

8.1　一般规定

8.1.1　预应力混凝土结构由混凝土和预应力体系两部分组成。有关混凝土材料的耐久性要求，已在本规范第4～7章中作出规定。

预应力混凝土结构中的预应力施加方式有先张法和后张法两类。后张法还分为有粘结预应力体系、无粘结预应力体系、体外预应力体系等。先张预应力筋的张拉和混凝土的浇筑、养护以及钢筋与混凝土的粘结锚固多在预制工厂条件下完成。相对来说，质量较易保证。后张法预应力构件的制作则多在施工现场完成，涉及的工序多而复杂，质量控制的难度大。预应力混凝土结构的工程实践表明，后张预应力体系的耐久性往往成为工程中最为薄弱的环节，并对结构安全构成严重威胁。

本章专门针对后张法预应力体系的钢筋与锚固端提出防护措施与工艺、构造要求。

8.1.2　对于严重环境作用下的结构，按现有工艺技术生产和施工的预应力体系，不论在耐久性质量的保证或在长期使用过程中的安全检测上，均有可能满足不了结构设计使用年限的要求。从安全角度考虑，可采用可更换的无粘结预应力体系或体外预应力体系，同时也便于检测维修；或者在设计阶段预留预应力孔道以备再次设置预应力筋。

8.2　预应力筋的防护

8.2.1　表8.2.1列出了目前可能采取的预应力筋防

护措施，适用于体内和体外后张预应力体系。为方便起见，表中使用的序列编号代表相应的防护工艺与措施。这里的预应力筋主要指对锈蚀敏感的钢绞线和钢丝，不包括热轧高强粗钢筋。

涉及体内预应力体系的防护措施有 PS1、PS2、PS2a、PS3、PS4 和 PS5；涉及体外预应力体系的防护措施有 PS1、PS2、PS2a、PS3、PS3a。这些防护措施的使用应根据混凝土结构的环境作用类别和等级确定，具体见 8.2.2 条。

8.2.2 本条给出预应力筋在不同环境作用等级条件下耐久性综合防护的最低要求，设计人员可以根据具体的结构环境、结构重要性和设计使用年限适当提高防护要求。

对于体内预应力筋，基本的防护要求为 PS2 和 PS4；对于体外预应力，基本的防护要求为 PS2 和 PS3。

8.3 锚固端的防护

8.3.1 表 8.3.1 列出了目前可能采取的预应力锚固端防护措施，包括了埋入式锚头和暴露式锚头。为方便起见，表中使用的序列编号代表相应的防护工艺与措施。

涉及埋入式锚头的防护措施有 PA1、PA2、PA2a、PA3、PA4、PA5；涉及暴露式锚头的防护措施有 PA1、PA2、PA2a、PA3、PA3a。这些防护措施的使用应根据混凝土结构的环境类别和作用等级确定，参见 8.3.2 条。

8.3.2 本条给出预应力锚头在不同环境作用等级条件下耐久性综合防护的最低要求，设计人员可以根据具体的结构环境、结构重要性和设计使用年限适当提高防护要求。

对于埋入式锚固端，基本的防护要求为 PA4；对于暴露式锚固端，基本的防护要求为 PA2 和 PA3。

8.4 构造与施工质量的附加要求

8.4.2 本条规定的预应力套管应能承受的工作内压，参照了欧盟技术核准协会（EOTA）对后张法预应力体系组件的要求。对高密度聚乙烯和聚丙烯套管的其他技术要求可参见现行行业标准《预应力混凝土桥梁用塑料波纹管》JT/T 529-2004 的有关规定。

8.4.3 水泥基浆体的压浆工艺对管道内预应力筋的耐久性有重要影响，具体压浆工艺和性能要求可参见中国土木工程学会标准《混凝土结构耐久性设计与施工指南》CCES 01-2004（2005 年修订版）附录 D 的相关条文。

8.4.4 在氯化物等严重环境作用下，封锚混凝土中宜外加阻锈剂或采用水泥基聚合物混凝土，并外覆塑料密封罩。对于桥梁等室外预应力构件，应采取构造措施，防止雨水或渗漏水直接作用或流过锚固封堵端

的外表面。

附录 A　混凝土结构设计的耐久性极限状态

A.0.2 这三种劣化程度都不会损害到结构的承载能力，满足 A.0.1 条的基本要求。

A.0.3 预应力筋和冷加工钢筋的延性差，破坏呈脆性，而且一旦开始锈蚀，发展速度较快。所以宜偏于安全考虑，以钢筋开始发生锈蚀作为耐久性极限状态。

A.0.4 适量锈蚀到开始出现顺筋开裂尚不会损害钢筋的承载能力，钢筋锈蚀深度达到 0.1mm 不至于明显影响钢筋混凝土构件的承载力。可以近似认为，钢筋锈胀引起构件顺筋开裂（裂缝与钢筋保护层表面垂直）或层裂（裂缝与钢筋保护层表面平行）时的锈蚀深度约为 0.1mm。两种开裂状态均使构件达到正常使用的极限状态。

A.0.5 冻融环境和化学腐蚀环境中的混凝土构件可按表面轻微损伤极限状态考虑。

A.0.6 环境作用引起的材料腐蚀在作用移去后不可恢复。对于不可逆的正常使用极限状态，可靠指标应大于 1.5。欧洲一些工程用可靠度方法进行环境作用下的混凝土结构耐久性设计时，与正常使用极限状态相应的可靠指标一般取 1.8，失效概率不大于 5%。

A.0.7 应用数学模型定量分析氯离子侵入混凝土内部并使钢筋达到临界锈蚀的年限，应选择比较成熟的数学模型，模型中的参数取值有可靠的试验依据，可委托专业机构进行。

A.0.8 从长期暴露于现场氯离子环境的混凝土构件中取样，实测得到构件截面不同深度上的氯离子浓度分布数据，并按 Fick 第二扩散定律的误差函数解析公式（其中假定在这一暴露时间内的扩散系数和表面氯离子浓度均为定值）进行曲线拟合回归求得的扩散系数和表面氯离子浓度，称为表观扩散系数和表观的表面氯离子浓度。表观扩散系数的数值随暴露期限的增长而降低，其衰减规律与混凝土胶凝材料的成分有关。设计取用的表面氯离子浓度和扩散系数，应以类似工程中实测得到的表观值为依据，具体可参见中国土木工程学会标准《混凝土结构耐久性设计与施工指南》CCES01-2004（2005 年修订版）。

附录 B　混凝土原材料的选用

B.1 混凝土胶凝材料

B.1.1 根据耐久性的需要，单位体积混凝土的胶

凝材料用量不能太少，但过大的用量会加大混凝土的收缩，使混凝土更加容易开裂，因此应控制胶凝材料的最大用量。在强度与原材料相同的情况下，胶凝材料用量较小的混凝土，体积稳定性好，其耐久性能通常要优于胶凝材料用量较大的混凝土。泵送混凝土由于工作度的需要，允许适当加大胶凝材料用量。

B.1.2 本条规定了不同环境作用下，混凝土胶凝材料中矿物掺合料的选择原则。混凝土的胶凝材料除水泥中的硅酸盐水泥外，还包括水泥中具有胶凝作用的混合材料（如粉煤灰、火山灰、矿渣、沸石岩等）以及配制混凝土时掺入的具有胶凝作用的矿物掺合料（粉煤灰、磨细矿渣、硅灰等）。对胶凝材料及其中矿物掺合料用量的具体规定可参考中国土木工程学会标准《混凝土结构耐久性设计与施工指南》CCES01-2004（2005 年修订版）的表 4.0.3 进行。为方便查阅，将该表在条文说明中列出。

不同环境作用下胶凝材料品种与矿物掺合料用量的限定范围

环境类别	与作用等级	可选用的硅酸盐类水泥品种	矿物掺合料的限定范围（占胶凝材料总量的比值）	备 注
Ⅰ	Ⅰ-A（室内干燥）	PO，PⅠ，PⅡ，PS，PF，PC	$W/B = 0.55$ 时，$\dfrac{\alpha_f}{0.2} + \dfrac{\alpha_s}{0.3} \leqslant 1$ $W/B = 0.45$ 时，$\dfrac{\alpha_f}{0.3} + \dfrac{\alpha_s}{0.5} \leqslant 1$	保护层最小厚度 $c \leqslant 15\text{mm}$ 或 $W/B > 0.55$ 的构件混凝土中不宜含有矿物掺合料
	Ⅰ-A（水中）Ⅰ-B（长期湿润）	PO，PⅠ，PⅡ，PS，PF，PC	$\dfrac{\alpha_f}{0.5} + \dfrac{\alpha_s}{0.7} \leqslant 1$	
	Ⅰ-B（室内非干湿交替）（露天非干湿交替）	PO，PⅠ，PⅡ，PS，PF，PC	$W/B = 0.5$ 时，$\dfrac{\alpha_f}{0.2} + \dfrac{\alpha_s}{0.3} \leqslant 1$ $W/B = 0.4$ 时，$\dfrac{\alpha_f}{0.3} + \dfrac{\alpha_s}{0.5} \leqslant 1$	保护层最小厚度 $c \leqslant 20\text{mm}$ 或水胶比 $W/B > 0.5$ 的构件混凝土中胶凝材料中不宜含有掺合料
	Ⅰ-C（干湿交替）	PO，PⅠ，PⅡ		
Ⅱ	Ⅱ-C，Ⅱ-D，Ⅱ-E	PO，PⅠ，PⅡ	$W/B = 0.5$ 时，$\dfrac{\alpha_f}{0.2} + \dfrac{\alpha_s}{0.3} \leqslant 1$ $W/B = 0.4$ 时，$\dfrac{\alpha_f}{0.3} + \dfrac{\alpha_s}{0.4} \leqslant 1$	
Ⅲ	Ⅲ-C，Ⅲ-D，Ⅲ-E，Ⅲ-F	PO，PⅠ，PⅡ	下限：$\dfrac{\alpha_f}{0.25} + \dfrac{\alpha_s}{0.4} = 1$ 上限：$\dfrac{\alpha_f}{0.42} + \dfrac{\alpha_s}{0.8} = 1$	当 $W/B = 0.4 \sim 0.5$ 时，需同时满足 Ⅰ 类环境下的要求；如同时处于冻融环境，掺合料用量的上限尚应满足 Ⅱ 类环境要求
Ⅳ	Ⅳ-C，Ⅳ-D，Ⅳ-E			
Ⅴ	Ⅴ-C，Ⅴ-D，Ⅴ-E	PⅠ，PⅡ，PO，SR，HSR	下限：$\dfrac{\alpha_f}{0.25} + \dfrac{\alpha_s}{0.4} = 1$ 上限：$\dfrac{\alpha_f}{0.5} + \dfrac{\alpha_s}{0.8} = 1$	当 $W/B = 0.4 \sim 0.5$ 时，矿物掺合料用量的上限需同时满足 Ⅰ 类环境下的要求；如同时处于冻融环境，掺合料用量的上限尚应满足 Ⅱ 类环境要求

表中水泥品种符号说明如下：P I——硅酸盐水泥，P II——掺混合材料不超过 5% 的硅酸盐水泥，PO——掺混合材料 6%～15% 的普通硅酸盐水泥，PS——矿渣硅酸盐水泥，PF——粉煤灰硅酸盐水泥，PP——火山灰质硅酸盐水泥，PC——复合硅酸盐水泥，SR——抗硫酸盐硅酸盐水泥，HSR——高抗硫酸盐水泥。

表中的矿物掺合料指配制混凝土时加入的具有胶凝作用的矿物掺合料（粉煤灰、磨细矿渣、硅灰等）与水泥生产时加入的具有胶凝作用的混合材料，不包括石灰石粉等惰性矿物掺合料。但在计算混凝土配合比时，要将惰性掺合料计入胶凝材料总量中。表中公式中 α_f、α_s 分别表示粉煤灰和矿渣占胶凝材料总量的比值。当使用 P I、P II 以外的掺有混合材料的硅酸盐类水泥时，矿物掺合料中应计入水泥生产中已掺入的混合料，在没有确切水泥组分的数据时不宜使用。

表中用算式表示粉煤灰和磨细矿渣的限定用量范围。例如一般环境中干湿交替的 I-C 作用等级，如混凝土的水胶比为 0.5，有 $\dfrac{\alpha_f}{0.2} + \dfrac{\alpha_s}{0.3} \leqslant 1$。如单掺粉煤灰，$\alpha_s = 0$，$\alpha_f \leqslant 0.2$，即粉煤灰用量不能超过胶凝材料总重的 20%；如单掺磨细矿渣，$\alpha_f = 0$，$\alpha_s \leqslant 0.3$，即磨细矿渣用量不能超过胶凝材料总重的 30%。双掺粉煤灰和磨细矿渣，如粉煤灰掺量为 10%，则从上式可得矿渣掺量需小于 15%。

B. 2　混凝土中氯离子、三氧化硫和碱含量

B. 2. 1　混凝土中的氯离子含量，可对所有原材料的氯离子含量进行实测，然后加在一起确定；也可以从新拌混凝土和硬化混凝土中取样化验求得。氯离子能与混凝土胶凝材料中的某些成分结合，所以从硬化混凝土中取样测得的水溶氯离子量要低于原材料氯离子总量。使用酸溶法测量硬化混凝土的氯离子含量时，氯离子酸溶值的最大含量限制对于一般环境作用下的钢筋混凝土构件可大于表 B. 2. 1 中水溶值的 1/4～1/3。混凝土氯离子量的测试方法见附录 D。

重要结构的混凝土不得使用海砂配制。一般工程由于取材条件限制不得不使用海砂时，混凝土水胶比应低于 0.45，强度等级不宜低于 C40，并适当加大保护层厚度或掺入化学阻锈剂。

B. 2. 4　矿物掺合料带入混凝土中的碱可按水溶性碱的含量计入，当无检测条件时，对粉煤灰，可取其总碱量的 1/6，磨细矿渣取 1/2。对于使用潜在活性骨料并常年处于潮湿环境条件的混凝土构件，可参考国内外相关预防碱-骨料反应的技术规程，如国内北京市预防碱-骨料反应的地方标准、铁路、水工等部门的技术文件，以及国外相关标准，如加拿大标准 CSA C23.2-27A 等。加拿大标准 CSA C23.2-27A 针对不同使用年限构件提出了具体要求，包括硅酸盐水泥的最大含量、矿物掺合料的最低用量，以及粉煤灰掺合料中的 CaO 最大含量。

中华人民共和国国家标准

太阳能供热采暖工程技术规范

Technical code for solar heating system

GB 50495—2009

主编部门：中华人民共和国住房和城乡建设部
批准部门：中华人民共和国住房和城乡建设部
施行日期：２００９年８月１日

中华人民共和国住房和城乡建设部
公 告

第 262 号

关于发布国家标准《太阳能
供热采暖工程技术规范》的公告

现批准《太阳能供热采暖工程技术规范》为国家标准，编号为 GB 50495 - 2009，自 2009 年 8 月 1 日起实施。其中，第 1.0.5、3.1.3、3.4.1（1）、3.6.3（4）、4.1.1 条（款）为强制性条文，必须严格执行。

本规范由我部标准定额研究所组织中国建筑工业出版社出版发行。

中华人民共和国住房和城乡建设部

2009 年 3 月 19 日

前 言

根据原建设部"关于印发《二〇〇二～二〇〇三年度工程建设国家标准制订、修订计划》的通知"（建标〔2003〕104 号）和"关于印发《2006 年工程建设标准规范制订、修订计划（第一批）》的通知"（建标〔2006〕77 号）的要求，由中国建筑科学研究院会同有关单位共同编制了本规范。

在规范编制过程中，编制组进行了广泛深入的调查研究，认真总结了工程实践经验，参考了国外相关标准和先进经验，并在广泛征求意见的基础上，通过反复讨论、修改和完善，制定了本规范。

本规范共分 5 章和 7 个附录。主要内容是：总则，术语，太阳能供热采暖系统设计，太阳能供热采暖工程施工，太阳能供热采暖工程的调试、验收与效益评估。

本规范中以黑体字标志的条文为强制性条文，必须严格执行。

本规范由住房和城乡建设部负责管理和对强制性条文的解释，由中国建筑科学研究院负责具体技术内容的解释。

本规范在执行过程中，请各单位注意总结经验，积累资料，随时将有关意见和建议反馈给中国建筑科学研究院（地址：北京北三环东路 30 号；邮政编码：100013），以供修订时参考。

本规范主编单位：中国建筑科学研究院

本规范参编单位：国家住宅与居住环境工程技术
    研究中心
    国际铜业协会（中国）
    北京市太阳能研究所有限公司

昆明新元阳光科技有限公司
深圳市嘉普通太阳能有限公司
北京创意博能源科技有限公司
山东力诺瑞特新能源有限公司
皇明太阳能集团有限公司
北京清华阳光能源开发有限责任公司
江苏太阳雨太阳能有限公司
北京九阳实业公司
艾欧史密斯（中国）热水器有限公司
默洛尼卫生洁具(中国)有限公司
北京北方赛尔太阳能工程技术有限公司
北京天普太阳能工业有限公司
陕西华夏新能源科技有限公司

本规范主要起草人：郑瑞澄　路　宾　李　忠
　　　　　　　　　何　涛　张　磊　张昕宇
　　　　　　　　　孙　宁　朱敦智　朱培世
　　　　　　　　　邹怀松　刘学真　孙峙峰
　　　　　　　　　倪　超　徐志斌　冯爱荣
　　　　　　　　　窦建清　焦青太　赵国华
　　　　　　　　　程兆山　方达龙　赵大山
　　　　　　　　　任　杰　霍炳男

主要审查人员名单：李娥飞　罗振涛　殷志强
　　　　　　　　　刘振印　张树君　何梓年
　　　　　　　　　杨纯华　宋业辉　贾铁鹰

目 次

Contents

1 总　　则

1.0.1 为规范太阳能供热采暖工程的设计、施工及验收，做到安全适用、经济合理、技术先进可靠，保证工程质量，制定本规范。

1.0.2 本规范适用于在新建、扩建和改建建筑中使用太阳能供热采暖系统的工程，以及在既有建筑上改造或增设太阳能供热采暖系统的工程。

1.0.3 太阳能供热采暖系统应与工程建设项目同步设计、同步施工、统一验收、同时投入使用。

1.0.4 太阳能供热采暖系统应做到全年综合利用，在采暖期为建筑物提供供热采暖，在非采暖期为建筑物提供生活热水或其他用热。

1.0.5 在既有建筑上增设或改造太阳能供热采暖系统，必须经建筑结构安全复核，满足建筑结构及其他相应的安全性要求，并经施工图设计文件审查合格后，方可实施。

1.0.6 设置太阳能供热采暖系统的新建、改建、扩建和既有供暖建筑物，建筑热工与节能设计不应低于国家有关建筑节能标准的规定。

1.0.7 太阳能供热采暖工程设计、施工及验收除应符合本规范外，尚应符合国家现行有关标准的规定。

2 术　　语

2.0.1 太阳能供热采暖系统　solar heating system

将太阳能转换成热能，供给建筑物冬季采暖和全年其他用热的系统，系统主要部件有太阳能集热器、换热蓄热装置、控制系统、其他能源辅助加热／换热设备、泵或风机、连接管道和末端供热采暖系统等。

2.0.2 短期蓄热太阳能供热采暖系统　solar heating system with short-term heat storage

仅设置具有数天贮热容量设备的太阳能供热采暖系统。

2.0.3 季节蓄热太阳能供热采暖系统　solar heating system with seasonal heat storage

设置的贮热设备容量，可贮存在非采暖期获取的太阳能量，用于冬季供热采暖的太阳能供热采暖系统。

2.0.4 液体工质太阳能集热器　solar liquid collector

吸收太阳辐射并将产生的热能传递到液体传热工质的装置。

2.0.5 太阳能空气集热器　solar air collector

吸收太阳辐射并将产生的热能传递到空气传热工质的装置。

2.0.6 液体工质集热器太阳能供热采暖系统　solar heating system using solar liquid collector

使用液体工质太阳能集热器的太阳能供热采暖系统。

2.0.7 太阳能空气集热器供热采暖系统　solar heating system using solar air collector

使用太阳能空气集热器的太阳能供热采暖系统。

2.0.8 太阳能集热系统　solar collector loop

用于收集太阳能并将其转化为热能传递到蓄热装置的系统，包括太阳能集热器、管路、泵或风机（强制循环系统）、换热器（间接系统）、蓄热装置及相关附件。

2.0.9 直接式太阳能集热系统（直接系统）　solar direct system

在太阳能集热器中直接加热水供给用户的太阳能集热系统。

2.0.10 间接式太阳能集热系统（间接系统）　solar indirect system

在太阳能集热器中加热液体传热工质，再通过换热器由该种传热工质加热水供给用户的太阳能集热系统。

2.0.11 开式太阳能集热系统（开式系统）　solar open system

与大气相通的太阳能集热系统。

2.0.12 闭式太阳能集热系统（闭式系统）　solar closed system

不与大气相通的太阳能集热系统。

2.0.13 排空系统　drain down system

在可能发生工质被冻结情况时，可将全部工质全部排空以防止冻害的直接式太阳能集热系统。

2.0.14 排回系统　drain back system

在可能发生工质被冻结情况时，可将全部工质排回室内贮液罐以防止冻害的间接式太阳能集热系统。

2.0.15 防冻液系统　antifreeze system

采用防冻液作为传热工质以防止冻害的间接式太阳能集热系统。

2.0.16 循环防冻系统　prevent freeze with circulation

在可能发生工质被冻结情况时，启动循环泵使工质循环以防止冻害的直接式太阳能集热系统。

2.0.17 太阳能保证率　solar fraction

太阳能供热采暖系统中由太阳能供给的热量占系统总热负荷的百分率。

2.0.18 系统费效比　cost／benefit ratio of the system

太阳能供热采暖系统的增投资与系统在正常使用寿命期内的总节能量的比值（元／kWh），表示利用太阳能节省每千瓦小时常规能源热量的投资成本。

2.0.19 建筑物耗热量　heat loss of building

在计算采暖期室外平均气温条件下，为保持室内设计计算温度，建筑物在单位时间内消耗的、需由室内供暖设备供给的热量。单位为瓦（W）。

2.0.20 采暖热负荷 heating load for space heating

在采暖室外计算温度条件下，为保持室内设计计算温度，建筑物在单位时间内消耗的、需由供热设施供给的热量。单位为瓦（W）。

2.0.21 太阳能集热器总面积 gross collector area

整个集热器的最大投影面积，不包括那些固定和连接传热工质管道的组成部分。单位为平方米（m²）。

2.0.22 太阳能集热器采光面积 aperture collector area

非会聚太阳辐射进入集热器的最大投影面积。单位为平方米（m²）。

3 太阳能供热采暖系统设计

3.1 一般规定

3.1.1 太阳能供热采暖系统类型的选择，应根据所在地区气候、太阳能资源条件、建筑物类型、建筑物使用功能、业主要求、投资规模、安装条件等因素综合确定。

3.1.2 太阳能供热采暖系统设计应充分考虑施工安装、操作使用、运行管理、部件更换和维护等要求，做到安全、可靠、适用、经济、美观。

3.1.3 太阳能供热采暖系统应根据不同地区和使用条件采取防冻、防结露、防过热、防雷、防雹、抗风、抗震和保证电气安全等技术措施。

3.1.4 太阳能供热采暖系统应设置其他能源辅助加热/换热设备，做到因地制宜、经济适用。

3.1.5 太阳能供热采暖系统中的太阳能集热器的性能应符合现行国家标准《平板型太阳能集热器》GB/T 6424和《真空管型太阳能集热器》GB/T 17581的规定，正常使用寿命不应少于10年。其余组成设备和部件的质量应符合国家相关产品标准的规定。

3.1.6 在太阳能供热采暖系统中，宜设置能耗计量装置。

3.1.7 太阳能供热采暖系统设计完成后，应进行系统节能、环保效益预评估。

3.2 供热采暖系统选型

3.2.1 太阳能供热采暖系统可由太阳能集热系统、蓄热系统、末端供热采暖系统、自动控制系统和其他能源辅助加热/换热设备集合构成。

3.2.2 按所使用的太阳能集热器类型，太阳能供热采暖系统可分为下列两种系统：

    1 液体工质集热器太阳能供热采暖系统；

    2 太阳能空气集热器供暖系统。

3.2.3 按集热系统的运行方式，太阳能供热采暖系

统可分为下列两种系统：

    1 直接式太阳能供热采暖系统；

    2 间接式太阳能供热采暖系统。

3.2.4 按所使用的末端采暖系统类型，太阳能供热采暖系统可分为下列四种系统：

    1 低温热水地板辐射采暖系统；

    2 水-空气处理设备采暖系统；

    3 散热器采暖系统；

    4 热风采暖系统。

3.2.5 按蓄热能力，太阳能供热采暖系统可分为下列两种系统：

    1 短期蓄热太阳能供热采暖系统；

    2 季节蓄热太阳能供热采暖系统。

3.2.6 太阳能供热采暖系统的类型宜根据建筑气候分区和建筑物类型参照表3.2.6选择。

表3.2.6 太阳能供热采暖系统选型

建筑气候分区			严寒地区			寒冷地区			夏热冬冷、温和地区		
建筑物类型			低层	多层	高层	低层	多层	高层	低层	多层	高层
太阳能集热器	液体工质集热器		●	●	●	●	●	●	●	●	●
	空气集热器		●	—	—	●	—	—	●	—	—
集热系统运行方式	直接系统		—	—	—	—	—	—	●	●	●
	间接系统		●	●	●	●	●	●	—	—	—
系统蓄热能力	短期蓄热		●	●	●	●	●	●	●	●	●
	季节蓄热		●	●	●	●	●	●	—	—	—
末端采暖系统	低温热水地板辐射采暖		●	●	●	●	●	●	●	●	●
	水-空气处理设备采暖		—	—	—	●	●	●	●	●	●
	散热器采暖		—	●	●	—	●	●	—	●	●
	热风采暖		●	—	—	●	—	—	●	—	—

注：表中"●"为可选用项。

3.2.7 液体工质集热器太阳能供热采暖系统可用于现行国家标准《采暖通风与空气调节设计规范》GB 50019中规定采用热水辐射采暖、空气调节系统采暖和散热器采暖的各类建筑。太阳能空气集热器供暖系统可用于建筑物内需热风采暖的区域。

3.3 供热采暖系统负荷计算

3.3.1 对采暖热负荷和生活热水负荷分别进行计算

后，应选两者中较大的负荷确定为太阳能供热采暖系统的设计负荷，太阳能供热采暖系统的设计负荷应由太阳能集热系统和其他能源辅助加热/换热设备共同负担。

3.3.2 太阳能集热系统负担的采暖热负荷是在计算采暖期室外平均气温条件下的建筑物耗热量。建筑物耗热量、围护结构传热耗热量、空气渗透耗热量的计算应符合下列规定：

1 建筑物耗热量应按下式计算：

$$Q_H = Q_{HT} + Q_{INF} - Q_{IH} \quad (3.3.2\text{-}1)$$

式中 Q_H ——建筑物耗热量，W；

Q_{HT} ——通过围护结构的传热耗热量，W；

Q_{INF} ——空气渗透耗热量，W；

Q_{IH} ——建筑物内部的热量（包括照明、电器、炊事和人体散热等），W。

2 通过围护结构的传热耗热量应按下式计算：

$$Q_{HT} = (t_i - t_e)(\Sigma \varepsilon KF) \quad (3.3.2\text{-}2)$$

式中 Q_{HT} ——通过围护结构的传热耗热量，W；

t_i ——室内空气计算温度，按《采暖通风与空气调节设计规范》GB 50019 中的规定范围的低限选取，℃；

t_e ——采暖期室外平均温度，℃；

ε ——各个围护结构传热系数的修正系数，参照相关的建筑节能设计行业标准选取；

K ——各个围护结构的传热系数，W/（m² · ℃）；

F ——各个围护结构的面积，m²。

3 空气渗透耗热量应按下式计算：

$$Q_{INF} = (t_i - t_e)(c_P \rho NV) \quad (3.3.2\text{-}3)$$

式中 Q_{INF} ——空气渗透耗热量，W；

c_P ——空气比热容，取 0.28W · h/（kg · ℃）；

ρ ——空气密度，取 t_e 条件下的值，kg/m³；

N ——换气次数，次/h；

V ——换气体积，m³/次。

3.3.3 其他能源辅助加热/换热设备负担在采暖室外计算温度条件下建筑物采暖热负荷的计算应符合下列规定：

1 采暖热负荷应按现行国家标准《采暖通风与空气调节设计规范》GB 50019 中的规定计算。

2 在标准规定可不设置集中采暖的地区或建筑，宜根据当地的实际情况，适当降低室内空气计算温度。

3.3.4 太阳能集热系统负担的热水供应负荷为建筑物的生活热水日平均耗热量。热水日平均耗热量应按下式计算：

$$Q_W = mq_r c_W \rho_W (t_r - t_1)/86400 \quad (3.3.4\text{-}1)$$

式中 Q_W ——生活热水日平均耗热量，W；

m ——用水计算单位数，人数或床位数；

q_r ——热水用水定额，根据《建筑给水排水设计规范》GB 50015 规定，按热水最高日用水定额的下限取值，L/（人 · d）或 L/（床 · d）；

c_W ——水的比热容，取 4187 J/（kg · ℃）；

ρ_W ——热水密度，kg/L；

t_r ——设计热水温度，℃；

t_1 ——设计冷水温度，℃。

3.4 太阳能集热系统设计

3.4.1 太阳能集热系统设计应符合下列基本规定：

1 建筑物上安装太阳能集热系统，严禁降低相邻建筑的日照标准。

2 直接式太阳能集热系统宜在冬季环境温度较高、防冻要求不严格的地区使用；冬季环境温度较低的地区，宜采用间接式太阳能集热系统。

3 太阳能集热系统管道应选用耐腐蚀和安装连接方便可靠的管材。可采用铜管、不锈钢管、塑料和金属复合热水管等。

3.4.2 太阳能集热器的设置应符合下列规定：

1 太阳能集热器宜朝向正南，或南偏东、偏西 30° 的朝向范围内设置；安装倾角宜选择在当地纬度 −10°～+20° 的范围内；当受实际条件限制时，应按附录 A 进行面积补偿，合理增加集热器面积，并应进行经济效益分析。

2 放置在建筑外围护结构上的太阳能集热器，在冬至日集热器采光面上的日照时数应不少于 4h。前、后排集热器之间应留有安装、维护操作的足够间距，排列应整齐有序。

3 某一时刻太阳能集热器不被前方障碍物遮挡阳光的日照间距应按下式计算：

$$D = H \times \coth \times \cos\gamma_0 \quad (3.4.2)$$

式中 D ——日照间距，m；

H ——前方障碍物的高度，m；

h ——计算时刻的太阳高度角，°；

γ_0 ——计算时刻太阳光线在水平面上的投影线与集热器表面法线在水平面上的投影线之间的夹角，°。

4 太阳能集热器不得跨越建筑变形缝设置。

3.4.3 确定太阳能集热器总面积应符合下列规定：

1 直接系统集热器总面积应按下式计算：

$$A_C = \frac{86400 Q_H f}{J_T \eta_{cd}(1 - \eta_L)} \quad (3.4.3\text{-}1)$$

式中 A_C ——直接系统集热器总面积，m²；

Q_H ——建筑物耗热量，W；

J_T ——当地集热器采光面上的平均日太阳辐照量，$J/(m^2 \cdot d)$，按附录 B 选取；

f ——太阳能保证率，%，按附录 B 选取；

η_{cd} ——基于总面积的集热器平均集热效率，%，按附录 C 方法计算；

η_L ——管路及贮热装置热损失率，%，按附录 D 方法计算。

2 间接系统集热器总面积应按下式计算：

$$A_{IN} = A_C \cdot \left(1 + \frac{U_L \cdot A_C}{U_{hx} \cdot A_{hx}}\right) \quad (3.4.3\text{-}2)$$

式中 A_{IN} ——间接系统集热器总面积，m^2；

A_C ——直接系统集热器总面积，m^2；

U_L ——集热器总热损系数，$W/(m^2 \cdot ℃)$，测试得出；

U_{hx} ——换热器传热系数，$W/(m^2 \cdot ℃)$，查产品样本得出；

A_{hx} ——间接系统换热器换热面积，m^2，按附录 E 方法计算。

3.4.4 太阳能集热系统的设计流量应按下列公式和推荐的参数计算。

1 太阳能集热系统的设计流量应按下式计算：

$$G_S = gA \quad (3.4.4)$$

式中 G_S ——太阳能集热系统的设计流量，m^3/h；

g ——太阳能集热器的单位面积流量，$m^3/(h \cdot m^2)$；

A ——太阳能集热器的采光面积，m^2。

2 太阳能集热器的单位面积流量应根据太阳能集热器生产企业给出的数值确定。在没有企业提供相关技术参数的情况下，根据不同的系统，宜按表 3.4.4 给出的范围取值。

表 3.4.4 太阳能集热器的单位面积流量

系　统　类　型		太阳能集热器的单位面积流量 $m^3/(h \cdot m^2)$
小型太阳能供热水系统	真空管型太阳能集热器	0.035～0.072
	平板型太阳能集热器	0.072
大型集中太阳能供暖系统（集热器总面积大于 100m²）		0.021～0.06
小型独户太阳能供暖系统		0.024～0.036
板式换热器间接式太阳能集热供暖系统		0.009～0.012
太阳能空气集热器供暖系统		36

3.4.5 太阳能集热系统宜采用自动控制变流量运行。

3.4.6 太阳能集热系统的防冻设计应符合下列规定：

1 在冬季室外环境温度可能低于 0℃ 的地区，应进行太阳能集热系统的防冻设计。

2 太阳能集热系统可采用的防冻措施宜根据集热系统类型、使用地区参照表 3.4.6 选择。

表 3.4.6 太阳能集热系统的防冻设计选型

建筑气候分区		严寒地区		寒冷地区		夏热冬冷地区		温和地区	
太阳能集热系统类型		直接系统	间接系统	直接系统	间接系统	直接系统	间接系统	直接系统	间接系统
防冻设计类型	排空系统	—	—	●	—	●	—	●	—
	排回系统	—	●	—	●	—	●	—	—
	防冻液系统	—	●	—	●	—	●	—	●
	循环防冻系统	—	●	—	●	—	●	—	—

注：表中"●"为可选用项。

3 太阳能集热系统的防冻措施应采用自动控制运行工作。

3.5 蓄热系统设计

3.5.1 太阳能蓄热系统设计应符合下列基本规定：

1 应根据太阳能集热系统形式、系统性能、系统投资，供热采暖负荷和太阳能保证率进行技术经济分析，选取适宜的蓄热系统。

2 太阳能供热采暖系统的蓄热方式，应根据蓄热系统形式、投资规模和当地的地质、水文、土壤条件及使用要求按表 3.5.1 进行选择。

表 3.5.1 蓄热方式选用表

系统形式	蓄热方式				
	贮热水箱	地下水池	土壤埋管	卵石堆	相变材料
液体工质集热器短期蓄热系统	●	●	—	—	●
液体工质集热器季节蓄热系统	—	●	●	—	—
空气集热器短期蓄热系统	—	—	—	●	—

注：表中"●"为可选用项。

3 短期蓄热液体工质集热器太阳能供暖系统，宜用于单体建筑的供暖；季节蓄热液体工质集热器太阳能供暖系统，宜用于较大建筑面积的区域供暖。

4 蓄热水池不应与消防水池合用。

3.5.2 液体工质蓄热系统设计应符合下列规定：

1 根据当地的太阳能资源、气候、工程投资等因素综合考虑，短期蓄热液体工质集热器太阳能供暖系统的蓄热量应满足建筑物1~5天的供暖需求。

2 各类太阳能供热采暖系统对应每平方米太阳能集热器采光面积的贮热水箱、水池容积范围可按表3.5.2选取，宜根据设计蓄热时间周期和蓄热量等参数计算确定。

表 3.5.2 各类系统贮热水箱的容积选择范围

系统类型	小型太阳能供热水系统	短期蓄热太阳能供热采暖系统	季节蓄热太阳能供热采暖系统
贮热水箱、水池容积范围（L/m²）	40~100	50~150	1400~2100

3 应合理布置太阳能集热系统、生活热水系统、供暖系统与贮热水箱的连接管位置，实现不同温度供热／换热需求，提高系统效率。

4 水箱进、出口处流速宜小于0.04m/s，必要时宜采用水流分布器。

5 设计地下水池季节蓄热系统的水池容量时，应校核计算蓄热水池内热水可能达到的最高温度；宜利用计算软件模拟系统的全年运行性能，进行计算预测。水池的最高水温应比水池工作压力对应的工质沸点温度低5℃。

6 地下水池应根据相关国家标准、规范进行槽体结构、保温结构和防水结构的设计。

7 季节蓄热地下水池应有避免池内水温分布不均匀的技术措施。

8 贮热水箱和地下水池宜采用外保温，其保温设计应符合国家现行标准《采暖通风与空气调节设计规范》GB 50019及《设备及管道绝热设计导则》GB/T 8175的规定。

9 设计土壤埋管季节蓄热系统之前，应进行地质勘察，确定当地的土壤地质条件是否适宜埋管，是否宜与地埋管热泵系统配合使用。

3.5.3 卵石堆蓄热设计应符合下列规定：

1 空气蓄热系统的蓄热装置——卵石堆蓄热器（卵石箱）内的卵石含量为每平方米集热器面积250kg；卵石直径小于10cm时，卵石堆深度不宜小于2m，卵石直径大于10cm时，卵石堆深度不宜小于3m。卵石箱上下风口的面积应大于8%的卵石箱截面积，空气通过上下风口流经卵石堆的阻力应小于37Pa。

2 放入卵石箱内的卵石应大小均匀并清洗干净，直径范围宜在5~10cm之间；不应使用易破碎或可与水和二氧化碳起反应的石头。卵石堆水平或垂直

铺放在箱内，宜优先选用垂直卵石堆，地下狭窄、高度受限的地点宜选用水平卵石堆。

3.5.4 相变材料蓄热设计应符合下列规定：

1 空气集热器太阳能供暖系统采用相变材料蓄热时，热空气可直接流过相变材料蓄热器加热相变材料进行蓄热；液体工质集热器太阳能供暖系统采用相变材料蓄热时，应增设换热器，通过换热器加热相变材料蓄热器中的相变材料进行蓄热。

2 应根据太阳能供热采暖系统的工作温度，选择确定相变材料，使相变材料的相变温度与系统的工作温度范围相匹配。常用相变材料特性可参见附录G。

3.6 控制系统设计

3.6.1 太阳能供热采暖系统的自动控制设计应符合下列基本规定：

1 太阳能供热采暖系统应设置自动控制。自动控制的功能应包括对太阳能集热系统的运行控制和安全防护控制、集热系统和辅助热源设备的工作切换控制。太阳能集热系统安全防护控制的功能应包括防冻保护和防过热保护。

2 控制方式应简便、可靠、利于操作；相应设置的电磁阀、温度控制阀、压力控制阀、泄水阀、自动排气阀、止回阀、安全阀等控制元件性能应符合相关产品标准要求。

3 自动控制系统中使用的温度传感器，其测量不确定度不应大于0.5℃。

3.6.2 系统运行和设备工作切换的自动控制应符合下列规定：

1 太阳能集热系统宜采用温差循环运行控制。

2 变流量运行的太阳能集热系统，宜采用设太阳辐照感应传感器（如光伏电池板等）或温度传感器的方式，应根据太阳辐照条件或温差变化控制变频泵改变系统流量，实现优化运行。

3 太阳能集热系统和辅助热源加热设备的相互工作切换宜采用定温控制。应在贮热装置内的供热介质出口处设置温度传感器，当介质温度低于"设计供热温度"时，应通过控制器启动辅助热源加热设备工作，当介质温度高于"设计供热温度"时，辅助热源加热设备应停止工作。

3.6.3 系统安全和防护的自动控制应符合下列规定：

1 使用排空和排回防冻措施的直接和间接式太阳能集热系统宜采用定温控制。当太阳能集热系统出口水温低于设定的防冻执行温度时，通过控制器启闭相关阀门完全排空集热系统中的水或将水排回贮水箱。

2 使用循环防冻措施的直接式太阳能集热系统宜采用定温控制。当太阳能集热系统出口水温低于设定的防冻执行温度时，通过控制器启动循环泵进行防

冻循环。

3 水箱防过热温度传感器应设置在贮热水箱顶部，防过热执行温度应设定在 80℃ 以内；系统防过热温度传感器应设置在集热系统出口，防过热执行温度的设定范围应与系统的运行工况和部件的耐热能力相匹配。

4 为防止因系统过热而设置的安全阀应安装在泄压时排出的高温蒸汽和水不会危及周围人员的安全的位置上，并应配备相应的措施；其设定的开启压力，应与系统可耐受的最高工作温度对应的饱和蒸汽压力相一致。

3.7 末端供暖系统设计

3.7.1 液体工质集热器太阳能供热采暖系统可采用低温热水地板辐射、水-空气处理设备和散热器等末端供暖系统。

3.7.2 空气集热器太阳能供热采暖系统应采用热风采暖末端供暖系统，宜采用部分新风加回风循环的风管送风系统，系统运行噪声应符合国家相关规范的要求。

3.7.3 太阳能供热采暖系统的末端供暖系统设计应符合国家现行标准《采暖通风与空气调节设计规范》GB 50019 和《地面辐射供暖技术规程》JGJ 142 的规定。

3.8 热水系统设计

3.8.1 太阳能供热采暖系统中热水系统的供热水范围，应根据所在地区气候、太阳能资源条件、建筑物类型、功能、综合业主要求、投资规模、安装等条件确定，并应保证系统在非采暖季正常运行时不会发生过热现象。

3.8.2 热水系统设计应符合现行国家标准《建筑给水排水设计规范》GB 50015、《民用建筑太阳能热水系统应用技术规范》GB 50364 的规定。

3.8.3 生活热水系统水质的卫生指标，应符合现行国家标准《生活饮用水卫生标准》GB 5749 的要求。

3.9 其他能源辅助加热/换热设备设计选型

3.9.1 其他能源加热/换热设备所使用的常规能源种类，应符合现行国家标准《采暖通风与空气调节设计规范》GB 50019、《公共建筑节能设计标准》GB 50189 的规定。

3.9.2 其他能源加热/换热设备的选择原则和设备的综合性能应符合现行国家标准《公共建筑节能设计标准》GB 50189 的规定。

3.9.3 其他能源加热/换热设备的设计选型应符合现行国家标准《采暖通风与空气调节设计规范》GB 50019、《锅炉房设计规范》GB 50041 的规定。

4 太阳能供热采暖工程施工

4.1 一 般 规 定

4.1.1 太阳能供热采暖系统的施工安装不得破坏建筑物的结构、屋面、地面防水层和附属设施，不得削弱建筑物在寿命期内承受荷载的能力。

4.1.2 太阳能供热采暖系统的施工安装应单独编制施工组织设计，并应包括与主体结构施工、设备安装、装饰装修等相关工种的协调配合方案和安全措施等内容。

4.1.3 太阳能供热采暖系统施工安装前应具备下列条件：

1 设计文件齐备，且已审查通过；

2 施工组织设计及施工方案已经批准；

3 施工场地符合施工组织设计要求；

4 现场水、电、场地、道路等条件能满足正常施工需要；

5 预留基础、孔洞、设施符合设计图纸，并已验收合格；

6 既有建筑经结构复核或法定检测机构同意安装太阳能供热采暖系统的鉴定文件。

4.1.4 太阳能供热采暖系统连接管线、部件、阀门等配件选用的材料应耐受系统的最高工作温度和工作压力。

4.1.5 进场安装的太阳能供热采暖系统产品、配件、材料有产品合格证，其性能应符合设计要求；集热器应有性能检测报告。

4.2 太阳能集热系统施工

4.2.1 太阳能集热器的安装方位应符合设计要求并使用罗盘仪定位。

4.2.2 太阳能集热器的相互连接以及真空管与联箱的密封应按照产品设计的连接和密封方式安装，具体操作应严格按产品说明书进行。

4.2.3 安装在平屋面专用基座上的太阳能集热器，应按照设计要求保证基座的强度，基座与建筑主体结构应牢固连接；应做好防水处理，防水制作应符合现行国家标准《屋面工程质量验收规范》GB 50207 的规定。

4.2.4 埋设在坡屋面结构层的预埋件应在结构层施工时同时埋入，位置应准确。预埋件应做防腐处理，在太阳能集热系统安装前应妥善保护。

4.2.5 带支架安装的太阳能集热器，其支架强度、抗风能力、防腐处理和热补偿措施等应符合设计要求或国家现行标准的规定。

4.2.6 太阳能集热系统管线穿过屋面、露台时，应预埋防水套管。

4.2.7 太阳能集热系统的管道施工安装应符合现行国家标准《建筑给水排水及采暖工程施工质量验收规范》GB 50242、《通风与空调工程施工质量验收规范》GB 50243 的规定。

4.3 太阳能蓄热系统施工

4.3.1 用于制作贮热水箱的材质、规格应符合设计要求；钢板焊接的贮热水箱，水箱内、外壁应按设计要求做防腐处理，内壁防腐涂料应卫生、无毒，能长期耐受所贮存热水的最高温度。

4.3.2 贮热水箱制作应符合相关标准的规定；贮热水箱保温应在水箱检漏试验合格后进行，保温制作应符合现行国家标准《工业设备及管道绝热工程质量检验评定标准》GB 50185 的规定；贮热水箱内箱应做接地处理，接地应符合现行国家标准《电气装置安装工程接地装置施工及验收规范》GB 50169 的规定。

4.3.3 贮热水箱和支架间应有隔热垫，不宜直接刚性连接。

4.3.4 蓄热地下水池现场施工制作时，应符合下列规定：

    1 地下水池应满足系统承压要求，并应能承受土壤等荷载；

    2 地下水池应严密、无渗漏；

    3 地下水池及内部部件应作抗腐蚀处理，内壁防腐涂料应卫生、无毒，能长期耐受所贮存热水的最高温度；

    4 地下水池选用的保温材料和保温构造做法应能长期耐受所贮存热水的最高温度。

4.3.5 太阳能蓄热系统的管道施工安装应符合现行国家标准《建筑给水排水及采暖工程施工质量验收规范》GB 50242、《通风与空调工程施工质量验收规范》GB 50243 的规定。

4.4 控制系统施工

4.4.1 系统的电缆线路施工和电气设施的安装应符合现行国家标准《电气装置安装工程电缆线路施工及验收规范》GB 50168 和《建筑电气工程施工质量验收规范》GB 50303 的相关规定。

4.4.2 系统中全部电气设备和与电气设备相连接的金属部件应做接地处理。电气接地装置的施工应符合现行国家标准《电气装置安装工程接地装置施工及验收规范》GB 50169 的规定。

4.5 末端供暖系统施工

4.5.1 末端供暖系统的施工安装应符合现行国家标准《建筑给水排水及采暖工程施工质量验收规范》GB 50242、《通风与空调工程施工质量验收规范》GB 50243 的相关规定。

4.5.2 低温热水地板辐射供暖系统的施工安装应符合现行行业标准《地面辐射供暖技术规程》JGJ 142 的相关规定。

5 太阳能供热采暖工程的调试、验收与效益评估

5.1 一般规定

5.1.1 太阳能供热采暖工程安装完毕投入使用前，应进行系统调试。系统调试应在竣工验收阶段进行；不具备使用条件时，经建设单位同意，可延期进行。

5.1.2 系统调试应包括设备单机、部件调试和系统联动调试。系统联动调试应按照实际运行工况进行，联动调试完成后，应进行连续 3 天试运行。

5.1.3 太阳能供热采暖系统工程的验收应分为分项工程验收和竣工验收。分项工程验收应由监理工程师（建设单位技术负责人）组织施工单位项目专业质量（技术）负责人等进行；竣工验收应由建设单位（项目）负责人组织施工单位、设计、监理等单位（项目）负责人进行。

5.1.4 分项工程验收宜根据工程施工特点分期进行，对于影响工程安全和系统性能的工序，必须在本工序验收合格后才能进入下一道工序的施工。

5.1.5 竣工验收应在工程移交用户前，分项工程验收合格后进行；竣工验收应提交下列验收资料：

    1 设计变更证明文件和竣工图；

    2 主要材料、设备、成品、半成品、仪表的出厂合格证明或检验资料；

    3 屋面防水检漏记录；

    4 隐蔽工程验收记录和中间验收记录；

    5 系统水压试验记录；

    6 系统生活热水水质检验记录；

    7 系统调试及试运行记录；

    8 系统热工性能检验记录。

5.1.6 太阳能供热采暖工程施工质量的保修期限，自竣工验收合格日起计算为二个采暖期。在保修期内发生施工质量问题的，施工企业应履行保修职责，责任方承担相应的经济责任。

5.2 系统调试

5.2.1 太阳能供热采暖工程的系统调试，应由施工单位负责，监理单位监督，设计单位与建设单位参与和配合。系统调试的实施单位可以是施工企业本身或委托给有调试能力的其他单位。

5.2.2 太阳能供热采暖工程的系统联动调试，应在设备单机、部件调试和试运转合格后进行。

5.2.3 设备单机、部件调试应包括下列内容：

    1 检查水泵安装方向；

    2 检查电磁阀安装方向；

3 温度、温差、水位、流量等仪表显示正常；

4 电气控制系统应达到设计要求功能，动作准确；

5 剩余电流保护装置动作准确可靠；

6 防冻、过热保护装置工作正常；

7 各种阀门开启灵活，密封严密；

8 辅助能源加热设备工作正常，加热能力达到设计要求。

5.2.4 系统联动调试应包括下列内容：

1 调整系统各个分支回路的调节阀门，使各回路流量平衡，达到设计流量；

2 调试辅助热源加热设备与太阳能集热系统的工作切换，达到设计要求；

3 调整电磁阀使阀前阀后压力处于设计要求的压力范围内。

5.2.5 系统联动调试后的运行参数应符合下列规定：

1 额定工况下供热采暖系统的流量和供热水温度、热风采暖系统的风量和热风温度的调试结果与设计值的偏差不应大于现行国家标准《通风与空调工程施工质量验收规范》GB 50243 的相关规定；

2 额定工况下太阳能集热系统的流量或风量与设计值的偏差不应大于 10%；

3 额定工况下太阳能集热系统进出口工质的温差应符合设计要求。

5.3 工程验收

5.3.1 太阳能供热采暖工程的分部、分项工程可按表 5.3.1 划分。

表 5.3.1 太阳能供热采暖工程的分部、分项工程划分表

序号	分部工程	分项工程
1	太阳能集热系统	太阳能集热器安装、其他能源辅助加热/换热设备安装、管道及配件安装、系统水压试验及调试、防腐、绝热
2	蓄热系统	贮热水箱及配件安装、地下水池施工、管道及配件安装、辅助设备安装、防腐、绝热
3	室内采暖系统	管道及配件安装、低温热水地板辐射采暖系统安装、水-空气处理设备安装、辅助设备及散热器安装、系统水压试验及调试、防腐、绝热
4	室内热水供应系统	管道及配件安装、辅助设备安装、防腐、绝热
5	控制系统	传感器及安全附件安装、计量仪表安装、电缆线路施工安装

5.3.2 太阳能供热采暖系统中的隐蔽工程，在隐蔽前应经监理人员验收及认可签证。

5.3.3 太阳能供热采暖系统中的土建工程验收前，

应在安装施工中完成下列隐蔽项目的现场验收：

1 安装基础螺栓和预埋件；

2 基座、支架、集热器四周与主体结构的连接节点；

3 基座、支架、集热器四周与主体结构之间的封堵及防水；

4 太阳能供热采暖系统与建筑物避雷系统的防雷连接节点或系统自身的接地装置安装。

5.3.4 太阳能集热器的安装方位角和倾角应满足设计要求，安装误差应在±3°以内。

5.3.5 太阳能供热采暖工程的检验、检测应包括下列主要内容：

1 压力管道、系统、设备及阀门的水压试验；

2 系统的冲洗及水质检测；

3 系统的热性能检测。

5.3.6 太阳能供热采暖系统管道的水压试验压力应为工作压力的 1.5 倍，工作压力应符合设计要求。设计未注明时，开式太阳能集热系统应以系统顶点工作压力加 0.1MPa 作水压试验；闭式太阳能集热系统和采暖系统应按现行国家标准《建筑给水排水及采暖工程施工质量验收规范》GB 50242 的规定进行。

5.4 工程效益评估

5.4.1 太阳能供热采暖系统工作运行后，宜进行系统能耗的定期监测。

5.4.2 太阳能供热采暖工程的节能、环保效益的分析评定指标应包括：系统的年节能量、年节能费用、费效比和二氧化碳减排量。

5.4.3 计算太阳能供热采暖系统的年节能量、系统全寿命周期内的总节能费用、费效比和二氧化碳减排量，可采用附录 F 中的公式评估。

附录 A 不同地区太阳能集热器的补偿面积比

A.0.1 太阳能集热器的面积补偿应按下式计算：

$$A_B = A_C / R_S \qquad (A.0.1)$$

式中 A_B ——进行面积补偿后实际确定的太阳能集热器面积；

A_C ——按集热器方位正南，倾角为当地纬度，用本规范式（3.4.3-1）、式（3.4.3-2）计算得出的太阳能集热器面积；

R_S ——太阳能集热器补偿面积比。

A.0.2 代表城市的太阳能集热器补偿面积比 R_S 可选用表 A.0.2-1 和表 A.0.2-2 中的对应值，表 A.0.2-1 适用于短期蓄热系统，表 A.0.2-2 适用于季节蓄热系统。表中未列入的城市，可选用与该表距离最近，而且纬度最接近的城市的 R_S 对应值。

表 A.0.2-1　代表城市的太阳能集热器补偿面积比 R_S（适用于短期蓄热系统）

- R_S大于90%的范围
- R_S小于90%的范围
- R_S大于95%的范围

北京　　　　纬度 39°48′

	东	−80	−70	−60	−50	−40	−30	−20	−10	南	10	20	30	40	50	60	70	80	西
90	43%	50%	56%	64%	71%	78%	85%	90%	93%	94%	93%	90%	85%	78%	71%	64%	56%	50%	43%
80	46%	53%	60%	68%	76%	83%	89%	94%	97%	98%	97%	94%	89%	83%	76%	68%	60%	53%	46%
70	48%	55%	63%	71%	78%	86%	92%	96%	99%	100%	99%	96%	92%	86%	78%	71%	63%	55%	48%
60	51%	57%	65%	72%	80%	86%	92%	96%	99%	100%	99%	96%	92%	86%	80%	72%	65%	57%	51%
50	52%	59%	66%	73%	80%	86%	91%	94%	97%	97%	97%	94%	91%	86%	80%	73%	66%	59%	52%
40	54%	60%	66%	72%	78%	83%	87%	91%	92%	93%	92%	91%	87%	83%	78%	72%	66%	60%	54%
30	55%	60%	66%	70%	75%	79%	82%	84%	86%	86%	86%	84%	82%	79%	75%	70%	66%	60%	55%
20	57%	60%	64%	67%	70%	73%	75%	77%	78%	78%	78%	77%	75%	73%	70%	67%	64%	60%	57%
10	57%	59%	61%	63%	65%	66%	67%	68%	68%	69%	68%	68%	67%	66%	65%	63%	61%	59%	57%
水平面	58%	58%	58%	58%	58%	58%	58%	58%	58%	58%	58%	58%	58%	58%	58%	58%	58%	58%	58%

武汉　　　　纬度 30°37′

	东	−80	−70	−60	−50	−40	−30	−20	−10	南	10	20	30	40	50	60	70	80	西
90	48%	52%	56%	61%	65%	70%	74%	78%	80%	80%	80%	78%	74%	70%	65%	61%	56%	52%	48%
80	53%	58%	63%	68%	73%	77%	82%	85%	87%	88%	87%	85%	82%	77%	73%	68%	63%	58%	53%
70	59%	64%	69%	74%	79%	84%	88%	91%	93%	94%	93%	91%	88%	84%	79%	74%	69%	64%	59%
60	64%	69%	74%	79%	84%	88%	92%	95%	97%	97%	97%	95%	92%	88%	84%	79%	74%	69%	64%
50	69%	74%	78%	83%	88%	92%	95%	98%	99%	100%	99%	98%	95%	92%	88%	83%	78%	74%	69%
40	73%	77%	81%	86%	90%	93%	96%	98%	99%	100%	99%	98%	96%	93%	90%	86%	81%	77%	73%
30	77%	80%	84%	87%	90%	93%	95%	97%	98%	98%	98%	97%	95%	93%	90%	87%	84%	80%	77%
20	79%	82%	84%	87%	89%	91%	92%	93%	94%	94%	94%	93%	92%	91%	89%	87%	84%	82%	79%
10	81%	83%	84%	85%	86%	87%	88%	88%	89%	89%	89%	88%	88%	87%	86%	85%	84%	83%	81%
水平面	82%	82%	82%	82%	82%	82%	82%	82%	82%	82%	82%	82%	82%	82%	82%	82%	82%	82%	82%

昆明　　　　　　　纬度 25°01′

	东	−80	−70	−60	−50	−40	−30	−20	−10	南	10	20	30	40	50	60	70	80	西
90	52%	55%	58%	61%	63%	65%	67%	68%	69%	69%	69%	68%	67%	65%	63%	61%	58%	55%	52%
80	58%	61%	65%	68%	71%	73%	76%	77%	78%	78%	78%	77%	76%	73%	71%	68%	65%	61%	58%
70	63%	67%	71%	75%	78%	81%	83%	85%	86%	86%	86%	85%	83%	81%	78%	75%	71%	67%	63%
60	69%	73%	77%	81%	84%	87%	89%	91%	92%	92%	92%	91%	89%	87%	84%	81%	77%	73%	69%
50	75%	78%	82%	86%	89%	92%	94%	96%	97%	97%	97%	96%	94%	92%	89%	86%	82%	78%	75%
40	79%	83%	86%	89%	92%	95%	97%	98%	99%	99%	99%	98%	97%	95%	92%	89%	86%	83%	79%
30	83%	86%	89%	92%	94%	96%	98%	99%	100%	100%	100%	99%	98%	96%	94%	92%	89%	86%	83%
20	87%	89%	91%	93%	94%	96%	97%	98%	98%	99%	98%	98%	97%	96%	94%	93%	91%	89%	87%
10	89%	90%	91%	92%	93%	94%	94%	95%	95%	95%	95%	95%	94%	94%	93%	92%	91%	90%	89%
水平面	90%	90%	90%	90%	90%	90%	90%	90%	90%	90%	90%	90%	90%	90%	90%	90%	90%	90%	90%

贵阳　　　　　　　纬度 26°35′

	东	−80	−70	−60	−50	−40	−30	−20	−10	南	10	20	30	40	50	60	70	80	西
90	48%	51%	55%	59%	64%	68%	71%	75%	76%	77%	76%	75%	71%	68%	64%	59%	55%	51%	48%
80	54%	58%	62%	67%	71%	76%	80%	82%	84%	85%	84%	82%	80%	76%	71%	67%	62%	58%	54%
70	59%	64%	69%	73%	78%	82%	86%	89%	91%	91%	91%	89%	86%	82%	78%	73%	69%	64%	59%
60	65%	69%	74%	79%	83%	88%	91%	94%	96%	96%	96%	94%	91%	88%	83%	79%	74%	69%	65%
50	70%	75%	79%	83%	88%	92%	95%	97%	99%	99%	99%	97%	95%	92%	88%	83%	79%	75%	70%
40	75%	79%	83%	87%	90%	94%	96%	98%	99%	100%	99%	98%	96%	94%	90%	87%	83%	79%	75%
30	79%	82%	85%	89%	91%	94%	96%	97%	99%	99%	99%	97%	96%	94%	91%	89%	85%	82%	79%
20	82%	84%	86%	89%	91%	92%	94%	95%	96%	96%	96%	95%	94%	92%	91%	89%	86%	84%	82%
10	83%	85%	86%	87%	88%	89%	90%	90%	91%	91%	91%	90%	90%	89%	88%	87%	86%	85%	83%
水平面	84%	84%	84%	84%	84%	84%	84%	84%	84%	84%	84%	84%	84%	84%	84%	84%	84%	84%	84%

长沙　　　　　　纬度 28°12′

	东	−80	−70	−60	−50	−40	−30	−20	−10	南	10	20	30	40	50	60	70	80	西
90	47%	51%	55%	60%	64%	69%	73%	76%	78%	79%	78%	76%	73%	69%	64%	60%	55%	51%	47%
80	53%	57%	62%	67%	72%	77%	81%	84%	86%	87%	86%	84%	81%	77%	72%	67%	62%	57%	53%
70	58%	63%	68%	73%	78%	83%	87%	90%	92%	93%	92%	90%	87%	83%	78%	73%	68%	63%	58%
60	64%	69%	74%	79%	84%	88%	92%	95%	97%	97%	97%	95%	92%	88%	84%	79%	74%	69%	64%
50	69%	74%	79%	83%	88%	92%	95%	98%	99%	100%	99%	98%	95%	92%	88%	83%	79%	74%	69%
40	73%	78%	82%	86%	90%	93%	96%	98%	100%	100%	100%	98%	96%	93%	90%	86%	82%	78%	73%
30	77%	81%	84%	88%	91%	93%	96%	97%	98%	99%	98%	97%	96%	93%	91%	88%	84%	81%	77%
20	80%	83%	85%	87%	90%	91%	93%	94%	95%	95%	95%	94%	93%	91%	90%	87%	85%	83%	80%
10	82%	83%	85%	86%	87%	88%	89%	89%	90%	90%	90%	89%	89%	88%	87%	86%	85%	83%	82%
水平面	83%	83%	83%	83%	83%	83%	83%	83%	83%	83%	83%	83%	83%	83%	83%	83%	83%	83%	83%

广州　　　　　　纬度 23°08′

	东	−80	−70	−60	−50	−40	−30	−20	−10	南	10	20	30	40	50	60	70	80	西
90	45%	49%	53%	58%	62%	66%	70%	74%	76%	77%	76%	74%	70%	66%	62%	58%	53%	49%	45%
80	51%	55%	60%	65%	70%	75%	79%	82%	84%	85%	84%	82%	79%	75%	70%	65%	60%	55%	51%
70	56%	62%	67%	72%	77%	82%	86%	89%	91%	92%	91%	89%	86%	82%	77%	72%	67%	62%	56%
60	62%	67%	73%	78%	83%	87%	91%	94%	96%	97%	96%	94%	91%	87%	83%	78%	73%	67%	62%
50	67%	72%	77%	82%	87%	91%	95%	97%	99%	99%	99%	97%	95%	91%	87%	82%	77%	72%	67%
40	72%	77%	81%	85%	89%	93%	96%	98%	100%	100%	100%	98%	96%	93%	89%	85%	81%	77%	72%
30	76%	80%	84%	87%	90%	93%	95%	97%	98%	99%	98%	97%	95%	93%	90%	87%	84%	80%	76%
20	79%	82%	84%	87%	89%	91%	93%	94%	95%	95%	95%	94%	93%	91%	89%	87%	84%	82%	79%
10	81%	83%	84%	85%	87%	88%	88%	89%	89%	89%	89%	89%	88%	88%	87%	85%	84%	83%	81%
水平面	82%	82%	82%	82%	82%	82%	82%	82%	82%	82%	82%	82%	82%	82%	82%	82%	82%	82%	82%

续表 A.0.2-1

南昌　　　　　　　纬度 28°36′

	东	−80	−70	−60	−50	−40	−30	−20	−10	南	10	20	30	40	50	60	70	80	西
90	48%	52%	56%	60%	64%	69%	73%	76%	78%	79%	78%	76%	73%	69%	64%	60%	56%	52%	48%
80	53%	58%	63%	67%	72%	77%	80%	84%	85%	86%	85%	84%	80%	77%	72%	67%	63%	58%	53%
70	59%	64%	69%	74%	79%	83%	87%	90%	92%	93%	92%	90%	87%	83%	79%	74%	69%	64%	59%
60	64%	69%	74%	79%	84%	88%	92%	95%	96%	97%	96%	95%	92%	88%	84%	79%	74%	69%	64%
50	70%	74%	79%	83%	88%	91%	95%	97%	99%	99%	99%	97%	95%	91%	88%	83%	79%	74%	70%
40	74%	78%	82%	86%	90%	93%	96%	98%	99%	100%	99%	98%	96%	93%	90%	86%	82%	78%	74%
30	78%	81%	85%	88%	91%	94%	96%	97%	98%	99%	98%	97%	96%	94%	91%	88%	85%	81%	78%
20	81%	83%	85%	88%	90%	92%	93%	94%	95%	95%	95%	94%	93%	92%	90%	88%	85%	83%	81%
10	83%	84%	85%	86%	88%	88%	89%	90%	90%	90%	90%	90%	89%	88%	88%	86%	85%	84%	83%
水平面	83%	83%	83%	83%	83%	83%	83%	83%	83%	83%	83%	83%	83%	83%	83%	83%	83%	83%	83%

成都　　　　　　　纬度 30°40′

	东	−80	−70	−60	−50	−40	−30	−20	−10	南	10	20	30	40	50	60	70	80	西
90	60%	60%	61%	61%	62%	63%	64%	64%	64%	64%	64%	64%	64%	63%	62%	61%	61%	60%	60%
80	67%	67%	68%	69%	69%	70%	71%	71%	71%	71%	71%	71%	71%	70%	69%	69%	68%	67%	67%
70	74%	74%	74%	75%	76%	77%	78%	78%	78%	78%	78%	78%	78%	77%	76%	75%	74%	74%	74%
60	80%	81%	81%	81%	82%	83%	84%	84%	84%	84%	84%	84%	84%	83%	82%	81%	81%	81%	80%
50	85%	86%	87%	88%	88%	88%	89%	89%	89%	89%	89%	89%	89%	88%	88%	88%	87%	86%	85%
40	91%	91%	91%	92%	92%	93%	93%	94%	94%	94%	94%	94%	93%	93%	92%	92%	91%	91%	91%
30	95%	95%	95%	95%	96%	96%	97%	97%	97%	97%	97%	97%	97%	96%	96%	95%	95%	95%	95%
20	98%	98%	98%	98%	98%	98%	99%	99%	99%	99%	99%	99%	99%	98%	98%	98%	98%	98%	98%
10	99%	99%	99%	100%	100%	100%	100%	100%	100%	100%	100%	100%	100%	100%	100%	100%	99%	99%	99%
水平面	100%	100%	100%	100%	100%	100%	100%	100%	100%	100%	100%	100%	100%	100%	100%	100%	100%	100%	100%

上海　　　　　　　纬度 31°10′

	东	−80	−70	−60	−50	−40	−30	−20	−10	南	10	20	30	40	50	60	70	80	西
90	47%	51%	56%	61%	65%	70%	75%	78%	80%	81%	80%	78%	75%	70%	65%	61%	56%	51%	47%
80	53%	57%	62%	68%	73%	78%	82%	85%	88%	88%	88%	85%	82%	78%	73%	68%	62%	57%	53%
70	58%	63%	68%	74%	79%	84%	88%	91%	93%	94%	93%	91%	88%	84%	79%	74%	68%	63%	58%
60	63%	68%	74%	79%	84%	89%	92%	96%	97%	98%	97%	96%	92%	89%	84%	79%	74%	68%	63%
50	68%	73%	78%	83%	88%	92%	95%	98%	99%	100%	99%	98%	95%	92%	88%	83%	78%	73%	68%
40	72%	77%	81%	85%	89%	93%	96%	98%	99%	100%	99%	98%	96%	93%	89%	85%	81%	77%	72%
30	76%	80%	83%	87%	90%	93%	95%	96%	98%	98%	98%	96%	95%	93%	90%	87%	83%	80%	76%
20	79%	81%	84%	86%	89%	90%	92%	93%	94%	94%	94%	93%	92%	90%	89%	86%	84%	81%	79%
10	80%	82%	83%	84%	85%	87%	87%	88%	88%	88%	88%	88%	87%	87%	85%	84%	83%	82%	80%
水平面	81%	81%	81%	81%	81%	81%	81%	81%	81%	81%	81%	81%	81%	81%	81%	81%	81%	81%	81%

西安　　　　　　　纬度 34°18′

	东	−80	−70	−60	−50	−40	−30	−20	−10	南	10	20	30	40	50	60	70	80	西
90	50%	55%	60%	65%	71%	76%	81%	84%	87%	87%	87%	84%	81%	76%	71%	65%	60%	55%	50%
80	55%	60%	65%	71%	76%	82%	87%	90%	93%	93%	93%	90%	87%	82%	76%	71%	65%	60%	55%
70	58%	64%	69%	75%	81%	86%	91%	94%	96%	97%	96%	94%	91%	86%	81%	75%	69%	64%	58%
60	62%	68%	73%	79%	84%	89%	94%	97%	99%	99%	99%	97%	94%	89%	84%	79%	73%	68%	62%
50	66%	71%	76%	81%	86%	91%	95%	97%	99%	100%	99%	97%	95%	91%	86%	81%	76%	71%	66%
40	69%	73%	78%	83%	87%	91%	94%	96%	98%	98%	98%	96%	94%	91%	87%	83%	78%	73%	69%
30	71%	75%	79%	82%	86%	89%	92%	94%	94%	95%	94%	94%	92%	89%	86%	82%	79%	75%	71%
20	73%	76%	79%	81%	84%	86%	87%	89%	90%	90%	90%	89%	87%	86%	84%	81%	79%	76%	73%
10	74%	76%	77%	79%	80%	81%	82%	82%	83%	83%	83%	82%	82%	81%	80%	79%	77%	76%	74%
水平面	75%	75%	75%	75%	75%	75%	75%	75%	75%	75%	75%	75%	75%	75%	75%	75%	75%	75%	75%

郑州　　　　　　纬度 34°43′

	东	−80	−70	−60	−50	−40	−30	−20	−10	南	10	20	30	40	50	60	70	80	西
90	48%	53%	58%	63%	69%	75%	79%	83%	86%	86%	86%	83%	79%	75%	69%	63%	58%	53%	48%
80	53%	58%	63%	69%	75%	81%	86%	89%	92%	92%	92%	89%	86%	81%	75%	69%	63%	58%	53%
70	57%	62%	68%	74%	80%	86%	91%	94%	96%	97%	96%	94%	91%	86%	80%	74%	68%	62%	57%
60	61%	67%	73%	78%	84%	89%	93%	97%	99%	99%	99%	97%	93%	89%	84%	78%	73%	67%	61%
50	65%	70%	75%	81%	86%	91%	95%	98%	99%	100%	99%	98%	95%	91%	86%	81%	75%	70%	65%
40	68%	73%	78%	82%	87%	91%	94%	97%	98%	99%	98%	97%	94%	91%	87%	82%	78%	73%	68%
30	71%	75%	79%	83%	86%	89%	92%	94%	95%	95%	95%	94%	92%	89%	86%	83%	79%	75%	71%
20	73%	76%	79%	81%	84%	86%	88%	89%	90%	90%	90%	89%	88%	86%	84%	81%	79%	76%	73%
10	75%	76%	77%	79%	80%	81%	82%	83%	83%	83%	83%	83%	82%	81%	80%	79%	77%	76%	75%
水平面	75%	75%	75%	75%	75%	75%	75%	75%	75%	75%	75%	75%	75%	75%	75%	75%	75%	75%	75%

青岛　　　　　　纬度 36°04′

	东	−80	−70	−60	−50	−40	−30	−20	−10	南	10	20	30	40	50	60	70	80	西
90	45%	50%	56%	61%	68%	73%	79%	82%	85%	86%	85%	82%	79%	73%	68%	61%	56%	50%	45%
80	50%	56%	62%	68%	74%	80%	85%	89%	92%	92%	92%	89%	85%	80%	74%	68%	62%	56%	50%
70	55%	61%	67%	73%	79%	85%	90%	94%	96%	97%	96%	94%	90%	85%	79%	73%	67%	61%	55%
60	59%	65%	71%	77%	83%	89%	93%	97%	99%	100%	99%	97%	93%	89%	83%	77%	71%	65%	59%
50	63%	69%	75%	80%	86%	91%	95%	98%	100%	100%	100%	98%	95%	91%	86%	80%	75%	69%	63%
40	67%	72%	77%	82%	86%	91%	94%	97%	98%	99%	98%	97%	94%	91%	86%	82%	77%	72%	67%
30	70%	74%	78%	82%	85%	89%	92%	94%	95%	95%	95%	94%	92%	89%	85%	82%	78%	74%	70%
20	72%	75%	78%	81%	83%	85%	87%	89%	90%	90%	90%	89%	87%	85%	83%	81%	78%	75%	72%
10	73%	75%	76%	78%	79%	80%	81%	82%	82%	82%	82%	82%	81%	80%	79%	78%	76%	75%	73%
水平面	74%	74%	74%	74%	74%	74%	74%	74%	74%	74%	74%	74%	74%	74%	74%	74%	74%	74%	74%

续表 A.0.2-1

兰州　　　　　　　纬度 36°03′

	东	−80	−70	−60	−50	−40	−30	−20	−10	南	10	20	30	40	50	60	70	80	西
90	52%	57%	63%	68%	74%	79%	84%	88%	91%	91%	91%	88%	84%	79%	74%	68%	63%	57%	52%
80	55%	61%	67%	72%	78%	84%	89%	93%	95%	96%	95%	93%	89%	84%	78%	72%	67%	61%	55%
70	58%	64%	70%	76%	82%	88%	92%	96%	98%	99%	98%	96%	92%	88%	82%	76%	70%	64%	58%
60	61%	67%	73%	78%	84%	90%	94%	97%	99%	100%	99%	97%	94%	90%	84%	78%	73%	67%	61%
50	64%	69%	75%	80%	85%	90%	94%	97%	99%	99%	99%	97%	94%	90%	85%	80%	75%	69%	64%
40	66%	71%	76%	80%	85%	89%	92%	95%	96%	97%	96%	95%	92%	89%	85%	80%	76%	71%	66%
30	68%	72%	76%	80%	83%	86%	89%	91%	92%	92%	92%	91%	89%	86%	83%	80%	76%	72%	68%
20	69%	72%	75%	78%	80%	82%	84%	85%	86%	86%	86%	85%	84%	82%	80%	78%	75%	72%	69%
10	70%	72%	73%	75%	76%	77%	78%	79%	79%	79%	79%	79%	78%	77%	76%	75%	73%	72%	70%
水平面	71%	71%	71%	71%	71%	71%	71%	71%	71%	71%	71%	71%	71%	71%	71%	71%	71%	71%	71%

济南　　　　　　　纬度 36°41′

	东	−80	−70	−60	−50	−40	−30	−20	−10	南	10	20	30	40	50	60	70	80	西
90	49%	53%	59%	65%	71%	77%	82%	86%	88%	89%	88%	86%	82%	77%	71%	65%	59%	53%	49%
80	52%	58%	64%	70%	76%	82%	87%	92%	94%	95%	94%	92%	87%	82%	76%	70%	64%	58%	52%
70	56%	62%	68%	74%	81%	86%	92%	95%	98%	98%	98%	95%	92%	86%	81%	74%	68%	62%	56%
60	59%	65%	72%	78%	84%	89%	94%	97%	99%	100%	99%	97%	94%	89%	84%	78%	72%	65%	59%
50	63%	69%	74%	80%	85%	90%	94%	97%	99%	100%	99%	97%	94%	90%	85%	80%	74%	69%	63%
40	65%	71%	76%	81%	85%	90%	93%	95%	97%	98%	97%	95%	93%	90%	85%	81%	76%	71%	65%
30	68%	72%	76%	80%	84%	87%	90%	92%	93%	94%	93%	92%	90%	87%	84%	80%	76%	72%	68%
20	70%	73%	76%	79%	81%	83%	85%	87%	87%	88%	87%	87%	85%	83%	81%	79%	76%	73%	70%
10	71%	72%	74%	76%	77%	78%	79%	80%	80%	80%	80%	80%	79%	78%	77%	76%	74%	72%	71%
水平面	71%	71%	71%	71%	71%	71%	71%	71%	71%	71%	71%	71%	71%	71%	71%	71%	71%	71%	71%

太原　　　　　　纬度 37°47′

	东	−80	−70	−60	−50	−40	−30	−20	−10	南	10	20	30	40	50	60	70	80	西
90	50%	55%	61%	67%	73%	79%	85%	89%	91%	92%	91%	89%	85%	79%	73%	67%	61%	55%	50%
80	53%	58%	65%	71%	78%	84%	89%	93%	96%	97%	96%	93%	89%	84%	78%	71%	65%	58%	53%
70	55%	62%	68%	74%	81%	87%	92%	96%	98%	99%	98%	96%	92%	87%	81%	74%	68%	62%	55%
60	58%	64%	70%	77%	83%	89%	93%	97%	99%	100%	99%	97%	93%	89%	83%	77%	70%	64%	58%
50	60%	66%	72%	78%	84%	89%	93%	96%	98%	99%	98%	96%	93%	89%	84%	78%	72%	66%	60%
40	62%	68%	73%	78%	83%	87%	91%	93%	95%	95%	95%	93%	91%	87%	83%	78%	73%	68%	62%
30	64%	68%	73%	77%	81%	84%	87%	89%	90%	90%	90%	89%	87%	84%	81%	77%	73%	68%	64%
20	65%	69%	71%	74%	77%	79%	81%	83%	84%	84%	84%	83%	81%	79%	77%	74%	71%	69%	65%
10	66%	68%	70%	71%	72%	74%	75%	75%	76%	76%	76%	75%	75%	74%	72%	71%	70%	68%	66%
水平面	67%	67%	67%	67%	67%	67%	67%	67%	67%	67%	67%	67%	67%	67%	67%	67%	67%	67%	67%

天津　　　　　　纬度 39°06′

	东	−80	−70	−60	−50	−40	−30	−20	−10	南	10	20	30	40	50	60	70	80	西
90	47%	53%	59%	66%	72%	79%	85%	89%	92%	93%	92%	89%	85%	79%	72%	66%	59%	53%	47%
80	50%	56%	63%	70%	77%	84%	89%	94%	96%	97%	96%	94%	89%	84%	77%	70%	63%	56%	50%
70	53%	59%	66%	73%	80%	87%	92%	96%	99%	100%	99%	96%	92%	87%	80%	73%	66%	59%	53%
60	55%	62%	68%	75%	82%	88%	93%	97%	99%	100%	99%	97%	93%	88%	82%	75%	68%	62%	55%
50	57%	64%	70%	76%	82%	88%	92%	96%	98%	98%	98%	96%	92%	88%	82%	76%	70%	64%	57%
40	59%	65%	71%	76%	81%	86%	90%	92%	94%	95%	94%	92%	90%	86%	81%	76%	71%	65%	59%
30	61%	66%	70%	75%	79%	82%	85%	87%	89%	89%	89%	87%	85%	82%	79%	75%	70%	66%	61%
20	62%	66%	69%	72%	75%	77%	79%	81%	82%	82%	82%	81%	79%	77%	75%	72%	69%	66%	62%
10	63%	65%	66%	68%	70%	71%	72%	73%	73%	73%	73%	73%	72%	71%	70%	68%	66%	65%	63%
水平面	64%	64%	64%	64%	64%	64%	64%	64%	64%	64%	64%	64%	64%	64%	64%	64%	64%	64%	64%

抚顺　　　　　纬度 41°54′

	东	−80	−70	−60	−50	−40	−30	−20	−10	南	10	20	30	40	50	60	70	80	西
90	44%	50%	57%	65%	72%	66%	86%	91%	94%	95%	94%	91%	86%	66%	72%	65%	57%	50%	44%
80	47%	53%	61%	68%	76%	73%	90%	95%	97%	98%	97%	95%	90%	73%	76%	68%	61%	53%	47%
70	49%	56%	63%	71%	79%	78%	92%	96%	99%	100%	99%	96%	92%	78%	79%	71%	63%	56%	49%
60	51%	58%	65%	73%	80%	83%	92%	96%	99%	100%	99%	96%	92%	83%	80%	73%	65%	58%	51%
50	53%	59%	66%	73%	80%	86%	91%	94%	96%	97%	96%	94%	91%	86%	80%	73%	66%	59%	53%
40	54%	60%	66%	72%	78%	86%	87%	90%	92%	93%	92%	90%	87%	86%	78%	72%	66%	60%	54%
30	55%	60%	65%	70%	75%	86%	82%	84%	86%	86%	86%	84%	82%	86%	75%	70%	65%	60%	55%
20	56%	60%	64%	67%	70%	84%	75%	77%	77%	78%	77%	77%	75%	84%	70%	67%	64%	60%	56%
10	57%	59%	61%	63%	64%	79%	67%	68%	68%	68%	68%	68%	67%	79%	64%	63%	61%	59%	57%
水平面	58%	58%	58%	58%	58%	58%	58%	58%	58%	58%	58%	58%	58%	58%	58%	58%	58%	58%	58%

长春　　　　　纬度 43°54′

	东	−80	−70	−60	−50	−40	−30	−20	−10	南	10	20	30	40	50	60	70	80	西
90	39%	46%	53%	62%	70%	79%	86%	91%	94%	95%	94%	91%	86%	79%	70%	62%	53%	46%	39%
80	41%	48%	57%	65%	74%	82%	89%	95%	98%	99%	98%	95%	89%	82%	74%	65%	57%	48%	41%
70	43%	50%	59%	67%	76%	84%	91%	96%	99%	100%	99%	96%	91%	84%	76%	67%	59%	50%	43%
60	44%	52%	60%	69%	77%	84%	90%	95%	98%	99%	98%	95%	90%	84%	77%	69%	60%	52%	44%
50	46%	53%	60%	68%	76%	82%	88%	92%	94%	95%	94%	92%	88%	82%	76%	68%	60%	53%	46%
40	47%	53%	60%	67%	73%	79%	83%	87%	89%	89%	89%	87%	83%	79%	73%	67%	60%	53%	47%
30	47%	53%	59%	64%	69%	73%	77%	79%	81%	82%	81%	79%	77%	73%	69%	64%	59%	53%	47%
20	48%	52%	56%	60%	63%	66%	69%	71%	72%	72%	72%	71%	69%	66%	63%	60%	56%	52%	48%
10	49%	51%	53%	55%	57%	58%	60%	60%	61%	61%	61%	60%	60%	58%	57%	55%	53%	51%	49%
水平面	49%	49%	49%	49%	49%	49%	49%	49%	49%	49%	49%	49%	49%	49%	49%	49%	49%	49%	49%

- R_S 大于 90% 的范围
- R_S 小于 90% 的范围
- R_S 大于 95% 的范围

北京　　　　纬度 39°48′

	东	−80	−70	−60	−50	−40	−30	−20	−10	南	10	20	30	40	50	60	70	80	西
90	52%	55%	58%	61%	63%	65%	67%	68%	69%	69%	69%	68%	67%	65%	63%	61%	58%	55%	52%
80	58%	61%	65%	68%	71%	73%	76%	77%	78%	78%	78%	77%	76%	73%	71%	68%	65%	61%	58%
70	63%	67%	71%	75%	78%	81%	83%	85%	86%	86%	86%	85%	83%	81%	78%	75%	71%	67%	63%
60	69%	73%	77%	81%	84%	87%	89%	91%	92%	92%	92%	91%	89%	87%	84%	81%	77%	73%	69%
50	75%	78%	82%	86%	89%	92%	94%	96%	97%	97%	97%	96%	94%	92%	89%	86%	82%	78%	75%
40	79%	83%	86%	89%	92%	95%	97%	98%	99%	99%	99%	98%	97%	95%	92%	89%	86%	83%	79%
30	83%	86%	89%	92%	94%	96%	98%	99%	100%	100%	100%	99%	98%	96%	94%	92%	89%	86%	83%
20	87%	89%	91%	93%	94%	96%	97%	98%	98%	99%	98%	98%	97%	96%	94%	93%	91%	89%	87%
10	89%	90%	91%	92%	93%	94%	94%	95%	95%	95%	95%	95%	94%	94%	93%	92%	91%	90%	89%
水平面	90%	90%	90%	90%	90%	90%	90%	90%	90%	90%	90%	90%	90%	90%	90%	90%	90%	90%	90%

武汉　　　　纬度 30°37′

	东	−80	−70	−60	−50	−40	−30	−20	−10	南	10	20	30	40	50	60	70	80	西
90	54%	55%	57%	58%	58%	59%	59%	59%	59%	59%	59%	59%	59%	59%	58%	58%	57%	55%	54%
80	61%	62%	64%	65%	66%	67%	68%	68%	68%	69%	68%	68%	68%	67%	66%	65%	64%	62%	61%
70	68%	70%	71%	73%	74%	75%	76%	77%	77%	77%	77%	77%	76%	75%	74%	73%	71%	70%	68%
60	74%	76%	78%	80%	81%	82%	83%	84%	84%	84%	84%	84%	83%	82%	81%	80%	78%	76%	74%
50	80%	82%	84%	86%	87%	88%	89%	90%	91%	91%	91%	90%	89%	88%	87%	86%	84%	82%	80%
40	86%	88%	89%	91%	92%	93%	94%	95%	95%	95%	95%	95%	94%	93%	92%	91%	89%	88%	86%
30	91%	92%	93%	95%	96%	97%	98%	98%	98%	99%	98%	98%	98%	97%	96%	95%	93%	92%	91%
20	94%	95%	96%	97%	98%	99%	99%	100%	100%	100%	100%	100%	99%	99%	98%	97%	96%	95%	94%
10	97%	97%	98%	98%	99%	99%	99%	99%	100%	100%	100%	99%	99%	99%	99%	98%	98%	97%	97%
水平面	98%	98%	98%	98%	98%	98%	98%	98%	98%	98%	98%	98%	98%	98%	98%	98%	98%	98%	98%

续表 A.0.2-2

昆明　　　　　　纬度 25°01′

	东	−80	−70	−60	−50	−40	−30	−20	−10	南	10	20	30	40	50	60	70	80	西
90	52%	54%	56%	57%	58%	59%	59%	60%	60%	60%	60%	60%	59%	59%	58%	57%	56%	54%	52%
80	59%	61%	63%	65%	66%	67%	68%	69%	69%	69%	69%	69%	68%	67%	66%	65%	63%	61%	59%
70	66%	68%	70%	72%	74%	75%	76%	77%	78%	78%	78%	77%	76%	75%	74%	72%	70%	68%	66%
60	73%	75%	77%	79%	81%	82%	84%	85%	85%	85%	85%	85%	84%	82%	81%	79%	77%	75%	73%
50	79%	81%	83%	85%	87%	89%	90%	91%	91%	92%	91%	91%	90%	89%	87%	85%	83%	81%	79%
40	85%	87%	89%	90%	92%	93%	95%	95%	96%	96%	96%	95%	95%	93%	92%	90%	89%	87%	85%
30	90%	91%	93%	94%	96%	97%	98%	98%	99%	99%	99%	98%	98%	97%	96%	94%	93%	91%	90%
20	93%	94%	96%	97%	98%	98%	99%	100%	100%	100%	100%	100%	99%	98%	98%	97%	96%	94%	93%
10	96%	96%	97%	97%	98%	98%	99%	99%	99%	99%	99%	99%	99%	98%	98%	97%	97%	96%	96%
水平面	96%	96%	96%	96%	96%	96%	96%	96%	96%	96%	96%	96%	96%	96%	96%	96%	96%	96%	96%

贵阳　　　　　　纬度 26°35′

	东	−80	−70	−60	−50	−40	−30	−20	−10	南	10	20	30	40	50	60	70	80	西
90	54%	56%	57%	58%	58%	59%	59%	59%	59%	59%	59%	59%	59%	59%	58%	58%	57%	56%	54%
80	61%	63%	64%	65%	66%	67%	68%	68%	68%	68%	68%	68%	68%	67%	66%	65%	64%	63%	61%
70	68%	70%	71%	73%	74%	76%	76%	76%	77%	77%	77%	76%	76%	76%	74%	73%	71%	70%	68%
60	75%	77%	78%	79%	81%	82%	83%	84%	84%	84%	84%	84%	83%	82%	81%	79%	78%	77%	75%
50	81%	83%	84%	86%	87%	88%	89%	90%	90%	90%	90%	90%	89%	88%	87%	86%	84%	83%	81%
40	87%	88%	90%	91%	92%	93%	94%	95%	95%	95%	95%	95%	94%	93%	92%	91%	90%	88%	87%
30	91%	93%	94%	95%	96%	97%	97%	98%	98%	98%	98%	98%	97%	97%	96%	95%	94%	93%	91%
20	95%	96%	97%	97%	98%	99%	99%	100%	100%	100%	100%	100%	99%	99%	98%	97%	97%	96%	95%
10	97%	98%	98%	99%	99%	99%	99%	100%	100%	100%	100%	100%	99%	99%	99%	99%	98%	98%	97%
水平面	98%	98%	98%	98%	98%	98%	98%	98%	98%	98%	98%	98%	98%	98%	98%	98%	98%	98%	98%

长沙　　　　　　　纬度 28°12′

	东	—80	—70	—60	—50	—40	—30	—20	—10	南	10	20	30	40	50	60	70	80	西
90	54%	55%	56%	57%	57%	58%	58%	58%	58%	58%	58%	58%	58%	58%	57%	57%	56%	55%	54%
80	61%	62%	63%	64%	61%	66%	67%	67%	67%	67%	67%	67%	67%	66%	61%	64%	63%	62%	61%
70	67%	69%	71%	72%	73%	74%	75%	75%	75%	76%	75%	75%	75%	74%	73%	72%	71%	69%	67%
60	74%	76%	78%	79%	80%	81%	82%	83%	83%	83%	83%	83%	82%	81%	80%	79%	78%	76%	74%
50	81%	82%	84%	85%	87%	88%	89%	89%	90%	90%	90%	89%	89%	88%	87%	85%	84%	82%	81%
40	86%	88%	89%	91%	92%	93%	94%	94%	95%	95%	95%	94%	94%	93%	92%	91%	89%	88%	86%
30	91%	92%	94%	95%	96%	97%	97%	98%	98%	98%	98%	98%	97%	97%	96%	95%	94%	92%	91%
20	95%	96%	97%	97%	98%	99%	99%	100%	100%	100%	100%	100%	99%	99%	98%	97%	97%	96%	95%
10	97%	98%	98%	99%	99%	99%	100%	100%	100%	100%	100%	100%	100%	99%	99%	99%	98%	98%	97%
水平面	98%	98%	98%	98%	98%	98%	98%	98%	98%	98%	98%	98%	98%	98%	98%	98%	98%	98%	98%

广州　　　　　　　纬度 23°08′

	东	—80	—70	—60	—50	—40	—30	—20	—10	南	10	20	30	40	50	60	70	80	西
90	53%	54%	55%	56%	57%	57%	58%	58%	58%	57%	58%	58%	58%	57%	57%	56%	55%	54%	53%
80	60%	61%	63%	64%	65%	66%	66%	67%	67%	67%	67%	67%	66%	66%	65%	64%	63%	61%	60%
70	67%	69%	70%	72%	73%	74%	75%	75%	75%	75%	75%	75%	75%	74%	73%	72%	70%	69%	67%
60	74%	75%	77%	79%	80%	81%	82%	83%	83%	83%	83%	83%	82%	81%	80%	79%	77%	75%	74%
50	80%	82%	84%	85%	86%	88%	89%	89%	90%	90%	90%	89%	89%	88%	86%	85%	84%	82%	80%
40	86%	87%	89%	90%	92%	93%	94%	94%	95%	95%	95%	94%	94%	93%	92%	90%	89%	87%	86%
30	91%	92%	93%	95%	96%	97%	97%	98%	98%	98%	98%	98%	97%	97%	96%	95%	93%	92%	91%
20	95%	95%	96%	97%	98%	99%	99%	100%	100%	100%	100%	100%	99%	99%	98%	97%	96%	95%	95%
10	97%	97%	98%	98%	99%	99%	99%	100%	100%	100%	100%	100%	99%	99%	99%	98%	98%	97%	97%
水平面	98%	98%	98%	98%	98%	98%	98%	98%	98%	98%	98%	98%	98%	98%	98%	98%	98%	98%	98%

续表 A.0.2-2

南昌　　　　　　纬度 28°36′

	东	−80	−70	−60	−50	−40	−30	−20	−10	南	10	20	30	40	50	60	70	80	西
90	54%	55%	56%	57%	58%	58%	58%	58%	58%	58%	58%	58%	58%	58%	58%	57%	56%	55%	54%
80	61%	62%	64%	65%	66%	66%	67%	67%	67%	67%	67%	67%	67%	66%	66%	65%	64%	62%	61%
70	68%	69%	71%	72%	73%	74%	75%	75%	76%	76%	76%	75%	75%	74%	73%	72%	71%	69%	68%
60	74%	76%	78%	79%	81%	82%	82%	83%	83%	84%	83%	83%	82%	82%	81%	79%	78%	76%	74%
50	81%	82%	84%	86%	87%	88%	89%	89%	90%	90%	90%	89%	89%	88%	87%	86%	84%	82%	81%
40	86%	88%	89%	91%	92%	93%	94%	94%	95%	95%	95%	94%	94%	93%	92%	91%	89%	88%	86%
30	91%	92%	94%	95%	96%	97%	97%	98%	98%	98%	98%	98%	97%	97%	96%	95%	94%	92%	91%
20	95%	96%	97%	97%	98%	99%	99%	100%	100%	100%	100%	100%	99%	99%	98%	97%	97%	96%	95%
10	97%	98%	98%	99%	99%	99%	100%	100%	100%	100%	100%	100%	99%	99%	99%	98%	98%	98%	97%
水平面	98%	98%	98%	98%	98%	98%	98%	98%	98%	98%	98%	98%	98%	98%	98%	98%	98%	98%	98%

成都　　　　　　纬度 30°40′

	东	−80	−70	−60	−50	−40	−30	−20	−10	南	10	20	30	40	50	60	70	80	西
90	58%	58%	58%	58%	58%	58%	58%	58%	57%	57%	57%	58%	58%	58%	58%	58%	58%	58%	58%
80	65%	65%	65%	66%	66%	66%	66%	65%	65%	65%	65%	65%	66%	66%	66%	66%	65%	65%	65%
70	72%	72%	72%	73%	73%	73%	73%	73%	73%	73%	73%	73%	73%	73%	73%	73%	72%	72%	72%
60	78%	79%	79%	79%	80%	80%	80%	80%	80%	80%	80%	80%	80%	80%	80%	80%	79%	79%	78%
50	84%	85%	85%	86%	86%	86%	86%	86%	86%	86%	86%	86%	86%	86%	86%	86%	85%	85%	84%
40	89%	90%	90%	91%	91%	91%	91%	92%	92%	92%	92%	92%	91%	91%	91%	91%	90%	90%	89%
30	94%	94%	94%	95%	95%	95%	95%	96%	96%	96%	96%	96%	95%	95%	95%	95%	94%	94%	94%
20	97%	97%	98%	98%	98%	98%	98%	98%	98%	99%	98%	98%	98%	98%	98%	98%	98%	97%	97%
10	99%	99%	99%	100%	100%	100%	100%	100%	100%	100%	100%	100%	100%	100%	100%	100%	99%	99%	99%
水平面	100%	100%	100%	100%	100%	100%	100%	100%	100%	100%	100%	100%	100%	100%	100%	100%	100%	100%	100%

上海　　　　　　纬度 31°10′

	东	−80	−70	−60	−50	−40	−30	−20	−10	南	10	20	30	40	50	60	70	80	西
90	55%	56%	57%	58%	59%	60%	61%	61%	61%	61%	61%	61%	61%	60%	59%	58%	57%	56%	55%
80	61%	63%	65%	66%	67%	68%	69%	69%	70%	70%	70%	69%	69%	68%	67%	66%	65%	63%	61%
70	68%	70%	72%	73%	75%	76%	77%	77%	78%	78%	78%	77%	77%	76%	75%	73%	72%	70%	68%
60	75%	77%	78%	80%	82%	83%	84%	85%	85%	85%	85%	85%	84%	83%	82%	80%	78%	77%	75%
50	81%	83%	84%	86%	88%	89%	90%	91%	91%	91%	91%	91%	90%	89%	88%	86%	84%	83%	81%
40	86%	88%	90%	91%	92%	94%	94%	95%	96%	96%	96%	95%	94%	94%	92%	91%	90%	88%	86%
30	91%	92%	94%	95%	96%	97%	98%	98%	99%	99%	99%	98%	98%	97%	96%	95%	94%	92%	91%
20	94%	95%	96%	97%	98%	99%	99%	100%	100%	100%	100%	100%	99%	99%	98%	97%	96%	95%	94%
10	97%	97%	98%	98%	99%	99%	99%	99%	100%	100%	100%	99%	99%	99%	99%	98%	98%	97%	97%
水平面	97%	97%	97%	97%	97%	97%	97%	97%	97%	97%	97%	97%	97%	97%	97%	97%	97%	97%	97%

西安　　　　　　纬度 34°18′

	东	−80	−70	−60	−50	−40	−30	−20	−10	南	10	20	30	40	50	60	70	80	西
90	55%	57%	58%	60%	61%	62%	62%	62%	63%	63%	63%	62%	62%	62%	61%	60%	58%	57%	55%
80	62%	64%	65%	67%	68%	69%	70%	71%	71%	71%	71%	71%	70%	69%	68%	67%	65%	64%	62%
70	68%	71%	72%	74%	76%	77%	78%	79%	79%	79%	79%	79%	78%	77%	76%	74%	72%	71%	68%
60	75%	77%	79%	81%	82%	84%	85%	86%	86%	86%	86%	86%	85%	84%	82%	81%	79%	77%	75%
50	81%	83%	85%	86%	88%	89%	91%	91%	92%	92%	92%	91%	91%	89%	88%	86%	85%	83%	81%
40	86%	88%	90%	91%	93%	94%	95%	96%	96%	96%	96%	96%	95%	94%	93%	91%	90%	88%	86%
30	90%	92%	93%	95%	96%	97%	98%	99%	99%	99%	99%	99%	98%	97%	96%	95%	93%	92%	90%
20	94%	95%	96%	97%	98%	99%	99%	100%	100%	100%	100%	100%	99%	99%	98%	97%	96%	95%	94%
10	96%	97%	97%	98%	98%	98%	99%	99%	99%	99%	99%	99%	99%	98%	98%	98%	97%	97%	96%
水平面	97%	97%	97%	97%	97%	97%	97%	97%	97%	97%	97%	97%	97%	97%	97%	97%	97%	97%	97%

续表 A.0.2-2

郑州　　　　　纬度 34°43′

	东	−80	−70	−60	−50	−40	−30	−20	−10	南	10	20	30	40	50	60	70	80	西
90	55%	57%	58%	60%	83%	62%	63%	63%	63%	63%	63%	63%	63%	62%	83%	60%	58%	57%	55%
80	62%	64%	66%	67%	69%	70%	71%	72%	72%	72%	72%	72%	71%	70%	69%	67%	66%	64%	62%
70	68%	70%	72%	74%	76%	77%	79%	79%	80%	72%	80%	79%	79%	77%	76%	74%	72%	70%	68%
60	75%	77%	79%	81%	83%	84%	85%	86%	87%	87%	87%	86%	85%	84%	83%	81%	79%	77%	75%
50	81%	83%	85%	87%	88%	90%	91%	92%	92%	93%	92%	92%	91%	90%	88%	87%	85%	83%	81%
40	86%	88%	90%	91%	93%	94%	95%	96%	96%	97%	96%	96%	95%	94%	93%	91%	90%	88%	86%
30	90%	92%	93%	95%	96%	97%	98%	99%	99%	99%	99%	99%	98%	97%	96%	95%	93%	92%	90%
20	94%	95%	96%	97%	98%	99%	99%	100%	100%	100%	100%	100%	99%	99%	98%	97%	96%	95%	94%
10	96%	96%	97%	97%	98%	98%	99%	99%	99%	99%	99%	99%	99%	98%	98%	97%	97%	96%	96%
水平面	97%	97%	97%	97%	97%	97%	97%	97%	97%	97%	97%	97%	97%	97%	97%	97%	97%	97%	97%

青岛　　　　　纬度 36°04′

	东	−80	−70	−60	−50	−40	−30	−20	−10	南	10	20	30	40	50	60	70	80	西
90	54%	56%	58%	60%	62%	63%	64%	65%	66%	66%	66%	65%	64%	63%	62%	60%	58%	56%	54%
80	60%	63%	65%	67%	70%	71%	73%	74%	75%	75%	75%	74%	73%	71%	70%	67%	65%	63%	60%
70	67%	69%	72%	75%	77%	79%	80%	82%	82%	83%	82%	82%	80%	79%	77%	75%	72%	69%	67%
60	73%	76%	78%	81%	83%	85%	87%	88%	89%	89%	89%	88%	87%	85%	83%	81%	78%	76%	73%
50	79%	81%	84%	87%	89%	91%	92%	94%	94%	95%	94%	94%	92%	91%	89%	87%	84%	81%	79%
40	84%	87%	89%	91%	93%	95%	96%	97%	98%	98%	98%	97%	96%	95%	93%	91%	89%	87%	84%
30	88%	90%	92%	94%	96%	97%	98%	99%	100%	100%	100%	99%	98%	97%	96%	94%	92%	90%	88%
20	92%	93%	94%	96%	97%	98%	99%	99%	100%	100%	100%	99%	99%	98%	97%	96%	94%	93%	92%
10	94%	95%	95%	96%	97%	97%	98%	98%	98%	98%	98%	98%	98%	97%	97%	96%	95%	95%	94%
水平面	95%	95%	95%	95%	95%	95%	95%	95%	95%	95%	95%	95%	95%	95%	95%	95%	95%	95%	95%

兰州　　　　　　　纬度 36°03′

	东	−80	−70	−60	−50	−40	−30	−20	−10	南	10	20	30	40	50	60	70	80	西
90	54%	56%	58%	60%	61%	62%	63%	64%	64%	64%	64%	64%	63%	62%	61%	60%	58%	56%	54%
80	60%	63%	65%	67%	69%	71%	72%	73%	73%	73%	73%	73%	72%	71%	69%	67%	65%	63%	60%
70	66%	69%	72%	74%	76%	78%	80%	81%	81%	82%	81%	81%	80%	78%	76%	74%	72%	69%	66%
60	72%	75%	78%	81%	83%	85%	86%	88%	88%	89%	88%	88%	86%	85%	83%	81%	78%	75%	72%
50	78%	81%	84%	86%	89%	90%	92%	93%	94%	94%	94%	93%	92%	90%	89%	86%	84%	81%	78%
40	83%	86%	88%	91%	93%	95%	96%	97%	98%	98%	98%	97%	96%	95%	93%	91%	88%	86%	83%
30	88%	90%	92%	94%	96%	97%	98%	99%	100%	100%	100%	99%	98%	97%	96%	94%	92%	90%	88%
20	91%	93%	94%	96%	97%	98%	99%	99%	100%	100%	100%	99%	99%	98%	97%	96%	94%	93%	91%
10	94%	95%	95%	96%	97%	97%	98%	98%	98%	98%	98%	98%	98%	97%	97%	96%	95%	95%	94%
水平面	95%	95%	95%	95%	95%	95%	95%	95%	95%	95%	95%	95%	95%	95%	95%	95%	95%	95%	95%

济南　　　　　　　纬度 36°41′

	东	−80	−70	−60	−50	−40	−30	−20	−10	南	10	20	30	40	50	60	70	80	西
90	53%	56%	58%	60%	62%	63%	64%	65%	65%	65%	65%	65%	64%	63%	62%	60%	58%	56%	53%
80	60%	62%	65%	67%	69%	71%	73%	74%	74%	74%	74%	74%	73%	71%	69%	67%	65%	62%	60%
70	66%	69%	72%	74%	77%	79%	80%	82%	82%	83%	82%	82%	80%	79%	77%	74%	72%	69%	66%
60	72%	75%	78%	81%	83%	85%	87%	88%	89%	89%	89%	88%	87%	85%	83%	81%	78%	75%	72%
50	78%	81%	84%	86%	89%	91%	92%	94%	94%	95%	94%	94%	92%	91%	89%	86%	84%	81%	78%
40	83%	86%	88%	91%	93%	95%	96%	97%	98%	98%	98%	97%	96%	95%	93%	91%	88%	86%	83%
30	88%	90%	92%	94%	96%	97%	98%	99%	100%	100%	100%	99%	98%	97%	96%	94%	92%	90%	88%
20	91%	93%	94%	95%	97%	98%	99%	99%	100%	100%	100%	99%	99%	98%	97%	95%	94%	93%	91%
10	93%	94%	95%	96%	96%	97%	97%	98%	98%	98%	98%	98%	97%	97%	96%	96%	95%	94%	93%
水平面	94%	94%	94%	94%	94%	94%	94%	94%	94%	94%	94%	94%	94%	94%	94%	94%	94%	94%	94%

太原　　　　　　纬度 37°47′

	东	−80	−70	−60	−50	−40	−30	−20	−10	南	10	20	30	40	50	60	70	80	西
90	54%	56%	59%	61%	63%	64%	66%	66%	67%	67%	67%	66%	66%	64%	63%	61%	59%	56%	54%
80	60%	63%	66%	68%	70%	72%	74%	75%	76%	76%	76%	75%	74%	72%	70%	68%	66%	63%	60%
70	66%	69%	72%	75%	77%	80%	81%	83%	84%	84%	84%	83%	81%	80%	77%	75%	72%	69%	66%
60	72%	75%	78%	81%	84%	86%	88%	89%	90%	90%	90%	89%	88%	86%	84%	81%	78%	75%	72%
50	77%	81%	84%	86%	89%	91%	93%	94%	95%	95%	95%	94%	93%	91%	89%	86%	84%	81%	77%
40	82%	85%	88%	91%	93%	95%	96%	98%	98%	99%	98%	98%	96%	95%	93%	91%	88%	85%	82%
30	87%	89%	91%	93%	95%	97%	98%	99%	100%	100%	100%	99%	98%	97%	95%	93%	91%	89%	87%
20	90%	92%	93%	95%	96%	97%	98%	99%	99%	100%	99%	99%	98%	97%	96%	95%	93%	92%	90%
10	92%	93%	94%	95%	95%	96%	96%	97%	97%	97%	97%	97%	96%	96%	95%	95%	94%	93%	92%
水平面	93%	93%	93%	93%	93%	93%	93%	93%	93%	93%	93%	93%	93%	93%	93%	93%	93%	93%	93%

天津　　　　　　纬度 39°06′

	东	−80	−70	−60	−50	−40	−30	−20	−10	南	10	20	30	40	50	60	70	80	西
90	53%	56%	58%	61%	63%	65%	66%	67%	68%	68%	68%	67%	66%	65%	63%	61%	58%	56%	53%
80	59%	62%	65%	68%	71%	73%	75%	76%	77%	77%	77%	76%	75%	73%	71%	68%	65%	62%	59%
70	65%	68%	72%	75%	78%	80%	82%	84%	85%	85%	85%	84%	82%	80%	78%	75%	72%	68%	65%
60	71%	74%	78%	81%	84%	86%	88%	90%	91%	91%	91%	90%	88%	86%	84%	81%	78%	74%	71%
50	76%	80%	83%	86%	89%	91%	93%	95%	96%	96%	96%	95%	93%	91%	89%	86%	83%	80%	76%
40	81%	84%	87%	90%	93%	95%	97%	98%	99%	99%	99%	98%	97%	95%	93%	90%	87%	84%	81%
30	85%	88%	90%	93%	95%	97%	98%	99%	100%	100%	100%	99%	98%	97%	95%	93%	90%	88%	85%
20	89%	91%	92%	94%	95%	97%	98%	98%	99%	99%	99%	98%	98%	97%	95%	94%	92%	91%	89%
10	91%	92%	93%	94%	94%	95%	96%	96%	96%	96%	96%	96%	96%	95%	94%	94%	93%	92%	91%
水平面	92%	92%	92%	92%	92%	92%	92%	92%	92%	92%	92%	92%	92%	92%	92%	92%	92%	92%	92%

抚顺　　　　　　纬度 41°54′

	东	−80	−70	−60	−50	−40	−30	−20	−10	南	10	20	30	40	50	60	70	80	西
90	54%	57%	60%	63%	66%	68%	70%	72%	73%	73%	73%	72%	70%	68%	66%	63%	60%	57%	54%
80	59%	63%	67%	70%	73%	76%	78%	80%	81%	81%	81%	80%	78%	76%	73%	70%	67%	63%	59%
70	65%	69%	73%	76%	80%	83%	85%	87%	88%	88%	88%	87%	85%	83%	80%	76%	73%	69%	65%
60	70%	74%	78%	82%	85%	88%	91%	92%	94%	94%	94%	92%	91%	88%	85%	82%	78%	74%	70%
50	75%	79%	83%	86%	90%	92%	95%	96%	98%	98%	98%	96%	95%	92%	90%	86%	83%	79%	75%
40	80%	83%	86%	90%	92%	95%	97%	99%	100%	100%	100%	99%	97%	95%	92%	90%	86%	83%	80%
30	83%	86%	89%	92%	94%	96%	98%	99%	100%	100%	100%	99%	98%	96%	94%	92%	89%	86%	83%
20	86%	88%	90%	92%	94%	95%	97%	97%	98%	98%	98%	97%	97%	95%	94%	92%	90%	88%	86%
10	88%	89%	90%	91%	92%	93%	94%	94%	94%	94%	94%	94%	94%	93%	92%	91%	90%	89%	88%
水平面	89%	89%	89%	89%	89%	89%	89%	89%	89%	89%	89%	89%	89%	89%	89%	89%	89%	89%	89%

长春　　　　　　纬度 43°54′

	东	−80	−70	−60	−50	−40	−30	−20	−10	南	10	20	30	40	50	60	70	80	西
90	52%	56%	59%	63%	66%	69%	72%	74%	75%	75%	75%	74%	72%	69%	66%	63%	59%	56%	52%
80	57%	61%	66%	70%	73%	77%	80%	82%	83%	84%	83%	82%	80%	77%	73%	70%	66%	61%	57%
70	62%	67%	71%	76%	80%	83%	86%	89%	90%	90%	90%	89%	86%	83%	80%	76%	71%	67%	62%
60	67%	72%	77%	81%	85%	88%	91%	94%	95%	96%	95%	94%	91%	88%	85%	81%	77%	72%	67%
50	72%	76%	81%	85%	89%	92%	95%	97%	98%	99%	98%	97%	95%	92%	89%	85%	81%	76%	72%
40	76%	80%	84%	88%	91%	94%	97%	98%	100%	100%	100%	98%	97%	94%	91%	88%	84%	80%	76%
30	80%	83%	86%	89%	92%	95%	97%	98%	99%	99%	99%	98%	97%	95%	92%	89%	86%	83%	80%
20	83%	85%	87%	89%	91%	93%	95%	96%	96%	96%	96%	96%	95%	93%	91%	89%	87%	85%	83%
10	84%	86%	87%	88%	89%	90%	91%	91%	92%	92%	92%	91%	91%	90%	89%	88%	87%	86%	84%
水平面	85%	85%	85%	85%	85%	85%	85%	85%	85%	85%	85%	85%	85%	85%	85%	85%	85%	85%	85%

附录 B 代表城市气象参数及不同地区
太阳能保证率推荐值

B.0.1 太阳能供热采暖系统设计采用的气象参数可 按照表 B.0.1 选取。

表 B.0.1 代表城市气象参数

城市名称	纬度	H_{ha}	H_{La}	H_{ht}	H_{Lt}	T_a	S_y	T_d	T_h	S_d	资源区
格尔木	36°25′	19.238	21.785	11.016	20.91	5.5	8.7	−9.6	−3.1	7.6	Ⅰ
葛 尔	32°30′	19.013	21.717	12.827	20.741	0.4	10	−11.1	−9.1	8.6	Ⅰ
拉 萨	29°40′	19.843	22.022	15.725	25.025	8.2	8.6	−1.7	1.6	8.7	Ⅰ
阿勒泰	47°44′	14.943	18.157	4.822	11.03	4.5	8.5	−14.1	−7.9	4.4	Ⅱ
昌 都	31°09′	16.415	18.082	12.593	20.092	7.6	6.9	−2	0.5	7	Ⅱ
大 同	40°06′	15.202	17.346	7.977	14.647	7.2	7.6	−8.9	−4	5.6	Ⅱ
敦 煌	40°09′	17.48	19.922	8.747	15.879	9.5	9.2	−7	−2.8	6.9	Ⅱ
额济纳旗	41°57′	17.884	21.501	8.04	17.39	8.9	9.6	−9.1	−4.3	7.3	Ⅱ
二连浩特	43°39′	17.28	21.012	7.824	18.15	4.1	9.1	−16.2	−8	6.9	Ⅱ
哈 密	42°49′	17.229	20.238	7.748	16.222	10.1	9	−9	−4.1	6.4	Ⅱ
和 田	37°08′	15.707	17.032	9.206	14.512	12.5	7.3	−3.2	−0.6	5.9	Ⅱ
景 洪	21°52′	15.17	15.768	11.433	14.356	22.3	6	16.5	17.2	5.1	Ⅱ
喀 什	39°28′	15.522	16.911	7.529	11.957	11.9	7.7	−4.2	−1.3	5.3	Ⅱ
库 车	41°48′	15.77	17.639	7.779	14.272	11.3	7.7	−6.1	−2.7	5.7	Ⅱ
民 勤	38°38′	15.928	17.991	9.112	16.272	8.3	8.7	−7.9	−2.6	7.7	Ⅱ
那 曲	31°29′	15.423	17.013	13.626	21.486	−1.2	8	−13.2	−4.8	8	Ⅱ
奇 台	44°01′	14.927	17.489	4.99	10.15	5.2	8.5	−13.2	−9.2	4.9	Ⅱ
若 羌	39°02′	16.674	18.26	8.506	13.945	11.7	8.8	−6.2	−2.9	6.5	Ⅱ
三 亚	18°14′	16.627	16.956	13.08	15.36	25.8	7	22.1	22.1	6.2	Ⅱ
腾 冲	25°07′	14.96	16.148	14.352	19.416	15.1	5.8	9	8.9	8.1	Ⅱ
吐鲁番	42°56′	15.244	17.114	6.443	11.623	14.4	8.3	−7.2	−2.5	4.5	Ⅱ
西 宁	36°37′	15.636	17.336	10.105	16.816	6.5	7.6	−6.7	−3	6.7	Ⅱ
伊 宁	43°57′	15.125	17.733	5.774	12.225	9	8.1	−5.8	−2.8	4.9	Ⅱ
伊金霍洛旗	39°34′	15.438	17.973	8.839	16.991	6.3	8.7	−9.6	−6.2	7.1	Ⅱ
银 川	38°29′	16.507	18.465	9.095	15.941	8.9	8.3	−6.7	−2.1	6.8	Ⅱ
玉 树	33°01′	15.797	17.439	11.997	19.926	3.2	7.1	−7.2	−2.2	6.5	Ⅱ
北 京	39°48′	14.18	16.014	7.889	13.709	12.9	7.5	−2.7	0.1	6	Ⅲ
长 春	43°54′	13.663	16.127	6.112	13.116	5.8	7.4′	−12.8	−6.7	5.5	Ⅲ
慈 溪	30°16′	12.202	12.804	8.301	11.276	16.2	5.5	6.6	5.5	4.8	Ⅲ
峨眉山	29°31′	11.757	12.621	10.736	15.584	3.1	3.9	−3.5	−4.7	5.1	Ⅲ
福 州	26°05′	11.772	12.128	8.324	10.86	19.6	4.6	13.2	11.7	4.2	Ⅲ

城市名称	纬度	H_{ha}	H_{La}	H_{ht}	H_{Lt}	T_a	S_y	T_d	T_h	S_d	资源区
赣 州	25°51′	12.168	12.481	8.807	11.425	19.4	5	10.3	9.4	4.7	Ⅲ
哈尔滨	45°41′	12.923	15.394	5.162	10.522	4.2	7.3	−15.6	−8.5	4.7	Ⅲ
海 口	20°02′	12.912	13.018	8.937	10.792	24.1	5.9	19	18.5	4.4	Ⅲ
黑 河	50°15′	12.732	16.253	4.072	11.34	0.4	7.6	−20.9	−11.6	5.4	Ⅲ
侯 马	35°39′	13.791	14.816	8.262	13.649	12.9	6.7	−2.3	0.9	4.8	Ⅲ
济 南	36°41′	13.167	14.455	7.657	13.854	14.9	7.1	1.1	1.8	5.5	Ⅲ
佳木斯	46°49′	12.019	14.689	4.847	10.481	3.6	6.9	−15.5	−12.7	4.6	Ⅲ
昆 明	25°01′	14.633	15.551	11.884	15.736	15.1	6.2	8.2	8.7	6.7	Ⅲ
兰 州	36°03′	14.322	15.135	7.326	10.696	9.8	6.9	−5.5	−0.6	5.1	Ⅲ
蒙 自	23°23′	14.621	15.247	12.128	15.23	18.6	6.1	12.3	13	6.5	Ⅲ
漠 河	52°58′	12.935	17.147	3.258	10.361	−4.3	6.7	−28	−14.7	4	Ⅲ
南 昌	28°36′	11.792	12.158	8.027	10.609	17.5	5.2	7.8	6.7	4.7	Ⅲ
南 京	32°00′	12.156	12.898	8.163	12.047	15.4	5.6	4.4	3.4	5	Ⅲ
南 宁	22°49′	12.69	12.788	9.368	11.507	22.1	4.5	14.9	13.9	4.1	Ⅲ
汕 头	23°24′	12.921	13.293	10.959	14.131	21.5	5.6	15.5	14.4	5.7	Ⅲ
上 海	31°10′	12.3	12.904	8.047	11.437	16	5.5	6.2	4.8	4.7	Ⅲ
韶 关	24°48′	11.677	11.981	9.366	11.689	20.3	4.6	12.1	11.4	4.7	Ⅲ
沈 阳	41°46′	13.091	14.98	6.186	11.437	8.6	7	−8.5	−4.5	4.9	Ⅲ
太 原	37°47′	14.394	15.815	8.234	13.701	10	7.1	−4.9	−1.1	5.4	Ⅲ
天 津	39°06′	14.106	15.804	7.328	12.61	13	7.2	−1.6	−0.2	5.6	Ⅲ
威 宁	26°51′	12.793	13.492	9.214	12.293	10.4	5	3.4	3.1	5.4	Ⅲ
乌鲁木齐	43°47′	13.884	15.726	4.174	7.692	6.9	7.3	−9.3	−6.5	3.1	Ⅲ
西 安	34°18′	11.878	12.303	7.214	10.2	13.5	4.7	0.7	2.1	3.1	Ⅲ
烟 台	37°32′	13.428	14.792	5.96	9.752	12.6	7.6	1.5	2.3	5.2	Ⅲ
郑 州	34°43′	13.482	14.301	7.781	12.277	14.3	6.2	1.7	2.5	5	Ⅲ
长 沙	28°14′	10.882	11.061	6.811	8.712	17.1	4.5	6.7	5.8	3.7	Ⅳ
成 都	30°40′	9.402	9.305	5.419	6.302	16.1	3	7.3	6.8	1.7	Ⅳ
广 州	23°08′	11.216	11.513	10.528	13.355	22.2	4.6	15.3	14.5	5.5	Ⅳ
贵 阳	26°35′	9.548	9.654	5.514	6.421	15.4	3.3	7.4	6.4	2.1	Ⅳ
桂 林	25°20′	10.756	10.999	8.05	9.667	19	4.2	10.5	9.2	3.9	Ⅳ
杭 州	30°14′	11.117	11.621	7.303	10.425	16.5	5	6.8	5.6	4.6	Ⅳ
合 肥	31°52′	11.272	11.873	7.565	10.927	15.4	5.4	4.5	3.6	4.8	Ⅳ
乐 山	29°30′	9.448	9.372	4.253	4.702	17.2	3	8.7	8.2	1.5	Ⅳ
泸 州	28°53′	8.807	8.77	3.358	3.612	17.7	3.2	9.1	8.7	1.2	Ⅳ
绵 阳	31°28′	10.049	10.051	4.771	5.94	16.2	3.2	6.7	6.4	2	Ⅳ

城市名称	纬度	H_{ha}	H_{La}	H_{ht}	H_{Lt}	T_a	S_y	T_d	T_h	S_d	资源区
南　充	30°48′	9.946	9.939	4.069	4.558	17.3	3.2	8	7.6	0.9	Ⅳ
万　县	30°46′	9.653	9.655	4.015	4.583	18	3.6	9.1	8.2	1.1	Ⅳ
武　汉	30°37′	11.466	11.869	7.022	9.404	16.5	5.5	6	5.2	4.5	Ⅳ
宜　昌	30°42′	10.628	10.852	6.167	7.833	16.6	4.4	6.7	5.9	3.2	Ⅳ
重　庆	29°33′	8.669	8.552	3.21	3.531	18.3	3	9.3	8.9	0.9	Ⅳ
遵　义	27°41′	8.797	8.685	4.252	4.825	15.3	3	6.7	5.7	1.5	Ⅳ

注：H_{ha}：水平面年平均日辐照量，MJ/(m² · d)；

H_{La}：当地纬度倾角平面年平均日辐照量，MJ/(m² · d)；

H_{ht}：水平面 12 月的月平均日辐照量，MJ/(m² · d)；

H_{Lt}：当地纬度倾角平面 12 月的月平均日辐照量，MJ/(m² · d)；

T_a：年平均环境温度，℃；

T_d：12 月的月平均环境温度，℃；

T_h：计算采暖期平均环境温度，℃；

S_y：年平均每日的日照小时数，h；

S_d：12 月的月平均每日的日照小时数，h。

B.0.2 太阳能供热采暖系统在不同资源区内的太阳能保证率 f 可按表 B.0.2 的推荐范围选取。

**表 B.0.2　不同地区太阳能供热采暖系统的
太阳能保证率 f 的推荐选值范围**

资源区划	短期蓄热系统太阳能保证率	季节蓄热系统太阳能保证率
Ⅰ资源丰富区	≥50%	≥60%
Ⅱ资源较富区	30%~50%	40%~60%
Ⅲ资源一般区	10%~30%	20%~40%
Ⅳ资源贫乏区	5%~10%	10%~20%

附录 C　太阳能集热器平均集热效率计算方法

C.0.1 太阳能集热器的集热效率应根据选用产品的实际测试效率公式（C.0.1-1）或（C.0.1-2）进行计算。

$$\eta = \eta_0 - UT^* \qquad (C.0.1-1)$$

式中　η ——以 T^* 为参考的集热器热效率，%；

η_0 ——$T^*=0$ 时的集热器热效率，%；

U ——以 T^* 为参考的集热器总热损系数，W/(m² · K)；

T^* ——归一化温差，(m² · K)/W。

$$\eta = \eta_0 - a_1 T^* - a_2 G (T^*)^2 \qquad (C.0.1-2)$$

式中　a_1 ——以 T^* 为参考的常数；

a_2 ——以 T^* 为参考的常数；

G ——总太阳辐照度，W/m²。

$$T^* = (t_i - t_a)/G \qquad (C.0.1-3)$$

式中　t_i ——集热器工质进口温度，℃；

t_a ——环境温度，℃。

C.0.2 短期蓄热太阳能供热采暖系统计算太阳能集热器集热效率时，归一化温差计算的参数选择应符合下列原则：

1 直接系统的 t_i 取供暖系统的回水温度，间接系统的 t_i 等于供暖系统的回水温度加换热器的换热温差。

2 t_a 取当地 12 月的月平均室外环境空气温度。

3 总太阳辐照度 G 应按下式计算。

$$G = H_d/(3.6 S_d) \qquad (C.0.2)$$

式中　H_d ——当地 12 月集热器采光面上的太阳总辐射月平均日辐照量，kJ/(m² · d)；

S_d ——当地 12 月的月平均每日的日照小时数，h。

C.0.3 季节蓄热太阳能供热采暖系统计算太阳能集热器集热效率时，归一化温差计算的参数选择应符合下列原则：

1 直接系统的 t_i 取供暖系统的回水温度，间接系统的 t_i 等于供暖系统的回水温度加换热器的换热温差。

2 t_a 取当地的年平均室外环境空气温度。

3 总太阳辐照度 G 应按下式计算。

$$G = H_y/(3.6 S_y) \qquad (C.0.3)$$

式中　H_y ——当地集热器采光面上的太阳总辐射年平均日辐照量，kJ/(m² · d)；

S_y ——当地的年平均每日的日照小时数，h。

附录 D 太阳能集热系统管路、水箱热损失率计算方法

D.0.1 管路、水箱热损失率 η_L 可按经验取值估算，η_L 的推荐取值范围为：

短期蓄热太阳能供热采暖系统：10%～20%

季节蓄热太阳能供热采暖系统：10%～15%

D.0.2 需要准确计算时，可按 D.0.3～D.0.5 条给出的公式迭代计算。

D.0.3 太阳能集热系统管路单位表面积的热损失可按下式计算：

$$q_l = \frac{(t - t_a)}{\frac{D_0}{2\lambda}\ln\frac{D_0}{D_i} + \frac{1}{a_0}} \qquad (D.0.3)$$

式中 q_l ——管路单位表面积的热损失，W/m²；

D_i ——管道保温层内径，m；

D_0 ——管道保温层外径，m；

t_a ——保温结构周围环境的空气温度，℃；

t ——设备及管道外壁温度，金属管道及设备通常可取介质温度，℃；

a_0 ——表面放热系数，W/(m²·℃)；

λ ——保温材料的导热系数，W/(m·℃)。

D.0.4 贮水箱单位表面积的热损失可按下式计算：

$$q = \frac{(t - t_a)}{\frac{\delta}{\lambda} + \frac{1}{a}} \qquad (D.0.4-1)$$

式中 q ——贮水箱单位表面积的热损失，W/m²；

δ ——保温层厚度，m；

λ ——保温材料导热系数，W/(m·℃)；

a ——表面放热系数，W/(m²·℃)。

对于圆形水箱保温：

$$\delta = \frac{D_0 - D_i}{2} \qquad (D.0.4-2)$$

D.0.5 管路及贮水箱热损失率 η_L 可按下式计算：

$$\eta_L = (q_1 A_1 + q A_2)/(G A_C \eta_{cd}) \qquad (D.0.5)$$

式中 A_1 ——管路表面积，m²；

A_2 ——贮水箱表面积，m²；

A_C ——系统集热器总面积；

G ——集热器采光面上的总太阳辐照度，W/m²；

η_{cd} ——基于总面积的集热器平均集热效率，%，按附录 C 方法计算。

附录 E 间接系统热交换器换热面积计算方法

E.0.1 间接系统热交换器换热面积可按下式计算：

$$A_{hx} = (1 - \eta_L)Q_{hx}/(\varepsilon \times U_{hx} \times \Delta t_j) \quad (E.0.1)$$

式中 A_{hx} ——间接系统热交换器换热面积，m²；

η_L ——贮热水箱到热交换器的管路热损失率，一般可取 0.02～0.05；

Q_{hx} ——热交换器换热量，kW；

ε ——结垢影响系数，0.6～0.8；

U_{hx} ——热交换器传热系数，按热交换器技术参数确定；

Δt_j ——传热温差，宜取 5～10℃，集热器热性能好，温差取高值，否则取低值。

E.0.2 热交换器换热量可按下式计算：

$$Q_{hx} = (k \times f \times Q)/(3600 \times S_y) \quad (E.0.2)$$

式中 Q_{hx} ——热交换器换热量，kW；

k ——太阳辐照度时变系数，取 1.5～1.8，取高限对太阳能利用有利，但会增加造价；

f ——太阳能保证率，%，按附录 B 选取；

Q ——太阳能供热采暖系统负担的采暖季平均日供热量，kJ；

S_y ——当地的年平均每日的日照小时数，h。

E.0.3 太阳能供热采暖系统负担的采暖季平均日供热量可按下式计算：

$$Q = Q_H \times 86400 \qquad (E.0.3)$$

式中 Q ——太阳能供热采暖系统负担的采暖季平均日供热量，kJ；

Q_H ——建筑物耗热量，kW。

附录 F 太阳能供热采暖系统效益评估计算公式

F.0.1 太阳能供热采暖系统的年节能量可按下式计算：

$$\Delta Q_{save} = A_c \cdot J_T \cdot (1 - \eta_c) \cdot \eta_{cd} \quad (F.0.1)$$

式中 ΔQ_{save} ——太阳能供热采暖系统的年节能量，MJ；

A_c ——系统的太阳能集热器面积，m²；

J_T ——太阳能集热器采光表面上的年总太阳辐照量，MJ/m²；

η_{cd} ——太阳能集热器的年平均集热效率，%；

η_c ——管路、水泵、水箱和季节蓄热装置的热损失率。

F.0.2 太阳能供热采暖系统寿命期内的总节能费可按下式计算：

$$SAV = PI(\Delta Q_{save} \cdot C_c - A \cdot DJ) - A \tag{F.0.2}$$

式中 SAV ——系统寿命期内的总节能费用，元；

PI ——折现系数；

C_c ——系统评估当年的常规能源热价，元/MJ；

A ——太阳能热水系统总增投资，元；

DJ ——每年用于与太阳能供热采暖系统有关的维修费用，包括太阳集热器维护，集热系统管道维护和保温等费用占总增投资的百分率；一般取 1%。

F.0.3 折现系数 PI 可按下式计算：

$$PI = \frac{1}{d-e}\left[1-\left(\frac{1+e}{1+d}\right)^n\right] \quad d \neq e$$

(F.0.3-1)

$$PI = \frac{n}{1+d} \quad d = e$$

(F.0.3-2)

式中 d ——年市场折现率，可取银行贷款利率；

e ——年燃料价格上涨率；

n ——分析节省费用的年限，从系统开始运行算起，取集热系统寿命（一般为 10~15 年）。

F.0.4 系统评估当年的常规能源热价 C_c 可按下式计算：

$$C_c = C'_c / (q \cdot Eff)$$

(F.0.4)

式中 C'_c ——系统评估当年的常规能源价格，元/kg；

q ——常规能源的热值，MJ/kg；

Eff ——常规能源水加热装置的效率，%。

F.0.5 太阳能供热采暖系统的费效比可按下式计算：

$$B = A / (\Delta Q_{save} \cdot n)$$

(F.0.5)

式中 B ——系统费效比，元/kWh。

F.0.6 太阳能供热采暖系统的二氧化碳减排量可按下式计算：

$$Q_{co_2} = \frac{\Delta Q_{save} \times n}{W \times Eff} \times F_{co_2}$$

(F.0.6)

式中 Q_{co_2} ——系统寿命期内二氧化碳减排量，kg；

W ——标准煤热值，29.308MJ/kg；

F_{co_2} ——二氧化碳排放因子，按表 F.0.6 取值。

表 F.0.6 二氧化碳排放因子

辅助常规能源		煤	石油	天然气	电
二氧化碳排放因子	kg CO₂/kg 标准煤	2.662	1.991	1.481	3.175

附录 G 常用相变材料特性

表 G 常用相变材料特性

相变材料	分子式	熔点(℃)	熔化潜热(kJ/kg)	固态密度(kg/m³)	比热容(kJ/kg℃) 固态	比热容(kJ/kg℃) 液态
6 水氯化钙	CaCl₂·6H₂O	29.4	170	1630	1340	2310
12 水磷酸二钠	Na₂HPO₄·12H₂O	36	280	1520	1690	1940

续表 G

相变材料	分子式	熔点(℃)	熔化潜热(kJ/kg)	固态密度(kg/m³)	比热容(kJ/kg℃) 固态	比热容(kJ/kg℃) 液态
N-(碳)烷	CₙH₂ₙ₂	36.7	247	856	2210	2010
聚乙烯乙二醇	HO(CH₂CH₂O)ₙH	20~25	146	1100	2260	—
10 水硫酸钠	Na₂SO₄·10H₂O	32.4	253	1460	1920	3260
5 水硫代硫酸钠	Na₂S₂O₃·5H₂O	49	200	1690	1450	2389
硬脂酸	C₁₈H₃₆O₂	69.4	199	847	1670	2300

本规范用词说明

1 为便于在执行本规范条文时区别对待，对要求严格程度不同的用词说明如下：

  1) 表示很严格，非这样做不可的：

  正面词采用"必须"，反面词采用"严禁"；

  2) 表示严格，在正常情况下均应这样做的：

  正面词采用"应"，反面词采用"不应"或"不得"；

  3) 表示允许稍有选择，在条件许可时首先应这样做的：

  正面词采用"宜"，反面词采用"不宜"；

  表示有选择，在一定条件下可以这样做的，采用"可"。

2 条文中指明应按其他有关标准执行的写法为："应符合……的规定（或要求）"或"应按……执行"。

引用标准名录

1 《生活饮用水卫生标准》GB 5749

2 《设备及管道绝热设计导则》GB/T 8175

3 《建筑给水排水设计规范》GB 50015

4 《采暖通风与空气调节设计规范》GB 50019

5 《锅炉房设计规范》GB 50041

6 《电气装置安装工程电缆线路施工及验收规范》GB 50168

7 《电气装置安装工程接地装置施工及验收规范》GB 50169

8 《工业设备及管道绝热工程质量检验评定标准》GB 50185

9 《公共建筑节能设计标准》GB 50189

10 《屋面工程质量验收规范》GB 50207

11 《建筑给水排水及采暖工程施工质量验收规范》GB 50242

12 《通风与空调工程施工质量验收规范》GB 50243

13 《建筑电气工程施工质量验收规范》GB 50303

14 《民用建筑太阳能热水系统应用技术规范》GB 50364

15 《平板型太阳能集热器》GB/T 6424

16 《真空管型太阳能集热器》GB/T 17581

17 《严寒和寒冷地区居住建筑节能设计标准》JGJ 26

18 《夏热冬冷地区居住建筑节能设计标准》JGJ 134

19 《地面辐射供暖技术规程》JGJ 142

中华人民共和国国家标准

太阳能供热采暖工程技术规范

GB 50495—2009

条 文 说 明

制 订 说 明

《太阳能供热采暖工程技术规范》GB 50495－2009 经住房和城乡建设部 2009 年 3 月 19 日以第 262 号公告批准、发布。

为便于广大设计、施工、科研、学校等单位有关人员在使用本规范时能正确理解和执行条文的规定，《太阳能供热采暖工程技术规范》编制组按章、节、条顺序编制了本规范的条文说明，供使用者参考。在使用中如发现本条文说明有不妥之处，请将意见函寄中国建筑科学研究院（地址：北京北三环东路 30 号；邮编 100013）。

目　次

1 总　则

1.0.1 本条说明了制定本规范的宗旨。随着我国国民经济的持续发展，城乡人民居住条件的改善和生活水平的不断提高，建筑能耗快速增长，建筑用能占全社会能源消费量的比例已接近30%，从而加剧了能源供应的紧张形势。在建筑能耗中，供热采暖用能约占45%，是建筑节能的重点领域。为降低建筑能耗，既要节约，又要开源，所以，应努力增加可再生能源在建筑中的应用范围。

太阳能是永不枯竭的清洁能源，是人类可以长期依赖的重要能源之一，利用太阳热能为建筑物供热采暖可以获得非常良好的节能和环境效益，长期以来，一直受到世界各国的普遍重视。近十余年来，欧洲、北美发达国家的太阳能供热采暖规模化利用技术快速发展，建成了大批利用太阳能的区域供热采暖工程，并编写出版了相应的技术指南和设计手册；我国的太阳能供热采暖技术近几年来也成为可再生能源建筑应用的热点，各地陆续建成一批试点示范工程，并已形成进一步推广应用的发展趋势。

国内目前完成的太阳能供热采暖工程，基本上是依据太阳能企业过去做太阳能热水系统的经验，系统设计的科学性、合理性较差，更做不到优化设计，使系统建成后不能发挥应有的效益；太阳能供热采暖系统需要的太阳能集热器面积较多，与建筑围护结构结合安装时，既要保证尽可能多地接收太阳光照，又要保证其安全性；这些问题都需要通过技术规范加以解决。因此，为了规范太阳能供热采暖工程的设计、施工和验收，确保太阳能采暖系统安全可靠运行并更好地发挥节能效益，特制定本规范。

本规范侧重于为实现太阳能供热采暖而设置的太阳能集热、蓄热系统部分的规定，对建筑物内系统仅作简要规定。

1.0.2 本条规定了本规范的适用范围。太阳能供热采暖的工程应用并不只限于城市，也适用于乡镇、农村的民用建筑；工厂车间等工业建筑一般具有较大的屋顶面积，要求的供暖室温低，同样适合太阳能供热采暖，并具有良好的节能效益。因此，对凡使用太阳能供热采暖系统的民用和部分工业建筑物，无论新建、扩建、改建或既有建筑，无论位于城市、乡镇还是农村，本规范均适用。规范中涉及系统设计方面的内容，针对新建、扩建、改建和既有建筑同等有效；但对系统设置安装、工程施工的要求规定，针对新建和既有建筑扩建、改建有所不同。

1.0.3 目前我国太阳能热水器的安装使用总量居世界第一，但大多作为建筑的后置部件在房屋建成后才购买安装，由此造成了对建筑安全和城市景观的不利影响，为解决这一问题，国家建设行政主管部门提出

了太阳能热水器与建筑结合的发展方向，并在已发布实施的国家标准《民用建筑太阳能热水系统应用技术规范》GB 50364 中对系统与建筑结合作出了规定。与太阳能热水系统相比，太阳能供热采暖系统的集热器面积更大，技术的综合性更强，因此，更需要严格纳入工程建设的规定程序，按照工程建设的要求，统一规划、设计、施工、验收和投入使用。

1.0.4 由于建筑物的供暖负荷远大于热水负荷，为满足建筑物的供暖需求，太阳能供热采暖系统的集热器面积较大，如果在设计时没有考虑全年综合利用，就会导致非采暖季产生的热水无法使用，从而浪费投资、浪费资源，以及因系统过热而产生安全隐患；所以，必须强调太阳能供热采暖系统的全年综合利用。可采用的措施有：适当降低系统的太阳能保证率，合理匹配供暖和供热水的建筑面积（同一系统供热水的建筑面积应大于供暖的建筑面积），以及用于夏季的空调制冷等。

1.0.5 本条为强制性条文，目的是确保建筑物的结构安全。由于既有建筑建成的年代参差不齐，有的建筑已使用多年，过去我国在抗震设计等结构安全方面的要求也比较低，而太阳能供热采暖系统的太阳能集热器需要安装在建筑物的外围护结构表面上，如屋面、阳台或墙面等，从而加重了安装部位的结构承载负荷量，如果不进行结构安全复核计算，就会对建筑结构的安全性带来隐患；特别是太阳能供热采暖系统中的太阳能集热器面积较大，对结构安全影响的矛盾更加突出。

结构复核可以由原建筑设计单位或其他有资质的建筑设计单位根据原施工图、竣工图、计算书进行，或经法定检测机构检测，确认不会影响结构安全后，才能够实施增设或改造太阳能供热采暖系统，否则，不能进行增设或改造。

1.0.6 鉴于目前我国节能减排工作的严峻形势，各级建设行政主管部门已严格要求新建、改建和扩建建筑物执行建筑节能设计标准，所以，设置了太阳能供热采暖系统的建筑物，必须首先满足节能设计标准的规定。在此基础上，有条件的工程项目应适当提高标准，特别是要提高围护结构的保温性能；太阳能的特点是在单位面积上的能量密度较低，要降低太阳能供热采暖系统的增投资，提高系统的太阳能保证率，首先就必须从改善围护结构的保温措施着手，只有大幅度降低建筑物的采暖耗热量，才能有效降低系统的初投资；所以，提高对设置太阳能供热采暖系统新建、改建和扩建供暖建筑物的节能设计要求，能够更好发挥太阳能供热采暖系统的节能效益，有利于太阳能供热采暖技术的推广应用，同时也可以为今后进一步提高建筑节能设计标准的规定指标积累经验。

我国过去建成的大量建筑物都不符合建筑节能设计标准的要求，随着建筑节能水平的进一步发展和提

高，将开展对既有建筑进行大规模的节能改造，包括增加对围护结构的保温措施等；因此，对设置太阳能供热采暖系统的既有建筑进行围护结构热工性能复核，增加相应节能措施，既符合形势要求，又是保证太阳能供热采暖系统节能效益的必要措施。如果设置太阳能供热采暖系统的既有建筑，不符合相关的建筑节能标准要求时，宜按照所在气候区国家、行业和地方建筑节能设计标准和实施细则的要求采取相应措施，否则，建筑物的采暖耗热量过大，将造成太阳能供热采暖系统完全不能发挥应有的节能作用。

1.0.7 太阳能供热采暖工程应用是建筑和太阳能应用领域多项技术的综合利用，在建筑领域，涉及建筑、结构、暖通空调、给排水等多个专业，本规范只能针对太阳能供热采暖工程本身具有的特点进行规定和要求，不可能把所有相关的专业技术规定都涉及，所以，与太阳能供热采暖工程应用相关的其他标准都应遵守执行，尤其是强制性条文。

2 术 语

2.0.2 本条术语所说的短期，一般指贮热周期不超过15天的蓄热系统。根据我国大部分采暖地区的气候特点，冬季连阴、雨、雪天的时段均在一周以内，因此，短期蓄热太阳能供热采暖系统通常具有一周的贮热设备容量；条件许可时，也可根据当地气象条件、特点适当加大贮热设备容量，延长蓄热时间。

2.0.18 该参数在国外文献资料中称之为太阳能热价（Solarcost），是评价系统经济性的重要参数；为能够更直观地反映其实际含义，通俗易懂，将其中文名称定为系统费效比，该定义名称已在评价国内实施的示范工程时使用。其中的常规能源是指具体工程项目的辅助能源加热设备所使用的能源种类（天然气、标准煤或电）。

2.0.19 该条术语由行业标准《严寒和寒冷地区居住建筑节能设计标准》JGJ 26 中"建筑物耗热量指标"的术语定义改写。在本标准中特别提出该条术语定义，是为更清楚地说明由太阳能集热系统负担的采暖负荷量。

2.0.20 该条术语参照国家标准《采暖通风与空气调节术语标准》GB 50155 中"热负荷"和行业标准《严寒和寒冷地区居住建筑节能设计标准》JGJ 26 中"建筑物耗热量指标"的术语定义改写。在本标准中特别提出该条术语定义，是为更清楚地说明由其他能源加热/换热设备负担的采暖负荷量。

2.0.21 太阳能集热器总面积 A_G 的计算公式如下：

$$A_G = L_1 \times W_1$$

式中 L_1——最大长度（不包括固定支架和连接管道）；

      W_1——最大宽度（不包括固定支架和连接管道）。

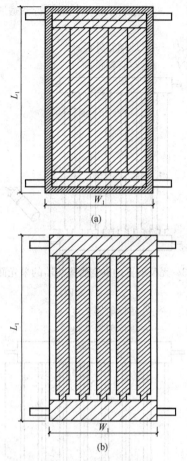

图 1 集热器总面积
(a) 平板型集热器；(b) 真空管集热器

2.0.22 各种类型的太阳能集热器采光面积 A_a 的计算如下：

$$A_a = L_2 \times W_2$$

式中 L_2——采光口的长度；

      W_2——采光口的宽度。

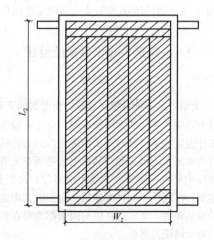

图 2 平板型集热器的采光面积

$$A_a = L_2 \times d \times N$$

式中　L_2——真空管未被遮挡的平行和透明部分的
　　　　　长度；

　　　d——罩玻璃管外径；

　　　N——真空管数量。

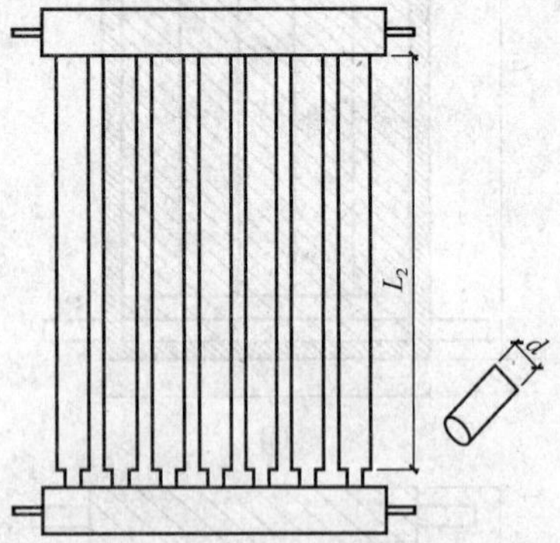

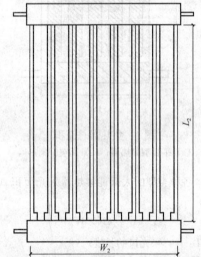

图3　无反射器的真空管集热器的采光面积

$$A_a = L_2 \times W_2$$

式中　L_2——外露反射器长度；

　　　W_2——外露反射器宽度。

图4　有反射器的真空管集热器的采光面积

3　太阳能供热采暖系统设计

3.1　一般规定

3.1.1　太阳能是一种不稳定热源，会受到阴天和雨、雪天气的影响。当地的太阳能资源、室外环境气温和系统工作温度等条件会对太阳能集热器的运行效率有影响；选用的系统形式和产品档次会受到由业主要求和投资规模的影响；建筑物的类型（多层、高层住宅，公共建筑，车间等不同种类建筑）会影响太阳能集热系统的安装条件；所有这些影响因素都需要在进行系统设计选型时统筹考虑。

　　选择的系统类型应与当地的太阳能资源和气候条件、建筑物类型和投资规模相适应，在保证系统使用

功能的前提下，使系统的性价比最优。

3.1.2　由于太阳能供热采暖系统中的太阳能集热器是安装在建筑物的外围护结构表面上，会给系统投入使用后的运行管理维护和部件更换带来一定难度；太阳能集热器的规格、尺寸须和建筑模数相匹配，做到与建筑结合，其施工安装也与常规系统有所不同；在既有建筑上安装太阳能集热系统，不能破坏原有的房屋功能，如屋面防水等，以及如何保证施工维修人员的安全等问题；如果在设计时没有予以充分重视，不但带来了安全隐患、破坏建筑立面美观等系列问题，还会影响系统不能发挥应有的作用和效益。

　　目前国内已发布实施了与太阳能供热采暖技术相关的各类国家建筑标准设计图集，进行系统设计时，可以直接引用和参照执行。

3.1.3　本条为强制性条文，目的是确保太阳能供热采暖系统投入实际运行使用后的安全性。大部分使用太阳能供热采暖系统的地区，冬季最低温度低于0℃，安装在室外的集热系统可能发生冻结，使系统不能运行甚至破坏管路、部件；即使考虑了系统的全年综合利用，也有可能因其他偶发因素，如住户外出度长假等造成用热负荷量大幅度减少，从而发生系统的过热现象。过热现象分为水箱过热和集热系统过热两种：水箱过热是当用户负荷突然减少，例如长期无人用水时，贮热水箱中热水温度会过高，甚至沸腾而有烫伤危险，产生的蒸汽会堵塞管道或将水箱和管道挤裂；集热系统过热是系统循环泵发生故障、关闭或停电时导致集热系统中的温度过高，而对集热器和管路系统造成损坏，例如集热系统中防冻液的温度高于115℃后具有强烈腐蚀性，对系统部件会造成损坏等。因此，在太阳能集热系统中应设置防过热安全防护措施和防冻措施。强风、冰雹、雷击、地震等恶劣自然条件也可能对室外安装的太阳能集热系统造成破坏；如果用电作为辅助热源，还会有电气安全问题；所有这些可能危及人身安全的因素，都必须在设计之初就认真对待，设置相应的技术措施加以防范。

3.1.4　太阳能是间歇性能源，在系统中设置其他能源辅助加热/换热设备，其目的是既要保证太阳能供热采暖系统稳定可靠运行，又要降低系统的规模和投资，否则将造成集热和蓄热设备、设施过大，初投资过高，在经济性上是不合理的。

　　辅助热源应根据当地条件，选择城市热网、电、燃气、燃油、工业余热或生物质燃料等。加热/换热设备选择各类锅炉、换热器和热泵等，做到因地制宜、经济适用。对选用辅助热源的种类没有限制，但应和当地使用的实际能源种类相匹配，特别是要与设置太阳能供热采暖系统建筑物用于其他用途的常规能源类型和设备相匹配或相一致，比如配有管道燃气供应的建筑物，其太阳能供热采暖系统的辅助热源就不应再使用电。应特别重视城市中工业余热的利用，以

及乡镇、农村中的生物质燃料应用。

3.1.5 为保证太阳能供热采暖系统能够安全、稳定、高效地工作运行，并维持一定的使用寿命，必须保证系统中所采用设备和产品的性能质量。太阳能集热器是太阳能供热采暖系统中的关键设备，其性能、质量直接影响着系统的效益；我国目前有两大类太阳能集热器产品——平板型太阳能集热器和真空管型太阳能集热器，已发布实施的两个国家标准：《平板型太阳能集热器》GB/T 6424 和《真空管型太阳能集热器》GB/T 17581，分别对其产品性能质量作出了合格性指标规定；其中对热性能的要求，凡是合格产品，在我国大部分采暖地区环境资源条件和冬季供暖运行工况时的集热效率可以达到 40% 左右，从而保证系统能够获得较好的预期效益，标准对太阳能集热器产品的安全性等重要指标也有合格限的规定；因此，要求在太阳能供热采暖系统中必须使用合格产品。

太阳能集热器的性能质量是由具有相应资质的国家级产品质量监督检验中心检测得出，在进行系统设计时，应根据供货企业提供的太阳能集热器全性能检测报告，作为评价产品是否合格的依据。

太阳能集热器安装在建筑的外围护结构上，进行维修更换比较麻烦，正常使用寿命不能太低，目前我国较好企业生产的产品，已经有使用 10 年仍正常工作的实例，因此，规定产品的正常使用寿命不应少于 10 年。

3.1.6 我国正在加快推进供暖热计量和供暖收费改革，太阳能供热采暖作为一项节能新技术进入供暖市场，更应积极响应国家政策要求，所以，凡是有条件的工程，宜在系统中设计安装用于系统能耗监测的计量装置。

3.1.7 太阳能供热采暖系统最显著的特点是能够充分利用太阳能，替代常规能源，从而节约供热采暖系统的能耗，减轻环境污染。因此，在系统设计完成后，进行系统节能、环保效益预评估非常重要，预评估结果是系统方案选择和开发投资的重要依据，当业主或开发商对评估结果不满意时，可以调整设计方案、参数，进行重新设计，所以，效益预评估是不可缺少的设计程序。

3.2 供热采暖系统选型

3.2.1 本条规定了构成太阳能供热采暖系统的分系统和关键设备。其中，太阳能集热系统由太阳能集热器、循环管路、泵或风机等动力设备和相关附件组成；蓄热系统主要包括贮热水箱、蓄热水池或卵石蓄热堆等蓄热装置和管路、附件；末端供热采暖系统主要包括热媒配送管网、散热器等设备和附件；其他能源辅助加热/换热设备是指使用电、燃气等常规能源的锅炉和换热器等设备。

3.2.2 虽然在太阳能供热采暖系统中可以使用的太

阳能集热器种类很多，但按集热器的工作介质划分，均可归到空气和液体工质两大类中，这两大类集热器在太阳能供热采暖系统中所使用的末端供热采暖系统类型、蓄热方式和主要设计参数等有较大差别，适用的场合也有所不同，在进行太阳能供热采暖系统选型时，需要根据使用要求和具体条件选用适宜类型的太阳能集热器。当然，工作介质相同的太阳能集热器，其材质、结构、构造和规格、尺寸等参数不同时，其性能参数也会有所不同，但不同点只是在参数的量值上有差别，不会影响到供热采暖系统的选型，因此，按选用的太阳能集热器种类划分系统类型时，将现有的各类太阳能集热器归于空气和液体工质两大类型。

3.2.3 太阳能集热系统的运行方式和系统安装使用地点的气候、水质等条件以及系统的初投资等经济因素密切相关，由于太阳能供热采暖系统的功能是兼有供暖和供热水，所以通常采用的运行方式是间接式太阳能集热系统；但我国是发展中国家，为降低系统造价，在气候相对温暖和软水质的地区，也可以采用直接式太阳能集热系统。

3.2.4 太阳能供热采暖系统与常规供热采暖系统的主要不同点是使用的热源不同，太阳能供热采暖系统的热源部分是收集利用太阳能的太阳能集热系统，常规供热采暖系统的热源是使用煤、天然气等常规能源的锅炉、换热器等设备；两种系统使用的末端采暖系统并无不同，目前常规供热采暖系统使用的末端采暖系统都能在太阳能供热采暖系统中使用，所以，在按末端采暖系统分类时，这些常规末端采暖系统均包括在内。但从提高系统运行效率、性能和适用合理性的角度分析，太阳能集热系统与末端采暖系统的配比组合对系统的工作性能、质量有较大影响，应在系统选型时予以充分重视。

由于目前市场上的液体工质太阳能集热器多是低温热水地板辐射为供生活热水而设计生产，冬季的工作温度较低——一般在 40℃ 左右，所以现阶段最适宜的末端采暖系统是低温热水地板辐射采暖系统；但随着高效太阳能集热器新产品的开发和工作温度的不断提高，今后与其他类型的末端采暖系统相匹配也是适宜的。

3.2.5 太阳能的不稳定性决定了太阳能供热采暖系统必须设置相应的蓄热装置，具有一定的蓄热能力，从而保证系统稳定运行，并提高系统节能效益；虽然目前国内基本上是应用短期蓄热系统，但国外已有大量的季节蓄热太阳能供热采暖系统工程实践，和十多年的工程应用经验，技术成熟，太阳能可替代的常规能源量更大，可以作为我们的借鉴。因此，将短期蓄热和季节蓄热两种太阳能供热采暖系统都包括在本规范中。

应根据系统的投资规模和工程应用地区的气候特点选择蓄热系统，一般来说，气候干燥，阴、雨、雪天较少和冬季气温较高地区可用短期蓄热系统，选择蓄热能力较低和蓄热周期较短的蓄热设备；而冬季寒冷、夏季凉爽、不需设空调系统的地区，更适宜选择季节蓄热太阳能供热采暖系统，以利于系统全年的综合利用。

3.2.6 按不同分类方式划分的太阳能供热采暖系统，对应于不同的建筑气候分区和不同的建筑物类型使用时，其适用性是不同的，需在系统选型时综合考虑。设计太阳能供热采暖系统的主要目的是供暖，建筑物的使用功能——公共建筑、居住建筑或车间等，对系统选型的影响不大，而建筑物的层数对系统选型的影响相对较高，因此，表3.2.6中的建筑物类型是按低层、多层和高层来进行划分。

空气集热器太阳能供热采暖系统主要用于建筑物内需要局部热风采暖的部位，有庞大的风管、风机等系统设备，占据较大空间，而且，目前空气集热器的热性能相对较差，为减少热损失，提高系统效益，空气集热器离送热风点的距离不能太远，所以，空气集热器太阳能供热采暖系统不适宜用于多层和高层建筑。

太阳能集热器的工作温度越低，室外环境温度越高，其热效率越高，严寒地区冬季的室外温度较低，对集热器的实际工作热效率有较大影响，为提高系统效益，应使用低温热水地板辐射采暖末端供暖系统，如因供水温度低，出现地板可铺面积不够的情况，可将地板辐射扩展为顶棚辐射、墙面辐射等，以保证室内的设计温度；寒冷地区冬季的室外温度稍高，但对集热器的工作效率还是有影响，所以仍应采用低温供水采暖，选用地板辐射采暖末端供暖系统或散热器均可，但应适当加大散热器面积以满足室温设计要求；而在夏热冬冷和温和地区，冬季的室外环境温度较高，对集热器的实际工作热效率影响不大，可以选用工作温度稍高的末端供暖系统，如散热器等，以降低投资；在夏热冬冷地区，夏季普遍有空调需求，系统的全年综合利用可以冬季供暖、夏季空调，冬夏季使用相同的水—空气处理设备，从而降低造价，提高系统的经济性。夏热冬冷和温和地区的供暖需求不高，供暖负荷较小，短期蓄热即可满足要求；夏热冬冷地区的系统全年综合利用可以用夏季空调来解决，所以，在这两个气候区，不需要设置投资较高的季节蓄热系统。

3.2.7 液体工质集热器太阳能供暖系统的热媒是水，与热水辐射采暖、空气调节系统采暖和散热器采暖的热媒相同，所以，可用于现行国家标准《采暖通风与空气调节设计规范》GB 50019中规定采用这些采暖方式的各类建筑。空气集热器太阳能供暖系统的热媒是空气，可以直接供给建筑物内需热风采暖的区域。

3.3 供热采暖系统负荷计算

3.3.1 由于太阳能供热采暖系统要做到全年综合利用，系统负担的负荷有两类：采暖热负荷和生活热水负荷；规定用两者中较大的负荷作为最后确定的系统负荷，是为保证系统的运行效果。太阳能是不稳定热源，所以系统负荷是由太阳能集热系统和其他能源辅助加热/换热设备共同负担，而两者负担的负荷量是不同的；因此，在后面条文中分别规定了不同类型负荷的计算原则，给出了计算公式。

3.3.2 规定了由太阳能集热系统负担的采暖热负荷是在采暖期室外平均气温条件下的建筑物耗热量。即：太阳能集热系统所负担的只是建筑物在采暖期的平均采暖负荷，而不是建筑物的最大采暖负荷。这样做的好处是降低系统投资，提高系统效益；否则会造成系统的集热器面积过大，增加系统过热隐患，降低系统费效比。

1 本款公式由行业标准《严寒和寒冷地区居住建筑节能设计标准》JGJ 26中给出的建筑物耗热量指标公式改写，将耗热量指标公式中的各项乘以建筑面积即为本款公式。建筑物内部得热量的选取，针对居住建筑和公共建筑有所区别，居住建筑可按《严寒和寒冷地区居住建筑节能设计标准》JGJ 26的规定选值，公共建筑则按照建筑物的功能具体计算确定。

2 在使用本款公式进行围护结构传热耗热量计算时，室内空气计算温度按现行国家标准《采暖通风与空气调节设计规范》GB 50019规定的低限取值。例如，民用建筑的主要房间，可选 16～18℃（规范规定范围为16～24℃）；采暖期室外平均温度和围护结构传热系数的修正系数 ε 按《严寒和寒冷地区居住建筑节能设计标准》JGJ 26、《夏热冬冷地区居住建筑节能设计标准》JGJ 134和本规范附录B选取。

3 在使用本款公式进行空气渗透耗热量计算时，换气次数的选取，针对居住建筑和公共建筑有所区别，居住建筑可按《严寒和寒冷地区居住建筑节能设计标准》JGJ 26的规定选值，公共建筑则按照建筑物的功能具体计算确定。

3.3.3 在不利的阴、雨、雪天气条件下，太阳能集热系统完全不能工作，这时，建筑物的全部采暖负荷都需依靠其他能源加热/换热设备供给，所以，其他能源加热/换热设备的供热能力和供热量应能满足建筑物的全部采暖热负荷。

1 本款规定了由其他能源加热/换热设备负担的采暖热负荷应按现行国家标准《采暖通风与空气调节设计规范》GB 50019规定的采暖热负荷计算方法和公式得出。即：这部分的负荷计算与进行常规采暖系统设计时的原则、方法完全相同。

2 在现行国家标准《采暖通风与空气调节设计规范》GB 50019规定可不设置集中采暖的地区或建筑，例如在夏热冬冷、温和地区的居住建筑，目前当地居民对冬季室内环境温度的要求普遍不高，一般居室温度达到14～16℃就已足够满意，并不一定要求达到规范要求的 16～24℃，对这些地区或建筑，就可以根据当地的实际情况，适当降低室内空气设计计算温度，从而减小常规能源加热/换热设备容量，降低系统投资，提高系统效益。

今后，当该地区居民对室内环境舒适度的要求提高时，再在本规范进行修订时，提高冬季室内计算温度至国家标准《采暖通风与空气调节设计规范》GB 50019 的规定值。

3.3.4 规定了由太阳能供热采暖系统负担的供热水负荷是建筑物的生活热水日平均耗热量。这是世界各国普遍遵循的设计原则，也与我国的国家标准《民用建筑太阳能热水系统应用技术规范》GB 50364 的规定相一致。否则系统设计会偏大，使某些时段热水过剩造成浪费，或系统过热造成安全隐患。

本条的计算公式中，热水用水定额应选取《建筑给水排水设计规范》GB 50015 中给出的定额范围的下限值。

3.4 太阳能集热系统设计

3.4.1 本条规定了太阳能集热系统设计的基本要求。

1 本款为强制性条文。目前我国的实际情况，开发商为充分利用所购买的土地获取利润，在进行规划时确定的容积率普遍偏高，从而影响到建筑物的底层房间只能刚刚达到规范要求的日照标准；所以，虽然在屋顶上安装的太阳能集热系统本身高度并不高，但也有可能影响到相邻建筑的底层房间不能满足日照标准要求；此外，在阳台或墙面上安装有一定倾角的太阳能集热器时，也有可能会影响下层房间不能满足日照标准要求，必须在进行太阳能集热系统设计时予以充分重视。

2 直接式太阳能集热系统中的工作介质是水，冬季气温低于 0℃ 时容易发生冻结现象，如果温度不是过低，处于低温状态的时间也不长，系统还可能再恢复正常工作，否则系统就可能被冻坏。因此，以冬季最低环境温度 -5℃ 为界，在低于 -5℃ 的地区，采用间接式太阳能集热系统，可使用防冻液工作介质，从而满足防冻要求。

3.4.2 本条是太阳能集热器设置和定位的基本规定。

1 太阳能集热器采光面上能够接收到的太阳光照会受到集热器安装方位和安装倾角的影响，根据集热器安装地点的地理位置，对应有一个可接收最多的全年太阳光照辐射热量的最佳安装方位和倾角范围，该最佳范围的方位是正南，或南偏东、偏西 10°，倾角为当地纬度 ±10°，但该范围太窄，对建筑规划设计的限制过于严格，不利于太阳能供热采暖的推广应用；为此，编制组利用 Meteo Norm V4.0 软件进行了不同方位、倾角表面接收太阳光照的模拟计算，结果显示：当安装方位偏离正南向的角度再扩大到南偏东、偏西 30° 时，集热器表面接收的全年太阳光照辐

射热量只减少了不到 5%，所以，本条将推荐的集热器最佳安装方位扩大至正南，或南偏东、偏西 30°；倾角为当地纬度 -10°～+20°，是因为太阳能供热采暖系统的主要功能是冬季采暖，倾角适当加大有利于提高冬季集热器的太阳能得热量。

对于受实际条件限制，集热器的朝向不可能在正南，或南偏东、偏西 30° 的朝向范围内，安装倾角与当地纬度偏差较大时，本条也给出了解决方法，即按附录 A 进行面积补偿，合理增加集热器面积；从而放宽了对应用太阳能供热采暖系统建筑物朝向、屋面坡度的限制，使建筑师的设计有了更大的灵活性，同时又能保证太阳能供热采暖系统设计的合理性。

在根据附录 A 进行面积补偿时，应针对不同的蓄热系统，选用不同的表格：表 A.0.2-1 根据 12 月的太阳辐照计算，适用于短期蓄热系统；表 A.0.2-2 根据全年的太阳辐照计算，适用于季节蓄热系统。

2 如果系统中太阳能集热器的位置设置不当，受到前方障碍物或前排集热器的遮挡，不能保证太阳能集热器采光面上的太阳光照的话，系统的实际运行效果和经济性都会大受影响，所以，需要对放置在建筑外围护结构上太阳能集热器采光面上的日照时间作出规定，冬至日太阳高度角最低，接收太阳光照的条件最不利，规定此时集热器采光面上的日照时数不少于 4h，是综合考虑系统运行效果和围护结构实际条件而提出的；由于冬至前后在早上 10 点之前和下午 2 点之后的太阳高度角较低，对应照射到集热器采光面上的太阳辐照度也较低，即该时段系统能够接收到的太阳能热量较少，对系统全天运行的工作效果影响不大；如果增加对日照时数的要求，则安装集热器的屋面面积要加大，在很多情况下不可行，所以，取冬至日日照时间 4h 为最低要求。

除了保证太阳能集热器采光面上有足够的日照时间外，前、后排集热器之间还应留有足够的间距，以便于施工安装和维护操作；集热器应排列整齐有序，以免影响建筑立面的美观。

3 本款给出了某一时刻太阳能集热器不被前方障碍物遮挡阳光的日照间距计算公式。公式中的计算时刻应选冬至日（此时赤纬角 $\delta = -23°57'$）的 10：00 或 14：00；公式中的角 γ_0 和太阳方位角 α 及集热器的方位角 γ（集热器表面法线在水平面上的投影线与正南方向线之间的夹角，偏东为负，偏西为正）有如下关系，见图 5。

4 建筑物的变形缝是为避免因材料的热胀冷缩而破坏建筑物结构而设置，主体结构在伸缩缝、沉降缝、防震缝等变形缝两侧会发生相对位移，太阳能集热器如跨越建筑物变形缝易受到破坏，所以不应跨越变形缝设置。

3.4.3 本条规定了系统设计中确定太阳能集热器总面积的计算方法。

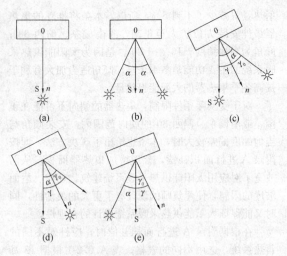

图 5　集热器朝向与太阳方位的关系

(a)$\gamma_0=0,\gamma=0,\alpha=0$；(b)$\gamma_0=\alpha,\gamma=0$；

(c)$\gamma_0=\alpha-\gamma$；(d)$\gamma_0=\gamma-\alpha$；(e)$\gamma_0=\alpha+\gamma$

1　本款规定了直接系统太阳能集热器总面积的计算公式。一般情况下，太阳能集热器的安装倾角是在当地纬度－10°～＋20°的范围内，所以，公式中的 J_T 可按附录 B 选取；选取时，针对短期蓄热和季节蓄热系统应选用不同值；短期蓄热系统应选用 $H_{L\text{i}}$：当地纬度倾角平面 12 月的月平均日辐照量，季节蓄热系统应选用；H_{La} 当地纬度倾角平面年平均日辐照量；其原因是季节蓄热系统可蓄存全年的太阳能得热量用于冬季采暖，太阳能集热器面积可以选得小一些，而短期蓄热系统的太阳能集热器面积应稍大，以保证系统的供暖效果。

2　本款规定了间接系统太阳能集热器总面积的计算方法。由于间接系统换热器内外需保持一定的换热温差，与直接系统相比，间接系统的集热器工作温度较高，使得集热器效率稍有降低，所以，确定的间接系统集热器面积要大于直接系统。其中的计算参数 A_c 用公式（3.4.3-1）计算得出，U_L 和 U_{hx} 可由生产企业提供的产品样本或产品检测报告得出，A_{hx} 则用附录 E 给出的方法计算。

3.4.4　本条规定了太阳能集热系统设计流量的计算方法。

1　本款规定了太阳能集热系统设计流量的计算公式。其中的计算参数 A 是将用式（3.4.3-1）或式（3.4.3-2）计算的总面积换算得出的采光面积，而优化系统设计流量的关键是要合理确定太阳能集热器的单位面积流量。

2　太阳能集热器的单位面积流量 g 与太阳能集热器的特性和用途有关，对应集热器本身的热性能和不同的用途，单位面积流量 g 的选取值是不同的。国外企业的普遍做法是根据其产品的不同用途——供暖、供热水或加热泳池等，委托相关的权威性检测机构给出与产品热性能相对应、在不同用途运行工况下

单位面积流量的合理选值，并列入企业产品样本，供用户使用；而我国企业目前对产品优化和性能检测的认识水平还不高，大部分企业的产品都缺乏该项检测数据；因此，表 3.4.4 中给出的是根据国外企业产品性能，由《太阳能住宅供热综合系统设计手册》（Solar Heating Systems for Houses，A Design Handbook for Solar Combisystems）等国外资料总结的推荐值，可能并不完全与我国产品的性能相匹配，但目前国内较好企业的产品性能和国外产品的差别不大，引用国外推荐值应该不会产生太大的偏差。当然，今后应积极引导企业关注产品检测，逐渐积累我国自己的优化设计参数。

3.4.5　太阳能的特点之一是其不稳定性，太阳能集热器采光面上接收的太阳辐照度是随天气条件不同而发生变化的，所以在投资条件许可时，应积极提倡采用自动控制变流量运行太阳能集热系统，提高系统效益。

3.4.6　本条规定了太阳能集热系统防冻设计的要求和防冻措施的选择。

1　在冬季室外环境温度可能低于 0℃ 的地区，因系统工质冻结会造成对系统的破坏，因此，在这些地区使用的太阳能集热系统，应进行防冻设计。

2　本款给出了太阳能集热系统可采用的防冻措施类型和根据集热系统类型、使用地区选择防冻措施的参照选择表。防冻措施包括：排空系统、排回系统、防冻液系统、循环防冻系统。严寒地区的防冻要求高，所以只能使用间接式太阳能集热系统和严格的防冻措施——排回系统和防冻液系统。鉴于我国目前的消费水平和投资能力较低，表 3.4.6 中将直接式太阳能集热系统和相应的排空和循环防冻系统列了寒冷地区的推荐项，但如果从严要求，仅寒冷地区中冬季环境温度相对较高，如山东、河北南部、河南等省区，可以使用直接式太阳能集热系统和相应的排空和循环防冻系统。所以，只要有投资条件，寒冷地区仍应优先选用间接式太阳能集热系统和相应的防冻措施。

3　为保证太阳能集热系统的防冻措施能正常工作，规定防冻系统应采用自动控制运行。

3.5　蓄热系统设计

3.5.1　本条对太阳能供热采暖系统中蓄热系统的设计作出了基本规定。

1　目前在太阳能供热采暖系统中主要应用三种蓄热系统：液体工质集热器短期蓄热系统、液体工质集热器季节蓄热系统和空气集热器短期蓄热系统，太阳能集热系统形式、系统性能、系统投资、供热采暖负荷和太阳能保证率是影响蓄热系统选型的主要影响因素，在进行蓄热系统选型时，应通过对上述影响因素的综合技术经济分析，合理选取与工程具体条件最

为适宜的系统。

2 目前太阳能供热采暖系统的蓄热方式共有5种——贮热水箱、地下水池、土壤埋管、卵石堆和相变材料。表3.5.1给出了与蓄热系统相对应和匹配的蓄热方式，决定该对应关系的主要因素是系统的工作介质和蓄热周期；其中，相变材料蓄热方式目前的实际应用较少，但考虑到这是太阳能应用长期以来一直关注的一种重要蓄热方式，近年来也不断有运用相变原理的新型材料被开发应用，所以，仍将其列入选项，但因其投资相对较大，不宜用于季节蓄热系统。

对应于同一蓄热系统形式，有两种以上可选择项目的蓄热方式时，应根据实际工程的投资规模和当地的地质、水文、土壤条件及使用要求综合分析选择；一般来说，地下水池的蓄热量大、施工简便、初投资低，是性能价格比最优的季节蓄热系统；土壤埋管蓄热施工较复杂，初投资高，但优点是能与地源热泵供暖空调系统联合工作，特别是在冬季从土壤的取热量远大于夏季向土壤放热量的地区，可以通过向土壤蓄热来弥补负荷的不平衡。

国外还有几种已应用于实际工程的蓄热方式，如利用地下的砂砾石含水层蓄热和利用地下的封闭水体蓄热，因适用条件过于特殊，故本规范中没有列入，但如当地恰好有这种适宜的水文地质条件，也可以参照国外相关工程经验，利用来进行季节蓄热。

3 季节蓄热液体工质集热器太阳能供暖系统的设备容量较大，需要较大的机房面积，投资比较高，只应用于单体建筑的综合效益较差，所以更适用于较大建筑面积的区域供暖；为提高系统的经济性，对单体建筑的供暖，采用短期蓄热液态工质集热器太阳能供暖系统较为适宜；但对某些地区或特定建筑，比如常规能源缺乏的边远地区，或高投资成本建设的高档别墅，也不排除采用季节蓄热系统。

4 蓄热水池中的水温较高，会发生烫伤等安全隐患，不能同时用作灭火的消防用水。

3.5.2 本条规定了液体工质蓄热系统的设计原则和相关设计参数。

1 短期蓄热液体工质集热器太阳能供暖系统的蓄热量是为满足在连续阴、雨、雪天时的供暖需求，加大蓄热量会增加蓄热设备容量和集热器面积，同时增加投资，所以需要在蓄热量和设备投资之间作权衡，选取适宜的蓄热周期。我国冬季大部分地区的连续阴、雨、雪天一般不超过一周，有些地区则可能会延长至半个月左右，如果要求蓄热量能够完全满足全部连续阴、雨、雪天时的供暖需求，则系统设备会过于庞大，系统投资过高，所以，规定短期蓄热液体工质集热器太阳能供暖系统的蓄热量只需满足建筑物1～5天的供暖需求，当地的太阳能资源好、环境气温高、工程投资大，可取高值，否则，取低值。如果投资许可，条件适宜，也不排除增加蓄热容量，延长蓄热周期，但蓄热周期应不超过15天。

2 太阳能供热采暖系统对应每平方米太阳能集热器采光面积的贮热水箱、水池容积与当地的太阳能资源条件、集热器的性能特性有关，我国目前只有针对热水系统的经验数据，所以表3.5.2中给出的短期和季节蓄热太阳能供热采暖系统的贮热水箱容积配比范围，是参照《太阳能住宅供热综合系统设计手册》（Solar Heating Systemsfor Houses, A Design Handbook For Solar Combisystems）等国外资料提出；在具体取值时，当地的太阳能资源好、环境气温高、工程投资高，可取高值，否则，取低值。

由于影响因素复杂，给出的推荐值范围较宽，选取某一具体数值确定水箱、水池容积完成系统设计后，可利用相关软件模拟系统在运行工况下的贮水温度，进行校核计算，验证取值是否合理。随着我国太阳能供热采暖工程的推广应用，在积累了较多工程经验和实测数据后，才有可能提出更加细化的适配参数。

3 贮热水箱内的热水存在温度梯度，水箱顶部的水温高于底部水温；为提高太阳能集热系统的效率，从贮热水箱向太阳能集热系统的供水温度应较低，所以，该条供水管的接管位置应在水箱底部；根据具体工程条件，生活热水和供暖系统对供水温度的要求是不同的，也应在贮热水箱相对应适宜的温度层位置接管，以实现系统对不同温度的供热/换热需求，提高系统的总效率。

4 如果贮热水箱接管处的流速过高，会对水箱中的水造成扰动，影响水箱的水温分层，所以，水箱进、出口处的流速应尽量降低；国外的部分工程经验，该处的流速远低于0.04m/s，但太低的流速会过分加大接管管径，特别对循环流量较大的大系统，在具体取值时需要综合考虑权衡；这里规定的0.04m/s是最高限值，必须在接管处采取措施使流速低于限值。

5 季节蓄热系统地下水池的水池容量将直接影响水池内热水的蓄热温度，对应于一定的水池保温措施、周围土壤的全年温度分布、集热系统供水温度和水池容量等，有一个可能达到的最高水温。设计容量过大，池内水温低，既浪费了投资，又不能满足系统的功能要求；设计容量偏小，则池内水温可能过高，甚至超过水池内压力相对应的沸点温度而蒸发汽化，形成安全隐患；因此，必须对水池内可能达到的最高水温做校核计算。进行校核计算时，选用动态传热计算模型准确度最高，所以，有条件时，应优先利用计算软件做系统的全年运行性能动态模拟计算，得出蓄热水池内可能达到的最高水温预测值；为确保安全，该最高水温预测值应比与水池内压力相对应的水的沸点低5℃。

6 地下水池的槽体结构、保温结构和防水结构的设计在相关国家标准、规范中已有规定，参照执行即可。

7 季节蓄热地下水池一般容量较大，容易形成池内水温分布不均匀的现象，影响系统的供暖效果，所以，应采取相应的技术措施，例如设计迷宫式水池或设布水器等方法，避免池内水温分布不均匀。

8 保温设计在相关国家标准中已有规定，可参照执行。

9 工程建设当地的土壤地质条件是能否应用土壤埋管季节蓄热的基础，对土壤埋管季节蓄热系统的性能和实际运行效果有很大影响，因此，在进行设计前，应进行地质勘察，从而确定当地的土壤地质条件是否适宜埋管，同时又可对系统设计提出土壤温度等相关基础参数。土壤埋管季节蓄热系统的投资较大，其蓄热装置——地下埋管部分与地源热泵系统的地埋管换热系统完全相同，在特定条件（夏季气候凉爽、完全不需空调）的地区，用地源热泵机组作辅助热源，与地埋管热泵系统配合使用，可以提高系统的运行效率和经济效益。

3.5.3 本条规定了卵石堆蓄热方式的设计原则和设计参数。

1 规定了空气蓄热系统的蓄热装置——卵石堆蓄热器（卵石箱）的基本尺寸和容量。推荐参数参照国外工程经验。

2 放入卵石箱内的卵石应清洗干净，以免热风通过时吹起灰尘。卵石大小如果不均匀，或使用易破碎或可与水和二氧化碳起反应的石头，如石灰石、砂石、大理石、白云石等，因会减小卵石之间的空隙，降低卵石箱内的空隙率，使阻力加大，影响系统效率。卵石堆的热分层可提高蓄热性能，所以，宜优先选用有热分层的垂直卵石堆；当高度受限时，只能采用水平卵石堆，但水平卵石堆无热分层。

3.5.4 本条规定了相变材料蓄热方式的设计原则和设计参数。

1 液体工质与相变材料直接接触换热，使相变材料发生相变时，相变材料有可能与液体换热工质混合，而使本身的成分、浓度等产生变化，从而改变相变温度等关键设计参数，并影响系统的总体运行效果，所以，液体工质不能直接与相变材料接触，而必须通过换热器间接换热。

2 使太阳能供热采暖系统的工作温度范围与相变材料的相变温度相匹配，是相变材料蓄热系统能够运行工作的基础，必须严格遵守。

3.6 控制系统设计

3.6.1 本条规定了太阳能供热采暖系统自动控制设计的基本原则。

1 太阳能供热采暖系统的热源是不稳定的太阳能，系统中又设有常规能源辅助加热设备，为保证系统的节能效益，系统运行最重要的原则是优先使用太阳能，这就需要通过相应的控制手段来实现。太阳辐照和天气条件在短时间内发生的剧烈变化，几乎不可能通过手动控制来实现调节；因此，应设置自动控制系统，保证系统的安全、稳定运行，以达到预期的节能效益。同时，规定了自动控制的功能应包括对太阳能集热系统的运行控制和安全防护控制、集热系统和辅助热源设备的工作切换控制、太阳能集热系统安全防护控制的功能应包括防冻保护和防过热保护。

2 为保证自动控制系统能长久、稳定、正常工作，必须确保系统部件、元件的产品质量，性能、质量符合相关产品标准是最低要求，进行系统设计时，应予以充分重视。目前我国大部分物业管理公司的设备运行和管理人员，其技能普遍不高，如果控制方式过于复杂，使设备运行管理人员不易掌握，就会严重影响系统的运行效果，所以，自动控制系统的设计应简便、可靠、利于操作。

3 温度传感器的测量不确定度不能太大，否则将会导致控制精度降低，进而影响系统的合理运行，因此，必须规定温度传感器应达到的测量不确定度。对工程应用来说，小于等于 0.5℃ 的测量不确定度已足够准确，可以满足控制精度要求。

3.6.2 本条规定了系统运行和设备工作切换的自动控制设计的基本原则。

1 根据集热系统工质出口和贮热装置底部介质的温差，控制太阳能集热系统的运行循环，是最常使用的系统运行控制方式。其依据的原理是：只有当集热系统工质出口温度高于贮热装置底部温度（贮热装置底部的工作介质通过管路被送回集热系统重新加热，该温度可视为是返回集热系统的工质温度）时，工作介质才可能在集热系统中获取有用热量；否则，说明由于太阳辐照过低，工质不能通过集热系统得到热量，如果此时系统仍然继续循环工作，则可能发生工质反而通过集热系统散热，使贮热装置内的工质温度降低。

温差循环的运行控制方式是：在集热系统工质出口和贮热装置底部分别设置温度传感器 S1 和 S2，当二者温差大于设定值（宜取 5～10℃）时，通过控制器启动循环泵或风机，系统运行，将热量从集热系统传输到贮热装置；当二者温差小于设定值（宜取 2～5℃）时，循环泵或风机关闭，系统停止运行。

2 本款提出了太阳能集热系统变流量运行的具体控制方式。可以根据太阳辐照条件的变化直接改变系统流量，或因太阳辐照不同引起的温差变化间接改变系统流量，从而实现系统的优化运行。

3 为保证太阳能供热采暖系统的稳定运行，当太阳辐照较差，通过太阳能集热系统的工作介质不能获取相应的有用热量，使工质温度达到设计要求时，辅助热源加热设备应启动工作；而太阳辐照较好，工质通过太阳能集热系统可以被加热到设计温度时，辅助热源加热设备应立即停止工作，以实现优先使用太阳能，提高系统的太阳能保证率；所以，应采用定温（工质温度是否达到设计温度）自动控制，来完成太阳能集热系统和辅助热源加热设备的相互工作切换。

3.6.3 本条规定了系统安全和防护控制的基本设计原则。

1 使用水作工作介质的直接和间接式太阳能集热系统，常采用排空和排回措施，将全部工作介质排空或从安装在室外的太阳能集热系统排至设于室内的贮水箱内，以防止冻结现象发生；所以，当水温降低到某一定值——防冻执行温度时，就应通过自动控制启动排空和排回措施，防止水温继续下降至0℃产生冻结，影响系统安全。防冻执行温度的范围通常取3～5℃，视当地的气候条件和系统大小确定具体选值，气温偏低地区取高值，否则，取低值。

2 系统循环防冻的技术相对简便，是目前较常使用的防冻措施，但因系统循环会有水泵能耗，设计时应结合当地条件作经济分析，考虑是否采用；如水泵运行时间过长或频繁起停，则不适用。

3 贮热水箱中的水一般是直接供给供暖末端系统或热水用户的，所以，防过热措施应更严格。过热防护系统的工作思路是：当发生水箱过热时，不允许集热系统采集的热量再进入水箱，避免供给末端系统或用户的水过热，此时多余的热量由集热系统承担；集热系统安装在户外，当集热系统也发生过热时，因集热系统中的工质沸腾造成人身伤害的危险稍小，而且容易采取其他措施散热。

因此，水箱防过热执行温度的设定更严格，应设在80℃以内，水箱顶部温度最高，防过热温度传感器应设置在贮热水箱顶部；而集热系统中的防过热执行温度则根据系统的常规工作压力，设定较为宽泛的范围，一般常用的范围是95～120℃，当介质温度超过了安全上限，可能发生危险时，用开启安全阀泄压的方式保证安全。

4 本款为强制性条文。当发生系统过热安全阀必须开启时，系统中的高温水或蒸汽会通过安全阀外泄，安全阀的设置位置不当，或没有配备相应措施，有可能会危及周围人员的人身安全，必须在设计时着重考虑。例如，可将安全阀设置在已引入设备机房的系统管路上，并通过管路将外泄高温水或蒸汽排至机房地漏；安全阀只能在室外系统管路上设置时，通过管路将外泄高温水或蒸汽排至就近的雨水口等。

如果安全阀的开启压力大于与系统可耐受的最高工作温度对应的饱和蒸汽压力，系统可能会因工作压力过高受到破坏；而开启压力小于与系统可耐受的最高工作温度对应的饱和蒸汽压力，则使本来仍可正常运行的系统停止工作，所以，安全阀的开启压力应与系统可耐受的最高工作温度对应的饱和蒸汽压力一致，既保证了系统的安全性，又保证系统的稳定正常

运行。

3.7 末端供暖系统设计

3.7.1 本条规定了太阳能供热采暖系统中可以和液体工质集热器配合工作的末端供暖系统。可用于常规采暖、空调系统的末端设备、系统（低温热水地板辐射、水-空气处理设备和散热器等）均可用于太阳能供热采暖系统；需根据具体工程的条件选用。只设置采暖系统的建筑，应优先选用低温热水地板辐射；拟设置集中空调系统的建筑，应选用水-空气处理设备；在温和地区只设置采暖系统的建筑，或使用高效集热器的单纯采暖系统，也可选用散热器采暖，以降低工程初投资，提高系统效益。

3.7.2 本条规定了太阳能供热采暖系统中可以和空气集热器配合工作的末端供暖系统。空气集热器太阳能供热采暖系统的工质为空气，所以末端供暖系统是在常规采暖、空调系统中通常采用的热风采暖系统。部分新风加回风循环的风管送风系统中，应由太阳能提供新风部分的热负荷，从而提高系统效率，得到更好的节能效益。

3.7.3 太阳能供热采暖系统的末端供暖系统与常规采暖、空调系统的末端设备、系统完全相同，其系统设计在国家现行标准、规范中已作详细规定，遵照执行即可，不需再作另行规定。

3.8 热水系统设计

3.8.1 太阳能供热采暖系统是根据采暖热负荷确定太阳能集热器面积从而进行系统设计的，所以，系统在非采暖季可提供生活热水的建筑面积会大于冬季采暖的建筑面积，即热水系统的供热水范围必定大于冬季采暖的范围。

以在一个由若干栋住宅组成的小区内设计太阳能供热采暖系统为例，如果系统设计是冬季为其中的2栋住宅供暖，那么在非采暖季生活热水的供应范围是选4栋、6栋还是更多栋住宅，就需要根据所在地区气候、太阳能资源条件、用水负荷、综合业主要求、投资规模、安装等条件，通过计算合理确定适宜的供水范围。是否适宜，需要遵循的一个重要原则是保证系统在非采暖季正常运行的条件下不会产生过热。

3.8.2 太阳能供热采暖系统中的热水系统与常规热水供应系统完全相同，其系统设计在现行国家标准、规范中已作详细规定，遵照执行即可，不需再作另行规定。

3.8.3 本条规定是为强调设计人员应重视太阳能供热采暖系统中的生活热水系统的水质，因为洗浴热水会直接接触使用人员的皮肤，所以要求水质必须符合卫生指标。

3.9 其他能源辅助加热/换热设备设计选型

3.9.1 在国家标准《采暖通风与空气调节设计规范》

GB 50019 和《公共建筑节能设计标准》GB 50189 中，均对采暖热源的适用条件和使用的常规能源种类作出了规定，其目的除了保证技术上的合理性之外，另一重要的原因是为满足建筑节能的要求。例如，《公共建筑节能设计标准》中的强制性条文："除了符合下列情况之一之外，不得采用电热锅炉、电热水器作为直接采暖和空气调节系统的热源：（6 种情况略）"，对采用电热锅炉作出了限制规定；太阳能供热采暖系统是以节能为目标，因此，更应该严格遵守。

3.9.2 太阳能供热采暖系统中使用的其他能源加热/换热设备和常规采暖系统中的热源设备没有区别，为满足建筑节能的要求，国家标准《公共建筑节能设计标准》GB 50189 中对采暖系统的热源性能——例如锅炉额定热效率等作出了规定。太阳能供热采暖系统在选择其他能源加热/换热设备时，同样应该遵守。

3.9.3 其他能源加热/换热设备和常规采暖系统中的热源设备完全相同，其设计选型在现行国家标准、规范中已作详细规定，遵照执行即可，不需再作另行规定。

4 太阳能供热采暖系统施工

4.1 一般规定

4.1.1 本条为强制性条文。进行太阳能供热采暖系统的施工安装，保证建筑物的结构和功能设施安全是第一位的；特别在既有建筑上安装系统时，如果不能严格按照相关规范进行土建、防水、管道等部位的施工安装，很容易造成对建筑物的结构、屋面、地面防水层和附属设施的破坏，削弱建筑物在寿命期内承受荷载的能力，所以，必须作为强制性条文提出，予以充分重视。

4.1.2 目前国内现状，太阳能供热采暖系统的施工安装通常由专门的太阳能工程公司承担，作为一个独立工程实施完成，而太阳能供热采暖系统的安装与土建、装修等相关施工作业有很强的关联性，所以，必须强调施工组织设计，以避免差错，提高施工效率。

4.1.3 本条的提出是由于目前太阳能供热采暖系统施工安装人员的技术水平参差不齐，不进行规范施工的现象时有发生。所以，着重强调必要的施工条件，严禁不满足条件的盲目施工。

4.1.4 本条规定了太阳能供热采暖系统连接管线、部件、阀门等配件选用的材料应能耐受温度，以防止系统破坏，提高系统部件的耐久性和系统工作寿命。

4.1.5 本条对进场安装的太阳能供热采暖系统产品、配件、材料及其性能提出了要求，针对目前国内企业普遍不重视太阳能集热器性能检测的现状，规定了应提供集热器进场产品的性能检测报告。

4.2 太阳能集热系统施工

4.2.1 太阳能集热器的安装方位对采光面上可以接收到的太阳辐射有很大影响，进而影响系统的运行效果，因此，应保证按照设计要求的方位进行安装；推荐使用罗盘仪确定方位，罗盘仪操作方便，是简便易行的定位工具。

4.2.2 太阳能集热器的种类繁多，不同企业产品设计的相互连接方式以及真空管与联箱的密封方式有较大差别，其连接、密封的具体操作方法通常都在产品说明书中详细说明，所以，在本条规定中予以强调，要求按照具体产品所设计的连接和密封方式安装，并严格按产品说明书进行具体操作。

4.2.3 平屋面上用于安装太阳能集热器的专用基座，其强度是为保证集热器防风、抗震及今后运行安全，通过设计计算提出的关键指标，施工时应严格按照设计要求，否则，基座强度就得不到保证；基座的防水处理做不好，会引发屋面漏水，影响顶层住户的切身利益，在既有建筑屋面上安装时，需要刨开屋面面层做基座，会破坏原有防水结构，基座完工后，被破坏部位要重做防水，所以，都应严格按国家标准《屋面工程质量验收规范》GB 50207 的规定进行防水制作。

4.2.4 本条是对埋设在坡屋面结构层预埋件的施工工序的规定，对新建建筑和既有建筑改造同样适用。

4.2.5 在部分围护结构表面，如平屋面上安装太阳能集热器时，集热器需安装在支架上，支架通常由同一生产企业提供，本条对集热器支架提出要求。根据集热器所安装地区的气候特点，支架的强度、抗风能力、防腐处理和热补偿措施等必须符合设计要求，部分指标在设计未作规定时，则应符合国家现行标准的要求。

4.2.6 本条是防止因太阳能集热系统管线穿过屋面、露台时造成这些部位漏水的重要措施，应严格执行。

4.2.7 管道的施工安装在国家标准《建筑给水排水及采暖工程施工质量验收规范》GB 50242、《通风与空调工程施工质量验收规范》GB 50243 中已有详细的规定，严格执行即可。

4.3 太阳能蓄热系统施工

4.3.1 贮热水箱内贮存的是热水，设计时会根据贮水温度提出对材质、规格的要求，因此，要求施工单位在购买或现场制作安装时，应严格遵照设计要求。钢板焊接的贮热水箱容易被腐蚀，所以，特别强调按设计要求对水箱内、外壁做防腐处理；为确保人身健康，同时要求内壁防腐涂料应卫生、无毒，能长期耐受所贮存热水的最高温度。

4.3.2 本条规定了贮热水箱制作的程序和应遵照执行的标准，以保证水箱质量。

4.3.3 本条规定是为减少贮热水箱的热损失。

4.3.4 本条规定了蓄热地下水池现场施工制作时的要求，以保证水池质量和施工安全。

1 地下水池施工时，除必须按照设计规定，满足系统的承压和承受土壤等荷载的要求外，还应在施工过程中，严格施工程序，防止因土壤等荷载造成安全事故。

2 应严格按设计要求和相关标准规定的施工工法，进行地下水池的防水渗漏施工，保证水池的防水渗漏性能质量。

3 为保证地下水池的工作寿命，减轻日常维护工作量，避免危及人员健康、安全，应严格按设计要求和相关标准规定的施工工法，选择内壁防腐涂料，进行地下水池及内部部件的抗腐蚀处理。

4 地下水池需要长期贮存热水，为尽可能延长水池的工作寿命，选用的保温材料和保温构造做法应能长期耐受所贮存热水的最高温度，所以，除现场条件不允许，如利用现有水池等特殊情况外，一般应采用外保温构造做法。

4.3.5 管道的施工安装在国家标准《建筑给水排水及采暖工程施工质量验收规范》GB 50242、《通风与空调工程施工质量验收规范》GB 50243 中已有详细的规定，严格执行即可。

4.4 控制系统施工

4.4.1 系统的电缆线路施工和电气设施的安装在国家标准《电气装置安装工程电缆线路施工及验收规范》GB 50168 和《建筑电气工程施工质量验收规范》GB 50303 中已有详细规定，遵照执行即可。

4.4.2 为保证系统运行的电气安全，系统中的全部电气设备和与电气设备相连接的金属部件应做接地处理。而电气接地装置的施工在国家标准《电气装置安装工程接地装置施工及验收规范》GB 50169 中均有规定，遵照执行即可。

4.5 末端供暖系统施工

4.5.1 末端供暖系统的施工安装在国家标准《建筑给水排水及采暖工程施工质量验收规范》GB 50242、《通风与空调工程施工质量验收规范》GB 50243 中均有规定，遵照执行即可。

4.5.2 低温热水地板辐射供暖是太阳能供热采暖中使用最广泛的末端供暖系统，其施工安装在行业标准《地面辐射供暖技术规程》JGJ 142 中已有详细规定，应遵照执行。

5 太阳能供热采暖工程的调试、验收与效益评估

5.1 一般规定

5.1.1 本条根据太阳能供热采暖工程的特点和需要，明确规定在系统安装完毕投入使用前，应进行系统调试。系统调试是使系统功能正常发挥的调整过程，也是对工程质量进行检验的过程。根据调研，凡施工结束进行系统调试的项目，效果较好，发现问题可进行改进；未作系统调试的工程，往往存在质量问题，使用效果不好，而且互相推诿、不予解决，影响工程效能的发挥。所以，作出本条规定，以严格施工管理。一般情况下，系统调试应在竣工验收阶段进行；不具备使用条件，是指气候条件等不合适时，比如，竣工时间在夏季，不利于进行冬季供暖工况调试等，但延期进行调试需经建设单位同意。

5.1.2 本条规定了系统调试需要包括的项目和连续试运行的天数，以使工程能达到预期效果。

5.1.3 本条为《建筑工程施工质量验收统一标准》GB 50300 中的规定，在此提出予以强调。

5.1.4 太阳能供热采暖系统的施工受多种条件制约，因此，本条提出分项工程验收可根据工程施工特点分期进行，但强调对于影响工程安全和系统性能的工序，必须在本工序验收合格后才能进入下一道工序的施工。

5.1.5 本条规定了竣工验收的时间及竣工验收应提交的资料。实际工程中，部分施工单位对施工资料不够重视，所以，在此加以强调。

5.1.6 本条参照了相关国家标准对常规暖通空调工程质量保修期限的规定。太阳能供热采暖工程比常规暖通空调工程更加复杂，技术要求更多；因此，对施工质量的保修期限应至少与常规暖通空调工程相同，负担的责任方也应相同。

5.2 系统调试

5.2.1 本条规定了进行太阳能供热采暖工程系统调试的相关责任方。由于施工单位可能不具备系统调试能力，所以规定可以由施工企业委托有调试能力的其他单位进行系统调试。

5.2.2 本条规定了太阳能供热采暖工程系统设备单机、部件调试和系统联动调试的执行顺序，应首先进行设备单机和部件的调试和试运转，设备单机、部件调试合格后才能进行系统联动调试。

5.2.3 本条规定了设备单机、部件调试应包括的内容，以为系统联动调试做好准备。

5.2.4 为使工程达到预期效果，本条规定了系统联动调试应包括的内容。

5.2.5 为使工程达到预期效果，本条规定了系统联动调试结果与系统设计值之间的容许偏差。

1 现行国家标准《通风与空调工程施工质量验收规范》GB 50243 对供热采暖系统的流量、供水温度等参数的联动调试结果与系统设计值之间的容许偏差有详细规定，应严格执行，以保证系统投入使用后能正常运行。

2 本条的额定工况指太阳能集热系统在系统流量或风量等于系统的设计流量或设计风量的条件下工作。

3 针对短期蓄热系统和季节蓄热系统，本条太阳能集热系统的额定工况是不相同的，具体的集热系统工作条件如下：

1） 短期蓄热系统：日太阳辐照量接近于当地纬度倾角平面 12 月的月平均日太阳辐照量，日平均室外温度接近于当地 12 月的月平均环境温度；

2） 季节蓄热系统：日太阳辐照量接近于当地纬度倾角平面的年平均日太阳辐照量，日平均室外温度接近于当地的年平均环境温度；通常情况下以 3 月、9 月（春分、秋分节气所在月）的条件最为接近。

集热系统进出口工质的设计温差 Δt 可用下式计算得出：

$$\Delta t = \frac{Q_\mathrm{H} f}{\rho c G}$$

式中 Q_H ——建筑物耗热量，W；

f ——系统的设计太阳能保证率，%；

c ——水的比热容，4187J/(kg·℃)；

ρ ——热水密度，kg/L；

G ——系统设计流量，L/s。

5.3 工程验收

5.3.1 本条划分了太阳能供热采暖工程的分部、分项工程，以及分项工程所包括的基本施工安装工序和项目，分项工程验收应能涵盖这些基本施工安装工序和项目。

5.3.2 太阳能供热采暖系统中的隐蔽工程，一旦在隐蔽后出现问题，需要返工的部位涉及面广、施工难度和经济损失大，因此，必须在隐蔽前经监理人员验收及认可签证，以明确界定出现问题后的责任。

5.3.3 本条规定了在太阳能供热采暖系统的土建工程验收前，应完成现场验收的隐蔽项目内容。进行现场验收时，按设计要求和规定的质量标准进行检验，并填写中间验收记录表。

5.3.4 本条规定了太阳能集热器的安装方位角和倾角与设计要求的容许安装误差。检验安装方位角时，应先使用罗盘仪确定正南向，再使用经纬仪测量出方位角。检验安装倾角，则可使用量角器测量。

5.3.5 为保证工程质量和达到工程的预期效果，本条规定了对太阳能供热采暖系统工程进行检验和检测的主要内容。

5.3.6 本条规定了太阳能供热采暖系统管道的水压试验压力取值。一般情况下，设计会提出对系统的工作压力要求，此时，可按国家标准《建筑给水排水及采暖工程施工质量验收规范》GB 50242 的规定，取

1.5 倍的工作压力作为水压试验压力；而对可能出现的设计未注明的情况，则分不同系统提出了规定要求。开式太阳能集热系统虽然可以看作无压系统，但为保证系统不会因突发的压力波动造成漏水或损坏，仍要求应以系统顶点工作压力加 0.1MPa 做水压试验；闭式太阳能集热系统和供暖系统均为有压力系统，所以应按《建筑给水排水及采暖工程施工质量验收规范》GB 50242 的规定进行水压试验。

5.4 工程效益评估

5.4.1 发达国家通常都对太阳能供热采暖工程进行系统效益的长期监测，以作为对使用太阳能供热采暖工程用户提供税收优惠或补贴的依据；我国今后也有可能出台类似政策，所以，本条建议有条件的工程，宜在系统工作运行后，进行系统能耗的定期监测，以确定系统的节能、环保效益。

5.4.2 本条规定了对太阳能供热采暖工程做节能、环保效益分析的评定指标内容。所包括的评定指标能够有效反映系统的节能、环保效益，而且计算相对简单、方便，可操作性强。

5.4.3 本条规定了计算太阳能供热采暖系统的年节能量、系统寿命期内的总节能费用、费效比和二氧化碳减排量的计算方法——本规范附录 F 中的推荐公式。

附录 A 不同地区太阳能集热器的补偿面积比

A.0.1 当太阳能集热器受实际条件限制，不能按照给出的最佳方位范围和接近当地纬度的倾角安装时，需要使用本附录方法进行面积补偿，本条规定了计算公式，其中的 A_C 是假设安装倾角为当地纬度、安装方位角为正南，用式（3.4.3-1）和式（3.4.3-2）计算得出的太阳能集热器面积；R_S 是从 A.0.2 条给出的表中选取的补偿面积比，应选取与实际安装倾角和方位角最为接近角度对应的 R_S。

附录 B 代表城市气象参数及不同地区太阳能保证率推荐值

B.0.1 本条给出了我国代表城市的设计用气象参数。

表 B.0.1 给出的气象参数根据国家气象中心信息中心气象资料室提供的 1971～2000 年相关参数的月平均值统计；其中，计算采暖期平均环境温度的部分取值引自行业标准《严寒和寒冷地区居住建筑节能设计标准》JGJ 26 和《夏热冬冷地区居住建筑节能设计标准》JGJ 134。

B. 0. 2　本条给出了我国 4 个太阳能资源区的太阳能保证率取值的推荐范围。太阳能保证率 f 是确定太阳能集热器面积的一个关键性因素，也是影响太阳能供热采暖系统经济性能的重要参数。实际选用的太阳能保证率 f 与系统使用期内的太阳辐照、气候条件、产品与系统的热性能、供热采暖负荷、末端设备特点、系统成本和开发商的预期投资规模等因素有关。

表 B. 0. 2 是根据不同地区的太阳能辐射资源和气候条件，取合格产品的性能参数，设定合理的投资成本，针对不同末端设备模拟计算得出；具体选值时，需按当地的辐射资源和投资规模确定，太阳辐照好、投资大的工程可选相对较高的太阳能保证率，反之，取低值。

附录 C　太阳能集热器平均集热效率计算方法

C. 0. 1　强调太阳能集热器的集热效率应根据选用产品的实际测试效率方程计算得出。因为不同企业生产的产品热性能差别很大，如果不按具体产品的测试方程选取效率，将会直接影响系统的正常工作和预期效益。

太阳能集热器产品的国家标准规定，太阳能集热器实测的效率方程可根据实测参数拟合为一次方程或二次方程，无论是一次还是二次方程，均可用于设计计算。

标准中对合格产品相关参数（一次方程中的 η_0 和 U）应达到的要求作出了规定，该规定值是：平板型集热器：$\eta_0 \geqslant 0.72$，$U \leqslant 6.0 \text{W}/(\text{m}^2 \cdot \text{K})$；无反射器真空管集热器：$\eta_0 \geqslant 0.62$，$U \leqslant 2.5 \text{W}/(\text{m}^2 \cdot \text{K})$。以下给出一个计算实例。

如一个合格真空管集热器经测试得出的效率方程分别为：

一次方程：$\eta = 0.742 - 2.480 T^*$

二次方程：$\eta = 0.743 - 2.604 T^* - 0.003 G(T^*)^2$

该集热器将用于北京市一个短期蓄热、地板辐射采暖的太阳能供热采暖系统，采暖回水温度 t_i 取 35℃，t_a 取北京 12 月的平均环境温度 -2.7℃，北京 12 月集热器采光面上的太阳总辐射月平均日辐照量 H_d 为 13709kJ/($\text{m}^2 \cdot \text{d}$)，12 月的月平均每日的日照小时数 S_d 为 6.0h；

则　$G = H_d/(3.6 S_d) = 13709/(3.6 \times 6) = 635 \text{W/m}^2$，

$T^* = (t_i - t_a)/G = (35 + 2.7)/635 = 0.06$，

选用一次方程：

$\eta = 0.742 - 2.480 T^* = 0.742 - 2.480 \times 0.06 = 0.593$

选用二次方程：

$$\eta = 0.743 - 2.604 T^* - 0.003 G (T^*)^2$$
$$= 0.743 - 2.604 \times 0.06 - 0.003 \times 635 \times 0.06^2$$
$$= 0.580$$

C. 0. 2　在我国大部分地区，基本上可以用 12 月的气象条件代表冬季气候的平均水平，所以，短期蓄热太阳能供热采暖系统的设计选用 12 月的平均气象参数进行计算。

C. 0. 3　季节蓄热太阳能供热采暖系统是将全年收集的太阳能都贮存起来用于供暖，所以其系统设计是选用全年的平均气象参数进行计算。

附录 D　太阳能集热系统管路、水箱热损失率计算方法

D. 0. 1　本条给出了管路、水箱热损失率 η_L 的推荐取值范围，该取值范围是在参考暖通空调、热力专业相关设计技术措施、手册、标准图等资料的基础上，选取典型系统，以代表城市哈尔滨、北京、郑州的气象参数进行校核计算后确定的。应按照当地的气象、太阳能资源条件合理取值；12 月和全年的环境温度较低、太阳辐照较差的地区应取较高值，反之，可取较低值。

D. 0. 2　本条给出了需要准确计算 η_L 的方法原则，即按本附录 D. 0. 3～D. 0. 5 给出的公式迭代计算。具体迭代计算的步骤是：

1）按 D. 0. 1 给出的推荐范围选取 η_L 的初始值；

2）利用本规范第 3.4.3 条中的公式计算太阳能集热器总面积；

3）根据实际工程要求进行系统设计，确定管路长度、尺寸、水箱容积等；

4）利用 D. 0. 3～D. 0. 5 给出的公式，根据系统设计和设备选型计算 η_L 的实际值；

5）η_L 初始值和实际值的差别小于 5% 时，说明 η_L 初始值选择合理，系统设计完成；否则，改变 η_L 取值按上述过程重新设计计算。

中华人民共和国国家标准

民用建筑节水设计标准

Standard for water saving design in civil building

GB 50555—2010

主编部门：中华人民共和国住房和城乡建设部
批准部门：中华人民共和国住房和城乡建设部
实施日期：２０１０年１２月１日

中华人民共和国住房和城乡建设部

公　告

第 598 号

关于发布国家标准
《民用建筑节水设计标准》的公告

　　现批准《民用建筑节水设计标准》为国家标准，编号为 GB 50555－2010，自 2010 年 12 月 1 日起实施。其中，第 4.1.5、4.2.1、5.1.2 条为强制性条文，必须严格执行。

　　本标准由我部标准定额研究所组织中国建筑工业出版社出版发行。

中华人民共和国住房和城乡建设部
2010 年 5 月 31 日

前　言

　　本标准根据原建设部《关于印发〈2007 年度工程建设标准规范制订、修订计划（第一批）〉的通知》（建标函〔2007〕125 号）的要求，由中国建筑设计研究院等单位编制而成。本标准在广泛征求意见的基础上，总结了近年来民用建筑节水设计的经验，并参考了有关国内外相关应用研究成果。

　　本标准共分 6 章，内容包括总则、术语和符号、节水设计计算、节水系统设计、非传统水源利用、节水设备、计量仪表、器材及管材、管件。

　　本标准中以黑体字标志的条文为强制性条文，必须严格执行。

　　本标准由住房和城乡建设部负责管理和对强制性条文的解释，中国建筑设计研究院负责具体内容解释。在使用中如发现需要修改和补充之处请将意见和资料寄送中国建筑设计研究院（地址：北京市西城区车公庄大街 19 号；邮编：100044）。

　　主 编 单 位：中国建筑设计研究院

　　参 编 单 位：北京市节约用水管理中心
　　　　　　　　　深圳市节约用水办公室
　　　　　　　　　中国建筑西北设计研究院有限公司
　　　　　　　　　上海建筑设计研究院有限公司
　　　　　　　　　广州市设计院
　　　　　　　　　深圳华森建筑与工程设计顾问有限公司
　　　　　　　　　深圳市建筑科学研究院有限公司
　　　　　　　　　北京工业大学
　　　　　　　　　霍尼韦尔（中国）有限公司

　　主要起草人：赵　锂　刘振印　赵世明
　　　　　　　　朱跃云　刘　红　王耀堂
　　　　　　　　赵　昕　钱江锋　孟光辉
　　　　　　　　王　丽　陈怀德　刘西宝
　　　　　　　　徐　凤　赵力军　王莉芸
　　　　　　　　周克晶　张　英　刘　敬

　　主要审查人：左亚洲　冯旭东　程宏伟
　　　　　　　　方玉妹　薛英超　曾雪华
　　　　　　　　杨　澎　潘冠军　郑克白
　　　　　　　　王　峰

目　次

Contents

1 总 则

1.0.1 为贯彻国家有关法律法规和方针政策，统一民用建筑节水设计标准，提高水资源的利用率，在满足用户对水质、水量、水压和水温的要求下，使节水设计做到安全适用、技术先进、经济合理、确保质量、管理方便，制定本标准。

1.0.2 本标准适用于新建、改建和扩建的居住小区、公共建筑区等民用建筑节水设计，亦适用于工业建筑生活给水的节水设计。

1.0.3 民用建筑节水设计，在满足使用要求的同时，还应为施工安装、操作管理、维修检测以及安全保护等提供便利条件。

1.0.4 本标准规定了民用建筑节水设计的基本要求。当本标准与国家法律、行政法规的规定相抵触时，应按国家法律、行政法规的规定执行。

1.0.5 民用建筑节水设计除应执行本标准外，尚应符合国家现行有关标准的规定。

2 术语和符号

2.1 术 语

2.1.1 节水用水定额 rated water consumption for water saving

采用节水型生活用水器具后的平均日用水量。

2.1.2 节水用水量 water consumption for water saving

采用节水用水定额计算的用水量。

2.1.3 同程布置 reversed return layout

对应每个配水点的供水与回水管路长度之和基本相等的热水管道布置。

2.1.4 导流三通 diversion of tee-union

引导接入循环回水管中的回水同向流动的 TY 型或内带导流片的顺水三通。

2.1.5 回水配件 return pipe fittings

利用水在不同温度下密度不同的原理，使温度低的水向管道底部运动，温度高的水向管道上部运动，达到水循环的配件。

2.1.6 总循环泵 master circulating pump

小区集中热水供应系统中设置在热水回水总干管上的热水循环泵。

2.1.7 分循环泵 unit circulating pump

小区集中热水供应系统中设置在单体建筑热水回水管上的热水循环泵。

2.1.8 产水率 water productivity

原水（一般为自来水）经深度净化处理产出的直饮水量与原水量的比值。

2.1.9 浓水 rejected water

原水（一般为自来水）在深度净化处理中排除的高浓度废水。

2.1.10 喷灌 sprinkling irrigation

是利用管道将有压水送到灌溉地段，并通过喷头分散成细小水滴，均匀地喷洒到绿地、树木灌溉的方法。

2.1.11 微喷灌 micro irrigation

微喷灌是微水灌溉的简称，是将水和营养物质以较小的流量输送到草坪、树木根部附近的土壤表面或土层中的灌溉方法。

2.1.12 地下渗灌 underground micro irrigation (permeate irrigation)

地下渗灌是一种地下微灌形式，在低压条件下，通过埋于草坪、树木根系活动层的灌水器（微孔渗灌管），根据作物的生长需水量定时定量地向土壤中渗水供给的灌溉方法。

2.1.13 滴灌 drip irrigation

通过管道系统和滴头（灌水器），把水和溶于水中的养分，以较小的流量均匀地输送到植物根部附近的土壤表面或土层中的一种灌水方法。

2.1.14 非传统水源 nontraditional water source

不同于传统地表水供水和地下水供水的水源，包括再生水、雨水、海水等。

2.1.15 非传统水源利用率 utilization ratio of non-traditional water source

非传统水源年供水量和年总用水量之比。

2.1.16 建筑节水系统 water saving system in building

采用节水用水定额、节水器具及相应的节水措施的建筑给水系统。

2.2 符 号

2.2.1 流量、水量

Q_{za}——住宅生活用水年节水用水量；

Q_{ga}——宿舍、旅馆等公共建筑的生活用水年节水用水量；

Q_{ra}——生活热水年节水用水量；

W_{jd}——景观水体平均日补水量；

W_{ld}——绿化喷灌平均日喷灌水量；

W_{td}——冷却塔平均日补水量；

W_{zd}——景观水体日均蒸发量；

W_{sd}——景观水体渗透量；

W_{fd}——处理站机房自用水量等；

W_{ja}——景观水体年用水量；

W_{ta}——冷却塔补水年用水量；

W_{ca}——年冲厕用水量；

$\sum Q_a$——年总用水量；

$\sum W_a$——非传统水源年使用量；

W_{ya}——雨水的年用雨水量；

W_{ma}——中水的年回用量；
Q_{hd}——雨水回用系统的平均日水量；
Q_{cd}——中水处理设施的日处理水量；
Q_{sa}——中水原水的年收集量；
Q_{xa}——中水供应管网系统的年需水量；
q_z——住宅节水用水定额；
q_g——公共建筑节水用水定额；
q_r——生活热水节水用水定额；
q_l——绿化灌溉浇水定额；
q_q——冷却循环水补水定额；
q_c——冲厕日均用水定额。

2.2.2　时间

D_z——住宅生活用水的年用水天数；
D_g——公共建筑生活用水的年用水天数；
D_r——生活热水年用水天数；
D_j——景观水体的年平均运行天数；
D_t——冷却塔每年运行天数；
D_c——冲厕用水年平均使用天数；
T——冷却塔每天运行时间。

2.2.3　几何特征及其他

n_z——住宅建筑居住人数；
n_g——公共建筑使用人数或单位数；
n_r——生活热水使用人数或单位数；
n_c——冲厕用水年平均使用人数；
F_l——绿地面积；
F——计算汇水面积；
R——非传统水源利用率；
R_y——雨水利用率；
Ψ_c——雨量径流系数；
h_a——常年降雨厚度；
h_d——常年最大日降雨厚度；
V——蓄水池有效容积。

3　节水设计计算

3.1　节水用水定额

3.1.1　住宅平均日生活用水的节水用水定额，可根据住宅类型、卫生器具设置标准和区域条件因素按表3.1.1的规定确定。

表 3.1.1　住宅平均日生活用水节水用水定额 q_z

住宅类型		卫生器具设置标准	节水用水定额 q_z（L／人·d）								
			一区			二区			三区		
			特大城市	大城市	中、小城市	特大城市	大城市	中、小城市	特大城市	大城市	中、小城市
普通住宅	I	有大便器、洗涤盆	100～140	90～110	80～100	70～110	60～80	50～70	60～100	50～70	45～65
	II	有大便器、洗脸盆、洗涤盆和洗衣机、热水器和沐浴设备	120～200	100～150	90～140	80～140	70～110	60～100	70～120	60～90	50～80
	III	有大便器、洗脸盆、洗涤盆、洗衣机、集中供应或家用热水机组和沐浴设备	140～230	130～180	100～160	90～170	80～130	70～120	80～140	70～100	60～90
别墅		有大便器、洗脸盆、洗涤盆、洗衣机及其他设备（净身器等）、家用热水机组或集中热水供应和沐浴设备、洒水栓	150～250	140～200	110～180	100～190	90～150	80～140	90～160	80～110	70～100

注：1　特大城市指市区和近郊区非农业人口100万及以上的城市；
　　　大城市指市区和近郊区非农业人口50万及以上，不满100万的城市；
　　　中、小城市指市区和近郊区非农业人口不满50万的城市。
　　2　一区包括：湖北、湖南、江西、浙江、福建、广东、广西、海南、上海、江苏、安徽、重庆；
　　　二区包括：四川、贵州、云南、黑龙江、吉林、辽宁、北京、天津、河北、山西、河南、山东、宁夏、陕西、内蒙古河套以东和甘肃黄河以东的地区；
　　　三区包括：新疆、青海、西藏、内蒙古河套以西和甘肃黄河以西的地区。
　　3　当地主管部门对住宅生活用水节水用水标准有规定的，按当地规定执行。
　　4　别墅用水定额中含庭院绿化用水，汽车抹车水。
　　5　表中水量为全部用水量，当采用分质供水时，有直饮水系统的，应扣除直饮水用水定额；有杂用水系统的，应扣除杂用水定额。

3.1.2 宿舍、旅馆和其他公共建筑的平均日生活用水的节水用水定额，可根据建筑物类型和卫生器具设置标准按表 3.1.2 的规定确定。

表 3.1.2　宿舍、旅馆和其他公共建筑的平均日生活用水节水用水定额 q_g

序号	建筑物类型及卫生器具设置标准	节水用水定额 q_g	单　位
1	宿舍 　Ⅰ类、Ⅱ类 　Ⅲ类、Ⅳ类	130～160 90～120	L/人·d L/人·d
2	招待所、培训中心、普通旅馆 　设公用厕所、盥洗室 　设公用厕所、盥洗室和淋浴室 　设公用厕所、盥洗室、淋浴室、洗衣室 　设单独卫生间、公用洗衣室	40～80 70～100 90～120 110～160	L/人·d L/人·d L/人·d L/人·d
3	酒店式公寓	180～240	L/人·d
4	宾馆客房 　旅客 　员工	220～320 70～80	L/床位·d L/人·d
5	医院住院部 　设公用厕所、盥洗室 　设公用厕所、盥洗室和淋浴室 　病房设单独卫生间 　医务人员 　门诊部、诊疗所 　疗养院、休养所住院部	90～160 130～200 220～320 130～200 6～12 180～240	L/床位·d L/床位·d L/床位·d L/人·班 L/人·次 L/床位·d
6	养老院托老所 　全托 　日托	90～120 40～60	L/人·d L/人·d
7	幼儿园、托儿所 　有住宿 　无住宿	40～80 25～40	L/儿童·d L/儿童·d
8	公共浴室 　淋浴 　淋浴、浴盆 　桑拿浴（淋浴、按摩池）	70～90 120～150 130～160	L/人·次 L/人·次 L/人·次
9	理发室、美容院	35～80	L/人·次
10	洗衣房	40～80	L/kg 干衣
11	餐饮业 　中餐酒楼 　快餐店、职工及学生食堂 　酒吧、咖啡厅、茶座、卡拉OK房	35～50 15～20 5～10	L/人·次 L/人·次 L/人·次
12	商场 　员工及顾客	4～6	L/m² 营业厅面积·d
13	图书馆	5～8	L/人·次
14	书店 　员工 　营业厅	27～40 3～5	L/人·班 L/m² 营业厅面积·d
15	办公楼	25～40	L/人·班

序号	建筑物类型及卫生器具设置标准	节水用水定额 q_g	单 位
16	教学实验楼 中小学校 高等学校	15～35 35～40	L/学生·d L/学生·d
17	电影院、剧院	3～5	L/观众·场
18	会展中心（博物馆、展览馆） 员工 展厅	27～40 3～5	L/人·班 L/m² 展厅面积·d
19	健身中心	25～40	L/人·次
20	体育场、体育馆 运动员淋浴 观众	25～40 3	L/人·次 L/人·场
21	会议厅	6～8	L/座位·次
22	客运站旅客、展览中心观众	3～6	L/人·次
23	菜市场冲洗地面和保鲜用水	8～15	L/m²·d
24	停车库地面冲洗用水	2～3	L/m²·次

注：1 除养老院、托儿所、幼儿园的用水定额中含食堂用水，其他均不含食堂用水。

2 除注明外均不含员工用水，员工用水定额每人每班 30L～45L。

3 医疗建筑用水中不含医疗用水。

4 表中用水量包括热水用量在内，空调用水应另计。

5 选择用水定额时，可依据当地气候条件、水资源状况等确定，缺水地区应选用低值。

6 用水人数或单位数应以年平均值计算。

7 每年用水天数应根据使用情况确定。

3.1.3 汽车冲洗用水定额应根据冲洗方式按表 3.1.3 的规定选用，并应考虑车辆用途、道路路面等级和污染程度等因素后综合确定。附设在民用建筑中停车库抹车用水可按 10％～15％轿车车位计。

表 3.1.3 汽车冲洗用水定额（L/辆·次）

冲洗方式	高压水枪冲洗	循环用水冲洗补水	抹 车
轿 车	40～60	20～30	10～15
公共汽车载重汽车	80～120	40～60	15～30

注：1 同时冲洗汽车数量按洗车台数量确定。

2 在水泥和沥青路面行驶的汽车，宜选用下限值；路面等级较低时，宜选用上限值。

3 冲洗一辆车可按 10min 考虑。

4 软管冲洗时耗水量大，不推荐采用。

3.1.4 空调循环冷却水系统的补充水量，应根据气象条件、冷却塔形式、供水水质、水质处理及空调设计运行负荷、运行天数等确定，可按平均日循环水量的 1.0％～2.0％计算。

3.1.5 浇洒道路用水定额可根据路面性质按表 3.1.5 的规定选用，并应考虑气象条件因素后综合确定。

表 3.1.5 浇洒道路用水定额（L/m²·次）

路面性质	用水定额
碎石路面	0.40～0.70
土路面	1.00～1.50
水泥或沥青路面	0.20～0.50

注：1 广场浇洒用水定额亦可参照本表选用。

2 每年浇洒天数按当地情况确定。

3.1.6 浇洒草坪、绿化年均灌水定额可按表 3.1.6 的规定确定。

表 3.1.6 浇洒草坪、绿化年均灌水定额（m³/m²·a）

草坪种类	灌 水 定 额		
	特级养护	一级养护	二级养护
冷季型	0.66	0.50	0.28
暖季型	—	0.28	0.12

3.1.7 住宅和公共建筑的生活热水平均日节水用水定额可按表 3.1.7 的规定确定，并应根据水温、卫生设备完善程度、热水供应时间、当地气候条件、生活习惯和水资源情况综合确定。

表 3.1.7 热水平均日节水用水定额 q_r

序号	建筑物名称	节水用水定额 q_r	单 位
1	住宅 　有自备热水供应和淋浴设备 　有集中热水供应和淋浴设备	 20～60 25～70	 L/人·d L/人·d
2	别墅	30～80	L/人·d
3	酒店式公寓	65～80	L/人·d
4	宿舍 　Ⅰ类、Ⅱ类 　Ⅲ类、Ⅳ类	 40～55 35～45	 L/人·d L/人·d
5	招待所、培训中心、普通旅馆 　设公用厕所、盥洗室 　设公用厕所、盥洗室和淋浴室 　设公用厕所、盥洗室、淋浴室、洗衣室 　设单独卫生间、公用洗衣室	 20～30 35～45 45～55 50～70	 L/人·d L/人·d L/人·d L/人·d
6	宾馆客房 　旅客 　员工	 110～140 35～40	 L/床位·d L/人·d
7	医院住院部 　设公用厕所、盥洗室 　设公用厕所、盥洗室和淋浴室 　病房设单独卫生间 　医务人员 　门诊部、诊疗所 　疗养院、休养所住院部	 45～70 65～90 110～140 65～90 3～5 90～110	 L/床位·d L/床位·d L/床位·d L/人·班 L/人·次 L/床位·d
8	养老院托老所 　全托 　日托	 45～55 15～20	 L/床位·d L/人·d
9	幼儿园、托儿所 　有住宿 　无住宿	 20～40 15～20	 L/儿童·d L/儿童·d
10	公共浴室 　淋浴 　淋浴、浴盆 　桑拿浴（淋浴、按摩池）	 35～40 55～70 60～70	 L/人·次 L/人·次 L/人·次
11	理发室、美容院	20～35	L/人·次
12	洗衣房	15～30	L/kg 干衣
13	餐饮业 　中餐酒楼 　快餐店、职工及学生食堂 　酒吧、咖啡厅、茶座、卡拉 OK 房	 15～25 7～10 3～5	 L/人·次 L/人·次 L/人·次
14	办公楼	5～10	L/人·班
15	健身中心	10～20	L/人·次
16	体育场、体育馆 　运动员淋浴 　观众	 15～20 1～2	 L/人·次 L/人·场
17	会议厅	2	L/座位·次

注：1　热水温度按 60℃计。
　　2　本表中所列节水用水定额均已包括在表 3.1.1 和表 3.1.2 的用水定额中。
　　3　选用居住建筑热水节水用水定额时，应参照表 3.1.1 中相应地区、城市规模以及住宅类型的生活用水节水用水定额取值，即三区中小城市宜取低值，一区特大城市宜取高值。

6—9

3.1.8 民用建筑中水节水用水定额可按本标准第3.1.1、第3.1.2条和表3.1.8所规定的各类建筑物分项给水百分率确定。

表3.1.8 各类建筑物分项给水百分率（%）

项目	住宅	宾馆、饭店	办公楼、教学楼	公共浴室	餐饮业、营业餐厅	宿舍
冲厕	21	10~14	60~66	2~5	6.7~5	30
厨房	20~19	12.5~14	—	—	93.3~95	—
沐浴	29.3~32	50~40	—	98~95	—	40~42
盥洗	6.7~6.0	12.5~14	40~34	—	—	12.5~14
洗衣	22.7~22	15~18	—	—	—	17.5~14
总计	100	100	100	100	100	100

3.2 年节水用水量计算

3.2.1 生活用水年节水用水量的计算应符合下列规定：

1 住宅的生活用水年节水用水量应按下式计算：

$$Q_{za} = \frac{q_z n_z D_z}{1000} \quad (3.2.1\text{-}1)$$

式中：Q_{za}——住宅生活用水年节水用水量（m³/a）；

q_z——节水用水定额，按表3.1.1的规定选用（L/人·d）；

n_z——居住人数，按3~5人/户，入住率60%~80%计算；

D_z——年用水天数（d/a），可取D_z＝365d/a。

2 宿舍、旅馆等公共建筑的生活用水年节用水量应按下式计算：

$$Q_{ga} = \sum \frac{q_g n_g D_g}{1000} \quad (3.2.1\text{-}2)$$

式中：Q_{ga}——宿舍、旅馆等公共建筑的生活用水年节水用水量（m³/a）；

q_g——节水用水定额，按表3.1.2的规定选用（L/人·d或L/单位数·d），表中未直接给出定额者，可通过人、次/d等进行换算；

n_g——使用人数或单位数，以年平均值计算；

D_g——年用水天数（d/a），根据使用情况确定。

3 浇洒草坪、绿化用水、空调循环冷却水系统补水等的年节用水量应分别按本标准表3.1.6、式（5.1.8）和式（5.1.11-2）的规定确定。

3.2.2 生活热水年节水用水量应按下式计算：

$$Q_{ra} = \sum \frac{q_r n_r D_r}{1000} \quad (3.2.2)$$

式中：Q_{ra}——生活热水年节水用水量（m³/a）；

q_r——热水节水用水定额，按表3.1.7的规定选用（L/人·d或L/单位数·d），表中未直接给出定额者，可通过人、次/d等进行换算；

n_r——使用人数或单位数，以年平均值计算，住宅可按本标准式（3.2.1-1）中的n_z计算；

D_r——年用水天数（d/a），根据使用情况确定。

4 节水系统设计

4.1 一般规定

4.1.1 建筑物在初步设计阶段应编制"节水设计专篇"，编写格式应符合附录A的规定，其中节水用水量的计算中缺水城市的平均日用水定额应采用本标准中较低值。

4.1.2 建筑节水系统应根据节能、卫生、安全及当地政府规定等要求，并结合非传统水源综合利用的内容进行设计。

4.1.3 市政管网供水压力不能满足供水要求的多层、高层建筑的给水、中水、热水系统应竖向分区，各分区最低卫生器具配水点处的静水压不宜大于0.45MPa，且分区内低层部分应设减压设施保证各用水点处供水压力不大于0.2MPa。

4.1.4 绿化浇洒系统应依据水量平衡和技术经济比较，优化配置、合理利用各种水资源。

4.1.5 景观用水水源不得采用市政自来水和地下井水。

4.2 供水系统

4.2.1 设有市政或小区给水、中水供水管网的建筑，生活给水系统应充分利用城镇供水管网的水压直接供水。

4.2.2 给水调节水池或水箱、消防水池或水箱应设溢流信号管和溢流报警装置，设有中水、雨水回用给水系统的建筑，给水调节水池或水箱清洗时排出的废水、溢水宜排至中水、雨水调节池回收利用。

4.2.3 热水供应系统应有保证用水点处冷、热水供水压力平衡的措施。用水点处冷、热水供水压力差不宜大于0.02MPa，并应符合下列规定：

1 冷水、热水供应系统应分区一致；

2 当冷、热水系统分区一致有困难时，宜采用配水支管设可调式减压阀减压等措施，保证系统冷、热水压力的平衡；

3 在用水点处宜设带调节压差功能的混合器、混合阀。

4.2.4 热水供应系统应按下列要求设置循环系统：

1 集中热水供应系统，应采用机械循环，保证干管、立管或干管、立管和支管中的热水循环；

2 设有3个以上卫生间的公寓、住宅、别墅共用水加热设备的局部热水供应系统，应设回水配件自然循环或设循环泵机械循环；

3 全日集中供应热水的循环系统，应保证配水点出水温度不低于45℃的时间，对于住宅不得大于15s，医院和旅馆等公共建筑不得大于10s。

4.2.5 循环管道的布置应保证循环效果，并应符合下列规定：

1 单体建筑的循环管道宜采用同程布置，热水回水干、立管采用导流三通连接和在回水立管上设限流调节阀、温控阀等保证循环效果的措施；

2 当热水配水支管布置较长不能满足本标准4.2.4条第3款的要求时，宜设支管循环，或采取支管自控电伴热措施；

3 当采用减压阀分区供水时，应保证各分区的热水循环；

4 小区集中热水供应系统应设热水回水总干管并设总循环泵，单体建筑连接小区总回水管的回水管处宜设导流三通、限流调节阀、温控阀或分循环泵保证循环效果；

5 当采用热水贮水箱经热水加压泵供水的集中热水供应系统时，循环泵可与热水加压泵合用，采用调速泵组供水和循环。回水干管设温控阀或流量控制阀控制回水流量。

4.2.6 公共浴室的集中热水供应系统应满足下列要求：

1 大型公共浴室宜采用高位冷、热水箱重力流供水。当无条件设高位冷、热水箱时，可设带贮热调节容积的水加热设备经混合恒温罐、恒温阀供给热水。由热水箱经加压泵直接供水时，应有保证系统冷热水压力平衡和稳定的措施；

2 采用集中热水供应系统的建筑内设有3个及3个以上淋浴器的小公共浴室、淋浴间，其热水供水支管上不宜分支再供其他用水；

3 浴室内的管道应按下列要求设置：

　1) 当淋浴器出水温度能保证控制在使用温度范围时，宜采用单管供水；当不能满足时，宜采用双管供水；

　2) 多于3个淋浴器的配水管道宜布置成环形；

　3) 环形供水管上不宜接管供其他器具用水；

　4) 公共浴室的热水管网应设循环回水管，循环管道应采用机械循环；

4 淋浴器宜采用即时启、闭的脚踏、手动控制或感应式自动控制装置。

4.2.7 建筑管道直饮水系统应满足下列要求：

1 管道直饮水系统的竖向分区、循环管道的设置以及从供水立管至用水点的支管长度等设计要求应按国家现行行业标准《管道直饮水系统技术规程》CJJ 110执行；

2 管道直饮水系统的净化水设备产水率不得低于原水的70%，浓水应回收利用。

4.2.8 采用蒸汽制备开水时，应采用间接加热的方式，凝结水应回收利用。

4.3 循环水系统

4.3.1 冷却塔水循环系统设计应满足下列要求：

1 循环冷却水的水源应满足系统的水质和水量要求，宜优先使用雨水等非传统水源；

2 冷却水应循环使用；

3 多台冷却塔同时使用时宜设置集水盘连通管等水量平衡设施；

4 建筑空调系统的循环冷却水的水质稳定处理应结合水质情况，合理选择处理方法及设备，并应保证冷却水循环率不低于98%；

5 旁流处理水量可根据去除悬浮物或溶解固体分别计算。当采用过滤处理去除悬浮物时，过滤水量宜为冷却水循环水量的1‰～5‰；

6 冷却塔补充水总管上应设阀门及计量等装置；

7 集水池、集水盘或补水池宜设溢流信号，并将信号送入机房。

4.3.2 游泳池、水上娱乐池等水循环系统设计应满足下列要求：

1 游泳池、水上娱乐池等应采用循环给水系统；

2 游泳池、水上娱乐池等水循环系统的排水应重复利用。

4.3.3 蒸汽凝结水应回收再利用或循环使用，不得直接排放。

4.3.4 洗车场宜采用无水洗车、微水洗车技术，当采用微水洗车时，洗车水系统设计应满足下列要求：

1 营业性洗车场或洗车点应优先使用非传统水源；

2 当以自来水洗车时，洗车水应循环使用；

3 机动车清洗设备应符合国家有关标准的规定。

4.3.5 空调冷凝水的收集及回用应符合下列要求：

1 设有中水、雨水回用供水系统的建筑，其集中空调部分的冷凝水宜回收汇集至中水、雨水清水池，作为杂用水；

2 设有集中空调系统的建筑，当无中水、雨水回用供水系统时，可设置单独的空调冷凝水回收系统，将其用于水景、绿化等用水。

4.3.6 水源热泵用水应循环使用，并应符合下列要求：

1 当采用地下水、地表水做水源热泵热源时，应进行建设项目水资源论证；

2 采用地下水为热源的水源热泵换热后的地下水应全部回灌至同一含水层，抽、灌井的水量应能在线监测。

4.4 浇洒系统

4.4.1 浇洒系统水源应满足下列要求：

1 应优先选择雨水、中水等非传统水源；

2 水质应符合现行国家标准《城市污水再生利用 景观环境用水水质》GB/T 18921 和《城市污水再生利用 城市杂用水水质》GB/T 18920 的规定。

4.4.2 绿化浇洒应采用喷灌、微灌等高效节水灌溉方式。应根据喷灌区域的浇洒管理形式、地形地貌、当地气象条件、水源条件、绿地面积大小、土壤渗透率、植物类型和水压等因素，选择不同类型的喷灌系统，并应符合下列要求：

1 绿地浇洒采用中水时，宜采用以微灌为主的浇洒方式；

2 人员活动频繁的绿地，宜采用以微喷灌为主的浇洒方式；

3 土壤易板结的绿地，不宜采用地下渗灌的浇洒方式；

4 乔、灌木和花卉宜采用以滴灌、微喷灌等为主的浇洒方式；

5 带有绿化的停车场，其灌水方式宜按表4.4.2-1 的规定选用；

6 平台绿化的灌水方式宜按表 4.4.2-2 的规定选用。

表 4.4.2-1 停车场灌水方式

绿化部位	种植品种及布置	灌水方式
周界绿化	较密集	滴灌
车位间绿化	不宜种植花卉，绿化带一般宽位 1.5m～2m，乔木沿绿带排列，间距应不小于 2.5m	滴灌或微喷灌
地面绿化	种植耐碾压草种	微喷灌

表 4.4.2-2 平台绿化灌水方式

植物类别	种植土最小厚度（mm）			灌水方式
	南方地区	中部地区	北方地区	
花卉草坪地	200	400	500	微喷灌
灌木	500	600	800	滴灌或微喷灌
乔木、藤本植物	600	800	1000	滴灌或微喷灌
中高乔木	800	1000	1500	滴灌

4.4.3 浇洒系统宜采用湿度传感器等自动控制其启停。

4.4.4 浇洒系统的支管上任意两个喷头处的压力差不应超过喷头设计工作压力的 20%。

5 非传统水源利用

5.1 一般规定

5.1.1 节水设计应因地制宜采取措施综合利用雨水、中水、海水等非传统水源，合理确定供水水质指标，并应符合国家现行有关标准的规定。

5.1.2 民用建筑采用非传统水源时，处理出水必须保障用水终端的日常供水水质安全可靠，严禁对人体健康和室内卫生环境产生负面影响。

5.1.3 非传统水源的水质处理工艺应根据源水特征、污染物和出水水质要求确定。

5.1.4 雨水和中水利用工程应根据现行国家标准《建筑与小区雨水利用工程技术规范》GB 50400 和《建筑中水设计规范》GB 50336 的有关规定进行设计。

5.1.5 雨水和中水等非传统水源可用于景观用水、绿化用水、汽车冲洗用水、路面地面冲洗用水、冲厕用水、消防用水等非与人身接触的生活用水，雨水，还可用于建筑空调循环冷却系统的补水。

5.1.6 中水、雨水不得用于生活饮用水及游泳池等用水。与人身接触的景观娱乐用水不宜使用中水或城市污水再生水。

5.1.7 景观水体的平均日补水量 W_{jd} 和年用水量 W_{ja} 应分别按下列公式进行计算：

$$W_{jd} = W_{zd} + W_{sd} + W_{fd} \quad (5.1.7\text{-}1)$$

$$W_{ja} = W_{jd} \times D_j \quad (5.1.7\text{-}2)$$

式中：W_{jd}——平均日补水量（m³/d）；

W_{zd}——日均蒸发量（m³/d），根据当地水面日均蒸发厚度乘以水面面积计算；

W_{sd}——渗透量（m³/d），为水体渗透面积与入渗速率的乘积；

W_{fd}——处理站机房自用水量等（m³/d）；

W_{ja}——景观水体年用水量（m³/a）；

D_j——年平均运行天数（d/a）。

5.1.8 绿化灌溉的年用水量应按本标准表 3.1.6 的规定确定，平均日喷灌水量 W_{ld} 应按下式计算：

$$W_{ld} = 0.001 q_l F_l \quad (5.1.8)$$

式中：W_{ld}——日喷灌水量（m³/d）；

q_l——浇水定额（L/m²·d），可取 2 L/m²·d；

F_l——绿地面积（m²）。

5.1.9 冲洗路面、地面等用水量应按本标准表

3.1.5 的规定确定，年浇洒次数可按 30 次计。

5.1.10 洗车场洗车用水可按本标准表 3.1.3 的规定和日均洗车数量及年洗车数量计算确定。

5.1.11 冷却塔补水的日均补水量 W_{td} 和补水年用水量 W_{ta} 应分别按下列公式进行计算：

$$W_{td} = (0.5 \sim 0.6)q_q T \quad (5.1.11\text{-}1)$$

$$W_{ta} = W_{td} \times D_t \quad (5.1.11\text{-}2)$$

式中：W_{td}——冷却塔日均补水量（m^3/d）；

q_q——补水定额，可按冷却循环水量的 $1\% \sim 2\%$ 计算，（m^3/h），使用雨水时宜取高限；

T——冷却塔每天运行时间（h/d）；

D_t——冷却塔每年运行天数（d/a）；

W_{ta}——冷却塔补水年用水量（m^3/a）。

5.1.12 冲厕用水年用水量应按下式计算：

$$W_{ca} = \frac{q_c n_c D_c}{1000} \quad (5.1.12)$$

式中：W_{ca}——年冲厕用水量（m^3/a）；

q_c——日均用水定额，可按本标准第 3.1.1、3.1.2 条和表 3.1.8 的规定采用（L/人·d）；

n_c——年平均使用人数（人）。对于酒店客房，应考虑年入住率；对于住宅，应按本标准 3.2.1-1 式中的 n_z 值计算；

D_c——年平均使用天数（d/a）。

5.1.13 当具有城市污水再生水供应管网时，建筑中水应优先采用城市再生水。

5.1.14 观赏性景观环境用水应优先采用雨水、中水、城市再生水及天然水源等。

5.1.15 建筑或小区中设有雨水回用和中水合用系统时，原水应分别调蓄和净化处理，出水可在清水池混合。

5.1.16 建筑或小区中设有雨水回用和中水合用系统时，在雨季应优先利用雨水，需要排放原水时应优先排放中水原水。

5.1.17 非传统水源利用率应按下式计算：

$$R = \frac{\sum W_a}{\sum Q_a} \times 100\% \quad (5.1.17)$$

式中：R——非传统水源利用率；

$\sum Q_a$——年总用水量，包含自来水用量和非传统水源用量，可根据本标准第 3 章和本节的规定计算；

$\sum W_a$——非传统水源年使用量。

5.2 雨 水 利 用

5.2.1 建筑与小区应采取雨水入渗收集、收集回用等雨水利用措施。

5.2.2 收集回用系统宜用于年降雨量大于 400mm 的地区，常年降雨量超过 800mm 的城市应优先采用屋面雨水收集回用方式。

5.2.3 建设用地内设置了雨水利用设施后，仍应设置雨水外排设施。

5.2.4 雨水回用系统的年用雨水量应按下式计算：

$$W_{ya} = (0.6 \sim 0.7) \times 10 \Psi_c h_a F \quad (5.2.4)$$

式中：W_{ya}——年用雨水量（m^3）；

Ψ_c——雨量径流系数；

h_a——常年降雨厚度（mm）；

F——计算汇水面积（hm^2），按本标准第 5.2.5 条的规定确定；

$0.6 \sim 0.7$——除去不能形成径流的降雨、弃流雨水等外的可回用系数。

5.2.5 计算汇水面积 F 可按下列公式进行计算，并可与雨水蓄水池汇水面积相比较后取三者中最小值：

$$F = \frac{V}{10 \Psi_c h_d} \quad (5.2.5\text{-}1)$$

$$F = \frac{3Q_{hd}}{10 \Psi_c h_d} \quad (5.2.5\text{-}2)$$

式中：h_d——常年最大日降雨厚度（mm）；

V——蓄水池有效容积（m^3）；

Q_{hd}——雨水回用系统的平均日用水量（m^3）。

5.2.6 雨水入渗面积的计算应包括透水铺砌面积、地面和屋面绿地面积、室外埋地入渗设施的有效渗透面积，室外下凹绿地面积可按 2 倍透水地面面积计算。

5.2.7 不透水地面的雨水径流采用回用或入渗方式利用时，配置的雨水储存设施应使设计日雨水径流量溢流外排的量小于 20%，并且储存的雨水能在 3d 之内入渗完毕或使用完毕。

5.2.8 雨水回用系统的自来水替代率或雨水利用率 R_y 应按下式计算：

$$R_y = W_{ya} / \sum Q_a \quad (5.2.8)$$

式中：R_y——自来水替代率或雨水利用率。

5.3 中 水 利 用

5.3.1 水源型缺水且无城市再生水供应的地区，新建和扩建的下列建筑宜设置中水处理设施：

1 建筑面积大于 3 万 m^2 的宾馆、饭店；

2 建筑面积大于 5 万 m^2 且可回收水量大于 100m^3/d 的办公、公寓等其他公共建筑；

3 建筑面积大于 5 万 m^2 且可回收水量大于 150m^3/d 的住宅建筑。

注：1 若地方有相关规定，则按地方规定执行。

2 不包括传染病医院、结核病医院建筑。

5.3.2 中水源水的可回收利用水量宜按优质杂排水或杂排水量计算。

5.3.3 当建筑污、废水没有市政污水管网接纳时，应进行处理并宜再生回用。

5.3.4 当中水由建筑中水处理站供应时，建筑中水系统的年回用中水量应按下列公式进行计算，并应选取三个水量中的最小数值：

$$W_{ma} = 0.8 \times Q_{sa} \qquad (5.3.4-1)$$

$$W_{ma} = 0.8 \times 365 Q_{cd} \qquad (5.3.4-2)$$

$$W_{ma} = 0.9 \times Q_{xa} \qquad (5.3.4-3)$$

式中：W_{ma}——中水的年回用量（m^3）；

Q_{sa}——中水原水的年收集量（m^3）；应根据本标准第 3 章的年用水量乘 0.9 计算。

Q_{cd}——中水处理设施的日处理水量，应按经过水量平衡计算后的中水原水量取值（m^3/d）；

Q_{xa}——中水供应管网系统的年需水量（m^3），应根据本标准第 5.1 节的规定计算。

6 节水设备、计量仪表、器材及管材、管件

6.1 卫生器具、器材

6.1.1 建筑给水排水系统中采用的卫生器具、水嘴、淋浴器等应根据使用对象、设置场所、建筑标准等因素确定，且均应符合现行行业标准《节水型生活用水器具》CJ 164 的规定。

6.1.2 坐式大便器宜采用设有大、小便分档的冲洗水箱。

6.1.3 居住建筑中不得使用一次冲洗水量大于 6L 的坐便器。

6.1.4 小便器、蹲式大便器应配套采用延时自闭式冲洗阀、感应式冲洗阀、脚踏冲洗阀。

6.1.5 公共场所的卫生间洗手盆应采用感应式或延时自闭式水嘴。

6.1.6 洗脸盆等卫生器具应采用陶瓷片等密封性能良好耐用的水嘴。

6.1.7 水嘴、淋浴喷头内部宜设置限流配件。

6.1.8 采用双管供水的公共浴室宜采用带恒温控制与温度显示功能的冷热水混合淋浴器。

6.1.9 民用建筑的给水、热水、中水以及直饮水等给水管道设置计量水表应符合下列规定：

   1 住宅入户管上应设计量水表；

   2 公共建筑应根据不同使用性质及计费标准分类分别设计量水表；

   3 住宅小区及单体建筑引入管上应设计量水表；

   4 加压分区供水的贮水池或水箱前的补水管上宜设计量水表；

   5 采用高位水箱供水系统的水箱出水管上宜设计量水表；

   6 冷却塔、游泳池、水景、公共建筑中的厨房、洗衣房、游乐设施、公共浴池、中水贮水池或水箱补水等的补水管上应设计量水表；

   7 机动车清洗用水管上应安装水表计量；

   8 采用地下水水源热泵为热源时，抽、回灌管道应分别设计量水表；

   9 满足水量平衡测试及合理用水分析要求的管段上应设计量水表。

6.1.10 民用建筑所采用的计量水表应符合下列规定：

   1 产品应符合国家现行标准《封闭满管道中水流量的测量 饮用冷水水表和热水水表》GB/T 778.1～3、《IC 卡冷水水表》CJ/T 133、《电子远传水表》CJ/T 224、《冷水水表检定规程》JJG 162 和《饮用水冷水水表安全规则》CJ 266 的规定；

   2 口径 $DN15～DN25$ 的水表，使用期限不得超过 6a；口径大于 $DN25$ 的水表，使用期限不得超过 4a。

6.1.11 学校、学生公寓、集体宿舍公共浴室等集中用水部位宜采用智能流量控制装置。

6.1.12 减压阀的设置应满足下列要求：

   1 不宜采用共用供水立管串联减压分区供水；

   2 热水系统采用减压阀分区时，减压阀的设置不得影响循环系统的运行效果；

   3 用水点处水压大于 0.2MPa 的配水支管应设置减压阀，但应满足给水配件最低工作压力的要求；

   4 减压阀的设置还应满足现行国家标准《建筑给水排水设计规范》GB 50015 的有关规定。

6.2 节 水 设 备

6.2.1 加压水泵的 Q-H 特性曲线应为随流量的增大，扬程逐渐下降的曲线。

6.2.2 市政条件许可的地区，宜采用叠压供水设备，但需取得当地供水行政主管部门的批准。

6.2.3 水加热设备应根据使用特点、耗热量、热源、维护管理及卫生防菌等因素选择，并应符合下列规定：

   1 容积利用率高，换热效果好，节能、节水；

   2 被加热水侧阻力损失小。直接供给生活热水的水加热设备的被加热水侧阻力损失不宜大于 0.01MPa；

   3 安全可靠、构造简单、操作维修方便。

6.2.4 水加热器的热媒入口管上应装自动温控装置，自动温控装置应能根据壳程内水温的变化，通过水温传感器可靠灵活地调节或启闭热媒的流量，并应使被加热水的温度与设定温度的差值满足下列规定：

   1 导流型容积式水加热器：±5℃；

   2 半容积式水加热器：±5℃；

   3 半即热式水加热器：±3℃。

6.2.5 中水、雨水、循环水以及给水深度处理的水处理宜采用自用水量较少的处理设备。

6.2.6 冷却塔的选用和设置应符合下列规定：

1 成品冷却塔应选用冷效高、飘水少、噪声低的产品；

2 成品冷却塔应按生产厂家提供的热力特性曲线选定。设计循环水量不宜超过冷却塔的额定水量；当循环水量达不到额定水量的80％时，应对冷却塔的配水系统进行校核；

3 冷却塔数量宜与冷却水用水设备的数量、控制运行相匹配；

4 冷却塔设计计算所选用的空气干球温度和湿球温度，应与所服务的空调等系统的设计空气干球温度和湿球温度相吻合，应采用历年平均不保证50h的干球温度和湿球温度；

5 冷却塔宜设置在气流通畅，湿热空气回流影响小的场所，且宜布置在建筑物的最小频率风向的上风侧。

6.2.7 洗衣房、厨房应选用高效、节水的设备。

6.3 管材、管件

6.3.1 给水、热水、再生水、管道直饮水、循环水等供水系统应按下列要求选用管材、管件：

1 供水系统采用的管材和管件，应符合国家现行有关标准的规定。管道和管件的工作压力不得大于产品标准标称的允许工作压力；

2 热水系统所使用管材、管件的设计温度不应低于80℃；

3 管材和管件宜为同一材质，管件宜与管道同径；

4 管材与管件连接的密封材料应卫生、严密、防腐、耐压、耐久。

6.3.2 管道敷设应采取严密的防漏措施，杜绝和减少漏水量。

1 敷设在垫层、墙体管槽内的给水管管材宜采用塑料、金属与塑料复合管材或耐腐蚀的金属管材，并应符合现行国家标准《建筑给水排水设计规范》GB 50015的相关规定；

2 敷设在有可能结冻区域的供水管应采取可靠的防冻措施；

3 埋地给水管应根据土壤条件选用耐腐蚀、接口严密耐久的管材和管件，做好相应的管道基础和回填土夯实工作；

4 室外直埋热水管，应根据土壤条件、地下水位高低、选用管材材质、管内外温差采取耐久可靠的防水、防潮、防止管道伸缩破坏的措施。室外直埋热水管直埋敷设还应符合国家现行标准《建筑给水排水及采暖工程验收规范》GB 50242及《城镇直埋供热管道工程技术规程》CJJ/T 81的相关规定。

附录A "节水设计专篇"编写格式

A.1 工程概况和用水水源(包括市政供水管线、引入管及其管径、供水压力等)

A.1.1 本项目功能和用途。

A.1.2 面积。

A.1.3 用水户数和人数详见表A.2-1。

A.1.4 用水水源为城市自来水或自备井水。

A.2 节水用水量

根据本设计标准3.1.1条和3.1.2条节水用水定额规定，各类用水量计算明细见表A.2-1，中水原水回收量计算明细见表A.2-2，中水回用系统用水量明细见表A.2-3。

表A.2-1 生活用水节水用水量计算表

序号	用水部位	使用数量	用水量定额	用水天数(d/a)	用水量（m³）		备注
					平均日	全年	

表A.2-2 中水原水回收量计算表

序号	排水部位	使用数量	原水排水量标准	排水量系统	用水天数(d/a)	用水量（m³）		备注
						平均日	全年	

表A.2-3 中水回用系统用水量计算表

序号	用水部位	使用数量	中水用水定额	用水天数(d/a)	用水量（m³）		备注
					平均日	全年	

A.3 节 水 系 统

A.3.1 地面____层及其以下各层给水、中水均由市政供水管直接供水，充分利用市政供水压力。

A.3.2 给水、热水、中水供水系统中配水支管处供水压力大于0.2MPa者均设支管减压阀，控制各用水点处水压小于或等于0.2MPa。

A.3.3 给水、热水采用相同供水分区，保证冷、热水供水压力的平衡。

A.3.4 集中热水供应系统设干、立管循环系统，循环管道同程布置，不循环配水支管长度均小于或等于____ m。

A.3.5 管道直饮水系统设供、回水管道同程布置的循环系统，不循环配水支管长度均小于或等于3m。

A.3.6 空调冷却水设冷却塔循环使用，冷却塔集水盘设连通管保证水量平衡。

A.3.7 游泳池和水上游乐设施水循环使用，并采取下列节水措施：

　　1 游泳池表面加设覆盖膜减少蒸发量；

　　2 滤罐反冲洗水经_____处理后回用于补水；

　　3 采用上述措施后，控制游泳池（水上游乐设施）补水量为循环水的__%。

A.3.8 浇洒绿地与景观用水：

　　1 庭院绿化、草地采用微喷或滴灌等节水灌溉方式；

　　2 景观水池兼作雨水收集贮存水池，由满足《城市污水再生利用　景观环境用水水质》GB/T 18921规定的中水补水。

A.4　中水利用

A.4.1 卫生间、公共浴室的盆浴、淋浴排水、盥洗排水、空调循环冷却系统排污水、冷凝水、游泳池及水上游乐设施水池排污水等废水均作为中水原水回收，处理后用于冲厕、车库地面及车辆冲洗、绿化用水或景观用水。

A.4.2 中水原水平均日收集水量____ m³/d，中水设备日处理时间取____ h/d，平均时处理水量____ m³/h，取设备处理规模为____ m³/h。

A.4.3 中水处理采用下列生物处理和物化处理相结合的工艺流程：

　　注：处理流程应根据原水水质、水量和中水的水质、水量及使用要求等因素，经技术经济比较后确定。

　　处理后的中水水质应符合《城市污水再生利用　城市杂用水水质》GB/T 18920或《城市污水再生利用　景观环境用水水质》GB/T 18921的规定。

A.4.4 水量平衡见附图A

A.4.5 中水调节池设自来水开始补水兼缺水报警水位和停止补水水位。

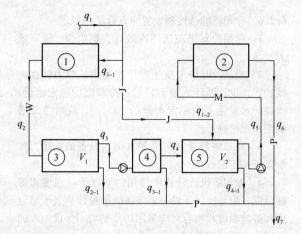

附图A　水量平衡示意图

J—自来水　W—中水原水　M—中水供水　P—排污水
①提供中水原水的用水设备　②中水用水设备
③原水调节池　④水处理设备　⑤中水贮水池

q_1—自来水总用水量____ m³/d　q_{1-1}—自来水供水的用水设备____ m³/d　q_{1-2}—中水贮水池的自来水补水量____ m³/d　q_2—中水原水水量____ m³/d　q_3—处理设备日处理量____ m³/d　q_{2-1}—调节池溢水排污量____ m³/d　q_{3-1}—处理设备自用水量____ m³/d　q_4—中水产水量____ m³/d　q_{4-1}—中水贮水池溢水、排污量____ m³/d　q_5—中水用水设备用水量____ m³/d　q_6—中水供水设备排污水量____ m³/d　q_7—总排污水量____ m³/d

A.5　雨水利用

A.5.1 间接利用Ⅰ：采用透水路面；室外绿地低于道路100mm，屋面雨水排至散水地面后流入绿地渗透到地下补充地下水源。

A.5.2 间接利用Ⅱ：屋面雨水排至室外雨水检查井，再经室外渗管渗入地下补充地下水源。

A.5.3 直接利用：屋面雨水经弃流初期雨水后，收集到雨水蓄水池，经机械过滤等处理达到中水水质标准后，进入中水贮水池，用于中水系统供水或用于水景补水。

A.6　节水设施

A.6.1 卫生器具及配件：

　　1 住宅采用带两档式冲水的6L水箱坐便器排水系统；

　　2 公共建筑卫生间的大便器、小便器均采用自闭式（公共卫生间宜采用脚踏自闭式）、感应式冲洗阀；

　　3 洗脸盆、洗手盆、洗涤池（盆）采用陶瓷片等密封耐用、性能优良的水嘴，公共卫生间的水龙头采用自动感应式控制；

　　4 营业性公共浴室淋浴器采用恒温混合阀，脚踏开关；学校、旅馆职工、工矿企业等公共浴室、大学生公寓、学生宿舍公用卫生间等淋浴器采用刷卡用水。

A.6.2 住宅给水、热水、中水、管道直饮水入户管上均设专用水表。

A.6.3 冷却塔及配套节水设施：

1 选用散热性能、收水性能优良的冷却塔，冷却塔布置在通风良好、无湿热空气回流的地方；

2 循环水系统设水质稳定处理设施，投加环保性缓蚀阻垢药剂，药剂采用自动投加设自动排污装置或在靠近冷凝器的冷却水回水管上设电子（或静电或永磁）水处理仪及机械过滤器；

3 冷却塔补水控制为循环水量的 2% 以内。

A.6.4 游泳池及水上游乐设施水循环。采用高效混凝剂和过滤滤料的过滤罐，滤速为_____ m/h，提高过滤效率，减少排污量。

A.6.5 消防水池（箱）与空调冷却塔补水池（箱）合一，夏季形成活水，控制水质变化。消防水池（箱）设_____消毒器，延长换水周期，减少补水量。

本标准用词说明

1 为便于在执行本标准条文时区别对待，对要求严格程度不同的用词说明如下：

 1）表示很严格，非这样做不可的用词：
  正面词采用"必须"，反面词采用"严禁"；

 2）表示严格，在正常情况下均应这样做的用词：
  正面词采用"应"，反面词采用"不应"

或"不得"。

 3）表示允许稍有选择，在条件许可时首先应这样做的用词：
  正面词采用"宜"，反面词采用"不宜"；

 4）表示有选择，在一定条件下可以这样做的用词，采用"可"。

2 本标准中指明应按其他有关标准、规范执行的写法为"应符合……的规定"或"应按……执行"。

引用标准名录

1 《建筑给水排水设计规范》GB 50015

2 《建筑给水排水及采暖工程验收规范》GB 50242

3 《建筑中水设计规范》GB 50336

4 《建筑与小区雨水利用工程技术规范》GB 50400

5 《封闭满管道中水流量的测量 饮用冷水水表和热水水表》GB/T 778.1～3

6 《城市污水再生利用 城市杂用水水质》GB/T 18920

7 《城市污水再生利用 景观环境用水水质》GB/T 18921

8 《城镇直埋供热管道工程技术规程》CJJ/T 81

9 《管道直饮水系统技术规程》CJJ 110

10 《冷水水表检定规程》JJG 162

11 《IC 卡冷水水表》CJ/T 133

12 《节水型生活用水器具》CJ 164

13 《电子远传水表》CJ/T 224

14 《饮用水冷水水表安全规则》CJ 266

民用建筑节水设计标准

GB 50555—2010

条 文 说 明

制 订 说 明

《民用建筑节水设计标准》GB 50555－2010，经住房和城乡建设部 2010 年 5 月 31 日以公告 598 号批准发布。

本标准制订过程中，编制组进行了深入、广泛的调查研究，总结了我国工程建设民用建筑节水设计的实践经验，同时参考了国外先进技术法规、技术标准，通过常用用水器具节水效能测试取得了常用用水器具的节水用水定额等重要技术参数。

为便于广大设计、施工、科研、学校等单位的有关人员在使用本标准时能正确理解和执行条文规定，《民用建筑节水设计标准》编制组按章、节、条顺序编写了本标准的条文说明，对条文规定的目的、依据以及执行中需注意的有关事项进行了说明，还着重对强制性条文的强制性理由做了解释。但是，本条文说明不具备与标准正文同等的法律效力，仅供使用者作为理解和把握标准规定的参考。

目　次

1 总　　则

1.0.1 在工程建设中贯彻节能、节地、节水、节材和环境保护是一项长久的国策，节水设计的前提是在满足使用者对水质、水量、水压和水温要求的前提下来提高水资源的利用率，节水设计的系统应是经济上合理，有实施的可能，同时在使用时应便于管理维护。

1.0.4 建筑节水设计，除满足本标准外，还应符合国家其他的相关标准，如《节水型生活用水器具》CJ 164 的要求。在节水方面，许多省市也出台了相应的地方规定，尤其在中水利用与雨水利用方面的规定，设计中应根据工程所在地的情况分别执行。

3 节水设计计算

3.1 节水用水定额

本节制定的节水用水定额是专供编写"节水设计专篇"中计算节水用水量和进行节水设计评价用的。

工程设计时，建筑给水排水的设计中有关"用水定额"计算仍按《建筑给水排水设计规范》GB 50015 等标准执行。

3.1.1

1 表3.1.1所列节水用水定额是在使用节水器具后的参数，根据北京市节约用水管理中心提供的住宅用水量定额数据统计分析，使用节水器具可比不使用节水器具者节水约 10%～20%。

2 表3.1.1所列参数系以北京市节约用水管理中心和深圳市节约用水管理办公室所提供的平均日用水定额为依据，参照《建筑给水排水设计规范》GB 50015－2003 与《室外给水设计规范》GB 50013－2006 中相关用水定额条款的编制内容与分类进行编制。

3 表3.1.1中各项数据的编制：

1) 以北京市节约用水管理中心提供的二区、三区中Ⅰ、Ⅱ、Ⅲ类住宅的节水用水定额为基础，稍加调整后列为表中"大城市"的用水定额，二、三区特大城市与中小城市的用水定额则以此为基准，按深圳市节约用水管理办公室提供的一区中大城市与特大城市、中小城市的用水定额比例分别计算取值。

2) 以深圳市节约用水管理办公室提供的广东地区（即一区）Ⅱ类住宅的用水定额（非全部使用节水器具后的用水定额）乘以 0.9～0.8 取整后作为一区特大城市、大城市、中小城市的Ⅱ类住宅的用水定额；Ⅰ、Ⅲ类住宅则按照二、三区的相应用水定额比例取值。

主要编制过程及结果见表1。

表1　节约用水定额取值

住宅类型		卫生器具设置标准	节水用水定额 q_z								
			一区			二区			三区		
			特大城市	大城市	中小城市	特大城市	大城市	中小城市	特大城市	大城市	中小城市
普通住宅	Ⅰ	有大便器、洗涤盆	$A×(120\sim200)$ $=100\sim140$	$A×(110\sim150)$ $=90\sim110$	$A×(90\sim140)$ $=80\sim100$	$C×(60\sim80)$ $=70\sim110$	60～80	$D×(60\sim80)$ $=50\sim70$	$C×(50\sim70)$ $=60\sim100$	50～70	$D×(50\sim70)$ $=45\sim65$
	Ⅱ	有大便器、洗脸盆、洗涤盆和洗衣机、热水器和沐浴设备	120～200	100～150	90～140	$C×(70\sim110)$ $=80\sim140$	70～110	$D×(70\sim110)$ $=60\sim100$	$C×(70\sim90)$ $=70\sim120$	60～90	$D×(60\sim90)$ $=50\sim80$
	Ⅲ	有大便器、洗脸盆、洗涤盆、洗衣机、家用热水机组或集中热水供应和沐浴设备	$B×(120\sim200)$ $=140\sim230$	$B×(110\sim150)$ $=130\sim180$	$B×(90\sim140)$ $=100\sim160$	$C×(80\sim130)$ $=90\sim170$	80～130	$D×(80\sim130)$ $=70\sim120$	$C×(70\sim100)$ $=80\sim140$	70～100	$D×(70\sim100)$ $=60\sim90$

注：1　表中带阴影的数据，如"120～200"分别为北京市节约用水管理中心和深圳市节约用水办公室提供的经整理后的参数；
　　2　表中A为二区大城市中Ⅰ、Ⅱ类住宅的用水定额的比值；
　　　　B为二区大城市中Ⅲ、Ⅱ类住宅的用水定额的比值；
　　3　表中C为一区中特大城市与大城市住宅用水定额的比值；
　　　　D为一区中中小城市与大城市住宅用水定额的比值。

4 本标准表 3.1.1 中别墅的节水用水定额系以《建筑给水排水设计规范》GB 50015－2003 表 3.1.9 中，别墅用水定额／Ⅲ类住宅用水定额＝1.11～1.094 作为取值依据，即一、二、三区不同规模城市中别墅的节水定额＝1.1×相应的Ⅲ类住宅节水用水定额。

3.1.2 公共建筑生活用水节水用水定额的编制说明：

公共建筑对比住宅类建筑节水用水定额的确定要复杂得多，主要体现在：

1 公共建筑类别多，使用人员多而变化，难以统计分析；

2 使用人数不如住宅稳定，难以得到较准确的用水定额资料；

3 公共建筑中一般使用者与用水费用不挂钩，节水意识远不如住宅中的居民；

4 虽然有一些个别类型建筑某段时间的用水量统计资料，但很难以此作为依据。

针对上述情况，表 3.1.2 是以《建筑给水排水设计规范》GB 50015（2009 年版）表 3.1.10 中的宿舍、旅馆和公共建筑生活用水定额为基准，乘以 0.9～0.8 的使用节水器具后的折减系数作为相应各类建筑的生活用水节水用水定额。

3.1.3 汽车冲洗用水定额参考《建筑给水排水设计规范》GB 50015－2003 相关条文确定，由于软管冲洗时耗水量大，因此本规范不推荐使用。随着汽车技术的进步，无水洗车、微水洗车技术得到推广，无水洗车被称为"快捷手喷蜡"，不用水；微水洗车采用气、水分隔，合并采用高技术转换成微水状态，15min 用水量只有 1.5L 左右。但采用上述技术时，应按相应产品样本确定实际洗车用水量。电脑洗车技术已成为城市洗车技术的主流，采用循环水处理技术，每辆车耗水 0.7L 左右。当采用电脑机械等高技术洗车设备时，用水量应按产品说明书确定。每日洗车数量可按车辆保有量 10%～15% 计算。

3.1.4 空调循环冷却水补水量的数据采用《建筑给水排水设计规范》GB 50015－2003 数据。

3.1.5 表中数据给出每次浇洒用水量，每日按早晚各 1 次设计。

3.1.6 绿化用水定额参照北京市地方标准《草坪节水灌溉技术规定》DB11/T 349－2006 制定，采用平水年份数据。冷季型草坪草的最适生长温度为 15℃～25℃，受季节性炎热的温度和持续期及干旱环境影响较大。暖季型草坪草的最适生长温度为 26℃～32℃，受低温的强度和持续时间影响较大。冷季型草坪草平水年份灌水次数、灌水定额和灌水周期见表 2。暖季型草坪草平水年份灌水次数、灌水定额和灌水周期见表 3。

表 2　冷季型草坪草平水年份灌水次数、灌水定额和灌水周期

时段	灌水定额		特级养护		一级养护		二级养护	
	m³/m²	mm	灌水次数	灌水周期(d)	灌水次数	灌水周期(d)	灌水次数	灌水周期(d)
3 月	0.015～0.025	15～25	2	10～15	1	15～20	1	15～20
4 月	0.015～0.025	15～25	4	6～8	4	6～8	2	10～15
5 月	0.015～0.025	15～25	8	3～4	6	4～5	4	6～8
6 月	0.015～0.025	15～25	4～5		5	5～6	2	10～15
7 月	0.015～0.025	15～25	3	8～10	2	10～15	1	15～20
8 月	0.015～0.025	15～25	3	8～10	2	10～15	1	15～20
9 月	0.015～0.025	15～25	3	8～10	3	8～10	1	15～20
10 月	0.015～0.025	15～25	2	10～15	1	15～20	1	15～20
11 月	0.015～0.025	15～25	2	10～15	1	15～20	1	15～20

表 3　暖季型草坪草平水年份灌水次数、灌水定额和灌水周期

时段	灌水定额		一级养护		二级养护	
	m³/m²	mm	灌水次数	灌水周期(d)	灌水次数	灌水周期(d)
4 月	0.015～0.025	15～25	1	15～20	1	15～20
5 月	0.015～0.025	15～25	3	8～10	2	10～15
6 月	0.015～0.025	15～25	2	10～15	2	10～15
7 月	0.015～0.025	15～25	2	10～15	1	15～20
8 月	0.015～0.025	15～25	2	10～15	1	15～20
9 月	0.015～0.025	15～25	2	10～15	1	15～20
10 月	0.015～0.025	15～25	1	15～20	1	15～20
11 月	0.015～0.025	15～25	1	15～20	1	15～20

3.1.7 住宅、公共建筑生活热水节水用水定额的编制说明。

住宅、公共建筑的生活热水用水量包含在给水用水定额中，根据《建筑给水排水设计规范》GB 50015-2003中5.1.1条条文说明的推理分析，各类建筑生活热水量与给水量有一定比例关系。本标准表3.1.7即依据此比例关系将本标准表3.1.1、表3.1.2中的给水节水用水定额推算整理为相应的热水节水用水定额。

1 各类建筑生活热水用水量占给水用水量的比例，见表4。

表4 各类建筑生活热水用水量
占给水用水量的比例（%）

类　别	生活热水用水量占给水用水量的比例
住宅、别墅	0.33～0.38
旅馆、宾馆	0.44～0.56
医院	0.44～0.50
餐饮业	0.48～0.51
办公楼	0.18～0.20

注：表中没有列出的建筑参照类似建筑的比例。

2 按照《建筑给水排水设计规范》GB 50015-2003表5.1.1的编制方法，住宅类建筑未按本标准表3.1.1分区分住宅类型编写，只编制了局部热水供应系统（即"自备热水供应和淋浴设备"）和集中热水供应两项用水定额，其取值的方法如表5所示。

表5 住宅类建筑热水节水用水定额推求

住宅类型	给水节水用水定额 q_z	$b=\dfrac{热水量}{冷水量}$	热水节水用水定额 q_r（L/人·d）
有自备热水供应和淋浴设备	三区Ⅱ类住宅中最低值50	0.38	0.38×50=19.0 取20
	一区Ⅱ类住宅中最大值200	0.33	0.33×200=66 取60
有集中热水供应和淋浴设备	三区Ⅱ类住宅中最低值60	0.38	0.38×60=22.8 取25
	一区Ⅱ类住宅中最大值230	0.33	0.33×230=76 取70

3 计算热水节水用水量时按照本标准表3.1.7中注3选值。

4 节水系统设计

4.1 一般规定

4.1.1 初步设计阶段应编写节水设计内容即"节水设计专篇"，包括节水用水量、中水或再生水、雨水回用水量的计算。这些用水量计算的目的，一是可为市政自来水与排水管理部门提供较准确的用水量、排水量依据；二是通过计算可以框算出该建筑物一年的节约水量。

为了统一"节水设计专篇"的编写格式和编写内容，标准编制组通过对不同省市的节水设计专篇的归纳、总结，给出一个完整的"节水设计专篇"，供在全国范围内工程设计人员参考，其内容见本标准附录A。

4.1.2 节水设计除合理选用节水用水定额、采用节水的给水系统、采用好的节水设备、设施和采取必要的节水措施外，还应在兼顾保证供水安全、卫生条件下，根据当地的要求合理设计利用污、废水、雨水，开源节流，完善节水设计。

4.1.3 本条规定的竖向分区及分区的标准与《建筑给水排水设计规范》GB 50015完全一致，只是规定了各配水点处供水压力（动压）不大于0.2MPa的要求。

控制配水点处的供水压力是给水系统节水设计中最为关键的一个环节。控压节水从理论到实践都得到充分的证明：

北京建筑工程学院曾在该校两栋楼做过实测，其结果如下：

（1）普通水嘴半开和全开时最大流量分别为：0.42L/s和0.72L/s，对应的实测动压值为0.24MPa和0.5MPa，静压值均为0.37MPa。节水水嘴半开和全开时最大流量为0.29L/s和0.46L/s，对应的实测动压值为0.17MPa和0.22MPa，静压值为0.3MPa，按照水嘴的额定流量 $q=0.15$ L/s为标准比较，节水水嘴在半开、全开时其流量分别为额定流量的2倍和3倍。

（2）对67个水嘴实测，其中47个测点流量超标，超标率达61%。

（3）根据实测得出的陶瓷阀芯和螺旋升降式水嘴流量 Q 与压力 P 关系曲线（见图1、图2），可知 Q 与 P 成正比关系。

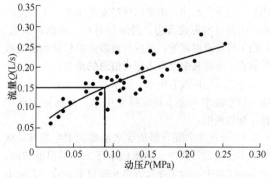

图1 陶瓷阀芯水嘴
半开 Q-P 曲线

另外，据生产小型支管减压阀的厂家介绍，可调

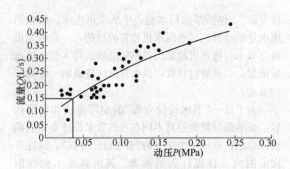

图 2　螺旋升降式水嘴
半开 Q-P 曲线

试减压阀最小减压差即阀前压力 P_1 与阀后压力 P_2 的最小差值为 $P_1-P_2\geqslant 0.1\mathrm{MPa}$。因此，当给水系统中配水点压力大于 0.2MPa 时，其配水支管上减压阀，配水点处的实际供水压力仍大于 0.1MPa，满足除自闭式冲洗阀件外的配水水嘴与阀件的要求。设有自闭式冲洗阀的配水支管，设置减压阀的最小供水压力宜为 0.25MPa，即经减压后，冲洗阀前的供水压力不小于 0.15MPa，满足使用要求。

4.1.5　我国水资源严重匮乏，人均水资源是世界平均水平的 1/4，目前全国年缺水量约为 400 亿 m^3，用水形势相当严峻，为贯彻"节水"政策及避免不切实际地大量采用自来水补水的人工水景的不良行为，规定"景观用水水源不得采用市政自来水和地下井水"，应利用中水（优先利用市政中水）、雨水收集回用等措施，解决人工景观用水水源和补水等问题。景观用水包括人造水景的湖、水湾、瀑布及喷泉等，但属体育活动的游泳池、瀑布等不属此列。

4.2　供水系统

4.2.1　为节约能源，减少居民生活饮用水水质污染，建筑物底部的楼层应充分利用市政或小区给水管网的水压直接供水。设有市政中水供水管网的建筑，也应充分利用市政供水管网的水压，节能节水。

4.2.2　本条强调给水调节水池或水箱（含消防用水池、水箱）设置溢流信号管和报警装置的重要性，据调查，有不少水池、水箱出现过溢水事故，不仅浪费水，而且易损害建筑物、设施和财产。因此，水池、水箱不仅要设溢流管，还应设置溢流信号管和溢流报警装置，并将其引至有人正常值班的地方。

当建筑物内设有中水、雨水回用给水系统时，水池（箱）溢水和废水均宜排至中水、雨水原水调节池，加以利用。

4.2.3　带有冷水混合器或混水水嘴的卫生器具，从节水节能出发，其冷、热水供水压力应尽可能相同。但实际工程中，由于冷水、热水管径不一致，管长不同，尤其是当采用高位水箱通过设在地下室的水加热器再返上供给高区热水时，热水管路要比冷水管长得多，热水加热设备的阻力也是影响冷水、热水压力平衡的因素。要做到冷水、热水在同一点压力相同是不可能的。本条提出不宜大于 0.02MPa 在实际中是可行的，控制热水供水管路的阻力损失与冷水供水阻力损失平衡，选用阻力损失小于或等于 0.01MPa 的水加热设备。在用水点采用带调压功能的混合器、混合阀，可保证用水点的压力平衡，保证出水水温的稳定。目前市场上此类产品已应用很多，使用效果良好，调压的范围冷、热水系统的压力差可在 0.15MPa 内。

4.2.4　本条第 1 款规定的热水系统设循环管道的设置原则，与《建筑给水排水设计规范》GB 50015 的要求一致，增写第 2 款和第 3 款的理由是：

1　近年来全国各大、中城市都兴建了不少高档别墅、公寓，其中大部分均采用自成小系统的局部热水供应系统，从加热器到卫生间管道长达十几米到几十米，如不设回水循环系统，则既不方便使用，更会造成水资源的浪费。因此第 2 款提出了大于 3 个卫生间的居住建筑，根据热水供回水管道布置情况设置回水配件自然循环或设小循环泵机械循环。值得注意的是，靠回水配件自然循环要看管网布置是否满足其能形成自然循环条件的要求。

2　第 3 款提出了全日集中热水供应系统循环系统应达到的标准。根据一些设有集中热水供应系统的工程反馈，打开放水水嘴要放数十秒钟或更长时间的冷水后才出热水，循环效果差。因此，对循环系统循环的好坏应有一个标准。国外有类似的标准，如美国规定医院的集中热水供应系统要求放冷水时间不得超过 5s；本款提出：保证配水点出水水温不低于 45℃ 的时间为：住宅 15s；医院和旅馆等公共建筑不得超过 10s。

住宅建筑因每户均设水表，而水表宜设户外，这样从立管接出入户支管一般均较长，而住宅热水采用支管循环或电伴热等措施，难度较大也不经济、不节能，因此将允许放冷水的时间为 15s，即允许入户支管长度为 10m～12m。

医院、旅馆等公共建筑，一般热水立管靠近卫生间或立管设在卫生间内，配水支管短，因此，允许放冷水时间为不超过 10s，即配水支管长度 7m 左右。当其配水支管长时，亦可采用支管循环。

4.2.5　本条提出了单体建筑、小区集中热水供应系统保证循环效果的措施。

1　单体建筑的循环管道首选为同程布置，因为采用同程布置能保证良好的循环效果已为三十多年来的工程实践所证明。

其次是热水回水干、立管采用导流三通连接，如图 3 所示。鉴于导流三通尚无详细的性能测试及适用条件的研究成果报告，因此一般只宜用于各供水立管管径及长度均一致的工程，紫铜导流三通接头规格尺寸见表 6。

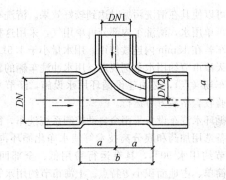

图 3　导流三通

表 6　紫铜导流三通接头规格尺寸表

DN×DN1	DN2	a	b
20×15	8	20	40
25×15	8	25	50
25×20	10	25	50
32×15	8	30	60
32×20	10	30	60
32×25	15	30	60
40×15	8	35	70
40×20	10	35	70
40×25	15	35	70
40×32	20	35	70
50×15	8	40	80
50×20	10	40	80
50×25	15	40	80
50×32	20	40	80
50×40	25	40	80
65×15	8	45	90
65×20	10	45	90
65×25	15	45	90
65×32	20	45	90
65×40	25	45	90
65×50	32	45	90
80×15	8	50	100
80×20	10	50	100
80×25	15	50	100
80×32	20	50	100
80×40	25	50	100
80×50	32	50	100
80×65	40	50	100

再次是在回水立管上设置限流调节阀、温控阀来调节平衡各立管的循环水量。限流调节阀一般适用于开式供水系统，通过限流调节阀设定各立管的循环流量，由总回水管回至开式热水系统，如图 4 所示。

在回水立管上装温控阀或热水平衡阀是近年来国外引进的一项新技术。阀件由温度感应装置和一个小电动阀门组成，可以根据回水立管中的温度高低调节阀门开启度，使之达到全系统循环的动态平衡。可用于难以布置同程管路的热水系统。

2　第 2 款是引用《建筑给水排水设计规范》GB 50015-2003 中的 5.2.13 条。

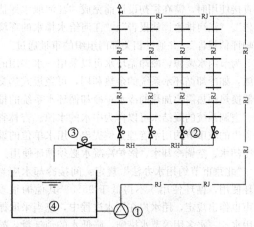

图 4　限流调节阀在热水系统中的应用
①—供水泵兼循环泵；②—限流调节阀；
③—电动阀；④—热水箱

3　小区设集中热水供应系统时，保证循环系统循环效果的措施为：

1）一般分设小区供、回水干管的总循环与单体建筑内热水供、回水管的分循环二个相互关联的循环系统；

2）总循环系统设总循环泵，其流量应满足补充全部供水管网热损失的要求；

3）各单体建筑的分循环系统供、回水管与总循环系统总供、回水管不要求同程布置。

4）各单体建筑连接小区总回水管可采用如下方式：

①当各单体建筑内的热水供、回水管布置及管径全同时，可采用导流三通的连接方式；

②当各单体建筑内的热水供、回水管布置及管径不同时宜采用设分循环泵或温控阀方式；

③当小区采用开式热水供应系统时，可参照图 4 的做法，在各单体建筑连接总回水管处设限流调节阀或温控阀。

4.2.7　第 2 款规定管道直饮水系统的净化水设备产水率不应小于 70%，系引自北京市、哈尔滨市等颁布的有关节水条例。据工程运行实践证明：深度净化处理只有反渗透膜处理时达不到上述产水率的要求，因此，设计管道直饮水水质深度处理时应按节水、节能要求合理设计水处理流程。

4.2.8　本条规定采用蒸汽制备开水应采用间接加热的方式，主要是有的蒸汽中含有油等不符合饮水水质要求的成分；但采用间接加热制备开水，凝结水应回收至蒸汽锅炉的进水水箱，这样既回收了水量又回收了热量，同时还节省了这部分凝结水的软化处理费用。

4.3　循环水系统

4.3.1　采用江、河、湖泊等地表水作为冷却水的水源直接使用时，需在扩初设计前完成"江河取水评估报告"、"江河排水评估报告"、"江河给水排水的环境影响评估报告"，并通过相关部门组织的审批通过。

为节约水资源，冷却循环水可以采用一水多用的措施，如冷却循环水系统的余热利用，可经板式热交换器换热预热需要加热的冷水；冷却循环水系统的排水、空调系统的凝结水可以作为中水的水源。吉林省等省市的城市节约用水管理条例提出，用水单位的设备冷却水、空调冷却水、锅炉冷凝水必须循环使用。

"北京市节约用水办法"规定：间接冷却水应当循环使用，循环使用率不得低于95%。其他的很多省市也作出规定，用水户在用水过程中，应当采取循环用水、一水多用等节水措施，降低水的消耗量，鼓励单位之间串联使用回用水，提高水的重复利用率，不得直接排放间接冷却水。

《中国节水技术大纲》（2005-4-11 发布）中提出要大力发展循环用水系统、串联用水系统和回用水系统，鼓励发展高效环保节水型冷却塔和其他冷却构筑物。优化循环冷却水系统，加快淘汰冷却效率低、用水量大的冷却池、喷水池等冷却设备。推广新型旁滤器，淘汰低效反冲洗水量大的旁滤设施。发展高效循环冷却水技术。在敞开式循环间接冷却水系统，推广浓缩倍数大于4的水处理运行技术；逐步淘汰浓缩倍数小于3的水处理运行技术；限制使用高磷锌水处理技术；开发应用环保型水处理药剂和配方。

4.3.2 游泳池、水上娱乐设施等补水水源来自城市市政给水，在其循环处理过程中排出废水量大，而这些废水水质较好，所以应充分重复利用，也可以作为中水水源之一。游泳池、水上娱乐池等循环周期和循环方式必须符合《游泳池给水排水工程技术规程》CJJ 122 的有关规定。

4.3.3 《中国节水技术大纲》（2005-4-11）提出要发展和推广蒸汽冷凝水回收再利用技术。优化企业蒸汽冷凝水回收网络，发展闭式回收系统。推广使用蒸汽冷凝水的回收设备和装置，推广漏汽率小、背压度大的节水型疏水器。优化蒸汽冷凝水除铁、除油技术。

4.3.4 无水洗车是节水的新方向，采用物理清洗和化学清洗相结合的方法，对车辆进行清洗的现代清洗工艺。其主要特点是不用清洗水，没有污水排放，操作简便，成本较低。无水洗车使用的清洗剂有：车身清洗上光剂、轮胎清洗增黑剂、玻璃清洗防雾剂、皮塑清洗光亮剂等。清洗剂不含溶剂，环保、安全可靠。据北京市节约用水管理中心介绍，按每人每月生活用水 3.5 吨的标准计算，北京市一年洗车用水足够18 万人一年生活用水。上海正在兴起一种无水洗车技术，通过喷洒洗车液化解粘在车身上污染物的新型洗车方式，用水量仅相当于传统洗车方式的三十分之一，符合环保，节水等要求。

微水洗车可使气、水分离，泵压和水压的和谐匹

配，可以使其在清洗污垢时达到较好效果。清洗车外污垢可单用水，清洗车内部分可单用气，采用这种方式洗车若在 15min 内连续使用，用水量小于 1.5L。

天津市节约用水条例规定，用水冲洗车辆的营业性洗车场（点），必须建设循环用水设施，经节水办公室验收合格后方可运行。

循环水洗车设备采用全自动控制系统洗车，循环水设备选用加药和膜分离技术等使水净化循环再用，可以节约用水 90%，具有运行费用低、全部回用、操作简单、占地面积小等特点。上海市节约用水管理办法规定：拥有 50 辆以上机动车且集中停放的单位，应安装使用循环用水的节水洗车设备。上海市国家节水标志使用管理办法（试行）（沪水务〔2002〕568号）上海市节水型机动车清洗设备使用管理暂行办法规定：实行推广机动车清洗设备先进技术、采取循环用水等节水措施、提倡使用再生水资源，提高水的重复利用率。并规定了如下用水标准：

机动车清洗用水标准按照以下机动车类型规定：

1 客车
   1) 小型客车（载重量 1 吨以下），每次30 升；
   2) 中型客车（载重量 2 吨以下），每次50 升；
   3) 大型客车（载重量 4 吨以下），每次100 升。
2 货车
   1) 小型货车（载重量 1 吨以下），每次45 升；
   2) 中型货车（载重量 2 吨以下），每次75 升；
   3) 大型货车（载重量 4 吨以下），每次120 升；
   4) 特大型货车（载重量 4 吨以上），每次150 升。
3 特种车辆
   特种车辆清洗用水标准参照其相应载重量标准规定。

4.3.6 水源热泵技术成为建筑节能重要技术措施之一，由于对地下水回灌不重视，已经出现抽取的地下水不能等量地回灌到地下，造成严重的地下水资源的浪费，对北方地区造成的地下水下降等问题尤其严重。根据北京市《关于发展热泵系统指导意见的通知》、《建设项目水资源论证管理办法》（水利部、国家发改委第 15 号）的规定，特制定本条。水源热泵用水量较大，如果不能很好地等量回灌地下，将造成严重的水资源浪费，水源热泵节水是建筑节水的重要组成部分，应引起给水排水专业人士的高度重视。

4.4 浇洒系统

4.4.1 我国是一个水资源短缺的国家，人均水资源

量约为世界平均水平的四分之一。据预测，到2030年全国城市绿地灌溉年需水量为82.7亿m³，约占城市总需水量的6%左右，因此，利用雨水、中水等非传统水源代替自来水等传统水源，已成为最重要的节水措施之一。

采用非传统水源作为浇洒系统水源时，其水质应达到相应的水质标准，且不应对公共卫生造成威胁。

4.4.2 传统的浇洒系统一般采用大水漫灌或人工洒水，不但造成水的浪费，而且会产生不能及时浇洒、过量浇洒或浇洒不足等一系列问题，而且对植物的正常生长也极为不利。随着水资源危机的日益严重，传统的地面大水漫灌已不能适应节水技术的要求，采用高效的节水灌溉方式势在必行。

有资料显示，喷灌比地面漫灌要省水约30%～50%，微灌（包括滴灌、微喷灌、涌流灌和地下渗灌）比地面漫灌省水约50%～70%。

浇洒方式应根据水源、气候、地形、植物种类等各种因素综合确定，其中喷灌适用于植物集中连片的场所，微灌系统适用于植物小块和零碎的场所。

采用中水浇洒时，因水中微生物在空气中易传播，故应避免喷灌方式，宜采用微灌方式。

采用滴灌系统时，由于滴灌管一般敷设于地面上，对人员的活动有一定影响。

4.4.3 鼓励采用湿度传感器或根据气候变化的调节控制器，根据土壤的湿度或气候的变化，自动控制浇洒系统的启停，从而提高浇洒效率，节约用水。

4.4.4 本条的目的是为确保浇洒系统配水的均匀性。

5 非传统水源利用

5.1 一般规定

5.1.1 本条规定了非传统水源的利用原则。

非传统水源的利用需要因地制宜。缺水城市需要积极开发利用非传统水源；雨洪控制迫切的城市需要积极回用雨水；建设人工景观水体需要优先利用非传统水源等等。

利用雨水、中水替代自来水供水时一般用于杂用水和景观环境用水等，目前尚没有同时对雨水和中水适用的水质标准，即使建筑中水有城市再生污水的水质标准可资借鉴，但中水进入建筑室内特别是居民家庭时，也需要对水质指标的安全风险予以充分的考虑，要留有余地。

5.1.2 民用建筑采用非传统水源时，处理出水的水质应按不同的用途，满足不同的国家现行水质标准。采用中水时，如用于冲厕、道路清扫、消防、城市绿化、车辆冲洗、建筑施工等杂用，其水质应符合国家标准《城市污水再生利用 城市杂用水水质标准》GB/T 18920的规定；用于景观环境用水，其水质应

符合国家标准《城市污水再生利用 景观环境用水水质标准》GB/T 18921的规定。雨水回用于上述用途时，应符合国家标准《建筑与小区雨水利用工程技术规范》GB 50400的相关要求。严禁中水、雨水进入生活饮用水给水系统。采用非传统水源中水、雨水时，应有严格的防止误饮、误用的措施。中水处理必须设有消毒设施。公共场所及绿化的中水取水口应设带锁装置等。

5.1.3 本条规定了非传统水源利用的基本水质要求。

非传统水源一般含有污染物，且污染物质因水源而异，比如中水水源的典型污染物有BOD₅、SS等，雨水径流的典型污染物有COD、SS等，苦咸水的典型污染物有无机盐等。利用这些非传统水源时，应采取相应的水质净化工艺去除这些典型污染物。

5.1.5 本条规定了非传统水源的用途。

本条规定的用途主要引自《建筑与小区雨水利用工程技术规范》GB 50400和《建筑中水设计规范》GB 50336。建筑空调系统的循环冷却水是指用冷却塔降温的循环水，水流经过冷却塔时会产生飘水，有可能经呼吸进入居民体内，故中水的用途中不包括用于冷却水补水。

5.1.6 条文中的再生水指非传统水源再生水。

5.1.7～5.1.12 条文规定了非传统水源日用量和年用量的计算方法。

水体的平静水面蒸发量各地互不相同，同一个地区每月的蒸发量也不相同，可查阅当地的水文气象资料获取；水体中有水面跌落时，还应计算跌落水面的风吹损失量。水面的风吹损失量和水体的渗透量可参考5.1.7条计算。处理站机房自用水量可按日处理量的5%计。

5.1.13 市政再生水管网的供水一般有政策优惠，价格比自建中水站制备中水便宜，且方便管理，故推荐优先采用。

5.1.14 观赏性景观环境用水的水质要求不太高，应优先采用雨水、中水、市政再生水等非传统水源。

5.1.15 雨水和中水原水分开处理不宜混合的主要原因如下：

第一，雨水的水量波动太大。降雨间隔的波动和降雨量的波动和中水原水的波动相比不是同一个数量级的。中水原水几乎是每天都有的，围绕着年均日水量上下波动，高低峰水量的时间间隔为几小时。而雨水来水的时间间隔分布范围是几小时、几天、甚至几个月，雨量波动需要的调节容积比中水要大几倍甚至十多倍，且池内的雨水量时有时无。这对水处理设备的运行和水池的选址都带来了不可调和的矛盾。

第二，水质相差太大。中水原水的最重要污染指标是BOD₅，而雨水污染物中BOD₅几乎可以忽略不计，因此处理工艺的选择大不相同。

5.1.16 雨水和中水合用的系统，在雨季，尤其刚降

雨后，雨水蓄水池和中水调节池中都有水源可用，这时应先利用雨水，把雨水蓄水池尽快空出容积，收集后续雨水或下一场降雨雨水，同时中水原水可能会无处储存，可进行排放，进入市政污水管网。

条文的指导思想是优先截留雨水回用，在利用雨水替代自来水的同时，还降低了外排雨水量和流量峰值，实现雨洪控制的目标。

5.1.17 本条规定了非传统水源利用率的计算方法。

非传统水源利用率是非传统水源年用量在年总用水量中所占比例。非传统水源年用量是雨水、中水等各项用水的年用量之和，年总用水量根据第3章规定的年用水定额计算，其中包括了传统水源水和非传统水源水。

5.2 雨水利用

5.2.1 新建、改建和扩建的建筑与小区，都对原来的自然地面特性有了人为的改变，使硬化面积增加，外排雨水量或峰值加大，因此需要截流这些人为加大的外排雨水，进行入渗或收集回用。

5.2.2 年降雨量低于400mm的地区，雨水收集回用设施的利用效率太低，不予推荐。常年降雨量超过800mm的城市，雨水收集回用设施可以实现较高的利用效率，使回用雨水的经济成本降低。数据800mm的来源主要参考了国标《绿色建筑评价标准》GB/T 50378-2005。

5.2.4 本条公式是在国家标准《建筑与小区雨水利用工程技术规范》GB 50400-2006中（4.2.1-1）式的基础上增加了系数0.6~0.7，主要是扣除全年降雨中那些形不成径流的小雨和初期雨水径流弃流量。公式中的常年降雨厚度参见当地水温气象资料，雨量径流系数可参考《建筑与小区雨水利用工程技术规范》GB 50400。

5.2.5 本条规定了计算汇水面积的计算方法。

一个既定汇水面的全年雨水回用量受诸多工程设计参数的影响，比如实际的汇水面积、雨水蓄水池容积、回用管网的用水规模等。这些参数中，只要有一个匹配得不好，设计取值相对偏小，则全年雨水回用量就随其减少。比如一个项目的汇水面积和蓄水池都修建得很大，但雨水用户的用水量相对偏小，在雨季，收集的雨水不能及时耗用，蓄水池无法蓄集后续的降雨径流，则雨水回用量就会因雨水用户（管网）的规模偏小而减少。故全年的雨水回用量计算中的计算面积应按这三个因素中的相对偏小者折算。

公式（5.2.5-1）式反映蓄水池容积因素，该公式参考《建筑与小区雨水利用工程技术规范》GB 50400-2006中7.1.3条"雨水储存设施的有效储水容积不宜小于集水面重现期1~2年的日雨水设计径流总量扣除设计初期径流弃流量"整理而得。当有效容积 V 取值偏小时，则计算面积 F 就会偏小，从而使

年回用雨水量 W_{ya} 减少。当然，当仅有 V 取值偏大，也不会增加计算面积和雨水年回用量。

公式（5.2.5-2）式反应雨水管网用水规模因素，该公式参考《建筑与小区雨水利用工程技术规范》GB 50400-2006中7.1.2条"回用系统的最高日设计用水量不宜小于集水面日雨水设计径流总量的40%"整理而得。其中假设2.5倍的最高日用水量等于3倍的平均日用水量。

当然制约年回用量的因素还有雨水处理设施的处理能力，设计中应注意执行《建筑与小区雨水利用工程技术规范》GB 50400。

5.3 中水利用

5.3.1 本条推荐中水设置的场所。

条文中的建筑面积参数是在北京市建筑中水设置规定的基础上修改的。其中宾馆饭店从2万 m^2 扩大到3万 m^2，办公等公共建筑从3万 m^2 扩大到5万 m^2。扩大的主要原因是一般水源型缺水城市的水源紧张程度不如北京那样紧张，同时自来水价也比北京低。

建筑中水的必要性一直存在争议。其实，建筑中水的存在，是有其客观需求的。需求如下：

1 不可替代的使用需求

在建筑区中营造景观水体，是房地产开发商越来越追逐的热点之一。2006年实施的国家标准《住宅建筑规范》GB 50368中，禁止在住宅区的水景中使用城市自来水。本标准也禁止在所有民用建筑小区中使用自来水营造水景。这样，建筑中水就成了景观水体的首要水源。雨水虽然更干净、卫生，但降雨季节性强，无法全年保障，仍需要中水做补水水源。

2 无市政排水出路时的需求

在城市的外围，建筑与小区的周边没有市政排水管道，建筑排水无法向市政管网排水，生活污水需要就地进行处理，达到向地面水体的排放标准后才能向建筑区外排放。然而对于这样的出水，再进行一下深度处理就可达到中水水质标准回用于建筑与小区杂用，并且增加的深度处理相对于上游的处理相对比较简单，经济上是划算的。目前有一大批未配套市政排水管网的建筑与小区，生活污水净化处理成中水回用，很受业主的欢迎。

3 特殊建筑需求

有些建筑，业主出于某些方面的考虑，提出一些特殊要求，这时必须采用中水技术才能满足业主需要。比如有些重要建筑和一些奥运会体育场馆工程，业主要求用水零排放，这时就必须采用建筑中水技术实现业主的要求。

4 经济利益吸引的需求

随着自来水价格的逐年走高，用建筑中水替代一部分自来水能减少水费，带来经济效益，吸引了一些

用户自发地采用中水。比如中国建筑设计研究院的设计项目中，有的项目规模没有达到北京市政府要求上中水的标准，可以不建中水系统，但业主自己要求设置，因为业主从已运行的中水系统，获得了经济效益，尝到了甜头。

5.3.2 建筑排水中的优质杂排水和杂排水的处理工艺较简单，成本较低，是中水的首选水源。在非传统水源的利用中，应作为可利用水量计算。其余品质更低的排水比如污水等可视具体情况自行选择，故不计入可利用水量。

5.3.3 在城市外围新开发的建筑区，有时没有市政排水管网。建筑排水需要处理到地面水体排放标准后再行排放。这时，再增加一级深度处理，就可达到中水标准，实现中水利用。故推荐中水利用。

5.3.4 一个既定工程中制约中水年回用量的主要因素有：原水的年收集量、中水处理设施的年处理水量、中水管网的年需水量。这三个水量的最小者才是能够实现的年中水利用量。条文中的三个公式分别计算这三个水量。公式中的系数 0.8 主要折扣机房自用水和溢流水量，系数 0.9 主要折扣进入管网的补水量，因为中水供水管网的水池或水箱一般设有自来水补水或其他水源补水，管网的用水中或多或少会补充进这种补水。0.9 的取值应该是偏大的，即折扣的补水量偏少，但目前缺少更精确的资料，有待积累更多的经验数据进行修正。

6 节水设备、计量仪表、器材及管材、管件

6.1 卫生器具、器材

6.1.1 本条规定选用卫生器具、水嘴、淋浴器等产品时不仅要根据使用对象、设置场所和建筑标准等因素确定，还应考虑节水的要求，即无论选用上述产品的档次多高、多低，均要满足城镇建设行业标准《节水型生活用水器具》CJ 164 的要求。

6.1.2、6.1.3 条文是根据城镇建设行业标准《节水型生活用水器具》CJ 164 及建设部 2007 年第 659 号公告《建设事业"十一五"推广应用和限制禁止使用技术（第一批）》第 79 项"在住宅建设中大力推广 6L 冲洗水量的坐便器"的要求编写的。住宅采用节水型卫生器具和配件是节水的重要措施。节水型便器系统包括：总冲洗用水量不大于 6L 的坐便器系统，两档式便器水箱及配件，小便器冲洗水量不大于 4.5L。

6.1.4 6.1.5 洗手盆感应式水嘴和小便器感应式冲洗阀在离开使用状态后，定时会自动断水，用于公共场所的卫生间时不仅节水，而且卫生。洗手盆自闭式水嘴和大、小便器延时自闭式冲洗阀具有限定每次给水量和给水时间的功能，具有较好的节水性能。

6.2 节水设备

6.2.1 选择生活给水系统的加压水泵时，必须对水泵的 Q-H 特性曲线进行分析，应选择特性曲线为随流量增大其扬程逐渐下降的水泵，这样的水泵工作稳定，并联使用时可靠。Q-H 特性曲线存在有上升段（即零流量时的扬程不是最高扬程，随流量的增大扬程也升高，扬程升至峰值后，流量再增大扬程又开始下降，Q-H 特性曲线的前段就出现一个向上拱起的弓形上升段的水泵）。这种水泵单泵工作，且工作点扬程低于零流量扬程时，水泵可稳定工作。若工作点在上升段范围内，水泵工作就不稳定。这种水泵并联时，先启动的水泵工作正常，后启动的水泵往往出现有压无流量的空转。水压的不稳定，用水终端的用水器具的用水量就会发生变化，不利于节水。

6.2.2 采用叠压、无负压供水设计设备，可以直接从市政管网吸水，不需要设置二次供水的低位水池（箱），减少清洗水池（箱）带来的水量的浪费，同时可以利用市政管网的水压，节能。

6.2.3 水加热设备主要有容积式、半容积式、半即热式或快速式水加热器，工程中宜采用换热效率高的导流型容积式水加热器，浮动盘管型、大波节管型半容积式水加热器等。导流型水加热器的容积利用率一般为 85%～90%，半容积水加热器的容积利用率可为 95% 以上，而普通容积式水加热器的容积利用率为 75%～80%，不能利用的冷水区大。水加热设备的被加热水侧阻力损失不宜大于 0.01MPa 的目的是为了保证冷热水用水点处的压力易于平衡，不因用水点处冷热水压力的波动而浪费水。

6.2.5 雨水、游泳池、水景水池、给水深度处理的水处理过程中均需部分自用水量，如管道直饮水等的处理工艺运行一定时间后均需要反冲洗，反冲洗的水量一般较大；游泳池采用砂滤时，石英砂的反冲洗强度在 12L/s·m² ～15L/s·m²，如将反冲洗的水排掉，浪费的水量是很大的。因此，设计中应采用反冲洗用水量较少的处理工艺，如气—水反冲洗工艺，冲洗强度可降低到 8L/s·m² ～10L/s·m²，采用硅藻土过滤工艺，反冲洗的强度仅为 0.83 L/s·m² ～3L/s·m²，用水量可大幅度地减少。

6.2.6 民用建筑空调系统的冷却塔设计计算时所选用的空气干球温度和湿球温度，应与所服务的空调系统的设计空气干球温度和湿球温度相吻合。当选用的冷却塔产品热力性能参数采用的空气干球温度、湿球温度与空调系统的相应参数不符时，应由生产厂家进行热力性能校核。设计中，通常采用冷却塔、循环水泵的台数与冷冻机组数量相匹配。当采用多台塔双排布置时，不仅需要考虑湿热空气回流对冷效的影响，还应考虑多台塔及塔排之间的干扰影响。必须对选用的成品冷却塔的热力性能进行校核，并采取相应的技

术措施，如提高气水比等。

6.2.7 节水型洗衣机是指以水为介质，能根据衣物量、脏净程度自动或手动调整用水量，满足洗净功能且耗水量低的洗衣机产品。产品的额定洗涤水量与额定洗涤容量之比应符合《家用电动洗衣机》GB/T 4288-1992中第5.4节的规定。洗衣机在最大负荷洗涤容量、高水位、一个标准洗涤过程，洗净比0.8以上，单位容量用水量不大于下列数值：

　　1 滚筒式洗衣机有加热装置14L/kg，无加热装置16L/kg；

　　2 波轮式洗衣机为22L/kg。

6.3 管材、管件

6.3.1 工程建设中，不得使用假冒伪劣产品，给水系统中使用的管材、管件，必须符合国家现行产品标准的要求。管件的允许工作压力，除取决于管材、管件的承压能力外，还与管道接口能承受的拉力有关。这三个允许工作压力中的最低者，为管道系统的允许工作压力。管材与管件采用同一材质，以降低不同材质之间的腐蚀，减少连接处的漏水的几率。管材与管件连接采用同径的管件，以减少管道的局部水头损失。

6.3.2 直接敷设在楼板垫层、墙体管槽内的给水管材，除管内壁要求具有优良的防腐性能外，其外壁应具有抗水泥腐蚀的能力，以确保管道使用的耐久性。为避免直埋管因接口渗漏而维修困难，故要求直埋管段不应中途接驳或用三通分水配水。室外埋地的给水管道，既要承受管内的水压力，又要承受地面荷载的压力。管内壁要耐水的腐蚀，管外壁要耐地下水及土壤的腐蚀。目前使用较多的管材有塑料给水管、球墨铸铁给水管、内外衬塑的钢管等，应引起注意的是，镀锌层不是防腐层，而是防锈层，所以内衬塑的钢管外壁亦必须做防腐处理。管内壁的衬、涂防腐材料，必须符合现行的国家有关卫生标准的要求。

室外热水管道采用直埋敷设是近年来发展应用的新技术。与采用管沟敷设相比，具有省地、省材、经济等优点。但热水管道直埋敷设要比冷水管埋设复杂得多，必须解决好保温、防水、防潮、伸缩和使用寿命等直埋冷水管所没有的问题，因此，热水管道直埋敷设须由具有热力管道（压力管道）安装资质的单位承担施工安装，并符合国家现行标准《建筑给水排水及采暖工程验收规范》GB 50242及《城镇直埋供热管道工程技术规程》CJJ/T 81的相关规定。

中华人民共和国国家标准

建筑工程绿色施工评价标准

Evaluation standard for green construction of building

GB/T 50640—2010

主编部门：中华人民共和国住房和城乡建设部
批准部门：中华人民共和国住房和城乡建设部
施行日期：２０１１年１０月１日

中华人民共和国住房和城乡建设部
公 告

第 813 号

关于发布国家标准
《建筑工程绿色施工评价标准》的公告

现批准《建筑工程绿色施工评价标准》为国家标准，编号为 GB/T 50640—2010，自 2011 年 10 月 1 日起实施。

本标准由我部标准定额研究所组织中国计划出版

社出版发行。

中华人民共和国住房和城乡建设部
二〇一〇年十一月三日

前 言

本标准是根据住房和城乡建设部《关于印发〈2008 年工程建设标准规范制订、修订计划（第一批）〉的通知》（建标 [2008] 102 号）的要求，由中国建筑股份有限公司和中国建筑第八工程局有限公司会同有关单位编制完成的。

本标准在编制过程中，编制组在对建筑工程绿色施工现状进行深入调研，并广泛征求意见的基础上，最后经审查定稿。

本标准共分为 11 章，主要技术内容包括：总则、术语、基本规定、评价框架体系、环境保护评价指标、节材与材料资源利用评价指标、节水与水资源利用评价指标、节能与能源利用评价指标、节地与土地资源保护评价指标、评价方法、评价组织和程序。

本标准由住房和城乡建设部负责管理，由中国建筑股份有限公司负责具体技术内容的解释。在执行过程中，请各单位结合工程实践，认真总结经验，如发现需要修改和补充之处，请将意见和建议寄至中国建筑股份有限公司（地址：北京三里河路 15 号中建大厦；邮政编码：100037），以供今后修订时参考。

本标准主编单位、参编单位、主要起草人及主要审查人：

主 编 单 位： 中国建筑股份有限公司
中国建筑第八工程局有限公司

参 编 单 位： 中国建筑一局（集团）有限公司

中国建筑第七工程局有限公司
住房和城乡建设部科技发展促进中心
上海建工（集团）总公司
广州市建筑集团有限公司
北京建工集团有限责任公司
中国建筑设计研究院
同济大学土木工程学院
北京远达国际工程管理有限公司
中国建筑科学研究院
湖南省建筑工程集团总公司
中天建设集团有限公司

主要起草人： 易 军 官 庆 肖绪文
王玉岭 龚 剑 杨 榕
冯 跃 戴耀军 王桂玲
郝 军 苗冬梅 张晶波
杨晓毅 宋 波 焦安亮
苏建华 金瑞珺 赵 静
董晓辉 宋 凌 韩文秀
于震平 陈 浩 蒋金生
陈兴华

主要审查人： 叶可明 金德钧 范庆国
徐 伟 潘延平 王存贵
陈跃熙 赵智缙 王 甦

目　次

Contents

1 总 则

1.0.1 为推进绿色施工,规范建筑工程绿色施工评价方法,制定本标准。

1.0.2 本标准适用于建筑工程绿色施工的评价。

1.0.3 建筑工程绿色施工的评价除符合本标准外,尚应符合国家现行有关标准的规定。

2 术 语

2.0.1 绿色施工 green construction

在保证质量、安全等基本要求的前提下,通过科学管理和技术进步,最大限度地节约资源,减少对环境负面影响,实现"四节一环保"(节能、节材、节水、节地和环境保护)的建筑工程施工活动。

2.0.2 控制项 prerequisite item

绿色施工过程中必须达到的基本要求条款。

2.0.3 一般项 general item

绿色施工过程中根据实施情况进行评价,难度和要求适中的条款。

2.0.4 优选项 extra item

绿色施工过程中实施难度较大,要求较高的条款。

2.0.5 建筑垃圾 construction trash

新建、改建、扩建、拆除、加固各类建筑物、构筑物、管网等以及居民装饰装修房屋过程中产生的废物料。

2.0.6 建筑废弃物 building waste

建筑垃圾分类后,丧失施工现场再利用价值的部分。

2.0.7 回收利用率 percentage of recovery and reuse

施工现场可再利用的建筑垃圾占施工现场所有建筑垃圾的比重。

2.0.8 施工禁令时间 prohibitive time of construction

国家和地方政府规定的禁止施工的时间段。

2.0.9 基坑封闭降水 obdurate ground water lowering

在基底和基坑侧壁采取截水措施,对基坑以外地下水位不产生影响的降水方法。

3 基 本 规 定

3.0.1 绿色施工评价应以建筑工程施工过程为对象进行评价。

3.0.2 绿色施工项目应符合以下规定:

1 建立绿色施工管理体系和管理制度,实施目标管理。

2 根据绿色施工要求进行图纸会审及深化设计。

3 施工组织设计及施工方案应有专门的绿色施工章节,绿色施工目标明确,内容应涵盖"四节一环保"要求。

4 工程技术交底应包含绿色施工内容。

5 采用符合绿色施工要求的新材料、新技术、新工艺、新机具进行施工。

6 建立绿色施工培训制度,并有实施记录。

7 根据检查情况,制定持续改进措施。

8 采集和保存过程管理资料、见证资料和自检评价记录等绿色施工资料。

9 在评价过程中,应采集反映绿色施工水平的典型图片或影像资料。

3.0.3 发生下列事故之一,不得评为绿色施工合格项目:

1 发生安全生产死亡责任事故。

2 发生重大质量事故,并造成严重影响。

3 发生群体传染病、食物中毒等责任事故。

4 施工中因"四节一环保"问题被政府管理部门处罚。

5 违反国家有关"四节一环保"的法律法规,造成严重社会影响。

6 施工扰民造成严重社会影响。

4 评价框架体系

4.0.1 评价阶段宜按地基与基础工程、结构工程、装饰装修与机电安装工程进行。

4.0.2 建筑工程绿色施工应依据环境保护、节材与材料资源利用、节水与水资源利用、节能与能源利用和节地与土地资源保护五个要素进行评价。

4.0.3 评价要素应由控制项、一般项、优选项三类评价指标组成。

4.0.4 评价等级应分为不合格、合格和优良。

4.0.5 绿色施工评价框架体系应由评价阶段、评价要素、评价指标、评价等级构成。

5 环境保护评价指标

5.1 控 制 项

5.1.1 现场施工标牌应包括环境保护内容。

5.1.2 施工现场应在醒目位置设环境保护标识。

5.1.3 施工现场的文物古迹和古树名木应采取有效保护措施。

5.1.4 现场食堂应有卫生许可证,炊事员应持有效健康证明。

5.2 一 般 项

5.2.1 资源保护应符合下列规定:

1 应保护场地四周原有地下水形态,减少抽取地下水。

2 危险品、化学品存放处及污物排放应采取隔离措施。

5.2.2 人员健康应符合下列规定:

1 施工作业区和生活办公区应分开布置,生活设施应远离有毒有害物质。

2 生活区应有专人负责,应有消暑或保暖措施。

3 现场工人劳动强度和工作时间应符合现行国家标准《体力劳动强度分级》GB 3869 的有关规定。

4 从事有毒、有害、有刺激性气味和强光、强噪声施工的人员应佩戴与其相应的防护器具。

5 深井、密闭环境、防水和室内装修施工应有自然通风或临时通风设施。

6 现场危险设备、地段、有毒物品存放地应配置醒目安全标志,施工应采取有效防毒、防污、防尘、防潮、通风等措施,应加强人员健康管理。

7 厕所、卫生设施、排水沟及阴暗潮湿地带应定期消毒。

8 食堂各类器具应清洁,个人卫生、操作行为应规范。

5.2.3 扬尘控制应符合下列规定:

1 现场应建立洒水清扫制度,配备洒水设备,并应有专人负责。

2 对裸露地面、集中堆放的土方应采取抑尘措施。

3 运送土方、渣土等易产生扬尘的车辆应采取封闭或遮盖措施。

4 现场进出口应设冲洗池和吸湿垫,应保持进出现场车辆清洁。

5 易飞扬和细颗粒建筑材料应封闭存放,余料应及时回收。

6 易产生扬尘的施工作业应采取遮挡、抑尘等措施。

7 拆除爆破作业应有降尘措施。

8 高空垃圾清运应采用封闭式管道或垂直运输机械完成。

9 现场使用散装水泥、预拌砂浆应有密闭防尘措施。

5.2.4 废气排放控制应符合下列规定:

1 进出场车辆及机械设备废气排放应符合国家年检要求。

2 不应使用煤作为现场生活的燃料。

3 电焊烟气的排放应符合现行国家标准《大气污染物综合排放标准》GB 16297 的规定。

4 不应在现场燃烧废弃物。

5.2.5 建筑垃圾处置应符合下列规定:

1 建筑垃圾应分类收集、集中堆放。

2 废电池、废墨盒等有毒有害的废弃物应封闭回收,不应混放。

3 有毒有害废物分类率应达到100%。

4 垃圾桶应分为可回收利用与不可回收利用两类,应定期清运。

5 建筑垃圾回收利用率应达到30%。

6 碎石和土石方类等应用作地基和路基回填材料。

5.2.6 污水排放应符合下列规定:

1 现场道路和材料堆放场地周边应设排水沟。

2 工程污水和试验室养护用水应经处理达标后排入市政污水管道。

3 现场厕所应设置化粪池,化粪池应定期清理。

4 工地厨房应设隔油池,并应定期清理。

5 雨水、污水应分流排放。

5.2.7 光污染应符合下列规定:

1 夜间焊接作业时,应采取挡光措施。

2 工地设置大型照明灯具时,应有防止强光线外泄的措施。

5.2.8 噪声控制应符合下列规定:

1 应采用先进机械、低噪声设备进行施工,机械、设备应定期保养维护。

2 产生噪声较大的机械设备,应尽量远离施工现场办公区、生活区和周边住宅区。

3 混凝土输送泵、电锯房等应设有吸声降噪屏或其他降噪措施。

4 夜间施工噪声声强值应符合国家有关规定。

5 吊装作业指挥应使用对讲机传达指令。

5.2.9 施工现场应设置连续、密闭能有效隔绝各类污染的围挡。

5.2.10 施工中,开挖土方应合理回填利用。

5.3 优 选 项

5.3.1 施工作业面应设置隔声设施。

5.3.2 现场应设置可移动环保厕所,并应定期清运、消毒。

5.3.3 现场应设噪声监测点,并应实施动态监测。

5.3.4 现场应有医务室,人员健康应急预案应完善。

5.3.5 施工应采取基坑封闭降水措施。

5.3.6 现场应采用喷雾设备降尘。

5.3.7 建筑垃圾回收利用率应达到50%。

5.3.8 工程污水应采取去泥沙、除油污、分解有机物、沉淀过滤、酸碱中和等处理方式,实现达标排放。

6 节材与材料资源利用评价指标

6.1 控 制 项

6.1.1 应根据就地取材的原则进行材料选择并有实施记录。

6.1.2 应有健全的机械保养、限额领料、建筑垃圾再生利用等制度。

6.2 一 般 项

6.2.1 材料的选择应符合下列规定:

1 施工应选用绿色、环保材料。

2 临建设施应采用可拆迁、可回收材料。

3 应利用粉煤灰、矿渣、外加剂等新材料降低混凝土和砂浆中的水泥用量;粉煤灰、矿渣、外加剂等新材料掺量应按供货单位推荐掺量、使用要求、施工条件、原材料等因素通过试验确定。

6.2.2 材料节约应符合下列规定:

1 应采用管件合一的脚手架和支撑体系。

2 应采用工具式模板和新型模板材料,如铝合金、塑料、玻璃钢和其他可再生材质的大模板和钢框镶边模板。

3 材料运输方法应科学,应降低运输损耗率。

4 应优化线材下料方案。

5 面材、块材镶贴,应做到预先总体排版。

6 应因地制宜,采用新技术、新工艺、新设备、新材料。

7 应提高模板、脚手架体系的周转率。

6.2.3 资源再生利用应符合下列规定:

1 建筑余料应合理使用。

2 板材、块材等下脚料和撒落混凝土及砂浆应科学利用。

3 临建设施应充分利用既有建筑物、市政设施和周边道路。

4 现场办公用纸应分类摆放,纸张应两面使用,废纸应回收。

6.3 优 选 项

6.3.1 应编制材料计划,应合理使用材料。

6.3.2 应采用建筑配件整体化或建筑构件装配化安装的施工方法。

6.3.3 主体结构施工应选择自动提升、顶升模架或工作平台。

6.3.4 建筑材料包装物回收率应达到100%。

6.3.5 现场应使用预拌砂浆。

6.3.6 水平承重模板应采用早拆支撑体系。

6.3.7 现场临建设施、安全防护设施应定型化、工具化、标准化。

7 节水与水资源利用评价指标

7.1 控 制 项

7.1.1 签订标段分包或劳务合同时,应将节水指标纳入合同条款。

7.1.2 应有计量考核记录。

7.2 一 般 项

7.2.1 节约用水应符合下列规定:

1 应根据工程特点,制定用水定额。

2 施工现场供、排水系统应合理适用。

3 施工现场办公区、生活区的生活用水应采用节水器具,节水器具配置率应达到100%。

4 施工现场的生活用水与工程用水应分别计量。

5 施工中应采用先进的节水施工工艺。

6 混凝土养护和砂浆搅拌用水应合理,应有节水措施。

7 管网和用水器具不应有渗漏。

7.2.2 水资源的利用应符合下列规定:

1 基坑降水应储存使用。

2 冲洗现场机具、设备、车辆用水,应设立循环用水装置。

7.3 优 选 项

7.3.1 施工现场应建立基坑降水再利用的收集处理系统。

7.3.2 施工现场应有雨水收集利用的设施。

7.3.3 喷洒路面、绿化浇灌不应使用自来水。

7.3.4 生活、生产污水应处理并使用。

7.3.5 现场应使用经检验合格的非传统水源。

8 节能与能源利用评价指标

8.1 控 制 项

8.1.1 对施工现场的生产、生活、办公和主要耗能施工设备应设有节能的控制措施。

8.1.2 对主要耗能施工设备应定期进行耗能计量核算。

8.1.3 国家、行业、地方政府明令淘汰的施工设备、机具和产品不应使用。

8.2 一 般 项

8.2.1 临时用电设施应符合下列规定:

1 应采用节能型设施。

2 临时用电应设置合理,管理制度应齐全并应落实到位。

3 现场照明设计应符合国家现行标准《施工现场临时用电安全技术规范》JGJ 46 的规定。

8.2.2 机械设备应符合下列规定:

1 应采用能源利用效率高的施工机械设备。

2 施工机具资源应共享。

3 应定期监控重点耗能设备的能源利用情况,并有记录。

4 应建立设备技术档案,并定期进行设备维护、保养。

8.2.3 临时设施应符合下列规定:

1 施工临时设施应结合日照和风向等自然条件,合理采用自然采光、通风和外窗遮阳设施。

2 临时施工用房应使用热工性能达标的复合墙体和屋面板,顶棚宜采用吊顶。

8.2.4 材料运输与施工应符合下列规定:

1 建筑材料的选用应缩短运输距离,减少能源消耗。

2 应采用能耗少的施工工艺。

3 应合理安排施工工序和施工进度。

4 应尽量减少夜间作业和冬期施工的时间。

8.3 优 选 项

8.3.1 根据当地气候和自然资源条件,应合理利用太阳能或其他可再生能源。

8.3.2 临时用电设备应采用自动控制装置。

8.3.3 使用的施工设备和机具应符合国家、行业有关节能、高效、环保的规定。

8.3.4 办公、生活和施工现场,采用节能照明灯具的数量应大于80%。

8.3.5 办公、生活和施工现场用电应分别计量。

9 节地与土地资源保护评价指标

9.1 控 制 项

9.1.1 施工场地布置应合理并应实施动态管理。

9.1.2 施工临时用地应有审批用地手续。

9.1.3 施工单位应充分了解施工现场及毗邻区域内人文景观保护要求、工程地质情况及基础设施管线分布情况,制订相应保护措施,并应报请相关方核准。

9.2 一 般 项

9.2.1 节约用地应符合下列规定:

1 施工总平面布置应紧凑,并应尽量减少占地。

2 应在经批准的临时用地范围内组织施工。

3 应根据现场条件,合理设计场内交通道路。

4 施工现场临时道路布置应与原有及永久道路兼顾考虑,并应充分利用拟建道路为施工服务。

5 应采用预拌混凝土。

9.2.2 保护用地应符合下列规定:

1 应采取防止水土流失的措施。

2 应充分利用山地、荒地作为取、弃土场的用地。

3 施工后应恢复植被。

4 应对深基坑施工方案进行优化,并减少土方开挖和回填量,保护用地。

5 在生态脆弱的地区施工完成后,应进行地貌复原。

9.3 优 选 项

9.3.1 临时办公和生活用房应采用结构可靠的多层轻钢活动板房、钢骨架多层水泥活动板房等可重复使用的装配式结构。

9.3.2 对施工中发现的地下文物资源,应进行有效保护,处理措施恰当。

9.3.3 地下水位控制应对相邻地表和建筑物无有害影响。

9.3.4 钢筋加工应配送化,构件制作应工厂化。

9.3.5 施工总平面布置应充分利用和保护原有建筑物、构筑物、道路和管线等,职工宿舍应满足 2m²/人的使用面积要求。

10 评 价 方 法

10.0.1 绿色施工项目自评价次数每月不应少于 1 次,且每阶段不应少于 1 次。

10.0.2 评价方法

1 控制项指标,必须全部满足;评价方法应符合表 10.0.2-1 的规定:

表 10.0.2-1 控制项评价方法

评分要求	结论	说明
措施到位,全部满足考评指标要求	符合要求	进入评分流程
措施不到位,不满足考评指标要求	不符合要求	一票否决,为非绿色施工项目

2 一般项指标,应根据实际发生项执行的情况计分,评价方法应符合表 10.0.2-2 的规定:

表 10.0.2-2 一般项计分标准

评分要求	评分
措施到位,满足考评指标要求	2
措施基本到位,部分满足考评指标要求	1
措施不到位,不满足考评指标要求	0

3 优选项指标,应根据实际发生项执行情况加分,评价方法应符合表10.0.2-3的规定:

表10.0.2-3 优选项加分标准

评分要求	评 分
措施到位,满足考评指标要求	1
措施基本到位,部分满足考评指标要求	0.5
措施不到位,不满足考评指标要求	0

10.0.3 要素评价得分应符合下列规定:

1 一般项得分应按百分制折算,并按下式进行计算:

$$A = \frac{B}{C} \times 100 \qquad (10.0.3)$$

式中:A——折算分;

B——实际发生项条目实得分之和;

C——实际发生项条目应得分之和。

2 优选项加分应按优选项实际发生条目加分求和 D。

3 要素评价得分:要素评价得分 F = 一般项折算分 A + 优选项加分 D。

10.0.4 批次评价得分应符合下列规定:

1 批次评价应按表10.0.4的规定进行要素权重确定:

表10.0.4 批次评价要素权重系数表

评价要素	地基与基础、结构工程、装饰装修与机电安装
环境保护	0.3
节材与材料资源利用	0.2
节水与水资源利用	0.2
节能与能源利用	0.2
节地与施工用地保护	0.1

2 批次评价得分 $E = \sum$(要素评价得分 F × 权重系数)。

10.0.5 阶段评价得分 $G = \dfrac{\sum 批次评价得分 E}{评价批次数}$

10.0.6 单位工程绿色评价得分应符合下列规定:

1 单位工程评价应按表10.0.6的规定进行要素权重确定:

表10.0.6 单位工程要素权重系数表

评价阶段	权重系数
地基与基础	0.3
结构工程	0.5
装饰装修与机电安装	0.2

2 单位工程评价得分 $W = \sum$阶段评价得分 G × 权重系数。

10.0.7 单位工程绿色施工等级应按下列规定进行判定:

1 有下列情况之一者为不合格:

1)控制项不满足要求;

2)单位工程总得分 $W < 60$ 分;

3)结构工程阶段得分 < 60 分;

2 满足以下条件者为合格:

1)控制项全部满足要求;

2)单位工程总得分 60 分≤W<80 分,结构工程得分≥60 分;

3)至少每个评价要素各有一项优选项得分,优选项总分≥5。

3 满足以下条件者为优良:

1)控制项全部满足要求;

2)单位工程总得分 W≥80 分,结构工程得分≥80 分;

3)至少每个评价要素中有两项优选项得分。优选项总分≥10。

11 评价组织和程序

11.1 评价组织

11.1.1 单位工程绿色施工评价应由建设单位组织,项目施工单位和监理单位参加,评价结果应由建设、监理、施工单位三方签认。

11.1.2 单位工程施工阶段评价应由监理单位组织,项目建设单位和施工单位参加,评价结果应由建设、监理、施工单位三方签认。

11.1.3 单位工程施工批次评价应由施工单位组织,项目建设单位和监理单位参加,评价结果应由建设、监理、施工单位三方签认。

11.1.4 企业应进行绿色施工的随机检查,并对绿色施工目标的完成情况进行评估。

11.1.5 项目部会同建设和监理单位应根据绿色施工情况,制定改进措施,由项目部实施改进。

11.1.6 项目部应接受建设单位、政府主管部门及其委托单位的绿色施工检查。

11.2 评价程序

11.2.1 单位工程绿色施工评价应在批次评价和阶段评价的基础上进行。

11.2.2 单位工程绿色施工评价应由施工单位书面申请,在工程竣工验收前进行评价。

11.2.3 单位工程绿色施工评价应检查相关技术和管理资料,并应听取施工单位《绿色施工总体情况报告》,综合确定绿色施工评价等级。

11.2.4 单位工程绿色施工评价结果应在有关部门备案。

11.3 评价资料

11.3.1 单位工程绿色施工评价资料应包括:

1 绿色施工组织设计专门章节,施工方案的绿色要求、技术交底及实施记录。

2 绿色施工要素评价表应按表11.3.1-1的格式进行填写。

3 绿色施工批次评价汇总表应按表11.3.1-2的格式进行填写。

4 绿色施工阶段评价汇总表应按表11.3.1-3的格式进行填写。

5 反映绿色施工要求的图纸会审记录。

6 单位工程绿色施工评价汇总表应按表11.3.1-4的格式进行填写。

7 单位工程绿色施工总体情况总结。

8 单位工程绿色施工相关方验收及确认表。

9 反映评价要素水平的图片或影像资料。

11.3.2 绿色施工评价资料应按规定存档。

11.3.3 所有评价表编号均应按时间顺序的流水号排列。

表 11.3.1-1 绿色施工要素评价表

工程名称			编　号		
			填表日期		
施工单位			施工阶段		
评价指标			施工部位		

控制项	标准编号及标准要求			评价结论	

一般项	标准编号及标准要求	计分标准		应得分	实得分

优选项					

评价结果					

签字栏	建设单位	监理单位	施工单位

表 11.3.1-2 绿色施工批次评价汇总表

工程名称			编　号	
			填表日期	
评价阶段				

评价要素	评价得分	权重系数	实得分
环境保护		0.3	
节材与材料资源利用		0.2	
节水与水资源利用		0.2	
节能与能源利用		0.2	
节地与施工用地保护		0.1	
合计		1	

评价结论	1.控制项: 2.评价得分: 3.优选项: 结论:

签字栏	建设单位	监理单位	施工单位

表 11.3.1-3 绿色施工阶段评价汇总表

工程名称			编　号	
			填表日期	
评价阶段				

评价批次	批次得分	评价批次	批次得分
1		9	
2		10	
3		11	
4		12	
5		13	
6		14	
7		15	
8		……	
小计			

签字栏	建设单位	监理单位	施工单位

注:阶段评价得分 $G = \dfrac{\sum 批次评价得分 E}{评价批次数}$。

表 11.3.1-4 单位工程绿色施工评价汇总表

工程名称			编　号	
			填表日期	
评价阶段	阶段得分	权重系数	实得分
地基与基础		0.3	
结构工程		0.5	
装饰装修与机电安装		0.2	
合计		1	

评价结论	

签字盖章栏	建设单位(章)	监理单位(章)	施工单位(章)

本标准用词说明

1 为便于在执行本标准条文时区别对待,对要求严格程度不同的用词说明如下:

    1)表示很严格,非这样做不可的:

        正面词采用"必须",反面词采用"严禁";

    2)表示严格,在正常情况下均应这样做的:

        正面词采用"应",反面词采用"不应"或"不得";

    3)表示允许稍有选择,在条件许可时首先应这样做的:

        正面词采用"宜",反面词采用"不宜";

    4)表示有选择,在一定条件下可以这样做的,采用"可"。

2 条文中指明应按其他有关标准执行的写法为"应符合……的规定"或"应按……执行"。

引用标准名录

《体力劳动强度分级》GB 3869

《大气污染物综合排放标准》GB 16297

《施工现场临时用电安全技术规范》JGJ 46

中华人民共和国国家标准

建筑工程绿色施工评价标准

GB/T 50640—2010

条 文 说 明

目　次

1 总　则

1.0.1 本标准旨在贯彻中华人民共和国住房和城乡建设部推广绿色施工的指导思想,对工业与民用建筑、构筑物现场施工的绿色施工评价方法进行规范,促进施工企业实行绿色施工。

1.0.3 有关标准包括但不限于:

1 建筑工程施工质量验收规范:

《建筑工程施工质量验收统一标准》GB 50300、《建筑地基基础工程施工质量验收规范》GB 50202、《砌体工程施工质量验收规范》GB 50203、《混凝土结构工程施工质量验收规范》GB 50204、《钢结构工程施工质量验收规范》GB 50205、《建筑装饰装修工程质量验收规范》GB 50210、《屋面工程质量验收规范》GB 50207、《建筑给水排水及采暖工程施工质量验收规范》GB 50242、《通风与空调工程施工质量验收规范》GB 50243、《建筑电气工程施工质量验收规范》GB 50303、《智能建筑工程质量验收规范》GB 50339、《电梯工程施工质量验收规范》GB 50310。

2 环境保护相关国家标准:

《建筑施工场界噪声限值》GB 12523、《污水综合排放标准》GB 8978、《建筑材料放射性核素限量》GB 6566、《民用建筑工程室内环境污染控制规范》GB 50325、《建筑施工场界噪声测量方法》GB 12524、GB 18580~18588。

2 术　语

2.0.5、2.0.6 施工现场建筑垃圾的回收利用包括两部分,一是将建筑垃圾进行收集或简单处理后,在满足质量、安全的条件下,直接用于工程施工的部分;二是将收集的建筑垃圾,交付相关回收企业实现再生利用,但不包括填埋的部分。

3 基本规定

3.0.1 绿色施工的评价贯穿整个施工过程,评价的对象可以是施工的任何阶段或部分分项工程。评价要素是环境保护、节材与材料资源利用、节水与水资源利用、节能与能源利用、节地与土地资源保护五个方面。

3.0.2 本条规定了推行绿色施工的项目,项目部根据预先设定的绿色施工总目标,进行目标分解、实施和考核活动。要求措施、进度和人员落实,实行过程控制,确保绿色施工目标实现。

3.0.3 本条规定了不得评为绿色施工项目的6个条件。

6 严重社会影响是指施工活动对附近居民的正常生活产生很大的影响的情况,如造成相邻房屋出现不可修复的损坏、交通道路破坏、光污染和噪声污染等,并引起群众性抵触的活动。

4 评价框架体系

4.0.1 为便于工程项目施工阶段定量考核,将单位工程按形象进度划分为三个施工阶段。

4.0.2 绿色施工依据《绿色施工导则》"四节一环保"五个要素进行绿色施工评价。

4.0.3 绿色施工评价要素均包含控制项、一般项、优选项三类评价指标。针对不同地区或工程应进行环境因素分析,对评价指标进行增减,并列入相应要素进行评价。

4.0.5 绿色施工评价框架体系如图1。

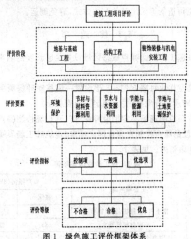

图 1　绿色施工评价框架体系

5 环境保护评价指标

5.1 控　制　项

5.1.1 现场施工标牌是指工程概况牌、施工现场管理人员组织机构牌、入场须知牌、安全警示牌、安全生产牌、文明施工牌、消防保卫制度牌、施工现场总平面图、消防平面布置图等。其中应有保障绿色施工的相关内容。

5.1.2 施工现场醒目位置是指主入口、主要临街面、有毒有害物品堆放地等。

5.1.3 工程项目部应贯彻文物保护法律法规,制定施工现场文物保护措施,并有应急预案。

5.2 一　般　项

5.2.1 本条规定了环境保护中资源保护的两个方面:

1 为保护现场自然资源环境,降水施工避免过度抽取地下水。

2 化学品和重金属污染品存放采取隔断和硬化处理。

5.2.2 本条规定了环境保护中人员健康的八个方面:

1 临时办公和生活区距有毒有害放地一般为50m,因场地限制不能满足要求时应采取隔离措施。

2 针对不同地区气温情况,分别采取符合当地要求的对应措施。

5.2.3 本条规定了环境保护中扬尘控制的九个方面:

2 现场直接裸露土体表面和集中堆放的土方采用临时绿化、喷浆和隔尘布遮盖等抑尘措施。

6 规定对于施工现场切割等易产生扬尘等作业所采取的扬尘控制措施要求。

8 说明高空垃圾清运采取的措施,而不采取自高空抛落的方式。

5.2.6 本条规定了环境保护中污水排放的五个方面:

2 工程污水采取去泥沙、除油污、分解有机物、沉淀过滤、酸碱中和等针对性的处理方式,达标排放。

3、4 现场设置的沉淀池、隔油池、化粪池等及时清理,不发生堵塞、渗漏、溢出等现象。

5.2.7 本条规定了环境保护中光污染的两个方面:

2 调整夜间施工灯光投射角度,避免影响周围居民正常生活。

5.2.9 现场围挡应连续设置,不得有缺口、残破、断裂,墙体材料可采用彩色金属板式围墙等可重复使用的材料,高度符合现行行业标准《建筑施工安全检查标准》JGJ 59 的规定。

5.2.10 现场开挖的土方在满足回填质量要求的前提下,就地回填使用,也可造景等采用其他利用方式,避免倒运。

5.3 优 选 项

5.3.1 在施工作业面噪声敏感区域设置足够长度的隔声屏,满足隔声要求。

5.3.2 高空作业每隔 5 层~8 层设置一座移动环保厕所,施工场地内环保厕所足量配置,并定岗定人负责保洁。

5.3.3 本条说明现场不定期请环保部门到现场检测噪声强度,所有施工阶段的噪声控制在现行国家标准《建筑施工场界噪声限值》GB 12523 限值内。见表 1。

表 1 施工阶段噪声限值

施工阶段	主要噪声源	噪声限值(dB)	
		昼间	夜间
土石方	推土机、挖掘机、装载机等	75	55
打桩	各种打桩机等	85	禁止施工
结构	混凝土、振捣棒、电锯等	70	55
装修	吊车、升降机等	60	55

5.3.4 施工组织设计中有保证现场人员健康的应急预案,预案内容应涉及火灾、爆炸、高空坠落、物体打击、触电、机械伤害、坍塌、SARS、疟疾、禽流感、霍乱、登革热、鼠疫等疾病等,一旦发生上述事件,现场能果断处理,避免事态扩大和蔓延。

5.3.6 现场拆除作业、爆破作业、钻孔作业和干旱燥热条件土石方施工应采用喷雾降尘设备减少扬尘。

6 节材与材料资源利用评价指标

6.1 控 制 项

6.1.1 根据《绿色建筑评价标准》GB 50378 中第 4.4.3 条的规定,就地取材的是指材料产地距施工现场 500km 范围内。

6.1.2 现场机械保养、限额领料、废弃物排放和再生利用等制度健全,做到有据可查,有责可究。

6.2 一 般 项

6.2.1 本条规定了材料选择的三个方面:

1 要求建立合格供应商档案库,材料采购做到质量优良、价格合理,所选材料应符合以下规定:

1)《民用建筑工程室内环境污染控制规范》GB 50325 的要求。

2)GB 18580~18588 的要求。

3)混凝土外加剂应符合《混凝土外加剂中释放氨的限量》GB 18588 的要求。

6.2.2 本条规定了材料节约的七个方面:

7 强调从实际出发,采用适于当地情况,利于高效使用当地资源的四新技术。如:"几字梁"、模板早拆体系、高效钢材、高强混凝土、自防水混凝土、自密实混凝土、竹材、木材和工业废渣废液利用等。

6.2.3 本条规定了资源再生利用的四个方面:

1 合理使用是指符合相关质量要求前提下的使用。

2 制定并实施施工场地废弃物管理计划;分类处理现场垃圾,分离可回收利用的施工废弃物,将其直接应用于工程。

6.3 优 选 项

6.3.4 现场材料包装用纸质或塑料、塑料泡沫质的盒、袋均要分类回收,集中堆放。

6.3.5 预拌砂浆可集中利用粉煤灰、人工砂、矿山及工业废料和废渣等。对资源节约、减少现场扬尘具有重要意义。

7 节水与水资源利用评价指标

7.1 控 制 项

7.1.1 施工前,应对工程项目的参建各方的节水指标,以合同的形式进行明确,便于节水的控制和水资源的充分利用。

7.2 一 般 项

7.2.1 本条规定了节约用水的七个方面:

1 针对各地区工程情况,制定用水定额指标,使施工过程节水考核取之有据。

2 供、排水系统指为现场生产、生活区食堂、澡堂、盥洗和车辆冲洗配置的给水排水处理系统。

3 节水器具指水龙头、花洒、恭桶水箱等单件器具。

4 对于用水集中的冲洗点、集中搅拌点等,要进行定量控制。

5 针对节水目标实现,优先选择利于节水的施工工艺,如混凝土养护、管道通水打压、各项防渗漏闭水及喷淋试验等,均采用先进的节水工艺。

6 施工现场尽量避免现场搅拌,优先采用商品混凝土和预拌砂浆。必须现场搅拌时,要设置水计量检测和循环水利用装置。混凝土养护采取薄膜包裹覆盖、喷涂养护液等技术手段,杜绝无措施浇水养护。

7 防止管网渗漏应有计量措施。

7.2.2 本条规定了水资源利用的两个方面:

1 尽量减少基坑外抽水。在一些地下水位高的地区,很多工程有较长的降水周期,这部分基坑降水应尽合理使用。

2 尽量使用非传统水源进行车辆、机具和设备冲洗;使用城市管网自来水时,必须建立循环用水装置,不得直接排放。

7.3 优 选 项

7.3.1 施工现场应对地下降水、设备冲刷用水、人员洗漱用水进行收集处理,用于喷洒路面、冲厕、冲洗机具。

7.3.3 为减少扬尘,现场环境绿化、路面降尘使用非传统水源。

7.3.4 将生产生活污水收集、处理和利用。

7.3.5 现场开发使用自来水以外的非传统水源进行水质检测,并符合工程质量用水标准和生活卫生水质标准。

8 节能与能源利用评价指标

8.1 控 制 项

8.1.1 施工现场能耗大户主要是塔吊、施工电梯、电焊机及其他施工机具和现场照明,为便于计量,应对生产过程使用的施工设备、照明和生活办公区分别设定用电控制指标。

8.1.2 建设工程能源计量器具的配备和管理应执行现行国家标准《用能单位能源计量器具配备和管理通则》GB 17167。施工用电必须装设电表,生活区和施工区应分别计量;应及时收集用电资料,建立用电节电统计台账。针对不同的工程类型,如住宅建筑、公共建筑、工业厂房建筑、仓储建筑、设备安装工程等进行分析、对比,提高节电率。

8.1.3 《中华人民共和国节约能源法》第十七条:禁止生产、进口、销售国家明令淘汰或者不符合强制性能源效率标准的用能产品、设备;禁止使用国家明令淘汰的用能设备、生产工艺。

8.2 一 般 项

8.2.1 本条规定了选择临时用电设施的原则。

1 现场临电设备、中小型机具、照明灯具采用带有国家能源效率标识的产品。

8.2.2 本条规定了节能与能源利用中机械设备的四个方面:

1 选择功率与负载相匹配的施工机械设备,机电设备的配置可采用节电型机械设备,如逆变式电焊机和能耗低、效率高的手持电动工具等,以利节电;机械设备宜使用节能型油料添加剂,在可能的情况下,考虑回收利用,节约油量。

2 在施工组织设计中,合理安排施工顺序、工作面,以减少作业区域的机具数量,相邻作业区充分利用共有的机具资源。

3 避免施工现场施工机械空载运行的现象,如空压机等的空载运行,不仅产生大量的噪声污染,而且还会产生不必要的电能消耗。

4 为了更好地进行施工设备管理,应给每台设备建立技术档案,便于维修保养人员尽快准确地对设备的整机性能做出判断,以便出现故障及时修复;对于机型老、效率低、能耗高的陈旧设备要及时淘汰,代之以结构先进、技术完善、效率高、性能好及能耗低的设备,应建立设备管理制度,定期进行维护、保养,确保设备性能可靠、能源高效利用。

8.2.3 本条规定了节能与能源利用中临时设施的两个方面:

1 根据现行国家标准《建筑采光设计标准》GB/T 50033,在同样照度条件下,天然光的辨认能力优于人工光,自然通风可提高人的舒适感。南方采用外遮阳,可减少太阳辐射和温度传导,节约大量的空调、电扇等运行能耗,是一种节能的有效手段,值得提倡。

2 现行国家标准《公共建筑节能设计标准》GB 50189 规定,在保证相同的室内环境参数条件下,建筑节能设计与未采取节能措施前比,全年采暖通风、空气调节、照明的总耗能减少50%。这个目标通过改善围护结构热工性能,提高空调采暖设备和照明效率实现。施工现场临时设施的围护结构热工性能应参照执行,围护墙体、屋面、门窗等部位,要使用保温隔热性能指标达标的节能材料。

8.2.4 本条规定了节能与能源利用中材料运输与施工的四个方面:

1 工程施工使用的材料宜就地取材,距施工现场 500km 以内生产的建筑材料用量占工程施工使用的建筑材料总重量的 70% 以上。

2 改进施工工艺,节能降耗。如逆作法施工能降低施工扬尘和噪声,减少材料消耗,避免了使用大型设备的能源。

3 绿色施工倡导在既定施工目标条件下,做到均衡施工、流水施工。特别要避免突击赶工期的无序施工、造成人力、物力和财力浪费等现象。

4 夜间作业不仅施工效率低,而且需要大量的人工照明,用电量大,应根据施工工艺特点,合理安排施工作业时间。如白天进行混凝土浇捣,晚上养护等。同样,冬季室外作业,需要采取冬季施工措施,如混凝土浇捣和养护时,采取电热丝加热或搭临时防护棚用煤炉供暖等,都将消耗大量的热能,是应该避免的。

8.3 优 选 项

8.3.1 可再生能源是指风能、太阳能、水能、生物质能、地热能、海洋能等非化石能源。国家鼓励单位和个人安装太阳能热水系统、太阳能供热采暖和制冷系统、太阳能光伏发电系统等。我国可再生能源在施工中的利用还刚刚起步,为加快施工现场对太阳能等可再生能源的应用步伐,予以鼓励。

8.3.3 节能、高效、环保的施工设备和机具综合能耗低,环境影响小,应积极引导施工企业,优先使用。如选用变频技术的节能施工设备等。

9 节地与土地资源保护评价指标

9.1 控 制 项

9.1.1 施工现场布置实施动态管理,应根据工程进度对平面进行调整。一般建筑工程至少应有地基基础、主体结构工程施工和装饰装修及设备安装三个阶段的施工平面布置图。

9.1.2 如因工程需要,临时用地超出审批范围,必须提前到相关部门办理批准手续后方可占用。

9.1.3 基于保护和利用的要求,施工单位在开工前应做到充分了解和熟悉场地情况并制定相应对策。

9.2 一 般 项

9.2.1 本条规定了节约用地的五个方面:

1 临时设施要求平面布置合理,组织科学,占地面积小。单位建筑面积施工用地率是施工现场节地的重要指标,其计算方法为:单位建筑面积施工用地率=(临时用地面积/单位工程总建筑面积)×100%。

临时设施各项指标是施工平面布置的重要依据,临时设施布置用地的参考指标参见表2~表4。

表 2 临时加工厂所需面积指标

加工厂名称	单位	工程所需总量	占地总面积(m²)	长×宽(m)	设备配备情况
混凝土搅拌站	m³	12500	150	10×15	350L强制式搅拌机2台,灰机2台,配料机一套
临时性混凝土预制厂	m³	200			商混凝土
钢筋加工厂	t	2800	300	30×10	弯曲机2台,切断机2台,对焊机1台,拉丝机1台
金属结构加工厂	t	30	600	20×30	氧割2套,电焊机3台
临时道路占地宽度			3.5m~6m		

表 3 现场作业棚及堆场所需面积参考指标

名称		高峰期人数	占地总面积(m²)	长×宽(m)	租用或业主提供原有旧房作临时房情况说明
木作	木工作业棚	48	60	10×6	
	成品半成品堆场		200	20×10	
钢筋	钢筋加工棚	30	80	10×8	
	成品半成品堆场		210	21×10	
铁件	铁件加工棚	6	40	8×5	
	成品半成品堆场		30	6×5	
混凝土砂浆	搅拌棚	6	72	12×6	
	水泥仓库	2	35	10×3.5	
	砂石堆场	6	120	12×10	
施工用电	配电房	2	18	6×3	
	电工房	4	28	7×4	
	白铁房	2	12	4×3	
	油漆工房	12	20	5×4	
	机、铅修理房	6	18	6×3	
石灰	存放棚	2	28	7×4	
	消化池	2	24	6×4	
	门窗存放棚		30	6×5	
	砌块堆场		200	10×10	
	轻质墙板堆场	8	6	6×3	
	金属结构半成品堆场		50	10×5	

续表 3

名　称	高峰期人数	占地总面积（m²）	长×宽（m）	租用或业主提供原有旧房作临时用房情况说明
仓库（五金、玻璃、卷材、沥青等）	2	40	8×5	
仓库（安装工程）	2	32	4×8	
临时道路占地宽度			3.5m～6m	

表 4　行政生活福利临时设施

临时房屋名称		占地面积（m²）	建筑面积（m²）	参考指标（m²/人）	备注	人数	租用或使用原有旧房情况说明
办公室		80	80	4	管理人员数	20	
宿舍	双层床	210	600	2	按高峰年（季）平均职工人数（扣除不在工地住宿人数）	200	
食堂		120	120	0.5	按高峰期	240	
浴室		100	100	0.5	按高峰期	200	
活动室		45	45	0.23	按高峰期	200	

2　建设工程施工现场用地范围，以规划行政主管部门批准的建设工程用地和临时用地范围为准，必须在批准的范围内组织施工。

3　规定场内交通道路布置应满足各种车辆机具设备进出场、消防安全疏散要求，方便场内运输。场内交通道路双车道宽度不宜大于 6m，单车道不宜大于 3.5m，转弯半径不宜大于 15m，且尽量形成环形通道。

4　规定充分利用资源，提高资源利用效率。

5　基于减少现场临时占地，减少现场湿作业和扬尘的考虑。

9.2.2　本条规定了保护用地的五个方面：

1　结合建筑场地永久绿化，提高场内绿化面积，保护土地。

2　施工取土、弃土场应选择荒废地，不占用农田，工程完工后，按"用多少，垦多少"的原则，恢复原有地形、地貌。在可能的情况下，应利用弃土造田，增加耕地。

3　施工后应恢复施工活动破坏的植被（一般指临时占地内）与当地园林、环保部门合作，在施工占用区内种植合适的植物，尽量恢复原有地貌和植被。

4　深基坑施工是一项对用地布置、地下设施、周边环境等产生重大影响的施工过程，为减少深基坑施工过程对地下及周边环境的影响，在基坑开挖与支护方案的编制和论证时应考虑尽可能地减少土方开挖和回填量，最大限度地减少对土地的扰动，保护自然生态环境。

5　在生态环境脆弱和具有重要人文、历史价值的场地施工，要做好保护和修复工作。场地内有价值的树木、水塘、水系以及具有人文、历史价值的地形、地貌是传承场地所在区域历史文脉的重要载体，也是该区域重要的景观标志。因此，应根据《城市绿化条例》（1992 年国务院 100 号令）等国家相关规定予以保护。对于因施工造成场环境改变的情况，应采取恢复措施，并报请相关部门认可。

9.3　优　选　项

9.3.1　临时办公和生活用房采用多层轻刚活动板房或钢骨架水泥活动板房搭建，能够减少临时用地面积，不影响施工人员工作和生活环境，符合绿色施工技术标准要求。

9.3.2　施工发现具有重要人文、历史价值的文物资源时，要做好现场保护工作，并报请施工区域所在地政府相关部门处理。

9.3.3　对于深基坑降水，应对相邻的地表和建筑物进行监测，采取科学措施，以减少对地表和建筑的影响。

9.3.4　对于推进建筑工业化生产，提高施工质量、减少现场绑扎作业、节约临时用地具有重要作用。

9.3.5　高效利用现场既有资源是绿色施工的基本原则，施工现场生产生活临时设施尽量做到占地面积最小，并应满足使用功能的合理性、可行性和舒适性要求。

10　评价方法

10.0.1　本条规定了绿色施工项目自评价的最少次数。采取双控的方式，当某一施工阶段的工期少于 1 个月时，自评价也应不少于 1 次。

10.0.2　本条规定了指标中的控制项判定合格的标准，一般项的打分标准，优选项的加分标准。

10.0.4　根据各评价要素对批次评价起的作用不同，评价时应考虑相应的权重系数。根据对大量施工现场的实地调查、相关施工人员的问卷调研，通过统计分析，得出批次评价时各评价要素的权重系数表（表 10.0.4）。

10.0.6　本条规定了单位工程评价中评价阶段的权重系数。考虑一般建筑工程结构施工时间较长、受外界因素影响大、涉及人员多、难度系数高等原因，在施工中尤其要保证"四节一环保"，这个阶段在单位绿色施工评价时地位重要，通过对大量工程的调研、统计、分析，规定其权重系数为 0.5；地基与基础施工阶段，对周围环境的影响及实施绿色施工的难度都较装饰装修与机电安装阶段大，所以，规定其权重系数分别为 0.3 和 0.2。

11　评价组织和程序

11.1　评价组织

11.1.1～11.1.3　规定了建筑工程绿色施工评价的组织单位和参与单位。

11.2　评价程序

11.2.1　本条规定了绿色施工评价的基本原则，先由施工单位自评价，再由建设单位、监理单位或其他评价机构验收评价。

11.2.2　本条规定了单位工程绿色施工评价的时间。

11.2.3　本条规定了单位工程绿色施工评价，证据的收集包括：审查施工记录；对照记录查验现场，必要时进一步追踪隐蔽工程情况；询问现场有关人员。

11.2.4　本条规定了单位工程绿色施工评价结果应在有关部门进行备案。

11.3　评价资料

11.3.1、11.3.2　规定了单位工程绿色施工评价应提交的资料，资料应归档。

11.3.3　表 11.3.1-1 绿色施工要素评价表、表 11.3.1-2 绿色施工批次评价汇总表、表 11.3.1-3 绿色施工阶段评价汇总表、表 11.3.1-4 单位工程绿色施工评价汇总表的编号均按评价时间顺序流水号排列，如 0001。

中华人民共和国国家标准

工程施工废弃物再生利用技术规范

Code for recycling of construction & demolition waste

GB/T 50743—2012

主编部门：江 苏 省 住 房 和 城 乡 建 设 厅
批准部门：中华人民共和国住房和城乡建设部
施行日期：２０１２ 年 １２ 月 １ 日

中华人民共和国住房和城乡建设部
公　告

第 1424 号

关于发布国家标准《工程施工废弃物再生
利用技术规范》的公告

现批准《工程施工废弃物再生利用技术规范》为国家标准，编号为 GB/T 50743—2012，自 2012 年 12 月 1 日起实施。

本规范由我部标准定额研究所组织中国计划出版社出版发行。

中华人民共和国住房和城乡建设部
二〇一二年五月二十八日

前　言

本规范是根据住房和城乡建设部《关于印发〈2008 年工程建设标准规范制订、修订计划（第一批）〉的通知》（建标［2008］102 号）的要求，由江苏南通二建集团有限公司和同济大学会同有关单位编制而成的。

本规范在编制过程中，编制组经广泛调查研究，认真总结实践经验，参考有关国外先进标准，并在广泛征求意见的基础上，最后经审查定稿。

本规范共分 9 章，主要技术内容包括：总则、术语和符号、基本规定、废混凝土再生利用、废模板再生利用、再生骨料砂浆、废砖瓦再生利用、其他工程施工废弃物再生利用、工程施工废弃物管理和减量措施。

本规范由住房和城乡建设部负责管理，由江苏省住房和城乡建设厅负责日常管理，由江苏南通二建集团有限公司负责具体技术内容的解释。

本规范在执行过程中，请各单位结合工程实践，注意总结经验，积累资料，随时将有关意见和建议反馈给江苏南通二建集团有限公司（地址：上海市黄浦区黄兴路 1599 号，新纪元国际广场 707 室，邮政编码：200433）。

本规范主编单位、参编单位、主要起草人和主要审查人：

主 编 单 位：江苏南通二建集团有限公司
　　　　　　同济大学

参 编 单 位：上海仪泛建设有限公司
　　　　　　江苏启安建设集团有限公司
　　　　　　上海通豪建设工程有限公司
　　　　　　江苏南通二建集团中润建设有限公司
　　　　　　上海同瑾土木工程有限公司

主要起草人：肖建庄　董雪平　王长青
　　　　　　宋声彬　张庆贺　陈建国
　　　　　　高春泉　张盛东　孙振平
　　　　　　姜　明　宋宏亮　何兴飞
　　　　　　王守鹏　肖建修　刘爱民
　　　　　　朱彬荣

主要审查人：郭正兴　王武祥　刘立新
　　　　　　李秋义　邓寿昌　王群依
　　　　　　王桂玲　孙亚兰　殷正峰
　　　　　　薪肇栋　朱东敏　张卫忠
　　　　　　李如燕

目　次

Contents

1 总　则

1.0.1 为了贯彻执行国家节约资源、保护环境的技术经济政策，促进工程施工废弃物的回收和再生利用，做到技术先进、安全适用、经济合理、确保质量，制定本规范。

1.0.2 本规范适用于建设工程施工过程中废弃物的管理、处理和再生利用；不适用于已被污染或腐蚀的工程施工废弃物的再生利用。

1.0.3 本规范规定了工程施工废弃物再生利用的基本技术要求。

1.0.4 工程施工废弃物的处理、回收和再生利用除应符合本规范外，尚应符合国家现行有关标准的规定。

2 术语和符号

2.1 术　语

2.1.1 工程施工废弃物　construction & demolition waste

工程施工废弃物为工程施工中，因开挖、旧建筑物拆除、建筑施工和建材生产而产生的直接利用价值不高的废混凝土、废竹木、废模板、废砂浆、砖瓦碎块、渣土、碎石块、沥青块、废塑料、废金属、废防水材料、废保温材料和各类玻璃碎块等。

2.1.2 废混凝土　waste concrete

由建筑物拆除、路面翻修、混凝土生产、工程施工或其他情况下产生的混凝土废料。

2.1.3 废模板　waste formwork

工程施工过程中由于损坏、周转次数太多以及完成其使用功能后不能直接再利用的模板。

2.1.4 废砂浆　waste mortar

在各类建筑物、构筑物、管网等进行建设、铺设、粉刷或拆除、修缮过程中所产生砂浆废料。

2.1.5 废砖瓦　waste brick and tiles

在各类建筑物、构筑物等进行建设、铺设或拆除、修缮过程中所产生砖瓦废料。

2.1.6 渣土　soil dregs

建设单位和施工单位在新建、改建、扩建和拆除各类建筑物、构筑物、管网等过程中所产生的弃土。

2.1.7 再生利用　recycling

工程施工废弃物经过回收后，通过环保的方式进行再造，成为可利用的再生资源。

2.1.8 再生粗骨料　recycled coarse aggregate

由建筑废物中的混凝土、石等加工而成，粒径大于4.75mm的颗粒。

2.1.9 再生细骨料　recycled fine aggregate

由建筑废物中的混凝土、砂浆、石、砖瓦等加工而成，粒径不大于4.75mm的颗粒。

2.1.10 再生粗骨料取代率　replacement ratio of recycled coarse aggregate

再生骨料混凝土中再生粗骨料用量占粗骨料总用量的质量百分比。

2.1.11 再生细骨料取代率　replacement ratio of recycled

fine aggregate

再生骨料混凝土或再生骨料砂浆中再生细骨料用量占细骨料总用量的质量百分比。

2.1.12 再生骨料混凝土　recycled aggregate concrete

再生骨料部分或全部代替天然骨料配制而成的混凝土。

2.1.13 再生骨料砂浆　recycled aggregate mortar

再生细骨料部分或全部取代天然细骨料配制而成的砂浆。

2.1.14 再生木模板　recycled wood formwork

由废旧木模板、贴面材料和胶合剂等材料加工而成的模板。

2.1.15 再生骨料混凝土空心砌块　recycled aggregate concrete hollow block

掺用再生骨料，经搅拌、成型、养护等工艺过程制成的混凝土空心砌块。

2.1.16 再生骨料砖、砌块　recycled aggregate brick(block)

掺用再生骨料，经搅拌、成型、养护等工艺过程制成的砖、砌块。

2.1.17 再生骨料吸水率　water absorption of recycled aggregate

再生骨料饱和面干状态时所含水的质量占绝干状态质量的百分数。

2.2 符　号

2.2.1 材料性能

$f_{cu,0}$——再生骨料混凝土试配强度；

$f_{cu,k}$——再生骨料混凝土立方体抗压强度标准值；

σ——再生骨料混凝土强度标准差；

E_c——再生骨料混凝土的弹性模量；

f_{rk}——再生骨料混凝土的抗折强度标准值。

2.2.2 作用、作用效应及承载力

M——弯矩设计值；

N——轴向压力设计值；

V——剪力设计值；

M_u——受弯承载力设计值；

N_u——轴心受压承载力设计值；

V_u——受剪承载力设计值。

2.2.3 计算系数及其他

α_M——再生骨料混凝土构件正截面受弯承载力调整系数；

α_N——再生骨料混凝土构件正截面受压承载力调整系数；

α_V——再生骨料混凝土构件斜截面受剪承载力调整系数。

3 基本规定

3.0.1 工程施工废弃物的再生利用应符合国家现行有关安全和环保方面的标准和规定。工程施工废弃物处理应满足资源节约和环境环保的要求。

3.0.2 工程施工单位在施工组织管理中对废弃物处理应遵循减量化、资源化和再生利用原则。

3.0.3 工程施工废弃物应按分类回收，根据废弃物类型、使用环境、暴露条件以及老化程度等进行分选。

3.0.4 工程施工废弃物回收可划分为混凝土及其制品、模板、砂浆、砖瓦等分项工程，各分项回收工程应遵守与施工方式相一致且便于控制废弃物回收质量的原则。

3.0.5 由工程施工废弃物加工的再生骨料及其制品的放射性应符合现行国家标准《建筑材料放射性核素限量》GB 6566 的有关规定。

3.0.6 施工单位宜在施工现场回收利用工程施工废弃物。施工之前，施工单位应编制施工废弃物再生利用方案，并经监理单位审查批准。

3.0.7 建设单位、施工单位、监理单位应依据设计文件中的环境保护要求，在招投标文件和施工合同中明确各方在工程施工废弃物再生利用中的职责。

3.0.8 设计单位应优化设计，减少建筑材料的消耗和工程施工废弃物的产生。优先选用工程施工废弃物再生产品以及可以循环利用的建筑材料。

3.0.9 工程施工废弃物回收应有相应的废弃物处理技术预案、健全的施工废弃物回收管理体系、回收质量控制和质量检验制度。

3.0.10 再生粗骨料中金属、塑料、沥青、竹木材、玻璃等杂质含量以及砖瓦含量应符合现行国家标准《混凝土用再生粗骨料》GB/T 25177 的有关规定。

3.0.11 再生细骨料中有害物质的含量应符合现行国家标准《混凝土和砂浆用再生细骨料》GB/T 25176 的有关规定。

4 废混凝土再生利用

4.1 一般规定

4.1.1 再生骨料混凝土可用于一般的普通混凝土结构工程和混凝土制品制造。

4.1.2 再生骨料混凝土所用原材料应符合现行国家标准《混凝土用再生粗骨料》GB/T 25177 和《混凝土和砂浆用再生细骨料》GB/T 25176 的有关规定。

4.1.3 再生骨料按现行国家标准《混凝土用再生粗骨料》GB/T 25177 和《混凝土和砂浆用再生细骨料》GB/T 25176 的有关规定可分为Ⅰ类、Ⅱ类和Ⅲ类。

4.1.4 Ⅰ类再生粗骨料可用于配制各强度等级的混凝土；Ⅱ类再生粗骨料宜用于 C40 及以下强度等级的混凝土；Ⅲ类再生粗骨料可用于 C25 及以下强度等级的混凝土，但不得用于有抗冻性要求的混凝土。

4.1.5 Ⅰ类再生细骨料可用于 C40 及以下强度等级的混凝土；Ⅱ类再生细骨料宜用于 C25 及以下强度等级的混凝土；Ⅲ类再生细骨料不宜用于配制混凝土。

4.1.6 对不满足国家现行标准规定要求的Ⅰ类、Ⅱ类和Ⅲ类再生骨料，经试验试配合格后，可用于垫层混凝土等非承重结构以及道路基层三渣料中。

4.2 废混凝土回收与破碎加工

4.2.1 废混凝土按回收方式可分为现场分类回收和场外分类回收。

4.2.2 有害杂质含量不足以影响新拌再生骨料混凝土使用性能的废混凝土可回收。本规范不适用于下列情况下废混凝土的回收利用：

　　1 废混凝土来自于轻骨料混凝土；

　　2 废混凝土来自于沿海港口工程、核电站、医院放射间等有特殊使用要求的混凝土；

　　3 废混凝土受硫酸盐腐蚀严重；

　　4 废混凝土已受重金属污染；

　　5 废混凝土存在碱-骨料反应；

　　6 废混凝土中含有大量不易分离的木屑、污泥、沥青等杂质；

　　7 废混凝土受氯盐腐蚀严重；

　　8 废混凝土已受有机物污染；

　　9 废混凝土碳化严重，质地酥松。

4.2.3 再生骨料的破碎加工设备可分为固定式和移动式。

4.2.4 废混凝土破碎前宜分选，再生骨料生产过程中产生的噪声和粉尘应符合国家现行有关标准的规定。

4.2.5 再生粗骨料应由专门的加工单位生产。废混凝土破碎工艺流程包括一次破碎加工和二次破碎加工。废混凝土中的钢筋宜采用磁铁分离器加以去除。废混凝土中木屑、泥土、泥块应采用水洗加以去除。

4.3 再生骨料

4.3.1 再生粗骨料的颗粒级配、性能指标应符合现行国家标准《混凝土用再生粗骨料》GB/T 25177 的有关规定。

4.3.2 再生粗骨料的颗粒级配、性能指标应符合现行国家标准《混凝土和砂浆用再生细骨料》GB/T 25176 的有关规定。

4.3.3 再生骨料可用于生产相应强度等级的混凝土、砂浆或制备砌块、墙板、地砖等混凝土制品。再生骨料添加固化类材料后，也可用于公路路面基层。

4.3.4 再生骨料检验方法应按现行行业标准《普通混凝土用砂、石质量及检验方法标准》JGJ 52 有关规定执行。

4.3.5 再生骨料进场时，应按规定批次验收型式检验报告、出厂检验报告及合格证等质量证明文件。合格证内容应包括下列内容：

　　1 产品品种、规格、等级与批量编号；

　　2 生产厂名；

　　3 编号及日期；

　　4 供货数量；

　　5 性能检验结果；

　　6 检验人员与检验单位签字盖章。

4.3.6 再生骨料宜按类别、规格及日产量确定检验批次，日产量在 2000t 及 2000t 以下，每 600t 为一批，不足 600t 也为一批；日产量超过 2000t，每 1000t 为一批，不足 1000t 也为一批；日产量超过 5000t，每 2000t 为一批，不足 2000t 也为一批；对于工程施工废弃物来源相同，日产量不足 600t 的，可以以连续生产不超过 3 天且不大于 600t 为一检验批。

4.3.7 再生骨料的运输和堆放，应符合下列规定：

　　1 不同类别、不同粒径的再生骨料应分别运输和堆放；

　　2 再生骨料和天然骨料不得混合；

　　3 再生骨料的运输与堆放应防止混入泥土和其他可能改变其品质的杂质；

　　4 再生骨料的生产部门应做好废混凝土相关信息的采集与记录工作，主要应包括拆除结构的用途、服役时间和原始混凝土强度等级等。

4.4 再生骨料混凝土配合比设计

4.4.1 再生骨料混凝土所用各种水泥应符合本规范第 4.1.2 条的规定。为控制生产再生骨料混凝土所用水泥的质量，在使用前应复检其质量指标。

4.4.2 再生骨料混凝土所用再生粗骨料进场时应具有质量证明文件，并应符合现行国家标准《混凝土用再生粗骨料》GB/T 25177 的有关规定。

4.4.3 基于性能的再生骨料混凝土配合比设计应符合下列规定：

　　1 满足工作性能要求；

　　2 满足强度要求；

　　3 满足耐久性能要求；

　　4 满足经济性要求。

4.4.4 再生骨料混凝土所用天然骨料应具有质量证明文件，并应符合现行行业标准《普通混凝土用砂、石质量及检验方法标准》JGJ 52 的有关规定。

4.4.5 再生骨料混凝土拌和用水应符合现行行业标准《混凝土拌

和用水标准》JGJ 63 的有关规定,不得使用海水拌制钢筋再生骨料混凝土。

4.4.6 再生骨料混凝土中宜掺加粉煤灰、矿渣粉、硅粉等矿物掺合料,其质量应符合国家现行有关标准的规定。

4.4.7 再生骨料混凝土所用外加剂应符合下列规定:

1 再生骨料混凝土所用的外加剂应符合国家现行有关标准的规定;

2 外加剂进场时应具有质量证明文件。对进场外加剂应按批进行复检,复检项目应符合现行国家标准《混凝土外加剂应用技术规范》GB 50119 的有关规定,复检合格后再使用。

4.4.8 再生骨料混凝土配合比设计中的设计参数应符合下列规定:

1 再生骨料混凝土宜采用绝对体积法进行配合比计算。在不使用引气型外加剂时,含气量可取 1%。

2 再生骨料混凝土的用水量可分为净用水量和附加用水量两部分。再生粗骨料采用预湿处理时,可不考虑附加用水量,再生骨料混凝土的用水量应按净用水量确定。

3 净用水量可根据现行行业标准《普通混凝土配合比设计规程》JGJ 55 的有关规定取值。

4 附加用水量应根据再生粗骨料吸水率加以确定。

5 水泥强度等级应按照现行行业标准《普通混凝土配合比设计规程》JGJ 55 的有关要求选用。

6 砂率可按现行行业标准《普通混凝土配合比设计规程》JGJ 55 的有关规定取值,然后再把砂率取值适当增大 1%~5%,其中再生粗骨料取代率为 30% 时增大 1%,再生粗骨料取代率为 100% 时增大 5%,中间采用线性内插取值。

4.4.9 再生骨料混凝土的配合比设计应按下列步骤进行:

1 计算试配强度,并求出相应的净水胶比;水胶比计算可按现行行业标准《普通混凝土配合比设计规程》JGJ 55 的有关规定执行。再生骨料混凝土的试配强度应按下式确定:

$$f_{cu,0} = f_{cu,k} + 1.645\sigma \qquad (4.4.9)$$

式中:$f_{cu,0}$——再生骨料混凝土试配强度(MPa);

$f_{cu,k}$——再生骨料混凝土立方体抗压强度标准值(MPa);

σ——再生骨料混凝土强度标准差(MPa)。

2 选取单位立方米混凝土的净用水量,并由用水量及水胶比计算出每立方米混凝土的水泥用量和矿物掺合料用量。

3 选取砂率,按绝对体积法计算粗骨料和细骨料的用量。

4 根据再生粗骨料的用量及其吸水率计算出附加水用量。

5 根据水泥用量和水的总用量以及粗细骨料用量得出试配用的计算配合比。

6 进行再生骨料混凝土配合比的试配与调整。

4.4.10 对于不掺用再生细骨料的混凝土,当仅掺Ⅰ类再生粗骨料或Ⅱ类、Ⅲ类再生粗骨料取代率小于 30% 时,再生骨料混凝土强度标准差可按现行行业标准《普通混凝土配合比设计规程》JGJ 55 的有规定取值;当Ⅱ类、Ⅲ类的再生粗骨料的取代率大于 30% 时,再生骨料混凝土强度标准差应根据同品种、同强度等级再生骨料混凝土统计资料计算确定,并应符合下列规定:

1 当施工单位具有近期的同一品种再生骨料混凝土资料时,强度标准差可按公式(4.4.10)计算。强度等级不大于 C20 的再生骨料混凝土,当强度标准差计算值不小于 3.0MPa 时,应按计算结果取值,当计算值小于 3.0MPa 时,强度标准差取 3.0MPa;强度等级大于 C20 且不大于 C40 的再生骨料混凝土,当强度标准差计算值不小于 4.0MPa 时,应按计算结果取值,当计算值小于 4.0MPa 时,强度标准差取 4.0MPa。

$$\sigma = \sqrt{\frac{\sum_{i=1}^{n} f_{cu,i}^2 - n \cdot m_{fcu}^2}{n-1}} \qquad (4.4.10)$$

式中:$f_{cu,i}$——第 i 组试件的立方体强度值(MPa);

m_{fcu}——n 组试件立方体强度的平均值(MPa);

n——再生骨料混凝土试件的组数,$n \geq 30$。

2 当施工单位无统计资料计算再生骨料混凝土强度标准差时,其值可按表 4.4.10 选取。

表 4.4.10 再生骨料混凝土强度标准差推荐值

强度等级	≤C20	C25、C30	C35、C40
σ(MPa)	4.0	5.0	6.0

注:当再生粗骨料的来源很复杂或来源不清楚,或者再生粗骨料取代率较大时,应适当增大强度标准差。

4.4.11 掺用再生细骨料的混凝土,再生骨料混凝土强度标准差可根据相同再生骨料掺量和同强度等级的同品种再生骨料混凝土统计资料计算确定,当计算值小于本规范表 4.4.10 中对应值时,应按本规范表 4.4.10 的规定取值;当无统计资料时,强度标准差宜按本规范表 4.4.10 的规定取值。

4.4.12 配合比的调整可按现行行业标准《普通混凝土配合比设计规程》JGJ 55 的有关规定执行。

4.4.13 再生粗骨料取代率和再生细骨料取代率应根据已有技术资料和再生骨料混凝土的性能要求确定。当缺乏技术资料时,再生粗骨料取代率和再生细骨料取代率不宜大于 50%,但Ⅰ类再生粗骨料取代率可不受限制。当再生骨料混凝土中已掺用Ⅲ类再生粗骨料时,不宜再掺入再生细骨料。

4.5 再生骨料混凝土基本性能

4.5.1 再生骨料混凝土的拌合物性能、力学性能、强度尺寸效应换算系数及强度检验评定等,应符合现行国家标准《混凝土质量控制标准》GB 50164 的有关规定。

4.5.2 Ⅱ类再生粗骨料配制的混凝土,按抗压强度可分为 C15、C20、C25、C30、C35、C40 六个等级;Ⅲ类再生粗骨料配制的混凝土,按抗压强度可分为 C15、C20、C25 三个等级。当设计更高强度等级再生混凝土时,应通过试验对其结果做出可行性评定。各类再生骨料混凝土强度等级合理使用范围应符合表 4.5.2 的规定。

表 4.5.2 再生骨料混凝土强度等级合理使用范围

类别名称	强度等级	用途
砌体用再生骨料混凝土	C20 C25 C30	主要用于再生骨料混凝土制品
道路用再生骨料混凝土	C30 C35 C40	主要用于道路路面
结构用再生骨料混凝土	C15 C20 C25 C30 C35 C40	主要用于承重构件

注:C15 只用于素再生骨料混凝土结构。

4.5.3 再生骨料混凝土的轴心抗压强度标准值、轴心抗压强度设计值、轴心抗拉强度标准值、轴心抗拉强度设计值、轴心抗压疲劳强度设计值和轴心抗拉疲劳强度设计值可按现行国家标准《混凝土结构设计规范》GB 50010 的有关规定取值。

4.5.4 再生骨料混凝土的抗折强度标准值 f_{rk} 应按下式计算:

$$f_{rk} = 0.75\sqrt{f_{cu,k}} \qquad (4.5.4)$$

式中:$f_{cu,k}$——再生骨料混凝土立方体抗压强度标准值(即强度等级)(MPa)。

4.5.5 再生粗骨料混凝土的弹性模量 E_c 应通过试验确定。在缺乏试验资料时,可按表 4.5.5 采用。

表 4.5.5 再生粗骨料混凝土弹性模量(×10⁴MPa)

强度等级	C15	C20	C25	C30	C35	C40
弹性模量	1.8	2.0	2.2	2.4	2.5	2.6

4.5.6 再生骨料混凝土的导热系数和比热容应通过试验确定,

在缺乏试验资料时可按表 4.5.6 取值。

表 4.5.6　再生粗骨料混凝土的导热系数和比热容

再生粗骨料取代率(%)	30	50	70	100
导热系数[W/(m·℃)]	1.493	1.458	1.425	1.380
比热容[J/(kg·℃)]	905.5	914.2	922.5	935.0

4.5.7　再生骨料混凝土的耐久性设计应符合现行国家标准《混凝土结构设计规范》GB 50010 和《混凝土结构耐久性设计规范》GB/T 50476 的有关规定。当再生骨料混凝土用于设计使用年限为 50 年的混凝土结构时,宜符合表 4.5.7 的规定。

表 4.5.7　再生骨料混凝土耐久性基本要求

环境等级	最大水胶比	最低强度等级	最大氯离子含量(%)	最大碱含量(kg/m³)
一	0.55	C25	0.30	3.0
二 a	0.50	C30	0.20	3.0
二 b	0.45(0.50)	C35(C30)	0.15	3.0

注:1　素混凝土结构构件的水胶比及最低强度等级可适当放松;
　　2　有可靠工程经验时,一类和二类环境中的最低混凝土强度等级可降低一个等级。

4.5.8　再生骨料混凝土中氯离子、三氧化硫的含量应符合现行国家标准《混凝土结构设计规范》GB 50010 和《混凝土结构耐久性设计规范》GB/T 50476 的有关规定。

4.5.9　钢筋的再生骨料混凝土保护层最小厚度应符合表 4.5.9 的要求。

表 4.5.9　钢筋的再生骨料混凝土保护层最小厚度(mm)

环境等级	板、墙	梁、柱
一	20	25
二 a	25	30
二 b	30	40

4.5.10　再生骨料混凝土的抗渗透性能应满足工程设计抗渗等级和现行国家标准《混凝土结构设计规范》GB 50010 的有关规定。

4.5.11　再生骨料混凝土的收缩值可在普通混凝土的基础上加以修正,当只掺入再生粗骨料时修正系数取 1.0～1.5。对Ⅰ类再生粗骨料可取 1.0;对Ⅱ类、Ⅲ类再生粗骨料,当再生粗骨料取代率为 30% 时可取 1.0,再生粗骨料取代率为 100% 时可取 1.5,中间可采用线性内插取值。

4.5.12　再生骨料混凝土的徐变系数应通过试验确定,当缺乏试验条件或技术资料时,宜按普通混凝土的规定取值。

4.5.13　再生骨料混凝土的温度线膨胀系数应通过试验确定,当缺乏试验条件或技术资料时,宜按普通混凝土的规定取值。

4.5.14　再生骨料混凝土的剪切变形模量可按相应弹性模量值的 0.40 倍取值。再生骨料混凝土泊松比可取 0.20。

4.6　再生骨料混凝土构件

4.6.1　再生骨料混凝土构件应符合下列规定:

　　1　再生骨料为再生粗骨料。

　　2　再生骨料混凝土构件应包括再生骨料混凝土梁、板、柱、剪力墙。

　　3　再生骨料混凝土受弯构件设计计算应符合现行国家标准《混凝土结构设计规范》GB 50010 的有关规定。

　　4　受力钢筋的再生骨料混凝土保护层最小厚度应按本规范表 4.5.9 的规定取值,且不应小于受力钢筋的直径。板中分布钢筋的保护层厚度不应小于 10mm,梁、柱中箍筋和构造筋的保护层厚度不应小于 15mm。

　　5　再生骨料混凝土构件中纵向受力钢筋的锚固长度应符合现行国家标准《混凝土结构设计规范》GB 50010 的有关规定。

　　6　再生骨料混凝土构件中纵向受力钢筋的配筋率,不应小于现行国家标准《混凝土结构设计规范》GB 50010 规定的最小配筋率。

4.6.2　再生骨料混凝土构件正截面受弯承载力应符合下式的要求:

$$M \leqslant \alpha_M M_u \qquad (4.6.2)$$

式中:M——弯矩设计值;

　　　α_M——再生骨料混凝土构件正截面受弯承载力调整系数,Ⅰ类再生粗骨料,取 1.0,Ⅱ类和Ⅲ类再生粗骨料取 0.95;

　　　M_u——受弯承载力设计值,按现行国家标准《混凝土结构设计规范》GB 50010 的有关规定计算。

4.6.3　再生骨料混凝土构件正截面轴心受压承载力应符合下式的要求:

$$N \leqslant \alpha_N N_u \qquad (4.6.3)$$

式中:N——轴向压力设计值;

　　　α_N——再生骨料混凝土构件正截面受压承载力调整系数,Ⅰ类再生粗骨料,取 1.0,Ⅱ类和Ⅲ类再生粗骨料取 0.90;

　　　N_u——轴心受压承载力设计值,按现行国家标准《混凝土结构设计规范》GB 50010 的有关规定计算。

4.6.4　再生骨料混凝土构件斜截面受剪承载力应符合下式的要求:

$$V \leqslant \alpha_v V_u \qquad (4.6.4)$$

式中:V——剪力设计值;

　　　α_v——再生骨料混凝土构件斜截面受剪承载力调整系数,Ⅰ类再生粗骨料,取 1.0,Ⅱ类和Ⅲ类再生粗骨料取 0.85;

　　　V_u——受剪承载力设计值,按现行国家标准《混凝土结构设计规范》GB 50010 的有关规定计算。

4.6.5　再生骨料混凝土构件偏心受压,轴心受拉,偏心受拉、受扭,局部受压、受冲切可按现行国家标准《混凝土结构设计规范》GB 50010 的有关规定计算。

4.6.6　再生骨料混凝土抗裂验算应符合现行国家标准《混凝土结构设计规范》GB 50010 的有关规定。

4.6.7　再生骨料混凝土裂缝宽度验算应符合现行国家标准《混凝土结构设计规范》GB 50010 的有关规定。

4.6.8　再生骨料混凝土受弯构件的挠度可按现行国家标准《混凝土结构设计规范》GB 50010 的有关规定验算,当再生粗骨料取代率在 30% 以上时,考虑挠度放大系数 1.2。

4.7　再生骨料混凝土空心砌块

4.7.1　再生骨料混凝土空心砌块所用的原材料应符合下列规定:

　　1　再生骨料应符合现行国家标准《混凝土用再生粗骨料》GB/T 25177 和《混凝土和砂浆用再生细骨料》GB/T 25176 的有关规定。

　　2　再生骨料应满足表 4.7.1-1 和表 4.7.1-2 规定的要求。

表 4.7.1-1　再生粗骨料性能指标

项　目	指标要求
微粉含量(按质量计)(%)	<5.0
吸水率(按质量计)(%)	<10.0
杂物(按质量计)(%)	<2.0
泥块含量、有害物质含量、坚固性、压碎指标、碱骨料反应性能	应符合现行国家标准《混凝土用再生粗骨料》GB/T 25177 的有关规定

表4.7.1-2 再生细骨料性能指标

项 目		指标要求
微粉含量(按质量计)(%)	MB值<1.40或合格	<12.0
	MB值≥1.40或不合格	<0.6
泥块含量、有害物质含量、坚固性、单级最大压碎指标、碱骨料反应性能		应符合现行国家标准《混凝土和砂浆用再生细骨料》GB/T 25176的有关规定

3 当采用石屑作为细骨料时,小于0.15mm的细石粉含量不应大于20%。

4 再生骨料砌块所用其他原材料应符合本规范第4.1.2条的规定。

4.7.2 再生骨料混凝土空心砌块砌体设计、施工可按国家现行标准《砌体结构设计规范》GB 50003和《混凝土小型空心砌块建筑技术规程》JGJ/T 14的有关规定执行。

4.7.3 再生骨料砌块按孔的排数可分为单排孔、双排孔、多排孔三类;再生骨料砌块的主规格尺寸为390mm×190mm×190mm,其他规格尺寸可由供需方协商,应符合现行国家标准《普通混凝土小型空心砌块》GB 8239的相关规定。

4.7.4 再生骨料混凝土空心砌块可分为MU5、MU7.5、MU10、MU15、MU20五个等级。

4.7.5 再生骨料混凝土空心砌块的性能及用途应符合现行国家标准《普通混凝土小型空心砌块》GB 8239的相关规定。

4.7.6 再生骨料混凝土空心砌块各项性能的试验方法应按现行国家标准《混凝土小型空心砌块试验方法》GB/T 4111的有关规定执行。

4.7.7 型式检验应包括放射性、尺寸允许偏差和外观质量、抗压强度、干燥收缩率、相对含水率、碳化系数和软化系数、抗冻性;出厂检验项目应包括尺寸偏差,外观质量和抗压强度。

4.7.8 再生骨料混凝土空心砌块的组批规则应符合现行行业标准《再生骨料应用技术规程》JGJ/T 240的相关规定。

4.7.9 再生骨料混凝土空心砌块检验的抽样及判定应按现行行业标准《再生骨料应用技术规程》JGJ/T 240的规定执行。

4.8 再生骨料混凝土道路

4.8.1 废旧道路混凝土块加工成再生骨料前,应清理粘附在水泥混凝土块上的基层材料和泥土。

4.8.2 废旧道路混凝土再生骨料可用于拌制路面混凝土,其性能应符合现行行业标准《公路水泥混凝土路面设计规范》JTG D40和《公路水泥混凝土路面施工技术规范》JTG F30的有关规定。

4.8.3 路面设计应符合下列基本规定:

1 再生骨料混凝土路面的设计安全等级及相应的设计基准期、目标可靠指数和目标可靠度,以及各安全等级路面的材料性能和结构尺寸参数的变异水平等级应符合现行行业标准《公路水泥混凝土路面设计规范》JTG D40的有关规定。

2 再生骨料混凝土路面宜用于二级及二级以下等级的公路或次干道、支路以下的城市道路和小区道路。应采用强度高、收缩性小、耐磨性强、抗冻性好的水泥。

3 再生骨料混凝土路面层应具有足够的强度、耐久性、表面抗滑、耐磨、平整度。

4 道路垫层可采用再生粗骨料和再生细骨料。

5 道路基层可采用水泥稳定再生粗骨料和石灰粉煤灰稳定再生粗骨料,其性能指标应符合现行国家标准《混凝土用再生粗骨料》GB/T 25177的有关规定。

4.8.4 再生骨料混凝土道路的施工可按现行行业标准《公路水泥混凝土路面施工技术规范》JTG F30的有关规定执行。

4.8.5 再生骨料混凝土道路的质量检验可按现行行业标准《公路路基路面现场测试规程》JTJ 059的有关规定执行。

5 废模板再生利用

5.1 一般规定

5.1.1 废模板按材料不同,可分为废木模板、废竹模板、废塑料模板、废钢模板、废铝合金模板、废复合模板。

5.1.2 以废模板为原料生产的木塑复合模板、水泥人造板和石膏人造板,其产品质量应满足国家现行有关标准的要求。

5.1.3 废弃木质材料应按类别、规格分别存放,并注意安全,防火、防水、防霉烂。

5.1.4 再生木模板的结构设计应符合现行行业标准《建筑施工模板安全技术规范》JGJ 162的有关规定。

5.1.5 再生木模板的质量检验、运输和储存应符合现行国家标准《混凝土模板用胶合板》GB/T 17656的有关规定。

5.2 再生利用方式

5.2.1 大型钢模板生产过程中产生的边角料,可直接回收利用;对无法直接回收利用的,可回炉重新冶炼。

5.2.2 工程施工中发生变形扭曲的钢模板,经过修复、整形后可重复使用。

5.2.3 塑料模板施工使用报废后可全部回收,经处理后可制成再生塑料模板或其他产品。

5.2.4 废木模板、废竹模板、废塑料模板等可加工成木塑复合材料、水泥人造板、石膏人造板的原料。

5.2.5 再生刨花板的生产应符合下列规定:

1 采用部分废木质模板、废包装材料和废包装箱等作为原料。

2 制造工艺和普通刨花板类似,但原料制备工艺有所不同。应减少废弃木材中铁钉、石块等对削片机、刨片机等的损坏。制备过程中先采用木材粉碎机将废木材粉碎,再利用磁选、水洗和气流分选对粗刨花进行一次或多次的筛选,除去铁钉、石块等杂物后,进行刨片等加工。

3 利用废木材制成的刨花宜作为芯层材料使用。

4 生产定向刨花板用废木材应切成长20mm～40mm,宽5mm～15mm,厚1mm～5mm的碎片,然后涂上粘结剂,再进行蒸汽热压。

5.2.6 废木竹模板经过修复、加工处理后可生成再生模板。

5.2.7 废木楞、废木方经过接长修复后可循环使用。

5.3 适用范围

5.3.1 再生模板可应用于工程建设,其质量应符合现行国家标准《混凝土模板用胶合板》GB/T 17656的有关规定。

5.3.2 废模板可作为再生模板的原料直接回收利用;当不能作为再生模板的原料使用时,废模板可被加工成其他产品的原料。

6 再生骨料砂浆

6.1 一般规定

6.1.1 再生细骨料可配制砌筑砂浆、抹灰砂浆和地面砂浆,其中,再生骨料地面砂浆宜用于找平层,不宜用于面层。

6.1.2 再生骨料砂浆所用再生细骨料应符合现行国家标准《混凝土和砂浆用再生细骨料》GB/T 25176的有关规定,其他原材料应符合国家现行标准《预拌砂浆》GB/T 25181和《抹灰砂浆技术程》JGJ/T 220 的有关规定。

6.1.3 Ⅰ类再生细骨料可用于配制各种强度等级的砂浆；Ⅱ类再生细骨料可用于配制强度等级不高于 M15 的砂浆，Ⅲ类再生细骨料宜用于配制强度等级不高于 M10 的砂浆。

6.1.4 再生骨料砂浆用于砌体结构时应符合现行国家标准《砌体结构设计规范》GB 50003 的有关规定。

6.2 再生骨料砂浆基本性能要求

6.2.1 采用再生骨料的预拌砂浆性能应符合现行国家标准《预拌砂浆》GB/T 25181 的有关规定。

6.2.2 现场拌制的用生骨料砂浆的性能应符合表 6.2.2 的规定。

表 6.2.2　现场拌制的再生骨料砂浆性能指标要求

砂浆品种	强度等级	稠度(mm)	保水率(%)	14d 拉伸粘结强度(MPa)	抗冻性 强度损失率(%)	抗冻性 质量损失率(%)
再生骨料砌筑砂浆	M5、M7.5、M10、M15	50～90	≥82	—	≤25	≤5
再生骨料抹灰砂浆	M5、M10、M15	70～100	≥82	≥0.15	≤25	≤5
再生骨料地面砂浆	M15	30～50	≥82	—	≤25	≤5

注：有抗冻性要求时，应进行抗冻性试验。冻融循环次数按夏热冬暖地区 15 次、夏热冬冷地区 25 次、寒冷地区 35 次、严寒地区 50 次设置。

6.2.3 再生骨料砂浆性能试验方法应符合现行行业标准《建筑砂浆基本性能试验方法标准》JGJ/T 70 的有关规定。

6.3 再生骨料砂浆配合比设计

6.3.1 再生骨料砂浆的配制应满足和易性、强度和耐久性的要求。

6.3.2 再生骨料砂浆用水泥的强度等级应根据设计要求进行选择。配制同一品种、同一强度等级再生骨料砂浆时，宜采用同一水泥厂生产的同一品种、同一强度等级水泥。

6.3.3 再生骨料砂浆配合比设计可按下列步骤进行：

　　1 按现行行业标准《砌筑砂浆配合比设计规程》JGJ 98 和《抹灰砂浆技术规程》JGJ/T 220 的有关规定进行计算，求得基准砂浆配合比。

　　2 根据已有技术资料和砂浆性能要求确定再生细骨料取代率；当无技术资料作为依据时，再生细骨料取代率不宜大于 50%。

　　3 以基准砂浆配合比中的砂用量为基础，计算再生细骨料用量。

　　4 通过试验确定外加剂、添加剂和掺合料的品种和掺量。

　　5 通过试配和调整，选择符合性能要求且经济性好的配合比作为最终配合比。

6.4 再生骨料砂浆施工质量验收

6.4.1 再生骨料抹灰砂浆的施工质量验收应符合现行行业标准《抹灰砂浆技术规程》JGJ/T 220 的有关规定。

6.4.2 再生骨料砌筑砂浆和再生骨料地面砂浆的施工质量验收应符合现行行业标准《预拌砂浆应用技术规程》JGJ/T 223 的有关规定。

7 废砖瓦再生利用

7.1 废砖瓦用作基础回填材料

7.1.1 废砖瓦破碎后应进行筛分，按所需土石方级配要求混合均

匀。废砖瓦可用作工程回填材料。

7.1.2 废砖瓦可用作桩基填料，加固软土地基，碎砖瓦粒径不应大于 120mm。

7.2 废砖瓦用于生产再生骨料砖

7.2.1 再生骨料砖所用再生粗骨料最大粒径不宜大于 8mm；

7.2.2 再生骨料砖基本生产工艺可按下列步骤进行：

　　1 废砖瓦分拣后，用破碎机进行破碎；

　　2 计算再生骨料砖所用配料；

　　3 搅拌机搅拌；

　　4 振压成型；

　　5 自然、蒸汽养护；

　　6 检验出厂。

7.2.3 再生骨料砖生产应符合下列规定：

　　1 原料处理时，废砖不得破碎得过细。

　　2 计量配料时，宜采用体积计量。

　　3 宜采用强制式混凝土搅拌机进行搅拌，以保证物料混合均匀。

　　4 再生骨料砖成品应先行检验，合格后按强度等级、质量等级分别堆放，并编号加以标明。堆放成品的库房或场地应保持干燥、通风、平整。

7.2.4 再生骨料砖包括多孔砖和实心砖，按抗压强度可分为 MU7.5、MU10 和 MU15 三个等级。

7.2.5 再生骨料实心砖主规格尺寸为 240mm×115mm×53mm；再生骨料多孔砖主规格尺寸为 240mm×115mm×90mm。再生骨料砖其他规格由供需双方协商确定。

7.2.6 再生骨料砖的性能及用途应符合现行国家标准《承重混凝土多孔砖》GB 25779、《非承重混凝土空心砖》GB/T 24492 和《混凝土实心砖》GB/T 2144 的相关规定。

7.2.7 再生骨料砖的尺寸允许偏差、外观质量、抗压强度、吸水率、干燥收缩率、相对含水率、抗冻性、碳化系数和软化系数的试验方法应按国家现行有关标准的规定执行。

7.2.8 再生骨料砖型式检验应包含放射性及本规范第 7.2.7 条规定的所有项目，出厂检验应包含尺寸允许偏差、外观质量和抗压强度。

7.2.9 再生骨料砖的组批规则应符合现行行业标准《再生骨料应用技术规程》JGJ/T 240 的相关规定。

7.2.10 再生骨料砖进场检验组批规则按本规范第 7.2.9 条执行。再生骨料砖检验的抽样及判定应按现行行业标准《再生骨料应用技术规程》JGJ/T 240 的规定执行。

7.2.11 再生骨料砖进场时，应按规定批次检查型式检验报告、出厂检验报告及合格证等质量证明文件。

7.2.12 再生骨料砖进场时，应对尺寸允许偏差、外观质量和抗压强度进行检验。

7.2.13 再生骨料砖砌体工程施工应按国家现行标准《砌体结构设计规范》GB 50003 和《多孔砖砌体结构技术规范》JGJ 137 的有关规定执行。

7.2.14 再生骨料砌体工程质量验收应按现行国家标准《建筑工程施工质量验收统一标准》GB 50300、《砌体工程施工质量验收规范》GB 50203 的有关规定执行。

7.3 废砖瓦用于生产再生骨料砌块

7.3.1 再生骨料砌块所用再生粗骨料最大粒径不宜大于 10mm。

7.3.2 再生骨料砌块基本生产工艺可按下列步骤进行：

　　1 废砖瓦分拣后，用破碎机进行破碎；

　　2 计算再生骨料砌块所用配料；

　　3 搅拌机搅拌；

　　4 振压成型；

　　5 自然、蒸汽养护；

6 检验出厂。

7.3.3 再生骨料砌块的性能及用途应符合现行国家标准《普通混凝土小型空心砌块》GB 8239 等的有关规定。

7.3.4 再生骨料砌块生产应符合下列规定：

1 原料处理时，废砖不得破碎得过细。

2 计量配料时，宜采用体积计量。

3 宜采用强制式混凝土搅拌机进行搅拌，以保证物料混合均匀。

4 砌块成品应先行检验，合格后按强度等级、质量等级分别堆放，并编号加以标明；堆放成品的库房或场地应干燥、通风、平整，堆块须码端正，防止倒塌；堆垛的高度不应超过 1.6m，堆垛之间应保持适当的通道，以便搬运；堆块要落实防雨措施，防止砌块吸水，以免砌块上墙时因含水率过高而导致墙体开裂。

7.3.5 再生骨料砌块的主规格尺寸为 390mm×190mm×190mm，其他规格尺寸可由供需方协商。

7.3.6 再生骨料砌块可分为 MU5、MU7.5、MU10、MU15 四个等级。

7.3.7 再生骨料砌块的性能及用途应符合本规范表 4.7.5 的规定。

7.3.8 再生骨料砌块各项性能的试验方法应按现行国家标准《混凝土小型空心砌块试验方法》GB/T 4111 的有关规定执行。

7.3.9 型式检验应包括放射性、尺寸允许偏差和外观质量、抗压强度、干燥收缩率、相对含水率、碳化系数和软化系数、抗冻性；出厂检验项目应包括尺寸偏差、外观质量和抗压强度。

7.3.10 再生骨料砌块的组批规则应符合现行行业标准《再生骨料应用技术规程》JGJ/T 240 的相关规定。

7.3.11 再生骨料砌块检验的抽样及判定应按现行行业标准《再生骨料应用技术规程》JGJ/T 240 的规定执行。

7.3.12 再生骨料砌块砌体设计、施工可按国家现行标准《砌体结构设计规范》GB 50003 和《混凝土小型空心砌块建筑技术规程》JGJ/T 14 的有关规定执行。

7.4 废砖瓦用于泥结碎砖路面

7.4.1 碎砖瓦作为泥结碎砖路面骨料时，粒径应控制在 40mm～60mm。

7.4.2 泥结碎砖层所用粘土，应具有较高的粘性，塑性指数宜在 12～15 之间。

7.4.3 粘土内不得含腐殖质或其他杂质。

7.4.4 粘土用量不宜超过混合料总重的 15%～18%。

7.4.5 土体固结剂固结废砖瓦可应用于道路路基和路面基层。

8 其他工程施工废弃物再生利用

8.1 废沥青混凝土再生利用

8.1.1 为保证再生沥青混凝土的稳定性，再生骨料用量宜小于骨料总量的 20%。

8.1.2 再生沥青混凝土产品应符合现行国家标准《重交通道路石油沥青》GB 15180 等的有关规定。

8.1.3 废路面沥青混合料可按适当比例直接用于再生沥青混凝土。

8.2 工程渣土再生利用

8.2.1 工程渣土按工作性能可分为工程产出土和工程垃圾土两类。

8.2.2 工程渣土应分类堆放。

8.2.3 工程产出土可堆放于采石场、采砂场的开采坑；可作为天然沟谷的填埋；可作为农地及住宅地的填高工程等。当具备条件时，工程产出土可直接作为土工材料进行使用。

8.2.4 工程垃圾土宜在垃圾填埋场或抛泥区进行废弃处理。工程垃圾土作为填充材料进行使用，必须改良其高含水量、低强度的性质。

8.3 废塑料、废金属再生利用

8.3.1 废塑料、废金属应按材质分类、储运。

8.3.2 被作为原料再生利用的废塑料、废金属，其有害物质的含量不得超过国家现行有关标准的规定。

8.3.3 废塑料可用于生产墙、天花板和防水卷材的原材料。

8.4 其他废木质材再生利用

8.4.1 工程建设过程中产生的废木质材应分类回收。

8.4.2 工程建设过程中产生的废木质包装物、废木质脚手架和废竹脚手架宜再生利用。

8.4.3 废木质材再生利用前应分离附着的金属、玻璃、塑料等物质；防腐处理的木材，其防腐剂毒性及含量应按国家现行有关标准的规定进行妥善处理。

8.4.4 废木质材再生利用过程中产生的加工剩余物，可作为生产木陶瓷的原材料。

8.4.5 废木质材料中尺寸较大的原木、方木、板材等，回收后可作为生产细木工板的原料。

8.5 废瓷砖、废面砖再生利用

8.5.1 工程施工过程中产生的废瓷砖、废面砖宜再生利用。

8.5.2 废瓷砖、废面砖颗粒可作为瓷质地砖的耐磨防滑原料。

8.6 废保温材料再生利用

8.6.1 工程施工中产生的废保温材料宜再生利用。

8.6.2 废保温材料可作为复合隔热保温产品的原料。

9 工程施工废弃物管理和减量措施

9.1 工程施工过程中废弃物管理措施

9.1.1 工程施工废弃物管理应符合下列规定：

1 建立工程施工废弃物管理体系与台账，并制定相应的管理制度与目标。

2 制定环境管理计划及应急救援预案，采取有效措施，降低环境负荷，保护地下设施和文物等资源。

3 在保证工程安全与质量的前提下，应制定节材措施，进行施工方案的节材优化、工程施工废弃物减量化，尽量利用可循环材料等。

4 根据工程所在地的水资源状况，制定节水措施。

5 进行施工节能策划，确定目标，制定节能措施。

9.1.2 工程施工环境保护应符合下列规定：

1 扬尘控制应符合下列规定：

　1）运输施工废弃物、建筑材料等，不污损场外道路；运输容易散落、飞扬、流漏物料的车辆，应采取措施封闭严密，保证车辆清洁。施工现场出口应设置洗车槽。

　2）土方作业阶段，采取洒水、覆盖等措施，扬尘不得扩散到场区外。

　3）结构施工、安装装饰装修阶段，对易产生扬尘的堆放材料，应采取覆盖措施；粉末状材料应封闭存放；对产生扬尘的施工废弃物搬运,应采取降尘措施。

　　4)施工现场非作业区达到目测无扬尘的要求。

　　5)工程机械拆除时应进行扬尘控制。

　　6)工程爆破拆除时应进行扬尘控制。

　　7)在场界四周隔挡高度位置测得的大气总悬浮颗粒物月平均浓度与城市背景值的差值不得大于 0.08mg/m³。

　　2　噪声与振动控制应符合下列规定:

　　1)建设和施工单位应选用高性能、低噪声、少污染的设备;应采用机械化程度高的施工方式;应减少使用污染排放高的各类车辆。

　　2)在施工场界对噪声应进行实时监测与控制。

　　3)现场噪声排放不得超过现行国家标准《建筑施工场界噪声限值》GB 12523 的有关规定。

9.1.3 工程施工废弃物再生利用过程中施工环境保护和劳动卫生应符合国家现行有关标准的规定。

9.2　工程施工过程中废弃物减量措施

9.2.1 工程施工废弃物减量应符合下列规定:

　　1 制定工程施工废弃物减量化计划。

　　2 加强工程施工废弃物的回收再利用,工程施工废弃物的再生利用率应达到 30%,建筑物拆除产生的废弃物的再生利用率应大于 40%。对于碎石类、土石方类工程施工废弃物,可采用地基处理、铺路等方式提高再利用率,其再生利用率应大于 50%。

　　3 施工现场应设密闭式废弃物中转站,施工废弃物应进行分类存放,集中运出。

　　4 危险性废弃物必须设置统一的标识进行分类存放,收集到一定量后统一处理。

9.2.2 工程施工废弃物减量宜采取下列措施:

　　1 避免图纸变更引起返工;

　　2 减少砌筑用砖在运输、砌筑过程中的报废;

　　3 减少砌筑过程中的砂浆落地灰;

　　4 避免施工过程中因混凝土质量问题引起返工;

　　5 避免抹灰工程因质量问题引起砂浆浪费;

　　6 泵送混凝土量计算准确。

本规范用词说明

　　1 为便于在执行本规范条文时区别对待,对要求严格程度不同的用词说明如下:

　　1)表示很严格,非这样做不可的:
　　　　正面词采用"必须",反面词采用"严禁";

　　2)表示严格,在正常情况下均应这样做的:

　　　　正面词采用"应",反面词采用"不应"或"不得";

　　3)表示允许稍有选择,在条件许可时首先应这样做的:
　　　　正面词采用"宜",反面词采用"不宜";

　　4)表示有选择,在一定条件下可以这样做的,采用"可"。

　　2　条文中指明应按其他有关标准执行的写法为:"应符合……的规定"或"应按……执行"。

引用标准名录

《砌体结构设计规范》GB 50003
《混凝土结构设计规范》GB 50010
《混凝土外加剂应用技术规范》GB 50119
《混凝土质量控制标准》GB 50164
《砌体工程施工质量验收规范》GB 50203
《建筑工程施工质量验收统一标准》GB 50300
《混凝土结构耐久性设计规范》GB/T 50476
《混凝土实心砖》GB/T 2144
《混凝土小型空心砌块试验方法》GB/T 4111
《建筑材料放射性核素限量》GB 6566
《普通混凝土小型空心砌块》GB 8239
《建筑施工场界噪声限值》GB 12523
《重交通道路石油沥青》GB 15180
《混凝土模板用胶合板》GB/T 17656
《非承重混凝土空心砖》GB/T 24492
《混凝土和砂浆用再生细骨料》GB/T 25176
《混凝土用再生粗骨料》GB/T 25177
《预拌砂浆》GB/T 25181
《承重混凝土多孔砖》GB 25779
《混凝土小型空心砌块建筑技术规程》JGJ/T 14
《普通混凝土用砂、石质量及检验方法标准》JGJ 52
《普通混凝土配合比设计规程》JGJ 55
《混凝土拌和用水标准》JGJ 63
《建筑砂浆基本性能试验方法标准》JGJ/T 70
《砌筑砂浆配合比设计规程》JGJ 98
《多孔砖砌体结构技术规范》JGJ 137
《建筑施工模板安全技术规范》JGJ 162
《抹灰砂浆技术规程》JGJ/T 220
《预拌砂浆应用技术规程》JGJ/T 223
《再生骨料应用技术规程》JGJ/T 240
《公路水泥混凝土路面设计规范》JTG D40
《公路水泥混凝土路面施工技术规范》JTG F30
《公路路基路面现场测试规程》JTJ 059

中华人民共和国国家标准

工程施工废弃物再生利用技术规范

GB/T 50743—2012

条 文 说 明

制 订 说 明

《工程施工废弃物再生利用技术规范》GB/T
50473—2012，经住房和城乡建设部 2012 年 5 月 28
日以第 1424 号公告批准发布。

本规范制订过程中，编制组进行了工程施工废弃
物的调查研究，总结了我国工程施工废弃物回收利用
的实践经验，同时参考了国外先进技术法规、技术标
准，通过试验取得了工程施工废弃物再生利用的重要
技术参数。

为便于广大设计、施工、科研、学校等单位有关
人员在使用本规范时能正确理解和执行条文规定，
《工程施工废弃物再生利用技术规范》编制组按章、
节、条顺序编制了本规范的条文说明，对条文规定的
目的、依据以及执行中需注意的有关事项进行了说
明。但是，本条文说明不具备与规范正文同等的法律
效力，仅供使用者作为理解和把握标准规定的参考。

目　次

1 总　则

1.0.1 工程施工废弃物回收利用,不但使有限的资源得以再生利用,而且解决了部分环保问题,满足世界环境组织提出的"绿色"的三大含义:节约资源、能源;不破坏环境,更有利于环境;可持续发展,既满足当代人的需求,又不危害后代人满足其需要的能力。

1.0.2 对本标准的适用范围作了界定。凡属于规定范围内的工程施工废弃物,应按本规范的要求进行处理。

3 基本规定

3.0.1 工程施工废弃物经过回收、处理和再生利用后,其材料性能和结构性能都发生了变化,因此再生材料必须在满足安全、环保相关标准的规定后,才能用于结构设计。资源节约是指在社会生产、流通、消费的各个领域,通过采取综合性措施,提高资源利用效率,以最少的资源消耗获得最大的经济和社会收益,保障经济社会可持续发展的社会发展模式。环境保护是指社会的生产与生活以对生态环境无害的方式进行。

3.0.2 工程施工废弃物循环利用主要有 3 大原则,即"减量化、循环利用、再生利用"原则,即"3R"原则(Reduce, Reuse, Recycle)。

1 减量化原则(Reduce),要求用较少的原料和能源投入来达到既定的生产目的或消费目的,进而达到从经济活动的源头就注意节约资源和减少污染。

2 循环利用原则(Reuse),要求延长产品的使用周期。

3 再生利用原则(Recycle),要求生产出来的物品在完成其使用功能后能重新成为可以利用的资源,而不是不可恢复的废弃物。按照循环经济的思想,再循环有两种情况,一种是原级再循环,即废品被循环来产生同种类型的新产品;另一种是次级再循环,即将废弃物资源转化成其他产品的原料。原级再循环在减少原材料消耗上面达到的效率要比次级再循环高得多,是循环经济追求的思想境界。

3.0.7 目前可用作生产再生材料的废弃物众多,但我国再生材料产业还处于相当低的发展水平,大量的再生材料没有得到回收和很好的利用而白白浪费掉。为促进资源的循环利用,在招投标文件和施工合同中明确各方工程施工废弃物再生利用的各方责任。

3.0.10 明确规定了再生粗骨料中杂质含量的检测方法。

3.0.11 对再生细骨料中有害物质的含量作了规定。

4 废混凝土再生利用

4.1 一般规定

4.1.1 再生骨料往往会增大混凝土的收缩和徐变,由此可能增大预应力损失,所以再生混凝土不宜用于预应力混凝土。

4.1.2 规定了再生骨料混凝土所用原料应符合的标准要求。为控制再生骨料混凝土的质量,其所用原材料必须符合国家现行有关标准,原材料在使用前应按国家现行有关标准复检其质

量指标。再生骨料混凝土所用原材料应符合下列国家现行标准的规定:

1 再生粗骨料应符合现行国家标准《混凝土用再生粗骨料》GB/T 25177 的有关规定;再生细骨料应符合现行国家标准《混凝土和砂浆用再生细骨料》GB/T 25176 的有关规定。

2 天然粗骨料和天然细骨料应符合现行行业标准《普通混凝土用砂、石质量及检验方法标准》JGJ 52 的有关规定。

3 水泥应符合现行国家标准《通用硅酸盐水泥》GB 175 的有关规定;当采用其他品种水泥时,其性能应符合相应标准规定。不同水泥不得混合使用。

4 拌合水应符合现行行业标准《混凝土用水标准》JGJ 63 的有关规定。

5 矿物掺合料应分别符合现行国家标准或现行行业标准《用于水泥和混凝土中的粉煤灰》GB/T 1596、《用于水泥和混凝土中的粒化高炉矿渣粉》GB/T 18046、《混凝土和砂浆用天然沸石粉》JG/T 3048 或《高强高性能混凝土用矿物外加剂》GB/T 18736 的有关规定。

6 外加剂应分别符合现行国家标准或现行行业标准《混凝土外加剂》GB 8076、《砂浆、混凝土防水剂》JC 474、《混凝土防冻剂》JC 475 和《混凝土膨胀剂》GB 23439 的有关规定。

4.1.4 Ⅰ类再生粗骨料品质已经基本达到常用天然粗骨料的品质,其应用不受强度等级限制;为充分保证结构安全,规定Ⅱ类再生粗骨料用于配制强度等级不高于 C40 的再生骨料混凝土;Ⅲ类再生粗骨料由于品质相对较差,可能对结构混凝土或较高强度再生骨料混凝土性能带来不利影响,规定其用于配制强度等级不高于 C25 的再生骨料混凝土,由于Ⅲ类再生粗骨料吸水率等指标相对较高,因此不宜用于有抗冻要求的混凝土。国外相关标准对再生骨料混凝土强度应用范围也有类似限定,例如对于近似于我国Ⅱ类再生粗骨料配制的混凝土,比利时限定为不超过 C30,丹麦限定为不超过 40MPa,荷兰限定为不超过 C50(荷兰国家标准规定再生骨料取代天然骨料的质量比不能超过 20%)。

4.1.5 Ⅰ类再生细骨料主要技术性能已经基本达到常用天然砂的品质,但是由于再生细骨料中往往含有水泥石颗粒或粉末,而且目前采用再生细骨料配制混凝土的应用实践相对较少,因此对再生细骨料在混凝土中的应用比再生粗骨料限制严格一些。Ⅲ类再生细骨料由于品质较差,不宜用于混凝土。

4.1.6 由于工程施工废弃物来源的复杂性、各地技术及产业发达程度差异和加工处理的客观条件限制,生产出来的大量再生骨料会有一些指标不能满足现行国家标准《混凝土用再生粗骨料》GB/T 25177 或《混凝土和砂浆用再生细骨料》GB/T 25176 的有关要求,例如微粉含量、骨料级配等,这些再生骨料尽管不宜用来配制普通再生骨料混凝土,但是完全可以配制垫层等非结构混凝土。因此,为了扩大工程施工废弃物的消纳利用范围,提高利用率,此处作了较为宽松的规定。

4.2 废混凝土回收与破碎加工

4.2.1 现场分类回收是指在现场设置临时施工堆场区域,对废弃物进行人工分类,分别将已分类的废弃物进行处理,场外分类回收是指混合施工废弃物直接运输到场外的废弃物分拣中转站。

4.2.2 基于现有的研究和工程实践经验,以及对废混凝土回收利用经济性与再生粗骨料性能要求的考虑,本规范规定了暂时不适于回收利用的废混凝土。如轻骨料混凝土、有严重的碱-骨料反应的混凝土及产生冻融破坏的混凝土;有害物质含量超标的废混凝土不可回收;受到严重污染的混凝土不可回收,如沿海港口工程混凝土、核电站混凝土、医院放射间混凝土等。

4.2.3 再生骨料的固定式破碎设备有颚式破碎机、反击式破碎

机、辊式破碎机、圆锥破碎机、可逆式破碎等。移动式破碎筛分成套设备是从固定式演变而来的，由各单机设备组合而成，并安装于可移动设备上，便于主机设备移动。移动式混凝土破碎及筛分设备可分为三种类型：大型牵引式移动破碎机，是集供料、破碎、筛分为一体的移动式生产机械。特点是虽是移动式，但却是集给料机、一级和二级破碎机、磁性分选机和筛分机为一体的破碎成套设备。中型履带式破碎机，是由给料系统、辊轧式破碎机和高效的筛分系统组成的，具有较强的破碎能力。小型移动式破碎机在拆除工地、建筑工地等现场具有良好的机动性和生产效率。

4.2.5 废混凝土来源广，杂质多，因此再生粗骨料的加工工艺较普通粗骨料的加工工艺复杂。根据同济大学和全国示范生产线工艺并参考国外有关标准，规定了再生粗骨料的加工工艺，主要工艺过程为破碎、筛分，必要时还要除去不纯物，调整粒度及水洗等。一次破碎的加工设备可采用颚式破碎机，二次破碎的加工设备可采用圆锥破碎机。再生粗骨料加工可采用下列工艺流程：

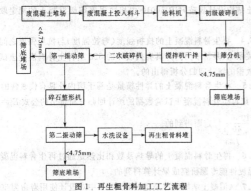

图1 再生粗骨料加工工艺流程

4.3 再生骨料

4.3.1、4.3.2 规定了再生骨料的颗粒级配、性能指标应符合的标准要求。再生粗骨料的各项质量指标均劣于普通粗骨料，因此对再生粗骨料各项质量指标的要求，在普通粗骨料各项质量指标要求的基础上适当放宽。

4.3.3 明确了再生骨料的应用范围。

4.3.4 根据国外经验，为了便于使用和比较，再生粗骨料的试验方法与普通粗骨料或轻粗骨料基本上是统一的，因此，本标准规定的再生粗骨料取样、缩分、筛分、表观密度等检验方法全部按我国普通粗骨料的国家标准执行；氯盐含量检验方法按我国轻骨料的国家标准执行；金属、塑料、沥青等杂质含量和砖类含量的检验方法，则参照国外再生粗骨料通用的方法。再生粗骨料除颗粒级配、表观密度、含泥量、吸水率、压碎指标、泥块含量及针、片状含量外，微粉含量、孔隙率和砖类含量对再生骨料混凝土的物理力学性能有显著影响，这一点也是再生骨料混凝土与普通混凝土的区别之一。因此，除了必须检验普通粗骨料的必检项目，还需检验再生粗骨料的微粉含量、空隙率和砖类含量。

表1 再生粗骨料性能指标

项　　目	I类	II类	III类
针片状颗粒(按质量计)(%)	<10		
微粉含量(按质量计)(%)	<1.0	<2.0	<3.0
泥块含量(按质量计)(%)	<0.5	<0.7	<1.0
压碎指标(%)	<12	<20	<30
表观密度(kg/m³)	>2450	>2350	>2250
吸水率(按质量计)(%)	<3.0	<5.0	<8.0
坚固性(质量损失)(%)	<5.0	<10.0	<15.0

续表1

项　　目		I类	II类	III类
	空隙率(%)	<47	<50	<53
有害物质含量	硫化物及硫酸盐含量(%)	≤1.0		
	氯化物含量(%)	≤0.06		
	有机物含量(%)	≤0.50		
	金属、塑料、沥青、木头、玻璃等杂质含量(%)	≤1.0		

表2 再生细骨料的分级与质量要求

等级		品质指标				可用领域
		需水量比	强度比	坚固性指标(%)	单级最大压碎指标(%)	
I	细	<1.35	>0.80			C40及以下强度等级的混凝土
	中	<1.30	>0.90	<8.0	<20	
	粗	<1.20	>1.00			
II	细	<1.55	>0.70			C25及以下强度等级的混凝土
	中	<1.45	>0.85	<10.0	<25	
	粗	<1.35	>0.95			
III	细	<1.80	>0.60			非承重砌块、砂浆
	中	<1.70	>0.75	<12.0	<30	
	粗	<1.50	>0.90			

4.3.5、4.3.6 由于再生骨料的来源较复杂，为了保证来货的技术性能、质量和进行质量追溯，再生骨料进场手续检验应更加严格，应验收质量证明文件，包括型式检验报告、出厂检验报告及合格证等，质量证明文件中还要体现生产厂信息，合格证编号，再生骨料类别、批号及出厂日期，再生骨料数量等内容。

4.3.7 再生粗骨料应按类别、规格分别运输和堆放，以便更好地控制再生骨料混凝土的质量及减少再生骨料混凝土强度的离散性。

4.4 再生骨料混凝土配合比设计

4.4.1 水泥是建筑工程中应用最广的一种胶凝材料。再生骨料混凝土应用的水泥品种主要是普通硅酸盐水泥、矿渣硅酸盐水泥、火山灰硅酸盐水泥和粉煤灰水泥。适用于普通混凝土的水泥品种，同样可用于再生骨料混凝土，但其性能必须符合相应的标准。

4.4.2 规定了配制再生骨料混凝土所用再生粗骨料应符合的标准。为控制生产再生骨料混凝土所用再生粗骨料的质量，在使用前应按现行国家标准《混凝土用再生粗骨料》GB/T 25177 的有关规定复检其质量指标。

4.4.4 规定了配制再生骨料混凝土所用的天然粗、细骨料应分别符合国家现行有关标准。为控制生产再生骨料混凝土所用天然粗、细骨料的质量，在使用前应现行行业标准《普通混凝土用砂、石质量及检验方法标准》JGJ 52 的规定按批进行复检。

4.4.5 拌制再生骨料混凝土的用水应符合现行行业标准《混凝土拌和用水标准》JGJ 63 的有关规定。海水中的氯离子含量较高，我国大部分港区海水的 Cl⁻ 含量高达 14000～18500（mg/L），远超过有关规定的限量，故本条规定不得使用海水拌制钢筋再生骨料混凝土，对有饰面要求的再生骨料混凝土不宜用海水拌制。

4.4.6 选用的掺合料，应使再生骨料混凝土达到预定改善性能的要求或在满足性能要求的前提下取代水泥。用于再生骨料混凝土中的矿物掺合料应符合国家现行标准《用于水泥和混凝土中的粉煤灰》GB 1596、《粉煤灰在混凝土和砂浆中应用技术规程》JGJ 28、《粉煤灰混凝土应用技术规范》GBJ 146 和《用于水泥和混凝土中的粒化高炉矿渣粉》GB/T 18046 的有关要求。其掺量应通过试验确定，其最大掺量应符合有关标准的规定。当采用其他品种的掺合料时，其烧失量及有害物质含量等质量指标应通过试验，确认符合再生骨料混凝土质量要求时，方可使用。

4.4.7 在再生骨料混凝土中掺用适当品种外加剂既可改善再生骨料混凝土性能，适应不同施工工艺的要求，又可节约水泥，降低生产成本;但如使用不当,或质量不佳,也将影响再生骨料混凝土质量,甚至造成质量事故。为了保证再生骨料混凝土所要求的性能,达到预期的效果,所用外加剂应是经有关部门鉴定、批准批量生产的产品,且其质量必须符合国家现行标准《混凝土外加剂》GB 8076、《混凝土泵送剂》JC 473、《砂浆、混凝土防水剂》JC 474、《混凝土防冻剂》JC 475、《混凝土膨胀剂》GB 23439 和《混凝土外加剂应用技术规范》GBJ 50119 的有关规定。

4.4.8 本条对再生骨料混凝土配合比设计参数的选择进行了说明。大量试验结果表明,再生骨料混凝土抗压强度与灰水比之间并不是线性关系,因此,不能直接使用鲍罗米公式进行再生骨料混凝土配合比设计。然而,鉴于现阶段还没有提出一个普遍公认的再生骨料混凝土配合比设计的计算公式,本规范中再生骨料混凝土配合比设计还是基于普通混凝土配合比设计方法之上,调整某些设计参数,最后经试验确定。

 1 再生骨料混凝土宜采用绝对体积法进行配合比计算,而不宜采用质量法,这主要是基于不同等级、不同取代率的再生粗骨料配制的再生骨料混凝土,其干表观密度可在较大的范围内变动考虑的。

 2 再生粗骨料的吸水率较大,因此,在进行配合比设计时必须要加以考虑。

 3 再生骨料混凝土的用水量分为净用水量和附加用水量两部分。所谓净用水量系指不考虑再生骨料吸水率在内的混凝土用水量,相应的水胶比则为净水胶比。附加用水量则是指再生粗骨料吸水至饱和面干状态所需的水量。再生粗骨料采用预湿处理时,可不考虑附加用水量,再生骨料混凝土的用水量直接按净用水量确定。

 4 大量试验研究表明,为达到与普通混凝土相同的工作性能及强度,在保持水胶比不变的条件下再生骨料混凝土须增大水泥浆体用量。为此,在确定净用水量时加以考虑。

 5 水泥等级可按国家现行有关标准选用。

 6 确定砂率的取值时,可根据粗骨料的最大粒径和净水胶比查阅现行行业标准《普通混凝土配合比设计规程》JGJ 55 的相应表格,并在由此得到的砂率的基础上适当增大 1%~5%。这是基于再生粗骨料表面较粗糙,为改善再生骨料混凝土的工作性能应适当增大砂率。

4.4.9 再生骨料混凝土的配合比设计步骤与普通混凝土的绝对体积法基本一致,可参考现行行业标准《普通混凝土配合比设计规程》JGJ 55。大量试验研究表明,为达到与普通混凝土相同的工作性能及强度,在保持水胶比不变的条件下再生骨料混凝土须增大水泥浆体用量。

4.5 再生骨料混凝土基本性能

4.5.1 再生骨料混凝土的拌合物性能试验方法按现行国家标准《普通混凝土拌合物性能试验方法标准》GB 50080 的规定执行,力学性能试验方法和强度尺寸效应换算系数按现行国家标准《普通混凝土力学性能试验方法标准》GB 50081 的规定执行,强度检验评定应按现行国家标准《混凝土强度检验评定标准》GB 50107 的规定执行。

4.5.2 根据国内同类标准和规程的经验,主要规定了再生骨料混凝土强度等级的定义及其划分原则。按用途再生骨料混凝土划分为砌块、道路和结构用再生骨料混凝土三大类,分别规定了各类混凝土的强度等级和合理使用范围。砌体用再生骨料混凝土可用于墙用砌块、铺地砌块、装饰砌块、护坡砌块和简仓砌块等;少量再生骨料混凝土可用于导墙、门窗和过梁等小型预制构件,要求强度等级大于 C20;专业工厂生产的再生骨料混凝土可用于建筑工程的主体结构。再生骨料混凝土的单轴受压本构关系可按下列公式确定:

$$y=\begin{cases} ax+(3-2a)x^2+(a-2)x^3 & (x\leqslant) \\ \dfrac{x}{b(x-1)^2+x} & (x>1) \end{cases} \quad (1)$$

$$y=\frac{\varepsilon_c}{\varepsilon_0} \quad (2)$$

$$x=\frac{\sigma_c}{f_c} \quad (3)$$

$$a=2.2(0.748r^2-1.231r+0.975) \quad (4)$$

$$b=0.8(7.6438r+1.142) \quad (5)$$

式中:f_c——再生骨料混凝土的抗压强度;

  ε_0——再生骨料混凝土峰值应变;

  r——再生粗骨料取代率。

4.5.3 本规范对用于混凝土的再生骨料主要性能指标要求与天然骨料产品标准要求差距不是很大。所以,再生骨料混凝土的轴心抗压强度标准值 f_{ck}、轴心抗拉强度标准值 f_{tk} 以及轴心抗压强度设计值 f_c、轴心抗拉强度设计值 f_t 等,都可按现行国家标准《混凝土结构设计规范》GB 50010 中相同强度等级混凝土的规定取值。

4.5.4 再生骨料混凝土的抗折强度(弯拉强度)与抗压强度之间的关系式,是基于国内外具有代表性的 528 组再生骨料混凝土试验数据的统计回归分析得出的。

4.5.5 再生骨料混凝土的弹性模量是基于国内外具有代表性的 528 组再生骨料混凝土试验数据的统计回归分析得出的公式 $E_c=\dfrac{10^5}{2.8+\dfrac{40.1}{f_{cu,k}}}$ 标定而得到的。

4.5.6 再生骨料混凝土的导热系数和比热是通过再生骨料混凝土温度性能专题研究成果计算得到的。

4.5.7 《混凝土结构设计规范》GB 50010 中对设计使用寿命为 50 年的结构用混凝土耐久性进行了相关规定。由于来源的客观原因,再生骨料吸水率、有害物质含量等指标往往比天然骨料差一些,这些指标可能影响混凝土耐久性或长期性能,所以,为了偏于安全,本规范对最大水胶比和最低强度等级的要求相对于 GB 50010 中的相关规定均相应提高了一级要求。本规范目前仅就再生骨料混凝土用于设计使用年限为 50 年以内的工程作出规定,用于更长设计使用年限的情况,为慎重稳妥起见,还需要继续积累研究及工程应用数据及经验。鉴于缺乏相应的工程实践经验,在环境作用类别中,暂不考虑再生骨料混凝土冰盐环境和滨海室外环境中使用的情况。

4.5.8 由于来源的复杂性,再生骨料中氯离子含量、三氧化硫含量可能高于天然骨料。由于氯离子含量对混凝土尤其是钢筋混凝土的耐久性影响较大,所以本规范并没有将掺用了再生骨料的混凝土中氯离子含量、三氧化硫含量要求降低,而是严格执行现行国家标准《混凝土结构设计规范》GB 50010 和《混凝土结构耐久性设计规范》GB/T 50476 的有关规定。

4.5.9 保护层厚度的规定是为了满足结构构件的耐久性要求和对受力钢筋有效锚固的要求。同济大学等高校的试验室试验研究表明,相同强度等级的再生骨料混凝土与普通混凝土相比,具有较好的抗碳化和粘结性能,国内外的其他专家学者的研究也有相似的结论。但考虑到现场测试数据不多,因此本条文再生骨料混凝土的保护层厚度,偏安全地在现行国家标准《混凝土结构设计规范》GB 50010 的有关规定取值上增加 5mm。

4.5.11 再生骨料混凝土的收缩值是借鉴国内外已有的再生骨料混凝土标准(表 3)而确定的。Ⅰ类再生粗骨料品质较好,对于仅掺用Ⅰ类再生粗骨料的再生混凝土,可按普通混凝土来确定收缩值。对于同时掺用再生粗骨料和再生细骨料的混凝土,其收缩值影响因素较复杂,应通过试验确定。

表3 再生骨料混凝土的收缩值修正系数

国家或组织	再生粗骨料取代率	
	100%	30%
比利时	1.50	1.00
RILEM	1.50	1.00
荷兰	1.35~1.55	1.00

4.6 再生骨料混凝土构件

4.6.1 基于现有的研究和应用实践，本条首先明确了用于构件的再生骨料应为再生粗骨料，规定了再生骨料混凝土在结构工程中的应用范围，现阶段再生骨料混凝土在其他结构构件中应用的研究较少，故本规范尚未考虑在其他结构构件中使用再生骨料混凝土。再生骨料混凝土正截面承载力计算的基本假定与普通混凝土大致相同。再生骨料混凝土构件的计算应符合现行相应标准。

同济大学的试验研究表明，当再生粗骨料的取代率大于30%时，相同强度等级的再生骨料混凝土与普通混凝土相比，具有较高的粘结性能，并且随着时间的推移在一定范围有所增长。但考虑到安全储备，本条文对钢筋在再生骨料混凝土中的锚固长度沿用了现行国家标准《混凝土结构设计规范》GB 50010的有关规定。

4.6.2 国内对根据现行国家标准《混凝土结构设计规范》GB 50010设计的构件进行了试验，结果表明，相同强度等级的再生骨料混凝土与普通混凝土受弯构件有相似的受力阶段和破坏特征，因此根据已有数据和可靠度分析，I类再生粗骨料 α_M 取为1.0；II类和III类再生粗骨料 α_M 取为0.95。

4.6.3 再生骨料混凝土轴心受压构件的计算公式也与现行国家标准《混凝土结构设计规范》GB 50010类似，但试验研究表明再生骨料混凝土轴心受压构件承载力略低于普通混凝土，因此根据已有数据和可靠度分析，I类再生粗骨料 α_N 取为1.0；II类和III类再生粗骨料 α_N 取为0.90。

4.6.4 国内外实验研究结果表明，再生骨料混凝土斜截面受剪承载力略低于普通混凝土，因此根据已有数据和可靠度分析，I类再生粗骨料 α_V 取为1.0；II类和III类再生粗骨料 α_V 取为0.85。

4.6.5 偏心受压、局部受压、轴心受拉、偏心受拉、受扭、受冲切等工况下可参照现行国家标准《混凝土结构设计规范》GB 50010的相关公式进行计算。

4.6.6 国内外研究结果表明，再生骨料混凝土的极限拉应变相比普通混凝土略大，粘结强度略高，因此可以偏安全的采用现行国家标准《混凝土结构设计规范》GB 50010的计算公式进行抗裂验算。

4.6.7 国内外研究结果表明，再生骨料混凝土构件的裂缝宽度与普通混凝土相当，但是再生骨料混凝土开裂后的耐久性与普通混凝土相比，优劣存在较大争议，原因是再生骨料混凝土骨料的来源复杂。在计算过程中，再生骨料混凝土构件的裂缝宽度按现行国家标准《混凝土结构设计规范》GB 50010的规定取值。

4.6.8 国内外试验研究结果表明，再生骨料混凝土构件的挠度比普通混凝土大，且随着时间的增长这种趋势愈加明显，因此为了满足实际工程要求，在再生粗骨料取代率在30%以上时，根据国内外有关试验结果取挠度放大系数1.2。

4.7 再生骨料混凝土空心砌块

4.7.1 规定了再生骨料混凝土空心砌块所用原材料应符合的标准要求。砌块生产中往往掺用石屑等破碎石材作为部分骨料。

4.7.3 单排孔和多排孔砌块一方面要考虑减小结构自重，另一方面还要考虑建筑节能要求。砌块尺寸可根据实际需要采用不同的规格。

4.7.4 小砌块的性能指标，根据产品标准，按毛截面计算。混凝土小型空心砌块作为工业产品，势必存在质量差异，将设计规范的可靠度与材料的质量等级挂钩是必要的，特别是对再生骨料混凝土小型空心砌块新型材料，更是应该在质量上作必要的定性规定。

这样能给相对准确的设计带来便利。

4.7.5 对再生骨料混凝土空心砌块的各项技术要求作了规定。

4.7.6 再生骨料空心砌块的尺寸偏差和外观质量、抗压强度、相对含水率和抗冻性等各项性能的试验方法应按国家现行有关标准的规定执行。

4.7.7 由于目前尚无专门的再生骨料空心砌块产品国家标准或行业标准，根据产品的具体情况，再生骨料空心砌块的型式检验和出厂检验一般是依据企业标准或参考国家现行有关标准。所以，再生骨料空心砌块型式检验和出厂检验项目可以依据企业所依据标准情况而定，但型式检验应包含有放射性、尺寸允许偏差和外观质量、抗压强度、干燥收缩率、相对含水率、碳化系数和软化系数、抗冻性；出厂检验应包含有尺寸允许误差、外观质量和抗压强度等项目。放射性按现行国家标准《建筑材料放射性核素限量》GB 6566的规定执行。

4.7.9 再生骨料混凝土空心砌块型式检验时，每批应随机抽取64块进行尺寸偏差和外观质量检验，当尺寸允许偏差和外观质量的不合格数不超过8块时，应判定该批砌块尺寸偏差和外观质量合格；当尺寸允许偏差和外观质量的不合格数超过8块时，应判定该批砌块尺寸偏差和外观质量不合格。然后应从合格砌块中随机抽取5块进行抗压强度检验，3块进行干燥收缩率检验，3块进行相对含水率检验，10块进行抗冻性检验，12块进行碳化系数检验，10块进行软化系数检验，5块进行放射性检验。当所有检验项目的检验结果均符合本规范第4.7.5条的规定时，应判定该批产品合格；否则应判定该批产品不合格。再生骨料混凝土空心砌块出厂检验时，每批随机抽取32块进行尺寸偏差和外观质量检验，当尺寸允许偏差和外观质量的不合格数不超过4块时，应判定该批砌块尺寸偏差和外观质量合格；当尺寸允许偏差和外观质量的不合格数超过4块时，应判定该批砌块尺寸偏差和外观质量不合格。然后应从合格砌块中随机抽取5块进行抗压强度检验，当抗压强度符合本规范第4.7.5条的规定时，应判定该批产品合格；当抗压强度不符合本规范第4.7.5条的规定时，应判定该批产品不合格。

4.8 再生骨料混凝土道路

4.8.1 对废旧道路混凝土资源化前的有关要求作了技术规定。

4.8.2 通过上海市某道路改建工程实例，同济大学对再生粗骨料取代率为50%的水泥混凝土路面的性能进行了较为系统的应用研究，完成了水泥混凝土路面的施工，并对试验路段进行了全面的现场测试，结果证明再生粗骨料在水泥混凝土路面上的应用是安全可行的。

4.8.3 废旧道路混凝土具有良好的路用性能，采用无机结合料进行稳定的半刚性基层完全能够满足现行规范高等级公路基层的指标要求，是废弃混凝土再生利用的一个有效途径。

4.8.4、4.8.5 再生骨料混凝土路面的施工可按现行行业标准《公路水泥混凝土路面施工技术规范》JTG F30的有关规定执行。再生骨料混凝土路面的质量检测可按现行行业标准《公路路基路面现场测试规程》JTJ 059的有关规定执行。

5 废模板再生利用

5.1 一般规定

5.1.1 国内建筑模板主要是木（竹）胶合板模板（市场占有率70%）。废木、竹模板在施工废模板中占有很大的比例。本条根据废木、竹模板产生的不同方式进行归类。塑料模板在施工应用整个过程中无环境污染，是一种绿色施工的生态模板。新型木塑复合刨花板模板的开发和应用将是解决废弃塑料膜、袋回收利用的新途径,并具有很好的社会效益。

5.1.2 废木模板的再生利用以原级再循环为主。原级再循环在减少原材料消耗上面达到的效率要比次级再循环高得多,是循环经济追求的理想境界。

5.1.4 再生木模板的结构设计应符合现行行业标准《建筑施工模板安全技术规范》JGJ 162 的有关规定。

5.1.5 再生木模板的质量检验、运输和储存等应符合现行国家标准《混凝土模板用胶合板》GB/T 17656 的有关规定。

5.2 再生利用方式

5.2.5 本条例规定了利用废旧材料作原料生产刨花板时应注意的事项。废木材作为生产刨花的原材料,占整个板材原材料用量的 70%,利用率很高。

5.2.6 再生木模板的生产,不仅可以降低木模板的生产成本、节约木材资源,而且符合我国现在倡导的建设环保节能、可持续发展社会的要求。再生木模板生产工艺流程见图 2。

图 2 再生木模板生产工艺流程图

6 再生骨料砂浆

6.1 一般规定

6.1.1 再生骨料砂浆用于地面砂浆时,宜用于找平层而不宜用于面层,因为面层对耐磨性要求较高,再生骨料砂浆往往难以达到。

6.1.2 规定了再生骨料砂浆所用原料应符合的标准要求。为控制再生骨料砂浆的质量,其所用原材料必须符合国家现行有关标准,原材料在使用前应按国家现行有关标准复检其质量指标。

6.1.3 现行国家标准《混凝土和砂浆用再生细骨料》GB/T 25176 中规定的 I 类再生细骨料技术性能指标已经类似于天然砂,所以其在砂浆中的强度等级应用范围不受限制。而 II 类再生细骨料、III 类再生细骨料由于综合品质逊色于天然骨料,尽管实际验证试验中也配制出了 M20 等较高强度等级的砂浆,但是为可靠见,规定 II 类再生细骨料一般只适用于配制 M15 及以下的砂浆,III 类再生细骨料一般只适用于配制 M10 及以下的砂浆。

6.1.4 再生骨料砂浆可应用于建(构)筑物砌体结构。结构设计应符合现行国家标准《砌体结构设计规范》GB 50003 的有关规定。

6.2 再生骨料砂浆基本性能要求

6.2.2 确定了不同品种砂浆的强度等级、稠度、保水率、粘结强度和抗冻性能要求。

6.2.3 再生骨料砂浆性能试验方法应按现行行业标准《建筑砂浆基本性能试验方法标准》JGJ/T 70 的规定执行。

6.3 再生骨料砂浆配合比设计

6.3.2 再生骨料砂浆用水泥的强度等级应符合现行国家标准《通用硅酸盐水泥》GB 175 的有关规定。为合理利用资源、节约材料,在配制砂浆时要尽量选用低强度等级水泥和砌筑水泥。

6.3.3 本规范提出的再生骨料砂浆配合比设计方法适用于现场配制的砂浆和预拌砂浆中的湿拌砂浆。由于再生细骨料的吸水率较天然砂大,配制的砂浆抗裂性能相对较差,所以对于抗裂性能要求较高的抹灰砂浆或地面砂浆,再生骨料取代率不宜过大,一般

限制在 50% 以下为宜。对于砌筑砂浆,由于需要充分保证砌体强度,所以在没有技术资料可以借鉴的情况下,再生细骨料取代率一般也要限制在 50% 以下较为稳妥。再生骨料砂浆配制过程中一般应掺入外加剂、添加剂和掺合料,并需要试验调整外加剂、添加剂、掺合料掺量,以此来满足工作性要求。在设计用水量基础上,也可根据再生细骨料类别和取代率适当增加单位体积用水量,但增加量一般不宜超过 5%。

6.4 再生骨料砂浆施工质量验收

6.4.1、6.4.2 再生骨料砌筑砂浆、再生骨料地面砂浆和预拌再生骨料抹灰砂浆的施工质量验收应符合现行行业标准《预拌砂浆应用技术规程》JGJ/T 223 的有关规定;现场拌制再生骨料抹灰砂浆的施工质量验收需要检验灰块抗压强度和拉伸粘结强度实体检测值,就不能直接按《预拌砂浆应用技术规程》JGJ/T 223 的有关规定执行,否则就会缺少砂浆试块抗压强度检验过程,所以对现场配制的再生骨料抹灰砂浆的施工质量验收单独作出了规定,即应按现行行业标准《抹灰砂浆技术规程》JGJ/T 220 的有关规定执行。

7 废砖瓦再生利用

7.1 废砖瓦用作基础回填材料

7.1.1 大型广场、城市道路、公路、铁路等建筑物、构筑物需要大量的土方、石方,废砖瓦可以作为回填材料,这是废砖瓦再生利用的途径之一。

7.1.2 废砖瓦具有足够的强度和耐久性,能够长久地起到骨料作用。土料可采用原槽土,但不含有机杂质、淤泥及冻土块等。

7.2 废砖瓦用于生产再生骨料砖

7.2.1 明确了再生骨料砖所用原材料应满足的规范要求。

7.2.4 国家现行标准《砌体结构设计规范》GB 50003 和《多孔砖砌体结构技术规范》JGJ 137 中对砖的强度等级最低规定为 MU10,《混凝土实心砖》GB/T 21144 和《非烧结垃圾尾矿砖》JC/T 422 中砖的强度等级最低规定为 MU15,根据再生骨料的性能要求,本规范再生骨料多孔砖和再生骨料实心砖的最低强度规定为 MU7.5。

7.2.5 再生骨料多孔砖其他规格尺寸还有 190mm×190mm×90mm 等。

7.2.6 明确了再生骨料砖的性能及用途所应满足的规范要求。

7.2.7 再生骨料砖的尺寸允许偏差、外观质量和抗压强度的试验方法应按现行国家标准《砌墙砖试验方法》GB/T 2542 的规定执行;吸水率、干燥收缩率、相对含水率、抗冻性、碳化系数和软化系数的试验方法应按现行国家标准《混凝土小型空心砌块试验方法》GB/T 4111 的规定执行,测定干燥含水率的初始标距应设为 200mm。

7.2.8 由于目前尚无专门的再生骨料砖产品国家标准或行业标准,根据产品的具体情况,再生骨料砖的型式检验和出厂检验一般是依据企业标准或参考国家现行有关标准。所以,再生骨料砖型式检验和出厂检验项目可以根据企业所依据标准情况而定,但型式检验应包含有放射性及本规范第 7.2.7 条所规定的所有项目,出厂检验应包含本规范第 7.2.7 条所规定的尺寸允许误差、外观质量和抗压强度等项目。放射性按现行国家标准《建筑材料放射性核素限量》GB 6566 的规定执行。

7.2.10 按照现行行业标准《再生骨料应用技术规程》JGJ/T 240 的相关规定,每批随机抽取 50 块进行尺寸偏差和外观质量检验,当尺寸允许偏差和外观质量的不合格数不超过 7 块时,应判定该批砌块尺寸偏差和外观质量合格;当尺寸允许偏差和外观质量的不合格块数超过 7 块时,应判定该批砌块尺寸偏差和外观质量不合格。然后

再从合格砌块中随机抽取 10 块进行抗压强度检验，当抗压强度符合本规范第 7.2.6 条的规定时，应判定该批产品合格；当抗压强度不符合本规范第 7.2.6 条的规定时，应判定该批产品不合格。

7.2.11 再生骨料砖各项性能指标达到要求方能出厂。产品出厂时，应提供产品质量合格证，合格证一般应标明生产厂信息、产品名称、批量及编号、产品实测技术性能和生产日期等。为保证再生骨料砖的生产质量，需要重视养护和运输储存等环节。延长养护时间，能保证砌体强度并减少因收缩过多而引起的墙体裂缝。一般养护时间不少于 28d；当采用人工自然养护时，在养护的前 7d 应适量喷水养护，人工自然养护总时间不少于 28d。再生骨料砖在堆放、储存和运输时，应采取防水措施。再生骨料砖应按规格和强度等级分批堆放，不应混杂。堆放、储存时保持通风，底部宜用木制托盘或塑料托盘支垫，不宜直接贴地堆放。堆放场地必须平整，堆放高度一般不宜超过 1.6m。

7.2.12 再生骨料砖的进场检验项目应包含尺寸允许偏差、外观质量和抗压强度；如果用户根据工程需要提出更多进场检验项目要求，则供需双方可以协商增加其他检验项目（从本规范第 7.2.7 条规定的检验项目中选取）。

7.2.13 明确了再生骨料砖砌体工程施工应满足的规范要求。再生骨料砖砌体工程施工应按国家现行标准《砌体结构设计规范》GB 50003、《多孔砖砌体结构技术规范》JGJ 137。

7.2.14 明确了再生骨料砌体工程质量验收应符合的规范要求。

7.3 废砖瓦用于生产再生骨料砌块

7.3.1 明确了再生骨料砌块所用原材料应满足的规范要求。

7.3.2 明确了再生骨料砌块基本生产工艺步骤，计算配料时要考虑水泥、砂子和辅助材料。

7.3.3 明确了再生骨料砌块的性能及用途所应满足的规范要求。再生骨料砌块的性能及用途应符合国家现行标准《普通混凝土小型空心砌块》GB 8239、《轻集料混凝土小型空心砌块》GB/T 15229、《蒸压加气混凝土砌块》GB 11968、《装饰混凝土砌块》JC/T 641 等的有关规定。

7.3.4 明确了用废砖瓦加工生产砌块时应采取的措施。充分搅拌是关键，直接影响到制品的密度与质量。废砖宜用对辊式破碎机破碎，宜采用固定式砌块成型机生产。

7.3.5 对再生骨料砌块的尺寸规格作了规定。

7.3.6 明确了再生骨料砌块强度等级划分。

7.3.7 对再生骨料砌块的各项技术要求作了规定。

7.3.8 明确了再生骨料砌块各项性能试验采用的试验方法。

7.3.9 对再生骨料砌块的型式检验和出厂检验作了明确规定。

7.4 废砖瓦用于泥结碎砖路面

7.4.1 泥结碎砖路面的主骨料是"碎砖"，它需承受来自车辆荷载的碾压和磨耗。与碎石相比，碎砖瓦的抗压强度低，为保证使用，一般碎砖瓦颗粒较大，达 40～60(mm)。

7.4.2～7.4.4 对粘土的粘性和用量作了明确规定。

7.4.5 土体固结剂是一种无机水硬性胶凝材料，可用于固结一般粘性土、砂土、碎石与土的混合料，使之产生较高强度、水稳定性和耐久性。

8 其他工程施工废弃物再生利用

8.1 废沥青混凝土再生利用

8.1.1～8.1.3 对废沥青资源化再生作了技术规定。所谓沥青混凝土再生利用技术，是将需要翻修或废弃的旧沥青混合料或旧沥青路面，经过翻挖回收、破碎筛分，再与新骨料、新沥青材料等按适当配比重新拌合，形成具有一定利用性能的再生混凝土，用于铺筑路面面层或基层的整套工艺技术。通常再生的旧沥青路面厚度为 50～100(mm)。再生沥青混凝土产品应符合国家现行标准《重交通道路石油沥青》GB 15180、《道路石油沥青》SH 0522、《建筑石油沥青》GB/T 494 的有关规定。

8.2 工程渣土再生利用

8.2.1 工程废土可分为工程产出土和工程垃圾土。

  1 工程产出土是指由各种工程产生的具有良好土工性能的土方。

  2 工程垃圾土是指由各种工程所产生的土工性能差、难以直接作为材料使用的土方和泥土(浆)。

8.2.4 工程垃圾土施工性能差，无法进行碾压施工，同时工程垃圾土回填所形成的地基强度低、变形大、固结时间长，一般不能满足工程的要求。

8.3 废塑料、废金属再生利用

8.3.1 废管材可按材质分类处理，金属管材应送钢铁厂或有色金属冶炼厂；非金属管材和复合材料管材应送化工厂、塑料厂再生利用。钢架、钢梁、钢屋面、钢墙体宜按拆除后的板、型材分类。板类（去除可能混杂的保温夹层）可直接送钢厂再生利用。

8.4 其他废木质材再生利用

8.4.1～8.4.5 对废木材料的再生利用作了技术规定。回收经营单位或个人应就近、合理地设置废木质材料回收站，集中收集废木质材料，并与区域环卫部门联动规划实施，以不污染资源为原则。对尚未明显破坏的木材可直接再利用；对破损严重的木质构件可作为木质再生板材的原材料或造纸等。在利用废木质材料时，应采取节约材料和综合利用的方式，优先选择对环境更有利的途径和方法。废木质材料的利用应按照复用、素材利用、原料利用、能源利用、特殊利用的顺序进行。

8.5 废瓷砖、废面砖再生利用

8.5.1、8.5.2 利用废瓷砖的颜色、耐磨、已烧结、一次碳酸盐已分解等特性，经过再破碎加工，可作为特殊原料回收利用。将废瓷砖加工成一定细度的粒子可作为釉料颗粒。废瓷砖颗粒可作为耐磨防滑原料，制作瓷质地砖粉料。废瓷砖颗粒可作为其他新产品的主要原材料，如透水砖等。

8.6 废保温材料再生利用

8.6.1、8.6.2 废保温材料可集中回收到保温材料厂，加工成生产保温材料的原料。废保温材料可加工成保温砂浆。废保温材料可用于生产新型的复合隔热保温产品。

9 工程施工废弃物管理和减量措施

9.1 工程施工过程中废弃物管理措施

9.1.1 为实现工程施工废弃物资源化利用，本条对工程施工废弃物减量管理、节材、节水、节能等方面作了规定。

9.1.2 本条对工程施工环境保护作了技术规定。现场噪声排放不得超过现行国家标准《建筑施工场界噪限值》GB 12523 的有关规定；噪声监测与控制应按现行国家标准《建筑施工场界噪声测量方法》GB 12524 的有关规定执行。

9.2 工程施工过程中废弃物减量措施

9.2.1、9.2.2 明确了工程施工废弃物控制措施、减量管理措施。

施工废弃物统计数据主要包括以下几个方面：

1 砖混结构单位建筑面积产生施工废弃物的数量：50～60（kg/m²），其主要成分为：碎砖块、落地灰、混凝土块、砂浆等；框架结构单位建筑面积产生施工废弃物的数量45～60（kg/m²）；框架-剪力墙结构单位建筑面积产生施工废弃物的数量：40～60（kg/m²），其主要成分为：混凝土块、砂浆、碎砌块等。

2 工程施工废弃物产生量与施工管理人员的管理水平、施工人员的素质、房屋的结构形式及特点、施工质量、施工技术等多方面因素有关，从 0.4～1.3（m³/100m²）不等（按建筑面积计，另外开挖余土的外运也计算在内）。

3 由于工程施工废弃物的组成特点和它产生于建设工程现场的实际情况，将其回收作为建筑材料，是工程施工废弃物回收利用的有效手段。工程施工废弃物主要由碎砖、混凝土、砂浆、包装材料等组成，约占工程施工废弃物总量的80%。混凝土和砂浆所占比例最大，占建筑总量的30%～50%。不同结构形式的建筑工地，施工废弃物的组成比例略有不同，而施工废弃物数量则因各工地施工及管理情况的不同差异很大。

中华人民共和国国家标准

民用建筑太阳能空调工程技术规范

Technical code for solar air conditioning system of civil buildings

GB 50787—2012

主编部门：中华人民共和国住房和城乡建设部
批准部门：中华人民共和国住房和城乡建设部
施行日期：２０１２年１０月１日

中华人民共和国住房和城乡建设部
公　告

第 1412 号

关于发布国家标准《民用建筑
太阳能空调工程技术规范》的公告

现批准《民用建筑太阳能空调工程技术规范》为国家标准，编号为 GB 50787-2012，自 2012 年 10 月 1 日起实施。其中，第 1.0.4、3.0.6、5.3.3、5.4.2、5.6.2、6.1.1 条为强制性条文，必须严格执行。

本规范由我部标准定额研究所组织中国建筑工业出版社出版发行。

中华人民共和国住房和城乡建设部
2012 年 5 月 28 日

前　言

根据住房和城乡建设部《关于印发〈2008 年工程建设标准规范制订、修订计划（第一批）〉的通知》（建标〔2008〕102 号）的要求，规范编制组经广泛调查研究，认真总结实践经验，参考有关国际标准和国外先进标准，并在广泛征求意见的基础上，编制本规范。

本规范的主要技术内容是：1　总则；2　术语；3　基本规定；4　太阳能空调系统设计；5　规划和建筑设计；6　太阳能空调系统安装；7　太阳能空调系统验收；8　太阳能空调系统运行管理。

本规范中以黑体字标志的条文为强制性条文，必须严格执行。

本规范由住房和城乡建设部负责管理和对强制性条文的解释，由中国建筑设计研究院负责具体技术内容的解释。执行过程中如有意见或建议，请寄送中国建筑设计研究院国家住宅工程中心（地址：北京市西城区车公庄大街 19 号，邮编：100044）。

本规范主编单位：中国建筑设计研究院
　　　　　　　　中国可再生能源学会太阳

能建筑专业委员会

本规范参编单位：上海交通大学
　　　　　　　　国家太阳能热水器质量监督检验中心（北京）
　　　　　　　　北京市太阳能研究所有限公司
　　　　　　　　青岛经济技术开发区海尔热水器有限公司
　　　　　　　　深圳华森建筑与工程设计顾问有限公司

本规范主要起草人员：仲继寿　王如竹　王　岩
　　　　　　　　　　张　昕　翟晓强　朱敦智
　　　　　　　　　　张　磊　何　涛　王红朝
　　　　　　　　　　孙京岩　郭延隆　张兰英
　　　　　　　　　　林建平　曾　雁

本规范主要审查人员：郑瑞澄　何梓年　冯　雅
　　　　　　　　　　罗振涛　王志峰　由世俊
　　　　　　　　　　郑小梅　寿炜炜　陈　滨

目次

Contents

1 总　　则

1.0.1 为规范太阳能空调系统的设计、施工、验收及运行管理，做到安全适用、经济合理、技术先进，保证工程质量，制定本规范。

1.0.2 本规范适用于在新建、扩建和改建民用建筑中使用以热力制冷为主的太阳能空调系统工程，以及在既有建筑上改造或增设的以热力制冷为主的太阳能空调系统工程。

1.0.3 太阳能空调系统设计应纳入建筑工程设计，统一规划、同步设计、同步施工，与建筑工程同时投入使用。

1.0.4 在既有建筑上增设或改造太阳能空调系统，必须经过建筑结构安全复核，满足建筑结构及其他相应的安全性要求，并通过施工图设计文件审查合格后，方可实施。

1.0.5 民用建筑太阳能空调系统的设计、施工、验收及运行管理，除应符合本规范外，尚应符合国家现行有关标准的规定。

2 术　　语

2.0.1 太阳辐射照度　solar irradiance

照射到表面一点处的面元上的太阳辐射能量除以该面元的面积，单位为瓦特每平方米（W/m²）。

2.0.2 太阳能空调系统　solar air conditioning system

一种主要通过太阳能集热器加热热媒，驱动热力制冷系统的空调系统，由太阳能集热系统、热力制冷系统、蓄能系统、空调末端系统、辅助能源系统以及控制系统六部分组成。

2.0.3 热力制冷　heat-operated refrigeration

直接以热能为动力，通过吸收式或吸附式制冷循环达到制冷目的的制冷方式。

2.0.4 吸收式制冷　absorption refrigeration

一种以热能为动力，利用某些具有特殊性质的工质对，通过一种物质对另一种物质的吸收和释放，产生物质的状态变化，从而伴随吸热和放热过程的制冷方式。

2.0.5 单效吸收　single-effect absorption

具有一级发生器，驱动热源在机组内被直接利用一次的制冷循环。

2.0.6 双效吸收　double-effect absorption

具有高低压两级发生器，驱动热源在机组内被直接和间接利用两次的制冷循环。

2.0.7 吸附式制冷　adsorption refrigeration

一种以热能为动力，利用吸附剂对制冷剂的吸附作用而使制冷剂液体蒸发，从而实现制冷的方式。

2.0.8 太阳能集热系统　solar collector system

用于收集太阳能并将其转化为热能的系统，包括太阳能集热器、管路、泵、换热器及相关附件。

2.0.9 直接式太阳能集热系统　solar direct system

在太阳能集热器中直接加热水供给用户的太阳能集热系统。

2.0.10 间接式太阳能集热系统　solar indirect system

在太阳能集热器中加热液体传热工质，再通过换热器由该种传热工质加热水供给用户的太阳能集热系统。

2.0.11 设计太阳能空调负荷率　design load ration of solar air conditioning

在太阳能空调系统服务区域中，太阳能空调系统所提供的制冷量与该区域空调冷负荷之比。

2.0.12 辅助能源　auxiliary energy source

太阳能加热系统中，为了补充太阳能系统的热输出所用的常规能源。

2.0.13 热力制冷性能系数　coefficient of performance（COP）

在指定工况下，热力制冷机组的制冷量除以加热源耗热量与消耗电功率之和所得的比值。

2.0.14 集热器总面积　gross collector area

整个集热器的最大投影面积，不包括那些固定和连接传热工质管道的组成部分，单位为平方米（m²）。

3 基 本 规 定

3.0.1 太阳能空调系统应做到全年综合利用。

3.0.2 太阳能热力制冷系统主要分为吸收式与吸附式两类。

3.0.3 太阳能空调工程应充分考虑土建施工、设备运输与安装、用户使用和日常维护等要求。

3.0.4 太阳能空调系统类型的选择应根据所处地区太阳能资源、气候特点、建筑物类型及使用功能、冷热负荷需求、投资规模和安装条件等因素综合确定。

3.0.5 设置太阳能空调系统的新建、改建和扩建民用建筑，其建筑热工与节能设计应满足所在气候区现行国家建筑节能设计标准的有关规定。

3.0.6 太阳能集热系统应根据不同地区和使用条件采取防过热、防冻、防结垢、防雷、防雹、抗风、抗震和保证电气安全等技术措施。

3.0.7 热力制冷机组、辅助燃油锅炉和燃气锅炉等设备应符合国家现行标准有关安全防护措施的规定。

3.0.8 太阳能空调系统应因地制宜配置辅助能源装置。

3.0.9 太阳能空调系统选用的部件产品应符合国家相关产品标准的规定。

3.0.10 安装太阳能空调系统建筑的主体结构，应符合现行国家标准《建筑工程施工质量验收统一标准》GB 50300 的有关规定。

3.0.11 太阳能空调系统应设计并安装用于测试系统主要性能参数的监测计量装置。

4 太阳能空调系统设计

4.1 一般规定

4.1.1 太阳能空调系统设计应纳入建筑暖通空调系统设计中，明确各部件的技术要求。

4.1.2 太阳能空调系统的设计方案应根据建筑物的用途、规模、使用特点、负荷变化情况与参数要求、所在地区气象条件与能源状况等，通过技术与经济比较确定。

4.1.3 太阳能空调系统应与太阳能采暖系统以及太阳能热水系统集成设计，提高系统的利用率。

4.1.4 太阳能空调系统应根据制冷机组对驱动热源的温度区间要求选择太阳能集热器，集热器总面积应根据设计太阳能空调负荷率、建筑允许的安装条件和安装面积、当地气象条件等因素综合确定。

4.1.5 太阳能空调系统性能应根据热水温度、制冷机组的制冷量、制冷性能系数等参数进行分析计算后确定。

4.1.6 蓄能水箱的容积应根据太阳能集热系统的蓄能要求和制冷机组稳定运行的热量调节要求确定。

4.1.7 太阳能空调系统应设置安全、可靠的控制系统。

4.1.8 热力制冷机组对冷水和热水的水质要求，应符合现行国家标准《蒸汽和热水型溴化锂吸收式冷水机组》GB/T 18431 的有关规定。

4.2 太阳能集热系统设计

4.2.1 太阳能集热系统的集热器总面积计算应符合下列规定：

1 直接式太阳能集热系统集热器总面积应按下式计算：

$$Q_{YR} = \frac{Q \cdot r}{COP} \quad (4.2.1\text{-}1)$$

$$A_c = \frac{Q_{YR}}{J\eta_{cd}(1-\eta_L)} \quad (4.2.1\text{-}2)$$

式中：Q_{YR} ——太阳能集热系统提供的有效热量（W）；

　　　　Q ——太阳能空调系统服务区域的空调冷负荷（W）；

　　　　COP ——热力制冷机组性能系数；

　　　　r ——设计太阳能空调负荷率，取 40%～100%；

　　　　A_c ——直接式太阳能集热系统集热器总面积

（m²）；

　　　　J ——空调设计日集热器采光面上的最大总太阳辐射照度（W/m²）；

　　　　η_{cd} ——集热器平均集热效率，取 30%～45%；

　　　　η_L ——蓄能水箱以及管路热损失率，取 0.1～0.2。

2 间接式太阳能集热系统集热器总面积应按下式计算：

$$A_{IN} = A_c \cdot \left(1 + \frac{U_L \cdot A_c}{U_{hx} \cdot A_{hx}}\right) \quad (4.2.1\text{-}3)$$

式中：A_{IN} ——间接式太阳能集热系统集热器总面积

（m²）；

　　　　A_c ——直接式太阳能集热系统集热器总面积

（m²）；

　　　　U_L ——集热器总热损系数[W/(m² · ℃)]，经测试得出；

　　　　U_{hx} ——换热器传热系数[W/(m² · ℃)]；

　　　　A_{hx} ——换热器换热面积（m²）。

4.2.2 太阳能集热系统的设计流量计算应符合下列规定：

1 太阳能集热系统的设计流量应按下式计算：

$$G_S = gA \quad (4.2.2)$$

式中：G_S ——太阳能集热系统设计流量（m³/h）；

　　　　g ——太阳能集热系统单位面积流量[m³/(h · m²)]；

　　　　A ——直接式太阳能集热系统集热器总面积，A_c（m²），或间接式太阳能集热系统集热器总面积，A_{IN}（m²）。

2 太阳能集热系统的单位面积流量应根据集热器的相关技术参数确定，也可根据系统大小的不同，按表 4.2.2 确定。

表 4.2.2　太阳能集热器的单位面积流量

系统类型		单位面积流量 m³/(h · m²)
小型太阳能集热系统	真空管型太阳能集热器	0.032～0.072
	平板型太阳能集热器	0.065～0.080
大型太阳能集热系统(集热器总面积大于100m²)		0.020～0.060

4.2.3 太阳能集热系统的循环管道以及蓄能水箱的保温设计应符合现行国家标准《设备及管道保温设计导则》GB/T 8175 的有关规定。

4.2.4 太阳能集热器的主要朝向宜为南向。全年使用的太阳能集热器倾角宜与当地纬度一致。如果系统主要用来实现夏季空调制冷，其集热器倾角宜为当地纬度减10°。

4.3 热力制冷系统设计

4.3.1 热力制冷系统应根据建筑功能和使用要求，

选择连续供冷或间歇供冷方式，并应符合现行国家标准《采暖通风与空气调节设计规范》GB 50019 的有关规定。

4.3.2 太阳能空调系统中选用热水型溴化锂吸收式制冷机组时，应符合下列规定：

  1 机组在名义工况下的性能参数，应符合现行国家标准《蒸汽和热水型溴化锂吸收式冷水机组》GB/T 18431 的有关规定；

  2 机组的供冷量应根据机组供水侧污垢及腐蚀等因素进行修正；

  3 机组的低温保护以及检修空间等要求应符合现行国家标准《蒸汽和热水型溴化锂吸收式冷水机组》GB/T 18431 的有关规定。

4.3.3 太阳能空调系统中选用热水型吸附式制冷机组时，应符合下列规定：

  1 机组在名义工况下的性能参数，应符合现行相关标准的规定；

  2 宜选用两台机组；

  3 工况切换的电动执行机构应安全可靠。

4.3.4 热力制冷系统的热水流量、冷却水流量以及冷冻水流量应按照机组的相关性能参数确定。

4.4 蓄能系统、空调末端系统、辅助能源与控制系统设计

4.4.1 太阳能空调系统蓄能水箱的设置应符合下列规定：

  1 蓄能水箱可设置在地下室或顶层的设备间、技术夹层中的设备间或为其单独设计的设备间内，其位置应满足安全运转以及便于操作、检修的要求；

  2 蓄能水箱容积较大且在室内安装时，应在设计中考虑水箱整体进入安装地点的运输通道；

  3 设置蓄能水箱的位置应具有相应的排水、防水措施；

  4 蓄能水箱上方及周围应留有符合规范要求的安装、检修空间，不应小于 600mm；

  5 蓄能水箱应靠近太阳能集热系统以及制冷机组，减少管路热损；

  6 蓄能水箱应采取良好的保温措施。

4.4.2 太阳能空调系统蓄能水箱的工作温度应根据制冷机组高效运行所对应的热水温度区间确定。

4.4.3 太阳能空调系统蓄能水箱的容积宜按每平方米集热器（20～80）L 确定。

4.4.4 空调末端系统应根据太阳能空调的冷冻水工作温度进行设计，并应符合现行国家标准《采暖通风与空气调节设计规范》GB 50019 的有关规定。

4.4.5 辅助能源装置的容量宜按最不利条件进行设计。

4.4.6 辅助能源装置的设计应符合现行相关规范的规定。

4.4.7 太阳能空调系统的控制及监测应符合下列规定：

  1 热力制冷系统宜采用集中监控系统，不具备采用集中监控系统的热力制冷系统，宜采用就近设置自动控制系统；

  2 辅助能源系统与太阳能空调系统之间应能实现灵活切换，并应通过合理的控制策略，避免辅助能源装置的频繁启停；

  3 太阳能空调系统的主要监测参数可按表4.4.7确定。

表 4.4.7 太阳能空调系统的主要监测参数

序号	监测内容	监测参数
1	室内外环境	太阳辐射照度、室内外温度与相对湿度
2	太阳能空调系统	集热器进出口温度与流量、热力制冷机组热水进出口温度与流量、热力制冷机组冷却水进出口温度与流量、热力制冷机组冷冻水进出口温度与流量、蓄能水箱温度、热力制冷机组耗电量、辅助能源消耗量

5 规划和建筑设计

5.1 一般规定

5.1.1 应用太阳能空调系统的民用建筑规划设计，应根据建设地点、地理、气候和场地条件、建筑功能及其周围环境等因素，确定建筑布局、朝向、间距、群体组合和空间环境，满足太阳能空调系统设计和安装的技术要求。

5.1.2 太阳能集热器在建筑屋面、阳台、墙面或建筑其他部位的安装，除不得影响该部位的建筑功能外，还应符合现行国家标准《民用建筑太阳能热水系统应用技术规范》GB 50364 的相关要求。

5.1.3 屋面太阳能集热器的布置应预留出检修通道以及与冷却塔和制冷机房连通的竖向管道井。

5.2 规划设计

5.2.1 建筑体形和空间组合应充分考虑太阳能的利用要求，为接收更多的太阳能创造条件。

5.2.2 规划设计应进行建筑日照分析和计算。安装在屋面的集热器和冷却塔等设施不应降低建筑本身或相邻建筑的建筑日照要求。

5.2.3 建筑群体和环境设计应避免建筑及其周围环境设施遮挡太阳能集热器，应满足太阳能集热器在夏季制冷工况时全天不少于 6h 日照时数的要求。

5.3 建筑设计

5.3.1 太阳能空调系统的制冷机房宜与辅助能源装置或常规空调系统机房统一布置。机房应靠近建筑冷负荷中心，蓄能水箱应靠近集热器和制冷机组。

5.3.2 应合理确定太阳能空调系统各组成部分在建筑中的位置。安装太阳能空调系统的建筑部位除应满足建筑防水、排水等功能要求外，还应满足便于系统的检修、更新和维护的要求。

5.3.3 安装太阳能集热器的建筑部位，应设置防止太阳能集热器损坏后部件坠落伤人的安全防护设施。

5.3.4 直接构成围护结构的太阳能集热器应满足所在部位的结构和消防安全以及建筑防护功能的要求。

5.3.5 太阳能集热器不应跨越建筑变形缝设置。

5.3.6 应合理设计辅助能源装置的位置和安装空间，满足辅助能源装置安全运行、便于操作及维护的要求。

5.4 结构设计

5.4.1 建筑的主体结构或结构构件，应能够承受太阳能空调系统相关设备传递的荷载要求。

5.4.2 结构设计应为太阳能空调系统安装埋设预埋件或其他连接件。连接件与主体结构的锚固承载力设计值应大于连接件本身的承载力设计值。

5.4.3 安装在屋面、阳台或墙面的太阳能集热器与建筑主体结构通过预埋件连接，预埋件应在主体结构施工时埋入，且位置应准确；当没有条件采用预埋件连接时，应采用其他可靠的连接措施。

5.4.4 热力制冷机组、冷却塔、蓄能水箱等较重的设备和部件应安装在具有相应承载能力的结构构件上，并进行构件的强度与变形验算。

5.4.5 支架、支撑金属件及其连接节点，应具有承受系统自重荷载、风荷载、雪荷载、检修动荷载和地震作用的能力。

5.4.6 设备与主体结构采用后加锚栓连接时，应符合现行行业标准《混凝土结构后锚固技术规程》JGJ 145 的有关规定，并应符合下列规定：

　　1 锚栓产品应有出厂合格证；

　　2 碳素钢锚栓应经过防腐处理；

　　3 锚栓应进行承载力现场试验，必要时应进行极限拉拔试验；

　　4 每个连接节点不应少于 2 个锚栓；

　　5 锚栓直径应通过承载力计算确定，并不应小于 10mm；

　　6 不宜在与化学锚栓接触的连接件上进行焊接操作；

　　7 锚栓承载力设计值不应大于其选用材料极限承载力的 50%。

5.4.7 太阳能空调系统结构设计应计算下列作用

效应：

　　1 非抗震设计时，应计算重力荷载和风荷载效应；

　　2 抗震设计时，应计算重力荷载、风荷载和地震作用效应。

5.5 暖通和给水排水设计

5.5.1 太阳能空调系统的机房应保持良好的通风，并应满足现行国家标准《采暖通风与空气调节设计规范》GB 50019 中对机房的要求。

5.5.2 太阳能空调系统中机房的给水排水设计应符合现行国家标准《建筑给水排水设计规范》GB 50015 中的相关规定，其消防设计应按相关国家标准执行。

5.5.3 太阳能集热器附近宜设置用于清洁集热器的给水点并预留相应的排水设施。

5.6 电气设计

5.6.1 电气设计应满足太阳能空调系统用电负荷和运行安全的要求，并应符合现行行业标准《民用建筑电气设计规范》JGJ 16 的有关规定。

5.6.2 太阳能空调系统中所使用的电气设备应设置剩余电流保护、接地和断电等安全措施。

5.6.3 太阳能空调系统电气控制线路应穿管暗敷或在管道井中敷设。

6 太阳能空调系统安装

6.1 一般规定

6.1.1 太阳能空调系统的施工安装不得破坏建筑物的结构、屋面防水层和附属设施，不得削弱建筑物在寿命期内承受荷载的能力。

6.1.2 太阳能空调系统的安装应单独编制施工组织设计，并应包括与主体结构施工、设备安装、装饰装修的协调配合方案及安全措施等内容。

6.1.3 太阳能空调系统安装前应具备下列条件：

　　1 设计文件齐备，且已审查通过；

　　2 施工组织设计及施工方案已经批准；

　　3 施工场地符合施工组织设计要求；

　　4 现场水、电、场地、道路等条件能满足正常施工需要；

　　5 预留基座、孔洞、预埋件和设施符合设计要求，并已验收合格；

　　6 既有建筑具有建筑结构安全复核通过的相关文件。

6.1.4 进场安装的太阳能空调系统产品、配件、管线的性能和外观应符合现行国家及行业相关产品标准的要求，选用的材料应能耐受系统可达到的最高工作温度。

6.1.5　太阳能空调系统安装应对已完成的土建工程、安装的产品及部件采取保护措施。

6.1.6　太阳能空调系统安装应由专业队伍或经过培训并考核合格的人员完成。

6.1.7　辅助能源装置为燃油或燃气锅炉时，其安装单位、人员应具有特种设备安装资质并按省级质量技术监督局要求进行安装报批、检验和验收。

6.2　太阳能集热系统安装

6.2.1　支承集热器的支架应按设计要求可靠固定在基座上或基座的预埋件上，位置准确，角度一致。

6.2.2　在屋面结构层上现场施工的基座完工后，应作防水处理并应符合现行国家标准《屋面工程质量验收规范》GB 50207 的相关规定。

6.2.3　钢结构支架及预埋件应作防腐处理。防腐施工应符合现行国家标准《建筑防腐蚀工程施工及验收规范》GB 50212 和《建筑防腐蚀工程质量检验评定标准》GB 50224 的相关规定。

6.2.4　集热器安装倾角和定位应符合设计要求，安装倾角误差不应大于±3°。

6.2.5　集热器与集热器之间的连接宜采用柔性连接方式，且密封可靠、无泄漏、无扭曲变形。

6.2.6　太阳能集热系统的管路安装应符合现行国家标准《建筑给水排水及采暖工程施工质量验收规范》GB 50242 的相关规定。

6.2.7　集热器和管道连接完毕，应进行检漏试验，检漏试验应符合设计要求与本规范第 6.7 节的规定。

6.2.8　集热器支架和金属管路系统应与建筑物防雷接地系统可靠连接。

6.2.9　太阳能集热系统管路的保温应在检漏试验合格后进行。保温材料应符合现行国家标准《工业设备及管道绝热工程质量检验评定标准》GB 50185 的有关规定。

6.3　制冷系统安装

6.3.1　吸收式和吸附式制冷机组安装时必须严格按随机所附的产品说明书中的相关要求进行搬运、拆卸包装、安装就位。严禁对设备进行敲打、碰撞或对机组的连接件、焊接处施以外力。吊装时，荷载点必须在规定的吊点处。

6.3.2　制冷机组宜布置在建筑物内。若选用室外型机组，其制冷装置的电气和控制设备应布置在室内。

6.3.3　制冷机组及系统设备的施工安装应符合现行国家标准《制冷设备、空气分离设备安装工程施工及验收规范》GB 50274 及《通风与空调工程施工质量验收规范》GB 50243 的相关规定。

6.3.4　空调末端的施工安装应符合现行国家标准《建筑给水排水及采暖工程施工质量验收规范》GB 50242 和《通风与空调工程施工质量验收规范》GB 50243 的相关规定。

6.4　蓄能和辅助能源系统安装

6.4.1　用于制作蓄能水箱的材质、规格应符合设计要求；钢板焊接的水箱内外壁均应按设计要求进行防腐处理，内壁防腐材料应卫生、无毒，且应能承受所贮存热水的最高温度。

6.4.2　蓄能水箱和支架间应有隔热垫，不宜直接采用刚性连接。

6.4.3　地下蓄能水池应严密、无渗漏，满足系统承压要求。水池施工时应有防止土压力引起的滑移变形的措施。

6.4.4　蓄能水箱应进行检漏试验，试验方法应符合设计要求和本规范第 6.7 节的规定。

6.4.5　蓄能水箱的保温应在检漏试验合格后进行。保温材料应能长期耐受所贮存热水的最高温度；保温构造和保温厚度应符合现行国家标准《工业设备及管道绝热工程质量检验评定标准》GB 50185 的有关规定。

6.4.6　蒸汽和热水锅炉及配套设备的安装应符合现行国家标准《建筑给水排水及采暖工程施工质量验收规范》GB 50242 的相关规定。

6.5　电气与自动控制系统安装

6.5.1　太阳能空调系统的电缆线路施工和电气设施的安装应符合现行国家标准《电气装置安装工程　电缆线路施工及验收规范》GB 50168 和《建筑电气工程施工质量验收规范》GB 50303 的相关规定。

6.5.2　所有电气设备和与电气设备相连接的金属部件应作接地处理。电气接地装置的施工应符合现行国家标准《电气装置安装工程接地装置施工及验收规范》GB 50169 的相关规定。

6.5.3　传感器的接线应牢固可靠，接触良好。接线盒与套管之间的传感器屏蔽线应作二次防护处理，两端应作防水处理。

6.6　压力试验与冲洗

6.6.1　太阳能空调系统安装完毕后，在管道保温之前，应对压力管道、设备及阀门进行水压试验。

6.6.2　太阳能空调系统压力管道的水压试验压力应为工作压力的 1.5 倍。非承压管路系统和设备应做灌水试验。当设计未注明时，水压试验和灌水试验应按现行国家标准《建筑给水排水及采暖工程施工质量验收规范》GB 50242 的相关要求进行。

6.6.3　当环境温度低于 0℃ 进行水压试验时，应采取可靠的防冻措施。

6.6.4　吸收式和吸附式制冷机组安装完毕后应进行水压试验。系统水压试验合格后，应对系统进行冲洗直至排出的水不浑浊为止。

6.7 系 统 调 试

6.7.1 系统安装完毕投入使用前，应进行系统调试，系统调试应在设备、管道、保温、配套电气等施工全部完成后进行。

6.7.2 系统调试应包括设备单机或部件调试和系统联动调试。系统联动调试宜在与设计室外参数相近的条件下进行，联动调试完成后，系统应连续 3d 试运行。

6.7.3 设备单机、部件调试应包括下列内容：

1 检查水泵安装方向；

2 检查电磁阀安装方向；

3 温度、温差、水位、流量等仪表显示正常；

4 电气控制系统应达到设计要求功能，动作准确；

5 剩余电流保护装置动作准确可靠；

6 防冻、防过热保护装置工作正常；

7 各种阀门开启灵活，密封严密；

8 制冷设备正常运转。

6.7.4 设备单机或部件调试完成后，应进行系统联动调试。系统联动调试应包括下列内容：

1 调整系统各个分支回路的调节阀门，各回路流量应平衡，并达到设计流量；

2 根据季节切换太阳能空调系统工作模式，达到制冷、采暖或热水供应的设计要求；

3 调试辅助能源装置，并与太阳能加热系统相匹配，达到系统设计要求；

4 调整电磁阀控制阀门，电磁阀的阀前阀后压力应处在设计要求的压力范围内；

5 调试监控系统，计量检测设备和执行机构应工作正常，对控制参数的反馈及动作应正确、及时。

6.7.5 系统联动调试的运行参数应符合下列规定：

1 额定工况下空调系统的工质流量、温度应满足设计要求，调试结果与设计值偏差不应大于现行国家标准《通风与空调工程施工质量验收规范》GB 50243 的相关规定；

2 额定工况下太阳能集热系统流量与设计值的偏差不应大于10％；

3 系统在蓄能和释能过程中应运行正常、平稳，水泵压力及电流不应出现大幅波动，供制冷机组的热源温度波动符合机组正常运行的要求；

4 溴化锂吸收式制冷机组的运行参数应符合现行国家标准《蒸汽和热水型溴化锂吸收式冷水机组》GB/T 18431 的相关规定。

7 太阳能空调系统验收

7.1 一 般 规 定

7.1.1 太阳能空调系统验收应根据其施工安装特点进行分项工程验收和竣工验收。

7.1.2 太阳能空调系统验收前，应在安装施工过程中完成下列隐蔽工程的现场验收：

1 预埋件或后置锚栓连接件；

2 基座、支架、集热器四周与主体结构的连接节点；

3 基座、支架、集热器四周与主体结构之间的封堵；

4 系统的防雷、接地连接节点。

7.1.3 太阳能空调系统验收前，应将工程现场清理干净。

7.1.4 分项工程验收应由监理或建设单位组织施工单位进行验收。

7.1.5 太阳能空调系统完工后，施工单位应自行组织有关人员进行检验评定，并向建设单位提交竣工验收申请报告。

7.1.6 建设单位收到工程竣工验收申请报告后，应由建设单位组织设计、施工、监理等单位联合进行竣工验收。

7.1.7 所有验收应做好记录，签署文件，立卷归档。

7.2 分项工程验收

7.2.1 分项工程验收应根据工程施工特点分期进行，分部、分项工程可按表 7.2.1 划分。

表 7.2.1 太阳能空调系统工程的分部、分项工程划分表

序号	分部工程	分项工程
1	太阳能集热系统	太阳能集热器安装、其他辅助能源/换热设备安装、管道及配件安装、系统水压试验及调试、防腐、绝热等
2	热力制冷系统	机组安装、管道及配件安装、水处理设备安装、辅助设备安装、系统水压试验及调试、防腐、绝热等
3	蓄能系统	蓄能水箱及配件安装、管道及配件安装、辅助设备安装、防腐、绝热等
4	空调末端系统	新风机组、组合式空调机组、风机盘管系统与末端管线系统的施工安装、低温热水地板辐射采暖系统施工安装等
5	控制系统	传感器及安全附件安装、计量仪表安装、电缆线路施工安装

7.2.2 对影响工程安全和系统性能的工序，应在该工序验收合格后进入下一道工序的施工，且应符合下列规定：

1 在屋面太阳能空调系统施工前，应进行屋面防水工程的验收；

2 在蓄能水箱就位前，应进行蓄能水箱支撑构件和固定基座的验收；

3 在太阳能集热器支架就位前，应进行支架固定基座的验收；

4 在建筑管道井封口前，应进行预留管路的验收；

5 太阳能空调系统电气预留管线的验收；

6 在蓄能水箱进行保温前，应进行蓄能水箱检漏的验收；

7 在系统管路保温前，应进行管路水压试验；

8 在隐蔽工程隐蔽前，应进行施工质量验收。

7.2.3 太阳能空调系统调试合格后，应按照设计要求对性能进行检验，检验的主要内容应包括：

1 压力管道、系统、设备及阀门的水压试验；

2 系统的冲洗及水质检验；

3 系统的热性能检验。

7.3 竣 工 验 收

7.3.1 工程移交用户前，应进行竣工验收。竣工验收应在分项工程验收和性能检验合格后进行。

7.3.2 竣工验收应提交下列资料：

1 设计变更证明文件和竣工图；

2 主要材料、设备、成品、半成品、仪表的出厂合格证明或检验资料；

3 屋面防水检漏记录；

4 隐蔽工程验收记录和中间验收记录；

5 系统水压试验记录；

6 系统水质检验记录；

7 系统调试和试运行记录；

8 系统热性能评估报告；

9 工程使用维护说明书。

8 太阳能空调系统运行管理

8.1 一 般 规 定

8.1.1 太阳能空调系统交付使用前，系统提供单位应对使用单位进行操作培训，并帮助使用单位建立太阳能空调系统的管理制度，提交使用手册。

8.1.2 太阳能空调系统的运行和管理应由专人负责。

8.1.3 当太阳能空调系统运行发生异常时，应及时处理。

8.1.4 使用单位应对太阳能空调系统进行定期检查，检查周期不应大于1年。

8.2 安 全 检 查

8.2.1 使用单位应对太阳能集热系统的运行和安全性进行定期检查。

8.2.2 使用单位应对安装在墙面处的太阳能集热器定期进行其防护设施的维护和检修。

8.2.3 使用单位应在进入冬季之前检查系统防冻性能的安全性。

8.2.4 使用单位应定期检查太阳能集热系统的防雷设施。

8.2.5 使用单位应定期检查辅助能源装置以及相应管路系统的安全性。

8.3 系 统 维 护

8.3.1 使用单位应对系统中的传感器进行年检，发现问题应及时更换。

8.3.2 太阳能集热器应每年进行全面检查，定期清洗集热器表面。

8.3.3 使用单位应定期检查水泵、管路以及阀门等附件。

8.3.4 夏季空调系统停止运行时，应采取有效措施防止太阳能集热系统过热。

8.3.5 热力制冷机组的维护应按照生产企业的相关要求进行。

本规范用词说明

1 为便于在执行本规范条文时区别对待，对要求严格程度不同的用词说明如下：

1）表示很严格，非这样做不可的：
正面词采用"必须"，反面词采用"严禁"；

2）表示严格，在正常情况下均应这样做的：
正面词采用"应"，反面词采用"不应"或"不得"；

3）表示允许稍有选择，在条件许可时首先应这样做的：
正面词采用"宜"，反面词采用"不宜"；

4）表示有选择，在一定条件下可以这样做的，采用"可"。

2 条文中指明应按其他有关标准执行的写法为："应符合……的规定"或"应按……执行"。

引用标准名录

1 《建筑给水排水设计规范》GB 50015

2 《采暖通风与空气调节设计规范》GB 50019

3 《电气装置安装工程 电缆线路施工及验收规范》GB 50168

4 《电气装置安装工程接地装置施工及验收规范》GB 50169

5 《工业设备及管道绝热工程质量检验评定标准》GB 50185

6 《屋面工程质量验收规范》GB 50207

7 《建筑防腐蚀工程施工及验收规范》

GB 50212

8 《建筑防腐蚀工程质量检验评定标准》GB 50224

9 《建筑给水排水及采暖工程施工质量验收规范》GB 50242

10 《通风与空调工程施工质量验收规范》GB 50243

11 《制冷设备、空气分离设备安装工程施工及验收规范》GB 50274

12 《建筑工程施工质量验收统一标准》

GB 50300

13 《建筑电气工程施工质量验收规范》GB 50303

14 《民用建筑太阳能热水系统应用技术规范》GB 50364

15 《设备及管道保温设计导则》GB/T 8175

16 《蒸汽和热水型溴化锂吸收式冷水机组》GB/T 18431

17 《民用建筑电气设计规范》JGJ 16

18 《混凝土结构后锚固技术规程》JGJ 145

中华人民共和国国家标准

民用建筑太阳能空调工程技术规范

GB 50787—2012

条 文 说 明

制 订 说 明

《民用建筑太阳能空调工程技术规范》GB 50787－2012，经住房和城乡建设部 2012 年 5 月 28 日以第 1412 号公告批准、发布。

为便于广大设计、施工、科研、学校等单位有关人员在使用本规范时能正确理解和执行条文规定，

《民用建筑太阳能空调工程技术规范》编制组按章、节、条顺序编制了本规范的条文说明，对条文规定的目的、依据以及执行中需注意的有关事项进行了说明。但是，本条文说明不具备与规范正文同等的法律效力，仅供使用者作为理解和把握规范规定的参考。

目 次

1 总　则

1.0.1 本条明确了制定本规范的目的和宗旨。近年来，我国经济持续发展、稳步增长，虽经历了全球性的金融危机，但发展的态势一直呈上升趋势，能源的消耗不断攀升，尤其以化石燃料为主的能源大量使用，带来能源紧缺、环境恶化等一系列的问题。在我国，每年建筑运行所消耗的能源占全国商品能源的21%～24%，这其中很大部分被用来为建筑提供夏季空调及冬季采暖。面对如此严峻的用能环境，只有有效地开发和利用可再生能源才是解决问题的出路。

太阳能空调把低品位的能源转变为高品位的舒适性空调制冷，对节省常规能源、减少环境污染具有重要意义，符合可持续发展战略的要求。太阳能空调系统的制冷功率、太阳辐射照度及空调制冷用能在季节上的分布规律高度匹配，即太阳辐射越强，天气越热，需要的制冷负荷越大时，系统的制冷功率也相应越大。目前，利用太阳能光热转换的吸收式制冷技术较为成熟，国际上一般采用溴化锂吸收式制冷机，同时，吸附式制冷技术也在逐步发展并日趋完善。我国太阳能空调工程的建设起步于20世纪80年代，经过30年的研究、试验和工程示范，太阳能空调在国内已有较好的应用基础，但仍需要进一步推广。

太阳能空调工程大部分是由太阳能生产企业和太阳能研究机构等自行设计、施工并加以运行管理，过程中存在几个问题：第一，太阳能空调系统设计与国家现行的民用建筑设计规范衔接不到位，导致与传统设计有隔阂甚至矛盾，阻碍了太阳能空调的发展；第二，各生产企业的系统设计立足本单位产品，设计的各种系统良莠不齐，系统优化难以实现，更谈不上规模化和标准化；第三，太阳能空调系统中集热系统与民用建筑的整合设计得不到体现；第四，系统的安装和验收没有统一标准，通常各自为政，也缺乏技术部门的监管，容易产生安全隐患；第五，系统的运行、维护和管理缺乏科学的指导。因此，本规范的制定有重要的现实意义。

1.0.2 本条规定了本规范的适用范围。从理论上讲，太阳能空调的实现有两种方式：一是太阳能光电转换，利用电力制冷；二是太阳能光热转换，利用热能制冷。对于前者，由于大功率太阳能发电技术的高额成本，目前实用性较差。因此，本规范只适用于以太阳能热力制冷为主的太阳能空调系统工程。本规范从技术的角度解决新建、扩建和改建的民用建筑中太阳能空调系统与建筑一体化的设计问题以及相关设备和部件在建筑上应用的问题。这些技术内容同样也适用于既有建筑中增设太阳能空调系统及对既有建筑中已安装的太阳能空调系统进行更换和改造。

1.0.3 太阳能空调系统采用可再生能源——太阳能，并以燃油、燃气、电等为辅助能源，为民用建筑提供满足要求的良好的室内环境。作为系统，它包含了较多的设备、管路等，需要工程建设中各专业的配合和保证，例如太阳能空调系统中太阳能集热器与建筑的整合设计等，因此必须在建设规划阶段就由设计单位纳入工程设计，通盘考虑，总体把握，并按照设计、施工和验收的流程一步步进行，这样才可以做到科学、合理、系统、安全和美观的统一。

1.0.4 本条为强制性条文，主要出发点是保证既有建筑的结构安全性。由于太阳能空调发展滞后，随着今后太阳能空调的推广和未来规模化发展，势必会存在大量既有建筑改装太阳能空调系统的现象，而根据民用建筑太阳能热水系统的发展经验，在改造过程中既有建筑的结构安全与否必须率先确定，然后才可以进行太阳能集热系统的安装。

结构的安全性复核应由建筑的原建筑设计单位、有资质的设计单位或权威检测机构进行，复核安全后进行施工图设计，并指导施工。

1.0.5 太阳能空调系统由太阳能集热系统、热力制冷系统、蓄能系统、空调末端系统、辅助能源系统以及控制系统组成，包含的设备及部件在材料、技术要求以及设计、安装、验收方面，均有相应的国家标准，因此，太阳能空调系统产品应符合这些标准要求。太阳能空调系统在民用建筑上的应用是综合技术，其设计、施工安装、验收与运行管理涉及太阳能和建筑两个行业，与之密切相关的还有许多其他国家标准，其相关的规定也应遵守，尤其是强制性条文。

2 术　语

2.0.3 热力制冷是一种基于热驱动吸收式或吸附式制冷机组产生冷水的技术。已应用的太阳能热力制冷技术包括：溴化锂-水吸收式制冷、氨-水吸收式制冷、硅胶-水吸附式制冷等。其中，太阳能驱动的溴化锂-水吸收式制冷是目前国内外最为成熟、应用最为广泛的技术。

2.0.7 吸附式制冷是太阳能热力制冷的一种类型，该种热力制冷方式在国内应用较少，但在国外发展较为完善。

2.0.11 设计太阳能空调负荷率用于计算太阳能集热器总面积。由于太阳能集热器安装面积的限制，太阳能空调系统一般可用来满足建筑的部分区域，在设计工况下，太阳能空调系统可以全部或部分满足该区域的空调冷负荷。因此，设计太阳能空调负荷率是指设计工况下太阳能空调系统所能提供的制冷量占太阳能空调系统服务区域空调冷负荷的份额。

2.0.13 热力制冷性能系数（COP）是热力制冷系统的一项重要技术经济指标，该数值越大，表示制冷系统能源利用率越高。由于这一参数是用相同单位的输入和输出的比值表示，因此为无量纲数。

3 基 本 规 定

3.0.1 随着我国国民经济的快速发展，普通民众对办公与居住条件的改善需求日益增长，建筑能耗尤其是夏季制冷能耗随之逐年升高。因此，太阳能在夏季制冷中也会发挥重要作用。但是由于不同气候区的夏季制冷工况需匹配的集热器总面积与冬季采暖工况需匹配的集热器总面积不一样，尤其是夏热冬冷地区夏季炎热且漫长，冬季寒冷但短暂。所以在设计与应用太阳能空调系统时，应同时考虑太阳能热水在夏季以外季节的应用，例如生活热水与采暖，避免浪费，做到全年综合利用。

太阳能集热系统在同时考虑热水及采暖应用时，其设计应符合现行国家标准《建筑给水排水设计规范》GB 50015、《民用建筑太阳能热水系统应用技术规范》GB 50364 与《太阳能供热采暖工程技术规范》GB 50495 的有关规定。

3.0.2 太阳能制冷系统可按照图1进行分类。

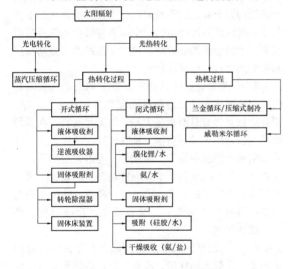

图 1 太阳能制冷系统分类

从热力制冷角度出发，本规范只适用于吸收式与吸附式制冷。

从太阳能热力制冷机组和制冷热源工作温度的高低来分，目前国内外太阳能热力制冷系统可以分为三类（表1）。

表 1 太阳能热力制冷系统分类

序号	制冷热源温度（℃）	制冷机 COP	制冷机型	适配集热器类型
1	130～160	1.0～1.2	蒸汽双效吸收式	聚光型、真空管型
2	85～95	0.6～0.7	热水型吸收式	真空管型、平板型
3	65～85	0.4～0.6	吸附式	真空管型、平板型

根据表1可知，热力制冷系统可以分为高温型、

中温型和低温型三种类型。国外实用性系统多为中温型，也有高温型的实验装置，但国内目前只有后两种，且制冷机组热媒为水。因此，本规范只适用于后两种制冷方式，且不考虑集热效率较低的空气集热器。

吸收式制冷技术从所使用的工质对角度看，应用广泛的有溴化锂-水和氨-水，其中溴化锂-水由于 COP 高、对热源温度要求低、没有毒性和对环境友好等特点，占据了当今研究与应用的主流地位。按照驱动热源分类，溴化锂吸收式制冷机组可分为蒸汽型、直燃型和热水型三种。

太阳能吸附式制冷具有以下特点：

1 系统结构及运行控制简单，不需要溶液泵或精馏装置。因此，系统运行费用低，也不存在制冷剂的污染、结晶或腐蚀等问题。

2 可采用不同的吸附工质对以适应不同的热源及蒸发温度。如采用硅胶-水吸附工质对的太阳能吸附式制冷系统可由（65～85）℃的热水驱动，用于制取（7～20）℃的冷冻水；采用活性炭-甲醇工质对的太阳能吸附式制冷系统，可直接由平板集热器驱动。

3 与吸收式及压缩式制冷系统相比，吸附式系统的制冷功率相对较小。受机器本身传热传质特性以及工质对制冷性能的影响，增加制冷量时，就势必增加吸附剂并使换热设备的质量大幅度增加，因而增加了初投资，机器也会变得庞大而笨重。此外，由于地面上太阳辐射照度较低，收集一定量的加热功率通常需较大的集热面积。受以上两方面因素的限制，目前研制成功的太阳能吸附式制冷系统的制冷功率一般均较小。

4 由于太阳辐射在时间分布上的周期性、不连续性及易受气候影响等特点，太阳能吸附式制冷系统应用于空调或冷藏等场合时通常需配置辅助能源。

3.0.3 太阳能空调系统包含各种设备、管路系统和调控装置等，系统涉及内容庞杂，因此在设计时除考虑系统的功能性，还要考虑以下几个方面：

1 土建施工：即建筑主体在土建施工时与设备、管道和其他部件的协调，如对各部件的保护、施工预留基础、孔洞和预埋受力部件，以及考虑施工的先后次序等；

2 设备运输和安装：设计时要充分考虑设备的运输路线、通道和预留吊装孔等，并为设备安装预留足够的空间；

3 用户使用和日常维护：系统设计时要考虑用户使用是否简便、易行，日常维护要简单、易操作，使用与维护的便利有助于太阳能空调系统的推广。

3.0.4 太阳能作为可再生能源的一种，具有不稳定的特点，太阳能资源由于所处地区地理位置、气象特点等不同更存在很大的差异，加之太阳能集热系统的运行效率不同，选择太阳能空调系统时应有针对性。

另一方面，建筑物类型如低层、多层或高层，和使用功能如公共建筑或居住建筑，以及冷热负荷需求（各个气候区冷热负荷侧重不同），会影响太阳能集热系统的大小、安装条件及系统设计，而同时业主对投资规模和产品也有相应的要求，导致设计条件较为复杂。因此，为适应这些条件，需要设计人员对系统类型的选择全面考虑、整合设计，做到系统优化、降低投资。

3.0.5 "十一五"国家科技支撑计划开展以来，我国政府大力提倡建筑节能降耗，各气候区所在城市和农村纷纷出台具有当地特色的建筑节能设计标准和实施细则，并要求在新建、改建和扩建的民用建筑的建筑设计过程中严格执行相关标准，所以，太阳能空调系统的设计前提是建筑的热工与节能设计必须满足相关节能设计标准的规定。建筑的热工性能是影响制冷机组容量的最主要因素，有条件的工程应适当提高围护结构的设计标准，尤其是隔热性能，才能降低建筑的制冷负荷，从而提高太阳能利用率，降低投资成本。同样的道理也适用于既有建筑的节能改造，只有改造后的既有建筑热工性能满足节能标准，才能设置太阳能空调系统，否则根本达不到预期的节能效果。

3.0.6 本条为强制性条文，目的是确保太阳能集热系统在实际使用中的安全性。第一，集热系统因位于室外，首先要做好保护措施，如采取避雷针、与建筑物避雷系统连接等防雷措施。第二，在非采暖和制冷季节，系统用热量和散热量低于太阳能集热系统得热量时，蓄能水箱温度会逐步升高，如系统未设置防过热措施，水箱温度会远高于设计温度，甚至沸腾过热。解决的措施包括：（1）遮盖一部分集热器，减少集热系统得热量；（2）采用回流技术使传热介质液体离开集热器，保证集热器中的热量不再传递到蓄能水箱；（3）采用散热措施将剩余的热量传送到周围环境中去；（4）及时排出部分蓄能水箱（池）中热水以降低水箱水温；（5）传热介质液体从集热器迅速排放到膨胀罐，集热回路中达到高温的部分总是局限在集热器本身。第三，在冬季最低温度低于0℃的地区，安装太阳能集热系统需要考虑防冻问题。当系统集热器和管道温度低于0℃后，水结冰体积膨胀，如果管材允许变形量小于水结冰的膨胀量，管道会胀裂损坏。目前常用的防冻措施见表2。

表2 太阳能系统防冻措施的选用

防冻措施	严寒地区	寒冷地区	夏热冬冷
防冻液为工质的间接系统	●	●	●
排空系统	—	●	●
排回系统	○[1]	●	●

续表2

防冻措施	严寒地区	寒冷地区	夏热冬冷
蓄能水箱热水再循环	○[2]	○[2]	●
在集热器联箱和管道敷设电热带	—	○[2]	●

注：1 室外系统排空时间较长时（系统较大，回流管线较长或管道坡度较小）不宜使用；

2 方案技术可行，但由于夜晚散热较大，影响系统经济效益；

3 表中"●"为可选用；"○"为有条件选用；"—"为不宜选用。

最后，还应防止因水质问题带来的结垢问题。一般合格的集热器均能满足防雹要求，采取合适的防冻液或排空措施均可实现集热系统的防冻。用电设备的用电安全在设计时也要考虑。

3.0.7 本条强调了热力制冷机组、辅助燃油锅炉和燃气锅炉等设备安全防护的重要性。热力制冷机组主要是指吸收式制冷机组和吸附式制冷机组，吸收式制冷机组的安全要求有明确的现行国家标准，此处不再赘述，吸附式制冷机组的安全措施与吸收式制冷机组相同。辅助能源的安全防护根据能源种类，分别按照相应的国家现行标准执行。

3.0.8 一般来说，建筑物的夏季空调负荷较大，如果完全按照建筑设计冷负荷去配置太阳能集热系统，则会导致集热器总面积过大，通常无处安装，在其他季节也容易产生过剩热量。且室外气候条件多变，导致太阳辐射照度不稳定。因此在不考虑大规模蓄能的条件下，太阳能空调系统应配置辅助能源装置。辅助能源的选择应因地制宜，以节能、高效、性价比高为原则，可选择工业余热、生物质能、市政热网、燃气、燃油和电。

3.0.9 太阳能空调系统选用的部件产品必须符合国家相关产品标准的规定，应有产品合格证和安装使用说明书。在设计时，宜优先采用通过产品认证的太阳能制冷系统及部件产品。太阳能空调系统中的太阳能集热器应符合《平板型太阳能集热器》GB/T 6424和《真空管型太阳能集热器》GB/T 17581中规定的性能要求。溴化锂制冷机组应满足《蒸汽和热水型溴化锂吸收式冷水机组》GB/T 18431中的要求。

其他设备和部件的质量应符合国家相关产品标准规定的要求。系统配备的输水管和电器、电缆线应与建筑物其他管线统筹安排、同步设计、同步施工，安全、隐蔽、集中布置，便于安装维护。太阳能空调系统所选用的集热器应在制冷机组热源温度范围内进行性能测试，保证集热器热性能与制冷机组的匹配性。生产企业应提供详细的制冷机组工作性能报告，包括制冷机组随热源温度变化的性能特性曲线，并应出示相关的检测报告。

3.0.10 太阳能空调系统是建筑的一部分，建筑主体结构符合现行国家标准《建筑工程施工质量验收统一标准》GB 50300 是保证太阳能空调系统达到设计效果的前提条件，更是整个工程的必要工序。

3.0.11 在当前国家大力发展建筑节能减排的背景下，各种能源消耗设备都会成为"能源审计"的对象，太阳能空调系统也不例外。如何既保障系统设备安全运行，又能同时衡量太阳能空调系统的集热系统效率和制冷性能系数等指标，离不开系统的监测计量装置。因此，应设计并安装用于测试系统主要性能参数的监测计量装置，包括热量、温度、湿度、压力、电量等参数。

4 太阳能空调系统设计

4.1 一般规定

4.1.1 本条明确太阳能空调系统应由暖通空调专业工程师进行设计，并应符合现行国家标准《采暖通风与空气调节设计规范》GB 50019 的相关要求。在具体设计中，针对太阳能空调系统的特点，首先，设计师需要考虑太阳能集热器的高效利用问题，为此，从产品方面，需要选用高温下仍然具有较高集热效率的太阳能集热器；从安装方面，需要保证合理的安装角度，并要求实现太阳能集热器与建筑的集成设计。其次，设计师需要综合考虑太阳能集热器、蓄能水箱、制冷机组以及辅助能源装置之间的合理连接问题，既要保证设备布局紧凑，又要优化管路系统，减少热损。

4.1.2 本条从太阳能空调系统与建筑相结合的基本要求出发，规定了太阳能空调系统的设计必须根据建筑的功能、使用规律、空调负荷特点以及当地气候特点综合考虑。太阳能空调系统应优先选用市场上成熟度较高的太阳能集热器以及热力制冷机组。国内高效平板以及高效真空管太阳能集热器成熟度已较高，可应用在太阳能空调系统中。热力制冷机组方面，溴化锂吸收式（单效）制冷机组属于成熟产品，制冷量为 15kW 的硅胶-水吸附式制冷机组已经有小批量生产。

从目前的应用情况来看，太阳能空调系统规模均较小，国内应用的制冷量一般为 100kW 左右。在具体方案确定中，100kW 以上的太阳能空调系统可优先采用太阳能溴化锂吸收式（单效）空调系统；而对于一些小型太阳能空调系统，可采用太阳能吸附式空调系统。

4.1.3 本条主要强调太阳能空调系统所用太阳能集热装置的全年利用问题。民用建筑的用能需求是多样的，例如在寒冷地区和夏热冬冷地区既包括夏季制冷，同时也包括冬季采暖以及全年热水供应，因此，太阳能空调系统所用太阳能集热装置应得到充分利用。集成设计的基本原则是要保证太阳能集热系统产生的热水在过渡季节得到充分利用，所以在设计空调系统时，应考虑合理的切换措施，使得太阳能集热装置为采暖以及热水供应提供部分热量，从而实现太阳能的年综合热利用。目前太阳能空调系统的投资成本中，太阳能集热装置的成本约占 40%～60%，这也是影响太阳能空调系统经济性的主要因素，本条所强调的太阳能综合热利用可在很大程度上提高太阳能系统的经济性。

4.1.4 本条规定了太阳能空调系统集热器的确定原则。太阳能空调系统集热器的选择有别于太阳能热水系统以及太阳能采暖系统，其中的关键问题是太阳能空调系统的集热器通常在高温工况下运行，而太阳能热水和太阳能采暖系统中，集热器的运行温度通常较低。因此，太阳能空调系统设计中，应对太阳能集热器进行性能测试，或由生产商提供相关部门的性能测试报告，着重分析太阳能空调驱动热源在不同温度区间的不同集热效率，在可能的情况下，尽量多选择几种集热器，进行性能比较，优选出其中最适合的集热器作为太阳能空调系统的驱动热源，保证集热器热性能与制冷机组的匹配。

确定太阳能空调系统集热器总面积时，根据设计太阳能空调负荷率以及制冷机组设计耗热量得到太阳能集热系统在设计工况下所应提供的热量。在此计算结果的基础上，根据空调冷负荷所对应时刻的太阳能辐射强度即可得到太阳能集热器的面积。但是，建筑实际可以安装集热器的面积往往是有限的，因此，集热器总面积计算值还应根据建筑实际可供的安装面积进行修正。

4.1.5 作为热力制冷机组，其工作性能随热源温度的变化而变化。因此，在太阳能空调系统设计时，必须首先考察制冷机组随热源温度的变化规律，生产企业应提供详细的制冷机组工作性能报告，其中，必须包括制冷性能随热源温度的变化曲线，并应出示相关的检测报告。

热水型（单效）溴化锂吸收式制冷机组热力 COP 随热水温度的变化如图 2 所示。

在一般的太阳能吸收式制冷系统中，吸收式制冷机组（单效）在设计工况下所要求的热源温度为（88～90）℃，太阳能集热器可以满足系统的工作要求。对应于该设计工况，制冷机组的热力 COP 约为 0.7。

吸附式制冷机组 COP 随热水温度的变化如图 3 所示。

吸附式制冷机组在设计工况下所要求的热源温度为（80～85）℃，对应的热力 COP 约为 0.4。太阳能集热器可以满足系统的工作要求。

4.1.6 在太阳能空调系统中，蓄能水箱是非常必要的，它连接太阳能集热系统以及制冷机组的热驱动系

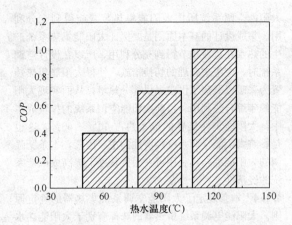

图 2 溴化锂（单效）吸收式制冷机组
COP 随热水温度的变化

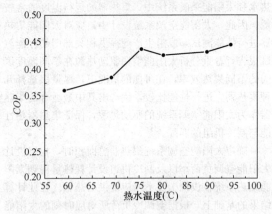

图 3 吸附式制冷机组 COP 随热水温度的变化

统，可以起到缓冲作用，使热量输出尽可能均匀。

4.1.7 太阳能空调系统在实际运行过程中，应根据室外环境参数以及蓄能水箱温度进行太阳能集热系统与辅助能源之间的切换，或者进行太阳能空调系统与常规空调系统之间的切换。因此，为了保证系统稳定可靠运行，宜设计自动控制系统，以实现热源之间以及系统之间的灵活切换，并便于进行能量调节。

4.1.8 本条规定吸收式制冷机组或吸附式制冷机组的冷却水、补充水的水质应符合国家现行有关标准的规定。

4.2 太阳能集热系统设计

4.2.1 本条介绍了太阳能空调集热系统集热器总面积的计算方法。按照太阳能集热系统传热类型，集热器总面积分为直接式和间接式两种计算方法。

计算公式中，热力制冷机组性能系数（COP）的选取方法为：对于太阳能单效溴化锂吸收式空调系统，对应于热源温度为（88～90）℃，制冷机组的性能系数约为 0.7；对于太阳能硅胶-水吸附式空调系统，对应于相同的设计工况，制冷机组的性能系数约为 0.4。

公式中 Q 为太阳能空调系统服务区域的空调冷

负荷，与建筑空调冷负荷有所不同，目前太阳能空调系统可以提供的设计工况下制冷量还较小，而多数公共建筑空调冷负荷相对较大，因此在大部分方案例中，太阳能空调系统仅能保证单体建筑中部分区域的温湿度达到设计要求。而当单体建筑体量较小时，且经计算空调冷负荷可以完全由太阳能空调系统供应，此时太阳能空调系统服务区域的空调冷负荷与建筑空调冷负荷相等。

设计太阳能空调负荷率 r 由设计人员根据不同资源区、建筑具体情况以及投资规模进行确定，通常宜控制在 50%～80%。设计计算中，对于资源丰富区（Ⅰ区）、资源较丰富区（Ⅱ区）以及资源一般区（Ⅲ区），当预期初投资较大时，建议设计太阳能空调负荷率取 70%～80%，当预期初投资较小时，建议设计太阳能空调负荷率取 60%～70%；对于资源贫乏区（Ⅳ区），建议设计太阳能空调负荷率取 50%～60%。

当太阳能集热器的朝向为水平面或不同朝向的立面时，空调设计日集热器采光面上的最大总太阳辐射照度 J 为水平面或不同朝向立面的太阳辐射照度，可根据现行国家标准《采暖通风与空气调节设计规范》GB 50019 的附录 A（夏季太阳总辐射照度）查表求得。当集热器的朝向为倾斜面时，最大总太阳辐射照度 $J = J_\theta$。

倾斜面太阳辐射照度：$J_\theta = J_{D,\theta} + J_{d,\theta} + J_{R,\theta}$

式中，J_θ 为倾斜面太阳总辐射照度（W/m²）；$J_{D,\theta}$ 为倾斜面太阳直射辐射照度（W/m²）；$J_{d,\theta}$ 为倾斜面太阳散射辐射照度（W/m²）；$J_{R,\theta}$ 为地面反射辐射照度（W/m²）。

倾斜面太阳直射辐射照度：
$$J_{D,\theta} = J_D[\cos(\Phi - \theta)\cos\delta\cos\omega + \sin(\Phi - \theta)\sin\delta]/(\cos\Phi\cos\delta\cos\omega + \sin\Phi\sin\delta)$$

式中，J_D 为水平面太阳直射辐射照度（W/m²），根据现行国家标准《采暖通风与空气调节设计规范》GB 50019 的附录 A 查取；Φ 为当地地理纬度；θ 为倾斜面与水平面之间的夹角；δ 为赤纬角；ω 为时角。

赤纬角 $\delta = 23.45\sin[360 \times (284 + n)/365]$

式中，n 为一年中的日期序号。

时角 ω 的计算方法为：一天中每小时对应的时角为 15°，从正午算起，正午为零，上午为负，下午为正，数值等于离正午的小时数乘以 15。

倾斜面太阳散射辐射照度：
$$J_{d,\theta} = J_d(1 + \cos\delta)/2$$

式中，J_d 为水平面太阳散射辐射照度（W/m²），根据现行国家标准《采暖通风与空气调节设计规范》GB 50019 的附录 A 查取。

地面反射辐射照度：
$$J_{R,\theta} = \rho_G(J_D + J_d)(1 - \cos\delta)/2$$

式中，ρ_G 为地面反射率，工程计算中可取 0.2。

集热器平均集热效率 η_{cd} 应参考所选集热器的性能曲线确定，此处需要注意，集热效率应按照热力制冷机组热源的有效工作温度区间进行确定，一般在 30%～45% 之间。

蓄能水箱以及管路热损失率 η_L 可取 0.1～0.2。

集热器总面积还应按照建筑可以提供的安装集热器的面积来校核。当集热器总面积大于可安装集热器的建筑外表面积时，需要先按照实际情况确定集热器的面积，然后采用公式（4.2.1-1）和（4.2.1-2）反算出太阳能空调系统的服务区域空调冷负荷，从而确定热力制冷机组的容量。

4.2.2 本条规定了太阳能集热系统设计流量与单位面积流量的确定方法，太阳能集热系统的单位面积流量与太阳能集热器的特性有关，一般由太阳能集热器生产厂家给出。在没有相关技术参数的情况下，按照条文中表 4.2.2 确定。

4.2.3 太阳能集热系统循环管道以及蓄能水箱的保温十分重要，已有相关标准作出了详细规定，应遵照执行。

4.2.4 南向设置太阳能集热器可接收最多的太阳辐射照度。太阳能空调系统除了在夏季制冷工况中应用外，应做到全年综合利用，避免非夏季季节集热器产生的热水浪费。太阳能集热器安装倾角等于当地纬度时，系统侧重全年使用；其安装倾角等于当地纬度减 10° 时，系统侧重在夏季使用。建筑师可根据建筑设计与制冷负荷需求，综合确定集热器安装屋面的坡度。

4.3 热力制冷系统设计

4.3.1 本条规定了热力制冷系统的设计应同时符合现行国家标准《采暖通风与空气调节设计规范》GB 50019 的相关技术要求。系统的运行模式可根据建筑的实际使用功能以及空调系统运行时间分为连续供冷系统和间歇供冷系统。

4.3.2 本条规定了对吸收式制冷机组的具体要求。热水型溴化锂吸收式制冷机组是以热水的显热为驱动热源，通常是用工业余废热、地热和太阳能热水为热源。根据热水温度范围分为单效和双效两种类型。目前应用最为普遍的是太阳能驱动的单效溴化锂吸收式制冷系统。

吸收式制冷机组需要在一端留出相当于热交换管长度的空间，以便清洗和更换管束，另一端留出有装卸端盖的空间。机组应具备冷冻水或冷剂水的低温保护、冷却水温度过低保护、冷剂水的液位保护、屏蔽泵过载和防汽蚀保护、冷却水断水或流量过低保护、蒸发器中冷剂水温度过高保护和发生器出口浓溶液高温保护和停机时防结晶保护。

4.3.3 本条规定了对吸附式制冷机组的具体要求。

太阳能固体吸附式制冷是利用吸附制冷原理，以太阳能为热源，采用的工质对通常为活性炭-甲醇、分子筛-水、硅胶-水及氯化钙-氨等。利用太阳能集热器将吸附床加热用于脱附制冷剂，通过加热脱附-冷凝-吸附-蒸发等几个环节实现制冷。目前已研制出的太阳能吸附式制冷系统种类繁多，结构也不尽相同，可以在太阳能空调系统中使用的一般为硅胶—水吸附式制冷机组。

由于吸附式制冷机组的工作过程具有周期性，因此，在实际工程设计中，建议至少选用两台机组，并实现错峰运行。机组的循环周期应通过优化计算确定，目前国内市场上的小型硅胶—水吸附式制冷机组的优化循环周期一般为 15min 的加热时间，15min 的冷却时间。

4.3.4 本条规定了热力制冷系统的流量（包括热水流量、冷却水流量以及冷冻水流量）应按照制冷机组产品样本选取，一般由生产厂家给出。

4.4 蓄能系统、空调末端系统、辅助能源与控制系统设计

4.4.1 在太阳能空调系统中，蓄能水箱是非常必要的，它同时连接太阳能集热系统以及制冷机组的热驱动系统，可以起到缓冲作用，使热量输出尽可能均匀。本条规定了蓄能水箱在建筑中安装的位置、需要预留的空间、运输条件及对其他专业如结构、给水排水的要求。其中，蓄能水箱必须做好保温措施，否则会严重影响太阳能空调系统的性能。保温材料选取、保温层厚度计算和保温做法等在现行国家标准《采暖通风与空气调节设计规范》GB 50019 中的"设备和管道的保冷和保温"一节中已作详细规定，应遵照执行。

4.4.2 太阳能空调系统的蓄能水箱工作温度应控制在一定范围内。例如，对于最常见的单效溴化锂吸收式太阳能空调系统，在设计工况下所要求的热源温度为（88～90）℃，因此，蓄能水箱的工作温度可设定为（88～90）℃。对于吸附式太阳能空调系统，在设计工况下所要求的热源温度为（80～85）℃，因此，蓄能水箱的工作温度可设定为（80～85）℃。

4.4.3 太阳能空调系统通常与太阳能热水系统集成设计，因此，蓄能水箱的容积同时要考虑热水系统的要求，在对国内外已有的太阳能空调项目进行总结的基础上，得到蓄能水箱容积的设计可按照每平方米集热器（20～80）L 进行。如没有热水供应的需求，蓄能水箱容积可适当减小。同时，系统应考虑非制冷工况下太阳能热水的利用问题。此外，受建筑使用功能的限制，当太阳能空调系统的运行时间与空调使用时间不一致时，蓄能水箱应满足蓄热要求。

在确定蓄能水箱的容量时，按照目前国内的应用案例，可参考的方案包括：

1 设置一个不做分层结构的普通蓄能水箱。如上海生态建筑太阳能空调系统，由于建筑的热水需求很小，因此，150m² 集热器对应的蓄能水箱设计容量仅为 2.5m³，其主要作用是稳定系统的运行。在非空调工况，太阳能热水被用作冬季采暖以及过渡季节自然通风的加强措施。再如北苑太阳能空调系统，制冷量 360kW，集热面积 850m²，蓄能水箱 40m³。

2 设置一个分层蓄能水箱。如香港大学的太阳能空调示范系统，38m² 太阳能集热器，采用了 2.75m³ 的分层蓄能水箱。

3 设置大小两个蓄能水箱（小水箱用于系统快速启动，大水箱用于系统正常工作后进一步蓄存热能）。如我国"九五"期间实施的乳山太阳能空调系统，540m² 太阳能集热器，采用了两个蓄能水箱，小水箱 4m³ 用于系统快速启动，大水箱 8m³ 用于蓄存多余热量。

4 设置具有跨季蓄能作用的蓄能水池。如我国"十五"期间建设的天普太阳能空调系统，812m² 太阳能集热器，采用了 1200m³ 的跨季蓄能水池。

对于不做分层结构的普通蓄能水箱，为了很好地利用水箱内水的分层效应，在加工工艺允许的前提下，蓄能水箱宜采用较大的高径比。此外，在水箱管路布置方面，热驱动系统的供水管以及太阳能集热系统的回水管宜布置在水箱上部；热驱动系统的回水管以及太阳能集热系统的供水管宜布置在水箱下部。

根据现有的太阳能空调工程案例可知，一般情况下不需要设置蓄冷水箱。部分工程对蓄冷水箱有所考虑，但中小型系统的蓄冷水箱容积一般不超过 1m³。仅当系统考虑跨季蓄能时，蓄热或蓄冷水箱才设置得比较大，如北苑太阳能空调系统，除设置 40m³ 的蓄热水箱外，还设置了 30m³ 的蓄冷水箱。

4.4.4 空调末端系统设计应结合制冷机组的冷冻水设定温度。吸收式制冷机组一般可提供冷冻水的设计温度为 (7/12)℃，此时，空调末端宜采用风机盘管或组合式空调机组。而吸附式制冷机组的冷冻水进出口温度通常为 (15/10)℃，此时空调末端处于非标准工况，因此需要对末端产品的制冷量进行温度修正，相应地，空调末端宜采用干式风机盘管或毛细管辐射末端。设计时应按照现行国家标准《采暖通风与空气调节设计规范》GB 50019 的有关规定执行。

4.4.5 本条规定了太阳能空调系统辅助能源装置的容量配置原则。由于太阳能自身的波动性，为了保证室内制冷效果，辅助能源装置宜按照太阳辐射照度为零时的最不利条件进行配置，以确保建筑室内舒适的热环境。

4.4.6 从技术可行性以及目前的应用现状来看，太阳能空调系统的辅助能源装置涉及燃气锅炉、燃油锅炉以及常规空调系统等。在结合建筑特点以及当地能源供应现状确定好辅助能源装置后，各类辅助能源装

置的设计均应符合现行的设计规范，例如：

1 辅助燃气锅炉的设计应符合现行国家标准《锅炉房设计规范》GB 50041 和《城镇燃气设计规范》GB 50028 的相关要求；

2 辅助燃油锅炉的设计应符合现行国家标准《锅炉房设计规范》GB 50041 的相关要求；

3 辅助常规空调系统的设计应符合现行国家标准《采暖通风与空气调节设计规范》GB 50019 的相关要求。

4.4.7 太阳能空调系统的控制主要包括太阳能集热系统的自动启停控制、安全控制以及制冷机组的自动启停控制和安全控制。系统的控制应将制冷机组以及辅助能源装置自身所配的控制设备与系统的总控有机联合起来。除通过温控实现主要设备的自动启停外，其他有关设备的安全保护控制应按照产品供应商的要求执行。宜选用全自动控制系统，条件有限时，可部分选用手动。其中，太阳能集热系统应自动控制，其中应包括自动启停、防冻、防过热等控制措施。

太阳能空调系统的热力制冷机组宜采用自动控制，一般通过监测蓄能水箱水温来控制制冷机组以及辅助能源装置的启停。在实现自动控制的过程中，还要综合考虑建筑空调使用时间以及制冷机组、辅助能源装置的安全性和可靠性。

1 当达到开机设定时间（结合建筑物实际使用功能确定），同时蓄能水箱温度达到设定值时，开启制冷机组。例如：在设计工况下，单效吸收式制冷机组的开机温度可设定为 88℃；而吸附式制冷机组的开机温度可设定为 85℃。然而，在实际应用中，开机设定温度可适当降低，例如：单效吸收式制冷机组的开机温度可设定为 80℃左右；而吸附式制冷机组的开机温度可设定为 75℃左右。这种情况下，虽然制冷机组 COP 有所降低，但是，空调冷负荷也相对较低。随着太阳辐射照度不断升高，蓄能水箱的水温会逐渐升高，制冷机组 COP 相应逐渐升高，这与空调冷负荷的变化趋势相似。

2 在太阳能空调系统运行过程中，如果受环境影响，蓄能水箱水温太低不足以有效驱动制冷机组时，应开启辅助能源装置。为了避免辅助能源装置的频繁启停，辅助能源装置的开机温度设定值可适当降低，例如：对于单效吸收式制冷机组，可将开机温度设定为 75℃左右；对于吸附式制冷机组，可将开机温度设定为 70℃左右。辅助能源装置的停机温度设定值可按照制冷机组设计工况确定。

3 如果达到开机设定时间，蓄能水箱温度尚未达到设定值时，应及时开启辅助能源装置。

4 当达到停机设定时间（结合建筑物实际使用功能确定），除太阳能集热系统保持自动运行外，系统其他部件均应停机。

太阳能空调系统的监测参数主要包括两部分：室

内外环境参数和太阳能空调系统参数。其中，与常规空调系统有所区别的主要是太阳辐射照度的监测、太阳能集热器进出口温度与流量、蓄热水箱温度和辅助能源消耗量的监测。

5 规划和建筑设计

5.1 一般规定

5.1.1 太阳能空调系统设计与建筑物所处建筑气候分区、规划用地范围内的现状条件及当地社会经济发展水平密切相关。在规划和建筑设计中应充分考虑、利用和强化已有特点和条件，为充分利用太阳能创造条件。

太阳能空调系统设计应由建筑设计单位和太阳能空调系统产品供应商相互配合共同完成。首先，建筑师要根据建筑类型、使用功能确定安装太阳能空调系统的机房位置和屋面设备的安装位置，向暖通工程师提出对空调系统的使用要求；暖通工程师进行太阳能热力制冷机组选型、空调系统设计及末端管线设计；结构工程师在建筑结构设计时，应考虑屋面太阳能集热器和室内制冷机组的荷载，以保证结构的安全性，并埋设预埋件，为太阳能集热器的锚固、安装提供安全牢靠的条件；电气工程师满足系统用电负荷和运行安全要求，进行防雷设计。

其次，太阳能空调系统产品供应商需向建筑设计单位提供热力制冷机组和太阳能集热器的规格、尺寸、荷载，预埋件的规格、尺寸、安装位置及安装要求；提供热力制冷机组和集热器的技术指标及其检测报告；保证产品质量和使用性能。

5.1.2 本条引用了《民用建筑太阳能热水系统应用技术规范》GB 50364 中的相关规定。

5.1.3 本条对屋顶太阳能集热器设备和管道的布置提出要求，目的是集中管理、维修方便和美化环境。检修通道和管道井的设计应遵守相关的国家现行的规范和标准。

5.2 规划设计

5.2.1 建筑的体形设计和空间组合设计应充分考虑太阳能的利用，包括建筑的布局、高度和间距等，目的是为使集热器接收更多的太阳辐射照度。

5.2.2 太阳能空调系统在屋面增加的集热器等组件有可能降低相邻建筑底层房间的日照时间，不能满足建筑日照的要求。在阳台或墙面上安装有一定倾角的集热器时，也有可能会降低下层房间的日照时间。所以在设计太阳能空调之前必须对日照进行分析和计算。

5.2.3 太阳能集热器安装在建筑屋面、阳台、墙面或其他部位，不应被其他物体遮挡阳光。太阳能集热

器总面积根据热力制冷机组热水用量、建筑上允许的安装面积等因素确定。考虑到热力制冷机组需要匹配较大的集热器总面积和较长时间的辐照时间，本条规定集热器要满足全天有不少于 6h 日照时数的要求。

5.3 建筑设计

5.3.1 太阳能空调系统的制冷机房应由建筑师根据建筑功能布局进行统一设置，因机房功能与常规空调系统一致，所以宜与常规空调系统的机房统一布置。制冷机房应靠近建筑冷负荷中心与太阳能集热器，及制冷机组应靠近蓄能水箱等要求，都是为了尽量减少由于管道过长而产生的冷热损耗。

5.3.2 太阳能空调系统中的太阳能集热器、热力制冷系统和空调末端系统应由建筑师配合暖通工程师和太阳能空调系统产品供应商确定合理的安装位置，并重点满足集热器、蓄能水箱和冷却塔等设备的补水、排水等功能要求。而热力制冷机组、辅助能源装置等大型设备在运行期间需要不同程度的检修、更新和维护，建筑设计要考虑到这些因素。

建筑设计应为太阳能空调系统的安装、维护提供安全的操作条件。如平屋面设有屋面出口或上人孔，便于集热器和冷却塔等屋面设备安装、检修人员的出入；坡屋面屋脊的适当位置可预留金属钢架或挂钩，方便固定安装检修人员系在身上的安全带，确保人员安全。集热器支架下部的水平杆件不应影响屋面雨水的排放。

5.3.3 本条为强制性条文。建筑设计时应考虑设置必要的安全防护措施，以防止安装有太阳能集热器的墙面、阳台或挑檐等部位的集热器损坏后部件坠落伤人，如设置挑檐、入口处设置雨篷或进行绿化种植隔离等，使人不易靠近。集热器下部的杆件和顶部的高度也应满足相应的要求。

5.3.4 作为太阳能建筑一体化设计要素的太阳能集热器可以直接作为屋面板、阳台栏板或墙板等围护结构部件，但除了满足系统功能要求外，首先要满足屋面板、阳台栏板、墙板的结构安全性能、消防功能和安全防护功能等要求。除此之外，太阳能集热器应与建筑整体有机结合，并与建筑周围环境相协调。

5.3.5 建筑的主体结构在伸缩缝、沉降缝、抗震缝的变形缝两侧会发生相对位移，太阳能集热器跨越变形缝时容易被破坏，所以太阳能集热器不应跨越主体结构的变形缝。

5.3.6 辅助能源装置的位置和安装空间应由建筑师与暖通工程师共同确定，该装置能否安全运行、操作及维护方便是太阳能空调系统安全运行的重要因素之一。

5.4 结构设计

5.4.1 太阳能空调系统中的太阳能集热器、热力制

冷机组和蓄能水箱与主体结构的连接和锚固必须牢固可靠，主体结构的承载力必须经过计算或实物试验予以确认，并要留有余地，防止偶然因素产生突然破坏。真空管集热器每平方米的重量约（15～20）kg，平板集热器每平方米的重量约（20～25）kg。

安装太阳能空调系统的主体结构必须具备承受太阳能集热器、热力制冷机组和蓄能水箱等传递的各种作用的能力（包括检修荷载），主体结构设计时应充分加以考虑。例如，主体结构为混凝土结构时，为了保证与主体结构的连接可靠性，连接部位主体结构混凝土强度等级不应低于C20。

5.4.2 本条为强制性条文。连接件与主体结构的锚固承载力应大于连接件本身的承载力，任何情况不允许发生锚固破坏。采用锚栓连接时，应有可靠的防松动、防滑移措施；采用挂接或插接时，应有可靠的防脱落、防滑移措施。

为防止主体结构与支架的温度变形不一致导致太阳能集热器、热力制冷机组或蓄能水箱损坏，连接件必须有一定的适应位移的能力。

5.4.3 安装在屋面、阳台或墙面的太阳能集热器与建筑主体结构的连接，应优先采用预埋件来实现。因为预埋件的连接能较好地满足设计要求，且耐久性能良好，与主体连接较为可靠。施工时注意混凝土振捣密实，使预埋件锚入混凝土内部分与混凝土充分接触，具有很好的握裹力。同时采取有效的措施使预埋件位置准确。为了保证预埋件与主体结构连接的可靠性，应确保在主体施工前设计并在施工时按设计要求的位置和方法进行预埋。如果没有设置预埋件的条件，也可采用其他可靠的方法进行连接。

5.4.4 由于制冷机组、冷却塔等设备自重或满载重量较大，在太阳能空调系统设计时，必须事先考虑将其设置在具有相应承载能力的结构构件上。在新建建筑中，应在结构设计时充分考虑这些设备的荷载，避免错、漏；在既有建筑中应进行强度与变形的验算，以保证结构构件在增加荷载后的安全性，如强度或变形不满足要求，则要对结构构件进行加固处理或改变设备位置。

5.4.5 进行结构设计时，不但要计算安装部位主体结构构件的强度和变形，而且要计算支架、支撑金属件及其连接节点的承载能力，以确保连接和锚固的可靠性，并留有余量。

5.4.6 当土建施工中未设置预埋件、预埋件漏放、预埋件偏离设计位置太远、设计变更、或既有建筑增设太阳能空调系统时，往往要使用后锚固螺栓进行连接。采用后锚固螺栓（机械膨胀螺栓或化学锚栓）时，应采取多种措施，保证连接的可靠性及安全性。

5.4.7 太阳能空调系统结构设计应区分是否抗震。对非抗震设防的地区，只需考虑风荷载、重力荷载和雪荷载（冬天下雪夜晚平板集热器可能会出现积雪现象）；对抗震设防的地区，还应考虑地震作用。

经验表明，对于安装在建筑屋面、阳台、墙面或其他部位的太阳能集热器主要受风荷载作用，抗风设计是主要考虑因素。但是地震是动力作用，对连接节点会产生较大影响，使连接处发生破坏甚至使太阳能集热器脱落，所以除计算地震作用外，还必须加强构造措施。

5.5 暖通和给水排水设计

5.5.1 太阳能空调系统机房是指热力制冷机组及相关系统设备的机房，应保持其良好的通风。有条件时可利用自然通风，但应防止噪声对周围建筑环境的影响；无条件时则应独立设置机械通风系统。当辅助燃油、燃气锅炉不设置在机房内时，机房的最小通风量，可根据生产厂家的要求，并结合机房内余热排除的需求综合确定，机房的换气次数通常可取（4～6）次/h；当辅助燃油、燃气锅炉设置在机房内时，机房的通风系统设计应满足现行国家标准《锅炉房设计规范》GB 50041中对燃油和燃气锅炉房通风系统设计的要求。机房位置、机房内设备与建筑的相对空间及消防等要求在《采暖通风与空气调节设计规范》GB 50019中已作详细规定，应遵照执行。

5.5.2 太阳能空调系统的机房存在用水点，例如一些设备运行或维修时需要排水、泄压、冲洗等，因此机房需要给水排水专业配合设计。太阳能集热系统要进行良好的介质循环，也涉及给水排水设计。更重要的是，辅助能源装置如采用燃油、燃气、电热锅炉等，则还需要设置特殊的水喷雾或气体灭火消防系统。一般的给水排水相关设计应遵守现行国家标准《建筑给水排水设计规范》GB 50015的要求，给水排水消防设计应按照现行国家标准《高层民用建筑设计防火规范》GB 50045及《建筑设计防火规范》GB 50016中的规定执行。

5.5.3 太阳能集热器置于室外屋顶或建筑立面，集热管表面日久会积累灰尘，如不及时清洗将影响透光率，降低集热能力。本条要求在集热器附近设置用于清洁的给水点，就是为了定期打扫预留条件。给水点预留要注意防冻。因为污水要排走，排水设施也需要同时设计。

5.6 电 气 设 计

5.6.1、5.6.2 这两条是对太阳能空调系统中使用电气设备的安全要求，其中5.6.2条为强制性条文。如果系统中含有电气设备，其电气安全应符合现行国家标准《家用和类似用途电器的安全》（第一部分通用要求）GB 4706.1的要求。

5.6.3 太阳能空调系统的电气管线应与建筑物的电气管线统一布置，集中隐蔽。

6 太阳能空调系统安装

6.1 一般规定

6.1.1 本条为强制性条文。太阳能空调系统的施工安装，保证建筑物的结构和功能设施安全是第一位的，特别在既有建筑上安装系统时，如果不能严格按照相关规范进行土建、防水、管道等部位的施工安装，很容易造成对建筑物的结构、屋面防水层和附属设施的破坏，削弱建筑物在寿命期内承受荷载的能力，所以，该条文应予以充分重视。

6.1.2 目前，国内太阳能空调系统的施工安装通常由专门的太阳能工程公司承担，作为一个独立工程实施完成，而太阳能系统的安装与土建、装修等相关施工作业有很强的关联性，所以，必须强调施工组织设计，以避免差错、提高施工效率。

6.1.3 本条的提出是由于目前太阳能系统施工安装人员的技术水平参差不齐，不进行规范施工的现象时有发生。所以，着重强调必要的施工条件，严禁不满足条件的盲目施工。

6.1.4 由于太阳能空调系统在非使用季节会在较恶劣的工况下运行，以此规定了连接管线、部件、阀门等配件选用的材料应能耐受高温，以防止系统破坏，提高系统部件的耐久性和系统工作寿命。

6.1.5 太阳能空调系统的安装一般在土建工程完工后进行，而土建部位的施工通常由其他施工单位完成，本条强调了对土建相关部位的保护。

6.1.6 本条对太阳能空调系统安装人员应具备的条件进行规定。

6.1.7 根据《特种设备安全监察条例》（国务院令第 549 号），燃油、燃气锅炉属于特种设备，其安装单位、人员应具有特种设备安装资质，并需要进行安装报批、检验和验收。

6.2 太阳能集热系统安装

6.2.1 支架安装关系到太阳能集热器的稳定和安全，应与基座连接牢固。

6.2.2 一般情况下，太阳能空调系统的承重基座都是在屋面结构层上现场砌（浇）筑，需要刨开屋面面层做基座，因此将破坏原有的防水结构。基座完工后，被破坏的部位需重做防水。

6.2.3 实际施工中，钢结构支架及预埋件的防腐多被忽视，会影响系统寿命，本条对此加以强调。

6.2.4 集热器的安装方位和倾角影响太阳能集热系统的得热量，因此在安装时应给予重视。

6.2.5 太阳能空调系统由于工作温度高，并可能存在较严重的过热问题，因此集热器的连接不当会造成漏水等问题，本条对此加以强调。

6.2.6 现行国家标准《建筑给水排水及采暖工程施工质量验收规范》GB 50242 规范了各种管路施工要求，太阳能集热系统的管路施工应遵照执行。

6.2.7 为防止集热器漏水，本条对此加以强调。

6.2.8 本条规定了太阳能集热系统钢结构支架应有可靠的防雷措施。

6.2.9 本条强调应先检漏，后保温，且应保证保温质量。

6.3 制冷系统安装

6.3.1 本条强调安装时应对制冷机组进行保护。

6.3.2 本条是根据电气和控制设备的安装要求对制冷机组的安装位置作出规定。

6.3.3 现行国家标准《制冷设备、空气分离设备安装工程施工及验收规范》GB 50274 及《通风与空调工程施工质量验收规范》GB 50243 规范了空调设备及系统的施工要求，应遵照执行。

6.3.4 空调末端系统的施工安装在现行国家标准《建筑给水排水及采暖工程施工质量验收规范》GB 50242 和《通风与空调工程施工质量验收规范》GB 50243 中均有规定，应遵照执行。

6.4 蓄能和辅助能源系统安装

6.4.1 为提高水箱寿命和满足卫生要求，采用钢板焊接的蓄能水箱要对其内壁作防腐处理，并确保材料承受热水温度。

6.4.2 本条规定是为减少蓄能水箱的热损失。

6.4.3 本条规定了蓄能地下水池现场施工制作时的要求，以保证水池质量和施工安全。

6.4.4 为防止水箱漏水，本条对检漏和实验方法给予规定。

6.4.5 本条规定是为减少蓄能水箱的热损失。

6.4.6 现行国家标准《建筑给水排水及采暖工程施工质量验收规范》GB 50242 规范了额定工作压力不大于 1.25MPa、热水温度不超过 130℃ 的整装蒸汽和热水锅炉及配套设备的安装，规范了直接加热和热交换器及辅助设备的安装，应遵照执行。

6.5 电气与自动控制系统安装

6.5.1 太阳能空调系统的电缆线路施工和电气设施的安装在现行国家标准《电气装置安装工程电缆线路施工及验收规范》GB 50168 和《建筑电气工程施工质量验收规范》GB 50303 中有详细规定，应遵照执行。

6.5.2 为保证系统运行的电气安全，系统中的全部电气设备和与电气设备相连接的金属部件应作接地处理。而电气接地装置的施工在现行国家标准《电气装置安装工程接地装置施工及验收规范》GB 50169 中均有规定，应遵照执行。

6.5.3 本条强调了传感器安装的质量和注意事项。

6.6 压力试验与冲洗

6.6.1 为防止系统漏水，本条对此加以强调。

6.6.2 本条规定了管路和设备的检漏试验。对于各种管路和承压设备，试验压力应符合设计要求。当设计未注明时，应按现行国家标准《建筑给水排水及采暖工程施工质量验收规范》GB 50242 的相关要求进行。非承压设备做满水灌水试验，满水灌水检验方法：满水试验静置 24h，观察不漏不渗。

6.6.3 本条规定是为防止低温水压试验结冰造成管路和集热器损坏。

6.6.4 本条强调了制冷机组安装完毕后应进行水压试验和冲洗，并规定了冲洗方法。

6.7 系 统 调 试

6.7.1 太阳能空调系统是一个比较专业的工程，需由专业人员才能完成系统调试。系统调试是使系统功能正常发挥的调整过程，也是对工程质量进行检验的过程。

6.7.2 本条规定了系统调试需要包括的项目和连续试运行的天数，以使工程能达到预期效果。

6.7.3 本条规定了设备单机、部件调试应包括的主要内容，以防遗漏。

6.7.4 系统联动调试主要指按照实际运行工况进行系统调试。本条解释了系统联动调试内容，以防遗漏。

6.7.5 本条规定了系统联动调试的运行参数应符合的要求。

7 太阳能空调系统验收

7.1 一 般 规 定

7.1.1 本条规定了太阳能空调系统的验收步骤。

7.1.2 本条强调了在验收太阳能空调系统前必须先完成相关的隐蔽工程验收，并对其工程验收文件进行认真的审核与验收。

7.1.3 太阳能空调系统较复杂，在安装热力制冷机组等设备及空调系统管线的过程中产生的废料和各种辅助安装设备应及时清除以保证验收现场的干净整洁。

7.1.4 本条强调了现行国家标准《建筑工程施工质量验收统一标准》GB 50300 中的规定要求。

7.1.5 本条强调了施工单位应先进行自检，自检合格后再申请竣工验收。

7.1.6 本条强调了现行国家标准《建筑工程施工质量验收统一标准》GB 50300 中的规定要求。

7.1.7 本条强调了太阳能空调系统验收记录、资料

立卷归档的重要性。

7.2 分项工程验收

7.2.1 本条划分了太阳能空调系统工程的分部与分项工程，以及分项工程所包括的基本施工安装工序和项目，分项工程验收应能涵盖这些基本施工安装工序和项目。

7.2.2 太阳能空调系统某些工序的施工必须在前一道工序完成且质量合格后才能进行本道工序，否则将较难返工。

7.2.3 本条强调了太阳能空调系统的性能应在调试合格后进行检验，其中热性能的检验内容应包括太阳能集热器的进出口温度、流量和压力，热力制冷机组的热水和冷水的进出口温度、流量和压力。

7.3 竣 工 验 收

7.3.1 本条强调了竣工验收的时机。

7.3.2 本条强调了竣工验收应提交的资料。实际应用中，一些施工单位对施工资料不够重视，这会对今后的设备运行埋下隐患，应予以注意。

8 太阳能空调系统运行管理

8.1 一 般 规 定

8.1.1~8.1.3 规定在太阳能空调系统交付使用后，系统提供单位应对使用单位进行工作原理交底和相关的操作培训，并制定详细的使用说明。使用单位应建立太阳能空调系统管理制度，其中包括太阳能空调系统的运行、维护和维修等。太阳能空调系统开始使用后，使用单位应根据建筑使用特点以及空调运行时间等因素，建立由专人负责运行维护的管理制度，设专人负责系统的管理和运行。系统操作和管理人员应严格按照使用说明对系统进行管理，发现仪表显示出现故障及系统运行失常，应及时组织检修。但太阳能集热器、制冷机组、控制系统等关键设备发生故障时，应及时通知相关产品供应商进行专业维修。

8.1.4 本条规定了应对太阳能空调系统的主要设备、部件以及数据采集装置、控制元件等进行定期检查。

8.2 安 全 检 查

8.2.1 本条规定应对太阳能集热器进行定期安全检查，包括定期检查太阳能集热器与基座和支架的连接，更换损坏的集热器，检查设备及管路的漏水情况。定期检查基座和支架的强度、锈蚀情况和损坏程度。

8.2.2 本条强调建筑立面安装太阳能集热器的安全防护措施。应对墙面等建筑立面处安装太阳能集热器的防护网或其他防护设施定期检修，避免集热器损坏

造成对人身的伤害。

8.2.3 本条强调进入冬季之前应进行防冻系统的检查，保证系统安全运行。此处需要强调的是，防冻检查既包括太阳能集热系统的防冻设施（具体见现行国家标准《民用建筑太阳能热水系统应用技术规范》GB 50364），也包括太阳能空调系统的其他部件以及管路。

8.2.4 本条强调了应对太阳能集热系统防雷设施进行定期检查，并进行接地电阻测试。

8.2.5 从现有的太阳能空调系统工程案例来看，许多项目采用了燃气锅炉或燃油锅炉等作为辅助能源装置，此类工程项目中，应按照国家现行的安检以及管理制度对燃油和燃气锅炉、燃油和燃气输送管道以及其他相关的消防报警设施进行定期检查。

8.3 系 统 维 护

8.3.1 温度、流量等传感器对太阳能空调系统的全自动运行起着重要作用，本条规定每年应对传感器进行检查，发现问题应及时更换。

8.3.2 考虑到空气污染等问题影响太阳能集热器的高效运行，应每年检查集热器表面，定期进行清洗。

8.3.3 本条规定每年对管路、阀门以及电气元件进行检查，包括管路是否渗漏、管路保温是否受损以及阀门是否启闭正常、有无渗漏等。

8.3.4 本条规定了太阳能空调系统停止运行时，应采取适当措施将太阳能集热系统的得热量加以利用或释放，避免集热系统过热。

8.3.5 对于目前太阳能空调系统所采用的热驱动吸收式或吸附式制冷机组，建议其维护由产品供应商进行。

中华人民共和国国家标准

可再生能源建筑应用工程评价标准

Evaluation standard for application of
renewable energy in buildings

GB/T 50801—2013

主编部门：中华人民共和国住房和城乡建设部
批准部门：中华人民共和国住房和城乡建设部
施行日期：２０１３年５月１日

中华人民共和国住房和城乡建设部
公 告

第 1606 号

住房城乡建设部关于发布国家标准
《可再生能源建筑应用工程评价标准》的公告

现批准《可再生能源建筑应用工程评价标准》为国家标准，编号为 GB/T 50801－2013，自 2013 年 5 月 1 日起实施。

本标准由我部标准定额研究所组织中国建筑工业出版社出版发行。

中华人民共和国住房和城乡建设部
2012 年 12 月 25 日

前 言

根据住房和城乡建设部《关于印发〈2009 年工程建设标准规范制订、修订计划〉的通知》（建标〔2009〕88 号）的要求，标准编制组经广泛调查研究，认真总结实践经验，参考有关国际标准和国外先进标准，并在广泛征求意见的基础上，制定本标准。

本标准的主要技术内容是：总则，术语，基本规定，太阳能热利用系统，太阳能光伏系统和地源热泵系统。

本标准由住房和城乡建设部负责管理，由中国建筑科学研究院负责具体技术内容的解释。执行过程中如有意见或建议，请寄送至中国建筑科学研究院（地址：北京北三环东路 30 号，邮政编码：100013）。

本 标 准 主 编 单 位：中国建筑科学研究院
　　　　　　　　　　　　住房和城乡建设部科技发展促进中心

本 标 准 参 编 单 位：上海市建筑科学研究院（集团）有限公司
　　　　　　　　　　　　深圳市建筑科学研究院有限公司
　　　　　　　　　　　　河南省建筑科学研究院
　　　　　　　　　　　　四川省建筑科学研究院
　　　　　　　　　　　　甘肃省建筑科学研究院
　　　　　　　　　　　　辽宁省建设科学研究院
　　　　　　　　　　　　山东省建筑科学研究院
　　　　　　　　　　　　国家住宅与居住环境工程技术研究中心
　　　　　　　　　　　　中国科学技术大学
　　　　　　　　　　　　山东力诺瑞特新能源有限公司
　　　　　　　　　　　　皇明太阳能集团有限公司
　　　　　　　　　　　　山东桑乐太阳能有限公司
　　　　　　　　　　　　北京清华阳光能源开发有限责任公司
　　　　　　　　　　　　北京四季沐歌太阳能技术集团有限公司
　　　　　　　　　　　　北京科诺伟业科技有限公司
　　　　　　　　　　　　深圳市拓日新能源科技股份有限公司
　　　　　　　　　　　　威海中玻光电有限公司
　　　　　　　　　　　　沈阳金都新能源科技有限公司
　　　　　　　　　　　　无锡尚德太阳能电力有限公司
　　　　　　　　　　　　南京丰盛新能源股份有限公司
　　　　　　　　　　　　北京易度恒星科技发展有限公司
　　　　　　　　　　　　山东宏力空调设备有限公司
　　　　　　　　　　　　山东宜美科节能服务有限公司
　　　　　　　　　　　　山东亚特尔集团股份有限公司
　　　　　　　　　　　　昆山台佳机电有限公司
　　　　　　　　　　　　山东富尔达空调设备有限公司
　　　　　　　　　　　　国际铜业协会（中国）

本标准主要起草人员：徐　伟　何　涛　郝　斌
　　　　　　　　　宋业辉　孙峙峰　杨建荣
　　　　　　　　　刘俊跃　栾景阳　李现辉
　　　　　　　　　姚春妮　徐斌斌　刘吉林
　　　　　　　　　王庆辉　王守宪　张　磊
　　　　　　　　　季　杰　薛梦华　徐志斌
　　　　　　　　　马　兵　刘　铭　焦青太
　　　　　　　　　许兰刚　刘　强　吴　军
　　　　　　　　　朱利达　陈文华　郁松涛

　　　　　　　　　党亚峰　于奎明　马　宁
　　　　　　　　　刘一民　南远新　刘世俊
　　　　　　　　　徐少山　黄俊鹏　张昕宇
　　　　　　　　　牛利敏　黄祝连　王　敏
本标准主要审查人员：郎四维　罗振涛　冯　雅
　　　　　　　　　何梓年　董路影　张晓黎
　　　　　　　　　张　旭　徐宏庆　赵立华
　　　　　　　　　端木琳　贾铁鹰　李　军

目　　次

Contents

1 总　则

1.0.1 为了贯彻落实国家在建筑中应用可再生能源、保护环境的有关法规政策，增强社会应用可再生能源的意识，促进我国可再生能源建筑应用事业的健康发展，指导可再生能源建筑应用工程的测试与评价，制定本标准。

1.0.2 本标准适用于应用太阳能热利用系统、太阳能光伏系统、地源热泵系统的新建、扩建和改建工程的节能效益、环境效益、经济效益的测试与评价。

1.0.3 在进行可再生能源建筑应用工程测试与评价时，除应符合本标准要求外，尚应符合国家现行有关标准的规定。

2 术　语

2.0.1 可再生能源建筑应用　application of renewable energy in buildings

在建筑供热水、采暖、空调和供电等系统中，采用太阳能、地热能等可再生能源系统提供全部或部分建筑用能的应用形式。

2.0.2 太阳能热利用系统　solar thermal system

将太阳能转换成热能，进行供热、制冷等应用的系统，在建筑中主要包括太阳能供热水、采暖和空调系统。

2.0.3 太阳能供热水采暖系统　solar hot water and space heating system

将太阳能转换成热能，为建筑物进行供热水和采暖的系统，系统主要部件包括太阳能集热器、换热蓄热装置、控制系统、其他能源辅助加热/换热设备、泵或风机、连接管道和末端热水采暖系统等。

2.0.4 太阳能空调系统　solar air-conditioning system

一种利用太阳能集热器加热热媒，驱动热力制冷系统的空调系统，由太阳能集热系统、热力制冷系统、蓄能系统、空调末端系统、辅助能源以及控制系统六部分组成。

2.0.5 太阳能光伏系统　solar photovoltaic system

利用光生伏打效应，将太阳能转变成电能，包含逆变器、平衡系统部件及太阳能电池方阵在内的系统。

2.0.6 地源热泵系统　ground-source heat pump system

以岩土体、地下水或地表水为低温热源，由水源热泵机组、地热能交换系统、建筑物内系统组成的供热空调系统。根据地热能交换系统形式的不同，地源热泵系统分为地埋管地源热泵系统、地下水地源热泵系统和地表水地源热泵系统。其中地表水源热泵又分

为江、河、湖、海水源热泵系统。

2.0.7 太阳能保证率　solar fraction

太阳能供热水、采暖或空调系统中由太阳能供给的能量占系统总消耗能量的百分率。

2.0.8 系统费效比　cost-benefit ratio of the system

可再生能源系统的增量投资与系统在正常使用寿命期内的总节能量的比值，表示利用可再生能源节省每千瓦小时常规能源的投资成本。

2.0.9 地源热泵系统制冷能效比　energy efficiency ratio of ground-source heat pump system（EER_{sys}）

地源热泵系统制冷量与热泵系统总耗电量的比值，热泵系统总耗电量包括热泵主机、各级循环水泵的耗电量。

2.0.10 地源热泵系统制热性能系数　coefficient of performance of ground-source heat pump system（COP_{sys}）

地源热泵系统总制热量与热泵系统总耗电量的比值，热泵系统总耗电量包括热泵主机、各级循环水泵的耗电量。

2.0.11 负荷率　load ratio

系统的运行负荷与设计负荷之比。

3 基本规定

3.1 一般规定

3.1.1 可再生能源建筑应用工程的评价应包括指标评价、性能合格判定和性能分级评价。评价应先进行单项指标评价，根据单项指标的评价结果进行性能合格判定。判定结果合格宜进行分级评价，判定结果不合格不进行分级评价。

3.1.2 可再生能源建筑应用工程评价应以实际测试参数为基础进行。条件具备时应优先选用长期测试，否则应选用短期测试。长期测试结果和短期测试结果不一致时，应以长期测试结果为准。

3.1.3 可再生能源建筑应用工程评价应包括该工程的全部系统，测试数量应根据系统形式和规模抽样确定，抽样方法应符合本标准第4.2.2，5.2.2和6.2.2条的规定。

3.1.4 可再生能源建筑应用工程的测试、评价应首先通过可再生能源建筑应用所属专业的分部工程验收、建筑节能分部验收以及本标准第3.2节规定的形式检查。

3.2 形式检查

3.2.1 可再生能源建筑应用工程评价前应做到手续齐全，资料完整，检查的资料应包括但不限于下列内容：

1 项目立项、审批文件；

2 项目施工设计文件审查报告及其意见;

3 项目施工图纸;

4 与可再生能源建筑应用相关的主要材料、设备和构件的质量证明文件、进场检验记录、进场核查记录、进场复验报告和见证试验报告;

5 可再生能源建筑应用相关的隐蔽工程验收记录和资料;

6 可再生能源建筑应用工程中各分项工程质量验收记录,并核查部分检验批次验收记录;

7 太阳能建筑应用对相关建筑日照、承重和安全的影响分析;

8 地源热泵系统对水文、地质、生态和相关物理化学指标的影响分析,地下水地源热泵系统回灌试验记录;

9 测试和评价人员认为应具备的其他文件和资料。

3.2.2 太阳能热利用系统的太阳能集热器、辅助热源、空调制冷机组、冷却塔、贮水箱、系统管路、系统保温和电气装置等关键部件应有质检合格证书,性能参数应符合设计和国家现行相关标准的要求。太阳能集热器、空调制冷机组应有符合要求的检测报告。

3.2.3 太阳能光伏系统的太阳能电池方阵、蓄电池(或者蓄电池箱体)、充放电控制器和直流/交流逆变器等关键部件应有质检合格证书,性能参数应符合设计和国家现行相关标准的要求。太阳能光伏组件应有符合要求的检测报告。

3.2.4 地源热泵系统的热泵机组、末端设备(风机盘管、空气调节机组和散热设备)、辅助设备材料(水泵、冷却塔、阀门、仪表、温度调控装置、计量装置和绝热保温材料)、监测与控制设备以及风系统和水系统管路等关键部件应有质检合格证书和符合要求的检测报告,性能参数应符合设计和国家现行相关标准的要求。

3.2.5 可再生能源建筑应用工程的外观应干净整洁,无明显污损、变形等现象。

3.2.6 太阳能热利用系统的系统类型、集热器类型、集热器总面积、储水箱容量、辅助热源类型、辅助热源容量、制冷机组制冷量、循环管路类型、控制系统和辅助材料(保温材料、阀门以及仪器仪表)等内容应符合设计文件的规定。

3.2.7 太阳能光伏系统的太阳能电池组件类型、太阳能电池阵列面积、装机容量、蓄电方式、并网方式和主要部件的类型和技术参数、控制系统、辅助材料以及负载类型等内容应符合设计文件的规定。

3.2.8 地源热泵系统的系统类型、供热量、供冷量、地源换热器、热泵机组、控制系统、辅助材料和建筑物内系统的类型、规模大小、技术参数和数量等内容应符合设计文件的规定。

3.3 评价报告

3.3.1 可再生能源建筑应用工程评价完成后,应由测试评价机构出具评价报告,评价报告应包括但不限于下列内容:

1 形式检查结果;

2 各项评价指标的评价结果;

3 性能合格判定结果;

4 性能分级评价结果;

5 采用的仪器设备清单;

6 测试与评价方案。

3.3.2 可再生能源建筑应用工程评价报告应按本标准附录 A 编制。

4 太阳能热利用系统

4.1 评价指标

4.1.1 太阳能热利用系统的评价指标及其要求应符合下列规定:

1 太阳能热利用系统的太阳能保证率应符合设计文件的规定,当设计无明确规定时,应符合表4.1.1-1 的规定。太阳能资源区划按年日照时数和水平面上年太阳辐照量进行划分,应符合本标准附录 B的规定。

表 4.1.1-1 不同地区太阳能热利用
系统的太阳能保证率 f(%)

太阳能资源区划	太阳能热水系统	太阳能采暖系统	太阳能空调系统
资源极富区	$f \geqslant 60$	$f \geqslant 50$	$f \geqslant 40$
资源丰富区	$f \geqslant 50$	$f \geqslant 40$	$f \geqslant 30$
资源较富区	$f \geqslant 40$	$f \geqslant 30$	$f \geqslant 20$
资源一般区	$f \geqslant 30$	$f \geqslant 20$	$f \geqslant 10$

2 太阳能热利用系统的集热系统效率应符合设计文件的规定,当设计文件无明确规定时,应符合表4.1.1-2 的规定。

表 4.1.1-2 太阳能热利用系统的集热效率 η(%)

太阳能热水系统	太阳能采暖系统	太阳能空调系统
$\eta \geqslant 42$	$\eta \geqslant 35$	$\eta \geqslant 30$

3 太阳能集热系统的贮热水箱热损因数 U_{sl} 不应大于 30 W/(m³·K)。

4 太阳能供热水系统的供热水温度 t_r 应符合设计文件的规定,当设计文件无明确规定时 t_r 应大于等于 45℃且小于等于 60℃。

5 太阳能采暖或空调系统的室内温度 t_n 应符合设计文件的规定,当设计文件无明确规定时应符合国家现行相关标准的规定。

6 太阳能空调系统的太阳能制冷性能系数应符合设计文件的规定，当设计文件无明确规定时，应在评价报告给出。

7 太阳能热利用系统的常规能源替代量和费效比应符合项目立项可行性报告等相关文件的规定，当无文件明确规定时，应在评价报告中给出。

8 太阳能热利用系统的静态投资回收期应符合项目立项可行性报告等相关文件的规定。当无文件明确规定时，太阳能供热水系统的静态投资回收期不应大于 5 年，太阳能采暖系统的静态投资回收期不应大于 10 年，太阳能空调系统的静态投资回收期应在评价报告中给出。

9 太阳能热利用系统的二氧化碳减排量、二氧化硫减排量及粉尘减排量应符合项目立项可行性报告等相关文件的规定，当无文件明确规定时，应在评价报告中给出。

4.2 测 试 方 法

4.2.1 太阳能热利用系统测试应包括下列内容：

1 集热系统效率；

2 系统总能耗；

3 集热系统得热量；

4 制冷机组制冷量；

5 制冷机组耗热量；

6 贮热水箱热损因数；

7 供热水温度；

8 室内温度。

注：制冷机组制冷量、制冷机组耗热量仅适用于太阳能空调系统，供热水温度仅适用太阳能供热水系统，室内温度仅适用于太阳能采暖或太阳能空调系统。

4.2.2 太阳能热利用系统的测试抽样方法应符合下列规定：

1 当太阳能供热水系统的集热器结构类型、集热与供热水范围、系统运行方式、集热器内传热工质、辅助能源安装位置以及辅助能源启动方式相同，且集热器总面积、贮热水箱容积的偏差均在10%以内时，应视为同一类型太阳能供热水系统。同一类型太阳能供热水系统被测试数量应为该类型系统总数量的2%，且不得少于 1 套。

2 当太阳能采暖空调系统的集热器结构类型、集热系统运行方式、系统蓄热（冷）能力、制冷机组形式、末端采暖空调系统相同，且集热器总面积、所有制冷机组额定制冷量、所供建筑面积的偏差在10%以内时，应视为同一种太阳能采暖空调系统。同一种太阳能采暖空调系统被测试数量应为该种系统总数量的5%，且不得少于 1 套。

4.2.3 太阳能热利用系统的测试条件应符合下列规定：

1 太阳能热水系统长期测试的周期不应少于120d，且应连续完成，长期测试开始的时间应在每年春分（或秋分）前至少 60d 开始，结束时间应在每年春分（或秋分）后至少 60d 结束；太阳能采暖系统长期测试的周期应与采暖期同步；太阳能空调系统长期测试的周期应与空调期同步。长期测试周期内的平均负荷率不应小于 30%。

2 太阳能热利用系统短期测试的时间不应少于4d。短期测试期间的运行工况应尽量接近系统的设计工况，且应在连续运行的状态下完成。短期测试期间的系统平均负荷率不应小于 50%，短期测试期间室内温度的检测应在建筑物达到热稳定后进行。

3 短期测试期间的室外环境平均温度 t_a 应符合下列规定：

1） 太阳能热水系统测试的室外环境平均温度 t_a 的允许范围应为年平均环境温度±10℃；

2） 太阳能采暖系统测试的室外环境的平均温度 t_a 应大于等于采暖室外计算温度且小于等于 12℃；

3） 太阳能空调系统测试的室外环境平均温度 t_a 应大于等于 25℃且小于等于夏季空气调节室外计算干球温度。

4 太阳辐照量短期测试不应少于 4d，每一太阳辐照量区间测试天数不应少于 1d，太阳辐照量区间划分应符合下列规定：

1） 太阳辐照量小于 8MJ/(m²·d)；

2） 太阳辐照量大于等于 8MJ/(m²·d) 且小于12MJ/(m²·d)；

3） 太阳辐照量大于等于 12MJ/(m²·d) 且小于16MJ/(m²·d)；

4） 太阳辐照量大于等于 16MJ/(m²·d)。

5 短期测试的太阳辐照量实测值与本标准第4.2.3 条第 4 款规定的 4 个区间太阳辐照量平均值的偏差宜控制在±0.5MJ/(m²·d) 以内，对于全年使用的太阳能热水系统，不同区间太阳辐照量的平均值可按本标准附录 C 确定。

6 对于因集热器安装角度、局部气象条件等原因导致太阳辐照量难以达到 16MJ/m² 的工程，可由检测机构、委托单位等有关各方根据实际情况对太阳辐照量的测试条件进行适当调整，但测试天数不得少于 4d，测试期间的太阳辐照量应均匀分布。

4.2.4 测试太阳能热利用系统的设备仪器应符合下列规定：

1 太阳总辐照度应采用总辐射表测量，总辐射表应符合现行国家标准《总辐射表》GB/T 19565 的要求。

2 测量空气温度时应确保温度传感器置于遮阳且通风的环境中，高于地面约 1m，距离集热系统的距离在 1.5m～10.0m 之间，环境温度传感器的附近不应有烟囱、冷却塔或热气排风扇等热源。测量水温时应保证所测水流完全包围温度传感器。温度测量仪器以及与它们相关的读取仪表的精度和准确度不应大于表 4.2.4 的限值，响应时间应小于 5s。

表 4.2.4　温度测量仪器的准确度和精度

参　　数	仪器准确度	仪器精度
环境空气温度	±0.5℃	±0.2℃
水温度	±0.2℃	±0.1℃

　　3　液体流量的测量准确度应为±1.0%。

　　4　质量测量的准确度应为±1.0%。

　　5　计时测量的准确度应为±0.2%。

　　6　模拟或数字记录仪的准确度应等于或优于满量程的±0.5%，其时间常数不应大于1s。信号的峰值指示应在满量程的 50%～100% 之间。使用的数字技术和电子积分器的准确度应等于或优于测量值的±1.0%。记录仪的输入阻抗应大于传感器阻抗的 1000 倍或 10MΩ，且二者取其高值。仪器或仪表系统的最小分度不应超过规定精度的 2 倍。

　　7　长度测量的准确度应为±1.0%。

　　8　热量表的准确度应达到现行行业标准《热量表》CJ 128 规定的 2 级。

4.2.5　集热系统效率的测试应符合下列规定：

　　1　长期测试的时间应符合本标准第 4.2.3 条的规定。

　　2　短期测试时，每日测试的时间从上午 8 时开始至达到所需要的太阳辐射量为止。达到所需要的太阳辐射量后，应采取停止集热系统循环泵等措施，确保系统不再获取太阳得热。

　　3　测试参数应包括集热系统得热量、太阳总辐照量和集热系统集热器总面积等。

　　4　太阳能热利用系统的集热系统效率 η 应按下式计算得出：

$$\eta = Q_j / (A \times H) \times 100 \qquad (4.2.5)$$

式中：η——太阳能热利用系统的集热系统效率（%）；

　　　　Q_j——太阳能热利用系统的集热系统得热量（MJ），测试方法应符合本标准第 4.2.7 条的规定；

　　　　A——集热系统的集热器总面积（m^2）；

　　　　H——太阳总辐照量（MJ/m^2）。

4.2.6　系统总能耗的测试应符合下列规定：

　　1　长期测试的时间应符合本标准第 4.2.3 条的规定。

　　2　每日测试持续的时间应从上午 8 时开始到次日 8 时结束。

　　3　对于热水系统，应测试系统的供热量或冷水、热水温度、供热水的流量等参数；对于采暖空调系统

应测试系统的供热量或系统的供、回水温度和热水流量等参数，采样时间间隔不得大于 10s。

　　4　系统总能耗 Q_z 可采用热量表直接测量，也可通过分别测量温度、流量等参数后按下式计算：

$$Q_z = \sum_{i=1}^{n} m_{zi} \times \rho_w \times c_{pw} \times (t_{dzi} - t_{bzi}) \times \Delta T_{zi} \times 10^{-6}$$

$$(4.2.6)$$

式中：Q_z——系统总能耗（MJ）；

　　　　n——总记录数；

　　　　m_{zi}——第 i 次记录的系统总流量（m^3/s）；

　　　　ρ_w——水的密度（kg/m^3）；

　　　　c_{pw}——水的比热容[$J/(kg \cdot ℃)$]；

　　　　t_{dzi}——对于太阳能热水系统，t_{dzi} 为第 i 次记录的热水温度（℃）；对于太阳能采暖、空调系统，t_{dzi} 为第 i 次记录的供水温度（℃）；

　　　　t_{bzi}——对于太阳能热水系统，t_{bzi} 为第 i 次记录的冷水温度（℃）；对于太阳能采暖、空调系统，t_{bzi} 为第 i 次记录的回水温度（℃）；

　　　　ΔT_{zi}——第 i 次记录的时间间隔（s），ΔT_{zi} 不应大于600s。

4.2.7　集热系统得热量的测试应符合下列规定：

　　1　长期测试的时间应符合本标准第 4.2.3 条的规定。

　　2　短期测试时，每日测试的时间从上午 8 时开始至达到所需要的太阳辐射量为止。

　　3　测试参数应包括集热系统进、出口温度、流量、环境温度和风速，采样时间间隔不得大于10s。

　　4　太阳能集热系统得热量 Q_j 可以用热量表直接测量，也可通过分别测量温度、流量等参数后按下式计算：

$$Q_j = \sum_{i=1}^{n} m_{ji} \rho_w c_{pw} (t_{dji} - t_{bji}) \Delta T_{ji} \times 10^{-6}$$

$$(4.2.7)$$

式中：Q_j——太阳能集热系统得热量（MJ）；

　　　　n——总记录数；

　　　　m_{ji}——第 i 次记录的集热系统平均流量（m^3/s）；

　　　　ρ_w——集热工质的密度（kg/m^3）；

　　　　c_{pw}——集热工质的比热容[$J/(kg \cdot ℃)$]；

　　　　t_{dji}——第 i 次记录的集热系统的出口温度（℃）；

　　　　t_{bji}——第 i 次记录的集热系统的进口温度（℃）；

　　　　ΔT_{ji}——第 i 次记录的时间间隔（s），ΔT_{ji} 不应大于600s。

4.2.8　制冷机组制冷量的测试应符合下列规定：

　　1　长期测试的时间应符合本标准第 4.2.3 条的

规定。

2 短期测试宜在制冷机组运行工况稳定后 1h 开始测试，测试时间 ΔT_t 应从上午 8 时开始至次日 8 时结束。

3 应测试系统的制冷量或冷冻水供回水温度和流量等参数，采样时间间隔不得大于 10s，记录时间间隔不得大于 600s。

4 制冷量 Q_l 可以用热量表直接测量，也可通过分别测量温度、流量等参数后按下式计算：

$$Q_l = \frac{\sum_{i=1}^{n} m_{li} \times \rho_w \times c_{pw} \times (t_{dli} - t_{bli}) \times \Delta T_{li} \times 10^{-3}}{\Delta T_t}$$

(4.2.8)

式中：Q_l —— 制冷量（kW）；

n —— 总记录数；

m_{li} —— 第 i 次记录系统总流量（m³/s）；

ρ_w —— 水的密度（kg/m³）；

c_{pw} —— 水的比热容 [J/（kg·℃）]；

t_{dli} —— 第 i 次记录的冷冻水回水温度（℃）；

t_{bli} —— 第 i 次记录的冷冻水供水温度（℃）；

ΔT_{li} —— 第 i 次记录的时间间隔（s），ΔT_{li} 不应大于 600s；

ΔT_t —— 测试时间（s）。

4.2.9 制冷机组耗热量的测试应符合下列规定：

1 长期测试的时间应符合本标准第 4.2.3 条的规定。

2 短期测试宜在制冷机组运行工况稳定后 1h 开始测试，测试时间 ΔT_t 应从上午 8 时开始至次日 8 时结束。

3 应测试系统供给制冷机组的供热量或热源水的供回水温度和流量等参数，采样时间间隔不得大于 10s，记录时间间隔不得大于 600s。

4 制冷机组耗热量 Q_r 可以用热量表直接测量，也可通过分别测量温度、流量等参数后按下式计算：

$$Q_r = \frac{\sum_{i=1}^{n} m_{ri} \times \rho_w \times c_{pw} \times (t_{dri} - t_{bri}) \times \Delta T_{ri} \times 10^{-3}}{\Delta T_t}$$

(4.2.9)

式中：Q_r —— 制冷机组耗热量（kW）；

n —— 总记录数；

m_{ri} —— 第 i 次记录的系统总流量（m³/s）；

ρ_w —— 水的密度（kg/m³）；

c_{pw} —— 水的比热容 [J/（kg·℃）]；

t_{dri} —— 第 i 次记录的热源水供水温度（℃）；

t_{bri} —— 第 i 次记录的热源水回水温度（℃）；

ΔT_{ri} —— 第 i 次记录的时间间隔（s），ΔT_{ri} 不应大于 600s；

ΔT_t —— 测试时间（s）。

4.2.10 贮热水箱热损因数的测试应符合下列规定：

1 测试时间应从晚上 8 时开始至次日 6 时结束。测试开始时贮热水箱水温不得低于 50℃，与水箱所处环境温度差不应小于 20℃。测试期间应确保贮热水箱的水位处于正常水位，且无冷热水出入水箱。

2 测试参数应包括贮热水箱内水的初始温度、结束温度、贮热水箱容水量、环境温度等。

3 贮热水箱热损因数应根据下式计算得出：

$$U_{SL} = \frac{\rho_w c_{pw}}{\Delta \tau} \ln \left[\frac{t_i - t_{as(av)}}{t_f - t_{as(av)}} \right]$$

(4.2.10)

式中：U_{SL} —— 贮热水箱热损因数 [W/（m³·K）]；

ρ_w —— 水的密度（kg/m³）；

c_{pw} —— 水的比热容 [J/（kg·℃）]；

$\Delta \tau$ —— 降温时间（s）；

t_i —— 开始时贮热水箱内水温度（℃）；

t_f —— 结束时贮热水箱内水温度（℃）；

$t_{as(av)}$ —— 降温期间平均环境温度（℃）。

4.2.11 供热水温度的测试应符合下列规定：

1 长期测试的时间应符合本标准第 4.2.3 条的规定。

2 短期测试应从上午 8 时开始至次日 8 时结束。

3 应测试并记录系统的供热水温度 t_{ri}，记录时间间隔不得大于 600s，采样时间间隔不得大于 10s。

4 供热水温度应取测试结果的算术平均值 t_r。

4.2.12 室内温度的测试应符合下列规定：

1 长期测试的时间应符合本标准第 4.2.3 条的规定。

2 短期测试应从上午 8 时开始至次日 8 时结束。

3 应测试并记录系统的室内温度 t_{ni}，记录时间间隔不得大于 600s，采样时间间隔不得大于 10s。

4 室内温度应取测试结果的算术平均值 t_n。

4.3 评价方法

4.3.1 太阳能保证率的评价应按下列规定进行：

1 短期测试单日或长期测试期间的太阳能保证率应按下式计算：

$$f = Q_j / Q_z \times 100$$

(4.3.1-1)

式中：f —— 太阳能保证率（%）；

Q_j —— 太阳能集热系统得热量（MJ）；

Q_z —— 系统能耗（MJ）。

2 采用长期测试时，设计使用期内的太阳能保证率应取长期测试期间的太阳能保证率。

3 对于短期测试，设计使用期内的太阳能热利用系统的太阳能保证率应按下式计算：

$$f = \frac{x_1 f_1 + x_2 f_2 + x_3 f_3 + x_4 f_4}{x_1 + x_2 + x_3 + x_4}$$

(4.3.1-2)

式中： f —— 太阳能保证率（%）；

f_1、f_2、f_3、f_4 —— 由本标准第 4.2.3 条第 4 款确定的各太阳辐照量下的单日太阳能保证率（%），根据式

4.3.1-1 计算；

x_1、x_2、x_3、x_4 ——由本标准第 4.2.3 条第 4 款确定的各太阳辐照量在当地气象条件下按供热水、采暖或空调的时期统计得出的天数。没有气象数据时，对于全年使用的太阳能热水系统，x_1、x_2、x_3、x_4 可按本标准附录 C 取值。

4.3.2 集热系统效率的评价应按下列规定进行：

1 短期测试单日或长期测试期间集热系统的效率应按本标准第 4.2.5 条的规定确定。

2 采用长期测试时，设计使用期内的集热系统效率应取长期测试期间的集热系统效率。

3 对于短期测试，设计使用期内的集热系统效率应按下式计算：

$$\eta = \frac{x_1\eta_1 + x_2\eta_2 + x_3\eta_3 + x_4\eta_4}{x_1 + x_2 + x_3 + x_4} \quad (4.3.2\text{-}1)$$

式中： η ——集热系统效率（%）；

η_1、η_2、η_3、η_4 ——由本标准第 4.2.3 条第 4 款确定的各太阳辐照量下的单日集热系统效率（%），根据第 4.2.5 条得出；

x_1、x_2、x_3、x_4 ——由本标准第 4.2.3 条第 4 款确定的各太阳辐照量在当地气象条件下按供热水、采暖或空调的时期统计得出的天数。没有气象数据时，对于全年使用的太阳能热水系统，x_1、x_2、x_3、x_4 可按本标准附录 C 取值。

4.3.3 贮热水箱热损因数、供热水温度和室内温度应分别按本标准第 4.2.10、4.2.11、4.2.12 条规定的测试结果进行评价。

4.3.4 太阳能制冷性能系数的 COP_r 应根据下式计算得出：

$$COP_r = \eta \times (Q_l / Q_r) \quad (4.3.4)$$

式中： COP_r ——太阳能制冷性能系数；

η ——太阳能热利用系统的集热系统效率；

Q_l ——制冷机组制冷量（kW），按本标准第 4.2.8 条测试得出；

Q_r ——制冷机组耗热量（kW），按本标准第 4.2.9 条测试得出。

4.3.5 常规能源替代量的评价应按下列规定进行：

1 对于长期测试，全年的太阳能集热系统得热量 Q_{nj} 应选取本标准第 4.2.7 确定的 Q_j 值。

2 对于短期测试，Q_{nj} 应按下式计算：

$$Q_{nj} = x_1Q_{j1} + x_2Q_{j2} + x_3Q_{j3} + x_4Q_{j4}$$
$$(4.3.5\text{-}1)$$

式中： Q_{nj} ——全年太阳能集热系统得热量（MJ）；

Q_{j1}、Q_{j2}、Q_{j3}、Q_{j4} ——由本标准第 4.2.3 条第 4 款确定的各太阳辐照量下的单日集热系统得热量（MJ），根据本标准第 4.2.7 条得出；

x_1、x_2、x_3、x_4 ——由本标准第 4.2.3 条第 4 款确定的各太阳辐照量在当地气象条件下按供热水、采暖或空调的时期统计得出的天数。没有气象数据时，对于全年使用的太阳能热水系统，x_1、x_2、x_3、x_4 可按本标准附录 C 取值。

3 太阳能热利用系统的常规能源替代量 Q_{tr} 应按下式计算：

$$Q_{tr} = \frac{Q_{nj}}{q\eta_t} \quad (4.3.5\text{-}2)$$

式中： Q_{tr} ——太阳能热利用系统的常规能源替代量（kgce）；

Q_{nj} ——全年太阳能集热系统得热量（MJ）；

q ——标准煤热值（MJ/kgce），本标准取 $q = 29.307$ MJ/kgce；

η_t ——以传统能源为热源时的运行效率，按项目立项文件选取，当无文件明确规定时，根据项目适用的常规能源，应按本标准表 4.3.5 确定。

表 4.3.5 以传统能源为热源时的运行效率 η_t

常规能源类型	热水系统	采暖系统	热力制冷空调系统
电	0.31注	—	—
煤	—	0.70	0.70
天然气	0.84	0.80	0.80

注：综合考虑火电系统的煤的发电效率和电热水器的加热效率。

4.3.6 太阳能热利用系统的费效比 CBR_r 应按下式计算得出：

$$CBR_r = \frac{3.6 \times C_{zr}}{Q_{tr} \times q \times N} \quad (4.3.6)$$

式中： CBR_r ——太阳能热利用系统的费效比（元/kWh）；

C_{zr} ——太阳能热利用系统的增量成本（元），增量成本依据项目单位提供的项目决算书进行核算，项目决算书中应对可再生能源的增量成本有明确的计算和说明；

Q_{tr} ——太阳能热利用系统的常规能源替代量（kgce）；

q ——标准煤热值[MJ/（kg 标准煤）]，本标准取 $q = 29.307$ MJ/kgce；

N ——系统寿命期，根据项目立项文件等

资料确定，当无明确规定，N 取
15 年。

4.3.7 静态投资回收期的评价应按下列规定进行：

1 太阳能热利用系统的年节约费用 C_{sr} 应按下式计算：

$$C_{sr} = P \times \frac{Q_{tr} \times q}{3.6} - M_r \qquad (4.3.7\text{-}1)$$

式中：C_{sr} ——太阳能热利用系统的年节约费用（元）；

Q_{tr} ——太阳能热利用系统的常规能源替代量（kgce）；

q ——标准煤热值[MJ/(kg 标准煤)]，本标准取 $q = 29.307$ MJ/kgce；

P ——常规能源的价格（元/kWh），常规能源的价格 P 应根据项目立项文件所对比的常规能源类型进行比较，当无明确规定时，由测评单位和项目建设单位根据当地实际用能状况确定常规能源类型选取；

M_r ——太阳能热利用系统每年运行维护增加的费用（元），由建设单位委托有关部门测算得出。

2 太阳能热利用系统的静态投资回收年限 N 应按下式计算：

$$N_h = \frac{C_{zr}}{C_{sr}} \qquad (4.3.7\text{-}2)$$

式中：N_h ——太阳能热利用系统的静态投资回收年限；

C_{zr} ——太阳能热利用系统的增量成本（元），增量成本依据项目单位提供的项目决算书进行核算，项目决算书中应对可再生能源的增量成本有明确的计算和说明；

C_{sr} ——太阳能热利用系统的年节约费用（元）。

4.3.8 太阳能热利用系统的二氧化碳减排量 Q_{rco_2} 应按下式计算：

$$Q_{rco_2} = Q_{tr} \times V_{co_2} \qquad (4.3.8)$$

式中：Q_{rco_2} ——太阳能热利用系统的二氧化碳减排量（kg）；

Q_{tr} ——太阳能热利用系统的常规能源替代量（kgce）；

V_{co_2} ——标准煤的二氧化碳排放因子（kg/kgce），本标准取 $V_{co_2} = 2.47$ kg/kgce。

4.3.9 太阳能热利用系统的二氧化硫减排量 Q_{rso_2} 应按下式计算：

$$Q_{rso_2} = Q_{tr} \times V_{so_2} \qquad (4.3.9)$$

式中：Q_{rso_2} ——太阳能热利用系统的二氧化硫减排量

（kg）；

Q_{tr} ——太阳能热利用系统的常规能源替代量（kgce）；

V_{so_2} ——标准煤的二氧化硫排放因子（kg/kg 标准煤），本标准取 $V_{so_2} = 0.02$ kg/kgce。

4.3.10 太阳能热利用系统的粉尘减排量 Q_{rfc} 应按下式计算：

$$Q_{rfc} = Q_{tr} \times V_{fc} \qquad (4.3.10)$$

式中：Q_{rfc} ——太阳能热利用系统的粉尘减排量（kg）；

Q_{tr} ——太阳能热利用系统的常规能源替代量（kgce）；

V_{fc} ——标准煤的粉尘排放因子（kg/kgce），本标准取 $V_{fc} = 0.01$ kg/kgce。

4.4 判定和分级

4.4.1 太阳能热利用系统的单项评价指标应全部符合本标准第 4.1.1 条规定，方可判定为性能合格；有 1 个单项评价指标不符合规定，则判定为性能不合格。

4.4.2 太阳能热利用系统应采用太阳能保证率和集热系统效率进行性能分级评价。若系统太阳能保证率和集热系统效率的设计值不小于本标准表 4.1.1-1、表 4.1.1-2 的规定，且太阳能热利用系统性能判定为合格后，可进行性能分级评价。

4.4.3 太阳能热利用系统的太阳能保证率应分为 3 级，1 级最高。太阳能保证率应按表 4.4.3-1～表 4.4.3-3 的规定进行划分。

表 4.4.3-1 不同地区太阳能热水系统的太阳能保证率 f（%）级别划分

太阳能资源区划	1 级	2 级	3 级
资源极富区	$f \geqslant 80$	$80 > f \geqslant 70$	$70 > f \geqslant 60$
资源丰富区	$f \geqslant 70$	$70 > f \geqslant 60$	$60 > f \geqslant 50$
资源较富区	$f \geqslant 60$	$60 > f \geqslant 50$	$50 > f \geqslant 40$
资源一般区	$f \geqslant 50$	$50 > f \geqslant 40$	$40 > f \geqslant 30$

注：太阳能资源区划应按年日照时数和水平面上年太阳辐照量进行划分，划分应符合本标准附录 B 的规定。

表 4.4.3-2 不同地区太阳能采暖系统的太阳能保证率 f（%）级别划分

太阳能资源区划	1 级	2 级	3 级
资源极富区	$f \geqslant 70$	$70 > f \geqslant 60$	$60 > f \geqslant 50$
资源丰富区	$f \geqslant 60$	$60 > f \geqslant 50$	$50 > f \geqslant 40$
资源较富区	$f \geqslant 50$	$50 > f \geqslant 40$	$40 > f \geqslant 30$
资源一般区	$f \geqslant 40$	$40 > f \geqslant 30$	$30 > f \geqslant 20$

注：太阳能资源区划应按年日照时数和水平面上年太阳辐照量进行划分，划分应符合本标准附录 B 的规定。

表 4.4.3-3　不同地区太阳能空调系统的太阳能保证率 f（%）级别划分

太阳能资源区划	1级	2级	3级
资源极富区	$f \geqslant 60$	$60 > f \geqslant 50$	$50 > f \geqslant 40$
资源丰富区	$f \geqslant 50$	$50 > f \geqslant 40$	$40 > f \geqslant 30$
资源较富区	$f \geqslant 40$	$40 > f \geqslant 30$	$30 > f \geqslant 20$
资源一般区	$f \geqslant 30$	$30 > f \geqslant 20$	$20 > f \geqslant 10$

注：太阳能资源区划应按年日照时数和水平面上年太阳辐照量进行划分，划分应符合本标准附录 B 的规定。

4.4.4 太阳能热利用系统的集热系统效率应分为 3 级，1 级最高。太阳能集热系统效率的级别应按表 4.4.4 划分。

表 4.4.4　太阳能热利用系统的集热效率 η（%）的级别划分

级别	太阳能热水系统	太阳能采暖系统	太阳能空调系统
1级	$\eta \geqslant 65$	$\eta \geqslant 60$	$\eta \geqslant 55$
2级	$65 > \eta \geqslant 50$	$60 > \eta \geqslant 45$	$55 > \eta \geqslant 40$
3级	$50 > \eta \geqslant 42$	$45 > \eta \geqslant 35$	$40 > \eta \geqslant 30$

4.4.5 太阳能热利用系统的性能分级评价应符合下列规定：

　　1　太阳能保证率和集热系统效率级别相同时，性能级别应与此级别相同；

　　2　太阳能保证率和集热系统效率级别不同时，性能级别应与其中较低级别相同。

5　太阳能光伏系统

5.1　评价指标

5.1.1　太阳能光伏系统的评价指标及其要求应符合下列规定：

　　1　太阳能光伏系统的光电转换效率应符合设计文件的规定，当设计文件无明确规定时应符合表 5.1.1 的规定。

表 5.1.1　不同类型太阳能光伏系统的光电转换效率 η_d（%）

晶体硅电池	薄膜电池
$\eta_d \geqslant 8$	$\eta_d \geqslant 4$

　　2　太阳能光伏系统的费效比应符合项目立项可行性报告等相关文件的要求。当无文件明确规定时，应小于项目所在地当年商业用电价格的 3 倍。

　　3　太阳能光伏系统的年发电量、常规能源替代量、二氧化碳减排量、二氧化硫减排量及粉尘减排量应符合项目立项可行性报告等相关文件的规定，当无文件明确规定时，应在测试评价报告中给出。

5.2　测试方法

5.2.1　太阳能光伏系统应测试系统的光电转换效率。

5.2.2　当太阳能光伏系统的太阳能电池组件类型、系统与公共电网的关系相同，且系统装机容量偏差在 10% 以内时，应视为同一类型太阳能光伏系统。同一类型太阳能光伏系统被测试数量应为该类型系统总数量的 5%，且不得少于 1 套。

5.2.3　太阳能光伏系统的测试条件应符合下列规定：

　　1　在测试前，应确保系统在正常负载条件下连续运行 3d，测试期内的负载变化规律应与设计文件一致。

　　2　长期测试的周期不应少于 120d，且应连续完成，长期测试开始的时间应在每年春分（或秋分）前至少 60d 开始，结束时间应在每年春分（或秋分）后至少 60d 结束。

　　3　短期测试需重复进行 3 次，每次短期测试时间应为当地太阳正午时前 1h 到太阳正午时后 1h，共计 2h。

　　4　短期测试期间，室外环境平均温度 t_a 的允许范围应为年平均环境温度 $\pm 10℃$。

　　5　短期测试期间，环境空气的平均流动速率不应大于 4m/s。

　　6　短期测试期间，太阳总辐照度不应小于 $700W/m^2$，太阳总辐照度的不稳定度不应大于 $\pm 50W$。

5.2.4　测试太阳能光伏系统的设备仪器应符合下列规定：

　　1　总太阳辐照量、长度、周围空气的速率、模拟或数字记录的仪器设备应符合本标准第 4.2.4 条的规定。

　　2　测量电功率所用的电功率表的测量误差不应大于 5%。

5.2.5　光电转换效率的测试应符合下列规定：

　　1　应测试系统每日的发电量、光伏电池表面上的总太阳辐照量、光伏电池板的面积、光伏电池背板表面温度、环境温度和风速等参数，采样时间间隔不得大于 10s。

　　2　对于独立太阳能光伏系统，电功率表应接在蓄电池组的输入端，对于并网太阳能光伏系统，电功率表应接在逆变器的输出端。

　　3　测试开始前，应切断所有外接辅助电源，安装调试好太阳辐射表、电功率表/温度自记仪和风速计，并测量太阳能电池方阵面积。

　　4　测试期间数据记录时间间隔不应大于 600s，

采样时间间隔不应大于 10s。

5 太阳能光伏系统光电转换效率应按下式计算：

$$\eta_d = \frac{3.6 \times \sum_{i=1}^{n} E_i}{\sum_{i=1}^{n} H_i A_{ci}} \times 100 \qquad (5.2.5)$$

式中：η_d ——太阳能光伏系统光电转换效率（%）；

n ——不同朝向和倾角采光平面上的太阳能电池方阵个数；

H_i ——第 i 个朝向和倾角采光平面上单位面积的太阳辐射量（MJ/m^2）；

A_{ci} ——第 i 个朝向和倾角平面上的太阳能电池采光面积（m^2），在测量太阳能光伏系统电池面积时，应扣除电池的间隙距离，将电池的有效面积逐个累加，得到总有效采光面积；

E_i ——第 i 个朝向和倾角采光平面上的太阳能光伏系统的发电量（kWh）。

5.3 评价方法

5.3.1 太阳能光伏系统的光电转换效率应按本标准第 5.2.5 条的测试结果进行评价。

5.3.2 年发电量的评价应符合下列规定：

1 长期测试的年发电量应按下式计算：

$$E_n = \frac{365 \cdot \sum_{i=1}^{n} E_{di}}{N} \qquad (5.3.2-1)$$

式中：E_n ——太阳能光伏系统年发电量（kWh）；

E_{di} ——长期测试期间第 i 日的发电量（kWh）；

N ——长期测试持续的天数。

2 短期测试的年发电量应按下式计算：

$$E_n = \frac{3.6 \times \eta_d \cdot \sum_{i=1}^{n} H_{ai} \cdot A_{ci}}{100} \qquad (5.3.2-2)$$

式中：E_n ——太阳能光伏系统年发电量（kWh）；

η_d ——太阳能光伏系统光电转换效率（%）；

n ——不同朝向和倾角采光平面上的太阳能电池方阵个数；

H_{ai} ——第 i 个朝向和倾角采光平面上全年单位面积的总太阳辐射量（MJ/m^2），可按本标准附录 D 的方法计算；

A_{ci} ——第 i 个朝向和倾角采光平面上的太阳能电池面积（m^2）。

5.3.3 太阳能光伏系统的常规能源替代量 Q_{td} 应按下式计算：

$$Q_{td} = D \cdot E_n \qquad (5.3.3)$$

式中：Q_{td} ——太阳能光伏系统的常规能源替代量（kgce）；

D ——每度电折合所耗标准煤量（kgce/kWh），根据国家统计局最近 2 年内公布的火力发电标准耗煤水平确定，并在折标煤量结果中注明该折标系数的公布时间及折标量；

E_n ——太阳能光伏系统年发电量（kWh）。

5.3.4 太阳能光伏系统的费效比 CBR_d 应按下式计算：

$$CBR_d = C_{zd} / (N \times E_n) \qquad (5.3.4)$$

式中：CBR_d ——太阳能光伏系统系统的费效比（元/kWh）；

C_{zd} ——太阳能光伏系统的增量成本（元），增量成本依据项目单位提供的项目决算书进行核算，项目决算书中应对可再生能源的增量成本有明确的计算和说明；

N ——系统寿命期，根据项目立项文件等资料确定，当无文件明确规定，N 取 20 年；

E_n ——太阳能光伏系统年发电量（kWh）。

5.3.5 太阳能光伏系统的二氧化碳减排量 Q_{dco_2} 应按下式计算：

$$Q_{dco_2} = Q_{td} \times V_{co_2} \qquad (5.3.5)$$

式中：Q_{dco_2} ——太阳能光伏系统的二氧化碳减排量（kg）；

Q_{td} ——太阳能光伏系统的常规能源替代量（kg 标准煤）；

V_{co_2} ——标准煤的二氧化碳排放因子（kg/kgce），本标准取 $V_{co_2} = 2.47$kg/kgce。

5.3.6 太阳能光伏系统的二氧化硫减排量 Q_{dso_2} 应按下式计算：

$$Q_{dso_2} = Q_{td} \times V_{so_2} \qquad (5.3.6)$$

式中：Q_{dso_2} ——太阳能光伏系统的二氧化硫减排量（kg）；

Q_{td} ——太阳能光伏系统的常规能源替代量（kgce）；

V_{so_2} ——标准煤的二氧化硫排放因子（kg/kgce），本标准取 $V_{so_2} = 0.02$kg/kgce。

5.3.7 太阳能光伏系统的粉尘减排量 Q_{dfc} 应按下式计算：

$$Q_{dfc} = Q_{td} \times V_{fc} \qquad (5.3.7)$$

式中：Q_{dfc} ——太阳能光伏系统的粉尘减排量（kg）；

Q_{td} ——太阳能光伏系统的常规能源替代量（kgce）；

V_{fc}——标准煤的粉尘排放因子（kg/kgce），本标准取 $V_{fc} = 0.01\text{kg/kgce}$。

5.4 判定和分级

5.4.1 太阳能光伏系统的单项评价指标应全部符合本标准第 5.1.1 条规定，方可判定为性能合格；有 1 个单项评价指标不符合规定，则判定为性能不合格。

5.4.2 太阳能光伏系统应采用光电转换效率和费效比进行性能分级评价。若系统光电转换效率和费效比的设计值不小于本标准第 5.1.1 条的规定，且太阳能光伏系统性能判定为合格后，可进行性能分级评价。

5.4.3 太阳能光伏系统的光电转换效率应分 3 级，1 级最高，光电转换效率的级别应按表 5.4.3 的规定划分。

表 5.4.3 不同类型太阳能光伏系统的光电转换效率 η_d（%）级别划分

系统类型	1级	2级	3级
晶硅电池	$\eta_d \geqslant 12$	$12 > \eta_d \geqslant 10$	$10 > \eta_d \geqslant 8$
薄膜电池	$\eta_d \geqslant 8$	$8 > \eta_d \geqslant 6$	$6 > \eta_d \geqslant 4$

5.4.4 太阳能光伏系统的费效比应分 3 级，1 级最高，费效比的级别 CBR_d 应按表 5.4.4 的规定划分。

表 5.4.4 太阳能光伏系统的费效比 CBR_d 的级别划分

1级	2级	3级
$CBR_d \leqslant 1.5 \times P_t$	$1.5 \times P_t < CBR_d \leqslant 2.0 \times P_t$	$2.0 \times P_t < CBR_d \leqslant 3.0 \times P_t$

注：P_t 为项目所在地当年商业用电价格（元/kWh）。

5.4.5 太阳能光伏系统的性能分级评价应符合下列规定：

1 太阳能光电转换效率和费效比级别相同时，性能级别应与此级别相同；

2 太阳能光电转换效率和费效比级别不同时，性能级别应与其中较低级别相同。

6 地源热泵系统

6.1 评价指标

6.1.1 地源热泵系统的评价指标及其要求应符合下列规定：

1 地源热泵系统制冷能效比、制热性能系数应符合设计文件的规定，当设计文件无明确规定时应符合表 6.1.1 的规定。

表 6.1.1 地源热泵系统制冷能效比、制热性能系数限值

	系统制冷能效比 EER_{sys}	系统制热性能系数 COP_{sys}
限值	$\geqslant 3.0$	$\geqslant 2.6$

2 热泵机组的实测制冷能效比、制热性能系数应符合设计文件的规定，当设计文件无明确规定时应在评价报告中应给出。

3 室内温湿度应符合设计文件的规定，当设计文件无明确规定时应符合国家现行相关标准的规定。

4 地源热泵系统常规能源替代量、二氧化碳减排量、二氧化硫减排量、粉尘减排量应符合项目立项可行性报告等相关文件的要求，当无文件明确规定时，应在评价报告中给出。

5 地源热泵系统的静态投资回收期应符合项目立项可行性报告等相关文件的要求。当无文件明确规定时，地源热泵系统的静态回收期不应大于 10 年。

6.2 测试方法

6.2.1 地源热泵系统测试应包括下列内容：

1 室内温湿度；

2 热泵机组制热性能系数（COP）、制冷能效比（EER）；

3 热泵系统制热性能系数（COP_{sys}）、制冷能效比（EER_{sys}）。

6.2.2 当地源热泵系统的热源形式相同且系统装机容量偏差在 10% 以内时，应视为同一类型地源热泵系统。同一类型地源热泵系统测试数量应为该类型系统总数量的 5%，且不得少于 1 套。

6.2.3 地源热泵系统的测试分为长期测试和短期测试，测试应符合下列规定：

1 长期测试应符合下列规定：

1）对于已安装测试系统的地源热泵系统，其系统性能测试宜采用长期测试；

2）对于采暖和空调工况，应分别进行测试，长期测试的周期与采暖季或空调季应同步；

3）长期测试前应对测试系统主要传感器的准确度进行校核和确认。

2 短期测试应符合下列规定：

1）对于未安装测试系统的地源热泵系统，其系统性能测试宜采用短期测试；

2）短期测试应在系统开始供冷（供热）15d 以后进行测试，测试时间不应小于 4d；

3）系统性能测试宜在系统负荷率达到 60% 以

上进行；

4) 热泵机组的性能测试宜在机组的负荷达到机组额定值的80%以上进行；

5) 室内温湿度的测试应在建筑物达到热稳定后进行，测试期间的室外温度测试应与室内温湿度的测试同时进行；

6) 短期测试应以24h为周期，每个测试周期具体测试时间应根据热泵系统运行时间确定，但每个测试周期测试时间不宜低于8h。

6.2.4 测试地源热泵系统的设备仪器应符合下列规定：

1 地源热泵系统的流量、质量、模拟或数字记录的仪器设备应符合本标准第4.2.4条的规定。

2 热泵机组及辅助设备的电功率测试所用仪表及精度符合本标准第5.2.4条的规定。

6.2.5 室内温湿度测试应符合下列规定：

1 长期测试的时间应符合本标准第6.2.3条的规定。

2 室内温湿度应选取典型区域进行测试，抽样测试的面积不低于空调区域的10%。

3 应测试并记录系统的室内温度 t_{ni}，记录时间间隔不得大于600s。

4 室内温湿度应取测试结果的算术平均值。

6.2.6 热泵机组制冷能效比、制热性能系数测试应按下列规定进行：

1 测试宜在热泵机组运行工况稳定后1h进行，测试时间不得低于2h。

2 应测试系统的热源侧流量、机组用户侧流量、机组热源侧进出口水温、机组用户侧进出口水温和机组输入功率等参数。

3 机组的各项参数记录应同步进行，记录时间间隔不得大于600s。

4 热泵机组制冷能效比、制热性能系数应按下列公式计算：

$$EER = \frac{Q}{N_i} \tag{6.2.6-1}$$

$$COP = \frac{Q}{N_i} \tag{6.2.6-2}$$

$$Q = \frac{V \rho c \Delta t_w}{3600} \tag{6.2.6-3}$$

式中：EER——热泵机组的制冷能效比；

COP——热泵机组的制热性能系数；

Q——测试期间机组的平均制冷（热）量（kW）；

N_i——测试期间机组的平均输入功率（kW）。

V——热泵机组用户侧平均流量（m³/h）；

Δt_w——热泵机组用户侧进出口介质平均温差（℃）；

ρ——冷（热）介质平均密度（kg/m³）；

c——冷（热）介质平均定压比热[kJ/(kg·℃)]。

6.2.7 系统能效比的测试应符合下列规定：

1 长期测试的时间应符合本标准第6.2.3条的规定。

2 应测试系统的热源侧流量、系统用户侧流量、系统热源侧进出口水温、系统用户侧进出口水温、机组消耗的电量、水泵消耗的电量等参数。

3 热泵系统制冷能效比和制热性能系数应根据测试结果按下列公式计算：

$$EER_{sys} = \frac{Q_S}{\sum N_i + \sum N_j} \tag{6.2.7-1}$$

$$COP_{sys} = \frac{Q_{SH}}{\sum N_i + \sum N_j} \tag{6.2.7-2}$$

$$Q_{SC} = \sum_{i=1}^{n} q_{ci} \Delta T_i \tag{6.2.7-3}$$

$$Q_{SH} = \sum_{i=1}^{n} q_{hi} \Delta T_i \tag{6.2.7-4}$$

$$q_{c(h)i} = V_i \rho_i c_i \Delta t_i / 3600 \tag{6.2.7-5}$$

式中：EER_{sys}——热泵系统的制冷能效比；

COP_{sys}——热泵系统的制热性能系数；

Q_{SC}——系统测试期间的累计制冷量（kWh）；

Q_{SH}——系统测试期间的累计制热量（kWh）；

$\sum N_i$——系统测试期间，所有热泵机组累计消耗电量（kWh）；

$\sum N_j$——系统测试期间，所有水泵累计消耗电量（kWh）；

$q_{c(h)i}$——热泵系统的第 i 时段制冷（热）量（kW）；

V_i——系统第 i 时段用户侧的平均流量（m³/h）；

Δt_i——热泵系统第 i 时段用户侧进出口介质的温差（℃）；

ρ_i——第 i 时段冷媒介质平均密度（kg/m³）；

c_i——第 i 时段冷媒介质平均定压比热[(kJ/kg·℃)]；

ΔT_i——第 i 时段持续时间（h）；

n——热泵系统测试期间采集数据组数。

6.3 评 价 方 法

6.3.1 常规能源替代量应按下列规定进行评价：

1 地源热泵系统的常规能源替代量 Q_r 应按下式

计算：

$$Q_s = Q_t - Q_r \qquad (6.3.1-1)$$

式中：Q_s——常规能源替代量（kgce）；

Q_t——传统系统的总能耗（kgce）；

Q_r——地源热泵系统的总能耗（kgce）。

2 对于采暖系统，传统系统的总能耗 Q_t 应按下式计算：

$$Q_t = \frac{Q_H}{\eta_t q} \qquad (6.3.1-2)$$

式中：Q_t——传统系统的总能耗（kgce）；

q——标准煤热值（MJ/kgce），本标准取 $q=$ 29.307 MJ/kgce；

Q_H——长期测试时为系统记录的总制热量，短期测试时，根据测试期间系统的实测制热量和室外气象参数，采用度日法计算供暖季累计热负荷（MJ）；

η_t——以传统能源为热源时的运行效率，按项目立项文件选取，当无文件规定时，根据项目适用的常规能源，其效率应按本标准表 4.3.5 确定。

3 对于空调系统，传统系统的总能耗 Q_t 应按下式计算：

$$Q_t = \frac{DQ_C}{3.6EER_t} \qquad (6.3.1-3)$$

式中：Q_t——传统系统的总能耗（kgce）；

Q_C——长期测试时为系统记录的总制冷量，短期测试时，根据测试期间系统的实测制冷量和室外气象参数，采用温频法计算供冷季累计冷负荷（MJ）；

D——每度电折合所耗标准煤量（kgce/kWh）；

EER_t——传统制冷空调方式的系统能效比，按项目立项文件确定，当无文件明确规定时，以常规水冷冷水机组作为比较对象，其系统能效比按表 6.3.1 确定。

表 6.3.1 常规制冷空调系统能效比 *EER*

机组容量（kW）	系统能效比 *EER*
<528	2.3
528～1163	2.6
>1163	2.8

4 整个供暖季（制冷季）地源热泵系统的年耗能量应根据实测的系统能效比和建筑全年累计冷热负荷按下列公式计算：

$$Q_{rc} = \frac{DQ_C}{3.6EER_{sys}} \qquad (6.3.1-4)$$

$$Q_{rh} = \frac{DQ_H}{3.6COP_{sys}} \qquad (6.3.1-5)$$

式中：Q_{rc}——地源热泵系统年制冷总能耗（kgce）；

Q_{rh}——地源热泵系统年制热总能耗（kgce）；

D——每度电折合所耗标准煤量（kgce/kWh）；

Q_H——建筑全年累计热负荷（MJ）；

Q_C——建筑全年累计冷负荷（MJ）；

EER_{sys}——热泵系统的制冷能效比；

COP_{sys}——热泵系统的制热性能系数。

5 当地源热泵系统既用于冬季供暖又用于夏季制冷时，常规能源替代量应为冬季和夏季替代量之和。

6.3.2 环境效益应按下列规定进行评价：

1 地源热泵系统的二氧化碳减排量 Q_{co_2} 应按下式计算：

$$Q_{co_2} = Q_s \times V_{co_2} \qquad (6.3.2-1)$$

式中：Q_{co_2}——二氧化碳减排量（kg/年）；

Q_s——常规能源替代量（kgce）；

V_{co_2}——标准煤的二氧化碳排放因子，本标准取 $V_{co_2} = 2.47$。

2 地源热泵系统的二氧化硫减排量 Q_{so_2} 应按下式计算：

$$Q_{so_2} = Q_s \times V_{so_2} \qquad (6.3.2-2)$$

式中：Q_{so_2}——二氧化硫减排量（kg/年）；

Q_s——常规能源替代量（kgce）；

V_{so_2}——标准煤的二氧化硫排放因子，本标准取 $V_{so_2} = 0.02$。

3 地源热泵系统的粉尘减排量 Q_{fc} 应按下式计算：

$$Q_{fc} = Q_s \times V_{fc} \qquad (6.3.2-3)$$

式中：Q_{fc}——粉尘减排量（kg/年）；

Q_s——常规能源替代量（kgce）；

V_{fc}——标准煤的粉尘排放因子，本标准取 $V_{fc} = 0.01$。

6.3.3 经济效益应按下列规定进行评价：

1 地源热泵系统的年节约费用 C_s 应按下式计算：

$$C_s = P \times \frac{Q_s \times q}{3.6} - M \qquad (6.3.3-1)$$

式中：C_s——地源热泵系统的年节约费用（元/年）；

Q_s——常规能源替代量（kgce）；

q——标准煤热值（MJ/kgce），本标准取 $q=$ 29.307 MJ/kgce；

P——常规能源的价格（元/kWh）；

M——每年运行维护增加费用（元），由建设单位委托运行维护部门测算得出。

2 常规能源的价格 P 应根据项目立项文件所对比的常规能源类型进行比较，当无文件明确规定时，由测评单位和项目建设单位根据当地实际用能状况确定常规能源类型，应按下列规定选取：

1）常规能源为电时，对于热水系统 P 为当地家庭用电价格，采暖和空调系统不应考虑常规能源为电的情况；

2）常规能源为天然气或煤时，P 应按下式计算：

$$P = P_r / R \qquad (6.3.3-2)$$

式中：P——常规能源的价格（元/kWh）；

P_r——当地天然气或煤的价格（元/Nm³ 或元/kg）；

R——天然气或煤的热值，天然气的 R 值取 11kWh/Nm³，煤的 R 值取 8.14kWh/kg。

3 地源热泵系统增量成本静态投资回收年限 N 应按下式计算：

$$N = C/C_s \qquad (6.3.3-3)$$

式中：N——地源热泵系统的静态投资回收年限；

C——地源热泵系统的增量成本（元），增量成本依据项目单位提供的项目决算书进行核算，项目决算书中应对可再生能源的增量成本有明确的计算和说明；

C_s——地源热泵系统的年节约费用（元）。

6.4 判定和分级

6.4.1 地源热泵系统的单项评价指标应全部符合本标准第 6.1.1 条规定，方可判定为性能合格，有 1 个单项评价指标不符合规定，则判定为性能不合格。

6.4.2 地源热泵系统应采用系统制冷能效比、制热性能系数进行性能级别评价。若系统制冷能效比、制热性能系数的设计值不小于本标准第 6.1.1 条的规定，且地源热泵系统性能判定为合格后，可进行性能级别评定。

6.4.3 地源热泵系统性能共分 3 级，1 级最高，级别应按表 6.4.3 进行划分。

表 6.4.3 地源热泵系统性能级别划分

工 况	1级	2级	3级
制热性能系数	$COP_{sys} \geq 3.5$	$3.5 > COP_{sys} \geq 3.0$	$3.0 > COP_{sys} \geq 2.6$
制冷能效比	$EER_{sys} \geq 3.9$	$3.9 > EER_{sys} \geq 3.4$	$3.4 > EER_{sys} \geq 3.0$

6.4.4 地源热泵系统性能分级评价应符合下列规定：

1 当地源热泵系统仅单季使用，即只用于供热（或只用于制冷）时，其性能级别评判应依据本标准表 6.4.3 中对应季节性能值进行分级。

2 当地源热泵系统双季使用时，应分别依据本标准表 6.4.3 中对应季节性能分别进行分级，当两个季节级别相同时，性能级别应与此级别相同；当两个季节级别不同时，性能级别应与其中较低级别相同。

附录 A 评价报告格式

A.0.1 可再生能源建筑应用工程评价报告内容应按本标准第 A.0.3 条的规定编制。

A.0.2 当可再生能源建筑应用工程评价仅有一种或两种系统时，本标准第 A.0.3 条中仅保留与被评价系统相对应的评价内容。

A.0.3 可再生能源建筑应用工程评价报告内容及格式如下所示：

可再生能源建筑应用工程
评价报告
Evaluation Report

№：

项目名称：＿＿＿＿＿＿＿＿＿＿＿

委托单位：＿＿＿＿＿＿＿＿＿＿＿

检验类别：＿＿＿＿＿＿＿＿＿＿＿

测试评价机构
年 月 日

测试评价机构地址： 邮政编码：

测试评价机构
评价报告

报告编号 <span></span> 第 页 共 页

委托单位			
地址		电话	
工程名称			
工程地址		测评日期	
测评项目			
测评依据			
测试仪表			

形式检查结果			
序号		项目	结论
资料检查	1	项目立项、审批文件	
	2	项目施工设计文件审查报告及其意见	
	3	竣工验收图纸	
	4	项目关键设备检测报告	
	5	隐蔽工程验收记录和资料	
	6	分项工程质量验收记录	
	7①	太阳能建筑应用对相关建筑日照、承重和安全的影响分析资料	
	8②	地源热泵系统对水文、地质、生态、相关物理化学指标的影响分析资料	
	9	关键部件质检合格证书和相应的检测报告	
	10	单机试运转记录、系统调试记录	
实施量检查	1	实施规模	
	2	系统配置（系统类型、主要设备参数、装机容量、主要部件类型和技术参数、控制系统等）	

注：① 当可再生能源建筑应用工程评价不包括太阳能建筑应用系统时，本条可以删去。
② 当可再生能源建筑应用工程评价不包括地源热泵系统时，本条可以删去。

测试评价机构
评价报告

报告编号 <span></span> 第 页 共 页

评价指标（太阳能热利用系统）		
序号	项目	评价结果
1	太阳能保证率（%）	
2	集热系统效率（%）	
3	贮热水箱热损因数[W/(m³·K)]	
4	供热水温度（℃）	
5	室内温度（℃）	
6	太阳能制冷性能系数	
7	常规能源替代量（kgce）	
8	费效比（元/kWh）	
9	静态投资回收期（年）	
10	二氧化碳减排量（t/年）	
11	二氧化硫减排量（t/年）	
12	粉尘减排量（t/年）	
判定和分级		
1	合格判定	□合格　□不合格
2	分级评价	□1级　□2级　□3级
测试评价机构（盖章）　　　报告日期：　年　月　日		
批准：　　　　审核：　　　　主检：		
说明：此表为检查、测试及判定结果汇总表，在报告正文中要求给出具体的结果，正文至少包括下列几部分内容：1）概况；2）依据；3）形式检查结果；4）测评内容；5）仪器仪表清单；6）测试结果；7）判定结果；8）测评方案。		

测试评价机构
评价报告

评价指标（太阳能光伏系统）		
序号	项　　目	评价结果
1	光电转换效率（％）	
2	费效比（元/kWh）	
3	年发电量（kWh）	
4	常规能源替代量（t/年）	
5	二氧化碳减排量（t/年）	
6	二氧化硫减排量（t/年）	
7	粉尘减排量（t/年）	
判定和分级		
1	合格判定	□合格　□不合格
2	分级评价	□1级　□2级　□3级
测试评价机构（盖章）　　　　　　　　报告日期：　年　月　日		
批准：　　　　　　审核：　　　　　　主检：		
说明：此表为检查、测试及判定结果汇总表，在报告正文中要求给出具体的结果，正文至少包括下列几部分内容：1）概况；2）依据；3）形式检查结果；4）测评内容；5）仪器仪表清单；6）测试结果；7）判定结果；8）测评方案。		

测试评价机构
评价报告

评价指标（地源热泵）		
序号	项　　目	评价结果
1	地源热泵系统制冷能效比、制热性能系数 COP_{sys}/EER_{sys}	
2	热泵机组制热性能系数、制冷能效比 COP/EER	
3	室内温湿度	
4	常规能源替代量（t标煤/年）	
5	二氧化碳减排量（t/年）	
6	二氧化硫减排量（t/年）	
7	粉尘减排量（t/年）	
8	静态投资回收期（年）	
判定和分级		
1	合格判定	□合格　□不合格
2	分级评价	□1级　□2级　□3级
测试评价机构（盖章）　　　　　　　　报告日期：　年　月　日		
批准：　　　　　　审核：　　　　　　主检：		
说明：此表为检查、测试及判定结果汇总表，在报告正文中要求给出具体的结果，正文至少包括下列几部分内容：1）概况；2）依据；3）形式检查结果；4）测评内容；5）仪器仪表清单；6）测试结果；7）判定结果；8）测评方案。		

测试评价机构

评价报告

1	工程概况
2	测试和评价依据
3	形式检查结果
4	测试和评价内容
5	仪器仪表清单
6	测试和评价方案

包括仪器设备安装方案、测试周期、运行方案和计算方法等内容。

7 测试结果

包括第 4.2、5.2、6.2 节中各项目的测试数据结果。

8 评价结果

包括各项指标的评价结果和具体数据，判定和分级的评价过程等。

附录 B 太阳能资源区划

表 B 太阳能资源区划

分区	太阳辐照量 [MJ/(m² · a)]	主 要 地 区	月平均气温 ≥10℃、日照 时数≥6h 的天数
资源极富区 （Ⅰ）	≥6700	新疆南部、甘肃西北一角	275 左右
		新疆南部、西藏北部、青海西部	275～325
		甘肃西部、内蒙古巴彦淖尔盟西部、青海一部分	275～325
		青海南部	250～300
		青海西南部	250～275
		西藏大部分	250～300
		内蒙古乌兰察布盟、巴彦淖尔盟及鄂尔多斯市一部分	＞300
资源丰富区 （Ⅱ）	5400～6700	新疆北部	275 左右
		内蒙古呼伦贝尔盟	225～275
		内蒙古锡林郭勒盟、乌兰察布、河北北部一隅	＞275
		山西北部、河北北部、辽宁部分	250～275
		北京、天津、山东西北部	250～275
		内蒙古鄂尔多斯市大部分	275～300
		陕北及甘肃东部一部分	225～275
		青海东部、甘肃南部、四川西部	200～300
		四川南部、云南北部一部分	200～250
		西藏东部、四川西部和云南北部一部分	＜250
		福建、广东沿海一带	175～200
		海南	225 左右

続表 B

分区	太阳辐照量 [MJ/(m²·a)]	主 要 地 区	月平均气温 ≥10℃、日照 时数≥6h 的天数
资源较富区 （Ⅲ）	4200～5400	山西南部、河南大部分及安徽、山东、江苏部分	200～250
		黑龙江、吉林大部	225～275
		吉林、辽宁、长白山地区	<225
		湖南、安徽、江苏南部、浙江、江西、福建、广东北部、湖南 东部和广西大部	150～200
		湖南西部、广西北部一部分	125～150
		陕西南部	125～175
		湖北、河南西部	150～175
		四川西部	125～175
		云南西南一部分	175～200
		云南东南一部分	175 左右
		贵州西部、云南东南一隅	150～175
		广西西部	150～175
资源一般区 （Ⅳ）	<4200	四川、贵州大部分	<125
		成都平原	<100

附录 C 我国主要城市日太阳辐照量分段统计

表 C 我国主要城市日太阳辐照量分段统计表

序号	城市名称	天数/日平均太阳辐照量				资源区
		x_1/H_1 (MJ/m²)	x_2/H_2 (MJ/m²)	x_3/H_3 (MJ/m²)	x_4/H_4 (MJ/m²)	
1	格尔木	8/6.5	47/10.9	93/13.6	217/24.1	Ⅰ
2	林 芝	8/6.8	35/10.6	104/14.4	218/20.4	Ⅰ
3	拉 萨	1/7.7	13/10.2	70/14.7	281/21.9	Ⅰ
4	阿勒泰	104/4.5	49/10.0	52/14.3	160/22.7	Ⅱ
5	昌 都	18/6.7	48/10.3	109/14.1	190/20.7	Ⅱ
6	大 同	79/6.2	76/9.8	62/14.2	148/21.4	Ⅱ
7	敦 煌	21/6.1	92/10.0	50/14.0	202/23.0	Ⅱ
8	额济纳旗	27/6.6	86/9.7	47/13.8	205/23.9	Ⅱ
9	二连浩特	39/6.3	92/9.9	47/14.4	187/23.6	Ⅱ
10	哈 密	36/6.3	77/9.7	56/13.7	196/23.4	Ⅱ
11	和 田	36/6.0	91/10.2	66/13.7	172/22.2	Ⅱ
12	乌鲁木齐	129/4.4	40/9.8	56/14.2	140/22.7	Ⅱ
13	喀 什	70/5.4	83/9.9	52/13.8	160/22.6	Ⅱ
14	库 车	58/6.8	71/9.8	63/14.0	173/21.3	Ⅱ
15	民 勤	29/5.9	84/10.2	67/13.8	185/22.7	Ⅱ

序号	城市名称	天数/日平均太阳辐照量				资源区
		x_1/H_1 (MJ/m^2)	x_2/H_2 (MJ/m^2)	x_3/H_3 (MJ/m^2)	x_4/H_4 (MJ/m^2)	
16	吐鲁番	88/6.0	64/9.9	55/14.0	158/22.9	II
17	鄂托克旗	22/6.5	106/10.0	68/14.0	169/21.9	II
18	东胜	42/5.2	59/9.9	64/14.1	170/22.7	II
19	琼海	88/5.6	71/10.5	93/14.0	113/19.1	II
20	腾冲	40/5.4	60/10.1	85/14.4	173/20.0	II
21	吐鲁番	88/6.0	64/9.9	55/14.0	158/22.9	II
22	西宁	49/5.6	95/10.0	73/13.9	148/22.7	II
23	伊宁	88/4.7	58/9.8	58/13.9	161/23.0	II
24	承德	72/6.0	89/9.9	66/14.4	138/20.3	II
25	银川	32/5.6	87/10.0	68/13.9	178/23.0	II
26	玉树	8/6.6	94/10.5	96/13.9	167/21.7	II
27	北京	68/5.2	93/9.9	71/14.2	133/20.7	III
28	长春	93/5.4	74/9.8	64/13.9	134/21.7	III
29	邢台	72/5.4	90/9.8	80/14.0	123/19.6	III
30	齐齐哈尔	72/6.3	95/10.0	67/14.0	131/19.0	III
31	福州	131/3.4	48/10.3	71/13.8	115/20.7	III
32	赣州	115/4.0	70/9.9	67/13.8	113/21.0	III
33	哈尔滨	121/5.4	73/9.8	51/13.8	120/21.0	III
34	海口	98/4.0	57/10.1	65/14.0	145/20.5	III
35	蚌埠	110/4.7	74/9.9	82/14.0	99/20.1	III
36	侯马	103/5.0	68/10.1	69/14.3	125/20.9	III
37	济南	89/4.3	91/9.8	63/14.0	122/20.7	III
38	佳木斯	143/5.3	67/9.8	51/13.8	104/21.3	III
39	昆明	63/3.9	48/10.3	92/14.1	162/21.4	III
40	兰州	100/5.4	82/10.1	51/14.0	132/22.4	III
41	蒙自	44/5.1	41/10.2	106/14.4	174/19.4	III
42	漠河	132/4.8	66/10.1	63/13.8	104/21.5	III
43	南昌	128/3.4	65/10.0	59/13.8	113/22.0	III
44	南京	114/4.2	79/10.1	64/14.0	108/20.3	III
45	南宁	119/4.2	57/10.1	81/14.0	108/20.0	III
46	汕头	88/4.9	55/9.9	85/14.1	137/20.4	III
47	上海	98/3.8	92/10.2	55/14.3	120/20.8	III
48	韶关	104/4.7	67/10.2	119/13.9	75/18.5	III
49	沈阳	113/5.3	64/10.1	71/14.1	117/21.4	III
50	太原	64/5.8	101/9.8	61/13.9	139/20.9	III
51	天津	97/5.2	82/10.1	54/13.9	132/21.1	III
52	威宁	106/4.8	86/9.7	94/14.0	79/19.3	III

序号	城市名称	天数/日平均太阳辐照量				资源区
		x_1/H_1 (MJ/m^2)	x_2/H_2 (MJ/m^2)	x_3/H_3 (MJ/m^2)	x_4/H_4 (MJ/m^2)	
53	牡丹江	98/5.5	88/9.8	67/14.1	112/19.9	Ⅲ
54	西 安	141/4.3	67/10.1	49/13.7	108/21.4	Ⅲ
55	龙 口	97/5.9	72/9.7	48/13.9	148/22.3	Ⅲ
56	郑 州	102/4.5	71/9.9	69/14.1	123/21.1	Ⅲ
57	老河口	111/5.6	95/9.8	70/14.0	89/19.6	Ⅲ
58	杭 州	118/3.3	70/10.1	72/13.9	105/21.2	Ⅲ
59	松 潘	55/6.9	163/9.6	70/14.0	77/18.9	Ⅳ
60	长 沙	157/3.5	63/9.8	43/13.8	102/20.9	Ⅳ
61	成 都	195/3.9	64/10.0	52/14.1	54/20.5	Ⅳ
62	广 州	114/4.6	72/10.1	110/13.8	69/19.1	Ⅳ
63	贵 阳	170/3.9	58/10.1	54/14.0	83/20.0	Ⅳ
64	桂 林	144/3.9	50/10.1	79/14.1	92/21.1	Ⅳ
65	合 肥	128/3.4	69/10.0	64/14.0	104/20.5	Ⅳ
66	乐 山	222/5.0	48/9.9	41/14.0	54/20.2	Ⅳ
67	泸 州	187/3.0	50/10.0	50/13.9	78/20.6	Ⅳ
68	绵 阳	168/4.2	81/10.0	51/14.0	65/19.7	Ⅳ
69	南 充	218/4.9	43/9.8	46/14.0	58/20.4	Ⅳ
70	武 汉	121/3.0	77/10.0	60/14.2	107/20.8	Ⅳ
71	重 庆	209/3.2	45/10.0	40/14.1	71/19.2	Ⅳ
72	桐 梓	222/4.8	49/10.0	56/14.1	38/19.6	Ⅳ

注：x_1：全年日太阳辐照 $H_1 < 8MJ/m^2$ 的天数；

x_2：全年日太阳辐照 $8MJ/m^2 \leqslant H_2 < 12MJ/m^2$ 的天数；

x_3：全年日太阳辐照 $12MJ/m^2 \leqslant H_3 < 16MJ/m^2$ 的天数；

x_4：全年日太阳辐照 $H_4 \geqslant 16MJ/m^2$ 的天数；

H_1：全年中当地日太阳辐照量小于 $8MJ/m^2$ 期间的日平均太阳辐照量；

H_2：全年中当地日太阳辐照量小于 $12MJ/m^2$ 且大于等于 $8MJ/m^2$ 期间的日平均太阳辐照量；

H_3：全年中当地日太阳辐照量小于 $16MJ/m^2$ 且大于等于 $12MJ/m^2$ 期间的日平均太阳辐照量；

H_4：全年中当地日太阳辐照量大于等于 $16MJ/m^2$ 期间的日平均太阳辐照量。

附录 D 倾斜表面上太阳辐照度的计算方法

D.0.1 倾斜表面上的太阳总辐照度应按下列公式计算：

$$I_\theta = I_{D·\theta} + I_{d·\theta} + I_{R·\theta} \quad (D.0.1-1)$$

$$I_{D·\theta} = I_n \cos\theta \quad (D.0.1-2)$$

$$\cos\theta = \sin\delta\sin\Phi\cos S - \sin\delta\cos\Phi\sin S\cos\gamma_f$$
$$+ \cos\delta\cos\Phi\cos S\cos\omega + \cos\delta\sin\Phi\sin S\cos\gamma_f\cos\omega$$
$$+ \cos\delta\sin S\sin\gamma_f\sin\omega \quad (D.0.1-3)$$

$$\delta = 23.45\sin[360 \times (284 + n)/365] \quad (D.0.1-4)$$

$$I_{d·\theta} = I_{dH}(1 + \cos S)/2 \quad (D.0.1-5)$$

$$I_{R·\theta} = \rho_G(I_{DH} + I_{dH})(1 - \cos S)/2 \quad (D.0.1-6)$$

$$I_{DH} = I_n\sin a_s \quad (D.0.1-7)$$

$$\sin a_s = \sin\Phi\sin\delta + \cos\Phi\cos\delta\cos\omega \quad (D.0.1-8)$$

$$R_b = \frac{I_{D·\theta}}{I_{DH}} = \frac{\cos\theta}{\sin a_s} \quad (D.0.1-9)$$

式中：I_θ ——倾斜表面上的太阳总辐照度（W/m^2）；

$I_{D·\theta}$ ——倾斜表面上的直射太阳辐照度（W/m^2）；

$I_{d·\theta}$ ——倾斜表面上的散射太阳辐照度（W/m^2）；

$I_{R·\theta}$ ——地面反射的太阳辐照度（W/m^2）；

I_n —— 垂直于太阳光线表面上的太阳直射辐照

度（W/m²）；

θ——太阳直射辐射的入射角，太阳入射光线与接收表面法线之间的夹角（°）；

δ——赤纬角（°）；

Φ——当地地理纬度（°）；

S——表面倾角，指表面与水平面之间的夹角（°）；

γ_f——表面方位角（°），对于朝向正南的倾斜表面，$\gamma_f = 0$；

ω——时角（°），每小时对应的时角为15°，从正午算起，上午为负，下午为正，数值等于离正午的时间（h）乘以15；日出、日落时的时角最大，正午时为0；

n——一年中的日期序号（无量纲）；

I_{dH}——水平面上的散射辐照度（W/m²）；

ρ_G——地面反射率，工程计算中，取平均值0.2，有雪覆盖地面时取0.7；

I_{DH}——水平面上的直射辐照度（W/m²）；

a_s——高度角（°）；

R_b——倾斜表面上的直射太阳辐照度与水平面上的直射太阳辐照度的比值。

D.0.2 倾斜表面上的太阳总辐照量应按下列公式计算：

$$H_a = \sum_{j=1}^{n} H_{hj} \qquad (D.0.2\text{-}1)$$

$$H_h = I_\theta \cdot t \times 10^{-6} \qquad (D.0.2\text{-}2)$$

式中：H_a——倾角采光平面上单位面积的全年总太阳辐射量，（MJ/m²）；

H_h——倾角采光平面上单位面积的小时太阳辐射量，（MJ/m²）；

n——总时数，计算全年总太阳辐射量时，取8760h；

t——倾斜表面上太阳辐照量的小时计算时间，取3600s。

本标准用词说明

1 为便于在执行本规范条文时区别对待，对要求严格程度不同的用词说明如下：

1） 表示很严格，非这样做不可的：

正面词采用"必须"，反面词采用"严禁"；

2） 表示严格，在正常情况下均应这样做的：

正面词采用"应"，反面词采用"不应"或"不得"；

3） 表示允许稍有选择，在条件许可时首先应这样做的：

正面词采用"宜"，反面词采用"不宜"；

4） 表示有选择，在一定条件下可以这样做的，采用"可"。

2 条文中指明应按其他有关标准执行的写法为："应符合……的规定"或"应按……执行"。

引用标准名录

1 《总辐射表》GB/T 19565

2 《热量表》CJ 128

中华人民共和国国家标准

可再生能源建筑应用工程评价标准

GB/T 50801—2013

条 文 说 明

制 订 说 明

《可再生能源建筑应用工程评价标准》GB/T 50801-2013 经住房和城乡建设部 2012 年 12 月 25 日第 1606 号公告批准、发布。

本标准编制过程中，编制组进行了认真细致的调查研究，总结了我国可再生能源建筑应用工程评价的实践经验，同时参考了国外先进技术标准。

为便于广大设计、施工、科研、学校等单位有关人员在使用本标准时能正确理解和执行条文规定，《可再生能源建筑应用工程评价标准》编制组按章、节、条顺序编制了本标准的条文说明，对条文规定的目的、依据以及执行中需注意的有关事项进行了说明。但是，本条文说明不具备与标准正文同等的法律效力，仅供使用者作为理解和把握标准规定的参考。

目　次

1 总　则

1.0.1 制定本标准的宗旨。随着我国国民经济的持续发展，城乡人民居住条件的改善和生活水平的不断提高，建筑能耗快速增长，建筑用能占全社会能源消费量的比例已接近30%，从而加剧了能源供应的紧张形势。为降低建筑能耗，既要节约，又要发展，所以，近年来可再生能源的建筑应用在我国迅速发展。

与常规能源应用相比，民用建筑可再生能源系统到底能够替代多少常规化石能源，其节能、环境以及经济效益究竟如何，是建设单位、政府以及全社会最为关心的问题，也是"十一五"期间可再生能源建筑应用的核心问题。当前可再生能源建筑应用系统还没有统一的测试评价标准，采用不同测评方法所得的结果差异较大，这对于国家推广可再生能源系统、制定相关的产业政策非常不利，急需制定科学、统一的测试评价标准。

为此，住房和城乡建设部在《关于印发〈2009年工程建设标准规范制订、修订计划〉的通知》（建标〔2009〕88号）中，将国家标准《可再生能源建筑应用工程评价标准》列入国家标准编制计划，由中国建筑科学研究院、住房和城乡建设部科技发展促进中心等单位编制。本标准制订并实施后可指导有关单位对可再生能源建筑应用系统的节能、环保效益进行科学的测试与评价，得出量化指标，为国家制定更为详细的支持可再生能源建筑应用的政策提供重要的技术数据，为可再生能源建筑应用产业的健康发展提供技术保障，提升行业增长率，社会经济效益明显。

1.0.2 规定了本标准的适用范围。根据《中华人民共和国可再生能源法》第二条规定，可再生能源是指风能、太阳能、水能、生物质能、地热能、海洋能等非化石能源。结合我国建筑可再生能源应用的实际和各种能源形势的特点，现阶段我国建筑可再生能源应用主要集中在太阳能和地热能方面。因此本标准以太阳能热利用系统、太阳能光伏系统、地源热泵系统的测试与评价为主要内容。我国已有的可再生能源建筑应用工程并不只限于城市，在广大乡镇、农村的民用建筑上也有广泛应用。除了民用建筑，很多有较大的屋顶面积、容积率较低的工厂车间也已经开始应用太阳能、地源热泵供热采暖空调和太阳能光伏发电系统。因此，凡是使用可再生能源系统的民用和部分工业建筑物，无论新建、扩建、改建或既有建筑，无论位于城市、乡镇还是农村，本规范均适用。另外，本标准适用于可再生能源建筑应用工程节能、环保和经济效益的测试与评价，可再生能源建筑应用工程的设计、施工等环节应遵守有关的国家标准和规范。

1.0.3 可再生能源建筑应用是建筑和可再生能源应用领域多项技术的综合利用，在建筑领域，涉及建筑

学、结构、暖通空调、给水排水、电气等多个专业。每个专业都有相应的设计、施工验收等规范，本标准仅针对可再生能源建筑应用工程节能环保等效益的测试与评价进行规定和要求。所以，在执行工程的测试评价与验收时，除符合本标准的要求外，也应同时遵守与工程应用相关的其他标准、规范，尤其是其中的强制性条文。

2 术　语

2.0.1 本条术语规定了可再生能源建筑应用的专业领域，可再生能源建筑应用的能源种类。可再生能源可以用来发电、供热、空调，因此它几乎可以应用在建筑用能的各个专业领域。可再生能源不仅包括太阳能和地热能，还包括风能、水能、生物质能、海洋能等非化石能源。结合我国建筑可再生能源应用的实际和各种能源形式的特点，现阶段我国建筑可再生能源应用主要集中在太阳能和地热能方面。

2.0.8 该参数是评价系统经济性的重要参数；为能够更直观地反映其实际含义，通俗易懂，将其中文名称定为系统费效比，该定义名称已在评价国内实施的示范工程中使用。其中所指的常规能源是指具体工程项目中辅助能源加热设备所使用的能源种类（天然气、标准煤或电）。

3 基本规定

3.1 一般规定

3.1.1 本条说明了"指标评价"、"性能合格判定"和"性能分级评价"之间的关系和评价的程序。可再生能源建筑应用工程的效果受设计、施工和运行的影响较大。影响可再生能源建筑应用工程性能的指标有多项，应分别对这些单项指标进行评价。在单项指标评价完成后，还应对整体性能是否达到设计相关标准的基本要求进行合格判定。由于建筑上应用可再生能源的面积或空间等资源有限，为提高资源利用水平，可再生能源建筑应用除了应首先满足基本合格要求外，还宜对其应用效果的优劣程度进行性能分级评价，以引导产业提高能效，节约资源。

3.1.2 本标准的评价以测试的数据为基础，评价的结果也以具体的数值进行描述，因此必须进行实际测试。由于可再生能源全年分布密度变化很大，负荷也很难统一不变，因此通过长期的测试更能反映系统的真实性能，但是限于时间和经济因素，有时不具备长期测试的条件，需要选择一些典型的工况通过短期测试，计算出工程的性能。当前可再生能源系统的测试参数及其测试方法有一定差别，急需统一的方法进行规范，使得测试结果具有可比性。

3.1.3 为了提高测试工作的效率，节约测试成本，在科学合理的前提下尽量减少系统测试数量。

3.1.4 可再生能源建筑应用可能分属于给水排水、暖通、电气等专业，在进行节能、环保和经济性评价前，应首先通过各专业工程的分部工程验收及形式审查。可再生能源建筑应用工程实施的前提往往是建筑应达到相应的节能标准，否则即便是可再生能源系统的能源供应量能够达到设计要求，也无法达到设计要求的室内温湿度、太阳能保证率等节能效果。

3.2 形式检查

3.2.2～3.2.5 规定了对可再生能源系统所采用的关键部件、系统外观、安全可靠性、环保措施等进行检查的主要内容。检查以文件审查和目视为主，文件审查主要查阅产品的检测报告和合格证等。太阳能集热器、太阳能电池和地源热泵机组分别是太阳能热利用系统、太阳能光伏发电系统的关键设备，其能量转换和提升的效率直接关系到系统的节能效果，因此必须仔细检查其相应的第三方检测报告，确保其性能指标符合设计和国家有关标准的要求。安全是系统的首要性能，在利用本标准进行性能评价测试之前，要对系统安全性进行检查和确认。可以从立项、相关设计文件中分析太阳能建筑应用对建筑日照、承重和安全的影响，以及地源热泵系统对水文、地质、生态、相关物理化学指标的影响。

3.2.6～3.2.8 系统的节能效果与系统的性能以及安装的实施量密切相关。由于太阳能受屋顶墙面安装位置限制，地热能受建筑用地等的限制较大，在应用过程中往往会出现实施面积等参数的数量不够，不能满足设计要求的情况。

4 太阳能热利用系统

4.1 评价指标

4.1.1 本条规定了太阳能热利用系统的单项评价指标。

1 太阳能保证率 f 是衡量太阳能在供热空调系统所能提供能量比例的一个关键性参数，也是影响太阳能供热采暖系统经济性能的重要指标。实际选用的太阳能保证率 f 与系统使用期内的太阳辐照、气候条件、产品与系统的热性能、供热采暖负荷、末端设备特点、系统成本和开发商的预期投资规模等因素有关。太阳能保证率不同，常规能源替代量就不同，造价、节能、环保和社会效益也就不同。本条规定的保证率取值参考了《民用建筑太阳能热水系统评价标准》GB/T 50604 中关于热水系统推荐的 f 取值 30%～80% 的取值范围，《太阳能供热采暖工程技术规范》GB 50495 关于本标准附录 B 中的 f 取值表，同时也

参考了主编单位所检测的数十项实际工程的检测结果。

2 集热系统效率是衡量集热器环路将太阳能转化为热能的重要指标。效率过低无法充分发挥集热器的性能，浪费宝贵的安装空间，因此必须对集热效率提出要求。本条规定的热水系统集热器效率参照了《太阳热水系统性能评定规范》GB/T 20095 中关于热水工程的性能指标，采暖系统则根据采暖季期间的室外平均温度、太阳辐照度、低温采暖系统的工作温度，参照集热器国家标准《平板型太阳能集热器》GB/T 6424、《真空管型太阳能集热器》GB/T 17581 的集热器性能参数而确定的，同时也参考了主编单位检测的数十项实际工程的检测结果。

3 贮热水箱热损因数较低可以有效降低系统热损失，充分利用太阳能。此处的规定主要参照《家用太阳热水系统技术条件》GB/T 19141 和 GB/T 20095 中要求。根据 GB/T 19141 规定，家用太阳能热水系统的贮热水箱热损因数 $U_{sl} \leqslant 22$W/($m^3 \cdot$K)，而根据 GB/T 20095 标准对贮热水箱保温性能的要求规定，贮热水箱容量 $V \leqslant 2m^3$ 时，贮热水箱热损因数 $U_{sl} \leqslant 27.7$W/($m^3 \cdot$K)；贮热水箱容量 $2m^3 < V \leqslant 4m^3$ 时，贮热水箱热损因数 $U_{sl} \leqslant 26.0$W/($m^3 \cdot$K)；贮热水箱容量 $V > 4m^3$ 时，贮热水箱热损因数 $U_{sl} \leqslant 17.3$W/($m^3 \cdot$K)，综上所述，贮热水箱热损因数取值为 $U_{sl} \leqslant 30$W/($m^3 \cdot$K)。

4 规定了太阳能热利用系统供热水温度的测量要求。供热水温度是保证太阳能热利用系统效果的重要参数，供热水温度不合格，系统的功能性不达标，节能的意义也就无从谈起。

5 规定了供暖（制冷）房间室内温度的测量要求。供暖的初衷是为了营造舒适的室内环境，任何节能措施都是以保证室内舒适度为前提的。我国有关国家标准对采暖（制冷）室内温度提出了明确的要求，因此在对太阳能热利用系统进行评价时应保证室内温度达到相关标准的要求。

6 太阳能制冷性能系数是衡量整个太阳能集热系统和制冷系统整体的工作性能。利用太阳能集热器为制冷机提供热媒水。热媒水的温度越高，则制冷机的性能系数（亦称机组 COP）越高，这样制冷系统的制冷效率也越高，但是同时太阳能集热器的集热系统效率就越低。因此，需要了解整个系统的太阳能制冷性能系数。

7 常规能源替代量是评价太阳能热利用系统节约常规能源能力的重要参数。确定了太阳能热利用系统的常规能源替代量，则可分析其项目费效比、环境效益及经济效益。

项目费效比是考核工程经济性的评价指标。该指标是评价工程在整个寿命周期内的经济性，即该工程的投入与产出的比例是否在合适的范围之内。例如：

某个以电为常规能源的热水工程，通过增加太阳能集热系统改造成为了以电为辅助能源的太阳能热水系统，当地电费为 0.50 元/(kW·h)。若经过计算，该工程在太阳能系统的整个寿命周期内（一般为 15 年）的费效比为 0.50 元/(kW·h)，则说明该工程从经济角度讲"不赔不赚"，没有获得经济效益；若计算得到的费效比为 0.20 元/(kW·h)，则说明每使用太阳能提供的 1kW·h 热量，就可以得到 0.30 元的经济效益；若计算得到的费效比为 0.70 元/(kW·h)，则说明每使用太阳能提供的 1kW·h 热量，比使用常规电能多 0.20 元，则该项目应用太阳能不但不节省费用，还在时时亏损。

8 对于太阳能热利用系统，经济效益主要体现在项目实施后每年节约的费用，即节约的常规能源量与该能源价格的乘积。静态投资回收期是衡量经济效益的重要指标之一。是指以投资项目经营净现金流量抵偿原始总投资所需要的全部时间，是不考虑资金的时间价值时收回初始投资所需要的时间。

9 太阳能热利用系统的最大优势在于替代常规能源，并带来较好的环境效益。在当前常规能源日益紧张的今天，发展可再生能源是促使社会不断进步、经济持续发展、环境日益改善的具体措施。目前我国主要使用的环境效益评价的量化指标是二氧化碳年减排量、二氧化硫年减排量和粉尘年减排量。

4.2 测 试 方 法

4.2.1 可再生能源建筑应用工程的评价以测试的数据为基础，评价的结果也以具体的数值进行描述，因此必须进行实际测试。太阳能热利用系统包括热水、采暖和空调系统，所需测试的项目不尽相同。

4.2.2 制定本条的目的是为了提高测试工作的效率，节约测试成本，在科学合理的前提下尽量减少系统测试数量。集热器结构类型、集热器总面积见 GB/T 6424 和 GB/T 17581 的规定；太阳能热水系统的集热与供热水范围、系统运行方式、集热器内传热工质、辅助能源安装位置、辅助能源启动方式等规定见 GB 50364 的规定。太阳能采暖空调系统的集热系统运行方式、系统蓄热（冷）能力、末端采暖空调系统的规定见 GB 50495 的规定。

4.2.3 规定了太阳能热利用系统的测试条件。

1 规定了系统测试的时间。对于太阳能热水系统，每年春分或秋分前后的天气象条件可以基本反映全年的平均水平。测试时间过短，将不能反映系统的真实性能，因此测试时间应尽量长。

2 规定了系统测试的负荷率。对于太阳能热利用系统，负荷率过低，将不能反映系统的真实性能，因此应尽量接近系统的设计负荷。

3 规定了太阳能热利用系统测试时的环境平均温度。环境温度对太阳能热利用系统的测评有一定的

影响，应给出一定的限制。太阳能热水系统的环境温度规定参考《太阳热水系统性能评定规范》GB/T 20095 给出；太阳能采暖系统和太阳能空调系统规定参考《采暖通风与空气调节设计规范》GB 50019 给出。

4 太阳辐照量指接收到太阳辐射能的面密度。在我国大部分地区，阴雨天气的太阳辐照量 $H < 8MJ/(m^2 \cdot d)$；阴间多云时的太阳辐照量 $8MJ/(m^2 \cdot d) \leq H < 12MJ/(m^2 \cdot d)$；晴间多云时的太阳辐照量 $12MJ/(m^2 \cdot d) \leq H < 16MJ/(m^2 \cdot d)$；天气晴朗时的太阳辐照量 $H \geq 16MJ/(m^2 \cdot d)$。而太阳辐照不同，太阳能集热器的转换效率也会有所不同。本标准附录 C 给出的是全年使用的太阳能热水系统，不同区间太阳辐照量的平均值，而对于太阳能采暖空调系统则需要从气象部门获取采暖或空调期内相应的不同区间太阳辐照量的平均值。每个区间太阳辐照量的平均值并非这个区间边界值的算术平均，而是应根据当地气象参数按供热水、采暖或空调的时期统计得出。

4.2.4 规定了测试太阳能热利用系统设备仪器的要求。

1 总辐射表也称总日射表或天空辐射表，是测量平面接收器上半球向日射辐照度的辐射表。《总辐射表》GB/T 19565 规定的主要性能指标规定如下：

1）热电堆与仪器基座之间的绝缘电阻 $\geq 1M\Omega$。

2）内阻 $\leq 800\Omega$。

3）灵敏度允许范围 $7\mu V \cdot W^{-1} \cdot m^2 \sim 14\mu V \cdot W^{-1} \cdot m^2$。

4）响应时间（99％响应）$\leq 60s$。

5）非线性误差 $\leq 3\%$。

6）余弦响应误差

a）太阳高度角 $10°$ 时 $\leq 10\%$；

b）太阳高度角 $30°$ 时 $\leq 5\%$。

7）方位响应误差（太阳高度角 $10°$ 时）$\leq 7\%$。

8）温度误差（$-40℃ \sim +40℃$ 范围内）$\leq 5\%$。

9）倾斜（$180°$）响应误差 $\leq 3\%$。

10）年稳定性 $\leq 5\%$。

3 由于测量对象的差异，对于测量空气和液体工质（水或防冻液）温度传感器的要求不同。液体工质温度对太阳能热利用系统性能有着决定性的影响，因此对所使用的温度传感器的准确度和精度都有较高的要求；环境空气温度对太阳能热利用系统性能的影响相对较小，对温度传感器的要求也相对较低。另外，温度传感器距离太阳集热器和系统组件太近或太远，传感器周围有影响环境湿度的冷、热源，都将会影响测量的准确性。所以，对温度传感器放置的位置也有相应的要求。

5 质量和时间测量属于常规基础量的测量。使用常规满足精度要求的质量计和计时器即可。

6 本款规定了选择数据记录仪应达到的要求。为了达到所记录参数的精度，在任何情况下，仪器或仪表系统的最小分度都不应超过规定精度的两倍。例如，如果规定的精度是±0.1℃，则最小分度不应超过0.2℃。

7 长度测量应选择常见且满足精度要求的仪器即可，测试应简单易行。

8 根据《热量表》CJ 128的规定，热量表的计量准确度分为三级。采用相对误差限表示，并按下列公式计算：

$$E = (V_d - V_e)/V_e \times 100\%$$

式中：E——相对误差限（%）；

$\quad V_d$——显示的测量值；

$\quad V_e$——常规真实值。

其中2级表：$E = \pm(3 + 4 \times \Delta t_{min}/\Delta t + 0.01 \times q_p/q)$

式中：Δt_{min}——最小温差，单位 K；

$\quad \Delta t$——使用范围内的温差，单位 K；

$\quad q_p$——常用流量，单位 m³/h；

$\quad q$——使用范围内的流量，单位 m³/h。

4.2.6 系统总能耗是太阳能热利用系统的参数，是确定太阳能热利用系统保证率的重要参数。测试时间需涵盖整个测试过程，在集热器停止工作后，系统常规热源包括电锅炉、燃气炉、燃煤炉、热力站等还在工作。同集热系统得热量一样，应针对不同用途进行集热系统相应测量。

4.2.7 集热系统得热量是指由太阳能系统中太阳能集热器提供的有用能量，是太阳能热利用系统的关键性指标。

一般情况下，当太阳能集热器采光面正南放置时，试验起止时间应为当地太阳正午时前4h到太阳正午时后4h，共计8h。我国地域广阔，各地天气情况复杂多变，太阳能辐射量会受到有云、阴天及雨雪天气的影响。由于天气的不确定性，在一天中规定的时间内满足本标准第4.2.3条规定的太阳辐照量 H 要求，可能需要很长的一段测试时间。如在一次福州的实际测试中，在一个月内太阳辐照量的值没有一天是小于8MJ/（m²·d）的，这给实际的测量工作带来了很大的困难。因此，为了使测试能够正常进行，可采取截取太阳辐照量方法，以部分时间的测试数据进行代替。例如：在某工程的测试中，若需要8MJ/（m²·d）≤H<12MJ/（m²·d）的测试数据。从当地太阳正午时前4h实验开始，在当地正午时后2h时，H的值为10.7MJ/（m²·d），则在此时记录完毕其他参数数值，当天实验即可结束。当天当地太阳正午时前4h到太阳正午时后2h的测试数据即为8MJ/（m²·d）≤H<12MJ/（m²·d）的测试数据。

供应生活热水和供应采暖、制冷热负荷差别较大，并且生活热水属于常年供应项目，采暖与制冷属

于季节性供应项目，应针对系统不同用途进行相应测量，测出不同工况下的得热量。

4.2.9 制冷机组制冷量和耗热量的测量是为了确定太阳能制冷系统中制冷机组的 COP，采用热量表可以方便获得这些冷量或热量的积分值，但是为了研究方便，有很多系统单独设置温度和流量测试系统，其采样和记录的间隔可以调整，但是不能过大以保证测量精度。

4.2.10 本条规定了贮热水箱热损因数的测试和计算方法。贮热水箱热损因数的测试和计算方法主要参照《家用太阳热水系统技术条件》GB/T 19141 中贮热水箱热损因数的检测方法。根据GB/T 20095标准对贮热水箱保温性能的要求规定，贮热水箱容量 $V \leqslant 2m³$ 时，贮热水箱热损因数 $U_{sl} \leqslant 27.7W/（m³ \cdot K）$；贮热水箱容量 $2m³ < V \leqslant 4m³$ 时，贮热水箱热损因数 $U_{sl} \leqslant 26.0W/（m³ \cdot K）$；贮热水箱容量 $V > 4m³$ 时，贮热水箱热损因数 $U_{sl} \leqslant 17.3W/（m³ \cdot K）$，综上所述，贮热水箱热损因数取值为 $U_{sl} \leqslant 30W/（m³ \cdot K）$。在测量时应注意，由于工程中贮热水箱体积一般较大，水箱中水温会产生分层现象。因此，在测量开始时贮热水箱内水温度和开始时贮热水箱内水温度时，应使水箱内上下层的水充分混合，使上下层水温温差小于1.0K。

4.2.12 本条规定了热水温度和采暖（制冷）房间室内温度的测量要求，有关国家标准对热水温度和采暖（制冷）室内温度有相应要求，对太阳能热利用系统的评价应按相关国家标准进行评价。

4.3 评价方法

4.3.1 本条给出了测量计算太阳能保证率的方法。对于太阳能供热水、供暖系统《民用建筑太阳能热水系统应用技术规范》GB 50364、《太阳能供热采暖工程技术规范》GB 50495 给出了不同地区太阳能供热采暖系统的太阳能保证率的推荐值。实际工程中，应根据系统使用期内的太阳辐照、系统经济性及用户要求等因素综合考虑后确定。一般情况下，测试结果在《民用建筑太阳能热水系统应用技术规范》GB 50364、《太阳能供热采暖工程技术规范》GB 50495 推荐的范围内应是比较合理的。由于各地、各工程的供热水、采暖、空调设计使用期不尽相同，应根据设计使用期统计得出不同太阳辐照量发生的天数。

4.3.2 本条给出了计算集热系统效率的方法。对于长期系统，虽然长期测试的时间可能会比设计使用期短，但是由于长期测试时间较长，认为长期测试的数值设计使用期的系统效率。在以短期测试为基础进行评价时，由于各地、各工程的供热水、采暖、空调设计使用期不尽相同，应根据设计使用期统计得出不同太阳辐照量发生的天数。

4.3.4 太阳能制冷性能系数指制冷机提供有效冷量

与太阳能集热器上太阳能总辐照量的比值。

常规的空调系统主要包括制冷机、空调箱（或风机盘管）、锅炉等几部分，而太阳能空调系统是在此基础上又增加太阳能集热器、储水箱等部分。太阳能制冷性能系数 COP_r 是衡量整个太阳能集热系统和制冷系统整体的工作性能。利用太阳能集热器为制冷机提供其发生器所需要的热媒水。热媒水的温度越高，则制冷机的性能系数（亦称机组 COP_r）越高，这样制冷系统的制冷效率也越高，但是同时太阳能集热器的集热系统效率就越低。因此，应存在着一个最佳的太阳能制冷性能系数 COP_r 值，此时空调系统制冷效率与太阳能集热系统效率为最佳匹配。

4.3.5 常规能源替代量是评价太阳能热利用系统节约常规能源能力的重要参数。确定了太阳能热利用系统的常规能源替代量，则可分析其项目费效比、环境效益及经济效益。短期测试的年常规能源替代量与实际的年常规能源替代量有一定误差，但该方法在实际工程应用中，更加高效可行。在条件允许的情况下，应对太阳能热利用系统进行长期的跟踪测量，以获得更加准确的年常规能源替代量。常规能源的替代一定是太阳能和某一种能源比较计算得出的。

对于热水系统，目前常规能源多以电热和燃气热水器为主，根据《储水式电热水器》GB/T 20289，电热水器加热效率最低为 0.9，我国火力发电的水平大致为 0.36kgce/kWh，根据国家标准《综合能耗计算通则》GB/T 2589 - 2008，标准煤的发热量为 29.307MJ/kg，以此计算，综合考虑火电系统的煤的发电效率和电热水器的加热效率的运行效率为 0.31。以煤作为热源的热水加热方式目前已不多见，也不是国家鼓励的方向。根据《家用燃气快速热水器和燃气采暖热水炉能效限定值及能效等级》GB 20665，燃气热水器的最低效率为 0.84。

对于采暖系统，以电作为热源的方式不是国家鼓励的方向。目前常规能源多以燃煤和燃气热水器为主，根据《严寒和寒冷地区居住建筑节能设计标准》JGJ 26 - 2010，燃煤锅炉运行效率最低为 0.7，燃气锅炉运行效率最低为 0.8。

本标准所规定的是热力制冷空调系统，为热力制冷机组提供热源时，其加热方式也多以燃煤和燃气热水器为主，最低效率同采暖情况。

4.3.6 项目费效比是考核工程经济性的评价指标。从目前测评的实际工程来看，正常的太阳能热水系统的费效比在 0.10 元/kWh~0.30 元/kWh 之间。若是某个项目的费效比超出这个范围，可能是初投资太大，工程费用太高；或者是系统设计不合理，系统的常规能源替代量太少。当设计文件没有明确规定费效比的设计值时，太阳能热水系统的费效比可按小于项目所在地当年的家庭用电价格进行评价，太阳能采暖系统的费效比可按小于项目所在地当年的商业用电价格进行评价，太阳能空调系统的费效比可按小于项目所在地当年商业用电价格的 2 倍进行评价。

4.3.7 对于太阳能热利用系统，经济效益主要体现在项目实施后每年节约的费用，即节约的常规能源量与该能源价格的乘积。

静态投资回收年限（静态投资回收期）也是衡量经济效益的指标之一。是指以投资项目经营净现金流量抵偿原始总投资所需要的全部时间，是不考虑资金的时间价值时收回初始投资所需要的时间。它有"包括建设期的投资回收期"和"不包括建设期的投资回收期"两种形式。其单位通常用"年"表示。投资回收期一般从建设开始年算起，也可以从投资年开始算起，计算时应具体注明。

常规能源的价格 P 应根据项目立项文件所对比的常规能源类型进行比较，当无明确规定时，由测评单位和项目建设单位根据当地实际用能状况确定常规能源类型，按如下规定选取：

1）常规能源为电时，对于太阳能热水系统 P 为当地家庭用电价格，采暖和空调系统不考虑常规能源为电的情况；

2）常规能源为天然气或煤时，P 按下式计算：

$$P = P_r / R$$

式中：P——常规能源的价格（元/kWh）；

P_r——当地天然气或煤的价格（元/Nm³ 或元/kg）；

R——天然气或煤的热值，按当地有关部门提供的数据选取；没有数据时，天然气的 R 值取 11kWh/Nm³，煤的 R 值取 8.14kWh/kg。

静态投资回收期可以在一定程度上反映出项目方案的资金回收能力，其计算方便，有助于对技术上更新较快的项目进行评价。但它不能考虑资金的时间价值，也没有对投资回收期以后的收益进行分析，从中无法确定项目在整个寿命期的总收益和获利能力。

4.3.8～4.3.10 太阳能热利用系统的最大优势在于节约和替代常规能源，并带来较好的环境效益。从根本上来说，环境效益是经济效益和社会效益的基础，经济效益、社会效益是环境效益的结果。在当前常规能源日益紧张的今天，发展可再生能源是促使社会不断进步、经济持续发展、环境日益改善的具体措施。因此，本标准对太阳能热利用系统环境效益的评价提出了具体的量化指标。

4.4 判定和分级

4.4.2 在本标准第 4.1.1 条中，太阳能保证率和集热系统效率首先满足设计要求，在设计没有要求时才应符合表 4.1.1-1、表 4.1.1-2 的规定。因此在满足设计要求时，有可能不满足表 4.1.1-1、表 4.1.1-2

的规定，而第 4.4.3 条的 3 级低限是按表 4.1.1-1、表 4.1.1-2 的要求规定的，此时就不宜按第 4.4.3 条的要求进行分级评价了。

4.4.3 太阳能保证率与太阳能资源密切相关。集热面积相同的系统，在资源丰富地区获得热量可能是资源贫乏地区的一倍，因此为体现"公平"，应针对不同的资源区提出太阳能保证率的范围。太阳能热水、采暖、空调对集热系统工作温度与环境温度的温差要求呈逐渐增高的趋势，而工作温度升高，集热效率下降，太阳能保证率也有可能下降，因此也有必要对不同应用给出太阳能保证率的范围。本条给出的太阳能保证率的范围参考了主编单位 2006 年～2011 年数十项工程测试结果以及国内外相关的文献资料。

4.4.4 与太阳能保证率类似，太阳能集热系统效率与太阳能资源，尤其是太阳能系统的工作温度密切相关，太阳能热水、采暖、空调对集热系统工作温度与环境温度的温差要求提逐渐增高的趋势，而工作温度升高，集热效率下降，因此有必要对不同应用给出太阳能集热效率的范围。本条给出的太阳能集热效率的范围参考了主编单位对 2006 年～2011 年数十项工程测试结果以及国内外相关的文献资料。

4.4.5 判定系统级别有多个指标，只有所有指标都到所要求的判定级别或以上，系统才可以判定为此级别。

5 太阳能光伏系统

5.1 评价指标

5.1.1 本条规定了太阳能光伏系统的单项评价指标。

1 太阳能光伏系统的光电转换效率表示系统将太阳能转化为电能的能力。当前太阳能光伏系统的转换效率不断提升，但是与光热应用相比，效率仍然偏低，同时由于光伏电池组件等关键部件的价格较高，因此光伏发电系统的经济性不够理想，提高转换效率，降低成本是普及推广太阳能光伏发电系统的首要任务，为此十分有必要对光伏系统的转换效率进行规定，鼓励提高效率。本条提出的几种类型系统的效率参照了国内外示范工程的数据，尤其是主编单位测试的数据，能够反映这几种系统的基本水平。

2 项目费效比是考核工程经济性的评价指标。该指标是评价工程在整个寿命周期内的经济性。从目前太阳能光伏系统实测情况看，光伏发电的费效比较高，这主要是光伏电池的成本太高，比常规火电、水电，甚至风电的发电成本高出很多造成的。当无文件明确规定时太阳能光伏系统的费效比可以按小于项目所在地当年商业用电价格的 3 倍进行评价。实践证明如果费效比过高会严重制约系统的推广，当前光伏系统的费效比控制在 2 元/kWh 以内是比较合理的，这个价格大致相当于我国大部分地区商业用电价格的 3 倍左右。

3 太阳能光伏系统年发电量是衡量太阳能光伏系统发电能力的一个非常重要的直观指标。考虑到当前很多工程文件中没有给出该项指标，为此要求当无文件明确规定时，应在测试评价报告中给出系统的年发电量。

4 常规能源替代量是评价太阳能光伏系统节约常规能源能力的重要参数。本款确定了常规能源替代量，则可分析其项目费效比、环境效益及经济效益。

5.2 测试方法

5.2.2 制定本条的目的是为了提高测试工作的效率，节约测试成本，在科学合理的前提下尽量减少系统测试数量。现阶段，太阳能电池组件类型主要包括晶硅和薄膜电池两类，系统与公共电网的关系主要分并网和离网两类。

5.2.3 规定了太阳能光伏系统的测试条件。

1 测试前应确保系统已经可以正常运行，如果负载不正常，系统可能工作的效率比较低，不能正确反映系统的性能指标。

2 本条规定了长期测试的时间。对于太阳能光伏系统，每年春分或秋分前后的至少 60d 的气象条件可以基本反映全年的平均水平。负载过低，将不能反映系统的真实性能，因此应尽量接近系统的设计负载。

3 本条规定了太阳能光伏系统的测试时间。当地太阳正午时前 1h 到太阳正午时后 1h 的 2h 内是一天内太阳能辐照条件最好的时间段，在此时间测出的数据，基本可以代表该系统最佳的工作状态。

4 在对太阳能光伏系统的测试中，环境温度并不是参与计算的参数，但对太阳能光伏组件的效率影响较大，在可能条件下，环境温度波动应该尽量小。

6 对太阳能光伏系统的测试应在太阳能辐照充足的条件下进行。本款规定测试时的太阳总辐照度不应小于 $700W/m^2$，是考虑到我国太阳能资源分布在Ⅲ类以上地区在天气晴朗的条件下，基本上都可以达到。而我国的绝大部分国土的太阳能资源都在Ⅲ类地区以上。

5.2.4 电功率测量应选择常见且满足精度要求的仪器，测试应简单易行。

5.2.5 规定了光电转换效率的测试要求。

2 对于独立的太阳能发电系统。负荷端一般从蓄电池后接入，而且蓄电池也有电量损耗，应在蓄电池组的输入端测量系统的发电量；对于并网的太阳能光伏系统，一般是在逆变器后接入负荷端和上网，而且逆变器也有电量损耗，应在逆变器的输出端测量系统的发电量。

3 为防止外接辅助电源对测试的干扰，应在测试前，切断所有外接辅助电源。

4 本条规定了测试期间所应记录的数据数量及采样和记录间隔。

5 评价太阳能光伏系统最重要的参数就是该系统的光电转换效率，它与系统所采用的光伏电池类型及系统的设计方案有着直接的关系。测试期间不同朝向和倾角采光平面上的太阳辐照量是不同的，应分别计算不同朝向和倾角平面上的太阳辐照量后相加得到整个太阳光伏系统中的太阳辐照量。

5.3 评价方法

5.3.2 本条给出了太阳能光伏系统年发电量的计算方法。当地全年的太阳能电池板单位面积的太阳辐射量 H_{ai} 可用下列方法得到：查本标准附录 B 典型地区水平面年总辐射，通过计算可得。若工程地点所在地区没有在本标准附录 B 中给出，可参考与之地理和太阳能资源条件相接近地区的值。

5.3.3 本条给出了太阳能光伏系统全年常规能源替代量的计算方法，以标准煤为计算单位。

5.3.4 从目前太阳能光伏系统实测情况看，项目的费效比较高，这主要是光伏电池的成本太高，比常规火电、水电，甚至风电的发电成本高出很多。可喜的是，随着对太阳能发电行业的科技水平的提高和规模化应用的推广应用，近年来太阳能光伏电池的成本已经大幅下降。将来有希望太阳能光伏系统的费效比降低到1元/kWh以下。

5.4 判定和分级

5.4.3 太阳能光伏系统的光电转换效率与光伏组件的转换效率密切相关，晶硅电池组件比薄膜电池的光电转换效率高，但是价格也相对较高，二者各有优势，因此需要对其转换效率进行分别规定；本条给出的太阳能光伏系统的光电转换效率范围参考了主编单位对 2006 年～2011 年工程测试结果以及国内外相关的文献资料。

5.4.4 太阳能光伏系统的费效比，是系统节能效果和经济性的综合体现，无论哪种系统其综合效益都应满足本条的规定。本条给出的太阳能光伏系统的光电转换效率范围参考了主编单位对 2006 年～2011 年工程测试结果以及国内外相关的文献资料。

6 地源热泵系统

6.1 评价指标

6.1.1 本条规定了地源热泵系统的单项评价指标。

1 地源热泵系统制冷能效比、制热性能系数，是反映系统节能效果的重要指标，能效比过低，系统可能还不如常规能源系统节能，因此十分有必要对其做出规定。地源热泵系统按热源形式分为土壤源、地下水源、地表水源、污水源等，不同热源形式的地源热泵系统能效由于热源品质的不同而有一定的差别，但工程所在气候区域、资源条件、工程规模等因素同样也会影响系统能效比的高低，所以，不容易区分哪种热源形式系统能效比高、哪种热源形式的系统能效比低。本标准主要评价可再生能源应用相对于常规系统的优势，因此工程项目应综合考虑气候区域、资源条件、工程规模等因素选择适合的地源热泵系统并进行合理设计，无论选择何种热源形式，其系统性能应优于常规空调系统。另外，对于不具备条件采用常规冷热源、只能选择地源热泵系统的项目，而效率又较差的情况较少，本标准暂不考虑对其评价。综上，能效限值不宜按热源形式、资源条件、地域等方面因素细分。表 6.1.1 给出地源热泵系统不同工况能效的基准值，表中能效比的取值参考了主编单位检测的几十项工程的检测结果，并参照了常规空调系统的能效比。

2 地源热泵机组实际运行制热性能系数（COP）、制冷能效比（EER），反映机组的能效的高低和水平，热泵机组是热泵系统最核心的设备，机组能效是系统能效的主要影响因素，因此，有必要对机组的实际运行性能进行测试和评价。

3 调节室内温湿度是空气调节的最重要的目标之一，如果室内温度不满足要求，节能环保也就无从谈起。因此室内效果是评价的基础。

6.2 测试方法

6.2.3 本条规定了长期测试与短期测试的条件。

2 地源热泵系统的运行性能受环境影响较大，土壤的温度、污水的温度、地表水温度，与测试时间段有关，为了保证相对准确，测试应在供冷（供热）15d 之后进行。本款规定了系统性能测试时机。

大部分工程不具备长期监测条件，因此实际评价过程中主要采用短期测试，短期测试期间系统应在合理的负荷下运行，如果负荷率过低，系统运行工况与设计工况相差较大，其系统性能不具备代表性。经过对不同项目的设计资料和实际工程项目运行参数分析，对系统性能进行测试时系统负荷率在 60% 以上运行比较合理，系统能效能保持在相对较高范围，对机组性能进行测试时，机组负荷率宜在 80% 以上。系统的运行性能与设计的合理性、设备的选型、机组与水泵的匹配及运行策略都有关，对于项目由于某些原因系统运行负荷率达不到该条款规定时，建议在系统运行最大负荷时段测试。

6.2.4 规定了测试地源热泵系统设备仪器的要求。

1 为方便测试和运行管理，厉行节约，对于相同的参数，本标准对仪器设备的要求基本相同。

2 规定了电功率测量仪表的精度等级。

6.2.5 调节室内温湿度是空气调节的最重要的目标之一，因此室内温湿度必须符合设计要求，当没有明确规定时，应符合相关规范的要求。本条规定了室内温湿度的测量时机及测量结果评定标准。

6.2.6 对于热泵机组制冷能效比、制热性能系数，选取典型的一天进行测试即可，所谓典型主要是指制热工况和制冷工况应在典型的负荷条件下，尤其是地源热泵需要满足冬季供热、夏季制冷需求时，应分别对不同工况下的地源热泵系统性能参数进行测评。本条规定了为获得热泵机组制冷能效比、制热性能系数需要测量的参数、测试时间要求、测试结果处理方法。

6.2.7 本条规定了为获得系统能效比，需要测量的参数、测试时间要求、测试结果处理方法。系统水泵耗电量包括热源侧和用户侧的所有水泵的耗电量。

6.3 评价方法

6.3.1 本条规定了常规能源替代量的评价方法。其中常规空调系统的能效比计算值参照《公共建筑节能检测标准》JGJ/T 177-2009 中关于冷源系统能效的计算方法和取值原则。地源热泵系统节能效益评价方法规定了建筑全年累计冷热负荷的计算方法，并规定常规供暖、供冷方式的年耗能量的计算采用测试结果和计算相结合的方法。地源热泵系统的供暖节能量是以常规供暖系统为比较对象，供冷系统的节能量是以常规水冷冷水机组为比较对象，本条对常规能源供暖系统、不同容量常规冷水机组的能效比进行了规定，计算将最终的节能量转换为一次能源，以标准煤计。

地源热泵系统常规能源替代量的计算中，每度电折合所耗标准煤量（kgce/kWh），根据国家统计局最近 2 年内公布的火力发电标准耗煤水平确定，并在折标煤结果中注明该折标系数的公布时间及折标量。

6.3.2 本条规定了地源热泵系统环保效益评价方法。利用转换为一次能源的节能量计算结果，进行环保效益评估，主要包括二氧化碳、二氧化硫及粉尘。

6.3.3 本条规定了地源热泵系统经济效益评估方法。规定了系统增量成本和节能量的获取方法，对系统的静态回收期进行了计算。

附录 D　倾斜表面上太阳辐照度的计算方法

D.0.1、D.0.2 以北京为例，计算北京 1 月 1 日北京时间 11 点～12 点的平均太阳辐照度可按下例计算：

纬度 Φ：39°48′；

方位角 γ_f：正南朝向，$\gamma_f = 0$；

表面倾角 S：40°；

北京时间 11 点～12 点水平面上平均直射辐照度：15 W/m²；

北京时间 11 点～12 点水平面上平均散射辐照度：218W/m²。

1 赤纬角 δ、时角 ω、入射角 θ、高度角 a_s 计算

1）赤纬角 δ 计算

1 月 1 日的赤纬角 δ 按下式计算：

$$\begin{aligned}
\delta &= 23.45\sin[360 \times (284+n)/365] \\
&= 23.45\sin[360 \times (284+1)/365] \\
&= -23.01
\end{aligned}$$

2）时角 ω

按本标准附录 D 时角 ω 计算方法，北京 1 月 1 日北京时间 12 点为正午，则时角 $\omega = 0$。

3）入射角 θ

1 月 1 日北京时间 11 点～12 点的入射角 θ 按下式计算：

$$\begin{aligned}
\cos\theta &= \sin\delta\sin\Phi\cos S - \sin\delta\cos\Phi\sin S\cos\gamma_f \\
&\quad + \cos\delta\cos\Phi\cos S\cos\omega \\
&\quad + \cos\delta\sin\Phi\sin S\cos\gamma_f\cos\omega + \cos\delta\sin S\sin\gamma_f\sin\omega \\
&= (\sin-23.01°\sin39.8°\cos40°) \\
&\quad - (\sin-23.01°\cos39.8°\sin40°\cos0°) \\
&\quad + (\cos-23.01°\cos39.8°\cos40°\cos0°) \\
&\quad + (\cos-23.01°\sin39.8°\sin40°\cos0°) \\
&\quad + (\cos-23.01°\sin40°\sin0°\sin0°) \\
&= 0.92
\end{aligned}$$

4）高度角 a_s

1 月 1 日北京时间 11 点～12 点的高度角 a_s 按下式计算：

$$\begin{aligned}
\sin a_s &= \sin\Phi\sin\delta + \cos\Phi\cos\delta\cos\omega \\
&= (\sin39.8°\sin-23.01°) \\
&\quad + (\cos39.8°\cos-23.01\cos0°) \\
&= 0.46
\end{aligned}$$

5）倾斜表面上的直射辐照度 $I_{D·\theta}$

R_b 按下式计算：

$$\begin{aligned}
R_b &= \frac{I_{d·\theta}}{I_{DH}} = \frac{\cos\theta_T}{\sin a_s} \\
&= 0.92/0.46 \\
&= 2.00
\end{aligned}$$

倾斜表面上的直射辐照度 $I_{D·\theta}$ 按下式计算：

$$\begin{aligned}
I_{D·\theta} &= R_b \times I_{DH} \\
&= 2.00 \times 15 \\
&= 30.0\text{W/m}^2
\end{aligned}$$

6）倾斜表面上的散射辐照度 $I_{d·\theta}$

倾斜表面上的散射辐照度 $I_{d·\theta}$ 按下式计算：

$$\begin{aligned}
I_{d·\theta} &= I_{dH}(1+\cos S)/2 \\
&= 218 \times (1+\cos40°)/2 \\
&= 192.5\text{W/m}^2
\end{aligned}$$

7）地面上的反射的辐照度 $I_{R·\theta}$

地面上的反射的辐照度 $I_{R·\theta}$ 按下式计算：

$$I_{R \cdot \theta} = \rho_G (I_{DH} + I_{dH})(1 - \cos S)/2$$
$$= 0.2 \times (15 + 218) \times (1 - \cos 40°)/2$$
$$= 5.2 \mathrm{W/m^2}$$

则北京 1 月 1 日，北京时间为 11 点～12 点，表面倾角为 40° 的倾斜面上平均太阳总辐照度按下式计算：

$$I_\theta = I_{D \cdot \theta} + I_{d \cdot \theta} + I_{R \cdot \theta}$$
$$= 30.0 + 192.5 + 5.2$$
$$= 227.2 \mathrm{W/m^2}$$

则北京 1 月 1 日，北京时间为 11 点～12 点的累积太阳辐照量 H_h 为：

$$H_h = 227.2 \times 3600 \div 1000000 = 0.82 \mathrm{MJ/m^2}$$

中华人民共和国国家标准

农村居住建筑节能设计标准

Design standard for energy efficiency of rural residential buildings

GB/T 50824—2013

主编部门：中华人民共和国住房和城乡建设部
批准部门：中华人民共和国住房和城乡建设部
施行日期：2 0 1 3 年 5 月 1 日

中华人民共和国住房和城乡建设部
公 告

第 1608 号

住房城乡建设部关于发布国家标准
《农村居住建筑节能设计标准》的公告

现批准《农村居住建筑节能设计标准》为国家标准，编号为 GB/T 50824-2013，自 2013 年 5 月 1 日起实施。

本标准由我部标准定额研究所组织中国建筑工业

出版社出版发行。

中华人民共和国住房和城乡建设部
2012 年 12 月 25 日

前 言

本标准是根据住房和城乡建设部《关于印发〈2010 年工程建设标准规范制订、修订计划〉的通知》（建标〔2010〕43 号）的要求，由中国建筑科学研究院、中国建筑设计研究院会同有关单位共同编制完成。

本标准在编制过程中，标准编制组进行了广泛调查研究，认真总结实践经验，结合农村建筑的实际情况，吸收我国现行建筑节能设计标准的经验，并在广泛征求意见的基础上，最后经审查定稿。

本标准共分 8 章和 1 个附录。主要技术内容是：总则，术语，基本规定，建筑布局与节能设计，围护结构保温隔热，供暖通风系统，照明，可再生能源利用等。

本标准由住房和城乡建设部负责管理，由中国建筑科学研究院负责具体技术内容的解释。执行过程中，如有意见或建议，请寄送中国建筑科学研究院（地址：北京市北三环东路 30 号，邮政编码 100013），以供今后修订时参考。

本标准主编单位：中国建筑科学研究院
中国建筑设计研究院
本标准参编单位：哈尔滨工业大学
中国建筑西南设计研究院有限公司
清华大学
大连理工大学
天津大学
国家太阳能热水器质量监督检验中心
同济大学

河南省建筑科学研究院有限公司
陕西省建筑科学研究院
国家建筑工程质量监督检验中心
宁夏大学
江西省建筑科学研究院
吉林科龙建筑节能科技股份有限公司
深圳海川公司
北京城建技术开发中心
北京怀柔京北新型建材厂
北京金隅加气混凝土有限责任公司

本标准主要起草人：邹 瑜 宋 波 刘 晶
林建平 焦 燕 金 虹
冯 雅 杨旭东 端木琳
王立雄 李 忠 李 骥
谭洪卫 栾景阳 高宗祺
冯爱荣 潘 振 李卫东
郭 良 凌 薇 南艳丽
王宗山 任普亮 张海文
黄永衡 赵丰东 徐金生
张瑞海 彭 梅
本标准主要审查人：许文发 郎四维 万水娥
杨仕超 何梓年 董重成
杜 雷 刁乃仁 张国强
王绍瑞 胡伦坚

目　次

Contents

1 总　则

1.0.1 为贯彻国家有关节约能源、保护环境的法规和政策，改善农村居住建筑室内热环境，提高能源利用效率，制定本标准。

1.0.2 本标准适用于农村新建、改建和扩建的居住建筑节能设计。

1.0.3 农村居住建筑的节能设计应结合气候条件、农村地区特有的生活模式、经济条件，采用适宜的建筑形式、节能技术措施以及能源利用方式，有效改善室内居住环境，降低常规能源消耗及温室气体的排放。

1.0.4 农村居住建筑的节能设计，除应符合本标准外，尚应符合国家现行有关标准的规定。

2 术　语

2.0.1 围护结构　building envelope

指建筑各面的围挡物，包括墙体、屋顶、门窗、地面等。

2.0.2 室内热环境　indoor thermal environment

影响人体冷热感觉的环境因素，包括室内空气温度、空气湿度、气流速度以及人体与周围环境之间的辐射换热。

2.0.3 导热系数(λ)　thermal conductivity coefficient

在稳态条件和单位温差作用下，通过单位厚度、单位面积的匀质材料的热流量，也称热导率，单位为 $W/(m \cdot K)$。

2.0.4 传热系数(K)　coefficient of heat transfer

在稳态条件和物体两侧的冷热流体之间单位温差作用下，单位面积通过的热流量，单位为 $W/(m^2 \cdot K)$。

2.0.5 热阻(R)　heat resistance

表征围护结构本身或其中某层材料阻抗传热能力的物理量，单位为 $(m^2 \cdot K)/W$。

2.0.6 热惰性指标(D)　index of thermal inertia

表征围护结构对温度波衰减快慢程度的无量纲指标，其值等于材料层热阻与蓄热系数的乘积。

2.0.7 窗墙面积比　area ratio of window to wall

窗户洞口面积与建筑层高和开间定位线围成的房间立面单元面积的比值。无因次。

2.0.8 遮阳系数　shading coefficient

在给定条件下，透过窗玻璃的太阳辐射得热量，与相同条件下透过相同面积的 3mm 厚透明玻璃的太阳辐射得热量的比值。无因次。

2.0.9 种植屋面　planted roof

在屋面防水层上铺以种植介质，并种植植物，起到隔热作用的屋面。

2.0.10 被动式太阳房　passive solar house

不需要专门的太阳能供暖系统部件，而通过建筑的朝向布局及建筑材料与构造等的设计，使建筑在冬季充分获得太阳辐射热，维持一定室内温度的建筑。

2.0.11 自保温墙体　self-insulated wall

墙体主体两侧不需附加保温系统，主体材料自身除具有结构材料必要的强度外，还具有较好的保温隔热性能的外墙保温形式。

2.0.12 外墙外保温　external thermal insulation on walls

由保温层、保护层和胶粘剂、锚固件等固定材料构成，安装在外墙外表面的保温形式。

2.0.13 外墙内保温　internal thermal insulation on walls

由保温层、饰面层和胶粘剂、锚固件等固定材料构成，安装在外墙内表面的保温形式。

2.0.14 外墙夹心保温　sandwich thermal insulation on walls

在墙体中的连续空腔内填充保温材料，并在内叶墙和外叶墙之间用防锈的拉结件固定的保温形式。

2.0.15 火炕　Kang

能吸收、蓄存烟气余热，持续保持其表面温度并缓慢散热，以满足人们生活起居、采暖等需要，而搭建的一种类似于床的室内设施。包括落地炕、架空炕、火墙式火炕及地炕。

2.0.16 火墙　Hot Wall

一种内设烟气流动通道的空心墙体，可吸收烟气余热并通过其垂直壁面向室内散热的采暖设施。

2.0.17 太阳能集热器　solar collector

吸收太阳辐射并将采集的热能传递到传热工质的装置。

2.0.18 沼气池　biogas generating pit

有机物质在其中经微生物分解发酵而生成一种可燃性气体的各种材质制成的池子，有玻璃钢、红泥塑料、钢筋混凝土等。

2.0.19 秸秆气化　straw gasification

在不完全燃烧条件下，将生物质原料加热，使较高分子量的有机碳氢化合物链裂解，变成较低分子量的一氧化碳(CO)、氢气(H_2)、甲烷(CH_4)等可燃气体的过程。

3 基本规定

3.0.1 农村居住建筑节能设计应与地区气候相适应，农村地区建筑节能设计气候分区应符合表 3.0.1 的规定。

3.0.2 严寒和寒冷地区农村居住建筑的卧室、起居室等主要功能房间，节能计算冬季室内热环境参数的选取应符合下列规定：

表 3.0.1 农村地区建筑节能设计气候分区

分区名称	热工分区名称	气候区划主要指标	代表性地区
I	严寒地区	1月平均气温≤−11℃，7月平均气温≤25℃	漠河、图里河、黑河、嫩江、海拉尔、博克图、新巴尔虎右旗、呼玛、伊春、阿尔山、狮泉河、改则、班戈、那曲、申扎、刚察、玛多、曲麻莱、杂多、达日、托托河、东乌珠穆沁旗、哈尔滨、通河、尚志、牡丹江、泰来、安达、宝清、富锦、海伦、敦化、齐齐哈尔、虎林、鸡西、绥芬河、桦甸、锡林浩特、二连浩特、多伦、富蕴、阿勒泰、丁青、索县、冷湖、都兰、同德、玉树、大柴旦、若尔盖、蔚县、长春、四平、沈阳、呼和浩特、赤峰、达尔罕联合旗、集安、临江、长岭、前郭尔罗斯、延吉、大同、额济纳旗、张掖、乌鲁木齐、塔城、德令哈、格尔木、西宁、克拉玛依、日喀则、隆子、稻城、甘孜、德钦
II	寒冷地区	1月平均气温−11～0℃，7月平均气温18℃～28℃	承德、张家口、乐亭、太原、锦州、朝阳、营口、丹东、大连、青岛、潍坊、海阳、日照、菏泽、临沂、离石、卢氏、榆林、延安、兰州、天水、银川、中宁、伊宁、喀什、和田、马尔康、拉萨、昌都、林芝、北京、天津、石家庄、保定、邢台、沧州、济南、德州、定陶、郑州、安阳、徐州、亳州、西安、哈密、库尔勒、吐鲁番、铁干里克、若羌
III	夏热冬冷地区	1月平均气温0～10℃，7月平均气温25℃～30℃	上海、南京、盐城、泰州、杭州、温州、丽水、舟山、合肥、铜陵、宁德、蚌埠、南昌、赣州、景德镇、吉安、广昌、邵武、三明、驻马店、固始、平顶山、上饶、武汉、沙市、老河口、随州、远安、恩施、长沙、永州、张家界、涟源、韶关、汉中、略阳、山阳、安康、成都、平武、达州、内江、重庆、桐仁、凯里、桂林、西昌*、酉阳*、贵阳*、遵义*、桐梓*、大理*

续表 3.0.1

分区名称	热工分区名称	气候区划主要指标	代表性地区
IV	夏热冬暖地区	1月平均气温＞10℃，7月平均气温25℃～29℃	福州、泉州、漳州、广州、梅州、汕头、茂名、南宁、梧州、河池、百色、北海、萍乡、元江、景洪、海口、琼中、三亚、台北

注：带 * 号地区在建筑热工分区中属温和 A 区，围护结构限值按夏热冬冷地区的相关参数执行。

1 室内计算温度应取 14℃；

2 计算换气次数应取 0.5h^{-1}。

3.0.3 夏热冬冷地区农村居住建筑的卧室、起居室等主要功能房间，节能计算室内热环境参数的选取应符合下列规定：

1 在无任何供暖和空气调节措施下，冬季室内计算温度应取 8℃，夏季室内计算温度应取 30℃；

2 冬季房间计算换气次数应取 1h^{-1}，夏季房间计算换气次数应取 5h^{-1}。

3.0.4 夏热冬暖地区农村居住建筑的卧室、起居室等主要功能房间，在无任何空气调节措施下，节能计算夏季室内计算温度应取 30℃。

3.0.5 农村居住建筑应充分利用建筑外部环境因素创造适宜的室内环境。

3.0.6 农村居住建筑节能设计宜采用可再生能源利用技术，也可采用常规能源和可再生能源集成利用技术。

3.0.7 农村居住建筑节能设计应总结并采用当地有效的保暖降温经验和措施，并应与当地民居建筑设计风格相协调。

4 建筑布局与节能设计

4.1 一般规定

4.1.1 农村居住建筑的选址与布置应根据不同的气候区进行选择。严寒和寒冷地区应有利于冬季日照和冬季防风，并应有利于夏季通风；夏热冬冷地区应有利于夏季通风，并应兼顾冬季防风；夏热冬暖地区应有利于自然通风和夏季遮阳。

4.1.2 农村居住建筑的平面布局和立面设计应有利于冬季日照和夏季通风。门窗洞口的开启位置应有利于自然采光和自然通风。

4.1.3 农村居住建筑宜采用被动式太阳房满足冬季供暖需求。

4.2 选址与布局

4.2.1 严寒和寒冷地区农村居住建筑宜建在冬季避

风的地段，不宜建在洼地、沟底等易形成"霜洞"的凹地处。

4.2.2 农村居住建筑的间距应满足日照、采光、通风、防灾、视觉卫生等要求。

4.2.3 农村居住建筑的南立面不宜受到过多遮挡。建筑与庭院里植物的距离应满足采光与日照的要求。

4.2.4 农村居住建筑建造在山坡上时，应根据地形依山势而建，不宜进行过多的挖土填方。

4.2.5 严寒和寒冷地区、夏热冬冷地区的农村居住建筑，宜采用双拼式、联排式或叠拼式集中布置。

4.3 平立面设计

4.3.1 严寒和寒冷地区农村居住建筑的体形宜简单、规整，平立面不宜出现过多的局部凸出或凹进的部位。开口部位设计应避开当地冬季的主导风向。

4.3.2 夏热冬冷和夏热冬暖地区农村居住建筑的体形宜错落、丰富，并宜有利于夏季遮阳及自然通风。开口部位设计应利用当地夏季主导风向，并宜有利于自然通风。

4.3.3 农村居住建筑的主朝向宜采用南北朝向或接近南北朝向，主要房间宜避开冬季主导风向。

4.3.4 农村居住建筑的开间不宜大于 6m，单面采光房间的进深不宜大于 6m。严寒和寒冷地区农村居住建筑室内净高不宜大于 3m。

4.3.5 农村居住建筑的房间功能布局应合理、紧凑、互不干扰，并应方便生活起居与节能。卧室、起居室等主要房间宜布置在南侧或内墙侧，厨房、卫生间、储藏室等辅助房间宜布置在北侧或外墙侧。夏热冬暖地区农村居住建筑的卧室宜设在通风好、不潮湿的房间。

4.3.6 严寒和寒冷地区农村居住建筑的外窗面积不应过大，南向宜采用大窗，北向宜采用小窗，窗墙面积比限值宜符合表 4.3.6 的规定。

表 4.3.6 严寒和寒冷地区农村居住建筑的窗墙面积比限值

朝 向	窗墙面积比	
	严寒地区	寒冷地区
北	≤0.25	≤0.30
东 、西	≤0.30	≤0.35
南	≤0.40	≤0.45

4.3.7 严寒和寒冷地区农村居住建筑应采用传热系数较小、气密性良好的外门窗，不宜采用落地窗和凸窗。

4.3.8 夏热冬冷和夏热冬暖地区农村居住建筑的外墙，宜采用外反射、外遮阳及垂直绿化等外隔热措施，并应避免对窗口通风产生不利影响。

4.3.9 农村居住建筑外窗的可开启面积应有利于室

内通风换气。严寒和寒冷地区农村居住建筑外窗的可开启面积不应小于外窗面积的 25%；夏热冬冷和夏热冬暖地区农村居住建筑外窗的可开启面积不应小于外窗面积的 30%。

4.4 被动式太阳房设计

4.4.1 被动式太阳房应朝南向布置，当正南向布置有困难时，不宜偏离正南向±30°以上。主要供暖房间宜布置在南向。

4.4.2 建筑间距应满足冬季供暖期间，在 9 时～15 时对集热面的遮挡不超过 15%的要求。

4.4.3 被动式太阳房的净高不宜低于 2.8m，房屋进深不宜超过层高的 2 倍。

4.4.4 被动式太阳房的出入口应采取防冷风侵入的措施。

4.4.5 被动式太阳房应采用吸热和蓄热性能高的围护结构及保温措施。

4.4.6 透光材料应表面平整、厚度均匀，太阳透射比应大于 0.76。

4.4.7 被动式太阳房应设置防止夏季室内过热的通风窗口和遮阳措施。

4.4.8 被动式太阳房的南向玻璃透光面应设夜间保温装置。

4.4.9 被动式太阳房应根据房间的使用性质选择适宜的集热方式。以白天使用为主的房间，宜采用直接受益式或附加阳光间式[图 4.4.9(a)和图 4.4.9(b)]；以夜间使用为主的房间，宜采用具有较大蓄热能力的集热蓄热墙式[图 4.4.9(c)]。

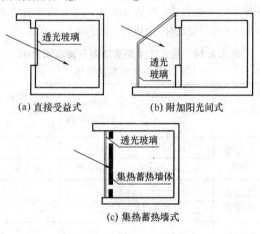

(a) 直接受益式　　(b) 附加阳光间式

(c) 集热蓄热墙式

图 4.4.9 被动式太阳房示意

4.4.10 直接受益式太阳房的设计应符合下列规定：
    1 宜采用双层玻璃；
    2 屋面集热窗应采取屋面防风、雨、雪措施。

4.4.11 附加阳光间式太阳房的设计应符合下列规定：
    1 应组织好阳光间内热空气与室内的循环，阳光间与供暖房间之间的公共墙上宜开设上下通风口；

2 阳光间进深不宜过大，单纯作为集热部件的阳光间进深不宜大于 0.6m；兼做使用空间时，进深不宜大于 1.5m；

3 阳光间的玻璃不宜直接落地，宜高出室内地面 0.3m～0.5m。

4.4.12 集热蓄热墙式太阳房的设计应符合下列规定：

1 集热蓄热墙应采用吸收率高、耐久性强的吸热外饰材料。透光罩的透光材料与保温装置、边框构造应便于清洗和维修。

2 集热蓄热墙宜设置通风口。通风口的位置应保证气流通畅，并应便于日常维修与管理；通风口处宜设置止回风阀并采取保温措施。

3 集热蓄热墙体应有较大的热容量和导热系数。

4 严寒地区宜选用双层玻璃，寒冷地区可选用单层玻璃。

4.4.13 被动式太阳房蓄热体面积应为集热面积的 3 倍以上，蓄热体的设计应符合下列规定：

1 宜利用建筑结构构件设置蓄热体；蓄热体宜直接接收阳光照射；

2 应采用成本低、比热容大，性能稳定、无毒、无害，吸热放热快的蓄热材料；

3 蓄热地面、墙面不宜铺设地毯、挂毯等隔热材料；

4 有条件时宜设置专用的水墙或相变材料蓄热。

4.4.14 被动式太阳房南向玻璃窗的开窗面积，应保证在冬季通过窗户的太阳得热量大于通过窗户向外散发的热损失。南向窗墙面积比及对应的外窗传热系数限值宜根据不同集热方式，按表 4.4.14 选取。当不符合表 4.4.14 中限值规定时，宜进行节能性能计算确定。

表 4.4.14 被动式太阳房南向开窗面积大小
及外窗的传热系数限值

集热方式	冬季日照率 ρ_s	南向窗墙面积比限值	外窗传热系数限值 W/(m²·K)
直接受益式	$\rho_s \geqslant 0.7$	$\geqslant 0.5$	$\leqslant 2.5$
	$0.7 > \rho_s \geqslant 0.55$	$\geqslant 0.55$	$\leqslant 2.5$
集热蓄热墙式	$\rho_s \geqslant 0.7$	—	$\leqslant 6.0$
	$0.7 > \rho_s \geqslant 0.55$		
附加阳光间式	$\rho_s \geqslant 0.7$	$\geqslant 0.6$	$\leqslant 4.7$
	$0.7 > \rho_s \geqslant 0.55$	$\geqslant 0.7$	$\leqslant 4.7$

5 围护结构保温隔热

5.1 一 般 规 定

5.1.1 严寒和寒冷地区农村居住建筑宜采用保温性能好的围护结构构造形式；夏热冬冷和夏热冬暖地区农村居住建筑宜采用隔热性能好的重质围护结构构造形式。

5.1.2 农村居住建筑围护结构保温材料宜就地取材，宜采用适于农村应用条件的当地产品。

5.1.3 严寒和寒冷地区农村居住建筑的围护结构，应采取下列节能技术措施：

1 应采用有附加保温层的外墙或自保温外墙；

2 屋面应设置保温层；

3 应选择保温性能和密封性能好的门窗；

4 地面宜设置保温层。

5.1.4 夏热冬冷和夏热冬暖地区农村居住建筑的围护结构，宜采取下列节能技术措施：

1 浅色饰面；

2 隔热通风屋面或被动蒸发屋面；

3 屋顶和东向、西向外墙采用花格构件或爬藤植物遮阳；

4 外窗遮阳。

5.2 围护结构热工性能

5.2.1 严寒和寒冷地区农村居住建筑围护结构的传热系数，不应大于表 5.2.1 中的规定限值。

5.2.2 夏热冬冷和夏热冬暖地区农村居住建筑围护结构的传热系数、热惰性指标及遮阳系数，宜符合表 5.2.2 的规定。

表 5.2.1 严寒和寒冷地区农村居住建筑
围护结构传热系数限值

建筑气候区	围护结构部位的传热系数 K[W/(m²·K)]					
	外墙	屋面	吊顶	外 窗		外门
				南向	其他向	
严寒地区	0.50	0.40	—	2.2	2.0	2.0
		—	0.45			
寒冷地区	0.65	0.50	—	2.8	2.5	2.5

表 5.2.2 夏热冬冷和夏热冬暖地区围护结构
传热系数、热惰性指标及遮阳系数的限值

建筑气候分区	围护结构部位的传热系数 K[W/(m²·K)]、热惰性指标 D 及遮阳系数 SC				
	外墙	屋面	户门	外 窗	
				卧室、起居室	厨房、卫生间、储藏间
夏热冬冷地区	$K \leqslant 1.8$, $D \geqslant 2.5$ $K \leqslant 1.5$, $D < 2.5$	$K \leqslant 1.0$, $D \geqslant 2.5$ $K \leqslant 0.8$, $D < 2.5$	$K \leqslant 3.0$	$K \leqslant 3.2$	$K \leqslant 4.7$
夏热冬暖地区	$K \leqslant 2.0$, $D \geqslant 2.5$ $K \leqslant 1.2$, $D < 2.5$	$K \leqslant 1.0$, $D \geqslant 2.5$ $K \leqslant 0.8$, $D < 2.5$		$K \leqslant 4.0$ $SC \leqslant 0.5$	

5.3 外　墙

5.3.1 严寒和寒冷地区农村居住建筑的墙体应采用保温节能材料，不应使用黏土实心砖。

5.3.2 严寒和寒冷地区农村居住建筑宜根据气候条件和资源状况选择适宜的外墙保温构造形式和保温材料，保温层厚度应经过计算确定。具体外墙保温构造形式和保温层厚度可按本标准附录 A 表 A.0.1 选用。

5.3.3 夹心保温构造外墙不应在地震烈度高于 8 度的地区使用，夹心保温构造的内外叶墙体之间应设置钢筋拉结措施。

5.3.4 外墙夹心保温构造中的保温材料吸水性大时，应设置空气层，保温层和内叶墙体之间应设置连续的隔汽层。

5.3.5 围护结构的热桥部分应采取保温或"断桥"措施，并应符合下列规定：

　　1 外墙出挑构件及附墙部件与外墙或屋面的热桥部位均应采取保温措施；

　　2 外窗（门）洞口室外部分的侧墙面应进行保温处理；

　　3 伸出屋顶的构件及砌体（烟道、通风道等）应进行防结露的保温处理。

5.3.6 夏热冬冷和夏热冬暖地区农村居住建筑根据当地的资源状况，外墙宜采用自保温墙体，也可采用外保温或内保温构造形式。自保温墙体、外保温和内保温构造形式及保温材料厚度可按本标准附录 A 表 A.0.2～表 A.0.4 选用。

5.4 门　窗

5.4.1 农村居住建筑应选用保温性能和密闭性能好的门窗，不宜采用推拉窗，外门、外窗的气密性等级不应低于现行国家标准《建筑外门窗气密、水密、抗风压性能分级及检测方法》GB/T 7106 规定的 4 级。

5.4.2 严寒和寒冷地区农村居住建筑的外窗宜增加夜间保温措施。

5.4.3 夏热冬冷和夏热冬暖地区农村居住建筑向阳面的外窗及透明玻璃门，应采取遮阳措施。外窗设置外遮阳时，除应遮挡太阳辐射外，还应避免对窗口通风特性产生不利影响。外遮阳形式及遮阳系数可按本标准附录 A 表 A.0.5 选用。

5.4.4 严寒和寒冷地区农村居住建筑出入口应采取必要的保温措施，宜设置门斗、双层门、保温门帘等。

5.5 屋　面

5.5.1 严寒和寒冷地区农村居住建筑的屋面应设置保温层，屋架承重的坡屋面保温层宜设置在吊顶内，钢筋混凝土屋面的保温层应设在钢筋混凝土结构层上。

5.5.2 严寒和寒冷地区农村居住建筑的屋面保温构

造形式和保温材料厚度，可按本标准附录 A 表 A.0.6 选用。

5.5.3 夏热冬冷和夏热冬暖地区农村居住建筑的屋面保温构造形式和保温材料厚度，可按本标准附录 A 表 A.0.7 选用。

5.5.4 夏热冬冷和夏热冬暖地区农村居住建筑的屋面可采用种植屋面，种植屋面应符合现行行业标准《种植屋面工程技术规程》JGJ 155 的有关规定。

5.6 地　面

5.6.1 严寒地区农村居住建筑的地面宜设保温层，外墙在室内地坪以下的垂直墙面应增设保温层。地面保温层下方应设置防潮层。

5.6.2 夏热冬冷和夏热冬暖地区地面宜做防潮处理，也可采取地表面采用蓄热系数小的材料或采用带有微孔的面层材料等防潮措施。

6　供暖通风系统

6.1 一般规定

6.1.1 农村居住建筑供暖设计应与建筑设计同步进行，应结合建筑平面和结构，对灶、烟道、烟囱、供暖设施等进行综合布置。

6.1.2 严寒和寒冷地区农村居住建筑应根据房间耗热量、供暖需求特点、居民生活习惯以及当地资源条件，合理选用火炕、火墙、火炉、热水供暖系统等一种或多种供暖方式，并宜利用生物质燃料。夏热冬冷地区农村居住建筑宜采用局部供暖设施。

6.1.3 农村居住建筑夏季宜采用自然通风方式进行降温和除湿。

6.1.4 供暖用燃烧器具应符合国家现行相关产品标准的规定，烟气流通设施应进行气密性设计处理。

6.2 火炕与火墙

6.2.1 农村居住建筑有供暖需求的房间宜设置灶连炕。

6.2.2 火炕的炕体形式应结合房间需热量、布局、居民生活习惯等确定。房间面积较小、耗热量低、生火间歇较短时，宜选用散热性能好的架空炕；房间面积较大、耗热量高、生火间歇较长时，宜选用火墙式火炕、地炕或蓄热能力强的落地炕，辅以其他即热性好的供暖方式，应用时应符合下列规定：

　　1 架空炕的底部空间应保证空气流通良好，宜至少有两面炕墙距离其他墙体不低于 0.5m；炕面板宜采用大块钢筋混凝土板；

　　2 落地炕应在炕洞底部和靠外墙侧设置保温层，炕洞底部宜铺设 200mm～300mm 厚的干土，外墙侧可选用炉渣等材料进行保温处理。

6.2.3 火炕炕体设计应符合下列规定：

1 火炕内部烟道应遵循"前引后导"的布置原则。热源强度大、持续时间长的炕体宜采用花洞式烟道；热源强度小、持续时间短的炕体宜采用设后分烟板的简单直洞烟道。

2 烟气入口的喉眼处宜设置火舌，不宜设置落灰膛。

3 烟道高度宜为 180mm～400mm，且坡度不应小于 5‰；进烟口上檐宜低于炕面板下表面 50mm～100mm。

4 炕面应平整，抹面层炕头宜比炕梢厚，中部宜比里外厚。

5 炕体应进行气密性处理。

6.2.4 烟囱的建造和节能设计应符合下列规定：

1 烟囱宜与内墙结合或设置在室内角落；当设置在外墙时，应进行保温和防潮处理；

2 烟囱内径宜上面小、下面大，且内壁面应光滑、严密；烟囱底部应设回风洞；

3 烟囱口高度宜高于屋脊。

6.2.5 与火炕连通的炉灶间歇性使用时，其灶门等进风口应设置挡板，烟道出口处宜设置可启闭阀门。

6.2.6 灶连炕的构造和节能设计应符合下列规定：

1 烟囱与灶相邻布置时，灶宜设置双喉眼；

2 灶的结构尺寸应与锅的尺寸、使用的主要燃料相适应，并应减少拦火程度；

3 炕体烟道宜选用倒卷帘式；

4 灶台高度宜低于室内炕面 100mm～200mm。

6.2.7 火墙式火炕的构造和节能设计应符合下列规定：

1 火墙燃烧室净高宜为 300mm～400mm，燃烧室与炕面中间应设 50mm～100mm 空气夹层。燃烧室与炕体间侧壁上宜设通气孔。

2 火墙和火炕宜共用烟囱排烟。

6.2.8 火墙的构造和节能设计应符合下列规定：

1 火墙的长度宜为 1.0m～2.0m，高度宜为 1.0m～1.8m；

2 火墙应有一定的蓄热能力，砌筑材料宜采用实心黏土砖或其他蓄热材料，砌体的有效容积不宜小于 0.2m³；

3 火墙应靠近外窗、外门设置；火墙砌体的散热面宜设置在下部；

4 两侧面同时散热的火墙靠近外墙布置时，与外墙间距不应小于 150mm。

6.2.9 地炕的构造和节能设计应符合下列规定：

1 燃烧室的进风口应设调节阀门，炉门和清灰口应设关断阀门；烟囱顶部应设可关闭风帽；

2 燃烧室后应设除灰室、隔尘壁；

3 应根据各房间所需热量和烟气温度布置烟道；

4 燃烧室的池壁距离墙体不应小于 1.0m；

5 水位较高或潮湿地区，燃烧室的池底应进行防水处理；

6 燃烧室盖板宜采用现场浇筑的施工方式，并应进行气密性处理。

6.3 重力循环热水供暖系统

6.3.1 农村居住建筑宜采用重力循环散热器热水供暖系统。

6.3.2 重力循环热水供暖系统的管路布置宜采用异程式，并应采取保证各环路水力平衡的措施。单层农村居住建筑的热水供暖系统宜采用水平双管式，二层及以上农村居住建筑的热水供暖系统宜采用垂直单管顺流式。

6.3.3 重力循环热水供暖系统的作用半径，应根据供暖炉加热中心与散热器散热中心高度差确定。

6.3.4 供暖炉的选择与布置应符合下列规定：

1 应采用正规厂家生产的热效率高、环保型铁制炉具；

2 应根据燃料的类型选择适用的供暖炉类型；

3 供暖炉的炉体应有良好保温；

4 宜选择带排烟热回收装置的燃煤供暖炉，排烟温度高时，宜在烟囱下部设置水烟囱等回收排烟余热；

5 供暖炉宜布置在专门锅炉间内，不得布置在卧室或与其相通的房间内；供暖炉设置位置宜低于室内地坪 0.2m～0.5m；供暖炉应设置烟道。

6.3.5 散热器的选择和布置应符合下列规定：

1 散热器宜布置在外窗窗台下，当受安装高度限制或布置管道有困难时，也可靠内墙安装；

2 散热器宜明装，暗装时装饰罩应有合理的气流通道、足够的通道面积，并应方便维修。

6.3.6 重力循环热水供暖系统的管路布置，应符合下列规定：

1 管路布置宜短、直，弯头、阀门等部件宜少；

2 供水、回水干管的直径应相同；

3 供水、回水干管敷设时，应有坡向供暖炉 0.5%～1.0% 的坡度；

4 供水干管宜高出散热器中心 1.0m～1.5m，回水干管宜沿地面敷设，当回水干管过门时，应设置过门地沟；

5 敷设在室外、不供暖房间、地沟或顶棚内的管道应进行保温，保温材料宜采用岩棉、玻璃棉或聚氨酯硬质泡沫塑料，保温层厚度不宜小于 30mm。

6.3.7 阀门与附件的选择和布置应符合下列规定：

1 散热器的进、出水支管上应安装关断阀门，关断阀门宜选用阻力较小的闸板阀或球阀；

2 膨胀水箱的膨胀管上严禁安装阀门；

3 单层农村居住建筑热水供暖系统的膨胀水箱宜安装在室内靠近供暖炉的回水总干管上，其底端安装高度宜高出供水干管 30mm～50mm；二层以上农村居住建筑热水供暖系统的膨胀水箱宜安装在上层系统供水干管的末端，且膨胀水箱的安装位置应高出供水干管 50mm～100mm；

　　4　供水干管末端及中间上弯处应安装排气装置。

6.4　通风与降温

6.4.1　农村居住建筑的起居室、卧室等房间宜利用穿堂风增强自然通风。风口开口位置及面积应符合下列规定：

　　1　进风口和出风口宜分别设置在相对的立面上；

　　2　进风口应大于出风口；开口宽度宜为开间宽度的 1/3～2/3，开口面积宜为房间地板面积的 15%～25%；

　　3　门窗、挑檐、通风屋脊、挡风板等构造的设置，应利于导风、排风和调节风向、风速。

6.4.2　采用单侧通风时，通风窗所在外墙与夏季主导风向间的夹角宜为 40°～65°。

6.4.3　厨房宜利用热压进行自然通风或设置机械排风装置。

6.4.4　夏热冬冷和夏热冬暖地区农村居住建筑宜采用植被绿化屋面、隔热通风屋面或多孔材料蓄水蒸发屋面等被动冷却降温技术。

6.4.5　当被动冷却降温方式不能满足室内热环境需求时，可采用电风扇或分体式空调降温。分体式空调设备宜选用高能效产品。

6.4.6　分体式空调安装应符合下列规定：

　　1　室内机应靠近室外机的位置安装，并应减少室内明管的长度；

　　2　室外机安放搁板时，其位置应有利于空调器夏季排放热量，并应防止对室内产生热污染及噪声污染。

6.4.7　夏季空调室外空气计算湿球温度较低、干球温度日差大且地表水资源相对丰富的地区，夏季宜采用直接蒸发冷却空调方式。

7　照　　明

7.0.1　农村居住建筑每户照明功率密度值不宜大于表 7.0.1 的规定。当房间的照度值高于或低于表 7.0.1 规定的照度时，其照明功率密度值应按比例提高或折减。

表 7.0.1　每户照明功率密度值

房　间	照明功率密度（W/m²）	对应照度值（lx）
起居室		100
卧　室		75
餐　厅	7	150
厨　房		100
卫生间		100

7.0.2　农村居住建筑应选用节能高效光源、高效灯具及其电器附件。

7.0.3　农村居住建筑的楼梯间、走道等部位宜采用双控或多控开关。

7.0.4　农村居住建筑应按户设置生活电能计量装置，电能计量装置的选取应根据家庭生活用电负荷确定。

7.0.5　农村居住建筑采用三相供电时，配电系统三相负荷宜平衡。

7.0.6　无功功率补偿装置宜根据供配电系统的要求设置。

7.0.7　房间的采光系数或采光窗地面积比，应符合现行国家标准《建筑采光设计标准》GB 50033 的有关规定。

7.0.8　无电网供电地区的农村居住建筑，有条件时，宜采用太阳能、风能等可再生能源作为照明能源。

8　可再生能源利用

8.1　一般规定

8.1.1　农村居住建筑利用可再生能源时，应遵循因地制宜、多能互补、综合利用、安全可靠、讲求效益的原则，选择适宜当地经济和资源条件的技术实施。有条件时，农村居住建筑中应采用可再生能源作为供暖、炊事和生活热水用能。

8.1.2　太阳能利用方式的选择，应根据所在地区气候、太阳能资源条件、建筑物类型、使用功能、农户要求，以及经济承受能力、投资规模、安装条件等因素综合确定。

8.1.3　生物质能利用方式的选择，应根据所在地区生物质资源条件、气候条件、投资规模等因素综合确定。

8.1.4　地热能利用方式的选择，应根据当地气候、资源条件、水资源和环境保护政策、系统能效以及农户对设备投资运行费用的承担能力等因素综合确定。

8.2　太阳能热利用

8.2.1　农村居住建筑中使用的太阳能热水系统，宜按人均日用水量 30L～60L 选取。

8.2.2　家用太阳能热水系统应符合现行国家标准《家用太阳能热水系统技术条件》GB/T 19141 的有关规定，并应符合下列规定：

　　1　宜选用紧凑式直接加热自然循环的家用太阳能热水系统；

　　2　当选用分离式或间接式家用太阳能热水系统时，应减少集热器与贮热水箱之间的管路，并应采取保温措施；

　　3　当用户无连续供热水要求时，可不设辅助热源；

4 辅助热源宜与供暖或炊事系统相结合。

8.2.3 在太阳能资源较丰富地区，宜采用太阳能热水供热供暖技术或主被动结合的空气供暖技术。

8.2.4 太阳能供热供暖系统应做到全年综合利用。太阳能供热供暖系统的设计应符合现行国家标准《太阳能供热采暖工程技术规范》GB 50495 的有关规定。

8.2.5 太阳能集热器的性能应符合现行国家标准《平板型太阳能集热器》GB/T 6424、《真空管型太阳能集热器》GB/T 17581 和《太阳能空气集热器技术条件》GB/T 26976 的有关规定。

8.2.6 利用太阳能供热供暖时，宜设置其他能源辅助加热设备。

8.3 生物质能利用

8.3.1 在具备生物质转换技术条件的地区，宜采用生物质转换技术将生物质资源转化为清洁、便利的燃料后加以使用。

8.3.2 沼气利用应符合下列规定：

1 应确保整套系统的气密性；

2 应选取沼气专用灶具，沼气灶具及零部件质量应符合国家现行有关沼气灶具及零部件标准的规定；

3 沼气管道施工安装、试压、验收应符合现行国家标准《农村家用沼气管路施工安装操作规程》GB 7637 的有关规定；

4 沼气管道上的开关阀应选用气密性能可靠、经久耐用，并通过鉴定的合格产品，且阀孔孔径不应小于 5mm；

5 户用沼气池应做好寒冷季节池体的保温增温

措施，发酵温度不应低于 8℃；

6 规模化沼气工程应对沼气池体进行保温，保温厚度应经过技术经济比较分析后确定；沼气池应采取加热方式维持所需池温。

8.3.3 秸秆气化供气系统应符合现行行业标准《秸秆气化供气系统技术条件及验收规范》NY/T 443 及《秸秆气化炉质量评价技术规范》NY/T 1417 的有关规定。气化机组的气化效率和能量转换率均应大于 70%，灶具热效率应大于 55%。

8.3.4 以生物质固体成型燃料方式进行生物质利用时，应根据燃料规格、燃烧方式及用途等，选用合适的生物质固体成型燃料炉。

8.4 地热能利用

8.4.1 有条件时，寒冷地区或夏热冬冷地区农村居住建筑可采用地源热泵系统进行供暖空调或地热直接供暖。

8.4.2 采用较大规模的地源热泵系统时，应符合现行国家标准《地源热泵系统工程技术规范》GB 50366 的相关规定。

8.4.3 采用地埋管地源热泵系统时，冬季地埋管换热器进口水温宜高于 4℃；地埋管宜采用聚乙烯管（PE80 或 PE40）或聚丁烯管（PB）。

附录 A　围护结构保温隔热构造选用

A.0.1 严寒和寒冷地区农村居住建筑外墙保温构造形式和保温材料厚度，可按表 A.0.1 选用。

表 A.0.1　严寒和寒冷地区农村居住建筑外墙保温构造形式和保温材料厚度

序号	名称	构造简图	构造层次	保温材料厚度（mm）	
				严寒地区	寒冷地区
1	多孔砖墙 EPS 板外保温		1—20 厚混合砂浆 2—240 厚多孔砖墙 3—水泥砂浆找平层 4—胶粘剂 5—EPS 板 6—5 厚抗裂砂浆耐碱玻纤网格布 7—外饰面	70～80	50～60
2	混凝土空心砌块 EPS 板外保温		1—20 厚混合砂浆 2—190 厚混凝土空心砌块 3—水泥砂浆找平层 4—胶粘剂 5—EPS 板 6—5 厚抗裂砂浆耐碱玻纤网格布 7—外饰面	80～90	60～70

序号	名称	构造简图	构造层次	保温材料厚度（mm）	
				严寒地区	寒冷地区
3	混凝土空心砌块 EPS板夹心保温		1—20 厚混合砂浆 2—190 厚混凝土空心砌块 3—EPS 板 4—90 厚混凝土空心砌块 5—外饰面	80～90	60～70
4	非黏土实心砖（烧结普通页岩、煤矸石砖）	EPS板外保温	1—20 厚混合砂浆 2—240 厚非黏土实心砖墙 3—水泥砂浆找平层 4—胶粘剂 5—EPS 板 6—5 厚抗裂胶浆耐碱玻纤网格布 7—外饰面	80～90	60～70
		EPS板夹心保温	1—20 厚混合砂浆 2—120 厚非黏土实心砖墙 3—EPS 板 4—240 厚非黏土实心砖墙 5—外饰面	70～80	50～60
5	草砖墙		1—内饰面（抹灰两道） 2—金属网 3—草砖 4—金属网 5—外饰面（抹灰两道）	300	—
6	草板夹心墙		1—内饰面（混合砂浆） 2—120 厚非黏土实心砖墙 3—隔汽层（塑料薄膜） 4—草板保温层 5—40 空气层 6—240 厚非黏土实心砖墙 7—外饰面	210	140
7	草板墙	钢框架	1—内饰面（混合砂浆） 2—58 厚纸面草板 3—60 厚岩棉 4—58 厚纸面草板 5—外饰面	两层58mm草板；中间60mm岩棉	—

A.0.2 夏热冬冷和夏热冬暖地区农村居住建筑自保温墙体构造形式和材料厚度，可按表 A.0.2 选用。

表 A.0.2　夏热冬冷和夏热冬暖地区农村居住建筑自保温墙体构造形式和材料厚度

序号	名称	构造简图	构造层次	墙体材料厚度（mm）	
				夏热冬冷地区	夏热冬暖地区
1	非黏土实心砖墙体		1—20 厚混合砂浆 2—非黏土实心砖墙 3—外饰面	370	370
2	加气混凝土墙体		1—20 厚混合砂浆 2—加气混凝土砌块 3—外饰面	200	200
3	多孔砖墙体		1—20 厚混合砂浆 2—多孔砖 3—外饰面	370	240

A.0.3 夏热冬冷和夏热冬暖地区农村居住建筑外墙外保温构造形式和保温材料厚度，可按表 A.0.3 选用。

表 A.0.3　夏热冬冷和夏热冬暖地区农村居住建筑外墙外保温构造形式和保温材料厚度

序号	名称	构造简图	构造层次	保温材料厚度参考值（mm）	
				夏热冬冷地区	夏热冬暖地区
1	非黏土实心砖墙玻化微珠保温砂浆外保温		1—20 厚混合砂浆 2—240 厚非黏土实心砖墙 3—水泥砂浆找平层 4—界面砂浆 5—玻化微珠保温浆料 6—5 厚抗裂砂浆耐碱玻纤网格布 7—外饰面	20～30	15～20

序号	名称	构造简图	构造层次	保温材料厚度参考值（mm）	
				夏热冬冷地区	夏热冬暖地区
2	多孔砖墙玻化微珠保温砂浆外保温		1—20厚混合砂浆 2—200厚多孔砖墙 3—水泥砂浆找平层 4—界面砂浆 5—玻化微珠保温浆料 6—5厚抗裂砂浆耐碱玻纤网格布 7—外饰面	15～20	10～20
3	混凝土空心砌块玻化微珠保温浆料外保温		1—20厚混合砂浆 2—190厚混凝土空心砌块 3—水泥砂浆找平层 4—界面砂浆 5—玻化微珠保温浆料 6—5厚抗裂砂浆耐碱玻纤网格布 7—外饰面	30～40	25～30
4	非黏土实心砖墙胶粉聚苯颗粒外保温		1—20厚混合砂浆 2—240厚非黏土实心砖墙 3—水泥砂浆找平层 4—界面砂浆 5—胶粉聚苯颗粒 6—5厚抗裂砂浆耐碱玻纤网格布 7—外饰面	20～30	15～20
5	多孔砖墙胶粉聚苯颗粒外保温		1—20厚混合砂浆 2—200厚多孔砖墙 3—水泥砂浆找平层 4—界面砂浆 5—胶粉聚苯颗粒 6—5厚抗裂砂浆耐碱玻纤网格布 7—外饰面	20～30	15～20
6	混凝土空心砌块胶粉聚苯颗粒外保温		1—20厚混合砂浆 2—190厚混凝土空心砌块 3—水泥砂浆找平层 4—界面砂浆 5—胶粉聚苯颗粒 6—5厚抗裂砂浆耐碱玻纤网格布 7—外饰面	30～40	20～30

序号	名称	构造简图	构造层次	保温材料厚度参考值（mm）	
				夏热冬冷地区	夏热冬暖地区
7	非黏土实心砖墙 EPS 板外保温		1—20 厚混合砂浆 2—240 厚非黏土实心砖墙 3—水泥砂浆找平层 4—胶粘剂 5—EPS 板 6—5 厚抗裂砂浆耐碱玻纤网格布 7—外饰面	20～30	15～20
8	多孔砖墙 EPS 板外保温		1—20 厚混合砂浆 2—200 厚多孔砖 3—水泥砂浆找平层 4—胶粘剂 5—EPS 板 6—5 厚抗裂砂浆耐碱玻纤网格布 7—外饰面	20～25	15～20
9	混凝土空心砌块 EPS 板外保温		1—20 厚混合砂浆 2—190 厚混凝土空心砌块 3—水泥砂浆找平层 4—胶粘剂 5—EPS 板 6—5 厚抗裂砂浆耐碱玻纤网格布 7—外饰面	20～30	15～20

A.0.4 夏热冬冷和夏热冬暖地区农村居住建筑外墙内保温构造形式和保温材料厚度，可按表 A.0.4 选用。

表 A.0.4 夏热冬冷和夏热冬暖地区农村居住建筑外墙内保温构造形式和保温材料厚度

序号	名称	构造简图	构造层次	保温材料厚度（mm）	
				夏热冬冷地区	夏热冬暖地区
1	非黏土实心砖墙玻化微珠保温砂浆内保温		1—外饰面 2—240 厚非黏土实心砖墙 3—水泥砂浆找平层 4—界面剂 5—玻化微珠保温浆料 6—5 厚抗裂砂浆 7—内饰面	30～40	20～30
2	多孔砖墙玻化微珠保温砂浆内保温		1—外饰面 2—200 厚多孔砖 3—水泥砂浆找平层 4—界面剂 5—玻化微珠保温浆料 6—5 厚抗裂砂浆 7—内饰面	30～40	20～30

序号	名称	构造简图	构造层次	保温材料厚度（mm）	
				夏热冬冷地区	夏热冬暖地区
3	非黏土实心砖墙胶粉聚苯颗粒内保温		1—外饰面 2—240厚非黏土实心砖墙 3—水泥砂浆找平层 4—界面剂 5—胶粉聚苯颗粒 6—5厚抗裂砂浆 7—内饰面	25～35	20～30
4	多孔砖墙胶粉聚苯颗粒内保温		1—外饰面 2—200厚多孔砖 3—水泥砂浆找平层 4—界面剂 5—胶粉聚苯颗粒 6—5厚抗裂砂浆 7—内饰面	25～35	25～30
5	非黏土实心砖墙石膏复合保温板内保温		1—外饰面 2—240厚非黏土实心砖墙 3—水泥砂浆找平层 4—界面剂 5—挤塑聚苯板XPS 6—10厚石膏板	20～30	20～30
6	多孔砖墙石膏复合保温板内保温		1—外饰面 2—200厚多孔砖 3—水泥砂浆找平层 4—界面剂 5—挤塑聚苯板XPS 6—10厚石膏板	20～30	20～30
7	混凝土空心砌块石膏复合保温板内保温		1—外饰面 2—190厚混凝土空心砌块 3—水泥砂浆找平层 4—界面剂 5—挤塑聚苯板XPS 6—10厚石膏板	/	25～30

注："/"表示该构造热惰性指标偏低，围护结构热稳定性差，不建议采用。

A.0.5 夏热冬冷和夏热冬暖地区外遮阳形式及遮阳系数，可按表 A.0.5 选用。

表 A.0.5 外遮阳形式及遮阳系数

外遮阳形式	性能特点	外遮阳遮阳系数	适用范围
水平式外遮阳		0.85～0.90	接近南向的外窗
垂直式外遮阳		0.85～0.90	东北、西北及北向附近的外窗
挡板式外遮阳		0.65～0.75	东、西向附近的外窗
横百叶挡板式外遮阳		0.35～0.45	东、西向附近的外窗
竖百叶挡板式外遮阳		0.35～0.45	东、西向附近的外窗

注：1 有外遮阳时，遮阳系数为玻璃的遮阳系数与外遮阳的遮阳系数的乘积；
　　2 无外遮阳时，遮阳系数为玻璃的遮阳系数。

A.0.6 严寒和寒冷地区农村居住建筑屋面保温构造形式和保温材料厚度，可按表 A.0.6 选用。

表 A.0.6 严寒和寒冷地区农村居住建筑屋面保温构造形式和保温材料厚度

序号	名称	构造简图	构造层次		保温材料厚度（mm）	
					严寒地区	寒冷地区
1	木屋架坡屋面		1—面层(彩钢板/瓦等) 2—防水层 3—望板 4—木屋架层		—	
			5—保温层	锯末、稻壳	250	200
				EPS 板	110	90
			6—隔汽层(塑料薄膜) 7—棚板(木/苇板/草板) 8—吊顶		—	

续表 A.0.6

序号	名称	构造简图	构造层次		保温材料厚度（mm）	
					严寒地区	寒冷地区
2	钢筋混凝土坡屋面 EPS/XPS 板外保温		1—保护层 2—防水层 3—找平层		—	
			4—保温层	EPS 板	110	90
				XPS 板	80	60
			5—隔汽层 6—找平层 7—钢筋混凝土屋面板		—	
3	钢筋混凝土平屋面 EPS/XPS 板外保温		1—保护层 2—防水层 3—找平层 4—找坡层		—	
			5—保温层	EPS 板	110	90
				XPS 板	80	60
			6—隔汽层 7—找平层 8—钢筋混凝土屋面板		—	

A.0.7 夏热冬冷和夏热冬暖地区农村居住建筑屋面保温构造形式和保温材料厚度，可按表 A.0.7 选用。

表 A.0.7 夏热冬冷和夏热冬暖地区农村居住建筑屋面保温构造形式和保温材料厚度

序号	名称	构造简图	构造层次		保温材料厚度（mm）	
					夏热冬冷地区	夏热冬暖地区
1	木屋架坡屋面		1—屋面板或屋面瓦 2—木屋架结构		—	—
			3—保温层	锯末、稻壳等	80	80
				EPS 板	60	60
				XPS 板	40	40
			4—棚板 5—吊顶层		—	—

序号	名称	构造简图	构造层次		保温材料厚度（mm）	
					夏热冬冷地区	夏热冬暖地区
2	钢筋混凝土坡屋面		1—屋面瓦 2—防水层 3—20厚1：2.5水泥砂浆找平层		—	—
			4—保温层	憎水珍珠岩板	110	110
				EPS板	50	50
				XPS板	35	35
			5—20厚1：3.0水泥砂浆 6—钢筋混凝土屋面板			
3	通风隔热屋面		1—40厚钢筋混凝土板 2—180厚通风空气间层 3—防水层 4—20厚1：2.5水泥砂浆找平层 5—水泥炉渣找坡		—	—
			6—保温层	憎水珍珠岩板	60	60
				XPS板	20	20
			7—20厚1：3.0水泥砂浆 8—钢筋混凝土屋面板			
4	正铺法钢筋混凝土平屋面		1—饰面层（或覆土层） 2—细石混凝土保护层 3—防水层 4—找坡层			
			5—保温层	憎水珍珠岩板	80	80
				XPS板	25	25
			6—20厚1：3.0水泥砂浆 7—钢筋混凝土屋面板		—	—

序号	名称	构造简图	构造层次	保温材料厚度（mm）	
				夏热冬冷地区	夏热冬暖地区
5	倒铺法钢筋混凝土平屋面		1—饰面层（或覆土层） 2—细石混凝土保护层	—	—
			3—XPS板保温层	25	25
			4—防水层 5—20厚1：3.0水泥砂浆找平层 6—找坡层 7—钢筋混凝土屋面板	—	—

本标准用词说明

1 为了便于在执行本标准条文时区别对待，对要求严格程度不同的用词说明如下：

　　1）表示很严格，非这样做不可的用词：

　　　正面词采用"必须"，反面词采用"严禁"；

　　2）表示严格，在正常情况下均应这样做的用词：

　　　正面词采用"应"，反面词采用"不应"或"不得"；

　　3）表示允许稍有选择，在条件许可时首先应这样做的用词：

　　　正面词采用"宜"，反面词采用"不宜"；

　　4）表示有选择，在一定条件下可以这样做的，采用"可"。

2 条文中指明应按其他有关标准执行的写法为："应符合……的规定"或"应按……执行"。

引用标准名录

1 《建筑采光设计标准》GB 50033

2 《地源热泵系统工程技术规范》GB 50366

3 《太阳能供热采暖工程技术规范》GB 50495

4 《平板型太阳能集热器》GB/T 6424

5 《建筑外门窗气密、水密、抗风压性能分级及检测方法》GB/T 7106

6 《农村家用沼气管路施工安装操作规程》GB 7637

7 《真空管型太阳能集热器》GB/T 17581

8 《家用太阳能热水系统技术条件》GB/T 19141

9 《太阳能空气集热器技术条件》GB/T 26976

10 《种植屋面工程技术规程》JGJ 155

11 《秸秆气化供气系统技术条件及验收规范》NY/T 443

12 《秸秆气化炉质量评价技术规范》NY/T 1417

中华人民共和国国家标准

农村居住建筑节能设计标准

GB/T 50824—2013

条 文 说 明

制 订 说 明

《农村居住建筑节能设计标准》GB/T 50824 - 2013，经住房和城乡建设部 2012 年 12 月 25 日以第 1608 号公告批准、发布。

为便于各单位和有关人员在使用本标准时能正确理解和执行条文规定，《农村居住建筑节能设计标准》编制组按章、节、条顺序编制了本标准的条文说明，对条文规定的目的、依据及执行中需注意的有关事项进行了说明。但是，本条文说明不具备与标准正文同等的法律效力，仅供使用者作为理解和把握标准规定的参考。

目　次

1 总 则

1.0.1 目前我国农村地区人口近 8 亿,占全国人口总数的 60% 左右。农村地区共有房屋建筑面积约 278 亿 m²,其中 90% 以上是居住建筑,约占全国房屋建筑面积的 65%。我国农村居住建筑建设一直属于农民的个人行为,农村居住建筑的基础标准不完善,设计、建造施工水平较低。近年来,随着我国农村经济的发展和农民生活水平的提高,农村的生活用能急剧增加,农村能源商品化倾向特征明显。北方地区农村居住建筑绝大部分未进行保温处理,建筑外门窗热工性能和气密性较差;供暖设备简陋、热效率低,室内热环境恶劣,造成大量的能源浪费,冬季供暖能耗约占生活能耗的 80%。南方地区农村居住建筑一般没有隔热降温措施,夏季室温普遍高于 30℃ 以上,居住舒适性差。综上所述,农村居住建筑节能工作亟待加强,推进农村居住建筑节能已成为当前村镇建设的重要内容之一。

目前我国建筑节能技术的研究主要集中在城市,颁布的节能目标和强制性标准主要针对城市建筑。农村居住建筑的特点、农民的生活作息习惯及技术经济条件等决定了其在室温标准、节能率及设计原则上都不同于城市居住建筑。随着新农村建设的开展,农村地区大量建设新型节能建筑或对既有居住建筑进行节能改造,但农村居住建筑应达到什么样的节能标准,目前只是照搬城市居住建筑标准,具有很大盲目性。因此,应结合农村居住建筑的特点及技术经济条件,合理确定节能率,引导农民采用新型节能舒适的围护结构和高效供暖、通风、照明节能设施,并合理利用可再生能源。

为了推进我国农村居住建筑节能工程的建设,规范我国农村居住建筑的平立面节能设计和围护结构的保温隔热技术,提高农村居住建筑室内供暖、通风、照明等用能设施的能效,改善室内热舒适性,促进适合农村居住建筑的节能新技术、新工艺、新材料和新设备在全国范围内推广应用,制定本标准。

1.0.2 本标准所指的农村居住建筑为农村集体土地上建造的用于农民居住的分散独立式、集中分户独立式(包括双拼式和联排式)低层建筑,不包括多层单元式住宅和窑洞等特殊居住建筑。对于严寒和寒冷地区,本标准所指的农村居住建筑为二层及以下的建筑。

3 基 本 规 定

3.0.1 气候是影响我国各地区建筑的重要因素。不同地区的建筑形式、建筑能耗特点均受到气候影响。北方地区建筑以保温为主,而南方地区建筑以夏季隔热降温为主。总体而言,我国建筑气候区划主要有五大气候区(图 1),即严寒地区、寒冷地区、夏热冬冷地区、夏热冬暖地区和温和地区。

图 1 中国建筑气候区划图

在现行标准《严寒和寒冷地区居住建筑节能设计标准》JGJ 26 中,采用供暖度日数 HDD18 和空调度日数 CDD26 作为气候分区指标。我国农村地区幅员辽阔,为便于农村地区应用,本标准以最冷月和最热月的平均温度作为分区标准。分区时,考虑了与国家现行标准《严寒和寒冷地区居住建筑节能设计标准》JGJ 26、《夏热冬冷地区居住建筑节能设计标准》JGJ 134 的一致性。

3.0.2 本参数为建筑节能计算参数,而非供暖和空调设计室内计算参数。

严寒和寒冷地区的冬季室内计算温度对围护结构的热工性能指标的确定有重要影响,该参数的确定是基于农村居住建筑的供暖特点,通过大量的实际调研获得的。严寒和寒冷地区农村居住建筑冬季室内温度偏低,普遍低于城市居住建筑的室内温度,并且不同用户的室内温度差距大。根据调查与测试结果,严寒和寒冷地区农村冬季大部分住户的卧室和起居室温度范围为 5℃~13℃,超过 80% 的农户认为冬季较舒适的供暖室内温度为 13℃~16℃。由于农民经常进出室内外,这种与城镇居民不同的生活习惯,导致了不同穿衣习惯,因此农民对热舒适认同的标准与城市居民也不同。

门窗的密封性能直接影响冬季冷风渗透量,进而影响冬季室内热环境。根据实测结果发现,如果门窗密封性能满足现行国家标准《建筑外门窗气密、水密、抗风压性能分级及检测方法》GB/T 7106 规定的 4 级,门窗关闭时,房间换气次数基本维持在 0.5h⁻¹ 左右。由于农民有经常进出室内外的习惯,导致外门时常开启,因此其冬季换气次数一般为 0.5h⁻¹ ~1.0h⁻¹。如果室内没有过多污染源(如室内直接燃烧生物质燃料等),此换气次数范围既能够同时满足室内空气品质的基本要求,满足人员卫生需求。

3.0.3 夏热冬冷地区的冬季虽没有北方地区寒冷,

但由于湿度较大，常给人阴冷的感觉，而夏季天气炎热。该气候区建筑既要考虑冬季保温，又要考虑夏季隔热。室内热环境指标需要基于当地农民的经济水平、生活习惯、对室内环境期望值以及能源合理利用等方面来确定，既要与经济水平、生活模式相适应，又不能给当地能源带来压力。

根据调查和测试结果，该气候区冬季室内平均温度一般为 4℃～5℃，有时甚至低于 0℃，大多数农民对室内热环境并不满意，超过半数的农民认为冬季白天过冷，超过 97% 的农民认为冬季夜间过冷。在无任何室内供暖措施下，如果将室内最低温度提高至 8℃，则能够满足该气候区农民的心理预期和日常生活需要。通过围护结构热工性能的改善和当地农民合理的行为模式，能够基本达到上述目标。

夏季室内热环境满意程度要好于冬季，虽然有超过半数的农民对夏季室内热环境不满意，但多数认为只要室内温度不高于 30℃，就比较舒适。该目标通过围护结构热工性能的改善也是能够实现的。

房间换气次数同样是室内热环境的重要指标之一，这是保证室内卫生条件的重要措施。由于农民有在室内直接燃烧生物质的习惯，为了保证室内空气品质，又不能严重影响冬季室内热环境，换气次数宜取 $1h^{-1}$。夏季自然通风是农村居住建筑降温的重要措施，开启门窗后，房间换气次数可达到 $5.0h^{-1}$ 以上。

3.0.4 根据调查与测试结果，夏热冬暖地区冬季室外温暖，绝大部分时间房间自然室温高于 10℃，能基本满足当地居民可接受的热舒适条件。夏季由于当地气候炎热潮湿，造成室内高温（自然室温高于 30℃）时段持续时间长。考虑到农民的经济水平、可接受的热舒适条件，仍把自然室温 30℃ 作为室内热环境设计指标，认为自然室温低于 30℃ 则相对舒适。

3.0.5 农村居住建筑的外部环境因素如地表、地势、植被、水体、土壤、方位及朝向等，将直接影响到建筑的日照得热、采光和通风，并进而左右建筑室内环境的质量，因此在选址与建设时，要尽量利用外部环境因地制宜地满足建筑日照、采光、通风、供暖、降温、给水、排水等的需求，创造具有良好调节能力的室内环境，减少对供暖设施、空调等人工调节设备的依赖。

3.0.7 各地民居特色的形成，除了有地域文化因素外，很大程度是由当地气候、地理因素所致，一些传统的保温经验及措施，不但有效，又有很好的地区适宜性，因此建筑节能设计时，应吸收和借鉴，同时应注重对当地民居特色的传承。

4 建筑布局与节能设计

4.1 一般规定

4.1.1 日照、天然采光和自然通风是农村居住建

重要的室内环境调节手段。充足的日照是提升严寒和寒冷地区、夏热冬冷地区农村居住建筑冬季室内温度的有效手段，而夏季遮阳则是降低夏热冬冷和夏热冬暖地区农村居住建筑室内温度的必要举措。

强调农村居住建筑良好的自然通风主要有两个目的，一是为了改善室内热环境，增加热舒适感；二是为了提高通风空调设备的效率，因为建筑群良好的通风可以提高空调设备的冷凝器工作效率，有利于节省设备的运行能耗。

在严寒和寒冷地区，重点考虑防止冬季冷风渗透而增加供暖能耗，同时兼顾夏季自然通风的有效利用。在夏热冬冷和夏热冬暖地区，则重点考虑利用自然通风改善室内的热舒适度，减少夏季空调能耗。

4.1.2 日照直接影响居室的热环境和建筑能耗，同时也是影响住户心理感受和身体健康的重要因素，在农村居住建筑设计中是一个不可缺少的环节。

房间有良好的自然通风，一是可以显著地降低房间自然室温，为居住者提供更多时间生活在自然室温环境的可能性；二是能够有效地缩短房间空调器开启的时间，节能效果明显。房间的自然进风设计要使窗口开启朝向和窗扇的开启方式有利于向房间导入室外风，房间的自然排风设计要能保证利用常开的房门、户门、外窗、专用通风口等，直接或间接（通过与室外连通的走道、楼梯间、天井等）向室外顺畅地排风。

4.1.3 被动式太阳房是一种最简单、最有效的冬季供暖形式。在冬季太阳能丰富的地区，只要建筑围护结构进行一定的保温节能改造，被动式太阳房就有可能达到室内热环境所要求的基本标准。由于农村的经济技术水平相对落后，应在经济可行的条件下，进行被动式太阳房设计，并兼顾造型美观。

4.2 选址与布局

4.2.1 在严寒和寒冷地区，为防止冬季冷风渗透增加供暖能耗，农村居住建筑宜建在冬季避风的地段，不要建在不避风的高地、河谷、河岸、山梁及崖边等地段。为防止"霜洞"效应，一般也不宜布置在注地、沟底等凹地处，因为冬季冷气流容易在此处聚集，形成"霜洞"，从而使位于凹地的底层或半地下层的供暖能耗增多。

4.2.2 农村居住建筑前后之间要留有足够的间距，以保证冬季阳光不被遮挡，同时还要考虑满足采光、通风、防火、视觉卫生等条件。

4.2.3 从采光与日照的角度考虑，农村居住建筑的南立面不宜受到过多遮挡。农村居住建筑庭院里常种有各种植物，容易对建筑造成一定遮挡，在进行庭院规划时，要注意树木种植位置与建筑之间保持适当距离，避免对建筑的日照与采光条件造成过多不利影响。

4.2.4 农村居住建筑建设本着节地和节约造价的原则，建造在山坡上时，应根据地形依山势而建，避免过多的土方量，造成不必要的浪费。

4.2.5 本条体现了农村居住建筑建设集约用地、集中建设、集聚发展的原则，积极倡导双拼式、联排式或叠拼式（图2）等节省占地面积，减少外围护结构耗热量的布局方式，限制独立式建筑的建设。

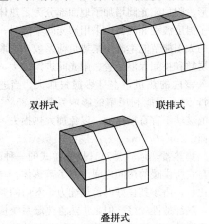

双拼式　　　　联排式

叠拼式

图2 农村居住建筑组合布置形式示意

4.3 平立面设计

4.3.1 对于严寒和寒冷地区的农村居住建筑，采用平整、简洁的建筑形式，体形系数较小，有利于减少建筑热损失，降低供暖能耗。

4.3.2 对于夏热冬冷和夏热冬暖地区的农村居住建筑，采用错落、丰富的建筑形式，体形系数较大，有利于建筑散热，改善室内热环境。

4.3.3 朝向是指建筑物主立面（或正面）的方位角，一般由建筑与周围环境、道路之间的关系确定。朝向选择的原则是冬季能获得充足的日照，主要房间宜避开冬季主导风向。建筑的朝向，方位以及整体规划应考虑多方面的因素，要想找到一个朝向满足夏季防热，冬季保温等各方面的理想要求是困难的，因此，我们只能权衡各个因素之间的得失轻重，选择出这一地区建筑的最佳朝向或较好的朝向。由于南方地区多山，平地较少，建筑受地形、地貌影响很大，要做到完全南北朝向是很困难的，因此，要求宜采用南北朝向。

经计算证明：建筑物的主体朝向，如果由南北向改为东西向，耗热量指标约增大5%，空调能耗或外遮阳成本将增大更多。

4.3.4 本条从节能和有利于创造舒适的室内环境的角度出发，规定了农村居住建筑功能空间的适宜尺寸。

4.3.5 农村居住建筑的卧室、起居室等主要房间是农民日常生活使用频率较高、使用时段较长的居住空间，本着节能和舒适的原则，宜布置在日照、采光条件好的南侧；厨房、卫生间、储藏室等辅助房间由于使用频率较低，使用时段较短，可布置在日照、采光条件稍差的北侧或东西侧。夏热冬暖地区的气候温暖潮湿，考虑到居住者的身体健康，卧室宜设在通风好、不潮湿的房间。

4.3.6 窗墙面积比既是影响建筑能耗的重要因素，也受建筑日照、采光、自然通风等室内环境要求的制约。不同朝向的开窗面积，对上述因素的影响有较大差别。综合利弊，本标准按照不同朝向，提出了窗墙面积比的推荐性指标。

4.3.7 门窗是建筑外围护结构保温隔热的薄弱环节，严寒和寒冷地区需要重点加以注意，应采用传热系数较小、气密性良好的节能型外门窗。凸窗比平窗增加了玻璃面积和外围护结构面积，对节能十分不利，尤其是北向更不利，而且窗户凸出较多时有安全隐患，且开关窗操作困难，使用不便，要尽量少用。

4.3.8 建筑外围护结构的隔热有外隔热、结构隔热和内隔热三种方式。外隔热有外反射隔热、外遮阳隔热、外通风、外蒸发隔热和外阻隔热等；结构隔热就是靠外墙自身的蓄热能力蓄热，减少进入的热量传入室内；内隔热有表面低辐射隔热、通风隔热和内阻隔热等。三种隔热方式比较，以外隔热的效果为最好。垂直绿化是兼外遮阳、外蒸发和外阻隔热为一体的最佳外墙外隔热措施，应优先采用。

对于外墙与屋面的隔热性能要求，目前的热工性能控制指标只是从外墙和屋面的热惰性指标来控制，尚不能全面反映外围护结构在夏季热作用下的受热与传热特征以及影响外围护结构隔热质量的综合因素。轻质结构的外墙与屋面，热惰性指标都低，很难达到隔热指标限值的要求。对夏热冬冷和夏热冬暖地区居住建筑的外墙，提出宜采用外反射、外遮阳及垂直绿化等外阻隔热措施以提高其隔热性能，理论计算及实测结果都表明是一条可行而有效的隔热途径，也是提高轻质外围护结构隔热性能的一条最有效的途径。

4.3.9 目前的农村居住建筑设计中，存在着外窗面积越来越大，而同时可开启面积比例相对缩小的趋势，有的建筑根本达不到可开启面积占外窗面积25%或30%的要求，严重影响了室内自然通风效果。为保证室内在非供暖季节有较好的自然通风环境，提出本条规定是非常必要和现实的。

4.4 被动式太阳房设计

4.4.1 太阳房的最好朝向是正南，条件不许可时，应将朝向限制在南偏东或偏西30°以内，偏角再大会影响集热。太阳房和相邻建筑间要留有足够的间距，以保证在冬季阳光不被遮挡，也不应有其他阻挡阳光的障碍物。

4.4.2 本条摘自现行国家标准《被动式太阳房热工

技术条件和测试方法》GB/T 15405-2006 第4.1.4条，对被动式太阳房的建筑间距提出了限定。

4.4.3 从节能的角度考虑，太阳房的形体宜为东西轴为长轴的长方体，平面短边和长边之比取1:1.5～1:4。房屋净高不宜低于2.8m，进深在满足使用的条件下不要太大，不超过层高2倍时可获得比较满意的节能率。

4.4.4 被动式太阳房的出入口应采取防冷风侵入的措施，如设置双层门、两道门或门斗。门斗应避免直通室温要求较高的主要房间，最好通向室温要求不高的辅助房间或过道。

4.4.5 被动式太阳房的基本设计原则是一个多，一个少。也就是说，冬季要吸收尽可能多的阳光热量进入建筑物，而从建筑内部向外部环境散失的热量要尽可能少。被动式太阳房应有两个特点：一是南向立面有大面积的玻璃透光集热面；二是房屋围护结构有极好的保温和蓄热性能。目前应用最普遍的蓄热建筑材料包括密度较大的砖、石、混凝土和土坯等。在炎热的夏季，有良好保温性能的热惰性围护结构也能在白天阻滞热量传到室内，并通过合理的组织通风，使夜间的室外冷空气流进室内，冷却围护结构内表面，延缓室内温度的上升。

4.4.6 本条摘自现行国家标准《被动式太阳房热工技术条件和测试方法》GB/T 15405-2006 第4.3.5条，对用于集热的透光材料特性进行了规定。

4.4.7 夏季太阳辐射量加大，为防止夏季过热，可利用挑檐作为遮阳措施。挑檐伸出宽度应考虑满足冬、夏季的需要，原则上，严寒和寒冷地区首先满足冬季南向集热面不被遮挡，夏季较热地区应重视遮阳。在庭院里搭设季节性藤类植物或种植落叶树木是最好的遮阳方式，夏季可遮阳，冬季落叶后又不会遮挡阳光。

4.4.8 被动式太阳房随着窗户面积的增大，夜间通过窗户散失的热量也会增大，因此要采用夜间保温措施。目前有在外窗内侧设置双扇木板的做法，也可采用保温窗帘，如由一层或多层镀铝聚酯薄膜和其他织物一起组成的复合保温窗帘。

4.4.9 被动式太阳房的三种基本集热方式具有各自的特点和适用性。直接受益式太阳房是利用建筑南向透光面直接供暖，即阳光透过南窗直接投入房间内，由室内墙面和地面吸收转换成热能后，通过热辐射对室内空气进行加热。附加阳光间式太阳房是将阳光间附在建筑的朝南方向，房屋南墙作为间墙（公共墙）将阳光间与室内空间分隔开来，利用附加阳光间收集太阳热辐射进行供暖。集热蓄热墙式太阳房是在南墙外侧加设透光玻璃组成集热蓄热墙，透光玻璃与墙体之间留有60mm～100mm厚的空气层，并设有上下风口及活门，利用集热蓄热墙收集、吸收太阳热辐射进行供暖。直接受益式或附加阳光间式太阳房白天升温

快，昼夜温差大，因而适用于在白天使用的房间，如起居室。集热蓄热墙白天升温慢，夜间降温也慢，昼夜温差小，因而适用于主要在夜间使用的房间。

4.4.10 气候寒冷的地区由于夜间通过外窗的热损失占很大比例，因此宜采用双层玻璃，经济条件好的可选用低辐射LOW-E玻璃。

4.4.11 附加阳光间是实体墙与直接受益式太阳房的混合变形。附加阳光间增加了地面部分为蓄热体，同时减少了温度波动和眩光。采用阳光间集热时，要根据设定的太阳能节能率确定集热负荷系数，选取合理的玻璃层数和夜间保温装置。阳光间进深加大，将会减少进入室内的热量，本身热损失加大。当进深为1.2m时，对太阳能利用率的影响系数为85%左右。阳光间的玻璃不宜直接落地，以免加大热损失，建议高出地面0.3m～0.5m。

4.4.12 集热蓄热墙式是对直接受益式的一种改进，在玻璃与它所供暖的房间之间设置了蓄热体。与直接受益式比较，由于其良好的蓄热能力，室内的温度波动较小，热舒适性较好。但是集热蓄热墙系统构造较复杂，系统效率取决于集热蓄热墙体的蓄热能力、是否设置通风口以及外表面玻璃的热工性能。经过分析计算，在总辐射强度$\bar{I}_0 > 300W/m^2$ 时，有通风孔的实体墙式太阳房效率最高，其效率较无通风孔的实体墙式太阳房高出一倍以上。集热效率的大小随风口面积与空气间层断面面积的比值的增大略有增加，适宜比值为0.8左右。集热表面的玻璃以透光系数和保温性能同时俱佳为最优选择，因此，单层低辐射玻璃是最佳选择，其次是单框双玻窗。集热墙体的蓄热量取决于面积与厚度，一般居室墙体面积变化不大，因此，对厚度做以下推荐：当采用砖墙时，可取240mm或370mm，混凝土墙可取300mm，土坯墙取200mm～300mm。

4.4.13 在利用太阳能被动供暖的房间中，为了营造良好的室内热环境，需要注意两点：一是设置足够的蓄热体，防止室内温度过大波动；二是蓄热体应尽量布置在能受阳光直接照射的地方。参考国外经验，单位集热窗面积，宜设置3倍以上面积的蓄热体。

4.4.14 被动式太阳房获取太阳热能主要靠南向集热窗，而它既是得热部件，又是失热部件，要通过计算分析来确定开窗面积和窗的热工性能，使其在冬季进入室内的热量大于其向外散失的热量。

南向窗的选取需要同时考虑太阳透光系数及保温热阻。确定建筑围护结构传热系数的限值时，不仅要考虑节能率，也要从工程实际的角度考虑可行性及合理性。建筑围护结构的热工性能直接影响到居住建筑供暖和空调降温的负荷与能耗，应予以严格控制。当不能满足本条规定限值要求时，需要进行节能性能计算，确定开窗面积和窗的热工性能，使其在冬季进入室内的热量大于其向外散失的热量。

5 围护结构保温隔热

5.1 一般规定

5.1.2 农村居住建筑常用的保温材料可参考表1选用。材料保温性能会受到环境湿度和使用方式的影响，具体影响程度参见现行国家标准《民用建筑热工设计规范》GB 50176-93中附表4.2。

草砖导热系数与自身的湿度和密度有直接的关系。草砖含湿量应小于17%，密度应大于112kg/m³。根据美国材料试验协会（ASTM）标准检测，当草砖的密度在83.2kg/m³～132.8kg/m³之间时，其导热系数为0.057W/(m·K)～0.072 W/(m·K)。

表1中普通草板不同于现行国家标准《民用建筑热工设计规范》GB 50176-93附表4.1中的稻草板，本表中普通草板密度为大于112kg/m³，其热工性能与草砖基本一致。

表1 常用的保温材料性能

保温材料名称	性能特点	应用部位	主要技术参数	
			密度 ρ_0 (kg/m³)	导热系数 λ [W/(m·K)]
模塑聚苯乙烯泡沫塑料板（EPS板）	质轻、导热系数小，吸水率低、耐水、耐老化、耐低温	外墙、屋面、地面保温	18~22	≤0.041
挤塑聚苯乙烯泡沫塑料板（XPS板）	保温效果较EPS好，价格较EPS贵，施工工艺要求复杂	屋面、地面保温	25~32	≤0.030
草砖	利用稻草和麦草秸秆制成，干燥时质轻，保温性能好，但耐潮、耐火性差，易受虫蛀，价格便宜	框架结构填充外墙体	≥112	≤0.072
膨胀玻化微珠	具有保温性、抗老化、耐候性、防火性、不空鼓、不开裂、强度高、粘结性能好、施工性好等特点	外墙	260~300	0.07~0.85
胶粉聚苯颗粒	保温性优于膨胀玻化微珠，抗压强度高，粘结力、附着力强，耐冻融，不易空鼓、开裂	外墙	180~250	0.06

续表1

保温材料名称	性能特点	应用部位	主要技术参数	
			密度 ρ_0 (kg/m³)	导热系数 λ [W/(m·K)]
草板 纸面草板	利用稻草和麦草秸秆制成，导热系数小，强度大	可直接用作非承重墙板	单位面积重量≤26kg/m²（板厚58mm）	热阻>0.537 m²·K/W
草板 普通草板	价格便宜，需较大厚度才能达到保温效果，需作特别的防潮处理	多用作复合墙体夹心材料；屋面保温	≥112	≤0.072
憎水珍珠岩板	重量轻、强度适中、保温性能好、憎水性能优良、施工方法简便快捷	屋面保温	200	0.07
复合硅酸盐	粘结强度好，密度小，防火性能好	屋面保温	210	0.064
稻壳、木屑、干草	非常廉价，有效利用农作物废弃料，需较大厚度才能达到保温效果，可燃，受潮后保温效果降低	屋面保温	100~250	0.047~0.093
炉渣	价格便宜、耐腐蚀、耐老化、质量重	地面保温	1000	0.29

5.1.4 本条节能措施非常适合我国夏热冬冷和夏热冬暖地区的气候特点，充分考虑了利用气候资源达到改善室内热环境和建筑节能的目的。

浅色饰面，如浅色粉刷、涂层和面砖等，包括外墙和屋面。夏季采用浅色饰面材料的建筑外表面可以反射较多的太阳能辐射热量，从而减少进入室内的太阳能辐射热量，降低围护结构的表面温度。由于空气的导热系数很小，采用屋顶内设置空气层的方式可以起到一定保温与隔热作用（图3）；用含水多孔材料做屋面层可以利用水的蒸发带走潜热，降低屋面温度，具有一定的隔热作用。屋顶以及在东、西外墙采用花格构件或爬藤植物遮阳都是利用植物作为遮阳和隔热的措施。外窗、屋顶、外墙的遮阳设计要与建筑设计同步考虑，避免遮阳措施不利于建筑通风与冬季太阳能利用。

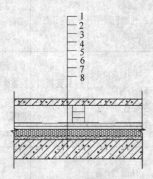

图 3　隔热通风屋面示意
1—40 厚钢筋混凝土板；2—180 厚通风空气间层；3—防水层；4—20 厚水泥砂浆找平层；5—找坡层；6—保温层；7—20 厚水泥砂浆；8—钢筋混凝土屋面板

5.2　围护结构热工性能

5.2.1　目前农村建筑围护结构热工性能普遍较差，提高围护结构热工性能是严寒和寒冷地区农村居住建筑节能，改善室内热环境的关键技术措施。表 5.2.1 中所列出的严寒和寒冷地区农村居住建筑的围护结构传热系数限值是根据严寒和寒冷地区农村居住建筑调研结果，选取严寒和寒冷地区典型农村居住建筑，经计算得到。以典型农村居住建筑为例，以表 5.2.1 中数据计算得到的建筑能耗，与按目前农村居住建筑典型围护结构做法计算得到的建筑能耗值比较，节能率约在 50% 左右，增量成本控制在建筑造价的 20% 以内。

严寒和寒冷地区农村居住建筑多为单层或二层建筑，体形系数较大，规定限值下计算的节能率虽然为 50%，但热工性能指标仍远低于现行国家标准《严寒和寒冷地区居住建筑节能设计标准》JGJ26 - 2010 中规定的小于或等于 3 层的居住建筑的相应指标。主要原因是节能措施实施以前，城市的建筑围护结构热工性能比农村好得多。

5.2.2　表 5.2.2 列出的围护结构传热系数限值是根据夏热冬冷地区（成都浦江）、夏热冬暖地区（中山三乡）示范建筑数值模拟计算及现场测试数据确定的，当围护结构热工性能满足表 5.2.2 要求时，基本能够保证在无任何供暖和空气调节措施下，室内温度冬季不低于 8℃，夏季室内温度不高于 30℃。同时，考虑到农村的实际情况，本着易于施工、经济合理的原则，整体热工性能要求比城市建筑偏低。

建筑围护结构采用重质型材料时，对建筑室内热稳定性起到良好的效果，因此本标准根据热惰性指标 D 值是否大于 2.5，对外墙、屋面提出不同的传热系数限值要求。夏热冬冷地区建筑外窗形式的选择根据房间使用功能的不同分别确定，即卧室、起居室等功能房间作为人员主要活动区域，外窗传热系数应小于或等于 $3.2W/(m^2 \cdot K)$，外窗可采用普通塑钢中空玻璃窗或断热铝合金中空玻璃窗；厨房、卫生间、储藏间等功能房间人员活动频率低，外窗传热系数小于或等于 $4.7W/(m^2 \cdot K)$，外窗采用塑钢单层玻璃窗即满足要求。根据房间使用功能确定外窗形式便于农户操作，是一种经济有效、适宜的节能方式。夏热冬暖地区重点考虑夏季隔热，因此仅对卧室、起居室的外窗提出要求，其传热系数不高于 $4.0W/(m^2 \cdot K)$，同时对外窗遮阳系数 SC 进行限制，即 $SC \leqslant 0.5$，可通过有效的外遮阳措施或采用吸热玻璃达到相应要求。

5.3　外　　墙

5.3.1　农村居住建筑应选择适合当地经济技术及资源条件的建筑材料，常用的保温节能墙体砌体材料可按表 2 选用。表 A.0.1 中给出的外墙保温构造形式主要来自各地示范工程的实际做法，可参考选用。其他保温构造形式如能满足不同气候区外墙的传热系数限值要求，也可选用。

表 2　保温节能墙体砌体材料性能

砌体材料名称	性能特点	用途	主规格尺寸（mm）	主要技术参数	
				干密度 ρ_0（kg/m³）	当量导热系数 λ [W/(m·K)]
烧结非黏土多孔砖	以页岩、煤矸石、粉煤灰等为主要原料，经焙烧而成的砖，空洞率≥15%，孔尺寸小而数量多，相对于实心砖，减少了原料消耗，减轻建筑墙体自重，增强了保温隔热性能及抗震性能	可做承重墙，砌筑时以竖孔方向使用	240×115×90	1100～1300	0.51～0.682

续表2

砌体材料名称	性能特点	用途	主规格尺寸 (mm)	主要技术参数	
				干密度 ρ_0 (kg/m³)	当量导热系数 λ [W/(m·K)]
烧结非黏土空心砖	以页岩、煤矸石、粉煤灰等为主要原料，经焙烧而成的砖，空洞率≥35%，孔尺寸大而数量少，孔洞采用矩形条孔或其他孔型，且平行于大面和条面	可做非承重的填充墙体	240×115×90	800~1100	0.51~0.682
普通混凝土小型空心砌块	以水泥为胶结料，以砂石、碎石或卵石、重矿渣等为粗骨料，掺加适量的掺合料、外加剂等，用水搅拌而成	承重墙或非承重墙及围护墙	390×190×190	2100	1.12（单排孔）0.86~0.91（双排孔）0.62~0.65（三排孔）
加气混凝土砌块	与一般混凝土砌块比较，具有大量的微孔结构，质量轻，强度高。保温性能好，本身可以做保温材料，并且可加工性好	可做非承重墙及围护墙	600×200×200	500~700	0.14~0.31

5.3.3 夹心保温构造中内叶墙与外叶墙之间的钢筋拉结措施可采用经过防腐处理的拉结钢筋网片或拉结件，配筋尺寸应满足拉结强度要求。7~8度抗震设防地区夹心墙体应设置通长钢筋拉结网片，沿墙身高度每隔400mm设一道。6度抗震设防地区的夹心墙体可采用拉结件和拉结钢筋网片配合的拉结方式。拉结件的竖向间距不宜大于400mm，水平间距不宜小于800mm，且应梅花形布置。具体设计要求详见《夹心保温墙结构构造》07SG617。

5.3.4 防潮材料可选择塑料薄膜。夹心墙体的保温层与外侧墙体之间宜设置40mm厚空气层，并在外墙上设透气孔，透气孔水平和竖向间距不大于1000mm，梅花形布置，孔口罩细钢丝网，如图4所示。

5.3.5 在窗过梁、外墙与屋面、外墙与地面的交接部位易形成"热桥"。为保证热桥部位的内表面温度在室内外空气设计温、湿度条件下高于露点温度（露点温度根据现行国家标准《民用建筑热工设计规范》GB 50176 的规定计算），需要采用额外的保温措施或选取截断热桥的构造形式。外墙出挑构件及附墙部件主要有阳台、雨篷、挑檐、凸窗等。

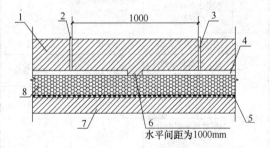

图 4　夹心墙体通气孔设置示意
1—240mm 砖墙；2—细钢丝网；3—直径 20mmPVC 透气口；
4—40mm 空气层；5—塑料薄膜防潮层；6—挑砖；
7—120mm 砖墙；8—草板保温层

5.3.6 表 A.0.2~表 A.0.4 中给出的外墙保温构造形式主要来自各地示范工程的实际做法，可参考选用。根据夏热冬冷和夏热冬暖地区的气候特点以及不同保温形式的特性，外墙宜选择自保温墙体，墙体材料可选择 240mm 厚烧结非黏土多孔砖（空心砖）、加气混凝土等节能型砌体材料，有条件的地区可采用 370mm 厚自保温外墙。选择时，宜优先选用重质墙体。结合当地的资源状况、施工情况及经济水平等也可选用外墙外保温、外墙内保温。除表 A.0.2~表

A.0.4 给出的保温构造做法外，其他保温构造形式如能满足不同气候区外墙的传热系数限值要求，也可选用。

5.4 门　窗

5.4.1 农村居住建筑的外门和外窗可按表3和表4选用。

表3　农村居住建筑外门

门框材料	门类型	传热系数 K [W/ (m² · K)]
木	单层木门	≤2.5
	双层木门	≤2.0
塑料	上部为玻璃，下部为塑料	≤2.5
金属保温门	单层	≤2.0

表4　农村居住建筑外窗

窗框型材	外窗类型	玻璃之间空气层厚度 (mm)	传热系数 K [W/ (m² · K)]
塑料	单层玻璃平开窗	—	4.7
	中空玻璃平开窗	6～12	3.0～2.5
		24～30	≤2.5
	双中空玻璃平开窗	12+12	≤2.0
	单层玻璃平开窗组成的双层窗	≥60	≤2.3
	单层玻璃平开窗＋中空玻璃平开窗组成的双层窗	中空玻璃6～12 双层窗≥60	2.0～1.5
铝合金	中空玻璃平开窗	6～12	5.3～4.0
	中空玻璃断热型材平开窗	6～12	≤3.2
	双中空玻璃断热型材平开窗	12+12	2.2～1.8
	单层玻璃平开窗组成的双层窗	≥60	3.0～2.5
	单层玻璃平开窗＋中空玻璃平开窗组成的双层窗	中空玻璃6～12 双层窗≥60	≤2.5

推拉窗的封闭性比较差，平开窗的窗扇和窗框间一般采用良好的橡胶密封条，在窗扇关闭后，密封橡胶压条压得很紧，几乎没有空隙，很难形成对流。这种窗型的热量流失主要是玻璃、窗扇和窗框型材的热传导和辐射散热，这种散热远比对流热损失少，因此农村居住建筑外窗宜选择平开窗。

为了保证农村居住建筑室内热环境需求和建筑节能要求，外门窗必须具有良好的气密性，避免房间与外界过大的换气量。在严寒和寒冷地区，换气量大会造成供暖能耗过高。在夏热冬暖地区，多有热带风暴

和台风袭击，因此对门窗的密封性能也有一定的要求。根据农村居住建筑的特点及对门窗气密性的要求，选取现行国家标准《建筑外门窗气密、水密、抗风压性能分级及检测方法》GB/T 7106 中的 4 级。即单位缝长分级指标值 q_1/[m³/(m · h)]满足：2.0＜q_1≤2.5或单位面积分级指标值 q_2/[m³/(m² · h)]满足：6.0＜q_1≤7.5。

5.4.2 建筑外窗是围护结构保温的薄弱环节，在夜间需要增加保温措施，阻止热量从外窗流失，可选措施如下：

1 安装保温板：保温板通常安装在窗的室外一侧，可以选用固定式或拆卸式。白天打开保温板进行采光、通风换气，夜间关闭以利于保温。

2 安装保温窗帘：保温窗帘常用在室内。它是将保温材料（如玻璃纤维等）用塑料布或厚布包起来，挡在窗户的内侧。为了节约造价，平常使用的窗帘也可以起到防风、保温的作用，但要选择质地厚重的材质。

5.4.3 通过外遮阳系数的简化计算，表 A.0.5 中给出了外窗采用不同外遮阳形式时，遮阳系数取值的区间范围，便于用户直接查找应用。向阳面的门若为透明玻璃材质时，亦应做遮阳处理。

5.4.4 由于外门频繁开启而导致农村居住建筑入口处热量流失严重，因此严寒和寒冷地区的农村居住建筑入口处应设置保温措施。当墙体厚度足够时，可设置双层门（图5），两道门之间宜留有一人站立的空间，以避免两道门同时开启，减少冷风侵入。当入口处设置门斗时（图6），两道门之间距离大于 1000mm 才不影响门的开启，住户可以根据需要选择门的开启方向。双层门与门斗室外一侧门的传热系数应满足表5.2.1的要求，室内一侧的门不作要求。

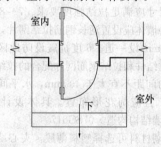

图 5　双层门

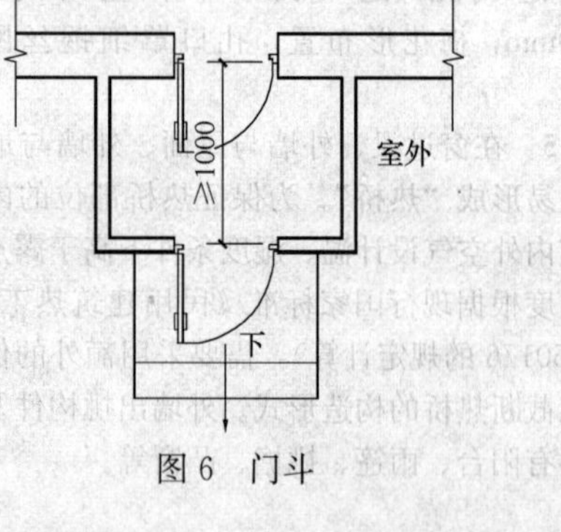

图 6　门斗

5.5 屋　面

5.5.1 农村居住建筑的屋面按形式可分为平屋面和坡屋面。平屋面通常采用钢筋混凝土作为结构层，保温层通常铺设在钢筋混凝土板的上方（图7），可以保护结构层免受自然界的侵袭。坡屋面是木屋架或钢屋架承重，该做法在农村居住建筑中较为常见，坡屋面的保温层宜设置在吊顶上（图8），不仅可以避免屋顶产生热桥，而且方便施工。

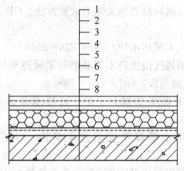

图 7　钢筋混凝土平屋面保温构造示意

1—保护层；2—防水层；3—找平层；4—找坡层；5—保温层；6—隔汽层；7—找平层；8—钢筋混凝土屋面板

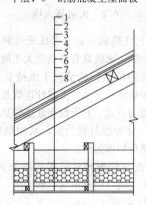

图 8　木屋架坡屋面
保温构造示意

1—面层；2—防水层；3—望板；4—屋架；5—保温层；6—隔汽层；7—棚板；8—吊顶

屋面保温材料宜选择憎水性保温材料，如模塑聚苯乙烯泡沫塑料板或挤塑聚苯乙烯泡沫塑料板。坡屋面吊顶内的保温材料也可采用草木灰、稻壳、锯末以及生物质材料制成的板材。当选用草板以及草木灰、稻壳、锯末等保温材料时，一定要做好保温材料的防潮措施。对于散材类保温材料要每年进行一次维护，及时填补保温材料缺失的部位，如屋顶四角处。

5.5.2、5.5.3 表A.0.6和表A.0.7中给出的屋面保温构造形式主要来自各地示范工程的实际做法，可参考选用。其他保温构造形式如能满足不同气候区屋

面的传热系数限值要求，也可选用。

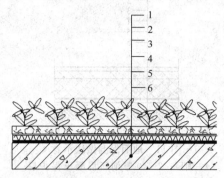

图 9　种植屋面构造示意

1—植被层；2—基质层；3—隔热过滤层；4—排（蓄）水层；5—防水层；6—钢筋混凝土结构层

5.5.4 屋面的热工性能和内表面温度是影响房间夏季热舒适的主要因素之一，采用种植屋面（图9），由于植物的蒸腾和对太阳辐射的遮挡作用可显著降低屋面内表面温度，改善室内热环境，降低夏季空调能耗。为确保种植屋面的结构安全性及保温隔热效果，设计施工应符合现行行业标准《种植屋面工程技术规程》JGJ 155 的相关规定。

5.6 地　面

5.6.1 严寒地区建筑外墙内侧 0.5m～1.0m 范围内，由于冬季受室外空气及建筑周围低温土壤的影响，将有大量的热量从该部分传递出去，这部分地面温度往往很低，甚至低于露点温度。不但增加供暖能耗，而且有碍卫生，影响使用和耐久性，因此这部分地面应做保温处理。考虑到施工方便及使用的可靠性，建议地面全部保温，这样有利于提高用户的地面温度，并避免分区设置保温层造成的地面开裂问题，具体做法如图10和图11所示。

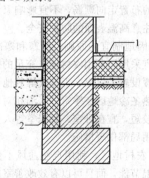

图 10　室内地坪以下墙面
保温做法示意

1— 室内地坪；2—保温层延至基础

保温材料宜选用挤塑型聚苯乙烯泡沫塑料板，应分层错缝铺贴，板缝隙间应用同类材料嵌填密实。

地面防潮层可选择聚乙烯塑料薄膜。在铺设前，应对基层表面进行处理，要求基层表面平整、洁净和

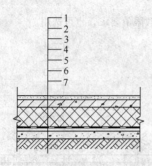

图 11 地面保温做法示意

1—面层；2—40 厚细石混凝土保护层；
3—保温层；4—防潮层；5—20 厚 1∶3 水
泥碊找平层；6—垫层；7—素土夯实层

（以上各层具体做法参照当地标准图）

干燥，并不得有空鼓、裂缝、起砂现象。防潮层应连续搭接不间断，防潮层上方的板材应紧密交接、无缺口，浇注混凝土时，将保温层周边的聚乙烯塑料薄膜拉起，以保证良好的防潮性。

5.6.2 在南方地区，由于潮湿气候的影响，在梅雨季节常产生地面泛潮现象。地面泛潮属于夏季冷凝。夏热冬冷和夏热冬暖地区的农村居住建筑地面面层通常采用防滑砖、大阶砖、素混凝土、三合土、木地板等对水分具有一定吸收作用的饰面层，防止和控制潮霉期地面泛潮。

6 供暖通风系统

6.1 一般规定

6.1.1 根据住户需求及生活特点，对灶、烟道、烟囱等这些与建筑结合紧密的设施预留好孔洞和摆放位置。合理摆放供暖设施位置及其散热面，烟囱、烟道、散热器的布置走向顺畅，不宜影响家具布置和室内美观，并注意高温表面的防护安全。

6.1.2 本着因地制宜的原则，严寒和寒冷地区农村居住建筑内宜采用以利用农村地区充足的生物质资源为燃料的供暖设施，以煤、天然气等其他形式能源作为补充。夏热冬冷地区冬季室外气温相对较高，且低温持续时间较短，宜在卧室、起居室等人员活动密集的房间内采用局部供暖措施。

6.1.3 对于农村地区，利用自然通风不仅远比电风扇和空调降温节能，而且可以有效改善室内热环境和空气品质，是夏季室内降温的最佳选择。自然通风主要通过合理的建筑布局、良好的建筑朝向以及开窗形式等，利用风压和热压原理达到排出室内热空气的目的。

6.1.4 进行气密性处理，既是为了防止烟气泄露造成室内空气污染、CO 中毒等事件发生，同时为了有效地提高生物质燃料的燃烧效率和热利用率。对于设置有火炕、火墙、燃烧器具的房间，其换气次数不应低于 0.5h^{-1}。

关于供暖用燃烧器具，现行标准有：

《民用柴炉、柴灶热性能测试方法》NY/T 8 - 2006

《民用火炕性能试验方法》NY/T 58 - 2009

《家庭用煤及炉具试验方法》GB/T 6412 - 2009

《民用水暖煤炉热性能试验方法》GB/T 16155 - 2005

《生活锅炉热效率及热工试验方法》GB/T 10820 - 2011

《燃气采暖热水炉》CJ/T 228 - 2006

《家用燃气快速热水器和燃气采暖热水炉能效限定值及能效等级》GB 20665 - 2006

《民用省柴节煤灶、炉、炕技术条件》NY/T 1001 - 2006

《民用水暖煤炉通用技术条件》GB/T 16154 - 2005

《小型锅炉和常压热水锅炉技术条件》JB/T 7985 - 2002

《家用燃气燃烧器具安全管理规则》GB 17905 - 2008

6.2 火炕与火墙

6.2.1 农村居住建筑应首先考虑充分利用炊事产生的烟气余热供暖。火炕具有蓄热量大、放热缓慢等特点，有利于在间歇运行的情况下维持整个房间的温度。将火炕和灶或炉具结合形成灶连炕是一种有效的充分利用能源的方式。对于没有灶或炉具等产生高温余热的设施，可考虑只设火炕，利用炕腔作为燃烧室，但注意避免局部过热。

6.2.2 炕体按与地面相对位置关系分为三种形式，即落地炕、架空炕（俗称吊炕）和地炕，其主要的构造原理如图 12 所示。

架空炕上下两个表面可以同时散热，散热强度大，但蓄热量低，供热持续能力较弱，热得快，凉得也快，比较适合热负荷较低，能够配合供暖炉等运行间歇短、运行时间比较灵活的热源。当选用架空炕时，其下部空间应保持良好的空气流通，使下表面散热能有效地进入人员活动区，因此，架空炕的布置不宜三面靠墙。炕面板采用整体型钢筋混凝土板，可减少炕内支座数量。

对于运行间歇较长的柴灶等热源形式，适合使用具有更强蓄热能力的落地炕、地炕。落地炕应在炕洞底部和靠外墙侧设置隔热层，炕洞底部宜铺设 200mm～300mm 厚的干土，提高蓄热保温性能。地炕（俗称地火龙）是室内地面以下为燃烧空间，地面之上设置火炕炕体的一种将燃烧空间与火炕结合起来的采暖设施。

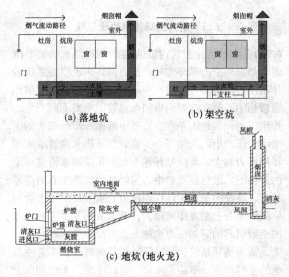

(a) 落地炕　　(b) 架空炕

(c) 地炕(地火龙)

图12　火炕的构造示意

单纯依赖火炕难以满足房间供暖需求时，可以选择火墙式火炕，或者辅以热水供暖系统、火炉等较灵活的供暖方式。火墙式火炕（也称炕式火墙）是将传统落地炕靠近炕沿的内部设置燃烧室和烟道，使炕前墙的垂直壁面变成火墙的一种改进火炕形式。该采暖形式使火炕和火墙互相取长补短，提高了炕面温度的均匀性，解决炕下区域较凉的问题，同时提高了散热强度，可以迅速提高室温，灵活地满足室内采暖需求。

6.2.3 靠近喉眼的烟气入口处烟气温度过高，如不能迅速扩散，将对其附近炕面的加热强度过大，造成局部过热，为此宜取消落灰膛和前分烟板，正对喉眼的附近不要设置支柱，这样可以避免各种阻挡形成的烟气涡流，热量扩散快。为防止高温烟气甚至火焰直接穿过喉眼，冲击炕面板，造成局部温度过高，可以在喉眼后方加设一向下倾斜的火舌，将高温烟气导向前方，降低此处换热强度，从而有效解决局部过热问题。另外为了前方有一定的扩散量，引洞的砖可以适当排开一些。

热源强度小、持续时间短的火炕，在烟气入口处尽量减少阻碍，可将热气带大量引向炕的中部，使烟气迅速流到炕梢部分。在炕梢部分增设后阻烟墙能使烟气尽量充分扩散，并与炕板换热，可减少排烟口的气流收缩效应，保证了烟气扩散至整个炕腔内部，使炕面温度更均匀；并可降低烟气流速，使烟气与火炕进行充分换热，这样炕的后部温度就可以明显提高，炕面温度均匀性也随之提高。热源强度大、持续时间长的火炕，宜采用复杂的花洞式烟道，延长烟气与火炕的换热流程和充分发挥炕体蓄热性能，从而提高能量利用效率，但要避免炕头过热。

火炕进烟口低于排烟口，并且在铺设炕面板时保证一定坡度，炕头低炕梢高，通过抹面层找平。一方面保证烟气流动顺畅，同时保证烟气与炕体的流动换热效果，另一方面也避免炕头炕梢温差过大。炕体进

行气密性处理时，可采用炕面抹草泥，将碎稻草与泥土混合，防止表面干裂，抹完一层后，待火烤半干后再抹一层，并将裂缝腻死，然后慢火烘干，最后用稀泥将细小裂缝抹平。

6.2.4 整个系统烟气流动受烟囱内烟气形成的热压动力和室外风压共同作用影响。为此，烟囱需要进行保温防潮处理，避免烟囱内温度过低，造成烟气流动缓慢，炉膛或灶膛内没有充分的空气参与燃烧，发生点火难、不好烧的问题。

当室外风力变化时，烟囱出口若处于正压区，将阻碍烟气正常流动，甚至有可能发生空气倒灌进入烟囱内，产生返风倒烟现象。民间流传的烟囱"上口小、下口大、南风北风都不怕"之说，烟囱口高于屋脊，以及烟囱底部设置回风洞，形成负压缓冲区，都是避免产生此问题的有效措施。烟囱砌筑时，下部可用实心砖砌筑成 200mm×200mm 方形烟道（或采用 ϕ200mm 缸瓦管），出房顶后采用 ϕ150mm 缸瓦管。

6.2.5 灶门设置挡板，停火后关闭灶门挡板和烟道出口阀，使整个炕体形成了一个封闭的热力系统，使热量只能通过炕体表面向室内散发，减少热气流失，提高其持续供热能力。烟道的出口阀需要待灶膛内火全部燃烬后，方可关闭，避免不完全燃烧烟气进入室内，造成煤气中毒或烟气污染。

6.2.6 灶的位置会直接影响燃烧效果、使用效果和厨房美观，应根据锅的尺寸、间墙进烟口的位置以及厨房的布局要求综合考虑确定。

灶可分别砌出两个喉眼烟道。一个喉眼烟道通往炕，另一个可直接通往烟囱，两个喉眼烟道分别用插板控制（图13）。冬季烟气通往火炕的喉眼烟道，室内炕热屋暖；夏季烟气可直接通往烟囱的喉眼烟道，不用加热炕。春秋两季可交替使用两个喉眼烟道。

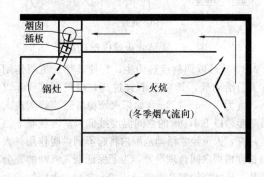

图13　倒卷帘式烟道

灶膛要利于形成最佳的燃烧空间，空间太大，耗柴量增加，灶膛温度低；空间太小，添柴次数增加，且影响燃烧放热。其形状大小应根据农户日常所烧燃料种类确定。例如烧煤、木柴类就可以小一些，烧秸秆类的就适当增大一些。在灶内距离排烟口近的一侧多抹一层泥，相反的另一侧少抹一层；锅沿处留出一定空间使灶膛上口稍微收敛成缸形。内壁光滑、无

裂痕。

灶内拦火强度大，虽然灶的热效率上去了，但由于灶拦截热量过多，不仅灶不好烧，同时使炕内不能获得足够热量造成炕不热。炉算平面到锅脐之间的距离为吊火高度。吊火过高利于燃烧，但耗柴量增加，过低添柴勤，不利于燃烧。

6.2.7 火墙式火炕是一种将普通落地炕进行了结构优化，与火墙相结合的新型复合供暖方式，如图14所示。火墙拥有独立的燃烧室，其一侧散热面为火炕前墙。此种供暖方式，充分利用了火炕蓄热性和火墙的即热性、灵活性，互相取长补短，适合严寒和寒冷地区，热负荷大且需要持续供暖的房间。如果将火墙燃烧室上方设置集热器还可作为重力循环热水供暖系统的热源，供其他房间供暖使用。

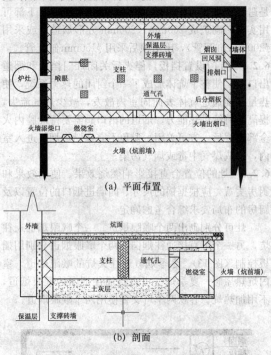

(a) 平面布置

(b) 剖面

图 14 火墙式火炕内部构造

6.2.8 火墙以辐射换热为主，为使其热量主要作用在人员活动区，其高度不宜过高，应控制在 2m 以下，宜为 1.0m～1.8m。如果火墙位置过高，则在人员呼吸带以下 1.0m 的空间温度过低，室内顶棚下温度过高，人员经常活动范围内将起不到供暖作用。火墙长度根据房间合理设置，为了保证烟气流动的充分换热，长度宜控制在 1.0m～2.0m 之间。火墙的长度过长，在受到不均匀加热时引起热胀冷缩，易产生裂缝，甚至喷出火花引起火灾。

火道截面积的大小依据应用场所而定，如用砖砌，一般可选用 120mm×120mm～240mm×240mm；烟道数根据火墙长度而定，一般为 3～5 个洞，各烟道间的隔墙采用 1/4 砖厚。

6.3 重力循环热水供暖系统

6.3.1 农村居住建筑内安装的散热器热水供暖系统通常都采用重力循环方式，重力循环热水供暖系统的作用压力由两部分构成，一是供暖炉加热中心和散热器散热中心的高度差内供回水立管中水温不同产生的作用压力；二是由于水在管道中沿途冷却引起水的密度增大而产生的附加压力。重力循环热水供暖系统的作用压力越大，系统循环越有利。在供回水密度一定的条件下，散热器散热中心与供暖炉加热中心的高差越大，系统的重力循环作用压力就越大；供水干管与供暖炉中心的垂直距离越大，管道散热及水温的沿途改变所引起的附加压力也越大。

重力循环系统运行时除耗煤等燃料外，不需要其他的运行费用，节能、安全、运行可靠。考虑到以上因素，农村居住建筑中设置的热水供暖系统应尽可能利用重力循环方式。

在一些大户型的单层农村居住建筑中，供暖面积大，散热器数量多，管路长，系统阻力大。由于供暖炉和散热器的安装位置和高差受限，重力循环作用压力无法克服系统循环阻力时，可考虑增加循环水泵，提供系统循环动力。但水泵应经过设计计算后选择。

6.3.2 考虑到农村居住建筑重力循环热水供暖系统的作用压力小，管路越短，阻力损失越小，对循环有利，因此宜选择异程式管路系统形式，即离供暖炉近的房间散热器的循环环路短，离供暖炉远的房间散热器的循环环路长。农村居住建筑内供暖房间较少，系统循环环路较少，可通过提高远处散热器组的安装高度来增大远处立管环路的重力循环作用压力，适当增加远处立管环路的管径来减少远处立管环路的阻力，并在近处立管的散热器支管上安装阀门，增加近处立管环路的阻力损失等措施使异程式系统造成的水平失调降低到最小。

对于单层农村居住建筑，由于安装条件所限，散热器和供暖炉中心高度差较小，作用压力有限，如采用水平单管式系统，整个供暖系统只有一个环路，热水流过管路和散热器的阻力较大，系统循环不利；采用水平双管式系统时，距离供暖炉近的环路短，阻力损失小，有利于循环，只是远端散热器环路阻力大，可以通过提高末端散热器的高度来增大作用压力；采用水平双管式系统，供水干管位置可以设置很高，以提高系统循环的附加作用压力。农村居住建筑的建筑面积越来越大，多个房间内安装散热器，而实际上不能每个房间都住人，冬季为了节煤，不住人房间的散热器可以关闭，或者将阀门关小，减少进入该房间散热器的流量，其向房间的散热量只需保持房间较低温度，避免水管等冻裂即可。因此，对于单层农村居住建筑的热水供暖系统形式宜采用水平双管式。

对于二层及以上的农村居住建筑，上层房间的散热器安装高度与供暖炉高度差加大，上层散热器系统的循环作用压力远大于底层散热器系统的作用压力，如果采用垂直双管式或水平式系统就会造成上层和底层的系统流量不均，出现严重的垂直失调现象，即同一竖向房间冷热不均。垂直单管顺流式系统的作用压力是由同一立管上各层散热器组的安装高度共同确定的，整个环路的循环作用压力介于采用垂直双管系统中底层散热器环路的作用压力和顶层散热器环路的作用压力之间，可有效提高底层系统的作用压力，也缓解了上层作用压力过大的缺点。因此，二层及以上农村居住建筑的热水供暖系统形式宜采用垂直单管顺流式。

6.3.3 重力循环热水供暖系统的作用半径是指供暖炉出水总立管与最远端散热器立管之间水平管道长度。在考虑重力循环热水供暖系统供回水密度差产生的作用压力和水在管道中沿途冷却产生的附加压力共同作用的条件下，建立系统作用压力与阻力损失平衡关系，通过实际测试获得重力循环热水供暖系统中主干管的热水实际流速范围，最后计算得到系统的作用半径与供暖炉加热中心和散热器散热中心高度差的对应数值关系，见表5。

表5　重力循环热水供暖系统的作用半径（m）

供暖炉加热中心和散热器散热中心高度差		作用半径
单层住房	0.2	3.0
	0.3	5.5
	0.4	8.0
	0.5	11.0
	0.6	13.5
	0.7	16.0
	0.8	18.5
	0.9	21.5
	1.0	24.0
二层住房	1.5	33.5
	2.0	46.5
	2.5	59.5

表5中的作用半径数值是在供水干管高于供暖炉加热中心1.5m的垂直高度下计算得到的。

6.3.4 本条文说明如下：

1 铁制炉具外形美观，体积小，由专业厂家成批制造，性能指标上都经过严格的标定验收，有一定的质量保障，一般是比较先进的；内部构造复杂，换热面积大，热效率高；炉体普遍采用蛭石粉、岩棉进行保温，散热损失小，炉胆内壁可挂耐火炉衬或烧制耐火材料；搬家移动拆装方便。

2 供暖炉有多种类型，用户应根据采用的燃料选择相应的供暖炉类型。采用蜂窝煤时，应根据使用要求选择单眼、双眼或多眼的蜂窝煤供暖炉；燃烧散煤时，由于煤的化学成分不同，燃烧特点各异，为适应不同煤种的需要，炉具尺寸，如炉膛深度和吊火高度，也要适当变化。一般来说，烟煤大烟大火，炉膛要浅，以利通风，炉膛深多在100mm～150mm之间。烟火室要大，吊火高度要高，以利于烟气形成涡流，在烟火室多停留一段时间，有利于烧火做饭；燃烧秸秆压块的用户，可选用生物质气化炉。

3 供暖炉通常设置在厨房或单独的锅炉间内，这些房间往往不需供暖或需热量很少，如果炉体的散热损失过大，有效送入供暖房间的热量就会减少，因此用户在选择供暖炉时，应选择保温好的炉子，提高供暖炉的实际输热效率。

4 烟煤大烟大火，烟气带走的热量较多，为了便于回收烟气余热，提高供暖系统的供热效率，燃烧烟煤的用户宜选择带排烟热回收装置的供暖炉或在供暖炉排烟道上设水烟囱或水烟脖等热回收装置。

5 供暖炉尽量布置在专门锅炉间内，供暖炉不能设置在卧室或与其相通的房间内，以免发生煤气中毒事件；供暖间宜设置在房屋的中间部位，避免系统的作用半径过大；为增加系统的重力循环作用压力，应尽可能加大散热器和供暖炉加热中心的高度差，即提升散热器和降低供暖炉的安装高度。散热器在室内的安装高度受到增强对流散热、美观等方面的要求限制，位置不能设置太高，通常散热器的底端距地面0.2m～0.5m，应尽可能降低供暖炉的安装高度，最好能低于室内地坪0.2m～0.5m；供暖炉尽可能靠近房屋的烟道，减少排烟长度和排烟阻力，利于燃烧。

6.3.5 在农村居住建筑中，常能见到因房间外窗距供暖炉太远或因外窗台较低而造成散热器中心低等原因，使系统的总压力难以克服循环的阻力而使水循环不能顺利进行，同时回水主干管也无法直接以向下的坡度连至供暖炉，即出现所谓回水"回不来"情况。在这种场合下，散热器不适合安装在外窗台下，可将散热器布置在内墙面上，距供暖炉近一些，管路短些，利于循环，同时因不受窗台高低的限制，可以适当抬高散热器中心，从而室内温度也得以提高。现在农村新建居住建筑的外窗基本都采用双玻中空玻璃窗，其保温性和严密性好，冷空气的相对渗透量少。散热器安装在内墙上所引起的室内温度不均匀的问题就不会很突出。

6.3.6 重力循环热水供暖系统的供水干管距供暖炉中心的垂直距离越大，附加压力也越大，越有利于循环。所以供水干管应设在室内顶棚下面尽量高的位置上，但系统中需要设置膨胀水箱和排气装置，供水干管的安装位置也会受到膨胀水箱和排气装置的限制，设计时，必须充分考虑三者的位置关系后，再确定供水干管的安装高度。

单层农村居住建筑的重力循环热水供暖系统中，膨胀水箱通常安装在供暖炉附近的回水总干管上，便于加水，而自动排气阀通常安装在供水干管末端。为了保证系统高点不出现负压，考虑压力波动，膨胀水箱底部的安装高度应高出供水总干管 30mm～50mm。为了便于供水干管末端集气和排气，自动排气装置应高出系统的最高点，考虑到压力波动，供水干管末端的自动排气装置的安装点应高出膨胀水箱上端 50mm～80mm，如图 15 所示。在供水干管、膨胀水箱和自动排气装置三者的安装高度关系中，应先确定自动排气装置的安装高度，再反推出膨胀水箱和供水干管的安装位置高度。

单层农村居住建筑室内吊顶后的净高约为 2.7m，考虑膨胀水箱的安装高度，供水干管的安装标高宜为 2.0m 左右，散热器中心通常的安装高度为 0.5m～0.7m，因次，提出供水干管宜高出散热器中心 1.0m～1.5m 安装。

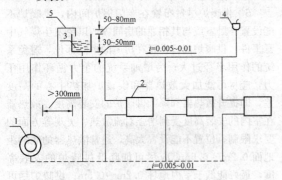

图 15　单层农村居住建筑供水干管的安装位置高度关系示意
1—供暖炉；2—散热器；3—膨胀水箱；
4—自动排气阀；5—排气管

6.3.7 单层农村居住建筑的膨胀水箱宜连接到靠近供暖炉的总回水干管上。由于膨胀水箱需要经常加水，因此膨胀水箱与回水总干管的连接点宜靠近供暖炉，但膨胀水箱应与供暖炉保持一定的水平间距，防止膨胀水箱溢水时，水溅到供暖炉上，两者间水平距离应大于 0.3m。系统不循环时，膨胀水箱中的水位即为系统水位高度，为了避免系统缺水，特别是供水干管空管，膨胀水箱的安装高度（即下端）应高出供水干管 30mm～50mm，膨胀水箱中如果有一定的水位，供水干管就不会出现空管现象。

对于二层以上农村居住建筑，膨胀水箱不宜安装在设置于一层的供暖炉附近的回水干管上，宜安装在上层系统供水干管的末端，为了便于加水，膨胀水箱应设置在卫生间或其他辅助用房内，且膨胀水箱的安装位置应高出供水干管 50mm～100mm，如图 16 所示。为便于系统排气，上层散热器上宜安装手动排气阀。

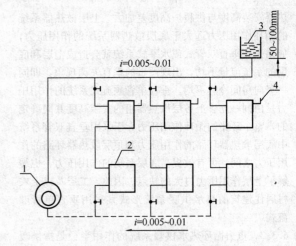

图 16　二层以上农村居住建筑膨胀水箱的安装位置
1—供暖炉；2—散热器；3—膨胀水箱；
4—散热器手动排气阀

6.4　通风与降温

6.4.1 穿堂风是我国南方地区传统建筑解决潮湿闷热和通风换气的主要方法，不论是在建筑群体的布局上，或是在单个建筑的平面与空间构成上，都非常注重穿堂风的形成。

建筑与房间所需要的穿堂风应满足两个要求，即气流路线应流过人的活动范围和建筑群与房间的风速应达到 0.3m/s 以上。要满足这两个要求，必须正确选择建筑的朝向、间距，合理地布置建筑群，选择合理的建筑平、剖面形式，合理地确定建筑开口部分的面积与位置、门窗的装置与开启方式和通风的构造措施等。

6.4.2 受到各种不可避免的因素限制，必须采取单侧通风时，通风窗所在外墙与主导风向间的夹角宜为 40°～65°，使进风气流深入房间。

6.4.3 厨房内热源较大，比较适宜利用热压来加强自然通风，可通过设置烟囱或屋顶上设置天窗达到通风降温的目的。当采用自然通风无法达到降温要求及室内环境品质要求时，应设置机械排风装置。

6.4.4 生态植被绿化屋面是利用植物叶面的光合作用，吸收太阳的热辐射，达到隔热降温的目的。不仅具有优良的保温隔热性能，而且也是集环境生态效益、节能效益和热环境舒适效益为一体的、最佳的建筑屋顶形式，最适宜于夏热冬冷和夏热冬暖地区应用。测试数据表明，在室内空调状态下，无绿化屋顶内表面温度与室内气温相差 3.9℃，而绿化屋顶内表面温度与室内气温相差 1℃；在室内自然状态下，有绿化屋顶的房间空气温度和内表面温度比无绿化屋顶平均低 3.2℃和 3.8℃。

隔热通风屋顶在我国夏热冬冷地区和夏热冬暖地区广泛采用，尤其是在气候炎热多雨的夏季，这种屋面构造形式更显示出它的优越性。由于屋盖由实体结构变为带有封闭或通风的空气间层结构，大大地提高了屋盖的隔热能力。通过测试表明，通风屋面和实砌屋面相比，虽然两者的热阻相等，但它们的热工性能有很大的不同，以重庆市荣昌节能试验建筑为例，在自然通风条件下，实砌屋顶内表面温度平均值为35.1℃，最高温度达38.7℃；通风屋顶内表面温度平均值为33.3℃，最高温度为36.4℃；在连续空调状态下，通风屋顶内表面温度比实砌屋面平均低2.2℃。而且，通风屋面内表面温度波的最高值比实砌屋面要延后3h～4h，显然通风屋顶具有隔热好、散热快的特点。

屋面多孔材料被动蒸发冷却降温技术是利用水分蒸发消耗大量的太阳能，以减少传入建筑物的热量，在我国南方实际工程应用有非常好的隔热降温效果。据测试，多孔材料蓄水蒸发冷却是在屋顶铺设多孔含湿材料，其效果可使建筑屋面降温约2.5℃，屋顶内表面温度约降5℃；优于现行的传统蓄水屋面。

6.4.5 在一些极端天气条件下，被动式降温无法满足室内热环境的要求，如果经济水平允许，农户可以选择空调降温。目前，市场上有多种空调系统，如分体空调、户式中央空调、多联机等。由于农村居住建筑一般只在卧室、起居室等主要功能房间使用空调，且各房间同时使用空调的情况较少，因此建议使用分体式空调，灵活调节空调使用的时间，达到节能目的。

能效比是衡量空调器的重要经济性指标，能效比高，说明该种系统具有节能、省电的先决条件。用户选设备时，可以根据产品上的能效标识来辨别能效比。能效标识分为1、2、3共3个等级，等级1表示产品达到国际先进水平，最节电，即耗能最低，能效比3.6以上；等级2表示比较节电，能效比3.4～3.6；等级3是市场准入指标，低于该等级要求的产品不允许生产和销售；能效比3.2～3.4。

6.4.6 在我国气候比较干燥的西部和北部地区，宜采用直接蒸发冷却式空调方式。直接蒸发冷却式空调方式是将地表水过滤后直接通入风机盘管或者其他空调机组中，直接利用蒸发冷却来降低室内空气温湿度。需要注意的是风机盘管要尽量选择负荷偏大、高风量的干式风盘机组。

7 照　明

7.0.1 照明功率密度的规定就是要求在照明设计中，满足作业面照明标准值的同时，通过选择高效节能的光源、灯具与照明电器，使房间的照明功率密度不超过限值，以达到节能目的。本条中照明功率密度值引自现行国家标准《建筑照明设计标准》GB 50034。农村居住建筑的照明功率密度值是按每户来计算的。

现行国家标准《建筑照明设计标准》GB 50034中规定我国建筑室内照度标准值分级为：0.5、1、3、5、10、15、20、30、50、75、100、150、200、300、500、750、1000、1500、2000、3000、5000lx。根据农村居住建筑的实际使用情况，当使用者视觉能力低于正常能力或建筑等级和功能要求高时，可按照度标准值分级提高一级。当建筑等级和功能要求较低时，可按照度标准值分级降低一级。相应的照明功率密度值应按比例提高或折减。

7.0.2 为了在保障照明条件的前提下，降低照明耗电量，达到节能目的，在照明光源选择上应避免使用光效低的白炽灯。细管径荧光灯（T5型等）、紧凑型荧光灯、LED光源等具有光效高、光色好、寿命较长等优点，是目前比较适合农村居住建筑室内照明的高效光源。

灯具的效率会直接影响照明质量和能耗。在满足眩光限制要求下，照明设计中宜多注意选择直接型灯具。室内灯具效率不宜低于70%。同时应选用利用系数高的灯具。

7.0.3 当采用普通开关时，农村居住建筑公共部位的灯常因开关不便而变成"长明灯"，造成电能浪费和光源损坏。采用双控或多控开关方便人工开闭，以达到节能目的。

7.0.4 为了能够使农村居民了解自身用电情况，规范用电行为，达到行为节能目的，每户应安装电能计量装置。计量装置的选取应根据家庭电器数量及用电功率大致估算后，选用与之匹配的电能计量装置。

7.0.5 使三相负荷保持平衡，可减少电能损耗。

7.0.6 农村居住建筑应根据电网对功率因数的要求，合理设置无功功率补偿装置。一般在低压母线上设置集中电容补偿装置；对功率因数低，容量较大的用电设备或用电设备组，且离变电所较远时，应采取就地无功功率补偿方式。同时，为提高供电系统的自然功率因数，应优先选用功率因数高的电气设备和照明灯具。

7.0.7 农村居住建筑应充分利用天然采光营造室内适宜的光环境，充足的天然采光有利于居住者的生理和心理健康，同时也利于降低人工照明能耗。本条指明房间的天然采光应符合现行国家标准《建筑采光设计标准》GB 50033的规定。

7.0.8 农村地区相比城市具有太阳能、风能利用的优势，采用太阳能光伏发电或风力发电能有效地减少矿物质能源的消耗，符合节能原则。但这些能源系统中都含有蓄能装置，根据我国目前的情况，当蓄能装置寿命终结后，其处理方式会对自然环境带来一定的负面影响。本条文导在无电网供电的农村地区利用太阳能、风能等可再生能源作为照明能源，旨在节能的同时注重环境保护。

8 可再生能源利用

8.1 一 般 规 定

8.1.1 根据 2008 中国能源统计年鉴，2007 年底，我国商品能源消费总量为 26.5583 亿吨标准煤，生活消费商品用能 2.6790 亿吨标准煤。其中，农村地区生活消费商品用能约为 1 亿吨标准煤，沼气、秸秆、薪柴等非商品用能约为 2.6 亿吨标准煤，如果全部转化为商品能源，则农村地区生活消费用能将达 3.6 亿吨标准煤，占全国商品能源消费总量的 13.6%。

我国广大农村地区存在丰富多样的能源资源，并且具有地域性、多能源互补性等特点。全国 2/3 地区太阳能资源高于 II 类，具有理想的开发利用潜力。农村是生物质能的最主要产地，在经济发达地区，农村的秸秆、薪柴、粪便等生物质能源丰富，规模开发的潜力极大。我国农村地域广泛，地热能资源丰富。

为降低建筑能耗，减少生活用能，提高农民生活水平，既要节流，又要开源，所以，应努力增加可再生能源在建筑中的应用范围。在技术、经济和资源等条件允许的情况下，应充分利用太阳能、生物质能和地热能等可再生能源来替代煤、石油、电力等常规能源，从而节约农村居住建筑供热供暖和生活用能，减轻环境污染。

可再生能源技术多样，各项技术均有其适用性，需要不同的资源条件和技术经济条件。因此，可再生能源利用时，应做到因地制宜，多能源互补和综合利用，选择适宜当地经济和资源条件的技术来实施。如在西部太阳辐照条件好的地方，以太阳能利用为主，其他可再生能源为辅；而在四川、贵州等太阳能资源贫乏地区，生物质能丰富的地区，可以生物质能为主；而在经济发达地区，可以尝试利用地热能作为农村居住建筑供热空调的能源。

8.1.2 太阳能利用技术包括太阳能光热利用和太阳能光电利用。限于经济条件和生活水平的制约，太阳能光伏发电投资高，运行维护费用大，因此，除市政电网未覆盖的地区外，太阳能光伏发电不适宜在农村地区利用，而太阳能热水在农村已经普遍应用，尤其是家用太阳能热水系统。太阳能供暖在农村已经实施多项示范工程，是改善农村居住建筑冬季供暖室内热环境的有力措施之一。因此，在农村居住建筑中，太阳能利用应以热利用为主，选择的系统类型应与当地的太阳能资源和气候条件，建筑物类型和投资规模等相适应，在保证系统使用功能的前提下，使系统的性价比最优。

8.1.3 本标准所指的生物质资源主要包括农作物秸秆和畜禽粪便，不包括专为生产液体燃料而种植的能源作物。生物质资源条件决定了本地区可利用的生物

质能种类，气候条件和经济水平制约了生物质能的利用方式。结合我国各地区的气候条件、生物质资源和经济发展情况，适宜采用的生物质能利用方式见表 6。

表 6 各地区适宜采用的生物质能利用方式

地　区	推荐的生物质能利用方式
东北地区	生物质固体成型燃料
华北地区	户用沼气、规模化沼气工程、生物质固体成型燃料
黄土高原区、青藏高原区	节能柴灶
长江中下游地区	户用沼气、规模化沼气工程、生物质气化技术
华南地区	户用沼气、规模化沼气工程
西南地区	户用沼气、生物质固体成型燃料、生物质气化技术
蒙新区	生物质固体成型燃料、生物质气化技术

8.1.4 地源热泵系统是浅层地热能应用的主要方式。地源热泵系统是以岩土体、地下水或地表水为低温热源，利用热泵将蓄存在浅层岩土体内的低温热能加以利用，对建筑物进行供暖空调的系统。由水源热泵机组、地热能交换系统、建筑物内系统组成。根据地热能交换系统形式的不同，地源热泵系统分为地埋管地源热泵系统（又称土壤源热泵系统）、地下水地源热泵系统和地表水地源热泵系统。

地埋管地源热泵系统（图 17）包括一个土壤地热交换器，它是以 U 形管状垂直安装在竖井之中，或是水平地安装在地沟中。不同的管沟或竖井中的热交换器成并联连接，再通过不同的集管进入建筑中与建筑物内的水环路相连接。北方地区应用时应特别注意防冻问题。

地下水地源热泵系统（图 18）分为两种，一种通常被称为开式系统，另一种则为闭式系统。开式地下水地源热泵系统是将地下水直接供应到每台热泵机组，之后将井水回灌地下。闭式地下水地源热泵系统是将地下水和建筑内循环水之间用板式换热器分开的。深井水的水温一般约比当地气温高 1℃~2℃。我国东北北部地区深井水水温约为 4℃，中部地区约为 12℃，南部地区约为 12℃~14℃；华北地区深井水水温为 15℃~19℃；华东地区深井水的水温约为 19℃~20℃；西北地区浅井水水温约为 16℃~18℃，深井水水温约为 18℃~20℃；中南地区浅井水水温约为 20℃~21℃。地下水地源热泵系统应用时，应确保地下水全部回灌到同一含水层。

地表水地源热泵系统（图 19）分为开式和闭式

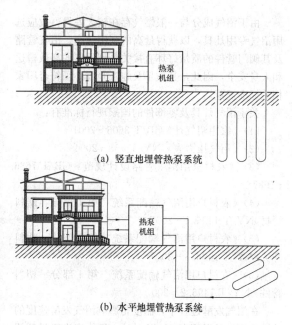

(a) 竖直地埋管热泵系统

(b) 水平地埋管热泵系统

图 17 地埋管地源热泵系统示意

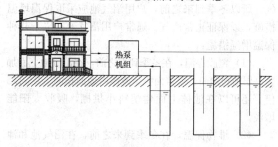

图 18 地下水地源热泵系统示意

两种形式。开式系统指地表水在循环泵的驱动下，经处理直接流经水源热泵机组或通过中间换热器进行热交换的系统；闭式系统指将封闭的换热盘管按照特定的排列方法放入具有一定深度的地表水体中，传热介质通过换热管管壁与地表水进行热交换的系统。地表水地源热泵系统应用时，应综合考虑水体条件，合理设置取水口和排水口，避免水系统短路。

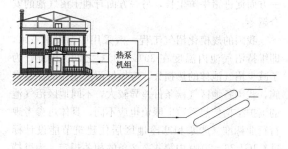

图 19 地表水地源热泵系统示意

8.2 太阳能热利用

8.2.1 选用太阳能热水系统时，宜按照家庭中常住人口数量来确定水容量的大小，考虑到农民的生活习惯和经济承受能力，设定人均用水量为 30L～60L。

8.2.2 在农村居住建筑中，普遍使用家用太阳能热水系统提供生活热水。至 2007 年，农村中太阳能热水器保有量达 4300 万 m² （约为 2150 万户）。随着家电下乡的热潮，其在农村的使用更加广泛，但是由于产品良莠不齐，造成的产品纠纷以及安全隐患也在增加，所以，应选择符合现行国家标准《家用太阳热水系统技术条件》GB/T 19141 的产品。

紧凑式直接加热自然循环的家用太阳能热水系统是最节能的，集热管（板）直接与贮热水箱连接的紧凑式，无需管路或管路很短，从而减少集热部分损失；集热管（板）中水与贮热水箱中水连通的直接加热，换热效率高；自然循环系统无需水泵等加压装置，减少造价和运行费用，较适宜农村居住建筑使用。

在分散的农村居住建筑中，采用生物质能或燃煤作为供暖或炊事用热时，太阳能热水系统与其结合使用，保证连续的热水供应。当太阳能家用热水系统仅供洗浴需求时，不必再设置一套燃烧系统增加系统造价。

8.2.3 由于建筑物的供暖负荷远大于热水负荷，为了得到更大的节能效益，在太阳能资源较丰富的地区，宜采用太阳能热水供热供暖技术或主被动结合的空气供暖技术。

太阳能热水供热供暖技术采用水或其他液体作为传热介质，输送和蓄热所需空间小，与水箱等蓄热装置的结合较容易，与锅炉辅助热源的配合也较成熟，不但可以直接供应生活热水，还可与目前成熟的供暖系统如散热器供暖、风机盘管供暖和地面辐射供暖等配套应用，在辅助热源的帮助下可以保证建筑全天候都具备舒适的热环境。但是，采用水或其他液体作为传热介质也为系统带来了一些弊端，首先，系统如果因为保养不善或冻结等原因发生漏水时，不但会影响系统正常运行，还会给居民的财产和生活带来损失；其次，系统在非供暖季往往会出现过热现象，需要采取措施防止过热发生；系统传热介质工作温度较高，集热器效率较低，系统造价较高。

与热水供热供暖系统相比，空气供暖系统的优点是系统不会出现漏水、冻结、过热等隐患，太阳得热可直接用于热风供暖，省去了利用水作为热媒必需的散热装置；系统控制使用方便，可与建筑围护结构和被动式太阳能建筑技术很好结合，基本不需要维护保养，系统即使出现故障也不会带来太大的危害。在非供暖季，需要时通过改变进出风方式，可以强化建筑物室内通风，起到辅助降温的作用。此外，由于采用空气供暖，热媒温度不要求太高，对集热装置的要求也可以降低，可以对建筑围护结构进行相关改造使其成为集热部件，降低系统造价。

8.2.4 建筑物的供暖负荷远大于热水负荷，如果以满足建筑物的供暖需求为主，太阳能供热供暖系统的集热器面积较大，在非供暖季热水过剩、过热，从而浪费投资、浪费资源以及因系统过热而产生安全隐患，所以，太阳能供热供暖系统必须注意全年的综合利用，供暖期提供供热供暖，非供暖期提供生活热水、其他用热或强化通风。此外，太阳能供热供暖技术一般可与被动式太阳能建筑技术结合使用，降低成本。

现行国家标准《太阳能供热采暖工程技术规范》GB 50495 基本解决了以上技术问题，目前已取得了良好效果。该标准在设计部分对供热供暖系统的选型、负荷计算、集热系统设计、蓄热系统设计、控制系统设计、末端供暖系统设计、热水系统设计以及其他能源辅助加热/换热设备选型都作出了相应的规定，农村居住建筑太阳能供热供暖系统设计应执行该标准。

8.2.5 太阳能集热器是太阳能供热供暖系统最关键的部件，其性能应符合现行国家标准《平板型太阳能集热器》GB/T 6424、《真空管型太阳能集热器》GB/T 17581 和《太阳能空气集热器技术条件》GB/T 26976 的规定。液态工质集热器的类型包括全玻璃真空管型、平板型、热管真空管型和 U 型管真空管型太阳能集热器，其中全玻璃真空管型太阳能集热器效率较高、造价低、安装维护简单，在我国广泛应用。空气集热器是近期发展起来的产品，目前主要用于工业干燥，在以空气为介质的太阳能空气供暖系统中也逐渐得到采用。

8.2.6 太阳能是间歇性能源，在系统中设置其他能源辅助加热/换热设备，既要保证太阳能供热供暖系统稳定可靠运行，又可降低系统的规模和投资，否则将造成过大的集热、蓄热设备和过高的初投资，在经济性上是不合理的。辅助热源应根据当地条件，优先选择生物质燃料，也可利用电、燃气、燃油、燃煤等。加热/换热设备选择生物质炉、各类锅炉、换热器和热泵等，做到因地制宜、经济适用。

8.3 生物质能利用

8.3.1 传统的生物质直接燃烧方式热效率低，同时伴随着大量烟尘和余灰，造成了生物质能源的浪费和居住环境质量的下降。因此，在具备生物质转换条件（生物质资源条件、经济条件及气候条件）的情况下，宜通过各种先进高效的生物质转换技术（如生物质气化技术、生物质固化成型技术等），将生物质资源转化成各种清洁能源（如沼气、生物质气、生物质固化燃料等）后加以使用。

8.3.2 沼气发酵是厌氧发酵，发酵工艺要求沼气池必须严格密封，水压式沼气池池内压强远大于池外大气压强。密封性不好的沼气池不但会漏气，而且会使水压式沼气池的水压功能丧失殆尽，所以必须做好沼气池的密封。

由于沼气成分与一般燃气存在较大差异，故应选用沼气专用灶具，以获得最高的利用效率。沼气管路及其阀门管件的质量好坏直接关系到沼气的高效输送和人身安全，因此，其质量及施工验收必须符合国家相关标准规范。

关于沼气灶具及零部件的国家现行标准有：

(1)《家用沼气灶》GB/T 3606 - 2001

(2)《沼气压力表》NY/T 858 - 2004

(3)《农村家用沼气管路设计规范》GB/T 7636 - 1987

(4)《农村户用沼气输配系统 第 1 部分 塑料管材》NY/T 1496.1 - 2007

(5)《农村户用沼气输配系统 第 2 部分 塑料开关》NY/T 1496.3 - 2007

(6)《农村户用沼气输配系统 第 1 部分 塑料管件》NY/T 1496.2 - 2007

在沼气发酵过程中，温度是影响沼气发酵速度的关键，当发酵温度在 8℃ 以下时，仅能产生微量的沼气。所以冬季到来之前，户用沼气池应采取保温增温措施，以保证正常产气。通常户用沼气池有以下几种保温增温措施：

(1) 覆膜保温，在冬季到来之前，在沼气池上面加盖一层塑料薄膜，覆盖面积是池体占地面积的 1.2～1.5 倍。还可以在池体上面建塑料小拱棚，吸收太阳能增温。

(2) 堆物保温，在冬季到来之前，在沼气池和池盖上面，堆集或堆沤热性作物秸秆（稻草、糜草等）和热性粪便（马、驴、羊粪等），堆沤的粪便要加湿覆膜，这样既有利于沼气池保温，又强化堆沤，为明年及时装料创造了条件。

(3) 建太阳能暖圈，在沼气池顶部建一猪舍（牛、羊舍），一角处建一厕所，前墙高 1.0m，后墙高 1.8m～2.0m，侧墙形成弧形状，一般建筑面积 16m² ～20m²，冬季上覆塑料薄膜，形成太阳能暖圈，一方面促进猪牛羊生长，另一方面有利于沼气池的安全越冬。

我国的规模化沼气工程一般采用中温发酵技术，即维持沼气池内温度在 30℃ ～35℃ 之间。因此，为了减少沼气池体的热损失，应做好沼气池体的保温措施，我国各地区气候条件差异较大，不同地区沼气池的围护结构传热系数上限值也应不同，具体可参考现行行业标准《严寒和寒冷地区居住建筑节能设计标准》JGJ 26 - 2010 中第 4.2.2 条的相关规定。为维持沼气池的中温发酵要求，除了保温外，还需配备一套加热系统。应根据规模化沼气工程的特点，选取高效节能的加热方式，如利用沼气发电的冷热电三联供系统的余热、热泵加热和太阳能集热等加热方式，降低沼气设施本身的能耗和提高能源利用效率。

8.3.3 气化机组是指由上料装置、气化炉、净化装置及配套辅机组成的单元。气化效率是指单位重量秸秆原料转化成气体燃料完全燃烧时放出的热量与该单位重量秸秆原料的热量之比。能量转换率是指生物质（秸秆）气化或热解后生成的可用产物中能量与原料总能量的百分比。

8.3.4 生物质固体成型燃料炉的种类众多，根据使用燃料规格的不同，可分为颗粒炉和棒状炉；根据燃烧方式的不同，可分为燃烧炉、半气化炉和气化炉；根据用途不同，可分为炊事炉、供暖炉和炊事供暖两用炉。在选取生物质固体成型燃料炉时，应综合考虑以上各因素，确保生物质固体成型燃料的高效利用。

8.4 地热能利用

8.4.1 地源热泵系统可以将蓄存在浅层岩土体中的低品位热能加以利用，有利于节能和改善大气环境。有条件时，寒冷地区可将其作为一种供暖方式供选择。

8.4.2 较大规模指地源热泵系统供暖建筑面积在3000m²以上。地源热泵系统大规模应用时，应符合现行国家标准《地源热泵系统工程技术规范》GB 50366 的规定。

8.4.3 地埋管换热器进口水温限值，是为了保证冬季在不加防冻剂的情况下，系统可以正常运行；同时水温过低，也会导致运行效率低下。地埋管应采用化学稳定性好、耐腐蚀、热导率大、流动阻力小的塑料管材及管件。由于聚氯乙烯管处理热膨胀和土壤位移的压力能力弱，所以不推荐在地埋管换热器中使用PVC管。

中华人民共和国国家标准

绿色工业建筑评价标准

Evaluation standard for green industrial building

GB/T 50878—2013

主编部门：中华人民共和国住房和城乡建设部
批准部门：中华人民共和国住房和城乡建设部
施行日期：２０１４年３月１日

中华人民共和国住房和城乡建设部
公 告

第 113 号

住房城乡建设部关于发布国家标准
《绿色工业建筑评价标准》的公告

现批准《绿色工业建筑评价标准》为国家标准，编号为 GB/T 50878 - 2013，自 2014 年 3 月 1 日起实施。

本标准由我部标准定额研究所组织中国建筑工业出版社出版发行。

中华人民共和国住房和城乡建设部
2013 年 8 月 8 日

前 言

根据住房和城乡建设部《关于印发〈2010 年工程建设标准规范制订、修订计划〉的通知》（建标【2010】43 号）的要求，标准编制组经广泛调查研究，认真总结实践经验，参考有关标准，并在广泛征求意见的基础上，编制本标准。

本标准的主要内容包括：总则、术语、基本规定、节地与可持续发展场地、节能与能源利用、节水与水资源利用、节材与材料资源利用、室外环境与污染物控制、室内环境与职业健康、运行管理、技术进步与创新。

本标准由住房和城乡建设部负责管理，由中国建筑科学研究院和机械工业第六设计研究院有限公司负责具体技术内容的解释。执行过程中如有意见或建议，请寄送中国建筑科学研究院（地址：北京市北三环东路 30 号，邮编：100013）。

本 标 准 主 编 单 位：中国建筑科学研究院
机械工业第六设计研究院有限公司

本 标 准 参 编 单 位：中国城市科学研究会绿色建筑与节能专业委员会
中国城市科学研究会绿色建筑研究中心
清华大学
重庆大学
中国海诚工程科技股份有限公司
中国五洲工程设计有限公司
中国电子工程设计院
中机国际工程设计研究院
中国航空规划建设发展有限公司
中国建筑设计研究院
中国石化集团上海工程有限公司
中国中元国际工程公司
合肥水泥研究设计院

本标准主要起草人员：吴元炜　刘筑雄　张家平
徐　伟　江　亿　李百战
李国顺　徐士乔　刘健灵
王　立　宋高举　董霄龙
林洪扬　虞永宾　张小龙
郝　军　张小慧　巫曼曼
顾继红　晁　阳　李　刚
夏建军　刘　猛　朱锡林
尹运基　孙　宁　陈　曦
许远超　陈宇奇　余学飞
李　亨　袁闪闪　郭振伟
陈明中　张　淼

本标准主要审查人员：王有为　王唯国　王国钰
艾为学　汪　崖　邓有源
彭灿云　李育杰　冀兆良
王伟军　同继锋　王宇泽

目　次

Contents

1 总　则

1.0.1 为贯彻国家绿色发展和建设资源节约型、环境友好型社会的方针政策，执行国家对工业建设的产业政策、装备政策、清洁生产、环境保护、节约资源、循环经济和安全健康等法律法规，推进工业建筑的可持续发展，规范绿色工业建筑评价工作，制定本标准。

1.0.2 本标准适用于新建、扩建、改建、迁建、恢复的建设工业建筑和既有工业建筑的各行业工厂或工业建筑群中的主要生产厂房、各类辅助生产建筑。

1.0.3 本标准规定了各行业评价绿色工业建筑需要达到的共性要求。

1.0.4 当评价绿色工业建筑时，应根据建筑使用功能统筹考虑全寿命周期内土地、能源、水、材料资源利用及环境保护、职业健康和运行管理等的不同要求。

1.0.5 当评价绿色工业建筑时，应考虑不同区域的自然条件、经济和文化等影响因素。

1.0.6 在进行绿色工业建筑的评价时，除应符合本标准外，尚应符合国家现行有关标准的规定。

2 术　语

2.0.1 绿色工业建筑　green industrial building

在建筑的全寿命周期内，能够最大限度地节约资源（节地、节能、节水、节材）、减少污染、保护环境，提供适用、健康、安全、高效使用空间的工业建筑。

2.0.2 工业建筑能耗　energy consumption of industrial building

为保证生产、人和室内外环境所需的各种能源耗量的总和。

2.0.3 单位产品（或单位建筑面积）工业建筑能耗　energy consumption of industrial building for unit product (or unit building area)

统计期内工业建筑能耗与合格产品产量（或建筑面积）的比值。

2.0.4 单位产品取水量　quantity of water intake for unit product

统计期内取水量与合格产品产量的比值。

2.0.5 水重复利用率　water reuse rate

统计期内评价范围中重复利用的水量与总用水量的比值。

2.0.6 单位产品废水产生量　quantity of industrial wastewater for unit product

统计期内废水产生量与合格产品产量的比值。

3 基本规定

3.1 一般规定

3.1.1 工业企业的建设区位应符合国家批准的区域发展规划和产业发展规划要求。

3.1.2 工业企业的产品、产量、规模、工艺与装备水平等应符合国家规定的行业准入条件。

3.1.3 工业企业的产品不应是国家规定的淘汰或禁止生产的产品。

3.1.4 单位产品的工业综合能耗、原材料和辅助材料消耗、水资源利用等工业生产的资源利用指标应达到国家现行有关标准规定的国内基本水平。

3.1.5 各种污染物排放指标应符合国家现行有关标准的规定。

3.1.6 工业企业建设项目用地应符合国家现行有关建设项目用地的规定，不应是国家禁止用地的项目。

3.2 评价方法与等级划分

3.2.1 申请评价的项目应在满足本标准第 3.1 节的要求后进行评价。

3.2.2 申请评价的工业建筑项目分为规划设计和全面评价两个阶段，规划设计和全面评价可分阶段进行，全面评价应在正常运行管理一年后进行。

3.2.3 申请评价的项目应按本标准有关条文的要求对规划设计、建造和运行管理进行过程控制，并应提交相关文档。

3.2.4 在对工业企业的单体工业建筑进行评价时，凡涉及室外环境的指标，应以该单体工业建筑所处环境的评价结论为依据。

3.2.5 绿色工业建筑评价体系由节地与可持续发展的场地、节能与能源利用、节水与水资源利用、节材与材料资源利用、室外环境与污染物控制、室内环境与职业健康、运行管理七类指标及技术进步与创新构成。

3.2.6 绿色工业建筑评价应按照评价项目的数量、内容和指标，兼顾评价项目的重要性和难易程度，采用权重计分法，各章、节的权重及条文分值应符合本标准附录 A 的规定。

3.2.7 申请评价的项目应按本标准规定的方法进行打分，绿色工业建筑等级划分应根据评价后的总得分（包括附加分）按表 3.2.7 的规定确定。

表 3.2.7　绿色工业建筑等级划分

序　号	必达分	总得分 P	等　级
1	11	$40 \leqslant P < 55$	★
2	11	$55 \leqslant P < 70$	★★
3	11	$P \geqslant 70$	★★★

3.2.8 当本标准中某条文不适用于评价项目时，该条不参与评价，并不应计分，等级划分应以所得总分按比例调整后确定。

4 节地与可持续发展场地

4.1 总体规划与厂址选择

4.1.1 申请评价的项目建设时应符合国家现行产业发展、区域发展、工业园区或产业聚集区规划的要求。

4.1.2 除国家批准且采取措施保护生态环境的项目外，建设场地不得选择在下列区域：

　　1 基本农田；

　　2 国家及省级批准的生态功能区，水源、文物、森林、草原、湿地、矿产资源等各类保护区，限制和禁止建设区。

4.1.3 建设场地符合国家现行有关标准的规定，并未选择在下列区域：

　　1 发震断层和抗震设防烈度为9度及高于9度的地震区；

　　2 有泥石流、流沙、严重滑坡、溶洞等直接危害的地段；

　　3 采矿塌落（错动）区地表界限内；

　　4 有火灾危险的地区或爆炸危险的范围；

　　5 爆破危险区界限内；

　　6 坝或堤决溃后可能淹没的地区；

　　7 很严重的自重湿陷性黄土地段，厚度大的新近堆积黄土地段和高压缩性的饱和黄土地段等地质条件恶劣地段；

　　8 受海啸或湖涌危害等地质恶劣地区。

4.1.4 建设场地总体规划及其动态管理，符合下列要求：

　　1 近期建设与远期发展结合，并根据实际变化定期或适时调整；

　　2 在既有建筑更新改造的同时，对总体规划进行局部或全面调整。

4.2 节　　地

4.2.1 申请评价的项目建设用地符合国家现行工业项目建设用地控制指标的要求。

4.2.2 合理提高建设场地利用系数，容积率与建筑密度均不低于现行国家有关标准的规定，且符合下列要求：

　　1 公用设施统一规划、合理共享；

　　2 在满足生产工艺前提下，采用联合厂房、多层建筑、高层建筑、地下建筑或利用地形高差的阶梯式建筑；

　　3 合理规划建设场地，整合零散空间；

　　4 具有与1～3款项相同效果的其他方式。

4.2.3 合理开发可再生地，并符合下列要求：

　　1 利用农林业生产难以利用的土地或城市废弃地建设；

　　2 利用废弃的工业厂房、仓库、闲置土地进行建设，受污染土地的治理达到国家现行有关标准的环保要求；

　　3 利用沟谷、荒地、劣地建设废料场、堆场。

4.3 物流与交通运输

4.3.1 物流运输优先考虑共享社会资源，并符合下列规定：

　　1 建设场地邻近公路、铁路、码头或空港；

　　2 生产原料、废料与产品仓储物流采用社会综合运输体系；

　　3 公用动力站房的位置合理，靠近市政基础设施或厂区负荷中心。

4.3.2 物流运输与交通组织合理，满足生产要求；物流运行顺畅、线路短捷，减少污染。

4.3.3 采用资源消耗小的物流方式，并符合下列规定：

　　1 物流仓储利用立体高架方式和信息化管理；

　　2 结合厂区地势或建筑物高差，采用能耗小的物流运输方式；

　　3 采用环保节能型物流运输设备与车辆，且具备提供补充能源的配套设施；

　　4 具有与本条1～3款项相同效果的其他方式。

4.3.4 员工交通符合下列条件：

　　1 优先利用公共交通；

　　2 配置交通运输工具及停放场地；

　　3 自行车停放场地至少满足15%的员工需要；

　　4 应具有与本条第1～3款项相同效果的其他方式。

4.4 场地资源保护与再生

4.4.1 因生产建设活动、临时占用和工业生产等所损毁的土地，复垦时符合国家有关规定。

4.4.2 建设场地满足工业生产的要求，且不影响周边环境质量，场地内设有废弃物分类、回收或处理的专用设施和场所。

4.4.3 合理利用或改造地形地貌、保护土地资源，并符合下列要求：

　　1 保护名木古树，保留可利用的植被和适于绿化种植的浅层土壤资源；

　　2 不破坏场地和周边原有水系的关系；

　　3 合理确定的场地标高和建设场地土石方量；

　　4 具有与1～3款项相同效果的其他方式。

4.4.4 场地透水地面和防止地下水污染符合下列要求：

1 对于透水良好地层的场地,透水地面面积宜大于室外人行地面总面积的28%;

2 对于透水不良地层的场地,改造后的透水、保水地面面积大于室外地面总面积的8%;

3 透水地面的构造、维护未造成下渗地表水对地下水质的污染;

4 污染危险区设有良好的不透水构造,冲洗后的污水经回收或处理后达标排放;

5 具有与1~4款项相同效果的其他方式。

4.4.5 建设场地的绿地率符合现行国家标准《城市用地分类与规划建设用地标准》GB 50137 和国家有关绿地率的规定。

4.4.6 建设场地绿植种类应多样,成活率不得低于90%,且符合生产环境要求。

4.4.7 建设场地有利于可再生能源持续利用。

4.4.8 建设场地具有应对异常气候的应变能力,并符合下列要求:

1 重大建设项目先作气候可行性论证;

2 暴雨多发地区采取防止暴雨时发生滑坡、泥石流和油料、化学危险品等污染水体的措施;

3 暴雪频繁地区采取防止暴雪压垮大跨度结构屋面建筑的措施;

4 台风、龙卷风频繁地区采取抗强风措施;

5 针对气候异常其他危害形式采取的相应措施。

5 节能与能源利用

5.1 能源利用指标

5.1.1 工业建筑能耗的范围、计算和统计方法应符合本标准附录 B 的规定,单位产品(或单位建筑面积)工业建筑能耗指标应达到下列国内同行业水平:

1 基本水平;

2 先进水平;

3 领先水平。

5.1.2 设备的能效值分别符合下列要求:

1 空调、供暖系统的冷热源机组的能效值达到现行国家标准《冷水机组能效限定值及能源效率等级》GB 19577 规定的 2 级及以上能效等级;

2 单元式空气调节机组的能效值达到现行国家标准《单元式空气调节机能效限定值及能源效率等级》GB/T 19576 规定的 3 级及以上能效等级;

3 多联式空调机组的能效值达到现行国家标准《多联式空调(热泵)机组能效限定值及能源效率等级》GB 21454 规定的 2 级及以上能效等级;

4 风机、水泵等动力设备(消防设备除外)效率值达到现行国家标准《通风机能效限定值及节能评价值》GB 19761 和《清水离心泵能效限定值及节能评价值》GB 19762 规定的 2 级及以上能效等级;

5 锅炉效率达到现行国家标准《工业锅炉能效限定值及能效等级》GB 24500 规定的 2 级及以上工业锅炉能效等级;

6 电力变压器效率达到现行国家标准《电力变压器能效限定值及能效等级》GB 24790 规定的 2 级及以上能效等级;

7 配电变压器的能效限定值达到现行国家标准《三相配电变压器能效限定值及节能评价值》GB 20052 的规定。

5.2 节 能

5.2.1 建筑围护结构的热工参数符合国家现行有关标准的规定。

5.2.2 有温湿度要求的厂房,其外门、外窗的气密性等级和开启方式符合要求。

5.2.3 合理利用自然通风。

5.2.4 主要生产及辅助生产的建筑外围护结构未采用玻璃幕墙。

5.2.5 电力系统的电压偏差、三相电压不平衡指标均符合国家现行有关标准的规定;电力谐波治理符合国家现行有关标准规定的限值和允许值;用电系统的功率因数优于国家现行有关标准和规定的限定值。

5.2.6 合理利用自然采光。

5.2.7 人工照明符合现行国家标准《建筑照明设计标准》GB 50034 的要求:

1 在满足照度的情况下,照明功率密度值不高于现行国家标准《建筑照明设计标准》GB 50034 的规定值;

2 在考虑显色性的基础上,选用发光效率高、寿命长的光源和高效率灯具及镇流器;

3 当采用人工照明光源时,设置调节的照明控制系统;有条件时采用智能照明系统。

5.2.8 风机、水泵等输送流体的公用设备合理采用流量调节措施。

5.2.9 按区域、建筑和用途分别设置各种用能的计量设备或装置,进行用能的分区、分类和分项计量。

5.2.10 在满足生产和人员健康前提下,洁净或空调厂房的室内空气参数、系统风量等的调整有明显节能效果。

5.2.11 采用有效措施,提高能源的综合利用率。

5.2.12 高大厂房合理采用辐射供暖系统。

5.2.13 设有空调的车间采用有效的节能空调系统。

5.2.14 根据工艺生产需要及室内、外气象条件,空调制冷系统合理地利用天然冷源。

5.2.15 设计时正确选用冷冻水的供回水温度,运行时合理设定冷冻水的供回水温度。

5.2.16 在满足生产工艺条件下,空调系统的划分、送回风方式(气流组织)合理并证实节能有效。

5.2.17 公用和电气设备（系统）设置有效的节能调节系统。

5.2.18 施工完毕后，对制冷、空调、供暖、通风和除尘等系统进行节能调试，调节功能正常。

5.3 能量回收

5.3.1 设置热回收系统，有效利用工艺过程和设备产生的余（废）热。

5.3.2 在有热回收条件的空调、通风系统中合理设置热回收系统。

5.3.3 对生产过程中产生的可作能源的物质采取回收和再利用措施。

5.4 可再生能源利用

5.4.1 工业建筑的供暖和空调合理采用地源热泵及其他可再生能源。

5.4.2 利用可再生能源供应的生活热水量不低于生活热水总量的10%。

5.4.3 合理利用空气的低品位热能。

6 节水与水资源利用

6.1 水资源利用指标

6.1.1 单位产品取水量的范围、计算和统计方法应符合本标准附录C的规定，单位产品取水量指标应达到下列国内同行业水平：

    1 基本水平；

    2 先进水平；

    3 领先水平。

6.1.2 水重复利用率的计算和统计方法应符合本标准附录C的规定，水重复利用率应达到下列国内同行业水平：

    1 基本水平；

    2 先进水平；

    3 领先水平。

6.1.3 蒸汽凝结水利用率的计算和统计方法应符合本标准附录C的规定，对生产过程中产生的蒸汽凝结水设置回收系统，蒸汽凝结水利用率达到下列国内同行业水平：

    1 基本水平；

    2 先进水平；

    3 领先水平。

6.1.4 单位产品废水产生量的计算和统计方法应符合本标准附录C的规定，单位产品废水产生量达到下列国内同行业水平：

    1 基本水平；

    2 先进水平；

    3 领先水平。

6.2 节 水

6.2.1 生产工艺节水技术及其设施、设备处于国内同行业先进水平或领先水平。

6.2.2 设置工业废水再生回用系统，回用率达到国内同行业先进或领先水平。

6.2.3 合理采用其他介质的冷却系统替代常规水冷却系统。

6.2.4 采用适合本地的植物品种，或采用喷灌、微灌等高效灌溉系统。

6.2.5 采取有效措施，减少用水设备和管网漏损。

6.2.6 合理规划屋面和地表雨水径流，合理确定雨水调蓄、处理及利用工程。

6.2.7 清洗、冲洗工器具等采用节水或免水技术。

6.2.8 给水系统采用分级计量，水表计量率符合现行国家标准《节水型企业评价导则》GB/T 7119的要求。

6.3 水资源利用

6.3.1 综合利用各种水资源并符合所在地区水资源综合利用规划。

6.3.2 给水系统的安全性和可靠性符合国家现行有关标准的规定。

6.3.3 企业自备水源工程经有关部门批准，符合国家现行有关法规、政策、规划及标准的规定。

6.3.4 给水处理工艺先进，水质符合国家现行有关标准的规定。

6.3.5 按照用水点对水质、水压要求的不同，采用分系统供水。

6.3.6 生产用水部分或全部采用非传统水源。

6.3.7 景观用水、绿化用水、卫生间冲洗用水、清扫地面用水、消防用水及建筑施工用水等采用非传统水源。

6.3.8 排水系统完善，并符合所在地区的排水制度和排水工程规划。

6.3.9 按废水水质分流排水，排放水质符合国家现行有关标准的规定。

6.3.10 污、废水处理系统技术先进，且其排水水质优于国家现行有关标准的规定。

7 节材与材料资源利用

7.1 节 材

7.1.1 合理采用下列节材措施：

    1 工艺、建筑、结构、设备一体化设计；

    2 土建与室内外装修一体化设计；

    3 根据工艺要求，建筑造型要素简约，装饰性构件适度。

7.1.2 采用资源消耗少和环境影响小的建筑结构体系。

7.1.3 建筑材料和制品的耐久性措施符合国家现行有关标准的规定。

7.1.4 钢结构厂房单位建筑面积用钢量优于同行业同类型厂房的全国平均水平。

7.2 材料资源利用

7.2.1 不得使用国家禁止使用的建筑材料或建筑产品。

7.2.2 采用下列建筑材料、建筑制品及技术：

　　1 国家批准的推荐建筑材料或产品；

　　2 主要厂房建筑结构材料合理采用高性能混凝土或高强度钢；

　　3 复合功能材料；

　　4 工厂化生产的建筑制品；

　　5 与1～4款项效果相同的其他建筑材料、建筑制品或新技术。

7.2.3 场地内既有建筑、设施或原有建筑的材料，经合理处理或适度改造后继续利用。

7.2.4 在保证性能的前提下，使用以废弃物为原料生产的建筑材料，占可用同类建筑材料总量的比例不低于30%。

7.2.5 在建筑设计选材时考虑材料的可循环使用性能。在保证安全和不污染环境的情况下，可再循环材料使用量占所用相应建筑材料总量的10%以上。

7.2.6 主要建筑材料占相应材料量60%以上的运输距离符合下列要求：

　　1 混凝土主要原料（水泥、骨料、矿物掺合料）在400km以内；

　　2 预制建筑产品在500km以内；

　　3 钢材在1100km以内。

7.2.7 使用的建筑材料和产品的性能参数与有害物质的限量应符合国家现行有关标准的规定。

8 室外环境与污染物控制

8.1 环境影响

8.1.1 建设项目的环境影响报告书（表）应获得批准。

8.1.2 建设项目配套建设的环境保护设施已通过有关环境保护行政主管部门竣工验收。

8.2 水、气、固体污染物控制

8.2.1 废水中有用物质的回收利用指标达到下列国内同行业水平：

　　1 基本水平；

　　2 先进水平；

　　3 领先水平。

8.2.2 废气中有用气体的回收利用率达到下列国内同行业水平：

　　1 基本水平；

　　2 先进水平；

　　3 领先水平。

8.2.3 固体废物回收利用指标达到下列国内同行业水平：

　　1 基本水平；

　　2 先进水平；

　　3 领先水平。

8.2.4 末端处理前水污染物指标应符合或优于本行业清洁生产国家现行标准的规定；经末端处理后，水污染物最高允许排放浓度应符合或优于国家现行有关污染物排放标准的规定；排放废水中有关污染物排放总量应符合或优于国家现行污染物总量控制指标的规定。

8.2.5 大气污染物的排放浓度、排放速率和无组织排放浓度值应符合或优于国家现行有关污染物排放标准的规定；排放废气中有关污染物排放总量应符合或优于国家现行污染物总量控制指标的规定。

8.2.6 固体废物的储存和处置符合国家现行有关标准的规定，在分类收集和处理固体废物的过程中采取无二次污染的预防措施。

8.2.7 危险废物处置符合国家现行有关标准的规定。

8.3 室外噪声与振动控制

8.3.1 厂界环境噪声符合现行国家标准《工业企业厂界噪声排放标准》GB 12348 的规定。

8.3.2 工艺设备、公用设施产生的振动采取减振、隔振措施，振动强度符合现行国家标准《城市区域环境振动标准》GB 10070的规定。

8.4 其他污染控制

8.4.1 建筑玻璃幕墙、灯光设置、外墙饰面材料等所造成的光污染符合国家现行有关标准的规定。

8.4.2 电磁辐射环境影响报告书（表）已获批准，电磁辐射环境影响优于现行国家标准《电磁辐射防护规定》GB 8702的规定。

8.4.3 使用和产生的温室气体和破坏臭氧层的物质排放符合国家有关规定。

9 室内环境与职业健康

9.1 室内环境

9.1.1 厂房内的空气温度、湿度、风速符合国家现行工业企业设计卫生标准的规定。

9.1.2 辅助生产建筑的室内空气质量符合国家现行

有关标准的规定。

9.1.3 工作场所有害因素职业接触限值符合国家现行有关标准的规定，满足职业安全卫生评价的规定。如采取工程控制技术措施仍达不到上述标准要求的，根据实际情况采取了适宜的个人防护措施。

9.1.4 室内最小新风量应符合国家现行有关卫生标准的规定。

9.1.5 建筑围护结构内部和表面（含冷桥部位）无结露、发霉等现象。

9.1.6 工作场所照度、统一眩光值、一般显色指数等指标满足现行国家标准《建筑照明设计标准》GB 50034 的规定。

9.1.7 工作场所产生的噪声采取了减少噪声污染和隔声措施，建筑物及其相邻建筑物的室内噪声限值符合国家现行有关标准的规定。如采取工程控制技术措施仍达不到上述标准要求的，根据实际情况采取了有效的个人防护措施。

9.2 职业健康

9.2.1 可能产生职业病危害的建设项目，按照国家现行建设项目职业病危害预评价技术导则的规定进行了预评价，在竣工验收前按照国家现行建设项目职业病危害控制效果评价技术导则的规定进行了职业病危害控制效果的评价，验收合格；运行后对相关员工进行定期体检。

9.2.2 工作场所产生的振动采取了减少振动危害或隔振措施，手传振动接振强度、全身振动强度及相邻建筑物室内的振动强度符合国家现行有关标准的规定。如采取工程控制技术措施仍达不到上述标准规定的，根据实际情况已采取了有效的个人防护措施。

9.2.3 工作场所职业病危害警示标识、安全标志设置正确、完整。

10 运行管理

10.1 管理体系

10.1.1 应通过环境管理体系认证。

10.1.2 应通过职业健康安全管理体系认证。

10.2 管理制度

10.2.1 设置了与企业规模相适应的能源管理、水资源管理、职业健康、安全及环境保护的领导机构和管理部门。

10.2.2 设置了与企业规模相适应的能源管理、水资源管理、职业健康、安全及环境保护的专职人员及管理制度，并进行定期的培训和考核。

10.2.3 鼓励员工提出合理化建议，制定相应的奖励制度。

10.3 能源管理

10.3.1 能源信息准确、完整，有定期检查或改进的措施记录。

10.3.2 能源管理系统符合生产工艺和工业建筑的特点，系统功能完善，系统运行稳定。

10.3.3 企业已建立建筑节能管理标准体系。

10.4 公用设施管理

10.4.1 建筑物和厂区内各种公用设备和管道、阀门、相关设施的严密性、防腐措施符合国家现行有关标准的规定，并已制定相应的应急措施。

10.4.2 对建筑物和厂区各类站房内设备、设施的运行状况已设置自动监控系统，且运行正常。

10.4.3 对建筑物和厂区内公用设备、设施的电耗、气耗和水资源利用等已设置便于考核的计量设施，并进行实时计量和记录。

10.4.4 公用设备和设施已建立完善的检修维护制度，记录完整，运行安全。

11 技术进步与创新

11.0.1 在工业建筑建设或运行过程中所采取的创新技术或管理方法，鉴定结论达到下列水平时可予以加分：

    1 国内领先；

    2 国际先进；

    3 国际领先。

11.0.2 在工业建筑建设或运行过程中采取的新技术、新工艺、新方法，获得国家、省部级或行业科学技术奖，达到下列水平时可予以加分：

    1 省部级或行业科学技术奖；

    2 国家科学技术奖。

附录 A 权重和条文分值

A.0.1 章、节权重应符合表 A.0.1 的规定。

表 A.0.1 章、节权重

章		节	
章号	权重（%）	节号	相对权重（%）
4	12.0	1	23.3
		2	17.4
		3	20.7
		4	38.6
5	26.0	1	21.2
		2	57.7
		3	11.5
		4	9.6

章号	权重(%)	节号	相对权重(%)
6	19.0	1	36.8
		2	29.5
		3	33.7
7	10.0	1	40.0
		2	60.0
8	12.0	1	10.0
		2	55.8
		3	15.8
		4	18.4
9	11.0	1	72.7
		2	27.3
10	10.0	1	12.0
		2	18.0
		3	32.0
		4	38.0
11	—	—	—

A.0.2 条文分值应符合表 A.0.2 的规定。

表 A.0.2 条文分值

章号	最高分	节号	最高分	条文号	分值范围	款号	最高分	必达分
4	12.0	1	2.8	4.1.1	0.7	—	—	0.7
				4.1.2	0.7	—	—	0.7
				4.1.3	0.7	—	—	
				4.1.4	0.5~0.7	—	—	
		2	2.1	4.2.1	0.7	—	—	
				4.2.2	0.5~0.7	—	—	
				4.2.3	0.5~0.7	—	—	
		3	2.5	4.3.1	0.6	—	—	
				4.3.2	0.5	—	—	
				4.3.3	0.5~0.7	—	—	
				4.3.4	0.5~0.7	—	—	
		4	4.6	4.4.1	0.5	—	—	
				4.4.2	0.5	—	—	
				4.4.3	0.5~0.7	—	—	
				4.4.4	0.5~0.7	—	—	
				4.4.5	0.5	—	—	
				4.4.6	0.5	—	—	
				4.4.7	0.5	—	—	
				4.4.8	0.5~0.7	—	—	
5	26.0	1	5.5	5.1.1	2.0~4.0	1	2.0	2.0
						2	3.0	
						3	4.0	
				5.1.2	0.2~1.5	—	—	
		2	15.0	5.2.1	0.8	—	—	
				5.2.2	0.6	—	—	

章号	最高分	节号	最高分	条文号	分值范围	款号	最高分	必达分
5	26.0	2	15.0	5.2.3	1.1	—	—	—
				5.2.4	0.6	—	—	
				5.2.5	0.6~1.1	—	—	
				5.2.6	0.8	—	—	
				5.2.7	0.6~0.8	—	—	
				5.2.8	0.8	—	—	
				5.2.9	0.8	—	—	
				5.2.10	1.1	—	—	
				5.2.11	1.1	—	—	
				5.2.12	0.8	—	—	
				5.2.13	0.6~0.8	—	—	
				5.2.14	0.6~0.8	—	—	
				5.2.15	0.8	1	0.3	
				5.2.16	0.8	—	—	
				5.2.17	0.8	—	—	
				5.2.18	0.6	—	—	
		3	3.0	5.3.1	1.1	—	—	
				5.3.2	0.8~1.1	—	—	
				5.3.3	0.8	—	—	
		4	2.5	5.4.1	1.1	—	—	
				5.4.2	0.6~0.8	—	—	
				5.4.3	0.6	—	—	
6	19.0	1	7.0	6.1.1	1.0~2.0	1	1.0	1.0
						2	1.5	
						3	2.0	
				6.1.2	1.0~2.0	1	1.0	1.0
						2	1.5	
						3	2.0	
		1	7.0	6.1.3	0.9~1.5	1	0.9	—
						2	1.2	
						3	1.5	
				6.1.4	0.9~1.5	1	0.9	
						2	1.2	
						3	1.5	
6	19.0	2	5.6	6.2.1	0.6~0.8	—	—	—
				6.2.2	0.6~0.8	—	—	—
				6.2.3	0.6	—	—	—
				6.2.4	0.6	—	—	—
				6.2.5	0.6	—	—	—
				6.2.6	0.8	—	—	—
				6.2.7	0.6	—	—	—
				6.2.8	0.8	—	—	—
		3	6.4	6.3.1	0.6	—	—	—
				6.3.2	0.6	—	—	—
				6.3.3	0.4	—	—	—
				6.3.4	0.6	—	—	—
				6.3.5	0.8	—	—	—
				6.3.6	0.4~0.6	—	—	—
				6.3.7	0.8	—	—	—
				6.3.8	0.6	—	—	—
				6.3.9	0.6	—	—	—
				6.3.10	0.8	—	—	—

续表 A.0.2

章号	最高分	节号	最高分	条文号	分值范围	款号	最高分	必达分
7	10.0	1	4.0	7.1.1	0.7~1.2	—	—	—
				7.1.2	0.9	—	—	—
				7.1.3	0.7	—	—	—
				7.1.4	0.7~1.2	—	—	—
		2	6.0	7.2.1	0.7	—	—	0.7
				7.2.2	0.7~1.2	—	—	—
				7.2.3	0.7	—	—	—
				7.2.4	0.7	—	—	—
				7.2.5	0.9	—	—	—
				7.2.6	0.9	—	—	—
				7.2.7	0.9	—	—	0.9
8	12.0	1	1.2	8.1.1	0.6	—	—	0.6
				8.1.2	0.6	—	—	—
		2	6.7	8.2.1	0.6~1.1	1	0.6	—
						2	0.8	
						3	1.1	
				8.2.2	0.6~1.1	1	0.6	
						2	0.8	
						3	1.1	
				8.2.3	0.6~1.1	1	0.6	
						2	0.8	
						3	1.1	
				8.2.4	0.6~1.2	—	—	0.6
				8.2.5	0.6~0.8	—	—	0.6
				8.2.6	0.8	—	—	—
				8.2.7	0.6	—	—	—
		3	1.9	8.3.1	1.1	—	—	
				8.3.2	0.8	—	—	
		4	2.2	8.4.1	0.8	—	—	
				8.4.2	0.6	—	—	
				8.4.3	0.8	—	—	
9	11.0	1	8.0	9.1.1	1.0	—	—	
				9.1.2	1.0	—	—	
				9.1.3	1.2~1.6	—	—	
				9.1.4	1.0	—	—	1.0
				9.1.5	1.0	—	—	
				9.1.6	1.0	—	—	
				9.1.7	1.0~1.4	—	—	
		2	3.0	9.2.1	1.2	—	—	
				9.2.2	1.0	—	—	
				9.2.3	0.8	—	—	
10	10.0	1	1.2	10.1.1	0.6	—	—	0.6
				10.1.2	0.6	—	—	0.6
		2	1.8	10.2.1	0.6	—	—	
				10.2.2	0.6	—	—	
				10.2.3	0.6	—	—	
		3	3.2	10.3.1	1.2	—	—	
				10.3.2	1.2	—	—	
				10.3.3	0.8	—	—	
		4	3.8	10.4.1	1.0	—	—	
				10.4.2	0.8	—	—	
				10.4.3	0.8	—	—	
				10.4.4	0.8	—	—	

续表 A.0.2

章号	最高分	节号	最高分	条文号	分值范围	款号	最高分	必达分
11	10.0	—	10.0	11.0.1	0.0~4.0	1	1.0	
						2	2.0	
						3	3.0	
				11.0.2	0.0~6.0	1	2.0	
						2	6.0	

注：本标准参评的条文数共计116条，第4章至第10章最高分为100分，第11章最高附加分10分。

附录 B 工业建筑能耗的范围、计算和统计方法

B.0.1 工业建筑能耗应包含下列内容：

1 用于照明、供暖、通风、空调、净化、制冷（包括风机、水泵、空气压缩机、制冷机、电动阀门、各类电机及设备、控制装置、锅炉、热交换机组等）系统的全年能耗量；

2 用于环境保护、职业健康安全预防设施的全年能耗量；

3 用于1~2款所没有涉及的各种设备和系统的电、煤、汽、水、气、油等各种能源的全年能耗量；

4 工艺设备回收的能量，当用于生活、改善室内外环境时，为回收该部分能量所消耗和回收的能量。

B.0.2 工业建筑能耗指标应按下式计算：

$$I_j = I \times \frac{E_{aj}}{E_a} \qquad (B.0.2)$$

式中：I_j——工业建筑能耗指标；

I——工业综合能耗指标；

E_{aj}——全年工业建筑能耗，当有行业清洁生产标准或国家、行业和地方规定的综合能耗指标时，可选择行业内有代表性且有施工图设计的若干企业按 B.0.1 条工业建筑能耗范围和公式（B.0.2）进行计算；当无行业清洁生产标准或国家、行业和地方规定的能耗指标时，可选择本行业在节能方面做得好、较好、较差（符合国内基本水平的要求）且有施工图设计的若干企业按 B.0.1 条工业建筑能耗范围和公式（B.0.2）进行计算；

E_a——全年工业综合能耗。

B.0.3 工业建筑能耗的统计方法应根据 B.0.1 条工业建筑能耗范围，按申请评价的项目统计期内各种工业建筑能耗的实际分项计量，求得工业建筑能耗。

B.0.4 各种能源折算成标准煤的系数应采用国家规

定的当年折算值。电力折算标准煤系数按火电发电标准煤耗等价值计算，在实际应用中应以国家统计局正式公布数据为准。引用某行业标准煤耗时，按照行业清洁生产标准所规定的数据折算。

B.0.5 规划设计应根据 B.0.2 条所列的方法进行计算；全面评价阶段应根据 B.0.3 条所列的方法进行统计。

附录 C 工业建筑水资源利用指标的范围、计算和统计方法

C.0.1 申请评价的项目所属行业已经发布清洁生产标准且该标准对水资源利用有关指标的范围、计算和统计方法等内容已有规定时，评价按该行业清洁生产标准执行；否则按本标准附录 C.0.2、C.0.3 和 C.0.4 条的有关规定执行。

C.0.2 取水量可包括下列内容：

1 企业自备给水工程取自地表水、地下水的水量；

2 取自城镇供水工程的水量；

3 企业从市场购得的其他水或水的产品（如蒸汽、热水、地热水及城市再生水等）；

4 不包括企业自取的海水和苦咸水，不包括企业为外供给市场的水或水的产品（如蒸汽、热水、地热水等）而取用的水量。

C.0.3 取水量、单位产品取水量、水重复利用率、蒸汽凝结水利用率以及单位产品废水产生量等指标的计算方法应分别符合下列规定：

1 取水量的确定应选择本行业在节水方面处于不同水平（至少符合国内基本水平的要求）的若干企业，按本标准附录 C.0.2 条规定的范围，根据项目提供的相关数据（每班员工人数、台班、总取水量、平均时用水量、变化系数、设备数量及同时使用百分数等），扣除水以产品形式外供给市场的部分求得。

2 单位产品取水量应按下式进行计算：

$$V_p = \frac{V_c}{Q} \qquad (C.0.3\text{-}1)$$

式中：V_p——单位产品取水量（m³/单位产品或 L/单位产品）；

V_c——统计期内的取水量（m³ 或 L）；

Q——统计期内合格产品的产量。

3 水重复利用率应按下式进行计算：

$$R = \frac{V_r}{V_r + V_i} \times 100 \qquad (C.0.3\text{-}2)$$

式中：R——水重复利用率（%）；

V_r——统计期内的重复利用水量（m³）；

V_i——统计期内进入到系统的新鲜水量（m³）。

4 蒸汽凝结水利用率应按下式进行计算：

$$R_q = \frac{V_b}{V_d} \times 100 \qquad (C.0.3\text{-}3)$$

式中：R_q——蒸汽凝结水利用率（%）；

V_b——统计期内，回用的蒸汽凝结水量（t）；

V_d——统计期内，使用的蒸汽发气量（t）。

5 单位产品废水产生量按下式进行计算：

$$V_u = \frac{V_w}{Q} \qquad (C.0.3\text{-}4)$$

式中：V_u——单位产品废水产生量（m³/单位产品或 L/单位产品）；

V_w——统计期内的废水产生量（m³ 或 L）。

C.0.4 取水量与蒸气凝结水的统计方法应符合下列要求：

1 取水量应根据本标准附录 C.0.2 条的取水量范围，按所评价项目统计期内实际计量的水量、以水或水的产品等形式外供给市场的总水量，计算得出该项目的取水量。

2 蒸汽凝结水的有关数据的统计应以年度为计量周期，与水重复利用率的统计各自独立。

本标准用词说明

1 为便于在执行本标准条文时区别对待，对要求严格程度不同的用词说明如下：

  1）表示很严格，非要求这样做不可的：

    正面词采用"必须"，反面词采用"严禁"；

  2）表示很严格，在正常情况下均应这样做的：

    正面词采用"应"，反面词采用"不应"或"不得"；

  3）表示允许稍有选择，在条件许可时首先应这样做的：

    正面词采用"宜"，反面词采用"不宜"；

  4）表示有选择，在一定条件下可以这样做的，采用"可"。

2 条文中指明应按其他有关标准执行的写法为"应符合……的规定"或"应按……执行"。

引用标准名录

1 《建筑照明设计标准》GB 50034

2 《城市用地分类与规划建设用地标准》GB 50137

3 《节水型企业评价导则》GB/T 7119

4 《电磁辐射防护规定》GB 8702

5 《城市区域环境振动标准》GB 10070

6 《工业企业厂界噪声排放标准》GB 12348

7 《单元式空气调节机能效限定值及能源效率等级》GB/T 19576

8 《冷水机组能效限定值及能源效率等级》

GB 19577

9 《通风机能效限定值及节能评价值》GB 19761

10 《清水离心泵能效限定值及节能评价值》GB 19762

11 《三相配电变压器能效限定值及节能评价值》GB 20052

12 《多联式空调（热泵）机组能效限定值及能源效率等级》GB 21454

13 《工业锅炉能效限定值及能效等级》GB 24500

14 《电力变压器能效限定值及能效等级》GB 24790

中华人民共和国国家标准

绿色工业建筑评价标准

GB/T 50878—2013

条 文 说 明

制 订 说 明

《绿色工业建筑评价标准》GB/T 50878-2013 经住房和城乡建设部 2013 年 8 月 8 日以第 113 号公告批准、发布。

本标准是在《绿色工业建筑评价导则》实践的基础上，由中国建筑科学研究院、机械工业第六设计研究院有限公司会同国内具有代表性的工业行业的高等院校、科研院所等有关单位共同编制完成。

在标准编制过程中，编制组对不同工业行业，如汽车、啤酒、机床、制药、电子、铸造、航空、机械、烟草、纺织等类别的工业建筑进行了调查研究，对主要问题进行了专题论证，对具体内容进行了反复讨论和修改，广泛地征求了有关专家的意见，吸取了国内外在绿色建筑评价方面的经验，完成了标准的编制。

本标准在贯彻以实现工业建筑在全寿命周期内节地、节能、节水、节材、保护环境、保障员工健康和加强运行管理的"四节二保一加强"为目标，提出了符合中国国情、具有不同工业行业共性特点的评价内容。

本标准在执行国家或行业已经颁布的一系列发展规划、建设用地、清洁生产、环境保护、节能减排、职业健康等指标数据的基础上，提出了适合于不同工业行业建筑绿色评价的可操作的量化指标和技术措施。

为便于广大设计、施工、科研、学校等单位有关人员在使用本标准时能正确理解和执行条文的规定，《绿色工业建筑评价标准》编制组按章、节、条顺序编制了本标准的条文说明，对条文规定目的、依据以及执行中需注意的有关事项进行了说明。但是，本条文说明不具备与标准正文同等的法律效力，仅供使用者作为理解和把握标准规定的参考。

目　次

1 总 则

1.0.1 《中华人民共和国国民经济和社会发展第十二个五年规划纲要》中，明确提出了"绿色发展，建设资源节约型、环境友好型社会"的方针。面对日趋强化的资源环境约束，必须增强危机意识，树立绿色、低碳发展理念，以节能减排为重点，健全激励与约束机制，加快构建资源节约、环境友好的生产方式和消费模式，增强可持续发展能力，提高生态文明水平。

在绿色发展和"两型社会"方针的指导下，国务院各部门出台了工业行业和企业产业结构调整、转型升级和清洁生产准入条件、节能减排、环境保护、安全健康等一系列可持续发展的政策法规、条例及规定，为本标准的编制提供了依据。

1.0.2 "绿色工厂"或"绿色工业"的含义较广，包括了"绿色产品"、"绿色制造技术（即绿色工艺）"和"绿色工业建筑"三大内容，评价"绿色产品"和"绿色制造工艺"不应采用本标准。

本标准适用于绿色工业建筑的评价，包含主要生产厂房及其内的办公间和生活间；当进行全厂性评价时，建筑群中其他辅助生产建筑、各类动力站房建筑、试验检验车间、仓储类建筑也应该进行评价。

贴建于厂房的全厂性办公楼和其他类型建筑应按相关标准进行评价。

工业企业建筑群中独立的办公科研建筑、生活服务建筑，以及培训教育建筑、文化娱乐建筑等其他非生产性和非辅助生产性建筑都不在本标准评价范围内，而应执行相关的评价标准。

目前全国有 6400 多个工厂已通过国家清洁生产标准达标验收，有不少工厂取得了节能、节水型企业评价，本标准也适用于对既有工业建筑的绿色评价。

1.0.3 工业各行业对节地、节能、节水、节材、环境保护、职业健康和运行管理等要求虽有不同，但从总体上考虑都有共同遵守的原则和要求。从调研和以往评价绿色工业建筑的经验分析，制定一个工业各行业的共性规定是可行的、必需的，因此，本标准规定了工业各行业评价绿色工业建筑需要达到的共性要求。

1.0.4 工业建筑从规划设计、建造、运行管理到最终拆除，形成一个全寿命周期。对不同的工业行业，其清洁生产和各种资源的利用、消耗、再生与循环利用的程度也不尽相同，许多行业规定了其相应的标准；环境保护同样也有其规定，要达到这些标准和规定的要求和指标，都与工业建筑服务的对象及内容有直接的关联。

1.0.5 我国不同地区的自然条件、地理环境、经济发展水平与社会习惯等都有着很大差异，因此评价绿色工业建筑时，应注重地域性，因地制宜、实事求

是，充分考虑建筑所在地的特点。

1.0.6 符合国家现行法律法规与相关的行业标准、地方标准是参与绿色工业建筑评价的前提条件。本标准未全部涵盖通常建筑物所应有的功能和性能要求，着重评价与绿色工业建筑功能相关的内容，主要包括节地与可持续发展场地、节能与能源利用、节水与水资源利用、节材与材料资源利用、室外环境与污染物控制、室内环境与职业健康、运行管理、技术进步与创新等方面，而对建筑本身的某些要求，如结构安全、防火安全等，不列入本标准。发展绿色工业建筑，建设节约型社会，必须倡导城乡统筹规划、循环经济的理念，全社会共同参与挖掘节地、节能、节水、节材的潜力。注重经济性，从建筑的全寿命周期核算效益和成本，符合市场发展的需求及地方经济状况，实现经济效益、社会效益和环境效益的统一。

2 术 语

2.0.2 工业建筑能耗与民用建筑能耗有较大区别，工业建筑是为工业生产服务的，其功能必须满足生产要求，所以工业建筑能耗的范围包括为保证正常生产，人和室内外环境所需的各种能源的耗量的总和。

2.0.3 单位产品（或建筑面积）的能耗是衡量其是否达到评价要求的重要指标。在以单位建筑面积工业建筑能耗为指标时，对恒温恒湿、净化或空调车间单独进行能耗指标量化，应扣除非恒温恒湿、净化或空调车间的建筑面积和相应的能耗。

2.0.4 本标准以单位产品作为被评价项取水量水平的考核单元。取水量的含义与《节水型企业评价导则》GB/T 7119—2006 保持一致。为鼓励企业开发利用非传统的水资源，本指标不包括企业自取的海水和苦咸水的水量。

产品指最终产品、中间产品或初级产品；对承担某些行业或工艺（工序）的工业建筑（厂房或车间），可用单位原料加工量为核算单元。

2.0.5 关于水的重复利用率，现行国家相关标准有不同的规定。《工业企业产品取水定额编制通则》GB/T 18820—2011 中规定"重复利用率"是指"生产过程中重复利用的水量总和"与"生产过程中取水量总和"之比，即该通则关于水的重复利用率是特指"生产过程"；《节水型企业评价导则》GB/T 7119—2006 则将"重复利用率"定义为"企业的重复利用水量"与"企业的取水量"之比，并明确定义"重复利用水量"是"所有未经处理或经处理后重复使用的水量的总和"，即这里的重复利用率既包括生产过程，又包括非生产过程。本标准"水重复利用率"的含义与《工业企业产品取水定额编制通则》GB/T 18820—2011 有所不同，而与《节水型企业评价导则》GB/T 7119—2006 是一致的。

3 基本规定

3.1 一般规定

3.1.1 区域和产业发展规划是指一定地域范围内对国民经济建设和土地利用的总体部署。根据区域的历史、现状和发展趋势，明确规划区域社会经济发展的方向和目标，对土地利用、城镇建设、基础设施、公共服务、设施布局、环境保护等方面作出总体部署，对生产性和非生产性的建设项目进行统筹安排，并提出指导性政策，因此应认真贯彻。

3.1.2 按照有关法律法规、产业政策和调整结构、有效竞争、降低消耗、保护环境和安全生产的原则，为了有效遏制某些行业盲目投资，制止低水平重复建设，规范行业健康发展，促进产业升级，国家政府部门对钢铁、铁合金、电石、印染、水泥、乳制品等许多行业提出了准入条件，而且今后还将密集出台相关行业准入条件。贯彻执行准入条件中明确规定的各项指标，对实现合理经济的规模、工艺与装备水平、节能环保和资源综合利用的消耗指标、循环利用指标和环境保护指标起重要作用。不符合国家现行规定的行业准入条件的工业企业及其工业建筑不能参与绿色工业建筑评价。

根据《中华人民共和国产品质量法》，为了保证直接关系公共安全、人体健康、生命财产安全的重要工业产品的质量安全，贯彻国家产业政策，促进市场经济健康、协调发展，国务院颁布了《中华人民共和国工业产品生产许可证管理条例》和配套实施办法等，对重要工业产品的生产企业实行生产许可证制度。同样，生产未经许可产品的工业企业及其工业建筑不能参与绿色工业建筑评价。

3.1.3 国家政府部门陆续公布了《淘汰落后生产能力、工艺和产品的目录》(第一批、第二批……)，对违反国家法律法规、生产方式落后、产品质量低劣、环境污染严重、原材料和能源消耗高的落后生产能力、工艺和产品，坚决予以淘汰，涉及机械、轻工、石化、纺织、钢铁、铁道、汽车、医药等上百个工业行业、数百个项目，凡是列入该目录中的项目一律不得进口、新上、转移、生产。有任何一项属于淘汰目录的工业企业及其工业建筑均不能参与绿色工业建筑评价。

3.1.4 在生产过程中，由于采用不同的生产工艺和设备、使用不同的能源、采用不同产地的原材料和辅助材料，以及建筑功能和环境保护等的不同要求，其产品的综合能耗和单位产品的各种资源消耗有很大的差距。单位产品的工业综合能耗、水资源利用、主要原材料和辅助材料的消耗等对建设资源节约型和环境友好型社会的影响愈显重要，根据我国的国情，国家

和工业各行业发布了各行业主要产品的综合能耗及各种资源消耗量应达到的控制指标，并将指标分为国内基本水平、国内先进水平、国内领先水平。所评价的工业建筑应达到国内基本水平的要求。

目前我国已制定多个行业的清洁生产标准，如《清洁生产标准 白酒制造业》HJ/T 402、《清洁生产标准 彩色显像(示)管生产》HJ/T 360、《清洁生产标准 氮肥制造业》HJ/T 188 等50余项。其中对各种能源资源利用指标进行了明确规定。

另外现行国家标准对多个行业单位产品能耗限额进行了明确规定，如《合成氨单位产品能源消耗限额》GB 21344、《建筑卫生陶瓷单位产品能源消耗限额》GB 21252、《平板玻璃单位产品能源消耗限额》GB 21340 等。

3.1.5 根据《中华人民共和国环境保护法》的要求，企事业单位必须采取有效措施，防治在生产、建设或者其他活动中产生的废气、废水、废渣、粉尘、恶臭气体、放射性物质以及噪声振动、电磁波辐射等对环境的污染和危害。国家、行业和地方对污染物的排放浓度和排放总量等指标进行控制，并制定相应的标准，如《大气污染物综合排放标准》GB 16297、《工业炉窑大气污染物排放标准》GB 9078、《电磁辐射防护规定》GB 8702 等。企业在生产过程中产生的污染物经处理设施处理后应满足国家现行有关污染物排放标准的规定，还应满足所在行业和地方有关标准的规定，如《清洁生产标准 化纤行业(氨纶)》HJ/T 359、《清洁生产标准 化纤行业(涤纶)》HJ/T 429 等行业清洁生产标准都对各种污染物的排放有明确的指标要求，这是对参评企业的一项基本要求。

3.1.6 为贯彻《国务院关于深化改革严格土地管理的决定》，进一步加强宏观调控，促进节约集约利用土地和产业结构调整，国土资源部第42号令公布了《建设项目用地预审管理办法》，依据《产业结构调整指导目录(2005年本)》和国家有关产业政策、土地供应政策，国土资源部、国家发展改革委制定了《禁止用地项目目录(2006年本)》(以下简称《禁止目录》)，涉及机械、电力、钢铁、轻工、石化、电子、建材、医药、烟草等行业的部分项目。凡列入《禁止目录》的建设项目或者采用该目录所列有关工艺技术和装备的建设项目，各级国土资源管理部门和投资管理部门一律不得办理相关手续。列入《禁止目录》内的工业企业，不能参与绿色工业建筑的评价。

3.2 评价方法与等级划分

3.2.1 本标准3.1节规定的6条基本要求，是评价绿色工业建筑必备的条件，凡是不符合的项目不应参与评价。

3.2.2 绿色工业建筑评价包括了从规划设计、建造、竣工验收、运行管理直至拆除各个阶段。本标准按规

划设计和全面评价两个阶段。

由于工厂在投产一年后其产品产量可能尚未达到设计规模，致使单位产品的能耗、水资源利用等指标偏大而达不到要求，所以在产品产量达到设计规模后进行评价更为合理。

考虑到施工阶段应按相关标准进行评价，本标准不适用于施工阶段评价。

3.2.3 绿色工业建筑的建设应对规划设计与运行管理进行过程控制。申请方应按本标准的评价指标和要求明确目标，进行过程控制，并形成相应阶段的过程控制报告，同时还需提交评价所需的基础资料。绿色工业建筑评价机构对以上资料进行分析和研究，必要时还需结合项目现场实施勘察，最终出具评价报告。

3.2.5 考虑我国国情，尤其是工业建筑的特点，以"四节二保一加强"为目标，建立了有中国特色的绿色工业建筑评价体系，并特别为鼓励技术进步和创新另列一章。

3.2.6 为了体现每条规定的内容对"四节二保一加强"贡献程度、达到的难易程度等因素的不同，本标准采用国际上普遍采用的权重计分法。章、节两级的权重采用专家群体层次分析法求得，条文的分值综合相关专业专家的意见确定。绿色工业建筑的评价，采用权重计分法比项数法更全面、客观，更适合工业行业各类功能建筑有区别地进行评价的特点。

3.2.7 根据我国目前工业建筑的发展水平，经编写组专家结合典型项目进行试评，确定三个等级的分值要求。

3.2.8 当标准中的某条文不适应工业建筑所在地区、气候与建筑类型等条件时，该条文可不参与评价，并不计分，这时，参评的总分会相应减少，等级划分应以所得总分按比例进行调整后确定。

4 节地与可持续发展场地

4.1 总体规划与厂址选择

4.1.1 建设项目的性质、组成、规模以及建设用地均应符合《全国主体功能区规划》以及国家和省级现行的产业（行业）发展、区域发展、工业园区或产业聚集区规划的要求。这些规划都是贯彻执行生产方式由资源消耗型转向资源节约、保护环境与生态的国家方针，从根本上保证工业建筑的建设走可持续发展之路。

建设项目对所在城市的产业经济结构、对当地社会的制约与发展的主要目标已经论证，并得到当地政府的审查批准。

4.1.2 绿色工业建筑首先要服从国家安全和可持续发展的要求，建设用地必须满足本条文所规定的条件。

基本农田是国家粮食安全的重要因素，不能占用。

生态功能保护区是属于限制开发的区域，为国家生存、发展提供水资源等各类天然资源，从发展战略考虑，应严格贯彻《全国生态环境保护纲要》，必须优先保护。

国家及省级批准的各类保护区有：重要的供水水源保护区；历史文物古迹保护区、文化及自然遗产保护区；森林草原、风景名胜区、湿地保护区；矿产资源保护区。

国家及省级批准的限制和禁止建设区有：划定为机场净空保护；雷达导航、电台通信、电视转播；重要的天文、气象、地震观察设施；军事设施等区域，以及国家及省级规定的其他各类保护区。

4.1.3 本条文除了参考了现行国家标准《工业企业总平面设计规范》GB 50187 和《建筑防火设计规范》GB 50016 外，还参考了《有色金属企业总图运输设计规范》GB 50544、《化工企业总图运输设计规范》GB 50489、《钢铁企业总图运输设计规范》GB 50603 等多个标准的有关规定，所列的地区或地段资源脆弱，或在环境变化时对建筑场地和周边环境易造成毁灭性破坏，并引发次生灾害，为保障建设场地的安全，选址时应避开。

建设场地也不宜选在受洪水、潮水或内涝威胁的地带，当不可避免时，应有可靠的防洪排涝措施。

4.1.4 工业生产形成规模，往往不是一次到位，需随市场需求而多次建设，这就要求工业建设项目尤其要重视建设场地的总体规划，才能完美地实现近期建设与远期发展的结合。

世界经济一体化促进了产品更新换代，从而决定了工业建筑总体规划应根据实际发展变化作适时调整，实行动态管理，以适应市场需求的变化。

工业建筑的不断发展和更新与工厂原有用地规模不变是一对矛盾，对既有工业建筑适时更新改造不可避免。既有建筑更新改造时，要对总体规划作局部或全面调整，以使建设场地的环境质量不下降或得到提升，使更新改造后的建筑仍在场地的承载力之内。

4.2 节 地

4.2.1 我国目前处于生产方式由资源消耗型向资源节约、环境友好型转型期，工业建筑合理用地是节约土地资源的重要举措。根据长期实践，国家和各行业制定了工业项目建设用地指标，规定建筑规模必须控制在一定的用地资源范围内。

本条指的是建设用地指标。荒地劣地等再生地的天然资源少，生态环境差，即再生地的环境承载力小。对同样的建设规模，再生地的用地指标与一般的建设用地指标不同，具体数值需由当地有关行政主管部门确定。

4.2.2 现行国家标准《工业企业总平面设计规范》GB 50187、《建筑防火设计规范》GB 50016 以及《化工企业总图运输设计规范》GB 50489、《钢铁企业总图运输设计规范》GB 50603、《有色金属企业总图运输设计规范》GB 50544 等多个标准以及国土资源部相关文件对建设场地进行了规定，此外建设场地还应满足所在行业和地方有关标准的规定，避免不合理使用土地资源导致的浪费。

公用设施统一规划、合理共享，有助于减少重复建设及对场地的占用。公用设施包括场地内的动力公用设施（如变配电所、水泵房、锅炉房、污水和中水处理设施，地上、地下共用管廊和管沟槽等）、为员工服务的配套公用设施（如员工餐厨、公共活动用房、室外活动休闲广场等）和为生产服务的配套公用设施（如共用仓库、车库、办公用房、室外停车场、堆场等）。

在满足生产工艺的前提下，采用联合厂房、多层建筑、高层建筑、地下建筑、利用地形高差的阶梯式建筑等，充分利用地上空间和地下空间。

合理规划建设场地，集中或成组布置各建（构）筑物、室外堆场，采用合理的建筑间距，整合零散空间，缩小先期开发用地范围，适度预留发展用地，不仅可有效提高建设场地的利用效率，而且有利于工厂的持续发展。

通过以上一项或多项措施，促进土地资源的节约和集约使用。

4.2.3 可再生地包括可以改造利用的城市废弃地（如裸岩、塌陷地、废弃坑等）、农林业生产难以使用地（如荒山、沙荒地、劣地、石砾地、盐碱地等）、工业废弃地（废弃厂房、仓库、堆场等），其用地指标相对宽松，地价相对便宜，征地较为容易。合理开发利用可再生地不但能节约城市已开发用地或生态环境好的土地，而且还可以改善城市的整体环境。

开发荒山、沙荒地等生态资源较差的可再生地时，应同时对场地的生态环境进行改造或改良。

利用工业废弃地时，建设场地应提供场地有关污染物的检测报告，并对污染的土地作必要的处理，使之达到国家和地方的现行环保标准要求。

废料场利用沟谷、荒地、劣地建设，能有效节约用地、减少开发场地的费用，并有利于通过无污染废料的填埋、平整，使场地再生，增加建设场地的有效使用面积。

废料场应有分类、回收、再利用设施，对有污染的废料应进行防污染处理，使建设场地达到国家和地方的现行环保相关标准要求，不造成环境质量的下降。

4.3 物流与交通运输

4.3.1 随着我国现代化的逐步实现，社会服务业逐步健全，国家大力发展连接全国的公路、铁路、水道、航空以及地区性物流中心，交通与物流运输网络正在形成。

工业企业的物流运输减少资源消耗和污染物排放的根本出路在于共享社会资源。厂址选择时应靠近公路、铁路、水运码头或航空港，将企业的外部运输纳入社会综合运输体系。

为全厂提供水、电、气等生产动力的公用变配电所、集中供热锅炉房、水泵房，输送的是特定的物流，合理靠近市政基础设施或负荷中心，能便捷地接受或提供市政供水、电、气、热资源，减少损耗。

4.3.2 场地内物流运输组织包括物流流线组织和运输路网组织。

各工业厂房、仓库、室外堆场、停车场的相互位置满足生产要求，有利于物流运输流线顺畅、安全、高效，物流运输不走回头路，少走弯路，从而减少物流运输的能耗，减少二氧化碳和其他污染物的排放量。

场地内道路和停车场的位置、宽度、走向、坡度与物流运输规模相匹配，可减少路网建设对土地的占用及环境质量的影响。

4.3.3 不同的物流运输方式对用地各种资源的消耗各不相同，选择合适的物流方式将会减少能源、土地、人员、资金等各种资源的消耗，减少污染物排放。

物流仓储无论采用立体高架方式和计算机管理，还是结合地势或建筑物高差，采用能耗小的物流运输方式，都能达到节约场地资源的目的。

采用环保节能型的物流运输设备（如生产流水线、起重设备、垂直运输设备等）和运输车辆，节能减排效果显著；同时应设置充电、充气等补充能源的配套设施。

4.3.4 提倡公共交通优先，有利于减少城市交通拥堵和交通能耗，改善空气质量，减少企业对员工交通的投入，减少场地内的交通用地。

工业企业远离城市中心时，优先考虑利用城市交通、地铁、轻轨等公共交通工具；当城市公共交通工具无法利用或利用不便时，应配置满足员工上下班的交通班车及其停车场、站点，为员工配置机动车与非机动车停放场地。厂区内交通鼓励采用无污染交通工具。

为降低员工使用汽车而产生的污染和节约土地和能源，鼓励员工利用自行车解决场地内外交通。国外住宅建筑要求自行车停放场地满足 5%～15% 的需要，根据我国工业企业的情况，至少要按 15% 的员工需要考虑。

4.4 场地资源保护与再生

4.4.1 生产建设活动应当节约集约利用土地，不占或者少占耕地；对依法占用的土地应当采取有效措施，减少土地损毁面积，降低土地损毁程度。

土地复垦，是指对生产建设活动、临时占用和工业生产或自然灾害损毁的土地，采取整治措施，使其达到可供利用状态的活动。被损毁土地的复垦应符合中华人民共和国国务院令第592号《土地复垦条例》、《工业排污破坏土地复垦技术标准》等法律、法规和标准的规定。

4.4.2 不同的工业项目要生产出合格产品，对建设场地及其周边环境中的大气含尘、有害气体、化学污染物、振动、噪声强度、电磁场强、水质等要求是不一样的。如洁净厂房要求周边自然环境较好，大气含尘、有害气体或化学污染物浓度较低；电子芯片厂房、精密仪器仪表厂房等要求远离散发大量粉尘和有害气体或化学污染物严重、振动或噪声干扰或强电磁场的区域，当无法远离严重空气污染源时，应位于全年最小频率风向下风侧；燃机电厂要避开空气经常受悬浮固体颗粒物严重污染的地区等。

有些工业行业生产时会产生烟雾、粉尘、有害或刺激性气体，有的会产生噪声、振动。必须采取相应的防治措施，使所产生的有害物质满足国家现行有关标准的规定，还应满足所在行业和地方现行有关标准的规定，减小对周边环境造成不良影响。

绿色工业建筑选址必须按国家现行有关标准的规定，还应满足所在行业的规定，并采取相应的环境保护措施，保持建设场地及其周边环境的质量达到国家现行环保卫生标准。

建设场地应设置方便人员出入和转运的通道，为废弃物分类、回收、处理设置专用设施和场所，并采取必要的隔离、防毒、防尘、防污染措施，为保护环境、再生材料资源创造条件。

4.4.3 场地土方开挖时，应将适于种植的浅层土壤集中堆放，并于场地平整后返还作绿地表层。

场地建设应尽可能保留场地内可利用的树木、植被、水塘、洼地、水系，如破坏了与周边原有水系的关系，就有可能破坏水域分配和场地涵养水源的能力，引起水土流失，污染地表和地下水层。

在满足交通运输的前提下，确定建筑物、室外场地、道路及室外地坪适宜的高度，统一规划并集成水、电、气等各种管线，共用地下管沟槽，减少场地开挖，保护空地。

场地设计标高的合理确定，是厂区竖向设计中一项重要的工作。它不仅与场地平土标高、整个厂区土（石）方工程量的平衡、场地地质条件密切相关，还受到厂区外运输线路标高、排水系统标高的影响。

通过上述1项或多项，保护和再生场地的土壤资源以实现可持续利用。

4.4.4 中国的水资源分布不均，人均水资源匮乏，雨水是不可多得的淡水资源，加强场地对雨水的吸纳，强化场地涵养水的功能，有利植物生长并使绿地更好地发挥其生态功能。

透水地面是指自然裸露地、公共绿地、绿化地面和面积大于等于40%的镂空铺地（如植草砖）和透水砖等。

当场地为透水良好的地层时，使场地透水地面面积不小于室外人行地面总面积的28%。通过采取减小地表径流的措施，如保留场地内水塘，绿化地面，收集屋面雨水并加以利用或直接排入绿地等，增加天然降水的渗透量，补充地下水资源，增加地下水涵养量；同时这些措施还有助于减少表层土壤肥力丧失和水土流失，减少因地下水位下降造成的地面下陷。大雨时，以上措施有助于减少雨水高峰径流量，改善排水状况，减轻场地对市政基础设施排水系统的负荷。

当场地为透水不良的地层时，通过对不少于8%的场地进行不小于1m深的良好土壤置换，形成透水地面或储水地面，以改良场地持水功能。

透水地面应根据室外场地的使用功能采取灵活的布置方式，可以连续，也可以间断，还可以采取硬地中间布置渗漏坑等方式，且应根据实际透水效果，合理计算透水地面的面积。

此外，通过合理措施将屋面、不透水的道路、堆场、停车场、广场等位置的雨水、降雪引入绿地也有利于雨水、雪水下渗补充地下水量。

有污染隐患区域透水地面的构造、维护应不造成下渗水对地下水质的污染。当屋面雨水直接排入绿地时，与雨水接触的屋面表层材料不应为石棉、铅等材质。

通过上述措施，保护和再生场地的水资源，以利可持续使用。

环境影响评价不允许场地采用透水构造时，本条文不参与评价。

4.4.5 绿化的本质在于发挥其改善生态环境质量的功能，而不单单是美化景观作用。植物能够吸收二氧化碳，释放氧气。绿化地面具有固定土壤、减少雨水水流冲刷速度从而减少场地侵蚀、减少地面蒸发等诸多功能，高大茂盛树群还具有吸尘、降噪、防风、遮阳等作用，某些绿化物种还具有吸附或降解土壤中有害物质的作用。

现行国家标准《城市用地分类与规划建设用地标准》GB 50137以及各行业现行工业项目建设用地控制指标均对绿地率进行了规定。地方也陆续出台有关规定，如：《江西省城市绿线管理规定》、《武汉市建设工程项目配套绿化用地面积审核办法》、《昆明市城镇绿化条例》等。建设场地绿地率应符合国家有关规定，还应符合地方绿地率指标，预留用地优先地面绿化，预留用地的绿地率应不小于80%。

4.4.6 不同绿化物种的固碳、吸尘、散发有害物质等性能各不相同，要根据生产环境的要求选择绿化物种。如洁净厂房附近不应选用散发花絮、绒毛的物种；灰渣场、垃圾处理场等周围应选用能防风、吸尘的物种；易爆易燃厂房或仓库周围宜选择能减弱爆炸气浪和阻挡火灾蔓延的枝叶茂盛、含水分大的大乔木、灌木，而不应种植松柏等含油脂的针叶树种等。

单一的大面积草坪需要更多水和养护，生态效果不理想，草坪中种植高大乔木在一定程度上有助于上述问题的缓解。

不同物种的生长速度、扎根深度、适应不同气候和土壤的能力、抵抗外来物种的能力等各不相同，需选择适应当地气候和土质的绿化物种。

不同使用功能的工业建筑之间常常采用树木和其他植物来屏障和缓冲这些建筑物之间的相互影响。植物缓冲往往同时担负降噪、吸尘、固碳、遮阳等作用，这是单一物种难以达到的，必须采用乔木、灌木、草地的复层绿化方式才能达到良好效果。绿化物种的多样性也为生物多样性奠定基础。

4.4.7 将日光、太阳辐射热、风、空气等可再生能源在合适的气候时引入建筑物内，能有效地降低电、油、煤、气等不可再生能源的消耗，减少二氧化碳和废气等污染物排放量，减少投资费用和维护费用，提高室内空气舒适度和工作效率。

为充分可持续利用可再生能源，需要对场地整体规划，使各建筑物的位置、朝向、高度不要影响室内外自然通风、自然采光和太阳辐射热的利用，为绿化植物提供生长所需的光照，并有利于严寒与寒冷地区的冬季挡风。

拟采用太阳能、地热能、水能、风能等各类可再生能源以及生物质能源作为发电、热水、热源或冷源的项目，均宜先作当地该类资源评估，合适的地区采用，并在场地规划时为之提供无遮挡的场地。

4.4.8 人类对地球的不当开发导致地球气候异常已是不争事实。以可持续发展为目标的绿色工业建筑必须面对这一事实，增强应对气候异常的能力。

近年来，气候异常造成工农业损失有目共睹，工业建设项目又有规模越来越大的发展趋势。建设项目规模越大，越要考虑工程建成后对当地的气候影响是否达到最小程度。受灾严重的部分省市已提出重大工程项目要先做气候可行性论证的地方规定，并在一些重大项目中实践，这些工程由于前期重视做好气候可行性论证，工程投资更加合理，既减少了气候风险，又减少了不必要的投入。由此可见，重大建设项目要创建绿色工业建筑，先做气候可行性论证是其能实现可持续发展所必需的。

暴雨多发地区，场地建设时采取措施保证总变配电所、总水泵房等工程在暴雨时仍能正常工作。场地竖向设计时，预先考虑高强度暴雨对土壤的冲刷、土体含水率达到饱和粘结力下降等因素导致坡面不稳不利影响，从而防止滑坡、泥石流等次生灾害发生。

准备有应急预案，会大大减少暴雨时油料、化学危险品污染水体的事件发生，避免严重影响人民健康及耗费大量人力物力灾后处理。

暴雪频繁地区，事先采取措施或备有应急预案将减少建筑物被压垮的几率。台风、龙卷风频繁地区，以及其他自然灾害频繁地区，事先采取相应措施或相关应急预案均能减少灾害损失，以小的代价换取工业建筑的寿命期的保障或少受气候异常的不利影响，并实现工业建筑的可持续发展。

5 节能与能源利用

5.1 能源利用指标

5.1.1 按行业清洁生产标准，工业综合能耗的水平分为国内基本水平、国内先进水平和国内领先水平三个等级，与之对应的行业单位产品或单位建筑面积的工业建筑能耗标准亦分为国内基本水平、国内先进水平和国内领先水平，评价时以上三款得分不累计。

工业建筑能耗指标对评价绿色工业建筑来说，是根本性、基础性的量化指标，至关重要。因此本标准制定了共性的、统一的工业建筑能耗指标计算、统计方法。可以按照此方法获得工业建筑能耗指标进行评价，见附录 B。

相关机构和评价专家可根据附录 B 提供的能耗范围、计算和统计方法，对所需评价的企业进行统计调研，取得此量化指标，使绿色工业建筑的评价数据逐步得到充实和完善。

5.1.2 根据绿色工业建筑和下列标准的要求，并综合考虑我国的节能政策及产品发展水平，从科学、合理的角度出发，本条文规定了对不同设备能效值符合下列国家现行有关标准的要求：

《冷水机组能效限定值及能源效率等级》GB 19577；

《单元式空气调节机能效限定值及能源效率等级》GB/T 19576；

《多联式空调(热泵)机组能效限定值及能源效率等级》GB 21454；

《通风机能效限定值及节能评价值》GB 19761；

《清水离心泵能效限定值及节能评价值》GB 19762；

《工业锅炉能效限定值及能效等级》GB 24500；

《电力变压器能效限定值及能效等级》GB 24790；

《三相配电变压器能效限定值及节能评价值》GB 20052。

5.2 节　能

5.2.1 建筑围护结构的热工参数(如传热系数、热惰性指标等)应符合《采暖通风与空气调节设计规范》GB

50019 等现行国家标准对工业建筑围护结构的相关规定，还应符合其他国家、行业和地方有关标准的规定，如《冷库设计规范》GB 50072、《机械工业厂房建筑设计规范》GB 50681、《建筑门窗玻璃幕墙热工计算规程》JGJ/T 151 等。

有温度或湿度要求的工业建筑物的建筑总能耗，在工业建筑全部能耗中所占比例大约在 30%～40%。此类建筑是能耗大户，更应强调围护结构的热工性能要求。

围护结构的热工性能对工业建筑的节能降耗和生产使用功能具有重要影响。围护结构材料的选择，应以其全寿命为周期进行考量，保证其符合节能、环保和可循环利用的要求。

5.2.2 有温湿度要求的厂房，其外门、外窗的气密性和开启方式对于围护结构的保温、隔热具有重要影响。气密性差或者开启方式不当会增加室内外的热湿交换，改变室内的热湿负荷，需要严格控制室内外空气的热湿交换，建筑外门、外窗的气密性等级和开启方式应符合要求。在要求室内保持正压而必须通过门、窗缝隙向外渗出时，则不予考虑气密性等级，但须考虑外门、外窗的开启方式。

5.2.3 条件许可时，工业建筑合理利用自然通风是有效的节能途径，且可改善室内空气品质，特别对有余热的厂房，首先应采用自然通风。应根据工艺生产、操作人员等实际需要，合理采用自然通风，避免盲目采用机械通风，浪费能源。

5.2.4 玻璃幕墙用于工业建筑的主要厂房、库房等，存在能耗增大、易结露、造价高、光污染等诸多问题，因此不提倡在主要生产及辅助车间的外围护结构中采用。

5.2.5 电压偏差的影响：电压偏差过大，会给电气系统和设备的运行带来一系列的危害。电压升高对变压器、互感器的影响主要为两个方面：一是励磁电流增大，铁芯温升增加；二是绝缘老化加快。电压降低时，传输同样功率绕组损耗将增大。

三相电压不平衡的影响：使变压器严重发热，造成附加损耗，引起电网损耗的增加；影响设备正常工作，缩短其使用寿命。不对称负荷常导致三相电压的不平衡，故在配电系统设计时，各相负荷宜分配平衡，且不应超过规定的限定值。

电力谐波在电力系统和用户的电气设备上会造成附加损耗。谐波功率完全是损耗，从而增大了网损。会产生谐波的常见设备有换流设备、电弧炉、铁芯设备、照明设备等非线性电气设备。通过选择低谐波类型的设备可减少电力谐波的产生；同时，对所选用装置不可避免产生的电力谐波，采用配置"谐波治理模块"等手段来减少或消除谐波。公用电网谐波电压（相电压）应不高于谐波电压限值。用户注入高低压电网的谐波电流分量应不高于谐波电流的允许值。

功率因数是指有功功率与视在功率的比值。功率因数是衡量电气设备效率高低的一个系数，功率因数越高，用电系统运行的效率越高。国务院《关于进一步加强节油节电工作的通知》国发〔2008〕23 号文件规定："变压器总容量在 100 千伏安以上的高电压等级用电企业的功率因数要达到 0.95 以上，其他用电企业的功率因数要达到 0.9 以上"。

电能质量应满足《电能质量 供电电压偏差》GB/T 12325、《电能质量 三相电压不平衡》GB/T 15543、《电能质量 公用电网谐波》GB/T 14549、《电能质量 公用电网间谐波》GB/T 24337 等现行国家标准以及国家及地方相关规定的要求。

5.2.6 自然采光有许多优点：有最好的显色性，为提高生产效率和产品、生活质量创造条件；可节省照明电力；有利于人员的身心健康，是人与自然和谐共处的重要内容。

5.2.7 照明功率密度应符合现行国家有关标准的规定，还应符合行业和地方有关标准的规定。

在满足眩光限制和配光要求的条件下，优先采用高效光源、灯具和镇流器。

为保证工艺生产的正常进行（如原料的分拣、在制品的质量检验、产成品的验收等），往往对光源的显色性有所要求。应在满足显色的前提下，选择符合国家现行有关能效等级标准的光源，灯具应满足《建筑照明设计标准》GB 50034 中有关规定要求。镇流器应满足相关性能标准和能效标准。

生产场所的人工照明按车间、工段或工序分组；灯列控制应与侧窗平行。当室外光线强时，室内的人工照明应按人工照明的照度标准自动关闭部分灯具。这种根据室内照度和使用要求，自动调节人工光源的开关（或分区开关），可较好地节能。有条件时，可考虑采用智能照明系统，如路灯采用光敏探测及时钟控制技术，即根据自然光强及时间自动开关照明灯具。

5.2.8 风机、水泵等输送流体的设备，其能耗在工业建筑能耗中占有较大的比例，尤其当建筑大部分时间在部分负荷下使用时，输送能耗所占比例更大。因此针对风机、水泵等输送流体的设备，采用流量调节措施，不仅可适应建筑负荷的变化，还可有效节约输送能耗。

有效的流量调节措施有多种，如输送流体设备的台数控制、电机调速（变极数、变频等）以及风机入口导叶调节技术等，需根据不同的情况，合理地采用。

输送流体设备的台数控制往往是首选的基础性调节措施，投入少、效果明显。若需要，在此基础上，再采用电机调速（变极数、变频等）或其他调节措施。

通过技术和经济分析，选择适合的技术，使风机、水泵在（或靠近）高效率区运行。近年来，电机变频调速技术在风机、水泵流量调节中得到广泛推广，但在技术分析时，需注意变频器本身也是用电设备。

当风机、水泵长期处于满负荷或接近满负荷使用时，采用变频器可能会增加电耗。此外，采用变频方式时，还需要采取可靠的技术措施减少或消除谐波污染。

5.2.9 分区计量是指按建筑单体和建筑功能进行分别计量；分类计量是指按消耗的能源种类进行计量；分项计量是指按用途（如工艺设备、照明、空调、采暖、通风除尘等）进行计量。

工业建筑的能源消耗情况比较复杂，节能减排潜力很大。以供配电系统为例，目前已建成的工业建筑，一般没有完全按照工业建筑各系统分别设置供配电装置，导致不能区分系统设备的能耗分布，不能分析和发现能耗的不合理之处。

除分区计量外，新建、改建和扩建工业建筑各种用途的能耗均应进行独立的分类和分项计量，如工艺设备、公用设施各部分能耗的分别计量。

用能的分类、分项计量不仅可优化生产管理和控制，更有利于能耗的比较和分析，为进一步节能提供指引。

综上所述，系统用能应有按区域和用途分别设置的分区、分类和分项计量。

节能监测、能源计量器具配备和管理、能耗计算应分别执行现行国家标准《节能监测技术通则》GB/T 15316、《用能单位能源计量器具配备和管理通则》GB 17167、《综合能耗计算通则》GB/T 2589 等的规定。

5.2.10 工艺性空调的目的是满足生产和科学研究等的需要，此时空调设计是以保证工艺要求和人员健康为主，室内人员的舒适感是次要的。比如：有的厂房洁净度 10 万级就能满足生产要求，就没有必要任意提高洁净度的等级；还有些机械厂房，室内温度全年设计为 20℃，实际生产时，夏季可能 24℃ 就能完全满足生产工艺要求。对于这类厂房，在满足生产和人员健康前提下，可考虑适当降低对室内空气参数的要求，但要证实这种调整是有明显节能效果的。

同样，系统的风量（包括新风量）与能耗关系密切，只要能满足生产和人员的健康要求，采用较小的风量（包括新风量）就可起到降低能耗的作用。

5.2.11 采用分布式热电冷联供技术，实现能源的梯级利用，能源利用效率可达到 80% 以上，但较大且稳定的热需求是分布式热电冷联供技术运用的前提条件，还应考虑入网、并网等条件。

又如空调冷冻水的梯级利用等技术也是提高能源利用效率的措施。

5.2.12 因传统的采暖效果较差且浪费能源，传统的散热器采暖不适用于高大工业厂房（指层高高于 10m，体积大于 10000m³ 的厂房），而采用（红外线）辐射采暖方式效果较好。有天然气供应且无需 24h 供暖的工业厂房采用（燃气）红外线辐射采暖方式，易实现随机调节控制，节能、舒适、安全、方便。辐射采暖系统已成功地应用于大型工业建筑。但是本条辐射采暖不包含电辐射采暖。

5.2.13 设有空调的车间除负荷计算合理外，根据实际情况选择恰当的空调系统是空调节能的关键，例如：

1 有条件时，采用温度和湿度相对独立的控制技术。

空调系统中，温度和湿度分别独立的控制系统，具有较好的控制和节能效果，表现在温、湿度的分控，可消除参数的耦合，各控制参数容易得到保证。

2 有条件时，采用蒸发冷却技术。

蒸发冷却过程以水作为制冷剂，由于不使用氯氟烃（CFCs），因而对大气环境无污染，而且可直接采用全新风，可极大地改善室内的空气品质。蒸发冷却技术广泛运用于干燥地区的空调系统中。

3 其他节能空调系统。

5.2.14 空调制冷系统合理地利用天然冷源，可大量减少能耗。

利用天然冷源至少有下列几种常用的方式，项目要根据工艺生产需要、允许条件和室内外气象参数等因素进行选择。有多种方式可用且情况复杂时，可经技术经济比选后确定，例如：

1 采用"冷却塔直接供冷"：有条件且工艺生产允许时，可借助冷却塔和换热器，利用室外的低温空气进行自然冷却，给空调的末端设备提供冷冻水等；

2 运用地道风：有条件且工艺生产（特别是卫生）许可时，运用地道风进行温度的调节是一项节能措施；

3 空调系统采用全新风运行或可调新风比运行等：空调系统设计时，不仅要考虑设计工况，而且还应顾及空调系统全年的运行模式。在一定的室内外气象条件下能满足工艺生产要求时，空调系统采用全新风或可调新风比运行，可有效地改善空调区域内的空气品质，大量节约空气处理所需消耗的能量。

5.2.15 标准工况是空调、冷冻设备的产品设计和性能参数比较的基准和依据，此时冷冻水的供回水温度是 7/12℃，但这不一定就是工业建筑空调系统最佳的供回水温度。很多情况下，空调供水温度不但可以而且应该高于 7℃，甚至还可以通过提高热交换设备的换热效果而使空调冷冻水的供回水温差大于 5℃（相应冷冻水量减少，水泵功率减小，水泵节能），此时空调设备的能效比将显著提高。因此，无论设计阶段还是运行阶段，正确选用或合理设定冷冻水的供回水温度，提高能效比，是空调系统节能的有效措施。

5.2.16 高大厂房（通常指层高高于 10m，体积大于 10000m³ 的厂房）采用分层空调方式可节约冷负荷约 30% 左右。对只要求维持工作区域空调的厂房，分层空调是值得推荐的一种节能空调方式。

很多工业建筑，如纺织厂因生产工艺的特殊性，也可采用灵活的空调形式，如"工位空调"或"区域空调"等，既可满足空调要求，又较节能。

5.2.17 锅炉、空调冷冻设备、水泵机组、风机等公用设备（系统）和电气设备（系统）并不会始终在满负荷状态下运行。合理采用有效的节能调节措施（如采用设备变频技术、智能控制技术、设备群控技术等），可取得明显的节能效果。

5.2.18 本条款涉及的节能调试不同于根据《通风与空调工程施工质量验收规范》GB 50243 而进行的系统竣工调试，而是为了使制冷、空调、采暖、通风、除尘等系统处于最佳节能运行工况点而进行的节能调试且调节功能正常。调试工作由除甲方和施工方外的有资质的第三方进行，并提供详细的节能调试报告书。

5.3 能量回收

5.3.1 工业生产过程中往往存在大量中、低温的余（废）热，这部分热量由于品位较低，一般很难在工艺流程中直接被利用。鼓励将这些余（废）热用于工业建筑的空调、采暖及生活热水等。当余（废）热量较大时，可考虑在厂区建立集中的热能回收供热站，以对周边建筑集中供热。

对工艺过程和设备产生的余（废）热，设置热回收装置有效地进行收集并利用，以降低能源的消耗。

5.3.2 工业建筑的空调、通风（含除尘）系统的排风，往往风量大、相对湿度高、排风温度与室内温度差距明显，蕴藏着很大的能量。有条件时，可依托热回收技术，通过设置全热或显热交换器回收能量，用于新风的预热（冷）或（经必要的净化处理）用于空调的回风等。

热回收装置目前在国外的空调、通风系统已普遍采用，我国工业建筑中也已逐步推广。

5.3.3 工业生产过程中会产生相当数量的可作为能源的物质，如气体有一氧化碳、甲烷、沼气等，固体有树皮、木屑、废渣等，液体有废油、酒精等。这些可作为能源的物质往往数量较大，且随工艺生产的进行而持续产生。对这些可作为能源的物质，不能随意弃置或焚烧，以免造成物质浪费和环境污染，而应通过设置适用的回收系统，收集并使之得到合理的再利用，实现废弃物资源化。本评价标准也适当鼓励由企业集中回收这些可作为能源的物质后向社会出售，以进行社会化利用。

5.4 可再生能源利用

5.4.1 21世纪以来，在地源热泵应用方面我国很多地区发展较快，但采用地源热泵系统（利用土壤、江河湖水、污水、海水等）要考虑其合理性，如有较大量余（废）热的工业建筑，应优先利用余（废）热；要考虑地源热泵的使用限制条件，如地域条件和对地下水资源的影响等，应注意对长期应用后土壤温度和地下

水资源状况的变化趋势预测等。

由于舒适性空调要求一般较低，地源热泵系统较为适用；但工业建筑的工艺性空调要求一般较高或要求较为特殊，采用地源热泵作为冷热源，应对其能提供的保障率进行分析后再使用。

近年来在我国部分地区利用风能、太阳能等可再生能源等对工业建筑进行供暖和空调的项目也逐步兴起，并取得了不错的经济和社会效益，对有条件使用的地区，经技术经济条件分析比较切实可行的，鼓励使用。

5.4.2 按我国的《可再生能源法》，可再生能源是指"风能、太阳能、水能、生物质能、地热能、海洋能等非化石能源"。

太阳能热水器是目前我国新能源和可再生能源行业中最具发展潜力的产品之一。太阳能热水器的使用范围也逐步由提供生活热水向供应工业生产热水方向发展。太阳能的热利用与建筑一体化技术的发展能使太阳能热水供应、空调、采暖工程的成本降低。

地热能（实质也是一种转换后的太阳能）的利用方式目前主要有两种：一种是采用地源热泵系统加以利用；另一种是以地道风的形式加以利用。地源热泵系统主要是通过工作介质流过埋设在土壤或地下水、地表水（含污水、海水等）中的传热效果较好的管材来吸取土壤或水中的热量（制热时）或排出热量（制冷时）到土壤中或水中。与空气源热泵相比，它的优点是出力稳定，效率高，没有除霜问题，可大大降低运行费用。

可再生能源的热利用要根据当地的能源价格现状和趋势，经技术经济分析比较后再确定。

由于可再生能源（特别是太阳能）的热利用较为成熟、方便，且工业建筑的生活热水总量往往不是很多，故利用可再生能源供应的生活热水量不低于生活热水总量的10%是可实现的。

由于许多高效生活热水方式未纳入可再生能源中，为了鼓励采用更高效的热水制取方法，规定所采用的生活热水制取方法的效率高于可再生能源方式的，可按可再生能源对待。

5.4.3 空气源热泵系统是利用空气低品位热能的一种常用、方便的方式，并有一定的节能效果，在我国已得到广泛的应用。严寒和寒冷地区利用空气的低品位热能，应注意分析其能源效率和运行可靠性。

6 节水与水资源利用

6.1 水资源利用指标

6.1.1 本条文的目的是评价工业企业从外界获取的各种水资源量的水平，可以现行有关行业清洁生产标准的指标为依据。不同行业清洁生产标准对水资源的

利用采用了不同的指标，如取水量、耗水量、耗新鲜水量、新鲜水用量、水耗及新鲜水单耗等，当没有清洁生产标准依据时，按附录 C 的规定计算和统计。水资源利用各项指标分为国内基本水平、国内先进水平和国内领先水平，评价时以上三款得分不累计。

6.1.2 重复利用水量包括循环利用水量（如冷却水）、循序利用水量、经过处理后回用的水量（如废水回收利用）及蒸汽凝结水利用量等。不同行业清洁生产标准中关于水的重复利用率可能分为不同的情况，如白酒制造业分为"水的重复利用率（冷却水）"和"水的重复利用率（废水回收利用）"，评价时参照执行该行业标准。

水重复利用率的计算和统计方法见附录 C。

本条未计入蒸汽凝结水的利用量，蒸汽凝结水重复利用按本章第 6.1.3 条评价。

水重复利用率指标分为国内基本水平、国内先进水平和国内领先水平，评价时以上三款得分不累计。

6.1.3 本标准将蒸汽凝结水利用率单独评价，与国家现行有关标准保持一致。

蒸汽凝结水中 COD、无机盐、SS、DO、CO_2 以及微生物等指标水平均较低，pH 值中性；凝结水可用作人的生活用水和生产用水，如淋浴、盥洗和补充冷却水等。高温凝结水蕴含大量热能，可以用作冬季供暖。

蒸汽凝结水利用率指标分为国内基本水平、国内先进水平和国内领先水平，评价时以上三款得分不累计。

6.1.4 单位产品废水产生量指标可以参照各行业清洁生产标准。

单位产品废水产生量指标分为国内基本水平、国内先进水平和国内领先水平，评价时以上三款得分不累计。

6.2 节　水

6.2.1 根据《中国节水技术政策大纲》，工业节水技术主要包括：重点节水工艺、工业用水重复利用技术、冷却节水技术、热力和工艺系统节水技术、洗涤节水技术、工业给水和废水处理节水技术、非传统水资源利用技术、工业输送水管网、设备防漏和快速堵漏修复技术、工业用水计量管理技术等。其中：

重点节水工艺是指通过改变生产原料、工艺和设备或用水方式，实现少用水或不用水的节水技术。

工业用水重复利用包括循环用水、循序用水以及蒸汽凝结水回收再利用等。

非传统水资源利用技术：主要为海水直接利用技术，海水和苦咸水淡化处理技术，采煤、采油、采矿等矿井水的资源化利用技术，以及雨水和废水再生回用技术。

采用节水技术应先进、可靠、实用、经济，应具

体体现在水的循环利用、循序利用及废水再生利用。

节水技术水平应达到国内同行业先进水平或领先水平。

此外，采用的节水器具、装置、节水设备应满足现行国家标准《节水型产品技术条件与管理通则》GB/T 18870 的要求。

6.2.2 部分工业行业单位产品生产废水产生量很大，这种状况增加了水质型缺水或资源型缺水地区缺水的严重性，同时对资源在各行业的分配产生深远影响。所以设置工业废水再生回用系统意义重大。工业废水再生回用率的指标可以参考有关行业清洁生产标准，应达到国内同行业先进水平或领先水平。

6.2.3 在缺水及气候条件适宜的地区鼓励采用空气介质的冷却系统及其他高效、实用的冷却技术替代常规水冷却系统。

6.2.4 水资源紧缺或干旱地区，绿化应优先选择耐旱物种；绿化灌溉鼓励采用喷灌、微灌及低压灌溉等节水灌溉方式，喷灌比漫灌省水 30%～50%，微灌比漫灌省水 50%～70%；为增加雨水渗透量以减少灌溉量，宜选用兼具渗透和排放两种功能的渗透性雨水管。

绿化灌溉宜采用湿度传感器或根据气候变化的调节控制器。

6.2.5 给水系统中使用的管材、管件，必须符合现行产品行业标准的要求。新型管材和管件应符合国家和行业有关质量标准和政府主管部门的文件规定。此外，做好管道基础处理和覆土，控制管道埋深，加强管道工程施工监督，把好施工质量关。

选用性能高的阀门、零泄漏阀门等，如在冲洗排水阀、消火栓、排气阀阀前增设软密闭阀或蝶阀。

合理设计供水压力，避免供水压力持续高压或压力骤变。

用水设备、储水箱（池）设监控装置，以防进水阀门故障或超压等原因而造成水资源浪费。

给排水系统和管网的漏损应符合《建筑给水排水及采暖工程施工质量验收规范》GB 50742、《给水排水管道施工及验收规范》GB 50268 等国家或行业现行标准规范的规定。

6.2.6 结合厂区的地形特点规划设计雨水（包括地面雨水、屋面雨水）径流途径，减少雨水受污染几率。

对屋面雨水和其他非渗透地表径流雨水进行收集、处理和利用的系统，应设置雨水初期弃流装置，可优先选用暗渠收集雨水。

雨水调蓄工程的作用有两个，即调和蓄。雨水调蓄工程既能规避雨水洪峰，实现雨水循环利用，又能避免初期雨水对承受水体的污染，还能对排水区域的排水调度起到积极作用。调蓄工程既可以是人工构筑物，如地上或地下的蓄水池，也可以是天然场所，

如湿地、坑、塘、湖或水库等，国外甚至有以下水道为调蓄设施的案例。

雨水处理系统应可靠、稳定，处理后的雨水水质应达到相应用途的水质标准。

雨水系统应充分结合项目所在地的气候、地形及地貌等特点，可以与厂区水景设计相结合，也可用于生产、生活、绿化或空调等。

渗透性地表可采取增加雨水渗透量的措施：厂区公共活动场地、人行道、露天停车场的铺地材料采用渗水材质，如多孔沥青地面、多孔混凝土地面等；雨水排放采用渗透管排放系统。另外，还可采用景观储留渗透水池、渗井、绿地等增加渗透量。

6.2.7 生产、辅助设施及车辆清洗应设置专用的场所，尽量采用循环水、微水、蒸汽冲洗。

清洗工具及卫生洁具应选用《当前国家鼓励发展的节水设备》（产品）目录中公布的设备、器材和器具，根据用水场合的不同，合理选用节水水龙头、节水便器、节水淋浴装置等，卫生器具应满足国家现行标准《节水型生活用水器具》CJ 164 及《节水型产品技术条件与管理通则》GB/T 18870 的要求。

缺水地区可选用真空节水技术或免水技术。

此外，给水系统采用减压限流措施还能够取得明显的节水效果。

6.2.8 工业企业给水系统应分级计量，通常分为三级，一级水表计量范围为整个生产区的各种水量，二级水表计量范围为各车间和厂区生产、生活用水量，三级水表计量范围为重点工艺或重点设备。

《节水型企业评价导则》GB/T 7119—2006 要求一级水表计量率达到 100%，二级水表计量率不小于 90%，重点设备或者重复利用用水系统的水表计量率不小于 85%，水表精度不低于±2.5%。

6.3　水资源利用

6.3.1 对于工业建筑，可利用的水资源包括市政给水、自备水源和非传统水源。工业建筑的水资源利用应在《全国水资源综合规划技术大纲》及其他有关水资源规划框架下，结合区域的给水排水、水资源、气候特点等客观环境状况进行系统规划，制定水系统规划方案，合理提高水资源循环利用率，减少市政供水量和污水排放量。

雨水和再生水利用是水资源充分利用的重要措施，宜根据具体情况具体对待：多雨地区应加强雨水利用，沿海缺水地区加强海水利用，内陆缺水地区加强再生水利用，而淡水资源丰富地区不宜强制实施污水再生利用。

6.3.2 用地表水作为生活饮用水水源时，其水质应符合现行国家标准《地表水环境质量标准》GB 3838 的有关规定，采用地下水作为生活饮用水水源时，其水质应符合现行国家标准《地下水质量标准》GB/T

14848 的有关规定；设计和使用生活给水时，还应遵照现行国家标准《生活饮用水卫生标准》GB 5749 进行卫生防护；管道直饮水水质应符合现行行业标准《饮用净水水质标准》CJ 94 的规定；当再生水用作生活杂用水时，其水质应符合现行国家标准《城市污水再生利用 城市杂用水水质》GB/T 18920 的规定，当作为工业用水时，其水质应符合现行国家标准《城市污水再生利用 工业用水水质》GB/T 19923 的规定；工业循环冷却水系统循环水水质应符合现行国家标准《工业循环冷却水处理设计规范》GB 50050 的规定；工艺给水水质需根据生产工艺的具体要求确定，例如电子行业工艺给水应满足电子工业超纯水水质标准的要求，而医药行业的给水应满足医药行业超纯水水质标准的要求。

给水系统的安全性和可靠性设计应符合现行国家标准《建筑给水排水设计规范》GB 50015 的有关规定；管道的防冻、防腐设计除应符合现行国家标准《建筑给水排水设计规范》GB 50015 规定外，还应符合现行国家标准《给水排水管道工程施工及验收规范》GB 50268 的有关规定；工业循环水冷却系统的设计应符合现行国家标准《工业循环水冷却设计规范》GB/T 50102 的规定。

6.3.3 企业设置自备水源时，其取水行为应有水文水资源部门提供的水文资料的支持，并应征得当地水行政部门的批准，符合《全国水资源综合规划技术大纲》、《全国水资源量综合规划技术细则（试行）》的要求。取用地下水的项目应符合《地下水资源量级可开采量补充细则（试行）》以及国家现行的其他政策规定，取用地表水的项目枯水流量保证率宜确定为 90%~97%。

6.3.4 给水处理工艺的先进性具有不同特点，例如：工艺流程短而顺畅，单元工艺高效，系统出水水质优良；设备噪声小，能耗低，运行稳定，耐腐蚀；控制系统运行状态的控制、监督、报警等动作正确、及时，自动化程度高，人为干预少，劳动强度低等。

不同用途的水，其水质应符合国家和行业现行有关水质标准的规定。管道直饮水应对原水深度处理，水质应符合现行行业标准《饮用净水水质标准》CJ 94 的规定；雨水利用工程处理后的水质应根据用途确定，COD_{Cr} 和 SS 指标应满足现行国家标准《建筑与小区雨水利用工程技术规范》GB 50400 的要求；建筑中水或污水再生回用时，其水质应根据用途确定，用作杂用水时应符合现行国家标准《城市污水再生利用 城市杂用水水质》GB/T 18920 的规定，用作景观环境用水时应符合现行国家标准《城市污水再生利用 景观环境用水水质》GB/T 18921 的规定，当作为工业用水时应符合现行国家标准《城市污水再生利用 工业用水水质》GB/T 19923 的规定；为工艺提供给水的深度处理系统，水质应根据具体工艺确定，例如锅炉闭式循环系统的给水应满足软水水质要求。

6.3.5 工业项目用水单元多，且对水质、水压的要求不尽相同，因此，用水系统复杂。应首先按照水质设置分系统，相同水质的条件下再按水压设置分系统。采用分系统供水可以减少渗漏，节约能源，提高给水安全性。

6.3.6 除了传统水源的节约和提高用水效率以外，我国大力开展非传统水源的开发与利用，以缓解用水难、用水紧张等问题。非传统水源包括再生水、雨水、矿井水、海水和苦咸水等。景观、洗车、冲厕所等非生产性用水已较普遍地采用非传统水源。在缺水地区、限制新鲜水用量地区，生产性用水已部分采用非传统水源。因此，应鼓励生产用水采用非传统水源。目前，我国首次将再生水设施建设列入"十二五"规划中的水资源开发利用工程范畴，国家已制定了优惠政策，对于再生水的生产免征增值税。

6.3.7 景观、绿化、冲厕、保洁等采用雨水、再生水等非传统水源以及空调冷凝水是节约市政供水的重要措施。景观环境用水应结合水环境规划、周边环境、地形地貌及气候特点，提出合理的建筑水景规划方案，水景用水优先考虑采用雨水、再生水；不缺水的地区绿化宜优先采用雨水，缺水地区应优先考虑采用非传统水源；其他如冲厕、浇洒道路等均可合理采用雨水等非传统水源。

使用非传统水源时，水质应达到相应标准要求，且不应对公共卫生造成威胁。

6.3.8 排水系统包括收集、输送、处理及排放等环节的设施，如产污点的收集设备、建筑物内外各级输送管渠及其附属构筑物（如检查井、溢流井、阀门井等）、处理与排放设备或构筑物、各级计量与控制系统等，以保证外排水质达到相应标准的要求。

工业项目排水系统应有利于城镇的可持续发展，应以已经批准的城镇总体规划或城镇排水工程规划为依据，排水制度与当地城镇的排水制度保持一致，以免污染环境。

6.3.9 为保证污废水在排出的过程中减少沉积，不同物质不致互相反应产生有毒、有害气体，建筑排水应按水质分流，例如酸性废水不得与含氰废水混排；排出的生产废水水质应符合现行本行业清洁生产标准的要求，如电镀行业满足《清洁生产标准 电镀行业》HJ/T 314 的要求，白酒行业满足《清洁生产标准 白酒制造业》HJ/T 402 的要求，纺织业（棉印染）满足《清洁生产标准 纺织业（棉印染）》HJ/T 185 的要求；食堂、餐厅含油废水的排出应符合《建筑给水排水设计规范》GB 50015 的规定。

6.3.10 污、废水处理工程所采取的技术应能确保经处理出水水质达到设计排放标准。部分行业已有相应国家行业水污染物排放标准，如造纸行业《造纸工业水污染物排放标准》GB 3544，纺织染整工业《纺织染整工业污染物排放标准》GB 4287，肉类加工业《肉类加工工业水污染物排放标准》GB 13457 等，当该行业尚无国家行业排放标准时，则按照现行国家综合排放标准《污水综合排放标准》GB 8978 执行。

7 节材与材料资源利用

7.1 节 材

7.1.1 工业建筑厂房设计中，工艺过程、设备型号、平面布置等对建筑、结构的高度、跨度、厂房形式等起决定性影响，因此在设计阶段应该对工艺、建筑、结构、设备进行统筹考虑、全面优化。

土建和装修一体化设计既可以加强建筑物的完整性，又可以事先统一进行预留孔洞和预埋装修面层固定件，避免在装修施工阶段对已有建筑构件的打凿、穿孔，保证了结构的安全性，减少了建筑垃圾；可以保证在建筑设计阶段的装修设计中，最大限度使用面层整料，减少边角部分的材料浪费，节约材料，减少装修施工中的噪声污染，节省装修施工时间和能量消耗，并降低装修施工的劳动强度。

土建与装修工程一体化设计需要业主、设计方以及施工方的通力合作。

为片面追求美观而以较大的资源消耗为代价，不符合绿色建筑的基本理念。在设计中应控制造型要素中没有功能作用的装饰构件的应用。

室内工艺及设备的合理布置可以最大程度地提高厂房的空间利用率，节约厂房空间。

7.1.2 优化结构设计，使用变截面、组合截面等充分发挥材料特性的体系，降低结构用料指标；合理控制建筑物的体形系数，使建筑围护材料充分利用。结构用料指标指单位建筑面积所分摊的建筑结构材料用量。

建筑物体形系数指建筑物接触室外大气的外表面积与其所包围的体积的比值，也即指单位建筑体积所分摊的外表面积。体积小、体形复杂的建筑，体形系数较大，外表材料浪费大；体积大、体形简单的建筑，体形系数较小，外表材料的利用率高。

7.1.3 采取合理的耐久性措施如在腐蚀性较高环境中的结构表面，采用涂料或油漆喷涂处理等技术防护等手段对延长建筑结构的使用寿命有重要意义，其措施应符合现行国家标准《混凝土结构耐久性设计规范》GB/T 50476、《混凝土强度检验评定标准》GB 50107 和《普通混凝土长期性能和耐久性能试验方法标准》GB/T 50082 等有关标准的要求，还应符合所在行业有关标准的规定，如《钢纤维混凝土》JG/T 3064 等。

7.1.4 本条鼓励合理设计建筑用钢量，避免设计时盲目扩大建筑用钢量，造成浪费。单位建筑面积用钢量宜在同行业领域、同类建筑结构形式、同类使用功能的条件下进行比较。此方面国内同行业内部多年来已经积累了一定量的数据可以作为评价的依据。

7.2 材料资源利用

7.2.1 为保证建设工程质量、安全和节省建材，淘汰能耗高、安全性能差，不符合"低碳"理念的建筑材料，国家和地方会不定期对禁止使用的建筑材料或建筑产品予以发布，此类建筑材料或产品如：黏土砖及黏土类板材等。各地方对禁止使用的建筑材料或建筑产品的规定很多是针对民用建筑，在评审绿色工业建筑项目时需要根据实际情况进行选择。

7.2.2 为便于建设工程采用质量好的建筑材料或产品，确保工程质量，加强建筑材料准用准入证制度管理，严格控制不符合国家标准的新型建材产品，提高我国建筑材料的总体质量，国家推荐了优先选用的建筑材料或产品，应予采用。

在地震区使用钢结构、木结构等抗震性能优越的建筑结构体系。

为达到设计规定的建筑物的使用年限，建筑材料的密度、强度、硬度、刚度、耐腐蚀、耐高温、耐冲击等物理性能要能够经得起时间、气候的变化，并适应生产工况等各种条件；在建筑材料的采购和建筑物的建造过程中严格控制，避免使用劣质的建筑材料，适当采用高性能、高强度、长寿命的材料是必要的，是减少维护成本、节省资源的可靠措施。

工业建筑，尤其是高层工业建筑的梁，使用高性能混凝土、高强度钢，能减少材料用量，改变工业建筑"肥梁胖柱"的传统外观或者加大结构跨度，在保证使用功能的前提下降低建筑层高。

功能复合材料是指多种功能复合在一起的建筑材料或装饰材料。一方面可减轻围护结构的自重，进而减少建筑材料，特别是承重结构的用量；另一方面，可以提高材料的使用功能。

建筑制品的工厂化是讲建筑整体按照不同功能分解为各个构建模块，按照标准化设计在工厂里进行模块化生产，以空间换时间，提高建设效率，以作业程序化保证构件的质量规范化。工厂化生产建筑制品是建筑业发展的一个必然阶段，它具有减少资源浪费，利于环境保护等优点。

工业建筑合理采用可再生材料资源，如钢结构形式。

对上述没有提及的，而有同样节材效果的技术或产品，例如采用了国家住房和城乡建设部近年来不定期发布的建筑业新技术中有关节材与材料资源利用的新技术，也可评分。

7.2.3 工业企业进行改、扩建时，通过详细规划和设计，避免大拆大建的消耗资源的行为，充分利用厂区内的原有建筑物，或进行适当改造，以发挥新的作用。减少投资和新资源消耗是必要的，也是建设资源节约型社会的一个途径。

7.2.4 废弃物主要包括建筑废弃物、工业废弃物和生活废弃物，可作为原材料用于生产绿色建材产品。在满足使用性能的前提下，鼓励利用建筑废弃物再生骨料制作的混凝土砌块、水泥制品和配制再生混凝土；提倡利用工业废弃物、农作物秸秆、建筑垃圾、淤泥等为原料制作的水泥、混凝土、墙体材料、保温材料等建筑材料；提倡使用生活废弃物经处理后制成的建筑材料。

为保证废弃物使用达到一定的数量要求，本条规定：使用以废弃物生产的建筑材料的量占同类建筑材料的总量比例不低于30%（比例可为重量比、体积比、数量比等，应根据实际情况确定）。例如：建筑中使用石膏砌块作内隔墙材料，其中以工业副产物石膏（脱硫石膏、磷石膏等）制作的工业副产物石膏砌块的使用量占到建筑中使用石膏砌块总量的30%以上，则该项条款满足要求。

7.2.5 建筑中（不包含主体结构选材）可再循环材料包含两部分内容：一是材料本身就是可再循环材料；二是建筑拆除时能够被再循环利用的材料，如金属材料（钢材、铜）、玻璃、铝合金型材、石膏制品、木材等，而不可降解的建筑材料如聚氯乙烯（PVC）等材料不属于可循环材料范围。充分使用可再循环材料可以减少生产加工新材料对资源、能源的消耗和对环境的污染，对于建筑的可持续发展具有重要的意义。

7.2.6 本条鼓励使用当地生产的建筑材料，提高就地取材的比例。建材本地化是减少运输过程的资源、能源消耗，降低环境污染的重要手段之一。

根据《中国统计年鉴》、《中国交通年鉴》以及文献《交通运输业能耗现状及未来走势分析》（周新军. 中外能源，2010.7）和《A Generic Model of Exergy Assessment for the Environmental Impact of Building Lifecycle》[Meng Liu. Energy and Building, 42 (2010)]，从我国货运运输方式的能耗分析，铁路运输能耗约为 3.7g 标煤/吨公里（2007～2009 年，分别为 3.67、3.71、3.70），公路运输约为 80.7g 标煤/吨公里（2007 年），内河水路运输约为 6.8g 标煤/吨公里（2007 年）。从能耗看，铁路运输是最值得推荐的运输方式，从主要建筑材料铁路平均运输距离看，混凝土主要原料（水泥、骨料、矿物掺合料）的平均运输距离约为 400km，即产品供应点的服务半径约为 400km 左右；预制建筑产品的平均运输距离约为 500km，即产品供应点的半径为 500km 左右；而钢材的平均铁路运输距离较长，1100km 左右，即产品供应点的服务半径约为 1100km 左右。

运输能耗值：以铁路运输为主的基本运输过程为：生产点—铁路货运站点—铁路货运站点（目的

地)—供应点—现场，除了铁路运输外，还需要短途的公路运输补充，约100km公路运输。几种典型情况能耗数据见表1。

表1 铁路运输典型情况的能耗数据及对比

铁路运输距离（km）	400	600	800	1000	1100	1200	1500
运输能耗值（kg 标煤/km）	9.6	10.3	11.0	11.8	12.1	12.5	13.6
能耗增加率（相对于400km）（%）	—	7.7	15.5	23.2	27.1	31.0	42.6

根据以上分析及参考现行国家标准《绿色建筑评价标准》GB/T 50378 的相应规定作出本条规定。

7.2.7 建筑材料品种繁多，通常分类为金属材料（黑色、有色）、非金属材料（无机、有机）、复合材料。根据各类材料用途的不同，对其应具有的物理化学性能要求也不相同。关于各类建筑材料应满足的技术要求和性能参数等，国家制定了《室内装饰装修材料人造板及其制品中甲醛释放限量》等九项建筑材料有害物质限量的标准（GB 18580～GB 18588）和《建筑材料放射性核素限量标准》GB 6566 等标准，绿色工业建筑选用的建筑材料中有害物质含量必须符合下列现行国家标准：

《室内装饰装修材料人造板及其制品中甲醛释放限量》GB 18580
《室内装饰装修材料溶剂型木器涂料中有害物质限量》GB 18581
《室内装饰装修材料内墙涂料中有害物质限量》GB 18582
《室内装饰装修材料胶粘剂中有害物质限量》GB 18583
《室内装饰装修材料木家具中有害物质限量》GB 18584
《室内装饰装修材料壁纸中有害物质限量》GB 18585
《室内装饰装修材料聚氯乙烯卷材地板中有害物质限量》GB 18586
《室内装饰装修材料地毯、地毯衬垫及地毯用胶粘剂中有害物质释放限量》GB 18587
《混凝土外加剂中释放氨限量》GB 18588
《建筑材料放射性核素限量》GB 6566

8 室外环境与污染物控制

8.1 环 境 影 响

8.1.1 依据《中华人民共和国环境影响评价法》的规定：对建设项目的环境影响评价实行分类管理。

可能造成重大环境影响的，应当编制环境影响报告书，对产生的环境影响进行全面评价；可能造成轻度环境影响的，应当编制环境影响报告表，对产生的环境影响进行分析或者专项评价；对环境影响很小、不需要进行环境影响评价的，应当填报环境影响登记表。

对环境影响评价规划所包含的具体建设项目，除提交简化的环境影响评价文件外，还应提交规划的环境影响评价报告书和批准文件。

涉及水土保持的建设项目，还必须提交经有关行政主管部门审查同意的水土保持方案。

环境影响评价文件中，评价的因子和技术措施在气候变化、生态系统、水资源、水土保持、生物多样性、地区环境、人体的潜在危害等影响方面应符合或优于国家、行业和地方的法规、政策和标准的要求。

8.1.2 建设项目竣工环境保护验收有效落实了环境保护设施与建设项目主体工程"三同时"原则，以及落实其他需配套采取的环境保护措施，防止环境污染和生态破坏。《建设项目环境保护管理条例》和《建设项目竣工环境保护验收管理办法》等对此有明确的规定。

8.2 水、气、固体污染物控制

8.2.1 依据《中华人民共和国清洁生产促进法》、《中华人民共和国循环经济促进法》，对生产过程中产生的废水进行综合利用，回收有用的物质。在废水再利用过程中，应根据行业生产特点，确保综合利用过程安全生产并防止产生二次污染。

目前我国已制定多个行业的清洁生产标准，如《清洁生产标准 白酒制造业》HJ/T 402、《清洁生产标准 彩色显像（示）管生产》HJ/T 360、《清洁生产标准 氮肥制造业》HJ/T 188、《清洁生产标准 电镀行业》HJ/T 314、《清洁生产标准 纺织业（棉印染）》HJ/T 185、《清洁生产标准 甘蔗制糖业》HJ/T 186、《清洁生产标准 化纤行业（氨纶）》HJ/T 359、《清洁生产标准 化纤行业（涤纶）》HJ/T 429、《清洁生产标准 啤酒制造业》HJ/T 183 等50余项。其中对废水中的有用物质的回收利用指标进行了明确规定。

废水中有用物质回收利用指标分为国内基本水平、国内先进水平和国内领先水平，评价时以上三款得分不累计。

所在行业的清洁生产标准没有对该指标进行具体规定的，本条可不参评。

8.2.2 依据《中华人民共和国清洁生产促进法》、《中华人民共和国循环经济促进法》，对生产过程中产生的废气进行综合利用，回收有用的物质。在废气再利用过程中，应根据行业生产特点，确保综合利用过程安全生产并防止产生二次污染。

目前我国已制定 50 多个行业的清洁生产标准，其中对废气的回收利用率指标进行了明确规定。根据相应行业的清洁生产标准进行评价。

废气中有用气体的回收利用率指标分为国内基本水平、国内先进水平和国内领先水平，评价时以上三款得分不累计。

所在行业的清洁生产标准没有对该指标进行具体规定的，本条可不参评。

8.2.3 依据《中华人民共和国清洁生产促进法》、《中华人民共和国循环经济促进法》，对生产过程中产生的固体废物进行综合利用，回收有用的物质。

在废物再利用和资源化过程中，应根据行业生产特点，确保综合利用过程安全生产并防止产生二次污染。

目前我国已制定 50 多个行业的清洁生产标准，其中对固体废物回收利用率指标进行了明确规定。根据相应行业的清洁生产标准进行评价。

固体废弃物回收利用指标分为国内基本水平、国内先进水平和国内领先水平，评价时以上三款得分不累计。

所在行业的清洁生产标准没有对该指标进行具体规定的，本条可不参评。

8.2.4 末端处理前的工业废水，其废水产生量和污染物产生指标可以参考所在行业清洁生产标准执行，目前国家已经发布了 50 多个行业的清洁生产标准。

末端处理之后，对外排放工业废水水质、水量分为两种情况：（1）该行业已有国家行业排放标准时，按国家现行行业排放标准执行，如制革工业执行《制革工业水污染物排放标准》GB 3549，纺织工业执行《纺织染整工业水污染物排放标准》GB 4287，造纸工业执行《造纸工业水污染物排放标准》GB 3544 等；（2）所在行业无国家行业排放标准时，按照现行国家综合排放标准《污水综合排放标准》GB 8978 执行。

对于生活污水，如果不受其他污染物污染时，可以经化粪池预处理后排入城镇市政污水工程，当受到其他物质污染时，应按现行行业标准《污水排入城镇下水道水质标准》CJ 343 执行。

除此以外，外排污、废水排放还需符合当地排放标准的要求。

标准限值按照国家、行业和地方标准中规定最严格的限值执行。符合时可得最低分值（必达分），并根据优于标准限值的程度按本条文分值范围确定得分值。

8.2.5 本条中污染物主要包括生产中产生的各类需要排放的可能对室外大气环境质量造成影响的物质。对于现有污染源大气污染物排放、建设项目的环境影响评价、设计、环境保护设施竣工验收及其投产后的大气污染物排放，应符合国家现行有关标准的规定，还应符合所在行业和地方有关标准的规定。

对于大气污染物排放限值的标准较多，如国家标准的有《大气污染物综合排放标准》GB 16297、《恶臭污染物排放标准》GB 14554、《工业炉窑大气污染物排放标准》GB 9078、《炼焦炉大气污染物排放标准》GB 16171、《锅炉大气污染物排放标准》GB 13271、《水泥工业大气污染物排放标准》GB 4915 等，另外地方也制定有相应的标准，如北京市地方标准《大气污染物综合排放标准》DB 11/501 等，根据参评项目所在行业的标准进行评价。

根据国家和地方污染物排放总量控制的要求，地方环保部门对企业的具体污染物控制制定总量控制指标，企业在规划设计、环境评价时应根据其具体指标确定具体技术措施，并满足相应的总量控制指标的要求。

标准限值按照国家、行业和地方标准中规定最严格的限值执行。符合时可得最低分值（必达分），并根据优于标准限值的程度按本条文分值范围确定得分值。

8.2.6 依据《中华人民共和国固体废物污染环境防治法》，在收集、储存、运输、利用、处置固体废物时，应采取防扬散、防流失、防渗漏或者其他防止二次污染环境的措施。

工业固体废物储存与处置的设施和场所，应符合国家现行有关标准的规定，如《危险废物填埋污染控制标准》GB 18598、《一般工业固体废物贮存、处置场污染控制标准》GB 18599 等，还应满足所在行业和地方有关标准的规定，如《热处理盐浴有害固体废物污染管理的一般规定》JB 9052 等。

对暂时不利用或不能利用的废物，应在符合规定要求的储存设施、场所，分类安全存放或采取无害化处置措施，并执行国家、行业和地方废物处理处置规定。

8.2.7 危险废物是指列入《国家危险废物名录》，或者根据国家规定的危险废物鉴别标准和鉴别方法认定的具有危险特性的废物。

工业生产过程中产生的具有燃烧、爆炸、辐射、腐蚀性和生物污染等危险废物和难降解废物，会对人类健康和环境造成重大影响。应运用物理、化学或生物方法（如焚烧、填埋、有害废物的热处理和解毒处理等），对危险废物进行无害或低危害的安全处置、处理，使其排放达到有关的排放标准，降低或消除对人体健康、周围环境的危害。

依据《危险废物经营许可证管理办法》的规定，危险废物应由取得相应资质的企业进行处理，处理过程执行有关部门批准的技术文件、相应标准和有关安全技术规定，如《危险废物焚烧污染控制标准》GB 18484、《危险废物贮存污染控制标准》GB 18597、《危险废物集中焚烧处置工程建设技术规范》HJ/T 176 等。

8.3 室外噪声与振动控制

8.3.1 在生产过程中产生的噪声是噪声污染的重要来源，工业建筑应按照有关标准的要求，防治噪声污染。对生产过程和设备产生的噪声，应首先从声源上进行控制，采用低噪声的工艺和设备，否则，应用隔声、消声、吸声以及综合控制等噪声控制措施。

根据《中华人民共和国环境噪声污染防治法》的要求，在城市范围内向周围生活环境排放的工业噪声，应符合现行国家标准《工业企业厂界环境噪声排放标准》GB 12348的规定；工业生产过程中工业设备可能产生环境噪声污染，除应符合国家现行有关标准的规定外，还应符合所在行业和地方有关标准的规定。

8.3.2 当工艺设备会产生较强烈的振动时，对周边人员的正常生活和生产活动造成影响，因此有必要采取措施使工艺设备和公用设备产生的振动符合国家和行业现行有关标准的要求。

某些工业厂房设备产生的振动相当大，如重型机械厂的锻造车间、大型空压机站等，对相邻环境影响严重。除了工业设备运行时的振动以外，交通、建筑施工也会引起地面振动。振动对室内、室外的影响严重的都要采取减振、隔振等措施进行控制。

在选址、总图布置、生产设备选型、设备安装、设备基础设计、建筑结构设计和生产管理等方面，考虑振动的影响并采取减振技术措施。

8.4 其他污染控制

8.4.1 光污染是指过量的光辐射对人体健康、人类生活和工作环境造成不良影响的现象。光污染对人的生理、心理健康产生破坏，过度的光污染会严重破坏生态环境，对交通安全、航空航天科学研究造成消极影响；同时也导致能源的浪费。

项目建设中避免对周围环境产生不良影响，是绿色建筑的基本原则之一。对于工业建筑而言，要避免其建筑布局或体形对周围环境产生不利影响，特别需要避免对周围环境的光污染和对周围居住建筑的日照遮挡。有些工业厂房大量采用玻璃幕墙，部分建筑幕墙上采用镜面玻璃或者镜面不锈钢，当直射日光和天空光照射其上时，会产生反射光和眩光，进而可能造成道路安全的隐患；而沿街两侧的高层建筑同时采用玻璃幕墙时，由于大面积玻璃出现多次镜面反射，从多方面射出，造成光的混乱和干扰，对居民住宅、行人和车辆行驶都有害，应加以避免。

玻璃幕墙所产生的有害光反射，是白天光污染的主要来源，应考虑所选用的玻璃产品、幕墙的设计、组装和安装、玻璃幕墙的设置位置等是否合适，并应符合《玻璃幕墙光学性能》GB/T 18091—2000标准的规定：在城市主干道、立交桥、高架路两侧的建筑

物20m以下，其余路段10m以下不宜设置玻璃幕墙，应采用反射比不大于16%的低反射玻璃。若反射比高于该值，则应控制玻璃幕墙的面积或采用其他材料对建筑立面加以分隔。某些城市和地区对光污染还有更严格的控制规定，如上海市建设委员会《关于在建设工程中使用幕墙玻璃的有关规定的通知》指出：环线以内建设工程，除建筑物裙房外，禁止设计和使用幕墙玻璃。内环线、外环线之间的建设工程，使用幕墙玻璃面积不得超过外墙面积的40%（包括窗面积）。须使用幕墙玻璃的建筑工程，应当经过环保管理部门的环境评价，规划、建设管理部门审批同意后方可实施。

关于建筑外墙饰面材料，近年有些工程选择带金属光泽的氟碳涂料和其他高反光的白色、浅色系涂料，或者浅色、金属光泽的瓷砖等各种饰面板材；其光污染的评价目前尚无对应的国家标准，可比照玻璃幕墙的光污染评价掌控。

夜晚和白天的光污染有所不同，夜晚的光污染，主要指建筑物的夜景泛光照明、工业企业的室外照明等对周围环境的污染，要对灯光设计进行评估，亦要通过建成后的实际使用效果进行评测。

灯光污染目前也没有统一的国家标准。北京市地方标准《室外照明干扰光限制规范》于2010年12月1日起实施，该规范规定"非商业区和非文化娱乐区不宜设置频繁变换模式的照明"，对于工业建筑的环境灯光设计，可以借鉴。

8.4.2 一些工业建筑在生产和施工过程中会产生电磁辐射，人体如果长期暴露在超过安全剂量的电磁辐射下，细胞就会被大面积杀伤或杀死，并产生多种疾病，因此有必要采取措施减少电磁对周围环境的辐射强度，使其符合国家和行业标准的要求。

《电磁辐射环境保护管理办法》规定了电磁辐射建设项目和设备名录，豁免水平以上的电磁辐射建设项目应履行相应环境保护影响报告书的审批手续。《电磁辐射防护规定》GB 8702规定了电磁辐射防护限值和电磁辐射豁免水平。

《电磁辐射环境保护管理办法》第二十二条规定：电磁辐射建设项目的发射设备必须严格按照国家无线电管理委员会批准的频率范围和额定功率运行。工业、科学和医疗中应用的电磁辐射设备，必须满足国家和有关部门颁布的"无线电干扰限值"的要求，例如：工频电磁辐射设备可参照《500kV超高压送变电工程电磁辐射环境影响评价技术规范》HJ/T 24、《高压交流架空送电线无线电干扰限值》GB 15707等。

电磁辐射环境影响报告书中，辐射强度、磁场强度、功率密度等评价因子应符合或优于国家现行有关标准的规定，还应符合或优于所在行业和地方有关标准的规定。建设项目竣工环境保护验收申请报告已获

批准。

8.4.3 根据《温室气体排放管理规范》ISO14064，温室气体是任何会吸收和释放红外线辐射并存在于大气中的气体。《京都议定书》中控制的 6 种温室气体分别为二氧化碳（CO_2）、氧化亚氮（N_2O）、甲烷（CH_4）、氢氟碳化物（HFCs）、全氟碳化物（PFCs）、六氟化硫（SF_6）。温室气体是工业生产中的原料或者产物，采用替代工业技术（包括替代原料、工艺和减少排放的工艺技术）和产物处理是减少温室气体重要途径。我国为此制定了一系列相应的标准。在工业生产过程中，诸如 CFC 等破坏大气臭氧层的物质不仅是制冷剂等公用设备的重要介质，同时也是重要的工业生产原料，CFC 在烟草行业是烟丝膨胀剂，机械行业采用 CFC 作为精密元件的清洗剂等，目前已经有此方面的替代技术。

破坏臭氧层的物质主要包括氟氯化碳（CFC）、哈伦（CFCB）、四氯化碳（CCl_4）、甲基氯仿（CH_3CCl_3）、氟氯烃（HCFC）和甲基溴（CH_3Br）等。由于臭氧层有效地挡住了来自太阳紫外线的侵袭，才使得人类和地球上各种生命能够生存、繁衍和发展。必须控制破坏臭氧层的物质的排放，减少其对臭氧层的破坏。

制冷剂的臭氧层消耗潜值和全球变暖潜值等环保指标可查阅现行国家标准《制冷剂编号方法和安全性分类》GB/T 7778 评估其环境友好性。

我国已加入了一系列的涉及温室气体和破坏臭氧层物质的国际公约，如《联合国气候变化框架公约》、《保护臭氧层维也纳公约》，关于消耗臭氧层物质的《蒙特利尔议定书》及该议定书的修正等。工业生产中所使用的相应气体原料、液体介质等应当考虑符合相应国际公约的要求。

根据中华人民共和国国务院令第 573 号《消耗臭氧层物质管理条例》和《中国受控消耗臭氧层物质清单》（环境保护部、国家发改委、工业和信息化部共同制定，2010 年 9 月 27 日发布）和《关于消耗臭氧层物质蒙特利尔议定书》及其修正案，对于 HCFC（HCFC-21、HCFC-22、HCFC-31、HCFC-121、HCFC-122、HCFC-123、HCFC-124、HCFC-131、HCFC-132、HCFC-133、HCFC-141 等）的最新规定为：2013 年生产和使用分别冻结在 2009 和 2010 两年的平均水平，2015 年在冻结水平上削减 10%，2020 年削减 35%，2025 年削减 67.5%，2030 年实现除维修和特殊用途以外的完全淘汰。企业在选择 HCFC 作为制冷剂、发泡剂、灭火剂、清洁剂和气雾剂等用途时，应慎重考虑相关的要求。

关于碳排放的系数指标，按国家届时出台的有关规定予以执行。

9 室内环境与职业健康

9.1 室内环境

9.1.1 工业厂房内的温度、湿度和风速对工作人员的舒适性、职业健康有影响，为保证职业健康，要求工业建筑内的温度、湿度和风速需满足现行国家职业卫生标准《工业企业设计卫生标准》GBZ 1 的基本规定。对生产需要的空气温度、湿度、风速等还应符合各行业现行有关标准或工艺要求。

9.1.2 现行国家标准《室内空气质量标准》GB/T 18883 的使用范围为住宅和办公建筑，工业建筑和生产辅助建筑在没有相应的国家或行业标准的情况下可参照该标准执行。同时，《工业企业设计卫生标准》GBZ1、《采暖通风与空气调节设计规范》GB 50019《化工采暖通风与空气调节设计规范》HG/T 20698 等现行标准对辅助生产房间内的空气质量也有相应的规定。

9.1.3 由于原辅材料以及生产、加工工艺的原因，劳动者在职业活动中长期或反复接触有害因素，在有害因素超过一定的范围或接触时间较长时，易引起急性或慢性有害健康影响，导致职业病的发生。因此，工业企业需要满足国家现行有关标准的要求，如《工作场所有害因素接触限值——第一部分：化学有害因素》GBZ 2.1 和《工作场所有害因素接触限值——第二部分：物理有害因素》GBZ 2.2 等。在职业卫生与预评价时应遵守《建设项目职业病危害预评价技术导则》GBZT 196 的有关规定。另外工业行业也有针对其行业特点的项目标准，如《化工采暖通风与空气调节设计规范》HG/T 20698 有相关规定。评价时还应符合所评项目所在的行业的行业标准的要求。

对于已采取工程控制措施，且在同行业内无法达到标准要求的情况下，可根据实际情况采取适宜的个人防护措施，确保职工的健康。

9.1.4 采用集中空调的工业建筑，其空调新风量应满足国家卫生标准要求的新风量、补风量与保持室内压力所需的新风量之和、稀释有害物至国家标准和行业标准要求所需的新风量三者之大者，否则将会影响车间内操作人员的身体健康。对于没有采用集中空调的工业建筑，已采用送排风等措施使进入车间内的新风量满足现行有关国家标准的规定，还应满足所在行业现行有关标准的规定。此处只规定了最小新风量，在过渡季节可以全新风运行。《采暖通风与空气调节设计规范》GB 50019 - 2003 第 3.1.9 条明确了建筑物室内人员所需最小新风量的一般计算原则。但是对于集中空调的工业建筑，还需保证正压的新风量以及由于工艺排风所需的补风量。对于产生有害物质的车间，通风量还需考虑按照现行国家标准《工作场所有害因素接触限值——第一部分：化学有害因素》GBZ2.1 和《工作场所有害因素接触限值——第二部分：物理有害因素》GBZ2.2 的限值规定进行通风稀释时的通风量。

9.1.5 建筑物内表面产生结露时，结露水将污染室内，使内部表面潮湿、发霉，甚至淌水，恶化室内卫生条件，导致室内存放的物品发生霉变，造成建筑材料的破坏，对建筑物使用功能影响极大，影响职工的身体健康。尤其是工业建筑，建筑内表面结露或发霉不仅对厂房结构和厂房内的操作人员有较大的危害，而且将导致生产产品和设备锈蚀、霉变，破坏产品质量，增加废品率等不良后果。对于计算机房、精密仪表室等室内环境功能要求严格的生产建筑物来说，一旦发生结露滴水现象时，将导致运算失灵、测试紊乱、线路损坏等恶性事故。

建筑外围护结构的冷桥部位是保温隔热的薄弱环节，易结露且会发生霉变，影响环境卫生甚至工艺生产，要有应对措施。

9.1.6 室内照明质量是影响室内环境质量和生产安全的重要因素之一，良好的照明不仅有利于提升职工的工作效率，也可以减少视觉影响产生的安全事故的发生，有利于职工的身心健康，减少职业疾病发生。对不同用途的工业建筑的一般照明标准值参照现行国家标准《建筑照明设计标准》GB 50034 和有关行业标准。

9.1.7 噪声已成为世界七大公害之一。噪声对人体的伤害基本上可以分两大类，一类是累积的噪声损伤，指工人在日常生活中每天都要接触的、具有积累效应的噪声，另一类是突然发生噪声所致的爆震聋，其对职工的危害是综合的、多方面的，它能引起听觉、心血管、神经、消化、内分泌、代谢以及视觉系统或器官功能紊乱和疾病，其中首当其冲的是听力损伤，尤其对内耳的损伤为主。这些损伤与噪声的强度、频谱、暴露的时间密切相关。噪声危害在工业建筑中普遍存在，采取措施降低噪声造成的危害对保护职工健康有重要作用。

对于已采取工程控制措施，且在同行业内无法达到标准要求的情况下，可根据实际情况采取有效的个人防护措施，确保职工的健康。

目前现行有关国家标准包括《工业企业设计卫生标准》GBZ 1、《工业企业噪声控制设计规范》GBJ 87 和《声环境质量标准》GB 3096 等。工艺设备的噪声是工作场所噪声的主要来源，因此在评价过程中，工艺设备的噪声也要符合相应的现行行业标准的规定，如机械行业标准《棒料剪断机、鳄鱼式剪断机、剪板机 噪声限值》JB 9969 等。

9.2 职业健康

9.2.1 建设项目进行职业病危害预评价和控制效果

评价可以有效防止职业病的发生，保护劳动者的身体健康，可从源头上控制或者消除职业病危害，为建设项目职业病防治的日常管理提供依据。国家有关法律、法规均有明确规定，对产生职业危害的从业人员进行定期体检，及早发现，及早预防，为保障员工身体健康提供又一道保护屏障。目前我国的有关现行标准有《建设项目职业病危害预评价技术导则》GBZ/T 196 和《建设项目职业病危害控制效果评价技术导则》GBZ/T 197 等。

9.2.2 工业生产过程中，工业设备、操作工具产生的振动通过各种途径传至人体，对人体造成危害。振动的作用不仅可以引起机械效应，更重要的是可以引起生理和心理的效应。从工艺、工程设计、个体防护等方面采取减少振动危害的措施，可以有效保护职工的身体健康。

对于已采取工程控制措施，且在同行业内无法达到标准要求的情况下，可根据实际情况采取有效的个人防护措施，确保职工的健康。目前现行有关国家标准包括《工作场所有害因素职业接触限值》GBZ 2.2 和《工业企业设计卫生标准》GBZ 1、《机械振动 人体暴露于手传振动的测量与评价 第 1 部分：一般要求》GB/T 14790.1 等，现行行业标准中也有相关规定，如《机械工业职业安全卫生设计规范》JBJ 18 等，在执行过程中应根据行业的具体情况选择相应的标准。

9.2.3 根据工作场所职业病危害情况设置相应的防护措施的图形标识、警戒线、警示语和文字，传递安全信息，可以使劳动者在工作场所工作时警觉职业病危害和存在的危险，有利于减少职工的误操作率，减少和防止职业病危害和安全事故的发生。现行国家标准《安全标志及其使用导则》GB 2894 和《工作场所职业病危险警示标识》GBZ 158 等对相关问题作出了明确规定。

10 运行管理

10.1 管理体系

10.1.1 现行国家标准《环境管理体系 要求及使用指南》GB/T 24001 包括环境管理体系、环境审核、环境标志和全寿命周期分析等内容，旨在指导各类组织实施正确的环境管理行为。通过实施环境管理体系，建立、健全职责明确的组织机构；对能源和资源的利用和污染物的产生等制定环境管理方针，对环境因素进行识别、评价，明确控制指标和目标等。

该项为必达分项，参评项目应提供有效的认证证明材料。

10.1.2 《职业健康安全管理体系 要求》GB/T 28001 对职业健康安全管理体系提出了要求，旨在使一个组织能够识别评价危险源，并对重大职业健康安全风险制定目标方案，持续改进其绩效。本标准中的所有要求意在纳入任何一个职业健康安全管理体系，其应用程度取决于组织的职业健康安全方针、活动性质、运行的风险与复杂性等因素。

该项为必达分项，参评项目应提供有效的认证证明材料。

10.2 管理制度

10.2.1 根据企业规模的大小，设有相应的能源管理、水资源管理、职业健康、安全及环境保护的领导机构及管理部门，职能明确、制度齐全，有年度计划和工作目标、执行情况的定期检查报告和持续改进措施，执行有效。这样有利于对企业在相关方面进行规范化管理和实现持续改进的条件。

10.2.2 《中华人民共和国节约能源法》、《中华人民共和国环境保护法》、《中华人民共和国职业病防治法》、《中华人民共和国安全生产法》等有关法律均明确规定企业应建立健全相应的管理机构和设置相应的管理人员，并对节能管理、安全和职业健康、环境保护的专职人员定期进行管理与专业技术培训和考核，并有相应的评价制度，保证相关工作的有效开展。

10.2.3 绿色理念是一个长期持续改进的过程，需要全体员工参与，才能获得最佳的运行效果，企业应制定奖励制度，发挥员工的主观能动性，激发员工的积极性，为工业建筑全寿命周期内实现绿色发展提供必要的条件。

合理化建议的范围应结合本企业的实际情况，包含节能、节水、环境保护、运行管理、职业健康等方面的新技术、先进措施以及国家有关方针政策、法律、法规等。

10.3 能源管理

10.3.1 准确完整的能源信息和合理的能源管理制度，使企业的生产组织者、管理者、使用者及时掌握企业的能源管理水平和用能状况，便于总结节能经验，挖掘节能潜力，降低能源消耗和生产成本，提高能源利用效率，指导企业提高能源管理水平，以实现企业总体节能目标，促进企业经济和环境的可持续发展，也可为政府和行业提供真实可靠的能源利用状况。

10.3.2 能源管理系统涵盖工艺设备与公共设备，且与建筑形式紧密结合，才能完善功能。其稳定的运行，为企业进行能源管理和制定节能目标提供可靠的依据和信息。

10.3.3 企业建立建筑节能管理标准体系，可以反映企业节能管理水平，实现企业节能工作的制度化、连续性和企业的节能目标和企业节能的社会责任的客观需求，覆盖企业各节能环节。现行国家标准《企业节能标准体系编制通则》GB/T 22336 对企业节能标准体系的编制原则和要求、企业节能标准体系的层次结构、企业节能标准体系的标准格式进行了规定。

10.4 公用设施管理

10.4.1 各种公用设施和管道、阀门、相关设施封闭严密是安全正常运行的基本保证，管网的渗漏损失量应符合有关规定的要求。对于输送具有易燃易爆危险的气体、液体等特殊介质的管道，减缓和防治腐蚀、确保管道系统的严密性是保证安全生产的根本措施之一，也是减少浪费，提高输送效率、保证正常生产的重要措施。制定有相应的应急措施，当管网出现渗漏、腐蚀等情况时能够及时有效地处理，最大限度地减少渗漏损失和危险情况的发生。

我国现行有关标准对输送不同介质的管道的严密性和防治腐蚀有相应的规定，如《城镇燃气设计规范》GB 50028、《工业金属管道设计规范》GB 50316、《城镇燃气埋地钢质管道腐蚀控制技术规程》CJJ 95、《钢质管道及储罐腐蚀控制工程设计规范》SY 0007、《建筑给水排水及采暖工程施工质量验收规范》GB 50242 等。

10.4.2 各类动力站房是维持工业生产必不可少的组成部分，是重要的工业辅助建筑，其内部布置了各种动力设备，操作员工的工作环境相对较差。为了减轻员工的劳动强度，降低设备故障率，合理地设置远程监控装置、报警装置、远程数据采集装置等，以提高设备系统运行的可靠性，减少人为的因素影响。

10.4.3 对各类公用设备和设施的能耗实行了实时计量和记录。为了充分地掌握公用设备和设施的能耗现状，及时发现并调整作业流程中的节能瓶颈，监控企业能源运行管理状态，提升企业运行管理能力和水平，降低企业运行成本，又可为节能、节水、环境保护方面提供有效可靠的决策依据，在设置计量设施和记录计量数据时充分考虑分项计量和按考核单位进行数据统计。

10.4.4 根据公用设备和设施运行规律定期检修维护是保证公用设备和设施正常运行的必要措施，可以防止公用设备和设施在非正常条件下运行造成的资源浪费、影响生产和室内外环境。检修制度应根据相应设备或设施的具体性能要求制定，在执行检修和维护制度的过程中应保留完整的记录。

公用设备和设施的安全运行管理，不仅对消除安全事故具有重要作用，而且可有效减少由于公用设备和设施的事故性停工所造成的材料浪费和能源消耗。

11 技术进步与创新

11.0.1 为了鼓励工业建设领域开展技术进步与创新

工作（含科技创新和管理创新），在项目建设的各个阶段（包含规划设计、建造和运行管理）中，凡对达到本标准规定的条文或评价指标有明显效果的科技成果和措施，在第4～10章得分的基础上，均以附加分方式计入总分值。本条鉴定是指上级（省部级）科技主管部门组织的检测鉴定、会议鉴定或函审鉴定的结论为依据。本条所指的并非是利用其他项目的成果。

不同的成果，三款得分可累加，得分累加上限为4分。

11.0.2 在工业建设项目各个阶段（包含规划设计、建造和运行管理）大胆探索具有前瞻性的新技术、新工艺、新方法，对绿色工业建筑评价指标有突出贡献的成果和措施，取得了国家、省部级或行业科学技术奖，以附加分的方式计入总分值。本条所指的并非是利用其他项目的成果。

不同的获奖技术、工艺、方法，二款得分可累加，得分累加上限为6分。同一技术、工艺、方法获不同级别科学技术奖，得分不可累加。

附录 A　权重和条文分值

A.0.1 本标准采用专家群体层次分析法。章、节两个层次的权重通过对各专业专家问卷调查得出。

A.0.2 条文的分值由本专业专家初步确定，然后根据各节条文数量和重要性，并参考国内外绿色建筑评价标准的评价方法进行适当调整。

附录 B　工业建筑能耗的范围、计算和统计方法

B.0.1 属于生产设备的能耗不计入工业建筑能耗，如输送工艺用生产物料的气力输送系统，但除尘系统回收粉尘或用于废料的气力输送系统或压块、包装设备的能耗应计入工业建筑能耗。由于工艺需要，与工艺设备一体化配套出厂环保设备的能耗不计入工业建筑能耗。

工艺设备回收的能量，当用于生活、改善室内外环境时，为回收该部分能量所消耗的能量计入工业建筑能耗，回收的能量在工业建筑能耗中扣除；当回收的热能用于生产时，为回收该部分能量所消耗和回收的能量均不计入工业建筑能耗。

B.0.2 方法一：有行业清洁生产标准或国家、行业和地方规定的综合能耗指标时：可选择行业内有代表性且有施工图设计的若干企业，按设计所提供的全厂（或某类生产厂房）全年总能耗量和B.0.1条工业建筑能耗范围，根据设计提供的相关数据（如当地室外气象参数、机组的装机容量、机组能效比、负荷系

数、同时使用系数、运行时间、设备性能曲线、耗煤量、耗气量、耗汽量、耗油量等）计算出工业建筑全年能耗量。

也可根据下式求得：

$$E_{aj} = E_a - E_g - E_q$$

式中：E_g——工艺能耗；

E_q——其他能耗，指除工艺能耗和工业建筑能耗范围以外的能耗。

在计算出工业建筑能耗占全年总能耗的比例后，根据本行业清洁生产标准或国家、行业和地方规定的综合能耗指标，按此比例求得该行业的工业建筑能耗指标，并考虑必要的修正，以此指标作为评价的依据。

对申请评价的项目，可按方法一计算出全年工业建筑能耗指标，以此指标和该行业的工业建筑能耗指标相比较，即可判断申请评价的项目的工业建筑能耗指标属哪一类水平。

方法二：无行业清洁生产标准或国家、行业和地方规定的能耗指标时：可选择本行业在节能方面做得好、较好、较差（符合国内基本水平的要求）且有施工图设计的若干企业，按设计所提供的全厂（或某类生产厂房）全年总能耗量和B.0.1条工业建筑能耗范围，根据设计提供的相关数据（如当地室外气象参数、机组的装机容量、机组能效比、负荷系数、同时使用系数、运行时间、设备性能曲线、耗煤量、耗气量、耗汽量、耗油量等）计算出全年工业建筑能耗量，通过分析确定该行业的工业建筑能耗指标的三个级别（国内领先、国内先进、国内基本水平）的指标值。以此指标作为评价的依据。

B.0.3 根据B.0.1条工业建筑能耗范围，按参评项目统计期内各种工业建筑能耗的实际分项计量，求得工业建筑能耗；也可统计该项目全年总能耗、工艺耗及除工艺能耗和工业建筑能耗以外的其他能耗，得出参评项目的工业建筑能耗（折成标煤）。以此指标和该行业的工业建筑能耗指标相比较，即可判断申请评价的项目工业建筑能耗指标属哪一类水平。

附录 C　工业建筑水资源利用指标的范围、计算和统计方法

C.0.1 行业清洁生产标准是本标准有关水资源利用指标评价的重要依据，迄今我国已经发布50多部，但各清洁生产标准有关水资源利用的指标不尽相同，实际操作过程中，某些行业或项目可能没有现成的清洁生产标准作为依据，针对这种情况，本附录对有关指标的计算、统计和评价作出了明确规定。

C.0.2 本标准取水量仅限于生产区，主要用于生产和科研活动，包括机修、运输、空压站，以及生活、

卫生、绿化、保洁、环境保护等。

不包括独立生活区的水量。

C.0.3 重复利用水量包括循环利用水量、循序利用水量、蒸汽冷凝水回用量及经过处理后再利用的水量，被多次重复利用时应重复计量，例如"图1循序利用水示意图"所示循序利用水：

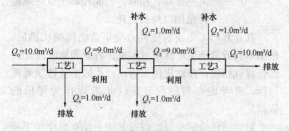

图 1 循序利用水示意图

该系统水的重复利用率按下式计算：

$$R = \frac{Q_1 + Q_2}{(Q_1 + Q_2) + (Q_0 + Q_4 + Q_5)}$$
$$= \frac{9.0 + 9.0}{(9.0 + 9.0) + (10 + 1.0 + 1.0)}$$
$$= 60\%$$

C.0.4 蒸汽凝结水有关数据的统计以年度为计量周期，原因是蒸汽凝结水的量和利用量随季节变化较大，而年度之间的平均温度、最高温度和最低温度等参数相对稳定。

中华人民共和国国家标准

供热系统节能改造技术规范

Technical code for retrofitting of heating system
on energy efficiency

GB/T 50893—2013

主编部门：中华人民共和国住房和城乡建设部
批准部门：中华人民共和国住房和城乡建设部
施行日期：２０１４年３月１日

中华人民共和国住房和城乡建设部
公 告

第 111 号

住房城乡建设部关于发布国家标准
《供热系统节能改造技术规范》的公告

现批准《供热系统节能改造技术规范》为国家标准，编号为 GB/T 50893-2013，自 2014 年 3 月 1 日起实施。

本规范由我部标准定额研究所组织中国建筑工业出版社出版发行。

中华人民共和国住房和城乡建设部

2013 年 8 月 8 日

前 言

根据住房和城乡建设部《关于印发〈2012 年工程建设标准规范制订、修订计划〉的通知》（建标[2012] 5 号）的要求，规范编制组经广泛调查研究，认真总结实践经验，参考有关国外的先进标准，并在广泛征求意见的基础上，编制本规范。

本规范的主要内容：1. 总则；2. 术语；3. 节能查勘；4. 节能评估；5. 节能改造；6. 施工及验收；7. 节能改造效果评价。

本规范由住房和城乡建设部负责管理，由北京城建科技促进会负责具体技术内容的解释。请各单位在执行本规范过程中，注意总结经验，积累资料，随时将有关意见和建议寄交北京城建科技促进会（地址：北京市西城区广莲路甲 5 号北京建设大厦 1001A 室，邮政编码：100055）。

本 规 范 主 编 单 位：北京城建科技促进会
泛华建设集团有限公司

本 规 范 参 编 单 位：北京硕人时代科技有限公司
北京市热力集团有限责任公司
北京建筑技术发展有限责任公司
石家庄工大科雅能源技术有限公司
辽宁直连高层供暖技术有限公司
北京华远意通供热科技发展有限公司
北京晟龙世纪科技发展有限责任公司
沈阳佳德联益能源科技有限公司
北京中通诚益科技发展有限责任公司
北京金房暖通节能技术股份有限公司
中国人民解放军总后建筑工程研究所
哈尔滨市住房保障和房产管理局供热科技处
沈阳市供热管理办公室

本规范主要起草人：鲁丽萍 刘慧敏 史登峰
刘兰斌 谭利华 郭维祈
赫迎秋 孙作亮 刘 荣
黄 维 齐承英 赵长春
蔡 波 刘梦真 王魁林
董景俊 林秀麟 丁 琦
赵廷伟 邹 志 侯 冰
张森栋 尹 强 葛斌斌

本规范主要审查人：许文发 廖荣平 张建伟
李先瑞 陈鸿恩 于黎明
李德英 郭 华 李春林
冯继蓓 王 军

目次

Contents

1 总 则

1.0.1 为贯彻国家节约能源和保护环境的法规和政策，规范既有供热系统的节能改造工作，实现节能减排，制定本规范。

1.0.2 本规范适用于既有供热系统的节能改造工程。

1.0.3 供热系统包括供热热源、热力站、供热管网及建筑物内供暖系统。供热系统的热源包括热电厂首站、区域锅炉房或其他热源形式。

1.0.4 供热系统的节能改造工作应包括供热系统节能查勘、供热系统节能评估、供热系统节能改造及节能改造后的效果评价。

1.0.5 供热系统节能改造工程宜以一个热源或热力站的供热系统进行实施。

1.0.6 供热系统节能改造工程除应符合本规范外，尚应符合国家现行有关标准的规定。

2 术 语

2.0.1 供热集中监控系统 heating centralized monitor and control system

由监控中心、现场控制器、传感器、执行器和通信系统组成，具有实现对供热系统的热源、管网、热力站及用户的供热参数自动采集、远程监测和自动调节功能，以保障供热系统节能、安全运行为目的的系统。

2.0.2 锅炉房集中监控系统 boiler plant centralized monitor and control system

在锅炉本体的控制系统基础上，实现锅炉全自动优化运行的系统。

2.0.3 气候补偿系统 outdoor reset control system

根据室外气象条件和室内温度，自动调节供热量的系统。

2.0.4 分时分区控制系统 zone control system

根据建筑物的供暖需求和用热规律，分区域、分时时段对建筑物供热参数进行自动独立管理的控制系统。

2.0.5 烟气冷凝回收装置 heat recovery by flue gas condensation

在锅炉烟道中回收烟气中的显热和汽化潜热的冷凝热的装置。

2.0.6 锅炉负荷率 load rate of boiler

锅炉实际运行热功率与额定热功率的比值。

2.0.7 节能率 energy saving ratio

节能改造后的单位供暖建筑面积减少的能耗与节能改造前单位供暖建筑面积能耗的比值。

2.0.8 供热管网输送效率 heat transfer efficiency of heating network

供热管网输出总热量与供热管网输入总热量的比值。

2.0.9 多热源系统 multi-source heating system

具有两个或两个以上热源的集中供热系统。

2.0.10 一级供热管网 primary heating network

在设置热力站的供热系统中，由热源至热力站的供热管网。

2.0.11 二级供热管网 secondary heating network

在设置热力站的供热系统中，由热力站至建筑物的供热管网。

2.0.12 热电厂首站 the first station in cogeneration power plant

由基本加热器、尖峰加热器及一级供热管网循环水泵等设备组成，以热电厂为供热热源，利用供热机组抽（排）汽换热的供热换热站。

2.0.13 补水比 ratio of make-up water

供暖期日补水量占供暖系统水容量的百分比。

2.0.14 隔压站 pressure insulation station

多级供热管网中，由水-水换热器、循环水泵等设备组成，起隔绝和降低供热介质压力作用、将换热设备两侧供热管网的水力工况完全隔开的热力站。

3 节能查勘

3.1 一般规定

3.1.1 供热系统在进行节能改造前，应对供热系统进行节能查勘和评估。节能查勘工作应包括收集、查阅相关技术资料，并应实地查勘供热系统的配置、运行情况及节能检测等。

3.1.2 供热系统各项参数的节能检测应在供热系统稳定运行后，且单台热源设备负荷率大于50%的条件下进行。各项指标的检测应在同一时间内进行，检测持续时间不应小于48h。

3.1.3 供热系统节能检测方法应符合国家现行标准《工业锅炉热工性能试验规程》GB/T 10180、《采暖通风与空气调节工程检测技术规程》JGJ/T 260、《居住建筑节能检测标准》JGJ/T 132、《公共建筑节能检测标准》JGJ/T 177 的有关规定。

3.1.4 供热系统节能检测使用的仪表应具有法定计量部门出具的检定合格证或校准证书，且应在有效期内。

3.1.5 节能查勘所收集的供热运行资料应是近1年～2年的实际运行资料。

3.2 热电厂首站

3.2.1 热电厂首站节能查勘应收集、查阅下列资料：

1 竣工图纸、设计图纸及相关设备技术资料、产品样本；

2 供热范围、供热面积、设计供热参数、区域设计供热负荷、首站设计供热负荷;

3 与其连接的热力站的名称、用热单位类型、投入运行的时间及供热天数;

4 多热源系统运行调节模式及调度情况;

5 供热期供热量、供电量、耗汽量、耗水量、耗电量及余热利用量;

6 运行记录:

　　1) 温度、压力、流量、热负荷等参数;

　　2) 供热量、耗汽量、耗水量、耗电量及系统充水量、补水量、凝结水回收量;

7 维修改造记录;

8 电价、水价、热价等运行费用基价。

3.2.2 热电厂首站节能现场查勘应记录下列内容:

1 供热机组型号、台数、背压、抽汽压力、抽汽量;

2 基本加热器型号、台数、额定供水、回水温度、压力;

3 尖峰加热器型号、台数、额定供水、回水温度、压力;

4 凝结水回收方式、凝结水回收设备型号、台数、额定参数、疏水器类型;

5 一级供热管网补水水源,补水、循环水水处理设备型号、台数;

6 一级供热管网定压方式、定压点;补水泵型号、台数、额定参数;

7 一级供热管网循环泵型号、台数、额定参数;

8 一级供热管网供热量调节方式:

　　1) 供、回水温度调节方式;

　　2) 循环水泵定流量或变流量运行调节方式;

　　3) 供热机组蒸汽量自动调节方式;冬、夏季热、电负荷平衡调节方式;

　　4) 供热集中监控系统采用情况;

　　5) 其他耗能设备调节方式;

9 蒸汽流量、供热量、水量计量仪表类型:

　　1) 基本加热器、尖峰加热器蒸汽流量计量仪表;

　　2) 一级供热管网供热量计量仪表;

　　3) 一级供热管网循环水量计量仪表;

　　4) 补水量、凝结水量计量仪表;

10 供配电系统:

　　1) 供电来源、电压等级、负荷等级;

　　2) 电气系统容量及结构;

　　3) 无功补偿装置;

　　4) 配电回路设置、用电设备的额定功率;

　　5) 首站总用电量计量方式;

　　6) 主回路计量、各支回路分项计量方式;

11 一级供热管网系统:

　　1) 各支路名称;

　　2) 管径;

　　3) 调节阀门设置;

12 加热器、管道的保温状况、凝结水回收利用情况及已采取的节能措施等。

3.2.3 热电厂首站节能改造节能检测应包括下列内容:

1 基本加热器、尖峰加热器:

　　1) 热源侧的蒸汽压力、温度、流量、热负荷;

　　2) 负荷侧的一级供热管网供水、回水压力、温度、循环水量、热负荷、供热量;

　　3) 加热器凝结水压力、温度、流量;

　　4) 加热器、热力管道表面温度;

　　5) 当有多个供热回路时,应检测每个回路的供水、回水压力、温度、流量、热负荷、供热量;

2 一级供热管网循环水泵:

　　1) 水泵进口、出口压力;

　　2) 水泵流量;

3 水质、补水量:

　　1) 加热器凝结水水质;

　　2) 供热管网循环水、补水水质;

　　3) 供热管网补水量;

4 供配电系统:

　　1) 变压器负载率、电动机及仪表运行状况;

　　2) 三相电压不平衡度、功率因数、谐波电压及谐波电流含量、电压偏差;

5 循环水泵、补水泵、凝结水泵等用电设备的输入功率。

3.3 区域锅炉房

3.3.1 区域锅炉房节能改造应收集、查阅下列资料:

1 竣工图纸、设计图纸及相关设备技术资料、产品样本;

2 维修改造记录;

3 运行记录:

　　1) 温度、压力、流量、热负荷、产汽量等参数;

　　2) 燃料消耗量、供热量、供汽量、耗水量、耗电量及系统充水量、补水量、凝结水回收量等;

4 供热范围、供热面积、设计供热参数、锅炉房设计供热负荷、与锅炉房连接的热力站名称、热用户类型、负荷特性、投入运行的时间、供热天数;

5 多热源系统运行调节方式及调度情况;

6 供暖期供热量、耗汽量、耗水量、耗电量、燃料消耗量;

7 燃料价、电价、水价、热价等运行费用基价;

8 设计燃料种类、实际燃用燃料种类,燃煤的工业分析、入炉煤的粒度、入场和入炉燃料低位热值等。

3.3.2 区域锅炉房节能改造现场查勘应记录下列内容：

1 热水锅炉的型号、台数、额定供水、回水温度、压力、额定热负荷、额定循环水量；蒸汽锅炉的型号、台数、额定供汽压力、温度、额定供汽量；

2 锅炉配套辅机的炉排、鼓风机、引风机、除尘、脱硫、脱硝设备的型号、台数、额定参数；

3 锅炉运煤、除灰、除渣：

  1）皮带运输机、碎煤机、磨煤机、除渣机、灰渣泵等型号、台数；

  2）额定参数；

4 蒸汽锅炉给水泵、凝结水泵型号、台数、额定参数；连续排污、定期排污设备型号、台数、额定参数；凝结水回收方式、疏水器类型；

5 锅炉给水水处理设备、除氧设备型号、容量，炉水处理方式；一级供热管网补水水源，补水、循环水水处理设备型号、台数、额定功率；

6 一级供热管网定压方式、定压点；补水泵型号、台数、额定参数；

7 一级供热管网循环泵型号、台数、额定参数；

8 一级供热管网供热量调节方式：

  1）供、回水温度调节方式；

  2）循环水泵流量调节方式；

  3）燃烧系统调节方式，鼓、引风机及炉排转速调节方式；

  4）供热集中监控系统采用情况；

  5）各台锅炉运行时间段调节方式；

  6）其他耗能设备调节方式；

9 蒸汽流量、供热量、水量计量仪表及燃料耗量计量设备类型：

  1）蒸汽流量计量仪表；

  2）供热量计量仪表；

  3）供热管网循环水量计量仪表；

  4）补水量、凝结水量、排污水量计量仪表；

  5）燃料计量方式及计量设备；

10 供配电系统：

  1）供电来源、电压等级、负荷等级；电气系统容量及结构、无功补偿方式；

  2）变压器型号、台数、额定参数；配电回路设置、用电设备的额定功率；

  3）锅炉房总用电量计量方式；主回路计量、各支回路分项计量方式；

11 一级供热管网系统划分情况：各支路名称、管径、调节阀门设置；

12 热回收设备及已采取的节能措施等。

3.3.3 区域锅炉房节能改造节能检测应包括下列内容：

1 锅炉：

  1）燃料消耗量、炉排转速；

  2）热水锅炉的供水、回水压力、温度、循环水量、热负荷、供热量；蒸汽锅炉的蒸汽压力、温度、流量、热负荷；给水压力、温度、流量；

  3）凝结水压力、温度、流量；锅炉排污量；

  4）锅炉、热力管道表面温度；

  5）多个供热回路的每个回路的供水、回水压力、温度、流量、热负荷、供热量；

  6）炉膛温度、过量空气系数（含氧量）、炉膛负压、排烟温度、灰渣可燃物含量等；

2 一级供热管网循环水泵：

  1）水泵进口、出口压力；

  2）水泵流量；

3 水质、补水量：

  1）锅炉炉水、给水、凝结水水质；

  2）供热管网循环水、补水水质；

  3）供热管网补水量等；

4 供配电系统：

  1）变压器负载率、电动机及仪表运行状况；

  2）三相电压不平衡度、功率因数、谐波电压及谐波电流含量、电压偏差；

5 用电设备的输入功率：

  1）循环水泵、补水泵、蒸汽锅炉给水泵、凝结水泵；

  2）锅炉配套辅机包括炉排、鼓风机、引风机、除尘、脱硫设备；

  3）锅炉运煤除渣包括磨煤机、皮带运输机、提升机、除渣机等。

3.4 热 力 站

3.4.1 热力站节能改造应收集、查阅下列资料：

1 竣工图纸、设计图纸及相关设备技术资料、产品样本；

2 维修改造记录；

3 运行记录：

  1）温度、压力、流量、热负荷等运行参数；

  2）供热量、耗汽量、耗电量及系统充水量、补水量等；

4 供热范围、供热面积、设计供热参数、热力站设计供热负荷、与其连接的用户名称、用热单位类型、负荷特性、投入运行的时间及供暖期供热天数；

5 一级供热管网供热参数、热力站与一级供热管网连接方式；

6 供暖期供热量、耗汽量、耗热量、补水量、耗电量；

7 电价、水价、热价等运行费用基价。

3.4.2 热力站节能改造现场查勘应记录下列内容：

1 换热设备类型、台数、换热面积、水容量、额定参数、额定工况传热系数、供热参数；

2 一级供热管网分布式循环水泵型号、台数、额定参数；

3 混水泵型号、台数、额定参数；

4 凝结水回收方式、凝结水回收设备型号、台数、额定参数；疏水器类型；

5 二级供热管网补水水源，水处理设备型号、台数，补水方式和水处理方式；

6 二级供热管网定压方式、定压点，补水泵型号、台数、额定参数；

7 二级供热管网循环泵型号、台数、额定参数等；

8 二级供热管网供热量调节方式：
1）供、回水温度调节方式；
2）循环水泵定流量或变流量运行调节方式；
3）一级供热管网供热量、蒸汽量调节方式；
4）热力站供热系统自动监控技术采用情况；
5）其他耗能设备调节方式等；

9 蒸汽流量、供热量、水量计量仪表类型：
1）汽-水换热设备蒸汽流量计量仪表；
2）水-水换热设备、混水设备供热量计量仪表；
3）二级供热管网循环水量计量仪表；
4）补水量、凝结水量计量仪表等；

10 供配电系统应包括：
1）供电来源、电压等级、负荷等级；
2）电气系统容量及结构；
3）无功补偿装置；
4）配电回路设置、用电设备的额定功率；
5）热力站总用电量计量方式、主回路计量、各支回路分项计量方式；

11 二级供热管网系统各支路名称、管径、调节阀门设置划分情况；

12 热回收设备及已采取的节能措施等。

3.4.3 热力站节能改造节能检测应包括下列内容：

1 换热设备、混水设备：
1）热源侧包括一级供热管网供、回水压力、温度、循环水量、供热量、热负荷，蒸汽压力、温度、流量、热负荷；
2）负荷侧包括二级供热管网供水、回水压力、温度、流量、热负荷、供热量；
3）汽水换热设备凝结水压力、温度、流量、凝结水回收量，凝结水回收方式；
4）换热设备、混水设备、热力管道表面温度；
5）当有多个供热回路时，应检测每个回路的供水、回水压力、温度、流量、热负荷、供热量等；

2 一级供热管网分布式水泵、二级供热管网循环水泵、混水泵：

1）水泵进口、出口压力；
2）水泵流量；

3 水质、补水量：
1）换热设备凝结水水质；
2）供热管网循环水、补水水质；
3）供热管网补水量等；

4 供配电系统：
1）变压器负载率、电动机及仪表运行状况；
2）三相电压不平衡度、功率因数、谐波电压及谐波电流含量、电压偏差；

5 循环水泵、补水泵、凝结水泵等用电设备的输入功率。

3.4.4 隔压站的节能查勘内容按本节执行。

3.4.5 热水供热管网中设置的中继泵站的节能检测内容应按本规范第3.4.3条第2款执行。

3.5 供热管网

3.5.1 供热管网节能改造应收集、查阅下列资料：

1 竣工图纸、设计图纸及相关设备技术资料、产品样本；

2 维修改造记录；

3 温度、压力、系统充水、补水量等运行记录；

4 供热范围、供热面积、供热半径、供热管网类型、介质类型、负荷类型、设计供热参数、设计供热负荷、投入运行的时间、供暖期供热天数；

5 供热管网沿途设置：
1）热源或多热源名称、位置；
2）热力站、隔压站名称、位置；中继泵站名称、位置；
3）检查室名称、位置；
4）与供热管网连接的用户名称、位置等；

6 一级供热管网与热力站的连接方式、二级供热管网与用户的连接方式等。

3.5.2 供热管网节能改造现场查勘应记录下列内容：

1 管道敷设方式、敷设距离；

2 检查室、管沟工作环境，管道的保温结构及工作状况；

3 管道材质、主干管管径；

4 调控阀门、泄水阀门、放气阀门、疏水器位置、开启状态；补偿器、支座类型、位置、工作状况；

5 已采取的节能措施等。

3.5.3 供热管网节能检测应包括下列内容：

1 检查室、管沟内热力管道的外表面温度；

2 热力站内一级供热管网供水、回水压力、温度、循环水量，蒸汽压力、温度、流量；

3 用户热力入口供水、回水压力、温度、循环水量；

4 供热管网管道沿途温降等。

3.6 建筑物供暖

3.6.1 建筑物供暖节能改造应收集、查阅下列资料：

1 竣工图纸、设计图纸及相关设备技术资料、产品样本；

2 维修改造记录；

3 温度、压力、供热量等运行记录；

4 供暖建筑面积、层数、建筑类型、建筑物设计年限、投入运行的时间、负荷特性、供暖时间、供暖期供热天数；

5 设计供热负荷、循环水量、阻力、供回水设计温度、室内设计温度等。

3.6.2 建筑物供暖节能改造现场查勘应包括下列内容：

1 建筑物围护结构保温状况、门窗类型；

2 热力入口位置、环境、保温状况；

3 热力入口与供热管网的连接方式；

4 热力入口阀门、仪表、计量设施；

5 供暖系统形式；

6 室内供暖设备类型；

7 用户热分摊方式、室内温控装置；

8 已采取的节能措施等。

3.6.3 建筑物供暖节能改造检测应包括下列内容：

1 典型房间室内温度；

2 供暖系统水力失调情况；

3 用户热分摊仪表计量数据；

4 热力入口供、回水温度、循环水量，供水、回水压力；

5 热力入口热计量数据；

6 必要时对围护结构的传热系数进行检测等。

4 节能评估

4.1 一般规定

4.1.1 供热系统节能评估工作应包括现有供热系统主要运行指标的合格判定和总体评价、不合格指标的原因分析和节能改造建议，并应编写供热系统节能评估报告。

4.1.2 供热系统主要运行指标应包括主要能耗、主要设备能效、主要参数控制水平。

4.2 主要能耗

4.2.1 锅炉房单位供热量燃料消耗量的检测持续时间不宜小于48h，检测结果锅炉房单位供热量燃料消耗量应符合表4.2.1的规定，否则应判定检测结果不合格。锅炉房单位供热量燃料消耗量应按下式计算：

$$B_Q = \frac{G}{Q} \qquad (4.2.1)$$

式中：B_Q——锅炉房单位供热量燃料消耗量（燃煤：kgce/GJ；燃气：Nm³/GJ；燃油：kg/GJ）；

G——检测期间燃料消耗量（燃煤：kgce；燃气：Nm³；燃油：kg）；

Q——检测期间供热量（GJ）。

表 4.2.1 锅炉房单位供热量燃料消耗量

燃煤锅炉 (kgce/GJ)	燃气锅炉 (Nm³/GJ)	燃油锅炉 (kg/GJ)
<48.7	<31.2	<26.5

4.2.2 锅炉房、热力站供暖建筑单位面积燃料消耗量、耗电量应符合下列规定：

1 供暖建筑单位面积燃料消耗量应符合表4.2.2-1的规定，否则应判定检测结果不合格。供暖建筑单位面积燃料消耗量应按下式计算：

$$B_A = \frac{G_0}{A} \qquad (4.2.2-1)$$

式中：B_A——供暖建筑单位面积燃料消耗量（燃煤：kgce/m²；燃气：Nm³/m²；燃油：kg/m²）；

G_0——供暖期燃料消耗量（燃煤：kgce；燃气：Nm³；燃油：kg）；

A——供暖建筑面积（m²）。

表 4.2.2-1 供暖建筑单位面积燃料消耗量

地 区	供暖建筑单位面积燃料消耗量			
	热电厂 (GJ/m²)	燃煤锅炉 (kgce/m²)	燃气锅炉 (Nm³/m²)	燃油锅炉 (kg/m²)
寒冷地区（居住建筑）	0.25~0.38	12~18	8~12	7~10
严寒地区（居住建筑）	0.40~0.55	19~26	12~17	10~15

2 供暖建筑单位面积耗电量应符合表4.2.2-2的规定，否则应判定检测结果为不合格。供暖建筑单位面积耗电量应按下式计算：

$$E_A = \frac{E_0}{A} \qquad (4.2.2-2)$$

式中：E_A——供暖建筑单位面积耗电量（kWh/m²）；

E_0——供暖期耗电量（kWh）；

A——供暖建筑面积（m²）。

表 4.2.2-2 供暖建筑单位面积耗电量

地 区	供暖建筑单位面积耗电量 (kWh/m²)		
	燃煤锅炉房	燃气、燃油锅炉房	热力站
寒冷地区（居住建筑）	2.0~3.0	1.5~2.0	0.8~1.2
严寒地区（居住建筑）	2.5~3.7	1.8~2.5	1.0~1.5

4.2.3 供暖建筑单位面积耗热量应符合表4.2.3的

规定，否则应判定检测结果不合格。供暖建筑单位面积耗热量应按下式计算：

$$Q_{yA} = \frac{Q_{y0}}{A_y} \qquad (4.2.3)$$

式中：Q_{yA}——供暖建筑单位面积耗热量（GJ／m²）；

Q_{y0}——供暖期建筑物热力入口供热量（GJ）；

A_y——建筑物供暖建筑面积（m²）。

表4.2.3　供暖建筑单位面积耗热量

地　区	建筑物单位供暖建筑面积供暖期耗热量（GJ／m²）
寒冷地区（居住建筑）	0.23～0.35
严寒地区（居住建筑）	0.37～0.50

4.2.4 供热系统补水比、供暖建筑单位面积补水量应符合下列规定：

1 补水比的检测期持续时间不应小于24h，补水比应符合表4.2.4的规定，否则应判定检测结果不合格。补水比应按下式计算：

$$W_V = \frac{W_d}{V} \qquad (4.2.4-1)$$

式中：W_V——补水比（%）；

W_d——检测期间日补水量（m³）；

V——供热系统水容量（m³）。

2 供暖期供暖建筑单位面积补水量应符合表4.2.4的规定，否则应判定检测结果不合格。供暖建筑单位面积补水量应按下式计算：

$$W_A = \frac{1000W_0}{A} \qquad (4.2.4-2)$$

式中：W_A——供暖建筑单位面积补水量（L/m²或kg/m²）；

W_0——供暖期供暖系统补水量（m³）；

A——供暖建筑面积（m²）。

表4.2.4　补水比、供暖建筑单位面积补水量

地　区	补水比（%）		供暖期供暖建筑单位面积补水量 W_A（L/m²或kg/m²）	
	一级供热管网	二级供热管网	一级供热管网	二级供热管网
寒冷地区（居住建筑）	<1	<3	<15	<30
严寒地区（居住建筑）			<18	<35

4.3　主要设备能效

4.3.1 锅炉运行热效率、灰渣可燃物含量、排烟温度、过量空气系数应符合下列规定：

1 锅炉运行热效率应符合表4.3.1-1的规定，否则应判定检测结果不合格。锅炉运行热效率按下式计算：

$$\eta_g = \frac{Q_g}{q_{gc} \times G_g} \qquad (4.3.1)$$

式中：η_g——锅炉运行热效率（%）；

Q_g——检测期间锅炉供热量（GJ）；

q_{gc}——燃料低位发热量（燃煤：GJ/kgce；燃气：GJ/Nm³；燃油：GJ/kg）；

G_g——检测期间锅炉燃料输入量（燃煤：kgce；燃气：Nm³；燃油：kg）。

2 锅炉运行灰渣可燃物含量、排烟温度、过量空气系数应符合表4.3.1-2规定，否则应判定检测结果不合格。

表4.3.1-1　锅炉运行热效率

额定蒸发量（t/h）或热功率（MW）	额定运行热效率（%）																	
	燃煤层状燃烧										燃煤流化床燃烧						抛煤机链条炉		燃气、燃油锅炉
	烟煤			贫煤			无烟煤			褐煤	低质煤	烟煤			贫煤	褐煤	烟煤	贫煤	重油	燃气轻油
	Ⅰ	Ⅱ	Ⅲ	Ⅰ	Ⅱ	Ⅲ	Ⅰ	Ⅱ	Ⅲ			Ⅰ	Ⅱ	Ⅲ				Ⅱ	Ⅲ		
1～2或0.7～1.4	73	76	78	—	75	70	68	72	74	—	73	76	78	75	76	—	87	89
2.1～8或1.5～5.6	75	78	80	76	71	70	75	76	74	78	81	82	80	81	80	82	79	88	90
8.1～20或5.7～14	76	79	81	78	74	73	77	78	76	79	82	84	81	82	82	84	79	89	91
21～40或15～29	78	81	83	80	77	75	79	80	78	81	84	85	83	85	83	85	80	90	92
>40或>29	80	82	84	81	78	76	81	82											
64MW～70MW热水锅炉	—	83	—																
116MW热水锅炉																			88		

注：燃气冷凝式热水锅炉的运行热效率应大于或等于97%；燃气冷凝式蒸汽锅炉的运行热效率应大于或等于95%。

表 4.3.1-2　锅炉运行灰渣可燃物含量、排烟温度、过量空气系数

额定蒸发量（t/h）或热功率（MW）	灰渣可燃含量（%）									排烟温度（℃）						过量空气系数			
	烟煤				无烟煤				褐煤	无尾部受热				有尾部受热面蒸汽、热水锅炉		燃煤层燃		燃煤流化床	燃气燃油锅炉
	低质煤	Ⅰ	Ⅱ	Ⅲ	贫煤	Ⅰ	Ⅱ	Ⅲ		蒸汽锅炉		热水锅炉				无尾部受热面	有尾部受热面		
										煤	油、气	煤	油、气	煤	油、气				
1~2 或 0.7~1.4	20	18	18	16	18	18	21	18	18	<250	<230	<220	<200						
2.1~8 或 1.5~5.6	18	15	16	14	18	18	15	16	—					<180	<160	<1.65	<1.75	<1.50	<1.20
≥8.1 或 ≥5.7	14	12	13	14	13	12	15	14	—										
64MW~70MW 热水锅炉	—	—	—	—	—	—	9	—	—					<150					
116MW 热水锅炉	—	—	—	—	—	—	8	—	—					<130					

4.3.2　水泵运行效率小于额定工况效率的90%时，应判定检测结果不合格。水泵运行效率应按下式计算：

$$\eta_{b} = \frac{G_{b} \times H_{b}}{3.6 N_{b}} \times 100\% \qquad (4.3.2\text{-}1)$$

$$H_{b} = H_{2} - H_{1} \qquad (4.3.2\text{-}2)$$

式中：η_{b}——水泵运行效率（%）；
　　　G_{b}——检测期间水泵循环流量（m³/h）；
　　　H_{b}——检测期间水泵扬程（MPa）；
　　　N_{b}——检测期间水泵输入轴功率（kW）；
　　　H_{2}——水泵出口压力（MPa）；
　　　H_{1}——水泵进口压力（MPa）。

4.3.3　换热设备换热性能、运行阻力应符合下列规定：

1　当换热性能小于额定工况的90%时，应判定检测结果不合格。换热性能应按下式计算：

$$kF = \frac{Q_{1}}{\Delta t_{p} \times \tau} \qquad (4.3.3\text{-}1)$$

$$\Delta t_{p} = \frac{\Delta t_{d} - \Delta t_{x}}{\ln (\Delta t_{d} / \Delta t_{x})} \qquad (4.3.3\text{-}2)$$

式中：kF——换热设备换热性能（GJ／℃·h）；
　　　Q_{1}——检测期间热力站输入热量（GJ）；
　　　Δt_{p}——检测期间换热设备对数平均换热温差（℃）；
　　　Δt_{x}——检测期间换热设备温差较小一端的介质温差（℃）；
　　　Δt_{d}——检测期间换热设备温差较大一端的介质温差（℃）；
　　　τ——检测持续时间（h）。

2　当换热设备热源侧、负荷侧运行阻力大于0.1MPa时，应判定检测结果不合格。运行阻力应按下式计算：

$$\Delta h = h_{1} - h_{2} \qquad (4.3.3\text{-}3)$$

式中：Δh——换热设备热源侧、负荷侧阻力（MPa）；
　　　h_{2}——检测期间换热设备出水压力（MPa）；
　　　h_{1}——检测期间换热设备进水压力（MPa）。

4.3.4　供热管网输送效率应符合下列规定：

1　当一级供热管网输送效率小于95%时，应判定检测结果不合格。一级供热管网输送效率应按下式计算：

$$\eta_{1} = \frac{\Sigma Q_{1}}{Q} \times 100\% \qquad (4.3.4\text{-}1)$$

式中：η_{1}——一级供热管网输送效率（%）；
　　　ΣQ_{1}——检测期间各热力站输入热量之和（GJ）；
　　　Q——检测期间热电厂首站或区域锅炉房输出热量（GJ）。

2　当二级供热管网输送效率小于92%时，应判定检测结果不合格。二级供热管网输送效率应按下式计算：

$$\eta_{2} = \frac{\Sigma Q_{y}}{Q_{2}} \times 100\% \qquad (4.3.4\text{-}2)$$

式中：η_{2}——二级供热管网输送效率（%）；
　　　ΣQ_{y}——检测期间各用户供热量之和（GJ）；
　　　Q_{2}——检测期间热力站输出热量（GJ）。

4.3.5　当供热管网沿程温降不满足表4.3.5的规定时，应判定检测结果不合格。供热管网沿程温降应按下式计算：

$$\Delta t_{L} = \frac{t_{L1} - t_{L2}}{L} \qquad (4.3.5)$$

式中：Δt_{L}——供热管网沿程温降（℃/km）；
　　　t_{L1}——供热管网检测段首端供热介质温度（℃）；
　　　t_{L2}——供热管网检测段末端供热介质温度（℃）；
　　　L——供热管网检测段长度（km）。

表 4.3.5　供热管网沿程温降

敷设方式	供热管网沿程温降（℃/km）	
	热水管道	蒸汽管道
地下敷设	≤0.1	≤1.0
地上敷设	≤0.2	

4.4 主要参数控制

4.4.1 供热管网的供水温度及供水、回水温差应符合下列规定：

1 当一级供热管网的供水温度高于供热调节曲线设定的温度或供水、回水温差小于设计温差的80%时，应判定检测结果不合格。供水、回水温差应按下式计算：

$$\Delta T = T_1 - T_2 \tag{4.4.1-1}$$

式中：ΔT——一级供热管网供水、回水温差（℃）；

T_1——一级供热管网供水温度（℃）；

T_2——一级供热管网回水温度（℃）。

2 当二级供热管网的供水温度高于供热调节曲线设定的温度或供水、回水温差不在 10℃～15℃ 的范围内，应判定检测结果不合格。供水、回水温差应按下式计算：

$$\Delta t = t_1 - t_2 \tag{4.4.1-2}$$

式中：Δt——二级供热管网供水、回水温差（℃）；

t_1——二级供热管网供水温度（℃）；

t_2——二级供热管网回水温度（℃）。

4.4.2 供热管网的流量比、水力平衡度应符合下列规定：

1 当流量比小于 0.9 或大于 1.2 时，应判定检测结果不合格。流量比应按下式计算：

$$n = \frac{g_y}{g_{yj}} \tag{4.4.2-1}$$

式中：n——建筑物热力入口处检测循环水量与设计循环水量的比值；

g_y——建筑物热力入口处检测循环水量（m³/h）；

g_{yj}——建筑物热力入口处设计循环水量（m³/h）。

2 水力平衡度大于 1.33 时，应判定检测结果不合格。水力平衡度应按下式计算：

$$n_0 = \frac{n_{max}}{n_{min}} \tag{4.4.2-2}$$

式中：n_0——水力平衡度；

n_{max}——各建筑物热力入口流量比的最大值；

n_{min}——各建筑物热力入口流量比的最小值。

4.4.3 供暖建筑室内温度、围护结构内表面温度应符合下列规定：

1 室内温度应满足下列公式：

$$t_{ymin} \geqslant t_j - 2 \tag{4.4.3-1}$$

$$t_{ymax} \leqslant t_j + 1 \tag{4.4.3-2}$$

式中：t_{ymin}——建筑物室内最低温度（℃）；

t_{ymax}——建筑物室内最高温度（℃）；

t_j——建筑物室内设计温度（℃）。

2 围护结构内表面温度应满足下式：

$$t_n \geqslant t_l \tag{4.4.3-3}$$

式中：t_n——建筑物围护结构内表面温度（℃）；

t_l——建筑物室内温度的露点温度（℃）。

4.5 节能评估报告

4.5.1 供热系统节能评估报告应包括下列主要内容：

1 现有供热系统概述；

2 现有供热系统主要能耗、主要设备能效、主要参数控制水平指标的评估及结论；

3 不合格指标的原因分析；

4 现有供热系统总体评价；

5 节能改造可行性分析及建议；

6 预期节能改造效果。

4.5.2 现有供热系统概述应根据收集、查阅的有关技术资料及到现场查勘的情况编写。

4.5.3 现有供热系统主要能耗、主要设备能效、主要参数控制水平的评估应根据本规范第3章检测所获得的数据，按本规范第4.2～4.4节的规定进行定性评估。

4.5.4 对现有供热系统主要能耗、主要设备能效、主要参数控制水平的不合格指标应进行综合分析，并应提出造成指标不合格的主要因素。

4.5.5 现有供热系统总体评价应提出存在的问题及产生原因，并应拟定节能改造的项目。

4.5.6 节能改造可行性分析及建议应包括下列主要内容：

1 可行性分析应按拟定的节能改造的项目，根据现有供热系统的实际情况、节能改造的投资及节能收益等因素，逐一进行经济技术分析，提出需要进行节能改造的项目。

2 对需要进行节能改造的项目，应提出节能改造建议，并应符合下列规定：

1）节能改造建议应明确改造的主要内容、参数控制指标、节能潜力分析；

2）各节能改造项目的实施顺序，验收合格要求等。

4.5.7 预期节能改造效果应计算节能率及投资回收期。

5 节能改造

5.1 一般规定

5.1.1 供热系统节能改造内容应包括供热热源、热力站、供热管网及建筑物内供暖系统。

5.1.2 供热系统节能改造方案应根据节能评估报告制定，并应符合国家现行标准《严寒和寒冷地区居住建筑节能设计标准》JGJ 26、《城镇供热系统节能技术规范》CJJ/T 185、《锅炉房设计规范》GB 50041、《城镇供热管网设计规范》CJJ 34 及《供热计量技术

《规程》JGJ 173 的规定。节能改造方案应包括下列内容：

   1 技术方案文件，并应包括项目概述、节能评估报告简述、方案论证及设备选型、节能效果预测、经济效益分析等；

   2 设计图；

   3 设计计算书。

5.1.3 供热系统节能改造工程不得使用国家明令禁止或限制使用的设备、材料。

5.1.4 供热面积大于 100 万 m² 或热力站数量大于 10 个的供热系统，宜设置供热集中监控系统，并应符合本规范附录 A 的规定。

5.1.5 热电厂首站、锅炉房总出口、热力站一次侧应安装热计量装置。

5.1.6 建筑物热力入口应设置楼前热量表。

5.1.7 项目改造单位应组织专家对节能改造方案进行评审。

5.2　热电厂首站

5.2.1 热电厂首站应具备供热量自动调节功能。

5.2.2 热电厂首站出口的循环水泵应设置调速装置。

5.2.3 一个供热区域有多个热源时，宜将多个热源联网运行。

5.2.4 以供暖负荷为主的蒸汽供热系统，宜改造为高温水供热系统。

5.2.5 小型热电机组供热可采用热电厂低真空循环水供热。

5.2.6 大型热电机组供热可采用基于吸收式换热技术的热电联产。

5.2.7 热电联产供热系统宜全年为用户提供生活热水。

5.3　区域锅炉房

5.3.1 锅炉房应设置燃料计量装置。燃煤锅炉应实现整车过磅计量，同时宜设置皮带计量、分炉计量，应满足场前、带前、炉前三级计量；燃气（油）锅炉的燃气（油）量应安装连续计量装置，并应实现分炉计量。

5.3.2 燃煤锅炉房有三台以上锅炉或单台锅炉容量大于或等于 7MW（或 10t/h）、燃气（油）锅炉房有两台以上锅炉同时运行时，应设置锅炉房集中监控系统，宜由不间断电源供电，并应符合本规范附录 B 的规定。

5.3.3 链条炉排的燃煤锅炉宜采用分层、分行给煤燃烧技术。

5.3.4 燃气（油）锅炉应根据供热系统的调节模式、锅炉燃烧控制方式采用气候补偿系统，气候补偿系统应符合本规范附录 C 的规定。

5.3.5 炉排给煤系统宜设调速装置，锅炉鼓风机、引风机应设调速装置。鼓风机、引风机的运行效率应符合现行国家标准《通风机能效限定值及能效等级》GB 19761 的有关规定。

5.3.6 当 1.4MW 以上燃气（油）锅炉燃烧机为单级火调节时，宜改造为多级分段式或比例式燃烧机。

5.3.7 燃气（油）锅炉排烟温度和运行热效率不符合本规范表 4.3.1-1、表 4.3.1-2 的规定时，宜设置烟气冷凝回收装置。烟气冷凝回收装置应满足耐腐蚀和锅炉系统寿命要求，并应使锅炉系统在原动力下安全运行。烟气冷凝回收装置的设置及选型应符合本规范附录 D 的规定。

5.3.8 当供热锅炉的运行效率不符合本规范表 4.3.1-1 的规定，且锅炉改造或更换的静态投资回收期小于或等于 8 年时，宜进行相应的改造或更换。

5.3.9 同一锅炉房向不同热需求用户供热时应采用分时分区控制系统，分时分区控制系统应符合本规范附录 E 的规定。

5.3.10 当供热系统由一个区域锅炉房和多个热力站组成，且供热负荷比较稳定时，宜采取分布式变频水泵系统。

5.3.11 锅炉房直供系统应按下列要求进行节能改造：

   1 当各主要支路阻力差异较大时，宜改造成二级泵系统；

   2 当锅炉出口温度与室内供暖系统末端设计参数不一致时，应改成混水供热系统或局部间接供热系统；

   3 当供热范围较大，水力失调严重时，应改造成锅炉房间接或直供间供混合供热系统。

5.3.12 循环水泵的选用应符合下列规定：

   1 变流量和热计量的系统其循环水泵应设置变频调速装置；循环水泵进行变频改造时，应在工频工况下检测循环水泵的效率；

   2 循环水泵改造为大小泵配置时，大、小循环水泵的流量宜根据初期、严寒期、末期负荷变化的规律确定；

   3 当锅炉房的循环水泵并联运行台数大于 3 台时，宜减少水泵台数。

5.3.13 换热器、分集水器等大型设备应进行外壳保温。

5.3.14 锅炉房内的水系统应进行阻力平衡优化。

5.3.15 当锅炉房的供配电系统功率因数低于 0.9 或动力设备无用电分项计量回路时，应进行节能改造。

5.3.16 当锅炉房的炉水、给水不符合现行国家标准《工业锅炉水质》GB/T 1576 的规定时，应对设施进行改造。

5.3.17 开式凝结水回收系统应改造为闭式凝结水回收系统。

5.4 热力站

5.4.1 热力站循环水泵应设置变频调速装置。

5.4.2 热力站应采用气候补偿系统或设置其他供热量自动控制装置。

5.4.3 热力站水系统应进行阻力平衡优化。

5.4.4 热力站应对热量、循环水量、补水量、供回水温度、室外温度、供回水压力、电量及水泵的运行状态进行实时监测。

5.4.5 当二次侧的循环水、补水水质不符合现行行业标准《城镇供热管网设计规范》CJJ 34 的规定时，应对水处理设施进行改造。

5.4.6 热力站换热器宜选用板式换热器。

5.4.7 开式凝结水回收系统应改造为闭式凝结水回收系统。

5.5 供热管网

5.5.1 当供热管网输送效率不符合本规范第4.3.4条的规定时，应根据管网保温效果、非正常失水控制及水力平衡度三方面的查勘结果进行节能改造。

5.5.2 当系统补水量不符合本规范表4.2.4的规定时，应根据查勘结果分析失水原因，并进行节能改造。

5.5.3 当供热管网的水力平衡度不符合本规范第4.4.2条的规定时，应进行管网水力平衡调节和管网水力平衡优化，管网水力平衡优化应符合本规范附录F的规定。

5.5.4 当供热管网进行更新改造时，应按现行行业标准《城镇供热系统节能技术规范》CJJ/T 185 和《城镇供热管网设计规范》CJJ 34 的规定执行。

5.5.5 供热系统的中继泵站水泵的节能改造应符合本规范第5.3.12条的规定。

5.5.6 根据检测结果，在一级供热管网、热力站、二级供热管网、热力入口处应安装水力平衡装置。

5.5.7 供热管网宜采用直埋敷设方式。

5.6 建筑物供暖系统

5.6.1 室内供暖系统应设置用户分室（户）温度调节、控制装置及分户热计量的装置或设施。

5.6.2 住宅室内供暖系统热计量改造应符合现行行业标准《供热计量技术规程》JGJ 173 的有关规定。

5.6.3 室内供暖系统应在建筑物内安装供热计量数据采集和远传系统，楼栋热量表、分户计量装置、室温监测装置等的数据采集应在本地存储，并应定期远传至热计量集控平台。

5.6.4 室内垂直单管顺流式供暖系统应改为垂直单管跨越式或垂直双管式系统。

5.6.5 室内供暖系统进行节能改造时，应对散热器配置、水力平衡进行复核验算。

5.6.6 楼栋内由多个环路组成的供暖系统中，应根据水力平衡的要求，安装水力平衡装置。

5.6.7 楼栋热力入口可采用混水技术进行节能改造。

5.6.8 供暖系统宜安装用户室温监测系统。

6 施工及验收

6.1 一般规定

6.1.1 供热系统节能改造施工应由具有相应资质的单位承担。

6.1.2 工程施工应按设计文件进行，修改设计或更换材料应经原设计部门同意，并应有设计变更手续。

6.1.3 供热系统节能改造施工及验收应符合国家现行标准《锅炉安装工程施工及验收规范》GB 50273、《城镇供热管网工程施工及验收规范》CJJ 28 及《建筑节能工程施工质量验收规范》GB 50411 的有关规定。

6.1.4 供热系统节能改造安装调试不应降低原系统及设备的安全性能。

6.2 自动化仪表安装调试

6.2.1 供热系统自动化仪表工程施工及验收应符合现行国家标准《自动化仪表工程施工及质量验收规范》GB 50093 及本规范附录A的规定。

6.2.2 供热系统自动化仪表工程安装完毕后，应进行单机试运行、调试及联合试运行、调试。

6.2.3 自动化仪表工程的调试应按产品的技术文件和节能改造设计文件进行。

6.2.4 供热系统调节控制装置的节能测试应在室内温控调节装置验收合格、系统水力平衡调节符合要求后进行。

6.3 烟气冷凝回收装置安装调试

6.3.1 烟气冷凝回收装置的安装应符合下列规定：

　　1 烟气冷凝回收装置及被加热水系统应进行保温；

　　2 烟气流向、被加热水流向应有标识；

　　3 烟气进出口均应设置温度、压力测量装置；

　　4 被加热水进出口均应设置温度及压力测量装置，并宜设置热计量装置或热水流量计。

6.3.2 烟气冷凝回收装置调试应按下列步骤进行：

　　1 烟气侧应进行吹扫，水侧应进行冲洗，水、气管道应畅通；

　　2 被加热水系统充水后应进行冷态循环，每台烟气冷凝回收装置的被加热水量应达到最低安全值；

　　3 应进行热态调试，锅炉和被加热水系统的连锁控制应运行正常；启炉时，应先开启被加热水系统，后启动锅炉；停炉时，应先停炉，待烟温降低后，再停止被加热水系统；

4 进行单机调试时，应校核烟道阻力和背压、调节燃烧器、控制燃气和空气的比例、测试烟气成分。烟气余热回收装置对锅炉燃烧系统、烟风系统影响应降到最小；

5 单机试运行及调试后，应进行联合试运行及调试，并应达到设计要求。

6.3.3 烟气冷凝回收装置的节能测试应分别在供热系统正常运行后的供暖初期、供暖末期及严寒期进行。测试时锅炉实际运行负荷率不应小于85%，每期测试次数不应少于2次，每次连续测试时间不应少于2h，取2次测试值平均值，节能测试数据按表D.0.5填写。对于设有辅机动力的烟气冷凝回收装置，计算节能率时应将辅机能耗计入输入值。

6.4 水力平衡装置安装调试

6.4.1 水力平衡装置的安装位置、预留空间应符合产品说明书要求。

6.4.2 与水力平衡装置配套的过滤器、压力表等辅助元件的安装应符合设计要求。

6.4.3 供热系统水力平衡调试的结果应符合本规范第4.4.2条的规定。

6.5 热计量装置安装调试

6.5.1 热计量装置应在系统清洗完成后安装。

6.5.2 热量表的安装应符合下列规定：

1 热量表的前后直管段长度应符合热量表产品说明书的要求；

2 热量表应根据设计要求水平或垂直安装，热量表流向标识应与介质的流动方向一致；

3 热量表与两端连接管应同轴，且不得强行组对；

4 热量表的流量传感器应安装在供水管或回水管上，高低温传感器应安装在对应的管道上；

5 当温度传感器插入护套时，探头应处于管道中心位置；

6 热量表时钟应设定准确；

7 热量表数据储存应能满足当地供暖期供暖天数的日供热量的储存要求，宜具备功能扩展的能力及数据远传功能；

8 热量表安装后应对影响计量性能的可拆卸部件进行封印保护。

6.5.3 热计量装置的工作环境应与其性能相互适应，当环境不能满足要求时，应采取保护措施。

6.5.4 热计量装置采用外接电源或连网通信时，应按照产品说明书的要求进行外部接线，并应采用屏蔽电缆线和接地等保护措施，对雷击多发区，应有防雷击措施。

6.6 竣 工 验 收

6.6.1 节能改造后，系统应实现供热系统自动调节和节能运行，并应符合下列规定：

1 锅炉房、热力站应能按用户负荷变化自动调节供热量；

2 热用户应能根据需求调节用热量，室温应能主动调节和自动控制。

6.6.2 节能改造后，系统应能实现供热计量，并应符合下列规定：

1 锅炉房、热力站应能实现供热量计量；

2 楼栋、热力入口应能实现热量计量；

3 居住建筑应能实现分户计量；

4 热量计量、分户计量宜具备数据远传功能。

6.6.3 工程竣工后，应对技术资料进行归档，并应包括下列文件：

1 方案的论证文件及有关批复文件；

2 设计文件；

3 所采用的设备材料的合格证明文件、性能检测报告；

4 工程验收检测报告等；

5 竣工验收文件。

7 节能改造效果评价

7.0.1 节能改造工程完成后应对实际达到的节能效果进行跟踪分析和进行能效评价，并应出具节能改造效果评价报告。

7.0.2 节能改造效果评价报告应包括下列内容：

1 节能改造设备运行情况及设备维修保养制度；

2 供热质量和调节控制水平；

3 供热系统的运行效率和能耗指标及其与改造前的对比分析等。

7.0.3 供热系统的供热质量、运行效率、调控水平应达到节能评估报告和节能改造方案的要求。

7.0.4 供热系统的能耗测试应包括供热锅炉效率、循环水泵运行效率、补水比、单位面积补水量、供热管网的输送效率、水力平衡度、建筑物室内温度等。

7.0.5 能耗评价应包括下列主要指标：

1 供暖期年燃料（标准煤、燃气、燃油）、热量、水量、电量总消耗量；

2 单位供热量的燃料（标准煤、燃气、燃油）、水量、电量消耗量；

3 单位供暖建筑面积的燃料（标准煤、燃油）、热量、水量、电量消耗量。

7.0.6 节能改造后应通过对热源能耗进行计量和对系统测试分析核算节能率，并应进行总体改造效果分析，与改造方案进行比较。

7.0.7 供热系统节能改造工程完成后，应在资金回收周期内每年对节能率进行复核，当不能达到预期的节能效果或存在其他问题时，应及时采取补救措施。

附录 A　供热集中监控系统

A.1　系统结构及控制参数

A.1.1　供热集中监控系统应包括锅炉房集中控制系统、热力站控制系统、热电厂首站控制系统和中继泵站控制系统（图 A.1.1）。

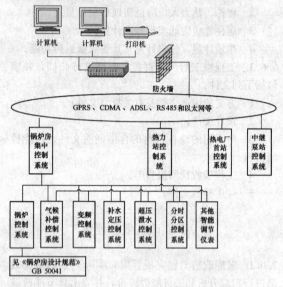

图 A.1.1　供热集中监控系统结构示意

A.1.2　锅炉系统控制参数应包括下列内容：

　　1　锅炉进、出口水温和水压；

　　2　锅炉循环水流量；

　　3　风、烟系统各段压力、温度和排烟污染物浓度；具体监控参数包括排烟温度、排烟含氧量、炉膛出口烟气温度、对流受热面进、出口烟气温度、省煤器出口烟气温度、湿式除尘器出口烟气温度、空气预热器出口热风温度、炉膛烟气压力、对流受热面进、出口烟气压力、省煤器出口烟气压力、空气预热器出口烟气压力、除尘器出口烟气压力、一次风压及风室风压、二次风压、给水调节阀开度、给煤（粉）机转速、鼓、引风进出口挡板开度或调速风机转速等；

　　4　耗煤量计量、耗油量计量或耗气量计量；

　　5　锅炉水循环系统总进出口温度、压力；

　　6　循环水泵变频频率反馈与控制；

　　7　自动补水变频频率反馈与控制和补水箱水位；

　　8　自动电磁泄压阀状态与控制；

　　9　各支路供水、回水温度和压力；

　　10　鼓、引风进出口挡板开度或调速风机转速；

　　11　炉膛温度、压力、含氧量及锅炉启停状态；

　　12　超温、超压或低温、低压、低水位报警。

A.1.3　热力站系统控制参数应包括下列内容：

　　1　一、二级网供水、回水温度、压力；

　　2　一、二级网的热量（流量）以及室内外温度；

　　3　循环泵的启停状态与控制、频率反馈与控制；

　　4　自动补水变频，频率的反馈与控制；

　　5　热量监测与控制，一级网电动阀门的开度反馈与控制；

　　6　自动泄压保护；

　　7　超温、超压或低温、低压、低水位报警等。

A.1.4　分时分区系统控制参数应包括下列内容：

　　1　楼前供水、回水温度、室内温度；

　　2　电动调节阀或变速泵的状态与控制。

A.2　系统功能

A.2.1　集中监控系统应具备下列主要功能：

　　1　实时检测供热系统运行参数功能；

　　2　自动调节水力工况功能；

　　3　调控热源供热量功能；

　　4　诊断系统故障功能；

　　5　建立运行档案功能。

A.2.2　监控中心软件应具备下列主要功能：

　　1　监测显示功能；

　　2　控制功能；

　　3　报警功能；

　　4　数据库管理及报表功能；

　　5　统计分析功能；

　　6　远程传输和访问功能；

　　7　数据交换功能。

A.2.3　现场控制系统应具备下列主要功能：

　　1　参数测量功能；

　　2　数据存储功能；

　　3　自我诊断、自恢复功能；

　　4　日历、时钟和密码保护功能；

　　5　现场显示、人机界面操作功能；

　　6　气候补偿、分时分区、水泵变频调节等控制功能；

　　7　在主动或被动方式下与监控中心进行数据通信功能，通信系统可以根据现场实际情况进行选择，对于有远程监控内容的系统宜选择已有的 GPRS、CDMA 或 ADSL 等公共通信网络；

　　8　故障报警、故障停机功能。

A.2.4　现场控制系统的报警功能应符合下列规定：

　　1　控制器应支持数据报警和故障报警；

　　2　故障和报警记录应自动保存，掉电不应丢失；

　　3　发生报警时，控制器显示屏上应有报警显示，并应在控制柜内有声、光报警。

A.3　硬件设备配置

A.3.1　监控中心设备配置应符合下列规定：

1 监控中心应包括服务器、操作员站、工程师站、不间断电源、交换机、路由器等；

2 系统应配置不少于 30min 的不间断电源。

A.3.2 现场控制器配置应符合下列规定：

1 应具有数据采集、控制调节和参数设置功能；

2 应具有人机界面、系统组态、图形显示功能；

3 应具有串口、RJ45 接口，并应具有能与监控中心数据双向通信功能，通信方式可采用以太网、ADSL 宽带以及无线通信等；

4 应具有日历时钟的功能；

5 应具有自动诊断、故障报警功能；

6 应具有掉电自动恢复，且不丢失数据功能；

7 应具有数据存储、数据运算和数据过滤功能；

8 控制器的输入输出应采用光电隔离或继电器隔离，隔离电压应大于或等于 1000V；

9 控制器宜为模块化结构，输入输出模块应具备可扩展功能；

10 控制器可通过相关的通信方式向上位机报警直至收到确认信息，内容应包括超温、超压、液位高低以及停电等信息；

11 宜具备 Web 访问远程维护功能，可授权用户在任何地方通过有线或无线等方式了解控制器运行情况；

12 控制器环境应符合下列规定：

1）防护等级不应低于 IP20；

2）存储温度范围应为 -10℃～70℃；

3）运行温度范围应为 0℃～40℃；

4）相对湿度范围应为 5%～90%（无结露）。

A.3.3 温度传感器/变送器应符合下列规定：

1 测量误差应为 ±1℃，准确度等级不应低于 B 级；

2 管道内温度传感器热响应时间不应大于 25s，室外或室内安装热响应时间不应大于 150s；

3 防护等级不应低于 IP65；

4 温度传感器应能在线拆装。

A.3.4 压力变送器应符合下列规定：

1 压力测量范围应满足被测参数设计要求；传感器测量误差范围应为 ±0.5%；

2 过载能力不应低于标准量程的 2.5 倍；

3 稳定性应满足 12 个月漂移量范围为 URL 的 ±0.1%；

4 防护等级不应低于 IP54。

A.3.5 热量表及流量计应符合下列规定：

1 热量表应符合现行行业标准《热量表》CJ 128 的有关规定；

2 流量计准确度不应低于 2 级；

3 流量计和热量表应具有标准信号输出或具有标准通信接口及采用标准通信协议。

A.3.6 温度计及压力表应符合下列规定：

1 温度计准确度等级不应低于 1.5 级，压力表准确度等级不应低于 2 级；

2 温度计及压力表应按被测参数的误差要求和量程范围选用，最高测量值不应超过仪表上限量程值的 70%。

A.3.7 电动调节阀及执行器配置应符合下列规定：

1 调节阀应具有对数流量特性或线性流量特性，电压等级宜为交流或直流 24V；

2 电动调节阀应具有手动调节装置；

3 电动调节阀应按系统的介质类型、温度和压力等级选定阀体材料；

4 阀门可调比率不应低于 30%，当不能满足要求时应采用多阀并联；

5 电动调节阀在调节过程中的阀权度不应低于 0.3，且不得发生汽蚀现象；

6 蒸汽系统中使用的电动调节阀应具有断电自动复位关闭的功能；

7 外壳防护等级不应低于 IP54；

8 电动调节阀应具有阀位反馈功能。

A.3.8 变频器配置应符合下列规定：

1 变频器应符合现行国家标准《调速电气传动系统 第 2 部分：一般要求低压交流变频电气传动系统额定值的规定》GB/T 12668.2 的有关规定；

2 变频器应满足电机容量和负载特性的要求；

3 变频器宜配置进线谐波滤波器，谐波电压畸变率应符合现行国家标准《电能质量 公用电网谐波》GB/T 14549 的有关规定；

4 变频器的额定值应符合下列要求：

1）功率因数 $\cos\phi$ 应大于 0.95；

2）频率控制范围应为 0 Hz～50Hz；

3）频率精度应为 0.5%；

4）过载能力应为 110%、最小 60s；

5）防护等级不应低于 IP20；

5 变频器应有下列保护功能：

1）过载保护；

2）过压保护；

3）瞬间停电保护；

4）输出短路保护；

5）欠电压保护；

6）接地故障保护；

7）过电流保护；

8）内部温升保护；

9）缺相保护；

6 变频器应具有模拟量及数字量的输入输出（I/O）信号，所有模拟量信号应为国际标准信号；

7 操作面板应有下列功能：

1）变频器的启动、停止；

2）变频器参数的设定控制；

3）显示设定点和参数；

4）显示故障并报警；

5）变频器前的操作面板上应设有文字说明。

A.3.9 现场控制柜体配置应符合下列规定：

1 控制柜应符合现行国家标准《低压成套开关设备和控制设备 第1部分：型式试验和部分型式试验成套设备》GB 7251.1～《低压成套开关设备和控制设备 第4部分：对建筑工地用成套设备（ACS）的特殊要求》GB 7251.4 和《外壳防护等级（IP代码）》GB 4208 的有关规定；

2 柜体防护等级不得低于 IP41；

3 绝缘电压不应小于 1000V；

4 防尘应采用正压风扇和过滤层；

5 对于装有变频的现场控制柜，柜门上应设置可调节各种参数变频调速用旋钮，并应安装有电压表、电流表、电机启停/急停控制按钮、信号灯、故障报警灯、电源工作指示灯等；

6 根据工艺要求应具备本柜控制、机旁就地控制、计算机控制多地控制选择功能，并应具备无源开关量外传监控信号；电源、电机启停/急停、故障报警信号触头容量不应小于 5A；

7 柜内宜设置散热与检修照明、门控照明灯、联控排风扇等；

8 在环境温度 0℃～30℃，相对湿度 90% 的条件下应能正常工作。

A.4 供热系统自动化仪表工程安装

A.4.1 现场控制柜安装应符合下列规定：

1 应符合现行国家标准《低压成套开关设备和控制设备 第1部分：型式试验和部分型式试验成套设备》GB 7251.1 和《低压成套开关设备和控制设备 第4部分：对建筑工地用成套设备（ACS）的特殊要求》GB 7251.4 的有关规定；

2 控制柜应远离高温热源、远离强电柜和强电电缆；

3 控制柜应远离易燃易爆物品，当受条件限制安装在易燃易爆环境中时，控制元件应加装防爆隔离装置；

4 安装位置应通风良好；

5 现场控制柜内强电弱电系统应独立设置，并且应有良好的接地。

A.4.2 电缆安装应符合下列规定：

1 电缆应符合现行国家标准《额定电压 1kV(Um＝1.2kV)到 35kV(Um＝40.5kV)挤包绝缘电力电缆及附件 第1部分：额定电压 1kV(Um＝1.2kV)和 3kV(Um＝3.6kV)电缆》GB/T 12706.1 和《额定电压 1kV(Um＝1.2kV)到 35kV (Um＝40.5kV)挤包绝缘电力电缆及附件 第3部分：额定电压 35kV (Um＝40.5kV)电缆》GB/T 12706.3 的有关规定；

2 信号线应采用屏蔽电缆；

3 强电线和弱电线应安装在不同的线槽内；

4 信号线应采用屏蔽线，单独穿管或布于走线槽内；

5 电缆接线应符合现行国家标准《电力电缆导体用压接型铜、铝接线端子和连接管》GB/T 14315 的有关规定；控制电缆端子板应设置防松件，并应采用格栅分开不同电压等级的端子；电缆端子部应有明显的相序标记、接线编号，电线和电缆线应进行分色，控制柜内部元器件的接线应采用双回头线压接，控制柜内塑铜线不得有裸露部分。

A.4.3 仪表设备安装应符合下列规定：

1 温度传感器/变送器：

1）室外温度传感器应安装于室外靠北侧、远离热源、通风良好、防雨、没有阳光照射到的位置；

2）温度传感器准确度等级不应低于 0.5 级；

3）管道内安装的温度传感器热响应时间不应大于 25s，室外或室内安装的温度传感器热响应时间不应大于 150s；

4）防护等级不应低于 IP65；

5）除产品本身配置不允许拆装外，温度传感器应能在线拆装；

6）室内温度传感器应安装于通风情况好、远离热源、没有阳光直射的位置。

2 当热计量装置和流量计的安装没有特别说明时，上游侧直管段长度应大于或等于 5 倍管径，下游侧直管段长度应大于或等于 2 倍管径；

3 压力变送器：

1）压力测量范围应满足被测参数设计要求，最高测量值不应大于设计量程的 70%，传感器测量准确度等级不应低于 0.5 级；

2）过载能力不应低于标准量程的 2.5 倍；

3）12 个月漂移量应为 URL 的 ±0.1%；

4）防护等级不应低于 IP65。

附录 B 锅炉房集中监控系统

B.1 系统结构及功能

B.1.1 燃煤锅炉房监控系统包括燃烧控制、上煤除渣控制等（图 B.1.1）。

B.1.2 锅炉房集中监控系统包括多台锅炉群控、水系统监控等（图 B.1.2）。

B.1.3 锅炉房集中监控应具有下列功能：

1 燃煤锅炉鼓风机、引风机、炉排应设置变频装置，应实现电气连锁，并应能按供热量自动调节风煤比；

2 当间接连接的供热系统多台锅炉并联运行时，

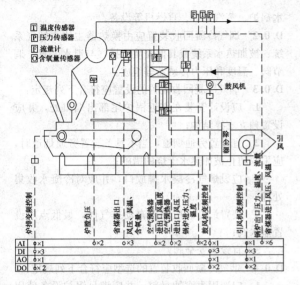

图 B.1.1 燃煤锅炉本体监控系统流程示意图

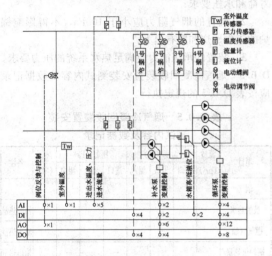

图 B.1.2 锅炉房集中监控系统流程示意图

应能自动关闭不运行的锅炉水系统；

3 应能对系统的供水温度实现室外气候补偿控制；

4 应能提供不同的供水温度，实现分时分区控制；

5 燃气（油）锅炉控制宜具有分档调节或比例调节功能；

6 应能实现系统定压补水功能；

7 应能实现适合供热系统特点的循环水流量调节。

B.2 硬件设备配置

B.2.1 监控中心设备配置应包括服务器、操作员站、工程师站、不间断电源、交换机、路由器等。

B.2.2 现场设备配置应包括控制柜、通信设备、各种传感器和变送器、执行器和变频器、电动阀、电磁阀等。

附录 C 气候补偿系统

C.0.1 气候补偿系统可用于锅炉房、热力站、楼栋热力入口等。

C.0.2 锅炉房气候补偿系统可用于混水系统（图C.0.2-1）和燃烧机控制（图C.0.2-2）。

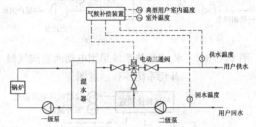

图 C.0.2-1 锅炉房混水器气候补偿系统流程示意图

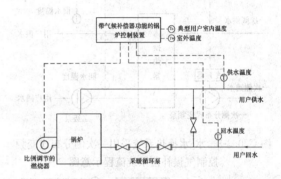

图 C.0.2-2 锅炉房燃烧机控制
气候补偿系统流程示意图

C.0.3 热力站气候补偿系统可用于水-水换热系统三通阀门方式（图 C.0.3-1）、水-水换热系统两通阀门控制方式（图 C.0.3-2）、水-水换热系统一次侧分布式变频方式（图 C.0.3-3）和汽-水换热方式（图 C.0.3-4）。

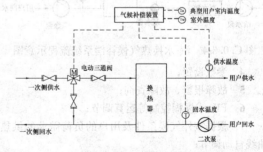

图 C.0.3-1 水-水换热系统采用电动三通分流阀气候补偿系统流程示意图

C.0.4 气候补偿系统应具有下列功能：

1 人机对话、图文显示；

2 室外温度、供水温度、回水温度等数据采集；

3 手动和自动切换；

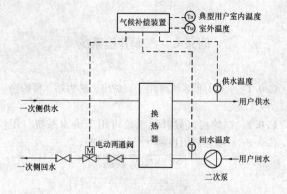

图 C.0.3-2　水-水换热系统采用电动两通阀气候
补偿系统流程示意图

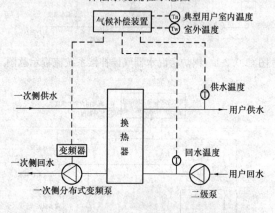

图 C.0.3-3　水-水换热系统采用一次侧分布式变频
控制气候补偿系统流程示意图

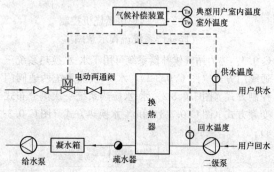

图 C.0.3-4　汽-水换热气候补偿系统流程示意图

　　4　参数设置；

　　5　故障报警、故障查询；

　　6　PID 或模糊控制等运算调节；

　　7　根据室外气候条件及用户的负荷需求的供热
曲线自动调节；

　　8　数据存储；

　　9　控制器自检。

附录 D　烟气冷凝回收装置

　　D.0.1　烟气冷凝回收装置可用于工业与民用燃气热

水锅炉、蒸汽锅炉、直燃机等设备。

　　D.0.2　烟气冷凝回收装置应由换热器主体、烟气系
统、被加热水系统或其他介质、排气与泄水装置、调
节阀、温度和压力传感器等组成。

　　D.0.3　烟气冷凝回收装置的设置应符合下列规定：

　　1　应设计安装在靠近锅炉尾部出烟口处，并应
设置独立支撑结构；

　　2　宜设置旁通烟道，当不具备设置旁通烟道时，
应采取防止被加热水干烧的措施；

　　3　应设烟气冷凝水排放口，并应对冷凝水收集
处理；

　　4　装置最高点应设置自动排气阀，最低点应设
置泄水阀；

　　5　宜设置安全阀。

　　D.0.4　烟气冷凝回收装置的选型应符合下列规定：

　　1　应选用耐腐蚀材料，并应满足锅炉设备使用
寿命和承压要求；

　　2　装置的烟气阻力应小于 100Pa，不得影响锅
炉的正常燃烧和原有出力；

　　3　装置的承压能力应满足热水系统的压力要求。

　　D.0.5　烟气冷凝回收装置安装测试内容及数据记录
应按表 D.0.5 的规定执行。

表 D.0.5　烟气冷凝回收装置安装
测试内容及数据记录

项目	流量 (m³)	温度 (℃)			压力 (Pa)			热量 (MJ)	备注
		进口	出口	温差	进口	出口	阻力		
烟气	—								
被加热水									回收热量
燃气（油）		—	—	—	—	—	—		输入热量
锅炉供热量									输出热量

　　D.0.6　烟气冷凝回收装置安装测试使用的测试仪表
应符合下列规定：

　　1　被加热水流量测试应采用超声波流量计；

　　2　水温测试应采用铂电阻温度计，烟气温度测
试应采用热电偶；

　　3　烟气压力测试应采用 U 型压力计，被加热水
测试应采用压力表；

　　4　被加热水热量和锅炉供热量测试应采用超声
波热量表。

附录 E　分时分区控制系统

　　E.0.1　分时分区控制系统可用于不同供暖需求、不
同用热规律的建筑物（图 E.0.1）。

　　E.0.2　分时分区控制系统应具备自动分时分区按需
供热功能、防冻保护功能、全自动调节功能、手动调
节功能、多时段功能、故障保护功能和通信功能。

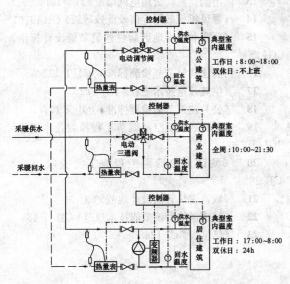

图 E.0.1　分时分区控制系统流程示意图

附录 F　管网水力平衡优化

F.0.1　水力平衡优化应符合下列规定：

　1　优化管网布局及调整管径应使并联环路之间压力损失相对差额的计算值达到最小；

　2　在干、支管道或换热末端处应设置水力平衡及调节阀门；

　3　在经济技术比较合理前提下，一次管网可采用分布式变频泵方式；

　4　在经济技术比较合理前提下，二次管网可采用末端混水方式。

F.0.2　水力平衡装置及调控阀门的选用应根据下列条件确定：

　1　供热管网形式；

　2　供热管网运行调节模式；

　3　热计量及温控形式；

　4　设计流量、压差；

　5　产品的相关技术参数。

F.0.3　水力平衡调节阀门的应用应符合下列原则：

　1　水力平衡阀应用于定流量系统、部分负荷时压差和流量变化较小的变流量系统，不应用于部分负荷时压差和流量变化较大的变流量系统；

　2　自力式流量控制阀应用于特定位置流量恒定的定流量系统，不应用于变流量系统；

　3　自力式压差控制阀应用于部分负荷时压差和流量变化较大的变流量系统、被改造为变流量系统的定流量系统，或其他需要维持系统内某环路资用压差相对恒定的场合；

　4　动态压差平衡型电动调节阀可用于变流量系统的末端温控，或其他需兼顾水力平衡与控制的场合。

F.0.4　对于下列情况，可通过增加楼前混水装置（图 F.0.4）进行调节：

　1　建筑供暖系统供水温度、供回水温差及资用压差参数与供热管网不符，且条件受限，无法实现建筑内采暖系统与供热管网间接连接时；

　2　实现供热管网大温差小流量、楼内供暖系统小温差大流量用热时；

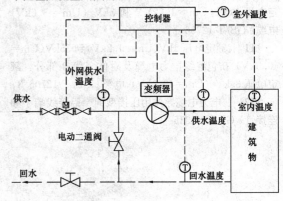

图 F.0.4　楼前混水系统示意图

　3　供热系统水力失衡。

本规范用词说明

　1　为便于在执行本规范条文时区别对待，对要求严格程度不同的用词说明如下：

　　1）表示很严格，非这样做不可的用词：

　　　正面词采用"必须"，反面词采用"严禁"；

　　2）表示严格，在正常情况下均应这样做的用词：

　　　正面词采用"应"，反面词采用"不应"或"不得"；

　　3）表示允许稍有选择，在条件许可时首先应这样做的用词：

　　　正面词采用"宜"，反面词采用"不宜"；

　　4）表示有选择，在一定条件下可以这样做的用词，采用"可"。

　2　条文中指明应按其他有关标准执行的写法为："应符合……的规定"或"应按……执行"。

引用标准名录

　1　《锅炉房设计规范》GB 50041

　2　《自动化仪表工程施工及质量验收规范》GB 50093

　3　《锅炉安装工程施工及验收规范》GB 50273

　4　《建筑节能工程施工质量验收规范》GB 50411

　5　《工业锅炉水质》GB/T 1576

　6　《外壳防护等级（IP代码）》GB 4208

7 《低压成套开关设备和控制设备》GB 7251.1~7251.4

8 《工业锅炉热工性能试验规程》GB/T 10180

9 《调速电气传动系统 第2部分：一般要求 低压交流变频电气传动系统额定值的规定》GB/T 12668.2

10 《额定电压 1kV（Um＝1.2kV）到 35kV（Um＝40.5kV）挤包绝缘电力电缆及附件 第1部分：额定电压 1kV（Um＝1.2kV）和 3kV（Um＝3.6kV）电缆》GB/T 12706.1

11 《额定电压 1kV（Um＝1.2kV）到 35kV（Um＝40.5kV）挤包绝缘电力电缆及附件 第3部分：额定电压 35kV（Um＝40.5kV）电缆》GB/T 12706.3

12 《电力电缆导体用压接型铜、铝接线端子和连接管》GB/T 14315

13 《电能质量 公用电网谐波》GB/T 14549

14 《通风机能效限定值及能效等级》GB 19761

15 《严寒和寒冷地区居住建筑节能设计标准》JGJ 26

16 《居住建筑节能检测标准》JGJ/T 132

17 《供热计量技术规程》JGJ 173

18 《公共建筑节能检测标准》JGJ/T 177

19 《采暖通风与空气调节工程检测技术规程》JGJ/T 260

20 《城镇供热管网工程施工及验收规范》CJJ 28

21 《城镇供热管网设计规范》CJJ 34

22 《城镇供热系统节能技术规范》CJJ/T 185

23 《热量表》CJ 128

中华人民共和国国家标准

供热系统节能改造技术规范

GB/T 50893—2013

条 文 说 明

制 订 说 明

《供热系统节能改造技术规范》GB/T 50893 - 2013 经住房和城乡建设部 2013 年 8 月 8 日以住房和城乡建设部第 111 号公告批准、发布。

为便于广大设计、施工、科研、院校等单位有关人员在使用本规范时能正确理解和执行条文规定，《供热系统节能改造技术规范》编制组按章、节、条顺序编制了本规范的条文说明，对条文规定的目的、依据以及执行中需注意的有关事项进行了说明。但是，本条文说明不具备与规范正文同等的法律效力，仅供使用者作为理解和把握规范规定的参考。

目　次

1 总 则

1.0.1 《中华人民共和国节约能源法》规定，节约资源是我国的基本国策。国家实施节约与开发并举、把节约放在首位的能源发展战略。根据《关于进一步深入开展北方采暖地区既有居住建筑供热计量及节能改造工作的通知》（财建〔2011〕12号）的精神，对实行集中供热的建筑分步骤实行供热分户计量、按照用热量收费的制度。新建建筑或者对既有建筑进行节能改造，应当按照规定安装用热计量装置、室内温度调控装置和供热系统调控装置。需要制定相应的技术标准来规范和监督供热系统节能改造工作。

1.0.3 以热电厂为热源的集中供热系统一般包括：热电厂首站、一级供热管网、热力站、二级供热管网及建筑物内供暖系统；以区域锅炉房为热源的集中供热系统一般包括：锅炉房、一级供热管网、热力站、二级供热管网及建筑物内供暖系统。锅炉房包括：燃煤锅炉房、燃气（油）锅炉房；锅炉介质包括：蒸汽、热水。

1.0.4 供热系统节能查勘工作包括：收集、查阅相关技术资料；到现场查勘供热系统的配置、运行情况及进行必要的节能检测工作等。

1.0.5 供热系统节能改造是一个系统工程，必须全面统筹进行，应以供热系统为单元开展工作。

2 术 语

2.0.1 供热集中监控系统是对供热系统运行参数实现集中监测，根据负荷变化自动调节供热量，具有气候补偿、分时分区控制和锅炉房集中监控等功能中的一种或多种，可实现按需供热。对系统故障及时报警，确保安全运行；健全运行档案，达到量化管理，全面实现节能目标。

2.0.2 锅炉房集中监控系统具有监测锅炉或热源厂运行的所有参数及控制功能，例如燃煤锅炉鼓风机、引风机、炉排的变频控制、单台或多台锅炉安全经济、联合运行的控制等。

2.0.3 气候补偿系统是根据室外气候条件及用户负荷需求的变化，通过自动控制技术实现按需供热的一种供热量调节技术。气候补偿系统是独立的或集成在供热自动控制系统软件中一个功能模块的技术，根据室外温度的变化及用户不同时段的室温需求，按照设定的"供水温度-室外温度"的供热曲线，自动调节供水温度符合设定值，然后按照规定的控制算法，通过电动调节阀或风机、水泵频率器等执行机构来调节供水温度，实现按需供热的一种节能技术。该技术能否起到节能作用的关键是应具备合理的调节策略，这也是气候补偿系统应用需特别注意的问题。

2.0.4 分时分区控制系统是通过可编程控制器、传感器和相应的执行机构，自动控制不同供暖需求、不同用热规律建筑物的供热量。在集中供热系统中存在居住建筑、办公楼、学校、大礼堂、体育场、工厂、商场等用热规律、用热需求不一致的供暖用户，或在同一建筑物内存在用热需求不一致的区域，在保证连续供暖用户正常供热的同时，采用分时分区控制系统，按不同地区、时段和用热需求进行供热量调节，实现按需供热，节约能源。

2.0.5 烟气冷凝回收技术是通过在燃气（油）锅炉尾部增设烟气冷凝换热装置，降低排烟温度，回收利用排烟显热和烟气中水蒸气凝结时放出的汽化潜热的节能技术。

2.0.6 保持一定的锅炉负荷率是经济运行的基本保证，尤其是燃煤锅炉。

2.0.7 节能率是考核进行节能改造后的节能效果的计算方法，当实际的供暖期度日数与设计的度日数出入较大时，可对节能率进行修正。度日数是在供暖期内，室内温度18℃与当年供暖期室外平均温度的差值，乘以当年供暖期天数。

2.0.13 补水比用于日常监测，是控制供热系统每日的补水量，让运行人员知道正常运行时，每日的补水量不应超过某个数。

3 节 能 查 勘

3.1 一 般 规 定

3.1.1 由于供热系统的设计年限不同，热源设备、系统的能效不同及供热企业管理的水平不同，影响各供热系统能耗高的关键问题可能有所不同。在进行节能改造时首先查阅设计图纸，了解维修改造记录、运行记录等技术文件；到现场查勘供热系统配置，了解运行情况；对供热系统热源、供热管网、热力站及建筑物内供暖系统进行必要的节能检测，找出影响能耗高的关键问题，是节能改造的先导工作。本章列出需要收集、查阅近1年~2年的资料。

3.1.2 热源设备主要指锅炉，规定单台设备负荷率大于50%时检测。这是因为当单台设备负荷率大于50%、燃煤锅炉的日平均运行负荷率达60%以上、燃气（油）锅炉的瞬时运行负荷率达30%以上，锅炉日累计运行小时数在10h以上时，各项参数趋于稳定，检测数据比较接近设计工况。

3.1.3 所列相关国家现行标准对供热系统各项参数的检测方法有具体规定，本规范不再重复。

3.2 热电厂首站

3.2.1 热电联产是发展集中供热的根本途径。供热机组有"背压式供热机组"、"抽汽式供热机组"；也有采用"凝汽式机组"循环水供热方式。热电厂在"首站"设置专为供热系统用的加热器、循环水泵等设备。节能查勘工作主要针对"首站"内的设备。

3.2.2 热电厂首站节能现场查勘记录。

1 对于严寒、寒冷地区,当采用单台背压式或抽汽式供热机组供热时,了解是否有备用汽源;当采用凝汽式机组冷凝器循环水供热时,了解凝汽式机组型号、台数及凝汽器真空度等;

4 凝结水回收方式指开式或闭式。

3.2.3 热电厂首站节能改造节能检测内容。

3 补水水质:当由热电厂水处理设备供给时,认为合格,可不检测;

4 当由热电厂厂用电供给时,认为合格,可不检测。

3.3 区域锅炉房

3.3.1 投入供热时间较长的供热系统,由于运行中用户热负荷的增减,与最初设计院图纸会有很大变化,需要进行现场调查,才能确定比较准确的供热范围、供热面积等。热用户类型指:居民小区、政府机关、科研单位、学校、医院、宾馆、饭店、商场、体育场馆、工业企业等。负荷特性指:用户在供暖期内、一日内的负荷变化规律。

3.3.2 锅炉房配置燃煤、燃气(油)不同类型锅炉及热媒介质为热水或蒸汽时,应分别进行查勘。

1 当锅炉房配备电热水锅炉时,查勘还包括:电热水锅炉的蓄热水箱容积及蓄热水温度;电热水锅炉的运行时间段:电锅炉在谷电阶段蓄热水能否满足平峰用电时间段用热需求。其中谷用电时间段:22:00～次日5:00;峰用电时段:7:30～11:30和17:00～21:00;其余时段为平时段,共9h;

6 补水定压方式包括:高位膨胀水箱、常压密闭式膨胀水箱、隔膜式压力膨胀水罐、补水泵和气压罐等;

8 一级供热管网供热量调节方式:

2)、3)循环水泵、鼓、引风机及炉排是否有变频调速装置;

4)供热系统采用了哪些自动控制技术;锅炉控制方式指单台锅炉控制、多台锅炉计算机集中控制等方式;供热量调节方式包括锅炉出力的调节及对热用户分区、分温、分时段的供热量调节方式等;

5)指供暖期连续运行或调峰;

6)其他耗能设备调节方式:锅炉运煤、除灰、除渣;皮带运输机、碎煤机、磨煤机、除渣机、灰渣泵等的调节方式;

9 供热量计量仪表的查勘为本规范第5章的节能改造提供依据;

11 一级供热管网系统划分包括:各支路及高低区划分等;

12 热回收设备包括:空气预热器、省煤器、排污余热利用装置等;已采取的节能措施包括:烟气冷凝回收装置、变频装置、分层燃烧、凝结水回收利用等。

3.3.3 对供暖系统主要耗能设备的节能检测是为本规范第4章衡量主要耗能设备耗能情况提供依据。

1 锅炉:

1)对于燃煤锅炉,燃料输入计量应包括"整车过秤、皮带、炉前"计量;

6)炉膛温度、过量空气系数(烟气含氧量)、炉膛负压、排烟温度、灰渣可燃物含量可按锅炉房监测数据或按《工业锅炉热工性能试验规程》GB/T 10180检测;如有锅炉烟气环境监测报告,可作为参考;

2 如循环水泵已进行了变频改造,在工频工况下进行检测;

4 供配电系统为用电设备提供动力,用电设备的耗电量可以反映运行是否合理、节能;变压器负载率在60%～70%的范围时,为合理节能运行状况;功率因数补偿应符合设计和当地供电部门的要求;用电设备周期性负荷变化较大时,是否有可靠的无功补偿调节方式;大量的谐波将威胁供配电系统的安全运行,尤其是有多台变频设备存在的系统应特别注意;

5 如循环水泵、鼓、引风机等转动设备已进行了变频改造,在工频工况下进行检测。

3.4 热 力 站

3.4.1 投入供热时间较长的供热系统,由于运行中用户热负荷的增减,与最初设计院图纸会有很大变化,需要进行现场调查,才能确定比较准确的供热范围、供热面积等。用热单位类型指:居民小区、政府机关、科研单位、学校、医院、宾馆、饭店、商场、体育场馆、工业企业等。

5 热力站连接形式包括间接连接、混水连接和直接连接。

3.4.2 热力站节能改造现场查勘记录内容。

1 换热设备类型注明:板式、壳管式、浮动盘管式等;额定参数包括:一次水设计供回水温度、压力,二次水设计供回水温度、压力,额定供热量及传热系数等;

2、3 热力站内水泵包括:一级供热管网分布式加压循环水泵;

5、6 补水定压方式包括:高位膨胀水箱、常压密闭式膨胀水箱、隔膜式压力膨胀水罐、补水泵和气压罐等;

8 二级供热管网供热量调节方式包括:热力站是否装有气候补偿、分时分区控制系统;

10 供配电系统:

5) 一级分布式加压循环水泵、二级循环水泵是否分项计量；分项计量循环水泵及补水泵耗电、照明等用电，有利于加强热力站的管理，降低电耗；

11 二级供热管网系统划分指：环路划分、高低区划分等情况；

12 如循环水泵变频、气候补偿、分时分区控制系统等。

3.4.3 热力站节能改造节能检测内容。

2 二级供热管网循环水泵流量检测：应注明供、回水之间有无混水流量控制。

3.5 供热管网

3.5.1 供热管网节能改造收集、查阅资料。

4 供热管网类型指：一级供热管网、二级供热管网；枝状供热管网、环状供热管网或多热源供热管网；介质类型指：蒸汽或热水；负荷类型指：供暖、生活热水、生活用汽或工艺用汽等；

6 一级供热管网与热力站的连接方式、二级供热管网与用户的连接方式指：直接连接，间接连接，混水连接。

3.5.2 供热管网节能改造现场查勘记录内容。

1 管道敷设方式包括：地沟、直埋、架空敷设；

2 检查室、管沟工作环境包括：管沟内是否存水、支架是否牢固、沟壁有无坍塌；供热管网主保温材料、保温层状况：有无脱落、是否潮湿；

4 调控阀门工作状况：开启是否灵活、有无漏水；

5 已采取的节能措施包括：加强保温、增加平衡阀等。

3.5.3 供热管网节能检测内容。

1 管道外表面温度：可以反映供热管网保温层的有效程度；

2 热力站内一级供热管网供水温度、流量：用于计算一级供热管网的水力平衡度；

3 用户热力入口供水温度、流量：用于计算二级供热管网的水力平衡度。

3.6 建筑物供暖

3.6.2 建筑物供暖节能改造现场查勘内容。

1 建筑物围护结构保温状况、门窗类型：是影响建筑能耗的主要因素；

2 热力入口位置、环境、保温状况：安装在地下室、首层楼梯间或管沟内，有无积水，保温层是否完好，直接影响计量器具的正常工作；

3 热力入口与供热管网的连接方式包括：直接连接、间接连接、混水连接；

5 供暖系统形式包括：共用立管一户一环、传统单管串联、上行下给双管；

6 室内供暖设备类型包括：散热器的材质、地面辐射采暖管道的材质及热风采暖、大空间辐射采暖设备的类型；

7 用户热分摊方式包括：热量表法、通断时间面积法、散热器分配计法、流温法、温度面积法等；室内温控包括：分户控温、分室控温。

3.6.3 建筑物供暖节能改造检测内容。

1 检测室内温度是为了判断热用户是属于多供还是欠供、判断末端水力平衡情况、室内采暖系统是否需要改造的主要依据。

4 节能评估

4.1 一般规定

4.1.1 明确"供热系统节能评估"工作的内容。供热系统节能评估工作不仅要对现有运行指标进行合格判定和评价，更重要的是要对不合格指标进行原因分析，并针对性地提出改造建议，做到对症下药。

4.1.2 供热系统的主要能耗，主要设备能效和主要参数控制水平三个方面的指标基本涵盖了供热系统节能挖潜的各个方面，其指标的大小也基本反映了供热系统的能耗水平和节能潜力。如单位供热面积的燃料消耗（热、煤、气、油）、水耗和电耗是评估供热系统能耗水平的关键指标。锅炉运行热效率、循环水泵实际运行效率、换热设备换热性能是评估供热系统关键设备的运行能效的关键指标。

4.2 主要能耗

4.2.1 本章所提到的"不合格"项，不一定进行节能改造，是否进行节能改造应进行经济技术分析，确定需要改造时应提出相应的节能改造建议。

单位供热量燃料消耗量可按锅炉房整体计算。

表4.2.1：锅炉平均效率是影响该指标的主要因素。一般来说，对于燃煤锅炉，容量大小对效率影响很大，但是调研表明对于14MW及以上锅炉来说，70%是一个较为容易实现的数值，对于14MW以下的小锅炉，其平均效率可能达不到70%，因此，燃煤锅炉平均效率统一按70%核算。对于燃气（油）锅炉来说，锅炉容量对效率几乎没有影响，因此统一按90%核算，其中燃气热值按8500kcal/Nm³，燃油热值按10000kcal/kg核算。为防止检测时间过短，一些偶然因素造成较大的误差或不能充分反映锅炉实际运行状况，保证检测时间连续且持续时间不小于48h（2d）。

4.2.2 锅炉房供热：供暖期供暖建筑单位面积燃料消耗量、耗电量可按锅炉房整体计算。

1 供暖建筑单位面积燃料消耗量合格指标：按寒冷地区、严寒地区节能居住建筑分别给出；表

4.2.2-1：合格指标是对热源处计量能耗的统计，其影响因素很多，包括不同纬度地区、不同围护结构状况、不同供热天数等，表内数值是结合不同地区的调研数据给出的，其中以节能居住建筑为主、供暖期相对较短的供热系统取下限值，以非节能建筑为主、供暖期长的取上限值；同样，燃煤锅炉平均效率按70%，燃气（油）锅炉平均效率按90%核算，燃气热值按35565kJ/Nm³（8500kcal/Nm³），燃油热值按41841kJ/kg（10000kcal/kg）核算；

2　供暖建筑单位面积耗电量合格指标：按寒冷地区、严寒地区节能居住建筑分别给出；表4.2.2-2：燃煤锅炉配备鼓、引风机，输煤等辅机，耗电量相比燃气（油）锅炉房高，不同热源的合格指标是根据调研数据统计给出。寒冷地区和严寒地区由于供热运行天数不同，合格指标有所不同。

4.2.3　供暖建筑单位面积耗热量合格指标：按寒冷地区、严寒地区节能建筑分别给出。《中国建筑节能年度发展研究报告2011》给出了我国北方省份供暖需热量的一个状况分布，如表1所示，可供参考。

表1　北方地区供暖需热量状况分布

地区	需热量范围 (GJ/m²·a)	平均需热量 (GJ/m²·a)	分布范围 (GJ/m²·a)			
北京	0.18~0.45	0.30	0.3~0.45	0.25~0.3	0.2~0.25	<0.2
			5%	70%	13%	12%
天津	0.18~0.45	0.29	0.3~0.45	0.25~0.3	0.2~0.25	<0.2
			8%	74%	9%	9%
河北	0.15~0.5	0.32	0.4~0.5	0.3~0.4	0.25~0.3	0.15~0.25
			5%	75%	13%	7%
山西	0.2~0.5	0.32	0.4~0.5	0.3~0.4	0.25~0.3	—
			4%	87%	9%	
内蒙古	0.3~0.7	0.48	0.5~0.7	0.4~0.5	0.3~0.4	—
			3%	87%	10%	
辽宁	0.2~0.55	0.36	0.45~0.55	0.35~0.45	0.25~0.35	0.2~0.25
			6%	76%	9%	9%
吉林	0.23~0.6	0.42	0.5~0.6	0.4~0.5	0.3~0.4	0.23~0.3
			4%	80%	10%	6%
黑龙江	0.25~0.7	0.48	0.55~0.7	0.4~0.55	0.25~0.4	
			7%	83%	9%	1%
山东	0.2~0.4	0.27	0.3~0.4	0.25~0.3	0.2~0.25	—
			3%	76%	21%	
河南	0.13~0.35	0.24	0.3~0.35	0.25~0.3	0.2~0.25	0.13~0.2
			3%	76%	15%	6%
西藏	0.3~0.8	0.44	0.5~0.8	0.4~0.5	0.3~0.4	
			4%	77%	19%	
陕西	0.2~0.5	0.30	0.3~0.5	0.25~0.3	0.2~0.25	—
			3%	84%	13%	
甘肃	0.2~0.55	0.36	0.4~0.55	0.35~0.4	0.25~0.35	—
			5%	84%	11%	
青海	0.25~0.9	0.47	0.55~0.9	0.4~0.55	0.3~0.4	0.25~0.3
			2%	64%	23%	11%
宁夏	0.25~0.55	0.37	0.45~0.55	0.3~0.45	0.25~0.35	—
			3%	88%	9%	
新疆	0.22~0.9	0.36	0.45~0.9	0.3~0.45	0.22~0.3	—
			4%	87%	9%	

续表1

4.2.4　对本条说明如下：

1　补水比用于日常监测；

2　供暖建筑单位面积补水量用于供暖期考核。

《供热术语》CJJ/T 55第7.1.27条"补水率"：热水供热系统单位时间的补水量与总循环水量的百分比。《锅炉房设计规范》GB 50041、《城镇供热管网设计规范》CJJ 34、《建筑节能工程施工质量验收规范》GB 50411、《城镇供热系统评价标准》GB/T 50627沿用这个概念。

《采暖通风与空气调节工程检测技术规程》JGJ/T 260第3.6.8条"补水率"：检测持续时间内，采暖系统单位建筑面积单位时间内的补水量与该系统单位建筑面积单位时间设计循环水量的比值。《居住建筑节能检测标准》JGJ/T 132沿用这个概念。

《民用建筑供暖通风与空气调节设计规范》GB 50736第8.11.15条：锅炉房、换热机房的设计补水量(小时流量)可按系统水容量的1%计算；《高效燃煤锅炉房设计规程》CECS 150和《供热采暖系统水质及防腐技术规程》DBJ01-619沿用这个概念。

由于供热系统供回水温差相差很大，即使承担相同的供热负荷，循环水量相差也很大，且有的供热系统采用变流量运行方式，以"循环流量"为基数考核补水量，有一定难度，也不是很科学；而"系统水容量"是固定值，且表征管网的规模，以此为基数考核补水量，操作性较强。本标准按"系统水容量"为基数考核供热系统补水量，由于不同标准对"补水率"的定义并不相同，容易造成混淆，为区别"补水率"的概念，用"补水比"表示。"补水比"W_V控制供热系统每日的补水量，让运行人员知道正常运行时，每日的补水量不应超过某个数；W_A是考核整个供暖期的"补水量"。

4.3　主要设备能效

4.3.1　锅炉运行热效率、灰渣可燃物含量、排烟温度、过量空气系数设备能效。

1　锅炉运行热效率：锅炉运行时，一般达不到额定负荷，可将表 4.3.1-1 给出的额定效率按负荷率修正后，再与之比较；如已进行了分层燃烧、烟气冷凝回收等节能改造的，取改造后的热效率；

2　如已进行了分层燃烧、烟气冷凝回收等节能改造，锅炉运行灰渣可燃物含量、排烟温度、过量空气系数等为改造后的；本表参考《工业锅炉经济运行》GB/T 17954、《锅炉节能技术监督管理规程》TSG G0002 编制。

4.3.2　水泵实际运行效率一直不太被设计和运行人员重视，大量工程测试表明，额定效率为 70% 的水泵，由于选型不当，实际运行效率仅在 50% 左右，甚至更低，因此保证水泵在高效点工作是水泵节电的重要措施之一。第 3 章"收集、查阅有关技术资料"部分要求收集"相关设备技术资料、产品样本"，水泵额定工况的效率可按设计工况从水泵产品样本获得。公式（4.3.2-1）、式（4.3.2-2）为简化计算公式，未计水泵进出口高差，g 按 $10m/s^2$ 取值，ρ 按 $1000kg/m^3$ 取值。

4.3.3　换热设备换热性能、运行阻力的规定。

1　额定工况的 kF 值为换热设备在设计工况的传热系数和换热面积的乘积，设计工况的传热系数及换热面积可从设计文件或产品样本得到。换热设备在运行过程中，由于污物堵塞、换热面结垢以及偏离设计工况运行，导致传热系数降低，换热效果变差。实际运行的 kF 值可通过检测换热设备热源侧、负荷侧进出水温度、热力站输入热量计算得到。实际的 kF 值与额定工况的 kF 值比较，可判断换热设备换热性能的变化，如堵塞、换热面结垢的程度。

2　换热设备热源侧、负荷侧运行阻力参照《城镇供热用换热机组》GB/T 28185 的规定：换热机组管路及设备压力降在设计条件下，一、二次侧均不应大于 0.1MPa。

4.3.4　供热管网输送效率的规定。

1　一级供热管网输送效率：一般管理较好，所以要求较高；

2　二级供热管网输送效率：因与用户直接连接、布置分散，要求略低于一级供热管网。

4.3.5　按《城镇供热系统节能技术规范》CJJ/T 185 第 6.0.9 条文说明：保温层满足经济厚度和技术厚度的同时，应控制管道散热损失，检测沿程温度降比计算管网输送效率更容易操作。按《设备及管道绝热技术通则》GB/T 4272 给出的季节运行工况允许最大散热损失值，计算 $DN200 \sim DN1200$ 直埋管道在介质温度 130℃、流速 2m/s 时的最大沿程温降为 0.07℃/km～0.1℃/km。综合考虑各种管径的保温层厚度，地下敷设热水管道的温降定为 0.1℃/km。

4.4　主要参数控制

4.4.1　供水、回水温度及供水、回水温差是保证供热质量的重要参数，是节能检测必须获得的数据。锅炉房、热力站供回水温度一般可以代表供热系统的供热质量。

4.4.2　供热管网的流量比、水力平衡度的规定。

1　流量比：用户流量在合理的范围内，是保证供热质量的基本要求；

2　水力平衡度：各用户流量比在合理的范围内，是保证"均衡"供热和节能运行的基本要求。

4.4.3　供暖建筑室内温度、围护结构内表面温度的规定。

1　室内检测温度与室内设计温度的偏差应在合理的范围内，室内温度可以直接代表供热质量，是保证节能运行的基本要求；

2　围护结构内表面温度是衡量建筑物围护结构热工性能的数据，如不符合要求，必要时应对建筑物围护结构的热工性能进行检测。

4.5　节能评估报告

4.5.1　"供热系统节能评估报告"是对"供热系统节能查勘"、"供热系统节能评估"工作的书面总结，也是节能改造工作的基础，因此应涵盖查勘、评估工作的所有内容。

4.5.2　第 3 章的第 3.2.1、3.2.2、3.3.1、3.3.2、3.4.1、3.4.2、3.5.1、3.5.2、3.6.1、3.6.2 条对收集、查阅有关技术资料及到现场查勘提出了具体要求，可作为编写供热系统概述的依据。

4.5.4　节能改造工作能否做到事半功倍，关键是诊断出造成指标不合格的主要原因，从而在节能改造方案制定时做到对症下药。

4.5.6　"节能改造可行性分析及建议"是供热系统节能评估完成后，对下一步工作的指导性意见，也是节能改造是否实施，如何实施的决策依据，应综合节能需求、经济效益综合考虑，做到科学、详细、可实施。

4.5.7　预期节能改造效果是节能改造工作的最终目标，应有明确的量化指标。

5　节能改造

5.1　一般规定

5.1.1　供热热源主要包括热电厂首站和区域锅炉房。

5.1.2　改造项目的实施难度大，方案中应说明改造部位、改造内容、系统配合、实施顺序、施工标准、调试检测、运行要求。经济效益分析应说明投资回收年限。

5.1.4　目前直供系统的供热面积一般不超过 100 万 m^2，超过这个面积的供热系统一般都采用了间接连接，热力站供热面积一般为 10 万 m^2 左右，热力站小型化已成为趋势。所以为了说明供热系统大小，采用 100 万 m^2 或 10 个热力站为分界线。

规模较大的供热系统，容易出现水力失调、冷热不均、管理困难等问题，采用供热集中监控系统能缓解冷热不均、保证按需供热、确保安全运行、达到量化管理、健全供热档案，全面实现节能运行。

5.1.5、5.1.6 本条规定是根据《严寒和寒冷地区居住建筑节能设计标准》JGJ 26 的第 5.2.9 强条做出的。楼前设置热量表是作为该建筑物采暖耗热量的热量结算点。

5.1.7 目前节能技术有很多种，改造方案也就多样化。节能改造方案应由项目改造单位组织专家进行评审，改造方案是否可行，选择的节能技术是否成熟可靠，节能效果是否最佳，技术经济比较是否合理，以及实施中应该注意的事项等。

5.2 热电厂首站

5.2.1 热电厂首站供热量自动调节功能，一般可通过在蒸汽侧设置蒸汽电动阀自动调节进入换热器的蒸汽量实现。供热量自动调节功能对热网的节能运行来说非常重要，建筑物的供暖负荷是波动的，如果供大于求，会造成热量浪费。

5.2.2 当热网的运行调节采用分阶段变流量的质调节、量调节或质量并调，首站的循环水泵设置调速装置，以降低电耗，方便热网的运行调节。调速装置有变频、液力耦合、内馈等多种形式。

5.2.3 一个供热区域有多个供热系统，每个系统单独一个热源时，如果地势高差在管网压力允许范围内，这几个系统改造成联网运行的一个系统。形成多热源联网运行不仅节能，也可以提高系统的安全性。

5.2.4 改造为高温水系统可以避免蒸汽供热系统热损失大、供热半径小、调节不便、蓄热能力小、热稳定性差等问题。

5.2.5 热电厂低真空循环水供热是指在机组安全运行的前提下，将凝汽机组或抽凝机组的凝汽器真空度降低，利用排汽加热循环冷却水直接供热或作为一级加热器热源的一种供热方式。2001 年，原国家经贸委、国家发展计划委、建设部发布的《热电联产项目可行性研究科技规定》第 1.6.7 条规定："在有条件的地区，在采暖期间可考虑抽凝机组低真空运行，循环水供热采暖的方案，在非采暖期恢复常规运行"。由于采用循环水供热可以提高汽轮机组的热效率，能够得到较好的节能效果。自 20 世纪 70 年代开始，我国北方一些电厂陆续将部分装机容量小于或等于 50MW 的汽轮机采用此方式，实践表明，该技术可靠，机组运行稳定，节能效果明显。

5.2.6 通过在城市集中供热系统的用户热力站设置新型吸收式换热机组，将一次网供回水温度由传统的 130/70℃ 变为 130/20℃，这样一次网供回水温差就

由 60℃ 升高到 110℃，相同的管网输送能力可提高 80%；同时，20℃ 的一次网回水返厂后，由于水温较低，辅以电厂设置的余热回收专用热泵机组，就可以完全回收凝汽器内 30℃ 左右的低温汽轮机排汽余热。已经有案例表明：当应用于目前国内主流的燃煤热电联产机组（200MW～300MW 机组），可以在不增加总的燃煤量和不减少发电量的前提下，使目前的热电联产热源增加产热量 30%～50%，城市热力管网主干管的输送能力提高 70%～80%。

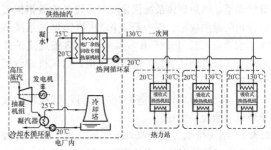

图 1 基于吸收式换热的热电联产集中供热技术流程

5.2.7 为提高热电联产的能源综合利用效率，在有条件的地区，可根据实际情况，由传统的"供热、发电、供蒸汽"改造为"供热、发电、供蒸汽、供生活热水"四联供系统。对于全年提供生活热水的供热系统，需为供热管理维护部门留出检修时间。

5.3 区域锅炉房

5.3.1 锅炉对燃料计量，是为了核算改造后单位面积燃料消耗量，判断是否达到节能效果的重要指标。

5.3.2 锅炉房集中监控系统是通过计算机对多台锅炉实行集中控制，根据热负荷的需求自动投入或停锅炉的台数，达到按需供热，均衡并延长锅炉的使用寿命，充分发挥每台锅炉的能力，保证每台锅炉处于较高负荷率下运行。《锅炉房设计规范》GB 50041 规定：单台蒸汽锅炉额定蒸发量大于等于 10t/h 或单台热水锅炉额定热功率大于等于 7MW 的锅炉房，宜设置集中控制系统。对于供热系统的节能改造而言，上述规定比较合理。技术要求见附录 B。

5.3.3 目前城市集中供热锅炉房多采用链条炉排，燃煤多为煤炭公司供应的混煤，着火条件差，炉膛温度低，燃烧不完全，炉渣含碳量高，锅炉热效率普遍偏低。采用分层、分行燃烧技术对减少炉渣含碳量、提高锅炉热效率，有明显的效果。

对于粉末含量高的燃煤，可以采用分层燃烧及型煤技术。该技术是将原煤在入料口先通过分层装置进行筛分，使大颗粒煤直接落至炉排上，小颗粒及粉末送入炉前型煤装置压制成核桃大小形状的煤块，然后送入炉排，以提高煤层的透气性，从而强化燃烧，提高锅炉热效率和减少环境污染。

5.3.4 气候补偿系统是供热量自动控制技术的一种。

目前尚无"气候补偿系统"行业标准，本规范编制组提出了气候补偿系统在锅炉房的应用，气候补偿系统能够根据室外气候条件及用户负荷需求的变化，通过自动控制技术实现按需供热的一种供热量调节，实现节能目的。具体使用方法及控制参数见附录C。

5.3.5 锅炉厂家配置的鼓、引风机及炉排给煤机容量按额定工况配置，有较大的节能空间。通过鼓、引风机变频及炉排给煤机调节满足系统实际工况的需要，并实现节约电能；炉排给煤机要随负荷的变化调节给煤量。锅炉烟风系统优化配置，设备能效指标要符合相关标准规定。现行行业标准《城镇供热系统节能技术规范》CJJ/T 185 第3.3.6～3.6.8条规定炉排给煤系统宜设调速装置，锅炉鼓风机、引风机应设调速装置。

5.3.6 燃气(油)锅炉改造为"多级分段式"或比例式燃烧机节能效果更好。

5.3.7 锅炉排烟温度较高，烟气回收的节能潜力较大，在有条件情况下，安装烟气冷凝回收装置；烟气冷凝回收装置的使用条件见附录D。

5.3.9 分时分区控制是供热量自动控制装置的一种。办公楼、学校、大礼堂、体育场馆等非全日使用的建筑，可改造为自动分时分区供暖系统，在锅炉房、热力站或建筑物热力入口处设自动控制阀门，由设置在锅炉房和热力站的分时分区控制器控制电动阀，实现按需供热，达到节能的效果。分时分区控制系统的应用要求见附录E。

5.3.10 一次水一级泵设在区域锅炉房，一级泵只负责锅炉房内一次水的循环阻力，定流量运行；各热力站设的一次水二级泵应能克服一次水从区域锅炉房至本热力站的循环阻力。分布式二级泵应为变频泵，并由供热量自动控制装置控制。分布式二级泵可降低一次水管网总的耗电量，同时可以兼顾解决一次水管网平衡的问题，在经济技术比较合理的前提下，可进行选用。

5.3.11 锅炉房的二级泵变频泵系统一般可在锅炉房进出口总管处设旁通管，旁通管将系统分为锅炉房和外网两部分，锅炉房与外网分别设置循环水泵，锅炉房的循环水泵成为一级泵，外网循环水泵成为二级泵，第二级泵应设调速装置。二级泵系统的设置有利于降低供热系统总的循环水泵的电耗。供热范围较大的锅炉房直供系统，改造成锅炉房间接供热系统或混水供热后，系统变小了，有利于各项节能技术的实施，有利于达到节能效果。

5.3.12 锅炉房内设计为二级泵系统时一级泵为定流量水泵，其他变流量系统水泵应设置变频调速装置。多台循环水泵并联运行，影响每台循环水泵的效率，一般不能达到耗电输热比的要求。循环水泵的台数和运行参数的选择应根据热网运行调节的方式来确定。

5.3.14 目前很多集中供热系统由于阀门、过滤器设置不合理或水泵选型太大，为防止电机超载关小总阀门的做法造成了过大的压降，这种不合理的压降可以占水泵有效扬程的30%甚至更多，因此应通过对整个系统的阻力进行优化，减少不必要的阀门、过滤器等造成过大的压降。

5.3.15 分项计量：热力站可分为循环水泵、补水泵、照明等耗电，对各项用电分项计量有利于加强热力站的管理，降低电耗。当锅炉房采用多项变频措施进行节能改造时：如循环水泵、炉排给煤机、鼓、引风机及燃烧机等应注意谐波含量对供配电支路的影响。

5.4 热 力 站

5.4.2 "气候补偿系统"是一种供热量自动调节技术，可在整个供暖期间根据室外气象条件的变化调节供热系统的供热量，保持热力站的供热量与建筑物的需热量一致，达到最佳的运行效率和稳定的供热质量。热力站的热力系统控制方式是指热力站热源侧的调节方式和用户侧负荷的调节方式。"气候补偿系统"应具备的功能，见附录C。

5.4.4 热力站对热量、循环水量、补水量、供回水温度、室外温度、供回水压力、电量及水泵的运行状态进行实时监测，方便进行供热量调节。

5.4.6 板式换热器相比其他方式换热器具有传热系数高、换热效果好、结构紧凑、体积小等优点，便于供热系统的运行调节。

5.5 供热管网

5.5.1 供热管网输送效率受管网保温效果、非正常失水控制及水力平衡度的影响，当供热管网输送效率低于90%时，要通过查勘结果，从以上三方面分析耗能因素进行节能改造。

5.5.2 供热管网补水有两个原因：正常失水和非正常失水。供热设备、水泵等运行中的排污、临时维修和少量阀门不严的滴漏属于正常失水；用户私自放水属于非正常失水。本规程供热管网补水量按第4.2.4条两个指标考核。

5.5.3 水力失衡现象是造成供热系统能耗过高的主要原因之一。水力失衡造成近端用户过热开窗散热、远端用户温度过低投诉。热计量、变流量、气候补偿系统、锅炉房集中监控技术、室温调控、水泵变频控制等节能技术的实施及高效运行都离不开水力平衡技术，水力平衡是保证其他节能措施可靠实施的前提。当供热系统的循环水泵集中设在锅炉房或热力站时，设计要求各并联环路之间的压力损失差值不应大于15%。现场可采用检测热力站或楼栋的流量与设计流量的比值或供回水平均温度来判断平衡度，当水力平衡度不满足要求时应首先通过无成本的水力平衡调节来解决，只有当仅通过调节仍无法解决问题时，才需要进一步采取其他管网水力平衡措施。

5.5.4 供热管网使用多年，由于原设计缺陷、负荷变化等原因，管网一般都存在水力不平衡现象。可借供热管网更新改造的机会，优化管网布局及调整管径，最大可能消除水力不平衡现象。现行行业标准《城镇供热系统节能技术规范》CJJ/T 185 第 3.6.4 规定：新建管网和既有管网改造时应进行水力计算，当各并联环路的计算压力损失差值大于 15% 时，应在热力入口处设自力式压差控制阀。

5.5.6 一个锅炉房与多个热力站组成的一次水供热系统中，各热力站可能相距较远、阻力相差悬殊，为稳定各热力站的一次水的供水压差，宜在各环路干、支管道及热力站的一次水入口设性能可靠的水力平衡阀门，最不利的热力站无必要设。

一个热力站与多个环路组成的二次水供热系统中，可在各环路干、支管道及楼栋二次水入口总供水管上设水力平衡阀门；为尽量减少供热系统的水流阻力，热源出口总管上、热力站出口总管上不应再串联设置自力式流量控制阀，最不利的楼栋无必要设。

5.6 建筑物供暖系统

5.6.1 本条是根据《严寒和寒冷地区居住建筑节能设计标准》JGJ 26 中第 5.3.3 条的规定。热计量装置包括热量表、热分摊装置。

5.6.3 在建筑物内安装供热计量数据采集和远传系统的优点非常明显：不仅能实时了解热量分配情况，还可以帮助供热管理部门实时了解供热效果，同时它还是供热计量得到实施的关键步骤。因此建议有条件的场合争取安装供热计量数据集控中心。

5.6.4 垂直单管顺流式供暖系统改为垂直单管跨越式或垂直双管式系统，由于干管、立管、支管及散热器配置的变化，需要进行水力平衡复核验算，以保证节能改造后的室温并避免垂直和水平失调。

5.6.6 实行热计量后，户内或室内设有温控设施，用户流量可自行调节，水力平衡阀门的类型要适应所采用的热计量分摊、温控的方式。水力平衡阀门的选用按"附录 F"规定。

5.6.7 目前混水技术得到了灵活应用，该技术对缓解水力、热力失调，匹配同一系统不同供暖末端等有很大作用。

5.6.8 检验供热效果就是保证用户室温达到要求，即使是实行热计量后，用户室温也需要实时了解。用户室温监测是一个实时系统，可以对典型用户进行连续监测。

6 施工及验收

6.1 一般规定

6.1.1 要求具有相应资质的单位承担，是为了保证

工程质量和预期的节能效果。

6.1.2 施工中如需要修改原设计方案，应有设计变更或工程洽商的正规手续。

6.1.3 供热系统节能改造施工验收应符合国家现行标准《锅炉安装工程施工及验收规范》GB 50273、《城镇供热管网工程施工及验收规范》CJJ 28 及《建筑节能工程施工质量验收规范》GB 50411外，还应符合《自动化仪表工程施工及质量验收规范》GB 50093、《风机、压缩机、泵安装工程施工及验收规范》GB 50275、《机械设备安装工程施工及验收通用规范》GB 50231、《通风与空调工程施工质量验收规范》GB 50243、《建筑给水排水及采暖工程施工质量验收规范》GB 50242 的要求。当所采用的设备有特殊要求时，应符合相应的企业标准。

6.1.4 如为防止锅炉和换热器安装调试期间发生汽化，应有安全流量的保障措施。

6.2 自动化仪表安装调试

6.2.1 供热系统自动化仪表工程施工及验收包括"供热系统集中自动控制"、"锅炉房集中监控"、"气候补偿系统"、"分时分区控制系统"、"烟气冷凝回收装置"、"水泵风机变频装置"及"热计量装置"等各项节能技术的自动化仪表安装调试。

6.2.2 "单机试运行及调试"和"联合试运行及调试"是《建筑节能工程施工质量验收规范》GB 50411 的要求。"联合试运行及调试"是指在供热系统的热源、管网及室内采暖系统带负荷运转情况下，进行调试。

6.2.3 自动化仪表工程的调试应按产品的技术文件和节能改造设计文件进行，一般按下列要求进行：

  1 电气设备检查：

    1）电气回路和控制回路的接线是否正确、牢固；

    2）电气系统是否可靠接地；

    3）在通电状态下，电气元件动作是否正常；

  2 现场控制系统性能试验：

    1）控制系统整机试验；

    2）在控制器人机界面上读温度、压力等参数，并直接在控制器人机界面上按手动方式启停补水泵、循环水泵、电磁阀等，增加或减少变频器的频率，增加或减少电动调节阀的开度，应符合工艺要求；

    3）直接在控制器人机界面上设定温度、压力等参数的上下限，超压、超温及停电等相关参数，应符合工艺要求；

  3 监控中心的功能测试：

    1）监控中心功能试验包括：显示、处理、操作、控制、报警、诊断、通信、打印、拷贝等基本功能检查试验；

    2）控制方案、控制和连锁程序的检查；

4 带负荷热态试验：

1) 控制系统应在带负荷热态运行过程中，满足168h 无故障运行要求；

2) 控制系统节能效果试验应符合《建筑节能工程施工质量验收规范》GB 50411-2007 的要求。

6.3 烟气冷凝回收装置安装调试

6.3.1 烟气冷凝回收装置安装调试及运行时，要特别注意及时排除冷凝水，防止冷凝水进入锅炉。目前尚无"烟气冷凝回收装置"行业标准，"烟气冷凝回收装置"的安装要符合企业标准的要求。

6.3.2 "单机试运行及调试"和"联合试运行及调试"是《建筑节能工程施工质量验收规范》GB 50411 的要求。被加热水量的安全值要求、锅炉与被加热水系统的连锁控制的主要目的是防止干烧，保护设备。烟风系统的调节要求是由于安装烟气余热回收装置后烟风系统阻力会有所增加，可能会影响到燃烧器的燃烧。

6.3.3 烟气冷凝回收装置的节能测试数据包括：燃气耗量、燃气低位热值、烟气进出口温度、烟气进出口压力、烟气冷凝水量、烟气冷凝水温度；被加热水流量、被加热水进出口温度、被加热水进出口压力等。

6.4 水力平衡装置安装调试

6.4.1 不同的水力平衡装置产品对于安装位置、阀门前后直管段、阀门方向、操作空间等方面均有不同要求，应根据产品说明书要求进行安装。

6.4.2 水力平衡装置根据产品及应用的不同，需要配套安装相应的过滤器、压力表等辅助元件以方便调试、故障诊断或保护水力平衡装置，安装时应符合设计要求。

6.5 热计量装置安装调试

6.5.3 工作环境包括：温度、湿度、电磁环境、介质温度、介媒质压力等，热量表的工作环境一般要符合《热量表》CJ 128 的规定。

6.5.4 当节能改造的建筑无防雷击措施时，注意要综合考虑有效的防雷击措施。

6.6 竣工验收

6.6.3 供热系统节能改造工程的技术资料要正式归档，以便日后运行时对照参考。

7 节能改造效果评价

7.0.1 对节能改造工程投入运行后的实际节能效果进行分析和评价，目的是验证节能技术方案的合理性，并为节能改造工程的技术经济性分析提供依据，

也为同类节能改造技术方案在其他供热系统中实施提供参考依据。

7.0.2 节能改造效果评价应包括供热质量的评价内容，是因为一般来说，供热系统的节能改造有助于改善供热质量，在节能评价时，包括供热质量的分析，有利于评价的全面性和客观性。

7.0.4 本条提出了供热系统能耗测试的主要内容，在实际节能改造工程节能效果评价时，应根据所采用的节能改造技术方案，选择相应的测试内容。

7.0.5 本条提出了供热系统能耗评价的主要指标，在实际节能改造工程能效评价时，应根据所采用的节能改造技术方案，合理选择具体指标进行评价分析。

7.0.6 节能率按本规程第2.0.7条计算：（改造前的单位供暖建筑面积能耗－改造后的单位供暖建筑面积能耗）/改造前单位供暖面积能耗，必要时考虑修正。

7.0.7 前期的节能检测评估工作不准确、不到位或节能改造方案制定不合理时，会导致达不到预期的节能效果。对于这种情况，必要时重新做节能检测评估、重新制定节能改造方案，完善节能改造措施。

附录F 管网水力平衡优化

F.0.2 供热管网形式分为变流量系统及定流量系统。变流量系统指管网内流量随负荷变化而变化；与之相对应的定流量系统运行时，管网内流量基本保持不变，不随负荷变化而变化。变流量系统由于系统在部分负荷工作时，流量和系统内压力分布发生改变，其所产生的水力平衡问题有异于定流量系统，在选择水力平衡及调节阀门时，应予区分。

管网运行调节模式主要有质调节、量调节、质量并调、分时分区控制，对不同使用功能的建筑进行分时分区温度和流量控制、分阶段变流量（系统为定流量系统时，随气候变化进行水泵运行台数或频率调节）等调节模式，水力平衡及调节阀门的选取应与系统形式及运行调节模式相适应。

热计量改革在得到大面积推广后，配合室内温控措施，随着终端用户、热网运行管理单位用热及管理运营思路的改变，供热管网的整体运行模式将产生较大改变。因此针对不同的热计量及温控方式的特点，应采取不同的水力平衡及调节阀门。

不同厂家对于水力平衡及调节阀门的选型、安装均有不同要求，应根据系统要求，进行选用及安装。

F.0.3 水力平衡阀，又称手动平衡阀、数字锁定平衡阀。其工作原理为：通过阀门节流，消耗阀门所在回路富裕压降，使回路流量等于设计值；其特殊调试方式需逐级安装，即各级支、干管分支处均应安装。

自力式流量控制阀，又称动态流量平衡阀、流量

限制器、自力式流量平衡阀。其工作原理为：通过自力式机构，在系统压力变化时，维持系统中某回路流量恒定。

自力式压差控制阀，又称压差控制器、动态压差平衡阀。其工作原理为：通过自力式机构，在系统压力变化时，维持系统中某回路或两点间压差恒定。除与静态平衡阀联用实现流量限制及测量外，一般不需与其他形式水力平衡阀门联用。

动态压差平衡型电动调节阀，又称恒压差电动调节阀。其工作原理为：此阀门由自力式压差平衡阀与电动调节阀复合而成，由自力式压差平衡阀控制电动调节阀两端压降恒定，以实现在系统压力波动时，通过阀门的流量不受影响。其具有水力平衡与控制两项，一般仅在需要温度控制的末端安装即可，不需与其他形式水力平衡阀门联用。

F.0.4 末端楼前混水装置只需较小的占地空间以及相对较少的投资和设备安装量就可解决个别楼宇的特殊用热参数需求，如新老建筑或地板辐射低温末端与散热器末端共存同一供热系统中时所需要的供热参数不一致，与此同时还可兼顾解决局部水力失衡现象。

采用末端楼前混水装置可实现供热管网大温差小流量供热，楼内供热系统小温差大流量用热，有利于削弱建筑内热力失调，节约水泵输送能耗，同时兼顾解决系统水力失衡问题。

中华人民共和国国家标准

建筑工程绿色施工规范

Code for green construction of building

GB/T 50905—2014

主编部门：中华人民共和国住房和城乡建设部
批准部门：中华人民共和国住房和城乡建设部
施行日期：２０１４年１０月１日

中华人民共和国住房和城乡建设部
公　告

第 321 号

住房城乡建设部关于发布国家标准
《建筑工程绿色施工规范》的公告

现批准《建筑工程绿色施工规范》为国家标准，编号为 GB/T 50905 - 2014，自 2014 年 10 月 1 日起实施。

本规范由我部标准定额研究所组织中国建筑工业出版社出版发行。

中华人民共和国住房和城乡建设部
2014 年 1 月 29 日

前　言

根据住房和城乡建设部《关于印发〈2010 年工程建设标准规范制订、修订计划〉的通知》（建标 [2010] 43 号）的要求，规范编制组经广泛调查研究，认真总结实践经验，参考有关国际标准和国外先进标准，并在广泛征求意见的基础上，编制本规范。

本规范的主要技术内容是：1 总则；2 术语；3 基本规定；4 施工准备；5 施工场地；6 地基与基础工程；7 主体结构工程；8 装饰装修工程；9 保温和防水工程；10 机电安装工程；11 拆除工程。

本规范由住房和城乡建设部负责管理，由中国建筑股份有限公司负责具体技术内容的解释。执行过程中如有意见或建议，请寄送中国建筑股份有限公司（地址：北京三里河路 15 号中建大厦，邮政编码：100037）。

本 规 范 主 编 单 位：中国建筑股份有限公司
　　　　　　　　　　中国建筑技术集团有限公司
本 规 范 参 编 单 位：中国建筑业协会绿色施工分会
　　　　　　　　　　中国建筑第八工程局有限公司
　　　　　　　　　　中国建筑一局（集团）有限公司
　　　　　　　　　　中国建筑第七工程局有限公司
　　　　　　　　　　中国建筑第四工程局有限公司
　　　　　　　　　　中国建筑设计咨询公司

北京建工集团有限责任公司
北京远达国际工程管理咨询有限公司
上海市建设工程质量安全监督总站
湖南省建筑工程集团总公司
中天建设集团有限公司
山西建筑工程（集团）总公司
江苏省苏中建设集团股份有限公司
广州市建筑集团有限公司
广东省建筑工程集团有限公司
浙江宝业建设集团有限公司
北京城建集团有限责任公司
吉林建工集团有限公司
云南官房建筑集团股份有限公司
中国航天建设集团有限公司
中国建筑第三工程局有限公司
成都市第一建筑工程公司

本规范主要起草人员：肖绪文　赵　伟　王玉岭　　　　　　杜　杰　黄　健　苏建华
　　　　　　　　　　张晶波　潘延平　马荣全　　　　　　　陈　浩　王　伟　于亚龙
　　　　　　　　　　薛　刚　何　瑞　王世亮　　　　　　　李　娟　刘小虎　王　茜
　　　　　　　　　　霍瑞琴　余海敏　焦安亮　本规范主要审查人员：杨嗣信　孙振声　汪道金
　　　　　　　　　　董晓辉　冯　跃　李泰炯　　　　　　　高本礼　贺贤娟　王存贵
　　　　　　　　　　冯大阔　郝　军　蒋金生　　　　　　　段　恺　范　峰　李东彬
　　　　　　　　　　冉志伟　张晋勋　潘丽玲　　　　　　　孙永民　吴聚龙

目 次

Contents

1 总 则

1.0.1 为规范建筑工程绿色施工，做到节约资源、保护环境以及保障施工人员的安全与健康，制定本规范。

1.0.2 本规范适用于新建、扩建、改建及拆除等建筑工程的绿色施工。

1.0.3 建筑工程绿色施工除应符合本规范的规定外，尚应符合国家现行有关标准的规定。

2 术 语

2.0.1 绿色施工 green construction

在保证质量、安全等基本要求的前提下，通过科学管理和技术进步，最大限度地节约资源，减少对环境负面影响，实现节能、节材、节水、节地和环境保护（"四节一环保"）的建筑工程施工活动。

2.0.2 建筑垃圾 construction trash

新建、扩建、改建和拆除各类建筑物、构筑物、管网等以及装饰装修房屋过程中产生的废物料。

2.0.3 建筑废弃物 building waste

建筑垃圾分类后，丧失施工现场再利用价值的部分。

2.0.4 绿色施工评价 green construction evaluation

对工程建设项目绿色施工水平及效果所进行的评估活动。

2.0.5 信息化施工 informative construction

利用计算机、网络和数据库等信息化手段，对工程项目实施过程的信息进行有序存储、处理、传输和反馈的施工模式。

2.0.6 建筑工业化 construction industrialization

以现代化工业生产方式，在工厂完成建筑构、配件制造，在施工现场进行安装的建造模式。

3 基 本 规 定

3.1 组织与管理

3.1.1 建设单位应履行下列职责：

1 在编制工程概算和招标文件时，应明确绿色施工的要求，并提供包括场地、环境、工期、资金等方面的条件保障。

2 应向施工单位提供建设工程绿色施工的设计文件、产品要求等相关资料，保证资料的真实性和完整性。

3 应建立工程项目绿色施工的协调机制。

3.1.2 设计单位应履行下列职责：

1 应按国家现行有关标准和建设单位的要求进行工程的绿色设计。

2 应协助、支持、配合施工单位做好建筑工程绿色施工的有关设计工作。

3.1.3 监理单位应履行下列职责：

1 应对建筑工程绿色施工承担监理责任。

2 应审查绿色施工组织设计、绿色施工方案或绿色施工专项方案，并在实施过程中做好监督检查工作。

3.1.4 施工单位应履行下列职责：

1 施工单位是建筑工程绿色施工的实施主体，应组织绿色施工的全面实施。

2 实行总承包管理的建设工程，总承包单位应对绿色施工负总责。

3 总承包单位应对专业承包单位的绿色施工实施管理，专业承包单位应对工程承包范围的绿色施工负责。

4 施工单位应建立以项目经理为第一责任人的绿色施工管理体系，制定绿色施工管理制度，负责绿色施工的组织实施，进行绿色施工教育培训，定期开展自检、联检和评价工作。

5 绿色施工组织设计、绿色施工方案或绿色施工专项方案编制前，应进行绿色施工影响因素分析，并据此制定实施对策和绿色施工评价方案。

3.1.5 参建各方应积极推进建筑工业化和信息化施工。建筑工业化宜重点推进结构构件预制化和建筑配件整体装配化。

3.1.6 应做好施工协同，加强施工管理，协商确定工期。

3.1.7 施工现场应建立机械设备保养、限额领料、建筑垃圾再利用的台账和清单。工程材料和机械设备的存放、运输应制定保护措施。

3.1.8 施工单位应强化技术管理，绿色施工过程技术资料应收集和归档。

3.1.9 施工单位应根据绿色施工要求，对传统施工工艺进行改进。

3.1.10 施工单位应建立不符合绿色施工要求的施工工艺、设备和材料的限制、淘汰等制度。

3.1.11 应按现行国家标准《建筑工程绿色施工评价标准》GB/T 50640 的规定对施工现场绿色施工实施情况进行评价，并根据绿色施工评价情况，采取改进措施。

3.1.12 施工单位应按照国家法律、法规的有关要求，制定施工现场环境保护和人员安全等突发事件的应急预案。

3.2 资 源 节 约

3.2.1 节材及材料利用应符合下列规定：

1 应根据施工进度、材料使用时点、库存情况等制定材料的采购和使用计划。

2 现场材料应堆放有序，并满足材料储存及质量保持的要求。

3 工程施工使用的材料宜选用距施工现场500km以内生产的建筑材料。

3.2.2 节水及水资源利用应符合下列规定：

1 现场应结合给排水点位置进行管线线路和阀门预设位置的设计，并采取管网和用水器具防渗漏的措施。

2 施工现场办公区、生活区的生活用水应采用节水器具。

3 宜建立雨水、中水或其他可利用水资源的收集利用系统。

4 应按生活用水与工程用水的定额指标进行控制。

5 施工现场喷洒路面、绿化浇灌不宜使用自来水。

3.2.3 节能及能源利用应符合下列规定：

1 应合理安排施工顺序及施工区域，减少作业区机械设备数量。

2 应选择功率与负荷相匹配的施工机械设备，机械设备不宜低负荷运行，不宜采用自备电源。

3 应制定施工能耗指标，明确节能措施。

4 应建立施工机械设备档案和管理制度，机械设备应定期保养维修。

5 生产、生活、办公区域及主要机械设备宜分别进行耗能、耗水及排污计量，并做好相应记录。

6 应合理布置临时用电线路，选用节能器具，采用声控、光控和节能灯具；照明照度宜按最低照度设计。

7 宜利用太阳能、地热能、风能等可再生能源。

8 施工现场宜错峰用电。

3.2.4 节地及土地资源保护应符合下列规定：

1 应根据工程规模及施工要求布置施工临时设施。

2 施工临时设施不宜占用绿地、耕地以及规划红线以外场地。

3 施工现场应避让、保护场区及周边的古树名木。

3.3 环境保护

3.3.1 施工现场扬尘控制应符合下列规定：

1 施工现场宜搭设封闭式垃圾站。

2 细散颗粒材料、易扬尘材料应封闭堆放、存储和运输。

3 施工现场出口应设冲洗池，施工场地、道路应采取定期洒水抑尘措施。

4 土石方作业区内扬尘目测高度应小于1.5m，结构施工、安装、装饰装修阶段目测扬尘高度应小于0.5m，不得扩散到工作区域外。

5 施工现场使用的热水锅炉等宜使用清洁燃料。不得在施工现场融化沥青或焚烧油毡、油漆以及其他产生有毒、有害烟尘和恶臭气体的物质。

3.3.2 噪声控制应符合下列规定：

1 施工现场宜对噪声进行实时监测；施工场界环境噪声排放昼间不应超过70dB（A），夜间不应超过55dB（A）。噪声测量方法应符合现行国家标准《建筑施工场界环境噪声排放标准》GB 12523的规定。

2 施工过程宜使用低噪声、低振动的施工机械设备，对噪声控制要求较高的区域应采取隔声措施。

3 施工车辆进出现场，不宜鸣笛。

3.3.3 光污染控制应符合下列规定：

1 应根据现场和周边环境采取限时施工、遮光和全封闭等避免或减少施工过程中光污染的措施。

2 夜间室外照明灯应加设灯罩，光照方向应集中在施工范围内。

3 在光线作用敏感区域施工时，电焊作业和大型照明灯具应采取防光外泄措施。

3.3.4 水污染控制应符合下列规定：

1 污水排放应符合现行行业标准《污水排入城镇下水道水质标准》CJ 343的有关要求。

2 使用非传统水源和现场循环水时，宜根据实际情况对水质进行检测。

3 施工现场存放的油料和化学溶剂等物品应设专门库房，地面应做防渗漏处理。废弃的油料和化学溶剂应集中处理，不得随意倾倒。

4 易挥发、易污染的液态材料，应使用密闭容器存放。

5 施工机械设备使用和检修时，应控制油料污染；清洗机具的废水和废油不得直接排放。

6 食堂、盥洗室、淋浴间的下水管线应设置过滤网，食堂应另设隔油池。

7 施工现场宜采用移动式厕所，并应定期清理。固定厕所应设化粪池。

8 隔油池和化粪池应做防渗处理，并应进行定期清运和消毒。

3.3.5 施工现场垃圾处理应符合下列规定：

1 垃圾应分类存放、按时处置。

2 应制定建筑垃圾减量计划，建筑垃圾的回收利用应符合现行国家标准《工程施工废弃物再生利用技术规范》GB/T 50743的规定。

3 有毒有害废弃物的分类率应达到100%；对有可能造成二次污染的废弃物应单独储存，并设置醒目标识。

4 现场清理时，应采用封闭式运输，不得将施工垃圾从窗口、洞口、阳台等处抛撒。

3.3.6 施工使用的乙炔、氧气、油漆、防腐剂等危险品、化学品的运输和储存应采取隔离措施。

4 施 工 准 备

4.0.1 施工单位应根据设计文件、场地条件、周边环境和绿色施工总体要求，明确绿色施工的目标、材料、方法和实施内容，并在图纸会审时提出需设计单位配合的建议和意见。

4.0.2 施工单位应编制包含绿色施工管理和技术要求的工程绿色施工组织设计、绿色施工方案或绿色施工专项方案，并经审批通过后实施。

4.0.3 绿色施工组织设计、绿色施工方案或绿色施工专项方案编制应符合下列规定：

　　1 应考虑施工现场的自然与人文环境特点。

　　2 应有减少资源浪费和环境污染的措施。

　　3 应明确绿色施工的组织管理体系、技术要求和措施。

　　4 应选用先进的产品、技术、设备、施工工艺和方法，利用规划区域内设施。

　　5 应包含改善作业条件、降低劳动强度、节约人力资源等内容。

4.0.4 施工现场宜实行电子文档管理。

4.0.5 施工单位宜建立建筑材料数据库，应采用绿色性能相对优良的建筑材料。

4.0.6 施工单位宜建立施工机械设备数据库。应根据现场和周边环境情况，对施工机械和设备进行节能、减排和降耗指标分析和比较，采用高性能、低噪声和低能耗的机械设备。

4.0.7 在绿色施工评价前，依据工程项目环境影响因素分析情况，应对绿色施工评价要素中一般项和优选项的条目数进行相应调整，并经工程项目建设和监理方确认后，作为绿色施工的相应评价依据。

4.0.8 在工程开工前，施工单位应完成绿色施工的各项准备工作。

5 施 工 场 地

5.1 一 般 规 定

5.1.1 在施工总平面设计时，应针对施工场地、环境和条件进行分析，制定具体实施方案。

5.1.2 施工总平面布置宜利用场地及周边现有和拟建建筑物、构筑物、道路和管线等。

5.1.3 施工前应制定合理的场地使用计划；施工中应减少场地干扰，保护环境。

5.1.4 临时设施的占地面积可按最低面积指标设计，有效使用临时设施用地。

5.1.5 塔吊等垂直运输设施基座宜采用可重复利用的装配式基座或利用在建工程的结构。

5.2 施工总平面布置

5.2.1 施工现场平面布置应符合下列规定：

　　1 在满足施工需要前提下，应减少施工用地。

　　2 应合理布置起重机械和各项施工设施，统筹规划施工道路。

　　3 应合理划分施工分区和流水段，减少专业工种之间交叉作业。

5.2.2 施工现场平面布置应根据施工各阶段的特点和要求，实行动态管理。

5.2.3 施工现场生产区、办公区和生活区应实现相对隔离。

5.2.4 施工现场作业棚、库房、材料堆场等布置宜靠近交通线路和主要用料部位。

5.2.5 施工现场的强噪声机械设备宜远离噪声敏感区。

5.3 场区围护及道路

5.3.1 施工现场大门、围挡和围墙宜采用可重复利用的材料和部件，并应工具化、标准化。

5.3.2 施工现场入口应设置绿色施工制度牌图。

5.3.3 施工现场道路布置应遵循永久道路和临时道路相结合的原则。

5.3.4 施工现场主要道路的硬化处理宜采用可周转使用的材料和构件。

5.3.5 施工现场围墙、大门和施工道路周边宜设绿化隔离带。

5.4 临 时 设 施

5.4.1 临时设施的设计、布置和使用，应采取有效的节能降耗措施，并应符合下列规定：

　　1 应利用场地自然条件，临时建筑的体形宜规整，有自然通风和采光，并应满足节能要求。

　　2 临时设施宜选用由高效保温、隔热、防火材料制成的复合墙体和屋面，以及密封保温隔热性能好的门窗。

　　3 临时设施建设不宜使用一次性墙体材料。

5.4.2 办公和生活临时用房应采用可重复利用的房屋。

5.4.3 严寒和寒冷地区外门应采取防寒措施。夏季炎热地区的外窗宜设置外遮阳。

6 地基与基础工程

6.1 一 般 规 定

6.1.1 桩基施工应选用低噪、环保、节能、高效的机械设备和工艺。

6.1.2 地基与基础工程施工时，应识别场地内及周边现有的自然、文化和建（构）筑物特征，并采取相应保护措施。场内发现文物时，应立即停止施工，派专人看管，并通知当地文物主管部门。

6.1.3 应根据气候特征选择施工方法、施工机械、安排施工顺序、布置施工场地。

6.1.4 地基与基础工程施工应符合下列规定：

1 现场土、料存放应采取加盖或植被覆盖措施。

2 土方、渣土装卸车和运输车应有防止遗撒和扬尘的措施。

3 对施工过程产生的泥浆应设置专门的泥浆池或泥浆罐车存储。

6.1.5 基础工程涉及的混凝土结构、钢结构、砌体结构工程应按本规范第 7 章的有关要求执行。

6.2 土石方工程

6.2.1 土石方工程开挖前应进行挖、填方的平衡计算，在土石方场内应有效利用、运距最短和工序衔接紧密。

6.2.2 工程渣土应分类堆放和运输，其再生利用应符合现行国家标准《工程施工废弃物再生利用技术规范》GB/T 50743 的规定。

6.2.3 土石方工程开挖宜采用逆作法或半逆作法进行施工，施工中应采取通风和降温等改善地下工程作业条件的措施。

6.2.4 在受污染的场地进行施工时，应对土质进行专项检测和治理。

6.2.5 土石方工程爆破施工前，应进行爆破方案的编制和评审；应采取防尘和飞石控制措施。

6.2.6 4 级风以上天气，严禁土石方工程爆破施工作业。

6.3 桩基工程

6.3.1 成桩工艺应根据桩的类型、使用功能、土层特性、地下水位、施工机械、施工环境、施工经验、制桩材料供应条件等，按安全适用、经济合理的原则选择。

6.3.2 混凝土灌注桩施工应符合下列规定：

1 灌注桩采用泥浆护壁成孔时，应采取导流沟和泥浆池等排浆及储浆措施。

2 施工现场应设置专用泥浆池，并及时清理沉淀的废渣。

6.3.3 工程桩不宜采用人工挖孔成桩。当特殊情况采用时，应采取护壁、通风和防坠落措施。

6.3.4 在城区或人口密集地区施工混凝土预制桩和钢桩时，宜采用静力沉桩工艺。静力压装宜选择液压式和绳索式压桩工艺。

6.3.5 工程桩桩顶剔除部分的再生利用应符合现行国家标准《工程施工废弃物再生利用技术规范》GB/T 50743 的规定。

6.4 地基处理工程

6.4.1 换填法施工应符合下列规定：

1 回填土施工应采用防止扬尘的措施，4 级风以上天气严禁回填土施工。施工间歇时应对回填土进行覆盖。

2 当采用砂石料作为回填材料时，宜采用振动碾压。

3 灰土过筛施工应采取避风措施。

4 开挖原土的土质不适宜回填时，应采取土质改良措施后加以利用。

6.4.2 在城区或人口密集地区，不宜使用强夯法施工。

6.4.3 高压喷射注浆法施工的浆液应有专用容器存放，置换出的废浆应收集清理。

6.4.4 采用砂石回填时，砂石填充料应保持湿润。

6.4.5 基坑支护结构采用锚杆（锚索）时，宜采用可拆式锚杆。

6.4.6 喷射混凝土施工宜采用湿喷或水泥裹砂喷射工艺，并采取防尘措施。喷射混凝土作业区的粉尘浓度不应大于 10mg/m³，喷射混凝土作业人员应佩戴防尘用具。

6.5 地下水控制

6.5.1 基坑降水宜采用基坑封闭降水方法。

6.5.2 基坑施工排出的地下水应加以利用。

6.5.3 采用井点降水施工时，地下水位与作业面高差宜控制在 250mm 以内，并应根据施工进度进行水位自动控制。

6.5.4 当无法采用基坑封闭降水，且基坑抽水对周围环境可能造成不良影响时，应采用对地下水无污染的回灌方法。

7 主体结构工程

7.1 一般规定

7.1.1 预制装配式结构构件，宜采取工厂化加工；构件的存放和运输应采取防止变形和损坏的措施；构件的加工和进场顺序应与现场安装顺序一致，不宜二次倒运。

7.1.2 基础和主体结构施工应统筹安排垂直和水平运输机械。

7.1.3 施工现场宜采用预拌混凝土和预拌砂浆。现场搅拌混凝土和砂浆时，应使用散装水泥；搅拌机棚应有封闭降噪和防尘措施。

7.2 混凝土结构工程

Ⅰ 钢 筋 工 程

7.2.1 钢筋宜采用专用软件优化放样下料，根据优化配料结果确定进场钢筋的定尺长度。

7.2.2 钢筋工程宜采用专业化生产的成型钢筋。钢筋现场加工时，宜采取集中加工方式。

7.2.3 钢筋连接宜采用机械连接方式。

7.2.4 进场钢筋原材料和加工半成品应存放有序、标识清晰、储存环境适宜，并应制定保管制度，采取防潮、防污染等措施。

7.2.5 钢筋除锈时，应采取避免扬尘和防止土壤污染的措施。

7.2.6 钢筋加工中使用的冷却液体，应过滤后循环使用，不得随意排放。

7.2.7 钢筋加工产生的粉末状废料，应收集和处理，不得随意掩埋或丢弃。

7.2.8 钢筋安装时，绑扎丝、焊剂等材料应妥善保管和使用，散落的余废料应收集利用。

7.2.9 箍筋宜采用一笔箍或焊接封闭箍。

Ⅱ 模 板 工 程

7.2.10 应选用周转率高的模板和支撑体系。模板宜选用可回收利用高的塑料、铝合金等材料。

7.2.11 宜使用大模板、定型模板、爬升模板和早拆模板等工业化模板及支撑体系。

7.2.12 当采用木或竹制模板时，宜采取工厂化定型加工、现场安装的方式，不得在工作面上直接加工拼装。在现场加工时，应设封闭场所集中加工，并采取隔声和防粉尘污染措施。

7.2.13 模板安装精度应符合现行国家标准《混凝土结构工程施工质量验收规范》GB 50204 的要求。

7.2.14 脚手架和模板支撑宜选用承插式、碗扣式、盘扣式等管件合一的脚手架材料搭设。

7.2.15 高层建筑结构施工，应采用整体或分片提升的工具式脚手架和分段悬挑式脚手架。

7.2.16 模板及脚手架施工应回收散落的铁钉、铁丝、扣件、螺栓等材料。

7.2.17 短木方应叉接接长，木、竹胶合板的边角余料应拼接并利用。

7.2.18 模板脱模剂应选用环保型产品，并派专人保管和涂刷，剩余部分应加以利用。

7.2.19 模板拆除宜按支设的逆向顺序进行，不得硬撬或重砸。拆除平台楼层的底模，应采取临时支撑、支垫等防止模板坠落和损坏的措施。并应建立维护维修制度。

Ⅲ 混 凝 土 工 程

7.2.20 在混凝土配合比设计时，应减少水泥用量，增加工业废料、矿山废渣的掺量；当混凝土中添加粉煤灰时，宜利用其后期强度。

7.2.21 混凝土宜采用泵送、布料机布料浇筑；地下大体积混凝土宜采用溜槽或串筒浇筑。

7.2.22 超长无缝混凝土结构宜采用滑动支座法、跳仓法和综合治理法施工；当裂缝控制要求较高时，可采用低温补仓法施工。

7.2.23 混凝土振捣应采用低噪声振捣设备，也可采取围挡等降噪措施；在噪声敏感环境或钢筋密集时，宜采用自密实混凝土。

7.2.24 混凝土宜采用塑料薄膜加保温材料覆盖保湿、保温养护；当采用洒水或喷雾养护时，养护用水宜使用回收的基坑降水或雨水；混凝土竖向构件宜采用养护剂进行养护。

7.2.25 混凝土结构宜采用清水混凝土，其表面应涂刷保护剂。

7.2.26 混凝土浇筑余料应制成小型预制件，或采用其他措施加以利用，不得随意倾倒。

7.2.27 清洗泵送设备和管道的污水应经沉淀后回收利用，浆料分离后可作室外道路、地面等垫层的回填材料。

7.3 砌体结构工程

7.3.1 砌体结构宜采用工业废料或废渣制作的砌块及其他节能环保的砌块。

7.3.2 砌块运输宜采用托板整体包装，现场应减少二次搬运。

7.3.3 砌块湿润和砌体养护宜使用检验合格的非自来水源。

7.3.4 混合砂浆掺合料可使用粉煤灰等工业废料。

7.3.5 砌筑施工时，落地灰应随即清理、收集和再利用。

7.3.6 砌块应按组砌图砌筑；非标准砌块应在工厂加工按计划进场，现场切割时应集中加工，并采取防尘降噪措施。

7.3.7 毛石砌体砌筑时产生的碎石块，应加以回收利用。

7.4 钢结构工程

7.4.1 钢结构深化设计时，应结合加工、运输、安装方案和焊接工艺要求，确定分段、分节数量和位置，优化节点构造，减少钢材用量。

7.4.2 钢结构安装连接宜选用高强螺栓连接，钢结构宜采用金属涂层进行防腐处理。

7.4.3 大跨度钢结构安装宜采用起重机吊装、整体提升、顶升和滑移等机械化程度高、劳动强度低的方法。

7.4.4 钢结构加工应制定废料减量计划，优化下料，综合利用余料，废料应分类收集、集中堆放、定期回收处理。

7.4.5 钢材、零（部）件、成品、半成品件和标准件等应堆放在平整、干燥场地或仓库内。

7.4.6 复杂空间钢结构制作和安装，应预先采用仿真技术模拟施工过程和状态。

7.4.7 钢结构现场涂料应采用无污染、耐候性好的材料。防火涂料喷涂施工时，应采取防止涂料外泄的专项措施。

7.5 其 他

7.5.1 装配式混凝土结构安装所需的埋件和连接件以及室内外装饰装修所需的连接件，应在工厂制作时准确预留、预埋。

7.5.2 钢混组合结构中的钢结构构件，应结合配筋情况，在深化设计时确定与钢筋的连接方式。钢筋连接、套筒焊接、钢筋连接板焊接及预留孔应在工厂加工时完成，严禁安装时随意割孔或后焊接。

7.5.3 索膜结构施工时，索、膜应工厂化制作和裁剪，现场安装。

8 装饰装修工程

8.1 一般规定

8.1.1 施工前，块材、板材和卷材应进行排版优化设计。

8.1.2 门窗、幕墙、块材、板材宜采用工厂化加工。

8.1.3 装饰用砂浆宜采用预拌砂浆；落地灰应回收使用。

8.1.4 装饰装修成品、半成品应采取保护措施。

8.1.5 材料的包装物应分类回收。

8.1.6 不得采用沥青类、煤焦油类等材料作为室内防腐、防潮处理剂。

8.1.7 应制定材料使用的减量计划，材料损耗宜比额定损耗率降低30%。

8.1.8 室内装饰装修材料应按现行国家标准《民用建筑工程室内环境污染控制规范》GB 50325 的要求进行甲醛、氨、挥发性有机化合物和放射性等有害指标的检测。

8.1.9 民用建筑工程验收时，必须进行室内环境污染物浓度检测，其限量应符合表8.1.9的规定。

表8.1.9 民用建筑工程室内环境污染物浓度限量

污染物	I类民用建筑工程	II类民用建筑工程
氡(Bq/m^3)	≤200	≤400
甲醛(mg/m^3)	≤0.08	≤0.1
苯(mg/m^3)	≤0.09	≤0.09
氨(mg/m^3)	≤0.2	≤0.2
TVOC(mg/m^3)	≤0.5	≤0.6

8.2 地面工程

8.2.1 地面基层处理应符合下列规定：

1 基层粉尘清理宜采用吸尘器；没有防潮要求的，可采用洒水降尘等措施。

2 基层需剔凿的，应采用低噪声的剔凿机具和剔凿方式。

8.2.2 地面找平层、隔汽层、隔声层施工应符合下列规定：

1 找平层、隔汽层、隔声层厚度应控制在允许偏差的负值范围内。

2 干作业应有防尘措施。

3 湿作业应采用喷洒方式保湿养护。

8.2.3 水磨石地面施工应符合下列规定：

1 应对地面洞口、管线口进行封堵，墙面应采取防污染措施。

2 应采取水泥浆收集处理措施。

3 其他饰面层的施工宜在水磨石地面完成后进行。

4 现制水磨石地面应采取控制污水和噪声的措施。

8.2.4 施工现场切割地面块材时，应采取降噪措施；污水应集中收集处理。

8.2.5 地面养护期内不得上人或堆物，地面养护用水，应采用喷洒方式，严禁养护用水溢流。

8.3 门窗及幕墙工程

8.3.1 木制、塑钢、金属门应采取成品保护措施。

8.3.2 外门窗安装应与外墙面装修同步进行。

8.3.3 门窗框周围的缝隙填充应采用憎水保温材料。

8.3.4 幕墙与主体结构的预埋件应在结构施工时埋设。

8.3.5 连接件应采用耐腐蚀材料或采取可靠的防腐措施。

8.3.6 硅胶使用前应进行相容性和耐候性复试。

8.4 吊 顶 工 程

8.4.1 吊顶施工应减少板材、型材的切割。

8.4.2 应避免采用温湿度敏感材料进行大面积吊顶施工。

8.4.3 高大空间的整体顶棚施工，宜采用地面拼装、整体提升就位的方式。

8.4.4 高大空间吊顶施工时，宜采用可移动式操作平台等节能节材设施。

8.5 隔墙及内墙面工程

8.5.1 隔墙材料宜采用轻质砌块砌体或轻质墙板，严禁采用实心烧结黏土砖。

8.5.2 预制板或轻质隔墙板间的填塞材料应采用弹

性或微膨胀的材料。

8.5.3 抹灰墙面宜采用喷雾方法进行养护。

8.5.4 使用溶剂型腻子找平或直接涂刷溶剂型涂料时，混凝土或抹灰基层含水率不得大于 8%；使用乳液型腻子找平或直接涂刷乳液型涂料时，混凝土或抹灰基层含水率不得大于 10%。木材基层的含水率不得大于 12%。

8.5.5 涂料施工应采取遮挡、防止挥发和劳动保护等措施。

9 保温和防水工程

9.1 一般规定

9.1.1 保温和防水工程施工时，应分别满足建筑节能和防水设计的要求。

9.1.2 保温和防水材料及辅助用材，应根据材料特性进行有害物质限量的现场复检。

9.1.3 板材、块材和卷材施工应结合保温和防水的工艺要求，进行预先排版。

9.1.4 保温和防水材料在运输、存放和使用时应根据其性能采取防水、防潮和防火措施。

9.2 保温工程

9.2.1 保温施工宜选用结构自保温、保温与装饰一体化、保温板兼作模板、全现浇混凝土外墙与保温一体化和管道保温一体化等方案。

9.2.2 采用外保温材料的墙面和屋顶，不宜进行焊接、钻孔等施工作业。确需施工作业时，应采取防火保护措施，并应在施工完成后，及时对裸露的外保温材料进行防护处理。

9.2.3 应在外门窗安装，水暖及装饰工程需要的管卡、挂件，电气工程的暗管、接线盒及穿线等施工完成后，进行内保温施工。

9.2.4 现浇泡沫混凝土保温层施工应符合下列规定：
　　1 水泥、集料、掺合料等宜工厂干拌、封闭运输。
　　2 泡沫混凝土宜泵送浇筑。
　　3 搅拌和泵送设备及管道等冲洗水应收集处理。
　　4 养护应采用覆盖、喷洒等节水方式。

9.2.5 保温砂浆施工应符合下列规定：
　　1 保温砂浆材料宜采用预拌砂浆。
　　2 现场拌合应随用随拌。
　　3 落地灰应收集利用。

9.2.6 玻璃棉、岩棉保温层施工应符合下列规定：
　　1 玻璃棉、岩棉类保温材料，应封闭存放。
　　2 玻璃棉、岩棉类保温材料裁切后的剩余材料应封闭包装、回收利用。
　　3 雨天、4级以上大风天气不得进行室外作业。

9.2.7 泡沫塑料类保温层施工应符合下列规定：
　　1 聚苯乙烯泡沫塑料板余料应全部回收。
　　2 现场喷涂硬泡聚氨酯时，应对作业面采取遮挡、防风和防护措施。
　　3 现场喷涂硬泡聚氨酯时，环境温度宜为 10℃～40℃，空气相对湿度宜小于 80%，风力不宜大于 3 级。
　　4 硬泡聚氨酯现场作业应预先计算使用量，随配随用。

9.3 防水工程

9.3.1 基层清理应采取控制扬尘的措施。

9.3.2 卷材防水层施工应符合下列规定：
　　1 宜采用自粘型防水卷材。
　　2 采用热熔法施工时，应控制燃料泄漏，并控制易燃材料储存地点与作业点的间距。高温环境或封闭条件施工时，应采取措施加强通风。
　　3 防水层不宜采用热粘法施工。
　　4 采用的基层处理剂和胶粘剂应选用环保型材料，并封闭存放。
　　5 防水卷材余料应回收处理。

9.3.3 涂膜防水层施工应符合下列规定：
　　1 液态防水涂料和粉末状涂料应采用封闭容器存放，余料应及时回收。
　　2 涂膜防水宜采用滚涂或涂刷工艺，当采用喷涂工艺时，应采取遮挡等防止污染的措施。
　　3 涂膜固化期内应采取保护措施。

9.3.4 块瓦屋面宜采用干挂法施工。

9.3.5 蓄水、淋水试验宜采用非自来水源。

9.3.6 防水层应采取成品保护措施。

10 机电安装工程

10.1 一般规定

10.1.1 机电安装工程施工应采用工厂化制作，整体化安装的方法。

10.1.2 机电安装工程施工前应对通风空调、给水排水、强弱电、末端设施布置及装修等进行综合分析，并绘制综合管线图。

10.1.3 机电安装工程的临时设施安排应与工程总体部署协调。

10.1.4 管线的预埋、预留应与土建及装修工程同步进行，不得现场临时剔凿。

10.1.5 除锈、防腐宜在工厂内完成，现场涂装时应采用无污染、耐候性好的材料。

10.1.6 机电安装工程应采用低能耗的施工机械。

10.2 管道工程

10.2.1 管道连接宜采用机械连接方式。

10.2.2 采暖散热片组装应在工厂完成。

10.2.3 设备安装产生的油污应随即清理。

10.2.4 管道试验及冲洗用水应有组织排放，处理后重复利用。

10.2.5 污水管道、雨水管道试验及冲洗用水宜利用非自来水源。

10.3 通 风 工 程

10.3.1 预制风管下料宜按先大管料，后小管料，先长料，后短料的顺序进行。

10.3.2 预制风管安装前应将内壁清扫干净。

10.3.3 预制风管连接宜采用机械连接方式。

10.3.4 冷媒储存应采用压力密闭容器。

10.4 电 气 工 程

10.4.1 电线导管暗敷应做到线路最短。

10.4.2 应选用节能型电线、电缆和灯具等，并应进行节能测试。

10.4.3 预埋管线口应采取临时封堵措施。

10.4.4 线路连接宜采用免焊接头和机械压接方式。

10.4.5 不间断电源柜试运行时应进行噪声监测。

10.4.6 不间断电源安装应采取防止电池液泄漏的措施，废旧电池应回收。

10.4.7 电气设备的试运行不得低于规定时间，且不应超过规定时间的 1.5 倍。

11 拆 除 工 程

11.1 一 般 规 定

11.1.1 拆除工程应制定专项方案。拆除方案应明确拆除的对象及其结构特点、拆除方法、安全措施、拆除物的回收利用方法等。

11.1.2 建筑物拆除过程应控制废水、废弃物、粉尘的产生和排放。

11.1.3 建筑物拆除应按规定进行公示。

11.1.4 4 级风以上、大雨或冰雪天气，不得进行露天拆除施工。

11.1.5 建筑拆除物处理应符合充分利用、就近消纳的原则。

11.1.6 拆除物应根据材料性质进行分类，并加以利用；剩余的废弃物应做无害化处理。

11.2 拆 除 施 工 准 备

11.2.1 拆除施工前，拆除方案应得到相关方批准；应对周边环境进行调查和记录，界定影响区域。

11.2.2 拆除工程应按建筑构配件的情况，确定保护性拆除或破坏性拆除。

11.2.3 拆除施工应依据实际情况，分别采用人工拆除、机械拆除、爆破拆除和静力破碎的方法。

11.2.4 拆除施工前，应制定应急预案。

11.2.5 拆除施工前，应制定防尘措施；采取水淋法降尘时，应采取控制用水量和污水流淌的措施。

11.3 拆 除 施 工

11.3.1 人工拆除前应制定安全防护和降尘措施。拆除管道及容器时，应查清残留物性质并采取相应安全措施，方可进行拆除施工。

11.3.2 机械拆除宜选用低能耗、低排放、低噪声的机械；并应合理确定机械作业位置和拆除顺序，采取保护机械和人员安全的措施。

11.3.3 在爆破拆除前，应进行试爆，并根据试爆结果，对拆除方案进行完善。

11.3.4 爆破拆除时防尘和飞石控制应符合下列规定：

　　1 钻机成孔时，应设置粉尘收集装置，或采取钻杆带水作业等降尘措施。

　　2 爆破拆除时，可采用在爆点位置设置水袋的方法或多孔微量爆破方法。

　　3 爆破完成后，宜采用高压水枪进行水雾消尘。

　　4 对重点防护的范围，应在其附近架设防护排架，并挂金属网防护。

11.3.5 对烟囱、水塔等高大建（构）筑物进行爆破拆除时，应在倒塌范围内采取铺设缓冲垫层或开挖减振沟等触地防振措施。

11.3.6 在城镇或人员密集区域，爆破拆除宜采用对环境影响小的静力爆破，并应符合下列规定：

　　1 采用具有腐蚀性的静力破碎剂作业时，灌浆人员必须戴防护手套和防护眼镜。

　　2 静力破碎剂不得与其他材料混放。

　　3 爆破成孔与破碎剂注入不宜同步施工。

　　4 破碎剂注入时，不得进行相邻区域的钻孔施工。

　　5 孔内注入破碎剂后，作业人员应保持安全距离，不得在注孔区行走。

　　6 使用静力破碎发生异常情况时，必须停止作业；待查清原因采取安全措施后，方可继续施工。

11.4 拆除物的综合利用

11.4.1 建筑拆除物分类和处理应符合现行国家标准《工程施工废弃物再生利用技术规范》GB/T 50743 的规定；剩余的废弃物应做无害化处理。

11.4.2 不得将建筑拆除物混入生活垃圾，不得将危险废弃物混入建筑拆除物。

11.4.3 拆除的门窗、管材、电线、设备等材料应回收利用。

11.4.4 拆除的钢筋和型材应经分拣后再生利用。

本规范用词说明

1 为便于在执行本规范条文时区别对待，对于要求严格程度不同的用词说明如下：

1）表示很严格，非这样做不可的：

正面词采用"必须"，反面词采用"严禁"；

2）表示严格，在正常情况下均应这样做的：

正面词采用"应"，反面词采用"不应"或"不得"；

3）表示允许稍有选择，在条件许可时首先应这样做的：

正面词采用"宜"，反面词采用"不宜"；

4）表示有选择，在一定条件下可以这样做的，采用"可"。

2 条文中指明应按其他标准执行的写法为："应符合……的规定"或"应按……执行"。

引用标准名录

1 《混凝土结构工程施工质量验收规范》GB 50204

2 《民用建筑工程室内环境污染控制规范》GB 50325

3 《建筑工程绿色施工评价标准》GB/T 50640

4 《工程施工废弃物再生利用技术规范》GB/T 50743

5 《建筑施工场界环境噪声排放标准》GB 12523

6 《污水排入城镇下水道水质标准》CJ 343

中华人民共和国国家标准

建筑工程绿色施工规范

GB/T 50905—2014

条 文 说 明

制 订 说 明

《建筑工程绿色施工规范》GB/T 50905-2014 经住房和城乡建设部 2014 年 1 月 29 日以第 321 号公告批准、发布。

本规范编制过程中，编制组进行了广泛的调查研究，总结了我国建筑工程绿色施工的实践经验，同时参考了国外先进技术法规、技术标准，与国内相关标准协调；开展了多项专题研究，并以多种方式广泛征求了有关单位和专家的意见，对主要问题进行了反复讨论、论证、协调和修改。

为便于广大施工、监理、质检、设计、科研、学校等单位有关人员在使用本规范时能正确理解和执行条文规定，《建筑工程绿色施工规范》编制组按章、节、条顺序编制了本规范的条文说明，对条文规定的目的、依据以及执行中需注意的有关事项进行了说明。但是，本条文说明不具备与规范正文同等的法律效力，仅供使用者作为理解和把握规范规定的参考。

目　次

1 总　则

1.0.3 有关标准主要包括但不限于:《建筑工程绿色施工评价标准》GB/T 50640、《工程施工废弃物再生利用技术规范》GB/T 50743、《锚杆喷射混凝土支护技术规范》GB 50086、《建筑装饰装修工程施工质量验收规范》GB 50210、《建筑施工场界环境噪声排放标准》GB 12523、《混凝土用水标准》JGJ 63、《民用建筑工程室内环境污染控制规范》GB 50325、《建筑防水涂料中有害物质限量》JC 1066、《建筑施工安全检查标准》JGJ 59、《施工现场临时建筑物技术规范》JGJ/T 188、《绿色建筑评价标准》GB/T 50378 等。

2 术　语

2.0.6 建筑工业化的基本要求为建筑设计标准化、构配件生产工厂化、现场施工机械化和组织管理科学化。

3 基本规定

3.1 组织与管理

3.1.3 本条中绿色施工组织设计与绿色施工方案为配套使用的技术文件;绿色施工专项方案是与传统施工组织设计和施工方案配套使用的技术文件。

3.1.4 本条第 4 款规定的对现场作业人员的教育培训应包括与绿色施工有关法律法规、规范规程等内容。

3.1.5 本条强调了建筑工业化和信息化施工的重要性,它们是推进绿色施工的重要举措,应积极推进。

3.1.6 确定合理工期,强调参建方的协作与配合,是绿色施工推进的重要方面。

3.1.9 施工企业应针对绿色施工总体要求,结合具体工程的实际情况,积极应用住房和城乡建设部发布的《建筑业 10 项新技术》,组织专门人员进行传统施工技术绿色化改造,开发岩土工程、主体结构工程、装饰装修工程、机电安装工程和拆除工程等不同领域的绿色施工技术,并实施。

3.1.10 原建设部 2007 年第 659 号公告《关于发布建设事业"十一五"推广应用和限制禁止使用技术(第一批)的公告》、2012 年第 1338 号公告《关于发布墙体保温系统与墙体材料推广应用和限制、禁止使用技术的公告》及工业和信息化部 2012 年第 14 号公告《高耗能落后机电设备(产品)淘汰目录(第二批)》分别对推广应用、限制使用的建筑技术和应淘汰的高耗能落后机电设备作出明确规定,应予执行。

3.2 资源节约

3.2.3 本条规定了节能及能源利用应符合的主要规定:

　　4 施工机械设备档案包括产地、型号、大小、功率、耗油量或耗电量、使用寿命和已使用时间等内容。合理选择和使用施工机械,避免造成不必要的损耗和浪费。

　　6 施工现场合理布置临时用电线路,主要是要做到线路最短,变压器、配电室(总配电箱)与用电负荷中心尽可能靠近。照明照度宜按最低照度设计。

　　8 错峰用电,可避开用电高峰,平衡用电。

3.3 环境保护

3.3.1 施工现场易扬尘材料运输、存储方式常见的有封闭式货车运输、袋装运输、库房存储、袋装存储、封闭式料池、料斗或料仓存储、封闭覆盖等方式,具有防尘、防变质、防遗撒等作用,降低材料损耗。

3.3.3 本条规定了光污染控制应符合的主要规定:

　　3 焊接(包括钢筋对焊)等产生强光的作业及大功率照明灯具,采取光线外泄的遮挡措施,其目的主要是防止施工扰民。

4 施工准备

4.0.2 编制工程项目绿色施工组织设计、绿色施工方案时,应在各个章节中,通篇体现绿色施工管理和技术要求,如:绿色施工组织管理体系、管理目标设定、岗位职责分解、监督管理机制、施工部署、分部分项工程施工要求、保证措施和绿色施工评价方案等内容要求。编制工程项目绿色施工专项方案时,也应体现以上相应要求,并与传统施工组织设计、施工方案配套使用。

4.0.4 电子文档的推行,将减少纸质文件,利于环境保护。

4.0.5 不同厂家生产的材料性能是有差别的,宜对同类建筑材料进行绿色性能评价,并形成数据库,在具体工程实施中选用性能相对绿色的材料。

4.0.7 根据工程特点和环境不同,可对现行国家标准《建筑工程绿色施工评价标准》GB/T 50640 的一般项和优选项进行调整,以便使评价更符合工程实际。

5 施工场地

5.1 一般规定

5.1.1 本条规定了应对施工场地、环境条件进行分析，内容包括：施工现场的作业时间和作业空间、具有的能源和设施、自然环境、社会环境、工程施工所选用的料具性能等。

5.1.2 在施工总平面布置时，应充分利用现有和拟建建筑物、道路、给水、排水、供暖、供电、燃气、电信等设施和场地等，提高资源利用率。

5.1.3 场地平整、土方开挖、施工降水、永久及临时设施建造、场地废物处理等均会对场地上现存的动植物资源、地形地貌、地下水位等造成影响；甚至还会对场地内现存的文物、地方特色资源等带来破坏，影响当地文脉的继承和发扬。施工单位应结合实际，制定合理的用地计划。

5.2　施工总平面布置

5.2.5 噪声敏感区包括医院、学校、机关、科研单位、住宅和工人生活区等需要保持安静的建筑物区域。

5.3　场区围护及道路

5.3.1 施工现场围墙可采用预制轻钢结构等可重复利用材料，提高材料使用率。

5.4　临　时　设　施

5.4.2 办公和生活临时用房应采用可重复利用的房屋，可重复利用的房屋包括多层轻钢活动板房、钢骨架多层水泥活动板房、集装箱式用房等。

5.4.3 夏季炎热地区，由于太阳辐射原因，应在其外窗设置外遮阳，以减少太阳辐射热。严寒和寒冷地区外门应设置防寒措施，以满足保温和节能要求。

6　地基与基础工程

6.1　一　般　规　定

6.1.1 桩基施工可采用螺旋、静压、喷注式等成桩工艺，以减少噪声、振动、大气污染等对周边环境的影响。

6.2　土石方工程

6.2.5 土石方爆破防尘和飞石控制措施包括清理积尘、淋湿地面、外设高压喷雾状水系统、设置防尘排栅和直升机投水弹等。

6.4　地基处理工程

6.4.1 本条规定了换填法施工的绿色施工的条款：

　　4 对具有膨胀性土质地区的土方回填，可在膨胀土中掺入石灰、水泥或其他固化材料，令其满足回填土土质要求，从而减少土方外运，保护土地资源。

6.5　地下水控制

6.5.1 施工降水应遵循保护优先、合理抽取、抽水有偿、综合利用的原则，宜采用连续墙、"护坡桩＋桩间旋喷桩"、"水泥土桩＋型钢"等全封闭帷幕隔水施工方法，隔断地下水进入基坑施工区域。

6.5.2 基坑施工排出的地下水可用于冲洗、降尘、绿化、养护混凝土等。

6.5.3 轻型井点降水应根据土层渗透系数、合理确定降水深度、井点间距和井点管长度；管井降水应在合理位置设置自动水位控制装置；在满足施工需要的前提下，尽量减少地下水抽取。

6.5.4 不同地区应根据建设行政主管部门的规定执行。鼓励采取措施避免工程施工降水，保护地下水资源。

7　主体结构工程

7.1　一　般　规　定

7.1.1 钢结构、预制装配式混凝土结构、木结构采取工厂化生产、现场安装，有利于保证质量、提高机械化作业水平和减少施工现场土地占用，应大力提倡。当采取工厂化生产时，构件的加工和进场，应按照安装的顺序，随安装随进场，减少现场存放场地和二次倒运。构件在运输和存放时，应采取正确支垫或专用支架存放，防止构件变形或损坏。

7.1.2 基础和主体施工阶段的大型结构件安装，一般需要较大能力的起重设备，为节省机械费用，在安排构件安装机械的同时应考虑混凝土、钢筋等其他分部分项工程施工垂直运输的需要。

7.1.3 预拌砂浆是指由专业生产厂生产的湿拌砂浆或干混砂浆。其中，干混砂浆需现场拌合，应采取防尘措施。经批准进行混凝土现场搅拌时，宜使用散装水泥节省包装材料；搅拌机应设在封闭的棚内，以降噪和防尘。

7.2　混凝土结构工程

Ⅰ　钢　筋　工　程

7.2.1 使用专用软件进行优化钢筋配料，能合理确定进场钢筋的定尺长度，充分利用短钢筋，使剩余的钢筋头最少。

7.2.2 钢筋采用工厂化加工并按需要直接配送及应用钢筋网片、钢筋骨架，是建筑业实现工业化的一项重要措施，能节约材料、节省能源、少占用地、提高效率，应积极推广。

7.2.3 采用先进的钢筋连接方式，不仅质量可靠而且节省材料。

7.2.4 进场钢筋的原材料和经加工的半成品，应标识清晰，便于使用和辨认；现场存放场地应有排水、防潮、防锈、防泥污等措施。

7.2.7 钢筋除锈、冷拉、调直、切断等加工过程中会产生金属粉末和锈皮等废弃物，应及时收集处理，防止污染土地。

7.2.8 钢筋绑扎安装过程中，绑扎丝、电渣压力焊焊剂容易撒落，应采取措施减少撒落，及时收集利用，减少材料浪费。

7.2.9 一笔箍为连续钢筋制作的螺旋箍或多支箍。

Ⅱ 模 板 工 程

7.2.10 制定模板及支撑体系方案时，应贯彻"以钢代木"和应用新型材料的原则，尽量减少木材的使用，保护森林资源。

7.2.11 使用工业化模板体系，机械化程度高、施工速度快，工厂化加工、减少现场作业和场地占用，应积极推广使用。

7.2.12 施工现场目前使用木或竹制胶合板作模板的较多，有的直接将胶合板、木方运到作业面进行锯切和模板拼装，既浪费材料又难以保证质量，还造成锯末、木屑污染环境。为提高模板周转率，提倡使用工厂加工的钢框木、竹胶合模板；如在现场加工此类模板时，应设封闭加工棚，防止粉尘和噪声污染。

7.2.13 模板加工和安装的精度，直接决定了混凝土构件的尺寸和表面质量。提高模板加工和安装的精度，可节省抹灰材料和人工，提高工程质量，加快施工进度。

7.2.14 传统的扣件式钢管脚手架，安装和拆除过程中容易丢失扣件且承载能力受人为因素影响较大，因此提倡使用承插式、碗扣式、盘扣式等管件合一的脚手架材料作脚手架和模板支撑。

7.2.15 高层建筑、特别是超高层建筑，使用整体提升或分段悬挑等工具式外脚手架随结构施工而上升，具有减少投入、减少垂直运输、安全可靠等优点，应优先采用。

7.2.16 模板及脚手架施工，应采取措施防止小型材料配件丢失或散落，节约材料和保证施工安全；对不慎散落的铁钉、铁丝、扣件、螺栓等小型材料配件应及时回收利用。

7.2.17 用作模板龙骨的残损短木料，可采用"叉接"接长技术接长使用，木、竹胶合板配料剩余的边角余料可拼接使用，节约材料。

7.2.19 模板拆除时，模板和支撑应采用适当的工具、按规定的程序进行，不应乱拆硬撬；并应随拆随运，防止交叉、叠压、碰撞等造成损坏。不慎损坏的应及时修复；暂时不使用的应采取保护措施。

Ⅲ 混 凝 土 工 程

7.2.20 混凝土中宜添加粉煤灰、磨细矿渣粉等工业废料和高效减水剂，以减少水泥用量，节约资源。当混凝土中添加粉煤灰时，可利用其 60d、90d 的龄期强度。

7.2.21 混凝土采用泵送和布料机布料浇筑、地下大体积混凝土采用溜槽或串筒浇筑不仅能保证混凝土质量，还可加快施工、节省人工。

7.2.22 滑动支座法是利用滑动支座减少约束，释放混凝土内力的施工方法；跳仓法是将超长超宽混凝土结构划分成若干个区块，按照相隔区块与相邻区块两大部分，依据一定时间间隔要求，对混凝土进行分期施工的方法；低温补仓法是在跳仓法的基础上，创造一种补仓低于跳仓混凝土浇筑温度的施工方法；综合治理法是全部或部分采用滑动支座法、跳仓法、低温补仓法及其他方法控制复杂混凝土结构早期裂缝的施工方法。

7.2.23 混凝土振捣是产生较强噪声的作业方式，应选用低噪声的振捣设备；采用传统振捣设备时，应采用作业层围挡，以减少噪声污染。

7.2.24 在常温施工时，浇筑完成的混凝土表面宜采用覆盖塑料薄膜，利用混凝土内蒸发的水分自养护。冬期施工或大体积混凝土应采用塑料薄膜加保温材料养护，以节约养护用水。当采用洒水或喷雾养护时，提倡使用回收的基坑降水或收集的雨水等非传统水源。

7.2.25 清水混凝土表面涂刷保护剂可增加混凝土的耐久性。

7.2.26 每次浇筑混凝土，不可避免地会有少量的剩余，应制成小型预制件，用于临时工程或在不影响工程质量安全的提前下，用于门窗过梁、沟盖板、隔断墙中的预埋件砌块等，充分利用剩余材料；不得随意倒掉或当作建筑垃圾处理。

7.4 钢结构工程

7.4.2 钢结构组装采用高强度螺栓连接可减少现场焊接量；钢结构采用金属涂层等方法进行防腐处理可减少使用期维护。

7.5 其 他

7.5.1 装配式混凝土结构件，在安装时需要临时固定用的埋件或螺栓，与室内外装饰、装修需要连接的预埋件，应在工厂加工时准确预留、预埋，防止事后剔凿破坏，造成不必要的浪费。

7.5.2 钢混组合结构中的钢结构构件与钢筋的连接方式（穿孔法、连接件法和混合法等）应在深化设计时确定，并绘制加工图，示出预留孔洞、焊接套筒、连接板位置和大小，在工厂加工完成，不得现场临时切割或焊接，以防止损坏钢构件。

7.5.3 索膜结构的索和膜均应在工厂按照计算机模拟张拉后的尺寸下料，制作和安装连接件，运至现场安装张拉。

8 装饰装修工程

8.1 一般规定

8.1.1 块材、板材、卷材类材料包括地砖、石材、石膏板、壁纸、地毯以及木质、金属、塑料类等材料。施工前应进行合理排版，减少切割和因此产生的噪声及废料等。

8.1.2 门窗、幕墙、块材、板材加工应充分利用工厂化加工的优势，减少现场加工而产生的占地、耗能以及可能产生的噪声和废水。

8.1.4 建筑装饰装修成品和半成品应根据其部位和特点，采取相应的保护措施，避免损坏、污染或返工。

8.1.8 民用建筑工程的室内装修，所采用的涂料、胶粘剂、水性处理剂，其苯、甲苯和二甲苯、游离甲醛、游离甲苯二异氰酸酯（TDI）、挥发性有机化合物（VOC）的含量应符合《民用建筑工程室内环境污染控制规范》GB 50325 的相关要求。

8.1.9 Ⅰ类民用建筑工程是指住宅、医院、老年人建筑、幼儿园、学校教室等。Ⅱ类民用建筑工程指办公楼、商场、旅店、文化娱乐场所、书店、图书馆、博物馆、美术馆、展览馆、体育馆、公共交通等候室等。表中污染物浓度限量，除氡外均指室内测量值扣除同步测定的室外上风向空气测量值（本底值）后的测量值。污染物浓度测量值的极限值判定，采用全数值比较法。

8.4 吊顶工程

8.4.2 温湿度敏感材料是指变形、强度等受温度、湿度变化影响较大的装饰材料，如纸面石膏板、木工板等。使用温湿度敏感材料进行大面积吊顶施工时，应采取防止变形和裂缝的措施。

8.4.4 可移动式操作平台可以减少脚手架搭设工作量，省材省工。

8.5 隔墙及内墙面工程

8.5.4 涂料施工对基层含水率要求很高，应严格控制基层含水率，以避免引起鼓等质量缺陷，提高耐久性。

9 保温和防水工程

9.1 一般规定

9.1.2 行业标准《建筑防水涂料中有害物质限量》JC 1066 对涂料类建筑防水材料的挥发性有机化合物（VOC）、苯、甲苯、乙苯、二甲苯、苯酚、蒽、萘、游离甲醛、游离甲苯二异氰酸酯（TDI）、氨、可溶性重金属等有害物质含量的限值均作了规定。

9.2 保温工程

9.2.1 结构自保温是指保温性能及承载能力同时满足设计标准要求，不需要另外增加保温层的墙体；保温与装饰一体化是指装饰层同时兼做保温层的做法；保温板兼作模板是将保温板辅以特制骨架形成的模板，可使结构层和保温层连接更为可靠；全现浇混凝土外墙与保温一体化是指墙体钢筋绑扎完毕，混凝土浇筑之前将保温板置于外模内侧，混凝土浇筑后保温层与墙体有机地结合在一起的方法；管道保温一体化是指在生产过程中保温层与管道同时制作生产，无需现场再进行保温层施工的方法。

9.2.6 玻璃棉、岩棉等纤维类保温材料施工时应做好劳动保护，以防矿物纤维刺伤皮肤和眼睛或吸入肺部。

9.2.7 本条规定了泡沫塑料类保温层施工应符合的规定内容：

2 由于喷涂硬泡聚氨酯施工受气候影响较大，若操作不慎会引起材料飞散，污染环境。故施工时应对作业面外易受飞散物污染的部位，采取遮挡措施。喷涂硬泡聚氨酯时气温过高或过低均会影响其发泡反应，尤其是气温过低时不易发泡。

10 机电安装工程

10.1 一般规定

10.1.3 工作平台、脚手架、施工配电箱、用水点、消防设施、施工通道、临时房屋设施和垂直运输设备等应综合利用，以免重复设置，浪费资源。

10.1.6 低能耗的施工机械包括采用变频控制的机电设备、变风量空调设备，通过认证的能效等级高的空调、制冷设备等。

10.2 管道工程

10.2.1 管道机械连接方式包括丝接、沟槽连接、卡压连接、法兰连接、承插连接等。

10.4 电气工程

10.4.2 节能型电线和灯具是指使用寿命长、损耗率低、传导损耗小的新型节能产品。节能型电线包括节能型低蠕变导线、节能型增容导线和节能型扩容电线。节能型灯具包括卤钨灯、高低压钠灯、荧光高压汞灯、金属卤化物灯、高频无极灯、细管荧光灯、紧凑型荧光灯和 LED 灯等。

10.4.7 电气设备试运行时间不得低于规定时间，但也不宜过长，达到规定时间即可。特殊情况需延长试运行时间时，不应超过规定时间的1.5倍。

11 拆 除 工 程

11.1 一 般 规 定

11.1.3 拆除工程相关信息的公示是保证拆除工程作业安全的手段，拆除前张贴告示通知拆除工程附近的单位及路过的人群，提醒相关人员注意安全。大型拆除工程可通过电台等告知人们注意安全。

11.1.5 本条规定了拆除物处理的原则，建筑物拆除前应设置建筑拆除物的临时消纳处置场地，拆除施工完成后应对临时处置场地进行清理。

11.2 拆 除 施 工 准 备

11.2.2 本条规定了拆除工程的两种类型。保护性拆除是指拆除过程有计划、按合理顺序，使结构构件或配件不产生破坏的拆除方式。破坏性拆除是指拆除过程中，对拆除物中的构件或配件不进行保护的拆除方式。

11.3 拆 除 施 工

11.3.5 本条规定了对烟囱、水塔等高大建（构）筑物进行爆破拆除时应根据建筑物的体量计算倒塌时的触地振动力，采取相应的防振措施。

11.4 拆除物的综合利用

11.4.1 现行国家标准《工程施工废弃物再生利用技术规范》GB/T 50743对工程施工废弃物进行了明确的分类，规定了再生利用方法；对于无法再生利用的剩余废弃物应做无害化处理。

中华人民共和国国家标准

绿色办公建筑评价标准

Evaluation standard for green office building

GB/T 50908—2013

主编部门：中华人民共和国住房和城乡建设部
批准部门：中华人民共和国住房和城乡建设部
施行日期：２０１４年５月１日

中华人民共和国住房和城乡建设部
公　告

第 146 号

住房城乡建设部关于发布国家标准
《绿色办公建筑评价标准》的公告

现批准《绿色办公建筑评价标准》为国家标准，编号为 GB/T 50908 - 2013，自 2014 年 5 月 1 日起实施。

本标准由我部标准定额研究所组织中国建筑工业出版社出版发行。

中华人民共和国住房和城乡建设部

2013 年 9 月 6 日

前　言

本标准是根据住房和城乡建设部《关于印发〈2009 年工程建设标准规范制订、修订计划〉的通知》（建标〔2009〕88 号）的要求，由住房和城乡建设部科技发展促进中心会同有关单位编制完成的。

本规范编制过程中进行了深入调查研究，认真总结了实践经验，参考了有关国际标准和国外先进标准，并广泛征求了有关方面的意见，经审查定稿。

本标准共分为 9 章 2 个附录，主要技术内容包括：1 总则；2 术语；3 基本规定；4 节地与室外环境；5 节能与能源利用；6 节水与水资源利用；7 节材与材料资源利用；8 室内环境质量；9 运营管理。

本标准由住房和城乡建设部负责管理，由住房和城乡建设部科技发展促进中心负责具体技术内容的解释。执行过程中如有意见或建议，请寄送住房和城乡建设部科技发展促进中心（地址：北京市海淀区三里河路 9 号，邮政编码：100835）。

本标准主编单位：住房和城乡建设部科技发展促进中心

本标准参编单位：中国建筑科学研究院
　　　　　　　　上海市建筑科学研究院
　　　　　　　　（集团）有限公司
　　　　　　　　清华大学
　　　　　　　　深圳市建筑科学研究院有限公司
　　　　　　　　中国城市规划设计研究院
　　　　　　　　中国建筑设计研究院
　　　　　　　　北京清华同衡规划设计研究院有限公司
　　　　　　　　北京首都开发控股集团有限公司

本标准主要起草人：杨　榕　宋　凌　郎四维
　　　　　　　　　朱颖心　韩继红　曾　捷
　　　　　　　　　杨建荣　林波荣　张　播
　　　　　　　　　刘　勇　赵　锂　王昌兴
　　　　　　　　　李晓锋　曾　宇　李景广
　　　　　　　　　何晓燕　王占友　马欣伯
　　　　　　　　　李宏军　许　荷　冯莹莹
　　　　　　　　　张　颖　吕石磊　廖　琳

本标准主要审查人：刘燕辉　袁　镔　鹿　勤
　　　　　　　　　王凤来　郝　军　郑克白
　　　　　　　　　詹庆旋　谭　华　程大章

目　次

Contents

1 总 则

1.0.1 为规范和引导办公建筑开展绿色建筑评价工作，制定本标准。

1.0.2 本标准适用于新建、改建和扩建的各类政府办公建筑、商用办公建筑、科研办公建筑、综合办公建筑以及功能相近的其他办公建筑的设计阶段和运行阶段的绿色评价。

1.0.3 绿色办公建筑的评价应以建筑单体或建筑群为对象。评价应符合下列原则：

    1 评价单栋办公建筑时，凡涉及室外环境的指标，以该栋办公建筑所处周边环境的评价结果为准；

    2 评价建筑群内的一栋或几栋办公建筑时，凡涉及室外环境的指标，以参评建筑所属用地周边环境的评价结果为准；

    3 评价综合办公建筑时，评价对象至少为一栋建筑，凡涉及多功能区的指标，表述为各功能区指标的面积加权值。

1.0.4 评价绿色办公建筑时，应根据因地制宜的原则，结合办公建筑所在地域的气候、资源、自然环境、经济、文化等特点进行评价。

1.0.5 评价绿色办公建筑时，应统筹处理办公建筑全寿命期内节能、节地、节水、节材、室内环境质量、运营管理之间的关系，体现经济效益、社会效益和环境效益的统一。

1.0.6 评价绿色办公建筑时，应鼓励采用被动技术、适宜技术和综合效益显著的技术。

1.0.7 绿色办公建筑的评价除应符合本标准外，尚应符合国家现行有关标准的规定。

2 术 语

2.0.1 绿色办公建筑　green office building

在办公建筑的全寿命期内，最大限度地节约资源（节能、节地、节水、节材）、保护环境和减少污染，为办公人员提供健康、适用和高效的使用空间，与自然和谐共生的建筑。

2.0.2 综合办公建筑　comprehensive office building

办公建筑面积比例70%以上，且与商场、住宅、酒店等功能混合的综合建筑。

2.0.3 建筑环境质量　building environmental quality

建筑项目所界定范围内，影响使用者的环境品质，包括室内环境、室外环境以及建筑系统本身对使用者生活和工作在身心健康、舒适、工作效率、便利等方面的影响，简称Q。

2.0.4 建筑环境负荷　building environmental load

建筑项目对外部环境造成的影响或冲击，包括能源、材料、水等各种资源的消耗，污染物排放、噪声、日照、风害、交通流量增加等，简称L。

2.0.5 建筑环境负荷的减少　building environmental load reduction

建筑项目对外部环境造成影响或冲击的减少程度，简称LR。

2.0.6 围护结构节能率　energy-saving rate of building envelope performance

与参照建筑对比，设计建筑通过优化建筑围护结构（不包含自然通风、天然采光和其他被动式节能设计）而使采暖和空气调节负荷降低的比例。

2.0.7 空气调节和采暖通风系统节能率　energy-saving rate of HVAC systems

与参照建筑对比，设计建筑通过优化空气调节和采暖通风系统节能的比例。

2.0.8 可再生能源替代率　utilization rate of renewable energy

设计建筑所利用的可再生能源替代常规能源的比例。

2.0.9 雨水回用率　rate of rainwater harvest

指实际收集、回用的雨水量占可收集雨水量的比率。

3 基 本 规 定

3.1 评价指标与权重系数设置

3.1.1 绿色办公建筑评价指标及其权重系数应分下列三级：

    1 一级指标是节地与室外环境、节能与能源利用、节水与水资源利用、节材与材料资源利用、室内环境质量、运营管理；

    2 二级指标是指第一级指标下设的指标；

    3 三级指标为标准第4章～第9章条文。

3.1.2 绿色办公建筑评价指标按属性分为建筑环境质量Q指标和建筑环境负荷的减少LR指标。

3.1.3 三级指标分为控制项和可选项两类。控制项不设权重系数。可选项中每级相同属性指标（Q指标或LR指标）的权重系数之和为1；当存在两种得分途径时，每种得分途径的指标权重系数之和为1。各级评价指标权重系数应按本标准附录A的规定确定，三级评价指标分值设置应按本标准附录B的规定确定。

3.1.4 绿色办公建筑评价指标应在设计阶段与运行阶段分别设置权重系数。

3.2 评 价 方 法

3.2.1 设计阶段与运行阶段的评价应分别按各自的权重系数进行评分。绿色办公建筑应满足所有控制项的要求，控制项全部达标后，Q指标和LR指标各获得基础分 50 分。可选项的 Q 指标和 LR 指标分别计算得分。当存在两种得分途径时，建设项目可根据自身情况采用其中一种得分途径评分。

3.2.2 评价时应逐级计算指标得分，并应符合下列规定：

1 三级指标得分可采用递进式或并列式两种 5 分制逐条评分，各条文分值应按本标准附录 B 的规定确定。

2 二级指标得分应按下式进行计算：

$$二级指标得分 = \frac{\sum_{i=1}^{n} 三级指标 i 得分 \times 权重}{\sum_{i=1}^{n} 三级指标 i 满分 \times 权重} \times 5$$

(3.2.2-1)

3 一级指标得分应按下式进行计算：

$$一级指标得分 = \frac{\sum_{i=1}^{n} 二级指标 i 得分 \times 权重}{\sum_{i=1}^{n} 二级指标 i 满分 \times 权重} \times 50$$

(3.2.2-2)

4 Q 指标和 L 指标的得分应按下式进行计算：

$$Q 指标得分 = Q 指标基础分 +$$
$$\sum_{i=1}^{n} 第一级 Q 指标 i 得分 \times 权重 \quad (3.2.2-3)$$

$$L 指标得分 = 100 - \left(LR 指标基础分 + \right.$$
$$\left. \sum_{i=1}^{n} 第一级 LR 指标 i 得分 \times 权重 \right)$$

(3.2.2-4)

5 各级计算过程中应保留小数点后两位；项目的 Q 指标和 L 指标的得分应保留小数点后一位。

3.2.3 绿色办公建筑等级应根据可选项 Q 指标和 L 指标得分在 Q—L 图中所处的位置确定，得分在 A、B、C 三个区域内的项目为绿色办公建筑，由高到低划分为 A、B、C 三个等级，分别对应★★★、★★和★（图 3.2.3）。

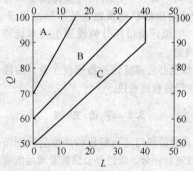

图 3.2.3　绿色办公建筑 Q—L 分级图

3.2.4 评价综合办公建筑时，建筑的其他功能部分应按相应评价标准进行评价，并以各功能部分中的最低等级作为整个项目的最终等级。

4 节地与室外环境

4.1 选　址

控　制　项

4.1.1 建筑选址应符合城乡规划，符合各类保护区的建设要求。

4.1.2 建筑场地应无洪涝灾害、泥石流及含氡土壤的威胁，无危险源及重大污染源的影响。

4.2 土 地 利 用

可　选　项

4.2.1 在满足当地城乡规划和室外环境质量的前提下，场地规划宜确定合理的容积率。

4.2.2 建筑场地宜合理选用废弃场地进行建设。

4.2.3 地下空间宜合理开发利用。

4.2.4 场地规划与建筑设计宜提高空间利用效率，提倡建筑空间与设施的共享，设置对外共享的公共开放空间。

4.3 室 外 环 境

控　制　项

4.3.1 建筑场地内不应存在排放超标的污染源。

4.3.2 建筑物不应影响周边建筑及场地的日照要求。

可　选　项

4.3.3 环境噪声宜符合现行国家标准《声环境质量标准》GB 3096 的有关规定。

4.3.4 室外日平均热岛强度不宜高于 1.5℃。

4.3.5 建筑物周围人行区距地 1.5 米高处风速不宜高于 5m/s，冬季建筑物前后压差不宜大于 5Pa，夏季保证建筑物前后适宜压差，避免出现旋涡和死角。

4.3.6 室外公共活动区域和绿地冬季宜有日照。

4.3.7 建筑不宜对周边建筑物、道路及天空造成光污染。

4.4 交　通

可　选　项

4.4.1 建筑场地与公共交通宜具有便捷的联系。

4.4.2 建筑场地宜合理设置自行车停放设施及专门

的人行道。

4.4.3 机动车停车的数量和设施宜满足最基本的需要，宜采用多种停车方式节约用地。

4.5 场地生态

可 选 项

4.5.1 建筑场地设计与建筑布局宜结合现有地形进行设计，减少对原有地形地貌的破坏。

4.5.2 建筑场地内的表层土宜进行分类收集，采取生态恢复措施，并在施工后充分利用表层土。

4.5.3 场地内的自然河流、水体及湿地宜合理保护。

4.5.4 地表与屋面雨水径流途径宜合理规划，降低地表径流，减少排入市政管道的雨水量。

4.5.5 建筑场地的绿地率宜高于规划设计要求，并合理采用屋顶绿化、垂直绿化等立体绿化方式。

4.5.6 绿化设计中宜选择适宜当地气候和土壤条件的乡土植物，采用包含乔、灌木的复层绿化，且种植区域有足够的覆土深度和良好的排水性。

4.5.7 设有水景的项目，宜结合雨水收集等节水措施合理设计生态水景。

5 节能与能源利用

5.1 围护结构热工性能优化

控 制 项

5.1.1 围护结构热工性能指标应符合国家批准或备案的现行公共建筑节能标准的规定。

可 选 项

5.1.2 围护结构热工性能指标宜高于现行国家或地方节能标准的规定。

5.1.3 外窗或透明幕墙宜采用外遮阳设计。

5.1.4 围护结构非透明部分宜采用因地制宜的保温隔热改善措施。

5.2 自然通风与天然采光利用

可 选 项

5.2.1 建筑主朝向宜选择本地区最佳朝向或接近最佳朝向。

5.2.2 建筑宜采用合理的开窗设计及其他措施，强化自然通风，降低采暖空调负荷。

5.2.3 室内和地下主要功能空间宜采用合理的天然采光措施，降低照明能耗。

5.3 采暖、通风和空气调节系统

控 制 项

5.3.1 空气调节与采暖系统的冷热源设计应符合现行国家和地方公共建筑节能标准及相关节能设计标准中强制性条文的规定。

可 选 项

5.3.2 采暖、通风和空气调节系统宜合理选择系统形式，提高设备及系统效率，优化控制策略，降低系统能耗。

5.3.3 空气调节与采暖系统的冷热源机组能效比宜高于现行国家标准《公共建筑节能设计标准》GB 50189及相关标准的有关规定。

5.3.4 采暖、通风和空气调节系统的输配系统效率宜高于现行国家标准《公共建筑节能设计标准》GB 50189的有关规定。

5.3.5 建筑物处于部分冷热负荷时和仅部分空间使用时，宜采取有效措施节约采暖、通风和空气调节系统能耗。

5.4 照明系统

控 制 项

5.4.1 各房间或场所照明功率密度值不应高于现行国家标准《建筑照明设计标准》GB 50034有关强制性条文的规定。

可 选 项

5.4.2 照明灯具及其附属装置宜合理采用高效光源、高效灯具和低损耗的灯用附件，降低建筑照明能耗。

5.4.3 照明系统宜合理设计控制方式，降低建筑照明能耗。

5.5 其他用能系统

可 选 项

5.5.1 电梯系统宜合理选用高效节能电梯和合理的控制方法，以降低建筑电梯运行能耗。

5.5.2 给排水输配系统宜选用高效节能设备，并合理设计给排水系统，降低给排水系统输配能耗。

5.5.3 生活热水系统宜采用高效能源利用系统，降低生活热水能耗。

5.5.4 输配电和变配电系统宜合理选用高效节能设备和合理的控制方法，降低建筑输配电和变配电系统损耗。

5.6 可再生能源利用

可 选 项

5.6.1 可再生能源宜根据当地气候和自然资源条件合理利用。

5.7 用能设备计量、监测与控制

可 选 项

5.7.1 能耗计量与用能设备监控系统宜进行合理设置。

6 节水与水资源利用

6.1 水 系 统

控 制 项

6.1.1 方案规划阶段应制定水资源规划方案，统筹、综合利用各种水资源。

6.1.2 给水、排水系统的设置应合理、完善。热水供应系统形式应根据用水特点合理确定。

6.2 节 水 措 施

可 选 项

6.2.1 管网漏损宜采取有效措施避免。

6.2.2 给水系统不宜出现超压出流现象。

6.2.3 水表宜分区域、分用途设置。

6.2.4 卫生器具的用水效率等级宜达到节水评价值。

6.2.5 用水设备宜采用节水设备或节水措施。绿化灌溉宜采用高效节水灌溉方式。

6.2.6 冷却水系统宜采用循环冷却塔、闭式冷却塔等节水型冷却塔设备或其他冷却水节水措施。

6.3 非传统水源利用

控 制 项

6.3.1 使用非传统水源时，应采取用水安全保障措施，不应对人体健康与周围环境产生不良影响。

6.3.2 景观用水不应采用市政供水和自备地下水井供水。

可 选 项

6.3.3 项目周边有市政再生水利用条件时，非传统水源利用率不宜低于40%；项目周边无市政再生水利用条件时，非传统水源利用率不宜低于15%。

6.3.4 项目周边有市政再生水利用条件时，再生水利用率不宜低于30%；项目周边无市政再生水利用条件时，再生水利用率不宜低于10%。

6.3.5 雨水回用率不宜低于40%。

7 节材与材料资源利用

7.1 材料资源利用

控 制 项

7.1.1 禁用国家和地方建设主管部门禁止和限制使用的建筑材料及制品。

可 选 项

7.1.2 场址范围内的已有建筑物、构筑物宜合理利用。

7.1.3 建筑构、配件宜工厂化生产。

7.1.4 在保证安全和不污染环境的情况下，建筑宜使用可再利用建筑材料、可再循环建筑材料和以废弃物为原料生产的建筑材料，其质量之和应不低于建筑材料总质量的10%。

7.1.5 装饰装修材料宜经济适用。

7.1.6 基于当地资源条件和发展水平，建筑宜合理使用新型绿色环保材料及产品。

7.2 建筑设计优化

可 选 项

7.2.1 建筑造型要素宜简约，无大量装饰性构件。

7.2.2 在保证安全的前提下，宜控制主要结构材料的用量。

7.2.3 建筑方案宜规则。

7.2.4 在保证安全的前提下，建筑结构方案宜进行优化设计。

7.2.5 主体结构宜合理使用高强混凝土。

7.2.6 主体结构宜合理使用高强度钢。

7.2.7 建筑设计时宜采取适当措施减轻建筑自重。

7.2.8 可变换功能的室内空间宜灵活分隔。

7.2.9 建筑土建与装修宜一体化设计。

7.3 施工过程控制

可 选 项

7.3.1 施工现场500km以内生产的建筑材料质量应占建筑材料总质量的60%以上。

7.3.2 现浇混凝土应使用预拌混凝土，建筑砂浆宜使用预拌砂浆。

7.3.3 建筑土建与装修宜一体化施工。

7.3.4 施工组织设计中宜制定节材方案，并在施工过程中得到落实。

7.3.5 对旧建筑拆除、场地清理和建筑施工时产生的固体废弃物宜进行分类处理和回收利用。

7.3.6 施工过程中主要材料的损耗率应比定额损耗率降低30%。

7.3.7 现场施工中宜提高围挡、模板等设施的重复使用率。

8 室内环境质量

8.1 光 环 境

控 制 项

8.1.1 主要功能空间室内照度、照度均匀度、眩光控制、光的颜色质量等指标应满足现行国家标准《建筑照明设计标准》GB 50034的有关规定。

可 选 项

8.1.2 主要功能房间的采光系数宜达到现行国家标准《建筑采光设计标准》GB/T 50033的有关规定。

8.1.3 建筑宜鼓励采用反光、遮光、导光等新装置、新材料作为辅助设施,改善室内或地下空间的天然采光质量,控制眩光。

8.1.4 设计中宜充分考虑照明可控性及灯具防眩光措施。

8.2 声 环 境

控 制 项

8.2.1 室内噪声级应满足现行国家标准《民用建筑隔声设计规范》GB 50118室内允许噪声级的低限要求。

8.2.2 隔墙、楼板、门窗的隔声性能应满足现行国家标准《民用建筑隔声设计规范》GB 50118的低限要求。

可 选 项

8.2.3 除开放式办公室之外,室内其他主要功能空间的噪声级宜满足现行国家标准《民用建筑隔声设计规范》GB 50118室内允许噪声级的高限要求。

8.2.4 建筑平面布局和空间功能宜合理安排,减少相邻空间的噪声干扰以及外界噪声对室内的影响。

8.2.5 建筑中宜合理设计设备减噪、隔振措施。

8.3 热 环 境

控 制 项

8.3.1 采用集中空调的建筑,房间内的温度、湿度等参数应符合现行国家标准《公共建筑节能设计标准》GB 50189的有关规定。

可 选 项

8.3.2 建筑围护结构内部和表面宜无结露、发霉现象;减少围护结构带来室内环境的不舒适性。

8.3.3 建筑设计和构造设计宜具有诱导气流、促进自然通风的措施,可实现有效的自然通风。

8.3.4 建筑中宜合理设计各种被动措施、主动措施,加强室内热环境的可控性,改善热舒适。

8.4 室内空气质量

控 制 项

8.4.1 建筑材料中有害物质含量应符合现行国家标准《室内装饰装修材料 人造板及其制品中甲醛释放限量》GB 18580、《室内装饰装修材料溶剂型木器涂料中有害物质限量》GB 18581、《室内装饰装修材料内墙涂料中有害物质限量》GB 18582、《室内装饰装修材料胶粘剂中有害物质限量》GB 18583、《室内装饰装修材料木家具中有害物质限量》GB 18584、《室内装饰装修材料壁纸中有害物质限量》GB 18585、《室内装饰装修材料聚氯乙烯卷材地板中有害物质限量》GB 18586、《室内装饰装修材料地毯、地毯衬垫及地毯胶粘剂中有害物质释放限量》GB 18587、《混凝土外加剂中释放氨的限量》GB 18588的有关规定,放射性核素的限量应符合现行国家标准《建筑材料放射性核素限量》GB 6566的有关规定。

8.4.2 建筑中游离甲醛、苯、氨、氡和TVOC等空气污染物浓度应符合现行国家标准《民用建筑工程室内环境污染控制规范》GB 50325的有关规定,建筑在运行阶段的室内空气质量应符合现行国家标准《室内空气质量标准》GB/T 18883的有关规定。

8.4.3 采用集中空调的建筑,新风量应符合现行国家标准《公共建筑节能设计标准》GB 50189的有关规定。

8.4.4 新风采气口位置应合理设计,保证新风质量及避免二次污染的发生。

可 选 项

8.4.5 在建筑中宜采取禁烟措施,或采取措施尽量避免室内用户以及送回风系统直接暴露在吸烟环境中。

8.4.6 在装饰装修设计中,宜采用合理的预评估方法,对室内空气质量进行源头控制或采取其他保障措施。

8.4.7 报告厅、会议室、公共区域等人员变化大的区域宜有针对空气品质的实时监测或人工监测措施。

8.4.8 地下停车场宜有针对一氧化碳浓度监控措施。

8.5 其他要求

可 选 项

8.5.1 建筑入口和主要活动空间宜设有无障碍设施。

8.5.2 主要功能房间外窗宜合理设计，具有良好的外景视野。

8.5.3 公共场所宜设有专门的休憩空间和绿化空间。

9 运 营 管 理

9.1 管 理 制 度

控 制 项

9.1.1 物业管理组织架构设置合理，人员及专业应配备齐全，岗位职责明确。

9.1.2 物业管理部门应制定并实施节能、节水、节材等资源节约与绿化、垃圾管理制度。

可 选 项

9.1.3 物业管理单位宜通过 ISO 9001 质量管理体系及 ISO 14001 环境管理体系认证。

9.1.4 物业管理部门宜实施资源管理激励机制，管理业绩宜与节约资源、提高经济效益挂钩。

9.1.5 物业管理部门宜引导并规范资源节约与环境保护行为模式，定期进行培训与宣传。

9.1.6 物业管理部门宜定期进行办公建筑环境满意度评价，并有持续改进措施。

9.2 资源管理与运行维护

控 制 项

9.2.1 建筑能耗和水耗应实行分类、分项计量与分用户计量收费，有完整的记录、分析与管理。

可 选 项

9.2.2 物业管理宜采用信息化手段，并建立有完善的建筑工程、设施、设备、部品等的档案及记录。

9.2.3 建筑智能化系统定位合理，配置宜符合现行国家标准《智能建筑设计标准》GB/T 50314 的有关规定，并满足建筑使用功能的需求。

9.2.4 建筑通风、空调、照明等设备监控系统高效运行，满足设计要求。

9.2.5 设备维护保养措施齐全，日常运行、检测、维护及应急措施合理有效，运行记录保存完整。

9.2.6 设备、管线的设置宜便于维修、改造和更换。

9.2.7 空调通风系统宜按照现行国家标准《空调通风系统清洗规范》GB 19210 的有关规定进行定期检查和清洗；照明灯具宜定期清洁并对室内照度进行检测。

9.2.8 建设用地内停车场闲置时间内宜对外开放，并设置自行车服务设施。

9.3 环 境 管 理

控 制 项

9.3.1 建筑运营管理过程中噪声检测达标，无不达标废气、废水排放；危险废弃物按规定处置率应达到 100%。

9.3.2 建筑中应配置垃圾分类收集设施，垃圾容器设置合理，垃圾处理间应设有风道或排风、冲洗和排水设施，并定期清洗。

可 选 项

9.3.3 垃圾分类收集率宜达到 90% 以上。

9.3.4 设有餐厅或厨房的办公建筑，宜对餐厨垃圾进行单独收集，并及时清运。

9.3.5 栽种和移植的树木成活率宜大于 90%，且植物生长状态良好。

9.3.6 病虫害防治宜采用无公害防治技术，规范化学药品的使用，避免对土壤和地下水环境的损害。

附录 A 绿色办公建筑评价指标权重设置表

A.0.1 "节地与室外环境"部分的各级评价指标权重系数应按表 A.0.1 确定。

**表 A.0.1 "节地与室外环境"部分的
各级评价指标权重系数**

一级指标	类别	权重	二级指标	类别	权重	三级指标	类别	权重 设计	权重 运行
节地与室外环境	Q	0.30	4.1	Q	—	4.1.2	Q	—	—
			4.3	Q	0.65	4.3.1	Q	—	—
						4.3.2	Q	—	—
						4.3.3	Q	0.20	0.20
						4.3.4	Q	0.20	0.20
						4.3.5	Q	0.20	0.20
						4.3.7	Q	0.20	0.20
			4.5	Q	0.35	4.5.5	Q	0.50	0.50
						4.5.6	Q	0.50	0.50

一级指标	类别	权重	二级指标	类别	权重	三级指标	类别	权重 设计	权重 运行
节地与室外环境	LR	0.10	4.1	LR	—	4.1.1	LR	—	—
			4.2	LR	0.35	4.2.1	LR	0.30	0.30
						4.2.2	LR	0.15	0.15
						4.2.3	LR	0.25	0.25
						4.2.4	LR		
			4.4	LR	0.25	4.4.1	LR	0.40	0.40
						4.4.2	LR	0.30	0.30
						4.4.3	LR	0.30	0.30

续表 A.0.1

一级指标	类别	权重	二级指标	类别	权重	三级指标	类别	权重	
								设计	运行
节地与室外环境	LR	0.10	4.5	LR	0.40	4.5.1	LR	0.25	0.25
						4.5.2	LR	0.15	0.15
						4.5.3	LR	0.15	0.15
						4.5.4	LR	0.25	0.25
						4.5.7	LR	0.20	0.20

注：1 控制项不设权重及得分，用"—"表示；
   2 当场地内不存在需要保护的水体时，第4.5.3条不参评；
   3 当场地内无设计水景时，第4.5.7条不参评。

A.0.2 "节能与能源利用"部分的各级评价指标权重系数应按表 A.0.2 确定。

表 A.0.2 "节能与能源利用"部分的各级评价指标权重系数

一级指标	类别	权重	二级指标	类别	权重	三级指标	类别	权重	
								设计	运行
节能与能源利用	LR	0.40	5.1	LR	0.20	5.1.1	LR	—	—
						5.1.2	LR	0.65	0.65
						5.1.3	LR	0.20	0.20
						5.1.4	LR	0.15	0.15
			5.2	LR	0.15	5.2.1	LR	0.20	0.20
						5.2.2	LR	0.40	0.40
						5.2.3	LR	0.40	0.40
			5.3	LR	0.25	5.3.1	LR	—	—
						5.3.2	LR	1.00	1.00
						5.3.3	LR	0.40	0.40
						5.3.4	LR	0.30	0.30
						5.3.5	LR	0.30	0.30
			5.4	LR	0.15	5.4.1	LR	—	—
						5.4.2	LR	0.60	0.60
						5.4.3	LR	0.40	0.40
			5.5	LR	0.10	5.5.1	LR	0.50	0.50
						5.5.2	LR	0.20	0.20
						5.5.3	LR	0.20	0.20
						5.5.4	LR	0.10	0.10
			5.6	LR	0.10	5.6.1	LR	1.00	1.00
			5.7	LR	0.05	5.7.1	LR	1.00	1.00

注：1 控制项不设权重及得分，用"—"表示；
   2 第5.3.2条与第5.3.3、5.3.4、5.3.5条不重复参评。

A.0.3 "节水与水资源利用"部分的各级评价指标权重系数应按表 A.0.3 确定。

表 A.0.3 "节水与水资源利用"部分的各级评价指标权重系数

一级指标	类别	权重	二级指标	类别	权重	三级指标	类别	权重	
								设计	运行
节水与水资源利用	Q|LR	0.20	6.1	LR	—	6.1.1	LR	—	—
						6.1.2	LR	—	—
			6.2	LR	0.70	6.2.1	LR	0.10	0.10
						6.2.2	LR	0.15	0.15
						6.2.3	LR	0.15	0.15
						6.2.4	LR	0.20	0.20
						6.2.5	LR	0.20	0.20
						6.2.6	LR	0.20	0.20
			6.3	Q|LR	0.30	6.3.1	Q	—	—
						6.3.2	LR	—	—
						6.3.3	LR	1.00	1.00
						6.3.4	LR	0.60	0.60
						6.3.5	LR	0.40	0.40

注：1 控制项不设权重及其得分，用"—"表示；
   2 第6.3.3条与第6.3.4、6.3.5条不重复参评。

A.0.4 "节材与材料资源利用"部分的各级评价指标权重系数应按表 A.0.4 确定。

表 A.0.4 "节材与材料资源利用"部分的各级评价指标权重系数

一级指标	类别	权重	二级指标	类别	权重		三级指标	类别	权重	
					设计	运行			设计	运行
节材与材料资源利用	LR	0.20	7.1	LR	0.40	0.35	7.1.1	LR	—	—
							7.1.2	LR	0.20	0.15
							7.1.3	LR	0.20	0.15
							7.1.4	LR	0.50	0.50
							7.1.5	LR	0.30	0.35
							7.1.6	LR	0.20	0.15
			7.2	LR	0.60	0.40	7.2.1	LR	0.15	0.15
							7.2.2	LR	0.60	0.60
							7.2.3	LR	0.15	0.15
							7.2.4	LR	0.25	0.25
							7.2.5	LR	0.05	0.05
							7.2.6	LR	0.05	0.05
							7.2.7	LR	0.10	0.10
							7.2.8	LR	0.10	0.10
							7.2.9	LR	0.15	0.15

一级指标	类别	权重	二级指标	类别	权重设计	权重运行	三级指标	类别	权重设计	权重运行
节材与材料资源利用	LR	0.20	7.3	LR	—	0.25	7.3.1	LR	×	0.25
							7.3.2	LR	×	0.10
							7.3.3	LR	×	0.20
							7.3.4	LR	×	0.15
							7.3.5	LR	×	0.15
							7.3.6	LR	×	0.15
							7.3.7	LR	×	0.15

注：1 控制项不设权重及得分，用"—"表示；
2 设计阶段不参评项用"×"表示；
3 第7.1.2、7.1.3、7.1.6条三者不重复参评；第7.2.2条与第7.2.3、7.2.4、7.2.5、7.2.6、7.2.7条不重复参评；第7.3.6条与第7.3.7条不重复参评。

A．0.5 "室内环境质量"部分的各级评价指标权重系数应按表 A.0.5 确定。

表 A．0.5 "室内环境质量"部分的各级评价指标权重系数

一级指标	类别	权重	二级指标	类别	权重设计	权重运行	三级指标	类别	权重设计	权重运行
室内环境质量	Q	0.50	8.1	Q	0.25		8.1.1	Q	—	—
							8.1.2	Q	0.35	0.35
							8.1.3	Q	0.35	0.35
							8.1.4	Q	0.30	0.30
			8.2	Q	0.15		8.2.1	Q	—	—
							8.2.2	Q	—	—
							8.2.3	Q	1.00	1.00
							8.2.4	Q	0.50	0.50
							8.2.5	Q	0.50	0.50
			8.3	Q	0.20		8.3.1	Q	—	—
							8.3.2	Q	—	—
							8.3.3	Q	0.40	0.40
							8.3.4	Q	0.40	0.40
			8.4	Q	0.30		8.4.1	Q	×	—
							8.4.2	Q	×	—
							8.4.3	Q	—	—
							8.4.4	Q	×	—
							8.4.5	Q	×	0.20
							8.4.6	Q	0.70	0.50
							8.4.7	Q	0.15	0.15
							8.4.8	Q	0.15	0.15

一级指标	类别	权重	二级指标	类别	权重设计	权重运行	三级指标	类别	权重设计	权重运行
室内环境质量	Q	0.50	8.5	Q	0.10		8.5.1	Q	0.20	0.20
							8.5.2	Q	0.40	0.40
							8.5.3	Q	0.40	0.40

注：1 控制项不设权重及得分，用"—"表示；
2 设计阶段不参评项用"×"表示；
3 第8.2.3条与第8.2.4、8.2.5条不重复参评。

A．0.6 "运营管理"部分的各级评价指标权重系数应按表 A.0.6 确定。

表 A．0.6 "运营管理"部分的各级评价指标权重系数

一级指标	类别	权重	二级指标	类别	权重设计	权重运行	三级指标	类别	权重设计	权重运行
运营管理	Q	0.20	9.1	Q	×	0.15	9.1.1	Q|LR	×	—
							9.1.2	Q|LR	×	—
							9.1.3	Q		0.55
							9.1.6	Q		0.45
			9.2	Q	0.50	0.25	9.2.3	Q	1.00	0.80
							9.2.7	Q		0.20
			9.3	Q	0.50	0.60	9.3.1	Q	×	—
							9.3.3	Q		0.40
							9.3.4	Q	1.00	0.20
							9.3.5	Q		0.20
							9.3.6	Q		0.20
运营管理	LR	0.10	9.1	LR	×	0.25	9.1.1	Q|LR	×	—
							9.1.2	Q|LR	×	—
							9.1.4	LR	×	0.75
							9.1.5	LR	×	0.25
			9.2	LR	1.00	0.75	9.2.1	LR	×	—
							9.2.2	LR		0.20
							9.2.4	LR	×	0.25
							9.2.5	LR		0.20
							9.2.6	LR	1.00	0.20
							9.2.8	LR		0.15

注：1 控制项不设权重及其得分，用"—"表示；
2 设计阶段不参评项用"×"表示；
3 在设计阶段，当第9.3.4条不参评时，二级Q指标9.2的权重系数调整为1.00；
4 在运行阶段，当第9.3.4条不参评时，三级Q指标第9.3.3、9.3.5、9.3.6条的权重系数分别调整为0.50、0.25、0.25。

附录 B 第三级评价指标分值设置表

B.0.1 "节地与室外环境"部分第三级评价指标分值应按表 B.0.1 确定。

表 B.0.1 "节地与室外环境"部分第三级评价指标分值设置

条文内容	评价内容	优	良	一般	得分
4.1.1 建筑选址应符合城乡规划，符合各类保护区的建设要求	建筑选址应符合城乡规划，符合各类保护区的建设要求	—	—	—	
4.1.2 建筑场地应无洪涝灾害、泥石流及含氡土壤的威胁，无危险源及重大污染源的影响	建筑场地应无洪涝灾害、泥石流及含氡土壤的威胁，建筑场地与周边可能存在的各种危险源及重大污染源保持足够的安全距离或采取了其他可靠的安全措施	—	—	—	
4.2.1 在满足当地城乡规划和室外环境质量的前提下，场地规划宜确定合理的容积率	24m 以下多层建筑容积率不低于 0.8；24m～60m 高层建筑容积率不低于 1.8；60m～100m 高层建筑容积率不低于 2.5；100m 以上高层建筑容积率不低于 3.0。且建筑物附属的广场不超过 2hm²	—	—	—	2
	24m 以下多层建筑容积率不低于 1.5；24m～60m 高层建筑容积率不低于 2.5；60m～100m 高层建筑容积率不低于 3.5；100m 以上高层建筑容积率不低于 4.5；且建筑物附属的广场不超过 2hm²	—	—	—	4
	24m 以下多层建筑容积率不低于 2.0；24m～60m 高层建筑容积率不低于 3.0；60m～100m 高层建筑容积率不低于 4.0；100m 以上高层建筑容积率不低于 5.0。且建筑物附属的广场不超过 2hm²	—	—	—	5
4.2.2 建筑场地宜合理选用废弃场地进行建设	选用废弃时间超过 5 年的建设用地，或未被污染的工厂和仓库弃置场地	—	—	—	1
	选用盐碱地、裸岩、石砾地、陡坡地、塌陷地、沙荒地、废窑坑等地进行建设，采取了场地改造或土壤改良措施，达到相关标准	—	—	—	3
	选用工业用地、垃圾填埋场等已被污染的废弃场地进行建设，对场地污染进行治理再利用和生态修复，达到相关标准	—	—	—	5
4.2.3 地下空间宜合理开发利用	①协调好地上及地下空间的承载、振动、污染及噪声问题，避免对既有设施造成损害，预留与未来设施连接的可能性	1	—	—	5×(①+②+③+④+⑤+⑥)/10 当③不参评时： 5×(①+②+④+⑤+⑥)/9 当④不参评时： 5×(①+②+③+⑤+⑥)/8 当③和④均不参评时： 5×(①+②+⑤+⑥)/7
	②地下建筑容积率 优：大于 1.0；良：大于 0.5；一般：不大于 0.5	2	1	0	
	③充分利用地下人防设施做好平战结合（无地下人防的项目不参评）	1	—	—	
	④人员活动频繁的地下空间做好引导标志和无障碍设施（无人员活动频繁的地下空间不参评）	2	—	—	
	⑤地下建筑采用加强天然采光的措施 优：采光窗和采光井面积占地下一层面积比≥5‰，或导光管数量≥10 个，或设有下沉庭院 良：设有采光窗、采光井或导光管 一般：没有加强天然采光的措施	2	1	0	
	⑥地下建筑采用加强自然通风的措施	2	—	—	

条文内容	评价内容		优	良	一般	得分
4.2.4 场地规划与建筑设计宜提高空间利用效率，提倡建筑空间与设施的共享，设置对外共享的公共开放空间	①建筑中的休息交往空间、会议设施、健身设施等共享		3	—	—	5×(①+②+③+④)/10
	②对外共享的室外或半室外公共开放空间 优：不低于基地总面积的20%；良：设有公共开放空间；一般：没有公共开放空间		3	2	0	当④不参评时：5×(①+②+③)/9
	③未出现以下情况之一：房间面积和层高过大；过多的交通辅助空间；较多不易使用的空间；过于高大的室内空间		3	—	—	
	④充分利用建筑的坡屋顶等不易使用的空间（没有坡屋顶等不宜使用的空间不参评）		1	—	—	
4.3.1 建筑场地内不应存在排放超标的污染源	无污染源或有污染源但经过处理后不超标		—	—	—	—
4.3.2 建筑物不应影响周边建筑及场地的日照要求	建筑物不影响周边建筑及场地的日照要求		—	—	—	—
4.3.3 环境噪声宜符合现行国家标准《声环境质量标准》GB 3096 的有关规定	达到 4 类声环境功能区噪声限值		—	—	—	3
	达到 2 类声环境功能区噪声限值		—	—	—	4
	达到 1 类声环境功能区噪声限值		—	—	—	5
4.3.4 室外日平均热岛强度不宜高于 1.5℃	夏季典型日室外热岛强度 ΔT_{hi} 与当地过去 20 年夏季平均热岛强度 ΔT_0 的关系	$(\Delta T_0 - 0.5) \leqslant \Delta T_{hi} < \Delta T_0$	—	—	—	3
		$(\Delta T_0 - 1) \leqslant \Delta T_{hi} < (\Delta T_0 - 0.5)$	—	—	—	4
		$\Delta T_{hi} < (\Delta T_0 - 1)$	—	—	—	5
	当无法进行上述判定时，综合考虑了下垫面结构、绿化布局、室外通风、建筑外表面等措施对热岛强度的影响		5	4	3	—
4.3.5 建筑物周围人行区距地 1.5m 高处风速不宜高于 5m/s，冬季建筑物前后压差不宜大于 5Pa，夏季保证建筑物前后适宜压差，避免出现旋涡和死角	①建筑物周围人行风速<5m/s，风速放大系数<2		2	—	—	5×(①+②+③+④)/5
	②避免场地内局部出现风的旋涡和死角		1	—	—	
	③设计中考虑了盛行风等因素对污染扩散的影响		1	—	—	
	④典型气象条件下冬季建筑物前后压差不宜大于 5Pa；合理控制夏季、过渡季节建筑物前后压差，保证室内可有效进行自然通风		1	—	—	
4.3.6 室外公共活动区域和绿地冬季宜有日照	公共活动区域大寒日不小于 60%的区域获得两小时日照		—	—	—	5
4.3.7 建筑不宜对周边建筑物、道路及天空造成光污染	①夜景照明符合现行行业标准《城市夜景照明设计规范》JGJ/T 163 的要求；当建筑物立面采用泛光照明时，应限制溢出场地范围以外的光线		3	—	—	5×(①+②+③)/10
	②玻璃幕墙设计应符合现行国家标准《玻璃幕墙光学性能》GB/T 18091 中关于光污染的相关规定，避免产生光污染，且 优：玻璃面积占外墙面总面积不大于 50% 良：玻璃面积占外墙面总面积不大于 70% 一般：玻璃面积占外墙面总面积大于 70%		5	3	0	
	③道路照明设计与灯具选用合理，其眩光限值应符合行业标准《城市夜景照明设计规范》JGJ/T 163 的相关规定		2	—	—	

续表 B.0.1

条文内容	评价内容	优	良	一般	得分
4.4.1 建筑场地与公共交通宜具有便捷的联系	①到达公共交通站点（或轨道交通站点）的步行距离 优：公共交通站点不超过300m（或轨道交通站点不超过500m） 良：公共交通站点不超过500m（或轨道交通站点不超过800m） 一般：公共交通站点超过500m（或轨道交通站点超过800m）	4	2	1	5×(①+②+③)/10
	②500m范围内公共交通站点的数量 优：2个及以上 良：1个或设有通勤车 一般：0个	5	4	0	
	③有便捷的专用人行通道（如地道、天桥）与公共交通联系	1	—	—	
4.4.2 建筑场地宜合理设置自行车停放设施及专门的人行道	①设有自行车停车位	1	—	—	5×(①+②+③)/5
	②设有专人看管或摄像监控的自行车停车设施（包括半地下车库、室内车库、停车棚等）	2	—	—	
	③设有安全、便利、舒适的专用人行道，且无障碍设施齐全	2	—	—	
4.4.3 机动车停车的数量和设施宜满足最基本的需要，宜采用多种停车方式节约用地	①停车位数量满足且不大于城市规划规定的下限指标的110%	3	—	—	5×(①+②+③+④)/10
	②采用机械停车或停车楼等方式节约土地资源	3	—	—	
	③地面停车比例≤30%	2	—	—	
	④机动车停车场节假日、夜间错时对社会开放	2	—	—	
4.5.1 建筑场地设计与建筑布局宜结合现有地形进行设计，减少对原有地形地貌的破坏	①建筑场地设计与建筑布局结合现有地形进行设计	2.5	—	—	5×(①+②)/5
	②制定施工过程中及施工后的生态恢复计划，并在实际工程中进行生态修复	2.5	—	—	
4.5.2 建筑场地内的表层土宜进行分类收集，采取生态恢复措施，并在施工后充分利用表层土	①收集、改良并利用少于30%的表层土	—	—	—	1
	②收集、改良并利用大于或等于30%的表层土	—	—	—	3
	③收集、改良并利用大于或等于50%的表层土	—	—	—	5
4.5.3 场地内的自然河流、水体及湿地宜合理保护	①对水体进行局部保护，保护面积与水体总面积之比≥50%	—	—	—	1
	②对大部分水体进行保护，保护面积与水体总面积之比≥70%	—	—	—	3
	③对全部水体进行保护，保护面积达到水体总面积的100%	—	—	—	5

续表 B.0.1

条文内容	评价内容	优	良	一般	得分
4.5.4 地表与屋面雨水径流途径宜合理规划，降低地表径流，减少排入市政管道的雨水量	①室外透水地面面积比达到一定要求 优：室外透水地面面积比≥50%；良：室外透水地面面积比≥40%；一般：室外透水地面面积比≥20%	5	3	1	途径1： 5×(①+②+③)/10 途径2： 5×④/10 取两种途径计算结果较大值
	②室外非透水地面（如硬质铺装地面）采用了透水性铺装材料 优：50%以上采用了透水铺装材料；良：采用了透水铺装材料；一般：未采用透水铺装材料	2	1	0	
	③ 在设计中采取其他措施（例如采用雨水收集、挡水石等）有效降低了地表径流及排入市政管道的雨水量，并预测降低地表径流的效果（设计阶段评价）	3	—	—	
	实地查看降低地表径流的措施及效果（运行阶段评价）	3	—	—	
	④采用有效措施降低地表径流，削减暴雨洪水洪峰流量，减少排入市政管道的雨水量 优：地表综合径流系数≤0.3；良：0.3＜地表综合径流系数≤0.45；一般：0.45＜地表综合径流系数≤0.6	10	5	2	
4.5.5 建筑场地的绿地率宜高于规划设计要求，并合理采用屋顶绿化、垂直绿化等立体绿化方式	①绿地率达到一定比例 优：绿地率比规划要求提高3%，或者集中绿地面积超过 1hm² 良：绿地率满足规划条件要求 一般：绿地率不满足规划条件要求	4	3	0	5×(①+②+③)/10
	②采用屋顶绿化方式 优：屋顶绿化面积占屋顶可绿化面积的50%以上 良：屋顶绿化面积占屋顶可绿化面积的20%以上 一般：没有采用屋顶绿化方式	3	2	0	
	③外墙采用垂直绿化方式 优：外墙垂直绿化率≥6% 良：外墙垂直绿化率≥3% 一般：不采用垂直绿化的方式或外墙垂直绿化率＜3%。 注：模块化外墙垂直绿化率＝外墙绿化面积/10m 以下外墙总面积×100% 地栽藤本植物类外墙垂直绿化率＝垂直绿化种植水平长度/建筑物基底周长×100%	3	2	0	
4.5.6 绿化设计中宜选择适宜当地气候和土壤条件的乡土植物，采用包含乔、灌木的复层绿化，且种植区域有足够的覆土深度和良好的排水性	①种植适应当地气候和土壤条件的乡土植物，选用少维护、耐候性强、病虫害少，对人体无害的植物	3	—	—	5×(①+②+③)/10
	②采用乔、灌、草构成复层绿化 优：每 100m² 绿地中不少于 5 株乔木 良：每 100m² 绿地中不少于 3 株乔木 一般：绿地中采用复层绿化方式	4	2	1	
	③种植区域有足够的覆土深度和排水性 优：种植区域 70%的覆土深度大于 1.5m 良：种植区域 70%的覆土深度大于 0.9m且小于 1.5m 一般：种植区域 70%的覆土深度大于 0.6m且小于 0.9m	3	2	1	

条 文 内 容	评 价 内 容	优	良	一般	得分
4.5.7 设有水景的项目，宜结合雨水收集等节水措施合理设计生态水景	①雨水作为景观用水补水时，合理控制雨水面源污染：在雨水进入景观水体之前设置前置塘、缓冲带等前处理设施，或将屋面和道路雨水接入绿地，经绿地、植草沟等处理后再接入景观水体	2	—	—	5×(①+②)/5
	②设计生态池底及驳岸 优：采用非硬质池底及生态驳岸，为水生生物提供栖息条件，并通过水生植物对水体进行净化 良：采用非硬质池底及生态驳岸，种植水生植物，但仍然需要其他辅助手段对水体进行净化 一般：采用硬质池底	3	2	0	

B.0.2 "节能与能源利用"部分第三级评价指标分值应按表 B.0.2 确定。

表 B.0.2 "节能与能源利用"部分第三级评价指标分值设置

条 文 内 容	评 价 内 容		优	良	一般	得分
5.1.1 围护结构热工性能指标应符合国家批准或备案的现行公共建筑节能标准的规定	围护结构热工性能指标符合国家批准或备案的现行公共建筑节能标准的规定		—	—	—	—
5.1.2 围护结构热工性能指标宜高于现行国家或地方节能标准的规定	围护结构节能率 φ_{ENV}（严寒地区）	围护结构节能率 φ_{ENV}（其他地区）	—	—	—	
	$1.0\leqslant\varphi_{ENV}<2.0\%$	$0.5\leqslant\varphi_{ENV}<1.0\%$	—	—	—	1
	$2.0\%\leqslant\varphi_{ENV}<4.0\%$	$1.0\%\leqslant\varphi_{ENV}<2.0\%$	—	—	—	2
	$4.0\%\leqslant\varphi_{ENV}<6.0\%$	$2.0\%\leqslant\varphi_{ENV}<3.0\%$	—	—	—	3
	$6.0\%\leqslant\varphi_{ENV}<8.0\%$	$3.0\%\leqslant\varphi_{ENV}<4.0\%$	—	—	—	4
	$\varphi_{ENV}\geqslant8.0\%$	$\varphi_{ENV}\geqslant4.0\%$	—	—	—	5
5.1.3 外窗或透明幕墙宜采用外遮阳设计	针对夏热冬暖、夏热冬冷、寒冷地区（严寒地区本条不参评）	采用建筑自遮阳设计	—	—	—	2
		采用建筑自遮阳设计，并提供遮阳分析报告，证明具有良好的遮阳效果；或采用外遮阳构件	—	—	—	3
		采用外遮阳构件，并提供遮阳分析报告，证明具有良好的遮阳效果	—	—	—	5
5.1.4 围护结构非透明部分宜采用因地制宜的保温隔热措施	①屋面 优：采用适宜性保温隔热改善措施处理的屋面面积占可处理屋面面积的比例不低于50% 良：采用适宜性保温隔热改善措施处理的屋面面积占可处理屋面面积的比例不低于30% 一般：采用适宜性保温隔热改善措施处理的屋面面积占可处理屋面面积的比例不低于20%		3	2	1	5×(①+②)/5
	②外墙 优：采用适宜性保温隔热改善措施处理的外墙面积占可处理外墙面积的比例不低于50% 良：采用适宜性保温隔热改善措施处理的外墙面积占可处理外墙面积的比例不低于30% 一般：采用适宜性保温隔热改善措施处理的外墙面积占可处理外墙面积的比例不低于20%		2	1	0.5	

续表 B.0.2

条文内容	评价内容			优	良	一般	得分
5.2.1 建筑主朝向宜选择本地区最佳朝向或接近最佳朝向	建筑主朝向避免东西向			—	—	—	3
	条状建筑，且主朝向选择本地区最佳或适宜朝向			—	—	—	5
5.2.2 建筑宜采用合理的开窗设计及其他措施，强化自然通风，降低采暖空调负荷	①	夏热冬暖/温和地区	夏热冬冷/寒冷地区	严寒地区			当①得分为0时，本项得分为0
		通风开口面积不小于地上部分总建筑面积的3%	通风开口面积不小于地上部分总建筑面积的3%	通风开口面积不小于地上部分总建筑面积的2%	1	—	—	
		通风开口面积不小于地上部分总建筑面积的4%	通风开口面积不小于地上部分总建筑面积的3.5%	通风开口面积不小于地上部分总建筑面积的2.5%	2	—	—	当①得分不为0时，本项得分为5×(①+②)/5
		通风开口面积不小于地上部分总建筑面积的5%	通风开口面积不小于地上部分总建筑面积的4%	通风开口面积不小于地上部分总建筑面积的3%	3	—	—	
	②	采用多种措施改善自然通风效果			2	—	—	
5.2.3 室内和地下主要功能空间宜采用合理的天然采光措施，降低照明能耗	采光系数达标面积比例 φ_{NL}	$60\% \leqslant \varphi_{NL} < 65\%$			—	—	—	1
		$65\% \leqslant \varphi_{NL} < 70\%$			—	—	—	2
		$70\% \leqslant \varphi_{NL} < 75\%$			—	—	—	3
		$75\% \leqslant \varphi_{NL} < 80\%$，或 $70\% \leqslant \varphi_{NL} < 75\%$ 且采用合理措施改善地下区域（如停车场）的天然采光效果			—	—	—	4
		$\varphi_{NL} \geqslant 80\%$，或 $75\% \leqslant \varphi_{NL} < 80\%$ 且采用合理措施改善地下区域（如停车场）的天然采光效果			—	—	—	5
5.3.1 空气调节与采暖系统的冷热源设计应符合现行国家和地方公共建筑节能标准及相关节能设计标准中强制性条文的规定	空气调节与采暖系统的冷热源设计应符合现行国家和地方公共建筑节能标准及相关节能设计标准中强制性条文的规定			—	—	—	—
5.3.2 采暖、通风和空气调节系统宜合理选择系统形式，提高设备及系统效率，优化控制策略，降低系统能耗	采暖、通风和空气调节系统节能率 φ_{HVAC}	$4\% \leqslant \varphi_{HVAC} < 8\%$			—	—	—	1
		$8\% \leqslant \varphi_{HVAC} < 12\%$			—	—	—	2
		$12\% \leqslant \varphi_{HVAC} < 16\%$			—	—	—	3
		$16\% \leqslant \varphi_{HVAC} < 20\%$			—	—	—	4
		$\varphi_{HVAC} \geqslant 20\%$			—	—	—	5
5.3.3 空气调节与采暖系统的冷热源机组能效比宜高于现行国家标准《公共建筑节能设计标准》GB 50189 的有关规定	冷热源能效比提升比例 φ_{COP}	$4\% \leqslant \varphi_{COP} < 8\%$			—	—	—	1
		$8\% \leqslant \varphi_{COP} < 12\%$			—	—	—	2
		$12\% \leqslant \varphi_{COP} < 16\%$			—	—	—	3
		$16\% \leqslant \varphi_{COP} < 20\%$			—	—	—	4
		$\varphi_{COP} \geqslant 20\%$			—	—	—	5

条文内容	评价内容			优	良	一般	得分
5.3.4 采暖、通风和空气调节系统的输配系统效率宜高于现行国家标准《公共建筑节能设计标准》GB 50189 的有关规定	针对集中采暖系统：耗电输热比 EHR 针对通风空调系统：单位风量耗功率 W_s 针对冷热水系统：输送能效比 ER 当采用多套输配系统时，按各系统全年能耗的比例折算到一次能源计算		满足要求	—	—	—	1
			降低 5%	—	—	—	3
			降低 10%	—	—	—	5
5.3.5 建筑物处于部分冷热负荷时和仅部分空间使用时，宜采取有效措施节约通风、采暖和空气调节系统能耗	针对集中或半集中空调采暖系统	①采取了系统分区配置和控制的方法		5	3	1	5×(①+②+③+④+⑤)/25
		②有针对部分负荷运行时提高系统能源效率的措施		5	3	1	
		③提供空气调节和采暖系统全年运行说明书，设计阶段对全年预期负荷进行分析，用于指导实际运行		5	3	1	
		④有部分负荷条件下的具体控制方案说明		5	3	1	
		⑤具体说明采用何种方式来实现上述控制方案，包括控制方式、测点布置等		5	3	1	
	针对分散式空调采暖系统			—	—	—	5
	若项目中部分采用集中空调采暖系统，部分采用非集中式空调采暖系统			—	—	—	根据二者面积比例加权计算最终得分
5.4.1 各房间或场所照明功率密度值不应高于现行国家标准《建筑照明设计标准》GB 50034 有关强制性条文的规定	各房间或场所在满足照度要求的前提下，照明功率密度值不高于现行国家标准《建筑照明设计标准》GB 50034 有关强制性条文的规定			—	—	—	—
5.4.2 照明灯具及其附属装置宜合理采用高效光源、高效灯具和低损耗的灯用附件，降低建筑照明能耗	照明系统用能效率 LEE	1.00≤LEE<1.05		—	—	—	1
		1.05≤LEE<1.10		—	—	—	2
		1.10≤LEE<1.15		—	—	—	3
		1.15≤LEE<1.20		—	—	—	4
		LEE≥1.20		—	—	—	5
5.4.3 照明系统宜合理设计控制方式，降低建筑照明能耗	采用照明自控面积比例 $\varphi_{BAS,L}$ 对于小型建筑，合理设计照明回路，采用就地控制方式可得3分	25%≤$\varphi_{BAS,L}$<50%		—	—	—	1
		50%≤$\varphi_{BAS,L}$<75%		—	—	—	3
		$\varphi_{BAS,L}$≥75%		—	—	—	5
5.5.1 电梯系统宜合理选用高效节能电梯和合理的控制方法，以降低建筑电梯运行能耗	针对采用电梯的建筑	①对电梯设备采用了合理的控制方法		5	3	1	5×(①+②)/10
		②采用高效节能电梯		5	3	1	
	针对未采用电梯的建筑			—	—	—	5

续表 B.0.2

条文内容	评价内容		优	良	一般	得分
5.5.2 给排水输配系统宜选用高效节能设备，并合理设计给排水系统，降低给排水系统输配能耗	不适用技术对应的得分项按不参评处理，但需提供合理性论证报告	①充分利用市政来水的水压，合理采用叠压供水技术等	2	—	1	5×(①+②+③+④+⑤)/10 有不参评项的，分母对应减少
		②对竖向分区加压供水进行技术经济分析，合理采用相关措施，减小水泵的供水净扬程	2	—	1	
		③适当减少管网中的局部阻力配件的数量，改善配件的水力性能，以减少管网的阻力	2	—	1	
		④合理采用水泵变频技术或无负压供水系统，提高水泵的日常运行效率，根据水泵日常运行工况合理选用高效水泵，加压供水泵组在各用水工况的运行效率处于高效区或不得偏离高效区10%~20%	2	—	1	
		⑤合理配置供水设施的供水压力，最不利点的用水器具选用配置水压小的产品，以控制最不利点水压	2	—	1	
5.5.3 生活热水系统宜采用高效能源利用系统，降低生活热水能耗	无生活热水需求，此项不参评	①采用高效的能源利用系统提供生活热水 优：合理控制出水温度，采用分散式生活热水系统 良：采用集中式生活热水系统，利用空调余热或其他废热制备生活热水 一般：采用其他形式的集中式生活热水系统	5	3	1	无集中生活热水需求：5×(①+③)/10 有集中生活热水需求：5×(②+③)/10
		②采用高效的能源利用系统提供生活热水 优：利用空调余热或其他废热或可再生能源 良：城市热网 一般：热水锅炉	5	3	0	
		③采用高效热水供应设备 优：设备能效比比设备节能标准要求高两个等级 良：设备能效比比设备节能标准要求高一个等级 一般：设备能效比符合相关设备节能标准要求	5	3	1	
5.5.4 输配电和变配电系统宜合理选用高效节能设备和合理的控制方法，降低建筑输配电和变配电系统损耗		合理选用高效节能设备和合理的控制方法，降低建筑输配电和变配电系统损耗	5	3	1	

条 文 内 容	评 价 内 容			优	良	一般	得分
5.6.1 可再生能源宜根据当地气候和自然资源条件合理利用	采用太阳能光伏技术时,等效太阳能光电板面积占建筑基底面积的比例 φ_A	采用地源热泵技术时,地源热泵承担的负荷比例 φ_B	采用其他形式可再生能源利用技术时,建筑总能耗可再生能源替代率 φ_{REN}	—	—	—	
	$4\% \leqslant \varphi_A < 8\%$	$10\% \leqslant \varphi_B < 20\%$	$0.5\% \leqslant \varphi_{REN} < 1\%$	—	—	—	1
	$8\% \leqslant \varphi_A < 12\%$	$20\% \leqslant \varphi_B < 30\%$	$1\% \leqslant \varphi_{REN} < 1.5\%$	—	—	—	2
	$12\% \leqslant \varphi_A < 16\%$	$30\% \leqslant \varphi_B < 40\%$	$1.5\% \leqslant \varphi_{REN} < 2\%$	—	—	—	3
	$16\% \leqslant \varphi_A < 20\%$	$40\% \leqslant \varphi_B < 50\%$	$2\% \leqslant \varphi_{REN} < 2.5\%$	—	—	—	4
	$\varphi_A \geqslant 20\%$	$\varphi_B \geqslant 50\%$	$\varphi_{REN} \geqslant 2.5\%$	—	—	—	5
5.7.1 能耗计量与用能设备监控系统宜进行合理设置	①安装分项计量装置,对建筑内各耗能环节如冷热源、输配系统、照明、办公设备和热水能耗等实现独立分项计量,物业有定期记录 优:在同一建筑中根据建筑的功能、归属等情况,做到分区、分系统、分层、分项对能耗进行计量,物业有定期记录 一般:安装分项计量装置,对建筑内各耗能环节进行独立分项计量,物业有定期记录			2	—	1	$5\times(①+②+③+④+⑤)/10$
	②专业设计说明书中对不同季节、不同使用功能条件下各种设备(如冷机、锅炉、空调箱、水泵等)的启停状态、投入顺序、运行参数等给出详细描述,并落实到节能管理制度中,指导运营 优:设计说明书描述详细,能很好地指导节能运行 一般:设计说明书中有相关描述,对节能运行有一定指导作用			2	—	1	
	③给出对各自动调节装置(如风阀、水阀)在不同设备运行状态下相应的调节要求(如启停、开度大小等),以及对各参数测量装置精度、测量范围的要求,并落实到节能管理制度中,指导运营 优:要求合理详细,能很好地指导节能运行 一般:有相关要求,对节能运行有一定指导作用			2	—	1	
5.7.1 能耗计量与用能设备监控系统宜进行合理设置	④设计说明书中需要给出针对设备专业设计说明中对设备、调节装置、测量装置在不同季节不同使用功能条件下相应工况的实现方式的详细描述,并落实到节能管理制度中,指导运营 优:设计说明书描述详细,能很好地指导节能运行 一般:设计说明书中有相关描述,对节能运行有一定指导作用			2	—	1	$5\times(①+②+③+④+⑤)/10$
	⑤建筑设备监控系统功能完善,能实现对各设备系统的自动监测与控制 优:功能完善,系统运行良好,记录完整 一般:功能基本完善,系统运行良好			2	—	1	

B.0.3 "节水与水资源利用"部分第三级评价指标分值应按表 B.0.3 确定。

表 B.0.3 "节水与水资源利用"部分第三级评价指标分值设置

条 文 内 容	评 价 内 容	优	良	一般	得分
6.1.1 方案规划阶段应制定水资源规划方案,统筹、综合利用各种水资源	方案规划阶段应制定水资源规划方案,统筹、综合利用各种水资源	—	—	—	

续表 B.0.3

条文内容	评价内容	优	良	一般	得分
6.1.2 给水、排水系统的设置应合理、完善。热水供应系统形式应根据用水特点合理确定	给水、排水系统的设置应合理、完善。热水供应系统形式应根据用水特点合理确定	—	—	—	—
6.2.1 管网漏损宜采取有效措施避免	①选用密闭性能好的阀门、设备，使用耐腐蚀、耐久性能好的管材、管件	5	—	—	5×(①+②+③+④)/25
	②室外埋地管道采取有效措施避免管网漏损	5	—	—	
	③给水管网系统采取了预防、监测管网漏损的技术和措施	5	—	—	
	④设计阶段根据水平衡测试的要求安装分级计量水表，安装率达100%；运行阶段提供用水量计量情况的报告，报告包括分级水表设置示意图、用水计量实测记录、管道漏损率计算和原因分析	10	—	—	
6.2.2 给水系统不宜出现超压出流现象	系统分区合理，每区供水压力要求：$0.35MPa < P \leqslant 0.45MPa$				1
	系统分区合理，每区供水压力要求：$P \leqslant 0.35MPa$	—			3
	采取减压限流措施，用水点处供水压力 $P \leqslant 0.2MPa$；或采用自带减压装置的用水器具				5
6.2.3 水表宜分区域、分用途设置	按使用用途设置用水计量水表				3
	按缴费单元和使用用途设置用水计量水表	—			4
	按水平衡测试要求设置水表，安装率达100%				5
6.2.4 卫生器具的用水效率等级宜达到节水评价值	用水效率等级达到二级	—			3
	用水效率等级达到一级				5
6.2.5 用水设备宜采用节水设备或节水措施。绿化灌溉宜采用高效节水灌溉方式	①洗衣设备、厨房设备、洗车设备等用水设备采用节水设备 优：全部用水设备均采用节水设备 良：用水量占总用水量50%及以上的用水设备采用节水设备 一般：有部分用水设备采用了节水设备	5	3	1	5×(①+②)/15
	②采用节水灌溉，节水灌溉面积比例>70%；节水灌溉系统的管网出水压力的差别控制在20%以内 优：节水灌溉系统设有土壤湿度感应器、雨天关闭装置等节水控制 良：在采用高效节水灌溉系统基础之上设置合理完善的节水灌溉制度 一般：采用高效节水灌溉系统	10	5	1	
6.2.6 冷却水系统宜采用循环冷却塔、闭式冷却塔等节水型冷却塔设备或其他冷却水节水措施	采用循环冷却塔				1
	采用冷却水节水措施，开式循环冷却水系统应设置水处理措施和/或加药措施，以减少排污的水量损失；采取加大积水盘、设置平衡管或平衡水箱的方式，避免冷却水泵停泵时冷却水溢出	—	—	—	3
	采用闭式冷却塔				5

续表 B.0.3

条文内容	评价内容			优	良	一般	得分
6.3.1 使用非传统水源时,应采取用水安全保障措施,不应对人体健康与周围环境产生不良影响	使用非传统水源时,应采取用水安全保障措施,不应对人体健康与周围环境产生不良影响			—	—	—	—
6.3.2 景观用水不应采用市政供水和自备地下水井供水	景观用水不应采用市政供水和自备地下水井供水			—	—	—	—
6.3.3 项目周边有市政再生水利用条件时,非传统水源利用率不宜低于40%;项目周边无市政再生水利用条件时,非传统水源利用率不宜低于15%	当项目所在地区年降雨量低于400mm,且周边无市政再生水利用条件,并且项目建筑面积小于5万m² 或可回用水量小于100m³/d 时(如地方标准中有更高要求,应按地方标准实施),此项不参评	非传统水源利用率 R_u(有市政再生水利用条件)	非传统水源利用率 R_u(无市政再生水利用条件)				—
		$40\% \leqslant R_u < 50\%$	$15\% \leqslant R_u < 25\%$				3
		$50\% \leqslant R_u$	$25\% \leqslant R_u$				5
6.3.4 项目周边有市政再生水利用条件时,再生水利用率不宜低于30%;项目周边无市政再生水利用条件时,再生水利用率不宜低于10%	当项目周边无市政再生水利用条件,并且建筑面积小于5万m² 或可回用水量小于100m³/d 时(如地方标准中有更高要求,应按地方标准实施),此项不参评	再生水利用率 R_R(有市政再生水利用条件)	再生水利用率 R_R(无市政再生水利用条件)				—
		$30\% \leqslant R_R < 35\%$	$R_R < 10\%$				3
		$35\% \leqslant R_R < 40\%$	$10\% \leqslant R_R < 20\%$				5
6.3.5 雨水回用率不宜低于40%	当项目所在地区年降雨量低于400mm 时,此项不参评	雨水回用率 R_y	$40\% \leqslant R_y < 60\%$				3
			$60\% \leqslant R_y$				5

B.0.4 "节材与材料资源利用"部分第三级评价指标分值应按表 B.0.4 确定。

表 B.0.4 "节材与材料资源利用"部分第三级评价指标分值设置

条文内容	评价内容		优	良	一般	得分
7.1.1 禁用国家和地方建设主管部门禁止和限制使用的建筑材料及制品	禁用国家和地方建设主管部门禁止和限制使用的建筑材料及制品		—	—	—	—
7.1.2 场址范围内的已有建筑物、构筑物宜合理利用	永久性利用或改造后永久性利用场址范围内的已有建筑物、构筑物。当申报项目场址范围内无建筑物、构筑物,或已有建筑物、构筑物的建筑面积(含构筑物的等效面积)不足100m² 时,本条不参评;超过1000m² 时,按1000m² 计算利用率	其利用率不低于10%,且利用面积不小于50m²	—	—	—	1
		其利用率不低于20%,且利用面积不小于100m²	—	—	—	3
		其利用率不低于30%,且利用面积不小于100m²	—	—	—	5

续表 B.0.4

条 文 内 容	评 价 内 容	优	良	一般	得分
7.1.3 建筑构、配件宜工厂化生产	工厂化率>10%	—	—	—	3
	工厂化率>15%	—	—	—	4
	工厂化率>20%	—	—	—	5
7.1.4 在保证安全和不污染环境的情况下，建筑宜使用可再利用建筑材料、可再循环建筑材料和以废弃物为原料生产的建筑材料，其质量之和应不低于建筑材料总质量的10%。	可再利用建材、可再循环建材和以废弃物为原料生产的建材的质量之和占建筑材料总质量的10%	—	—	—	3
	可再利用建材、可再循环建材和以废弃物为原料生产的建材的质量之和占建筑材料总质量的20%	—	—	—	4
	可再利用建材、可再循环建材和以废弃物为原料生产的建材的质量之和占建筑材料总质量的30%	—	—	—	5
7.1.5 装饰装修材料宜经济适用	单位建筑面积装饰装修材料用量的经济适用性	5	3	1	
7.1.6 基于当地资源条件和发展水平，建筑宜合理使用新型绿色环保材料及产品	选用了基于当地资源条件和发展水平的新材料及新产品	—	—	—	3
	选用的新型材料及产品的使用量超过了同类建材的50%以上，或选用一种以上基于当地资源条件和发展水平的新材料及新产品	—	—	—	5
7.2.1 建筑造型要素宜简约，无大量装饰性构件	所有纯装饰性构件的造价之和低于工程总造价的2%，但不低于1%	—	—	—	1
	所有纯装饰性构件的造价之和低于工程总造价的1%，但不低于5‰	—	—	—	3
	所有纯装饰性构件的造价之和低于工程总造价的5‰	—	—	—	5
7.2.2 在保证安全的前提下，宜控制主要结构材料的用量	主要结构材料用量均低于当地层数（高度）相近的同类建筑的材料用量平均值，且	不低于平均值的0.98倍	—	—	—
		其中至少一种材料的用量低于平均值的0.98倍，但不低于平均值的0.97倍	—	—	—
		其中至少一种材料的用量低于平均值的0.97倍，但不低于平均值的0.96倍	—	—	—
		其中至少一种材料的用量低于平均值的0.96倍，但不低于平均值的0.95倍	—	—	—
		其中至少一种材料的用量低于平均值的0.95倍	—	—	—
7.2.3 建筑方案宜规则	申报项目的建筑方案不规则；或特别不规则但城市建设需要	—	—	—	3
	申报项目的建筑方案规则；或不规则但城市建设需要	—	—	—	5
7.2.4 在保证安全的前提下，建筑结构方案宜进行优化设计	①对上部结构方案进行了多方案比选	3	2	0	5×(①+②)/5
	②对基础方案进行了多方案比选	2	1	0	
7.2.5 主体结构宜合理使用高强混凝土	对于砌体结构（含配筋砌体结构）和钢结构，本条不参评。	C50及以上混凝土在竖向承重结构中的使用率达到60%以上，但低于70%；或对40%～60%结构构件采用的混凝土强度等级合理性进行了论证	—	—	—
		C50及以上混凝土在竖向承重结构中的使用率达到70%以上，但低于80%；或对60%～80%结构构件采用的混凝土强度等级合理性进行了论证	—	—	—
		C50及以上混凝土在竖向承重结构中的使用率达到80%以上；或对80%以上结构构件采用的混凝土强度等级合理性进行了论证	—	—	—

续表 B.0.4

条文内容	评价内容		优	良	一般	得分
7.2.6 主体结构宜合理使用高强度钢	对于砌体结构（含配筋砌体），本条不参评	高强度钢的使用率达到 60%，但低于 70%；或对 40%～60% 的结构构件所采用的钢强度等级的合理性进行了论证	—	—	—	3
		高强度钢的使用率达到 70%，但低于 80%；或对 60%～80% 的结构构件所采用的钢强度等级的合理性进行了论证	—	—	—	4
		高强度钢的使用率达到 80%；或对 80% 以上的结构构件所采用的钢强度等级的合理性进行了论证	—	—	—	5
7.2.7 建筑设计时宜采取适当措施减轻建筑自重	①采取措施减轻室内办公空间楼地面现浇面层（含所有湿作业部分）的自重 优：室内办公空间楼地面现浇面层的平均自重不高于 1.5kPa 良：室内办公空间楼地面现浇面层的平均自重不高于 1.8kPa 一般：室内办公空间楼地面现浇面层的平均自重高于 1.8kPa		5	3	0	①+②+③ 且不超过 5
	②采取措施减少地上建筑墙面抹灰 优：地上建筑墙面抹灰体积与地上建筑总体积之比不超过 0.008（包括墙面无抹灰） 良：地上建筑墙面抹灰体积与地上建筑总体积之比不超过 0.012 一般：地上建筑墙面抹灰体积与地上建筑总体积之比超过 0.012		5	3	0	
	③采用本标准未涉及的其他措施减轻建筑自重（根据该措施的节材效果给予恰当分值）		5	3	0	
7.2.8 可变换功能的室内空间宜灵活分隔	砌体结构、剪力墙结构建筑，本条不参评 可变换功能的室内空间内，不可循环利用隔断（墙）围合的房间总面积与可变换功能的室内空间总面积之比	超过 20%，但不超过 30%	—	—	—	1
		超过 10%，但不超过 20%	—	—	—	3
		不超过 10%	—	—	—	5
7.2.9 建筑土建与装修宜一体化设计	①建筑、结构施工图纸中，注明了预留孔洞的位置、大小，给出了土建和装修阶段所需主要预埋件的位置和详图。土建开工前，燃气、强电、弱电、热力、给排水等专业的市政接口配合完毕		4	—	—	5×(①+②+③+④)/15
	②土建开工前，土建、装修各专业施工图纸及图纸上的签字（包括装修等专业设计师在土建图上的会签）、盖章均齐全		4	—	—	
	③需专业公司完成的钢结构、预应力结构、幕墙、厨房、屋顶绿化、弱电等子项的设计和相关会签手续，其完成情况 优：在土建施工前完成了 80% 以上子项的设计和相关会签手续 良：在土建施工前完成了 70% 以上子项的设计和相关会签手续 一般：在土建施工前完成了 60% 以上子项的设计和相关会签手续		4	2	1	
	④扶梯、电梯、空调机组、制冷机组、变配电设备、主要给排水设备等的订货和相关手续完成情况 优：在土建施工前完成了 60% 以上设备的订货和相关手续 良：在土建施工前完成了 50% 以上设备的订货和相关手续 一般：在土建施工前完成了 40% 以上设备的订货和相关手续		3	2	1	
7.3.1 施工现场 500km 以内生产的建筑材料质量应占建筑材料总质量的 60% 以上	施工现场 500km 以内生产的建筑材料质量占建材总质量的 60% 以上		—	—	—	1
	施工现场 500km 以内生产的建筑材料质量占建材总质量的 70% 以上		—	—	—	3
	施工现场 500km 以内生产的建筑材料质量占建材总质量的 80% 以上		—	—	—	5
7.3.2 现浇混凝土应使用预拌混凝土，建筑砂浆宜使用预拌砂浆	现浇混凝土全部使用预拌混凝土,预拌砂浆的质量占建筑砂浆总质量的 50% 以上		—	—	—	1
	现浇混凝土全部使用预拌混凝土,预拌砂浆的质量占建筑砂浆总质量的 80% 以上		—	—	—	3
	现浇混凝土全部使用预拌混凝土,建筑砂浆全部使用预拌砂浆		—	—	—	5

条文内容	评价内容	优	良	一般	得分
7.3.3 建筑土建与装修宜一体化施工	①正式施工前,土建各工种的施工方案和施工组织设计文件内容全面、合理且已签字盖章	2	—	—	5×(①+②+③)/5
	②正式施工前,装修各工种的施工方案和施工组织设计文件内容全面、合理且已签字盖章	2	—	—	
	③正式施工前,土建、装修各工种的施工方案和施工组织设计文件已得到监理单位(甲方)的正式批准	1	—	—	
7.3.4 施工组织设计中宜制定节材方案,并在施工过程中得到落实	施工组织设计中包含节材措施的相关内容	—	—	—	1
	施工组织设计中制定了节材方案,并明确了施工过程中的节材措施	—	—	—	3
	施工组织设计中制定了节材方案,明确了施工过程中的节材措施,并在实际施工过程中得到落实	—	—	—	5
7.3.5 对旧建筑拆除、场地清理和建筑施工时产生的固体废弃物宜进行分类处理和回收利用	制订了废弃物管理规划	—	—	—	1
	按照废弃物管理规划,对施工现场的废弃物进行分类处理并留存记录	—	—	—	3
	按照废弃物管理规划将施工现场废弃物分类处理后,并对大部分的可再循环利用材料进行回收利用	—	—	—	5
7.3.6 施工过程中主要材料的损耗率应比定额损耗率降低 30%	施工过程中主要材料的损耗率比定额损耗率降低 30%	—	—	—	3
	施工过程中主要材料的损耗率比定额损耗率降低 40%	—	—	—	4
	施工过程中主要材料的损耗率比定额损耗率降低 50%	—	—	—	5
7.3.7 现场施工中宜提高围挡、模板等设施的重复使用率	①利用场地已有围墙,或采用了装配式可重复使用的围挡	1	—	—	5×(①+②+③)/5
	②临时围挡材料的重复使用率,70% 为中等水平	2	1	0	
	③模板的周转次数 (对于木模板,周转次数达到 5 次以上得 1 分;达到 7 次以上得 2 分。对于其他模板,周转次数达到 10 次以上得 1 分,达到 30 次以上得 2 分)	2	1	0	

B.0.5 "室内环境质量"部分第三级评价指标分值应按表 B.0.5 确定。

表 B.0.5 "室内环境质量"部分第三级评价指标分值设置

条文内容	评价内容	优	良	一般	得分
8.1.1 主要功能空间室内照度、照度均匀度、眩光控制、光的颜色质量等指标应满足现行国家标准《建筑照明设计标准》GB 50034 的有关规定	主要功能空间室内照度、照度均匀度、眩光控制、光的颜色质量等指标满足现行国家标准《建筑照明设计标准》GB 50034 的有关规定	—	—	—	
8.1.2 主要功能房间的采光系数宜达到现行国家标准《建筑采光设计标准》GB/T 50033 的有关规定	室内空间(包括地下主要功能房间)的采光系数达标面积比例 (地下主要功能房间采光系数达标的区域,在计算面积百分比的时候其面积仅仅计入分子,同时可以乘以 1.5 的权重系数,分母不加)	≥75%	—	—	—	2
		≥80%	—	—	—	3
		≥85%	—	—	—	5
8.1.3 建筑宜鼓励采用反光、遮光、导光等新装置、新材料作为辅助设施,改善室内或地下空间的天然采光质量,控制眩光	①合理设计外窗及室内表面反射比,引入反光、遮光、导光等新装置、新材料,改善室内空间的天然采光质量,采光均匀度不小于 0.7	5	—	—	5×(①+②)/10 或 5×①/5
	②地下一层 10% 以上面积或不少于 100m² 地下空间可以直接利用天然采光 (没有地下空间的办公建筑,该项不参评)	5	—	—	

条文内容	评价内容	优	良	一般	得分
8.1.4 设计中宜充分考虑照明可控性及灯具防眩光措施	①设计考虑了照明防眩光的措施 优:全部区域采用了避免眩光的灯具或防眩光措施 一般:70%区域采用了避免眩光的灯具或防眩光措施	5	—	5	5×(①+②+③)/20
	②对90%以上的建筑用户提供独立的照明控制,能够调节灯光适应个人的工作需求和个人爱好;对于多人共同使用的空间,照明控制也应满足各组的需求和喜好	10	—	—	
	③能根据空间天然采光的有、无和强弱开关或调节灯光明暗	5	—	—	
8.2.1 室内噪声级应满足现行国家标准《民用建筑隔声设计规范》GB 50118 室内允许噪声级的低限要求	各类噪声在建筑室内形成的噪声级满足现行国家标准《民用建筑隔声设计规范》GB 50118 室内允许噪声级的低限要求				
8.2.2 隔墙、楼板、门窗的隔声性能应满足现行国家标准《民用建筑隔声设计规范》GB 50118 的低限要求	建筑围护结构构件空气声隔声性能、楼板撞击声隔声性能满足现行国家标准《民用建筑隔声设计规范》GB 50118 的低限要求				
8.2.3 除开放式办公室之外,室内其他主要功能空间的噪声级宜满足现行国家标准《民用建筑隔声设计规范》GB 50118 室内允许噪声级的高限要求	除开放式办公室之外,室内其他主要功能空间的噪声级满足现行国家标准《民用建筑隔声设计规范》GB 50118 室内允许噪声级的高限要求	—	—	—	5
8.2.4 建筑平面布局和空间功能宜合理安排,减少相邻空间的噪声干扰以及外界噪声对室内的影响	①产生噪声的洗手间等辅助用房集中布置,上下层对齐	5	—	—	5×(①+②+③+④)/20
	②空调机房、水泵房、开水房等集中布置,远离工作区、休息区等重要活动场所	5	—	—	
	③主要办公空间、休息空间不与电梯间等设备用房相邻	5	—	—	
	④主要办公空间、休息空间不临近交通干道	5	—	—	
8.2.5 建筑中宜合理设计设备减噪、隔振措施	对于设备的噪声和振动基本无改善措施	—	—	—	0
	对于设备的噪声和振动采取了一些措施,对室内声环境状况有一定改善	—	—	—	3
	对各种噪声和振动都采取了合理的减噪、隔振措施,室内无设备噪声和振动	—	—	—	5
8.3.1 采用集中空调的建筑,房间内的温度、湿度等参数应符合现行国家标准《公共建筑节能设计标准》GB 50189 的有关规定	采用集中空调的建筑,房间内的温度、湿度等参数符合现行国家标准《公共建筑节能设计标准》GB 50189 的有关规定,对于高大空间或特殊功能空间,其风速及气流组织也应满足相关标准要求	—	—	—	

条 文 内 容	评 价 内 容	优	良	一般	得分
8.3.2 建筑围护结构内部和表面宜无结露、发霉现象；减少围护结构带来室内环境的不舒适性	①夏季自然通风条件下，房间的屋顶和东、西外墙内表面的最高温度满足现行国家标准《民用建筑热工设计规范》GB 50176 等国家标准的要求	5	—	—	5×(①+②+③+④)/35
	②围护结构以及热桥部位采取有效防结露措施，按照现行国家标准《民用建筑热工设计规范》GB 50176 的要求进行热桥内表面结露验算（南方潮湿天气下在空调未开启的季难以保证结构内部和表面绝对无结露的情况不在评价范围内）	5	—	—	
	③冬、夏季均设计遮阳（包括外遮阳或内遮阳）等可控制室内长短波辐射、改善室内热舒适的措施（根据效果的好坏以及规模情况综合评价）	15	10	5	
	④减少玻璃幕墙的使用 优：主要朝向/朝阳面朝向窗墙比低于 0.4 一般：未达到上述要求	10	—	—	
8.3.3 建筑设计和构造设计宜具有诱导气流、促进自然通风的措施，可实现有效的自然通风	①有效通风面积控制： 优：房间外窗有效可开启面积不小于房间面积的 1/12，无可开启外窗房间，有效通风面积应满足 100cm²/m² 良：房间外窗有效可开启面积不小于房间面积的 1/15，无可开启外窗房间，有效通风面积应满足 50cm²/m² 一般：房间外窗有效可开启面积不小于房间面积的 1/20，无可开启外窗房间设计了换气装置 注： 1）对于严寒地区，有效可开启面积比可以考虑 0.8 的修正系数作为控制要求 2）对于全年平均风速低于 1m/s 的地区，有效可开启面积比乘以 1.25 作为控制要求	15	10	5	5×(①+②+③)/26
	②建筑公共内部区域可利用热压或诱导通风等措施进行自然通风（没有内区或内区仅仅是走廊，此项可不参评）	5	—	—	
	③合理通过模拟分析手段，优化自然通风设计	6	—	—	
8.3.4 建筑中宜合理设计各种被动措施、主动措施，加强室内热环境的可控性，改善热舒适	①使用者可自主通过开窗，调整主要功能空间室内局部热环境（根据可开启外窗对应室内房间的面积比例进行评价，只评价外区进深 6m 的区域） 优：≥80%；良：≥70%；一般：≥60%	5	3	1	5×(①+②+③+④)/25
	②使用者可自主通过遮阳等被动式措施，调整主要功能空间室内局部热环境（根据可调节遮阳对应室内房间的面积比例进行评价，只评价外区进深 6m 的区域；区分可调节外遮阳、中空玻璃夹层可调节遮阳和内部高反射率百叶可调节遮阳三类，对应的房间面积分别乘以 1.4、1.2 和 1 的权重系数，求和后除以进深 6m 的外区总面积（权重系数仅在分子有）得到可调节面积比例） 优：≥80%；良：≥70%；一般：≥60%	5	3	1	
	③办公空间使用者对于空调设备的自主调节方式以及大型公共区域的控制方式（以标准层、主要楼层为例进行分析，也可以整栋建筑评价） 优：办公空间能够由使用者设定空调设备参数值或分区灵活控制，大型公共区域能够分区、分时控制调节 良：办公空间空调设备能够分档调节，大型公共区域能够分区或分时控制调节 一般：办公空间空调设备仅能进行开关调节，大型公共区域不能分区或分时控制调节	8	4	0	
	④建筑中超过一定规模的功能相同的房间（办公室、会议室、大堂）采用了新型空调采暖方式，改善室内热舒适，包括减少室内上下温差和空气流速小的空调方式等 优：超过 50%；良：超过 30%	7	4	0	

条 文 内 容	评 价 内 容	优	良	一般	得分
8.4.1 建筑材料中有害物质含量应符合现行国家标准《室内装饰装修材料 人造板及其制品中甲醛释放限量》GB 18580、《室内装饰装修材料溶剂型木器涂料中有害物质限量》GB 18581、《室内装饰装修材料内墙涂料中有害物质限量》GB 18582、《室内装饰装修材料胶粘剂中有害物质限量》GB 18583、《室内装饰装修材料木家具中有害物质限量》GB 18584、《室内装饰装修材料壁纸中有害物质限量》GB 18585、《室内装饰装修材料聚氯乙烯卷材地板中有害物质限量》GB 18586、《室内装饰装修材料地毯、地毯衬垫及地毯胶粘剂中有害物质释放限量》GB 18587、《混凝土外加剂中释放氨的限量》GB 18588 的有关规定，放射性核素的限量应符合现行国家标准《建筑材料放射性核素限量》GB 6566 的有关规定	建筑材料中有害物质含量应符合现行国家标准《室内装饰装修材料 人造板及其制品中甲醛释放限量》GB 18580、《室内装饰装修材料溶剂型木器涂料中有害物质限量》GB 18581、《室内装饰装修材料内墙涂料中有害物质限量》GB 18582、《室内装饰装修材料胶粘剂中有害物质限量》GB 18583、《室内装饰装修材料木家具中有害物质限量》GB 18584、《室内装饰装修材料壁纸中有害物质限量》GB 18585、《室内装饰装修材料聚氯乙烯卷材地板中有害物质限量》GB 18586、《室内装饰装修材料地毯、地毯衬垫及地毯胶粘剂中有害物质释放限量》GB 18587、《混凝土外加剂中释放氨的限量》GB 18588 的有关规定，放射性核素的限量应符合现行国家标准《建筑材料放射性核素限量》GB 6566 的有关规定	—	—	—	—
8.4.2 建筑中游离甲醛、苯、氨、氡和 TVOC 等空气污染物浓度应符合现行国家标准《民用建筑工程室内环境污染控制规范》GB 50325 中的有关规定，建筑在运行阶段的室内空气质量应符合现行国家标准《室内空气质量标准》GB/T 18883 的有关规定	建筑中游离甲醛、苯、氨、氡和 TVOC 等空气污染物浓度符合现行国家标准《民用建筑工程室内环境污染控制规范》GB 50325 中的有关规定，建筑在运行阶段的室内空气质量应符合现行国家标准《室内空气质量标准》GB/T 18883 有关规定	—	—	—	—
8.4.3 采用集中空调的建筑，新风量应符合现行国家标准《公共建筑节能设计标准》GB 50189 的有关规定	采用集中空调的建筑，新风量符合现行国家标准《公共建筑节能设计标准》GB 50189 的设计要求	—	—	—	—

条　文　内　容	评　价　内　容		优	良	一般	得分
8.4.4 新风采气口位置应合理设计，保证新风质量及避免二次污染的发生	新风采气口位置设计在无污染源的方位，且与各排风口之间有足够的距离，保证所吸入的空气为室外新鲜空气，严禁间接从空调通风的机房、建筑物楼道以及天棚吊顶内吸取新风		—	—	—	—
8.4.5 在建筑中宜采取禁烟措施，或采取措施尽量避免室内用户以及送回风系统直接暴露在吸烟环境中	吸烟控制	无措施	—	—	—	0
		设置专门负压吸烟室	—	—	—	3
		建筑内禁止吸烟	—	—	—	5
8.4.6 在装饰装修设计中，宜采用合理的预评估方法，对室内空气质量进行源头控制或采取其他保障措施	在装饰装修设计中，采用合理的预评估方法，对室内空气质量进行源头控制或采取其他保障措施	预评估中考虑了建筑结构性污染，以现行国家标准《民用建筑工程室内环境污染控制规范》GB 50325 为最终目标进行设计	—	—	—	3
		预评估中综合考虑了建筑结构性污染和家具等用品性污染，以《民用建筑工程室内环境污染控制规范》GB 50325 和现行国家标准《室内空气质量标准》GB/T 18883 为最终目标进行设计	—	—	—	5
8.4.7 报告厅、会议室、公共区域等人员变化大的区域宜针对空气品质的实时监测或人工监测措施	报告厅、会议室、公共区域等人员变化大的区域有空气品质实时中央监测系统或人工监测设施（如 CO_2 监测）	无监测措施	—	—	—	0
		有人工监控系统	—	—	—	1
		有中央监控系统	—	—	—	3
		有中央监控系统并能与进排风设备联动	—	—	—	5
8.4.8 地下停车场宜有针对一氧化碳浓度监控措施	地下车库设计有一氧化碳浓度监测系统	小于 50%区域或没有	—	—	—	0
		50%以上区域	—	—	—	3
		100%区域	—	—	—	5
8.5.1 建筑入口和主要活动空间宜设有无障碍设施	建筑入口和主要活动空间有无障碍设计		—	—	—	5
8.5.2 主要功能房间外窗宜合理设计，具有良好的外景视野	在规定的使用区域，主要功能房间 70%以上的区域都能通过地面以上 0.80～2.30m 高度处的玻璃窗看到室外环境（地下如果有可以看到室外视野的，计算面积百分比时将其面积仅计入分子，同时可以乘以 1.5 的权重系数，分母不加）	≥70%	—	—	—	1
		≥80%	—	—	—	3
		≥90%	—	—	—	5
8.5.3 公共场所宜设有专门的休憩空间和绿化空间	①公共场所有专门的休憩空间		5	—	—	5×(①+②)/10
	②公共空间有室内绿化		5	—	—	

B.0.6 "运营管理"部分第三级评价指标分值应按表 B.0.6 确定。

表 B.0.6 "运营管理"部分第三级评价指标分值设置

条文内容	评价内容	优	良	一般	得分
9.1.1 物业管理组织架构设置合理，人员及专业应配备齐全，岗位职责明确	物业管理组织架构设置合理，人员及专业配备齐全，岗位职责明确	—	—	—	—
9.1.2 物业管理部门应制定并实施节能、节水、节材等资源节约与绿化、垃圾管理制度	制定并实施节能、节水、节材等资源节约与绿化、垃圾管理制度	—	—	—	—
9.1.3 物业管理单位宜通过 ISO 9001 质量管理体系及 ISO 14001 环境管理体系认证	物业管理单位通过 ISO 14001 环境管理体系认证	—	—	—	3
	物业管理单位通过 ISO 9001 质量管理体系及 ISO 14001 环境管理体系认证	—	—	—	5
9.1.4 物业管理部门宜实施资源管理激励机制，管理业绩宜与节约资源、提高经济效益挂钩	①指定专人负责能源统计和管理能耗计量，有健全的原始记录和统计台账	2	1	0	$5\times(①+②+③)/6$
	②业主方与物业管理部门共同制定资源节约的奖惩措施与考核办法，管理业绩与物业的经济效益挂钩	2	1	0	
	③资源管理激励计算和考核方法应简单且易于实施	2	1	0	
9.1.5 物业管理部门宜引导并规范资源节约与环境保护行为模式，定期进行培训与宣传	①物业部门与业主共同制定节能、节水、节材与环境保护等相关行为模式与规范	2	1	0	$5\times(①+②+③)/6$
	②有定期的培训与宣传	2	1	0	
	③有跟踪检查措施与记录	2	1	0	
9.1.6 物业管理部门宜定期进行办公建筑环境满意度评价，并有持续改进措施	①定期进行办公建筑环境满意度评价	3	2	0	$5\times(①+②)/5$
	②根据满意度调查结果，有持续改进措施	2	1	0	
9.2.1 建筑能耗和水耗应实行分类、分项计量与分用户计量收费，有完整的记录、分析与管理	建筑能耗和水耗实行分类、分项计量与分用户计量收费，有完整的记录、分析与管理	—	—	—	—
9.2.2 物业管理宜采用信息化手段，并建立有完善的建筑工程、设施、设备、部品等的档案及记录	①对节能、节水、节材与保护环境的管理，采用定量化、分项化、数字化管理	2	1	0	$5\times(①+②+③)/6$
	②建立有完善的建筑工程、设施、设备、部品等的档案及记录	2	1	0	
	③物业管理服务运用智能化监控技术及信息化系统对项目实行全过程监控，并合理、有效运用绩效评价改进项目管理	2	1	0	

条文内容		评 价 内 容	优	良	一般	得分
9.2.3 建筑智能化系统定位合理,配置宜符合现行国家标准《智能建筑设计标准》GB/T 50314 的有关规定,并满足建筑使用功能的需求	①	设计阶段评价时,智能化系统设计符合《智能建筑设计标准》GB/T 50314 中有关办公建筑智能化系统配置的基本要求,信息设施系统、安全防范系统、设备管理系统等功能完善	8	4	1	5×(①+②)/10
		运行阶段评价时,智能化各子系统通过相关行业第三方检测,验收合格	8	4	0	
	②	设计阶段评价时,智能化系统设计满足建筑使用功能需求	2	1	0	
		运行阶段评价时,各子系统运行正常,历史运行数据保存完好	2	1	0	
9.2.4 建筑通风、空调、照明等设备监控系统高效运行,满足设计要求		①系统运行稳定、安全可靠,故障报警记录及主要设备运行参数记录完整	2	1	0	5×(①+②+③+④+⑤+⑥+⑦)/25
		②空调和采暖的冷热源、空调水系统的监测控制功能应成功运行,控制及故障报警功能符合设计要求	10	5	0	
		③通风与空调系统控制功能及故障报警功能应符合设计要求	5	3	0	
		④照明自动控制的功能应符合设计要求	2	1	0	
		⑤电梯控制方式合理,满足实际功能需求	2	1	0	
		⑥给排水系统控制功能及故障报警功能应符合设计要求	2	1	0	
		⑦供配电系统的监测与数据采集应符合设计要求	2	1	0	
9.2.5 设备维护保养措施齐全,日常运行、检测、维护及应急措施合理有效,运行记录保存完整		①设备设施维护保养制度齐全,具有应急措施,有具体落实人员	2	1	0	5×(①+②+③)/6
		②日常运行、检测、维护措施合理有效	2	1	0	
		③运行数据及处理记录完整,保存完好	2	1	0	
9.2.6 设备、管线的设置宜便于维修、改造和更换	①	设计阶段评价时,设备、管道的设置必须方便维修、改造、更换,公共功能的设备、管道应设置在公共部位	4	2	1	5×(①+②)/6
		运行阶段评价时,机房、设备、管线等应标识清楚,便于查找和维护	4	2	1	
	②	设计阶段评价时,建筑中强电和弱电管线应分管路布设,强电间不宜和弱电间设置在同一房间	2	1	0	
		运行阶段评价时,管线和末端设备的调整或变更应具有完整的记录	2	1	0	
9.2.7 空调通风系统宜按照现行国家标准《空调通风系统清洗规范》GB 19210 的有关规定进行定期检查和清洗;照明灯具宜定期清洁并对室内照度进行检测		①对空调通风系统按照《空调通风系统清洗规范》GB 19210 进行检查和清洗	4	2	0	5×(①+②)/6
		②对照明灯具定期清洗并对照度进行检测	2	1	0	
9.2.8 建设用地内停车场闲置时间内宜对外开放,并设置自行车服务设施		①提供自行车服务设施	3	2	0	5×(①+②)/6
		②内部停车场在节假日、晚上等闲置时间对外部车辆开放	3	2	0	

条 文 内 容	评 价 内 容		优	良	一般	得分
9.3.1 建筑运营管理过程中噪声检测达标，无不达标废气、废水排放；危险废弃物按规定处置率应达到100%	建筑运营管理过程中噪声检测达标，无不达标废气、废水排放；危险废弃物按规定处置率达100%		—	—	—	—
9.3.2 建筑中应配置垃圾分类收集设施，垃圾容器设置合理，垃圾处理间设有风道或排风、冲洗和排水设施，并定期清洗	配置垃圾分类收集设施，垃圾容器设置合理，垃圾处理间设有风道或排风、冲洗和排水设施，并定期清洗		—	—	—	—
9.3.3 垃圾分类收集率宜达到90%以上	垃圾分类收集率达90%以上		—	—	—	3
	垃圾分类收集率95%以上		—	—	—	5
9.3.4 设有餐厅或厨房的办公建筑，宜对餐厨垃圾进行单独收集，并及时清运	对于未设置厨房或餐厅的办公建筑，本条不参评	① 设计阶段评价时，设置符合标准的容器，用于存放餐厨垃圾	3	2	0	5×(①+②)/6
		① 运行阶段评价时，对餐厨垃圾单独进行收集，及时清运	3	2	0	
		② 设计阶段评价时，设置油水分离器或者隔油池等污染防治设施用于收集废弃食用油脂	3	2	0	
		② 运行阶段评价时，油水分离器或者隔油池等污染防治设施运行有效	3	2	0	
9.3.5 栽种和移植的树木成活率宜大于90%，且植物生长状态良好	老树成活率达98%，新栽树木成活率低于90%高于85%		—	—	—	3
	老树成活率达98%，新栽树木成活率达90%以上		—	—	—	5
9.3.6 病虫害防治宜采用无公害防治技术，规范化学药品的使用，避免对土壤和地下水环境的损害	①建立有杀虫剂、除草剂、化肥、农药等化学品使用管理制度		2	1	0	5×(①+②+③)/6
	②对化学品有完备的进货清单与使用记录		2	1	0	
	③严格控制化学品使用剂量，有效避免对土壤和地下水环境的损害		2	1	0	

本标准用词说明

1 为了便于执行本标准条文时区别对待，对要求严格程度不同的用词说明如下：

1）表示很严格，非这样做不可的用词：

正面词采用"必须"，反面词采用"严禁"；

2）表示严格，在正常情况下均应这样做的用词：

正面词采用"应"，反面词采用"不应"或"不得"；

3）表示允许稍有选择，在条件允许时首先应这样做的用词：

正面词采用"宜"，反面词采用"不宜"；

4）表示有选择，在一定条件下可以这样做的用词，采用"可"。

2 本标准中指明应按其他有关标准执行的写法为："应符合……的规定"或"应按……执行"。

引用标准名录

1 《建筑采光设计标准》GB/T 50033

2 《建筑照明设计标准》GB 50034

3 《民用建筑隔声设计规范》GB 50118

4 《公共建筑节能设计标准》GB 50189

5 《智能建筑设计标准》GB/T 50314

6 《民用建筑工程室内环境污染控制规范》GB 50325

7 《绿色建筑评价标准》GB/T 50378

8 《声环境质量标准》GB 3096

9 《建筑材料放射性核素限量》GB 6566

10 《室内装饰装修材料 人造板及其制品中甲醛释放限量》GB 18580

11 《室内装饰装修材料溶剂型木器涂料中有害物质限量》GB 18581

12 《室内装饰装修材料内墙涂料中有害物质限量》GB 18582

13 《室内装饰装修材料胶粘剂中有害物质限量》GB 18583

14 《室内装饰装修材料木家具中有害物质限量》GB 18584

15 《室内装饰装修材料壁纸中有害物质限量》GB 18585

16 《室内装饰装修材料聚氯乙烯卷材地板中有害物质限量》GB 18586

17 《室内装饰装修材料地毯、地毯衬垫及地毯胶粘剂中有害物质释放限量》GB 18587

18 《混凝土外加剂中释放氨的限量》GB 18588

19 《室内空气质量标准》GB/T 18883

20 《空调通风系统清洗规范》GB 19210

21 《城市夜景照明设计规范》JGJ/T 163

22 《玻璃幕墙光学性能》GB/T 18091

23 《民用建筑热工设计规范》GB 50176

中华人民共和国国家标准

绿色办公建筑评价标准

GB/T 50908—2013

条 文 说 明

制 订 说 明

国家标准《绿色办公建筑评价标准》GB/T
50908-2013 经住房和城乡建设部 2013 年 9 月 6 日以
第 146 号公告批准、发布。

本标准是为完善绿色建筑评价标准体系，总结近
年来《绿色建筑评价标准》GB/T 50378-2006 在评
价办公建筑实践过程中遇到的问题和我国绿色建筑方
面的研究成果，借鉴国际先进经验制定的国内第一部
针对办公建筑的绿色建筑专用评价标准，引导政府办
公建筑、商用办公建筑、科研办公建筑、综合办公建

筑以及功能相近的办公建筑的绿色设计、建设与运
行，规范绿色办公建筑的评价工作。

为便于广大设计、施工、科研、学校等单位有关
人员在使用本标准时能正确理解和执行条文规定，
《绿色办公建筑评价标准》编制组按章、节、条顺序
编制了本标准的条文说明，对条文规定的目的、依据
以及执行中需注意的有关事项进行了说明。但是，本
条文说明不具备与标准正文同等的法律效力，仅供使
用者作为理解和把握标准规定的参考。

目 次

3 基本规定

3.1 评价指标与权重系数设置

3.1.1 绿色办公建筑评价指标共分三级：一级指标为第4～9章的标题，包括节地与室外环境、节能与能源利用、节水与水资源利用、节材与材料资源利用、室内环境质量、运营管理，共六部分；二级指标为第4～9章下各节的标题，如一级指标"节地与室外环境"的二级指标为4.1选址、4.2土地利用、4.3室外环境、4.4交通和4.5场地生态；三级指标为标准第4～9章条文的具体要求，如二级指标"4.1选址"的三级指标为第4.1.1条和第4.1.2条。

绿色办公建筑评价指标的Q指标和LR指标分布在节地与室外环境、节能与能源利用、节水与水资源利用、节材与材料资源利用、室内环境质量和运营管理六部分。其中，"节地与室外环境"、"节水与水资源利用"和"运营管理"部分既有Q指标，也有LR指标；"节能与能源利用"和"节材与材料资源利用"部分均为LR指标；"室内环境品质"部分均为Q指标。

3.1.2 权重系数与评价指标相对应，同样分为三级。其中，一级指标权重系数反映了节地与室外环境、节能与能源利用、节水与水资源利用、节材与材料资源利用、室内环境质量和运营管理六类一级指标之间的权重关系；二级指标权重系数反映了二级指标之间的权重关系；三级指标权重系数反映了三级指标之间的权重关系。

控制项不设权重系数。可选项中每级相同属性指标（Q指标或LR指标）的权重系数之和为1；但当存在两种得分途径时，每种得分途径的指标权重系数之和为1。如表1所示，一级Q指标1、5、6的权重之和为1。二级LR指标有两种得分途径，其中1.3和1.4为一种得分途径，其权重之和为1；1.3、1.5和1.6为另一种得分途径，其权重之和也为1。三级Q指标1.1.1、1.1.2和1.1.3的权重之和为1。

表1 绿色办公建筑评价指标与权重设置示例

一级指标	类别	权重	二级指标	类别	权重	三级指标	类别	权重
1. 节地与室外环境	Q	0.4	1.1	Q	0.35	1.1.1	Q	0.5
						1.1.2	Q	0.3
						1.1.3	Q	0.2
			1.2	Q	0.65	……		
	LR	0.1	1.3	LR	0.3	…… 和为1		
			1.4	LR	0.7			
			1.5	LR	0.5			
			1.6	LR	0.2	…… 和为1		
			1.4和1.5~1.6为并列条款，不同时得分					
2. 节能与能源利用	LR	0.3	……					
3. 节水与水资源利用	LR	0.2	……					
4. 节材与材料资源利用	LR	0.3	……					
5. 室内环境质量	Q	0.5						
6. 运营管理	Q	0.1						
	LR	0.1						

3.2 评价方法

3.2.1 本条阐述评价的打分原则。

设计阶段评价时参照设计阶段的权重系数进行打分；运行阶段评价时参照运行阶段的权重进行打分。

绿色办公建筑应满足所有控制项的要求，根据可选项的得分确定绿色建筑的等级。

本标准中部分指标有两种得分途径。建设项目可根据自身情况采用其中一种得分途径打分，两种途径不能同时得分。

3.2.2 本条阐述逐级计算指标得分的方法。

三级指标得分计算采用递进式或并列式两种5分制逐条打分（如表2和表3所示）。

二级指标得分计算，以表1为例，如果三级Q指标1.1.1～1.1.2的得分分别为4分和3分，且1.1.3不参评，则二级Q指标1.1的得分为

$$\frac{4 \times 0.5 + 3 \times 0.3}{5 \times 0.5 + 5 \times 0.3} \times 5 = 3.63。$$

表2 第7.2.6条的评价（递进式5分制评分表）

条文	评价内容		得分
7.2.6 主体结构宜合理使用高强度钢	对于砌体结构（含配筋砌体），本条不参评	高强度钢的使用率达到60%，但低于70%；或对40%～60%的结构构件所采用的钢强度等级的合理性进行了论证	3
		高强度钢的使用率达到70%，但低于80%；或对60%～80%的结构构件所采用的钢强度等级的合理性进行了论证	4
		高强度钢的使用率达到80%；或对80%以上的结构构件所采用的钢强度等级的合理性进行了论证	5

表3 第4.2.4条的评价（并列式5分制评分表）

条文	评价内容	优	良	一般	得分
4.2.4 场地规划与建筑设计宜提高空间利用效率，提倡建筑空间与设施的共享，设置对外共享的公共开放空间	①建筑中的休息交往空间、会议设施、健身设施等共享	3	—	—	5×(①+②+③+④)/10 当④不参评时：5×(①+②+③)/9
	②对外共享的室外或半室外公共开放空间 优：不低于基地总面积的20% 良：设有公共开放空间 一般：没有公共开放空间	3	2	0	
	③未出现以下情况之一：房间面积和层高过大；过多的交通辅助空间；较多不易使用的空间；过于高大的室内空间	3	—	—	
	④充分利用建筑的坡屋顶等不易使用的空间（没有坡屋顶等不易使用的空间不参评）	1	—	—	

一级指标得分计算，以表1为例，如果二级Q指标1.1和1.2的得分分别为3.63分和4分，则一级指标"节地与室外环境"的Q指标得分为

$$\frac{3.63 \times 0.35 + 4 \times 0.65}{5 \times 0.35 + 5 \times 0.65} \times 50 = 38.71。$$

3.2.3 绿色建筑要求在提高建筑使用性能（室内环境）的同时，最大限度地降低对地球环境的负荷。本标准引入"建筑环境质量Q"和"建筑环境负荷L"两类指标，通过二者的得分确定绿色办公建筑等级。

考虑到现行国家标准《绿色建筑评价标准》GB/T 50378-2006将绿色建筑划分为三个等级，为在现阶段与其评价结果一致，故本标准将绿色办公建筑划分为三个等级。当本标准与国家标准《绿色建筑评价标准》GB/T 50378在划分绿色建筑等级上存在差异时，应在保证各级绿色办公建筑指标水平基本一致的基础上，明确绿色建筑等级的对应关系。

此外，为进一步细划绿色办公建筑等级，并考虑到其他行业在等级评定中普遍采取五个等级的划分，近年来诸多专家学者建议将绿色建筑的等级划分调整为五个等级，因此为适应未来发展需要，本标准建议采取以下方式将绿色建筑划分为五个等级：将划分三星级的 B 区域划分为 B^+ 和 B^- 两区域，C 区域划分为 C^+ 和 C^- 两区域，由高到低依次分为 A、B^+、B^-、C^+、C^- 五个等级，分别对应 ★★★★★、★★★★、★★★、★★、★，根据Q指标和L指标得分在Q-L图中所处的位置确定绿色等级，见图1。

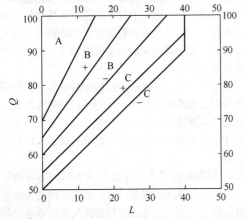

图 1 绿色办公建筑 Q-L 五等级分级图

建设项目也可应用基于上述评价方法开发的《绿色办公建筑参评项目自评软件 iCODES》进行评价。

4 节地与室外环境

4.1 选 址

4.1.1 城乡规划包括依法审批的城镇体系规划、城市规划、镇规划、乡规划和村庄规划。各类保护区包括自然保护区、基本农田保护区、历史文化保护区等

受到国家法律法规保护的地区，以及风景名胜区、文物古迹周边保护范围等有明确范围及建设要求的地区。

本条的评价方法为查看相关城乡规划文件。

4.1.2 本条主要关注建筑场地安全。建筑场地选址必须符合国家相关的安全规定，确保场地无洪涝灾害、泥石流及含氡土壤的威胁，与周边可能存在的各种危险源及重大污染源保持足够的安全距离，或采取其他可靠的安全措施。

场地防洪设计须满足现行国家标准《防洪标准》GB 50201及行业标准《城市防洪工程设计规范》CJJ 50 的要求。土壤中氡浓度检测及控制措施应满足现行国家标准《民用建筑工程室内环境污染控制规范》GB 50325 的要求。电磁辐射应满足现行国家标准《电磁辐射防护规定》GB 8702 和《电磁辐射暴露限值和测量方法》GJB 5313 的要求。

本条设计阶段的评价方法为审核相关场地选址文件、安全措施的合理性分析及相关检测报告。运行阶段的评价方法为现场审核安全措施的有效性及相关检测报告。

4.2 土 地 利 用

4.2.1 为促进土地资源的节约和集约利用，提高场地的利用效率，本条鼓励适当提高容积率。针对目前出现的一些土地资源浪费现象，如有些办公建筑的附属广场面积过大，本条提出应避免设计面积过大的广场。

容积率计算方法补充说明：

1 用地面积可不计代征绿地和代征道路；

2 规划待建的建筑可计入总建筑面积和用地面积；

3 含办公的综合体可整体计算容积率；也可不计用地内的公寓、旅馆、大型商业、大型餐饮娱乐、大型影剧院等，只计算办公部分相应的用地面积和建筑面积；

4 受文物保护、环保、安全、景观等环境因素影响的区域可不参评，需提供相关证明文件；规划限高在 12m 以内的项目可不参评。

本条设计阶段的评价方法为根据图纸审核建设项目容积率或此条不参评的说明文件。运行阶段的评价方法为核实建设项目容积率。

4.2.2 城市的废弃地包括不可建设用地（各种原因未能使用或尚不能使用的土地，如盐碱地、裸岩、石砾地、陡坡地、塌陷地、沙荒地、废窑坑等），长期弃置的仓库与工厂等建设用地，选用这些用地是节地的首选措施，但应根据场地及周边地区环境影响评估和全寿命期成本评价，对废弃地采取改造或土壤改良的措施；对原有的工业用地、垃圾填埋场等已被污染的场地，可能存在健康安全隐患，应进行土壤化学污

染检测与再利用评估，并提供检测和评估报告；改良或治理后的场地符合国家相关标准的要求方可使用。

本条设计阶段的评价方法为审核相关场址检测报告及改良措施的可行性。运行阶段的评价方法为核实废弃场地利用情况、场地改造措施以及场地改造后是否达到相关标准。

4.2.3 充分开发利用地下空间，是节约土地资源的重要措施之一。地下与地上建筑及城市空间应紧密结合，统一规划。地下空间可以作为车库、机房、公共设施、超市、储藏等空间，应科学协调好与地上空间的关系。人员活动频繁的地下空间应满足空间使用的安全、便利、舒适及健康等方面的要求，做好引导和无障碍设施。人防空间应尽量做好平战结合设计。

地下建筑容积率为地下建筑面积与总用地面积之比，该指标反映了地下空间的开发利用强度。

为地下空间引入天然采光和自然通风，如将地下室设计为可自然采光通风的半地下室，或设置采光井、采光天窗、通风井、窗井、下沉庭院、反光板、散光板、集光导光设备等，能使地下空间更加健康、舒适，并能节约通风和照明能耗，提高地下空间环境品质，有利于地下空间的充分利用。

考虑到地下空间的开发利用与诸多因素有关，因此对于无法利用地下空间的项目应提供相关说明，经过论证确实不适宜建设地下室的项目，例如项目所在地地质条件不好等情况，本条可不参评。

本条设计阶段的评价方法为审核相关地下空间设计文件或此条不参评的说明文件。运行阶段的评价方法为核实设计阶段的各项措施落实情况。

4.2.4 在建筑中设计可共享的休息空间、交往空间、会议设施、健身设施等，可以有效提高空间的利用效率，节约用地，节省建设成本，减少对资源的消耗。

对于建筑中较难使用的空间，宜进行充分利用以提高空间利用效率。如坡屋顶空间可以用作储存空间，也可作为自然通风间层，在夏季遮挡阳光直射并引导通风降温，冬季作为温室加强屋顶保温。

有条件的建筑应开放一些空间供社会公众享用，增加公众的活动与交流空间，使建筑服务于更多人群，提高建筑的利用效率，节约社会资源，节约土地，为人们提供更多沟通和休闲的机会。可利用连廊、架空层、上人屋面等设置公共步行通道、公共活动空间、公共开放空间，并设置完善的无障碍设施，且尽量考虑全天候的使用需求。

建筑中设置过多的交通辅助空间，过于高大的大厅，过高的建筑层高，过大的房间面积，形成一些很难使用或使用效率低的空间等会增加建筑能耗，浪费土地和空间资源。所谓层高过大，通常指标准层层高大于 5m；所谓过多的交通辅助空间，通常指走廊过宽；所谓很难使用或使用效率低，通常指有较多锐角空间；所谓过于高大的室内空间通常指大厅面

积超过建筑标准层面积，大厅高度大于 20m。

本条设计阶段的评价方法为审核建筑设计图纸。运行阶段的评价方法为核实设计落实情况。

4.3 室外环境

4.3.1 建筑场地存在污染源会影响建筑场地内及周边的环境，影响人们的室内外工作生活。因此根据现场踏勘及规划情况，应考虑建筑场地内的空气质量、水质等各项环境指标。污染源对项目所在区域的影响。建筑场地内不应存在大气污染物或污水排放超标的污染源，包括未达标排放的厨房、车库，超标排放的燃煤锅炉房、垃圾站等。

本条设计阶段的评价方法为审核环评报告和设计中应对措施的合理性。运行阶段的评价方法为审核各项污染物排放的检测报告。

4.3.2 新建及改建建筑应避免过多遮挡周边建筑及影响周边场地的日照，以保证其满足日照标准的要求。

本条设计阶段的评价方法为审核日照分析报告。运行阶段的评价方法为现场核查建筑物高度、间距等。

4.3.3 环境噪声是评价建筑室外环境的重要指标，与室内声环境共同保证建筑的整体声环境符合绿色建筑的要求。应对场地周边的噪声现状进行检测，并对工程实施后的环境噪声进行预测，必要时采取有效措施改善环境噪声状况，使之符合现行国家标准《声环境质量标准》GB 3096 中对于不同声环境功能区噪声标准的规定。当拟建噪声敏感建筑不能避免临近交通干线，或不能远离固定的设备噪声源时，需要采取措施降低噪声干扰。

本条设计阶段的评价方法为审核环境噪声影响评估报告以及现场测试报告，达到评价要求或采取适当的隔离或降噪措施后达到评价要求同样得分。运行阶段的评价方法为审核场地噪声检测报告、现场核查降噪措施。

4.3.4 热岛效应是指一个地区（主要指城市内）的气温高于周边郊区的现象，可以用两个代表性测点的气温差值（城市中某地温度与郊区气象测点温度的差值）即热岛强度表示。"热岛"现象在夏季出现，不仅会使人们高温中暑的几率增大，同时还会形成光化学烟雾污染，增加建筑的空调能耗，给人们的工作生活带来严重的负面影响。

ΔT_0 采用建筑当地过去 20 年的夏季平均热岛强度值，规划设计阶段，要求对夏季典型日的室外热岛强度 ΔT_{hi} 进行模拟计算，以夏季典型时刻的郊区气候条件（风向、风速、气温、湿度等）为例，模拟建筑室外 1.5m 高处的典型时刻的温度分布情况。

除应采用计算机模拟手段优化室外建筑规划设计外，还可采取相应措施改善室外热环境，降低热岛效

应。例如：可选择高效美观的绿化形式，包括屋顶绿化、墙壁垂直绿化及水景设置等；营造绿色通风系统，把市外新鲜空气引进市内，以改善小气候；除建筑物、硬路面和林木之外，其他地表尽量为草坪所覆盖；建筑物淡色化以增加热量的反射；控制使用空调设备，提高建筑物隔热材料的质量，以减少人工热量的排放；改善道路的保水性能，用透水性强的新型材料铺设路面，以储存雨水，降低路面温度；建筑物和室外道路的下垫层宜使用热容量较小的材料等措施。

本条设计阶段的评价方法为审核热岛模拟预测分析报告或审核设计中采取相应措施的合理性分析说明文件。运行阶段的评价方法为核对实施情况与设计要求是否相符。

4.3.5 高层建筑的出现使得再生风和二次风环境问题凸现出来。在鳞次栉比的建筑群中，由于建筑单体设计和群体布局不当，有可能导致局部风速过大，行人举步维艰或强风卷刮物体伤人等事故。

夏季、过渡季自然通风对于建筑节能十分重要，通风不畅还会严重地阻碍风的流动，在某些区域形成无风区和涡旋区，不利于室外散热和污染物消散。大型室外场所的夏季室外热环境恶劣，不仅会影响人的舒适程度，当环境的热舒适度超过极限值时，长时间停留还会引发一定比例人群的生理不适直至中暑。

本条设计阶段的评价方法为审核规划设计中的风环境模拟预测报告。运行阶段的评价方法为审核实际情况与设计要求是否相符以及测试报告。

4.3.6 室外公共活动区域（如供人们室外活动的集中铺地和绿地）冬季宜有日照，以保证冬季公共活动区域的舒适性。

本条设计阶段的评价方法为审核日照分析报告。运行阶段的评价方法为现场核查建筑物高度、间距等。

4.3.7 建筑的本体和照明设施应避免对周围环境造成光污染；建筑的布局、体形及外围护结构材料、装饰构件等也应避免引起对周围环境的光污染。

建筑立面如采用镜面式铝合金装饰外墙或玻璃幕墙，当直射日光和天空光照射其上时，会产生反射光及眩光，进而可能造成道路安全隐患，而不合理的夜景照明易造成光侵扰及过亮的天空辉光，应加以避免。

本条设计阶段的评价方法为审核环评报告、光污染分析报告。运行阶段的评价方法为审核相关竣工图纸或文件，并现场核实。

4.4 交 通

4.4.1 优先发展公共交通是解决城市交通问题的重要对策，办公建筑是人流比较集中的建筑类型，与公共交通的联系尤为重要。为便于办公建筑的使用者选择公共交通工具出行，在选址与场地规划中应重视办公建筑与公共交通站点的有机联系，需设置便捷的通道，如办公建筑外的平台直接通过天桥与公交站点相连，或地下空间与地铁站点直接相连等。

本条设计阶段的评价方法为审核相关规划设计图纸。运行阶段的评价方法为现场核查公交站点、距离、人行通道等。

4.4.2 自行车是绿色环保的交通工具，在绿色建筑中对其作出细致周到的考虑，有利于自行车的推广使用。自行车丢失是影响其使用率的主要障碍之一，若通过专人看管或设置具备摄像监控的自行车停车设施，可以减少自行车被盗的可能，让自行车的使用更加安全。

本条设计阶段的评价方法为审核相关设计图纸。运行阶段的评价方法为审核相关竣工图纸，并现场核实。

4.4.3 绿色建筑不鼓励机动车的使用，以减少因交通产生的大气污染、能源消耗和噪声，因此停车位数量符合城市规划规定的下限指标即可，不应盲目增加停车位数量。通过对地面停车比例的控制，以及采取机械停车或建设停车楼等措施，有利于更好地利用空间、节约用地。

考虑到城市停车设施紧张，停车供需矛盾日益突出，为了最大限度地发挥资源的社会效益，鼓励办公建筑机动车停车场在节假日、夜间错时对社会开放。

本条设计阶段的评价方法为审核相关设计图纸。运行阶段的评价方法为审核相关竣工图纸及停车场管理措施，并现场核实。

4.5 场 地 生 态

4.5.1 设计过程中应充分考虑地形地貌现状，尽可能维持原有场地的地形地貌，减少土石方量。在施工过程中确需改造场地地形、地貌等条件时，应采取生态恢复措施，减少对原有场地环境的改变。

本条设计阶段的评价方法为审核相关设计图纸及生态恢复计划。运行阶段的评价方法为审核施工过程中及施工后的生态恢复措施，并现场核实。

4.5.2 表层土主要是指自然形成的土壤表面一定厚度的土层。其中含有丰富的有机质、植物生长需要的矿物质和微量元素，适合植物和微生物生长，有利于生态环境的恢复。表层土需要很长时间的自然演变才能形成，是十分珍贵的资源。因此，对表层土进行分类收集并利用，有利于资源的利用以及环境生态的恢复。需要进行改良的表层土主要包括现状植物生长不良，缺乏营养的表层土。

若原始场地中不存在可利用或者可改良的表层土时，本条不参评。

本条设计阶段的评价方法为审核表层土收集、改良及利用策略等相关图纸或说明文件。运行阶段的评价方法为审核相关竣工图纸或文件，并现场核实。

4.5.3 场地内的自然河流、水体、湿地等不但具有较高的生态价值，而且是传承场地所在区域历史文脉的重要载体，也是该区域重要的景观标志，因此需要对其进行保护。

当原始场地中无水体时，本条不参评。

本条设计阶段的评价方法为审核水体保护策略等相关图纸或说明文件。运行阶段的评价方法为审核相关竣工图纸或文件，并现场核实。

4.5.4 增强地面透水能力，有利于降低城市热岛，调节小气候，增加场地雨水与地下水涵养，减轻排水系统负荷，改善场地排水状况。

室外透水地面包括自然裸露地面、公共绿地、绿化地面和镂空面积大于 40% 的铺地。

透水性铺装包括透水性硬化路面及铺地，内部构造是由一系列与外部空气相连通的多孔结构形成骨架，同时又能满足交通使用强度和耐久性要求的地面铺装，通常包括透水性沥青铺装、透水性混凝土铺装及透水性地砖等。透水砖物理性能应满足建材行业标准《透水砖》JC/T 945 的相关要求。

本条采用措施评价与性能评价两种评价方法，两种评价方式不能同时得分。

本条设计阶段的评价方法为审核相关设计图纸及文件。运行阶段的评价方法为审核相关竣工图纸，并现场核实。

4.5.5 绿地率是衡量环境质量的重要标志之一，提高绿地率有助于提高室外环境质量，因此应鼓励在满足规划条件的情况下，适当提高绿地率。

屋顶绿化、垂直绿化有利于增加绿化面积，改善生态环境，因此应鼓励结合办公建筑屋顶、墙面采取屋顶绿化和垂直绿化等绿化方式，尤其是对建筑西、南外墙采取垂直绿化措施，有利于辅助建筑节能。

本条设计阶段的评价方法为审核相关设计图纸。运行阶段的评价方法为审核相关竣工图纸，并现场核实。

4.5.6 植物的选择应体现地域性特点，宜选择适合当地条件和小气候特点的乡土植物。

乡土植物包括：在本地自然生长的野生植物种及其衍生品种；归化种（非本地原生，但已逸生）及其衍生品种；驯化种（非本地原生，但在本地正常生长，并且完成其生活史的植物种类）及其衍生品种。

根据生态和景观的需要，合理配置乔木、灌木、草本，形成复层绿化，提升绿地的生态效益。同时种植区域的覆土深度应满足乔、灌木生长的需要。通常深根乔木种植土厚度应大于 1.5m；浅根乔木种植土厚度应大于 0.9m；大灌木种植土厚度应大于 0.6m。

本条设计阶段的评价方法为审核相关园林种植设计图纸及苗木表。运行阶段的评价方法为审核相关竣工图纸，并现场核实。

4.5.7 为了减少水景所消耗的水资源及其他能源，不鼓励在办公建筑周边设置水景，对于没有设置水景的项目，本条不参评。

对于设置水景的项目，在进行水景设计前，需结合当地气候、水资源、给排水工程等客观环境条件，制定水系统规划方案，鼓励结合雨水收集等节水措施采用生态化的手段处理水景，如生态水池、小型湿地等，以达到美化环境、调节小气候、降低城市热岛的作用。

本条设计阶段的评价方法为审核水景相关设计图纸。运行阶段的评价方法为审核相关竣工图纸，并现场核实。

5 节能与能源利用

5.1 围护结构热工性能优化

5.1.1 建筑围护结构热工性能指标达到国家和地方节能设计标准的规定，是保证建筑节能的关键，在绿色建筑中更应该严格执行。我国由于地域气候差异较大，经济发展水平也很不平衡，在符合国家建筑节能设计标准的基础上，各地也制定了相应的地方建筑节能设计标准，因此体形系数、窗墙面积比、外围护结构热工性能、屋顶透明部分面积比的规定限值应符合国家和当地要求。

本条评价方法为采用现行国家标准《公共建筑节能设计标准》GB 50189 中的围护结构热工性能权衡判断法进行评判，不对单个部件进行强制性规定。如果地方公共建筑节能标准的相关条款要求高于国家标准《公共建筑节能设计标准》GB 50189 中的节能要求，则应以地方标准对建筑物围护结构热工性能进行评判。

本条设计阶段的评价方法为审核项目的建筑施工图设计说明、图纸、施工图节能审查备案登记表和节能计算书。运行阶段的评价方法为审核项目的建筑竣工图，围护结构热工性能检测报告等。

5.1.2 鼓励绿色建筑的围护结构做得比国家和地方的节能标准更高，降低空调采暖负荷，同时提高非空调采暖季节的室内热环境质量，在设计时应利用计算机软件模拟分析的方法计算其本体节能率。考虑到地域性差异，对于以采暖负荷为主的严寒地区，以及兼顾供冷采暖的寒冷地区、夏热冬冷地区和夏热冬暖地区，应执行不同的评分办法。

围护结构节能率旨在评价设计建筑相比于参照建筑，由于围护结构优化设计（建筑体形、窗墙比、围护结构热工性能等）对于降低空调采暖负荷的贡献率，评价时设计建筑和参照建筑的系统能效完全一致，因此可以折算为节能率。

参照建筑和设计建筑的能耗模拟设定方式，应依照现行国家和地方公共建筑节能设计标准的相关规定。

围护结构节能率计算公式如下：

$$\varphi_{ENV} = \frac{Q_{ENV,ref} - Q_{ENV}}{Q_{ENV,ref}} \times 100\% \qquad (1)$$

式中：Q_{ENV} ——设计建筑的采暖、空调负荷需求，kW·h；

$Q_{ENV,ref}$ ——参照建筑的采暖、空调负荷需求，kW·h；

φ_{ENV} ——围护结构节能率。

本条设计阶段的评价方法为审核设计单位提供的建筑施工图设计说明、围护结构做法详图、施工图节能审查备案登记表以及建筑节能评估报告。运行阶段的评价方法为审核建筑竣工图说明、围护结构做法详图，建设监理单位及相关管理部门提供的检验记录和性能检测报告等。如竣工资料中关于围护结构构件的热工性能指标未能达到设计要求，则需要根据实际值重新计算围护结构节能率，并出具相应的建筑节能评估报告。

5.1.3 建筑外窗对室内热环境和空调负荷影响很大，应通过各种形式的遮阳设计减少主要功能空间的太阳辐射热量。建筑形体设计时，可利用建筑自身的形体变化形成自遮阳；立面设计时，可把普通构件和遮阳构件进行整合，形成与建筑统一协调的遮阳形式；天窗、东西向外窗宜设置活动外遮阳。

夏热冬暖、夏热冬冷地区的办公建筑应在建筑设计中优先考虑自遮阳，并通过软件模拟进行分析优化。当采用外遮阳设施进行阳光入射控制时，应综合比较遮阳效果、天然采光和视觉影响等因素，采用可调节遮阳或固定遮阳。

严寒地区本条不参评。

本条设计阶段的评价方法为审核建筑设计说明、立面图纸、遮阳系统大样图和控制原理图等，以及设计院或第三方提供的建筑遮阳模拟评估报告。运行阶段的评价方法为审核相关建筑竣工图纸，并进行现场核实。

5.1.4 严寒、寒冷地区、夏热冬冷和夏热冬暖地区，分别采取适宜的外墙和屋顶保温隔热措施，如反射隔热涂料、种植屋面等，以改善外墙和屋顶的热工性能。反射隔热涂料的性能，应满足现行行业标准《建筑反射隔热涂料》JG/T 235 中关于产品隔热性能的相关规定。

本条的评价方法为根据设计资料和竣工资料分别计算采用因地制宜保温隔热措施的屋面部分面积比例和外墙部分面积比例，并根据项目所在热工分区，判定相应得分。设计阶段评价时审核建筑设计说明、屋面和立面图及构造详图等，以及采用特殊保温隔热处理的外围护结构面积比例计算书。运行阶段评价时审核相关建筑竣工图纸，并进行现场核实。如竣工资料

或现场核实结果表明与设计资料不符，则需要根据实际值重新计算本条文得分。

5.2 自然通风与天然采光利用

5.2.1 建筑朝向的选择涉及当地气候条件、地理环境、建筑用地情况等因素，必须全面考虑。建筑总平面设计的原则是冬季能避开主导风向，夏季和过渡季则能利用自然通风。各地区建议的建筑朝向表可参照现行国家标准《公共建筑节能设计标准》GB 50189 以及地方相关节能标准的相关规定。

本条评价方法为判断参评建筑的主朝向是否属于该城市所推荐的最佳、适宜的建筑朝向，并且主要功能房间是否迎向夏季主导风向。设计阶段评价时审核建筑总平面图、设计说明、各层平面图等。运行阶段评价时审核相关建筑竣工图纸，并进行现场核实。

5.2.2 为有效利用自然通风，使室内达到良好的热舒适性并减少空调运行时间，主要功能房间，如办公室、会议室、报告厅、餐厅等，应具备一定的通风开口面积比。在通风开口面积比无法达到要求的情况下，可采用多种补偿措施改善自然通风效果，也可采用室内气流模拟设计的方法综合比较不同建筑设计及构造设计方案，确定最优的自然通风系统方案。例如，可采用导风墙、捕风窗、拔风井、太阳能拔风道等诱导气流的措施，并对设有中庭的建筑在适宜季节利用烟囱效应引导热压通风。对于地下空间，通过设计可直接通风的半地下室，或在地下室局部设置下沉式庭院改善自然通风效果。

本条的得分由基础分和附加分两部分构成，基础分满分3分，附加分2分，共计满分5分。基础分要求夏热冬暖、温和、夏热冬冷、寒冷地区办公建筑主要功能房间的通风开口面积比不应小于3%，严寒地区则不应小于2%，根据气候区的差异设置不同的得分方式。附加分要求对于建筑采用了导风墙、捕风窗、拔风井、太阳能拔风道等诱导气流的措施，或设可直接通风的半地下室和下沉式庭院，或采用室内气流模拟设计的方法综合比较不同建筑设计及构造设计方案，确定最优的自然通风系统方案，在此情况下可在本条基础得分的基础上增加2分。

本条设计阶段的评价方法为审核建筑设计说明、立面图纸、门窗表及大样图、通风开口面积与地上部分建筑面积比例计算书，以及设计院或第三方提供的建筑自然通风模拟报告。运行阶段的评价方法为审核相关建筑竣工图纸以及相应的通风开口面积与地上部分建筑面积比例计算书，并进行现场核实。

5.2.3 国家标准《建筑采光设计标准》GB/T 50033 对不同功能空间的采光系数作出了规定，本条根据项目主要功能空间的采光系数达标面积比例进行评价。

建筑可通过合理的采光设计及各种被动和主动式的采光技术措施改善天然采光效果，并通过采用模拟

软件进行定量分析，提交计算报告，但报告中应明确主要计算参数。

本条的评价方法为计算建筑室内主要功能区域（包括地下层主要功能房间）的采光系数达标面积比例，判定相应得分。采光系数达标面积比例可按下式计算：

$$\varphi_{NL} = \frac{F}{F_{all}} \times 100\% \qquad (2)$$

式中：F——采光系数达标面积，m^2；

F_{all}——被评建筑室内主要功能空间总面积，m^2。

本条设计阶段的评价方法为审核建筑平面立面图纸、门窗表，以及说明天然采光设计的相关图纸和资料，并查阅设计院或第三方提供的建筑天然采光模拟报告。运行阶段的评价方法为审核相关建筑竣工图纸，并进行现场核实。

5.3 采暖、通风和空气调节系统

5.3.1 冷热源的能耗是办公建筑空调系统能耗的主体，冷热源机组能效比对节能至关重要。同时，高品位的电能直接转换为低品位的热能进行采暖或空调，热效率低，运行费用高，属于"高质低用"的能源转换利用方式，应避免采用。本条重点考查建筑的冷热源形式、冷源的性能系数和锅炉的热效率，均应满足国家和地方公共建筑节能标准及相关节能标准的要求。

空气调节与采暖系统的冷热源设计应符合现行国家标准《公共建筑节能设计标准》GB 50189 第5.4.2、5.4.3、5.4.5、5.4.8 及 5.4.9 条对冷热源机组能效比的规定。此外冷热源机组的能效比还应符合现行国家标准《冷水机组能效限定值及能源效率等级》GB 19577、《单元式空气调节机能效限定值及能源效率等级》GB 19576、《多联式空调（热泵）机组能效限定值及能源效率等级》GB 21454 等相关节能标准的规定。

本条设计阶段的评价方法为审核暖通施工图设计说明、系统图、设备清单。运行阶段的评价方法为审核暖通竣工图、相关设备的型式检验报告或证明符合能效要求的检测报告，以及建设监理单位的进场验收记录。

5.3.2 本条对设计建筑采暖、通风和空气调节系统节能率进行评价，旨在鼓励通过选用高效节能设备，优化空调采暖系统，提高系统用能效率，提高节能效果。

本条以建筑采暖空调系统节能率 φ_{HVAC} 为评价指标，按下式计算：

$$\varphi_{HVAC} = \left(1 - \frac{Q_{HVAC}}{Q_{HVAC,ref}}\right) \times 100\% \qquad (3)$$

式中：Q_{HVAC}——被评建筑设计空调采暖系统全年能

耗，GJ；

$Q_{HVAC,ref}$——被评建筑参照空调采暖系统全年能耗，GJ。

参照系统优先选用风机盘管加新风系统，对于不宜采用风机盘管的空间，选用全空气定风量系统。确定参考系统时，应综合考虑建筑内外分区、高大空间气流组织设计等方面因素。参照系统的设计新风量、冷热源、输配系统设备能效比等均应严格按照节能标准选取，不应盲目提高新风量设计标准，不考虑风机、水泵变频、新风热回收、冷却塔免费供冷等节能措施。

对于集中式空调采暖系统，计算采暖、通风和空气调节系统能耗时，应考虑部分负荷下的设备效率。计算采暖、通风与空气调节系统能耗时，除冷热源能耗外，还应计入输配系统、末端等的能耗。如，采用水冷式制冷机组作为冷源的系统，应计入冷却侧的水泵和风机的能耗，即冷却泵及冷却塔风机电耗；水源热泵、土壤源热泵系统应同时计算地下水取水及回灌用水泵电耗；利用电热的末端再热或加湿装置的电耗应计入此项；利用冷却塔自由冷却的风机电耗应计入此项；水环路热泵系统各热泵分别计算并累加后统一计算。

对于有多种能源形式的采暖、通风和空气调节系统，其能耗应折算为一次能源进行计算。

本条设计阶段的评价方法为审核暖通设计说明和相关图纸，以及设计院或第三方提供的采暖、通风和空气调节系统节能率计算书。运行阶段的评价方法为审核相关建筑竣工图纸，采暖、通风和空气调节系统运行能耗记录，并进行现场核实。

当建筑主要空间设计新风量高于现行国家标准《公共建筑节能设计标准》GB 50189 中表 3.0.2 的相关规定时，本条必须参评，第 5.3.3 条和第 5.3.4 条不参评。

5.3.3 在公共建筑节能标准要求的基础上，通过提升冷热源机组的性能系数，进一步挖掘办公建筑中的节能潜力。《公共建筑节能设计标准》GB 50189 第5.4.2、5.4.3、5.4.5、5.4.8 及 5.4.9 条对冷热源形式和机组的性能已有明确规定要求。此外，冷热源机组性能还应符合满足《冷水机组能效限定值及能源效率等级》GB 19577、《单元式空气调节机能效限定值及能源效率等级》GB 19576、《多联式空调（热泵）机组能效限定值及能源效率等级》GB 21454 等相关节能标准的规定要求。

根据选用的冷热源性能比等级，计算提升百分比。本条以冷热源能效比提升比例 φ_{COP} 为评价指标，可按下式进行计算：

$$\varphi_{COP} = \left(\frac{COP}{COP_{ref}} - 1\right) \times 100\% \qquad (4)$$

式中：COP——被评建筑实际空调采暖系统冷热源能

效比；

COP_{ref} ——被评建筑参照空调采暖系统冷热源能效比。

当采用多种冷热源形式时，应按照承担负荷比例，折算到一次能源进行计算。

本条设计阶段的评价方法为审核项目的暖通施工图设计说明、系统图、设备清单。运行阶段的评价方法为审核暖通竣工图，相关设备的型式检验报告或证明符合能效要求的检测报告。

当建筑主要空间设计新风量高于现行国家标准《公共建筑节能设计标准》GB 50189 中表 3.0.2 和《采暖通风与空气调节设计规范》GB 50019 的相关规定时，本条不参评，但第 5.3.2 条必须参评。

5.3.4 办公建筑，尤其是高层和超高层办公建筑中，采暖空调的输配系统能耗在建筑总能耗中占有相当大的比例，因此必须严格根据现行国家标准《公共建筑节能设计标准》GB 50189 的相关规定进行设备性能控制。

采暖系统耗电输热比、通风空调系统风机的单位风量耗功率和冷热水系统的输送能效比应符合现行国家标准《公共建筑节能设计标准》GB 50189 第 5.3.26、5.3.27 条的相关规定。

本条以耗电输热比（EHR）、单位风量耗功率（W_s）和输送能效比（ER）为评价指标。若采用多套输配系统，则按照各系统全年能耗，按照比例折算到一次能源进行计算。本条最终得分根据各指标得分及各系统输送能量比例确定。

本条设计阶段的评价方法为审核暖通施工图设计说明、设备清单（说明风机的单位风量耗功率和冷热水系统的输送能效比）。运行阶段的评价方法为审核暖通竣工图、第三方检测机构提供的耗电输热比、单位风量耗功率和输送能效比的测试报告等。

当建筑主要空间设计新风量高于现行国家标准《公共建筑节能设计标准》GB 50189 中表 3.0.2 的相关规定时，本条不参评，但第 5.3.2 条必须参评。

5.3.5 针对部分负荷、部分空间使用的情况，如何采取有效的措施节约能源，显得至关重要。系统设计中应考虑采取合理措施提高系统在部分冷热负荷时和部分空间使用时的系统效率，如合理的系统分区、提高机组 IPLV、变总风量、变新风量、变水量等节能措施，保证在建筑物处于部分冷热负荷和仅部分空间使用时，能根据实际需要提供恰当的能源供给，同时不降低能源转换效率，并能够指导系统在实际运行中实现节能高效运行。

本条设计阶段的评价方法为审核暖通施工图设计说明、系统图和空调平面图。运行阶段的评价方法为审核暖通竣工图、物业及技术支持单位提供的系统运行记录。

5.4 照 明 系 统

5.4.1 本条的目的是有效控制照明功率密度，降低运行中的照明能耗。

参照现行国家标准《建筑照明设计标准》GB 50034 第 6.1.2～6.1.4 条的相关规定，采用房间或场所一般照明的照明功率密度（LPD）作为照明节能的评价指标，要求公共场所和部位照明设计功率密度值不高于现行值要求。

本条设计阶段的评价方法为审核照明施工图设计说明、各层照明平面图。运行阶段的评价方法为审核照明竣工图设计说明、各层照明平面图，照明产品型式检验报告，第三方检测机构提供的照明功率密度检测报告。

5.4.2 照明能耗在办公建筑运行能耗中占有相当大的比例，在设计阶段严格采取措施降低照明能耗，对控制建筑的整体能耗具有重要意义。

本条采用照明系统用能效率（LEE）进行评价。照明系统用能效率是指在满足同样的照度要求下，各功能区域的照明功率密度（LPD）均满足节能要求时整幢建筑的照明总功率与设计方案实际照明系统总功率的比值，可按下式进行计算：

$$LEE = \frac{E'_l}{E_l} \qquad (5)$$

式中：E'_l ——各功能区域的照明功率密度均满足节能要求时整幢建筑照明系统总功率，kW；

E_l ——实际照明系统，整幢建筑的照明系统总功率，kW。

本条设计阶段的评价方法为审核照明施工图设计说明、各层照明平面图，照明系统用能效率设计计算书。运行阶段的评价方法为审核照明竣工图、照明产品型式检验报告、第三方检测机构提供的照明功率密度检测报告、运行阶段照明系统用能效率计算书。

5.4.3 除在保证照明质量的前提下尽量减小照明功率密度（LPD）外，采用合理的照明控制系统也能够有效地降低照明能耗，如：随室外天然光的变化自动调节人工照明照度；采用人体感应或动静感应等方式自动开关灯；门厅、电梯厅、大堂和走廊等场所采用夜间定时降低照度的自动调光装置；中大型建筑按具体条件采用集中或集散的、多功能或单一功能的照明自动控制系统等。

本条采用照明自控面积比例 $\varphi_{BAS,L}$ 进行评价，可按下式进行计算：

$$\varphi_{BAS,L} = \frac{采用照明自控的建筑面积}{宜采用照明自控的建筑面积} \qquad (6)$$

式中，宜采用照明自控的建筑面积指门厅、电梯厅、大堂、走廊、车库等公共活动空间以及大开间办公室等。

对于小型建筑，合理设计照明回路，采用就地控制方式可得 3 分。

本条设计阶段的评价方法为审核照明施工图设计说明、照明自控系统图纸。运行阶段的评价方法为审核照明竣工图设计说明、照明自控系统竣工图。

5.5 其他用能系统

5.5.1 在办公建筑中，尤其随着高层超高层写字楼的兴起，电梯能耗也在快速增加，通过选用高效节能电梯和合理的控制方法，可降低高层、超高层建筑中的电梯运行能耗。

本条设计阶段的评价方法为审核建筑施工设计说明、电气智能化设计说明、设备控制系统图。运行阶段的评价方法为审核建筑设计竣工图、电气智能化竣工图，电梯设备的型式检验报告、物业提供的运行记录。

5.5.2 给排水系统能耗在办公建筑，尤其是高层、超高层建筑能耗中，是一个不可忽略的环节。本条文要求建筑的给水系统根据市政、气候条件及建筑用水特点进行优化设计，合理采用各类节能措施，提高供水系统节能率。如：变频供水、叠压供水（利用市政余压）系统等；高层建筑给水系统分区合理；供水系统采用高效设备等。

本条设计阶段的评价方法为审核给排水施工图设计说明、设备材料表等。运行阶段的评价方法为审核给排水竣工图，给排水设备产品型式检验报告。

5.5.3 办公建筑中生活热水的能耗也占较大比例，尤其分布式电热水器往往处于长时间开启状态。因此，鼓励采用高效的能源利用系统提供生活热水，选用满足国家标准《储水式电热水器能效限定值及能效等级》GB 21519 等相关标准的节能产品，提高管道、热水贮水槽的保温性能，对热水供应设备采用合理的控制方法，如控制出水温度等，从而降低办公建筑中的生活热水能耗。

本条设计阶段的评价方法为审核给排水施工图设计说明、系统图、生活热水系统设计方案。运行阶段的评价方法为审核给排水竣工图、生活热水设备的型式检验报告等。

5.5.4 合理选用高效节能设备及合理的控制方法，有利于降低建筑输配电和变配电系统损耗。例如，采用必要的补偿方式提高系统的功率因数，并对谐波采取预防和治理措施；合理地计算、选择变压器容量，并选择低损耗、低噪声的节能高效变压器等，均可以达到提高电能质量和节能的目的。

本条设计阶段的评价方法为审核电气专业施工图。运行阶段的评价方法为审核电气专业竣工图及物业提供的运行记录。

5.6 可再生能源利用

5.6.1 《中华人民共和国可再生能源法》中指出，

可再生能源，是指风能、太阳能、水能、生物质能、地热能、海洋能等非化石能源。鼓励在技术经济分析合理的前提下，选用高效设备系统，采用可再生能源替代部分常规能源使用。

对于采用太阳能光伏发电技术的项目，根据等效太阳能光电板面积占建筑基底面积的比例 φ_A 进行评价，并且要求选用设备的实际运行效率不低于市场主流产品的平均水平。φ_A 可按下式计算：

$$\varphi_A = \frac{E}{eA} \times 100\% \qquad (7)$$

式中：φ_A —— 等效太阳能光电板面积占建筑基底面积的比例；

E —— 太阳能光伏发电系统年发电量，MWh；

e —— 按照水平面上最佳铺设方式的太阳能光电板单位面积年发电量，MWh/m²；

A —— 建筑基底面积，m²。

对于采用地源热泵技术的项目，根据其承担的负荷比例 φ_B 进行评价，并且要求系统（含热泵机组和输配系统）实际运行的一次能源效率高于国家节能标准的燃气锅炉与水冷式离心机组系统。

对于采用其他可再生能源技术的项目，利用建筑总能耗可再生能源替代率 φ_{REN} 进行评价，替代率的计算考虑了可再生能源系统必需的能源消耗，可按下式进行计算：

$$\varphi_{REN} = \frac{可再生能源利用效率 - 可再生能源系统能量消耗}{建筑总能耗} \times 100\% \quad (8)$$

其中，可再生能源利用效率、可再生能源系统能量消耗和建筑总能耗应按照当地能源方式及能源利用效率折算为同一能源形式进行计算；建筑总能耗指采暖、通风、空气调节、照明和生活热水能耗之和。

前述评价中已得分的措施，在本条评价中不再重复得分。

对于采用多种可再生能源利用方式的项目，根据其利用情况分别进行打分，得分之和为本条得分，但最高不超过 5 分。

本条设计阶段的评价方法为审核可再生能源系统设计说明及图纸、可再生能源利用比例计算书等。运行阶段的评价方法为审核可再生能源系统竣工图纸、主要产品型式检验报告、运行记录以及第三方检测报告等。

5.7 用能设备计量、监测与控制

5.7.1 公共建筑的能源消耗情况较复杂，以空调系统为例，其组成包括冷水机组、冷冻水泵、冷却水泵、冷却塔、空调箱、风机盘管等多个环节。对新建或重大改建的办公建筑，要求在系统设计时必须考虑，按照国家和地方能耗监测系统建设相关规范的要求，使建筑内各能耗子项如冷热源、输配系统、照明、办公设备和热水能耗等都能实现独立分项计量，有助于分析公共建筑各项能耗水平和能耗结构是否合

理，发现问题并提出改进措施，从而有效地实施建筑节能。

用能设备监控系统应对建筑内各类用能设备系统进行全面、有效的监控和管理，使各系统设备始终处于有条不紊、协同一致和高效、有序的状态下运行，尽量节省能耗和日常管理的各项费用。如采暖、通风和空气调节系统，应对冷热源、风机、水泵、冷却塔等设备进行有效监测，对关键数据进行实时采集并记录，对上述设备系统按照设计要求进行可靠的自动化控制。

本条设计阶段的评价方法为审核建筑能耗分项计量系统图、各用能系统施工图纸、配电系统图、智能化系统施工图等。运行阶段的评价方法为审核建筑能耗分项计量系统竣工图纸、各用能系统竣工图纸、配电系统图、智能化系统竣工图，物业及技术支持单位提供的分项计量运行记录，以及用能监控系统运行记录等。

6 节水与水资源利用

6.1 水 系 统

6.1.1 在进行绿色建筑设计前，应充分了解项目所在区域的市政给排水条件、水资源状况、气候特点等客观情况，通过全面的分析研究，制定水资源规划方案，提高水资源循环利用率，减少市政供水量和污水排放量。水资源规划方案应包含下列内容：

1 根据当地政府规定的节水要求、地区水资源状况、气象资料、地质条件及市政设施情况等，选择可利用的水资源。

2 当项目除办公建筑之外还有其他性质建筑，如商场、餐饮、会展、旅馆等建筑时，可统筹考虑项目内水资源的情况，确定综合利用方案。

3 确定用水定额、编制用水量估算（水量计算表）及水量平衡表。办公建筑用水定额的确定应符合现行国家标准《民用建筑节水设计标准》GB 50555的规定。

4 采用雨水和建筑中水作为景观用水补水时，水景规模应根据设计可收集利用的雨水或中水量来确定，需要进行水量平衡分析计算，进而确定适宜的水景规模。

6.1.2 给排水系统设置及热水系统选择应符合下列要求：

1 建筑给排水系统的规划设计应符合国家标准规范的相关规定。

2 给水水压稳定、可靠，优先采用高效节能的给水系统。高层建筑生活给水系统合理分区，低区充分利用市政压力。合理采用减压限流的节水措施。

3 根据用水要求的不同，给水水质应达到国家、地方或行业规定的相应标准。

4 管材、管道附件及设备等供水设施的选取和运行不应对供水造成二次污染。有直饮水时，直饮水应采用独立的循环管网供水，并设置安全报警装置。

5 各给水系统应保证以足够的水量和水压向所有用户不间断地供应符合卫生要求的用水。

6 应设有完善的污水排放设施，利用中水但无市政中水的建筑还需设有完善的污水收集和处理设施。

7 对已有雨水排水系统的城市，室外排水系统应实行雨污分流，避免雨污混流。雨污水收集、处理及排放系统不应对周围人群和环境产生负面影响。

8 为避免办公服务用房内的重要物资和设备受潮引起的损失，在设计中应采取措施避免管道、阀门和设备的漏水或结露。

9 选择热水供应系统时，热水用水量较小且用水点分散时，宜采用局部热水供应系统；热水用水量较大、用水点比较集中时，应采用集中热水供应系统，并应设置完善的热水循环系统，保证用水点开启后10秒钟内热水出水温度达到45℃。由于办公热水用水时间短，采用局部加热有利于节能和计量；酒店式办公用水有一定持续性，采用集中热水系统可节约一次性投资；公寓式办公应根据具体情况采用局部或集中热水系统。

10 设集中生活热水系统时，应确保冷热水系统压力平衡，或设置混水器、恒温阀、压差控制装置等。

本条评价方法为审核施工图纸、设计说明并进行现场核实。

6.2 节 水 措 施

6.2.1 管网漏失水量包括：管网阀门漏水量、室内卫生器具漏水量、屋顶水箱漏水量和漏计量水量等。避免管网漏损的有效措施包括：

1 给水系统的设计、施工和验收应符合现行国家和行业的相关标准，避免供水压力持续高压或压力骤变。

2 使用的管材、管件、阀门等应符合现行国家标准及产品行业标准的要求。选用密闭性能好的阀门、设备，使用耐腐蚀、耐久性能好的管材、管件；热水系统所使用的管材、管件的设计温度不低于80℃；管材与管件连接的密封材料卫生、严密、防腐、耐压、耐久。

3 合理设置检修阀门位置及数量，降低检修时泄水量。

4 水池、水箱溢流报警和进水阀门自动联动关闭。

5 做好室外管道基础处理和覆土，控制管道埋深，加强管道工程施工监督。

6 根据水平衡测试标准的要求安装分级计量水表，计量水表安装率达100%。

本条设计阶段的评价方法为查阅相关防止管网漏损措施的设计文件等。运行阶段的评价方法为现场查阅用水量计量情况报告、水量平衡测试报告，报告包括建筑内用水计量实测记录、管道漏损率和原因分析。

6.2.2 超压出流是指卫生器具流量大于额定流量的现象。超压出流量并不产生正常的使用效益，是浪费的水量。由于这部分水量是在使用过程中流失的，不易被人们察觉和认识，属"隐形"水量浪费。

建筑给水系统超压出流的现象是普遍存在而且比较严重的。建筑给水系统超压出流的防治对策应从给水系统的设计、合理进行压力分区、采取减压措施等多方面采取对策。如合理进行压力分区，每区供水压力不大于0.45MPa；采用减压限流措施，用水点处供水压力不大于0.20MPa；采用自带减压装置的用水器具等。设3档进行评分。

本条设计阶段的评价方法为审核施工图纸、设计说明书，采用自带减压装置的用水器具时，在设计文件中要注明用水器具自带减压装置的相应参数。运行阶段的评价方法为查阅竣工图纸、设计说明书、产品说明并进行现场核查。

6.2.3 按照使用用途、分区域（分户、缴费单元）和水平衡测试要求设置水表。

对不同使用用途和不同计费单位分区域、分用途设水表统计用水量，并据此施行计量收费，以实现"用者付费"，达到鼓励行为节水的目的，同时还可统计各种用途的用水量和分析渗漏水量，达到持续改进的目的。

为保证计量收费、水量平衡测试以及合理用水分析工作的正常开展，至少在以下位置应安装水表：

1 给水系统总引入管（市政接口）。

2 每栋建筑的引入管。

3 高层建筑的如下位置：

1）直接从外网供水的低区引入管；

2）高区二次供水的水池前引入管；

3）对于二次供水方式为水池—水泵—水箱的高层建筑，有条件时，可在水箱出水管上设置水表，以防止水箱进水浮球阀和水位报警失灵，溢流造成水的浪费。

4 冷却塔补充水管。

5 公共建筑内需单独计量收费的支管起端。

6 满足水量平衡测试及合理用水分析要求的管道其他部位。

本条的评价方法为查阅施工图纸和现场核实。

6.2.4 绿色建筑鼓励选用高节水性能的节水器具，目前我国已对部分用水器具的用水效率制定了相关标准，如：现行国家标准《水嘴用水效率限定值及用水

效率等级》GB 25501和《坐便器用水效率限定值及用水效率等级》GB 25502，今后将陆续出台其他用水器具的标准。

现行国家标准《水嘴用水效率限定值及用水效率等级》GB 25501规定了水嘴用水效率等级，在(0.10±0.01)MPa动压下，依据表4的水嘴流量（带附件）判定水嘴的用水效率等级。水嘴的节水评价值为用水效率等级的2级。

表4 水嘴用水效率等级指标

用水效率等级	1级	2级	3级
流量（L/s）	0.100	0.125	0.150

现行国家标准《坐便器用水效率限定值及用水效率等级》GB 25502规定了坐便器用水效率等级（见表5），坐便器的节水评价值为用水效率等级的2级。

表5 坐便器用水效率等级指标

用水效率等级			1级	2级	3级	4级	5级
用水量（L）	单档	平均值	4.0	5.0	6.5	7.5	9.0
	双档	大档	4.5	5.0	6.5	7.5	9.0
		小档	3.0	3.5	4.2	4.9	6.3
		平均值	3.5	4.0	5.0	5.8	7.2

用水效率等级达到节水评价值的卫生器具具有更优的节水性能，因此按达到的用水效率等级分档评分。今后其他用水器具如出台了相应标准，也按同样的原则进行要求。

本条设计阶段的评价方法为查阅施工图纸、设计说明书，在设计文件中要注明对卫生器具的节水要求和相应的参数。运行阶段的评价方法为查阅竣工图纸、设计说明书、产品说明并进行现场核查。

6.2.5 用水设备的节水性能应满足现行国家、行业、企业相关标准的要求。

绿化灌溉采用喷灌、微灌、滴灌等节水灌溉方式具有显著的节水效果。传统的浇灌多采用直接浇灌（漫灌）方式，不但会浪费大量的水，还会出现跑水现象，使水流到人行道、街道或车行道上，影响周边环境。传统灌溉过程中的水量浪费还可能由以下四个方面导致：

1 由于高水压导致的雾化。其解决方法是保持稳定的最佳水压，进而防止高压导致的雾化和蒸发，每降低0.035MPa，即可节水6%~8%。

2 由于土壤密实、坡度和过量灌溉所导致的径流损失。其解决方法是对植物根部区域或周围提供精准的灌水量，以达到最高效率，通过直接对根系供给水分，使水的利用率更高。

3 由于天气和季节变化导致的过量灌溉。其解决方法是采用自动监测关闭系统和降雨延迟控制。

4 由于不同植物种类和环境条件所导致的过量灌溉。其解决方法是采用多个并行独立系统分区灌溉，或采用植物根部直接灌溉。

采用节水灌溉方式和设备，如喷灌、滴灌以及干旱地区使用的更加高效的微灌，都是行之有效的高效节水灌溉技术。

目前普遍采用的绿化节水灌溉方式喷灌，比地面漫灌要省水30%～50%。喷灌要在风力小时进行。当采用再生水灌溉时，因水中微生物在空气中极易传播，应避免采用喷灌方式。

微灌包括滴灌、微喷灌、涌流灌和地下渗灌，它是通过低压管道和滴头或其他灌水器，以持续、均匀和受控的方式向植物根系输送所需水分，比地面漫灌省水50%～70%，比喷灌省水15%～20%。微灌的灌水器孔径很小，易堵塞。微灌的用水一般都应进行净化处理，先经过沉淀除去大颗粒泥沙，再进行过滤，除去细小颗粒的杂质等，特殊情况还需进行化学处理。

绿化不需要灌溉或仅在种植初期需要临时灌溉的项目（如采用耐旱植物或本地植物作为绿化植物的项目），节水灌溉项可不参评，但采用临时灌溉的项目必须在竣工一年后拆除临时灌溉设施。

本条的评价方法为查阅施工图纸、设计说明书、产品说明并进行现场核查。

6.2.6 冷却水系统宜采用循环冷却塔、闭式冷却塔等节水型冷却塔设备或其他冷却水节水措施。

1 采用循环冷却塔。

2 采用冷却水节水措施。开式循环冷却水系统设置水处理措施和（或）加药措施，以减少排污的水量损失；采取加大积水盘、设置平衡管或平衡水箱的方式，避免冷却水泵停泵时冷却水溢出。

3 采用闭式冷却塔。

本条设计阶段的评价方法为查阅施工图纸、设计说明书、产品说明及现场核查。运行阶段的评价方法为查冷却水补水的用水计量表。

6.3 非传统水源利用

6.3.1 用水安全保障措施评价范围包括：水质安全保障、水量安全保障、卫生安全保障；在处理、储存、输配等环节中必须采取安全防护和监（检）测控制措施。应符合下列要求：

1 非传统水源水质应符合现行国家相关标准要求，应按使用用途要求达到相应的水质标准，采用中水用于冲厕、道路清扫、绿化灌溉、车辆冲洗等杂用时，其水质应符合现行国家标准《城市污水再生利用 城市杂用水水质标准》GB/T 18920的规定；用于景观环境用水时，其水质应符合现行国家标准《城市污水再生利用 景观环境用水水质标准》GB/T 18921的规定。利用雨水时，如用于上述用途，应符

合现行国家标准《建筑与小区雨水利用工程技术规范》GB 50400的规定。根据使用用途考虑消毒、杀菌措施。

2 雨水或再生水等非传统水源在储存、输配等过程中应有足够的消毒杀菌能力，保证水质不会被污染，水质应符合国家或地方相应标准的规定。

3 雨水或再生水等非传统水源在处理、储存、输配等过程中应符合现行国家标准《污水再生利用工程设计规范》GB 50335、《建筑中水设计规范》GB 50336及《建筑与小区雨水利用工程技术规范》GB 50400等的相关要求。

4 雨水或再生水等非传统水源的供水管道及各种设备应有明显的永久性标识，给水栓口、取水口应设带锁装置，以保证与生活用水管道严格区分，防止误接、误用。

5 供水系统根据需要设有备用水源、溢流装置及相关切换设施等，以保障水量安全。

6 当采用自来水补水时，应采取防污染措施。

7 景观水体采用雨水或再生水时，在水景规划及设计阶段应将水景设计和水质安全保障措施结合起来考虑。

本条设计阶段的评价方法为查阅设计图纸、说明书。运行阶段的评价方法为现场核查并查阅全年运行数据报告，包括年用水量、水质检测记录和报告。

6.3.2 景观用水不应采用市政供水和自备地下水井供水，并应同时满足下列要求：

1 景观用水只能采用雨水、建筑中水、市政再生水等非传统水源。

2 根据所在地区水资源状况、地形地貌及气候特点，合理规划水景面积比例，水景的补水量应与回收利用的雨水、建筑中水水量达到平衡。

3 当采用雨水和建筑中水作为景观用水补水时，水景规模应根据设计可收集利用的雨水或中水量来确定，需要进行水量平衡分析计算，即研究水景的补水量（蒸发量、漏损水量等）与水景面积的关系，进而确定合适的水景规模。

4 水景的年损耗水量必须与非传统水源年供应量相平衡，一年中的各月间允许水景水位高度在常水位上下能够接受的范围内波动。

5 采取景观用水水质保障措施，设置循环水处理设施，景观用水循环使用。

本条设计阶段的评价方法为查阅竣工图纸、设计说明书。运行阶段的评价方法为现场核查，查阅用水量报告和系统运行报告。

6.3.3 普通办公建筑用水类型单一，对于不设集中空调的办公建筑，其用水主要为冲厕（60%～66%）和盥洗（40%～34%），冲厕用水比例较高。

对于包含商业、餐饮、旅馆、办公的综合性建筑，办公区域和附属办公服务区域应按办公建筑参

评，其他区域应按相应建筑类型参评。可按用水量的权重（生活用水量部分）和面积的权重（绿化灌溉、道路浇洒、管网漏损和未预见水量部分）调整计算非传统水源利用率的要求。

非传统水源利用率按下式计算：

$$R_u = \frac{W_u}{W_t} \times 100\% \qquad (9)$$

$$W_u = W_R + W_r + W_s + W_o \qquad (10)$$

式中：R_u——非传统水源利用率，%；

W_u——非传统水源设计使用量（规划设计阶段）或实际使用量（运行阶段），m^3/a；

W_R——再生水设计利用量（设计阶段）或实际利用量（运行阶段），m^3/a；

W_r——雨水设计利用量（设计阶段）或实际利用量（运行阶段），m^3/a；

W_s——海水设计利用量（设计阶段）或实际利用量（运行阶段），m^3/a；

W_o——其他非传统水源利用量（设计阶段）或实际利用量（运行阶段），m^3/a；

W_t——设计用水总量（设计阶段）或实际用水总量（运行阶段），m^3/a。

按年用水量计算，设计取值应符合现行国家标准《民用建筑节水设计标准》GB 50555 的规定。

本条设计阶段的评价方法为查阅设计说明书和非传统水源利用报告等。运行阶段的评价方法为查阅全年运行数据报告（年用水量记录报告）等。

当项目所在地区年降雨量低于 400mm、周边无市政再生水利用条件，且项目建筑面积小于 5 万 m^2 或可回用水量小于 $100m^3/d$ 时（如地方标准中有更高要求，应按地方标准实施），本条可不参评。

6.3.4 在规划设计阶段应考虑利用周边市政再生水的可行性，再生水可代替市政自来水用作室内冲厕用水以及室外绿化、景观、道路浇洒、洗车等非饮用水。再生水包括市政再生水（以城市污水处理厂出水或城市污水为水源）、建筑中水（以建筑生活排水、杂排水、优质杂排水为水源）。

再生水水源的选择应结合项目的用水情况、周边建筑用水状况、城市中水设施建设管理办法、水量平衡等，从经济、技术和水源水质、水量稳定性等各方面综合考虑。项目周边有市政再生水利用条件时，应优先利用市政再生水。

公寓式办公建筑和酒店式办公建筑废水量较大，自建中水设施在经济上较合理。常规办公建筑废水量较小，投资自建中水设施所带来的节水效益可能不明显，只有当建筑面积大于 5 万 m^2 且可回用水量（包括项目范围周边其他可利用的再生水水源，见下段）大于 $100m^3/d$ 时，才考虑设置中水处理设施。

当项目除办公建筑之外还有其他性质建筑（如旅馆、洗浴健身等）功能时，可统筹考虑回收、处理此类建筑的优质杂排水，回用作办公冲厕等。

当条件允许时，在取得相关政府部门和产权单位允许的前提下，通过技术经济比较，可以选择利用除参评项目以外的其他建筑的再生水水源，包括参评范围外附近其他建筑的废水。选择其他再生水水源时，应注意以下几点：

1 必须在参评建筑本身再生水水源已得到充分利用的前提下，才可考虑选择其他再生水水源。

2 选择其他再生水水源时，必须做好水量平衡分析，保证供水的水量安全和减少不必要的浪费，不得影响周边建筑自身的非传统水源利用。

再生水利用率可按下式进行计算：

$$R_R = \frac{W_R}{W_t} \times 100\% \qquad (11)$$

式中：R_R——再生水利用率，%；

W_R——再生水设计利用量（设计阶段）或实际利用量（运行阶段），m^3/a；

W_t——设计用水总量（设计阶段）或实际用水总量（运行阶段），m^3/a。

用水量按年用水量计算，设计取值应符合现行国家标准《民用建筑节水设计标准》GB 50555 的规定。

本条设计阶段的评价方法为查阅竣工图纸、设计说明书、非传统水源利用方案（非传统水源利用方案中，必须包含非传统水源利用的水量平衡表）、相关政府部门和产权单位出具的许可证明等。运行阶段的评价方法为现场勘查和查阅系统设备运行记录和用水量计量记录。

当项目周边无市政再生水利用条件，且建筑面积小于 5 万 m^2 或可回用水量小于 $100m^3/d$ 时（如地方标准中有更高要求，应按地方标准实施），本条可不参评。

6.3.5 通过技术经济比较，合理确定雨水集入渗、调蓄及利用方案。结合当地气候条件和建筑所在地地形、地貌等特点，除采取措施增加雨水渗透量外，还可以建立完善的雨水收集、处理、储存、利用等配套设施，对屋顶雨水和其他地表径流雨水进行有效的收集、调蓄、回用。可收集雨水量是指整个场地形成径流的雨水量，包括屋面及地表径流。

1 对于屋顶面积较大的办公建筑，雨水收集利用宜优先收集屋面雨水。

2 可收集雨水量应扣除入渗而没有形成径流的雨水和初期弃流雨水等。

3 当参评建筑本身可收集雨水已得到充分收集利用，尚无法满足雨水利用需求时，可以考虑收集利用参评范围外附近其他建筑和住宅小区的雨水。但必须做好水量平衡分析，不得影响周边建筑或住宅小区自身的雨水利用和雨水入渗。

4 参评项目周边有调蓄功能良好的地表天然或

人工水体（如天然河道、湖泊、人工水渠等）时，在取得相关政府主管部门许可的前提下，也可用于雨水的调蓄，项目可从水体取水使用，但必须采取措施收集场地内的雨水，保证注入的雨水量不小于取水量，不得破坏水体的水量平衡，且必须采取有效措施防止排放水体的雨水造成的面源污染。

雨水回用率为实际收集回用的雨水量占可收集雨水量的比率，设计阶段和运行阶段的雨水回用率可按下式进行计算：

$$雨水回用率（设计阶段）$$

$$= \min\left(\frac{雨水设计收集量}{可收集雨水量}, \frac{雨水设计回用量}{可收集雨水量}\right) \quad (12)$$

$$雨水回用率（运行阶段）$$

$$= \min\left(\frac{雨水实际收集量}{可收集雨水量}, \frac{雨水实际回用量}{可收集雨水量}\right) \quad (13)$$

可通过增加雨水入渗实现本条要求，可收集雨水量应扣除不能形成径流的雨水，这样可以引导雨水入渗。

本条设计阶段的评价方法为查阅设计说明书和非传统水源利用报告等。运行阶段的评价方法为查阅运行数据报告（用水量记录报告）等。

年降雨量低于 400mm 的地区不宜设置雨水回用设施，当项目位于此类地区时，本条可不参评。但项目可加强雨水入渗，评价要求见第 4.5.4 条。

7 节材与材料资源利用

7.1 材料资源利用

7.1.1 随着科技的进步和使用过程中不断暴露的新问题，一些建筑材料及制品的技术性能已经被证明不适宜继续在建筑工程中应用，或者不适宜在某些地区或某些类型的建筑中使用。因此，在绿色办公建筑中严禁使用国家及当地建设主管部门向社会公布限制、禁止使用的建筑材料及制品，例如《建设事业十一五推广应用和限制禁止使用技术公告》、《北京市推广、限制和禁止使用建材目录》中限制、禁止使用的建筑材料及制品等。

本条设计阶段的评价方法为对照国家和当地建设主管部门向社会公布的限制、禁止使用的建材及制品目录，查阅设计说明和概预算材料清单，对设计选用的建筑材料进行核查。运行阶段的评价方法为对照国家和当地建设主管部门向社会公布的限制、禁止使用的建材及制品目录，查阅工程材料决算材料清单，对实际选用的建筑材料进行核查。

7.1.2 已有建筑物、构筑物"利用率"的计算公式为：

$$利用率 = \frac{利用面积}{场址范围内已有的建筑物的建筑面积与构筑物的等效面积的总和}$$

$$(14)$$

式中，已有建筑物、构筑物的"利用面积"等于场址范围内被利用的已有建筑物建筑面积与被利用的构筑物等效面积之和。其中，"构筑物等效面积"应按造价相等的原则，依据当地现行的概算定额折算获得，即：

$$构筑物的等效面积 = \frac{新建同样构筑物的总造价}{新建的普通多层砖混结构建筑物单位建筑面积的造价}$$

$$(15)$$

当申报项目场址范围内无建筑物、构筑物，或已有建筑物、构筑物的建筑面积（含构筑物的等效面积）不足 $100m^2$ 时，本条可不参评；超过 $1000m^2$ 时，计算利用率时按 $1000m^2$ 计算。

有些项目因场地等原因，保留旧建筑会带来材料消耗的大幅度增加。对于此类项目，本着"合理"的原则，允许不利用已有的建筑物、构筑物，但应专门对此进行详细解析。当以安全因素为理由对已有建筑物、构筑物进行拆除时，应由具有资质的鉴定单位出具鉴定报告，理由充分者，本条可不参评，否则应判定本条不达标。

本条设计阶段的评价方法为查阅建筑施工图纸及已有建筑物、构筑物利用面积和利用率计算书。运行阶段的评价方法为查阅建筑竣工图纸、施工方案及已有建筑物、构筑物利用面积和利用率计算书。

7.1.3 在保证安全的前提下，本条旨在鼓励提高建筑的工业化率，采用工厂化生产的建筑构、配件，如预制楼板、预制阳台、预制楼梯、预制隔墙板、预制外墙板、幕墙等，既能减少材料浪费，又能减少施工对环境的影响，同时也为将来建筑拆除后构、配件的再利用创造了条件。装配式或装配整体式结构是目前预制化水平较高的两种结构体系，鼓励合理使用。

目前本条仅考察楼面板、屋面板、阳台、楼梯、隔墙板、外墙板、幕墙的工厂化程度。为了鼓励采用钢、木、钢木组合结构，本条将钢、木、钢木组合构件视作工业化方式生产的构件。"工业化率"可按下式进行计算：

$$工业化率 = P/G \quad (16)$$

式中：G——全部楼面板、屋面板、阳台、楼梯、隔墙板、外墙板、幕墙的总质量与钢构件、木构件、钢木组合结构构件总质量之和；

P——采用工业化方式生产的楼面板、屋面板、阳台、楼梯、隔墙板、外墙板、幕墙的总质量与钢构件、木构件、钢木组合结构构件总质量之和。

本条设计阶段的评价方法为查阅建筑、结构施工图纸及工业化率计算书。运行阶段的评价方法为查阅建筑、结构竣工图纸，工业化率计算书，并进行现场核实。对抗震设防地区的办公建筑，本条可不参评。

7.1.4 本条的设置旨在整体考量建筑材料的循环利用对于节材与材料资源利用的贡献，评价范围是永久性安装在工程中的建筑材料，不包括电梯等设备。

本条中的"可再利用建筑材料"是指不改变所回收材料的物质形态可直接再利用的，或经过简单组合、修复后可直接再利用的建筑材料，如场地范围内拆除的或从其他地方获取的旧砖、门窗及木材等。合理使用可再利用建筑材料，可充分发挥旧建筑材料的再利用价值，延长仍具有使用价值的建筑材料的使用周期，降低材料生产的资源、能源消耗和材料运输对环境造成的影响。

本条中的"可再循环建筑材料"是指通过改变材料的物质形态，可实现多次循环利用的建筑材料，如金属材料、木材、玻璃、石膏制品等。充分使用可再循环利用的建筑材料可以减少生产加工新材料带来的资源、能源消耗和环境污染，对于建筑的可持续性具有非常重要的意义，具有良好的经济和社会效益。

本条中的"以废弃物为原料生产的建筑材料"是指在满足安全和使用性能的前提下，使用废弃物等作为原材料生产出的建筑材料，其中废弃物主要包括建筑废弃物、工业废弃物和生活废弃物。在满足使用性能的前提下，鼓励利用建筑废弃混凝土生产出的再生骨料制作成的混凝土砌块、水泥制品和配制的再生混凝土；鼓励使用和利用工业废弃物、农作物秸秆、建筑垃圾、淤泥为原料制作的水泥、混凝土、墙体材料、保温材料等建筑材料。鼓励以工业副产品石膏制作的石膏制品。鼓励使用生活废弃物经处理后制成的建筑材料。为保证废弃物使用量达到一定要求，本条要求以废弃物为原料生产的建筑材料用量占同类建筑材料的比例需超过 30%，且其中废弃物的掺量要求至少达到 20%，此类建筑材料应满足相应的国家或行业检测标准的要求方能使用。

本条设计阶段的评价方法为查阅申报单位提交的工程概预算材料清单和相关材料使用比例计算书，核查可再利用建筑材料、可再循环建筑材料以及以废弃物为原材料生产的建筑材料的使用情况。运行阶段的评价方法为查阅申报单位提交的工程决算材料清单和相应的产品检测报告，核查可再利用建筑材料、可再循环建筑材料以及以废弃物为原材料生产的建筑材料的使用情况。

7.1.5 在办公建筑中装饰装修材料是工程建筑材料的重要组成部分，过度装修造成的材料的浪费和装修成本的增加，应予以控制。尤其是针对政府类办公建筑，提倡选用经济适用的装饰装修材料，进行简易装修，不片面追求美观，减少材料资源的消耗。

本条设计阶段的评价方法为查阅申报单位提交的

工程概预算材料清单（含装修部分）和装饰装修材料设计情况专项说明，该说明需从装饰装修材料设计用量、单位面积装修造价等角度对申报项目的装饰装修材料的经济适用性进行介绍，由专家判断装饰装修材料的设计情况。运行阶段的评价方法为查阅申报单位提交的工程决算材料清单（含装修部分）和装饰装修材料实际使用情况专项说明，该说明需从装饰装修材料实际用量、单位面积装修价格等角度对申报项目的装饰装修材料的经济适用性进行介绍，由专家进行评价。

7.1.6 考虑到建材业的飞速发展，为绿色建筑所适用的新型建材不断出现，为鼓励创新性，特设置本条。鼓励项目根据当地的资源条件和发展水平合理使用新型材料及产品，新型材料及产品应占到同类产品用量的一半以上，且经国家和省市建设主管部门推荐使用或第三方权威机构认证。

本条设计阶段的评价方法为查阅工程概预算材料清单和其他说明文件，核查是否使用新材料及新产品。运行阶段的评价方法为查阅工程决算材料清单和其他说明文件，核查项目是否实际使用了新材料及新产品。

7.2　建筑设计优化

7.2.1 以较大的资源消耗为代价，追求美观，不符合绿色建筑的理念，故本条鼓励建筑构件功能化，减少纯装饰性构件的应用。

本条的工程总造价系指所有建筑安装工程造价的总和。本条所指的"纯装饰性构件"是指只有装饰作用的构件，主要针对下列构件：

　　1 不具备遮阳、导光、导风、载物、辅助绿化等作用的飘板、格栅和构架等；

　　2 单纯为追求标志性效果的塔、球、曲面等；

　　3 女儿墙中高度超出安全防护最低要求的部分；

　　4 双层外墙中无益于节能的外层墙（含幕墙）。

本条设计阶段的评价方法为查阅建筑、结构施工图纸，建筑效果图，工程预算书及装饰性构件造价比例计算书。运行阶段的评价方法为查阅建筑、结构竣工图纸，工程决算书及装饰性构件造价比例计算书，并进行现场核实。

有的项目为了追求美观，对某些功能性构件进行了尺寸上的过分夸张，当情节严重时，也应判定本条不达标。

7.2.2 绿色建筑的成本通常高于普通建筑，但可通过优化建筑设计，适当降低绿色建筑的增量成本，更可减少资源消耗和碳排放。

在确保满足规范规定安全度的前提下，节约用材是减少碳排放最有效的措施之一，因此材料用量应作为重要的评价指标，使用较多材料资源的建筑不应被评为绿色建筑。

影响材料消耗水平的因素包括建筑方案优劣、结构布置优劣、材料选择和构造合理性、设计精细化程度等诸多方面，材料用量是上述诸多因素的综合反映。

本条的"同类建筑"是指结构类型相同的建筑；"层数（高度）相近"是指与参评建筑层数和高度相差均不超过15%。"主要结构材料"是指如钢筋混凝土结构中的混凝土和钢筋，钢结构中的钢材和混凝土，木结构中的木材，砌体结构中的砌块、钢筋、混凝土（当采用木楼板时为木材）等。

衡量申报项目建筑结构材料用量的多少，应与当地层数（高度）相近且结构类型相同的建筑进行比较。考虑到目前积累的资料有限，且短期内难以统计出权威的材料用量平均值数据，故本条仅要求比较单位建筑面积的主要结构材料的用量，并提供了简化的统计方法。当样本积累到一定数量时，应按统计学的方法进行统计，以便形成一组科学、合理、权威的统计数据。

本条要求各申报项目的设计单位应配合建设单位收集项目所在地区已建的层数（高度）相近的同类建筑单位建筑面积的主要结构材料用量，统计出"平均值"，并将其作为证明材料上报评价机构。评价机构经审核确定是否可将该数据作为本申报项目材料用量的比较基准。

鉴于目前现状，主要结构材料用量"平均值"的统计工作应满足如下要求：

对于有地下室的建筑，应将地上、地下（含基础）部分分开分别统计；对于无地下室的建筑，应将地上部分与基础部分合并统计；一般不计入桩、地基处理部分的材料用量，可以仅计算一次结构的材料用量。

此外，对于带裙房的建筑，应注意参与统计建筑的裙房与主楼的建筑面积之比应与参评建筑的面积比相似。

本条在设计阶段评价时应以预算资料为准，可不计损耗。运行阶段评价时应以决算资料为准，应计入损耗。预算、决算等不同阶段的材料用量统计资料允许相互折算，以求对比口径上的一致。

评价钢与混凝土组合（混合）结构建筑时，可将其中的钢材用量累加到钢筋用量中，按钢筋混凝土结构进行评价。

对于缺乏统计资料的地区，可将风荷载和抗震设防烈度均相同的地区的资料视作当地的资料；当风荷载控制时，也可将风荷载相同地区的资料视作当地的资料；当地震荷载控制时，也可将抗震设防烈度相同地区的资料视作当地的资料。此外，还可将结构或预算方面专家根据经验估计的数据视作符合要求的样本，每位专家提供的经过签名确认的书面数据可作为一个样本。

各样本的极差不得超过平均值的30%，否则应分析原因，并补充样本。此外，符合上述条件的统计样本数不得少于5个，且应尽量选取2002年以后设计的建筑作为样本。

本条设计阶段的评价方法为查阅建筑、结构施工图纸及用材量报告（含预算书）。运行阶段的评价方法为查阅建筑、结构竣工图纸及用材量报告（含决算书）。

本条与第7.2.3、7.2.4、7.2.5、7.2.6、7.2.7条不重复参评。

7.2.3 建筑的材料用量与建筑方案的规则性关系密切。在抗震设防地区，采用不规则的建筑方案需按规范采取加强措施；采用特别不规则的建筑方案需进行专门研究和论证，采取特别的加强措施。在非抗震设防地区，采用不规则的建筑方案也会带来材料用量的增加。因此，建筑及其抗侧力结构的平面布置宜规则、对称，并应具有良好的整体性；建筑的立面和竖向剖面宜规则，结构的侧向刚度宜均匀变化，竖向抗侧力构件的截面尺寸和材料强度宜自下而上逐渐减小，避免抗侧力结构的侧向刚度和承载力突变。

现行国家标准《建筑抗震设计规范》GB 50011禁止在抗震设防区采用严重不规则的建筑方案。对于不规则、特别不规则、严重不规则建筑方案的判断，可参考《建筑抗震设计规范》GB 50011和住房和城乡建设部《超限高层建筑工程抗震设防专项审查技术要点》（建质［2010］109号），也可以参考施工图设计文件审查机构的施工图审查意见书。

对于城市建设需要的不规则或特别不规则的建筑方案，应提供当地建设行政主管部门的证明材料。对于不需进行抗震设计的建筑，应参照上述办法进行判断。

本条设计阶段的评价方法为查阅建筑、结构施工图纸，建筑效果图，施工图审查意见书。运行阶段的评价方法为查阅建筑、结构竣工图纸，施工图审查意见书，并进行现场核实。

7.2.4 实践证明，结构体系相同而结构布置不同的建筑，用材量水平会有很大差异，资源消耗水平、对环境的冲击也会明显不同。因此，除了关注结构体系外，还应关注结构布置的优劣。办公建筑中超过一半的材料用于结构构件，因此在设计过程中对结构体系和结构构件进行合理优化，能够有效地节约材料用量。

本条的主要目的在于强调精细化设计，增强设计单位和建设单位的优化意识。因此，作为申报方之一的设计单位应对参评项目的上部结构和基础方案分别进行比选论证，提交结构优化论证报告，在报告中充分反映结构构件布置的优化过程及其合理性。

本条的评价方法为查阅结构优化论证报告及相关图纸，并结合参评项目的具体情况，酌情判断优化结果的合理性。

7.2.5 混凝土是用途最广、用量最大的建筑材料之一，减少混凝土用量，是节材的重要措施。

一般情况下，提高竖向承重构件混凝土的强度等级可以明显减小竖向承重构件的截面尺寸，减少混凝土用量，并增加使用面积；提高水平承重构件混凝土的强度等级也可以减小水平承重构件的截面尺寸，减少混凝土用量，并增加室内净空。

我国将C50作为高强混凝土的起点强度等级。在合理的前提下，竖向承重构件应优先采用高强混凝土，水平承重构件宜根据论证结论采用适当强度等级的混凝土。由于某些建筑结构的竖向承重构件采用高强混凝土是不合理的，因此，本条允许在合理的前提下，竖向承重构件采用低于C50的混凝土，但需针对所有结构构件进行详细论证，并提交论证报告。

砌体结构（含配筋砌体结构）和钢结构中的混凝土用量较钢筋混凝土结构要少很多，因此对于上述两类结构，本条可不参评。

本条设计阶段的评价方法为查阅结构施工图纸，工程预算材料清单，竖向承重结构中高强混凝土的使用比例计算书，相关论证报告。运行阶段的评价方法为查阅结构竣工图纸，工程决算材料清单，竖向承重结构中高强混凝土的使用比例计算书，相关论证报告，混凝土检验报告，必要时进行现场核实。

7.2.6 钢（钢筋和钢材）是用途最广、用量最大的建筑材料之一，减少钢的用量，是节材的重要措施。

一般情况下，在钢筋混凝土结构中，选用高强度钢筋作为受力钢筋，节材效果显著。据测算，用HRB400钢筋代替HRB335钢筋，可节省约10%的钢筋。

与钢筋混凝土结构相比，钢结构本身具备自重轻、强度高、抗震性能好、施工快、建造和拆除时环境污染少、容易回收再利用等独特优点，应鼓励采用。一般情况下，高层、超高层、大跨度钢结构建筑采用高强钢非常理想。

符合规范的抗拉强度设计值不低于360MPa的钢筋（如HRB400、RRB400级钢筋、冷拉钢筋、冷轧扭钢筋及高强预应力钢丝（索）等）均可视作满足本条要求的高强度钢。当采用抗拉强度设计值高于360MPa的钢筋（丝、索）时，可按等强（抗拉能力设计值相等）的原则，将上述更高强度的钢筋（丝、索）折算成HRB400级钢筋。

符合规范的Q345GJ、Q345GJZ级钢材和抗拉强度设计值不低于295MPa的钢材（如厚度不大于35mm的Q345级钢材），均可视作满足本条要求的高强度钢。

评价钢与混凝土组合（混合）结构建筑时，可将其中的高强钢材用量与高强钢筋用量之和作为高强钢的用量，全部钢材和钢筋用量之和作为钢的总用量。

在合理的前提下，应优先采用高强钢。由于某些承重构件采用高强钢是不合理的，因此，本条允许在合理的前提下，采用较低强度的钢，但需进行详细论证，并提交论证报告。

砌体结构（含配筋砌体结构）中的用钢量较钢筋混凝土结构和钢结构少很多，因此对于上述结构，本条可不参评。

本条设计阶段评价方法为查阅结构施工图纸，工程预算材料清单，高强钢的使用率计算书，相关论证报告。运行阶段评价方法为查阅结构竣工图纸，工程决算材料清单，高强钢的使用率计算书，相关论证报告，钢筋、钢材检验报告，必要时现场核实。

7.2.7 减轻建筑自重对节材有重要意义，是重要的节材途径。本条仅评价楼地面现浇面层和墙面抹灰的自重，其主要原因如下：

1 楼地面现浇面层和墙面抹灰的密度较大，用量多，对结构材料用量影响大；

2 建筑拆除时，楼地面现浇面层和墙面抹灰均是难以处理的建筑垃圾，对环境影响大；

3 目前仅关注楼地面现浇面层和墙面抹灰，更具可操作性。

计算楼地面现浇面层自重时，对于以瓷砖和石材为面板的楼地面，应包括结构板以上所有做法的重量；对于以木板为面板的楼地面，可不包括木地板层，但至少应包括其下的找平层、找坡层、水泥砂浆或混凝土填充层等。

计算墙面抹灰量时，可不包括墙面腻子，但至少应包括湿挂、湿贴的瓷砖和石材面层，且应包括外围护墙、内隔墙（断）、结构墙的抹灰及其外部的贴面。

尽管减小结构构件的截面也是减轻建筑自重的重要途径，但其节材效果已在第7.2.4~7.2.6条中有所考虑，故本条不再对该措施进行评价。

本条设计阶段评价的评价方法为查阅建筑施工图纸及室内地面现浇面层平均自重计算书、墙面抹灰体积计算书。运行阶段的评价方法为查阅建筑竣工图纸、室内地面现浇面层平均自重计算书、墙面抹灰体积计算书，并进行现场核实。此外，当采取本标准未涉及的其他措施减轻建筑自重时，尚应查阅相关说明和证明资料。

7.2.8 办公类建筑中的可变换功能空间应在保证室内工作环境不受影响的前提下，尽量多采用可循环利用隔断（墙），以减少室内空间重新布置时对建筑构件的破坏，节约材料。

除设计使用年限内位置比较固定的走廊、楼梯、电梯井、卫生间、设备机房、公共管井以外的地上室内空间均应视为"可变换功能的室内空间"。此外，对于重新分隔概率较高的地下空间，如作为商业娱乐、办公等用途的地下空间，也应视为"可变换功能的室内空间"，其他地下空间面积在计算时可剔除。

可循环利用隔断（墙）是指使用可再利用材料或可再循环利用材料组装的隔断（墙），其在拆除过程中应基本不影响与之相接的其他隔断（墙），如：大开间敞开式办公空间内的矮隔断（墙）、玻璃隔断（墙）、预制板隔断（墙）、特殊设计的可分段拆除的轻钢龙骨水泥压力板或石膏板隔断（墙）和木隔断（墙）等。采用砂浆砌筑的砌体隔断（墙）不应算作可循环利用隔断（墙）。

在可变换功能的室内空间内，将作为房间整面的可循环利用隔断（墙）全部去掉后，留下的墙体与门围合出若干封闭区域，其中面积小于 $100m^2$ 的办公区域以及面积小于 $500m^2$ 的其他功能区域应视作"不可循环利用隔断（墙）围合的房间"。

对于砌体结构、剪力墙结构等结构墙较密的办公类建筑，本条可不参评。

本条设计阶段的评价方法为查阅建筑、结构施工图纸及可变换功能的室内空间内不可循环利用隔断（墙）围合的房间总面积占可变换功能的室内空间总面积的比例计算书。运行阶段的评价方法为查阅建筑、结构竣工图纸及可变换功能的室内空间内不可循环利用隔断（墙）围合的房间总面积占可变换功能的室内空间总面积的比例计算书，并进行现场核实。

7.2.9 本条排斥三边工程，除非采取充分措施，能够避免破坏和拆除已有的建筑结构构件及设施。

一般情况下，应针对参评项目的全部建筑面积进行评价，仅部分建筑面积满足时不能得分。粗装修销售或出租的项目多为商业建筑，该类项目一般只能做到建筑主要入口、楼电梯厅、卫生间等公共区域的"土建与装修一体化设计"，故本条要求此类项目应至少提供一套完整的装修方案，并完成预留预埋设计。

本条设计阶段的评价方法为查阅土建、装修各专业施工图纸、订货合同及其他证明材料，评审时尚未开始土建施工的项目，应以申报时的实际状况为准。运行阶段的评价方法为查阅各专业竣工图纸、订货合同及其他证明材料并现场核实。

7.3 施工过程控制

7.3.1 建材本地化是减少运输过程资源和能源消耗、降低环境污染的重要手段之一，提高本地化材料的利用率还可促进当地经济发展。本条旨在鼓励使用当地生产的建筑材料，提高就地取材制成的建材产品所占的比例。

选用的建筑材料应由距离施工现场 500km 范围内的厂家生产，以生产地为准，如在当地或邻近地区建材商处采购的建材，但其生产厂家距离施工现场 500km 以上，则不符合本条要求。地基（桩）处理中产生的回填土不计入其中。

考虑到地域性差异，各地可根据当地情况对指标进行适当调整。

本条在设计阶段不参评。在运行阶段评价时，要求申报单位提供 500km 以内建筑材料使用比例计算书，计算书要求以建筑材料的生产厂家地址为准，对距施工现场 500km 以内的建筑材料的质量之和与项目建筑材料的总质量的比例进行统计计算，专家根据该计算书和材料决算清单进行评价。当使用较多规定范围外工厂生产的建筑材料时，若能说明此类建筑材料不可变更的原因，则由专家根据说明材料酌情判断。

7.3.2 相比于现场搅拌混凝土生产方式，预拌混凝土性能稳定性比现场搅拌好得多，对于保证混凝土工程质量十分重要。与现场搅拌混凝土相比，使用预拌混凝土还能够减少施工现场噪声和粉尘污染，并节约能源、资源，减少材料损耗。我国预拌混凝土的应用技术已较为成熟，国家有关部门发布了一系列关于限期禁止在城市城区现场搅拌混凝土的文件，明确规定"北京等 124 个城市城区从 2003 年 12 月 31 日起禁止现场搅拌混凝土，其他省（自治区）辖市从 2005 年 12 月 31 日起禁止现场搅拌混凝土。"

相比于现场搅拌砂浆，使用预拌砂浆可明显减少砂浆用量。据测算，对于多层砌体结构，使用预拌砂浆比使用现场搅拌砂浆可节约 30% 的砂浆量；对于高层建筑，使用预拌砂浆比使用现场搅拌砂浆可节约抹灰砂浆用量 50%。使用预拌砂浆不仅可节省材料，而且预拌砂浆的性能也比现场搅拌砂浆更稳定，质量更好，更有利于保证建筑工程质量。商务部、公安部、建设部等六部委于 2007 年 6 月 6 日联合发布了《关于在部分城市限期禁止现场搅拌砂浆工作的通知》，要求北京、天津、上海等 10 个城市从 2007 年 9 月 1 日起禁止在施工现场使用水泥搅拌砂浆，重庆等 33 个城市从 2008 年 7 月 1 日起禁止在施工现场使用水泥搅拌砂浆，长春等 84 个城市从 2009 年 7 月 1 日起禁止在施工现场使用水泥搅拌砂浆。

由于预拌混凝土和预拌砂浆技术已经较为成熟，技术经济性优势较为明显，实际工程中并不难实现。根据国家的相关政策，应予以推广。绿色办公建筑中的现浇混凝土应全部使用预拌混凝土。鼓励在绿色办公建筑中使用包括干粉砂浆、湿拌砂浆在内的预拌砂浆。

本条在设计阶段不参评。运行阶段的评价方法为查阅预拌混凝土和预拌砂浆的购销合同、供货单、材料决算清单等证明文件，根据现浇混凝土和预拌砂浆的实际使用比例进行评价。如某些特殊地区无法实现本条，需撰写专项说明，由专家酌情判断。

7.3.3 本条在第 7.2.9 条的基础上，重点考察施工过程中土建与装修一体化的情况。

本条在设计阶段可不参评。运行阶段的评价方法为查阅土建和装修各工种的施工方案和施工组织设计文件。

7.3.4 鼓励施工单位编制绿色施工方案，在保证工程安全与质量的前提下，制定节材措施，如：进行施工方案的节材优化，建筑垃圾减量化，尽量利用可循环材料等。该方案应在施工组织设计中独立成章，并按有关规定进行审批。

本条在设计阶段不参评。运行阶段的评价方法为查阅施工组织方案及相关资料，考核是否制订了施工中的节材方案与措施。

7.3.5 施工过程中，应最大限度利用建设用地内拆除的旧建筑材料，以及建筑施工和场地清理时产生的废弃物等，如合理使用建筑余料、科学利用板材、块材等下脚料和撒落混凝土及砂浆等，达到节约原材料，减少废物，减少由于更新所需材料的生产及运输对环境造成的影响。

旧建筑拆除、场地清理和建筑施工过程中所产生的垃圾、废弃物，应在现场进行分类处理，这是回收利用废弃物的关键和前提。可再利用材料在建筑中重新利用，可再循环材料通过再生利用企业进行回收、加工，最大限度地避免废弃物随意遗弃、造成污染。施工单位需设计专门的建筑施工废物管理规划，包括寻找市场销路；制定废品回收计划和方法，包括废物统计、提供废物回收、折价处理和再利用的费用等内容。废弃物管理规划中需确认的回收物包括纸板、金属、现场垃圾、塑料、玻璃、石膏板、木制品等。

本条在设计阶段不参评。运行阶段的评价方法为查阅建筑施工废弃物管理规划、施工现场废弃物分类处理记录、可再循环利用材料回收记录。

7.3.6 施工单位在图纸会审时，应审核节材与材料资源利用的相关内容，施工过程中控制主要材料的损耗率至少应比其定额损耗率降低 30%。

本条在设计阶段不参评。运行阶段评价时，要求施工单位对于施工过程中的材料损耗率进行申报，根据申报材料与定额损耗率进行对比后进行评价。

7.3.7 利用已有围墙，或采用装配式可重复使用的围挡，可大大减少施工过程中的围挡材料用量。对于施工中使用的临时围挡材料，重复使用可节约施工用材，要求至少达到 70% 以上。鼓励采用工具式模板和新型模板材料，如铝合金、塑料、玻璃钢和其他可再生材质的大模板和钢框镶边模板，对于木模板，要求周转次数达到 5 次以上，对于其他模板，要求周转次数达到 10 次以上。

本条在设计阶段不参评。运行阶段的评价方法为审核施工单位提供的资料，确认围挡、脚手架、模板的重复使用率。

8 室内环境质量

8.1 光 环 境

8.1.1 室内照明质量是影响室内环境质量的重要因素之一，良好的照明不但有利于提升人们的工作和学习效率，更有利于人们的身心健康，减少各种职业疾病。良好、舒适的照明首先要求在参考平面（见《建筑照明设计标准》GB 50034）上具有适当的照度水平，不但要满足视觉工作要求而且要在整个建筑空间创造出舒适、健康的光环境气氛；强烈的眩光会使室内光线不和谐，使人感到不舒适，容易增加人体疲劳，严重时会觉得昏眩，甚至短暂失明。室内照明质量的另一个重要因素是光源的显色性，人工光源对物体真实颜色的呈现程度称为光源的显色性，为了对光源的显色性进行定量的评价，引入显色指数的概念，以标准光源为准，将其显色指数定为 100，其余光源的显色指数均低于 100。人工光和天然光的光谱组成不同，因而显色效果也有差别。如果灯光的光色和空间色调不配合，就会造成很不相宜的环境气氛；而室内外光源的显色性相差过大也会引起人眼的不舒适、疲劳等，甚至会造成物体颜色判断失误等。

办公建筑的室内照度、统一眩光值、一般显色指数应满足现行国家标准《建筑照明设计标准》GB 50034 的有关规定，如表 6 所示。

表 6 办公建筑室内照明质量要求

房间或场所	参考平面及其高度	照度标准值 (lx)	UGR	R_a
普通办公室	0.75m 水平面	300	19	80
高档办公室	0.75m 水平面	500	19	80
会议室	0.75m 水平面	300	19	80
接待室、前台	0.75m 水平面	300	—	80
营业厅	0.75m 水平面	300	22	80
设计室	实际工作面	500	19	80
文件整理、复印、发行室	0.75m 水平面	300	—	80
资料、档案室	0.75m 水平面	200	—	80

本条设计阶段的评价方法为审核照明设计说明、照明计算书和图纸。运行阶段的评价方法为检查实际典型房间的照明检测报告，并现场审查是否落实设计图纸要求。

8.1.2 天然光环境是人们长期习惯和喜爱的工作环境。各种光源的视觉试验结果表明，在同样照度的条件下，天然光的辨认能力优于人工光，从而有利于人们工作、生活、保护视力和提高劳动生产率。公共建筑天然采光的意义不仅在于照明节能，而且为室内的视觉作业提供舒适、健康的光环境，是良好的室内环境质量不可缺少的重要组成部分。办公建筑的采光系数应达到表 7 的要求。

表7 办公建筑采光系数要求

采光等级	房间类别	侧面采光	
		采光系数最低值 C_{min}（%）	室内天然光临界照度（lx）
Ⅱ	设计室、绘图室	3	150
Ⅲ	办公室、视屏工作室、会议室	2	100
Ⅳ	复印室、档案室	1	50
Ⅴ	走道、楼梯间、卫生间	0.5	25

也可采用表8的窗地面积比进行估算。

表8 采光计算窗地面积比

采光等级	房间类别	侧面采光
Ⅱ	设计室、绘图室	1/3.5
Ⅲ	办公室、视屏工作室、会议室	1/5
Ⅳ	复印室、档案室	1/7
Ⅴ	走道、楼梯间、卫生间	1/12

本条强调的主要功能空间是指公共建筑中除室内交通、卫浴等之外的主要使用空间。本条要求75%以上的主要功能空间室内采光系数满足现行国家标准《建筑采光设计标准》GB/T 50033 中第 3.2.2～3.2.7 条的要求。

本条参考了现行国家行业标准《办公建筑设计规范》JGJ 67 第 6.3.1～6.3.2 条的相关规定。

本条设计阶段的评价方法为审核设计图纸和相关的天然采光分析、计算报告。运行阶段的评价方法为检查典型房间采光检测报告，并现场检查是否落实设计图纸要求。

8.1.3 为了改善地上空间的天然采光质量，除可以在建筑设计手法上采取反光板、棱镜玻璃窗等简单措施，还可以采用导光管、光纤等先进的天然采光技术将室外的天然光引入室内的进深处，极大地改善室内照明质量和天然光利用效果。

地下空间的天然采光不仅有利于照明节能，而且充足的天然光还有利于改善地下空间卫生环境。由于地下空间的封闭性，天然采光可以增加室内外的自然信息交流，减少人们的压抑心理等；同时，天然采光也可以作为日间地下空间应急照明的可靠光源。地下空间的天然采光方法很多，可以是简单的天窗、采光通道等，也可以是棱镜玻璃窗、导光管、导光光纤等技术成熟、容易维护的先进措施。

本条参考了现行国家行业标准《办公建筑设计规范》JGJ 67 第 6.3.3 条的相关规定。

本条设计阶段的评价方法为审核设计图纸和相关的天然采光分析、计算报告。运行阶段的评价方法为检查典型房间采光检测报告，并现场检查相关增强采光措施的实际效果，以及是否落实设计图纸要求。

8.1.4 强烈的眩光会使室内光线不和谐，使人感到不舒适，容易增加人体疲劳，严重时会觉得昏眩，甚至短暂失明。采用避免眩光的灯具或防眩光措施，可有效改善室内照明质量。另外，在设计中应充分考虑照度的可控性和用户操作的方便性，使用户能够自主灵活控制室内照度，以便带来更好的用户体验。对于可以利用天然光的区域以及仅在一定时段内使用的室内功能区域，在区域照明设计中可结合天然采光效果和室内功能效果进行分区域分时段控制，以增强调控的便利性。

本条设计阶段的评价方法为审核照明设计说明、照明计算书和图纸。运行阶段的评价方法为检查实际典型房间的照明检测报告，并现场审查是否落实设计图纸要求。

8.2 声 环 境

8.2.1 室内背景噪声水平是影响室内环境质量的重要因素之一。过量的噪声不仅影响思考和交谈、降低工作效率，而且容易使人心情烦躁和感觉疲劳，产生消极情绪，甚至引发疾病。因此，办公建筑应按照相关国家标准要求控制室内噪声，保护员工的身心健康，并努力创造出能最大限度提高员工工作效率的声环境。

影响室内噪声的因素包括室内噪声源和室外环境影响。室内噪声主要来自室内设备、电器等，而室外环境对室内噪声的影响时间更长，影响程度更大，主要是交通噪声、建筑施工噪声、商业噪声、工业噪声、邻居噪声等。

为控制室内噪声，可采用隔声、增加室内吸声材料、控制空调末端噪声等措施。另外玻璃幕墙、外窗等隔声相对薄弱，在外环境噪声较大的情况下应注意控制。

现行国家标准《民用建筑隔声设计规范》GB 50118 中对办公类建筑室内允许噪声级的有关规定见表9。

表9 办公建筑的室内允许噪声级

房间名称	噪声要求（A声级，dB）	
	高要求标准	低限标准
单人办公室	≤35	≤40
多人办公室	≤40	≤45
电视电话会议室	≤35	≤40
普通会议室	≤40	≤45

本条设计阶段的评价方法为检查建筑设计平面图纸，基于环评报告室外噪声要求对室内的背景噪声影响（也包括室内噪声源影响）的分析报告以及图纸上

的落实情况，及可能的声环境专项设计报告。运行阶段的评价方法为审核典型时间、主要空间的现场室内声环境检测报告。

8.2.2 现行国家标准《民用建筑隔声设计规范》GB 50118 对办公类建筑主要功能房间（如办公室、会议室）的外墙、隔墙、楼板、门窗的空气声隔声标准以及楼板的撞击声隔声性能提出了要求，应按其相关规定进行设计。

本条设计阶段的评价方法为审核设计图纸（主要是围护结构的构造说明、图纸以及相关的检测报告）；运行阶段的评价方法为检查典型房间现场隔声检测报告，结合现场检查设计要求落实情况进行达标评价。

8.2.3 本条对于办公建筑室内的单人或高级办公室、重要会议室等的室内噪声水平提出了更高要求，要求满足现行国家标准《民用建筑隔声设计规范》GB 50118 办公类建筑室内允许噪声级的高要求标准。但是，针对目前较普遍的大空间开放式办公室（也称开敞式办公室），由于在该空间除了考虑不被过高背景噪声干扰外，语言私密性也很重要，适当的背景噪声可起掩蔽作用，所以开放式办公室噪声并非越低越好，因此这里不做要求。

本条设计阶段的评价方法为检查建筑设计平面图纸，基于环评报告室外噪声要求对室内的背景噪声影响（也包括室内噪声源影响）的分析报告以及图纸上的落实情况，及可能的声环境专项设计报告。运行阶段的评价方法为审核典型时间、主要空间的现场室内声环境检测报告。

8.2.4 从建筑平面设计和空间功能安排上考虑防噪声的合理布局，是避免办公空间受噪声干扰的最经济有效的措施。这就要求在建筑设计、建造和设备系统设计、安装的过程中全程考虑建筑平面和空间功能的合理安排。

本条设计阶段的评价方法为审核设计图纸。运行阶段的评价方法为现场检查是否按照设计要求落实空间平面布置，是否存在变更且影响室内声环境效果。

8.2.5 在设备系统设计、安装时就考虑其引起的噪声与振动控制手段和措施，从建筑设计上将对噪声敏感的房间远离噪声源、从噪声源开始实施控制，往往是最有效和经济的方法。具体的措施包括但不限于：采用低噪声型送风口与回风口，对风口位置、风井、风速等进行优化以避免送风口与回风口产生的噪声，或使用低噪声空调室内机、风机盘管、排气扇等；给有转动部件的室内暖通空调和给排水设备，如风机、水泵、冷水机组、风机盘管、空调机组等设置有效的隔振措施；采用消声器、消声弯头、消声软管，或优化管道位置等措施，消除通过风道传播的噪声；采用隔振吊架、隔振支撑、软接头、连接部位的隔振施工等措施，防止通过风道和水管传播的固体噪声；对空调机房采取吸声与隔声措施，安装设备隔声罩，优化

设备位置以降低空调机房内的噪声水平；采用遮蔽物、隔振支撑、调整位置等措施，防止冷却塔发出的噪声；为空调室外机设置隔振橡胶、隔振垫，或采用低噪声空调室外机；采用消声管道，或优化管道位置（包括采用同层排水设计），对 PVC 下水管进行隔声包覆等，防止厕所、浴室等的给排水噪声；合理控制上水管水压，使用隔振橡胶等弹性方式固定，采用防水锤设施等，防止给排水系统出现水锤噪声等等。

本条设计阶段的评价方法为审核设计图纸、设备供应商提供的噪声检测报告。运行阶段的评价方法为检查设备机房及邻近房间的室内噪声级的检测报告，进行现场评价，并现场检查设计落实情况。

8.3 热 环 境

8.3.1 室内热环境是指影响人体冷热感觉的环境因素。"热舒适"是指人体对热环境的主观热反应，是人们对周围热环境感到满意的一种主观感觉，它是多种因素综合作用的结果。舒适的室内环境有助于人的身心健康，进而提高学习、工作效率；而当人处于过冷、过热环境中，则会引起疾病，影响健康乃至危及生命。

一般而言，室内温度、湿度和气流速度对人体热舒适感产生的影响最为显著，也最容易被人体所感知和认识；而环境辐射对人体的冷热感产生的影响很容易被人们所忽视。本标准引用室内温度、室内湿度两个参数评判办公空间室内环境的人体热舒适性。根据现行国家标准《公共建筑节能设计标准》GB 50189 中的相关规定，上述参数在冬夏季应分别控制在相应区间内。此外高大空间或特殊功能空间的风速或气流组织也应满足有关标准的规定。

本条设计阶段的评价方法为查阅暖通空调设计说明，检查房间内温湿度、风速是否符合要求。运行阶段的评价方法为审核建筑典型房间内温度、湿度、风速的检测报告。

8.3.2 由于围护结构中窗过梁、圈梁、钢筋混凝土抗震柱、钢筋混凝土剪力墙、梁、柱等部位的传热系数远大于主体部位的传热系数，形成热流密集通道，即为热桥。本条规定的目的主要是防止冬季采暖期间热桥内外表面温差小，内表面温度容易低于室内空气露点温度，造成围护结构热桥部位内表面产生结露；同时也避免夏季空调期间这些部位传热过大增加空调能耗。内表面结露，会造成围护结构内表面材料受潮，在通风不畅的情况下易产生霉菌，影响室内人员的身体健康。因此，应采取合理的保温、隔热措施，减少围护结构热桥部位的传热损失，防止外墙和外窗等外围护结构内表面温度过低。此处提到的结露问题，只强调在冬季采暖对应的室内外标准设计温湿度条件下确保无结露，不考虑春季等返潮问题。另外在室内使用辐射型空调末端时，需密切注意水温的控

制，避免表面结露。

除此之外，围护结构冷、热辐射也会对室内空气温度产生直接的影响，可结合建筑的外立面造型采取合理的外遮阳措施，形成整体有效的外遮阳系统，夏季可以有效地减少建筑因太阳辐射和室外空气温度通过建筑围护结构的传导得热以及通过窗户的辐射得热，控制房间内表面最高温度，对于改善夏季室内热舒适性具有重要作用；冬季采取了控制房间内表面最低温度、改善室内冷辐射不舒适性的措施。

本条设计阶段的评价方法为查阅暖通空调设计说明，此外审查遮阳设施在图纸上的落实情况，检查是否存在大面积玻璃幕墙等情况。运行阶段的评价方法为现场考察遮阳、大面积玻璃幕墙等。

8.3.3 自然通风是在风压或热压推动下的空气流动。自然通风是实现节能和改善室内空气品质的重要手段，提高室内热舒适的重要途径。因此，在建筑设计和构造设计中鼓励采取诱导气流、促进自然通风的主动措施，如导风墙、拔风井等等，以促进室内自然通风的效率。

在计算外窗、幕墙可开启面积时，注意应按有效开启面积计算。

本条设计阶段的评价方法为审核设计图纸，检查外窗、幕墙可开启面积及比例，核查通风模拟报告。运行阶段的评价方法为核查开窗面积是否落实设计要求，并按照实际的开窗面积进行评分。

8.3.4 建筑应能为室内的个人或多人用户提供可调控的高水平热舒适系统，通过各种被动和主动措施加强室内热环境的可控性，以促进建筑用户的生产力、舒适和健康。

热环境可控性指的是室内人员可以通过方便、灵活的空调器开关、温度、风速调节开关，对个人工作区域的热环境状况进行调节，也包括能否利用窗帘、可开启外窗等方式进行调节。

本条设计阶段的评价方法为审核暖通空调和电气设计图纸；运行阶段应进行现场检查。

8.4 室内空气质量

8.4.1 选用有害物质限量达标、环保效果好的建筑材料，可以防止由于选材不当造成室内空气污染。

本条在设计阶段可不参评。运行阶段的评价方法为查阅由国家认证认可监督管理委员会授权的具有资质的第三方检测机构出具的建材产品检验报告，需要核查的建材产品包括：（1）室内装饰装修材料：人造板、溶剂型木器涂料、内墙涂料、胶粘剂、木家具、壁纸、聚氯乙烯卷材地板、地毯、地毯衬垫等；（2）混凝土外加剂；（3）室内使用的石材、瓷砖、卫浴洁具；（4）掺加了工业废渣的建筑主体材料，如粉煤灰砌块等。

由于过度装修以及劣质材料有可能造成室内污染，装修阶段应选用有害物质含量达标的装饰装修材料，防止由于选材不当造成室内空气污染。选用的建筑材料中的有害物质含量必须符合下列国家标准：

《室内装饰装修材料人造板及其制品中甲醛释放限量》GB 18580

《室内装饰装修材料溶剂型木器涂料中有害物质限量》GB 18581

《室内装饰装修材料内墙涂料中有害物质限量》GB 18582

《室内装饰装修材料胶粘剂中有害物质限量》GB 18583

《室内装饰装修材料木家具中有害物质限量》GB 18584

《室内装饰装修材料壁纸中有害物质限量》GB 18585

《室内装饰装修材料聚氯乙烯卷材地板中有害物质限量》GB 18586

《室内装饰装修材料地毯、地毯衬垫及地毯胶粘剂中有害物质释放限量》GB 18587

《混凝土外加剂中释放氨的限量》GB 18588

《建筑材料放射性核素限量》GB 6566

8.4.2 室内空气污染造成的健康和不舒适问题近年来得到广泛关注。轻微的反应包括眼睛、鼻子及呼吸道刺激和头疼、头昏眼花及身体乏力；严重的有可能导致呼吸器官疾病，甚至心脏疾病及癌症等。

为此，应根据现行国家标准《民用建筑工程室内环境污染控制规范》GB 50325 和《室内空气质量标准》GB/T 18883 有关规定，严格控制室内的污染物浓度，从而保证人们的舒适和健康。建筑中游离甲醛、苯、氨、氡和 TVOC 等空气污染物浓度应符合现行国家标准《民用建筑工程室内环境污染控制规范》GB 50325中的有关规定，运行建筑室内空气质量应符合现行国家标准《室内空气质量标准》GB/T 18883 有关规定。

本条在设计阶段可不参评。运行阶段的评价方法为审查相关室内空气质量检测报告，并进行现场调查、评价。

8.4.3 办公建筑所需要的最小新风量应根据室内空气的卫生要求、人员的活动和工作性质，以及在室内停留时间等因素确定。卫生要求的最小新风量，办公建筑主要是对 CO_2 的浓度要求（可吸入颗粒物的要求可通过过滤等措施达到）。

表10所示的办公建筑主要房间人员所需的最小新风量是根据现行国家标准《旅游旅馆建筑热工与空气调节节能设计标准》GB 50189、《公共场所卫生标准》GB 9663～GB 9673、《饭馆（餐厅）卫生标准》GB 16153、《室内空气质量标准》GB/T 18883 的相关规定得到的，其中对于有分级要求的，室内新风量实测值达到最低一级数值即可满足本标准的该条要求。

表 10 办公建筑主要房间人员所需最

小新风量〔m³/（h·人）〕

空间类型	新风量	依据
办公楼	30	GB/T 18883-2002

本条设计阶段的评价方法为查阅暖通空调设计说明，检查房间新风量设计是否符合要求。运行阶段的评价方法为审核建筑典型房间内新风量检测报告或主要新风机组性能的检测报告。

8.4.4 为确保引入室内的为室外新鲜空气，新风采气口的上风向不能有污染源；提倡新风直接入室，缩短新风风管的长度，减少途径污染。

本条的评价方法为审核环评报告和空调系统施工图纸。

8.4.5 由于吸烟危害健康并会对室内空气带来污染，因此应在建筑中采取禁烟措施，或采取措施尽量避免室内用户以及送回风系统直接暴露在吸烟环境中，具体措施包括设计负压吸烟室，或者整座大楼禁止吸烟等（即只能到室外吸烟）。

本条的评价方法为现场核查是否设有专门吸烟室或其他禁烟措施。

8.4.6 为保护人体健康，预防和控制室内空气污染，可在人群密集或重要环境进行环境质量预评估。室内空气质量预评估是根据工程项目设计方案的内容，运用科学的评价方法，依据国家法律、法规及行业标准，分析、预测该工程项目建成后存在的危害室内环境质量因素的种类和危害程度，提出科学、合理和可行的技术对策措施，作为该工程项目改善设计方案和项目建筑材料遴选的主要依据，供进行绿色健康监理时参考。室内空气质量预评估是保证建筑装修装饰工程建成后具有良好的室内环境质量的一个重要步骤，一般是在室内装修施工之前，针对建筑装饰装修设计方案和选择的建材部品，综合考虑污染源位置和散发特性、通风和气流组织情况、净化设施的净化性能等对室内空气质量的影响，通过合理的累加计算或模拟分析计算，对建成后的室内空气质量进行估算，并与现行国家标准《室内空气质量标准》GB/T 18883等的相关要求进行比较，给出室内空气质量的综合评价结论即预评估结论和改进建议等。在装饰装修设计中，采用合理的预评估方法，从源头实现室内污染控制，或采取其他保障措施。

本条的评价方法为审核是否有室内空气质量的预评估报告，评价其合理性。

8.4.7、8.4.8 为保护人体健康，预防和控制室内空气污染，可在人群密集或重要的功能房间设计和安装室内污染物监控系统，利用传感器对室内主要位置的温湿度、二氧化碳、空气污染物浓度等进行数据采集和分析；也可同时检测进、排风设备的工作状态，并与室内空气污染监控系统关联，实现自动通风调节，

保证室内始终处于健康的空气环境。室内污染监控系统应能够将所采集的有关信息传输至计算机或监控平台，实现对公共场所空气质量的采集、数据存储、实时报警，历史数据的分析、统计，处理和调节控制等功能，保障场所良好的空气质量。

上述两条设计阶段的评价方法为查阅暖通空调及电气设计说明，并查阅设计图纸。运行阶段的评价方法为审查主要房间新风检测报告，以及地下车库的一氧化碳检测报告，并检查新风、自控是否落实设计意图。

8.5 其 他 要 求

第 8.5.1~8.5.3 条主要评价建筑的功能性，包括建筑设计和设施是否能为建筑用户（包括特殊群体）提供便捷舒适的使用空间，以提高工作效率及保证用户的健康等。

8.5.1 为了不断提高建筑的质量和功能性，保证残疾人、老年人和儿童进出的方便，体现建筑整体环境的人性化，鼓励在建筑入口、电梯、卫生间等主要活动空间设置无障碍设施。

本条设计阶段的评价方法为查阅设计图纸。运行阶段应进行现场核查。

8.5.2 办公工作较为紧张，信息化的发展使得注目于电脑屏幕的工作几率增加，故从人文关怀的角度，有必要在办公环境中营造相对闲适的氛围，建立室内与室外的联系，缓解使用者紧张情绪，进而提高工作效率。鼓励主要功能房间的设计合理考虑室外景观的可欣赏性，设有能让使用者观看室外景观的大小适中的窗户。但考虑到对节能的影响，建议合理设置观景窗大小，不鼓励设置大面积的飘窗、落地窗等。

具体计算方法：在平面视图里从视野窗户画出的视线所包含的面积，视线可以穿越透明的隔墙或内窗；对于独立单人办公室，如果 75% 达标可认为所有面积达标；地下如果有可以看到室外视野的，计算面积百分比的时候其面积仅仅计入分子同时可以乘以1.5 的权重系数，分母不加。

本条设计阶段的评价方法为查阅设计图纸和相关的分析、计算报告。运行阶段应进行现场核查。

8.5.3 为缓解使用者紧张的工作情绪，同时为人员交流提供更加休闲、舒适的空间，鼓励在公共场所设置专门的休憩空间和绿化空间，提高公共空间的人文关怀和亲切感。

本条设计阶段的评价方法为查阅设计图纸。运行阶段应进行现场核查。

9 运 营 管 理

9.1 管 理 制 度

9.1.1 建筑的物业管理，涉及建设、安全、供水、

排水、供热、燃气、电力、电信等诸多行业及专业的综合管理。绿色办公建筑的物业管理除应有传统物业管理服务内容外，还应具有节能、节水、节材、保护环境以及智能化系统的管理维护、功能应用等绿色物业管理的主要内容。合理的物业管理组织架构及完整的管理体系，是建筑物业管理的重要基础，是保障绿色建筑运行效能，实现节能、节水、节材与保护环境的重要环节。

本条的评价主要应了解物业管理组织机构设置是否清晰合理，岗位职责是否明确，管理人员配备和操作技术证书是否齐全，应具有节能、节水、节材、保护环境、智能化系统管理维护及功能应用等绿色建筑物业管理主要内容。

本条在设计阶段不参评。运行阶段的评价方法为查看相关体系文件、管理文档、管理人员配备情况和操作技术证书，并进行现场核实。

9.1.2 物业管理公司应提交节能、节水、节材与绿化管理制度，并说明实施效果。节能管理制度主要包括节能管理模式、收费模式等；节水管理制度主要包括梯级用水原则和节水方案；耗材管理制度主要包括建筑、设备、系统的维护制度和耗材管理制度等；绿化管理制度主要包括绿化用水的使用及计量，各种杀虫剂、除草剂、化肥、农药等化学药品的规范使用等；垃圾管理制度主要包括垃圾的分类收集、垃圾处理等管理制度。

本条在设计阶段不参评。运行阶段的评价方法为查看相关体系文件、管理文档及日常管理记录等，并进行现场核实。

9.1.3 ISO 9001质量体系认证是一种具有科学性的质量管理和质量保证方法和手段，可以提高内部管理水平。目前多数物业公司基本通过该体系认证。

ISO 14001环境管理标准，主要针对企业在生产和服务的过程中通过环境因素的分析，针对重要环境因素制定环境目标和环境管理方案，定期对环境运行情况监控，将最终的环境影响降到最低。物业管理符合ISO 14001环境管理标准保证了建筑的绿色和可持续发展理念。

本条在设计阶段不参评。运行阶段的评价方法为查看相关证书。

9.1.4 采用合同能源管理、绩效考核等方式，使物业的管理业绩与建筑用能效率、耗水量等情况挂钩，是实现管理节能的重要手段。在保证建筑的使用性能要求的前提下，激励物业的经济效益与建筑用能系统的耗能状况、用水量、耗材等情况直接挂钩。

本条在设计阶段不参评。运行阶段的评价方法为审核物业部门提交的资源能源管理制度、与业主之间的具有资源节约激励机制内容的合同、日常管理记录等。

9.1.5 绿色办公建筑所要求的节能、节水、节材与

环境保护，其最后效果如何，在很大程度上仍取决于人们的主观认识及行为模式。物业管理部门应与业主共同制定相关行为规范，通过各种培训与宣传活动，并加强跟踪与检查，使资源节约与环境保护最终成为人们的自觉行为。

本条在设计阶段不参评。运行阶段的评价方法为审核物业部门提交的资源节约与环境保护相关行为规范、宣传与培训记录、日常管理与检查记录等，并现场核实。

9.1.6 绿色办公建筑的运行管理应以人为本。绿色建筑最终是为人服务的，为使用者提供高效、舒适、节能环保的办公环境。在评价绿色办公建筑的各项指标中应有对建筑中各使用人群的满意度调查，关注使用者的直接感受。发现不足并通过持续改进，完善绿色办公建筑的各项管理。

本条在设计阶段不参评。运行阶段的评价方法为审核相关满意度调查记录、物业部门提供的改进措施与记录，并现场核实。

9.2 资源管理与运行维护

9.2.1 建筑物中的分类能耗包括：电量、水耗量、燃气量、集中供热耗热量、集中供冷耗冷量和其他能源应用量（如集中热水供应量及煤、油、可再生能源等）。用电分项计量分为动力用电、空调用电、照明及插座用电、特殊用电四大项。

实行分类、分项计量对于了解绿色办公建筑的能耗构成，找出耗能重点环节，实行精细化的用能管理具有重要意义。在办公建筑中按用户实行计量收费，使用户的耗能与经济利益直接挂钩，对于规范人的节能行为模式、促进节能管理具有直接的作用。物业管理应有对能耗、水耗等数据逐月的完整记录与对比分析，持续改进运行模式与节能管理。

本条在设计阶段不参评。运行阶段的评价方法为现场核查分类、分项计量装置的设置情况，审核物业管理措施及管理记录、能耗与水耗的数据统计分析报告等，并抽查物业管理合同。

9.2.2 信息化管理是实现绿色建筑物业管理定量化、精细化的重要手段，对保障建筑的安全、舒适、高效及节能环保的运行效果，提高物业管理水平和效率，具有重要作用。

通过对部分办公建筑运营管理现状的调研分析，发现不同程度均存在工程图纸资料、设备、设施、配件等档案资料不全的情况，对运营管理、维修、改造等带来不便。部分设备、设施、配件需要更换时，往往由于找不到原有型号规格、生产厂家等资料，只能采用替代产品，就会带来由于不适配而需要另外改造的问题。采用信息化手段建立完善的建筑工程及设备、配件档案及维修记录是完全必要的。

本条在设计阶段不参评。运行阶段的评价方法为

现场核查物业管理的信息化应用情况，建筑工程图纸资料、设备、设施、配件等档案资料的管理情况，设备、设施的维修记录管理情况等。

9.2.3 本条参照国家标准《智能建筑设计标准》GB/T 50314。建筑智能化系统主要包括信息设施、信息化应用、建筑设备管理、公共安全及智能化集成等子系统。绿色办公建筑的智能化系统定位应合理，采用的技术先进、实用、可靠，宜符合现行国家标准《智能建筑设计标准》GB/T 50314 的附录 A 中对办公建筑智能化系统配置的基本要求，信息设施系统、安全防范系统、设备管理系统等功能完善。此外，建筑智能化系统的设计应同时满足建筑使用功能的需求，为建筑运行发挥实际作用。

本条在设计阶段需参评，评价方法为审查智能化系统方案、系统功能的详细说明及设计图纸，关注智能化系统的设计和配置情况。运行阶段的评价方法为核查建筑智能化系统第三方检测报告、竣工验收资料、物业管理部门提供的智能化系统运行数据的记录及分析，并现场核实和抽样检查。

9.2.4 建筑设备监控系统是保障通风、空调、照明等重点耗能机电设备节能运行的重要措施。在现行国家标准《智能建筑设计标准》GB/T 50314、《公共建筑节能设计标准》GB 50189、《建筑节能工程施工质量验收规范》GB 50411 以及行业标准《公共建筑节能检测标准》JGJ 177、《公共建筑节能改造技术规范》JGJ 176、《供热计量技术规程》JGJ 173 中都明确提出了公共建筑应实现的基本功能和节能控制功能，其功能应满足设计和规范的要求。目前多数建筑设备监控系统实现了基本的监测及启停控制功能，但节能控制上尚存在很大差距，在实际应用中应大力提倡和推广应用节能控制功能，使建筑设备监控系统的投资产生最大节能和经济效益。

本条在设计阶段不参评。运行阶段的评价方法为核查建筑智能化系统第三方检测报告、竣工验收资料、建筑设备监控系统运行记录及分析，并现场核实和抽样检查设计功能的实现情况。

9.2.5 对于绿色办公建筑中空调、风机、水泵、电梯、照明、变配电及智能化系统等设备，物业部门应根据本建筑中各系统的具体形式建立具体合理的运行、检测、维护保养措施，对突发事件有应急响应处理措施。历史运行数据及处理记录应保存完好。

本条在设计阶段不参评。运行阶段的评价方法为审核物业管理部门提供的设备、设施的维护保养制度与措施，现场核查措施的落实情况，关注运行数据及处理记录的保存情况。

9.2.6 物业管理承担建筑的供水、供电、供气、供热、通信、有线电视等相关管线维护工作，管线敷设应符合相关规范要求，涉及的增加或变更内容应做好记录。物业管理应有对室内外管线的定期巡查。

建筑中设备、管道的使用寿命普遍短于建筑结构的寿命，因此各种设备、管道的布置应方便将来的维修、改造和更换。可通过将管井设置在公共部位等措施，减少对用户的干扰。属公共使用功能的设备、管道应设置在公共部位，以便于日常维修与更换。

本条在设计阶段需参评，评价方法为审查给排水、暖通、电气等专业设计图纸及说明，关注设备、管线等设置的可维护性和合理性。运行阶段的评价方法为现场核查设备、管线等的设置情况，关注机房、设备、管线等是否标识清楚，便于查找和维护。

9.2.7 空调系统开启前，应对系统的过滤器、表冷器、加热器、加湿器、冷凝水盘进行全面检查、清洗或更换，保证空调送风风质符合国家标准《室内空气中细菌总数卫生标准》GB 17093 的要求。空调系统清洗的具体方法和要求参见国家标准《空调通风系统清洗规范》GB 19210。

各种灯具在使用一段时间后会产生积尘，降低照度，应定期进行清洁。当光源使用时间过长，也会有较大光衰，即使能点亮，但使用起来很不经济。应对室内照度定期检测，当照度值达不到要求时，应及时更换光源。

本条在设计阶段不参评。运行阶段的评价方法为审核物业管理部门提供的对空调通风系统的管理措施和维护记录，对照明灯具的维护措施及照度检测记录等，并进行现场核实。

9.2.8 自行车免费或租赁服务，对改善城市道路环境条件、缓解交通压力、促进节能减排都起到了积极的作用。鼓励单位专用停车场在节假日或夜间向社会开放，可有效利用公共资源，解决停车位紧缺问题。

本条在设计阶段不参评。运行阶段的评价方法为现场核查自行车服务设施的设置及管理情况；审核物业部门对内部停车场对外开放的管理制度与措施，现场核实措施的落实情况及效果。

9.3 环 境 管 理

9.3.1 建筑运营过程中会产生噪声、废水和废气，为此需要通过选用先进的设备和材料或其他方式，通过合理技术措施和管理手段，降低噪声对环境的影响，杜绝建筑运营过程中废水和废气的不达标排放；建筑内如有危险废弃物，必须全部严格按相关规定进行处置。

本条在设计阶段不参评。运行阶段的评价方法为审查项目的环评报告和排放处理记录，并进行现场核实。

9.3.2 绿色建筑应配备垃圾分类收集设施，并由专人负责垃圾分类收集管理，应采用分类收集垃圾的容器。

垃圾容器设置应人性化，一般设在隐蔽位置，能满足使用要求且不影响建筑内外环境，垃圾容器分为固定式和移动式两种，其规格应符合国家有关标准的规定，并应每天专人清洗干净。重视垃圾站（间）的景观美化及环境卫生问题，用以提升生活环境的品质。垃圾站（间）设冲洗和排水设施，存放垃圾能及时清运，不污染环境，不散发臭味。

本条在设计阶段需参评，评价方法为审查相关设计图纸及详细说明。运行阶段的评价方法为审核物业部门提供的垃圾管理制度及日常管理记录等，并进行现场核实。

9.3.3 垃圾分类收集应在源头将垃圾分类投放，并通过分类的清运和回收使之分类处理，重新变成资源，同时便于处理有毒有害物质，减少垃圾的处理量，减少运输和处理过程中的成本。在许多发达国家，垃圾资源回收产业在产业结构中占有重要的位置，甚至利用法律约束人们必须分类放置垃圾。

现行国家标准《生活垃圾分类标志》GB/T 19095 及行业标准《城市生活垃圾分类及其评价标准》CJJ/T 102 中将生活垃圾分为六大类：可回收物、大件垃圾、可堆肥垃圾、可燃垃圾、有害垃圾、其他垃圾。其中可回收物主要包括纸类、塑料、金属、玻璃、织物等；大件垃圾主要包括废家电和家具等；可堆肥垃圾主要包括易腐食物类餐厨垃圾、可堆沤植物类垃圾等；有害垃圾主要包括废电池、废灯管、废油漆、废日用化学品、过期药品等；可燃垃圾主要包括可以燃烧的植物类垃圾、不适宜回收的废橡胶、废木料等；其他垃圾是指以上分类以外的所有垃圾。

绿色办公建筑的垃圾分类收集，应根据当地城市环境卫生专业规划要求，结合建筑本身运营过程中产生的垃圾的种类、特性等选择适宜的分类方法。

本条要求垃圾分类收集率达 90% 以上。

本条在设计阶段不参评。运行阶段的评价方法为审查物业管理部门提交的垃圾管理制度、垃圾处理记录等，并进行现场核实。

9.3.4 餐厨垃圾，这里是指除居民日常生活以外的饮食服务、单位供餐等活动中产生的食物残余和废弃食用油脂。为避免餐厨垃圾的管理无序、任意处置问题，对设有餐厅或厨房的办公建筑，餐厨垃圾产生单位应当设置符合标准的容器，用于存放餐厨垃圾，并应当按照环境保护管理的有关规定，设置油水分离器或者隔油池等污染防治设施。禁止将餐厨垃圾直接排入下水道或擅自从事餐厨垃圾收集、运输、处理。餐厨垃圾应由符合要求的专门机构或企业进行处理，并在收集、清运过程中无二次污染。

对于未设置厨房或餐厅的办公建筑，本条可不参评。

本条在设计阶段需参评，评价方法为审查相关设计图纸及详细说明。运行阶段的评价方法为审核物业部门提供的垃圾管理制度及日常管理记录等，并进行现场核实。

9.3.5 对行道树、花灌木、绿篱等应定期修剪，草坪应及时修剪。应做好树木病虫害预测、防治工作，做到树木无暴发性病虫害，保持草坪、地被的完整，保证树木有较高的成活率，老树成活率达 98%，新栽树木成活率达 85% 以上。发现危树、枯死树木及时处理。

本条参照现行国家标准《绿色建筑评价标准》GB/T 50378。

本条设计阶段不参评。运行阶段的评价方法为审核物业部门提交的绿化管理制度和绿化养护记录等，并进行现场核实。

9.3.6 本条要求采用无公害的病虫害防治技术，规范杀虫剂、除草剂、化肥、农药等化学药品的使用。

病虫害的发生和蔓延，直接导致树木生长质量下降，破坏生态环境和生物多样性。应加强预测预报，严格控制病虫害的传播和蔓延。要增强病虫害防治工作的科学性，坚持生物防治和化学防治相结合的方法，科学使用化学农药。大力推行生物制剂、仿生制剂等无公害防治技术，提高生物防治和无公害防治比例，保证人畜安全，保护有益生物，防止环境污染，促进生态可持续发展。

本条设计阶段不参评。运行阶段的评价方法为审核物业部门提交的相关管理制度及化学药品的进货清单与使用记录，并进行现场核实。

中华人民共和国国家标准

大中型沼气工程技术规范

Technical code for large and medium-scale
biogas engineering

GB/T 51063—2014

主编部门：中华人民共和国住房和城乡建设部
批准部门：中华人民共和国住房和城乡建设部
施行日期：2 0 1 5 年 8 月 1 日

中华人民共和国住房和城乡建设部

公　告

第 672 号

住房城乡建设部关于发布国家标准
《大中型沼气工程技术规范》的公告

现批准《大中型沼气工程技术规范》为国家标准，编号为 GB/T 51063-2014，自 2015 年 8 月 1 日起实施。

本规范由我部标准定额研究所组织中国建筑工业出版社出版发行。

中华人民共和国住房和城乡建设部

2014 年 12 月 2 日

前　言

根据住房和城乡建设部《关于印发〈2010 年工程建设标准规范制订、修订计划〉的通知》（建标［2010］43 号）的要求，规范编制组经广泛调查研究，认真总结实践经验，参考有关国际标准和国外先进标准，并在广泛征求意见的基础上，编制本规范。

本规范的主要技术内容是：1. 总则；2. 术语和缩略语；3. 基本规定；4. 沼气站；5. 沼气输送及应用；6. 施工安装与验收；7. 运行与维护。

本规范由住房和城乡建设部负责管理，由北京市公用事业科学研究所负责具体技术内容的解释。执行过程中如有意见或建议，请寄送北京市公用事业科学研究所（地址：北京市朝阳区安定门外外馆东后街 35 号，邮编：100011）。

本 规 范 主 编 单 位：北京市公用事业科学研究所

本 规 范 参 编 单 位：北京市燃气集团研究院
农业部沼气科学研究所
北京科技大学
北京市公用工程设计监理有限公司
北京市燕山工业燃气设备有限公司
杭州能源环境工程有限公司
青岛天人环境股份有限公司
北京盈和瑞环保工程有限公司
北京三益能源环保发展股份有限公司
北京时代桃源环境科技有限公司
盘锦建硕管业有限公司

本规范主要起草人员：车立新　方媛媛　张榕林
施国中　蔡　磊　刘　林
郑　毅　李美竹　常旭宁
丁　斌　孙　平　时　军
宋燕民　刘应书　刘慈恩

本规范主要审查人员：杨　健　李长生　梅自力
杨铁荣　王纯莉　彭武厚
沈震寰　吴兆流　孙明烨
刘　斌　陈文柳

目 次

Contents

1 总　则

1.0.1 为规范大中型沼气工程的设计、施工安装、验收及运行维护，保证工程质量和安全生产，制定本规范。

1.0.2 本规范适用于采用厌氧消化工艺处理农业有机废弃物、工业高浓度有机废水、工业有机废渣、污泥，以供气为主且沼气产量不小于 500m³/d，新建、扩建和改建的沼气工程的设计、施工安装、验收及运行维护。

1.0.3 大中型沼气工程应在不断总结生产、建设实践经验的基础上，积极采用新技术、新工艺、新材料和新设备，做到运行稳定、设备可靠、技术先进、经济可行。

1.0.4 大中型沼气工程设计、施工安装、验收及运行维护，除应符合本规范外，尚应符合国家现行有关标准的规定。

2　术语和缩略语

2.1　术　语

2.1.1 沼气　biogas

有机物在厌氧条件下经微生物的消化作用产生的一种以甲烷为主，低位发热量不小于 17MJ/m³ 的可燃性混合气体。

2.1.2 沼气站　biogas station

采用厌氧消化技术制取沼气，并净化和储存沼气的场所。

2.1.3 大中型沼气工程　large and medium-scale biogas engineering

采用厌氧消化工艺，处理农业有机废弃物、工业高浓度有机废水、工业有机废渣、污泥，沼气产量不小于 500m³/d，可用于民用、发电和提纯压缩的沼气工程，包括：沼气站、输配管网和用户工程，简称"沼气工程"。

2.1.4 农业有机废弃物　agricultural organic waste

在农业生产过程中产生的农作物秸秆和在养殖业生产全过程中产生的畜禽粪便等有机类物质。

2.1.5 工业高浓度有机废水　high concentration industrial organic wastewater

在酿造、造纸、食品加工等工业生产中排出的 COD_{cr} 含量大于 2000mg/L 的液态有机废弃物。

2.1.6 工业有机废渣　industrial organic residue

在酿造、制糖、淀粉加工、生物制药、造纸和食品加工等工业生产中排出的固态有机废弃物。

2.1.7 污泥　sludge

城镇污水处理过程中初沉池和二沉池产生的污泥，不包括：格栅栅渣、浮渣和沉砂池的沉砂等。

2.1.8 容积有机负荷　volume organic loading rate

厌氧消化器单位容积每日可消解有机物的量，以 $kgCOD_{cr}/(m^3 \cdot d)$ 表示。

2.1.9 冷干法　cryochem

通过降低温度使沼气中的饱和水冷凝析出的方法。

2.1.10 生物脱硫　bio-desulfurization

脱硫菌群经培养后在微氧条件下将沼气中的硫化氢脱除的方法。

2.1.11 脱硫剂空速　space velocity

单位体积的脱硫剂每小时处理沼气量的能力。

2.1.12 硫泥　sulfur sludge

生物脱硫过程中产生的含有单质硫、亚硫酸盐、硫酸盐和生物代谢产物的混合物。

2.1.13 厌氧活性污泥　anaerobic activated sludge

由厌氧消化细菌与悬浮物质和胶体物质结合形成的，具有很强吸附分解有机物能力的絮状体、颗粒物，也可作为厌氧消化器初始原料启动的接种物。

2.2　缩　略　语

CSTR——complete stirred tank reactor（完全混合式厌氧反应器）

USR——upflow solid reactor（升流式固体反应器）

UASB——upflow anaerobic sludge blanket reactor（升流式厌氧污泥床反应器）

IC——internal circulation anaerobic reactor（内循环厌氧反应器）

EGSB——expanded granular sludge blanket reactor（颗粒污泥膨胀床反应器）

HCPF——high concentrations of plug-flow reactor（高浓度推流式反应器）

TS——total solids（总固体）

SS——suspended solids（悬浮固体）

VS——volatile solids（挥发性固体）

VSS——volatile suspended solids（挥发性悬浮固体）

COD_{cr}——chemical oxygen demand（化学需氧量）

BOD_5——biochemical oxygen demand（生化需氧量）

HRT——hydraulic retention time（水力停留时间）

MLVSS——mixed liquor volatile suspended solids（混合液挥发性悬浮固体浓度）

3　基　本　规　定

3.0.1 沼气工程的设计应符合综合利用、环境保护和职业卫生的要求。

3.0.2 沼气工程的建设规模应根据原料的来源及性质、用户类别和用气量等因素综合确定，并宜符合下列规定：

　　1 用于民用的沼气工程，沼气产量不宜小于 $500m^3/d$；

　　2 用于发电的沼气工程，沼气产量不宜小于 $1200m^3/d$；

　　3 用于提纯压缩的沼气工程，沼气产量不宜小于 $10000m^3/d$。

3.0.3 用于民用、发电和提纯压缩的沼气质量应符合表 3.0.3 的规定。

表 3.0.3　用于民用、发电和提纯压缩的沼气质量

项　　目	民用集中供气	发电	提纯压缩
热值 MJ/m³	≥17		
硫化氢（mg/m³）	≤20	≤200	
水露点（℃）	在脱水装置出口处的压力下，水露点比输送条件下最低环境温度低5℃		可与提纯压缩终端用户协商确定

3.0.4 沼气工程应配备保证供气安全的设施，且使用的材料、设备应符合国家现行标准的有关规定。

3.0.5 当沼气站建设地区的地震加速度大于 0.10g 时，其建（构）筑物的设计应采取抗震措施，并应符合现行国家标准《建筑抗震设计规范》GB 50011 和《构筑物抗震设计规范》GB 50191 的有关规定。

3.0.6 用于民用的沼气工程供电系统应按现行国家标准《供配电系统设计规范》GB 50052 的"二级负荷"的规定设计。

3.0.7 用于民用的沼气应进行加臭，加臭装置和加臭剂应符合现行行业标准《城镇燃气加臭技术规程》CJJ/T 148 的有关规定。

3.0.8 沼气工程应采取措施减少噪声、气味等污染，对排放物的处理应符合国家现行环境保护标准的有关规定。

3.0.9 沼气工程的管道、设备等应设置安全标志，安全标志应符合现行行业标准《城镇燃气标志标准》CJJ/T 153 的有关规定。

3.0.10 沼气工程的设计、施工、运行维护应采取保证人身和公共安全的有效措施。

4　沼　气　站

4.1　选址与总平面布置

4.1.1 站址的选择应符合城乡建设的总体规划，并应符合下列规定：

　　1 宜在居民区全年主导风向的下风侧，并应远离居民区，且应满足卫生防疫的要求；

　　2 宜靠近沼气发酵原料的产地，用于民用的沼气工程应根据用气区域分布特点选择合理的站址，用于发电上网的沼气工程应靠近输供电线路；

　　3 宜选择在岩土坚实、抗渗性能良好的天然地基上，并应避开山洪、滑坡等不良地质地段；

　　4 宜具有给排水、供电条件，对外交通方便；

　　5 不应选择在架空电力线跨越的区域；

　　6 站内露天工艺装置与站外建（构）筑物的防火间距应符合现行国家标准《建筑设计防火规范》GB 50016 的有关规定。

4.1.2 站区总平面布置应按生产区和生产辅助区划分，并应符合下列规定：

　　1 生产区应布置预处理设施、厌氧消化器、净化设施、储气设施和增压机房、发电机房、泵房等；

　　2 生产辅助区应布置监控室、配电间、化验室、维修间等生产辅助设施和管理及生活设施用房等。

4.1.3 站区总平面布置应根据站内各种设施功能和工艺要求，结合地形、风向等因素进行合理设计，并应符合下列规定：

　　1 总平面布置应紧凑；

　　2 生产区应布置在辅助区主导风向的下风侧；

　　3 增压机、发电机等主要噪声源厂房宜低位布置；

　　4 生产区、辅助区应分别设置出入口；

　　5 应便于施工和运行维护。

4.1.4 厌氧消化器应分组布置，厌氧消化器之间及厌氧消化器与站内其他设施的间距应能满足检修和操作的要求。

4.1.5 湿式气柜或膜式气柜与站内主要设施的防火间距应符合表 4.1.5 的规定。

表 4.1.5　湿式气柜或膜式气柜与站内
主要设施的防火间距（m）

主要设施	总容积 V（m³）	
	V≤1000	V>1000
净化间、沼气增压机房	≥10	≥12
锅炉房	≥15	≥20
发电机房、监控室、配电间、化验室、维修间等辅助生产用房	≥12	≥15
粉碎间	≥20	≥25
泵房	≥10	≥12
管理及生活设施用房	≥18	≥20
站内道路（路边）　主要道路	≥10	
站内道路（路边）　次要道路	≥5	

注：1　防火间距按相邻建（构）筑物的外墙凸出部分、厌氧消化器外壁、气柜外壁的最近距离计算；

　　2　气柜总容积按其几何容积（m³）和设计压力（绝对压力）的乘积计算。

4.1.6 干式气柜与站内主要设施的防火间距应按本规范表4.1.5的规定增加25%；带储气膜的厌氧消化器与站内主要设施的防火间距应按表4.1.5的规定执行。

4.1.7 带储气膜的厌氧消化器与气柜及各气柜之间的防火间距不宜小于相邻设备较大直径的1/2。

4.1.8 当站区沼气工艺管路及设备需设置检修用集中放散装置时，应符合下列规定：

1 集中放散装置的火炬和放散口应设置在站内全年主导风向的下风侧；

2 火炬或放散口与站外建（构）筑物的防火间距应符合现行国家标准《城镇燃气设计规范》GB 50028的有关规定；

3 火炬或放散口与站内主要设施的防火间距应符合表4.1.8的规定；

4 封闭式火炬与站内主要设施的防火间距应按表4.1.8的规定减少50%。

表4.1.8 火炬或放散口与站内主要设施的防火间距（m）

主要设施		防火间距
厌氧消化器组		≥20
湿式气柜或膜式气柜总容积 V（m³）	V≤1000	≥20
	V>1000	≥25
干式气柜总容积 V（m³）	V≤1000	≥25
	V>1000	≥32
净化间、沼气增压机房		≥20
锅炉房		≥25
发电机房、监控室、配电间、化验室、维修间等辅助生产用房		≥25
粉碎间		≥30
泵房		≥20
管理及生活设施用房		≥25
秸秆堆料场		≥30
站内道路（路边）		≥2

4.1.9 秸秆堆料场与站内主要设施的防火间距应符合表4.1.9的规定。

表4.1.9 秸秆堆料场与站内主要设施的防火间距（m）

主要设施		防火间距
厌氧消化器组		≥20
湿式气柜或膜式气柜总容积 V（m³）	V≤1000	≥20
	V>1000	≥25
干式气柜总容积 V（m³）	V≤1000	≥25
	V>1000	≥32
净化间、沼气增压机房、泵房、锅炉房，辅助生产用房，管理及生活设施用房等站内建（构）筑物		≥15
站内道路（路边）	主要道路	≥10
	次要道路	≥5

4.1.10 净化间、沼气增压机房等甲类生产厂房、气柜及秸秆堆场与架空电力线路最近水平距离不应小于电杆（塔）高度的1.5倍。

4.1.11 沼气站内各类设施之间的防火间距除应符合本规范的要求外，尚应符合现行国家标准《建筑设计防火规范》GB 50016的有关规定。

4.1.12 沼气站区的竖向设计应充分利用原有地形高差，做到工艺能耗低、土方平整和排水畅通。

4.1.13 沼气站内应设置消防通道。占地面积大于3000m²的沼气站宜设置环形通道，并应设置车辆行驶方向标志。消防车道的设计应符合现行国家标准《建筑设计防火规范》GB 50016的有关规定。

4.1.14 沼气站周围应设置围墙，高度不宜小于2m，且与站内建（构）筑物的间距不宜小于5m。

4.2 原料及预处理

4.2.1 原料供应量应稳定，农业有机废弃物原料的收集应符合下列规定：

1 对畜禽粪便原料，应及时收集和使用；

2 对秸秆原料，应在沼气站内或附近设置短期堆放秸秆的场所，秸秆堆料场面积的大小宜根据秸秆收购量和消耗量确定。

4.2.2 工业高浓度有机废水、工业有机废渣、污泥原料中不应含有对厌氧发酵产生抑制作用的有毒物质或抑制剂，且 BOD_5/COD_{cr} 不应小于0.3。

4.2.3 厌氧发酵原料应进行预处理，并应根据原料特点设置相应的预处理设施。

4.2.4 农业有机废弃物、工业高浓度有机废水的预处理应符合下列规定：

1 含漂浮杂物较多的原料，应设置格栅，栅条间隙应根据原料种类、流量、杂物大小及水泵要求确定；

2 含砂较多的原料，应设置沉砂池和除砂装置；沉砂池最小有效容积应根据原料流量、流速、黏度、密度及停留时间计算确定；

3 水质、水量和温度波动较大的原料，应设置调节池，其最小有效容积应能满足原料变化一个周期所排放的全部原料量；

4 格栅、沉砂池及调节池的设计应符合本规范附录A的规定。

4.2.5 秸秆的预处理应符合下列规定：

1 干秸秆应在粉碎间进行粉碎，经粉碎后的粒径宜小于10mm；

2 鲜秸秆应经粉碎后进入青贮池储存，粉碎后的粒径宜为20mm～30mm；

3 秸秆原料宜在调配池中调质均匀后进入厌氧消化器。

4.2.6 工业有机废渣和污泥的预处理应符合下列

规定：

1 工业有机废渣或污泥饼，在进入厌氧消化器前宜设置集料池，其最小有效容积应根据原料的收集周期或厌氧消化器的进料周期确定；

2 湿污泥浓缩后的含水率宜为96%。

4.2.7 各种原料经预处理后，温度、固体浓度等应调制均匀，且不得含有直径或长度大于40mm的固体悬浮物。

4.2.8 预处理构筑物宜采用钢筋混凝土抗渗结构，并应符合现行国家标准《混凝土结构设计规范》GB 50010的有关规定。

4.3 厌氧消化工艺及设备

4.3.1 厌氧消化工艺和厌氧消化器应根据原料特性、发酵时间、进料方式、进料条件等经技术经济比较后确定。

4.3.2 厌氧消化工艺温度应根据原料温度、采用热源形式等因素确定，并应符合下列规定：

1 采用中温厌氧消化工艺时，温度宜为35℃±2℃；

2 当原料温度高于50℃时，宜选用高温厌氧消化工艺，高温厌氧消化温度宜为55℃±2℃，不宜超过58℃；

3 运行稳定后日发酵温度波动范围宜为±2℃。

4.3.3 厌氧消化工艺可根据消化阶段的要求按一级消化工艺或两级消化工艺进行设计。当采用两级消化工艺时，一级的厌氧消化器应能和二级的厌氧消化器切换，且均可独立使用。

4.3.4 对于不间断供气的沼气工程，厌氧消化器数量不应少于2个。

4.3.5 厌氧消化器进料方式可采用连续进料或批次进料方式，并应根据小时进料量计算进出料管管径、进料设备参数及加热料液到设计温度所需要的热量等。

4.3.6 采用固体含量较高的废弃物为原料时，宜选用完全混合式厌氧反应器（CSTR）、升流式固体反应器（USR）或高浓度推流式反应器（HCPF）。采用溶解性有机物较高的废水为原料时，宜选用升流式厌氧污泥床反应器（UASB）、内循环厌氧反应器（IC）或颗粒污泥膨胀床反应器（EGSB）。

4.3.7 厌氧消化器设计参数宜按表4.3.7的要求确定。当不满足需要时，可通过试验确定。

表 4.3.7 厌氧消化器设计参数

消化器类型		CSTR	USR	HCPF	UASB	IC	EGSB
进料条件	TS（%）	6~12	≤6	10~15	—	—	—
	SS（mg/L）	—	—	—	≤1500	≤1000	≤2000

续表 4.3.7

消化器类型		CSTR	USR	HCPF	UASB	IC	EGSB
设计参数	高径比	1:1	>1:1	长径比≥4:1	<3:1	4:1~8:1	3:1~5:1
	有效水深（m）	不限	不限	—	4~8	15~25	15~20
	上升流速（m/h）	不限	不限	—	<0.8	下10~20 上2~10	3~7
是否带搅拌装置		是	否	是	否	否	否
是否带布料装置		否	是	否	是	是	是
出料装置		顶部溢流	顶部溢流	顶部溢流	设置三相分离器	设置三相分离器	设置三相分离器

4.3.8 厌氧消化器的设计压力应根据工作液面高度和气相部分工作压力确定，且不应小于工作液面的高度对应的水压，其气相部分的输出工作压力应按下列公式计算：

$$P \geqslant P_{eq} + \Delta P_y + \Delta P_j + \Delta P_{jh} \quad (4.3.8\text{-}1)$$

$$\Delta P_y = \frac{\lambda}{d} l \frac{\rho v^2}{2} \quad (4.3.8\text{-}2)$$

$$\Delta P_j = \zeta \frac{\rho v^2}{2} \quad (4.3.8\text{-}3)$$

式中：P——厌氧消化器气相部分工作压力（Pa）；

P_{eq}——气柜额定工作压力（Pa）；

ΔP_y——管路沿程阻力（Pa）；

ΔP_j——管路局部阻力（Pa）；

ΔP_{jh}——净化装置阻力（Pa）；

λ——摩擦系数；

l——管路长度（m）；

ζ——局部阻力系数；

ρ——沼气密度（kg/m³）；

v——管道内沼气流速（m/s）；

d——沼气管道内径（m）。

4.3.9 厌氧消化器的总有效容积可根据水力停留时间或容积有机负荷确定，并应符合下列规定：

1 根据水力停留时间确定的厌氧消化器的总有效容积可按下式计算：

$$V = Q\theta \quad (4.3.9\text{-}1)$$

式中：V——厌氧消化器的总有效容积（m³）；

Q——厌氧消化器的设计流量（m³/d）；

θ——厌氧消化器的水力停留时间（d）。

2 根据容积有机负荷确定的厌氧消化器的总有效容积可按下式计算：

$$V = \frac{(S_o - S_e)Q}{U_v} \quad (4.3.9\text{-}2)$$

式中：S_o——厌氧消化器进水化学需氧量（kgCOD_{cr}/m³）；

S_e——厌氧消化器出水化学需氧量（kgCOD$_{cr}$/m³）；

U_v——厌氧消化器的化学需氧量容积有机负荷（kgCOD$_{cr}$/(m³·d)）。

4.3.10 CSTR 应设置搅拌装置，并应符合下列规定：

1 当采用机械搅拌时，机械搅拌器宜设置在厌氧消化器顶部，搅拌器的半径应根据罐体尺寸、料液性质等确定，扰动半径宜为 3m～6m；对于直径较大的厌氧消化器，宜设置多个搅拌器，且应均匀布置。

2 当采用沼气搅拌时，在厌氧消化器内应设置配气环管，且配气环管应均匀布置。

4.3.11 UASB、IC、EGSB 应设置三相分离器，并应符合下列规定：

1 三相分离器应由气封、沉淀区和回流缝三部分组成，可采用整体或组合式的布置方式；

2 三相分离器斜板与水平面的夹角宜为 55°～60°；

3 沉淀区的沉淀面积可根据原料流量和表面负荷率确定，表面负荷率可按厌氧消化器的上升流速计算确定；

4 沉淀区的水深应大于 1000mm，水力停留时间宜为 1.0h～1.5h；

5 回流缝的水流速度宜小于 2.0m/h；

6 三相分离器可使用高密度聚乙烯、碳钢、不锈钢等材质。当使用碳钢时，应进行防腐处理。

4.3.12 厌氧消化器应设置进料管、出料管、排泥管、安全放散、集气管、检修人孔和观察窗等附属设施及附件，并应符合下列规定：

1 检修人孔孔径不应大于 1200mm；

2 进料管距消化器罐底不宜小于 500mm；

3 厌氧消化器集气管距液面不宜小于 1000mm，管径应经计算确定，且不宜小于 100mm；

4 厌氧消化器排泥管宜设置在消化器的最低处，排泥管的管径不宜小于 150mm；排泥管阀门后应设置清扫口；

5 厌氧消化器进料管和排泥管应选用双刀闸阀门；

6 厌氧消化器罐体应预留各附属管道及附件的接口。

4.3.13 厌氧消化器宜采用钢制或钢筋混凝土结构，钢制厌氧消化器可采用焊接、钢板拼装和螺旋双折边咬口结构。钢制厌氧消化器的罐壁板的材质宜为 Q235 或 Q345。

4.3.14 钢制厌氧消化器应安装在钢筋混凝土基础上，基础外圆直径应大于设备主体直径 500mm 以上。基础设计应符合现行国家标准《建筑地基基础设计规范》GB 50007 的有关规定。

4.3.15 厌氧消化器应设置加热保温装置。总需热量应考虑冬季最不利工况，并可按下式计算：

$$Q = Q_1 + Q_2 + Q_3 \qquad (4.3.15)$$

式中：Q——总需热量（kJ/h）；

Q_1——加热料液到设计温度需要的热量（kJ/h）；

Q_2——保持消化器发酵温度需要的热量（kJ/h）；

Q_3——管道散热量（kJ/h）。

换热装置的总换热面积应根据热平衡计算，并应留有 10%～20% 的余量。

4.3.16 钢制厌氧消化器内外壁应采取防腐措施，外壁防腐层外侧应设置保温层，保温材料宜选用阻燃、环保的材料，保温层厚度应通过经济技术比较后确定，保温层外侧应设置防护层。

4.3.17 厌氧消化器上部应设置正负压保护装置和低压报警装置。

4.3.18 厌氧消化器集气管路上宜设置稳压装置。采用水封稳压装置时，有效高度应根据厌氧消化器最大工作压力和后端储气压力确定。

4.3.19 厌氧消化污泥的处理应符合下列规定：

1 厌氧消化污泥应采用储泥池储存，储泥池的容积应根据污泥量和消纳量及消纳周期等因素确定；

2 厌氧消化污泥机械脱水可根据污泥性质、污泥产量、脱水要求等选用离心机、板框压滤机、螺旋式压滤机或带式压滤机；脱水后的污泥含水率应小于 80%；

3 脱水后的污泥不得露天堆放，并应及时处理；

4 污泥堆场的大小应按污泥产量、运输条件等确定，污泥堆场地面应有防渗、防漏等措施。

4.3.20 厌氧消化液的处置与利用应符合下列规定：

1 厌氧消化液宜优先考虑农用；

2 储存池容能满足所种农作物均衡施肥要求，其容积应根据厌氧消化液的数量、储存时间、利用方式、利用周期、当地降雨量与蒸发量确定。

4.4 沼气净化

4.4.1 厌氧消化器产生的沼气应进行脱硫、脱水净化处理。净化工艺的选择应根据沼气的不同用途、处理量、沼气质量指标，并结合当地环境温度等因素，经技术经济比较后确定。

4.4.2 沼气脱硫宜采用生物脱硫、干法脱硫或湿法脱硫。

4.4.3 当一级脱硫后的沼气质量不能满足要求时，应采用两级脱硫，第二级宜采用干法脱硫。

4.4.4 脱硫工艺的设计应符合下列规定：

1 生物脱硫应设置在脱水装置前端；

2 干法脱硫应设置在脱水装置后端；

3 脱硫装置应设置备用设备；

4 脱硫装置前后应设置阀门；

5 脱硫装置前后应预留检测口；

6 废脱硫剂、硫泥的处置应符合环境保护的要求。

4.4.5 生物脱硫的工艺设计应符合下列规定：

1 生物脱硫系统宜设置生物脱硫塔、循环水箱、循环泵、鼓风机、排渣泵和加药泵等；

2 脱硫塔应易于清理、维护、检修并应设置观察窗及人孔；

3 循环水箱内应设置温度传感器及加热装置；

4 生物脱硫后沼气管路宜设置氧含量在线监测系统，并应与风机联动，沼气中余氧含量应小于1%；

5 生物脱硫所需的营养液应满足脱硫菌群生存的要求；

6 生物脱硫装置的脱硫效果应满足工艺要求。

4.4.6 干法脱硫的工艺设计应符合下列规定：

1 脱硫剂宜采用氧化铁，脱硫剂空速宜为$200h^{-1} \sim 400h^{-1}$；

2 沼气首次通过脱硫剂每米床层时的压力降应小于100Pa；

3 每层颗粒状脱硫剂装填高度宜为1.0m～1.4m；

4 沼气通过颗粒状脱硫剂的线速度宜为0.020m/s～0.025m/s；

5 脱硫塔的操作温度应为25℃～35℃，寒冷地区的脱硫设施应有保温或采暖措施；

6 脱硫塔底部最低处应设置排污阀；

7 每台脱硫装置应有独立的放散管；

8 脱硫剂在塔内再生时应设置进空气管，在线再生时，宜配备在线氧监控系统。

4.4.7 沼气脱水宜采用冷干法脱水装置，也可采用重力法（气水分离器）或固体吸附法等，并应符合下列规定：

1 冷干法或固体吸附法脱水装置前宜设置气水分离器或凝水器；

2 脱水前的沼气管道的最低处宜设置凝水器；

3 脱水装置的沼气出口管道上应设置水露点检测口。

4.5 沼气储存

4.5.1 沼气宜采用低压储存。气柜的选择应根据用户性质、供气规模、用气时间、供气距离等因素，经技术经济比较后确定。

4.5.2 储气容积应能满足用气的均衡性，当缺乏相关资料时应符合下列规定：

1 用于民用的储气容积可按日平均供气量的50%～60%确定；

2 发电机组连续运行时，储气容积宜按发电机日用气量的10%～30%确定；发电机组间断运行时，储气容积宜大于间断发电时间的用气总量；

3 用于提纯压缩时，储气容积宜按日用气量的10%～30%确定；

4 确定气柜单体容积时，应考虑气柜检修期间供气系统的调度平衡，对于不间断供气的用户，气柜数量不宜少于2个。

4.5.3 气柜应设自动超压放散装置和低压报警装置。

4.5.4 膜式气柜的工艺设计应符合下列规定：

1 膜式气柜应由气柜本体、气柜稳压系统、泄漏检测系统、气量检测系统、超压放散装置等组成；

2 外膜宜选用防静电，有良好反光效果、抗紫外线、耐老化、耐低温的高强度阻燃材料；

3 内膜、底膜应选用防沼气渗透、耐磨、耐褶皱、耐硫化氢腐蚀的高强度阻燃材料；

4 气柜稳压系统应包括吹膜防爆风机、柔性风管、蝶阀、调压装置和风道口，吹膜防爆风机应设置备用设备；

5 泄漏检测系统中甲烷浓度传感器宜安装在外膜内侧顶部，并应将报警信号远传至控制室；

6 气量检测系统应能即时显示气柜中的沼气储量；

7 外膜应设置观察窗，观察窗的位置应便于观察内膜的情况；

8 独立式膜式气柜应设置基础，基础应密实、平整，坡度不应小于0.02，且坡向排水管；

9 独立式膜式气柜的形状宜采用3/4球冠或半球形，一体化膜式气柜形状宜为半球形或1/4球冠；

10 储气量与最大储气压力的关系宜符合本规范附录B的规定；

11 独立式膜式气柜的进出气管路应安装凝水器，管道应坡向凝水器，其坡度不应小于0.003。

4.5.5 寒冷地区宜采用干式气柜，当采用湿式气柜时应采取相应的防冻措施。湿式气柜和干式气柜的设计应符合现行国家标准《工业企业煤气安全规程》GB 6222的有关规定。

4.6 管道及附件、泵、增压机和计量装置

4.6.1 沼气工程的管道应符合下列规定：

1 输送物料的工艺管道宜采用钢管，沼气管道宜采用聚乙烯管或钢管；

2 焊接钢管、镀锌钢管应符合现行国家标准《低压流体输送用焊接钢管》GB/T 3091；无缝钢管应符合现行国家标准《输送流体用无缝钢管》GB/T 8163的有关规定；

3 聚乙烯管应符合现行行业标准《聚乙烯燃气管道工程技术规程》CJJ 63的有关规定；

4 不锈钢管应符合现行国家标准《流体输送用不锈钢无缝钢管》GB/T 14976的有关规定。

4.6.2 架空管道的敷设应符合下列规定：

1 车行道与人行道处，管底距道路路面的垂直净距不宜小于 4m；车行道与人行道以外的地区，管底距地面的垂直净距不宜小于 0.35m；

2 支架的最大允许间距应根据管材的强度、管道截面刚度、外荷载大小、水压试验时管内水重及管道最大允许挠度等参数，并经计算确定；

3 支架应采用金属或钢筋混凝土材料，金属材料应做防腐处理，支架应坚固；

4 架空钢质管道的防腐处理应选用干燥快、涂敷工艺简单、不易裂缝剥皮、附着力强、耐水性好的涂料；

5 架空管道宜采取保温措施，保温材料应具有良好的防潮性和耐候性，并应采用阻燃材料；

6 管道宜采用自然补偿的方式；

7 架空管道应采取防碰撞保护措施和设置警示标志；

8 架空沼气管道法兰及阀门等易泄漏沼气的部位应避开与沼气管道共架敷设的其他管道的操作装置；

9 架空沼气管道与水管、热力管共支架敷设时，垂直净距不宜小于 250mm；水平净距不宜小于 200mm；支架基础外缘距建筑物外墙的净距不应小于 4m；

10 架空沼气管道的坡度不宜小于 0.005，管道最低点应设有排水器。

4.6.3 在容易积存沉淀物的物料管道上部，宜设检查管。

4.6.4 埋地管道最小覆土深度应在冰冻线以下，并应符合下列规定：

1 当敷设在人行道下时，不得小于 0.6m；

2 当敷设在机动车道下时，不得小于 0.9m；

3 当敷设在机动车不可能到达的地方，钢管不得小于 0.3m，聚乙烯管不得小于 0.5m；

4 当敷设深度不能满足要求时，应采取有效的安全防护措施。

4.6.5 埋地管道与其他相邻建（构）筑物或相邻管道的最小水平间距和垂直净距，应符合本规范附录 C 的规定。

4.6.6 埋地管道应采取排水措施，排水坡度不应小于 0.003，并应在埋地管道最低点设置凝水器。

4.6.7 埋地钢质管道的连接应采用焊接。

4.6.8 当公称直径小于或等于 50mm 时，管道与设备及阀门宜采用螺纹连接；当公称直径大于 50mm 时，管道与设备及阀门应采用法兰连接。

4.6.9 埋地钢质管道应进行防腐处理。输送物料的工艺管道的防腐应符合现行国家标准《钢质管道外腐蚀控制规范》GB/T 21447 的有关规定，沼气管道的防腐应符合现行行业标准《城镇燃气埋地钢质管道腐蚀控制技术规程》CJJ 95 的有关规定。

4.6.10 阀门的选用应符合下列规定：

1 管道阀门应采用燃气专用阀门；

2 寒冷地区不应采用灰铸铁阀门；

3 防火区域内使用的阀门应具有耐火性能。

4.6.11 沼气站应按工艺和安全的要求设置放散管，并应符合下列规定：

1 当放散管直径大于 150mm 时，放散管口高出建筑物顶面、沼气管道及平台的距离不应小于 4m；当放散管直径小于或等于 150mm 时，放散管管口高出建筑物顶面、沼气管道及平台的距离不应小于 2.5m；

2 放散管前应设置阀门，放散管口应采取防止雨雪进入管道的措施。

4.6.12 泵的选型应根据物料 TS 浓度、固形物粒度、扬程、流量等参数确定，同种用途的水泵宜选用同一型号，备用泵不得少于 1 台。

4.6.13 泵的布置应符合下列规定：

1 水泵布置宜采用单行排列，水泵的布置和通道宽度应满足机电设备安装、运行和操作的要求，其间距应符合下列规定：

　1）水泵机组基础间的净距不宜小于 1.0m；

　2）机组突出部分与墙壁的净距不宜小于 1.2m；

　3）主要通道宽度不宜小于 1.5m。

2 水泵机组的基础高出地坪不应小于 100mm，机座边缘距基础边缘的距离不宜小于 100mm。

3 水泵的进出口管道均应设置切断阀，同种用途水泵之间应能任意切换。

4 2 台及 2 台以上水泵合用 1 根出口管道时，应在切断阀前设置止回阀。

4.6.14 当沼气压力不满足用户要求时，应设置沼气专用增压机。增压机的选择应符合下列规定：

1 增压机流量应按用户小时最大用气量确定，压力应按用户需要的最高压力和增压机出口至用户之间的最大阻力之和确定；

2 增压机组的并联工作台数不宜超过 3 台，且其中 1 台应为备用。

4.6.15 增压机应安装在单独的增压间内，增压机的布置应符合下列规定：

1 增压机之间和增压机与墙的通道宽度，应根据增压机型号、操作和检修的需要等因素确定；

2 增压机前应设置缓冲装置，沼气在缓冲装置内停留时间不应少于 3s；缓冲装置应设置切断阀和上、下限位报警装置；当沼气储量位于下限位时应能与加压设备停机和自动切断阀连锁；

3 每台增压机的出口管道上应设置止回阀；增压机组的出口总管道和入口总管道间应设置回流管道；出口总管道处应设置阻火器；

4 增压机组前应设置现场紧急停车按钮。

4.6.16 沼气站内应安装计量装置，计量装置应安装在净化装置后。

4.7 消防设施及给水排水

4.7.1 沼气站消防设施的设置应符合下列规定：

1 沼气站在同一时间内的火灾次数应按一次考虑；气柜、建筑物和秸秆堆场一次灭火的室外消防用水量应符合表 4.7.1 的规定。

表 4.7.1 气柜、建筑物和秸秆堆场一次灭火的
室外消防用水量

设施类型	气柜	建筑物		秸秆堆场	
		净化间、增压机间、粉碎间、发电机房、锅炉房、监控室、配电间、泵房、化验室、维修间等辅助生产厂房	管理及生活设施用房	储存量 <500t	储存量 ≥500t
消防用水量 (L/s)	≥15	≥10	≥10	≥20	≥35

注：消防用水量按最大的一座建筑物或堆场、气柜的消防用水量计算。

2 寒冷地区应设置地下式消火栓，其他地区宜设置地上式消火栓。

3 采用天然水源不能满足室内外消防用水量时应设置消防水池；由市政给水管道供水；且室内外消防用水量之和大于 25L/s 时，应设置消防水池。

4 消防水池的容量应按火灾延续时间 3h 计算确定；当火灾情况下能保证连续向消防水池补水时，消防水池的容量可减去火灾延续时间内的补水量。

5 净化间、增压机房、泵房、秸秆堆料场等灭火器的配置应符合现行国家标准《建筑灭火器配置设计规范》GB 50140 的有关规定。

4.7.2 沼气站内给排水设施的设计除应符合现行国家标准《建筑给水排水设计规范》GB 50015 的有关规定外，还应符合下列规定：

1 沼气站的生产生活用水量应按生产用水量、生活用水量及绿化用水量之和计算。用水指标应按现行国家标准《建筑给水排水设计规范》GB 50015 的有关规定执行；

2 沼气站内应实行雨污分流，雨水宜排入当地排水系统，不含杀菌剂的生活污水宜排入预处理设施；

3 泵房、锅炉房、净化间等应设置排除积水的设施；

4 沼气站排出的生产污水应集中处理。

4.8 电气和安全系统

4.8.1 沼气站内具有爆炸危险的进料间、净化间、

锅炉房、增压机间等建（构）筑物应设置甲烷浓度报警器和事故排风机。当检测到空气中甲烷浓度达到爆炸下限的 20%（体积比）时，事故排风机应能自动开启，并应将报警信号送至控制室。甲烷浓度报警器及其报警装置的选用和安装应符合现行行业标准《城镇燃气报警控制系统技术规程》CJJ/T 146 的有关规定。

4.8.2 有爆炸危险的房间或区域内的电气防爆设计，应符合现行国家标准《爆炸和火灾危险环境电力装置设计规范》GB 50058 的有关规定，爆炸危险区等级和范围的划分宜符合本规范附录 D 的规定。

4.8.3 沼气站宜设置集中监测系统。集中监测系统的中央控制室的仪表电源应配备在线式不间断供电电源设备（UPS），并宜对下列参数进行在线监测：

1 预处理构筑物内、厌氧消化器内物料的液位；

2 厌氧消化器内物料的温度、pH 值及沼气压力；

3 热交换器进出口水温；

4 脱硫装置进出口沼气的硫化氢浓度；

5 脱水装置进出口沼气的水含量；

6 气柜进口甲烷含量、氧含量、二氧化碳含量、流量及气柜中沼气的储量、压力；

7 增压机后沼气的压力、温度；

8 风机、增压机、水泵、锅炉等设备的启停状态。

4.8.4 沼气站内具有爆炸危险的进料间、净化间、锅炉房、增压机房等建（构）筑物的防火、防爆设计应符合下列规定：

1 建筑物耐火等级不应低于二级；

2 门窗应向外开；

3 屋面板和易于泄压的门、窗等宜采用轻质材料；

4 照明灯应为防爆灯，照明灯的电源开关应设置在室外；

5 地面面层应采用撞击时不产生火花的材料，并应符合现行国家标准《建筑地面工程施工质量验收规范》GB 50209 的有关规定。

4.8.5 当站内工艺系统设置放散火炬时，放散火炬的设计应符合下列规定：

1 放散火炬前沼气管道应设置阻火器；

2 放散火炬应设置自动点火、火焰检测及报警装置；

3 放散火炬燃烧后的排放物质应符合国家现行环境保护标准的有关规定。

4.8.6 厌氧消化器、预处理构筑物、沼液储存池等建（构）筑物应设置防护栏杆及盖板，并应采取防滑措施。沼液储存池等构筑物应配备救生圈等防护用品。

4.8.7 沼气站内设备及建筑物的防雷、接地应符合

下列规定：

　　1 放散火炬应按第一类防雷建筑设防，厌氧消化器、气柜和发电机房应按第二类防雷建筑设防，防雷设计应符合现行国家标准《建筑物防雷设计规范》GB 50057 的有关规定；

　　2 控制室等电子信息系统的防雷设计应符合现行国家标准《建筑物电子信息系统防雷技术规范》GB 50343 的有关规定；

　　3 当沼气站内不同用途的接地共用一个总接地装置时，接地电阻不应大于其中的最小值。

4.9 采 暖 通 风

4.9.1 沼气站内各房间采暖设计应根据当地环境条件、生产工艺特点和运行管理需要等因素确定，采暖房间的室内计算温度宜符合表 4.9.1 的规定。

表 4.9.1　采暖房间的室内计算温度（℃）

房间名称	计算温度
净化间	15
锅炉房、增压机房、发电机房、配电室	12
泵房	5
监控室、化验室、管理用房及生活设施	18

4.9.2 锅炉房、进料间、秸秆粉碎间和净化间宜采用强制通风，净化间、泵房等宜采用自然通风。当自然通风不能满足要求时，可采用强制排风，并应符合下列规定：

　　1 当采用自然通风时，通风口总面积应按每平方米房屋地面面积不少于 0.03m² 计算确定；通风口不应少于 2 个，并应靠近屋顶设置。

　　2 当采用强制通风时，正常工作时换气次数不应小于 6 次/h；事故通风时，换气次数不应小于 6 次/h；不工作时，换气次数不应小于 3 次/h。

5　沼气输送及应用

5.0.1 沼气输配管网应根据沼气用户的用气量及分布、施工和运行等因素，经多方案比较，择优选取技术经济合理、安全可靠的中、低压供气方案；并宜按逐步形成环状供气管网进行设计。

5.0.2 管网供气压力可采用低压供气（小于 0.01MPa）或中压供气（大于 0.01MPa 且小于 0.2MPa），并应符合下列规定：

　　1 当采用低压供气时，管网供气压力应满足下式要求：

$$P - 0.75P_n > \Delta P_y + \Delta P_j \qquad (5.0.2)$$

式中：P——管网供气压力（Pa）；

　　P_n——低压燃具额定工作压力（Pa）；

　　ΔP_y——储气装置到最远端燃具管道的沿程阻力

损失（Pa）；

　　ΔP_j——储气装置到最远端燃具管道的局部阻力损失（Pa）。

　　2 当管网供气压力不满足式（5.0.2）要求时，应设置增压机。

　　3 当采用中压供气时，应使用增压机升压，增压机的工艺设计应符合本规范第 4.6.14 条和第 4.6.15 条的规定。

5.0.3 中压供气宜设调压装置，调压装置的工艺设计应符合现行国家标准《城镇燃气设计规范》GB 50028 的有关规定。

5.0.4 沼气管道的计算流量、水力计算、管材选择、与其他管道的安全间距等应符合现行国家标准《城镇燃气设计规范》GB 50028 的有关规定。

5.0.5 沼气管道宜采用聚乙烯管道，并应符合现行行业标准《聚乙烯燃气管道工程技术规程》CJJ 63 的有关规定。

5.0.6 沼气管道的阀门的设置应符合下列规定：

　　1 沼气管道出站后应设置阀门；

　　2 沼气支管的起点处应设置阀门；

　　3 中压沼气管道上应设置分段阀门，并宜在阀门两侧设置放散管。

5.0.7 民用低压用气设备的额定压力宜为 1.6kPa，允许的压力范围应为 0.8kPa～2.4kPa。

5.0.8 民用集中供气的室内沼气管道、沼气计量、用气设备的设计应符合现行国家标准《城镇燃气设计规范》GB 50028 的有关规定。

5.0.9 供发电的沼气热值、水露点、硫化氢浓度应符合本规范第 3.0.3 条的规定；温度、压力、压力波动、含尘量等其他参数应符合选用的发电机组的技术要求。

5.0.10 供发电和提纯压缩的沼气进口管道上应设置快速切断阀。切断阀的安装位置应便于发生事故时能及时切断气源。

6　施工安装与验收

6.1　一 般 规 定

6.1.1 沼气工程应按设计图纸、技术文件、设备安装图纸等资料编制施工组织设计或施工方案。当需要变更设计或材料代用时，应征得原设计单位的同意后方可实施。

6.1.2 对采购的成品设备应有产品合格证和说明书等技术文件，安装前应对所使用的设备、材料、器件进行质量检查，并应符合国家现行标准的有关规定。

6.1.3 设备安装应按产品说明书进行，安装后应进行单机调试。

6.1.4 钢制厌氧消化器、储气装置的主要组件宜在制造厂预制，并应检验合格。

6.1.5 沼气工程应根据施工安装特点，进行中间验收和竣工验收，并应验收合格，所有验收应做好记录。

6.2 构筑物与基础施工

6.2.1 构筑物的施工应符合现行国家标准《给水排水构筑物工程施工及验收规范》GB 50141中的有关规定。

6.2.2 构筑物主体结构的混凝土应采用同品种、同标号的水泥拌制，底板和顶部的浇筑应连续进行，不应留施工缝；池墙上如有施工缝，应设置止水带。

6.2.3 混凝土浇筑完毕后，应及时养护，养护期不得少于14d。

6.2.4 钢筋混凝土结构的构筑物施工完毕后应进行满水试验，满水试验时，工艺管道应有效断开，渗水量不应大于2L/(m² · d)。

6.2.5 钢筋混凝土结构的厌氧消化器在满水试验合格后应进行气密性试验，气密性试验时，试验压力应为消化器工作压力，24h的压力降不应大于试验压力的3%。

6.2.6 厌氧消化器气密性试验合格后，应对其进行防腐和保温。

6.2.7 设备基础的施工应符合下列规定：

1 厌氧消化器、气柜的基础应进行预压沉降试验并记录，待试验合格后再进行下步施工；

2 设备基础的预埋件位置应准确，浇筑混凝土时应采取防止发生位移的固定措施；

3 膜式气柜基础应预埋底板、地脚螺栓、进出气管和冷凝液排水管，进出气管应高于基础底面，冷凝液排水管不应高于基础底面；

4 当在厌氧消化器基础上设置预留槽时，其宽度宜为150mm～200mm，深度宜为100mm～200mm；预留槽内预理件的间距不得小于1000mm；

5 设备基础允许偏差应符合表6.2.7的规定。

表 6.2.7 设备基础允许偏差（mm）

项	目	允许偏差
支撑面	标高	±3.0
	水平度	1/1000
	平整度	±20.0
地脚螺栓	螺栓中心偏移	5.0
	螺栓露出长度	±20.0
	螺纹长度	±20.0
预留槽	宽度	±20.0
	深度	±20.0
	底部水平度	±20.0
	预埋件高度	±20.0

6.3 钢制厌氧消化器安装

6.3.1 钢制厌氧消化器的安装准备应符合下列规定：

1 消化器基础周围应回填土，并应夯实平整，且混凝土基础强度不应小于设计强度的75%；

2 安装工具及辅料应配备齐全，脚手架搭建应稳固、安全，吊装设备的吊装能力应满足要求；

3 消化器上的人孔、进料管、出料管、排泥管、检测孔管、取样管、导气管等附属构件应在进场前预制完成，并应验收合格。

6.3.2 焊接厌氧消化器的安装应符合下列规定：

1 宜采用倒装法组装焊接壁板；

2 组装前应将部件的坡口和搭接部位的铁锈、水分及污物清理干净；

3 壁板、支柱等主要构件安装就位后，应立即进行校正、固定，罐壁的局部凹凸变形应平缓；

4 与外界连接的易变形管口和支固角铁等部位，应采取加固或补强措施；

5 焊接式厌氧消化器的焊缝检查及焊缝质量应符合现行国家标准《立式圆筒形钢制焊接储罐施工及验收规范》GB 50128的有关规定。

6.3.3 钢板拼装厌氧消化器的安装应符合下列规定：

1 钢板拼装前应将构件的预留口和紧固件部位的水分及污物清理干净，两板贴合时，定位应准确、牢固，孔位不得错位；

2 加强筋的松紧度应以腻子带厚度被压缩1/3为宜；

3 罐体与底板连接时，应采用角钢加固，并应采用可靠的密封方式；拼板交接处内外部位及螺栓均应满涂密封剂；

4 管道接口应预制完成，不应在现场开孔；当必须开孔时，补口防腐层质量应检验合格。

6.3.4 螺旋双折边咬口结构厌氧消化器的安装应符合下列规定：

1 成型机和咬合机应根据钢板厚度选择。

2 消化器进行咬合操作时，在两块钢板之间应注入密封胶，密封胶的注入应连续均匀，不得间断。

3 咬合操作完成后，螺旋双折咬合筋厚度应符合下式要求：

$$\delta_0 \leqslant 3\delta_1 + 2\delta_2 + 0.2 \qquad (6.3.4)$$

式中：δ_0——螺旋双折咬合筋厚度（mm）；

δ_1——上层钢板厚度（mm）；

δ_2——下层钢板厚度（mm）。

4 罐体落地后应立即将罐体与基础预留沟槽内的预留件固定。

5 当在罐体上开孔时，不得超过1条咬合筋；不应直接在罐体上焊接人孔、进料管、出料管、排泥管、检测孔管、取样管、导气管。

6.3.5 钢制厌氧消化器安装的允许偏差应符合表

6.3.5 的规定。

表 6.3.5　钢制厌氧消化器安装的允许偏差（mm）

项　　目		允许偏差
罐体	标高	±20.0
	垂直度	1/1000
	罐顶外倾	≤30.0
	圆周任意两点水平度	≤6.0
	半径允许偏差（直径 D≤12.5m）	±13.0
	半径允许偏差（直径 D>12.5m）	±19.0
人孔	标高	±20.0
外接管道	标高	±10.0
	水平位移量	≤20.0

注：外接管道包括进料管、出料管、排泥管、检测管、取样管、导气管等。

6.3.6　钢制厌氧消化器安装制作完成后应分别进行满水试验和气密性试验，并应符合下列规定：

1　试验前罐体内的所有残留物应清理干净；

2　满水试验介质应采用洁净的淡水，气密性试验介质应采用压缩空气，试验介质温度不得低于 5℃；

3　满水试验时，充水到溢流口并应保持 48h 罐体应无渗漏，且应无异常变形；试验过程中应对设备基础的沉降进行监测；

4　气密性试验应在满水试验合格后进行；

5　气密性试验前，应将液位降至工作液位，压缩空气应从上部注入消化器，试验压力应为工作压力的 1.15 倍；气密性试验时，压力应缓慢上升至试验压力的 50% 并应保压 5min，所有焊缝和连接部位应确认无泄漏后，再缓慢升压至试验压力并应保压 10min，所有焊缝和连接部位应无泄漏。

6.3.7　钢制厌氧消化器的防腐处理应符合下列规定：

1　焊接厌氧消化器的罐体内外壁的防腐处理应在满水试验和气密性试验合格后进行，内部气液交界线上下 0.5m 处应进行加强防腐处理；

2　钢板拼装厌氧消化器和螺旋双折边咬口结构厌氧消化器各安装组件的防腐处理应在预制时完成，在满水试验和气密性试验合格后应对防腐层进行检查和修补。

6.3.8　钢制厌氧消化器的防腐处理后应进行保温处理。保温层应错缝贴铺，挂壁应牢靠，保温施工不宜在雨雪天气进行。

6.4　沼气净化、储存设施安装

6.4.1　沼气净化设备的安装应牢固、可靠，安装允许偏差应符合设计文件的要求，设计文件未规定时，净化设备安装允许偏差应符合表 6.4.1 的规定。

表 6.4.1　净化设备安装允许偏差（mm）

检查项目	允许偏差
中心线位置	5
标高	±5
垂直度	H/1000
方位偏差（沿底座圆周测量）	10

注：1　H 为设备高度；
　　2　方位偏差为进气管与设计方位偏差。

6.4.2　沼气净化设备的管道连接接头、排泥阀、检查口、取样口、排放口应清洁畅通。

6.4.3　独立式膜式气柜的安装应符合下列规定：

1　安装应按底膜、内膜、外膜、压板的顺序进行，底膜应与底板固定牢靠；进出气管和冷凝排水管应与底膜密封，每层之间应涂抹密封胶，并应在地脚螺栓连接处 30mm 范围内连续涂抹；

2　外膜铺设时应在观察窗位置做标示，外膜铺展开后观察窗应位于基础平台的中间位置；

3　吹膜风机与基础固定应牢固，风机出口应连接柔性风管，所有连接处应进行密封；

4　安装完毕后应分别对外膜和内膜进行气密性试验，试验压力应缓慢升高，最大试验压力应为设计压力的 1.15 倍，且应保持 24h，内膜气压降不得超过 3%，外膜应无泄漏。

6.4.4　一体化膜式气柜的安装应符合下列规定：

1　厌氧消化器的上口应预设法兰边；

2　安装应按预设法兰边、内膜、外膜、压板的顺序进行，内膜、外膜及压板应与预设法兰边固定牢靠，密封胶应涂抹均匀，固定螺栓应受力均匀；

3　拉筋带和安全护网应固定牢靠；

4　一体化气柜应在观察窗位置做标示，展开后观察窗应位于围栏平台的中间位置；

5　安装完毕后进行满水试验和气密性试验，并应按本规范第 6.3.6 条的规定执行。

6.4.5　湿式、干式气柜的安装与验收应符合国家现行标准的有关规定。

6.5　管道施工

6.5.1　管道施工应符合设计文件要求。埋地沼气管道与建（构）筑物或相邻管道的最小水平间距和垂直净距应符合本规范附录 C 的规定。

6.5.2　站内物料管道的敷设应符合现行国家标准《给水排水管道工程施工及验收规范》GB 50268 的有关规定。

6.5.3　聚乙烯管的连接与敷设应符合现行行业标准《聚乙烯燃气管道工程技术规程》CJJ 63 的有关规定。

6.5.4　架空沼气钢制管道的安装应符合下列规定：

1　架空钢制管道的支、吊架安装应符合设计要求，并应平整、牢固，且应与管道接触良好；

2 滑动支架的滑动面应洁净平整，不得有歪斜和卡涩现象；

3 焊缝距支、吊架净距不应小于50mm；

4 安装完成且经试压合格后，应对防腐层进行检查、修补。

6.5.5 埋地沼气钢制管道的敷设应符合下列规定：

1 下沟前应对管道防腐层进行100%的外观检查；

2 穿越铁路、公路、河流及城市道路时，应减少管道环向焊缝的数量，并应对穿越段管道的所有环向焊缝进行无损探伤检验；

3 管道下沟宜使用吊装机具，吊装时应保护管口及防腐层不受损伤，不得采用抛、滚、撬等破坏防腐层的做法；

4 回填土前应对管道防腐层进行100%电火花检漏。

6.5.6 沼气输配管道及附件敷设应符合现行行业标准《城镇燃气输配工程施工及验收规范》CJJ 33的规定。

6.5.7 沼气引入管和室内沼气管道的施工应符合现行行业标准《城镇燃气室内工程施工与质量验收规范》CJJ 94的有关规定。

6.5.8 沼气管道安装完毕后应依次进行管道吹扫、强度试验和气密性试验，并应符合现行行业标准《城镇燃气输配工程施工及验收规范》CJJ 33和《城镇燃气室内工程施工及验收规范》CJJ 94的有关规定；

6.5.9 物料管道应先进行强度试验，强度试验合格后进行管道清洗，并应符合现行国家标准《给水排水管道工程施工及验收规范》GB 50268的有关规定。

6.6 设备、电气及仪表安装

6.6.1 设备安装应按设备技术文件的要求进行，除应符合现行国家标准《压缩机、风机、泵安装工程施工及验收规范》GB 50275和《机械设备安装工程施工及验收通用规范》GB 50231的有关规定外，还应符合下列规定：

1 出厂时已装配和调整完善的机械设备，现场不应随意拆卸；需要拆卸时，应会同建设单位、生产厂家，按设备技术文件的有关规定进行；

2 机械设备就位前设备复查应符合下列规定：

1）基础的尺寸、位置、标高、地脚螺栓孔等应符合设计和设备安装要求；

2）应按技术文件的规定清点零部件，并应无缺件、损坏和锈蚀；管道端口保护物和堵盖应完好；

3）盘车应灵活，不得有阻滞和卡住现象，不得有异常声音。

6.6.2 爆炸和火灾危险环境电气装置的施工应符合

现行国家标准《电气装置安装工程爆炸和火灾危险环境电气装置施工及验收规范》GB 50257的有关规定。

6.6.3 仪表取源部件的安装应符合下列规定：

1 应与工艺设备制造或工艺管道的预制、安装同时进行；

2 取源部件的开孔与焊接，应在工艺管道或设备的防腐、吹扫和气密性试验前进行；

3 在砌体和混凝土浇筑体上安装的取源部件，应在砌筑或浇筑的同时埋设，当无法同时埋设时，应预留安装孔；

4 所有传感器的安装孔应设置在管道上侧；

5 不宜在焊缝及其边缘上开孔、焊接。

6.6.4 电缆施工应符合现行国家标准《电气装置安装工程电缆线路施工及验收规范》GB 50168的有关规定。

6.6.5 所有导电体在安装完成后应进行接地检查，接地电阻值应符合设计要求，接地装置的安装应符合现行国家标准《电气装置安装工程接地装置施工及验收规范》GB 50169的有关规定。

6.6.6 放散火炬、厌氧消化器、气柜和发电机房等站内设备及建（构）筑物防雷工程的施工应符合现行国家标准《建筑物防雷工程施工及质量验收规范》GB 50601的有关规定。

6.7 试 运 转

6.7.1 工程施工完毕后应对系统进行试运转。试运转应包括无生产负荷的设备单机试运转和分单元模块的联合试运转。

6.7.2 试运转的准备工作应符合下列规定：

1 设备及附属装置、管路等应安装完毕，施工记录及资料应齐全；

2 试运转需要的能源、介质、材料、工机具、检测仪器、安全防护用具等，应符合技术要求；

3 设备及周围环境应清扫干净，设备附近不得进行产生粉尘或噪声较大的作业。

6.7.3 设备单机试运转应符合下列规定：

1 水泵、风机叶轮旋转方向应正确，运转应平稳，且无异常振动和声响，紧固连接部位应无松动，其电机运行功率值应符合设备技术文件的规定；水泵、风机连续运转2h后轴承外壳温度应符合设备技术文件的规定；

2 增压机各运动部件应无异常声响，各紧固件应无松动；电动机运行功率值、润滑油或轴承外壳温度应符合设备技术文件的规定。

6.7.4 单机试运转合格后，应对净化单元、储气单元等分别进行联合试运转，联合试运转宜采用空气为介质，并应符合下列规定：

1 联合试运转所使用的测试仪器、仪表，性能应稳定可靠，精度等级及最小分度值应能满足测定的要求；

2 净化单元运行应正常、平稳，进出口压力降、总流量应符合设计要求；

3 储气单元连续运行应正常、平稳；膜式气柜内外膜外形应稳定、无泄漏，内膜储气量应符合设计要求；

4 自动监控设备应与系统的检测元件和执行机构沟通正常，系统的状态参数应显示正确，设备联锁、自动保护应动作正确。

6.8 工程竣工验收

6.8.1 沼气工程在竣工验收合格后，方可投入试运行。

6.8.2 竣工验收的准备工作应符合下列规定：

1 工程应已完成全部建设内容；

2 工程质量应自检合格，无安全隐患，检验记录应完整，并应提出《工程竣工报告》；

3 设备调试、试运转及试压应达到设计要求，维护保养手册、安全操作规程应与项目实际相符；

4 应由第三方提出《工程质量评估报告》。

6.8.3 竣工资料检查应包括以下内容：

1 设备及材料进场验收和检验证明，应包括各类建筑材料、产品、设备、仪器、仪表的出厂证明书、合格证书、材料试验报告单和现场抽查检验试验报告；

2 设计及变更资料，应包括工程用地勘察检测报告、设计图纸、设计变更图纸、竣工图等；

3 施工记录及验收资料，应包括重大施工方案的会议记录、管道试验及检查记录；满水试验、气密性试验、防腐和保温验收、地基验槽、隐蔽工程验收、主体工程验收和竣工验收等验收资料；工程外观质量评定表、工程测量复核表、工程核定质量证明书；工程质量监督部门评定报告；

4 工程试运转资料，应包括单机试运转记录、分单元模块联合试运转记录。

6.8.4 沼气工程竣工验收时，应核实竣工验收文件资料；应对试运转状态进行现场复验，对关键设施设备外观进行现场检查，对各分项工程质量出具鉴定结论，并应将所有验收的技术资料立卷归档。

7 运行与维护

7.1 一般规定

7.1.1 沼气生产、供应单位应根据沼气站的工艺设备系统的结构、性能、用途等制定相应的操作规程，建立健全事故处理应急体系。

7.1.2 沼气站应设化验人员和配备必要的化验仪器设备。

7.1.3 运行管理、操作和维护人员应按规程进行操作，并应记录各项生产指标和能源材料消耗指标。

7.1.4 对沼气站内设施、管道、附件等应定期进行巡检，各连接部位应无泄漏，当发现泄漏时应及时修复。

7.1.5 停气检修后重新使用时，应进行气密性试验，合格后方可使用。

7.1.6 未经批准不得在生产区使用明火作业；必须使用明火作业时，应采取安全防护措施，并应在相关人员监护下操作。

7.1.7 沼气站内管道及设备的压力表、计量装置等仪器仪表应定期校验。

7.1.8 沼气站内应备有应急救护器材，器材应保持完好状态；所有人员应熟悉应急器材的存放地点及使用方法。

7.2 沼 气 站

7.2.1 对格栅、沉砂池、调节池等构筑物内的浮渣、杂物和沉砂等应定期进行清理。

7.2.2 对正在运行的机械设备应进行定期巡检，设备运行应稳定、正常，并应定期对备用机械设备进行检查，对检查不合格的设备应及时进行维修。

7.2.3 对原料的 TS、VS、COD 和 pH 值宜进行定期检测，当不能满足厌氧消化器进料要求时，应对原料进行调配。

7.2.4 厌氧消化器的启动调试应符合下列规定：

1 厌氧活性污泥宜取自同类物料厌氧消化器，对于以禽畜粪便为原料的消化器，可直接以原料本身进行污泥培养；

2 厌氧活性污泥量宜为消化器有效容积的 10%～30%，污泥浓度宜大于 $10kgVSS/m^3$；

3 厌氧消化器启动过程中的初始负荷宜为 $0.5kgCOD/(m^3 \cdot d)$～$1.5kgCOD/(m^3 \cdot d)$，并应逐步增加至设计负荷。

7.2.5 厌氧消化器的运行和维护应符合下列规定：

1 应对料液、污泥、沼气等运行指标定期进行化验或监测，检测项目和周期可按本规范附录 E 的规定执行，并应根据化验和监测数据调整厌氧消化器的各项运行参数至设计要求；

2 厌氧消化器的排泥量和排泥频率应根据污泥浓度分布曲线确定；

3 厌氧消化器应保持正压，当沼气压力低于规定值时，应立即采取措施；

4 应定期检查溢流管，不得堵塞；

5 厌氧消化器的反应温度应保持稳定；

6 当采用热交换器换热时，应每日测量热交换器进出口的水温；

7.2.6 厌氧消化器连续运行 3～5 年后，宜清理检修 1 次，并应符合下列规定：

1 应关闭进出厌氧消化器的相关阀门；

2 厌氧消化器停用泄空时，排出的沼液应妥善处理；

3 热交换器中的水应放空；

4 厌氧消化器再启动时，应符合本规范第7.2.4条的规定。

7.2.7 厌氧消化器停产备用时，消化器内温度应保持在10℃以上，水位不宜低于消化器高度的1/2，并应定期检查，及时补充营养基质。

7.2.8 沼气净化装置的运行维护应符合下列规定：

1 应定期排除脱水、脱硫装置中的冷凝水。当室外温度接近0℃时，应每天排除冷凝水，排水时应防止沼气泄漏。

2 生物脱硫启动运行正常后，应定期检查脱硫前后硫化氢浓度变化，硫化氢去除率应满足后端工艺设计要求。当发现脱硫效率明显下降时，应及时补充循环营养液。塔内填料应6~12个月清洗1次。

3 应定期检查干法脱硫塔前后硫化氢浓度、沼气压力变化，当达不到设计要求时应更换脱硫剂或进行脱硫剂再生。

4 干法脱硫再生应符合下列规定：

　1）当采用塔内脱硫剂再生时，应关闭沼气进出口阀门，打开旁通管路和放散管路阀门；

　2）当采用在线脱硫剂再生时，应根据沼气中硫化氢含量确定空气掺混量及空气流速，塔内温度应低于70℃，脱硫塔出口处沼气中氧含量应小于1%；

　3）脱硫剂进行2次~3次再生后应及时更换，更换脱硫剂时操作人员应戴防毒面具，室内应进行通风；

　4）废脱硫剂堆放在室外空地上时应适当浇水，不得产生自燃，废脱硫剂的处置应符合环境保护的要求。

7.2.9 膜式气柜的运行和维护应符合下列规定：

1 吹膜风机应处于连续运行状态；

2 进出气柜的阀门开关应灵活；

3 凝水器中冷凝水应及时排除；

4 当独立式膜式气柜内外膜之间的甲烷浓度超过正常值，应停产检修；

5 应定期对气柜压板、地脚螺栓的防腐层进行检查，当出现破损时应及时进行修补。

7.2.10 应每天对厌氧消化器、气柜的安全水封液位进行可靠性检查。当室外温度接近0℃时，应对水封内介质采取防冻措施。

7.2.11 调压装置的运行维护应符合下列规定：

1 调压装置的巡检内容应包括调压器、过滤器、阀门、安全设施、仪器、仪表等设备的运行工况，不得有泄漏等异常情况；

2 寒冷地区在采暖期前应检查调压装置的采暖

及保温情况；

3 当发现沼气泄漏及调压器有喘息、压力跳动等问题时应及时处理；

4 应及时清除调压装置各部位的油污、锈斑，不得有腐蚀和损伤。

7.2.12 操作人员进入集料池、厌氧消化器、沼气气柜、阀门井和检查井等作业前，应采取安全防护措施，并应符合下列规定：

1 应放散沼气，再进行通风换气，当确认安全后，方可进入；

2 操作人员应佩戴个人防护用具，并应设专人监护，作业人员应轮换操作；

3 作业期间，厌氧消化器、气柜内应持续通风和监测。

7.2.13 当对厌氧消化器、生物脱硫装置、放散火炬等检修需要高空作业时，作业人员不应少于2人，并应系安全带和安全帽，在确保安全时，方可攀高作业。

7.2.14 站内给水排水、消防设施应定期检查。

7.3 管道及附件

7.3.1 沼气输配管网、沼气引入管、室内沼气管道、用户设施的运行和维护应符合现行行业标准《城镇燃气设施运行、维护和抢修安全技术规程》CJJ 51的有关规定。

7.3.2 工艺管道应定期进行巡检，发现问题应及时采取有效的处理措施，并应做好巡检记录。

7.3.3 当发现沼气管道泄漏时，应及时对设施、设备进行修补或更换。当管道附件丢失或损坏时，应及时修复。

7.3.4 对架空安装的工艺管道应定期对防碰撞保护措施、警示标志和管道外表面防腐蚀情况进行检查和维护。

7.3.5 阀门的运行维护应符合下列规定：

1 应定期检查，不得有沼气泄漏、损坏等现象。阀门井内不得有积水、塌陷及妨碍阀门操作的堆积物；

2 应根据管网运行情况对阀门定期进行启闭操作和维护保养；

3 应使厌氧消化器的进料管和排泥管的双阀门的内阀门处于常开位置，且应通过对双阀门的外阀门进行操作；

4 对无法启闭或关闭不严的阀门，应及时维修或更换。

7.3.6 凝水器的运行维护应符合下列规定：

1 应定期排放积水，排放时应防止沼气泄漏；

2 护罩（或护井）及排水装置应定期检查，不得有泄漏、腐蚀和堵塞的现象及妨碍排水作业的堆积物；

3 排出的污水应收集处理，不得随地排放。

附录 A 预处理池工艺设计计算

A.1 格 栅

A.1.1 格栅宜设置在水泵和主体构筑物之前，格栅的设计参数应符合下列规定：

1 栅前流速可按下式计算：

$$v_1 = Q_{max}/(B_1 h) \qquad (A.1.1-1)$$

式中：v_1——栅前流速（m/s）；

B_1——栅前渠道宽度（m）；

h——栅前水深（m）；

Q_{max}——最大设计流量（m^3/s）。

2 过栅流速可按下式计算：

$$v = \frac{Q_{max}}{b(n+1)h} \qquad (A.1.1-2)$$

式中：b——栅条间隙（m）；

n——栅条数目。

3 最大设计流量可按下式计算：

$$Q_{max} = v\frac{hb}{\sin\alpha}\frac{B}{b+s} \qquad (A.1.1-3)$$

式中：v——过栅流速（m/s）；

B——格栅宽度（m）；

s——栅条宽度（m）；

α——格栅倾角（°），一般可取 $60° \sim 70°$。

4 栅条宽度可按下列公式计算：

$$B = sn + (n+1)b \qquad (A.1.1-4)$$

5 栅条目数可按下式计算：

$$n = \frac{Q_{max}}{Bhv}\sqrt{\sin\alpha} \qquad (A.1.1-5)$$

6 过栅阻力系数可按下列公式计算：

1） 当栅条断面形状为正方形时可按下式计算：

$$\zeta = \left(\frac{b+s}{\varepsilon \cdot b} - 1\right)^2 \qquad (A.1.1-6)$$

式中：ζ——阻力系数；

ε——收缩系数，一般取 0.64。

2） 当栅条断面为其他形状时可按下式计算：

$$\zeta = \beta(s/b)^{4/3} \qquad (A.1.1-7)$$

式中：β——形状系数，一般取 $1.6 \sim 2.4$。

7 过栅水头损失可按下列公式计算：

$$h_1 = h_0 k \qquad (A.1.1-8)$$

$$h_0 = \zeta \frac{v^2}{2g}\sin\alpha \qquad (A.1.1-9)$$

式中：h_1——过栅水头损失（m）；

h_0——计算水头损失（m）；

k——系数，可按 $k = 3.36v - 1.32$ 计算或取 $2 \sim 3$；

g——重力加速度（m/s^2）。

A.1.2 栅条净距应根据水泵型号和运行工况确定，最小间距不应小于 50mm。

A.2 沉 砂 池

A.2.1 沉砂池设计参数应按去除相对密度不小于 2.65、粒径不小于 0.2mm 的砂粒设计，沉砂池的设计参数可按表 A.2.1 的规定选取。

表 A.2.1 沉砂池的设计参数

设计参数	沉砂池
最大流速（m/s）	0.30
最小流速（m/s）	0.15
停留时间（s）	30～60
有效水深（m）	0.25～1.20
池底坡度	0.01～0.02
池（格）宽（m）	≥0.60
曝气器距池底（m）	—
曝气量/（m^3/m^3 水）	—

A.2.2 沉砂池的设计参数应符合下列规定：

1 池长可按下式计算：

$$L = vt \qquad (A.2.2-1)$$

式中：L——池长（m）；

v——最大设计流量时的流速（m/s）；

t——最大设计流量时的水力停留时间（s）。

2 水流断面积可按下式计算：

$$A = Q_{max}/v \qquad (A.2.2-2)$$

式中：A——水流断面（m^2）；

Q_{max}——最大设计流量（m^3/s）。

3 池总宽可按下式计算：

$$B = A/h_2 \qquad (A.2.2-3)$$

式中：B——池总宽（m）；

h_2——设计有效水深（m）。

4 池总高可按下式计算：

$$H = h_1 + h_2 + h_3 \qquad (A.2.2-4)$$

式中：H——池总高（m）；

h_1——超高（m），一般取 0.3m～0.5m；

h_3——沉砂斗高（m）。

A.2.3 砂斗容积应按 2d 的沉砂量计算，且斗壁与水面夹角不应小于 45°。

A.3 调 节 池

A.3.1 调节池的最小有效容积可按下式计算：

$$V_1 = qT = q_1 t_1 + q_2 t_2 + \cdots + q_n t_n \qquad (A.3.1)$$

式中：V_1——调节池的最小有效容积（m^3）；

q——调节时间 T 内原料的平均流量

(m^3/h);

T——时间间隔总和（h）；

$t_1, t_2 \cdots t_n$——时间间隔（h）；

$q_1, q_2 \cdots q_n$——时间间隔内原料的平均流量(m^3/h)。

附录B 膜式气柜最大储气量与最大承压的关系

表B 膜式气柜最大储气量与最大承压的关系

独立式膜式气柜 (3/4球冠)		一体化膜式气柜 (1/4球冠)		独立式膜式气柜、一体化膜式气柜 (1/2球冠)	
最大储气量 (m^3)	最大储气压力 (kPa)	最大储气量 (m^3)	最大储气压力 (kPa)	最大储气量 (m^3)	最大储气压力 (kPa)
50	5.0	100	3.0	200	4.0
100	5.0	200	2.2	400	2.8
200		400	1.6	800	2.8
400	4.6	800	1.5	1600	2.0
800	3.5	1600	1.1	3200	1.6
1600	2.7	3200	0.8	6400	1.4
3200	2.1	6100	0.3	—	—
5300	1.7	—	—	—	—

附录C 埋地沼气管道与建（构）筑物或相邻管道之间的水平和垂直净距

C.0.1 埋地沼气管道与建（构）筑物或相邻管道之间的水平净距可按表C.0.1的规定执行。

表C.0.1 埋地沼气管道与建（构）筑物或相邻管道之间的水平净距（m）

项　目		低压≤0.01MPa	0.01MPa＜中压 ≤0.2MPa
建筑物基础		0.7	1.0
给水管		0.5	0.5
污水、雨水排水管		1.0	1.2
电力电缆	直埋	0.5	0.5
	在导管内	0.5	0.5
通信电缆	直埋	0.5	0.5
	在导管内	1.0	1.0

续表C.0.1

项　目		低压≤0.01MPa	0.01MPa＜中压 ≤0.2MPa
其他沼气管道	DN≤300mm	0.4	0.4
	DN＞300mm	0.5	0.5
热力管	直埋 热水	1.0	1.0
	直埋 蒸汽	1.0 (PE管为2.0)	1.0 (PE管为2.0)
	在管沟内 (至外壁)	1.0	1.5
通信照明电杆（至电杆中心）		1.0	1.0
街树（至树中心）		0.75	0.75

C.0.2 埋地沼气管道与建（构）筑物或相邻管道之间垂直净距可按表C.0.2的规定执行。

表C.0.2 埋地沼气管道与建（构）筑物或相邻管道之间垂直净距（m）

项　目		埋地沼气管道 (当有套管时，以套管计)
给水管、排水管或其他沼气管道		0.15
热力管	沼气管道在直埋管上方	0.15
	沼气管道在直埋管下方	0.15
	沼气管道在管沟上方	0.15
	沼气管道在管沟下方	0.15
电缆	直埋	0.50
	在导管内	0.15

C.0.3 当受地形限制无法满足本规范表C.0.1和表C.0.2的规定时，应与有关部门协商，采取有效的安全防护措施后，表C.0.1和表C.0.2规定的净距均可适当缩小。

C.0.4 低压埋地沼气管道不应影响建（构）筑物和相邻管道基础的稳固性；中压埋地沼气管道距建（构）筑物的基础不应小于0.5m，且距建筑物外墙面不应小于1m。

附录D 爆炸危险区域等级和范围划分

D.0.1 干秸秆粉碎室内环境应按现行国家标准《爆炸和火灾危险环境电力装置设计规范》GB 50058中爆炸性粉尘危险场所的10区进行设计。

D.0.2 厌氧消化器外部罐壁上半部外4.5m以内，至器顶最高点以上7.5m内的范围内，爆炸危险区域应为2区（图D.0.2）。

D.0.3 一体化膜式气柜的爆炸危险区域等级和范围划分宜符合下列规定：

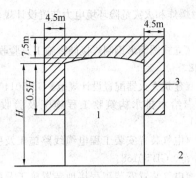

图 D.0.2 厌氧消化器的爆炸危险区
域等级和范围划分

1—厌氧消化器；2—消化器基础；3—2区

1 反应器外部罐壁上半部外 4.5m 以内，至器
顶最高点以上 7.5m 内的范围宜设为 2 区（图
D.0.3）；

2 反应器顶部内外膜之间宜设为 1 区（图
D.0.3）。

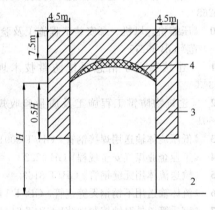

图 D.0.3 一体化膜式气柜的爆炸危险
区域等级和范围划分

1—厌氧消化器；2—消化器基础；3—2区；4—1区

D.0.4 膜式气柜的爆炸危险区域等级和范围宜符合
下列规定：

1 内外膜之间宜设为 1 区（图 D.0.4）；

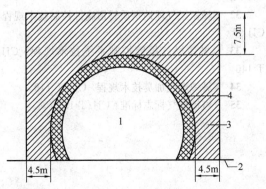

图 D.0.4 膜式气柜的爆炸危险区域等级和范围划分

1—独立式膜式气柜；2—气柜基础；3—2区；4—1区

2 外膜最大直径外 4.5m 以内，至柜顶以上
7.5m 的范围宜设为 2 区（图 D.0.4）。

D.0.5 其他用电场所的爆炸危险区域等级和范围划
分应符合现行国家标准《城镇燃气设计规范》GB
50028 的有关规定。

附录 E 沼气站日常化验项目及检验周期

E.0.1 污水分析化验项目及检测周期可按表 E.0.1
选用。

表 E.0.1 污水分析化验项目及检测周期表

检测周期	分析项目
每 日	pH 值
	温度
	COD_{cr}
	SS
	TS
	VSS
	氨氮
	挥发性有机酸
每 周	氯化物
	MLVSS
	总固体
	溶解性固体
每 6 个月	BOD_5

E.0.2 污泥分析化验项目及检测周期可按表 E.0.2
选用。

表 E.0.2 污泥分析化验项目及检测周期

分析周期	分析项目	
每 日	含水率	
每 周	pH 值	
	有机组分	
	脂肪酸	
	总碱度	
上清液		总磷
		总氮
		悬浮物
每 月	粪大肠菌群	
	矿物油	
	挥发酚	

E.0.3 沼气分析化验项目及检测周期可按表 E.0.3

选用。

表 E.0.3　沼气分析化验项目及检测周期

分析周期	分析项目
每　日	沼气产量
	沼气压力
	沼气温度
每　周	热　值
	沼气含水率
	沼气中甲烷含量
	沼气中硫化氢含量
每　月	沼气全组分分析
	沼气中氧气含量

本规范用词说明

1　为便于在执行本规范条文时区别对待，对要求严格程度不同的用词说明如下：

　　1）表示很严格，非这样做不可的：
　　　　正面词采用"必须"，反面词采用"严禁"；
　　2）表示严格，在正常情况下均应这样做的：
　　　　正面词采用"应"，反面词采用"不应"或"不得"；
　　3）表示允许稍有选择，在条件许可时首先应这样做的：
　　　　正面词采用"宜"，反面词采用"不宜"；
　　4）表示有选择，在一定条件下可以这样做的，采用"可"。

2　条文中指明应按其他有关标准执行的写法为："应符合……的规定"或"应按……执行"。

引用标准名录

1　《建筑地基基础设计规范》GB 50007
2　《混凝土结构设计规范》GB 50010
3　《建筑抗震设计规范》GB 50011
4　《建筑给水排水设计规范》GB 50015
5　《建筑设计防火规范》GB 50016
6　《城镇燃气设计规范》GB 50028
7　《供配电系统设计规范》GB 50052
8　《建筑物防雷设计规范》GB 50057
9　《爆炸和火灾危险环境电力装置设计规范》GB 50058
10　《立式圆筒形钢制焊接储罐施工及验收规范》GB 50128
11　《建筑灭火器配置设计规范》GB 50140
12　《给水排水构筑物工程施工及验收规范》GB 50141
13　《电气装置安装工程电缆线路施工及验收规范》GB 50168
14　《电气装置安装工程接地装置施工及验收规范》GB 50169
15　《构筑物抗震设计规范》GB 50191
16　《建筑地面工程施工质量验收规范》GB 50209
17　《机械设备安装工程施工及验收通用规范》GB 50231
18　《电气装置安装工程爆炸和火灾危险环境电气装置施工及验收规范》GB 50257
19　《给水排水管道工程施工及验收规范》GB 50268
20　《压缩机、风机、泵安装工程施工及验收规范》GB 50275
21　《建筑物电子信息系统防雷技术规范》GB 50343
22　《建筑物防雷工程施工及质量验收规范》GB 50601
23　《低压流体输送用焊接钢管》GB/T 3091
24　《工业企业煤气安全规程》GB 6222
25　《输送流体用无缝钢管》GB/T 8163
26　《流体输送用不锈钢无缝钢管》GB/T 14976
27　《钢质管道外腐蚀控制规范》GB/T 21447
28　《城镇燃气输配工程施工及验收规范》CJJ 33
29　《城镇燃气设施运行、维护和抢修安全技术规程》CJJ 51
30　《聚乙烯燃气管道工程技术规程》CJJ 63
31　《城镇燃气室内工程施工与质量验收规范》CJJ 94
32　《城镇燃气埋地钢质管道腐蚀控制技术规程》CJJ 95
33　《城镇燃气报警控制系统技术规程》CJJ/T 146
34　《城镇燃气加臭技术规程》CJJ/T 148
35　《城镇燃气标志标准》CJJ/T 153

中华人民共和国国家标准

大中型沼气工程技术规范

GB/T 51063—2014

条 文 说 明

制 订 说 明

《大中型沼气工程技术规范》GB/T 51063-2014，经住房和城乡建设部 2014 年 12 月 2 日以第 672 号公告批准发布。

本规范编制过程中，编制组对国内不同原料和用途的大中型沼气工程进行了调查研究，总结了国内沼气工程设计、施工安装、验收和运行维护的实践经验，同时参考了国外先进技术法规、技术标准，如德国的 VDMA4330（沼气工程的调试与运行管理）《Biogasanlagen-Hinweise für Planung, Ausführung und Betrieb》及奥地利的 ÖNORM S 2207-2（沼气工程第二部分：技术要求）《Biogasanlagen-Teil2：Technische Anforderungen an die Verfahrenstechnik》等。

为便于广大设计、施工、科研、学校等单位有关人员在使用本规范时能正确理解和执行条文规定，《大中型沼气工程技术规范》编制组按章、节、条顺序编制了本规范的条文说明，对条文规定的目的、依据以及执行中需注意的有关事项进行了说明。但是，本条文说明不具备与标准正文同等的法律效力，仅供使用者作为理解和把握规范规定的参考。

目　次

1 总　　则

1.0.1 近年来大中型沼气工程发展迅速，工艺技术日趋成熟，规模与数量逐步加大，应用于沼气工程的原料来源也越来越广，不仅包括农业有机废弃物，还包括工业的高浓度有机废水，但是在沼气工程建设当中尚存一些问题。如沼气工程的建设标准不齐全，工程质量参差不齐，沼气工程的专用设备和工装水平与发达国家有一定的差距，特别是已建的农业有机废弃物的沼气工程，由于各种原因某些沼气工程不能做到全年稳定运行。

同时，沼气的主要成分是甲烷，具有易燃、易爆等特点。在沼气供民用（集中供气、沼气锅炉、商业燃具）、发电、提纯压缩等应用过程中确保安全供气是非常必要的。

因此，本规范的制定主要是规范沼气工程的设计、施工、验收和管理，确保沼气工程建设质量和安全运行，进一步促进沼气产业的良性、可持续发展。

1.0.2 本规范规定日产气 500m³ 以上的沼气工程为大中型沼气工程，有以下几方面的因素：第一，本规范规定的原料不仅包括农业有机废弃物，还包括了工业高浓度有机废水、工业有机废渣及污泥等，而工业原料的产气能力比禽畜粪便大 10 倍以上，无论是国内还是国外，大型沼气站建在污水处理厂较多，主要用于消化污水好氧生物处理产生的剩余污泥，其产气规模都在几千到几万立方米；第二，根据对现有工程的调查，日产气规模在 500m³ 及以上的沼气站才具备规模效益，基本可自负盈亏，供民用的（500m³，约 500 户）基本能回收管网基建等初投资；第三，日产气 500m³ 以上的沼气工程的工艺、配套设备、管线及安全措施等须规范化建设，也是沼气走向产业化的有力支撑。

本规范规定沼气工程站内设施的建设，主要以产气、供气为主（不包括污废水处理中以减排为目的的厌氧工程），对于用气设备不做详细的规定。因此，所产沼气主要作为民用炊事；如用于发电上网或自用，其界限是提供到发电机前的沼气；对提纯压缩无论是供车用或民用，其界限是指提纯压缩机前的沼气。

1.0.3 在沼气工程建设过程中，应积极引进一些新技术、新工艺、新材料和设备，提升沼气工程的整体水平，推动我国大中型沼气工程技术进步，保证施工和运行过程中的安全。同时，在沼气工程的设计、施工和运行维护需要通过多方案技术经济比较，确定出整体上技术先进、经济合理的方案，故作此项规定。

1.0.4 本条强调在大中型沼气工程设计、施工验收及运行管理中，除执行本规范外，还应执行有关安全、环保、节能、卫生等方面的国家现行有关标

准等。

2　术语和缩略语

本章所列术语，其定义及范围，仅适用于本规范。

3　基 本 规 定

3.0.1 综合利用是指在工艺设计中要考虑对沼气、沼渣、沼液的充分利用。例如，沼气不仅可以直接用于民用、发电或提纯压缩，还可以用于沼气发电机组的热电联产，其产生的余热用于厌氧消化器的加温，冷量用于办公区域夏季空调制冷；沼渣、沼液用于还田利用，另外部分沼渣经过无害化处理以后还可以用于制作建筑材料。

沼气工程既是制取沼气的能源工程，又是处理有机废弃物的环境保护工程，所以其在建造和运行过程中应严格执行国家环境保护的相关规定。另外为实施国家卫生法律法规和有关职业健康卫生政策，保护从业人员的健康，在沼气站的设计时还应符合国家职业卫生标准的有关规定。

3.0.2 原料来源和种类是指农业有机废弃物、工业高浓度有机废水、工业有机废渣和污泥等；发酵原料的性质取决于原料的物理化学性质，从而决定了不同的消化工艺、发酵时间和沼气产率；各种原料的性质见表 1 及表 2。

表 1　农业有机废弃物性质汇总表

养殖种类	冲粪方式	COD (mg/L)	NH₃-N (mg/L)	TP (mg/L)	TN (mg/L)	pH值	产气率 (L/kgTS)
猪	干清粪	2500~2770	230~290	35~50	320~420	6.3~7.5	300~350
	水冲粪	15600~46800	130~1780	30~290	140~1970		
牛	干清粪	920~1050	40~60	16~20	57~80	7.1~7.5	250~300
	水冲粪	6000~25000	300~1400	35~50	300~500		
鸡	干清粪	2740~10500	70~600	13~60	100~750	6.5~8.5	350~400
麦秸	—	—	—	—	—	—	320~330
稻草	—	—	—	—	—	—	300~310
玉米秸	—	—	—	—	—	—	330~350
高粱秸	—	—	—	—	—	—	386

注：1　产气率的数据来源于《沼气技术手册》（四川科学技术出版社，1990 年 9 月第一版，ISBN 7-5364-1763-2/S·270）。其发酵温度 35℃，发酵周期秸秆为 90d，粪便为 60d。

2　禽畜粪便的 COD、NH₃-N、TP、TN 和 pH 值的数据来源于《畜禽养殖业污染治理工程技术规范》HJ 497-2009；麦秸、稻草和玉米秸的产气率数据来源于《秸秆沼气工程工艺设计规范》NY/T 2142-2012。

表 2 工业高浓度有机废水的性质汇总表

原料种类		pH	COD (mg/L)	BOD (mg/L)	SS (mg/L)
酿造废水	啤酒	4.0~5.0	20000~40000	9000~26000	—
	白酒	3.5~4.5	10000~100000	6000~70000	—
	黄酒	3.5~7.0	9000~60000	8000~40000	—
	葡萄酒	6.0~6.5	3000~5000	2000~3500	—
	(糖蜜)酒精	3.0~4.5	70000~150000	30000~65000	—
	(玉米、薯类)酒精	3.5~4.0	30000~65000	20000~40000	—
	酱油、醋	6.0~7.5	3000~6000	1400~2500	—
屠宰废水		6.5~7.5	1500~2000	750~1000	750~1000
肉类加工废水		6.5~7.5	800~2000	500~1000	500~1000
(甜菜)制糖废水		6.5~8.0	2500~4500	1200~2500	2000~4000
柠檬酸废水		4.0~4.6	20000~40000	6000~25000	20000~40000
淀粉废水		4.5~5.3	20000~25000	1600~7000	4000
味精废水		1.5~3.2	20000~60000	10000~30000	1000~12000
马铃薯加工废水		5.6	4300	2860	1080
乳制品加工废水		6.0~7.0	2200	1200	400
制浆造纸废水		6.0~9.0	3200~14000	1200~4000	850~3800
制革废水		8~10	3000~4000	1200~1800	2000~4000
毛皮加工废水		8~10	2000~3500	1200~1800	1000~2500

用户类别是指沼气的最终用途,本规范主要是指供民用(集中供气、沼气供锅炉或商业中的炉灶使用等)、供发电、供提纯压缩,根据不同的产气规模推荐最适宜的用途。例如,作为民用沼气产气量不宜小于 500m³/d,供发电时的沼气产量不宜小于 1200m³/d;这是因为在通常情况下 1m³ 沼气可发电 1.5kWh~2.2kWh,目前国内 100kW 以上的发电机组已较为成熟,因此建议日产气在 1200m³~1600m³ 的沼气

工程即可配 100kW 的发电机组进行发电利用;从调研的情况来看,利用沼气用于提纯压缩的沼气工程的日产气量都在 10000m³ 以上,所以规定供提纯压缩的沼气产量宜为日产气 10000m³ 以上。

3.0.3 沼气质量对后端的用户设施影响较大。为了保证沼气系统和用户安全,减少腐蚀和堵塞管道,减少对环境的污染和保证系统的经济合理性,保持沼气的质量稳定是非常重要的。根据原料种类,本规范规定的沼气热值为 17MJ/m³,综合考虑了不同原料所产沼气的热值;另外,如果低于此值,设备的使用效率将降低,沼气中的硫化氢及水蒸气凝结水还会造成金属管道的腐蚀,缩短管道的使用寿命。

民用沼气质量中水露点和硫化氢是根据现行国家标准《天然气》GB 17820 中二类天然气标准提出的;用于发电的沼气中硫化氢含量,除应符合表 3.0.3 规定外,还应满足发电机组的要求;用于提纯压缩的沼气除应符合表 3.0.3 规定外,可根据用户的需求进行深度处理。

3.0.4 安全供气除具备稳定可靠的气源外,还应具备保证安全供气的必要设施,如沼气净化设施、沼气储存设施和应急供气措施等。

根据《建设工程勘察设计管理条例》(中华人民共和国国务院第 293 号令)中的"设计文件中选用的材料(构)配件、设备,应当注明其规格、型号、性能等技术指标,其质量要求应符合国家规定的标准"的规定制定本条款。

3.0.6 供给民用沼气站承担向城乡小区供气的重要任务,在任何情况下沼气站应做到持续、稳定地供气,而电力供应是保证沼气工程正常运行、不间断供气的必要条件。"二级负荷"(由两回线路供电)的电源要求从供电可靠性上完全满足民用沼气供气安全的需要,当采用两回路供电有困难时,可另设沼气或燃油发电机等自备电源。

3.0.7 用于民用的沼气工程包括集中供气、用于食堂炒菜及蒸锅灶和作为锅炉燃气,为保证民用户安全用气,在泄漏时使人及时觉察,沼气应进行加臭。因为沼气中的硫化氢与管道中的水蒸气结合,会对管道和设备造成腐蚀,吸入后对人身体的影响较大,因此,供民用的沼气应脱除硫化氢,但当硫化氢脱除达标后,因沼气变成无色无味的气体,所以应加臭以便沼气泄漏能及时察觉。

加臭剂的种类很多,参照天然气的加臭剂,其中四氢噻吩(THT)是目前国内外使用最多的加臭剂,在空气中的浓度达到 0.08mg/m³ 时即可以嗅到臭味。按沼气爆炸下限为 8% 计算,8%×20%=1.6%,相当于沼气中应加 THT 5mg/m³,按理论值的 2 倍~3 倍,宜取 10mg/m³~15mg/m³。

3.0.8 沼气工程是一项净化环境、回收能源、综合利用、改善生态环境的工程,但是其产生的沼液、沼

渣如不进行处理和综合利用而直接排放，不仅会严重污染水源、破坏生态自然环境，还会造成资源的极大浪费。因此，应对沼气生产过程中产生的废弃物、废水进行综合利用和有效处理。沼气工程的建设更应该遵循《中华人民共和国环境保护法》中的相关规定，防止在生产建设或其他活动中产生的废水、废渣和恶臭气体及噪声等对环境的污染和危害。

国家现行环境保护标准主要包括《污水综合排放标准》GB 8978、《大气污染物综合排放标准》GB 16297 等。

3.0.10 沼气工程建设、运行和使用应强调以人为本，防止单纯追求经济效益。在施工和运行过程中不应该忽视安全，减少安全的投入，从而对人身和公共安全造成严重的威胁。如在高空或易发生坠落的构筑物作业时，应采取必要的安全防护措施。另外在更换脱硫剂时散发的恶臭气体、粉碎秸秆时产生的灰尘都会对人体呼吸道造成损害，也必须做好必要的安全防护措施。

4 沼 气 站

4.1 选址与总平面布置

4.1.1 站址的选择应根据《中华人民共和国城乡规划法》中的"城市、镇规划区内的建设活动应当符合规划要求"制定，由相关部门参与选址工作，或及时征求有关部门意见，经过多方案比较确定。沼气站站址的选择需要综合考虑工程地质与水文地质、环境保护、生态资源及交通和基础设施等因素。考虑到沼气站对周围环境影响较大，还需经环境部门和安全部门的认可。

1 沼气在生产和应用过程中，不可避免地产生恶臭气味，在居民区主导风向的下风侧，利用自然通风条件，便于气味的快速扩散。另外沼气站在生产过程中还会产生噪声，因此应尽量远离居民区。

2 原料的种类包括农业有机废弃物、工业高浓度有机废水、有机废渣、污泥等，为了减少运输费用，不能远离原料产地。

5 沼气站不应选择在架空电力线跨越的区域，其与电力设施的距离可以参照现行国家标准执行，如《66kV 及以下架空电力线路设计规范》GB 50061、《建筑设计防火规范》GB 50016、《城镇燃气设计规范》GB 50028 和《工业企业总平面设计规范》GB 50187 等。

6 露天工艺装置主要是指厌氧反应器、净化装置、储气装置及放散火炬等。

4.1.2 沼气站内的生产装置、管线、阀门较多，其发生沼气泄漏的概率较高，此外在生产过程中还会产生噪声、气味等污染，以禽畜粪便、市政污泥为原料

的沼气站还存在发生病毒传染的可能，为了便于运行管理和保证安全，在沼气站内生产区与辅助区分开设置是必要的。

4.1.3 沼气站总平面布置的设计应在满足功能要求前提下，做到经济合理、施工和运行维护方便。

生产区和辅助区分别设置出入口，合理地组织人流和货流，避免交叉干扰，使物料以最短的路径，顺畅地输送到各生产部位；同时把散发臭味的粪便车、污泥车与办公场所的人员车辆合理分开，符合便捷、卫生的要求。

4.1.4 根据国外场站平面布置的经验，各个厌氧消化器之间距离很近。规范编制的基础研究过程中，认为将厌氧消化器作为生产装置较为合理，因为厌氧消化器上部储气容积只占整个罐体容积的 $10\% \sim 15\%$，当发生火灾，罐体下的料液兼有灭火作用，不能按气体储罐的消防间距计算。另外分组布置还可以有利于工艺管道的布置，与站内其他设施的间距满足工艺及检修即可。

4.1.5 站内建（构）筑物的火灾危险性、耐火等级和防火间距见表3。

表3 站内建（构）筑物的火灾危险性、
耐火等级和防火间距

设施内容	火灾危险性	耐火等级	储气罐总容积（≤1000m³）防火间距（m）	备 注
预处理构筑物、污泥储存池、沼液储存池	戊类	三级	12	防火间距参照 GB 50016-2014 表 4.3.1
净化间、增压机房	甲类	二级	10	防火间距参照 GB 50028-2006 表 6.5.3
锅炉房	丁类	二级	15	防火间距参照 GB 50028-2006 表 6.5.3
发电机房、监控室、配电间	丁类	二级	12	防火间距参照 GB 50016-2014 表 4.3.1
化验室、维修间等辅助生产用房	戊类	二级	12	防火间距参照 GB 50016-2014 表 4.3.1
泵房	戊类	二级	10	—
秸秆粉碎间	乙类	二级	20	防火间距参照 GB 50016-2014 表 4.3.1
管理及生活设施用房	民用建筑	二级	18	防火间距参照 GB 50016-2014 表 4.3.1

按现行国家标准《建筑设计防火规范》GB 50016 乙类第六项，生产中可燃物质的粉尘、纤维悬浮在空气中与空气混合，当达到一定浓度时，遇火源立即引起爆炸，粉碎间在粉碎秸秆过程中，空气中充满秸秆粉尘，遇明火后会引起爆炸，所以粉碎间属于乙类生产厂房。

按现行国家标准《建筑设计防火规范》GB 50016 中"湿式可燃气体储罐"与其他建构筑之间的间距见表4。

表4 湿式可燃气体储罐与建筑物、储罐、堆场的防火间距（m）

建筑类别		湿式可燃气体储罐的总容积 V（m³）			
		$V<1000$	$1000\leqslant V <10000$	$10000\leqslant V <50000$	$50000\leqslant V <100000$
甲类仓库 明火或散发火花的地点 甲、乙、丙类液体储罐 可燃材料堆场 室外变、配电室		20	25	30	35
民用建筑		18	20	25	30
其他建筑	一、二级	12	15	20	25
	三级	15	20	25	30
	四级	20	25	30	35

现行国家标准《城镇燃气设计规范》GB 50028 和《建筑设计防火规范》GB 50016 规定，对干式可燃气体储罐与建筑物、储罐、堆场的防火间距，当可燃气体的密度比空气大时，应在湿式可燃气体储气罐与建筑物、储罐、堆场的防火间距的基础上增加25%，据计算，沼气密度大小主要与CH_4含量有关，本规范中沼气的定义是沼气的低位发热量不应小于17MJ/m³，即对应CH_4含量约47%，在对沼气成分分析中，沼气含量大多集中在47%～55%的范围内，而此时沼气的密度略大于空气。

4.1.7 与储气为一体的厌氧消化器，兼有储气的作用，因为按国家标准《建筑设计防火规范》GB 50016 - 2014 第3.1.4条"同一座仓库或仓库的任一防火分区内储存不同火灾危险性物品时，仓库或防火分区的火灾危险性应按火灾危险性最大的物品确定。"与储气为一体的厌氧消化器按"湿式可燃气体储罐"划分，因此气柜之间的间距不宜小于相邻设备较大直径的1/2。

4.1.12 充分利用地形、地势和工程地质条件，合理地布置建筑物（构）物等设施，不仅可以减少基建工程量，节约工程费用，而且对保证工程质量和沼气站正常生产大有好处。

4.1.13 对于规模较大的沼气站宜设环形通道，这是为了便于消防车在应急过程中能及时到达事故地点进行处理，主要是安全防范的需要。对于占地面积大于3000m²的厂房，应设置环形消防车道的规定是参照了国家标准《建筑设计防火规范》GB 50016 - 2014 第7.1.3条的规定。

4.1.14 考虑沼气站安全和卫生防疫的要求，周围宜设有围墙。

4.2 原料及预处理

4.2.1 由于本规范侧重于以供气为主的沼气工程，而连续、稳定的供气是其基本要求。要保证连续、稳定的供气就要求有稳定的原料供应。

畜牧养殖业产生的可用于厌氧发酵的原料通常包括禽畜粪便、垫料和畜禽尸体等固体废物，其产量和性质见表5。

表5 畜牧养殖业主要固体污染物产量及性质

养殖种类	日产量（kg/头或羽）	NH₃-N（mg/kg）	TP（mg/kg）	TN（mg/kg）	TS（mg/kg）
猪	2~3	3100	3400	5900	9400
奶牛	20~30	1700	1200	4400	4700
肉牛	15~20				
鸡	0.1~0.15	4800	5400	9800	16300

另外，禽畜粪便还含有丰富的有机质、氮、磷、钾等各种微量元素和活性物质，可被资源化利用；但是如果不及时处理，会产生包括氨气和硫化氢等臭味气体，可导致污染。同时，禽畜粪便还含有大量寄生虫卵、病原微生物等病原体，如不及时收集处理，容易造成人畜疾病传播。

对于秸秆来说，资源比较分散且季节性强，短时间、大规模、大范围收集存在一定困难。以玉米秸秆为例，一般每亩玉米地仅能收集干秸秆0.5t，收集满足沼气生产的资源量往往需要一定时间，所以应在沼气站内或附近设置秸秆的短期堆放料场，以满足稳定产气的要求。

4.2.2 如果厌氧发酵原料中含有有毒物质，包括有毒有机物、重金属和一些阴离子，这些物质往往对厌氧发酵具有抑制作用。五氯苯酚和半纤维衍生物，主要抑制产乙酸和产甲烷菌的活动；重金属被认为是使厌氧消化器失效的最普通及最主要的因素，氨是厌氧过程中的营养物和缓冲剂，但高浓度时也产生抑制作用，主要影响产甲烷阶段。据资料介绍，沼气工程中SO_4^{2-}浓度达到COD浓度的20%时，就会抑制厌氧发酵。沼气工程中氨氮浓度达到3000mg/L时（指厌氧罐内发酵液），厌氧发酵就受到抑制。因此，对厌氧发酵原料在使用前应进行检测以确定是否含有上述有毒物质。

另外厌氧发酵原料的可生化性也是衡量是否可以用来生产沼气的一个重要指标，而 BOD_5/COD_{cr} 比值法是最经典、也是目前最为常用的一种评价可生化性的方法。目前普遍认为，$BOD_5/COD_{cr} \leq 0.3$ 的原料属于难生物降解的原料；而 $BOD_5/COD_{cr} > 0.3$ 的原料则属于可生物降解的原料。该比值越高，表明原料采用厌氧生物处理产沼气的效果越好。

4.2.3 为了使各种厌氧发酵原料满足厌氧消化器的进料要求，本条规定所有原料在进入厌氧发酵装置之前都应该进行预处理。预处理的设施通常包括格栅、沉砂池、沉淀池、调节池、气浮分离池、水解酸化池等等。设计人员可以根据原料的具体特性选择不同的预处理工艺和设施。

4.2.4 本条所说的农业有机废弃物通常是指畜牧养殖业生产过程中产生的有机污水，其基本特性与工业高浓度有机废水类似，所采取的预处理工艺也基本相同。需要指出的是沼气工程的预处理主要目的是保证后续厌氧发酵系统能够稳定、正常运行，而不是像污水处理的预处理主要目的是降解有机物。所以在设置沼气工程的预处理设施时通常只需基本的处理单元即可，即通过格栅去除较大的漂浮物，通过沉砂池去除粒径较大的砂石，通过调节池来调质匀浆。

1 农业有机废弃物和工业高浓度有机废水中常常混有草屑、木片、纤维、包装物、大块砂石等大小不同的杂物，为了防止水泵及处理构筑物的机械设备和管道被磨损或堵塞，使后续处理流程能顺利进行，应设置格栅。水泵前设置格栅，栅条间隙应根据水泵进口口径选用。

2 畜牧养殖废水、屠宰及肉类加工废水、制浆造纸废水、制糖废水、麻染整废水等原料中含砂粒较多。另外，在一些废水收集系统中有些渠道盖板密封不严导致部分雨水进入废水收集系统，在废水中会含有相当数量的砂粒等杂质。设置沉砂池可以避免后续处理构筑物和机械设备的磨损，减少管渠和处理构筑物内的沉积，缓解排泥难度，减少化学药剂的投加量，防止对厌氧发酵系统的干扰。沉砂池应设在格栅之后，构筑物可采用合建式。一般按去除相对密度 2.65、粒径 0.2mm 以上的砂粒设计。沉砂池的设计计算可参考本规范附录 A。

3 一些原料的水量和水质变化很大，甚至在一日之内或班产之间都可能有很大的变化，过大水量及水质变化的工程，将不利于预处理设施、设备的正常操作。由于厌氧处理单元对水质、水量和冲击负荷较为敏感，因此，相对稳定的水质、水量也是厌氧消化器稳定运行的保证。原料变化一个周期，按生产排水规律确定，没有相关资料时宜按最大日平均时流量的 4h~8h 废水量设计，并适当考虑事故应急需要。

4.2.5 以秸秆作为厌氧发酵原料时，因秸秆含有难以降解的木质素和植物蜡质，存在分解慢、降解率

低、管理不便等问题，对此应在秸秆入厌氧消化器前进行物理、化学和生物的预处理。

物理的预处理即通过粉碎、研磨等方法，减小秸秆粒径、增大纤维素与厌氧微生物接触的表面积，同时破坏秸秆表面的蜡质层，以加快分解速度，增加沼气产量。

对青玉米秸秆采用生物预处理通常也叫做青贮，通过添加具有专门纤维素、半纤维素、木质素分解功能的生物预处理菌剂，并加以堆沤。通过青贮能有效提高发酵温度和富集菌种，有助于提高沼气产量。

4.2.6 以工业有机废渣或污泥饼为原料时，其预处理设施中设置集料池是为了将固态的工业有机废渣和污泥饼溶解，以便用泵输送。另一方面对于含有病原体的污泥还应在此设置加热装置对其进行消毒处理。

对于直接从污水处理装置排出的湿污泥，设置污泥浓缩池，是对污泥进行初步脱水，降低污泥含水率，缩小污泥体积，为后续厌氧处理创造条件。污泥浓缩工艺的选择主要取决于产生污泥的污水处理工艺、污泥的性质、污泥量和需要达到的含固率要求。污泥浓缩池的设计可参考现行国家标准《室外排水技术规范》GB 50014 的有关规定。

4.2.7 本条规定了原料经过格栅和沉砂池后不得含有较大的固体悬浮物，目的是后续用泵输送原料时不受影响，同时也是为了减少厌氧消化器内的沉砂量。原料经过调节池调节后各项指标应均质稳定，能够保证后续厌氧消化器稳定运行，不受大的冲击负荷。

4.2.8 沼气工程处理的原料一般都是含水率较高的物质，而且其 COD 较高，为防止泄漏而污染环境，在设计相关钢筋混凝土水池的时候还应考虑防渗的措施。使用的防渗混凝土的配合比应符合现行国家标准《混凝土结构设计规范》GB 50010 的有关规定。

4.3 厌氧消化工艺及设备

4.3.1 本条规定了选择厌氧消化工艺和厌氧消化器时所应考虑的因素。厌氧消化阶段是指发酵原料在厌氧反应器内所处的消化阶段，包括酸化阶段和甲烷化阶段。原料特性是指发酵原料的种类及性质，例如以禽畜粪便为原料的沼气工程，应根据养殖场规模、养殖场周围可供厌氧残留物综合利用的农田、果园、蔬菜地和鱼塘等设施数量、周围环境容量、沼气利用方式等条件综合考虑，并进行经济技术比较。以工业高浓度有机废水为原料的沼气工程，其原料来源就比较复杂了，且差异性较大，包括酿造废水、糖蜜废水、制药废水等工业高浓度有机废水，应根据具体的工程选择不同的厌氧发酵工艺。

4.3.2 厌氧消化工艺按温度的划分为中温和高温两类，以产沼气为目的沼气工程，推荐使用中温发酵的厌氧消化工艺。

温度是影响微生物生存及生物化学反应最重要的

因素之一。各类微生物适宜的温度范围是不同的，一般情况下，产甲烷菌的适宜温度范围是 5℃～60℃，在 35℃ 和 53℃ 左右时可以分别获得较高的消化效率。温度为 40℃～45℃ 时，厌氧消化效率较低，如图 1 所示。在中温厌氧条件下，既可以保证厌氧消化器获得稳定、高效的产气率，同时减少了为维持反应温度而消耗的能量。所以推荐以产沼气为目的的沼气工程使用中温发酵的厌氧消化工艺。

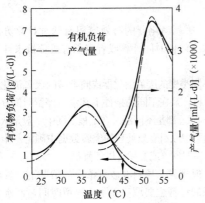

图 1 温度对产气量的影响

别外，温度突变会对厌氧微生物的活性产生显著的影响。降温幅度愈大，低温持续时间愈长，产气量的下降就愈严重，升温后产气量的恢复更困难。有研究表明，高温消化比中温消化对温度的波动更为敏感。所以，一般认为，厌氧消化处理系统每日的温度波动为 ±2℃ 为宜。

4.3.3 厌氧消化工艺按厌氧消化阶段的要求可划分为一级厌氧消化和两级厌氧消化。一级厌氧消化只设置一个厌氧消化器，原料在这个反应器内完成厌氧消化过程，两级厌氧消化过程是分在两个串联的厌氧消化器内进行的，一级厌氧消化工艺建设费用较省，但原料中有机物的分解率不如两级厌氧消化工艺。

4.3.4 对于以供气为主要目的沼气工程来说，保证不间断供气是其基本要求，所以要求此类沼气工程的厌氧消化器数量不得少于 2 个，以保证其有一个厌氧消化器处于检修状态时仍能不间断供气。

4.3.5 连续进料就是将原料连续不断地打入厌氧消化器，同时连续不断地出料。批次进料方式就是间歇式的进料和出料。在进行进出料设备及管道设计时应考虑进料方式对其的影响。

4.3.6 厌氧消化器通常是根据原料的特性来选择的。目前应用较为广泛的厌氧消化器包括：完全混合式厌氧反应器（CSTR）、升流式厌氧固体反应器（USR）、升流式厌氧污泥床（UASB）、内循环厌氧反应器（IC）、厌氧颗粒污泥膨胀床（EGSB）和高浓度推流式厌氧反应器（HCPF），如图 2 所示。

CSTR、USR 和 HCPF 适用于料液浓度较大、悬浮物固体含量较高的有机原料，如：禽畜粪便、污泥、工业有机废渣和秸秆。UASB、IC 和 EGSB 则适用于料液浓度低、悬浮物固体含量少的有机原料，如：屠宰及肉类加工废水、酿造废水、食品加工废水

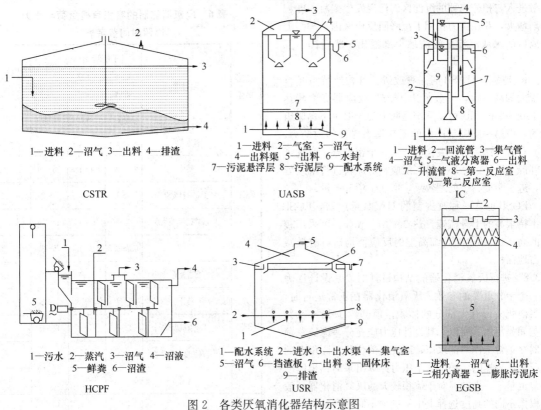

图 2 各类厌氧消化器结构示意图

等等。

4.3.7 一般在进行厌氧消化器设计时应对其原料进行试验，以获取设计参数，本条给出的设计参数总结了国内目前 CSTR、USR、HCPF、UASB、IC 和 EGSB 的设计经验。设计者可以参考，如不满足需要时可通过试验确定具体的设计参数。

CSTR 是目前国内沼气工程中应用最为广泛的一种厌氧消化器，其设有搅拌装置，可使反应器温度均匀，并使微生物和发酵原料充分接触，加快发酵速度，提高产气量。而 USR 与 CSTR 相比具有更大的高径比，且不设搅拌装置，底部设有布水系统。USR 有比水力滞留期（HRT）高得多的固体滞留期（SRT）和微生物滞留期（MRT），从而提高了固体有机物的分解率和消化器的效率。

高浓度推流式沼气发酵工艺（HCPF）是塞流式消化工艺的一种。畜禽粪便等原料不需"预处理"直接加入消化器前端，在机械搅拌的作用下呈活塞式状态向后端移动，原料经发酵产生沼气。其进料 TS 浓度一般为 10%～15%。

UASB 由污泥反应区、三相分离器和气室三部分组成。原料从底部流入与污泥层中污泥进行混合接触，污泥中的微生物分解污水中的有机物，把它转化为沼气，沼气上升过程中不断合并形成较大的气泡。沼气、污泥和水一起上升进入三相分离器，沼气碰到分离器下部的反射板折向四周，然后穿过水层进入气室。集中在气室的沼气用导管导出，固液混合液经过反射进入三相分离器的沉淀区。污泥发生絮凝，颗粒逐渐增大，并在重力作用下沉降回反应区内。与污泥分离后的水从沉淀区溢流堰上部溢出，然后排出反应器。

IC 是基于 UASB 的一种改进。其构造特点是具有很大的高径比，一般可达 4～8，反应器高度能达到 16m～25m。IC 可以看作是两个 UASB 上下串联组成的，由第一反应室产生的沼气作为提升的内动力，使上升管和回流管的混合液产生一个密度差，实现了下部混合液的内循环。第二反应室对原料进行继续处理，进一步提高了处理效果，增加了沼气产量。

EGSB 也是一种改进型的 UASB 反应器，EGSB 能维持很高的上升流速，达 3m/h～7m/h，可采用较大的高径比（3～8），细高型的反应器构造可有效减少占地面积。

4.3.8 进行厌氧消化器的结构设计时，其设计压力是一个十分重要的参数。厌氧消化器在正常运行时，厌氧消化液占有大部分的体积，顶部约 10%～20% 的空间是沼气。所以，其设计压力应充分考虑厌氧消化器在正常工作时的水压，而厌氧消化器不同位置的水压是不一样的。根据这个压力计算出来的钢板厚度通常也是不一样的。对于体积较大的厌氧消化器一般会根据不同的高度选择上中下三种不同厚度的钢板。

厌氧消化器的工作压力一般指上部气相部分的工作压力，即沼气的工作压力。厌氧消化器的工作压力与整个沼气系统的工作压力密切相关，厌氧消化器中气相压力应尽可能低，使沼气能够最大量地从消化液中释放出来。根据本条款公式计算得到厌氧消化器的正常工作压力，系统中其余各点的压力根据不同的管路损失可以分别计算出。运行时，一般通过改变储气装置的工作压力来设定和调节厌氧消化器的工作压力。

4.3.9 厌氧消化器的有效容积有两种计算方法，即利用水力停留时间计算或者容积有机负荷来计算有效容积。

不同类型的厌氧消化器或同类型的厌氧消化器对不同的原料，及在不同的条件下其水力停留时间 θ 或容积有机负荷 U_v 都是不同的。在工程实践中一般是从试验数据或同类型原料有效处理的经验数据中确定一个合适的水力停留时间 θ 或容积有机负荷 U_v。

一般来说，原料在较低浓度的情况下，反应器有效容积的计算主要取决于水力停留时间，而水力停留时间的大小与反应器内的污泥类型（是否形成颗粒污泥）或三相分离器的效果有关。而在较高浓度下，厌氧消化器的容积取决于其容积负荷的大小和进料浓度，而厌氧消化器采用的负荷值与原料的性质和浓度、厌氧消化器的运行温度有关。对于某种特定原料，厌氧消化器的容积负荷一般通过实验确定，也可以参考表 6。

表 6 厌氧消化器的容积有机负荷与水力停留时间参考表

反应器类型	原料种类	容积有机负荷 kgTS/(m³·d)或 kgCOD_cr/(m³·d)		水力停留时间 d或h	
		中温	高温	中温	高温
CSTR	禽畜粪便	0.9～1.1	1.4～1.6	15～25	10～15
	秸秆	0.7～0.9	1.1～1.3	25～30	15～20
	工业有机废渣	1.4～1.6	2.8～3.2	15～20	8～12
	工业高浓度有机废水	4～6	8～10	15～20	8～12
	污泥	0.5～0.7	0.9～1.1	25～35	15～25
USR	禽畜粪便		—		—
	秸秆		—		—
	工业有机废渣	3～6		12～15	
	工业高浓度有机废水				
	污泥				
HCPF		2～5	—	15～20	—

续表6

反应器类型	原料种类	容积有机负荷 kgTS/(m³·d)或 kgCOD_{cr}/(m³·d)		水力停留时间 d或h	
		中温	高温	中温	高温
UASB	酿造废水	5~7		6~20	—
	屠宰及肉类加工废水	5~10		16~24	—
	制糖废水	3~9	10~20	6~20	—
	制浆造纸废水	5~8		12~20	—
	食品工业废水	6~10		6~20	—
IC	酿造废水	10~35	—	—	—
	屠宰及肉类加工废水	10~20	—	—	—
	制糖废水	10~35	—	—	—
	制浆造纸废水	10~25	—	6~12	—
	食品工业废水	10~20	—	—	—
EGSB	酿造废水	10~30	15~40	—	—
	屠宰及肉类加工废水	10~25	—	—	—
	制糖废水	10~23	—	—	—
	制浆造纸废水	10~25	—	—	—
	食品工业废水	10~20	—	—	—

注：对于CSTR、USR和HCPF容积有机负荷的单位为kgTS（m³·d）水力停留时间的单位为d；对于UASB、IC和EGSB，容积有机负荷的单位为kgCOD_{cr}/（m³·d），水力停留时间的单位为h。

上表中水力停留时间和容积有机负荷参考了环境部和农业部的相关标准，主要包括《酿造废水处理工程技术规范》HJ 575、《UASB污水处理工程技术规范》HJ 2013、《制浆造纸废水治理工程技术规范》HJ 2011、《制糖废水处理工程技术规范》HJ 2018、《制浆造纸废水治理工程技术规范》HJ 2011和《沼气工程技术规范工艺设计》NYT 1220.1等。

4.3.10 CSTR中设置搅拌器是为了使厌氧发酵原料与厌氧消化污泥能够充分混合，使得温度均衡，有利于有机物充分分解并产生沼气，所以有必要在CSTR内进行搅拌。常用的搅拌方式有机械搅拌和沼气搅拌。如图3所示，机械搅拌一般指螺旋桨式搅拌，根据工艺要求可以在厌氧消化器顶部安装一台或数台机械搅拌器。机械搅拌容易操作，可以通过竖管向上、下两个方向推动，因此在固定的污泥液面下能够有效地消除浮渣层，此种搅拌特别适合于蛋形或带漏斗底的圆形反应器。沼气搅拌是通过收集在厌氧消化过程中所产生的沼气，经过增压机加压后再注入厌氧消化器，从而起到对厌氧消化器内的污泥进行有效混合搅拌的作用。沼气搅拌通过厌氧消化器顶部的配气环管，由均匀布置的立管注入厌氧消化器。搅拌功率一般按单位池容计算确定，单位池容所需功率一般取

4W/m³~8W/m³。

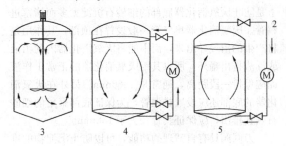

图3　搅拌装置示意图
1—消化液；2—沼气；3—机械搅拌；
4—消化液搅拌；5—沼气搅拌

4.3.11 三相分离器是UASB、IC和EGSB最有特点和最重要的设备，三相分离器的形式可以有很多种，但应具有3个主要功能和组成部分：气液分离、固液分离和污泥回流3个功能及气封，沉淀区和回流缝3个组成部分，其基本构造如图4所示。

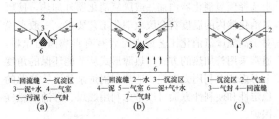

1—回流缝　2—沉淀区
3—泥+水　4—气室
5—污泥　6—气封
(a)

1—回流缝　2—水　3—沉淀区
4—泥　5—气室　6—泥+气+水
7—气封
(b)

1—沉淀区　2—气室
3—气封　4—回流缝
(c)

图4　三相分离器基本结构

三相分离器的设计可分为沉淀区的设计、回流缝的设计和气液分离的设计。沉淀区的固液分离是靠重力沉淀实现的，其设计方法与普通的沉淀池类似，主要考虑沉淀面积和水深这两个因素。

沉淀面积可以根据原料流量和沉淀区的表面负荷率确定，一般表面负荷率的数值等于水流的上升流速，沉淀区设计日平均表面负荷率一般可采用1.0m³/（m²·h）~2.0m³/（m²·h）。速率过低可能形成浮渣层。速率过高可能形成气沫层，两种情况都可能堵塞气体释放管。

4.3.12 检修人孔的孔径既要考虑操作人员能够顺利出入，500mm是适宜操作人员进出的最小直径。此外，人孔直径的设置还应保证整个厌氧消化器的承载能力。根据《钢制焊接常压容器》NBT 47003.1的规定，对于直径大于1200mm的圆筒形容器，其开孔孔径不得大于其圆筒直径的0.4倍，且开孔的最大孔径不得大于1200mm。人孔距地面的距离不大于1000mm也是基于操作人员进出的方便性考虑的，在实际工程当中，一般取600mm~800mm。

厌氧消化器的进料管一般设置在底部。考虑到目前沼气工程的实际情况，原料的含砂量较多，且预处理设施并不能完全把砂石全部去除，不可避免地会在厌氧消化器的底部积聚大量的砂石，需要定期排渣。

将进料管设置在距离厌氧消化器底部 500mm 的位置上是防止厌氧消化器底部的细砂石沉淀太多而堵塞进料管。厌氧消化器集气管一般设置在顶部，其作用是将产生的沼气导出来，而不能将厌氧消化器内的沼液或浮渣排出器外，所以其距厌氧消化的正常工作液面应保持一段距离，通常是 1000mm。另外在厌氧消化器的底部还应设置排泥管，为保证底部聚集的细砂石顺利排出，应保证其管径大于 150mm。

刀闸阀具有自清理的功能，可以防止沉淀物的堆积，适合浓度较高的流体，采用双刀闸阀能保证关闭严密，从安全的角度保证设备正常运行。

4.3.14 为了保证钢制厌氧消化器运行稳定应将其安装在钢筋混凝土结构的基础上，根据经验数据其基础直径比厌氧消化器直径大 500mm 以上，其具体设计应符合现行国家标准《建筑地基基础设计规范》GB 50007 的有关规定。

4.3.15 加热方式可以根据不同原料的特性和工艺要求选择厌氧消化器内加热或厌氧消化器外加热，使厌氧消化器内的温度符合厌氧消化工艺要求，一般来说对于高温厌氧消化工艺或者是含有有毒病菌的原料，通常采用外加热的方式。热源形式从节能环保的角度上考虑应多利用太阳能、地热和锅炉余热，从热源的稳定性和便利性方面可以考虑利用燃煤、燃油或燃气锅炉。

提供给厌氧消化器的热量要考虑将原料加热到设计温度需要的热量、保持消化器温度需要的热量和管道、热交换器等其他装置的散热情况。将原料加热到设计温度所需要的热量可以按公式（1）计算：

$$Q_1 = cm(T_D - T_S) \tag{1}$$

式中：Q_1——将原料从初始温度加热到设计温度需要的热量（kJ）；

c——料液的比热容，可近似取水的比热容 4.2 kJ/(kg·℃)；

m——单位时间进入厌氧消化器的原料重量（kg）；

T_D——厌氧消化器的设计温度（℃）；

T_S——原料的初始温度（℃）。

保持消化器温度需要的热量可以按公式（2）计算：

$$Q_2 = 24 \times (T_D - T_A)/[\sum b_i/(\lambda_i \cdot S_i) + 1/(\alpha \cdot S_o)] \tag{2}$$

式中：Q_2——保持厌氧消化器温度需要的热量（kJ）；

T_A——环境温度（℃）；

b_i——厌氧消化器各部（罐顶、罐底、罐壁）保温层的厚度（mm）；

λ_i——厌氧消化器各部（罐顶、罐壁）的保温层导热系数[W/(m·℃)]；

S_i——厌氧消化器各部（罐顶、罐壁）的散热面积（m²）；

α——厌氧消化器罐外壁（罐底、罐壁）的传热系数[W/(m·℃)]；

S_o——厌氧消化器外壁（罐顶、罐壁）的散热总面积（m²）。

管道散热损失的热量可以按公式（3）计算：

$$Q_3 = \frac{24 \times (T_i - T_A)}{\left[\frac{1}{2\pi L \lambda}\ln\left(\frac{r_o}{r_i}\right) + \frac{1}{2\pi r_o l \alpha}\right]} \tag{3}$$

式中：Q_3——管道散热损失的热量（kJ）；

T_i——进料管温度（℃）；

r_o——管道保温层的外半径（mm）；

r_i——管道保温层的内半径（mm）；

L——管道长度（m）；

λ——管道保温层导热系数[W/(m·℃)]。

换热装置使用一段时间后，其换热表面结垢，导致换热效率下降，所以在换热面积原来的计算基础上，乘以 1.1～1.2 的系数，保证后期能满足换热要求。

4.3.16 对钢结构或钢筋混凝土结构的厌氧消化器都应进行防腐处理。

钢筋混凝土结构的厌氧消化器有可能受到化学侵蚀，其侵蚀的程度依赖于碳酸盐和钙离子的浓度。如果这两种离子产物低于碳酸钙的溶解度，钙离子将从混凝土中溶出，将造成混凝土结构的剥蚀。因此混凝土结构的厌氧消化器需要采用环氧树脂进行防腐。而对于钢制的厌氧消化器，其最严重的腐蚀出现在消化器上部，主要是气、液交界面处。此处 H_2S 可能造成直接腐蚀，同时硫化氢被空气氧化为硫磺或硫酸盐，这使局部 pH 值下降造成间接腐蚀。硫化氢和酸造成的腐蚀属于化学腐蚀，更严重的是在气液接触面还存在电化学腐蚀。由于厌氧环境下的氧化—还原电位为 —300mV，而在气液交界面的氧化—还原电位为 —100mV 时，则构成了微电池，形成电化学腐蚀，所以钢制厌氧消化器在气液交界面处应该加强防腐处理。

4.3.17 厌氧消化器正常运行时应保证工作压力的稳定，其工作压力大约在 3kPa～4kPa 之间。厌氧消化器正负压力保护装置应能防止厌氧消化器超压或者负压运行。低压报警装置应能设定一定的压力值，当出现低压时，低压报警装置应能自动报警。

4.3.18 设置稳压装置的目的是保障厌氧消化器的压力稳定，防止压力的突然变化影响消化反应的正常运行。稳压装置可以是水封的形式，水封是根据其液面的高度来调节厌氧消化器的工作压力。

4.3.19 厌氧残留物是厌氧发酵后得到的产物，包含厌氧消化污泥和厌氧消化液，也叫沼渣和沼液。如果处置不当，也容易造成二次污染，因此要求脱水后的污泥严禁露天堆放。

4.3.20 厌氧消化液也叫作沼液。沼液是厌氧发酵后残留的液体，由于消化液中含有少量有机、无机盐类，如铵盐、钾盐、磷酸盐等可溶性物质，具有速效性养分。为了充分利用应配备消化液储存池，如果暂时无法储存和利用，则应进行好氧、过滤等无公害化处理后达标排放。

4.4 沼气净化

4.4.1 净化的目的是脱除会对后续流程产生不利影响的杂质，包括硫化氢和水。沼气中含有较多的硫化氢和饱和的水蒸气，随着温度的降低，水蒸气凝结成水，与硫化氢结合，对管道和设备造成腐蚀；另外，沼气中的水分凝结，如果管道保温不好容易在冬季造成管道堵塞，甚至会影响阀门正常运行。另外从保护环境的角度，硫化氢随沼气燃烧产生的二氧化硫会污染环境。

脱除沼气中硫化氢方法，可采用物理法、化学法及生物法。物理脱硫法一般采用活性炭法；化学脱硫法中的干法脱硫一般采用氧化铁脱硫剂，化学脱硫法中的湿法脱硫一般采用蒽醌二磺酸钠法（ADA法）和碱液法；生物法主要指的是生物脱硫。本规范重点对生物脱硫和干法脱硫提出了特殊要求。具体方案选择时要考虑沼气中硫化氢含量和要求去除程度。

沼气脱水主要包括重力法脱水、低温冷凝法和深度脱水如分子筛等，本规范重点对重力法脱水和低温冷凝法脱水提出了要求。

4.4.2 生物脱硫法是利用无色硫细菌，如氧化硫硫杆菌、氧化亚铁硫杆菌等，在微氧条件下将 H_2S 氧化成单质硫，如供氧过量则转化为硫酸，生成的稀硫酸在营养液的缓冲中和作用下，与营养液一起定期排出系统，此过程周而复始。一般情况下，营养液可自然获得，例如采用消化后的污水、消化或脱水污泥的上清液、垃圾填埋沥出液、人造化肥（NPK886）等。人造化肥（NPK886）的脱硫机理是：① H_2S 气体的溶解过程，即由气相转化为液相；②溶解后的 H_2S 被微生物吸收，转移至微生物体内；③进入微生物细胞内的 H_2S 作为营养物被微生物分解、转化和利用，从而达到去除 H_2S 的目的。适当的温度、反应时间和空气量可以使 H_2S 减少至 $75mg/m^3$，可以去除大部分的 H_2S，为"粗脱"。

化学脱硫包括干法脱硫和湿法脱硫。

干法脱硫是在常温下沼气通过脱硫剂床层，沼气中的硫化氢与活性氧化铁接触，生成三硫化二铁，然后含有硫化物的脱硫剂与空气中的氧接触，当有水存在时，铁的硫化物又转化为氧化铁和单体硫，脱硫再生可以循环2次～3次，直至脱硫剂表面的大部分孔隙被硫或其他杂质覆盖而失去活性为止。经干法脱硫后沼气中 H_2S 含量可少于 $20mg/m^3$，为"精脱"。

湿法脱硫又称湿式氧化法脱硫，适用于脱除流量、硫化氢浓度较高的沼气，它是利用含有脱硫催化

剂组成的碱液吸收硫化氢，通过自吸空气氧化再生析硫的方法进行，然后脱硫液恢复吸收功能，单质硫以硫泡沫的形式浮选出来，脱硫液接着循环使用。此过程周而复始。湿式氧化法脱硫后沼气 H_2S 含量可低于 $50mg/m^3$。据调查，湿法脱硫用在日产气 $10000m^3$ 以上的沼气工程中，投资和运行费用降低，且脱硫效果显著。

以某工程为例，沼气量不大于 $650Nm^3/h$，进口硫化氢含量不大于 $5000mg/m^3$，采用生物脱硫工艺与干法脱硫、湿法脱硫工艺比较见表7。

表7　生物脱硫工艺与干法、湿法脱硫工艺比较

项目	生物脱硫	干法脱硫	湿法脱硫
脱硫效果	可根据需要调控，最高95%	不可调节，主要受脱硫剂质量影响	可根据需要调控，最高97%
运行费用（元/天）	250	950	460
占地（m^2）	210	240	210
建筑面积（m^2）	20	60	20
管理	日常设备巡检、维护	再生、更换脱硫剂，劳动强度大	日常设备巡检、维护
设备防腐	玻璃钢材质，耐腐	需要防腐涂层和一定的腐蚀余量	碳钢材质，防腐
脱硫剂更换（台/季度）	42	20	2
人员（人）	专职1，兼职2	专职4	专职1人兼职1人
安全	塔外曝气，安全	脱硫剂再生、更换对操作人员要求高，应注意安全	塔外曝气，安全
废弃物	含硫污泥，可排入沼液池	失活脱硫剂，经过钝化处理送垃圾填埋场	含硫污泥，可随污水排放
综合利用	营养液为厌氧液，可循环利用	综合利用成本较高，很少可以再利用	脱硫液自吸空气再生循环使用。硫泡沫制硫磺出售

据调研，对于日供气量在 $10000m^3$ 以上的沼气脱硫采用湿法脱硫才具有经济效益；用于提纯压缩的沼气不应采用直接通入空气的脱硫方法。因为沼气中通入空气的同时，氮气也进入沼气中，而用于提纯压缩的沼气，甲烷含量要在90%以上，还得脱掉氮气，对整个工艺显然不经济。

4.4.4　1 生物脱硫设置在脱水装置前端是由于在生

物脱硫塔内部，沼气需要和营养液进行充分接触，从生物脱硫塔出来的沼气中的水是饱和状态，所以在工艺流程中，要把脱水工艺放在生物脱硫后进行。

2 干法脱硫设置在脱水装置后端是由于沼气中的水分过量易造成干法脱硫装置内脱硫剂受潮、结块或呈泥状，沼气与氧化铁接触不良，脱硫效率明显下降。所以沼气进入干法脱硫前需要经过初步的脱水，以保证脱硫剂的最大活性。氧化铁在脱硫过程中因是放热反应，其含水量呈饱和态，沼气出塔后遇冷会产生水，所以脱硫后宜再次脱水，反应过程中会产生水，同时是放热反应。

$$Fe_2O_3 \cdot H_2O + 3H_2S \rightarrow Fe_2S_3 \cdot H_2O + 3H_2O + 63kJ$$

3 脱硫装置应设置备用主要是为了能够实现倒塔操作，即其中一台更换脱硫剂，另一台仍能满足用气要求。

4.4.5 2 生物脱硫中产生的单质硫容易堵塞填料，生物脱硫在设计过程中应保证易于清理和维护。

4 对于甲烷含量不同的沼气，在空气中的爆炸范围不同，沼气中氧含量小于1%是基本的要求，所以必须采取一定的安全措施避免沼气中通入过量的空气引起爆炸。

4.4.6 1 近年来某些厂家生产的脱硫剂活性有所提高，其性能参数以空速代表，空速是表征脱硫剂性能的重要参数之一。不同的脱硫剂因其活性不同，在选择空速时需要根据沼气中 H_2S 的浓度、操作温度、脱硫工作区的高度进行综合考虑。空速值越高，沼气与脱硫剂的接触时间越短。

2 沼气首次通过脱硫剂床层时控制压力降小于100Pa，可以调节沼气进口流速。

3 一般情况下，床层高度超过1.5m时应分层设置，有利于克服偏流或局部短路给脱硫效果带来的影响。经调研，脱硫塔的高径比一般为 4:1～3:1。

4 线速度是指沼气通过脱硫剂床层时的速度。线速度取得太低，沼气呈现滞留状态。随着线速度的增加，气流进入湍流区，能在更大程度上减少气膜的厚度，从而提高了脱硫效率。

5 不同脱硫剂有一个最佳适用范围，温度过低使硫化反应缓慢，操作温度宜为25℃～35℃，有利于延长脱硫剂使用寿命，但过低的温度将使脱硫效率降低。

8 脱硫剂在塔内在线再生时应控制空气的进入量，防止塔内温升过快造成脱硫剂过热失效。

4.4.7 1 选用冷干法脱水需要根据工程规模考虑设备的初投资和运行成本，因为冷干法脱水在运行过程中，需要消耗较多电能。

2 由于沼气在输送过程中，随着温度的降低，沼气中会有部分冷凝水出现，在冷干法或固体吸附法脱水装置前设置汽水分离器或凝水器，将沼气中的冷凝水脱除，以减轻后续脱水装置的负荷，对于整个工

艺来说是经济的。

3 水露点检测仪可有效地检测输出沼气中的水含量是否达到沼气质量标准要求的必要设备。

4.5 沼气储存

4.5.2 2 气柜作为缓冲装置，是满足供需平衡的必要设施。对于规模较大的工程，通常能做到均匀进料，因此，产气也是均衡的。以发电的项目为例，发电机是连续运行的，因此，储气容积占日用气量的10%即能满足要求；但对于规模较小的沼气工程，通常无法做到均匀进料。若沼气用于连续发电，储气容积应相应增加，一般取30%。对于发电项目，气柜的容积与沼气供气规模有关，可按表8的情况设计。

表8 规模与储气容积的关系

规模（日产气量）（m³）	储气容积（占日用气量的百分比）
500<Q≤1000	30%
1000<Q≤5000	20%
5000<Q	10%

4 本款规定是为了保证民用的连续供气而提出的。

4.5.4 膜式气柜采用特殊加工的聚酯材料作基层，包括独立式膜式气柜和一体化膜式气柜。膜式气柜采用双层膜式结构，其内膜用于储存沼气或其他气体，内外膜夹层充空气用于稳压。

2 气柜采用的膜材是一种强度较高、柔韧性好的薄膜材料，由纤维编织成织物基材，在其基材两面涂以树脂，最常见的为聚氯乙烯树脂（PVC）。如在PVC膜表面处理的基础上加以二氟化（PVDF）树脂涂层，则与一般的PVC膜比较，其耐用年限可增加7年～10年。

膜材的选择应考虑其建筑的规模大小、用途、形式、使用年限及预算等综合因素后决定。

底膜能够有效地保护内膜，防止内膜与基础接触，并能够起到密封作用。

4 气柜稳压系统，是通过气柜风机的持续供风以保持气柜的工作压力（输出气体压力）不变，能够有效地保护气柜，风机如果在线备用有困难可以另备。

5 泄漏检测系统，能够检测气柜内外膜之间的沼气含量，并在该含量超过设定警戒值时，通过报警通知工作人员对气柜进行及时检修，以达到杜绝隐患的目的。

6 气量检测系统，能够即时显示气柜中的沼气含量，指导后续环节（增压风机）的调节控制。

4.6 管道及附件、泵、增压机和计量装置

4.6.1 输送物料的工艺管道主要是指以农业有机废

弃物、工业高浓度有机废水、有机废渣、污泥为原料进行匀浆后的料液进料管，或者厌氧消化器的出料管、排泥管等。采用钢管作为工艺管道主要是因为沼气站内的工艺管道多采用架空敷设，经常风吹雨淋，而PE管严禁露天敷设，所以推荐使用钢管敷设。

由于未净化的沼气中含有较多的硫化氢和饱和的水蒸气，随着温度的降低，水蒸气凝结成水，与硫化氢结合，对管道造成腐蚀，所以净化之前的沼气管道推荐使用不锈钢管。

4.6.2 架空敷设是为了能充分利用高差，减少能耗。一般沼气管道从厌氧消化器上部导出，且净化设备一般在地上布置，直接采用架空敷设可以减少管道敷设初始投资。未经净化的沼气管道中含水分比较大，排水方便，运行维护方便。

1 道路上方架空高度主要考虑车辆的通行需要，特别是消防车的通行，根据现行国家标准《建筑设计防火规范》GB 50016 的有关规定，消防通道净空高度和宽度均不应小于 4.0m。

2 根据工程的具体条件计算架空管道支、吊架的间距，以保证管道的正确安装和运行。

5 对输送物料的管道进行保温，首先为了保持正常的发酵温度（厌氧发酵一般采用中温发酵，温度在 35℃左右）；对沼气管道进行保温是因为沼气在输送过程中会随着温度的降低出现冷凝水，不仅与沼气中的硫化氢结合腐蚀钢制管道，在冬季还容易造成"冰堵"。另外在脱硫前进行保温有利于硫化氢的脱除。

4.6.3 当管道流通不畅或发生堵塞时，通过检查管可及时发现物料沉积部位和堵塞情况，并可通过检查管进行清理疏通。

4.6.4 对埋深的规定是因为埋设过浅，当路面出现超出管道负荷能力的荷载时，易造成管道损坏；同时，对站内工艺管道埋设在冰冻线以下，能防止物料或沼气中的水分凝结，堵塞管道及阀门而影响正常运行。

4.6.6 因沼气工程多采用中温发酵，因而沼气的含湿量较高，随着输送过程温度的降低势必产生一些冷凝水，如排出不及时易产生积水，且易腐蚀管道、增加沼气的输送阻力，影响沼气输送的正常运行。因此沼气输送管道应有一定坡度，利于冷凝水的及时排出。

4.6.7 埋地钢制管道的连接若采用非焊接方式，如法兰连接、螺纹连接等，容易在运行过程中出现泄漏等问题，并且较难处理。

4.6.8 小于或等于50mm的管径采用螺纹连接，完全能满足安全需要，并且安装方便、便捷；大管径管道与设备、管件连接采用法兰，一方面是设备本身的需要，也是为了保证管道接头的质量。

4.6.9 各种防腐蚀涂层都具有各自特点及使用条件，本条中提出的外防腐涂层在国内应用较普遍，设计人员可视工程具体情况选用。

4.6.10 在调研中发现，使用铸铁阀门时，出现过冬季冻裂的情况，影响正常生产。阀门具有耐火性能是指被测阀门完全被火包围，阀体四周的火焰温度及阀体各部位的温度在一定时间内达到标准要求；并持续焚烧30min，查看火烧期间阀门的内外泄漏情况及火烧结束冷却后阀门的内外泄漏情况，进而判断是否达到标准要求。

对于软密封阀座的阀门，火烧过程中因为温度升高导致软密封阀座软化乃至完全凝集，在阀座变形及凝集过程中阀门易呈现内泄漏。硬密封阀座阀门的内泄漏量一般较小。

4.6.11 1 设备和管道上的放散管管口高度应考虑放散出有害气体对操作人员有危害及对环境有污染。本规定参照现行国家标准《工业企业煤气安全规程》GB 6222 中放散管管口高度应高出煤气管道、设备和走台4m并且离地面不小于10m的规定。考虑到对一些小管径的放散管高出4m后其稳定性较差，因此本规定中按管径予以分类，为了安全起见对不同管径的放散管提出不同放散高度。公称直径大于150mm的放散管定为高出4m，不大于150mm的放散管按惯例设计定为2.5m，而现行国家标准《工业企业煤气安全规程》GB 6222 规定离地不小于10m，在本规定中不作硬性规定，应视现场具体情况而定，原则是考虑人员及环境的安全。

2 为了防止雨雪进入放散管，管口要加装防雨帽或将管口做成一个向下的弯。在设计时，应避免放散物进入室内或采取相应措施，以免造成二次污染。

沼气的主要成分是甲烷，而甲烷的温室气体效应是二氧化碳的21倍，如果量多的情况下直接排放不但污染大气（硫化氢等），还加重温室气体效应，因此沼气站需设置放散火炬。采用封闭式火炬使外界看不到燃烧火焰，同时也避免受气候的影响，保证安全运行。

4.6.12 根据场站实际调研，在设计时物料泵的选型可参照以下原则：

1 TS浓度≤1%：可选用清水离心泵或污水污物泵；

2 1%＜TS浓度＜3%：可选用污水污物泵（如潜污泵、立式排污泵等）；

3 2%＜TS浓度＜5%：可选用杂质泵（一般可用螺杆泵代替，仅在不适用螺杆时采用）；

4 3%＜TS浓度＜12%：可选用容积泵（如螺杆泵、转子泵等）；

5 10%＜TS浓度：可选用其他提升设备（如一体式进料机、螺旋输送机、柱塞泵等）。

水泵的规格型号相同时，运行管理、维护保养等均比较方便，并且可减少备品备件的种类和数量，节约运行成本。

4.6.13 泵房中泵的布置是关键，一般宜采用单列布置，这样对运行、维护有利，且进出料方便。主要机组的间距和通道应满足安全防护和便于操作、检修的需要，应保证水泵转子或电机转子在检修时能够拆卸。

基座尺寸随水泵型号和规格而不同，应按水泵的要求配置。基座高出地坪0.1m是为了在泵房少量淹水时，不影响机组正常工作。

4.6.14 从调研情况来看，在沼气工程中，常用的增压设备为罗茨鼓风机和离心鼓风机，压缩机使用得很少。

罗茨鼓风机属于恒流量风机，工作的主参数是流量，输出的压力随管道和负载的变化而变化，流量变化很小。

如果负载需要恒压效果的情况时就用离心风机，因为离心风机属于恒压风机，工作的主参数是风压，输出的流量随管道和负载的变化而变化，压力变化不大。而当多台鼓风机并联运行时，其流量因受并联影响有所减少。一般情况下，两台罗茨鼓风机并联时的流量损失约为10%，两台离心式鼓风机并联时的流量损失则大于10%。

4.6.15 2 为保证增压机入口沼气的流量和压力的稳定，应在机前设置缓冲罐，工业中缓冲罐的体积通常取所需气体积流量的2倍～3倍。如果增压机在站内，由于距低压储气装置较近，可不单独设置缓冲装置，而用储气装置代替。

3 回流管的设置主要是为了保证总出口的压力稳定，同时对于离心鼓风机，还起到防"喘振"的作用。

4.7 消防设施及给水排水

4.7.1 本条是根据现行国家标准《建筑设计防火规范》GB 50016中有关规定确定。

4 该款制定的条件是消防水池应有2条补水管且分别从环状管网的不同管段取水，其取水量要按管径较小、水压较低的补水管计算。供水设备应设置有备用泵和备用电源，以保证供水设备不间断的向水池供水。

4.8 电气和安全系统

4.8.1 由于沼气属于可燃气体，一旦管路漏气，净化间、增压间很容易形成爆炸性混合气体，因此须安装可燃气体检测报警装置，并在报警的同时开启排风机，避免产生爆炸性混合气体。

4.8.3 仪表及计算机监控系统功能的设置原则：

反映主设备及工艺系统在正常运行、启停、异常及事故工况下安全、经济运行的主要参数和需要经常监视的一般参数，应在计算机监控系统中设置指示功能，用于就地操作或巡回检查时，应设置就地指示仪表。

反映主设备及工艺系统安全、经济运行状况并在事故时进行分析的主要参数和用以进行经济分析或核算的重要参数，应在计算机监控系统中设置记录功能。

为进行经济核算、效率核算及计算设备出力用的流量参数，应在计算机监控系统中设置积算功能或单设流量积算仪表。

1 根据预处理构筑物内物料的液位判断是否进料。

2 根据厌氧消化器内物料的温度、pH值，判断消化器物料的工作状态，是否需要加温或调解pH值。

3 根据热交换器进出口水温考虑是否能够满足厌氧消化器内温度需要，并判断是否需要增加热负荷。

4 根据脱硫装置进出口沼气的硫化氢浓度预测脱硫效果。若选用干法脱硫时能判断是否需要更换脱硫剂，生物脱硫是否更换营养液。

5 根据脱水装置进出口沼气的水含量，判断脱水装置工作状态。选用冷干法时，判断是否降低沼气出口温度以提高沼气脱水率。

6 根据沼气储量，启动关闭放散火炬。

4.8.4 为了防止和减少具有爆炸危险的建（构）筑物发生火灾和爆炸事故时造成重大损失，本条是对其耐火等级、泄压措施、门窗和地面做法等防火、防爆设计提出基本要求。

4.8.5 1 阻火器可保证火焰不会回到管路中，以免对后端设施造成威胁。

2 沼气在点火和熄火时比较容易产生爆炸性混合气体，因此沼气火炬应具有此类安全保护措施。

3 本款要求的目的是使沼气在火炬中燃烧完全。

4.8.7 本条主要对沼气站内设备及构筑物防雷和电气设备安全做出基本规定。沼气站内按用途分为电气设备工作（系统）接地、保护接地、雷电保护接地、防静电接地，由于沼气站一般建在较空旷的地方，容易发生雷击现象，因此应做好防雷措施。

4.9 采暖通风

4.9.2 由于沼气站内各生产或用气房间内存在沼气泄漏的可能性，因此在这类场所设置通风换气设备是必要的防爆措施。

5 沼气输送及应用

5.0.1 对于民用沼气工程，出于安全考虑首选低压供气；对于输送沼气量大的管路可选用中压供气，配备相应的增压机，经管路输送进入小区或村落前设置调压装置，达到调压或稳压的作用。对于传统的枝状供气管网，一处发生问题，将会影响下游所有用户，甚至需全线停气修复，并且首端与末端压力差别较大；而采用环状管网供气，则可避免以上问题。

5.0.2 低压供气，指压力小于 0.01MPa；中压供气指压力大于 0.01MPa 且小于 0.2MPa。本条款推荐了民用供气的室外管路压力不大于 0.2MPa，一是因为目前有些沼气工程采用联村供气，输送的沼气量较大，距离较远，采用中压供气可以使输气管道的管径减小，从而降低管网投资；二是随着技术装备的发展，近年来一些新建工程采用了低压双膜气柜，根据用户分布情况及距离远近，采用增压机升压的方法进行沼气的输送。经过调研，市场上成熟的沼气增压风机为三叶罗茨鼓风机，流量范围为 $0.49 \text{m}^3/\text{min} \sim 191.76 \text{m}^3/\text{min}$，升压范围为 $9.8\text{kPa} \sim 78.4\text{kPa}$，压力大于低压，在中压之内；而市场上用于沼气输送的离心式鼓风机的排气压力在 0.15MPa~0.2MPa 之间，其压力范围正好适于中压供气管网压力宜小于 0.2MPa 的要求。

为保证距气柜远端的用户用气，设计人员根据实际情况，正确选择管材、管径、计算全程阻力损失并达到公式（5.0.2）的要求。

5.0.5 用于输送沼气用的管道一般为埋地管道。近年来新建的沼气工程大多采用聚乙烯管道，因为埋地解决了聚乙烯管道的不耐候（紫外线）性，而且不用防腐，施工方便。因此推荐使用该种材质管道。

5.0.6 阀门设置原则是在某段管线出现故障时，能用阀门将故障段隔离，便于维修，同时不影响其他管段的正常运行。

5.0.7 当燃具前压力波动为 $0.5P_n \sim 1.5P_n$ 的范围内（P_n 为燃具的额定压力），燃烧器的性能达到燃具质量标准的要求，在现行国家标准《家用燃气灶具标准》GB 16410 中已明确。

根据现行国家标准《家用沼气灶》GB/T 3606 的规定，灶具前的沼气额定压力规定为 800Pa 或 1600Pa。经实践证明，1600Pa 的灶具具有燃烧稳定性好，不易出现黄焰和回火的现象，燃烧效率高，安全性好。

5.0.9 沼气的性质对发电机的效率至关重要，表9、表10 分别是德国 MWM 和 GE Jembacher 对进入发电机机组的沼气的技术要求。

表9 德国 MWM 沼气发电机组对沼气的主要要求

序号	指标	发电机要求	备注
1	甲烷浓度（对生物沼气）	>40%	燃气本身的性质，制气环节实现
2	允许甲烷热值波动	1%/30s	燃气本身的性质，制气环节实现

续表9

序号	指标	发电机要求	备注
3	燃机燃气入口压力	2kPa~20 kPa	采用增压装置实现
4	允许短时压力波动	±10%/s	对增压装置的控制要求
5	燃料气压力最大波动率	小于 10h^{-1}	对增压装置控制要求
6	燃气温度	10℃~50℃	对脱水增压设备过滤要求
7	燃气相对湿度	<80%	对脱水装置的要求
8	硫化氢含量	<200mg/m³	对脱硫设备的要求
9	杂质颗粒	<3μm；<5mg/m³	对过滤设备要求
10	其他		对本项目不做要求

表10 GE Jembacher 沼气发电机组对沼气的主要要求

序号	指标	发电机要求	备注
1	甲烷浓度（对生物沼气）	>35%	燃气本身的性质，制气环节实现
2	允许甲烷热值波动	1%/30s	燃气本身的性质，制气环节实现
3	燃机燃气入口压力	8kPa~20kPa	采用增压装置实现
4	允许短时压力波动	+/-10%/s	对增压装置的控制要求
5	压力变化最大值	<1kPa/s	对增压装置的控制要求
6	燃料气压力最大波动率	小于 10 h^{-1}	对增压装置控制要求
7	燃气温度	5℃~40℃	对脱水增压设备过滤要求
8	燃气相对湿度	<80%	对脱水装置的要求
9	硫化氢含量	<200mg/m³	对脱硫设备的要求
10	杂质颗粒尺寸	<3μm	对过滤设备要求
11	杂质颗粒数量	<50mg/10kWh	对过滤设备要求
12	卤素化合物总量（氟、氯等）	<100mg/10kWh	对过滤设备要求
13	冷凝水、升华物	0	
14	硅总量	<0.02	
15	硫磺总量	<700mg/10kWh	
16	氨	<50mg/10kWh	
17	总含油量	<10mg/10kWh	
18	微量物质总量	<350mg/m³	

5.0.10 切断阀的设置是在事故状态下的一种保护措施，以避免事故的扩大造成对后端的设备产生危害。快速切断阀的安装地点既要在事故情况下便于操作，又要离开事故多发区，并且能快速切断气源。

6 施工安装与验收

6.1 一般规定

6.1.4 专业制造厂的生产环境、制造设备、检验手段等更能够保证设备质量，因此建议厌氧消化器、储气装置的主要组件尽量在制造厂完成。特别是搪瓷拼装消化器，其所有拼板应在制造厂预制并防腐完毕，现场不应重新开孔或修补。

6.1.5 沼气工程在施工过程中，有许多阶段工程和隐蔽工程，应及时做好阶段验收和记录，出现质量问题时可以启动倒查机制，有据可查，以保证工程质量。

6.2 构筑物与基础施工

6.2.1 现行国家标准《给水排水构筑物工程施工及验收规范》GB 50141 中已经对包括施工方案设计、施工测量等准备工作进行了详细规定，本规范可以参照其执行。本条中的构筑物主要包括沉砂池、调节池、调配池等预处理设施、钢筋混凝土结构的厌氧消化器和厌氧残留物储存池。

6.2.2 构筑物应具有优良的抗渗性能，对钢筋混凝土结构的厌氧消化器，在模板设计、安装及拆除时，保证底板和顶板连续浇筑，是为了保证厌氧消化器有良好的气密性，以防沼气泄漏。

6.2.4 根据现行国家标准《给水排水构筑物工程施工及验收规范》GB 50141—2008 第 9.2.6 条的规定，钢筋混凝土结构的构筑物的渗水量不得超过 $2L/(m^2 \cdot d)$。

6.2.6 对于混凝土结构的厌氧反应器，满水试验和气密性试验均应在防腐或保温前进行，主要为了在试验过程中便于观察，及时发现问题并修补。

6.2.7 沼气站的设备基础除了包括钢制厌氧消化器、气柜的基础外，还包括增压机、泵类等设备的基础。厌氧消化器和湿式气柜属于承重设备，为了保证建（构）筑物的正常使用寿命和安全性，需要对这类设备的基础进行预压沉降测试。

6.3 钢制厌氧消化器安装

6.3.1 安装钢制厌氧消化器前的准备工作包括基础、安装工具及附属构件的准备。该条款中对混凝土强度和吊装设备的吊装能力的规定分别根据现行行业标准《沼气工程技术规范》NY/T 1220.3-2006 第 3 部分"施工及验收"第 7.1.1 条和第 7.3.1 条制定的。

6.3.2 焊接厌氧消化器的安装一般采用倒装法。倒装法是目前大型罐体比较常用的安装方法，倒装法是先安装罐顶和最上面一圈壁板，然后用吊装装置或液压装置将组焊好的罐顶板和最上一圈壁板拉起来，接着从上面数第二圈壁板至最底一圈壁板的顺序依次组装。倒装法可以最大限度地减少高空作业，同时也能减少吊车等大型专用吊装设备的使用。

6.3.3 钢板拼装是由在工厂预制好的特制钢板，在施工现场通过栓接技术拼装而成的一种安装工艺。其钢板是在工厂进行标准化生产，经过特殊的工艺处理，在钢板的内外两面涂上二至三层搪瓷涂层，搪瓷涂层形成的保护层不仅能阻止罐体腐蚀，而且具有抗强酸、强碱、耐高温等特点。拼装厌氧消化器的安装也是采用倒装法，由上到下依次安装，采用专用安装工具，在地面安装罐顶层板，然后由专用工具将其提升起一层板的高度，再接着装第二圈板，如此重复操作，直至罐体安装完毕。钢板与钢板之间采用自锁螺栓连接，并用密封胶进行密封。连接消化器的管道接口应在工厂预制完成。

6.3.4 螺旋双折边咬口结构厌氧消化器俗称利浦罐，利浦制罐技术是采用一台成型机和一台咬合机，在成型机上将薄钢板上部制成 Γ 型，下部制成 L 型，通过咬合机将薄钢板的上下部咬合在一起，形成螺旋上升的连续的咬合筋。咬合过程及截面形状如图 5 所示：

图 5　咬合过程示意图
1—上层钢板；2—专用密封胶；3—下层钢板

从上图可以看出，其咬合筋的厚度应该是 3 层上钢板的厚度加上 2 层下钢板的厚度再加上钢板之间密封胶的厚度。

6.3.5 基础支撑面、地脚螺栓、基础支撑面平整度、预留槽、罐体标高、垂直度、罐顶外倾、厌氧消化器人孔及外接管道允许偏差在现行行业规范《沼气工程技术规范》NY/T 1220.3-2006 第 3 部分"施工及验收"中已有规定，罐体圆周任意两点水平度、壁板垂直度和半径允许偏差在现行国家标准《立式圆筒形钢制焊接储罐施工及验收规范》GB 50128 中已有明确的规定，经过调研和实践，这些数据在工程安装中一直使用，所以本规范继续采纳。

6.3.6 厌氧消化器在正常运行时，底部是液态的消化液，顶部是沼气。所以可以采用满水试验和气密性试验来进行质量检验。满水试验是检验罐体机械强度的重要方法，在满水过程中，对罐体强度、基础沉降、有无渗漏等都能进行准确的检验；气密试验是检验罐体上部气室密封性的重要方法，对于正常生产时的安全性有很大的保证作用。试验方法是根据现行行业标准《钢制焊接常压容器》NBT 47003.1-2009 第4.8.3条制定的。

6.3.7 这里需要指出的是，对于钢制焊接的厌氧消化器是在现场焊接完成及液压试验合格后，并将罐内试验淡水放出再进行防腐处理，最好是对内外壁都进行防腐处理。同时，内壁气液交界处是最易发生腐蚀的区域，因此，应对此区域通过增加防腐涂层或其他有效方法进行加强防腐处理。但是，由于厌氧消化器在正常运行时，其内部是处于厌氧状态的，不会发生腐蚀反应，所以丹麦、德国一般是不做厌氧消化器的内防腐处理，只在气液交界处进行防腐处理。但是考虑到国内的材料制造、安装质量及运行维护水平与国外都有很大的差距，所以本规范还是推荐在焊接厌氧消化器内外壁都要进行防腐处理。对于钢板拼装和螺旋双折边咬口结构的厌氧消化器，其钢板一般是在工厂预制好的，防腐处理也是在工厂做好的，在现场安装完毕并经液压、气压试验合格以后再对防腐层进行检查和修补。

6.3.8 厌氧消化反应对温度的要求比较高，日温度波动不宜超过要求范围，所以在钢制厌氧消化器外壁进行保温，阻止热量的流失是很有必要的。雨天施工会使保温材料含湿量增加，使热阻减少，进而影响保温效果。

6.4 沼气净化、储存设施安装

6.4.1 净化设备一般为立式设备，在安装时应严格控制安装偏差，避免因偏差过大而在设备或管道上产生安装应力，影响运行时的稳定性。

6.4.2 管道、接口等内部清洁与否是施工质量的重要标志，是投料试车一次成功的关键前提之一。安装完毕的管道接头等，外部脏物都容易进入管内，从而影响试车进程和产品质量。所以，安装完毕的管道接头、排泥口等一定要保证内部清洁畅通。

6.4.3 由于双膜气柜是近年来出现并应用的新产品，国内尚无专门标准。通过调研，在安装后进行气密试验时，内膜气密性试验方法为：

1) 进行气密性检验时，可先将正负压保护器卸下，安装阀门后连接风机进行检验。

2) 一次充气：在观察进风管上压力表达到0.3kPa压力后，关闭风机及进风管上阀门，保压2h，观察气柜有无变化或明显泄漏。如无泄漏可继续充气。

3) 二次充气：在观察进风管上压力表达到0.5kPa压力后，关闭风机及进风管上阀门，对所有安装螺栓预紧一遍，严防螺栓松动的现象。保压2h，观察气柜有无变化或明显泄漏。如无泄漏可继续充气。

4) 三次充气：在观察进风管上压力表达到0.7kPa压力后，关闭风机及进风管上阀门，保压2h，观察气柜有无变化或明显泄漏。如无泄漏可继续充气。

5) 四次充气：在观察进风管上压力表达到1kPa压力后，关闭风机及进风管上阀门，所有安装螺栓预紧一遍，严防螺栓松动的现象。保压24h，观察气柜有无变化或明显泄漏。

6) 停放24h后，观察气压表下降情况，内膜在气压降不超过3‰情况（0.97kPa），为合格。

7) 根据以上检测内容，如内膜出现泄漏，则可按表11所示方式进行检查。

表11 内膜泄露原因及整改方法

泄漏原因	整改办法
沼气进出气管阀门泄漏	检查沼气管路、阀门连接是否可靠，密封是否失效，阀门是否存在质量问题
正负压保护器处泄漏	正负压保护器内填充液的位置是否正确，如不足，则应补充填充液至正负压保护器观察窗刻度线范围之内
气密性检验口泄漏	检查管路法兰连接、压力表安装口、阀门安装是否可靠，密封是否失效，阀门、柔性风管是否存在质量和损伤问题
内膜与底膜之间连接	用肥皂水检查连接处是否存在泄漏，如泄漏，可调节紧固螺栓或更换密封垫解决
内膜柜体泄漏	用肥皂水检查热合缝是否泄漏，如泄漏可用备用内膜材和502胶修补

外膜气密性试验方法为：

1) 外膜与内膜不同，由于其一直有风机供风，因此无严格气密要求，允许轻微泄漏，并以此排出风机所充空气携带的凝结水。

2) 一次充气：调节单向调压阀弹簧，使单向调压阀上压力表示值达0.5kPa，保压2h，观察气柜外膜有无变化或明显大的泄漏。如无泄漏可继续充气并调高气柜压力。

3) 二次充气：调节单向调压阀弹簧，使单向调压阀上压力表示值达1.0kPa，保压24h，观察气柜外膜有无变化或明显大的泄漏。

4) 观察外膜有无变化、有无明显的或可能逐渐加大的泄漏，以致将使风机供风不及时而影响气柜的运行，可能明显存在大泄漏的部位及整改办法见表12。

表12　外膜泄漏原因与整改方法

泄漏原因	整改办法
风机出口、干式调压阀进出口及外膜进风口柔性风管、管箍部位泄漏	紧固管箍，消除泄漏
观察窗处泄漏	检查观察窗法兰是否紧固，密封是否可靠，如存在问题，则紧固螺栓、更换密封垫或用密封胶进行封堵
顶盖，探位仪等安装口	检查安装是否可靠，法兰密封是否失效，螺栓是否紧固，采样管安装是否稳固，如有松动则应解决
外膜与内膜之间连接	用肥皂水检查连接处是否存在较大泄漏（允许存在轻微泄漏），如有泄漏，可调节紧固螺栓、更换密封垫或用密封胶进行封堵
外膜柜体泄漏	用肥皂水检查热合缝是否泄漏，如有泄漏，可用备用外膜材和502胶修补

6.4.4 **1** 一体化膜式气柜应先做满水试验，合格后方可安装膜式气柜。膜式气柜在厌氧消化器上安装完毕后应进行气密性试验。

2 在一体化膜式气柜的沼气出气管上设有阀门，在内膜做气密性检验期间应关闭该阀门。

6.4.5 低压湿式气柜的安装与验收应按现行行业标准《钢制低压湿式气柜》HGJ 20517 的有关规定执行。低压干式应参照国家相关标准的有关要求执行。

6.5　管 道 施 工

6.5.4 **1** 管道支、吊架的平面位置和标高应按设计要求安装，外观应平整，固定应牢固，支、吊架与管道接触良好是为了保证支、吊架起到支撑作用，避免管道自身受力而造成变形。

3 要求当管道焊缝出现问题时支、吊架距焊缝有一定距离，以便于维修操作。

6.5.5 **1** 管道一旦下沟后，如果防腐层不合格，其补偿难度较大，质量难以保证，所以下沟前应全面检查防腐层的完整性。管道下沟，安装就位的过程中和管沟回填时，很难保证管道防腐层不会损坏，所以管道回填前应对防腐层进行 100% 的电火花检漏。

2 管道穿越铁路、公路、河流及城市主要道路的施工环境较复杂，难度较大，所以应尽量减少接口。减少管道接口及穿越前对管道进行强度、气密性

试验均可减少返工的概率。

4 主要是检查管道防腐层的完整性。

6.6　设备、电气及仪表安装

6.6.1 **1** 在出厂时已装配、调整完善的机械设备通常是不允许拆卸的。但实际上有时由于管理不善而产生碰损、锈蚀或超过防锈保质期等原因，确实需要拆卸复装的，应会同有关部门研究后进行。

2 设备开箱后及安装过程中应进行更详细的检查，如发现问题，应及时提出，并会同有关人员分析原因，妥善处理；对于管口等保护盖不完好的，应确认无异物进入设备内才能继续安装。

机械设备有运转件，产生卡阻的原因除了装配原因外，还有安装过程中的质量原因，因此在安装前认真检查尤其重要，对产生的问题有针对性地进行分析处理。

6.6.3 **1** 设备和管道取源部件的安装位置和安装要求由仪表工程专业设计提出，由设备和管道工程专业设计文件予以规定，并由设备和管道专业队伍安装，仪表专业人员配合施工。这样有利于保证工程安装质量，符合设备和管道施工过程控制的要求。

2 当设备和管道防腐、衬里施工完毕后，在其上开孔及焊接取源部件，必然会破坏防腐或衬里层。在压力试验后再开孔或焊接必然将铁屑、焊渣溅落到设备或管道内，焊缝也可能不合格。

5 根据现行国家标准《工业金属管道工程施工及验收规范》GB 50235 的有关规定，不宜在管道焊缝及其边缘上开孔。

6.7　试 运 转

6.7.1 工程施工完毕，应及时对系统进行试运转。对于单机试运转，如具备条件，一般在设备安装完毕后即可进行；对于单元模块试运转，主要是联通工艺流程，模拟生产工况，及时发现问题，及时处理解决。

6.7.2 设备在试运转过程中，内部故障产生时，在外部会以烟雾、异常噪声等显示出来，为保证能检测到试车的真实情况，不受环境干扰，对设备周围环境有较高要求。

6.7.3 对水泵、风机及增压机的单机试运转中，主要观察是否有震动、异响，轴承温度及电机负荷是否正常等，如有故障及时排除，以保证联合试运行的正常进行。

6.7.4 沼气工程场站中主要包括厌氧消化单元、净化单元、储气单元等，相对较为独立，能自成循环。因此在工程完工，投料试运行前，有必要对每个单元进行试运行，确保各单元的正常运行。

6.8　工程竣工验收

6.8.1 本验收是对大中型沼气建设工程的验收，工

程验收合格后，才可进行投料试运行、联合调试等，逐步进入正常生产过程。

6.8.2 竣工验收主要包括工程外观验收和隐蔽工程资料验收，工程现场应具备竣工验收条件。如工程应已完成全部建设内容，工程质量应自检合格，无安全隐患，检验记录应完整，设备调试、试运转及试压应达到设计要求等，避免因自身问题造成损失。因此，竣工验收应在施工单位自检合格后方可进行，避免因条件不具备而进行多次验收。

6.8.3 在工程施工的全部过程中，对于隐蔽工程、分项工程等都应具有相应的过程验收，并有相对应的验收记录和报告等资料。在竣工验收时，主要检查相关资料的完整性，以保证工程质量。

6.8.4 工程竣工资料是反映工程质量的重要内容，也是提供良好售后服务的基本要求之一。相关资料正式归档，标志着建设工程的正式完成。

7 运行与维护

7.1 一般规定

7.1.1 建立事故应急机制的目的是通过有效的应急救援行动，尽可能地降低事故的后果，包括人员伤亡、财产损失和环境破坏。事故应急预案在应急系统中起着关键作用，它明确了在突发事故发生前，发生过程中及刚刚结束之后，谁负责做什么、何时做及相应的策略和资源准备等。它是针对可能发生的重大事故及其影响和后果的严重程度，为应急准备和应急响应的各个方面所预先作出的详细安排，是开展及时、有序和有效事故应急救援工作的行动指南。应急预案的定期演练是检查、评价和保持应急能力的一个重要手段，目的是通过演练发现预案和程序的缺陷，发现应急资源的不足，改善各应急部门机构和人员之间的协调，提高应急人员的熟练程度和技术水平，提高整体应急反应能力。

7.1.2 沼气站应建立化验室，并应建立健全质量保证体系，设立专门的化验人员，并应符合国家计量认证的要求。

1 人员：现行在编人员要经过培训并经过考核；管理人员要具有实验室管理的相应资质和经验；有相应人员的技术和培训管理档案。

2 设备：实验室具备所检测各项项目所需的各类仪器设备，并经过校核或检定。实验室有相应管理程序或制度。

7.1.3 沼气站运行管理、操作和维护人员只有掌握好工艺流程和设施、设备的运行维护要求及有关技术参数，才能管理好沼气站，保证沼气场站正常、稳定、经济运行，杜绝各类事故发生，为运行提供保障。沼气站处理的原料量、生产的沼气量等生产指标及供水量、供油量、供煤量、供电量等能源指标及材料的耗用量，都应有准确的计量，作为衡量沼气站的经济效益和社会效益的依据，同时，为沼气站运行管理及成本核算奠定基础，提高沼气站运行管理效能。

7.1.4 操作人员除负责各预处理池、厌氧消化器、净化装置、储气装置等的正常工作外，还应按工艺流程和各池、各种设施的管理要求进行巡视。如：进出料是否通畅，搅拌是否均匀，各种机电设备的运转部位有无异常的噪声、温升、振动和绝缘是否正常等，尤其是要检查各连接部位有无泄漏情况，以保障安全运行。

7.1.6 在厌氧发酵作业区和沼气净化、储存作业区不应明火作业。日常操作中，严禁石器或铁器过激碰撞。如果必须要进行使用明火的检修作业时，应按要求逐级申请，检测动火点周围无沼气，并且采取安全防护措施，在企业分管安全的经理和相关人员监护下方可作业。

7.1.7 安装在厌氧消化器和储气装置上面的压力仪表是衡量沼气系统是否正常运行的重要仪表，其检修调校应有周期、有计划，保证测量精度和灵敏度，提高仪器仪表的完好率、开表率、控制率和信号联锁的投运率。运行人员应正确使用仪器仪表，保持仪器仪表的完整和清洁。

7.1.8 因沼气站的安全特性，容易发生事故，对操作人员人身造成伤害。因此，在严格遵守操作规程和安全规程外，还应有必要的安全防护设施，按要求佩戴。所有人员应熟悉防护设施的位置、用途、使用方法等，以便于在紧急情况下开展有效的自救与互救。

7.2 沼气站

7.2.1 操作人员应当根据工艺流程和对各种预处理构筑物的管理要求进行巡视，同时规范、准确地填写运行检查记录。应保持各设施、设备清洁，及时处理跑、冒、滴、漏等问题，目的是保证设施、设备符合工艺卫生要求，减少浪费，实现清洁生产。格栅运行期间应定时巡检，及时清理格栅上卡住和缠绕的杂物。

操作人员应根据沉砂量的多少及变化规律，合理地安排排砂次数。排砂间隙时间过长，会堵塞砂管、砂泵和刮砂机械；排砂间隙时间太短，会使排砂量增大，含水率高。下雨时，由于上游排水系统可能是合流制、路面风化，或者有明渠砂土进入等，应加大排砂次数或连续排砂。

7.2.2 操作人员应定期检查设备运转情况，掌握设备的运行状态，检查各种机电设备的运转部位有无异常的噪声、温升、振动和漏电等现象，及时发现设备存在的缺陷，通过紧固各种设备连接件，定期更换易损件等，做好预防性和周期性维护保养工作，可以减少设备突发故障的发生。在巡视中还应观察各种仪表是否工作正常、稳定，同时规范、准确填写运行检查记录。

7.2.3 本条规定了在原料进入厌氧消化器前应进行检测，以保证厌氧消化反应能够正常运行。

TS 和 VS 是衡量禽畜粪便、秸秆、污泥、工业有机废渣等原料有机物和无机物含量的指标。总固体（TS）指试样在一定温度下蒸发至恒重所剩余的总量，它包括样品中的悬浮物、胶体物和溶解性物质，既有有机物也有无机物。挥发性固体（VS）则表示水样中的悬浮物、胶体和溶解性物质中有机物的量。

COD 是指在一定条件下，样品中的有机物和强氧化剂作用所消耗的氧含量。COD 可以较为准确地反映样品中的有机物含量，因此成为评价进水（料）的重要指标之一。根据理论计算，1gCOD 经厌氧消化后可产生 $0.35m^3$ 的甲烷。

pH 值也是厌氧消化最重要的影响因素之一。厌氧消化过程中，水解菌与产酸菌对 pH 有较大范围的适应性，大多数这类细菌可以在 pH 值为 5.0～8.5 范围生长良好。通常情况下，甲烷菌适宜生长的 pH 值范围为 6.5～7.8，这也是厌氧消化器所应控制的 pH 值范围。

7.2.4 用于厌氧消化器启动时的厌氧活性污泥又称做接种物，选择同类工程的活性污泥作接种物（菌种）可以加快系统的启动速度。菌种的驯化富集可在厌氧消化器内进行，也可在其他容器内进行。富集的菌种投入厌氧消化器内，对于较小容积的消化器，菌种量约占 30%；较大容积的消化器，富集的菌种可以在 10%～30% 之间。然后按正常运行状态接通系统，使富集的菌种逐步升温至系统的运行温度。

进料时要控制好初始的浓度、温度和 pH 值，初始浓度不宜太大。原料在预处理阶段的温度宜高出系统温度 3℃～5℃，并将 pH 值调节至 6.5～7.0 范围内，每次进料量是厌氧消化器内料液的 5%～10%。进料的多少，可以根据厌氧消化器内的料液 pH 值高低来确定，直至料液向外溢流。此后逐步增加容积负荷至设计负荷。

7.2.5 本条规定了厌氧消化器在正常运行时应符合的要求。消化器是完全生化反应的封闭反应器。运行管理人员要确定厌氧消化过程是否正常，可通过定期监测产气量、pH 值、挥发性 VFA、总碱度等几项工艺运行参数，并结合对沼气成分进行测定，得到可靠数据。同时，根据监测数据调整厌氧消化器的运行工况，以获得最佳状态。正常的厌氧消化系统指标见表 13。

表 13　厌氧消化系统正常时的指标和参数表

项　　目	允许范围	最佳范围
pH 值	6.5～7.8	6.5～7.5
氧化还原电位（mV）	—	＜-330

项　　目	允许范围	最佳范围
挥发性 VFA/(mg/L，以乙酸计)	50～2500	50～500
碱度 ALK/(mg/L，以 $CaCO_3$ 计)	1000～5000	1500～5000
VFA/ALK	0.1～0.5	0.1～0.3
沼气中 CH_4 含量（体积比）(%)	＞50	＞60
沼气中 CO_2 含量（体积比）(%)	＜45	＜35

沼气产量降低：温度或负荷的突然变化都可使甲烷菌受到抑制，影响到它的代谢作用及对有机物的降低过程，从而使产气量降低。

pH 值降低：当原料投配率过高，池内产生大量的挥发酸时，导致 pH 值低于正常值，从而抑制生物消化过程，使污泥消化不完全。

挥发酸与总碱度的比值低于 0.5 保持在 0.2 左右时，说明所提供的缓冲作用足够。当消化过程在稳定地进行，且挥发酸的含量应保持在 500mg/L 以下。挥发酸与总碱度应一起测定。

对沼气成分进行分析：测定 CO_2 与 CH_4 的含量是掌握消化过程反常现象的最快方法，特别是可反映出厌氧消化器内存在有毒的或有抑制作用的物质，重金属和某些阳离子，如硫化物等。

正常运行时，厌氧消化器内产酸菌和产甲烷菌会自动保持平衡，并将消化液的 pH 值自动维持在 6.5～7.5 的近中性范围内，此时碱度一般在 1000g/L～5000g/L（以 $CaCO_3$ 计），典型值在 2500mg/L～3500mg/L。但是，由于水力超负荷、温度的波动、投入的有机物超负荷或甲烷菌中毒等，都会导致系统的 pH 值、脂肪酸、总碱度发生变化。

对一定的处理系统而言，沼气中甲烷和二氧化碳的含量接近固定的数值。若沼气中出现二氧化碳百分含量突然增加，表明负荷有可能偏大，系统受到某种抑制。若氮气和氧气的含量同时增大，表明处理系统气密性差或进水空气量高。

厌氧消化器进料管和排泥管阀门因操作频繁，常采用双刀闸阀。正常操作时使用外侧的阀门，如外阀门出现故障，可关闭内侧的阀门，实现不停产更换或检修外阀。

7.2.6 厌氧消化器使用一段时间后，应停产检修，进行全面的防腐防渗检查与处理。厌氧消化器内既有电化学腐蚀，也有生物腐蚀。电化学腐蚀主要是消化过程中产生的硫化氢在液相形成氢硫酸导致的腐蚀。此外，用于提高装置的气密性和水密性的一些防水涂料，经一段时间后，被微生物分解掉，而失去防渗效果。厌氧消化器停运后，还应对金属部件进行防腐处理，对内壁进行防渗处理，检查池体结构等。根据国内大型污水处理厂厌氧消化器的运转经验及国外相关资料，建议运行 3～5 年对厌氧消化器进行一次停产检修。

7.2.7 在厌氧消化器暂时停止运行时,为了保证厌氧消化器内的厌氧活性污泥具有一定的活性,需要在厌氧消化器内保持一定量的营养基质及适宜的温度,以便再次投入运行时能够快速启动。一般认为,产甲烷菌的温度范围为5℃～60℃,本规范规定在厌氧消化器停产时的温度控制在10℃左右,既考虑了一定的温度余量,又不至于浪费大量能源。

7.2.8 3 监测沼气压力,发现明显下降时,说明塔内阻力变大,应检查确认脱硫剂是否粉化或结块;当采用塔内再生时,进行倒台,首先将塔内沼气排净,然后用气泵将空气缓慢打入塔内,同时控制塔内再生温度应低于70℃,防止脱硫剂失去活性。在线再生时,沼气继续通过管路,脱硫剂反应与再生反应同时进行。但应严密监视后端沼气中的氧含量及硫化氢含量,随时调整进入脱硫塔中的空气流量。

废脱硫剂的处置应符合环保要求,将废脱硫剂存放在指定地点,避免污染地下水,数量大时可送回硫酸厂。

7.2.9 气柜鼓风机应处于无故障连续工作状态,以保证气柜外膜的稳定和抗风雪雨能力。从安全、节能及防止污染角度出发,当沼气泄漏(如:内层膜破损)达到一定浓度时,遇火会有火灾及爆炸危险,泄漏报警仪应自动报警,操作人员应立即关闭气柜进、出口阀门,打开放散阀将沼气放空后进行检修。

7.2.11 1 本款指的调压装置的安全设施应包括安全切断阀、安全放散阀及水封等,并在运行过程中对

其进行可靠性检查。

2 当调压器内具有电加热采暖时,应对电采暖器的外壳温度进行测定,如其温度超过115℃应查找原因并加以解决。调压装置的采暖在寒冷地区极为重要,特别是当沼气中冷凝水较多时,在低温下会产生冻堵,使调压器失灵,造成下游无气或高压送气,为防止事故发生应保证采暖设施的正常运行。

7.2.12 停用的厌氧消化器、沼气气柜,运行的阀门井内容易产生沼气聚集,造成有毒有害气体超标,危害人身健康。所以在这些设施内作业时应做好通风和监测。因为厌氧消化器、沼气气柜、阀门井等装置的作业环境较复杂,维护和保养不便,所以操作人员要穿戴齐全劳动保护用品,实行一人操作,一人监督的工作方式。对于生物脱硫装置、放散火炬等需要采取攀高作业时,由于其作业面积较小,在维修和保养时同样有较大的危险性,所以也应穿戴齐全劳动保护用品,且应不少于2人时方可进行工作。

7.3 管道及附件

7.3.2 埋地沼气管道泄漏后,沼气可能沿地层的缝隙扩散到管道周围的阀门井、地沟、建筑物等处,沿上述地方进行检测可有效发现漏气点及漏气影响范围。为防止安全事故的发生及沼气的漏损,应及时对漏气点进行修补或更换。

7.3.6 根据不同季节环境温度的变化及输气量的增减,按确定排水的周期进行排水。

中华人民共和国国家标准

城市节水评价标准

Standard for urban water conservation evaluation

GB/T 51083—2015

主编部门：中华人民共和国住房和城乡建设部
批准部门：中华人民共和国住房和城乡建设部
施行日期：2 0 1 5 年 1 2 月 1 日

中华人民共和国住房和城乡建设部
公 告

第 796 号

住房城乡建设部关于发布国家标准
《城市节水评价标准》的公告

现批准《城市节水评价标准》为国家标准，编号为 GB/T 51083-2015，自 2015 年 12 月 1 日起实施。

本标准由我部标准定额研究所组织中国建筑工业出版社出版发行。

中华人民共和国住房和城乡建设部

2015 年 4 月 8 日

前 言

根据住房和城乡建设部《关于印发〈2012 年工程建设标准规范制订、修订计划〉的通知》（建标〔2012〕5 号）的要求，标准编制组经广泛调查研究，认真总结实践经验，参考有关国家标准和国外先进标准，并在广泛征求意见的基础上，编制本标准。

本标准的主要技术内容：1. 总则；2. 术语；3. 基本规定；4. 评价内容与指标计算方法。

本标准由住房和城乡建设部负责管理，由北京建筑大学负责具体技术内容的解释。执行过程中如有意见或建议，请寄送北京建筑大学（地址：北京市西城区展览馆路 1 号，邮编：100044）。

本 标 准 主 编 单 位：北京建筑大学
中国城镇供水排水协会

本 标 准 参 编 单 位：中国城市建设研究院有限公司
住房和城乡建设部城镇水务管理办公室
山东省住房和城乡建设厅

中国中元国际工程有限公司
北京市建筑设计研究院有限公司
北京科技大学

本标准主要起草人员：张雅君　许　萍　丁五禾
吕士健　徐慧纬　范升海
黄晓家　郑克白　施春红
毛　丰　陈力行　冯萃敏
孙丽华　刘　强　陈　韬
汪长征　牛璋彬　陈　玮
王俊岭　王媛媛

本标准主要审查人员：宋兰合　刘　红　袁晓东
刘志琪　刘振印　李　萍
缪　斌　龚询木　黄涵漪
岳宗文　昝玉红

目 次

Contents

1 总　则

1.0.1 为规范城市节约用水，全面提高城市用水效率和效益，促进城市节水减排，推动生态文明和资源节约环境友好型社会建设，制定本标准。

1.0.2 本标准适用于城市节水评价，也适用于镇节水评价。

1.0.3 节水评价除应符合本标准外，尚应符合国家现行有关标准的规定。

2 术　语

2.0.1 单因子评价　single-factor evaluation

根据实测数据和标准对比分类，选取最差指标的级别作为评价结果的评价方式。

2.0.2 城市蓝线　urban blue line

城市规划确定的江、河、湖、库、渠和湿地等城市地表水体保护和控制的地域界线。

2.0.3 自备水　self-supplied water

以地表水或地下水为供水水源，由单位或个人自行建设供水设施，主要提供自身生产、生活及各项建设的用水。

2.0.4 计划用水　water planning

根据城市的水资源条件、供水能力和经济社会发展对用水的需求，依据用水定额和非居民用水户实际用水情况，对其在一定时间内的用水量进行核定，下达用水计划并考核的管理方式。

2.0.5 节水"三同时"　three-simultaneity for water conservation

节水设施与建设项目的主体工程同时设计、同时施工、同时投入使用。

2.0.6 水平衡测试　water balance test

对用水单元或用水系统的水量进行系统的测试、统计、分析得出水量平衡关系的过程。

2.0.7 城市居民生活用水　water for city's residential domestic use

使用公共供水设施或自建供水设施供水的城市居民日常家庭生活用水，包括饮用、盥洗、洗涤、冲厕用水等。

2.0.8 综合生活用水　water for domestic and public use

居民生活用水、公共建筑和设施用水的总称。

2.0.9 节水型生活用水器具　domestic water saving equipment

在满足用水需求或相同用水功能的条件下，比同类常规产品能减少流量或用水量，提高用水效率、体现节水技术的器件、用具。

2.0.10 节水型居民小区　residential community met water conservation standard

采用先进适用的管理措施和节水技术，用水效率达到一定标准的城市居民生活小区（社区）。

2.0.11 节水型企业（单位）　enterprise met water conservation standard

采用先进适用的技术和管理，用水效率达到一定标准或同行业先进水平的企业（单位）。

3 基本规定

3.0.1 城市节水评价指标体系由基本条件、基础管理、综合节水、生活节水、工业节水和环境生态节水6类评价项目，34项指标组成。

3.0.2 基本条件评价项目为基本项，其他5类评价项目为控制项和优选项。

3.0.3 城市节水评价按节水水平由高到低划分为3个等级，分别为城市节水Ⅰ级、城市节水Ⅱ级和城市节水Ⅲ级。

3.0.4 城市节水评价应根据实际情况选取相应节水等级，采用单因子评价方式。

3.0.5 城市节水评价各等级划分按表3.0.5确定。

表3.0.5　城市节水评价等级划分

评价等级	基本项	控制项	优选项
城市节水Ⅰ级	6	20	5
城市节水Ⅱ级	6	20	4
城市节水Ⅲ级	6	20	3

3.0.6 城市节水各等级的评价标准、项目类型和评价内容应符合本标准第4章的规定。

3.0.7 所有评价数据来源应依据国家及地方有关部门发布的统计年鉴、统计年报等资料。

4 评价内容与指标计算方法

4.1 评价内容

4.1.1 城市节水评价基本条件的评价内容、项目类型和评价标准应符合表4.1.1的规定。

表4.1.1　城市节水评价基本条件的评价内容、项目类型和评价标准

类型	序号	评价内容	项目类型	评价标准
基本条件	1	城市节水法规制度建设	基本项	1. 应有地方人大或本级政府颁发的有关城市节水管理方面的法规或规范性文件； 2. 应建立城市节水管理制度和长效机制

类型	序号	评价内容	项目类型	评价标准
基本条件	2	城市节约用水管理机构	基本项	节水管理机构应按法律法规及有关规定授权行使有关行政管理职能、开展具体节水管理工作
	3	城市节水统计制度建设及执行	基本项	1. 按国家节水统计的要求,应制定城市节水统计指标体系; 2. 应实施城市节水统计制度; 3. 应定期上报本市节水统计报表
	4	节水财政投入制度	基本项	1. 应建立节水财政资金投入制度; 2. 应有年度政府节水财政投入,确保节水基础管理、节水技术推广、节水设施改造与建设、水平衡测试、节水宣传教育等活动的开展

类型	序号	评价内容	项目类型	评价标准
基本条件	5	城市节水管理信息技术应用	基本项	应建立城市节水数字化管理平台
	6	城市节水宣传及公众参与	基本项	1. 应依照年度节水宣传主题,制定和实施宣传工作计划; 2. 应组织开展创建节水型企业、单位及居民小区工作; 3. 应利用各类相关宣传周(日)开展节水宣传

4.1.2 城市节水评价基础管理、综合节水、生活节水、工业节水和环境生态节水的评价内容、项目类型和评价标准应符合表 4.1.2 的规定。

表 4.1.2 城市节水评价基础管理、综合节水、生活节水、工业节水和环境生态节水的评价内容、项目类型和评价标准

类型	序号	评价内容	项目类型	城市节水Ⅰ级评价标准	城市节水Ⅱ级评价标准	城市节水Ⅲ级评价标准
基础管理	7	城市节水规划	控制项	应有具有相应资质的规划机构编制、经本级政府批准实施的城市节水专项规划,并纳入城市总体规划	同Ⅰ级	同Ⅰ级
				城市节水规划的规划期限应为5年以上,内容应包含现状及节水潜力分析、规划目标、任务分解及措施保障等	同Ⅰ级	同Ⅰ级
				应有落实规划的意见措施,开展了规划实施评估工作,城市节水规划指标落实率不应小于90%	应有落实规划的意见措施,开展了规划实施评估工作,城市节水规划指标落实率不应小于80%	应有落实规划的意见措施,开展了规划实施评估工作,城市节水规划指标落实率不应小于70%
	8	城市蓝线管理	控制项	应按要求划定蓝线,蓝线的管理和实施应符合《城市蓝线管理办法》的规定	同Ⅰ级	同Ⅰ级
	9	城市节水资金投入	控制项	应设立节水财政资金	同Ⅰ级	—
				应将超定额、超计划累进加价水费纳入财政资金管理,作为节水资金	同Ⅰ级	—
				城市节水财政投入占本级财政支出的比例不应小于0.5‰	同Ⅰ级	城市节水财政投入占本级财政支出的比例不应小于0.3‰
				城市节水资金投入占本级财政支出的比例不应小于1‰	同Ⅰ级	城市节水资金投入占本级财政支出的比例不应小于0.5‰

类型	序号	评价内容	项目类型	城市节水Ⅰ级评价标准	城市节水Ⅱ级评价标准	城市节水Ⅲ级评价标准
基础管理	10	计划用水与定额管理	控制项	应有城市主要工业、公共生活用水定额标准	同Ⅰ级	同Ⅰ级
				公共供水的非居民用水和自备水应实行计划用水与定额管理,计划用水率不应小于95%	公共供水的非居民用水和自备水应实行计划用水与定额管理,计划用水率不应小于90%	公共供水的非居民用水和自备水应实行计划用水与定额管理,计划用水率不应小于80%
				应有公共供水和自备水超定额超计划累进加价实施办法或细则并实施	同Ⅰ级	同Ⅰ级
				应建立重点用水单位监控名录并进行监控管理	同Ⅰ级	同Ⅰ级
	11	自备水管理	控制项	应实行取水许可制度	同Ⅰ级	同Ⅰ级
				在禁采区和限采区,应有限期关闭自备井的办法并有计划组织实施	同Ⅰ级	同Ⅰ级
				在公共供水管网覆盖的范围内不得新批自备井;在地下水超采区,逐步削减超采量,连续两年无各类建设项目和服务业新增取用地下水;在地下水禁采区,自备井关停比不应小于90%	在公共供水管网覆盖的范围内不得新批自备井;在地下水超采区,逐步削减超采量,连续两年无各类建设项目和服务业新增取用地下水	同Ⅱ级
				应定期开展地下水水位、水质监测	同Ⅰ级	—
	12	自备井水供水率	控制项	在城市公共供水范围内,自备井供水量占城市用水总量的比例不应大于10%,且逐年降低	在城市公共供水范围内,自备井供水量占城市用水总量的比例不应大于20%,且逐年降低	在城市公共供水范围内,自备井供水量占城市用水总量的比例不应大于30%,且逐年降低
	13	节水"三同时"管理	控制项	应有节水"三同时"管理制度	同Ⅰ级	同Ⅰ级
				应有"三同时"制度实施程序及监督运行管理措施	同Ⅰ级	同Ⅰ级
				应有有关部门对建设项目节水设施审核、竣工验收资料	同Ⅰ级	同Ⅰ级
	14	价格管理	控制项	水资源费征收率不应小于95%,污水处理费征收率不应小于95%;收费标准不低于国家或地方标准	水资源费征收率不应小于90%,污水处理费征收率不应小于85%	水资源费征收率不应小于85%,污水处理费征收率不应小于80%
				应确定特种行业用水范围,物价部门应制定特种行业用水价格指导意见或价格标准	同Ⅰ级	同Ⅰ级
				应有物价部门关于再生水价格的指导意见	同Ⅰ级	同Ⅰ级

续表 4.1.2

类型	序号	评价内容	项目类型	城市节水Ⅰ级评价标准	城市节水Ⅱ级评价标准	城市节水Ⅲ级评价标准
基础管理	15	居民生活用水阶梯水价制度	控制项	居民生活用水应全面实施阶梯水价	同Ⅰ级	同Ⅰ级
				居民生活用水户表计量率应为100%	同Ⅰ级	同Ⅰ级
	16	水价调整成本公开制度	优选项	政府价格主管部门应建立包含供水企业成本公开和定价成本监审公开两个层面的城市供水价格调整成本公开制度	政府价格主管部门在制定和调整水价时，应进行供水企业水成本公开	同Ⅱ级
				主要供水企业应建立定期成本公开制度，并接受社会监督	政府价格主管部门制定和调整水价时，应向社会公开成本监审报告	—
	17	水平衡测试	控制项	应制定水平衡测试管理规定	同Ⅰ级	同Ⅰ级
				应开展水平衡测试技术培训工作	同Ⅰ级	同Ⅰ级
				工业企业水平衡测试率不应小于60%；非工业企业用水单位水平衡测试率不应小于50%	工业企业水平衡测试率不应小于50%；非工业企业用水单位水平衡测试率不应小于40%	工业企业水平衡测试率不应小于40%；非工业企业用水单位水平衡测试率不应小于30%
综合节水	18	万元地区生产总值（GDP）用水量	控制项	不应大于全国值的40%	不应大于全国值的50%	不应大于全国值的70%
	19	综合生活用水量	优选项	不应大于所在地域平均值的90%	不应大于所在地域平均值的92%	不应大于所在地域平均值的95%
	20	城市非常规水资源利用率	优选项	人均水资源量小于600m³或水环境质量差的地区不应小于30%；其他地区不应小于20%。其中工业部分不应小于40%	人均水资源量小于600m³或水环境质量差的地区不应小于25%；其他地区不应小于15%。其中工业部分不应小于30%	人均水资源量小于600m³或水环境质量差的地区不应小于20%；其他地区不应小于10%。其中工业部分不应小于20%
	21	城市污水处理率	控制项	直辖市、省会城市、计划单列市城市污水实现全收集全处理；地级市城市污水集中处理率达到全国地级市平均水平；县级市城市污水集中处理率达到全国县级市平均水平	同Ⅰ级	同Ⅰ级

类型	序号	评价内容	项目类型	城市节水Ⅰ级评价标准	城市节水Ⅱ级评价标准	城市节水Ⅲ级评价标准
综合节水	22	城市供水管网漏损率	控制项	应实施区域管网漏损控制评价	应建立定期管网检测和漏损控制工作机制	同Ⅱ级
				城市供水管网漏损率应小于现行行业标准《城市供水管网漏损控制及评定标准》CJJ 92 规定的修正值指标 2 个百分点	城市供水管网漏损率应小于现行行业标准《城市供水管网漏损控制及评定标准》CJJ 92 规定的修正值指标 1 个百分点	城市供水管网漏损率不应大于现行行业标准《城市供水管网漏损控制及评定标准》CJJ 92 规定的修正值指标
	23	建成区雨污分流排水体制管道覆盖率	优选项	除干旱地区外，新建城区应100%雨污分流；老城区应按规划进行改造	同Ⅰ级	同Ⅰ级
生活节水	24	城市居民生活日用水量	控制项	不应大于现行国家标准《城市居民生活用水量标准》GB/T 50331 的指标中值	不应大于现行国家标准《城市居民生活用水量标准》GB/T 50331 的指标计算值 Q，其中 $Q=$下限值＋差值的70%	不应大于现行国家标准《城市居民生活用水量标准》GB/T 50331 的上限指标值
	25	节水型生活用水器具普及率（公共建筑）	控制项	100%	100%	100%
		节水型生活用水器具普及率（居民家庭）	控制项	100%	100%	≥95%
	26	节水型居民小区覆盖率	优选项	≥15%	≥10%	≥5%
	27	节水型单位覆盖率	优选项	≥20%	≥15%	≥10%
	28	特种行业（洗浴、洗车等）用水计量收费率	控制项	100%	100%	100%
工业节水	29	万元工业增加值用水量	控制项	不应大于全国值的50%	不应大于全国值的60%	不应大于全国值的70%
	30	工业用水重复利用率	控制项	≥83%（不含电厂）	≥80%（不含电厂）	≥78%（不含电厂）
	31	工业企业单位产品用水量	控制项	应小于现行国家标准《取水定额》GB/T 18916.1～18916.16 规定值的80%，且不应大于地方标准值	应小于现行国家标准《取水定额》GB/T 18916.1～18916.16 规定值的90%，且不应大于地方标准值	应小于现行国家标准《取水定额》GB/T 18916.1～18916.16 规定值，且不应大于地方标准值
	32	节水型工业企业覆盖率	控制项	≥25%	≥20%	≥15%

类型	序号	评价内容	项目类型	城市节水Ⅰ级评价标准	城市节水Ⅱ级评价标准	城市节水Ⅲ级评价标准
环境生态节水	33	水环境质量达标率	优选项	100%	≥90%	≥80%
	34	生态雨水利用工程项目	优选项	年均不应小于10项	年均不应小于6项	年均不应小于4项

4.2 指标计算方法

4.2.1 城市节水规划指标落实率应按下式计算：

$$\eta_g = \frac{N_l}{N_t} \times 100 \qquad (4.2.1)$$

式中：η_g ——城市节水规划指标落实率(%)；

N_l ——已落实的城市节水规划指标数量(项)；

N_t ——城市节水规划指标总数(项)。

4.2.2 城市节水财政投入占本级财政支出的比例应按下式计算：

$$\eta_z = \frac{P_z}{P_t} \times 1000 \qquad (4.2.2)$$

式中：η_z ——城市节水财政投入占本级财政支出的比例(‰)；

P_z ——年城市节水财政投入资金总额(万元)；

P_t ——年城市本级财政总支出(万元)。

4.2.3 城市节水资金投入占本级财政支出的比例应按下式计算：

$$\eta_{sz} = \frac{P_z + P_s}{P_t} \times 1000 \qquad (4.2.3)$$

式中：η_{sz} ——城市节水资金投入占本级财政支出的比例(‰)；

P_s ——年城市社会节水投入资金总额(万元)。

4.2.4 公共供水的非居民用水计划用水率应按下式计算：

$$\eta_{jg} = \frac{Q_{sg}}{Q_{gt} - Q_{jg}} \times 100 \qquad (4.2.4)$$

式中：η_{jg} ——公共供水的非居民用水计划用水率(%)；

Q_{sg} ——年已下达用水计划的公共供水非居民用水单位实际用水总量(新水量)(m³)；

Q_{gt} ——年城市公共供水用水总量(新水量)(m³)，可按供水企业售水量计；

Q_{jg} ——年城市公共供水居民用水总量(新水量)(m³)，可按供水企业居民售水量计。

4.2.5 自备水计划用水率应按下式计算：

$$\eta_{jz} = \frac{Q_{jz}}{Q_{tz}} \times 100 \qquad (4.2.5)$$

式中：η_{jz} ——自备水计划用水率(%)；

Q_{jz} ——年已下达用水计划的用水户自备水实际用水总量(新水量)(m³)；

Q_{tz} ——年城市自备水实际用水总量(新水量)

(m³)。

4.2.6 自备井关停比应按下式计算：

$$\eta_{zg} = \frac{N_{zg}}{N_{zt}} \times 100 \qquad (4.2.6)$$

式中：η_{zg} ——自备井关停比(%)；

N_{zg} ——城市公共供水范围内地下水禁采区已关停的自备井数量(个)；

N_{zt} ——城市公共供水范围内地下水禁采区自备井总数(个)。

4.2.7 自备井水供水率应按下式计算：

$$\eta_{js} = \frac{Q_{js}}{Q_{gt} + Q_{js}} \times 100 \qquad (4.2.7)$$

式中：η_{js} ——自备井水供水率(%)；

Q_{js} ——年城市公共供水范围内自备井用水总量(m³)。

4.2.8 水资源费征收率应按下式计算：

$$\eta_r = \frac{P_{sr}}{P_{yr}} \times 100 \qquad (4.2.8)$$

式中：η_r ——水资源费征收率(%)；

P_{sr} ——年实际征收的水资源费(万元)；

P_{yr} ——年应征收的水资源费(万元)。

4.2.9 污水处理费征收率应按下式计算：

$$\eta_w = \frac{P_{sw}}{P_{yw}} \times 100 \qquad (4.2.9)$$

式中：η_w ——污水处理费征收率(%)；

P_{sw} ——年实际征收的污水处理费(含自备水)(万元)；

P_{yw} ——年应征收的污水处理费(含自备水)(万元)。

4.2.10 居民生活用水户表计量率应按下式计算：

$$\eta_m = \frac{N_m}{N_f} \times 100 \qquad (4.2.10)$$

式中：η_m ——居民生活用水户表计量率(%)；

N_m ——已安装水表计量(一户一表)的居民户数量(万)；

N_f ——城市居民使用公共供水总户数(万)。

4.2.11 工业企业水平衡测试率应按下式计算：

$$\eta_{b1} = \frac{Q_{st}}{Q_{bt}} \times 100 \qquad (4.2.11)$$

式中：η_{b1} ——工业企业水平衡测试率(%)；

Q_{st} ——已完成水平衡测试的工业企业年用水总量(新水量)(m³)；

Q_{bt} ——年城市工业用水总量(m³)。

4.2.12 非工业企业用水单位水平衡测试率应按下式计算：

$$\eta_{b2} = \frac{Q_{ft}}{Q_{ct} - Q_{bt} - Q_{jt}} \times 100 \quad (4.2.12)$$

式中：η_{b2}——非工业企业用水单位水平衡测试率（%）；

Q_{ft}——已完成水平衡测试的非工业企业用水单位年用水总量（新水量）（m^3）；

Q_{ct}——年城市用水总量（新水量）（m^3）；

Q_{jt}——年城市居民生活用水总量（新水量）（m^3）。

4.2.13 万元地区生产总值（GDP）用水量应按下式计算：

$$Q_p = \frac{Q_{ct} - Q_{1t}}{P - P_1} \quad (4.2.13)$$

式中：Q_p——万元地区生产总值（GDP）用水量（m^3/万元）；

Q_{1t}——年城市第一产业用水总量（新水量）（m^3）；

P——年城市地区生产总值（万元）；

P_1——年城市第一产业地区生产总值（万元）。

4.2.14 综合生活用水量应按下式计算：

$$Q_{av} = \frac{Q_{dt}}{N_p \times 365} \times 1000 \quad (4.2.14)$$

式中：Q_{av}——综合生活用水量[L/（人·d）]；

Q_{dt}——年城市生活用水总量（m^3）；

N_p——城市用水总人数（人）。

4.2.15 城市非常规水资源利用率应按下式计算：

$$\eta_{nu} = \frac{Q_{nu}}{Q_{ct} + Q_{nu}} \times 100 \quad (4.2.15)$$

式中：η_{nu}——城市非常规水资源利用率（%）；

Q_{nu}——年城市非常规水资源用水总量（不含农业，不含重复利用水量）（m^3）。

4.2.16 城市污水集中处理率应按下式计算：

$$\eta_{wt} = \frac{Q_{wt}}{Q_w} \times 100 \quad (4.2.16)$$

式中：η_{wt}——城市污水集中处理率（%）；

Q_{wt}——年达标排放的城市污水集中处理总量（m^3）；

Q_w——年城市污水排放总量（m^3）。

4.2.17 城市供水管网漏损率应按下式计算：

$$\eta_{gl} = \frac{Q_{tg} - Q_{gt} - Q_{gm}}{Q_{tg}} \times 100 \quad (4.2.17)$$

式中：η_{gl}——城市供水管网漏损率（%）；

Q_{tg}——年城市公共供水总量（m^3）；

Q_{gm}——年城市公共供水免费用水总量（m^3）。

4.2.18 建成区雨污分流排水体制管道覆盖率按下式计算：

$$\eta_{ff} = \frac{F_{jf}}{F_j} \times 100 \quad (4.2.18)$$

式中：η_{ff}——建成区雨污分流排水体制管道覆盖率（%）；

F_{jf}——城市建成区雨污分流管网覆盖的面积（km^2）；

F_j——城市建成区面积（km^2）。

4.2.19 城市居民生活日用水量应按下式计算：

$$Q_{ad} = \frac{Q_{jt}}{N_p \times 365} \times 1000 \quad (4.2.19)$$

式中：Q_{ad}——城市居民生活日用水量[L/（人·d）]。

4.2.20 节水型生活用水器具普及率应按下式计算：

$$\eta_{is} = \frac{N_{is} + N_{ms}}{N_i} \times 100 \quad (4.2.20)$$

式中：η_{is}——节水型生活用水器具普及率（%）；

N_{is}——节水型生活用水器具数量（个）；

N_{ms}——采取节水措施的生活用水器具数量（个）；

N_i——生活用水器具总数（个）。

4.2.21 节水型居民小区覆盖率应按下式计算：

$$\eta_{sr} = \frac{N_{sr}}{N_r} \times 100 \quad (4.2.21)$$

式中：η_{sr}——节水型居民小区覆盖率（%）；

N_{sr}——节水型居民小区或社区居民户数（户）；

N_r——城市居民总户数（户）。

4.2.22 节水型单位覆盖率应按下式计算：

$$\eta_{so} = \frac{Q_{so}}{Q_{ct} - Q_{bt} - Q_{jt}} \times 100 \quad (4.2.22)$$

式中：η_{so}——节水型单位覆盖率（%）；

Q_{so}——年城市节水型单位用水总量（新水量）（m^3）。

4.2.23 特种行业（洗浴、洗车等）用水计量收费率应按下式计算：

$$\eta_{sb} = \frac{N_{sb}}{N_{cb}} \times 100 \quad (4.2.23)$$

式中：η_{sb}——特种行业（洗浴、洗车等）用水计量收费率（%）；

N_{sb}——设表计量并收费的特种行业（洗浴、洗车等）单位总数（个）；

N_{cb}——城市特种行业（洗浴、洗车等）单位总数（个）。

4.2.24 万元工业增加值用水量应按下式计算：

$$W_g = \frac{Q_{gbt}}{P_g} \quad (4.2.24)$$

式中：W_g——万元工业增加值用水量（m^3/万元）；

Q_{gbt}——城市工业企业年用水总量（规模以上）（新水量）（m^3）；

P_g——年城市工业产值增加值（规模以上）（万元）。

4.2.25 工业用水重复利用率应按下式计算：

$$\eta_c = \frac{Q_c}{Q_c + Q_{bt}} \times 100 \quad (4.2.25)$$

式中：η_c——工业用水重复利用率（%）；

$\quad\quad Q_c$——年城市工业重复用水总量（m^3）。

4.2.26 工业企业单位产品用水量应按下式计算：

$$q_{ei} = \frac{Q_{qi}}{P_{qi}} \quad\quad (4.2.26)$$

式中：q_{ei}——某工业企业单位产品用水量（m^3/单位产品）；

$\quad\quad Q_{qi}$——某工业企业年生产用水总量（新水量）（m^3）；

$\quad\quad P_{qi}$——某工业企业年产品产量（产品数量）。

4.2.27 节水型工业企业覆盖率应按下式计算：

$$\eta_j = \frac{Q_j}{Q_{bt}} \times 100 \quad\quad (4.2.27)$$

式中：η_j——节水型工业企业覆盖率（%）；

$\quad\quad Q_j$——年城市节水型工业企业用水总量（新水量）（m^3）。

4.2.28 水环境质量达标率应按下式计算：

$$\rho = \frac{N_q}{N_{jt}} \times 100 \quad\quad (4.2.28)$$

式中：ρ——水环境质量达标率（%）；

$\quad\quad N_q$——认证断面监测达标频次之和（次）；

$\quad\quad N_{jt}$——认证断面监测总频次（次）。

本标准用词说明

1 为便于在执行本标准条文时区别对待，对要求严格程度的不同的用词说明如下：

    1）表示很严格，非这样做不可的：

        正面词采用"必须"；反面词采用"严禁"；

    2）表示严格，在正常情况下均这样做的：

        正面词采用"应"；反面词采用"不应"或"不得"；

    3）表示允许稍有选择，在条件许可时首先应这样做的：

        正面词采用"宜"；反面词采用"不宜"；

    4）表示有选择，在一定条件下可以这样做的，采用"可"。

2 条文中指明应按其他有关标准执行的写法为："应按……执行"或"应符合……规定"。

引用标准目录

1 《城市居民生活用水量标准》GB/T 50331

2 《取水定额》GB/T 18916.1~18916.16

3 《城市供水管网漏损控制及评定标准》CJJ 92

中华人民共和国国家标准

城市节水评价标准

GB/T 51083—2015

条 文 说 明

制 订 说 明

《城市节水评价标准》GB/T 51083－2015，经住房和城乡建设部 2015 年 4 月 8 日以第 796 号公告批准、发布。

本标准制定过程中，编制组对国内城市节水工作进行了调查研究，总结了我国城市节水工作的实践经验，同时参考了国外先进技术法规、技术标准。

为便于广大设计、施工、科研、学校等单位有关人员在使用本标准时能正确理解和执行条文规定，《城市节水评价标准》编制组按章、节、条顺序编制了本标准的条文说明，对条文规定的目的、依据以及执行中需注意的有关事项进行了说明。但是，本条文说明不具备与标准正文同等的法律效力，仅供使用者作为理解和把握标准规定的参考。

目　次

1 总 则

1.0.1 水资源短缺已成为我国经济社会可持续发展的瓶颈。积极采取有效措施建设节水型城市，已成为城市发展的必然选择。为正确引导城市健康发展，采用全国范围内统一适用的方法，科学评价城市节水水平，编制本标准。

1.0.2 本标准针对国务院确定的设市城市制定，主要评价范围为市区，不包括农业用水；考虑到可操作性，节水型生活用水器具普及率的评价范围为城市建成区。

市区是指设市城市本级行政管辖的地域，不包括市辖县和市辖市；城市建成区是指城市行政区规划范围内已成片开发建设、市政公用设施和公共设施基本具备的区域。

本标准也适用于县人民政府所在地的建制镇（即县城）和县以下的建制镇（即县辖建制镇）。

1.0.3 与本标准相关的还有下列现行标准：

　　1　《室外给水设计规范》GB 50013；

　　2　《室外排水设计规范》GB 50014；

　　3　《城市给水工程规划规范》GB 50282；

　　4　《建筑与小区雨水利用工程技术规范》GB 50400；

　　5　《民用建筑节水设计标准》GB 50555；

　　6　《地表水环境质量标准》GB 3838；

　　7　《节水型企业评价导则》GB/T 7119；

　　8　《污水综合排放标准》GB 8978；

　　9　《企业水平衡测试通则》GB/T 12452；

　　10　《地下水质量标准》GB/T 14848；

　　11　《工业企业产品取水定额编制通则》GB/T 18820；

　　12　《城镇污水处理厂污染物排放标准》GB 18918；

　　13　《城市污水再生利用　城市杂用水水质》GB/T 18920；

　　14　《城市污水再生利用　景观环境用水水质》GB/T 18921；

　　15　《城市污水再生利用　地下水回灌水质》GB/T 19772；

　　16　《城市污水再生利用　工业用水水质》GB/T 19923；

　　17　《城市污水再生利用　农田灌溉用水水质》GB/T 20922；

　　18　《城市污水再生利用　绿地灌溉用水水质》GB/T 25499；

　　19　《工业用水节水　术语》GB/T 21534；

　　20　《用水单位水计量器具配备和管理通则》GB 24789；

　　21　《企业用水统计通则》GB/T 26719；

　　22　《服务业节水型单位评价导则》GB/T 26922；

　　23　《节水型企业　纺织染整行业》GB/T 26923；

　　24　《节水型企业　钢铁行业》GB/T 26924；

　　25　《节水型企业　火力发电行业》GB/T 26925；

　　26　《节水型企业　石油炼制行业》GB/T 26926；

　　27　《节水型企业　造纸行业》GB/T 26927；

　　28　《工业企业用水管理导则》GB/T 27886；

　　29　《节水型生活用水器具标准》CJ/T 164；

　　30　《城市供水服务》CJ/T 316。

2 术 语

2.0.2 引自《城市蓝线管理办法》（建设部令第145号）。

2.0.4 计划用水制度是用水管理的一项基本制度。《国务院关于大力开展城市节约用水的通知》（国发〔1984〕80号）明确提出取消包费制及实行计划用水。《城市节约用水管理规定》（建设部令第1号）规定城市实行计划用水和节约用水。《中华人民共和国水法》第四十九条规定：用水应当计量，并按批准的用水计划用水。根据计划用水的范围又分为广义的区域计划用水以及狭义的城市内针对各用水单位计划用水。本标准所称计划用水是指后者。

2.0.5 引自《城市节约用水管理规定》（建设部令第1号）第九条的规定：城市的新建、扩建和改建工程项目，应当配套建设节约用水设施。本术语参考国务院《关于加强城市供水节水和水污染防治工作的通知》（国发〔2000〕36号）和《关于实行最严格水资源管理制度的意见》（国发〔2012〕3号）中关于节水设施与主体工程同时设计、同时施工、同时投产的要求综合确定。

2.0.8 引自现行国家标准《给水排水工程基本术语标准》GB/T 50125，即通常所称的"大生活用水量"，主要包括居民家庭生活用水和公共建筑生活用水两部分，在《中国城市建设统计年鉴》中又称为"人均日生活用水量"。

2.0.9 引自现行行业标准《节水型生活用水器具》CJ/T 164。

3 基 本 规 定

3.0.1 城市节约用水是涵盖城市水源、供水、用水、排水等在内的复合系统，同时涉及经济、管理、教育等众多领域。考虑到上述因素，评价内容分为包括基本条件、基础管理、综合节水、生活节水、工业节水和环境生态节水六类，共34项指标。

3.0.3 我国已连续多年开展节水型城市评价的实践，有相当一批城市已获得主管部门颁发的国家级、省级节水型城市称号。因此，参照以往国家节水型城市考核评价依据，本标准设置了城市节水Ⅰ级、Ⅱ级和Ⅲ级。

3.0.4 本标准采用单因子节水评价方式。该方式是指在评价过程中，根据实际节水指标和标准对比分类，选取最差指标的级别作为节水评价结果。

3.0.7 国家有关部门发布的统计年鉴、统计年报等资料包括：国家统计局、住房和城乡建设部、水利部、环境保护部以及地方发布的国民经济和社会发展统计公报、城市统计年鉴、城市建设统计年鉴、水资源公报、环境统计年报、环境状况公报等。

4 评价内容与指标计算方法

4.1 评 价 内 容

4.1.1、4.1.2 基本条件均为基本项，作为门槛评价指标，内部不分级。主要包括组织管理、制度建设和公众参与等内容。基础管理、综合节水、生活节水、工业节水和环境生态节水包括控制项和优选项两类指标。

1）城市节水法规制度建设

节水法规及有关规章是开展城市节水工作的重要依据。《国务院关于加强城市供水节水和水污染防治工作的通知》（国发〔2000〕36号）明确要求，"加快立法步伐，进一步补充、修改和完善有关法律法规，尽快建立起符合我国国情的、科学的城市供水、节水和水污染防治法律法规体系。各地区、各有关部门要依法管理，严格执法，进一步加大执法监督力度，逐步将城市供水、节水和水污染防治工作纳入法制化、规范化轨道"。开展城市节水工作是一项长期工作，要建立健全长效机制必须有相关法规和上位依据。具体要求如下：

按照《中华人民共和国立法法》等有关规定，直辖市及具有地方立法权的城市应制定本级人大或上级人大批准的城市节水管理方面的法规；其他城市应制定本级政府颁发的城市节水管理方面的规章或规范性文件。

法规、规章和规范性文件中要明确城市节约用水，水资源管理，供水、排水、用水管理，地下水保护，非常规水利用方面的内容，制定有关节水管理制度。

2）城市节约用水管理机构

管理机构是开展城市节水工作的组织基础。早在1984年，《国务院关于大力开展城市节约用水的通知》（国发〔1984〕80号）就明确要求各城市人民政府要加强对节水工作的领导。1991年《国务院办公厅转发建设部、国家计委关于进一步做好城市节约用水工作报告的通知》（国办发〔1991〕6号）指出，"进一步加强城市节水管理工作的领导，健全城市节水管理体系，强化城市节水管理机构的职能，搞好节水管理队伍建设，提高人员素质"。节水管理机构职能薄弱是目前制约城市节水工作深入开展的重要原因之一。

本项指标主要评价管理机构能否有效行使职能。具体要求如下：

节水管理机构应职责明确、人员配置齐备、稳定；机构内部分工明确，具有明确的各项管理制度，成员应有一定比例的给排水有关专业技术人员；具备完善的档案管理、节水统计分析的能力和条件；具备开展城市节水管理的能力和相应工作机制以及条件，能够依法对供水用水单位进行全面的节水监督检查、指导管理；具备节水技术培训、科普宣传和科技成果推广的组织和部门协调能力。

3）城市节水统计制度建设及执行

用水计量和节水统计是开展城市节水的基础性工作。《城市节约用水管理规定》（建设部令第1号）第十六条规定，"各级统计部门、城市建设行政主管部门应当做好城市节约用水统计工作"。完善的城市节水统计可以与城市供水、用水、排水等有关统计工作相结合，但必须有节水统计内容。具体要求如下：

城市节约用水法规或者规章中明确用水计量与统计管理制度，且有统计部门或者经城市人民政府批准的关于城市节水统计制度文件，城市节水统计记录年限至少2年以上。

城市节水统计内容符合地方文件要求，全面、详尽；统计报表设计科学合理。

4）节水财政投入制度

《国务院关于实行最严格水资源管理制度的意见》（国发〔2012〕3号）明确提出，各级人民政府要拓宽投资渠道，建立长效、稳定的水资源管理投入机制，保障水资源节约、保护和管理工作经费，对节水技术推广与应用、地下水超采区治理、水生态系统保护与修复等给予重点支持。政府财政及社会资金投入是保障城市节水管理和企事业单位技术改造的重要保障。具体内容如下：

政府应建立两个层面的财政投入制度。一是设立节水财政投入制度。政府财政设立节水资金，用于节水基础管理、节水宣传、节水奖励、节水科研、节水技术改造、节水技术产品推广、水平衡测试、非常规水资源（再生水、雨水、海水等）利用设施建设，公共节水设施改造与建设（不含城市供水管网改造）等。需提供财政部门用于上述工作的年度预算和批复文件。二是建立完善的政策及市场机制，引导和鼓励社会资本参与城市节水技术改造、设施改造及节水宣传。

5）城市节水管理信息技术应用

目前，信息技术已广泛应用于现代城市的各个领域，信息技术是节水管理工作实现自动、高效、规范和准确的重要依托，信息技术应用代表未来管理技术的发展方向。

考虑到各个城市经济发展状况，城市节水管理信息技术应用评价应满足以下要求：建立城市节水数字化管理平台，能够满足计划用水管理、节水"三同时"、用水大户监控、节水统计分析等基本管理功能。

6）城市节水宣传及公众参与

《国务院关于实行最严格水资源管理制度的意见》（国发［2012］3号）要求，"广泛深入开展基本水情宣传教育，强化社会舆论监督，进一步增强全社会水忧患意识和水资源节约保护意识，形成节约用水、合理用水的良好风尚。大力推进水资源管理科学决策和民主决策，完善公众参与机制，采取多种方式听取各方面意见，进一步提高决策透明度。"《国务院关于加强城市供水节水和水污染防治工作的通知》（国发［2000］36号）明确提出，"各地区、各部门和各新闻单位要采取各种有效形式，开展广泛、深入、持久的宣传教育，使全体公民掌握科学的水知识，树立正确的水观念。加强水资源严重短缺的国情教育，增强全社会对水的忧患意识，使广大群众懂得保护水资源、水环境是每个公民的责任。转变落后的用水观念和用水习惯，把建设节水防污型城市目标变成广大干部群众共同的自觉行动。要加强舆论监督，对浪费水、破坏水质的行为公开曝光。同时，大力宣传和推广科学用水、节约用水的好方法，在全社会形成节约用水、合理用水、防治水污染、保护水资源的良好的生产和生活方式。"

积极借助"世界水日"、"城市节水宣传周"等重要契机，广泛开展节水宣传日（周）及日常城市节水宣传活动；充分利用广播、电视、网络、报纸、标语等宣传手段，加大节水宣传力度；完善公众参与机制，增强全社会水忧患意识，形成节约用水、合理用水的良好风尚。具体核查内容如下：

①制订和实施年度宣传工作计划。参照住房和城乡建设部每年确定的"全国城市节约用水宣传周"主题，制订和实施年度宣传工作计划，开展系列宣传活动，加大宣传工作力度。

②组织开展节水型企业（单位）及节水型居民小区等创建活动。深入基层，开展节水型企业、节水型单位及节水型居民小区创建活动，通过系列创建活动，完善公众参与机制，开展日常节水宣传。

③充分利用各种宣传周（日）开展节水宣传。借助"全国城市节约用水宣传周"、"世界水日"、"六五环境日"、"节能宣传周"等宣传周（日）开展节水宣传。

7）城市节水规划

1988年，经国务院批准施行的《城市节约用水管理规定》（建设部令第1号）第六条规定：城市人民政府应当在制定城市供水发展规划的同时，制定节约用水发展规划，并根据节约用水发展规划制订节约用水年度计划。《国务院关于实行最严格水资源管理制度的意见》（国发［2012］3号）指出：严格规划管理和水资源论证。加强相关规划和项目建设布局水资源论证工作，国民经济和社会发展规划以及城市总体规划的编制、重大建设项目的布局，应当与当地水资源条件和防洪要求相适应。2014年，住房和城乡建设部、国家发展和改革委员会在《关于进一步加强城市节水工作的通知》（建城［2014］114号）中明确要求加强城市节水规划的引领作用：城市总体规划编制要科学评估城市水资源承载能力，坚持以水定城、以水定地、以水定人、以水定产的原则，统筹给水、节水、排水、污水处理与再生利用，以及水安全、水生态和水环境的协调。缺水城市要先把浪费的水管住，严格控制生态景观取用新水，提出雨水、再生水及建筑中水利用等要求，沿海缺水城市要因地制宜提出海水淡化水利用等要求；按照有利于水的循环、循序利用的原则，规划布局市政公用设施；明确城市蓝线管控要求，加强河湖水系保护。编制控制性详细规划要明确节水的约束性指标。各城市要依据城市总体规划和控制性详细规划编制城市节水专项规划，提出切实可行的目标，从水的供需平衡、潜力挖掘、管理机制等方面提出工作对策、措施和详细实施计划，并与城镇供水、排水与污水处理、绿地、水系等规划相衔接。

城市节水规划是城市开展节水工作的指导性和引领性文件，对城市节水各项工作的开展具有重要的意义。本项评价内容的城市节水规划，是指依据城市总体规划单独编制的城市节水专项规划，应主要包含城市水资源及供水、排水、用水、节水现状分析（特别是用水、节水现状分析），规划的目标任务，节水潜力分析，措施保障等。

本项评价内容设置了"城市节水规划落实率"指标，目的是强化规划落实和执行力度。在Ⅰ、Ⅱ、Ⅲ级评价标准中，要求规划指标落实率不应小于90%、80%和70%。

各城市的规划指标，依据住房和城乡建设部、国家发展和改革委员会《关于印发〈国家节水型城市申报与考核办法〉和〈国家节水型城市考核标准〉的通知》（建城［2012］57号，下称《考核标准》）中的考核指标、本标准有关评价内容和指标以及当地实际情况自行确定。

8）城市蓝线管理

水体保护对城市生态环境和景观的作用十分重

要。从调研情况来看，目前我国对水害的防治认识到位，但对城市滨水空间的控制和利用情况却不甚理想，致使这些水体未充分发挥其应有的景观、生态和社会的综合效益。

本项评价设置的目的在于促进对于城市地表水体和包括绿化在内的城市滨水空间的保护。一是划定蓝线；二是城市蓝线管理应符合《城市蓝线管理办法》（建设部令第 145 号）相关条款要求。

9）城市节水资金投入

城市节水资金投入是保障城市节水各项工作顺利开展的基础。《考核标准》也明确要求设立城市节水专项资金投入制度，并明确了资金投入指标要求。国家发展和改革委员会、科技部会同水利部、住房和城乡建设部和农业部组织制订的《中国节水技术政策大纲》指出：引导社会投资节水项目，特别是引导金融机构对重点节水项目给予贷款支持。鼓励多渠道融资，加大对节水技术创新和节水工程的投入。《国务院关于实行最严格水资源管理制度的意见》（国发〔2012〕3 号）指出，"完善水资源管理投入机制。各级人民政府要拓宽投资渠道，建立长效、稳定的水资源管理投入机制，保障水资源节约、保护和管理工作经费，对水资源管理系统建设、节水技术推广与应用、地下水超采区治理、水生态系统保护与修复等给予重点支持。中央财政加大对水资源节约、保护和管理的支持力度。"

本指标城市节水资金投入主要包括政府和社会节水资金投入两部分：一是本级政府财政用于节水宣传、节水奖励、节水科研、节水技术改造、节水技术产品推广、水平衡测试、非常规水资源（再生水、雨水、海水等）利用设施建设，公共节水设施改造与建设（不含城市供水管网改造）等的投入，二是社会资金对上述工作的投入。本指标主要评价政府财政投入和城市节水资金总投入情况。

10）计划用水与定额管理

计划用水与定额管理，是城市节水管理机构通过城市节水行政管理这一具有强制性、指令性手段，对用水单位下达用水计划指标，实施考核，厉行节奖超罚，严格控制用水单位的取用水量，使其采取管理、技术等措施，做到合理用水、节约用水。

1991 年，原建设部、国家计委印发了《关于颁布〈城市用水定额管理办法〉的通知》（建城〔1991〕278 号），首次明确了用水定额的含义。城市用水定额，是指城市工业、建筑业、商业、服务业、机关、部队和所有用水单位各类用水定额和城市居民生活用水定额。规定了城市用水定额是城市建设行政主管部门编制下达用水计划和衡量用水单位、居民用水和节约用水水平的主要依据，各地要逐步实现以定额为主要依据的计划用水管理。

《中华人民共和国水法》第四十七条规定："国家对用水实行总量控制和定额管理相结合的制度。"第四十九条规定："用水应当计量，并按批准的用水计划用水。用水实行计量收费和超定额累进加价制度。"《国务院办公厅关于推进水价改革促进节约用水保护水资源的通知》（国办发〔2004〕36 号）中要求："科学制订各类用水定额和非居民用水计划。严格用水定额管理，实施超计划、超定额加价收费方式，缺水城市要实行高额累进加价制度。"《国务院关于实行最严格水资源管理制度的意见》（国发〔2012〕3 号）指出："加快制定高耗水工业和服务业用水定额国家标准。各省、自治区、直辖市人民政府要根据用水效率控制红线确定的目标，及时组织修订本行政区域内各行业用水定额。对纳入取水许可管理的单位和其他用水大户实行计划用水管理，建立用水单位重点监控名录，强化用水监控管理。"

本标准计划用水主要针对公共供水和自备井水的非居民用水企业、单位和个人。超计划用水加价水费的具体征收办法按《城市节约用水管理规定》（建设部令第 1 号），由省、自治区、直辖市人民政府制定。

2003 年，国家标准化管理委员会颁布了包括火力发电等 10 个行业的《取水定额》GB/T 18916.1～18916.16 和《工业企业产品取水定额编制通则》GB/T 18820，2012 年重新修订了部分取水定额，发布了共 13 个行业的国家取水定额标准。

本标准中的公共生活用水定额是指城市公共生活服务的用水定额，包括行政事业单位、公共设施、社会服务业、批发零售贸易业、旅馆餐饮业以及其他公共服务业等单位的用水定额。

从实际情况看，地级以上城市的用水计划和定额管理执行的较好，县级市相对差一些，因此，本项内容Ⅰ、Ⅱ、Ⅲ级标准中，公共供水的非居民用水和自备水的计划用水率分别定为 95%（高于《考核标准》5 个百分点）、90%（和《考核标准》一致）、80%（低于《考核标准》10 个百分点）。

11）自备水管理

设置"自备水管理"，旨在进一步强化各城市对自备水的开发、利用、保护和管理。

《中华人民共和国水法》第七条规定："国家对水资源依法实行取水许可制度和有偿使用制度。"国务院 2006 年 4 月 15 日起施行的《取水许可和水资源费征收管理条例》第二条也规定："取用水资源的单位和个人，除本条例第四条规定的情形外，都应当申请领取取水许可证，并缴纳水资源费"。

取水许可审批应严格按《取水许可和水资源费征收管理条例》要求进行。该条例第三条规定："县级以上人民政府水行政主管部门按分级管理权限，负责取水许可制度的组织实施和监督管理。"第十九条规定："对取用城市规划区内地下水的取水申请，审批机关应当征求城市建设主管部门的意见"。

《中华人民共和国水法》第三十六条规定："在地下水超采地区，县级以上地方人民政府应当采取措施，严格控制开采地下水。在地下水严重超采地区，经省、自治区、直辖市人民政府批准，可以划定地下水禁止开采或者限制开采区。在沿海地区开采地下水，应当经过科学论证，并采取措施，防止地面沉降和海水入侵。各城市应出台相关措施，严格落实。"《国务院关于实行最严格水资源管理制度的意见》（国发〔2012〕3 号）指出："在城市公共供水管网能够满足用水需要却通过自备取水设施取用地下水的，以及地下水已严重超采的地区取用地下水的建设项目取水申请，审批机关不予批准。严格地下水管理和保护。""加强地下水动态监测，实行地下水取用水总量控制和水位控制。各省、自治区、直辖市人民政府要尽快核定并公布地下水禁采和限采范围。在地下水超采区，禁止农业、工业建设项目和服务业新增取用地下水，并逐步削减超采量，实现地下水采补平衡。深层承压地下水原则上只能作为应急和战略储备水源。依法规范机井建设审批管理，限期关闭在城市公共供水管网覆盖范围内的自备水井。抓紧编制地面沉降区地下水压采方案，逐步削减开采量。"

自备水管理还应符合以下规定：

（1）《取水许可管理办法》；

（2）《地表水环境质量标准》GB 3838；

（3）《地下水质量标准》GB/T 14848，严格按地下水质量分类及质量分类指标确定地下水的用途。

日常管理中，应有自备水使用分布图，自备井井位、凿井审批及验收手续齐全。

近年来，乱打井、乱开采地下水，导致地面沉降、水质污染，形成大量漏斗区，对此必须引起高度重视。在实践中发现，关闭自备水（特别是自备井）是一项涉及多部门的复杂的系统工程，实施起来难度较大。因此，需要由本级政府出台实施办法。同时应指出，关闭自备井要掌握原则。自备井作为一种城市的战略资源，关停时要区分对待。因此，在公共供水范围内，Ⅰ、Ⅱ、Ⅲ级标准均要求不再新批自备井；且Ⅰ级标准要求在地下水超采区超采量应逐步削减，在禁采区，自备井关停比不小于90%。这和《国务院关于实行最严格水资源管理制度的意见》（国发〔2012〕3 号）的要求是一致的。考虑到现实情况和可操作性，Ⅱ、Ⅲ级标准中仅对超采区提出了逐步削减超采量的要求。

城市自备井的关停绝非一律堵死不能再利用，要适当保留观测井和特种情况下的应急井，因此标准中Ⅰ、Ⅱ级提出了定期开展地下水水位水质监测的要求。

12）自备井水供水率

自备井水供水率，是指自备井水供水量占城市实际总用水量（新水量）的比例。20 世纪 90 年代以前，由于城市公共供水不足，自备井供水是城市供水的有益补充。据中国水协《城市节水统计年鉴》，1988 年全国单位自备井供水量 40.6 亿 m³，城市自来水供水量为 54.6 亿，差距不大。《中国城镇供水状况公报（2006-2010）》统计资料，2010 年全国设市城市和县城的供水总量中，公共供水的供水量居主导地位，分占供水量的 80.6% 和 81.5%，也就是说全国设市城市和县城的自备井供水量平均占比为 19.4% 和 18.5%，但是南北方城市差异较大，北方城市自备井供水量的比例高于南方城市。

《国务院关于实行最严格水资源管理制度的意见》（国发〔2012〕3 号）明确提出，要严格地下水管理和保护。加强地下水动态监测，实行地下水取用水总量控制和水位控制。在地下水超采区，禁止农业、工业建设项目和服务业新增取用地下水，并逐步削减超采量，实现地下水采补平衡。限期关闭在城市公共供水管网覆盖范围内的自备水井。

综合考虑，在城市用水范围内，Ⅰ、Ⅱ、Ⅲ级标准自备井水供水率分别定为不大于 10%、20%、30%。

13）节水"三同时"管理

节水"三同时"管理是落实节水设施源头建设、遏制新建项目环节浪费、提高用水效率的重要措施之一，也是国家以法律、政策形式确立的一项节水管理工作制度。《城市节约用水管理规定》（建设部令第 1 号）明确新建、改建和扩建工程项目，应当配套建设节约用水设施。《中华人民共和国水法》第五十三条规定："新建、扩建、改建建设项目，应当制订节水措施方案，配套建设节水设施。节水设施应当与主体工程同时设计、同时施工、同时投产。"《国务院关于实行最严格水资源管理制度的意见》（国发〔2012〕3 号）指出："新建、扩建和改建建设项目应制订节水措施方案，保证节水设施与主体工程同时设计、同时施工、同时投产（即"三同时"制度），对违反"三同时"制度的，由县级以上地方人民政府有关部门或流域管理机构责令停止取用水并限期整改。"住房和城乡建设部、国家发展和改革委员会在《关于进一步加强城市节水工作的通知》（建城〔2014〕114 号）中明确要求严格落实节水"三同时"制度：新建、改建和扩建建设工程节水设施必须与主体工程同时设计、同时施工、同时投入使用。城市建设（城市节水）主管部门要主动配合相关部门，在城市规划、施工图设计审查、建设项目施工、监理、竣工验收备案等管理环节强化"三同时"制度的落实。

为了落实节水"三同时"管理，使得公共供水和自备水的新建、改建、扩建工程项目，真正做到配套建设节水器具、节水设备及成套节水型技术设施、再生水利用设施和安装符合计量规定的水表等设施，使其与主体工程同时设计、同时施工，同时投入使用，在标准中规定了节水"三同时"管理的三个环节，一是制定节水"三同时"管理的制度，二是明确实施程序和监督运行管理措施，三是有审核、竣工验收资料。

14）价格管理

《中华人民共和国水法》第四十八条规定："直接从江河、湖泊或者地下取用水资源的单位和个人，应当按国家取水许可制度和水资源有偿使用制度的规定，向水行政主管部门或者流域管理机构申请领取取水许可证，并缴纳水资源费，取得取水权。"2008年起施行的《中华人民共和国水污染防治法》第四十四条规定："城镇污水应当集中处理。……城镇污水集中处理设施的运营单位按国家规定向排污者提供污水处理的有偿服务，收取污水处理费，保证污水集中处理设施的正常运行。收取的污水处理费用应当用于城镇污水集中处理设施的建设和运行，不得挪作他用。城镇污水集中处理设施的污水处理收费、管理以及使用的具体办法，由国务院规定。"2013年10月国务院出台的《城镇排水与污水处理条例》，进一步明确排水单位和个人应缴纳污水处理费。因此，征收水资源费和污水处理费是国家法律规定。

国家早在1988年就制定了《中华人民共和国水法》，2002年重新做了修订，水资源费征收规定执行已有近30年了，又具备统一的征收机构，制度健全；而城市污水处理费的征收仅有10多年时间，因此本标准规定水资源费的征收率略高于污水处理费征收率。在Ⅰ、Ⅱ、Ⅲ级标准中，水资源费和污水处理费的征收标准分别为不应小于95％、90％、85％和95％、85％、80％。

特种行业通常指以服务基本生活以外的消费为目的且耗水量较大的行业，如高档洗浴、高尔夫球场、滑雪场、洗车、水上娱乐场等。满足基本生活需要的大众洗浴场不包括在内。城市可结合自身特点，因地制宜地确定各自的特种行业目录。

因此，在Ⅰ、Ⅱ、Ⅲ级标准中，要求应明确特种行业用水范围，制定特种行业用水价格指导意见或价格标准。

15）居民生活用水阶梯水价制度

1998年原国家计委、建设部印发的《城市供水价格管理办法》（计价格发〔1998〕1810号）明确提出了城市居民生活用水可根据条件先实行阶梯式计量水价。2004年，《国务院办公厅关于推进水价改革促进节约用水保护水资源的通知》（国办发〔2004〕36号）提出加快推进对居民生活用水实行阶梯式计量水价制度。国家发展和改革委员会、住房和城乡建设部《关于加快建立完善城镇居民用水阶梯价格制度的指导意见》（发改价格〔2013〕2676号）明确提出"2015年底前，设市城市原则上要全面实行居民阶梯水价制度；具备实施条件的建制镇，也要积极推进居

民阶梯水价制度"，并明确了各阶梯水量及阶梯价格的确定原则。

实施居民生活用水阶梯式计量水价的前提是抄表到户，抄表到户的前提是一户一表。因此，在Ⅰ、Ⅱ、Ⅲ级标准中，明确了居民生活用水户表计量率100％。

16）水价调整成本公开制度

1998年，原国家计委、建设部出台的《城市供水价格管理办法》（计价格发〔1998〕1810号）规定，城市供水价格是指城市供水企业通过一定的工程设施，将地表水、地下水进行必要的净化、消毒处理，使水质符合国家规定的标准后供给用户使用的商品水价格。2010年，国家发展和改革委员会印发《关于做好城市供水价格调整成本公开试点工作的指导意见》和《城市供水定价成本监审办法（试行）》（发改价格〔2010〕2613号），要求建立包括供水企业成本公开和定价成本监审公开两个层面的公开制度。各省、自治区要在本行政区域范围内选择2个城市进行试点，并建议从最先调整水价的省会城市、计划单列市和地级市中选择；直辖市直接列入试点范围。2011年1月1日起，根据试点进展情况逐步扩大试点范围。2012年第十一届全国人民代表大会常务委员会第二十七次会议《国务院关于保障饮用水安全工作情况的报告》中明确："十二五"时期，将建立和完善符合基本公共服务特征的城镇供水水价形成和调整机制，加强成本监审，积极推行水价调整成本公开制度，对水价不到位问题，地方人民政府可结合本地实际情况进行补贴，确保供水行业可持续发展。

水价成本公开制度包括供水企业成本公开和定价成本监审公开两个层面的公开制度。

供水企业成本公开的主要内容包括企业有关经营情况和成本数据，以及社会公众关心、关注的其他有关水价调整的重要问题。

定价成本监审公开，成本监审报告要注明被监审供水企业的运营情况、财务状况、成本数据等有关情况，重点说明政府价格主管部门在成本监审过程中核增、核减企业成本支出等群众关心的问题。

17）水平衡测试

水平衡测试是加强用水科学管理、实现节约用水合理用水的一项重要工作。为做好水平衡测试工作，1987年原国家城乡建设环境保护部发布了《工业企业水量平衡测试方法》CJ 20-87，1999年原建设部又进行了修编，颁布了《工业企业水量平衡测试方法》CJ 41-1999，2008年国家颁布了《企业水平衡测试通则》GB/T 12452-2008，对规范企业水平衡测试工作起到非常重要的作用。在此过程中，其他非企业用水单位参照使用，指导了非企业用水单位开展水平衡测试工作。近些年来，随着第三产业的发展和城市规模的扩大，建设了一大批用水量大的机关、医

院、宾馆、饭店、场馆、社区等，成为新的用水大户，有必要开展水平衡测试工作。

本标准从水平衡测试管理和实施两个层面进行评价，并对工业企业和非工业企业用水单位的水平衡测试提出了相应的量化要求。Ⅰ、Ⅱ、Ⅲ级标准中，工业企业水平衡测试率不应小于 60%、50%、40%；非工业企业用水单位水平衡测试率不应小于 50%、40%、30%。

18）万元地区生产总值（GDP）用水量

万元 GDP 用水量是指某地区、行业、企业或单位在一定时段内每取得一万元增加值（GDP）的水资源取用量，通常以年为时段。

GDP 是世界各国通用的经济发展指标，万元 GDP 用水量指标能较好地反映宏观的水资源利用效率、估算水资源利用量和测算未来水资源需求量，是水资源规划和节水规划中必不可少的指标，也是世界各国通用的、可比性较强的反映用水总体情况的指标，已经成为国际公认的评价用水效率的通用指标。

根据近年来全国节水型城市考核情况，先进城市的万元地区生产总值（GDP）取水量不足全国万元地区生产总值用水量的 20%，较全国万元地区生产总值用水量低 80% 以上；某些城市虽然取水量数值未达到先进水平，但由于加大节水投入，近年来的年取水量下降幅度可达 15% 左右。为鼓励各城市大力开展节水工作，不断提高用水效率，选取万元地区生产总值（GDP）取水量数值作为考核指标。综合考虑实际情况，提出Ⅰ、Ⅱ、Ⅲ级的指标值为：不大于全国万元地区生产总值用水量的 40%、50%、70%。

19）综合生活用水量

综合生活用水量是评价城市生活用水效率高低的代表性指标。考虑到地域差异对生活用水量的影响，以现行国家标准《城市居民生活用水量标准》GB/T 50331 的地域划分为依据，对各城市的综合生活用水水平进行分类评价。根据《中国城市建设统计年鉴》，2011 年在全国 658 座城市中，有 275 座城市的人均综合日用水量低于 70% 的全国平均值。综合考虑，设定该指标为优选项，提出Ⅰ、Ⅱ、Ⅲ级的指标值分别为不大于所在地域平均值的 90%、92% 和 95%。

地域分区情况详见现行国家标准《城市居民生活用水量标准》GB/T 50331，所在地域平均值取自《中国城市建设统计年鉴》。

20）城市非常规水资源利用率

随着水资源短缺形势的不断加剧，非传统水资源的利用已引起社会各界广泛的关注。传统水资源和非传统水资源的耦合互补利用，不仅能缓解城市用水供需矛盾，同时能改善水环境、减少水灾害，具有巨大的社会效益和生态效益。2006 年，住房和城乡建设部、科技部联合发布了《城市污水再生利用技术政策》，明确提出"充分利用城市污水资源、削减水污

染负荷、节约用水、促进水的循环利用、提高水的利用效率"。《国务院关于实行最严格水资源管理制度的意见》（国发［2012］3 号）指出："鼓励并积极发展污水处理回用、雨水和微咸水开发利用、海水淡化和直接利用等非常规水源开发利用。加快城市污水处理回用管网建设，逐步提高城市污水处理回用比例。"《国务院关于加强城市基础设施建设的意见》（国发［2013］36 号）提出："在水资源紧缺和水环境质量差的地区，加快推动建筑中水和污水再生利用设施建设。到 2015 年，城镇污水处理设施再生水利用率达到 20% 以上。"2014 年实施的《城镇排水与污水处理条例》明确提出：国家鼓励城镇污水处理再生利用，工业生产、城市绿化、道路清扫、车辆冲洗、建筑施工以及生态景观等，应当优先使用再生水；县级以上地方人民政府应当根据当地水资源和水环境状况，合理确定再生水利用的规模，制定促进再生水利用的保障措施。

综合考虑，提出Ⅰ、Ⅱ、Ⅲ级的指标值为：在人均水资源量小于 600m³ 或水环境质量差的地区，城市非常规水资源利用率不小于 30%、25%、20%；其他地区不小于 20%、15%、10%。同时，为加大工业利用非传统水源的力度，Ⅰ、Ⅱ、Ⅲ级中用于工业的非常规水源量分别不小于 40%、30% 和 20%。

本标准定义水环境质量差的地区为"城市污水处理厂出水未达到国家新的环保排放要求或地表水Ⅳ类标准的地区"。

为鼓励各城市因地制宜地开展节水工作，设定该指标为优选项。

21）城市污水处理率

随着工业化、城镇化的加快，城市污水排放量越来越大，截至 2011 年底，城市污水排放量已达 427 亿 m³。如果不能得到妥善处理，将严重污染环境，影响人居环境质量和城市发展的可持续性。因此，本标准将其作为水环境综合评价的代表性指标。

目前我国直辖市、省会城市、计划单列市的污水处理率平均在 90% 以上，地级市在 89% 左右，县级市在 85% 左右。根据《国务院关于加强城市基础设施建设的意见》（国发［2013］36 号）和国务院办公厅《关于印发"十二五"全国城镇污水处理及再生利用设施建设规划的通知》（国办发［2012］24 号），到 2015 年，36 个重点城市城区实现污水"全收集、全处理"，全国所有设市城市实现污水集中处理，城市污水处理率达到 85%。为树立先进，推动污水处理率的进一步提高，根据城市类别分别进行评价，Ⅰ、Ⅱ、Ⅲ级中，直辖市、省会城市、计划单列市城市污水实现全收集全处理；地级市城市污水集中处理率达到全国地级市平均水平；县级市城市污水集中处理率达到全国县级市平均水平。

22）城市供水管网漏损率

原建设部于 2002 年发布《城市供水管网漏损控制和评定标准》规定"城市供水企业管网基本漏损率不应大于 12%"。但据同年《中国城乡建设统计年鉴》对全国 408 个城市的统计表明，平均管网漏损率远高于 12% 的国家标准，达到了 21.5%。根据城市建设统计年鉴，2013 年我国城市公共供水管网漏损量仍达 70.5 亿 m³。若能有效降低漏损，每年可节约大量用水。

根据《全国城镇供水设施改造与建设"十二五"规划及 2020 年远景目标》明确的近期目标，80% 的设市城市和 60% 的县城的供水管网漏损率达到国家相关标准要求。因此，提出Ⅰ、Ⅱ级分别为低于现行行业标准《城市供水管网漏损控制及评定标准》规定的修正值指标两个百分点、一个百分点，Ⅲ级为达到现行行业标准《城市供水管网漏损控制及评定标准》规定的修正值。计算过程中，管道长度应以中国城市建设统计年鉴等统计年鉴统计口径为准。

此外，为加强管理，Ⅰ级要求实施区域管网漏损控制评价，Ⅱ、Ⅲ级则要求建立定期管网检测和漏损控制工作机制。

23) 建成区雨污分流排水体制管道覆盖率

《城镇排水与污水处理条例》（国务院令第 641 号）规定，"除干旱地区外，新区建设应当实行雨水、污水分流；对实行雨水、污水合流的地区，应当按照城镇排水与污水处理贵规划要求，进行雨水、污水分流改造。雨水、污水分流改造可以结合旧城区改建和道路建设同时进行。"实行雨污分流有两方面的考虑：一方面，采取分流模式收集的污水，对污水处理厂冲击负荷小，有利于污水处理厂的进水浓度控制和稳定运行，提高污水处理率；另一方面，采取分流模式的雨水，便于将初期雨水截流到污水管网，有利于初期雨水的污染控制和雨水的收集利用。为此，本标准提出建成区雨污分流排水体制管道覆盖率指标，在Ⅰ、Ⅱ、Ⅲ级均要求，除干旱地区外，新建城区必须100% 进行雨污分流，老城区应按规划逐步改造。

为鼓励各城市的节水积极性，同时考虑可操作性，设定该指标为优选项。

我国的干旱地区是指降水量小于蒸发量，且多年平均降水量在 200mm 以下的地区。本指标不适用干旱地区。

24) 城市居民生活日用水量

该指标是反映城市居民家庭生活用水效率的代表性指标。在保证居民基本生活用水需求的基础上，为不断提高居民家庭生活用水效率，依据现行国家标准《城市居民生活用水量标准》GB/T 50331 中的指标值为基础，提出Ⅰ级标准为不应大于现行国家标准《城市居民生活用水量标准》GB/T 50331 的指标中值，Ⅱ级标准为不应大于现行国家标准《城市居民生活用水量标准》GB/T 50331 的指标计算值 Q（下限值＋差

值的 70%），Ⅲ级标准为不应大于现行国家标准《城市居民生活用水量标准》GB/T 50331 的指标上限值。

以北京市为例，根据国家标准《城市居民生活用水量标准》GB/T 50331 - 2002，其隶属于第二分区，居民生活用水量标准为 85L/（人·d）~140L/（人·d），则其Ⅰ、Ⅱ、Ⅲ级应满足的指标分别为 112.5L/（人·d）、123.5（L/人·d）、140L/（人·d）。

25) 节水型生活用水器具普及率

① 节水型生活用水器具普及率（公共建筑）

② 节水型生活用水器具普及率（居民小区）

以上两个指标是反映节水型生活用水器具普及水平的代表性指标。1983 年，我国发布了第一个水嘴标准《陶瓷洗面器普通水嘴》GB 3809 - 83，这是卫浴配件的第一个国家标准；1985 年，发布了第一个便器水箱配件的国家标准《高水箱提水虹吸式塑料配件》GB 5346 - 85。1992 年，原建设部印发了《城市房屋便器水箱应用监督管理办法》（原建设部令第 17 号，2001 年原建设部以第 103 号令重新作了修改），新建房屋建筑，包括公共建筑和居民小区，必须安装符合国家标准的便器水箱和配件，老旧房屋建筑更新改造，极大地促进了节水型便器水箱的推广使用，节水型器具进入了一个快速推广使用的时期。1999 年，原建设部等四部门印发了《关于在住宅建设中淘汰落后产品的通知》（建住房［1999］295 号），规定自 2000 年 1 月 1 日起，在大中城市新建住宅中禁止使用螺旋升降式铸铁水嘴；自 2000 年 12 月 1 日起，在大中城市新建住宅中，禁止使用一次冲洗水量在 9L 以上（不含 9L 冲洗水量）的便器。推广使用一次冲洗水量为 5L 的坐便器，加速了螺旋升降式铸铁水嘴的淘汰进度和两档便器水箱的推广利用。2000 年，国务院《关于加强城市供水节水和水污染防治工作的通知》（国发［2000］36 号）提出了所有新建、改建、扩建的公共和民用建筑中，均不得继续使用不符合节水标准的用水器具。各单位现有房屋建筑中安装使用的不符合节水标准的用水器具，必须在 2005 年以前全部更换为节水型器具的要求。2012 年，《国务院关于实行最严格水资源管理制度的意见》（国发［2012］3 号）指出，逐步淘汰公共建筑中不符合节水标准的用水设备及产品，大力推广使用生活节水器具。

经过近 30 年的推动，公共建筑和居民家庭的节水型器具普及率得到了大幅度的提高。近年来公布实施的节水标准有：《卫生陶瓷》GB 6952 - 2005、《陶瓷片密封水嘴》GB 18145 - 2003、《水嘴用水效率限定值及用水效率等级》GB 25501 - 2010、《坐便器用水效率限定值及用水效率等级》GB 25502 - 2010、《淋浴器水效率限定值及用水效率等级》GB 28378 - 2012、《卫生洁具 便器用重力式冲水装置及洁具机架》GB/T 26730 - 2011、《卫生洁具 便器用压力冲水装置》GB/T 26750 - 2011、《节水型产品通用技

条件》GB/T 18870 - 2011、《节水型生活用水器具》CJ/T 164 - 2014、《非接触式给水器具》CJ/T 194 - 2014 和《家用和类似用途电动洗衣机》GB/T 4288 - 2008。因此，除了个别老旧小区用水器具存在不符合要求的情况外，基本上均在使用节水器具。故提出公共建筑的节水器具普及率均为100%，居民小区中Ⅰ、Ⅱ级评价标准为100%，Ⅲ级评价为不小于95%。

鉴于节水型器具标准的发展是一个动态过程，因此在进行评价时，应以建筑安装时期的节水型器具标准来判定是否为节水器具。

26）节水型居民小区覆盖率

节水型居民小区覆盖率是反映城市节水型居民小区建设情况的代表性指标。

1997年，原建设部下发了《关于印发〈节水型企业（单位）目标导则〉的通知》（建城[1997] 45号），正式确立了节水型企业（单位）创建活动。节水型居民小区是在节水型企业（单位）基础上发展而来的，各地做出了很多试验性工作。如2004年北京市节约用水管理中心在节水型企业（单位）考核工作的基础上，制订了《节水型居民小区考核办法》，连续多年开展节水型居民小区的创建工作；2012年北京市质量技术监督局颁布《城镇节水评价规范》系列标准，其中包括《节水型居民小区评价标准》DB 11/T 936.4 - 2012。此外，天津、上海、山东、江苏、广州等省市也先后颁布有节水型居民生活小区的标准。2012年住房和城乡建设部、国家发展和改革委员会印发的《国家节水型城市考核标准》（建城[2012] 57号）也将节水型小区纳入考核范围，规定节水型居民小区覆盖率应不小于5%。目前，大型小区建设方兴未艾，如何引导大中型小区开展节水工作已成为一个重要课题。

考虑到全国各地创建标准不一致，同时居民小区开展节水创建工作时间短、专业人员少，将该指标设定为优选项；Ⅰ、Ⅱ、Ⅲ级指标要求分别为15%、10%和5%。

27）节水型单位覆盖率

节水型单位覆盖率是反映城市节水型单位建设情况的代表性指标。

1997年，原建设部下发了《关于印发〈节水型企业（单位）目标导则〉的通知》（建城[1997] 45号），正式确立了节水型企业（单位）创建活动，各地以此为标准开展了节水型单位建设，取得显著成效，创建了一大批节水型单位。2006年原建设部、国家发展和改革委员会印发《节水型城市考核标准》（建城[2006] 140号）将节水型企业（单位）纳入考核范围，规定节水型企业（单位）覆盖率不应小于15%。2012年住房和城乡建设部、国家发展和改革委员会修订印发的《国家节水型城市考核标准》（建

城[2012] 57号）进一步提高标准，规定节水型企业（单位）覆盖率不应小于20%。

考虑到节水型单位作为城市节水工作的主体之一，单独考核可进一步推动节水工作的深入推进，因此本标准设置节水型单位覆盖率指标，同时考虑到该指标首次独立设置，因此确定为优选项，并将节水型单位覆盖率Ⅰ、Ⅱ、Ⅲ级分别定为不小于20%、15%、10%。

28）特种行业（洗浴、洗车等）用水计量收费率

反映特种行业（洗浴、洗车等）用水计量收费情况的代表性指标。

1998年，原国家计委、建设部《关于印发〈城市供水价格管理办法〉的通知》（计价格[1998] 1810号）中，规定城市供水实行分类水价，并根据使用性质分为居民生活用水、工业用水、行政事业用水、经营服务用水、特种用水五类用水。2009年，国家发展和改革委员会、住房和城乡建设部《关于做好城市供水价格管理工作有关问题的通知》（发改价格[2009] 1789号）中明确指出，逐步将现行城市供水价格五类简化为居民生活用水、非居民生活用水和特种用水三类，特种行业主要包括洗浴、洗车用水等，特种行业用水范围各地可根据当地实际自行确定。因此，本标准中的特种行业用水的概念是提示性的，由于特种行业用水复杂和各地用水行业的特殊性，各地可依据实际情况，自行确定特种行业用水的范围。2012年住房和城乡建设部、国家发展和改革委员会印发的《国家节水型城市考核标准》（建城[2012] 57号）文件中，将特种行业（洗浴、洗车等）用水纳入考核范围，主要是考核计量收费率，要求达到100%。

需要说明的是，计算公式中设表计量并收费的特种行业（洗浴、洗车等）单位数，是指安装水表计量并收费，包括特种行业用水户向公共供水企业按水表计量的数量交纳水费，或向当地政府部门交纳水资源费、污水处理费，或向为其供水的用水户交纳相关费用的单位数。

本标准规定特种行业（洗浴、洗车等）用水计量收费率为100%，设定该指标为控制项。

29）万元工业增加值用水量

万元工业增加值用水量是用水效益的宏观指标，该指标反映了城市产业构成、企业效益和用水量的关系，该值越低用水经济效益越好。该指标的统计范围为规模以上工业企业。

从近年节水型城市考核与复查情况来看，国家节水型城市本项指标大部分都能达到小于国家平均水平50%要求，随着城市节水水平的提高应逐步降低万元工业增加值用水量。为此，提出Ⅰ、Ⅱ、Ⅲ级该指标分别应不大于全国平均值的50%、60%和70%。

30）工业用水重复利用率

工业用水重复率是城市工业用水效率的一个重要指标，是节水的重要体现，该值越高，新鲜水的取水量越小，节水效率越高。

近年我国工业用水重复率普遍提高，在不包含电厂的情况下，达到80%已属较高水平，另外虽然城市的产业不同，用水重复率不同，但可以采用厂内污水处理回用的办法提高，实现的办法是有的。为此，提出Ⅰ、Ⅱ、Ⅲ级该指标分别应大于83%、80%和78%。一般在不计入电厂时，85%的重复利用率是比较高的数值。

31）工业企业单位产品用水量

工业企业单位产品用水量是指工业企业单位产品新鲜水取水量，是重要的用水效率和效益综合性指标，因此对于国家给出的耗水行业和重要企业均应考核该指标，以便体现城市工业节水的成果。

国家颁布的工业用水定额基本是行业的平均值，随着节水工作的开展，单位产品取水量能够在此基础上逐步降低。如国际啤酒行业最先进的指标是2.8L/kg，我国标准是新建厂为5.5L/kg，最先进厂为3.3L/kg，单位产品用水量是表征一个工业企业在同行业中生产用水效率的最佳指标，因此比国家标准适当降低是合理的。为此，提出Ⅰ、Ⅱ级指标应小于现行国家标准规定值的80%和90%，Ⅲ级指标应小于现行国家标准的规定值。

32）节水型工业企业覆盖率

节水型工业企业覆盖率是城市工业企业节水合格单位的重要标志性指标，可宏观表征城市节水的成果。

本项指标最高可以达到100%，但要有一个逐步达标的过程，为此提出Ⅰ、Ⅱ、Ⅲ级的指标分别为不小于25%、20%和15%。

33）水环境质量达标率

水环境质量达标率是作为综合反映水环境水质情况的代表性指标，能够间接体现工业和生活污水处理情况，因而被纳入到本标准的环境生态节水技术指标中。该项指标包括城市水环境功能区水质达标率和出入境河流水质变化两方面。

本项指标在执行过程中：①严格执行国家相关标准、规范、办法进行水质达标核查（《地表水环境质量标准》GB 3838、《地表水和污水监测技术规范》HJ/T 91、《海水水质标准》GB 3097、《近岸海域环境功能区管理办法》）。②已划定功能区的水体，如设有国控、省控或市控断面，应提供常规监测数据，断面水质达到环境功能区要求；如未有上述断面，应至少监测pH值、溶解氧、高锰酸盐指数、生化需氧量和氨氮指标，说明其水质类别现状达到环境功能区要求。对市辖区范围内未划定环境功能的水体应无黑臭现象。③跨市界断面水质现状监测结果由上级环境监测机构提供，并达到国家或省的考核要求。④长江

口、珠江口、黄河口、海河口、辽河口、九龙江口和鸭绿江入海河流地区的河口城市暂不考核近岸海域功能区达标率，但其直排海企业污染物排放达标率必须达到100%。

本标准城市节水Ⅰ级标准的水环境质量达标率为不小于100%，Ⅱ级不应小于90%，Ⅲ级不应小于80%。

34）生态雨水利用工程项目

我国是全世界都市化进程最快的国家之一，大多数城市人口密度大、土地资源紧张、缺水、污染严重，生态环境和防洪的压力大。特别是近些年，随着硬化路面比例的不断提高和极端气候条件的侵袭，城市内涝频发。在城市雨水管理领域中，20世纪90年代初，美国马里兰州提出的一种新型的生态雨水管理方法——低影响开发（Low Impact Development，LID）模式，提倡模拟自然条件，通过源头、分散式生态处理技术，使得区域开发后的水文特性与开发前一致，进而保证土地开发对生态环境造成的影响减小到最小。

雨水是城市水循环和区域水循环系统中的重要环节，对调节、补充地区水资源、改善生态环境起着基础性作用。有必要设置雨水生态管理评价指标，推广低影响开发理念与技术。生态雨水设施类型包括植被浅沟、下凹式绿地、渗透铺装、雨水花园、屋顶花园、调节塘等。2014年1月1日起实施的《城镇排水与污水处理条例》第十三条中规定："新建、改建、扩建市政基础设施工程应当配套建设雨水收集利用设施，增加绿地、砂石地面、可渗透路面和自然地面对雨水的滞渗能力，利用建筑物、停车场、广场、道路等建设雨水收集利用设施，削减雨水径流，提高城镇内涝防治能力。"2014年10月，住房和城乡建设部印发了《海绵城市建设技术指南》，目前，财政部、住房和城乡建设部等部门正在通过试点示范全面推进海绵城市建设工作，生态雨水利用工程是海绵城市建设的重要内容。

通过考核城市建成区生态雨水利用工程项目建设情况，重点评价低影响开发模式的推广应用情况，同时兼顾实施效果。考虑到低影响开发模式的推广处于起步阶段，提出Ⅰ、Ⅱ、Ⅲ级的生态雨水利用工程项目评价指标分别年均不少于10项、6项和4项。

4.2 指标计算方法

4.2.9 应收污水处理费（含自备水）是指各类用户核算污水排放量与其污水处理费收费标准之积的总和。

4.2.11 "已完成水平衡测试的工业企业"按历年累计数量确定，同一企业不重复计算。

工业企业用水总量主要考查城市范围内的工矿企业等第二产业在生产过程中用于制造、加工、冷却

（包括火电直流冷却）、空调、净化、洗涤等方面的用水量，按新水量计，不包括企业内部的重复利用水量。

4.2.12 "已完成水平衡测试的非工业企业用水单位"按历年累计数量确定，同一非工业用水单位不重复计算。

4.2.15 城市非常规水资源包括雨水、再生水、海水、矿井水、苦咸水等。

城市再生水利用量是指污水经处理后出水水质达到相应水质标准的再生水，包括城市污水处理厂再生水和建筑中水用于工业、生态环境、市政杂用、绿化等方面的水量。不包括工业企业内部的回用水。

城市雨水利用量是指经工程化收集与处理后达到相应水质标准的回用雨水量，包括回用于工业、生态环境、市政杂用、绿化等方面的水量。建筑与小区雨水回用量可按现行国家标准《民用建筑节水设计标准》GB 50555 计算。

城市海水、矿井水、苦咸水利用量是指经处理后出水水质达到国家或地方相应水质标准并利用的海水、矿井水、苦咸水，包括回用于工业、生态环境、市政杂用、绿化等方面的水量。

用于直流冷却的海水利用量，按其用水量的10%纳入非常规水资源利用总量。

4.2.16 污水集中处理总量是指污水处理厂实际处理的污水量，以抽升泵站的抽升量计算，包括物理处理量、生物处理量和化学处理量；污水排放总量指生活污水、工业废水的排放总量，包括从排水管道和排水沟（渠）排放的污水量，按每条管道、沟（渠）排放口的实际观测的日平均流量与报告期日历天数的乘积计算。本指标的数值可直接参照中国城市建设统计年鉴或地方年鉴中的城市污水集中处理率数据。

4.2.24 万元工业增加值是指考查年内，城市考查范围内工矿企业等第二产业的规模以上工业产业增加值。

4.2.25 城市工业生产重复利用水总量是指在考查年内，该市考查范围内的工矿企业等第二产业在生产过程中用于冷却（不包括火电的冷却循环水量）、空调、净化、洗涤等方面的重复利用水量。

4.2.26 年某工业企业产品产量（产品数量）是指该工业企业年累计生产产品总量。同一城市有多家同类企业的，按加权平均值考核。

4.2.28 水环境质量达标率指城市辖区地表水环境质量达到相应功能水体要求的比例。

市域跨界（市界、省界）断面出境水质达到国家或省考核目标，且市辖区范围内无黑臭水体。数据来源由城市环境监测部门提供。城市市区地表水认证水体及断面和近岸海域认证点位监测结果，按相应水体功能标准衡量不同功能水域水质达标率的加权平均值。沿海城市水环境功能区水质达标率是地表水环境功能区水质达标率和近岸海域功能区水质达标率的加权平均，非沿海城市水环境功能区水质达标率是指各地表水环境功能区水质达标率平均值。

中华人民共和国国家标准

绿色商店建筑评价标准

Assessment standard for green store building

GB/T 51100—2015

主编部门：中华人民共和国住房和城乡建设部
批准部门：中华人民共和国住房和城乡建设部
施行日期：2 0 1 5 年 1 2 月 1 日

中华人民共和国住房和城乡建设部
公　告

第 798 号

住房城乡建设部关于发布国家标准
《绿色商店建筑评价标准》的公告

现批准《绿色商店建筑评价标准》为国家标准，编号为 GB/T 51100－2015，自 2015 年 12 月 1 日起实施。

本标准由我部标准定额研究所组织中国建筑工业

出版社出版发行。

中华人民共和国住房和城乡建设部

2015 年 4 月 8 日

前　言

根据住房和城乡建设部《关于印发〈2012 年工程建设标准规范制订、修订计划〉的通知》(建标〔2012〕5 号)的要求，标准编制组经广泛深入调查，认真总结实践经验，参考有关国际标准和国外先进标准，并在广泛征求意见的基础上，编制本标准。

本标准的主要技术内容是：1. 总则；2. 术语；3. 基本规定；4. 节地与室外环境；5. 节能与能源利用；6. 节水与水资源利用；7. 节材与材料资源利用；8. 室内环境质量；9. 施工管理；10. 运营管理；11. 提高与创新。

本标准由住房和城乡建设部负责管理，由中国建筑科学研究院负责具体技术内容的解释。执行过程中如有意见或建议，请寄送中国建筑科学研究院（地址：北京市北三环东路 30 号，邮政编码：100013）。

本 标 准 主 编 单 位：中国建筑科学研究院

本 标 准 参 编 单 位：中国城市科学研究会绿色
建筑与节能专业委员会
重庆大学
哈尔滨工业大学
上海现代建筑设计（集
团）有限公司
南京工业大学
内蒙古城市规划市政设计
研究院

广东省建筑科学研究院
中国中建设计集团有限公司(直营总部)
浙江大学
北京工业大学
南京建工集团有限公司
上海维固工程实业有限公司
陕西省建筑科学研究院
深圳市科源建设集团有限公司

本标准主要起草人员：

王清勤	王有为	赵建平
李百战	吕伟娅	赵霄龙
孙大明	杨永胜	田　炜
金　虹	程志军	周序洋
杨仕超	薛　峰	葛　坚
陈　超	孟　冲	陈明中
李　荣	喻　伟	马素贞
叶　凌	陈乐端	王军亮
孙　全	周　荃	李　婷

本标准主要审查人员：

吴德绳	郎四维	毛志兵
俞　红	刘　京	陈　琪
赵　锂	娄　宇	蒋　荃
徐文杰	林　杰	

目 次

Contents

1 总　则

1.0.1 为贯彻国家技术经济政策，节约资源，保护环境，推进可持续发展，规范绿色商店建筑的评价，制定本标准。

1.0.2 本标准适用于绿色商店建筑的评价。

1.0.3 绿色商店建筑的评价应遵循因地制宜的原则，结合商店的具体业态和规模，对建筑全寿命期内节能、节地、节水、节材、保护环境等性能进行综合评价。

1.0.4 绿色商店建筑的评价除应符合本标准外，尚应符合国家现行有关标准的规定。

2 术　语

2.0.1 商店建筑　store building

为商品直接进行买卖和提供服务供给的公共建筑。

2.0.2 绿色商店建筑　green store building

在全寿命期内，最大限度地节约资源（节地、节能、节水、节材）、保护环境、减少污染，为人们提供健康、适用和高效的使用空间，与自然和谐共生的商店建筑。

2.0.3 照明功率密度　lighting power density (LPD)

单位面积上的照明安装功率（包括光源、镇流器或变压器），单位为瓦特每平方米（W/m²）。

2.0.4 可吸入颗粒物　inhalable particles

悬浮在空气中，空气动力学当量直径小于等于10μm，可通过呼吸道进入人体的颗粒物。

2.0.5 建筑能源管理系统　building energy management system

对建筑物或者建筑群内的变配电、照明、电梯、供暖、空调、给排水等设备的能源使用状况进行检测、控制、统计、评估等的软硬件系统。

3 基 本 规 定

3.1 一 般 规 定

3.1.1 绿色商店建筑的评价应以商店建筑群、商店建筑单体或综合建筑中的商店区域为评价对象。

3.1.2 绿色商店建筑的评价应分为设计评价和运行评价。设计评价应在建筑工程施工图设计文件审查通过后进行，运行评价应在建筑通过竣工验收并投入使用一年后进行。

3.1.3 申请评价方应进行建筑全寿命期技术和经济分析，合理确定建筑规模，选用适当的建筑技术、设备和材料，对规划、设计、施工、运行阶段进行全过程控制，并提交相应分析、测试报告和相关文件。

3.1.4 评价机构应按本标准的有关要求，对申请评价方提交的报告、文件进行审查，出具评价报告，确定等级。对申请运行评价的建筑，尚应进行现场考察。

3.1.5 评价商店建筑单体时，凡涉及系统性、整体性的指标，应基于该栋建筑所属工程项目的总体进行评价；评价综合建筑中的商店区域时，凡涉及系统性、整体性的指标，应基于该栋建筑或该栋建筑所属工程项目的总体进行评价。

3.2 评价与等级划分

3.2.1 绿色商店建筑评价指标体系应由节地与室外环境、节能与能源利用、节水与水资源利用、节材与材料资源利用、室内环境质量、施工管理、运营管理7类指标组成，每类指标均包括控制项和评分项，并统一设置加分项。

3.2.2 设计评价时，不应对施工管理和运营管理2类指标进行评价，但可预评相关条文。运行评价应包括7类指标。

3.2.3 控制项的评定结果应为满足或不满足；评分项和加分项的评定结果应为分值。

3.2.4 绿色商店建筑的评价应按总得分确定等级。

3.2.5 评价指标体系7类指标的总分均为100分。7类指标各自的评分项得分Q_1、Q_2、Q_3、Q_4、Q_5、Q_6、Q_7应按参评建筑该类指标的评分项实际得分值除以适用于该建筑的评分项总分值再乘以100分计算。

3.2.6 加分项的附加得分Q_8应按本标准第11章的有关规定确定。

3.2.7 绿色商店建筑评价的总得分应按下式进行计算，其中评价指标体系7类指标评分项的权重$w_1 \sim w_7$应按表3.2.7取值。

$$\sum Q = w_1 Q_1 + w_2 Q_2 + w_3 Q_3 + w_4 Q_4 \\ + w_5 Q_5 + w_6 Q_6 + w_7 Q_7 + Q_8 \quad (3.2.7)$$

表 3.2.7　绿色商店建筑各类评价指标的权重

	节地与室外环境 w_1	节能与能源利用 w_2	节水与水资源利用 w_3	节材与材料资源利用 w_4	室内环境质量 w_5	施工管理 w_6	运营管理 w_7
设计评价	0.15	0.35	0.10	0.15	0.25	—	—
运行评价	0.12	0.28	0.08	0.12	0.20	0.05	0.15

注：表中"—"表示施工管理和运营管理2类指标不参与设计评价。

3.2.8 绿色商店建筑应分为一星级、二星级、三星级3个等级。3个等级的绿色商店建筑均应满足本标准所有控制项的要求，且每类指标的评分项得分不应小于40分。当绿色商店建筑总得分分别达到50分、60分、80分时，绿色商店建筑等级应分别评为一星级、二星级、三星级。

4 节地与室外环境

4.1 控 制 项

4.1.1 项目选址应符合所在地城乡规划，且应符合各类保护区、文物古迹保护的建设控制要求。

4.1.2 场地应有自然灾害风险防范措施，且不应有重大危险源。

4.1.3 场地内不应有排放超标的污染源。

4.1.4 商店建筑用地应依据城市规划选择人员易到达或交通便利的适宜位置。

4.1.5 不得降低周边有日照要求建筑的日照标准。

4.1.6 场地内人行通道应采用无障碍设计，且应与建筑场地外人行通道无障碍连通。

4.2 评 分 项

Ⅰ 土 地 利 用

4.2.1 节约集约利用土地，评价总分值为10分，根据其容积率按表4.2.1的规则评分。

表 4.2.1 商店建筑容积率评分规则

容积率 R	得分
$0.8 \leqslant R < 1.5$	5
$1.5 \leqslant R < 3.5$	8
$R \geqslant 3.5$	10

4.2.2 场地内合理设置绿化用地，评价总分值为10分，按下列规则分别评分并累计：

    1 绿地率高于当地主管部门出具的绿地率控制指标要求的5%，得3分；高于10%，得6分；

    2 绿地向社会公众开放，得4分。

4.2.3 合理开发利用地下空间，评价总分值为10分，根据地下建筑面积与总用地面积之比按表4.2.3的规则评分。

表 4.2.3 地下空间开发利用评分规则

地下建筑面积与总用地面积之比 R_p	得 分
$R_p < 0.5$	2
$0.5 \leqslant R_p < 1.0$	6
$R_p \geqslant 1.0$	10

Ⅱ 室 外 环 境

4.2.4 建筑及照明设计避免产生光污染，评价总分值为10分，按下列规则分别评分并累计：

    1 玻璃幕墙设计控制反射光对周边环境的影响，玻璃幕墙可见光反射比不大于0.2，得5分；

    2 室外夜景照明光污染的限制符合现行行业标准《城市夜景照明设计规范》JGJ/T 163的规定，得5分。

4.2.5 场地内风环境有利于室外行走、活动舒适和建筑的自然通风，评价总分值为6分，按下列规则分别评分并累计：

    1 冬季典型风速和风向条件下，建筑物周围人行区风速小于5m/s，且室外风速放大系数小于2，得3分；

    2 过渡季、夏季典型风速和风向条件下，场地内人活动区不出现涡旋或无风区，主入口与广场空气流动状况良好，得3分。

Ⅲ 交通设施与公共服务

4.2.6 场地与公共交通设施具有便捷的联系，评价总分值为10分，按下列规则分别评分并累计：

    1 主要出入口到达公共汽车站的步行距离不大于500m，或到达轨道交通站的步行距离不大于800m，得3分；

    2 主要出入口步行距离800m范围内设有2条及以上线路的公共交通站点（含公共汽车站和轨道交通站），得3分；

    3 有便捷的人行通道联系公共交通站点，得4分。

4.2.7 合理设置停车场所，评价总分值为10分，按下列规则分别评分并累计：

    1 自行车停车设施位置合理、方便出入，且有遮阳防雨措施，得5分；

    2 采用机械式停车库、地下停车库或停车楼等方式节约集约用地，且有明确的交通标识，得5分。

4.2.8 提供便利的公共服务，评价总分值为10分。满足下列要求中2项，得5分；满足3项，得10分：

    1 商店建筑兼容2种以上公共服务功能；

    2 向社会公众提供开放的公共空间；

    3 配套辅助设施设备共同使用、资源共享。

Ⅳ 场地设计与场地生态

4.2.9 结合现状地形地貌进行场地设计与建筑布局，保护场地内原有的自然水域、湿地和植被，采取表层土利用等生态补偿措施，评价分值为5分。

4.2.10 充分利用场地空间合理设置绿色雨水基础设施，评价总分值为8分，按下列规则分别评分并累计：

    1 合理衔接和引导屋面雨水、道路雨水进入地面生态设施，并采取相应的径流污染控制措施，得4分；

    2 室外场地硬质铺装地面中透水铺装面积的比

例达到50%，得4分。

4.2.11 合理规划地表与屋面雨水径流，对场地雨水实施外排总量控制，评价总分值为6分。场地年径流总量控制率达到55%，得3分；达到70%，得6分。

4.2.12 屋顶或墙面合理采用垂直绿化、屋顶绿化等方式，并科学配置绿化植物，评价分值为5分。

5 节能与能源利用

5.1 控 制 项

5.1.1 建筑设计应符合国家现行有关建筑节能设计标准中强制性条文的规定。

5.1.2 严寒和寒冷地区商店建筑的主要外门应设置门斗、前室或采取其他减少冷风渗透的措施，其他地区商店建筑的主要外门应设置风幕。

5.1.3 不应采用电直接加热设备作为供暖空调系统的供暖热源和空气加湿热源。

5.1.4 冷热源、输配系统和照明等各部分能耗应进行独立分项计量。

5.1.5 照明功率密度值不应高于现行国家标准《建筑照明设计标准》GB 50034 的现行值规定。

在满足眩光限制和配光要求条件下，灯具效率或效能不应低于现行国家标准《建筑照明设计标准》GB 50034 的规定。

5.1.6 使用电感镇流器的气体放电灯应在灯具内设置电容补偿，荧光灯功率因数不应低于0.9，高强气体放电灯功率因数不应低于0.85。

5.1.7 室内外照明不应采用高压汞灯、自镇流荧光高压汞灯和普通照明白炽灯，照明光源、镇流器等的能效等级满足现行有关国家标准规定的2级要求。

5.1.8 夜景照明应采用平时、一般节日、重大节日三级照明控制方式。

5.2 评 分 项

Ⅰ 建筑与围护结构

5.2.1 结合场地自然条件，对商店建筑的体形、朝向、楼距、窗墙比等进行优化设计，评价分值为3分。

5.2.2 外窗、幕墙的气密性不低于国家现行有关标准的要求，评价总分值为5分，按下列规则评分：

　　1 外窗的气密性达到现行国家标准《建筑外门窗气密、水密、抗风压性能分级及检测方法》GB/T 7106 的 6 级要求，幕墙的气密性达到现行国家标准《建筑幕墙》GB/T 21086 规定的 3 级要求，得3分；

　　2 外窗的气密性达到现行国家标准《建筑外门窗气密、水密、抗风压性能分级及检测方法》GB/T 7106 的 8 级要求，幕墙的气密性达到现行国家标准《建筑幕墙》GB/T 21086 规定的 4 级要求，得5分。

5.2.3 围护结构热工性能指标优于国家现行有关建筑节能设计标准的规定，评价总分值为5分，按下列规则评分：

　　1 围护结构热工性能比国家现行有关建筑节能设计标准规定的提高幅度达到 5%，得3分；达到 10%，得5分。

　　2 供暖空调全年计算负荷降低幅度达到 5%，得3分；达到 10%，得5分。

5.2.4 严寒和寒冷地区商店建筑，外窗的传热系数降低至国家现行有关建筑节能设计标准规定值的80%，玻璃幕墙的传热系数降低至 1.3W/(m² · K)；夏热冬冷和夏热冬暖地区商店建筑，东西向外窗、玻璃幕墙的综合遮阳系数降低至 0.3。评价分值为5分。

5.2.5 中庭设置采光顶遮阳设施及通风窗，评价分值为3分。

Ⅱ 供暖、通风与空调

5.2.6 供暖空调系统的冷、热源机组能效均优于现行国家标准《公共建筑节能设计标准》GB 50189 的规定以及现行有关国家标准能效限定值的要求，评价分值为5分。对电机驱动的蒸气压缩循环冷水（热泵）机组，直燃型和蒸汽型溴化锂吸收式冷（温）水机组，单元式空气调节机、风管送风式和屋顶式空调机组，多联式空调（热泵）机组，燃煤、燃油和燃气锅炉，其能效指标比现行国家标准《公共建筑节能设计标准》GB 50189 规定值的提高或降低幅度满足表 5.2.6 的要求；对房间空气调节器和家用燃气热水炉，其能效等级满足国家现行标准的节能评价值的要求。

表 5.2.6 冷、热源机组能效指标比现行国家标准《公共建筑节能设计标准》GB 50189 提高或降低幅度

机组类型		能效指标	提高或降低幅度
电机驱动的蒸气压缩循环冷水（热泵）机组		制冷性能系数（COP）	提高 6%
溴化锂吸收式冷水机组	直燃型	制冷、供热性能系数（COP）	提高 6%
	蒸汽型	单位制冷量蒸汽耗量	降低 6%
单元式空气调节机、风管送风式和屋顶式空调机组		能效比（EER）	提高 6%
多联式空调（热泵）机组		制冷综合性能系数 [IPLV (C)]	提高 8%
锅炉	燃煤	热效率	提高 3 个百分点
	燃油燃气	热效率	提高 2 个百分点

5.2.7 集中供暖系统热水循环泵的耗电输热比和通

风空调系统风机的单位风量耗功率符合现行国家标准《公共建筑节能设计标准》GB 50189 等的有关规定，且空调冷热水系统循环水泵的耗电输冷（热）比比现行国家标准《民用建筑供暖通风与空气调节设计规范》GB 50736 规定值低 20%，评价分值为 5 分。

5.2.8 合理选择和优化供暖、通风与空调系统，评价总分值为 11 分，根据系统能耗的降低幅度按表 5.2.8 的规则评分。

表 5.2.8 供暖、通风与空调系统能耗降低幅度评分规则

供暖、通风与空调系统能耗降低幅度 D_e	得 分
$5\% \leqslant D_e < 10\%$	3
$10\% \leqslant D_e < 15\%$	7
$D_e \geqslant 15\%$	11

5.2.9 采取措施降低过渡季节供暖、通风与空调系统能耗，评价分值为 5 分。

5.2.10 采取措施降低部分负荷、部分空间使用下的供暖、通风与空调系统能耗，评价总分值为 9 分，按下列规则分别评分并累计：

  1 区分房间的朝向，细分供暖、空调区域，对系统进行分区控制，得 3 分；

  2 合理选配空调冷、热源机组台数与容量，制定实施根据负荷变化调节制冷（热）量的控制策略，且空调冷源的部分负荷性能符合现行国家标准《公共建筑节能设计标准》GB 50189 的规定，得 3 分；

  3 水系统、风系统采用变频技术，且采取相应的水力平衡措施，得 3 分。

Ⅲ 照明与电气

5.2.11 照明功率密度值不高于现行国家标准《建筑照明设计标准》GB 50034 中的目标值规定，评价总分值为 6 分，按表 5.2.11 的规则评分。

表 5.2.11 照明功率密度值比目标值的降低幅度评分规则

照明功率密度值降低幅度 D_{LPD}	得 分
$D_{LPD} < 10\%$	2
$10\% \leqslant D_{LPD} < 20\%$	4
$D_{LPD} \geqslant 20\%$	6

5.2.12 照明光源、镇流器等的能效等级满足现行有关国家标准规定的 1 级要求，评价分值为 3 分。

5.2.13 照明采用集中控制，并满足分区、分组及调光或降低照度的控制要求，评价分值为 3 分。

5.2.14 走廊、楼梯间、厕所、大堂以及地下车库的行车道、停车位等场所采用半导体照明并配用智能控制系统，评价分值为 3 分。

5.2.15 合理选用电梯及扶梯，并采取电梯群控、自动扶梯自动感应启停等节能控制措施，评价分值为 3 分。

5.2.16 商店电气照明等按功能区域或租户设置电能表，评价分值为 3 分。

5.2.17 室外广告与标识照明的平均亮度低于现行行业标准《城市夜景照明设计规范》JGJ/T 163 规定的最大允许值，评价分值为 3 分。

5.2.18 供配电系统采取自动无功补偿和谐波治理措施，评价分值为 3 分。

Ⅳ 能量综合利用

5.2.19 排风能量回收系统设计合理并运行可靠，评价分值为 4 分。

5.2.20 合理回收利用余热废热，评价分值为 4 分。

5.2.21 根据当地气候和自然资源条件，合理利用可再生能源，评价总分值为 9 分，按表 5.2.21 的规则评分。

表 5.2.21 可再生能源利用评分规则

可再生能源利用类型和指标		得 分
由可再生能源提供的生活用热水比例 R_{hw}	$20\% \leqslant R_{hw} < 30\%$	2
	$30\% \leqslant R_{hw} < 40\%$	3
	$40\% \leqslant R_{hw} < 50\%$	4
	$50\% \leqslant R_{hw} < 60\%$	5
	$60\% \leqslant R_{hw} < 70\%$	6
	$70\% \leqslant R_{hw} < 80\%$	7
	$80\% \leqslant R_{hw} < 90\%$	8
	$R_{hw} \geqslant 90\%$	9
由可再生能源提供的空调用冷量和热量比例 R_{ch}	$20\% \leqslant R_{ch} < 30\%$	3
	$30\% \leqslant R_{ch} < 40\%$	4
	$40\% \leqslant R_{ch} < 50\%$	5
	$50\% \leqslant R_{ch} < 60\%$	6
	$60\% \leqslant R_{ch} < 70\%$	7
	$70\% \leqslant R_{ch} < 80\%$	8
	$R_{ch} \geqslant 80\%$	9
由可再生能源提供的电量比例 R_e	$1.0\% \leqslant R_e < 1.5\%$	3
	$1.5\% \leqslant R_e < 2.0\%$	4
	$2.0\% \leqslant R_e < 2.5\%$	5
	$2.5\% \leqslant R_e < 3.0\%$	6
	$3.0\% \leqslant R_e < 3.5\%$	7
	$3.5\% \leqslant R_e < 4.0\%$	8
	$R_e \geqslant 4.0\%$	9

6 节水与水资源利用

6.1 控 制 项

6.1.1 应制定水资源利用方案，统筹利用水资源。

6.1.2 给排水系统设置应合理、完善、安全，并充分利用城市自来水管网压力。

6.1.3 应采用节水器具。

6.2 评 分 项

Ⅰ 节 水 系 统

6.2.1 采取有效措施避免管网漏损，评价总分值为12分，按下列规则分别评分并累计：

　　1 选用密闭性能好的阀门、设备，使用耐腐蚀、耐久性能好的管材、管件，得2分；

　　2 室外埋地管道采取有效措施避免管网漏损，得2分；

　　3 设计阶段根据水平衡测试的要求安装分级计量水表；运行阶段提供用水量计量情况和管网漏损检测、整改的报告，得8分。

6.2.2 给水系统无超压出流现象，评价分值为12分。

6.2.3 设置用水计量装置，评价总分值为14分，按下列规则分别评分并累计：

　　1 供水系统设置总水表，得6分；

　　2 按使用用途，对冲厕、盥洗、餐饮、绿化、景观、空调等用水分别设置用水计量装置，统计用水量，每个系统得1分，最高得6分；

　　3 其他应单独计量的系统合理设置用水计量装置，每个系统得1分，最高得2分。

Ⅱ 节水器具与设备

6.2.4 使用用水效率等级高的卫生器具，评价总分值为16分。用水效率等级达到三级，得8分；达到二级，得16分。

6.2.5 绿化灌溉采用节水灌溉方式，评价总分值为10分，按下列规则评分：

　　1 采用节水灌溉系统，得7分；在此基础上，设置土壤湿度感应器、雨天关闭装置等节水控制措施，再得3分；

　　2 种植无需永久灌溉植物，得10分。

6.2.6 空调设备或系统采用节水冷却技术，评价总分值为15分，按下列规则评分：

　　1 循环冷却水系统设置水处理措施；采取加大集水盘、设置平衡管或平衡水箱的方式，避免冷却水泵停泵时冷却水溢出，得9分；

　　2 运行时，冷却塔的蒸发耗水量占冷却水补水量的比例不低于80%，得10分；

　　3 采用无蒸发耗水量的冷却技术，得15分。

Ⅲ 非传统水源利用

6.2.7 合理使用非传统水源用于室内冲厕、室外绿化灌溉、道路浇洒与广场冲洗、空调冷却、景观水体以及其他用途，评价总分值为10分。每用于一种用途得2分，最高得10分。

6.2.8 非传统水源利用率不低于2.5%，评价总分值为11分，按表6.2.8的规则评分。

表 6.2.8　非传统水源利用率评分规则

非传统水源利用率 R_{NTWS}	得　分
$2.5\% \leqslant R_{NTWS} < 3.5\%$	5
$3.5\% \leqslant R_{NTWS} < 4.5\%$	6
$4.5\% \leqslant R_{NTWS} < 5.5\%$	7
$5.5\% \leqslant R_{NTWS} < 6.5\%$	8
$6.5\% \leqslant R_{NTWS} < 7.5\%$	9
$7.5\% \leqslant R_{NTWS} < 8.5\%$	10
$R_{NTWS} \geqslant 8.5\%$	11

7 节材与材料资源利用

7.1 控 制 项

7.1.1 不应采用国家和地方禁止和限制使用的建筑材料及制品。

7.1.2 混凝土结构中梁、柱纵向受力普通钢筋应采用不低于400MPa级的热轧带肋钢筋。

7.1.3 建筑造型要素应简约，无大量装饰性构件。

7.2 评 分 项

Ⅰ 节 材 设 计

7.2.1 择优选用建筑形体，评价总分值为12分。根据现行国家标准《建筑抗震设计规范》GB 50011规定的建筑形体规则性评分，建筑形体不规则，得3分；建筑形体规则，得12分。

7.2.2 对地基基础、结构体系、结构构件进行优化设计，达到节材效果，评价分值为8分。

7.2.3 公共部位土建工程与装修工程一体化设计、施工，评价分值为7分。

7.2.4 非营业区域中可变换功能的室内空间采用可重复使用的隔断（墙），评价总分值为10分，根据可重复使用隔断（墙）比例按表7.2.4的规则评分。

表 7.2.4　可重复使用隔断（墙）比例评分规则

可重复使用隔断（墙）比例 R_{rp}	得　分
$30\% \leqslant R_{rp} < 50\%$	6
$50\% \leqslant R_{rp} < 80\%$	8
$R_{rp} \geqslant 80\%$	10

7.2.5　采用工业化生产的预制构件，评价总分值为2分。预制构件用量比例达到10%，得1分；达到20%，得2分。

7.2.6　采用工业化生产的建筑部品，且占同类部品比例不小于50%，评价总分值为2分。采用1种工业化生产的建筑部品，得1分；采用2种及以上，得2分。

Ⅱ　材料选用

7.2.7　选用本地生产的建筑材料，评价总分值为10分，根据施工现场500km范围以内生产的建筑材料重量占建筑材料总重量的比例按表7.2.7的规则评分。

表 7.2.7　施工现场 500km 范围以内生产的建筑材料重量占建筑材料总重量比例评分规则

施工现场 500km 范围以内生产的建筑材料重量占建筑材料总重量的比例 R_{lm}	得分
$60\% \leqslant R_{lm} < 70\%$	6
$70\% \leqslant R_{lm} < 90\%$	8
$R_{lm} \geqslant 90\%$	10

7.2.8　现浇混凝土采用预拌混凝土，评价分值为9分。

7.2.9　建筑砂浆采用预拌砂浆，评价总分值为5分。建筑砂浆采用预拌砂浆的比例达到50%，得3分；达到100%，得5分。

7.2.10　合理采用高强建筑结构材料，评价总分值为10分，按下列规则评分：

　1　混凝土结构：

　　1)　根据 400MPa 级及以上受力普通钢筋的比例，按表 7.2.10 的规则评分，最高得10分。

表 7.2.10　400MPa 级及以上受力普通钢筋的比例评分规则

400MPa 级及以上受力普通钢筋的比例 R_{sb}	得分
$30\% \leqslant R_{sb} < 50\%$	4
$50\% \leqslant R_{sb} < 70\%$	6
$70\% \leqslant R_{sb} < 85\%$	8
$R_{sb} \geqslant 85\%$	10

　　2)　混凝土竖向承重结构采用强度等级不小于C50混凝土用量占竖向承重结构中混凝土总量的比例达到50%，得10分。

　2　钢结构：Q345 及以上高强钢材用量占钢材总量的比例达到50%，得8分；达到70%，得10分。

　3　混合结构：对其混凝土结构部分和钢结构部分，分别按本条第1款和第2款进行评价，得分取两项得分的平均值。

7.2.11　合理采用高耐久性建筑结构材料，评价分值为5分。对混凝土结构，其中高耐久性混凝土用量占混凝土总量的比例达到50%；对钢结构，采用耐候结构钢或耐候型防腐涂料。

7.2.12　采用可再利用材料和可再循环材料，评价总分值为9分，按下列规则评分：

　1　可再利用材料和可再循环材料用量比例达到8%，得5分；达到10%，得7分；

　2　在满足本条第1款的基础上，装饰装修材料中可再利用材料和可再循环材料用量比例达到20%，可再得2分。

7.2.13　使用以废弃物为原料生产的建筑材料，评价总分值为7分，按下列规则评分：

　1　采用1种以废弃物为原料生产的建筑材料，其占同类建材的用量比例达到30%，得3分；达到50%，得7分。

　2　采用2种及以上以废弃物为原料生产的建筑材料，每1种用量比例均达到30%，得7分。

7.2.14　合理采用耐久性好、易维护的装饰装修建筑材料，评价总分值为4分，按下列规则分别评分并累计：

　1　合理采用清水混凝土或其他形式的简约内外装饰设计，得1分；

　2　采用耐久性好、易维护的外立面材料，得2分；

　3　采用耐久性好、易维护的室内装饰装修材料，得1分。

8　室内环境质量

8.1　控　制　项

8.1.1　主要功能房间的室内噪声级应满足现行国家标准《民用建筑隔声设计规范》GB 50118 中的低限要求。

8.1.2　照明质量应符合现行国家标准《建筑照明设计标准》GB 50034 的规定。

8.1.3　采用集中供暖空调系统的商店建筑，房间内的温度、湿度、新风量等设计参数应符合现行国家标准《民用建筑供暖通风与空气调节设计规范》GB

50736 的规定。

8.1.4 在室内设计温、湿度条件下，建筑围护结构内表面不应结露。

8.1.5 屋顶和东西外墙隔热性能应满足现行国家标准《民用建筑热工设计规范》GB 50176 的要求。

8.1.6 室内空气中的氨、甲醛、苯、总挥发性有机物、氡等污染物浓度应符合现行国家标准《室内空气质量标准》GB/T 18883 的有关规定。

8.1.7 营业厅和人员通行区域的楼地面应能防滑、耐磨且易清洁。

8.2 评 分 项

I 室内声环境

8.2.1 主要功能房间室内噪声级，评价总分值为 6 分。噪声级达到现行国家标准《民用建筑隔声设计规范》GB 50118 中的低限标准限值和高要求标准限值的平均值，得 3 分；达到高要求标准限值，得 6 分。

8.2.2 主要功能房间的隔声性能良好，评价总分值为 6 分，按下列规则分别评分并累计：

    1 构件及相邻房间之间的空气声隔声性能达到现行国家标准《民用建筑隔声设计规范》GB 50118 中的低限标准限制和高要求标准限值的平均值，得 3 分；达到高要求标准限值，得 4 分；

    2 楼板的撞击声隔声性能达到现行国家标准《民用建筑隔声设计规范》GB 50118 中的低限标准限值和高要求标准限值的平均值，得 1 分；达到高要求标准限值，得 2 分。

8.2.3 建筑平面、空间布局和功能分区安排合理，没有明显的噪声干扰，评价分值为 6 分。

8.2.4 入口大厅、营业厅和其他噪声源较多的房间或区域进行吸声设计，评价总分值为 5 分。吸声材料及构造的降噪系数达到现行国家标准《民用建筑隔声设计规范》GB 50118 中的低限标准限值和高要求标准限值的平均值，得 3 分；达到高标准要求限值，得 5 分。

II 室内光环境

8.2.5 改善建筑室内天然采光效果，评价总分值为 10 分，按下列规则评分：

    1 入口大厅、中庭等大空间的平均采光系数不小于 2% 的面积比例达到 50%，且有合理的控制眩光和改善天然采光均匀性措施，得 5 分；面积比例达到 75%，且有合理的控制眩光和改善天然采光均匀性措施，得 10 分。

    2 根据地下空间平均采光系数不小于 0.5% 的面积与首层地下室面积的比例，按表 8.2.5 的规则评分，最高得 10 分。

表 8.2.5 地下空间平均采光系数不小于 0.5% 的面积与首层地下室面积的比例评分规则

面积比例 R_A	得分
$5\% \leqslant R_A < 10\%$	2
$10\% \leqslant R_A < 15\%$	4
$15\% \leqslant R_A < 20\%$	6
$20\% \leqslant R_A < 25\%$	8
$R_A \geqslant 25\%$	10

8.2.6 采取措施改善室内人工照明质量，评价总分值为 10 分，按下列规则分别评价并累计：

    1 收款台、货架柜等设局部照明，且货架柜的垂直照度不低于 50lx，得 5 分；

    2 采取措施防止或减少光幕反射和反射眩光，得 5 分。

III 室内热湿环境

8.2.7 采取可调节遮阳措施，降低夏季太阳辐射得热，评价总分值为 12 分。外窗和幕墙透明部分中，有可控遮阳调节措施的面积比例达到 25%，采光顶 50% 的面积有可调节遮阳措施，得 6 分；有可控遮阳调节措施的面积比例达到 50%，采光顶全部面积采用可调节遮阳措施，得 12 分。

8.2.8 供暖空调系统末端装置可独立调节，评价总分值为 10 分。供暖、空调末端装置可独立启停的主要房间数量比例达到 70%，得 5 分；达到 90%，得 10 分。

IV 室内空气质量

8.2.9 优化建筑空间、平面布局和构造设计，改善自然通风效果，评价分值为 10 分。

8.2.10 室内气流组织合理，评价总分值为 8 分，按下列规则分别评价并累计：

    1 重要功能区域供暖、通风与空调工况下的气流组织满足热环境参数设计要求，得 4 分；

    2 避免卫生间、餐厅、厨房、地下车库等区域的空气和污染物串通到室内其他空间或室外活动场所，得 4 分。

8.2.11 营业区域设置室内空气质量监控系统，评价总分值为 12 分，按下列规则分别评分并累计：

    1 对室内的二氧化碳浓度进行数据采集、分析，并与通风系统联动，得 7 分；

    2 实现室内污染物浓度超标实时报警，并与通风系统联动，得 5 分。

8.2.12 地下车库设置与排风设备联动的一氧化碳浓度监测装置，评价分值为 5 分。

9 施工管理

9.1 控 制 项

9.1.1 应建立绿色建筑项目施工管理体系和组织机构,并落实各级责任人。

9.1.2 施工项目部应制定施工全过程的环境保护计划,并组织实施。

9.1.3 施工项目部应制定施工人员职业健康安全管理计划,并组织实施。

9.1.4 施工前应进行设计文件中绿色建筑重点内容的专项会审。

9.2 评 分 项

Ⅰ 环 境 保 护

9.2.1 采取洒水、覆盖、遮挡等降尘措施,评价分值为10分。

9.2.2 采取有效的降噪措施。在施工场界测量并记录噪声,满足现行国家标准《建筑施工场界环境噪声排放标准》GB 12523 的规定,评价分值为 8 分。

9.2.3 制定并实施施工废弃物减量化、资源化计划,并对施工及场地清理产生的固体废弃物进行合理的分类处理,评价总分值为 10 分,按下列规则分别评分并累计:

　　1 制定施工废弃物减量化、资源化计划,得 3 分;

　　2 可回收施工废弃物的回收率不小于 80%,得 3 分;

　　3 根据每 10000m² 建筑面积的施工固体废弃物排放量,按表 9.2.3 的规则评分,最高得 4 分。

表 9.2.3　每 10000m² 建筑面积施工固体废弃物排放量评分规则

每 10000m² 建筑面积施工固体废弃物排放量 SW_c	得分
350t$<SW_c\leqslant$400t	1
300t$<SW_c\leqslant$350t	3
$SW_c\leqslant$300t	4

Ⅱ 资 源 节 约

9.2.4 制定并实施施工节能和用能方案,监测并记录施工能耗,评价总分值为 8 分,按下列规则分别评分并累计:

　　1 制定并实施施工节能和用能方案,得 1 分;

　　2 监测并记录施工区、生活区的能耗,得 3 分;

　　3 监测并记录主要建筑材料、设备从供货商提供的货源地到施工现场运输的能耗,得 3 分;

　　4 监测并记录建筑施工废弃物从施工现场到废弃物处理/回收中心运输的能耗,得 1 分;

9.2.5 制定并实施施工节水和用水方案,监测并记录施工水耗,评价总分值为 6 分,按下列规则分别评分并累计:

　　1 制定并实施施工节水和用水方案,得 2 分;

　　2 监测并记录施工区、生活区的水耗数据,得 2 分;

　　3 监测并记录基坑降水的抽取量、排放量和利用量数据,得 2 分;

9.2.6 减少预拌混凝土的损耗,评价总分值为 6 分。损耗率降低至 1.5%,得 4 分;降低至 1.0%,得 6 分。

9.2.7 减少预拌砂浆损耗,评价总分值为 6 分。损耗率降低至 3.0%,得 4 分;降低至 1.5%,得 6 分。

9.2.8 采取措施降低钢筋损耗,评价总分值为 12 分,按下列规则评分:

　　1 80%以上的钢筋采用专业化生产的成型钢筋,得 12 分。

　　2 根据现场加工钢筋损耗率,按表 9.2.8 的规则评分,最高得 12 分。

表 9.2.8　现场加工钢筋损耗率评分规则

现场加工钢筋损耗率 LR_{sb}	得分
3.5%$<LR_{sb}\leqslant$4.0%	8
1.5%$<LR_{sb}\leqslant$3.0%	10
$LR_{sb}\leqslant$1.5%	12

9.2.9 采用工具式定型模板等措施,提高模板的周转次数,评价总分值为 8 分,按下列规则分别评价并累计:

　　1 制定模板使用和提高模板周转次数施工措施,得 2 分;

　　2 根据工具式定型模板使用面积占模板工程总面积的比例按表 9.2.9 的规则评分,最高得 6 分。

表 9.2.9　工具式定型模板使用面积占模板工程总面积比例评分规则

工具式定型模板使用面积占模板工程总面积的比例 R_{sf}	得分
50%$\leqslant R_{sf}<$70%	2
70%$\leqslant R_{sf}<$85%	4
$R_{sf}\geqslant$85%	6

9.2.10 提高一次装修的排版设计及工厂化加工比例,评价总分值为 8 分,按下列规则分别评价并累计:

1 施工前对块材、板材和卷材进行排版设计，得3分；

2 根据门窗、幕墙、块材、板材的工厂化加工比例按表9.2.10的规则评分，最高得5分。

表 9.2.10　门窗、幕墙、块材、板材的工厂化加工比例评分规则

门窗、幕墙、块材、板材的工厂化加工比例 R_{pf}	得分
$50\% \leqslant R_{pf} < 70\%$	3
$70\% \leqslant R_{pf} < 85\%$	4
$R_{pf} \geqslant 85\%$	5

Ⅲ　过程管理

9.2.11 实施设计文件中绿色商店建筑重点内容，评价总分值为4分，按下列规则分别评分并累计：

1 参建各方进行绿色商店建筑重点内容的专项交底，得2分；

2 施工过程中以施工日志记录绿色商店建筑重点内容的实施情况，得2分。

9.2.12 严格控制设计文件变更，避免出现降低建筑绿色性能的重大变更，评价分值为6分。

9.2.13 工程竣工验收前，由建设单位组织有关责任单位，进行机电系统的综合调试和联合试运转，结果符合设计要求，评价分值为8分。

10　运营管理

10.1　控　制　项

10.1.1 应制定并实施节能、节水、节材、绿化管理制度。

10.1.2 应制定垃圾管理制度，合理规划垃圾物流，对废弃物进行分类收集，垃圾容器设置规范。

10.1.3 运行过程中产生的废气、污水等污染物应达标排放。

10.1.4 节能、节水设施应工作正常，且符合设计要求。

10.1.5 供暖、通风、空调、照明等设备的自动监控系统应工作正常，且运行记录完整。

10.1.6 应制定并实施二次装修管理制度。

10.2　评　分　项

Ⅰ　管理制度

10.2.1 物业管理机构获得有关管理体系认证，评价总分值为8分，按下列规则评分并累计：

1 具有 ISO 14001 环境管理体系认证，得2分；

2 具有 ISO 9001 质量管理体系认证，得2分；

3 具有现行国家标准《能源管理体系要求》GB/T 23331 规定的能源管理体系认证，得4分。

10.2.2 节能、节水、节材、绿化操作规程、应急预案完善，且有效实施，评价总分值为4分，按下列规则评分并累计：

1 相关设施的操作规程在现场明示，操作人员严格遵守规定，得2分；

2 节能、节水设施运行具有完善的应急预案，且有演练记录，得2分。

10.2.3 实施能源资源管理激励机制，管理业绩与节约能源资源、提高经济效益挂钩，评价总分值为6分，按下列规则分别评分并累计：

1 物业管理机构的工作考核体系中包含能源资源管理激励机制，得3分；

2 与租用者的合同中包含节能、节水要求，得1分；

3 采用合同能源管理模式，得2分。

10.2.4 建立绿色教育宣传机制，形成良好的绿色氛围，评价总分值为8分，按下列规则评分并累计：

1 有绿色教育宣传工作记录，得4分；

2 公示室内环境和用能数据，得4分。

Ⅱ　技术管理

10.2.5 对不同用途和不同使用单位的用能、用水进行计量收费，评价总分值为8分，按下列规则分别评分并累计：

1 分项计量数据记录完整，得3分；

2 对不同使用单位的用能、用水进行计量收费，得5分。

10.2.6 结合建筑能源管理系统定期进行能耗统计和能源审计，并合理制定年度运营能耗、水耗指标和环境目标，评价总分值为8分，按下列规则分别评分并累计：

1 定期进行能耗统计和能源审计，得4分；

2 合理制定年度能耗、水耗指标，得2分；

3 根据本条第1、2款，对各项设施进行运行优化，得2分。

10.2.7 定期检查、调试公共设施设备，并根据运行检测数据进行设备系统的运行优化，评价总分值为8分，按下列规则分别评分并累计：

1 定期对公共设施设备进行检查和调试，记录完整，得4分；

2 根据调试记录对设备系统进行运行优化，得4分。

10.2.8 对空调通风系统、照明系统进行定期检查和清洗，评价总分值为6分，按下列规则分别评分并累计：

1 制定空调设备和风管的清洗计划，并具有清洗维护记录，得3分；

2 制定光源、灯具的清洁计划，并具有清洁维护记录，得3分。

10.2.9 定期对运营管理人员进行系统运行和维护相关专业技术和节能新技术的培训及考核，评价总分值为6分，按下列规则分别评分并累计：

1 制定运行和维护培训计划，得2分；

2 执行培训计划，得2分；

3 实施培训考核，得2分。

10.2.10 智能化系统的运行效果满足商店建筑运行与管理的需要，评价总分值为8分，按下列规则分别评分并累计：

1 智能化系统满足现行国家标准《智能建筑设计标准》GB/T 50314 的基础配置要求，得2分；

2 智能化系统工作正常，符合设计要求，得6分。

10.2.11 对商店建筑的二次装修进行严格的过程管理，确保二次装修管理制度实施和落实，评价分值为3分。

10.2.12 应用信息化手段进行物业管理，建筑工程、设施、设备、部品、能耗等档案及记录齐全，评价总分值为6分，按下列规则分别评分并累计：

1 设置物业信息管理系统，得2分；

2 物业信息管理系统功能完备，得2分；

3 记录数据完整，得2分。

Ⅲ 环境管理

10.2.13 优化管理新风系统，确保良好的室内空气品质，评价总分值为6分，按下列规则分别评分并累计：

1 制定新风调节管理制度，新风系统满足不同工况运行的需求，得2分；

2 室内环境参数运行记录完善，得2分；

3 室内环境参数运行记录中，主要功能空间的室内空气品质均符合相关标准要求，得2分。

10.2.14 采用无公害病虫害防治技术，规范杀虫剂、除草剂、化肥、农药等化学品的使用，评价总分值为6分，按下列规则分别评分并累计：

1 建立和实施化学品管理责任制，得2分；

2 病虫害防治用品使用记录完整，得2分；

3 采用生物制剂、仿生制剂等无公害防治技术，得2分。

10.2.15 实行垃圾分类收集和处理，评价总分值为9分，按下列规则分别评分并累计：

1 垃圾分类收集率达到90%，得3分；

2 可回收垃圾的回收比例达到90%，得2分；

3 对可生物降解垃圾进行单独收集和合理处置，得2分；

4 对有害垃圾进行单独收集和合理处置，得2分。

11 提高与创新

11.1 一般规定

11.1.1 绿色商店建筑评价时，应按本章规定对加分项进行评价。加分项包括性能提高和创新两部分。

11.1.2 加分项的附加得分为各加分项得分之和。当附加得分大于10分时，应以10分计。

11.2 加分项

Ⅰ 性能提高

11.2.1 围护结构热工性能比国家现行有关建筑节能设计标准的规定高20%，或者供暖空调全年计算负荷降低幅度达到15%，评价分值为2分。

11.2.2 供暖空调系统的冷、热源机组能效均优于现行国家标准《公共建筑节能设计标准》GB 50189 的规定以及现行有关国家标准能效节能评价值的要求，评价分值为2分。对电机驱动的蒸气压缩循环冷水（热泵）机组，直燃型和蒸汽型溴化锂吸收式冷（温）水机组，单元式空气调节机、风管送风式和屋顶式空调机组，多联式空调（热泵）机组，燃煤、燃油和燃气锅炉，其能效指标比现行国家标准《公共建筑节能设计标准》GB 50189 规定值的提高或降低幅度满足表11.2.2的要求；对房间空气调节器和家用燃气热水炉，其能效等级满足现行有关国家标准规定的1级要求。

表11.2.2 冷、热源机组能效指标比现行国家标准《公共建筑节能设计标准》GB 50189 的提高或降低幅度

机组类型		能效指标	提高或降低幅度
电机驱动的蒸气压缩循环冷水（热泵）机组		制冷性能系数（COP）	提高12%
溴化锂吸收式冷水机组	直燃型	制冷、供热性能系数（COP）	提高12%
	蒸汽型	单位制冷量蒸汽耗量	降低12%
单元式空气调节机、风管送风式和屋顶式空调机组		能效比（EER）	提高12%
多联式空调（热泵）机组		制冷综合性能系数[IPLV(C)]	提高16%
锅炉	燃煤	热效率	提高6个百分点
	燃油燃气	热效率	提高4个百分点

11.2.3 合理采用蓄冷蓄热系统，且蓄能设备提供的设计日冷量或热量达到30%，评价分值为1分。

11.2.4 采用资源消耗少和环境影响小的建筑结构体系，评价分值为1分。

11.2.5 采用有利于改善商店建筑室内环境的功能性建筑装修新材料或新技术,评价分值为1分。

11.2.6 对营业厅等主要功能房间采取有效的空气处理措施,评价分值为1分。

11.2.7 室内空气中的氨、甲醛、苯、总挥发性有机物、氡、可吸入颗粒物等污染物浓度不高于现行国家标准《室内空气质量标准》GB/T 18883规定限值的70%,评价分值为1分。

Ⅱ 创 新

11.2.8 建筑方案充分考虑建筑所在地域的气候、环境、资源,结合场地特征和建筑功能,进行技术经济分析,显著提高能源资源利用效率和建筑性能,评价分值为2分。

11.2.9 合理选用废弃场地进行建设,或充分利用尚可使用的旧建筑,评价分值为1分。

11.2.10 应用建筑信息模型(BIM)技术,评价总分值为2分。在建筑的规划设计、施工建造和运行维护阶段中的任意一个阶段应用,得1分;在两个或两个以上阶段应用,得2分。

11.2.11 进行建筑碳排放计算分析,采取措施降低单位建筑面积碳排放强度,评价分值为1分。

11.2.12 采取节约能源资源、保护生态环境、保障安全健康的其他创新,并有明显效益,评价总分值为2分。采取一项,得1分;采取两项及以上,得2分。

本标准用词说明

1 为便于在执行本标准条文时区别对待,对要求严格程度不同的用词说明如下:

   1) 表示很严格,非这样做不可的:

正面词采用"必须",反面词采用"严禁";

   2) 表示严格,在正常情况下均应这样做的:

正面词采用"应",反面词采用"不应"或"不得";

   3) 表示允许稍有选择,在条件许可时首先应这样做的:

正面词采用"宜",反面词采用"不宜";

   4) 表示有选择,在一定条件下可以这样做的,采用"可"。

2 条文中指明应按其他有关标准执行的写法为:"应符合……的规定"或"应按……执行"。

引用标准名录

1 《建筑抗震设计规范》GB 50011

2 《建筑照明设计标准》GB 50034

3 《民用建筑隔声设计规范》GB 50118

4 《民用建筑热工设计规范》GB 50176

5 《公共建筑节能设计标准》GB 50189

6 《智能建筑设计标准》GB/T 50314

7 《民用建筑供暖通风与空气调节设计规范》GB 50736

8 《建筑外门窗气密、水密、抗风压性能分级及检测方法》GB/T 7106

9 《建筑施工场界环境噪声排放标准》GB 12523

10 《室内空气质量标准》GB/T 18883

11 《建筑幕墙》GB/T 21086

12 《能源管理体系要求》GB/T 23331

13 《城市夜景照明设计规范》JGJ/T 163

中华人民共和国国家标准

绿色商店建筑评价标准

GB/T 51100—2015

条 文 说 明

制 订 说 明

《绿色商店建筑评价标准》GB/T 51100-2015，经住房和城乡建设部 2015 年 4 月 8 日以第 798 号公告批准、发布。

在标准编制过程中，编制组进行了广泛深入调研，总结了我国商店建筑工程建设的实践情况，同时参考了国外先进技术法规、技术标准，并在广泛征求意见的基础上制定了本标准。

为便于广大设计、施工、科研、学校等单位有关人员在使用本标准时能正确理解和执行条文规定，《绿色商店建筑评价标准》编制组按章、节、条顺序编制了本标准的条文说明，对条文规定的目的、依据以及执行中需注意的有关事项进行了说明。但本条文说明不具备与标准正文同等的法律效力，仅供使用者作为理解和把握标准规定的参考。

目　次

1 总 则

1.0.1~1.0.4 现行国家标准《绿色建筑评价标准》GB/T 50378 规定了绿色建筑评价的统一准则。本标准是根据该标准的原则进行编写的，但更强调商店建筑的具体业态和规模。根据现行行业标准《商店建筑设计规范》JGJ 48，业态主要包括百货商场、购物中心、超级市场、菜市场、专业店、步行商业街等；商店建筑的规模分为大、中、小型（分别是建筑面积 20000m² 以上、5000m² ~ 20000m²、5000m² 以下）。绿色商店建筑的评价也要将此实际情况纳入考虑。

3 基 本 规 定

3.1 一 般 规 定

3.1.1 绿色商店建筑的评价，首先应基于评价对象的商业功能要求。商店建筑群、单体均可参评，考虑到综合楼中的底层商业等特殊业态，故在现行国家标准《绿色建筑评价标准》GB/T 50378 相关规定的基础上，将综合性建筑中的商店区域补充为绿色商店建筑的评价对象。菜市场类非封闭建筑不适用本标准。

3.1.2 根据绿色商店建筑发展的实际需求，结合目前有关管理制度，本标准将绿色商店建筑的评价分为设计评价和运行评价。

同时，也将绿色商店建筑评价划分为"设计评价"和"运行评价"。设计评价的重点在绿色商店建筑采取的"绿色措施"和预期效果上，而运行评价则不仅要评价"绿色措施"，而且要评价这些"绿色措施"所产生的实际效果。除此之外，运行评价还关注绿色商店建筑在施工过程中留下的"绿色足迹"，以及绿色商店建筑正常运行后的科学管理。

3.1.3 本条对申请评价方的相关工作提出要求。绿色商店建筑的申请评价方，应依据本标准相关内容要求，注重绿色商店建筑全寿命期内能源资源节约与环境保护的性能，对建筑全寿命期内各个阶段进行控制，综合考虑性能、安全、耐久、经济、美观等因素，优化建筑技术、设备和材料选用，综合评估建筑规模、建筑技术与投资之间的总体平衡，并按本标准的要求提交相应分析、测试报告和相关文件。

3.1.4 绿色商店建筑的评价机构，应依据有关管理制度文件确定。本条对绿色商店建筑评价机构的相关工作提出要求。绿色商店建筑评价机构应按照本标准的有关要求审查申请评价方提交的报告、文件，并在评价报告中确定绿色建筑等级。对申请运行评价的建筑，评价机构还应组织现场考察，进一步审核规划设计要求的落实情况以及建筑的实际性能和运行效果。

3.1.5 当需要对某工程项目中的单独一栋商店建

进行评价时，由于有些评价指标是针对该工程项目设定的（如区域绿地率），或该工程项目中其他建筑也采用了相同的技术方案（如再生水利用），难以仅基于该单栋建筑进行评价，此时，应以该栋建筑所属工程项目的总体为基准进行评价。同理，对于综合建筑中的商店区域，也应考虑这一原则，但具体是以该栋建筑或该栋建筑所属工程项目为基准，受评对象没有独立用能系统和独立能耗计量装置的不能参评。具体执行时，尚需对具体条文的具体要求进行分析后确定。

3.2 评价与等级划分

3.2.1 本标准设置的 7 类指标，基本覆盖了建筑全寿命期内各环节。同时，控制项、评分项、加分项的指标类型设置，也与现行国家标准《绿色建筑评价标准》GB/T 50378 相关规定保持一致。

3.2.3 控制项、评分项、加分项的评价与现行国家标准《绿色建筑评价标准》GB/T 50378 保持一致。评分项的评价，依据评价条文的规定确定得分或不得分，得分时根据需要对具体评分项、评分子项内容或具体达标程度确定得分值。加分项的评价，依据评价条文的规定确定得分或不得分。

3.2.4 本标准与现行国家标准《绿色建筑评价标准》GB/T 50378 保持一致，依据总得分来确定绿色商店建筑的等级。考虑到各类指标重要性方面的相对差异，计算总得分时引入了权重。同时，为鼓励绿色商店建筑技术和管理方面的提升和创新，设置加分项作为附加得分直接计入总分。

3.2.5 本标准按评价总得分确定绿色商店建筑的等级。对于具体的参评建筑而言，它们在业态、规模、所处地域的气候、环境、资源等方面存在差异，适用于各栋参评建筑的评分项的条文数量可能不一样。不适用的评分项条文可以不参评。这样，各参评建筑理论上可获得的总分也可能不一样。为克服这种客观存在的情况给绿色商店建筑评价带来的困难，计算各类指标的评分项得分时采用了"折算"的办法。"折算"的实质就是将参评建筑理论上可获得的总分值当作 100 分。折算后的实际得分大致反映了参评建筑实际采用的"绿色"措施占理论上可以采用的全部"绿色"措施的比例。一栋参评建筑理论上可获得的总分值等于所有参评的评分项条文的分数之和，某类指标评分项理论上可获得的总分值总是小于等于 100 分。

3.2.7 本条对各类指标在绿色商店建筑评价中的权重作出规定。表 3.2.7 中给出了设计评价、运行评价时商店建筑的分项指标权重。施工管理和运营管理两类指标不参与设计评价。各大类指标（一级指标）权重和某大类指标下的具体评价条文/指标（二级指标）的分值，经广泛征求意见和专题研究后综合调整确定，但与国家标准《绿色建筑评价标准》GB/T

50378-2014 中的公共建筑分项指标权重值有所不同。

3.2.8 控制项是绿色商店建筑的必要条件。

本标准与现行国家标准《绿色建筑评价标准》GB/T 50378 保持一致，规定了每类指标的最低得分要求，避免仅按总得分确定等级引起参评的绿色商店建筑可能存在某一方面性能过低的情况。

在满足全部控制项和每类指标最低得分的前提下，绿色商店建筑按总得分确定等级。

4 节地与室外环境

4.1 控 制 项

4.1.1 本条适用于设计、运行评价。

《中华人民共和国城乡规划法》第二条明确规定："本法所称城乡规划，包括城镇体系规划、城市规划、镇规划、乡规划和村庄规划"；第四十二条规定："城市规划主管部门不得在城乡规划确定的建设用地范围以外作出规划许可"。因此，任何建设项目的选址应符合城乡规划。

各类保护区是指受到国家法律法规保护、划定有明确的保护范围、制定有相应的保护措施的各类政策区，主要包括：基本农田保护区（《基本农田保护条例》）、风景名胜区（《风景名胜区条例》）、自然保护区（《中华人民共和国自然保护区条例》）、历史文化名城名镇名村（《历史文化名城名镇名村保护条例》）、历史文化街区（《城市紫线管理办法》）等。

文物古迹是指人类在历史上创造的具有价值的不可移动的实物遗存，包括地面与地下的古遗址、古建筑、古墓葬、石窟寺、古碑石刻、近代代表性建筑、革命纪念建筑等，主要指文物保护单位、保护建筑和历史建筑。

本条的评价方法为：设计评价审核项目场地区位图、地形图以及当地城乡规划、国土、文化、园林、旅游或相关保护区等有关行政管理部门提供的法定规划文件或出具的证明文件；运行评价在设计评价方法之外还应现场核实。

4.1.2 本条适用于设计、运行评价。

对绿色商店建筑的选址和危险源的避让提出要求。建筑场地与各类危险源的距离应满足相应危险源的安全防护距离等控制要求，对场地中的不利地段或潜在危险源应采取必要的避让、防止、防护或控制、治理等措施，对场地中存在的有毒有害物质应采取有效的治理与防护措施，进行无害化处理，确保符合各项安全标准。

场地的防洪设计符合现行国家标准《防洪标准》GB 50201 及《城市防洪工程设计规范》GB/T 50805 的规定，抗震防灾设计符合现行国家标准《城市抗震防灾规划标准》GB 50413 和《建筑抗震设计规范》

GB 50011 的要求，土壤中氡浓度的控制应符合现行国家标准《民用建筑工程室内环境污染控制规范》GB 50325 的规定，电磁辐射符合现行国家标准《电磁环境控制限值》GB 8702 的规定。

本条的评价方法为：设计评价查阅地形图和工程地质勘察报告，审核应对措施的合理性及相关检测报告；运行评价在设计评价方法之外还应现场核实应对措施的落实情况及其有效性。

4.1.3 本条适用于设计、运行评价。

商店建筑多位于人员流动性强、人流量大的区域以及集中的住宅、办公区，商店建筑若对周边环境和建筑产生噪声、振动、废气、废热等不利影响，不利于周边区域进行正常的工作、生活及生产经营。若有污染源应积极采取相应的治理措施并达到无超标污染物排放的要求。

本条的评价方法：设计评价查阅环评报告，审核应对措施的合理性；运行评价在设计评价方法之外还应现场核实。

4.1.4 本条适用于设计、运行评价。

商店建筑选址应满足现行行业标准《商店建筑设计规范》JGJ 48 选址要求；对于新建商店建筑除应满足城市整体商业布局要求外，还应满足当地城市规划（城市总体规划和商业布局规划）的控制要求。

1 铁路、公路交通站点人员流动性强、流动量大的区域，布置商店建筑有利于商店建筑的后期运营及商业开发的成功。

2 人口集中居住区及大型企事业单位周边，人口密度大，服务距离短，方便顾客节省时间，缩短交通距离。

3 较为集中的商业、生活服务网点，这类地区自身固定的吸引较多人流，商店建筑的设置有利于提高区域服务的全面性和便捷性。

本条的评价方法：设计评价审核规划设计文件；运行评价在设计评价方法之外还应现场核实。

4.1.5 本条适用于设计、运行评价。

对于新建商店建筑，不应妨碍周边既有建筑继续满足有关日照标准的要求。

对于改造商店建筑分两种情况：周边建筑在商店建筑改造前满足日照标准的，应保证其在商店建筑改造后仍符合相关日照标准的要求；周边建筑在商店建筑改造前未满足日照标准的，在商店建筑改造后不可再降低其原有的日照水平。

本条的评价方法为：设计评价审核设计文件和日照模拟分析报告；运行评价在设计评价方法之外还应核实竣工图及其日照模拟分析报告，并现场核实。

4.1.6 本条适用于设计、运行评价。

场地与建筑及场地内外联系的无障碍设计是绿色建筑人性化的重要组成部分，是保障各类人群方便、安全出行的基本设施。而建筑场地内部与外部人行系统的连接是目前无障碍设施建设的薄弱环节，商店建筑作为公共场所，其无障碍设施建设应纳入城市无障碍系统，并符合现行国家标准《无障碍设计规范》GB 50763的要求。

本条的评价方法为：设计评价审核相关设计文件；运行评价在设计评价方法之外还应现场核实。

4.2 评 分 项

Ⅰ 土 地 利 用

4.2.1 本条适用于设计、运行评价。

在保证商店建筑基本功能及室外环境的前提下应按照所在地城乡规划的要求采用合理的容积率。就节地而言，对于容积率较低的建设项目，可以通过精心的场地设计，在创造更高的绿地率以及提供更多的开敞空间或公共空间等方面获得更好的评分；对于容积率较高的建设项目，在节地方面则更容易获得较高的评分。

带有局部商店功能的综合体类建筑，其容积率是指整体建筑的容积率。

本条的评价方法为：设计评价审核相关设计文件；运行评价在设计评价方法之外还应核实竣工图、计算书。

4.2.2 本条适用于设计、运行评价。

本条鼓励商店建筑项目优化建筑布局提供更多的绿化用地或绿化广场，创造更加宜人的公共空间；鼓励绿地或绿化广场设置休憩、娱乐等设施并定时向社会公众免费开放，以提供更多的公共活动空间。本标准中绿地率指商店建筑用地范围内各类绿地面积的总和占该商店建筑总用地面积的比率（％）。绿地包括商店建筑用地中各类用作绿化的用地。

最后需要指出的是，行业标准《城市绿地分类标准》CJJ/T 85-2002第1.0.1条的条文说明中指出，城市绿地包含两个层次的内容：一是城市建设用地范围内用于绿化的土地；二是城市建设用地之外，对城市生态、景观和居民休闲生活具有积极作用、绿化环境较好的区域。本标准中要求的绿地向社会开放，取的即是其第二层次的意义，即广义的绿地。

本条的评价方法为：设计评价审核规划设计文件；运行评价在设计评价方法之外还应核实竣工图或现场核实。

4.2.3 本条适用于设计、运行评价。

商店建筑开放地下空间，可用作设备用房、仓储空间、停车场所等。但由于地下空间的利用受诸多因素制约，因此未利用地下空间的项目应提供相关说明，经论证场地区位和地质条件、建筑结构类型、建筑功能或性质确实不适宜开发地下空间的，本条不参评。

开发利用地下空间是城市节约集约用地的重要措施之一。地下空间的开发利用应与地上建筑及其他相关城市空间紧密结合、统一规划，但从雨水渗透及地下水补给，减少径流外排等生态环保要求出发，地下空间也应利用有度、科学合理。

本条的评价方法为：设计评价查阅相关设计文件、计算书；运行评价查阅相关竣工图、计算书，并现场核实。

Ⅱ 室 外 环 境

4.2.4 本条适用于设计、运行评价。

建筑物光污染包括建筑反射光（眩光）、夜间的室外照明等造成的光污染。光污染产生的眩光会让人感到不舒服，还会使人降低对灯光信号等重要信息的辨识力，甚至带来交通安全隐患。

光污染控制对策包括合理的建筑设计（如朝向、幕墙的设计），降低建筑物表面（玻璃、涂料）的可见光反射比，合理选配照明器具，确定合理的投射角度，并采取防止溢散光措施等。

现行国家标准《玻璃幕墙光学性能》GB/T 18091已把玻璃幕墙的光污染定义为有害光反射，并对玻璃幕墙的可见光反射比作了规定。本条与国家标准《绿色建筑评价标准》GB/T 50378，保持一致，对玻璃幕墙可见光反射比取为0.2。

室外照明设计应满足现行行业标准《城市夜景照明设计规范》JGJ/T 163关于光污染控制的相关要求。

本条的评价方法为：设计评价查阅相关设计文件、光污染分析专项报告及相关检测报告；运行评价在查阅设计评价所需文件外，还需查阅相关竣工图、相关检测报告，并现场核实。

4.2.5 本条适用于设计、运行评价。

冬季建筑物周围人行区距地1.5m高处风速$v<$5m/s是不影响人们正常室外活动的基本要求。夏季、过渡季通风不畅在某些区域形成无风区和涡旋区，将影响室外散热和污染物消散。

利用计算流体动力学（CFD）等方法通过不同季节典型风向、风速的建筑外风环境分布情况并进行模拟评价，其中风向、来流风速均为对应季节内出现频率最高的风向和平均风速，可通过查阅建筑设计或暖通空调设计手册中所在城市的相关资料得到。

本条的评价方法为：设计评价查阅相关设计文件、风环境模拟计算报告；运行评价查阅相关竣工图、风环境模拟计算报告、现场测试报告。

Ⅲ 交通设施与公共服务

4.2.6 本条适用于设计、运行评价。

优先发展公共交通是缓解城市交通拥堵问题的重要措施，将商店建筑与公共交通设施站点建立便捷联系，可有效缓解交通压力。在商店建筑选址和场地规划中应重视建筑及场地与公共交通站点的有机联系，合理设置出入口并设置便捷的人行通道或通过建筑外平台、天桥、地下空间等通向公共交通站点。便捷的交通联系有利于各区域顾客在短时间内的汇集和疏散，同时能够满足供、销货渠道的畅通。

本条的评价方法为：设计评价查阅相关设计文件；运行评价查阅相关竣工图，并现场核实。

4.2.7 本条适用于设计、运行评价。

商店建筑鼓励使用自行车等绿色环保的交通工具，为绿色出行提供便利条件，设计安全方便、规模适度、布局合理，符合使用者出行习惯的自行车停车场所。在建筑运行阶段，要求为自行车停车设施提供必要的安全防护措施。而对于机动车停车，除符合所在地控制性详细规划要求外，还应合理利用地上或地下立体集约式（包括机械式停车楼）停车方式，节约土地，并科学管理、合理组织交通流线，不应对行人活动空间产生干扰。

本条的评价方法为：设计评价查阅相关设计文件；运行评价查阅相关竣工图，并现场核实。

4.2.8 本条适用于设计、运行评价。

绿色建筑兼容2种以上主要公共服务功能，是指主要服务功能在建筑内部混合布局，部分空间共享使用。兼容多种公共服务功能，有利于节约能源、保护环境。设施整合集中布局、协调互补，和社会共享可提高使用效率，节约用地和投资。商店建筑除具备商业服务功能以外，还应考虑兼容文化体育、金融邮电、社区服务、市政公用等其他公共服务功能。

本条的评价方法为：设计评价审核规划设计文件；运行评价在设计评价方法之外还应现场核实。

Ⅳ 场地设计与场地生态

4.2.9 本条适用于设计、运行评价。

建设项目应对场地可利用的自然资源进行勘查，充分利用原有地形地貌，尽量减少土石方工程量，减少开发建设过程对场地及周边环境生态系统的改变，包括原有水体和植被，特别是胸径在15cm～40cm的中龄期以上的乔木。在建设过程中确需改造场地内的地形、地貌、水体、植被等时，应在工程结束后及时采取生态复原措施，减少对原场地环境的改变和破坏。表层土含有丰富的有机质、矿物质和微量元素，适合植物和微生物的生长，场地表层土的保护和回收利用是土壤资源保护、维持生物多样性的重要方法之一。除此之外，根据场地实际状况，采取其他生态恢复或补偿措施，如对土壤进行生态处理，对污染水体进行净化和循环，对植被进行生态设计以恢复场地原有动植物生存环境等，也可作为得分依据。

本条的评价方法为：设计评价查阅相关设计文件、生态保护和补偿计划；运行评价查阅相关竣工图、生态保护和补偿报告，并现场核实。

4.2.10 本条适用于设计、运行评价。

绿色雨水基础设施有雨水花园、下凹式绿地、屋顶绿化、植被浅沟、雨水截流设施、渗透设施、雨水塘、雨水湿地、景观水体、多功能调蓄设施等。绿色雨水基础设施有别于传统的灰色雨水设施（雨水口、雨水管道等），能够以自然的方式控制城市雨水径流、减少城市洪涝灾害、控制径流污染、保护水环境。

应根据场地条件合理采用雨水控制和利用措施，编制场地雨水综合利用方案。

1 利用场地的河流、湖泊、水塘、湿地、低洼地作为雨水调蓄设施，或利用场地内设计景观（如景观绿地和景观水体）来调蓄雨水，可达到有限土地资源多功能开发的目标。能调蓄雨水的景观绿地包括下凹式绿地、雨水花园、树池、干塘等。

2 屋面雨水和道路雨水是建筑场地产生径流的重要源头，易被污染并形成污染源，故宜合理引导其进入地面生态设施进行调蓄、下渗和利用，并在雨水进入生态设施前后采取相应截污措施，保证雨水在滞蓄和排放过程中有良好的衔接关系，保障自然水体和景观水体的水质、水量安全。地面生态设施是指下凹式绿地、植草沟、树池等，即在地势较低的区域种植植物，通过植物截流、土壤过滤滞留处理小流量径流雨水，达到径流污染控制目的。需要注意的是，如仅将经物化净化处理后的雨水，再回用于绿化浇灌，不能认定为满足要求。

3 雨水下渗也是消减径流和径流污染的重要途径之一。商店建筑的广场、停车场和道路等多为硬质铺装，采用石材、砖、混凝土、砾石等为铺地材料，透水性能较差，雨水无法入渗，形成大量地面径流，增加城市排水系统的压力。透水铺装是指既能满足路用及铺地强度和耐久性要求，又能使雨水通过本身与铺装下基层相通的渗水路径直接渗入下部土壤的地面铺装。采用如透水沥青、透水混凝土、透水地砖等透水铺装系统，可以改善地面透水性能。当透水铺装下为地下室顶板时，若地下室顶板设有疏水板及导水管等可将渗透雨水导入与地下室顶板接壤的实土，或地下室顶板上覆土深度能满足当地绿化要求时，仍可认定其为透水铺装地面。评价时以场地中硬质铺装地面中透水铺装所占的面积比例为依据。

本条的评价方法为：设计评价审核地形图及场地规划设计文件、查阅场地雨水综合利用方案或雨水专项规划设计、施工图纸（含总图、景观设计图、室外给排水总平面图等）；运行评价在设计评价内容外还应现场核查设计要求的实施情况。

4.2.11 本条适用于设计、运行评价。

场地设计应合理评估和预测场地可能存在的水涝风险，对场地雨水实施减量控制，尽量使场地雨水就地消纳或利用，防止径流外排其他区域形成水涝污染。径流总量控制同时包括雨水的减排和利用，实施过程中减排和利用的比例需依据场地的实际情况，通过合理的技术经济比较，来确定最优方案。雨水设计应协同场地、景观设计，采用屋顶绿化、透水铺装等措施降低地表径流量，同时利用下凹式绿地、浅草沟、雨水花园加强雨水入渗、滞蓄、调节雨水外排量，也可根据项目的用水需求收集雨水回用，实现减少场地雨水外排的目标。

从区域角度看，雨水的过量收集会导致原有水体的萎缩或影响水系统的良性循环。要使硬化地面恢复到自然地貌的环境水平，最佳的雨水控制量应以雨水排放量接近自然地貌为标准，因此从经济性和维持区域性水环境的良性循环角度出发，径流的控制率也不宜过大而应有合适的量（除非具体项目有特殊的防洪排涝设计要求）。本条设定的年径流总量控制率上限值为 85%，即指标值超过 85% 后得分为 0。

设计时应根据年径流总量控制率对应的设计控制雨量来确定雨水管理设施规模和最终方案，有条件时，可通过相关雨水控制利用模型进行设计计算；也可采用简单计算方法，结合项目条件，用设计控制雨量乘以场地综合径流系数、总汇水面积来确定项目雨水设施总规模，再分别计算滞蓄、调蓄和收集回用等措施实现的控制容积，达到设计控制雨量对应的控制规模要求，即达标。

本条的评价方法为：设计评价查阅当地降雨统计资料、相关设计文件、设计控制雨量计算书；运行评价查阅当地降雨统计资料、相关竣工图、设计控制雨量计算书、场地年径流总量控制报告，并现场核实。

4.2.12 本条适用于设计、运行评价。

绿化是城市环境建设的重要内容。鼓励商店建筑进行屋顶绿化或墙面垂直绿化，既能增加绿化面积，提高绿化在二氧化碳固定方面的作用，缓解城市热岛效应；又可以改善屋顶和墙壁的保温隔热效果、辅助建筑节能。

屋顶绿化面积须达到 25% 以上，或单面垂直绿化墙体面积须达到 15%，才能满足得分要求。

本条的评价方法为：设计评价审核景观设计文件及其植物配植报告；运行评价在设计评价方法之外还应进行现场核实。

5 节能与能源利用

5.1 控 制 项

5.1.1 本条适用于设计、运行评价。

本条对建筑热工、冷热源效率等提出节能要求。建筑围护结构的热工性能指标、供暖锅炉的额定热效率、空调系统的冷热源机组能效比等对建筑供暖和空调能耗都有很大的影响。国家、行业和各地方的建筑节能设计标准都对这些性能参数提出了明确的要求，

有的地方标准甚至已经超过了国家标准要求，而且这些要求都是以强制性条文的形式出现的。因此，将本条文列为绿色商店建筑应满足的控制项。当地方标准要求低于国家标准、行业标准时，应按国家现行标准执行。

本条的评价方法为：设计评价查阅相关设计文件（含设计说明、施工图和计算书）；运行评价查阅相关竣工图，并现场核实。

5.1.2 本条适用于设计、运行评价。

商店的性质决定了它的外门开启频繁。在严寒和寒冷地区的冬季，外门的频繁开启造成室外冷空气大量进入室内，导致采暖能耗增加和室内热环境的恶化。设置门斗、前室或采用其他减少冷风渗透的措施可以避免冷风直接进入室内，在节能的同时，提高建筑的热舒适性。除了严寒和寒冷地区外，其他气候区也存在着相类似的现象，因此也应该采取设置风幕保温隔热措施。

本条的评价方法为：设计评价查阅建筑及相关专业设计文件和图纸；运行评价在设计评价方法之外还应现场核实。

5.1.3 本条适用于设计、运行评价。

合理利用能源、提高能源利用率、节约能源是我国的基本国策。高品位的电能直接用于转换为低品位的热能进行供暖或空调，热效率低，运行费用高，应严格限制这种"高质低用"的能源转换利用方式。考虑到一些特殊的建筑，符合下列条件之一，不在本条的限制范围内：

1）采用太阳能供热的建筑，夜间利用低谷电进行蓄热补充，且蓄热式电锅炉不在日间用电高峰和平段时间启用，这种做法有利于减小昼夜峰谷，平衡能源利用；

2）以供冷为主，供暖负荷非常小，且无法利用热泵或其他方式提供供暖热源的建筑，当冬季电力供应充足、夜间可利用低谷电进行蓄热且电锅炉不在用电高峰和平段时间启用时；

3）无城市或区域集中供热，且采用燃气、煤、油等燃料受到环保或消防严格限制的建筑；

4）利用可再生能源发电，且其发电量能够满足直接电热用量需求的建筑。

本条的评价方法为：设计评价查阅相关设计文件；运行评价查阅相关竣工图，并现场核实。

5.1.4 本条适用于设计、运行评价。

商店建筑能源消耗情况较复杂，主要包括空调系统、照明系统、其他动力系统等。当未分项计量时，不利于掌握建筑各类系统设备的能耗分布，难以发现能耗不合理之处。为此，要求采用集中冷热源的商店建筑，在系统设计（或既有建筑改造设计）时应考虑，使建筑内各能耗环节如冷热源、输配系统（包括

冷热水循环泵、冷却水循环泵、冷却塔等设备）、照明和热水能耗等都能实现独立分项计量，有助于分析建筑各项能耗水平和能耗结构是否合理，发现问题并提出改进措施，从而有效地实施建筑节能。

本条的评价方法为：设计评价查阅电气及相关专业设计图纸和文件；运行评价在设计评价方法之外还应现场核实，并查阅分项计量记录。

5.1.5 本条适用于设计、运行评价。

现行国家标准《建筑照明设计标准》GB 50034中将一般照明的照明功率密度（LPD）作为照明节能的评价指标，其现行值指标在标准中列为强制性条文，必须严格执行。在满足照明工程设计要求的前提下，灯具效率（效能）越高意味着光的利用率越高，因而越有利于节能。

表1 商店建筑照明功率密度限值

房间或场所	照度标准值（lx）	照明功率密度限制（W/m²）	
		现行值	目标值
一般商店营业厅	300	10.0	9.0
高档商店营业厅	500	16.0	14.5
一般超市营业厅	300	11.0	10.0
高档超市营业厅	500	17.0	15.5
专卖店营业厅	300	11.0	10.0
仓储超市	300	11.0	10.0

注：1 一般商店营业厅、高档商店营业厅、专卖店营业厅需要装设重点照明时，该营业厅的照明功率密度限值应增加 5W/m²；

2 当房间或场所的室形指数值等于或小于 1 时，其照明功率密度限值应增加，但增加值不应超过限值的 20%；

3 设装饰性灯具场所，可将实际采用的装饰性灯具总功率的 50% 计入照明功率密度值的计算。

本条的评价方法为：设计评价查阅电气专业设计图纸和文件，查阅灯具产品的检验报告；运行评价在设计评价方法之外还应审查竣工验收资料，进行现场检测，对主要产品进行抽样检验。

5.1.6 本条适用于设计、运行评价。

提高功率因数能够减少无功电流值，从而降低线路能耗和电压损失。该条是现行国家标准《建筑照明设计标准》GB 50034 中规定的最低要求。对供电系统功率因数有更高要求时，宜在配电系统中设置集中补偿装置进行补充。

本条的评价方法为：设计评价查阅电气专业设计图纸和文件，查阅主要产品型式检验报告；运行评价在设计评价方法之外还应审查竣工验收资料，对主要产品进行现场抽样检验。

5.1.7 本条适用于设计、运行评价。

高压汞灯、自镇流荧光高压汞灯和白炽灯光效

低，不利于节能。同时国家出台了淘汰白炽灯路线图：

第一阶段：2011 年 11 月 1 日至 2012 年 9 月 30 日为过渡期。

第二阶段：2012 年 10 月 1 日起，禁止进口和销售 100W 及以上普通照明白炽灯。

第三阶段：2014 年 10 月 1 日起，禁止进口和销售 60W 及以上普通照明白炽灯。

第四阶段：2015 年 10 月 1 日至 2016 年 9 月 30 日为中期评估期，对前期政策进行评估，调整后续政策。

第五阶段：2016 年 10 月 1 日起，禁止进口和销售 15W 及以上普通照明白炽灯，或视中期评估结果进行调整。

因此商店照明不得使用白炽灯。另外，高压汞灯和自镇流荧光高压汞灯含汞，易对环境造成污染，不符合环保的原则，属于需要淘汰的产品，不应在室内外照明中使用。

到目前为止，我国已正式发布的照明产品能效标准已有 9 项，如表 2 所示。为推进照明节能，设计中应选用符合这些标准能效等级 2 级的产品。

表2 我国已制定的照明及电气产品能效标准

序号	标准编号	标准名称
1	GB 17896	管形荧光灯镇流器能效限定值及能效等级
2	GB 19043	普通照明用双端荧光灯能效限定值及能效等级
3	GB 19044	普通照明用自镇流荧光灯能效限定值及能效等级
4	GB 19415	单端荧光灯能效限定值及节能评价值
5	GB 19573	高压钠灯能效限定值及能效等级
6	GB 19574	高压钠灯用镇流器能效限定值及节能评价值
7	GB 20053	金属卤化物灯用镇流器能效限定值及能效等级
8	GB 20054	金属卤化物灯能效限定值及能效等级
9	GB 20052	三相配电变压器能效限定值及能效等级

本条的评价方法为：设计评价查阅主要产品型式检验报告；运行评价进行现场核实，对主要产品进行抽样检验。

5.1.8 本条适用于设计、运行评价。

住房城乡建设部发布了《城市照明管理规定》、

《"十二五"城市绿色照明规划纲要》等有关城市照明的文件，对夜景照明的规划、设计、运行和管理提出了严格要求。其中，对景观照明实行统一管理，采取实现照明分级，限制开关灯时间等措施对于节能有着显著的效果，也符合住房城乡建设部相关文件和标准规范的要求。国内大中城市普遍采用平时、一般节日、重大节日三级照明控制方式，商店建筑的夜景照明设计和运行也应符合该规定。

本条的评价方法为：设计评价查阅电气专业设计图纸和文件；运行评价在设计评价方法之外还应审查竣工验收资料，并进行现场核实。

5.2 评 分 项

Ⅰ 建筑与围护结构

5.2.1 本条适用于设计、运行评价。

建筑体形、朝向等的布置都对通风、日照和采光有明显的影响，也间接影响建筑的供暖和空调能耗以及建筑的室内环境的舒适度，应该给予足够的重视。然而，这方面的优化又很难通过定量的指标加以描述，所以在评审过程中，应通过检查在设计过程中是否进行过设计优化，优化内容是否涉及体形、朝向等对通风、日照和采光等的影响来判断能否得分。

本条的评价方法为：设计评价查阅相关设计文件，进行优化设计的尚需查阅优化设计报告；运行评价查阅相关竣工图，并现场核实。

5.2.2 本条适用于设计、运行评价。

为了保证建筑的节能，抵御夏季和冬季室外空气过多地向室内渗透，减少由于室内室外间空气渗透所造成的空调建筑室内冷热量的散失或损耗，对外窗和幕墙的气密性能有较高的要求。

本条的评价方法为：设计评价查阅建筑施工图设计说明；运行评价在设计评价方法之外还应查阅建筑竣工图设计说明、外窗产品气密性检验报告、建设监理单位提供的检验记录。

5.2.3 本条适用于设计、运行评价。

本条提出的热工性能指标包括屋面传热系数、外墙与外挑或架空楼板传热系数、地面和地下室外墙保温材料热阻、外窗与透明玻璃幕墙传热系数、外窗遮阳系数、屋顶透明部分传热系数等。建筑围护结构的热工性能指标对建筑冬季连续供暖和夏季连续空调的负荷有很大的影响，国家和各地方的建筑节能设计标准都对围护结构的热工性能提出明确的要求，有的地方标准甚至已经超过了国家标准要求。但是，在技术经济分析合理的前提下，围护结构热工性能也有可能进一步优于节能设计标准提出的要求，因此将本条文列为绿色商店建筑的评分项予以鼓励。

对于第1款，要求在国家和行业有关建筑节能设计标准中外墙、屋顶、外窗、幕墙等围护结构主要部位的传热系数 K 和遮阳系数 SC 的基础上进一步提升。特别地，不同窗墙比情况下，节能标准对于透明围护结构的传热系数和遮阳系数数值要求时不一样的，需要在此基础上具体分析针对性地改善。具体说，要求围护结构的传热系数 K 和遮阳系数 SC 比标准要求的数值均降低 5% 得 3 分，均降低 10% 得 5分。对于夏热冬暖地区，应重点比较透明围护结构遮阳系数的提升，围护结构的传热系数不做进一步降低的要求。对于严寒地区，应重点比较不透明围护结构的传热系数的提升，遮阳系数不做进一步降低的要求。对其他情况，要求同时比较传热系数和遮阳系数。有的地方建筑节能设计标准规定的建筑围护结构的热工性能已经比国家或行业标准规定值有明显提升，按此设计的建筑在进行第1款的判定时有利于得分。

对于温和地区或者室内发热量大的商店建筑（人员、设备和灯光等室内发热量累计超过 50W/m²），由于围护结构性能的继续降低不一定最有利于运行能耗的降低，宜按照第2款进行评价。

本条第2款的判定较为复杂，需要经过模拟计算，即需根据供暖空调全年计算负荷降低幅度分档评分，其中参考商店建筑的设定应该符合国家、行业建筑节能设计标准的规定。计算不仅要考虑建筑本身，而且还应与供暖空调系统的类型以及设计的运行状态综合考虑，当然也要考虑建筑所处的气候区。应该做如下的比较计算：其他条件不变（包括建筑的外形、内部的功能分区、气象参数、建筑的室内供暖空调设计参数、空调供暖系统形式和设计的运行模式（人员、灯光、设备等）、系统设备的参数取同样的设计值），第一个算例取国家或行业建筑节能设计标准规定的建筑围护结构的热工性能参数，第二个算例取实际设计的建筑围护结构的热工性能参数，然后比较两者的负荷差异。

本条的评价方法为：设计评价查阅相关设计文件、专项计算分析报告；运行评价查阅相关竣工图，并现场核实。

5.2.4 本条适用于设计、运行评价。

在严寒、寒冷地区玻璃幕墙的保温性能比外墙差很多，因此宜通过限定玻璃幕墙的传热系数来达到提高保温性能的目的。同时在严寒、寒冷地区的非幕墙商店建筑，由于外窗传热形成的热负荷也在建筑整体负荷当中占到较大比例，所以应鼓励选用热工性能较高的建筑外窗。在夏热冬冷、夏热冬暖地区玻璃幕墙的太阳辐射得热在夏季增大了建筑空调负荷，采取适当遮阳措施，是降低建筑空调能耗的有效途径。

本条的评价方法为：设计评价查阅建筑施工图设计说明、节能计算书等相关设计文件；运行评价在设计评价方法之外还应现场核实。

5.2.5 本条适用于设计、运行评价。若商店建筑无中庭，本条不参评。

采光顶作为一种特殊的采光天窗，在白天可以充分引入室外的天然光，降低室内的照明能耗，另外采光顶导致更多的太阳辐射热进入室内，增加夏季的空调负荷。设置采光顶遮阳设施及通风窗，对温室效应及烟囱效应加以综合考虑。

本条的评价方法为：设计评价查阅建筑施工图设计说明；运行评价在设计评价方法之外还应现场核实。

Ⅱ 供暖、通风与空调

5.2.6 本条适用于设计、运行评价。对市政热源，不对其热源机组能效进行评价。

国家标准《公共建筑节能设计标准》GB 50189-2005 强制性条文第 5.4.3、5.4.5、5.4.8、5.4.9 条，分别对锅炉额定热效率、电机驱动压缩机的蒸气压缩循环冷水（热泵）机组的性能系数（COP）、名义制冷量大于 7100W、采用电机驱动压缩机的单元式空气调节机、风管送风式和屋顶式空气调节机组的能效比（EER）、蒸汽、热水型溴化锂吸收式冷水机组及直燃型溴化锂吸收式冷（温）水机组的性能参数提出了基本要求。本条在此基础上，并结合《公共建筑节能设计标准》GB 50189-2005 的最新修订情况，以比其强制性条文规定值提高百分比（锅炉热效率则以百分点）的形式，对包括上述机组在内的供暖空调冷热源机组能源效率（补充了多联式空调（热泵）机组等）提出了更高要求。对于国家标准《公共建筑节能设计标准》GB 50189-2005 中未予规定的情况，例如专业店、专卖店等中、小型商店中采用分体空调器等其他设备作为供暖空调冷热源（含热水炉同时作为供暖和生活热水热源的情况），可按《房间空气调节器能效限定值及能效等级》GB 12021.3、《转速可控型房间空气调节器能效限定值及能效等级》GB 21455 等现行国家标准中的节能评价值作为判定本条是否达标的依据。

本条的评价方法为：设计评价查阅相关设计文件；运行评价查阅相关竣工图、主要产品型式检验报告，并现场核实。

5.2.7 本条适用于设计、运行评价。

1）供暖系统热水循环泵耗电输热比满足现行国家标准《公共建筑节能设计标准》GB 50189 的要求。

2）空调冷热水系统循环水泵的耗电输冷（热）比需要比现行国家标准《民用建筑供暖通风与空气调节设计规范》GB 50736 的要求低 20% 以上。耗电输冷（热）比反映了空调水系统中循环水泵的耗电与建筑冷热负荷的关系，对此值进行限制是为了保证水泵的选择在合理的范围，降低水泵能耗。

3）通风空调系统风机的单位风量耗功率需要比现行国家标准《公共建筑节能设计标准》GB 50189 的要求低 20% 以上。

本条的评价方法为：设计评价查阅相关设计文件；运行评价查阅相关竣工图、主要产品型式检验报告，并现场核实。

5.2.8 本条适用于设计、运行评价。

本条主要考虑供暖、通风与空调系统的节能贡献率。采用以建筑供暖、通风与空调系统节能率 φ 为评价指标，被评建筑的参照建筑供暖、通风与空调系统与实际设计建筑供暖、通风与空调系统所对应的围护结构要求应与第 5.2.3 条优化后实际实施要求一致。暖通空调系统节能计算措施包括合理选择系统形式，提高设备与系统效率，优化系统控制策略等。以建筑供暖空调系统节能率 φ 为评价指标，按下式计算：

$$\varphi_{HVAC} = \left(1 - \frac{Q_{HVAC}}{Q_{HVAC.\ ref}}\right) \times 100\% \qquad (1)$$

式中：Q_{HVAC}——为被评建筑实际空调供暖系统全年能耗（GJ）；

$Q_{HVAC.\ ref}$——为被评建筑参照空调供暖系统全年能耗（GJ）。

本条的评价方法为：设计评价查阅相关设计文件、专项计算分析报告；运行评价查阅相关竣工图、主要产品型式检验报告、专项计算分析报告，并现场核实。

5.2.9 本条适用于设计、运行评价。

空调系统设计时不仅要考虑到设计工况，而且应考虑全年运行模式。在过渡季，空调系统采用全新风或增大新风比运行，都可以有效地改善空调区内空气的品质，大量节省空气处理所需消耗的能量，应该大力推广应用。但要实现全新风运行，设计时应认真考虑新风取风口和新风管所需的截面积，妥善安排好排风出路，并应确保室内合理的正压值。

本条的评价方法为：设计评价查阅相关设计文件；运行评价查阅相关竣工图、运行记录，并现场核实。

5.2.10 本条适用于设计、运行评价。

多数空调系统都是按照最不利情况（满负荷）进行系统设计和设备选型的，而建筑在绝大部分时间内是处于部分负荷状况的，或者同一时间仅有一部分空间处于使用状态。针对部分负荷、部分空间使用条件的情况，如何采取有效的措施以节约能源，显得至关重要。系统设计中应考虑合理的系统分区、水泵变频、变风量、变水量等节能措施，保证在建筑物处于部分冷热负荷时和仅部分建筑使用时，能根据实际需要提供恰当的能源供给，同时不降低能源转换效率，并能够指导系统在实际运行中实现节能高效运行。

本条第 1 款主要针对系统划分及其末端控制，空调方式采用分体空调以及多联机的，可认定为满足

（但前提是其供暖系统也满足本款要求，或没有供暖系统）。本条第 2 款主要针对系统冷热源，如热源为市政热源可不予考察（但小区锅炉房等仍应考察）；本条第 3 款主要针对系统输配系统，包括供暖、空调、通风等系统，如冷热源和末端一体化而不存在输配系统的，可认定为满足。

本条的评价方法为：设计评价查阅相关设计文件；运行评价查阅相关竣工图、运行记录，并现场核实。

Ⅲ 照明与电气

5.2.11 本条适用于设计、运行评价。

现行国家标准《建筑照明设计标准》GB 50034 规定了各类房间或场所的照明功率密度值，分为"现行值"和"目标值"，其中"现行值"是新建建筑应满足的最低要求，"目标值"要求更高，是努力的方向，绿色建筑应提高相应指标，因此本标准中以目标值作为绿色建筑的技术要求。

本条的评价方法为：设计评价查阅电气专业设计图纸和文件；运行评价在设计评价方法之外还应进行现场检验。

5.2.12 本条适用于设计、运行评价。

同第 5.1.7 条条文说明。

本条的评价方法为：设计评价查阅主要产品型式检验报告；运行评价进行现场核实，对主要产品进行抽样检验。

5.2.13 本条适用于设计、运行评价。

在建筑的实际运行过程中，照明的分区控制、定时控制、自动感应、照度调节等措施对降低照明能耗作用很明显。因此，本条作为绿色商店建筑的评分项。

照明分区需满足自然光利用、功能和作息差异的要求。公共活动区域应全部采取定时、感应等节能控制措施。

本条的评价方法为：设计评价查阅电气专业的设计图纸和计算文件；运行评价在设计评价方法之外还应查阅系统竣工图纸、主要产品型式检验报告、运行记录、第三方检测报告等，并现场检查。

5.2.14 本条适用于设计、运行评价。

半导体照明（LED）是未来发展的方向，具有启动快、寿命长、高节能等优点。相对于传统照明，其另外一大特点是其易于调节和易于控制。人体感应式自动调光控制主要是为了避免长明灯，区域内若无检测到的目标物，光源只输出一定的百分比光通（如 10% 或 30% 等），实现部分空间和部分时间的照明方式，进一步实现节能效果。

本条的评价方法为：设计评价查阅电气专业设计图纸和文件；运行评价在设计评价方法之外还应查阅系统竣工图纸、主要产品型式检验报告、运行记录、第三方检测报告等，并现场检查。

5.2.15 本条适用于设计、运行评价。对于仅设有一台电梯的建筑，本条中的节能控制措施部分不参评。

电梯等动力用电形成了一定比例的能耗，目前出现了包括变频调速拖动、能量再生回馈等在内的多种节能技术措施。因此，本条作为绿色商店建筑的评分项。

本条的评价方法为：设计评价查阅相关设计文件、人流平衡计算分析报告；运行评价查阅相关竣工图，并现场核实。

5.2.16 本条适用于设计、运行评价。

商店电气照明等按租户或使用单位的区域来设置电能表不仅有利于管理和收费，用户也能及时了解和分析电气照明耗电情况，加强管理，提高节能意识和节能的积极性，自觉采用节能灯具和设备。

本条的评价方法为：设计评价查阅电气专业的设计图纸；运行评价在设计评价方法之外还应查阅系统竣工图纸、主要产品型式检验报告、运行记录等，并现场检查。

5.2.17 本条适用于设计、运行评价。

现行行业标准《城市夜景照明设计规范》JGJ/T 163 规定了室外广告与标识照明的平均亮度最大允许值，目的是限制由于亮度太高带来的能耗浪费。

本条的评价方法为：设计评价查阅电气专业设计图纸和文件；运行评价在设计评价方法之外还应进行查阅第三方工程检测报告，并现场检查。

5.2.18 本条适用于设计、运行评价。

2010 年，国家发改委发布《电力需求侧管理办法》（发改运行〔2010〕2643 号）。虽然其实施主体是电网企业，但也需要建筑业主、用户等方面的积极参与。除按国家规定对建筑物供配电系统合理采取动态无功补偿装置和措施，尚应按现行行业标准《民用建筑绿色设计规范》JGJ/T 229 的规定，有针对性地采取经济有效的谐波抑制和治理措施。

本条的评价方法为：设计评价查阅电气专业的设计图纸和计算文件；运行评价在设计评价方法之外还应查阅系统竣工图纸、主要产品型式检验报告、运行记录、第三方检测报告等，并现场检查。

Ⅳ 能量综合利用

5.2.19 本条适用于设计、运行评价；如若新风与排风的温度差不超过 15℃，无空调、供暖或新风系统的建筑，或其他情况下能量投入产出收益不合理，可不设置排风热回收系统（装置），本条不参评。

参评建筑的排风能量回收应满足：采用集中空调系统的建筑，利用排风对新风进行预热（预冷）处理，降低新风负荷，且排风热回收装置（全热和显热）的额定热回收效率不低于 60%（《公共建筑节能设计标准》GB 50189）。

本条的评价方法为：设计评价查阅相关设计文件、计算分析报告；运行评价查阅相关竣工图、主要产品型式检验报告、运行记录、计算分析报告，并现场核实。

5.2.20 本条适用于设计、运行评价。

在冬季，大型商店的内区由于发热量较大仍然需要供冷，而外区因为围护结构传热量大则需要供热。消耗少量电能采用水环热泵空调，将内区多余热量转移至建筑外区，分别同时满足外区供热和内区供冷的空调需要比同时运行空调热源和冷源两套系统更节能。但是需要注意冷热负荷的匹配，当水环热泵空调系统的供冷和供热能力不匹配建筑物的冷热负荷时，应设置其他冷热源给予补充。

当商店内区较大，且冬季内区有稳定和足够的余热量，通过技术经济比较合理时，宜采用水环热泵空调系统。当商店或本建筑内部其他区域同时还有生活热水要求的，宜采用热回收型冷水机组。

本条的评价方法为：设计评价查阅暖通空调及其他专业的相关设计文件和专项计算分析报告；运行评价在设计评价方法之外还应查阅系统竣工图纸、主要产品型式检验报告、运行记录、第三方检测报告、专项计算分析报告等，并现场检查。

5.2.21 本条适用于设计、运行评价。

由于不同种类可再生能源的度量方法、品位和价格都不同，本条分三类进行评价。如有多种用途可同时得分，但本条累计得分不超过 9 分。

为了简化设计评价，本条第 1 类可以采用可再生能源提供的生活热水量的户数比例或水量比例作为评价指标；第 2 类可以采用设计负荷或年计算负荷比例作为评价指标；第 3 类可以采用装机功率与设计功率之比作为评价指标。

在运行阶段的评价，对于上述各款的评价，应扣除常规辅助能源系统以及水泵风机系统能耗之后的可再生能源净贡献率。

本条的评价方法为：设计评价查阅相关设计文件、计算分析报告；运行评价查阅相关竣工图、计算分析报告，并现场核实。

6 节水与水资源利用

6.1 控 制 项

6.1.1 本条适用于设计、运行评价。

"水资源利用方案"是指在方案、规划设计阶段，在设计范围内，结合城市总体规划，在适宜于当地环境与资源条件的前提下，将供水、污水、雨水等统筹安排，以达到高效、低耗、节水、减排目的的专项设计文件。包括建筑节水、污水回用、雨洪管理与雨水利用等。

水资源综合利用方案包含以下主要内容：

1 当地政府规定的节水要求、地区水资源状况、气象资料、地质条件及市政设施情况等。

2 项目概况。当项目内包含除商店建筑以外的建筑类型，如住宅、办公建筑、旅馆等时，可统筹考虑项目内水资源的各种情况，确定综合利用方案。

3 确定节水用水定额、编制用水量计算（水量计算表）及水量平衡表。

4 给排水系统设计方案介绍。

5 采用的节水器具、设备和系统的相关说明。

6 非传统水源利用方案。对雨水、再生水及海水等水资源利用的技术经济可行性进行分析和研究，进行水量平衡计算，确定雨水、再生水及海水等水资源的利用方法、规模、处理工艺流程等。在城市市政再生水管道覆盖范围内的项目应使用市政再生水，优先用于冲厕、空调冷却、绿化等用途。

7 景观水体补水严禁采用市政供水和自备地下水井供水（室内小型喷泉类水景除外），可以采用地表水和非传统水源，取用建筑场地外的地表水时，应事先取得当地政府主管部门的许可；采用雨水和建筑中水作为水源时，水景规模应根据设计可收集利用的雨水或中水水量平衡来确定。

本条的评价方法为：设计评价查阅"水资源利用方案"，包括项目水资源利用的可行性分析报告、水量平衡分析、设计说明书、施工图、计算书等，对照水资源利用方案核查设计文件（施工图、设计说明、计算书等）的落实情况；运行评价查阅设计说明书、竣工图、产品说明等证明材料，并现场核查设计文件的落实情况、查阅运行数据报告等。

6.1.2 本条适用于设计、运行评价。

合理、完善、安全的给排水系统应符合下列要求：

1 给排水系统的设计应符合国家现行标准的有关规定，如《建筑给水排水设计规范》GB 50015、《城镇给水排水技术规范》GB 50788、《民用建筑节水设计标准》GB 50555、《建筑中水设计规范》GB 50336、《商店建筑设计规范》JGJ 48 等。

2 给水水压稳定、可靠。自来水给水系统应保证以足够的水量和水压向所有用户不间断地供应符合现行国家标准《生活饮用水卫生标准》GB 5749 要求的用水；非传统水源供水系统也应向所有用户提供符合现行国家标准《城市污水再生利用 城市杂用水水质》GB/T 18920 要求的用水；二次加压系统应选用节能高效的设备；给水系统分区合理，每区供水压力不大于 0.45MPa；合理采取减压限流的节水措施。

3 根据用水要求的不同，除自来水以外的生活给水系统的给水水质应达到国家、行业或地方标准规定的要求。非传统水源水质应符合现行国家标准《城市污水再生利用 城市杂用水水质标准》GB/T

18920 和《城市污水再生利用 景观环境用水水质》GB/T 18921 的有关规定。当非传统水源同时用于多种用途时，其水质标准应按最高标准确定。使用非传统水源时，还应采取用水安全保障措施，且不得对人体健康与周围环境产生不良影响。

4 管材、管道附件及设备等供水设施的选取和运行不应对供水造成二次污染。各类不同水质要求的给水管线应有明显的管道标识。有直饮水供应时，直饮水应采用独立的循环管网供水，并设置水量、水压、水质、设备故障等安全报警装置。使用非传统水源时，应保证非传统水源的使用安全，设置防止误接、误用、误饮的措施。

5 设置完善的污水收集、处理和排放等设施。在有餐饮设施的场合，餐饮含油洗涤废水应采取有效的除油处理设备，推荐采用各排水末端隔油和总排水口隔油二级处理系统。技术经济分析合理时，可考虑污废水的回收再利用，自行设置完善的污水收集和处理设施。污水处理率和达标排放率应达到100%。

6 为避免室内重要物资和设备受潮引起的损失，应采取有效措施避免管道、阀门和设备的漏水、渗水或结露。

7 应根据当地气候、地形、地貌等特点合理规划雨水入渗、排放或利用，保证排水渠道畅通，减少雨水受污染的几率以及尽可能的合理利用雨水资源。

商店建筑绝大多数为多层建筑或位于高层建筑的下部，供水系统所需水压值较小，利用市政管网水压可获得较高的节能效益，所以，本标准将"给水系统应充分利用城市自来水管网压力"作为"给排水系统设置合理、完善、安全"的补充要求。如出现不合理设置二次增压泵等供水系统情况，则应视为不达标。

本条的评价方法为：设计评价查阅给排水专业设计文件；运行评价查阅给排水专业竣工文件、其他证明文件，并现场检查给排水系统运行情况。

6.1.3 本条适用于设计、运行评价。

本着"节流为先"的原则，绿色建筑的用水器具应选用中华人民共和国国家经济贸易委员会2001年第5号公告和2003年第12号公告《当前国家鼓励发展的节水设备（产品）》目录中公布的设备、器材和器具。根据用水场合的不同，合理选用节水水龙头、节水便器、节水淋浴装置等。

商店建筑内的用水场所主要包括公用卫生间及餐饮等，其中公共卫生间的卫生设备均应采用节水型用水器具。对于土建工程与装修工程不能一体化同时设计，导致设计评价无法确定卫生器具选型的项目，申报方应提供确保业主采用节水器具的措施、方案或约定。

本条的评价方法为：设计评价查阅设计图纸、产品说明文件；运行评价查阅竣工文件、其他证明文

件，并现场检查。

6.2 评 分 项

I 节 水 系 统

6.2.1 本条适用于设计、运行评价。

管网漏失水量包括：阀门故障漏水量、室内卫生器具漏水量、水池、水箱溢流漏水量、设备漏水量和管网漏水量。为避免漏损，可采取以下措施：

1 给水系统中使用的管材、管件，应符合现行产品行业标准的要求。

2 选用性能高的阀门、零泄漏阀门等。

3 合理设计供水压力，避免供水压力持续高压或压力骤变。

4 做好室外管道基础处理和覆土，控制管道埋深，加强管道工程施工监督，把好施工质量关。

5 水池、水箱溢流报警和进水阀门自动联动关闭。

6 设计评价，根据水平衡测试的要求安装分级计量水表，分级计量水表安装率达100%。具体要求为下级水表的设置应覆盖上一级水表的所有出流量，不得出现无计量支路。

7 运行阶段，物业管理方应按水平衡测试要求进行运营管理，申报方应提供用水量计量和漏损检测情况的报告，也可委托第三方进行水平衡测试，报告包括分级水表设置示意图、用水计量实测记录、管道漏损率计算和原因分析，并提供采取整改措施的落实情况报告。

本条的评价方法为：设计评价查阅有关防止管网漏损措施的设计图纸（含分级水表设置示意图）、设计说明等；运行评价查阅竣工图纸（含分级水表设置示意图）、设计说明、用水量计量和漏损检测及整改情况的报告，并现场核查。

6.2.2 本条适用于设计、运行评价。

用水器具流出水头是保证给水配件流出的额定流量，在阀前所需的最小水压。阀前压力大于流出水头，用水器具在单位时间内的出水量超过额定流量的现象，称超压出流。该流量与额定流量的差值，为超压出流量。超压出流不但会破坏给水系统中水量的正常分配，对用水工况产生不良的影响，同时因超压出流量未产生使用效益，为无效用水量，即浪费的水量。因它在使用过程中流失，不易被人们察觉和认识，属于"隐形"水量浪费，应引起足够的重视。给水系统设计时应采取措施控制超压出流现象。

商店建筑多数为多层建筑或者位于高层建筑的下部，如果建筑给水系统分区不合理，这些部位受影响严重，也就是"隐形"水量浪费严重，因此，商业建筑适当地采取末端减压措施很有必要。在满足用水器

具所需最小水压的前提下，除便器冲洗阀外，其他类型的用水器具末端用水点前水压均不宜大于0.2MPa。

本条的评价方法为：设计评价查阅设计图纸、设计说明、计算书（含各层用水点用水压力计算表）；运行评价查阅竣工图纸、设计说明书、产品说明、水压检测报告，并进行现场核查。

6.2.3 本条适用于设计、运行评价。

其他应单独计量的系统主要指洗浴休闲用水等的单独计量和收费。在土建工程与装修工程不能一体化同时设计的情况下，给排水设计应尽可能地考虑其他应单独计量系统的接管、水表安装及读数方便等因素。

本条的评价方法为：设计评价查阅设计图纸（含水表设置示意图）、设计说明书；运行评价查阅竣工图纸、各类用水的计量记录及统计报告等，并现场核查水表设置和使用情况。

Ⅱ 节水器具与设备

6.2.4 本条适用于设计、运行评价。

卫生器具除要求选用节水器具外，绿色商店建筑还鼓励选用更高节水性能的节水器具。目前我国已对部分用水器具的用水效率制定了相关标准，如：《水嘴用水效率限定值及用水效率等级》GB 25501-2010、《坐便器用水效率限定值及用水效率等级》GB 25502-2010、《小便器用水效率限定值及用水效率等级》GB 28377-2012、《便器冲洗阀用水效率限定值及用水效率等级》GB 28379-2012，今后还将陆续出台其他用水器具效率的标准。

在设计文件中要注明对卫生器具的节水要求和相应的参数或标准。当存在不同用水效率等级的卫生器具时，按满足最低等级的要求得分。

卫生器具有用水效率相关标准的应全部采用，方可认定达标，没有的可暂时不参评。今后当其他用水器具出台了相应标准时，按同样的原则进行要求。

对土建装修一体化设计的项目，在施工图设计中应对节水器具的选用作出要求；对非一体化设计的项目，申报方应提供确保业主采用节水器具的措施、方案或约定。

本条的评价方法为：设计评价查阅设计文件、产品说明书（含相关节水器具的性能参数要求）；运行评价查阅竣工文件、产品说明书、产品节水性能检测报告，并现场核查。

6.2.5 本条适用于设计、运行评价。

绿化灌溉应采用喷灌、微灌、渗灌、低压管灌等节水灌溉方式，同时还可采用湿度传感器或根据气候变化的调节控制器。目前普遍采用的绿化节水灌溉方式是喷灌，其比地面漫灌要省水30%～50%。采用再生水灌溉时，因水中微生物在空气中极易传播，应

避免采用喷灌方式。微灌包括滴灌、微喷灌、涌流灌和地下渗灌，比地面漫灌省水50%～70%，比喷灌省水15%～20%。其中微喷灌射程较近，一般在5m以内，喷水量为200L/h～400L/h。

无需永久灌溉植物是指适应当地气候，仅依靠自然降雨即可维持良好的生长状态的植物，或在干旱时体内水分丧失，全株呈风干状态而不死亡的植物。无需永久灌溉植物仅在生根时需进行人工灌溉，因而不需设置永久的灌溉系统，但临时灌溉系统应在安装后一年之内移走。对于全部采用无需永久灌溉植物的，本条可得10分。

本条的评价方法为：设计评价查阅灌溉系统设计文件（含相关节水灌溉产品的设备材料表）、绿化设计图纸（含苗木表、当地植物名录等）、节水灌溉产品说明书；运行评价查阅竣工文件、产品说明，并进行现场核查节水灌溉设施的使用情况。

6.2.6 本条适用于设计、运行评价。

公共建筑集中空调系统的冷却水补水量占据建筑物用水量的30%～50%，减少冷却水系统不必要的耗水对整个建筑物的节水意义重大。

1 开式循环冷却水系统受气候、环境的影响，冷却水水质比闭式系统差，改善冷却水系统水质可以保护制冷机组和提高换热效率。应设置水处理装置和化学加药装置改善水质，减少排污耗水量。

开式冷却塔冷却水系统如果设计不当，高于集水盘的冷却水管道中部分水量在停泵时有可能被溢流排掉。为减少上述水量损失，设计时可采取加大集水盘、设置平衡管或平衡水箱等方式，相对加大冷却塔集水盘浮球阀至溢流口段的容积，避免停泵时的泄水和启泵时的补水浪费。

2 本条文按设计阶段和运营阶段分别给出不同的评价方法：

1）设计阶段

从冷却补水节水角度出发，不考虑不耗水的接触传热作用，假设建筑全年冷凝排热均为蒸发传热作用的结果，通过建筑全年冷凝排热量可计算出排出冷凝热所需要的蒸发耗水量。

集中空调制冷及其自控系统设计应提供条件使其满足能够记录、统计空调系统的冷凝排热量，在设计与招标阶段，对空调系统/冷水机组应有安装冷凝热计量设备的设计与招标要求；运行阶段可以通过楼宇控制系统实测、记录并统计空调系统/冷水机组全年的冷凝热，据此计算出排出冷凝热所需要蒸发耗水量。相应的蒸发耗水量占冷却水补水量的比例不应低于80%。

为使计算方法统一，排出冷凝热所需要蒸发耗水量推荐按下式计算：

$$Q_e = \frac{H}{r_0} \tag{2}$$

式中：Q_e——排出冷凝热所需要的蒸发耗水量（kg）；

H——冷凝排热量（kJ）；

r_0——水的汽化热（kJ/kg）。

采用喷淋方式运行的闭式冷却塔应同开式冷却塔一样，计算其排出冷凝热所需要的蒸发耗水量占补水量的比例，不应低于80%。本条文旨在提高开式循环冷却水系统效率，减少冷却水损失，闭式冷却塔应按照建筑负荷需求和设备实际性能，经方案比较后择优选用。

2）运行阶段

申报单位应提供冷却塔补水计量数据。通过楼宇控制系统实测、记录并统计空调系统/冷水机组全年的冷凝热，据此计算出排出冷凝热所需要蒸发耗水量。按空调系统冷凝排热量计算的冷却耗水量占冷却塔补水量的百分比不少于80%得10分，计算结果小于80%不得分。

3 本款所指的"无蒸发耗水量的冷却技术"包括采用风冷式冷水机组、风冷式多联机、地源热泵、干式运行的闭式冷却塔等。采用风冷方式替代水冷方式可以减少水资源消耗，风冷空调系统的冷凝排热以显热方式排到大气，并不直接耗费水资源，但由于风冷方式制冷机组的COP通常较水冷方式的制冷机组低，所以需要综合评价工程所在地的水资源和电力资源情况，有条件时宜优先考虑风冷方式排出空调冷凝热。

第1、2、3款得分不累加。

本条的评价方法为：设计评价查阅施工图纸、设计说明书、计算书、产品说明书。运行评价查阅竣工图纸、设计说明书、产品说明及现场核查，现场核查包括实地检查，查阅冷却水系统的运行数据、蒸发量、冷却水补水量的用水计量报告和计算书。

Ⅲ 非传统水源利用

6.2.7 本条适用于设计、运行评价。

商店建筑用水主要在公共卫生间，冲厕用水所占比重约为60%，在商店卫生间使用再生水较易被使用者所接受。因此，如果项目周边有市政再生水供水管道，应优先使用市政再生水替代自来水冲厕。除了冲厕之外，如果再生水等非传统水源水量充裕，还可以将其用于绿化、道路和广场浇洒、空调冷却和水景观等。如果项目周边没有市政再生水，可根据项目所在地的气候等自然条件，考虑就地回用的雨水、再生水，或其他经处理后回用的非饮用水。雨水回用方案应优先利用商店建筑的屋面雨水，尤其是具有大屋面结构的商店建筑，屋面雨水不仅收集量大，而且水质好，回用成本低。对于有景观用水的商店建筑，利用景观水池的溢流空间调蓄雨水，可以减少建设调蓄构筑物所需的占地和资金。如果商店建筑位于城市基础

设施薄弱地区，需自身配套建设污水处理设施时，宜考虑污水处理设施的深度处理并回用方案，可获得节水和减排的双重功效，对减少水环境污染负荷很有效果。

本条文按非传统水源用途给分。计算时，应合理进行水量分配，不合理地增加非传统水源用途不给分。

本条的评价方法为：设计评价查阅非传统水源利用文件和设计图纸；运行评价查阅竣工文件、其他证明文件，并现场检查非传统水源使用情况。

6.2.8 本条适用于设计、运行评价。

非传统水源利用率是非传统水源年供水量与年总用水量之比。设计阶段，计算年总用水量应由平均日用水量（扣除冷却用水量）计算得出，取值应符合现行国家标准《民用建筑节水设计标准》GB 50555的有关规定。运行阶段，实际的年总用水量应通过统计全年各水表计量数据得出。

本条的评价方法为：设计评价查阅设计文件（含当地相关主管部门的许可）、非传统水源利用计算书；运行评价查阅竣工文件和非传统水源利用计算书，并进行现场核查。

7 节材与材料资源利用

7.1 控 制 项

7.1.1 本条适用于设计、运行评价。

一些建筑材料及制品在使用过程中不断暴露出问题，已被证明不适宜在建筑工程中应用，或者不适宜在某些地区的建筑中使用。绿色商店建筑中不应采用国家和当地有关主管部门向社会公布禁止和限制使用的建筑材料及制品，一般以国家和地方建设主管部门发布的文件为依据。目前由住房和城乡建设部发布的有效文件主要为《建设部关于发布建设事业"十一五"推广应用和限制禁止使用技术（第一批）的公告》（建设部公告第659号，2007年6月14日发布）和《关于发布墙体保温系统与墙体材料推广应用和限制、禁止使用技术的公告》（住房城乡建设部公告第1338号，2012年3月19日发布）。

本条的评价方法为：设计评价对照国家和当地有关主管部门向社会公布的限制、禁止使用的建材及制品目录，查阅设计文件，对设计选用的建筑材料进行核查；运行评价对照国家和当地有关主管部门向社会公布的限制、禁止使用的建材及制品目录，查阅工程材料决算材料清单，对实际采用的建筑材料进行核查。

7.1.2 本条适用于设计、运行评价。

热轧带肋钢筋是螺纹钢筋的正式名称。《住房和城乡建设部工业和信息化部关于加快应用高强钢筋的

指导意见》（建标［2012］1号）指出："高强钢筋是指抗拉屈服强度达到400MPa级及以上的螺纹钢筋，具有强度高、综合性能优的特点，用高强钢筋替代目前大量使用的335MPa级螺纹钢筋，平均可节约钢材12%以上。高强钢筋作为节材节能环保产品，在建筑工程中大力推广应用，是加快转变经济发展方式的有效途径，是建设资源节约型、环境友好型社会的重要举措，对推动钢铁工业和建筑业结构调整、转型升级具有重大意义。"

为了在绿色商店建筑中推广应用高强钢筋，本条参考现行国家标准《混凝土结构设计规范》GB 50010的规定，对混凝土结构中梁、柱纵向受力普通钢筋提出强度等级和品种要求。

本条的评价方法为：设计评价查阅设计文件，对设计选用的梁、柱纵向受力普通钢筋强度等级进行核查；运行评价查阅竣工图纸，对实际选用的梁、柱纵向受力普通钢筋强度等级进行核查。

7.1.3 本条适用于设计、运行评价。

设置大量的没有功能的纯装饰性构件，不符合绿色商店建筑节约资源的要求。而通过使用装饰和功能一体化构件，利用功能构件作为建筑造型的语言，可以在满足建筑功能的前提下表达美学效果，并节约资源。对于不具备遮阳、导光、导风、载物、辅助绿化等作用的飘板、格栅、构架和塔、球、曲面等装饰性构件，应对其造价进行控制。

本条的评价方法为：设计评价查阅设计文件，有装饰性构件的应提供其功能说明书和造价说明；运行评价查阅竣工图纸和相关说明，并进行现场核实。

7.2 评 分 项

Ⅰ 节 材 设 计

7.2.1 本条适用于设计、运行评价。

形体指建筑平面形状和立面、竖向剖面的变化。建筑形体规则是一种根本意义上的节材，绿色商店建筑设计应重视其平面、立面和竖向剖面的规则性及其经济合理性，优先选用规则的形体。

我国大部分地区为抗震设防地区，建筑设计应根据抗震概念设计的要求明确建筑形体的规则性，根据现行国家标准《建筑抗震设计规范》GB 50011，抗震概念设计将建筑形体分为：规则、不规则、特别不规则、严重不规则。为实现相同的抗震设防目标，形体不规则的建筑，要比形体规则的建筑耗费更多的结构材料。不规则程度越高，对结构材料的消耗量越多，性能要求越高，不利于节材。对形体特别不规则的建筑和严重不规则的建筑，本条不得分。

本条的评价方法为：设计评价查阅建筑图、结构施工图；运行评价查阅竣工图并现场核实。

7.2.2 本条适用于设计、运行评价。

在设计过程中对结构体系和结构构件进行优化，能够有效地节约材料用量。结构体系指结构中所有承重构件及其共同工作的方式。结构布置及构件截面设计不同，建筑的材料用量也会有较大的差异。

提倡通过优化设计，采用新技术、新工艺达到节材目的。如多层纯框架结构，适当设置剪力墙（或支撑），即可减小整体框架的截面尺寸及配筋量；对抗震安全性和使用功能有较高要求的建筑，合理采用隔震或消能减震技术，也可减小整体结构的材料用量；在混凝土结构中，合理采用空心楼盖技术、预应力技术等，可减小材料用量、减轻结构自重等；在地基基础设计中，充分利用天然地基承载力，合理采用复合地基或复合桩基，采用变刚度调平技术减小基础材料的总体消耗等。

本条的评价方法为：设计评价查阅建筑图、结构施工图和地基基础方案比选论证报告、结构体系节材优化设计书和结构构件节材优化设计书；运行评价查阅竣工图并现场核实。评价时，还需要查阅优化前后的所有建筑材料用量明细表对比。

7.2.3 本条适用于设计、运行评价。

尽管商店建筑中的很多部位装饰装修是要留给商户自己来设计施工，所以不便于对商店建筑总体要求土建工程与装修工程一体化设计施工。但是公共部位如地面、柱、天花板等要力求实现土建和装修一体化设计施工。

本条的评价方法为：设计评价查阅土建、装修各专业施工图及其他证明材料；运行评价查阅土建、装修各专业竣工图及其他证明材料。

7.2.4 本条适用于设计、运行评价。

在保证室内工作环境不受影响的前提下，在商店建筑室内空间尽量多地采用可重复使用的灵活隔墙，或采用无隔墙只有矮隔断的大开间敞开式空间，可减少室内空间重新布置时对建筑构件的破坏，节约材料，同时为使用期间构配件的替换和将来建筑拆除后构配件的再利用创造条件。

除走廊、楼梯、电梯井、卫生间、设备机房、公共管井以外的地上室内空间均应视为"可变换功能的室内空间"，有特殊隔声、防护及特殊工艺需求的空间不计入。此外，作为办公等用途的地下空间也应视为"可变换功能的室内空间"，其他用途的地下空间可不计入。

"可重复使用的隔断（墙）"在拆除过程中基本不影响与之相接的其他隔墙，拆卸后可进行再次利用，如商店经营单位的大开间敞开式办公空间内的玻璃隔断（墙）、预制隔断（墙）、特殊节点设计的可分段拆除的轻钢龙骨水泥板或石膏板隔断（墙）和木隔断（墙）等。是否具有可拆卸节点，也是认定某隔断（墙）是否属于"可重复使用的隔断（墙）"的一个关键点，例如用砂浆砌筑的砌体隔墙不算可重复使用的隔墙。

本条中"可重复使用隔断（墙）比例"为：实际采用的可重复使用隔断（墙）围合的建筑面积与建筑中可变换功能的室内空间面积的比值。

由于商店建筑的特定使用功能更适宜采用大开间的空间布局，所以本条的可重复使用隔墙和隔断比例起点值比现行国家标准《绿色建筑评价标准》GB/T 50378 中要求的起点值更高。

本条的评价方法为：设计评价查阅建筑、结构施工图及可重复使用隔断（墙）的设计使用比例计算书；运行评价查阅建筑、结构竣工图及可重复使用隔断（墙）的实际使用比例计算书。

7.2.5 本条适用于设计、运行评价。

本条旨在鼓励采用工厂化生产的预制构、配件设计建造工业化建筑。条文所指工厂化生产的预制构、配件主要指在结构中受力的构件，不包括雨棚、栏杆等非受力构件。在保证安全的前提下，使用工厂化方式生产的预制构、配件（如预制梁、预制柱、预制外墙板、预制阳台板、预制楼梯等），既能减少材料浪费，又能减少施工对环境的影响，同时可为将来建筑拆除后构、配件的替换和再利用创造条件。

本条的预制构件用量比现行国家标准《绿色建筑评价标准》GB/T 50378 中的要求降低，对应各档分值也有所降低。这是因为商店建筑往往具有较强的个性化设计，所用构配件一般不具备大批量的需求规模，如果要求较高的预制构件用量比，则造价较高，会抑制投资开发商对预制装配结构的追求，反而不利于推广预制装配式结构体系。所以，本条既鼓励商店建筑采用预制装配式结构体系，但是针对商店建筑所用构配件可能个性化较强的特点，对预制构件用量比的要求并不高，所占分值比重也不高。

预制构件用量比以重量为计算基础。

对采用钢结构、木结构等预制装配为主的结构体系的建筑，本条得满分。

本条的评价方法为：设计评价查阅施工图、工程材料用量概预算清单；运行评价查阅竣工图、工程材料用量决算清单。

7.2.6 本条适用于设计、运行评价。

本条旨在鼓励采用工厂化生产的建筑部品设计建造工业化建筑。条文所指工厂化生产的建筑部品主要指在建筑中不受力的门窗、栏杆等部件。在保证安全的前提下，使用工厂化方式生产的建筑部品，同样既能减少材料浪费，又能减少施工对环境的影响，同时可为将来建筑拆除后建筑部品的替换和再利用创造条件。

本条对使用工厂化生产的建筑部品所给分值较低，同样是因为商店建筑往往具有较强的个性化设计，所用建筑部品一般也难以具备大批量的需求规模，如果要求较高的工厂化率，则造价也会较高，会抑制投资开发商对工厂化生产建筑部品的追求，反而不利于推广工厂化生产的建筑部品。所以，本条既鼓励商店建筑采用工厂化生产的建筑部品，但是针对商店建筑所用建筑部品可能个性化较强的特点，对工厂化生产的建筑部品所给分值比重也不高。

本条的评价方法为：设计评价查阅建筑设计或装修设计图和设计说明；运行评价查阅竣工图、工程材料用量决算表、施工记录。

Ⅱ 材 料 选 用

7.2.7 本条适用于运行评价。

建材本地化是减少运输过程资源和能源消耗、降低环境污染的重要手段之一。本条鼓励使用本地生产的建筑材料，提高就地取材制成的建筑产品所占的比例。由于商店建筑属于典型的公共建筑，其对节约材料的引导示范效应显著，更应该激励其采用本地建材，所以本条的本地建材使用比例起点值比现行国家标准《绿色建筑评价标准》GB/T 50378 中要求的起点值更高。

本条的评价方法为查阅材料进场记录及本地建筑材料使用比例计算书等证明文件。

7.2.8 本条适用于设计、运行评价。当结构施工不需要大量现浇混凝土时，本条不参评；若 50km 范围内没有预拌混凝土供应，本条不参评。

我国大力提倡和推广使用预拌混凝土，其应用技术已较为成熟。与现场搅拌混凝土相比，预拌混凝土产品性能稳定，易于保证工程质量，且采用预拌混凝土能够减少施工现场噪声和粉尘污染，节约能源、资源，减少材料损耗。

预拌混凝土应符合现行国家标准《预拌混凝土》GB/T 14902 的有关规定。

本条的评价方法为：设计评价查阅施工图及说明；运行评价查阅竣工图纸及说明，以及预拌混凝土用量清单等证明文件。

7.2.9 本条适用于设计、运行评价。若 500km 范围内没有预拌砂浆供应，本条不参评。

长期以来，我国建筑施工用砂浆一直采用现场拌制砂浆。现场拌制砂浆由于计量不准确、原材料质量不稳定等原因，施工后经常出现空鼓、龟裂等质量问题，工程返修率高。而且，现场拌制砂浆在生产和使用过程中不可避免地会产生大量材料浪费和损耗，污染环境。

预拌砂浆是根据工程需要配制、由专业化工厂规模化生产的，砂浆的性能品质和均匀性能够得到充分保证，可以很好地满足砂浆保水性、和易性、强度和耐久性需求。

预拌砂浆按照生产工艺可分为湿拌砂浆和干混砂浆；按照用途可分为砌筑砂浆、抹灰砂浆、地面砂浆、防水砂浆、陶瓷砖粘结砂浆、界面砂浆、保温板粘结砂浆、保温板抹面砂浆、聚合物水泥防水砂浆、自流平砂浆、耐磨地坪砂浆和饰面砂浆等。

预拌砂浆与现场拌制砂浆相比，不是简单意义的同质产品替代，而是采用先进工艺的生产线拌制，增加了技术含量，产品性能得到显著增强。预拌砂浆尽管单价比现场拌制砂浆高，但是由于其性能好、质量稳定、减少环境污染、材料浪费和损耗小、施工效率高、工程返修率低，可降低工程的综合造价。

预拌砂浆应符合国家现行标准《预拌砂浆》GB/T 25181 和《预拌砂浆应用技术规程》JGJ/T 223 的有关规定。

本条的评价方法为：设计评价查阅施工图及说明；运行评价查阅竣工图及说明，以及砂浆用量清单等证明文件。

7.2.10 本条适用于设计、运行评价。砌体结构和木结构不参评。

合理采用高强度结构材料，可减小构件的截面尺寸及材料用量，同时也可减轻结构自重，减小地震作用及地基基础的材料消耗。混凝土结构中的受力普通钢筋，包括梁、柱、墙、板、基础等构件中的纵向受力筋及箍筋。

混合结构指由钢框架或型钢（钢管）混凝土框架与钢筋混凝土筒体所组成的共同承受竖向和水平作用的高层建筑结构。

对钢管混凝土结构，依据本条只对钢管进行评价；对型钢混凝土结构，依据本条只对混凝土进行评价。

由于商店建筑属于典型的公共建筑，且商店建筑往往属于高层或大跨结构，其对高强结构材料使用的引导示范效应显著，应该激励其采用高强结构材料。

本条的评价方法为：设计评价查阅结构施工图及高强度材料用量比例计算书；运行评价查阅竣工图、施工记录及材料决算清单，并现场核实。

7.2.11 本条适用于设计、运行评价。

本条中的高耐久性混凝土应按现行行业标准《混凝土耐久性检验评定标准》JGJ/T 193 进行检测，抗硫酸盐等级 KS90，抗氯离子渗透、抗碳化及抗早期开裂均达到Ⅲ级、不低于现行国家标准《混凝土结构耐久性设计规范》GB/T 50476 中 50 年设计寿命要求。

本条中的耐候结构钢应符合现行国家标准《耐候结构钢》GB/T 4171 的要求；耐候型防腐涂料应符合现行行业标准《建筑用钢结构防腐涂料》JG/T 224 中Ⅱ型面漆和长效型底漆的要求。

本条的评价方法为：设计评价查阅建筑及结构施工图；运行评价查阅施工记录及材料决算清单中高耐久性建筑结构材料的使用情况，混凝土配合比报告单以及混凝土配料清单，并核查第三方出具的进场及复验报告，核查工程中采用高耐久性建筑结构材料的情况。

7.2.12 本条适用于设计、运行评价。

建筑材料的循环利用是建筑节材与材料资源利用的重要内容。本条的设置旨在整体考量建筑材料的循环利用对于节材与材料资源利用的贡献，评价范围是永久性安装在工程中的建筑材料，不包括电梯等设备。

有的建筑材料可以在不改变材料的物质形态情况下直接进行再利用，或经过简单组合、修复后可直接再利用。有的建筑材料需要通过改变物质形态才能实现循环利用，如难以直接回用的钢筋、玻璃等。有的建筑材料则既可以直接再利用又可以回炉后再循环利用，例如标准尺寸的钢结构型材等。以上各类材料均可纳入本条范畴。

由于市场潮流变化以及为了吸引顾客等原因，商店建筑往往隔几年就要重新装修，会产生大量的装修拆除垃圾，所以本条对装饰装修材料单独规定可再循环材料或可再利用材料的使用比例，以促使重新装修拆除的垃圾可以更多地实现循环利用，减少生产加工新材料带来的资源、能源消耗和环境污染，具有良好的经济、社会和环境效益。

本条的评价方法为：设计评价查阅申报单位提交的工程概预算材料清单和相关材料使用比例计算书，核查相关建筑材料的使用情况；运行评价查阅申报单位提交的工程决算材料清单和相应的产品检测报告，核查相关建筑材料的使用情况。

7.2.13 本条适用于运行评价。

本条中的"以废弃物为原料生产的建筑材料"是指在满足安全和使用性能的前提下，使用废弃物等作为原材料生产出的建筑材料，其中废弃物主要包括建筑废弃物、工业废料和生活废弃物。

在满足使用性能的前提下，鼓励利用建筑废弃混凝土，生产再生骨料，制作成混凝土砌块、水泥制品或配制再生混凝土；鼓励利用工业废料、农作物秸秆、建筑垃圾、淤泥为原料制作成水泥、混凝土、墙体材料、保温材料等建筑材料；鼓励以工业副产品石膏制作成石膏制品；鼓励使用生活废弃物经处理后制成的建筑材料。

为保证废弃物使用量达到一定比例，本条要求以废弃物为原料生产的建筑材料重量占同类建筑材料总重量的比例不小于 30%，且其中废弃物的掺量不低于 30%。以废弃物为原料生产的建筑材料，应满足相应的国家或行业标准的要求。

本条的评价方法为查阅工程决算材料清单、以废弃物为原料生产的建筑材料检测报告和废弃物建材资源综合利用认定证书等证明材料，核查相关建筑材料的使用情况和废弃物掺量。

7.2.14 本条适用于运行评价。

为了保持建筑物的风格、视觉效果和人居环境，装饰装修材料在一定使用年限后会进行更新替换。如果使用易沾污、难维护及耐久性差的装饰装修材料，则会在一定程度上增加建筑物的维护成本，且施工也会来带有毒有害物质的排放、粉尘及噪声等问题。

本条重点对对外立面材料的耐久性提出了要求，详见表3。

表3　外立面材料耐久性要求

分类		耐久性要求
外墙涂料		采用水性氟涂料或耐候性相当的涂料
建筑幕墙	玻璃幕墙	明框、半隐框玻璃幕墙的铝型材表面处理符合现行国家标准《铝及铝合金阳极氧化膜与有机聚合物膜》GB/T 8013.1～8013.3规定的耐候性等级的最高级要求。硅酮结构密封胶耐候性优于标准要求
	石材幕墙	根据当地气候环境条件，合理选用石材含水率和耐冻融指标，并对其表面进行防护处理
	金属板幕墙	采用氟碳制品，或耐久性相当的其他表面处理方式的制品
	人造板幕墙	根据当地气候环境条件，合理选用含水率、耐冻融指标

对建筑室内所采用耐久性好、易维护的装饰装修材料应提供相关材料证明所采用材料的耐久性。

清水混凝土具有良好的装饰效果，即在拆除浇筑模板后，不再对混凝土作任何外部抹灰等工程。清水混凝土不同于普通混凝土，表面非常光滑，棱角分明，无其他附加装饰，只是在表面涂刷透明的保护剂即可，显得十分天然、庄重。采用清水混凝土作为装饰面，不仅美观大方，而且节省了附加装饰所需的大量材料，堪称建筑节材技术的典范。现行行业标准《清水混凝土应用技术规程》JGJ 169使得清水混凝土的应用更加成熟可靠，国内已经有很多工程积极采用这一技术，例如成都莱福士广场等。商店建筑属于典型公共建筑，可以大胆采用比较前卫、简约、大气的内外立面装饰风格，更适宜采用清水混凝土这项技术。

本条的评价方法为查阅建筑竣工图纸、材料决算清单、材料检测报告。

8　室内环境质量

8.1　控　制　项

8.1.1　本条适用于设计、运行评价。

本条所指的噪声控制对象包括室内自身声源和来自建筑外部的噪声。室内噪声源一般为通风空调设备、日用电器等；室外噪声源则包括周边交通噪声、社会生活噪声、甚至工业噪声等。商店建筑主要功能房间的噪声级低限值，应参考现行国家标准《民用建筑隔声设计规范》GB 50118中商店建筑室内允许噪声级，见表4。

表4　商店建筑室内允许噪声级

房间名称	允许噪声级（A声级，dB）	
	高要求标准	低限标准
商场、商店、购物中心、会展中心	≤50	≤55
餐厅	≤45	≤55
员工休息室	≤40	≤45
走廊	≤50	≤60

本条的评价方法为：设计评价检查建筑设计平面图纸，基于环评报告室外噪声要求对室内的背景噪声影响（也包括室内噪声源影响）的分析报告，及可能的声环境专项设计报告；运行评价审核典型时间、主要功能房间的室内噪声检测报告。

8.1.2　本条适用于设计、运行评价。

室内照明质量是影响室内环境的重要因素之一，良好的照明不但有利于提升人们的工作和学习效率，更有利于人们的身心健康，减少各种职业疾病。良好、舒适的照明要求在参考平面上具有适当的照度水平，避免眩光，显色性好。

各类民用建筑中的室内照度、眩光、一般显色指数等照明数量和质量指标应满足现行国家标准《建筑照明设计标准》GB 50034的有关规定，如下表5所示。

表5　商店建筑光环境指标要求

房间或场所	参考平面及其高度	照度标准值（lx）	UGR	U_0	R_a
一般商店营业厅	0.75m水平面	300	22	0.60	80
一般室内商业街	地面	200	22	0.60	80
高档商店营业厅	0.75m水平面	500	22	0.60	80
高档室内商业街	地面	300	22	0.60	80
一般超市营业厅	0.75m水平面	300	22	0.60	80
高档超市营业厅	0.75m水平面	500	22	0.60	80
仓储式超市	0.75m水平面	300	22	0.60	80
专卖店营业厅	0.75m水平面	300	22	0.60	80
农贸市场	0.75m水平面	200	25	0.40	80
收款台	台面	500 *	—	0.60	80

注：* 指混合照明照度。

本条的评价方法为：设计评价查阅电气专业相关设计文件和图纸，及照明计算分析报告；运行评价查阅相关竣工图纸，以及建筑室内照明现场检测报告。

8.1.3 本条适用于设计、运行评价。

通风以及房间的温湿度、新风量是室内热环境的重要指标，应满足现行国家标准《民用建筑供暖通风与空气调节设计规范》GB 50736 的有关规定。

本条的评价方法为：设计评价查阅暖通专业设计说明等设计文件；运行评价查阅典型房间空调期间的室内温湿度检测报告，运行评价查阅新风机组风量检测报告，典型房间空调期间的室内二氧化碳浓度检测报告，并现场检查。

8.1.4 本条适用于设计、运行评价。

房间内表面长期或经常结露会引起霉变，污染室内的空气，应加以控制。在南方的梅雨季节，空气的湿度接近饱和，要彻底避免发生结露现象非常困难。所以本条文规定判定的前提条件是"在室内设计温、湿度条件下"。另外，短时间的结露并不至于引起霉变。

需说明的是：为防止采暖的营业厅外附的橱窗在冬季产生结露现象，应在橱窗里壁，即营业厅外墙采用保温绝热构造，但严寒地区的橱窗还需在外表面上下框设小孔泄湿，才可减少结露现象发生。

本条的评价方法为：设计评价查阅围护结构热工设计说明等设计文件；运行评价查阅相关竣工文件，并现场检查。

8.1.5 本条适用于设计、运行评价。

在现行国家标准《民用建筑热工设计规范》GB 50176 中设定了建筑围护结构的最低隔热性能要求。因此，将本条文列为绿色商店建筑应满足的控制项。

目前严寒、寒冷地区多采用外墙外保温、夏热冬冷地区外墙保温系统多采用外墙外保温或外墙内外复合保温系统逐渐成为一大趋势，如完全按照地方明确的节能构造图集进行设计，可直接判定隔热验算通过。

根据国家标准《节能建筑评价标准》GB/T 50668-2011 第 4.2.9 条及条文说明的内容"规定屋面、外墙外表面材料太阳辐射吸收系数小于 0.6，降低屋面、外墙外表面综合温度，以提高其隔热性能，理论计算及实测结果都表明这是一条可行而有效的隔热途径，也是提高轻质外围护结构隔热性能的一条最有效的途径"，因此将"屋面和东、西外墙外表面材料太阳辐射吸收系数应小于 0.6"作为条文内容的一部分。

本条的评价方法为：设计评价查阅围护结构热工设计说明等图纸或文件，以及专项计算分析报告；运行评价查阅相关竣工文件，并现场检查。

8.1.6 本条适用于运行评价。

室内空气污染造成的健康问题近年来得到广泛关注，尤其是商店建筑由于人员和货物密度大，此方面问题更为严重。轻微的反应包括眼睛、鼻子及呼吸道刺激和头疼、头昏眼花及身体疲乏，严重的有可能导

致呼吸器官疾病，甚至心脏疾病及癌症等。为此，危害人体健康的氨、甲醛、苯、总挥发性有机物（TVOC）、氡五类空气污染物，应符合现行国家标准《室内空气质量标准》GB/T 18883 中的有关规定。

表 6　室内空气质量标准

污染物	标准值	备　注
氨 NH₃	≤0.20mg/m³	1 小时均值
甲醛 HCHO	≤0.10mg/m³	1 小时均值
苯 C₆H₆	≤0.11mg/m³	1 小时均值
总挥发性有机物 TVOC	≤0.60mg/m³	8 小时均值
氡²²²Rn	≤400Bq/m³	年平均值

本条的评价方法为查阅室内污染物检测报告，并现场检查。

8.1.7 本条适用于设计、运行评价。

楼地面是建筑日常接触最频繁的部位，经常受到撞击、摩擦和洗刷的部位；除有特殊使用要求外，楼地面材料的选择应考虑满足平整、耐磨、不起尘、防滑、易于清洁的要求，以保证其安全性和耐用型。

本条的评价方法为：设计评价审核设计图纸（主要是围护结构的构造说明、图纸）；运行评价进行现场检测。

8.2　评　分　项

I　室内声环境

8.2.1 本条适用于设计、运行评价。

本条是在本标准控制项第 8.1.1 条要求基础上的提升。本条所指的室内噪声系指由室内自身声源和来自建筑外部的噪声侵袭造成的结果。室内噪声源一般为通风空调设备、日用电器等；室外噪声源则包括周边交通噪声、社会生活噪声、工业噪声等。现行国家标准《民用建筑隔声设计规范》GB 50118 将商店建筑主要功能房间的室内允许噪声级分"低限标准"和"高要求标准"两档列出。对于现行国家标准《民用建筑隔声设计规范》GB 50118 没有涉及的其他类型功能房间的噪声级要求，可对照相似类型功能房间的要求参考执行，并进行得分判断，见表 4。

本条的评价方法为：设计评价检查建筑设计平面图纸，室内的背景噪声分析报告（应基于项目环评报告并综合考虑室内噪声源的影响）以及图纸上的落实情况，及可能的声环境专项设计报告；运行评价审核典型时间、主要功能房间的室内噪声检测报告。

8.2.2 本条适用于设计、运行评价。

现行国家标准《民用建筑隔声设计规范》GB 50118 将商店建筑的隔墙、楼板的空气声隔声性能以及楼板的撞击声隔声性能分"低限标准"和"高要求标准"两档列出。商店建筑应满足现行国家标准《民

用建筑隔声设计规范》GB 50118 中围护结构隔声标准中对应的高要求标准的要求，见表7～表9。

表7 隔墙、楼板的空气声隔声性能要求

围护结构部位	计权隔声量+交通噪声频谱修正量 R_w+C_{tr}	
	高要求标准	低限标准
健身中心、娱乐场所等与噪声敏感房间之间的隔墙、楼板	>60	>55
购物中心、餐厅等与噪声敏感房间之间的隔墙、楼板	>50	>45

表8 噪声敏感房间与产生噪声房间之间的空气声隔声性能要求

房间名称	计权标准化声压级差+交通噪声频谱修正量 $D_{nT,w}+C_{tr}$ (dB)	
	高要求标准	低限标准
健身中心、娱乐场所等与噪声敏感房间之间	≥60	≥55
购物中心、餐厅等与噪声敏感房间之间	≥50	≥45

表9 噪声敏感房间顶部楼板的撞击声隔声标准

楼板部位	撞击声隔声单值评价量 (dB)			
	高要求标准		低限标准	
	计权规范化撞击声压级 $L_{n,w}$ (实验室测量)	计权标准化撞击声压级 $L'_{nT,w}$ (现场测量)	计权规范化撞击声压级 $L_{n,w}$ (实验室测量)	计权标准化撞击声压级 $L'_{nT,w}$ (现场测量)
健身中心、娱乐场所等与噪声敏感房间之间的楼板	<45	≤45	<50	≤50

本条的评价方法为：设计评价审核设计图纸（主要是围护结构的构造说明、图纸）；运行评价检查典型房间现场隔声检测报告，结合现场检查设计要求落实情况进行达标评价。

8.2.3 本条适用于设计、运行评价。

商店建筑要按有关的卫生标准要求控制室内的噪声水平、保护劳动者的健康和安全，还应创造一个能够最大限度提高员工效率的工作环境，包括声环境。这就要求在建筑设计、建造和设备系统设计、安装的过程中全程考虑建筑布局和功能分区的合理安排，并在设备系统设计、安装时就考虑其引起的噪声与振动控制手段和措施，从建筑设计上将对噪声敏感的房间远离噪声源，从噪声源开始实施控制，往往是最有效和经济的方法。变配电房、水泵房等设备用房的位置规定，如不应放在噪声敏感房间的正下方。此外，卫生间下水管的隔声性能差（或设计考虑不周），将影响正常生活，需要加以控制。

本条的评价方法为：设计评价审核设计图纸，运行评价进行现场检测。

8.2.4 本条适用于设计、运行评价。

包括入口大厅、营业厅等，其混响时间、声音清晰度等应满足有关标准的要求。吸声可降低室内声反射，缩短混响时间，进而降低嘈杂的环境声。商店建筑中重要的吸声表面是顶棚，不但面积大，而且是声音长距离反射的必经之地。顶棚吸声材料可选用玻纤吸声板、三聚氰胺泡沫（防火）、穿孔铝板、穿孔石膏板、矿棉吸声板和木丝吸声板等。

顶棚吸声材料或构造的降噪系数（NRC）应符合表10的要求。专项声学设计至少要求将上述房间的声学目标在建筑设计说明和相应的图纸中明确体现。

表10 顶棚吸声材料及构造的降噪系数（NRC）

房间名称	降噪系数（NRC）	
	高要求标准	低限标准
商场、商店、购物中心、走廊	≥0.60	≥0.40
餐厅、健身中心、娱乐场所	≥0.80	≥0.40

本条的评价方法为：设计评价审核设计图纸和声学设计专项报告，运行评价进行现场检测。

Ⅱ 室内光环境

8.2.5 本条适用于设计、运行评价。

天然采光不仅有利于照明节能，而且有利于增加室内外的视线交流，改善空间卫生环境，并保证人员身心健康。建筑的大厅、中庭、地下空间和无窗的房间等，易出现天然采光不足的情况。通过合理的设计，保证空间有足够的采光，通过反光板、棱镜玻璃窗、天窗、下沉庭院等设计手法，以及导光管等技术和设施的采用，可以有效改善这些空间的天然采光效果。

本条的评价方法为：设计评价查阅相关设计文件和图纸、天然采光模拟分析报告；运行评价查阅相关竣工文件，以及天然采光和人工照明现场实测报告。

8.2.6 本条适用于设计、运行评价。

为便于顾客挑选商品，改善整个空间的光环境质量，应保证货架垂直面有足够的照度。

由特定表面产生的反射而引起的眩光，通常称为光幕反射和反射眩光。它会改变作业面的可见度，不仅影响看视效果，对视力也有不利影响，可采用以下的措施来减少光幕反射和反射眩光：

1 应将灯具安装在不易形成眩光的区域内；

2 应限制灯具出光口表面发光亮度；

3 墙面的平均照度不宜低于50lx，顶棚的平均照度不宜低于30lx。

本条的评价方法为：设计评价查阅相关设计文件、照明设计说明及图纸；运行评价现场检查。

Ⅲ 室内热湿环境

8.2.7 本条适用于设计、运行评价。

设计可调遮阳措施不完全指活动外遮阳设施，永久设施（中空玻璃夹层智能内遮阳）和外遮阳加内部高反射率可调节遮阳也可以作为可调外遮阳措施。本条所指的外窗、幕墙包括各个朝向的透明部分等。对于没有阳光直射的透明围护结构，不计入计算总面积。设置采光顶的商店建筑，应采取可调节遮阳措施；"外窗幕墙"和"采光顶"活动遮阳应同时满足控制要求，当两者不能同时满足时，应以两项中的低值为准评分。

本条的评价方法为：设计评价查阅建筑专业相关设计文件和图纸，以及产品检验检测报告；运行评价查阅相关竣工图纸，并现场检查。

8.2.8 本条适用于设计、运行评价。

本条文强调的室内热舒适的调控性，包括主动式供暖空调末端的可调性，以及被动式或个性化的调节措施，总的目标是尽量地满足用户改善个人热舒适的差异化需求。对于商店建筑，尤其是全空气系统，则应根据房间和区域功能，合理划分系统和设置末端。干式风机盘管、地板辐射等供暖空调形式，不仅有较好节能效果，而且还可更好地提高人员舒适性。

本条的评价方法为：设计评价查阅暖通专业相关设计文件和图纸，以及相关产品检验检测报告；运行评价查阅相关竣工图纸，并现场检查。

Ⅳ 室内空气质量

8.2.9 本条适用于设计、运行评价。

采用自然通风时，其通风开口有效面积应符合现行国家标准《民用建筑供暖通风与空气调节设计规范》GB 50736 的有关规定。

针对不容易实现自然通风的区域（例如大进深内区、由于其他原因不能保证开窗通风面积满足自然通风要求的区域）以及走廊、中庭等区域进行了自然通风设计的明显改进和创新，或者自然通风效果实现了明显的改进。

加强自然通风的建筑在设计时，可采用下列措施：建筑单体采用诱导气流方式，如导风墙和拔风井等，促进建筑内自然通风；采用数值模拟技术定量分析风压和热压作用在不同区域的通风效果，综合比较不同建筑设计及构造设计方案，确定最优自然通风系统设计方案。

本条的评价方法为：设计评价查阅建筑平面图、规划设计图等相关设计文件和图纸，以及自然通风模拟分析报告；运行评价查阅相关竣工图纸，并现场检查。

8.2.10 本条适用于设计、运行评价。

1 避免卫生间、厨房、地下车库等区域的空气和污染物串通到室内其他空间或室外主要活动场所。尽量将厨房和卫生间设置于建筑单元自然通风的负压侧，防止厨房或卫生间的气味因主导风反灌进入室内，而影响室内空气质量。同时，可以对于不同功能房间保证一定压差，避免气味散发量大的空间（比如卫生间、厨房、地下车库等）的气味或污染物串通到室内其他空间或室外主要活动场所。卫生间、厨房、地下车库等区域如设置机械排风，并保证负压外，还应注意其取风口和排风口的位置，避免短路或污染，才能判断达标。目前商店建筑中设风味小吃情况较多，如面向公共通道设灶台，油气四溢，严重影响场内空气质量，危害人身安全和健康，采取良好地排油烟措施，保证商店内的空气质量，方便顾客，故规定此款。

2 重要功能区域供暖、通风与空调工况下的气流组织满足要求，避免冬季热风无法下降，避免气流短路或制冷效果不佳，确保主要房间的环境参数（温度、湿度分布，风速，辐射温度等）达标。暖通空调设计图纸应有专门的气流组织设计说明，提供射流公式校核报告，末端风口设计应有充分的依据，必要时应提供相应的模拟分析优化报告。

本条的评价方法为：设计评价查阅建筑专业平面图、门窗表、暖通专业相关设计文件和图纸，以及气流组织模拟分析报告；运行评价查阅相关竣工图纸，并现场检查。

8.2.11 本条适用于设计、运行评价。

二氧化碳检测技术比较成熟、使用方便，但氨、苯、VOC 等空气污染物的浓度监测比较复杂，有些简便方法不成熟，使用不方便，受环境条件变化影响大，仅甲醛的监测容易实现。如上所述，除二氧化碳要求检测进、排风设备的工作状态，并与室内空气污染监测系统关联，实现自动通风调节外，其他污染物要求可以超标实时报警。

本条文包括对室内的二氧化碳浓度监控，即应设置与排风联动的二氧化碳检测装置，当传感器监测到室内 CO_2 浓度超过 $1000\mu g/g$，进行报警，同时自动启动排风系统。

本条的评价方法为：设计评价查阅暖通和电气专业相关设计文件和图纸；运行评价查阅相关竣工图纸，并现场检查。

8.2.12 本条适用于设计、运行评价。

地下车库空气流通不好，容易导致有害气体的堆积，对人体伤害很大。有地下车库的建筑，车库设置与排风设备联动的一氧化碳检测装置，超过规定值时报警，然后立刻启动排风系统。

目前，相关标准对于一氧化碳浓度规定有：国家现行标准《工作场所有害因素职业接触限值 第1部分：化学有害因素》GBZ 2.1规定一氧化碳的短时间接触容许浓度上限为 30mg/m³，现行国家标准《室内空气质量标准》GB/T 18883规定一氧化碳浓度要求为 10mg/m³（1小时均值）。

本条的评价方法为：设计评价查阅暖通和电气专业相关设计文件和图纸；运行评价查阅相关竣工图纸，并现场检查。

9 施工管理

9.1 控 制 项

9.1.1 本条适用于运行评价。

项目部成立专门的绿色商店建筑施工管理组织机构，完善管理体系和制度建设，根据预先设定的绿色商店建筑施工总目标，进行目标分解、实施和考核活动。比选、优化施工方案，制定相应施工计划并严格执行，要求措施、进度和人员落实，实行过程和目标双控。项目经理为绿色施工第一责任人，负责绿色施工的组织实施及目标实现，并指定绿色商店建筑施工各级管理人员和监督人员。

本条的评价方法为查阅该项目组织机构的相关制度文件，在施工过程中各种主要活动的可证明记录，包括可证明时间、人物、事件的纸质和电子文件，影像资料等。

9.1.2 本条适用于运行评价。

建筑施工过程是对工程场地的一个改造过程，不但改变了场地的原始状态，而且对周边环境造成影响，包括水土流失、土壤污染、扬尘、噪声、污水排放、光污染等。为了有效减小施工对环境的影响，应制定施工全过程的环境保护计划，明确施工中各相关方应承担的责任，将环境保护措施落实到具体责任人；实施过程中开展定期检查，保证环境保护计划的实现。

本条的评价方法为查阅施工全过程环境保护计划书、施工单位 ISO 14001认证文件、环境保护实施记录文件（包括责任人签字的检查记录、照片或影像等）、可能有的当地环保局或建委等有关主管部门对环境影响因子如扬尘、噪声、污水排放评价的达标证明。

9.1.3 本条适用于运行评价。

建筑施工过程中应加强对施工人员的健康安全保护。建筑施工项目部应编制"职业健康安全管理计划"，并组织落实，保障施工人员的健康与安全。

本条的评价方法为查阅职业健康安全管理计划、施工单位的 OHSAS 18000职业健康与安全管理体系认证文件、现场作业危险源清单及其控制计划、现场作业人员个人防护用品配备及发放台账，必要时核实劳动保护用品或器具进货单。

9.1.4 本条适用于运行评价，也可在设计评价中进行预审。

施工建设将绿色设计转化成绿色建筑。在这一过程中，参建各方应对设计文件中绿色建筑重点内容正确理解与准确把握。施工前由参建各方进行专业交底时，应对保障绿色建筑性能的重点内容逐一交底。

本条的评价方法为查阅专业设计文件交底记录。设计评价预审时，查阅设计交底文件。

9.2 评 分 项

Ⅰ 环境保护

9.2.1 本条适用于运行评价。

施工扬尘是最主要的大气污染源之一。施工中应采取降尘措施，降低大气悬浮颗粒物浓度。施工中的降尘措施包括对易飞扬物质的洒水、覆盖、遮挡，对出入车辆的清洗、封闭，对易产生扬尘施工工艺的降尘措施等。在工地建筑结构脚手架外侧设置密目防尘网或防尘布，具有很好的扬尘控制效果。

本条的评价方法为查阅由建设单位、施工单位、监理单位签字确认的降尘措施实施记录。

9.2.2 本条适用于运行评价。

施工产生的噪声是影响周边居民生活的主要因素之一，也是居民投诉的主要对象。现行国家标准《建筑施工场界环境噪声排放标准》GB 12523对噪声的测量、限值作出了具体的规定，是施工噪声排放管理的依据。为了减低施工噪声排放，应该采取降低噪声和噪声传播的有效措施，包括采用低噪声设备，运用吸声、消声、隔声、隔振等降噪措施，降低施工机械噪声。

本条的评价方法为查阅场界噪声测量记录。

9.2.3 本条适用于运行评价。

目前建筑施工废弃物的数量很大，堆放或填埋均占用大量的土地；对环境产生很大的影响，包括建筑垃圾的淋滤液渗入土层和含水层，破坏土壤环境，污染地下水，有机物质发生分解产生有害气体，污染空气；同时建筑施工废弃物的产出，也意味着资源的浪费。因此减少建筑施工废弃物产出，涉及节地、节能、节材和保护环境这样一个可持续发展的综合性问题。施工废弃物减量化应在材料采购、材料管理、施工管理的全过程实施。施工废弃物应分类收集、集中堆放，尽量回收和再利用。

建筑施工废弃物包括工程施工产生的各类施工废料，有的可回收，有的不可回收，不包括基坑开挖的渣土。

本条的评价方法为查阅建筑施工废弃物减量化资源化计划，回收站出具的建筑施工废弃物回收单据，各类建筑材料进货单，各类工程量结算清单，施工单位统计计算的每 10000 m² 建筑施工固体废弃物排放量。

Ⅱ 资源节约

9.2.4 本条适用于运行评价。

施工过程中的用能，是建筑全寿命期能耗的组成部分。由于建筑结构、高度、所在地区等的不同，建成每平方米建筑的用能量有显著的差异。施工中应制定节能和用能方案，提出建成每平方米建筑能耗目标值，预算各施工阶段用电负荷，合理配置临时用电设备，尽量避免多台大型设备同时使用。合理安排工序，提高各种机械的使用率和满载率，降低各种设备的单位耗能。做好建筑施工能耗管理，包括现场耗能与运输耗能。为此应该做好能耗监测、记录，用于指导施工过程中的能源节约。竣工时提供施工过程能耗记录和建成每平方米建筑实际能耗值，为施工过程的能耗统计提供基础数据。

记录主要建筑材料运输耗能，是指有记录的建筑材料占所有建筑材料重量的85%以上。

本条的评价方法为查阅施工节能和用能方案，用能监测记录，建成每平方米建筑能耗值。

9.2.5 本条适用于运行评价。

施工过程中的用水，是建筑全寿命期水耗的组成部分。由于建筑结构、高度、所在地区等的不同，建成每平方米建筑的用水量有显著的差异。施工中应制定节水和用水方案，提出建成每平方米建筑水耗目标值。为此应该做好水耗监测、记录，用于指导施工过程中的节水。竣工时提供施工过程水耗记录和建成每平方米建筑实际水耗值，为施工过程的水耗统计提供基础数据。

基坑降水抽取的地下水量大，要合理设计基坑开挖，减少基坑水排放。配备地下水存储设备，合理利用抽取的基坑水。记录基坑降水的抽取量、排放量和利用量数据。对于洗刷、降尘、绿化、设备冷却等用水来源，应尽量采用非传统水源。具体包括工程项目中使用的中水、基坑降水、工程使用后收集的沉淀水以及雨水等。

本条的评价方法为查阅施工节水和用水方案，用水监测记录，建成每平方米建筑水耗值，有监理证明的非传统水源使用记录以及项目配置的施工现场非传统水源使用设施，使用照片、影像等证明资料。

9.2.6 本条适用于运行评价；也可在设计评价中进行预审。对不使用预拌混凝土的项目，本条不参评。

减少混凝土损耗、降低混凝土消耗量是施工中节材的重点内容之一。我国各地方的工程量预算定额，一般规定预拌混凝土的损耗率是1.5%，但在很多工程施工中超过了1.5%，甚至达到了2%～3%，因此有必要对预拌混凝土的损耗率提出要求。本条参考有关定额标准及部分实际工程的调查数据，对损耗率分档评分。

本条的评价方法为查阅混凝土工程量清单、预拌混凝土进货单，施工单位统计计算的预拌混凝土损耗率。设计评价预审时，查阅对保温隔热材料，建筑砌块等提出的砂浆要求文件。

9.2.7 本条适用于运行评价。对未使用砂浆的项目，本条不参评。

预拌砂浆具有许多明显的优点，包括产品质量高，可适应不同的用途和性能要求，有利于使用自动化施工机具，可提高施工效率，减少环境污染和材料浪费。预拌砂浆在运输、保管和施工过程中，会造成损耗，应尽量控制损耗，节约资源，对于砂浆的损耗率，各地方的定额标准差距较大，有的是根据不同的构件有不同的损耗率，本标准参考各类定额标准及部分实际工程的调查规定了平均损耗率区间。

本条的评价方法为查阅预拌砂浆使用设计要求文件，砂浆总量清单，预拌砂浆总量清单，预拌砂浆占砂浆总量的比率，查阅预拌砂浆用量结算清单、预拌砂浆进货单，承包商统计计算的预拌砂浆使用率和损耗率；相关现场影像资料。

9.2.8 本条适用于运行评价；也可在设计评价中进行预审。对不使用钢筋的项目，本条得12分。

钢筋是混凝土结构建筑的大宗消耗材料。钢筋浪费是建筑施工中普遍存在的问题，设计、施工不合理都会造成钢筋浪费。我国各地方的工程量预算定额，根据钢筋的规格不同，一般规定的损耗率为2.5～4.5%。根据对国内施工项目的初步调查，施工中实际钢筋浪费率约为6%。因此有必要对钢筋的损耗率提出要求。

专业化生产是指将钢筋用自动化机械设备按设计图纸要求加工成钢筋半成品，并进行配送的生产方式。钢筋专业化生产不仅可以通过统筹套裁节约钢筋，还可减少现场作业、降低加工成本、提高生产效率、改善施工环境和保证工程质量。本条参考有关定额标准及部分实际工程的调查数据，对现场加工钢筋损耗率分档评分。

本条的评价方法为查阅专业化生产成型钢筋用量结算清单、成型钢筋进货单，施工单位统计计算的成型钢筋使用率，现场钢筋加工的钢筋工程量清单、钢筋用量结算清单，钢筋进货单，施工单位统计计算的现场加工钢筋损耗率。设计评价预审时，查阅采用专业化加工的建议文件，如条件具备情况、有无加工厂、运输距离等。

9.2.9 本条适用于运行评价。对不使用模板的项目，本条得8分。

建筑模板是混凝土结构工程施工的重要工具。我国的木胶合板模板和竹胶合板模板发展迅速，目前与钢模板已成三足鼎立之势。

散装、散拆的木（竹）胶合板模板施工技术落后，模板周转次数少，费工费料，造成资源的大量浪费。同时废模板形成大量的废弃物，对环境造成负面影响。

工具式定型模板，采用模数制设计，可以通过定型单元，包括平面模板、内角、外角模板以及连接件等，在施工现场拼装成多种形式的混凝土模板。它既可以一次拼装，多次重复使用；又可以灵活拼装，随时变化拼装模板的尺寸。定型模板的使用，提高了周转次数，减少了废弃物的产出，是模板工程绿色技术的发展方向。

本条用定型模板使用面积占模板工程总面积的比例进行分档评分。

本条的评价方法为查阅模板工程施工方案，定型模板进货单或租赁合同，模板工程量清单，以及施工单位统计计算的定型模板使用率。

9.2.10 本条适用于运行评价。

块材、板材、卷材类材料包括地砖、石材、石膏板、壁纸、地毯以及木质、金属、塑料类等材料。施工前应进行合理排版，减少切割和因此产生的噪声及废料等。

门窗、幕墙、块材、板材加工应充分利用工厂化加工的优势，减少现场加工而产生的占地、耗能，以及可能产生的噪声和废水。

本条的评价方法为查阅施工排版设计文件，建材工厂化加工比例计算书。

Ⅲ 过程管理

9.2.11 本条适用于运行评价。

施工是把绿色商店建筑由设计转化为实体的重要过程，在这一过程中除施工应采取相应措施降低施工生产能耗、保护环境外，设计文件会审也是关于能否实现绿色商店建筑的一个重要环节。各方责任主体的专业技术人员都应该认真理解设计文件，以保证绿色商店建筑的设计通过施工得以实现。

本条的评价方法为查阅各专业设计文件会审记录、施工日志记录。

9.2.12 本条适用于运行评价。

绿色商店建筑设计文件经审查后，在建造过程中往往可能需要进行变更，这样有可能使绿色商店建筑的相关指标发生变化。本条旨在强调在建造过程中严格执行审批后的设计文件，若在施工过程中出于整体建筑功能要求，对绿色商店建筑设计文件进行变更，但不显著影响该建筑绿色性能，其变更可按照正常的程序进行。设计变更应存留完整的资料档案，作为最终评审时的依据。

本条的评价方法为查阅各专业设计文件变更记录、洽商记录、会议纪要、施工日志。

9.2.13 本条适用于运行评价；也可在设计评价中进行预审。

随着技术的发展，现代建筑的机电系统越来越复杂。本条强调系统综合调试和联合试运转的目的，就是让建筑机电系统的设计、安装和运行达到设计目标，保证绿色商店建筑的运行效果。主要内容包括制定完整的机电系统综合调试和联合试运转方案，对通风空调系统、空调水系统、给排水系统、热水系统、电气照明系统、动力系统的综合调试过程以及联合试运转过程。建设单位是机电系统综合调试和联合试运转的组织者，根据工程类别、承包形式，建设单位也可以委托代建公司和施工总承包单位组织机电系统综合调试和联合试运转。

本条的评价方法为查阅设计文件中机电系统综合调试和联合试运转方案和技术要点，施工日志、调试运转记录。设计评价预审时，查阅设计方提供的综合调试和联合试运转技术要点文件。

10 运营管理

10.1 控制项

10.1.1 本条适用于运行评价。

物业管理单位应提交节能、节水、节材、绿化等管理制度细则，并说明实施效果。节能管理制度主要包括节能方案、节能管理模式和机制、分户分项计量收费等。节水管理制度主要包括节水方案、分户分类计量收费、节水管理机制等。节材管理制度主要包括维护和物业耗材管理。绿化管理制度主要包括苗木养护、用水计量和化学药品的使用制度等。

本条的评价方法为查阅物业管理单位节能、节水、节材与绿化管理制度文件、日常管理记录，并现场核查。

10.1.2 本条适用于运行评价。

商店建筑运行过程中产生的生活垃圾可能包括纸张、塑料、玻璃、金属、布料等可回收利用垃圾，剩菜剩饭、骨头、菜根菜叶、果皮等厨余垃圾，含有重金属的电池、废弃灯管等有害垃圾，以及装修或维护过程中产生的渣土、砖石和混凝土碎块、金属、竹木材等废料。首先，根据垃圾的来源、可否回用、处理要求等确立分类管理制度和必要的收集设施，并对垃圾的收集、运输等进行整体的合理规划，如果设置小型有机厨余垃圾处理设施，应考虑其合理性。其次，制定包括垃圾管理运行操作手册、管理设施、管理经费、人员配备及机构分工、监督机制、定期的岗位业务培训和突发事件的应急处理系统等内容的垃圾管理制度。最后，垃圾容器应具有密闭性能，其规格和位置应符合国家现行标准的有关规定，其数量、外观色彩及标志应符合垃圾分类收集的要求，并置于隐蔽、避风处，与周围景观相协调，坚固耐用，不易倾倒，防止垃圾无序倾倒和二次污染。

本条的评价方法为查阅建筑、环卫等专业的垃圾收集、处理的竣工文件和设施清单，垃圾管理制度文件，垃圾收集、运输等的整体规划，并现场核查。

10.1.3 本条适用于运行评价。

本条主要考察商店建筑的运行。除了本标准第10.1.2条已作出要求的固体污染物之外，建筑运行过程中还会产生各类废气和污水，可能造成多种有机和无机的化学污染，噪声、电磁辐射和放射性等物理污染，病原体等生物污染。为此需要通过合理的技术措施和排放管理手段，杜绝商店建筑运行过程中相关污染物的不达标排放。相关污染物的排放应符合国家现行标准《大气污染物综合排放标准》GB 16297、《锅炉大气污染物排放标准》GB 13271、《饮食业油烟排放标准》GB 18483、《污水综合排放标准》GB 8978、《污水排入城镇下水道水质标准》CJ 343、《社会生活环境噪声排放标准》GB 22337、《制冷空调设备和系统 减少卤代制冷剂排放规范》GB/T 26205等的有关规定。

本条的评价方法为查阅污染物排放管理制度文件，项目运行期排放废气、污水等污染物的排放检测报告，并现场核查。

10.1.4 本条适用于运行评价。

绿色商店建筑设置的节能、节水设施，如热能回收设备、地源/水源热泵、太阳能光伏发电设备、太阳能光热水设备、遮阳设备、雨水收集处理设备等，均应工作正常，才能使预期的目标得以实现。本条主要考察其运营情况。

本条的评价方法为查阅节能、节水设施的竣工文件、运行记录，并现场核查设备系统的工作情况。

10.1.5 本条适用于运行评价。

供暖、通风、空调、照明系统是商店建筑的主要用能设备，本条主要考察其实际工作正常，及其运行数据。因此，需对绿色商店建筑的上述系统及主要设备进行有效的监测，对主要运行数据进行实时采集并记录；并对上述设备系统按照设计要求进行自动控制，通过在各种不同运行工况下的自动调节来降低能耗。对于建筑面积15000m² 以下的商店建筑应设简易有效的控制措施。

本条的评价方法为查阅设备自控系统竣工文件、运行记录，并现场核查设备及其自控系统的工作情况。

10.1.6 本条适用于运行评价。

本条考虑商店建筑装修频率较高而制定。商店建筑后期运行过程中，涉及很多店铺及小业主，而且经常涉及二次装修问题。商店建筑正常营业过程中，某个店铺的二次装修往往会对周边其他店铺产生影响，包括噪声、扬尘等，因此加强商店建筑的二次装修管理非常重要。二次装修管理制度应对装修施工资格、装修施工流程、建材采购、施工现场管理等进行约束，确保实现绿色装修，尽量减少对其他店铺正常营

业及顾客购物的影响。此外，二次装修还应注意防火等安全要求，采取有效措施确保安全。

本条的评价方法是查阅二次装修管理制度，二次装修过程的记录文件（施工记录、采购记录、照片等），并现场核查。

10.2 评 分 项

Ⅰ 管 理 制 度

10.2.1 本条适用于运行评价。

物业管理单位通过 ISO 14001 环境管理体系认证，是提高环境管理水平的需要，可达到节约能源、降低消耗、减少环保支出、降低成本的目的，减少由于污染事故或违反法律、法规所造成的环境风险。

物业管理具有完善的管理措施，定期进行物业管理人员的培训。ISO 9001 质量管理体系认证可以促进物业管理单位质量管理体系的改进和完善，提高其管理水平和工作质量。

现行国家标准《能源管理体系要求》GB/T 23331 是在组织内建立起完整有效的、形成文件的能源管理体系，注重过程的控制，优化组织的活动、过程及其要素，通过管理措施，不断提高能源管理体系持续改进的有效性，实现能源管理方针和预期的能源消耗或使用目标。

本条的评价方法为查阅相关认证证书和工作文件。

10.2.2 本条适用于运行评价。

绿色商店建筑能耗较高，尤其是空调系统和照明系统，故应加强此类用能系统的运营管理。为了保证商店建筑低能耗、稳定、安全运营，操作人员应严格遵守相关设施的现场操作规程，无论是自行运维还是购买专业服务，都需要建立完善的操作规程。应急预案是应对商店建筑突发事件的重要保障，应具有完善应急措施，并有演练记录。

本条的评价方法是查阅项目的物业管理方案、各个系统的节能运行、维护管理制度及应急预案、值班人员的专业证书、各个系统运行记录，并现场检查。

10.2.3 本条适用于运行评价。

管理是运行节约能源、资源的重要手段，应在管理业绩上与节能、节约资源情况挂钩。因此要求物业管理单位在保证建筑的使用性能要求、投诉率低于规定值的前提下，实现其经济效益与建筑用能系统的耗能状况，水资源和各类耗材等的使用情况直接挂钩。采用合同能源管理模式更是节能的有效方式。

本条的评价方法为查阅业主和租用者以及管理企业之间的合同。

10.2.4 本条适用于运行评价。

在商店建筑的运行过程中，各小业主和物业管理人员的意识与行为，直接影响绿色建筑的目标实现，

因此需要坚持倡导绿色理念与绿色生活方式的教育宣传制度，形成良好的绿色行为与风气。

公示室内环境和用能数据的场所，应选择在中庭、大堂、出入口、收银台等公众可达、可视的场所。需要提醒的是，设置上述公示装置另一方面也要结合考虑流线设计和人流聚散，避免因此造成人为拥堵和混乱。

本条的评价方法为查阅绿色教育宣传的工作记录与报道记录，并向建筑使用者核实。

Ⅱ 技术管理

10.2.5 本条适用于运行评价。

大型商店建筑往往涉及众多小业主，为了激励其节能节水，应建立健全完善的能源计量体系，包括按不同的用能系统分装总表、分表，以及对不同的使用单位分装子表，以实现"谁用能谁付费，用得多付得多"，从而实现行为节能。

本条的评价方法为查阅分项计量数据记录、各个小业主的计量收费记录，并现场检查。

10.2.6 本条适用于运行评价。

商店建筑运行能耗较高，因此有必要对其加强能源监管。一般来说，通过能耗统计和能源审计工作可以找出一些低成本或无成本的节能措施，这些措施可为业主实现 5%～15% 的节能潜力。

由于商店建筑种类比较多，故很难用一个定额数据对其能耗进行限定和约束。但从整体节能的角度，项目有必要做好能源统计工作，合理设定目标，并基于目标对机电系统提出一系列优化运行策略，不断提升设备系统的性能，提高建筑物的能效管理水平，真正落实节能。

本条的评价方法为查阅能耗统计和能源审计方案及报告，公共设施系统优化运行方案及运行记录，并现场核实。

10.2.7 本条适用于运行评价。

机电设备系统的调试不仅限于新建建筑的试运行和竣工验收，而是一项持续性、长期性的工作。因此，物业管理单位有责任定期检查、调试设备系统，标定各类检测器的准确度，根据运行数据，或第三方检测的数据，不断提升设备系统的性能，提高商店建筑的能效管理水平。

本条的评价方法为查阅调试、运行记录。

10.2.8 本条适用于运行评价。

中央空调与通风系统是商店建筑中的一项重要设施，但目前运行过程中普遍存在室内空气质量差的现象，因此除了科学开启商店建筑的通风系统外，运行过程中还应加强该系统的清洗维护。

物业管理单位应对重点场所定期巡视、测试或检查照度，按照标准规定清扫光源和灯具，以确保照度水平，一般每年不少于 2 次。

本条的评价方法为查阅物业管理措施、清洗计划和工作记录。

10.2.9 本条适用于运行评价。

节能技术的有效运用是具体管理措施实施的最好体现。因此，应持续对运营管理人员、运行操作人员进行专业技术和节能知识培训，使之掌握正确的节能理念和有效的节能技术。

本条的评价方法为查阅运营管理人员的培训计划，培训及考核记录，上岗证书。

10.2.10 本条适用于运行评价。

通过智能化技术与绿色商店建筑其他方面技术的有机结合，可有效提升商店建筑综合性能，因此智能化系统设计上均要求达到基本配置。此外，对系统工作运行情况也提出了要求。智能化系统运行时应确保所有系统均正常运行。

本条的评价方法为查阅智能化系统竣工文件、验收报告及运行记录，并现场核查。

10.2.11 本条适用于运行评价。

本标准第 10.1.6 条主要考察商店建筑项目的管理机构是否对后期的二次装修有严格的管理制度，本条主要是考察二次装修管理制度的落实情况，以避免二次装修对其他店铺正常营业的影响。

本条的评价方法为查阅二次装修过程的记录文件（施工记录、采购记录、照片等），并现场核查。

10.2.12 本条适用于运行评价。

信息化管理是实现绿色商店建筑物业管理定量化、精细化的重要手段，对保障建筑的安全、舒适、高效及节能环保的运行效果，提高物业管理水平和效率，具有重要作用。采用信息化手段建立完善的建筑工程及设备、能耗监管、配件档案及维修记录是极为重要的。本条第 3 款是在本标准控制项第 10.1.4 条的基础上所提出的更高一级的要求，要求相关的运行记录数据均为智能化系统输出的电子文件。应提供至少 1 年的用水量、用电量、用气量、用冷热量的数据，作为评价的依据。

本条的评价方法为查阅针对建筑物及设备的配件档案和维修的信息记录，能耗分项计量和监管的数据，并现场核查物业信息管理系统。

Ⅲ 环境管理

10.2.13 本条适用于运行评价。

设置该条的主要目的是解决目前大多商店建筑室内空气质量较差的问题。

商店建筑的特点是人流量大，室内热湿负荷变化大，室内空气质量较差，因此应合理开启新风系统，而且新风系统应根据不同的运行工况实现合理的调节，如分时段、分节假日、分季节等，通过新风量合理调节来保证各时段室内空气品质。

本条的评价方法为查阅新风系统的运行记录，室内空气质量参数的检测报告等，并现场核实。

10.2.14 本条适用于运行评价。

无公害病虫害防治是降低城市环境污染、维护城市生态平衡的一项重要举措，对于病虫害坚持以物理防治、生物防治为主，化学防治为辅，并加强预测预报。因此，一方面提倡采用生物制剂、仿生制剂等无公害防治技术，另一方面规范杀虫剂、除草剂、化肥、农药等化学药品的使用，防止环境污染，促进生态可持续发展。

本条的评价方法为查阅病虫害防治用品的进货清单与使用记录，并现场核查。

10.2.15 本条适用于运行评价。

垃圾分类收集就是在源头将垃圾分类投放，并通过分类清运和回收使之分类处理或重新变成资源，减少垃圾处理量，降低运输和处理过程中的成本。

可生物降解垃圾是指垃圾在微生物的代谢作用下，将垃圾中的有机物破坏或产生矿化作用，使垃圾稳定化和达到无害化降解的垃圾。

有毒有害垃圾是指存有对人体健康有害的重金属、有毒的物质或者对环境造成现实危害或者潜在危害的废弃物，包括电池、荧光灯管、灯泡、水银温度计、油漆桶、家电类、过期药品、过期化妆品等。

本条的评价方法为查阅垃圾管理制度文件、各类垃圾收集和处理的工作记录，并进行现场核查和用户抽样调查。

11 提高与创新

11.1 一般规定

11.1.1 绿色商店建筑全寿命期内各环节和阶段，都有可能在技术、产品选用和管理方式上进行性能提高和创新。为鼓励性能提高和创新，在各环节和阶段采用先进、适用、经济的技术、产品和管理方式，本标准增设了相应的评价项目。比照"控制项"和"评分项"，本标准中将此类评价项目称为"加分项"。

本标准中的加分项内容，有的在属性分类上属于性能提高，如采用高性能的空调设备、建筑材料以及空气处理措施、室内空气品质等，鼓励采用高性能的技术、设备或材料；有的在属性分类上属于创新，如建筑信息模型（BIM）、碳排放分析计算、技术集成应用等，鼓励在技术、管理、生产方式等方面的创新。

11.1.2 加分项的评定结果为某得分值或不得分。考虑到与绿色建筑总分要求的平衡，以及加分项对建筑"四节一环保"性能的贡献，本标准对加分项附加得分作了不大于10分的限制。附加得分与加权得分相加后得到绿色建筑总得分，作为确定绿色建筑等级的最终依据。某些加分项是对前面章节中评分项的提

高，符合条件时，加分项和相应评分项可都得分。

11.2 加分项

Ⅰ 性能提高

11.2.1 本条适用于设计、运行评价。

本条是第5.2.3条的更高层次要求。围护结构的热工性能提高，对于绿色建筑的节能与能源利用影响较大，而且对室内环境也有一定影响。为便于操作，参照国家有关建筑节能设计标准的做法，分别提供了规定性指标和性能化计算两种可供选择的达标方法。

本条的评价方法为：设计评价查阅相关设计文件、计算分析报告；运行评价查阅相关竣工图、计算分析报告，并现场核实。

11.2.2 本条适用于设计、运行评价。

本条是第5.2.6条的更高层次要求，除指标数值以外的其他说明内容与第5.2.6条相同。尚需说明的是对于小型商店建筑中采用分体空调器、燃气热水炉等其他设备作为供暖空调冷热源的情况（包括同时作为供暖和生活热水热源的热水炉），可以现行国家标准《房间空气调节器能效限定值及能效等级》GB 12021.3、《转速可控型房间空气调节器能效限定值及能效等级》GB 21455、《家用燃气快速热水器和燃气采暖热水炉能效限定值及能效等级》GB 20665等规定的能效等级1级作为判定本条是否达标的依据。

本条的评价方法为：设计评价查阅相关设计文件；运行评价查阅相关竣工图、主要产品型式检验报告，并现场核实。

11.2.3 本条适用于设计、运行评价。

如若当地峰谷电价差低于2.5倍或没有峰谷电价政策的，或者经技术经济分析证明不合理的，本条不参评。

蓄冷蓄热技术虽然从能源转换和利用本身来讲并不节约，但是其对于昼夜电力峰谷差异的调节具有积极的作用，能够满足城市能源结构调整和环境保护的要求，为此，宜根据当地能源政策、峰谷电价、能源紧缺状况和设备系统特点等进行选择。

本条的评价方法为：设计评价查阅相关设计文件、计算分析报告；运行评价查阅相关竣工图、计算分析报告，并现场核实。

11.2.4 本条适用于设计、运行评价。

重点鼓励的是钢结构体系、木结构体系，以及就地取材或利用废弃材料制作的砌体结构体系等，当主体结构采用钢结构、木结构，或地取材或利用废弃材料用量不小于60%时，本条可得分。对其他情况，尚需经充分论证后方可申请本条评价。

本条的评价方法为：设计评价查阅相关设计文件、计算分析报告；运行评价查阅竣工图、计算分析报告，并现场核实。

11.2.5 本条适用于设计、运行评价。

商店建筑人员密集且流动性大，室内环境不易保证，采用有利于改善商店建筑室内环境的功能性建筑装修新材料或新技术，有利于商店从业人员和顾客身体健康。

目前我国市场上已经有很多相关产品，可以用于改善室内环境，例如无毒涂料、抗菌涂料、调节湿度的建材、抗菌陶瓷砖、纳米空气净化涂膜等。纳米空气净化涂膜，其遇光后发生反应产生的物质能将甲醛分解成为水和二氧化碳，同时还能持久释放大量负离子，杀菌、消毒、除臭、降解异味，不产生二次污染，比较适合在商店建筑中使用。

国外不仅在室内环境改善方面已有很多高技术产品，而且已经具有相关标准规范，例如日本《调节湿度用建材吸/脱湿性试验方法 第1部分：湿度应答法 湿度变化测定吸放湿性的试验方法》JIS A1470-1-2008、美国《内墙涂料表面耐霉菌生长测试方法》ASTM-D 3273：2005等。

目前，我国也已经颁布实施了一系列涉及改善室内环境的相关产品标准，例如《室内空气净化功能涂覆材料净化性能》JC/T 1074、《负离子功能涂料》HG/T 4109、《负离子功能建筑室内装饰材料》JC/T 2040、《建筑材料吸放湿性能测试方法》JC/T 2002、《调湿功能室内建筑装饰材料》JC/T 2082、《漆膜耐霉菌性测定法》GB/T 1741、《抗菌涂料（漆膜）抗菌性测定法和抗菌效果》GB/T 21866、《抗菌陶瓷制品抗菌性能》JC/T 897、《建筑用抗菌塑料管抗细菌性能》JC/T 939、《抗菌涂料》HG/T 3950、《镀膜抗菌玻璃》JC/T 1054、《抗菌防霉木质装饰板》JC/T 2039等。这些标准为改善室内环境的功能性绿色建材提供了良好的技术依据和质量保证，将进一步加快我国在这一领域发展步伐，满足客户对日益提高室内环境的客观需求。

本条的评价方法为：设计评价查阅相关设计文件，以及产品检验报告等证明文件；运行评价查阅相关竣工图、主要产品型式检验报告。

11.2.6 本条适用于设计、运行评价。

主要功能房间不仅是指营业厅，还包括商店中其他人员密度较高且随时间变化大的区域（如会议室、影剧院、餐厅等），以及其他的人员经常停留空间或区域（如办公区域等）。空气处理措施包括在空气处理机组中设置中效过滤段、在主要功能房间设置空气净化装置等。

本条的评价方法为：设计评价查阅暖通空调专业设计图纸和文件；运行评价查阅暖通空调专业竣工图纸、主要产品型式检验报告、运行记录、第三方检测报告等，并现场检查。

11.2.7 本条适用于运行评价。

本条是第8.1.6条的更高层次要求。以TVOC为例，英国BREEAM新版文件的要求已提高至$300\mu g/m^3$，比我国现行国家标准还要低不少。甲醛更是如此，多个国家的绿色建筑标准要求均在$50\mu g/m^3 \sim 60\mu g/m^3$的水平，相比之下，我国的$0.08mg/m^3$的要求也高出了不少。在进一步提高对于室内环境质量指标要求的同时，也适当考虑了我国当前的大气环境条件和装修材料工艺水平，因此，将现行国家标准规定值的70%作为室内空气品质的更高要求。

本条的评价方法为查阅室内污染物检测报告（应依据相关国家标准进行检测）。

Ⅱ 创 新

11.2.8 本条适用于设计、运行评价。

本条主要目的是为了鼓励设计创新，通过对建筑设计方案的优化，降低建筑建造和运营成本，提高绿色商店建筑设计与技术水平。例如，建筑设计充分体现我国不同气候区对自然通风、保温隔热等节能特征的不同需求，建筑形体设计等与场地微气候结合紧密，应用自然采光、遮阳等被动式技术优先的理念，设计策略明显有利于降低空调、供暖、照明、生活热水、通风、电梯等的负荷需求、提高室内环境、减少建筑用能时间或促进运行阶段的行为节能，等等。

本条的评价方法为：设计评价查阅相关设计文件、分析论证报告；运行评价查阅相关竣工图、分析论证报告，并现场核实。

11.2.9 本条适用于设计、运行评价。

虽然选用废弃场地、利用旧建筑具体技术存在不同，但同属于项目策划、规划前期均需考虑的问题；而且基本不存在两点内容可同时达标的情况。故进行合并处理，以提高加分项的有效适用程度。

我国城市可建设用地日趋紧缺，对废弃地进行改造并加以利用是节约集约利用土地的重要途径之一。利用废弃场地进行绿色建筑建设，在技术难度、建设成本方面都需要付出更多努力和代价。因此，对于优先选用废弃地的建设理念和行为进行鼓励。本条所指的废弃场地主要包括裸岩、石砾地、盐碱地、沙荒地、废窑坑、废旧仓库或工厂弃置地等。绿色建筑可优先考虑合理利用废弃场地，采取改造或改良等治理措施，对土壤中是否含有有毒物质进行检测与再利用评估，确保场地利用不存在安全隐患、符合国家现行标准的有关要求。

本条所指的"尚可利用的旧建筑"系指建筑质量能保证使用安全的旧建筑，或通过少量改造加固后能保证使用安全的旧建筑。虽然目前多数项目为新建，且多为净地交付，项目方很难有权选择利用旧建筑。但仍需对利用"可利用的"旧建筑的行为予以鼓励，防止大拆大建。对于一些从技术经济分析角度不可行、但出于保护文物或体现风貌而留存的历史建筑，由于有相关政策或财政资金支持，因此不在本条中得分。

本条的评价方法为：设计评价查阅相关设计文件、环评报告、旧建筑利用专项报告；运行评价查阅相关竣工图、环评报告、旧建筑利用专项报告、检测报告，并现场核实。

11.2.10 本条适用于设计、运行评价。

建筑信息模型（BIM）是建筑业信息化的重要支撑技术。BIM是在CAD技术基础上发展起来的多维模型信息集成技术。BIM是集成了建筑工程项目各种相关信息的工程数据模型，使设计人员和工程人员能够对各种建筑信息作出正确的应对，实现数据共享并协同工作。

BIM技术支持建筑工程全寿命期的信息管理和利用。在建筑工程建设的各阶段支持基于BIM的数据交换和共享，可以极大地提升建筑工程信息化整体水平，工程建设各阶段、各专业之间的协作配合可以在更高层次上充分利用各自资源，有效地避免由于数据不通畅带来的重复性劳动，大大提高整个工程的质量和效率，并显著降低成本。

本条的评价方法为：设计评价查阅规划设计阶段的BIM技术应用报告；运行评价查阅规划设计、施工建造、运行维护阶段的BIM技术应用报告。

11.2.11 本条适用于设计、运行评价。

建筑碳排放计算及其碳足迹分析，不仅有助于帮助绿色建筑项目进一步达到和优化节能、节水、节材等资源节约目标，而且有助于进一步明确建筑对于我国温室气体减排的贡献量。经过多年的研究探索，我国也有了较为成熟的计算方法和一定量的案例实践。在计算分析基础上，再进一步采取相关节能减排措施降低碳排放，做到有的放矢。绿色建筑作为节约资源、保护环境的载体，理应将此作为一项技术措施同步开展。

建筑碳排放计算分析包括建筑固有的碳排放量和标准运行工况下的资源消耗碳排放量。设计阶段的碳排放计算分析报告主要分析建筑的固有碳排放量，运行阶段主要分析在标准运行工况下建筑的资源消耗碳排放量。

本条的评价方法为：设计评价查阅设计阶段的碳排放计算分析报告，以及相应措施；运行评价查阅设计、运行阶段的碳排放计算分析报告，以及相应措施的运行情况。

11.2.12 本条适用于设计、运行评价。

本条主要是对前面未提及的其他技术和管理创新予以鼓励。对于不在前面绿色建筑评价指标范围内，但在保护自然资源和生态环境、节能、节材、节水、节地、减少环境污染与智能化系统建设等方面实现良好性能的项目进行引导，通过各类项目对创新项的追求以提高绿色建筑技术水平。

当某项目采取了创新的技术措施，并提供了足够证据表明该技术措施可有效提高环境友好性，提高资源与能源利用效率，实现可持续发展或具有较大的社会效益时，可参与评审。项目的创新点应较大地超过相应指标的要求，或达到合理指标但具备显著降低成本或提高工效等优点。本条未列出所有的创新项内容，只要申请方能够提供足够相关证明，并通过专家组的评审即可认为满足要求。

本条的评价方法为：设计评价时查阅相关设计文件、分析论证报告；运行评价时查阅相关竣工图、分析论证报告，并现场核实。

中华人民共和国国家标准

既有建筑绿色改造评价标准

Assessment standard for green retrofitting
of existing building

GB/T 51141—2015

主编部门：中华人民共和国住房和城乡建设部
批准部门：中华人民共和国住房和城乡建设部
施行日期：2 0 1 6 年 8 月 1 日

中华人民共和国住房和城乡建设部
公　告

第 997 号

住房城乡建设部关于发布国家标准
《既有建筑绿色改造评价标准》的公告

现批准《既有建筑绿色改造评价标准》为国家标准，编号为 GB/T 51141 - 2015，自 2016 年 8 月 1 日起实施。

本标准由我部标准定额研究所组织中国建筑工业出版社出版发行。

中华人民共和国住房和城乡建设部
2015 年 12 月 3 日

前　言

根据住房和城乡建设部《关于印发〈2013 年工程建设标准规范制订修订计划〉的通知》（建标［2013］6 号）的要求，标准编制组经广泛调查研究，认真总结实践经验，参考国内外相关标准，并在广泛征求意见的基础上，编制了本标准。

本标准的主要技术内容是：1. 总则；2. 术语；3. 基本规定；4. 规划与建筑；5. 结构与材料；6. 暖通空调；7. 给水排水；8. 电气；9. 施工管理；10. 运营管理；11. 提高与创新。

本标准由住房和城乡建设部负责管理，由中国建筑科学研究院负责具体技术内容的解释。执行过程中如有意见或建议，请寄送中国建筑科学研究院（地址：北京市北三环东路 30 号；邮编：100013）。

本 标 准 主 编 单 位：中国建筑科学研究院
住房和城乡建设部科技发展促进中心

本 标 准 参 编 单 位：哈尔滨工业大学
上海市建筑科学研究院（集团）有限公司
中国建筑技术集团有限公司
华东建筑设计研究院有限公司
深圳市建筑科学研究院股份有限公司
沈阳建筑大学
上海维固工程实业有限公司
北京建筑技术发展有限责任公司
温州设计集团有限公司
中国城市科学研究会绿色建筑研究中心
北京中竞同创能源环境技术股份有限公司
方兴地产（中国）有限公司
哈尔滨圣明节能技术有限责任公司

本标准主要起草人员：王清勤　程志军　张　峰　王　俊　金　虹　赵建平　赵霄龙　李东彬　李向民　田　炜　孟　冲　王莉芸　马素贞　梁　洋　叶　凌　冯国会　陈明中　钟　衍　孙大明　郭丹丹　姜益强　林胜华　史新华　左建波　孙洪磊　陈乐端　高　迪　于　靓　朱荣鑫　李国柱

本标准主要审查人员：吴德绳　王有为　鹿　勤　葛　坚　薛　峰　娄　宇　赵为民　郎四维　吕伟娅　戴德慈　吴月华　黄都育　王占友

目 次

Contents

1 总　　则

1.0.1 为贯彻国家技术经济政策，节约资源，保护环境，规范既有建筑绿色改造的评价，推进建筑业可持续发展，制定本标准。

1.0.2 本标准适用于既有建筑绿色改造评价。

1.0.3 既有建筑绿色改造评价应遵循因地制宜的原则，结合建筑类型和使用功能，及其所在地域的气候、环境、资源、经济、文化等特点，对规划与建筑、结构与材料、暖通空调、给水排水、电气、施工管理、运营管理等方面进行综合评价。

1.0.4 既有建筑绿色改造评价除应符合本标准的规定外，尚应符合国家现行有关标准的规定。

2 术　　语

2.0.1 绿色改造　green retrofitting

以节约能源资源、改善人居环境、提升使用功能等为目标，对既有建筑进行维护、更新、加固等活动。

2.0.2 预防性维护　preventive maintenance

为延长设备使用寿命、减少设备故障和提高设备可靠性而进行的计划内维护。

2.0.3 跟踪评估　tracking evaluation

为确保建筑设备和系统高效运行，定期对建筑设备和系统的运行情况进行调查和分析，并对未达到预期效果的环节提出改进措施的工作。

3 基本规定

3.1 一般规定

3.1.1 既有建筑绿色改造评价应以进行改造的建筑单体或建筑群作为评价对象。评价对象中的扩建建筑面积不应大于改造后建筑总面积的 50%。

3.1.2 既有建筑绿色改造评价应分为设计评价和运行评价。设计评价应在既有建筑绿色改造工程施工图设计文件审查通过后进行，运行评价应在既有建筑绿色改造通过竣工验收并投入使用一年后进行。

3.1.3 申请评价方应对建筑改造进行技术和经济分析，合理确定建筑的改造内容，选用适宜的改造技术、工艺、设备和材料，对设计、施工、运行阶段进行全过程控制，并提交相应分析、测试报告和相关文件。

3.1.4 评价机构应按本标准的有关要求，对申请评价方提交的报告、文件进行审查，出具评价报告，确定等级。对申请运行评价的建筑，尚应进行现场核查。

3.1.5 对于部分改造的既有建筑项目，未改造部分

的各类指标也应按本标准的规定评分。

3.2 评价方法与等级划分

3.2.1 既有建筑绿色改造评价指标体系应由规划与建筑、结构与材料、暖通空调、给水排水、电气、施工管理、运营管理 7 类指标组成，每类指标均包括控制项和评分项。评价指标体系还设置了加分项。

3.2.2 设计评价时，不对施工管理和运营管理 2 类指标进行评价，但可预评相关条文；运行评价应对全部 7 类指标进行评价。

3.2.3 控制项的评定结果应为满足或不满足；评分项和加分项的评定结果应为分值。

3.2.4 当既有建筑结构经鉴定满足相应鉴定标准要求，且不进行结构改造时，在满足本标准第 5 章控制项的基础上，其评分项直接得 70 分。

3.2.5 既有建筑绿色改造评价应按总得分确定等级。

3.2.6 评价指标体系 7 类指标的总分均为 100 分。7 类指标各自的评分项得分 Q_1、Q_2、Q_3、Q_4、Q_5、Q_6、Q_7 应按参评建筑该类指标的实际得分值除以适用于该建筑的评分项总分值再乘以 100 分计算。加分项的附加得分 Q_8 应按本标准第 11 章的有关规定确定。

3.2.7 既有建筑绿色改造评价的总得分应按式 (3.2.7) 计算，其中评价指标体系 7 类指标评分项的权重 $w_1 \sim w_7$ 应按表 3.2.7 取值。

$$\Sigma Q = w_1 Q_1 + w_2 Q_2 + w_3 Q_3 + w_4 Q_4 + w_5 Q_5$$
$$+ w_6 Q_6 + w_7 Q_7 + Q_8 \qquad (3.2.7)$$

表 3.2.7　既有建筑绿色改造评价各类指标的权重

建筑类型		规划与建筑 w_1	结构与材料 w_2	暖通空调 w_3	给水排水 w_4	电气 w_5	施工管理 w_6	运营管理 w_7
设计评价	居住建筑	0.25	0.20	0.22	0.15	0.18	—	—
	公共建筑	0.21	0.19	0.27	0.13	0.20	—	—
运行评价	居住建筑	0.19	0.17	0.18	0.12	0.14	0.09	0.11
	公共建筑	0.17	0.15	0.22	0.10	0.16	0.08	0.12

注："—"表示施工管理和运行管理两类指标不参与设计评价。

3.2.8 既有建筑绿色改造的评价结果应分为一星级、二星级、三星级 3 个等级。3 个等级的绿色建筑均应满足本标准所有控制项的要求。当总得分分别达到 50 分、60 分、80 分时，绿色建筑等级应分别评为一星级、二星级、三星级。

4 规划与建筑

4.1 控　制　项

4.1.1 既有建筑所在场地应安全，不应有洪涝、滑

坡、泥石流等自然灾害的威胁，不应有危险化学品、易燃易爆危险源的威胁，且不应有超标电磁辐射、污染土壤等危害。

4.1.2 既有建筑场地内不应有排放超标的污染源。

4.1.3 建筑改造应满足国家现行有关日照标准的相关要求，且不应降低周边建筑的日照标准。

4.1.4 历史建筑和历史文化街区内既有建筑的绿色改造应符合国家和地方有关历史文化保护的规定。

4.1.5 围护结构的节能改造应符合国家现行有关建筑节能改造标准的规定。

4.2 评 分 项

Ⅰ 场 地 设 计

4.2.1 场地交通流线顺畅，使用方便，评价总分值为5分，并按下列规则分别评分并累计：

1 场地车行、人行路线设置合理，交通流线顺畅，满足交通需求，得2分；

2 场地内无障碍设施完善，且与场地外人行通道无障碍连通，满足现行国家标准《无障碍设计规范》GB 50763 的要求，得3分。

4.2.2 保护既有建筑的周边生态环境，合理利用既有构筑物、构件和设施，评价总分值为5分，并按下列规则分别评分并累计：

1 保护既有建筑的周边生态环境，得3分；

2 合理利用既有构筑物、构件和设施，得2分。

4.2.3 合理设置机动车和自行车停车设施，评价总分值为6分，并按下列规则分别评分并累计：

1 自行车停车设施位置合理、方便出入，且有遮阳防雨措施，得2分；

2 机动车停车设施采用地下停车库、立体停车库等方式节约集约用地，得2分；

3 机动车停车设施根据机动车使用性质及车辆种类进行合理分区，或合理设计地面停车位，不挤占步行空间及活动场所，得2分。

4.2.4 场地内合理设置绿化用地，评价总分值为6分，并按下列规则分别评分并累计：

1 居住建筑场地绿地率达到25%，得2分；达到30%，得4分。公共建筑场地绿地面积、屋顶绿化面积之和与场地面积的比例达到25%，得4分。

2 场地绿化采用乔、灌、草结合的复层绿化，且种植区域覆土深度和排水能力满足植物生长需求，得2分。

4.2.5 场地内硬质铺装地面中透水铺装面积的比例达到30%，评价分值为3分。

Ⅱ 建 筑 设 计

4.2.6 优化既有建筑的功能分区，室内无障碍交通设计合理，评价总分值为6分，并按下列规则分别评分并累计：

1 建筑功能空间分区合理，交通流线顺畅，得3分；

2 建筑室内无障碍设施完善，且与建筑室外场地人行通道无障碍连通，满足现行国家标准《无障碍设计规范》GB 50763 的要求，得3分。

4.2.7 改扩建后的建筑风格协调统一，且无大量新增装饰性构件，评价总分值为6分，并按下列规则分别评分并累计：

1 改扩建后的建筑风格协调统一，得3分；

2 建筑无大量新增装饰性构件，新增装饰性构件的造价不大于改扩建工程总造价的1%，得3分。

4.2.8 公共建筑室内功能空间能够实现灵活分隔与转换的面积不小于30%，评价分值为3分。

4.2.9 合理采用被动式措施降低供暖或空调能耗，评价总分值为10分，并按下列规则分别评分并累计：

1 严寒和寒冷地区，在建筑入口处设置门斗或挡风门廊，且居住建筑设置保温门或公共建筑设置自控门；夏热冬冷和夏热冬暖地区，合理采取外遮阳措施，得4分。

2 对于居住建筑，通风开口面积与房间地板面积的比例，夏热冬暖地区达到10%，夏热冬冷地区达到8%，其他地区达到5%，得2分；对于公共建筑，过渡季典型工况下主要功能房间的平均自然通风换气次数不小于 2 次/h 的面积比例达到75%，得2分。

3 合理采用引导气流的措施，得2分。

4 合理采用被动式太阳能技术，得2分。

Ⅲ 围 护 结 构

4.2.10 建筑围护结构具有良好的热工性能，评价总分值为15分，并按下列规则评分：

1 建筑围护结构热工性能比原有围护结构提升幅度达到35%，得10分；达到45%，得15分。

2 由围护结构形成的供暖空调全年计算负荷比原有围护结构的降低幅度达到35%，得10分；达到45%，得15分。

3 围护结构热工性能达到国家现行有关建筑节能设计标准的规定，得12分；围护结构中屋面、外墙、外窗（含透光幕墙）部位的热工性能参数优于国家现行有关建筑节能设计标准规定值5%，各加1分，最多加3分。

4 由围护结构形成的供暖空调全年计算负荷不高于按国家现行有关建筑节能设计标准规定的计算值，得12分；降低5%，得15分。

4.2.11 建筑主要功能房间的外墙、隔墙、楼板和门窗的隔声性能优于现行国家标准《民用建筑隔声设计规范》GB 50118 中的低限要求，评价总分值为10分，并按下列规则分别评分并累计：

1 外墙和隔墙空气声隔声量达到低限标准限值和高要求标准限值的平均数值，得 3 分；

2 各类功能空间的门和外窗空气声隔声量达到低限标准限值和高要求标准限值的平均数值，得 3 分；

3 楼板空气声隔声量达到低限标准限值和高要求标准限值的平均数值，得 2 分；

4 楼板撞击声隔声性能达到低限标准限值和高要求标准限值的平均数值，得 2 分。

Ⅳ 建筑环境效果

4.2.12 场地内无环境噪声污染，评价总分值为 5 分。场地内环境噪声符合现行国家标准《声环境质量标准》GB 3096 规定的限值，得 2 分；优于现行国家标准《声环境质量标准》GB 3096 规定的限值 5dB (A)，得 5 分。

4.2.13 建筑场地经过场区功能重组、构筑物与景观的增设等措施，改善场区的风环境，评价总分值为 5 分，并按下列规则分别评分并累计：

1 冬季典型风速和风向条件下，建筑物周围人行区风速低于 5m/s，且室外风速放大系数小于 2，得 3 分；

2 过渡季、夏季典型风速和风向条件下，场地内人活动区不出现涡旋或无风区，得 2 分。

4.2.14 建筑及照明设计避免产生光污染，评价总分值为 4 分，并按下列规则分别评分并累计：

1 玻璃幕墙可见光反射比不大于 0.3，或不采用玻璃幕墙，得 2 分；

2 室外夜景照明光污染的限制符合现行行业标准《城市夜景照明设计规范》JGJ/T 163 的有关规定，得 2 分。

4.2.15 主要功能房间的室内噪声级达到现行国家标准《民用建筑隔声设计规范》GB 50118 的相关要求，评价总分值为 5 分。噪声级达到该标准中的低限标准限值和高要求标准限值的平均值，得 3 分；达到高要求标准限值，得 5 分。

4.2.16 采用合理措施改善室内及地下空间的天然采光效果，评价总分值为 6 分，并按下列规则分别评分并累计：

1 居住建筑中，起居室、卧室的窗地面积比达到 1/6，得 4 分；公共建筑中，主要功能房间 70%以上面积的采光系数满足现行国家标准《建筑采光设计标准》GB 50033 的要求，得 4 分。

2 地下空间合理增设天然采光措施，得 2 分。

5 结构与材料

5.1 控制项

5.1.1 既有建筑绿色改造时，应对非结构构件进行专项检测或评估。

5.1.2 既有建筑绿色改造不得采用国家和地方禁止和限制使用的建筑材料及制品。

5.1.3 既有建筑绿色改造工程中，混凝土梁、柱的新增纵向受力普通钢筋应采用不低于 400MPa 级的热轧带肋钢筋。

5.1.4 既有建筑绿色改造后，原结构构件的利用率不应小于 70%。

5.2 评 分 项

Ⅰ 结 构 设 计

5.2.1 根据鉴定结果优化改造方案，提升结构整体性能，评价分值为 10 分。

5.2.2 结构改造达到国家现行有关鉴定标准要求，评价分值为 10 分。

5.2.3 优先采用不使用模板、体积增加小的结构改造技术，评价总分值为 10 分，并按下列规则分别评分并累计：

1 不使用模板的改造结构构件数量比例达到 60%，得 3 分；达到 80%，得 4 分；达到 100%，得 5 分。

2 改造后结构构件体积较原结构构件体积增加不大于 20%的构件数量比例达到 70%，得 3 分；达到 80%，得 4 分；达到 100%，得 5 分。

5.2.4 建筑改造的土建工程与装修工程一体化设计，评价总分值为 5 分，并按下列规则评分：

1 居住建筑公共部位土建与装修一体化设计，得 5 分；

2 公共建筑公共部位土建与装修一体化设计，得 3 分；所有部位土建与装修一体化设计，得 5 分。

Ⅱ 材 料 选 用

5.2.5 新增结构构件合理采用高强建筑结构材料，评价总分值为 6 分，并按下列规则评分：

1 400MPa 级及以上受力普通钢筋用量占钢筋总用量的比例达到 30%，得 3 分；达到 50%，得 4 分；达到 70%，得 5 分；达到 85%，得 6 分；

2 竖向承重结构构件混凝土强度等级高于原结构同类构件混凝土强度等级，得 6 分；

3 Q345 及以上高强钢材用量占钢材总用量的比例达到 50%，得 3 分；达到 70%，得 6 分。

5.2.6 新增结构构件合理采用高耐久性建筑结构材料，评价总分值为 7 分，并按下列规则评分：

1 高耐久性混凝土用量占新增混凝土总量的比例达到 50%，得 7 分；

2 所有新增钢结构构件采用耐候结构钢或涂覆耐候型防腐涂料的结构钢，得 7 分；

3 所有新增木结构构件经防火、防腐、防虫害等处理，得7分。

5.2.7 建筑装饰装修合理采用简约的形式，以及环保性和耐久性好的材料，评价总分值为4分，并按下列规则分别评分并累计：

　　1 采用形式简约的内外装饰装修方案，得2分；

　　2 采用环保性和耐久性好的室内外装饰装修材料，得2分。

5.2.8 采用环保性和耐久性好的结构加固材料和防护材料，评价总分值为6分，并按下列规则评分并累计：

　　1 结构加固用胶粘剂环保性能符合国家现行相关标准要求，得2分；

　　2 结构加固用胶粘剂或聚合物砂浆耐久性符合国家现行相关标准的要求，得2分；

　　3 结构防护材料耐久性符合国家现行相关标准要求，得2分。

5.2.9 新增建筑材料采用可再利用材料和可再循环材料，评价总分值为6分。可再利用材料和可再循环材料用量比例达到10%，得2分；达到12%，得4分；达到14%，得6分。

5.2.10 采用预拌混凝土、预拌砂浆，评价总分值为6分，并按下列规则分别评分并累计：

　　1 现浇混凝土全部采用预拌混凝土，得4分；

　　2 采用预拌砂浆的比例达到50%，得2分。

Ⅲ 改造效果

5.2.11 改造后结构抗震性能提升，评价总分值为15分，并按下列规则评分：

　　1 在20世纪80年代及以前建造的建筑，改造后抗震性能达到后续使用年限40年的要求，得15分；

　　2 在20世纪90年代按当时施行的抗震设计相关规范设计、建造的建筑，改造后抗震性能达到后续使用年限50年的要求，得15分。

5.2.12 改造后结构耐久性与设计使用年限相适应，评价分值为15分。

6 暖通空调

6.1 控 制 项

6.1.1 暖通空调系统改造前应进行节能诊断，节能诊断的内容及方法应符合现行行业标准《既有居住建筑节能改造技术规程》JGJ/T 129和《公共建筑节能改造技术规范》JGJ 176的有关规定。

6.1.2 暖通空调系统进行改造时，应按现行国家标准《民用建筑供暖通风与空气调节设计规范》GB 50736对热负荷和逐时冷负荷进行详细计算，并应核对节能诊断报告。

6.1.3 不应采用电直接加热设备作为供暖热源和空气加湿热源。

6.1.4 设置集中供暖空调系统的建筑，房间内的温度、湿度、新风量等参数应符合现行国家标准《民用建筑供暖通风与空气调节设计规范》GB 50736的有关规定。

6.2 评 分 项

Ⅰ 设备和系统

6.2.1 提高供暖空调系统的冷、热源机组的能效，评价分值为10分。对电机驱动的蒸气压缩循环冷水（热泵）机组，直燃型溴化锂吸收式冷（温）水机组，单元式空气调节机、风管送风式和屋顶式空调机组，多联式空调（热泵）机组，燃煤、燃油和燃气锅炉，其能效指标符合现行国家标准《公共建筑节能设计标准》GB 50189的有关规定；对房间空气调节器和家用燃气热水炉，其能效等级满足国家现行有关能效标准的能效限定值的要求。

6.2.2 集中供暖系统热水循环泵的耗电输热比和通风空调系统风机的单位风量耗功率符合现行国家标准《公共建筑节能设计标准》GB 50189的有关规定，且空调冷热水系统循环水泵的耗电输冷（热）比符合现行国家标准《民用建筑供暖通风与空气调节设计规范》GB 50736的有关规定，评价分值为5分。

6.2.3 采取措施降低部分负荷及部分空间使用下的暖通空调系统能耗，评价总分值为9分，并按下列规则分别评分并累计：

　　1 区分房间的朝向，细分供暖、空调区域，对系统进行分区控制，得3分；

　　2 合理选配空调冷、热源机组台数与容量，制定实施根据负荷变化调节制冷（热）量的控制策略，且空调冷源的部分负荷性能符合现行国家标准《公共建筑节能设计标准》GB 50189的有关规定，得3分；

　　3 水系统、风系统采用变频技术，且采取相应的水力平衡措施，得3分。

6.2.4 合理设置用能计量装置，评价总分值为5分，并按下列规则评分：

　　1 冷热源、输配系统等的用能实现独立分项计量，得5分；

　　2 按付费单元或管理单元设置用能计量装置，得5分。

6.2.5 合理设置暖通空调能耗管理系统，评价分值为5分。

6.2.6 合理采用低成本的节能改造技术，评价分值为3分。

Ⅱ 热湿环境与空气品质

6.2.7 暖通空调系统的末端装置现场可独立调节，

评价总分值为 10 分，并按下列规则评分：

    1 居住建筑的末端装置可独立调节的户数比例达到 70%，得 5 分；达到 90%，得 10 分。

    2 公共建筑的末端装置可独立调节的主要功能房间面积比例达到 70%，得 5 分；达到 90%，得 10 分。

6.2.8 通风空调系统具有空气净化功能或合理设置室内空气净化装置，降低室内空气的主要污染物浓度，评价总分值为 8 分，并按下列规则评分：

    1 居住建筑具有空气净化能力的户数比例达到 70%，得 4 分；达到 90%，得 8 分。

    2 公共建筑具有空气净化能力的主要功能房间面积比例达到 70%，得 4 分；达到 90%，得 8 分。

Ⅲ 能源综合利用

6.2.9 合理利用自然冷源进行降温，评价分值为 5 分。

6.2.10 合理设置余热回收装置，评价总分值为 5 分，并按下列规则评分：

    1 设置排风能量回收装置，得 5 分；

    2 采用热回收型冷水机组，得 5 分；

    3 供热锅炉房设置烟气余热回收装置，得 5 分。

6.2.11 根据当地气候和自然资源条件，合理利用可再生能源，评价总分值为 10 分，按表 6.2.11 的规则评分。

表 6.2.11 利用可再生能源的评分规则

可再生能源利用类型和指标		得分
可再生能源利用系统的生活用热水比例 R_{hw}	$20\% \leqslant R_{hw} < 30\%$	4
	$30\% \leqslant R_{hw} < 40\%$	5
	$40\% \leqslant R_{hw} < 50\%$	6
	$50\% \leqslant R_{hw} < 60\%$	7
	$60\% \leqslant R_{hw} < 70\%$	8
	$70\% \leqslant R_{hw} < 80\%$	9
	$R_{hw} \geqslant 80\%$	10
太阳能热利用系统的供暖空调冷热量比例 R_{st}	$10\% \leqslant R_{st} < 15\%$	4
	$15\% \leqslant R_{st} < 20\%$	5
	$20\% \leqslant R_{st} < 25\%$	6
	$25\% \leqslant R_{st} < 30\%$	7
	$30\% \leqslant R_{st} < 35\%$	8
	$35\% \leqslant R_{st} < 40\%$	9
	$R_{st} \geqslant 40\%$	10
地源热泵系统的空调用冷量和热量比例 R_{hp}	$20\% \leqslant R_{hp} < 30\%$	4
	$30\% \leqslant R_{hp} < 40\%$	5
	$40\% \leqslant R_{hp} < 50\%$	6
	$50\% \leqslant R_{hp} < 60\%$	7
	$60\% \leqslant R_{hp} < 70\%$	8
	$70\% \leqslant R_{hp} < 80\%$	9
	$R_{hp} \geqslant 80\%$	10

Ⅳ 改造效果

6.2.12 合理选择和优化暖通空调系统，降低暖通空调系统能耗，评价总分值为 10 分。暖通空调系统能耗比改造前的降低幅度达到 20%，得 5 分；达到 25%，得 7 分；达到 30%，得 10 分。

6.2.13 改造方案在实现系统节能的前提下具有较好的经济性，评价总分值为 8 分。暖通空调系统能耗比改造前的降低幅度达到 20%，静态投资回收期不大于 5 年，得 4 分；不大于 3 年，得 8 分。

6.2.14 室内热湿环境满足现行国家标准《民用建筑室内热湿环境评价标准》GB/T 50785 的要求，评价总分值为 7 分。热湿环境评价等级达到 Ⅱ 级，得 4 分；达到 Ⅰ 级，得 7 分。

7 给水排水

7.1 控 制 项

7.1.1 既有建筑绿色改造时，应对水资源利用现状进行评估，并应编制水系统改造专项方案。

7.1.2 给排水系统设置应合理、完善、安全。

7.1.3 在非传统水源利用过程中，应采取确保使用安全的措施。

7.2 评 分 项

Ⅰ 节 水 系 统

7.2.1 给水系统无超压出流现象，评价总分值为 5 分。用水点供水压力不大于 0.30MPa，得 2 分；不大于 0.20MPa，且不小于用水器具要求的最低工作压力，得 5 分。

7.2.2 采取有效措施避免管网漏损，评价总分值为 8 分，并按下列规则分别评分并累计：

    1 选用密闭性能好的阀门、设备，使用耐腐蚀、耐久性能好的管材、管件，得 2 分；

    2 室外埋地管道采取有效措施避免管网漏损，得 2 分；

    3 水池、水箱设置溢流报警和进水阀门机械联动或自动联动关闭措施，得 2 分；

    4 设计阶段根据水平衡测试的要求安装分级计量水表；运行阶段提供用水量计量情况的管网漏损检测、整改的报告，得 2 分。

7.2.3 按供水用途、管理单元或付费单元设置用水计量装置，评价总分值为 10 分，并按下列规则评分：

    1 按使用用途，对厨房、卫生间、空调系统、游泳池、绿化、景观等用水分别设置用水计量装置，得 10 分；

    2 按付费或管理单元，对不同用户的用水分别设置用水计量装置，得 10 分。

7.2.4 热水系统采取合理的节水及节能措施，评价总分值为 7 分，并按下列规则分别评分并累计：

1 热水系统采取保证用水点处冷、热水供水压力平衡的措施，用水点处冷、热水供水压力差不应大于 0.02MPa，得 3 分；

2 热水系统配水点出水温度达到 45℃ 的时间，住宅不大于 15s，医院和旅馆等公共建筑不大于 10s，得 2 分；

3 公共浴室淋浴热水系统采用定量或定时等节水措施，得 2 分。

Ⅱ 节水器具与设备

7.2.5 使用较高用水效率等级的卫生器具，评价总分值为 13 分。用水效率等级达到 2 级的卫生器具数量比例达到 50%，得 7 分；达到 75%，得 10 分；达到 100%，得 13 分。

7.2.6 绿化灌溉采用节水灌溉方式，评价总分值为 5 分，并按下列规则评分：

1 采用节水灌溉系统，得 3 分；采用节水灌溉系统并设置土壤湿度感应器、雨天关闭装置等节水控制措施，得 5 分；

2 种植无须永久灌溉植物，得 5 分。

7.2.7 空调冷却设备或系统采用节水技术或措施，评价总分值为 7 分，并按下列规则评分：

1 循环冷却水系统设置水处理措施；采取加大集水盘、设置平衡管或平衡水箱的方式，避免冷却水泵停泵时冷却水溢出，得 7 分；

2 运行时，冷却塔的蒸发耗水量占冷却水补水量的比例达到 80%，得 7 分；

3 采用无蒸发耗水量的冷却技术，得 7 分。

Ⅲ 非传统水源利用

7.2.8 合理使用非传统水源，评价总分值为 10 分，并按下列规则分别评分并累计：

1 绿化灌溉、道路及车库地面冲洗、垃圾间冲洗等采用非传统水源的用水量占其总用水量的比例达到 80%，得 4 分；

2 冲厕采用非传统水源的用水量占其总用水量的比例达到 50%，得 4 分；

3 冷却水补水的非传统水源用量占其总用水量的比例达到 10%，或不设置冷却水补水系统，得 2 分。

7.2.9 结合雨水利用设施进行景观水体设计，景观水体利用雨水的补水量大于其水体蒸发量的 60%，且采用生态水处理技术保障水体水质，评价总分值为 10 分，并按下列规则分别评分并累计：

1 根据当地降雨情况，合理设置景观水体水位或水面面积，得 3 分；

2 对进入景观水体的雨水采取控制面源污染的措施，得 4 分；

3 利用水生动、植物进行水体净化，得 3 分。

Ⅳ 改造效果

7.2.10 采用较高用水效率等级的卫生器具、合理利用非传统水源，提高节水效率增量，评价总分值为 16 分，按表 7.2.10 的规则评分。

表 7.2.10 节水效率增量评分规则

节水效率增量 R_{WEI}	得分
$5\% \leqslant R_{WEI} < 10\%$	5
$10\% \leqslant R_{WEI} < 20\%$	8
$20\% \leqslant R_{WEI} < 30\%$	11
$30\% \leqslant R_{WEI} < 40\%$	14
$R_{WEI} \geqslant 40\%$	16

7.2.11 对场地进行改造和再开发，设置合理的绿色雨水基础设施，降低场地雨水综合径流系数，评价总分值为 9 分。改造后的综合径流系数比改造前的降低幅度达到 10%，得 3 分；达到 20%，得 6 分；达到 30%，得 9 分。

8 电 气

8.1 控 制 项

8.1.1 公共建筑主要功能房间和居住建筑公共空间的照度、照度均匀度、显色指数、眩光等指标应符合现行国家标准《建筑照明设计标准》GB 50034 的有关规定。

8.1.2 公共建筑主要功能房间和居住建筑公共车库的照明功率密度值（LPD）不应高于现行国家标准《建筑照明设计标准》GB 50034 规定的现行值。

8.1.3 除对电磁干扰有严格要求，且其他光源无法满足的特殊场所外，建筑室内外照明不应选用荧光高压汞灯和普通照明用白炽灯。

8.1.4 照明光源应在灯具内设置电容补偿，补偿后的功率因数应满足国家现行有关标准的要求。

8.1.5 照明光源、镇流器、配电变压器的能效等级不应低于国家现行有关能效标准规定的 3 级。

8.1.6 夜景照明应设置平时、一般节日、重大节日三级照明控制模式。

8.2 评 分 项

Ⅰ 供配电系统

8.2.1 供配电系统按系统分类或管理单元设置电能计量表，评价分值为 5 分。

8.2.2 变压器工作在经济运行区，评价分值为 5 分。

8.2.3 配电系统按国家现行有关标准设置电气火灾报警系统，且插座回路设置漏电断路保护，评价分值为 5 分。

8.2.4 照明光源、镇流器、配电变压器的能效等级不低于国家现行有关能效标准规定的 2 级，评价分值为 5 分。

8.2.5 当建筑供配电系统的谐波电压和电流不符合现行国家标准《电能质量　公用电网谐波》GB/T 14549 的有关规定时，合理设置谐波抑制装置，评价分值为 5 分。

Ⅱ　照明系统

8.2.6 不采用间接照明或漫射发光顶棚的照明方式，评价分值为 5 分。

8.2.7 走廊、楼梯间、门厅、大堂、车库等公共区域均采用发光二极管（LED）照明，评价分值为 10 分。

8.2.8 走廊、楼梯间、门厅、大堂、车库等公共区域照明采用集中、分区、分组控制相结合，并合理采用自动控制措施。评价总分值为 10 分，并按下列规则分别评分并累计：

 1 采用分区控制方式，得 2 分；

 2 采用分组控制方式，得 3 分；

 3 采用自动降低照度控制措施，得 5 分。

8.2.9 根据当地气候和自然资源条件，合理利用可再生能源提供照明电源，评价总分值为 5 分，按表 8.2.9 的规则评分。

表 8.2.9　可再生能源提供照明容量评分规则

由可再生能源提供的容量比例 R_e	得分
$2.0\% \leqslant R_e < 2.5\%$	1
$2.5\% \leqslant R_e < 3.0\%$	2
$3.0\% \leqslant R_e < 3.5\%$	3
$3.5\% \leqslant R_e < 4.0\%$	4
$R_e \geqslant 4.0\%$	5

注：R_e 为可再生能源装机容量与照明设备安装容量之比。

Ⅲ　智能化系统

8.2.10 电梯采取节能控制措施，评价总分值为 5 分，并按下列规则分别评分并累计：

 1 自动扶梯与自动人行梯具有节能控制装置，得 2 分；

 2 2 台及以上电梯集中布置时，电梯具备群控的功能，得 3 分。

8.2.11 智能化系统满足现行国家标准《智能建筑设计标准》GB 50314 的配置要求，评价总分值为 15 分。系统满足标准规定的应配置项目要求，得 10 分；满足标准规定的全部配置项目要求，得 15 分。

Ⅳ　改造效果

8.2.12 在照明质量符合现行国家标准《建筑照明设计标准》GB 50034 的前提下，公共建筑主要功能房间或场所、居住建筑公共车库的照明功率密度值（LPD）低于现行国家标准《建筑照明设计标准》GB 50034 规定的现行值，评价总分值为 15 分。照明功率密度值每降低 2% 得 1 分，最高得 15 分。

8.2.13 在照度均匀度、显色指数、眩光、照明功率密度值等指标满足现行国家标准《建筑照明设计标准》GB 50034 要求的前提下，照度不超过标准值的 10%，评价分值为 10 分。

9　施工管理

9.1　控制项

9.1.1 应建立绿色施工管理体系和组织机构，并应落实各级责任人。

9.1.2 施工项目部应制定施工全过程的环境保护计划，并应组织实施。

9.1.3 施工项目部应制定施工人员职业健康安全管理计划，并应组织实施。工程施工阶段不应出现重大安全事故。

9.1.4 施工前应进行设计文件中绿色改造重点内容的专项会审。

9.2　评分项

Ⅰ　环境保护

9.2.1 施工过程中采取有效的降尘措施，评价总分值为 15 分，并按下列规则分别评分并累计：

 1 采取洒水、覆盖等降尘措施，得 8 分；

 2 采取设防尘网等降尘措施，得 7 分。

9.2.2 施工过程中采取有效的减振、降噪措施。在施工场地测量并记录噪声，其测定值符合现行国家标准《建筑施工场界环境噪声排放标准》GB 12523 的有关规定，评价总分值为 10 分，并按下列规则分别评分并累计：

 1 使用低噪声、低振动的施工设备，得 5 分；

 2 采取隔声、隔振等降噪技术措施，得 5 分。

9.2.3 制定并实施拆除施工组织计划及施工过程中废弃物减量化、资源化计划及措施，评价总分值为 15 分，并按下列规则分别评分并累计：

 1 制定施工废弃物减量化、资源化计划及措施，得 5 分；

 2 建筑物拆除产生的废弃物的回收率达到 60%，得 4 分；达到 70%，得 5 分；达到 80%，得 6 分；

 3 施工过程中产生的废弃物回收利用率达到 30%，得 4 分。

Ⅱ　资源节约

9.2.4 制定并实施节能和用能方案，监测并记录施工能耗，评价总分值为 10 分，并按下列规则分别评分并累计：

    1 制定并实施节能和用能方案，得 2 分；

    2 监测并记录施工区、生活区的能耗，得 4 分；

    3 监测并记录主要建筑材料、设备从供货商提供的货源地到施工现场的运输能耗，得 2 分；

    4 监测并记录施工废弃物从施工现场到废弃物处理和回收中心的运输能耗，得 2 分。

9.2.5 制定并实施施工节水和用水方案，监测并记录施工水耗，评价总分值为 10 分，并按下列规则分别评分并累计：

    1 制定并实施施工节水和用水方案，得 5 分；

    2 监测并记录施工区、生活区的水耗数据，得 5 分。

9.2.6 提高块材、板材、卷材等装饰、防水、节能工程材料及部品的工厂化加工比例和现场排版设计比例，评价总分值为 10 分，并按下列规则分别评分并累计：

    1 工厂化加工比例达到 70%，得 5 分；

    2 现场排版设计比例达到 70%，得 5 分。

9.2.7 采用土建装修一体化施工，评价总分值为 10 分，并按下列规则分别评分并累计：

    1 工程竣工时主要功能空间的使用功能完备，装修到位，得 3 分；

    2 提供装修材料的进场检测报告、机电设备检测报告、性能复试报告，得 2 分；

    3 提供建筑竣工验收证明，建筑质量保修书、使用说明书，得 3 分；

    4 提供业主反馈意见书，得 2 分。

Ⅲ 过程管理

9.2.8 施工单位开展绿色施工宣传、培训和实施监督，建立合理的奖惩制度，评价总分值为 5 分，并按下列规则分别评分并累计：

    1 制定绿色施工知识宣传培训制度及奖惩制度，得 2 分；

    2 落实绿色施工知识宣传培训及实施监督，并落实奖惩制度，得 3 分。

9.2.9 严格控制设计文件变更，避免出现降低建筑绿色性能的重大变更，评价分值为 5 分。

9.2.10 工程施工中采用信息化技术，提高项目的工作效率和整体效益，评价分值为 10 分。

10 运 营 管 理

10.1 控 制 项

10.1.1 应制定并实施节能、节水、节材与绿化管理制度。

10.1.2 应制定并实施生活垃圾管理制度，并应分类收集、规范存放。

10.1.3 应制定并实施废气、污水等污染物管理制度，污染物应达标排放。

10.1.4 建筑公共设施应运行正常且运行记录完整。

10.2 评 分 项

Ⅰ 管 理 制 度

10.2.1 物业管理机构通过相关管理体系认证，评价总分值为 7 分，并按下列规则分别评分并累计：

    1 通过 ISO 14001 环境管理体系认证，得 3 分；

    2 通过现行国家标准《能源管理体系　要求》GB/T 23331 的能源管理体系认证，得 4 分；

10.2.2 设置专门机构负责建筑的能源和水资源使用与管理，评价总分值为 7 分，并按下列规则分别评分并累计：

    1 设置能源和水资源管理小组，人员专业配置齐全，得 4 分；

    2 具有能源和水资源管理工作记录，得 3 分。

10.2.3 制定并实施建筑公共设施预防性维护制度及应急预案，评价总分值为 8 分，并按下列规则分别评分并累计：

    1 制定并明示预防性维护制度及应急预案，得 4 分；

    2 具有预防性维护记录和应急预案演练记录，得 4 分。

10.2.4 实施能源资源管理激励机制，管理业绩与节约能源资源、提高经济效益挂钩，评价总分值为 7 分，并按下列规则分别评分并累计：

    1 物业管理机构的工作考核体系中包含能源资源管理的激励机制，得 3 分；

    2 与使用者的合同或约定中包含节能激励条款，得 2 分；

    3 实行冷热量计量收费，得 2 分。

10.2.5 建立绿色建筑知识宣传机制，开展宣传活动，评价总分值为 6 分，并按下列规则分别评分并累计：

    1 具有绿色建筑知识宣传工作记录，得 2 分；

    2 向使用者提供绿色设施使用手册，得 2 分；

    3 宣传活动获得媒体报道，得 2 分。

Ⅱ 运 行 维 护

10.2.6 建筑公共设施的技术资料齐全，评价总分值为 7 分，并按下列规则分别评分并累计：

    1 改造设计、施工、调试等技术资料齐全、可查，得 3 分；

    2 编制完善的设施运行管理手册，得 4 分。

10.2.7 定期对运行管理人员进行专业技术培训和考

核，评价总分值为 7 分，并按下列规则分别评分并累计：

    1 制定专业技术培训计划，得 3 分；

    2 具备培训工作记录和考核结果，得 4 分。

10.2.8 定期检查和调试建筑公共设施，并根据运行检测数据对设施进行运行优化，评价总分值为 6 分，并按下列规则分别评分并累计：

    1 具有建筑公共设施的检查、调试等记录，得 2 分；

    2 根据运行检测数据对设施进行运行优化，得 4 分。

10.2.9 对建筑公共设施进行定期清洗，评价总分值为 8 分，并按下列规则分别评分并累计：

    1 制定空调通风设备和风管的检查和清洗计划，并具有检查和清洗记录，得 4 分；

    2 制定光源、灯具的清洁计划，并具有日常清洁维护记录，得 2 分；

    3 制定供水设施的清洗计划，并具有日常清洗维护记录，得 2 分。

10.2.10 应用信息化手段进行物业管理，评价总分值为 6 分，并按下列规则分别评分并累计：

    1 配备物业管理信息系统，得 3 分；

    2 物业管理信息系统功能完备，记录数据完整，得 3 分。

10.2.11 合理管理机动车停车场（库），评价总分值为 6 分，并按下列规则分别评分并累计：

    1 采用智能停车场（库）管理系统，得 2 分；

    2 采用错时停车方式向社会开放，提高停车场（库）使用效率，得 2 分；

    3 合理管理地面停车位，停车不挤占行人活动空间，得 2 分。

Ⅲ 跟踪评估

10.2.12 定期进行能耗统计和能源审计，评价总分值为 7 分，并按下列规则分别评分并累计：

    1 每年进行能耗统计，并出具年度能耗统计报告，得 3 分；

    2 定期进行能源审计，并出具能源审计报告，得 4 分。

10.2.13 建立并实施绿色建筑运行管理跟踪评估机制，评价总分值为 10 分，并按下列规则分别评分并累计：

    1 建立绿色建筑运行跟踪评估机制，得 5 分；

    2 执行年度跟踪评估，并出具年度评估报告，得 5 分。

10.2.14 定期进行运行管理满意度调查，并采取有效措施提升管理水平，评价总分值为 8 分，并按下列规则分别评分并累计：

    1 定期进行满意度问卷调查，得 2 分；

    2 满意度达到 80%，得 2 分；

    3 采取有效措施提升管理水平，得 4 分。

11 提高与创新

11.1 一般规定

11.1.1 既有建筑绿色改造评价时，应按本章规定对加分项进行评价。加分项应包括性能提高和创新两部分。

11.1.2 加分项的附加得分应为各加分项得分之和。当附加得分大于 10 分时，应按 10 分计。

11.2 加 分 项

Ⅰ 性 能 提 高

11.2.1 建筑围护结构的热工性能优于国家现行有关建筑节能设计标准的规定，评价总分值为 2 分，并按下列规则评分：

    1 围护结构热工性能参数优于国家现行有关建筑节能设计标准的规定值 10%，得 1 分；优于规定值 15%，得 2 分；

    2 由建筑围护结构形成的供暖空调全年计算负荷低于按国家现行有关建筑节能设计标准规定的计算值 10%，得 1 分；低于 15%，得 2 分。

11.2.2 暖通空调系统的冷、热源机组能效指标均优于国家现行有关标准的规定，评价总分值为 2 分，并按下列规则评分：

    1 冷、热源机组的能效指标均优于现行国家标准《公共建筑节能设计标准》GB 50189 的有关规定，按表 11.2.2 的规则评分；

    2 冷、热源机组的能效等级满足国家现行有关能效标准的节能评价值要求，得 1 分；满足国家现行有关能效标准规定的 1 级要求，得 2 分。

表 11.2.2 冷、热源机组能效指标优于现行国家标准《公共建筑节能设计标准》GB 50189 规定的评分规则

机组类型	能效指标	提高或降低的幅度	
		得 1 分	得 2 分
电机驱动的蒸气压缩循环冷水（热泵）机组	制冷性能系数（COP）	提高 6%	提高 12%
直燃型溴化锂吸收式冷（温）水机组	制冷、供热性能系数	提高 6%	提高 12%

续表 11.2.2

机组类型		能效指标	提高或降低的幅度	
			得 1 分	得 2 分
单元式空气调节机、风管送风式和屋顶式空调机组		能效比（EER）	提高 6%	提高 12%
多联式空调（热泵）机组		制冷综合性能系数 [IPLV（C）]	提高 8%	提高 16%
锅炉	燃煤	热效率	提高 3 个百分点	提高 6 个百分点
	燃油燃气	热效率	提高 2 个百分点	提高 4 个百分点

11.2.3 卫生器具的用水效率均达到国家现行有关卫生器具用水等级标准规定的 1 级，评价分值为 1 分。

11.2.4 在满足采光标准值要求的基础上，主要功能房间的采光质量均满足现行国家标准《建筑采光设计标准》GB 50033 的有关要求，且采光效果改善后照明用电量减少 20% 以上，评价分值为 1 分。

11.2.5 室内空气中的总挥发性有机物、可吸入颗粒物等主要污染物浓度不高于现行国家标准《室内空气质量标准》GB/T 18883 规定值的 70%，评价分值为 1 分。

11.2.6 采用隔震和消能减震技术，评价分值为 1 分。

11.2.7 建筑智能化集成系统的架构和通信标准满足现行国家标准《智能建筑设计标准》GB 50314 的要求；住宅区和住宅建筑改造后实现光纤入户，评价分值为 1 分。

Ⅱ 创 新

11.2.8 应用建筑信息模型（BIM）技术，评价总分值为 2 分。在建筑改造的设计、施工和运行中的一个阶段应用 BIM 技术，得 1 分；在两个或两个以上阶段应用 BIM 技术，得 2 分。

11.2.9 对建筑改造前后的温室气体排放量和减排效果进行量化分析和优化，评价分值为 1 分。

11.2.10 采用合同能源管理等模式进行既有建筑改造和运行管理，评价分值为 1 分。

11.2.11 在既有建筑现有场地条件下，合理增加地下空间，评价分值为 1 分。

11.2.12 根据所在地域的气候条件以及建筑使用特

点的不同，在利用既有建筑及其设备系统基础上对供暖空调冷热源、空气处理或气流组织等进行创新性设计，评价分值为 1 分。

11.2.13 在建筑改造的设计、施工和运行中，采取节约能源资源、保护生态环境、保障安全健康的其他创新，并有明显效益，评价总分值为 2 分。采取一项，得 1 分；采取两项及以上，得 2 分。

本标准用词说明

1 为便于在执行本标准条文时区别对待，对要求严格程度不同的用词说明如下：

　　1）表示很严格，非这样做不可的：
　　　　正面词采用"必须"，反面词采用"严禁"；
　　2）表示严格，在正常情况下均应这样做的：
　　　　正面词采用"应"，反面词采用"不应"或"不得"；
　　3）表示允许稍有选择，在条件许可时首先应这样做的：
　　　　正面词采用"宜"，反面词采用"不宜"；
　　4）表示有选择，在一定条件下可以这样做的，采用"可"。

2 条文中指明应按其他有关标准执行的写法为："应符合……的规定"或"应按……执行"。

引用标准名录

1 《建筑采光设计标准》GB 50033
2 《建筑照明设计标准》GB 50034
3 《民用建筑隔声设计规范》GB 50118
4 《公共建筑节能设计标准》GB 50189
5 《智能建筑设计标准》GB 50314
6 《民用建筑供暖通风与空气调节设计规范》GB 50736
7 《无障碍设计规范》GB 50763
8 《民用建筑室内热湿环境评价标准》GB/T 50785
9 《声环境质量标准》GB 3096
10 《建筑施工场界环境噪声排放标准》GB 12523
11 《电能质量 公用电网谐波》GB/T 14549
12 《室内空气质量标准》GB/T 18883
13 《能源管理体系 要求》GB/T 23331
14 《既有居住建筑节能改造技术规程》JGJ/T 129
15 《城市夜景照明设计规范》JGJ/T 163
16 《公共建筑节能改造技术规范》JGJ 176

中华人民共和国国家标准

既有建筑绿色改造评价标准

GB/T 51141—2015

条 文 说 明

制 订 说 明

《既有建筑绿色改造评价标准》GB/T 51141-2015，经住房和城乡建设部 2015 年 12 月 3 日以第 997 号公告批准、发布。

本标准制订过程中，编制组调研了近年来我国既有建筑绿色改造的实践经验和研究成果，借鉴了有关国外先进标准，开展了多项专题研究和试评，广泛征求了各方面的意见，保证了本标准的技术指标科学合理，可操作性和适用性强，内容与相关标准规范相协调。

为便于广大设计、施工、科研、学校等单位有关人员在使用本标准时能正确理解和执行条文规定，《既有建筑绿色改造评价标准》编制组按章、节、条顺序编制了本标准的条文说明，对条文规定的目的、依据以及执行中需要注意的有关事项进行了说明。但是，本条文说明不具备与标准正文同等的法律效力，仅供使用者作为理解和把握标准规定的参考。

目　　次

1 总 则

1.0.1 截至 2015 年，我国既有建筑面积接近 600 亿 m²，大部分既有建筑都存在能耗高、使用功能不完善等问题。与此同时，我国每年拆除大量的既有建筑。拆除建成时间较短的建筑，不仅会造成生态环境破坏，也是对能源资源的极大浪费。通过对既有建筑实施绿色改造，不仅可以提升既有建筑的性能，而且对节能减排也有重大意义。

国家标准《绿色建筑评价标准》GB/T 50378-2006 自发布实施以来，有效指导了我国绿色建筑实践工作。截至 2015 年底，我国累计评价绿色建筑项目 2538 个，总建筑面积超过 4.6 亿 m²，其中既有建筑改造后获得绿色建筑标识所占的比例不足 1%。国家标准《绿色建筑评价标准》GB/T 50378-2014 进一步完善了新建建筑绿色评价的指标体系。但从总体趋势来看，既有建筑绿色改造将会有越来越大的市场需求，需要制定专门标准对此进行支撑和引导。

本标准统筹考虑既有建筑绿色改造在节约资源、保护环境基础上的经济可行性、技术先进性和地域适用性，着力构建区别于新建建筑、体现既有建筑绿色改造特点的评价指标体系。这样，两本标准各有侧重，共同服务于我国绿色建筑的评价工作。

1.0.2 本条规定了标准的适用范围。既有建筑绿色改造后，建筑的使用功能可能发生变化，本标准适用于改造后为民用建筑的绿色性能评价。具体包括以下几种情况：①改造前后均为民用建筑，且改造前后使用功能不发生变化；②改造前后均为民用建筑，但改造后使用功能发生变化，例如办公建筑改造为酒店建筑；③改造前为非民用建筑，改造后为民用建筑，使用功能发生变化，例如工业厂房改造为公共建筑或居住建筑。

1.0.3 我国各地域在气候、环境、资源、经济与文化等方面都存在较大差异，既有建筑绿色改造应结合自身及所在地域特点，遵循节能、节地、节水、节材和保护环境的理念，采取因地制宜的改造措施。本标准涵盖了既有建筑绿色改造所涉及的规划、建筑、结构、材料、暖通空调、给水排水、电气、施工管理、运营管理等各个专业。既有建筑绿色改造评价应综合考虑，统筹兼顾，总体平衡。

1.0.4 符合国家法律法规和相关标准是参与绿色改造评价的前提条件。本标准重点按既有建筑绿色改造相关专业进行评价，并未涵盖通常建筑物所应有的全部功能和性能要求，故参与评价的建筑尚应符合国家现行有关标准的规定。

3 基 本 规 定

3.1 一 般 规 定

3.1.1 本条对评价对象进行了规定。本标准的评价对象为进行改造的既有建筑单体或建筑群，是对建筑整体进行评价，而不是只评价既有建筑中所改造的区域或系统。当扩建面积超过改造后建筑总面积的 50% 时，本标准不再适用。

3.1.2 根据绿色建筑发展的实际需求，结合目前有关管理制度，本标准将既有建筑绿色改造的评价分为设计评价和运行评价。

设计评价是在既有建筑绿色改造工程施工图设计文件批准后进行，其重点为评价既有建筑绿色改造方面面采取的"绿色措施"和预期效果；而运行评价是在既有建筑绿色改造通过竣工验收并投入使用一年（12 个自然月）后进行，不仅要评价"绿色措施"，而且要评价这些"绿色措施"所产生的实际效果。除此之外，运行评价还关注绿色改造在施工过程中留下的"绿色足迹"，关注绿色改造完成、建筑正常运行后的科学管理。简而言之，设计评价所评的是既有建筑实施改造之前的设计，运行评价所评的是实施改造之后并投入运行的建筑。

3.1.3 绿色建筑注重全寿命期内能源资源节约与环境保护的性能。对于既有建筑绿色改造，申请评价方应从既有建筑绿色改造设计到最终拆除的各个阶段进行控制，综合考虑性能、安全、耐久、经济、美观等因素，优化建筑技术、设备和材料选用，并按本标准的要求提交相应技术分析、测试报告和相关文件。

3.1.4 绿色建筑评价机构应按本标准的有关要求审查申请评价方提交的报告、文档，并在评价报告中确定等级。对申请运行评价的建筑，评价机构还应组织现场考察，进一步审核规划设计要求的落实情况以及建筑的实际性能和运行效果。

3.1.5 本标准评价的对象是被改造建筑的整体，对于部分改造的既有建筑项目，未改造部分的各类指标也应按本标准的规定进行评价。

3.2 评价方法与等级划分

3.2.1 本条对指标选择和指标内容设置进行了解释。既有建筑绿色改造会涉及不同专业工作，本标准对既有建筑的绿色性能评价指标按专业来设置，包括规划与建筑、结构与材料、暖通空调、给水排水、电气、施工管理、运营管理 7 类指标。每类指标分为控制项和评分项。控制项是对既有建筑绿色改造最基本的要求，是既有建筑绿色改造能够获得星级的必要条件。申请评价的既有建筑绿色改造项目必须满足本标准中所有控制项的要求（不参评项除外）。评分项是依据评价条文的规定确定得分或不得分，是本标准用于评价和划分绿色建筑星级的重要依据。同时，为鼓励既有建筑绿色改造在节约能源资源、保护环境的技术和管理上的创新与提高，本标准还设立了加分项。

3.2.2 本条对不同评价阶段的评价内容作出规定。设计评价的对象是图纸和方案，还未涉及施工和运营，所以不对施工管理和运营管理两类指标进行评价，但设计评价时可以对施工管理和运营管理 2 类指标进行预评价，为申请运行评价做准备。运行评价对象是改造后投入使用满一年（12 个自然月）的建筑整体，是对最终改造结果的评价，检验既有建筑绿色改造并投入实际使用后是否真正达到了预期的效果，应对全部 7 类指标进行评价。

3.2.3 本条对标准条文的评价和结果作出规定。控制项的评价，依据条文规定确定满足或不满足。评分项的评价，根据对具体评分子项或达标程度确定得分值，若不满足条文规定则得分为零。加分项的评价，依据评价条文的规定确定得分或不得分。

本标准中评分项的赋分有以下几种方式：

1 一条条文评判一类性能或技术指标，且不需要根据达标情况不同赋以不同分值时，赋以一个固定分值，该评分项的得分为 0 分或固定分值，在条文主干部分表述为"评价分值为某分"；

2 一条条文评判一类性能或技术指标，需要根据达标情况不同赋以不同分值时，在条文主干部分表述为"评价总分值为某分"，同时在条文主干部分将不同得分值表述为"得某分"的形式，且从低分到高分排列；递进的档次特别多或者评分特别复杂的，则采用列表的形式表达，在条文主干部分表述为"按某表的规则评分"；

3 一条条文评判一类性能或技术指标，但需要针对不同建筑类型或特点分别评判时，针对各种类型或特点按款或项分别赋以分值，各款或项得分均等于该条得分，在条文主干部分表述为"评价总分值为某分，并按下列规则评分"；

4 一条条文评判多个技术指标，将多个技术指标的评判以款或项的形式表达，并按款或项赋以分值，该条得分为各款或项得分之和，在条文主干部分表述为"评价总分值为某分，并按下列规则分别评分并累计"；

5 一条条文评判多个技术指标，其中某技术指标需要根据达标情况不同赋以不同分值时，首先按多个技术指标的评判以款或项的形式表达并按款或项赋以分值，然后考虑达标程度不同对其中部分技术指标采用递进赋分方式；

6 可能还会有少数条文出现其他评分方式组合。

本标准中评分项和加分项条文主干部分给出了该条文的"评价分值"或"评价总分值"，是该条可能得到的最高分值。各评价条文的分值，经广泛征求意见和试评价后综合调整确定。

3.2.4 既有建筑结构改造前应进行可靠性鉴定、抗震鉴定。结构可靠性鉴定的方法和内容应符合现行国家标准《工业建筑可靠性鉴定标准》GB 50144 或《民用建筑可靠性鉴定标准》GB 50292 的有关规定。抗震设防区的既有建筑改造尚应按现行国家标准《建筑抗震鉴定标准》GB 50023 或《构筑物抗震鉴定标准》GB 50117 进行抗震鉴定。既有建筑结构的鉴定，可委托检测鉴定机构或原设计单位进行。

既有建筑改造可能不进行结构改造，如装修改造、节能改造等。当结构经鉴定满足相应鉴定标准要求而不进行结构改造时，则在满足本标准第 5 章相关控制项要求的基础上，评分项"结构设计"和"材料选用"节直接得满分，"改造效果"节不计分，第 5 章总得分为 70 分。另一种情况是，若既有建筑结构是按现行国家标准《建筑抗震设计规范》GB 50011 和现行相关结构设计、施工规范进行设计、施工，且既有建筑改造不涉及结构改造，此时可不作鉴定，评价时在满足本标准第 5 章相关控制项要求的基础上，评分项"结构设计"和"材料选用"节直接得满分，"改造效果"节不计分，第 5 章总得分为 70 分。

如果既有建筑进行结构改造，评价时应在满足本标准第 5 章控制项的基础上按评分项条文逐条评价得分。

3.2.5 本条给出了绿色建筑等级的判定依据。考虑到各类指标重要性方面的相对差异，计算总得分时引入了权重。同时，为了鼓励绿色建筑技术和管理方面的提升和创新，计算总得分时还计入了加分项的附加得分。

设计评价的总得分为规划与建筑、结构与材料、暖通空调、给水排水、电气 5 个指标的评分项得分经加权计算后与加分项的附加得分之和；运行评价的总得分为规划与建筑、结构与材料、暖通空调、给水排水、电气、施工管理、运营管理 7 类指标的评分项得分经加权计算后与加分项的附加得分之和。

3.2.6 本标准对 7 类指标的每类指标分别赋值 100 分。对于具体的参评建筑而言，它们在功能、所处地域的气候、环境、资源等方面客观上存在差异，对不适用的评分项条文不予评定。这样，适用于各参评建筑的评分项的条文数量和总分值可能不一样。对此，计算参评建筑某类指标评分项的实际得分值与适用于参评建筑的评分项总分值的比率，反映参评建筑实际采用的"绿色措施"和（或）效果占理论上可以采用的全部"绿色措施"和（或）效果的相对得分率。例如某既有建筑绿色改造项目参加本标准的评价，指标"规划与建筑"总参评分为 n，实际评价得分为 m，则该项目"规划与建筑"最终得分为 $Q_1 = \dfrac{m}{n} \times 100$。

本标准中加分项是为了鼓励既有建筑绿色改造的创

新，而非评价绿色建筑的必要条件。在评价过程中不对加分项的附加得分进行折算，只需按照加分项条文评价是否得分，并按本标准第11.2节确定附加得分。

3.2.7 本标准对各类指标在绿色建筑评价中的权重作出规定。由于使用功能、运行方式等不同，公共建筑和居住建筑在改造时，各专业的重要性是不相同的，故其权重值也不相同。施工管理和运营管理两类指标不参与设计评价。基于上述原因，在本标准中共有4套权重体系，见表3.2.7，即设计评价、运行评价时居住建筑、公共建筑的4套权重体系。各套权重体系利用层次分析法计算，并经广泛征求意见和试评价后综合调整确定。

3.2.8 本条对既有建筑绿色改造星级划分和划分依据进行了规定。与国家标准《绿色建筑评价标准》GB/T 50378-2014的评价结果保持一致，本标准也将既有建筑绿色改造分为三个等级，即当总得分分别达到50分、60分、80分时，绿色建筑等级分别为一星级、二星级、三星级。为了保证既有建筑绿色改造的最基本的性能，获得星级的绿色改造建筑必须满足本标准中所有控制项的要求。当既有建筑的绿色改造不全面时，很难保证每一类指标的基本得分，所以在本标准中对单类指标最低得分不做要求。

在满足所适用的全部控制项的前提下，绿色建筑按总得分确定等级。评价得分及最终评价结果可按表1记录。

表1 既有建筑绿色改造评价得分与结果汇总表

工程项目名称							
申请评价方							
评价阶段		□设计评价□运行评价		建筑类型		□居住建筑□公共建筑	
评价指标		规划与建筑	结构与材料	暖通空调	给水排水	电气	施工管理	运营管理
控制项	评定结果	□满足	□满足	□满足	□满足	□满足	□满足	□满足
	说明							
评分项	权重 w_i							
	总参评分							
	实际得分							
	得分 Q_i							
加分项	得分 Q_8							
	说明							
总得分 ΣQ								
绿色建筑等级				□一星级□二星级□三星级				
评价结果说明								
评价机构				评价时间				

4 规划与建筑

4.1 控 制 项

4.1.1 本条适用于各类民用建筑的设计、运行评价。

进行改造的既有建筑场地与各类危险源的距离应满足相应危险源的安全防护距离等控制要求。对场地中的不利地段或潜在危险源应采取必要的防护、控制或治理等措施。对场地中存在的有毒有害物质应采取有效的防护与治理措施，进行无害化处理，确保达到相应的安全标准。

场地的防洪设计应符合现行国家标准《防洪标准》GB 50201及《城市防洪工程设计规范》GB/T 50805的有关规定；场地的排水防涝设计应符合现行国家标准《城市排水工程规划规范》GB 50318及《室外排水设计规范》GB 50014等标准的有关规定；抗震防灾设计应符合现行国家标准《城市抗震防灾规划标准》GB 50413的有关规定；电磁辐射防护应符合现行国家标准《电磁环境控制限值》GB 8702的有关规定。

本条评价方法为：设计评价查阅相关检测报告、应对措施分析报告；运行评价查阅相关检测报告、应对措施分析报告，并现场核实。

4.1.2 本条适用于各类民用建筑的设计、运行评价。

进行改造的既有建筑场地内不应有未达标排放或超标排放的污染源，例如：易产生噪声污染的建筑场所或设备设施、油烟或污水未达标排放的厨房、废气超标排放的燃煤锅炉房、污染物超标的垃圾堆等。若有污染源，应采取相应的治理措施使排放物达标。

本条的评价方法为：设计评价查阅相关超标污染源检测报告、应对措施分析报告；运行评价查阅相关超标污染源检测报告、应对措施分析报告，并现场核实。

4.1.3 本条适用于各类民用建筑的设计、运行评价。

日照直接影响使用者的身心健康，对于提高建筑室内环境质量、改善人居环境有重要的作用。我国对居住建筑以及中小学、医院、疗养院等日照要求较高的公共建筑都制定了相应的国家标准或行业标准，如现行国家标准《民用建筑设计通则》GB 50352 中对住宅的居住空间、老人住宅和残疾人住宅的卧室与起居室、托儿所和幼儿园的主要生活用房、中小学的教室、医院和疗养院的病房与疗养室、宿舍的居室等日照标准的规定，现行国家标准《城市居住区规划设计规范》GB 50180 中对居住建筑、旧区改建项目中新建住宅日照标准的规定，现行国家标准《老年人居住建筑设计标准》GB/T 50340 中对老年人居住用房设置的规定，现行行业标准《托儿所、幼儿园建筑设计规范》JGJ 39 中对生活用房布置的规定，现行国家标准《中小学校设计规范》GB 50099 中对建筑物间距的规定等。因此，既有建筑改造应满足相应的日照标准要求，同时还应兼顾周边建筑的日照需求，减少对相邻建筑产生的遮挡。改造前周边建筑满足日照标准的，应保证建筑改造后周边建筑仍符合相关日照标准的要求；改造前，周边建筑未满足日照标准的，改造后不可降低其原有的日照水平。

本条的评价方法为：设计评价查阅相关设计文件和日照模拟分析报告；运行评价查阅相关竣工图和日照模拟分析报告，并现场核实。

4.1.4 本条适用于历史建筑和历史文化街区内既有建筑改造的设计、运行评价。

历史建筑是指有一定历史、科学、艺术价值的，能够反映城市历史风貌和地方特色的建（构）筑物。在对历史建筑和历史文化街区内的既有建筑进行绿色改造时，应符合现行国家标准《历史文化名城保护规划规范》GB 50357 以及《城市紫线管理办法》等国家和地方有关规定。城市紫线是指国家历史文化名城内的历史文化街区和省、自治区、直辖市人民政府公布的历史文化街区的保护范围界线，以及历史文化街区外经县级以上人民政府公布保护的历史建筑的保护范围界线。

本条的评价方法为：设计评价查阅相关设计文件、有关历史建筑保护的规定；运行评价查阅相关竣工图、有关历史建筑保护的规定，并现场核实。

4.1.5 本条适用于各类民用建筑的设计、运行评价。

围护结构的热工性能对建筑能耗有很大影响，因此，将本条列为必须满足的控制项。我国现行行业标准《公共建筑节能改造技术规范》JGJ 176、《既有居住建筑节能改造技术规程》JGJ/T 129 对建筑围护结构的节能改造均有规定，对围护结构进行节能改造时，其材料选择、构造做法、施工工艺以及性能指标等应满足上述标准的规定。

本条的评价方法为：设计评价查阅相关设计文件、节能计算书；运行评价查阅相关竣工图、节能计算书、节能检测报告，并现场核实。

4.2 评 分 项

I 场 地 设 计

4.2.1 本条适用于各类民用建筑的设计、运行评价。

场地功能分区合理、流线顺畅是保证土地高效利用的重要内容。

1 场地内车行流线应合理顺畅，人行路线应安全便捷。鼓励人车分行，避免人车交叉，满足场地内的交通需求。

2 场地内人行通道及无障碍设施是满足场地功能需求的重要组成部分，是保障各类人群方便、安全出行的基本设施。因此场地新增或原有的无障碍设施应符合现行国家标准《无障碍设计规范》GB 50763 的有关规定，并且场地内外无障碍人行设施应连通。

本条评价方法为：设计评价查阅相关设计文件；运行评价查阅相关竣工图，并现场核实。

4.2.2 本条适用于各类民用建筑的设计、运行评价。如果场地内没有可利用的构筑物、构件和设施，本条第 2 款不参评。

1 既有建筑的周边生态环境主要是指场地内具有保护价值的园林绿地、河湖水系、道路和古树名木等。既有建筑绿色改造过程中应尽可能维持场地周边的生态环境，减少对场地及周边生态的改变；如确实需要改造场地内水体、植被等时，应在工程结束后及时采取生态复原措施。

2 场地内可利用的构筑物、构件和其他设施应按国家和地方的相关规定予以保护，并根据其功能特点加以利用，或改造后进行再利用。

本条的评价方法为：设计评价查阅相关设计文件；运行评价查阅相关竣工图，并现场核实。

4.2.3 本条适用于各类民用建筑的设计、运行评价。

1 本条鼓励使用自行车等绿色环保的交通工具，绿色出行。自行车停车场所可根据建筑使用面积或使用人数，并根据当地城市规划的有关规定设置，应规模适度、布局合理，符合使用者出行习惯。

2 机动车停车设施可采用多种方式，但同时也可能占用场地用地。可建设地下停车场以满足日益增长的机动车停车需求。在场地条件许可且不影响场地内既有建筑的情况下，也可增建立体停车库等，体现绿色建筑节约集约用地理念。

3 地面停车应按国家和地方有关标准的规定设置，并科学管理、合理组织交通流线。根据使用者性质及车辆种类合理分区，可帮助人们迅速到达目的地，有效提升场地使用效率。

本条评价方法为：设计评价查阅相关设计文件；运行评价查阅相关竣工图、有关记录，并现场核实。

4.2.4 本条适用于各类民用建筑的设计、运行评价。

绿化是城市环境建设的重要内容，是改善生态环境和提高生活质量的重要措施。合理设置绿地可起到改善环境、调节微气候等作用。

1 绿地率是指建设项目用地范围内各类绿地面积的总和占该项目总用地面积的比率（%）。根据现行国家标准《城市居住区规划设计规范》GB 50180，绿地包括公共绿地、宅旁绿地、公共服务设施所属绿地和道路绿地（道路红线内的绿地），以及满足当地植树绿化覆土要求的地下或半地下建筑的屋顶绿化，但不包括其他屋顶、晒台的人工绿地。对公共建筑，本条用场地绿地面积、屋顶绿化面积之和与场地面积的比例进行评价。

2 绿地的植物配置应采用包含草坪、灌木、乔木的复层绿化并合理搭配，形成富有层次的绿化体系。种植区域的覆土深度应满足植物自然生长的需要，同时满足项目所在地有关覆土深度的控制要求。

本条评价方法为：设计评价查阅相关设计文件和计算书；运行评价查阅相关竣工图和计算书，并现场核实。

4.2.5 本条适用于各类民用建筑的设计、运行评价。

雨水下渗是消减径流和径流污染的重要途径之一，透水地面能够为雨水下渗提供良好的条件。停车场、道路、室外活动场地等，因其承载力的要求，多采用石材、混凝土等作为铺地材料，透水性差，引起大量地面径流、城市排水系统负荷加重等问题。"透水铺装"是指采用如植草砖、透水沥青、透水混凝土、透水地砖等透水铺装系统，既能满足道路使用、铺地强度和耐久性的要求，又能使雨水渗入下部土壤的地面铺装。当透水铺装下为地下室顶板时，若地下室顶板设有疏水板及导水管等可将渗透雨水导入与地下室顶板接壤的实土，或地下室顶板上覆土深度能满足当地园林绿化部门要求时，仍可认定其为透水铺装地面。评价时以场地中硬质铺装地面中透水铺装所占的面积比例为依据。

本条评价方法为：设计评价查阅相关设计文件、计算书、材料检测报告；运行评价查阅相关竣工图、计算书、材料检测报告，并现场核实。

Ⅱ 建筑设计

4.2.6 本条适用于各类民用建筑的设计、运行评价。

随着经济发展和人们生活水平的提高，部分既有建筑受建造时技术和经济水平的制约，建筑使用功能不完善；或者随着时代的变迁和周围环境的改变，原来的使用功能不适应当前的需求。因此，需要对既有建筑的使用功能和使用空间进行提升改造。改造后达到以下使用效果，即可得分。

1 建筑功能布局合理是满足建筑正常使用的必要条件，改造时应在满足既有建筑实际使用功能的基础上，进行合理的业态分区，保证建筑内部交通流线顺畅、互不干扰，使用效果有较大改善，以满足人们日益提高的需求。

2 无障碍设计是建筑及环境设计的重要组成部分，既有建筑绿色改造后应满足现行国家标准《无障碍设计规范》GB 50763 的要求，保证室内具备完善的无障碍交通和设施，同时，建筑作为城市系统的有机组成部分，应注重与室外无障碍通道的衔接性。

本条的评价方法为：设计评价查阅相关设计文件；运行评价查阅相关竣工图，并现场核实。

4.2.7 本条适用于各类民用建筑的设计、运行评价。对于不涉及建筑立面改造的项目，本条不参评。

1 改扩建是在既有建筑的基础上或在与既有建筑关系密切的空间范围内，对既有建筑的功能进行补充或扩展而形成的新建筑，不仅要考虑扩建部分的功能要求，还要注重与既有建筑外部形态及风格的协调性，以保证建筑的整体美观。

2 以较大的资源消耗为代价片面追求美观，不符合绿色建筑的基本理念。因此，在设计中应控制造型要素中没有功能作用的装饰构件的使用，鼓励使用装饰和功能一体化的构件，利用功能性构件作为建筑造型的语言，在满足建筑功能的前提下表达美学效果，达到节约资源的目的。为鼓励建筑师更多地从构件和功能结合的角度表达对文化和艺术的追求，有必要限制纯装饰性构件使用的比例。

    1) 对不具备遮阳、导光、导风、载物、辅助绿化等作用的飘板、格栅和构架等装饰性构件的使用进行限制；

    2) 如果女儿墙高度大于常规女儿墙的 2 倍以上，超过 2 倍部分的造价应计入纯装饰性构件的造价。

本条的评价方法为：设计评价查阅相关设计文件、有装饰性构件的应提供其功能说明书、工程造价计算书；运行评价查阅相关竣工图、装饰性构件功能说明书、工程造价决算书，并现场核实。

4.2.8 本条适用于公共建筑的设计、运行评价。居住建筑不参评。

为了满足多元化的功能需求，公共建筑室内空间应能发生变化。采用可重复使用的隔断（墙），实现空间的灵活分隔和转换，能够在保证室内工作环境不受影响的前提下，减少室内空间重新布置时对建筑构件的破坏，避免空间布局改变带来的材料浪费和废弃物的产生。

本条中"室内功能空间"主要指除走廊、楼梯、电梯井、卫生间、设备机房、公共管井以外的地上室内空间，有特殊隔声、防护及特殊工艺需求的空间可不计入。此外，作为商业、办公用途的地下空间也应视为"室内功能空间"，其他用途的地下空间可不计入。

"能够实现灵活分隔与转换"是指隔断（墙）在拆除过程中基本不影响与之相接的其他隔墙，拆卸后可再次利用，如大开间开敞式办公空间内的玻璃隔断（墙）、预制隔断（墙）、特殊节点设计的可分段拆除的轻钢龙骨水泥板或石膏板隔断（墙）和木隔断（墙）等。是否具有可拆卸性能，也是认定某隔断（墙）是否属于"能够实现灵活分隔与转换"的一个关键点，例如用水泥砂浆砌筑的砌体隔墙则不算。

本条评价方法为：设计评价查阅相关设计文件和计算书；运行评价查阅相关竣工图和计算书，并现场核实。

4.2.9 本条适用于各类民用建筑的设计、运行评价。

不同气候区对建筑的设计要求不同，如严寒和寒冷地区的建筑以保温防寒设计为主，而夏热冬冷和夏热冬暖地区的建筑则以隔热防晒设计为主，因此应根据不同气候区的实际情况采取相应的节能措施。

1 建筑入口是连接室内外空间的桥梁，其特殊的位置与功能决定它在建筑节能中的地位。严寒和寒冷地区冬季室内外温差大，入口部位会产生大量的冷风渗透，对建筑的采暖能耗产生重要影响，因此出入口处应设置能够有效防止冷风渗入的建筑构件（如门斗或挡风门廊等）。居住建筑还应注意楼梯间出屋面门及出屋面入口孔的保温及密封；公共建筑因人员出入量大，外门的频繁开启导致室外冷空气大量侵入，造成采暖能耗增加，设置门斗时应避免两道门同时开启。同时，为了提高外门的保温性能与密闭性，居住建筑应设置保温外门，公共建筑应设置能够自动关闭的自控门等。

对于夏热冬冷和夏热冬暖地区，由于夏季过多的太阳辐射会使室内温度升高，增加空调能耗。因此，在夏热冬冷和夏热冬暖地区应根据当地的经济技术水平，鼓励采用适宜的外遮阳措施。当采用可调节外遮阳措施时，应保证透明部分25%以上的面积能够遮阳，对于没有阳光直射的透明围护结构，不计入计算面积。可调节外遮阳措施包括活动外遮阳设置、永久设施（中空玻璃夹层智能内遮阳）、固定外遮阳加内部高反射率可调节内遮阳等措施。

2 自然通风是利用风压或热压驱动室内外空气对流带走室内热量、补充新风和排放污染物，是实现建筑节能、提高室内热舒适和改善室内空气品质的重要手段。

1) 居住建筑通过自然通风能否获取足够的新风，与通风开口面积的大小密切相关，本条对居住空间通风开口面积与地板最小面积比提出了要求。一般情况下，当通风开口面积与地板面积之比达到5%时，房间可以获得较好的自然通风效果。由于气候差异，因此要求夏热冬暖地区居住建筑通风开口面积与地板面积之比达到10%，夏热冬冷地区达到8%。同时，自然通风的效果不仅与开口面积与地板面积之比有关，还与通风开口之间的相对位置密切相关。在设计过程中，应考虑通风开口的位置，使之有利于形成"穿堂风"。

2) 针对不易实现自然通风的公共建筑（例如大进深内区或由于其他原因不能保证开窗通风面积满足自然通风要求的区域），应进行自然通风优化设计，保证建筑在过渡季典型工况下平均自然通风换气次数大于2次/h的面积比例达到75%（按面积计算，对于高大空间，主要考虑3m以下的活动区域）。

3 在建筑设计和构造设计中鼓励采取引导气流、促进自然通风的措施，如导风墙、拔风井等，以提高室内自然通风的效率。

4 在建筑改造中鼓励合理利用被动式太阳能技术，如被动式太阳房、呼吸式幕墙、集热（蓄热）墙等，以改善室内热环境、降低供暖或空调能耗。被动式太阳能采暖和降温技术应结合建筑形式，综合考虑地域特征、气候特点、施工技术和经济性等因素，因地制宜，以便实现性价比高、易于推广的目标。

本条的评价方法为：设计评价查阅相关设计文件、自然通风模拟分析报告；运行评价查阅相关竣工图、自然通风模拟分析报告，并现场核实。

Ⅲ 围护结构

4.2.10 本条适用于各类民用建筑的设计、运行评价。

围护结构的热工性能指标对建筑冬季供暖和夏季空调的负荷和能耗有很大的影响，国家和行业的建筑节能设计标准都对围护结构的热工性能提出明确的要求。本条对既有建筑改造后的围护结构热工性能按两种情况任选其一进行评价。

第一种情况，既有建筑改造前后围护结构热工性能的对比。由于既有建筑建造年代各不相同，其围护结构热工性能参差不齐，导致提升其性能所耗费的财力和物力也不相同。因此，考虑到各地既有建筑绿色改造的实际情况和难度，将围护结构热工性能的提升效果作为评价内容之一。第1款和第2款属于第一种情况。第1款的判断依据是既有建筑改造后围护结构热工性能的提升程度，当建筑围护结构热工性能比原有围护结构的热工性能提升35%及以上，得10分；

提升 45% 及以上，即可得 15 分。第 2 款的判定较为复杂，需要经过计算，即根据供暖空调全年计算负荷降低幅度分档评分，其中参考建筑的围护结构热工参数为改造前的参数，其他条件不变。当供暖空调全年计算负荷计算值降低幅度达到 35%，得 10 分；达到 45%，即可得 15 分。

第二种情况，以现行国家及行业有关节能设计标准作为参照，根据改造后建筑的围护结构热工性能达到国家及行业建筑节能设计标准中的相关规定给予某分值。第 3 款和第 4 款属于第二种情况。第 3 款的判断依据是，当改造后建筑的围护结构热工性能达到国家及行业建筑节能设计标准中的相关规定时，可以得 12 分；当改造后建筑的围护结构中屋顶、外墙、外窗（含透光幕墙）部位的热工性能参数优于国家及行业现行建筑节能设计标准规定值的 5% 时，分别加 1 分，最多可加 3 分。第 4 款的判定需要经过计算。改造建筑的供暖空调系统全年计算负荷不高于按现行国家及行业有关建筑节能设计标准计算的供暖空调系统全年负荷，得 12 分；如果再降低 5%，可得 15 分。

本条的评价方法为：设计评价查阅相关设计文件、节能计算书；运行评价查阅相关竣工图、节能计算书、节能检测报告，并现场核实。

4.2.11 本条适用于各类民用建筑的设计、运行评价。无明显相似类型建筑或功能房间的噪声级要求的，本条直接得分。

现行国家标准《民用建筑隔声设计规范》GB 50118 将居住、办公、商业、旅馆、医院、学校等类型建筑的墙体、门窗、楼板的空气声隔声性能以及楼板的撞击声隔声性能分"低限标准"和"高要求标准"两档列出。既有建筑绿色改造应根据不同建筑类型，确保改造后围护结构构件（外墙、隔墙，门、外窗与楼板）的隔声量达到现行国家标准《民用建筑隔声设计规范》GB 50118 中低限标准值和高要求标准值的平均数值（办公建筑中的开放式办公空间除外）；楼板的计权规范化撞击声压级低于现行国家标准《民用建筑隔声设计规范》GB 50118 中的低限要求和高要求标准平均数值。对于现行国家标准《民用建筑隔声设计规范》GB 50118 只规定了围护结构构件单一空气隔声性能的建筑，本条认定该构件对应的空气隔声性能数值为低限标准值，而高要求标准值在此基础上提高 5dB。本条采取同样的方式定义只有单一楼板计权规范化撞击声压级的建筑，并规定高要求标准值为低限标准值降低 10dB。

对于现行国家标准《民用建筑隔声设计规范》GB 50118 没有涉及的其他类型的围护结构构件（外墙、隔墙，门、外窗与楼板）空气声隔声要求或撞击声隔声要求，可对照相似类型建筑的要求参考执行，并进行得分判断。

本条的评价方法为：设计评价查阅相关设计文

件、建筑构件隔声性能实验室检测报告；运行评价查阅相关竣工图、建筑构件隔声性能实测报告，并现场核实。

Ⅳ 建筑环境效果

4.2.12 本条适用于各类民用建筑的设计、运行评价。

环境噪声对人的工作与生活有很大影响，既有建筑绿色改造应加强对建筑规划用地范围内环境噪声的控制，以优化场地环境，进而改善建筑室内声环境。场地环境噪声应符合现行国家标准《声环境质量标准》GB 3096 中对同类声环境功能区的环境噪声等效声级限值要求。当噪声敏感建筑不能避免临近交通干线，或不能远离固定的设备噪声源时，在改造时应采取降低噪声干扰的措施。

需要说明的是，噪声监测的现状值仅作为参考，分析报告中需结合场地环境条件的变化（如道路车流量的增长）对应的噪声改变情况进行噪声图模拟预测。

本条的评价方法为：设计评价查阅相关设计文件、环境噪声检测报告、噪声预测分析报告；运行评价查阅相关竣工图、环境噪声检测报告，并现场核实。

4.2.13 本条适用于各类民用建筑的设计、运行评价。

1 建筑物周围人行区 1.5m 高处风速不宜高于 5m/s，以保证人们正常的室外活动。风速放大系数（wind speed amplification）是建筑物周围离地面高 1.5m 处风速与开阔地面同高度风速之比。高层建筑的出现使得再生风和二次风环境问题凸现出来，在建筑群中，若建筑单体设计和群体布局不当，不仅会阻碍风的流动，还会产生二次风，从而导致行人举步维艰或强风卷刮物体撞碎玻璃等。本标准采用风速放大系数作为建筑布局对风环境影响的评价依据，要求人行区域的风速放大系数不大于 2。

2 夏季、过渡季通风不畅在某些区域形成无风区和涡旋区，不利于建筑散热和污染物消散，应尽量避免。因此，场区的改造设计应利用计算流体动力学（CFD）模拟分析不同季节典型风向、风速下的场地风环境分布情况，有针对性地采取场区功能重组、构筑物与景观的增设等措施。其中来流风速、风向应为对应季节中出现频率最高的风向和平均风速，可通过查阅建筑设计或暖通空调设计手册中所在城市的相关气象资料得到。

本条的评价方法为：设计评价查阅相关设计文件、风环境模拟分析报告；运行评价查阅相关竣工图、风环境模拟分析报告，并现场核实。

4.2.14 本条适用于各类民用建筑的设计、运行评价。

建筑物光污染是指建筑反射光（眩光）、夜间室外照明、广告照明等造成的光污染。光污染产生的眩光不仅会让人产生不舒适感，还会降低人对灯光信号等重要信息的辨识力，甚至带来道路安全隐患。光污染控制措施包括降低建筑物表面（玻璃、涂料）的可见光反射比，合理配置照明器具等。

1 现行国家标准《玻璃幕墙光学性能》GB/T 18091 中已把玻璃幕墙的光污染定义为有害光反射，对玻璃幕墙的可见光反射比作了规定，本条要求既有建筑的玻璃幕墙符合该标准的规定值即可。

2 室外夜景照明设计应满足现行行业标准《城市夜景照明设计规范》JGJ/T 163 中第 7 章关于光污染控制的相关要求，并在室外照明设计图纸中体现。

本条的评价方法为：设计评价查阅相关设计文件、光污染分析报告、相关检测报告；运行评价查阅相关竣工图、光污染分析报告、相关检测报告，并现场核实。

4.2.15 本条适用于各类民用建筑的设计、运行评价。如无明显相似类型建筑或功能房间的噪声级要求，则直接得分。

本条所指的室内噪声是指由室内自身声源引起的噪声和来自建筑外部的噪声。室内噪声源一般为通风空调设备、日用电器等；室外噪声源包括周边交通噪声、社会生活噪声、工业噪声等。现行国家标准《民用建筑隔声设计规范》GB 50118 将居住、办公、商业、旅馆、医院、学校建筑主要功能房间的室内允许噪声级分"低限标准"和"高要求标准"两档列出。对于现行国家标准《民用建筑隔声设计规范》GB 50118 中只有唯一室内噪声级要求的建筑（如学校），本条认定该室内噪声级对应数值为低限标准，而高要求标准则在此基础上降低 5dB（A）。需要指出，对于不同星级的旅馆建筑，其对应的要求不同，需要一一对应。

本条的评价方法为：设计评价查阅相关设计文件、室内噪声分析报告（应基于项目环评报告并综合考虑室内噪声源的影响）；运行评价查阅相关竣工图、室内噪声检测报告，并现场核实。

4.2.16 本条适用于各类民用建筑的设计、运行评价。对于没有地下空间的既有建筑，第 2 款直接得分。

充足的室内天然采光不仅可有效地节约照明能耗，而且对使用者的身心健康有着积极的作用。各种光源的视觉试验结果表明：在相同照度条件下，天然光的辨认能力优于人工光，有利于人们的身心健康，并能够提高劳动生产率。

1 居住建筑可以直接通过计算改造后的窗地比核算房间的采光系数是否达标。公共建筑中的大进深空间，由于受到窗墙比以及开窗位置的限制，容易出现天然采光不足的情况，根据国家标准《绿色建筑评价标准》GB/T 50378 - 2014 中第 8.2.6 条对公共建筑主要功能房间采光评分规则的规定，考虑到既有建筑改造存在一定困难，本条文选择建筑主要功能房间 70% 以上的面积，其采光系数满足现行国家标准《建筑采光设计标准》GB 50033 的要求作为衡量标准。

2 地下空间存在天然采光不足的情况，可以通过增设采光天窗、设置下沉庭院等建筑设计手法来改善室内光环境。当受到建筑本身或周围环境限制时，也可采用导光、引光技术和设备，将天然光最大限度地引入室内，以提高室内照度，降低人工照明能耗。

本条的评价方法为：设计评价查阅相关设计文件、采光计算分析报告；运行评价查阅相关竣工图、天然采光实测报告，并现场核实。

5 结构与材料

5.1 控 制 项

5.1.1 本条适用于各类民用建筑的设计、运行评价。

非结构构件包括建筑非结构构件和建筑附属机电设备的支架等。建筑非结构构件一般指附属结构构件、装饰物、围护墙和隔墙。通常，主体结构的安全性及抗震性能是结构工程师关注的重点。既有建筑改造时，还应重视非结构构件的安全性，一方面需要确认非结构构件自身的安全性，另一方面还需要考虑改造对非结构构件的影响。本条对非结构构件的安全性提出专项检测或评估要求。结合既有建筑总体改造要求，可评估非结构构件的服役性能，以及在改造过程中或地震、大风等灾害发生时引发次生灾害的可能性，必要时应对其进行检测与处理，例如对预埋件、锚固件采取加强措施。

本条的评价方法为：设计评价查阅相关设计文件、非结构构件专项检测或评估与处理报告；运行评价查阅相关竣工图，并现场核实。

5.1.2 本条适用于各类民用建筑的设计、运行评价。

一些建筑材料及制品在使用过程中不断暴露出问题，已被证明不适宜在建筑工程中应用，或者不适宜在某些地区、某些类型的建筑中使用。既有建筑绿色改造中不得采用国家和当地有关主管部门向社会公布禁止和限制使用的建筑材料及制品，一般以国家和地方有关主管部门发布的文件为依据。

本条的评价方法为：设计评价对照国家和当地有关主管部门向社会公布的限制、禁止使用的建材及制品目录，查阅设计文件，核查设计选用的建筑材料；运行评价对照国家和当地有关主管部门向社会公布的限制、禁止使用的建材及制品目录，查阅工程决算材料清单，核查实际采用的建筑材料。

5.1.3 本条适用于各类民用建筑的设计、运行评价。

高强钢筋是指抗拉屈服强度达到 400MPa 级及以

上的热轧带肋钢筋,其具有强度高、综合性能优的特点。用高强钢筋替代目前大量使用的 335MPa 级热轧带肋钢筋,平均可节约钢材 12% 以上。高强钢筋作为节材节能环保产品,在建筑工程中大力推广应用,是加快转变经济发展方式的有效途径,是建设资源节约型、环境友好型社会的重要举措,对推动钢铁工业和建筑业结构调整、转型升级具有重大意义。

为了在既有建筑绿色改造中推广应用高强钢筋,本条对改造工程混凝土梁、柱的新增纵向受力普通钢筋提出强度等级和品种要求。新增纵向受力钢筋包括扩大截面而配置的钢筋和新增构件配置的钢筋。

本条的评价方法为:设计评价查阅相关设计文件,核查设计采用的梁、柱新增纵向受力普通钢筋强度等级;运行评价查阅相关竣工图,核查实际采用的梁、柱新增纵向受力普通钢筋强度等级。

5.1.4 本条适用于各类民用建筑的设计、运行评价。

为节约材料,避免不必要的拆除或更换,并减少对原结构构件的损伤和破坏,既有建筑绿色改造应在安全、可靠、经济的前提下尽量利用原结构构件,如梁、板、柱、墙。

本条中的原结构构件利用率按构件数量计算。原结构构件的利用率为改造影响范围内得到利用的构件数量与构件总数量的比例。构件数量的计算方法:梁以一跨为一个构件计算(以轴线为计算依据);柱以一层为一个构件计算(以楼层为计算依据);板、墙以其周边梁、柱围合的区域为一个构件(以梁、柱间隔为计算依据)。

本条的评价方法为:设计评价查阅相关设计文件、原结构构件利用率计算书;运行评价查阅相关竣工图、原结构构件利用率计算书,并现场核实。

5.2 评 分 项

Ⅰ 结 构 设 计

5.2.1 本条适用于各类民用建筑的设计、运行评价。

主体结构的改造应着重提高结构整体性能。改造前应根据鉴定结果对原结构进行分析,进行方案优化,减少新增构件数量和对原结构的影响,并对改造后结构的整体性能进行模拟分析。对于抗震加固,结构布置和连接构造的概念设计直接关系到改造后建筑的整体综合抗震能力是否能够得到应有的提高。对结构构件平面布置不对称和竖向不均匀的,宜使改造后的结构质量和刚度分布较为均匀对称,减少房屋的扭转效应;避免构件布置不合理导致的结构刚度或强度突变;改造后的框架避免形成短柱、短梁或强梁弱柱;对抗震的薄弱部位、易损部位应采取增强措施;加强新老构件的连接,保证结构整体工作。

本条的评价方法为:设计评价查阅相关设计文件、鉴定报告、相关结构分析报告、改造施工图以及

方案论证报告(包括方案合理性及性能提升效果论证);运行评价查阅相关竣工图、鉴定报告、相关结构分析报告、方案论证报告(包括方案合理性及性能提升效果论证),并现场核实。

5.2.2 本条适用于各类民用建筑的设计、运行评价。

改造工程中,混凝土结构、钢结构、砌体结构和木结构非抗震加固时,应按现行有关设计和加固规范的要求进行承载能力极限状态和正常使用极限状态的计算、验算,并达到现行国家标准《民用建筑可靠性鉴定标准》GB 50292 或《工业建筑可靠性鉴定标准》GB 50144 的要求。

现行国家标准《建筑抗震鉴定标准》GB 50023 根据既有建筑设计建造年代及原设计依据规范的不同,将其后续使用年限划分为 30、40、50 年 3 个档次(即 A、B、C 类建筑),并提出相应的鉴定方法。对结构抗震加固,应达到现行国家标准《建筑抗震鉴定标准》GB 50023 的基本要求。此处的基本要求是指:20 世纪 80 年代及以前建造的建筑,改造后的后续使用年限不得低于 30 年;20 世纪 90 年代建造的建筑,改造后的后续使用年限不得低于 40 年;2001 年以后建造的建筑,改造后的后续使用年限应为 50 年。

衡量抗震加固是否达到规定的设防目标,应以现行国家标准《建筑抗震鉴定标准》GB 50023 的相关规定为依据,即以综合抗震能力是否达标对加固效果进行检查、验算和评定。既有建筑抗震加固的设计原则、加固方案、设计方法应符合现行行业标准《建筑抗震加固技术规程》JGJ 116 及现行相关标准的规定。

本条的评价方法为:设计评价查阅相关设计文件、鉴定报告;运行评价查阅相关竣工图、鉴定报告,并现场核实。

5.2.3 本条适用于各类民用建筑的设计、运行评价。

改造工程中,采用不使用模板的结构加固技术,例如外粘型钢加固法、粘贴钢板加固法、粘贴纤维复合材加固法等,可节约模板材料。加固后构件体积较原构件体积的增量越小,意味着加固材料用量越少。本条对这两类结构加固技术进行评价。本条中构件数量的计算方法与本标准第 5.1.4 条相同。

本条的评价方法为:设计评价查阅相关设计文件、不使用模板的加固结构构件数量比例计算书、加固后体积增加不大于 20% 的构件数量比例计算书;运行评价查阅相关竣工图、不使用模板的加固结构构件数量比例计算书、加固后体积增加不大于 20% 的构件数量比例计算书,并现场核实。

5.2.4 本条适用于各类民用建筑的设计、运行评价。对混合功能建筑,应分别对其居住建筑部分和公共建筑部分进行评价,本条得分值取两者的平均值。

土建和装修一体化设计,要求对土建设计和装修设计统一协调,在土建设计时考虑装修设计需求,事先进行孔洞预留和装修面层固定件的预埋,避免在装

修时对已有建筑构件打凿、穿孔。这样既可减少设计的反复，又可保证结构的安全，减少材料消耗，并降低装修成本。

本条的评价方法为：设计评价查阅相关设计文件（土建、装修）；运行评价查阅相关竣工图（土建、装修），并现场核实。

Ⅱ 材料选用

5.2.5 本条适用于各类民用建筑的设计、运行评价。新增结构构件非混凝土构件、钢构件的，本条不参评。

合理采用高强度结构材料，可减小改造过程中新增构件的截面尺寸及材料用量，同时也可减轻结构自重。混凝土结构中的受力普通钢筋，包括梁、柱、墙、板、基础等构件中的纵向受力钢筋及箍筋。高强建筑结构材料采用比例的计算方法：高强度材料用量比例=新增结构构件中高强度材料用量（kg）/新增结构构件中所有同类材料用量（kg）。

本条的评价方法为：设计评价查阅相关设计文件、高强度材料用量比例计算书；运行评价查阅相关竣工图、高强度材料用量比例计算书、工程材料决算清单，并现场核实。

5.2.6 本条适用于各类民用建筑的设计、运行评价。如果改造项目既没有使用混凝土，也没有新增钢结构构件或木结构构件，本条不参评。当新增结构构件设计成可替换构件时，本条直接得 7 分。

本条中的高耐久性混凝土应按现行国家标准《混凝土耐久性检验评定标准》JGJ/T 193 进行检测评定，抗硫酸盐等级达到 KS90，抗氯离子渗透、抗碳化及抗早期开裂均能达到Ⅲ级，且应满足现行国家标准《混凝土结构耐久性设计规范》GB/T 50476 的有关规定以及改造后建筑结构后续使用年限要求。

本条中的耐候结构钢应符合现行国家标准《耐候结构钢》GB/T 4171 的要求；耐候型防腐涂料需符合现行行业标准《建筑用钢结构防腐涂料》JG/T 224 中Ⅱ型面漆和长效型底漆的要求。

本条中的木结构构件需符合现行国家标准《木结构设计规范》GB 50005、《木结构工程施工质量验收规范》GB 50206 及《建筑设计防火规范》GB 50016 中有关构件防火、防腐、防虫的要求。

本条的评价方法为：设计评价查阅相关设计文件、高耐久性混凝土用量比例计算书；运行评价查阅相关竣工图（建筑、结构）、高耐久性混凝土用量比例计算书、材料检测报告或证明文件。

5.2.7 本条适用于各类民用建筑的设计、运行评价。

形式简约的内外装饰装修方案是指形式服务于功能，避免复杂设计和构造的装饰装修方式。例如：外立面简单规则，室内空间开敞、内外通透，墙面、地面、顶棚造型简洁，尽可能不用装饰或取消多余的装

饰；建筑部品及室内部件尽可能使用标准件，门窗尺寸根据模数制系统设计；仅对原装饰层进行简单翻新等。例如，清水混凝土不需要涂料、饰面等化工产品装饰，减少材料用量，其结构一次成型，不需剔凿修补和抹灰，减少大量建筑垃圾，有利于保护环境，可视为一种形式简约的内外装饰装修。

为了保持建筑物的风格、视觉效果和良好的人居环境，装饰装修材料在使用一定年限后需进行维护、更换。如果使用易沾污、难维护及耐久性差的装饰装修材料，会在一定程度上增加建筑物的维护成本，且装修施工也会带来有毒有害物质的排放、粉尘及噪声等问题。建筑装饰装修材料的环保性能应符合现行国家标准《民用建筑工程室内环境污染控制规范》GB 50325 和相应产品标准的有关规定，耐久性应符合现行有关标准的规定。

本条的评价方法为：设计评价查阅相关设计文件；运行评价查阅相关竣工图、产品说明书、材料检测报告，并现场核实。

5.2.8 本条适用于各类民用建筑的设计、运行评价。对未使用结构加固用胶粘剂、聚合物砂浆或结构防护材料的改造项目，本条对该材料的相应要求不参评。

结构加固用胶粘剂为有机材料，可能存在异味或者对人体、环境有不利影响，且其耐久性往往比无机材料要差。结构加固材料和防护材料的耐久性对保证改造效果、延长使用寿命具有重要作用。因此，对此类材料提出环保和耐久性要求。结构加固材料和防护材料的种类较多，其耐久性均应符合相关标准的规定。例如，本条第 1、2 款所指的结构加固材料，国家现行标准《混凝土结构加固设计规范》GB 50367、《混凝土结构加固用聚合物砂浆》JG/T 289 等均对其无毒、耐久性能有规定；本条第 3 款所指的结构防护材料，现行行业标准《建筑用钢结构防腐涂料》JG/T 224、《混凝土结构防护用成膜型涂料》JG/T 335、《混凝土结构防护用渗透型涂料》JG/T 337 等均对其耐久性能有规定。

本条的评价方法为：设计评价查阅相关设计文件；运行评价查阅相关竣工图，结构加固材料和防护材料的产品说明书、材料检测报告。

5.2.9 本条适用于各类民用建筑的设计、运行评价。

建筑材料的再利用和循环利用是建筑节材与材料资源利用的重要内容，可以减少生产加工新材料带来的资源、能源消耗和环境污染，具有良好的经济、社会和环境效益。有的建筑材料可以在不改变材料的物质形态情况下直接进行再利用，或经过简单组合、修复后可直接再利用，如某些特定材质制成的门、窗等。有的建筑材料需要通过改变物质形态才能实现循环利用，如钢筋、玻璃等。有的建筑材料则既可以直接再利用又可以回炉后再循环利用，例如标准尺寸的钢结构型材等。以上各类材料均可纳入本条范畴。

本条的评价方法为：设计评价查阅工程概预算材料清单、相关材料使用比例计算书；运行评价查阅工程决算材料清单、相关材料使用比例计算书、相关材料检测报告。

5.2.10 本条适用于各类民用建筑的设计、运行评价。当改造施工不需要现浇混凝土时，本条第1款直接得4分；当改造施工不需要使用砂浆时，本条第2款直接得2分。

我国大力提倡和推广使用预拌混凝土，其应用技术已经成熟。与现场搅拌混凝土相比，预拌混凝土产品性能稳定，易于保证工程质量，且采用预拌混凝土能够减少施工现场噪声和粉尘污染，节约能源、资源，减少材料损耗。预拌混凝土应符合现行国家标准《预拌混凝土》GB/T 14902 的有关规定。

预拌砂浆是根据工程需要配制、由专业化工厂规模化生产的，砂浆的性能品质和均匀性能够得到充分保证，可以很好地满足砂浆保水性、和易性、强度和耐久性需求。预拌砂浆应符合国家现行标准《预拌砂浆》GB/T 25181 和《预拌砂浆应用技术规程》JGJ/T 223 的有关规定。

本条的评价方法为：设计评价查阅相关设计文件；运行评价查阅相关竣工图，预拌混凝土、预拌砂浆用量清单。

Ⅲ 改 造 效 果

5.2.11 本条适用于各类民用建筑的设计、运行评价。对现行国家标准《建筑抗震鉴定标准》GB 50023 规定的C类建筑，本条不参评。

1989 年，我国首次发布了《建筑抗震设计规范》GBJ 11-89。因此，自20世纪90年代起，新建建筑均是按当时施行的抗震设计规范系列设计和建造的。对于原来未进行抗震设计、设防烈度低或按旧规范进行抗震设计的既有建筑结构，多数在改造加固设计时难以达到现行设计规范的要求。因此，改造时应根据实际情况和需要进行设计，使其达到现行国家标准《建筑抗震鉴定标准》GB 50023 的基本要求。当有条件时，可选用较高的后续使用年限进行改造设计和施工，且改造的施工质量满足相应验收规范的要求，改造后结构抗震性能满足设计要求，此时，可认为结构抗震性能提升，改造效果明显。

本条的评价方法为：设计评价查阅相关设计文件、抗震鉴定报告、抗震性能提升专项报告；运行评价查阅相关竣工图、抗震鉴定报告、抗震性能提升专项报告，并现场核实。

5.2.12 本条适用于各类民用建筑的设计、运行评价。

建筑结构的耐久性决定着建筑的使用年限。建筑使用寿命的延长意味着更好地节约能源资源。应采取措施保证结构的耐久性符合设计使用年限的要求。本

标准第5.2.6条对新增结构构件的耐久性提出了评价要求。本条主要针对改造工程中加固的结构构件以及未经改造的结构构件，要求其具有与设计使用年限相适应的耐久性。

对加固的结构构件，应根据设计使用年限和环境类别进行耐久性设计，提出耐久性技术措施和使用阶段的检测维护要求。加固所采用的材料耐久性、相关构造及施工质量等应符合国家现行相关标准的要求。

对于未经改造的结构构件，应按现行国家标准《工程结构可靠性设计统一标准》GB 50153 的要求，根据结构已经使用的时间、材料相关性能变化的状况、环境作用情况和结构构件材料性能的劣化规律等进行耐久年数评定。对于耐久年数小于设计使用年限的，应采取相应的处理措施。

建筑结构耐久性应符合的国家现行标准主要标准包括：《混凝土结构设计规范》GB 50010、《混凝土结构耐久性设计规范》GB 50476、《钢结构设计规范》GB 50017、《耐候结构钢》GB/T 4171、《建筑用钢结构防腐涂料》JG/T 224、《砌体结构设计规范》GB 50003、《木结构设计规范》GB 50005 以及各类材料结构的加固设计、施工和验收规范。

本条的评价方法为：设计评价查阅相关设计文件、结构耐久性评定报告；运行评价查阅相关竣工图、结构耐久性评定报告、加固材料耐久性检测报告，并现场核实。

6 暖 通 空 调

6.1 控 制 项

6.1.1 本条适用于各类民用建筑的设计、运行评价。

节能诊断是进行既有建筑节能改造的重要依据，在暖通空调系统改造前应制定详细的节能诊断方案。居住建筑节能诊断的内容主要包括：供暖、空调能耗现状的调查，室内热环境，暖通空调系统等现状诊断。居住建筑节能诊断检测方法应符合现行行业标准《居住建筑节能检测标准》JGJ/T 132 的有关规定。公共建筑节能诊断的内容主要包括：冷水机组、热泵机组的实际性能系数，锅炉运行效率，水泵效率，水系统补水率，水系统供回水温差，冷却塔冷却性能，风机单位风量耗功率，风系统平衡度等，公共建筑节能诊断检测方法应符合现行行业标准《公共建筑节能检测标准》JGJ/T 177 的有关规定。

本条的评价方法为：设计评价查阅节能诊断报告；运行评价查阅节能诊断报告。

6.1.2 本条适用于各类民用建筑的设计、运行评价。

重新进行热负荷和逐项逐时冷负荷的计算，有利于降低暖通空调系统改造初投资、节省运行能耗。改造可能会涉及建筑的围护结构、建筑的房间分隔要求

和使用功能，在对暖通空调系统进行改造时，需要按国家或地方的有关节能设计标准重新进行热负荷和逐项逐时的冷负荷计算，从而避免由于冷、热负荷偏大，导致装机容量大、管道尺寸大、水泵和风机配置大、末端设备选型大的"四大"现象发生；对于仅改造暖通空调系统的建筑，根据负荷特点进行设计及设备选型显得尤为重要。

本条的评价方法为：设计评价查阅相关设计文件、计算书；运行评价查阅相关竣工图，并现场核实。

6.1.3 本条适用于各类民用建筑的设计、运行评价。

合理利用能源、提高能源利用率、节约能源是我国的基本国策。高品位的电能直接用于转换为低品位的热能进行供暖或空调，热效率低，运行费用高，必需严格限制这种"高质低用"的能源转换利用方式。考虑到一些特殊的建筑，符合下列条件之一，则不在本条的限制范围内：

1 电力供应充足，且电力需求侧鼓励用电；

2 无城市或区域集中供热，采用燃气、煤、油等燃料受到环保或消防限制，且无法利用热泵提供供暖热源的建筑；

3 以供冷为主、供暖负荷非常小，且无法利用热泵或其他方式提供供暖热源的建筑；

4 以供冷为主、供暖负荷小，无法利用热泵或其他方式提供供暖热源，但可以利用低谷电进行蓄热，且电锅炉不在用电高峰和平段时间启用的建筑；

5 利用可再生能源发电，且其发电量能满足自身电加热、加湿需求的建筑；

6 冬季无加湿用蒸汽源，且冬季室内相对湿度控制精度要求高的建筑。

本条的评价方法为：设计评价查阅相关设计文件；运行评价查阅相关竣工图，并现场核实。

6.1.4 本条适用于各类民用建筑的设计、运行评价。

热舒适是人体对热环境的主观热反应，房间的温度、湿度对人体热舒适感影响显著，同时温湿度的高低与建筑能耗大小有密切关系；新风量是衡量室内空气质量的重要标准。因此，本条对房间的温度、湿度、新风量等参数进行要求，其应满足现行国家标准《民用建筑供暖通风与空气调节设计规范》GB 50736的有关规定。对于未设空调系统仅有供暖系统的既有建筑，改造后房间内的温度符合相关规定即可。

本条的评价方法为：设计评价查阅相关设计文件；运行评价查阅竣工图、温湿度检测报告及新风机组风量检测报告，并现场核实。

6.2 评 分 项

I 设备和系统

6.2.1 本条适用于各类民用建筑的设计、运行评价。

暖通空调系统冷热源机组的能耗在建筑总能耗中占有较大的比重，机组能效水平的提升是改造的重点之一。

现行国家标准《公共建筑节能设计标准》GB 50189强制性条文分别对锅炉的热效率、电机驱动压缩机的蒸气压缩循环冷水（热泵）机组的性能系数（COP）、名义制冷量大于7100W、采用电机驱动压缩机的单元式空气调节机、风管送风式和屋顶式空气调节机组的能效比（EER）、多联式空调（热泵）机组的综合性能系数 IPLV（C）、直燃型溴化锂吸收式冷（温）水机组的性能参数提出了基本要求。

对于现行国家标准《公共建筑节能设计标准》GB 50189中未予规定的情况，例如量大面广的住宅或小型公建中采用分体空调器、燃气热水炉等其他设备作为暖通空调冷热源（含热水炉同时作为供暖和生活热水热源的情况）可以根据现行有关国家标准《房间空气调节器能效限定值及能效等级》GB 12021.3、《转速可控型房间空气调节器能效限定值及能效等级》GB 21455、《家用燃气快速热水器和燃气采暖热水炉能效限定值及能效等级》GB 20665等规定的能效限定值作为判定本条是否达标的依据。

本条的评价方法为：设计评价查阅相关设计文件；运行评价查阅相关竣工图、主要产品形式检验报告、运行记录，并现场核实。

6.2.2 本条适用于各类民用建筑的设计、运行评价。

在大量既有建筑中，输配系统的能耗占到整个暖通空调系统能耗的30%以上，在绿色改造中要重视解决"大流量小温差"以及水泵低效率运转等问题。改造后输配系统和设备的性能指标应满足下列要求：

1 供暖系统热水循环泵耗电输热比满足现行国家标准《公共建筑节能设计标准》GB 50189的要求；

2 通风空调系统风机的单位风量耗功率满足现行国家标准《公共建筑节能设计标准》GB 50189的要求；

3 空调冷热水系统循环水泵的耗电输冷（热）比满足现行国家标准《民用建筑供暖通风与空气调节设计规范》GB 50736的要求。

本条的评价方法为：设计评价查阅相关设计文件、计算书；运行评价查阅相关竣工图、主要产品形式检验报告、计算书，并现场核实。

6.2.3 本条适用于各类民用建筑的设计、运行评价。

多数暖通空调系统都是按最不利情况（满负荷）进行系统设计和设备选型的，而建筑在绝大部分时间内是处于部分负荷状况，或者同一时间仅有一部分空间处于使用状态。针对部分负荷、部分空间使用条件的情况，如何采取有效措施节约能源，在改造过程中显得至关重要。系统改造中应考虑合理的系统分区、水泵变频、变风量、变水量等节能措施，保证在建筑物处于部分冷热负荷或部分建筑空间使用时，能根据实际需要提供能源供给，同时不降低能源转换效率，并能够指导系统在实际运行中实现节能高效运行。

本条第 1 款主要针对系统划分及其末端控制，空调方式采用分体空调以及多联机的，可认定为满足（但前提是其供暖系统也满足本款要求，或没有供暖系统）。本条第 2 款主要针对系统冷热源，如热源为市政热源可不予考察（但小区锅炉房等仍应考察）。本条第 3 款主要针对系统的输配系统，如冷热源和末端一体化而不存在输配系统的，可认定为满足，例如住宅中仅设分体空调以及多联机。

本条的评价方法为：设计评价查阅相关设计文件、计算书；运行评价查阅相关竣工图、计算书、运行记录，并现场核实。

6.2.4 本条适用于各类民用建筑的设计、运行评价。

当暖通空调系统能耗未分项计量时，不利于掌握系统和设备的能耗分布，难以发现能耗不合理之处。因此，在暖通空调系统改造时应当考虑这个问题，通过线路改造、加装电表等方式，使暖通空调系统各能耗环节如冷热源、输配系统等各部分都能实现独立分项计量，有助于分析各项能耗水平和能耗结构是否合理，发现问题并提出改进措施，并根据独立分项计量进行收费。

对于有多个独立付费单元或管理单元的建筑，也可按付费单元或管理单元设置能耗计量装置，并根据计量结果进行收费，使用经济手段促使人们节约用能，从而有效地实施建筑节能。集中供暖的居住建筑，在各户或楼栋热力入口处设置能耗计量装置，促进行为节能。

本条的评价方法为：设计评价查阅相关文件；运行评价查阅相关竣工图、分项计量记录，并现场核实。

6.2.5 本条适用于各类民用建筑的设计、运行评价。采用分散式空调系统的建筑不参评。

管理是节约能源、资源的重要手段。通过设置暖通空调能耗管理系统，可以掌握各部分、设备的能耗情况，并进行数据分析对比，帮助运行管理者发现建筑运行中存在或潜在的低能效、高能耗问题，实现建筑节能潜力挖掘及运行优化，并对物业管理手段的多样化和精确化起到重要帮助作用。

针对既有建筑暖通空调系统的各个部分和重点设备，在改造过程当中合理加装或改造各类传感器和仪表，并通过软件平台将系统能耗参数进行集中采集，实现实时显示、统计存储、分析对比、权限管理、上传公示、报警预测等功能。

本条的评价方法为：设计评价查阅相关设计文件；运行评价查阅竣工图、运行记录，并现场核实。

6.2.6 本条适用于各类民用建筑的设计、运行评价。

本条文的目的是鼓励采取增设变频装置或其他低成本节能改造技术对现有系统进行有针对性的改造，

在经济合理的情况下降低暖通系统的能耗。

在对原有冷水（热泵）机组进行变频改造时，应充分考虑变频后冷水（热泵）机组运行的安全性问题。目前并不是所有冷水（热泵）机组均可通过增设变频装置来实现机组的变频运行，因此在确定冷水（热泵）机组变频改造方案时，应进行充分的技术论证并听取原设备厂家的意见。

目前其他常用的低成本节能改造技术还有：重设冷水机组出水温度、保持建筑微正压运行、优化车库排风系统、根据 CO_2 浓度调节新风量、设置房间温控器可调范围、变风量系统重设静压点、水泵叶轮切削技术等。应用低成本改造技术需进行相关经济性计算分析，确保所采用技术的合理性。

本条的评价方法为：设计评价查阅相关设计文件、计算分析报告；运行评价查阅相关竣工图、运行记录、计算分析报告，并现场核实。

Ⅱ 热湿环境与空气品质

6.2.7 本条适用于各类民用建筑的设计、运行评价。

本条文强调的室内热舒适的可调控性，包括主动式供暖空调末端的可调性及个性化的调节措施，目标是尽量地满足用户改善个人热舒适的差异化需求及在满足热舒适的前提下促进行为节能的实现。本条鼓励根据房间、区域的功能和所采取的系统形式，合理设置可调末端装置；干式风机盘管、地板辐射等供暖空调形式，不仅有较好的节能效果，而且还能更好地提高人员舒适性。对于居住建筑，根据具有独立调节能力的户数的比例进行评分；对于采用供暖空调系统的公共建筑，根据具有独立调节能力的主要功能房间面积的比例进行评分。

本条的评价方法为：设计评价查阅相关设计文件；运行评价查阅相关竣工图，并现场核实。

6.2.8 本条适用于各类民用建筑的设计、运行评价。

本条文的目的是采取有效措施净化室内空气，从而有效降低室内空气污染物的浓度。室内空气污染物大致可分为气态污染物和颗粒状污染物两大类，包括甲醛、苯系物、氨、TVOC、PM10、PM2.5 等，室内空气质量好坏直接影响到人们的生理健康、心理健康和舒适感。为了提高室内空气质量，改善居住、办公条件，增进身心健康，有必要对室内空气污染物进行控制。

空气净化可分为机械净化法、物理化学净化法、催化净化法和生物净化法。为了保证建筑整体室内空气质量和评价方法的可操作性，对于居住建筑，根据具有空气净化能力的户数的比例进行评分；对于采用供暖空调系统的公共建筑，根据具有空气净化能力的主要功能房间面积的比例进行评分。

本条的评价方法为：设计评价查阅相关设计文件；运行评价查阅相关竣工图纸、产品形式检验报告、室内空气污染物浓度检测报告，并现场核实。

Ⅲ　能源综合利用

6.2.9　本条适用于各类民用建筑的设计、运行评价。

在过渡季节或冬季，充分利用自然冷源降温，例如全空气空调系统进行全新风或可调新风比运行，但设计时必须认真考虑新风口及新风管所需的截面积，合理布置排风管路；利用蒸发冷却或冷却塔冷却方式进行冬季和过渡季供冷，有利于降低空调系统能耗，达到节能的目的；因地制宜采用地道风、自然通风以及太阳能热压通风等方式对室内进行通风降温，也能显著降低系统能耗。

本条的评价方法为：设计评价查阅相关设计文件、计算分析报告；运行评价查阅相关竣工图、计算分析报告、产品形式检验报告、运行记录，并现场核实。

6.2.10　本条适用于各类民用建筑的设计、运行评价。若建筑无可用的余热源或无稳定的热需求，或能量投入产出收益不合理，本条不参评。

对空调区域排风中的能量加以回收利用，可以取得很好的节能效益和环境效益。因此，设计时可优先考虑回收排风中的能量，尤其是当新风与排风采用专门独立的管道输送时，有利于设置集中的热回收装置。严寒地区采用空气热回收装置时，应对热回收装置的排风侧是否出现结露或结霜现象进行核算，若出现结露或结霜时，应采取预热等防治措施。参评建筑的排风热回收应满足下列两项之一：

1　采用集中空调系统的建筑，利用排风对新风进行预热（预冷）处理，降低新风负荷，且排风热回收装置（全热和显热）的额定热回收效率不低于60%；

2　分户分室采用带热回收的新风与排风双向换气装置，且双向换气装置的额定热回收效率不低于55%。

在空调冷负荷较大，且有供热需求的场所，宜采用热回收型冷水机组；锅炉的排烟温度很高，若直接排走将造成大量热损失，设置烟气余热回收装置回收烟气余热量能有效提升锅炉效率；特别是燃气锅炉，由于烟气中含有大量水蒸气，若能回收水蒸气的汽化潜热，则效率有较大的提升。

本条的评价方法为：设计评价查阅相关设计文件、计算分析报告；运行评价查阅相关竣工图、计算分析报告、主要产品形式检验报告、运行记录，并现场核实。

6.2.11　本条适用于各类民用建筑的设计、运行评价。

本条的目的是根据计算得到的各种可再生能源全年可提供的能量占既有建筑全年所需的总能源量的比例，对建筑可再生能源利用进行评定。由于不同种类

可再生能源的度量方法、品位和价格都不同，所以需要分类进行衡量。

可再生能源利用具有节能减排的综合效益，利用可再生能源提供生活热水、作为采暖或空调系统的冷热源等已有很多成功案例，适宜广泛推广。因此，在建筑绿色改造时，应根据当地气候和自然资源条件合理利用太阳能、地热能等可再生能源。

利用可再生能源提供热水或作为空调冷热源的建筑按本标准表6.2.11进行评价时，对于设计评价，可以采用可再生能源提供的生活热水的户数比例（住宅建筑）或水量比例（公共建筑）作为评价指标；对于运行评价，采用扣除常规辅助能源系统以及水泵风机系统能耗之后的可再生能源净贡献率作为评价指标。

注意，对于太阳能热利用系统的供暖空调冷热量，需统一考虑全年的供暖空调的冷量和热量，即分母应为供暖总热量与空调总冷量的算术和。

对于本标准表6.2.11所列的三种情况，可同时累计得分，最高不超过10分。对于由其他形式可再生能源提供的供暖空调冷热量或生活热水，可参照本标准表6.2.11给出的规则，计算系统中可再生能源所提供的能量比率。对于光伏发电系统，则按本标准第8.2.9条评价，不纳入本条评价范围。

本条的评价方法为：设计评价查阅相关设计文件、计算分析报告；运行评价查阅相关竣工图、计算分析报告、主要产品形式检验报告、运行记录，并现场核实。

Ⅳ　改造效果

6.2.12　本条适用于各类民用建筑的设计、运行评价。

采用暖通空调系统能耗降低幅度φ_{HVAC}为评价指标，通过分别计算改造前后暖通空调系统的能耗，对比得出节能的实际效果，其中改造前后建筑的围护结构应具有一致性。暖通空调系统能耗降低幅度是指由于暖通空调系统采取一系列节能改造措施后，直接导致暖通空调系统的能源消耗（电、燃煤、燃油、燃气）降低的幅度，不包括由于围护结构的节能改造而间接导致暖通空调系统能源消耗的降低量。

能耗降低幅度计算公式如下：

$$\varphi_{HVAC} = \left(1 - \frac{E_{HVAC}}{E_{HVAC,ref}}\right) \times 100\% \tag{1}$$

式中：E_{HVAC}——改造后暖通空调系统全年能耗；

$E_{HVAC,ref}$——改造前暖通空调系统全年能耗。

对于设计评价，可采用能耗模拟的方法进行计算；对于运行评价，可采用能耗模拟与实际计量数据相结合的方法进行计算。

本条的评价方法为：设计评价查阅相关设计文

件、计算分析报告；运行评价查阅相关竣工图、计算分析报告、运行记录，并现场核实。

6.2.13 本条适用于各类民用建筑的设计、运行评价。

本条的目的是避免过度更换尚可利用的暖通空调设备，减少不必要的改造成本。在考虑能耗降低幅度的情况下，缩短改造方案的静态投资回收期（P_t），提高投资方案的经济性。静态评价方法不考虑资金的时间价值，在一定程度上反映了投资效果的优劣，经济意义明确、直观，计算简便。

静态投资回收期（P_t）计算公式如下：

$$P_t = \frac{K}{A} \quad (2)$$

式中：K——实施节能改造的总投入成本；
A——改造后每年节约的费用。

改造后每年节约的费用（A）计算公式如下：

$$A = (E_{HVAC,ref} - E_{HVAC}) \times P \quad (3)$$

式中：P——改造时的能源价格。

本条的评价方法为：设计评价查阅相关设计文件、计算分析报告；运行评价查阅相关竣工图、计算分析报告、运行记录，并现场核实。

6.2.14 本条适用于各类民用建筑的设计、运行评价。

热湿环境是建筑环境的重要内容，应当在保障室内热湿环境质量的前提下寻求建筑能耗降低的方法。室内热湿环境主要受人的活动水平、服装热阻、室内温度、湿度、空气流速等参数的影响，根据既有建筑的使用要求、气候、适应性等条件，采用合理控制措施，营造节能、健康、舒适的室内热湿环境。本条按现行国家标准《民用建筑室内热湿环境评价标准》GB/T 50785 所规定的评价方法进行评价。

本条的评价方法为：设计评价查阅相关设计文件、计算分析报告；运行评价查阅相关竣工图、计算分析报告，并现场核实。

7 给 水 排 水

7.1 控 制 项

7.1.1 本条适用于各类民用建筑的设计、运行评价。

既有建筑的水系统改造，既要保证改造效果，又要避免对周围环境的影响，故水系统改造专项方案中除了对节水节能效果、技术经济合理性进行评估外，还应评估水系统改造对周边环境、用户、建筑本体等造成的影响。

水系统改造专项方案应包括但不限于以下内容：

1 当地政府规定的节水要求、地区水资源状况、气象资料、地质条件及市政设施情况等。

2 项目概况。当项目包含多种建筑类型，如住宅、办公建筑、旅馆、商店、会展建筑等时，可统筹考虑项目内水资源的综合利用。

3 确定节水用水定额、编制用水量计算表及水量平衡表。

4 给排水系统设计方案介绍。

5 采用的节水器具、设备和系统的相关说明。

6 非传统水源利用方案。对雨水、再生水、海水等水资源利用的技术经济可行性进行分析和研究，进行水量平衡计算，确定雨水、再生水、海水等水资源的利用方法、规模、处理工艺流程等，并应采取用水安全保障措施，且不得对人体健康与周围环境产生不良影响。

7 景观水体补水严禁采用市政供水和自备地下水井供水，可以采用地表水和非传统水源。取用建筑场地外的地表水时，应事先取得当地政府主管部门的许可；采用雨水和建筑中水作为水源时，水景规模应根据设计可收集利用的雨水或中水量来确定。

8 水系统改造对周边环境、用户、建筑本体影响等评估报告。

本条评价方法为：设计评价查阅相关设计文件（设计说明、施工图、计算书）、水系统改造专项方案；运行评价查阅相关竣工图、水系统改造专项方案、产品说明书、运行数据报告，并现场核实。

7.1.2 本条适用于各类民用建筑的设计、运行评价。

合理、完善、安全的给排水系统应符合下列要求：

1 给排水系统的规划设计应符合相关现行标准的规定，如《建筑给水排水设计规范》GB 50015、《城镇给水排水技术规范》GB 50788、《民用建筑节水设计标准》GB 50555、《建筑中水设计规范》GB 50336 等。

2 给水水压稳定、可靠，各给水系统应保证以足够的水量和水压向所有用户不间断地供应符合要求的水。供水充分利用市政压力，加压系统选用节能高效的设备；给水系统分区合理，每区供水压力不大于0.45MPa；合理采取减压限流的节水措施。

3 根据用水要求的不同，给水水质应达到国家、行业或地方现行标准的要求。使用非传统水源时，采取用水安全保障措施，且不得对人体健康与周围环境产生不良影响。

4 管材、管道附件及设备等供水设施的选取和运行不应对供水造成二次污染。各类不同水质要求的给水管线应有明显的管道标识。有直饮水供应时，直饮水应采用独立的循环管网供水，并设置水量、水压、水质、设备故障等安全报警装置。

5 设置完善的污水收集、处理和排放等设施。技术经济分析合理时，可考虑污废水的回收再利用，自行设置完善的污水收集和处理设施。污水处理率和达标排放率必须达到100%。

6 为避免室内重要物资和设备受潮引起损失，应采取有效措施避免管道、阀门和设备的漏水、渗水或结露。

7 热水用水量较小且用水点分散时，宜采用局部热水供应系统；热水用水量较大、用水点比较集中时，应采用集中热水供应系统，并应设置完善的热水循环系统。设置集中生活热水系统时，应确保冷热水系统压力平衡，或设置混水器、恒温阀、压差控制装置等。

8 应根据当地气候、地形、地貌等特点合理规划雨水入渗、排放或利用，保证排水渠道畅通，减少雨水受污染的几率，且合理利用雨水资源。

本条评价方法为：设计评价查阅相关设计文件；运行评价查阅相关竣工图、产品说明书、水质检测报告、运行数据报告等，并现场核实。

7.1.3 本条适用于各类民用建筑的设计、运行评价。无非传统水源利用系统的项目，本条不参评。

保证非传统水源的使用安全，防止误接、误用、误饮是非传统水源利用中必需高度重视的问题。

非传统水源利用系统应符合下列要求：

1 非传统水源管道严禁与生活饮用水给水管道连接；

2 水池（箱）、阀门、水表及给水栓、取水口均应有明显的非传统水源标志；

3 采用非传统水源的公共场所的给水栓及绿化取水口应设带锁装置。

本条评价方法为：设计评价查阅相关设计文件；运行评价查阅相关竣工图、产品说明书，并现场核实。

7.2 评 分 项

Ⅰ 节 水 系 统

7.2.1 本条适用于各类民用建筑的设计、运行评价。

用水器具给水额定流量是指为满足使用要求，用水器具给水配件出口，在单位时间内流出的规定出水量。流出水头是指保证给水配件流出额定流量，在阀前所需的水压。给水配件阀前压力大于流出水头，给水配件在单位时间内的出水量超过额定流量的现象，称超压出流现象，该流量与额定流量的差值，为超压出流量。给水配件超压出流量，不但会破坏给水系统中水量的正常分配，对用水工况产生不良的影响，同时因超压出流未产生使用效益，为无效用水量，即浪费的水量。因它在使用过程中流失，不易被人们察觉和认识，属于"隐形"水量浪费，应引起足够的重视。给水系统设计时应采取措施控制超压出流现象，应合理进行压力分区，并适当地采用减压措施，避免浪费。

当选用了恒定出流的用水器具时，该部分管线的工作压力满足相关设计规范的要求即可。当建筑因功能需要，选用特殊水压要求的用水器具时，如大流量淋浴喷头，可根据产品要求采用适当的工作压力，但应选用用水效率高的产品，并在说明中做相应描述。在上述情况下，如其他常规用水器具均能满足本条要求，可以评判其达标。

既有建筑供水系统改造难度较大，但水压控制可通过减压阀等措施实现。

本条的评价方法为：设计评价查阅相关设计文件（含各层用水点用水压力计算表）；运行评价查阅相关竣工图、产品说明书，并现场核实。

7.2.2 本条适用于各类民用建筑的设计、运行评价。

既有建筑更换管道、改变管道基础等实施难度较大，但将水池、水箱设置溢流报警和进水阀门机械联通或自动联动关闭措施较易实施。按水平衡测试要求设置计量水表，保证计量水表安装的闭合性，如发现管网漏损应及时整改。

管网漏失水量包括：阀门故障漏水量、室内卫生器具漏水量、水池和水箱溢流漏水量、设备漏水量和管网漏水量。为避免漏损，可采取以下措施：

1 给水系统中使用的管材、管件，必须符合现行产品行业标准的要求。对新型管材和管件应符合企业标准的要求。

2 选用性能高的阀门、零泄漏阀门等。

3 合理设计供水压力，避免供水压力持续高压或压力骤变。

4 做好室外管道基础处理和覆土，控制管道埋深，加强管道工程施工监督，把好施工质量关。

5 水池、水箱溢流报警和进水阀门自动联动关闭。

6 设计阶段：根据水平衡测试的要求安装分级计量水表，分级计量水表安装率达100%。具体要求为下级水表的设置应覆盖上一级水表的所有出流量，不得出现无计量支路。

7 运行阶段：物业管理方应按水平衡测试要求进行运行管理，申报方应提供用水量计量和漏损检测情况的报告，也可委托第三方进行水平衡测试，报告包括分级水表设置示意图、用水计量实测记录、管道漏损率计算和原因分析，并提供采取整改措施的落实情况报告。

本条的评价方法为：设计评价查阅相关设计文件（含分级水表设置示意图）；运行评价查阅竣工图（含分级水表设置示意图）、用水量计量和漏损检测及整改情况的报告，并现场核实。

7.2.3 本条适用于各类民用建筑的设计、运行评价。

按使用用途、付费或管理单元的情况，对不同用户的用水分别设置用水计算装置，统计用水量，并据此施行计量收费，以实现"用者付费"，达到鼓励行为节水的目的，同时还可统计各种用途的用水量和分析渗漏水量，达到持续改进的目的。各管理单元通常是分别付费，或即使是不分别付费，也可以根据用水计量情况，对不同管理单元进行节水绩效考核，促进行为节水。

对公共建筑中有可能实施用者付费的场所，应设置用者付费的设施，实现行为节水。

本条的评价方法为：设计评价查阅相关设计文件（含水表设置示意图）；运行评价查阅相关竣工图（含水表设置示意图）、各类用水的计量记录及统计报告，并现场核实。

7.2.4 本条适用于各类民用建筑的设计、运行评价。无热水系统的建筑，本条不参评。无公共浴室的项目第3款不参评。

热水用量较小且用水点分散的建筑（办公楼、小型饮食店等），宜采用局部热水供应系统；热水用水量较大、用水点集中的建筑（居住建筑、旅馆、公共浴室、医院、疗养院、体育馆、大型饭店等），应采用集中热水供应系统，并应设置完善的热水循环系统。热水系统设置应符合下列规定：

1 集中热水供应系统，应采用机械循环，保证干管、立管或干管、立管和支管中的热水循环；

2 设有3个以上卫生间的公寓、住宅等共用水加热设备的局部热水供应系统，应设回水配件自然循环或设循环泵机械循环；

3 住宅设集中热水供应时，应设干、立管循环，用水点出水温度达到设计水温的放水时间不应大于15s，医院、旅馆等公共建筑不应大于10s；

4 公共浴室可采用脚踏式、感应式及全自动刷卡式等定量或定时的淋浴方式。

用水点出水温度达到设计水温的放水时间可根据不循环支管的长度，及热水管道的流速通过计算后确定。

集中热水供应系统应有保证用水点处冷、热水供水压力平衡的措施，最不利用水点处冷、热水供水压力差不应大于0.02MPa，并符合下列规定：

1 冷水、热水供应系统应分区一致；

2 当冷、热水系统分区一致有困难时，宜采用配水支管设可调式减压阀减压等措施，保证系统冷、热水压力的平衡；

3 在用水点处宜设带调节压差功能的混合器、混合阀。

本条评价方法为：设计评价查阅相关设计文件；运行评价查阅相关竣工图、产品说明证书或产品检测报告，并现场核实。

Ⅱ 节水器具与设备

7.2.5 本条适用于各类民用建筑的设计、运行评价。

采用节水型卫生器具是最明显、最直观的节水措施。由于既有建筑全面更换卫生器具存在一定难度，故根据项目具体情况，按比例得分。

目前，我国已对部分用水器具的用水效率制定了相关标准，如《水嘴用水效率限定值及用水效率等级》GB 25501-2010、《坐便器用水效率限定值及用水效率等级》GB 25502-2010、《小便器用水效率限定值及用水效率等级》GB 28377-2012、《淋浴器用水效率限定值及用水效率等级》GB 28378-2012、《便器冲洗阀用水效率限定值及用水效率等级》GB 28379-2012，今后还将陆续出台其他用水器具的标准。目前，卫生器具的用水效率等级一般共有3～5级，1级表示用水效率最高，各类节水器具的用水效率等级可参考表2。

表2 各类节水器具的用水效率等级表

用水效率限定值及用水效率			1级	2级	3级	4级	5级
水嘴流量（L/s）			0.100	0.125	0.150	—	—
坐便器用水量（L）	单档	平均值	4.0	5.0	6.5	7.5	9.0
	双档	大档	4.5	5.0	6.5	7.5	9.0
		小档	3.0	3.5	4.2	4.9	6.3
		平均值	3.5	4.0	5.0	5.8	7.2
小便器冲洗水量（L）			2.0	3.0	4.0	—	—
大便器冲洗阀冲洗水量（L）			4.0	5.0	6.0	7.0	8.0
小便器冲洗阀冲洗水量（L）			2.0	3.0	4.0	—	—
淋浴器流量（L/s）			0.08	0.12	0.15	—	—

在设计文件中要注明所有卫生器具的用水效率等级及相应的参数，并计算出用水效率等级达到2级的卫生器具数量占卫生器具总量的比例。今后当其他用水器具出台了相应标准时，按同样的原则进行要求。

对土建装修一体化设计的项目，在施工图设计中应对节水器具的选用做出要求；对非一体化设计的项目，申报方应提供确保业主采用节水器具的措施、方案或约定。

本条评价方法为：设计评价查阅相关设计文件、计算书、产品说明书（含相关节水器具的性能参数）；运行评价查阅竣工图、计算书、产品说明书或产品节水性能检测报告，并现场核实。

7.2.6 本条适用于各类民用建筑的设计、运行评价。无灌溉系统的建筑，本条直接得分。

绿化灌溉应采用喷灌、微灌、渗灌、低压管灌等节水灌溉方式，同时还可采用湿度传感器或根据气候变化的调节控制器。

目前普遍采用的绿化节水灌溉方式是喷灌,其比地面漫灌要省水 30%～50%。采用再生水灌溉时,因水中微生物在空气中极易传播,应避免采用喷灌方式。

微灌包括滴灌、微喷灌、涌流灌和地下渗灌,比地面漫灌省水 50%～70%,比喷灌省水 15%～20%。其中微喷灌射程较近,一般在 5m 以内,喷水量为 200L/h～400L/h。

鼓励采用湿度传感器或根据气候变化的调节控制器,根据土壤的湿度或气候的变化,自动控制浇洒系统的启停,从而提高浇洒效率。

无须永久灌溉植物是指适应当地气候,仅依靠自然降雨即可维持良好的生长状态的植物,或在干旱时体内水分丧失,全株呈风干状态而不死亡的植物。无须永久灌溉植物仅在生根时需进行人工灌溉,因而不需设置永久的灌溉系统,但临时灌溉系统应在安装后一年之内移走。

当 60% 以上的绿化面积采用了高效节水灌溉方式或节水控制措施时,方可判定本条得 3 分;当 60% 以上的绿化面积采用了无须永久灌溉植物,且其余部分绿化采用了高效节水灌溉方式时,方可判定本条得 5 分。当选用无须永久灌溉植物时,设计文件中应提供植物配置表,并说明是否属无须永久灌溉植物,申报方应提供当地植物名录,说明所用植物的耐旱性能。

本条评价方法为:设计评价查阅相关设计文件、苗木表、当地植物名录、相关节水灌溉产品的设备材料表、节水灌溉产品说明书;运行评价查阅相关竣工图、节水灌溉产品说明书、绿化灌溉用水量记录,并进行现场核实。

7.2.7 本条适用于各类民用建筑的设计、运行评价。不设置空调设备或系统的项目,本条直接得 7 分。第 2 款仅适用于运行评价。

公共建筑集中空调系统的冷却水补水量很大,可能占据建筑物用水量的 30%～50%,减少冷却水系统不必要的耗水对整个建筑物的节水意义重大。

1 开式循环冷却水系统或闭式冷却塔的喷淋水系统受气候、环境的影响,冷却水水质比闭式系统差,改善冷却水系统水质可以保护制冷机组和提高换热效率。应设置水处理装置和化学加药装置改善水质,减少排污耗水量。开式冷却塔或闭式冷却塔的喷淋水系统设计不当时,高于集水盘的冷却水管道中部分水量在停泵时有可能溢流排掉。为减少上述水量损失,设计时可采取加大集水盘、设置平衡管或平衡水箱等方式,相对加大冷却塔集水盘浮球阀至溢流口段的容积,避免停泵时的泄水和启泵时的补水浪费。

2 实际运行时,在蒸发传热占主导的季节,开式冷却水系统或闭式冷却塔的喷淋水系统的实际补水量大于蒸发耗水量的部分,主要由冷却塔飘水、排污和溢水等因素造成;接触传热占主导的季节中,由于较大一部分排热实际上是由接触传热作用实现的,通过不耗水的接触传热排出冷凝热也可达到节水的目的。集中空调制冷及其自控系统设备应能够记录、统计空调系统的冷凝排热量。运行评价可以通过楼宇控制系统实测、记录并统计空调系统/冷水机组全年的冷凝热,据此计算出排出冷凝热所需要的理论蒸发耗水量。

3 本款所指的"无蒸发耗水量的冷却技术"包括采用分体空调、风冷式冷水机组、风冷式多联机、地源热泵、干式运行的闭式冷却塔等。风冷空调系统的冷凝排热以显热方式排到大气,并不直接耗费水资源,采用风冷方式替代水冷方式可以节省水资源。但由于风冷方式制冷机组的 COP 通常较水冷方式的制冷机组低,所以需要综合评价工程所在地的水资源和电力资源情况,有条件时优先考虑风冷方式排出空调冷凝热。

本条评价方法为:设计评价查阅相关设计文件、计算书、产品说明书;运行评价查阅相关竣工图、产品说明、冷却水系统用水计量报告,并现场核实。

Ⅲ 非传统水源利用

7.2.8 本条适用于各类民用建筑的设计、运行评价。

虽然利用非传统水源是节水最直接、最有效的措施之一,但由于既有建筑的特殊性,对非传统水源的利用率均较新建建筑适当降低。

应优先利用市政再生水,如项目周边无市政再生水利用条件,可根据可利用的原水水质、水量和用途,进行水量平衡和技术经济分析,合理确定非传统水源利用系统的水源、系统形式、处理工艺和规模。

非传统水源利用系统应优先选用污染程度较低的优质杂排水或杂排水作为水源。优质杂排水包括沐浴排水、盥洗排水、洗衣排水、空调冷凝水、游泳池排水等;杂排水指除粪便污水外的各种排水,除优质杂排水外还包括冷却排污水、游泳池排污水、厨房排水等。

使用非传统水源作为冷却水补水水源时,其水质应满足现行国家标准《采暖空调系统水质》GB/T 29044 中空调冷却水的水质要求。

本条评价方法为:设计评价查阅相关设计文件、当地相关主管部门的许可、非传统水源利用计算书;运行评价查阅相关竣工图、用水计量记录和统计报告、非传统水源水质检测报告,并现场核实。

7.2.9 本条适用于各类民用建筑的设计、运行评价。不设景观水体的建筑,本条直接得 10 分。设有水景的项目,在取得当地相关主管部门的许可后,利用临近的河水、湖水补水,本条不得分。

国家标准《民用建筑节水设计标准》GB 50555-2010 中强制性条文第 4.1.5 条规定"景观用水水源

不得采用市政自来水和地下井水";全文强制的国家标准《住宅建筑规范》GB 50368-2005第4.4.3条规定"人工景观水体的补充水严禁使用自来水。"因此设有水景的项目，水体的补水只能使用非传统水源，或在取得当地相关主管部门的许可后，利用临近的河、湖水，但利用临近河、湖水进行补水的，本条不得分。

自然界的水体（河、湖、塘等）大都是由雨水汇集而成，结合场地的地形地貌汇集雨水，用于景观水体的补水，是节水和保护、修复水生态环境的最佳选择，因此设置本条的目的是鼓励将雨水控制利用和景观水体设计有机地结合起来。景观水体的补水应充分利用场地的雨水资源，不足时再考虑其他非传统水源的使用。

景观水体的水质应符合现行国家标准《城市污水再生利用　景观环境用水水质》GB/T 18921-2002的要求。景观水体的水质保障应采用生态水处理技术，合理控制雨水面源污染，确保水质安全。屋面雨水和道路雨水宜合理引入地面生态设施进行调蓄、下渗和利用，并采取相应截污措施，保障自然水体和景观水体的水质、水量安全。地面生态设施包括下凹式绿地、植草沟、树池等，即在地势较低的区域种植植物，通过植物截流、土壤过滤滞留处理小流量径流雨水，达到径流污染控制目的。

本条要求利用雨水提供的补水量大于水体蒸发量的60%，亦即采用除雨水外的其他水源对景观水体补水的量不得大于水体蒸发量的40%。缺水地区和降雨量少的地区不宜设置景观水体。设计阶段应做好景观水体补水量和水体蒸发量逐月的水量平衡，确保满足本条的定量要求。在雨季和旱季降雨量差异较大时，可以通过水位或水面面积的变化来调节补水量，也可设计旱溪或干塘等来适应降雨量的季节性变化，达到雨季观水、旱季观石的效果。

景观水体的补水管应单独设置水表，不得与绿化用水、道路冲洗用水合用水表。

本条评价方法为：设计评价查阅相关设计文件；运行评价查阅相关竣工图，并现场核实。

Ⅳ 改 造 效 果

7.2.10 本条适用于各类民用建筑的设计、运行评价。

由于既有建筑改造存在用水规模、用水功能等多种变化的可能性，难以通过改造前后用水总量对比反映节水效果，故以节水效率增量 R_{WEI} 作为评价改造后节水效果的指标。

节水效率增量即改造后节水器具节水率增量与非传统水源利用率增量之和，其中节水器具指用水效率等级达到2级的水嘴、便器和淋浴器。根据《绿色建筑评价技术指南》"住宅只要全部采用了节水器具和

设备，其节水率控制在不低于8%是实际能够达到的"，因此，节水器具的节水率增量及项目的节水效率增量可按下列公式计算：

$$R_{WEI} = R_{WR} + (R_U - R_{U,ref}) \qquad (4)$$

$$R_{WR} = (R_{WD} - R_{WD,ref}) \times 8\% \qquad (5)$$

式中：R_{WEI}——节水效率增量，%；

R_{WR}——节水器具的节水率增量，%；

R_{WD}——改造后节水器具的利用率，%；

$R_{WD,ref}$——改造前节水器具的利用率，%；

R_U——改造后非传统用水利用率，%；

$R_{U,ref}$——改造前非传统用水利用率，%。

本条评价方法为：设计评价查阅相关设计文件、产品说明书（含相关节水器具的性能参数）、计算书；运行评价查阅相关竣工图、产品说明书或产品节水性能检测报告、用水计量记录和统计报告，并现场核实。

7.2.11 本条适用于各类民用建筑的设计、运行评价。

场地开发应遵循低影响开发原则，合理利用场地空间设置绿色雨水基础设施。绿色雨水基础设施包括雨水花园、下凹式绿地、屋顶绿化、植被浅沟、雨水截流设施、渗透设施、雨水塘、雨水湿地、多功能调蓄设施等。绿色雨水基础设施有别于传统的灰色雨水设施（雨水口、雨水管道等），能够以自然的方式控制城市雨水径流、减少城市洪涝灾害、控制径流污染、保护水环境。

雨水下渗也是消减径流和径流污染的重要途径之一。通常停车场、道路和室外活动场地等，有一定承载力要求，多采用石材、砖、混凝土、砾石等为铺地材料，透水性能较差，雨水无法入渗，形成大量地面径流，增加城市排水系统的压力。可采用如植草砖、透水沥青、透水混凝土、透水地砖等透水铺装系统，既能满足路用及铺地强度和耐久性要求，又能使雨水通过本身与铺装下基层相通的渗水路径直接渗入下部土壤的地面铺装。当透水铺装下为地下室顶板时，若地下室顶板设有疏水板及导水管等可将渗透雨水导入与地下室顶板接壤的实土，或地下室顶板上覆土深度能满足当地园林绿化部门要求时，仍可认定其为透水铺装地面。

本条的评价方法为：设计评价查阅相关设计文件、综合径流系数计算书；运行评价查阅相关竣工图、综合径流系数计算书，并现场核实。

8 电 气

8.1 控 制 项

8.1.1 本条适用于各类民用建筑的设计、运行评价。居住建筑的参评范围为公共空间，包括电梯前厅、走

道、楼梯间、公共车库等场所。

建筑各房间或场所的照明数量和照明质量的指标应符合现行国家标准《建筑照明设计标准》GB 50034的有关规定。

本条评价方法为：设计评价查阅相关设计图纸、设计文件和设计计算书；运行评价查阅相关竣工图、计算书，并现场核实。

8.1.2 本条适用于各类民用建筑的设计、运行评价。居住建筑的参评范围为公共车库。

现行国家标准《建筑照明设计标准》GB 50034中将主要功能房间或场所一般照明的照明功率密度（LPD）作为照明节能的评价指标，对于公共建筑的一些主要功能房间或场所其现行值指标在标准中列为强制性条文，必须严格执行；对于居住建筑则为非强条，但作为评价绿色建筑的要求也应评价。对照明功率密度值（LPD），取最不利的房间或场所进行评价。

本条评价方法为：设计评价查阅相关设计文件、设计计算书；运行评价查阅相关竣工图、计算书，并现场核实。

8.1.3 本条适用于各类民用建筑的设计、运行评价。居住建筑的参评范围为公共空间。

荧光高压汞灯和普通照明用白炽灯光效低，不利于节能，属于需要淘汰的产品，不应在室内外照明中使用。国家出台了淘汰白炽灯路线图：

第一阶段：2011 年 11 月 1 日至 2012 年 9 月 30 日为过渡期；

第二阶段：2012 年 10 月 1 日起，禁止进口和销售 100W 及以上普通照明白炽灯；

第三阶段：2014 年 10 月 1 日起，禁止进口和销售 60W 及以上普通照明白炽灯；

第四阶段：2015 年 10 月 1 日至 2016 年 9 月 30 日为中期评估期，对前期政策进行评估，调整后续政策；

第五阶段：2016 年 10 月 1 日起，禁止进口和销售 15W 及以上普通照明白炽灯，或视中期评估结果进行调整。

本条评价方法为：设计评价查阅相关设计文件；运行评价查阅相关竣工图，并现场核实。

8.1.4 本条适用于各类民用建筑的设计、运行评价。居住建筑的参评范围为公共空间。

提高功率因数能够减少无功电流值，从而降低线路能耗和电压损失。现行国家标准《建筑照明设计标准》GB 50034 及其他相关标准中规定了功率因数的最低要求，荧光灯功率因数不应低于 0.9；高强气体放电灯功率因数不应低于 0.85；发光二极管（LED）功率小于等于 5W 时，其功率因数不应低于 0.70，功率大于 5W 时，其功率因数不应低于 0.9。

本条评价方法为：设计评价查阅相关设计文件；运行评价查阅相关竣工图、主要产品形式检验报告，

并现场核实。

8.1.5 本条适用于各类民用建筑的设计、运行评价。

到目前为止，我国已正式发布了一些电气产品的能效标准，如表 3 所示。为推进建筑电气节能，设计中选用产品的能效水平不应低于相关能效标准中 3 级的要求。

表 3　我国已制定的电气产品能效标准

序号	标准编号	标准名称
1	GB 17896	管形荧光灯镇流器能效限定值及能效等级
2	GB 19043	普通照明用双端荧光灯能效限定值及能效等级
3	GB 19044	普通照明用自镇流荧光灯能效限定值及能效等级
4	GB 19415	单端荧光灯能效限定值及节能评价值
5	GB 19573	高压钠灯能效限定值及能效等级
6	GB 19574	高压钠灯用镇流器能效限定值及节能评价值
7	GB 20053	金属卤化物灯用镇流器能效限定值及能效等级
8	GB 20054	金属卤化物灯能效限定值及能效等级
9	GB 20052	三相配电变压器能效限定值及能效等级

本条评价方法为：设计评价查阅相关设计文件，按产品设计选型评价；运行评价查阅相关竣工图、主要产品形式检验报告，并现场核实。

8.1.6 本条适用于各类民用建筑的设计、运行评价。未设置夜景照明的建筑，本条不参评。

住房城乡建设部发布了《城市照明管理规定》、《"十二五"城市绿色照明规划纲要》等有关城市照明的文件，对夜景照明的规划、设计、运行和管理提出了严格要求。其中，对夜景照明实行统一管理，采取的照明分级、限制开关灯时间等措施对于节能有着显著的效果。国内大中城市普遍采用平时、一般节日、重大节日三级照明控制方式。

本条评价方法为：设计评价查阅相关设计文件；运行评价查阅相关竣工图，并现场核实。

8.2 评 分 项

Ⅰ 供配电系统

8.2.1 本条适用于各类民用建筑的设计、运行评价。

供配电系统按系统分类或管理单元设置电能计量表，能够记录各系统的用电能耗。按租户或单位设置电能表，是节能管理的重要措施。

本条评价方法为：设计评价查阅相关设计文件；

运行评价查阅相关竣工图，并现场核实。

8.2.2 本条适用于各类民用建筑的设计、运行评价。

现行国家有关标准中，规定了配电变压器经济运行区，有明确的计算方法及要求。

本条的评价方法为：设计评价查阅相关设计文件；运行评价查阅相关竣工图、运行记录，并现场核实。

8.2.3 本条适用于各类民用建筑的设计、运行评价。

既有建筑改造时，按现行国家标准《火灾自动报警系统设计规范》GB 50116等要求增加电气火灾报警系统，主要是为了减少电气火灾发生。照明系统要求按现行标准，插座回路全部设置剩余电流动作保护装置，动作电流30mA，动作时间0.1s。

本条评价方法为：设计评价查阅相关设计文件；运行评价查阅相关竣工图，并现场核实。

8.2.4 本条适用于各类民用建筑的设计、运行评价。对于没有独立配电变压器或对配电变压器没有进行改造时，仅评价照明光源、镇流器。

到目前为止，我国已正式发布了一些电气产品的能效标准。为推进照明节能，设计中选用产品的能效水平不应低于相关能效标准中2级的要求。本条是第8.1.5条的更高要求。

本条评价方法为：设计评价查阅相关设计文件；运行评价查阅相关竣工图、主要产品形式检验报告，并现场核实。

8.2.5 本条适用于公共建筑的设计、运行评价。居住建筑直接得分。

谐波是电力系统中的一种污染源，会造成一系列危害，因此必需严加抑制。

在改造设计时应对大型用电设备、大型舞台可控硅调光设备等有谐波抑制或谐波测量提出要求，在施工或运行过程中应落实相关谐波抑制措施。

本条评价方法为：设计评价查阅相关设计文件；运行评价查阅相关竣工图，并现场核实。

Ⅱ 照 明 系 统

8.2.6 本条适用于各类民用建筑的设计、运行评价。居住建筑的参评范围为公共空间。

间接照明或漫射发光顶棚的照明方式，不利于节能。间接照明是指由灯具发射的光通量只有不足10%的部分直接投射到假定工作面上的照明方式。发光顶棚照明是指光源隐藏在顶棚内，使顶棚成发光面的照明方式。虽然这两种照明方式获得的照明质量好，光线柔和，但在达到同样的照度水平条件下，比直接照明方式所用电能要大很多，不是节能的照明方式。

本条评价方法为：设计评价查阅相关设计文件；运行评价查阅相关竣工图，并现场核实。

8.2.7 本条适用于各类民用建筑的设计、运行评价。居住建筑的参评范围为公共空间。

发光二极管（LED）具有启动快、寿命长、能效高等优点。相对于传统照明，其另外一大特点是其易于调节和控制，能进一步提高节能效果。

本条评价方法为：设计评价查阅相关设计文件；运行评价查阅相关竣工图，并现场核实。

8.2.8 本条适用于各类民用建筑的设计、运行评价。居住建筑的参评范围为公共空间。

分区、分组控制可以根据实际需求调整照明水平，做到按需照明，有利于节能。采取降低照度的自动控制措施，可以根据室外天气条件的变化，自动降低人工照明的照度，达到节能的目的。

本条评价方法为：设计评价查阅相关设计文件；运行评价查阅相关竣工图、主要产品形式检验报告，并现场核实。

8.2.9 本条适用于各类民用建筑的设计、运行评价。

目前，利用可再生能源解决部分或全部照明用电的建筑在逐年增加，故在既有建筑绿色改造中也应鼓励可再生能源发电技术的应用。考虑到现阶段，可再生能源主要用于提供照明电源，而既有建筑照明系统的节能改造技术也高于新建，所以本条条文以照明设备安装容量来衡量可再生能源装机的容量，并在比例值上设置较低门槛且分档较细。可再生能源提供的容量比例 Re 为可再生能源装机容量与照明设备安装容量之比，按表8.2.9相应的比例得分。如可再生能源用于照明以外的其他用电，也可按相应比例折算后得分。

本条评价方法为：设计评价查阅相关设计文件和计算书；运行评价查阅相关竣工验收图、计算书、主要产品形式检验报告，并现场核实。

Ⅲ 智 能 化 系 统

8.2.10 本条适用于各类民用建筑的设计、运行评价。对于无电梯的建筑，本条不参评。

行业标准《民用建筑电气设计规范》JGJ 16-2008第18.14.1条及特定建筑电气设计规范（例如《交通建筑电气设计规范》JGJ 243、《会展建筑电气设计规范》JGJ 333）均有电梯节能、控制的相关条款。电梯和扶梯的节能控制措施包括但不限于电梯群控、扶梯感应启停及变频、轿厢无人自动关灯、驱动器休眠等。

本条评价方法为：设计评价查阅相关设计文件、人流平衡计算分析报告；运行评价查阅相关竣工图，并现场核实。

8.2.11 本条适用于各类民用建筑的设计、运行评价。

通过智能化技术与绿色建筑其他方面技术的有机结合，可望有效提升建筑综合性能。现行国家标准《智能建筑设计标准》GB 50314对常用的公共建筑和居住建筑规定了智能化系统配置要求,同时提出了各类建筑智能化系统应配置项目和宜、可配置项目。

本条的评价方法为:设计评价查阅相关设计文件;运行评价查阅相关竣工图、运行记录,并现场核实。

Ⅳ 改造效果

8.2.12 本条适用于各类民用建筑的设计、运行评价。居住建筑的参评范围为公共车库。

现行国家标准《建筑照明设计标准》GB 50034中将主要功能房间一般照明的照明功率密度(LPD)作为照明节能的评价指标。对照明功率密度值(LPD),取最不利的房间或场所进行评价。

本条评价方法为:设计评价查阅相关设计文件、计算书;运行评价查阅相关竣工图,并现场核实。

8.2.13 本条适用于各类民用建筑的设计、运行评价。住宅建筑的参评范围为公共空间。

在满足照度均匀度、显色指数、眩光等指标的前提下,照度过高浪费能源。评价时应考核标准中规定的全部房间或场所。

本条评价方法为:设计评价查阅相关设计文件、计算书;运行评价查阅相关竣工图,并现场核实。

9 施工管理

9.1 控 制 项

9.1.1 本条适用于各类民用建筑的运行评价。

项目部(包括总承包项目部及未纳入总承包管理范围的项目部)建立专门的绿色施工管理组织机构,完善管理体系和制度建设,根据预先设定的绿色施工总目标,进行目标分解、实施和考核活动。比选优化施工方案,制定相应施工计划并严格执行,要求措施、进度和人员落实,实行过程和目标双控。项目经理为绿色施工第一责任人,负责绿色施工的组织实施及目标实现,并指定绿色施工各级管理人员和监督人员。

本条的评价方法为:查阅该项目组织机构的相关制度文件,在施工过程中各种主要活动的可证明记录,包括可证明时间、人物、事件的纸质和电子文件,影像资料等。

9.1.2 本条适用于各类民用建筑的运行评价。

建筑工程施工过程是对工程场地的一个改造过程,不仅改变了场地的原始状态,而且对周边环境可能造成多种影响,包括水土流失、土壤污染、扬尘、噪声、污水排放、光污染等。各种拆除物、施工中的材料边角废料等也会增加对环境的不利影响。既有建筑绿色改造中,应充分体现绿色施工的理念,在拆除和改造施工过程中最大限度地实现节约资源和保护环境目标。

本条的评价方法为:查阅施工全过程环境保护计划书、施工单位 ISO 14001 文件、环境保护实施记录文件(包括责任人签字的检查记录、照片或影像等)、可能有的当地环保局或建委等有关主管部门对环境影响因子如扬尘、噪声、污水排放评价的达标证明。

9.1.3 本条适用于各类民用建筑的运行评价。

建筑改造施工过程中应加强对施工人员的健康安全保护。建筑施工项目部应编制"职业健康安全管理计划",并组织落实,保障施工人员的健康与安全。工程施工阶段出现重大安全责任事故的,说明其健康安全保护或管理措施存在问题,不应参加绿色评价。

本条的评价方法为:查阅职业健康安全管理计划、施工单位 OHSAS 18000 职业健康与安全体系认证文件、安全管理相关记录(如现场作业危险源清单及其控制计划、现场作业人员个人防护用品配备及发放台账、安全检查记录等)、劳动保护用品或器具进货单。

9.1.4 本条适用于各类民用建筑的运行评价。

既有建筑改造施工阶段是绿色设计文件的实现过程,在这一过程中,参建各方应正确理解与准确把握设计文件中的绿色重点内容。施工前由参建各方进行专业会审时,应对实现和保障绿色建筑性能的重点内容逐一交底。

本条的评价方法为:查阅该项目各相关专业设计文件的专项会审记录;设计预评价,查阅相关设计文件。

9.2 评 分 项

Ⅰ 环 境 保 护

9.2.1 本条适用于各类民用建筑的运行评价。

施工扬尘是主要的大气污染源之一。施工中应采取有效的降尘措施,降低大气总悬浮颗粒物浓度。施工中的降尘措施包括对易飞扬物质的洒水、覆盖、遮挡,对出入车辆的清洗、车厢封闭以及对易产生扬尘的施工工艺采取降尘措施等。在工地建筑结构脚手架外侧设置密目防尘网或防尘布,具有很好的扬尘控制效果。

既有建筑改造施工常涉及区域改造或改造运营同时进行,应严格控制施工过程中扬尘范围,尽可能减少对周边区域的影响,不扩散到场区外或场区内非施工区域。

本条的评价方法为:查阅降尘计划书、降尘措施实施记录。

9.2.2 本条适用于各类民用建筑的运行评价。对于噪声测定值符合现行国家标准《建筑施工场界环境噪声排放标准》GB 12523 的有关规定,且未使用产生噪声的机械设备的改造项目,本条可直接得分。

施工过程中产生的噪声是影响周边居民生活的主

要因素之一，也是居民投诉的主要对象。国家标准《建筑施工场界环境噪声排放标准》GB 12523-2011对噪声的测量、限值作出了具体的规定，是施工噪声排放管理的依据。为了减少施工噪声排放，应采取降低噪声和阻止噪声传播的有效措施，包括采用低噪声、低振动施工设备，采取吸声、消声、隔声、隔振措施降低施工机械噪声等。

本条的评价方法为：查阅施工阶段场界噪声测量记录、机械设备购置或保养维护记录，并核实降噪设备、技术与措施。

9.2.3 本条适用于各类民用建筑的运行评价。

减少建筑施工废弃物并资源化，是施工管理需要重点考虑的问题。建筑改造施工废弃物减量化应在材料采购、材料管理、施工管理，以及既有建筑拆除的全过程实施。建筑施工废弃物应分类收集、集中堆放，尽量回收和再利用，如混凝土可制作成再生骨料等。

既有建筑改造施工废弃物包括工程拆除和改造施工过程中产生的各类可回收和不可回收的施工废料、拆除物等，不包括基坑开挖的渣土。通常拆除产生的废弃物多于常规施工废弃物。本条强调尽量减少拆除和施工中的废弃物产量，需要做好相应的施工组织设计和计划，并强调废弃物的回收利用，以最大限度地实现资源循环利用和减小对环境的不利影响。

本条的评价方法为：查阅施工阶段建筑施工废弃物减量化资源化计划、回收站出具的建筑施工废弃物回收单据、各类建筑材料进货单、各类工程量结算清单、施工单位固体废弃物排放量定期记录以及固体废弃物排放量统计计算书。

Ⅱ 资源节约

9.2.4 本条适用于各类民用建筑的运行评价。

施工过程中的用能，是建筑全寿命期能耗的组成部分。由于建筑类型、结构、高度、所在地区等的不同，建成每平方米建筑的用能量有显著的差异。施工中应制定节能和用能方案，提出建成每平方米建筑能耗目标值，预算各施工阶段用电负荷，合理配置临时用电设备，尽量避免多台大型设备同时使用。合理安排工序，提高各种机械的使用率和满载率，降低各种设备的单位能耗。应做好能耗监测、记录，用于指导施工过程中的能耗管理和能源节约。竣工时提供施工过程能耗记录和建成每平方米建筑实际能耗值，为施工过程的能耗统计提供基础数据。记录主要建筑材料运输能耗，是指有记录的建筑材料占所有建筑材料重量的 85% 以上。

本条的评价方法为：查阅施工节能和用能方案、用能监测记录、建成面积能耗计算书（统计计算的建成每平方米建筑能耗值）。

9.2.5 本条适用于各类民用建筑的运行评价。

施工过程中的用水，是建筑全寿命期水耗的组成部分。由于建筑类型、结构、高度、所在地区等的不同，建成每平方米建筑的用水量有显著的差异。施工中应制定节水和用水方案，提出建成每平方米建筑水耗目标值。应做好水耗监测、记录，用于指导施工过程中的节水。竣工时提供施工过程水耗记录和建成每平方米建筑实际水耗值，为施工过程的水耗统计提供基础数据。

对于洗刷、降尘、绿化、设备冷却等用水来源，应尽量采用非传统水源。具体包括工程项目中使用的中水、基坑降水、工程使用后收集的沉淀水以及雨水等。

本条的评价方法为：查阅施工节水和用水方案、用水监测记录、建成每平方米水耗计算书、非传统水源使用记录（包含相关照片、影像等文件）。

9.2.6 本条适用于各类民用建筑的运行评价。对未使用相关材料的改造项目，本条不参评。

本条从节省材料和减少边角废料等废弃物的角度出发，要求各类需要辅以现场切割加工的块材、板材、卷材类材料，包括地砖、石材、石膏板、壁纸、地毯以及木质、金属、塑料类等材料，尽量将相应的加工工作安排在工厂进行，施工前根据工程实际进行合理排版。工厂化加工制作不仅提高精度和减少材料浪费，还可减小现场的工作量和噪声排放。合理的排版可减少废料的产生。

门窗、幕墙以及块材、板材、卷材加工应充分利用工厂化加工的优势，减少现场加工产生的占地、耗能，以及可能产生的噪声和废水排放。

工厂化加工比例的计算公式如下：

$$工厂化加工比例 = \frac{工厂化加工材料总重量}{需工厂化加工材料总重量} \times 100\%$$

(6)

现场排版比例的计算公式如下：

$$现场排版比例 = \frac{现场排版材料面积}{需现场排版材料总面积} \times 100\%$$

(7)

本条的评价方法为：查阅工厂化加工比例计算书、现场排版设计比例计算书。

9.2.7 本条适用于各类民用建筑的运行评价。若只是机电系统改造本条不参评。

土建装修一体化设计、施工，对节约能源资源有重要作用。实践中，可由建设单位统一组织建筑主体工程和装修施工，也可由建设单位提供菜单式的装修做法由业主选择，统一进行图纸设计、材料购买和施工。在选材和施工方面尽可能采取工业化制造，具备稳定性、耐久性、环保性和通用性的设备和装修装饰材料，从而在工程竣工验收时室内装修一步到位，避免二次装修造成大量垃圾及已完成建筑构件和设施的破坏。

本条的评价方法为：查阅竣工验收时主要功能空间的实景照片及说明、装修材料、机电设备检测报告、建筑竣工验收证明、建筑质量保修书、使用说明书、业主反馈意见书。设计预评价，查阅相关设计文件。

Ⅲ 过程管理

9.2.8 本条适用于各类民用建筑的运行评价。

绿色施工对施工过程的要求较高，需要把"四节一环保"的理念贯彻到施工的各个环节中。因此，有必要开展绿色施工知识的宣传，定期组织面向单位职工和相关人员的培训，并进行监督；建立激励制度，保证绿色施工的顺利实施。

本条的评价方法为：查阅开展宣传情况的记录（包括图片、文字资料、影像资料、宣传栏、展示牌等）、培训和奖惩制度、培训记录资料。

9.2.9 本条适用于各类民用建筑的运行评价。

绿色改造的设计文件经审查后，在改造施工过程中往往可能需要进行变更，这样有可能使建筑的相关绿色指标发生变化。本条旨在强调在建造过程中严格执行审批后的设计文件，若在施工过程中出于整体建筑功能要求，对设计文件进行变更，但不显著影响该建筑绿色性能，其变更可按正常的程序进行，并不影响本条得分。设计变更应存留完整的资料档案，作为最终评审时的依据。

本条的评价方法为：查阅各专业设计文件变更记录、洽商记录、会议纪要、施工日志记录。

9.2.10 本条适用于各类民用建筑的运行评价。

本条目的是鼓励在改造施工阶段更多的管理和技术环节中积极采用信息化技术，提高项目管理水平，降低技术、安全风险。

信息化施工是以建筑业信息化为总体目标，利用信息化技术在施工过程涉及的各部门、各环节中进行数据采集、处理、存储和共享的高效施工方式。随着计算机技术和网络的不断进步，以及和施工过程的不断融合，信息化技术已经越来越广泛地应用到改造施工中。建筑施工企业通过应用信息化技术，将施工技术、进度、质量、安全、环保问题，资金应用、财务及成本状况，法律和规章制度，材料设备供应情况和设计变更等内容有机地联系起来，实现人力、物力、财力等各方面的最优组合，促进施工技术和管理水平不断提高，保证工程质量、进度并提升经济和社会效益。

本条的评价方法为：查阅信息化技术应用说明文件、相关记录、施工日志。

10 运营管理

10.1 控 制 项

10.1.1 本条适用于各类民用建筑的运行评价。

物业管理机构应根据建筑使用功能制定节能、节水、节材与绿化管理制度，并说明实施效果。节能管理制度主要包括节能方案、节能管理模式和机制、收费模式等。节水管理制度主要包括节水方案、分户分类计量收费、节水管理机制等。节材管理制度主要包括设施维护和耗材管理等。绿化管理制度主要包括苗木养护、绿化用水计量和化学药品使用等。

本条评价方法为：查阅物业管理机构节能、节水、节材与绿化管理制度文件、日常管理记录，并现场核实。

10.1.2 本条适用于各类民用建筑的运行评价。

建筑运行过程中产生的生活垃圾有纸张、塑料、玻璃、金属、布料等可回收利用垃圾，有剩菜剩饭、骨头、菜根菜叶、果皮等厨余垃圾，有含有重金属的电池、废弃灯管、过期药品等有害垃圾，还有砖瓦陶瓷、渣土等其他垃圾。物业管理机构应根据垃圾种类和处置要求，并以鼓励资源回收再利用为原则，对垃圾的收集与运输等进行合理规划；制定包括人员配备与分工、经费来源与使用、业务培训、监督与管理等内容的生活垃圾管理制度，确定分类收集操作办法，设置必要的分类收集设施。垃圾临时存放设施应具有密闭性能，其规格、位置和数量应符合国家现行相关标准和有关规定的要求，与周围景观相协调，便于运输，并防止垃圾无序倾倒和二次污染。

本条评价方法为：查阅垃圾收集与处理设施清单、生活垃圾管理制度文件，并现场核实。

10.1.3 本条适用于各类民用建筑的运行评价。

除第 10.1.2 条已作要求的生活垃圾外，建筑运行中还会产生各类废气和污水，可能造成多种有机和无机的化学污染，放射性等物理污染，以及病原体等生物污染。此外，还应关注噪声、电磁辐射等物理污染。物业管理机构应根据建筑运行产生的废气、污水和其他污染物情况和相关处置要求制定管理制度，通过合理的技术措施和排放管理手段，保证污染物达标排放。相关污染物的排放应符合《大气污染物综合排放标准》GB 16297、《锅炉大气污染物排放标准》GB 13271、《饮食业油烟排放标准》GB 18483、《污水综合排放标准》GB 8978、《医疗机构水污染物排放标准》GB 18466、《污水排入城镇下水道水质标准》CJ 343、《社会生活环境噪声排放标准》GB 22337、《制冷空调设备和系统减少卤代制冷剂排放规范》GB/T 26205 等国家现行标准和有关规定的要求。

本条评价方法为：查阅污染物排放管理制度文件、建筑运行期污染物排放检测报告，并现场核实。

10.1.4 本条适用于各类民用建筑的运行评价。

建筑公共设施指设置于公共建筑或居住建筑的公共区域内的设施，主要包括暖通空调、供配电和照明、智能控制、给排水、电梯、无障碍设施、垃圾处理，以及能量回收、太阳能热利用和光伏发电、遮阳、雨水收集处理等设备及配套构筑物。建筑公共设施应保证正常运行才能实现预期改造目标，并定期采集设施运行数据，通过对运行数据进行分析，为进一步挖掘设施潜力提供依据。

本条评价方法为：查阅建筑公共设施清单、运行记录，并现场核实。

10.2 评 分 项

Ⅰ 管 理 制 度

10.2.1 本条适用于各类民用建筑的运行评价。

物业管理机构通过 ISO 14001 环境管理体系认证，是提高环境管理水平的需要，可达到节约能源、降低资源消耗、减少环保支出、降低成本的目的，降低环境风险。

现行国家标准《能源管理体系　要求》GB/T 23331 规定在组织内建立起完整有效的、形成文件的能源管理体系，注重过程的控制，优化组织的活动、过程及其要素，通过管理措施，不断提高能源管理体系持续改进的有效性，实现能源管理方针和预期的能源消耗或使用目标。

本条评价方法为：查阅相关认证证书和管理体系文件。

10.2.2 本条适用于各类民用建筑的运行评价。

管理小组负责制定并组织实施建筑节能（节水）计划，并对能源和水资源使用情况进行监督检查。小组负责人应熟悉国家有关法律法规和政策，具有大专及以上暖通、电气、给排水等专业学历，以及三年以上相关工作经验。管理小组应定期召开管理工作会议，分析能源和水资源消耗数据，挖掘设施节能与节水潜力。

本条评价方法为：查阅管理小组组织架构文件、小组成员专业证书和相关工作证明，管理工作记录（会议纪要、分析报告等），并现场核实。

10.2.3 本条适用于各类民用建筑的运行评价。

建立建筑公共设施的预防性维护制度和应急预案不仅可以降低设施维修成本，实现节能降耗和运行安全，而且有利于提高设施运行水平。物业管理机构应根据设施运行状况进行月度、季度、半年度及年度预防性维护，同时根据设施应急预案定期进行演练。

本条评价方法为：查阅预防性维护制度及应急预案文件、预防性维护记录和应急预案演练记录，并现场核实。

10.2.4 本条适用于各类民用建筑的运行评价。

实施能源资源管理激励机制，特别是经济激励机制将促进物业管理者和房屋使用者采取有效措施实现节约能源和资源。对于物业管理机构，将其业绩考核与建筑能源、水资源消耗情况和各类耗材等的使用情况挂钩，使其在保证建筑使用性能要求、投诉率低于

规定值的前提下，节约能源和资源；对于建筑使用者，采取减免物业费用、租金，实施奖励等激励机制鼓励其在建筑使用过程中节约能源和资源。

对出租型的办公、商场等建筑来说，实行按能源计量收费，这样有利于业主和用户重视节约能源和资源。

本条评价方法为：查阅物业管理机构的工作考核办法、租赁合同，并现场核实。

10.2.5 本条适用于各类民用建筑的运行评价。

在建筑的运行过程中，使用者和物业管理人员的意识与行为，直接影响绿色建筑的目标实现。因此需要建立绿色建筑知识宣传机制，倡导绿色理念与绿色生活方式。开展绿色建筑知识宣传活动，发放绿色建筑使用手册、张贴倡导绿色理念的图画等宣传材料，形成良好的绿色行为与风气，并得到社会认可。

本条评价方法为：查阅绿色建筑知识宣传的工作记录与报道记录、绿色建筑使用手册，并向建筑使用者核实。

Ⅱ 运 行 维 护

10.2.6 本条适用于各类民用建筑的运行评价。

目前项目运行中，普遍存在物业管理机构没有相关系统的设计资料，不了解设计意图，对调试过程也不甚清楚，这就导致很多物业人员不知道后期该如何对一些系统和设备进行运行管理。针对改造的项目，业主应协调设计、咨询、施工、物业等各方共同研究编制设施运行管理手册，其中包括系统和设备的运行管理措施、控制和使用方法、运行使用说明以及不同工况设置等手册，并将其作为技术资料纳入项目的物业管理中。

本条的评价方法为：查阅建筑公共设施的全套技术资料、设施运行管理手册。

10.2.7 本条适用于各类民用建筑的运行评价。

绿色技术的有效运用是具体管理措施实施的最好体现。因此，应加强对运行管理和操作人员进行专业技术和绿色建筑新技术的培训，使之树立正确的绿色理念，掌握扎实的专业知识，承担起建筑公共设施的专业化运行管理。

为了确保长期效果，应对运行管理人员开展持续的专业技术和绿色新技术的培训，特别是主要管理人员和主要设备运行人员，每年不少于 2 次内部培训和 1 次外部培训。

本条评价方法为：查阅物业管理公司制定的专业技术培训计划、运行管理人员接受专业技术培训的相关记录（培训讲义、培训照片和签到表等）、培训的考核结果。

10.2.8 本条适用于各类民用建筑的运行评价。

设备系统的调试不仅限于建筑的竣工验收阶段，而是一项持续性、长期性的工作。因此，物业管理机

构有责任定期检查、调试设备系统，标定各类检测仪器的准确度，本条强调根据运行数据，或第三方检测的数据，不断提升设备系统的性能，提高建筑的能效管理水平。

本条的评价方法为：查阅相关设施的调试、运行记录、运行优化方案。

10.2.9 本条适用于各类民用建筑的运行评价。

清洗空调系统，不仅可节省系统运行能耗、延长系统的使用寿命，还可保证室内空气品质，降低疾病产生和传播的可能性。根据现行国家标准《空调通风系统清洗规范》GB 19210，应定期对通风系统清洁程度进行检查，检查间隔空气处理机组不得少于 1 年一次，送风管和回风管不得少于 2 年一次，对于高湿地区或污染严重地区的检查周期要相应缩短或提前检查。检查范围包括空气处理机组、管道系统部件与管道系统的典型区域。在通风系统中含有多个空气处理机组时，应对一个典型的机组进行检查。当出现下面任何一种情况时，应对通风系统实施清洗。

1) 通风系统存在污染：系统中各种污染物或碎屑已累积到可以明显看到的程度，或经过检测报告证实送风中有明显微生物，微生物检查的采样方法应按现行国家标准《公共场所卫生检验方法　第 1 部分：物理因素》GB/T 18204.1 的有关规定进行；通风系统有可见尘粒进入室内，或经过检测污染物超过现行国家标准《室内空气中可吸入颗粒物卫生标准》GB/T 17095 所规定要求。

2) 系统性能下降：换热器盘管、制冷盘管、气流控制装置、过滤装置以及空气处理机组已确认有限制、堵塞、污物沉积而严重影响通风系统的性能。

3) 对室内空气质量有特殊要求：人群受到伤害，如证实疾病发生率明显增高、免疫系统受损。

清洗通风空调系统前，应制定通风系统清洗工程计划。具体清洗方法及效果评估按标准执行。光源及灯具的清洁遵照现行国家标准《建筑照明设计标准》GB 50034 中的有关规定，供水设施的清洗遵照现行行业标准《二次供水工程技术规程》CJJ 140 中的有关规定。

本条的评价方法为：查阅空调通风设备和风管的检查和清洗计划及清洗报告、光源灯具及供水设施清洁或清洗计划及记录。

10.2.10 本条适用于各类民用建筑的运行评价。

信息化管理是实现绿色建筑物业管理定量化、精细化的重要手段，对保障建筑的安全、舒适、高效及节能环保的运行效果，提高物业管理水平和效率，具有重要作用。采用信息化手段建立完善的建筑设备台账、配件档案、设施维修记录及能耗数据是极为重要的。本条第 2 款是在本标准控制项第 10.1.4 条的基础上所提出的更高的要求，要求相关的运行记录数据均为智能化系统输出的电子文档。应提供至少 1 年的

用水量、用电量、用气量、用冷热量的数据，作为评价的依据。

本条的评价方法为：查阅建筑物及设备配件档案和维修的信息记录、能耗分项计量和监管的数据、并现场核实。

10.2.11 本条适用于各类民用建筑的运行评价。

智能停车场管理系统是现代化停车场车辆收费及设备自动化管理的统称，通过智能设备实现计时收费、车辆管理等目的。一般应配置自动道闸、感应卡读感器、感应卡、语音提示等。

此外，本条鼓励科学管理停车。地面停车位应按国家和地方有关标准适度设置，并科学管理、合理组织交通流线，不应对人行道、活动场所产生干扰。

本条的评价方法为：查阅智能停车场管理系统设备清单、物业管理机构制定的停车管理制度、管理记录，并现场核实。

Ⅲ　跟　踪　评　估

10.2.12 本条适用于公共建筑的运行评价。居住建筑不参评。

能耗统计和能源审计是实施节能运行管理的重要手段，通过能耗统计和能源审计可以发现运行中存在的问题，找出一些低成本或无成本的节能措施，这些措施可为业主实现 5%～15% 的节能潜力。从整体节能的角度，项目有必要做好能源统计和能源审计工作，合理设定目标，并基于目标对机电系统提出一系列优化运行策略，不断提升设备系统的性能，提高建筑物的能效管理水平，真正落实节能。

为了确保长期节能运行，应对建筑开展持续的能耗统计和能源审计工作，能耗统计工作应每年开展一次，能源审计工作可三年开展一次。

本条的评价方法为：查阅年度能耗统计报告、能源审计方案及报告。

10.2.13 本条适用于各类民用建筑的运行评价。

对改造项目来说，一般前两年的改造效果还可以保证，后续若管理不善则会有所折扣。为保证项目的改造效果，应建立运行管理的跟踪机制，长期监管并及时修正偏差，以确保节能效果的持续性。

本条的评价方法为：查阅项目运行管理跟踪评估机制文件、年度评估报告等。

10.2.14 本条适用于各类民用建筑的运行评价。

物业的运行管理水平对项目的节能节水非常重要，本条重点是从使用者的角度考察物业管理，设计调查问卷了解使用者对运行管理各个方面的满意度，基于使用者不满意之处，采取有效措施进行改善。调研问卷的抽样比例（按人数计）不应小于 30%。

本条的评价方法为：查阅调查问卷、满意度调查结果统计表、运行管理改进报告，并现场核实。

11 提高与创新

11.1 一般规定

11.1.1 在本标准第 3 章规定的评分体系中，加分项是一个重要的组成部分。本章对于加分项主要考虑涉及绿色建筑资源节约、环境保护、健康保障等的性能提高或创新性的技术、设备、系统和管理措施，以此进一步改善既有建筑绿色改造后的效果。其中，性能提高部分考虑了围护结构节能、节能暖通空调设备、节水卫生器具、室内光环境、室内空气品质、先进抗震技术、建筑智能化等方面；创新部分考虑了建筑信息模型（BIM）技术、温室气体减排、合同能源管理、暖通空调创新、地下空间开发利用、其他等方面。

11.1.2 各条加分项所设总分值现为 17 分，但这些分数并非均可在同一项目中全部获得。在本标准第 3 章中规定的评分体系中，加分项的最高得分为 10 分。

11.2 加分项

Ⅰ 性能提高

11.2.1 本条适用于各类民用建筑的设计、运行评价。

本条要求在现行国家和行业有关建筑节能设计标准对外墙、屋顶、外窗、幕墙等围护结构主要部位的传热系数 K 和遮阳系数 SC（或综合得热系数 SHGC）的规定值上有进一步的性能提升。

寒冷和严寒地区围护结构节能重点在外围护结构的保温上，大量项目证明外墙、屋顶、外窗的基本耗热量占建筑总热负荷的 80% 以上。夏热冬冷地区围护结构节能需夏季隔热和冬季保温，其外窗的冷热负荷量约占建筑总冷热负荷的 50%，外窗的主要负荷来源于辐射得热；通过活动外遮阳措施可降低夏季辐射得热的约 80%，冬季可以最大限度获得太阳辐射。如南、东、西三个朝向 80% 的外窗面积采用活动外遮阳，即可达到降低 15% 能耗的目标。夏热冬暖地区围护结构节能重点在通风隔热，传统围护结构的保温对于该地区的结果作用较小。该地区通过外窗产生的空调冷负荷约占建筑总负荷的 60% 以上，通过活动外遮阳措施可以大大降低通过外窗进入的辐射热，同时在过渡季节与夜晚可以打开遮阳措施，起到通风换气的作用。

在满足国家、行业和地方节能设计标准的情况下，达到以下任一项要求，即可认为本条达标。

1) 对于严寒和寒冷地区，外墙、屋面和外窗（包括透光幕墙）的平均传热系数比现行国家标准《公共建筑节能设计标准》GB 50189、现行行业标准

《严寒寒冷地区居住建筑节能设计标准》JGJ 26 的规定指标降低 10%，得 1 分；降低 15%，可得 2 分。

2) 对于夏热冬冷地区、温和 A 区，外墙、屋面和外窗（包括透光幕墙）的平均传热系数和外窗（包括透光幕墙）的综合遮阳系数比现行国家标准《公共建筑节能设计标准》GB 50189、现行行业标准《夏热冬冷地区居住建筑节能设计标准》JGJ 134 的规定指标降低 10%，得 1 分；降低 15%，可得 2 分。

3) 对于夏热冬暖地区、温和 B 区，外窗（包括透光幕墙）的综合遮阳系数比现行国家标准《公共建筑节能设计标准》GB 50189、现行行业标准《夏热冬暖地区居住建筑节能设计标准》JGJ 75 的规定指标降低 10%，得 1 分；降低 15%，得 2 分。

4) 对于所有地区，另一种途径是考察由建筑围护结构形成的供暖空调负荷，即空调的围护结构冷负荷（包括传热得热冷负荷和太阳辐射冷负荷），供暖或空调的围护结构传热耗热量（包括基本耗热量和附加耗热量）和太阳辐射得热量。供暖空调全年计算负荷比按现行国家和行业建筑节能设计标准规定值计算得到的负荷值降低 10%，得 1 分；降低 15%，得 2 分。

有些地方已经基于国家和行业现行有关建筑节能设计标准，发布实施了要求更高的地方标准。为了使全国所有既有建筑改造项目的公平参与评价，本条的更高节能要求设定的基准是国家和行业标准，而非这些更高要求的地方标准。进行既有建筑改造的项目，也要同时遵守地方标准的要求。如果这些地方标准中平均传热系数等热工性能指标的规定值不大于国家标准规定值的 85%，可直接认定遵守这些地方标准的项目满足本条要求；否则，仍应按以上方法进行评价。

本条的评价方法为：设计评价查阅相关设计文件、计算分析报告；运行评价查阅相关竣工图、计算分析报告和检测检验报告，并现场核实。

11.2.2 本条适用于各类民用建筑的设计、运行评价。

将既有建筑改造为绿色建筑，鼓励选用更高节能等级的暖通空调设备。

国家标准《公共建筑节能设计标准》GB 50189-2015 强制性条文第 4.2.5、4.2.10、4.2.14、4.2.17、4.2.19 条，分别对锅炉额定热效率、电机驱动压缩机的蒸气压缩循环冷水（热泵）机组的性能系数（COP）、名义制冷量大于 7100W、采用电机驱动压缩机的单元式空气调节机、风管送风式和屋顶式空气调节机组的能效比（EER）、多联式空调（热泵）机组的综合性能系数 IPLV（C）、直燃型溴化锂吸收式冷（温）水机组的性能参数提出了基本要求。

对于现行国家标准《公共建筑节能设计标准》GB 50189 中未予规定的情况，例如量大面广的住宅

或小型公建中采用分体空调器、燃气热水炉等其他设备作为供暖空调冷热源（含热水炉同时作为供暖和生活热水热源的情况），可以采用《房间空气调节器能效限定值及能效等级》GB 12012.3、《转速可控型房间空气调节器能效限定值及能效等级》GB 21455、《家用燃气快速热水器和燃气采暖热水炉能效限定值及能效等级》GB 20665 等现行有关国家标准中的节能评价值和能效等级作为判定本条是否达标的依据。

本条的评价方法为：设计评价查阅相关设计文件、产品说明书；运行评价查阅相关竣工图、产品说明书、产品检测报告，并现场核实。

11.2.3 本条适用于各类民用建筑的设计、运行评价。

将既有建筑改造为绿色建筑，鼓励选用更高节水性能的节水器具。

目前我国已对部分用水器具的用水效率制定了相关标准，如：《水嘴用水效率限定值及用水效率等级》GB 25501－2010、《坐便器用水效率限定值及用水效率等级》GB 25502－2010、《小便器用水效率限定值及用水效率等级》GB 28377－2012、《淋浴器用水效率限定值及用水效率等级》GB 28378－2012、《便器冲洗阀用水效率限定值及用水效率等级》GB 28379－2012，今后还将陆续出台其他用水器具的标准。

本条将包括上述标准在内的卫生器具用水效率1级作为加分项。对于有用水等级标准要求的卫生器具，应全部采用1级产品，方可认为符合本条要求。

本条的评价方法为：设计评价查阅相关设计文件、产品说明书；运行评价查阅相关竣工图、产品说明书、产品检测报告，并现场核实。

11.2.4 本条适用于各类民用建筑的设计、运行评价。

一些既有建筑室内采光较差，影响使用者的身心健康。通过建筑改造改善其天然采光，不仅可以改善室内光环境，而且还可减少人工照明实现节能。但实施此类改造的难度较大，特设本条予以鼓励。

本条要求改造后的室内光环境满足现行国家标准《建筑采光设计标准》GB 50033 要求（包括采光的数量及质量指标，如采光系数、采光均匀度和眩光等），而且还要求了采光改善后的照明节能量，以便量化评判。国家标准《建筑采光设计标准》GB 50033－2013 中，专门设置了一章规定了采光节能效果的计算方法。

在 2014 年 6 月 1 日起实施的国家标准《建筑照明设计标准》GB 50034－2013 中，民用建筑的照明功率密度限值比原标准降低了 14.3%～32.5%（平均值为 19%），即节能约 19%。为了达到与照明系统改造同等的节电效果，本条也以改造后照明用电减少 20%以上来要求改善采光后的节能效果。

本条的评价方法为：设计评价查阅相关设计文件、计算分析报告；运行评价查阅相关竣工图、计算分析报告、采光检测报告和照明用电量统计数据，并现场核实。

11.2.5 本条适用于各类民用建筑的运行评价。

室内环境质量是绿色建筑要求的一个重要方面，而室内空气污染物浓度则是室内环境质量或室内空气质量的一个主要指标。国外相关标准对室内空气污染物浓度的要求较高，以 TVOC 为例，新版英国 BREEAM 的要求为不大于 $300\mu g/m^3$，仅为我国现行国家标准的规定值（不大于 $600\mu g/m^3$）的一半。甲醛也是如此，多个国家的绿色建筑标准要求均在 $50\mu g/m^3$～$60\mu g/m^3$ 之间，比我国现行国家标准的规定值（0.10mg/m³）也低了不少。在进一步提高对于室内环境质量指标要求的同时，也适当考虑了我国当前的大气环境条件和装修材料工艺水平，因此，将现行国家标准规定值的 70% 作为室内空气品质的更高要求。

本条的评价方法为：查阅室内污染物检测报告（应依据相关国家标准进行检测），并现场检查。

11.2.6 本条适用于各类民用建筑的设计、运行评价。

我国是一个多地震的国家，建筑抗震安全性是建筑设计和改造工作需考虑的重要内容。隔震和消能减震是减轻建筑结构地震作用的有效技术。国内外大量试验和工程经验表明，隔震一般可使结构的水平地震加速度反应降低 50%～75%，从而可消除或大幅度减轻结构和非结构构件的地震损坏，提高建筑物的抗震安全性。消能减震技术，则通过消能器增加结构阻尼，是减少结构水平和竖向地震反应的有效途径。以上两种技术是建筑抗震设计的先进、适用技术。现行国家标准《建筑抗震设计规范》GB 50011 对隔震和消能减震设计作了具体规定。

本条的评价方法为：设计评价查阅相关设计文件、计算分析报告；运行评价查阅相关竣工图、计算分析报告，并现场核实。

11.2.7 本条适用于各类民用建筑的设计、运行评价。

本条是本标准第 8.2.11 条的更高层次要求。建筑智能化有益于绿色建筑各项技术措施的实施，也是绿色建筑性能的一项重要保障。为了实现绿色建筑的运营及管理目标，建筑智能化还应基于统一信息平台的集成方式，形成一个具有信息汇聚、资源共享、协同运行、优化管理等综合应用功能的整体化系统。智能化集成系统具体包括：由操作系统、数据库、集成系统平台应用程序、与集成互为关联的各类信息通信接口及纳入集成管理的各个智能系统设施等构成的信息集成平台；由通用业务基础功能模块和专业业务运营功能模块组成的集成信息应用系统。此外，集成系统还应实现通信互联，保证相关信息汇聚、共享、协同的标准化和准确性。故以本条作为对于建筑智能化的集成程度提高的肯定。

此外，本条对于住宅区和住宅建筑的另一项要求是实现光纤入户。2010 年 3 月 17 日，工业和信息化部、国家发展改革委、科技部、财政部、国土资源部、住房和城乡建设部、国家税务总局联合印发了《关于推进光纤宽带网络建设的意见》。而在住房和城乡建设部于 2012 年批准发布的《住宅区和住宅建筑内光纤到户通信设施工程设计规范》GB 50846 - 2012 和《住宅区和住宅建筑内光纤到户通信设施工程施工及验收规范》GB 50847 - 2012 两部国家标准中，对新建住宅区和住宅建筑的光纤到户情况作出了强制性规定。既有建筑受限于客观条件，实现光纤到户有一定难度。因此，本条对能够实现光纤到户的住宅区和住宅建设改造项目予以肯定和鼓励。

本条的评价方法为：设计评价查阅相关设计文件；运行评价查阅相关竣工图，并现场核实。

Ⅱ 创 新

11.2.8 本条适用于各类民用建筑的设计、运行评价。

建筑信息模型（BIM）集成了建筑工程项目各种相关信息的工程数据模型，是对工程项目设施实体和功能特性的数字化表达，使设计人员和工程技术人员能够对各种建筑信息做出正确的应对，并为协同工作提供坚实的基础。BIM 技术是建筑业信息化的重要支撑技术，其作用是使建筑项目信息在规划、设计、施工和运行维护全过程充分共享、无损传递，并为建筑从概念到拆除的全寿命期中所有决策提供可靠依据。BIM 技术对建筑行业技术革新的作用和意义，已在全球范围内得到了业界的广泛认可。

目前，国家标准《建筑信息模型应用统一标准》已编制完成。其对建筑信息模型及其应用进行了结合我国国情的定义，并将 BIM 在工程项目全寿命期中的应用划分为策划与规划、勘察与设计、施工与监理、运行与维护、改造与拆除五个阶段。对于既有建筑改造而言，至少可以在其设计、施工、运行三个阶段应用 BIM。而且，BIM 信息在多个阶段之间的传递和共享，将有助于提升相关方工作的效率和效益，更值得鼓励和提倡，因此本条设置了更多分数对在多个阶段应用 BIM 技术的项目给予肯定。

本条的评价方法为：设计评价查阅规划设计阶段的 BIM 技术应用报告；运行评价查阅规划设计、施工建造、运行维护阶段的 BIM 技术应用报告。

11.2.9 本条适用于各类民用建筑的设计、运行评价。

温室气体减排，抑制气候变暖，是当今全球关注的一个主题。2009 年，在哥本哈根世界气候大会上中国政府庄严承诺，到 2020 年中国的单位 GDP 碳排放要在 2005 年的基础上减少 40%～45%。国务院也已于 2011 年印发了《"十二五"控制温室气体排放工作方案》（国发〔2011〕41 号）。建筑领域能耗占据全国总能耗的三成左右，自然也是温室气体排放的大户。国外各主要绿色建筑评估体系均已设置了温室气体减排方面的评价内容，值得我国参考借鉴。

在温室气体排放量和减排效果的计算和分析上，目前尚没有统一或推荐的具体方法。但对任何行业而言，均可考虑按照"能力形成"、"能力发挥"、"能力维护"、"能力废除"这四个范畴来计算碳排放量，并进一步将计算分为直接碳排放和间接碳排放。此外，国家标准《建筑碳排放计算标准》也已于 2014 年启动编制工作。目前，国际上也提出了碳交易，清洁发展机制（CDM）等，其中基本都涉及温室气体排放量及减排效果的计算、分析和优化，可将此认定为满足本条要求。

本条的评价方法为：设计评价查阅设计阶段的碳排放计算分析报告相应的措施；运行评价查阅设计、施工、运行阶段的碳排放计算分析报告、相应措施的运行情况。

11.2.10 本条适用于各类民用建筑的设计、运行评价。

合同能源管理是一种新型的市场化节能机制，是以减少的能源费用来支付节能项目全部成本的节能业务方式。这种节能投资方式允许客户用未来的节能收益为设备升级，以降低目前的运行成本；或者节能服务公司以承诺节能项目的节能效益或承包整体能源费用的方式为客户提供节能服务。

能源管理合同在实施节能项目的用户与节能服务公司（包括内部的能源服务机构）之间签订。节能服务公司首先与愿意进行节能改造的客户签订节能服务合同，向客户提供能源审计、可行性研究、项目设计、项目融资、设备和材料采购、工程施工、人员培训、节能量监测、改造系统的运行、维护和管理等服务，并通过与客户分享项目实施后产生的节能效益、承诺节能项目的节能效益或承包整体能源费用的方式为客户提供节能服务，并获得利润，滚动发展。

同时鼓励其他有效的能源管理商业模式，提高能源使用效率，降低能源消耗。

本条的评价方法为：设计评价查阅有关合同文本；运行评价查阅相关合同文本和实施文件。

11.2.11 本条适用于各类民用建筑的设计、运行评价。

开发利用地下空间是城市节约集约用地的重要措施之一。例如在中心城区、老旧小区中均存在停车难问题，如在既有建筑改造工程中，新开发或者进一步开发已有的地下空间，加以利用成为停车库，将成为一项改善社会治理、造福百姓的民心工程。对于新建建筑，地下空间的开发利用易于与项目开发统筹考虑；而对于既有建筑改造，地下空间的开发利用难度更高，因此将本条作为加分项。

同时需要指出的是，由于地下空间开发的不可逆性，地下空间一旦开发利用，地层结构不可能恢复到原来状态，已建的地下建筑物的存在将影响到邻近地区的使用，因此必需提前做好规划并严格执行，使得地下空间的开发利用与地上建筑及其他相关城市空间紧密结合、统一规划。另一方面，从雨水渗透及地下水补给，减少径流外排等生态环保要求出发，地下空间也应利用有度、科学合理。

本条的评价方法为：设计评价查阅相关设计文件；运行评价查阅相关竣工图，并现场核实。

11.2.12 本条适用于各类民用建筑的设计、运行评价。

随着既有建筑改造过程中使用功能、人员密度、周边环境等的变化，建筑供暖空调也需要相应做出调整。如何既充分利用现有系统和设备，又在原系统基础上进一步提高系统能效水平、改善室内环境，将是一个具有创新性的任务。例如，采用被动式太阳房、太阳能供暖供冷、温湿度独立空调等技术，都可认为是一种对于现有系统的改良、创新。

本条的评价方法为：设计评价查阅相关设计文件、分析论证报告；运行评价查阅相关竣工图、分析论证报告，并现场核实。

11.2.13 本条适用于各类民用建筑的设计、运行评价。

考虑到创新方面的加分项条文难以穷举的问题，特设置本条对改造各阶段、各方面所采用的新技术措施和新管理方式予以鼓励，但要求对其效果效益以及创新之处进行证明和说明。

本条的评价方法为：设计评价时查阅相关设计文件、分析论证报告；运行评价时查阅相关竣工图、分析论证报告，并现场核实。

中华人民共和国国家标准

绿色饭店建筑评价标准

Assessment standard for green hotel building

GB/T 51165—2016

主编部门：中华人民共和国住房和城乡建设部
批准部门：中华人民共和国住房和城乡建设部
施行日期：２０１６年１２月１日

中华人民共和国住房和城乡建设部
公　告

第 1088 号

住房城乡建设部关于发布国家标准
《绿色饭店建筑评价标准》的公告

现批准《绿色饭店建筑评价标准》为国家标准，编号为 GB/T 51165－2016，自 2016 年 12 月 1 日起实施。

本标准由我部标准定额研究所组织中国建筑工业

出版社出版发行。

中华人民共和国住房和城乡建设部

2016 年 4 月 15 日

前　言

根据住房和城乡建设部《关于印发〈2013 年工程建设标准规范制订修订计划〉的通知》（建标〔2013〕6 号）的要求，标准编制组经广泛深入调查，认真总结实践经验，参考有关国际标准和国外先进标准，并在广泛征求意见的基础上，编制了本标准。

本标准的主要技术内容是：1. 总则；2. 术语；3. 基本规定；4. 节地与室外环境；5. 节能与能源利用；6. 节水与水资源利用；7. 节材与材料资源利用；8. 室内环境质量；9. 施工管理；10. 运营管理；11. 提高与创新。

本标准由住房和城乡建设部负责管理，由住房和城乡建设部科技发展促进中心负责具体技术内容的解释。执行过程中如有意见或建议，请寄送住房和城乡建设部科技发展促进中心（地址：北京市海淀区三里河路 9 号，邮政编码：100835）。

本 标 准 主 编 单 位：住房和城乡建设部科技发展促进中心
　　　　　　　　　　中国饭店协会

本 标 准 参 编 单 位：中国建筑设计研究院
　　　　　　　　　　清华大学
　　　　　　　　　　中国建筑科学研究院
　　　　　　　　　　上海市建筑科学研究院
　　　　　　　　　　北京市建筑设计研究院
　　　　　　　　　　北京清华同衡规划设计研

究院
中国建筑工程总公司
万达集团有限公司
方兴地产（中国）有限公司
鲁能酒店管理公司
中南酒店投资管理集团有限公司
首旅建国酒店管理有限公司

本标准主要起草人员：宋　凌　张景富　郝佳俐
　　　　　　　　　　李晓锋　曾　捷　韩继红
　　　　　　　　　　杨建荣　于震平　李　建
　　　　　　　　　　张乐然　柳　澎　赵　锂
　　　　　　　　　　郑克白　姜兆黎　王昌兴
　　　　　　　　　　谭　华　李宏军　张　播
　　　　　　　　　　张　波　刘英武　孙多斌
　　　　　　　　　　左建波　牛　倩　路小北
　　　　　　　　　　陈治中　冯燕嘉　酒　淼
　　　　　　　　　　冯莹莹　陈　娜　吕石磊
　　　　　　　　　　廖　琳　张　颖

本标准主要审查人员：郎四维　汪　维　鹿　勤
　　　　　　　　　　袁　镔　郝　军　陈　立
　　　　　　　　　　苗启松　尹秀伟　丁国强

目 次

Contents

1 总 则

1.0.1 为贯彻国家技术经济政策,节约资源,保护环境,推进可持续发展,规范绿色饭店建筑的评价,制定本标准。

1.0.2 本标准适用于绿色饭店建筑的评价。

1.0.3 绿色饭店建筑评价应遵循因地制宜的原则,结合饭店建筑所在地域的气候、环境、资源、经济及文化等特点,对饭店建筑全寿命期内节能、节地、节水、节材、保护环境等性能进行综合评价。

1.0.4 绿色饭店建筑的评价除应符合本标准外,尚应符合国家现行有关标准的规定。

2 术 语

2.0.1 饭店建筑 hotel building

以提供临时住宿功能为主,并附带有饮食、商务、会议、休闲等一定配套服务功能的公共建筑,也常称为旅馆建筑、酒店建筑、宾馆建筑、度假村建筑等。饭店建筑类型按经营特点可分为商务型饭店建筑、会议型饭店建筑、度假型饭店建筑、公寓型饭店建筑、单纯住宿型(快捷型)饭店建筑等。

2.0.2 绿色饭店建筑 green hotel building

在全寿命期内,最大限度地节约资源(节能、节地、节水、节材)、保护环境、减少污染,为饭店管理和使用人员提供健康、适用和高效的使用空间,与自然和谐共生的饭店建筑。

3 基 本 规 定

3.1 一 般 规 定

3.1.1 绿色饭店建筑的评价应以建筑单体或建筑群为对象。评价时凡涉及系统性、整体性的指标,应基于参评建筑单体或建筑群所属工程项目的总体进行评价。

3.1.2 绿色饭店建筑的评价分为设计评价和运行评价。设计评价应在建筑工程施工图设计文件审查通过后进行,运行评价应在建筑通过竣工验收并投入使用一年后进行。

3.1.3 申请评价方应进行建筑全寿命期技术和经济分析,合理确定建筑规模,选用适当的建筑技术、设备和材料,对规划、设计、施工、运行阶段进行全过程控制,并提交相应分析、测试报告和相关文件。

3.2 评价与等级划分

3.2.1 绿色饭店建筑评价指标体系应由节地与室外环境、节能与能源利用、节水与水资源利用、节材与材料资源利用、室内环境质量、施工管理、运营管理7类指标组成。每类指标均应包括控制项和评分项。评价指标体系应统一设置加分项。

3.2.2 设计评价时,不应对施工管理和运营管理2类指标进行评价,但可预评相关条文。运行评价应包括7类指标。

3.2.3 控制项的评定结果为满足或不满足;评分项和加分项的评定结果为分值。

3.2.4 评价指标体系7类指标的总分均为100分。7类指标各自的评分项得分 Q_1、Q_2、Q_3、Q_4、Q_5、Q_6、Q_7 应按参评建筑该类指标的评分项实际得分值除以适用于该建筑的评分项总分值再乘以100分计算。

3.2.5 加分项的附加得分 Q_8 应按本标准第11章的有关规定确定。

3.2.6 绿色饭店建筑评价的总得分应按下式计算,其中评价指标体系7类指标评分项的权重 $w_1 \sim w_7$ 应按表3.2.6取值。

$$\Sigma Q = w_1 Q_1 + w_2 Q_2 + w_3 Q_3 + w_4 Q_4 + w_5 Q_5 + w_6 Q_6 + w_7 Q_7 + Q_8 \tag{3.2.6}$$

表 3.2.6 绿色饭店建筑各类评价指标的权重

	节地与室外环境 w_1	节能与能源利用 w_2	节水与水资源利用 w_3	节材与材料资源利用 w_4	室内环境质量 w_5	施工管理 w_6	运营管理 w_7
设计评价	0.16	0.28	0.18	0.19	0.19	—	—
运行评价	0.13	0.23	0.14	0.13	0.16	0.10	0.11

注:表中"—"表示施工管理和运营管理两类指标不参与设计评价。

3.2.7 绿色饭店建筑分为一星级、二星级、三星级3个等级。3个等级的绿色饭店建筑均应满足本标准所有控制项的要求,且每类指标的评分项得分不应小于40分。当绿色饭店建筑总得分分别达到50分、60分、80分时,绿色饭店建筑等级分别为一星级、二星级、三星级。

4 节地与室外环境

4.1 控 制 项

4.1.1 项目选址应符合所在地城乡规划,且应符合各类保护区、文物古迹保护的建设控制要求。

4.1.2 场地应无洪涝、滑坡、泥石流等自然灾害的威胁,无危险化学品、易燃易爆危险源的威胁,无电磁辐射、土壤含氡等危害。

4.1.3 场地内不应有排放超标的污染源。

4.1.4 建筑规划布局应满足相关间距要求,且不得降低周边建筑的日照标准。

4.2 评 分 项

Ⅰ 土 地 利 用

4.2.1 节约集约利用土地,评价总分值为19分,按下列规则分别评分并累计:

　　1 饭店建筑的容积率:按表4.2.1的规则评分,最高得12分;

　　2 70%以上标准客房使用面积:不大于36m²,得3分;不大于25m²,得7分。

表 4.2.1　饭店建筑的容积率评分规则

容积率 R	得　分
$0.5 \leqslant R < 1.5$	4
$1.5 \leqslant R < 3.5$	8
$R \geqslant 3.5$	12

4.2.2 场地内合理设置绿化用地,评价总分值为9分,按下列规则分别评分并累计:

　　1 饭店建筑的绿地率:按表4.2.2的规则评分,最高得7分;

　　2 绿地向社会公众开放,得2分。

表 4.2.2　饭店建筑的绿地率评分规则

绿地率 R_g	得　分
$30\% \leqslant R_g < 35\%$	2
$35\% \leqslant R_g < 40\%$	5
$R_g \geqslant 40\%$	7

4.2.3 合理开发利用地下空间,评价总分值为6分,按表4.2.3的规则评分。

表 4.2.3　地下空间开发利用评分规则

地下空间开发利用指标		得分
地下建筑面积与总用地面积之比 R_{p1}	$R_{p1} \geqslant 0.5$	3
地下一层建筑面积与总用地面积的比率 R_{p2}	$R_{p1} \geqslant 0.7$ 且 $R_{p2} < 70\%$	6

Ⅱ 室 外 环 境

4.2.4 建筑及照明设计避免产生光污染,评价总分值为4分,按下列规则分别评分并累计:

　　1 玻璃幕墙可见光反射比不大于0.2,得2分;

　　2 室外夜景照明光污染的限制应符合现行行业标准《城市夜景照明设计规范》JGJ/T 163的有关规定,得2分。

4.2.5 场地内环境噪声符合现行国家标准《声环境质量标准》GB 3096的有关规定,评价总分值为4分,按下列规则评分:

　　1 场地位于0类、1类或2类声环境功能区,符合相应声环境功能区噪声标准规定,得4分;

　　2 场地位于3类声环境功能区,符合相应声环境功能区噪声标准规定,得2分;

　　3 场地位于4类声环境功能区,符合相应声环境功能区噪声标准规定,得1分。

4.2.6 场地内风环境有利于室外行走、活动舒适,评价总分值为6分,按下列规则分别评分并累计:

　　1 各季节典型风速和风向条件下,建筑物周围人行区风速低于5m/s,且室外风速放大系数小于2,得3分;

　　2 各季节典型风速和风向条件下,场地内人活动区不出现漩涡或无风区,得3分。

4.2.7 采取措施降低热岛强度,评价总分值为4分,按下列规则分别评分并累计:

　　1 红线范围内户外活动场地有乔木、构筑物遮阴措施的面积达到10%,得1分;达到20%,得2分。

　　2 超过70%的道路路面、建筑屋面的太阳辐射反射系数不低于0.4,得2分。

4.2.8 合理设置垃圾处理流程及相关设施,评价总分值为3分,按下列规则分别评分并累计:

　　1 设置独立的垃圾处理流线,或设置专用的集中式垃圾间,得1分;分别设置专用的干湿分类垃圾间,得2分。

　　2 设置专用的湿垃圾冷藏或处理设施、设备,得1分。

Ⅲ 交通设施与公共服务

4.2.9 场地与公共交通设施具有便捷的联系,评价总分值为9分,按下列规则分别评分并累计:

　　1 场地出入口到达公共汽车站的步行距离不超过350m,或到达轨道交通站的步行距离不超过500m,得3分;

　　2 场地出入口步行距离350m范围内设有2条及以上线路的公共交通站点(含公共汽车站和轨道交通站),得3分;

　　3 有便捷的人行通道联系公共交通站点,得3分。

4.2.10 场地内人行通道采用无障碍设计,评价总分值为3分,按下列规则分别评分并累计:

　　1 场地人行通道与外部城市道路或其他场地的人行通道无障碍连接,得1分;

　　2 场地人行通道与建筑出入口无障碍连接,得1分;

　　3 场地向公众开放部分均采用无障碍设计、设置无障碍标识牌及音响信号,得1分。

4.2.11 合理设置停车场所,评价总分值为6分,按下列规则分别评分并累计：

1 自行车停车设施位置合理、方便出入，且有遮阳防雨措施，得3分；

2 合理设置机动车停车设施，并采取下列措施中至少2项，得3分：

    1）采用机械式停车库、地下停车库或停车楼等方式节约集约用地；

    2）采用错时停车方式向社会开放，提高停车场（库）使用效率；

    3）合理设计地面停车位，不挤占步行空间及活动场所；

    4）设置电动汽车充电桩。

4.2.12 提供便利的公共服务，评价总分值为3分。满足下列要求中2项，得1分；满足3项及以上，得3分：

1 2种及以上的公共建筑集中设置，或建筑兼容2种及以上的公共服务功能；

2 配套辅助设施设备对外共同使用、资源共享；

3 建筑向社会公众提供开放的公共空间；

4 室外活动场地错时向公众免费开放。

Ⅳ 场地设计与场地生态

4.2.13 结合现状地形地貌进行场地设计与建筑布局，保护场地内原有的自然水域、湿地和植被，采取表层土利用等生态补偿措施，评价分值为3分。

4.2.14 充分利用场地空间合理设置绿色雨水基础设施，对大于10hm²的场地进行雨水专项规划设计，评价总分值为9分，按下列规则分别评分并累计：

1 下凹式绿地、雨水花园等有调蓄雨水功能的绿地和水体的面积之和占绿地面积的比例达到30%，得3分；

2 合理衔接和引导屋面雨水、道路雨水进入地面生态设施，并采取相应的径流污染控制措施，得3分；

3 硬质铺装地面中透水铺装面积的比例达到50%，得3分。

4.2.15 合理规划地表与屋面雨水径流，对场地雨水实施外排总量控制，评价总分值为6分。场地年径流总量控制率达到55%，得3分；达到70%，得6分。

4.2.16 合理选择绿化方式，科学配置绿化植物，评价总分值为6分，按下列规则分别评分并累计：

1 种植适应当地气候和土壤条件的植物，采用乔、灌、草结合的复层绿化，种植区域覆土深度和排水能力满足植物生长需求，得3分；

2 屋顶绿化占屋顶可绿化面积的比例不低于30%，得2分；

3 建筑采用垂直绿化，得1分。

5 节能与能源利用

5.1 控 制 项

5.1.1 建筑设计应符合国家现行相关建筑节能设计标准中强制性条文的规定。

5.1.2 舒适性供暖空调系统的供暖热源和空气加湿热源不应采用电直接加热设备。

5.1.3 冷热源、输配系统和照明等各部分的能耗应独立分项计量。

5.1.4 各房间或场所的照明功率密度值不得高于现行国家标准《建筑照明设计标准》GB 50034规定的现行值。

5.2 评 分 项

Ⅰ 建筑与围护结构

5.2.1 围护结构热工性能指标优于国家现行相关建筑节能设计标准的规定，评价总分值为10分，根据围护结构节能率按表5.2.1的规则评分。

表5.2.1 围护结构节能率评分规则

围护结构节能率（φ_{ENV}）	得分
1%≤φ_{ENV}<2%	2
2%≤φ_{ENV}<3%	4
3%≤φ_{ENV}<4%	6
4%≤φ_{ENV}<5%	8
φ_{ENV}≥5%	10

5.2.2 结合场地自然条件，对饭店的建筑朝向、平面布局等进行优化设计。建筑总平面设计有利于冬季日照并避开冬季主导风向，夏季利于自然通风。评价总分值为6分，按下列规则评分：

1 饭店建筑主朝向适宜，平面布局规则，得6分。

2 主朝向不适宜或平面不规则的饭店建筑，通过优化设计，并经模拟计算后，有利于冬季日照且避开冬季主导风向，得3分；有利于夏季自然通风，得3分。

5.2.3 饭店建筑采用合理的开窗设计及其他措施，强化自然通风，降低空调负荷，评价总分值为6分，按下列规则分别评分并累计：

1 客房通风开口面积与地面面积的比例满足表5.2.3的要求。

表5.2.3 客房通风开口面积与地面面积的
比例评分规则

客房通风开口面积与地面面积的比例 φ_V	得分
4%≤φ_V<5%	1
5%≤φ_V<6%	2
φ_V≥6%	3

2 采用多种措施改善公共区域自然通风效果，得3分。

Ⅱ 供暖、通风与空调

5.2.4 合理选择和优化供暖、通风与空调系统，评价总分值为 10 分，根据供暖空调系统节能率按表 5.2.4 的规则评分。

表 5.2.4 供暖空调系统节能率评分规则

供暖空调系统节能率 φ_{HVAC}	分 值
$3\% \leqslant \varphi_{HVAC} < 6\%$	2
$6\% \leqslant \varphi_{HVAC} < 9\%$	4
$9\% \leqslant \varphi_{HVAC} < 12\%$	6
$12\% \leqslant \varphi_{HVAC} < 15\%$	8
$\varphi_{HVAC} \geqslant 15\%$	10

5.2.5 供暖空调系统冷热源机组能效均优于现行国家标准《公共建筑节能设计标准》GB 50189 的规定以及有关国家现行标准能效限定值的要求。对电机驱动的蒸气压缩循环冷水（热泵）机组，直燃型和蒸汽型溴化锂吸收式冷（温）水机组，单元式空气调节机、风管送风式和屋顶式空调机组，多联式空调（热泵）机组，燃煤、燃油和燃气锅炉，其能效指标比现行国家标准《公共建筑节能设计标准》GB 50189 规定值的提高或降低幅度满足表 5.2.5 的要求；对房间空气调节器和家用燃气热水炉，其能效等级满足有关国家现行标准的节能评价值要求。评价总分值为5分。

表 5.2.5 冷、热源机组能效指标比现行国家标准
《公共建筑节能设计标准》GB 50189
的提高或降低幅度

机组类型		能效指标	提高或降低幅度	得分
电机驱动的蒸气压缩循环冷水（热泵）机组		制冷性能系数（COP）	提高 3%	2.5
			提高 6%	5
溴化锂吸收式冷水机组	直燃型	制冷、供热性能系数（COP）	提高 3%	2.5
			提高 6%	5
	蒸汽型	单位制冷量蒸汽耗量	降低 3%	2.5
			降低 6%	5
单元式空气调节机、风管送风式和屋顶式空调机组		能效比（EER）	提高 3%	2.5
			提高 6%	5

续表 5.2.5

机组类型	能效指标	提高或降低幅度	得分
多联式空调（热泵）机组	制冷综合性能系数[IPLV（C）]	提高 4%	2.5
		提高 8%	5
锅炉	燃煤	热效率	提高 1.5 个百分点	2.5
		提高 3 个百分点	5
	燃油燃气	热效率	提高 1 个百分点	2.5
		提高 2 个百分点	5

5.2.6 集中供暖系统热水循环泵的耗电输热比和通风空调系统风机的单位风量耗功率符合现行国家标准《公共建筑节能设计标准》GB 50189 的有关规定，且空调冷热水系统循环水泵的耗电输冷（热）比比现行国家标准《民用建筑供暖通风与空气调节规范》GB 50736 规定值低 20%，评价分值为 5 分。

5.2.7 采取措施降低过渡季供暖、通风与空调系统能耗，评价总分值为5分，按下列规则分别评分并累计：

1 全空气系统可增大新风比运行，得1分；可实现全新风运行，得2分。

2 非空调季采用免费供冷技术，累计供冷负荷达到非空调季冷负荷50%，得1分；达到80%，得2分。

3 采用其他过渡季节能措施，得1分。

5.2.8 采取措施降低部分负荷、部分空间使用下的供暖、通风与空调系统能耗，评价总分值为8分，按下列规则分别评分并累计：

1 区分房间朝向、细分供暖、空调区域，对系统进行分区控制，得2分；

2 合理选配空调冷热源机组容量与台数，制定实施根据负荷变化调节制冷（热）量的控制策略，得1.5分；

3 空调冷源的部分负荷性能符合现行国家标准《公共建筑节能设计标准》GB 50189 的有关规定，得1.5分；

4 水系统、风系统采用变频技术，得1.5分；

5 采取低阻力的水力平衡措施，得1.5分。

5.2.9 厨房通风系统设计合理，节能高效，评价总分值为2分，按下列规则分别评分并累计：

1 通风量计算合理，得0.5分；

2 气流组织设计合理，得0.5分；

3 系统分区及调节合理，得 0.5 分；

4 风机选型及设置合理，得 0.5 分。

5.2.10 供暖、通风和空调系统设置完善的设备监控系统，评价总分值为 2 分，按下列规则分别评分并累计：

1 系统监测功能完善，可对各系统实现自动监测，得 1 分；

2 系统控制功能完善，可对各系统实现自动控制，得 1 分。

Ⅲ 照明与电气

5.2.11 照明灯具及附属装置合理采用高效光源、高效灯具和低损耗的灯用附件，降低建筑照明能耗，评价总分值为 8 分，根据照明系统总功率降低率按表 5.2.11 进行评价：

表 5.2.11 照明系统总功率降低率评分规则

评分规则	分值
$3.5\% \leqslant \varphi_{lighting} < 7.5\%$	2
$7.5\% \leqslant \varphi_{lighting} < 13.5\%$	4
$13.5\% \leqslant \varphi_{lighting} < 15\%$	6
$\varphi_{lighting} \geqslant 15\%$	8

5.2.12 照明系统合理分区分组，并采用先进的控制技术，评价总分值为 5 分，按下列规则分别评分并累计：

1 走廊、楼梯间、门厅、大堂、地下停车场等公共场所的照明，按使用条件和天然采光状况采取分区、分组控制措施，得 2 分；

2 走廊、楼梯间、门厅、大堂、地下停车场等公共场所的照明，合理采用智能控制系统，得 2 分；

3 客房设置节能控制型总开关，得 1 分。

5.2.13 电梯和自动扶梯高效节能，控制方法合理，评价总分值为 3 分，按下列规则分别评分并累计：

1 采用高效节能的电梯和自动扶梯，得 2 分；

2 电梯和自动扶梯采用合理的控制方法，得 1 分。

5.2.14 供配电系统设置合理，并选用节能型产品，评价总分值为 5 分，按下列规则分别评分并累计：

1 合理设置变电所数量及位置，得 1 分；

2 合理设置变压器数量及容量，得 1 分；

3 选用节能型变压器，得 1 分；

4 合理采用谐波抑制和无功补偿技术，得 2 分。

Ⅳ 能量综合利用

5.2.15 排风能量回收系统设计合理且运行可靠，评价分值为 3 分。

5.2.16 合理采用蓄冷蓄热系统，评价分值为 3 分。

5.2.17 合理利用余热废热解决蒸汽、供暖或生活热水需求，评价分值为 4 分。

5.2.18 根据当地气候和自然资源条件，合理利用可再生能源，评价总分值为 10 分，按下列规则分别评分并累计：

1 由可再生能源提供的生活用热水热量比例不低于 5%，得 3 分；每提高 5% 加 1 分。最高得 10 分。

2 由可再生能源提供的空调用冷量和热量的比例不低于 10%，得 3 分；每提高 10% 加 1 分。最高得 10 分。

3 由可再生能源提供的电量比例不低于 0.5%，得 3 分；每提高 0.5% 加 1 分。最高得 10 分。

6 节水与水资源利用

6.1 控 制 项

6.1.1 应制定水资源利用方案，统筹利用各种水资源。

6.1.2 给排水系统设置应合理、完善、安全。

6.1.3 应采用节水器具。

6.2 评 分 项

Ⅰ 节水系统

6.2.1 建筑平均日用水量满足现行国家标准《民用建筑节水设计标准》GB 50555 中的节水用水定额的要求，评价总分值为 8 分，按下列规则评分：

1 建筑平均日用水量小于节水用水定额的上限值、不小于中间值要求，得 3 分；

2 建筑平均日用水量小于节水用水定额的中间值、不小于下限值要求，得 6 分；

3 建筑平均日用水量小于节水用水定额的下限值要求，得 8 分。

6.2.2 采取有效措施避免管网漏损，评价总分值为 6 分，按下列规则分别评分并累计：

1 选用密闭性能好的阀门、设备，使用耐腐蚀、耐久性能好的管材、管件，得 1 分。

2 室外埋地管道采取有效措施避免管网漏损，得 1 分。

3 设计阶段根据水平衡测试要求安装分级计量水表；运行阶段，提供用水量计量情况和管网漏损检测、整改报告，得 4 分。

6.2.3 给水系统无超压出流现象，评价总分值为 8 分，按下列规则评分：

1 用水点供水压力不大于 0.30MPa 但大于 0.20MPa，得 3 分；

2 用水点供水压力不大于 0.20MPa，且不小于用水器具要求的最低工作压力，得 8 分。

6.2.4 集中热水系统采用机械循环方式，评价总分值为6分，按下列规则评分：

    1 采用干管循环热水供应方式，得2分；

    2 采用立管循环热水供应方式，得4分；

    3 采用支管循环热水供应方式，得6分。

6.2.5 设置用水计量装置，评价总分值为8分，按下列规则评分：

    1 按使用用途，对厨房、公共卫生间、洗衣房、桑拿房、绿化、空调系统、游泳池、景观等用水分别设置用水计量装置，统计用水量，得4分；

    2 按使用用途和管理单元分别设置用水计量装置，统计用水量，得8分。

6.2.6 淋浴设施具备恒温控制和温度显示功能，公用浴室内淋浴设施设有感应开关、延时自闭阀等装置，评价分值为4分。

Ⅱ 节水器具与设备

6.2.7 使用较高用水效率等级的卫生器具，评价总分值为15分，按下列规则评分：

    1 用水效率等级达到二级，得10分；

    2 用水效率等级达到一级，得15分。

6.2.8 绿化灌溉采用节水灌溉方式，评价总分值为5分，按下列规则评分：

    1 采用节水灌溉系统，得3分；

    2 在采用节水灌溉系统的基础上，设置土壤湿度感应器、雨天关闭装置等节水控制措施，或种植无需永久灌溉植物，得5分。

6.2.9 空调设备或系统采用节水冷却技术，评价总分值为10分，按下列规则评分：

    1 循环冷却水系统设置水处理措施；采取加大集水盘、设置平衡管或平衡水箱的方式，避免冷却水泵停泵时冷却水溢出，得6分；

    2 运行时，冷却塔的蒸发耗水量占冷却水补水量的比例不低于80%，得10分；

    3 采用无蒸发耗水量的冷却技术，得10分。

6.2.10 除卫生器具、绿化灌溉和冷却塔外的其他用水采用了节水技术或措施，评价总分值为5分，按下列规则评分：

    1 其他用水的50%及以上采用了节水技术或措施，得3分；

    2 其他用水的80%及以上采用了节水技术或措施，得5分。

Ⅲ 非传统水源利用

6.2.11 合理使用非传统水源，评价总分值为10分，根据其按下列公式计算的非传统水源利用率，或其非传统水源利用措施，按表6.2.11的规则评分。

$$R_u = \frac{W_u}{W_t} \times 100\% \quad (6.2.11\text{-}1)$$

$$W_u = W_R + W_r + W_o \quad (6.2.11\text{-}2)$$

式中：R_u——非传统水源利用率（%）；

    W_u——非传统水源设计使用量（设计阶段）或实际使用量（运行阶段）（m^3/a）；

    W_R——再生水设计利用量（设计阶段）或实际利用量（运行阶段）（m^3/a）；

    W_r——雨水设计利用量（设计阶段）或实际利用量（运行阶段）（m^3/a）；

    W_o——其他非传统水源利用量（设计阶段）或实际利用量（运行阶段）（m^3/a）；

    W_t——设计用水总量（设计阶段）或实际用水总量（运行阶段）（m^3/a）。

表 6.2.11　非传统水源利用评分规则

非传统水源利用率		非传统水源利用措施				得分
有市政再生水供应	无市政再生水供应	室内冲厕	室外绿化灌溉	道路浇洒	洗车用水	
2.0%	—	—	●	●	●	2分
—	1.0%	—	○	○	○	5分
12.0%	2.0%	●	●○	●○	●○	10分

    注："●"为有市政再生水供应时的要求；"○"为无市政再生水供应时的要求。

6.2.12 冷却水补水使用非传统水源，评价总分值为10分，按下列规则评分：

    1 冷却水补水使用非传统水源的量占其总用水量的比例不低于10%，得4分；

    2 冷却水补水使用非传统水源的量占其总用水量的比例不低于30%，得6分；

    3 冷却水补水使用非传统水源的量占其总用水量的比例不低于50%，得10分。

6.2.13 结合雨水利用设施进行景观水体设计，景观水体利用雨水的补水量大于其水体蒸发量的60%，且采用生态水处理技术保障水体水质，评价总分值为5分，按下列规则分别评分并累计：

    1 对进入景观水体的雨水采取控制面源污染的措施，得3分；

    2 利用水生动、植物进行水体净化，得2分。

7 节材与材料资源利用

7.1 控 制 项

7.1.1 不得采用国家和地方禁止和限制使用的建筑材料及制品。

7.1.2 混凝土结构中梁、柱纵向受力普通钢筋应采用不低于400MPa级的热轧带肋钢筋。

7.1.3 建筑造型要素应简约，且无大量装饰性构件。

7.2 评 分 项

Ⅰ 节 材 设 计

7.2.1 择优选用建筑形体，评价总分值为6分。根据国家标准《建筑抗震设计规范》GB 50011－2010规定的建筑形体规则性评分，建筑形体不规则，得2分；建筑形体规则，得6分。

7.2.2 对地基基础、结构构件及结构体系进行优化设计，达到节材效果，评价总分值为10分，按下列规则分别评分并累计：

　　1 对地基基础进行节材优化设计，得4分；

　　2 对结构构件进行节材优化设计，得4分；

　　3 对结构体系进行节材优化设计，得2分。

7.2.3 土建工程与装修工程一体化设计，评价总分值为10分，按下列规则分别评分并累计：

　　1 土建、装修等各专业图纸齐全，无漏项，得4分；

　　2 在业主组织协调下，土建设计与装修设计对一体化设计进行技术交底，并提供证明文件，得2分；

　　3 装修设计出图时间在项目土建施工开始之前，得2分；

　　4 对于泳池等专项装修设计，合同中对于土建装修一体化进行工作界面约定，得2分。

7.2.4 50%以上客房采用整体化定型设计的卫浴间，评价分值为6分。

7.2.5 采用工业化生产的预制构件，评价总分值为5分。根据预制构件用量比例按表7.2.5的规则评分。

表7.2.5 预制构件用量比例评分规则

预制构件用量比例 R_{pc}	得分
$15\% \leqslant R_{pc} < 30\%$	3
$30\% \leqslant R_{pc} < 50\%$	4
$R_{pc} \geqslant 50\%$	5

Ⅱ 材 料 选 用

7.2.6 选用本地生产的建筑材料，评价总分值为10分。根据施工现场500km以内生产的建筑材料重量占建筑材料总重量的比例按表7.2.6的规则评分。

表7.2.6 本地生产建筑材料评分规则

施工现场500km以内生产的建筑材料重量占建筑材料总重量的比例 R_{lm}	得分
$60\% \leqslant R_{lm} < 70\%$	6
$70\% \leqslant R_{lm} < 90\%$	8
$R_{lm} \geqslant 90\%$	10

7.2.7 现浇混凝土全部采用预拌混凝土，评价分值为10分。

7.2.8 建筑砂浆采用预拌砂浆，评价总分值为5分。建筑砂浆采用预拌砂浆的比例达到50%，得3分；达到100%，得5分。

7.2.9 合理采用高强建筑结构材料，评价总分值为10分，按下列规则评分：

　　1 混凝土结构：

　　　　1）根据400MPa级及以上受力普通钢筋的比例，按表7.2.9的规则评分，最高得10分。

表7.2.9 400MPa级及以上受力普通钢筋评分规则

400MPa级及以上受力普通钢筋比例 R_{sb}	得分
$30\% \leqslant R_{sb} < 50\%$	4
$50\% \leqslant R_{sb} < 70\%$	6
$70\% \leqslant R_{sb} < 85\%$	8
$R_{sb} \geqslant 85\%$	10

　　　　2）混凝土竖向承重结构采用强度等级不小于C50混凝土用量占竖向承重结构中混凝土总量的比例不低于50%，得10分。

　　2 钢结构：Q345及以上高强钢材用量占钢材总量的比例达到50%，得8分；达到70%，得10分。

　　3 混合结构：对其混凝土结构部分和钢结构部分，分别按本条第1款和第2款进行评价，得分取两项得分的平均值。

7.2.10 合理采用高耐久性建筑结构材料，评价分值为5分。对混凝土结构，其中高耐久性混凝土用量占混凝土总量的比例达到50%；对钢结构，采用耐候结构钢或耐候型防腐涂料。

7.2.11 合理采用耐久性好、易维护、经济适用的装饰装修建筑材料，评价总分值为8分，按下列规则分别评分并累计：

　　1 合理采用清水混凝土，得2分；

　　2 采用耐久性好、易维护的外立面材料，得2分；

　　3 合理采用耐久性好、易维护的室内装饰装修材料，得2分；

　　4 合理采用经济适用的室内装饰装修材料，得2分。

7.2.12 采用可再利用和可再循环建筑材料，评价总分值为10分，按下列规则评分：

　　1 用量比例达到6%，得6分；

　　2 用量比例达到10%，得10分。

7.2.13 使用以废弃物为原料生产的建筑材料，废弃物掺量达到30%，评价总分值为5分，按下列规则评分：

　　1 采用一种以废弃物为原料生产的建筑材料，

其占同类建材的用量比例达到30%，得3分；

2 采用一种以废弃物为原料生产的建筑材料，其占同类建材的用量比例达到50%，得5分；

3 采用两种及以上以废弃物为原料生产的建筑材料，每一种用量比例均达到30%，得5分。

8 室内环境质量

8.1 控 制 项

8.1.1 主要功能房间的室内噪声级应满足现行国家标准《民用建筑隔声设计规范》GB 50118 中的二级标准要求，客房建筑构件和客房的空气声隔声性能应满足现行国家标准《民用建筑隔声设计规范》GB 50118 中的一级标准要求，客房楼板的撞击声隔声性能应满足现行国家标准《民用建筑隔声设计规范》GB 50118 中的二级标准要求。

8.1.2 建筑照明数量和质量应符合现行国家标准《建筑照明设计标准》GB 50034 的有关规定。

8.1.3 采用集中供暖空调系统的饭店建筑，房间内的温度、湿度、新风量等设计参数应符合现行国家标准《民用建筑供暖通风与空气调节设计规范》GB 50736 的有关规定。

8.1.4 在室内设计温、湿度条件下，建筑围护结构内表面不得结露。

8.1.5 室内空气中的氨、甲醛、苯、总挥发性有机物、氡等污染物浓度应符合现行国家标准《室内空气质量标准》GB/T 18883 的有关规定，并应定期检测。

8.2 评 分 项

Ⅰ 室内声环境

8.2.1 主要功能房间的室内噪声级优于现行国家标准《民用建筑隔声设计规范》GB 50118 中的二级标准，评价总分值为10分，按下列规则分别评分并累计：

1 客房的室内噪声级：达到一级标准，得 4.5分；达到特级标准，得6分。

2 办公室、会议室、多用途厅、餐厅和宴会厅的室内噪声级：达到一级标准，得 1.5 分；达到特级标准，得2分。

3 大堂接待处、问询处、会客区和酒吧的室内噪声级不大于45dB（A），得2分。

8.2.2 客房隔墙、门窗、楼板、外墙（含窗）的空气声隔声性能和客房空气声隔声性能优于现行国家标准《民用建筑隔声设计规范》GB 50118 中的一级标准，客房楼板的撞击声隔声性能优于现行国家标准《民用建筑隔声设计规范》GB 50118 中的二级标准，评价总分值为12分，按下列规则分别评分并累计：

1 客房共用隔墙或水平相邻客房之间的空气声隔声性能：比一级标准低限值至少高 3dB，得1.5分；达到特级标准，得2.5分。

2 客房楼板或垂直相邻客房之间的空气声隔声性能：比一级标准低限值至少高 3dB，得 1.5 分；达到特级标准，得 2.5 分。

3 客房门的空气声隔声性能：比一级标准低限值至少高 3dB，得 1 分；达到特级标准，得 2 分。

4 客房外墙（含窗）的空气声隔声性能：环境噪声不高于2类区声环境标准限值情况下，隔声性能达到一级标准，得2.5分。环境噪声高于2类区声环境标准限值情况下，隔声性能比一级标准低限值至少高 3dB，得 1.5 分；隔声性能达到特级标准，得 2.5分。

5 客房楼板的撞击声隔声性能：达到一级标准，得1.5分；达到特级标准，得2.5分。

8.2.3 隔声减噪设计合理，减少噪声干扰的措施有效，评价总分值为 5 分，按下列规则分别评分并累计：

1 建筑平面布置和空间布局有利于隔声减噪，得2分；

2 采取合理措施控制设备的噪声和振动，得1.5分；

3 客房卫生间采用降低排水噪声的措施，得1分；

4 客房走廊采用吸声处理措施，得 0.5 分。

8.2.4 大型会议室、多功能厅和其他有声学要求的重要房间进行专项声学设计，满足相应功能要求，评价分值为 5 分。

Ⅱ 室内光环境与视野

8.2.5 客房具有良好的户外视野，且无明显视线干扰，评价总分值为 8 分。根据满足视野要求的客房数量比例，按表 8.2.5 的规则评分。

表 8.2.5 客房视野评分规则

客房数量比例 R_R	得 分
70%≤R_R<80%	4
80%≤R_R<90%	6
R_R≥90%	8

8.2.6 客房的采光系数符合现行国家标准《建筑采光设计标准》GB 50033 的有关规定，评价总分值为 8分。根据符合现行国家标准《建筑采光设计标准》GB 50033 要求的客房数量比例，按表 8.2.6 的规则评分。

表 8.2.6 客房采光系数评分规则

客房数量比例 R_R	得 分
70%≤R_R<80%	4
80%≤R_R<90%	6
R_R≥90%	8

8.2.7 改善建筑其他主要功能空间的室内天然采光效果，评价总分值为 8 分，按下列规则分别评分并累计：

1 地上部分，除客房以外的区域采光系数符合现行国家标准《建筑采光设计标准》GB 50033 要求的面积比例达到 60%，得 4 分；

2 地下部分，根据采光系数达到 0.5% 的面积与首层地下室面积的比例，按表 8.2.7 的规则评分。

表 8.2.7 地下空间采光评分规则

面积比例 R_A	得 分
5%≤R_A<10%	1
10%≤R_A<15%	2
15%≤R_A<20%	3
R_A≥20%	4

Ⅲ 室内热湿环境及空气质量

8.2.8 供暖空调系统末端现场可独立调节，评价总分值为 8 分，按下列规则分别评分并累计：

1 所有客房的供暖、空调末端装置可独立启停和调节，得 4 分；

2 其他主要功能区域 90% 及以上房间的供暖、空调末端装置可独立启停和调节，得 4 分。

8.2.9 优化建筑空间、平面布局和构造设计，改善室内自然通风效果，评价总分值为 10 分，按下列规则分别评分并累计：

1 客房区域：根据过渡季典型工况下，平均自然通风换气次数不小于 2 次/h 的房间数量比例，按表 8.2.9-1 的规则评分；

2 其他主要功能区域：根据过渡季典型工况下，平均自然通风换气次数不小于 2 次/h 的房间面积比例，按表 8.2.9-2 的规则评分。

表 8.2.9-1 客房区域过渡季自然通风的数量比例评分规则

客房达标数量比例 R_{R1}	得分
70%≤R_{R1}<80%	3
80%≤R_{R1}<90%	4
R_{R1}≥90%	5

表 8.2.9-2 其他区域过渡季自然通风的面积比例评分规则

其他主要功能区域达标面积比例 R_{R2}	得分
50%≤R_{R2}<70%	3
70%≤R_{R2}<90%	4
R_{R2}≥90%	5

8.2.10 气流组织合理，评价总分值为 6 分，按下列

规则分别评分并累计：

1 重要功能区域供暖、通风与空调工况下的气流组织满足热环境参数设计要求，得 4 分；

2 避免卫生间、餐厅、地下车库等区域的空气和污染物串通到其他空间或室外主要活动场所，得 2 分。

8.2.11 人员密度较高且随时间变化大的区域设置室内空气质量监控系统，评价总分值为 6 分，按下列规则分别评分并累计：

1 对二氧化碳浓度进行数据采集、分析，并与通风系统联动，得 4 分；

2 对甲醛、颗粒物等室内污染物浓度实现超标报警，得 2 分。

8.2.12 地下车库设置与排风设备联动的一氧化碳浓度监测装置，评价分值为 4 分。

Ⅳ 特殊区域环境

8.2.13 采用有效的全楼吸烟控制措施，评价总分值为 6 分，按下列规则分别评分并累计：

1 划定无烟客房或无烟楼层，无烟客房的数量占客房总数量的 90% 以上，得 3 分；

2 所有客房配置有效的除味装置，得 1 分；

3 公共区域禁止吸烟，得 2 分。

8.2.14 对容易产生污染物的区域采用源头控制，评价总分值为 4 分，按下列规则分别评分并累计：

1 吸烟室、雪茄吧、大堂酒廊、美容发廊、按摩室等场所，对室内排气进行特别处理，得 2 分；

2 厨房采用无烟、无明火的新型设备，得 2 分。

9 施 工 管 理

9.1 控 制 项

9.1.1 应建立绿色建筑施工项目部，完善施工管理体系，并落实各级责任人。

9.1.2 施工项目部应制订绿色施工专项计划，并组织实施。

9.1.3 施工项目部应制订施工人员职业健康安全管理计划，并组织实施。

9.1.4 施工前应进行设计文件中绿色建筑重点内容的专项会审。

9.2 评 分 项

Ⅰ 环 境 保 护

9.2.1 采取有效措施降低施工扬尘，评价分值为 6 分。

9.2.2 采取有效降噪措施并记录。在施工场界测量并记录噪声，满足现行国家标准《建筑施工场界环境

噪声排放标准》GB 12523 的有关规定，评价总分值为 6 分，按下列规则分别评分并累计：

    1 采取有效的降噪措施并记录，得 3 分；

    2 场界噪声满足现行国家标准《建筑施工场界环境噪声排放标准》GB 12523 的规定，得 3 分。

9.2.3 制定并实施施工废弃物减量化、资源化计划，评价总分值为 10 分，按下列规则分别评分并累计：

    1 制订施工废弃物减量化、资源化计划，得 3 分。

    2 可回收施工废弃物的回收率不小于 80%，得 3 分。

    3 每 10000m² 建筑面积施工固体废弃物排放量降低至 400t，得 1 分；降低至 350t，得 3 分；降低至 300t，得 4 分。

Ⅱ 资 源 节 约

9.2.4 制定并实施施工节能和用能方案，监测并记录施工能耗，评价总分值为 8 分，按下列规则分别评分并累计：

    1 制定并实施施工节能和用能方案，得 1 分；

    2 监测并记录施工区、生活区的能耗，得 3 分；

    3 监测并记录主要建筑材料、设备从货源地到施工现场运输能耗，得 3 分；

    4 监测并记录建筑施工废弃物从施工现场到废弃物处理/回收中心运输的能耗，得 1 分。

9.2.5 制定并实施施工节水和用水方案，监测并记录施工水耗，评价总分值为 6 分，按下列规则分别评分并累计：

    1 制定并实施施工节水和用水方案，得 1 分；

    2 监测并记录施工区、生活区的水耗数据，得 4 分；

    3 监测并记录基坑降水的抽取量、排放量和利用量数据，得 1 分。

9.2.6 临时设施采用可重复使用形式，评价总分值为 6 分，按下列规则分别评分并累计：

    1 办公用房、生活用房可重复利用，得 3 分；

    2 其他临时设施可重复利用，每采用一种得 1 分，最高得 3 分。

9.2.7 采取措施降低钢筋损耗，评价总分值为 6 分，按下列规则评分：

    1 80% 以上的钢筋采用专业化生产的成型钢筋，得 6 分；

    2 现场加工钢筋损耗率降低至 4.0%，得 2 分；降低至 3.0%，得 4 分；降低至 1.5%，得 6 分。

9.2.8 使用定型模板，增加模板周转次数，评价总分值为 6 分。定型模板使用面积占模板工程总面积的比例达到 50%，得 4 分；达到 70%，得 5 分；达到 85%，得 6 分。

9.2.9 实现室内装饰材料工厂化加工，评价总分值为 8 分。工厂化加工室内装饰材料占工程室内装饰材料的比例达到 30%，得 4 分；达到 50%，得 6 分；达到 70%，得 8 分。

Ⅲ 过 程 管 理

9.2.10 实施设计文件中绿色建筑重点内容，评价总分值为 6 分，按下列规则分别评分并累计：

    1 对绿色建筑重点内容进行施工技术交底，得 3 分；

    2 施工日志记录绿色建筑重点内容的实施情况，得 3 分。

9.2.11 严格控制设计文件变更，避免出现降低建筑绿色性能的重大变更，评价分值为 6 分。

9.2.12 施工过程中采取相关措施保证建筑设计的耐久性、节能环保等要求，评价总分值为 8 分，按下列规则分别评分并累计：

    1 对保证建筑结构耐久性的技术措施进行检测并记录，得 4 分；

    2 对有节能、环保要求的设备进行验收并记录，得 2 分；

    3 对有节能、环保要求的装修装饰材料进行抽检并记录，得 2 分。

9.2.13 实现土建机电一体化施工，评价总分值为 8 分，按下列规则分别评分并累计：

    1 工程竣工时饭店建筑使用功能完备，装修到位，得 4 分；

    2 在施工总承包统一管理下，土建机电协调施工，得 4 分。

9.2.14 建设单位组织有关责任单位，在各系统调试合格的基础上，对所有机电系统进行综合调试和联合试运转，评价总分值为 10 分，按下列规则分别评分并累计：

    1 调试结果符合设计要求，得 8 分；

    2 提供机电系统使用说明书，得 2 分。

10 运营管理

10.1 控 制 项

10.1.1 应制定并实施节能、节水、节材等资源节约与绿化管理制度。

10.1.2 应制定垃圾管理制度，实行垃圾、废弃物的分类收集和处理。

10.1.3 运行过程中产生的废气、污水等污染物应达标排放。

10.1.4 节能、节水设施应工作正常，且符合设计要求。

10.1.5 供暖、通风、空调、照明等设备监控系统应工作正常，且运行记录完整。

10.2 评 分 项

Ⅰ 管 理 制 度

10.2.1 物业管理组织架构设置合理，岗位职责应明确，操作人员严格遵守操作规程，评价总分值为 12 分，按下列规则分别评分并累计：

1 建立绿色运行管理组织架构，设置合理，得 4 分；

2 人员及专业应配备齐全，岗位职责明确，管理和操作人员配备相应的管理和操作技术证书，制订培训计划，得 4 分；

3 相关设施的操作规程在现场明示，操作人员严格遵守规定，得 4 分。

10.2.2 物业管理单位实施节能、节水、节材与环境保护规划，建立指标体系、责任落实到人，评价总分值为 10 分，按下列规则分别评分并累计：

1 制订节能、节水等计划和目标指标，得 4 分；

2 制定节能、节水等措施和检查措施，得 4 分；

3 制定评估体系和奖惩制度，得 2 分。

10.2.3 物业管理单位建立并实施能源资源管理激励机制，管理业绩与经济效益挂钩，评价总分值为 8 分，按下列规则分别评分并累计：

1 具备含有激励机制内容的能源管理体系标准文件，得 4 分；

2 定期组织内部用能审核，得 4 分。

10.2.4 物业管理单位制订并实施绿色培训计划，积极开展低碳环保宣传工作，评价总分值为 10 分，按下列规则分别评分并累计：

1 制定培训计划并且按计划实施，得 4 分；

2 按管理层、工种、岗位分别开展培训，得 4 分；

3 培训年覆盖率达到 100%，得 2 分。

10.2.5 物业管理单位通过 ISO 9001 质量管理体系及 ISO 14001 环境管理体系等认证，评价总分值为 8 分，按下列规则分别评分并累计：

1 具有 ISO 14001 环境管理体系认证，得 3 分；

2 具有 ISO 9001 质量管理体系认证，得 1 分；

3 具有现行国家标准《能源管理体系 要求》GB/T 23331 的能源管理体系认证，得 2 分；

4 获得中国绿色饭店认证，得 2 分。

Ⅱ 运 行 维 护

10.2.6 能源资源管理实行分类、分项计量，并有完整的记录与分析，评价总分值为 8 分，按下列规则分别评分并累计：

1 实行合理分项计量，得 4 分；

2 完善分业态计量，得 2 分；

3 计量覆盖率达到 80%，得 2 分。

10.2.7 智能化系统定位合理，配置符合现行国家标准《智能建筑设计标准》GB/T 50314 的有关规定，且运行效果满足饭店建筑运行与管理的需要，评价总分值为 6 分，按下列规则分别评分并累计：

1 合理设置信息设施系统，得 1 分；

2 合理设置信息化应用系统，得 1 分；

3 合理设置建筑设备管理系统，得 1 分；

4 合理设置公共安全系统，得 1 分；

5 合理设置机房工程，得 1 分；

6 智能化系统运行正常，得 1 分。

10.2.8 物业管理采用信息化手段，建立完整的建筑工程、设施、设备、部品、能源资源消耗等的档案和记录，评价分值为 4 分。

10.2.9 空调通风系统按现行国家标准《空调通风系统清洗规范》GB 19210 的有关规定定期进行检查和清洗，送风风质符合现行国家标准《室内空气中细菌总数卫生标准》GB/T 17093 的有关规定，评价总分值为 6 分，按下列规则分别评分并累计：

1 系统硬件合理，得 2 分；

2 按现行国家标准《空调通风系统清洗规范》GB 19210 的有关规定定期进行检查和清洗，送风风质符合现行国家标准《室内空气中细菌总数卫生标准》GB/T 17093 的有关规定，得 4 分。

10.2.10 公共设施设备定期进行维护保养、测试，应急措施合理有效，相关记录保存完整，评价总分值为 8 分，按下列规则分别评分并累计：

1 设备档案和维修保养记录完整，得 2 分；

2 安全测试报告和记录完整，得 2 分；

3 制定突发事件处理预案，得 4 分。

Ⅲ 环 境 管 理

10.2.11 客房管理制定清洁服务计划及作业标准，卫生质量符合国家现行标准的有关规定，评价总分值为 10 分，按下列规则分别评分并累计：

1 符合现行国家标准《生活饮用水卫生标准》GB 5749 的有关规定，得 4 分；

2 符合现行国家标准《旅店业卫生标准》GB 9663 的有关规定，得 3 分；

3 符合现行国家标准《室内空气质量标准》GB/T 18883 的有关规定，得 3 分。

10.2.12 绿化采用无公害病虫害防治技术，规范化学药品的使用，避免对土壤和地下水环境的损害，评价总分值为 4 分，按下列规则分别评分并累计：

1 林木病虫害防治采用无公害技术，规范杀虫剂、除草剂、化肥、农药等药品的使用，避免对土壤和地下水环境造成损害，得 2 分；

2 建立和实施化学药品管理责任制，病虫害防治用品使用记录完整，得 2 分。

10.2.13 垃圾实行分类收集和处理，评价总分值为

6分，按下列规则分别评分并累计：

 1 系统硬件合理，得2分；

 2 建立垃圾管理追溯制度，得2分；

 3 实行垃圾分类处理，干湿分开，得2分。

11 提高与创新

11.1 一 般 规 定

11.1.1 绿色饭店建筑评价时，应按本章规定对加分项进行评价。加分项包括性能提高和创新两部分。

11.1.2 加分项的附加得分为各加分项得分之和。当附加得分大于10分时，应取为10分。

11.2 加 分 项

Ⅰ 性 能 提 高

11.2.1 优化围护结构热工性能，评价总分值为2分。供暖空调全年计算负荷降低幅度达到10%，得1分；供暖空调全年计算负荷降低幅度达到15%，得2分。

11.2.2 供暖空调系统的冷、热源机组能效均优于现行国家标准《公共建筑节能设计标准》GB 50189的有关规定以及现行有关国家标准能效节能评价值的要求，评价分值为1分。对电机驱动的蒸气压缩循环冷水（热泵）机组，直燃型和蒸汽型溴化锂吸收式冷（温）水机组，单元式空气调节机、风管送风式和屋顶式空调机组，多联式空调（热泵）机组，燃煤、燃油和燃气锅炉，其能效指标比现行国家标准《公共建筑节能设计标准》GB 50189规定值的提高或降低幅度满足表11.2.2的要求；对房间空气调节器和家用燃气热水炉，其能效等级满足有关国家现行标准规定的1级要求。

表11.2.2 冷、热源机组能效指标比现行国家标准
《公共建筑节能设计标准》GB 50189
的提高或降低幅度

机组类型		能效指标	提高或降低幅度
电机驱动的蒸气压缩循环冷水（热泵）机组		制冷性能系数（COP）	提高12%
溴化锂吸收式冷水机组	直燃型	制冷、供热性能系数（COP）	提高12%
	蒸汽型	单位制冷量蒸汽耗量	降低12%

续表11.2.2

机组类型	能效指标	提高或降低幅度
单元式空气调节机、风管送风式和屋顶式空调机组	能效比（EER）	提高12%
多联式空调（热泵）机组	制冷综合性能系数[IPLV(C)]	提高16%
锅炉	燃煤 热效率	提高6个百分点
	燃油燃气 热效率	提高4个百分点

11.2.3 采用分布式热电冷联供技术，系统全年能源综合利用率不低于70%，评价分值为1分。

11.2.4 冲厕用水采用海水，评价总分值为2分，按下列规则评分：

 1 冲厕用水采用海水的比例达到60%，得1分；

 2 冲厕用水采用海水的比例达到100%，得2分。

11.2.5 对主要功能房间采取有效的空气处理措施，评价分值为1分。

11.2.6 室内空气中的氨、甲醛、苯、总挥发性有机物、氡、可吸入颗粒物等污染物浓度不高于现行国家标准《室内空气质量标准》GB/T 18883规定限值的70%，评价分值为1分。

Ⅱ 创 新

11.2.7 建筑方案充分考虑建筑所在地域的气候、环境、资源，结合场地特征和建筑功能，进行技术经济分析，显著提高能源资源利用效率和建筑性能，评价分值为2分。

11.2.8 合理选用废弃场地进行建设，或充分利用尚可使用的旧建筑，评价分值为1分。

11.2.9 应用建筑信息模型（BIM）技术，评价总分值为2分。在建筑的规划设计、施工建造和运行维护阶段中的一个阶段应用，得1分；在两个及以上阶段应用，得2分。

11.2.10 选用新型绿色建筑材料及产品，评价分值为1分。

11.2.11 通过绿色积分或碳积分引导客人绿色行为，评价分值为1分。

11.2.12 提供绿色出行的条件，评价分值为1分。

11.2.13 进行建筑碳排放计算分析，采取措施降低单位建筑面积碳排放强度，评价分值为1分。

11.2.14 采取节约能源资源、保护生态环境、保障安全健康的其他创新，并有明显效益，评价总分值为2分。采取一项，得1分；采取两项及以上，得2分。

本标准用词说明

1 为便于在执行本标准条文时区别对待，对要求严格程度不同的用词说明如下：

1）表示很严格，非这样做不可的：
正面词采用"必须"，反面词采用"严禁"。

2）表示严格，在正常情况下均应这样做的：
正面词采用"应"，反面词采用"不应"或"不得"。

3）表示允许稍有选择，在条件允许时首先应这样做的：
正面词采用"宜"，反面词采用"不宜"。

4）表示有选择，在一定条件下可以这样做的，采用"可"。

2 本标准中指明应按其他有关标准执行的写法为："应符合……的规定"或"应按……执行"。

引用标准名录

1 《建筑抗震设计规范》GB 50011
2 《建筑采光设计标准》GB 50033
3 《建筑照明设计标准》GB 50034
4 《民用建筑隔声设计规范》GB 50118
5 《公共建筑节能设计标准》GB 50189
6 《智能建筑设计标准》GB/T 50314
7 《民用建筑节水设计标准》GB 50555
8 《民用建筑供暖通风与空气调节设计规范》GB 50736
9 《声环境质量标准》GB 3096
10 《生活饮用水卫生标准》GB 5749
11 《旅店业卫生标准》GB 9663
12 《建筑施工场界环境噪声排放标准》GB 12523
13 《室内空气中细菌总数卫生标准》GB/T 17093
14 《室内空气质量标准》GB/T 18883
15 《空调通风系统清洗规范》GB 19210
16 《能源管理体系要求》GB/T 23331
17 《城市夜景照明设计规范》JGJ/T 163

中华人民共和国国家标准

绿色饭店建筑评价标准

GB/T 51165—2016

条 文 说 明

制 订 说 明

《绿色饭店建筑评价标准》GB/T 51165－2016，经住房和城乡建设部 2016 年 4 月 15 日以第 1088 号公告批准、发布。

在标准编制过程中，编制组对国内外绿色饭店建筑及其评价技术进行了广泛深入调研分析，以我国绿色建筑评价标准体系框架为基础，充分考虑绿色饭店建筑的特点，同时参考了国外先进技术法规、技术标准，并在广泛征求意见的基础上编制了本标准。

为便于广大设计、施工、科研、学校等单位有关人员在使用本标准时能正确理解和执行条文规定，《绿色饭店建筑评价标准》编制组按章、节、条顺序编制了本标准的条文说明，对条文规定的目的、依据以及执行中需注意的有关事项进行了说明。但是，本条文说明不具备与标准正文同等的法律效力，仅供使用者作为理解和把握标准规定的参考。

目　次

1 总　　则

1.0.2 本标准适用于至少设有 15 间（套）出租客房的商务型、会议型、度假型、公寓型饭店建筑以及功能相近的其他饭店建筑设计和运行阶段的绿色评价。住宿是饭店建筑的主要功能，因此要求被评饭店建筑的客房需达到一定规模，以确保评价的针对性和有效性。国家现行标准《旅馆建筑设计规范》JGJ 62 和《旅游饭店星级的划分与评定》GB/T 14308 在适用范围方面均要求至少设有 15 间（套）出租客房，本标准参照提出相应要求。

1.0.4 符合国家法律法规和相关标准是参与绿色建筑评价的前提条件。本标准重点在于对建筑的四节一环保等性能进行评价，并未涵盖通常建筑物所应有的全部功能和性能要求，如结构安全、防火安全等，故参与评价的建筑尚应符合国家现行有关标准的规定。当然，绿色建筑的评价工作也应符合国家现行有关标准的规定。

另外，现行国家标准《绿色饭店》GB/T 21084 等标准主要强调饭店作为经营服务载体的评价内容，从饭店服务行业需求和运营管理角度出发提出了节能减排要求和较多措施要求，本标准侧重点有别于此，但这些标准中相关的一些措施要求确实对饭店建筑的资源节约和环境保护有积极作用，因此建议参与本标准评价的建筑也参考和配合现行国家标准《绿色饭店》GB/T 21084 等标准的执行。

2 术　　语

2.0.1 参考国家现行标准《旅馆建筑设计规范》JGJ 62、《绿色饭店》GB/T 21084、《旅游饭店星级的划分与评定》GB/T 14308 等相关标准规范中对旅馆、饭店、旅游饭店的定义，给出本标准"饭店建筑"定义。

本标准提出的饭店建筑分类主要参考了现行行业标准《旅馆建筑设计规范》JGJ 62，并结合现实市场状况新增了单纯住宿型（快捷型）饭店建筑这一分类。

3 基 本 规 定

3.1 一 般 规 定

3.1.1 评价指标的计算应基于评价对象的性能和特点。当需要对某工程项目中的单栋或几栋饭店建筑进行评价时，由于有些评价指标是针对该工程项目设定的（如区域绿地率），或该工程项目中其他建筑也采用了相同的技术方案（如在区域范围内统筹设计的再

生水利用），难以仅基于该单栋或几栋建筑进行评价，此时，应以其所属工程项目的总体为基准进行评价。

3.1.2 根据绿色建筑发展的实际需求，结合目前有关管理制度，同时也参考国外开展绿色建筑评价的情况，本标准将绿色饭店建筑的评价分为"设计评价"和"运行评价"，增加了对建筑规划设计的四节一环保性能评价。

设计评价的重点在评价绿色建筑方面面采取的"绿色措施"和预期效果上；而运行评价则不仅要评价"绿色措施"，而且要评价这些"绿色措施"的落实情况和所产生的实际效果。除此之外，运行评价还关注绿色饭店建筑在施工过程中留下的"绿色足迹"，关注绿色饭店建筑正常运行后的科学管理。简言之，"设计评价"所评的是建筑的设计，"运行评价"所评的是已投入运行的建筑。

3.2 评价与等级划分

3.2.2 设计评价的对象是施工图设计文件和相关资料，还未涉及施工和运营，所以不对施工管理和运营管理 2 类指标进行评价。但是，施工管理和运营管理的部分条文措施如能得到提前考虑，并在设计评价时预评，将有助于达到这两个阶段节约资源和环境保护的目的，这类可在设计评价时预评的条文在这两章的条文说明中有具体规定。其他 5 类指标中设计阶段不参评的条文在后续相关章节的条文说明中也都有具体规定。

3.2.3 控制项要求应全部满足。评分项的评价，依据评价条文的规定确定得分或不得分，得分时根据需要对具体评分子项确定得分值，或根据具体达标程度确定得分值。加分项的评价，依据评价条文的规定确定得分或不得分。

本标准中评分项和加分项条文主干部分给出了该条文的"评价分值"或"评价总分值"，是该条可能得到的最高分值。各评价条文的分值，经试评价和广泛征求意见后综合调整确定。

3.2.4 对于具体的参评饭店建筑而言，它们在功能、所处地域的气候、环境、资源等方面客观上存在差异，对不适用的评分项条文不予评定。这样，适用于各参评建筑的评分项的条文数量和总分值可能不一样。对此，计算参评建筑某类指标评分项的实际得分值与适用于参评建筑的评分项总分值的比率，反映参评建筑实际采用的"绿色措施"和（或）效果占理论上可以采用的全部"绿色措施"和（或）效果的相对得分率。

3.2.6 相对于现行国家标准《绿色建筑评价标准》GB/T 50378，本标准设计评价权重未作调整，运行评价时节材与材料资源利用一章权重降低 0.02，室内环境质量和运营管理两章权重各增加 0.01。这是考虑到饭店建筑主要服务于宾客等使用人员，且相对

于常规公共建筑来说一般具有能耗、水耗大的特点，因此应强调通过合理的运营管理达到适宜的室内环境质量，并尽量实现节能、节水。目前节能与能源利用一章权重已远大于其他章，故不再调增；节水与水资源利用一章权重仅次于节能、室内章，故不再调增；节材与材料资源利用一章在运行评价阶段影响相对小些，故适当调低权重。各类指标的权重经广泛征求意见和试评价后综合调整确定。

4 节地与室外环境

4.1 控 制 项

4.1.1 本条适用于各类饭店建筑的设计、运行阶段评价。

《中华人民共和国城乡规划法》第二条明确："本法所称城乡规划，包括城镇体系规划、城市规划、镇规划、乡规划和村庄规划"；第四十二条规定："城市规划主管部门不得在城乡规划确定的建设用地范围以外作出规划许可"。因此，任何建设项目的选址必须符合城乡规划。

各类保护区是指受到国家法律法规保护、划定有明确的保护范围、制定有相应的保护措施的各类政策区，主要包括：基本农田保护区（《中华人民共和国基本农田保护条例》）、风景名胜区（《中华人民共和国风景名胜区条例》）、自然保护区（《中华人民共和国自然保护区条例》）、历史文化名城名镇名村（《历史文化名城名镇名村保护条例》）、历史文化街区（《城市紫线管理办法》）等。

文物古迹是指人类在历史上创造的具有价值的不可移动的实物遗存，包括地面与地下的古遗址、古建筑、古墓葬、石窟寺、古碑石刻、近代代表性建筑、革命纪念建筑等，主要指文物保护单位、保护建筑和历史建筑。

本条的评价方法为：设计评价查阅项目场地区位图、地形图以及当地城乡规划、国土、文化、园林、旅游或相关保护区等有关行政管理部门提供的法定规划文件或出具的证明文件；运行评价在设计阶段评价方法之外还应现场核实。

4.1.2 本条适用于各类饭店建筑的设计、运行阶段评价。

本条对绿色建筑的场地安全提出要求。建筑场地与各类危险源的距离应满足相应危险源的安全防护距离的控制要求，对场地中的不利地段或潜在危险源应采取必要的避让、防护或控制、治理等措施，对场地中存在的含氡、重金属、工业污染土壤等有毒有害物质应采取有效的治理与防护措施进行无害化处理，确保符合各项安全标准。

场地的防洪设计符合现行国家标准《防洪标准》

GB 50201 和《城市防洪工程设计规范》GB/T 50805 的有关规定，抗震防灾设计符合现行国家标准《城市抗震防灾规划标准》GB 50413 和《建筑抗震设计规范》GB 50011 的有关规定，土壤中氡浓度的控制应符合现行国家标准《民用建筑工程室内环境污染控制规范》GB 50325 的有关规定，电磁辐射符合现行国家标准《电磁环境控制限值》GB 8702 的有关规定。

本条的评价方法为：设计评价查阅地形图，审核应对措施的合理性及相关检测报告；运行评价在设计评价方法之外还应现场核实。

4.1.3 本条适用于各类饭店建筑的设计、运行阶段评价。

建筑场地内不应存在未达标排放或者超标排放的气态、液态或固态的污染源，例如：易产生噪声的运动和营业场所，油烟未达标排放的厨房，煤气或超标排放的燃煤锅炉房，污染物排放超标的垃圾堆等。若有污染源应积极采取相应的治理措施并达到无超标污染物排放的要求。

本条的评价方法为：设计评价查阅环评报告，审核应对措施的合理性；运行评价在设计评价方法之外还应现场核实。

4.1.4 本条适用于各类饭店建筑的设计、运行阶段评价。

建筑布局不仅要求本项目所有建筑都满足有关间距要求，还应兼顾周边，减少对相邻的住宅、幼儿园生活用房等有日照标准要求的建筑产生不利的日照遮挡。条文中的"不降低周边建筑的日照标准"是指：①对于新建项目的建设，应满足周边建筑及场地有关日照标准的要求；②对于改造项目分两种情况，周边建筑及场地改造前满足日照标准的，应保证其改造后仍符合相关日照标准的要求；周边建筑及场地改造前未满足日照标准的，改造后不可再降低其原有的日照水平。

本条的评价方法为：设计评价查阅相关设计文件和日照模拟分析报告；运行评价查阅相关竣工图和日照模拟分析报告，并现场核实。

4.2 评 分 项

Ⅰ 土地利用

4.2.1 本条适用于各类饭店建筑的设计、运行阶段评价。

本条第 1 款是针对建筑容积率的评价要求。饭店建筑，因功能内容及所处位置不同而有着不同的建筑形式，在保证其基本功能及室外环境要求的前提下应按照所在地城乡规划的要求采用合理的容积率。就节地而言，绿色建筑鼓励采用较高的容积率，对于容积率不可能高的建设项目，在节地环节得不到太高的评价，但可以通过精心的场地设计，在创造更高的绿地率以及提供更多的开敞空间或公共空间等方面获得更好的评分；而对于容积率较高的建设项目，在节地方面则更容易获得较高的评分。

本条第2款是针对饭店建筑特性的评价要求，由于饭店带有住宿功能，标准客房的大小是饭店规划和占有土地资源的重要要素；同时标准客房的面积也决定了结构上的柱网和梁的跨度，对平面布局有很大影响。

本条的评价方法为：设计评价查阅相关设计文件中相关技术经济指标，内容应包括总用地面积、地上部分的总建筑面积等，根据设计指标核算申报项目的容积率指标；运行评价查阅相关竣工图、计算书。

4.2.2 本条适用于各类饭店建筑的设计、运行阶段评价。

为保障城市公共空间的品质、提高服务质量，每个城市对城市中不同地段或不同性质的公共设施建设项目，都制定有相应的绿地管理控制要求。本条鼓励饭店建筑项目优化建筑布局设置更多的绿化用地或绿化广场，创造更加宜人的公共空间；鼓励绿地或绿化广场设置必要的休憩、娱乐等设施并作为公共绿地向社会公众免费开放，或免费定时向社会公众开放，以提供更多的公共活动空间。

本条的评价方法为：设计评价查阅相关设计文件中的相关技术经济指标，内容应包括项目总用地面积、绿地面积、绿地率；运行评价查阅相关竣工图并现场核实。

4.2.3 本条适用于各类饭店建筑的设计、运行阶段评价。

由于地下空间的利用受诸多因素制约，因此未利用地下空间的项目应提供相关说明。经论证，场地区位、地质等条件不适宜开发地下空间的，本条不参评。开发利用地下空间是城市节约集约用地的重要措施之一。地下空间开发利用应与地上建筑及其他相关城市空间紧密结合、统一规划，满足安全、卫生、便利等要求。但从雨水渗透及地下水补给，减少径流外排等生态环保要求出发，地下空间也应利用有度、科学合理。

由于饭店建筑的特性，考虑到其选址的特点，在山地和坡地的饭店建筑其半地下空间一并计入地下建筑面积。

本条的评价方法为：设计评价查阅设计图纸及相关设计技术经济指标，审核地下空间设计的合理性，核查地下总建筑面积与总用地面积的比率；运行评价查阅相关竣工图、计算书，并现场核实。

Ⅱ 室外环境

4.2.4 本条适用于各类饭店建筑的设计、运行阶段评价。

非玻璃幕墙建筑，第1款直接得2分。

现行国家标准《玻璃幕墙光学性能》GB/T 18091将玻璃幕墙的光污染定义为有害光反射，对玻璃幕墙的可见光反射比作了规定，本条对玻璃幕墙可见光反射比较该标准中最低要求适当提高，取为0.2。

室外夜景照明设计应满足现行行业标准《城市夜景照明设计规范》JGJ/T 163关于光污染控制的相关要求，并在室外照明设计图纸中体现。无室外夜景照明建筑不参评第2款，项目本条得分按照第1款得分乘以2倍计算。

关于建筑夜景照明对外部环境的影响，饭店类建筑与其他公共建筑没有大的差异，建筑夜景照明对建筑自身室内环境的影响则略有异于其他建筑，这主要体现在夜景照明对客房室内环境的影响上。因此参照现行行业标准《城市夜景照明设计规范》JGJ/T 163针对居住建筑的相关规定，对夜景照明设施在客房外窗处的光污染限制条件做相应补充。

当室外夜景照明设计满足现行行业标准《城市夜景照明设计规范》JGJ/T 163关于公共建筑光污染控制的相关要求时，得1分。

当同时满足下列要求时再得1分：

1) 夜景照明设施在饭店客房窗户外表面产生的垂直面照度不大于行业标准《城市夜景照明设计规范》JGJ/T 163-2008 表7.0.2-1的规定值；

2) 夜景照明灯具朝饭店客房外窗方向的发光强度不大于行业标准《城市夜景照明设计规范》JGJ/T 163-2008 表7.0.2-2的规定值。

本条的评价方法为：设计评价查阅相关设计文件、光污染分析专项报告；运行评价在设计阶段评价方法之外，还应查阅竣工图、检测报告等相关资料，并依据光污染分析专项报告，现场核查各项相关性能是否符合标准要求，如玻璃幕墙的可见光反射比、室内照明溢光情况等。

4.2.5 本条适用于各类饭店建筑的设计、运行阶段评价。

饭店类建筑的声环境条件是一项重要的环境评价指标。本条主要是针对饭店项目选址、规划以及实施后的环境噪声影响预测进行考评，主要以项目环境噪声影响测试评估报告（含现场测试报告）以及噪声预测分析报告为评价对象和依据。

绿色饭店建筑在规划选址时应优先选择环境噪声条件较好的区域，应对场地周边的噪声现状进行检测，并对规划实施后的环境噪声进行预测，必要时采取有效措施改善环境噪声状况，使之符合现行国家标准《声环境质量标准》GB 3096中对于不同声环境功能区噪声标准的有关规定。当拟建饭店建筑不能避免临近交通干线，或不能远离固定的设备噪声源时，需要采取措施降低噪声干扰。

为体现出饭店建筑对场地环境噪声的敏感性,同时考虑到不同功能区标准下为使室内声环境达到要求所采取的措施、消耗的资源是不同的,因而在评分上设定了一定差异。另外,即便通过围护结构隔声等措施使室内声环境达到要求,如果窗外环境噪声过高,建筑开窗通风换气就不现实,对建筑节能和室内环境都会有实际影响,故选址问题还是需要考察、评价的,并区分得分要求。

需要说明的是,噪声监测的现状值仅作为参考,需结合场地环境条件的变化(如道路车流量的增长)进行对应的噪声改变情况预测。

本条的评价方法为:设计评价查阅环境噪声影响测试评估报告、噪声预测分析报告;运行评价查阅环境噪声影响测试评估报告、现场测试报告,必要时进行现场核实或测试。

4.2.6 本条适用于各类饭店建筑的设计、运行阶段评价。

建筑物周围人行区距地 1.5m 高处风速 $V < 5m/s$ 是不影响人们正常室外活动的基本要求。若建筑物周边通风不畅,在某些区域形成无风区和涡旋区,将影响室外污染物消散。

利用计算流体动力学(CFD)手段,对建筑外风环境进行模拟,其中典型风速、风向为对应季节内出现频率最高的风向和该风向的平均风速,可通过查阅《中国建筑热环境分析专用气象数据集》中所在城市的相关资料得到。

室外风环境模拟的边界条件设置应合理,计算区域、模型再现区域、网络划分、入口边界条件、壁面边界条件、湍流模型及差分格式的选取建议参考国际国内相关专业标准。

本条的评价方法为:设计评价查阅相关设计文件、风环境模拟计算报告;运行评价查阅竣工图、风环境模拟计算报告,必要时进行现场测试。

4.2.7 本条适用于各类饭店建筑的设计、运行阶段评价。

户外活动场地包括:步道、庭院、广场、游憩场和停车场。乔木遮阴面积按照成年乔木的树冠正投影面积计算;构筑物遮阴面积按照构筑物正投影面积计算。

本条的评价方法为:设计评价查阅相关设计文件,包括对应具体技术措施的场地设计、景观设计说明和相关图纸,分析报告;运行评价在设计阶段评价方法之外还应查阅相关竣工图,现场实测或核实措施的实施情况。

4.2.8 本条适用于各类饭店建筑的设计、运行阶段评价。

垃圾处理流线及其用房、设施设备是饭店类建筑设计的重要内容,它直接关乎饭店的内部功能和运营

使用,也直接影响到饭店的室内外环境品质。

饭店类建筑设计应对日常运营中产生的垃圾废弃物处理提出专项系统解决方案,在总图设计、内部功能流线设计上应充分考虑垃圾废弃物的日常收集、分类、回收利用与运输,并提供相应的土建、机电条件。

饭店应建立专用的垃圾处理用房及设备,垃圾处理流线应与有洁净、卫生要求的其他功能流线适当分离。垃圾处理用房应满足日常垃圾存放、分类、处理(包括布置垃圾处理设备,如压缩机等)的空间需求,邻近厨房等垃圾产生量较大的用房,并与装卸区有便捷联系,以便能够及时快速处理产生的垃圾。固体垃圾废弃物应实现分类处理,废电池等危险废弃物应有专用存放点。垃圾处理间等设施还应充分考虑防鼠、防污、防霉、耐酸碱、耐腐蚀、防火、防水、耐擦洗的要求,具备必要的上下水、机械排风、照明等条件。

有条件的饭店应采用干湿垃圾分类处理的方式,这样更有利于垃圾的回收利用,方便后期处理。考虑到温度条件、垃圾处理点位置条件、垃圾收集的频繁程度等,鼓励设置垃圾冷藏间,并与厨房、装卸平台联系便捷,以避免垃圾卫生、气味等问题。

本条的评价方法为:设计评价查阅规划设计文件中的相关图纸,查阅垃圾处理流线是否完善,是否设置垃圾收集处理空间及相关设施、设备;运行评价在设计阶段评价方法之外,还应现场核实原设计的实施情况等。

Ⅲ 交通设施与公共服务

4.2.9 本条适用于各类饭店建筑的设计、运行阶段评价。

优先发展公共交通是缓解城市交通拥堵问题的重要措施,因此建筑与公共交通联系的便捷程度十分重要。为便于建筑使用者选择公共交通出行,在选址与场地规划中应重视建筑及场地与公共交通站点的有机联系,合理设置出入口并设置便捷的步行通道联系公共交通站点,如建筑外的平台直接通过天桥与公交站点相连,或建筑的部分空间与地铁轨道交通站点出入口直接连通,地下空间与地铁站点直接相连,步道有遮阳挡雨的设施等。根据标准规范,公共交通站点的距离一般为 500m～600m,因此只要选址合理,场地出入口到达公共汽车站的步行距离一般都在 350m 之内。场地 500m 范围内有多条公共交通线路(含公共汽车和轨道交通)设置的站点,便于鼓励公交出行。固定的定期通勤班车也是公共交通的一种方式。

对于本条的第 3 款,设计阶段评价是否有"便捷的人行通道"的空间范围是场地本身及与场地直接相连的道路中的人行通道空间。

本条的评价方法为:设计评价查阅规划设计文件

中的相关图纸：场地周边公共交通设施布局图，场地到达公交站点的步行线路示意图，核实场地出入口到达公交站点的距离；运行评价在设计阶段评价方法之外应现场核实。

4.2.10 本条适用于各类饭店建筑的设计、运行阶段评价。

场地与建筑及场地内外联系的无障碍设计是绿色出行的重要组成部分，是保障各类人群方便、安全出行的基本设施。而建筑场地内部与外部人行系统的连接是目前无障碍设施建设的薄弱环节，建筑作为城市的有机单元，其无障碍设施建设应纳入城市无障碍系统，并符合现行国家标准《无障碍设计规范》GB 50763 的要求。

本条的评价方法为：设计评价查阅规划设计文件中的相关图纸：建筑总平面图（重点标注无障碍通道布局位置，包括场地与外部城市道路或其他场地间的无障碍通道位置，建筑场地内人行通道与建筑出入口无障碍通道位置，建筑场地向公众开放部分的无障碍设施位置）；运行评价在设计阶段评价方法之外应现场核实并审查是否在无障碍设施旁设置无障碍标识牌及音响信号。

4.2.11 本条适用于各类饭店建筑的设计、运行阶段评价。

绿色建筑应鼓励使用自行车等绿色环保的交通工具，在细节上为绿色出行提供便利条件，设计安全方便、规模适度、布局合理，符合使用者出行习惯的自行车停车场所，并有遮阳防雨措施。机动车停车除符合所在地控制性详细规划要求外，还应合理设置、科学管理，并不对人行活动产生干扰。鼓励采用机械式停车库、地下停车库等方式节约集约用地，同时也鼓励采用错时停车方式向社会开放，提高停车场所使用效率。

由于缺少短时停车车位以及物流货运装卸等临时停车车位，人行道、公共建筑的集散广场、小区公共绿地等公共空间被机动车停车所侵占的现象屡见不鲜。因此，建设项目在规划、设计阶段就应统筹规划、合理安排机动车停车场所，适度预留机动车地面周转临时停车车位，减少短时停车对步行空间、活动场所等公共空间的干扰或挤占，为建筑运营管理提供便利条件。

本条的评价方法为：设计评价查阅规划设计文件中的相关图纸，包括总平面（注明自行车库/棚的位置，地面停车场位置），自行车库/棚及附属设施设计；运行评价查阅相关竣工文件，并现场核实。

4.2.12 本条适用于各类饭店建筑的设计、运行阶段评价。

公共建筑服务功能集中设置，配套的设施设备共享，是提高服务效率、节约资源的有效方法。兼容 2 种及以上主要公共服务功能是指主要服务功能在建筑内部混合布局，部分空间共享使用，如建筑中设有共用的会议设施、展览设施、餐饮设施、健身设施以及交往空间、休息空间等。集中设置的配套辅助设施设备，如洗衣房、车库、锅炉房或空调机房、监控室等，可以共享共用。

向社会提供开放的公共空间和室外场地，既可增加公共活动空间，提高各类设施和场地的使用效率，又可陶冶情操、增进社会交往。不能向社会公众免费开放的室外活动场地不得分。

本条的评价方法为：设计评价查阅规划设计文件中的相关图纸，查阅是否设计了多种服务功能以及共享共用的设施或空间，拟向社会开放部分的规划设计与组织管理实施方案等；运行评价在设计阶段评价方法之外还应现场核实实际设计的实施情况，建筑是否提供了向社会公众开放的公共空间，核实室外活动场地是否向公众免费开放等。

Ⅳ 场地设计与场地生态

4.2.13 本条适用于各类饭店建筑的设计、运行阶段评价。

建设项目应对场地可利用的自然资源进行勘查，充分利用原有地形地貌，尽量减少土石方量，减少开发建设过程对场地及周边环境生态系统的改变，包括原有水体和植被，特别是大型乔木。在建设过程中确需改造场地内的地形、地貌、水体、植被等时，应在工程结束后及时采取生态复原措施，减少对原场地环境的破坏。表层土含有丰富的有机质、矿物质和微量元素，适合植物和微生物的生长，场地表层土的保护和回收利用是土壤资源保护、维持生物多样性的重要方法之一。除此之外，根据场地实际状况，采取其他生态恢复或补偿措施，如对土壤进行生态处理，对污染水体进行净化的循环，对植被进行生态设计以恢复场地原有动植物生存环境等，也可作为得分依据。

本条的评价方法为：设计评价查阅审核相关设计文件、生态保护和补偿计划；运行评价查阅相关竣工图、生态保护和补偿报告，并现场核实。

4.2.14 本条适用于各类饭店建筑的设计、运行阶段评价。

场地开发应遵循低影响开发原则，合理利用场地空间设置绿色雨水基础设施。绿色雨水基础设施有雨水花园、下凹式绿地、屋顶绿化、植被浅沟、雨水截流设施、渗透设施、雨水塘、雨水湿地、景观水体、多功能调蓄设施等。绿色雨水基础设施有别于传统的灰色雨水设施（雨水口、雨水管道等），能够以自然的方式控制城市雨水径流、减少城市洪涝灾害、控制径流污染、保护水环境。

当场地面积超过一定范围时，应进行雨水专项规划设计。雨水专项规划设计是通过建筑、景观、道路和市政等不同专业的协调配合，综合考虑各类因素的影响，对径流减排、污染控制、雨水收集回用进行全面统筹规划设计。通过实施雨水专项规划设计，能避免实际工程中针对某个子系统（雨水利用、径流减排、污染控制等）进行独立设计所带来的诸多资源配置和统筹衔接问题，避免出现"顾此失彼"的现象。具体评价时，场地占地面积大于 10hm² 的项目，应提供雨水专项规划设计，不大于 10hm² 的项目可不做雨水专项规划设计，但也应根据场地条件合理采用雨水控制利用措施，编制场地雨水综合利用方案。

利用场地的河流、湖泊、水塘、湿地、低洼地作为雨水调蓄设施，或利用场地内设计景观（如景观绿地和景观水体）来调蓄雨水，可达到有限土地资源多功能开发的目标。能调蓄雨水的景观绿地包括下凹式绿地、雨水花园、树池、干塘等。

屋面雨水和道路雨水是建筑场地产生径流的重要源头，易被污染并形成污染源，故宜合理引导其进入地面生态设施进行调蓄、下渗和利用，并采取相应截污措施，保证雨水在滞蓄和排放过程中有良好的衔接关系，保障自然水体和景观水体的水质、水量安全。地面生态设施是指下凹式绿地、植草沟、树池等，即在地势较低的区域种植植物，通过植物截流、土壤过滤滞留处理小流量径流雨水，达到径流污染控制目的。

雨水下渗也是消减径流和径流污染的重要途径之一。本条"硬质铺装地面"指场地中停车场、道路和室外活动场地等，不包括建筑占地（屋面）、绿地、水面等。通常停车场、道路和室外活动场地等，有一定承载力要求，多采用石材、砖、混凝土、砾石等为铺地材料，透水性能较差，雨水无法入渗，形成大量地面径流，增加城市排水系统的压力。"透水铺装"是指采用如植草砖、透水沥青、透水混凝土、透水地砖等透水铺装系统，既能满足路用及铺地强度和耐久性要求，又能使雨水通过本身与铺装下基层相通的渗水路径直接渗入下部土壤的地面铺装。当透水铺装下为地下室顶板时，若地下室顶板设有疏水板及导水管等可将渗透雨水导入与地下室顶板接壤的实土，或地下室顶板上覆土深度能满足当地园林绿化部门要求时，仍可认定其为透水铺装地面。评价时以场地中硬质铺装地面中透水铺装所占的面积比例为依据。

本条的评价方法为：设计评价查阅地形图、场地规划设计文件、场地雨水综合利用方案或雨水专项规划设计（场地大于 10hm² 的应提供雨水专项规划设计，没有提供的本条不得分）、计算书；运行评价查阅地形图、相关竣工图、场地雨水综合利用方案或雨水专项规划设计（场地大于 10hm² 的应提供雨水专项规划设计，没有提供的本条不得分）、计算书，并现场核实。

4.2.15 本条适用于各类饭店建筑的设计、运行阶段评价。

场地设计应合理评估和预测场地可能存在的水涝风险，尽量使场地雨水就地消纳或利用，防止径流外排在其他区域形成水涝和污染。径流总量控制包括雨水的减排和利用，实施过程中减排和利用的比例需依据场地的实际情况，通过合理的技术经济比较，来确定最优方案。

从区域角度看，雨水的过量收集会导致原有水体的萎缩或影响水系统的良性循环。要使硬化地面恢复到自然地貌的环境水平，最佳的雨水控制量应以雨水排放量接近自然地貌为标准，因此从经济性和维持区域性水环境的良性循环角度出发，径流的控制率也不宜过大而应有合适的量（除非具体项目有特殊的防洪排涝设计要求）。本条设定的年径流总量控制率不宜超过 85%。

年径流总量控制率达到 55%、70% 或 85% 时对应的降雨量（日值）为设计控制雨量，参见表 1。设计控制雨量的确定要通过统计学方法获得。统计年限不同时，不同控制率下对应的设计雨量会有差异，考虑气候变化的趋势和周期性，推荐采用 30 年，特殊情况除外。

表 1　年径流总量控制率对应的设计控制雨量

城市	年均降雨量（mm）	年径流总量控制率对应的设计控制雨量（mm）		
		55%	70%	85%
北京	544	11.5	19.0	32.5
长春	561	7.9	13.3	23.8
长沙	1501	11.3	18.1	31.0
成都	856	9.7	17.1	31.3
重庆	1101	9.6	16.7	31.0
福州	1376	11.8	19.3	33.9
广州	1760	15.1	24.4	43.0
贵阳	1092	10.1	17.0	29.9
哈尔滨	533	7.3	12.2	22.6
海口	1591	16.8	25.1	51.1
杭州	1403	10.4	16.5	28.2
合肥	984	10.5	17.2	30.2
呼和浩特	396	7.3	12.0	21.2
济南	680	13.8	23.4	41.3
昆明	988	9.3	15.0	25.9
拉萨	442	4.9	7.5	11.8
兰州	308	5.2	8.2	14.0
南昌	1609	13.5	21.8	37.4
南京	1053	11.5	18.9	34.2
南宁	1302	13.2	22.0	38.5

续表1

城市	年均降雨量（mm）	年径流总量控制率对应的设计控制雨量（mm）		
		55%	70%	85%
上海	1158	11.2	18.5	33.2
沈阳	672	10.5	17.0	29.1
石家庄	509	10.1	17.3	31.2
太原	419	7.6	12.5	22.5
天津	540	12.1	20.8	38.2
乌鲁木齐	282	4.2	6.9	11.8
武汉	1308	14.5	24.0	42.3
西安	543	7.3	11.6	20.0
西宁	386	4.7	7.4	12.2
银川	184	5.2	8.7	15.5
郑州	633	11.0	18.4	32.6

注：1 表中的统计数据年限为1977年～2006年。
　　2 其他城市的设计控制雨量，可参考所列类似城市的数值，或依据当地降雨资料进行统计计算确定。

设计时应根据年径流总量控制率对应的设计控制雨量来确定雨水设施规模和最终方案，有条件时，可通过相关雨水控制利用模型进行设计计算；也可采用简单计算方法，结合项目条件，用设计控制雨量乘以场地综合径流系数、总汇水面积来确定项目雨水设施总规模，再分别计算滞蓄、调蓄和收集回用等措施实现的控制容积，达到设计控制雨量对应的控制规模要求，即达标。

本条的评价方法为：设计评价查阅当地降雨统计资料、相关设计文件、设计控制雨量计算书；运行评价查阅当地降雨统计资料、相关竣工图、设计控制雨量计算书、场地年径流总量控制报告，并现场核实。

4.2.16 本条适用于各类饭店建筑的设计、运行阶段评价。

绿化是城市环境建设的重要内容。大面积的草坪不但维护费用昂贵，生态效果也不理想，其生态效益也远远小于灌木、乔木。因此，合理搭配乔木、灌木和草坪，以乔木为主，能够提高绿地的空间利用率、增加绿量，使有限的绿地发挥更大的生态效益和景观效益。鼓励建筑进行屋顶绿化和墙面垂直绿化，既能增加绿化面积，又可以改善屋顶和墙壁的保温隔热效果，还可有效截留雨水。

植物配置应充分体现本地区植物资源的特点，突出地方特色。合理的植物物种选择和搭配会对绿地植被的生长起到促进作用。种植区域的覆土深度应满足乔、灌木自然生长的需要，满足申报项目所在地有关覆土深度的控制要求。

"屋顶可绿化面积"不包括放置设备、管道、太阳能板、遮阳构架、通风架空屋面等设施所占面积，不包括轻质屋面和大于15°的坡屋面等，不包括用作走廊的交通面积，也不包括电气用房和顶层房间有特殊防水工艺要求的屋面面积。如果屋顶没有可绿化面积或屋顶可绿化面积不大于30m² 的项目，第2款可不参评，项目本条得分按照其余两款实际总得分乘以1.5倍计算。

本条的评价方法为：设计评价查阅相关设计文件、计算书；运行评价查阅相关竣工图、计算书，并现场核实。

5 节能与能源利用

5.1 控　制　项

5.1.1 本条适用于各类饭店建筑的设计、运行阶段评价。

饭店建筑围护结构的热工性能指标、外窗和玻璃幕墙的气密性能指标、供暖锅炉的额定热效率、空调系统的冷热源机组能效比、单元热计量和分室温度调节等对建筑供暖和空调能耗都有很大的影响。国家的建筑节能设计标准对这些性能参数都提出了明确的要求，有的地方标准的要求比国家标准更高，而且这些要求都是以强制性条文的形式出现的。因此，将本条列为绿色饭店建筑必须满足的控制项。当地方标准要求低于国家标准时，应按国家标准执行。

在部分省市的地方节能标准中外窗和幕墙气密性为非强条，考虑到外窗和玻璃幕墙的气密性能指标对建筑供暖和空调能耗都有很大的影响，故特强调绿色饭店建筑标准也要求外窗气密性能不低于国家标准《建筑外门窗气密、水密、抗风压性能分级及检测方法》GB/T 7106-2008中规定的6级，透明幕墙气密性能不低于国家标准《建筑幕墙》GB/T 21086-2007中规定的2级。

本条的评价方法为：设计评价查阅建筑设计说明和施工图、节能审查备案登记表、节能计算书等；运行评价查阅建筑竣工图、节能竣工验收报告，并现场核实。

5.1.2 本条适用于集中空调或供暖的各类饭店建筑的设计、运行阶段评价。

合理利用能源、提高能源利用率、节约能源是我国的基本国策。高品位的电能直接用于转换为低品位的热能进行供暖或空调，热效率低，运行费用高，应限制这种"高质低用"的能源转换利用方式。

本条的评价方法为：设计评价查阅暖通施工图设计说明、系统图、设备清单；运行评价查阅暖通竣工图、证明相关设备符合能效要求的检测报告、设备进场验收记录等，并现场核实。

5.1.3 本条适用于各类饭店建筑的设计、运行阶段评价。

大型饭店建筑能源消耗情况较复杂，包括电能、水、燃气、蒸汽等。当未分项计量时，不利于统计饭店各类系统设备的能耗分布，难以发现能耗不合理之处。为此，要求设有集中空调的饭店，在系统设计（或既有饭店改造设计）时必须考虑设置能耗监测系统，使饭店内各能耗环节能够实现独立分项计量。这有助于分析饭店各项能耗水平和能耗结构是否合理，发现问题并提出改进措施，从而有效地实施建筑节能。

对于单栋建筑面积超过 20000m²，且设有集中空调的各类饭店建筑应严格按照上述规定对各部分能耗进行独立分项计量；对于面积不足 20000m²，或未设置集中空调的饭店，应按照功能区域分别进行能耗计量。

为科学、规范地建设大型公共建筑能耗监测系统，统一能耗数据的分类、分项方法及编码规则，实现分项能耗数据的实时采集、准确传输、科学处理、有效储存，为确定建筑用能定额和制定建筑用能超定额加价制度提供数据支持，指导国家机关办公建筑和大型公共建筑节能管理和节能改造，住房和城乡建设部于 2008 年发布了《国家机关办公建筑和大型公共建筑能耗监测系统分项能耗数据采集技术导则》等一系列指导文件。

能耗监测系统是指通过对国家机关办公建筑和大型公共建筑安装分类和分项能耗计量装置，采用远程传输等手段及时采集能耗数据，实现重点建筑能耗的在线监测和动态分析功能的硬件系统和软件系统的统称。

分类能耗中，电量应分为 4 项分项，包括照明插座用电、空调用电、动力用电和特殊用电。各分项可根据建筑用能系统的实际情况灵活细分为一级子项和二级子项。其他分类能耗不应分项。

1）照明插座用电：照明插座用电是指建筑物主要功能区域的照明、插座等室内设备用电的总称。照明插座用电包括照明和插座用电、走廊和应急照明用电、室外景观照明用电，共 3 个子项。

2）空调用电：空调用电是为建筑物提供空调、供暖服务的设备用电的统称。空调用电包括冷热站用电、空调末端用电，共 2 个子项。冷热站是空调系统中制备、输配冷量的设备名称。常见的系统主要包括冷水机组、冷冻泵（一次冷冻泵、二次冷冻泵、冷冻水加压泵等）、冷却泵、冷却塔风机等和冬季有供暖循环泵（供暖系统中输配热量的水泵；对于采用外部热源、通过板换供热的建筑，仅包括板换二次泵；对于采用自备锅炉的，包括一、二次泵）。空调末端是指可单独测量的所有空调系统末端，包括全空气机组、新风机组、空调区域的排风机组、风机盘管和分体式空调器等。

3）动力用电：动力用电是集中提供各种动力服务（包括电梯、非空调区域通风、生活热水、自来水加压、排污等）的设备（不包括空调供暖系统设备）用电的统称。动力用电包括电梯用电、水泵用电、通风机用电，共 3 个子项。

4）特殊用电：特殊区域用电是指不属于建筑物常规功能的用电设备的耗电量，特殊用电的特点是能耗密度高、占总电耗比重大的用电区域及设备。特殊用电包括信息中心、洗衣房、厨房餐厅、游泳池、健身房或其他特殊用电。

《民用建筑节能条例》第十八条规定："实行集中供热的建筑应当安装供热系统调控装置、用热计量装置和室内温度调控装置。"

分项能耗数据的采集、传输和能耗监测系统的设计、建设、验收和运行维护应满足国家和地方相关管理文件的要求。

本条的评价方法为：设计评价查阅配电系统施工图、能耗分项计量系统施工图和相关设计文件；运行评价查阅配电系统竣工图、能耗分项计量系统竣工图和分项能耗运行记录，并现场核实。

5.1.4 本条适用于各类饭店建筑的设计、运行阶段评价。

现行国家标准《建筑照明设计标准》GB 50034 规定了旅馆建筑各类房间或场所的照明功率密度值，分为"现行值"和"目标值"。其中，"现行值"是新建建筑必须满足的最低要求，"目标值"要求更高，是努力的方向。本条将现行值列为绿色饭店建筑必须满足的控制项。

本条的评价方法为：设计评价查阅照明施工图设计说明、各层照明平面施工图、照明功率密度计算报告；运行评价查阅照明竣工图设计说明、各层照明平面竣工图、照明产品型式检验报告、照明功率密度计算报告，并现场核实。

5.2 评 分 项

I 建筑与围护结构

5.2.1 本条适用于各类饭店建筑的设计、运行阶段评价。

鼓励绿色建筑的围护结构做得比国家和地方的节能标准更高，降低空调供暖负荷，同时提高非空调供暖季节的室内热环境质量，在设计时应利用计算机软件模拟分析的方法计算其本体节能率。考虑到地域性差异，对于以供暖负荷为主的严寒地区，以及兼顾供冷供暖的寒冷地区、夏热冬冷地区和夏热冬暖地区，应执行不同的评分办法。

围护结构节能率旨在评价设计建筑相比于参照建筑，由于围护结构优化设计（建筑体型、窗墙比、围护结构热工性能等），对于降低空调供暖负荷的贡献率，由于评价时设计建筑和参照建筑的系统能效完全一致，因此可以折算为节能率。

饭店建筑作息与其他公共建筑有别，暖通空调系统用能高峰为夜间，围护结构传热对建筑能耗的影响较小，故与国标相比，降低对围护结构节能率的要求。

参照建筑和设计建筑的能耗模拟设定方式，应依照现行国家和地方公共建筑节能设计标准中的相关规定。

围护结构节能率计算公式如下：

$$\varphi_{ENV} = \frac{Q_{ENV,ref} - Q_{ENV}}{Q_{ENV,ref}} \times 100\% \qquad (1)$$

式中：Q_{ENV} ——设计建筑的供暖、空调负荷需求（kWh）；

$\quad\quad Q_{ENV,ref}$ ——参照建筑的供暖、空调负荷需求（kWh）；

$\quad\quad \varphi_{ENV}$ ——围护结构节能率。

本条的评价方法为：设计评价查阅建筑施工图设计说明、围护结构详图、节能审查备案登记表及建筑节能评估报告；运行评价查阅建筑竣工图设计说明、围护结构详图、检验记录和性能检测报告等，并现场核实。

5.2.2 本条适用于各类饭店建筑的设计、运行阶段评价。

建筑朝向和平面布局都对通风、日照、采光以及遮阳有明显的影响，因而也间接影响饭店的供暖和空调能耗以及建筑室内环境的舒适性，应该给予足够的重视。

建筑朝向的选择涉及当地气候条件、地理环境、建筑用地情况等因素，必须全面考虑，各地区建议的建筑朝向表可参照现行国家标准《公共建筑节能设计标准》GB 50189 以及地方相关节能标准的要求。

建筑总平面设计的原则是冬季能获得足够的日照并避开主导风向，夏季和过渡季则能利用自然通风并防止太阳辐射与暴风雨的袭击。虽然饭店平面布局应考虑多方面的因素，会受到社会历史文化、地形、城市规划、道路、环境等条件的制约，但在设计之初仍需权衡各因素之间的相互关系，通过多方面分析、优化建筑的规划设计，尽可能提高建筑物在夏天的自然通风和冬季的日照效果。

本条评价时，建筑主朝向为当地适宜朝向，且平面布局规则，本条直接得 6 分；朝向不适宜或平面布局不规则的，应对建筑朝向、平面布局、窗墙比等进行优化，并根据优化设计文件进行评分，有利于冬季

日照且避开冬季主导风向，得 3 分；有利于夏季自然通风，得 3 分。

本条的评价方法为：设计评价查阅建筑施工图设计说明、总平面图，进行优化设计的尚需查阅优化设计报告；运行评价查阅建筑竣工图设计说明、总平面图，并现场核实。

5.2.3 本条适用于各类饭店建筑的设计、运行阶段评价。当建筑层数大于 18 层时，18 层以上部分不参评。

外窗（幕墙）的可开启部分比例对建筑的自然通风性能有很大的影响，但现行建筑节能标准未对其提出定量指标。外窗（幕墙）的开启方式有多种，通风效果各不相同。参照住宅建筑通风要求，本条要求根据客房有效通风开口面积与地面面积之比，对自然通风效果进行评价：70% 以上客房的通风开口面积比不应小于 4%。

除立面设置可开启扇外，还可采用多种补偿措施改善公共区域自然通风效果，也可采用室内气流模拟设计的方法综合比较不同建筑设计及构造设计方案，确定最优的自然通风系统方案。对于采用其他措施明显改善建筑自然通风效果的，可得 3 分。例如，可采用导风墙、捕风窗、拔风井、太阳能拔风道等诱导气流的措施，并对设有中庭的建筑在适宜季节利用烟囱效应引导热压通风。对于地下空间，通过设计可直接通风的半地下室，或在地下室局部设置下沉式庭院改善自然通风效果。

对于高层和超高层饭店，考虑到高处风力过大以及安全方面的原因，仅评判第 18 层及其以下各层的外窗和玻璃幕墙。

本条的评价方法为：设计评价查阅建筑设计说明、立面施工图、门窗表及大样图、外窗/幕墙通风开口面积比例计算书；运行评价查阅相关建筑竣工图纸及相应的外窗/幕墙通风开口面积比例计算书，并现场核实。

Ⅱ 供暖、通风与空调

5.2.4 本条适用于设置供暖、通风或空调系统的各类饭店建筑的设计、运行阶段评价。

本条主要考虑供暖空调系统的节能贡献率，以供暖空调系统节能率 φ 为评价指标，按下式计算：

$$\varphi_{HVAC} = \left(1 - \frac{Q_{HVAC}}{Q_{HVAC,ref}}\right) \times 100\% \qquad (2)$$

式中：Q_{HVAC} ——被评建筑设计空调供暖系统全年能耗（GJ）；

$\quad\quad Q_{HVAC,ref}$ ——被评建筑参照空调供暖系统全年能耗（GJ）。

被评饭店的参考系统与实际设计系统所对应的围护结构要求与实际情况一致。供暖空调系统节能措施包括合理选择系统形式，提高设备与系统效率，优化

系统控制策略等。

对于不同的供暖、通风和空调系统形式，应根据现有国家和地方有关建筑节能设计标准统一设定参考系统的冷热源能效、输配系统和末端方式，计算并统计不同负荷率下的负荷情况，根据供暖空调系统能耗的降低幅度，判断得分。

设计系统和参考系统模拟计算时，包括房间的作息、室内发热量等基本参数的设置应与本标准第5.2.1条一致。

关于参考系统的选取，参见表2。

表2　参考系统选取原则

	设定内容	设计系统	参考系统
供暖空调系统设定	冷源系统（对应不同的实际设计方案，参考系统选择如右）	实际设计方案（设计采用水冷冷水机组系统，或水源或地源热泵系统，或蓄能系统）	采用电制冷的离心机或螺杆机，其能效值参考《公共建筑节能设计标准》GB 50189规定取值
		实际设计方案（设计采用风冷或蒸发冷却冷水机组系统）	采用风冷或蒸发冷却螺杆机，其能效值参考《公共建筑节能设计标准》GB 50189规定取值
		实际设计方案（设计采用直接膨胀式系统）	系统与实际设计系统相同，其效率满足相应国家和地方标准的单元式空调机组、多联式空调（热泵）机组或风管送风式空调（热泵）机组的空调系统要求
	热源系统	实际设计方案	热源采用燃气锅炉，锅炉效率满足相应的标准要求
	输配系统	实际设计方案	输配系统能效比满足《民用建筑供暖通风与空气调节设计规范》GB 50736要求
	末端	实际设计方案	末端与实际设计方案相同

1　集中空调系统：参考系统的设计新风量、冷热源、输配系统设备能效比等均应严格按现行国家标准《公共建筑节能设计标准》GB 50189选取，不应盲目提高新风量设计标准，不考虑风机、水泵变频、新风热回收、冷却塔自由冷却等节能措施。参考系统优先选用风机盘管加新风系统，对于不宜采用风机盘管的空间，选用全空气定风量系统。确定参考系统时，应综合考虑建筑内外分区、高大空间气流组织设计等方面因素。

2　对于直接膨胀式的单元式机组，参考系统为相对应的国家标准的单元式机组本身。采用分散式房间空调器进行空调和供暖时，选用符合现行国家标准《房间空气调节器能效限定值及能效等级》GB 12021.3和《转速可控型房间空气调节器能效限定值及能效等级》GB 21455中规定的能效限定值的产品；采用多联式空调（热泵）机组作为集中空调（供暖）机组时，选用符合现行国家标准《公共建筑节能设计标准》GB 50189规定的产品。

3　对于新风热回收系统，热回收装置机组名义测试工况下的热回收效率和性能系数（COP值）应满足现行国家标准《公共建筑节能设计标准》GB 50189和《空气-空气能量回收装置》GB/T 21087中能效限定值规定的要求。全热焓交换效率制冷不低于50%，制热不低于55%，显热温度交换效率制冷不低于60%，制热不低于65%。计算采用排风能量回收装置节能贡献时，需要考虑新风热回收耗电，热回收装置的性能系数（COP值）应大于5（COP值为回收的热量与附加的风机耗电量比值）。热回收装置的性能系数超过5以上的部分为热回收系统的节能值。此外热回收带来的冷热源和输配系统节能量也应计入。

4　对于水泵的一次泵、二次泵系统，参考系统为对应一、二次泵定频系统。考虑变频等节能措施，水泵节能率可计入。

5　对于有多种能源形式的供暖空调系统，其能耗应折算为一次能源进行计算。

本条的评价方法为：设计评价查阅建筑节能计算书等相关设计文件和专项计算分析报告；运行评价查阅系统竣工图纸、主要产品型式检验报告、运行记录、第三方检测报告、专项计算分析报告等，并现场核实。

5.2.5　本条适用于空调或供暖的各类饭店建筑的设计、运行阶段评价。对于采用市政冷热源的，不对其冷热源机组能效进行评价。

现行国家标准《公共建筑节能设计标准》GB 50189基于相关产品的能效限定值及能源效率等级，对锅炉、电机驱动的蒸汽压缩循环冷水（热泵）机组、单元式空气调节机、多联式空调（热泵）机组、直燃型溴化锂吸收式冷（温）水机组的性能系数或能效比提出了相关要求。本条以此为基础，对供暖空调系统冷热源机组能源效率提出了更高要求，通过提升冷热源机组的性能系数，进一步挖掘节能潜力。

当采用分散式房间空调器时，选用符合国家标准《房间空气调节器能效限定值及能效等级》GB 12021.3 和《转速可控型房间空气调节器能效限定值及能效等级》GB 21455 中规定的节能型产品。

本条的评价方法为：设计评价查阅暖通专业设计图纸和文件；运行评价查阅系统竣工图纸、主要产品型式检验报告、运行记录、第三方检测报告等，并现场核实。

5.2.6 本条适用于设置集中空调或供暖的各类饭店建筑的设计、运行阶段评价。

高层和超高层饭店建筑中，供暖空调的输配系统能耗在建筑总能耗中占有相当大的比例，因此必须严格根据现行国家标准《公共建筑节能设计标准》GB 50189 和《民用建筑供暖通风与空气调节设计规范》GB 50736 的要求进行设备性能控制。

1 供暖系统热水循环泵耗电输热比（EHR）满足现行国家标准《公共建筑节能设计标准》GB 50189 的要求。对于没有供暖系统热水循环泵的系统，不参评。

2 通风空调系统风机的单位风量耗功率满足现行国家标准《公共建筑节能设计标准》GB 50189 的要求。即：风机的单位风量耗功率（W_s）不应大于表中数值。

3 空调冷热水系统循环水泵的耗电输冷（热）比（EC(H)R）需要比现行国家标准《民用建筑供暖通风与空气调节设计规范》GB 50736 的要求低 20% 以上。耗电输冷（热）比反映了空调水系统中循环水泵的耗电与建筑冷热负荷的关系，对此值进行限制是为了保证水泵的选择在合理的范围，降低水泵能耗。默认为 5℃ 温差系统，如果采用温差并非 5℃，应按温差比值分析输配能耗变化情况，计算相应的得分。

本条的评价方法为：设计评价查阅暖通专业设计图纸和计算文件；运行评价查阅系统竣工图纸、主要产品型式检验报告、运行记录、第三方检测报告等，并现场核实。

5.2.7 本条适用于各类饭店建筑的设计、运行阶段评价。

供暖空调系统设计时不仅要考虑到设计工况，而且应考虑全年运行模式。尤其在过渡季，空调系统可以有多种节能措施，例如对于全空气系统，可以采用全新风或增大新风比运行，可以有效地改善空调区内空气的品质，大量节省空气处理所需消耗的能量。但要实现全新风运行，设计时必须认真考虑新风取风口和新风管所需的截面积，妥善安排好排风出路，并应确保室内合理的正压值。无全空气系统的建筑，本条款可不参评。

对于非空调季（过渡季和冬季）有制冷需求的饭店建筑，应考虑免费供冷技术的应用，利用冷却塔或地道风等进行非空调季免费供冷。采用免费供冷技术

应进行技术经济合理性分析，对于无供冷需求、技术经济不合理的建筑，本条款可不参评。

此外还有过渡季改变新风送风温度、优化冷却塔供冷的运行时数、处理负荷及调整供冷温度等节能措施。

当本条有不参评款时，项目本条得分按照参评款实际总得分值除以参评款满分总分值再乘以 5 分计算。

本条的评价方法为：设计评价查阅相关设计文件；运行评价查阅相关竣工图、运行记录，并现场核实。

5.2.8 本条适用于各类饭店建筑的设计、运行阶段评价。

多数空调系统都是按照最不利情况（满负荷）进行系统设计和设备选型的，而饭店建筑在绝大部分时间内是处于部分负荷状况的，或者同一时间仅有一部分空间处于使用状态。针对部分负荷、部分空间使用条件的情况，如何采取有效的措施以节约能源，显得至关重要。系统设计中应考虑合理的系统分区、水泵变频、变风量、变水量等节能措施，保证在建筑物处于部分冷热负荷时和仅部分空间使用时，能根据实际需要提供恰当的能源供给，同时不降低能源转换效率，并能够指导系统在实际运行中实现节能高效运行。

本条第 1 款主要针对系统划分及其末端控制，空调方式采用分体空调以及多联机的，可认定为满足（但前提是其供暖系统也满足本款要求，或没有供暖系统）。本条第 2、第 3 款主要针对系统冷热源，如热源为市政热源可不予考察（但小区锅炉房等仍应考察）；本条第 4、第 5 款主要针对系统输配系统，包括供暖、空调、通风等系统，如冷热源和末端一体化而不存在输配系统的，可认定为满足，例如仅设分体空调以及多联机。

当本条有不参评款时，项目本条得分按照参评款实际总得分值除以参评款满分总分值再乘以 8 分计算。

本条的评价方法为：设计评价查阅暖通施工图设计说明、空调平面施工图、系统全年运行说明、全年冷热负荷预期分析报告；运行评价查阅相关设备的型式检验报告、设备进场验收记录、系统运行记录、相关管理制度，并现场核实。

5.2.9 本条适用于各类饭店建筑的设计、运行阶段评价。

大多数的饭店建筑，在其附属的厨房设计中，通风系统往往都留给设备厂家进行二次设计，导致厨房工艺设计专业与通风设计专业之间协调不够，再加上系统设计的不合理，就会造成厨房排风不畅、工作环境恶劣以及能耗的极大增加。暖通专业在做通风设计时：首先，合理地划分系统，确定有效的通风方案，

选择合理的气流组织形式；其次，进行准确的风量、热量平衡等计算，选择适当的系统设备。这样才能设计出一个高效节能的通风系统。

关于通风量的计算，现行行业标准《饮食建筑设计规范》JGJ 64 中对通风量的确定是：厨房和饮食制作间的热加工间机械通风的换气量宜按热平衡计算，厨房设平时机械排风系统、灶具排风系统。计算排风量的 65% 通过排风罩排至室外，而由房间的全面换气排出 35%；同时厨房设补风系统。厨房和饮食制作间的热加工间，其补风量宜为排风量的 70% 左右，房间负压值不应大于 5Pa。厨房的通风量由两部分组成，即局部排风量和全面排风量两部分。局部排风量应按选用的灶具和厨房排风罩的情况加以确定，全面排风量一般按计算确定。设计时应做三个平行计算，分别为按热平衡计算得到的通风量、按罩口吸入风速计算得到的通风量、按换气次数计算得到的通风量，然后选最大的一个作为设计风量。

关于气流组织设计，在厨房通风中，要补充一定数量的新风，送风量应按照排风量的 80%～90% 考虑。为改善炊事人员工作环境，宜按条件设局部或全面加热（或冷却）装置。在一般系统设计中往往只是将全面排风的补风进行处理，高档厨房则可能要求对补风全部处理。因此，补风方式在很大程度上决定了通风系统的优劣，也是决定系统是不是节能的关键。

关于系统分区及调节，整个厨房的排风不应只设置一个系统，应该根据灶具的功能性质，划分成若干个可分开控制的系统，这样运行时更为节能。在划分排风系统和选取局部排风罩或排风口时，应把通风负荷相同或其性质相近的划分在同一系统中。在同一系统中尽可能使各排风点的局部阻力相近，若阻力不同要在风管上加三通调节阀等调节装置。

关于风机设置及选型，排风机宜设在厨房的上部，厨房为饭店建筑中的一部分，其排风机宜设在屋顶层，这可以使风道内处于负压状态，避免气味外溢。厨房的排风机一般应选用离心风机，现在有很多厂家已有专门针对厨房排风开发的专用风机。厨房的排风管应尽量避免过长的水平风道。排风机的压头应根据水力计算确定，应有一定的富余量。为了能实现设计要求，排风机可以做成变频调节的，或在管路上设置调节装置。补风机相对而言，压头应比较小一些，以有利于厨房保持负压，可以选用大风量低压头的混流风机。如果风机噪声过大，还应做消声处理。

本条的评价方法为：设计评价查阅厨房通风系统相关设计文件、计算分析报告；运行评价查阅相关竣工图，主要产品型式检验报告、运行记录、计算分析报告，并现场核实。

5.2.10 本条适用于设置集中空调系统的各类饭店建筑的设计、运行阶段评价。

为了节省运行中的能耗，供暖、通风与空调系统需配置必要的监测与控制系统。按现行行业标准《建筑设备监控系统工程技术规范》JGJ/T 334 的有关规定，建筑设备监控系统要对冷热源、水系统、蓄冷/热系统、空调系统、空气处理设备、通风与防排烟系统进行设备运行和建筑节能的监测与控制。进行建筑设备监控系统的设计时，应根据监控功能需求设置监控点，监控系统的服务功能应与饭店管理模式相适应，以实现对供暖、通风与空调系统主要设备进行可靠的自动化控制。

本条的评价方法为：设计评价查阅暖通系统施工图和设备自控系统施工图等相关设计文件；运行评价查阅暖通系统竣工图、设备自控系统竣工图，以及系统运行记录，并现场核实。

Ⅲ 照明与电气

5.2.11 本条适用于各类饭店建筑的设计、运行阶段评价。

现行国家标准《建筑照明设计标准》GB 50034 规定了旅馆、商业、办公建筑各类房间或场所的照明功率密度值，分为"现行值"和"目标值"。其中，"现行值"是新建建筑必须满足的最低要求，"目标值"要求更高，是努力的方向。本条旨在从光源和灯具本身来降低照明系统能耗，可采用高光效光源和高效率灯具等措施以降低用能效率。除了在保证照明质量的前提下尽量减小照明功率密度外，还应尽量选用发光效率高、显色性好、使用寿命长、色温适宜并符合环保要求的光源。同时，在满足眩光限制和配光要求条件下，采用效率高的灯具。关于照明方式、光源、灯具的选择，具体可参照现行国家标准《建筑照明设计标准》GB 50034 进行选取。

本条采用照明系统总功率降低率 $\varphi_{lighting}$ 进行评价，可按下式进行计算：

$$\varphi_{lighting} = 1 - \frac{P_L}{P_{L,E}} \times 100\% \tag{3}$$

式中：P_L ——建筑照明系统实际总功率（kW）；

$P_{L,E}$ ——照明功率密度满足现行国家标准《建筑照明设计标准》GB 50034 现行值要求时的建筑照明系统总功率（kW）。

本条的评价方法为：设计评价查阅照明施工图设计说明、各层照明平面图、照明功率密度计算报告；运行评价查阅照明竣工图设计说明、各层照明平面图、照明产品型式检验报告、照明功率密度计算报告，并现场核实。

5.2.12 本条适用于各类饭店建筑的设计、运行阶段评价。

除了在保证照明质量的前提下尽量减小照明功率密度外，采用分区分组、自动控制等照明方式，以实现照明系统节能运行。分区分组控制的目的，是为了将同一场所中天然采光充足或不充足的区域分别开关。在白天自然光较强，或在深夜人员很少时，可以方便地用手动或自动方式关闭一部分或大部分照明。

由于旅馆的楼梯间和走廊人流量较低，适合采用自动调节照度的节能措施，当无人时，自动将照度降到标准值的一定百分数。客房设置总开关控制可以保证旅客离开客房后能自动切断电源，以满足节电的需要。

有条件的项目，宜采用下列控制方式：

1 可利用天然采光的场所，宜随天然光照度变化自动调节照度；

2 办公室的工作区域，公共的楼梯间、走道等场所，可按使用需求自动开关灯或调光；

3 地下车库宜按使用需求自动调节照度；

4 门厅、大堂、电梯厅等场所，宜采用夜间定时降低照度的自动控制装置。

本条的评价方法为：设计评价查阅照明施工图设计说明、照明控制系统施工图；运行评价查阅照明竣工图设计说明、照明控制系统竣工图，并现场核实。

5.2.13 本条适用于各类饭店建筑的设计、运行阶段评价。对于仅设有一部电梯的建筑，本条中的第 2 款不参评，项目本条得分按照第 1 款实际得分乘以 1.5 倍计算；对于不设电梯的建筑，本条不参评。

随着大型多功能综合饭店建筑的兴起，电梯和自动扶梯能耗也在快速增加，通过选用高效节能设备和采用合理控制方法，可降低大型饭店的电梯和自动扶梯运行能耗。

目前市场上关于电梯和自动扶梯的节能型产品，多采用变频调速拖动、能量再生回馈等在内的节能技术措施。同时根据饭店规模大小和设备使用特征合理设置控制方法，以降低饭店电梯和自动扶梯的运行能耗。

考虑到饭店建筑特点，不同部位不同功能的电梯和扶梯可适当采用休眠或群控等控制方式，并采取电梯、扶梯自动启停等节能控制措施，如饭店大堂可根据顾客流量设置不同阶段的控制模式与开台数等。

本条的评价方法为：设计评价查阅建筑、电气设计说明、设备控制系统图；运行评价查阅建筑、电气竣工图、设备铭牌及产品说明书、运行记录，并现场核实。

5.2.14 本条适用于各类饭店建筑的设计、运行阶段评价。

供配电系统存在设备、线路和无功损耗。设备损耗主要取决于设备的选择，是否采用了节能型产品等，重点为变压器的影响；线路损耗主要取决于变电所是否深入了负荷中心（从而影响配电线路长度）、导体材料、截面选择等；无功损耗在供配电环节主要取决于补偿设备的合理配置。供配电系统的合理设计和用电设备的正确选型，对于提高电能使用效率至关重要。设计中需采用必要的补偿方式提高系统的功率

因数，并对谐波采取预防和治理措施，以达到提高电能质量的目的。

饭店供配电系统需根据现行国家标准《供配电系统设计规范》GB 50052 进行合理设置，包括变电所数量及位置、变压器数量及容量、无功补偿装置的选择等，并在此基础上选用低损耗、低噪声的节能高效变压器。所配用的节能变压器需满足现行国家标准《三相配电变压器能效限定值及能效等级》GB 20052 规定的节能评价值要求。

本条的评价方法为：设计评价查阅电力施工图等相关设计文件；运行评价查阅电力竣工图、产品型式检验报告、变压器效率现场检测报告、运行记录，并现场核实。

IV　能量综合利用

5.2.15 本条适用于设置供暖、通风或空调系统的各类饭店建筑的设计、运行阶段评价。对于未设置独立新风系统或不宜设置排风能量回收系统的饭店，本条不参评。

不宜设置排风能量回收系统的饭店，包括新风与排风的温差不超过 15℃、超高层建筑的塔楼或其他经技术经济分析不合理的饭店。

参评饭店的排风能量回收满足下列两项之一即可：

1 采用集中空调系统的饭店建筑，利用排风对新风进行预热（预冷）处理，降低新风负荷，且排风热回收装置（全热和显热）的额定热回收效率满足现行国家标准《公共建筑节能设计标准》GB 50189 的有关规定。

2 采用带热回收的新风与排风双向换气装置，且双向换气装置的额定热回收效率不低于 55%。

本条的评价方法为：设计评价查阅排风热回收相关设计文件、计算分析报告；运行评价查阅相关竣工图、主要产品型式检验报告、运行记录、计算分析报告，并现场核实。

5.2.16 本条适用于各类饭店建筑的设计、运行阶段评价。若当地峰谷电价差低于 2.5 倍或没有峰谷电价的，或者经技术经济分析不合理的，本条不参评。

蓄冷蓄热技术从能源转换和利用本身来讲并不节约，但是其对于昼夜电力峰谷差异的调节具有积极的作用，能够满足城市能源结构调整和环境保护的要求。

饭店建筑不同于其他类型建筑，夜间也有相当大的负荷，因此，项目需根据自身负荷特点进行详细分析，合理采用蓄冷蓄热技术。经技术经济分析不合理的，可不参评。

参评建筑的蓄冷蓄热系统满足下列两项之一即可：

1 用于蓄冷的电驱动蓄能设备提供的设计日的

冷量达到30%；

2 最大限度利用谷电，谷电时段制冷设备全负荷运行的80%应能全部蓄存并充分利用。

本条的评价方法为：设计评价查阅相关设计文件、计算分析报告；运行评价查阅相关竣工图、主要产品型式检验报告、运行记录、计算分析报告，并现场核实。

5.2.17 本条适用于各类饭店建筑的设计、运行阶段评价。若饭店无可用的余热废热源，本条不参评。

生活用能系统的能耗在整个建筑总能耗中占有不容忽视的比例，尤其是对于有稳定热需求的饭店建筑而言更是如此。用自备锅炉房满足饭店蒸汽或生活热水，不仅可能对环境造成较大污染，而且其能源转换和利用也不符合"高质高用"的原则，不宜采用。鼓励采用热泵、空调余热、烟气余热、其他废热等供应生活热水。在靠近热电厂、高能耗工厂等余热、废热丰富的地域，如果设计方案中很好地实现了回收排水中的热量，以及利用如空调凝结水、锅炉高温烟气或其他余热废热作为预热，可降低能源的消耗，同样也能够提高生活热水系统的用能效率。

特别的，洗衣房是饭店建筑独有的用能大户，作为高星级饭店的配套，洗衣房等相关设施一般都是必不可少，其用能比例多为3%～5%。在饭店洗衣房内，烘干、烫平设备需要高温热源，而通常都以蒸汽做热源的方式。洗衣房全年运行，产生的冷凝水量大且具有较高可利用能量，应充分回收冷凝水中二次蒸汽潜热及冷凝水显热。结合饭店用热特点，利用冷凝水二次蒸汽加热生活热水，并回收利用后的冷凝水作为锅炉给水，将充分利用此部分废热，实现较好的节能收益。

根据能耗调研结果，饭店所需蒸汽热量、供暖热量和生活热水热量之比约为：1:1.3～2:1.3。考虑到饭店建筑所需蒸汽热量和生活热水热量均有别于其他公共建筑，故本条的达标要求与国标相比，以供暖量指标为基准，调整了蒸汽和生活热水的比例要求。

一般情况下的具体指标可取为：余热或废热提供的能量分别不少于饭店所需蒸汽设计日总量的40%或供暖设计日总量的30%或生活热水设计日总量的30%。

本条的评价方法为：设计评价查阅余热废热利用相关设计文件、计算分析报告；运行评价查阅相关竣工图、主要产品型式检验报告、运行记录、计算分析报告，并现场核实。

5.2.18 本条适用于各类饭店建筑的设计、运行阶段评价。

《中华人民共和国可再生能源法》规定，可再生能源，是指风能、太阳能、水能、生物质能、地热能、海洋能等非化石能源。鼓励在技术经济分析合理的前提下，选用高效设备系统，采用可再生能源替代

部分常规能源使用。

我国有较丰富的太阳能资源，年太阳辐射时数超过2200h的太阳能利用条件较好的地区占国土的2/3，故开发太阳能利用是实现中国可持续发展战略的有效措施之一。

太阳能热水器经过近30年的研究和开发，其技术已趋成熟，是目前我国新能源和可再生能源行业中最具发展潜力的产品之一。太阳能热利用与建筑一体化技术的发展使得太阳能热水供应、空调、供暖工程成本逐渐降低，也将是太阳能热水器潜在的巨大市场。

太阳能光电转换技术中太阳能电池的生产和光伏发电系统的应用水平不断提高。在我国已能商品化生产单晶硅、多晶硅、非晶硅太阳能电池。风力发电系统目前在我国发展也比较迅猛，相对太阳能光电系统而言总体成本较低，是很有前途的一种可再生能源发电系统形式。

地热的利用方式目前主要有两种：一种是采用地源热泵系统加以利用，一种是以地道风的形式加以利用。地源热泵系统与空气源热泵相比，优点是出力稳定，效率高，且没有除霜问题，可大大降低运行费用。如果在饭店附近有一定面积的土壤可以埋设专门的塑料管道（水平开槽埋设或垂直钻孔埋设），可采用地热源热泵机组。

对于采用太阳能热水技术的项目，按照可再生能源提供的生活用热水比例进行评价，并且要求选用设备效率不低于市场主流产品的平均水平；对于采用太阳能光伏发电或风力发电技术的项目，按照可再生能源提供的电量占建筑用电量的比例进行评价，并且要求选用设备效率不低于市场主流产品的平均水平；对于采用效率高于常规热源系统的地源热泵技术的项目，按照其承担的负荷比例进行评价，并且要求选用设备效率不低于市场主流产品的平均水平。

为了防止可再生能源利用出现"表面文章"的现象，比如象征性地摆设一两盏太阳能灯，装设一两块太阳能光伏玻璃等用以炒作；同时，从饭店实际调研的结果考虑，可再生能源，比如太阳能热水、光伏发电、风力发电等技术仅在个别饭店采用。为此，本标准在条文设置时分别给出了最低达标比例，并给出了10分的高分以作鼓励。

由于不同种类可再生能源的度量方法、品位和价格都不同，本条分三类进行评价。如有多种用途可同时得分，但本条累计得分不超过10分。前述评价中已得分的措施，在本条文评价中不再重复得分。

本条的评价方法为：设计评价查阅可再生能源系统施工图、可再生能源利用比例计算书等；运行评价查阅可再生能源系统竣工图、主要产品型式检验报告、运行记录、可再生能源利用比例计算书等，并现场核实。

6 节水与水资源利用

6.1 控 制 项

6.1.1 本条适用于各类饭店建筑的设计、运行阶段评价。

在进行绿色饭店建筑设计前，应充分了解项目所在区域的市政给排水条件、水资源状况、气候特点等实际情况，通过全面的分析研究，制定水资源利用方案，提高水资源循环利用率，减少市政供水量和雨、污水排放量。

水资源利用方案包含下列内容：

1 当地政府规定的节水要求、地区水资源状况、气象资料、地质条件及市政设施情况等。

2 项目概况。当项目包含多种功能，如客房、餐饮、会议、健身、会所等时，可统筹考虑项目内水资源的综合利用。

3 确定节水用水定额、编制水量计算表及水量平衡表。

4 给排水系统设计方案介绍。

5 采用的节水器具、设备和系统的相关说明。

6 非传统水源利用方案。对雨水、再生水及海水等水资源利用的技术经济可行性进行分析和研究，进行水量平衡计算，确定雨水、再生水及海水等水资源的利用方法、规模、处理工艺流程等。当条件允许时，在取得相关政府部门和产权单位允许的前提下，通过技术经济比较，可以选择利用除参评项目以外的其他建筑的再生水水源，包括参评范围外附近其他建筑的废水。当参评饭店建筑本身可收集雨水已得到充分收集利用，尚无法满足雨水利用需求时，可以考虑收集利用参评范围外附近其他建筑和住宅小区的雨水。

7 景观水体补水严禁采用市政供水和自备地下水井供水，可以采用地表水和非传统水源；取用建筑场地外的地表水时，应事先取得当地政府主管部门的许可；采用雨水和建筑中水作为水源时，水景规模应根据设计可收集利用的雨水或中水量确定。

水资源利用方案包含的各项内容应符合以下原则：

1 结合当地政府规定的节水要求、城市水环境专项规划以及项目的可利用水资源状况，因地制宜地考虑绿色建筑水资源的利用方案，是进行绿色建筑给排水设计的首要步骤。项目的可利用水资源状况、所在地的气象资料、地质条件及周边市政设施情况等要素便是"因地制宜"的"因"。

   1） 可利用水资源。指在技术上可行、经济上合理的情况下，通过工程措施能进行调节利用且有一定保证率的那部分水资源量，

除市政自来水外，还包括但不局限于以下几种水资源：

   ① 建筑污废水。建筑污废水的利用一般分为复用和循环利用。复用，即梯级利用，根据不同用水部门对水质要求的不同，对污废水进行重复利用；循环利用则是通过自建处理设施对污废水进行处理，出水达到杂用水使用的水质要求后，回用做杂用水。建筑污废水的来源，既可以是项目自身产生的污废水，也可以是通过签订许可协议从周边其他建筑获得的污废水。

   ② 市政再生水。当项目周边有市政再生水利用条件（项目所在地在市政再生水厂的供水范围内或规划供水范围内）时，通过签订市政再生水用水协议和设置项目内再生水供水系统，可以充分利用市政再生水代替自来水用于满足项目内的各种杂用水需求。

   ③ 雨水。项目通过设置雨水收集贮存设施和处理设施，可以对雨水进行收集、处理，回用做景观补水、绿化灌溉、道路浇洒等杂用水。项目的雨水收集范围，既可以是自身的红线范围内，也可以通过签订许可协议，收集周边区域的雨水。

   ④ 河湖水。当项目所在地周边的地表水资源较为丰富且获得便利时，在通过市政、河道等相关管理部门许可的前提下，可以对项目周边的河湖水进行有效利用。

   ⑤ 海水。临海地区的项目在经济技术条件允许的前提下，鼓励充分利用海水这一利用前景十分广阔的水资源。

   2） 气象资料。主要包括影响雨水利用的当地降水量、蒸发量和太阳能资源等内容。

   3） 地质条件。主要包括影响雨水入渗及回用的地质构造、地下水位和土质情况等。

   4） 市政设施情况。包括当地的市政给排水管网、处理设施的现状、长期的规划情况。包括是否存在市政再生水供应，如果直接使用市政再生水，应提供相关主管部门批准同意其使用的相关文件。

2 当项目包含多种功能，如客房、餐饮、会议、健身、会所等时，可统筹考虑项目内水资源的各种情况，确定综合利用方案。例如收集项目范围内客房区域的优质杂排水，经处理后回用于项目范围内会议、健身、会所甚至客房区域的室内冲厕。

3 用水定额应从总体区域用水上考虑，参照现行国家标准《城市居民生活用水量标准》GB/T 50331、《民用建筑节水设计标准》GB 50555及其他相关用水要求确定，并结合当地经济状况、气候条件、用水习惯和区域水专项规划等，根据实际情况科学、合理地确定。

用水量估算不仅要考虑建筑室内盥洗、沐浴、冲厕、冷却水补水、泳池补水、空调设备补水等室

内用水要素，还要综合考虑区域性的室外浇洒道路、绿化、景观水体补水等室外用水要素。用水量估算需要综合上述各种用水要素，统一编制水量计算表，详尽表达整个项目的用水情况，以便于方案论证及评价审查。

使用非传统水源（雨水、中水）时，应进行源水量和用水量的水量平衡分析，编制水量平衡表，并应考虑季节变化等各种影响源水量和用水量的因素。

4 给排水系统设计方案说明

1）建筑给水系统设计首先要符合国家相关标准规范的规定。方案内容包括水源情况简述（包括自备水源和市政给水管网）、供水方式、给水系统分类及组合情况、分质供水的情况、当水量水压不满足时所采取的措施以及防止水质污染的措施等。

供水系统应保证水压稳定、可靠、高效节能。高层建筑生活给水系统应合理分区，低区应充分利用市政压力，高区采用减压分区时减压区不多于一区，同时可采用减压限流的节水措施。

根据用水要求的不同，给水水质应满足国家、地方或行业的相关标准。用于生食品洗涤、烹饪、盥洗、淋浴、衣物洗涤、家具擦洗用水，其水质应符合国家现行标准《生活饮用水卫生标准》GB 5749 和《城市供水水质标准》CJ/T 206 的要求。当采用二次供水设施保证建筑正常供水时，二次供水设施的水质卫生标准应符合现行国家标准《二次供水设施卫生规范》GB 17051 的要求。生活热水系统的水质要求与生活给水系统的水质要求相同。管道直饮水水质应满足现行行业标准《饮用净水水质标准》CJ 94 的要求。生活杂用水指用于便器冲洗、绿化浇洒、室内车库地面和室外地面冲洗用水，可使用建筑中水或市政再生水，其水质应符合现行国家标准《城市污水再生利用 城市杂用水水质》GB/T 18920 和《城市污水再生利用 景观环境用水水质》GB/T 18921 的要求。

管材、管道附件及设备等供水设施的选取和运行不对供水造成二次污染。有直饮水时，直饮水应采用独立的循环管网供水，并设置安全报警装置。

各供水系统应保证以足够的水量和水压向所有用户不间断地供应符合卫生要求的用水。

2）建筑排水系统的设计首先要符合国家相关标准规范的规定。方案内容包括现有排水条件、排水系统的选择及排水体制、污废水排水量等。

应设有完善的污水收集和污水排放等设施，技术经济分析合理时，可考虑污废水的回收再利用，自行设置完善的污水收集和处理设施，优质杂排水的再生利用可以有效地减少市政供水量和污水排放量。

对已有雨污分流排水系统的城市，室外排水系统应实行雨污分流，避免雨污混流。雨污水收集、处理

及排放系统不应对周围人和环境产生负面影响。

按照市政部门提供的市政排水条件，靠近或在市政管网服务区域的建筑，其生活污水可排入市政污水管，纳入城市污水集中处理系统；远离或不能接入市政排水系统的污水，应进行单独处理（分散处理），且要设置完善的污水收集和污水排放等设施，处理后排放到附近受纳水体，其水质应达到国家及地方相关排放标准，缺水地区还应考虑回用。污水处理率和达标排放率必须达到 100%。

多雨地区应根据当地的降雨与水资源等条件，因地制宜地加强雨水利用；降雨量相对较少且季节性差异较大的地区应慎重、合理地设计雨水收集系统与规模，避免投资效益低下。

内陆缺水地区可加强再生水利用，淡水资源丰富地区不宜强制实施污水再生利用。

5 采用的节水器具、设备和系统的相关说明。说明系统设计中采用的节水器具、高效节水设备和相关的技术措施等，应注明节水性能和用水效率等级等相关参数的要求。所有项目必须考虑采用节水器具。

6 非传统水源利用方案。对雨水、再生水及海水等水资源利用的技术经济可行性进行分析和研究，进行水量平衡计算，确定雨水、再生水及海水等水资源的利用方法、规模、处理工艺流程等。

7 国家标准《民用建筑节水设计标准》GB 50555-2010 中强制性条文第 4.1.5 条规定"景观用水水源不得采用市政自来水和地下水"，因此设有水景的项目，水体的补水只能使用非传统水源，或在取得当地相关主管部门的许可后，利用临近的河、湖水。景观水体补水不能采用市政供水和自备地下水井供水。

采用雨水和建筑中水作为水源时，水景规模应根据设计可收集利用的雨水或中水量来确定，需要进行全年逐月水量平衡分析计算，以确定适宜的水景规模，并进行适应不同季节的水景设计。

本条的评价方法为：设计评价查阅水资源利用方案，核查其在给排水专业、景观专业相关设计文件（含设计说明、施工图、计算书）中的落实情况；运行评价查阅水资源利用方案、方案落实涉及的给排水专业、景观专业相关竣工图、产品说明书，查阅运行数据报告，并现场核查。

6.1.2 本条适用于各类饭店建筑的设计、运行阶段评价。

合理、完善、安全的给排水系统应符合下列要求：

1 给排水系统的规划设计应符合现行国家标准的规定，如《建筑给水排水设计规范》GB 50015、《城镇给水排水技术规范》GB 50788、《民用建筑节水设计标准》GB 50555、《建筑中水设计规范》GB 50336 等。

2 给水水压稳定、可靠，各给水系统应保证以足够的水量和水压向所有用户不间断地供应符合要求的水。供水充分利用市政压力，加压系统选用节能高效的设备；给水系统分区合理，每区供水压力不大于0.45MPa；合理采取减压限流的节水措施。

3 根据用水要求的不同，给水水质应达到国家、行业或地方标准的要求。使用非传统水源时，采取用水安全保障措施，且不得对人体健康与周围环境产生不良影响。

非传统水源一般用于生活杂用水，包括绿化灌溉、道路冲洗、水景补水、冲厕、冷却塔补水等，不同使用用途的用水应达到相应的水质标准，如：用于冲厕、绿化灌溉、洗车、道路浇洒应符合现行国家标准《城市污水再生利用 城市杂用水水质标准》GB/T 18920的要求，用于景观用水应符合现行国家标准《城市污水再生利用 景观环境用水水质》GB/T 18921的要求。

雨水、再生水等非传统水源在储存、输配等过程中要有足够的消毒杀菌能力，且水质不会被污染，以保障水质安全；供水系统应设有备用水源、溢流装置及相关切换设施等，以保障水量安全。雨水、再生水在处理、储存、输配等环节中要采取安全防护和监（检）测控制措施，要符合现行国家标准《污水再生利用工程设计规范》GB 50335和《建筑中水设计规范》GB 50336的有关规定，以保障雨水、再生水在处理、储存、输配和使用过程中的卫生安全，不对人体健康和周围环境产生影响。对采用海水的，由于海水盐分含量较高，还要考虑管材和设备的防腐问题，以及后排放问题。设有景观水体的，在水景规划及设计时要考虑到水质的保障问题，将水景设计和水质安全保障措施结合起来考虑。

4 管材、管道附件及设备等供水设施的选取和运行不应对供水造成二次污染。各类不同水质要求的给水管线应有明显的管道标识。有直饮水供应时，直饮水应采用独立的循环管网供水，并设置水量、水压、水质、设备故障等安全报警装置。使用非传统水源时，应保证非传统水源的使用安全，设置防止误接、误用、误饮的措施。

5 设置完善的污水收集、处理和排放等设施。技术经济分析合理时，可考虑污废水的回收再利用，自行设置完善的污水收集和处理设施。

有市政排水管网服务地区的建筑，其生活污水可排入市政污水管网、由城市污水系统集中处理；远离或不能接入市政排水系统的污水，应自行设置完善的污水处理设施，单独处理（分散处理）后排放至附近受纳水体，其水质应达到国家相关排放标准，并满足地方主管部门对排放的水质水量的要求。技术经济分析合理时，可考虑污废水的回收再利用，自行设置完善的污水收集和处理设施。污水处理率应达到

100%，达标排放率必须达到100%。

6 为避免室内重要物资和设备受潮引起的损失，应采取有效措施避免管道、阀门和设备的漏水、渗水或结露。

7 饭店建筑普遍热水用水量较大、用水点比较集中，宜采用集中热水供应系统，并应设置完善的热水循环系统；部分热水供应系统规模小的饭店建筑，也可采用局部热水供应系统。

设置集中生活热水系统时，应设置完善的热水循环系统，保证配水点出水温度不低于45℃的时间不得大于10s，同时确保冷热水系统压力平衡，或设置混水器、恒温阀、压差控制装置等。

热水供回水管道应按国家相关标准规范要求采取保温措施，尽可能降低管网热损失。

8 应根据当地气候、地形、地貌等特点合理规划雨水入渗、排放或利用，保证排水渠道畅通，减少雨水受污染的几率，且合理利用雨水资源。

实行雨污分流地区的项目，室外排水系统应实行雨污分流，避免雨污混流。雨污水收集、处理及排放系统不应对周围人和环境产生负面影响。

本条的评价方法为：设计评价查阅给排水系统设置的相关设计文件（含设计说明、施工图、计算书）；运行评价查阅体现给排水系统设置相关内容的竣工图、产品说明书、水质检测报告、运行数据报告等，并现场核查。

6.1.3 本条适用于各类饭店建筑的设计、运行阶段评价。

本着"节流为先"的原则，用水器具应选用《当前国家鼓励发展的节水设备（产品）目录（第一批）》（中华人民共和国国家经济贸易委员会2001年第5号公告）和《当前国家鼓励发展的节水设备（产品）目录（第二批）》（中华人民共和国国家经济贸易委员会2003年第12号公告）中公布的设备、器材和器具。根据用水场合的不同，合理选用节水水龙头、节水便器、节水淋浴装置等。所有用水器具应满足现行行业标准《节水型生活用水器具》CJ/T 164的要求。

除特殊功能需求外，均应采用节水型用水器具，在施工图中应对节水器具的选用提出要求。

可选用以下节水器具：

1 节水龙头：加气节水龙头、陶瓷阀芯水龙头、停水自动关闭水龙头等。

2 坐便器：压力流防臭、压力流冲击式6L直排便器、3L/6L两挡节水型虹吸式排水坐便器、6L以下直排式节水型坐便器或感应式节水型坐便器，缺水地区可选用带洗手水龙头的水箱坐便器。

3 节水淋浴器：恒温混合阀、水温调节器、节水型淋浴喷嘴等。

除因功能需要而对工作水压、流量有特殊需求的用水器具外，项目内所有用水器具均应采用节水器

具。项目选用对工作水压、流量有特殊需求的用水器具时，应有选用该种用水器具的原因说明及其工作水压和流量说明。

本条的评价方法为：设计评价查阅体现采用节水器具的相关设计文件、产品说明书等；运行评价查阅体现采用节水器具的相关竣工图、产品说明书、产品节水性能检测报告等，并现场核查。

6.2 评 分 项

I 节水系统

6.2.1 本条适用于各类饭店建筑的运行阶段评价，设计阶段不参评。

计算平均日用水量时，应实事求是地确定用水的使用人数、用水面积等。使用人数在饭店建筑使用初期或经营淡季可能不会达到设计人数，如客房的入住率可能不会达到100%，因此对与用水人数相关的用水，如饮用、盥洗、冲厕、餐饮等，应根据实际用水人数来计算平均日用水量，用水人数的确定应考虑饭店入住率、单间客房床位数等因素；对使用人数相对固定的物业员工用水，按实际人数计算；对餐饮、健身等流动人口较大且数量无法明确的功能区域，可参考设计人数计算。

对与用水人数无关的用水，如绿化灌溉、地面冲洗、水景补水等，则根据实际水表计量情况进行考核。

根据实际运行一年的水表计量数据和使用人数、用水面积等计算平均日用水量，与节水用水定额（表3）进行比较来判定。

表3　饭店建筑平均日生活用水节水用水定额

建筑物类型及卫生器具设置标准	节水用水定额	单位
酒店式公寓	65~80	L/(人·d)
招待所、培训中心、普通旅馆：		
设公共厕所、盥洗室	40~80	L/(人·d)
设公共厕所、盥洗室、淋浴室	70~100	L/(人·d)
设公共厕所、盥洗室、淋浴室、洗衣室	90~120	L/(人·d)
设单独卫生间、公用洗衣室	110~160	L/(人·d)
宾馆客房：		
旅客	220~320	L/(床位·d)
员工	70~80	L/(人·d)
公共浴室：		
淋浴	70~90	L/(人·次)
淋浴、浴盆	120~150	L/(人·次)
桑拿浴(淋浴、按摩池)	130~160	L/(人·次)
理发室、美容院	35~80	L/(人·次)

续表3

建筑物类型及卫生器具设置标准	节水用水定额	单位
洗衣房	40~80	L/kg 干衣
餐饮业：		
中餐酒楼	30~50	L/(人·次)
快餐店、职工及学生食堂	15~20	L/(人·次)
酒吧、咖啡厅、茶座、卡拉OK房	5~10	L/(人·次)
健身中心	25~40	L/(人·次)
会议厅	6~8	L/(座位·次)
停车库地面冲洗用水	2~3	L/(m²·次)

注：表中节水用水定额摘自国家标准《民用建筑节水设计标准》GB 50555－2010 表3.1.2。

含有多种附属功能的饭店建筑，如客房、餐饮、娱乐、洗衣等各主要用水部门分别对照表3评价其平均日用水量。

现行国家标准《民用建筑节水设计标准》GB 50555中的节水定额是指采用节水型生活用水器具后的平均日用水定额，是考虑了建筑内所有卫生器具均采用节水器具并充分发挥节水效果的设计定额，以此为指标来衡量建筑的实际平均日用水量，能够很好地体现建筑的节水器具使用情况。

建筑的实际用水人数应由物业或其他建筑的运营管理部门根据实际监测提出。本条的中间值取现行国家标准《民用建筑节水设计标准》GB 50555中上限值和下限值的算术平均值。

本条的评价方法为：运行评价查阅实测用水量计量报告和建筑平均日用水量计算书。

6.2.2 本条适用于各类饭店建筑的设计、运行阶段评价。

管网漏失水量包括：阀门故障漏水量，室内卫生器具漏水量，水池、水箱溢流漏水量，设备漏水量和管网漏水量。为避免漏损，可采取以下措施：

1 给水系统中使用的管材、管件，应符合现行产品标准的要求。当无国家标准或行业标准时，应符合经备案的企业标准的要求。企业标准必须经由有关行政和政府主管部门，组织专家评估或鉴定通过。

2 选用性能高的阀门、零泄漏阀门等。

3 合理设计供水压力，避免供水压力持续高压或压力骤变。

4 做好室外管道基础处理和覆土，控制管道埋深，加强管道工程施工监督，把好施工质量关。

5 水池、水箱溢流报警和进水阀门自动联动关闭。

6 设计阶段：根据水平衡测试的要求安装分级计量水表，分级计量水表安装率达100%。具体要求为下级水表的设置应覆盖上一级水表的所有出流量，不得出现无计量支路。

7 运行阶段：物业管理方应按水平衡测试的要求进行运行管理。申报方应提供用水量计量和漏损检测情况报告，也可委托第三方进行水平衡测试。报告包括分级水表设置示意图、用水计量实测记录、管道漏损率计算和原因分析。申报方还应提供整改措施的落实情况报告。

水平衡测试是对项目用水进行科学管理的有效方法，也是进一步做好城市节约用水工作的基础。它的意义在于，通过水平衡测试能够全面了解用水项目管网状况，各部位（单元）用水现状，画出水平衡图，依据测定的水量数据，找出水量平衡关系和合理用水程度，采取相应的措施，挖掘用水潜力，达到加强用水管理，提高合理用水水平的目的。

水平衡测试是加强用水科学管理，最大限度地节约用水和合理用水的一项基础工作。它涉及用水项目管理的各个方面，同时也表现出较强的综合性、技术性。通过水平衡测试应达到以下目的：

1 掌握项目用水现状。如水系管网分布情况，各类用水设备、设施、仪器、仪表分布及运转状态，用水总量和各用水单元之间的定量关系，获取准确的实测数据。

2 对项目用水现状进行合理化分析。依据掌握的资料和获取的数据进行计算、分析、评价有关用水技术经济指标，找出薄弱环节和节水潜力，制订出切实可行的技术、管理措施和规划。

3 找出项目用水管网和设施的泄漏点，并采取修复措施，堵塞跑冒滴漏。

4 健全项目用水三级计量仪表。既能保证水平衡测试量化指标的准确性，又为今后的用水计量和考核提供技术保障。

5 可以较准确地把用水指标层层分解下达到各用水单元，把计划用水纳入各级承包责任制或目标管理计划，定期考核，调动各方面的节水积极性。

6 建立用水档案，在水平衡测试工作中，搜集的有关资料，原始记录和实测数据，按照有关要求，进行处理、分析和计算，形成一套完整翔实的包括有图、表、文字材料在内的用水档案。

7 通过水平衡测试提高单位管理人员的节水意识，单位节水管理节水水平和业务技术素质。

8 为制定用水定额和计划用水量指标提供了较准确的基础数据。

按水平衡测试要求设置水表关键在于分级设置水表计量、分项设置水表计量。分级越多，分项越细，水平衡测试的结果越精确。

本条的评价方法为：设计评价查阅给排水专业相关设计文件（含给排水设计及施工说明、给水系统图、分级水表设置示意图等）；运行评价查阅体现采取避免管网漏损措施的相关竣工图（含给排水专业竣工说明、给水系统图、分级水表设置示意图等）、用水量计量和漏损检测及整改情况的报告，并现场核实。

6.2.3 本条适用于各类饭店建筑的设计、运行阶段评价。

用水器具给水额定流量是为满足使用要求，用水器具给水配件出口在单位时间内流出的规定出水量。流出水头是保证给水配件流出额定流量，在阀前所需的水压。给水配件阀前压力大于流出水头，给水配件在单位时间内的出水量超过额定流量的现象，称超压出流现象，该流量与额定流量的差值，为超压出流量。给水配件超压出流，不但会破坏给水系统中水量的正常分配，对用水工况产生不良的影响，同时因超压出流量未产生使用效益，为无效用水，即浪费的水量。因它在使用过程中流失，不易被人们察觉和认识，属于"隐形"水量浪费，应引起足够的重视。给水系统设计时应采取措施控制超压出流现象，应合理进行压力分区，并适当地采取减压措施，避免造成浪费。

在执行本条款过程中需做到：掌握用水点的供水水压、水量等要求；明确用水器具、设备的水压、水量要求；设计控制超压出流的技术措施，如管网压力分区、减压阀、减压孔板等的设置。

当选用了恒定出流的用水器具时，该部分管线的工作压力满足相关设计规范的要求即可。当建筑因功能需要，选用特殊水压要求的用水器具时，如大流量淋浴喷头，可根据产品要求采用适当的工作压力，但应选用用水效率高的产品，并在说明中作相应描述。在上述情况下，如其他常规用水器具均能满足第1或2款要求，可以评判第1或第2款达标。

本条的评价方法为：设计评价查阅给排水专业相关设计文件（含给排水设计及施工说明、给水系统图、各层用水点用水压力计算表等）；运行评价查阅体现采取避免给水系统超压出流措施的相关竣工图（含给排水专业竣工说明、给水系统图、各层用水点用水压力计算表等）、产品说明书，并现场核查。

6.2.4 本条适用于各类饭店建筑的设计、运行阶段评价。无集中热水系统的饭店建筑，本条不参评。

集中热水系统设置循环管网，可以在热水供应前先把热水管道系统中已冷却的部分或全部存水循环加热，当配水点用水时，可以只放掉未循环部分的冷水或者直接获得符合要求的热水，能够有效避免"无效冷水"的浪费。

干管循环热水供应方式是指保持热水干管内的热水循环，配水点用水时，需要先放掉立管和支管内已冷却的存水；立管循环热水供应方式是指保持热水干管和立管内的热水循环，配水点用水时，只需放掉支管内已冷却的存水；支管循环热水供应方式是指整个热水管网均能保持热水循环，配水点可随时直接获得符合要求的热水。

本条的评价方法为：设计评价查阅热水系统相关设计文件、计算书；运行阶段查阅设计说明、热水系统相关竣工图，查阅热水系统的运行数据、水量记录报告，并现场核查。

6.2.5 本条适用于各类饭店建筑的设计、运行阶段评价。

按使用用途对不同功能部门的用水分别设置用水计量装置，可以统计各种用途的用水量和分析渗漏水量，达到持续改进的目的。对于分别付费的管理单元，如外包餐饮等，也可以通过"用者付其费"鼓励行为节水。

水表设置应保证下级水表的计量能覆盖上级水表的所有用水。

对于规模小、功能单一的饭店建筑也至少应对客房、餐饮、娱乐、景观等几大主要用水部门进行分项计量。按管理单元分别设置用水计量装置，可以根据用水计量情况，对不同管理单元进行节水绩效考核，促进行为节水。

本条的评价方法为：设计评价查阅涉及水表设置的给排水专业相关设计文件（含给排水设计及施工说明、给水系统图、水表设置示意图等）；运行评价查阅体现水表设置的相关竣工图（含给排水专业竣工说明、给水系统图、水表设置示意图等）、各类用水的计量记录及统计报告，并现场核查。

6.2.6 本条适用于各类饭店建筑的设计、运行阶段评价。

本条针对饭店建筑中包括客房卫生间和公用浴室在内的所有淋浴设施。其中"公用浴室"既包括饭店建筑中健身功能区域中附带的公用浴室，也包含饭店建筑为物业管理人员、餐饮服务人员和其他工作人员设置的公用浴室。

采用带恒温控制和温度显示功能的冷热水混合淋浴器，能够避免传统"放水"方式调节水温过程中产生的水量浪费；采用带有感应开关、延时自闭阀、脚踏式开关等无人自动关闭装置的淋浴器，可以避免"长流水"现象的发生。

项目内所有淋浴设施均具备恒温控制和温度显示功能，且当设有公用浴室时，所有公共浴室内淋浴设施均带有感应开关、延时自闭阀等装置，方可满足本条得分要求。

本条的评价方法为：设计评价查阅淋浴设施相关设计文件（含相关节水产品的设备材料表）；运行评价查阅竣工说明（含相关节水产品的设备材料表）、淋浴设施相关竣工图、产品说明书或产品检测报告，并现场核查。

Ⅱ 节水器具与设备

6.2.7 本条适用于各类饭店建筑的设计、运行阶段评价。

卫生器具除按本标准第 6.1.3 条要求选用节水器具外，绿色饭店建筑还鼓励选用更高节水性能的节水器具。目前我国已对部分用水器具的用水效率制定了相关标准，如：《水嘴用水效率限定值及用水效率等级》GB 25501－2010、《坐便器用水效率限定值及用水效率等级》GB 25502－2010、《小便器用水效率限定值及用水效率等级》GB 28377－2012、《淋浴器用水效率限定值及用水效率等级》GB 28378－2012、《便器冲洗阀用水效率限定值及用水效率等级》GB 28379－2012，今后还将陆续出台其他用水器具的标准。

在设计文件中要注明对卫生器具的节水要求和相应的参数或标准。当存在不同用水效率等级的卫生器具时，按满足最低等级的要求得分。

卫生器具有用水效率相关标准的应全部采用，方可认定达标。今后当其他用水器具出台了相应标准时，按同样的原则进行要求。

满足现行行业标准《节水型生活用水器具》CJ/T 164 要求的节水器具，其用水效率基本上能达到用水效率等级标准的三级标准，其中部分能达到三级以上指标。绿色饭店建筑应更重视节水器具的节水性能，至少要选用用水效率等级达到二级的节水器具。

国家标准《水嘴用水效率限定值及用水效率等级》GB 25501－2010 规定了水嘴用水效率等级，在 (0.10 ± 0.01) MPa 动压下，依据表 4 的水嘴流量（带附件）判定水嘴的用水效率等级。水嘴的节水评价值为用水效率等级的 2 级。

表 4　水嘴用水效率等级指标

用水效率等级	1 级	2 级	3 级
流量（L/s）	0.100	0.125	0.150

国家标准《坐便器用水效率限定值及用水效率等级》GB 25502－2010 规定了坐便器用水效率等级（表 5），坐便器的节水评价值为用水效率等级的 2 级。

表 5　坐便器用水效率等级指标

用水效率等级			1 级	2 级	3 级	4 级	5 级
用水量（L）	单档	平均值	4.0	5.0	6.5	7.5	9.0
	双档	大档	4.5	5.0	6.5	7.5	9.0
		小档	3.0	3.5	4.2	4.9	6.3
		平均值	3.5	4.0	5.0	5.8	7.2

国家标准《小便器用水效率限定值及用水效率等级》GB 28377－2012 规定了小便器用水效率等级（表 6），小便器的节水评价值为用水效率等级的 2 级。

表 6　小便器用水效率等级指标

用水效率等级	1级	2级	3级
冲洗水量（L）	2.0	3.0	4.0

国家标准《淋浴器用水效率限定值及用水效率等级》GB 28378－2012 规定了淋浴器用水效率等级（表7），淋浴器的节水评价值为用水效率等级的2级。

表 7　淋浴器用水效率等级指标

用水效率等级	1级	2级	3级
流量（L/s）	0.08	0.12	0.15

国家标准《便器冲洗阀用水效率限定值及用水效率等级》GB 28379－2012 规定了便器冲洗阀用水效率等级（表8、表9），便器冲洗阀的节水评价值为用水效率等级的2级。

表 8　大便器冲洗阀用水效率等级指标

用水效率等级	1级	2级	3级	4级	5级
冲洗水量（L）	4.0	5.0	6.0	7.0	8.0

表 9　小便器冲洗阀用水效率等级指标

用水效率等级	1级	2级	3级
冲洗水量（L）	2.0	3.0	4.0

用水效率等级达到节水评价值的卫生器具具有更优的节水性能，因此按达到的用水效率等级分档评分。

本条的评价方法为：设计评价查阅体现节水器具选取要求的设计文件、产品说明书（含相关节水器具的性能参数要求）；运行评价查阅体现节水器具选取的竣工图纸、竣工说明、产品说明书、产品节水性能检测报告，并现场核查。

6.2.8　本条适用于各类饭店建筑的设计、运行阶段评价。无绿化的饭店建筑，本条不参评。

传统的绿化浇灌多采用直接浇灌（漫灌）方式，不但会浪费大量的水，还会出现跑水现象，使水流到人行道、街道或车行道上，影响周边环境。传统灌溉过程中的水量浪费主要是由四个方面导致：高水压导致的雾化；土壤密实、坡度和过量灌溉所导致的径流损失；天气和季节变化导致的过量灌溉；不同植物种类和环境条件所导致的过量灌溉。

绿化灌溉应采用喷灌、微灌、渗灌、低压管灌等节水灌溉方式，同时还可采用湿度传感器或根据气候变化的调节控制器。土壤湿度感应器可以有效测量土壤容积含水量，使灌溉系统能够根据植物的需要启动或关闭，防止过旱或过涝情况的出现；雨天关闭系统可以保证灌溉系统在雨天自动关闭。可参照现行国家标准《微灌工程技术规范》GB/T 50485 中的相关条款进行设计施工。

目前普遍采用的绿化节水灌溉方式是喷灌，其比地面漫灌要省水 30％～50％。采用再生水灌溉时，因水中微生物在空气中极易传播，应避免采用喷灌方式。

微灌包括滴灌、微喷灌、涌流灌和地下渗灌，比地面漫灌省水 50％～70％，比喷灌省水 15％～20％。微灌的灌水器孔径很小，易堵塞。微灌的用水一般都应进行净化处理，先经过沉淀除去大颗粒泥沙，再进行过滤，除去细小颗粒的杂质等，特殊情况还需进行化学处理。

无需永久灌溉植物是指适应当地气候，仅依靠自然降雨即可维持良好的生长状态的植物，或在干旱时体内水分丧失，全株呈风干状态而不死亡的植物。无需永久灌溉植物仅在生根时需进行人工灌溉，因而不需设置永久的灌溉系统，但临时灌溉系统应在安装后一年之内移走。

当90％以上的绿化面积采用了高效节水灌溉方式或节水控制措施时，方可判定第1款达标；当50％以上的绿化面积采用了无需永久灌溉植物，且其余部分绿化采用了节水灌溉方式时，可判定第2款达标。当选用无需永久灌溉植物时，设计文件中应提供植物配置表，并说明是否属无需永久灌溉植物，申报方应提供当地植物名录，说明所选植物的耐旱性能。

本条的评价方法为：设计评价查阅绿化灌溉相关设计图纸（含给排水设计及施工说明、景观设计说明、室外给排水平面图、绿化灌溉平面图、相关节水灌溉产品的设备材料表等）、景观设计图纸（含苗木表、当地植物名录等）、节水灌溉产品说明书；运行评价查阅绿化灌溉相关竣工图纸（含给排水专业竣工说明、景观专业竣工说明、室外给排水平面图、绿化灌溉平面图、相关节水灌溉产品的设备材料表等）、节水灌溉产品说明书，并进行现场核查，现场核查包括实地检查节水灌溉设施的使用情况、查阅绿化灌溉用水制度和计量报告。

6.2.9　本条适用于设置空调的各类饭店建筑的设计、运行阶段评价。不设置空调设备或系统的饭店建筑，本条得 10 分。第 1、2、3 款得分不累加。第 2 款仅适用于运行评价。

饭店建筑集中空调系统的冷却水补水量占据建筑物用水量的 30％～50％，减少冷却水系统不必要的耗水对整个建筑物的节水意义重大。

1　开式循环冷却水系统或闭式冷却塔的喷淋水系统受气候、环境的影响，冷却水水质比闭式系统差，仅通过排污和补水改善水质，耗水量大，不符合节水原则。应优先采用物理和化学手段，设置水处理装置和化学加药装置改善水质，减少排污耗水量。

开式冷却塔或闭式冷却塔的喷淋水系统设计不当时，高于集水盘的冷却水管道中部分水量在停泵时有可能溢流掉。为减少上述水量损失，设计时可采取加大集水盘、设置平衡管或平衡水箱等方式，相对加大冷却塔集水盘浮球阀至溢流口段的容积，避免停泵时的泄水和启泵时的补水浪费。

2 开式冷却水系统或闭式冷却塔的喷淋水系统的实际补水量大于蒸发耗水量的部分，主要由冷却塔飘水、排污和溢水等因素造成，蒸发耗水量所占的比例越高，不必要的耗水量越低，系统也就越节水。

本条文第 2 款从冷却补水节水角度出发，对于减少开式冷却塔和设有喷淋水系统的闭式冷却塔的不必要耗水，提出了定量要求，本款需要满足公式（4）方可得分：

$$\frac{Q_e}{Q_b} \geqslant 80\% \qquad (4)$$

式中：Q_e——冷却塔年排出冷凝热所需的理论蒸发耗水量（kg）；

Q_b——冷却塔实际年冷却水补水量（系统蒸发耗水量、系统排污量、飘水量等其他耗水量之和）（kg）。

排出冷凝热所需的理论蒸发耗水量可按公式（5）计算：

$$Q_e = \frac{H}{r_0} \qquad (5)$$

式中：Q_e——冷却塔年排出冷凝热所需的理论蒸发耗水量（kg）；

H——冷却塔年冷凝排热量（kJ）；

r_0——水的汽化热（kJ/kg）。

集中空调制冷及其自控系统设备的设计和生产应提供条件，满足能够记录、统计空调系统的冷凝排热量的要求，在设计与招标阶段，对空调系统/冷水机组应有安装冷凝热计量设备的设计与招标要求；运行阶段可以通过楼宇控制系统实测、记录并统计空调系统/冷水机组全年的冷凝热，据此计算出排出冷凝热所需的理论蒸发耗水量。

水在不同的饱和温度下蒸发所吸收的蒸发潜热是不同的，或者说一定的冷凝热在不同的饱和蒸发温度下所需要蒸发的水量是不同的。但空调冷却水的蒸发温度多在（20～30）℃之间变化。水在 20℃饱和温度下的蒸发潜热是 2453.48kJ/kg、在 30℃饱和温度下的蒸发潜热是 2429.80kJ/kg，二者之差不超过 1%。这样的差别在工程用水量的计算中是可以忽略的。

水冷制冷机组的冷凝排热通过蒸发传热和接触传热两种形式排到大气，在不同季节两者的作用有所不同，冬季气温低，接触传热量可占 50%以上，甚至达 70%以上，接触传热不耗水；夏季气温高，接触传热量小，蒸发传热占主要地位，其传热量可占总传热量的 80%～90%，蒸发传热需要耗水，绝大部分耗水以水分蒸发的形式散到大气中。

实际运行时，蒸发传热占主导的季节中，开式冷却水系统或闭式冷却塔的喷淋水系统的实际补水量大

于蒸发耗水量的部分，主要由冷却塔飘水、排污和溢水等因素造成，蒸发耗水量所占的比例越高，不必要的耗水量越低，系统也就越节水；接触传热占主导的季节中，由于较大一部分排热实际上是由接触传热作用实现的，通过不耗水的接触传热排出冷凝热也可达到节水的目的。

1） 对于开式冷却塔系统，不考虑不耗水的接触传热作用，假设建筑全年冷凝排热均为蒸发传热作用的结果，通过建筑全年冷凝排热量可计算出排出冷凝热所需要的理论蒸发耗水量。

开式冷却系统年排出冷凝热所需的蒸发耗水量由系统年冷凝排热量及水的汽化热决定，在系统确定的情况下是一个固定值，要满足蒸发耗水量占冷却水补水量的比例不低于 80%，通常可以通过采取技术措施减少系统排污量、飘水量等其他不必要的耗水量来实现。

2） 设有喷淋水系统的闭式冷却塔系统在全年运行中，存在着"闭式"和"开式"两种工作状态。通常状态下，闭式冷却塔系统通过接触传热排出冷凝热，不耗水；部分高温时段，闭式冷却塔系统开启喷淋水系统，同开式冷却塔一样，蒸发传热占主要地位，需要补水。

对于闭式冷却系统，也可以将全年的冷凝排热换算成理论蒸发耗水量。在系统确定的情况下，理论蒸发耗水量为定值，其与系统年冷却补水量的比值越大，证明喷淋水系统节水效率越高或运行时间越短，需要的补水量越小。因此，对于设有喷淋水系统的闭式冷却塔系统，同开式冷却塔一样，满足蒸发耗水量占冷却水补水量的比例不低于 80%时，本款可以得分。

设有喷淋水系统的闭式冷却塔系统在全年运行中只有部分时段开启喷淋水系统，故其冷却补水量一般均小于开式冷却塔系统，甚至冷却水补水量可以小于蒸发耗水量，更容易满足本条第 2 项的要求，喷淋水系统年开启时间很少的闭式冷却塔系统，蒸发耗水量占冷却水补水量的比例可能超过 100%，甚至更高。

3 本款所指的"无蒸发耗水量的冷却技术"包括采用分体空调、风冷式冷水机组、风冷式多联机、地源热泵、干式运行的闭式冷却塔等。风冷空调系统的冷凝排热以显热方式排到大气，并不直接耗费水资源，采用风冷方式替代水冷方式可以节省水资源消耗。但由于风冷方式制冷机组的 COP 通常较水冷方式的制冷机组低，所以需要综合评价工程所在地的水资源和电力资源情况，有条件时宜优先考虑风冷方式排出空调冷凝热。

本条的评价方法为：设计评价查阅给排水专业、暖通专业空调冷却系统相关设计文件、计算书、产品

说明书；运行评价查阅给排水专业、暖通专业空调冷却系统相关竣工图纸、设计说明、产品说明，查阅冷却水系统的运行数据、蒸发量、冷却水补水量的用水计量报告和计算书，并现场核查。

6.2.10 本条适用于各类饭店建筑的设计、运行阶段评价。无除卫生器具、绿化灌溉和冷却塔外的其他用水需求的饭店建筑，本条不参评。

除卫生器具、绿化灌溉和冷却塔以外的其他用水也应采用节水技术和措施，如车库和道路冲洗用的节水高压水枪、节水型专业洗衣机、循环用水洗车台、给水深度处理采用自用水量较少的处理设备和措施、集中空调加湿系统采用用水效率高的设备和措施。

本条按采用了节水技术和措施的其他用水量占总其他用水量的比例进行评分。

本条的评价方法为：设计评价查阅项目参评本条的节水技术或措施相关设计文件、计算书、产品说明书；运行评价查阅项目参评本条的节水技术或措施相关竣工图纸、设计说明、产品说明，查阅水表计量报告，并现场核查，现场核查包括实地检查设备的运行情况。

Ⅲ 非传统水源利用

6.2.11 本条适用于各类饭店建筑的设计、运行阶段评价。项目周边无市政再生水利用条件，且建筑可回用水量小于 100m³/d 时，本条不参评。

根据现行国家标准《民用建筑节水设计标准》GB 50555 的规定，"建筑可回用水量"指建筑的优质杂排水和杂排水水量，优质杂排水指杂排水中污染程度较低的排水，如沐浴排水、盥洗排水、洗衣排水、空调冷凝水、游泳池排水等；杂排水指饭店建筑中除粪便污水外的各种排水，除优质杂排水外还包括冷却排污水、游泳池排污水、厨房排水等。当一个项目中仅部分建筑申报时，"建筑可回用水量"应按整个项目计算。

评分时，既可根据表中的非传统水源利用率来评分，也可根据表中的非传统水源利用措施来评分；按措施评分时，非传统水源利用应具有较好的经济效益和生态效益，非传统水源利用量不应小于相应杂用水用途需水量的 60%。

计算设计年用水总量应由平均日用水量计算得出，取值详见现行国家标准《民用建筑节水设计标准》GB 50555。运行阶段的实际用水量应通过统计全年水表计量的情况计算得出。

由于我国各地区气候和资源情况差异较大，有些饭店建筑并没有冷却水补水和室外景观水体补水的需求，为了避免这些差异对评价公平性的影响，本条在规定非传统水源利用率的要求时，扣除了冷却水补水量和室外景观水体补水量。在本标准的第 6.2.12 和第 6.2.13 条中对冷却水补水量和室外景观水体补水

量提出了非传统水源利用的要求。

本条的评价方法为：设计评价查阅非传统水源利用的相关设计文件（包含给排水设计及施工说明、非传统水源利用系统图及平面图、机房详图等）、当地相关主管部门的许可、非传统水源利用计算书；运行评价查阅非传统水源利用的相关竣工图纸（包含给排水专业竣工说明、非传统水源利用系统图及平面图、机房详图等），查阅用水计量记录、计算书及统计报告、非传统水源水质检测报告，并现场核查。

6.2.12 本条适用于各类饭店建筑的设计、运行阶段评价。没有冷却水补水系统的饭店建筑，本条得10分。

国家标准《民用建筑节水设计标准》GB 50555-2010 中第 4.3.1 条规定了冷却水"宜优先使用雨水等非传统水源"。

雨水、再生水、海水等非传统水源，只要其水质能够满足现行国家标准《采暖空调系统水质》GB/T 29044 中规定的空调冷却水的水质要求，均可以替代自来水作为冷却水补水水源。全年来看，冷却水用水时段与我国大多数地区的降雨高峰时段基本一致，因此收集雨水处理后用于冷却水补水，从水量平衡上容易达到吻合。雨水的水质要优于生活污废水，处理成本较低、管理相对简单，具有较好的成本效益，值得推广。

条文中冷却水的补水量以年补水量计，设计阶段冷却塔的年补水量可按现行国家标准《民用建筑节水设计标准》GB 50555 执行。

本条的评价方法为：设计评价查阅给排水专业、暖通专业冷却水补水相关设计文件、冷却水补水量及非传统水源利用的水量平衡计算书；运行评价查阅给排水专业、暖通专业冷却水补水相关竣工图纸、计算书，查阅用水计量记录、计算书及统计报告、非传统水源水质检测报告，并现场核查。

6.2.13 本条适用于各类饭店建筑的设计、运行阶段评价。不设景观水体的饭店建筑，本条得 5 分。景观水体的补水没有利用雨水或雨水利用量不满足要求时，本条不得分。

国家标准《民用建筑节水设计标准》GB 50555-2010 中强制性条文第 4.1.5 条规定"景观用水水源不得采用市政自来水和地下井水"，因此设有水景的饭店建筑，水体的补水只能使用非传统水源，或在取得当地相关主管部门的许可后，利用临近的河、湖水。有景观水体，但利用临近的河、湖水进行补水的，本条不得分。

自然界的水体（河、湖、塘等）大都是由雨水汇集而成，结合场地的地形地貌汇集雨水，用于景观水体的补水，是节水和保护、修复水生态环境的最佳选择，因此设置本条的目的是鼓励将雨水控制利用和景观水体设计有机地结合起来。景观水体的补水应充分

利用场地的雨水资源，不足时再考虑其他非传统水源的使用。

缺水地区和降雨量少的地区应谨慎考虑设置景观水体，景观水体的设计应通过技术经济可行性论证确定规模和具体形式。应在景观专项设计前落实项目所在地逐月降雨量、水面蒸发量等必需的基础气象资料数据。应编制全年逐月水量计算表，对可回用雨水量和景观水体所需补水量进行全年逐月水平衡分析。

本条要求利用雨水提供的补水量大于水体蒸发量的60%，亦即采用除雨水外的其他水源（如市政再生水、自建再生水等）对景观水体补水的量不得大于水体蒸发量的40%，设计时应做好景观水体补水量和水体蒸发量的水量平衡，在雨季和旱季降雨水差异较大时，可以通过水位或水面面积的变化来调节补水量的富余和不足，也可设计旱溪或干塘等来适应降雨量的季节性变化。景观水体的补水管应单独设置水表，不得与绿化用水、道路冲洗用水合用水表。

景观水体的水质应符合现行国家标准《城市污水再生利用 景观环境用水水质》GB/T 18921 的要求。景观水体的水质保障应采用生态水处理技术，合理控制雨水面源污染，在雨水进入景观水体之前设置前置塘、缓冲带等前处理设施，或将屋面和道路雨水接入绿地，经绿地、植草沟等处理后再进入景观水体，有效控制雨水面源污染。控制雨水面源污染的措施详见本标准第4.2.14条。景观水体应设计生态池底及驳岸，采用非硬质池底及生态驳岸，为水生动植物提供栖息条件，并通过水生动植物对水体进行净化；必要时可采取其他辅助手段对水体进行净化，确保水质安全。

本条的评价方法为：设计评价查阅水景相关设计文件（含给排水设计及施工说明、室外给排水平面图、景观设计说明、景观给排水平面图、水景详图等）、水量平衡计算书；运行评价查阅水景相关竣工图纸（含给排水专业竣工说明、室外给排水平面图、景观专业竣工说明、景观给排水平面图、水景详图等）、计算书，查阅景观水体补水的用水计量记录及统计报告、景观水体水质检测报告，并现场核查。

7 节材与材料资源利用

7.1 控 制 项

7.1.1 本条适用于各类饭店建筑的设计、运行阶段评价。

一些建筑材料及制品在使用过程中不断暴露出问题，已被证明不适宜在建筑工程中应用，或者不适宜在某些地区的建筑中使用。绿色饭店建筑中不应采用国家和当地有关主管部门向社会公布禁止和限制使用的建筑材料及制品，一般以国家和地方建设主管部门

发布的文件为依据。

目前由住房和城乡建设部发布的有效文件主要是《关于发布墙体保温系统与墙体材料推广应用和限制、禁止使用技术的公告》（住房城乡建设部公告第1338号，2012年03月19日发布）、《建设部关于发布建设事业"十一五"推广应用和限制禁止使用技术（第一批）的公告》（中华人民共和国建设部公告第659号）。各地方在执行时可结合地方建设主管部门发布的相关管理规定，如《北京市住房和城乡建设委员会、北京市规划委员会关于发布〈北京市推广、限制、禁止使用的建筑材料目录管理办法〉的通知》（京建材[2009]344号）、《关于发布〈北京市推广、限制和禁止使用建筑材料目录（2010年版）〉的通知》、《关于公布〈上海市禁止或者限制生产和使用的用于建设工程的材料目录〉（第三批）的通知》（沪建交[2008]1044号）、《关于发布〈江苏省建设领域"十二五"推广应用新技术和限制、禁止使用落后技术目录〉（第一批）的公告》（江苏省住房和城乡建设厅第204号公告）等文件。

本条的评价方法为：设计评价对照国家和当地有关主管部门向社会公布的限制、禁止使用的建材及制品目录，查阅设计文件，对设计选用的建筑材料进行核查；运行评价对照国家和当地有关主管部门向社会公布的限制、禁止使用的建材及制品目录，查阅工程材料决算清单，对实际采用的建筑材料进行核查。

7.1.2 本条适用于混凝土结构的各类饭店建筑的设计、运行阶段评价。对于改建类项目或其他非混凝土结构项目，可不参评。

为了在绿色饭店建筑中推广应用高强钢筋，本条对采用混凝土结构的饭店建筑中梁、柱纵向受力普通钢筋提出强度等级和品种要求。

热轧带肋钢筋是螺纹钢筋的正式名称。本条主要源于落实政府管理部门文件要求，适应钢筋产业调整，在绿色建筑中推广采用高强度钢筋。本条的制定主要参考国家标准《混凝土结构设计规范》GB 50010 - 2010 第4.2.1条和《绿色建筑评价标准》GB/T 50378 - 2014 第7.1.2条之规定。

本条的评价方法为：设计评价查阅设计文件，对设计选用的梁、柱纵向受力普通钢筋强度等级进行核查；运行评价查阅竣工图纸，对实际选用的梁、柱纵向受力普通钢筋强度等级进行核查。

7.1.3 本条适用于各类饭店建筑的设计、运行阶段评价。

饭店建筑造型应简约，不应片面为追求美观而在建筑外立面及屋顶设置大量纯装饰性构件，不符合绿色建筑节约资源的要求。通过使用装饰和功能一体化构件，利用功能构件作为建筑造型要素，可以在满足建筑功能的前提下表达建筑美学效果。

对于不具备遮阳、导光、导风、载物、辅助绿化等作用的飘板、格栅、构架和塔、球、曲面等装饰性

构件，造价总和应控制在建筑总造价的5‰以内。

本条的评价方法为：设计评价查阅设计文件，有装饰性构件的项目应提供其功能说明书或造价计算书；运行评价查阅竣工图纸和相关说明，并进行现场核实。

7.2 评 分 项

Ⅰ 节 材 设 计

7.2.1 本条适用于各类饭店建筑的设计、运行阶段评价。

绿色饭店建筑设计应重视其平面、立面和竖向剖面的规则性对抗震性能及经济合理性的影响，优先选用规则的形体，以节省材料，提高空间使用率。为实现相同的抗震设防目标，形体不规则的建筑，要比形体规则的建筑耗费更多的结构材料。不规则程度越高，对结构材料的消耗量越多，性能要求越高，不利于节材。

国家标准《建筑抗震设计规范》GB 50011-2010将建筑形体的规则性分为：规则、不规则、特别不规则、严重不规则。对于形体规则和不规则的建筑，可按照本条规定给予相应的分值；对形体特别不规则和严重不规则的建筑，本条不应得分。

当建筑风荷载主导结构抗侧力体系设计时，建筑物的体形选择对结构的材料用量也会产生显著影响。体形选择不合理，可能导致不利风效应的发生，进而增加结构材料的用量。对于超高层建筑或者以风荷载为控制荷载的建筑，应在结合风荷载计算或风洞实验结果的基础上进行结构形体设计。

本条的评价方法为：设计评价查阅建筑图、结构施工图；运行评价查阅竣工图并现场核实。

7.2.2 本条适用于各类饭店建筑的设计、运行阶段评价。

不同的结构设计方案，建筑的材料用量会有较大的差异，在设计过程中对地基基础、结构构件及结构体系进行优化，能够有效地节约材料用量。

本条鼓励结构专业根据现有的标准和法规，结合建筑的地质条件、建筑功能、抗震设防烈度、施工工艺等方面，从地基基础方案、结构构件选型和结构主体方案三方面着手，以节约材料和保护环境为目标，进行充分的比选论证，最终给出安全、经济、适用的结构方案。对地基基础的优化主要是查看地基基础方案的比选论证报告中措施和效果的合理性；对结构构件的优化重点查看结构优化文件中构件的应力比、或柱轴压比、层间位移角等是否合理；对结构体系的优化重点查看结构布置沿建筑高度是否采取了变截面或变壁厚或变材料强度等措施。

本条提倡通过优化设计，采用新技术新工艺达到节材目的，如对抗震安全性和使用功能有较高要求的

建筑，合理采用隔震或消能减震技术，减小整体结构的材料用量；在混凝土结构中，合理采用预应力技术等，减小材料用量、减轻结构自重；在地基基础设计中，充分利用天然地基承载力，合理采用复合地基或复合桩基，采用变刚度调平技术，减小基础材料的总体消耗。减轻楼面面层和隔墙的自重也是重要节材优化措施，除固定的交通区、设备区内的隔墙外，客房区采取措施减少墙面抹灰厚度，地上其他区域减少砌块类隔墙。

本条的评价方法为：设计评价查阅建筑图、结构施工图、结构设计方案比选论证报告或结构体系优化报告，以及结构优化专项评审会议纪要等证明文件；运行评价查阅竣工图并现场核实。

7.2.3 本条适用于各类饭店建筑的设计、运行阶段评价。对于没有泳池的饭店建筑，评分规则第4款可不参评，项目本条得分按照前三款实际总得分乘以1.25倍计算。

饭店建筑一般均为精装修建筑，相比其他公共建筑，装修设计在饭店设计各环节中显得尤为重要。如果土建设计与装修设计没有进行沟通衔接，容易出现重复设计、重复施工、反复拆改等现象，造成材料的浪费。因此本条要求业主单位从土建装修一体化角度出发，尽早明确装修需求，并将具体要求贯彻到土建设计和装修设计两个环节中，鼓励业主召开专题会议对土建设计和装修设计进行统一协调，使土建设计时就能考虑到装修设计需求，事先进行孔洞预留和装修面层固定件的预埋，避免在装修时对已有建筑构件打凿、穿孔；同时装修设计延续土建设计的图纸要求，不进行拆改，这样既可减少设计的反复，又可保证结构的安全，减少材料消耗，并降低装修成本。

提交申报资料时要求土建、装修等各专业图纸须齐全，无漏项；提供土建、装修各专业技术交底的证明文件（如会签、会议纪要等）；对于装修设计出图时间在项目土建施工开始之前的项目，第3款可得分；对于泳池等由专业公司完成的专项装修设计，在合同中对于土建装修一体化进行工作界面进行约定，第4款可得分。

本条同时鼓励在建筑设计阶段，尽可能参考最终装修面层材料的尺寸和相关模数确定建筑物及构件的尺度，最大限度的引导装修面层材料使用整料。在项目的重新装修的过程中，考虑原先的各部位尺寸和装修材料类型，尽量减少耗材，降低对环境的影响。

本条的评价方法为：设计评价查阅土建、装修各专业施工图及其他证明材料，查看土建图纸和装修图纸末端重叠情况；运行评价查阅土建、装修各专业竣工图及其他证明材料。

7.2.4 本条适用于各类饭店建筑的设计、运行阶段评价。

卫浴间装修占了饭店建筑室内装饰装修很大一部

分的成本和工作量。如果采用工业化生产的整体卫浴产品，则可以减少现场作业等造成的材料浪费、粉尘和噪声等问题，同时可在有限的空间内实现洗面、沐浴、如厕等多种功能。

本条鼓励饭店建筑选用市场上成熟的整体卫浴产品，同时在卫浴间的尺寸和构造设计上注意与产品的对接。本条根据采用整体化定型设计卫浴间的客房数占所有客房数的比例进行评价，至少50%以上方可判定得分。

本条的评价方法为：设计评价查阅建筑设计或装修设计图和设计说明；运行评价查阅竣工图、工程材料用量决算表、施工记录。

7.2.5 本条适用于各类饭店建筑的设计、运行阶段评价。对于钢结构和木结构的结构体系，本条得满分。对于砌体结构，本条不参评。如评价主体为建筑群体，则按照各单体建筑建筑面积加权的方式计算得分。

本条旨在鼓励采用工业化生产的预制构件设计建造饭店建筑。条文所指工业化生产的预制构件主要指在结构中受力的构件，如预制梁、预制柱、预外墙板、预制阳台板、预制楼梯等，在保证安全的前提下，既能减少材料浪费，又能减少施工对环境的影响，同时可为将来建筑拆除后构、配件的替换和再利用创造条件。

本条对工业化生产的预制构件的使用情况主要是依据预制构件用量比例进行判断。

"预制构件用量比例"的计算公式为：

$$R_{pc} = P/G \qquad (6)$$

式中：R_{pc}——预制构件用量比例（%）；

G——建筑地上部分的重量（t）；

P——工业化方式生产的梁、柱、墙板、阳台板、楼梯等各类预制构件重量之和（t）。

本条的评价方法为：设计评价查阅施工图、工程材料用量概预算清单；运行评价查阅竣工图、工程材料用量决算清单。工程材料用量概预算及决算清单统计混凝土用量如只提供体积，需要据此计算并提供重量。

Ⅱ 材料选用

7.2.6 本条适用于各类饭店建筑的运行阶段评价。

建材本地化是减少运输过程资源和能源消耗、降低环境污染的重要手段之一。本条鼓励使用本地生产的建筑材料，提高就地取材制成的建筑产品所占的比例。

本条中"本地生产的建筑材料"，主要是指建筑材料的最后一个生产工厂或场地到施工现场的运输距离在500km以内。

本条的评价方法为：运行评价核查材料进场记录

及本地建筑材料使用比例计算书等证明文件。

7.2.7 本条适用于各类饭店建筑的设计、运行阶段评价。

我国大力提倡和推广使用预拌混凝土，其应用技术已较为成熟。与现场搅拌混凝土相比，预拌混凝土产品性能稳定，易于保证工程质量，且采用预拌混凝土能够减少施工现场噪声和粉尘污染，节约能源、资源，减少材料损耗。

本条要求绿色饭店建筑的现浇混凝土全部采用预拌混凝土，且预拌混凝土应符合现行国家标准《预拌混凝土》GB/T 14902 的有关规定。

对于因为结构形式或地域原因造成无法采用预拌混凝土的项目，可提供说明材料，由专家酌情判定。

本条的评价方法为：设计评价查阅施工图及说明；运行评价查阅竣工图纸及说明，以及预拌混凝土用量清单等证明文件。

7.2.8 本条适用于各类饭店建筑的设计、运行阶段评价。

长期以来，我国建筑施工用砂浆一直采用现场拌制砂浆。现场拌制砂浆由于计量不准确、原材料质量不稳定等原因，施工后经常出现空鼓、龟裂等质量问题，工程返修率高。而且，现场拌制砂浆在生产和使用过程中不可避免地会产生大量材料浪费和损耗，污染环境。

预拌砂浆是根据工程需要配制、由专业化工厂规模化生产的，砂浆的性能品质和均匀性能够得到充分保证，可以很好地满足砂浆保水性、和易性、强度和耐久性需求。

预拌砂浆按照生产工艺可分为湿拌砂浆和干混砂浆；按照用途可分为砌筑砂浆、抹灰砂浆、地面砂浆、防水砂浆、陶瓷砖粘结砂浆、界面砂浆、保温板粘结砂浆、保温板抹面砂浆、聚合物水泥防水砂浆、自流平砂浆、耐磨地坪砂浆和饰面砂浆等。

预拌砂浆与现场拌制砂浆相比，不是简单意义的同质产品替代，而是采用先进工艺的生产线拌制，增加了技术含量，产品性能得到显著增强。预拌砂浆尽管单价比现场拌制砂浆高，但是由于其性能好、质量稳定、减少环境污染、材料浪费和损耗小、施工效率高、工程返修率低，可降低工程的综合造价。

预拌砂浆应符合现行国家标准《预拌砂浆》GB/T 25181 及《预拌砂浆应用技术规程》JGJ/T 223 的有关规定。

本条根据预拌砂浆的用量比例进行分档评分，对于因为特殊情况造成无法采用预拌砂浆的项目，可提供说明材料，由专家酌情判定。

本条的评价方法为：设计评价查阅施工图及说明；运行评价查阅竣工图及说明、砂浆用量清单等证明文件。

7.2.9 本条适用于各类饭店建筑的设计、运行阶段评价。砌体结构和木结构不参评。

合理采用高强度结构材料，可减小构件的截面尺寸及材料用量，同时也可减轻结构自重，减小地震作用及地基基础的材料消耗。混凝土结构中的受力普通钢筋，包括梁、柱、墙、板、基础等构件中的纵向受力筋及箍筋。

混合结构指由钢框架或型钢（钢管）混凝土框架与钢筋混凝土筒体所组成的共同承受竖向和水平作用的高层建筑结构。

本条针对混凝土结构中的受力普通钢筋的使用比例提出了具体要求，而本标准第7.1.2条则是对梁、柱纵向受力普通钢筋提出的要求，二者对象不同。

本条的评价方法为：设计评价查阅结构施工图及高强度材料用量比例计算书；运行评价查阅竣工图、施工记录及材料决算清单，并现场核实。

7.2.10 本条适用于混凝土结构及钢结构类型的饭店建筑的设计、运行评价。本条所指的"高耐久性建筑材料"主要针对高耐久性混凝土和耐候结构钢。

本条中的高耐久性混凝土需按现行行业标准《混凝土耐久性检验评定标准》JGJ/T 193进行检测，抗硫酸盐等级KS90，抗氯离子渗透、抗碳化及抗早期开裂均达到Ⅲ级、不低于现行国家标准《混凝土结构耐久性设计规范》GB/T 50476中50年设计寿命要求。

本条中的耐候结构钢需符合现行国家标准《耐候结构钢》GB/T 4171的要求；未使用耐候结构钢但使用了耐候型防腐涂料的钢结构，且耐候型防腐涂料符合现行行业标准《建筑用钢结构防腐涂料》JG/T 224中Ⅱ型面漆和长效型底漆的要求，可视为符合本条规定。

本条的评价方法为：设计评价查阅建筑及结构施工图；运行评价查阅施工记录及材料决算清单中高耐久性建筑结构材料的使用情况，混凝土配合比报告单以及混凝土配料清单，并核查第三方出具的进场及复验报告，核查工程中采用高耐久性建筑结构材料的情况。

7.2.11 本条适用于各类饭店建筑的运行阶段评价。

为了保持建筑物的风格、视觉效果和人居环境，饭店建筑的装饰装修材料一般会在使用5年后进行更新替换。本条鼓励在满足设计要求的前提下，在内外墙等主要外露部位合理使用清水混凝土，可减少装饰面层的材料使用，节约材料用量。本条鼓励使用耐久性好、易维护的外立面和室内装饰装修材料，如果使用易沾污、难维护及耐久性差的装饰装修材料，则会在一定程度上增加建筑物的维护成本，且施工也会带来有毒有害物质的排放、粉尘及噪声等问题。本条中对外立面装饰装修材料的要求主要关注建筑幕墙和外墙涂料的耐久性，对室内装饰装修材料的要求主要关注运营维护难度和成本。

本条对外立面材料的耐久性提出的具体要求详见表10。

表10 绿色饭店建筑外立面材料耐久性要求

分　类		耐久性要求
外墙涂料		采用水性氟涂料或耐候性相当的涂料
建筑幕墙	玻璃幕墙	明框、半隐框玻璃幕墙的铝型材表面处理符合现行国家标准《铝及铝合金阳极氧化膜与有机聚合物膜》GB/T 8013.1～8013.3规定的耐候性等级的最高级要求。硅酮结构密封胶耐候性优于标准要求
	石材幕墙	根据当地气候环境条件，合理选用石材含水率和耐冻融指标，并对其表面进行防护处理
	金属板幕墙	采用氟碳制品，或耐久性相当的其他表面处理方式的制品
	人造板幕墙	根据当地气候环境条件，合理选用含水率、耐冻融指标

同时相比其他公共建筑，室内装修建筑材料是饭店建筑工程材料的重要组成部分，本条鼓励在饭店建筑的室内装修中采用耐久好、易维护的装饰装修材料，如客房内部选用易清洁的地面材料，减少地毯的使用，只在会议室等必需的区域采用隔音材料。在餐厅、厨房、客房卫浴间等处选用防滑地面材料，并充分考虑材料的易清洁性。本条同时鼓励项目进行简易的室内装修，选用经济适用的装饰装修材料，对于过度装修造成的材料的浪费和装修成本的增加应予以控制。

本条的评价方法为：运行评价查阅建筑竣工图纸、材料决算清单、材料检测报告或有关证明材料，并现场核实。

7.2.12 本条适用于各类饭店建筑的设计、运行阶段评价。

建筑材料的循环利用是建筑节材与材料资源利用的重要内容。建筑中采用的可再循环建筑材料和可再利用建筑材料，可以减少生产加工新材料带来的资源、能源消耗和环境污染，具有良好的经济、社会和环境效益。

本条的设置旨在整体考量建筑材料的循环利用对于节材与材料资源利用的贡献，评价范围是永久性安装在工程中的建筑材料，不包括电梯等设备。室外景观小品等可放入评价范围。

本条中的"可再利用建筑材料"是指不改变物质形态可直接再利用的，或经过组合、修复后可直接再利用的回收材料。"可再循环建筑材料"是指通过改变物质形态可实现循环利用的回收材料。有的建筑材料可以在不改变材料的物质形态情况下直接进行再利用，或经过简单组合、修复后可直接再利用，如有些材质的门、窗等。有的建筑材料需要通过改变物质形态才能实现循环利用，如难以直接回用的钢筋、玻璃等，可以回炉再生产。有的建筑材料则既可以直接再利用又可以回炉后再循环利用，例如标准尺寸的钢结构型材等。以上各类材料均可纳入本条范畴，且在统计比例时不重复计算。

本条的评价方法为：设计评价查阅申报方提交的工程概预算材料清单和相关材料使用比例计算书，核查相关建筑材料的使用情况；运行评价查阅申报方提交的工程决算材料清单和相应的产品检测报告，核查相关建筑材料的使用情况。

7.2.13 本条适用于各类饭店建筑的运行阶段评价。

本条中的"以废弃物为原料生产的建筑材料"是指在满足安全和使用性能的前提下，使用废弃物等作为原材料生产出的建筑材料，其中废弃物主要包括建筑废弃物、工业废料和生活废弃物。

为保证废弃物使用量达到一定比例，本条要求以废弃物为原料生产的建筑材料重量占同类建筑材料总重量的比例不小于30%，且其中废弃物的掺量不低于30%。以废弃物为原料生产的建筑材料，应满足相应的国家或行业标准的要求。

满足使用性能的前提下，本条中"以废弃物为原料生产的建筑材料"主要包括：利用建筑废弃混凝土，生产再生骨料，制作成混凝土砌块、水泥制品或配制再生混凝土；利用工业废料、农作物秸秆、建筑垃圾、淤泥为原料制作成水泥、混凝土、墙体材料、保温材料等建筑材料；以工业副产品石膏制作成石膏制品；以及使用生活废弃物经处理后制成的建筑材料。

本条的评价方法为：运行评价查阅工程决算材料清单、以废弃物为原料生产的建筑材料检测报告和废弃物建材资源综合利用认定证书等证明材料，核查相关建筑材料的使用情况和废弃物掺量。

8 室内环境质量

8.1 控 制 项

8.1.1 本条适用于各类饭店建筑的设计、运行阶段评价。

室内噪声的大小，是影响饭店环境品质的一个重要因素，它直接关系到客人住店期间工作、休息和睡眠是否受噪声干扰及干扰的程度。因此，将饭店来宾区域主要功能房间的噪声降低到合理的程度对绿色饭店来说是非常重要的。

为降低噪声干扰，需要对建筑物内部的声源和来自建筑外部的噪声进行控制。饭店类建筑内部的声源通常包括运行的设备和系统、服务操作、娱乐活动和相邻空间的活动等；建筑外部的噪声则包括周边交通噪声、社会生活噪声甚至工业噪声等。

同时，为了从使用功能上提高饭店类建筑的建设质量，提供安静的客房环境，减少不同房间之间的声音干扰以及保护人们室内活动的隐私性，要求客房围护结构的隔声性能满足一定的要求。

本条所述主要功能房间包括客房、办公室、会议室、多用途厅、餐厅和宴会厅。本条所述室内噪声级是指室内门窗关闭、空调低速或中速运行状态、电气设备等正常运行，且室内无人状态下的室内背景噪声级。客人睡眠时一般将空调置于低速挡，因此，评价客房噪声级时设定空调状态为：夜间低速运行、昼间中速运行。会议、宴会厅等一般采用全空气系统的空调方式，评价其室内噪声级时设定空调状态为正常工况下。

本条所述客房建筑构件包括墙体、门窗和楼板。

饭店类建筑主要功能房间的室内允许噪声级应符合国家标准《民用建筑隔声设计规范》GB 50118-2010 第 7.1.1 条中有关"二级标准"的要求，客房建筑构件和客房房间空气声隔声应符合国家标准《民用建筑隔声设计规范》GB 50118-2010 第 7.2.1~7.2.3 条中有关"一级标准"的要求，客房楼板撞击声隔声应符合国家标准《民用建筑隔声设计规范》GB 50118-2010 第 7.2.4 条中有关"二级标准"的要求。

本条的评价方法为：设计评价查阅相关设计文件、环评报告、室内背景噪声分析报告、隔声性能分析报告或声环境专项设计报告；运行评价查阅相关竣工图、室内背景噪声分析报告、室内噪声检测报告、隔声性能分析报告、构件或房间隔声性能检测报告，并现场核实。

8.1.2 本条适用于各类饭店建筑的设计、运行阶段评价。

室内照明质量是影响室内环境质量的重要因素之一，良好的照明不但有利于提升人们的工作和学习效率，更有利于人们的身心健康，减少各种职业疾病。良好、舒适的照明要求在参考平面上具有适当的照度水平，避免眩光，显色效果良好。各类饭店建筑的室内照度、统一眩光值、一般显色指数要满足现行国家标准《建筑照明设计标准》GB 50034 的有关规定。

本条的评价方法为：设计评价查阅相关设计文件、灯具选型表、照明计算分析报告；运行评价查阅相关竣工图、计算分析报告、现场检测报告，并现场核实。

8.1.3 本条适用于集中空调的饭店建筑的设计、运行阶段评价。

室内热环境是指影响人体冷热感觉的环境因素。"热舒适"是指人体对热环境的主观热反应，是人们对周围热环境感到满意的一种主观感觉，它是多种因素综合作用的结果。

一般而言，室内温度、室内湿度对人体热舒适感的影响最为显著，也最容易被人体所感知和认识，而新风量应根据室内空气的卫生要求、人员的活动和工作性质，以及在室内停留时间等因素确定。因此本条文重点对室内温度、室内湿度、新风量三个参数评判室内环境的舒适性。

空调房间的温度、湿度、新风量设计指标，应满足现行国家标准《民用建筑供暖通风与空气调节设计规范》GB 50736 的有关规定。

本条的评价方法为：设计评价查阅相关设计文件；运行评价查阅相关竣工图、典型房间空调期间室内温湿度检测报告、新风机组风量检测报告、典型房间空调期间的二氧化碳浓度检测报告，并现场核实。

8.1.4 本条适用于各类饭店建筑的设计、运行阶段评价。

房间内表面长期或经常结露会引起霉变，污染室内的空气，应加以控制。导致结露除空气过分潮湿外，表面温度过低是直接的原因。一般说来，围护结构的内表面大面积结露的可能性不大，结露大都出现在金属窗框、窗玻璃表面、墙角、墙面上可能出现的热桥附近。

为防止建筑围护结构内表面结露，应采取合理的保温、隔热措施，减少围护结构热桥部位的传热损失，防止外墙和外窗等外围护结构内表面温度过低，使送入室内的新风具有消除室内湿负荷的能力，或配有除湿功能。为防止辐射型空调末端如辐射吊顶产生结露，需密切注意水温的控制，使送入室内的新风具有消除室内湿负荷的能力，或者配有除湿机。

作为绿色建筑在设计和建造过程中，应核算可能结露部位的内表面温度是否高于露点温度，采取措施防止在室内温、湿度设计条件下产生结露现象。

在南方的梅雨季节，很长一段时间内空气的湿度接近饱和，要彻底避免发生结露现象非常困难。所以本条文判定的前提条件是"在室内设计温、湿度条件下"不结露。

本条的评价方法为：设计评价查阅围护结构热工设计说明等设计文件；运行评价查阅相关竣工文件，并现场检查。

8.1.5 本条适用于各类饭店建筑的运行阶段评价。

室内空气污染造成的健康问题近年来得到广泛关注。轻微的反应包括眼睛、鼻子及呼吸道刺激和头疼、头昏眼花及身体疲乏，严重的有可能导致呼吸器官疾病，甚至心脏疾病及癌症等。根据标准编写组对国内饭店的调研结果，各类饭店基本上五年左右进行小规模翻新，八到十年进行大规模的重新装修，各种

装饰装修材料和家居饰品引起的室内污染物超标问题已成为了住店旅客最经常抱怨的问题之一。

危害人体健康的室内空气污染物主要包括游离甲醛、苯、氨、氡和 TVOC 五类，其竣工验收阶段的浓度限值应符合现行国家标准《民用建筑室内环境污染控制规范》GB 50325 中的有关规定。

考虑到饭店建筑定期重新装修和更换内饰的使用特点，要求饭店建筑在运营期间制定严格的复查制度，定期对客房和主要公共空间的室内污染物浓度进行检测，对不合格区域采取有效的治理措施。

运行期间饭店室内主要空间的游离甲醛、苯、氨、氡和 TVOC 五类空气污染物浓度应定期检测，且应符合现行国家标准《室内空气质量标准》GB/T 18883 中的有关规定。

本条的评价方法为：运行评价查阅室内污染物检测报告，并现场检查。

8.2 评 分 项

I 室内声环境

8.2.1 本条适用于各类饭店建筑的设计、运行阶段评价。

本条是在本标准控制项第 8.1.1 条要求基础上的提升。本条所述主要功能房间除包括客房、办公室、会议室、多用途厅、餐厅和宴会厅外，还包括饭店大堂。

根据标准编制组的调研，2013 年 7 城市 20 家饭店（包括商务、度假和快捷型）的宾客满意度问卷调查结果显示：在影响客房舒适度和有碍睡眠的诸多因素中，被调查者选择噪声的比例均为最大；在认为大堂最需要改进的地方的诸多选项中，被调查者选择噪声的比例也为最大。因此，本条在分数设置上，将客房室内噪声级的得分款项分配分值较多，并增加对大堂区域噪声限值的得分款项。

主要功能房间允许噪声级的特级和一级标准要求详见国家标准《民用建筑隔声设计规范》GB 50118－2010 第 7.1.1 条。现行国家标准《民用建筑隔声设计规范》GB 50118 中未具体规定饭店大堂的室内允许噪声级。本条第 3 款的规定参考了多家国际知名酒店管理集团对饭店公共区域的噪声控制标准。

本条的评价方法为：设计评价查阅相关设计文件、环评报告、室内背景噪声分析报告或声环境专项设计报告；运行评价查阅相关竣工图、室内噪声检测报告，并现场核实。

8.2.2 本条适用于各类饭店建筑的设计、运行阶段评价。

本条是在本标准控制项第 8.1.1 条要求基础上的提升。提高客房围护结构的隔声性能，对于提高客房安静程度、避免相邻空间的声音干扰以及保护旅客在

客房内声音和活动的私密性，具有十分重要的意义。

客房隔声的"特级"和"一级"标准要求详见国家标准《民用建筑隔声设计规范》GB 50118-2010中第7.2.1～7.2.4条。

本条第4款所述的声环境标准限值是指国家标准《声环境质量标准》GB 3096-2008规定的环境噪声限值。本款评分规则的设置，是考虑到各饭店建筑所处外部环境不同，室外环境噪声状况差异大，对外围护结构的隔声需求也就不同，不宜以单一标准衡量。例如，在室外声环境达到0类和1类声环境功能区标准的饭店建筑，它周围环境是非常安静的，则不需要安装非常高隔声量的隔声窗。作为绿色建筑既要创造一个良好的室内环境，又要考虑资源节约，因地制宜，不应片面追求隔声的高性能指标，正确做法是根据建筑外的环境噪声状况确定窗、幕墙或含窗外墙的隔声要求。因此，本款将室外环境噪声状况作为判定得分值的条件之一。

国家标准《声环境质量标准》GB 3096-2008规定的2类声环境功能区的环境噪声限值为：昼间60dB（A），夜间50dB（A）。

本条的评价方法为：设计评价查阅相关设计文件、隔声性能分析报告；运行评价查阅相关竣工图、隔声性能分析报告、构件隔声性能实验室检验报告或房间隔声性能现场检验报告，并现场核实。

8.2.3 本条适用于各类饭店建筑的设计、运行阶段评价。

饭店类建筑的功能多样，既有安静区域（客房、会议室、咖啡厅、休闲养生场所等），又有喧闹区域（餐厨、娱乐场所、健身场所、设备用房等）。为避免需要安静的区域受到噪声干扰，首先要从规划设计以及建筑的平面布置、空间布局考虑，做到动静分区，并将对噪声敏感的房间远离噪声源。在建筑设计及设备系统设计时均需充分考虑噪声与振动的影响及其防控措施。从建筑设计上将客房等对噪声敏感的房间远离噪声源，并从噪声源开始实施控制，往往是建筑防噪设计中最为有效和经济的方法。

卫生间排水噪声往往也是影响客房的主要噪声，因此需要采取措施加以控制或改善。

客房门外走廊内采用吸声处理措施可降低走廊内的噪声，有助于客房的安静。

饭店类建筑的总平面设计可从以下方面考虑隔声减噪：空调机组、新风机组、直燃机组、柴油发电机组、排风机、水泵、冷却塔等产生噪声或振动的设施，要远离客房和其他有安静要求的房间，并采取隔声、隔振措施；餐厅不与客房等对噪声敏感的房间安排在同一区域内；迪斯科舞厅、慢摇吧、保龄球馆等可能产生强噪声和振动的附属娱乐设施不与客房和其他有安静要求的房间设置在同一主体结构内，且要尽量远离客房等需要安静的房间；卡拉OK歌厅、健身

房等可能产生较大噪声并可能在夜间营业的附属娱乐设施远离客房和其他有安静要求的房间，并进行有效的隔声、隔振处理；棋牌室、麻将室等可能在夜间产生干扰噪声的附属娱乐房间，不与客房和其他有安静要求的房间设置在同一走廊内；电梯井道不毗邻客房和其他有安静要求的房间；客房沿交通干道或停车场布置时，要采取防噪措施，如采用密闭窗或双层窗，也可利用阳台或外廊进行隔声减噪处理。

控制设备噪声和振动的常用方法有：采用低噪声设备，对有转动部件的设备设置隔振基础，设备与管道的连接采用软接头、管道穿墙或楼板处弹性密封以防止固体声传播，配置管道消声器、消声弯头等消除风道传播的噪声，对风口位置、风速等进行优化以减低风口噪声，设备机房内表面做吸声处理、安装隔声门等等。

控制或改善卫生间排水噪声的措施通常有：采用同层排水、旋流弯头以及对排水管道进行隔声包覆等。

客房门外走廊采用的吸声措施通常有：铺设地毯、安装吸声吊顶等。

本条的评价方法为：设计评价查阅相关设计文件、室内背景噪声分析报告；运行评价查阅相关竣工图、室内背景噪声分析报告，并现场核实。

8.2.4 本条适用于各类饭店建筑的设计、运行阶段评价。

专项声学设计应将声学设计目标在相关设计文件中注明。

有声学要求的重要房间包括提供会议服务的大型会议室（100人规模以上且容积不小于500m³）、报告厅、多功能厅以及提供娱乐服务的剧院、音乐厅等。其设计不仅要考虑背景噪声、围护结构的隔声、空调通风系统的噪声与振动控制等，还要考虑避免出现声聚焦、共振、回声、多重回声和颤动回声等声学缺陷，以会议为主的房间的声学设计重点考虑语言清晰要求，声乐演出厅堂的声学设计注重早期声强强度和丰满度。建筑声学设计可参考现行国家标准《剧场、电影院和多用途厅堂建筑声学设计规范》GB/T 50356、《民用建筑隔声设计规范》GB 50118中的相关内容；扩声系统设计可参考现行国家标准《厅堂扩声系统设计规范》GB 50371中的相关内容。

如果建筑中无大型会议室、多功能厅和其他有声学要求的重要房间，本条不参评。

本条的评价方法为：设计评价查阅相关设计文件、声学设计专项报告；运行评价查阅相关竣工图、声学设计专项报告或检测报告，并现场核实。

Ⅱ 室内光环境与视野

8.2.5 本条适用于各类饭店建筑的设计、运行阶段评价。

饭店建筑中包括商务、度假等多种类型，但不管哪种类型都对于客房视野有较高要求。窗户除了有自然通风和天然采光的功能外，还具有从视觉上起到沟通内外的作用，良好的视野有助于居住者或使用者心情舒畅，提高效率。

本条重点关注饭店的客房，要求进行视野计算。判定客房视野达标与否的计算方法：在客房中心点1.5m高的位置，与外窗各角点连线所形成的立体角内，看其是否可看到天空或地面。视野分析报告中应将周边高大建筑物、构筑物的影响考虑在内，并涵盖所有最不利房间。

本条的评价方法为：设计评价查阅建筑各层平面图和剖面图，以及各类型客房的视野分析报告；运行评价查阅相关竣工文件，并现场检查。

8.2.6 本条适用于各类饭店建筑的设计、运行阶段评价。

充足的天然采光有利于居住者的生理和心理健康，同时也有利于降低人工照明能耗。各种光源的视觉试验结果表明，在同样照度的条件下，天然光的辨认能力优于人工光，从而有利于人们工作、生活、保护视力和提高劳动生产率。

饭店的客房、室内中庭和休闲餐饮等功能空间，对采光的要求较高。足够的自然采光可提高室内空间环境的健康性，营造具有亲和力的光环境。客房通常采用侧向采光，立面设计过程中，需结合日照分析，在选择较高透光率玻璃的同时，优化外窗或幕墙遮阳隔热设计。

通过模拟计算的方式核算所有客房的平均采光系数，以统计得到满足现行国家标准《建筑采光设计标准》GB 50033 的要求的客房数量比例。其中，客房内部的卫浴、更衣室等辅助空间面积可不计入统计范围之内。

本条的评价方法为：设计评价查阅相关设计文件和采光系数计算分析报告；运行评价查阅相关竣工文件，以及天然采光模拟或实测分析报告，并现场检查。

8.2.7 本条适用于各类饭店建筑的设计、运行阶段评价。

天然采光不仅有利于照明节能，而且有利于增加室内外的自然信息交流，改善空间卫生环境，调节空间使用者的心情。建筑的地下空间和高大进深的地上空间，由于物理的封闭，很容易出现天然采光不足的情况。饭店建筑往往存在许多采光条件不利的公共区域，如大进深空间、地下空间。

在饭店大堂等大面积公共空间，主要采取顶部采光的方式，即通过设计中庭和天窗。光线自上而下，有利于获得较为充足与均匀的室外光线。顶部采光包括矩形天窗、锯齿形天窗、平天窗、横向天窗及其他形式。不同的方式组合能营造出多变的室内光环境和

气氛。

宴会厅、健身房、室内球场、泳池、地下车库等大进深的公共空间，自然采光条件不佳。除了必备的照明手段外，可通过反光板、棱镜玻璃窗、下沉庭院、各类导光设备等技术和设施的采用，有效的改善这些空间的室内自然采光环境。

对于无地下空间的建筑，本条第 2 款不参评，项目本条得分按照第 1 款实际得分乘以 2 倍计算。

天然采光的模拟要求参考本标准第 8.2.6 条中条文说明。由于地上和地下空间在天然采光设计方面的难度不同、策略也不同，因此分为两个得分点单独评价。

本条的评价方法为：设计评价查阅相关设计文件、天然采光模拟分析报告；运行评价查阅相关竣工文件，以及采光系数实测报告，并现场核查。

Ⅲ 室内热湿环境及空气质量

8.2.8 本条适用于各类饭店建筑的设计、运行阶段评价。

饭店建筑的空调系统是提供室内使用者舒适性的重要保证手段。室内热舒适的调控性，包括主动式供暖空调末端的可调性，以及被动式或个性化的调节措施，总的目标是尽量地满足用户改善个人热舒适的差异化需求。入住饭店的旅客由于流动性大，类型多样，不同的人群对于热舒适的要求千差万别，必须确保客房内有现场控制的温度控制器，实现按自身需要进行热舒适设定和调节。

本条文的目的是杜绝不良的空调末端设计，如未充分考虑除湿的情况下采用辐射吊顶末端、宾馆类建筑采用不可调节的全空气系统等。而个性化送风末端、风机盘管、地板采暖等末端，用户可通过手动或自动调节来满足要求，有助于提高使用舒适性。

根据标准编写组对国内饭店的调研结果，目前客房区大多采用风机盘管或多联机加独立新风系统，比较容易达到要求。其他服务区域，例如会议室、餐厅等，如果可隔断成为多个独立区域，则要求这些区域也可以实现分别独立的温度调节，以确保运行使用期间的良好的操控性能，提升人体的舒适度。

本条的评价方法为：设计评价查阅暖通专业相关设计文件和图纸，以及相关产品说明书；运行评价查阅相关竣工图纸，并现场检查。

8.2.9 本条适用于各类饭店建筑的设计、运行阶段评价。

本标准覆盖的饭店类型包括了度假型饭店、会议型饭店、商务型饭店和经济型饭店等多种类型。对于度假型饭店，往往处于自然风景优美的旅游区，例如海滨和山间，客房设计会考虑宾客与景观的零距离接触，通常外窗采用可开启的比例较高；但对于会议型和商务型饭店，出于安全性的考虑，往往不允许客房

有大的开启扇。通过标准编写组对饭店建筑的实际调研，以及对多个国际连锁饭店的建设标准的分析，客房外窗的允许开启宽度均控制在10cm之内，在单侧开窗对流的情况下，很难实现客房区域良好的自然通风效果。因此，从工程实现的可行性角度出发，不对饭店建筑的客房区域进行自然通风有效性评价。

但是，除了客房区域以外，饭店内部还有大量的服务空间，例如会议室、咖啡厅、休闲养生、餐饮、娱乐场所、健身场所等。针对难以实现自然通风的区域（例如大进深内区、由于别的原因不能保证开窗通风面积满足自然通风要求的区域），可进行自然通风设计的改进和创新，实现明显的改进效果。

因此，从工程实现的可行性角度出发，本条将饭店建筑的功能区域分为客房部分和其他公共区域，分别对自然通风的有效性进行评分判定，并进行累计。

本条文达标的途径有两个：

1 自然通风房间可开启外窗净面积不得小于房间地板面积的4%，建筑内区房间若通过邻接房间进行自然通风，其通风开口面积应大于该房间净面积的8%，且不应小于2.3m²。

2 对于复杂建筑，必要时需采用多区域网络法进行多房间自然通风量的模拟分析计算。

加强自然通风的建筑在设计时，可采用下列措施：建筑单体采用诱导气流方式，如导风墙和拔风井等，促进建筑内自然通风；采用数值模拟技术定量分析风压和热压作用在不同区域的通风效果，综合比较不同建筑设计及构造设计方案，确定最优自然通风系统设计方案。

本条的评价方法为：设计评价查阅相关设计文件、计算书、自然通风模拟分析报告；运行评价查阅相关竣工图、计算书、自然通风模拟分析报告，并现场核实。

8.2.10 本条适用于各类饭店建筑的设计、运行阶段评价。

重要功能区域指的是客房、多功能厅、大宴会厅以及其他对于气流组织有特殊要求的区域。

本条第1款要求供暖、通风或空调工况下的气流组织应满足功能要求，避免冬季热风无法下降，气流短路或制冷效果不佳，确保主要房间的环境参数（温度、湿度分布，风速，辐射温度等）达标。对于高大空间，暖通空调设计应有专门的气流组织设计说明，提供射流公式校核报告，末端风口设计应有充分的依据，必要时应提供相应的模拟分析优化报告。

第2款要求避免卫生间、餐厅、地下车库等区域的空气和污染物串通到室内别的空间或室外主要活动场所。卫生间、餐厅、地下车库等区域除设置机械排风，并保证负压外，还应注意其取风口和排风口的位置，避免短路或污染。对于不同功能房间保证一定压差，避免气味散发量大的空间（比如卫生间、餐厅、地下车库等）的气味或污染物串通到室内别的空间或室外主要活动场所。

对于客房，应重点分析空调出风口与床的关系是否会造成冷风直接吹到入住者，校核室内热环境参数是否达标。

对于公寓式饭店，尽量将厨房设置于建筑自然通风的负压侧，防止气味因主导风反灌进入室内，而影响室内空气质量。

本条的评价方法为：设计评价查阅建筑专业平面图、暖通专业相关设计文件和图纸，以及必要的气流组织模拟分析报告；运行评价查阅相关竣工图纸，并现场检查。

8.2.11 本条适用于集中通风空调的饭店建筑的设计、运行评价。

人员密度较高且随时间变化大的区域指设计人员密度超过0.25人/m²，设计总人数超过8人，且人员随时间变化大的区域。

二氧化碳检测技术比较成熟、使用方便，但甲醛、颗粒物、氨、苯、VOC等空气污染物的浓度监测比较复杂，使用不方便，有些简便方法不成熟，受环境条件变化影响大。如上所述，除二氧化碳要求检测进、排风设备的工作状态，并与室内空气污染监测系统关联，实现自动通风调节外，对甲醛、颗粒物等其他污染物，要求可以超标实时报警。

本条文包括对室内的要求二氧化碳浓度监控，即应设置与排风联动的二氧化碳检测装置。当传感器监测到室内CO_2浓度超过一定量值时，进行报警，同时自动启动排风系统。室内CO_2浓度的设定量值可参考国家标准《室内空气中二氧化碳卫生标准》GB/T 17094-1997（2000mg/m³，设定量值可酌情设置，如1800mg/m³）等相关标准的规定。

本条的评价方法为：设计评价查阅暖通和电气专业相关设计文件和图纸；运行评价查阅相关竣工图纸，并现场检查。

8.2.12 本条适用于设地下空间的饭店建筑的设计、运行评价。

地下车库空气流通不好，容易导致有害气体的堆积，对人体伤害很大。有地下车库的建筑，车库设置与排风设备联动的一氧化碳检测装置，超过一定的量值时需报警，并立刻启动排风系统。

地下车库一氧化碳传感器浓度所设定的量值可参考现行国家标准《工作场所有害因素职业接触限值 第1部分：化学有害因素》GBZ2.1（一氧化碳的短时间接触容许浓度上限为30mg/m³）等相关标准的规定。

本条的评价方法为：设计评价查阅暖通和电气专业相关设计文件和图纸；运行评价查阅相关竣工图纸，并现场检查。

Ⅳ 特殊区域环境

8.2.13 本条适用于各类饭店建筑的设计、运行阶段评价。

其中第2、3款仅在运行评价阶段参评，设计阶段不参评，设计阶段项目本条得分按照第1款实际得分乘以2倍计算。

吸烟对人体的危害巨大，除了主动吸烟之外，二手烟、甚至三手烟的影响正在日益引起重视。饭店的客房作为公共使用场所，必须采取有效的控烟措施，从源头上杜绝吸烟对住客带来的潜在危害。

现行国家标准《绿色饭店》GB/T 21084 中，也对客房采取无烟客房的比例进行了规定，本条的要求和该标准相一致。

本条的评价方法为：设计评价查阅建筑专业相关设计文件和图纸；运行评价查阅相关竣工图纸、饭店管理制度，并现场检查。

8.2.14 本条适用于各类饭店建筑的设计、运行阶段评价。

饭店建筑往往配备类型众多的服务区域，其中吸烟室、雪茄吧、大堂酒廊、美容发廊、按摩室等场所都会产生大量有害的废气，必须从源头上进行处理，减少排气中的污染物浓度。例如对吸烟室采取电子烟雾过滤系统等。

厨房也是饭店建筑在运行过程中产生污染物和废弃物的重点区域，一方面要对排气系统设置多级油烟处理装置，确保达标排放，另一方面，也可从灶具入手进行革新，例如采用全套电磁炉灶设备，可大幅度减少厨房中的细微颗粒物产生，保障厨房工作人员的健康和安全。

本条的评价方法为：设计评价查阅暖通专业相关设计文件和图纸，厨房区域装修图纸和厨房设备采购计划等；运行评价查阅相关竣工图纸、厨房设备产品说明书、饭店管理制度，并现场检查。

9 施 工 管 理

9.1 控 制 项

9.1.1 本条适用于各类饭店建筑的运行阶段评价；也可在设计评价中进行预审。

项目部具备完善的绿色建筑施工管理体系，是保障绿色建筑实现的必要条件。项目经理为绿色建筑施工第一责任人，负责绿色建筑施工的组织实施及目标实现。与项目部组织机构所对应，各级管理人员和监督人员在项目经理领导下，根据完善的施工管理体系，建立各种规章制度，并落到实处。保质保量完成绿色建筑施工。

项目部应建设完善的施工管理体系，建立各种管

理制度，并保障制度有效实施。根据预先设定的绿色建筑施工总目标，进行目标分解、实施和考核活动；结合工程特点，对施工效果及采用的新技术、新设备、新材料与新工艺，比选优化施工方案，制定相应施工计划并严格执行。开展有针对性的施工管理，有计划地培训员工，提高施工人员对绿色饭店建筑的认识，保障绿色建筑的实现。

本条的评价方法为：运行评价查阅项目部建立的施工管理体系，以及有关管理制度文件。

9.1.2 本条适用于各类饭店建筑的运行阶段评价；也可在设计评价中进行预审。

绿色饭店建筑要求是绿色施工，绿色施工是实现绿色饭店建筑的环节之一。通过绿色施工保障绿色饭店建筑的实现，同时实现资源节约、环境友好的施工活动。项目部可依照现行国家标准《建筑工程绿色施工评价标准》GB/T 50640 的要求编制绿色施工专项计划。绿色施工涵盖了"四节一环保"的内容，有关绿色施工的内容可以纳入施工组织设计和施工方案，体系完备；也可以制定独立的绿色施工专项计划。

绿色施工的四节一环保，重点在环境保护、节能、节水、节材。在绿色施工专项计划中，应针对重点，编制有相应的计划。

施工过程环境保护计划包括针对水土流失、土壤污染、扬尘、噪声、污水、光污染等的控制措施，组织有效的落实工作。

根据建设项目环境特征，提出避免、消除、减轻土壤侵蚀和污染的对策与措施。如在场地有关部位设置排水沟、集水坑、绿化等，防止水土流失；危险品、化学品存放处及污物排放采取隔离措施等。

建筑施工扬尘是大气悬浮物的来源之一，也是社会普遍关心的问题。目前还没有定量评价标准，可以采用各种减少扬尘的措施。如对易飞扬物质和易产生扬尘的施工作业，包括土方开挖、材料堆放、加工车间、作业活动等采用冲洗、洒水、喷雾、遮盖、封闭等抑尘措施。

建筑施工噪声，是指在建筑施工过程中产生的干扰周围生活环境的声音。施工现场应制定降噪措施，包括人为噪声控制、机械设备噪声控制、施工作业噪声控制、运输作业噪声控制，使噪声排放达到或优于现行国家标准《建筑施工场界环境噪声排放标准》GB 12523 的要求，避免发生附近居民的申诉。

施工工地污水如未经妥善处理排放，将对市政排污系统及水生态系统造成不良影响。施工现场设置有组织的排水系统，排放的废水经现场排污管道通过沉淀池净化后排出。必须严格执行现行国家标准《污水综合排放标准》GB 8978 的要求。

施工场地电焊操作以及夜间作业时所使用的强照明灯光等所产生的眩光，是施工过程光污染的主要来源。施工单位应选择适当的照明方式和技术，采用遮

挡等方式，尽量减少夜间对非照明区、周边区域环境的光污染。

施工现场设置围挡，其高度、用材必须达到地方有关规定的要求。应采取措施保障施工场地周边人群、设施的安全。

施工过程要考虑能源的消耗问题，制定并实施节能计划。施工过程主要的能耗包括施工设备的能耗、设备和材料运输的能耗、施工人员通勤的能耗以及现场照明和临设用电等。制定节能计划，不仅要考虑能效的问题，也要考虑减碳的问题；反之亦然。例如使用再生能源仅仅意味减碳，除非有证据表明提高了系统的能效。伴随我国建筑工业化和施工装备率的提高的发展趋势，施工设备能耗将成为施工阶段主要的能耗，制定施工设备的节能计划要从设备采购、维护、使用、能源品种的替代、能耗监测和控制等方面系统考虑。

施工过程要考虑水的消耗问题，制定并实施节水计划。节水计划应综合考虑有关问题，这些问题包括：施工过程用水的需求、施工过程供水情况、是否有新的水资源？这些水资源是否具有可持续性？在考虑上述问题时是否兼顾了节能及气候影响问题等等。一些项目可能仅仅考虑了施工用水问题，但是不应该忽视地表水资源和地下水资源保护的问题。因此在节水计划中，要考虑抽水、污水、排水许可的要求以及可能的排水系统设计问题。

施工过程要考虑材料的消耗问题，制定并实施节材计划。节材计划应考虑的问题包括：使用标准件以减少现场材料的切割量、推广现场及场外预制技术、推进深化设计工作（减少材料滥用、提高临时设施与永久性工程的结合程度、减少切割与填挖量）、材料的再利用、建筑废弃物的再生利用、材料合理保管以避免损坏、监测并控制材料的节约率等。

本条的评价方法为：运行评价查阅施工过程控制的有关文档，包括绿色施工专项计划及其实施记录文件。

9.1.3 本条适用于各类饭店建筑的运行阶段评价。

建筑施工环境条件对施工人员的健康有直接的影响，有的施工材料、工艺等会产生有害有毒的挥发性物质、尘埃、强光等，影响施工人员的健康；施工中的高空作业、地下作业、高空坠落物、机械故障灯均会威胁到施工人员安全，因此有必要加强对施工人员的健康安全保护。建筑施工项目部应编制"职业健康安全管理计划"，并组织落实，保障施工人员的健康与安全。

项目部应该对动火作业、吊装作业、土方开挖作业、管沟作业、有刺激性挥发物作业、受限空间等危险性较大作业活动进行识别，建立危险源清单，编制危险作业控制计划，对危险作业人员进行培训教育，经考核合格后发给工作许可证。

根据现场作业人员工作性质、工种特点、防护要求，建立现场各类作业人员防护用品配备标准。对现场作业人员个人防护用品配备及发放情况进行统计登记，建立台账。对个人防护用品的日常使用进行检查指导、考核分析，督促防护用品的合理使用和正确配备。

本条的评价方法为：运行评价查阅施工过程控制有关文档。包括承包商 OHSAS 18000 职业健康与安全体系认证，职业健康安全管理计划，现场作业危险源清单及其控制计划，现场作业人员个人防护用品配备及发放台账。必要时核实劳动保护用品或器具进货单。

9.1.4 本条适用于各类饭店建筑的运行阶段评价；也可在设计评价中进行预审。

施工建设将绿色设计转化成绿色建筑。在这一过程中，参建各方对设计文件中绿色建筑重点内容正确理解与准确把握至关重要。施工前由参建各方进行专项会审，使承包商对绿色建筑性能重点内容的实施了然于心，保障绿色建筑质量的实现。

项目参建各方应在建设单位的统一组织协调下，各司其职、各负其责地参与项目绿色施工。因此，作为项目设计单位不仅在设计时应重视施工图设计文件的完善程度、设计方案的可实施性、"四节一环保"技术措施以及相关标准规范的要求，同时，尚应考虑绿色建筑设计对于施工的可行性和便利性，以便于绿色建筑的落地；在项目设计图会审过程中，应充分、细致地向项目参建单位介绍绿色建筑设计的主导思想、构思和要求、采用的设计规范、确定的抗震设防烈度、防火等级、基础、结构、内外装修及机电设备设计，对主要建筑材料、构配件和设备的要求，所采用的节能、节水、节材及环境保护的具体技术要求以及施工中应特别注意的事项，以便于项目参建单位充分理解其设计意图；在项目施工过程中，通过与施工单位、监理单位充分沟通，可从其专业角度为施工单位实施绿色施工出谋划策，为项目最终实现绿色建筑"四节一环保"目标奠定坚实基础。

本条的评价方法为：运行评价查阅各专业设计施工图会审记录，包括绿色设计要点、施工单位提出的问题、设计单位的答复、会商结果及解决方法、需要进一步商讨的问题等。

9.2 评 分 项

I 环境保护

9.2.1 本条适用于各类饭店建筑的运行阶段评价。

施工扬尘是最主要的大气污染源之一。施工中应采取降尘措施，降低大气总悬浮颗粒物浓度。施工中的降尘措施包括对易飞扬物质的覆盖、遮挡、洒水、对出入车辆的清洗、封闭，对易产生扬尘施工工艺的降尘措施等。在工地建筑结构脚手架外侧设置密目防尘网或防尘布，具有很好的扬尘控制效果。

降尘措施主要针对以下对象：土方工程、进出车辆、堆放土方、易飞扬材料的运输与保存、易产生扬尘的施工作业、高空垃圾清运。易产生扬尘的施工作业除了土方工程外，还有如拆除工程、爆破工程、切割工程、部分安装工程等。降尘措施需要按照表11每月填写不少于一次。表中的施工阶段分为地基与基础、结构工程、装饰装修与机电安装三个阶段。降尘对象要明确、详细。

表 11　降尘措施记录表

工程名称		编号	
		填表日期	
施工单位		施工阶段	
降尘对象		降尘措施	
各方签字	建设单位	监理单位	施工单位

本条的评价方法为：运行评价查阅由建设单位、施工单位、监理单位签字确认的降尘措施记录表。

9.2.2 本条适用于各类饭店建筑的运行阶段评价。

施工产生的噪声是影响周边居民生活的主要因素之一，也是居民投诉的主要对象。现行国家标准《建筑施工场界环境噪声排放标准》GB 12523 对噪声的测量、限值作出了具体的规定，是施工噪声排放管理的依据。为了减低施工噪声排放，应该采取降低噪声和噪声传播的有效措施，包括采用低噪声设备，运用吸声、消声、隔声、隔振等降噪措施，降低施工机械噪声。合理安排施工时间，尽量避免夜间施工，也是减小噪声影响的途径。

降噪措施主要针对各类施工现场噪声源，如运动或固定的施工机械、工作方式等。降噪措施需要按照表12每月填写不少于一次。表中的施工阶段分为地基与基础、结构工程、装饰装修与机电安装三个阶段。降噪对象要明确、详细。

表 12　降噪措施记录表

工程名称		编号	
		填表日期	
施工单位		施工阶段	
噪声源		降噪措施	
	建设单位	监理单位	施工单位
各方签字			

本条的评价方法为：运行评价查阅降噪措施证明材料及建设单位、监理单位和施工单位签字的记录表，查阅场界噪声测量记录。

9.2.3 本条适用于各类饭店建筑的运行阶段评价。

目前建筑施工废弃物的数量很大，堆放或填埋均占用大量的土地；对环境产生很大的影响，包括建筑垃圾的淋滤液渗入土层和含水层，破坏土壤环境，污染地下水，有机物质发生分解产生有害气体，污染空气；同时建筑施工废弃物的产出，也意味着资源的浪费。因此减少建筑施工废弃物产出，涉及节地、节能、节材和保护环境这样一个可持续发展的综合性问题。施工废弃物减量化应在材料采购、材料管理、施工管理的全过程实施。施工废弃物应分类收集、集中堆放，尽量回收和再利用。

建筑施工废弃物包括工程施工产生的各类施工废料，有的可回收，有的不可回收，不包括基坑开挖的渣土。

施工废弃物减量化资源化计划可以独立成篇，也可以是绿色施工专项计划中的一个部分。计划应该从材料采购、材料管理、施工管理等全过程入手，分为减量化与资源化两大部分。减量化主要是考虑废弃物产出的最小化，资源化主要考虑废弃物回收与利用的最大化。达到这样的目标采取的技术、管理措施，组织架构，检查制度等。

可回收废弃物的定义可参照行业标准《城市生活垃圾分类及其评价标准》CJJ/T 102－2004 中第 2.1.1 条的规定，即主要包括纸类、塑料、金属、玻璃、织物五类。本条款要求现场产生的该五类废弃物都应该送到回收站回收。

施工废弃物排放包括工程施工产生的可回收和不可回收的各类施工废料，但不包括基坑开挖的渣土。建筑废弃物排放量根据材料进货单与工程量结算单按照下述方法计算：

    1）废弃物排放量＝Σ（材料进货量－工程结算量）×10000/建筑总面积；

    2）废弃物排放到消纳场以及回收站的统计数据。

以上两种方法的比较，分析差异原因。

本条的评价方法为：运行评价查阅施工废弃物减量化资源化计划；回收站出具的施工废弃物回收单据，包括品名、数量、时间等；各类建筑材料进货单，各类材料工程量结算清单；承包商统计计算的每 10000m² 建筑面积废弃物排放量。

Ⅱ 资源节约

9.2.4 本条适用于各类饭店建筑的运行阶段评价。

施工过程中的用能，是建筑全寿命期能耗的组成部分。由于建筑结构、高度、所在地区等的不同，建成每平方米建筑的用能量有显著的差异。施工中应制定节能和用能方案，提出建成每平方米建筑能耗目标值，预算各施工阶段用电负荷，合理配置临时用电设备，尽量避免多台大型设备同时使用。合理安排工序，提高各种机械的使用率和满载率，降低各种设备的单位耗能。做好建筑施工能耗管理，包括现场耗能与运输耗能。为此应该做好能耗监测、记录，用于指导施工过程中的能源节约。竣工时提供施工过程能耗记录和建成每平方米建筑实际能耗值，为施工过程的能耗统计提供基础数据。

施工中能耗的监测与记录，包括施工过程中现场及运输过程中所消耗的所有能源，并将其折算为标准煤（t）。

施工区与生活区应分设电表，分别统计。施工区能耗包括了施工中各类作业、设备以及办公区的用能；生活区能耗包括了人员生活、各类设施、设备、临建的能耗。

主要建筑材料及设备从供货商提供的货源地到现场的运输能耗，通过某类材料的运距、运量、每公里油耗等数据计算确定，也可以根据实际发生能耗统计确定。

建筑废弃物运输能耗，包括土方工程渣土的运输能耗，统计方式同上。

用能记录按照表 13～表 16 的格式填写。

表 13 建筑工程施工用能记录表（一）
（施工区用能记录）

工程名称			工程地点		
建筑类型		结构类型	建筑类型		结构类型
开发商			承包商		
	施工区				
时间区间	生产用电（kWh）	办公区用电（kWh）	施工设备用油（t）	其他用能 1（ ）	折算为标煤（t）
总计					

表 14 建筑工程施工用能记录表（二）
（生活区用能记录）

工程名称			工程地点		
建筑类型		结构类型	建筑类型		结构类型
开发商			承包商		
	生活区				
时间区间	用电（kWh）	用油（t）	用气（m³）	其他用能 1（ ）	折算为标煤（t）
总计					

表15 建筑工程施工用能记录表（三）
（材料、设备运输用能记录）

工程名称			工程地点		
建筑类型	结构类型		建筑类型	结构类型	
开发商			承包商		
时间区间	材料、设备名称	源地点	数量(t)	运距(km)	用油(t)	折算为标煤(t)
总计						

注：表中源地点即供货商提供的货源地。

表16 建筑工程施工用能记录表（四）
（废弃物等运输用能记录）

工程名称				工程地点		
建筑类型	结构类型			建筑类型	结构类型	
开发商				承包商		
时间区间	渣土、废弃物、回收品				公务车用油(t)	折算为标煤(t)
	名称	目标地点	数量(t)	运距(km)	用油(t)	
总计						

注：表中名称即为渣土、废弃物或回收品。

本条的评价方法为：运行评价查阅施工节能和用能方案及实施情况，查阅各部分用能监测记录和能耗总量，建成每平方米建筑实际能耗值。

9.2.5 本条适用于各类饭店建筑的运行阶段评价。

施工过程中的用水，是建筑全寿命期水耗的组成部分。由于建筑结构、高度、所在地区等的不同，建成每平方米建筑的用水量有显著的差异。施工中应制定节水和用水方案，提出建成每平方米建筑水耗目标值。为此应该做好水耗监测、记录，用于指导施工过程中的节水。竣工时提供施工过程水耗记录和建成每平方米建筑实际水耗值，为施工过程的水耗统计提供基础数据。

基坑降水抽取的地下水量大，要合理设计基坑开挖，减少基坑水排放。配备地下水存储设备，合理利用抽取的基坑水。记录基坑降水的抽取量、排放量和利用量数据。对于洗刷、降尘、绿化、设备冷却等用水来源，应尽量采用非传统水源。具体包括工程项目中使用的中水、基坑降水、工程使用后收集的沉淀水以及雨水等。

施工过程中施工区、生活区的水耗是指消耗的城市市政提供的工业或生活用自来水，根据水表的用水量统计。

基坑降水的抽取量、排放量和利用量数据根据实际数据统计。

循环水利用是指在现场对非城市市政提供的工业或生活用自来水的利用。在现场需要有一定的设施实现循环水的利用，如沉淀池、蓄水设施、循环利用装置等。

用水记录按照表17的格式填写。

表17 建筑工程施工用水记录表

工程名称			工程地点		
建筑类型	结构类型		建筑类型	结构类型	
开发商			承包商		
					单位：立方米
时间区间	施工区		生活区	基坑水		其他循环水利用
	生产用水	办公用水		抽水	直接排放	利用	
总计							

本条的评价方法为：运行评价查阅施工节水和用水方案及实施情况，查阅各部分用水监测记录和用水总量，建成每平方米建筑水耗值。

9.2.6 本条适用于各类饭店建筑的运行阶段评价。

作为施工必备条件的建筑工程临时设施，如用房、道路、围墙、厕所（化粪池）、现场试验室、洗车池（蓄水池）等，配电室、工棚等，尽管在相对量上它们所占有的比例很小，但如果是一次性使用，将导致建筑资源的浪费，并产生了大量的建筑垃圾，推广使用可重复使用的临时设施，符合绿色建筑的理念。

可重复使用临时设施要做到标准化。办公、生活用房采用质量好的彩钢活动房。施工现场宜采用1.8m高的彩钢板连续设置封闭围墙，彩钢板底部采用砖基础。采用标准化的可移动试验室、配电室等。重复使用的硬化场地应配有排水系统。

本条的评价方法为：运行评价查阅工厂生产的临时设施的合格证明，相应的现场照片等其他证明材料。

9.2.7 本条适用于各类饭店建筑的运行阶段评价；也可在设计评价中进行预审。

钢筋是混凝土结构建筑的大宗消耗材料。钢筋浪费是建筑施工中普遍存在的问题，设计、施工不合理都会造成钢筋浪费。我国各地方的工程量预算定额，根据钢筋的规格不同，一般规定的损耗率为2.5%～4.5%。根据对国内施工项目的初步调查，施工中实际钢筋浪费率约为6%。因此有必要对钢筋的损耗率提出要求。

专业化生产是指将钢筋用自动化机械设备按设计图纸要求加工成钢筋半成品，并进行配送的生产方式。钢筋专业化生产不仅可以通过统筹套裁节约钢筋，还可减少现场作业、降低加工成本、提高生产效率、改善施工环境和保证工程质量。

工厂化加工比率、现场加工钢筋损耗率的基础资料是工厂化加工的钢筋进货量或其他有关证明材料以及钢筋工程量清单、钢筋用量结算清单、钢筋进货单。并根据以下方法计算：

工厂化加工钢筋使用率＝（工厂化加工钢筋进货量/钢筋使用结算量）×100%

现场钢筋损耗率＝[（钢筋进货量－工程需要钢筋理论量）/工程需要钢筋理论量]×100%

工程需要钢筋理论量即为根据实施的施工图计算的钢筋量（不包括定额损耗量）。

本条的评价方法为：运行评价查阅专业化加工钢筋进货单、承包商统计计算的专业化加工钢筋使用率、钢筋用量结算清单、钢筋进货单、钢筋理论计算量清单、承包商统计计算的钢筋损耗率。

9.2.8 本条适用于各类饭店建筑的运行阶段评价。上部结构无模板使用的工程可得满分。

建筑模板是混凝土结构工程施工的重要工具。我国的木胶合板模板和竹胶合板模板发展迅速，目前与钢模板已成三足鼎立之势。

散装、散拆的木（竹）胶合板模板施工技术落后，模板周转次数少，费工费料，造成资源的大量浪费。同时废模板形成大量的废弃物，对环境造成负面影响。定型模板，采用模数制设计，可以通过定型单元，包括平面模板、内角、外角模板以及连接件等，在施工现场拼装成多种形式的混凝土模板。它既可以一次拼装，多次重复使用，又可以灵活拼装，随时变化拼装模板的尺寸。定型模板的使用，提高了周转次数，减少了废弃物的产出，是模板工程绿色技术的发展方向。

定型模板使用周转次数高，利于材料节约。定型模板包括钢（铝）框各类模板、钢模板、铝合金模板、玻璃钢模板等。定型模板的使用率按照模板用于实际建筑模板工程面积计算。

定型模板使用率＝（使用定型模板的模板工程面积/模板工程总面积）×100%

本条的评价方法为：运行评价查阅模板工程施工方案，定型模板进货单或租赁合同，模板工程量清单，以及承包商统计计算的定型模板使用率。

9.2.9 本条适用于各类饭店建筑的运行阶段评价；也可在设计评价中进行预审。

装修工程材料消耗大，施工现场难有条件满足精确加工的要求，往往造成材料的浪费。另外，传统的现场装修施工过程湿作业多，造成环境污染。采用装修材料的工厂化加工，在现场直接安装，可以提高材料利用率，减少现场湿作业，这也是装修工程施工发展的方向。

工厂化加工是指将装饰工程所需的各种构配件的加工制作与安装，按照体系加以分离，由工厂定尺加工和整合，形成一个或若干部件单元，施工现场只是对这些部件单元进行选择集成、组合安装，不发生装饰材料的切割、钻孔、油漆喷涂等。具体包括：

块状吊顶：矿棉板、铝板、蜂窝铝板等

成品隔断：成品玻璃隔断、成品木隔断、成品组合隔断

架空地板、卡扣式竹木地板

木饰面挂板、金属挂板、软硬包挂板、墙纸挂板

单元式组合吊顶、集成式吊顶

干挂石材、干挂砖

整体橱柜、书架、整体卫浴

室内装饰工厂化率可按面积由下式计算：

工厂化率＝（工厂化加工现场安装表面面积/整个室内建筑装饰施工表面面积）×100%

本条的评价方法为：运行评价查阅施工技术方案，工程结算资料，现场照片，典型区域的工厂化率计算书，必要时可现场调查。

Ⅲ　过程管理

9.2.10 本条适用于各类饭店建筑的运行阶段评价。

施工是把绿色建筑由设计转化为实体的重要过程，在这一过程中除施工应采取相应措施降低施工生产能耗、保护环境外，对绿色建筑重要内容进行施工技术交底，也是关乎能否实现绿色建筑的一个重要环节。项目部专业技术负责人，应根据有关施工技术方案，对专业工程师进行交底，以保证绿色建筑的设计通过施工得以实现。

施工技术交底在正式施工前完成，应该涵盖绿色建筑的重点内容。交底内容主要包括施工准备、质量要求及控制措施、工艺流程、操作工艺、安全措施及注意事项等。交底应有书面记录，并通过审核。书面交底的审核人、交底人、被交底人均应签字或盖章。

本条的评价方法为：运行评价查阅施工技术交底记录、施工日志记录，主要查阅绿色饭店建筑设计文件中有关重点绿色要素落实的交底记录。

9.2.11 本条适用于各类饭店建筑的运行阶段评价。

绿色建筑设计文件经审查后，在建造过程中往往可能需要进行变更，这样有可能使绿色建筑的相关指标发生变化。本条旨在强调在建造过程中严格执行审批后的设计文件，若在施工过程中出于整体建筑功能要求，对绿色建筑设计文件进行变更，但不显著影响该建筑绿色性能，其变更可按照正常的程序进行。设计变更应存留完整的资料档案，作为最终评审时的依据。

建设工程项目具有投资大、工期长、施工过程复杂，且受周围环境及主、客观因素（条件）影响大等特点，因此，在项目实施过程中，随时有可能受各种因素影响或制约，工程设计变更不可避免，没有发生工程变更的项目几乎不存在，它贯穿于项目从设计、施工，直至工程竣工验收全过程中的各个阶段。通常，工程项目变更有来自建设单位因外界因素如市场环境，所做出的对工程项目的部分功能、用途、规模和标准的调整，有来自设计单位对设计图纸的完善，有施工单位根据施工现场环境所提出的变更，也有来自监理单位根据现场施工情况提出的有助于项目目标实现的变更。设计变更无论是由哪方提出，均应由监理单位会同建设单位、设计单位、施工单位协商，经过确认后由设计部门发出相应图纸或说明，并由监理工程师办理签发手续，下发到有关部门付诸实施。但在审查时应注意以下几点：①设计变更应具体说明变更产生的背景和原因；②确属原设计不能保证工程质量要求，如工程地质勘查资料不准确或设计遗漏和确有错误以及与现场不符，无法正常施工；③建设单位对设计图纸的合理修改意见，应在施工之前提出；④坚决杜绝设计变更内容不明确，或降低绿色建筑性能的重大变更。

本条的评价方法为：运行评价查阅各专业设计文件变更记录、洽商记录、会议纪要、设计变更申请表、设计变更通知单。

9.2.12 本条适用于各类饭店建筑的运行阶段评价。

建筑使用寿命的延长意味着更好地节约能源资源。建筑结构耐久性指标，决定着建筑的使用年限。施工过程中，应根据绿色建筑设计文件和有关标准的要求，对保障建筑结构耐久性的相关措施进行检测。检测结果是竣工验收及绿色建筑评价时的重要依据。

对绿色建筑的装修装饰材料、设备，应按照相应标准进行抽检和验收。

本条规定的检测，可采用实施各专业施工、验收规范所进行的检测结果。也就是说，不必专门为绿色建筑实施额外的检测。

建筑结构的设计使用年限是建立在预定的维修与使用条件下的。目前，我国建筑结构设计与施工规范，重点放在各种荷载作用下的结构强度要求，而对环境因素作用（如干湿、冻融等大气侵蚀以及建筑工程周围水、土中有害化学介质侵蚀等）下的耐久性要求则相对考虑较少。譬如，混凝土结构因钢筋锈蚀或混凝土腐蚀、钢结构锈蚀等导致的结构安全事故，其严重程度已远远超过因建筑结构构件承载力安全性能偏低带来的危害。因此，不仅应在结构设计中充分考虑耐久性问题，而且更应该在施工中对结构耐久性技术措施进行严格检测和记录，以确保结构耐久性设计与施工达到预定目标。

对具有节能环保要求的设备、材料等按照有关施工验收标准要求进行验收与抽检，提供相应的验收、抽检记录。

本条的评价方法为：运行评价查阅有耐久性要求的混凝土等材料的检测报告，有节能环保要求的机电设备、建筑材料的验收记录和抽检记录。

9.2.13 本条适用于各类饭店建筑的运行阶段评价；也可在设计评价中进行预审。

建筑工程建设按照施工阶段可以分为地基与基础、结构工程、装饰装修与机电安装几个阶段，机电安装工程贯穿于土建工程的各个阶段，与土建工程同步交叉施工，其重点是装修工程与机电工程的协调施工。实现土建与机电的一体化施工，除了要求根据建筑设计一次性完成饭店工程建设，提供可以直接使用的饭店建筑，避免重复的装饰装修和资源浪费外，还要求在施工过程中，土建施工与机电安装密贴配合，在施工总承包的统一管理下，各专业施工人员共同审核土建、机电施工图，按照总体施工进度计划，编制土建各阶段分部工程与机电施工工序流程图。土建机电一体化施工，有利于实现预留、预埋和各专业之间的合作，避免后期的钻孔、开凿、拆除等资源浪费，并能保证工程的质量和工期。

达到土建机电协调施工最有效的方式是施工总承包单位承担建筑的各分部工程，或者由施工总承包单位发包某分部或分项工程，或者建设单位与施工总承包单位签订协议，委托施工总承包负责协调施工。明确各施工方的责权利，施工总承包才能有效实现土建机电的协调施工。

土建机电各分部工程的协调施工，关键是装修与机电的协调施工。机电安装单位按照总体施工进度计划，与装修专业一同编排材料进场和施工计划。做到需要布置设备的房间，提前完工，及时封闭，按照不同的施工要求和配合深度，提出多种配合方案，便于有条不紊地安排施工进度。

装修工程面层施工前必须完成管道试压、风管和部件检测、管道保温等全部工作，并待通过各专业内部验收和监理工程师隐蔽验收完毕后才能进行。

在装修施工之前机电安装单位应提交末端器具的样品，如风口、灯具等，并根据施工图纸确定各末端器具部件在顶板、墙面、地面上的定位尺寸及空间尺寸，与装修施工单位、其他专业承包单位共同绘制末端器具综合排布图。在施工前各专业应根据综合排布图明确各自的配合范围及施工范围，并对其施工人员交底。同时确定好各专业与装修施工单位之间的合理施工工序，减少返工，保证施工质量。

装修阶段各专业同时施工，成品保护工作是重点。机电安装单位将在总承包商的统一指挥下，做好成品保护。

本条的评价方法为：运行评价查阅工程竣工证明材料，查阅总承包及分包合同、装饰装修、机电施工方案及施工图纸经总承包审批及协调的痕迹、总承包管控的各专业进度安排等会议纪要及各种记录。

9.2.14 本条适用于各类饭店建筑的运行阶段评价。

随着技术的发展，现代建筑的机电系统可以实现利用智能控制技术，使各系统在统一的平台进行命令处理和优化运行，从而达到设计目标，保证绿色建筑的运行效果。主要内容包括制定完整的机电系统综合调试和联合试运转方案，对通风空调系统、给排水与消防系统、电气照明系统、动力系统等的综合调试过程以及联合试运转过程。建设单位是机电系统综合调试和联合试运转的组织者，根据工程类别、承包形式，建设单位可以委托第三方或参建单位组织机电系统综合调试和联合试运转。

调试前，要进行调试的总体策划，建立组织机构，制定调试实施流程和技术方案，安排好时间和总体进度计划，完善各项保证措施等。

调试过程中，对于交叉作业的预见与协调；多专业、多工种同时作业之间的工序协调；出现问题时的应对措施及各相关方的协调措施。

调试结束后，建设单位委托第三方或参建方完成

最终调试报告，编制机电系统使用说明，组织专家培训使用方工作人员。

最终调试报告应简述调试管理的过程，包括每个过程中实施的各项活动、参与人员、出现的问题和解决方法、最终结果、可参考的其他文件记录等。机电系统使用说明应包括基本设计说明、系统简图、运行程序、控制图、原始设定值、推荐的维护、重调试、感应器校正频率及重调试程序及记录表格等内容。

本条的评价方法为：运行评价查阅设计文件中机电系统综合调试和联合试运转方案和技术要点、调试运转记录，查阅综合调试和联合试运转的最终调试报告，机电系统使用说明。

10 运营管理

10.1 控 制 项

10.1.1 本条适用于各类饭店建筑的运行阶段评价。

应按照饭店行业特点建立完善的饭店能源管理组织机构，明确组织机构中节能、节水、节材与绿化等相关责任人，做到专人专管定期计划与报告制度；明确组织机构中负责人的责任、义务和权利；相关人员应培训上岗，明确各负责人应具备的能力与相关证书，制定详细操作人员培训体系；管理制度应落实到个人，让每个人都有权利和义务为组织的目标负责。应制定相关的考核体系与绩效体系，激发个体在组织中的能力发挥。应制定相应的操作流程与流程文件，流程秩序应符合 ISO 9001 质量管理体系标准，所有人员必须按照规定的流程开展工作。

管理制度重点评价内容：

1) 物业管理制度中关于节能管理模式、目标指标和节能管理制度的合理性、可行性及落实程度。

2) 物业管理制度中关于梯级用水原则和节水方案等节水规定的合理性和落实效果。

3) 物业管理制度中关于建筑、设备、系统的维护制度和耗材管理制度的规定以及实施情况。

4) 核算并确认各类用水的使用及计量是否满足标准中规定的各类指标的具体要求。

5) 检查各种杀虫剂、除草剂、化肥、农药等化学药品在绿化管理制度中的使用规范和实施情况。

日常管理记录重点评价内容：

1) 节能管理记录应体现各项主要用能系统和设备的运行记录、能源计量记录；

2) 节水管理记录应体现各级水表计量的完整一年的数据；

3）节材管理记录主要指节省和使用材料的台账记录（重复利用、综合利用）；

4）绿化管理记录应体现绿化用水记录、化学药品使用记录等内容。

本条的评价方法为：运行评价查阅物业管理机构管理制度（包括节能、节水、节材、垃圾处理和绿化管理制度）、日常管理记录，并通过现场考察和用户抽样调查现场核实。

10.1.2 本条适用于各类饭店建筑的运行阶段评价；也可在设计评价中进行预审。

依据我国垃圾管理的法律法规，制定垃圾管理制度。根据法律法规要求，针对不同垃圾分类进行不同颜色垃圾容器和分类标志的严格区分，执行不同的处理方式。建筑运行过程中产生的生活垃圾有家具、电器等大件垃圾，有纸张、塑料、玻璃、金属、布料等可回收利用垃圾，有剩菜剩饭、骨头、菜根菜叶、果皮等厨余垃圾，有含有重金属的电池、废弃灯管、过期药品等有害垃圾，还有装修或维护过程中产生的渣土、砖石和混凝土碎块、金属、竹木材等废料。饭店建筑中往往餐饮业务量很大，产生的厨余垃圾对环境的影响较大，因此尤其应注意厨余垃圾的单独收集和有效处理。

首先，根据垃圾处理要求等确立分类管理制度和必要的收集设施，并对垃圾的收集、运输等进行整体的合理规划，合理设置小型有机厨余垃圾处理设施。垃圾容器应具有密闭性能，其规格和位置应符合国家有关标准的规定，其数量、外观色彩及标志应符合垃圾分类收集的要求，并置于隐蔽、避风处，与周围景观相协调，坚固耐用，不易倾倒，防止垃圾无序倾倒和二次污染；并且对于垃圾的分类管理要指定责任人负责监督管理并报告。制定垃圾管理宣传板，在初期多次开展所有员工的垃圾管理意识，并严格监督，制定惩罚管理办法，一经发现及时根据惩罚管理办法进行相应的惩罚。

垃圾管理制度重点评价内容：

1）垃圾管理制度中应明确垃圾分类方式，如对可回收垃圾、厨余垃圾、有害垃圾进行分类收集，与其相关的运行记录、现场对垃圾处理流程的合理性，垃圾全程监控。

2）场地内应设置分类容器，且具有便于识别的标志。

3）垃圾收集和运输过程符合环卫相关规定。

4）垃圾的分类收集处理，应明确专业人员管理，严禁随意混合垃圾，或在专门处理处置设施外处置垃圾。

本条的评价方法为：运行评价查阅垃圾收集处理的竣工图纸及设施清单、物业管理机构制定的垃圾管理制度，并现场核实垃圾收集、清运的效果。

10.1.3 本条适用于各类饭店建筑的运行阶段评价。

依据国家相关废气、废水、污水排放的指标要求，制定宣传板，明确定义相关指标。具备基本污染参数的检测能力，定期进行检测并出具内部使用检测报告对排放进行有效的指导。定期外请测量专业机构对排放进行检测。在能源管理组织机构中设定排放相关职位，并明确职责。为此需要通过合理的技术措施和排放管理手段，杜绝建筑运行过程中相关污染物的不达标排放。

相关污染物的排放应符合国家现行标准《大气污染物综合排放标准》GB 16297、《锅炉大气污染物排放标准》GB 13271、《饮食业油烟排放标准》GB 18483、《污水综合排放标准》GB 8978、《医疗机构水污染物排放标准》GB 18466、《污水排入城镇下水道水质标准》CJ 343、《社会生活环境噪声排放标准》GB 22337、《制冷空调设备和系统　减少卤代制冷剂排放规范》GB/T 26205等的规定。根据排放超标常见处理方法，建立数据库，并展示在工作间，一旦发现排放超标，基层工作人员可严格按照处理方法进行及时的处理，如果处理不了要第一时间向上级汇报。流程中所有发生的事件要定义详细的记录表进行记录（例如：时间、地点、检测人、问题、解决方案、是否处理等）（可参考 ISO 9001 质量管理体系要求）。

饭店建筑的运营过程中会产生污水和废气，从而造成多种有机和无机的化学污染，放射性等物理污染，以及病原体等生物污染，同时还有噪声、电磁辐射等物理污染。居住建筑主要为生活污水，而公共建筑除了生活污水外，还有餐饮污水、油烟气体等的排放。本条文的目的是杜绝建筑运营过程中污水和废气的不达标排放。为此需要设置各类设备和方式，通过合理技术措施和排放管理，进行无害化处理，杜绝建筑运行过程中相关污染物的不达标排放。

本条的评价方法为：运行评价查阅排放控制管理文件、记录、污染物排放管理制度和第三方检测机构出具的项目运行期排放废气、污水等污染物的排放检测报告，并现场核实。

10.1.4 本条适用于各类饭店建筑的运行阶段评价。

明确节能节水设施工作正常的设计要求指标。节能管理制度主要包括节能方案、节能管理模式和机制、分户分项计量收费等。节水管理制度主要包括节水方案、分户分类计量收费、节水管理机制等。饭店节水涉及的部位较多，如：空调冷却用水、泳池循环排放、SPA用水、餐厨用水、员工用水、绿化用水、洗衣用水等都要明确管理制度。相关负责人进行定期的检查并出具检查报告，如发现问题要寻找问题原因以及解决方法，进行详细的文档记录。

节能、节水设施的运行记录应提供至少包含一年的数据；节能、节水设施的运行分析报告（月报与年报）应能反映各项设施的运行情况及节能、节水效果，如总能耗、可再生能源供能量、传统水源的总用水量、非传统水源的用水量等。

主要节水指标包括游泳池循环补水量和桑拿泡池的补水量不宜过大，冷却水有独立的计量，餐饮不得使用长流水化冻，卫生洁具符合国家节水标准。

后勤用水要有指标管理体系和检查制度。在实际工程中，节能、节水设施的运行数据是一个动态值，往往与气象参数、建筑负荷及设备调试状况等相关，需要评价者进行科学分析，给出合理的意见。

本条的评价方法为：运行评价查阅节能节水设施的竣工图纸、运行记录、运行分析报告，并现场核实设备系统的工作情况。

10.1.5 本条适用于各类饭店建筑的运行阶段评价；也可在设计评价中进行预审。

由于一般饭店建筑中的空调和照明的电耗占到饭店总用电量的 70% 左右，所以强化为控制项。供暖、通风、空调、照明系统是建筑物的主要用能设备。这些设备系统应参照现行行业标准《建筑设备监控系统工程技术规范》JGJ/T 334 的有关规定，先按照设计的工艺要求进行监测控制，再按使用需求优化控制，常用的控制策略有定值控制、效率报警控制、逻辑控制、顺序控制和气候补偿控制等；客房应设置进门插卡取电装置；对照明系统应根据运行管理实际需求进行自动控制，如按时控＋光控＋人体感应、调光或延时等。工程实践证明，只有设备监控系统处于正常工作状态下，建筑物才能实现高效管理和有效节能。由能源管理组织中相关负责人进行定期的检查并出具检查报告，如发现问题要寻找问题原因以及解决方法，进行详细的文档记录。系统的运行记录和检测数据应保存 2 年以上，以供分析、检查和优化。

对于小型饭店建筑，不一定都有必要设置完善的建筑设备自动监控系统，可根据实际情况和需要，针对主要耗能设备合理设置简易的节能监控系统和措施。

本条的评价方法为：运行评价查阅建筑设备监控系统的竣工图纸（设计说明、点位表、平面图、原理图等）、运行记录、标准操作程序以及设备监控管理系统的验收或检测报告，并现场核实设备与系统的工作情况，尤其要核对监控点数表的内容是否与现场设备系统一致和节能优化的控制策略是否得到实施。

10.2 评 分 项

Ⅰ 管 理 制 度

10.2.1 本条适用于各类饭店建筑的运行阶段评价。

管理制度必须要有一个合理的组织机构，明确节能的目标指标，管理流程行之有效，将节能、节水、节气、节材、垃圾处理与绿化管理纳入日常工作的管理，形成企业文化。

本条的评价方法为：运行评价查阅物业管理文件、节能培训计划和记录，并现场核实。

10.2.2 本条适用于各类饭店建筑的运行阶段评价。

节能用数据说话，完善奖惩制度，保证运行绩效，其内容应包括：能源目标和指标的实现程度、重点用能设备和系统的运行效率、考核评估与奖惩制度挂钩。

根据 ISO 14001 相关工作文件包括：节能组织机构活动记录，关于本年度节能的目标，向员工告知本年度能源预算，绩效水平相比能源目标的水平，员工节能培训，员工对节能的认识水平和节能计划和活动的参与。

还应包括各种与能源消耗相关记录，如冷冻机房电耗、水耗记录，餐厅区域电耗、水耗记录，洗衣房电耗、水耗记录，厨房电耗、水耗、天然气用量记录，客房电耗记录，锅炉蒸汽、燃油、燃气用量记录，发电机燃油用量记录，饭店热水用量记录，能源使用回顾及趋势报告，消除能源浪费操作规程行动，制定有奖惩制度，且与经济效益挂钩。

本条的评价方法为：运行评价查阅饭店的环境目标指标、能源管理方案、能源管理体系的实施与运行记录、能源管理的检查与纠正记录等工作文件，并现场核实。

10.2.3 本条适用于各类饭店建筑的运行阶段评价。

饭店属于人口密集型，要以人为本，能源使用评估与奖励，可以使员工对节能的认识水平提高，并积极参与节能计划和活动。与经济效益挂钩，可调整和明确企业原有管理机构和职责，以适应能源管理体系标准的需要。

节能管理组织机构的文件应齐全，会议纪要完整，指标体系要控制有效，重点关注物业管理机构工作考核体系中的能源资源管理激励机制、与租用者签订的合同中是否包含节能条款以及是否采用合同能源管理模式。若被评项目采用合同能源管理公司进行能源管理，能源合同管理模式应符合被评项目的实际情况。

本条的评价方法为：运行评价查阅相关管理文件、合同和能耗使用记录，并现场核实。

10.2.4 本条适用于各类饭店建筑的运行阶段评价。

在饭店的运行过程中，用户和物业管理人员的意识与行为，直接影响绿色建筑的目标实现，因此需要坚持绿色理念与绿色生活方式的教育宣传制度，广为宣传，编制绿色设施使用手册，培训各类人员正确使用。

绿色设施使用手册应符合被评项目实际，内容完整，便于管理人员与使用人员的应用，形成良好的绿色行为与风气。手册中可考虑包含现行国家标准《绿色饭店》GB/T 21084 中的一些相关内容，以便从行业角度更有效践行绿色。

新员工培训应包括绿色培训的内容，所有的员工要知道饭店的节能指标和本岗位的绿色指标，培训要包括政策、法规、方针，所有的员工要接受本岗位的绿色实操培训，每人每年不少于 8 小时。

本条的评价方法为：运行评价查阅绿色教育宣传机制、绿色展示内容、绿色培训计划和记录，并现场核实。

10.2.5 本条适用于各类饭店建筑的运行阶段评价。

借鉴 ISO 9001 和 ISO 14001 等的理念和思想、强调规范各种能源管理制度和措施、注重识别和利用适宜的节能技术和方法，以及最佳能源管理实践和经验，达到节能减排的目的。

本条的评价方法为：运行评价查阅相关认证证书和管理文件，并现场核实。

Ⅱ 运行维护

10.2.6 本条适用于各类饭店建筑的运行阶段评价。

能源计量、能源管理应用数据说话。饭店中通常存在三种计量方式：分类计量，指水、电、气分别计量，用于财务结算；分项计量，对于分析设备的用能特征和趋势十分重要；分业态计量，主要用于不同业态的能耗成本分析，平衡好三者的关系十分重要。

本条要求能耗计量覆盖用电量的 80% 以上，水表计量覆盖用水量的 90% 以上。用电分项计量应包括冷冻机用电、水泵用电、风机用电、电梯用电、动力用电、客房用电、洗衣房用电、厨房用电、康体中心及泳池用电、公区照明、室外照明、办公用电、会议用电等。用水分用途计量应包括冷冻机房/冷却塔用水分表、餐厅/厨房冷热水分表、洗衣房冷热水分表、锅炉用水分表、客房冷热水分表、员工更衣室冷热水分表、康体中心及泳池冷热水分表、租户冷热水分表。

本条的评价方法为：运行评价查阅能源计量器具的管理制度、能源计量器具一览表、能源计量器具档案、能源计量器具检定校准记录和维修人员的资质，并现场核实计量设备的安装及其性能，分项电功率计量表的有效性。

10.2.7 本条适用于各类饭店建筑的运行阶段评价；也可在设计评价中进行预审。

为保证饭店建筑的安全、高效运营，要求根据现行国家标准《智能建筑设计标准》GB/T 50314 的有关规定，设置合理、完善的安全防范系统、设备监控管理系统和信息网络等系统，智能化系统工程经验收，工程质量符合现行国家标准《智能建筑工程质量验收规范》GB 50339 的有关规定，运行安全可靠。

重点关注智能化系统的配置方案及运行可靠性。由于建筑智能化系统的子系统很多，在绿色建筑评价时，主要审查与生态和节能相关的安全防范系统、设备监控管理系统和信息网络等系统。建筑智能化系统应尽可能多监测、对需要控制的设备进行可靠控制，

以提高工作效率和安全性，同时分析能源使用和能源消耗。

本条的评价方法为：运行评价查阅智能化系统工程专项深化设计竣工图纸、验收报告或检测报告、运行记录，并现场核实系统的工程质量和运行情况。

10.2.8 本条适用于各类饭店建筑的运行阶段评价。

物业管理应采用信息化手段对建筑工程、设施、设备、部品、能源资源消耗等进行建档和记录；物业管理的信息化手段有多种，如采用 BIM 模型进行设备及管线的管理、物业管理可视化软件系统、建筑工程与设备、部品等的电子档案信息、维修记录等等，这都将有助于绿色饭店的运行管理。

随着物联网和大数据的发展，绿色饭店建筑的管理会越来越便捷和智慧。比如在能源消耗方面，通过信息化采集能耗数据包括识别当前的能源种类和来源评价过去和现在的能源使用情况和能源消耗水平，基于对能源使用和能源消耗的分析，识别主要能源使用的区域等。

本条的评价方法为：运行评价查阅物业信息管理系统的方案，建筑工程及设备、配件档案和维修的信息记录，能耗和环境的运行监测数据，并现场核实物业信息管理系统的功能及系统的实施情况。

10.2.9 本条适用于各类饭店建筑的运行阶段评价。

空调机/风机盘管（AHU/FCU）的冷凝水排水盘应能正确排水、有足够的斜度、排水管应连接在排水盘的最低处。应定期对排水盘进行检查和清洗。在排水盘的冷凝排水管接入 AHU/FCU 冷凝排水管（连接建筑物的排水系统）前的位置应安装空气断开装置和 U 形槽，以防止其他 AHU/FCU 排出水的回流。如果目前没有这些装置，则应列入房间改造等计划中，进行翻新。平放排水管应有足够的斜度，并应定期检查是否有堵塞情况。应定期检查、清洁或更换通风道和 AHU/FCU 的空气过滤器，将灰尘和微生物的数量降到最低，饭店建筑需要 24 小时全天候提供新风以保证室内空气质量良好，并防止传染病的蔓延。

当出现下面任何一种情况时，应对通风系统实施清洗：

1) 通风系统存在污染：系统中各种污染物或碎屑已累积到可以明显看到的程度，或经过检测报告证实送风中有明显微生物，微生物检查的采样方法应按照《公共场所卫生检验方法 第 1 部分：物理因素》GB/T 18204.1 的有关规定进行；通风系统有可见尘粒进入室内，或经过检测污染物超过《室内空气中可吸入颗粒物卫生标准》GB/T 17095 所规定要求。

2) 系统性能下降：换热器盘管、制冷盘管、

气流控制装置、过滤装置以及空气处理机组已确认有限制、堵塞、污物沉积而严重影响通风系统的性能。

    3） 对室内空气质量有特殊要求：人群受到伤害，如证实疾病发生率明显增高、免疫系统受损。

清洗通风空调系统前，应制定对通风系统清洗工程计划。具体清洗方法及要求参照现行国家标准《空调通风系统清洗规范》GB 19210 的有关规定。

运行阶段评价时，重点关注通过清洗空调系统提升室内空气品质，降低疾病产生和传播的可能性。必须遵守有关部门的环境法规，有环保部门下发的空气污染设备的运行许可证。清洗计划应体现清洗对象、清洗频率、清洗内容等，清洗记录可以是清洗过程中的实时照片或视频，清洗效果评估报告应体现量化效果。由于空调通风系统的清洗检查一般在系统投运两年后进行，因此在绿色建筑运行评价时，如果检查结果表明未达到清洗条件，则可只有清洗计划而无清洗记录和清洗报告。

本条的评价方法为：运行评价查阅空调通风系统的清洗计划、清洗记录和清洗效果评估报告，并现场核实。

10.2.10　本条适用于各类饭店建筑的运行阶段评价。

维修与保养管理制度应包括日常维修管理程序、派工单制度、计划保养管理程序。相关记录包括工程部值班记录、班组值班巡视记录、设备系统/部位运行值班记录。

安全测试报告和记录应包括：消防系统测试记录、火警报告的情况、消防演习的频率、12 个月内已进行的疏散演习、培训饭店消防队、电梯紧急解困培训和演习、紧急内部对讲联络系统测试。

安全生产应急预案应包括工程部火灾预案、安全生产综合应急预案、事故现场应急抢险救援工作程序、防汛措施预案程序、突发性公共卫生事件时期的操作预防措施、地震灾害处理程序、水浸事件处理程序、应急情况备品备料准备、应急供电及临时停电处理、电工班反事故预案、供用电系统故障应急程序、电梯故障处置预案、电梯困人解救程序、电梯困人解救方法、空调系统突发故障处置、各类风机突发故障处置、空调系统冬季防冻措施、蒸汽/热水锅炉故障处置预案、对蒸汽加热设备和蒸汽管道的故障处理、压力容器故障处置预案、燃气系统故障应急程序、调压站燃气泄漏控制程序、给水系统临时停水应急程序、外来供水发生重大污染事件处理程序、化粪池故障处置预案、排水设施处置预案、共用天线系统突发故障预案、通信系统突发故障预案。

这里所指的"测试"不是月度测试的一部分，它是指新饭店或旧饭店在全面改造后，所进行的原始测试和试运行。有很多饭店都不具备这些原始资料。实际上，饭店可能并没有完成这里所列出的所有种类的测试，但是这些测试都很重要。举例来说，月度检查表中所提到的对楼梯加压所进行的常规测试中并不包括风量或楼梯门上的"压力"是否在合适的范围内，而这项测试应该是"原始的"系统测试的一部分。

本条的评价方法为：运行评价查阅设备档案和维修保养记录，安全测试报告和记录，突发事件处理预案，并现场核实设备维护保养的整体水平。

Ⅲ　环境管理

10.2.11　本条适用于各类饭店建筑的运行阶段评价。

制定客房预防维修计划的指导原则和标准，参照中国饭店协会绿色健康客房要求，应满足现行国家标准《生活饮用水卫生标准》GB 5749、《旅店业卫生标准》GB 9663、《室内空气质量标准》GB/T 18883 的要求。

饭店建筑应有良好的隔声设计，提倡选用超低噪声风机、无压缩机冰箱、静音马桶，室内噪声测量昼间不大于 55dB(A)，夜间不大于 36dB(A)；室内通风良好，封闭状态下无异味，室内空气质量符合现行国家标准《室内空气质量标准》GB/T 18883 的有关规定；室内相对湿度适宜，控制在 40%～65%；提倡实行无烟客房；应有不少于 50% 的客房为无烟客房，其余客房应有有效的除味装置和戒烟劝导语；房间的新风及量满足行业标准，保证新风源不受污染，且实际运行中不能随意关闭新风；提供安全、洁净的直饮水或每天至少两瓶洁净健康的瓶装水（瓶装水每瓶容量不少于 450mL），符合现行国家标准《生活饮用水卫生标准》GB 5749 的有关规定。

本条的评价方法为：运行评价查阅室内空气品质、声环境、水质检验检测报告和相关保障措施，并现场核查。

10.2.12　本条适用于各类饭店建筑的运行阶段评价。

种植适应本地气候和土壤条件的乡土植物为主，林木病虫害防治应采用无公害技术，尽可能采取诱捕，以虫治虫的方法，规范杀虫剂，尽可能采用有机无公害除草剂、化肥、农药等药品的使用，避免对土壤和地下水环境造成损害。

饭店应建立和实施化学药品管理责任制，结合场地绿化种植类型制定病虫害防治措施，化学药品管理责任明确，管理人、领用人和监督人职责明确；病虫害防治用品使用记录应包含使用的防治技术、采用的防治药品、防治时间、操作人员记录等内容；病虫害防治用品的进货清单应注明日期、进货单位、防治用品名称、进货量等内容。

本条的评价方法为：运行评价查阅绿化用化学药品管理制度、化学药品进货清单和不少于一年的虫害防治记录文件，并现场核实。

10.2.13 本条适用于各类饭店建筑的运行阶段评价。

垃圾收集处理分为三个步骤：第一步是清洁工收集；第二步是垃圾中转站压缩、集装；第三步是垃圾处理场进行集中处理。如果前两步分类收集没有做到位，那么分类垃圾箱的功能也就形同虚设。因此，应建立追溯制度，监督和检查终端的垃圾分类处理设施与企业。

本条重点关注垃圾收集站（点）及垃圾间的环境卫生状况、垃圾管理制度以及评价垃圾的分类收集和处理情况。

应加强垃圾房管理，做到垃圾处理干湿分开，设置湿垃圾房或湿垃圾处理器，及时清运不积压；垃圾站（间）应设置冲洗和排水设施，有专人定期进行冲洗、消杀；时刻保持站内外卫生清洁，做到车走地净，按时喷洒药物，消毒灭蝇；运输时垃圾不散落、不污染环境。

垃圾分类收集管理制度应明确对可回收垃圾、厨余垃圾、有害垃圾分类收集；垃圾分类收集率应达到90%以上（分类收集率指垃圾分类收集地区分类收集的垃圾量与垃圾排放总量的比）。其中有害垃圾应按现行行业标准《环境卫生设施设置标准》CJJ 27 的要求单独收集和处理。此外，有害垃圾还应符合现行国家标准《危险废物贮存污染控制标准》GB 18597 的有关规定。

垃圾分类收集和处理记录应包括总的垃圾处理记录、可回收垃圾的回收量记录；现场核实垃圾分类收集情况、垃圾容器的设置数量及识别性、工作记录，必要时进行用户抽样调查。有专人定期进行冲洗、消杀。存放垃圾能及时清运、不散发臭味。运输时垃圾不散落、不污染环境。运输规程有效，固体废物检测及控制的规程有效。

本条的评价方法为：设计评价查阅垃圾处理系统施工图纸，运行评价查阅垃圾处理系统竣工图纸、垃圾分类收集管理制度和垃圾站（间）运行记录，必要时进行用户抽样调查，并现场核实。

11 提高与创新

11.1 一般规定

11.1.1 绿色饭店建筑全寿命期内各环节和阶段，都有可能在技术、产品选用和管理方式上进行性能提高和创新。为鼓励性能提高和创新，在各环节和阶段采用先进、适用、经济的技术、产品和管理方式，本标准设置了相应的评价项目。比照"控制项"和"评分项"，将此类评价项目称为"加分项"。

本标准设置的加分项内容，有的在属性分类上属于性能提高，如采用高性能的空调设备、建筑材料、节水装置等，鼓励采用高性能的技术、设备或材料；有的在属性分类上属于创新，如建筑信息模型（BIM）、碳排放分析计算、技术集成应用等，鼓励在技术、管理、生产方式等方面的创新。

11.1.2 加分项的评定结果为某得分值或不得分。考虑到与绿色饭店建筑总得分要求的平衡，以及加分项对建筑"四节一环保"性能的贡献，本标准对加分项附加得分作了不大于10分的限制。附加得分与加权得分相加后得到绿色饭店建筑总得分，作为确定绿色饭店建筑等级的最终依据。

某些加分项是对前面章节中评分项要求的提高，符合条件时，加分项和相应评分项可都得分。

11.2 加 分 项

Ⅰ 性 能 提 高

11.2.1 本条适用于各类饭店建筑的设计、运行阶段评价。

本条是第 5.2.1 条的更高层次要求。

本条的评价方法为：设计评价查阅建筑施工图设计说明、围护结构详图、节能审查备案登记表及建筑节能评估报告；运行评价查阅建筑竣工图设计说明、围护结构详图、检验记录和性能检测报告等，并现场核实。

11.2.2 本条适用于设置集中空调或集中供暖采用锅炉热源的各类饭店建筑的设计、运行阶段评价。对于采用市政冷热源的，不对其冷热源机组能效进行评价。

本条是第 5.2.5 条的更高层次要求。

本条的评价方法为：设计评价查阅暖通专业设计图纸和文件；运行评价查阅系统竣工图纸、主要产品型式检验报告、运行记录、第三方检测报告等，并现场核实。

11.2.3 本条适用于各类饭店建筑的设计、运行阶段评价。

分布式热电冷联供系统为建筑或区域提供电力、供冷、供热（包括供热水）三种需求，实现了能源的梯级利用。

在应用分布式热电冷联供技术时，必须进行科学论证，从负荷预测、系统配置、运行模式、经济和环保效益等多方面对方案做可行性分析，严格以热定电，系统设计满足相关标准的要求。

本条的评价方法为：设计评价查阅相关设计文件、计算分析报告（包括负荷预测、系统配置、运行模式、经济和环保效益等方面）；运行评价查阅相关竣工图、主要产品型式检验报告、计算分析报告，并现场核实。

11.2.4 本条适用于各类饭店建筑的设计、运行阶段评价。

现行国家标准《建筑中水设计规范》GB 50336

中明确饭店建筑冲厕用水量占其总用水量的10%～14%，大量的自来水用于冲厕与水资源严重短缺的现实情况不相符，将经过多级处理工艺生产出来的自来水用于冲洗厕所本身也是极大的浪费。充分利用取之不尽、用之不竭的海水资源，是解决淡水资源不足的主要措施之一。

开展海水利用要解决的主要问题是海水的净化技术、防生物附着技术、设备及管道的防腐蚀技术。利用海水时，应进行技术经济可行性分析和研究，确定海水利用的方法、规模及处理工艺流程等。由于海水中的氯化物和硫酸盐含量较高，是强电解质溶液，对金属有较强的腐蚀作用，海水冲厕给水系统的各个部分（包括调蓄水池），均需以适用于海水的材料制造。在管道方面，常采用球墨铸铁管及低塑性聚氯乙烯水管，或者在凡流经海水的管道内敷贴衬里。海水利用输配管网末梢应有充足的余氯，避免供水系统中因细菌和生物繁殖对水质造成的不良影响，并防止因生物繁衍沉积使供水能力降低。

本条的评价方法为：设计评价查阅非传统水源利用的相关设计文件（包含给排水设计及施工说明、非传统水源利用系统图及平面图、机房详图等）、当地相关主管部门的许可、非传统水源利用计算书；运行评价查阅非传统水源利用的相关竣工图纸（包含给排水专业竣工说明、非传统水源利用系统图及平面图、机房详图等），查阅用水计量记录、计算书及统计报告、非传统水源水质检测报告，并现场核查。

11.2.5 本条适用于各类饭店建筑的设计、运行阶段评价。

主要功能房间主要包括间歇性人员密度较高的空间或区域（如会议室、多功能厅、宴会厅、康乐用房等），以及人员经常停留空间或区域（如客房等）。空气处理措施包括在空气处理机组中设置中效过滤段、在房间内设置空气净化装置等。

本条的评价方法为：设计评价查阅暖通空调专业图纸和文件；运行评价查阅暖通空调专业竣工图纸、主要产品型式检验报告、运行记录、第三方检测报告等，并现场检查。

11.2.6 本条适用于各类饭店建筑的运行阶段评价。

本条是第8.1.5条的更高层次要求。以TVOC为例，英国BREEAM新版文件的要求已提高至$300\mu g/m^3$，比我国现行国家标准数值还要低不少。甲醛更是如此，多个国家的绿色建筑标准要求均在$(50～60)\mu g/m^3$的水平，相比之下，我国的$0.08mg/m^3$的要求值也高出了不少。在进一步提高对于室内环境质量指标要求的同时，也适当考虑了我国当前的大气环境条件和装修材料工艺水平，因此，将现行国家标准规定值的70%作为室内空气品质的更高要求。

本条的评价方法为：运行评价查阅室内污染物检测报告（应依据相关国家标准进行检测），并现场检查。

Ⅱ 创 新

11.2.7 本条适用于各类饭店建筑的设计、运行阶段评价。

本条主要目的是为了鼓励设计创新，通过对建筑设计方案的优化，降低建筑建造和运营成本，提高绿色饭店建筑性能水平。例如，建筑设计充分体现我国不同气候区对自然通风、保温隔热等节能特征的不同需求，建筑形体设计等与场地微气候结合紧密，应用天然采光、遮阳等被动式技术优先的理念，设计策略明显有利于降低空调、供暖、照明、生活热水、通风、电梯等的负荷需求、提高室内环境质量、减少建筑用能时间或促进运行阶段的行为节能等。

本条的评价方法为：设计评价查阅相关设计文件、分析论证报告；运行评价查阅相关竣工图、分析论证报告，并现场核实。

11.2.8 本条适用于各类饭店建筑的设计、运行阶段评价。

我国城市可建设用地日趋紧缺，对废弃地进行改造并加以利用是节约集约利用土地的重要途径之一。利用废弃场地进行绿色建筑建设，在技术难度、建设成本方面都需要付出更多努力和代价。因此，对于优先选用废弃地的建设理念和行为进行鼓励。本条所指的废弃场地主要包括裸岩、石砾地、盐碱地、沙荒地、废窑坑、废旧仓库或工厂弃置地等。绿色建筑可优先考虑合理利用废弃场地，采取改造和改良等治理措施，对土壤中是否含有有毒物质进行检测与再利用评估，确保场地利用不存在安全隐患、符合国家相关标准的要求。

本条所指的"尚可使用的旧建筑"系指建筑质量能保证使用安全的旧建筑，或通过少量改造加固后能保证使用安全的旧建筑，虽然目前多数项目为新建，且多为净地交付，项目方很难有权选择利用旧建筑，但仍需对利用"可使用的"旧建筑的行为予以鼓励，防止大拆大建。对于一些从技术经济分析角度不可行、但出于保护文物或体现风貌而留存的历史建筑，由于有相关政策或财政资金支持，因此不在本条中得分。

本条的评价方法为：设计评价查阅相关设计文件、环评报告、旧建筑利用专项报告；运行评价查阅相关竣工图、环评报告、旧建筑利用专项报告、检测报告，并现场核实。

11.2.9 本条适用于各类饭店建筑的设计、运行阶段评价。

建筑信息模型（BIM）是建筑业信息化的重要支撑技术。BIM是在CAD技术基础上发展起来的多维模型信息集成技术。BIM 是集成了建筑工程项目各种相关信息的工程数据模型，能使设计人员和工程人员对各种建筑信息做出正确的应对，实现数据共享并协同工作。

BIM 技术支持建筑工程全寿命期的信息管理和利用。在建筑工程建设的各阶段支持基于 BIM 的数据交换和共享，可以极大地提升建筑工程信息化整体水平，工程建设各阶段、各专业之间的协作配合可以在更高层次上充分利用各自资源，有效地避免由于数据不通畅带来的重复性劳动，大大提高整个工程的质量和效率，并显著降低成本。

本条的评价方法为：设计评价查阅规划设计阶段的 BIM 技术应用报告；运行评价查阅规划设计、施工建造、运行维护阶段的 BIM 技术应用报告。

11.2.10 本条适用于各类饭店建筑的设计、运行阶段评价。

随着建筑材料的科技进步和产业发展，越来越多的新型绿色建材及产品出现在市场上，这些材料及产品与同类相比，在安全、环保、健康、节能、降耗等性能方面更具有先进性和适用性，可提升饭店建筑品质，如环保面漆、健康涂料、蓄能材料、调湿材料等。

鼓励结合当地的气候条件和资源禀赋，在绿色建筑中予以合理使用。绿色饭店建筑中使用的新型建筑材料及产品需占同类材料及产品用量的 50% 以上。

本条所指的新型绿色建筑材料及产品需出具由第三方检验认证机构出具的新型建材检测报告，同时需明确其与普通产品在关键性技术指标上的差异性。

本条的评价方法为：设计评价查阅新型建筑材料及产品使用说明和国家和当地政府推荐材料目录等证明材料；运行评价查阅竣工文件、新型建材使用说明以及由国家认证认可监督管理委员会授权的具有资质的第三方检验认证机构出具的新型建材检测报告或相关绿色建材认证证书。

11.2.11 本条适用于各类饭店建筑的运行阶段评价。

客人在饭店使用设备设施的方式，直接影响绿色建筑的目标实现。对客人进行碳积分，倡导绿色理念，有利于引导绿色生活方式，形成良好的绿色行为与风气。

饭店可采用的引导行为包括但不限于：

1）客房绿色按键，一键节能；

2）非占用模式下的客房温度控制范围扩大，更加节能；
　出租占用：温度维持在设定温度±0.5℃；
　出租未占用：未占用房间温度维持在比设定温度标准低 2℃ 范围内；
　未出租：房间温度维持在冬 16℃、夏 28℃；
　门/窗开关模式：探测到门窗开启时关闭空调水阀；

3）床单由一天一换，改为一人一换；

4）联网模式下按下绿色按键通知饭店人员参加饭店绿色环保计划；

5）绿色环保积分活动（折扣）。

本条的评价方法为：运行评价查阅饭店绿色积分或碳积分引导制度，饭店的相关设施设置情况，以及日常运行记录，并现场核实。

11.2.12 本条适用于各类饭店建筑的运行阶段评价。

饭店客人存在中距离出行游览观光、上班、休闲的需求，自行车出行恰好可以满足这一需求。设计"公共自行车管理系统"可以实现对租赁点的自行车的管理。该系统包括租车、还车的固定读卡器和锁车装置，通过该系统可以利用园区（景区）一卡通进行租还车，还可以跨租赁点租还车，实现无人化、智能化管理。

本条的评价方法为：运行评价查阅公共自行车管理系统竣工图纸、管理制度和日常运行记录，并现场核实。

11.2.13 本条适用于各类饭店建筑的设计、运行阶段评价。

建筑碳排放计算及其碳足迹分析，不仅有助于帮助绿色饭店建筑项目进一步达到和优化节能、节水、节材等资源节约目标，而且有助于进一步明确建筑对于我国温室气体减排的贡献量。经过多年的研究探索，我国也有了较为成熟的计算方法和一定量的案例实践。在计算分析基础上，再进一步采取相关节能减排措施降低碳排放，做到有的放矢。绿色饭店建筑作为节约资源、保护环境的载体，理应将此作为一项技术措施同步开展。

建筑碳排放计算分析包括建筑固有的碳排放量和标准运行工况下的资源消耗碳排放量。设计阶段的碳排放计算分析报告主要分析建筑的固有碳排放量，运行阶段主要分析在标准运行工况下建筑的资源消耗碳排放量。

本条的评价方法为：设计评价查阅设计阶段的碳排放计算分析报告，以及相应措施；运行评价查阅设计、运行阶段的碳排放计算分析报告，以及相应措施的运行情况。

11.2.14 本条适用于各类饭店建筑的设计、运行阶段评价。

本条主要是对前面未提及的其他技术和管理创新予以鼓励。对于不在前面绿色饭店建筑评价指标范围内，但在保护自然资源和生态环境、节能、节材、节水、节地、减少环境污染与智能化系统建设等方面实现良好性能的项目进行引导，通过各类项目对创新项的追求以提高绿色建筑技术水平。

当某项目采取了创新的技术措施，并提供了足够证据表明该技术措施可有效提高环境友好性，提高资源与能源利用效率，实现可持续发展或具有较大的社会效益时，可参与评审。项目的创新点应较大地超过相应指标的要求，或达到合理指标但具备显著降低成本或提高工效等优点。本条未列出所有的创新项内容，只要申请方能够提供足够相关证明，并通过专家组的评审即可认为满足要求。

本条的评价方法为：设计评价时查阅相关设计文件、分析论证报告；运行评价时查阅相关竣工图、分析论证报告，并现场核实。

中华人民共和国行业标准

装配式混凝土结构技术规程

Technical specification for precast concrete structures

JGJ 1—2014

批准部门：中华人民共和国住房和城乡建设部
施行日期：２０１４ 年 １０ 月 １ 日

中华人民共和国住房和城乡建设部

公　告

第 310 号

住房城乡建设部关于发布行业标准
《装配式混凝土结构技术规程》的公告

现批准《装配式混凝土结构技术规程》为行业标准，编号为 JGJ 1-2014，自 2014 年 10 月 1 日起实施。其中，第 6.1.3、11.1.4 条为强制性条文，必须严格执行，原《装配式大板居住建筑设计和施工规程》JGJ 1-91 同时废止。

本规程由我部标准定额研究所组织中国建筑工业出版社出版发行。

中华人民共和国住房和城乡建设部
2014 年 2 月 10 日

前　　言

根据原建设部《关于印发〈二〇〇二～二〇〇三年度工程建设城建、建工行业标准制订、修订计划〉的通知》（建标〔2003〕104 号）的要求，规程编制组经广泛调查研究，认真总结实践经验，参考有关国际标准和国外先进标准，并在广泛征求意见的基础上，修订了《装配式大板居住建筑设计和施工规程》JGJ 1-91。

本规程主要技术内容是：总则，术语和符号，基本规定，材料，建筑设计，结构设计基本规定，框架结构设计，剪力墙结构设计，多层剪力墙结构设计，外挂墙板设计，构件制作与运输，结构施工，工程验收。

本规程主要修改内容：1. 扩大了适用范围，适用于居住建筑和公共建筑；2. 加强了装配式结构整体性的设计要求；3. 增加了装配整体式剪力墙结构、装配整体式框架结构和外挂墙板的设计规定；4. 修改了多层装配式剪力墙结构的有关规定；5. 增加了钢筋套筒灌浆连接和浆锚搭接连接的技术要求；6. 补充、修改了接缝承载力的验算要求。

本规程中以黑体字标志的条文为强制性条文，必须严格执行。

本规程由住房和城乡建设部负责管理和对强制性条文的解释，由中国建筑标准设计研究院负责具体技术内容的解释。执行过程中如有意见或建议，请寄送中国建筑标准设计研究院（地址：北京市海淀区首体南路 9 号主语国际 2 号楼，邮政编码：100048）。

本 规 程 主 编 单 位：中国建筑标准设计研究院
中国建筑科学研究院

本 规 程 参 编 单 位：北京榆构有限公司
万科企业股份有限公司
同济大学
瑞安房地产发展有限公司
湖北宇辉建设集团有限公司
中国航天建设集团有限公司
哈尔滨工业大学
北京建工集团有限责任公司
润铸建筑工程（上海）有限公司
北京威肯国际建筑体系技术有限公司
中山市快而居住宅工业有限公司
前田（北京）经营咨询有限公司
中国二十二冶集团有限公司
深圳市华阳国际工程设计有限公司
远大住宅工业有限公司
四川华构住宅工业有限公司
南通建筑工程总承包有限公司

本规程主要起草人员：李晓明　黄小坤　蒋勤俭　　　　　　　　窦祖融　董年才　侯键频

田春雨　赵　勇　朱　茜　　　　　　　　　　　　　　张　剑

万墨林　薛伟辰　郁银泉　　　本规程主要审查人员：徐正忠　柯长华　艾永祥

顾泰昌　秦　珩　林晓辉　　　　　　　　　　　　钱稼茹　吕西林　白生翔

刘文清　黄　文　姜洪斌　　　　　　　　　　　　徐有邻　叶　明　刘明全

李晨光　赖宜政　姚守信　　　　　　　　　　　　刘　明　林建平　樊则森

谷明旺　谭宇昂　蒋航军　　　　　　　　　　　　龚　剑　钱冠龙　陶梦兰

洪嘉伟　龙玉峰　李哲龙

目　次

Contents

1 总　　则

1.0.1 为在装配式混凝土结构的设计、施工及验收中，贯彻执行国家的技术经济政策，做到安全适用、技术先进、经济合理、确保质量，制定本规程。

1.0.2 本规程适用于民用建筑非抗震设计及抗震设防烈度为 6 度至 8 度抗震设计的装配式混凝土结构的设计、施工及验收。

1.0.3 装配式混凝土结构的设计、施工及验收除应符合本规程外，尚应符合国家现行有关标准的规定。

2　术语和符号

2.1　术　　语

2.1.1 预制混凝土构件　precast concrete component

在工厂或现场预先制作的混凝土构件。简称预制构件。

2.1.2 装配式混凝土结构　precast concrete structure

由预制混凝土构件通过可靠的连接方式装配而成的混凝土结构，包括装配整体式混凝土结构、全装配混凝土结构等。在建筑工程中，简称装配式建筑；在结构工程中，简称装配式结构。

2.1.3 装配整体式混凝土结构　monolithic precast concrete structure

由预制混凝土构件通过可靠的方式进行连接并与现场后浇混凝土、水泥基灌浆料形成整体的装配式混凝土结构。简称装配整体式结构。

2.1.4 装配整体式混凝土框架结构　monolithic precast concrete frame structure

全部或部分框架梁、柱采用预制构件构建成的装配整体式混凝土结构。简称装配整体式框架结构。

2.1.5 装配整体式混凝土剪力墙结构　monolithic precast concrete shear wall structure

全部或部分剪力墙采用预制墙板构建成的装配整体式混凝土结构。简称装配整体式剪力墙结构。

2.1.6 混凝土叠合受弯构件　concrete composite flexural component

预制混凝土梁、板顶部在现场后浇混凝土而形成的整体受弯构件。简称叠合板、叠合梁。

2.1.7 预制外挂墙板　precast concrete facade panel

安装在主体结构上，起围护、装饰作用的非承重预制混凝土外墙板。简称外挂墙板。

2.1.8 预制混凝土夹心保温外墙板　precast concrete sandwich facade panel

中间夹有保温层的预制混凝土外墙板。简称夹心外墙板。

2.1.9 混凝土粗糙面　concrete rough surface

预制构件结合面上的凹凸不平或骨料显露的表面。简称粗糙面。

2.1.10 钢筋套筒灌浆连接　rebar splicing by grout-filled coupling sleeve

在预制混凝土构件内预埋的金属套筒中插入钢筋并灌注水泥基灌浆料而实现的钢筋连接方式。

2.1.11 钢筋浆锚搭接连接　rebar lapping in grout-filled hole

在预制混凝土构件中预留孔道，在孔道中插入需搭接的钢筋，并灌注水泥基灌浆料而实现的钢筋搭接连接方式。

2.2　符　　号

2.2.1 材料性能

f_c——混凝土轴心抗压强度设计值；

f_y、f_y'——普通钢筋的抗拉、抗压强度设计值。

2.2.2 作用和作用效应

F_{Ehk}——施加于外挂墙板重心处的水平地震作用标准值；

G_k——外挂墙板的重力荷载标准值；

N——轴向力设计值；

S——荷载组合的效应设计值；

S_{Eh}——水平地震作用组合的效应设计值；

S_{Ev}——竖向地震作用组合的效应设计值；

S_{Ehk}——水平地震作用效应标准值；

S_{Evk}——竖向地震作用效应标准值；

S_{Gk}——永久荷载效应标准值；

S_{wk}——风荷载效应标准值；

V_{jd}——持久设计状况下接缝剪力设计值；

V_{jdE}——地震设计状况下接缝剪力设计值；

V_{mua}——被连接构件端部按实配钢筋面积计算的斜截面受剪承载力设计值；

V_u——持久设计状况下接缝受剪承载力设计值；

V_{uE}——地震设计状况下接缝受剪承载力设计值；

γ_{Eh}——水平地震作用分项系数；

γ_{Ev}——竖向地震作用分项系数；

γ_G——永久荷载分项系数；

γ_w——风荷载分项系数。

2.2.3 几何参数

B——建筑平面宽度；

L——建筑平面长度。

2.2.4 计算系数及其他

α_{max}——水平地震影响系数最大值；

γ_{RE}——承载力抗震调整系数；

γ_0——结构重要性系数；

Δu——楼层层间最大位移；

η_j——接缝受剪承载力增大系数；

ψ_w——风荷载组合系数。

3 基本规定

3.0.1 在装配式建筑方案设计阶段，应协调建设、设计、制作、施工各方之间的关系，并应加强建筑、结构、设备、装修等专业之间的配合。

3.0.2 装配式建筑设计应遵循少规格、多组合的原则。

3.0.3 装配式结构的设计应符合现行国家标准《混凝土结构设计规范》GB 50010 的基本要求，并应符合下列规定：

 1 应采取有效措施加强结构的整体性；

 2 装配式结构宜采用高强混凝土、高强钢筋；

 3 装配式结构的节点和接缝应受力明确、构造可靠，并应满足承载力、延性和耐久性等要求；

 4 应根据连接节点和接缝的构造方式和性能，确定结构的整体计算模型。

3.0.4 抗震设防的装配式结构，应按现行国家标准《建筑工程抗震设防分类标准》GB 50223 确定抗震设防类别及抗震设防标准。

3.0.5 装配式结构中，预制构件的连接部位宜设置在结构受力较小的部位，其尺寸和形状应符合下列规定：

 1 应满足建筑使用功能、模数、标准化要求，并应进行优化设计；

 2 应根据预制构件的功能和安装部位、加工制作及施工精度等要求，确定合理的公差；

 3 应满足制作、运输、堆放、安装及质量控制要求。

3.0.6 预制构件深化设计的深度应满足建筑、结构和机电设备等各专业以及构件制作、运输、安装等各环节的综合要求。

4 材 料

4.1 混凝土、钢筋和钢材

4.1.1 混凝土、钢筋和钢材的力学性能指标和耐久性要求等应符合现行国家标准《混凝土结构设计规范》GB 50010 和《钢结构设计规范》GB 50017 的规定。

4.1.2 预制构件的混凝土强度等级不宜低于C30；预应力混凝土预制构件的混凝土强度等级不宜低于C40，且不应低于C30；现浇混凝土的强度等级不应低于C25。

4.1.3 钢筋的选用应符合现行国家标准《混凝土结构设计规范》GB 50010 的规定。普通钢筋采用套筒灌浆连接和浆锚搭接连接时，钢筋应采用热轧带肋钢筋。

4.1.4 钢筋焊接网应符合现行行业标准《钢筋焊接网混凝土结构技术规程》JGJ 114 的规定。

4.1.5 预制构件的吊环应采用未经冷加工的HPB300级钢筋制作。吊装用内埋式螺母或吊杆的材料应符合国家现行相关标准的规定。

4.2 连 接 材 料

4.2.1 钢筋套筒灌浆连接接头采用的套筒应符合现行行业标准《钢筋连接用灌浆套筒》JG/T 398 的规定。

4.2.2 钢筋套筒灌浆连接接头采用的灌浆料应符合现行行业标准《钢筋连接用套筒灌浆料》JG/T 408 的规定。

4.2.3 钢筋浆锚搭接连接接头应采用水泥基灌浆料，灌浆料的性能应满足表 4.2.3 的要求。

4.2.4 钢筋锚固板的材料应符合现行行业标准《钢筋锚固板应用技术规程》JGJ 256 的规定。

表 4.2.3 钢筋浆锚搭接连接接头用灌浆料性能要求

项 目		性能指标	试验方法标准
泌水率（%）		0	《普通混凝土拌合物性能试验方法标准》GB/T 50080
流动度（mm）	初始值	≥200	《水泥基灌浆材料应用技术规范》GB/T 50448
	30min 保留值	≥150	
竖向膨胀率（%）	3h	≥0.02	《水泥基灌浆材料应用技术规范》GB/T 50448
	24h 与 3h 的膨胀率之差	0.02～0.5	
抗压强度（MPa）	1d	≥35	《水泥基灌浆材料应用技术规范》GB/T 50448
	3d	≥55	
	28d	≥80	
氯离子含量（%）		≤0.06	《混凝土外加剂匀质性试验方法》GB/T 8077

4.2.5 受力预埋件的锚板及锚筋材料应符合现行国家标准《混凝土结构设计规范》GB 50010 的有关规定。专用预埋件及连接件材料应符合国家现行有关标准的规定。

4.2.6 连接用焊接材料，螺栓、锚栓和铆钉等紧固件的材料应符合国家现行标准《钢结构设计规范》GB 50017、《钢结构焊接规范》GB 50661 和《钢筋焊接及验收规程》JGJ 18 等的规定。

4.2.7 夹心外墙板中内外叶墙板的拉结件应符合下列规定：

 1 金属及非金属材料拉结件均应具有规定的承载力、变形和耐久性能，并应经过试验验证；

 2 拉结件应满足夹心外墙板的节能设计要求。

4.3 其 他 材 料

4.3.1 外墙板接缝处的密封材料应符合下列规定：

1 密封胶应与混凝土具有相容性，以及规定的抗剪切和伸缩变形能力；密封胶尚应具有防霉、防水、防火、耐候等性能；

2 硅酮、聚氨酯、聚硫建筑密封胶应分别符合国家现行标准《硅酮建筑密封胶》GB/T 14683、《聚氨酯建筑密封胶》JC/T 482、《聚硫建筑密封胶》JC/T 483 的规定；

3 夹心外墙板接缝处填充用保温材料的燃烧性能应满足国家标准《建筑材料及制品燃烧性能分级》GB 8624-2012 中 A 级的要求。

4.3.2 夹心外墙板中的保温材料，其导热系数不宜大于 0.040W/（m·K），体积比吸水率不宜大于 0.3%，燃烧性能不应低于国家标准《建筑材料及制品燃烧性能分级》GB 8624-2012 中 B_2 级的要求。

4.3.3 装配式建筑采用的室内装修材料应符合现行国家标准《民用建筑工程室内环境污染控制规范》GB 50325 和《建筑内部装修设计防火规范》GB 50222 的有关规定。

5 建筑设计

5.1 一般规定

5.1.1 建筑设计应符合建筑功能和性能要求，并宜采用主体结构、装修和设备管线的装配化集成技术。

5.1.2 建筑设计应符合现行国家标准《建筑模数协调标准》GB 50002 的规定。

5.1.3 建筑的围护结构以及楼梯、阳台、隔墙、空调板、管道井等配套构件、室内装修材料宜采用工业化、标准化产品。

5.1.4 建筑的体形系数、窗墙面积比、围护结构的热工性能等应符合节能要求。

5.1.5 建筑防火设计应符合现行国家标准《建筑防火设计规范》GB 50016 的有关规定。

5.2 平面设计

5.2.1 建筑宜选用大开间、大进深的平面布置，并应符合本规程第 6.1.5 条的规定。

5.2.2 承重墙、柱等竖向构件宜上、下连续，并应符合本规程第 6.1.6 条的规定。

5.2.3 门窗洞口宜上下对齐、成列布置，其平面位置和尺寸应满足结构受力及预制构件设计要求；剪力墙结构中不宜采用转角窗。

5.2.4 厨房和卫生间的平面布置应合理，其平面尺寸宜满足标准化整体橱柜及整体卫浴的要求。

5.3 立面、外墙设计

5.3.1 外墙设计应满足建筑外立面多样化和经济美观的要求。

5.3.2 外墙饰面宜采用耐久、不易污染的材料。采用反打一次成型的外墙饰面材料，其规格尺寸、材质类别、连接构造等应进行工艺试验验证。

5.3.3 预制外墙板的接缝应满足保温、防火、隔声的要求。

5.3.4 预制外墙板的接缝及门窗洞口等防水薄弱部位宜采用材料防水和构造防水相结合的做法，并应符合下列规定：

1 墙板水平接缝宜采用高低缝或企口缝构造；

2 墙板竖缝可采用平口或槽口构造；

3 当板缝空腔需设置导水管排水时，板缝内侧应增设气密条密封构造。

5.3.5 门窗应采用标准化部件，并宜采用缺口、预留副框或预埋件等方法与墙体可靠连接。

5.3.6 空调板宜集中布置，并宜与阳台合并设置。

5.3.7 女儿墙板内侧在要求的泛水高度处应设凹槽、挑檐或其他泛水收头等构造。

5.4 内装修、设备管线设计

5.4.1 室内装修宜减少施工现场的湿作业。

5.4.2 建筑的部件之间、部件与设备之间的连接应采用标准化接口。

5.4.3 设备管线应进行综合设计，减少平面交叉；竖向管线宜集中布置，并应满足维修更换的要求。

5.4.4 预制构件中电气接口及吊挂配件的孔洞、沟槽应根据装修和设备要求预留。

5.4.5 建筑宜采用同层排水设计，并应结合房间净高、楼板跨度、设备管线等因素确定降板方案。

5.4.6 竖向电气管线宜统一设置在预制板内或装饰墙面内。墙板内竖向电气管线布置应保持安全间距。

5.4.7 隔墙内预留有电气设备时，应采取有效措施满足隔声及防火的要求。

5.4.8 设备管线穿过楼板的部位，应采取防水、防火、隔声等措施。

5.4.9 设备管线宜与预制构件上的预埋件可靠连接。

5.4.10 当采用地面辐射供暖时，地面和楼板的设计应符合现行行业标准《地面辐射供暖技术规程》JGJ 142 的规定。

6 结构设计基本规定

6.1 一般规定

6.1.1 装配整体式框架结构、装配整体式剪力墙结构、装配整体式框架-现浇剪力墙结构、装配整体式部分框支剪力墙结构的房屋最大适用高度应满足表 6.1.1 的要求，并应符合下列规定：

1 当结构中竖向构件全部为现浇且楼盖采用叠合梁板时，房屋的最大适用高度可按现行行业标准《高层建筑混凝土结构技术规程》JGJ 3 中的规定采用。

2 装配整体式剪力墙结构和装配整体式部分框支剪力墙结构，在规定的水平力作用下，当预制剪力墙构件底部承担的总剪力大于该层总剪力的 50% 时，其最大适用高度应适当降低；当预制剪力墙构件底部承担的总剪力大于该层总剪力的 80% 时，最大适用高度应取表 6.1.1 中括号内的数值。

表 6.1.1 装配整体式结构房屋的最大
适用高度（m）

结构类型	非抗震设计	抗震设防烈度			
		6 度	7 度	8 度 (0.2g)	8 度 (0.3g)
装配整体式框架结构	70	60	50	40	30
装配整体式框架-现浇剪力墙结构	150	130	120	100	80
装配整体式剪力墙结构	140 (130)	130 (120)	110 (100)	90 (80)	70 (60)
装配整体式部分框支剪力墙结构	120 (110)	110 (100)	90 (80)	70 (60)	40 (30)

注：房屋高度指室外地面到主要屋面的高度，不包括局部突出屋顶的部分。

6.1.2 高层装配整体式结构的高宽比不宜超过表 6.1.2 的数值。

表 6.1.2 高层装配整体式结构适用的
最大高宽比

结构类型	非抗震设计	抗震设防烈度	
		6 度、7 度	8 度
装配整体式框架结构	5	4	3
装配整体式框架-现浇剪力墙结构	6	6	5
装配整体式剪力墙结构	6	6	5

6.1.3 装配整体式结构构件的抗震设计，应根据设防类别、烈度、结构类型和房屋高度采用不同的抗震等级，并应符合相应的计算和构造措施要求。丙类装配整体式结构的抗震等级应按表 6.1.3 确定。

表 6.1.3 丙类装配整体式结构的抗震等级

结构类型		抗震设防烈度					
		6 度		7 度		8 度	
装配整体式框架结构	高度(m)	≤24	>24	≤24	>24	≤24	>24
	框架	四	三	三	二	二	一
	大跨度框架	三		二		一	
装配整体式框架-现浇剪力墙结构	高度(m)	≤60	>60	≤24	>24 且 ≤60	>60	≤24	>24 且 ≤60	>60
	框架	四	三	四	三	三	二	二	一
	剪力墙	三	三	三	二	二	二	一
装配整体式剪力墙结构	高度(m)	≤70	>70	≤24	>24 且 ≤70	>70	≤24	>24 且 ≤70	>70
	剪力墙	四	三	四	三	二	三	二	一
装配整体式部分框支剪力墙结构	高度	≤70	>70	≤24	>24 且 ≤70	>70	≤24	>24 且 ≤70	
	现浇框支框架	二	二	二	二	一	二	一	
	底部加强部位剪力墙	三	二	三	二	二	二	一	
	其他区域剪力墙	四	三	四	三	三	三	二	

注：大跨度框架指跨度不小于 18m 的框架。

6.1.4 乙类装配整体式结构应按本地区抗震设防烈度提高一度的要求加强其抗震措施；当本地区抗震设防烈度为 8 度且抗震等级为一级时，应采取比一级更高的抗震措施；当建筑场地为Ⅰ类时，仍可按本地区抗震设防烈度的要求采取抗震构造措施。

6.1.5 装配式结构的平面布置宜符合下列规定：

1 平面形状宜简单、规则、对称，质量、刚度分布宜均匀；不应采用严重不规则的平面布置；

2 平面长度不宜过长（图 6.1.5），长宽比（L/B）宜按表 6.1.5 采用；

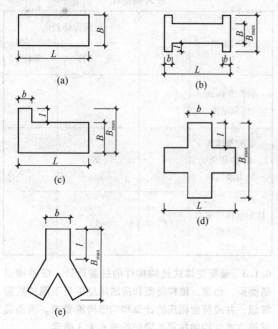

图 6.1.5　建筑平面示例

3 平面突出部分的长度 l 不宜过大、宽度 b 不宜过小（图 6.1.5），l/B_{max}、l/b 宜按表 6.1.5 采用；

4 平面不宜采用角部重叠或细腰形平面布置。

表 6.1.5　平面尺寸及突出部位尺寸的比值限值

抗震设防烈度	L/B	l/B_{max}	l/b
6、7 度	≤6.0	≤0.35	≤2.0
8 度	≤5.0	≤0.30	≤1.5

6.1.6 装配式结构竖向布置应连续、均匀，应避免抗侧力结构的侧向刚度和承载力沿竖向突变，并应符合现行国家标准《建筑抗震设计规范》GB 50011 的有关规定。

6.1.7 抗震设计的高层装配整体式结构，当其房屋高度、规则性、结构类型等超过本规程的规定或者抗震设防标准有特殊要求时，可按现行行业标准《高层建筑混凝土结构技术规程》JGJ 3 的有关规定进行结构抗震性能设计。

6.1.8 高层装配整体式结构应符合下列规定：

1 宜设置地下室，地下室宜采用现浇混凝土；

2 剪力墙结构底部加强部位的剪力墙宜采用现浇混凝土；

3 框架结构首层柱宜采用现浇混凝土，顶层宜采用现浇楼盖结构。

6.1.9 带转换层的装配整体式结构应符合下列规定：

1 当采用部分框支剪力墙结构时，底部框支层不宜超过 2 层，且框支层及相邻上一层应采用现浇结构；

2 部分框支剪力墙以外的结构中，转换梁、转换柱宜现浇。

6.1.10 装配式结构构件及节点应进行承载能力极限状态及正常使用极限状态设计，并应符合现行国家标准《混凝土结构设计规范》GB 50010、《建筑抗震设计规范》GB 50011 和《混凝土结构工程施工规范》GB 50666 等的有关规定。

6.1.11 抗震设计时，构件及节点的承载力抗震调整系数 γ_{RE} 应按表 6.1.11 采用；当仅考虑竖向地震作用组合时，承载力抗震调整系数 γ_{RE} 应取 1.0。预埋件锚筋截面计算的承载力抗震调整系数 γ_{RE} 应取为 1.0。

表 6.1.11　构件及节点承载力抗震调整系数 γ_{RE}

结构构件类别	正截面承载力计算					斜截面承载力计算	受冲切承载力计算、接缝受剪承载力计算
	受弯构件	偏心受压柱		偏心受拉构件	剪力墙	各类构件及框架节点	
		轴压比小于 0.15	轴压比不小于 0.15				
γ_{RE}	0.75	0.75	0.8	0.85	0.85	0.85	0.85

6.1.12 预制构件节点及接缝处后浇混凝土强度等级不应低于预制构件的混凝土强度等级；多层剪力墙结构中墙板水平接缝用坐浆材料的强度等级值应大于被连接构件的混凝土强度等级值。

6.1.13 预埋件和连接件等外露金属件应按不同环境类别进行封闭或防腐、防锈、防火处理，并应符合耐久性要求。

6.2　作用及作用组合

6.2.1 装配式结构的作用及作用组合应根据国家现行标准《建筑结构荷载规范》GB 50009、《建筑抗震设计规范》GB 50011、《高层建筑混凝土结构技术规程》JGJ 3 和《混凝土结构工程施工规范》GB 50666 等确定。

6.2.2 预制构件在翻转、运输、吊运、安装等短暂设计状况下的施工验算，应将构件自重标准值乘以动力系数后作为等效静力荷载标准值。构件运输、吊运时，动力系数宜取 1.5；构件翻转及安装过程中就位、临时固定时，动力系数可取 1.2。

6.2.3 预制构件进行脱模验算时，等效静力荷载标准值应取构件自重标准值乘以动力系数后与脱模吸附力之和，且不宜小于构件自重标准值的 1.5 倍。动力系数与脱模吸附力应符合下列规定：

　　1 动力系数不宜小于 1.2；

　　2 脱模吸附力应根据构件和模具的实际状况取用，且不宜小于 1.5kN/m²。

6.3 结 构 分 析

6.3.1 在各种设计状况下，装配整体式结构可采用与现浇混凝土结构相同的方法进行结构分析。当同一层内既有预制又有现浇抗侧力构件时，地震设计状况下宜对现浇抗侧力构件在地震作用下的弯矩和剪力进行适当放大。

6.3.2 装配整体式结构承载能力极限状态及正常使用极限状态的作用效应分析可采用弹性方法。

6.3.3 按弹性方法计算的风荷载或多遇地震标准值作用下的楼层层间最大位移 Δu 与层高 h 之比的限值宜按表 6.3.3 采用。

表 6.3.3 楼层层间最大位移与层高之比的限值

结构类型	$\Delta u/h$ 限值
装配整体式框架结构	1/550
装配整体式框架－现浇剪力墙结构	1/800
装配整体式剪力墙结构、装配整体式部分框支剪力墙结构	1/1000
多层装配式剪力墙结构	1/1200

6.3.4 在结构内力与位移计算时，对现浇楼盖和叠合楼盖，均可假定楼盖在其自身平面内为无限刚性；楼面梁的刚度可计入翼缘作用予以增大；梁刚度增大系数可根据翼缘情况近似取为 1.3～2.0。

6.4 预 制 构 件 设 计

6.4.1 预制构件的设计应符合下列规定：

　　1 对持久设计状况，应对预制构件进行承载力、变形、裂缝控制验算；

　　2 对地震设计状况，应对预制构件进行承载力验算；

　　3 对制作、运输和堆放、安装等短暂设计状况下的预制构件验算，应符合现行国家标准《混凝土结构工程施工规范》GB 50666 的有关规定。

6.4.2 当预制构件中钢筋的混凝土保护层厚度大于 50mm 时，宜对钢筋的混凝土保护层采取有效的构造措施。

6.4.3 预制板式楼梯的梯段板底应配置通长的纵向钢筋。板面宜配置通长的纵向钢筋；当楼梯两端均不能滑动时，板面应配置通长的纵向钢筋。

6.4.4 用于固定连接件的预埋件与预理吊件、临时支撑用预埋件不宜兼用；当兼用时，应同时满足各种设计工况要求。预制构件中预埋件的验算应符合现行国家标准《混凝土结构设计规范》GB 50010、《钢结构设计规范》GB 50017 和《混凝土结构工程施工规范》GB 50666 等有关规定。

6.4.5 预制构件中外露预埋件凹入构件表面的深度不宜小于 10mm。

6.5 连 接 设 计

6.5.1 装配整体式结构中，接缝的正截面承载力应符合现行国家标准《混凝土结构设计规范》GB 50010 的规定。接缝的受剪承载力应符合下列规定：

　　1 持久设计状况：

$$\gamma_0 V_{jd} \leqslant V_u \qquad (6.5.1\text{-}1)$$

　　2 地震设计状况：

$$V_{jdE} \leqslant V_{uE}/\gamma_{RE} \qquad (6.5.1\text{-}2)$$

在梁、柱端部箍筋加密区及剪力墙底部加强部位，尚应符合下式要求：

$$\eta_j V_{mua} \leqslant V_{uE} \qquad (6.5.1\text{-}3)$$

式中：γ_0——结构重要性系数，安全等级为一级时不应小于 1.1，安全等级为二级时不应小于 1.0；

V_{jd}——持久设计状况下接缝剪力设计值；

V_{jdE}——地震设计状况下接缝剪力设计值；

V_u——持久设计状况下梁端、柱端、剪力墙底部接缝受剪承载力设计值；

V_{uE}——地震设计状况下梁端、柱端、剪力墙底部接缝受剪承载力设计值；

V_{mua}——被连接构件端部按实配钢筋面积计算的斜截面受剪承载力设计值；

η_j——接缝受剪承载力增大系数，抗震等级为一、二级取 1.2，抗震等级为三、四级取 1.1。

6.5.2 装配整体式结构中，节点及接缝处的纵向钢筋连接宜根据接头受力、施工工艺等要求选用机械连接、套筒灌浆连接、浆锚搭接连接、焊接连接、绑扎搭接连接等连接方式，并应符合国家现行有关标准的规定。

6.5.3 纵向钢筋采用套筒灌浆连接时，应符合下列规定：

　　1 接头应满足行业标准《钢筋机械连接技术规程》JGJ 107-2010 中 I 级接头的性能要求，并应符合国家现行有关标准的规定；

　　2 预制剪力墙中钢筋接头处套筒外侧钢筋的混凝土保护层厚度不应小于 15mm，预制柱中钢筋接头处套筒外侧箍筋的混凝土保护层厚度不应小于 20mm；

　　3 套筒之间的净距不应小于 25mm。

6.5.4 纵向钢筋采用浆锚搭接连接时，对预留孔成孔工艺、孔道形状和长度、构造要求、灌浆料和被连接钢筋，应进行力学性能以及适用性的试验验证。

直径大于 20mm 的钢筋不宜采用浆锚搭接连接，直接承受动力荷载构件的纵向钢筋不应采用浆锚搭接连接。

6.5.5 预制构件与后浇混凝土、灌浆料、坐浆材料的结合面应设置粗糙面、键槽，并应符合下列规定：

1 预制板与后浇混凝土叠合层之间的结合面应设置粗糙面。

2 预制梁与后浇混凝土叠合层之间的结合面应设置粗糙面；预制梁端面应设置键槽（图 6.5.5）且宜设置粗糙面。键槽的尺寸和数量应按本规程第 7.2.2 条的规定计算确定；键槽的深度 t 不宜小于 30mm，宽度 w 不宜小于深度的 3 倍且不宜大于深度的 10 倍；键槽可贯通截面，当不贯通时槽口距离截面边缘不宜小于 50mm；键槽间距宜等于键槽宽度；键槽端部斜面倾角不宜大于 30°。

3 预制剪力墙的顶部和底部与后浇混凝土的结合面应设置粗糙面；侧面与后浇混凝土的结合面应设置粗糙面，也可设置键槽；键槽深度 t 不宜小于 20mm，宽度 w 不宜小于深度的 3 倍且不宜大于深度的 10 倍，键槽间距宜等于键槽宽度，键槽端部斜面倾角不宜大于 30°。

4 预制柱的底部应设置键槽且宜设置粗糙面，键槽应均匀布置，键槽深度不宜小于 30mm，键槽端部斜面倾角不宜大于 30°。柱顶应设置粗糙面。

5 粗糙面的面积不宜小于结合面的 80%，预制板的粗糙面凹凸深度不应小于 4mm，预制梁端、预制柱端、预制墙端的粗糙面凹凸深度不应小于 6mm。

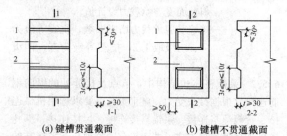

图 6.5.5　梁端键槽构造示意
1—键槽；2—梁端面

6.5.6 预制构件纵向钢筋宜在后浇混凝土内直线锚固；当直线锚固长度不足时，可采用弯折、机械锚固方式，并应符合现行国家标准《混凝土结构设计规范》GB 50010 和《钢筋锚固板应用技术规程》JGJ 256 的规定。

6.5.7 应对连接件、焊缝、螺栓或铆钉等紧固件在不同设计状况下的承载力进行验算，并应符合现行国家标准《钢结构设计规范》GB 50017 和《钢结构焊接规范》GB 50661 等的规定。

6.5.8 预制楼梯与支承构件之间宜采用简支连接。采用简支连接时，应符合下列规定：

1 预制楼梯宜一端设置固定铰，另一端设置滑

动铰，其转动及滑动变形能力应满足结构层间位移的要求，且预制楼梯端部在支承构件上的最小搁置长度应符合表 6.5.8 的规定；

2 预制楼梯设置滑动铰的端部应采取防止滑落的构造措施。

表 6.5.8　预制楼梯在支承构件上的最小搁置长度

抗震设防烈度	6 度	7 度	8 度
最小搁置长度（mm）	75	75	100

6.6　楼　盖　设　计

6.6.1 装配整体式结构的楼盖宜采用叠合楼盖。结构转换层、平面复杂或开洞较大的楼层、作为上部结构嵌固部位的地下室楼层宜采用现浇楼盖。

6.6.2 叠合板应按现行国家标准《混凝土结构设计规范》GB 50010 进行设计，并应符合下列规定：

1 叠合板的预制板厚度不宜小于 60mm，后浇混凝土叠合层厚度不应小于 60mm；

2 当叠合板的预制板采用空心板时，板端空腔应封堵；

3 跨度大于 3m 的叠合板，宜采用桁架钢筋混凝土叠合板；

4 跨度大于 6m 的叠合板，宜采用预应力混凝土预制板；

5 板厚大于 180mm 的叠合板，宜采用混凝土空心板。

6.6.3 叠合板可根据预制板接缝构造、支座构造、长宽比按单向板或双向板设计。当预制板之间采用分离式接缝（图 6.6.3a）时，宜按单向板设计。对长宽比不大于 3 的四边支承叠合板，当其预制板之间采用整体式接缝（图 6.6.3b）或无接缝（图 6.6.3c）时，可按双向板设计。

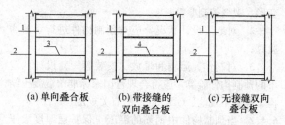

(a) 单向叠合板　　(b) 带接缝的　　(c) 无接缝双向
　　　　　　　　　双向叠合板　　　叠合板

图 6.6.3　叠合板的预制板布置形式示意
1—预制板；2—梁或墙；3—板侧分离式接缝；
4—板侧整体式接缝

6.6.4 叠合板支座处的纵向钢筋应符合下列规定：

1 板端支座处，预制板内的纵向受力钢筋宜从板端伸出并锚入支承梁或墙的后浇混凝土中，锚固长度不应小于 5d（d 为纵向受力钢筋直径），且宜伸过支座中心线（图 6.6.4a）；

2 单向叠合板的板侧支座处，当预制板内的板

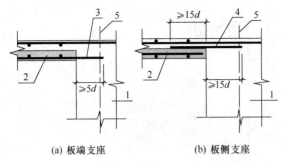

(a) 板端支座　　　　　(b) 板侧支座

图 6.6.4　叠合板端及板侧支座构造示意

1—支承梁或墙；2—预制板；3—纵向受力钢筋；
4—附加钢筋；5—支座中心线

底分布钢筋伸入支承梁或墙的后浇混凝土中时，应符合本条第 1 款的要求；当板底分布钢筋不伸入支座时，宜在紧邻预制板顶面的后浇混凝土叠合层中设置附加钢筋，附加钢筋截面面积不宜小于预制板内的同向分布钢筋面积，间距不宜大于 600mm，在板的后浇混凝土叠合层内锚固长度不应小于 15d，在支座内锚固长度不应小于 15d（d 为附加钢筋直径）且宜伸过支座中心线（图 6.6.4b）。

6.6.5 单向叠合板板侧的分离式接缝宜配置附加钢筋（图 6.6.5），并应符合下列规定：

　　1 接缝处紧邻预制板顶面宜设置垂直于板缝的附加钢筋，附加钢筋伸入两侧后浇混凝土叠合层的锚固长度不应小于 15d（d 为附加钢筋直径）；

　　2 附加钢筋截面面积不宜小于预制板中该方向钢筋面积，钢筋直径不宜小于 6mm、间距不宜大于 250mm。

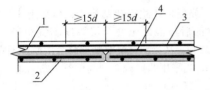

图 6.6.5　单向叠合板板侧分离式拼缝构造示意

1—后浇混凝土叠合层；2—预制板；
3—后浇层内钢筋；4—附加钢筋

6.6.6 双向叠合板板侧的整体式接缝宜设置在叠合板的次要受力方向上且宜避开最大弯矩截面。接缝可采用后浇带形式，并应符合下列规定：

　　1 后浇带宽度不宜小于 200mm；

　　2 后浇带两侧板底纵向受力钢筋可在后浇带中焊接、搭接连接、弯折锚固；

　　3 当后浇带两侧板底纵向受力钢筋在后浇带中弯折锚固时（图 6.6.6），应符合下列规定：

　　　　1）叠合板厚度不应小于 10d，且不应小于 120mm（d 为弯折钢筋直径的较大值）；

　　　　2）接缝处预制板侧伸出的纵向受力钢筋应在后浇混凝土叠合层内锚固，且锚固长度不

应小于 l_a；两侧钢筋在接缝处重叠的长度不应小于 10d，钢筋弯折角度不应大于 30°，弯折处沿接缝方向应配置不少于 2 根通长构造钢筋，且直径不应小于该方向预制板内钢筋直径。

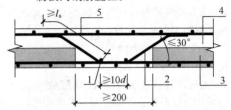

图 6.6.6　双向叠合板整体式接缝构造示意

1—通长构造钢筋；2—纵向受力钢筋；3—预制板；
4—后浇混凝土叠合层；5—后浇层内钢筋

6.6.7 桁架钢筋混凝土叠合板应满足下列要求：

　　1 桁架钢筋应沿主要受力方向布置；

　　2 桁架钢筋距板边不应大于 300mm，间距不宜大于 600mm；

　　3 桁架钢筋弦杆钢筋直径不宜小于 8mm，腹杆钢筋直径不宜小于 4mm；

　　4 桁架钢筋弦杆混凝土保护层厚度不应小于 15mm。

6.6.8 当未设置桁架钢筋时，在下列情况下，叠合板的预制板与后浇混凝土叠合层之间应设置抗剪构造钢筋：

　　1 单向叠合板跨度大于 4.0m 时，距支座 1/4 跨范围内；

　　2 双向叠合板短向跨度大于 4.0m 时，距四边支座 1/4 短跨范围内；

　　3 悬挑叠合板；

　　4 悬挑板的上部纵向受力钢筋在相邻叠合板的后浇混凝土锚固范围内。

6.6.9 叠合板的预制板与后浇混凝土叠合层之间设置的抗剪构造钢筋应符合下列规定：

　　1 抗剪构造钢筋宜采用马镫形状，间距不宜大于 400mm，钢筋直径 d 不应小于 6mm；

　　2 马镫钢筋宜伸到叠合板上、下部纵向钢筋处，预埋在预制板内的总长度不应小于 15d，水平段长度不应小于 50mm。

6.6.10 阳台板、空调板宜采用叠合构件或预制构件。预制构件应与主体结构可靠连接；叠合构件的负弯矩钢筋应在相邻叠合板的后浇混凝土中可靠锚固，叠合构件中预制板底钢筋的锚固应符合下列规定：

　　1 当板底为构造配筋时，其钢筋锚固应符合本规程第 6.6.4 条第 1 款的规定；

　　2 当板底为计算要求配筋时，钢筋应满足受拉钢筋的锚固要求。

7 框架结构设计

7.1 一般规定

7.1.1 除本规程另有规定外，装配整体式框架结构可按现浇混凝土框架结构进行设计。

7.1.2 装配整体式框架结构中，预制柱的纵向钢筋连接应符合下列规定：

1 当房屋高度不大于 12m 或层数不超过 3 层时，可采用套筒灌浆、浆锚搭接、焊接等连接方式；

2 当房屋高度大于 12m 或层数超过 3 层时，宜采用套筒灌浆连接。

7.1.3 装配整体式框架结构中，预制柱水平接缝处不宜出现拉力。

7.2 承载力计算

7.2.1 对一、二、三级抗震等级的装配整体式框架，应进行梁柱节点核心区抗震受剪承载力验算；对四级抗震等级可不进行验算。梁柱节点核心区抗震受剪承载力验算和构造应符合现行国家标准《混凝土结构设计规范》GB 50010 和《建筑抗震设计规范》GB 50011 中的有关规定。

7.2.2 叠合梁端竖向接缝的受剪承载力设计值应按下列公式计算：

1 持久设计状况

$$V_u = 0.07 f_c A_{cl} + 0.10 f_c A_k + 1.65 A_{sd} \sqrt{f_c f_y}$$

(7.2.2-1)

2 地震设计状况

$$V_{uE} = 0.04 f_c A_{cl} + 0.06 f_c A_k + 1.65 A_{sd} \sqrt{f_c f_y}$$

(7.2.2-2)

式中：A_{cl}——叠合梁端截面后浇混凝土叠合层截面面积；

f_c——预制构件混凝土轴心抗压强度设计值；

f_y——垂直穿过结合面钢筋抗拉强度设计值；

A_k——各键槽的根部截面面积（图 7.2.2）之和，按后浇键槽根部截面和预制键槽根部截面分别计算，并取二者的较小值；

A_{sd}——垂直穿过结合面所有钢筋的面积，包括叠合层内的纵向钢筋。

7.2.3 在地震设计状况下，预制柱底水平接缝的受剪承载力设计值应按下列公式计算：

当预制柱受压时：

$$V_{uE} = 0.8N + 1.65 A_{sd} \sqrt{f_c f_y}$$ (7.2.3-1)

当预制柱受拉时：

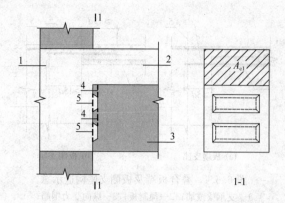

图 7.2.2 叠合梁端受剪承载力计算参数示意

1—后浇节点区；2—后浇混凝土叠合层；3—预制梁；
4—预制键槽根部截面；5—后浇键槽根部截面

$$V_{uE} = 1.65 A_{sd} \sqrt{f_c f_y \left[1 - \left(\frac{N}{A_{sd} f_y}\right)^2\right]}$$

(7.2.3-2)

式中：f_c——预制构件混凝土轴心抗压强度设计值；

f_y——垂直穿过结合面钢筋抗拉强度设计值；

N——与剪力设计值 V 相应的垂直于结合面的轴向力设计值，取绝对值进行计算；

A_{sd}——垂直穿过结合面所有钢筋的面积；

V_{uE}——地震设计状况下接缝受剪承载力设计值。

7.2.4 混凝土叠合梁的设计应符合本规程和现行国家标准《混凝土结构设计规范》GB 50010 中的有关规定。

7.3 构造设计

7.3.1 装配整体式框架结构中，当采用叠合梁时，框架梁的后浇混凝土叠合层厚度不宜小于 150mm（图 7.3.1），次梁的后浇混凝土叠合层厚度不宜小于 120mm；当采用凹口截面预制梁时（图 7.3.1b），凹口深度不宜小于 50mm，凹口边厚度不宜小于 60mm。

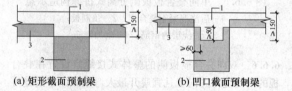

(a) 矩形截面预制梁　　　　(b) 凹口截面预制梁

图 7.3.1 叠合框架梁截面示意

1—后浇混凝土叠合层；2—预制梁；3—预制板

7.3.2 叠合梁的箍筋配置应符合下列规定：

1 抗震等级为一、二级的叠合框架梁的梁端箍筋加密区宜采用整体封闭箍筋（图 7.3.2a）；

2 采用组合封闭箍筋的形式（图 7.3.2b）时，开口箍筋上方应做成 135°弯钩；非抗震设计时，弯钩端头平直段长度不应小于 5d（d 为箍筋直径）；抗震设计时，平直段长度不应小于 10d。现场应采用箍筋帽封闭开口箍，箍筋帽末端应做成135°弯钩；非抗震设计时，弯钩端头平直段长度不应小于5d；抗震设计时，平直段长度不应小于10d。

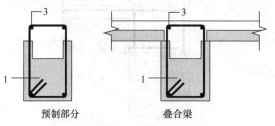

（a）采用整体封闭箍筋的叠合梁

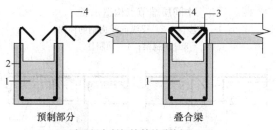

（b）采用组合封闭箍筋的叠合梁

图 7.3.2　叠合梁箍筋构造示意

1—预制梁；2—开口箍筋；3—上部纵向钢筋；4—箍筋帽

7.3.3　叠合梁可采用对接连接（图 7.3.3），并应符合下列规定：

　　1　连接处应设置后浇段，后浇段的长度应满足梁下部纵向钢筋连接作业的空间需求；

　　2　梁下部纵向钢筋在后浇段内宜采用机械连接、套筒灌浆连接或焊接连接；

　　3　后浇段内的箍筋应加密，箍筋间距不应大于5d（d为纵向钢筋直径），且不应大于100mm。

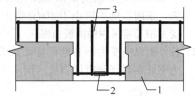

图 7.3.3　叠合梁连接节点示意

1—预制梁；2—钢筋连接接头；3—后浇段

7.3.4　主梁与次梁采用后浇段连接时，应符合下列规定：

　　1　在端部节点处，次梁下部纵向钢筋伸入主梁后浇段内的长度不应小于12d。次梁上部纵向钢筋应在主梁后浇段内锚固。当采用弯折锚固（图 7.3.4a）或锚固板时，锚固直段长度不应小于0.6l_{ab}；当钢筋应力不大于钢筋强度设计值的50%时，锚固直段长度不应小于0.35l_{ab}；弯折锚固的弯折后直段长度不应小于12d（d为纵向钢筋直径）。

　　2　在中间节点处，两侧次梁的下部纵向钢筋伸入主梁后浇段内长度不应小于12d（d为纵向钢筋直

径）；次梁上部纵向钢筋应在现浇层内贯通（图 7.3.4b）。

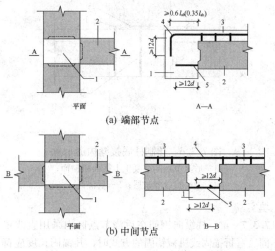

（a）端部节点

（b）中间节点

图 7.3.4　主次梁连接节点构造示意

1—主梁后浇段；2—次梁；3—后浇混凝土叠合层；
4—次梁上部纵向钢筋；5—次梁下部纵向钢筋

7.3.5　预制柱的设计应符合现行国家标准《混凝土结构设计规范》GB 50010 的要求，并应符合下列规定：

　　1　柱纵向受力钢筋直径不宜小于20mm；

　　2　矩形柱截面宽度或圆柱直径不宜小于400mm，且不宜小于同方向梁宽的1.5倍；

　　3　柱纵向受力钢筋在柱底采用套筒灌浆连接时，柱箍筋加密区长度不应小于纵向受力钢筋连接区域长度与500mm之和；套筒上端第一道箍筋距离套筒顶部不应大于50mm（图 7.3.5）。

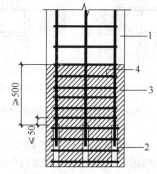

图 7.3.5　钢筋采用套筒灌浆连接时柱底箍筋加密
区域构造示意

1—预制柱；2—套筒灌浆连接接头；
3—箍筋加密区（阴影区域）；4—加密区箍筋

7.3.6　采用预制柱及叠合梁的装配整体式框架中，柱底接缝宜设置在楼面标高处（图 7.3.6），并应符合下列规定：

　　1　后浇节点区混凝土上表面应设置粗糙面；

　　2　柱纵向受力钢筋应贯穿后浇节点区；

　　3　柱底接缝厚度宜为20mm，并应采用灌浆料

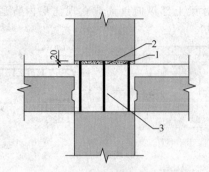

图 7.3.6 预制柱底接缝构造示意
1—后浇节点区混凝土上表面粗糙面;
2—接缝灌浆层;3—后浇区

填实。

7.3.7 梁、柱纵向钢筋在后浇节点区内采用直线锚固、弯折锚固或机械锚固的方式时,其锚固长度应符合现行国家标准《混凝土结构设计规范》GB 50010 中的有关规定;当梁、柱纵向钢筋采用锚固板时,应符合现行行业标准《钢筋锚固板应用技术规程》JGJ 256 中的有关规定。

7.3.8 采用预制柱及叠合梁的装配整体式框架节点,梁纵向受力钢筋应伸入后浇节点区内锚固或连接,并应符合下列规定:

1 对框架中间层中节点,节点两侧的梁下部纵向受力钢筋宜锚固在后浇节点区内(图 7.3.8-1a),也可采用机械连接或焊接的方式直接连接(图 7.3.8-1b);梁的上部纵向受力钢筋应贯穿后浇节点区。

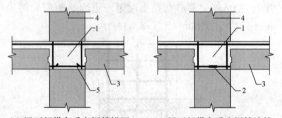

(a) 梁下部纵向受力钢筋锚固   (b) 梁下部纵向受力钢筋连接

图 7.3.8-1 预制柱及叠合梁框架中间
层中节点构造示意
1—后浇区;2—梁下部纵向受力钢筋连接;3—预制梁;
4—预制柱;5—梁下部纵向受力钢筋锚固

2 对框架中间层端节点,当柱截面尺寸不满足梁纵向受力钢筋的直线锚固要求时,宜采用锚固板锚固(图 7.3.8-2),也可采用90°弯折锚固。

3 对框架顶层中节点,梁纵向受力钢筋的构造应符合本条第1款的规定。柱纵向受力钢筋宜采用直线锚固;当梁截面尺寸不满足直线锚固要求时,宜采用锚固板锚固(图 7.3.8-3)。

4 对框架顶层端节点,梁下部纵向受力钢筋应锚固在后浇节点区内,且宜采用锚固板的锚固方式;梁、柱其他纵向受力钢筋的锚固应符合下列规定:

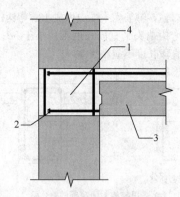

图 7.3.8-2 预制柱及叠合梁框架
中间层端节点构造示意
1—后浇区;2—梁纵向受力钢筋锚固;
3—预制梁;4—预制柱

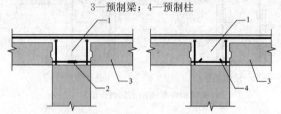

(a) 梁下部纵向受力钢筋连接   (b) 梁下部纵向受力钢筋锚固

图 7.3.8-3 预制柱及叠合梁框架顶层中
节点构造示意
1—后浇区;2—梁下部纵向受力钢筋连接;
3—预制梁;4—梁下部纵向受力钢筋锚固

1) 柱宜伸出屋面并将柱纵向受力钢筋锚固在伸出段内(图 7.3.8-4a),伸出段长度不宜小于500mm,伸出段内箍筋间距不应大于$5d$(d 为柱纵向受力钢筋直径),且不应大于100mm;柱纵向受力钢筋宜采用锚固板锚固,锚固长度不应小于$40d$;梁上部纵向受力钢筋宜采用锚固板锚固;

2) 柱外侧纵向受力钢筋也可与梁上部纵向受力钢筋在后浇节点区搭接(图 7.3.8-4b),

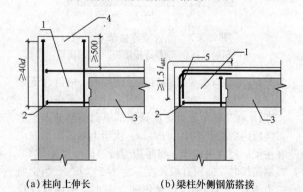

(a) 柱向上伸长   (b) 梁柱外侧钢筋搭接

图 7.3.8-4 预制柱及叠合梁框架顶层
端节点构造示意
1—后浇区;2—梁下部纵向受力钢筋锚固;3—预制梁;
4—柱延伸段;5—梁柱外侧钢筋搭接

其构造要求应符合现行国家标准《混凝土结构设计规范》GB 50010 中的规定；柱内侧纵向受力钢筋宜采用锚固板锚固。

7.3.9 采用预制柱及叠合梁的装配整体式框架节点，梁下部纵向受力钢筋也可伸至节点区外的后浇段内连接（图7.3.9），连接接头与节点区的距离不应小于 $1.5h_0$（h_0 为梁截面有效高度）。

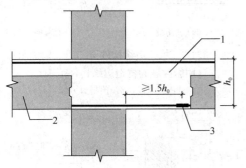

图 7.3.9 梁纵向钢筋在节点区外的后
浇段内连接示意
1—后浇段；2—预制梁；3—纵向受力钢筋连接

7.3.10 现浇柱与叠合梁组成的框架节点中，梁纵向受力钢筋的连接与锚固应符合本规程第 7.3.7～7.3.9 条的规定。

8 剪力墙结构设计

8.1 一 般 规 定

8.1.1 抗震设计时，对同一层内既有现浇墙肢也有预制墙肢的装配整体式剪力墙结构，现浇墙肢水平地震作用弯矩、剪力宜乘以不小于 1.1 的增大系数。

8.1.2 装配整体式剪力墙结构的布置应满足下列要求：

1 应沿两个方向布置剪力墙；

2 剪力墙的截面宜简单、规则；预制墙的门窗洞口宜上下对齐、成列布置。

8.1.3 抗震设计时，高层装配整体式剪力墙结构不应全部采用短肢剪力墙；抗震设防烈度为 8 度时，不宜采用具有较多短肢剪力墙的剪力墙结构。当采用具有较多短肢剪力墙的剪力墙结构时，应符合下列规定：

1 在规定的水平地震作用下，短肢剪力墙承担的底部倾覆力矩不宜大于结构底部总地震倾覆力矩的 50%；

2 房屋适用高度应比本规程表 6.1.1 规定的装配整体式剪力墙结构的最大适用高度适当降低，抗震设防烈度为 7 度和 8 度时宜分别降低 20m。

注：1 短肢剪力墙是指截面厚度不大于 300mm、各肢截面高度与厚度之比的最大值大于 4 但不大于 8 的剪力墙。

2 具有较多短肢剪力墙的剪力墙结构是指，在规定的水平地震作用下，短肢剪力墙承担的底部倾覆力矩不小于结构底部总地震倾覆力矩的 30% 的剪力墙结构。

8.1.4 抗震设防烈度为 8 度时，高层装配整体式剪力墙结构中的电梯井筒宜采用现浇混凝土结构。

8.2 预制剪力墙构造

8.2.1 预制剪力墙宜采用一字形，也可采用 L 形、T 形或 U 形；开洞预制剪力墙洞口宜居中布置，洞口两侧的墙肢宽度不应小于 200mm，洞口上方连梁高度不宜小于 250mm。

8.2.2 预制剪力墙的连梁不宜开洞；当需开洞时，洞口宜预埋套管，洞口上、下截面的有效高度不宜小于梁高的 1/3，且不宜小于 200mm；被洞口削弱的连梁截面应进行承载力验算，洞口处应配置补强纵向钢筋和箍筋，补强纵向钢筋的直径不应小于 12mm。

8.2.3 预制剪力墙开有边长小于 800mm 的洞口且在结构整体计算中不考虑其影响时，应沿洞口周边配置补强钢筋；补强钢筋的直径不应小于 12mm，截面面积不应小于同方向被洞口截断的钢筋面积；该钢筋自孔洞边角算起伸入墙内的长度，非抗震设计时不应小于 l_a，抗震设计时不应小于 l_{aE}（图 8.2.3）。

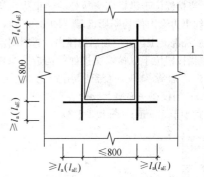

图 8.2.3 预制剪力墙洞口补强钢筋配置示意
1—洞口补强钢筋

8.2.4 当采用套筒灌浆连接时，自套筒底部至套筒顶部并向上延伸 300mm 范围内，预制剪力墙的水平分布筋应加密（图 8.2.4），加密区水平分布筋的最

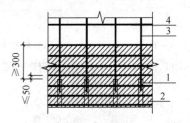

图 8.2.4 钢筋套筒灌浆连接部位
水平分布钢筋的加密构造示意
1—灌浆套筒；2—水平分布钢筋加密区域（阴影区域）；
3—竖向钢筋；4—水平分布钢筋

大间距及最小直径应符合表8.2.4的规定,套筒上端第一道水平分布钢筋距离套筒顶部不应大于50mm。

表8.2.4 加密区水平分布钢筋的要求

抗震等级	最大间距(mm)	最小直径(mm)
一、二级	100	8
三、四级	150	8

8.2.5 端部无边缘构件的预制剪力墙,宜在端部配置2根直径不小于12mm的竖向构造钢筋;沿该钢筋竖向应配置拉筋,拉筋直径不宜小于6mm、间距不宜大于250mm。

8.2.6 当预制外墙采用夹心墙板时,应满足下列要求:

1 外叶墙板厚度不应小于50mm,且外叶墙板应与内叶墙板可靠连接;

2 夹心外墙板的夹层厚度不宜大于120mm;

3 当作为承重墙时,内叶墙板应按剪力墙进行设计。

8.3 连接设计

8.3.1 楼层内相邻预制剪力墙之间应采用整体式接缝连接,且应符合下列规定:

1 当接缝位于纵横墙交接处的约束边缘构件区域时,约束边缘构件的阴影区域(图8.3.1-1)宜全部采用后浇混凝土,并应在后浇段内设置封闭箍筋。

2 当接缝位于纵横墙交接处的构造边缘构件区域时,构造边缘构件宜全部采用后浇混凝土(图8.3.1-2);当仅在一面墙上设置后浇段时,后浇段的长度不宜小于300mm(图8.3.1-3)。

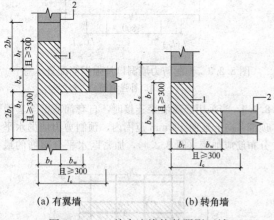

(a)有翼墙　　**(b)转角墙**

图8.3.1-1 约束边缘构件阴影区域
全部后浇构造示意
l_c—约束边缘构件沿墙肢的长度
1—后浇段;2—预制剪力墙

3 边缘构件内的配筋及构造要求应符合现行国家标准《建筑抗震设计规范》GB 50011的有关规定;预制剪力墙的水平分布钢筋在后浇段内的锚固、连接

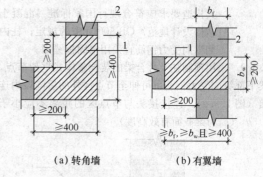

(a)转角墙　　**(b)有翼墙**

图8.3.1-2 构造边缘构件全部后浇构造示意
(阴影区域为构造边缘构件范围)
1—后浇段;2—预制剪力墙

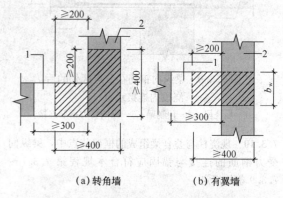

(a)转角墙　　**(b)有翼墙**

图8.3.1-3 构造边缘构件部分后浇构造示意
(阴影区域为构造边缘构件范围)
1—后浇段;2—预制剪力墙

应符合现行国家标准《混凝土结构设计规范》GB 50010的有关规定。

4 非边缘构件位置,相邻预制剪力墙之间应设置后浇段,后浇段的宽度不应小于墙厚且不宜小于200mm;后浇段内应设置不少于4根竖向钢筋,钢筋直径不应小于墙体竖向分布筋直径且不应小于8mm;两侧墙体的水平分布筋在后浇段内的锚固、连接应符合现行国家标准《混凝土结构设计规范》GB 50010的有关规定。

8.3.2 屋面以及立面收进的楼层,应在预制剪力墙顶部设置封闭的后浇钢筋混凝土圈梁(图8.3.2),

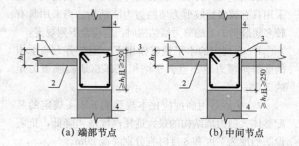

(a)端部节点　　**(b)中间节点**

图8.3.2 后浇钢筋混凝土圈梁构造示意
1—后浇混凝土叠合层;2—预制板;
3—后浇圈梁;4—预制剪力墙

并应符合下列规定：

1 圈梁截面宽度不应小于剪力墙的厚度，截面高度不宜小于楼板厚度及 250mm 的较大值；圈梁应与现浇或者叠合楼、屋盖浇筑成整体。

2 圈梁内配置的纵向钢筋不应少于 4φ12，且按全截面计算的配筋率不应小于 0.5% 和水平分布筋配筋率的较大值，纵向钢筋竖向间距不应大于 200mm；箍筋间距不应大于 200mm，且直径不应小于 8mm。

8.3.3 各层楼面位置，预制剪力墙顶部无后浇圈梁时，应设置连续的水平后浇带（图 8.3.3）；水平后浇带应符合下列规定：

1 水平后浇带宽度应取剪力墙的厚度，高度不应小于楼板厚度；水平后浇带应与现浇或者叠合楼、屋盖浇筑成整体。

2 水平后浇带内应配置不少于 2 根连续纵向钢筋，其直径不宜小于 12mm。

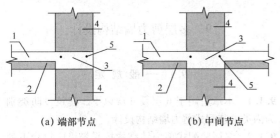

(a) 端部节点   (b) 中间节点

图 8.3.3 水平后浇带构造示意

1—后浇混凝土叠合层；2—预制板；3—水平后浇带；
4—预制墙板；5—纵向钢筋

8.3.4 预制剪力墙底部接缝宜设置在楼面标高处，并应符合下列规定：

1 接缝高度宜为 20mm；

2 接缝宜采用灌浆料填实；

3 接缝处后浇混凝土上表面应设置粗糙面。

8.3.5 上下层预制剪力墙的竖向钢筋，当采用套筒灌浆连接和浆锚搭接连接时，应符合下列规定：

1 边缘构件竖向钢筋应逐根连接。

2 预制剪力墙的竖向分布钢筋，当仅部分连接时（图 8.3.5），被连接的同侧钢筋间距不应大于600mm，且在剪力墙构件承载力设计和分布钢筋配筋率计算中不得计入不连接的分布钢筋；不连接的竖向

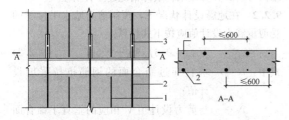

图 8.3.5 预制剪力墙竖向分布钢筋连接构造示意

1—不连接的竖向分布钢筋；2—连接的竖向
分布钢筋；3—连接接头

分布钢筋直径不应小于 6mm。

3 一级抗震等级剪力墙以及二、三级抗震等级底部加强部位，剪力墙的边缘构件竖向钢筋宜采用套筒灌浆连接。

8.3.6 预制剪力墙相邻下层为现浇剪力墙时，预制剪力墙与下层现浇剪力墙中竖向钢筋的连接应符合本规程第 8.3.5 条的规定，下层现浇剪力墙顶面应设置粗糙面。

8.3.7 在地震设计状况下，剪力墙水平接缝的受剪承载力设计值应按下式计算：

$$V_{uE} = 0.6 f_y A_{sd} + 0.8N \qquad (8.3.7)$$

式中：f_y——垂直穿过结合面的钢筋抗拉强度设计值；

N——与剪力设计值 V 相应的垂直于结合面的轴向力设计值，压力时取正，拉力时取负；

A_{sd}——垂直穿过结合面的抗剪钢筋面积。

8.3.8 预制剪力墙洞口上方的预制连梁宜与后浇圈梁或水平后浇带形成叠合连梁（图 8.3.8），叠合连梁的配筋及构造要求应符合现行国家标准《混凝土结构设计规范》GB 50010 的有关规定。

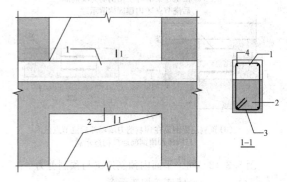

图 8.3.8 预制剪力墙叠合连梁构造示意

1—后浇圈梁或后浇带；2—预制连梁；
3—箍筋；4—纵向钢筋

8.3.9 楼面梁不宜与预制剪力墙在剪力墙平面外单侧连接；当楼面梁与剪力墙在平面外单侧连接时，宜采用铰接。

8.3.10 预制叠合连梁的预制部分宜与剪力墙整体预制，也可在跨中拼接或在端部与预制剪力墙拼接。

8.3.11 当预制叠合连梁在跨中拼接时，可按本规程第 7.3.3 条的规定进行接缝的构造设计。

8.3.12 当预制叠合连梁端部与预制剪力墙在平面内拼接时，接缝构造应符合下列规定：

1 当墙端边缘构件采用后浇混凝土时，连梁纵向钢筋应在后浇段中可靠锚固（图 8.3.12a）或连接（图 8.3.12b）；

2 当预制剪力墙端部上角预留局部后浇节点区时，连梁的纵向钢筋应在局部后浇节点区内可靠锚固

（图 8.3.12c）或连接（图 8.3.12d）。

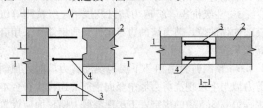

（a）预制连梁钢筋在后浇段内锚固构造示意

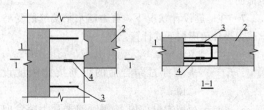

（b）预制连梁钢筋在后浇段内与预制剪力墙
预留钢筋连接构造示意

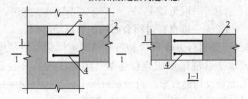

（c）预制连梁钢筋在预制剪力墙局部
后浇节点区内锚固构造示意

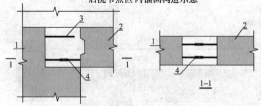

（d）预制连梁钢筋在预制剪力墙局部后浇节点区内
与墙板预留钢筋连接构造示意

图 8.3.12　同一平面内预制连梁与预制剪力
墙连接构造示意

1—预制剪力墙；2—预制连梁；3—边缘构件箍筋；
4—连梁下部纵向受力钢筋锚固或连接

8.3.13　当采用后浇连梁时，宜在预制剪力墙端伸出
预留纵向钢筋，并与后浇连梁的纵向钢筋可靠连接
（图 8.3.13）。

8.3.14　应按本规程第 7.2.2 条的规定进行叠合连梁
端部接缝的受剪承载力计算。

8.3.15　当预制剪力墙洞口下方有墙时，宜将洞口下
墙作为单独的连梁进行设计（图 8.3.15）。

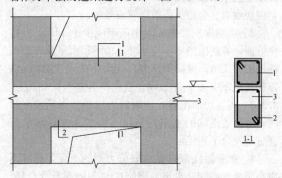

图 8.3.15　预制剪力墙洞口下墙与
叠合连梁的关系示意

1—洞口下墙；2—预制连梁；3—后浇圈梁或水平后浇带

9　多层剪力墙结构设计

9.1　一　般　规　定

9.1.1　本章适用于 6 层及 6 层以下、建筑设防类别
为丙类的装配式剪力墙结构设计。

9.1.2　多层装配式剪力墙结构抗震等级应符合下列
规定：

　　1　抗震设防烈度为 8 度时取三级；

　　2　抗震设防烈度为 6、7 度时取四级。

9.1.3　当房屋高度不大于 10m 且不超过 3 层时，预
制剪力墙截面厚度不应小于 120mm；当房屋超过 3
层时，预制剪力墙截面厚度不宜小于 140mm。

9.1.4　当预制剪力墙截面厚度不小于 140mm 时，应
配置双排双向分布钢筋网。剪力墙中水平及竖向分布
筋的最小配筋率不应小于 0.15%。

9.1.5　除本章规定外，预制剪力墙构件的构造应符
合本规程第 8.2 节的规定。

9.2　结构分析和设计

9.2.1　多层装配式剪力墙结构可采用弹性方法进行
结构分析，并宜按结构实际情况建立分析模型。

9.2.2　在地震设计状况下，预制剪力墙水平接缝的
受剪承载力设计值应按下式计算：

$$V_{uE} = 0.6 f_y A_{sd} + 0.6N \qquad (9.2.2)$$

式中：f_y——垂直穿过结合面的钢筋抗拉强度设
　　　　计值；

　　　N——与剪力设计值 V 相应的垂直于结合面
　　　　的轴向力设计值，压力时取正，拉力时
　　　　取负；

　　　A_{sd}——垂直穿过结合面的抗剪钢筋面积。

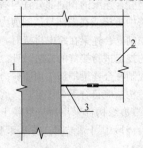

图 8.3.13　后浇连梁与预制剪力墙连接构造示意

1—预制墙板；2—后浇连梁；3—预制
剪力墙伸出纵向受力钢筋

9.3 连 接 设 计

9.3.1 抗震等级为三级的多层装配式剪力墙结构，在预制剪力墙转角、纵横墙交接部位应设置后浇混凝土暗柱，并应符合下列规定：

1 后浇混凝土暗柱截面高度不宜小于墙厚，且不应小于 250mm，截面宽度可取墙厚（图 9.3.1）；

2 后浇混凝土暗柱内应配置竖向钢筋和箍筋，配筋应满足墙肢截面承载力的要求，并应满足表 9.3.1 的要求；

3 预制剪力墙的水平分布钢筋在后浇混凝土暗柱内的锚固、连接应符合现行国家标准《混凝土结构设计规范》GB 50010 的有关规定。

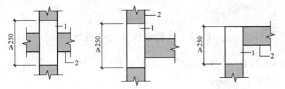

图 9.3.1 多层装配式剪力墙结构后浇混凝土
暗柱示意
1—后浇段；2—预制剪力墙

**表 9.3.1 多层装配式剪力墙结构后浇混凝土
暗柱配筋要求**

	底层			其他层	
纵向钢筋最小量	箍筋（mm）		纵向钢筋最小量	箍筋（mm）	
	最小直径	沿竖向最大间距		最小直径	沿竖向最大间距
4ϕ12	6	200	4ϕ10	6	250

9.3.2 楼层内相邻预制剪力墙之间的竖向接缝可采用后浇段连接，并应符合下列规定：

1 后浇段内应设置竖向钢筋，竖向钢筋配筋率不应小于墙体竖向分布筋配筋率，且不宜小于 2ϕ12；

2 预制剪力墙的水平分布钢筋在后浇段内的锚固、连接应符合现行国家标准《混凝土结构设计规范》GB 50010 的有关规定。

9.3.3 预制剪力墙水平接缝宜设置在楼面标高处，并应满足下列要求：

1 接缝厚度宜为 20mm；

2 接缝处应设置连接节点，连接节点间距不宜大于 1m；穿过接缝的连接钢筋数量应满足接缝受剪承载力的要求，且配筋率不应低于墙板竖向钢筋配筋率，连接钢筋直径不应小于 14mm；

3 连接钢筋可采用套筒灌浆连接、浆锚搭接连接、焊接连接，并应满足本规程附录 A 中相应的构造要求。

9.3.4 当房屋层数大于 3 层时，应符合下列规定：

1 屋面、楼面宜采用叠合楼盖，叠合板与预制剪力墙的连接应符合本规程第 6.6.4 条的规定；

2 沿各层墙顶应设置水平后浇带，并应符合本规程第 8.3.3 条的规定；

3 当抗震等级为三级时，应在屋面设置封闭的后浇钢筋混凝土圈梁，圈梁应符合本规程第 8.3.2 条的规定。

9.3.5 当房屋层数不大于 3 层时，楼面可采用预制楼板，并应符合下列规定：

1 预制板在墙上的搁置长度不应小于 60mm，当墙厚不能满足搁置长度要求时可设置挑耳；板端后浇混凝土接缝宽度不宜小于 50mm，接缝内应配置连续的通长钢筋，钢筋直径不应小于 8mm。

2 当板端伸出锚固钢筋时，两侧伸出的锚固钢筋应互相可靠连接，并应与支座墙伸出的钢筋、板端接缝内设置的通长钢筋拉结。

3 当板端不伸出锚固钢筋时，应沿板跨方向布置连系钢筋，连系钢筋直径不应小于 10mm，间距不应大于 600mm；连系钢筋应与两侧预制板可靠连接，并应与支承墙伸出的钢筋、板端接缝内设置的通长钢筋拉结。

9.3.6 连梁宜与剪力墙整体预制，也可在跨中拼接。预制剪力墙洞口上方的预制连梁可与后浇混凝土圈梁或水平后浇带形成叠合连梁；叠合连梁的配筋及构造要求应符合现行国家标准《混凝土结构设计规范》GB 50010 的有关规定。

9.3.7 预制剪力墙与基础的连接应符合下列规定：

1 基础顶面应设置现浇混凝土圈梁，圈梁上表面应设置粗糙面；

2 预制剪力墙与圈梁顶面之间的接缝构造应符合本规程第 9.3.3 条的规定，连接钢筋应在基础中可靠锚固，且宜伸入到基础底部；

3 剪力墙后浇暗柱和竖向接缝内的纵向钢筋应在基础中可靠锚固，且宜伸入到基础底部。

10 外挂墙板设计

10.1 一 般 规 定

10.1.1 外挂墙板应采用合理的连接节点并与主体结构可靠连接。有抗震设防要求时，外挂墙板及其与主体结构的连接节点，应进行抗震设计。

10.1.2 外挂墙板结构分析可采用线性弹性方法，其计算简图应符合实际受力状态。

10.1.3 对外挂墙板和连接节点进行承载力验算时，其结构重要性系数 γ_0 取应不小于 1.0，连接节点承载力抗震调整系数 γ_{RE} 应取 1.0。

10.1.4 支承外挂墙板的结构构件应具有足够的承载力和刚度。

10.1.5 外挂墙板与主体结构宜采用柔性连接，连接节点应具有足够的承载力和适应主体结构变形的能力，并应采取可靠的防腐、防锈和防火措施。

10.2 作用及作用组合

10.2.1 计算外挂墙板及连接节点的承载力时，荷载组合的效应设计值应符合下列规定：

1 持久设计状况：

当风荷载效应起控制作用时：

$$S = \gamma_G S_{Gk} + \gamma_w S_{wk} \quad (10.2.1-1)$$

当永久荷载效应起控制作用时：

$$S = \gamma_G S_{Gk} + \psi_w \gamma_w S_{wk} \quad (10.2.1-2)$$

2 地震设计状况：

在水平地震作用下：

$$S_{Eh} = \gamma_G S_{Gk} + \gamma_{Eh} S_{Ehk} + \psi_w \gamma_w S_{wk}$$
$$(10.2.1-3)$$

在竖向地震作用下：

$$S_{Ev} = \gamma_G S_{Gk} + \gamma_{Ev} S_{Evk} \quad (10.2.1-4)$$

式中：S——基本组合的效应设计值；

S_{Eh}——水平地震作用组合的效应设计值；

S_{Ev}——竖向地震作用组合的效应设计值；

S_{Gk}——永久荷载的效应标准值；

S_{wk}——风荷载的效应标准值；

S_{Ehk}——水平地震作用的效应标准值；

S_{Evk}——竖向地震作用的效应标准值；

γ_G——永久荷载分项系数，按本规程第10.2.2条规定取值；

γ_w——风荷载分项系数，取1.4；

γ_{Eh}——水平地震作用分项系数，取1.3；

γ_{Ev}——竖向地震作用分项系数，取1.3；

ψ_w——风荷载组合系数。在持久设计状况下取0.6，地震设计状况下取0.2。

10.2.2 在持久设计状况、地震设计状况下，进行外挂墙板和连接节点的承载力设计时，永久荷载分项系数 γ_G 应按下列规定取值：

1 进行外挂墙板平面外承载力设计时，γ_G 应取为0；进行外挂墙板平面内承载力设计时，γ_G 应取为1.2；

2 进行连接节点承载力设计时，在持久设计状况下，当风荷载效应起控制作用时，γ_G 应取为1.2，当永久荷载效应起控制作用时，γ_G 应取为1.35；在地震设计状况下，γ_G 应取为1.2。当永久荷载效应对连接节点承载力有利时，γ_G 应取为1.0。

10.2.3 风荷载标准值应按现行国家标准《建筑结构荷载规范》GB 50009有关围护结构的规定确定。

10.2.4 计算水平地震作用标准值时，可采用等效侧力法，并应按下式计算：

$$F_{Ehk} = \beta_E \alpha_{max} G_k \quad (10.2.4)$$

式中：F_{Ehk}——施加于外挂墙板重心处的水平地震作

用标准值；

β_E——动力放大系数，可取5.0；

α_{max}——水平地震影响系数最大值，应按表10.2.4采用；

G_k——外挂墙板的重力荷载标准值。

表10.2.4 水平地震影响系数最大值 α_{max}

抗震设防烈度	6度	7度	8度
α_{max}	0.04	0.08 (0.12)	0.16 (0.24)

注：抗震设防烈度7、8度时括号内数值分别用于设计基本地震加速度为0.15g和0.30g的地区。

10.2.5 竖向地震作用标准值可取水平地震作用标准值的0.65倍。

10.3 外挂墙板和连接设计

10.3.1 外挂墙板的高度不宜大于一个层高，厚度不宜小于100mm。

10.3.2 外挂墙板宜采用双层、双向配筋，竖向和水平钢筋的配筋率均不应小于0.15%，且钢筋直径不宜小于5mm，间距不宜大于200mm。

10.3.3 门窗洞口周边、角部应配置加强钢筋。

10.3.4 外挂墙板最外层钢筋的混凝土保护层厚度除有专门要求外，应符合下列规定：

1 对石材或面砖饰面，不应小于15mm；

2 对清水混凝土，不应小于20mm；

3 对露骨料装饰面，应从最凹处混凝土表面计起，且不应小于20mm。

10.3.5 外挂墙板的截面设计应符合本规程第6.4节的要求。

10.3.6 外挂墙板与主体结构采用点支承连接时，连接件的滑动孔尺寸，应根据穿孔螺栓的直径、层间位移值和施工误差等因素确定。

10.3.7 外挂墙板间接缝的构造应符合下列规定：

1 接缝构造应满足防水、防火、隔声等建筑功能要求；

2 接缝宽度应满足主体结构的层间位移、密封材料的变形能力、施工误差、温差引起变形等要求，且不应小于15mm。

11 构件制作与运输

11.1 一般规定

11.1.1 预制构件制作单位应具备相应的生产工艺设施，并应有完善的质量管理体系和必要的试验检测手段。

11.1.2 预制构件制作前，应对其技术要求和质量标准进行技术交底，并应制定生产方案；生产方案应包括生产工艺、模具方案、生产计划、技术质量控制措施、成品保护、堆放及运输方案等内容。

11.1.3 预制构件用混凝土的工作性应根据产品类别和生产工艺要求确定,构件用混凝土原材料及配合比设计应符合国家现行标准《混凝土结构工程施工规范》GB 50666、《普通混凝土配合比设计规程》JGJ 55 和《高强混凝土应用技术规程》JGJ/T 281 等的规定。

11.1.4 预制结构构件采用钢筋套筒灌浆连接时,应在构件生产前进行钢筋套筒灌浆连接接头的抗拉强度试验,每种规格的连接接头试件数量不应少于 **3** 个。

11.1.5 预制构件用钢筋的加工、连接与安装应符合国家现行标准《混凝土结构工程施工规范》GB 50666 和《混凝土结构工程施工质量验收规范》GB 50204 等的有关规定。

11.2 制作准备

11.2.1 预制构件制作前,对带饰面砖或饰面板的构件,应绘制排砖图或排板图;对夹心外墙板,应绘制内外叶墙板的拉结件布置图及保温板排板图。

11.2.2 预制构件模具除应满足承载力、刚度和整体稳定性要求外,尚应符合下列规定:

　　1 应满足预制构件质量、生产工艺、模具组装与拆卸、周转次数等要求;

　　2 应满足预制构件预留孔洞、插筋、预埋件的安装定位要求;

　　3 预应力构件的模具应根据设计要求预设反拱。

11.2.3 预制构件模具尺寸的允许偏差和检验方法应符合表 11.2.3 的规定。当设计有要求时,模具尺寸的允许偏差应按设计要求确定。

表 11.2.3 预制构件模具尺寸的允许偏差和检验方法

项次	检验项目及内容		允许偏差(mm)	检验方法
1	长度	≤6m	1,－2	用钢尺量平行构件高度方向,取其中偏差绝对值较大处
		>6m且≤12m	2,－4	
		>12m	3,－5	
2	截面尺寸	墙板	1,－2	用钢尺测量两端或中部,取其中偏差绝对值较大处
3		其他构件	2,－4	
4	对角线差		3	用钢尺量纵、横两个方向对角线
5	侧向弯曲		l/1500且≤5	拉线,用钢尺量测侧向弯曲最大处

表 11.2.3

项次	检验项目及内容	允许偏差(mm)	检验方法
6	翘曲	l/1500	对角拉线测量交点间距离值的两倍
7	底模表面平整度	2	用 2m 靠尺和塞尺量
8	组装缝隙	1	用塞片或塞尺量
9	端模与侧模高低差	1	用钢尺量

注:l 为模具与混凝土接触面中最长边的尺寸。

11.2.4 预埋件加工的允许偏差应符合表 11.2.4 的规定。

表 11.2.4 预埋件加工允许偏差

项次	检验项目及内容		允许偏差(mm)	检验方法
1	预埋件锚板的边长		0,－5	用钢尺量
2	预埋件锚板的平整度		1	用直尺和塞尺量
3	锚筋	长度	10,－5	用钢尺量
		间距偏差	±10	用钢尺量

11.2.5 固定在模具上的预埋件、预留孔洞中心位置的允许偏差应符合表 11.2.5 的规定。

表 11.2.5 模具预留孔洞中心位置的允许偏差

项次	检验项目及内容	允许偏差(mm)	检验方法
1	预埋件、插筋、吊环、预留孔洞中心线位置	3	用钢尺量
2	预埋螺栓、螺母中心线位置	2	用钢尺量
3	灌浆套筒中心线位置	1	用钢尺量

注:检查中心线位置时,应沿纵、横两个方向量测,并取其中的较大值。

11.2.6 应选用不影响构件结构性能和装饰工程施工的隔离剂。

11.3 构件制作

11.3.1 在混凝土浇筑前应进行预制构件的隐蔽工程检查,检查项目应包括下列内容:

　　1 钢筋的牌号、规格、数量、位置、间距等;

　　2 纵向受力钢筋的连接方式、接头位置、接头质量、接头面积百分率、搭接长度等;

　　3 箍筋、横向钢筋的牌号、规格、数量、位置、间距,箍筋弯钩的弯折角度及平直段长度等;

　　4 预埋件、吊环、插筋的规格、数量、位置等;

5 灌浆套筒、预留孔洞的规格、数量、位置等；

6 钢筋的混凝土保护层厚度；

7 夹心外墙板的保温层位置、厚度，拉结件的规格、数量、位置等；

8 预埋管线、线盒的规格、数量、位置及固定措施。

11.3.2 带面砖或石材饰面的预制构件宜采用反打一次成型工艺制作，并应符合下列要求：

1 当构件饰面层采用面砖时，在模具中铺设面砖前，应根据排砖图的要求进行配砖和加工；饰面砖应采用背面带有燕尾槽或粘结性能可靠的产品。

2 当构件饰面层采用石材时，在模具中铺设石材前，应根据排板图的要求进行配板和加工；应按设计要求在石材背面钻孔、安装不锈钢卡钩、涂覆隔离层。

3 应采用具有抗裂性和柔韧性、收缩小且不污染饰面的材料嵌填面砖或石材之间的接缝，并应采取防止面砖或石材在安装钢筋、浇筑混凝土等生产过程中发生位移的措施。

11.3.3 夹心外墙板宜采用平模工艺生产，生产时应先浇筑外叶墙板混凝土层，再安装保温材料和拉结件，最后浇筑内叶墙板混凝土层；当采用立模工艺生产时，应同步浇筑内外叶墙板混凝土层，并应采取保证保温材料及拉结件位置准确的措施。

11.3.4 应根据混凝土的品种、工作性、预制构件的规格形状等因素，制定合理的振捣成型操作规程。混凝土应采用强制式搅拌机搅拌，并宜采用机械振捣。

11.3.5 预制构件采用洒水、覆盖等方式进行常温养护时，应符合现行国家标准《混凝土结构工程施工规范》GB 50666 的要求。

预制构件采用加热养护时，应制定养护制度对静停、升温、恒温和降温时间进行控制，宜在常温下静停 2h～6h，升温、降温速度不应超过 20℃/h，最高养护温度不宜超过 70℃，预制构件出池的表面温度与环境温度的差值不宜超过 25℃。

11.3.6 脱模起吊时，预制构件的混凝土立方体抗压强度应满足设计要求，且不应小于 15N/mm²。

11.3.7 采用后浇混凝土或砂浆、灌浆料连接的预制构件结合面，制作时应按设计要求进行粗糙面处理。设计无具体要求时，可采用化学处理、拉毛或凿毛等方法制作粗糙面。

11.3.8 预应力混凝土构件生产前应制定预应力施工技术方案和质量控制措施，并应符合现行国家标准《混凝土结构工程施工规范》GB 50666 和《混凝土结构工程施工质量验收规范》GB 50204 的要求。

11.4 构 件 检 验

11.4.1 预制构件的外观质量不应有严重缺陷，且不宜有一般缺陷。对已出现的一般缺陷，应按技术方案进行处理，并应重新检验。

11.4.2 预制构件的允许尺寸偏差及检验方法应符合表 11.4.2 的规定。预制构件有粗糙面时，与粗糙面相关的尺寸允许偏差可适当放松。

表 11.4.2 预制构件尺寸允许偏差及检验方法

项　　目		允许偏差(mm)	检验方法
长度	板、梁、柱、桁架 ＜12m	±5	尺量检查
	板、梁、柱、桁架 ≥12m 且＜18m	±10	
	板、梁、柱、桁架 ≥18m	±20	
	墙板	±4	
宽度、高（厚）度	板、梁、柱、桁架截面尺寸	±5	钢尺量一端及中部，取其中偏差绝对值较大处
	墙板的高度、厚度	±3	
表面平整度	板、梁、柱、墙板内表面	5	2m 靠尺和塞尺检查
	墙板外表面	3	
侧向弯曲	板、梁、柱	$l/750$ 且 ≤20	拉线、钢尺量最大侧向弯曲处
	墙板、桁架	$l/1000$ 且 ≤20	
翘曲	板	$l/750$	调平尺在两端量测
	墙板	$l/1000$	
对角线差	板	10	钢尺量两个对角线
	墙板、门窗口	5	
挠度变形	梁、板、桁架设计起拱	±10	拉线、钢尺量最大弯曲处
	梁、板、桁架下垂	0	
预留孔	中心线位置	5	尺量检查
	孔尺寸	±5	

续表 11.4.2

项 目		允许偏差（mm）	检验方法
预留洞	中心线位置	10	尺量检查
	洞口尺寸、深度	±10	
门窗口	中心线位置	5	尺量检查
	宽度、高度	±3	
预埋件	预埋件锚板中心线位置	5	尺量检查
	预埋件锚板与混凝土面平面高差	0，−5	
	预埋螺栓中心线位置	2	
	预埋螺栓外露长度	+10，−5	
	预埋套筒、螺母中心线位置	2	
	预埋套筒、螺母与混凝土面平面高差	0，−5	
	线管、电盒、木砖、吊环在构件平面的中心线位置偏差	20	
	线管、电盒、木砖、吊环与构件表面混凝土高差	0，−10	
预留插筋	中心线位置	3	尺量检查
	外露长度	+5，−5	
键槽	中心线位置	5	尺量检查
	长度、宽度、深度	±5	

注：1 l 为构件最长边的长度（mm）；
    2 检查中心线、螺栓和孔道位置偏差时，应沿纵横两个方向量测，并取其中偏差较大值。

11.4.3 预制构件应按设计要求和现行国家标准《混凝土结构工程施工质量验收规范》GB 50204 的有关规定进行结构性能检验。

11.4.4 陶瓷类装饰面砖与构件基面的粘结强度应符合现行行业标准《建筑工程饰面砖粘结强度检验标准》JGJ 110 和《外墙面砖工程施工及验收规范》JGJ 126 等的规定。

11.4.5 夹心外墙板的内外叶墙板之间的拉结件类别、数量及使用位置应符合设计要求。

11.4.6 预制构件检查合格后，应在构件上设置表面标识，标识内容宜包括构件编号、制作日期、合格状态、生产单位等信息。

11.5 运输与堆放

11.5.1 应制定预制构件的运输与堆放方案，其内容应包括运输时间、次序、堆放场地、运输线路、固定要求、堆放支垫及成品保护措施等。对于超高、超宽、形状特殊的大型构件的运输和堆放应有专门的质量安全保证措施。

11.5.2 预制构件的运输车辆应满足构件尺寸和载重要求，装卸与运输时应符合下列规定：

   1 装卸构件时，应采取保证车体平衡的措施；

   2 运输构件时，应采取防止构件移动、倾倒、变形等的固定措施；

   3 运输构件时，应采取防止构件损坏的措施，对构件边角部或链索接触处的混凝土，宜设置保护衬垫。

11.5.3 预制构件堆放应符合下列规定：

   1 堆放场地应平整、坚实，并应有排水措施；

   2 预埋吊件应朝上，标识宜朝向堆垛间的通道；

   3 构件支垫应坚实，垫块在构件下的位置宜与脱模、吊装时的起吊位置一致；

   4 重叠堆放构件时，每层构件间的垫块应上下对齐，堆垛层数应根据构件、垫块的承载力确定，并应根据需要采取防止堆垛倾覆的措施；

   5 堆放预应力构件时，应根据构件起拱值的大小和堆放时间采取相应措施。

11.5.4 墙板的运输与堆放应符合下列规定：

   1 当采用靠放架堆放或运输构件时，靠放架应具有足够的承载力和刚度，与地面倾斜角度宜大于80°；墙板宜对称靠放且外饰面朝外，构件上部宜采用木垫块隔离；运输时构件应采取固定措施。

   2 当采用插放架直立堆放或运输构件时，宜采取直立运输方式；插放架应有足够的承载力和刚度，并应支垫稳固。

   3 采用叠层平放的方式堆放或运输构件时，应采取防止构件产生裂缝的措施。

12 结 构 施 工

12.1 一 般 规 定

12.1.1 装配式结构施工前应制定施工组织设计、施工方案；施工组织设计的内容应符合现行国家标准

《建筑工程施工组织设计规范》GB/T 50502 的规定；施工方案的内容应包括构件安装及节点施工方案、构件安装的质量管理及安全措施等。

12.1.2 装配式结构的后浇混凝土部位在浇筑前应进行隐蔽工程验收。验收项目应包括下列内容：

1 钢筋的牌号、规格、数量、位置、间距等；

2 纵向受力钢筋的连接方式、接头位置、接头数量、接头面积百分率、搭接长度等；

3 纵向受力钢筋的锚固方式及长度；

4 箍筋、横向钢筋的牌号、规格、数量、位置、间距，箍筋弯钩的弯折角度及平直段长度；

5 预埋件的规格、数量、位置；

6 混凝土粗糙面的质量，键槽的规格、数量、位置；

7 预留管线、线盒等的规格、数量、位置及固定措施。

12.1.3 预制构件、安装用材料及配件等应符合设计要求及国家现行有关标准的规定。

12.1.4 吊装用吊具应按国家现行有关标准的规定进行设计、验算或试验检验。

吊具应根据预制构件形状、尺寸及重量等参数进行配置，吊索水平夹角不宜小于 60°，且不应小于45°；对尺寸较大或形状复杂的预制构件，宜采用有分配梁或分配桁架的吊具。

12.1.5 钢筋套筒灌浆前，应在现场模拟构件连接接头的灌浆方式，每种规格钢筋应制作不少于 3 个套筒灌浆连接接头，进行灌注质量以及接头抗拉强度的检验；经检验合格后，方可进行灌浆作业。

12.1.6 在装配式结构的施工全过程中，应采取防止预制构件及预制构件上的建筑附件、预埋件、预埋吊件等损伤或污染的保护措施。

12.1.7 未经设计允许不得对预制构件进行切割、开洞。

12.1.8 装配式结构施工过程中应采取安全措施，并应符合现行行业标准《建筑施工高处作业安全技术规范》JGJ 80、《建筑机械使用安全技术规程》JGJ 33 和《施工现场临时用电安全技术规范》JGJ 46 等的有关规定。

12.2 安装准备

12.2.1 应合理规划构件运输通道和临时堆放场地，并应采取成品堆放保护措施。

12.2.2 安装施工前，应核对已施工完成结构的混凝土强度、外观质量、尺寸偏差等符合现行国家标准《混凝土结构工程施工规范》GB 50666 和本规程的有关规定，并应核对预制构件的混凝土强度及预制构件和配件的型号、规格、数量等符合设计要求。

12.2.3 安装施工前，应进行测量放线、设置构件安装定位标识。

12.2.4 安装施工前，应复核构件装配位置、节点连接构造及临时支撑方案等。

12.2.5 安装施工前，应检查复核吊装设备及吊具处于安全操作状态。

12.2.6 安装施工前，应核实现场环境、天气、道路状况等满足吊装施工要求。

12.2.7 装配式结构施工前，宜选择有代表性的单元进行预制构件试安装，并应根据试安装结果及时调整完善施工方案和施工工艺。

12.3 安装与连接

12.3.1 预制构件吊装就位后，应及时校准并采取临时固定措施，并应符合现行国家标准《混凝土结构工程施工规范》GB 50666 的相关规定。

12.3.2 采用钢筋套筒灌浆连接、钢筋浆锚搭接连接的预制构件就位前，应检查下列内容：

1 套筒、预留孔的规格、位置、数量和深度；

2 被连接钢筋的规格、数量、位置和长度。

当套筒、预留孔内有杂物时，应清理干净；当连接钢筋倾斜时，应进行校直。连接钢筋偏离套筒或孔洞中心线不宜超过 5mm。

12.3.3 墙、柱构件的安装应符合下列规定：

1 构件安装前，应清洁结合面；

2 构件底部应设置可调整接缝厚度和底部标高的垫块；

3 钢筋套筒灌浆连接接头、钢筋浆锚搭接连接接头灌浆前，应对接缝周围进行封堵，封堵措施应符合结合面承载力设计要求；

4 多层预制剪力墙底部采用坐浆材料时，其厚度不宜大于 20mm。

12.3.4 钢筋套筒灌浆连接接头、钢筋浆锚搭接连接接头应按检验批划分要求及时灌浆，灌浆作业应符合国家现行有关标准及施工方案的要求，并应符合下列规定：

1 灌浆施工时，环境温度不应低于 5℃；当连接部位养护温度低于 10℃ 时，应采取加热保温措施；

2 灌浆操作全过程应有专职检验人员负责旁站监督并及时形成施工质量检查记录；

3 应按产品使用说明书的要求计量灌浆料和水的用量，并搅拌均匀；每次拌制的灌浆料拌合物应进行流动度的检测，且其流动度应满足本规程的规定；

4 灌浆作业应采用压浆法从下口灌注，当浆料从上口流出后应及时封堵，必要时可设分仓进行灌浆；

5 灌浆料拌合物应在制备后 30min 内用完。

12.3.5 焊接或螺栓连接的施工应符合国家现行标准《钢筋焊接及验收规程》JGJ 18、《钢结构焊接规范》GB 50661、《钢结构工程施工规范》GB 50755 和《钢结构工程施工质量验收规范》GB 50205 的有关规定。

采用焊接连接时，应采取防止因连续施焊引起的连接部位混凝土开裂的措施。

12.3.6 钢筋机械连接的施工应符合现行行业标准《钢筋机械连接技术规程》JGJ 107 的有关规定。

12.3.7 后浇混凝土的施工应符合下列规定：

1 预制构件结合面疏松部分的混凝土应剔除并清理干净；

2 模板应保证后浇混凝土部分形状、尺寸和位置准确，并应防止漏浆；

3 在浇筑混凝土前应洒水润湿结合面，混凝土应振捣密实；

4 同一配合比的混凝土，每工作班且建筑面积不超过 $1000m^2$ 应制作一组标准养护试件，同一楼层应制作不少于 3 组标准养护试件。

12.3.8 构件连接部位后浇混凝土及灌浆料的强度达到设计要求后，方可拆除临时固定措施。

12.3.9 受弯叠合构件的装配施工应符合下列规定：

1 应根据设计要求或施工方案设置临时支撑；

2 施工荷载宜均匀布置，并不应超过设计规定；

3 在混凝土浇筑前，应按设计要求检查结合面的粗糙度及预制构件的外露钢筋；

4 叠合构件应在后浇混凝土强度达到设计要求后，方可拆除临时支撑。

12.3.10 安装预制受弯构件时，端部的搁置长度应符合设计要求，端部与支承构件之间应坐浆或设置支承垫块，坐浆或支承垫块厚度不宜大于 20mm。

12.3.11 外挂墙板的连接节点及接缝构造应符合设计要求；墙板安装完成后，应及时移除临时支承支座、墙板接缝内的传力垫块。

12.3.12 外墙板接缝防水施工应符合下列规定：

1 防水施工前，应将板缝空腔清理干净；

2 应按设计要求填塞背衬材料；

3 密封材料嵌填应饱满、密实、均匀、顺直、表面平滑，其厚度应符合设计要求。

13 工 程 验 收

13.1 一 般 规 定

13.1.1 装配式结构应按混凝土结构子分部工程进行验收；当结构中部分采用现浇混凝土结构时，装配式结构部分可作为混凝土结构子分部工程的分项工程进行验收。

装配式结构验收除应符合本规程规定外，尚应符合现行国家标准《混凝土结构工程施工质量验收规范》GB 50204 的有关规定。

13.1.2 预制构件的进场质量验收应符合现行国家标准《混凝土结构工程施工质量验收规范》GB 50204 的有关规定。

13.1.3 装配式结构焊接、螺栓等连接用材料的进场验收应符合现行国家标准《钢结构工程施工质量验收规范》GB 50205 的有关规定。

13.1.4 装配式结构的外观质量除设计有专门的规定外，尚应符合现行国家标准《混凝土结构工程施工质量验收规范》GB 50204 中关于现浇混凝土结构的有关规定。

13.1.5 装配式建筑的饰面质量应符合设计要求，并应符合现行国家标准《建筑装饰装修工程质量验收规范》GB 50210 的有关规定。

13.1.6 装配式混凝土结构验收时，除应按现行国家标准《混凝土结构工程施工质量验收规范》GB 50204 的要求提供文件和记录外，尚应提供下列文件和记录：

1 工程设计文件、预制构件制作和安装的深化设计图；

2 预制构件、主要材料及配件的质量证明文件、进场验收记录、抽样复验报告；

3 预制构件安装施工记录；

4 钢筋套筒灌浆、浆锚搭接连接的施工检验记录；

5 后浇混凝土部位的隐蔽工程检查验收文件；

6 后浇混凝土、灌浆料、坐浆材料强度检测报告；

7 外墙防水施工质量检验记录；

8 装配式结构分项工程质量验收文件；

9 装配式工程的重大质量问题的处理方案和验收记录；

10 装配式工程的其他文件和记录。

13.2 主 控 项 目

13.2.1 后浇混凝土强度应符合设计要求。

检查数量：按批检验，检验批应符合本规程第12.3.7条的有关要求。

检验方法：按现行国家标准《混凝土强度检验评定标准》GB/T 50107 的要求进行。

13.2.2 钢筋套筒灌浆连接及浆锚搭接连接的灌浆应密实饱满。

检查数量：全数检查。

检验方法：检查灌浆施工质量检查记录。

13.2.3 钢筋套筒灌浆连接及浆锚搭接连接用的灌浆料强度应满足设计要求。

检查数量：按批检验，以每层为一检验批；每工作班应制作一组且每层不应少于 3 组 40mm×40mm ×160mm 的长方体试件，标准养护 28d 后进行抗压强度试验。

检验方法：检查灌浆料强度试验报告及评定记录。

13.2.4 剪力墙底部接缝坐浆强度应满足设计要求。

检查数量：按批检验，以每层为一检验批；每工作班应制作一组且每层不应少于3组边长为70.7mm的立方体试件，标准养护28d后进行抗压强度试验。

检验方法：检查坐浆材料强度试验报告及评定记录。

13.2.5 钢筋采用焊接连接时，其焊接质量应符合现行行业标准《钢筋焊接及验收规程》JGJ 18 的有关规定。

检查数量：按现行行业标准《钢筋焊接及验收规程》JGJ 18 的规定确定。

检验方法：检查钢筋焊接施工记录及平行加工试件的强度试验报告。

13.2.6 钢筋采用机械连接时，其接头质量应符合现行行业标准《钢筋机械连接技术规程》JGJ 107 的有关规定。

检查数量：按现行行业标准《钢筋机械连接技术规程》JGJ 107 的规定确定。

检验方法：检查钢筋机械连接施工记录及平行加工试件的强度试验报告。

13.2.7 预制构件采用焊接连接时，钢材焊接的焊缝尺寸应满足设计要求，焊缝质量应符合现行国家标准《钢结构焊接规范》GB 50661 和《钢结构工程施工质量验收规范》GB 50205 的有关规定。

检查数量：全数检查。

检验方法：按现行国家标准《钢结构工程施工质量验收规范》GB 50205 的要求进行。

13.2.8 预制构件采用螺栓连接时，螺栓的材质、规格、拧紧力矩应符合设计要求及现行国家标准《钢结构设计规范》GB 50017 和《钢结构工程施工质量验收规范》GB 50205 的有关规定。

检查数量：全数检查。

检验方法：按现行国家标准《钢结构工程施工质量验收规范》GB 50205 的要求进行。

13.3 一般项目

13.3.1 装配式结构尺寸允许偏差应符合设计要求，并应符合表 13.3.1 中的规定。

表 13.3.1 装配式结构尺寸允许偏差及检验方法

项目		允许偏差（mm）	检验方法
构件中心线对轴线位置	基础	15	尺量检查
	竖向构件（柱、墙、桁架）	10	
	水平构件（梁、板）	5	
构件标高	梁、柱、墙、板底面或顶面	±5	水准仪或尺量检查

续表 13.3.1

项目			允许偏差（mm）	检验方法
构件垂直度	柱、墙	<5m	5	经纬仪或全站仪量测
		≥5m且<10m	10	
		≥10m	20	
构件倾斜度	梁、桁架		5	垂线、钢尺量测
相邻构件平整度	板端面		5	钢尺、塞尺量测
	梁、板底面	抹灰	5	
		不抹灰	3	
	柱、墙侧面	外露	5	
		不外露	10	
构件搁置长度	梁、板		±10	尺量检查
支座、支垫中心位置	板、梁、柱、墙、桁架		10	尺量检查
墙板接缝	宽度		±5	尺量检查
	中心线位置			

检查数量：按楼层、结构缝或施工段划分检验批。在同一检验批内，对梁、柱，应抽查构件数量的10%，且不少于3件；对墙和板，应按有代表性的自然间抽查10%，且不少于3间；对大空间结构，墙可按相邻轴线间高度5m左右划分检查面，板可按纵、横轴线划分检查面，抽查10%，且均不少于3面。

13.3.2 外墙板接缝的防水性能应符合设计要求。

检查数量：按批检验。每1000m²外墙面积应划分为一个检验批，不足1000m²时也应划分为一个检验批；每个检验批每100m²应至少抽查一处，每处不得少于10m²。

检验方法：检查现场淋水试验报告。

附录 A 多层剪力墙结构水平接缝连接节点构造

A.0.1 连接钢筋采用套筒灌浆连接（图 A.0.1）时，可在下层预制剪力墙中设置竖向连接钢筋与上层预制剪力墙内的连接钢筋通过套筒灌浆连接，并应符合本规程第6.5.3条的规定；连接钢筋可在预制剪力墙中通长设置，或在预制剪力墙中可靠锚固。

A.0.2 连接钢筋采用浆锚搭接连接（图 A.0.2）时，可在下层预制剪力墙中设置竖向连接钢筋与上层预制剪力墙内的连接钢筋通过浆锚搭接连接，并应符合本规程第6.5.4条的规定；连接钢筋可在预制剪力墙中

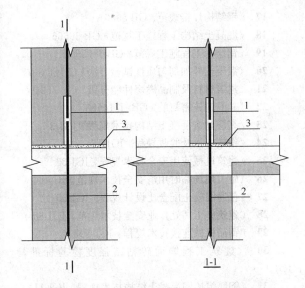

图 A.0.1 连接钢筋套筒灌浆连接构造示意
1—钢筋套筒灌浆连接；2—连接钢筋；3—坐浆层

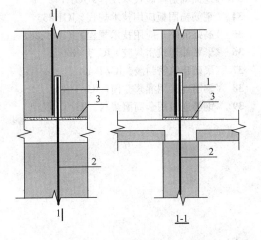

图 A.0.2 连接钢筋浆锚搭接连接构造示意
1— 钢筋浆锚搭接连接；2—连接钢筋；3—坐浆层

通长设置，或在预制剪力墙中可靠锚固。

A.0.3 连接钢筋采用焊接连接（图 A.0.3）时，可

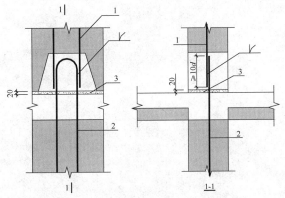

图 A.0.3 连接钢筋焊接连接构造示意
1—上层预制剪力墙连接钢筋；2—下层预制剪力墙
连接钢筋；3—坐浆层

在下层预制剪力墙中设置竖向连接钢筋，与上层预制剪力墙底部的预留钢筋焊接连接，焊接长度不应小于 $10d$（d 为连接钢筋直径）；连接部位预留键槽的尺寸，应满足焊接施工的空间要求；预留键槽应用后浇细石混凝土填实。连接钢筋可在预制剪力墙中通长设置，或在预制剪力墙中可靠锚固。当下层预制剪力墙中的连接钢筋兼作吊环使用时，尚应符合现行国家标准《混凝土结构设计规范》GB 50010 的有关规定。

A.0.4 连接钢筋采用预焊钢板焊接连接（图 A.0.4）时，应在下层预制剪力墙中设置竖向连接钢筋，与在上层预制剪力墙中设置的连接钢筋底部预焊的连接用钢板焊接连接，焊接长度不应小于 $10d$（d 为连接钢筋直径）；连接部位预留键槽的尺寸，应满足焊接施工的空间要求；预留键槽应采用后浇细石混凝土填实。连接钢筋应在预制剪力墙中通长设置，或在预制剪力墙中可靠锚固。当下层预制剪力墙体中的连接钢筋兼作吊环使用时，尚应符合现行国家标准《混凝土结构设计规范》GB 50010 的有关规定。

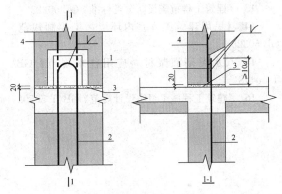

图 A.0.4 连接钢筋预焊钢板接连接构造示意
1— 预焊钢板；2—下层预制剪力墙连接钢筋；3—坐浆层；
4—上层预制剪力墙连接钢筋

本规程用词说明

1 为便于在执行本规程条文时区别对待，对要求严格程度不同的用词说明如下：

　　1）表示很严格，非这样做不可的：
　　　　正面词采用"必须"，反面词采用"严禁"；
　　2）表示严格，在正常情况下均应这样做的：
　　　　正面词采用"应"，反面词采用"不应"或"不得"；
　　3）表示允许稍有选择，在条件允许时首先这样做的：
　　　　正面词采用"宜"，反面词采用"不宜"；
　　4）表示有选择，在一定条件下可以这样做的，采用"可"。

2 条文中指明应按其他有关标准执行的写法为："应符合……的规定"或"应按……执行"。

引用标准名录

1 《建筑模数协调标准》GB 50002

2 《建筑结构荷载规范》GB 50009

3 《混凝土结构设计规范》GB 50010

4 《建筑抗震设计规范》GB 50011

5 《建筑防火设计规范》GB 50016

6 《钢结构设计规范》GB 50017

7 《普通混凝土拌合物性能试验方法标准》GB/T 50080

8 《混凝土强度检验评定标准》GB/T 50107

9 《混凝土结构工程施工质量验收规范》GB 50204

10 《钢结构工程施工质量验收规范》GB 50205

11 《建筑装饰装修工程质量验收规范》GB 50210

12 《建筑内部装修设计防火规范》GB 50222

13 《建筑工程抗震设防分类标准》GB 50223

14 《民用建筑工程室内环境污染控制规范》GB 50325

15 《水泥基灌浆材料应用技术规范》GB/T 50448

16 《建筑工程施工组织设计规范》GB/T 50502

17 《钢结构焊接规范》GB 50661

18 《混凝土结构工程施工规范》GB 50666

19 《钢结构工程施工规范》GB 50755

20 《混凝土外加剂匀质性试验方法》GB/T 8077

21 《建筑材料及制品燃烧性能分级》GB 8624

22 《硅酮建筑密封胶》GB/T 14683

23 《高层建筑混凝土结构技术规程》JGJ 3

24 《钢筋焊接及验收规程》JGJ 18

25 《建筑机械使用安全技术规程》JGJ 33

26 《施工现场临时用电安全技术规范》JGJ 46

27 《普通混凝土配合比设计规程》JGJ 55

28 《建筑施工高处作业安全技术规范》JGJ 80

29 《钢筋机械连接技术规程》JGJ 107

30 《建筑工程饰面砖粘结强度检验标准》JGJ 110

31 《钢筋焊接网混凝土结构技术规程》JGJ 114

32 《外墙面砖工程施工及验收规范》JGJ 126

33 《地面辐射供暖技术规程》JGJ 142

34 《钢筋锚固板应用技术规程》JGJ 256

35 《高强混凝土应用技术规程》JGJ/T 281

36 《聚氨酯建筑密封胶》JC/T 482

37 《聚硫建筑密封胶》JC/T 483

38 《钢筋连接用灌浆套筒》JG/T 398

39 《钢筋连接用套筒灌浆料》JG/T 408

中华人民共和国行业标准

装配式混凝土结构技术规程

JGJ 1—2014

条 文 说 明

修 订 说 明

《装配式混凝土结构技术规程》JGJ 1－2014 经住房和城乡建设部 2014 年 2 月 10 日以第 310 号公告批准、发布。

本规程是在《装配式大板居住建筑设计和施工规程》JGJ 1－91 的基础上修订而成的。上一版的主编单位是中国建筑技术发展研究中心和中国建筑科学研究院，参编单位是清华大学、北京建筑工程学院、北方工业大学、北京市住宅建筑设计院、北京市住宅建筑勘察设计所、北京市住宅壁板厂、甘肃省城乡规划设计研究院、甘肃省建筑科学研究所、陕西省建筑科学研究所、北京市建筑工程总公司、北京市建筑设计研究院。主要起草人员是黄际洸、万墨林、李晓明、吴永平、陈燕明、陈芹、霍晋生、韩维真、李振长、马韵玉、竺士敏、王少安、陈祖跃、杨善勤、朱幼麟、王德华、唐永祥。

在本规程修订过程中，规程编制组进行了广泛的调查研究，查阅了大量国外相关文献，认真总结了装配式混凝土结构在我国工程实践中的经验和教训，开展了多项相关的试验研究和专题研究工作，参考国外先进标准，与我国相关标准进行了协调，完成本规程修订编制。

为便于广大设计、施工、科研、学校等单位有关人员在使用本规程时能正确理解和执行条文规定，《装配式混凝土结构技术规程》编制组按章、节、条顺序编制了本规程的条文说明，对条文规定的目的、依据以及执行中需注意的有关事项进行了说明，还着重对强制性条文的强制性理由作了解释。但条文说明不具备与规程正文同等的效力，仅供使用者作为理解和把握规程规定的参考。

目　次

1 总　　则

1.0.1 为落实"节能、降耗、减排、环保"的基本国策，实现资源、能源的可持续发展，推动我国建筑产业的现代化进程，提高工业化水平，本规程对原《装配式大板居住建筑技术规程》JGJ 1-91进行了修订。

装配式建筑具有工业化水平高、便于冬期施工、减少施工现场湿作业量、减少材料消耗、减少工地扬尘和建筑垃圾等优点，它有利于实现提高建筑质量、提高生产效率、降低成本、实现节能减排和保护环境的目的。装配式建筑在许多国家和地区，如欧洲、新加坡，以及美国、日本、新西兰等处于高烈度地震区的国家都得到了广泛的应用。在我国，近年来，由于节能减排要求的提高，以及劳动力价格的大幅度上涨等因素，预制混凝土构件的应用开始摆脱低谷，呈现迅速上升的趋势。

与上一代的装配式结构相比，新一代的装配式结构采用了许多先进技术。在此基础上，本规程制定的内容，在技术上也有较大的提升。本规程综合反映了国内外近几年来在装配式结构领域的最新科研成果和工程实践经验；要求装配整体式结构的可靠度、耐久性及整体性等基本上与现浇混凝土结构等同；所提出的各项要求与国家现行相关标准协调一致。

本规程是对装配式结构设计的最低限度要求，设计者可根据具体情况适当提高设计的安全储备。

1.0.2 本规程采用的预制构件受力钢筋的连接方式，主要推荐了在美国和日本等地震多发国家得到普遍应用的钢筋套筒灌浆连接的技术。这种连接技术，在美国被视为是一种机械连接接头，因此被广泛地应用于建筑工程。同时，本规程中还推荐了浆锚搭接连接的技术，该技术为我国自主研发，已经具备了应用的技术基础。根据结构的整体稳固性和抗震性能的要求，本规程还强调了预制构件和后浇混凝土相结合的结构措施。本规程的基本设计概念，是在采用上述各项技术的基础上，通过合理的构造措施，提高装配式结构的整体性，实现装配式结构与现浇混凝土结构基本等同的要求。

根据上述基本设计概念，本规程编制组在编制过程中开展了大量的试验研究工作，取得了一定的成果。科研成果表明，本规程适用于非抗震设计及抗震设防烈度为6度~8度抗震设计地区的乙类及乙类以下的各种民用建筑，其中包括居住建筑和公共建筑。结构体系主要包括：装配整体式框架结构、装配整体式剪力墙结构、装配整体式框架-现浇剪力墙结构，以及装配整体式部分框支剪力墙结构。对装配式筒体结构、板柱结构、梁柱节点为铰接的框架结构等，由于研究工作尚未深入，工程实践较少，本次修订工作

暂未纳入。

本规程也未包括甲类建筑以及9度抗震设计的装配式结构，如需采用，应进行专门论证。

由于工业建筑的使用条件差别很大，本规程原则上不适用于排架结构类型的工业建筑。但是，使用条件和结构类型与民用建筑相似的工业建筑，如轻工业厂房等可以参照本规程执行。

本规程的内容反映了目前装配式结构设计的成熟做法及其一般原则和基本要求。设计者应根据国家现行有关标准的要求，结合工程实践，进行技术创新，推动装配式结构技术的不断进步。

1.0.3 装配式结构仍属于混凝土结构。因此，装配式结构的设计、施工与验收除执行本规程外，尚应符合《混凝土结构设计规范》GB 50010，《建筑抗震设计规范》GB 50011，《混凝土结构工程施工质量验收规范》GB 50204，《混凝土结构工程施工规范》GB 50666，《高层建筑混凝土结构技术规程》JGJ 3等与混凝土相关的国家和行业现行标准的要求，以及《建筑结构荷载规范》GB 50009等国家和行业现行相关标准的要求。

2　术语和符号

2.1　术　　语

本节对装配式结构特有的常用术语进行定义。在《建筑结构设计术语和符号标准》GB/T 50083以及其他国家和行业现行相关标准中已有表述的，基本不重复列出。

2.1.1 本规程涉及的预制构件，是指不在现场原位支模浇筑的构件。它们不仅包括在工厂制作的预制构件，还包括由于受到施工场地或运输等条件限制，而又有必要采用装配式结构时，在现场制作的预制构件。

2.1.2、2.1.3 装配式结构可以包括多种类型。当主要受力预制构件之间的连接，如：柱与柱、墙与墙、梁与柱或墙等预制构件之间，通过后浇混凝土和钢筋套筒灌浆连接等技术进行连接时，可足以保证装配式结构的整体性能，使其结构性能与现浇混凝土基本等同，此时称其为装配整体式结构。装配整体式结构是装配式结构的一种特定的类型。当主要受力预制构件之间的连接，如：墙与墙之间通过干式节点进行连接时，此时结构的总体刚度与现浇混凝土结构相比，会有所降低，此类结构不属于装配整体式结构。根据我国目前的研究工作水平和工程实践经验，对于高层建筑，本规程仅涉及了装配整体式结构。

2.1.4、2.1.5 本规程的主要适用范围为装配整体式框架结构和装配整体式剪力墙结构。因此，对本规程涉及的几种主要的装配整体式结构分别进行定义。

2.1.6 本规程涉及的叠合受弯构件主要包括叠合梁和叠合楼板。

2.1.7 非承重外墙板在国内外都得到广泛的应用。在国外，外墙板有多种类型，主要包括墙板、梁板和柱板等。鉴于我国目前对外墙板的研究水平，本版规程仅涉及高度方向跨越一个层高、宽度方向跨越一个开间的起围护作用的非承重预制外挂墙板。

2.1.8 预制夹心外墙板在国外称之为"三明治"墙板。根据其受力情况可分为承重和非承重墙板，根据内外叶墙体共同工作的情况，又可分为组合墙板和非组合墙板。根据我国目前对预制夹心外墙板的研究水平和工程实践的实际情况，本规程仅涉及内叶墙体承重的非组合夹心外墙板。

2.1.10 受力钢筋套筒灌浆连接接头的技术在美国和日本已经有近四十年的应用历史，在我国台湾地区也有多年的应用历史。四十年来，上述国家和地区对钢筋套筒灌浆连接的技术进行了大量的试验研究，采用这项技术的建筑物也经历了多次地震的考验，包括日本一些大地震的考验。美国 ACI 明确地将这种接头归类为机械连接接头，并将这项技术广泛用于预制构件受力钢筋的连接，同时也用于现浇混凝土受力钢筋的连接，是一项十分成熟和可靠的技术。在我国，这种接头在电力和冶金部门有过二十余年的成功应用，近年来，开始引入建工部门。中国建筑科学研究院、中冶建筑研究总院有限公司、清华大学、万科企业股份有限公司等单位都对这种接头进行了一定数量的试验研究工作，证实了它的安全性。受力钢筋套筒灌浆连接接头的技术是本规程重要的技术基础。

2.1.11 钢筋浆锚搭接连接，是将预制构件的受力钢筋在特制的预留孔洞内进行搭接的技术。构件安装时，将需搭接的钢筋插入孔洞内至设定的搭接长度，通过灌浆孔和排气孔向孔洞内灌入灌浆料，经灌浆料凝结硬化后，完成两根钢筋的搭接。其中，预制构件的受力钢筋在采用有螺旋箍筋约束的孔道中进行搭接的技术，称为钢筋约束浆锚搭接连接。

2.2 符　号

本规程中与《混凝土结构设计规范》GB 50010 等国家现行标准相同的符号基本沿用，并增加了本规程专用的符号。

3 基 本 规 定

3.0.1 装配式结构与全现浇混凝土结构的设计和施工过程是有一定区别的。对装配式结构，建设、设计、施工、制作各单位在方案阶段就需要进行协同工作，共同对建筑平面和立面根据标准化原则进行优化，对应用预制构件的技术可行性和经济性进行论证，共同进行整体策划，提出最佳方案。与此同时，建筑、结构、设备、装修等各专业也应密切配合，对

预制构件的尺寸和形状、节点构造等提出具体技术要求，并对制作、运输、安装和施工全过程的可行性以及造价等作出预测。此项工作对建筑功能和结构布置的合理性，以及对工程造价等都会产生较大的影响，是十分重要的。

3.0.2 装配式结构的建筑设计，应在满足建筑功能的前提下，实现基本单元的标准化定型，以提高定型的标准化建筑构配件的重复使用率，这将非常有利于降低造价。

3.0.3 装配式结构的设计首先应满足国家标准《混凝土结构设计规范》GB 50010－2010 第三章"基本设计规定"的各项要求。本规程的各项基本规定主要是根据装配式结构自身的特点，强调提出的附加要求。对于在偶然作用下，可能导致连续倒塌的装配式结构，应根据国家标准《混凝土结构设计规范》GB 50010－2010 的要求，进行防连续倒塌设计。

装配式结构的设计，应注重概念设计和结构分析模型的建立，以及预制构件的连接设计。本版规程对于高层装配式结构设计的主要概念，是在选用可靠的预制构件受力钢筋连接技术的基础上，采用预制构件与后浇混凝土相结合的方法，通过连接节点合理的构造措施，将装配式结构连接成一个整体，保证其结构性能具有与现浇混凝土结构等同的整体性、延性、承载力和耐久性能，达到与现浇混凝土等同的效果。对于多层装配式剪力墙结构，应根据实际选用的连接节点类型，和具体采用的构造措施的特点，采用相应的结构分析的计算模型。

装配式结构成败的关键在于预制构件之间，以及预制构件与现浇和后浇混凝土之间的连接技术，其中包括连接接头的选用和连接节点的构造设计。欧洲 FIB 标准将装配式结构中预制构件的连接设计要求归纳为：标准化、简单化、抗拉能力、延性、变形能力、防火、耐久性和美学等八个方面的要求，即节点连接构造不仅应满足结构的力学性能，尚应满足建筑物理性能的要求。

3.0.4 与现浇混凝土相同，在抗震设防地区，装配式结构的抗震设防类别及相应的抗震设防标准，应符合现行国家标准《建筑工程抗震设防分类标准》GB 50223 的规定。

3.0.5 预制构件合理的接缝位置以及尺寸和形状的设计是十分重要的，它对建筑功能、建筑平立面、结构受力状况、预制构件承载能力、工程造价等都会产生一定的影响。设计时，应同时满足建筑模数协调、建筑物理性能、结构和预制构件的承载能力、便于施工和进行质量控制等多项要求。同时应尽量减少预制构件的种类，保证模板能够多次重复使用，以降低造价。

与传统的建筑方法相比，装配式建筑有更多的连接接口，因此，对工业化生产的预制构件而言，选用适宜的公差是十分重要的。规定公差的目的是为了建

立预制构件之间的协调标准。一般来说，基本公差主要包括制作公差、安装公差、位形公差和连接公差。公差提供了对预制构件推荐的尺寸和形状的边界，构件加工和施工单位根据这些实际的尺寸和形状制作和安装预制构件，以此保证各种预制构件在施工现场能合理地装配在一起，并保证在安装接缝、加工制作、放线定位中的误差发生在允许的范围内，使接口的功能、质量和美观均达到设计预期的要求。

3.0.6 在预制构件加工制作阶段，应将各专业、各工种所需的预留孔洞、预埋件等一并完成，避免在施工现场进行剔凿、切割，伤及预制构件，影响质量及观感。因此，在一般情况下，装配式结构的施工图完成后，还需要进行预制构件的深化设计，以便于预制构件的加工制作。这项工作应由具有相应设计资质的单位完成。预制构件的深化设计可以由设计院完成，也可委托有相应设计资质的单位单独完成深化设计详图。

4 材 料

4.1 混凝土、钢筋和钢材

4.1.1 装配式结构中所采用的混凝土、钢筋、钢材的各项力学性能指标，以及结构混凝土材料的耐久性能的要求，应分别符合现行国家标准《混凝土结构设计规范》GB 50010、《钢结构设计规范》GB 50017 的相应规定。

与原规程《装配式大板居住建筑设计和施工规程》JGJ 1-91 相比，本版规程对于连接接缝的设计要求，增加了设置抗剪粗糙面的要求，由抗剪粗糙面和抗剪键槽共同形成连接接缝处混凝土的抗剪能力。在受剪承载力计算中，与现行国家标准《混凝土结构设计规范》GB 50010 保持一致，采用了混凝土轴心抗拉强度设计值指标，取消了原规程《装配式大板居住建筑设计和施工规程》JGJ 1-91 中有关混凝土抗剪强度的指标。

4.1.2 实现建筑工业化的目的之一，是提高产品质量。预制构件在工厂生产，易于进行质量控制，因此对其采用的混凝土的最低强度等级的要求高于现浇混凝土。

4.1.3 钢筋套筒灌浆连接接头和浆锚搭接连接接头，主要适用于现行国家标准《混凝土结构设计规范》GB 50010 中所规定的热轧带肋钢筋。热轧带肋钢筋的肋，可以使钢筋与灌浆料之间产生足够的摩擦力，有效地传递应力，从而形成可靠的连接接头。

4.1.4 应鼓励在预制构件中采用钢筋焊接网，以提高建筑的工业化生产水平。

4.1.5 本条与国家标准《混凝土结构设计规范》GB 50010-2010 的第 9.7.5 条的规定保持一致。为了达到节约材料、方便施工、吊装可靠的目的，并避免外露金属件的锈蚀，预制构件的吊装方式宜优先采用内

埋式螺母、内埋式吊杆或预留吊装孔。这些部件及配套的专用吊具等所采用的材料，应根据相应的产品标准和应用技术规程选用。

4.2 连 接 材 料

4.2.1 预制构件的连接技术是装配式结构关键的、核心的技术。其中，钢筋套筒灌浆连接接头技术是本规程所推荐主要的接头技术，也是形成各种装配整体式混凝土结构的重要基础。

钢筋套筒灌浆连接接头的工作机理，是基于灌浆套筒内灌浆料有较高的抗压强度，同时自身还具有微膨胀特性，当它受到灌浆套筒的约束作用时，在灌浆料与灌浆套筒内侧筒壁间产生较大的正向应力，钢筋藉此正向应力在其带肋的粗糙表面产生摩擦力，藉以传递钢筋轴向应力。因此，灌浆套筒连接接头要求灌浆料有较高的抗压强度，灌浆套筒应具有较大的刚度和较小的变形能力。

制作灌浆套筒采用的材料可以采用碳素结构钢、合金结构钢或球墨铸铁等。传统的灌浆套筒内侧筒壁的凹凸构造复杂，采用机械加工工艺制作的难度较大。因此，许多国家和地区，如日本、我国台湾地区多年来一直采用球墨铸铁用铸造方法制造灌浆套筒。近年来，我国在已有的钢筋机械连接技术的基础上，开发出了用碳素结构钢或合金结构钢材料，并采用机械加工方法制作灌浆套筒，已经多年工程实践的考验，证实了其良好、可靠的连接性能。

目前，由中国建筑科学研究院主编完成的建筑工业产品标准《钢筋连接用灌浆套筒》JG/T 398 已由住房和城乡建设部正式批准，并已发布实施。装配式结构中所用钢筋连接用灌浆套筒应符合该标准的要求。

4.2.2 钢筋套筒灌浆连接接头的另一个关键技术，在于灌浆料的质量。灌浆料应具有高强、早强、无收缩和微膨胀等基本特性，以使其能与套筒、被连接钢筋更有效地结合在一起共同工作，同时满足装配式结构快速施工的要求。

目前，由北京榆构有限公司主编完成的建筑工业产品标准《钢筋连接用套筒灌浆料》JG/T 408-2013 已由住房和城乡建设部正式批准，并已发布实施。装配式结构中钢筋套筒连接用灌浆料应符合该标准的要求。

4.2.3 钢筋浆锚搭接连接，是钢筋在预留孔洞中完成搭接连接的方式。这项技术的关键，在于孔洞的成型技术、灌浆料的质量以及对被搭接钢筋形成约束的方法等多个因素。哈尔滨工业大学、黑龙江宇辉新型建筑材料有限公司、东南大学、南通建筑工程总承包有限公司等单位已积累了许多试验研究成果和工程实践经验。本条是在以上单位研究成果的基础上，对采用钢筋浆锚搭接连接接头时，所用灌浆料的各项主要

性能指标提出要求。

4.2.4~4.2.6 装配式结构预制构件的连接方式，根据建筑物的不同的层高、不同的抗震设防烈度等不同的条件，可以采用许多不同的形式。当建筑物层数较低时，通过钢筋锚固板、预埋件等进行连接的方式，也是可行的连接方式。其中，钢筋锚固板、预埋件和连接件，连接用焊接材料，螺栓、锚栓和铆钉等紧固件，应分别符合国家或行业现行相关标准的规定。

4.2.7 夹心外墙板可以作为结构构件承受荷载和作用，同时又具有保温节能功能，它集承重、保温、防水、防火、装饰等多项功能于一体，因此在美国、欧洲都得到广泛的应用，在我国也得到越来越多的推广。

保证夹心外墙板内外叶墙板拉结件的性能是十分重要的。目前，内外叶墙板的拉结件在美国多采用高强玻璃纤维制作，欧洲则采用不锈钢丝制作金属拉结件。由于我国目前尚缺乏相应的产品标准，本规程仅参考美国和欧洲的相关标准，定性地提出拉结件的基本要求。

我国有关预制夹心外墙板内外叶墙板拉结件的建工行业产品标准的编制工作正在进行，待相关标准颁布后，应按相关标准执行。

4.3 其 他 材 料

4.3.1 外墙板接缝处的密封材料，除应满足抗剪切和伸缩变形能力等力学性能要求外，尚应满足防霉、防水、防火、耐候等建筑物理性能要求。密封胶的宽度和厚度应通过计算决定。由于我国目前研究工作的水平，本版规程仅对密封胶提出最基本的、定性的要求，其他定量的要求还有待于进一步研究工作的成果。

4.3.2 美国的 PCI 手册中，对夹心外墙板所采用的保温材料的性能要求见表 1，仅供参考。根据美国的使用经验，由于挤塑聚苯乙烯板（XPS）的抗压强度高，吸水率低，因此 XPS 在夹心外墙板中受到最为广泛的应用。使用时还需对其界面隔离处理，以允许外叶墙体的自由伸缩。当采用改性聚氨酯（PIR）时，美国多采用带有塑料表皮的改性聚氨酯板材。由于夹心外墙板在我国的应用历史还较短，本规程借鉴美国 PCI 手册的要求，综合、定性地提出基本要求。

表 1 保温材料的性能要求

保温材料	聚苯乙烯						改性聚氨酯（PIR）		酚醛	泡沫玻璃
	EPS			XPS			无表皮	有表皮		
密度（kg/m³）	11.2~14.4	17.6~22.4	28.8	20.8~25.6	28.8~25.2	48.0	32.0~96.1	32.0~96.1	32.0~48	107~147
吸水率（%）（体积比）	<4.0	<3.0	<2.0	<0.3			<3.0	1.0~2.0	<3.0	<0.5
抗压强度（kPa）	34~69	90~103	172	103~172	276~414	690	110~345	110	68~110	448
抗拉强度（kPa）	124~172			172	345	724	310~965	3448	414	345
线膨胀系数（1/℃）×10⁻⁶	45~73			45~73			54~109		18~36	2.9~8.3
剪切强度（kPa）	138~241			—	241	345	138~690		83	345
弯曲强度（kPa）	69~172	207~276	345	276~345	414~517	690	345~1448	276~345	173	414
导热系数 W/(m·K)	0.046~0.040	0.037~0.036	0.033	0.029			0.026	0.014~0.022	0.023~0.033	0.050
最高可用温度（℃）	74			74			121		149	482

5 建 筑 设 计

5.1 一 般 规 定

5.1.1 装配式建筑设计除应符合建筑功能的要求外，还应符合建筑防火、安全、保温、隔热、隔声、防水、采光等建筑物理性能要求。

目前的建筑设计，尤其是住宅建筑的设计，一般均将设备管线埋在楼板现浇混凝土或墙体中，把使用年限不同的主体结构和管线设备混在一起建造。若干年后，大量的住宅虽然主体结构尚可，但装修和设备等早已老化，无法改造更新，从而导致不得不拆除重建，缩短了建筑使用寿命。提倡采用主体结构构件、内装修部品和管线设备的三部分装配化集成技术系统，实现室内装修、管道设备与主体结构的分离，从而使住宅具备结构耐久性、室内空间灵活性以及可更新性等特点，同时兼备低能耗、高品质和长寿命的优势。

例如：传统的同层排水卫生间，采用湿法施工，下沉部位需要填充，不仅防水工艺不好控制，而且后期维修极为不便。整体卫浴采用地脚螺栓调节底盘高度，无需回填，检修方便；且整体卫浴从设计、选材、制造、选配到运输安装，一切都由专业人员负责，能确保质量，有效避免交房矛盾。

5.1.2、5.1.3 装配式建筑设计应符合现行国家标准《建筑模数协调统一标准》GB 50002 的规定。模数协调的目的是实现建筑部件的通用性和互换性，使规格化、通用化的部件适用于各类常规建筑，满足各种要求。同时，大批量的规格化、定型化部件的生产可稳定质量，降低成本。通用化部件所具有的互换能力，可促进市场的竞争和部件生产水平的提高。

建筑模数协调工作涉及的行业与部件的种类很多，需各方面共同遵守各项协调原则，制定各种部件或组合件的协调尺寸和约束条件。

实施模数协调的工作是一个渐进的过程，对重要的部件，以及影响面较大的部位可先期运行，如门窗、厨房、卫生间等。重要的部件和组合件应优先推行规格化、通用化。

5.1.4 根据不同的气候分区及建筑的类型分别按现行国家或行业标准《严寒和寒冷地区居住建筑节能设计标准》JGJ 26、《夏热冬冷地区居住建筑节能设计标准》JGJ 134、《夏热冬暖地区居住建筑节能设计标准》JGJ 75、《公共建筑节能设计标准》GB 50189 执行。

5.2 平面设计

5.2.1~5.2.4 装配式建筑的设计与建造是一个系统工程，需要整体设计的思想。平面设计应考虑建筑各功能空间的使用尺寸，并应结合结构受力特点，合理设计预制构配件（部件）。同时应注意预制构配件（部件）的定位尺寸，在满足平面功能需要的同时，还应符合模数协调和标准化的要求。装配式建筑平面设计应充分考虑设备管线与结构体系之间的关系。例如住宅卫生间涉及建筑、结构、给排水、暖通、电气等各专业，需要多工种协作完成；平面设计时应考虑卫生间平面位置与竖向管线的关系、卫生间降板范围与结构的关系等。如采用标准化的预制盒子卫生间（整体卫浴）及标准化的厨房整体橱柜，除考虑设备管线的接口设计，还应考虑卫生间平面尺寸与预制盒子卫生间尺寸之间、厨房平面尺寸与标准化厨房整体橱柜尺寸之间的模数协调。

5.3 立面、外墙设计

5.3.1、5.3.2 预制混凝土具有可塑性，便于采用不同形状的外墙板。同时，外表面可以通过饰面层的凹凸和虚实、不同的纹理和色彩、不同质感的装饰混凝土等手段，实现多样化的外装饰需求；面层还可处理为露骨料混凝土、清水混凝土等，从而实现标准化与多样化相结合。在生产预制外墙板的过程中，可将外墙饰面材料与预制外墙板同时制作成型。

5.3.3 预制外墙板的板缝处，应保持墙体保温性能的连续性。对于夹心外墙板，当内叶墙体为承重墙板，相邻夹心外墙板间浇筑有后浇混凝土时，在夹心层中保温材料的接缝处，应选用 A 级不燃保温材料，如岩棉等填充。

5.3.4 装配式建筑外墙的设计关键在于连接节点的构造设计。对于承重预制外墙板、预制外挂墙板、预制夹心外墙板等不同外墙板连接节点的构造设计，悬挑构件、装饰构件连接节点的构造设计，以及门窗连接节点的构造设计等，均应根据建筑功能的需要，满足结构、热工、防水、防火、保温、隔热、隔声及建筑造型设计等要求。预制外墙板的各类接缝设计应构造合理、施工方便、坚固耐久，并结合本地材料、制作及施工条件进行综合考虑。图1和图2分别为预制承重夹心外墙板板缝构造及预制外挂墙板板缝构造的

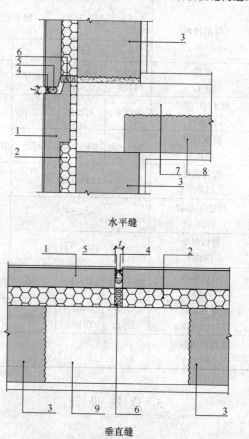

水平缝

垂直缝

图1　预制承重夹心外墙板接缝构造示意

1—外叶墙板；2—夹心保温层；3—内叶承重墙板；4—建筑密封胶；5—发泡芯棒；6—岩棉；7—叠合板后浇层；8—预制楼板；9—边缘构件后浇混凝土

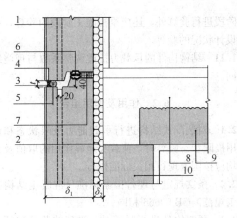

水平缝

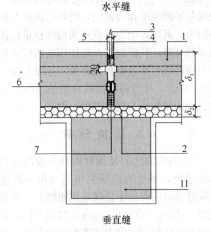

垂直缝

图 2　预制外挂墙板接缝构造示意
1—外挂墙板；2—内保温；3—外层硅胶；4—建筑
密封胶；5—发泡芯棒；6—橡胶气密条；7—耐火接
缝材料；8—叠合板后浇层；9—预制楼板；10—预制
梁；11—预制柱

示意，仅供参考。

材料防水是靠防水材料阻断水的通路，以达到防水的目的或增加抗渗漏的能力。如预制外墙板的接缝采用耐候性密封胶等防水材料，用以阻断水的通路；用于防水的密封材料应选用耐候性密封胶；接缝处的背衬材料宜采用发泡氯丁橡胶或发泡聚乙烯塑料棒；外墙板接缝中用于第二道防水的密封胶条，宜采用三元乙丙橡胶、氯丁橡胶或硅橡胶。

构造防水是采取合适的构造形式，阻断水的通路，以达到防水的目的。如在外墙板接缝外口设置适当的线型构造（立缝的沟槽，平缝的挡水台、披水等），形成空腔，截断毛细管通路，利用排水构造将渗入接缝的雨水排出墙外，防止向室内渗漏。

5.3.5　带有门窗的预制外墙板，其门窗洞口与门窗框间的密闭性不应低于门窗的密闭性。

5.3.6　集中布置空调板，目的是提高预制外墙板的标准化和经济性。

5.3.7　在要求的泛水高度处设凹槽或挑檐，便于屋面防水的收头。

5.4　内装修、设备管线设计

5.4.1　室内装修所采用的构配件、饰面材料，应结合本地条件及房间使用功能要求采用耐久、防水、防火、防腐及不易污染的材料与做法。

5.4.2、5.4.3　住宅建筑设备管线的综合设计应特别注意套内管线的综合设计，每套的管线应户界分明。

5.4.4　装配式建筑不应在预制构件安装完毕后剔凿孔洞、沟槽等。

5.4.5　一般建筑的排水横管布置在本层称为同层排水；排水横管设置在楼板下，称为异层排水。住宅建筑卫生间、经济型旅馆宜优先采用同层排水方式。

5.4.6　预制构件的接缝，包括水平接缝和竖向接缝是装配式结构的关键部位。为保证水平接缝和竖向接缝有足够的传递内力的能力，竖向电气管线不应设置在预制柱内，且不宜设置在预制剪力墙内。当竖向电气管线设置在预制剪力墙或非承重预制墙板内时，应避开剪力墙的边缘构件范围，并应进行统一设计，将预留管线表示在预制墙板深化图上。在预制剪力墙中的竖向电气管线宜设置钢套管。

6　结构设计基本规定

6.1　一般规定

6.1.1　装配整体式结构的适用高度参照现行行业标准《高层建筑混凝土结构技术规程》JGJ 3中的规定并适当调整。根据国内外多年的研究成果，在地震区的装配整体式框架结构，当采取了可靠的节点连接方式和合理的构造措施后，装配整体式框架的结构性能可以等同现浇混凝土框架结构。因此，对装配整体式框架结构，当节点及接缝采用适当的构造并满足本规程中有关条文的要求时，可认为其性能与现浇结构基本一致，其最大适用高度与现浇结构相同。如果装配式框架结构中节点及接缝构造措施的性能达不到现浇结构的要求，其最大适用高度应适当降低。

装配整体式剪力墙结构中，墙体之间的接缝数量多且构造复杂，接缝的构造措施及施工质量对结构整体的抗震性能影响较大，使装配整体式剪力墙结构抗震性能很难完全等同于现浇结构。世界各地对装配式剪力墙结构的研究少于对装配式框架结构的研究。我国近年来，对装配式剪力墙结构已进行了大量的研究工作，但由于工程实践的数量还偏少，本规程对装配式剪力墙结构采取从严要求的态度，与现浇结构相比适当降低其最大适用高度。当预制剪力墙数量较多时，即预制剪力墙承担的底部剪力较大时，对其最大适用高度限制更加严格。在计算预制剪力墙构件底部承担的总剪力占该层总剪力比例时，一般取主要采用预制剪力墙构件的最下一层；如全部采用预制剪力墙结构，则计算底层的剪力比例；如底部2层现浇其他层预制，则计算第3层的剪力比例。

框架-剪力墙结构是目前我国广泛应用的一种结构体系。考虑目前的研究基础，本规程中提出的装配整体式框架-剪力墙结构中，建议剪力墙采用现浇结构，以保证结构整体的抗震性能。装配整体式框架-现浇剪力墙结构中，框架的性能与现浇框架等同，因此整体结构的适用高度与现浇的框架-剪力墙结构相同。对于框架与剪力墙均采用装配式的框架-剪力墙结构，待有较充分的研究结果后再给出规定。

6.1.2 高层装配整体式结构适用的最大高宽比参照现行行业标准《高层建筑混凝土结构技术规程》JGJ 3中的规定并适当调整。

6.1.3 本条为强制性条文。丙类装配整体式结构的抗震等级参照现行国家标准《建筑抗震设计规范》GB 50011和现行行业标准《高层建筑混凝土结构技术规程》JGJ 3中的规定制定并适当调整。装配整体式框架结构及装配整体式框架-现浇剪力墙结构的抗震等级与现浇结构相同；由于装配整体式剪力墙结构及部分框支剪力墙结构在国内外的工程实践的数量还不够多，也未经历实际地震的考验，因此对其抗震等级的划分高度从严要求，比现浇结构适当降低。

6.1.4 乙类装配整体式结构的抗震设计要求参照现行国家标准《建筑抗震设计规范》GB 50011和现行行业标准《高层建筑混凝土结构技术规程》JGJ 3中的规定提出要求。

6.1.5、6.1.6 装配式结构的平面及竖向布置要求，应严于现浇混凝土结构。特别不规则的建筑会出现各种非标准的构件，且在地震作用下内力分布较复杂，不适宜采用装配式结构。

6.1.7 结构抗震性能设计应根据结构方案的特殊性、选用适宜的结构抗震性能目标，并应论证结构方案能够满足抗震性能目标预期要求。

6.1.8 高层装配整体式剪力墙结构的底部加强部位建议采用现浇结构，高层装配整体式框架结构首层建议采用现浇结构，主要因为底部加强区对结构整体的抗震性能很重要，尤其在高烈度区，因此建议底部加强区采用现浇结构。并且，结构底部或首层往往由于建筑功能的需要，不太规则，不适合采用预制构件；且底部加强区构件截面大且配筋较多，也不利于预制构件的连接。

顶层采用现浇楼盖结构是为了保证结构的整体性。

6.1.9 部分框支剪力墙结构的框支层受力较大且在地震作用下容易破坏，为加强整体性，建议框支层及相邻上一层采用现浇结构。转换梁、转换柱是保证结构抗震性能的关键受力部位，且往往构件截面较大、配筋多，节点构造复杂，不适合采用预制构件。

6.1.10 在装配式结构构件及节点的设计中，除对使用阶段进行验算外，还应重视施工阶段的验算，即短暂设计状况的验算。

6.1.11 结构构件的承载力抗震调整系数与现浇结构相同。

6.2 作用及作用组合

6.2.1 对装配式结构进行承载能力极限状态和正常使用极限状态验算时，荷载和地震作用的取值及其组合均应按国家现行相关标准执行。

6.2.2 条文规定与现行国家标准《混凝土结构工程施工规范》GB 50666相同。

6.2.3 预制构件进行脱模时，受到的荷载包括：自重，脱模起吊瞬间的动力效应，脱模时模板与构件表面的吸附力。其中，动力效应采用构件自重标准值乘以动力系数计算；脱模吸附力是作用在构件表面的均布力，与构件表面和模具状况有关，根据经验一般不小于 $1.5kN/m^2$。等效静力荷载标准值取构件自重标准值乘以动力系数后与脱模吸附力之和。

6.3 结构分析

6.3.1 在预制构件之间及预制构件与现浇及后浇混凝土的接缝处，当受力钢筋采用安全可靠的连接方式，且接缝处新旧混凝土之间采用粗糙面、键槽等构造措施时，结构的整体性能与现浇结构类同，设计中可采用与现浇结构相同的方法进行结构分析，并根据本规程的相关规定对计算结果进行适当的调整。

对于采用预埋件焊接连接、螺栓连接等连接节点的装配式结构，应该根据连接节点的类型，确定相应的计算模型，选取适当的方法进行结构分析。

6.3.3 装配整体式框架结构和剪力墙结构的层间位移角限值均与现浇结构相同。对多层装配式剪力墙结构，当按现浇结构计算而未考虑墙板间接缝的影响时，计算得到的层间位移会偏小，因此加严其层间位移角限值。

6.3.4 叠合楼盖和现浇楼盖对梁刚度均有增大作用，无后浇层的装配式楼盖对梁刚度增大作用较小，设计中可以忽略。

6.4 预制构件设计

6.4.1 应特别注意预制构件在短暂设计状况下的承载能力的验算，对预制构件在脱模、翻转、起吊、运输、堆放、安装等生产和施工过程中的安全性进行分析。这主要是由于：1）在制作、施工安装阶段的荷载、受力状态和计算模式经常与使用阶段不同；2）预制构件的混凝土强度在此阶段尚未达到设计强度。因此，许多预制构件的截面及配筋设计，不是使用阶段的设计计算起控制作用，而是此阶段的设计计算起控制作用。

6.4.2 预制梁、柱构件由于节点区钢筋布置空间的需要，保护层往往较大。当保护层大于 50mm 时，宜采取增设钢筋网片等措施，控制混凝土保护层的裂缝及在受力过程中的剥离脱落。

6.4.3 预制板式楼梯在吊装、运输及安装过程中，受力状况比较复杂，规定其板面宜配置通长钢筋，钢筋量可根据加工、运输、吊装过程中的承载力及裂缝控制验算结果确定，最小构造配筋率可参照楼板的相关规定。当楼梯两端均不能滑动时，在侧向力作用下楼梯会起到斜撑的作用，楼梯中会产生轴向拉力，因此规定其板面和板底均应配通长钢筋。

6.4.5 预制构件中外露预埋件凹入表面，便于进行封闭处理。

6.5 连 接 设 计

6.5.1 装配整体式结构中的接缝主要指预制构件之间的接缝及预制构件与现浇及后浇混凝土之间的结合面，包括梁端接缝、柱顶底接缝、剪力墙的竖向接缝和水平接缝等。装配整体式结构中，接缝是影响结构受力性能的关键部位。

接缝的压力通过后浇混凝土、灌浆料或坐浆材料直接传递；拉力通过由各种方式连接的钢筋、预埋件传递；剪力由结合面混凝土的粘结强度、键槽或者粗糙面、钢筋的摩擦抗剪作用、销栓抗剪作用承担；接缝处于受压、受弯状态时，静力摩擦可承担一部分剪力。预制构件连接接缝一般采用强度等级高于构件的后浇混凝土、灌浆料或坐浆材料。当穿过接缝的钢筋不少于构件内钢筋并且构造符合本规程规定时，节点及接缝的正截面受压、受拉及受弯承载力一般不低于构件，可不必进行承载力验算。当需要计算时，可按照混凝土构件正截面的计算方法进行，混凝土强度取接缝及构件混凝土材料强度的较低值，钢筋取穿过正截面且有可靠锚固的钢筋数量。

后浇混凝土、灌浆料或坐浆材料与预制构件结合面的粘结抗剪强度往往低于预制构件本身混凝土的抗剪强度。因此，预制构件的接缝一般都需要进行受剪承载力的计算。本条对各种接缝的受剪承载力提出了总的要求。

对于装配整体式结构的控制区域，即梁、柱箍筋加密区及剪力墙底部加强部位，接缝要实现强连接，保证不在接缝处发生破坏，即要求接缝的承载力设计值大于被连接构件的承载力设计值乘以强连接系数，强连接系数根据抗震等级、连接区域的重要性以及连接类型，参照美国规范 ACI 318 中的规定确定。同时，也要求接缝的承载力设计值大于设计内力，保证接缝的安全。对于其他区域的接缝，可采用延性连接，允许连接部位产生塑性变形，但要求接缝的承载力设计值大于设计内力，保证接缝的安全。

参考了国内外相关研究成果及规程，针对各种形式接缝分别提出了受剪承载力的计算公式，列在第7、8章的相关条文中。

6.5.2 装配整体式框架结构中，框架柱的纵筋连接宜采用套筒灌浆连接，梁的水平钢筋连接可根据实际情况选用机械连接、焊接连接或者套筒灌浆连接。装配整体式剪力墙结构中，预制剪力墙竖向钢筋的连接可根据不同部位，分别采用套筒灌浆连接、浆锚搭接连接，水平分布筋的连接可采用焊接、搭接等。

6.5.3 有关钢筋套筒灌浆连接的应用技术规程正在编制中。目前，采用钢筋套筒灌浆连接时，该类接头的应用技术可参照《钢筋机械连接技术规程》JGJ 107-2010 中有关Ⅰ级接头的要求。规定套筒之间的净距不小于 25mm，是为了保证施工过程中，套筒之间的混凝土可以浇筑密实。

6.5.4 浆锚搭接连接，是一种将需搭接的钢筋拉开一定距离的搭接方式。这种搭接技术在欧洲有多年的应用历史和研究成果，也被称之为间接搭接或间接锚固。早在我国 1989 年版的《混凝土结构设计规范》的条文说明中，已经将欧洲标准对间接搭接的要求进行了说明。近年来，国内的科研单位及企业对各种形式的钢筋浆锚搭接连接接头进行了试验研究工作，已有了一定的技术基础。

这项技术的关键，包括孔洞内壁的构造及其成孔技术、灌浆料的质量以及约束钢筋的配置方法等各个方面。鉴于我国目前对钢筋浆锚搭接连接接头尚无统一的技术标准，因此提出较为严格的要求，要求使用前对接头进行力学性能及适用性的试验验证，即对按一整套技术，包括混凝土孔洞成形方式、约束配筋方式、钢筋布置方式、灌浆料、灌浆方法等形成的接头进行力学性能试验，并对采用此类接头技术的预制构件进行各项力学及抗震性能的试验验证，经过相关部门组织的专家论证或鉴定后方可使用。

6.5.5 试验表明，预制梁端采用键槽的方式时，其受剪承载力一般大于粗糙面，且易于控制加工质量及检验。键槽深度太小时，易发生承压破坏；当不会发生承压破坏时，增加键槽深度对增加受剪承载力没有明显帮助，键槽深度一般在 30mm 左右。梁端键槽数量通常较少，一般为 1 个～3 个，可以通过公式较准确地计算键槽的受剪承载力。对于预制墙板侧面，键槽数量很多，和粗糙面的工作机理类似，键槽深度及尺寸可减小。

6.5.6 预制构件纵向钢筋的锚固多采用锚固板的机械锚固方式，伸出构件的钢筋长度较短且不需弯折，便于构件加工及安装。

6.5.8 当采用简支的预制楼梯时，楼梯间墙宜做成小开口剪力墙。

6.6 楼 盖 设 计

6.6.1 叠合楼盖有各种形式，包括预应力叠合楼盖、带肋叠合楼盖、箱式叠合楼盖等。本节中主要对常规叠合楼盖的设计方法及构造要求进行了规定。其他形式的叠合楼盖的设计方法可参考行业现行相关规程。结构转换层、平面复杂或开洞较大的楼层、作为上部结构嵌固部位的地下室楼层对整体性及传递水平力的要求较高，宜采用现浇楼盖。

6.6.2 叠合板后浇层最小厚度的规定考虑了楼板整体性要求以及管线预埋、面筋铺设、施工误差等因素。预制板最小厚度的规定考虑了脱模、吊装、运输、施工等因素。在采取可靠的构造措施的情况下，如设置桁架钢筋或肋等，增加了预制板刚度时，可以考虑将其厚度适当减少。

当板跨度较大时，为了增加预制板的整体刚度和水平平面抗剪性能，可在预制板内设置桁架钢筋，见图3。钢筋桁架的下弦钢筋可视情况作为楼板下部的受力钢筋使用。施工阶段，验算预制板的承载力及变形时，可考虑桁架钢筋的作用，减小预制板下的临时支撑。

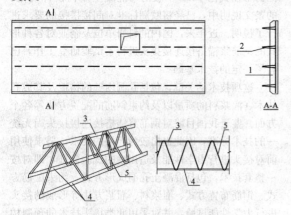

图 3　叠合板的预制板设置桁架钢筋构造示意
1—预制板；2—桁架钢筋；3—上弦钢筋；
4—下弦钢筋；5—格构钢筋

当板跨度超过 6m 时，采用预应力混凝土预制板经济性较好。板厚大于 180mm 时，为了减轻楼板自重，节约材料，推荐采用空心楼板；可在预制板上设置各种轻质模具，浇筑混凝土后形成空心。

6.6.3 根据叠合板尺寸、预制板尺寸及接缝构造，叠合板可按照单向叠合板或者双向叠合板进行设计。当按照双向板设计时，同一板块内，可采用整块的叠合双向板或者几块预制板通过整体式接缝组合成的叠合双向板；当按照单向板设计时，几块叠合板各自作为单向板进行设计，板侧采用分离式拼缝即可。支座及接缝构造详见本节后几条规定。

6.6.4 为保证楼板的整体性及传递水平力的要求，预制板内的纵向受力钢筋在板端宜伸入支座，并应符合现浇楼板下部纵向钢筋的构造要求。在预制板侧面，即单向板长边支座，为了加工及施工方便，可不伸出构造钢筋，但应采用附加钢筋的方式，保证楼面的整体性及连续性。

6.6.5 本条所述的接缝形式较简单，利于构件生产及施工。理论分析与试验结果表明，这种做法是可行的。叠合板的整体受力性能介于按板缝划分的单向板和整体双向板之间，与楼板的尺寸、后浇层与预制板的厚度比例、接缝钢筋数量等因素有关。开裂特征类似于单向板，承载力高于单向板，挠度小于单向板但大于双向板。板缝接缝边界主要传递剪力，弯矩传递能力较差。在没有可靠依据时，可偏于安全地按照单向板进行设计，接缝钢筋按构造要求确定，主要目的是保证接缝处不发生剪切破坏，且控制接缝处裂缝的开展。

当后浇层厚度较大（＞75mm），且设置有钢筋桁架并配有足够数量的接缝钢筋时，接缝可承受足够大的弯矩及剪力，此时也可将其作为整体式接缝，几块预制板通过接缝和后浇层组成的叠合板可按照整体叠合双向板进行设计。此时，应按照接缝处的弯矩设计值及后浇层的厚度计算接缝处需要的钢筋数量。

6.6.6 当预制板侧接缝可实现钢筋与混凝土的连续受力时，即形成"整体式接缝"时，可按照整体双向板进行设计。整体式接缝一般采用后浇带的形式，后浇带应有一定的宽度以保证钢筋在后浇带中的连接或者锚固空间，并保证后浇混凝土与预制板的整体性。后浇带两侧的板底受力钢筋需要可靠连接，比如焊接、机械连接、搭接等。

也可以将后浇带两侧的板底受力钢筋在后浇带中锚固，形成本条第3款所述的构造形式。中国建筑科学研究院的试验研究证明，此种构造形式的叠合板整体性较好。利用预制板边侧向伸出的钢筋在接缝处搭接并弯折锚固于后浇混凝土层中，可以实现接缝两侧钢筋的传力，从而传递弯矩，形成双向板受力状态。接缝处伸出钢筋的锚固和重叠部分的搭接应有一定长度，以实现应力传递；弯折角度应较小以实现顺畅传力；后浇混凝土层应有一定厚度；弯折处应配构造钢筋以防止挤压破坏。

试验研究表明，与整体板比较，预制板接缝处应变集中，裂缝宽度较大，导致构件的挠度比整体现浇板略大，接缝处受弯承载力略有降低。因此，接缝应该避开双向板的主要受力方向和跨中弯矩最大位置。在设计时，如果接缝位于主要受力位置，应该考虑其影响，对按照弹性板计算的内力及配筋结果进行调整，适当增大两个方向的纵向受力钢筋。

6.6.7～6.6.9 在叠合板跨度较大、有相邻悬挑板的上部钢筋锚入等情况下，叠合面在外力、温度等作用下，截面上会产生较大的水平剪力，需配置界面抗剪构造钢筋来保证水平界面的抗剪能力。当有桁架钢筋时，可不单独配置抗剪钢筋；当没有桁架钢筋时，配置的抗剪钢筋可采用马镫形状，钢筋直径、间距及锚固长度应满足叠合面抗剪的需求。

7 框架结构设计

7.1 一般规定

7.1.1 根据国内外多年的研究成果，在地震区的装配整体式框架结构，当采取了可靠的节点连接方式和合理的构造措施后，其性能可等同于现浇混凝土框架结构，并采用和现浇结构相同的方法进行结构分析和设计。

7.1.2 套筒灌浆连接方式在日本、欧美等国家已经有长期、大量的实践经验，国内也已有充分的试验研究、一定的应用经验、相关的产品标准和技术规程。当结构层数较多时，柱的纵向钢筋采用套筒灌浆连接可保证结构的安全。对于低层框架结构，柱的纵向钢筋连接也可以采用一些相对简单及造价较低的方法。

7.1.3 试验研究表明，预制柱的水平接缝处，受剪承载力受柱轴力影响较大。当柱受拉时，水平接缝的抗剪能力较差，易发生接缝的滑移错动。因此，应通过合理的结构布置，避免柱的水平接缝处出现拉力。

7.2 承载力计算

7.2.2 叠合梁端结合面主要包括框架梁与节点区的结合面、梁自身连接的结合面以及次梁与主梁的结合面等几种类型。结合面的受剪承载力的组成主要包括：新旧混凝土结合面的粘结力、键槽的抗剪能力、后浇混凝土叠合层的抗剪能力、梁纵向钢筋的销栓抗剪作用。

本规程不考虑混凝土的自然粘结作用是偏安全的。取混凝土抗剪键槽的受剪承载力、后浇层混凝土的受剪承载力、穿过结合面的钢筋的销栓抗剪作用之和，作为结合面的受剪承载力。地震往复作用下，对后浇层混凝土部分的受剪承载力进行折减，参照混凝土斜截面受剪承载力设计方法，折减系数取 0.6。

研究表明，混凝土抗剪键槽的受剪承载力一般为 $0.15\sim0.2f_cA_k$，但由于混凝土抗剪键槽的受剪承载力和钢筋的销栓抗剪作用一般不会同时达到最大值，因此在计算公式中，混凝土抗剪键槽的受剪承载力进行折减，取 $0.1f_cA_k$。抗剪键槽的受剪承载力取各抗剪键槽根部受剪承载力之和；梁端抗剪键槽数量一般较少，沿高度方向一般不会超过 3 个，不考虑群键作用。抗剪键槽破坏时，可能沿现浇键槽或预制键槽的根部破坏，因此计算抗剪键槽受剪承载力时应按现浇键槽和预制键槽根部剪切面分别计算，并取二者的较小值。设计中，应尽量使现浇键槽和预制键槽根部剪切面积相等。

钢筋销栓作用的受剪承载力计算公式主要参照日本的装配式框架设计规程中的规定，以及中国建筑科学研究院的试验研究结果，同时考虑混凝土强度及钢筋强度的影响。

7.2.3 预制柱底结合面的受剪承载力的组成主要包括：新旧混凝土结合面的粘结力、粗糙面或键槽的抗剪能力、轴压产生的摩擦力、梁纵向钢筋的销栓抗剪作用或摩擦抗剪作用，其中后两者为受剪承载力的主要组成部分。

在非抗震设计时，柱底剪力通常较小，不需要验算。地震往复作用下，混凝土自然粘结及粗糙面的受剪承载力丧失较快，计算中不考虑其作用。

当柱受压时，计算轴压产生的摩擦力时，柱底接缝灌浆层上下表面接触的混凝土均有粗糙面及键槽构造，因此摩擦系数取 0.8。钢筋销栓作用的受剪承载力计算公式与上一条相同。当柱受拉时，没有轴压产生的摩擦力，且由于钢筋受拉，计算钢筋销栓作用时，需要根据钢筋中的拉应力结果对销栓受剪承载力进行折减。

7.3 构造设计

7.3.1 采用叠合梁时，楼板一般采用叠合板，梁、板的后浇层一起浇筑。当板的总厚度不小于梁的后浇层厚度要求时，可采用矩形截面预制梁。当板的总厚度小于梁的后浇层厚度要求时，为增加梁的后浇层厚度，可采用凹口形截面预制梁。某些情况下，为施工方便，预制梁也可采用其他截面形式，如倒 T 形截面或者传统的花篮梁的形式等。

7.3.2 采用叠合梁时，在施工条件允许的情况下，箍筋宜采用闭口箍筋。当采用闭口箍筋不便安装上部纵筋时，可采用组合封闭箍筋，即开口箍筋加箍筋帽的形式。本条中规定箍筋帽两端均采用 135°弯钩。由于对封闭组合箍的研究尚不够完善，因此在抗震等级为一、二级的叠合框架梁梁端加密区中不建议采用。

7.3.3 当梁的下部纵向钢筋在后浇段内采用机械连接时，一般只能采用加长丝扣型直螺纹接头，滚轧直螺纹加长丝头在安装中会存在一定的困难，且无法达到 Ⅰ 级接头的性能指标。套筒灌浆连接接头也可用于水平钢筋的连接。

7.3.4 对于叠合楼盖结构，次梁与主梁的连接可采用后浇混凝土节点，即主梁上预留后浇段，混凝土断开而钢筋连续，以便穿过和锚固次梁钢筋。当主梁截面较高且次梁截面较小时，主梁预制混凝土也可不完全断开，采用预留凹槽的形式供次梁钢筋穿过。次梁端部可设计为刚接和铰接。次梁钢筋在主梁内采用锚固板的方式锚固时，锚固长度根据现行行业标准《钢筋锚固板应用技术规程》JGJ 256 确定。

7.3.5 采用较大直径钢筋及较大的柱截面，可减少钢筋根数，增大间距，便于柱钢筋连接及节点区钢筋布置。套筒连接区域柱截面刚度及承载力较大，柱的塑性铰区可能会上移到套筒连接区域以上，因此至少应将套筒连接区域以上 500mm 高度区域内将柱箍筋加密。

7.3.6 钢筋采用套筒灌浆连接时，柱底接缝灌浆与套筒灌浆可同时进行，采用同样的灌浆料一次完成。预制柱底部应有键槽，且键槽的形式应考虑到灌浆填缝时气体排出的问题，应采取可靠且经过实践检验的施工方法，保证柱底接缝灌浆的密实性。后浇节点上表面设置粗糙面，增加与灌浆层的粘结力及摩擦系数。

7.3.7、7.3.8 在预制柱叠合梁框架节点中，梁钢筋在节点中锚固及连接方式是决定施工可行性以及节点受力性能的关键。梁、柱构件尽量采用较粗直径、较大间距的钢筋布置方式，节点区的主梁钢筋较少，有利于节点的装配施工，保证施工质量。设计过程中，应充分考虑到施工装配的可行性，合理确定梁、柱截面尺寸及钢筋的数量、间距及位置等。在中间节点中，两侧梁的钢筋在节点区内锚固时，位置可能冲突，可采用弯折避让的方式，弯折角度不宜大于1：6。节点区施工时，应注意合理安排节点区箍筋、预制梁、梁上部钢筋的安装顺序，控制节点区箍筋的间距满足要求。

中国建筑科学研究院及万科企业股份有限公司的低周反复荷载试验研究表明，在保证构造措施与施工质量时，该形式节点均具有良好的抗震性能，与现浇节点基本等同。

7.3.9 在预制柱叠合梁框架节点中，如柱截面较小，梁下部纵向钢筋在节点区内连接较困难时，可在节点区外设置后浇梁段，并在后浇段内连接梁纵向钢筋。为保证梁端塑性铰区的性能，钢筋连接部位距离梁端需要超过1.5倍梁高。

7.3.10 当采用现浇柱与叠合梁组成的框架时，节点做法与预制柱、叠合梁的节点做法类似，节点区混凝土应与梁板后浇混凝土同时现浇，柱内受力钢筋的连接方式与常规的现浇混凝土结构相同。柱的钢筋布置灵活，对加工精度及施工的要求略低。同济大学等单位完成的低周反复荷载试验研究表明，该形式节点均具有良好的抗震性能，与现浇节点基本等同。

8 剪力墙结构设计

8.1 一般规定

8.1.1 预制剪力墙的接缝对墙抗侧刚度有一定的削弱作用，应考虑对弹性计算的内力进行调整，适当放大现浇墙肢在水平地震作用下的剪力和弯矩；预制剪力墙的剪力及弯矩不减小，偏于安全。

8.1.2 本条为对装配整体式剪力墙结构的规则性要求，在建筑方案设计中，应该注意结构的规则性。如某些楼层出现扭转不规则及侧向刚度及承载力不规则，宜采用现浇混凝土结构。

8.1.3 短肢剪力墙的抗震性能较差，在高层装配整体式结构中应避免过多采用。

8.1.4 高层建筑中电梯井筒往往承受很大的地震剪力及倾覆力矩，采用现浇结构有利于保证结构的抗震性能。

8.2 预制剪力墙构造

8.2.1 可结合建筑功能和结构平立面布置的要求，根据构件的生产、运输和安装能力，确定预制构件的形状和大小。

8.2.2、8.2.3 墙板开洞的规定参照现行行业标准《高层建筑混凝土结构技术规程》JGJ 3 的要求确定。预制墙板的开洞应在工厂完成。

8.2.4 万科企业股份有限公司及清华大学的试验研究结果表明，剪力墙底部竖向钢筋连接区域，裂缝较多且较为集中，因此，对该区域的水平分布筋应加强，以提高墙板的抗剪能力和变形能力，并使该区域的塑性铰可以充分发展，提高墙板的抗震性能。

8.2.5 对预制墙板边缘配筋应适当加强，形成边框，保证墙板在形成整体结构之前的刚度、延性及承载力。

8.2.6 预制夹心外墙板在国内外均有广泛的应用，具有结构、保温、装饰一体化的特点。预制夹心外墙板根据其在结构中的作用，可以分为承重墙板和非承重墙板两类。当其作为承重墙板时，与其他结构构件共同承担垂直力和水平力；当其作为非承重墙板时，仅作为外围护墙体使用。

预制夹心外墙板根据其内、外叶墙板间的连接构造，又可以分为组合墙板和非组合墙板。组合墙板的内、外叶墙板可通过拉结件的连接共同工作；非组合墙板的内、外叶墙板不共同受力，外叶墙板仅作为荷载，通过拉结件作用在内叶墙板上。

鉴于我国对于预制夹心外墙板的科研成果和工程实践经验都还较少，目前在实际工程中，通常采用非组合式的墙板。当作为承重墙时，内叶墙板的要求与普通剪力墙板的要求完全相同。

8.3 连接设计

8.3.1 确定剪力墙竖向接缝位置的主要原则是便于标准化生产、吊装、运输和就位，并尽量避免接缝对结构整体性能产生不良影响。

对于图 4 中约束边缘构件，位于墙肢端部的通常与墙板一起预制；纵横墙交接部位一般存在接缝，图 4 中阴影区域宜全部后浇，纵向钢筋主要配置在后浇段内，且在后浇段内应配置封闭箍筋及拉筋，预制墙板中的水平分布筋在后浇段内锚固。预制的约束边缘构件的配筋构造要求与现浇结构一致。

墙肢端部的构造边缘构件通常全部预制；当采用L形、T形或者U形墙板时，拐角处的构造边缘构件

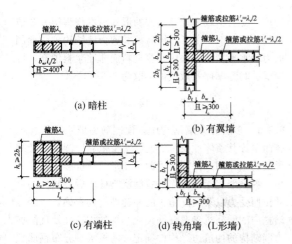

图 4　预制剪力墙的后浇混凝土约束边缘构件示意

(a) 暗柱
(b) 有翼墙
(c) 有端柱
(d) 转角墙（L形墙）

也可全部在预制剪力墙中。当采用一字形构件时，纵横墙交接处的构造边缘构件可全部后浇；为了满足构件的设计要求或施工方便也可部分后浇部分预制。当构造边缘构件部分后浇部分预制时，需要合理布置预制构件及后浇段中的钢筋，使边缘构件内形成封闭箍筋。非边缘构件区域，剪力墙拼接位置，剪力墙水平钢筋在后浇段内可采用锚环的形式锚固，两侧伸出的锚环宜相互搭接。

8.3.2　封闭连续的后浇钢筋混凝土圈梁是保证结构整体性和稳定性，连接楼盖结构与预制剪力墙的关键构件，应在楼层收进及屋面处设置。

8.3.3　在不设置圈梁的楼面处，水平后浇带及在其内设置的纵向钢筋也可起到保证结构整体性、连接楼盖结构与预制剪力墙的作用。

8.3.4　预制剪力墙竖向钢筋一般采用套筒灌浆或浆锚搭接连接，在灌浆时宜采用灌浆料将墙底水平接缝同时灌满。灌浆料强度较高且流动性好，有利于保证接缝承载力。灌浆时，预制剪力墙构件下表面与楼面之间的缝隙周围可采用封边砂浆进行封堵和分仓，以保证水平接缝中灌浆料填充饱满。

8.3.5　套筒灌浆连接方式在日本、欧美等国家已经有长期、大量的实践经验，国内也已有充分的试验研究和相关的规程，可以用于剪力墙竖向钢筋的连接。

目前在国内有多家科研单位、高等院校和企业正在对多种浆锚搭接连接的方式进行研究，其中哈尔滨工业大学和黑龙江宇辉建设集团有限公司共同研发的约束浆锚搭接连接已经取得一定的研究成果和实践经验，适合用于直径较小钢筋的连接，施工方便，造价较低。根据现行国家标准《混凝土结构设计规范》GB 50010 对钢筋连接和锚固的要求，为保证结构延性，在对结构抗震性能比较重要且钢筋直径较大的剪力墙边缘构件中不宜采用。

边缘构件是保证剪力墙抗震性能的重要构件，且钢筋较粗，每根钢筋应逐根连接。剪力墙的分布钢筋直径小且数量多，全部连接会导致施工繁项且造价较

高，连接接头数量太多对剪力墙的抗震性能也有不利影响。根据有关单位的研究成果，可在预制剪力墙中设置部分较粗的分布钢筋并在接缝处仅连接这部分钢筋，被连接钢筋的数量应满足剪力墙的配筋率和受力要求；为了满足分布钢筋最大间距的要求，在预制剪力墙中再设置一部分较小直径的竖向分布钢筋，但其最小直径也应满足有关规范的要求。

8.3.7　在参考了我国现行国家标准《混凝土结构设计规范》GB 50010、现行行业标准《高层建筑混凝土结构技术规程》JGJ 3、国外规范〔如美国规范 ACI 318-08、欧洲规范 EN 1992-1-1：2004、美国 PCI 手册（第七版）等〕并对大量试验数据进行分析的基础上，本规程给出了预制剪力墙水平接缝受剪承载力设计值的计算公式，公式与《高层建筑混凝土结构技术规程》中对一级抗震等级剪力墙水平施工缝的抗剪验算公式相同，主要采用剪摩擦的原理，考虑了钢筋和轴力的共同作用。

进行预制剪力墙底部水平接缝受剪承载力计算时，计算单元的选取分以下三种情况：

　　1　不开洞或者开小洞口整体墙，作为一个计算单元；

　　2　小开口整体墙可作为一个计算单元，各墙肢联合抗剪；

　　3　开口较大的双肢及多肢墙，各墙肢作为单独的计算单元。

8.3.8　本条对带洞口预制剪力墙的预制连梁与后浇圈梁或水平后浇带组成的叠合连梁的构造进行了说明。当连梁剪跨比比较小需要设置斜向钢筋时，一般采用全现浇连梁。

8.3.9　楼面梁与预制剪力墙在面外连接时，宜采用铰接，可采用在剪力墙上设置挑耳的方式。

8.3.10　连梁端部钢筋锚固构造复杂，要尽量避免预制连梁在端部与预制剪力墙连接。

8.3.12　提供两种常用的"刀把墙"的预制连梁与预制墙板的连接方式。也可采用其他连接方式，但应保证接缝的受弯及受剪承载力不低于连梁的受弯及受剪承载力。

8.3.13　当采用后浇连梁时，纵筋可在连梁范围内与预制剪力墙预留的钢筋连接，可采用搭接、机械连接、焊接等方式。

8.3.15　洞口下墙的构造有三种做法：

　　1　预制连梁向上伸出竖向钢筋并与洞口下墙内的竖向钢筋连接，洞口下墙、后浇圈梁与预制连梁形成一根叠合连梁。该做法施工比较复杂，而且洞口下墙与下方的后浇圈梁、预制连梁组合在一起形成的叠合构件受力性能没有经过试验验证，受力和变形特征不明确，纵筋和箍筋的配筋也不好确定。不建议采用此做法。

　　2　预制连梁与上方的后浇混凝土形成叠合连梁；

洞口下墙与下方的后浇混凝土之间连接少量的竖向钢筋，以防止接缝开裂并抵抗必要的平面外荷载。洞口下墙内设置纵筋和箍筋，作为单独的连梁进行设计。建议采用此种做法。

3 将洞口下墙采用轻质填充墙时，或者采用混凝土墙但与结构主体采用柔性材料隔离时，在计算中可仅作为荷载，洞口下墙与下方的后浇混凝土及预制连梁之间不连接，墙内设置构造钢筋。当计算不需要窗下墙时可采用此种做法。

当窗下墙需要抵抗平面外的弯矩时，需要将窗下墙内的纵向钢筋与下方的现浇楼板或预制剪力墙内的钢筋有效连接、锚固；或将窗下墙内纵向钢筋锚固在下方的后浇区域内。在实际工程中窗下墙的高度往往不大，当采用浆锚搭接连接时，要确保必要的锚固长度。

9 多层剪力墙结构设计

9.1 一般规定

9.1.1 多层装配式剪力墙结构是在高层装配整体式剪力墙基础上进行简化，并参照原行业标准《装配式大板居住建筑设计和施工规程》JGJ 1-91 的相关节点构造，制定的一种主要用于多层建筑的装配式结构。此种结构体系构造简单，施工方便，可在广大城镇地区多层住宅中推广使用。

9.1.2 多层装配式剪力墙结构的抗震等级按照现行国家标准《混凝土结构设计规范》GB 50010 确定。

9.1.3、9.1.4 剪力墙的最小配筋率、最小厚度是参照现行国家标准《混凝土结构设计规范》GB 50010 和原行业标准《装配式大板居住建筑设计和施工规程》JGJ 1-91 中的相关规定确定的。

9.2 结构分析和设计

9.2.1 多层装配式剪力墙结构在重力、风荷载及地震作用下的分析均可采用线弹性方法。地震作用可采用底部剪力法计算，各抗震墙按照负荷面积分担地震力。在计算中，采用后浇混凝土连接的预制墙肢可作为整体构件考虑；采用分离式拼缝（预理件焊接连接、预埋件螺栓连接等，无后浇混凝土）连接的墙肢应作为独立的墙肢进行计算及截面设计，计算模型中应包括墙肢的连接节点。按本规程的构造做法，在计算模型中，墙肢底部的水平缝可按照整体接缝考虑，并取墙肢底部的剪力进行水平接缝的受剪承载力计算。

9.2.2 按照本章第 3 节中的构造要求，预制剪力墙的竖向接缝采用后浇混凝土连接时，受剪承载力与整浇混凝土结构接近，不必计算其受剪承载力。

预制剪力墙底部的水平接缝需要进行受剪承载力

计算。受剪承载力计算公式的形式与本规程第 8.3 节中的公式相似，由于多层装配式剪力墙结构中，预制剪力墙水平接缝中采用坐浆材料而非灌浆料填充，接缝受剪时静摩擦系数较低，取为 0.6。

9.3 连接设计

9.3.1 多层剪力墙结构中，预制剪力墙水平接缝比较简单，其整体性及抗震性能主要依靠后浇暗柱及圈梁的约束作用来保证，因此，要求三级抗震结构的转角、纵横墙交接部位应设置后浇暗柱。后浇暗柱的尺寸按照受力以及装配施工的便捷性的要求确定。后浇暗柱内的配筋量参照配筋砌块结构的构造柱及现浇剪力墙结构的构造边缘构件确定。墙板水平分布钢筋在后浇段内可采用弯折锚固、锚环、机械锚固等措施。

9.3.2 采用后浇混凝土连接的接缝有利于保证结构的整体性，且接缝的耐久性、防水、防火性能均比较好。接缝宽度大小并没有作出规定，但进行钢筋连接时，要保证其最小的作业空间。两侧墙体内的水平分布钢筋可在后浇段内互相焊接（图 5）、搭接、弯折锚固或者做成锚环锚固。

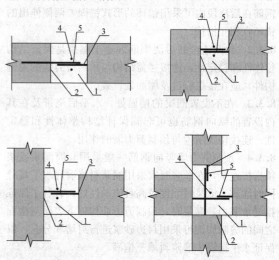

图 5 预制墙板竖向接缝构造示意
1—后浇段；2—键槽或粗糙面；3—连接钢筋；
4—竖向钢筋；5—钢筋焊接或搭接

参照日本的多层装配式剪力墙结构的做法，当房屋层数不大于 3 层时，相邻承重墙板之间的竖向接缝也可采用预理件焊接连接的方式。此时，整体计算模型中应计入竖向接缝及连接节点对刚度的影响，且各连接节点均应进行承载力的验算。

9.3.3 本条提供了几种常用的上下层相邻预制墙板之间钢筋连接的连接方式，设计中可以根据具体情况采用，也可采用其他经过实践考验或者试验验证的节点形式。

9.3.4 沿墙顶设置封闭的水平后浇带或后浇钢筋混凝土圈梁可将楼板和竖向构件连接起来，使水平力可从楼面传递到剪力墙，增强结构的整体性和稳定性。

9.3.5 对3层以下的建筑，为简化施工，减少现场湿作业，各层楼面也可采用预制楼板。预制楼板可采用空心楼板、预应力空心板等，其板端及侧向板缝应采取各项有效措施，使预制楼板在其平面内形成整体，保证其整体刚度，并应与竖向构件可靠连接，在搁置长度范围内空腔应用细石混凝土填实。

9.3.6 连梁与预制剪力墙整体预制是施工比较方便的方式。当接缝在连梁跨中时，只需连接纵筋，施工也比较容易。预制连梁端部与预制剪力墙连接且按刚接设计时，需要将预制连梁的纵筋锚固在剪力墙中，连接节点比较复杂；此时可采用铰接的连接方式，如在剪力墙端部设置牛腿或者挑耳，将预制连梁搁置在挑耳上并采用防止滑落的构造措施。

9.3.7 基础顶面设置的圈梁是为了保证结构底部的整体性。为了保证结构具有一定的抗倾覆能力，后浇暗柱、竖向接缝和水平接缝内的纵向钢筋应在基础中可靠锚固。

10 外挂墙板设计

10.1 一般规定

10.1.1 外挂墙板有许多种类型，其中主要包括：梁式外挂板、柱式外挂板和墙式外挂板，他们之间的区别主要在于挂板在建筑中所处的位置不同，因此导致设计计算和连接节点的许多不同。鉴于我国对各种外挂墙板所做的研究工作和工程实践经验都比较少，本章涉及的内容基本上仅限于墙式外挂板，即非承重的、作为围护结构使用的、仅跨越一个层高和一个开间的外挂墙板。

对预制构件而言，连接问题始终是最重要的问题，外挂墙板也不例外。外挂墙板与主体结构应采用合理的连接节点，以保证荷载传递路径简捷，符合结构的计算假定。同时，对外挂墙板除应进行截面设计外，还应重视连接节点的设计。连接节点包括有预埋件及连接件。其中预埋件包括主体结构支承构件中的预埋件，以及在外挂墙板中的预埋件，通过连接件与这两种预埋件的连接，将外挂墙板与主体结构连接在一起。对有抗震设防要求的地区，应对外挂墙板和连接节点进行抗震设计。

10.1.2 外挂墙板与主体结构之间可以采用多种连接方法，应根据建筑类型、功能特点、施工吊装能力以及外挂墙板的形状、尺寸以及主体结构层间位移量等特点，确定外挂墙板的类型，以及连接件的数量和位置。对外挂墙板和连接节点进行设计计算时，所取用的计算简图应与实际连接构造一致。

10.1.4 外挂墙板的支承构件可能会发生扭转和挠曲，这些变形可能会对外挂墙板产生不良影响，应尽量避免。当实在不能避免时，应进行定量的分析计算。

美国预制/预应力混凝土协会 PCI 的资料表明，如果从制作外挂墙板浇筑混凝土之日起，至完成外挂墙板与主体结构连接节点的施工之间的时间超过 30d 时，由于混凝土收缩形成的徐变影响可以忽略。

当支承构件为跨度较大的悬臂构件时，其端部可能会产生较大的位移，不宜将外挂墙板支承在此类构件上。

10.1.5 目前，美国、日本和我国的台湾地区，外挂墙板与主体结构的连接节点主要采用柔性连接的点支承的方式。一边固定的线支承方式在我国部分地区有所应用。鉴于目前我国有关线支承的科研成果还偏少，因此本规程优先推荐了柔性连接的点支承做法。

1 点支承的外挂墙板可区分为平移式外挂墙板（图6a）和旋转式外挂墙板（图6b）两种形式。它们与主体结构的连接节点，又可以分为承重节点和非承重节点两类。

一般情况下，外墙挂板与主体结构的连接宜设置4个支承点；当下部两个为承重节点时，上部两个宜为非承重节点；相反，当上部两个为承重节点时，下部两个宜为非承重节点。应注意，平移式外挂墙板与旋转式外挂墙板的承重节点和非承重节点的受力状态和构造要求是不同的，因此设计要求也是不同的。

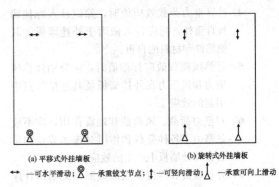

(a) 平移式外挂墙板　　(b) 旋转式外挂墙板

↔—可水平滑动; ⚓—承重铰支节点; ↕—可竖向滑动; △—承重可向上滑动

图 6　外挂墙板及其连接节点形式示意

2 根据现有的研究成果，当外挂墙板与主体结构采用线支承连接时，连接节点的抗震性能应满足：①多遇地震和设防地震作用下连接节点保持弹性；②罕遇地震作用下外挂墙板顶部剪力键不破坏，连接钢筋不屈服。连接节点的构造应满足：

　1）外挂墙板上端与楼面梁连接时，连接区段应避开楼面梁塑性铰区域。

　2）外挂墙板与梁的结合面应做成粗糙面并宜设置键槽，外挂墙板中应预留连接用钢筋。连接用钢筋一端应可靠地锚固在外挂墙板中，另一端应可靠地锚固在楼面梁（或板）后浇混凝土中。

　3）外挂墙板下端应设置2个非承重节点，此节点仅承受平面外水平荷载；其构造应能保证外挂墙板具有随动性，以适应主体结构的变形。

10.2 作用及作用组合

10.2.1、10.2.2 在外挂墙板和连接节点上的作用与作用效应的计算，均应按照我国现行国家标准《建筑结构荷载规范》GB 50009 和《建筑抗震设计规范》GB 50011 的规定执行。同时应注意：

1）对外挂墙板进行持久设计状况下的承载力验算时，应计算外挂墙板在平面外的风荷载效应；当进行地震设计状况下的承载力验算时，除应计算外挂墙板平面外水平地震作用效应外，尚应分别计算平面内水平和竖向地震作用效应，特别是对开有洞口的外挂墙板，更不能忽略后者。

2）承重节点应能承受重力荷载、外挂墙板平面外风荷载和地震作用、平面内的水平和竖向地震作用；非承重节点仅承受上述各种荷载与作用中除重力荷载外的各项荷载与作用。

3）在一定的条件下，旋转式外挂墙板可能产生重力荷载仅由一个承重节点承担的工况，应特别注意分析。

4）计算重力荷载效应值时，除应计入外挂墙板自重外，尚应计入依附于外挂墙板的其他部件和材料的自重。

5）计算风荷载效应标准值时，应分别计算风吸力和风压力在外挂墙板及其连接节点中引起的效应。

6）对重力荷载、风荷载和地震作用，均不应忽略由于各种荷载和作用对连接节点的偏心在外挂墙板中产生的效应。

7）外挂墙板和连接节点的截面和配筋设计应根据各种荷载和作用组合效应设计值中的最不利组合进行。

10.2.4、10.2.5 外挂墙板的地震作用是依据现行国家标准《建筑抗震设计规范》GB 50011 对于非结构构件的规定制定，并参照现行行业标准《玻璃幕墙工程技术规范》JGJ 102 - 2003 的规定，对计算公式进行了简化。

10.3 外挂墙板和连接设计

10.3.1 根据我国国情，主要是我国吊车的起重能力、卡车的运输能力、施工单位的施工水平，以及连接节点构造的成熟程度，目前还不宜将构件做得过大。构件尺度过长或过高，如跨越两个层高后，主体结构层间位移对外墙挂板内力的影响较大，有时甚至需要考虑构件的 P-Δ 效应。由于目前相关试验研究工作做得还比较少，本章内容仅限于跨越一个层高、一个开间的外挂墙板。

10.3.2 由于外挂墙板受到平面外风荷载和地震作用的双向作用，因此应双层、双向配筋，且应满足最小配筋率的要求。

10.3.3 外挂墙板门窗洞口边由于应力集中，应采取防止开裂的加强措施。对开有洞口的外挂墙板，应根据外挂墙板平面内水平和竖向地震作用效应设计值，对洞口边加强钢筋进行配筋计算。

一般情况下，洞边钢筋不应少于 2 根、直径不应小于 12mm；该钢筋自洞口边角算起伸入外挂墙板内的长度不应小于 l_{aE}。洞口角部尚应配置加强斜筋，加强斜筋不应少于 $2\phi12$；且应满足锚固长度要求。

10.3.4 外挂墙板的饰面可以有多种做法，应根据外挂墙板饰面的不同做法，确定其钢筋混凝土保护层的厚度。当外挂墙板的饰面采用表面露出不同深度的骨料时，其最外层钢筋的保护层厚度，应从最凹处混凝土表面计起。

10.3.5 对外挂墙板承载能力的分析可以采用线弹性方法，使用阶段应对其挠度和裂缝宽度进行控制。外挂墙板一般同时具有装饰功能，对其外表面观感的要求较高，一般在施工阶段不允许开裂。

点支承的外挂墙板一般可视连接节点为铰支座，两个方向均按简支构件进行计算分析。

10.3.6 外挂墙板与主体结构的连接节点应采用预埋件，不得采用后锚固的方法。对于用于不同用途的预埋件，应使用不同的预埋件。例如，用于连接节点的预埋件一般不同时作为用于吊装外挂墙板的预埋件。

根据日本和我国台湾的工程实践经验，点支承的连接节点一般采用在连接件和预埋件之间设置带有长圆孔的滑移垫片，形成平面内可滑移的支座；当外挂墙板相对于主体结构可能产生转动时，长圆孔宜按垂直方向设置；当外挂墙板相对于主体结构可能产生平动时，长圆孔宜按水平方向设置。

用于连接外挂墙板的型钢、连接板、螺栓等零部件的规格应加以限制，力争做到标准化，使得整个项目中，各种零部件的规格统一化，数量最小化，避免施工中可能发生的差错，以便保证和控制质量。

10.3.7 外挂墙板板缝中的密封材料，处于复杂的受力状态中，由于目前相关试验研究工作做得还比较少，本版规程尚未提出定量的计算方法。设计时应注重满足其各种功能要求。板缝不应过宽，以减少密封胶的用量，降低造价。

11 构件制作与运输

11.1 一般规定

11.1.1 预制构件的质量涉及工程质量和结构安全，

制作单位应符合国家及地方有关部门规定的硬件设施、人员配置、质量管理体系和质量检测手段等规定。

11.1.2 预制构件制作前，建设单位应组织设计、生产、施工单位进行技术交底。如预制构件制作详图无法满足制作要求，应进行深化设计和施工验算，完善预制构件制作详图和施工装配详图，避免在构件加工和施工过程中，出现错、漏、碰、缺等问题。对应预留的孔洞及预埋部件，应在构件加工前进行认真核对，以免现场剔凿，造成损失。

11.1.3 在预制构件制作前，生产单位应根据预制构件的混凝土强度等级、生产工艺等选择制备混凝土的原材料，并进行混凝土配合比设计。

11.1.4 此条为强制性条文。预制构件的连接技术是本规程关键技术。其中，钢筋套筒灌浆连接接头技术是本规程推荐采用的主要钢筋接头连接技术，也是保证各种装配整体式混凝土结构整体性的基础。必须制定质量控制措施，通过设计、产品选用、构件制作、施工验收等环节加强质量管理，确保其连接质量可靠。

预制构件生产前，要求对钢筋套筒进行检验，检验内容除了外观质量、尺寸偏差、出厂提供的材质报告、接头型式检验报告等，还应按要求制作钢筋套筒灌浆连接接头试件进行验证性试验。钢筋套筒验证性试验可按随机抽样方法抽取工程使用的同牌号、同规格钢筋，并采用工程使用的灌浆料制作三个钢筋套筒灌浆连接接头试件，如采用半套筒连接方式则应制作成钢筋机械连接和套筒灌浆连接组合接头试件，标准养护 28d 后进行抗拉强度试验，试验合格后方可使用。

11.2 制作准备

11.2.1 带饰面的预制构件和夹心外墙板的拉结件、保温板等均应提前绘制排版定位图，工厂应根据图纸要求对饰面材料、保温材料等进行裁切、制版等加工处理。

11.2.2 预应力构件跨度超过 6m 时，构件起拱值会随存放时间延长而加大，通常可在底模中部预设反拱，以减小构件的起拱值。

11.2.3 目前多采用定型钢模加工预制构件，模具的制作质量标准有所提高。模具精度是保证构件制作质量的关键，对于新制、改制或生产数量超过一定数量的模具，生产前应按要求进行尺寸偏差检验，合格后方可投入使用。制作构件用钢筋骨架或钢筋网片的尺寸偏差应按要求进行抽样检验。

11.2.4、11.2.5 预制构件中的预埋件及预留孔洞的形状尺寸和中心定位偏差非常重要，生产时应按要求进行抽样检验。施工过程中临时使用的预埋件可适当放松。

11.2.6 预制构件选用的隔离剂应避免降低混凝土表面强度，并满足后期装修要求；对于清水混凝土及表面需要涂装的混凝土构件应采用专用隔离剂。

11.3 构件制作

11.3.1 在混凝土浇筑前，应按要求对预制构件的钢筋、预应力筋以及各种预埋部件进行隐蔽工程检查，这是保证预制构件满足结构性能的关键质量控制环节。

11.3.2 本条规定预制外墙类构件表面预贴面砖或石材的技术要求，除了要满足安全耐久性要求外，还可以提高外墙装饰性能。饰面材料分割缝的处理方式，砖缝可采用发泡塑料条成型，石材一般采用弹性材料填缝。

11.3.3 夹心外墙板生产时应采取措施固定保温材料，确保拉结件的位置和间距满足设计要求，这对于满足墙板设计要求的保温性能和结构性能非常重要，应按要求进行过程质量控制。

11.3.5 预制构件的蒸汽养护主要是为了加速混凝土凝结硬化，缩短脱模时间，加快模板的周转，提高生产效率。养护时应按照养护制度的规定进行控制，这对于有效避免构件的温差收缩裂缝，保证产品质量非常关键。如果条件许可，构件也可以采用常温养护。

11.3.6 预制构件脱模强度要根据构件的类型和设计要求决定，为防止过早脱模造成构件出现过大变形或开裂，本规定提出构件脱模的最低要求。

11.3.7 预制构件与后浇混凝土实现可靠连接可以采用连接钢筋、键槽及粗糙面等方法。粗糙面可采用拉毛或凿毛处理方法，也可采用化学处理方法。

采用化学方法处理时可在模板上或需要露骨料的部位涂刷缓凝剂，脱模后用清水冲洗干净，避免残留物对混凝土及其结合面造成影响。

为避免常用的缓凝剂中含有影响人体健康的成分，应严格控制缓凝剂，使其不含有氯离子和硫酸根离子、磷酸根离子，pH 值应控制为 6～8；产品应附有使用说明书，注明药剂的类型、适用的露骨料深度、使用方法、储存条件、推荐用量、注意事项等内容。

11.4 构件检验

11.4.1 预制构件外观质量缺陷可分为一般缺陷和严重缺陷两类，预制构件的严重缺陷主要是指影响构件的结构性能或安装使用功能的缺陷，构件制作时应制定技术质量保证措施予以避免。

11.4.2 本条规定预制构件的尺寸偏差和检验方法，尺寸偏差可根据工程设计需要适当从严控制。

11.5 运输与堆放

11.5.1 预制构件的运输和堆放涉及质量和安全要

求，应按工程或产品特点制定运输堆放方案，策划重点控制环节，对于特殊构件还要制定专门质量安全保证措施。构件临时码放场地可合理布置在吊装机械可覆盖范围内，避免二次搬运。

12 结构施工

12.1 一般规定

12.1.1 应制定装配式结构施工专项施工方案。施工方案应结合结构深化设计、构件制作、运输和安装全过程各工况的验算，以及施工吊装与支撑体系的验算等进行策划与制定，充分反映装配式结构施工的特点和工艺流程的特殊要求。

12.1.4 吊具选用按起重吊装工程的技术和安全要求执行。为提高施工效率，可以采用多功能专用吊具，以适应不同类型的构件吊装。施工验算可依据本规程及相关技术标准，特殊情况无参考依据时，需进行专项设计计算分析或必要试验研究。

12.1.8 应注意构件安装的施工安全要求。为防止预制构件在安装过程中因不合理受力造成损伤、破坏或高空滑落，应严格遵守有关施工安全规定。

12.2 安装准备

12.2.7 为避免由于设计或施工缺乏经验造成工程实施障碍或损失，保证装配式结构施工质量，并不断摸索和积累经验，特提出应通过试生产和试安装进行验证性试验。装配式结构施工前的试安装，对于没有经验的承包商非常必要，不但可以验证设计和施工方案存在的缺陷，还可以培训人员，调试设备，完善方案。另一方面对于没有实践经验的新的结构体系，应在施工前进行典型单元的安装试验，验证并完善方案实施的可行性，这对于体系的定型和推广使用，是十分重要的。

12.3 安装与连接

12.3.1 预制构件安装顺序、校准定位及临时固定措施是装配式结构施工的关键，应在施工方案中明确规定并付诸实施。

12.3.2 钢筋套筒灌浆连接接头和浆锚搭接连接接头的施工质量是保证预制构件连接性能的关键控制点，施工人员应经专业培训合格后上岗操作。

12.3.4 钢筋套筒灌浆连接接头和浆锚搭接接头灌浆作业是装配整体式结构工程施工质量控制的关键环节之一。实际工程中这两种连接的质量很大程度取决于施工过程控制，对作业人员应进行培训考核，并持证上岗，同时要求有专职检验人员在灌浆操作全过程监督。

套筒灌浆连接接头的质量保证措施：1）采用经验证的钢筋套筒和灌浆料配套产品；2）施工人员是经培训合格的专业人员，严格按技术操作要求执行；3）质量检验人员进行全程施工质量检查，能提供可追溯的全过程灌浆质量检查记录；4）检验批验收时，如对套筒灌浆连接接头质量有疑问，可委托第三方独立检测机构进行非破损检测。

12.3.5 当预制构件的连接采取焊接或螺栓连接时应做好质量检查和防护措施。

12.3.8 装配整体式结构的后浇混凝土节点施工质量是保证节点承载力的关键，施工时应采取具体质量保证措施满足设计要求。节点处钢筋连接和锚固应按设计要求规定进行检查，连接节点处后浇混凝土同条件养护试块应达到设计规定的强度方可拆除支撑或进行上部结构安装。

12.3.9 受弯叠合类构件的施工要考虑两阶段受力的特点，施工时要采取质量保证措施避免构件产生裂缝。

12.3.11 外挂墙板是自承重构件，不能通过板缝进行传力，施工时要保证板的四周空腔不得混入硬质杂物；对施工中设置的临时支座和垫块应在验收前及时拆除。

13 工 程 验 收

13.1 一 般 规 定

13.1.1 装配式结构工程验收主要依据现行国家标准《混凝土结构工程施工质量验收规范》GB 50204 的有关规定执行。

13.1.2 预制构件的质量检验是在预制工厂检查合格的基础上进行进场验收，外观质量应全数检查，尺寸偏差为按批抽样检查。

13.1.5 装配式建筑的饰面质量主要是指饰面与混凝土基层的连接质量，对面砖主要检测其拉拔强度，对石材主要检测其连接件的受拉和受剪承载力。其他方面涉及外观和尺寸偏差等应按现行国家标准《建筑装饰装修工程质量验收规范》GB 50210 的有关规定验收。

13.1.6 装配式结构施工质量验收时提出应增加提交的主要文件和记录，是保证工程质量实现可追溯性的基本要求。

13.2 主 控 项 目

13.2.1 装配整体式结构的连接节点部位后浇混凝土为现场浇筑混凝土，其检验要求按现行国家标准《混凝土结构工程施工质量验收规范》GB 50204 的要求执行。

13.2.2 装配整体式结构的灌浆连接接头是质量验收的重点，施工时应做好检查记录，提前制定有关试验和质量控制方案。钢筋套筒灌浆连接和钢筋浆锚搭接连接灌浆质量应饱满密实。两者的受力性能不仅与钢筋、套筒、孔道构造及灌浆料有关，还与其连接影响范围内的混凝土有关，因此不能像钢筋机械连接那样进行现场随机截取连接接头，检验批验收时要求在保证灌浆质量的前提下，可通过模拟现场制作平行试件进行验收。

13.2.5、13.2.6 装配式混凝土结构中，钢筋采用焊接连接或机械连接时，大多数情况下无法现场截取试件进行检验，可采取模拟现场条件制作平行试件替代原位截取试件。平行试件的检验数量和试验方法应符合现场截取试件的要求，平行试件的制作必须要有质量管理措施，并保证其具有代表性。

13.3 一 般 项 目

13.3.1 装配式混凝土结构的尺寸允许偏差在现浇混凝土结构的基础上适当从严要求，对于采用清水混凝土或装饰混凝土构件装配的混凝土结构施工尺寸偏差应适当加严。

13.3.2 装配式结构的墙板接缝防水施工质量是保证装配式外墙防水性能的关键，施工时应按设计要求进行选材和施工，并采取严格的检验验证措施。

现场淋水试验应满足下列要求：淋水流量不应小于 5L/（m·min），淋水试验时间不应少于 2h，检测区域不应有遗漏部位。淋水试验结束后，检查背水面有无渗漏。

附录 A 多层剪力墙结构水平
接缝连接节点构造

A.0.1～A.0.4 本附录提供了几种常见的、用于多层剪力墙结构中预制剪力墙水平接缝连接节点的做法。其中钢筋套筒灌浆连接、钢筋浆锚搭接连接是根据最近几年的研究成果提出的，钢筋焊接连接、预埋件焊接连接节点是参照原行业标准《装配式大板居住建筑设计和施工规程》JGJ 1-91 的相关节点构造提出的。

中华人民共和国行业标准

严寒和寒冷地区居住建筑节能设计标准

Design standard for energy efficiency of residential
buildings in severe cold and cold zones

JGJ 26—2010

批准部门：中华人民共和国住房和城乡建设部
施行日期：２０１０ 年 ８ 月 １ 日

中华人民共和国住房和城乡建设部
公 告

第 522 号

关于发布行业标准
《严寒和寒冷地区居住建筑节能设计标准》的公告

现批准《严寒和寒冷地区居住建筑节能设计标准》为行业标准，编号为 JGJ 26-2010，自 2010 年 8 月 1 日起实施。其中，第 4.1.3、4.1.4、4.2.2、4.2.6、5.1.1、5.1.6、5.2.4、5.2.9、5.2.13、5.2.19、5.2.20、5.3.3、5.4.3、5.4.8 条为强制性条文，必须严格执行。原《民用建筑节能设计标准（采暖居住建筑部分）》JGJ 26-95 同时废止。

本标准由我部标准定额研究所组织中国建筑工业出版社出版发行。

中华人民共和国住房和城乡建设部
2010 年 3 月 18 日

前 言

根据原建设部《关于印发〈2005 年度工程建设国家标准制订、修订计划〉的通知》（建标函［2005］84 号）的要求，标准编制组经广泛调查研究，认真总结实践经验，参考有关国际标准和国外先进标准，并在广泛征求意见的基础上，对《民用建筑节能设计标准（采暖居住建筑部分）》JGJ 26-95 进行了修订，并更名为《严寒和寒冷地区居住建筑节能设计标准》。

本标准的主要技术内容是：总则，术语和符号，严寒和寒冷地区气候子区与室内热环境计算参数，建筑与围护结构热工设计，采暖、通风和空气调节节能设计等。

本标准修订的主要技术内容是：根据建筑节能的需要，确定了标准的适用范围和新的节能目标；采用度日数作为气候子区的分区指标，确定了建筑围护结构规定性指标的限值要求，并注意与原有标准的衔接；提出了针对不同保温构造的热桥影响的新评价指标，明确了使用适应供热体制改革需求的供热节能措施；鼓励使用可再生能源。

本标准中以黑体字标志的条文为强制性条文，必须严格执行。

本标准由住房与城乡建设部负责管理和对强制性条文的解释，由中国建筑科学研究院负责具体技术内容的解释。执行过程中如有意见或建议，请寄送中国建筑科学研究院（地址：北京市北三环东路 30 号，邮政编码 100013）。

本标准主编单位：中国建筑科学研究院

本标准参编单位：中国建筑业协会建筑节能专业委员会
哈尔滨工业大学
中国建筑西北设计研究院
中国建筑设计研究院
中国建筑东北设计研究院有限责任公司
吉林省建筑设计院有限责任公司
北京市建筑设计研究院
西安建筑科技大学
哈尔滨天硕建材工业有限公司
北京振利高新技术有限公司
BASF（中国）有限公司
欧文斯科宁（中国）投资有限公司
中国南玻集团股份有限公司
秦皇岛耀华玻璃股份有限公司
乐意涂料（上海）有限公司

本标准主要起草人员：林海燕　郎四维　涂逢祥
方修睦　陆耀庆　潘云钢
金丽娜　吴雪岭　卜一秋
闫增峰　周辉　董宏
朱清宇　康玉范　林燕成
王稚　许武毅　李西平
邓威

本标准主要审查人员：吴德绳　许文发　徐金泉
杨善勤　李娥飞　屈兆焕
陶乐然　栾景阳　刘振河

目　次

Contents

1 总 则

1.0.1 为贯彻国家有关节约能源、保护环境的法律、法规和政策，改善严寒和寒冷地区居住建筑热环境，提高采暖的能源利用效率，制定本标准。

1.0.2 本标准适用于严寒和寒冷地区新建、改建和扩建居住建筑的节能设计。

1.0.3 严寒和寒冷地区居住建筑必须采取节能设计，在保证室内热环境质量的前提下，建筑热工和暖通设计应将采暖能耗控制在规定的范围内。

1.0.4 严寒和寒冷地区居住建筑的节能设计，除应符合本标准的规定外，尚应符合国家现行有关标准的规定。

2 术语和符号

2.1 术 语

2.1.1 采暖度日数 heating degree day based on 18℃

一年中，当某天室外日平均温度低于 18℃ 时，将该日平均温度与 18℃ 的差值乘以 1d，并将此乘积累加，得到一年的采暖度日数。

2.1.2 空调度日数 cooling degree day based on 26℃

一年中，当某天室外日平均温度高于 26℃ 时，将该日平均温度与 26℃ 的差值乘以 1d，并将此乘积累加，得到一年的空调度日数。

2.1.3 计算采暖期天数 heating period for calculation

采用滑动平均法计算出的累年日平均温度低于或等于 5℃ 的天数。计算采暖期天数仅供建筑节能设计计算时使用，与当地法定的采暖天数不一定相等。

2.1.4 计算采暖期室外平均温度 mean outdoor temperature during heating period

计算采暖期室外日平均温度的算术平均值。

2.1.5 建筑体形系数 shape factor

建筑物与室外大气接触的外表面积与其所包围的体积的比值。外表面积中，不包括地面和不采暖楼梯间内墙及户门的面积。

2.1.6 建筑物耗热量指标 index of heat loss of building

在计算采暖期室外平均温度条件下，为保持室内设计计算温度，单位建筑面积在单位时间内消耗的需由室内采暖设备供给的热量。

2.1.7 围护结构传热系数 heat transfer coefficient of building envelope

在稳态条件下，围护结构两侧空气温差为 1℃，在单位时间内通过单位面积围护结构的传

热量。

2.1.8 外墙平均传热系数 mean heat transfer coefficient of external wall

考虑了墙上存在的热桥影响后得到的外墙传热系数。

2.1.9 围护结构传热系数的修正系数 modification coefficient of building envelope

考虑太阳辐射对围护结构传热的影响而引进的修正系数。

2.1.10 窗墙面积比 window to wall ratio

窗户洞口面积与房间立面单元面积（即建筑层高与开间定位线围成的面积）之比。

2.1.11 锅炉运行效率 efficiency of boiler

采暖期内锅炉实际运行工况下的效率。

2.1.12 室外管网热输送效率 efficiency of network

管网输出总热量与输入管网的总热量的比值。

2.1.13 耗电输热比 ratio of electricity consumption to transferied heat quantity

在采暖室内外计算温度下，全日理论水泵输送耗电量与全日系统供热量比值。

2.2 符 号

2.2.1 气象参数

$HDD18$——采暖度日数，单位：℃·d；

$CDD26$——空调度日数，单位：℃·d；

Z——计算采暖期天数，单位：d；

t_e——计算采暖期室外平均温度，单位：℃。

2.2.2 建筑物

S——建筑体形系数，单位：1/m；

q_H——建筑物耗热量指标，单位：W/m²；

K——围护结构传热系数，单位：W/(m²·K)；

K_m——外墙平均传热系数，单位：W/(m²·K)；

ε_i——围护结构传热系数的修正系数，无因次。

2.2.3 采暖系统

η_1——室外管网热输送效率，无因次；

η_2——锅炉运行效率，无因次；

EHR——耗电输热比，无因次。

3 严寒和寒冷地区气候子区与室内热环境计算参数

3.0.1 依据不同的采暖度日数（$HDD18$）和空调度日数（$CDD26$）范围，可将严寒和寒冷地区进一步划分成表 3.0.1 所示的 5 个气候子区。

**表3.0.1 严寒和寒冷地区居住建筑
节能设计气候子区**

气候子区		分区依据
严寒地区（Ⅰ区）	严寒（A）区	6000≤HDD18
	严寒（B）区	5000≤HDD18＜6000
	严寒（C）区	3800≤HDD18＜5000
寒冷地区（Ⅱ区）	寒冷（A）区	2000≤HDD18＜3800，CDD26≤90
	寒冷（B）区	2000≤HDD18＜3800，CDD26＞90

3.0.2 室内热环境计算参数的选取应符合下列规定：

1 冬季采暖室内计算温度应取18℃；

2 冬季采暖计算换气次数应取$0.5h^{-1}$。

4 建筑与围护结构热工设计

4.1 一般规定

4.1.1 建筑群的总体布置，单体建筑的平面、立面设计和门窗的设置，应考虑冬季利用日照并避开冬季主导风向。

4.1.2 建筑物宜朝向南北或接近朝向南北。建筑物不宜设有三面外墙的房间，一个房间不宜在不同方向的墙面上设置两个或更多的窗。

4.1.3 严寒和寒冷地区居住建筑的体形系数不应大于表4.1.3规定的限值。当体形系数大于表4.1.3规定的限值时，必须按照本标准第4.3节的要求进行围护结构热工性能的权衡判断。

表4.1.3 严寒和寒冷地区居住建筑的体形系数限值

	建 筑 层 数			
	≤3层	(4～8)层	(9～13)层	≥14层
严寒地区	0.50	0.30	0.28	0.25
寒冷地区	0.52	0.33	0.30	0.26

4.1.4 严寒和寒冷地区居住建筑的窗墙面积比不应大于表4.1.4规定的限值。当窗墙面积比大于表4.1.4规定的限值时，必须按照本标准第4.3节的要求进行围护结构热工性能的权衡判断，并且在进行权衡判断时，各朝向的窗墙面积比最大也只能比表4.1.4中的对应值大0.1。

表4.1.4 严寒和寒冷地区居住建筑的窗墙面积比限值

朝 向	窗墙面积比	
	严寒地区	寒冷地区
北	0.25	0.30
东 、西	0.30	0.35
南	0.45	0.50

注：1 敞开式阳台的阳台门上部透明部分应计入窗户面积，下部不透明部分不应计入窗户面积。

2 表中的窗墙面积比应按开间计算。表中的"北"代表从北偏东小于60°至北偏西小于60°的范围；"东、西"代表从东或西偏北小于等于30°至偏南小于60°的范围；"南"代表从南偏东小于等于30°至偏西小于等于30°的范围。

4.1.5 楼梯间及外走廊与室外连接的开口处应设置窗或门，且该窗和门应能密闭。严寒（A）区和严寒（B）区的楼梯间宜采暖，设置采暖的楼梯间的外墙和外窗应采取保温措施。

4.2 围护结构热工设计

4.2.1 我国严寒和寒冷地区主要城市气候分区区属以及采暖度日数（HDD18）和空调度日数（CDD26）应按本标准附录A的规定确定。

4.2.2 根据建筑物所处城市的气候分区区属不同，建筑围护结构的传热系数不应大于表4.2.2-1～表4.2.2-5规定的限值，周边地面和地下室外墙的保温材料层热阻不应小于表4.2.2-1～表4.2.2-5规定的限值，寒冷（B）区外窗综合遮阳系数不应大于表4.2.2-6规定的限值。当建筑围护结构的热工性能参数不满足上述规定时，必须按照本标准第4.3节的规定进行围护结构热工性能的权衡判断。

表4.2.2-1 严寒（A）区围护结构热工性能参数限值

围护结构部位		传热系数$K[W/(m^2 \cdot K)]$		
		≤3层建筑	(4～8)层的建筑	≥9层建筑
屋 面		0.20	0.25	0.25
外 墙		0.25	0.40	0.50
架空或外挑楼板		0.30	0.40	0.40
非采暖地下室顶板		0.35	0.45	0.45
分隔采暖与非采暖空间的隔墙		1.2	1.2	1.2
分隔采暖与非采暖空间的户门		1.5	1.5	1.5
阳台门下部门芯板		1.2	1.2	1.2
外窗	窗墙面积比≤0.2	2.0	2.5	2.5
	0.2＜窗墙面积比≤0.3	1.8	2.0	2.2
	0.3＜窗墙面积比≤0.4	1.6	1.8	2.0
	0.4＜窗墙面积比≤0.45	1.5	1.6	1.8
围护结构部位		保温材料层热阻$R[(m^2 \cdot K)/W]$		
周边地面		1.70	1.40	1.10
地下室外墙（与土壤接触的外墙）		1.80	1.50	1.20

表4.2.2-2 严寒（B）区围护结构热工性能参数限值

围护结构部位		传热系数$K[W/(m^2 \cdot K)]$		
		≤3层建筑	(4～8)层的建筑	≥9层建筑
屋 面		0.25	0.30	0.30
外 墙		0.30	0.45	0.55
架空或外挑楼板		0.30	0.45	0.45
非采暖地下室顶板		0.35	0.50	0.50
分隔采暖与非采暖空间的隔墙		1.2	1.2	1.2
分隔采暖与非采暖空间的户门		1.5	1.5	1.5
阳台门下部门芯板		1.2	1.2	1.2
外窗	窗墙面积比≤0.2	2.0	2.5	2.5
	0.2＜窗墙面积比≤0.3	1.8	2.2	2.2
	0.3＜窗墙面积比≤0.4	1.6	1.9	2.0
	0.4＜窗墙面积比≤0.45	1.5	1.7	1.8
围护结构部位		保温材料层热阻$R[(m^2 \cdot K)/W]$		
周边地面		1.40	1.10	0.83
地下室外墙（与土壤接触的外墙）		1.50	1.20	0.91

表4.2.2-3 严寒(C)区围护结构热工性能参数限值

围护结构部位		传热系数 K[W/(m²·K)]		
		≤3层建筑	(4~8)层的建筑	≥9层建筑
屋 面		0.30	0.40	0.40
外 墙		0.35	0.50	0.60
架空或外挑楼板		0.35	0.50	0.50
非采暖地下室顶板		0.50	0.60	0.60
分隔采暖与非采暖空间的隔墙		1.5	1.5	1.5
分隔采暖与非采暖空间的户门		1.5	1.5	1.5
阳台门下部门芯板		1.2	1.2	1.2
外窗	窗墙面积比≤0.2	2.0	2.5	2.5
	0.2<窗墙面积比≤0.3	1.8	2.2	2.2
	0.3<窗墙面积比≤0.4	1.6	2.0	2.0
	0.4<窗墙面积比≤0.45	1.5	1.8	1.8
围护结构部位		保温材料层热阻 R[(m²·K)/W]		
周边地面		1.10	0.83	0.56
地下室外墙(与土壤接触的外墙)		1.20	0.91	0.61

表4.2.2-4 寒冷(A)区围护结构热工性能参数限值

围护结构部位		传热系数 K[W/(m²·K)]		
		≤3层建筑	(4~8)层的建筑	≥9层建筑
屋 面		0.35	0.45	0.45
外 墙		0.45	0.60	0.70
架空或外挑楼板		0.45	0.60	0.60
非采暖地下室顶板		0.50	0.65	0.65
分隔采暖与非采暖空间的隔墙		1.5	1.5	1.5
分隔采暖与非采暖空间的户门		2.0	2.0	2.0
阳台门下部门芯板		1.7	1.7	1.7
外窗	窗墙面积比≤0.2	2.8	3.1	3.1
	0.2<窗墙面积比≤0.3	2.5	2.8	2.8
	0.3<窗墙面积比≤0.4	2.0	2.5	2.5
	0.4<窗墙面积比≤0.5	1.8	2.0	2.3
围护结构部位		保温材料层热阻 R[(m²·K)/W]		
周边地面		0.83	0.56	—
地下室外墙(与土壤接触的外墙)		0.91	0.61	—

表4.2.2-5 寒冷(B)区围护结构热工性能参数限值

围护结构部位		传热系数 K[W/(m²·K)]		
		≤3层建筑	(4~8)层的建筑	≥9层建筑
屋 面		0.35	0.45	0.45
外 墙		0.45	0.60	0.70
架空或外挑楼板		0.45	0.60	0.60
非采暖地下室顶板		0.50	0.65	0.65
分隔采暖与非采暖空间的隔墙		1.5	1.5	1.5
分隔采暖与非采暖空间的户门		2.0	2.0	2.0
阳台门下部门芯板		1.7	1.7	1.7

续表4.2.2-5

围护结构部位		传热系数 K[W/(m²·K)]		
		≤3层建筑	(4~8)层的建筑	≥9层建筑
外窗	窗墙面积比≤0.2	2.8	3.1	3.1
	0.2<窗墙面积比≤0.3	2.5	2.8	2.8
	0.3<窗墙面积比≤0.4	2.0	2.5	2.5
	0.4<窗墙面积比≤0.5	1.8	2.0	2.3
围护结构部位		保温材料层热阻 R[(m²·K)/W]		
周边地面		0.83	0.56	—
地下室外墙(与土壤接触的外墙)		0.91	0.61	—

注：周边地面和地下室外墙的保温材料层不包括土壤和混凝土地面。

表4.2.2-6 寒冷(B)区外窗综合遮阳系数限值

围护结构部位		遮阳系数 SC(东、西向/南、北向)		
		≤3层建筑	(4~8)层的建筑	≥9层建筑
外窗	窗墙面积比≤0.2	—/—	—/—	—/—
	0.2<窗墙面积比≤0.3	—/—	—/—	—/—
	0.3<窗墙面积比≤0.4	0.45/—	0.45/—	0.45/—
	0.4<窗墙面积比≤0.5	0.35/—	0.35/—	0.35/—

4.2.3 围护结构热工性能参数计算应符合下列规定：

1 外墙的传热系数系指考虑了热桥影响后计算得到的平均传热系数，平均传热系数应按本标准附录B的规定计算。

2 窗墙面积比应按建筑开间计算。

3 周边地面是指室内距外墙内表面2m以内的地面，周边地面的传热系数应按本标准附录C的规定计算。

4 窗的综合遮阳系数应按下式计算：

$$SC = SC_C \times SD = SC_B \times (1 - F_K/F_C) \times SD$$

$$(4.2.3)$$

式中：SC——窗的综合遮阳系数；

SC_C——窗本身的遮阳系数；

SC_B——玻璃的遮阳系数；

F_K——窗框的面积；

F_C——窗的面积，F_K/F_C 为窗框面积比，PVC塑钢窗或木窗窗框面积比可取0.30，铝合金窗窗框面积比可取0.20；

SD——外遮阳的遮阳系数，应按本标准附录D的规定计算。

4.2.4 寒冷(B)区建筑的南向外窗(包括阳台的透明部分)宜设置水平遮阳或活动遮阳。东、西向的外窗宜设置活动遮阳。外遮阳的遮阳系数应按本标准附录D确定。当设置了展开或关闭后可以全部遮蔽窗户的活动式外遮阳时，应认定满足本标准第4.2.2条对外窗的遮阳系数的要求。

4.2.5 居住建筑不宜设置凸窗。严寒地区除南向外不应设置凸窗，寒冷地区北向的卧室、起居室不得设置凸窗。

当设置凸窗时，凸窗凸出(从外墙面至凸窗外表面)不应大于400mm；凸窗的传热系数限值应比普通窗降低15%，且其不透明的顶部、底部、侧面的传热系数应小于或等于外墙的传热系数。当计算窗墙面积比时，凸窗的窗面积和凸窗所占的墙面积应按窗洞口面积计算。

4.2.6 外窗及敞开式阳台门应具有良好的密闭性能。严寒地区外窗及敞开式阳台门的气密性等级不应低于国家标准《建筑外门窗气密、水密、抗风压性能分级及检测方法》GB/T 7106-2008 中规定的 6 级。寒冷地区 1~6 层的外窗及敞开式阳台门的气密性等级不应低于国家标准《建筑外门窗气密、水密、抗风压性能分级及检测方法》GB/T 7106-2008 中规定的 4 级，7 层及 7 层以上不应低于 6 级。

4.2.7 封闭式阳台的保温应符合下列规定：

1 阳台和直接连通的房间之间应设置隔墙和门、窗。

2 当阳台和直接连通的房间之间不设置隔墙和门、窗时，应将阳台作为所连通房间的一部分。阳台与室外空气接触的墙板、顶板、地板的传热系数必须符合本标准第 4.2.2 条的规定，阳台的窗墙面积比必须符合本标准第 4.1.4 条的规定。

3 当阳台和直接连通的房间之间设置隔墙和门、窗，且所设隔墙、门、窗的传热系数不大于本标准第 4.2.2 条表中所列限值，窗墙面积比不超过本标准表 4.1.4 的限值时，可不对阳台外表面作特殊热工要求。

4 当阳台和直接连通的房间之间设置隔墙和门、窗，且所设隔墙、门、窗的传热系数大于本标准第 4.2.2 条表中所列限值时，阳台与室外空气接触的墙板、顶板、地板的传热系数不应大于本标准第 4.2.2 条表中所列限值的 120%，严寒地区阳台窗的传热系数不应大于 $2.5\text{W}/(\text{m}^2 \cdot \text{K})$，寒冷地区阳台窗的传热系数不应大于 $3.1\text{W}/(\text{m}^2 \cdot \text{K})$，阳台外表面的窗墙面积比不应大于 60%，阳台和直接连通房间隔墙的窗墙面积比不应超过本标准表 4.1.4 的限值。当阳台的面宽小于直接连通房间的开间宽度时，可按房间的开间计算隔墙的窗墙面积比。

4.2.8 外窗（门）框与墙体之间的缝隙，应采用高效保温材料填堵，不得采用普通水泥砂浆补缝。

4.2.9 外窗（门）洞口室外部分的侧墙面应做保温处理，并应保证窗（门）洞口室内部分的侧墙面的内表面温度不低于室内空气设计温、湿度条件下的露点温度，减小附加热损失。

4.2.10 外墙与屋面的热桥部位均应进行保温处理，并应保证热桥部位的内表面温度不低于室内空气设计温、湿度条件下的露点温度，减小附加热损失。

4.2.11 变形缝应采取保温措施，并应保证变形缝两侧墙的内表面温度在室内空气设计温、湿度条件下不低于露点温度。

4.2.12 地下室外墙应根据地下室不同用途，采取合理的保温措施。

4.3 围护结构热工性能的权衡判断

4.3.1 建筑围护结构热工性能的权衡判断应以建筑物耗热量指标为判据。

4.3.2 计算得到的所设计居住建筑的建筑物耗热量指标应小于或等于本标准附录 A 中表 A.0.1-2 的限值。

4.3.3 所设计建筑的建筑物耗热量指标应按下式计算：

$$q_H = q_{HT} + q_{INF} - q_{IH} \qquad (4.3.3)$$

式中：q_H——建筑物耗热量指标（W/m^2）；

q_{HT}——折合到单位建筑面积上单位时间内通过建筑围护结构的传热量（W/m^2）；

q_{INF}——折合到单位建筑面积上单位时间内建筑物空气渗透耗热量（W/m^2）；

q_{IH}——折合到单位建筑面积上单位时间内建筑物内部得热量，取 $3.8\text{W}/\text{m}^2$。

4.3.4 折合到单位建筑面积上单位时间内通过建筑围护结构的传热量应按下式计算：

$$q_{HT} = q_{Hq} + q_{Hw} + q_{Hd} + q_{Hmc} + q_{Hy} \qquad (4.3.4)$$

式中：q_{Hq}——折合到单位建筑面积上单位时间内通过墙的传热量（W/m^2）；

q_{Hw}——折合到单位建筑面积上单位时间内通过屋面的传热量（W/m^2）；

q_{Hd}——折合到单位建筑面积上单位时间内通过地面的传热量（W/m^2）；

q_{Hmc}——折合到单位建筑面积上单位时间内通过门、窗的传热量（W/m^2）；

q_{Hy}——折合到单位建筑面积上单位时间内非采暖封闭阳台的传热量（W/m^2）。

4.3.5 折合到单位建筑面积上单位时间内通过外墙的传热量应按下式计算：

$$q_{Hq} = \frac{\sum q_{Hqi}}{A_0} = \frac{\sum \varepsilon_{qi} K_{mqi} F_{qi}(t_n - t_e)}{A_0} \qquad (4.3.5)$$

式中：q_{Hq}——折合到单位建筑面积上单位时间内通过外墙的传热量（W/m^2）；

t_n——室内计算温度，取 18℃；当外墙内侧是楼梯间时，则取 12℃；

t_e——采暖期室外平均温度（℃），应根据本标准附录 A 中的表 A.0.1-1 确定；

ε_{qi}——外墙传热系数的修正系数，应根据本标准附录 E 中的表 E.0.2 确定；

K_{mqi}——外墙平均传热系数[$\text{W}/(\text{m}^2 \cdot \text{K})$]，应根据本标准附录 B 计算确定；

F_{qi}——外墙的面积（m^2），可根据本标准附录 F 的规定计算确定；

A_0——建筑面积（m^2），可根据本标准附录 F 的规定计算确定。

4.3.6 折合到单位建筑面积上单位时间内通过屋面

的传热量应按下式计算：

$$q_{Hw} = \frac{\Sigma q_{Hwi}}{A_0} = \frac{\Sigma \varepsilon_{wi} K_{wi} F_{wi} (t_n - t_e)}{A_0} \quad (4.3.6)$$

式中：q_{Hw}——折合到单位建筑面积上单位时间内通过屋面的传热量（W/m²）；

ε_{wi}——屋面传热系数的修正系数，应根据本标准附录 E 中的表 E.0.2 确定；

K_{wi}——屋面传热系数[W/(m²·K)]；

F_{wi}——屋面的面积（m²），可根据本标准附录 F 的规定计算确定。

4.3.7 折合到单位建筑面积上单位时间内通过地面的传热量应按下式计算：

$$q_{Hd} = \frac{\Sigma q_{Hdi}}{A_0} = \frac{\Sigma K_{di} F_{di} (t_n - t_e)}{A_0} \quad (4.3.7)$$

式中：q_{Hd}——折合到单位建筑面积上单位时间内通过地面的传热量（W/m²）；

K_{di}——地面的传热系数[W/(m²·K)]，应根据本标准附录 C 的规定计算确定；

F_{di}——地面的面积（m²），应根据本标准附录 F 的规定计算确定。

4.3.8 折合到单位建筑面积上单位时间内通过外窗（门）的传热量应按下式计算：

$$q_{Hmc} = \frac{\Sigma q_{Hmci}}{A_0} = \frac{\Sigma [K_{mci} F_{mci} (t_n - t_e) - I_{tyi} C_{mci} F_{mci}]}{A_0}$$
$$(4.3.8-1)$$

$$C_{mci} = 0.87 \times 0.70 \times SC \quad (4.3.8-2)$$

式中：q_{Hmc}——折合到单位建筑面积上单位时间内通过外窗（门）的传热量（W/m²）；

K_{mci}——窗（门）的传热系数[W/(m²·K)]；

F_{mci}——窗（门）的面积（m²）；

I_{tyi}——窗（门）外表面采暖期平均太阳辐射热（W/m²），应根据本标准附录 A 中的表 A.0.1-1 确定；

C_{mci}——窗（门）的太阳辐射修正系数；

SC——窗的综合遮阳系数，按本标准式（4.2.3）计算；

0.87——3mm 普通玻璃的太阳辐射透过率；

0.70——折减系数。

4.3.9 折合到单位建筑面积上单位时间内通过非采暖封闭阳台的传热量应按下式计算：

$$q_{Hy} = \frac{\Sigma q_{Hyi}}{A_0} = \frac{\Sigma [K_{qmci} F_{qmci} \zeta_i (t_n - t_e) - I_{tyi} C'_{mci} F_{mci}]}{A_0}$$
$$(4.3.9-1)$$

$$C'_{mci} = (0.87 \times SC_W) \times (0.87 \times 0.70 \times SC_N)$$
$$(4.3.9-2)$$

式中：q_{Hy}——折合到单位建筑面积上单位时间内通过非采暖封闭阳台的传热量（W/m²）；

K_{qmci}——分隔封闭阳台和室内的墙、窗（门）的平均传热系数[W/(m²·K)]；

F_{qmci}——分隔封闭阳台和室内的墙、窗（门）的面积（m²）；

ζ_i——阳台的温差修正系数，应根据本标准附录 E 中的表 E.0.4 确定；

I_{tyi}——封闭阳台外表面采暖期平均太阳辐射热（W/m²），应根据本标准附录 A 中的表 A.0.1-1 确定；

F_{mci}——分隔封闭阳台和室内的窗（门）的面积（m²）；

C'_{mci}——分隔封闭阳台和室内的窗（门）的太阳辐射修正系数；

SC_W——外侧窗的综合遮阳系数，按本标准式（4.2.3）计算；

SC_N——内侧窗的综合遮阳系数，按本标准式（4.2.3）计算。

4.3.10 折合到单位建筑面积上单位时间内建筑物空气换气耗热量应按下式计算：

$$q_{INF} = \frac{(t_n - t_e)(C_p \rho N V)}{A_0} \quad (4.3.10)$$

式中：q_{INF}——折合到单位建筑面积上单位时间内建筑物空气换气耗热量（W/m²）；

C_p——空气的比热容，取 0.28Wh/(kg·K)；

ρ——空气的密度（kg/m³），取采暖期室外平均温度 t_e 下的值；

N——换气次数，取 0.5h⁻¹；

V——换气体积（m³），可根据本标准附录 F 的规定计算确定。

5 采暖、通风和空气调节节能设计

5.1 一般规定

5.1.1 集中采暖和集中空气调节系统的施工图设计，必须对每一个房间进行热负荷和逐项逐时的冷负荷计算。

5.1.2 位于严寒和寒冷地区的居住建筑，应设置采暖设施；位于寒冷（B）区的居住建筑，还宜设置或预留设置空调设施的位置和条件。

5.1.3 居住建筑集中采暖、空调系统的热、冷源方式及设备的选择，应根据节能要求，考虑当地资源情况、环境保护、能源效率及用户对采暖运行费用可承受的能力等综合因素，经技术经济分析比较确定。

5.1.4 居住建筑集中供热热源形式的选择，应符合下列规定：

1 以热电厂和区域锅炉房为主要热源；在城市集中供热范围内时，应优先采用城市热网提供的热源。

2 技术经济合理情况下，宜采用冷、热、电联供系统。

3 集中锅炉房的供热规模应根据燃料确定，当采用燃气时，供热规模不宜过大，采用燃煤时供热规模不宜过小。

4 在工厂区附近时，应优先利用工业余热和废热。

5 有条件时应积极利用可再生能源。

5.1.5 居住建筑的集中采暖系统，应按热水连续采暖进行设计。居住区内的商业、文化及其他公共建筑的采暖形式，可根据其使用性质、供热要求经技术经济比较确定。公共建筑的采暖系统应与居住建筑分开，并应具备分别计量的条件。

5.1.6 除当地电力充足和供电政策支持，或者建筑所在地无法利用其他形式的能源外，严寒和寒冷地区的居住建筑内，不应设计直接电热采暖。

5.2 热源、热力站及热力网

5.2.1 当地没有热电联产、工业余热和废热可资利用的严寒、寒冷地区，应建设以集中锅炉房为热源的供热系统。

5.2.2 新建锅炉房时，应考虑与城市热网连接的可能性。锅炉房宜建在靠近热负荷密度大的地区，并应满足该地区环保部门对锅炉房的选址要求。

5.2.3 独立建设的燃煤集中锅炉房中，单台锅炉的容量不宜小于 7.0MW；对于规模较小的居住区，锅炉的单台容量可适当降低，但不宜小于 4.2MW。

5.2.4 锅炉的选型，应与当地长期供应的燃料种类相适应。锅炉的设计效率不应低于表 5.2.4 中规定的数值。

表 5.2.4 锅炉的最低设计效率（%）

锅炉类型、燃料种类及发热值		在下列锅炉容量(MW)下的设计效率(%)						
		0.7	1.4	2.8	4.2	7.0	14.0	>28.0
燃煤	烟煤 Ⅱ	—	—	73	74	78	79	80
	Ⅲ	—	—	74	76	78	80	82
燃油、燃气		86	87	87	88	89	90	90

5.2.5 锅炉房的总装机容量应按下式确定：

$$Q_B = \frac{Q_0}{\eta} \qquad (5.2.5)$$

式中：Q_B——锅炉房的总装机容量（W）；

Q_0——锅炉负担的采暖设计热负荷（W）；

η——室外管网输送效率，可取 0.92。

5.2.6 燃煤锅炉房的锅炉台数，宜采用（2~3）台，不应多于 5 台。当在低于设计运行负荷条件下多台锅炉联合运行时，单台锅炉的运行负荷不应低于额定负荷的 60%。

5.2.7 燃气锅炉房的设计，应符合下列规定：

1 锅炉房的供热半径应根据区域的情况、供热

规模、供热方式及参数等条件来合理地确定。当受条件限制供热面积较大时，应经技术经济比较确定，采用分区设置热力站的间接供热系统。

2 模块式组合锅炉房，宜以楼栋为单位设置；数量宜为(4~8)台，不应多于 10 台；每个锅炉房的供热量宜在 1.4MW 以下。当总供热面积较大，且不能以楼栋为单位设置时，锅炉房应分散设置。

3 当燃气锅炉直接供热系统的锅炉的供、回水温度和流量限定值，与负荷侧在整个运行期对供、回水温度和流量的要求不一致时，应按热源侧和用户侧配置二次泵水系统。

5.2.8 锅炉房设计时应充分利用锅炉产生的各种余热，并应符合下列规定：

1 热媒供水温度不高于 60℃ 的低温供热系统，应设烟气余热回收装置。

2 散热器采暖系统宜设烟气余热回收装置。

3 有条件时，应选用冷凝式燃气锅炉；当选用普通锅炉时，应另设烟气余热回收装置。

5.2.9 锅炉房和热力站的总管上，应设置计量总供热量的热量表（热量计量装置）。集中采暖系统中建筑物的热力入口处，必须设置楼前热量表，作为该建筑物采暖耗热量的热量结算点。

5.2.10 在有条件采用集中供热或在楼内集中设置燃气热水机组（锅炉）的高层建筑中，不宜采用户式燃气供暖炉（热水器）作为采暖热源。当必须采用户式燃气炉作为热源时，应设置专用的进气及排烟通道，并应符合下列规定：

1 燃气炉自身必须配置有完善且可靠的自动安全保护装置。

2 应具有同时自动调节燃气量和燃烧空气量的功能，并应配置有室温控制器。

3 配套供应的循环水泵的工况参数，应与采暖系统的要求相匹配。

5.2.11 当系统的规模较大时，宜采用间接连接的一、二次水系统；热力站规模不宜大于 100000m²；一次水设计供水温度宜取 115℃~130℃，回水温度应取 50℃~80℃。

5.2.12 当采暖系统采用变流量水系统时，循环水泵宜采用变速调节方式；水泵台数宜采用 2 台（一用一备）。当系统较大时，可通过技术经济分析后合理增加台数。

5.2.13 室外管网应进行严格的水力平衡计算。当室外管网通过阀门截流来进行阻力平衡时，各并联环路之间的压力损失差值，不应大于 15%。当室外管网水力平衡计算达不到上述要求时，应在热力站和建筑物热力入口处设置静态水力平衡阀。

5.2.14 建筑物的每个热力入口，应设计安装水过滤器，并应根据室外管网的水力平衡要求和建筑物内供暖系统所采用的调节方式，决定是否还要设置自力式

流量控制阀、自力式压差控制阀或其他装置。

5.2.15 水力平衡阀的设置和选择，应符合下列规定：

1 阀门两端的压差范围，应符合其产品标准的要求。

2 热力站出口总管上，不应串联设置自力式流量控制阀；当有多个分环路时，各分环路总管上可根据水力平衡的要求设置静态水力平衡阀。

3 定流量水系统的各热力入口，可按照本标准第 5.2.13、5.2.14 条的规定设置静态水力平衡阀，或自力式流量控制阀。

4 变流量水系统的各热力入口，应根据水力平衡的要求和系统总体控制设置的情况，设置压差控制阀，但不应设置自力式定流量阀。

5 当采用静态水力平衡阀时，应根据阀门流通能力及两端压差，选择确定平衡阀的直径与开度。

6 当采用自力式流量控制阀时，应根据设计流量进行选型。

7 当采用自力式压差控制阀时，应根据所需控制压差选择与管路同尺寸的阀门，同时应确保其流量不小于设计最大值。

8 当选择自力式流量控制阀、自力式压差控制阀、电动平衡两通阀或动态平衡电动调节阀时，应保持阀权度 $S=0.3\sim0.5$。

5.2.16 在选配供热系统的热水循环泵时，应计算循环水泵的耗电输热比（EHR），并应标注在施工图的设计说明中。循环水泵的耗电输热比应符合下式要求：

$$EHR = \frac{N}{Q \cdot \eta} \leqslant \frac{A \times (20.4 + a\Sigma L)}{\Delta t}$$

(5.2.16)

式中：EHR——循环水泵的耗电输热比；

N——水泵在设计工况点的轴功率（kW）；

Q——建筑供热负荷（kW）；

η——电机和传动部分的效率，应按表 5.2.16 选取；

Δt——设计供回水温度差（℃），应按照设计要求选取；

A——与热负荷有关的计算系数，应按表 5.2.16 选取；

ΣL——室外主干线（包括供回水管）总长度（m）；

a——与 ΣL 有关的计算系数，应按如下选取或计算：

当 $\Sigma L \leqslant 400\text{m}$ 时，$a = 0.0115$；

当 $400 < \Sigma L < 1000\text{m}$ 时，$a = 0.003833 + 3.067/\Sigma L$；

当 $\Sigma L \geqslant 1000\text{m}$ 时，$a = 0.0069$。

表 5.2.16 电机和传动部分的效率及循环水泵的耗电输热比计算系数

热负荷 Q(kW)		<2000	≥2000
电机和传动部分的效率 η	直联方式	0.87	0.89
	联轴器连接方式	0.85	0.87
计算系数 A		0.0062	0.0054

5.2.17 设计一、二次热水管网时，应采用经济合理的敷设方式。对于庭院管网和二次网，宜采用直埋管敷设。对于一次管网，当管径较大且地下水位不高时，或者采取了可靠的地沟防水措施时，可采用地沟敷设。

5.2.18 供热管道保温厚度不应小于本标准附录 G 的规定值，当选用其他保温材料或其导热系数与附录 G 的规定值差异较大时，最小保温厚度应按下式修正：

$$\delta'_{\text{min}} = \frac{\lambda'_m \cdot \delta_{\text{min}}}{\lambda_m}$$

(5.2.18)

式中：δ'_{min}——修正后的最小保温层厚度（mm）；

δ_{min}——本标准附录 G 规定的最小保温层厚度（mm）；

λ'_m——实际选用的保温材料在其平均使用温度下的导热系数 ［W/（m·K）］；

λ_m——本标准附录 G 规定的保温材料在其平均使用温度下的导热系数 ［W/（m·K）］。

5.2.19 当区域供热锅炉房设计采用自动监测与控制的运行方式时，应满足下列规定：

1 应通过计算机自动监测系统，全面、及时地了解锅炉的运行状况。

2 应随时测量室外的温度和整个热网的需求，按照预先设定的程序，通过调节投入燃料量实现锅炉供热量调节，满足整个热网的热量需求，保证供暖质量。

3 应通过锅炉系统热特性识别和工况优化分析程序，根据前几天的运行参数、室外温度，预测该时段的最佳工况。

4 应通过对锅炉运行参数的分析，作出及时判断。

5 应建立各种信息数据库，对运行过程中的各种信息数据进行分析，并应能够根据需要打印各类运行记录，储存历史数据。

6 锅炉房、热力站的动力用电、水泵用电和照明用电应分别计量。

5.2.20 对于未采用计算机进行自动监测与控制的锅炉房和换热站，应设置供热量控制装置。

5.3 采暖系统

5.3.1 室内的采暖系统，应以热水为热媒。

5.3.2 室内的采暖系统的制式，宜采用双管系统。当采用单管系统时，应在每组散热器的进出水支管之间设置跨越管，散热器应采用低阻力两通或三通调节阀。

5.3.3 集中采暖（集中空调）系统，必须设置住户分室（户）温度调节、控制装置及分户热计量（分户热分摊）的装置或设施。

5.3.4 当室内采用散热器供暖时，每组散热器的进水支管上应安装散热器恒温控制阀。

5.3.5 散热器宜明装，散热器的外表面应刷非金属性涂料。

5.3.6 采用散热器集中采暖系统的供水温度（t）、供回水温差（Δt）与工作压力（P），宜符合下列规定：

    1 当采用金属管道时，$t \leqslant 95℃$、$\Delta t \geqslant 25℃$。

    2 当采用热塑性塑料管时，$t \leqslant 85℃$；$\Delta t \geqslant 25℃$，且工作压力不宜大于 1.0MPa。

    3 当采用铝塑复合管-非热熔连接时，$t \leqslant 90℃$、$\Delta t \geqslant 25℃$。

    4 当采用铝塑复合管-热熔连接时，应按热塑性塑料管的条件应用。

    5 当采用铝塑复合管时，系统的工作压力可按表 5.3.6 确定。

表 5.3.6 不同工作温度时铝塑复合管的允许工作压力

管材类型	代 号	长期工作温度（℃）	允许工作压力（MPa）
搭接焊式	PAP	60	1.00
		75※	0.82
		82※	0.69
	XPAP	75	1.00
		82	0.86
对接焊式	PAP3，PAP4	60	1.00
	XPAP1，XPAP2	75	1.50
	XPAP1，XPAP2	95	1.25

注：※指采用中密度聚乙烯(乙烯与辛烯共聚物)材料生产的复合管。

5.3.7 对室内具有足够的无家具覆盖的地面可供布置加热管的居住建筑，宜采用低温地面辐射供暖方式进行采暖。低温地面辐射供暖系统户（楼）内的供水温度不应超过 60℃，供回水温差宜等于或小于 10℃；系统的工作压力不应大于 0.8MPa。

5.3.8 采用低温地面辐射供暖的集中供热小区，锅炉或换热站不宜直接提供温度低于 60℃的热媒。当外网提供的热媒温度高于 60℃时，宜在各户的分集水器前设置混水泵，抽取室内回水混入供水，保持其温度不高于设定值，并加大户内循环水量；混水装置也可以设置在楼栋的采暖热力入口处。

5.3.9 当设计低温地面辐射供暖系统时，宜按主要房间划分供暖环路，并应配置室温自动调控装置。在每户分水器的进水管上，应设置水过滤器，并应按户设置热量分摊装置。

5.3.10 施工图设计时，应严格进行室内供暖管道的水力平衡计算，确保各并联环路间（不包括公共段）的压力损失差额不大于 15%；在水力平衡计算时，要计算水冷却产生的附加压力，其值可取设计供、回水温度条件下附加压力值的 2/3。

5.3.11 在寒冷地区，当冬季设计状态下的采暖空调设备能效比（COP）小于 1.8 时，不宜采用空气源热泵机组供热；当有集中热源或气源时，不宜采用空气源热泵。

5.4 通风和空气调节系统

5.4.1 通风和空气调节系统设计应结合建筑设计，首先确定全年各季节的自然通风措施，并应做好室内气流组织，提高自然通风效率，减少机械通风和空调的使用时间。当在大部分时间内自然通风不能满足降温要求时，宜设置机械通风或空气调节系统，设置的机械通风或空气调节系统不应妨碍建筑的自然通风。

5.4.2 当采用分散式房间空调器进行空调和（或）采暖时，宜选择符合国家标准《房间空气调节器能效限定值及能源效率等级》GB 12021.3 和《转速可控型房间空气调节器能效限定值及能源效率等级》GB 21455 中规定的节能型产品（即能效等级 2 级）。

5.4.3 当采用电机驱动压缩机的蒸气压缩循环冷水（热泵）机组或采用名义制冷量大于 7100W 的电机驱动压缩机单元式空气调节机作为住宅小区或整栋楼的冷热源机组时，所选用机组的能效比（性能系数）不应低于现行国家标准《公共建筑节能设计标准》GB 50189 中的规定值；当设计采用多联式空调（热泵）机组作为户式集中空调（采暖）机组时，所选用机组的制冷综合性能系数不应低于国家标准《多联式空调（热泵）机组能效限定值及能源效率等级》GB 21454-2008 中规定的第 3 级。

5.4.4 安装分体式空气调节器（含风管机、多联机）时，室外机的安装位置必须符合下列规定：

    1 应能通畅地向室外排放空气和自室外吸入空气。

    2 在排出空气与吸入空气之间不应发生明显的气流短路。

    3 可方便地对室外机的换热器进行清扫。

    4 对周围环境不得造成热污染和噪声污染。

5.4.5 设有集中新风供应的居住建筑，当新风系统的送风量大于或等于3000m³/h时，应设置排风热回收装置。无集中新风供应的居住建筑，宜分户（或分室）设置带热回收功能的双向换气装置。

5.4.6 当采用风机盘管机组时，应配置风速开关，宜配置自动调节和控制冷、热量的温控器。

5.4.7 当采用全空气直接膨胀风管式空调机时，宜按房间设计配置风量调控装置。

5.4.8 当选择土壤源热泵系统、浅层地下水源热泵系统、地表水（淡水、海水）源热泵系统、污水水源热泵系统作为居住区或户用空调（热泵）机组的冷热源时，严禁破坏、污染地下资源。

5.4.9 空气调节系统的冷热水管的绝热厚度，应按现行国家标准《设备及管道绝热设计导则》GB/T 8175中的经济厚度和防止表面凝露的保冷层厚度的方法计算。建筑物内空气调节系统冷热水管的经济绝热厚度可按表5.4.9的规定选用。

表5.4.9 建筑物内空气调节系统冷热水管的经济绝热厚度

管道类型	绝热材料			
	离心玻璃棉		柔性泡沫橡塑	
	公称管径(mm)	厚度(mm)	公称管径(mm)	厚度(mm)
单冷管道 (管内介质温度 7℃～常温)	≤DN32	25	按防结露要求计算	
	DN40～DN100	30		
	≥DN125	35		
热或冷热合用管道 (管内介质温度 5℃～60℃)	≤DN40	35	≤DN50	25
	DN50～DN100	40	DN70～DN150	28
	DN125～DN250	45	≥DN200	32
	≥DN300	50		
热或冷热合用管道 (管内介质温度 0℃～95℃)	≤DN50	50	不适宜使用	
	DN70～DN150	60		
	≥DN200	70		

注：1 绝热材料的导热系数λ应按下列公式计算：
离心玻璃棉：$\lambda=(0.033+0.00023t_m)$[W/(m·K)]
柔性泡沫橡塑：$\lambda=(0.03375+0.0001375t_m)$[W/(m·K)]
其中 t_m——绝热层的平均温度(℃)。
2 单冷管道和柔性泡沫橡塑保冷的管道均应进行防结露要求验算。

5.4.10 空气调节风管绝热层的最小热阻应符合表5.4.10的规定。

表5.4.10 空气调节风管绝热层的最小热阻

风管类型	最小热阻（m²·K/W）
一般空调风管	0.74
低温空调风管	1.08

附录A 主要城市的气候区属、气象参数、耗热量指标

A.0.1 根据采暖度日数和空调度日数，可将严寒和寒冷地区细分为五个气候子区，其中主要城市的建筑节能计算用气象参数和建筑物耗热量指标应按表A.0.1-1和表A.0.1-2的规定确定。

A.0.2 严寒地区的分区指标是HDD18≥3800，气候特征是冬季严寒，根据冬季严寒的不同程度，又可细分成严寒(A)、严寒(B)、严寒(C)三个子区：

　　1 严寒(A)区的分区指标是6000≤HDD18，气候特征是冬季异常寒冷，夏季凉爽；

　　2 严寒(B)区的分区指标是5000≤HDD18＜6000，气候特征是冬季非常寒冷，夏季凉爽；

　　3 严寒(C)区的分区指标是3800≤HDD18＜5000，气候特征是冬季很寒冷，夏季凉爽。

A.0.3 寒冷地区的分区指标是2000≤HDD18＜3800，0＜CDD26，气候特征是冬季寒冷，根据夏季热的不同程度，又可细分成寒冷（A）、寒冷（B）两个子区：

　　1 寒冷（A）区的分区指标是2000≤HDD18＜3800，0＜CDD26≤90，气候特征是冬季寒冷，夏季凉爽；

　　2 寒冷（B）区的分区指标是2000≤HDD18＜3800，90＜CDD26，气候特征是冬季寒冷，夏季热。

表A.0.1-1 严寒和寒冷地区主要城市的建筑节能计算用气象参数

城市	气候区属	气象站				HDD18(℃·d)	CDD26(℃·d)	计算采暖期					
		北纬度	东经度	海拔(m)				天数(d)	室外平均温度(℃)	太阳总辐射平均强度(W/m²)				
										水平	南向	北向	东向	西向
直辖市														
北京	Ⅱ(B)	39.93	116.28	55	2699	94	114	0.1	102	120	33	59	59
天津	Ⅱ(B)	39.10	117.17	5	2743	92	118	−0.2	99	106	34	56	57
河北省														
石家庄	Ⅱ(B)	38.03	114.42	81	2388	147	97	0.9	95	102	33	54	54
围场	Ⅰ(C)	41.93	117.75	844	4602	3	172	−5.1	118	121	38	66	66

城 市	气候区属	气象站			HDD18 (℃·d)	CDD26 (℃·d)	计算采暖期						
		北纬度	东经度	海拔(m)			天数(d)	室外平均温度(℃)	太阳总辐射平均强度(W/m²)				
									水平	南向	北向	东向	西向
丰宁	Ⅰ(C)	41.22	116.63	661	4167	5	161	−4.2	120	126	39	67	67
承德	Ⅱ(A)	40.98	117.95	386	3783	20	150	−3.4	107	112	35	60	60
张家口	Ⅱ(A)	40.78	114.88	726	3637	24	145	−2.7	106	118	36	62	60
怀来	Ⅱ(A)	40.40	115.50	538	3388	32	143	−1.8	105	117	36	61	59
青龙	Ⅱ(A)	40.40	118.95	228	3532	23	146	−2.5	107	112	35	61	59
蔚县	Ⅰ(C)	39.83	114.57	910	3955	9	151	−3.9	110	115	36	62	61
唐山	Ⅱ(A)	39.67	118.15	29	2853	72	120	−0.6	100	108	34	58	56
乐亭	Ⅱ(A)	39.43	118.90	12	3080	37	124	−1.3	104	111	35	60	57
保定	Ⅱ(B)	38.85	115.57	19	2564	129	108	0.4	94	102	32	55	52
沧州	Ⅱ(B)	38.33	116.83	11	2653	92	115	0.3	102	107	35	58	58
泊头	Ⅱ(B)	38.08	116.55	13	2593	126	119	0.4	101	106	34	58	56
邢台	Ⅱ(B)	37.07	114.50	78	2268	155	93	1.4	96	102	33	56	53
山西省													
太原	Ⅱ(A)	37.78	112.55	779	3160	11	127	−1.1	108	118	36	62	60
大同	Ⅰ(C)	40.10	113.33	1069	4120	8	158	−4.0	119	124	39	67	66
河曲	Ⅰ(C)	39.38	111.15	861	3913	18	150	−4.0	120	126	38	64	67
原平	Ⅱ(A)	38.75	112.70	838	3399	14	141	−1.7	108	118	36	61	61
离石	Ⅱ(A)	37.50	111.10	951	3424	16	140	−1.8	102	108	34	56	57
榆社	Ⅱ(A)	37.07	112.98	1042	3529	1	143	−1.7	111	118	37	62	62
介休	Ⅱ(A)	37.03	111.92	745	2978	24	121	−0.3	109	114	36	60	61
阳城	Ⅱ(A)	35.48	112.40	659	2698	21	112	0.7	104	109	34	57	57
运城	Ⅱ(B)	35.05	111.05	365	2267	185	84	1.3	91	97	30	50	49
内蒙古自治区													
呼和浩特	Ⅰ(C)	40.82	111.68	1065	4186	11	158	−4.4	116	122	37	65	64
图里河	Ⅰ(A)	50.45	121.70	733	8023	0	225	−14.38	105	101	33	58	57
海拉尔	Ⅰ(A)	49.22	119.75	611	6713	3	206	−12.0	77	82	27	47	46
博克图	Ⅰ(A)	48.77	121.92	739	6622	0	208	−10.3	75	81	26	46	44
新巴尔虎右旗	Ⅰ(A)	48.67	116.82	556	6157	13	195	−10.6	83	90	29	51	49
阿尔山	Ⅰ(A)	47.17	119.93	997	7364	0	218	−12.1	119	103	37	68	67
东乌珠穆沁旗	Ⅰ(B)	45.52	116.97	840	5940	11	189	−10.1	104	106	34	59	58
那仁宝拉格	Ⅰ(A)	44.62	114.15	1183	6153	4	200	−9.9	108	112	35	62	60
西乌珠穆沁旗	Ⅰ(B)	44.58	117.60	997	5812	4	198	−8.4	102	107	34	59	57
扎鲁特旗	Ⅰ(C)	44.57	120.90	266	4398	32	164	−5.6	105	112	36	63	60
阿巴嘎旗	Ⅰ(B)	44.02	114.95	1128	5892	7	188	−9.9	109	111	36	62	61
巴林左旗	Ⅰ(C)	43.98	119.40	485	4704	10	167	−6.4	110	116	37	65	62
锡林浩特	Ⅰ(B)	43.95	116.12	1004	5545	12	186	−8.6	107	109	35	61	60
二连浩特	Ⅰ(B)	43.65	112.00	966	5131	36	176	−8.0	113	112	39	64	63
林西	Ⅰ(C)	43.60	118.07	800	4858	7	174	−6.3	118	124	39	69	65
通辽	Ⅰ(C)	43.60	122.27	180	4376	22	164	−5.7	105	111	35	62	60

城 市	气候区属	气 象 站			HDD18(℃·d)	CDD26(℃·d)	计算采暖期						
		北纬度	东经度	海拔(m)			天数(d)	室外平均温度(℃)	太阳总辐射平均强度(W/m²)				
									水平	南向	北向	东向	西向
满都拉	I(C)	42.53	110.13	1223	4746	20	175	−5.8	133	139	43	73	76
朱日和	I(C)	42.40	112.90	1152	4810	16	174	−6.1	122	125	39	71	68
赤峰	I(C)	42.27	118.97	572	4196	20	161	−4.5	116	123	38	66	64
多伦	I(B)	42.18	116.47	1247	5466	0	186	−7.4	121	123	39	69	67
额济纳旗	I(C)	41.95	101.07	941	3884	130	150	−4.3	128	140	42	75	71
化德	I(B)	41.90	114.00	1484	5366	0	187	−6.8	124	125	40	71	68
达尔罕联合旗	I(C)	41.70	110.43	1377	4969	5	176	−6.4	134	139	43	73	76
乌拉特后旗	I(C)	41.57	108.52	1290	4675	10	173	−5.6	139	146	44	77	78
海力素	I(C)	41.45	106.38	1510	4780	14	176	−5.8	136	140	43	76	75
集宁	I(C)	41.03	113.07	1416	4873	0	177	−5.4	128	129	41	73	70
临河	II(A)	40.77	107.40	1041	3777	30	151	−3.1	122	130	40	69	68
巴音毛道	I(C)	40.75	104.50	1329	4208	30	158	−4.7	137	149	44	75	78
东胜	I(C)	39.83	109.98	1459	4226	3	160	−3.8	128	133	41	70	73
吉兰太	II(A)	39.78	105.75	1032	3746	68	150	−3.4	132	140	43	71	76
鄂托克旗	I(C)	39.10	107.98	1381	4045	9	156	−3.6	130	136	42	70	73
辽宁省													
沈阳	I(C)	41.77	123.43	43	3929	25	150	−4.5	94	97	32	54	53
彰武	I(C)	42.42	122.53	84	4134	13	158	−4.9	104	109	35	60	59
清原	I(C)	42.10	124.95	235	4598	8	165	−6.3	86	86	29	49	48
朝阳	II(A)	41.55	120.45	176	3559	53	143	−3.1	96	103	35	56	55
本溪	I(C)	41.32	123.78	185	4046	16	157	−4.4	90	91	30	52	50
锦州	II(A)	41.13	121.12	70	3458	26	141	−2.5	91	100	32	55	52
宽甸	I(C)	40.72	124.78	261	4095	4	158	−4.1	92	93	31	52	52
营口	II(A)	40.67	122.20	4	3526	29	142	−2.9	89	95	31	51	51
丹东	II(A)	40.05	124.33	14	3566	6	145	−2.2	91	100	32	51	55
大连	II(A)	38.90	121.63	97	2924	16	125	0.1	104	108	35	57	60
吉林省													
长春	I(C)	43.90	125.22	238	4642	12	165	−6.7	90	93	30	53	51
前郭尔罗斯	I(C)	45.08	124.87	136	4800	17	165	−7.6	93	98	32	55	54
长岭	I(C)	44.25	123.97	190	4718	15	165	−7.2	96	100	32	56	55
敦化	I(B)	43.37	128.20	525	5221	1	183	−7.0	94	93	31	55	53
四平	I(C)	43.18	124.33	167	4308	15	162	−5.5	94	97	32	55	53
桦甸	I(B)	42.98	126.75	264	5007	4	168	−7.9	86	87	29	49	48
延吉	I(C)	42.88	129.47	257	4687	5	166	−6.1	91	92	31	53	51
临江	I(C)	41.72	126.92	333	4736	4	165	−6.7	84	84	28	47	47
长白	I(B)	41.35	128.17	775	5542	0	186	−7.8	96	92	31	54	53
集安	I(C)	41.10	126.15	179	4142	9	159	−4.5	85	85	28	48	47

城 市	气候区属	气 象 站			HDD18 (℃·d)	CDD26 (℃·d)	计算采暖期						
		北纬度	东经度	海拔(m)			天数(d)	室外平均温度(℃)	太阳总辐射平均强度(W/m²)				
									水平	南向	北向	东向	西向
黑龙江省													
哈尔滨	Ⅰ(B)	45.75	126.77	143	5032	14	167	-8.5	83	86	28	49	48
漠河	Ⅰ(A)	52.13	122.52	433	7994	0	225	-14.7	100	91	33	57	58
呼玛	Ⅰ(A)	51.72	126.65	179	6805	4	202	-12.9	84	90	31	49	49
黑河	Ⅰ(A)	50.25	127.45	166	6310	4	193	-11.6	80	83	27	47	47
孙吴	Ⅰ(A)	49.43	127.35	235	6517	2	201	-11.5	69	74	24	40	41
嫩江	Ⅰ(A)	49.17	125.23	243	6352	5	193	-11.9	83	84	28	49	48
克山	Ⅰ(B)	48.05	125.88	237	5888	7	186	-10.6	83	85	28	49	48
伊春	Ⅰ(A)	47.72	128.90	232	6100	1	188	-10.8	77	78	27	46	45
海伦	Ⅰ(B)	47.43	126.97	240	5798	5	185	-10.3	82	84	28	49	48
齐齐哈尔	Ⅰ(B)	47.38	123.92	148	5259	23	177	-8.7	90	94	31	54	53
富锦	Ⅰ(B)	47.23	131.98	65	5594	6	184	-9.5	84	85	29	49	50
泰来	Ⅰ(B)	46.40	123.42	150	5005	26	168	-8.3	89	94	31	54	52
安达	Ⅰ(B)	46.38	125.32	150	5291	15	174	-9.1	90	93	30	53	52
宝清	Ⅰ(B)	46.32	132.18	83	5190	8	174	-8.2	86	90	29	49	50
通河	Ⅰ(B)	45.97	128.73	110	5675	3	185	-9.7	84	85	29	50	48
虎林	Ⅰ(B)	45.77	132.97	103	5351	2	177	-8.8	88	88	30	51	51
鸡西	Ⅰ(B)	45.28	130.95	281	5105	7	175	-7.7	91	92	31	53	53
尚志	Ⅰ(B)	45.22	127.97	191	5467	3	184	-8.8	90	90	30	53	52
牡丹江	Ⅰ(B)	44.57	129.60	242	5066	7	168	-8.2	93	97	32	56	54
绥芬河	Ⅰ(B)	44.38	131.15	568	5422	1	184	-7.6	94	94	32	56	54
江苏省													
赣榆	Ⅱ(A)	34.83	119.13	10	2226	83	87	2.1	93	100	32	52	51
徐州	Ⅱ(B)	34.28	117.15	42	2090	137	84	2.5	88	94	30	50	49
射阳	Ⅱ(B)	33.77	120.25	7	2083	92	83	3.0	95	102	32	52	52
安徽省													
亳州	Ⅱ(B)	33.88	115.77	42	2030	154	74	2.5	83	88	28	47	45
山东省													
济南	Ⅱ(B)	36.60	117.05	169	2211	160	92	1.8	97	104	33	56	53
长岛	Ⅱ(A)	37.93	120.72	40	2570	20	106	1.4	105	110	35	59	60
龙口	Ⅱ(A)	37.62	120.32	5	2551	60	108	1.1	104	108	35	57	59
惠民	Ⅱ(B)	37.50	117.53	12	2622	96	111	0.4	101	108	34	56	55
德州	Ⅱ(B)	37.43	116.32	22	2527	97	115	1.0	113	119	37	65	62
成山头	Ⅱ(A)	37.40	122.68	47	2672	2	115	2.0	109	116	37	62	63
陵县	Ⅱ(B)	37.33	116.57	19	2613	103	111	0.5	102	110	34	58	57
潍坊	Ⅱ(A)	36.77	119.18	22	2735	63	117	0.3	106	111	35	58	57
海阳	Ⅱ(A)	36.77	121.17	41	2631	20	109	1.1	109	113	36	61	59
莘县	Ⅱ(A)	36.23	115.67	38	2521	90	104	0.8	98	105	33	54	54
沂源	Ⅱ(A)	36.18	118.15	302	2660	45	116	0.7	102	106	34	56	56

城　市	气候区属	气象站			HDD18 (℃·d)	CDD26 (℃·d)	计算采暖期						
		北纬度	东经度	海拔(m)			天数(d)	室外平均温度(℃)	太阳总辐射平均强度(W/m²)				
									水平	南向	北向	东向	西向
青岛	Ⅱ(A)	36.07	120.33	77	2401	22	99	2.1	118	114	37	65	63
兖州	Ⅱ(B)	35.57	116.85	53	2390	97	103	1.5	101	107	33	56	55
日照	Ⅱ(A)	35.43	119.53	37	2361	39	98	2.1	125	119	41	70	66
菏泽	Ⅱ(A)	35.25	115.43	51	2396	89	111	2.0	104	107	34	58	57
费县	Ⅱ(A)	35.25	117.95	120	2296	83	94	1.7	103	108	34	57	58
定陶	Ⅱ(B)	35.07	115.57	49	2319	107	93	1.5	100	106	33	56	55
临沂	Ⅱ(A)	35.05	118.35	86	2375	70	100	1.7	102	104	33	56	56
河南省													
安阳	Ⅱ(B)	36.05	114.40	64	2309	131	93	1.3	99	105	33	57	54
孟津	Ⅱ(A)	34.82	112.43	333	2221	89	92	2.3	97	102	32	54	52
郑州	Ⅱ(B)	34.72	113.65	111	2106	125	88	2.5	99	106	33	56	56
卢氏	Ⅱ(A)	34.05	111.03	570	2516	30	103	1.5	99	104	32	53	53
西华	Ⅱ(B)	33.78	114.52	53	2096	110	77	2.4	93	97	31	53	50
四川省													
若尔盖	Ⅰ(B)	33.58	102.97	3441	5972	0	227	−2.9	161	142	47	83	82
松潘	Ⅰ(C)	32.65	103.57	2852	4218	0	156	−0.1	136	132	41	71	70
色达	Ⅰ(A)	32.28	100.33	3896	6274	0	228	−3.8	166	154	53	97	94
马尔康	Ⅱ(A)	31.90	102.23	2666	3390	0	115	1.3	137	139	43	72	73
德格	Ⅰ(C)	31.80	98.57	3185	4088	0	156	0.8	125	119	37	64	63
甘孜	Ⅰ(C)	31.62	100.00	3394	4414	0	173	−0.2	162	163	52	93	93
康定	Ⅰ(C)	30.05	101.97	2617	3873	0	141	0.6	119	117	37	61	62
理塘	Ⅰ(B)	30.00	100.27	3950	5173	0	188	−1.2	167	154	50	86	90
巴塘	Ⅱ(A)	30.00	99.10	2589	2100	0	50	3.8	149	156	49	79	81
稻城	Ⅰ(C)	29.05	100.30	3729	4762	0	177	−0.7	173	175	60	104	109
贵州省													
毕节	Ⅱ(A)	27.30	105.23	1511	2125	0	70	3.7	102	101	33	54	54
威宁	Ⅱ(A)	26.87	104.28	2236	2636	0	75	3.0	109	108	34	57	57
云南省													
德钦	Ⅰ(C)	28.45	98.88	3320	4266	0	171	0.9	143	126	41	73	72
昭通	Ⅱ(A)	27.33	103.75	1950	2394	0	73	3.1	135	136	42	69	74
西藏自治区													
拉萨	Ⅱ(A)	29.67	91.13	3650	3425	0	126	1.6	148	147	46	80	79
狮泉河	Ⅰ(A)	32.50	80.08	4280	6048	0	224	−5.0	209	191	62	118	114
改则	Ⅰ(A)	32.30	84.05	4420	6577	0	232	−5.7	255	148	74	136	130
索县	Ⅰ(B)	31.88	93.78	4024	5775	0	215	−3.1	182	141	52	96	93
那曲	Ⅰ(A)	31.48	92.07	4508	6722	0	242	−4.8	147	127	43	80	75
丁青	Ⅰ(B)	31.42	95.60	3874	5197	0	194	−1.8	152	132	45	81	78
班戈	Ⅰ(A)	31.37	90.02	4701	6699	0	245	−4.2	183	152	53	97	94
昌都	Ⅱ(A)	31.15	97.17	3307	3764	0	140	0.6	120	115	37	64	64

城 市	气候区属	气 象 站			HDD18 (℃·d)	CDD26 (℃·d)	计算采暖期						
		北纬度	东经度	海拔 (m)			天数 (d)	室外平均温度 (℃)	太阳总辐射平均强度(W/m²)				
									水平	南向	北向	东向	西向
申扎	Ⅰ(A)	30.95	88.63	4670	6402	0	231	−4.1	189	158	55	101	98
林芝	Ⅱ(A)	29.57	94.47	3001	3191	0	100	2.2	170	169	51	94	90
日喀则	Ⅰ(C)	29.25	88.88	3837	4047	0	157	0.3	168	153	51	91	87
隆子	Ⅰ(C)	28.42	92.47	3861	4473	0	173	−0.3	161	139	47	86	81
帕里	Ⅰ(A)	27.73	89.08	4300	6435	0	242	−3.1	178	141	50	94	89
陕西省													
西安	Ⅱ(B)	34.30	108.93	398	2178	153	82	2.1	87	91	29	48	47
榆林	Ⅱ(A)	38.23	109.70	1157	3672	19	143	−2.9	108	118	36	61	59
延安	Ⅱ(A)	36.60	109.50	959	3127	15	127	−0.9	103	111	34	55	57
宝鸡	Ⅱ(A)	34.35	107.13	610	2301	86	91	2.1	93	97	31	51	50
甘肃省													
兰州	Ⅱ(A)	36.05	103.88	1518	3094	10	126	−0.6	116	125	38	64	64
敦煌	Ⅱ(A)	40.15	94.68	1140	3518	25	139	−2.8	121	140	40	67	70
酒泉	Ⅰ(C)	39.77	98.48	1478	3971	3	152	−3.4	135	146	43	77	74
张掖	Ⅰ(C)	38.93	100.43	1483	4001	6	155	−3.6	136	146	43	75	75
民勤	Ⅱ(A)	38.63	103.08	1367	3715	12	150	−2.6	135	143	43	73	75
乌鞘岭	Ⅰ(A)	37.20	102.87	3044	6329	0	245	−4.0	157	139	47	84	81
西峰镇	Ⅱ(A)	35.73	107.63	1423	3364	1	141	−0.3	106	111	35	59	57
平凉	Ⅱ(A)	35.55	106.67	1348	3334	1	139	−0.3	107	112	35	57	58
合作	Ⅰ(B)	35.00	102.90	2910	5432	0	192	−3.4	144	139	44	75	77
岷县	Ⅰ(C)	34.72	104.88	2315	4409	0	170	−1.5	134	132	41	73	70
天水	Ⅱ(A)	34.58	105.75	1143	2729	10	110	1.0	98	99	33	54	53
成县	Ⅱ(A)	33.75	105.75	1128	2215	13	94	3.6	145	154	45	81	79
青海省													
西宁	Ⅰ(C)	36.62	101.77	2296	4478	0	161	−3.0	138	140	43	77	75
冷湖	Ⅰ(B)	38.83	93.38	2771	5395	0	193	−5.6	145	154	45	80	81
大柴旦	Ⅰ(B)	37.85	95.37	3174	5616	0	196	−5.8	148	155	46	82	83
德令哈	Ⅰ(C)	37.37	97.37	2982	4874	0	186	−3.7	144	142	44	78	79
刚察	Ⅰ(A)	37.33	100.13	3302	6471	0	226	−5.2	149	149	48	87	84
格尔木	Ⅰ(C)	36.42	94.90	2809	4436	0	170	−3.1	157	162	49	88	87
都兰	Ⅰ(B)	36.30	98.10	3192	5161	0	191	−3.6	154	152	47	84	82
同德	Ⅰ(B)	35.27	100.65	3290	5066	0	218	−5.5	161	160	49	88	85
玛多	Ⅰ(A)	34.92	98.22	4273	7683	0	277	−6.4	180	162	53	96	94
河南	Ⅰ(A)	34.73	101.60	3501	6591	0	246	−4.5	168	155	50	89	88

城　市	气候区属	气象站			HDD18 (℃·d)	CDD26 (℃·d)	计算采暖期						
		北纬度	东经度	海拔(m)			天数(d)	室外平均温度(℃)	太阳总辐射平均强度(W/m²)				
									水平	南向	北向	东向	西向
托托河	Ⅰ(A)	34.22	92.43	4535	7878	0	276	−7.2	178	156	52	98	93
曲麻莱	Ⅰ(A)	34.13	95.78	4176	7148	0	256	−5.8	175	156	52	94	92
达日	Ⅰ(A)	33.75	99.65	3968	6721	0	251	−4.5	170	148	49	88	89
玉树	Ⅰ(B)	33.02	97.02	3682	5154	0	191	−2.2	162	149	48	84	86
杂多	Ⅰ(A)	32.90	95.30	4068	6153	0	229	−3.8	155	132	45	83	80
宁夏回族自治区													
银川	Ⅱ(A)	38.47	106.20	1112	3472	11	140	−2.1	117	124	40	64	67
盐池	Ⅱ(A)	37.80	107.38	1356	3700	10	149	−2.3	130	134	42	70	73
中宁	Ⅱ(A)	37.48	105.68	1193	3349	22	137	−1.6	119	127	41	67	66
新疆维吾尔自治区													
乌鲁木齐	Ⅰ(C)	43.80	87.65	935	4329	36	149	−6.5	101	113	34	59	58
哈巴河	Ⅰ(C)	48.05	86.35	534	4867	10	172	−6.9	105	116	35	60	62
阿勒泰	Ⅰ(B)	47.73	88.08	737	5081	11	174	−7.9	109	123	36	63	64
富蕴	Ⅰ(B)	46.98	89.52	827	5458	22	174	−10.1	118	135	39	67	70
和布克赛尔	Ⅰ(B)	46.78	85.72	1294	5066	1	186	−5.6	119	131	39	69	68
塔城	Ⅰ(C)	46.73	83.00	535	4143	20	148	−5.1	90	111	32	52	54
克拉玛依	Ⅰ(C)	45.60	84.85	450	4234	196	144	−7.9	95	116	33	56	57
北塔山	Ⅰ(B)	45.37	90.53	1651	5434	2	192	−6.2	113	123	37	65	64
精河	Ⅰ(C)	44.62	82.90	321	4236	70	148	−6.9	98	108	34	58	57
奇台	Ⅰ(C)	44.02	89.57	794	4989	10	161	−9.2	120	136	39	68	68
伊宁	Ⅱ(A)	43.95	81.33	664	3501	9	137	−2.8	97	117	34	55	57
吐鲁番	Ⅱ(B)	42.93	89.20	37	2758	579	234	−2.5	102	121	35	58	60
哈密	Ⅱ(B)	42.82	93.52	739	3682	104	143	−4.1	120	136	40	68	69
巴伦台	Ⅰ(C)	42.67	86.33	1739	3992	0	146	−3.2	90	101	32	52	52
库尔勒	Ⅱ(B)	41.75	86.13	933	3115	123	121	−2.5	127	138	41	71	73
库车	Ⅱ(A)	41.72	82.95	1100	3162	42	109	−2.7	127	138	41	71	72
阿合奇	Ⅰ(C)	40.93	78.45	1986	4118	0	109	−3.6	131	144	42	72	73
铁干里克	Ⅱ(B)	40.63	87.70	847	3353	133	128	−3.5	125	148	41	69	72
阿拉尔	Ⅱ(B)	40.50	81.05	1013	3296	22	129	−3.0	125	148	41	69	71
巴楚	Ⅱ(A)	39.80	78.57	1117	2892	77	115	−2.1	133	155	43	72	75
喀什	Ⅱ(A)	39.47	75.98	1291	2767	46	121	−1.3	130	150	42	72	72
若羌	Ⅱ(B)	39.03	88.17	889	3149	152	122	−2.9	141	150	45	77	80
莎车	Ⅱ(A)	38.43	77.27	1232	2858	27	113	−1.5	134	152	43	73	76
安德河	Ⅱ(A)	37.93	83.65	1264	2673	60	129	−3.3	141	160	45	76	79
皮山	Ⅱ(A)	37.62	78.28	1376	2761	70	110	−1.3	134	152	43	73	74
和田	Ⅱ(A)	37.13	79.93	1375	2595	71	107	−0.6	128	142	42	70	72

注：表格中气候区属Ⅰ(A)为严寒(A)区、Ⅰ(B)为严寒(B)区、Ⅰ(C)为严寒(C)区；Ⅱ(A)为寒冷(A)区、Ⅱ(B)为寒冷(B)区。

城　市	气候区属	建筑物耗热量指标(W/m²)			
		≤3 层	(4～8)层	(9～13)层	≥14层
直辖市					
北京	Ⅱ(B)	16.1	15.0	13.4	12.1
天津	Ⅱ(B)	17.1	16.0	14.3	12.7
河北省					
石家庄	Ⅱ(B)	15.7	14.6	13.1	11.6
围场	Ⅰ(C)	19.3	16.7	15.4	13.5
丰宁	Ⅰ(C)	17.8	15.4	14.2	12.4
承德	Ⅱ(A)	21.6	18.9	17.4	15.5
张家口	Ⅱ(A)	20.2	17.7	16.2	14.5
怀来	Ⅱ(A)	18.9	16.5	15.1	13.5
青龙	Ⅱ(A)	20.1	17.6	16.2	14.4
蔚县	Ⅰ(C)	18.1	15.4	14.4	12.6
唐山	Ⅱ(A)	17.6	15.3	14.0	12.4
乐亭	Ⅱ(A)	18.4	16.1	14.7	13.1
保定	Ⅱ(B)	16.5	15.4	13.8	12.2
沧州	Ⅱ(B)	16.2	15.1	13.5	12.0
泊头	Ⅱ(B)	16.1	15.0	13.4	11.9
邢台	Ⅱ(B)	14.9	13.9	12.3	11.0
山西省					
太原	Ⅱ(A)	17.7	15.4	14.1	12.5
大同	Ⅰ(C)	17.6	15.2	14.0	12.2
河曲	Ⅰ(C)	17.6	15.2	14.0	12.3
原平	Ⅱ(A)	18.6	16.2	14.9	13.3
离石	Ⅱ(A)	19.4	17.0	15.6	13.8
榆社	Ⅱ(A)	18.6	16.2	14.8	13.2
介休	Ⅱ(A)	16.7	14.5	13.3	11.8
阳城	Ⅱ(A)	15.5	13.5	12.2	10.9
运城	Ⅱ(B)	15.5	14.4	12.9	11.4
内蒙古自治区					
呼和浩特	Ⅰ(C)	18.4	15.9	14.7	12.9
图里河	Ⅰ(A)	24.3	22.5	20.3	20.1
海拉尔	Ⅰ(A)	22.9	20.9	18.9	18.8
博克图	Ⅰ(A)	21.1	19.4	17.4	17.3
新巴尔虎右旗	Ⅰ(A)	20.9	19.3	17.3	17.2
阿尔山	Ⅰ(A)	21.5	20.1	18.0	17.7
东乌珠穆沁旗	Ⅰ(B)	23.6	20.8	19.0	17.6
那仁宝拉格	Ⅰ(A)	19.7	17.8	15.8	15.7
西乌珠穆沁旗	Ⅰ(B)	21.4	19.0	17.4	16.0
扎鲁特旗	Ⅰ(C)	20.6	17.7	16.4	14.4

城　市	气候区属	建筑物耗热量指标(W/m²)			
		≤3 层	(4～8)层	(9～13)层	≥14层
阿巴嘎旗	Ⅰ(B)	23.1	20.4	18.6	17.2
巴林左旗	Ⅰ(C)	21.4	18.4	17.1	15.0
锡林浩特	Ⅰ(B)	21.6	19.1	17.4	16.1
二连浩特	Ⅰ(B)	17.1	15.9	14.0	13.8
林西	Ⅰ(B)	20.8	17.9	16.6	14.6
通辽	Ⅰ(C)	20.8	17.8	16.5	14.5
满都拉	Ⅰ(C)	19.2	16.6	15.3	13.4
朱日和	Ⅰ(C)	20.5	17.6	16.3	14.3
赤峰	Ⅰ(C)	18.5	15.9	14.7	12.9
多伦	Ⅰ(B)	19.2	17.1	15.5	14.3
额济纳旗	Ⅰ(C)	17.2	14.9	13.7	12.0
化德	Ⅰ(B)	18.4	16.3	14.8	13.6
达尔罕联合旗	Ⅰ(C)	20.0	17.3	16.0	14.0
乌拉特后旗	Ⅰ(C)	18.5	16.1	14.8	13.0
海力素	Ⅰ(C)	19.1	16.6	15.3	13.4
集宁	Ⅰ(C)	19.3	16.6	15.4	13.4
临河	Ⅱ(A)	20.0	17.3	16.0	14.3
巴音毛道	Ⅰ(C)	17.1	14.9	13.7	12.0
东胜	Ⅰ(C)	16.8	14.5	13.4	11.7
吉兰太	Ⅱ(A)	19.8	17.3	15.8	14.2
鄂托克旗	Ⅰ(C)	16.4	14.2	13.1	11.4
辽宁省					
沈阳	Ⅰ(C)	20.1	17.2	15.9	13.9
彰武	Ⅰ(C)	19.9	17.1	15.8	13.9
清原	Ⅰ(C)	23.1	19.7	18.4	16.1
朝阳	Ⅱ(A)	21.7	18.9	17.4	15.5
本溪	Ⅰ(C)	20.2	17.3	16.0	14.0
锦州	Ⅱ(A)	21.0	18.3	16.9	15.0
宽甸	Ⅰ(C)	19.7	16.9	15.6	13.7
营口	Ⅱ(A)	21.8	19.1	17.6	15.6
丹东	Ⅱ(A)	20.6	18.0	16.6	14.7
大连	Ⅱ(A)	16.5	14.3	13.0	11.5
吉林省					
长春	Ⅰ(C)	23.3	19.9	18.6	16.3
前郭尔罗斯	Ⅰ(C)	24.2	20.7	19.4	17.0
长岭	Ⅰ(C)	23.5	20.1	18.8	16.5
敦化	Ⅰ(B)	20.6	18.0	16.5	15.2
四平	Ⅰ(C)	21.3	18.2	17.0	14.9
桦甸	Ⅰ(B)	22.1	19.3	17.7	16.3
延吉	Ⅰ(C)	22.5	19.2	17.9	15.7
临江	Ⅰ(C)	23.8	20.3	19.0	16.7
长白	Ⅰ(B)	21.5	18.9	17.2	15.9
集安	Ⅰ(C)	20.8	17.7	16.5	14.4

城 市	气候区属	建筑物耗热量指标（W/m²）			
		≤3层	(4~8)层	(9~13)层	≥14层
黑龙江省					
哈尔滨	Ⅰ(B)	22.9	20.0	18.3	16.9
漠河	Ⅰ(A)	25.2	23.1	20.9	20.6
呼玛	Ⅰ(A)	23.3	21.4	19.3	19.2
黑河	Ⅰ(A)	22.4	20.5	18.5	18.4
孙吴	Ⅰ(A)	22.8	20.8	18.8	18.7
嫩江	Ⅰ(A)	22.5	20.7	18.6	18.5
克山	Ⅰ(B)	25.6	22.4	20.6	19.0
伊春	Ⅰ(A)	21.7	19.9	17.9	17.7
海伦	Ⅰ(B)	25.2	22.0	20.2	18.7
齐齐哈尔	Ⅰ(B)	22.6	19.8	18.1	16.7
富锦	Ⅰ(B)	24.1	21.1	19.3	17.8
泰来	Ⅰ(B)	22.1	19.4	17.7	16.4
安达	Ⅰ(B)	23.2	20.4	18.6	17.2
宝清	Ⅰ(B)	22.2	19.5	17.8	16.5
通河	Ⅰ(B)	24.4	21.3	19.5	18.0
虎林	Ⅰ(B)	23.0	20.1	18.5	17.0
鸡西	Ⅰ(B)	21.4	18.8	17.1	15.8
尚志	Ⅰ(B)	23.0	20.1	18.4	17.0
牡丹江	Ⅰ(B)	21.9	19.2	17.5	16.2
绥芬河	Ⅰ(B)	21.2	18.6	17.0	15.6
江苏省					
赣榆	Ⅱ(A)	14.0	12.1	11.0	9.7
徐州	Ⅱ(B)	13.8	12.8	11.4	10.1
射阳	Ⅱ(B)	12.6	11.6	10.3	9.2
安徽省					
亳州	Ⅱ(B)	14.2	13.2	11.8	10.4
山东省					
济南	Ⅱ(B)	14.2	13.2	11.7	10.5
长岛	Ⅱ(A)	14.4	12.4	11.2	9.9
龙口	Ⅱ(A)	15.0	12.9	11.7	10.4
惠民	Ⅱ(B)	16.1	15.0	13.4	12.0
德州	Ⅱ(B)	14.4	13.4	11.9	10.7
成山头	Ⅱ(A)	13.1	11.3	10.1	9.0
陵县	Ⅱ(B)	15.9	14.8	13.2	11.8
海阳	Ⅱ(A)	14.7	12.7	11.5	10.2
潍坊	Ⅱ(B)	16.1	13.9	12.7	11.3
莘县	Ⅱ(B)	15.6	13.6	12.3	11.0
沂源	Ⅱ(A)	15.7	13.6	12.4	11.0
青岛	Ⅱ(A)	13.0	11.1	10.0	8.8

城 市	气候区属	建筑物耗热量指标（W/m²）			
		≤3层	(4~8)层	(9~13)层	≥14层
兖州	Ⅱ(B)	14.6	13.6	12.0	10.8
日照	Ⅱ(A)	12.7	10.8	9.7	8.5
费县	Ⅱ(A)	14.0	12.1	10.9	9.7
菏泽	Ⅱ(A)	13.7	11.8	10.7	9.5
定陶	Ⅱ(B)	14.7	13.6	12.1	10.8
临沂	Ⅱ(A)	14.2	12.3	11.1	9.8
河南省					
郑州	Ⅱ(B)	13.0	12.1	10.7	9.6
安阳	Ⅱ(B)	15.0	13.9	12.4	11.0
孟津	Ⅱ(A)	13.7	11.8	10.7	9.4
卢氏	Ⅱ(A)	14.7	12.7	11.5	10.2
西华	Ⅱ(B)	13.7	12.7	11.3	10.0
四川省					
若尔盖	Ⅰ(B)	12.4	11.2	9.9	9.1
松潘	Ⅰ(C)	11.9	10.3	9.3	8.0
色达	Ⅰ(A)	12.1	10.3	8.5	8.1
马尔康	Ⅱ(A)	12.7	10.9	9.7	8.8
德格	Ⅰ(C)	11.6	10.0	9.0	7.8
甘孜	Ⅰ(C)	10.1	8.9	7.9	6.6
康定	Ⅰ(C)	11.9	10.3	9.3	8.0
巴塘	Ⅱ(A)	7.8	6.6	5.5	5.1
理塘	Ⅰ(B)	9.6	8.9	7.7	7.0
稻城	Ⅰ(C)	9.9	8.7	7.7	6.3
贵州省					
毕节	Ⅱ(A)	11.5	9.8	8.8	7.7
威宁	Ⅱ(A)	12.0	10.3	9.2	8.2
云南省					
德钦	Ⅰ(C)	10.9	9.4	8.5	7.2
昭通	Ⅱ(A)	10.2	8.7	7.6	6.8
西藏自治区					
拉萨	Ⅱ(A)	11.7	10.0	8.9	7.9
狮泉河	Ⅰ(A)	11.8	10.1	8.2	7.8
改则	Ⅰ(A)	13.3	11.4	9.6	8.5
索县	Ⅰ(B)	12.4	11.2	9.9	8.9
那曲	Ⅰ(B)	13.7	12.3	10.5	10.3
丁青	Ⅰ(B)	11.7	10.5	9.2	8.4
班戈	Ⅰ(A)	12.5	10.7	8.9	8.6
昌都	Ⅱ(A)	15.2	13.1	11.9	10.5
申扎	Ⅰ(A)	12.0	10.4	8.6	8.2
林芝	Ⅱ(A)	9.4	8.0	6.9	6.2

城 市	气候区属	建筑物耗热量指标(W/m²)			
		≤3层	(4～8)层	(9～13)层	≥14层
日喀则	Ⅰ(C)	9.9	8.7	7.7	6.4
隆子	Ⅰ(C)	11.5	10.0	9.0	7.6
帕里	Ⅰ(A)	11.6	10.1	8.4	8.0
陕西省					
西安	Ⅱ(B)	14.7	13.6	12.2	10.7
榆林	Ⅱ(A)	20.5	17.9	16.5	14.7
延安	Ⅱ(A)	17.9	15.6	14.3	12.7
宝鸡	Ⅱ(A)	14.1	12.2	11.1	9.8
甘肃省					
兰州	Ⅱ(A)	16.5	14.4	13.1	11.7
敦煌	Ⅱ(A)	19.1	16.7	15.3	13.8
酒泉	Ⅰ(C)	15.7	13.6	12.5	10.9
张掖	Ⅰ(C)	15.8	13.8	12.6	11.0
民勤	Ⅱ(A)	18.4	16.1	14.7	13.2
乌鞘岭	Ⅰ(A)	12.6	11.1	9.3	9.1
西峰镇	Ⅱ(A)	16.9	14.7	13.4	11.9
平凉	Ⅱ(A)	16.9	14.7	13.4	11.9
合作	Ⅰ(B)	13.3	12.0	10.7	9.9
岷县	Ⅰ(C)	13.8	12.0	10.9	9.4
天水	Ⅱ(A)	15.7	13.5	12.3	10.9
成县	Ⅱ(A)	8.3	7.1	6.0	5.5
青海省					
西宁	Ⅰ(C)	15.3	13.3	12.1	10.5
冷湖	Ⅰ(B)	15.2	13.8	12.3	11.4
大柴旦	Ⅰ(B)	15.3	13.9	12.4	11.5
德令哈	Ⅰ(C)	16.2	14.0	12.9	11.2
刚察	Ⅰ(A)	14.1	11.9	10.1	9.9
格尔木	Ⅰ(C)	14.0	12.3	11.2	9.7
都兰	Ⅰ(B)	12.8	11.6	10.3	9.5
同德	Ⅰ(B)	14.6	13.3	11.8	11.0
玛多	Ⅰ(A)	13.9	12.5	10.6	10.3
河南	Ⅰ(A)	13.1	11.0	9.2	9.0
托托河	Ⅰ(A)	15.4	13.4	11.4	11.1
曲麻莱	Ⅰ(A)	13.8	12.1	10.2	9.9
达日	Ⅰ(A)	13.2	11.2	9.4	9.1

城 市	气候区属	建筑物耗热量指标(W/m²)			
		≤3层	(4～8)层	(9～13)层	≥14层
玉树	Ⅰ(B)	11.2	10.2	8.9	8.2
杂多	Ⅰ(A)	12.7	11.1	9.4	9.1
宁夏回族自治区					
银川	Ⅱ(A)	18.8	16.4	15.0	13.4
盐池	Ⅱ(A)	18.6	16.2	14.8	13.2
中宁	Ⅱ(A)	17.8	15.5	14.2	12.6
新疆维吾尔自治区					
乌鲁木齐	Ⅰ(C)	21.8	18.7	17.4	15.4
哈巴河	Ⅰ(C)	22.2	19.1	17.8	15.6
阿勒泰	Ⅰ(B)	19.9	17.7	16.1	14.9
富蕴	Ⅰ(B)	21.9	19.5	17.8	16.6
和布克赛尔	Ⅰ(B)	16.6	14.9	13.4	12.4
塔城	Ⅰ(C)	20.2	17.4	16.1	14.3
克拉玛依	Ⅰ(C)	23.6	20.3	18.9	16.8
北塔山	Ⅰ(B)	17.8	15.8	14.3	13.3
精河	Ⅰ(C)	22.7	19.4	18.1	15.9
奇台	Ⅰ(C)	24.1	20.9	19.4	17.2
伊宁	Ⅱ(A)	20.5	18.0	16.5	14.8
吐鲁番	Ⅱ(A)	19.9	18.0	16.8	15.0
哈密	Ⅱ(B)	21.3	20.0	18.0	16.2
巴伦台	Ⅰ(C)	18.1	15.5	14.3	12.6
库尔勒	Ⅱ(B)	18.6	17.5	15.6	14.1
库车	Ⅱ(A)	18.8	16.5	15.0	13.5
阿合奇	Ⅰ(C)	16.0	13.9	12.8	11.2
铁干里克	Ⅱ(B)	19.8	18.6	16.7	15.2
阿拉尔	Ⅱ(A)	18.9	16.6	15.1	13.7
巴楚	Ⅱ(A)	17.0	14.9	13.5	12.3
喀什	Ⅱ(A)	16.2	14.1	12.8	11.6
若羌	Ⅱ(B)	18.6	17.4	15.5	14.1
莎车	Ⅱ(A)	16.3	14.2	12.9	11.7
安德河	Ⅱ(A)	18.5	16.2	14.8	13.4
皮山	Ⅱ(A)	16.1	14.1	12.7	11.5
和田	Ⅱ(A)	15.5	13.5	12.2	11.0

注：表格中气候区属Ⅰ(A)为严寒(A)区、Ⅰ(B)为严寒(B)区、Ⅰ(C)为严寒(C)区；Ⅱ(A)为寒冷(A)区、Ⅱ(B)为寒冷(B)区。

附录 B 平均传热系数和热桥线传热系数计算

B.0.1 一个单元墙体的平均传热系数可按下式计算：

$$K_m = K + \frac{\Sigma \psi_j l_j}{A} \qquad (B.0.1)$$

式中：K_m——单元墙体的平均传热系数 [W/(m²·K)]；

K——单元墙体的主断面传热系数 [W/(m²·K)]；

ψ_j——单元墙体上的第 j 个结构性热桥的线传热系数 [W/(m·K)]；

l_j——单元墙体第 j 个结构性热桥的计算长度 (m)；

A——单元墙体的面积 (m²)。

B.0.2 在建筑外围护结构中，墙角、窗间墙、凸窗、阳台、屋顶、楼板、地板等处形成的热桥称为结构性热桥(图 B.0.2)。结构性热桥对墙体、屋面传热的影响可利用线传热系数 ψ 描述。

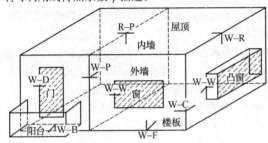

图 B.0.2 建筑外围护结构的结构性热桥示意图

W—D 外墙—门；W—B 外墙—阳台板；W—P 外墙—内墙；
W—W 外墙—窗；W—F 外墙—楼板；W—C 外墙角；
W—R 外墙—屋顶；R—P 屋顶—内墙

B.0.3 墙面典型的热桥(图 B.0.3)的平均传热系数 (K_m) 应按下式计算：

$$K_m = K + \frac{\psi_{W-P}H + \psi_{W-F}B + \psi_{W-C}H + \psi_{W-R}B + \psi_{W-W_L}h + \psi_{W-W_B}b + \psi_{W-W_R}h + \psi_{W-W_U}b}{A}$$

$$(B.0.3)$$

式中：ψ_{W-P}——外墙和内墙交接形成的热桥的线传热系数 [W/(m·K)]；

ψ_{W-F}——外墙和楼板交接形成的热桥的线传热系数 [W/(m·K)]；

ψ_{W-C}——外墙墙角形成的热桥的线传热系数 [W/(m·K)]；

ψ_{W-R}——外墙和屋顶交接形成的热桥的线传热系数 [W/(m·K)]；

ψ_{W-W_L}——外墙和左侧窗框交接形成的热桥的线传热系数 [W/(m·K)]；

ψ_{W-W_B}——外墙和下边窗框交接形成的热桥的线

传热系数 [W/(m·K)]；

ψ_{W-W_R}——外墙和右侧窗框交接形成的热桥的线传热系数 [W/(m·K)]；

ψ_{W-W_U}——外墙和上边窗框交接形成的热桥的线传热系数 [W/(m·K)]。

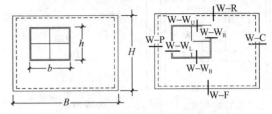

图 B.0.3 墙面典型结构性热桥示意图

B.0.4 热桥线传热系数应按下式计算：

$$\psi = \frac{Q^{2D} - KA(t_n - t_e)}{l(t_n - t_e)} = \frac{Q^{2D}}{l(t_n - t_e)} - KC$$

$$(B.0.4)$$

式中：ψ——热桥线传热系数 [W/(m·K)]。

Q^{2D}——二维传热计算得出的流过一块包含热桥的墙体的热流(W)。该块墙体的构造沿着热桥的长度方向必须是均匀的，热流可以根据其横截面(对纵向热桥)或纵截面(对横向热桥)通过二维传热计算得到。

K——墙体主断面的传热系数 [W/(m²·K)]。

A——计算 Q^{2D} 的那块矩形墙体的面积(m²)。

t_n——墙体室内侧的空气温度(℃)。

t_e——墙体室外侧的空气温度(℃)。

l——计算 Q^{2D} 的那块矩形的一条边的长度，热桥沿这个长度均匀分布。计算 ψ 时，l 宜取 1m。

C——计算 Q^{2D} 的那块矩形的另一条边的长度，即 $A = l \cdot C$，可取 $C \geqslant 1m$。

B.0.5 当计算通过包含热桥部位的墙体传热量(Q^{2D})时，墙面典型结构性热桥的截面示意见图 B.0.5。

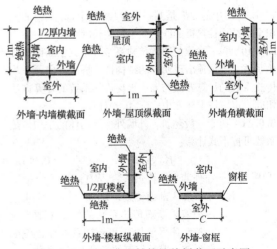

图 B.0.5 墙面典型结构性热桥截面示意图

B.0.6 当墙面上存在平行热桥且平行热桥之间的距离很小时，应一次同时计算平行热桥的线传热系数之和(图 B.0.6)。

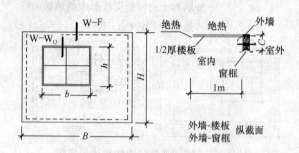

图 B.0.6 墙面平行热桥示意图

"外墙-楼板"和"外墙-窗框"热桥线传热系数之和应按下式计算：

$$\psi_{\text{W-F}} + \psi_{\text{W-W}_\text{U}} = \frac{Q^{\text{2D}} - KA(t_\text{n} - t_\text{e})}{l(t_\text{n} - t_\text{e})}$$

$$= \frac{Q^{\text{2D}}}{l(t_\text{n} - t_\text{e})} - KC \qquad (\text{B.0.6})$$

B.0.7 线传热系数 ψ 可利用本标准提供的二维稳态传热计算软件计算。

B.0.8 外保温墙体外墙和内墙交接形成的热桥的线传热系数 $\psi_{\text{W-P}}$、外墙和楼板交接形成的热桥的线传热系数 $\psi_{\text{W-F}}$、外墙墙角形成的热桥的线传热系数 $\psi_{\text{W-C}}$ 可近似取 0。

B.0.9 建筑的某一面外墙(或全部外墙)的平均传热系数，可先计算各个不同单元墙的平均传热系数，然后再依据面积加权的原则，计算某一面外墙(或全部外墙)的平均传热系数。

当某一面外墙(或全部外墙)的主断面传热系数 K 均一致时，也可直接按本标准中式(B.0.1)计算某一面外墙(或全部外墙)的平均传热系数，这时式(B.0.1)中的 A 是某一面外墙(或全部外墙)的面积，式(B.0.1)中的 $\Sigma\psi l$ 是某一面外墙(或全部外墙)的面积全部结构性热桥的线传热系数和长度乘积之和。

B.0.10 单元屋顶的平均传热系数等于其主断面的传热系数。当屋顶出现明显的结构性热桥时，屋顶平均传热系数的计算方法与墙体平均传热系数的计算方法相同，也应按本标准中式(B.0.1)计算。

B.0.11 对于一般建筑，外墙外保温墙体的平均传热系数可按下式计算：

$$K_\text{m} = \varphi \cdot K \qquad (\text{B.0.11})$$

式中：K_m——外墙平均传热系数[W/(m²·K)]。

K——外墙主断面传热系数[W/(m²·K)]。

φ——外墙主断面传热系数的修正系数。应按墙体保温构造和传热系数综合考虑取值，其数值可按表 B.0.11 选取。

表 B.0.11 外墙主断面传热系数的修正系数 φ

外墙传热系数限值 K_m [W/(m²·K)]	外 保 温	
	普 通 窗	凸 窗
0.70	1.1	1.2
0.65	1.1	1.2
0.60	1.1	1.3
0.55	1.2	1.3
0.50	1.2	1.3
0.45	1.2	1.3
0.40	1.2	1.3
0.35	1.3	1.4
0.30	1.3	1.4
0.25	1.4	1.5

附录 C 地面传热系数计算

C.0.1 地面传热系数应由二维非稳态传热计算程序计算确定。

C.0.2 地面传热系数应分成周边地面和非周边地面两种传热系数，周边地面应为外墙内表面 2m 以内的地面，周边以外的地面应为非周边地面。

C.0.3 典型地面(图 C.0.3)的传热系数可按表 C.0.3-1～表 C.0.3-4 确定。

表 C.0.3-1 地面构造 1 中周边地面当量
传热系数(K_d)[W/(m²·K)]

保温层热阻 (m²·K)/W	西安 采暖期室外平均温度 2.1℃	北京 采暖期室外平均温度 0.1℃	长春 采暖期室外平均温度 −6.7℃	哈尔滨 采暖期室外平均温度 −8.5℃	海拉尔 采暖期室外平均温度 −12.0℃
3.00	0.05	0.06	0.08	0.08	0.08
2.75	0.05	0.07	0.09	0.08	0.09
2.50	0.06	0.07	0.10	0.09	0.11
2.25	0.07	0.07	0.11	0.10	0.11
2.00	0.09	0.08	0.12	0.11	0.12
1.75	0.10	0.09	0.14	0.13	0.14
1.50	0.11	0.11	0.15	0.14	0.15
1.25	0.12	0.12	0.16	0.15	0.17
1.00	0.14	0.14	0.19	0.17	0.20
0.75	0.17	0.17	0.22	0.20	0.22
0.50	0.20	0.20	0.26	0.24	0.26
0.25	0.27	0.26	0.32	0.30	0.31
0.00	0.34	0.38	0.38	0.40	0.41

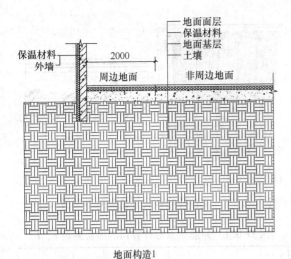

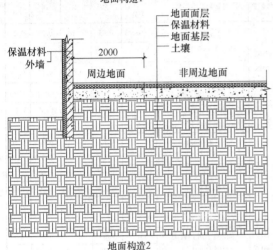

图 C.0.3 典型地面构造示意图

表 C.0.3-2 地面构造 2 中周边地面当量传热系数 (K_d) [W/(m²·K)]

保温层热阻 (m²·K)/W	西安 采暖期室外平均温度 2.1℃	北京 采暖期室外平均温度 0.1℃	长春 采暖期室外平均温度 −6.7℃	哈尔滨 采暖期室外平均温度 −8.5℃	海拉尔 采暖期室外平均温度 −12.0℃
3.00	0.05	0.06	0.08	0.08	0.08
2.75	0.05	0.07	0.09	0.08	0.09
2.50	0.06	0.07	0.10	0.09	0.11
2.25	0.08	0.07	0.11	0.10	0.11
2.00	0.08	0.07	0.11	0.11	0.12
1.75	0.09	0.08	0.12	0.11	0.12
1.50	0.10	0.09	0.14	0.13	0.14
1.25	0.11	0.11	0.15	0.14	0.15
1.00	0.12	0.12	0.16	0.15	0.17
0.75	0.14	0.14	0.19	0.17	0.20
0.50	0.17	0.17	0.22	0.20	0.22
0.25	0.24	0.23	0.29	0.25	0.27
0.00	0.31	0.34	0.34	0.36	0.37

表 C.0.3-3 地面构造 1 中非周边地面当量传热系数 (K_d) [W/(m²·K)]

保温层热阻 (m²·K)/W	西安 采暖期室外平均温度 2.1℃	北京 采暖期室外平均温度 0.1℃	长春 采暖期室外平均温度 −6.7℃	哈尔滨 采暖期室外平均温度 −8.5℃	海拉尔 采暖期室外平均温度 −12.0℃
3.00	0.02	0.03	0.08	0.06	0.07
2.75	0.02	0.03	0.08	0.06	0.07
2.50	0.03	0.03	0.09	0.06	0.08
2.25	0.03	0.04	0.07	0.07	0.07
2.00	0.03	0.04	0.10	0.07	0.08
1.75	0.03	0.04	0.10	0.07	0.08
1.50	0.03	0.04	0.11	0.07	0.09
1.25	0.04	0.05	0.11	0.07	0.09
1.00	0.04	0.05	0.12	0.07	0.10
0.75	0.04	0.06	0.13	0.07	0.10
0.50	0.05	0.06	0.14	0.07	0.11
0.25	0.06	0.07	0.15	0.10	0.11
0.00	0.08	0.10	0.17	0.19	0.21

表 C.0.3-4 地面构造 2 中非周边地面当量传热系数 (K_d) [W/(m²·K)]

保温层热阻 (m²·K)/W	西安 采暖期室外平均温度 2.1℃	北京 采暖期室外平均温度 0.1℃	长春 采暖期室外平均温度 −6.7℃	哈尔滨 采暖期室外平均温度 −8.5℃	海拉尔 采暖期室外平均温度 −12.0℃
3.00	0.02	0.03	0.08	0.06	0.07
2.75	0.02	0.03	0.08	0.06	0.07
2.50	0.03	0.03	0.09	0.06	0.08
2.25	0.03	0.04	0.09	0.07	0.07
2.00	0.03	0.04	0.10	0.07	0.08
1.75	0.03	0.04	0.10	0.07	0.08
1.50	0.03	0.04	0.11	0.07	0.09
1.25	0.04	0.05	0.11	0.07	0.09
1.00	0.04	0.05	0.12	0.07	0.10
0.75	0.04	0.06	0.13	0.07	0.10
0.50	0.05	0.06	0.14	0.07	0.11
0.25	0.06	0.07	0.15	0.10	0.11
0.00	0.08	0.10	0.17	0.19	0.21

附录 D 外遮阳系数的简化计算

D.0.1 外遮阳系数应按下列公式计算：

$$SD = ax^2 + bx + 1 \quad (D.0.1-1)$$
$$x = A/B \quad (D.0.1-2)$$

式中：SD——外遮阳系数；

　　　x——外遮阳特征值，当 $x>1$ 时，取 $x=1$；

　　　a、b——拟合系数，宜按表 D.0.1 选取；

　　　A、B——外遮阳的构造定性尺寸，宜按图 D.0.1-1～图 D.0.1-5 确定。

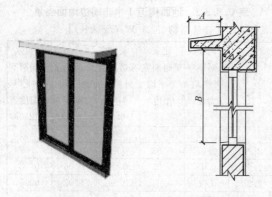

图 D.0.1-1　水平式外遮阳的特征值示意图

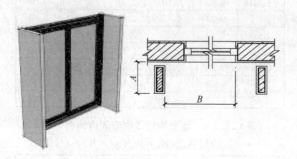

图 D.0.1-2　垂直式外遮阳的特征值示意图

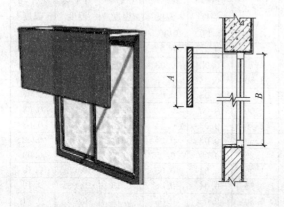

图 D.0.1-3　挡板式外遮阳的特征值示意图

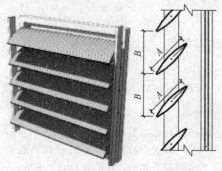

图 D.0.1-4　横百叶挡板式外
遮阳的特征值示意图

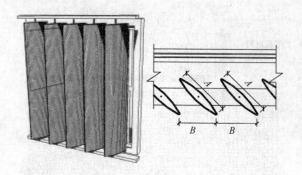

图 D.0.1-5　竖百叶挡板式外遮阳的特征值示意图

表 D.0.1　外遮阳系数计算用的拟合系数 a, b

气候区	外遮阳基本类型		拟合系数	东	南	西	北
严寒地区	水平式 (图 D.0.1-1)		a	0.31	0.28	0.33	0.25
			b	−0.62	−0.71	−0.65	−0.48
	垂直式 (图 D.0.1-2)		a	0.42	0.31	0.47	0.42
			b	−0.83	−0.65	−0.90	−0.83
寒冷地区	水平式 (图 D.0.1-1)		a	0.34	0.65	0.35	0.26
			b	−0.78	−1.00	−0.81	−0.54
	垂直式 (图 D.0.1-2)		a	0.25	0.40	0.25	0.50
			b	−0.55	−0.76	0.54	−0.93
	挡板式 (图 D.0.1-3)		a	0.00	0.35	0.00	0.13
			b	−0.96	−1.00	−0.96	−0.93
	固定横百叶挡板式 (图 D.0.1-4)		a	0.45	0.54	0.48	0.34
			b	−1.20	−1.20	−1.20	−0.88
	固定竖百叶挡板式 (图 D.0.1-5)		a	0.00	0.19	0.22	0.57
			b	−0.70	−0.91	−0.72	−1.18
	活动横百叶挡板式 (图 D.0.1-4)	冬	a	0.21	0.04	0.19	0.20
			b	−0.65	−0.39	−0.61	−0.62
		夏	a	0.50	1.00	0.54	0.50
			b	−1.20	−1.70	−1.30	−1.20
	活动竖百叶挡板式 (图 D.0.1-5)	冬	a	0.40	0.09	0.38	0.20
			b	−0.99	−0.54	−0.95	−0.62
		夏	a	0.06	0.38	0.13	0.85
			b	−0.70	−1.10	−0.69	−1.49

注：拟合系数应按本标准第 4.2.2 条有关朝向的规定在本表中选取。

D.0.2　各种组合形式的外遮阳系数，可由参加组合的各种形式遮阳的外遮阳系数的乘积来确定，单一形式的外遮阳系数应按本标准式(D.0.1-1)、式(D.0.1-2)计算。

D.0.3　当外遮阳的遮阳板采用有透光能力的材料制作时，应按下式进行修正：

$$SD = 1 - (1 - SD^*)(1 - \eta^*) \qquad (D.0.3)$$

式中：SD^*——外遮阳的遮阳板采用非透明材料制作时的外遮阳系数，应按本标准式(D.0.1-1)、式(D.0.1-2)计算；

　　　η^*——遮阳板的透射比，宜按表 D.0.3 选取。

表 D.0.3 遮阳板的透射比

遮阳板使用的材料	规格	η^*
织物面料、玻璃钢类板	—	0.40
玻璃、有机玻璃类板	深色：$0<Se\leqslant0.6$	0.60
	浅色：$0.6<Se\leqslant0.8$	0.80
金属穿孔板	穿孔率：$0<\varphi\leqslant0.2$	0.10
	穿孔率：$0.2<\varphi\leqslant0.4$	0.30
	穿孔率：$0.4<\varphi\leqslant0.6$	0.50
	穿孔率：$0.6<\varphi\leqslant0.8$	0.70
铝合金百叶板	—	0.20
木质百叶板	—	0.25
混凝土花格	—	0.50
木质花格	—	0.45

附录 E 围护结构传热系数的修正系数 ε 和封闭阳台温差修正系数 ζ

E.0.1 太阳辐射对外墙、屋面传热系数的影响可采用传热系数的修正系数 ε 计算。

E.0.2 外墙、屋面传热系数的修正系数 ε 可按表 E.0.2 确定。

表 E.0.2 外墙、屋面传热系数修正系数 ε

城市	气候区属	外墙、屋面传热系数修正值				
		屋面	南墙	北墙	东墙	西墙
直辖市						
北 京	Ⅱ(B)	0.98	0.83	0.95	0.91	0.91
天 津	Ⅱ(B)	0.98	0.85	0.95	0.92	0.92
河北省						
石家庄	Ⅱ(B)	0.99	0.84	0.95	0.92	0.92
围 场	Ⅰ(C)	0.96	0.86	0.96	0.93	0.93
丰 宁	Ⅰ(C)	0.96	0.85	0.95	0.92	0.92
承 德	Ⅱ(A)	0.98	0.86	0.96	0.93	0.93
张家口	Ⅱ(A)	0.96	0.85	0.95	0.92	0.92
怀 来	Ⅱ(A)	0.96	0.85	0.95	0.92	0.92
青 龙	Ⅱ(A)	0.97	0.86	0.95	0.92	0.92
蔚 县	Ⅰ(C)	0.97	0.86	0.96	0.93	0.93
唐 山	Ⅱ(A)	0.98	0.85	0.95	0.92	0.92
乐 亭	Ⅱ(A)	0.98	0.85	0.95	0.92	0.92
保 定	Ⅱ(B)	0.99	0.85	0.95	0.92	0.92
沧 州	Ⅱ(B)	0.98	0.84	0.95	0.91	0.91
泊 头	Ⅱ(B)	0.98	0.84	0.95	0.91	0.91
邢 台	Ⅱ(B)	0.99	0.84	0.95	0.91	0.92

续表 E.0.2

城市	气候区属	外墙、屋面传热系数修正值				
		屋面	南墙	北墙	东墙	西墙
山西省						
太 原	Ⅱ(A)	0.97	0.84	0.95	0.91	0.92
大 同	Ⅰ(C)	0.96	0.85	0.95	0.92	0.92
河 曲	Ⅰ(C)	0.96	0.85	0.95	0.92	0.92
原 平	Ⅱ(A)	0.97	0.84	0.95	0.92	0.92
离 石	Ⅱ(A)	0.98	0.86	0.96	0.93	0.93
榆 社	Ⅱ(A)	0.97	0.84	0.95	0.92	0.92
介 休	Ⅱ(A)	0.97	0.84	0.95	0.91	0.91
阳 城	Ⅱ(A)	0.97	0.84	0.95	0.91	0.91
运 城	Ⅱ(B)	1.00	0.85	0.95	0.92	0.92
内蒙古自治区						
呼和浩特	Ⅰ(C)	0.97	0.86	0.96	0.92	0.93
图里河	Ⅰ(A)	0.99	0.92	0.97	0.95	0.95
海拉尔	Ⅰ(A)	1.00	0.93	0.98	0.96	0.96
博克图	Ⅰ(A)	1.00	0.93	0.98	0.96	0.96
新巴尔虎右旗	Ⅰ(A)	1.00	0.92	0.97	0.95	0.96
阿尔山	Ⅰ(A)	0.97	0.91	0.97	0.94	0.94
东乌珠穆沁旗	Ⅰ(B)	0.98	0.90	0.97	0.94	0.95
那仁宝拉格	Ⅰ(A)	0.98	0.89	0.97	0.94	0.94
西乌珠穆沁旗	Ⅰ(B)	0.99	0.90	0.97	0.94	0.95
扎鲁特旗	Ⅰ(C)	0.98	0.88	0.96	0.93	0.93
阿巴嘎旗	Ⅰ(B)	0.98	0.90	0.97	0.94	0.94
巴林左旗	Ⅰ(C)	0.97	0.88	0.96	0.93	0.93
锡林浩特	Ⅰ(B)	0.98	0.89	0.97	0.94	0.94
二连浩特	Ⅰ(A)	0.98	0.89	0.96	0.94	0.94
林 西	Ⅰ(C)	0.97	0.87	0.96	0.93	0.93
通 辽	Ⅰ(C)	0.98	0.88	0.96	0.93	0.93
满都拉	Ⅰ(C)	0.95	0.85	0.95	0.92	0.92
朱日和	Ⅰ(C)	0.96	0.86	0.96	0.92	0.92
赤 峰	Ⅰ(C)	0.97	0.86	0.96	0.92	0.92
多 伦	Ⅰ(B)	0.96	0.87	0.96	0.93	0.93
额济纳旗	Ⅰ(C)	0.95	0.84	0.95	0.91	0.92
化 德	Ⅰ(B)	0.96	0.87	0.96	0.93	0.93
达尔罕联合旗	Ⅰ(C)	0.95	0.85	0.95	0.92	0.92
乌拉特后旗	Ⅰ(C)	0.94	0.84	0.95	0.92	0.91
海力素	Ⅰ(C)	0.94	0.85	0.95	0.92	0.92
集 宁	Ⅰ(C)	0.95	0.86	0.96	0.92	0.92
临 河	Ⅱ(A)	0.95	0.84	0.95	0.92	0.92
巴音毛道	Ⅰ(C)	0.94	0.83	0.95	0.91	0.91

城 市	气候区属	外墙、屋面传热系数修正值				
		屋面	南墙	北墙	东墙	西墙
东 胜	Ⅰ(C)	0.95	0.84	0.95	0.92	0.91
吉兰太	Ⅱ(A)	0.94	0.83	0.95	0.91	0.91
鄂托克旗	Ⅰ(C)	0.95	0.84	0.95	0.91	0.91
辽宁省						
沈 阳	Ⅰ(C)	0.99	0.89	0.96	0.94	0.94
彰 武	Ⅰ(C)	0.98	0.88	0.96	0.93	0.93
清 原	Ⅰ(C)	1.00	0.91	0.97	0.95	0.95
朝 阳	Ⅱ(A)	0.99	0.87	0.96	0.93	0.93
本 溪	Ⅰ(C)	1.00	0.89	0.96	0.94	0.94
锦 州	Ⅱ(A)	1.00	0.87	0.96	0.93	0.93
宽 甸	Ⅰ(C)	1.00	0.89	0.96	0.94	0.94
营 口	Ⅱ(A)	1.00	0.88	0.96	0.94	0.94
丹 东	Ⅱ(A)	1.00	0.87	0.96	0.93	0.93
大 连	Ⅱ(A)	0.98	0.84	0.95	0.92	0.91
吉林省						
长 春	Ⅰ(C)	1.00	0.90	0.97	0.94	0.95
前郭尔罗斯	Ⅰ(C)	1.00	0.90	0.97	0.94	0.95
长 岭	Ⅰ(C)	0.99	0.90	0.97	0.94	0.94
敦 化	Ⅰ(B)	0.99	0.91	0.97	0.95	0.95
四 平	Ⅰ(C)	1.00	0.89	0.96	0.94	0.94
桦 甸	Ⅰ(B)	1.00	0.91	0.97	0.95	0.95
延 吉	Ⅰ(C)	1.00	0.90	0.97	0.94	0.94
临 江	Ⅰ(B)	1.00	0.91	0.97	0.95	0.95
长 白	Ⅰ(B)	0.99	0.91	0.97	0.94	0.95
集 安	Ⅰ(C)	1.00	0.91	0.97	0.95	0.95
黑龙江省						
哈尔滨	Ⅰ(B)	1.00	0.92	0.97	0.95	0.95
漠 河	Ⅰ(A)	0.99	0.93	0.97	0.95	0.95
呼 玛	Ⅰ(A)	1.00	0.92	0.97	0.96	0.96
黑 河	Ⅰ(A)	1.00	0.93	0.98	0.96	0.96
孙 吴	Ⅰ(A)	1.00	0.93	0.98	0.96	0.96
嫩 江	Ⅰ(A)	1.00	0.93	0.98	0.96	0.96
克 山	Ⅰ(B)	1.00	0.92	0.97	0.96	0.96
伊 春	Ⅰ(A)	1.00	0.93	0.98	0.96	0.96
海 伦	Ⅰ(B)	1.00	0.92	0.97	0.96	0.96
齐齐哈尔	Ⅰ(B)	1.00	0.91	0.97	0.95	0.95
富 锦	Ⅰ(B)	1.00	0.92	0.97	0.95	0.95
泰 来	Ⅰ(B)	1.00	0.91	0.97	0.95	0.95
安 达	Ⅰ(B)	1.00	0.91	0.97	0.95	0.95

城 市	气候区属	外墙、屋面传热系数修正值				
		屋面	南墙	北墙	东墙	西墙
宝 清	Ⅰ(B)	1.00	0.91	0.97	0.95	0.95
通 河	Ⅰ(B)	1.00	0.92	0.97	0.95	0.95
虎 林	Ⅰ(B)	1.00	0.91	0.97	0.95	0.95
鸡 西	Ⅰ(B)	1.00	0.91	0.97	0.95	0.95
尚 志	Ⅰ(B)	1.00	0.91	0.97	0.95	0.95
牡丹江	Ⅰ(B)	0.99	0.90	0.97	0.94	0.95
绥芬河	Ⅰ(B)	0.99	0.90	0.97	0.94	0.95
江苏省						
赣 榆	Ⅱ(A)	0.99	0.84	0.95	0.91	0.92
徐 州	Ⅱ(B)	1.00	0.84	0.95	0.92	0.92
射 阳	Ⅱ(B)	0.99	0.82	0.94	0.91	0.91
安徽省						
亳 州	Ⅱ(B)	1.01	0.85	0.95	0.92	0.92
山东省						
济 南	Ⅱ(B)	0.99	0.83	0.95	0.91	0.91
长 岛	Ⅱ(A)	0.97	0.83	0.94	0.91	0.91
龙 口	Ⅱ(A)	0.97	0.83	0.95	0.91	0.91
惠民县	Ⅱ(B)	0.98	0.84	0.95	0.92	0.92
德 州	Ⅱ(B)	0.96	0.82	0.94	0.90	0.90
成山头	Ⅱ(A)	0.96	0.81	0.94	0.90	0.90
陵 县	Ⅱ(B)	0.98	0.84	0.95	0.91	0.92
海 阳	Ⅱ(A)	0.97	0.83	0.95	0.91	0.91
潍 坊	Ⅱ(A)	0.97	0.84	0.95	0.91	0.91
莘 县	Ⅱ(A)	0.98	0.84	0.95	0.92	0.92
沂 源	Ⅱ(A)	0.98	0.84	0.95	0.92	0.92
青 岛	Ⅱ(A)	0.95	0.81	0.94	0.89	0.90
兖 州	Ⅱ(B)	0.98	0.83	0.95	0.91	0.92
日 照	Ⅱ(A)	0.94	0.81	0.93	0.88	0.89
费 县	Ⅱ(A)	0.98	0.83	0.94	0.91	0.91
菏 泽	Ⅱ(B)	0.97	0.83	0.94	0.91	0.91
定 陶	Ⅱ(B)	0.98	0.83	0.95	0.91	0.91
临 沂	Ⅱ(A)	0.98	0.83	0.95	0.91	0.91
河南省						
郑 州	Ⅱ(B)	0.99	0.82	0.94	0.90	0.91
安 阳	Ⅱ(B)	0.98	0.84	0.95	0.91	0.92
孟 津	Ⅱ(A)	0.99	0.83	0.94	0.91	0.91
卢 氏	Ⅱ(A)	0.98	0.84	0.95	0.92	0.92
西 华	Ⅱ(B)	0.99	0.84	0.95	0.91	0.92

城 市	气候区属	外墙、屋面传热系数修正值				
		屋面	南墙	北墙	东墙	西墙
四川省						
若尔盖	Ⅰ(B)	0.90	0.82	0.94	0.90	0.90
松 潘	Ⅰ(C)	0.93	0.81	0.94	0.90	0.90
色 达	Ⅰ(A)	0.90	0.82	0.94	0.88	0.89
马尔康	Ⅱ(A)	0.92	0.78	0.93	0.89	0.89
德 格	Ⅰ(C)	0.94	0.82	0.94	0.90	0.90
甘 孜	Ⅰ(C)	0.89	0.77	0.93	0.87	0.87
康 定	Ⅰ(C)	0.95	0.82	0.95	0.91	0.91
巴 塘	Ⅱ(A)	0.88	0.71	0.91	0.85	0.85
理 塘	Ⅰ(B)	0.88	0.79	0.93	0.88	0.88
稻 城	Ⅰ(C)	0.87	0.76	0.92	0.85	0.85
贵州省						
毕 节	Ⅱ(A)	0.97	0.82	0.94	0.90	0.90
威 宁	Ⅱ(A)	0.96	0.81	0.94	0.90	0.90
云南省						
德 钦	Ⅰ(C)	0.91	0.81	0.94	0.89	0.89
昭 通	Ⅱ(A)	0.91	0.76	0.93	0.88	0.87
西藏自治区						
拉 萨	Ⅱ(A)	0.90	0.77	0.93	0.87	0.88
狮泉河	Ⅰ(A)	0.85	0.78	0.93	0.87	0.87
改 则	Ⅰ(A)	0.80	0.84	0.92	0.85	0.86
索 县	Ⅰ(B)	0.88	0.83	0.94	0.88	0.88
那 曲	Ⅰ(A)	0.93	0.86	0.95	0.91	0.91
丁 青	Ⅰ(B)	0.91	0.83	0.94	0.89	0.90
班 戈	Ⅰ(A)	0.88	0.82	0.94	0.89	0.89
昌 都	Ⅱ(A)	0.95	0.83	0.94	0.90	0.90
申 扎	Ⅰ(A)	0.87	0.81	0.94	0.88	0.88
林 芝	Ⅱ(A)	0.85	0.72	0.92	0.85	0.85
日喀则	Ⅰ(C)	0.87	0.77	0.92	0.86	0.87
隆 子	Ⅰ(C)	0.89	0.80	0.93	0.88	0.88
帕 里	Ⅰ(A)	0.88	0.83	0.94	0.88	0.89
陕西省						
西 安	Ⅱ(B)	1.00	0.85	0.95	0.92	0.92
榆 林	Ⅱ(A)	0.97	0.85	0.96	0.92	0.93
延 安	Ⅱ(A)	0.98	0.85	0.95	0.92	0.92
宝 鸡	Ⅱ(A)	0.99	0.84	0.95	0.92	0.92
甘肃省						
兰 州	Ⅱ(A)	0.96	0.83	0.95	0.91	0.91
敦 煌	Ⅱ(A)	0.96	0.82	0.95	0.92	0.91

城 市	气候区属	外墙、屋面传热系数修正值				
		屋面	南墙	北墙	东墙	西墙
酒 泉	Ⅰ(C)	0.94	0.82	0.95	0.91	0.91
张 掖	Ⅰ(C)	0.94	0.82	0.95	0.91	0.91
民 勤	Ⅱ(A)	0.94	0.82	0.95	0.91	0.90
乌鞘岭	Ⅰ(A)	0.91	0.84	0.94	0.90	0.90
西峰镇	Ⅱ(A)	0.97	0.84	0.95	0.92	0.92
平 凉	Ⅱ(A)	0.97	0.84	0.95	0.92	0.92
合 作	Ⅰ(C)	0.93	0.83	0.95	0.91	0.91
岷 县	Ⅰ(C)	0.93	0.82	0.94	0.90	0.91
天 水	Ⅱ(A)	0.98	0.85	0.95	0.92	0.92
成 县	Ⅱ(A)	0.89	0.72	0.92	0.85	0.86
青海省						
西 宁	Ⅰ(C)	0.93	0.83	0.95	0.90	0.91
冷 湖	Ⅰ(B)	0.93	0.83	0.95	0.91	0.91
大柴旦	Ⅰ(B)	0.93	0.83	0.95	0.91	0.91
德令哈	Ⅰ(C)	0.93	0.83	0.95	0.91	0.90
刚 察	Ⅰ(A)	0.91	0.83	0.95	0.90	0.91
格尔木	Ⅰ(C)	0.91	0.80	0.94	0.89	0.89
都 兰	Ⅰ(B)	0.91	0.82	0.94	0.90	0.90
同 德	Ⅰ(B)	0.91	0.82	0.95	0.90	0.91
玛 多	Ⅰ(A)	0.89	0.83	0.94	0.90	0.90
河 南	Ⅰ(A)	0.90	0.82	0.94	0.90	0.90
托托河	Ⅰ(A)	0.90	0.84	0.95	0.90	0.90
曲麻菜	Ⅰ(A)	0.90	0.83	0.94	0.90	0.90
达 日	Ⅰ(A)	0.90	0.83	0.94	0.90	0.90
玉 树	Ⅰ(B)	0.90	0.81	0.94	0.89	0.89
杂 多	Ⅰ(A)	0.91	0.84	0.95	0.90	0.90
宁夏回族自治区						
银 川	Ⅱ(A)	0.96	0.84	0.95	0.92	0.91
盐 池	Ⅱ(A)	0.94	0.83	0.95	0.91	0.91
中 宁	Ⅱ(A)	0.96	0.83	0.95	0.91	0.91
新疆维吾尔自治区						
乌鲁木齐	Ⅰ(C)	0.98	0.88	0.96	0.94	0.94
哈巴河	Ⅰ(C)	0.98	0.88	0.96	0.94	0.93
阿勒泰	Ⅰ(B)	0.98	0.88	0.96	0.94	0.94
富 蕴	Ⅰ(B)	0.97	0.87	0.96	0.94	0.94
和布克赛尔	Ⅰ(B)	0.96	0.86	0.96	0.92	0.93
塔 城	Ⅰ(C)	1.00	0.88	0.96	0.94	0.94
克拉玛依	Ⅰ(C)	0.99	0.88	0.97	0.94	0.94
北塔山	Ⅰ(B)	0.97	0.87	0.96	0.93	0.93

城市	气候区属	外墙、屋面传热系数修正值				
		屋面	南墙	北墙	东墙	西墙
精 河	Ⅰ(C)	0.99	0.89	0.96	0.94	0.94
奇 台	Ⅰ(C)	0.97	0.87	0.96	0.93	0.93
伊 宁	Ⅱ(A)	0.99	0.85	0.96	0.93	0.93
吐鲁番	Ⅱ(B)	0.98	0.85	0.96	0.93	0.92
哈 密	Ⅱ(B)	0.96	0.84	0.95	0.92	0.92
巴伦台	Ⅰ(C)	1.00	0.88	0.96	0.94	0.94
库尔勒	Ⅱ(B)	0.95	0.82	0.95	0.91	0.91
库 车	Ⅱ(A)	0.95	0.83	0.95	0.91	0.91
阿合奇	Ⅰ(C)	0.94	0.83	0.95	0.91	0.91
铁干里克	Ⅱ(B)	0.95	0.82	0.95	0.92	0.91
阿拉尔	Ⅱ(A)	0.95	0.82	0.95	0.91	0.91
巴 楚	Ⅱ(B)	0.95	0.80	0.94	0.91	0.90
喀 什	Ⅱ(A)	0.94	0.80	0.94	0.90	0.90
若 羌	Ⅱ(B)	0.93	0.81	0.94	0.90	0.90
莎 车	Ⅱ(A)	0.93	0.80	0.94	0.90	0.90
安德河	Ⅱ(A)	0.93	0.80	0.94	0.91	0.90
皮 山	Ⅱ(A)	0.93	0.80	0.94	0.90	0.90
和 田	Ⅱ(A)	0.94	0.80	0.94	0.90	0.90

注：表格中气候区属Ⅰ(A)为严寒(A)区、Ⅰ(B)为严寒(B)区、Ⅰ(C)为严寒(C)区；Ⅱ(A)为寒冷(A)区、Ⅱ(B)为寒冷(B)区。

E.0.3 封闭阳台对外墙传热的影响可采用阳台温差修正系数 ξ 来计算。

E.0.4 不同朝向的阳台温差修正系数 ξ 可按表 E.0.4 确定。

表 E.0.4 不同朝向的阳台温差修正系数 ξ

城市	气候区属	阳台类型	阳台温差修正系数			
			南向	北向	东向	西向
直辖市						
北 京	Ⅱ(B)	凸阳台	0.44	0.62	0.56	0.56
		凹阳台	0.32	0.47	0.43	0.43
天 津	Ⅱ(B)	凸阳台	0.47	0.61	0.57	0.57
		凹阳台	0.35	0.47	0.43	0.43
河北省						
石家庄	Ⅱ(B)	凸阳台	0.46	0.61	0.57	0.57
		凹阳台	0.34	0.47	0.43	0.43
围 场	Ⅰ(C)	凸阳台	0.49	0.62	0.58	0.58
		凹阳台	0.37	0.48	0.44	0.44

城市	气候区属	阳台类型	阳台温差修正系数			
			南向	北向	东向	西向
丰 宁	Ⅰ(C)	凸阳台	0.47	0.62	0.57	0.57
		凹阳台	0.35	0.47	0.43	0.44
承 德	Ⅱ(A)	凸阳台	0.49	0.62	0.58	0.58
		凹阳台	0.37	0.48	0.44	0.44
张家口	Ⅱ(A)	凸阳台	0.47	0.62	0.57	0.58
		凹阳台	0.35	0.47	0.44	0.44
怀 来	Ⅱ(A)	凸阳台	0.46	0.62	0.57	0.57
		凹阳台	0.35	0.47	0.43	0.44
青 龙	Ⅱ(A)	凸阳台	0.48	0.62	0.57	0.58
		凹阳台	0.36	0.47	0.44	0.44
蔚 县	Ⅰ(C)	凸阳台	0.49	0.62	0.58	0.58
		凹阳台	0.37	0.48	0.44	0.44
唐 山	Ⅱ(A)	凸阳台	0.47	0.62	0.57	0.57
		凹阳台	0.35	0.47	0.43	0.44
乐 亭	Ⅱ(A)	凸阳台	0.47	0.62	0.57	0.57
		凹阳台	0.35	0.47	0.43	0.44
保 定	Ⅱ(B)	凸阳台	0.47	0.62	0.57	0.57
		凹阳台	0.35	0.47	0.43	0.44
沧 州	Ⅱ(B)	凸阳台	0.46	0.61	0.56	0.56
		凹阳台	0.34	0.47	0.43	0.43
泊 头	Ⅱ(B)	凸阳台	0.46	0.61	0.56	0.56
		凹阳台	0.34	0.47	0.43	0.43
邢 台	Ⅱ(B)	凸阳台	0.45	0.61	0.56	0.56
		凹阳台	0.34	0.47	0.42	0.43
山西省						
太 原	Ⅱ(A)	凸阳台	0.45	0.61	0.56	0.57
		凹阳台	0.34	0.47	0.43	0.43
大 同	Ⅰ(C)	凸阳台	0.47	0.62	0.57	0.57
		凹阳台	0.35	0.47	0.43	0.44
河 曲	Ⅰ(C)	凸阳台	0.47	0.62	0.58	0.57
		凹阳台	0.35	0.47	0.44	0.43
原 平	Ⅱ(A)	凸阳台	0.46	0.62	0.57	0.57
		凹阳台	0.34	0.47	0.43	0.43
离 石	Ⅱ(A)	凸阳台	0.48	0.62	0.58	0.58
		凹阳台	0.36	0.47	0.44	0.44
榆 社	Ⅱ(A)	凸阳台	0.46	0.61	0.57	0.57
		凹阳台	0.34	0.47	0.43	0.43

城市	气候区属	阳台类型	阳台温差修正系数 南向	北向	东向	西向
介休	Ⅱ(A)	凸阳台	0.45	0.61	0.56	0.56
		凹阳台	0.34	0.47	0.43	0.43
阳城	Ⅱ(A)	凸阳台	0.45	0.61	0.56	0.56
		凹阳台	0.33	0.47	0.43	0.43
运城	Ⅱ(B)	凸阳台	0.47	0.62	0.57	0.57
		凹阳台	0.35	0.47	0.44	0.44
内蒙古自治区						
呼和浩特	Ⅰ(C)	凸阳台	0.48	0.62	0.58	0.58
		凹阳台	0.36	0.48	0.44	0.44
图里河	Ⅰ(A)	凸阳台	0.57	0.65	0.62	0.62
		凹阳台	0.43	0.50	0.47	0.47
海拉尔	Ⅰ(A)	凸阳台	0.58	0.65	0.63	0.63
		凹阳台	0.44	0.50	0.48	0.48
博克图	Ⅰ(A)	凸阳台	0.58	0.65	0.62	0.63
		凹阳台	0.44	0.50	0.48	0.48
新巴尔虎右旗	Ⅰ(A)	凸阳台	0.57	0.65	0.62	0.62
		凹阳台	0.43	0.50	0.47	0.47
阿尔山	Ⅰ(A)	凸阳台	0.56	0.64	0.60	0.60
		凹阳台	0.42	0.49	0.46	0.46
东乌珠穆沁旗	Ⅰ(B)	凸阳台	0.54	0.64	0.61	0.61
		凹阳台	0.41	0.49	0.46	0.46
那仁宝拉格	Ⅰ(A)	凸阳台	0.53	0.64	0.60	0.60
		凹阳台	0.40	0.49	0.46	0.46
西乌珠穆沁旗	Ⅰ(B)	凸阳台	0.53	0.64	0.60	0.60
		凹阳台	0.40	0.49	0.46	0.46
扎鲁特旗	Ⅰ(C)	凸阳台	0.51	0.63	0.58	0.59
		凹阳台	0.38	0.48	0.45	0.45
阿巴嘎旗	Ⅰ(B)	凸阳台	0.54	0.64	0.60	0.60
		凹阳台	0.41	0.49	0.46	0.46
巴林左旗	Ⅰ(C)	凸阳台	0.51	0.63	0.58	0.59
		凹阳台	0.38	0.48	0.45	0.45
锡林浩特	Ⅰ(B)	凸阳台	0.53	0.64	0.60	0.60
		凹阳台	0.40	0.49	0.46	0.46
二连浩特	Ⅰ(A)	凸阳台	0.52	0.63	0.59	0.59
		凹阳台	0.40	0.49	0.45	0.45
林西	Ⅰ(C)	凸阳台	0.49	0.62	0.58	0.58
		凹阳台	0.37	0.48	0.44	0.44

城市	气候区属	阳台类型	阳台温差修正系数 南向	北向	东向	西向
哲里木盟	Ⅰ(C)	凸阳台	0.51	0.63	0.59	0.59
		凹阳台	0.38	0.48	0.45	0.45
满都拉	Ⅰ(C)	凸阳台	0.47	0.62	0.57	0.56
		凹阳台	0.35	0.47	0.43	0.43
朱日和	Ⅰ(C)	凸阳台	0.49	0.62	0.57	0.58
		凹阳台	0.37	0.48	0.44	0.44
赤峰	Ⅰ(C)	凸阳台	0.48	0.62	0.58	0.58
		凹阳台	0.36	0.48	0.44	0.44
多伦	Ⅰ(B)	凸阳台	0.50	0.63	0.58	0.59
		凹阳台	0.38	0.48	0.44	0.45
额济纳旗	Ⅰ(C)	凸阳台	0.45	0.61	0.56	0.57
		凹阳台	0.34	0.47	0.42	0.43
化德	Ⅰ(B)	凸阳台	0.50	0.62	0.58	0.58
		凹阳台	0.37	0.48	0.44	0.44
达尔罕联合旗	Ⅰ(C)	凸阳台	0.47	0.62	0.57	0.57
		凹阳台	0.35	0.47	0.44	0.43
乌拉特后旗	Ⅰ(C)	凸阳台	0.45	0.61	0.56	0.56
		凹阳台	0.34	0.47	0.43	0.43
海力素	Ⅰ(C)	凸阳台	0.47	0.62	0.57	0.57
		凹阳台	0.35	0.47	0.43	0.43
集宁	Ⅰ(C)	凸阳台	0.48	0.62	0.57	0.57
		凹阳台	0.36	0.47	0.43	0.44
临河	Ⅱ(A)	凸阳台	0.45	0.61	0.56	0.56
		凹阳台	0.34	0.47	0.43	0.43
巴音毛道	Ⅰ(C)	凸阳台	0.44	0.61	0.56	0.56
		凹阳台	0.33	0.47	0.43	0.42
东胜	Ⅰ(C)	凸阳台	0.46	0.61	0.56	0.56
		凹阳台	0.34	0.47	0.43	0.42
吉兰太	Ⅱ(A)	凸阳台	0.44	0.61	0.56	0.55
		凹阳台	0.33	0.47	0.43	0.42
鄂托克旗	Ⅰ(C)	凸阳台	0.45	0.61	0.56	0.56
		凹阳台	0.33	0.47	0.43	0.42
辽宁省						
沈阳	Ⅰ(C)	凸阳台	0.52	0.63	0.59	0.60
		凹阳台	0.39	0.48	0.45	0.46
彰武	Ⅰ(C)	凸阳台	0.51	0.63	0.59	0.59
		凹阳台	0.38	0.48	0.45	0.45

城 市	气候区属	阳台类型	阳台温差修正系数			
			南向	北向	东向	西向
清 原	I(C)	凸阳台	0.55	0.64	0.61	0.61
		凹阳台	0.42	0.49	0.47	0.47
朝 阳	II(A)	凸阳台	0.50	0.62	0.59	0.59
		凹阳台	0.38	0.48	0.45	0.45
本 溪	I(C)	凸阳台	0.53	0.63	0.60	0.60
		凹阳台	0.40	0.49	0.46	0.46
锦 州	II(A)	凸阳台	0.50	0.63	0.58	0.59
		凹阳台	0.38	0.48	0.45	0.45
宽 甸	I(C)	凸阳台	0.53	0.63	0.60	0.60
		凹阳台	0.40	0.48	0.46	0.46
营 口	II(A)	凸阳台	0.51	0.63	0.59	0.59
		凹阳台	0.39	0.48	0.45	0.45
丹 东	II(A)	凸阳台	0.50	0.63	0.59	0.58
		凹阳台	0.38	0.48	0.45	0.44
大 连	II(A)	凸阳台	0.46	0.61	0.56	0.56
		凹阳台	0.34	0.47	0.43	0.42
吉林省						
长 春	I(C)	凸阳台	0.54	0.64	0.60	0.61
		凹阳台	0.41	0.49	0.46	0.46
前郭尔罗斯	I(C)	凸阳台	0.54	0.64	0.60	0.61
		凹阳台	0.41	0.49	0.46	0.46
长 岭	I(C)	凸阳台	0.54	0.64	0.60	0.60
		凹阳台	0.41	0.49	0.46	0.46
敦 化	I(B)	凸阳台	0.55	0.64	0.60	0.61
		凹阳台	0.41	0.49	0.46	0.46
四 平	I(C)	凸阳台	0.53	0.63	0.60	0.60
		凹阳台	0.40	0.49	0.46	0.46
桦 甸	I(B)	凸阳台	0.56	0.64	0.61	0.61
		凹阳台	0.42	0.49	0.47	0.47
延 吉	I(C)	凸阳台	0.54	0.64	0.60	0.60
		凹阳台	0.41	0.49	0.46	0.46
临 江	I(C)	凸阳台	0.56	0.64	0.61	0.61
		凹阳台	0.42	0.49	0.47	0.47
长 白	I(B)	凸阳台	0.55	0.64	0.61	0.61
		凹阳台	0.42	0.49	0.46	0.46
集 安	I(C)	凸阳台	0.54	0.64	0.60	0.61
		凹阳台	0.41	0.49	0.46	0.46

城 市	气候区属	阳台类型	阳台温差修正系数			
			南向	北向	东向	西向
黑龙江省						
哈尔滨	I(B)	凸阳台	0.56	0.64	0.62	0.62
		凹阳台	0.43	0.49	0.47	0.47
漠 河	I(A)	凸阳台	0.58	0.65	0.62	0.62
		凹阳台	0.44	0.50	0.47	0.47
呼 玛	I(A)	凸阳台	0.58	0.65	0.62	0.62
		凹阳台	0.44	0.50	0.48	0.48
黑 河	I(A)	凸阳台	0.58	0.65	0.62	0.63
		凹阳台	0.44	0.50	0.48	0.48
孙 吴	I(A)	凸阳台	0.59	0.65	0.63	0.63
		凹阳台	0.45	0.50	0.49	0.48
嫩 江	I(A)	凸阳台	0.58	0.65	0.62	0.62
		凹阳台	0.44	0.50	0.48	0.48
克 山	I(B)	凸阳台	0.57	0.65	0.62	0.62
		凹阳台	0.44	0.50	0.47	0.48
伊 春	I(A)	凸阳台	0.58	0.65	0.62	0.63
		凹阳台	0.44	0.50	0.48	0.48
海 伦	I(B)	凸阳台	0.57	0.65	0.62	0.62
		凹阳台	0.44	0.50	0.47	0.48
齐齐哈尔	I(B)	凸阳台	0.55	0.64	0.61	0.61
		凹阳台	0.42	0.49	0.46	0.47
富 锦	I(B)	凸阳台	0.57	0.64	0.62	0.62
		凹阳台	0.43	0.49	0.47	0.47
泰 来	I(B)	凸阳台	0.55	0.64	0.61	0.61
		凹阳台	0.42	0.49	0.46	0.47
安 达	I(B)	凸阳台	0.56	0.64	0.61	0.61
		凹阳台	0.42	0.49	0.47	0.47
宝 清	I(B)	凸阳台	0.56	0.64	0.61	0.61
		凹阳台	0.42	0.49	0.47	0.47
通 河	I(B)	凸阳台	0.57	0.65	0.62	0.62
		凹阳台	0.43	0.50	0.47	0.47
虎 林	I(B)	凸阳台	0.56	0.64	0.61	0.61
		凹阳台	0.43	0.49	0.47	0.47
鸡 西	I(B)	凸阳台	0.55	0.64	0.61	0.61
		凹阳台	0.42	0.49	0.46	0.46
尚 志	I(B)	凸阳台	0.56	0.64	0.61	0.61
		凹阳台	0.42	0.49	0.47	0.47

城 市	气候区属	阳台类型	阳台温差修正系数			
			南向	北向	东向	西向
牡丹江	I(B)	凸阳台	0.55	0.64	0.61	0.61
		凹阳台	0.41	0.49	0.46	0.46
绥芬河	I(B)	凸阳台	0.55	0.64	0.60	0.61
		凹阳台	0.41	0.49	0.46	0.46
江苏省						
赣榆	II(A)	凸阳台	0.45	0.61	0.56	0.56
		凹阳台	0.33	0.47	0.43	0.43
徐州	II(B)	凸阳台	0.46	0.61	0.57	0.57
		凹阳台	0.34	0.47	0.43	0.43
射阳	II(B)	凸阳台	0.43	0.60	0.55	0.55
		凹阳台	0.32	0.46	0.42	0.42
安徽省						
亳州	II(B)	凸阳台	0.47	0.62	0.57	0.58
		凹阳台	0.35	0.47	0.44	0.44
山东省						
济南	II(B)	凸阳台	0.45	0.61	0.56	0.56
		凹阳台	0.33	0.46	0.42	0.43
长岛	II(A)	凸阳台	0.44	0.60	0.55	0.55
		凹阳台	0.32	0.46	0.42	0.42
龙口	II(A)	凸阳台	0.45	0.61	0.56	0.55
		凹阳台	0.33	0.46	0.42	0.42
惠民县	II(B)	凸阳台	0.46	0.61	0.56	0.57
		凹阳台	0.34	0.47	0.43	0.43
德州	II(B)	凸阳台	0.42	0.60	0.54	0.55
		凹阳台	0.31	0.46	0.41	0.41
成山头	II(A)	凸阳台	0.41	0.60	0.54	0.54
		凹阳台	0.30	0.46	0.41	0.41
陵县	II(B)	凸阳台	0.45	0.61	0.56	0.56
		凹阳台	0.33	0.47	0.43	0.43
海阳	II(A)	凸阳台	0.44	0.61	0.55	0.55
		凹阳台	0.32	0.46	0.42	0.42
潍坊	II(A)	凸阳台	0.45	0.61	0.56	0.56
		凹阳台	0.34	0.47	0.43	0.43
莘县	II(A)	凸阳台	0.46	0.61	0.57	0.57
		凹阳台	0.34	0.47	0.43	0.43
沂源	II(A)	凸阳台	0.46	0.61	0.56	0.56
		凹阳台	0.34	0.47	0.43	0.43

城 市	气候区属	阳台类型	阳台温差修正系数			
			南向	北向	东向	西向
青岛	II(A)	凸阳台	0.42	0.60	0.53	0.54
		凹阳台	0.31	0.46	0.40	0.41
兖州	II(B)	凸阳台	0.44	0.61	0.56	0.56
		凹阳台	0.33	0.47	0.42	0.43
日照	II(A)	凸阳台	0.41	0.59	0.52	0.53
		凹阳台	0.0	0.45	0.39	0.40
费县	II(A)	凸阳台	0.44	0.61	0.55	0.55
		凹阳台	0.32	0.46	0.42	0.42
菏泽	II(A)	凸阳台	0.44	0.61	0.55	0.55
		凹阳台	0.32	0.46	0.42	0.42
定陶	II(B)	凸阳台	0.45	0.61	0.56	0.56
		凹阳台	0.33	0.47	0.42	0.43
临沂	II(A)	凸阳台	0.44	0.61	0.55	0.56
		凹阳台	0.33	0.46	0.42	0.42
河南省						
郑州	II(B)	凸阳台	0.43	0.60	0.55	0.55
		凹阳台	0.32	0.46	0.42	0.42
安阳	II(B)	凸阳台	0.45	0.61	0.56	0.56
		凹阳台	0.33	0.47	0.42	0.43
孟津	II(A)	凸阳台	0.44	0.61	0.56	0.56
		凹阳台	0.33	0.46	0.42	0.43
卢氏	II(A)	凸阳台	0.45	0.61	0.57	0.56
		凹阳台	0.33	0.47	0.43	0.43
西华	II(B)	凸阳台	0.45	0.61	0.56	0.56
		凹阳台	0.34	0.47	0.42	0.43
四川省						
若尔盖	I(B)	凸阳台	0.43	0.60	0.54	0.54
		凹阳台	0.32	0.46	0.41	0.41
松潘	I(C)	凸阳台	0.41	0.60	0.54	0.54
		凹阳台	0.30	0.46	0.41	0.41
色达	I(A)	凸阳台	0.42	0.59	0.52	0.52
		凹阳台	0.31	0.45	0.39	0.39
马尔康	II(A)	凸阳台	0.37	0.59	0.52	0.52
		凹阳台	0.27	0.45	0.39	0.39
德格	I(C)	凸阳台	0.43	0.60	0.55	0.55
		凹阳台	0.32	0.46	0.41	0.42
甘孜	I(C)	凸阳台	0.35	0.58	0.49	0.49
		凹阳台	0.25	0.44	0.37	0.37

城市	气候区属	阳台类型	阳台温差修正系数			
			南向	北向	东向	西向
康定	I(C)	凸阳台	0.43	0.61	0.55	0.55
		凹阳台	0.32	0.46	0.42	0.42
巴塘	II(A)	凸阳台	0.28	0.56	0.48	0.47
		凹阳台	0.19	0.42	0.36	0.35
理塘	I(B)	凸阳台	0.39	0.59	0.52	0.51
		凹阳台	0.28	0.45	0.39	0.38
稻城	I(C)	凸阳台	0.34	0.56	0.48	0.47
		凹阳台	0.24	0.43	0.36	0.35
贵州省						
毕节	II(A)	凸阳台	0.42	0.60	0.54	0.54
		凹阳台	0.31	0.46	0.41	0.41
威宁	II(A)	凸阳台	0.42	0.60	0.54	0.54
		凹阳台	0.31	0.46	0.41	0.41
云南省						
德钦	I(C)	凸阳台	0.41	0.59	0.53	0.53
		凹阳台	0.30	0.45	0.40	0.40
昭通	II(A)	凸阳台	0.34	0.58	0.51	0.50
		凹阳台	0.25	0.44	0.39	0.37
西藏自治区						
拉萨	II(A)	凸阳台	0.35	0.58	0.50	0.51
		凹阳台	0.25	0.44	0.38	0.38
狮泉河	I(A)	凸阳台	0.38	0.58	0.49	0.50
		凹阳台	0.27	0.44	0.37	0.38
改则	I(A)	凸阳台	0.45	0.57	0.47	0.48
		凹阳台	0.34	0.43	0.35	0.36
索县	I(B)	凸阳台	0.44	0.59	0.51	0.52
		凹阳台	0.32	0.45	0.39	0.39
那曲	I(A)	凸阳台	0.48	0.61	0.55	0.56
		凹阳台	0.36	0.47	0.42	0.43
丁青	I(B)	凸阳台	0.44	0.60	0.53	0.54
		凹阳台	0.32	0.46	0.40	0.41
班戈	I(A)	凸阳台	0.43	0.60	0.52	0.53
		凹阳台	0.32	0.45	0.39	0.40
昌都	II(A)	凸阳台	0.44	0.60	0.55	0.55
		凹阳台	0.32	0.46	0.41	0.41
申扎	I(A)	凸阳台	0.42	0.59	0.51	0.52
		凹阳台	0.31	0.45	0.39	0.39
林芝	II(A)	凸阳台	0.29	0.56	0.46	0.47
		凹阳台	0.20	0.43	0.35	0.35
日喀则	I(C)	凸阳台	0.36	0.58	0.49	0.50
		凹阳台	0.26	0.44	0.37	0.38
隆子	I(C)	凸阳台	0.40	0.59	0.51	0.52
		凹阳台	0.29	0.45	0.38	0.39
帕里	I(A)	凸阳台	0.44	0.60	0.52	0.53
		凹阳台	0.32	0.45	0.39	0.40
陕西省						
西安	II(B)	凸阳台	0.47	0.62	0.57	0.57
		凹阳台	0.35	0.47	0.43	0.44
榆林	II(A)	凸阳台	0.47	0.62	0.58	0.58
		凹阳台	0.35	0.47	0.44	0.44
延安	II(A)	凸阳台	0.47	0.62	0.57	0.57
		凹阳台	0.35	0.47	0.44	0.43
宝鸡	II(A)	凸阳台	0.46	0.61	0.56	0.57
		凹阳台	0.34	0.47	0.43	0.43
甘肃省						
兰州	II(A)	凸阳台	0.43	0.61	0.56	0.56
		凹阳台	0.32	0.46	0.42	0.42
敦煌	II(A)	凸阳台	0.43	0.61	0.56	0.56
		凹阳台	0.32	0.47	0.43	0.42
酒泉	I(C)	凸阳台	0.43	0.61	0.55	0.56
		凹阳台	0.32	0.47	0.42	0.42
张掖	I(C)	凸阳台	0.43	0.61	0.55	0.56
		凹阳台	0.32	0.47	0.42	0.42
民勤	II(A)	凸阳台	0.43	0.61	0.55	0.55
		凹阳台	0.31	0.46	0.42	0.42
乌鞘岭	I(A)	凸阳台	0.45	0.60	0.54	0.55
		凹阳台	0.33	0.46	0.41	0.41
西峰镇	II(A)	凸阳台	0.46	0.61	0.56	0.57
		凹阳台	0.34	0.47	0.43	0.43
平凉	II(A)	凸阳台	0.46	0.61	0.57	0.57
		凹阳台	0.34	0.47	0.43	0.43
合作	I(B)	凸阳台	0.44	0.61	0.55	0.55
		凹阳台	0.33	0.46	0.42	0.42
岷县	I(C)	凸阳台	0.43	0.61	0.54	0.55
		凹阳台	0.32	0.46	0.41	0.42

城 市	气候区属	阳台类型	阳台温差修正系数			
			南向	北向	东向	西向
天 水	Ⅱ(A)	凸阳台	0.47	0.61	0.57	0.57
		凹阳台	0.35	0.47	0.43	0.43
成 县	Ⅱ(A)	凸阳台	0.29	0.57	0.47	0.48
		凹阳台	0.20	0.43	0.35	0.36
青海省						
西 宁	Ⅰ(C)	凸阳台	0.44	0.61	0.55	0.55
		凹阳台	0.32	0.46	0.41	0.42
冷 湖	Ⅰ(B)	凸阳台	0.44	0.61	0.56	0.56
		凹阳台	0.33	0.47	0.42	0.42
大柴旦	Ⅰ(B)	凸阳台	0.44	0.61	0.56	0.55
		凹阳台	0.33	0.47	0.42	0.42
德令哈	Ⅰ(C)	凸阳台	0.44	0.61	0.55	0.55
		凹阳台	0.33	0.46	0.42	0.42
刚 察	Ⅰ(A)	凸阳台	0.44	0.61	0.54	0.55
		凹阳台	0.33	0.46	0.41	0.42
格尔木	Ⅰ(C)	凸阳台	0.40	0.60	0.53	0.53
		凹阳台	0.29	0.46	0.40	0.40
都 兰	Ⅰ(B)	凸阳台	0.42	0.60	0.54	0.54
		凹阳台	0.31	0.46	0.41	0.41
同 德	Ⅰ(B)	凸阳台	0.43	0.61	0.54	0.55
		凹阳台	0.32	0.46	0.41	0.42
玛 多	Ⅰ(A)	凸阳台	0.44	0.61	0.54	0.54
		凹阳台	0.32	0.46	0.41	0.41
河 南	Ⅰ(A)	凸阳台	0.43	0.60	0.54	0.54
		凹阳台	0.32	0.46	0.41	0.41
托托河	Ⅰ(A)	凸阳台	0.45	0.61	0.54	0.55
		凹阳台	0.34	0.46	0.41	0.41
曲麻莱	Ⅰ(A)	凸阳台	0.44	0.60	0.54	0.54
		凹阳台	0.33	0.46	0.41	0.41
达 日	Ⅰ(A)	凸阳台	0.44	0.60	0.54	0.54
		凹阳台	0.33	0.46	0.41	0.41
玉 树	Ⅰ(B)	凸阳台	0.41	0.60	0.53	0.53
		凹阳台	0.30	0.45	0.40	0.40
杂 多	Ⅰ(A)	凸阳台	0.46	0.61	0.54	0.55
		凹阳台	0.34	0.46	0.41	0.41
宁夏回族自治区						
银 川	Ⅱ(A)	凸阳台	0.45	0.61	0.57	0.56
		凹阳台	0.34	0.47	0.43	0.42

城 市	气候区属	阳台类型	阳台温差修正系数			
			南向	北向	东向	西向
盐 池	Ⅱ(A)	凸阳台	0.44	0.61	0.56	0.55
		凹阳台	0.33	0.46	0.42	0.42
中 宁	Ⅱ(A)	凸阳台	0.44	0.61	0.56	0.56
		凹阳台	0.33	0.46	0.42	0.42
新疆维吾尔自治区						
乌鲁木齐	Ⅰ(C)	凸阳台	0.51	0.63	0.59	0.60
		凹阳台	0.39	0.48	0.45	0.45
哈巴河	Ⅰ(C)	凸阳台	0.51	0.63	0.59	0.59
		凹阳台	0.38	0.48	0.45	0.45
阿勒泰	Ⅰ(B)	凸阳台	0.51	0.63	0.59	0.59
		凹阳台	0.38	0.48	0.45	0.45
富 蕴	Ⅰ(B)	凸阳台	0.50	0.63	0.60	0.59
		凹阳台	0.38	0.48	0.45	0.45
和布克赛尔	Ⅰ(B)	凸阳台	0.48	0.62	0.58	0.58
		凹阳台	0.36	0.48	0.44	0.44
塔 城	Ⅰ(C)	凸阳台	0.51	0.63	0.60	0.60
		凹阳台	0.38	0.49	0.46	0.46
克拉玛依	Ⅰ(C)	凸阳台	0.52	0.64	0.60	0.60
		凹阳台	0.39	0.49	0.46	0.46
北塔山	Ⅰ(B)	凸阳台	0.49	0.63	0.58	0.58
		凹阳台	0.37	0.48	0.44	0.45
精 河	Ⅰ(C)	凸阳台	0.52	0.63	0.60	0.60
		凹阳台	0.39	0.49	0.46	0.46
奇 台	Ⅰ(C)	凸阳台	0.50	0.63	0.59	0.59
		凹阳台	0.37	0.48	0.45	0.45
伊 宁	Ⅱ(A)	凸阳台	0.47	0.62	0.58	0.58
		凹阳台	0.35	0.48	0.45	0.44
吐鲁番	Ⅱ(B)	凸阳台	0.46	0.62	0.58	0.58
		凹阳台	0.35	0.47	0.44	0.44
哈 密	Ⅱ(B)	凸阳台	0.45	0.62	0.57	0.57
		凹阳台	0.34	0.47	0.43	0.43
巴伦台	Ⅰ(C)	凸阳台	0.51	0.63	0.59	0.59
		凹阳台	0.38	0.48	0.45	0.45
库尔勒	Ⅱ(B)	凸阳台	0.43	0.61	0.56	0.55
		凹阳台	0.32	0.47	0.42	0.42
库 车	Ⅱ(A)	凸阳台	0.44	0.61	0.56	0.55
		凹阳台	0.32	0.47	0.42	0.42

续表 E.0.4

城市	气候区属	阳台类型	阳台温差修正系数			
			南向	北向	东向	西向
阿合奇	Ⅰ(C)	凸阳台	0.44	0.61	0.56	0.56
		凹阳台	0.32	0.47	0.43	0.42
铁干里克	Ⅱ(B)	凸阳台	0.43	0.61	0.56	0.56
		凹阳台	0.32	0.47	0.43	0.42
阿拉尔	Ⅱ(A)	凸阳台	0.42	0.61	0.56	0.56
		凹阳台	0.31	0.47	0.43	0.42
巴楚	Ⅱ(A)	凸阳台	0.40	0.60	0.55	0.55
		凹阳台	0.29	0.46	0.42	0.41
喀什	Ⅱ(A)	凸阳台	0.40	0.60	0.55	0.54
		凹阳台	0.29	0.46	0.41	0.41
若羌	Ⅱ(B)	凸阳台	0.42	0.60	0.55	0.54
		凹阳台	0.31	0.46	0.41	0.41
莎车	Ⅱ(A)	凸阳台	0.39	0.60	0.55	0.54
		凹阳台	0.29	0.46	0.41	0.41
安德河	Ⅱ(A)	凸阳台	0.40	0.61	0.55	0.55
		凹阳台	0.30	0.46	0.42	0.41
皮山	Ⅱ(A)	凸阳台	0.40	0.60	0.54	0.54
		凹阳台	0.29	0.46	0.41	0.41
和田	Ⅱ(A)	凸阳台	0.40	0.60	0.54	0.54
		凹阳台	0.29	0.46	0.41	0.41

注： 1 表中凸阳台包含正面和左右侧面三个接触室外空气的外立面，而凹阳台则只有正面一个接触室外空气的外立面。

　　 2 表格中气候区属Ⅰ(A)为严寒(A)区、Ⅰ(B)为严寒(B)区、Ⅰ(C)为严寒(C)区；Ⅱ(A)为寒冷(A)区、Ⅱ(B)为寒冷(B)区。

附录 F 关于面积和体积的计算

F.0.1 建筑面积（A_0），应按各层外墙外包线围成的平面面积的总和计算，包括半地下室的面积，不包括地下室的面积。

F.0.2 建筑体积（V_0），应按与计算建筑面积所对应的建筑物外表面和底层地面所围成的体积计算。

F.0.3 换气体积（V），当楼梯间及外廊不采暖时，应按 $V=0.60V_0$ 计算；当楼梯间及外廊采暖时，应按 $V=0.65V_0$ 计算。

F.0.4 屋面或顶棚面积，应按支承屋顶的外墙外包线围成的面积计算。

F.0.5 外墙面积，应按不同朝向分别计算。某一朝向的外墙面积，应由该朝向的外表面积减去外窗面积构成。

F.0.6 外窗（包括阳台门上部透明部分）面积，应按不同朝向和有无阳台分别计算，取洞口面积。

F.0.7 外门面积，应按不同朝向分别计算，取洞口面积。

F.0.8 阳台门下部不透明部分面积，应按不同朝向分别计算，取洞口面积。

F.0.9 地面面积，应按外墙内侧围成的面积计算。

F.0.10 地板面积，应按外墙内侧围成的面积计算，并应区分为接触室外空气的地板和不采暖地下室上部的地板。

F.0.11 凹凸墙面的朝向归属应符合下列规定：

　　1 当某朝向有外凸部分时，应符合下列规定：

　　　　1）当凸出部分的长度（垂直于该朝向的尺寸）小于或等于 1.5m 时，该凸出部分的全部外墙面积应计入该朝向的外墙总面积；

　　　　2）当凸出部分的长度大于 1.5m 时，该凸出部分应按各自实际朝向计入各自朝向的外墙总面积。

　　2 当某朝向有内凹部分时，应符合下列规定：

　　　　1）当凹入部分的宽度（平行于该朝向的尺寸）小于 5m，且凹入部分的长度小于或等于凹入部分的宽度时，该凹入部分的全部外墙面积应计入该朝向的外墙总面积；

　　　　2）当凹入部分的宽度（平行于该朝向的尺寸）小于 5m，且凹入部分的长度大于凹入部分的宽度时，该凹入部分的两个侧面外墙面积应计入北向的外墙总面积，该凹入部分的正面外墙面积应计入该朝向的外墙总面积；

　　　　3）当凹入部分的宽度大于或等于 5m 时，该凹入部分应按各实际朝向计入各自朝向的外墙总面积。

F.0.12 内天井墙面的朝向归属应符合下列规定：

　　1 当内天井的高度大于等于内天井最宽边长的 2 倍时，内天井的全部外墙面积应计入北向的外墙总面积。

　　2 当内天井的高度小于内天井最宽边长的 2 倍时，内天井的外墙应按各实际朝向计入各自朝向的外墙总面积。

附录 G 采暖管道最小保温层厚度（δ_{min}）

G.0.1 当管道保温材料采用玻璃棉时，其最小保温层厚度应按表 G.0.1-1、表 G.0.1-2 选用。玻璃棉材料的导热系数应按下式计算：

$$\lambda_m = 0.024 + 0.00018 t_m \qquad (G.0.1)$$

式中：λ_m——玻璃棉的导热系数［W/(m·K)］。

表 G.0.1-1　玻璃棉保温材料的管道最小保温层厚度（mm）

气候分区	严寒(A)区 $t_{mw}=40.9℃$					严寒(B)区 $t_{mw}=43.6℃$				
公称直径	热价20元/GJ	热价30元/GJ	热价40元/GJ	热价50元/GJ	热价60元/GJ	热价20元/GJ	热价30元/GJ	热价40元/GJ	热价50元/GJ	热价60元/GJ
DN 25	23	28	31	34	37	22	27	30	33	36
DN 32	24	29	33	36	38	23	28	31	34	37
DN 40	25	30	34	37	40	24	29	32	36	38
DN 50	26	31	35	39	42	25	30	34	37	40
DN 70	27	33	37	41	44	26	31	36	39	43
DN 80	28	34	38	42	46	27	32	37	40	44
DN 100	29	35	40	44	46	28	33	38	42	45
DN 125	30	36	41	45	49	29	34	39	43	47
DN 150	30	37	42	46	49	29	35	40	44	48
DN 200	31	38	42	48	53	30	36	42	46	50
DN 250	32	39	45	50	54	31	37	43	47	52
DN 300	32	40	46	50	53	31	37	43	48	53
DN 350	33	40	46	51	53	31	38	44	49	53
DN 400	33	41	47	52	57	31	39	44	50	54
DN 450	33	41	47	52	57	32	39	45	50	55

注：保温材料层的平均使用温度 $t_{mw}=\dfrac{t_{ge}+t_{he}}{2}-20$；$t_{ge}$、$t_{he}$ 分别为采暖期室外平均温度下，热网供回水平均温度（℃）。

表 G.0.1-2　玻璃棉保温材料的管道最小保温层厚度（mm）

气候分区	严寒(C)区 $t_{mw}=43.8℃$					寒冷(A)区或寒冷(B)区 $t_{mw}=48.4℃$				
公称直径	热价20元/GJ	热价30元/GJ	热价40元/GJ	热价50元/GJ	热价60元/GJ	热价20元/GJ	热价30元/GJ	热价40元/GJ	热价50元/GJ	热价60元/GJ
DN 25	21	25	28	31	34	20	24	28	30	33
DN 32	22	26	29	32	35	21	25	29	31	34
DN 40	23	27	30	33	36	22	26	29	32	35
DN 50	23	28	32	35	38	23	27	31	34	37
DN 70	25	30	34	37	40	24	28	32	36	39
DN 80	25	30	35	38	41	24	28	33	37	40
DN 100	26	31	36	39	43	25	30	34	38	41
DN 125	27	32	37	40	44	26	31	35	39	43
DN 150	27	33	38	42	45	27	32	36	40	44
DN 200	28	34	39	43	47	27	33	38	42	46
DN 250	28	35	40	44	48	27	33	39	43	47
DN 300	29	36	41	45	49	28	34	39	44	48
DN 350	29	36	41	46	50	28	34	40	44	48
DN 400	29	36	42	46	51	28	35	40	45	49
DN 450	29	36	42	46	51	28	35	40	45	49

注：保温材料层的平均使用温度 $t_{mw}=\dfrac{t_{ge}+t_{he}}{2}-20$；$t_{ge}$、$t_{he}$ 分别为采暖期室外平均温度下，热网供回水平均温度（℃）。

G.0.2　当管道保温采用聚氨酯硬质泡沫材料时，其最小保温层厚度应按表 G.0.2-1、表 G.0.2-2 选用。聚氨酯硬质泡沫材料的导热系数应按下式计算。

$$\lambda_m = 0.02 + 0.00014 t_m \qquad (G.0.2)$$

式中：λ_m——聚氨酯硬质泡沫的导热系数［W/(m·K)］。

表 G.0.2-1　聚氨酯硬质泡沫保温材料的管道最小保温层厚度（mm）

气候分区	严寒(A)区 $t_{mw}=40.9℃$					严寒(B)区 $t_{mw}=43.6℃$				
公称直径	热价20元/GJ	热价30元/GJ	热价40元/GJ	热价50元/GJ	热价60元/GJ	热价20元/GJ	热价30元/GJ	热价40元/GJ	热价50元/GJ	热价60元/GJ
DN 25	17	21	23	26	27	16	20	22	25	26
DN 32	18	21	24	26	28	17	20	23	25	27
DN 40	18	22	25	27	29	17	21	24	26	28
DN 50	19	23	26	29	31	18	22	25	27	30
DN 70	20	24	27	30	32	19	23	26	29	31
DN 80	20	24	28	31	33	19	23	27	29	32
DN 100	21	25	29	32	34	20	24	27	30	33
DN 125	21	26	30	33	35	20	25	28	31	34
DN 150	21	26	30	33	35	20	25	29	32	35
DN 200	22	27	31	35	38	21	26	30	33	36
DN 250	22	27	32	35	37	21	26	30	34	37
DN 300	23	28	32	36	37	21	26	31	34	37
DN 350	23	28	32	36	38	21	27	31	34	38
DN 400	23	28	33	36	38	22	27	31	35	38
DN 450	23	28	33	37	38	22	27	31	35	38

注：保温材料层的平均使用温度 $t_{mw}=\dfrac{t_{ge}+t_{he}}{2}-20$；$t_{ge}$、$t_{he}$ 分别为采暖期室外平均温度下，热网供回水平均温度（℃）。

表 G.0.2-2　聚氨酯硬质泡沫保温材料的管道最小保温层厚度（mm）

气候分区	严寒(C)区 $t_{mw}=43.8℃$					寒冷(A)区或寒冷(B)区 $t_{mw}=48.4℃$				
公称直径	热价20元/GJ	热价30元/GJ	热价40元/GJ	热价50元/GJ	热价60元/GJ	热价20元/GJ	热价30元/GJ	热价40元/GJ	热价50元/GJ	热价60元/GJ
DN 25	15	19	21	23	25	15	18	20	22	24
DN 32	16	19	22	24	25	15	18	21	23	25
DN 40	16	20	22	25	27	16	19	21	24	26
DN 50	17	20	23	26	28	16	19	22	25	27
DN 70	18	21	24	27	29	17	20	23	26	28
DN 80	18	22	25	28	30	17	21	24	27	29
DN 100	19	22	26	29	31	17	21	25	27	30
DN 125	19	23	27	30	32	18	22	25	28	31
DN 150	19	23	27	30	33	18	22	26	29	31
DN 200	20	24	28	31	34	19	23	27	30	32
DN 250	20	24	28	32	34	19	23	27	30	33
DN 300	20	25	29	32	35	19	24	27	31	34
DN 350	20	25	29	33	35	19	24	28	31	34
DN 400	20	25	29	32	36	19	24	28	31	34
DN 450	20	25	30	33	36	19	24	28	31	34

注：保温材料层的平均使用温度 $t_{mw}=\dfrac{t_{ge}+t_{he}}{2}-20$；$t_{ge}$、$t_{he}$ 分别为采暖期室外平均温度下，热网供回水平均温度（℃）。

本标准用词说明

1 为便于在执行本标准条文时区别对待,对要求严格程度不同的用词说明如下:

1) 表示很严格,非这样做不可的:
正面词采用"必须",反面词采用"严禁";

2) 表示严格,在正常情况下均应这样做的:
正面词采用"应",反面词采用"不应"或"不得";

3) 表示允许稍有选择,在条件许可时首先应这样做的:
正面词采用"宜",反面词采用"不宜";

4) 表示有选择,在一定条件下可以这样做的,采用"可"。

2 条文中指明应按其他有关标准执行的写法为:"应符合……的规定"或"应按……执行"。

引用标准名录

1 《公共建筑节能设计标准》GB 50189

2 《建筑外门窗气密、水密、抗风压性能分级及检测方法》GB/T 7106

3 《设备及管道绝热设计导则》GB/T 8175

4 《房间空气调节器能效限定值及能源效率等级》GB 12021.3

5 《多联式空调(热泵)机组能效限定值及能源效率等级》GB 21454

6 《转速可控型房间空气调节器能效限定值及能源效率等级》GB 21455

中华人民共和国行业标准

严寒和寒冷地区居住建筑节能设计标准

JGJ 26—2010

条 文 说 明

修　订　说　明

《严寒和寒冷地区居住建筑节能设计标准》JGJ 26 - 2010 经住房和城乡建设部 2010 年 3 月 18 日以第 522 号公告批准发布。

本标准是在《民用建筑节能设计标准（采暖居住建筑部分）》JGJ 26 - 95 的基础上修订而成，上一版的主编单位是中国建筑科学研究院，参编单位是中国建筑技术研究院、北京市建筑设计研究院、哈尔滨建筑大学、辽宁省建筑材料科学研究所，主要起草人员是杨善勤、郎四维、李惠茹、朱文鹏、许文发、朱盈豹、欧阳坤泽、黄鑫、谢守穆。本次修订的主要技术内容是：1. "严寒和寒冷地区气候子区及室内热环境计算参数"按采暖度日数细分了我国北方地区的气候子区，规定了冬季采暖计算温度和计算换气次数。2. "建筑与围护结构热工设计"规定了体形系数和窗墙面积比限值，并按新分的气候子区规定了围护结构热工参数限值；规定了围护结构热工性能的权衡判断的方法和要求；采用稳态计算方法，给出该地区居住建筑的采暖耗热量指标。3. "采暖、通风和空气调节节能设计"提出对热源、热力站及热力网、采暖系统、通风与空气调节系统设计的基本规定，并与当前我国北方城市的供热改革相结合，提供相应的指导原则和技术措施。

为便于广大设计、施工、科研、学校等单位有关人员在使用本标准时能正确理解和执行条文规定，《严寒和寒冷地区居住建筑节能设计标准》编制组按章、节、条顺序编制了本标准的条文说明，对条文规定的目的、依据以及执行中需注意的有关事项进行了说明，还着重对强制性条文的强制性理由作了解释。但是，本条文说明不具备与标准正文同等的法律效力，仅供使用者作为理解和把握标准规定的参考。

目　次

1 总 则

1.0.1 节约能源是我国的基本国策，是建设节约型社会的根本要求。我国国民经济和社会发展第十一个五年规划规定，2010 年单位国内生产总值能源消耗要比 2005 年降低 20% 左右，这是一个约束性的、必须实现的指标，任务相当艰巨。我国建筑用能已达到全国能源消费总量的 1/4 左右，并将随着人民生活水平的提高逐步增加。居住建筑用能数量巨大，并且具有很大的节能潜力。因此，抓紧居住建筑节能已是当务之急。根据形势发展的迫切需要，将 1995 年发布的行业标准《民用建筑节能设计标准（采暖居住建筑部分）》JGJ 26-95 进行修订补充，提高节能目标，并更名为《严寒和寒冷地区居住建筑节能设计标准》。认真实施修改补充后的标准，必将有利于改善我国北方严寒和寒冷地区居住建筑的室内热环境，进一步提高采暖系统的能源利用效率，降低居住建筑的能源消耗，为实现国家节约能源和保护环境的战略，贯彻有关政策和法规作出重要贡献。

1.0.2 2007 年末，我国严寒和寒冷地区城市实有住宅建筑面积共 51.2 亿 m^2，规模十分巨大，而且每年新增的住宅建筑数量仍相当可观。现在我国人均国内生产总值已超过 2000 美元，正是人民生活消费加快升级的阶段，广大居民对居住热环境的要求日益提高，采暖和空调的使用越来越普遍。因此新建的居住建筑必须严格执行建筑节能设计标准，这样才能在满足人民生活水平提高的同时，减轻建筑耗能对国家的能源供应的压力。

当其他类型的既有建筑改建为居住建筑时，以及原有的居住建筑进行扩建时，都应该按照本标准的要求采取节能措施，必须符合本标准的各项规定。

本标准适用于各类居住建筑，其中包括住宅、集体宿舍、住宅式公寓、商住楼的住宅部分、托儿所、幼儿园等；采暖能源种类包括煤、电、油、气或可再生能源，系统则包括集中或分散方式供热。

近年来，为了落实既定的建筑节能目标，很多地方都开始了成规模的既有居住建筑节能改造。由于既有居住建筑的节能改造在经济和技术两个方面与新建居住建筑有很大的不同，因此，本标准并不涵盖既有居住建筑的节能改造。

1.0.3 各类居住建筑的节能设计，必须根据当地具体的气候条件，首先要降低建筑围护结构的传热损失，提高采暖、通风和照明系统的能源利用效率，达到节约能源的目的，同时也要考虑到不同地区的经济、技术和建筑结构与构造的实际情况。

居住建筑的能耗系指建筑使用过程中的能耗，主要包括采暖、空调、通风、热水供应、照明、炊事、家用电器、电梯等的能耗。对于地处严寒和寒冷地区的居住建筑，采暖能耗是建筑能耗的主体，尽管寒冷地区一些城市夏季也有空调降温需求，但是，对于有三四个月连续采暖的需求来说，仍然是采暖能耗占主导地位。因此，围护结构的热工性能主要从保温出发考虑。本条文只指出将建筑物耗热量指标控制在规定的范围内，至于空调节能内容，在第 5 章有所反映。

此外，在居住建筑的能源消耗中，照明能耗也占一定比例。对于照明节能，在《建筑照明设计标准》GB 50034-2004 中已另有规定。

我国北方城市建筑供热在二三十年前还是以烧火炉采暖为主，一些城市的集中供热也是以小型锅炉供热为主，而现在已逐步转变为以集中供热为主，区域供热已经有了很大的发展。1996 年全国各城市集中供热面积共计只有 7.3 亿 m^2，到 2005 年各地区城市集中供热面积已达 25.2 亿 m^2，采用不同燃料的分散锅炉供热也迅速增加。1997 年城镇居民家庭平均每百户空调器拥有量北京为 27.20 台，到 2005 年已迅速增加到 146.47 台。由此可以看出，采暖和空调的日益普及，更要求建筑节能工作必须迅速跟上。由于居住建筑的照明往往由住户自行安排，难以由设计标准控制，只能通过宣传引导使居住者自觉采用节能灯具，因此，本标准未包括照明节能内容。

为了合理设定节能目标的基准值，并便于衔接与对比，本标准提出的节能目标的基准仍基本上沿用《民用建筑节能设计标准（采暖居住建筑部分）》JGJ 26-95 的规定。即严寒地区和寒冷地区的建筑，以各地 1980—1981 年住宅通用设计、4 个单元 6 层楼、体形系数为 0.30 左右的建筑物的耗热量指标计算值，经线性处理后的数据作为基准能耗。在此能耗值的基础上，本标准将居住建筑的采暖能耗降低 65% 左右作为节能目标，再按此目标对建筑、热工、采暖设计提出节能措施要求。

当然，这种全年采暖能耗计算，只可能采用典型建筑按典型模式运算，而实际建筑是多种多样、十分复杂的，运行情况也是千差万别。因此，在做节能设计时按照本标准的规定去做就可以满足要求，没有必要再花时间去计算分析所设计建筑物的节能率。

本标准的实施，既可节约采暖用能，又有利于提高建筑热舒适性，改善人们的居住环境。

1.0.4 本标准对居住建筑的建筑、围护结构以及采暖、通风设计中应该控制的、与能耗有关的指标和应采取的节能措施作出了规定。但居住建筑节能涉及的专业较多，相关专业均制定有相应的标准。因此，在进行居住建筑节能设计时，除应符合本标准外，尚应符合国家现行有关标准的规定。

2 术语和符号

2.1 术 语

2.1.1 本标准的采暖度日数以 18℃ 为基准，用符号 $HDD18$ 表示。某地采暖度日数的大小反映了该地寒冷的程度。

2.1.2 本标准的空调度日数以 26℃ 为基准，用符号 $CDD26$ 表示。某地空调度日数的大小反映了该地热的程度。

2.1.3 计算采暖期天数是根据当地多年的平均气象条件计算出来的，仅供建筑节能设计计算时使用。当地的法定采暖日期是根据当地的气象条件从行政的角度确定的。两者有一定的联系，但计算采暖期天数和当地法定的采暖天数不一定相等。

2.1.9 建筑围护结构的传热主要是由室内外温差引起的，但同时还受到太阳辐射、天空辐射以及地面和其他建筑反射辐射的影响，其中太阳辐射的影响最大。天空辐射、地面和其他建筑的反射辐射在此未予考虑。围护结构传热量因受太阳辐射影响而改变，改变后的传热量与未受太阳辐射影响原有传热量的比值，定义为围护结构传热系数的修正系数（ε_i）。

3 严寒和寒冷地区气候子区
与室内热环境计算参数

3.0.1 将严寒和寒冷地区进一步细分成 5 个子区，目的是使得依此而提出的建筑围护结构热工性能要求更合理一些。我国地域辽阔，一个气候区的面积就可能相当于欧洲几个国家，区内的冷暖程度相差也比较大，客观上有必要进一步细分。

衡量一个地方的寒冷的程度可以用不同的指标。从人的主观感觉出发，一年中最冷月的平均温度比较直接地反映了当地的寒冷的程度，以前的几本相关标准用的基本上都是温度指标。但是本标准的着眼点在于控制采暖的能耗，而采暖的需求除了温度的高低这个因素外，还与低温持续的时间长短有着密切的关系。比如说，甲地最冷月平均温度比乙地低，但乙地冷的时间比甲地长，这样两地采暖需求的热量可能相同。划分气候分区的最主要目的是针对各个分区提出不同的建筑围护结构热工性能要求。由于上述甲乙两地采暖需求的热量相同，将两地划入一个分区比较合理。采暖度日数指标包含了冷的程度和持续冷的时间长度两个因素，用它作为分区指标可能更反映采暖需求的大小。对上述甲乙两地的情况，如用最冷月的平均温度作为分区指标容易将两地分入不同的分区，而用采暖度日数作为分区指标则更可能分入同一个分区。因此，本标准用采暖度日数（$HDD18$）结合空

调度日数（$CCD26$）作为气候分区的指标更为科学。

欧洲和北美大部分国家的建筑节能规范都是依据采暖度日数作为分区指标的。

本标准寒冷地区的（$HDD18$）取值范围是 2000～3800，严寒地区（$HDD18$）取值范围分三段，C 区 3800～5000，B 区 5000～6000，A 区大于 6000。从上述这 4 段分区范围看，严寒 C 区和 B 区分得比较细，这其中的原因主要有两个：一是严寒地区居住建筑的采暖能耗比较大，需要严格地控制；二是处于严寒 C 区和 B 区的城市比较多。至于严寒 A 区的（$HDD18$）跨度大，是因为处于严寒 A 区的城市比较少，而且最大的（$HDD18$）也不超过 8000，没必要再细分了。

采用新的气候分区指标并进一步细分气候子区在使用上不会给设计者新增任何麻烦。因为一栋具体的建筑总是坐落在一个地方，这个地方一定只属于一个气候子区，本标准对一个气候子区提供一张建筑围护结构热工性能表格，换言之每一栋具体的建筑，在设计或审查过程中，只要查一张表格即可。

如何确定表 3.0.1 中各气候子区（$HDD18$）的取值范围，只能是相对合理。无论如何取值，总有一些城市靠近相邻分区的边界，如将分界的（$HDD18$）值一调整，这些城市就会被划入另一个分区，这种现象也是不可避免的。有时候这种情况的存在会带来一些行政管理上的麻烦，例如有一些省份由于一两个这样的城市的存在，建筑节能工作的管理中就多出了一个气候区，对这样的情况可以在地方性的技术和管理文件中作一些特殊的规定。

本标准采暖度日数（$HDD18$）计算步骤如下：

1 计算近 10 年每年 365 天的日平均温度。日平均温度取气象台站每天 4 次的实测值的平均值。

2 逐年计算采暖度日数。当某天的日平均温度低于 18℃ 时，用该日平均温度与 18℃ 的差值乘以 1 天，并将此乘积累加，得到一年的采暖度日数（$HDD18$）。

3 以上述 10 年采暖度日数（$HDD18$）的平均值为基础，计算得到该城市的采暖度日数（$HDD18$）值。

本标准空调度日数（$CDD26$）计算步骤如下：

1 计算近 10 年每年 365 天的日平均温度。日平均温度取气象台站每天 4 次的实测值的平均值。

2 逐年计算空调度日数。当某天的日平均温度高于 26℃ 时，用该日平均温度与 26℃ 的差值乘以 1 天，并将此乘积累加，得到一年的空调度日数（$CDD26$）。

3 以上述 10 年空调度日数（$CDD26$）的平均值为基础，计算得到该城市的空调度日数（$CDD26$）值。

目前，我国大部分气象台站提供每日 4 次的温度

实测值，少量气象台站逐时记录温度变化。本标准作过比对，气象台站每天4次的实测值的平均值与每天24次的实测值的平均值之间差异不大，因此采用每天4次的实测值的平均值作为日平均气温。

3.0.2 室内热环境质量的指标体系包括温度、湿度、风速、壁面温度等多项指标。本标准只提了温度指标和换气次数指标，原因是考虑到一般住宅极少配备集中空调系统，湿度、风速等参数实际上无法控制。另一方面，在室内热环境的诸多指标中，对人体的舒适以及对采暖能耗影响最大的也是温度指标，换气指标则是从人体卫生角度考虑的一项必不可少的指标。

冬季室温控制在18℃，基本达到了热舒适的水平。

本条文规定的18℃只是一个计算能耗时所采用的室内温度，并不等于实际的室温。在严寒和寒冷地区，对一栋特定的居住建筑，实际的室温主要受室外温度的变化和采暖系统的运行状况的影响。

换气次数是室内热环境的另外一个重要的设计指标。冬季室外的新鲜空气进入室内，一方面有利于确保室内的卫生条件，另一方面又要消耗大量的能量，因此要确定一个合理的换气次数。

本条文规定的换气次数也只是一个计算能耗时所采用的换气次数数值，并不等于实际的换气次数。实际的换气量是由住户自己控制的。在北方地区，由于冬季室内外温差很大，居民很注意窗户的密闭性，很少长时间开窗通风。

4 建筑与围护结构热工设计

4.1 一 般 规 定

4.1.1 建筑群的布置和建筑物的平面设计合理与否与建筑节能关系密切。建筑节能设计首先应从总体布置及单体设计开始，应考虑如何在冬季最大限度地利用自然能来取暖，多获得热量和减少热损失，以达到节能的目的。具体来说，就是要在冬季充分利用日照，朝向上应尽量避开当地冬季主导风向。

4.1.2 太阳辐射得热对建筑能耗的影响很大，冬季太阳辐射得热可降低采暖负荷。由于太阳高度角和方位角的变化规律，南北朝向的建筑冬季可以增加太阳辐射得热。计算证明，建筑物的主体朝向如果由南北改为东西向，耗热量指标明显增大。从本标准表E.0.2围护结构传热系数的修正系数 ε 值可见，南向外墙的 ε 值，远低于其他朝向。根据严寒和寒冷各地区夏季的最多频率风向，建筑物的主体朝向为南北向，也有利于自然通风。因此南北朝向是最有利的建筑朝向。但由于建筑物的朝向还要受到许多其他因素的制约，不可能都做到南北朝向，所以本条用了"宜"字。

各地区特别是严寒地区，外墙的传热耗热量占围护结构耗热量的28%以上，外墙面越多则耗热量越大，越容易产生结露、长毛的现象。如果一个房间有三面外墙，其散热面过多，能耗过大，对建筑节能极为不利。当一个房间有两面外墙时，例如靠山墙拐角的房间，不宜在两面外墙上均开设外窗，以避免增强冷空气的渗透，增大采暖耗热量。

4.1.3 本条文是强制性条文。

建筑物体形系数是指建筑物的外表面积和外表面积所包围的体积之比。

建筑物的平、立面不应出现过多的凹凸，体形系数的大小对建筑能耗的影响非常显著。体形系数越小，单位建筑面积对应的外表面积越小，外围护结构的传热损失越小。从降低建筑能耗的角度出发，应该将体形系数控制在一个较小的水平上。

但是，体形系数不只是影响外围护结构的传热损失，它还与建筑造型、平面布局、采光通风等紧密相关。体形系数过小，将制约建筑师的创造性，造成建筑造型呆板，平面布局困难，甚至损害建筑功能。因此，如何合理确定建筑形状，必须考虑本地区气候条件、冬、夏季太阳辐射强度、风环境、围护结构构造等各方面因素。应权衡利弊，兼顾不同类型的建筑造型，尽可能地减少房间的外围护面积，使体形不要太复杂，凹凸面不要过多，以达到节能的目的。

表4.1.3中的建筑层数分为四类，是根据目前大量新建居住建筑的种类来划分的。如（1~3）层多为别墅、托幼、疗养院，（4~8）层的多为大量建造的住宅，其中6层板式楼最常见，（9~13）层多为高层板楼，14层以上多为高层塔楼。考虑到这四类建筑本身固有的特点，即低层建筑的体形系数较大，高层建筑的体形系数较小，因此，在体形系数的限值上有所区别。这样的分层方法与现行《民用建筑设计通则》GB 50352－2005有所不同。在《民用建筑设计通则》中，（1~3）为低层，（4~6）为多层，（7~9）为中高层，10层及10层以上为高层。之所以不同是由于两者考虑如何分层的依据不同，节能标准主要考虑体形系数的变化，《民用建筑设计通则》则主要考虑建筑使用的要求和防火的要求，例如6层以上的建筑需要配置电梯，高层建筑的防火要求更严等。从使用的角度讲，本标准的分层与《民用建筑设计通则》的分层不同并不会给设计人员带来任何新增的麻烦。

体形系数对建筑能耗影响较大，依据严寒地区的气象条件，在0.3的基础上每增加0.01，能耗约增加2.4%~2.8%；每减少0.01，能耗约减少2.3%~3%。严寒地区如果将体形系数放宽，为了控制建筑物耗热量指标，围护结构传热系数限值将会变得很小，使得围护结构传热系数限值在现有的技术条件下实现有难度，同时投入的成本太大。本标准适当地将低层建筑的体形系数放大到0.50左右，将大量建造的 6（4～8）层建筑的体形系数控制在 0.30 左右，有利于控制居住建筑的总体能耗。同时经测算，建筑设计也能够做到。高层建筑的体形系数一般在 0.23 左右。为了给建筑师更大的设计灵活空间，将严寒地区体形系数限值控制在 0.25（≥14 层）。寒冷地区体形系数控制适当放宽。

本条文是强制性条文，一般情况下对体形系数的要求是必须满足的。一旦所设计的建筑超过规定的体形系数时，则要求提高建筑围护结构的保温性能，并按照本章第 4.3 节的规定进行围护结构热工性能的权衡判断，审查建筑物的采暖能耗是否能控制在规定的范围内。

4.1.4 本条文是强制性条文。

窗墙面积比既是影响建筑能耗的重要因素，也受建筑日照、采光、自然通风等满足室内环境要求的制约。一般普通窗户（包括阳台的透明部分）的保温性能比外墙差很多，而且窗的四周与墙相交之处也容易出现热桥，窗越大，温差传热量也越大。因此，从降低建筑能耗的角度出发，必须合理地限制窗墙面积比。

不同朝向的开窗面积，对于上述因素的影响有较大差别。综合利弊，本标准按照不同朝向，提出了窗墙面积比的指标。北向取值较小，主要是考虑居室设在北向时减小其采暖热负荷的需要。东、西向的取值，主要考虑夏季防晒和冬季防冷风渗透的影响。在严寒和寒冷地区，当外窗 K 值降低到一定程度时，冬季可以获得从南向外窗进入的太阳辐射热，有利于节能，因此南向窗墙面积比较大。由于目前住宅客厅的窗有越开越大的趋势，为减少窗的耗热量，保证节能效果，应降低窗的传热系数，目前的窗框和玻璃技术也能够实现。因此，将南向窗墙面积比严寒地区放大至 0.45，寒冷地区放大至 0.5。

在严寒地区，南偏东 30°～南偏西 30°为最佳朝向，因此建筑各朝向偏差在 30°以内时，按相应朝向处理；超过 30°时，按不利朝向处理。比如：南偏东 20°时，则认为是南向；南偏东 30°时，则认为是东向。

本标准中的窗墙面积比按开间计算。之所以这样做主要有两个理由：一是窗的传热损失总是比较大的，需要严格控制；二是建筑节能施工图审查比较方便，只需要审查最可能超标的开间即可。

本条文是强制性条文，一般情况下对窗墙面积比的要求是必须满足的。一旦所设计的建筑超过规定的窗墙面积比时，则要求提高建筑围护结构的保温隔热性能（如选择保温性能好的窗框和玻璃，以降低窗的传热系数，加厚外墙的保温层厚度以降低外墙的传热系数等），并按照本章第 4.3 节的规定进行围护结构热工性能的权衡判断，审查建筑物耗热量指标是否能控制在规定的范围内。

一般而言，窗户越大可开启的窗缝越长，窗缝通常都是容易热散失的部位，而且窗户的使用时间越长，缝隙的渗漏也越厉害。再者，夏天透过玻璃进入室内的太阳辐射热是造成房间过热的一个重要原因。这两个因素在本章第 4.3 节规定的围护结构热工性能的权衡判断中都不能反映。因此，即使是采用权衡判断，窗墙面积比也应该有所限制。从节能和室内环境舒适的双重角度考虑，居住建筑都不应该过分地追求所谓的通透。

4.1.5 严寒和寒冷地区冬季室内外温差大，楼梯间、外走廊如果敞开肯定会增强楼梯间、外走廊隔墙和户门的散热，造成不必要的能耗，因此需要封闭。

从理论上讲，如果楼梯间的外表面（包括墙、窗、门）的保温性能和密闭性能与居室的外表面一样好，那么楼梯间不需要采暖，这是最节能的。

但是，严寒地区（A）区冬季气候异常寒冷，该地区的居住建筑楼梯间习惯上是设置采暖的。严寒地区（B）区冬季气候也非常寒冷，该地区的有些城市的居住建筑楼梯间习惯上设置采暖，有些城市的居住建筑楼梯间习惯上不设置采暖。本标准尊重各地的习惯。设置采暖的楼梯间采暖设计温度应该低一些，楼梯间的外墙和外窗的保温性能对保持楼梯间的温度和降低楼梯间采暖能耗很重要，考虑到设计和施工上的方便，一般就按居室的外墙和外窗同样处理。

4.2 围护结构热工设计

4.2.1 采用采暖度日数（$HDD18$）作为我国严寒和寒冷地区气候分区指标的理由已经在第 3.0.1 条的条文说明中陈述，空调度日数（$CDD26$）只是作为寒冷地区细分子区的辅助指标。附录 A 中一共列出了 211 个城市，尚不够全，各地在编制地方标准中，可以依据当地的气象数据，用本标准规定的方法计算统计出当地一些城市的采暖度日数和空调度日数，并根据这些度日数确定这些城市的气候分区区属。

4.2.2 本条文是强制性条文。

建筑围护结构热工性能直接影响居住建筑采暖和空调的负荷与能耗，必须予以严格控制。由于我国幅员辽阔，各地气候差异很大。为了使建筑物适应各地不同的气候条件，满足节能要求，应根据建筑物所处的建筑气候分区，确定建筑围护结构合理的热工性能参数。本标准按照 5 个子气候区，分别提出了建筑围护结构的传热系数限值以及外窗玻璃遮阳系数的限值。

确定建筑围护结构传热系数的限值时不仅应考虑节能率，而且也从工程实际的角度考虑了可行性、合理性。

严寒地区和寒冷地区的围护结构传热系数限值，是通过对气候子区的能耗分析和考虑现阶段技术成熟程度而确定的。根据各个气候区节能的难易程度，确定了不同的传热系数限值。我国严寒地区，在第二步节能时围护结构保温层厚度已经达到（6～10）cm厚，再单纯靠通过加厚保温层厚度，获得的节能收益已经很小。因此需通过提高采暖管网输送热效率和提高锅炉运行效率来减轻对围护结构的压力。理论分析表明，达到同样的节能效果，锅炉效率每增加1%，则建筑物的耗热量指标可降低要求 1.5% 左右，室外管网输送热效率每增加1%，则建筑物的耗热量指标可降低要求 1.0% 左右，并且当锅炉效率和室外管网输送热效率都提高时，总能耗的降低和锅炉效率、室外管网输送热效率的提高呈线性关系。考虑到各地节能建筑的节能潜力和我国的围护结构保温技术的成熟程度，为避免各地采用统一的节能比例的做法，而采取同一气候子区，采用相同的围护结构限值的做法。对处于严寒和寒冷气候区的 50 个城市的多层建筑的建筑物耗热量指标的分析结果表明，采用的管网输送热效率为 92%，锅炉平均运行效率为 70%时，平均节能率约为 65% 左右。此时，最冷的海拉尔的节能率为 58%，伊春的节能率为 61%。这对于经济不发达且到目前建筑节能刚刚起步的这些地区来讲，该指标是合适的。

为解决以往节能标准中高层和中高层居住建筑容易达到节能标准要求，而低层居住建筑难于达到节能标准要求的状况，分析中将建筑物分别按照≤3层建筑、（4～8）层的建筑、（9～13）层的建筑和≥14层建筑进行建筑物耗热量指标计算，分析中所采用的典型建筑条件见表1及表2。由于本标准室内计算温度与原标准 JGJ 26-95 有所不同，在本标准分析中，已经将原标准规定的 1980～1981 年通用建筑的耗热量指标按照下式进行了折算。

$$q'_{H1} = (q_{H1} + 3.8) \frac{t'_i - t_e}{t_i - t_e} - 3.8 \qquad (1)$$

表 1 体 形 系 数

地区类别	建 筑 层 数			
	3层	6层	11层	14层
严寒地区	0.41	0.32	0.28	0.23
寒冷地区	0.41	0.32	0.28	0.23

表 2 窗 墙 面 积 比

地区类别		建 筑 层 数			
		3层	6层	11层	14层
严寒地区	南	0.40	0.30～0.40	0.35～0.40	0.35～0.40
	东西	0.03	0.05	0.05	0.25
	北	0.15	0.20～0.25	0.20～0.25	0.25～0.30
寒冷地区	南	0.40	0.45	0.45	0.40
	东西	0.03	0.06	0.06	0.30
	北	0.15	0.30～0.40	0.30～0.40	0.35

严寒和寒冷地区冬季室内外温差大，采暖期长，提高围护结构的保温性能对降低采暖能耗作用明显。

各个朝向窗墙面积比是指不同朝向外墙面上的窗、阳台门的透明部分的总面积与所在朝向外墙面的总面积（包括该朝向上的窗、阳台门的透明部分的总面积）之比。

窗墙面积比的确定要综合考虑多方面的因素，其中最主要的是不同地区冬、夏季日照情况（日照时间长短、太阳总辐射强度、阳光入射角大小）、季风影响、室外空气温度、室内采光设计标准以及外窗开窗面积与建筑能耗等因素。一般普通窗户（包括阳台门的透明部分）的保温隔热性能比外墙差很多，而且窗和墙连接的周边又是保温的薄弱环节，窗墙面积比越大，采暖和空调能耗也越大。因此，从降低建筑能耗的角度出发，必须限制窗墙面积比。本条文规定的围护结构传热系数和遮阳系数限值表中，窗墙面积比越大，对窗的热工性能要求越高。

窗（包括阳台门的透明部分）对建筑能耗高低的影响主要有两个方面：一是窗的传热系数影响冬季采暖、夏季空调时的室内外温差传热；另外就是窗受太阳辐射影响而造成室内得热。冬季，通过窗户进入室内的太阳辐射有利于建筑节能，因此，减小窗的传热系数抑制温差传热是降低窗热损失的主要途径之一；而夏季，通过窗口进入室内的太阳辐射热成为空调降温的负荷，因此，减少进入室内的太阳辐射热以及减少窗或透明幕墙的温差传热都是降低空调能耗的途径。

在严寒和寒冷地区，采暖期室内外温差传热的热量损失占主要地位。因此，对窗的传热系数的要求较高。

本标准对窗的传热系数要求与窗墙面积比的大小联系在一起，由于窗墙面积比是按开间计算的，一栋建筑肯定会出现若干个窗墙面积比，因此就会出现一栋建筑要求使用多种不同传热系数窗的情况。这种情况的出现在实际工程中处理起来并没有大的困难。为简单起见可以按最严的要求选用窗户产品，当然也可以按不同要求选用不同的窗产品。事实上，同样的玻璃，同样的框型材，由于窗框比的不同，整窗的传热系数本身就是不同的。另外，现在的玻璃选择也非常多，外观完全相同的窗，由于玻璃的不同，传热系数差别也可以很大。

与土壤接触的地面的内表面，由于受二维、三维传热的影响，冬季时比较容易出现温度较低的情况，一方面造成大量的热量损失，另一方面也不利于底层居民的健康，甚至发生地面结露现象，尤其是靠近外墙的周边地面更是如此。因此要特别注意这一部分围护结构的保温、防潮。

在严寒地区周边地面一定要增设保温材料层。在寒冷地区周边地面也应该增设保温材料层。

地下室虽然不作为正常的居住空间，但也常会有人的活动，也需要维持一定的温度。另外增强地下室的墙体保温，也有利于减小地面房间和地下室之间的传热，特别是提高一层地面与墙角交接部位的表面温度，避免墙角结露。因此本条文也规定了地下室与土壤接触的墙体要设置保温层。

本标准中表4.2.2-1～表4.2.2-5中周边地面和地下室墙面的保温层热阻要求，大致相当于(2～6)cm厚的挤压聚苯板的热阻。挤压聚苯板不吸水，抗压强度高，用在地下比较适宜。

4.2.4 居住建筑的南向房间大都是起居室、主卧室，常常开设比较大的窗户，夏季透过窗户进入室内的太阳辐射热构成了空调负荷的主要部分。在南窗的上部设置水平外遮阳，夏季可减少太阳辐射热进入室内，冬季由于太阳高度角比较小，对进入室内的太阳辐射影响不大。有条件最好在南窗设置卷帘式或百叶窗式的外遮阳。

东西窗也需要遮阳，但由于当太阳东升西落时其高度角比较低，设置在窗口上沿的水平遮阳几乎不起遮挡作用，宜设置展开或关闭后可以全部遮蔽窗户的活动式外遮阳。

冬夏两季透过窗户进入室内的太阳辐射对降低建筑能耗和保证室内环境的舒适性所起的作用是截然相反的。活动式外遮阳容易兼顾建筑冬夏两季对阳光的不同需求，所以设置活动式的外遮阳更加合理。窗外侧的卷帘、百叶窗等就属于"展开或关闭后可以全部遮蔽窗户的活动式外遮阳"，虽然造价比一般固定外遮阳（如窗口上部的外挑板等）高，但遮阳效果好，且能兼顾冬夏，应当鼓励使用。

4.2.5 从节能的角度出发，居住建筑不应设置凸窗，但节能并不是居住建筑设计所要考虑的唯一因素，因此本条文提"不宜设置凸窗"。设置凸窗时，凸窗的保温性能必须予以保证，否则不仅造成能源浪费，而且容易出现结露、淌水、长霉等问题，影响房间的正常使用。

严寒地区冬季室内外温差大，凸窗更加容易发生结露现象，寒冷地区北向的房间冬季凸窗也容易发生结露现象，因此本条文提"不应设置凸窗"。

4.2.6 本条文是强制性条文。

为了保证建筑节能，要求外窗具有良好的气密性能，以避免冬季室外空气过多地向室内渗漏。《建筑外门窗气密、水密、抗风压性能分级及检测方法》GB/T 7106—2008中规定在10Pa压差下，每小时每米缝隙的空气渗透量q_1和每小时每平方米面积的空气渗透量q_2作为外门窗的气密性分级指标。6级对应的性能指标是：$0.5m^3/(m \cdot h) < q_1 \leqslant 1.5m^3/(m \cdot h)$，$1.5m^3/(m^2 \cdot h) < q_2 \leqslant 4.5m^3/(m^2 \cdot h)$。4级对应的性能指标是：$2.0m^3/(m^2 \cdot h) < q_1 \leqslant 2.5m^3/(m^2 \cdot h)$，$6.0m^3/(m^2 \cdot h) < q_2 \leqslant 7.5m^3/(m^2 \cdot h)$。

4.2.7 由于气候寒冷的原因，在北方地区大部分阳台都是封闭式的。封闭式阳台和直接联通的房间之间理应有隔墙和门、窗。有些开发商为了增大房间的面积吸引购买者，常常省去了阳台和房间之间的隔断，这种做法不可取。一方面容易造成过大的采暖能耗，另一方面如若处理不当，房间可能达不到设计温度，阳台的顶板、窗台下部的栏板还可能结露。因此，本条文第1款规定，阳台和房间之间的隔墙不应省去。本条文第2款则规定，如果省去了阳台和房间之间的隔墙，则阳台的外表面就必须当作房间的外围护结构来对待。

北方地区，也常常有些封闭式阳台作为冬天的储物空间，本条文的第3款就是针对这种情况提出的要求。

朝南的封闭式阳台，冬季常常像一个阳光间，本条文的第4款就是针对这种情况提出的要求。在阳台的外表面保温，白天有阳光时，即使打开隔墙上的门窗，房间也不会多散失热量。晚间关上隔墙上的门窗，阳台上也不会发生结露。阳台外表面的窗墙面积比放宽到0.60，相当于考虑3m层高、1.8m窗高的情况。

4.2.8 随着外窗（门）本身保温性能的不断提高，窗（门）框与墙体之间的缝隙成了保温的一个薄弱环节，如果为图省事，在安装过程中就采用水泥砂浆填缝，这道缝隙很容易形成热桥，不仅大大抵消了窗（门）的良好保温性能，而且容易引起室内侧窗（门）周边结露，在严寒地区尤其要注意。

4.2.9 通常窗、门都安装在墙上洞口的中间位置，这样墙上洞口的侧面就被分成了室内和室外两部分，室外部分的侧墙面应进行保温处理，否则洞口侧面很容易形成热桥，不仅大大抵消门窗和外墙的良好保温性能，而且容易引起周边结露，在严寒地区尤其要注意。

4.2.10 居住建筑室内表面发生结露会给室内环境带来负面影响，给居住者的生活带来不便。如果长时间的结露则还会滋生霉菌，对居住者的健康造成有害的影响，是不允许的。

室内表面出现结露最直接的原因是表面温度低于室内空气的露点温度。

一般说来，居住建筑外围护结构的内表面大面积结露的可能性不大，结露大都出现在金属窗框、窗玻璃表面、墙角、墙面、屋面上可能出现热桥的位置附近。本条文规定在居住建筑节能设计过程中，应注意外墙与屋面可能出现热桥的部位的特殊保温措施，核算在设计条件下可能结露部位的内表面温度是否高于露点温度，防止在室内温、湿度设计条件下产生结露现象。

外墙的热桥主要出现在梁、柱、窗口周边、楼板和外墙的连接等处，屋顶的热桥主要出现在檐口、女儿墙和屋顶的连接等处，设计时要注意这些细节。

另一方面，热桥是出现高密度热流的部位，加强热桥部位的保温，可以减小采暖负荷。

值得指出的是，要彻底杜绝内表面的结露现象有时也是非常困难的。例如由于某种特殊的原因，房间内的相对湿度非常高，在这种情况下就很容易结露。本条文规定的是在"室内空气设计温、湿度条件下"不应出现结露。"室内空气温、湿度设计条件下"就是一般的正常情况，不包括室内特别潮湿的情况。

4.2.11 变形缝是保温的薄弱环节，加强对变形缝部位的保温处理，避免变形缝两侧墙出现结露问题，也减少通过变形缝的热损失。

变形缝的保温处理方式多种多样。例如在寒冷地区的某些城市，采取沿着变形缝填充一定深度的保温材料的措施，使变形缝形成一个与外部空气隔绝的密闭空腔。在严寒地区的某些城市，除了沿着变形缝填充一定深度的保温材料外，还采取将缝两侧的墙做内保温的措施。显然，后一种做法保温性能更好。

4.2.12 地下室或半地下室的外墙，虽然外侧有土壤的保护，不直接接触室外空气，但土壤不能完全代替保温层的作用，即使地下室或半地下室少有人活动，墙体也应采取良好的保温措施，使冬季地下室的温度不至于过低，同时也减少通过地下室顶板的传热。

在严寒和寒冷地区，即使没有地下室，如果能将外墙外侧的保温延伸到地坪以下，也会有利于减少周边地面以及地面以上几十厘米高的周边外墙（特别是墙角）热损失，提高内表面温度，避免结露。

4.3 围护结构热工性能的权衡判断

4.3.1 第 4.1.3 条和第 4.1.4 条对严寒和寒冷地区各子气候区的建筑的体形系数和窗墙面积比提出了明确的限值要求，第 4.2.2 条对建筑围护结构提出了明确的热工性能要求，如果这些要求全部得到满足，则可认定设计的建筑满足本标准的节能设计要求。但是，随着住宅的商品化，开发商和建筑师越来越关注居住建筑的个性化，有时会出现所设计建筑不能全部满足第 4.1.3 条、第 4.1.4 条和第 4.2.2 条要求的情况。在这种情况下，不能简单地判定该建筑不满足本标准的节能设计要求。因为第 4.2.2 条是对每一个部分分别提出热工性能要求，而实际上建筑物采暖负荷的影响是所有建筑围护结构热工性能的综合结果。某一部分的热工性能差一些可以通过提高另一部分的热工性能弥补回来。例如某建筑的体形系数超过了第 4.1.3 条提出的限值，通过提高该建筑墙体和外窗的保温性能，完全有可能使传热损失仍旧得到很好的控制。为了尊重建筑师的创造性工作，同时又使所设计的建筑能够符合节能设计标准的要求，故引入建筑围护结构总体热工性能是否达到要求的权衡判断法。权衡判断法不拘泥于建筑围护结构各局部的热工性能，

而是着眼于总体热工性能是否满足节能标准的要求。

严寒和寒冷地区夏季空调降温的需求相对很小，因此建筑围护结构的总体热工性能权衡判断以建筑物耗热量指标为判据。

4.3.2 附录 A 中表 A.0.1-2 的严寒和寒冷地区各城市的建筑物耗热量指标限值，是根据低层、多层、高层一些比较典型的建筑计算出来的，这些建筑的体形系数满足表 4.1.3 的要求，窗墙面积比满足表 4.1.4 的要求，围护结构热工性能参数满足第 4.2.2 条对应表中提出的要求，因此作为建筑围护结构的总体热工性能权衡判断的基准。

4.3.3 建筑物耗热量指标相当于一个"功率"，即为维持室内温度，单位建筑面积在单位时间内所需消耗的热量，将其乘上采暖的时间，就得到单位建筑面积需要供热系统提供的热量。严寒和寒冷地区的建筑物耗热量指标采用稳态传热的方法来计算。

4.3.4 在设计阶段，要控制建筑物耗热量指标，最主要的就是控制折合到单位建筑面积上单位时间内通过建筑围护结构的传热量。

4.3.5 外墙传热系数的修正系数主要是考虑太阳辐射对外墙传热的影响。

外墙设置了保温层之后，其主断面上的保温性能一般都很好，通过主断面流到室外的热量比较小，与此同时通过梁、柱、窗口周边的热桥流到室外的热量在总热量中的比例越来越大，因此一定要用外墙平均传热系数来计算通过墙的传热量。由于外墙上可能出现的热桥情况非常复杂，沿用以前标准的面积加权法不能准确地计算，因此在附录 B 中引入了一种基于二维传热的计算方法，这与现行 ISO 标准是一致的。

附录 B 中引入的基于二维传热的计算方法比以前标准规定的面积加权计算方法复杂得多，但这是为了提高居住建筑的节能设计水平不得不付出的一个代价。

对于严寒和寒冷地区居住建筑大量使用的外保温墙体，如果窗口等节点处理得比较合理，其热桥的影响可以控制在一个相对较小的范围。为了简化计算方便设计，针对外保温墙体附录 B 中也规定了修正系数，墙体的平均传热系数可以用主断面传热系数乘以修正系数来计算，避免复杂的线传热系数计算。

遇到楼梯间时，计算楼梯间的外墙传热，不再计算房间与楼梯间的隔墙传热。计算楼梯间外墙传热，从理论上讲室内温度应取采暖设计温度（采暖楼梯间）或楼梯间自然热平衡温度（非采暖楼梯间），比较复杂。为简化计算起见，统一规定为直接取 12℃。封闭外走廊也按此处理。

4.3.6 屋顶传热系数的修正系数主要是考虑太阳辐射对屋顶传热的影响。

与外墙相比，屋顶上出现热桥的可能性要小得多。因此，计算中屋顶的传热系数就采用屋顶主断面

的传热系数。如果屋顶确实存在大量明显的热桥，应该用屋顶的平均传热系数代替屋顶的传热系数参与计算。附录 B 中的计算方法同样可以用于计算屋顶的平均传热系数。

4.3.7 由于土壤的巨大蓄热作用，地面的传热是一个很复杂的非稳态传热过程，而且具有很强的二维或三维（墙角部分）特性。式（4.3.7）中的地面传热系数实际上是一个当量传热系数，无法简单地通过地面的材料层构造计算确定，只能通过非稳态二维或三维传热计算程序确定。式（4.3.7）中的温差项 $(t_n - t_e)$ 也是为了计算方便取的，并没有很强的物理意义。

在本标准中，地面当量传热系数是按如下方式计算确定的：按地面实际构造建立一个二维的计算模型，然后由一个二维非稳态程序计算若干年，直到地下温度分布呈现出以年为周期的变化，然后统计整个采暖期的地面传热量，这个传热量除以采暖期时间、地面面积和采暖期计算温差就得出地面当量传热系数。

附录 C 给出了几种常见地面构造的当量传热系数供设计人员选用。

对于楼层数大于 3 层的住宅，地面传热只占整个外围护结构传热的一小部分，计算可以不求那么准确。如果实际的地面构造在附录 C 中没有给出，可以选用附录 C 中某一个相接近构造的当量传热系数。

低层建筑地面传热占整个外围护结构传热的比重大一些，应计算准确。

4.3.8 外窗、外门的传热分成两部分来计算，前一部分是室内外温差引起的传热，后一部分是透过外窗、外门的透明部分进入室内的太阳辐射得热。

式（4.3.8）与以前标准的引进太阳辐射修正系数计算外门、窗的传热有很大的不同，比以前的计算要复杂很多。之所以引入复杂的计算，是因为这些年来玻璃工业取得了长足的发展，玻璃的种类非常多。透过玻璃的太阳辐射得热不一定与玻璃的传热系数密切相关，因此用传热系数乘以一个系数修正太阳辐射得热的影响误差比较大。引入分开计算室内外温差传热和透明部分的太阳辐射得热这种复杂的方法也是为了提高居住建筑的节能设计水平不得不付出的一个代价。

太阳辐射具有很强的昼夜和阴晴特性，晴天的白天透过南向窗户的太阳辐射的热量很大，阴天的白天这部分热量又很小，夜间则完全没有这部分热量。稳态计算是一种昼夜平均、阴晴平均的计算。当窗的传热系数比较小时，稳态计算就容易地得出南向窗是净得热构件的结论，就是说南向窗越大对节能越有利。但仔细分析，这个结论站不住脚。当晴天的白天透过南向窗户的太阳辐射的热量很大时，直接的结果是造成室温超过设计温度（采暖系统没有那么灵敏，迅速减少暖气片的热水流量），热量"浪费"了，并不能

蓄存下来补充阴天和夜晚的采暖需求。正是基于这个原因，在计算式（4.3.8-2）中引入了一个综合考虑阴晴以及玻璃污垢的折减系数。

对于标准尺寸（1500mm×1500mm 左右）的 PVC 塑钢窗或木窗，窗框比可取 0.30，太阳辐射修正系数 $C_{mci}=0.87×0.7×0.7×$ 玻璃的遮阳系数×外遮阳系数=0.43×玻璃的遮阳系数×外遮阳系数。

对于标准尺寸（1500mm×1500mm 左右）的无外遮阳的铝合金窗，窗框比可取 0.20，太阳辐射修正系数 $C_{mci}=0.87×0.7×0.8×$ 玻璃的遮阳系数×外遮阳系数=0.49×玻璃的遮阳系数×外遮阳系数。

3mm 普通玻璃的遮阳系数为 1.00，6 mm 普通玻璃的遮阳系数为 0.93，3+6A+3 普通中空玻璃的遮阳系数为 0.90，6+6A+6 普通中空玻璃的遮阳系数为 0.83，各种镀膜玻璃的遮阳系数可从产品说明书上获取。

外遮阳的遮阳系数按附录 D 确定。

无透明部分的外门太阳辐射修正系数 C_{mci} 取值 0。

凸窗的上下、左右边窗或边板的传热量也在此处计算，为简便起见，可以忽略太阳辐射的影响，即对边窗忽略太阳透射得热，对边板不再考虑太阳辐射的修正，仅计算温差传热。

4.3.9 通过非采暖封闭阳台的传热分成两部分来计算，前一部分是室内外温差引起的传热，后一部分是透过两层外窗（门）的透明部分进入室内的太阳辐射得热。

温差传热部分的计算引入了一个温差修正系数，这是因为非采暖封闭阳台实际上起到了室内外温差缓冲的作用。

太阳辐射得热要考虑两层窗的衰减，其中内侧窗（即分隔封闭阳台和室内的那层窗或玻璃门）的衰减还必须考虑封闭阳台顶板的作用。封闭阳台顶板可以看作水平遮阳板，其遮阳作用可以依据附录 D 计算。

4.3.10 式（4.3.10）计算室内外空气交换引起的热损失。空气密度可以按照下式计算：

$$\rho = \frac{1.293 × 273}{t_e + 273} = \frac{353}{t_e + 273} (kg/m^3) \qquad (2)$$

5 采暖、通风和空气调节节能设计

5.1 一 般 规 定

5.1.1 本条文是强制性条文。

根据《采暖通风与空气调节设计规范》GB 50019-2003 第 6.2.1 条（强制性条文）："除方案设计或初步设计阶段可使用冷负荷指标进行必要的估算之外，应对空气调节区进行逐项逐时的冷负荷计算"；和《公共建筑节能设计标准》GB 50189-2005 第 5.1.1 条（强制性条文）："施工图设计阶段，必须进行热负荷和逐项

逐时的冷负荷计算。"

在实际工程中，采暖或空调系统有时是按照"分区域"来设置的，在一个采暖或空调区域中可能存在多个房间，如果按照区域来计算，对于每个房间的热负荷或冷负荷仍然没有明确的数据。为了防止设计人员对"区域"的误解，这里强调的是对每一个房间进行计算而不是按照采暖或空调区域来计算。

5.1.2 严寒和寒冷地区的居住建筑，采暖设施是生活必须设施。寒冷（B）区的居住建筑夏天还需要空调降温，最常见的就是设置分体式房间空调器，因此设计时宜设置或预留设置空气调节设施的位置和条件。在我国西北地区，夏季干热，适合应用蒸发冷却降温方式，当然，条文中提及的空调设置和设施也包含这种方式。

5.1.3 随着经济发展，人民生活水平的不断提高，对空调、采暖的需求逐年上升。对于居住建筑设计时选择集中空调、采暖系统方式，还是分户空调、采暖方式，应根据当地能源、环保等因素，通过技术经济分析来确定。同时，还要考虑用户对设备及运行费用的承担能力。

5.1.4 居住建筑的供热采暖能耗占我国建筑能耗的主要部分，热源形式的选择会受到能源、环境、工程状况、使用时间及要求等多种因素影响和制约，为此必须客观全面地对热源方案进行分析比较后合理确定。有条件时，应积极利用太阳能、地热能等可再生能源。

5.1.5 居住建筑采用连续采暖能够提供一个较好的供热品质。同时，在采用了相关的控制措施（如散热器恒温阀、热力入口控制、供热量控制装置如气候补偿控制等）的条件下，连续采暖可以使得供热系统的热源参数、热媒流量等实现按需供应和分配，不需要采用间歇供暖的热负荷附加，并可降低热源的装机容量，提高了热源效率，减少了能源的浪费。

对于居住区内的公共建筑，如果允许较长时间的间歇使用，在保证房间防冻的情况下，采用间歇采暖对于整个采暖季来说相当于降低了房间的平均采暖温度，有利于节能。但宜根据使用要求进行具体的分析确定。将公共建筑的系统与居住建筑分开，可便于系统的调节、管理及收费。

热水采暖系统对于热源设备具有良好的节能效益，在我国已经提倡了三十多年。因此，集中采暖系统，应优先发展和采用热水作为热媒，而不应以蒸汽等介质作为热媒。

5.1.6 本条文是强制性条文。

根据《住宅建筑规范》GB 50368-2005 第 8.3.5 条（强制性条文）："除电力充足和供电政策支持外，严寒地区和寒冷地区的居住建筑内不应采用直接电热采暖。"

建设节约型社会已成为全社会的责任和行动，用高品位的电能直接转换为低品位的热能进行采暖，热效率低，是不合适的。同时，必须指出，"火电"并非清洁能源。在发电过程中，不仅对大气环境造成严重污染；而且，还产生大量温室气体（CO_2），对保护地球、抑制全球气候变暖非常不利。

严寒、寒冷地区全年有（4～6）个月采暖期，时间长，采暖能耗占有较高比例。近些年来由于采暖用电所占比例逐年上升，致使一些省市冬季尖峰负荷也迅速增长，电网运行困难，出现冬季电力紧缺。盲目推广没有蓄热配置的电锅炉，直接电热采暖，将进一步劣化电力负荷特性，影响民众日常用电。因此，应严格限制应用直接电热进行集中采暖的方式。

当然，作为自行配置采暖设施的居住建筑来说，并不限制居住者选择直接电热方式自行进行分散形式的采暖。

5.2 热源、热力站及热力网

5.2.1 建设部、国家发改委、财政部、人事部、民政部、劳动和社会保障部、国家税务总局、国家环境保护总局颁布的《关于进一步推进城镇供热体制改革的意见》（建城〔2005〕220号）中，在优化配置城镇供热资源方面提出"要坚持集中供热为主，多种方式互为补充，鼓励开发和利用地热、太阳能等可再生能源及清洁能源供热"的方针。集中采暖系统应采用热水作为热媒。当然，该条也包含当地没有设计直接电热采暖条件。

5.2.2 目前有些地区的很多城市都已做了集中供热规划设计，但限于经济条件，大部分规模较小，有不少小区暂时无网可入，只能先搞过渡性的锅炉房，因此提出该条文。

5.2.3 根据《民用建筑节能设计标准（采暖居住建筑部分）》JGJ 26-95 中第 5.1.2 条：

1 根据燃煤锅炉单台容量越大效率越高的特点，为了提高热源效率，应尽量采用较大容量的锅炉；

2 考虑住宅采暖的安全性和可靠性，锅炉的设置台数应不少于 2 台，因此对于规模较小的居住区（设计供热负荷低于 14MW），单台锅炉的容量可以适当降低。

5.2.4 本条文是强制性条文。

锅炉运行效率是以长期监测和记录的数据为基础，统计时期内全部瞬时效率的平均值。本标准中规定的锅炉运行效率是以整个采暖季作为统计时间的，它是反映各单位锅炉运行管理水平的重要指标。它既和锅炉及其辅机的状况有关，也和运行制度等因素有关。在《民用建筑节能设计标准》JGJ 26-95 中规定锅炉运行效率为 68%，实际上早在 20 世纪 90 年代我国有些单位锅炉房的锅炉运行效率就已经超过了 73%。本标准在分析锅炉设计效率时，将运行效率取为 70%。近些年我国锅炉设计制造水平有了很大的提高，锅炉房的设备配置也发生了很大的变化，已经为运行单位的管理水平的提高提供了基本条件，只要选择设计效率较高的锅炉，合理组织锅炉的运行，就可以使运行效率达到 70%。本标准制定时，通过我国供暖负荷的变化规律及锅炉的特性分析，提出了锅炉设计效率达到 70% 时设计者所选用的锅炉的最低设计效率，最后根据目前国内企业生产的锅炉的设计效率确定表 5.2.4 的数据。

5.2.5 本条公式根据《民用建筑节能设计标准》JGJ 26-95 第 5.2.6 条。热水管网热媒输送到各热用户的过程中需要减少下述损失：（1）管网向外散热造成散热损失；（2）管网上附件及设备漏水和用户放水而导致的补水耗热损失；（3）通过管网送到各热用户的热量由于网路失调而导致的各处室温不等造成的多余热损失。管网的输送效率是反映上述各个部分效率的综合指标。提高管网的输送效率，应从减少上述三方面损失入手。通过对多个供热小区的分析表明，采用本标准给出的保温层厚度，无论是地沟敷设还是直埋敷设，管网的保温效率是可以达到 99% 以上的。考虑到施工等因素，分析中将管网的保温效率取为 98%。系统的补水，由两部分组成，一部分是设备的正常漏水，另一部分为系统失水。如果供暖系统中的阀门、水泵盘根、补偿器等，经常维修，且保证工作状态良好的话，测试结果证明，正常补水量可以控制在循环水量的 0.5%。通过对北方 6 个代表城市的分析表明，正常补水耗热损失占输送热量的比例小于 2%；各城市的供暖系统平衡效率达到 95.3%～96% 时，则管网的输送效率可以达到 93%。考虑各地技术及管理上的差异，所以在计算锅炉房的总装机容量时，将室外管网的输送效率取为 92%。

5.2.6 目前的锅炉产品和热源装置在控制方面已经有了较大的提高，对于低负荷的满足性能得到了改善，因此在有条件时尽量采用较大容量的锅炉有利于提高能效，同时，过多的锅炉台数会导致锅炉房面积加大、控制相对复杂和投资增加等问题，因此宜对设置台数进行一定的限制。

当多台锅炉联合运行时，为了提高单台锅炉的运行效率，其负荷率应有所限制，避免出现多台锅炉同时运行但负荷率都很低而导致效率较低的现象。因此，设计时应采取一定的控制措施，通过运行台数和容量的组合，在提高单台锅炉负荷率的原则下，确定合理的运行台数。

锅炉的经济运行负荷区通常为 70%～100%；允许运行负荷区则为 60%～70% 和 100%～105%。因此，本条根据习惯，规定单台锅炉的最低负荷为 60%。对于燃煤锅炉来说，不论是多台锅炉联合运行还是只有单台锅炉运行，其负荷都不应低于额定负荷的 60%。对于燃气锅炉，由于燃烧调节反应迅速，一般可以适当放宽。

5.2.7 燃气锅炉的效率与容量的关系不太大。关键是锅炉的配置、自动调节负荷的能力等。有时，性能好的小容量锅炉会比性能差的大容量锅炉效率更高。燃气锅炉房供热规模不宜太大，是为了在保持锅炉效率不降低的情况下，减少供热用户，缩短供热半径，有利于室外供热管道的水力平衡，减少由于水力失调形成的无效热损失，同时降低管道散热损失和水泵的输送能耗。

锅炉的台数不宜过多，只要具备较好满足整个冬季的变负荷调节能力即可。由于燃气锅炉在负荷率 30% 以上时，锅炉效率可接近额定效率，负荷调节能力较强，不需要采用很多台数来满足调节要求。锅炉台数过多，必然造成占用建筑面积过多，一次投资增大等问题。

首先，模块式组合锅炉燃烧器的调节方式均采用一段式启停控制，冬季变负荷调节只能依靠台数进行，为了尽量符合负荷变化曲线应采用合适的台数。台数过少易偏离负荷曲线，调节性能不好，8 台模块式锅炉已可满足调节的需要。其次，模块式锅炉的燃烧器一般采用大气式燃烧，燃烧效率较低，比非模块式燃气锅炉效率低不少，对节能和环保均不利。另外，以楼栋为单位来设置模块式锅炉房时，因为没有室外供热管道，弥补了燃烧效率低的不足，从总体上提高了供热效率。反之则两种不利条件同时存在，对节能环保非常不利。因此模块式组合锅炉只适合小面积供热，供热面积很大时不应采用模块式组合锅炉，应采用其他高效锅炉。

5.2.8 低温供热时，如地面辐射采暖系统，回水温度低，热回收效率较高，技术经济很合理。散热器采暖系统回水温度虽然比地面辐射采暖系统高，但仍有热回收价值。

冷凝式锅炉价格高，对一次投资影响较大，但因热回收效果好，锅炉效率很高，有条件时应选用。

5.2.9 本条文是强制性条文。

2005 年 12 月 6 日由建设部、发改委、财政部、人事部、民政部、劳动和社会保障部、国家税务总局、国家环境保护总局八部委发文《关于进一步推进城镇供热体制改革的意见》（建城［2005］220 号），文件明确提出，"新建住宅和公共建筑必须安装楼前热计量表和散热器恒温控制阀，新建住宅同时还要具备分户热计量条件"。文件中楼前热表可以理解为是与供热单位进行热费结算的依据，楼内住户可以依据不同的方法（设备）进行室内参数（比如热量、温度）测量，然后，结合楼前热表的测量值对全楼的用热量进行住户间分摊。

行业标准《供热计量技术规程》JGJ 173-2009 中第 3.0.1 条（强制性条文）："集中供热的新建建筑和既有建筑的节能改造必须安装热量计量装置"；第 3.0.2 条（强制性条文）："集中供热系统的热量结算

点必须安装热量表"。明确表明供热企业和终端用户间的热量结算，应以热量表作为结算依据。用于结算的热量表应符合相关国家产品标准，且计量检定证书应在检定的有效期内。

由于楼前热表为该楼所用热量的结算表，要求有较高的精度及可靠性，价格相应较高，可以按楼栋设置热量表，即每栋楼作为一个计量单元。对于建筑用途相同，建设年代相近，建筑形式、平面、构造等相同或相似，建筑物耗热量指标相近，户间热费分摊方式一致的小区（组团），也可以若干栋建筑，统一安装一个热量表。

有时，在管路走向设计时一栋楼会有2个以上入口，此时宜按2个以上热表的读数相加以代表整栋楼的耗热量。

对于既有居住建筑改造时，在不具备住户热费条件而只根据住户的面积进行整栋楼耗热量按户分摊时，每栋楼应设置各自的热量表。

5.2.10 户式燃气采暖炉包括热风炉和热水炉，已经在一定范围内应用于多层住宅和低层住宅采暖，在建筑围护结构热工性能较好（至少达到节能标准规定）和产品选用得当的条件下，也是一种可供选择的采暖方式。本条根据实际使用过程中的得失，从节能角度提出了对户式燃气采暖炉选用的原则要求。

对于户式供暖炉，在采暖负荷计算中，应该包括户间传热量，在此基础上可以再适当留有余量。但是若设备容量选择过大，会因为经常在部分负荷条件下运行而大幅度地降低热效率，并影响采暖舒适度。

另外，因燃气采暖炉大部分时间在部分负荷运行，如果单纯进行燃烧量调节而不相应改变燃烧空气量，会由于过剩空气系数增大使热效率下降。因此宜采用具有自动同时调节燃气量和燃烧空气量功能的产品。

为保证锅炉运行安全，要求户式供暖炉设置专用的进气及排气通道。

在目前的一些实际工程中，有些采用每户直接向大气排放废气的方式，不利于对建筑周围的环境保护；另外有一些建筑由于房间密闭，没有考虑专有进风通道，可能会导致由于进风不良引起的燃烧效率低下的问题；还有一些将户式燃气炉的排气直接排进厨房等的排风道中，不但存在一定的安全隐患，也直接影响到锅炉的效率。因此本条文提出对此要设置专有的进、排风道。但对于采用平衡式燃烧的户式锅炉，由于其方式的特殊性，只能采用分散就地进排风的方式。

5.2.11 根据《民用建筑节能设计标准（采暖居住建筑部分）》JGJ 26-95 第 5.2.1 条。本条强调，在设计采暖供热系统时，应详细进行热负荷的调查和计算，合理确定系统规模和供热半径，主要目的是避免出现"大马拉小车"的现象。有些设计人员从安全考

虑，片面加大设备容量和散热器面积，使得每吨锅炉的供热面积仅在（5000～6000）m² 左右，最低仅 2000m²，造成投资浪费，锅炉运行效率很低。考虑到集中供热的要求和我国锅炉的生产状况，锅炉房的单台容量宜控制在（7.0～28.0）MW 范围内。系统规模较大时，建议采用间接连接，并将一次水设计供水温度取为（115～130）℃，设计回水温度取为（50～80）℃，主要是为了提高热源的运行效率，减少输配能耗，便于运行管理和控制。

5.2.12 水泵采用变频调速是目前比较成熟可靠的节能方式。

1 从水泵变速调节的特点来看，水泵的额定容量越大，则总体效率越高，变频调速的节能潜力越大。同时，随着变频调速的台数增加，投资和控制的难度加大。因此，在水泵参数能够满足使用要求的前提下，宜尽量减少水泵的台数。

2 当系统较大时，如果水泵的台数过少，有时可能出现选择的单台水泵容量过大甚至无法选择的问题；同时，变频水泵通常设有最低转速限制，单台设计容量过大后，由于低转速运行时的效率降低使得有可能反而不利于节能。因此这时应通过合理的经济技术分析后适当增加水泵的台数。至于是采用全部变频水泵，还是采用"变频泵＋定速泵"的设计和运行方案，则需要设计人员根据系统的具体情况，如设计参数、控制措施等，进行分析后合理确定。

3 目前关于变频调速水泵的控制方法很多，如供回水压差控制、供水压力控制、温度控制（甚至供热量控制）等，需要设计人根据工程的实际情况，采用合理、成熟、可靠的控制方案。其中最常见的是供回水压差控制方案。

5.2.13 本条文是强制性条文。

供热系统水力不平衡的现象现在依然很严重，而水力不平衡是造成供热能耗浪费的主要原因之一，同时，水力平衡又是保证其他节能措施能够可靠实施的前提，因此对系统节能而言，首先应该做到水力平衡，而且必须强制要求系统达到水力平衡。

当热网采用多级泵系统（由热源循环泵和用户泵组成）时，支路的比摩阻与干线比摩阻相同，有利于系统节能。当热源（热力站）循环水泵按照整个管网的损失选择时，就应考虑环路的平衡问题。

环路压力损失差意味着环路的流量与设计流量有差异，也就是说，会导致各环路房间的室温有差异。《采暖居住建筑节能检验标准》JGJ 132-2009 中第 11.2.1 条规定，热力入口处的水力平衡度应达到 0.9～1.2。该标准的条文说明指出：这是结合北京地区的实际情况，通过模拟计算，当实际水量在 90%～120% 时，室温在 17.6℃～18.7℃ 范围内，可以满足实际需要。但是，由于设计计算时，与计算各并联环路水力平衡度相比，计算各并联环路间压力损失比

较方便，并与教科书、手册一致。所以，这里采取规定并联环路压力损失差值，要求应在15％之内。

除规模较小的供热系统经过计算可以满足水力平衡外，一般室外供热管线较长，计算不易达到水力平衡。对于通过计算不易达到环路压力损失差要求的，为了避免水力不平衡，应设置静态水力平衡阀，否则出现不平衡问题时将无法调节。而且，静态平衡阀还可以起到测量仪表的作用。静态水力平衡阀应在每个入口（包括系统中的公共建筑在内）均设置。

5.2.14 静态水力平衡阀是最基本的平衡元件，实践证明，系统第一次调试平衡后，在设置了供热量自动控制装置进行质调节的情况下，室内散热器恒温阀的动作引起系统压差的变化不会太大，因此，只在某些条件下需要设置自力式流量控制阀或自力式压差控制阀。

关于静态水力平衡阀，流量控制阀，压差控制阀，目前说法不一，例如：静态水力平衡阀也有称为"手动水力平衡阀"、"静态平衡阀"；流量控制阀也有称为"动态（自动）平衡阀"、"定流量阀"等。为了尽可能地规范名称，并根据城镇建设行业标准《自力式流量控制阀》CJ/T 179-2003 中对"自力式流量控制阀"的定义："工作时不依靠外部动力，在压差控制范围内，保持流量恒定的阀门"。因此，称流量控制阀为"自力式流量控制阀"；尽管目前还没有颁布压差控制阀行业标准，同样，称压差控制阀为"自力式压差控制阀"。至于手动或静态平衡阀，则统一称为静态水力平衡阀。

5.2.15 每种阀门都有其特定的使用压差范围要求，设计时，阀两端的压差不能超过产品的规定。

阀权度 S 的定义是："调节阀全开时的压力损失 ΔP_{min} 与调节阀所在串联支路的总压力损失 ΔP_0 的比值"。它与阀门的理想特性一起对阀门的实际工作特性起着决定性作用。当 $S=1$ 时，ΔP_0 全部降落在调节阀上，调节阀的工作特性与理想特性是一致的；在实际应用场所中，随着 S 值的减小，理想的直线特性趋向于快开特性，理想的等百分比特性趋向于直线特性。

对于自动控制的阀门（无论是自力式还是其他执行机构驱动方式），由于运行过程中开度不断在变化，为了保持阀门的调节特性，确保其调节品质，自动控制阀的阀权度宜在 0.3～0.5 之间。

对于静态水力平衡阀，在系统初调试完成后，阀门开度就已固定，运行过程中，其开度并不发生变化；因此，对阀权度没有严格要求。

对于以小区供热为主的热力站而言，由于管网作用距离较长，系统阻力较大，如果采用动态自力式控制阀串联在总管上，由于阀权度的要求，需要该阀门的全开阻力较大，这样会较大地增加水泵能耗。因为设计的重点是考虑建筑内末端设备的可调性，如果需

要自动控制，我们可以将自动控制阀设置于每个热力入口（建筑内的水阻力比整个管网小得多，这样在保证同样的阀权度情况下阀门的水流阻力可以大为降低），同样可以达到基本相同的使用效果和控制品质。因此，本条第二款规定在热力站出口总管上不宜串联设置自动控制阀。考虑到出口可能为多个环路的情况，为了初调试，可以根据各环路的水力平衡情况合理设置静态水力平衡阀。静态水力平衡阀选型原则：静态水力平衡阀是用于消除环路剩余压头、限定环路水流量用的，为了合理地选择平衡阀的型号，在设计水系统时，一定仍要进行管网水力计算及环网平衡计算，选取平衡阀。对于旧系统改造时，由于资料不全并为方便施工安装，可按管径尺寸配用同样口径的平衡阀，直接以平衡阀取代原有的截止阀或闸阀。但需要作压降校核计算，以避免原有管径过于富余使流经平衡阀时产生的压降过小，引起调试时由于压降过小而造成仪表较大的误差。校核步骤如下：按该平衡阀管辖的供热面积估算出设计流量，按管径求出设计流量时管内的流速 v（m/s），由该型号平衡阀全开时的 ζ 值，按公式 $\Delta P = \zeta (v^2 \cdot \rho / 2)$（Pa），求得压降值 ΔP（式中 $\rho = 1000 kg/m^3$），如果 ΔP 小于（2～3）kPa，可改选用小口径型号平衡阀，重新计算 v 及 ΔP，直到所选平衡阀在流经设计水量时的压降 $\Delta P \geqslant$（2～3）kPa 时为止。

尽管自力式恒流量控制阀具有在一定范围内自动稳定环路流量的特点，但是其水流阻力也比较大，因此即使是针对定流量系统，对设计人员的要求也首先是通过管路和系统设计来实现各环路的水力平衡（即"设计平衡"）；当由于管径、流速等原因的确无法做到"设计平衡"时，才应考虑采用静态水力平衡阀通过初调试来实现水力平衡的方式；只有当设计认为系统可能出现由于运行管理原因（例如水泵运行台数的变化等）有可能导致的水量较大波动时，才宜采用阀权度要求较高、阻力较大的自力式恒流量控制阀。但是，对于变流量系统来说，除了某些需要特定定流量的场所（例如为了保护特定设备的正常运行或特殊要求）外，不应在系统中设置自力式流量控制阀。

5.2.16 规定耗电输热比（EHR）的目的是为了防止采用过大的水泵以使得水泵的选择在合理的范围。

本条文的基本思路来自《公共建筑节能设计标准》GB 50189-2005 第5.2.8条。但根据实际情况对相关的参数进行了一定的调整：

1 目前的国产电机在效率上已经有了较大的提高，根据国家标准《中小型三项异步电动机能效限定值及节能评价值》GB 18613-2002 的规定，7.5kW以上的节能电机产品的效率都在89％以上。但是，考虑到供热规模的大小对所配置水泵的容量（即由此引起的效率）会产生一定的影响，从目前的水泵和电机来看，当 $\Delta t = 20$℃时，针对2000kW以下的热负荷

所配置的采暖循环水泵通常不超过 7.5kW，因此水泵和电机的效率都会有所下降，因此将原条文中的固定计算系数 0.0056 改为一个与热负荷有关的计算系数 A 表示（表 5.2.16）。这样一方面对于较大规模的供热系统，本条文提高了对电机的效率要求；另一方面，对于较小规模的供热系统，也更符合实际情况，便于操作和执行。

2 考虑到采暖系统实行计量和分户供热后，水系统内增加了相应的一些阀件，其系统实际阻力比原来的规定会偏大，因此将原来的 14 改为 20.4。

3 原条文在不同的管道长度下选取的 $a\Sigma L$ 值不连续，在执行过程中容易产生的一些困难，也不完全符合编制的思路（管道较长时，允许 EHR 值加大）。因此，本条文将 a 值的选取或计算方式变成了一个连续线段，有利于条文的执行。按照条文规定的 $a\Sigma L$ 值计算结果比原条文的要求略为有所提高。

4 由于采暖形式的多样化，以规定某个供回水温差来确定 EHR 值可能对某些采暖形式产生不利的影响。例如当采用地板辐射供暖时，通常的设计温差为 10℃，这时如果还采用 20℃ 或 25℃ 来计算 EHR，显然是不容易达到标准规定的。因此，本条文采用的是"相对法"，即同样系统的评价标准一致，所以对温差的选择不作规定，而是"按照设计要求选取"。

5.2.17 引自原《民用建筑节能设计标准（采暖居住建筑部分）》JGJ 26 - 95 第 5.3.1 条。一、二次热水管网的敷设方式，直接影响供热系统的总投资及运行费用，应合理选取。对于庭院管网和二次网，管径一般较小，采用直埋管敷设，投资较小，运行管理也比较方便。对于一次管网，可根据管径大小经过经济比较确定采用直埋或地沟敷设。

5.2.18 管网输送效率达到 92％时，要求管道保温效率应达到 98％。根据《设备及管道绝热设计导则》中规定的管道经济保温层厚度的计算方法，对玻璃棉管壳和聚氨酯保温管分析表明，无论是直埋敷设还是地沟敷设，管道的保温效率均能达到 98％。严寒地区保温材料厚度有较大的差别，寒冷地区保温材料厚度差别不大。为此严寒地区每个气候子区分别给出了最小保温层厚度，而寒冷地区统一给出最小保温层厚度。如果选用其他保温材料或其导热系数与附录 G 中值差异较大时，可以按照式（5.2.18）对最小保温层厚度进行修正。

5.2.19 本条文是强制性条文。

锅炉房采用计算机自动监测与控制不仅可以提高系统的安全性，确保系统能够正常运行；而且，还可以取得以下效果：

1 全面监测并记录各运行参数，降低运行人员工作量，提高管理水平。

2 对燃烧过程和热水循环过程能进行有效的控制调节，提高并使锅炉在高效率下运行，大幅度地节省运行能耗，并减少大气污染。

3 能根据室外气候条件和用户需求变化及时改变供热量，提高并保证供暖质量，降低供暖能耗和运行成本。

因此，在锅炉房设计时，除小型固定炉排的燃煤锅炉外，应采用计算机自动监测与控制。

条文中提出的五项要求，是确保安全、实现高效、节能与经济运行的必要条件。它们的具体监控内容分别为：

1 实时检测：通过计算机自动检测系统，全面、及时地了解锅炉的运行状况，如运行的温度、压力、流量等参数，避免凭经验调节和调节滞后。全面了解锅炉运行工况，是实施科学调控的基础。

2 自动控制：在运行过程中，随室外气候条件和用户需求的变化，调节锅炉房供热量（如改变出水温度，或改变循环水量，或改变供汽量）是必不可少的，手动调节无法保证精度。

计算机自动监测与控制系统，可随时测量室外的温度和整个热网的需求，按照预先设定的程序，通过调节投入燃料量（如炉排转速）等手段实现锅炉供热量调节，满足整个热网的热量需求，保证供暖质量。

3 按需供热：计算机自动监测与控制系统可通过软件开发，配置锅炉系统热特性识别和工况优化分析程序，根据前几天的运行参数、室外温度，预测该时段的最佳工况，进而实现对系统的运行指导，达到节能的目的。

4 安全保障：计算机自动监测与控制系统的故障分析软件，可通过对锅炉运行参数的分析，作出及时判断，并采取相应的保护措施，以便及时抢修，防止事故进一步扩大，设备损坏严重，保证安全供热。

5 健全档案：计算机自动监测与控制系统可以建立各种信息数据库，能够对运行过程中的各种信息数据进行分析，并根据需要打印各类运行记录，储存历史数据，为量化管理提供了物质基础。

5.2.20 本条文是强制性条文。

本条文对锅炉房及热力站的节能控制提出了明确的要求。设置供热量控制装置（比如气候补偿器）的主要目的是对供热系统进行总体调节，使锅炉运行参数在保持室内温度的前提下，随室外空气温度的变化随时进行调整，始终保持锅炉房的供热量与建筑物的需热量基本一致，实现按需供热；达到最佳的运行效率和最稳定的供热质量。

设置供热量控制装置后，还可以通过在时间控制器上设定不同时间段的不同室温，节省供热量；合理地匹配供水流量和供水温度，节省水泵电耗，保证恒温阀等调节设备正常工作；还能够控制一次水回水温度，防止回水温度过低减少锅炉寿命。

由于不同企业生产的气候补偿器的功能和控制方法不完全相同，但必须具有能根据室外空气温度变化自动改变用户侧供（回）水温度、对热媒进行质调节的基本功能。

气候补偿器正常工作的前提，是供热系统已达到水力平衡要求，各房间散热器均装置了恒温阀，否则，即使采用了供热量控制装置也很难保持均衡供热。

5.3 采暖系统

5.3.1 引自《公共建筑节能设计标准》GB 50189 - 2005 中第 5.2.1 条。

5.3.2 要实现室温调节和控制，必须在末端设备前设置调节和控制的装置，这是室内环境的要求，也是"供热体制改革"的必要措施，双管系统可以设置室温调控装置。如果采用顺流式垂直单管系统，必须设置跨越管，采用顺流式水平单管系统时，散热器采用低阻力两通或三通调节阀，以便调控室温。

5.3.3 本条文是强制性条文。

楼前热量表是该栋楼与供热（冷）单位进行用热（冷）量结算的依据，而楼内住户则进行按户热（冷）量分摊，所以，每户应该有相应的装置作为对整栋楼的耗热（冷）量进行户间分摊的依据。

由于严寒地区和寒冷地区的"供热体制改革"已经开展，近年来已开发应用了一些户间采暖"热量分摊"的方法，并且有较大规模的应用。下面对目前在国内已经有一定规模应用的采暖系统"热量分摊"方法的原理和应用时需要注意的事项加以介绍，供选用时参考。

1 散热器热分配计方法

该方法是利用散热器热量分配计所测量的每组散热器的散热量比例关系，来对建筑的总供热量进行分摊。散热器热量分配计分为蒸发式热量分配计与电子式热量分配计两种基本类型。蒸发式热量分配计初投资较低，但需要入户读表。电子式热量分配计初投资相对较高，但该表具有入户读表与遥控读表两种方式可供选择。热分配计方法需要在建筑物热力入口设置楼栋热量表，在每台散热器的散热面上安装一台散热器热量分配计。在采暖开始前和采暖结束后，分别读取分配计的读数，并根据楼前热量表计量得出的供热量，进行每户住户耗热量计算。应用散热器热量分配计时，同一栋建筑物内应采用相同形式的散热器；在不同类型散热器上应用散热器热量分配表时，首先要进行刻度标定。由于每户居民在整幢建筑中所处位置不同，即便同样住户面积，保持同样室温，散热器热量分配计上显示的数字却是不相同的。所以，收费时，要将散热器热量分配计获得的热量进行住户位置的修正。

该方法适用于以散热器为散热设备的室内采暖系统，尤其适用于采用垂直采暖系统的既有建筑的热计量收费改造，比如将原有垂直单管顺流系统，加装跨越管，但这种方法不适用于地面辐射供暖系统。

建设部已批准《蒸发式热分配表》CJ/T 271 - 2007 为城镇建设行业产品标准。

欧洲标准 EN 834、835 中分配表的原文为 heat cost allocators，直译应为"热费分配器"，所以也可以理解为散热器热费分配计方法。

2 温度面积方法

该方法是利用所测量的每户室内温度，结合建筑面积来对建筑的总供热量进行分摊。其具体做法是，在每户主要房间安装一个温度传感器，用来对室内温度进行测量，通过采集器采集的室内温度经通信线路送到热量采集显示器；热量采集显示器接收来自采集器的信号，并将采集器送来的用户室温送至热量采集显示器；热量采集显示器接收采集显示器、楼前热量表送来的信号后，按照规定的程序将热量进行分摊。

这种方法的出发点是按照住户的平均温度来分摊热费。如果某住户在供暖期间的室温维持较高，那么该住户分摊的热费也较多。它与住户在楼内的位置没有关系，收费时不必进行住户位置的修正。应用比较简单，结果比较直观，它也与建筑内采暖系统没有直接关系。所以，这种方法适用于新建建筑各种采暖系统的热计量收费，也适合于既有建筑的热计量收费改造。

住房和城乡建设部已将《温度法热计量分配装置》列入"2008 年住房和城乡建设部归口工业产品行业标准制订、修订计划"。

3 流量温度方法

这种方法适用于共用立管的独立分户系统和单管跨越管采暖系统。该户间热量分摊系统由流量热能分配器、温度采集器处理器、单元热能仪表、三通测温调节阀、无线接收器、三通阀、计算机远程监控设备以及建筑物热力入口设置的楼栋热量表等组成。通过流量热能分配器、温度采集器处理器测量出的各个热用户的流量比例系数和温度系数，测算出各个热用户的用热比例，按此比例对楼栋热量表测出的建筑物总供热量进行户间热量分摊。但是这种方法不适合在垂直单管顺流式的既有建筑改造中应用，此时温度测量误差难以消除。

该方法也需要对住户位置进行修正。

4 通断时间面积方法

该方法是以每户的采暖系统通水时间为依据，分摊总供热量的方法。具体做法是，对于分户水平连接的室内采暖系统，在各户的分支支路上安装室温通断控制阀，用于对该用户的循环水进行通断控制来实现该户室温控制。同时在各户的代表房间里放置室内控制器，用于测量室内温度和供用户设定温度，并将这两个温度值传输给室温通断控制阀。室温通断控制阀根据实测室温与设定值之差，确定在一个控制周期内通断阀的开停比，并按照这一开停比控制通断调节阀的通断，以此调节送入室内热量，同时记录和统计各户通断控制阀的接通时间，按照各户的累计接通时间结合采暖面积分摊整栋建筑的热量。

这种方法适用于水平单管串联的分户独立室内采暖系统，但不适合于采用传统垂直采暖系统的既有建筑的改造。可以分户实现温控，但是不能分室温控。

5 户用热量表方法

该分摊系统由各户用热量表以及楼栋热量表组成。

户用热量表安装在每户采暖环路中，可以测量每个住户的采暖耗热量。热量表由流量传感器、温度传感器和计算器组成。根据流量传感器的形式，可将热量表分为：机械式热量表、电磁式热量表、超声波式热量表。机械式热量表的初投资相对较低，但流量传感器对轴承有严格要求，以防止长期运转由于磨损造成误差较大；对水质有一定要求，以防止流量计的转动部件被阻塞，影响仪表的正常工作。电磁式热量表的初投资相对机械式热量表要高，但流量测量精度是热量表所用的流量传感器中最高的、压损小。电磁式热量表的流量计工作需要外部电源，而且必须水平安装，需要较长的直管段，这使得仪表的安装、拆卸和维护较为不便。超声波热量表的初投资相对较高，流量测量精度高、压损小、不易堵塞，但流量计的管壁锈蚀程度、水中杂质含量、管道振动等因素将影响流量计的精度，有的超声波热量表需要直管段较长。

这种方法也需要对住户位置进行修正。它适用于分户独立式室内采暖系统及分户地面辐射供暖系统，但不适合于采用传统垂直系统的既有建筑的改造。

建设部已批准《热量表》CJ/128-2007为城镇建设行业产品标准。

6 户用热水表方法

这种方法以每户的热水循环量为依据，进行分摊总供热量。

该方法的必要条件是每户必须为一个独立的水平系统，也需要对住户位置进行修正。由于这种方法忽略了每户供暖供回水温差的不同，在散热器系统中应用误差较大。所以，通常适用于温差较小的分户地面辐射供暖系统，已在西安市有应用实例。

5.3.4 散热器恒温控制阀（又称温控阀、恒温器等）安装在每组散热器的进水管上，它是一种自力式调节控制阀，用户可根据对室温高低的要求，调节并设定室温。这样恒温控制阀就确保了各房间的室温，避免了立管水量不平衡，以及单管系统上层及下层室温不匀问题。同时，更重要的是当室内获得"自由热"（free heat，又称"免费热"，如阳光照射，室内热源——炊事、照明、电器及居民等散发的热量）而使室温有升高趋势时，恒温控制阀会及时减少流经散热器的水量，不仅保持室温合适，同时达到节能目的。目前北京、天津等地方节能设计标准已将安装散热器恒温阀

作为强制性条文，根据实施情况来看，有较好的效果。

对于安装在装饰罩内的恒温阀，则必须采用外置传感器，传感器应设在能正确反映房间温度的位置。

散热器恒温控制阀的特性及其选用，应遵循行业标准《散热器恒温控制阀》JG/T 195-2006的规定。

安装了散热器恒温控制阀后，要使它真正发挥调温、节能功能，特别在运行中，必须有一些相应的技术措施，才能使采暖系统正常运行。首先是对系统的水质要求，必须满足本标准5.2.13条的规定。因为散热器恒温阀是一个阻力部件，水中悬浮物会堵塞其流道，使得恒温阀调节能力下降，甚至不能正常工作。北京市地方标准《居住建筑节能设计标准》DBJ 11-602-2006（2007年2月1日实施）第6.4.9条规定，防堵塞措施应符合以下规定：1. 供热采暖系统水质要求应执行北京市地方标准《供热采暖系统水质及防腐技术规程》DBJ 01-619-2004的有关规定。2. 热力站换热器的一次水和二次水入口应设过滤器。3. 过滤器具体设置要求详见《供热采暖系统水质及防腐技术规程》DBJ 01-619-2004的有关规定。同时，不应该在采暖期后将采暖水系统的水卸去，要保持"湿式保养"。另外，对于在原有供热系统热网中并入了安装有散热器恒温阀的新建造的建筑后，必须对该热网重新进行水力平衡调节。因为，一般情况下，安装有恒温阀的新建筑水力阻力会大于原来建筑，导致新建建筑的热水量减少，甚至降低供热品质。

5.3.5 引自《公共建筑节能设计标准》GB 50189-2005第5.2.4条。

5.3.6 对于不同材料管道，提出不同的设计供水温度。对于以热水锅炉作为直接供暖的热源设备来说，降低供水温度对于降低锅炉排烟温度、提高传热温差具有较好的影响，使得锅炉的热效率得以提高。采用换热器作为采暖热源时，降低换热器二次水供水温度可以在保证同样的换热量情况下减少换热面积，节省投资。由于目前的一些建筑存在大流量、小温差运行的情况，因此本标准规定采暖供回水温差不应小于25℃。在可能的条件下，设计时应尽量提高设计温差。

热塑性塑料管的使用条件等级按5级考虑，即正常操作温度80℃时的使用时间为10年；60℃时为25年；20℃（非采暖期）为14年。

以北京为例：采暖期不足半年，通常，采暖供水温度随室外气温进行调节，在50年使用期内，各种水温下的采暖时间为25年，非采暖期的水温取20℃，累积也为25年。当散热器采暖系统的设计供回水温度为85℃/60℃时，正常操作温度下的使用年限为：85℃时为6年；80℃时为3年；60℃时为7年。相当于80℃时为9.6年；60℃时为25年；20℃时为14.4年。这时，若选择工作压力为1.0MPa，相

应的管系列为：PB管-S4；PEX管-S3.2。

对于非热熔连接的铝塑复合管，由于它是由聚乙烯和铝合金两种杨氏模量相差很大的材料组成的多层管，在承受内压时，厚度方向的管环应力分布是不等值的，无法考虑各种使用温度的累积作用，所以，不能用它来选择管材或确定管壁厚度，只能根据长期工作温度和允许工作压力进行选择。

对于热熔连接的铝塑复合管，在接头处，由于铝合金管已断开，并不连续，因此，真正起连接作用的实际上只是热塑性塑料；所以，应该按照热塑性塑料管的规定来确定供水温度与工作压力。

铝塑复合管的代号说明：

PAP——由聚乙烯/铝合金/聚乙烯复合而成；

XPAP——由交联聚乙烯/铝合金/交联聚乙烯复合而成；

XPAP1（一型铝塑管）——由聚乙烯/铝合金/交联聚乙烯复合而成；

XPAP2（二型铝塑管）——由交联聚乙烯/铝合金/交联聚乙烯复合而成；

PAP3（三型铝塑管）——由聚乙烯/铝合金/聚乙烯复合而成；

PAP4（四型铝塑管）——由聚乙烯/铝合金/聚乙烯复合而成；

RPAP5（新型的铝塑复合管）——由耐热聚乙烯/铝合金/耐热聚乙烯复合而成。

5.3.7 低温地板辐射采暖是国内近20年以来发展较快的新型供暖方式，埋管式地面辐射采暖具有温度梯度小、室内温度均匀、脚感温度高等特点，在热辐射的作用下，围护结构内表面和室内其他物体表面的温度，都比对流供暖时高，人体的辐射散热相应减少，人的实际感觉比相同室内温度对流供暖时舒适得多。在同样的热舒适条件下，辐射供暖房间的设计温度可以比对流供暖房间低（2～3）℃，因此房间的热负荷随之减小。

室内家具、设备等对地面的遮蔽，对地面散热量的影响很大。因此，要求室内必须具有足够的裸露面积（无家具覆盖）供布置加热管的要求，作为采用低温地板辐射供暖系统的必要条件。

保持较低的供水温度和供回水温差，有利于延长塑料加热管的使用寿命；有利于提高室内的热舒适感；有利于保持较大的热媒流速，方便排除管内空气；有利于保证地面温度的均匀。

有关地面辐射供暖工程设计方面规定，应遵循行业标准《地面辐射供暖技术规程》JGJ 142 - 2004 执行。

5.3.8 热网供水温度过低，供回水温差过小，必然会导致室外热网的循环水量、输送管道直径、输送能耗及初投资都大幅度增加，从而削弱了地面辐射供暖系统的节能优势。为了充分保持地面辐射供暖系统的节能优势，设计中应尽可能提高室外热网的供水温度，加大供回水的温差。

由于地面辐射供暖系统的供水温度不宜超过60℃，因此，供暖入口处必须设置带温度自动控制及循环水泵的混水装置，让室内采暖系统的回水根据需要与热网提供的水混合至设定的供水温度，再流入室内采暖系统。当外网提供的热媒温度高于60℃时（一般允许最高为90℃），宜在各户的分集水器前设置混水泵，抽取室内回水混入供水，以降低供水温度，保持其温度不高于设定值。

5.3.9 分室控温，是按户计量的基础；为了实现这个要求，应对各个主要房间的室内温度进行自动控制。室温控制可选择采用以下任何一种模式：

模式Ⅰ："房间温度控制器（有线）＋电热（热敏）执行机构＋带内置阀芯的分水器"

通过房间温度控制器设定和监测室内温度，将监测到的实际室温与设定值进行比较，根据比较结果输出信号，控制电热（热敏）执行机构的动作，带动内置阀芯开启与关闭，从而改变被控（房间）环路的供水流量，保持房间的设定温度。

模式Ⅱ："房间温度控制器（有线）＋分配器＋电热（热敏）执行机构＋带内置阀芯的分水器"

与模式Ⅰ基本类似，差异在于房间温度控制器同时控制多个回路，其输出信号不是直接至电热（热敏）执行机构，而是到分配器，通过分配器再控制各回路的电热（热敏）执行机构，带动内置阀芯动作，从而同时改变各回路的水流量，保持房间的设定温度。

模式Ⅲ："带无线电发射器的房间温度控制器＋无线电接收器＋电热（热敏）执行机构＋带内置阀芯的分水器"

利用带无线电发射器的房间温度控制器对室内温度进行设定和监测，将监测到的实际值与设定值进行比较，然后将比较后得出的偏差信息发送给无线电接收器（每间隔10min发送一次信息），无线电接收器将发送器的信息转化为电热（热敏）式执行机构的控制信号，使分水器上的内置阀芯开启或关闭，对各个环路的流量进行调控，从而保持房间的设定温度。

模式Ⅳ："自力式温度控制阀组"

在需要控温房间的加热盘管上，装置直接作用式恒温控制阀，通过恒温控制阀的温度控制器的作用，直接改变控制阀的开度，保持设定的室内温度。

为了测得比较有代表性的室内温度，作为温控阀的动作信号，温控阀或温度传感器应安装在室内离地面1.5m处。因此，加热管必须嵌墙抬升至该高度处。由于此处极易积聚空气，所以要求直接作用恒温控制阀必须具有排气功能。

模式Ⅴ："房间温度控制器（有线）＋电热（热敏）执行机构＋带内置阀芯的分水器"

选择在有代表性的部位（如起居室），设置房间温度控制器，通过该控制器设定和监测室内温度；在分水器前的进水支管上，安装电热（热敏）执行器和二通阀。房间温度控制器将监测到的实际室内温度与设定值比较后，将偏差信号发送至电热（热敏）执行机构，从而改变二通阀的阀芯位置，改变总的供水流量，保证房间所需的温度。

本系统的特点是投资较少、感受室温灵敏、安装方便。缺点是不能精确地控制每个房间的温度，且需要外接电源。一般适用于房间控制温度要求不高的场所，特别适用于大面积房间需要统一控制温度的场所。

5.3.10 引自《采暖通风与空气调节设计规范》GB 50019-2003 第 4.8.6 条；在采暖季平均水温下，重力循环作用压力约为设计工况下的最大值的 2/3。

5.3.11 引自《公共建筑节能设计标准》GB 50189-2005 第 5.4.10 条第 3 款。

5.4 通风和空气调节系统

5.4.1 一般说来，居住建筑通风设计包括主动式通风和被动式通风。主动式通风指的是利用机械设备动力组织室内通风的方法，它一般要与空调、机械通风系统进行配合。被动式通风（自然通风）指的是采用"天然"的风压、热压作为驱动对房间降温。在我国多数地区，住宅进行自然通风是降低能耗和改善室内热舒适的有效手段，在过渡季室外气温低于 26℃ 高于 18℃ 时，由于住宅室内发热量小，这段时间完全可以通过自然通风来消除热负荷，改善室内热舒适状况。即使是室外气温高于 26℃，但只要低于（30～31）℃ 时，人在自然通风条件下仍然会感觉到舒适。许多建筑设置的机械通风或空气调节系统，都破坏了建筑的自然通风性能。因此强调设置的机械通风或空气调节系统不应妨碍建筑的自然通风。

5.4.2 采用分散式房间空调器进行空调和采暖时，这类设备一般由用户自行采购，该条文的目的是要推荐用户购买能效比高的产品。国家标准《房间空气调节器能效限定值及能效等级》GB 12021.3 和《转速可控型房间空气调节器能效限定值及能源效率等级》GB 21455，规定节能型产品的能源效率为 2 级。

目前，《房间空气调节器能效限定值及能效等级》GB 12021.3-2010 于 2010 年 6 月 1 日颁布实施。与 2004 年版标准相比，2010 年版标准将能效等级分为三级，同时对能效限定值与能效等级指标已有提高。2004 版中的节能评价值（即能效等级第 2 级）在 2010 年版标准仅列为第 3 级。

鉴于当前是房间空调器标准新老交替的阶段，市场上可供选择的产品仍然执行的是老标准。本标准规定，鼓励用户选购节能型房间空调器，其意在于从用户需求端角度逐步提高我国房间空调器的能效水平，

适应我国建筑节能形势的需要。

为了方便应用，表 3 列出了 GB 12021.3-2004、GB 12021.3-2010、GB 21455-2008 标准中列出的房间空气调节器能效等级为第 2 级的指标和转速可控型房间空气调节器能源效率等级为第 2 级的指标，表 4 列出了 GB 12021.3-2010 中空调器能效等级指标。

表 3　房间空调器能效等级指标节能评价值

类型	额定制冷量 CC (W)	能效比 EER (W/W)		制冷季节能源消耗效率 SEER [W·h/(W·h)]
		GB 12021.3-2004 标准中节能评价值 (能效等级 2 级)	GB 12021.3-2010 标准中节能评价值 (能效等级 2 级)	GB 21455-2008 标准中节能评价值 (能效等级 2 级)
整体式	—	2.90	3.10	
分体式	CC≤4500	3.20	3.40	4.50
	4500<CC≤7100	3.10	3.30	4.10
	7100<CC≤14000	3.00	3.20	3.70

表 4　房间空调器能效等级指标

类型	额定制冷量 CC (W)	GB 12021.3-2010 标准中能效等级		
		3	2	1
整体式	—	2.90	3.10	3.30
分体式	CC≤4500	3.20	3.40	3.60
	4500<CC≤7100	3.10	3.30	3.40
	7100<CC≤14000	3.00	3.20	3.40

5.4.3 本条文是强制性条文。

居住建筑可以采取多种空调采暖方式，如集中方式或者分散方式。如果采用集中式空调采暖系统，比如本条文所指的采用电力驱动、由空调冷热源站向多套住宅、多栋住宅楼甚至住宅小区提供空调采暖冷热源（往往采用冷、热水）；或者应用户式集中空调机组（户式中央空调机组）向一套住宅提供空调冷热源（冷热水、冷热风）进行空调采暖。

集中空调采暖系统中，冷热源的能耗是空调采暖系统能耗的主体。因此，冷热源的能源效率对节省能源至关重要。性能系数、能效比是反映冷热源能源效率的主要指标之一，为此，将冷热源的性能系数、能效比作为必须达标的项目。对于设计阶段已完成集中空调采暖系统的居民小区，或者按户式中央空调系统设计的住宅，其冷源能效的要求应该等同于公共建筑的规定。

国家质量监督检验检疫总局已发布实施的空调机组能效限定值及能源效率等级的标准有：《冷水机组能效限定值及能源效率等级》GB 19577-2004，《单元式空气调节机能效限定值及能源效率等级》GB 19576-2004，《多联式空调（热泵）机组能效限定值

及能源效率等级》GB 21454-2008。产品的强制性国家能效标准，将产品根据机组的能源效率划分为5个等级，目的是配合我国能效标识制度的实施。能效等级的含义：1等级是企业努力的目标；2等级代表节能型产品的门槛（按最小寿命周期成本确定）；3、4等级代表我国的平均水平；5等级产品是未来淘汰的产品。

为了方便应用，以表5为规定的冷水（热泵）机组制冷性能系数（COP）值和表6规定的单元式空气调节机能效比（EER）值，这是根据国家标准《公共建筑节能设计标准》GB 50189-2005中第5.4.5、5.4.8条强制性条文规定的能效限值。而表7为多联式空调（热泵）机组制冷综合性能系数［IPLV（C）］值，是根据《多联式空调（热泵）机组能效限定值及能源效率等级》GB 21454-2008标准中规定的能效等级第3级。

表5 冷水（热泵）机组制冷性能系数（COP）

类 型		额定制冷量 CC (kW)	性能系数 COP (W/W)
水 冷	活塞式/涡旋式	CC<528	3.80
		528<CC≤1163	4.00
		CC>1163	4.20
	螺杆式	CC<528	4.10
		528<CC≤1163	4.30
		CC>1163	4.60
	离心式	CC<528	4.40
		528<CC≤1163	4.70
		CC>1163	5.10
风冷或蒸发冷却	活塞式/涡旋式	CC≤50	2.40
		CC>50	2.60
	螺杆式	CC≤50	2.60
		CC>50	2.80

表6 单元式空气调节机组能效比（EER）

类 型		能效比 EER (W/W)
风冷式	不接风管	2.60
	接风管	2.30
水冷式	不接风管	3.00
	接风管	2.70

表7 多联式空调（热泵）机组制冷综合性能系数［IPLV（C）］

名义制冷量 CC (W)	综合性能系数［IPLV（C）］ (能效等级第3级)
CC≤28000	3.20
28000<CC≤84000	3.15
84000<CC	3.10

5.4.4 寒冷地区尽管夏季时间不长，但在大城市中，安装分体式空调器的居住建筑还为数不少。分体式空调器的能效除与空调器的性能有关外，同时也与室外机合理的布置有很大关系。为了保证空调器室外机功能和能力的发挥，应将它设置在通风良好的地方，不应设置在通风不良的建筑竖井或封闭的或接近封闭的空间内，如内走廊等地方。如果室外机设置在阳光直射的地方，或有墙壁等障碍物使进、排风不畅和短路，都会影响室外机功能和能力的发挥，而使空调器能效降低。实际工程中，因清洗不便，室外机换热器被灰尘堵塞，造成能效下降甚至不能运行的情况很多。因此，在确定安装位置时，要保证室外机有清洗的条件。

5.4.5 引自《公共建筑节能设计标准》GB 50189-2005中第5.3.14、5.3.15条。对于采暖期较长的地区，比如HDD大于2000的地区，回收排风热，能效和经济效益都很明显。

5.4.6 本条对居住建筑中的风机盘管机组的设置作出规定：

1 要求风机盘管具有一定的冷、热量调控能力，既有利于室内的正常使用，也有利于节能。三速开关是常见的风机盘管的调节方式，由使用人员根据自身的体感需求进行手动的高、中、低速控制。对于大多数居住建筑来说，这是一种比较经济可行的方式，可以在一定程度上节省冷、热消耗。但此方式的单独使用只针对定流量系统，这是设计中需要注意的。

2 采用人工手动的方式，无法做到实时控制。因此，在投资条件相对较好的建筑中，推荐采用利用温控器对房间温度进行自动控制的方式。(1)温控器直接控制风机的转速——适用于定流量系统；(2)温控器和电动阀联合控制房间的温度——适用于变流量系统。

5.4.7 按房间设计配置风量调控装置的目的是使得各房间的温度可调，在满足使用要求的基础上，避免部分房间的过冷或过热而带来的能源浪费。当投资允许时，可以考虑变风量系统的方式（末端采用变风量装置，风机采用变频调速控制）；当经济条件不允许时，各房间可配置方便人工使用的手动（或电动）装置，风机是否调速则需要根据风机的性能分析来确定。

5.4.8 本条文是强制性条文。

国家标准《地源热泵系统工程技术规范》GB 50366中对于"地源热泵系统"的定义为"以岩土体、地下水或地表水为低温热源，由水源热泵机组、地热能交换系统、建筑物内系统组成的供热空调系统。根据地热能交换系统形式的不同，地源热泵系统分为地埋管地源热泵系统、地下水地源热泵系统和地表水地源热泵系统。"2006年9月4日由财政部、建设部共同发文"关于印发《可再生能源建筑应用专项资金管理暂行办法》的通知"（财建〔2006〕460号）中第四条"专项资金支持的重点领域"中包含以下六方面：（1）与建筑一体化的太阳能供应生活热水、供热制冷、光电转换、照明；（2）利用土壤源热泵和浅层地下水源热泵技术供热制冷；（3）地表水丰富地区利用淡水源热泵技术供热制冷；（4）沿海地区利用海水源热泵技术供热制冷；（5）利用污水水源热泵技术供热制冷；（6）其他经批准的支持领域。地源热泵系统占其中两项。

要说明的是在应用地源热泵系统，不能破坏地下水资源。这里引用《地源热泵系统工程技术规范》GB 50366 - 2005的强制性条文：即"3.1.1条：地源热泵系统方案设计前，应进行工程场地状况调查，并对浅层地热能资源进行勘察"，"5.1.1条：地下水换热系统应根据水文地质勘察资料进行设计，并必须采取可靠回灌措施，确保置换冷量或热量后的地下水全部回灌到同一含水层，不得对地下水资源造成浪费及污染。系统投入运行后，应对抽水量、回灌量及其水质进行监测"。

如果地源热泵系统采用地下埋管式换热器，要进行土壤温度平衡模拟计算，应注意并进行长期应用后土壤温度变化趋势的预测，以避免长期应用后土壤温度发生变化，出现机组效率降低甚至不能制冷或供热。

5.4.9 引自《公共建筑节能设计标准》GB 50189 - 2005第5.3.28条。

5.4.10 引自《公共建筑节能设计标准》GB 50189 - 2005第5.3.29条。

附录 B 平均传热系数和热桥线传热系数计算

B.0.11 外墙主断面传热系数的修正系数值 φ 受到保温类型、墙主断面传热系数以及结构性热桥节点构造等因素的影响。表 B.0.11 中给出的外保温常用的保温做法中，对应不同的外墙平均传热系数值时，墙体主断面传热系数的 φ 值。

做法选用表中均列出了采用普通窗或凸窗时，不同保温层厚度所能够达到的墙体平均传热系数值。设计中，若凸窗所占外窗总面积的比例达到30%，墙体平均传热系数值则应按照凸窗一栏选用。

需要特别指出的是：相同的保温类型、墙主断面传热系数，当选用的结构性热桥节点构造不同时，φ 值的变化非常大。由于结构性热桥节点的构造做法多种多样，墙体中又包含多个结构性热桥，组合后的类型更是数量巨大，难以一一列举。表 B.0.11 的主要目的是方便计算，表中给出的只能是针对一般性的建筑，在选定的节点构造下计算出的 φ 值。

实际工程中，当需要修正的单元墙体的热桥类

型、构造均与表 B.0.11 计算时的选定一致或近似时，可以直接采用表中给出的 φ 值计算墙体的平均传热系数；当两者差异较大时，需要另行计算。

下面给出表 B.0.11 计算时选定的结构性热桥的类型及构造。

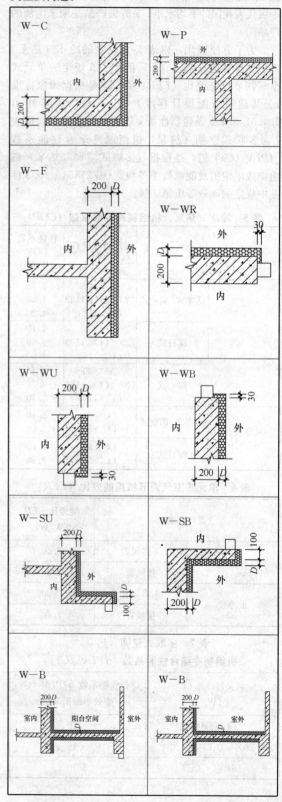

附录 D　外遮阳系数的简化计算

D.0.2　各种组合形式的外遮阳系数，可由参加组合的各种形式遮阳的外遮阳系数的乘积来近似确定。

例如：水平式＋垂直式组合的外遮阳系数＝水平式遮阳系数×垂直式遮阳系数

水平式＋挡板式组合的外遮阳系数＝水平式遮阳系数×挡板式遮阳系数

中华人民共和国行业标准

夏热冬暖地区居住建筑节能设计标准

Design standard for energy efficiency of residential buildings
in hot summer and warm winter zone

JGJ 75—2012

批准部门：中华人民共和国住房和城乡建设部
施行日期：2 0 1 3 年 4 月 1 日

中华人民共和国住房和城乡建设部
公　告

第 1533 号

住房城乡建设部关于发布行业标准
《夏热冬暖地区居住建筑节能设计标准》的公告

现批准《夏热冬暖地区居住建筑节能设计标准》为行业标准，编号为 JGJ 75-2012，自 2013 年 4 月 1 日起实施。其中，第 4.0.4、4.0.5、4.0.6、4.0.7、4.0.8、4.0.10、4.0.13、6.0.2、6.0.4、6.0.5、6.0.8、6.0.13 条为强制性条文，必须严格执行。原《夏热冬暖地区居住建筑节能设计标准》JGJ 75-2003 同时废止。

本标准由我部标准定额研究所组织中国建筑工业出版社出版发行。

中华人民共和国住房和城乡建设部
2012 年 11 月 2 日

前　言

根据原建设部《关于印发〈2007 年工程建设标准规范制订、修订计划（第一批）〉的通知》（建标〔2007〕125 号）的要求，标准编制组经广泛调查研究，认真总结实践经验，参考有关国际标准和国外先进标准，并在广泛征求意见的基础上，修订了本标准。

本标准的主要技术内容是：1. 总则；2. 术语；3. 建筑节能设计计算指标；4. 建筑和建筑热工节能设计；5. 建筑节能设计的综合评价；6. 暖通空调和照明节能设计。

本次修订的主要技术内容包括：将窗地面积比作为评价建筑节能指标的控制参数；规定了建筑外遮阳、自然通风的量化要求；增加了自然采光、空调和照明等系统的节能设计要求等。

本标准中以黑体字标志的条文为强制性条文，必须严格执行。

本标准由住房和城乡建设部负责管理和对强制性条文的解释，由中国建筑科学研究院负责具体技术内容的解释。执行过程中如有意见或建议，请寄送至中国建筑科学研究院（地址：北京市北三环东路 30 号，邮政编码：100013）。

本 标 准 主 编 单 位：中国建筑科学研究院
　　　　　　　　　　　广东省建筑科学研究院

本 标 准 参 编 单 位：福建省建筑科学研究院

华南理工大学建筑学院
广西建筑科学研究设计院
深圳市建筑科学研究院有限公司
广州大学土木工程学院
广州市建筑科学研究院有限公司
厦门市建筑科学研究院
广东省建筑设计研究院
福建省建筑设计研究院
海南华磊建筑设计咨询有限公司
厦门合道工程设计集团有限公司

本标准主要起草人员：杨仕超　林海燕　赵士怀
　　　　　　　　　　　孟庆林　彭红圃　刘俊跃
　　　　　　　　　　　冀兆良　任　俊　周　荃
　　　　　　　　　　　朱惠英　黄夏东　赖卫中
　　　　　　　　　　　王云新　江　刚　梁章旋
　　　　　　　　　　　于　瑞　卓晋勉

本标准主要审查人员：屈国伦　张道正　汪志舞
　　　　　　　　　　　黄晓忠　李泽武　吴　薇
　　　　　　　　　　　李　申　董瑞霞　李　红

目　次

Contents

1 总 则

1.0.1 为贯彻国家有关节约能源、保护环境的法律、法规和政策，改善夏热冬暖地区居住建筑室内热环境，降低建筑能耗，制定本标准。

1.0.2 本标准适用于夏热冬暖地区新建、扩建和改建居住建筑的节能设计。

1.0.3 夏热冬暖地区居住建筑的建筑热工、暖通空调和照明设计，必须采取节能措施，在保证室内热环境舒适的前提下，将建筑能耗控制在规定的范围内。

1.0.4 建筑节能设计应符合安全可靠、经济合理和保护环境的要求，按照因地制宜的原则，使用适宜技术。

1.0.5 夏热冬暖地区居住建筑的节能设计，除应符合本标准的规定外，尚应符合国家现行有关标准的规定。

2 术 语

2.0.1 外窗综合遮阳系数 overall shading coefficient of window

用以评价窗本身和窗口的建筑外遮阳装置综合遮阳效果的系数，其值为窗本身的遮阳系数 SC 与窗口的建筑外遮阳系数 SD 的乘积。

2.0.2 建筑外遮阳系数 outside shading coefficient of window

在相同太阳辐射条件下，有建筑外遮阳的窗口（洞口）所受到的太阳辐射照度的平均值与该窗口（洞口）没有建筑外遮阳时受到的太阳辐射照度的平均值之比。

2.0.3 挑出系数 outstretch coefficient

建筑外遮阳构件的挑出长度与窗高（宽）之比，挑出长度系指窗外表面距水平（垂直）建筑外遮阳构件端部的距离。

2.0.4 单一朝向窗墙面积比 window to wall ratio

窗（含阳台门）洞口面积与房间立面单元面积（即房间层高与开间定位线围成的面积）的比值。

2.0.5 平均窗墙面积比 mean of window to wall ratio

建筑物地上居住部分外墙面上的窗及阳台门（含露台、晒台等出入口）的洞口总面积与建筑物地上居住部分外墙立面的总面积之比。

2.0.6 房间窗地面积比 window to floor ratio

所在房间外墙面上的门窗洞口的总面积与房间地面面积之比。

2.0.7 平均窗地面积比 mean of window to floor ratio

建筑物地上居住部分外墙面上的门窗洞口的总面

积与地上居住部分总建筑面积之比。

2.0.8 对比评定法 custom budget method

将所设计建筑物的空调采暖能耗和相应参照建筑物的空调采暖能耗作对比，根据对比的结果来判定所设计的建筑物是否符合节能要求。

2.0.9 参照建筑 reference building

采用对比评定法时作为比较对象的一栋符合节能标准要求的假想建筑。

2.0.10 空调采暖年耗电量 annual cooling and heating electricity consumption

按照设定的计算条件，计算出的单位建筑面积空调和采暖设备每年所要消耗的电能。

2.0.11 空调采暖年耗电指数 annual cooling and heating electricity consumption factor

实施对比评定法时需要计算的一个空调采暖能耗无量纲指数，其值与空调采暖年耗电量相对应。

2.0.12 通风开口面积 ventilation area

外围护结构上自然风气流通过开口的面积。用于进风者为进风开口面积，用于出风者为出风开口面积。

2.0.13 通风路径 ventilation path

自然通风气流经房间的进风开口进入，穿越房门、户内（外）公用空间及其出风开口至室外时可能经过的路线。

3 建筑节能设计计算指标

3.0.1 本标准将夏热冬暖地区划分为南北两个气候区（图3.0.1）。北区内建筑节能设计应主要考虑夏季空调，兼顾冬季采暖。南区内建筑节能设计应考虑夏季空调，可不考虑冬季采暖。

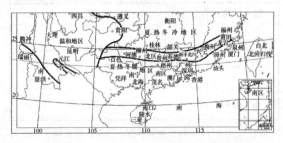

图 3.0.1 夏热冬暖地区气候分区图

3.0.2 夏季空调室内设计计算指标应按下列规定取值：

1 居住空间室内设计计算温度：26℃；

2 计算换气次数：1.0次/h。

3.0.3 北区冬季采暖室内设计计算指标应按下列规定取值：

1 居住空间室内设计计算温度：16℃；

2 计算换气次数：1.0次/h。

4 建筑和建筑热工节能设计

4.0.1 建筑群的总体规划应有利于自然通风和减轻热岛效应。建筑的平面、立面设计应有利于自然通风。

4.0.2 居住建筑的朝向宜采用南北向或接近南北向。

4.0.3 北区内，单元式、通廊式住宅的体形系数不宜大于0.35，塔式住宅的体形系数不宜大于0.40。

4.0.4 各朝向的单一朝向窗墙面积比，南、北向不应大于0.40；东、西向不应大于0.30。当设计建筑的外窗不符合上述规定时，其空调采暖年耗电指数（或耗电量）不应超过参照建筑的空调采暖年耗电指数（或耗电量）。

4.0.5 建筑的卧室、书房、起居室等主要房间的房间窗地面积比不应小于1/7。当房间窗地面积比小于1/5时，外窗玻璃的可见光透射比不应小于0.40。

4.0.6 居住建筑的天窗面积不应大于屋顶总面积的4%，传热系数不应大于4.0W/(m²·K)，遮阳系数不应大于0.40。当设计建筑的天窗不符合上述规定时，其空调采暖年耗电指数（或耗电量）不应超过参照建筑的空调采暖年耗电指数（或耗电量）。

4.0.7 居住建筑屋顶和外墙的传热系数和热惰性指标应符合表4.0.7的规定。当设计建筑的南、北外墙不符合表4.0.7的规定时，其空调采暖年耗电指数（或耗电量）不应超过参照建筑的空调采暖年耗电指数（或耗电量）。

表4.0.7 屋顶和外墙的传热系数 $K[W/(m^2 \cdot K)]$、热惰性指标 D

屋　顶	外　　墙
$0.4<K \leqslant 0.9$, $D \geqslant 2.5$	$2.0<K \leqslant 2.5$, $D \geqslant 3.0$ 或 $1.5<K \leqslant 2.0$, $D \geqslant 2.8$ 或 $0.7<K \leqslant 1.5$, $D \geqslant 2.5$
$K \leqslant 0.4$	$K \leqslant 0.7$

注：1　$D<2.5$ 的轻质屋顶和东、西墙，还应满足现行国家标准《民用建筑热工设计规范》GB 50176所规定的隔热要求。

　　2　外墙传热系数 K 和热惰性指标 D 要求中，$2.0<K \leqslant 2.5$，$D \geqslant 3.0$ 这一档仅适用于南区。

4.0.8 居住建筑外窗的平均传热系数和平均综合遮阳系数应符合表4.0.8-1和表4.0.8-2的规定。当设计建筑的外窗不符合表4.0.8-1和表4.0.8-2的规定时，建筑的空调采暖年耗电指数（或耗电量）不应超过参照建筑的空调采暖年耗电指数（或耗电量）。

表4.0.8-1　北区居住建筑建筑物外窗平均传热系数和平均综合遮阳系数限值

外墙平均指标	外窗平均传热系数 $K[W/(m^2 \cdot K)]$	外窗加权平均综合遮阳系数 S_W			
		平均窗地面积比 $C_{MF} \leqslant 0.25$ 或平均窗墙面积比 $C_{MW} \leqslant 0.25$	平均窗地面积比 $0.25<C_{MF} \leqslant 0.30$ 或平均窗墙面积比 $0.25<C_{MW} \leqslant 0.30$	平均窗地面积比 $0.30<C_{MF} \leqslant 0.35$ 或平均窗墙面积比 $0.30<C_{MW} \leqslant 0.35$	平均窗地面积比 $0.35<C_{MF} \leqslant 0.40$ 或平均窗墙面积比 $0.35<C_{MW} \leqslant 0.40$
$K \leqslant 2.0$ $D \geqslant 2.8$	4.0	≤0.3	≤0.2	—	—
	3.5	≤0.5	≤0.3	≤0.2	—
	3.0	≤0.7	≤0.5	≤0.4	≤0.3
	2.5	≤0.8	≤0.6	≤0.6	≤0.4
$K \leqslant 1.5$ $D \geqslant 2.5$	6.0	≤0.6	≤0.3	—	—
	5.5	≤0.9	≤0.4	—	—
	5.0	≤0.9	≤0.6	≤0.3	—
	4.5	≤0.9	≤0.7	≤0.5	≤0.2
$K \leqslant 1.5$ $D \geqslant 2.5$	4.0	≤0.9	≤0.8	≤0.6	≤0.4
	3.5	≤0.9	≤0.9	≤0.7	≤0.5
	3.0	≤0.9	≤0.9	≤0.8	≤0.6
	2.5	≤0.9	≤0.9	≤0.9	≤0.7
$K \leqslant 1.0$ $D \geqslant 2.5$ 或 $K \leqslant 0.7$	6.0	≤0.9	≤0.9	≤0.7	≤0.4
	5.5	≤0.9	≤0.9	≤0.7	≤0.4
	4.5	≤0.9	≤0.9	≤0.9	≤0.7
	4.0	≤0.9	≤0.9	≤0.9	≤0.7
	3.5	≤0.9	≤0.9	≤0.9	≤0.8

表4.0.8-2　南区居住建筑建筑物外窗平均综合遮阳系数限值

外墙平均指标 ($\rho \leqslant 0.8$)	外窗的加权平均综合遮阳系数 S_W				
	平均窗地面积比 $C_{MF} \leqslant 0.25$ 或平均窗墙面积比 $C_{MW} \leqslant 0.25$	平均窗地面积比 $0.25<C_{MF} \leqslant 0.30$ 或平均窗墙面积比 $0.25<C_{MW} \leqslant 0.30$	平均窗地面积比 $0.30<C_{MF} \leqslant 0.35$ 或平均窗墙面积比 $0.30<C_{MW} \leqslant 0.35$	平均窗地面积比 $0.35<C_{MF} \leqslant 0.40$ 或平均窗墙面积比 $0.35<C_{MW} \leqslant 0.40$	平均窗地面积比 $0.40<C_{MF} \leqslant 0.45$ 或平均窗墙面积比 $0.40<C_{MW} \leqslant 0.45$
$K \leqslant 2.5$ $D \geqslant 3.0$	≤0.5	≤0.4	≤0.3	≤0.2	—

续表 4.0.8-2

外墙平均指标 ($\rho \leqslant 0.8$)	外窗的加权平均综合遮阳系数 S_w				
	平均窗地面积比 $C_{MF} \leqslant 0.25$ 或平均窗墙面积比 $C_{MW} \leqslant 0.25$	平均窗地面积比 $0.25 < C_{MF} \leqslant 0.30$ 或平均窗墙面积比 $0.25 < C_{MW} \leqslant 0.30$	平均窗地面积比 $0.30 < C_{MF} \leqslant 0.35$ 或平均窗墙面积比 $0.30 < C_{MW} \leqslant 0.35$	平均窗地面积比 $0.35 < C_{MF} \leqslant 0.40$ 或平均窗墙面积比 $0.35 < C_{MW} \leqslant 0.40$	平均窗地面积比 $0.40 < C_{MF} \leqslant 0.45$ 或平均窗墙面积比 $0.40 < C_{MW} \leqslant 0.45$
$K \leqslant 2.0$ $D \geqslant 2.8$	$\leqslant 0.6$	$\leqslant 0.5$	$\leqslant 0.4$	$\leqslant 0.3$	$\leqslant 0.2$
$K \leqslant 1.5$ $D \geqslant 2.5$	$\leqslant 0.8$	$\leqslant 0.7$	$\leqslant 0.6$		$\leqslant 0.4$
$K \leqslant 1.0$ $D \geqslant 2.5$ 或 $K \leqslant 0.7$	$\leqslant 0.9$	$\leqslant 0.8$	$\leqslant 0.7$	$\leqslant 0.6$	$\leqslant 0.5$

注：1 外窗包括阳台门。
2 ρ 为外墙外表面的太阳辐射吸收系数。

4.0.9 外窗平均综合遮阳系数，应为建筑各个朝向平均综合遮阳系数按各朝向窗面积和朝向的权重系数加权平均的数值，并应按下式计算：

$$S_w = \frac{A_E \cdot S_{w,E} + A_S \cdot S_{w,S} + 1.25 A_W \cdot S_{w,W} + 0.8 A_N \cdot S_{w,N}}{A_E + A_S + A_W + A_N}$$

(4.0.9)

式中：A_E、A_S、A_W、A_N——东、南、西、北朝向的窗面积；

$S_{w,E}$、$S_{w,S}$、$S_{w,W}$、$S_{w,N}$——东、南、西、北朝向的平均综合遮阳系数。

注：各个朝向的权重系数分别为：东、南朝向取 1.0，西朝向取 1.25，北朝向取 0.8。

4.0.10 居住建筑的东、西向外窗必须采取建筑外遮阳措施，建筑外遮阳系数 SD 不应大于 0.8。

4.0.11 居住建筑南、北向外窗应采取建筑外遮阳措施，建筑外遮阳系数 SD 不应大于 0.9。当采用水平、垂直或综合建筑外遮阳构造时，外遮阳构造的挑出长度不应小于表 4.0.11 规定。

表 4.0.11 建筑外遮阳构造的挑出长度限值（m）

朝 向	南			北		
遮阳形式	水平	垂直	综合	水平	垂直	综合
北区	0.25	0.20	0.15	0.40	0.25	0.15
南区	0.30	0.25	0.15	0.45	0.30	0.20

4.0.12 窗口的建筑外遮阳系数 SD 可采用本标准附录 A 的简化方法计算，且北区建筑外遮阳系数应取冬季和夏季的建筑外遮阳系数的平均值，南区应取夏季的建筑外遮阳系数。窗口上方的上一楼层阳台或外廊应作为水平遮阳计算；同一立面对相邻立面上的多个窗口形成自遮挡时应逐一窗口计算。典型形式的建筑外遮阳系数可按表 4.0.12 取值。

表 4.0.12 典型形式的建筑外遮阳系数 SD

遮 阳 形 式	建筑外遮阳系数 SD
可完全遮挡直射阳光的固定百叶、固定挡板遮阳板等	0.5
可基本遮挡直射阳光的固定百叶、固定挡板、遮阳板	0.7
较密的花格	0.7
可完全覆盖窗的不透明活动百叶、金属卷帘	0.5
可完全覆盖窗的织物卷帘	0.7

注：位于窗口上方的上一楼层的阳台也作为遮阳板考虑。

4.0.13 外窗（包含阳台门）的通风开口面积不应小于房间地面面积的 10% 或外窗面积的 45%。

4.0.14 居住建筑应能自然通风，每户至少应有一个居住房间通风开口和通风路径的设计满足自然通风要求。

4.0.15 居住建筑 1～9 层外窗的气密性能不应低于国家标准《建筑外门窗气密、水密、抗风压性能分级及检测方法》GB/T 7106-2008 中规定的 4 级水平；10 层及 10 层以上外窗的气密性能不应低于国家标准《建筑外门窗气密、水密、抗风压性能分级及检测方法》GB/T 7106-2008 中规定的 6 级水平。

4.0.16 居住建筑的屋顶和外墙宜采用下列隔热措施：
1 反射隔热外饰面；
2 屋顶内设置贴铝箔的封闭空气间层；
3 用含水多孔材料做屋面或外墙面的面层；
4 屋面蓄水；
5 屋面遮阳；
6 屋面种植；
7 东、西外墙采用花格构件或植物遮阳。

4.0.17 当按规定性指标设计，计算屋顶和外墙总热阻时，本标准第 4.0.16 条采用的各项节能措施的当量热阻附加值，应按表 4.0.17 取值。反射隔热外饰面的修正方法应符合本标准附录 B 的规定。

表 4.0.17 隔热措施的当量附加热阻

采取节能措施的屋顶或外墙		当量热阻附加值 $(m^2 \cdot K/W)$
反射隔热外饰面	$(0.4 \leqslant \rho < 0.6)$	0.15
	$(\rho < 0.4)$	0.20

续表 4.0.17

采取节能措施的屋顶或外墙			当量热阻附加值 (m²·K/W)
屋顶内部带有铝箔的封闭空气间层	单面铝箔空气间层 (mm)	20	0.43
		40	0.57
		60 及以上	0.64
	双面铝箔空气间层 (mm)	20	0.56
		40	0.84
		60 及以上	1.01
用含水多孔材料做面层的屋顶面层			0.45
用含水多孔材料做面层的外墙面			0.35
屋面蓄水层			0.40
屋面遮阳构造			0.30
屋面种植层			0.90
东、西外墙体遮阳构造			0.30

注:ρ为修正后的屋顶或外墙面外表面的太阳辐射吸收系数。

5 建筑节能设计的综合评价

5.0.1 居住建筑的节能设计可采用"对比评定法"进行综合评价。当所设计的建筑不能完全符合本标准第 4.0.4 条、第 4.0.6 条、第 4.0.7 条和第 4.0.8 条的规定时,必须采用"对比评定法"对其进行综合评价。综合评价的指标可采用空调采暖年耗电指数,也可直接采用空调采暖年耗电量,并应符合下列规定:

1 当采用空调采暖年耗电指数作为综合评定指标时,所设计建筑的空调采暖年耗电指数不得超过参照建筑的空调采暖年耗电指数,即应符合下式的规定:

$$ECF \leqslant ECF_{ref} \qquad (5.0.1\text{-}1)$$

式中:ECF——所设计建筑的空调采暖年耗电指数;

ECF_{ref}——参照建筑的空调采暖年耗电指数。

2 当采用空调采暖年耗电量指标作为综合评定指标时,在相同的计算条件下,用相同的计算方法,所设计建筑的空调采暖年耗电量不得超过参照建筑的空调采暖年耗电量,即应符合下式的规定:

$$EC \leqslant EC_{ref} \qquad (5.0.1\text{-}2)$$

式中:EC——所设计建筑的空调采暖年耗电量;

EC_{ref}——参照建筑的空调采暖年耗电量。

3 对节能设计进行综合评价的建筑,其天窗的遮阳系数和传热系数应符合本标准第 4.0.6 条的规定,屋顶、东西墙的传热系数和热惰性指标应符合本标准第 4.0.7 条的规定。

5.0.2 参照建筑应按下列原则确定:

1 参照建筑的建筑形状、大小和朝向均应与所设计建筑完全相同。

2 参照建筑各朝向和屋顶的开窗洞口面积应与所设计建筑相同,但当所设计建筑某个朝向的窗(包括屋顶的天窗)洞面积超过本标准第 4.0.4 条、第

4.0.6 条的规定时,参照建筑该朝向(或屋顶)的窗洞口面积应减小到符合本标准第 4.0.4 条、第 4.0.6 条的规定;

3 参照建筑外墙、外窗和屋顶的各项性能指标应为本标准第 4.0.7 条和第 4.0.8 条规定的最低限值。其中墙体、屋顶外表面的太阳辐射吸收系数应取 0.7;当所设计建筑的墙体热惰性指标大于 2.5 时,参照建筑的墙体传热系数应取 1.5W/(m²·K),屋顶的传热系数应取 0.9W/(m²·K),北区窗的传热系数应取 4.0W/(m²·K);当所设计建筑的墙体热惰性指标小于 2.5 时,参照建筑的墙体传热系数应取 0.7W/(m²·K),屋顶的传热系数应取 0.4W/(m²·K),北区窗的传热系数应取 4.0W/(m²·K)。

5.0.3 建筑节能设计综合评价指标的计算条件应符合下列规定:

1 室内计算温度,冬季应取 16℃,夏季应取 26℃。

2 室外计算气象参数应采用当地典型气象年。

3 空调和采暖时,换气次数应取 1.0 次/h。

4 空调额定能效比取 3.0,采暖额定能效比应取 1.7。

5 室内不应考虑照明得热和其他内部得热。

6 建筑面积应按墙体中轴线计算;计算体积时,墙仍按中轴线计算,楼层高度应按楼板面至楼板面计算;外表面积的计算应按墙体中轴线和楼板面计算。

7 当建筑屋顶和外墙采用反射隔热外饰面(ρ<0.6)时,其计算用的太阳辐射吸收系数应取按本标准附录 B 修正之值,且不得重复计算其当量附加热阻。

5.0.4 建筑的空调采暖年耗电量应采用动态逐时模拟的方法计算。空调采暖年耗电量应为计算所得到的单位建筑面积空调年耗电量与采暖年耗电量之和。南区内的建筑物可忽略采暖年耗电量。

5.0.5 建筑的空调采暖年耗电指数应采用本标准附录 C 的方法计算。

6 暖通空调和照明节能设计

6.0.1 居住建筑空调与采暖方式及设备的选择,应根据当地资源情况,充分考虑节能、环保因素,并经技术经济分析后确定。

6.0.2 采用集中式空调(采暖)方式或户式(单元式)中央空调的住宅应进行逐时逐项冷负荷计算;采用集中式空调(采暖)方式的居住建筑,应设置分室(户)温度控制及分户冷(热)量计量设施。

6.0.3 居住建筑进行夏季空调、冬季采暖时,宜采用电驱动的热泵型空调器(机组)、燃气、蒸汽或热水驱动的吸收式冷(热)水机组,或有利于节能的其他形式的冷(热)源。

6.0.4 设计采用电机驱动压缩机的蒸汽压缩循环冷水（热泵）机组，或采用名义制冷量大于7100W的电机驱动压缩机单元式空气调节机，或采用蒸汽、热水型溴化锂吸收式冷水机组及直燃型溴化锂吸收式冷（温）水机组作为住宅小区或整栋楼的冷（热）源机组时，所选用机组的能效比（性能系数）应符合现行国家标准《公共建筑节能设计标准》GB 50189中的规定值。

6.0.5 采用多联式空调（热泵）机组作为户式集中空调（采暖）机组时，所选用机组的制冷综合性能系数〔IPLV（C）〕不应低于现行国家标准《多联式空调（热泵）机组能效限定值及能源效率等级》GB 21454中规定的第3级。

6.0.6 居住建筑设计时采暖方式不宜设计采用直接电热设备。

6.0.7 采用分散式房间空调器进行空调和（或）采暖时，宜选择符合现行国家标准《房间空气调节器能效限定值及能效等级》GB 12021.3和《转速可控型房间空气调节器能效限定值及能源效率等级》GB 21455中规定的能效等级2级以上的节能型产品。

6.0.8 当选择土壤源热泵系统、浅层地下水源热泵系统、地表水（淡水、海水）源热泵系统、污水水源热泵系统作为居住区或户用空调（采暖）系统的冷热源时，应进行适宜性分析。

6.0.9 空调室外机的安装位置应避免多台相邻室外机吹出气流相互干扰，并应考虑凝结水的排放和减少对相邻住户的热污染和噪声污染；设计搁板（架）构造时应有利于室外机的吸入和排出气流通畅和缩短室内、外机的连接管路，提高空调器效率；设计安装整体式（窗式）房间空调器的建筑应预留其安放位置。

6.0.10 居住建筑通风宜采用自然通风使室内满足热舒适及空气质量要求；当自然通风不能满足要求时，可辅以机械通风。

6.0.11 在进行居住建筑通风设计时，通风机械设备宜选用符合国家现行标准规定的节能型设备及产品。

6.0.12 居住建筑通风设计应处理好室内气流组织，提高通风效率。厨房、卫生间应安装机械排风装置。

6.0.13 居住建筑公共部位的照明应采用高效光源、灯具并应采取节能控制措施。

附录A 建筑外遮阳系数的计算方法

A.0.1 建筑外遮阳系数应按下列公式计算：

$$SD = ax^2 + bx + 1 \quad \text{(A.0.1-1)}$$

$$x = A/B \quad \text{(A.0.1-2)}$$

式中：SD——建筑外遮阳系数；

x——挑出系数，采用水平和垂直遮阳时，分

别为遮阳板自窗面外挑长度A与遮阳板端部到窗对边距离B之比；采用挡板遮阳时，为正对窗口的挡板高度A与窗高B之比。当$x \geqslant 1$时，取$x = 1$；

a、b——系数，按表A.0.1选取；

A、B——按图A.0.1-1～图A.0.1-3规定确定。

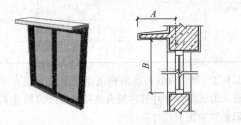

图A.0.1-1 水平式遮阳

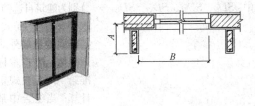

图A.0.1-2 垂直式遮阳

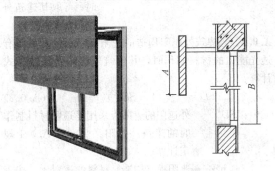

图A.0.1-3 挡板式遮阳

表A.0.1 建筑外遮阳系数计算公式的系数

气候区	建筑外遮阳类型		系数	东	南	西	北
夏热冬暖地区北区	水平式	冬季	a	0.30	0.10	0.20	0.00
			b	-0.75	-0.45	-0.45	0.00
		夏季	a	0.35	0.35	0.30	0.30
			b	-0.65	-0.65	-0.40	-0.40
	垂直式	冬季	a	0.30	0.25	0.25	0.05
			b	-0.75	-0.60	-0.60	-0.15
		夏季	a	0.25	0.40	0.30	0.30
			b	-0.60	-0.75	-0.60	-0.60
	挡板式	冬季	a	0.24	0.25	0.24	0.16
			b	-1.01	-1.01	-1.01	-0.95
		夏季	a	0.18	0.41	0.18	0.09
			b	-0.63	-0.86	-0.63	-0.92

气候区	建筑外遮阳类型	系数	东	南	西	北
夏热冬暖地区南区	水平式	a	0.35	0.35	0.20	0.20
		b	−0.65	−0.65	−0.40	−0.40
	垂直式	a	0.25	0.40	0.30	0.30
		b	−0.60	−0.75	−0.60	−0.60
	挡板式	a	0.16	0.35	0.16	0.17
		b	−0.60	−1.01	−0.60	−0.97

A.0.2 当窗口的外遮阳构造由水平式、垂直式、挡板式形式组合，并有建筑自遮挡时，外窗的建筑外遮阳系数应按下式计算：

$$SD = SD_S \cdot SD_H \cdot SD_V \cdot SD_B \quad (A.0.2)$$

式中：SD_S、SD_H、SD_V、SD_B——分别为建筑自遮挡、水平式、垂直式、挡板式的建筑外遮阳系数，可按本标准第 A.0.1 条规定计算；当组合中某种遮阳形式不存在时，可取其建筑外遮阳系数值为 1。

A.0.3 当建筑外遮阳构造的遮阳板（百叶）采用有透光能力的材料制作时，其建筑外遮阳系数按下式计算：

$$SD = 1 - (1 - SD^*)(1 - \eta^*) \quad (A.0.3)$$

式中：SD^*——外遮阳的遮阳板采用不透明材料制作时的建筑外遮阳系数，按 A.0.1 规定计算；

η^*——遮阳板（构造）材料的透射比，按表 A.0.3 选取。

表 A.0.3 遮阳板（构造）材料的透射比

遮阳板使用的材料	规 格	η^*
织物面料	—	0.5 或按实测太阳光透射比
玻璃钢板	—	0.5 或按实测太阳光透射比
玻璃、有机玻璃类板	0<太阳光透射比≤0.6	0.5
	0.6<太阳光透射比≤0.9	0.8
金属穿孔板	穿孔率：0<φ≤0.2	0.15
	穿孔率：0.2<φ≤0.4	0.3
	穿孔率：0.4<φ≤0.6	0.5
	穿孔率：0.6<φ≤0.8	0.7
混凝土、陶土釉彩窗外花格	—	0.6 或按实际镂空比例及厚度
木质、金属窗外花格	—	0.7 或按实际镂空比例及厚度
木质、竹质窗外帘	—	0.4 或按实际镂空比例

附录 B 反射隔热饰面太阳辐射吸收系数的修正系数

B.0.1 节能、隔热设计计算时，反射隔热外饰面的太阳辐射吸收系数取值应采用污染修正系数进行修正，污染修正后的太阳辐射吸收系数应按式（B.0.1-1）计算。

$$\rho' = \rho \cdot a \quad (B.0.1-1)$$
$$a = 11.384(\rho \times 100)^{-0.6241} \quad (B.0.1-2)$$

式中：ρ——修正前的太阳辐射吸收系数；

ρ'——修正后的太阳辐射吸收系数，用于节能、隔热设计计算；

a——污染修正系数，当 $\rho<0.5$ 时修正系数按式（B.0.1-2）计算，当 $\rho \geqslant 0.5$ 时，取 a 为 1.0。

附录 C 建筑物空调采暖年耗电指数的简化计算方法

C.0.1 建筑物的空调采暖年耗电指数应按下式计算：

$$ECF = ECF_C + ECF_H \quad (C.0.1)$$

式中：ECF_C——空调年耗电指数；

ECF_H——采暖年耗电指数。

C.0.2 建筑物空调年耗电指数应按下列公式计算：

$$ECF_C = \left[\frac{(ECF_{C.R} + ECF_{C.WL} + ECF_{C.WD})}{A} + C_{C.N} \cdot h \cdot N + C_{C.0} \right] \cdot C_C \quad (C.0.2-1)$$

$$C_C = C_{qc} \cdot C_{FA}^{-0.147} \quad (C.0.2-2)$$

$$ECF_{C.R} = C_{C.R} \sum_i K_i F_i \rho_i \quad (C.0.2-3)$$

$$ECF_{C.WL} = C_{C.WL.E} \sum_{i=1} K_i F_i \rho_i + C_{C.WL.S} \sum_i K_i F_i \rho_i + C_{C.WL.W} \sum_i K_i F_i \rho_i + C_{C.WL.N} \sum_i K_i F_i \rho_i \quad (C.0.2-4)$$

$$ECF_{C.WD} = C_{C.WD.E} \sum_i F_i SC_i SD_{C.i} + C_{C.WD.S}$$

$$\sum_i F_i SC_i SD_{C.i} + C_{C.WD.W}$$

$$\sum_i F_i SC_i SD_{C.i} + C_{C.WD.N} \sum_i F_i SC_i SD_{C.i}$$

$$+ C_{C.SK} \sum_i F_i SC_i \quad (C.0.2-5)$$

式中：A——总建筑面积（m^2）；

N——换气次数（次/h）；

h——按建筑面积进行加权平均的楼层高度（m）；

$C_{C.N}$——空调年耗电指数与换气次数有关的系数，$C_{C.N}$ 取 4.16；

$C_{C.0}$，C_C——空调年耗电指数的有关系数，$C_{C.0}$ 取 -4.47；

$ECF_{C.R}$——空调年耗电指数与屋面有关的参数；

$ECF_{C.WL}$——空调年耗电指数与墙体有关的参数；

$ECF_{C.WD}$——空调年耗电指数与外门窗有关的参数；

F_i——各个围护结构的面积（m²）；

K_i——各个围护结构的传热系数[W/(m²·K)]；

ρ_i——各个墙面的太阳辐射吸收系数；

SC_i——各个外门窗的遮阳系数；

$SD_{C.i}$——各个窗的夏季建筑外遮阳系数，外遮阳系数按本标准附录 A 计算；

C_{FA}——外围护结构的总面积（不包括室内地面）与总建筑面积之比；

C_{qc}——空调年耗电指数与地区有关的系数，南区取 1.13，北区取 0.64。

公式（C.0.2-3）、公式（C.0.2-4）、公式（C.0.2-5）中的其他有关系数应符合表 C.0.2 的规定。

表 C.0.2　空调耗电指数计算的有关系数

系　数	所在墙面的朝向			
	东	南	西	北
$C_{C.WL}$（重质）	18.6	16.6	20.4	12.0
$C_{C.WL}$（轻质）	29.2	33.2	40.8	24.0
$C_{C.WD}$	137	173	215	131
$C_{C.R}$（重质）	35.2			
$C_{C.R}$（轻质）	70.4			
$C_{C.SK}$	363			

注：重质是指热惰性指标大于等于 2.5 的墙体和屋顶；轻质是指热惰性指标小于 2.5 的墙体和屋顶。

C.0.3　建筑物采暖的年耗电指数应按下列公式进行计算：

$$ECF_H = \left[\frac{(ECF_{H.R}+ECF_{H.WL}+ECF_{H.WD})}{A}+C_{H.N}\cdot h\cdot N+C_{H.0}\right]\cdot C_H \tag{C.0.3-1}$$

$$C_H = C_{qh}\cdot C_{FA}^{0.370} \tag{C.0.3-2}$$

$$ECF_{H.R} = C_{H.R.K}\sum_i K_iF_i + C_{H.R}\sum_i K_iF_i\rho_i \tag{C.0.3-3}$$

$$ECF_{H.WL} = C_{H.WL.E}\sum_i K_iF_i\rho_i + C_{H.WL.S}\sum_i K_iF_i\rho_i$$
$$+ C_{H.WL.W}\sum_i K_iF_i\rho_i + C_{H.WL.N}\sum_i K_iF_i\rho_i$$
$$+ C_{H.WL.K.E}\sum_i K_iF_i + C_{H.WL.K.S}\sum_i K_iF_i$$
$$+ C_{H.WL.K.W}\sum_i K_iF_i + C_{H.WL.K.N}\sum_i K_iF_i \tag{C.0.3-4}$$

$$ECF_{H.WD} = C_{H.WD.E}\sum_i F_iSC_iSD_{H.i} + C_{H.WD.S}$$

$$\sum_i F_iSC_iSD_{H.i} + C_{H.WD.W}$$
$$\sum_i F_iSC_iSD_{H.i} + C_{H.WD.N}\sum_i F_iSC_iSD_{H.i}$$
$$+ C_{H.WD.K.E}\sum_i F_iK_i + C_{H.WD.K.S}\sum_i F_iK_i$$
$$+ C_{H.WD.K.W}\sum_i F_iK_i + C_{H.WD.K.N}\sum_i F_iK_i$$
$$+ C_{H.SK}\sum_i F_iSC_iSD_{H.i} + C_{H.SK.K}\sum_i F_iK_i \tag{C.0.3-5}$$

式中：A——总建筑面积（m²）；

h——按建筑面积进行加权平均的楼层高度（m）；

N——换气次数（次/h）；

$C_{H.N}$——采暖年耗电指数与换气次数有关的系数，$C_{H.N}$ 取 4.61；

$C_{H.0}$，C_H——采暖的年耗电指数的有关系数，$C_{H.0}$ 取 2.60；

$ECF_{H.R}$——采暖年耗电指数与屋面有关的参数；

$ECF_{H.WL}$——采暖年耗电指数与墙体有关的参数；

$ECF_{H.WD}$——采暖年耗电指数与外门窗有关的参数；

F_i——各个围护结构的面积（m²）；

K_i——各个围护结构的传热系数[W/(m²·K)]；

ρ_i——各个墙面的太阳辐射吸收系数；

SC_i——各个窗的遮阳系数；

$SD_{H.i}$——各个窗的冬季建筑外遮阳系数，外遮阳系数应按本标准附录 A 计算；

C_{FA}——外围护结构的总面积（不包括室内地面）与总建筑面积之比；

C_{qh}——采暖年耗电指数与地区有关的系数，南区取 0，北区取 0.7。

公式（C.0.3-3）、公式（C.0.3-4）、公式（C.0.3-5）中的其他有关系数见表 C.0.3。

表 C.0.3　采暖能耗指数计算的有关系数

系　数	东	南	西	北
$C_{H.WL}$（重质）	-3.6	-9.0	-10.8	-3.6
$C_{H.WL}$（轻质）	-7.2	-18.0	-21.6	-7.2
$C_{H.WL.K}$（重质）	14.4	15.1	23.4	14.6
$C_{H.WL.K}$（轻质）	28.8	30.2	46.8	29.2
$C_{H.WD}$	-32.5	-103.2	-141.1	-32.7
$C_{H.WD.K}$	8.3	8.5	14.5	8.5
$C_{H.R}$（重质）	-7.4			
$C_{H.R}$（轻质）	-14.8			
$C_{H.R.K}$（重质）	21.4			
$C_{H.R.K}$（轻质）	42.8			
$C_{H.SK}$	-97.3			
$C_{H.SK.K}$	13.3			

注：重质是指热惰性指标大于等于 2.5 的墙体和屋顶；轻质是指热惰性指标小于 2.5 的墙体和屋顶。

本标准用词说明

1 为便于在执行本标准条文时区别对待，对要求严格程度不同的用词说明如下：

1) 表示很严格，非这样做不可的：

正面词采用"必须"，反面词采用"严禁"；

2) 表示严格，在正常情况下均应这样做的：

正面词采用"应"，反面词采用"不应"或"不得"；

3) 表示允许稍有选择，在条件许可时首先应这样做的：

正面词采用"宜"，反面词采用"不宜"；

4) 表示有选择，在一定条件下可以这样做的：

采用"可"。

2 标准中指明应按其他有关标准执行的写法为："应符合……的规定（或要求）"或"应按……执行"。

引用标准名录

1 《民用建筑热工设计规范》GB 50176

2 《公共建筑节能设计标准》GB 50189

3 《建筑外门窗气密、水密、抗风压性能分级及检测方法》GB/T 7106—2008

4 《房间空气调节器能效限定值及能效等级》GB 12021.3

5 《多联式空调（热泵）机组能效限定值及能源效率等级》GB 21454

6 《转速可控型房间空气调节器能效限定值及能源效率等级》GB 21455

中华人民共和国行业标准

夏热冬暖地区居住建筑节能设计标准

JGJ 75—2012

条 文 说 明

修　订　说　明

《夏热冬暖地区居住建筑节能设计标准》JGJ 75-2012，经住房和城乡建设部 2012 年 11 月 2 日以第 1533 号公告批准、发布。

本标准是在《夏热冬暖地区居住建筑节能设计标准》JGJ 75-2003 的基础上修订而成的。上一版的主编单位是中国建筑科学研究院，主要起草人是郎四维、杨仕超、林海燕、涂逢祥、赵士怀、彭红圃、孟庆林、任俊、刘俊跃、冀兆良、石民祥、黄夏东、李劲鹏、赖卫中、梁章旋、陆琦、张黎明、王云新。

本次修订的主要技术内容：1. 引入窗地面积比，作为与窗墙面积比并行的确定门窗节能指标的控制参数；2. 将东、西朝向窗户的建筑外遮阳作为强制性条文；3. 建筑通风的要求更具体；4. 规定了多联式空调（热泵）机组的能效级别；5. 对采用集中式空调住宅的设计，强制要求计算逐时逐项冷负荷。

本标准修订过程中，编制组进行了广泛深入的调查研究，总结了我国夏热冬暖地区近些年来开展建筑节能工作的实践经验，使修订后的标准针对性更强，更加合理，也便于实施。

为便于广大设计、施工、科研、学校等单位有关人员在使用本标准时能正确理解和执行条文规定，《夏热冬暖地区居住建筑节能设计标准》编制组按章、节、条顺序编制了条文说明，对条文规定的目的、依据以及执行中需注意的有关事项进行了说明，还着重对强制性条文的强制性理由作了解释。但是，本条文说明不具备与标准正文同等的法律效力，仅供使用者作为理解和把握标准规定的参考。

目　次

1 总 则

1.0.1 《中华人民共和国节约能源法》第十四条规定"建筑节能的国家标准、行业标准由国务院建设主管部门组织制定，并依照法定程序发布。省、自治区、直辖市人民政府建设主管部门可以根据本地实际情况，制定严于国家标准或者行业标准的地方建筑节能标准，并报国务院标准化主管部门和国务院建设主管部门备案。"第三十五条规定"建筑工程的建设、设计、施工和监理单位应当遵守建筑节能标准。不符合建筑节能标准的建筑工程，建设主管部门不得批准开工建设；已经开工建设的，应当责令停止施工、限期改正；已经建成的，不得销售或者使用。建设主管部门应当加强对在建建筑工程执行建筑节能标准情况的监督检查。"第四十条规定"国家鼓励在新建建筑和既有建筑节能改造中使用新型墙体材料等节能建筑材料和节能设备，安装和使用太阳能等可再生能源利用系统。"《民用建筑节能条例》第十五条规定"设计单位、施工单位、工程监理单位及其注册执业人员，应当按照民用建筑节能强制性标准进行设计、施工、监理。"第十四条规定"建设单位不得明示或者暗示设计单位、施工单位违反民用建筑节能强制性标准进行设计、施工，不得明示或者暗示施工单位使用不符合施工图设计文件要求的墙体材料、保温材料、门窗、采暖制冷系统和照明设备。"本标准规定夏热冬暖地区居住建筑的节能设计要求，并给出了强制性的条文，就是为了执行《中华人民共和国节约能源法》和国务院发布的《民用建筑节能条例》。

夏热冬暖地区位于我国南部，在北纬 27°以南，东经 97°以东，包括海南全境，广东大部，广西大部，福建南部，云南小部分，以及香港、澳门与台湾。其确切范围由现行《民用建筑热工设计规范》GB 50176-93 规定。

该地区处于我国改革开放的最前沿。改革开放以来，经济快速发展，人民生活水平显著提高。该地区经济的发展，以沿海一带中心城市及其周边地区最为迅速，其中特别以珠江三角洲地区更为发达。

该地区为亚热带湿润季风气候（湿热型气候），其特征表现为夏季漫长，冬季寒冷时间很短，甚至几乎没有冬季，长年气温高而且湿度大，气温的年较差和日较差都小。太阳辐射强烈，雨量充沛。

近十几年来，该地区建筑空调发展极为迅速，其中经济发达城市如广州市，空调器早已超过户均 2 台，而且一户 3 台以上的非常普遍。冬季比较寒冷的福州等地区，已有越来越多的家庭用电采暖。在空调及采暖使用快速增加、建筑规模宏大的情况下，虽然执行节能设计标准已有 8 年，但新建建筑围护结构热工性能仍然不尽如人意，节能标准在执行中打折扣，

从而空调采暖设备的电能浪费严重，室内热舒适状况依然不好，导致温室气体 CO_2 排放量的进一步增加。

该地区正在大规模建造居住建筑，有必要通过居住建筑节能设计标准的执行，改善居住建筑的热舒适程度，提高空调和采暖设备的能源利用效率，以节约能源，保护环境，贯彻国家建筑节能的方针政策。

由此可见，在夏热冬暖地区开展建筑节能工作形势依然不乐观，节能标准需要进行必要的修订，使得相关规定更加明确，更加方便执行。

1.0.2 本标准适用于夏热冬暖地区的各类新建、扩建和改建的居住建筑。居住建筑主要包括住宅建筑（约占 90%）和集体宿舍、招待所、旅馆以及托幼建筑等。在夏热冬暖地区居住建筑的节能设计中，应按本标准的规定控制建筑能耗，并采取相应的建筑、热工和空调、采暖节能措施。

1.0.3 夏热冬暖地区居住建筑的设计，应考虑空调、采暖的要求，建筑围护结构的热工性能应满足要求，使得炎夏和寒冬室内热环境更加舒适，空调、采暖设备使用的时间短，能源利用效率高。

本标准首先要保证建筑室内热环境质量，提高人民居住舒适水平，以此作为前提条件；与此同时，还要提高空调、采暖的能源利用效率，以实现节能的基本目标。

1.0.5 本标准对夏热冬暖地区居住建筑的建筑、热工、空调、采暖和通风设计中所采取的节能措施和应该控制的建筑能耗做出了规定，但建筑节能所涉及的专业较多，相关的专业还制定有相应的标准。因此，夏热冬暖地区居住建筑的节能设计，除应执行本标准外，还应符合国家现行的有关标准、规范的规定。

2 术 语

2.0.1 窗口外各种形式的建筑外遮阳在南方的建筑中很常见。建筑外遮阳对建筑能耗，尤其是对建筑的空调能耗有很大的影响，因此在考虑外窗的遮阳时，将窗本身的遮阳效果和窗外遮阳设施的遮阳效果结合起来一起考虑。

窗本身的遮阳系数 SC 可近似地取为窗玻璃的遮蔽系数乘以窗玻璃面积除以整窗面积。

当窗口外面没有任何形式的建筑外遮阳时，外窗的遮阳系数 S_w 就是窗本身的遮阳系数 SC。

2.0.4 参照《民用建筑热工设计规范》GB 50176，增加了该术语。这样修改，对于体形系数较大的建筑的外窗要求较高，而对于体形系数小的建筑的外窗要求与原标准一样。

2.0.6 本术语用于外窗采光面积确定时用。

2.0.7 本术语用于外窗性能指标确定时用。在第 4 章中查表 4.0.8-1、表 4.0.8-2，可以采用"平均窗墙面积比"，也可以采用"平均窗地面积比"，在制定地

方标准时，可根据各地情况选用其中一个。

夏热冬暖地区，在体形系数没有限制的前提下，采用"窗墙面积比"在实际使用中被发现存在问题：对于外墙面积较大的建筑，即使窗很大，对窗的遮阳系数要求不严。用"窗墙面积比"作为参数时，体形系数越大，单位建筑面积对应的外墙面积越大，窗墙面积比就越小。建筑开窗面积决定了建筑室内的太阳辐射得热，而太阳辐射得热是夏热冬暖地区引起空调能耗的主要因素。因此，按照现有标准，体形系数越大，标准允许的单位建筑能耗就越大，节能率要求就"相对"越低。对于一些体形系数特别大的建筑，用窗墙面积比作为参数，在采用同样的遮阳系数时，将允许开较大面积的外窗，这种结果显然是不合理的。

在夏热冬暖地区，如果限制体形系数将大大束缚建筑设计，不符合本地区的建筑特点。南方地区，经济较发达，建筑形式呈现多样。同时，住宅设计中应充分考虑自然通风设计，通常要求建筑有较高的"通透性"，此时建筑平面设计较为复杂，体形系数比较大。若限制体形系数，将会大大束缚建筑设计，不符合地方特色。

因此，在本地区采用"窗地面积比"可以避免以上问题。采用"窗地面积比"，使建筑节能设计与建筑自然采光设计与建筑自然通风设计保持一致。建筑自然采光设计与自然通风设计不仅保证建筑室内环境，也是建筑被动式节能的重要手段。"窗地面积比"是控制这两个方面的重要参数。同时，设计人员对"窗地面积比"很熟悉，因为在人们提出建筑节能需求之前，窗地面积比已经被用来作建筑自然采光的评价指标。《住宅设计规范》GB 50096 规定：为保证住宅侧面采光，窗地面积比值不得小于 1/7。南方居住建筑对自然通风的需求也给"窗地面积比"的应用带来了可能性。为了保证住宅室内的自然通风，通常控制外窗的可开启面积与地面面积的比值来实现。《夏热冬暖地区居住建筑节能设计标准》JGJ 75 - 2003 中为了保证建筑室内的自然通风效果，要求外窗可开启面积不应小于地面面积的 8%。

相对"窗墙面积比"，"窗地面积比"很容易计算，简化了建筑节能设计的工作，减少了设计人员和审图人员的工作量，也降低了节能计算出现矛盾或错误的可能性。在修编过程中，编制组还对采用"窗地面积比"作为节能参数的使用进行了意向调查。针对广州市、东莞市、深圳市等 20 多家单位（其中包括设计院、节能办、审图等单位），关于窗地面积比使用意向等问题，进行了问卷调查，共收回问卷 62 份。调查结果显示，76% 的人认为合适，仅有 14% 的人认为不合适，还有 10% 的人持有其他观点，部分认为"窗地比"与"窗墙比"均可作为夏热冬暖地区建筑节能设计的参数。

2.0.8 建筑物的大小、形状、围护结构的热工性能等情况是复杂多变的，判断所设计的建筑是否符合节能要求常常不太容易。对比评定法是一种很灵活的方法，它将所设计的实际建筑物与一个作为能耗基准的节能参照建筑物作比较，当实际建筑物的能耗不超过参照建筑物时，就判定实际建筑物符合节能要求。

2.0.9 参照建筑的概念是对比评定法的一个非常重要的概念。参照建筑是一个符合节能要求的假想建筑，该建筑与所设计的实际建筑在大小、形状等方面完全一致，它的围护结构完全满足本标准第 4 章的节能指标要求，因此它是符合节能要求的建筑，并为所设计的实际建筑定下了空调采暖能耗的限值。

2.0.10 建筑物实际消耗的空调采暖能耗除了与建筑设计有关外，还与许多其他的因素有密切关系。这里的空调采暖年耗电量并非建筑物的实际空调采暖耗电量，而是在统一规定的标准条件下计算出来的理论值。从设计的角度出发，可以用这个理论值来评判建筑物能耗性能的优劣。

2.0.11 实施对比评定法时可以用来进行对比评定的一个无量纲指数，也是所设计的建筑物是否符合节能要求的一个判断依据，其值与空调采暖年耗电量基本成正比。

2.0.12 通风开口面积一般包括外窗（阳台门）、天窗的有效可开启部分面积、敞开的洞口面积等。

2.0.13 通风路径是指从外窗进入居住房间的自然风气流通过房间流到室外所经过的路线。通风路径是确保房间自然通风的必要条件，通风路径具备的设计要件包括：通风入口（外窗可开启部分）、通风空间（居室、客厅、走廊、天井等）、通风出口（外窗可开启部分、洞口、天窗可开启部分等）。

3　建筑节能设计计算指标

3.0.1 本标准以一月份的平均温度 11.5℃ 为分界线，将夏热冬暖地区进一步细分为两个区，等温线的北部为北区，区内建筑要兼顾冬季采暖。南部为南区，区内建筑可不考虑冬季采暖。在标准编制过程中，对整个区内的若干个城市进行了全年能耗模拟计算，模拟时设定的室内温度是 16℃～26℃。从模拟结果中发现，处在南区的建筑采暖能耗占全年采暖空调总能耗的 20% 以下，考虑到模拟计算时内热源取为 0（即没有考虑室内人员、电气、炊事的发热量），同时考虑到当地居民的生活习惯，所以规定南区内的建筑设计时可不考虑冬季采暖。处在北区的建筑的采暖能耗占全年采暖空调总能耗的 20%以上，福州市更是占到 45% 左右，可见北区内的建筑冬季确实有采暖的需求。图 3.0.1 中的虚线为南北区的分界线，表 1 列出了夏热冬暖地区中划入北区的主要城市。

表1 夏热冬暖地区中划入北区的主要城市

省　　份	划入北区的主要城市
福建	福州市、莆田市、龙岩市
广东	梅州市、兴宁市、龙川县、新丰县、英德市、怀集县
广西	河池市、柳州市、贺州市

3.0.2～3.0.3 居住建筑要实现节能，必须在保持室内热舒适环境的前提下进行。本标准提出了两项室内设计计算指标，即室内空气（干球）温度和换气次数，其根据是经济的发展，以及居住者在舒适、卫生方面的要求；从另一个角度来看，这两项设计计算指标也是空调采暖能耗计算必不可少的参数，是作为进行围护结构隔热、保温性能限值计算时的依据。

室内热环境质量的指标体系包括温度、湿度、风速、壁面温度等多项指标。标准中只规定了温度指标和换气次数指标，这是由于当前一般住宅较少配备户式中央空调系统，室内空气湿度、风速等参数实际上难以控制。另一方面，在室内热环境的诸多指标中，温度指标是一个最重要的指标，而换气次数指标则是从人体卫生角度考虑必不可少的指标，所以只提出空气温度指标和换气次数指标。

居住空间夏季设计计算温度规定为26℃，北区冬季居住空间设计计算温度规定为16℃，这和该地区原来恶劣的室内热环境相比，提高幅度比较大，基本上达到了热舒适的水平。要说明的是北区室内采暖设计计算温度规定为16℃，而现行国家标准《住宅设计规范》GB 50096 规定室内采暖计算温度为：卧室、起居室（厅）和卫生间18℃，厨房为15℃。本标准在讨论北区采暖设计计算温度时，当地居民反映冬季室内保持16℃比较舒适。因此，根据当前现实情况，规定设计计算温度为16℃，当然，这并不影响居民冬季保持室内温度18℃，或其他适宜的温度。

换气次数是室内热环境的另外一个重要的设计指标，冬、夏季室外的新鲜空气进入建筑内，一方面有利于确保室内的卫生条件，另一方面又要消耗大量的能源，因此要确定一个合理的计算换气次数。由于人均住房面积增加，1小时换气1次，人均占有新风量应能达到卫生标准要求。比如，当前居住建筑的净高一般大于2.5m，按人均居住面积15m²计算，1小时换气1次，相当于人均占有新风会超过37.5m³/h。表2为民用建筑主要房间人员所需最小新风量参考数值，是根据国家现行的相关公共场所卫生标准（GB 9663～GB 9673）、《室内空气质量标准》GB/T 18883 等标准摘录的，可供比较、参考。应该说，每小时换气1次已达到卫生要求。

表2 部分民用建筑主要房间人员所需的最小新风量参考值[m³/(h·人)]

房间类型			新风量	参考依据
旅游旅馆、饭店	客房	3～5星级	≥30	GB 9663-1996
		2星级以下	≥20	GB 9663-1996
	餐厅、宴会厅、多功能厅	3～5星级	≥30	GB 9663-1996
		2星级以下	≥20	GB 9663-1996
	会议室、办公室、接待室	3～5星级	≥50	GB 9663-1996
		2星级以下	≥30	GB 9663-1996
中、小学	教室	小学	≥11	GB/T 17226-1998
		初中	≥14	GB/T 17226-1998
		高中	≥17	GB/T 17226-1998

潮湿是夏热冬暖地区气候的一大特点。在室内热环境主要设计指标中虽然没有明确提出相对湿度设计指标，但并非完全没有考虑潮湿问题。实际上，在空调设备运行的状态下，室内同时在进行除湿。因此在大部分时间内，室内的潮湿问题也已经得到了解决。

4 建筑和建筑热工节能设计

4.0.1 夏热冬暖地区的主要气候特征之一表现在夏热季节的(4～9)月盛行东南风和西南风，该地区内陆地区的地面平均风速为1.1m/s～3.0m/s，沿海及岛屿风速更大。充分地利用这一风力资源自然降温，就可以相对地缩短居住建筑使用空调降温的时间，达到节能目的。

强调居住区良好的自然通风主要有两个目的，一是为了改善居住区热环境，增加热舒适感，体现以人为本的设计思想；二是为了提高空调设备的效率，因为居住区良好的通风和热岛强度的下降可以提高空调设备的冷凝器的工作效率，有利于节省设备的运行能耗。为此居住区建筑物的平面布局应优先考虑采用错列式或斜列式布置，对于连排式建筑应注意主导风向的投射角不宜大于45°。

房间有良好的自然通风，一是可以显著地降低房间自然室温，为居住者提供有更多时间生活在自然室温环境的可能性，从而体现健康建筑的设计理念；二是能够有效地缩短房间空调器开启的时间，节能效果明显。为此，房间的自然进风设计应使窗口开启朝向和窗扇的开启方式有利于向房间导入室外风，房间的自然排风设计应能保证利用常开的房门、户门、外窗、专用通风口等，直接或间接地通过和室外连通的走道、楼梯间、天井等导向室外顺畅地排风。本地区以夏季防热为主，一般不考虑冬季保温，因此每户住宅均应尽量通风良好，通风良好的标志应该是能够形成穿堂风。房间内部与可开启窗口相对应位置应有可以用来形成穿堂风的通道，如通过房门、门亮子、内墙可开启窗、走廊、楼梯间可开启外窗、卫生间可开启外窗、厨房可开启外窗等形成房间穿堂风的通道，通风通道上的最小通风面积不宜过小。单朝向的住宅通风不利，应采取特别通风措施。

另外，自然通风的每套住宅均应考虑主导风向，将卧室、起居室等尽量布置在上风位置，避免厨房、卫生间的污浊空气污染室内。

4.0.2 夏热冬暖地区地处沿海，(4~9) 月大多盛行东南风和西南风，居住建筑物南北向和接近南北向布局，有利于自然通风，增加居住舒适度。太阳辐射得热对建筑能耗的影响很大，夏季太阳辐射得热增加空调制冷能耗，冬季太阳辐射得热降低采暖能耗。南北朝向的建筑物夏季可以减少太阳辐射得热，对本地区全年只考虑制冷降温的南区是十分有利的；对冬季要考虑采暖的北区，冬季可以增加太阳辐射得热，减少采暖消耗，也是十分有利的。因此南北朝向是最有利的建筑朝向。但随着社会经济的发展，建筑物风格也多样化，不可能都做到南北朝向，所以本条文严格程度用词采用"宜"。

执行本条文时应该注意的是，建筑平面布置时，尽量不要将主要卧室、客厅设置在正西、西北方向，不要在建筑的正东、正西和西偏北、东偏北方向设置大面积的门窗或玻璃幕墙。

4.0.3 建筑物体形系数是指建筑物的外表面积和外表面积所包围的体积之比。体形系数的大小影响建筑能耗，体形系数越大，单位建筑面积对应的外表面积越大，外围护结构的传热损失也越大。因此从降低建筑能耗的角度出发，应该要考虑体形系数这个因素。

但是，体形系数不只是影响外围护结构的传热损失，它也影响建筑造型，平面布局，采光通风等。体形系数过小，将制约建筑师的创作思维，造成建筑造型呆板，甚至损害建筑功能。在夏热冬暖地区，北区和南区气候仍有所差异，南区纬度比北区低，冬季南区建筑室内外温差比北区小，而夏季南区和北区建筑室内外温差相差不大，因此，南区体形系数大小引起的外围护结构传热损失影响小于北区。本条文只对北区建筑物体形系数作出规定，而对经济相对发达，建筑形式多样的南区建筑体形系数不作具体要求。

4.0.4 普通窗户的保温隔热性能比外墙差很多，而且夏季白天太阳辐射还可以通过窗户直接进入室内。一般说来，窗墙面积比越大，建筑物的能耗也越大。

通过计算机模拟分析表明，通过窗户进入室内的热量（包括温差传热和辐射得热），占室内总得热量的相当大部分，成为影响夏季空调负荷的主要因素。以广州市为例，无外窗常规居住建筑物采暖空调年耗电量为 30.6kWh/m²，当装上铝合金窗，平均窗墙面积比 $C_{MW} = 0.3$ 时，年耗电量为 53.02kWh/m²，当 $C_{MW} = 0.47$ 时，年耗电量为 67.19kWh/m²，能耗分别增加

了 73.3% 和 119.6%。说明在夏热冬暖地区，外窗成为建筑节能很关键的因素。参考国家有关标准，兼顾到建筑师创作和住宅住户的愿望，从节能角度出发，对本地区居住建筑各朝向窗墙面积比作了限制。

本条文是强制性条文，对保证居住建筑达到节能的目标是非常关键的。如果所设计建筑的窗墙比不能完全符合本条的规定，则必须采用第 5 章的对比评定法来判定该建筑是否满足节能要求。采用对比评定法时，参照建筑的各朝向窗墙比必须符合本条文的规定。

本次修订，窗墙面积比采用了《民用建筑热工设计规范》GB 50176 的规定，各个朝向的墙面积应为各个朝向的立面面积。立面面积应为层高乘以开间定位轴线的距离。当墙面有凹凸时应忽略凹凸；当墙面整体的方向有变化时应根据轴线的变化分段处理。对于朝向的判定，各个省在执行时可以制订更详细的规定来解决朝向划分问题。

4.0.5 本条规定取自《住宅建筑规范》GB 50368 - 2005 第 7.2.2 条。该规范是全文强制的规范，要求卧室、起居室（厅）、厨房应设置外窗，窗地面积比不应小于 1/7。本标准要求卧室、书房、起居室等主要房间达到该要求，而考虑到本地区的厨房、卫生间常设在内凹部位，朝外的窗主要用于通风，采光系数很低，所以不对厨房、卫生间提出要求。

当主要房间窗地面积比较小时，外窗玻璃的遮阳系数要求也不高。而这时因为窗户较小，玻璃的可见光透射比不能太小，否则采光很差，所以提出可见光透射比不小于 0.4 的要求。

另外，在原《夏热冬暖地区居住建筑节能设计标准》JGJ 75 - 2003 的使用过程中，一些住宅由于外窗面积大，为了达到节能要求，选用了透光性能差遮阳系数小的玻璃。虽然达到了节能标准的要求，却牺牲了建筑的采光性能，降低了室内环境品质。对玻璃的遮阳系数有要求的同时，可见光透射比必须达到一定的要求，因此本条文在此方面做出强制性规定。

4.0.6 天窗面积越大，或天窗热工性能越差，建筑物能耗也越大，对节能是不利的。随着居住建筑形式多样化和居住者需求的提高，在平屋面和斜屋面上开天窗的建筑越来越多。采用 DOE-2 软件，对建筑物开天窗时的能耗做了计算，当天窗面积占整个屋顶面积 4%，天窗传热系数 $K = 4.0W/(m^2 \cdot K)$，遮阳系数 $SC = 0.5$ 时，其能耗只比不开天窗建筑物能耗多 1.6% 左右，对节能总体效果影响不大，但对开天窗的房间热环境影响较大。根据工程调研结果，原标准的遮阳系数 SC 不大于 0.5 要求较低，本次提高要求，要求应不大于 0.4。

本条文是强制性条文，对保证居住建筑达到节能目标是非常关键的。对于那些需要增加视觉效果而加大天窗面积，或采用性能差的天窗的建筑，本条文的限制很可能被突破。如果所设计建筑的天窗不能完全符合本条

的规定，则必须采用第5章的对比评定法来判定该建筑是否满足节能要求。采用对比评定法时，参照建筑的天窗面积和天窗热工性能必须符合本条文的规定。

4.0.7 本条文为强制性条文，对保证居住建筑的节能舒适是非常关键的。如果所设计建筑的外墙不能完全符合本条的规定，在屋顶和东、西面外墙满足本条规定的前提下，可采用第5章的对比评定法来判定该建筑是否满足节能要求。

围护结构的 K、D 值直接影响建筑采暖空调房间冷热负荷的大小，也直接影响到建筑能耗。在夏热冬暖地区，一般情况下居住建筑南、北面窗墙比较大，建筑东、西面外墙开窗较少。这样，在东、西朝向上，墙体的 K、D 值对建筑保温隔热的影响较大。并且，东、西外墙和屋顶在夏季均是建筑物受太阳辐射量较大的部位，顶层及紧挨东、西外墙的房间较其他房间得热更多。用对比评定法来计算建筑能耗是以整个建筑为单位对全楼进行综合评价。当建筑屋顶及东、西外墙不满足表4.0.7中的要求，而使用对比评定法对其进行综合评价且满足要求时，虽然整个建筑节能设计满足本标准节能的要求，但顶层及靠近东、西外墙房间的能耗及热舒适度势必大大不如其他房间。这不论从技术角度保证每个房间获得基本一致的热舒适度，还是从保证每个住户获得基本一致的节能效果这一社会公正性方面来看都是不合适的。因此，有必要对顶层及东、西外墙规定一个最低限制要求。

夏热冬暖地区，外围护结构的自保温隔热体系逐渐成为一大趋势。如加气混凝土、页岩多孔砖、陶粒混凝土空心砌块、自隔热砌块等材料的应用越来越广泛。这类砌块本身就能满足本条文要求，同时也符合国家墙改政策。本条文根据各地特点和经济发展不同程度，提出使用重质外墙时，按三个级别予以控制。即：$2.0<K\leqslant2.5$，$D\geqslant3.0$ 或 $1.5<K\leqslant2.0$，$D\geqslant2.8$ 或 $0.7<K\leqslant1.5$，$D\geqslant2.5$。

本条文对使用重质材料的屋顶传热系数 K 值作了调整。目前，夏热冬暖地区屋顶隔热性能已获得极大改善，普遍采用了高效绝热材料。但是，对顶层住户而言，室内热环境及能耗水平相对其他住户仍显得较差。适当提高屋顶 K 值的要求，不仅在技术上容易实现，同时还能进一步改善屋顶住户的室内热环境，提高节能水平。因此，本条文将使用重质材料屋顶的传热系数 K 值调整为 $0.4<K\leqslant0.9$。

外墙采用轻质材料或非轻质自隔热节能墙材时，对达到标准所要求的 K 值比较容易，要达到较大的 D 值就比较困难。如果围护结构要达到较大的 D 值，只有采用自重较大的材料。围护结构 D 值和相关热容量的大小，主要影响其热稳定性。因此，过度以 D 值和相关热容量的大小来评定围护结构的节能性是不全面的，不仅会阻碍轻质保温材料的使用，还限制了非轻质自隔热节能墙材的使用和发展，不利于这一地

区围护结构的节能政策导向和墙体材料的发展趋势。实践证明，按一般规定选择 K 值的情况下，D 值小一些，对于一般舒适度的空调房间也能满足要求。本条文对轻质围护结构只限制传热系数的 K 值，而不对 D 值做相应限定，并对非轻质围护结构的 D 值做了调整，就是基于上述原因。

4.0.8 本条文对保证居住建筑达到现行节能目标是非常关键的，对于那些不能满足本条文规定的建筑，必须采用第5章的对比评定法来计算是否满足节能要求。

窗户的传热系数越小，通过窗户的温差传热就越小，对降低采暖负荷和空调负荷都是有利的。窗的遮阳系数越小，透过窗户进入室内的太阳辐射热就越小，对降低空调负荷有利，但对降低采暖负荷却是不利的。

本条文表4.0.8-1和表4.0.8-2对建筑外窗传热系数和平均综合遮阳系数的规定，是基于使用DOE-2软件对建筑能耗和节能率做了大量计算分析提出的。

1 屋顶、外墙热工性能和设备性能的提高及室内换气次数的降低，达到的节能率，北区约为35%，南区约为30%。因此对于节能目标50%来说，外窗的节能将占相当大的比例，北区约15%，南区约20%。在夏热冬暖地区，居住建筑所处的纬度越低，对外窗的节能要求也越高。

2 本条文引入居住建筑平均窗地面积比 C_{MF}（或平均窗墙面积比 C_{MW}）参数，使其与外窗 K、S_w 及外墙 K、D 等参数形成对应关系，使建筑节能设计简单化，给建筑师选择窗型带来方便。

（1）为了简化节能设计计算、方便节能审查等工作，本条文引入了平均窗地面积比 C_{MF} 参数。考虑到夏热冬暖地区各省份的建筑节能设计习惯，且与这些地区现行节能技术规范不发生矛盾，本条文允许沿用平均窗墙面积比 C_{MW} 进行节能设计及计算。在进行建筑节能设计时，设计人员可根据对 C_{MF} 和 C_{MW} 熟练程度及设计习惯，自行选择使用。

（2）经过编制组对南方大量的居住建筑的平均窗地面积比 C_{MF} 和平均窗墙面积比 C_{MW} 的计算表明，现在的居住建筑塔楼类的比较多，表面凹凸的比较多，所以 C_{MF} 和 C_{MW} 很接近。因此，窗墙面积比和窗地面积比均可作为判定指标，各省根据需要选择其一使用。

（3）计算建筑物的 C_{MF} 和 C_{MW} 时，应只计算建筑物的地上居住部分，而不应包含建筑中的非居住部分，如商住楼的商业、办公部分。具体计算如下：

建筑平均窗地面积比 C_{MF} 计算公式为：

$$C_{MF}=\frac{\text{外墙上的窗洞口及门洞口总面积}}{\text{地上居住部分总建筑面积}} \quad (1)$$

建筑平均窗墙面积比 C_{MW} 计算公式为：

$$C_{MW}=\frac{\text{外墙上的窗洞口及门洞口总面积}}{\text{地上居住部分外立面总面积}} \quad (2)$$

3 外窗平均传热系数 K，是建筑各个朝向平均传热系数按各朝向窗面积加权平均的数值，按照以下

公式计算：

$$K = \frac{A_E \cdot K_E + A_S \cdot K_S + A_W \cdot K_W + A_N \cdot K_N}{A_E + A_S + A_W + A_N}$$

(3)

式中：A_E、A_S、A_W、A_N ——东、南、西、北朝向的窗面积；

K_E、K_S、K_W、K_N ——东、南、西、北朝向窗的平均传热系数，按照下式计算：

$$K_X = \frac{\sum\limits_i A_i \cdot K_i}{\sum\limits_i A_i}$$

(4)

式中：K_X ——建筑某朝向窗的平均传热系数，即 K_E、K_S、K_W、K_N；

A_i ——建筑某朝向单个窗的面积；

K_i ——建筑某朝向单个窗的传热系数。

4　表 4.0.8-1 和表 4.0.8-2 使用了"虚拟"窗替代具体的窗户。所谓"虚拟"窗即不代表具体形式的外窗（如我们常用的铝合金窗和 PVC 窗等），它是由任意 K 值和 S_W 值组合的抽象窗户。进行节能设计时，拟选用的具体窗户能满足表 4.0.8-1 和表 4.0.8-2 中 K 值和 S_W 值的要求即可。

5　表 4.0.8-1 和表 4.0.8-2 主要差别在于：用于北区的表 4.0.8-1 对外窗的传热系数 K 值有具体规定，而用于南区的表 4.0.8-2 对外窗 K 值没有具体规定。南区全年建筑总能耗以夏季空调能耗为主，夏季空调能耗中太阳辐射得热引起的空调能耗又占相当大的比例，而窗的温差传热引起的空调能耗只占小部分，因此南区建筑节能外窗遮阳系数起了主要作用，而与外窗传热性能关系甚小，而北区建筑节能率与外窗传热性能和遮阳性能均有关系。

6　建筑外墙面色泽，决定了外墙面太阳辐射吸收系数 ρ 的大小。外墙采用浅色表面，ρ 值小，夏季能反射较多的太阳辐射热，从而降低房间的得热量和外墙内表面温度，但在冬季会使采暖耗电量增大。编制组在用 DOE-2 软件作建筑物能耗和节能分析时，基础建筑物和节能方案分析设定的外墙面太阳辐射吸收系数 $\rho = 0.7$。经进一步计算分析，北区建筑外墙表面太阳辐射吸收系数 ρ 的改变，对建筑全年总能耗影响不大，而南区 $\rho = 0.6$ 和 0.8 时，与 $\rho = 0.7$ 的建筑总能耗差别不大，而 $\rho < 0.6$ 和 $\rho > 0.8$ 时，建筑能耗总差别较大。当 $\rho < 0.6$ 时，建筑总能耗平均降低 5.4%；当 $\rho > 0.8$ 时，建筑总能耗平均增加 4.7%。因此表 4.0.8-1 对 ρ 使用范围不作限制，而表 4.0.8-2 规定 ρ 取值≤0.8。当 $\rho > 0.8$ 时，则应采用第 5 章对比评定法来判定建筑物是否满足节能要求。建筑外表面的太阳辐射吸收系数 ρ 值参见《民用建筑热工设计规范》GB 50176-93 附录二附表 2.6。

4.0.9　外窗平均综合遮阳系数 S_W，是建筑各个朝向平均综合遮阳系数按各朝向窗面积和朝向的权重系数加权平均的数值。

（1）在北区和南区，窗口的建筑外遮阳措施对建筑能耗和节能影响是不同的。在北区采用窗口建筑固定外遮阳措施，冬季会产生负影响，总体对建筑节能影响比较小，因此在北区采用窗口建筑活动外遮阳措施比采用固定外遮阳措施要好；在南区采用窗口建筑固定外遮阳措施，对建筑节能是有利的，应积极提倡。

（2）计算外窗平均综合遮阳系数 S_W 时，根据不同朝向遮阳系数对建筑能耗的影响程度，各个朝向的权重系数分别为：东、南朝向取 1.0，西朝向取 1.25，北朝向取 0.8。S_W 计算公式如下：

$$S_W = \frac{A_E \cdot S_{w,E} + A_S \cdot S_{w,S} + 1.25 A_W \cdot S_{w,w} + 0.8 A_N \cdot S_{w,N}}{A_E + A_S + A_W + A_N}$$

(5)

式中：A_E、A_S、A_W、A_N ——东、南、西、北朝向的窗面积；

$S_{w,E}$、$S_{w,S}$、$S_{w,w}$、$S_{w,N}$ ——东、南、西、北朝向窗的平均综合遮阳系数，按照下式计算：

$$S_{w,X} = \frac{\sum\limits_i A_i \cdot S_{w,i}}{\sum\limits_i A_i}$$

(6)

式中：$S_{w,X}$ ——建筑某朝向窗的平均综合遮阳系数，即 $S_{w,E}$、$S_{w,S}$、$S_{w,w}$、$S_{w,N}$；

A_i ——建筑某朝向单个窗的面积；

$S_{w,i}$ ——建筑某朝向单个窗的综合遮阳系数。

4.0.10　本条文为新增强制性条文。规定居住建筑东西向必须采取外遮阳措施，规定建筑外遮阳系数不应大于 0.8。目前居住建筑外窗遮阳设计中，出现了过分提高和依赖窗自身的遮阳能力轻视窗口建筑构造遮阳的设计势头，导致大量的外窗普遍缺少窗口应有的防护作用，特别是住宅开窗通风时窗口既不能遮阳也不能防雨，偏离了原标准对建筑外遮阳技术规定的初衷，行业负面反响很大，同时，在南方地区如上海、厦门、深圳等地近年来因住宅外窗形式引发的技术争议问题增多，有必要在本标准中进一步基于节能要求明确相关规定。窗口设计时应优先采用建筑构造遮阳，其次应考虑窗口采用安装构件的遮阳，两者都不能达到要求时再考虑提高窗自身的遮阳能力，原因在于单纯依靠窗自身的遮阳能力不能适应开窗通风时的遮阳需要，对自然通风状态来说窗自身遮阳是一种相对不可靠做法。

窗口设计时，可以通过设计窗眉（套）、窗口遮阳板等建筑构造，或在设计的凸窗洞口缩进窗的安装位置留出足够的遮阳挑出长度等一系列经济技术合理可行的做法满足本规定，即本条文在执行上普遍不存在技术难度，只有对当前流行的凸窗（飘窗）形式产生一定影响。由于凸窗可少许增大室内空间且按当前各地行业规定其不计入建筑面积，于是这种窗型流行很广，但因其相对增大了外窗面积或外围护结构的面积，导致了房间热环境的恶化和空调能耗增高以及窗边热胀开裂、漏雨等一系列问题也引起了行业的广泛关注。如在广州地区因安装凸窗，房间在夏季关窗时的自然室温最高可增加 2℃，房间的空调能耗增加最高可达 87.4%，在夏热冬暖地区设计简单的凸窗于节能不利已是行业共识。另外，为确保凸窗的遮阳性能和侧板保温能力符合现行节能标准要求所投入的技术成本也较大，大量凸窗必须采用 Low-E 玻璃甚至还要断桥铝合金的中空 Low-E 玻璃，并且凸窗板还要做保温处理才能达标，代价高昂。综合考虑，本标准针对窗口的建筑外遮阳设计，规定了遮阳构造的设计限值。

4.0.11 本条文规定建筑外遮阳挑出长度的最低限值和规定建筑外遮阳系数的最高限值是等效的，当不具备执行前者条件时才执行后者。规定的限值，兼顾了遮阳效果和构造实现的难易。计算表明，当外遮阳系数为 0.9 时，采用单层透明玻璃的普通铝合金窗，综合遮阳系数 S_W 可下降到 0.81～0.72，接近中空玻璃铝合金窗的自身遮阳能力，此时对 1.5m×1.5m 的外窗采用综合式（窗套）外遮阳时，挑出长度不超过 0.2m，这一尺度恰好与南方地区 200mm 厚墙体居中安装外窗，窗口做 0.1m 的挑出窗套时的尺寸相吻合[图 1（a）]。

如表 3 所示，在规定建筑外遮阳系数限值为 0.9 时，单独采用水平遮阳或单独采用垂直遮阳，所需的挑出长度均较大，对于 1.5m×1.5m 的外窗一般需要挑出长度在 0.20m～0.45m 范围，而采用综合遮阳形式（窗套、凸窗外窗口）时所需的挑出长度最小，南、北朝向均需挑出 0.15m～0.20m 即可，这一尺度也适合凸窗形式的改良[图 1（b）]。

条文中建筑外遮阳系数不应大于 0.9 的规定，是针对当建筑外窗不具备遮阳挑出条件时，可以按照本要求，在窗口范围内设计其他外遮阳设施。如对于在单边外廊的外墙上设置的外窗不宜设置挑出长度较大的外遮阳板时，设计采用在窗口的窗外侧嵌入固定式的百叶窗、花格窗等固定式遮阳设施也可以符合本条文要求。

表 3 外窗的建筑外遮阳系数

季节	挑出长度（m）A	南			北		
		水平	垂直	综合	水平	垂直	综合
夏季	0.10	0.958	0.952	0.912	0.974	0.961	0.937
	0.15	0.939	0.929	0.872	0.962	0.943	0.907
	0.20	0.920	0.907	0.834	0.950	0.925	0.879
	0.25	0.901	0.886	0.799	0.939	0.908	0.853
	0.30	0.884	0.866	0.766	0.928	0.892	0.828
	0.35	0.867	0.847	0.734	0.918	0.876	0.804
	0.40	0.852	0.828	0.705	0.908	0.861	0.782
	0.45	0.837	0.811	0.678	0.898	0.847	0.761
	0.50	0.822	0.794	0.653	0.889	0.833	0.741
	0.55	0.809	0.779	0.630	0.880	0.820	0.722
	0.60	0.796	0.764	0.608	0.872	0.808	0.705
	0.65	0.784	0.750	0.588	0.864	0.796	0.688
	0.70	0.773	0.737	0.570	0.857	0.785	0.673
	0.75	0.763	0.725	0.553	0.850	0.775	0.659
	0.80	0.753	0.714	0.537	0.844	0.765	0.646
	0.85	0.744	0.703	0.523	0.838	0.756	0.633
	0.90	0.736	0.694	0.511	0.832	0.748	0.622
	0.95	0.729	0.685	0.499	0.827	0.740	0.612
	1.00	0.722	0.678	0.490	0.822	0.733	0.603
冬季	0.10	0.970	0.961	0.933	1.000	0.990	0.990
	0.15	0.956	0.943	0.901	1.000	0.986	0.986
	0.20	0.942	0.924	0.871	1.000	0.981	0.981
	0.25	0.928	0.907	0.841	1.000	0.976	0.976
	0.30	0.914	0.890	0.813	1.000	0.972	0.972
	0.35	0.900	0.874	0.787	1.000	0.968	0.968
	0.40	0.887	0.858	0.761	1.000	0.964	0.964
	0.45	0.874	0.843	0.736	1.000	0.960	0.960
	0.50	0.861	0.828	0.713	1.000	0.956	0.956
	0.55	0.848	0.814	0.690	1.000	0.952	0.952

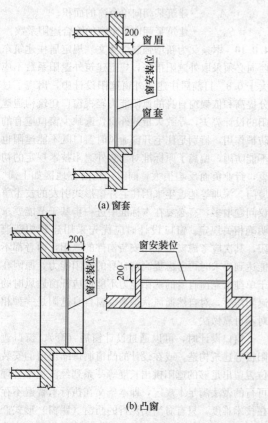

（a）窗套

（b）凸窗

图 1 窗口的综合式外遮阳

季节	挑出长度（m）	南			北		
	A	水平	垂直	综合	水平	垂直	综合
冬季	0.60	0.836	0.800	0.669	1.000	0.948	0.948
	0.65	0.824	0.787	0.648	1.000	0.944	0.944
	0.70	0.812	0.774	0.629	1.000	0.941	0.941
	0.75	0.800	0.763	0.610	1.000	0.938	0.938
	0.80	0.788	0.751	0.592	1.000	0.934	0.934
	0.85	0.777	0.740	0.575	1.000	0.931	0.931
	0.90	0.766	0.730	0.559	1.000	0.928	0.928
	0.95	0.755	0.720	0.544	1.000	0.925	0.925

注：1 窗的高、宽均为1.5m；
    2 综合式遮阳的水平板和垂直板挑出长度相等。

4.0.12 建筑外遮阳系数的计算是比较复杂的问题，本标准附录A给出了较为简化的计算方法。根据附录A计算的外遮阳系数，冬季和夏季有着不同的值，而本章中北区应用的外遮阳系数为同一数值，为此，将冬季和夏季的外遮阳系数进行平均，从而得到单一的建筑外遮阳系数。这样取值是保守的，因为对于许多外遮阳设施而言，夏季的遮阳比冬季的好，冬季的遮阳系数比夏季的大，而遮阳系数大，总体上讲能耗是增加的。

窗口上一层的阳台或外廊属于水平遮阳形式。窗口两翼如有建筑立面的折转时会对窗口起到遮阳作用，此类遮阳属于建筑自遮挡形式，按其原理也可以归纳为建筑外遮阳，计算方法见附录A。规定建筑自遮挡形式的建筑外遮阳系数计算方法，是因为对单元立面上受到立面折转遮挡的窗口，特别是对位于立面凹槽内的外窗遮阳作用非常大，实践证明应计入其遮阳贡献，以避免此类窗口的外遮阳设计得过于保守反而影响采光。

本条还列出了一些常用遮阳设施的遮阳系数。这些遮阳系数的给出，主要是为了设计人员可以更加方便地得到遮阳系数而不必进行计算。采用规定性指标进行节能设计计算时，可以直接采用这些数值，但进行对比评定计算时，如果计算软件中有关于遮阳板的计算，则不要采用本条表格中的数值，从而使得节能计算更加精确。如果采用了本条表格中的数值，遮阳板等遮阳设施就由遮阳系数代替了，不可再重复构建建筑遮阳设施的几何模型。

4.0.13 本条文为强制性条文，是原标准4.0.10条的修改和扩充条文。本条文强调南方地区居住建筑应能依靠自然通风改善房间热环境，缩短房间空调设备使用时间，发挥节能作用。房间实现自然通风的必要条件是外门窗有足够的通风开口。因此本条文从通风开口方面规定了设计做法。

房间外门窗有足够的通风开口面积非常重要。《住宅建筑规范》GB 50368-2005也规定了每套住宅的通风开口面积不应小于地面面积的5%。原标准条文要求房间外门窗的可开启面积不应小于房间地面面积的8%，深圳地区还在地方节能标准中把这一指标提高到了10%，并且随着用户节能意识的提高，使用需求已经逐渐从盲目追求大玻璃窗小开启扇，向追求门窗大开启加强自然通风效果转变，因此，为了逐步强化门窗通风的降温和节能作用，本条文提高了外门窗可开启比例的最低限值，深圳经验也表明，这一指标由原来的8%提高到10%实践上不会困难。另外，根据原标准使用中反映出的情况来看，门窗的开启方式决定着"可开启面积"，而"可开启面积"一般不等于门窗的可通风面积，特别是对于目前的各式悬窗甚至平开窗等，当窗扇的开启角度小于45°时可开启窗口面积上的实际通风能力会下降1/2左右，因此，修改条文中使用了"通风开口面积"代替"可开启面积"，这样既强调了门窗应重视可用于通风的开启功能，对通风不良的门窗开启方式加以制约，也可以把通风路径上涉及的建筑洞口包括进来，还可以和《住宅建筑规范》GB 50368-2005的用词统一便于执行。

因此，当平开门窗、悬窗、翻转窗的最大开启角度小于45°时，通风开口面积应按外窗可开启面积的1/2计算。

另外，达到本标准4.0.5条要求的主要房间（卧室、书房、起居室等）外窗，其外窗的面积相对较大，通风开口面积应按不小于该房间地面面积的10%要求设计，而考虑到本地区的厨房、卫生间、户外公共走道外窗等，通常窗面积较小，满足不小于房间（公共区域）地面面积10%的要求很难做到，因此，对于厨房、卫生间、户外公共区域的外窗，其通风开口面积应按不小于外窗面积45%设计。

4.0.14 本条文对房间的通风路径进行了规定，房间可满足自然通风的设计条件为：1. 当房间由可开启外窗进风时，能够从户内（厅、厨房、卫生间等）或户外公用空间（走道、楼梯间等）的通风开口或洞口出风，形成房间通风路径；2. 房间通风路径上的进风开口和出风开口不应在同一朝向；3. 当户门设有常闭式防火门时，户门不应作为出风开口。

模拟分析和实测表明，房间通风路径的形成受平面和空间布局、开口设置等建筑因素影响，也受自然风来流风向等环境因素影响，实际的通风路径是十分复杂和多样的，但当建筑单元内的户型平面及对外开口（门窗洞口）形式确定后，对于任何一个可以满足自然通风设计条件的房间，都必然具备一条合理的通风路径，如图2（a）所示，当房1的外窗C1受到来流风正面吹入时，显然可形成C1→（C2＋C5＋C6）通风路径，表明该房间具备可以形成穿堂风的必要条件。同理可以判断房2、房3所对应的通风路径分别为C4→（C3＋C7）、C1→（C6）。

一般住宅房间均是通过房门开启与厅堂、过道等公用空间形成通风路径的，在使用者本人私密性允许的情况下利用开启房门形成通风路径是可行的，但对于房与房之间需要通过各自的房门都要开启才能形成通风路径的情况，因受限于他人私密性要求通风路径反而不能得到保证。同样，对于同一单元内的两户而言，都要依靠开启各自的户门才能形成通风路径也不能得到保证。因此，套内的每个居住房间只能独立和户内的公用空间组成通风路径，不应以居室和居室之间组成通风路径；单元内的各户只能通过户门独立地和单元公用空间组成通风路径，不应以户与户之间通过户门组成通风路径。

当单元内的公用空间出于防火需要设为封闭或部分的空间，已无对外开口或对外开口很小时，也不能作为各户的出风路径考虑。

要求每户至少有一个房间具备有效的通风路径，是对居住建筑自然通风设计的最低要求。

设计房间通风路径时不需要考虑房间窗口朝向和当地风向的关系，只要求以房间外窗作为进风口判断该房间是否具备合理的通风路径，目的是为了确保房间自然通风的必要条件。事实上，夏热冬暖地区属于季风气候，受季风、海洋与山地形成的局地风以及城市居住区形态等影响，居住建筑任何朝向的外窗均有迎风的可能，因此，按窗口进风设计房间通风路径，符合南方地区居住区风环境的特点。

套内房间通风路径上对外的进风开口和对外的出风开口如果在同一个朝向时，这条通风路径显然属于无效的，因此规定进风口所在的外立面朝向和出风口所在外立面朝向的夹角不应小于90°，如图2（a）所示。一般，对于只有一个朝向的套房，多在片面追求容积率、单元套数较多的情况下产生的，一旦单元内的公用空间对外无有效开口，这类单一朝向套房往往因为通风不良室内过热，且室内空气质量也得不到保证，正是本条文规定重点限制的单元平面类型，如图2（b）的D、E、F户。但是，通过设计一处单元内的公用空间的对外开口，这类单一朝向的户型也能够组织形成有效的通风路径，如图2（b）的C户。对于利用单元公用空间的对外开口形成的房间通风路径，出于鼓励通风设计考虑，暂时不对房间门窗进风口和设在单元公共空间出风口进行朝向规定，如图2（b）的A、B户。

4.0.15 为了保证居住建筑的节能，要求外窗及阳台门具有良好的气密性能，以保证夏季在开空调时室外热空气不要过多地渗漏到室内，抵御冬季室外冷空气过多的向室内渗漏。夏热冬暖地区，地处沿海，雨量充沛，多热带风暴和台风袭击，多有大风、暴雨天气，因此对外窗和阳台门气密性能要有较高的要求。

现行国家标准《建筑外门窗气密、水密、抗风压性能分级及检测方法》GB/T 7106-2008规定的4级

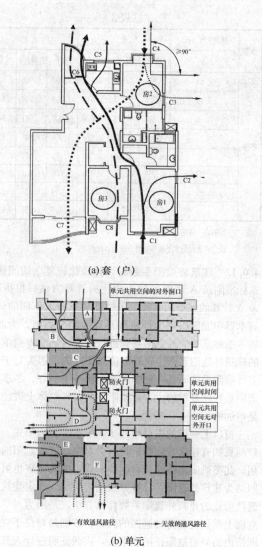

(a) 套（户）

(b) 单元

图2 套内房间通风路径示意图

对应的空气渗透数据是：在10Pa压差下，每小时每米缝隙的空气渗透量在2.0m³～2.5m³之间和每小时每平方米面积的空气渗透量在6.0m³～7.5 m³之间；6级对应的空气渗透数据是：在10Pa压差下，每小时每米缝隙的空气渗透量在1.0m³～1.5 m³之间和每小时每平方米面积的空气渗透量在3.0m³～4.5 m³之间。因此本条文的规定相当于1～9层的外窗的气密性等级不低于4级，10层及10层以上的外窗的气密性等级不低于6级。

4.0.16 采用本条文所提出的这几种屋顶和外墙的节能措施，是基于华南地区的气候特点，考虑充分利用气候资源达到节能目的而提出的，同时也是为了鼓励推行绿色建筑的设计思想。这些措施经测试、模拟和实际应用证明是行之有效的，其中有些措施的节能效果显著。

采用浅色饰面材料（如浅色粉刷，涂层和面砖等）的屋顶外表面和外墙面，在夏季能反射较多的太

阳辐射热，从而能降低室内的太阳辐射得热量和围护结构内表面温度。当白天无太阳时和在夜晚，浅色围护结构外表面又能把围护结构的热量向外界辐射，从而降低室内温度。但浅色饰面的耐久性问题需要解决，目前的许多饰面材料并没有很好地解决这一问题，时间长了仍然会使得太阳辐射吸收系数增加。所以本次修订把附加热阻减小了，而且把太阳辐射吸收系数小于 0.4 的材料一律按照 0.4 的材料对待，从而不致过分夸大浅色饰面的作用。

仍有些地区习惯采用带有空气间层的屋顶和外墙。考虑到夏热冬暖地区居住建筑屋顶设计形式的普遍性，架空大阶砖通风屋顶受女儿墙遮挡影响效果较差，且习惯上也逐渐被成品的带脚隔热砖所取代，故本条文末对其做特别推荐，其隔热效果也可以近似为封闭空气间层。研究表明封闭空气间层的传热量中辐射换热比例约占 70%。本条文提出采用带铝箔的空气间层目的在于提高其热阻，贴敷单面铝箔的封闭空气间层热阻值提高 3.6 倍，节能效果显著。值得注意的是，当采用单面铝箔空气间层时，铝箔应设置在室外侧的一面。

蓄水、含水屋面是适应本气候区多雨气候特点的节能措施，国外如日本、印度、马来西亚等和我国长江流域省份及台湾省都有普遍应用，也有一些地区如四川省等颁布了相关的地方标准。这类屋顶是依靠水分的蒸发消耗屋顶接收到的太阳辐射热量，水的主要来源是蓄存的天然降水，补充以自来水。实测表明，夏季采用上述措施屋顶内表面温度下降 3℃～5℃，其中蓄水屋面下降 3.3℃，含水屋面下降 3.6℃。含水屋面由于含水材料在含水状态下也具有一定的热阻故表现为这种屋面的隔热作用优于蓄水屋面。当采用蓄水屋面时，储水深度应大于等于 200mm，水面宜有浮生植物或浅色漂浮物；含水屋面的含水层宜采用加气混凝土块、陶粒混凝土块等具有一定抗压强度的固体多孔建筑材料，其质量吸水率应大于 10%，厚度应大于等于 100mm。墙体外表面的含水层宜采用高吸水率的多孔面砖，厚度应大于 10mm，质量吸水率应大于 10%，通常采用符合国家标准《陶瓷砖》GB/T 4100 吸水率要求为Ⅲ类的陶质砖。

遮阳屋面是现代建筑设计中利用屋面作为活动空间所采取的一项有效的防热措施，也是一项建筑围护结构的节能措施。本标准建议两种做法：采用百叶板遮阳棚的屋面和采用爬藤植物遮阳棚的屋面。测试表明，夏季顶层空调房间屋面做有效的遮阳构架，屋顶热流强度可以降低约 50%，如果热流强度相同时，做有效遮阳的屋顶热阻值可以减少 60%。同时屋面活动空间的热环境会得到改善。强调屋面遮阳百叶板的坡向在于，夏热冬暖地区位于北回归线两侧，夏季太阳高度角大，坡向正北向的遮阳百叶片可以有效地遮挡太阳辐射，而在冬季由于太阳高度角较低时太阳

辐射也能够通过百叶片间隙照到屋面，从而达到夏季防热冬季得热的热工设计效果，屋面采用植物遮阳棚遮阳时，选择冬季落叶类爬藤植物的目的也是如此。屋面采用百叶遮阳棚的百叶片宜坡向北向 45°；植物遮阳棚宜选择冬季落叶类爬藤植物。

种植屋面是隔热效果最好的屋面。本次标准修订对其增加了附加热阻，这符合实际测试的结果。通常，采用种植屋面，种植层下方的温度变化很小，表明太阳辐射基本被种植层隔绝。本次增加种植屋面的附加热阻，使得种植屋面不需要采取其他措施，就能够满足节能标准的要求，这有利于种植屋面的推广。

5 建筑节能设计的综合评价

5.0.1 本标准第 4 章 "建筑和建筑热工节能设计" 和本章 "建筑节能设计的综合评价" 是并列的关系。如果所设计的建筑已经符合第 4 章的规定，则不必再依据第 5 章对它进行节能设计的综合评价。反之，也可以依据第 5 章对所设计的建筑直接进行节能设计的综合评价，但必须满足第 4.0.5 条、第 4.0.10 条和第 4.0.13 条的规定。

必须指出的是，如果所设计的建筑不能完全满足本标准的第 4.0.4 条、第 4.0.6 条、第 4.0.7 条和第 4.0.8 条的规定，则必须通过综合评价来证明它能够达到节能目标。

本标准的节能设计综合评价采用 "对比评定法"。采用这一方法的理由是：既然达到第 4 章的最低要求，建筑就可以满足节能设计标准，那么将所设计的建筑与满足第 4 章要求的参照建筑进行能耗对比计算，若所设计建筑物的能耗并不高出按第 4 章的要求设计的节能参照建筑，则同样应该判定所设计建筑满足节能设计标准。这种方法在美国的一些建筑节能标准中已经被广泛采用。

"对比评定法" 是先按所设计的建筑物的大小和形状设计一个节能建筑（即满足第 4 章的要求的建筑），称之为 "参照建筑"。将所设计建筑物与 "参照建筑" 进行对比计算，若所设计建筑的能耗不比 "参照建筑" 高，则认为它满足本节能设计标准的要求。若所设计建筑的能耗高于对比的 "参照建筑"，则必须对所设计建筑物的有关参数进行调整，再进行计算，直到满足要求为止。

采用对比评定法与采用单位建筑面积的能耗指标的方法相比有明显的优点。采用单位建筑面积的能耗指标，对不同形式的建筑物有着不同的节能要求；为了达到相同的单位建筑面积能耗指标，对于高层建筑、多层建筑和低层建筑所要采取的节能措施显然有非常大的差别。实际上，第 4 章的有关要求是采用本地区的一个 "基准" 的多层建筑，按其达到节能50% 而计算得到的。将这一 "基准" 建筑物节能

50%后的单位建筑面积能耗作为标准用于所有种类的居住建筑节能设计,是不妥当的。因为高层建筑和多层建筑比较容易达到,而低层建筑和别墅建筑则较难达到。采用"对比评定法"则是采用了一个相对标准,不同的建筑有着不同的单位建筑面积能耗,但有着基本相同的节能率。

本标准引入"空调采暖年耗电指数"作为对比计算的参数。这一指数为无量纲数,它与本标准规定的计算条件下计算的空调采暖年耗电量基本成正比。

本标准的"对比评定法"既可以直接采用空调采暖年耗电量进行对比,也可以采用空调采暖年耗电指数进行对比。采用空调采暖年耗电指数进行计算对比,计算上更加简单一些。本标准也可使用空调采暖年耗电指数或空调采暖年耗电量作为节能综合评价的判据。在采用空调采暖年耗电量进行对比计算时由于有多种计算方法可以采用,因而规定在进行对比计算时必须采用相同的计算方法。同样的理由需采用相同的计算条件。本条也为"对比评定法"专门列出了判定的公式。

本条特别规定天窗、屋面和轻质墙体必须满足第4章的规定,这是因为天窗、屋面的节能措施虽然对整栋建筑的节能贡献不大,但对顶层房间的室内热环境而言却是非常重要的。在自然通风的条件下,轻质墙体的内表面最高温度是控制值,这与节能计算的关系虽然不大,但对人体的舒适度有很大的关系。人不舒适时会采取降低空调温度的办法,或者在本不需要开空调的天气多开空调。因而规定轻质墙体必须满足第4章的要求,而且轻质墙体也较容易达到要求。

5.0.2 "参照建筑"是用来进行对比评定的节能建筑。首先,参照建筑必须在大小、形状、朝向等各个方面与所设计的实际建筑物相同,才可以作为对比之用。由于参照建筑是节能建筑,因而它必须满足第4章几条重要条款的最低要求。当所设计的建筑在某些方面不能满足节能要求时,参照建筑必须在这些方面进行调整。本条规定参照建筑各个朝向的窗墙比应符合第4章的规定。

非常重要的是,参照建筑围护结构的各项性能指标应为第4章规定性指标的限值。这样参照建筑是一个刚好满足节能要求的建筑。把所设计的建筑与之相比,即是要求所设计的建筑可以满足节能设计的最低要求。与参照建筑所不同的是,所设计的建筑会在某些围护结构的参数方面不满足第4章规定性指标的要求。

5.0.3 本标准第5章的目的是审查那些不完全符合第4章规定的居住建筑是否也能满足节能要求。为了在不同的建筑之间建立起一个公平合理的可比性,并简化审查工作量,本条特意规定了计算的标准条件。

计算时取卧室和起居室室内温度,冬季全天为不低于16℃,夏季全天为不高于26℃,换气次数为1.0

次/h。本标准在进行对比计算时之所以取冬季室内不低于16℃,主要是因为本地区的居民生活中已经习惯了在冬天多穿衣服而不采暖。而且,由于本地区的冬季不太冷,因而只要冬季关好门窗,室内空气的温度已经足够高,所以大多数人在冬季不采暖。

采暖设备的额定能效比取1.7,主要是考虑冬季采暖设备部分使用家用冷暖型(风冷热泵)空调器,部分仍使用电热型采暖器;空调设备额定能效比取3.0,主要是考虑家用空调器国家标准规定的最低能效比已有所提高,目前已经完全可以满足这一水平。本标准附录中的空调采暖年耗电指数简化计算公式中已经包括了空调、采暖能效比参数。

在计算中取比较低的设备额定能效比,有利于突出建筑围护结构在建筑节能中的作用。由于本地区室内采暖、空调设备的配置是居民个人的行为,本标准实际上能控制的主要是建筑围护结构,所以在计算中适当降低设备的额定能效比对居住建筑实际达到节能50%的目标是有利的。

居住建筑的内部得热比较复杂,在冬季可以减小采暖负荷,在夏季则增大空调负荷。在计算时不考虑室内得热可以简化计算。

对于南区,由于采暖可以不考虑,因而本标准规定可不进行采暖部分的计算。这样规定与夏热冬暖地区的划定原则是一致的。对于北区,由于其靠近夏热冬冷地区,还会有一定的采暖,因而采暖部分不可忽略。

采用浅色饰面材料的屋顶外表面和外墙面,一方面能有效地降低夏季空调能耗,是一项有效的隔热措施,但对冬季采暖不利;另一方面,由于目前很多浅色饰面的耐久性问题没有得到解决,同时随着外界粉尘等污染物的作用,其太阳辐射吸收系数会有所增加。目前,不少地方出现了在使用"对比评定法"时取用低 ρ 值(有的甚至低于0.2)来通过节能计算的做法,片面夸大了浅色饰面材料的作用。所以本次修订在第4.0.16条中把附加热阻减小了,热反射饰面计算用的太阳辐射吸收系数应取按附录B修正之值,且不得重复计算其当量附加热阻。考虑了浅色饰面的隔热效果随时间和环境因素引起的衰减,比较符合实际情况,从而不致过分夸大浅色饰面的作用。

5.0.4 本标准规定,计算空调采暖年耗电量采用动态的能耗模拟计算软件。夏热冬暖地区室内外温差比较小,一天之内温度波动对围护结构传热的影响比较大。尤其是夏季,白天室外气温升高,又有很强的太阳辐射,热量通过围护结构从室外传入室内;夜里室外温度下降比室内温度快,热量有可能通过围护结构从室内传向室外。由于这个原因,为了比较准确地计算采暖、空调负荷,并与现行国家标准《采暖通风与空气调节设计规范》GB 50019保持一致,需要采用动态计算方法。

动态的计算方法有很多，暖通空调设计手册里冷负荷计算法就是一种常用的动态计算方法。本标准采用了反应系数计算方法，并采用美国劳伦斯伯克利国家实验室开发的 DOE-2 软件作为计算工具。

DOE-2 用反应系数法来计算建筑围护结构的传热量。反应系数法是先计算围护结构内外表面温度和热流对一个单位三角波温度扰量的反应，计算出围护结构的吸热、放热和传热反应系数，然后将任意变化的室外温度分解成一个个可叠加的三角波，利用导热微分方程可叠加的性质，将围护结构对每一个温度三角波的反应叠加起来，得到任意一个时期围护结构表面的温度和热流。

DOE-2 软件可以模拟建筑物采暖、空调的热过程。用户可以输入建筑物的几何形状和尺寸，可以输入室内人员、电器、炊事、照明等的作息时间，可以输入一年 8760 个小时的气象数据，可以选择空调系统的类型和容量等等参数。DOE-2 根据用户输入的数据进行计算，计算结果以各种各样的报告形式来提供。目前，国内一些软件开发企业开发了多款基于 DOE-2 的节能计算软件。这些软件为方便建筑节能计算做出了很大贡献。

另外，清华大学开发的 DeST 动态模拟能耗计算软件也可以用于能耗分析。该软件也给出了全国许多城市的逐时气象数据，有着较好的输入输出界面，采用该软件进行能耗分析计算也是比较合适的。

5.0.5 尽管动态模拟软件均有了很好的输入输出界面，计算也不算太复杂，但对于一般的建筑设计人员来说，采用这些软件计算还有不少困难。为了使得节能的对比计算更加方便，本标准给出了根据 DOE-2 软件拟合的简化计算公式，以使建筑节能工作推广起来更加方便和迅速。建筑的空调采暖年耗电指数应采用本标准附录 C 的方法计算。

6 暖通空调和照明节能设计

6.0.1 夏热冬暖地区夏季酷热，北区冬季也比较湿冷。随着经济发展，人民生活水平的不断提高，对空调、采暖的需求逐年上升。对于居住建筑选择设计集中空调（采暖）系统方式，还是分户空调（采暖）方式，应根据当地能源、环保等因素，通过仔细的技术经济分析来确定。同时，该地区居民空调（采暖）所需设备及运行费用全部由居民自行支付，因此，还要考虑用户对设备及运行费用的承担能力。

6.0.2 2008 年 10 月 1 日起施行的《民用建筑节能条例》第十八条规定"实行集中供热的建筑应当安装供热系统调控装置、用热计量装置和室内温度调控装置。"对于夏热冬暖地区采取集中式空调（采暖）方式时，也应计量收费，增强居民节能意识。在涉及具体空调（采暖）节能设计时，可以参考执行现行国家

标准《公共建筑节能设计标准》GB 50189-2005 中的有关规定。

6.0.3～6.0.4 当居住区采用集中供冷（热）方式时，冷（热）源的选择，对于合理使用能源及节约能源是至关重要的。从目前的情况来看，不外乎采用电驱动的冷水机组制冷，电驱动的热泵机组制冷及采暖；直燃型溴化锂吸收式冷（温）水机组制冷及采暖；蒸汽（热水）溴化锂吸收式冷热水机组制冷及采暖；热、电、冷联产方式，以及城市热网供热；燃气、燃油、电热水机（炉）供热等。当然，选择哪种方式为好，要经过技术经济分析比较后确定。《公共建筑节能设计标准》GB 50189-2005 给出了相应机组的能效比（性能系数）。这些参数的要求在该标准中是强制性条款，是必须达到的。

6.0.5 为了方便应用，表 4 为多联式空调（热泵）机组制冷综合性能系数［IPLV（C）］值，是根据《多联式空调（热泵）机组能效限定值及能源效率等级》GB 21454-2008 标准中规定的能效等级第 3 级。

**表 4 多联式空调（热泵）机组制冷
综合性能系数［IPLV（C）］**

名义制冷量（CC） W	综合性能系数［IPLV（C）］ （能效等级第 3 级）
CC≤28000	3.20
28000＜CC≤84000	3.15
84000＜CC	3.10

6.0.6 部分夏热冬暖地区冬季比较温和，需要采暖的时间很短，而且热负荷也很低。这些地区如果采暖，往往可能是直接用电来进行采暖。比如电散热器采暖、电红外线辐射器采暖、低温电热膜辐射采暖、低温加热电缆辐射采暖，甚至电锅炉热水采暖等等。要说明的是，采用这类方式时，特别是电红外线辐射器采暖、低温电热膜辐射采暖、低温加热电缆辐射采暖时，一定要符合有关标准中建筑防火要求，也要分析用电量的供应保证及用户运行费用承担的能力。但毕竟火力发电厂的发电效率约为 30%，用高品位的电能直接转换为低品位的热能进行采暖，在能源利用上并不合理。此条只是要求如果设计阶段将采暖方式、设备也在图纸上作了规定，那么，这种较大规模的应用从能源合理利用角度并不合理，不宜鼓励和认同。

6.0.7 采用分散式房间空调器进行空调和（或）采暖时，这类设备一般由用户自行采购，该条文的目的是要推荐用户购买能效比高的产品。目前已发布实施国家标准《房间空气调节器能效限定值及能效等级》GB 12021.3-2010 和《转速可控型房间空气调节器能效限定值及能源效率等级》GB 21455-2008，建议用户选购节能型产品（即能源效率第 2 级）。

而新修订的《房间空气调节器能效限定值及能效等级》GB 12021.3－2010对于能效限定值与能源效率等级指标已有提高，能效等级分为三级，而 GB 12021.3－2004版中的节能评价值（即能效等级第 2 级）仅列为最低级（即第 3 级）。

为了方便应用，表 5 列出了 GB 12021.3－2010 房间空气调节器能源效率等级第 3 级指标，表 6 列出了 GB 12021.3－2010 中空调器能源效率等级指标；表 7 列出了转速可控型房间空气调节器能源效率等级第 2 级指标。

表 5　房间空调器能源效率等级指标

类型	额定制冷量（CC） W	节能评价值 （能效等级 3 级）
整体式	—	2.90
分体式	CC≤4500	3.20
	4500＜CC≤7100	3.10
	7100＜CC≤14000	3.00

表 6　房间空调器能源效率等级指标

类型	额定制冷量（CC） W	能效等级		
		3	2	1
整体式	—	2.90	3.10	3.30
分体式	CC≤4500	3.20	3.40	3.60
	4500＜CC≤7100	3.10	3.30	3.50
	7100＜CC≤14000	3.00	3.20	3.40

表 7　能源效率 2 级对应的制冷季节能源消耗效率（SEER）指标（Wh/Wh）

类型	额定制冷量（CC） W	节能评价值 （能效等级 2 级）
分体式	CC≤4500	4.50
	4500＜CC≤7100	4.10
	7100＜CC≤14000	3.70

6.0.8　本条文是强制性条文。

现行国家标准《地源热泵系统工程技术规范》GB 50366－2005 中对于"地源热泵系统"的定义为："以岩土体、地下水或地表水为低温热源，由水源热泵机组、地热能交换系统、建筑物内系统组成的供热空调系统。根据地热能交换形式的不同，地源热泵系统分为地埋管地源热泵系统、地下水地源热泵系统和地表水地源热泵系统"。地表水包括河流、湖泊、海水、中水或达到国家排放标准的污水、废水等。地源热泵系统可利用浅层地热能资源进行供热与空调，具有良好的节能与环境效益，近年来在国内得到了日益广泛的应用。但在夏热冬暖地区应用地源热泵系统时不能一概而论，

应针对项目冷热需求特点、项目所处的资源状况选择合适的系统形式，并对选用的地源热泵系统类型进行适宜性分析，包括技术可行性和经济合理性的分析，只有在技术经济合理的情况下才能选用。

这里引用《地源热泵系统工程技术规范》GB 50366－2005 的部分条文进行说明，第 3.1.1 条："地源热泵系统方案设计前，应进行工程场地状况调查，并应对浅层地热能资源进行勘察"；第 4.3.2 条："地埋管换热系统设计应进行全年动态负荷计算，最小计算周期宜为 1 年。计算周期内，地源热泵系统总释热量宜与其总吸热量相平衡"；第 5.1.2 条："地下水的持续出水量应满足地源热泵系统最大吸热量或释热量的要求"；第 6.1.1 条："地表水换热系统设计前，应对地表水地源热泵系统运行对水环境的影响进行评估"。

特别地，全年冷热负荷基本平衡是土壤源热泵开发利用的基本前提，当计划采用地埋管换热系统形式时，要进行土壤温度平衡的模拟计算，保证全年向土壤的供冷量和取冷量相当，保持地温的稳定。

6.0.9　在空调设计阶段，应重视两方面内容：（1）布置室外机时，应保证相邻的室外机吹出的气流射程互不干扰，避免空调器效率下降；对于居住建筑开放式天井来说，天井内两个相对的主要立面一般不小于 6m，这对于一般的房间空调器的室外机吹出气流射程不至于相互干扰，但在天井两个立面距离小于 6m 时，应考虑室外机偏转一定的角度，使其吹出射流方向朝向天井开口方向；对于封闭内天井来说，当天井底部无架空且顶部不开敞时，天井内侧不宜布置空调室外机；（2）对室内机和室外机进行隐蔽装饰设计有两个主要目的，一是提高建筑立面的艺术效果，二是对室外机有一定的遮阳和防护作用。有的商住楼用百叶窗将室外机封起来，这样会不利于夏季排放热量，大大降低能效比。装饰的构造形式不应对空调器室内机和室外机的进气和排气通道形成明显阻碍，从而避免室内气流组织不良和设备效率下降。

6.0.10～6.0.12　居住建筑应用空调设备保持室内舒适的热环境条件要耗费能量。此外，应用空调设备还会有一定的噪声。而自然通风无能耗、无噪声，当室外空气品质好的情况下，人体舒适感好（空气新鲜、风速风向随机变化、风力柔和），因此，应重视采用自然通风。欧洲国家在建筑节能和改善室内空气品质方面极为重视研究和应用自然通风，我国国家住宅与居住环境工程中心编制的《健康住宅建设技术要点》中规定："住宅的居住空间应能自然通风，无通风死角"。当然，自然通风在应用上存在不易控制、受气象条件制约、要求室外空气无污染等局限，例如据气象资料统计，广州地区标准年室外干球温度分布在 18.5℃～26.5℃ 的时数为 3991 小时，近半年的时间里可利用自然通风。对于某些居住建筑，由于客观原因使在气象条件符合利用自然通风的时间里而单纯靠

自然通风又不能满足室内热环境要求时，应设计机械通风（一般是机械排风），作为自然通风的辅助技术措施。只有各种通风技术措施都不能满足室内热舒适环境要求时，才开启空调设备或系统。

目前，居住建筑的机械排风有分散式无管道系统，集中式排风竖井和有管道系统。随着经济的发展和人们生活水平的提高，集中式机械排风竖井或集中式有管道机械排风系统会得到较多的应用。

居住建筑中由于人（及宠物）的新陈代谢和人的活动会产生污染物，室内装修材料及家具设备也会散发污染物，因此，居住建筑的通风换气是创造舒适、健康、安全、环保的室内环境，提高室内环境质量水平的技术措施之一。通风分为自然通风和机械通风，传统的居住建筑自然通风方法是打开门窗，靠风压作用和热压作用形成"穿堂风"或"烟囱风"；机械通风则需要应用风机为动力。有效的技术措施是居住建筑通风设计采用机械排风、自然进风。机械排风的排风口一般设在厨房和卫生间，排风量应满足室内环境质量要求，排风机应选用符合标准的产品，并应优先选用高效节能低噪声风机。《中国节能技术政策大纲》提出节能型通用风机的效率平均达到84%；选用风机的噪声应满足居住建筑环境质量标准的要求。

近年来，建筑室内空气品质问题已经越来越引起人们的关注，建筑材料，建筑装饰材料及胶粘剂会散发出各种污染物如挥发性有机化合物（VOC），对人体健康造成很大的威胁。VOC中对室内空气污染影响最大的是甲醛。它们能够对人体的呼吸系统、心血管系统及神经系统产生较大的影响，甚至有些还会致癌，VOC还是造成病态建筑综合症（Sick Building Syndrome）的主要原因。当然，最根本的解决是从源头上采用绿色建材，并加强自然通风。机械通风装置可以有组织地进行通风，大大降低污染物的浓度，使之符合卫生标准。

然而，考虑到我国目前居住建筑实际情况，还没有条件在标准中规定居住建筑要普遍采用有组织的全面机械通风系统。本标准要求在居住建筑的通风设计中要处理好室内气流组织，即应该在厨房、无外窗卫生间安装局部机械排风装置，以防止厨房、卫生间的污浊空气进入居室。如果当地夏季白天与晚上的气温相差较大，应充分利用夜间通风，既达到换气通风、改善室内空气品质的目的，又可以被动降温，从而减少空调运行时间，降低能源消耗。

6.0.13 本条文引自全文强制的《住宅建筑规范》GB 50368。

附录 A　建筑外遮阳系数的计算方法

A.0.1～A.0.3　建筑外遮阳系数 SD 的计算方法

国内外均习惯把建筑窗口的遮阳形式按水平遮阳、垂直遮阳、综合遮阳和挡板遮阳进行分类，《中国土木建筑百科辞典》中载入了关于这几种遮阳形式的准确定义。随着国内建筑遮阳产业的发展，近年来出现了几种用于住宅建筑的外遮阳形式，主要有横百叶遮阳、竖百叶遮阳，而这两种遮阳类型因其特征仍然属于窗口前设置的有一定透光能力的挡板，也因其有百叶可调和不可调之分，分别称其为固定横（竖）百叶挡板式遮阳、活动横（竖）百叶挡板式遮阳。考虑到传统的综合遮阳是指由水平遮阳和垂直遮阳组合而成的一种形式，现代建筑遮阳设计中还出现了与挡板遮阳的组合，如南京万科莫愁湖小区住宅设计的阳台飘板＋推拉式活动百叶窗就是典型的案例，因此本计算方法中给出了多种组合式遮阳的 SD 计算方法，其中包括了传统的综合遮阳。

本计算方法 A.0.1 中按国内外建筑设计行业和建筑热工领域的习惯分类，依窗口的水平遮阳、垂直遮阳、挡板遮阳、固定横（竖）百叶挡板式遮阳、活动横（竖）百叶挡板式遮阳的顺序，给出了各自的外遮阳系数的定量计算方法；A.0.2 给出了多种遮阳形式组合的计算方法；A.0.3 规定了透光性材料制作遮阳构件时，建筑外遮阳系数的计算方法，实际上本条规定相当于是对上述遮阳形式的计算结果进行一个材料透光性的修正。

1　窗口水平遮阳和垂直遮阳的外遮阳系数

水平和垂直外遮阳系数的计算是依据外遮阳系数 SD 的定义，建立一个简单的建筑模型，通过全年空调能耗动态模拟计算，按诸朝向外窗遮阳与不遮阳能耗计算结果反算得来建筑外遮阳系数，其计算式为：

$$SD = \frac{q_2 - q_3}{q_1 - q_3} \tag{7}$$

式中：q_1——无外遮阳时，模拟得到的全年空调能耗指标（kWh/m^2）；

q_2——某朝向所有外窗设外遮阳，模拟得到的全年空调指标（kWh/m^2）；

q_3——上述朝向所有外窗假设设的遮阳系数 $SC=0$，该朝向所有外窗不设遮阳措施，其他参数不变的情况下，模拟得到的全年累计冷负荷指标（kWh/m^2）；

$q_1 - q_3$——某朝向上的所有外窗无外遮阳时由太阳辐射引起的全年累计冷负荷（kWh/m^2）；

$q_2 - q_3$——某朝向上的所有外窗有外遮阳时由太阳辐射引起的全年累计冷负荷（kWh/m^2）。

有无遮阳的模型建筑的能耗是通过 DOE-2 的计算拟合得到的。在进行遮阳板的计算过程中，本标准采用了一个比较简单的建筑进行拟合计算。其外窗为单层透明玻璃铝合金窗，传热系数 5.61，遮阳系数 0.9，单窗面积为 4m²。为了使计算的遮阳系数有较广的适应性，故将窗定为正方形。采用这一建筑进行各个朝向的拟合计算。方法是在不同的朝向加遮阳板，变化遮阳板的挑出长度，逐一模拟公式 A.0.1-1 中空调能耗值并计算出 SD，再与遮阳板构造的挑出系数 $x=A/B$ 关联，拟合出一个二次多项式的系数 a、b。

2 挡板遮阳的遮阳系数

挡板的外遮阳系数按下式计算：

$$SD = 1-(1-SD^*)(1-\eta^*) \tag{8}$$

式中：SD^*——采用不透明材料制作的挡板的建筑外遮阳系数；

η^*——挡板的材料透射比，按条文中表 A.0.3 确定。

其他非透明挡板各朝向的建筑外遮阳系数 SD^* 可按该朝向上的 4 组典型太阳光线入射角，采用平行光投射方法分别计算或实验测定，其轮廓透光比应取 4 个透光比的平均值。典型太阳入射角可按表 8 选取。

表 8　典型的太阳光线入射角　（°）

窗口朝向		南				东、西				北			
		1组	2组	3组	4组	1组	2组	3组	4组	1组	2组	3组	4组
夏季	高度角	0	0	60	60	0	0	45	45	0	30	30	30
	方位角	0	45	0	45	75	90	75	45	180	180	135	-135
冬季	高度角	0	0	45	45	0	0	45	45	0	0	0	45
	方位角	0	45	0	45	45	90	45	90	180	135	-135	180

挡板遮阳分析的关键问题是挡板的材料和构造形式对外遮阳系数的影响。因当前现代建筑材料类型和构造技术的多样化，挡板的材料和构造形式变化万千，如果均要求建筑设计时按太阳位置角度逐时计算挡板的能量比例显然是不现实的。但作为挡板构造形式之一的建筑花格、漏花、百叶等遮阳构件，在原理上存在统一性，都可以看做是窗口外的一块竖板，通过这块板则有两个性能影响光线到达窗面，一个是挡板的轮廓形状和与窗面的相对位置，另一个是挡板本身构造的透光性能。两者综合在一起才能判断挡板的遮阳效果。因此本标准采用两个参数确定挡板的遮阳系数，一个是挡板的建筑外遮阳系数 SD^*，另一个是挡板构造透光比 η^*。

根据上述原理计算各个朝向的建筑外遮阳系数 SD 值，再将 SD 值与挡板的构造的特征值（挡板高与窗高之比）$x=A/B$ 关联，拟合出二次多项式的系数 a、b 载入表 A.0.1。计算中挡板设定为不透光的材料（如钢筋混凝土板材、金属板或复合装饰扣板等），但考虑这类材料本身的吸热后的二次辐射，取 $\eta^*=0.1$。挡板与外窗之间选取了一个典型的间距值为 0.6m，当这一间距增大时挡板的遮阳系数会增大遮阳效果会下降，但对于阳台和走廊设置挡板时距离一般在 1.2m，和挑出楼板组合后，在这一范围内仍然选用设定间距为 0.6m 时的回归系数是可行的。这样确定也是为了鼓励设计多采用挡板式这类相对最为有效的做法。

中华人民共和国行业标准

既有居住建筑节能改造技术规程

Technical specification for energy efficiency retrofitting of
existing residential buildings

JGJ/T 129—2012

批准部门：中华人民共和国住房和城乡建设部
施行日期：２０１３年３月１日

中华人民共和国住房和城乡建设部
公 告

第 1504 号

住房城乡建设部关于发布行业标准
《既有居住建筑节能改造技术规程》的公告

现批准《既有居住建筑节能改造技术规程》为行业标准，编号为 JGJ/T 129－2012，自 2013 年 3 月 1 日起实施。原行业标准《既有采暖居住建筑节能改造技术规程》JGJ 129－2000 同时废止。

本规程由我部标准定额研究所组织中国建筑工业出版社出版发行。

中华人民共和国住房和城乡建设部

2012 年 10 月 29 日

前　　言

根据原建设部《关于印发〈2006 年工程建设标准规范制订、修订计划（第一批）〉的通知》（建标［2006］77 号）的要求，规程编制组经广泛调查研究，认真总结实践经验，并在广泛征求意见的基础上，对原行业标准《既有采暖居住建筑节能改造技术规程》JGJ 129－2000 进行了修订。

本规程的主要技术内容有：1. 总则；2. 基本规定；3. 节能诊断；4. 节能改造方案；5. 建筑围护结构节能改造；6. 严寒和寒冷地区集中供暖系统节能与计量改造；7. 施工质量验收。

本规程主要修订的技术内容是：1. 将规程的适用范围扩大到夏热冬冷地区和夏热冬暖地区；2. 规定了在制定节能改造方案前对供暖空调能耗、室内热环境、围护结构、供暖系统进行现状调查和诊断；3. 规定了不同气候区的既有建筑节能改造方案应包括的内容；4. 规定了不同气候区的既有建筑围护结构改造内容、重点以及技术要求；5. 规定了热源、室外管网、室内系统以及热计量的改造要求。

本规程由住房和城乡建设部负责管理，由中国建筑科学研究院负责具体技术内容的解释。执行过程中如有意见或建议，请寄送至中国建筑科学研究院（地址：北京市北三环东路 30 号，邮政编码：100013）。

本规程主编单位：中国建筑科学研究院

本规程参编单位：哈尔滨工业大学市政环境
工程学院
中国建筑设计研究院
中国建筑西北设计研究院
有限公司
中国建筑东北设计研究院
有限公司
吉林省建苑设计集团有限
公司
福建省建筑科学研究院
广东省建筑科学研究院
中国建筑西南设计研究院
有限公司
重庆大学城市规划学院
上海市建筑科学研究院
（集团）有限公司
北京市建筑设计研究院有
限公司
西安建筑科技大学建筑
学院
住房和城乡建设部科技发
展促进中心
深圳市建筑科学研究院有
限公司

本规程主要起草人员：林海燕　郎四维　方修睦
潘云钢　陆耀庆　金丽娜

吴雪岭　赵士怀　冯　雅
付祥钊　杨仕超　夏祖宏
刘明明　刘月莉　宋　波
闫增峰　郝　斌　刘俊跃

　　　　　　　　　　　潘　振
本规程主要审查人员：吴德绳　罗继杰　杨善勤
　　　　　　　　　　　韦延年　陶乐然　张恒业
　　　　　　　　　　　栾景阳　朱惠英　刘士清

目　次

目　　次

Contents

1 总 则

1.0.1 为贯彻国家有关建筑节能的法律、法规和方针政策，通过采取有效的节能技术措施，改变既有居住建筑室内热环境质量差、供暖空调能耗高的现状，提高既有居住建筑围护结构的保温隔热能力，改善既有居住建筑供暖空调系统能源利用效率，改善居住热环境，制定本规程。

1.0.2 本规程适用于各气候区既有居住建筑进行下列范围的节能改造：

　　1 改善围护结构保温、隔热性能；

　　2 提高供暖空调设备（系统）能效，降低供暖空调设备的运行能耗。

1.0.3 既有居住建筑节能改造应根据节能诊断结果，制定节能改造方案，从技术可靠性、可操作性和经济实用等方面进行综合分析，选取合理可行的节能改造方案和技术措施。

1.0.4 既有居住建筑节能改造，除应符合本规程外，尚应符合国家现行有关标准的规定。

2 基 本 规 定

2.0.1 既有居住建筑节能改造应根据国家节能政策和国家现行有关居住建筑节能设计标准的要求，结合当地的地理气候条件、经济技术水平，因地制宜地开展全面的节能改造或部分的节能改造。

2.0.2 实施全面节能改造后的建筑，其室内热环境和建筑能耗应符合国家现行有关居住建筑节能设计标准的规定。实施部分节能改造后的建筑，其改造部分的性能或效果应符合国家现行有关居住建筑节能设计标准的规定。

2.0.3 既有居住建筑在实施全面节能改造前，应先进行抗震、结构、防火等性能的评估，其主体结构的后续使用年限不应少于 20 年。有条件时，宜结合提高建筑的抗震、结构、防火等性能实施综合性改造。

2.0.4 实施部分节能改造的建筑，宜根据改造项目的具体情况，进行抗震、结构、防火等性能的评估以及改造后的使用年限进行判定。

2.0.5 既有居住建筑实施节能改造前，应先进行节能诊断，并根据节能诊断的结果，制定全面的或部分的节能改造方案。

2.0.6 建筑节能改造的诊断、设计和施工，应由具有相应的建筑检测、设计、施工资质的单位和专业技术人员承担。

2.0.7 严寒和寒冷地区的既有居住建筑节能改造，宜以一个集中供热小区为单位，同步实施对建筑围护结构的改造和供暖系统的全面改造。全面节能改造

后，在保证同一室内热舒适水平的前提下，热源端的节能量不应低于 20%。当不具备对建筑围护结构和供暖系统实施全面改造的条件时，应优先选择对室内热环境影响大、节能效果显著的环节实施部分改造。

2.0.8 严寒和寒冷地区既有居住建筑实施全面节能改造后，集中供暖系统应具有室温调节和热量计量的基本功能。

2.0.9 夏热冬冷地区与夏热冬暖地区的既有居住建筑节能改造，应优先提高外窗的保温和遮阳性能、屋顶和西墙的保温隔热性能，并宜同时改善自然通风条件。

2.0.10 既有居住建筑外墙节能改造工程的设计应兼顾建筑外立面的装饰效果，并应满足墙体保温、隔热、防火、防水等的要求。

2.0.11 既有居住建筑外墙节能改造工程应优先选用安全、对居民干扰小、工期短、对环境污染小、施工工艺便捷的墙体保温技术，并宜减少湿作业施工。

2.0.12 既有居住建筑节能改造应制定和实行严格的施工防火安全管理制度。外墙改造采用的保温材料和系统应符合国家现行有关防火标准的规定。

2.0.13 既有居住建筑节能改造不得采用国家明令禁止和淘汰的设备、产品、材料。

3 节 能 诊 断

3.1 一 般 规 定

3.1.1 既有居住建筑节能改造前应进行节能诊断。并应包括下列内容：

　　1 供暖、空调能耗现状的调查；

　　2 室内热环境的现状诊断；

　　3 建筑围护结构的现状诊断；

　　4 集中供暖系统的现状诊断（仅对集中供暖居住建筑）。

3.1.2 既有居住建筑节能诊断后，应出具节能诊断报告，并应包括供暖空调能耗、室内热环境、建筑围护结构、集中供暖系统现状调查和诊断的结果，初步的节能改造建议和节能改造潜力分析。

3.1.3 承担节能诊断的单位应由建设单位委托。节能诊断涉及的检测方法应按现行行业标准《居住建筑节能检测标准》JGJ/T 132 执行。

3.2 能 耗 现 状 调 查

3.2.1 既有居住建筑节能改造前，应先进行供暖、空调能耗现状的调查统计。调查统计应符合现行行业标准《民用建筑能耗数据采集标准》JGJ/T 154 的有关规定。

3.2.2 既有居住建筑应根据其供暖和空调能耗现状调查统计结果，为节能诊断报告提供下列内容：

1 既有居住建筑供暖能耗；

2 既有居住建筑空调能耗。

3.3 室内热环境诊断

3.3.1 既有居住建筑室内热环境诊断时，应按国家现行标准《民用建筑热工设计规范》GB 50176、《严寒和寒冷地区居住建筑节能设计标准》JGJ 26、《夏热冬冷地区居住建筑节能设计标准》JGJ 134、《夏热冬暖地区居住建筑节能设计标准》JGJ 75 以及《居住建筑节能检测标准》JGJ/T 132 执行。

3.3.2 既有居住建筑室内热环境诊断，应采用现场调查和检测室内热环境状况为主、住户问卷调查为辅的方法。

3.3.3 既有居住建筑室内热环境诊断应主要针对供暖、空调季节进行，夏热冬冷和夏热冬暖地区的诊断还宜包括过渡季节。针对过渡季节的室内热环境诊断，应在自然通风状态下进行。

3.3.4 既有居住建筑室内热环境诊断应调查、检测下列内容并将结果提供给节能诊断报告：

1 室内空气温度；

2 室内空气相对湿度；

3 外围护结构内表面温度，在严寒和寒冷地区还应包括热桥等易结露部位的内表面温度，在夏热冬冷和夏热冬暖地区还应包括屋面和西墙的内表面温度；

4 在夏热冬暖和夏热冬冷地区，建筑室内的通风状况；

5 住户对室内温度、湿度的主观感受等。

3.4 围护结构节能诊断

3.4.1 围护结构节能诊断前，应收集下列资料：

1 建筑的设计施工图、计算书及竣工图；

2 建筑装修和改造资料；

3 历年修缮资料；

4 所在地城市建设规划和市容要求。

3.4.2 围护结构进行节能诊断时，应对下列内容进行现场检查：

1 墙体、屋顶、地面以及门窗的裂缝、渗漏、破损状况；

2 屋顶结构构造：结构形式、遮阳板、防水构造、保温隔热构造及厚度；

3 外墙结构构造：墙体结构形式、厚度、保温隔热构造及厚度；

4 外窗：窗户型材种类、开启方式、玻璃结构、密封形式；

5 遮阳：遮阳形式、构造和材料；

6 户门：构造、材料、密闭形式；

7 其他：分户墙、楼板、外挑楼板、底层楼板等的材料、厚度。

3.4.3 围护结构节能诊断时，应按现行国家标准《民用建筑热工设计规范》GB 50176 的规定计算其热工性能，必要时应对部分构件进行抽样检测其热工性能。围护结构热工性能检测应符合现行行业标准《居住建筑节能检测标准》JGJ/T 132 的有关规定。围护结构热工计算和检测应包括下列内容：

1 屋顶的保温性能、隔热性能；

2 外墙的保温性能、隔热性能；

3 房间的气密性；

4 外窗的气密性；

5 围护结构热工缺陷。

3.4.4 外窗的传热系数应现行行业标准《建筑门窗玻璃幕墙热工计算规程》JGJ/T 151 的规定进行计算；外窗的综合遮阳系数应现行行业标准《夏热冬暖地区居住建筑节能设计标准》JGJ 75 和《建筑门窗玻璃幕墙热工计算规程》JGJ/T 151 的有关规定进行计算。

3.4.5 围护结构节能诊断应根据建筑物现状、围护结构现场检查和热工性能计算与检测的结果等对其热工性能进行判定，并为节能诊断报告提供下列内容：

1 建筑围护结构各组成部分的传热系数；

2 建筑围护结构可能存在的热工缺陷状况；

3 建筑物耗热量指标（严寒、寒冷地区集中供暖建筑）。

3.5 严寒和寒冷地区集中供暖系统节能诊断

3.5.1 供暖系统节能诊断前，应收集下列资料：

1 供暖系统设计施工图、计算书和竣工图纸；

2 历年维修改造资料；

3 供暖系统运行记录及 3 年以上能源消耗量。

3.5.2 供暖系统诊断时，应对下列内容进行现场检查、检测、计算并将结果提供给节能诊断报告：

1 锅炉效率、单位锅炉容量的供暖面积；

2 单位建筑面积的供暖耗煤量（折合成标准煤）、耗电量和水量；

3 根据建筑耗热量、耗煤量指标和实际供暖天数推算系统的运行效率；

4 供暖系统补水率；

5 室外管网输送效率；

6 室外管网水力平衡度、调控能力；

7 室内供暖系统形式、水力失调状况和调控能力。

3.5.3 对锅炉效率、系统补水率、室外管网水力平衡度、室外管网热损失率、耗电输热比等指标参数的检测应按现行行业标准《居住建筑节能检测标准》JGJ/T 132 执行。

4 节能改造方案

4.1 一般规定

4.1.1 对居住建筑实施节能改造前，应根据节能诊断结果和预定的节能目标制定节能改造方案，并应对节能改造方案的效果进行评估。

4.1.2 严寒和寒冷地区应按现行行业标准《严寒和寒冷地区居住建筑节能设计标准》JGJ 26 中的静态计算方法，对建筑实施改造后的供暖耗热量指标进行计算。计划实施全面节能改造的建筑，其改造后的供暖耗热量指标应符合现行行业标准《严寒和寒冷地区居住建筑节能设计标准》JGJ 26 的规定，室内系统应满足计量要求。

4.1.3 夏热冬冷地区应按现行行业标准《夏热冬冷地区居住建筑节能设计标准》JGJ 134 中的动态计算方法，对建筑实施改造后的供暖和空调能耗进行计算。

4.1.4 夏热冬暖地区应按现行行业标准《夏热冬暖地区居住建筑节能设计标准》JGJ 75 中的动态计算方法，对建筑实施改造后的空调能耗进行计算。

4.1.5 夏热冬冷地区和夏热冬暖地区宜对改造后建筑顶层房间的夏季室内热环境进行评估。

4.2 严寒和寒冷地区节能改造方案

4.2.1 严寒和寒冷地区既有居住建筑的全面节能改造方案应包括建筑围护结构节能改造方案和供暖系统节能改造方案。

4.2.2 围护结构节能改造方案应确定外墙、屋面等保温层的厚度并计算外墙平均传热系数和屋面传热系数，确定外窗、单元门、户门传热系数。对外墙、屋面、窗洞口等可能形成冷桥的构造节点，应进行热工校核计算，避免室内表面结露。

4.2.3 建筑围护结构节能改造方案应评估下列内容：

    1 建筑物耗热量指标；

    2 围护结构传热系数；

    3 节能潜力；

    4 建筑热工缺陷；

    5 改造的技术方案和措施，以及相应的材料和产品；

    6 改造的资金投入和资金回收期。

4.2.4 严寒和寒冷地区供暖系统节能改造方案应符合下列规定：

    1 改造后的燃煤锅炉年均运行效率不应低于 68%，燃气及燃油锅炉年均运行效率不应低于 80%；

    2 对于改造后的室外供热管网，管网保温效率应大于 97%，补水率不应大于总循环流量的 0.5%，系统总流量应为设计值的 100%～110%，水力平衡

度应在 0.9～1.2 范围之内，耗电输热比应符合现行行业标准《严寒和寒冷地区居住建筑节能设计标准》JGJ 26 的有关规定。

4.2.5 供暖系统节能改造方案应评估下列内容：

    1 供暖期间单位建筑面积耗标煤量（耗气量）指标；

    2 锅炉运行效率；

    3 室外管网输送效率；

    4 热源（热力站）变流量运行条件；

    5 室内系统热计量仪表状况及系统调节手段；

    6 供热效果；

    7 节能潜力；

    8 改造的技术方案和措施，以及相应的材料和产品；

    9 改造的资金投入和资金回收期。

4.3 夏热冬冷地区节能改造方案

4.3.1 夏热冬冷地区既有居住建筑节能改造方案应主要针对建筑围护结构。

4.3.2 夏热冬冷地区既有居住建筑节能改造方案应确定外墙、屋面等保温层的厚度，计算外墙平均传热系数和屋面传热系数，确定外窗的传热系数和遮阳系数。必要时，应对外墙、屋面、窗洞口等可能形成热桥的构造节点进行结露验算。

4.3.3 夏热冬冷地区既有建筑节能改造方案的效果评估应包括能效评估和室内热环境评估，并应符合下列规定：

    1 当节能方案满足现行行业标准《夏热冬冷地区居住建筑节能设计标准》JGJ 134 全部规定性指标的要求时，可认定节能方案达到该标准的节能水平；

    2 当节能方案不完全满足现行行业标准《夏热冬冷地区居住建筑节能设计标准》JGJ 134 全部规定性指标的要求时，应按该标准规定的方法，计算节能改造方案的节能综合评价指标。

4.3.4 评估室内热环境时，应先按节能改造方案建立该建筑的计算模型，计算当地典型气象年条件下建筑室内的全年自然室温（t_n），再按表 4.3.4 的规定进行评估。

表 4.3.4 夏热冬冷地区节能改造方案的室内热环境评估

室内热环境评估等级	评估指标	
	冬季	夏季
良好	$12℃ \leqslant t_{n,min}$	$t_{n,max} \leqslant 30℃$
可接受	$8℃ \leqslant t_{n,min} < 12℃$	$30℃ < t_{n,max} \leqslant 32℃$
恶劣	$t_{n,min} < 8℃$	$t_{n,max} > 32℃$

4.4 夏热冬暖地区节能改造方案

4.4.1 夏热冬暖地区既有居住建筑节能改造方案应

主要针对建筑围护结构。

4.4.2 夏热冬暖地区既有居住建筑节能改造方案应确定外墙、屋面等保温层的厚度，计算外墙传热系数和屋面传热系数，确定外窗的传热系数和遮阳系数等。

4.4.3 夏热冬暖地区既有建筑节能改造方案的效果评估应包括能效评估和室内热环境评估，并应符合下列规定：

1 当节能改造方案满足现行行业标准《夏热冬暖地区居住建筑节能设计标准》JGJ 75 全部规定性指标的要求时，可认定该改造方案达到该标准的节能水平；

2 当节能改造方案不完全满足现行行业标准《夏热冬暖地区居住建筑节能设计标准》JGJ 75 全部规定性指标的要求时，应按现行行业标准《夏热冬暖地区居住建筑节能设计标准》JGJ 75 规定的对比评定法，计算改造方案的节能综合评价指标。

4.4.4 室内热环境评价应符合下列规定：

1 应按现行国家标准《民用建筑热工设计规范》GB 50176 计算改造方案中建筑屋顶、西外墙的保温隔热性能；

2 应按现行行业标准《建筑门窗玻璃幕墙热工计算规程》JGJ/T 151 计算改造方案中外窗隔热性能和保温性能；

3 应按现行行业标准《夏热冬暖地区居住建筑节能设计标准》JGJ 75 计算改造方案中外窗的可开启面积或采用流体力学计算软件模拟节能改造实施方案中建筑内部预期的自然通风效果；

4 室内热环境评价结论的判定应符合下列规定：

1）当围护结构节能设计符合现行行业标准《夏热冬暖地区居住建筑节能设计标准》JGJ 75 的有关规定时，应判定节能方案的夏季室内热环境为良好；

2）当围护结构节能设计不完全符合现行行业标准《夏热冬暖地区居住建筑节能设计标准》JGJ 75 的有关规定，但屋顶、外墙的隔热性能符合现行国家标准《民用建筑热工设计规范》GB 50176 的有关规定时，应判定节能方案的夏季室内热环境为可接受；

3）当围护结构节能设计不完全符合现行行业标准《夏热冬暖地区居住建筑节能设计标准》JGJ 75 的有关规定，且屋顶、外墙的隔热性能也不符合现行国家标准《民用建筑热工设计规范》GB 50176 的有关规定时，应判定节能方案的夏季室内热环境为恶劣。

5 建筑围护结构节能改造

5.1 一般规定

5.1.1 围护结构节能改造应按制定的节能改造方案进行设计，设计内容应包括外墙、外窗、户门、不封闭阳台门和单元入口门、屋面、直接接触室外空气的楼地面、供暖房间与非供暖房间（包括不供暖楼梯间）的隔墙及楼板等。

5.1.2 围护结构节能改造时，不得随意更改既有建筑结构构造。

5.1.3 外墙和屋面节能改造前，应对相关的构造措施和节点做法等进行设计。

5.1.4 对严寒和寒冷地区围护结构的节能改造，应同时考虑供暖系统的节能改造，为供暖系统改造预留条件。

5.1.5 围护结构改造应遵循经济、适用、少扰民的原则。

5.1.6 围护结构节能改造所使用的材料、技术应符合设计要求和国家现行有关标准的规定。

5.2 严寒和寒冷地区围护结构

5.2.1 严寒和寒冷地区既有居住建筑围护结构改造后，其传热系数应符合现行行业标准《严寒和寒冷地区居住建筑节能设计标准》JGJ 26 的有关规定。

5.2.2 严寒和寒冷地区，在进行外墙节能改造时，应优先选用外保温技术，并应与建筑的立面改造相结合。

5.2.3 外墙节能改造时，严寒和寒冷地区不宜采用内保温技术。当严寒和寒冷地区外保温无法施工或需保持既有建筑外貌时，可采用内保温技术。

5.2.4 外墙节能改造采用内保温技术时，应进行内保温设计，并对混凝土梁、柱等热桥部位进行结露验算，施工前制定施工方案。

5.2.5 严寒和寒冷地区外窗改造时，可根据既有建筑具体情况，采取更换原窗户或在保留原窗户基础上再增加一层新窗户的措施。

5.2.6 严寒和寒冷地区居住建筑的楼梯间及外廊应封闭；楼梯间不供暖时，楼梯间隔墙和户门应采取保温措施。

5.2.7 严寒、寒冷地区的单元门应加设门斗；与非供暖走道、门厅相邻的户门应采用保温门；单元门宜安装闭门器。

5.3 夏热冬冷地区围护结构

5.3.1 夏热冬冷地区既有居住建筑围护结构改造后，所改造部位的热工性能应符合现行行业标准《夏热冬冷地区居住建筑节能设计标准》JGJ 134 的规定性指标的有关规定。

5.3.2 既有居住建筑外墙进行节能改造设计时，应根据建筑的历史和文化背景、建筑的类型和使用功能、建筑现有的立面形式和建筑外装饰材料等，确定采用外保温隔热或内保温隔热技术，并应符合下列规定：

    1 混凝土剪力墙应进行外墙保温改造；

    2 南北向板式（条式）建筑，应对东西山墙进行保温改造；

    3 宜采取外保温技术。

5.3.3 既有居住建筑的平屋面宜改造成坡屋面或种植屋面。当保持平屋面时，宜设置保温层和通风架空层。

5.3.4 外窗改造应在满足传热系数要求的同时，满足外窗的气密性、可开启面积和遮阳系数等要求。外窗改造可选择下列方法：

    1 用中空玻璃替代原单层玻璃；

    2 用中空玻璃新窗扇替代原窗扇；

    3 用符合节能标准的窗户替代原窗户；

    4 加一层新窗户或贴遮阳膜；

    5 东、西、南方向主要房间加设活动外遮阳装置。

5.3.5 外窗和阳台透明部分的遮阳，应优先采用活动外遮阳设施，且活动外遮阳设施不应对窗口通风特性产生不利影响。

5.3.6 更换外窗时，外窗的开启方式应有利于建筑的自然通风，可开启面积应符合现行行业标准《夏热冬冷地区居住建筑节能设计标准》JGJ 134 的有关规定。

5.3.7 阳台门不透明部分应进行保温处理。

5.3.8 户门改造时，可采取保温门替代旧钢制不保温门。

5.3.9 保温性能较差的分户墙宜采用各类保温砂浆粉刷。

5.4 夏热冬暖地区围护结构

5.4.1 夏热冬暖地区既有居住建筑围护结构改造后，所改造部位的热工性能应符合现行行业标准《夏热冬暖地区居住建筑节能设计标准》JGJ 75 的规定性指标的有关规定。

5.4.2 既有居住建筑外墙改造时，应优先采取反射隔热涂料、浅色饰面等，不宜采取单纯增加保温层的做法。

5.4.3 既有居住建筑的平屋面宜改造成坡屋面或种植屋面；当保持平屋面时，宜采取涂刷反射隔热涂料、设置通风架空层或遮阳等措施。

5.4.4 既有居住建筑的外窗改造时，可采取下列方法：

    1 外窗玻璃贴遮阳膜；

    2 东、西、南方向主要房间加设外遮阳装置；

    3 外窗玻璃更换为节能玻璃；

    4 增加开启窗扇；

    5 用符合节能标准的窗户替代原窗户。

5.4.5 节能改造更换外窗时，外窗的开启方式应有利于建筑的自然通风，可开启面积应符合现行行业标准《夏热冬暖地区居住建筑节能设计标准》JGJ 75 的有关规定。

5.5 围护结构节能改造技术要求

5.5.1 采用外保温技术对外墙进行改造时，材料的性能、构造措施、施工要求应符合现行行业标准《外墙外保温工程技术规程》JGJ 144 的有关规定。外墙外保温系统应包覆门窗框外侧洞口、女儿墙、封闭阳台栏板及外挑出部分等热桥部位，并应与防水、装饰相结合，做好保温层封闭和防水。

5.5.2 采用外保温技术对外墙进行改造时，外保温施工前应做好相关准备工作，并应符合下列规定：

    1 外墙侧管道、线路应拆除，施工后需要恢复的设施应妥善保管；

    2 施工脚手架宜采用与墙面分离的双排脚手架；

    3 应修复原围护结构裂缝、渗漏，填补密实墙面的缺损、孔洞，更换损坏的砖或砌块，修复冻害、析盐、侵蚀所产生的损坏；

    4 应清理原围护结构表面油迹、酥松的砂浆，修复不平的表面；

    5 当采用预制外墙外保温系统时，应完成立面规格分块及安装设计构造详图设计。

5.5.3 外墙内保温的施工和保温材料的燃烧性能等级应符合现行行业标准《外墙内保温工程技术规程》JGJ/T 261 的有关规定。

5.5.4 采用内保温技术对外墙进行改造时，施工前应做好相关准备，并应符合下列规定：

    1 对原围护结构表面涂层、积灰油污及杂物、粉刷空鼓，应刮掉并清理干净；

    2 对原围护结构表面脱落、虫蛀、霉烂、受潮所产生的损坏，应进行修复；

    3 对原围护结构裂缝、渗漏，应进行修复，墙面的缺损、孔洞应填补密实；

    4 对原围护结构表面不平整处，应予以修复；

    5 室内各类管线应安装完成并经试验检测合格。

5.5.5 外门窗的节能改造应符合下列规定：

    1 严寒与寒冷地区的外窗节能改造应符合下列规定：

      1）当在原有单玻窗基础上再加装一层窗时，两层窗户的间距不应小于100mm；

      2）更新外窗时，可采用塑料窗、隔热铝合金窗、玻璃钢窗以及钢塑复合窗、木塑复合窗等，并应将单玻窗换成中空双玻或三玻窗；

3）更换新窗时，窗框与墙之间应设置保温密封构造，并宜采用高效保温气密材料和弹性密封胶封堵；

4）阳台门的门芯板应为保温型，也可对原有阳台进行封闭处理；阳台门的玻璃宜采用节能玻璃；

5）严寒、寒冷地区的居住建筑外窗框宜与基层墙体外侧平齐，且外保温系统宜压住窗框 20mm～25mm。

2 夏热冬冷地区的外窗节能改造应符合下列规定：

1）当在原有单玻窗的基础上再加装一层窗时，两层窗户的间距不应小于 100mm；

2）更新外窗时，应优先采用塑料窗，并应将单玻窗换成中空双玻窗；有条件时，宜采用隔热铝合金窗框；

3）外窗进行遮阳改造时，应优先采用活动外遮阳，并应保证遮阳装置的抗风性能和耐久性能。

3 夏热冬暖地区的外窗节能改造应符合下列规定：

1）整窗更换为节能窗时，应符合国家现行标准《民用建筑设计通则》GB 50352 和《夏热冬暖地区居住建筑节能设计标准》JGJ 75 的有关规定；

2）增加开启窗扇改造后，可开启面积应符合现行行业标准《夏热冬暖地区居住建筑节能设计标准》JGJ 75 的有关规定；

3）更换外窗玻璃为节能玻璃改造时，宜采用遮阳型 Low-e 玻璃；

4）外窗玻璃贴遮阳膜时，应综合考虑膜的寿命、伸缩性、可维护性；

5）东、西、南方向主要房间加设外遮阳装置时，应综合考虑遮阳装置对建筑立面外观、通风及采光的影响，同时还应考虑遮阳装置的抗风性能和耐久性能。

5.5.6 屋面节能改造施工准备工作应符合下列规定：

1 在对屋面状况进行诊断的基础上，应对原屋面上的损害的部品予以修复；

2 屋面的缺损应填补找平；

3 屋面上的设备、管道等应提前安装完毕，并应预留出外保温层的厚度；

4 防护设施应安装到位。

5.5.7 屋面节能改造应根据既有建筑屋面形式，选择下列改造措施：

1 原屋面防水可靠的，可直接做倒置式保温屋面；

2 原屋面防水有渗漏的，应铲除原防水层，重新做保温层和防水层；

3 平屋面改坡屋面时，宜在原有平屋面上铺设耐久性、防火性能好的保温层；

4 坡屋面改造时，宜在原屋顶吊顶上铺放轻质保温材料，其厚度应根据热工计算确定；无吊顶时，可在坡屋面下增加或加厚保温层或增设吊顶，并在吊顶上铺设保温材料，吊顶层应采用耐久性、防火性能好，并能承受铺设保温层荷载的构造和材料；

5 屋面改造时，宜同时安装太阳能热水器，且增设太阳能热水系统应符合现行国家标准《民用建筑太阳能热水系统应用技术规范》GB 50364 的有关规定；

6 平屋面改造成坡屋面或种植屋面应核算屋面的允许荷载。

5.5.8 屋面进行节能改造时，应保证防水的质量，必要时应重新做防水，防水工程应符合现行国家标准《屋面工程技术规范》GB 50345 的有关规定。

5.5.9 严寒和寒冷地区楼地面节能改造时，可在楼板底部设置保温层。

5.5.10 对外窗进行遮阳节能改造时，应优先采用外遮阳措施。增设外遮阳时，应确保增设结构的安全性。

5.5.11 遮阳设施的安装位置应满足设计要求。遮阳设施的安装应牢固、安全，可调节性能应满足使用功能要求。遮阳膜的安装方向、位置应正确。

5.5.12 节能改造施工过程中不得任意变更建筑节能改造施工图设计。当确实需要变更时，应与设计单位洽商，办理设计变更手续。

5.5.13 对围护结构进行改造时，施工单位应先编制建筑节能改造工程施工技术方案并经监理单位或建设单位确认。施工现场应对从事建筑节能工程施工作业的专业人员进行技术交底和必要的实际操作培训。

6 严寒和寒冷地区集中供暖系统节能与计量改造

6.1 一 般 规 定

6.1.1 供暖系统的热力站输出的热量不能满足热用户需求的，应改造、更换或增设热源设备。

6.1.2 供暖系统的锅炉房辅助设备无气候补偿装置、烟气余热回收装置、锅炉集中控制系统和风机变频装置等时，应根据需要加装其中的一种或多种装置。

6.1.3 燃煤锅炉不能采用连续供热辅以间歇调节的运行方式，不能实现根据室外温度变化的质调节或质、量并调方式时，应改造或增设调控装置。

6.1.4 燃煤锅炉房无燃煤计量装置时，应加装计量装置。

6.1.5 供暖系统的室外管网的输送效率低于 90%，正常补水率大于总循环流量的 0.5% 时，应针对降低漏损、加强保温等对管网进行改造。

6.1.6 室外供热管网循环水泵出口总流量低于设计值时，应根据现场测试数据校核，并在原有基础上进行调节或改造。

6.1.7 锅炉房循环水泵没有采用变频调速装置时，宜加装变频调速装置。

6.1.8 供热管网的水力平衡度超出 0.9～1.2 的范围时，应予以改造，并应在供热管网上安装具有调节功能的水力平衡装置。

6.1.9 当室外供暖系统热力入口没有加装平衡调节设备，导致建筑物室内供热系统水力不平衡，并造成室温达不到要求时，应改造或增设调控装置。

6.1.10 室内供暖系统无排气装置时，应加装自动排气阀。

6.1.11 室内供暖系统散热设备的散热量不能满足要求的，应增加或更换散热设备。

6.1.12 供暖系统安装质量不满足现行国家标准《建筑给水排水及采暖工程施工质量验收规范》GB 50242 的有关规定，应进行改造。

6.1.13 供暖系统热力站的一次侧和二次侧无热计量装置时，应加装热计量装置。

6.1.14 居住建筑的室内系统不能实现室温调节和热量分摊计量时，应改造或增设调控和计量装置。

6.2 热源及热力站节能改造

6.2.1 热源及热力站的节能改造可与城市热源的改造同步进行，也可单独进行。热源及热力站的节能改造应技术上合理，经济上可行，并应符合本规程第 4 章的相关规定。

6.2.2 更换锅炉时，应按系统实际负荷需求和运行负荷规律，合理确定锅炉的台数和容量。在低于设计运行负荷条件下，单台锅炉运行负荷不应低于额定负荷的 60%。

6.2.3 热力站供热系统宜设置供热量自动控制装置，根据室外气温和室温设定等变化，调节热源侧的出力。

6.2.4 采用 2 台以上燃油、燃气锅炉时，锅炉房宜设置群控装置。

6.2.5 既有集中供暖系统进行节能改造时，应根据系统节能改造后的运行工况，对原循环水泵进行校核计算，满足建筑热力入口所需资用压头。需要更换水泵时，锅炉房及管网的循环水泵，应选用高效节能低噪声水泵。设计条件下输送单位热量的耗电量应满足现行行业标准《严寒和寒冷地区居住建筑节能设计标准》JGJ 26 的规定。

6.2.6 当热源为热水锅炉房时，其热力系统应满足锅炉本体循环水量控制要求和回水温度限值的要求。当锅炉对供回水温度和流量的限定与外网在整个运行期对供回水温度和流量的要求不一致时，锅炉房直供

系统宜按热源侧和外网配置两级泵系统，且二级水泵应设置调速装置，一、二级泵供回水管之间应设置连通管。

6.2.7 供热系统的阀门设置应符合下列规定：

1 在一个热源站房负担多个热力站（热交换站）的系统中，除阻力最大的热力站以外，各热力站的一次水入口宜配置性能可靠的自力式压差调节阀。热源出口总管上不应串联设置自力式流量控制阀。

2 一个热力站有多个分环路时，各分环路总管上可根据水力平衡的要求设置手动平衡阀。热力站出口总管上不应串联设置自力式流量控制阀。

6.2.8 热力站二次网调节方式应与其所服务的户内系统形式相适应。当户内系统形式全部或大多数为双管系统时，宜采用变流量调节方式；当户内系统形式仅少数为双管系统时，宜采用定流量调节方式。

6.2.9 改造后的系统应进行冲洗和过滤，水质应达到现行行业标准《严寒和寒冷地区居住建筑节能设计标准》JGJ 26 的有关规定。系统停运时，锅炉、热网及室内系统宜充水保养。

6.2.10 热电联产热源厂、集中供热热源厂和热力站应在热力出口安装热量计量装置。改建、扩建或改造的供暖系统中，应确定供热企业和终端用户之间的热费结算位置，并在该位置上安装计量有效的热量表。

6.2.11 锅炉房、热力站应设置运行参数检测装置，并应对供热量、补水量、耗电量进行计量，宜对锅炉房消耗的燃料数量进行计量监测。锅炉房、热力站各种设备的动力用电和照明用电应分项计量。

6.3 室外管网节能改造

6.3.1 室外供热管网改造前，应对管道及其保温质量进行检查和检修，及时更换损坏的管道阀门及部件。室外管网应杜绝漏水点，供热系统正常补水率不应大于总循环流量的 0.5%。室外管网上的阀门、补偿器等部位，应进行保温；管道上保温损坏部位，应采用高效保温材料进行修补或更换。维修或改造后的管网保温效率应大于 97%。

6.3.2 室外管网改造时，应进行水力平衡计算。当热网的循环水泵集中设置在热源或二级网系统的循环水泵集中设置在热力站时，各并联环路之间的压力损失差值不应大于 15%。当室外管网水力平衡计算达不到要求时，应根据热网的特点设置水力平衡阀。热力入口水力平衡度应达到 0.9～1.2。

6.3.3 一级网采用多级循环泵系统时，管网零压差点之前的热用户应设置水力平衡阀。

6.3.4 既有供热系统与新建管网系统连接时，宜采用热交换站的方式进行间接连接；当直接连接时，应对新、旧系统的水力工况进行平衡校核。当热力入口资用压头不能满足既有供暖系统要求时，应采取提高管网循环泵扬程或增设局部加压泵等补偿措施。

6.3.5 每栋建筑物热力入口处应安装热量表。对于用途相同、建设年代相近、建筑物耗热量指标相近、户间热费分摊方式一致的若干栋建筑，可统一安装一块热量表。

6.3.6 建筑物热量表的流量传感器应安装在建筑物热力入口处计量小室内的供水管上。热量表积算仪应设在易于读数的位置，不宜安装在地下管沟之中。热量表的安装应符合现行相关规范、标准的要求。

6.3.7 建筑物热力入口的装置设置应符合下列规定：

　　1　同一供热系统的建筑物内均为定流量系统时，宜设置静态平衡阀；

　　2　同一供热系统的建筑物内均为变流量系统时，供暖入口宜设自力式压差控制阀；

　　3　当供热管网为变流量调节，个别建筑物内为定流量系统时，除应在该建筑供暖入口设自力式流量控制阀外，其余建筑供暖入口仍应采用自力式压差控制阀；

　　4　当供热管网为定流量运行，只有个别建筑物内为变流量系统时，若该建筑物的供暖热负荷在系统中只占很小比例时，该建筑供暖入口可不设调控阀；若该建筑物的供暖热负荷所占比例较大会影响全系统运行时，应在该供暖入口设自力式压差旁通阀；

　　5　建筑物热力入口可采用小型热交换站系统或混水站系统，且对这类独立水泵循环的系统，可根据室内供暖系统形式在热力入口处安装自力式流量控制阀或自力式压差控制阀；

　　6　当系统压差变化量大于额定值的15%时，室外管网应通过设置变频措施或自力式压差控制阀实现变流量方式运行，各建筑物热力入口可不再设自力式流量控制阀或自力式压差控制阀，改为设置静态平衡阀；

　　7　建筑物热力入口的供水干管上宜设二级过滤器，初级宜为滤径 3mm 的过滤器；二级宜为滤径 0.65mm～0.75mm 的过滤器，二级过滤器应设在热能表的上游位置；供、回水管应设置必要的压力表或压力表管口。

6.4　室内系统节能与计量改造

6.4.1 当室内供暖系统需节能改造，且原供暖系统为垂直单管顺流式时，应改为垂直单管跨越式或垂直双管系统，不宜改造为分户水平循环系统。

6.4.2 室内供暖系统改造时，应进行散热器片数复核计算和水力平衡验算，并应采取措施解决室内供暖系统垂直及水平方向的失调。

6.4.3 室内供暖系统改造应设性能可靠的室温控置装置，每组散热器的供水支管宜设散热器恒温控制阀。采用单管跨越式系统时，散热器恒温控制阀应采用低阻力两通或三通阀，产品性能应满足现行行业标准《散热器恒温控制阀》JG/T 195 的规定。

6.4.4 当建筑物热力入口处设热计量装置时，室内供暖系统应同时安装分户热计量装置，计量装置的选择应符合现行行业标准《供热计量技术规程》JGJ 173 的有关规定。

7　施工质量验收

7.1　一般规定

7.1.1 既有居住建筑节能改造后，应进行节能改造工程施工质量验收，并应符合现行国家标准《建筑节能工程施工质量验收规范》GB 50411 的有关规定。

7.1.2 既有居住建筑节能改造施工质量验收应有业主方、设计单位、施工单位以及建设主管部门的代表参加。

7.1.3 既有居住建筑节能改造施工质量验收应在工程全部完成后进行，并应按照验收项目、验收内容进行分项工程和检验批划分。

7.2　围护结构节能改造工程

7.2.1 围护结构节能改造工程施工质量验收应提交有关文件和记录，并应符合下列规定：

　　1　围护结构节能改造方案、设计图纸、设计说明、计算复核资料等应完整齐全；

　　2　材料和构件的品种、规格、质量应符合设计要求和国家现行有关标准的规定，并应提交相应的产品合格证；

　　3　材料和构件的技术性能应符合设计要求，并应提交相应的性能检验报告和进场验收记录、复验报告；

　　4　施工质量应符合设计要求，并应提交相应的施工纪录、各分项工程施工质量验收记录；

　　5　隐蔽工程验收记录应完整，且符合设计要求；

　　6　外墙和屋顶节能改造后，应提供节能构造现场实体检测报告；

　　7　严寒、寒冷和夏热冬冷地区更换外窗时，应提供外窗的气密性现场检测报告。

7.3　集中供暖系统节能改造工程

7.3.1 建筑设备施工质量验收应提交有关文件和记录，并应符合下列规定：

　　1　供暖系统节能改造方案、设计图纸、设计说明、计算复核资料等应完整齐全；

　　2　供暖系统设备、材料、配件的质量应符合国家标准的要求，并应提交相应的产品合格证；

　　3　设备、配件的规格、数量应符合设计要求；

　　4　设备、材料、配件的技术性能应符合要求，并应提交相应的性能检验报告和进场验收记录、复验报告；

5 施工质量应符合设计要求，并应提交相应的施工记录、各分项工程施工质量验收记录；

6 建筑设备的安装应符合设计要求和国家现行有关标准的规定；

7 隐蔽工程验收记录应完整，且符合设计要求；

8 供暖系统的设备单机及系统联合试运转和调试记录应完整，且供暖系统的效果应符合设计要求。

本规程用词说明

1 为便于在执行本规程条文时区别对待，对要求严格程度不同的用词说明如下：

　　1） 表示很严格，非这样做不可的：
　　　　正面词采用"必须"，反面词采用"严禁"；

　　2） 表示严格，在正常情况下均应这样做的：
　　　　正面词采用"应"，反面词采用"不应"或"不得"；

　　3） 表示允许稍有选择，在条件许可时首先应这样做的：
　　　　正面词采用"宜"，反面词采用"不宜"；

　　4） 表示有选择，在一定条件下可以这样做的：采用"可"。

2 条文中指明应按其他有关标准执行的写法为："应符合……的规定"或"应按……执行"。

引用标准名录

1 《民用建筑热工设计规范》GB 50176

2 《建筑给水排水及采暖工程施工质量验收规范》GB 50242

3 《屋面工程技术规范》GB 50345

4 《民用建筑设计通则》GB 50352

5 《民用建筑太阳能热水系统应用技术规范》GB 50364

6 《建筑节能工程施工质量验收规范》GB 50411

7 《严寒和寒冷地区居住建筑节能设计标准》JGJ 26

8 《夏热冬暖地区居住建筑节能设计标准》JGJ 75

9 《居住建筑节能检测标准》JGJ/T 132

10 《夏热冬冷地区居住建筑节能设计标准》JGJ 134

11 《外墙外保温工程技术规程》JGJ 144

12 《建筑门窗玻璃幕墙热工计算规程》JGJ/T 151

13 《民用建筑能耗数据采集标准》JGJ/T 154

14 《供热计量技术规程》JGJ 173

15 《外墙内保温工程技术规程》JGJ/T 261

16 《散热器恒温控制阀》JG/T 195

中华人民共和国行业标准

既有居住建筑节能改造技术规程

JGJ/T 129—2012

条 文 说 明

修 订 说 明

《既有居住建筑节能改造技术规程》JGJ/T 129 - 2012，经住房和城乡建设部 2012 年 10 月 29 日以第 1504 号公告批准、发布。

本规程是在《既有采暖居住建筑节能改造技术规程》JGJ 129 - 2000 的基础上修订而成，上一版主编单位是北京中建建筑设计院，参编单位是中国建筑科学研究院、中国建筑一局（集团）有限公司技术部。主要起草人员有：陈圣奎、李爱新、周景德、沈锟元、董增福、魏大福、刘春雁。本次修订将规程的适用范围从原来的严寒和寒冷地区的既有供暖居住建筑扩展到各个气候区的既有居住建筑。本次修订的主要技术内容是：1. "节能诊断"，规定在制定节能改造方案前对供暖空调能耗、室内热环境、围护结构、供暖系统进行现状调查和诊断；2. "节能改造方案"，规定不同气候区的既有建筑节能改造方案应包括的内容；3. "建筑围护结构节能改造"，规定不同气候区的既有建筑围护结构改造内容、重点以及技术要求；4. "供暖系统节能与计量改造"，分别对热源、室外管网、室内系统以及热计量改造作出了规定。

本规程修订过程中，编制组进行了广泛深入的调查研究，总结了我国近些年来开展建筑节能和既有建筑节能改造的实践经验，同时也参考了国外相应的技术法规。

为便于广大设计、施工、科研、学校等单位有关人员在使用本规程时能正确理解和执行条文规定，《既有居住建筑节能改造技术规程》编制组按章、节、条顺序编制了本规程的条文说明，对条文规定的目的、依据以及执行中需注意的有关事项进行了说明。但是，本条文说明不具备与标准正文同等的法律效力，仅供使用者作为理解和把握标准规定的参考。

目　次

1 总　则

1.0.1 至 2005 年年末全国城镇房屋建筑面积达 164.88 亿 m²，其中城镇民用建筑面积 147.44 亿 m²（居住建筑面积 107.69 亿 m²，公共建筑面积 39.75 亿 m²）。我国从 20 世纪 80 年代开始颁布实施居住建筑节能设计标准，首先在北方集中供暖地区，即严寒和寒冷地区于 1986 年试行新建居住建筑供暖节能率 30% 的设计标准，1996 年实施供暖节能率 50% 的设计标准，并于 2010 年实施供暖节能率 65% 的设计标准。我国中部夏热冬冷地区居住建筑节能设计标准从 2001 年实施，节能率 50%；而南方夏热冬暖地区居住建筑节能设计标准是 2003 年实施，节能率 50%。由于种种原因，前些年建筑节能设计标准的实施并不尽人意。近年来，为贯彻落实党中央、国务院关于建设节约型社会、开展资源节约工作的精神，以及《国务院关于做好建设节约型社会近期重点工作的通知》要求，进一步推进建筑节能工作，住房和城乡建设部每年组织开展了全国城镇建筑节能专项检查。通过专项检查发现，全国对建筑（包括居住建筑和公共建筑）节能标准的重要性认识不断提高，标准的执行率也越来越高。2005 年第一次检查的时候，在设计阶段执行建筑节能强制性标准的只有 57%，而在施工阶段执行强制性标准的不到 24%。2006 年，设计阶段达到 65%，施工阶段达到 54%。2007 年全国城镇（1～10）月份新建建筑在设计阶段执行节能标准的比例为 97%，施工阶段执行节能标准的比例为 71%。2008 年新建建筑在设计阶段执行节能标准的比例为 98%，施工阶段执行节能标准的比例为 82%。2009 年新建建筑在设计阶段执行节能标准的比例为 99%，施工阶段执行节能标准的比例为 90%。但是，我国仍然还有大量既有建筑没有按照节能设计标准建成，或者，有相当数量的、位于严寒和寒冷地区的居住建筑是按照节能率 30% 和 50% 建造的，需要进行节能改造。

经济发展和人们生活水平的提高，居民必然会对室内热环境有所需求，冬季供暖和夏季空调在逐步普及，有些气候区已成为生存和生活的必需。要达到一定的室内热环境指标，能耗是必不可少的。建筑围护结构良好的保温隔热性能，以及供暖空调设备系统的高效运行，是节能减排和改善居住热环境的基本途径。为了规范地对于既有居住建筑进行节能改造，特制订本规程。

1.0.2 本规程适用于我国各气候区的既有居住建筑节能改造。气候区是指严寒地区、寒冷地区、夏热冬冷地区、夏热冬暖地区。由于温和地区的居住建筑目前实际的供暖和空调设备应用较少，所以没有单独列出章节。如果根据实际情况，温和地区有些居住建筑供暖空调能耗比较高，需要进行节能改造，则可以参照气候条件相近的相邻寒冷地区、夏热冬冷地区和夏热冬暖地区的规定实施。

"既有居住建筑"包括住宅、集体宿舍、住宅式公寓、商住楼的住宅部分、托儿所、幼儿园等。

节能改造的目的是为了满足室内热环境要求和降低供暖、空调的能耗。采取两条途径实现节能，首先，改善围护结构的保温（降低供暖热负荷）隔热（降低空调冷负荷）热工性能；其二则是提高供暖空调设备（系统）的能效。

1.0.3 既有居住建筑由于建造年代不同，围护结构各部件热工性能和供暖空调设备、系统的能效不同，在制订节能改造方案前，首先要进行节能改造的诊断，从技术经济比较和分析得出合理可行的围护结构改造方案，并最大限度地挖掘现有设备和系统的节能潜力。

1.0.4 既有居住建筑节能改造的设计、施工验收涉及建筑领域内的专业较多，因此，在进行居住建筑节能改造时，除应符合本规程的规定外，尚应符合国家现行有关标准的规定。

2　基本规定

2.0.1 我国地域辽阔，气候条件和经济技术发展水平差别较大，既有居住建筑节能改造需要根据实际情况，对建筑围护结构、供暖系统进行全面或部分的节能改造。围护结构的全面节能改造包括外墙、屋面和外窗等各部分均进行改造，部分节能改造指根据技术经济条件只改造围护结构中的一项或几项。供暖系统的全面节能改造包括热源、室外管网、室内供暖系统、热计量等各部分均进行改造，部分节能改造指只改造其中的一项或几项。有条件的地方，可以选择全面改造，因为全面改造节能效果好，效费比高。

2.0.3、2.0.4 抗震、结构、防火关系到居住建筑安全和使用寿命，既有居住建筑节能改造当涉及这些问题时，应当根据国家现行的抗震、结构和防火规范进行评估，并根据评估结论确定是否开展单独的节能改造或同步实施安全和节能改造。既有居住建筑节能改造需要投入大量的人力物力，尤其是全面的改造成本较大，应该考虑投资回收期。因此，提出了实施节能改造后的建筑还要保证 20 年以上的使用寿命。实施部分节能改造的建筑，则应根据具体情况决定是否要进行全面的安全性能评估和改造后使用寿命的判定。例如，仅进行供暖系统的部分改造，可能不会影响建筑原有的安全性能。又如，在南方地区仅更换窗户和增添遮阳，显然也不会影响建筑主体结构原有的安全性能。

2.0.5 既有居住建筑量大面广，由于它们所处的气候区不同，建造年代不同，使用情况不同，情况很复杂。因此在对它们实施节能改造前，应先开展节能诊断，然后根据节能诊断的结果确定改造方案。节能改造的合理投资回收期是个很难回答的问题。一方面按目前的能源价格计算，投资回收期都比较长。另一方面节能改造后室内热环境的改善，建筑外观对市容街貌的影响，都无法量化成经济指标。因此，本条文未明确提投资回收期，而是要求节能改造投资成本合理、效果明显。

2.0.7 在严寒和寒冷地区，以一个集中供热小区为单位，对既有居住建筑的供暖系统和建筑围护结构同步实施全面节能改造，改造完成后可以在热源端得到直接的节能效果。但由于各种原因使供暖系统和建筑围护结构不具备同步改造的条件时，应优先选择供暖系统或建筑围护结构中节能效果明显的项目进行改造，如根据具体条件，供暖系统设置供热量自动控制装置，围护结构更换性能差的外窗、增强墙体的保温等。

2.0.8 为满足供热计量的要求，本条文规定严寒地区和寒冷地区的既有居住建筑集中供暖系统改造应设置室温调节和热量计量设施。

2.0.9 在夏热冬冷地区和夏热冬暖地区，一般说来老旧的居住建筑，外窗的保温隔热性能都很差，是建筑围护结构中的薄弱之处，因此应该优先改造。另外，屋顶和西墙的隔热通常也是个问题，所以改造时也要优先给予关注。

2.0.12 既有居住建筑实施节能改造时，由于建筑内有大量居民，所以防火安全尤为重要。稍有不慎引发火灾，不仅造成财产损失，而且很可能造成大量的人员伤亡。因此，本条文规定，不仅外墙保温系统的设计和所采用的材料必须符合相关防火要求，而且必须制定和实行严格的施工防火安全管理制度。

3 节 能 诊 断

3.1 一 般 规 定

3.1.1 实地调查室内热环境、围护结构的热工性能、供暖或空调系统的能耗及运行情况等，是为了科学、准确地了解要进行节能改造的建筑的现状。如果调查还不能达到这个目的，应该辅之以一些测试。然后通过计算分析，对拟改造建筑的能耗状况及节能潜力作出分析，作为制定节能改造方案的重要依据。

3.1.3 为确保节能诊断结果科学、准确、公正，要求从事建筑节能诊断的测评机构应具备相应资质。

3.2 能耗现状调查

3.2.1、3.2.2 居住建筑能耗主要包括供暖空调能耗、照明及家电能耗、炊事和热水能耗等，由于居住建筑使用情况复杂，全面获得分项能耗比较困难。本规程主要针对围护结构热工及空调供暖系统能效，因此调查供暖和空调能耗。针对不同的供暖空调形式，能耗调查统计内容有所不同：

1 集中供暖的既有居住建筑，测量或统计供暖能耗；

2 集中供冷的既有居住建筑，测量或统计空调能耗；

3 非集中供热、供冷的既有居住建筑，测量或调查住户空调供暖设备容量、使用情况和能耗（耗电、耗煤、耗气等）；

4 如不能直接获得供暖空调能耗，可调查统计既有居住建筑总耗电量及其他类型能源的总耗量等，间接估算供暖空调能耗。

3.3 室内热环境诊断

3.3.1 改善居住建筑室内热环境是我国建筑节能的基本目标之一。居住建筑热环境状况也是其节能性能的综合表现，是其是否需要节能改造的主要判据之一。既有居住建筑室内热环境诊断是其节能改造必需的先导工作，它不仅判断是否需要改造，而且还要对怎样改造提出指导性意见，因此诊断内容、诊断方法和诊断过程必须符合建筑节能标准体系的相关规定。本条列出了应作为既有居住建筑室内热环境诊断根据的相关标准。

我国幅员辽阔，不同地区气候差异很大，居住建筑室内热环境诊断时，应根据建筑所处气候区，对诊断内容进行选择性检测。检测方法依据《居住建筑节能检验标准》JGJ/T 132 的有关规定。

3.3.4 室内热环境要素包括室内空气温度、室内空气相对湿度、室内气流速度和室内壁面温度等。住户的热环境感受又与住户的衣着、活动等物理量有关。因此，室内热环境诊断（现状评估）应通过实地现场调查室内热环境状况，同时，对住户进行问卷调查，了解住户的主观感受。

室内热环境有一定的基本要求，例如，室内的温度、湿度、气流和环境辐射温度应在允许范围之内。冬季，严寒和寒冷地区外围护结构内表面温度不应低于室内空气露点温度。夏季，夏热冬冷和夏热冬暖地区自然通风房间围护结构内表面最高温度不应高于当地夏季室外计算温度最高值。

既有居住建筑的实况与其图纸往往相差很大，只能通过现场调查进行评估。夏热冬冷和夏热冬暖地区过渡季节的居住建筑室内热环境状况是其热工性能的综合表现，对建筑能耗有重大影响，是该建筑是否应进行节能改造的重要判据。建筑的通风性能也是影响建筑热舒适、健康和能耗的重要因素。因此诊断评估报告应包括通风状况。

严寒和寒冷地区的居住建筑节能设计标准对室内相对湿度没有要求，但在对既有居住建筑进行现场调查时，测一下相对湿度也有好处，有时可以帮助判断外围护结构内表面结露发霉的原因。

3.4 围护结构节能诊断

3.4.1 节能诊断时，应将建筑地形图、总图、节能计算书及竣工图、建筑装修改造资料、历年修缮资料、所在地城市建设规划和市容要求等收集齐全，对分析既有建筑存在的问题及进行节能改造设计是十分必要的。当然，并非所有的建筑都保留有这么完整的图纸和资料，实际工作中只能尽量收集查阅。

3.4.2 围护结构的节能诊断应依据各地区现行的节能标准或相关规范，重点对围护结构中与节能相关的构造形式和使用材料进行调查，取得第一手资料，找出建筑高能耗的原因和导致室内热环境较差的各种可能因素。

3.4.3 围护结构热工性能可以经过计算获得，但有相当一部分建筑年代长远，相关的图纸资料不全，无法得到围护结构热工性能，在这种情况下必要时应委托有资质的检测机构对围护结构热工性能进行现场检测，作为节能评估的依据。

3.4.4 外窗外遮阳系数的计算方法可参照《夏热冬暖地区居住建筑节能设计标准》JGJ 75；外窗本身的遮阳和传热系数计算方法可参照《建筑门窗玻璃幕墙热工计算规程》JGJ/T 151 进行，也可借助专业的门窗模拟计算软件进行模拟计算。对于部分建筑年代长远，相关外窗的图纸无法得到的建筑，由于无法根据外窗图纸确认外窗的构造及进行相关的建模计算，此类外窗可参照《建筑外门窗保温性能分级及检测方法》GB/T 8484 规定的方法进行试验室检测。

3.4.5 对建筑围护结构节能性能进行判定，可以找出其薄弱环节，提出有针对性的节能改造建议，并对其节能潜力进行分析。

3.5 严寒和寒冷地区集中供暖系统节能诊断

3.5.1～3.5.3 提出了供暖系统节能改造前诊断的要求：如资料、重点诊断的内容等。

4 节能改造方案

4.1 一般规定

4.1.3 夏热冬冷地区居住建筑普遍是间歇式地使用供暖和空调。建筑热状况、建筑传热过程、供暖空调系统运行都是非稳态的。只有采用动态计算和分析方法，才能比较准确地评估各种改造方案的节能效果。

4.1.4 夏热冬暖地区居住建筑普遍是间歇式地使用供暖和空调。建筑热状况、建筑传热过程和供暖空调系统运行都是非稳态的。只有采用动态计算和分析方法，才能比较准确地评估各种改造方案的效果。

4.1.5 夏热冬冷和夏热冬暖地区的老旧居住建筑，顶层房间夏季的室内热环境一般都很差，因此节能改造方案应予以关注。

4.2 严寒和寒冷地区节能改造方案

4.2.2 在严寒和寒冷地区，对外墙、屋面、窗洞口等可能形成冷桥的构造节点进行热工校核计算非常重要，若计算得到的内表面温度低于露点温度，必须调整节点设计或增强局部保温，避免室内表面结露。

4.2.3 建筑物耗热量指标的高低直接反映了既有建筑围护结构节能改造的效果，是评估的主要指标；围护结构各部分的平均传热系数是考核建筑物耗热量指标能否实现的关键参数，也是需要在施工验收环节中进行监管的参数。严寒和寒冷地区，由于气候寒冷，如果改造措施不合理，将导致热桥部位出现结露等问题。对室内热缺陷进行评估，有利于杜绝此类现象发生。

4.2.5 供暖期间单位面积耗标煤量（耗气量）指标高低直接反映了建筑围护结构节能改造效果和供热系统节能改造效果，是评估既有建筑节能效果的关键指标；锅炉运行效率和热网输送效率高低直接反映了供热系统节能效果的高低。根据室外气象参数和热用户的用热需求，确定合理的运行调节方式，以实现按需供热和降低输送能耗。既有建筑节能改造是在满足热用户热舒适性的前提下降低能耗，按户热计量收费可调动热用户节能的积极性，减少用热需求。因此在节能改造方案评估中要对热源及热力站计划实施的调节方法（如等温差调节、质量综合调节、分阶段改变流量质调节等）、是否具备进行运行调节的手段（如供热量调节装置、变速水泵）进行评估，要对室内系统是否安装了热计量设施及是否配备了必要的调节设备进行评估。

在保证热用户热舒适前提下，进行了节能改造后的建筑物及供热系统的节能效果，用节能率来表示。即节能率＝（改造前的耗煤量指标－改造后的耗煤量指标）/改造前的耗煤量指标。

4.3 夏热冬冷地区节能改造方案

4.3.2 夏热冬冷地区幅员辽阔，区内各地区之间的气候差异也不小，例如北部地区冬天的温度就很低，不良的构造节点有可能导致室内表面结露。因此有必要对外墙、屋面、窗洞口等可能形成冷桥的构造节点进行热工校核计算，避免室内表面结露。

4.3.3 节能改造方案的能效评价，参照建筑节能设计标准，推荐优先采用简便易行的规定性评价方法。当规定性评价方法不能评价时，才采用性能性指标评价方案的能效水平。

4.3.4 在夏热冬冷地区，由于建筑功能、建筑现有状况不一样，采用不同的节能改造实施方案会有不同的热环境效果，通常按照人体热舒适标准的要求，在自然通风条件下给出计算当地典型气象年条件下不同的居室内的全年自然室温 t_n 来作为人体在自然通风条件下的热舒适不同标准值。建筑热环境的参数很多，但室内空气温度是主导性参数，对相对湿度有制约作用，对室内辐射温度有很大的相关性。为了简化工程实践，以温度作为热环境评价的基本参数。参照建筑节能设计标准以及卫生学、心理学等，分别以8℃、12℃、30℃、32℃作为热环境质量的分界。

4.4 夏热冬暖地区节能改造方案

4.4.3 本条文规定了夏热冬暖地区既有建筑节能改造实施方案的预期节能效果评价方法及要求。该地区节能改造实施方案节能评价应优先采用"规定性指标法"，当满足"规定性指标法"要求时，可认为其节能率达标；当不满足"规定性指标法"要求时，应采用"对比评定法"，并计算出节能率。经节能效果评价得出的节能率可作为节能改造实施方案经济性评估的依据。

4.4.4 本条文规定了夏热冬暖地区既有建筑节能改造实施方案的预期热环境评价方法及要求。该地区热环境评价应包括围护结构保温隔热性能、建筑室内自然通风效果。

节能改造实施方案中屋顶、外墙的保温隔热性能对室内热环境的影响十分显著。架空屋面、剪力墙等是该地区既有居住建筑中常见的围护结构形式，建筑顶层及临东、西外墙的居住者在夏季会有明显的烘烤感，热舒适性较差。节能改造在针对此类围护结构进行改造设计时，应验算其传热系数和内表面最高温度，确保方案能有效改善室内热环境质量。

与屋顶、外墙相比，外窗的热稳定性较差。通过窗户进入室内的得热量有瞬变传热得热和日射得热量两部分，其中日射得热量是造成该地区夏季室内过热的主要原因之一。因此节能改造应重点考虑对外窗的遮阳性能进行改善，外窗外遮阳系数的计算方法可参照《夏热冬暖地区居住建筑节能设计标准》JGJ 75，外窗本身的遮阳和传热系数计算方法可参照《建筑门窗玻璃幕墙热工计算规程》JGJ/T 151。

良好的自然通风不仅有利于改善室内热环境，而且可以减少空调使用时间。节能改造可通过增大外窗可开启面积、调整窗扇的开启方式等措施来改善自然通风。室内通风的预期效果应采用CFD软件进行模拟计算，依据模拟计算结果分析比对建筑改造前、后的通风效果，并对其进行评价。

在夏热冬暖地区，屋面、外墙的隔热性能是影响室内热环境的决定性因素，所以用其作为室内热环境是否恶劣的区分依据。由于节能设计标准充分考虑了热舒适性要求，所以采用围护结构是否满足节能标准来判断热环境是否良好，其中涉及屋面及外墙保温隔

热性能、外窗保温隔热性能、外窗开启面积（或自然通风效果）等参数，可以采用"规定性指标法"和"对比评定法"进行判断。

5 建筑围护结构节能改造

5.1 一 般 规 定

5.1.1 本条明确了围护结构节能改造设计的内容，设计的依据是节能改造判定的结论。在既有建筑节能改造中，提高围护结构的保温和隔热性能对降低供暖、空调能耗作用明显。在围护结构改造中，屋面、外墙和外窗应是改造的重点，架空或外挑楼板、分隔供暖与非供暖空间的隔墙和楼板是保温处理的薄弱环节，应给予重视。在施工图设计中，应依据节能改造判定的结论所确定的围护结构传热系数来选择屋面、外墙、架空或外挑楼板的保温构造和保温材料及保温层厚度，选择门窗种类，选择分隔供暖与非供暖空间的隔墙和楼板的保温构造，对不封闭阳台门和单元入口门也应采取相应的保温措施。

5.1.2 既有居住建筑由于建造年代不同，结构设计和抗震设计标准不同，施工质量也不同，在对围护结构进行节能改造时，可能会增加外墙和屋面的荷载，为保证结构安全，应对原建筑结构进行复核、验算；当结构安全不能满足节能改造要求时，应采取结构加固措施，以保证结构安全。

由于更换门窗和屋面结构层以上的保温及防水材料，不会影响结构安全，设计可根据需要进行更换；其他如梁、板、柱和基层墙体等对结构安全影响较大的构件，其构造和组成材料不得随意更改。

5.1.3 在对外墙和屋面进行节能改造前，对相关的构造措施和节点做法必须进行设计，使其构造合理，安全可靠并容易实施。

5.1.4 对严寒和寒冷地区围护结构保温性能的节能改造，如能同时考虑供暖系统的节能改造可使围护结构的保温性能与供暖系统相协调，以达到节能、经济的目的，同时进行还可节省工时。当同时进行有困难时，可先进行围护结构改造，但在设计上应为供暖系统改造预留条件。

5.1.5 既有居住建筑的节能改造，量大面广，尤其是对围护结构的节能改造如改换门窗、做屋面和墙体保温及外立面的改造，一般投资都比较大，同时会影响居民的日常生活。为了能实现对既有居住建筑的节能改造，达到节能减排的目的，节省投资、方便施工、减少对居民生活的影响，应是节能改造的基本原则。

5.1.6 目前市场上各种保温材料、网格布、胶粘剂等用于对围护结构进行节能改造所使用的材料、技术种类繁多，其质量和技术性能良莠不齐。为保证围护

结构节能改造的质量，施工图设计应提供所选用材料技术性能指标，且其指标应符合有关标准要求；施工应按施工图设计的要求及国家有关标准的规定进行。严禁使用国家明令禁止和淘汰使用的材料、技术。

5.2 严寒和寒冷地区围护结构

5.2.1 现行行业标准《严寒和寒冷地区居住建筑节能设计标准》JGJ 26-2010对围护结构各部位的传热系数限值均作了规定。为了使既有建筑在改造后与新建建筑一样成为节能建筑，其围护结构改造后的传热系数应符合该标准的要求。

5.2.2 外保温技术有许多优点，特别是在既有建筑围护结构节能改造时因其在施工时不需要居民搬迁，对居民的生活干扰最小而更具优势，同时与建筑立面改造相结合，可使建筑焕然一新。因此应优先采用外保温技术进行外墙的节能改造。

目前常用的外保温技术有EPS、XPS板薄抹灰外保温技术、硬泡聚氨酯外保温技术、EPS板与混凝土同时浇注外保温技术、聚苯颗粒保温浆料外保温技术等，这些保温技术已日趋成熟，国家已颁布行业标准——《外墙外保温工程技术规程》JGJ 144，各地区也有相关技术标准。为保证外保温的工程质量，其设计与施工都应满足标准的要求。另外还应满足公安部公通字〔2009〕46号文件对外保温系统的防火要求。

5.2.3 由于内保温技术很难解决热桥问题，且施工扰民，占用室内使用面积等，在严寒地区不宜采用。在寒冷地区如要维持建筑外貌而不能采用外保温技术时，如重要的历史建筑或重要的纪念性建筑等，可以采用内保温技术。

5.2.4 采用内保温技术的难点就是如何避免热桥部位内表面结露，设计应对混凝土梁、柱、板等热桥部位进行热工计算，特别是对梁板、梁柱交界部位应采取有效的保温技术措施，施工也要有合理的施工方案，以保证整体的保温效果并避免内表面结露。

5.2.5 外窗的传热耗热量和空气渗透耗热量占整个围护结构耗热量的50%以上，因此外窗的节能改造是非常重要的，也是最容易做到并易见到实效的。改造时可根据具体情况，如原有窗已无保留价值，则应更换新窗，新窗应选用符合标准传热系数的双玻窗或三玻窗。如原窗可以保留，可再增加一层新的单层窗或双玻窗，形成双层窗，可以起到很好的保温节能效果。窗框应采用保温性能好的材料，如塑料窗或采用断桥技术的金属窗等。应注意窗户不得任意加宽，若要调整原窗洞口的尺寸和位置，首要先与结构设计人员协商，以不影响结构安全为前提条件。

5.2.6、5.2.7 严寒和寒冷地区将居住建筑的楼梯间和外廊封闭，是很有效的节能改造措施。由于不封闭的楼梯间和外廊，其分户门是直对室外的，也就是说一栋住宅楼中有多少户就有多少个外门。在冬季外门的开启会造成室外大量冷空气进入室内，导致供暖能耗的增加，因此外门越多对保温节能越不利。另外不封闭的楼梯间隔墙是外墙，外墙面大对保温节能不利，将楼梯间封闭，其隔墙变为内墙，减少了外墙，将大大提高保温和节能的效果。

楼梯间不供暖时，对楼梯间隔墙采取保温措施，户门采用保温门可减少户内热量的散失，提高室内热环境质量。

2000年以前，在沈阳以南地区，许多住宅建筑的楼梯间一般都不供暖，入口处也不设门斗。在大连、北京以南地区，住宅建筑的楼梯间有些没有单元门，有些甚至是开敞的，有些居住建筑的外廊也不设门窗，这样能耗是很大的。因此，从利于节能并从实际情况出发，作出了本条规定。

严寒和寒冷地区，在冬季外门的开启会造成室外大量冷空气进入室内，导致供暖能耗的增加。设置门斗可以避免冷风直接进入室内，在节能的同时，也提高了居住建筑门厅或楼梯间的热舒适性，还可避免敷设在住宅楼梯间内的管道受冻。加设门斗是一个很好的节能改造措施。

分隔供暖房间与非供暖走道的户门，也是供暖房间散热的通道，应采取保温措施。一般住宅的户门都采用钢制防盗门，如果在门板内嵌入岩棉，既满足防火、防盗的要求，也可提高保温性能。

单元门宜安装闭门器，以避免单元门常开不关，而造成大量冷空气进入室内，热量散失过大，增加供暖能耗。造成室内温度降低，管道受冻。利用节能改造的时机，将单元门更换为防盗对讲门，可起到防盗、保温节能一举两得的效果。

5.3 夏热冬冷地区围护结构

5.3.1 在夏热冬冷地区，外窗、屋面是影响热环境和能耗最重要的因素，进行既有居住建筑节能改造时，节能投资回报率最高，因此，围护结构改造后的外窗传热系数、遮阳系数、屋面传热系数必须符合行业标准《夏热冬冷地区居住建筑节能设计标准》JGJ 134的要求。外墙虽然也是影响热环境和能耗很重要的因素，但综合投资成本、工程难易程度和节能的贡献率来看，对外墙适当放宽要求，可能节能效果和经济性会最优，但改造后的传热系数应符合行业标准《夏热冬冷地区居住建筑节能设计标准》JGJ 134的要求。

5.3.2 夏热冬冷地区外墙虽然也是影响热环境和能耗很重要的因素，但根据建筑的历史、文化背景、建筑的类型、使用功能、建筑现有的立面形式、工程难易程等考虑，所采用的技术措施是不同的。在夏热冬冷地区，居住建筑的外墙根据建筑结构不同，在城区高层为主的发展形势下，外墙多为钢筋混凝土剪力墙，此类墙保温隔热性极差，故必须改造。而从改造难易和费用研究，南北向的居住建筑，东西山墙应放在外墙改造的首位。在夏热冬冷地区外保温隔热或内保温隔热技术之间节能效果差不多，内保温隔热技术所形成的热桥也不像严寒和寒冷地区热损失那么大和发生结露问题，所以，可根据建筑的具体情况采用外保温隔热或内保温隔热技术。但从改造应少扰民的角度考虑，外墙外保温具有明显的优越性。

5.3.3 在夏热冬冷地区，居住建筑的屋顶根据建筑结构不同，20 世纪 70、80 及 90 年代多层很多为平屋顶，有的有架空层，有的没有，直接暴露在太阳的辐射下。夏季室内屋顶表面温度大于人体表面温度，顶层居民苦不堪言，空调降温能耗极高。本条文提出的几种方法都非常有效，可根据不同情况采用。

5.3.4 建筑外墙对室内热环境和房间供暖空调负荷的影响最大，夏季太阳辐射如果未受任何控制地射入房间，将导致房间环境过热和空调能耗的增加。相反冬季太阳辐射有利于提高房间温度，降低供暖能耗。

窗对建筑能耗的损失主要有两个原因，一是窗的热工性能太差所造成夏季空调、冬季供暖室内外温差的热量损失的增加；另外就是窗因受太阳辐射影响而造成的建筑室内空调供暖能耗的增减。从冬季来看通过窗口进入室内的太阳辐射有利于建筑的节能，因此，减少窗的温差传热是建筑节能中窗口热损失的主要因素，而夏季由于这一地区窗对建筑能耗损失中，太阳辐射是其主要因素，应采取适当遮阳措施，以防止直射阳光的不利影响。活动外遮阳装置可根据季节及天气状况调节遮阳状况，同时某些外遮阳装置如卷帘放下时还能提高外窗的热阻，减低传热耗能。

外窗的空气渗透对建筑空调供暖能耗影响也较大，为了保证建筑的节能，因而要求外窗具有良好的气密性能。所以，本条文对外窗的传热系数、气密性、可开启面积和遮阳系数作出了规定。

外窗改造所推荐采取的方法是根据夏热冬冷地区近年来节能改造的工程经验和目前的节能改造的技术经济水平而确定的。

5.3.5 建筑外窗对室内热环境和房间空调负荷的影响最大，夏季太阳辐射如果未受任何控制地射入房间，将导致室内过热和空调能耗增加。因此，采取有效的遮阳措施对改善室内热环境和降低空调负荷效果明显，是实现居住建筑节能的有效方法。

由于冬夏两季透过窗户进入室内的太阳辐射对降低建筑能耗和保证室内环境的舒适性所起的作用是截然相反的。所以设置活动式的外遮阳能兼顾冬夏二季，更加合理，应当鼓励使用。

夏季外遮阳在遮挡阳光直接进入室内的同时，可能也会阻碍窗口的通风，因此设计时要加以注意。同时要注意不遮挡从窗口向外眺望的视野以及它与建筑立面造型之间的协调，并且力求遮阳系统构造简单，经济耐用。

5.3.6 夏热冬冷地区居民无论是在冬、夏季还是在过渡季节普遍有开窗通风的习惯，通风还是夏热冬冷地区传统解决建筑潮湿闷热和通风换气的主要方法，对节约能源有很重要作用，适当的可开启面积，有利于改善建筑室内热环境和空气质量，尤其在夏季夜间或气候凉爽宜人时，开窗通风能带走室内余热。所以规定窗口面积不应过小，因此，条文对它也作出了规定。

5.3.8 夏热冬冷地区门的保温性一般很少考虑，改造时也应考虑。

5.3.9 夏热冬冷地区的分户墙节能要求不高，但混凝土结构传热能耗巨大，故也应考虑改造。

5.4 夏热冬暖地区围护结构

5.4.1 与新建居住建筑不同，既有居住建筑往往已有众多住户居住，围护结构节能改造协调工作、施工组织难度较大，造价也较高。因此围护结构节能改造宜一步到位，改造后改造部位热工性能应符合现行节能设计标准要求。

5.4.2 夏热冬暖地区墙体热工性能主要影响室内热舒适性，对节能的贡献不大。外墙改造采用保温层保温造价较高、协调工作和施工难度较大，因此应尽量避免采用保温层保温。此外，一般黏土砖墙或加气混凝土砌块墙的隔热性能已基本满足现行国家标准《民用建筑热工设计规范》GB 50176 要求，即使不满足，通过浅色饰面或其他墙面隔热措施进行改善一般均可达到规范要求。

5.4.3 夏热冬暖地区夏季漫长，且太阳辐射强烈。对于该地区建筑的屋顶而言，由于日照时间长，若屋顶不具备良好的隔热性能，在炎热的夏季，炽热的屋顶将给人以强烈的烘烤感，难以保障良好的室内舒适环境，需要开空调降温，这也就相应地引起建筑能耗的增加。因此做好屋顶的隔热对于建筑的节能、建筑室内的热环境的改善就显得尤为重要。

目前，夏热冬暖地区大多数居住建筑仍采用平屋顶，在夏天太阳高度角高、太阳辐射强的正午时间，由于太阳光线对平屋面是正射的，造成平屋面得热量大，而对于坡屋面，太阳光线刚好是斜射的，可以大大降低屋面的太阳得热量。同时，坡屋面可以大大增加顶层的使用空间（相对于平屋面顶层面积可增加 60%），由于斜屋面不易积水，还可以有效地将雨水引导至地面。目前，坡屋面的坡瓦材料形式多，色彩选择广，可以改变目前建筑千篇一律的平屋面单调风格，有利于丰富建筑艺术造型。

对于某些居住建筑，由于某些原因仍需保留平屋面，可采取其他措施改善其隔热性能，如：

① 屋顶采取浅色饰面，太阳光反射率远大于深色屋顶，在夏季漫长的夏热冬暖地区，采用浅色屋面可以增加屋面对太阳光线的反射程度，降低屋面的太

阳得热。所以，对于夏热冬暖地区，居住建筑屋顶采用浅色饰面将大大降低居住建筑屋面内、外表面温度与顶层房间的热负荷，提高人们居住空间的舒适度。

②屋顶设置通风架空层，一方面利用通风间层的外层遮挡阳光，使屋顶变成两次传热，避免太阳辐射热直接作用在围护结构上；另一方面利用风压和热压的作用，尤其是自然通风，带走进入夹层中的热量，从而减少室外热作用对内表面的影响。

③采用屋面遮阳措施，通过直接遮挡太阳辐射，达到降低屋面太阳辐射得热的目的，是夏热冬暖地区有效的改善屋面隔热性能的节能措施之一。设置屋面遮阳措施时，宜通过合理设计，实现夏季遮挡太阳辐射，冬季透过适量太阳辐射的目的。

④绿化屋面，可以大大增加屋面的隔热性能，降低屋面的传热量。植物叶面对太阳辐射的吸收与遮挡可以有效降低屋面附近的温度，改变室内外湿环境，同时，绿化屋面还可以增加屋面防水作用。此外，绿化屋面可以增加小区和城市的绿化面积，改善居住小区和城市生态环境。但采用绿化屋面，成本相对也较高，可重点考虑采用轻型绿化屋面。轻型绿化屋面是利用草坪、地被、小型灌木和攀援植物进行屋顶覆盖绿化，具有重量轻、建造和维护简单、成本低等优点，因此近年来轻型绿化屋面得到了越来越多的推广与应用。

5.4.4 夏热冬暖地区主要考虑窗户的遮阳性能、气密性能和可开启性能。改造时应根据具体情况，选择合适的改造方法。

5.4.5 在夏热冬暖地区，居住建筑的自然通风对改善室内热环境和缩短空调设备的实际运行时间都非常重要，因此作出本条的规定。

5.5 围护结构节能改造技术要求

5.5.1 采用外保温技术对外墙进行改造时，其外保温工程的质量是非常重要的，如果工程质量不好，会出现裂缝、空鼓甚至脱落，不仅影响建筑外观效果，还会影响保温效果，甚至会有安全隐患。外墙外保温是一个系统工程，其质量涉及外墙外保温系统构造是否合理、系统所用材料的性能是否符合要求，以及施工质量是否满足标准要求等等，每一个环节都很重要。

外墙外保温的做法很多，所用材料和施工方法也有多种。《外墙外保温工程技术规程》JGJ 144 是为了规范外墙外保温工程技术要求，保证工程质量而制定的行业标准。因此，采用外保温技术对外墙进行改造时，材料的性能、施工应符合现行行业标准《外墙外保温工程技术规程》JGJ 144 的规定。

5.5.2 为保证外墙外保温工程质量，使其不产生裂缝、空鼓、有害变形、脱落等质量问题，在施工前应做好准备工作。应拆除妨碍施工的管道、线路、空调

室外机等，其中施工后要恢复的设施（如空调室外机）要妥善处置和保管。合理布置施工脚手架。对原围护结构破损和污染处进行修复和清理。为了避免产生热桥问题，应预先对热桥部位进行保温处理。

保温层的防水处理很重要，如处理不当，使保温层受潮，会直接影响保温效果，甚至会导致外墙内表面结露。因此，外保温设计应与防水、装饰相结合，做好保温层密封和防水设计。

目前预制保温装饰一体的外保温系统已在推广使用，为保证其工程质量和建筑立面装饰效果，设计上应根据建筑立面装饰效果和保温装饰材料的规格划分立面分格尺寸，并提供安装设计构造详图，特别是细部节点的安装构造。

近年来外墙外保温火灾事故多有发生，教训很大。究其原因，绝大多数都是由于管理混乱，缺乏施工防火安全管理造成的。公安部与住房和城乡建设部于 2009 年联合发布了公通字 [2009] 46 号文《民用建筑外保温系统及外墙装饰防火暂行规定》，对外墙外保温的材料、构造、施工及使用提出了防火要求。因此，在采用外墙外保温技术时，应满足该文件的要求。同时，必须根据工程的实际情况制定针对性强、切实可行的工地防火安全管理制度。

5.5.3 内保温系统所用的材料也涉及防火方面的问题，如聚苯板和挤塑板等大量用于外保温的材料，即使采用阻燃型的聚苯板和挤塑板，在火灾中仍会因高温而产生有毒气体使人窒息。采用外墙内保温技术时，保温材料的选取等应符合墙体内保温技术规程的规定。

5.5.4 夏热冬冷和夏热冬暖地区外墙内保温隔热技术同样是一种很好的节能技术措施，但采用内保温隔热技术对室内装修影响很大。为保证外墙内保温工程质量，在施工前也应做好准备工作，对原围护结构内表面破损和污染处进行修复和清理。与外保温不同，在内保温施工前，室内各类主要管线应先安装完成并经试验检测合格，然后再进行内保温施工，以免造成对内保温层的破坏及不必要的返工和浪费。

5.5.5 外门窗的传热耗热量加上空气渗透耗热量占建筑总耗热量的 50% 以上，所以外门窗的节能改造是既有建筑节能改造的重点，在构造上和材料上应严格要求。目前外门窗的框料和玻璃的种类很多，如塑料、断桥铝合金、玻璃钢以及钢塑复合、木塑复合窗等，玻璃有中空玻璃和 Low-e 玻璃，构造上可以是单框双玻和单框三玻等，在选用时应满足热工性能指标。在保温性能上，塑料、木塑复合的窗料比较好，在造价上塑料和钢塑复合的窗料价格较低。

严寒、寒冷地区当在原有单玻窗加装一层窗时，最好在原窗的内层加设，因新窗的气密性要比原窗好，可避免层间结露。

窗框与墙之间的保温密封很重要，常常因密封做

得不好而产生开裂、结露、长毛的现象。对窗框与墙体之间的缝隙，宜采用高效保温气密材料如发泡聚氨酯等加弹性密封胶封堵。

严寒和寒冷地区的阳台最好做封闭阳台，封闭阳台的栏板及一层底板和顶层顶板应做保温处理。非封闭阳台的门如有门芯板应做保温型门芯板，即门板芯为保温材料，可提高门的保温性能。

本条文主要是想说明，综合外窗的热工性能，综合投资成本、工程难易程度和节能的贡献率来考虑，应采取不同的、最有效的外窗节能技术。

近年来，外窗玻璃贴膜改造是夏热冬暖地区采用相对较多的节能改造方式。随着使用的增多，不少问题暴露出来，主要有二：一是随着时间的推移，膜会缩小；二是因为膜可被硬质的清洁工具破坏，造成清洁维护较难。

在夏热冬暖地区采用外遮阳装置，除了考虑立面外观、通风采光及耐久性之外，还应考虑抗风性能，因为该气候区有不少地区处于台风区。

5.5.6 在对屋面进行节能改造施工前，为保证施工质量，应做好准备工作，修复损坏部位、安装好设备和管道及各种设施，预留出外保温层的厚度等，之后再进行屋面保温和防水的施工。

5.5.7 既有居住建筑的屋面形式有平屋面和坡屋面，现浇混凝土屋面和预制混凝土屋面等多种，破损情况也不相同，对不同的屋面形式和不同的破损情况，应采取不同的改造措施。

所谓倒置式屋面就是将保温层设于防水层的上面，在保温层上再作保护层。这种做法对于既有建筑的屋面改造，其施工简便，且比较经济，也就是在原有屋面的防水层上直接做保温层，再做保护层。保温层的材料应选择吸水率较低的材料，如挤塑板、硬泡聚氨酯等。施工时应注意不能破坏原有的防水层。

平屋面改坡屋面，许多地方为了降低荷载和造价，采用在平屋面上设轻钢屋架，其上铺设复合保温层的压型钢板，这种做法应注意轻钢屋架和压型钢板的耐久性及保温材料的防火性能。

坡屋面改造时，如原屋顶吊顶可以利用，最好在原吊顶上重新铺设轻质保温材料，既施工简便又可以节省投资，其厚度应根据热工计算而定。无吊顶时在坡屋面上增加或加厚保温层，其保温效果最好，但需要重新做屋面防水和屋面瓦，其工程量和投资量较大。如增设吊顶，应考虑吊顶的构造和保温材料、吊顶板材的耐久性和防火性，以及周边热桥部位的保温处理。

既有居住建筑的节能改造，鼓励太阳能等可再生能源的利用，当安装太阳能热水器时，最好与屋面的节能改造同时进行，以保证屋面防水、保温的工程质量。其太阳能热水系统应符合《民用建筑太阳能热水系统应用技术规范》GB 50364 的规定。

平屋面改造成坡屋面或种植屋面势必会增加屋面的荷载，特别是改为种植屋面，还应考虑种植土的荷载。因此，为了保证结构安全，应核算屋面的允许荷载。种植屋面的防水材料应采用防根刺的防水材料，其设计与施工还应符合《种植屋面工程技术规程》JGJ 155 的规定。

5.5.8 在进行屋面节能改造时，如果需要重新做防水，其防水工程的设计和施工应与新建建筑一样，执行《屋面工程技术规范》GB 50345 的规定。

5.5.9 如果既有建筑楼板下为室外，如过街廊和外挑楼板；或底层下部为非供暖空间，如下部为非供暖地下室；或与下部房间的温差≥10℃，如下部房间为车库虽然供暖，但室内温度很低。在这些情况下，如不作保温处理，供暖房间内的热量会通过楼板向外大量散失，不仅会降低室内温度，增加供暖能耗，而且还会产生地面结露的问题，因此，应对其楼板加设保温层。与外墙一样，对楼板的保温处理也应采用外保温技术，其保温效果比较好。对有防火要求的下层空间如地下室，其保温材料应选择燃烧性能为 A 级即不燃性材料，如无机保温浆料、岩棉、加气混凝土等。

5.5.10 建筑遮阳的目的在于防止直射阳光透过玻璃进入室内，减少阳光过分照射和加热建筑围护结构，减少直射阳光造成的强烈眩光。建筑外遮阳能最有效地控制太阳辐射进入室内，施工也较方便，是夏热冬冷和夏热冬暖地区的建筑优先采用的遮阳技术。

冬夏两季透过窗户进入室内的太阳辐射对降低建筑能耗和保证室内环境的舒适性所起的作用是截然相反的。活动式外遮阳容易兼顾建筑冬夏两季对阳光的不同需求，所以设置活动式的外遮阳更加合理。窗外侧的卷帘、百叶窗等就属于"展开或关闭后可以全部遮蔽窗户的活动式外遮阳"，虽然造价比一般固定外遮阳（如窗口上部的外挑板等）高，但遮阳效果好，最能兼顾冬夏，应当鼓励使用。

对于寒冷地区，居住建筑的南向房间大都是起居室、主卧室，常常开设比较大的窗户，夏季透过窗户进入室内的太阳辐射热构成了空调负荷的主要部分。在对外窗进行遮阳改造时，有条件最好在南窗设置卷帘式或百叶窗式的活动外遮阳。

东西窗也需要遮阳，但由于当太阳东升西落时其高度角比较低，设置在窗口上沿的水平遮阳几乎不起遮挡作用，宜设置展开或关闭后可以全部遮蔽窗户的活动式外遮阳。

外遮阳除了保证遮阳效果和外观效果外，还必须满足建筑在使用过程中的安全性能，所以，对原围护结构结构安全进行复核、验算，必须综合考虑构件承载能力、结构的整体牢固性、结构的耐久安全性等。

当结构安全不能满足节能改造要求时，采取玻璃（贴）膜等技术是成本低、效果较好的遮阳方式。

5.5.11 建筑遮阳构件直接影响建筑的安全，遮阳装置需考虑与结构可靠连接，且设计应符合相关标准的要求。

5.5.12 由于材料供应、工艺改变等原因，建筑节能改造工程施工中可能需要变更设计。为了避免这些改变影响节能效果，本条对设计变更严格加以限制。

本条规定有两层含义：第一，不得任意变更建筑节能改造施工图设计；第二，对于建筑节能改造的设计变更，均须事前办理变更手续。

5.5.13 考虑到建筑节能改造施工中涉及的新材料、新技术较多，在围护结构进行改造时，施工前应对采用的施工工艺进行评价，施工企业应编制专门的施工技术方案，并经监理单位和建设单位审批，以保证节能改造的效果。

从事建筑节能工程施工作业人员的操作技能对于节能改造施工效果的影响较大，且许多节能材料和工艺对于某些施工人员可能并不熟悉，故应在施工前对相关人员进行技术交底和必要的实际操作培训，技术交底和培训均应留有记录。

6 严寒和寒冷地区集中供暖系统节能与计量改造

6.2 热源及热力站节能改造

6.2.1 随着城市供热规模的扩大，城市热源需要进行改造。热源及热力站的节能改造与城市热源的改造同步进行，有利于统筹安排、降低改造费用。当热源及热力站的节能改造与城市热源改造不同步时，可单独进行。单独进行改造时，既要注意满足节能要求，还要注意与整个系统的协调。

6.2.2 锅炉是能源转换设备，锅炉转换效率的高低直接影响到燃料消耗量，影响到供热企业的运行成本。锅炉实际供热负荷与额定负荷之比，称为锅炉的负荷率 g。一般情况下，$70\% \leqslant g \leqslant 100\%$ 为锅炉的高效率区；$60\% \leqslant g < 70\%$、$100\% < g \leqslant 105\%$ 为锅炉的允许运行负荷区。在选择锅炉和制定锅炉运行方案时，需要根据系统实际负荷需求，合理确定锅炉的台数和容量。此处规定的锅炉房改造后的锅炉年均运行效率与《严寒和寒冷地区居住建筑节能设计标准》JGJ 26 中的规定是一致的。

6.2.3 供热量自动控制装置可在整个供暖期间，根据供暖室外气象条件的变化调节供热系统的供热量，始终保持锅炉房的供热量与建筑物的需热量基本一致，实现按需供热；达到最佳的运行效率和最稳定的供热质量。

6.2.4 锅炉房设置群控装置或措施，主要是为了使得每台锅炉的能力得到充分的发挥和保证每台锅炉都处于较高的效率下运行。

6.2.5 供热系统的节能改造，可能遇到下述两种问题：（1）原供热系统存在大流量小温差的现象，水泵流量及扬程比实际需要大得多；（2）由于水力平衡设备及恒温阀的设置，导致原供热系统的水泵流量及扬程满足不了实际需要。因此需要通过管网的水力计算来校核原循环水泵的流量及扬程，使设计条件下输送单位热量的耗电量满足现行居住建筑节能设计标准的要求。

6.2.6 热水锅炉房所设置的锅炉的额定流量往往与热网的循环流量不一致，当热网循环流量大于锅炉的额定流量时，将导致锅炉房内阻力损失过大。常规的处理方法是在锅炉房供回水管之间设置连通管或在每台锅炉的省煤器处设置旁通管。当外网流量与锅炉需要流量差别较大时，锅炉及热网分别设置循环泵（两级泵）有利于降低总的循环水泵电耗。

6.2.7 本条规定了供热管路系统调节阀门的设置要求。

一个热源站房负担有多个热交换站的情况，与一个换热站负担多个环路的情况，从原理上是类似的。从设计上看，尽可能减少供热系统的水流阻力是节能的一个重要环节。因此在一个供热水系统中，总管上都不应串联流量控制阀。

（1）对于热源站房系统，考虑到各热交换站的距离比较远，管路水流阻力相对存在较大的差别。为了稳定各热交换站的一次水供水压差，宜在各热力站的一次水入口，配置性能可靠的自力式恒压差调节阀。但是，其最远的热交换站如果也设置该调节阀，则相当于总的系统上额外地增加了阀门的阻力。

（2）对于一个换热站所负担的各环路，为了实现阻力平衡，可以考虑设置手动平衡阀的方式。

6.2.11 为满足锅炉房、热力站运行管理需求，锅炉房、热力站需要设置运行参数监测装置，对供热量、循环流量、补水量、供水温度、回水温度、耗煤量、耗电量、锅炉排烟温度、炉膛温度、室外温度、供水压力、回水压力等参数进行监测。热源及热力站用电可分为锅炉辅机（炉排机、上煤除渣机、鼓引风机等）耗电、循环水泵及补水泵耗电和照明等用电。对各项用电分项计量，有利于加强对锅炉房及热力站的管理，降低电耗。

6.3 室外管网节能改造

6.3.1 热水管网热媒输送到各热用户的过程中需要减少下述损失：（1）管网向外散热造成散热损失；（2）管网上附件及设备漏水和用户放水而导致的补水耗热损失；（3）通过管网送到各热用户的热量由于网路失调而导致的各处室温不等造成的多余热损失。管网的输送效率是反映上述各个部分效率的综合指标。提高管网的输送效率，应从减少上述三方面损失入手。新建管网无论是地沟敷设还是直埋敷设，管网的保温效率是可以达到 99% 以上的，考虑到既有管网的现状及改造的难度，因此将管网的保温效率下限取为 97%。系统的补水由两部分组成，一部分是设备的正常漏水，另一部分为系统失水。如果供暖系统中的阀门、水泵盘根、补偿器等，经常维修，且保证工作状态良好的话，测试结果证明，正常补水量可以控制在循环水量的 0.5%。管网的平衡问题，需要根据本规程第 6.3.2 条的要求进行改造。

6.3.2 供热系统水力不平衡是造成供热能耗浪费的主要原因之一，同时，水力平衡又是保证其他节能措施能够可靠实施的前提，因此对系统节能而言，首先应该做到水力平衡。现行行业标准《居住建筑节能检测标准》JGJ/T 132—2009 中第 5.2.6 条规定，热力入口处的水力平衡度应达到 0.9～1.2。该标准的条文说明指出：这是结合北京地区的实际情况，通过模拟计算，当实际水量为 90%～120% 时，室温在 17.6℃～18.7℃ 范围内，可以满足实际需要。但是，由于设计计算时，与计算各并联环路水力平衡度相比，计算各并联环路间压力损失比较方便，并与教科书、手册一致。因此现行行业标准《严寒和寒冷地区居住建筑节能设计标准》JGJ 26 规定并联环路压力损失差值，要求控制在 15% 之内。对于通过计算不易达到环路压力损失差要求的，为了避免水力不平衡，应设置水力平衡阀。

6.3.3 传统的设计方法是将热网总阻力损失由集中设置在热源的循环水泵来承担，将二级网系统的总阻力损失由集中设置在热力站的循环水泵来承担，通过在用户入口处设置平衡阀来消除管网的剩余压头的方法来解决管网的平衡问题。如果将热网总阻力损失由集中设置在热源（热力站）的循环水泵和用户入口处设置的循环泵（也称加压泵）来承担（图 1），则可以将阀门所消耗的剩余压头节约下来。节约能量的多少，与热网中零压差点（供回水压差为零的点）的位置有关。热源（热力站）与零压差点之间的热用户，应通过设置水力平衡阀来解决管网水力平衡。管网零压差点之后的热用户要通过选择合适的用户循环泵来解决水力平衡问题。

6.3.5 现行行业标准《严寒和寒冷地区居住建筑节能设计标准》JGJ 26 根据我国住宅的特点，规定集中供暖系统中建筑物的热力入口处，必须设置楼前热量表，作为该建筑物供暖耗热量的热量结算点。由于现有供热系统与建筑物的连接形式五花八门，有时无法在一栋建筑物的热力入口处设置一块热量表，此时对于建筑用途相同、建设年代相近、建筑形式、平面、构造等相同或相似、建筑物耗热量指标相近、户间热费分摊方式一致的若干栋建筑，可以统一安装一块热量表，依据该热量表计量的热量进行热费结算。

6.3.6 热量表设置在热网的供水管上还是回水管上，主要受热量表的流量传感器的工作温度制约。当外网供水温度低于热量表的工作温度时，热量表的流量传感器安装在供水管上，有利于减少用户的失水量。要

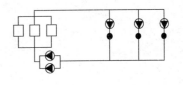

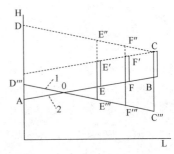

图 1 二级循环泵系统
1—供水压力线；2—回水压力线；
B、C—用户损失；0—零压差点

使热量表正常工作，就要提供热量表所要求的工作条件，在建筑物热力入口处设置计量小室。有地下室的建筑，宜将计量小室设置在地下室的专用空间内；无地下室的建筑，宜在室外管沟入口或楼梯间下部设置计量小室。设置在室外计量小室要有防水、防潮措施。

6.4 室内系统节能与计量改造

6.4.1 当室内供暖系统需节能改造，且原供暖系统为垂直单管顺流式时，应充分考虑技术经济和施工方便等因素，宜采用新双管系统或带跨越管的单管系统。当确实需要采用共用立管的分户供暖系统时，应充分考虑用户室内系统的美观性、方便性，并且尽量减少对用户已有室内设施的损坏。

6.4.2 为了使室内供暖系统中通过各并联环路达到水力平衡，其主要手段是在干管、立管和支管的管径设计中进行较详细的阻力计算，而不是依靠阀门的手动调节来达到水力平衡。

6.4.3 室内供暖系统温控装置是计量收费的前提条件，为供暖用户提供主动控制、调节室温的手段。既有居住建筑改造时，宜将原有散热器罩拆除，确实拆除困难的，应采用温包外置式散热器恒温控制阀。改造后的室内系统应保证散热器恒温控制阀的正常工作条件，防止出现堵塞等故障，同时恒温控制阀应具有带水带压清堵或更换阀芯的功能。

6.4.4 楼栋热力入口安装热计量装置，可以确定室外管网的热输送效率，并可以确定用户的总耗热量，作为热计量收费的基础数据。楼栋热量计量装置的安装数量与位置应根据室外管网、室内计量装置等情况统筹考虑，在保证计量分摊的前提下，适度减少楼栋热量计量装置的数量。选择室内供暖系统计量方式应以达到热量合理分配为原则。

中华人民共和国行业标准

夏热冬冷地区居住建筑节能设计标准

Design standard for energy efficiency of residential buildings
in hot summer and cold winter zone

JGJ 134—2010

批准部门：中华人民共和国住房和城乡建设部
施行日期：２０１０年８月１日

中华人民共和国住房和城乡建设部
公　告

第 523 号

关于发布行业标准《夏热冬冷地区
居住建筑节能设计标准》的公告

现批准《夏热冬冷地区居住建筑节能设计标准》为行业标准，编号为 JGJ 134 - 2010，自 2010 年 8 月 1 日起实施。其中，第 4.0.3、4.0.4、4.0.5、4.0.9、6.0.2、6.0.3、6.0.5、6.0.6、6.0.7 条为强制性条文，必须严格执行。原《夏热冬冷地区居住建筑节能设计标准》JGJ 134 - 2001 同时废止。

本标准由我部标准定额研究所组织中国建筑工业出版社出版发行。

中华人民共和国住房和城乡建设部
2010 年 3 月 18 日

前　　言

根据原建设部《关于印发〈2005 年工程建设标准规范制订、修订计划（第一批）〉的通知》（建标〔2005〕84 号）的要求，标准编制组经广泛调查研究，认真总结实践经验，参考有关国际标准和国外先进标准，并在广泛征求意见的基础上，修订本标准。

本标准的主要技术内容是：1. 总则；2. 术语；3. 室内热环境设计计算指标；4. 建筑和围护结构热工设计；5. 建筑围护结构热工性能的综合判断；6. 采暖、空调和通风节能设计等。

本次修订的主要技术内容是：重新确定住宅的围护结构热工性能要求和控制采暖空调能耗指标的技术措施；建立新的建筑围护结构热工性能综合判断方法；规定采暖空调的控制和计量措施。

本标准中以黑体字标志的条文为强制性条文，必须严格执行。

本标准由住房和城乡建设部负责管理和对强制性条文的解释，由中国建筑科学研究院负责具体技术内容的解释。执行过程中如有意见或建议，请寄送中国建筑科学研究院（地址：北京市北三环东路 30 号，邮政编码：100013）。

本 标 准 主 编 单 位：中国建筑科学研究院

本 标 准 参 编 单 位：重庆大学
中国建筑西南设计研究院有限公司
中国建筑业协会建筑节能专业委员会

上海市建筑科学研究院（集团）有限公司
江苏省建筑科学研究院有限公司
福建省建筑科学研究院
中南建筑设计研究院
重庆市建设技术发展中心
北京振利高新技术有限公司
巴斯夫（中国）有限公司
欧文斯科宁（中国）投资有限公司
哈尔滨天硕建材工业有限公司
中国南玻集团股份有限公司
秦皇岛耀华玻璃钢股份有限公司
乐意涂料(上海)有限公司

本标准主要起草人员：郎四维　林海燕　付祥钊
冯　雅　涂逢祥　刘明明
许锦峰　赵士怀　刘安平
周　辉　董　宏　姜　涵
林燕成　王　稚　康玉范
许武毅　李西平　邓　威

本标准主要审查人员：李百战　陆善后　寿炜炜
杨善勤　徐金泉　胡吉士
储兆佛　张瀛洲　郭和平

目次

Contents

1 总 则

1.0.1 为贯彻国家有关节约能源、保护环境的法律、法规和政策，改善夏热冬冷地区居住建筑热环境，提高采暖和空调的能源利用效率，制定本标准。

1.0.2 本标准适用于夏热冬冷地区新建、改建和扩建居住建筑的建筑节能设计。

1.0.3 夏热冬冷地区居住建筑必须采取节能设计，在保证室内热环境的前提下，建筑热工和暖通空调设计应将采暖和空调能耗控制在规定的范围内。

1.0.4 夏热冬冷地区居住建筑的节能设计，除应符合本标准的规定外，尚应符合国家现行有关标准的规定。

2 术 语

2.0.1 热惰性指标（D） index of thermal inertia

表征围护结构抵御温度波动和热流波动能力的无量纲指标，其值等于各构造层材料热阻与蓄热系数的乘积之和。

2.0.2 典型气象年（TMY） typical meteorological year

以近 10 年的月平均值为依据，从近 10 年的资料中选取一年各月接近 10 年的平均值作为典型气象年。由于选取的月平均值在不同的年份，资料不连续，还需要进行月间平滑处理。

2.0.3 参照建筑 reference building

参照建筑是一栋符合节能标准要求的假想建筑。作为围护结构热工性能综合判断时，与设计建筑相对应的，计算全年采暖和空气调节能耗的比较对象。

3 室内热环境设计计算指标

3.0.1 冬季采暖室内热环境设计计算指标应符合下列规定：

1 卧室、起居室室内设计温度应取 18℃；

2 换气次数应取 1.0 次/h。

3.0.2 夏季空调室内热环境设计计算指标应符合下列规定：

1 卧室、起居室室内设计温度应取 26℃；

2 换气次数应取 1.0 次/h。

4 建筑和围护结构热工设计

4.0.1 建筑群的总体布置、单体建筑的平面、立面设计和门窗的设置应有利于自然通风。

4.0.2 建筑物宜朝向南北或接近朝向南北。

4.0.3 夏热冬冷地区居住建筑的体形系数不应大于表 4.0.3 规定的限值。当体形系数大于表 4.0.3 规定的限值时，必须按照本标准第 5 章的要求进行建筑围护结构热工性能的综合判断。

表 4.0.3 夏热冬冷地区居住建筑的体形系数限值

建筑层数	≤3 层	(4～11)层	≥12 层
建筑的体形系数	0.55	0.40	0.35

4.0.4 建筑围护结构各部分的传热系数和热惰性指标不应大于表 4.0.4 规定的限值。当设计建筑的围护结构中的屋面、外墙、架空或外挑楼板、外窗不符合表 4.0.4 的规定时，必须按照本标准第 5 章的规定进行建筑围护结构热工性能的综合判断。

表 4.0.4 建筑围护结构各部分的传热系数（K）和热惰性指标（D）的限值

围护结构部位		传热系数 K[W/(m²·K)]	
		热惰性指标 D≤2.5	热惰性指标 D>2.5
体形系数 ≤0.40	屋面	0.8	1.0
	外墙	1.0	1.5
	底面接触室外空气的架空或外挑楼板	1.5	
	分户墙、楼板、楼梯间隔墙、外走廊隔墙	2.0	
	户门	3.0(通往封闭空间) 2.0(通往非封闭空间或户外)	
	外窗（含阳台门透明部分）	应符合本标准表 4.0.5-1、表 4.0.5-2 的规定	
体形系数 >0.40	屋面	0.5	0.6
	外墙	0.80	1.0
	底面接触室外空气的架空或外挑楼板	1.0	
	分户墙、楼板、楼梯间隔墙、外走廊隔墙	2.0	
	户门	3.0(通往封闭空间) 2.0(通往非封闭空间或户外)	
	外窗（含阳台门透明部分）	应符合本标准表 4.0.5-1、表 4.0.5-2 的规定	

4.0.5 不同朝向外窗（包括阳台门的透明部分）的窗墙面积比不应大于表 4.0.5-1 规定的限值。不同朝向、不同窗墙面积比的外窗传热系数不应大于表

4.0.5-2 规定的限值；综合遮阳系数应符合表 4.0.5-2 的规定。当外窗为凸窗时，凸窗的传热系数限值应比表 4.0.5-2 规定的限值小 10%；计算窗墙面积比时，凸窗的面积应按洞口面积计算。当设计建筑的窗墙面积比或传热系数、遮阳系数不符合表 4.0.5-1 和表 4.0.5-2 的规定时，必须按照本标准第 5 章的规定进行建筑围护结构热工性能的综合判断。

表 4.0.5-1　不同朝向外窗的窗墙面积比限值

朝　　向	窗墙面积比
北	0.40
东、西	0.35
南	0.45
每套房间允许一个房间（不分朝向）	0.60

表 4.0.5-2　不同朝向、不同窗墙面积比的外窗传热系数和综合遮阳系数限值

建筑	窗墙面积比	传热系数 K [W/(m²·K)]	外窗综合遮阳系数 SC_w（东、西向/南向）
体形系数≤0.40	窗墙面积比≤0.20	4.7	—/—
	0.20<窗墙面积比≤0.30	4.0	—/—
	0.30<窗墙面积比≤0.40	3.2	夏季≤0.40/夏季≤0.45
	0.40<窗墙面积比≤0.45	2.8	夏季≤0.35/夏季≤0.40
	0.45<窗墙面积比≤0.60	2.5	东、西、南向设置外遮阳 夏季≤0.25 冬季≥0.60
体形系数>0.40	窗墙面积比≤0.20	4.0	—/—
	0.20<窗墙面积比≤0.30	3.2	—/—
	0.30<窗墙面积比≤0.40	2.8	夏季≤0.40/夏季≤0.45
	0.40<窗墙面积比≤0.45	2.5	夏季≤0.35/夏季≤0.40
	0.45<窗墙面积比≤0.60	2.3	东、西、南向设置外遮阳 夏季≤0.25 冬季≥0.60

注：1　表中的"东、西"代表从东或西偏北 30°（含 30°）至偏南 60°（含 60°）的范围；"南"代表从南偏东 30°至偏西 30°的范围。
　　2　楼梯间、外走廊的窗不按本表规定执行。

4.0.6　围护结构热工性能参数计算应符合下列规定：

1　建筑物面积和体积应按本标准附录 A 的规定计算确定。

2　外墙的传热系数应考虑结构性冷桥的影响，取平均传热系数，其计算方法应符合本标准附录 B 的规定。

3　当屋顶和外墙的传热系数满足本标准表 4.0.4 的限值要求，但热惰性指标 D≤2.0 时，应按照《民用建筑热工设计规范》GB 50176-93 第 5.1.1 条来验算屋顶和东、西向外墙的隔热设计要求。

4　当砖、混凝土等重质材料构成的墙、屋面的面密度 ρ≥200kg/m² 时，可不计算热惰性指标，直接认定外墙、屋面的热惰性指标满足要求。

5　楼板的传热系数可按装修后的情况计算。

6　窗墙面积比应按建筑开间（轴距离）计算。

7　窗的综合遮阳系数应按下式计算：

$$SC = SC_C \times SD = SC_B \times (1 - F_K/F_C) \times SD \qquad (4.0.6)$$

式中：SC——窗的综合遮阳系数；

　　　SC_C——窗本身的遮阳系数；

　　　SC_B——玻璃的遮阳系数；

　　　F_K——窗框的面积；

　　　F_C——窗的面积，F_K/F_C 为窗框面积比，PVC 塑钢窗或木窗窗框比可取 0.30，铝合金窗窗框比可取 0.20，其他框材的窗按相近原则取值；

　　　SD——外遮阳的遮阳系数，应按本标准附录 C 的规定计算。

4.0.7　东偏北 30°至东偏南 60°、西偏北 30°至西偏南 60°范围内的外窗应设置挡板式遮阳或可以遮住窗户正面的活动外遮阳，南向的外窗宜设置水平遮阳或可以遮住窗户正面的活动外遮阳。各朝向的窗户，当设置了可以完全遮住正面的活动外遮阳时，应认定满足本标准表 4.0.5-2 对外窗遮阳的要求。

4.0.8　外窗可开启面积（含阳台门面积）不应小于外窗所在房间地面面积的 5%。多层住宅外窗宜采用平开窗。

4.0.9　建筑物 1～6 层的外窗及敞开式阳台门的气密性等级，不应低于国家标准《建筑外门窗气密、水密、抗风压性能分级及检测方法》GB/T 7106-2008 中规定的 4 级；7 层及 7 层以上的外窗及敞开式阳台门的气密性等级，不应低于该标准规定的 6 级。

4.0.10　当外窗采用凸窗时，应符合下列规定：

1　窗的传热系数限值应比本标准表 4.0.5-2 中的相应值小 10%；

2　计算窗墙面积比时，凸窗的面积按窗洞口面积计算；

3　对凸窗不透明的上顶板、下底板和侧板，应进行保温处理，且板的传热系数不应低于外墙的传热系数的限值要求。

4.0.11　围护结构的外表面宜采用浅色饰面材料。平屋顶宜采取绿化、涂刷隔热涂料等隔热措施。

4.0.12　当采用分体式空气调节器（含风管机、多联机）时，室外机的安装位置应符合下列规定：

1　应稳定牢固，不应存在安全隐患；

2　室外机的换热器应通风良好，排出空气与吸入空气之间应避免气流短路；

3　应便于室外机的维护；

4　应尽量减小对周围环境的热影响和噪声影响。

5　建筑围护结构热工性能的综合判断

5.0.1　当设计建筑不符合本标准第 4.0.3、第

4.0.4 和第 4.0.5 条中的各项规定时，应按本章的规定对设计建筑进行围护结构热工性能的综合判断。

5.0.2 建筑围护结构热工性能的综合判断应以建筑物在本标准第 5.0.6 条规定的条件下计算得出的采暖和空调耗电量之和为判据。

5.0.3 设计建筑在规定条件下计算得出的采暖耗电量和空调耗电量之和，不应超过参照建筑在同样条件下计算得出的采暖耗电量和空调耗电量之和。

5.0.4 参照建筑的构成应符合下列规定：

1 参照建筑的建筑形状、大小、朝向以及平面划分均应与设计建筑完全相同；

2 当设计建筑的体形系数超过本标准表 4.0.3 的规定时，应按同一比例将参照建筑每个开间外墙和屋面的面积分为传热面积和绝热面积两部分，并应使得参照建筑外围护的所有传热面积之和除以参照建筑的体积等于本标准表 4.0.3 中对应的体形系数限值；

3 参照建筑外墙的开窗位置应与设计建筑相同，当某个开间的窗面积与该开间的传热面积之比大于本标准表 4.0.5-1 的规定时，应缩小该开间的窗面积，并应使得窗面积与该开间的传热面积之比符合本标准表 4.0.5-1 的规定；当某个开间的窗面积与该开间的传热面积之比小于本标准表 4.0.5-1 的规定时，该开间的窗面积不作调整；

4 参照建筑屋面、外墙、架空或外挑楼板的传热系数应取本标准表 4.0.4 中对应的限值，外窗的传热系数应取本标准表 4.0.5 中对应的限值。

5.0.5 设计建筑和参照建筑在规定条件下的采暖和空调年耗电量应采用动态方法计算，并应采用同一版本计算软件。

5.0.6 设计建筑和参照建筑的采暖和空调年耗电量的计算应符合下列规定：

1 整栋建筑每套住宅室内计算温度，冬季应全天为 18℃，夏季应全天为 26℃；

2 采暖计算期应当年 12 月 1 日至次年 2 月 28 日，空调计算期应当年 6 月 15 日至 8 月 31 日；

3 室外气象计算参数采用典型气象年；

4 采暖和空调时，换气次数应为 1.0 次/h；

5 采暖、空调设备为家用空气源热泵空调器，制冷时额定能效比应取 2.3，采暖时额定能效比应取 1.9；

6 室内得热平均强度应取 4.3W/m²。

6 采暖、空调和通风 节能设计

6.0.1 居住建筑采暖、空调方式及其设备的选择，应根据当地能源情况，经技术经济分析，及用户对设备运行费用的承担能力综合考虑确定。

6.0.2 当居住建筑采用集中采暖、空调系统时，必须设置分室（户）温度调节、控制装置及分户热（冷）量计量或分摊设施。

6.0.3 除当地电力充足和供电政策支持、或者建筑所在地无法利用其他形式的能源外，夏热冬冷地区居住建筑不应设计直接电热采暖。

6.0.4 居住建筑进行夏季空调、冬季采暖，宜采用下列方式：

1 电驱动的热泵型空调器（机组）；

2 燃气、蒸汽或热水驱动的吸收式冷（热）水机组；

3 低温地板辐射采暖方式；

4 燃气（油、其他燃料）的采暖炉采暖等。

6.0.5 当设计采用户式燃气采暖热水炉作为采暖热源时，其热效率应达到国家标准《家用燃气快速热水器和燃气采暖热水炉能效限定值及能效等级》GB 20665－2006 中的第 2 级。

6.0.6 当设计采用电机驱动压缩机的蒸气压缩循环冷水（热泵）机组，或采用名义制冷量大于 7100W 的电机驱动压缩机单元式空气调节机，或采用蒸气、热水型溴化锂吸收式冷水机组及直燃型溴化锂吸收式冷（温）水机组作为住宅小区或整栋楼的冷热源机组时，所选用机组的能效比（性能系数）应符合现行国家标准《公共建筑节能设计标准》GB 50189 中的规定值；当设计采用多联式空调（热泵）机组作为户式集中空调（采暖）机组时，所选用机组的制冷综合性能系数（IPLV（C））不应低于国家标准《多联式空调（热泵）机组能效限定值及能源效率等级》GB 21454－2008 中规定的第 3 级。

6.0.7 当选择土壤源热泵系统、浅层地下水源热泵系统、地表水（淡水、海水）源热泵系统、污水水源热泵系统作为居住区或户用空调的冷热源时，严禁破坏、污染地下资源。

6.0.8 当采用分散式房间空调器进行空调和（或）采暖时，宜选择符合国家标准《房间空气调节器能效限定值及能效等级》GB 12021.3 和《转速可控型房间空气调节器能效限定值及能源效率等级》GB 21455 中规定的节能型产品（即能效等级 2 级）。

6.0.9 当技术经济合理时，应鼓励居住建筑中采用太阳能、地热能等可再生能源，以及在居住建筑小区采用热、电、冷联产技术。

6.0.10 居住建筑通风设计应处理好室内气流组织、提高通风效率。厨房、卫生间应安装局部机械排风装置。对采用采暖、空调设备的居住建筑，宜采用带热回收的机械换气装置。

附录 A 面积和体积的计算

A.0.1 建筑面积应按各层外墙外包线围成面积的总和计算。

A. 0. 2 建筑体积应按建筑物外表面和底层地面围成的体积计算。

A. 0. 3 建筑物外表面积应按墙面面积、屋顶面积和下表面直接接触室外空气的楼板面积的总和计算。

附录 B　外墙平均传热系数的计算

B. 0. 1 外墙受周边热桥的影响（图 B. 0. 1），其平均传热系数应按下式计算：

$$K_m = \frac{K_P \cdot F_P + K_{B1} \cdot F_{B1} + K_{B2} \cdot F_{B2} + K_{B3} \cdot F_{B3}}{F_P + F_{B1} + F_{B2} + F_{B3}}$$

$$(B. 0. 1)$$

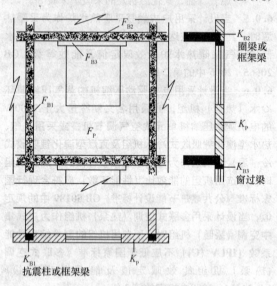

图 B. 0. 1　外墙主体部位与周边热桥部位示意

式中：　　　K_m——外墙的平均传热系数 $[W/(m^2 \cdot K)]$；

K_P——外墙主体部位的传热系数 $[W/(m^2 \cdot K)]$，应按国家标准《民用建筑热工设计规范》GB 50176 - 93 的规定计算；

K_{B1}、K_{B2}、K_{B3}——外墙周边热桥部位的传热系数 $[W/(m^2 \cdot K)]$；

F_P——外墙主体部位的面积（m^2）；

F_{B1}、F_{B2}、F_{B3}——外墙周边热桥部位的面积（m^2）。

附录 C　外遮阳系数的简化计算

C. 0. 1 外遮阳系数应按下式计算：

$$SD = ax^2 + bx + 1 \qquad (C. 0. 1\text{-}1)$$

$$x = A/B \qquad (C. 0. 1\text{-}2)$$

式中：SD——外遮阳系数；

x——外遮阳特征值，$x > 1$ 时，取 $x = 1$；

a、b——拟合系数，宜按表 C. 0. 1 选取；

A、B——外遮阳的构造定性尺寸，宜按图 C. 0. 1-1～图 C. 0. 1-5 确定。

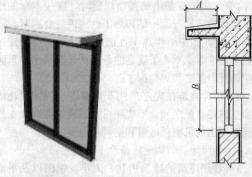

图 C. 0. 1-1　水平式外遮阳的特征值

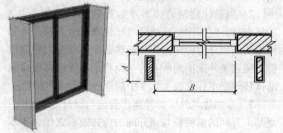

图 C. 0. 1-2　垂直式外遮阳的特征值

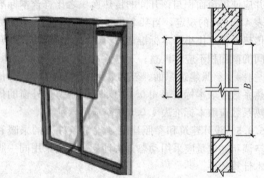

图 C. 0. 1-3　挡板式外遮阳的特征值

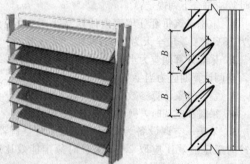

图 C. 0. 1-4　横百叶挡板式外遮阳的特征值

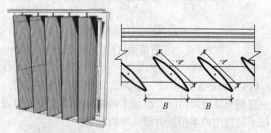

图 C. 0. 1-5　竖百叶挡板式外遮阳的特征值

表 C.0.1 外遮阳系数计算用的拟合系数 *a*、*b*

气候区	外遮阳基本类型	拟合系数	东	南	西	北
夏热冬冷地区	水平式 (图 C.0.1-1)	*a*	0.36	0.50	0.38	0.28
		b	−0.80	−0.80	−0.81	−0.54
	垂直式 (图 C.0.1-2)	*a*	0.24	0.33	0.24	0.48
		b	−0.54	−0.72	−0.53	−0.89
	挡板式 (图 C.0.1-3)	*a*	0.00	0.35	0.00	0.13
		b	−0.96	−1.00	−0.96	−0.93
	固定横百叶挡板式 (图 C.0.1-4)	*a*	0.50	0.50	0.52	0.37
		b	−1.20	−1.20	−1.30	−0.92
	固定竖百叶挡板式 (图 C.0.1-5)	*a*	0.00	0.16	0.19	0.56
		b	−0.66	−0.92	−0.71	−1.16
	活动横百叶挡板式 (图 C.0.1-4)	冬 *a*	0.23	0.03	0.23	0.20
		b	−0.66	−0.47	−0.69	−0.62
		夏 *a*	0.56	0.79	0.57	0.60
		b	−1.30	−1.40	−1.30	−1.30
	活动竖百叶挡板式 (图 C.0.1-5)	冬 *a*	0.29	0.14	0.31	0.20
		b	−0.87	−0.64	−0.86	−0.62
		夏 *a*	0.14	0.42	0.12	0.84
		b	−0.75	−1.11	−0.73	−1.47

C.0.2 组合形式的外遮阳系数，可由参加组合的各种形式遮阳的外遮阳系数的乘积来确定，单一形式的外遮阳系数应按本标准式（C.0.1-1）、式（C.0.1-2）计算。

C.0.3 当外遮阳的遮阳板采用有透光能力的材料制作时，应按下式进行修正：

$$SD = 1 - (1 - SD^*)(1 - \eta^*) \quad (C.0.3)$$

式中：SD^*——外遮阳的遮阳板采用非透明材料制作时的外遮阳系数，按本标准式（C.0.1-1）、式（C.0.1-2）计算。

η^*——遮阳板的透射比，按表 C.0.3 选取。

表 C.0.3 遮阳板的透射比

遮阳板使用的材料	规 格	η^*
织物面料、玻璃钢类板	—	0.40
玻璃、有机玻璃类板	深色：$0 < S_e \leqslant 0.6$	0.60
	浅色：$0.6 < S_e \leqslant 0.8$	0.80
金属穿孔板	穿孔率：$0 < \varphi \leqslant 0.2$	0.10
	穿孔率：$0.2 < \varphi \leqslant 0.4$	0.30
	穿孔率：$0.4 < \varphi \leqslant 0.6$	0.50
	穿孔率：$0.6 < \varphi \leqslant 0.8$	0.70
铝合金百叶板	—	0.20

续表 C.0.3

遮阳板使用的材料	规 格	η^*
木质百叶板	—	0.25
混凝土花格	—	0.50
木质花格	—	0.45

本标准用词说明

1 为便于在执行本标准条文时区别对待，对要求严格程度不同的用词说明如下：

　　1）表示很严格，非这样做不可的：
　　　　正面词采用"必须"，反面词采用"严禁"；

　　2）表示严格，在正常情况下均应这样做的：
　　　　正面词采用"应"，反面词采用"不应"或"不得"；

　　3）表示允许稍有选择，在条件许可时首先应这样做的：
　　　　正面词采用"宜"，反面词采用"不宜"；

　　4）表示有选择，在一定条件下可以这样做的，采用"可"。

2 条文中指明应按其他有关标准执行的写法为："应符合……的规定"或"应按……执行"。

引用标准名录

1　《民用建筑热工设计规范》GB 50176-93

2　《公共建筑节能设计标准》GB 50189

3　《建筑外门窗气密、水密、抗风压性能分级及检测方法》GB/T 7106-2008

4　《房间空气调节器能效限定值及能效等级》GB 12021.3

5　《家用燃气快速热水器和燃气采暖热水炉能效限定值及能效等级》GB 20665-2006

6　《多联式空调（热泵）机组能效限定值及能源效率等级》GB 21454-2008

7　《转速可控型房间空气调节器能效限定值及能源效率等级》GB 21455

中华人民共和国行业标准

夏热冬冷地区居住建筑节能设计标准

JGJ 134—2010

条 文 说 明

修 订 说 明

《夏热冬冷地区居住建筑节能设计标准》JGJ 134
- 2010 经住房和城乡建设部 2010 年 3 月 18 日以第
523 号公告批准、发布。

本标准是在《夏热冬冷地区居住建筑节能设计标
准》JGJ 131-2001的基础上修订而成,上一版的主
编单位是中国建筑科学研究院、重庆大学,参编单位
是中国建筑业协会建筑节能专业委员会、上海市建筑
科学研究院、同济大学、江苏省建筑科学研究院、东
南大学、中国西南建筑设计研究院、成都市墙体改革
和建筑节能办公室、武汉市建工科研设计院、武汉市
建筑节能办公室、重庆市建筑技术发展中心、北京中
建建筑科学技术研究院、欧文斯科宁公司上海科技中
心、北京振利高新技术公司、爱迪士(上海)室内空
气技术有限公司,主要起草人员是:郎四维、付祥
钊、林海燕、涂逢祥、刘明明、蒋太珍、冯雅、许锦
峰、林成高、杨维菊、徐吉浣、彭家惠、鲁向东、段
恺、孙克光、黄振利、王一丁。

本次修订的主要技术内容是:1.“建筑与围护结
构热工设计”规定了体形系数限值、窗墙面积比限值
和围护结构热工参数限值;并且规定体形系数、窗墙
面积比或围护结构热工参数超过限值时,应进行围护
结构热工性能的综合判断。2.“建筑围护结构热工性
能的综合判断”规定了围护结构热工性能的综合判断
的方法,细化和固定了计算条件。3.“采暖、空调和
通风节能设计”在满足节能要求的条件下,提出冷
源、热源、通风与空气调节系统设计的基本规定,提
供相应的指导原则和技术措施。

为便于广大设计、施工、科研、学校等单位有关
人员在使用本标准时能正确理解和执行条文规定,
《夏热冬冷地区居住建筑节能设计标准》编制组按章、
节、条顺序编制了本标准的条文说明,对条文规定的
目的、依据以及执行中需注意的有关事项进行了说
明,还着重对强制性条文的强制性理由作了解释。但
是,本条文说明不具备与标准正文同等的法律效力,
仅供使用者作为理解和把握标准规定的参考。在使用
中如果发现本条文说明有不妥之处,请将意见函寄中
国建筑科学研究院。

目　次

1 总 则

1.0.1 新修订通过的《中华人民共和国节约能源法》已于 2008 年 4 月 1 日起施行。其中第三十五条规定"建筑工程的建设、设计、施工和监理单位应当遵守建筑节能标准"。国务院制定的《民用建筑节能条例》也自 2008 年 10 月 1 日起施行。该条例要求在保证民用建筑使用功能和室内热环境质量的前提下，降低其使用过程中能源消耗。原建设部《建筑节能"九五"计划和 2010 年规划》、《建筑节能技术政策》规定"夏热冬冷地区新建民用建筑 2000 年起开始执行建筑热环境及节能标准"。

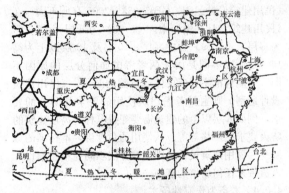

图 1 夏热冬冷地区区域范围

夏热冬冷地区是指长江中下游及其周围地区（其确切范围由现行国家标准《民用建筑热工设计规范》GB 50176 确定，图 1 是该规范的附录八'全国建筑热工设计分区图'中的夏热冬冷地区部分）。该地区的范围大致为陇海线以南，南岭以北，四川盆地以东，包括上海、重庆二直辖市，湖北、湖南、江西、安徽、浙江五省全部，四川、贵州二省东半部，江苏、河南二省南半部，福建省北半部，陕西、甘肃二省南端，广东、广西二省区北端，涉及 16 个省、市、自治区。该地区面积约 180 万平方公里，人口 5.5 亿左右，国内生产总值约占全国的 48%，是一个人口密集、经济发达的地区。

该地区夏季炎热，冬季寒冷。改革开放以来，随着我国经济的高速增长，该地区的城镇居民越来越多地采取措施，自行解决住宅冬夏季的室内热环境问题，夏季空调冬季采暖日益普及。由于该地区过去一般不用采暖和空调，居住建筑的设计对保温隔热问题不够重视，围护结构的热工性能普遍很差。主要采暖设备也只是电暖器和暖风机，能效比很低，电能浪费很大。这种状况如不改变，该地区的采暖、空调能源消耗必然急剧上升，将会阻碍社会经济的发展，不利于环境保护。因此，推进该地区建筑节能、势在必行。该地区正在大规模建设居住建筑，有必要制定更加有效的居住建筑节能设计标准，更好地贯彻国家有关建筑节能的方针、政策和法规制度，节约能源，保护环境，改善居住建筑热环境，提高采暖和空调的能源利用效率。

1.0.2 本标准的内容主要是对夏热冬冷地区居住建筑从建筑、围护结构和暖通空调设计方面提出节能措施，对采暖和空调能耗规定控制指标。

当其他类型的既有建筑改建为居住建筑时，以及原有的居住建筑进行扩建时，都应该按照本标准的要求采取节能措施，必须符合本标准的各项规定。

本标准适用于各类居住建筑，其中包括住宅、集体宿舍、住宅式公寓、商住楼的住宅部分、托儿所、幼儿园等。

近年来，为了落实既定的建筑节能目标，很多地方都开始了成规模的既有居住建筑节能改造。由于既有居住建筑的节能改造在经济和技术两个方面与新建住宅建筑有很大的不同，因此，本标准并不涵盖既有居住建筑的节能改造。

1.0.3 夏热冬冷地区过去是个非采暖地区，建筑设计不考虑采暖的要求，也谈不上夏季空调降温。建筑围护结构的热工性能差，室内热环境质量恶劣，即使采用采暖、空调，其能源利用效率也往往较低。本标准的要求，首先是要保证室内热环境质量，提高人民的居住水平；同时要提高采暖、空调能源利用效率，贯彻执行国家可持续发展战略。

1.0.4 本标准对居住建筑的有关建筑、热工、采暖、通风和空调设计中所采取的节能措施作出了规定，但建筑节能涉及的专业较多，相关专业均制定了相应的标准，也规定了节能规定。所以，该地区居住建筑节能设计，除符合本标准外，尚应符合国家现行的有关强制性标准、规范的规定。

3 室内热环境设计计算指标

3.0.1 室内热环境质量的指标体系包括温度、湿度、风速、壁面温度等多项指标。本标准只提了温度指标和换气指标，原因是考虑到一般住宅极少配备集中空调系统，湿度、风速等参数实际上无法控制。另一方面，在室内热环境的诸多指标中，对人体的舒适以及对采暖能耗影响最大的是温度指标，换气指标则是从人体卫生角度考虑必不可少的指标。所以只提了空气温度指标和换气指标。

本条文规定的 18℃ 只是一个计算参数，在进行围护结构热工性能综合判断时用来计算采暖能耗，并不等于实际的室温。实际的室温是由住户自己控制的。

换气次数是室内热环境的另外一个重要的设计指标。冬季，室外的新鲜空气进入室内，一方面有利于确保室内的卫生条件，另一方面又要消耗大量的能量，因此要确定一个合理的换气次数。一般情况，住宅建筑的净高在 2.5m 以上，按人均居住面积 20m² 计算，1 小时换气 1 次，人均占有新风 50m³。

本条文规定的换气次数也只是一个计算参数，同样是在进行围护结构热工性能综合判断时用来计算采暖能耗，并不等于实际的新风量。实际的通风换气是由住户自己控制的。

3.0.2 本条文规定的 26℃只是一个计算参数，在进行围护结构热工性能综合判断时用来计算空调能耗，并不等于实际的室温。实际的室温是由住户自己控制的。

本条文规定的换气次数也只是一个计算参数，同样是在进行围护结构热工性能综合判断时用来计算空调能耗，并不等于实际的新风量。实际的通风换气是由住户自己控制的。

潮湿是夏热冬冷地区气候的一大特点。在本节室内热环境主要设计计算指标中虽然没有明确提出相对湿度设计指标，但并非完全没有考虑潮湿问题。实际上，空调机在制冷工况下运行时，会有去湿功能而改善室内舒适程度。

4 建筑和围护结构热工设计

4.0.1 夏热冬冷地区的居住建筑，在春秋季和夏季凉爽时段，组织好室内外的自然通风，不仅有利于改善室内的热舒适程度，而且可减少空调运行的时间，降低建筑物的实际使用能耗。因此在建筑群的总体布置和单体建筑的设计时，考虑自然通风是十分必要的。

4.0.2 太阳辐射得热对建筑能耗的影响很大，夏季太阳辐射得热增加制冷负荷，冬季太阳辐射得热降低采暖负荷。由于太阳高度角和方位角的变化规律，南北朝向的建筑夏季可以减少太阳辐射得热，冬季可以增加太阳辐射得热，是最有利的建筑朝向。但由于建筑物的朝向还受到其他许多因素的制约，不可能都为南北朝向，所以本条用了"宜"字。

4.0.3 本条为强制性条文。

建筑物体形系数是指建筑物的外表面积与外表面积所包的体积之比。体形系数是表征建筑热工特性的一个重要指标，与建筑物的层数、体量、形状等因素有关。体形系数越大，则表现出建筑的外围护结构面积大，体形系数越小则表现出建筑外围护结构面积小。

体形系数的大小对建筑能耗的影响非常显著。体形系数越小，单位建筑面积对应的外表面积越小，外围护结构的传热损失越小。从降低建筑能耗的角度出发，应该将体形系数控制在一个较低的水平上。

但是，体形系数不只是影响外围护结构的传热损失，它还与建筑造型、平面布局、采光通风等紧密相关。体形系数过小，将制约建筑师的创造性，造成建

筑造型呆板，平面布局困难，甚至损害建筑功能。因此应权衡利弊，兼顾不同类型的建筑造型，来确定体形系数。当体形系数超过规定时，则要求提高建筑围护结构的保温隔热性能，并按照本标准第 5 章的规定通过建筑围护结构热工性能综合判断，确保实现节能目标。

表 4.0.3 中的建筑层数分为三类，是根据目前本地区大量新建居住建筑的种类来划分的。如（1～3）层多为别墅，（4～11）层多为板式结构楼，其中 6 层板式楼最常见，12 层以上多为高层塔楼。考虑到这三类建筑本身固有的特点，即低层建筑的体形系数较大，高层建筑的体形系数较小，因此，在体形系数的限值上有所区别。这样的分层方法与现行国家标准《民用建筑设计通则》GB 50352‑2005 有所不同。在《民用建筑设计通则》中，（1～3）为低层，（4～6）为多层，（7～9）为中高层，10 层及 10 层以上为高层。之所以不同是由于两者考虑如何分层的原因不同，节能标准主要考虑体形系数的变化，《民用建筑设计通则》则主要考虑建筑使用的要求和防火的要求，例如 6 层以上的建筑需要配置电梯，高层建筑的防火要求更严格等等。从使用的角度讲，本标准的分层与《民用建筑设计通则》的分层不同并不会给设计人员带来任何新增的麻烦。

4.0.4 本条为强制性条文。

本条文规定了墙体、屋面、楼地面及户门的传热系数和热惰性指标限值，其中分户墙、楼板、楼梯间隔墙、外走廊隔墙、户门的传热系数限值一定不能突破，外围护结构的传热系数如果超过限值，则必须按本标准第 5 章的规定进行围护结构热工性能的综合判断。

之所以作出这样的规定是基于如下的考虑：按第 5 章的规定进行的围护结构热工性能的综合判断只涉及屋面、外墙、外窗等与室外空气直接接触的外围护结构，与分户墙、楼板、楼梯间隔墙等无关。

在夏热冬冷地区冬夏两季的采暖和空调降温是居民的个体行为，基本上是部分时间、部分空间的采暖和空调，因此要减小房间和楼内公共空间之间的传热，减小户间的传热。

夏热冬冷地区是一个相当大的地区，区内各地的气候差异仍然很大。在进行节能建筑围护结构热工设计时，既要满足冬季保温，又要满足夏季隔热的要求。采用平均传热系数，是考虑了围护结构周边混凝土梁、柱、剪力墙等"热桥"的影响，以保证建筑在夏季空调和冬季采暖时通过围护结构的传热量小于标准的要求，不至于造成由于忽略了热桥影响而建筑耗热量或耗冷量的计算值偏小，使设计的建筑物达不到预期的节能效果。

将这一地区高于等于 6 层的建筑屋面和外墙的传热系数值统一定为 1.0（或 0.8）W/(m²·K) 和 1.5（或

1.0)W/(m² · K)，并不是没有考虑这一地区的气候差异。重庆、成都、湖北(武汉)、江苏(南京)、上海等的地方节能标准反映了这一地区的气候差异，这些标准对屋面和外墙的传热系数的规定与本标准基本上是一致的。

根据无锡、重庆、成都等地节能居住建筑几个试点工程的实际测试数据和DOE—2程序能耗分析的结果都表明，在这一地区改变围护结构传热系数时，随着K值的减小，能耗指标的降低并非按线性规律变化，当屋面K值降为1.0W/(m² · K)，外墙平均K值为1.5W/(m² · K)时，再减小K值对降低建筑能耗的作用已不明显。因此，本标准考虑到以上因素和降低围护结构的K值所增加的建筑造价，认为屋面K值定为1.0(或0.8)W/(m² · K)，外墙K值为1.5(或1.0)W/(m² · K)，在目前情况下对整个地区都是比较适合的。

本标准对墙体和屋顶传热系数的要求并不太高的。主要原因是要考虑整个地区的经济发展的不平衡性。某些经济不太发达的省区，节能墙体主要靠使用空心砖和保温砂浆等材料。使用这类材料去进一步降低K值就要显著增加墙体的厚度，造价会随之大幅度增长，节能投资的回收期延长。但对于某些经济发达的省区，可能会使用高效保温材料来提高墙体的保温性能，例如采取聚苯乙烯泡沫塑料做墙体外保温。采用这样的技术，进一步降低墙体的K值，只要增加保温层的厚度即可，造价不会成比例增加，所以进一步降低K值是可行的，也是经济的。屋顶的情况也是如此。如果采用聚苯乙烯泡沫塑料做屋顶的保温层，保温层适当增厚，不会大幅度增加屋面的总造价，而屋面的K值则会明显降低，也是经济合理的。

建筑物的使用寿命比较长，从长远来看，应鼓励围护结构采用较高档的节能技术和产品，热工性能指标突破本标准的规定。经济发达的地区，建筑节能工作开展得比较早的地区，应该往这个方向努力。

本标准对D值作出规定是考虑了夏热冬冷地区的特点。这一地区夏季外围护结构严重地受到不稳定温度波作用，例如夏季实测屋面外表面最高温度南京可达62℃，武汉64℃，重庆61℃以上，西墙外表面温度南京可达51℃，武汉55℃，重庆56℃以上，夜间围护结构外表面温度可降至25℃以下，对处于这种温度波幅很大的非稳态传热条件下的建筑围护结构来说，只采用传热系数这个指标不能全面地评价围护结构的热工性能。传热系数只是描述围护结构传热能力的一个性能参数，是在稳态传热条件下建筑围护结构的评价指标。在非稳态传热的条件下，围护结构的热工性能除了用传热系数这个参数之外，还应该用抵抗温度波和热流波在建筑围护结构中传播能力的热惰性指标D来评价。

目前围护结构采用轻质材料越来越普遍。当采用轻质材料时，虽然其传热系数满足标准的规定值，但热惰性指标D可能达不到标准的要求，从而导致围护结构内表面温度波幅过大。武汉、成都、重庆荣昌、上海径南小区等节能建筑试点工程建筑围护结构热工性能实测数据表明，夏季无论是自然通风、连续空调还是间歇空调，砖混等厚重结构与加气混凝土砌块、混凝土空心砌块等中型结构以及金属夹芯板等轻型结构相比，外围护结构内表面温度波幅差别很大。在满足传热系数规定的条件下，连续空调时，空心砖加保温材料的厚重结构外墙内表面温度波幅值为(1.0~1.5)℃，加气混凝土外墙内表面温度波幅为(1.5~2.2)℃，空心混凝土砌块加保温材料外墙内表面温度波幅为(1.5~2.5)℃，金属夹芯板外墙内表面温度波幅为(2.0~3.0)℃。在间歇空调时，内表面温度波幅比连续空调要增加1℃。自然通风时，轻型结构外墙和屋顶的内表面使人明显地感到一种烘烤感。例如在重庆荣昌节能试点工程中，采用加气混凝土175mm作为屋面隔热层，屋面总热阻达到1.07m² · kW，但因屋面的热稳定性差，其内表面温度达37.3℃，空调时内表面温度最高达31℃，波幅大于3℃。因此，对屋面和外墙的D值作出规定，是为了防止因采用轻型结构D值减小后，室内温度波幅过大以及在自然通风条件下，夏季屋面和东西外墙内表面温度可能高于夏季室外计算温度最高值，不能满足《民用建筑热工设计规范》GB 50176-93的规定。

将夏热冬冷地区外墙的平均传热系数K_m及热惰性指标分两个标准对应控制，这样更能切合目前外墙材料及结构构造的实际情况。

围护结构按体形系数的不同，分两档确定传热系数K限值和热惰性指标D值。建筑体形系数越大，则接受的室外热作用越大，热、冷损失也越大。因此，体形系数大者其理应保温隔热性能要求高一些，即传热系数K限值应小一些。

根据夏热冬冷地区实际的使用情况和楼地面传热系数便于计算考虑，对不属于同一户的层间楼地面和分户墙、楼底面接触室外空气的架空楼地面作了传热系数限值规定；底层为使用性质不确定的临街商铺的上层楼地面传热系数限值，可参照楼地面接触室外空气的架空楼地面执行。

由于采暖、空调房间的门对能耗也有一定的影响，因此，明确规定了采暖、空调房间通往室外的门(如户门、通往户外花园的门、阳台门)和通往封闭式空间(如封闭式楼梯间、封闭阳台等)或非封闭式空间(如非封闭式楼梯间、开敞阳台等)的门的传热系数K的不同限值。

4.0.5 本条为强制性条文。

窗墙面积比是指窗户洞口面积与房间立面单元面积(即建筑层高与开间定位线围成的面积)之比。

普通窗户(包括阳台门的透明部分)的保温性能

比外墙差很多，尤其是夏季白天通过窗户进入室内的太阳辐射热也比外墙多得多。一般而言，窗墙面积比越大，则采暖和空调的能耗也越大。因此，从节约的角度出发，必须限制窗墙面积比。在一般情况下，应以满足室内采光要求作为窗墙面积比的确定原则，表4.0.5-1中规定的数值能满足较大进深房间的采光要求。

在夏热冬冷地区，人们无论是过渡季节还是冬、夏两季普遍有开窗加强房间通风的习惯。一是自然通风改善了室内空气品质；二是夏季在两个连晴高温期间的阴雨降温过程或降雨后连晴高温开始升温过程的夜间，室外气候凉爽宜人，加强房间通风能带走室内余热和积蓄冷量，可以减少空调运行时的能耗。因此需要较大的开窗面积。此外，南窗大有利于冬季日照，可以通过窗口直接获得太阳辐射热。近年来居住建筑的窗墙面积比有越来越大的趋势，这是因为商品住宅的购买者大都希望自己的住宅更加通透明亮，尤其是客厅比较流行落地门窗。因此，规定每套房间允许一个房间窗墙面积比可以小于等于0.60。但当窗墙面积比增加时，应首先考虑减小窗户（含阳台透明部分）的传热系数和遮阳系数。夏热冬冷地区的外窗设置活动外遮阳的作用非常明显。提高窗的保温性能和灵活控制遮阳是夏季防热、冬季保温、降低夏季空调冬季采暖负荷的重要措施。

条文中对东、西向窗墙面积比限制较严，因为夏季太阳辐射在东、西向最大。不同朝向墙面太阳辐射强度的峰值，以东、西向墙面为最大，西南（东南）向墙面次之，西北（东北）向又次之，南向墙更次之，北向墙为最小。因此，严格控制东、西向窗墙面积比限值是合理的，对南向窗墙面积比限值放得比较松，也符合这一地区居住建筑的实际情况和人们的生活习惯。

对外窗的传热系数和窗户的遮阳系数作严格的限制，是夏热冬冷地区建筑节能设计的特点之一。在放宽窗墙面积比限值的情况下，必须提高对外窗热工性能的要求，才能真正做到住宅的节能。技术经济分析也表明，提高外窗热工性能，比提高外墙热工性能的资金效益高3倍以上。同时，适当放宽每套房间允许一个房间有很大的窗墙面积比，采用提高外窗热工性能来控制能耗，给建筑师和开发商提供了更大的灵活性，以满足这一地区人们提高居住建筑水平和国家对建筑节能的要求。

4.0.7 透过窗户进入室内的太阳辐射热，夏季构成了空调降温的主要负荷，冬季可以减小采暖负荷，所以在夏热冬暖地区设置活动式外遮阳是最合理的。夏季太阳辐射在东、西向最大，在东、西向设置外遮阳是减少太阳辐射热进入室内的一个有效措施。近年来，我国的遮阳产业有了很大发展，能够提供各种满足不同需要的产品。同时，随着全社会

节能意识的提高，越来越多的居民也认识到夏季遮阳的重要性。因此，在夏热冬暖地区的居住建筑上应大力提倡使用卷帘、百叶窗之类的外遮阳。

4.0.8 对外窗的开启面积作规定，避免"大开窗，小开启"现象，有利于房间的自然通风。平开窗的开启面积大，气密性比推拉窗好，可以保证采暖、空调时住宅的换气次数得到控制。

4.0.9 本条为强制性条文。

为了保证建筑的节能，要求外窗具有良好的气密性能，以避免夏季和冬季室外空气过多地向室内渗漏。在《建筑外门窗气密、水密、抗风压性能分级及检测方法》GB/T 7106-2008中规定用10Pa压差下，每小时每米缝隙的空气渗透量 q_1 和每小时每平方米面积的空气渗透量 q_2 作为外门窗的气密性分级指标。6级对应的性能指标是：$0.5m^3/(m \cdot h) < q_1 \leqslant 1.5m^3/(m \cdot h)$，$1.5m^3/(m^2 \cdot h) < q_2 \leqslant 4.5m^3/(m^2 \cdot h)$。4级对应的性能指标是：$2.0m^3/(m \cdot h) < q_1 \leqslant 2.5m^3/(m \cdot h)$，$6.0m^3/(m^2 \cdot h) < q_2 \leqslant 7.5m^3/(m^2 \cdot h)$。

本条文对位于不同层上的外窗及阳台门的要求分成两档，在建筑的低层，室外风速比较小，对外窗及阳台门的气密性要求低一些。而在建筑的高层，室外风速相对比较大，对外窗及阳台门的气密性要求则严一些。

4.0.10 目前居住建筑设计的外窗面积越来越大，凸窗、弧形窗及转角窗越来越多，可是对其上下、左右不透明的顶板、底板和侧板的保温隔热处理又不够重视，这些部位基本上是钢筋混凝土出挑构件，是外墙上热工性能最薄弱的部位。凸窗上下不透明顶板、底板及左右侧板同样按本标准附录B的计算方法得出的外墙平均传热系数，并应达到外墙平均传热系数的限值要求。当弧形窗及转角窗为凸窗时，也应按本条的规定进行热工节能设计。

凸窗的使用增加了窗户传热面积，为了平衡这部分增加的传热量，也为了方便计算，规定了凸窗的设计指标与方法。

4.0.11 采用浅色饰面材料的围护结构外墙面，在夏季有太阳直射时，能反射较多的太阳辐射热，从而能降低空调时的得热量和自然通风时的内表面温度，当无太阳直射时，它又能把围护结构内部在白天所积蓄的太阳辐射热较快地向外天空辐射出去，因此，无论是对降低空调耗电量还是对改善无空调时的室内热环境都有重要意义。采用浅色饰面外表面建筑物的采暖耗电量虽然会有所增大，但夏热冬冷地区冬季的日照率普遍较低，两者综合比较，突出矛盾仍是夏季。

水平屋顶的日照时间最长，太阳辐射照度最大，由屋顶传给顶层房间的热量很大，是建筑物夏季隔热的一个重点。绿化屋顶是解决屋顶隔热问题非常有效的方法，它的内表面温度低且昼夜稳定。当然，绿化

屋顶在结构设计上要采取一些特别的措施。在屋顶上涂刷隔热涂料是解决屋顶隔热问题另一个非常有效的方法，隔热涂料可以反射大量的太阳辐射，从而降低屋顶表面的温度。当然，涂刷了隔热涂料的屋顶在冬季也会放射一部分太阳辐射，所以越是南方越适宜应用这种技术。

4.0.12 分体式空调器的能效除与空调器的性能有关外，同时也与室外机的合理布置有很大关系。室外机安装环境不合理，如设置在通风不良的建筑竖井内，设置在封闭或接近封闭的空间内，过密的百叶遮挡、过大的百叶倾角、小尺寸箱体内的嵌入式安装，多台室外机安装间距过小等安装方式使进、排风不畅和短路，都会造成分体式房间空调器在实际使用中的能效大幅降低，甚至造成保护性停机。

5 建筑围护结构热工性能的综合判断

5.0.1 第四章的第4.0.3、第4.0.4和第4.0.5条列出的是居住建筑节能设计的规定性指标。对大量的居住建筑，它们的体形系数、窗墙面积比以及围护结构的热工性能等都能符合第四章的有关规定，这样的居住建筑属于所谓的"典型"居住建筑，它们的采暖、空调能耗已经在编制本标准的过程中经过了大量的计算，节能的目标是有保证的，不必再进行本章所规定的热工性能综合判断。

但是由于实际情况的复杂性，总会有一些建筑不能全部满足本标准第4.0.3、第4.0.4和第4.0.5条中的各项规定，对于这样的建筑本标准提供了另外一种具有一定灵活性的办法，判断该建筑是否满足本标准规定的节能要求。这种方法称为"建筑围护结构热工性能的综合判断"。

"建筑围护结构热工性能的综合判断"就是综合地考虑体形系数、窗墙面积比、围护结构热工性能对能耗的影响。例如一栋建筑的体形系数超过了第4章的规定，但是它还是有可能采取提高围护结构热工性能的方法，减少通过墙、屋顶、窗户的传热损失，使建筑整体仍然达到节能50%的目标。因此对这一类建筑就必须经过严格的围护结构热工性能的综合判断，只有通过综合判断，才能判定其能否满足本标准规定的节能要求。

5.0.2 节能的目标最终体现在建筑物的采暖和空调能耗上，建筑围护结构热工性能的优劣对采暖和空调能耗有直接的影响，因此本标准以采暖和空调能耗作为建筑围护结构热工性能综合判断的依据。

除了建筑围护结构热工性能之外，采暖和空调能耗的高低还受许多其他因素的影响，例如受采暖、空调设备能效的影响，受气候条件的影响，受居住者行为的影响等。如果这些条件不一样，计算得到的能耗也肯定不一样，就失去了可以比较的基准，因此本条

规定计算采暖和空调耗电量时，必须在"规定的条件下"进行。

在"规定条件下"计算得到的采暖和空调耗电量并不是建筑实际的采暖空调能耗，仅仅是一个比较建筑围护结构热工性能优劣的基础能耗。

5.0.3 "参照建筑"是一个与设计建筑相对应的假想建筑。"参照建筑"满足第4章第4.0.3、第4.0.4和第4.0.5条列出的规定性指标，是一栋满足本标准节能要求的节能建筑。因此，"参照建筑"在规定条件下计算得出的采暖年耗电量和空调年耗电量之和可以作为一个评判所设计建筑的建筑围护结构热工性能优劣的基础。

当在规定条件下，计算得出的设计建筑的采暖年耗电量和空调年耗电量之和不大于参照建筑的采暖年耗电量和空调年耗电量之和时，说明所设计建筑的建筑围护结构的总体性能满足本标准的节能要求。

5.0.4 "参照建筑"是一个用来与设计建筑进行能耗比对的假想建筑，两者必须在形状、大小、朝向以及平面划分等方面完全相同。

当设计建筑的体形系数超标时，与其形状、大小一样的参照建筑的体形系数一定也超标。由于控制体形系数的实际意义在于控制相对的传热面积，所以可通过将参照建筑的一部分表面积定义为绝热面积达到与控制体形系数相同的目的。

窗户的大小对采暖空调能耗的影响比较大，当设计建筑的窗墙面积比超标时，通过缩小参照建筑窗户面积的办法，达到控制窗墙面积比的目的。

从参照建筑的构建规则可以看出，所谓"建筑围护结构热工性能的综合判断"实际上就是允许设计建筑在体形系数、窗墙面积比、围护结构热工性能三者之间进行强弱之间的调整和弥补。

5.0.5 由于夏热冬冷地区的气候特性，室内外温差比较小，一天之内温度波动对围护结构传热的影响比较大，尤其是夏季，白天室外气温很高，又有很强的太阳辐射，热量通过围护结构从室外传入室内；夜间室外温度比室内温度下降快，热量有可能通过围护结构从室内传向室外。由于这个原因，为了比较准确地计算采暖、空调负荷，并与现行国标《采暖通风与空气调节设计规范》GB 50019保持一致，需要采用动态计算方法。

动态计算方法有很多，暖通空调设计手册里的冷负荷计算法就是一种常用的动态计算方法。

本标准在编制过程中采用了反应系数计算方法，并采用美国劳伦斯伯克利国家实验室开发的DOE-2软件作为计算工具。

DOE-2用反应系数法来计算建筑围护结构的传热量。反应系数法是先计算围护结构内外表面温度和热流对一个单位三角波温度扰量的反应，计算出围护结构的吸热、放热和传热反应系数，然后将任意变化

的室外温度分解成一个个可叠加的三角波，利用导热微分方程可叠加的性质，将围护结构对每一个温度三角波的反应叠加起来，得到任意一个时刻围护结构表面的温度和热流。

DOE-2 用反应系数法来计算建筑围护结构的传热量。反应系数的基本原理如下：

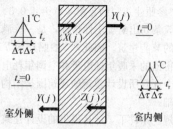

图 2　板壁的反应系数

参照图 2，当室内温度恒为零，室外侧有一个单位等腰三角波形温度扰量作用时，从作用时刻算起，单位面积壁体外表面逐时所吸收的热量，称为壁体外表面的吸热反应系数，用符号 $X(j)$ 表示；通过单位面积壁体逐时传入室内的热量，称为壁体传热反应系数，用符号 $Y(j)$ 表示；与上述情况相反，当室外温度恒为零，室内侧有一个单位等腰三角波形温度扰量作用时，从作用时刻算起，单位面积壁体内表面逐时所吸收的热量，称为壁体内表面的吸热反应系数，用符号 $Z(j)$ 表示；通过单位面积壁体逐时传至室外的热量，仍称为壁体传热反应系数，数值与前一种情况相等，固仍用符号 $Y(j)$ 表示；

传热反应系数和内外壁面的吸热反应系数的单位均为 $W/(m^2 \cdot ℃)$，符号括号中的 $j = 0，1，2\cdots\cdots$，表示单位扰量作用时刻以后 $j\Delta\tau$ 小时。一般情况 $\Delta\tau$ 取 1 小时，所以 $X(5)$ 就表示单位扰量作用时刻以后 5 小时的外壁面吸热反应系数。

反应系数的计算可以参考专门的资料或使用专门的计算机程序，有了反应系数后就可以利用下式计算第 n 个时刻，室内从室外通过板壁围护结构的传热得热量 $HG(n)$。

$$HG(n) = \sum_{j=0}^{\infty} Y(j)t_z(n-j)$$
$$- \sum_{j=0}^{\infty} Z(j)t_r(n-j)$$

式中：$t_z(n-j)$ 是第 $n-j$ 时刻室外综合温度；
　　　$t_r(n-j)$ 是第 $n-j$ 时刻室内温度。

特别地当室内温度 t_r 不变时，此式还可以简化成：

$$HG(n) = \sum_{j=0}^{\infty} Y(j)t_z(n-j) - K \cdot t_r$$

式中的 K 就是板壁的传热系数。

DOE-2 软件可以模拟建筑物采暖、空调的热过程。用户可以输入建筑物的几何形状和尺寸，可以输

入建筑围护结构的细节，可以输入一年 8760 个小时的气象数据，可以选择空调系统的类型和容量等参数。DOE-2 根据用户输入的数据进行计算，计算结果以各种各样的报告形式来提供。

5.0.6 本条规定了计算采暖和空调年耗电量时的几条简单的基本条件，规定这些基本条件的目的是为了规范和统一软件的计算，避免出现混乱。

需要强调指出的是，这里计算的目的是对建筑围护结构热工性能是否符合本标准的节能要求进行综合判断，计算规定的条件不是住宅实际的采暖空调情况，因此计算得到的采暖和空调耗电量并非建筑实际的采暖和空调能耗。

在夏热冬冷地区，住宅冬夏两季的采暖和空调降温是居民的个体行为，个体之间的差异非常大。目前，绝大部分居民还是采取部分空间、部分时间采暖和空调的模式，与北方住宅全部空间连续采暖的模式有很大的不同。部分空间、部分时间采暖和空调的模式是一种节能的模式，应予以鼓励和提倡。

6　采暖、空调和通风节能设计

6.0.1 夏热冬冷地区冬季湿冷夏季酷热，随着经济发展，人民生活水平的不断提高，对采暖、空调的需求逐年上升。对于居住建筑选择设计集中采暖、空调系统方式，还是分户采暖、空调方式，应根据当地能源、环保等因素，通过仔细的技术经济分析来确定。同时，该地区的居民采暖空调所需设备及运行费用全部由居民自行支付，因此，还应考虑用户对设备及运行费用的承担能力。对于一些特殊的居住建筑，如幼儿园、养老院等，可根据具体情况设置集中采暖、空调设施。

6.0.2 本条为强制性条文。

当居住建筑设计采用集中采暖、空调系统时，用户应该根据使用的情况缴纳费用。目前，严寒、寒冷地区的集中采暖系统用户正在进行供热体制改革，用户需根据其使用热量的情况按户缴纳采暖费用。严寒、寒冷地区采暖计量收费的原则是，在住宅楼前安装热量表，作为楼内用户与供热单位的结算依据。而楼内住户则进行按户热量分摊，当然，每户应该有相应的设施作为对整栋楼的耗热量进行户间分摊的依据。要按照用户使用热量情况进行分摊收费，用户应该能够自主进行室温的调节与控制。在夏热冬冷地区则可以根据同样的原则和适当的方法，进行用户使用热（冷）量的计量和收费。

6.0.3 本条为强制性条文。

合理利用能源、提高能源利用率、节约能源是我国的基本国策。用高品位的电能直接用于转换为低品位的热能进行采暖，热效率低，运行费用高，是不合适的。近些年来由于采暖用电所占比例逐年上升，致

使一些省市冬季尖峰负荷也迅速增长，电网运行困难，出现冬季电力紧缺。盲目推广没有蓄热装置的电锅炉，直接电热采暖，将进一步恶化电力负荷特性，影响民众日常用电。因此，应严格限制设计直接电热进行集中采暖的方式。

当然，作为居住建筑来说，本标准并不限制居住者自行、分散地选择直接电热采暖的方式。

6.0.4 要积极推行应用能效比高的电动热泵型空调器，或燃气、蒸汽或热水驱动的吸收式冷（热）水机组进行冬季采暖、夏季空调。当地有余热、废热或区域性热源可利用时，可用热水驱动的吸收式冷（热）水机组为冷（热）源。此外，低温地板辐射采暖也是一种效率较高和舒适的采暖方式。至于选用何种方式采暖、空调，应由建筑条件、能源情况（比如，当燃气供应充足、价格合适时，应用溴化锂机组；在热电厂余热蒸汽可利用的情况下，推荐使用蒸汽溴化锂机组等）、环保要求等进行技术经济分析，以及用户对设备及运行费用的承担能力等因素来确定。

6.0.5 本条为强制性条文。

当以燃气为能源提供采暖热源时，可以直接向房间送热风，或经由风管系统送入；也可以产生热水，通过散热器、风机盘管进行采暖，或通过地下埋管进行低温地板辐射采暖。所应用的燃气机组的热效率应符合现行有关标准《家用燃气快速热水器和燃气采暖热水炉能效限定值及能效等级》GB 20665-2006 中的第 2 级。为了方便应用，表 1 列出了能效等级值。

表 1　热水器和采暖炉能效等级

类　型	热负荷	最低热效率值（%）		
		能效等级		
		1	2	3
热水器	额定热负荷	96	88	84
	≤50%额定热负荷	94	84	—
采暖炉（单采暖）	额定热负荷	94	88	84
	≤50%额定热负荷	92	84	—
热采暖炉（两用型）供暖	额定热负荷	94	88	84
	≤50%额定热负荷	92	84	—
热采暖炉（两用型）热水	额定热负荷	96	88	84
	≤50%额定热负荷	94	84	—

注：此表引自《家用燃气快速热水器和燃气采暖热水炉能效限定值及能效等级》GB 20665-2006。

6.0.6 本条为强制性条文。

居住建筑可以采取多种空调采暖方式，一般为集中方式或者分散方式。如果采用集中式空调采暖系统，比如，本条文所指的由冷热源站向多套住宅、多栋住宅楼、甚至住宅小区提供空调采暖冷热源（往往采用冷、热水）；或者，应用户式集中空调机组（户式中央空调机组）向一套住宅提供空调冷热源（冷热水、冷热风）进行空调采暖。分散式方式，则多以分体空调（热泵）等机组进行空调及采暖。

集中空调采暖系统中，冷热源的能耗是空调采暖系统能耗的主体。因此，冷热源的能源效率对节省能源至关重要。性能系数、能效比是反映冷热源能源效率的主要指标之一，为此，将冷热源的性能系数、能效比作为必须达标的项目。对于设计阶段已完成集中空调采暖系统的居民小区，或者按户式中央空调系统设计的住宅，其冷源能效的要求应该等同于公共建筑的规定。

国家质量监督检验检疫总局和国家标准化管理委员会已发布实施的空调机组能效限定值及能源效率等级的标准有：《冷水机组能效限定值及能源效率等级》GB 19577-2004，《单元式空气调节机能效限定值及能源效率等级》GB 19576-2004，《多联式空调（热泵）机组能效限定值及能源效率等级》GB 21454-2008。产品的强制性国家能效标准，将产品根据机组的能源效率划分为 5 个等级，目的是配合我国能效标识制度的实施。能效等级的含义：1 等级是企业努力的目标；2 等级代表节能型产品的门槛（按最小寿命周期成本确定）；3、4 等级代表我国的平均水平；5 等级产品是未来淘汰的产品。目的是能够为消费者提供明确的信息，帮助其购买时选择，促进高效产品的市场。

为了方便应用，以下表 2 为规定的冷水（热泵）机组制冷性能系数（COP）值；表 3 为规定的单元式空气调节机能效比（EER）值；表 4 为规定的溴化锂吸收式机组性能参数，这是根据国家标准《公共建筑节能设计标准》GB 50189-2005 中第 5.4.5 和第 5.4.8 条强制性条文规定的能效限值。而表 5 为多联式空调（热泵）机组制冷综合性能系数（IPLV（C））值，是《多联式空调（热泵）机组能效限定值及能源效率等级》GB 21454-2008 标准中规定的能效等级第 3 级。

表 2　冷水（热泵）机组制冷性能系数

类　型	额定制冷量（kW）	性能系数（W/W）
水冷 活塞式/涡旋式	＜528	3.80
	528～1163	4.00
	＞1163	4.20
水冷 螺杆式	＜528	4.10
	528～1163	4.30
	＞1163	4.60
水冷 离心式	＜528	4.40
	528～1163	4.70
	＞1163	5.10

类　型	额定制冷量 （kW）	性能系数（W/W）
风冷或 蒸发冷却	活塞式/ 涡旋式 ≤50	2.40
	活塞式/ 涡旋式 >50	2.60
	螺杆式 ≤50	2.60
	螺杆式 >50	2.80

注：此表引自《公共建筑节能设计标准》GB 50189
－2005。

表3　单元式机组能效比

类　型		能效比（W/W）
风冷式	不接风管	2.60
	接风管	2.30
水冷式	不接风管	3.00
	接风管	2.70

注：此表引自《公共建筑节能设计标准》GB 50189
－2005。

表4　溴化锂吸收式机组性能参数

机型	名义工况				性能参数	
	冷(温)水进/ 出口温度 （℃）	冷却水进/ 出口温度 （℃）	蒸汽 压力 MPa	单位制冷量 蒸汽耗量 kg/(kW·h)	性能系数（W/W）	
					制冷	供热
蒸汽 双效	18/13	30/35	0.25	≤1.40		
	12/7		0.4			
			0.6	≤1.31		
			0.8	≤1.28		
直燃	供冷 12/7	30/35			≥1.10	
	供热出口 60					≥0.90

注：直燃机的性能系数为：制冷量(供热量)/[加热源消耗量(以低位热值计)
＋电力消耗量(折算成一次能)]。此表引自《公共建筑节能设计标准》GB
50189-2005。

**表5　能源效率等级指标——制冷
综合性能系数（IPLV(C)）**

名义建冷量 CC （W）	能效等级第3级
CC≤28000	3.20
28000<CC≤84000	3.15
84000<CC	3.10

注：此表引自《多联式空调（热泵）机组能效限定值及能
源效率等级》GB 21454-2008。

6.0.7　本条为强制性条文。

现行国家标准《地源热泵系统工程技术规范》GB 50366－2005中对于"地源热泵系统"的定义为"以岩土体、地下水或地表水为低温热源，由水源热泵机组、地热能交换系统、建筑物内系统组成的供热空调系统。根据地热能交换系统形式的不同，地源热泵系统分为地埋管地源热泵系统、地下水地源热泵系统和地表水地源热泵系统"。2006年9月4日由财政部、建设部共同发布的《关于印发〈可再生能源建筑应用专项资金管理暂行办法〉的通知》（财建［2006］460号）中第四条规定可再生能源建筑应用专项资金支持以下6个重点领域：①与建筑一体化的太阳能供应生活热水、供热制冷、光电转换、照明；②利用土壤源热泵和浅层地下水源热泵技术供热制冷；③地表水丰富地区利用淡水源热泵技术供热制冷；④沿海地区利用海水源热泵技术供热制冷；⑤利用污水水源热泵技术供热制冷；⑥其他经批准的支持领域。其中，地源热泵系统占了两项。

要说明的是在应用地源热泵系统，不能破坏地下水资源。这里引用《地源热泵系统工程技术规范》GB 50366的强制性条文，即第3.1.1条："地源热泵系统方案设计前，应进行工程场地状况调查，并对浅层地热能资源进行勘察"；第5.1.1条："地下水换热系统应根据水文地质勘察资料进行设计，并必须采取可靠回灌措施，确保置换冷量或热量后的地下水全部回灌到同一含水层，不得对地下水资源造成浪费及污染。系统投入运行后，应对抽水量、回灌量及其水质进行监测"。另外，如果地源热泵系统采用地下埋管式换热器的话，要进行土壤温度平衡模拟计算，应注意并进行长期应用后土壤温度变化趋势的预测，以避免长期应用后土壤温度发生变化，出现机组效率降低甚至不能制冷或供热。

6.0.8　采用分散式房间空调器进行空调和采暖时，这类设备一般由用户自行采购，该条文的目的是要推荐用户购买能效比高的产品。国家标准《房间空气调节器能效限定值及能源效率等级》GB 12021.3和《转速可控型房间空气调节器能效限定值及能源效率等级》GB 21455规定节能型产品的能源效率为2级。

目前，《房间空气调节器能效限定值及能效等级》GB 12021.3-2010于2010年6月1日颁布实施。与2004年版相比，2010年版将能效等级分为三级，同时对能效限定值与能源效率等级指标已有提高。2004版中的节能评价值（即能效等级第2级）在2010年版中仅列为第3级。

鉴于当前是房间空调器标准新老交替的阶段，市场上可供选择的产品仍然执行的是老标准。本标准规定，鼓励用户选购节能型房间空调器，其意在于从用户需求端角度逐步提高我国房间空调器的能效水平，适应我国建筑节能形势的需要。

为了方便应用，表6列出了《房间空气调节器能效限定值及能源效率等级》GB 12021.3 - 2004、《房间空气调节器能效限定值及能效等级》GB 12021.3 - 2010 和《转速可控型房间空气调节器能效限定值及能源效率等级》GB 21455 - 2008 中列出的房间空气调节器能源效率等级为第2级的指标和转速可控型房间空气调节器能源效率等级为第2级的指标，表7列出了《房间空气调节器能效限定值及能效等级》GB 12021.3 - 2010 中空调器能源效率等级指标。

表6　房间空调器能源效率等级指标节能评价值

类型		额定制冷量 CC (W)	能效比 EER (W/W)		制冷季节能源消耗效率 SEER [W·h/(W·h)]
			GB 12021.3 - 2004 中节能评价值（能效等级2级）	GB 12021.3 - 2010 中节能评价值（能效等级2级）	GB 21455 - 2008 中节能评价值（能源等级2级）
整体式		—	2.90	3.10	—
分体式		$CC \leqslant 4500$	3.20	3.40	4.50
		$4500 < CC \leqslant 7100$	3.10	3.30	4.10
		$7100 < CC \leqslant 14000$	3.00	3.20	3.70

表7　房间空调器能源效率等级指标

类　型	额定制冷量 CC (W)	GB 12021.3 - 2010 中能效等级		
		3	2	1
整体式	—	2.90	3.10	3.30
分体式	$CC \leqslant 4500$	3.20	3.40	3.60
	$4500 < CC \leqslant 7100$	3.10	3.30	3.50
	$7100 < CC \leqslant 14000$	3.00	3.20	3.40

6.0.9　中华人民共和国国务院于2008年8月1日发布、10月1日实施的《民用建筑节能条例》第四条指出："国家鼓励和扶持在新建建筑和既有建筑节能改造中采用太阳能、地热能等可再生能源"。所以在有条件时应鼓励采用。

关于《国民经济和社会发展第十一个五年规划纲要》中指出的十大节能重点工程中，提出"发展采用热电联产和热电冷联产，将分散式供热小锅炉改造为集中供热"。

6.0.10　目前居住建筑还没有条件普遍采用有组织的全面机械通风系统，但为了防止厨房、卫生间的污浊空气进入居室，应当在厨房、卫生间安装局部机械排风装置。如果当地夏季白天与晚上的气温相差较大，应充分利用夜间通风，达到被动降温目的。在安设采暖空调设备的居住建筑中，往往围护结构密闭性较好，为了改善室内空气质量需要引入室外新鲜空气（换气）。如果直接引入，将会带来很高的冷热负荷，大大增加能源消耗。经技术经济分析，如果当地采用热回收装置在经济上合理，建议采用质量好、效率高的机械换气装置（热量回收装置），使得同时达到热量回收、节约能源的目的。

附录C　外遮阳系数的简化计算

C.0.2　各种组合形式的外遮阳系数，可由参加组合的各种形式遮阳的外遮阳系数的乘积来近似确定。

例如：水平式＋垂直式组合的外遮阳系数＝水平式遮阳系数×垂直式遮阳系数

水平式＋挡板式组合的外遮阳系数＝水平式遮阳系数×挡板式遮阳系数

中华人民共和国行业标准

种植屋面工程技术规程

Technical specification for green roof

JGJ 155—2013

批准部门：中华人民共和国住房和城乡建设部
施行日期：２０１３年１２月１日

中华人民共和国住房和城乡建设部
公 告

第 47 号

住房城乡建设部关于发布行业标准
《种植屋面工程技术规程》的公告

现批准《种植屋面工程技术规程》为行业标准，编号为 JGJ 155 - 2013，自 2013 年 12 月 1 日起实施。其中，第 3.2.3、5.1.7 条为强制性条文，必须严格执行。原《种植屋面工程技术规程》JGJ 155 - 2007 同时废止。

本规程由我部标准定额研究所组织中国建筑工业出版社出版发行。

中华人民共和国住房和城乡建设部

2013 年 6 月 9 日

前 言

根据住房和城乡建设部《关于印发〈2011 年工程建设标准规范制订、修订计划〉的通知》（建标［2011］17 号）的要求，规程编制组经广泛调查研究，认真总结实践经验，参考有关国际标准和国外先进标准，并在广泛征求意见的基础上，修订了《种植屋面工程技术规程》JGJ 155 - 2007。

本规程的主要技术内容是：1 总则；2 术语；3 基本规定；4 种植屋面工程材料；5 种植屋面工程设计；6 种植屋面工程施工；7 质量验收；8 维护管理。

本规程修订的主要技术内容是：

1. 增加了屋面植被层设计、施工和质量验收的内容；

2. 增加了容器种植和附属设施的设计、施工和质量验收的内容；

3. 调整了种植屋面用耐根穿刺防水材料种类；

4. 增加了"养护管理"的内容；

5. 调整了常用植物表。

本规程中以黑体字标志的条文为强制性条文，必须严格执行。

本规程由住房和城乡建设部负责管理和对强制性条文的解释，由中国建筑防水协会负责具体技术内容的解释。执行过程中如有意见或建议，请寄送中国建筑防水协会（地址：北京市海淀区三里河路 11 号；邮编：100831）。

本规程主编单位：中国建筑防水协会
                  天津天一建设集团有限
                  公司

本规程参编单位：北京市园林科学研究所

天津市农业科学院园艺工程研究所

中国建筑材料科学研究总院苏州防水研究院

北京东方雨虹防水技术股份有限公司

索普瑞玛（上海）建材贸易有限公司

深圳市卓宝科技股份有限公司

上海中卉生态科技有限公司

天津奇才防水材料工程有限公司

唐山德生防水股份有限公司

徐州卧牛山新型防水材料有限公司

北京世纪洪雨科技有限公司

盘锦禹王防水建材集团有限公司

青岛大洋灯塔防水有限公司

北京圣洁防水材料有限公司

辽宁大禹防水科技发展有限公司

潍坊市宏源防水材料有限公司

广东科顺化工实业有限公司

胜利油田大明新型建筑防水材料有限责任公司

广州秀珀化工股份有限公司

北京宇阳泽丽防水材料有限责任公司

威达吉润(扬州)建筑材料有限公司

深圳市蓝盾防水工程有限公司

江苏欧西建材科技发展有限公司

坚倍斯顿防水材料(上海)有限公司

北京市建国伟业防水材料有限公司

山东鑫达鲁鑫防水材料有限公司

秦皇岛市松岩建材有限公司

本规程主要起草人员： 朱冬青 李承刚 王 天
韩丽莉 朱志远 马丽亚
郭蔚飞 尚华胜 孔祥武
王月宾 柯思征 朱卫如
李冠中 李 玲 杜 昕
邹先华 张伶俐 罗玉娟
李 勇 杨 光 李国干
陈玉山 张广彬 王 颖
王洪波 弭明新 陈宝忠
孙 哲 王书苓 陈伟忠
孟凡城

本规程主要审查人员： 方展和 古润泽 王自福
羡永彪 张道真 马 跃
霍瑞琴 曲 慧 费毕刚
张玉玲 张 勇

26—3

目 次

Contents

1 总　则

1.0.1 为贯彻国家保护环境及节约能源和资源的政策，规范种植屋面工程技术要求，做到技术先进、安全可靠、经济合理，制定本规程。

1.0.2 本规程适用于新建、既有建筑屋面和地下建筑顶板种植工程的设计、施工、质量验收和维护管理。

1.0.3 种植屋面工程的设计、施工、质量验收和维护管理除应符合本规程外，尚应符合国家现行有关标准的规定。

2 术　语

2.0.1 种植屋面　green roof
铺以种植土或设置容器种植植物的建筑屋面或地下建筑顶板。

2.0.2 地下建筑顶板　underground structure plaza
地下建筑物、构筑物的顶部承重板。

2.0.3 简单式种植屋面　extensive green roof
仅种植地被植物、低矮灌木的屋面。

2.0.4 花园式种植屋面　intensive green roof
种植乔灌木和地被植物，并设置园路、坐凳等休憩设施的屋面。

2.0.5 容器种植　containered planting
在可移动组合的容器、模块中种植植物。

2.0.6 耐根穿刺防水层　root penetration resistant waterproof layer
具有防水和阻止植物根系穿刺功能的构造层。

2.0.7 排(蓄)水层　water drainage/retain layer
能排出种植土中多余水分(或具有一定蓄水功能)的构造层。

2.0.8 过滤层　filter layer
防止种植土流失，且便于水渗透的构造层。

2.0.9 种植土　growing soil
具有一定渗透性、蓄水能力和空间稳定性，可提供屋面植物生长所需养分的田园土、改良土和无机种植土的总称。

2.0.10 田园土　natural soil
田园土或农耕土。

2.0.11 改良土(有机种植土) improved soil(organic soil)
由田园土、轻质骨料和有机或无机肥料等混合而成的种植土。

2.0.12 无机种植土　inorganic soil
由多种非金属矿物质、无机肥料等混合而成的种植土。

2.0.13 植被层　plant layer
种植草本植物、木本植物的构造层。

2.0.14 地被植物　ground cover plant
用以覆盖地面的、株丛密集的低矮植物的统称。

2.0.15 种植池　planting container
用以种植植物的不可移动的构筑物，也称树池。

2.0.16 园林小品　garden ornaments
园林中供休憩、装饰、展示和为园林管理及方便游人使用的小型设施。

2.0.17 园路　garden path
种植屋面上供人行走的道路。

2.0.18 缓冲带　buffering stripes
种植土与女儿墙、屋面凸起结构、周边泛水及檐口、排水口等部位之间，起缓冲、隔离、滤水、排水等作用的地带(沟)，一般由卵石构成。

3 基本规定

3.1 材　料

3.1.1 种植屋面应按构造层次、种植要求选择材料。材料应配置合理、安全可靠。

3.1.2 种植屋面选用材料的品种、规格、性能等应符合国家现行有关标准和设计要求，并应提供产品合格证书和检验报告。

3.1.3 普通防水材料和找坡材料的选用应符合现行国家标准《屋面工程技术规范》GB 50345、《坡屋面工程技术规范》GB 50693 和《地下工程防水技术规范》GB 50108 的有关规定。

3.1.4 耐根穿刺防水材料的选用应通过耐根穿刺性能试验，试验方法应符合现行行业标准《种植屋面用耐根穿刺防水卷材》JC/T 1075 的规定，并由具有资质的检测机构出具合格检验报告。

3.1.5 种植屋面使用的材料应符合有关建筑防火规范的规定。

3.2 设　计

3.2.1 种植屋面工程设计应遵循"防、排、蓄、植"并重和"安全、环保、节能、经济，因地制宜"的原则。

3.2.2 种植屋面不宜设计为倒置式屋面。

3.2.3 种植屋面工程结构设计时应计算种植荷载。既有建筑屋面改造为种植屋面前，应对原结构进行鉴定。

3.2.4 种植屋面荷载取值应符合现行国家标准《建筑结构荷载规范》GB 50009 的规定。屋顶花园有特殊要求时，应单独计算结构荷载。

3.2.5 种植屋面绝热层、找坡(找平)层、普通防水层和保护层设计应符合现行国家标准《屋面工程技术规范》GB 50345、《地下工程防水技术规范》GB 50108 的有关规定。

3.2.6 屋面基层为压型金属板，采用单层防水卷材的种植屋面设计应符合国家现行有关标准的规定。

3.2.7 当屋面坡度大于 20％时，绝热层、防水层、排（蓄）水层、种植土层等均应采取防滑措施。

3.2.8 种植屋面应根据不同地区的风力因素和植物高度，采取植物抗风固定措施。

3.2.9 地下建筑顶板种植设计应符合现行国家标准《地下工程防水技术规范》GB 50108 的规定。

3.2.10 种植屋面工程设计应符合现行国家标准《建筑设计防火规范》GB 50016 的规定，大型种植屋面应设置消防设施。

3.2.11 避雷装置设计应符合现行国家标准《建筑物防雷设计规范》GB 50057 的规定。

3.3 施 工

3.3.1 种植屋面防水工程和园林绿化工程的施工单位应有专业施工资质，主要作业人员应持证上岗，按照总体设计作业程序施工。

3.3.2 种植屋面施工应符合现行国家标准《建设工程施工现场消防安全技术规范》GB 50720 的规定。

3.3.3 屋面施工现场应采取下列安全防护措施：

　1　屋面周边和预留孔洞部位必须设置安全护栏和安全网或其他防止人员和物体坠落的防护措施；

　2　屋面坡度大于 20％时，应采取人员保护和防滑措施；

　3　施工人员应戴安全帽，系安全带和穿防滑鞋；

　4　雨天、雪天和五级风及以上时不得施工；

　5　应设置消防设施，加强火源管理。

3.4 质 量 验 收

3.4.1 种植屋面工程质量验收应符合国家现行标准《建筑工程施工质量验收统一标准》GB 50300、《屋面工程质量验收规范》GB 50207、《地下防水工程质量验收规范》GB 50208、《园林绿化工程施工及验收规范》CJJ 82 的有关规定。

3.4.2 种植屋面工程施工过程中应按分部（子分部）、分项工程和检验批的规定验收，并应做好记录。

3.4.3 种植屋面防水工程竣工后，平屋面应进行48h 蓄水检验，坡屋面应进行 3h 持续淋水检验。

3.4.4 种植屋面各分项工程质量验收的主控项目应符合设计要求。

4 种植屋面工程材料

4.1 一 般 规 定

4.1.1 种植屋面绝热层应选用密度小、压缩强度大、导热系数小、吸水率低的材料。

4.1.2 找坡材料应符合下列规定：

　1　找坡材料应选用密度小并具有一定抗压强度的材料；

　2　当坡长小于 4m 时，宜采用水泥砂浆找坡；

　3　当坡长为 4m～9m 时，可采用加气混凝土、轻质陶粒混凝土、水泥膨胀珍珠岩和水泥蛭石等材料找坡，也可采用结构找坡；

　4　当坡长大于 9m 时，应采用结构找坡。

4.1.3 耐根穿刺防水材料应具有耐霉菌腐蚀性能。

4.1.4 改性沥青类耐根穿刺防水材料应含有化学阻根剂。

4.1.5 种植屋面排（蓄）水层应选用抗压强度大、耐久性好的轻质材料。

4.1.6 种植土应具有质量轻、养分适度、清洁无毒和安全环保等特性。

4.1.7 改良土有机材料体积掺入量不宜大于 30％；有机质材料应充分腐熟灭菌。

4.2 绝 热 材 料

4.2.1 种植屋面绝热材料可采用喷涂硬泡聚氨酯、硬泡聚氨酯板、挤塑聚苯乙烯泡沫塑料保温板、硬质聚异氰脲酸酯泡沫保温板、酚醛硬泡保温板等轻质绝热材料。不得采用散状绝热材料。

4.2.2 喷涂硬泡聚氨酯和硬泡聚氨酯板的主要性能应符合现行国家标准《硬泡聚氨酯保温防水工程技术规范》GB 50404 的有关规定。

4.2.3 挤塑聚苯乙烯泡沫塑料保温板的主要性能应符合现行国家标准《绝热用挤塑聚苯乙烯泡沫塑料（XPS）》GB/T 10801.2 的有关规定。

4.2.4 硬质聚异氰脲酸酯泡沫保温板的主要性能应符合现行国家标准《绝热用聚异氰脲酸酯制品》GB/T 25997 的规定。

4.2.5 酚醛硬泡保温板的主要性能应符合现行国家标准《绝热用硬质酚醛泡沫制品（PF）》GB/T 20974 的规定。

4.2.6 种植屋面保温隔热材料的密度不宜大于100kg/m³，压缩强度不得低于 100kPa。100kPa 压缩强度下，压缩比不得大于 10％。

4.3 耐根穿刺防水材料

4.3.1 弹性体改性沥青防水卷材的厚度不应小于4.0mm，产品包括复合铜胎基、聚酯胎基的卷材，应含有化学阻根剂，其主要性能应符合现行国家标准《弹性体改性沥青防水卷材》GB 18242 及表 4.3.1 的规定。

表 4.3.1 弹性体改性沥青防水卷材主要性能

项目	耐根穿刺性能试验	可溶物含量（g/m²）	拉力（N/50mm）	延伸率（%）	耐热性（℃）	低温柔性（℃）
性能要求	通过	≥2900	≥800	≥40	105	-25

4.3.2 塑性体改性沥青防水卷材的厚度不应小于4.0mm，产品包括复合铜胎基、聚酯胎基的卷材，应含有化学阻根剂，其主要性能应符合现行国家标准《塑性体改性沥青防水卷材》GB 18243及表4.3.2的规定。

表4.3.2 塑性体改性沥青防水卷材主要性能

项目	耐根穿刺性能试验	可溶物含量（g/m²）	拉力（N/50mm）	延伸率（%）	耐热性（℃）	低温柔性（℃）
性能要求	通过	≥2900	≥800	≥40	130	—15

4.3.3 聚氯乙烯防水卷材的厚度不应小于1.2mm，其主要性能应符合现行国家标准《聚氯乙烯（PVC）防水卷材》GB 12952及表4.3.3的规定。

表4.3.3 聚氯乙烯防水卷材主要性能

类型	耐根穿刺性能试验	拉伸强度	断裂伸长率（%）	低温弯折性（℃）	热处理尺寸变化率（%）
匀质	通过	≥10MPa	≥200	—25	≤2.0
玻纤内增强	通过	≥10MPa	≥200	—25	≤0.1
织物内增强	通过	≥250 N/cm	≥15（最大拉力时）	—25	≤0.5

4.3.4 热塑性聚烯烃防水卷材的厚度不应小于1.2mm，其主要性能应符合现行国家标准《热塑性聚烯烃（TPO）防水卷材》GB 27789及表4.3.4的规定。

表4.3.4 热塑性聚烯烃防水卷材主要性能

类型	耐根穿刺性能试验	拉伸强度	断裂伸长率（%）	低温弯折性（℃）	热处理尺寸变化率（%）
匀质	通过	≥12MPa	≥500	—40	≤2.0
织物内增强	通过	≥250 N/cm	≥15（最大拉力时）	—40	≤0.5

4.3.5 高密度聚乙烯土工膜的厚度不应小于1.2mm，其主要性能应符合现行国家标准《土工合成材料 聚乙烯土工膜》GB/T 17643和表4.3.5的规定。

表4.3.5 高密度聚乙烯土工膜主要性能

项目	耐根穿刺性能试验	拉伸强度（MPa）	断裂伸长率（%）	低温弯折性（℃）	尺寸变化率（%，100℃，15min）
性能要求	通过	≥25	≥500	—30	≤1.5

4.3.6 三元乙丙橡胶防水卷材的厚度不应小于1.2mm，其主要性能应符合现行国家标准《高分子防水材料 第1部分：片材》GB 18173.1中JL1及表4.3.6-1的规定；三元乙丙橡胶防水卷材搭接胶带的主要性能应符合表4.3.6-2的规定。

表4.3.6-1 三元乙丙橡胶防水卷材主要性能

项目	耐根穿刺性能试验	断裂拉伸强度（MPa）	扯断伸长率（%）	低温弯折性（℃）	加热伸缩量（mm）
性能要求	通过	≥7.5	≥450	—40	+2，—4

表4.3.6-2 三元乙丙橡胶防水卷材搭接胶带主要性能

项目	持粘性（min）	耐热性（80℃，2h）	低温柔性（—40℃）	剪切状态下粘合性（卷材）（N/mm）	剥离强度（卷材）（N/mm）	热处理剥离强度保持率（卷材，80℃，168h）（%）
性能要求	≥20	无流淌、龟裂、变形	无裂纹	≥2.0	≥0.5	≥80

4.3.7 聚乙烯丙纶防水卷材和聚合物水泥胶结料复合耐根穿刺防水材料，其中聚乙烯丙纶防水卷材的聚乙烯膜层厚度不应小于0.6mm，其主要性能应符合表4.3.7-1的规定；聚合物水泥胶结料的厚度不应小于1.3mm，其主要性能应符合表4.3.7-2的规定。

表4.3.7-1 聚乙烯丙纶防水卷材主要性能

项目	耐根穿刺性能试验	断裂拉伸强度（N/cm）	扯断伸长率（%）	低温弯折性（℃）	加热伸缩量（mm）
性能要求	通过	≥60	≥400	—20	+2，—4

表4.3.7-2 聚合物水泥胶结料主要性能

项目	与水泥基层粘结强度（MPa）	剪切状态下的粘合性（N/mm）		抗渗性能（MPa，7d）	抗压强度（MPa，7d）
		卷材—基层	卷材—卷材		
性能要求	≥0.4	≥1.8	≥2.0	≥1.0	≥9.0

4.3.8 喷涂聚脲防水涂料的厚度不应小于 2.0mm，其主要性能应符合现行国家标准《喷涂聚脲防水涂料》GB/T 23446 的规定及表 4.3.8 的规定。喷涂聚脲防水涂料的配套底涂料、涂层修补材料和层间搭接剂的性能应符合现行行业标准《喷涂聚脲防水工程技术规程》JGJ/T 200 的相关规定。

表 4.3.8 喷涂聚脲防水涂料主要性能

项目	耐根穿刺性能试验	拉伸强度（MPa）	断裂伸长率（%）	低温弯折性（℃）	加热伸缩率（%）
性能要求	通过	≥16	≥450	−40	+1.0，−1.0

4.4 排（蓄）水材料和过滤材料

4.4.1 排（蓄）水材料应符合下列规定：

1 凹凸型排（蓄）水板的主要性能应符合表 4.4.1-1 的规定；

表 4.4.1-1 凹凸型排（蓄）水板主要性能

项目	伸长率10%时拉力（N/100mm）	最大拉力（N/100mm）	断裂伸长率（%）	撕裂性能（N）	压缩性能		低温柔度	纵向通水量（侧压力150kPa）（cm³/s）
					压缩率为20%时最大强度（kPa）	极限压缩现象		
性能要求	≥350	≥600	≥25	≥100	≥150	无破裂	−10℃无裂纹	≥10

2 网状交织排水板主要性能应符合表 4.4.1-2 的规定；

表 4.4.1-2 网状交织排水板主要性能

项目	抗压强度（kN/m²）	表面开孔率（%）	空隙率（%）	通水量（cm³/s）	耐酸碱性
性能要求	≥50	≥95	85～90	≥380	稳定

3 级配碎石的粒径宜为 10mm～25mm，卵石的粒径宜为 25mm～40mm，铺设厚度均不宜小于 100mm；

4 陶粒的粒径宜为 10mm～25mm，堆积密度不宜大于 500kg/m³，铺设厚度不宜小于 100mm。

4.4.2 过滤材料宜选用聚酯无纺布，单位面积质量不小于 200g/m²。

4.5 种植土

4.5.1 常用种植土主要性能应符合表 4.5.1 的规定。

表 4.5.1 常用种植土性能

种植土类型	饱和水密度（kg/m³）	有机质含量（%）	总孔隙率（%）	有效水分（%）	排水速率（mm/h）
田园土	1500～1800	≥5	45～50	20～25	≥42
改良土	750～1300	20～30	65～70	30～35	≥58
无机种植土	450～650	≤2	80～90	40～45	≥200

4.5.2 常用改良土的配制宜符合表 4.5.2 的规定。

表 4.5.2 常用改良土配制

主要配比材料	配制比例	饱和水密度（kg/m³）
田园土：轻质骨料	1：1	≤1200
腐叶土：蛭石：沙土	7：2：1	780～1000
田园土：草炭：（蛭石和肥料）	4：3：1	1100～1300
田园土：草炭：松针土：珍珠岩	1：1：1：1	780～1100
田园土：草炭：松针土	3：4：3	780～950
轻沙壤土：腐殖土：珍珠岩：蛭石	2.5：5：2：0.5	≤1100
轻沙壤土：腐殖土：蛭石	5：3：2	1100～1300

4.5.3 地下建筑顶板种植宜采用田园土为主，土壤质地要求疏松、不板结、土块易打碎，主要性能宜符合表 4.5.3 的规定。

表 4.5.3 田园土主要性能

项目	渗透系数（cm/s）	饱和水密度（kg/m³）	有机质含量（%）	全盐含量（%）	pH 值
性能要求	≥10⁻⁴	≤1100	≥5	<0.3	6.5～8.2

4.6 种植植物

4.6.1 乔灌木应符合下列规定：

1 胸径、株高、冠径、主枝长度和分枝点高度应符合现行行业标准《城市绿化和园林绿地用植物材料 木本苗》CJ/T 24 的规定；

2 植株生长健壮、株形完整；

3 枝干无机械损伤、无冻伤、无毒无害、少污染；

4 禁止使用入侵物种。

4.6.2 绿篱、色块植物宜株形丰满、耐修剪。

4.6.3 藤本植物宜覆盖、攀爬能力强。

4.6.4 草坪块、草坪卷应符合下列规定：

1 规格一致，边缘平直，杂草数量不得多于1%；

2 草坪块土层厚度宜为30mm，草坪卷土层厚度宜为18mm～25mm。

4.7 种植容器

4.7.1 容器的外观质量、物理机械性能、承载能力、排水能力、耐久性能等应符合产品标准的要求，并由专业生产企业提供产品合格证书。

4.7.2 容器材质的使用年限不应低于10年。

4.7.3 容器应具有排水、蓄水、阻根和过滤功能。

4.7.4 容器高度不应小于100mm。

4.8 设施材料

4.8.1 种植屋面宜选用滴灌、喷灌和微灌设施。喷灌工程相关材料应符合现行国家标准《喷灌工程技术规范》GB/T 50085 的规定；微灌工程相关材料应符合现行国家标准《微灌工程技术规范》GB/T 50485 的规定。

4.8.2 电气和照明材料应符合国家现行标准《低压电气装置 第7-705部分：特殊装置或场所的要求 农业和园艺设施》GB 16895.27和《民用建筑电气设计规范》JGJ 16 的规定。

5 种植屋面工程设计

5.1 一般规定

5.1.1 种植屋面设计应包括下列内容：

1 计算屋面结构荷载；

2 确定屋面构造层次；

3 绝热层设计，确定绝热材料的品种规格和性能；

4 防水层设计，确定耐根穿刺防水材料和普通防水材料的品种规格和性能；

5 保护层；

6 种植设计，确定种植土类型、种植形式和植物种类；

7 灌溉及排水系统；

8 电气照明系统；

9 园林小品；

10 细部构造。

5.1.2 种植屋面植被层设计应根据建筑高度、屋面荷载、屋面大小、坡度、风荷载、光照、功能要求和养护管理等因素确定。

5.1.3 种植屋面绿化指标宜符合表5.1.3的规定。

表5.1.3　种植屋面绿化指标

种植屋面类型	项　目	指标(%)
简单式	绿化屋顶面积占屋顶总面积	≥80
	绿化种植面积占绿化屋顶面积	≥90
花园式	绿化屋顶面积占屋顶总面积	≥60
	绿化种植面积占绿化屋顶面积	≥85
	铺装园路面积占绿化屋顶面积	≤12
	园林小品面积占绿化屋顶面积	≤3

5.1.4 种植屋面的设计荷载除应满足屋面结构荷载外，尚应符合下列规定：

1 简单式种植屋面荷载不应小于 $1.0kN/m^2$，花园式种植屋面荷载不应小于 $3.0kN/m^2$，均应纳入屋面结构永久荷载；

2 种植土的荷重应按饱和水密度计算；

3 植物荷载应包括初栽植物荷重和植物生长期增加的可变荷载。初栽植物荷重应符合表5.1.4的规定。

表5.1.4　初栽植物荷重

项　目	小乔木（带土球）	大灌木	小灌木	地被植物
植物高度或面积	2.0m～2.5m	1.5m～2.0m	1.0m～1.5m	$1.0m^2$
植物荷重	0.8kN/株～1.2kN/株	0.6kN/株～0.8kN/株	0.3kN/株～0.6kN/株	$0.15kN/m^2$～$0.3kN/m^2$

5.1.5 花园式屋面种植的布局应与屋面结构相适应；乔木类植物和亭台、水池、假山等荷载较大的设施，应设在柱或墙的位置。

5.1.6 种植屋面的结构层宜采用现浇钢筋混凝土。

5.1.7 种植屋面防水层应满足一级防水等级设防要求，且必须至少设置一道具有耐根穿刺性能的防水材料。

5.1.8 种植屋面防水层应采用不少于两道防水设防，上道应为耐根穿刺防水材料；两道防水层应相邻铺设且防水层的材料应相容。

5.1.9 普通防水层一道防水设防的最小厚度应符合表5.1.9的规定。

表5.1.9　普通防水层一道防水设防的最小厚度

材料名称	最小厚度（mm）
改性沥青防水卷材	4.0
高分子防水卷材	1.5

续表5.1.9

材料名称	最小厚度（mm）
自粘聚合物改性沥青防水卷材	3.0
高分子防水涂料	2.0
喷涂聚脲防水涂料	2.0

5.1.10 耐根穿刺防水层设计应符合下列规定：

　　1 耐根穿刺防水材料应符合本规程第4.3节的规定；

　　2 排（蓄）水材料不得作为耐根穿刺防水材料使用；

　　3 聚乙烯丙纶防水卷材和聚合物水泥胶结料复合耐根穿刺防水材料应采用双层卷材复合作为一道耐根穿刺防水层。

5.1.11 防水卷材搭接缝应采用与卷材相容的密封材料封严。内增强高分子耐根穿刺防水卷材搭接缝应用密封胶封闭。

5.1.12 耐根穿刺防水层上应设置保护层，保护层应符合下列规定：

　　1 简单式种植屋面和容器种植宜采用体积比为1∶3、厚度为15mm～20mm的水泥砂浆作保护层；

　　2 花园式种植屋面宜采用厚度不小于40mm的细石混凝土作保护层；

　　3 地下建筑顶板种植应采用厚度不小于70mm的细石混凝土作保护层；

　　4 采用水泥砂浆和细石混凝土作保护层时，保护层下面应铺设隔离层；

　　5 采用土工布或聚酯无纺布作保护层时，单位面积质量不应小于300g/m²；

　　6 采用聚乙烯丙纶复合防水卷材作保护层时，芯材厚度不应小于0.4mm；

　　7 采用高密度聚乙烯土工膜作保护层时，厚度不应小于0.4mm。

5.1.13 排（蓄）水层的设计应符合下列规定：

　　1 排（蓄）水层的材料应符合本规程第4.4.1条的规定；

　　2 排（蓄）水系统应结合找坡泛水设计；

　　3 年蒸发量大于降水量的地区，宜选用蓄水功能强的排（蓄）水材料；

　　4 排（蓄）水层应结合排水沟分区设置。

5.1.14 种植屋面应根据种植形式和汇水面积，确定水落口数量和水落管直径，并应设置雨水收集系统。

5.1.15 过滤层的设计应符合下列规定：

　　1 过滤层的材料应符合本规程第4.4.2条的规定；

　　2 过滤层材料的搭接宽度不应小于150mm；

　　3 过滤层应沿种植挡墙向上铺设，与种植土高度一致。

5.1.16 种植屋面宜根据屋面面积大小和植物配置，结合园路、排水沟、变形缝、绿篱等划分种植区。

5.1.17 屋面种植植物宜符合下列规定：

　　1 屋面种植植物宜按本规程附录A选用；

　　2 地下建筑顶板种植宜按地面绿化要求，种植植物不宜选用速生树种；

　　3 种植植物宜选用健康苗木，乡土植物不宜小于70%；

　　4 绿篱、色块、藤本植物宜选用三年生以上苗木；

　　5 地被植物宜选用多年生草本植物和覆盖能力强的木本植物。

5.1.18 伸出屋面的管道和预埋件等应在防水工程施工前安装完成。后装的设备基座下应增加一道防水增强层，施工时应避免破坏防水层和保护层。

5.2 平 屋 面

5.2.1 种植平屋面的基本构造层次包括：基层、绝热层、找坡（找平）层、普通防水层、耐根穿刺防水层、保护层、排（蓄）水层、过滤层、种植土层和植被层等（图5.2.1）。根据各地区气候特点、屋面形式、植物种类等情况，可增减屋面构造层次。

5.2.2 种植平屋面的排水坡度不宜小于2%；天沟、檐沟的排水坡度不宜小于1%。

5.2.3 屋面采用种植池种植高大植物时（图5.2.3），种植池设计应符合下列规定：

　　1 池内应设置耐根穿刺防水层、排（蓄）水层和过滤层；

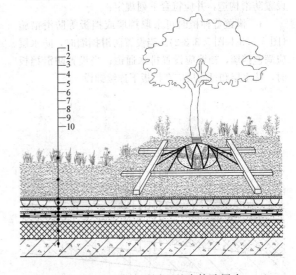

图5.2.1　种植平屋面基本构造层次
1—植被层；2—种植土层；3—过滤层；
4—排（蓄）水层；5—保护层；6—耐根
穿刺防水层；7—普通防水层；8—找坡
（找平）层；9—绝热层；10—基层

　　2 池壁应设置排水口，并应设计有组织排水；

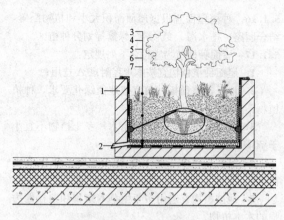

图 5.2.3　种植池
1—种植池；2—排水管（孔）；3—植被层；
4—种植土层；5—过滤层；6—排（蓄）
水层；7—耐根穿刺防水层

3 根据种植植物高度在池内设置固定植物用的预埋件。

5.3 坡 屋 面

5.3.1 种植坡屋面的基本构造层次应包括：基层、绝热层、普通防水层、耐根穿刺防水层、保护层、排（蓄）水层、过滤层、种植土层和植被层等。根据各地区气候特点、屋面形式和植物种类等情况，可增减屋面构造层次。

5.3.2 屋面坡度小于 10% 的种植坡屋面设计可按本规程第 5.2 节的规定执行。

5.3.3 屋面坡度大于等于 20% 的种植坡屋面设计应设置防滑构造，并应符合下列规定：

1 满覆盖种植时可采取挡墙或挡板等防滑措施（图 5.3.3-1、图 5.3.3-2）。当设置防滑挡墙时，防水层应满包挡墙，挡墙应设置排水通道；当设置防滑挡板时，防水层和过滤层应在挡板下连续铺设。

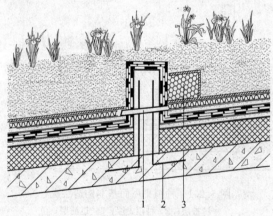

图 5.3.3-1　坡屋面防滑挡墙
1—排水管（孔）；2—预埋钢筋；3—卵石缓冲带

2 非满覆盖种植时可采用阶梯式或台地式种植。阶梯式种植设置防滑挡墙时，防水层应满包挡墙（图

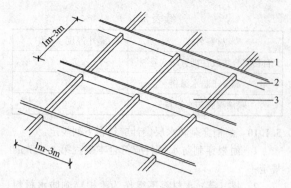

图 5.3.3-2　种植土防滑挡板
1—竖向支撑；2—横向挡板；3—种植土区域

5.3.3-3）。台地式种植屋面应采用现浇钢筋混凝土结构，并应设置排水沟（图 5.3.3-4）。

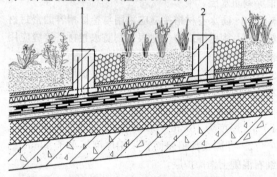

图 5.3.3-3　阶梯式种植
1—排水管（孔）；2—防滑挡墙

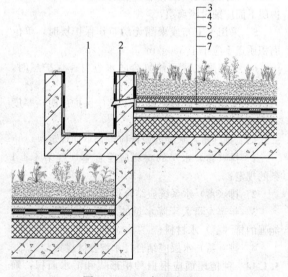

图 5.3.3-4　台地式种植
1—排水沟；2—排水管；3—植被层；4—种植土层；
5—过滤层；6—排（蓄）水层；7—细石混凝土保护层

5.3.4 屋面坡度大于 50% 时，不宜做种植屋面。

5.3.5 坡屋面满覆盖种植宜采用草坪地被植物。

5.3.6 种植坡屋面不宜采用土工布等软质保护层，屋面坡度大于 20% 时，保护层应采用细石钢筋混凝土。

5.3.7 坡屋面种植在沿山墙和檐沟部位应设置安全防护栏杆。

5.4 地下建筑顶板

5.4.1 地下建筑顶板的种植设计应符合下列规定：

　　1 顶板应为现浇防水混凝土，并应符合现行国家标准《地下工程防水技术规范》GB 50108 的规定；

　　2 顶板种植应按永久性绿化设计；

　　3 种植土与界周地面相连时，宜设置盲沟排水；

　　4 应设置过滤层和排水层；

　　5 采用下沉式种植时，应设自流排水系统；

　　6 顶板采用反梁结构或坡度不足时，应设置渗排水管或采用陶粒、级配碎石等渗排水措施。

5.4.2 顶板面积较大放坡困难时，应分区设置水落口、盲沟、渗排水管等内排水及雨水收集系统。

5.4.3 种植土高于周边地坪土时，应按屋面种植设计要求执行。

5.4.4 地下建筑顶板的耐根穿刺防水层、保护层、排（蓄）水层和过滤层的设计应按本规程第5.1节的规定执行。

5.5 既有建筑屋面

5.5.1 屋面改造前必须检测鉴定结构安全性，应以结构鉴定报告作为设计依据，确定种植形式。

5.5.2 既有建筑屋面改造为种植屋面宜选用轻质种植土、地被植物。

5.5.3 既有建筑屋面改造为种植屋面宜采用容器种植，当采用覆土种植时，设计应符合下列规定：

　　1 有檐沟的屋面应砌筑种植土挡墙。挡墙应高出种植土 50mm，挡墙距离檐沟边沿不宜小于 300mm（图 5.5.3）；

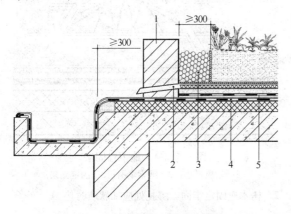

图 5.5.3　种植土挡墙构造
1—檐口种植挡墙；2—排水管（孔）；3—卵石缓冲带；
4—普通防水层；5—耐根穿刺防水层

　　2 挡墙应设排水孔；

　　3 种植土与挡墙之间应设置卵石缓冲带，带宽

度宜大于 300mm。

5.5.4 采用覆土种植的防水层设计应符合下列规定：

　　1 原有防水层仍具有防水能力的，应在其上增加一道耐根穿刺防水层；

　　2 原有防水层已无防水能力的，应拆除，并按本规程第5.1节的规定重做防水层。

5.5.5 既有建筑屋面的耐根穿刺防水层、保护层、排（蓄）水层和过滤层的设计应按本规程第5.1节的规定执行。

5.6 容器种植

5.6.1 根据功能要求和植物种类确定种植容器的形式、规格和荷重（图 5.6.1）。

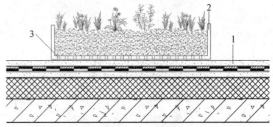

图 5.6.1　容器种植
1—保护层；2—种植容器；3—排水孔

5.6.2 容器种植设计应符合下列规定：

　　1 种植容器应轻便，易搬移，连接点稳固便于组装、维护；

　　2 种植容器宜设计有组织排水；

　　3 宜采用滴灌系统；

　　4 种植容器下应设置保护层。

5.6.3 容器种植的土层厚度应满足植物生存的营养需求，不宜小于 100mm。

5.7 植 被 层

5.7.1 根据建筑荷载和功能要求确定种植屋面形式，根据植物种类确定种植土厚度，并应符合表 5.7.1 的规定。

表 5.7.1　种植土厚度

植物种类	种植土厚度（mm）				
	草坪、地被	小灌木	大灌木	小乔木	大乔木
种植土厚度	≥100	≥300	≥500	≥600	≥900

5.7.2 根据气候特点、建筑类型及区域文化特点，宜选择适应当地气候条件的耐旱和滞尘能力强的植物。

5.7.3 屋面种植植物应符合下列规定：

1 不宜种植高大乔木、速生乔木；

2 不宜种植根系发达的植物和根状茎植物；

3 高层建筑屋面和坡屋面宜种植草坪和地被植物；

4 树木定植点与边墙的安全距离应大于树高。

5.7.4 屋面种植乔灌木高于 2.0m、地下建筑顶板种植乔灌木高于 4.0m 时，应采取固定措施，并应符合下列规定：

1 树木固定可选择地上支撑固定法（图 5.7.4-1）、地上牵引固定法（图 5.7.4-2）、预埋索固法（图 5.7.4-3）和地下锚固法（图 5.7.4-4）；

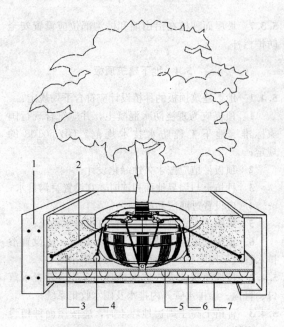

图 5.7.4-3　预埋索固法

1—种植池；2—绳索牵引；3—种植土；
4—螺栓固定；5—过滤层；6—排（蓄）
水层；7—耐根穿刺防水层

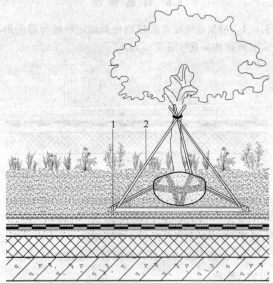

图 5.7.4-1　地上支撑固定法

1—稳固支架；2—支撑杆

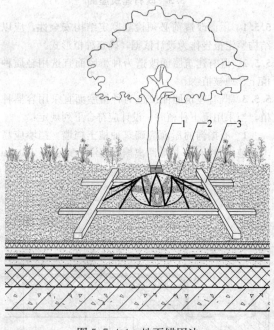

图 5.7.4-4　地下锚固法

1—软质衬垫；2—绳索牵引；3—固定支架

2 树木应固定牢固，绑扎处应加软质衬垫。

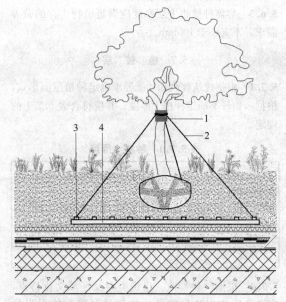

图 5.7.4-2　地上牵引固定法

1—软质衬垫；2—绳索牵引；
3—螺栓铆固；4—固定网架

5.8　细部构造

5.8.1 种植屋面的女儿墙、周边泛水部位和屋面檐口部位，应设置缓冲带，其宽度不应小于 300mm。缓冲带可结合卵石带、园路或排水沟等设置。

5.8.2 防水层的泛水高度应符合下列规定：

1 屋面防水层的泛水高度高出种植土不应小于 250mm；

2 地下建筑顶板防水层的泛水高度高出种植土不应小于 500mm。

5.8.3 竖向穿过屋面的管道，应在结构层内预埋套管，套管高出种植土不应小于 250mm。

5.8.4 坡屋面种植檐口构造（图 5.8.4）应符合下列规定：

1 檐口顶部应设种植土挡墙；

2 挡墙应埋设排水管（孔）；

3 挡墙应铺设防水层，并与檐沟防水层连成一体。

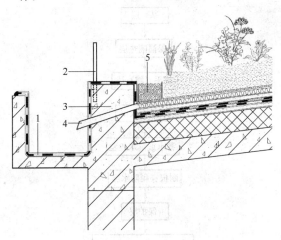

图 5.8.4 檐口构造

1—防水层；2—防护栏杆；3—挡墙；
4—排水管；5—卵石缓冲带

5.8.5 变形缝的设计应符合现行国家标准《屋面工程技术规范》GB 50345 的规定。变形缝上不应种植，变形缝墙应高于种植土，可铺设盖板作为园路（图 5.8.5）。

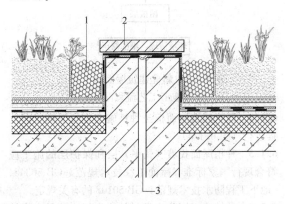

图 5.8.5 变形缝铺设盖板

1—卵石缓冲带；2—盖板；3—变形缝

5.8.6 种植屋面宜采用外排水方式，水落口宜结合缓冲带设置（图 5.8.6）。

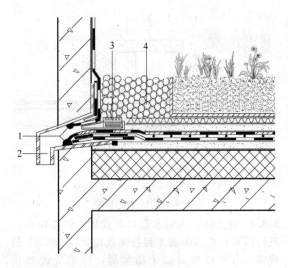

图 5.8.6 外排水

1—密封胶；2—水落口；3—雨箅子；
4—卵石缓冲带

5.8.7 排水系统细部设计应符合下列规定：

1 水落口位于绿地内时，水落口上方应设置雨水观察井，并应在周边设置不小于 300mm 的卵石缓冲带（图 5.8.7-1）；

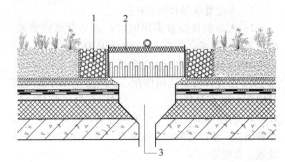

图 5.8.7-1 绿地内水落口

1—卵石缓冲带；2—井盖；
3—雨水观察井

2 水落口位于铺装层上时，基层应满铺排水板，上设雨箅子（图 5.8.7-2）。

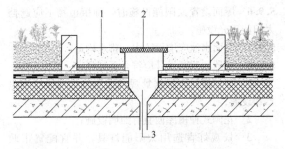

图 5.8.7-2 铺装层上水落口

1—铺装层；2—雨箅子；3—水落口

5.8.8 屋面排水沟上可铺设盖板作为园路，侧墙应设置排水孔（图 5.8.8）。

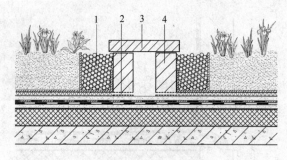

图 5.8.8 排水沟
1—卵石缓冲带；2—排水管（孔）；
3—盖板；4—种植挡墙

5.8.9 硬质铺装应向水落口处找坡，找坡应符合现行国家标准《屋面工程技术规范》GB 50345 的规定。当种植挡墙高于铺装时，挡墙应设置排水孔。

5.8.10 根据植物种类、种植土厚度，可采用地形起伏处理。

5.9 设 施

5.9.1 种植屋面设施的设计除应符合园林设计要求外，尚应符合下列规定：

　1 水电管线等宜铺设在防水层之上；

　2 大面积种植宜采用固定式自动微喷或滴灌、渗灌等节水技术，并应设计雨水回收利用系统；小面积种植可设取水点进行人工灌溉；

　3 小型设施宜选用体量小、质量轻的小型设施和园林小品。

5.9.2 种植屋面上宜配置布局导引标识牌，并应标注进出口、紧急疏散口、取水点、雨水观察井、消防设施、水电警示等。

5.9.3 种植屋面的透气孔高出种植土不应小于250mm，并宜做装饰性保护。

5.9.4 种植屋面在通风口或其他设备周围应设置装饰性遮挡。

5.9.5 屋面设置花架、园亭等休闲设施时，应采取防风固定措施。

5.9.6 屋面设置太阳能设施时，种植植物不应遮挡太阳能采光设施。

5.9.7 屋面水池应增设防水、排水构造。

5.9.8 电器和照明设计应符合下列规定：

　1 种植屋面宜根据景观和使用要求选择照明电器和设施；

　2 花园式种植屋面宜有照明设施；

　3 景观灯宜选用太阳能灯具，并宜配置市政电路；

　4 电缆线等设施应符合相关安全标准要求。

6 种植屋面工程施工

6.1 一般规定

6.1.1 施工前应通过图纸会审，明确细部构造和技术要求，并编制施工方案，进行技术交底和安全技术交底。

6.1.2 进场的防水材料、排（蓄）水板、绝热材料和种植土等材料应按规定抽样复验，并提供检验报告。非本地植物应提供病虫害检疫报告。

6.1.3 新建建筑屋面覆土种植施工宜按下列工艺流程进行（图6.1.3）。

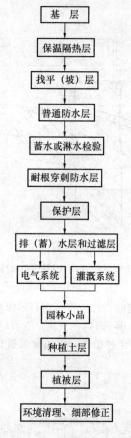

图 6.1.3 新建建筑屋面覆土种植
施工工艺流程图

6.1.4 既有建筑屋面覆土种植施工宜按下列工艺流程进行（图6.1.4）。

6.1.5 种植屋面找坡（找平）层和保护层的施工应符合现行国家标准《屋面工程技术规范》GB 50345、《地下工程防水技术规范》GB 50108 的有关规定。

6.1.6 种植屋面用防水卷材长边和短边的最小搭接宽度均不应小于100mm。

6.1.7 卷材收头部位宜采用金属压条钉压固定和密封材料封严。

6.1.8 喷涂聚脲防水涂料的施工应符合现行行业标

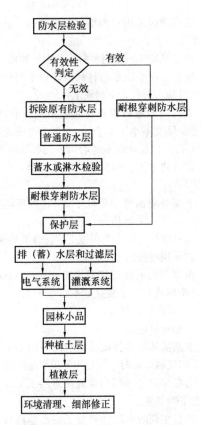

图 6.1.4 既有建筑屋面覆土种植
施工工艺流程图

注：容器种植时，耐根穿刺防水层可为普通防水层。

准《喷涂聚脲防水工程技术规程》JGJ/T 200 的规定。

6.1.9 防水材料的施工环境应符合下列规定：

　　1 合成高分子防水卷材冷粘法施工，环境温度不宜低于 5℃；采用焊接法施工时，环境温度不宜低于 -10℃；

　　2 高聚物改性沥青防水卷材热熔法施工环境温度不宜低于 -10℃；

　　3 反应型合成高分子涂料施工环境温度宜为 5℃～35℃。

6.1.10 种植容器排水方向应与屋面排水方向相同，并由种植容器排水口内直接引向排水沟排出。

6.1.11 种植土进场后应避免雨淋，散装种植土应有防止扬尘的措施。

6.1.12 进场的植物宜在 6h 之内栽植完毕，未栽植完毕的植物应及时喷水保湿，或采取假植措施。

6.2 绝　热　层

6.2.1 种植坡屋面的绝热层应采用粘贴法或机械固定法施工。

6.2.2 保温板施工应符合下列规定：

　　1 基层应平整、干燥和洁净；

　　2 应紧贴基层，并铺平垫稳；

　　3 铺设保温板接缝应相互错开，并用同类材料嵌填密实；

　　4 粘贴保温板时，胶粘剂应与保温板的材性相容。

6.2.3 喷涂硬泡聚氨酯保温材料施工应符合下列规定：

　　1 基层应平整、干燥和洁净；

　　2 伸出屋面的管道应在施工前安装牢固；

　　3 喷涂硬泡聚氨酯的配比应准确计量，发泡厚度应均匀一致；

　　4 施工环境温度宜为 15℃～30℃，风力不宜大于三级，空气相对湿度宜小于 85％。

6.3 普通防水层

6.3.1 普通防水层的施工应符合下列规定：

　　1 卷材与基层宜满粘施工，坡度大于 3％时，不得空铺施工；

　　2 采用热熔法满粘或胶粘剂满粘防水卷材防水层的基层应干燥、洁净；

　　3 防水层施工前，应在阴阳角、水落口、突出屋面管道根部、泛水、天沟、檐沟、变形缝等细部构造部位设防水增强层，增强层材料应与大面积防水层的材料同质或相容；

　　4 当屋面坡度小于等于 15％时，卷材应平行屋脊铺贴；大于 15％时，卷材应垂直屋脊铺贴；上下两层卷材不得互相垂直铺贴。

6.3.2 高聚物改性沥青防水卷材热熔法施工应符合下列规定：

　　1 铺贴卷材应平整顺直，不得扭曲；

　　2 火焰加热应均匀，以卷材表面沥青熔融至光亮黑色为宜，不得欠火或过火；

　　3 卷材表面热熔后应立即滚铺，并应排除卷材下面的空气，辊压粘贴牢固；

　　4 卷材搭接缝应以溢出热熔的改性沥青为宜，将溢出的 5mm～10mm 沥青胶封边，均匀顺直；

　　5 采用条粘法施工时，每幅卷材与基层粘结面不应少于两条，每条宽度不应小于 150mm。

6.3.3 自粘类防水卷材施工应符合下列规定：

　　1 铺贴卷材前，基层表面应均匀涂刷基层处理剂，干燥后及时铺贴卷材；

　　2 铺贴卷材时应排除自粘卷材下面的空气，辊压粘贴牢固；

　　3 铺贴的卷材应平整顺直，不得扭曲、皱折；低温施工时，立面、大坡面及搭接部位宜采用热风机加热，粘贴牢固；

　　4 采用湿铺法施工自粘类防水卷材应符合配套技术规定。

6.3.4 合成高分子防水卷材冷粘法施工应符合下列

规定:

    1 基层胶粘剂应涂刷在基层及卷材底面,涂刷应均匀、不露底、不堆积;

    2 铺贴卷材应平整顺直,不得皱折、扭曲、拉伸卷材;应辊压排除卷材下的空气,粘贴牢固;

    3 搭接缝口应采用材性相容的密封材料封严;

    4 冷粘法施工环境温度不应低于5℃。

6.3.5 合成高分子防水涂料施工应符合下列规定:

    1 合成高分子防水涂料可采用涂刮法或喷涂法施工;当采用涂刮法施工时,两遍涂刮的方向宜相互垂直;

    2 涂覆厚度应均匀,不露底、不堆积;

    3 第一遍涂层干燥后,方可进行下一遍涂覆;

    4 屋面坡度大于15%时,宜选用反应固化型高分子防水涂料。

6.4 耐根穿刺防水层

6.4.1 耐根穿刺防水卷材施工方式应与其耐根穿刺防水材料检测报告相符。

6.4.2 耐根穿刺防水卷材施工应符合下列规定:

    1 改性沥青类耐根穿刺防水卷材搭接缝应一次性焊接完成,并溢出5mm～10mm沥青胶封边,不得过火或欠火;

    2 塑料类耐根穿刺防水卷材施工前应试焊,检查搭接强度,调整工艺参数,必要时应进行表面处理;

    3 高分子耐根穿刺防水卷材暴露内增强织物的边缘应密封处理,密封材料与防水卷材应相容;

    4 高分子耐根穿刺防水卷材"T"形搭接处应作附加层,附加层直径(尺寸)不应小于200mm,附加层应为匀质的同材质高分子防水卷材,矩形附加层的角应为光滑的圆角;

    5 不应采用溶剂型胶粘剂搭接。

6.4.3 改性沥青类耐根穿刺防水卷材施工应采用热熔法铺贴,并应符合本规程第6.3节的规定。

6.4.4 聚氯乙烯(PVC)防水卷材和热塑性聚烯烃(TPO)防水卷材施工应符合下列规定:

    1 卷材与基层宜采用冷粘法铺贴;

    2 大面积采用空铺法施工时,距屋面周边800mm内的卷材应与基层满粘,或沿屋面周边对卷材进行机械固定;

    3 搭接缝应采用热风焊接施工,单焊缝的有效焊接宽度不应小于25mm,双焊缝的每条焊缝有效焊接宽度不应小于10mm。

6.4.5 三元乙丙橡胶(EPDM)防水卷材施工应符合下列规定:

    1 卷材与基层宜采用冷粘法铺贴;

    2 采用空铺法施工时,屋面周边800mm内卷材应与基层满粘,或沿屋面周边对卷材进行机械固定;

    3 搭接缝应采用专用搭接胶带搭接,搭接胶带的宽度不应小于75mm;

    4 搭接缝应采用密封材料进行密封处理。

6.4.6 聚乙烯丙纶防水卷材和聚合物水泥胶结料复合防水材料施工应符合下列规定:

    1 聚乙烯丙纶防水卷材应采用双层叠合铺设,每层由芯层厚度不小于0.6mm的聚乙烯丙纶防水卷材和厚度不小于1.3mm的聚合物水泥胶结料组成;

    2 聚合物水泥胶结料应按要求配制,宜采用刮涂法施工;

    3 施工环境温度不应低于5℃;当环境温度低于5℃时,应采取防冻措施。

6.4.7 高密度聚乙烯土工膜施工应符合下列规定:

    1 宜采用空铺法施工;

    2 单焊缝的有效焊接宽度不应小于25mm,双焊缝的每条焊缝有效焊接宽度不应小于10mm,焊接应严密,不应焊焦、焊穿;

    3 焊接卷材应铺平、顺直;

    4 变截面部位卷材接缝施工应采用手工或机械焊接;采用机械焊接时,应使用与焊机配套的焊条。

6.4.8 耐根穿刺防水层与普通防水层上下相邻,施工应符合下列规定:

    1 耐根穿刺防水层的高分子防水卷材与普通防水层的高分子防水卷材复合时,宜采用冷粘法施工;

    2 耐根穿刺防水层的沥青基防水卷材与普通防水层的沥青基防水卷材复合时,应采用热熔法施工。

6.4.9 喷涂聚脲防水涂料施工应符合下列规定:

    1 基层表面应坚固、密实、平整和干燥;基层表面正拉粘结强度不宜小于2.0MPa;

    2 喷涂聚脲防水工程所采用的材料之间应具有相容性;

    3 采用专用喷涂设备,并由经过培训的人员操作;

    4 两次喷涂作业面的搭接宽度不应小于150mm,间隔6h以上应进行表面处理;

    5 喷涂聚脲作业的环境温度应大于5℃、相对湿度应小于85%,且在基层表面温度比露点温度至少高3℃的条件下进行。

6.5 排(蓄)水层和过滤层

6.5.1 排(蓄)水层施工应符合下列规定:

    1 排(蓄)水层应与排水系统连通;

    2 排(蓄)水设施工前应根据屋面坡向确定整体排水方向;

    3 排(蓄)水层应铺设至排水沟边缘或水落口周边;

    4 铺设排(蓄)水材料时,不应破坏耐根穿刺防水层;

    5 凹凸塑料排(蓄)水板宜采用搭接法施工,搭接宽度不应小于100mm；

　　6 网状交织、块状塑料排水板宜采用对接法施工，并应衔齐整；

　　7 排水层采用卵石、陶粒等材料铺设时，粒径应大小均匀，铺设厚度应符合设计要求。

6.5.2 无纺布过滤层施工应符合下列规定：

　　1 空铺于排（蓄）水层之上，铺设应平整、无皱折；

　　2 搭接宜采用粘合或缝合固定，搭接宽度不应小于150mm；

　　3 边缘沿种植挡墙上翻时应与种植土高度一致。

6.6 种 植 土 层

6.6.1 种植土进场后不得集中码放，应及时摊平铺设、分层踏实，平整度和坡度应符合竖向设计要求。

6.6.2 厚度500mm以下的种植土不得采取机械回填。

6.6.3 摊铺后的种植土表面应采取覆盖或洒水措施防止扬尘。

6.7 植 被 层

6.7.1 乔灌木、地被植物的栽植宜根据植物的习性在冬季休眠期或春季萌芽期前进行。

6.7.2 乔灌木种植施工应符合下列规定：

　　1 移植带土球的树木入穴前，穴底松土应踏实，土球放稳后，应拆除不易腐烂的包装物；

　　2 树木根系应舒展，填土应分层踏实；

　　3 常绿树栽植时土球宜高出地面50mm，乔灌木种植深度应与原种植线持平，易生不定根的树种栽深宜为50mm～100mm。

6.7.3 草本植物种植应符合下列规定：

　　1 根据植株高低、分蘖多少、冠丛大小确定栽植的株行距；

　　2 种植深度应为原苗种植深度，并保持根系完整，不得损伤茎叶和根系；

　　3 高矮不同品种混植，应按先高后矮的顺序种植。

6.7.4 草坪块、草坪卷铺设应符合下列规定：

　　1 周边应平直整齐，高度一致，并与种植土紧密衔接，不留空隙；

　　2 铺设后应及时浇水，并应碾压、拍打、踏实，并保持土壤湿润。

6.7.5 植被层灌溉应符合下列规定：

　　1 根据植物种类确定灌溉方式、频率和用水量；

　　2 乔灌木种植穴周围应做灌水围堰，直径应大于种植穴直径200mm，高度宜为150mm～200mm；

　　3 新植植物宜在当日浇透第一遍水，三日内浇透第二遍水，以后依气候情况适时灌溉。

6.7.6 树木的防风固定宜符合下列规定：

　　1 根据设计要求可采用地上固定法或地下固定法；

　　2 树木绑扎处宜加软质保护衬垫，不得损伤树干。

6.7.7 应根据设计和当地气候条件，对植物采取防冻、防晒、降温和保湿等措施。

6.8 容器种植

6.8.1 容器种植的基层应按现行国家标准《屋面工程技术规范》GB 50345中一级防水等级要求施工。

6.8.2 种植容器置于防水层上应设置保护层。

6.8.3 容器种植施工前，应按设计要求铺设灌溉系统。

6.8.4 种植容器应按要求组装，放置平稳、固定牢固，与屋面排水系统连通。

6.8.5 种植容器应避开水落口、檐沟等部位，不得放置在女儿墙上和檐口部位。

6.9 设 施

6.9.1 铺装施工应符合下列规定：

　　1 基层应坚实、平整，结合层应粘结牢固，无空鼓现象；

　　2 木铺装所用的面材及垫木等应选用防腐、防蛀材料；固定用螺钉、螺栓等配件应做防锈处理；安装应紧固、无松动，螺钉顶部不得高出铺装表面；

　　3 透水砖的规格、尺寸应符合设计要求，边角整齐，铺设后应采用细砂扫缝；

　　4 嵌草砖铺设应以砂土、砂壤土为结合层，其厚度不应低于30mm；湿铺砂浆应饱满严实；干铺应采用细砂扫缝；

　　5 卵石面层应无明显坑洼、隆起和积水等现象；石子与基层应结合牢固，石子宜采用立铺方式，镶嵌深度应大于粒径的1/2；带状卵石铺装长度大于6m时，应设伸缩缝；

　　6 铺装踏步高度不应大于160mm，宽度不应小于300mm。

6.9.2 路缘石底部应设基层，应砌筑稳固，直线段顺直，曲线段顺滑，衔接无折角；顶面应平整，无明显错牙，勾缝严密。

6.9.3 园林小品施工应符合下列规定：

　　1 花架应做防腐防锈处理，立柱垂直偏差应小于5mm；

　　2 园亭整体应安装稳固，顶部应采取防风揭措施；

　　3 景观桥表面应做防滑和排水处理；

　　4 水景应设置水循环系统，并定期消毒；池壁类型应配置合理、砌筑牢固，并单独做防排水处理。

6.9.4 护栏应做防腐防锈处理，安装应紧实牢固，整体垂直平顺。

6.9.5 灌溉用水不应喷洒至防水层泛水部位，不应超过绿地种植区域；灌溉设施管道的套箍接口应牢固紧密、对口严密，并应设置泄水设施。

6.9.6 电线、电缆应采用暗埋式铺设；连接应紧密、牢固，接头不应在套管内，接头连接处应做绝缘处理。

6.10 既有建筑屋面

6.10.1 既有建筑屋面防水层完整连续仍有防水能力时，施工应符合下列规定：

 1 覆土种植时，应增铺一道耐根穿刺防水层，施工做法应按本规程第6.4节的规定执行；

 2 容器种植时，应在原防水层上增设保护层。

6.10.2 既有建筑屋面丧失防水能力时，应拆除原防水层及上部构造，增做的普通防水层、耐根穿刺防水层及其他构造层次的施工应按本章的有关规定执行。

7 质 量 验 收

7.1 一 般 规 定

7.1.1 种植屋面工程施工验收前，施工单位应提交并归档下列文件：

 1 工程设计图纸及会审记录，设计变更通知单，工程施工合同等；

 2 防水和园林绿化施工单位的资质证书及主要操作人员的上岗证；

 3 施工组织设计或施工方案，技术交底、安全技术交底文件；

 4 既有建筑屋面的结构安全鉴定报告；

 5 主要材料的出厂合格证、质量检验报告和现场抽样复验报告；

 6 各分项工程的施工质量验收记录；

 7 隐蔽工程检查验收记录；

 8 防水层蓄水或淋水检验记录；

 9 给水管道通水试验记录；

 10 排水管道通球试验和闭水试验记录；

 11 电气照明系统检验记录；

 12 其他重要检查验收记录。

7.1.2 种植屋面工程完工后，施工单位应整理施工过程中的有关文件和记录，确认合格后报建设单位或监理单位，由建设单位按有关规定组织验收。工程验收的文件和记录应真实、准确，不得有涂改伪造，并经各级技术负责人签字后方为有效。

7.1.3 种植屋面工程施工应建立各道工序自检、交接检和专职人员检查的"三检"制度，并有完整的检查记录。每道工序完成后，应经监理单位（或建设单位）检查验收，合格后方可进行下道工序的施工。

7.1.4 种植工程竣工验收前，施工单位应向建设单位或监理单位提供下列文件：

 1 工程项目开工报告、竣工报告，相关指标及完成工作量；

 2 竣工图和工程决算；

 3 设计变更、技术变更文件；

 4 土壤和水质化验报告；

 5 外地购进植物检验、检疫报告；

 6 附属设施用材合格证、质量检验报告。

7.1.5 种植屋面工程的子分部、分项工程的划分应符合表7.1.5的规定。

表 7.1.5 种植屋面工程的子分部、分项工程

子分部工程	分项工程
种植屋面	找坡（找平）层、绝热层、普通防水层、耐根穿刺防水层、保护层、排水系统、排（蓄）水层、过滤层、种植土层、植被层、园路铺装、护栏、灌溉系统、电气照明系统、园林小品、避雷设施、细部构造

7.1.6 分项工程的施工质量验收检验批的划分应符合下列规定：

 1 找坡（找平）层、绝热层、保护层、排（蓄）水层和防水层应按屋面面积每100m² 抽查一处，每处10m²，且不应少于3处；

 2 接缝密封防水部位，每50m 抽查一处，每处5.0m，且不应少于3处；

 3 乔灌木应全数检验，草坪地被类植物每100m² 检查3处，且不应少于2处；

 4 细部构造部位应全部进行检查。

7.1.7 种植屋面找坡（找平）层、保护层和细部构造的质量验收应符合现行国家标准《屋面工程质量验收规范》GB 50207、《地下防水工程质量验收规范》GB 50208 的有关规定。

7.2 绝 热 层

Ⅰ 主 控 项 目

7.2.1 保温板的厚度应符合设计要求，允许偏差应为—4mm。

检验方法：用钢针插入和尺量检查。

7.2.2 喷涂硬泡聚氨酯绝热层的厚度应符合设计要求，不应有负偏差。

检验方法：用钢针插入和尺量检查。

Ⅱ 一 般 项 目

7.2.3 保温板铺设应紧贴基层，铺平垫稳，固定牢固，拼缝严密。

检验方法：观察检查。

7.2.4 保温板的平整度允许偏差应为5mm。

检验方法：用2m靠尺和楔形塞尺检查。

7.2.5 保温板接缝高差的允许偏差应为2mm。

检验方法：用直尺和楔形塞尺检查。

7.2.6 喷涂硬泡聚氨酯绝热层的平整度允许偏差应为5mm。

检验方法：用1m靠尺和楔形塞尺检查。

7.3 普通防水层

Ⅰ 主控项目

7.3.1 防水材料及其配套材料的质量应符合设计要求。

检验方法：检查出厂合格证、质量检验报告和进场检验报告。

7.3.2 防水层不应有渗漏或积水现象。

检验方法：雨后观察或淋水、蓄水试验。

7.3.3 防水层在檐口、檐沟、天沟、水落口、泛水、变形缝和伸出屋面管道的防水构造，应符合设计要求。

检验方法：观察检查。

7.3.4 涂膜防水层的平均厚度应符合设计要求，最小厚度不应小于设计厚度的80%。

检验方法：针测法或取样量测。

Ⅱ 一般项目

7.3.5 卷材的搭接缝应粘结或焊接牢固，密封严密，不应扭曲、皱折或起泡。

检验方法：观察检查。

7.3.6 卷材防水层的收头应与基层粘结并钉压牢固，密封严密，不应翘边。

检验方法：观察检查。

7.3.7 卷材防水层的铺贴方向应正确，卷材搭接宽度的允许偏差应为－10mm。

检验方法：观察和尺量检查。

7.3.8 涂膜防水层与基层应粘结牢固，表面平整，涂布均匀，不应有流淌、皱折、鼓泡、露胎体和翘边等缺陷。

检验方法：观察检查。

7.3.9 涂膜防水层的收头应用防水涂料多遍涂刷。

检验方法：观察检查。

7.3.10 铺贴胎体增强材料应平整顺直，搭接尺寸准确，排除气泡，并与涂料粘结牢固；胎体增强材料搭接宽度的允许偏差应为－10mm。

检验方法：观察和检查隐蔽工程验收记录。

7.4 耐根穿刺防水层

Ⅰ 主控项目

7.4.1 耐根穿刺防水材料及其配套材料的质量应符合设计要求。

检验方法：检查出厂合格证、质量检验报告、耐根穿刺检验报告和进场检验报告。

7.4.2 耐根穿刺防水层施工方式应与耐根穿刺检验报告一致。

检验方法：观察检查。

7.4.3 防水层不应有渗漏或积水现象。

检验方法：雨后观察或淋水、蓄水试验。

7.4.4 防水层在檐口、檐沟、天沟、水落口、泛水、变形缝和伸出屋面管道的防水构造，应符合设计要求。

检验方法：观察检查。

7.4.5 喷涂聚脲防水层的平均厚度应符合设计要求，最小厚度不应小于设计厚度的80%。

检验方法：超声波法检查或取样量测。

Ⅱ 一般项目

7.4.6 喷涂聚脲涂层颜色应均匀，涂层应连续、无漏喷和流坠，无气泡、无针孔、无剥落、无划伤、无折皱、无龟裂、无异物。

检验方法：观察检查。

7.4.7 其他项目应按本规程第7.3节的规定执行。

7.5 排水系统、排（蓄）水层和过滤层

Ⅰ 主控项目

7.5.1 排水系统应符合设计要求。

检验方法：观察检查。

7.5.2 排水管道应畅通，水落口、观察井不得堵塞。

检验方法：通球试验、闭水试验和观察检查。

7.5.3 排（蓄）水层和过滤层材料的质量应符合设计要求。

检验方法：检查出厂合格证、质量检验报告和进场检验报告。

7.5.4 排（蓄）水层和过滤层材料的厚度、单位面积质量和搭接宽度应符合设计要求。

检验方法：尺量检查和称量检查。

Ⅱ 一般项目

7.5.5 排水层应与排水系统连通，保证排水畅通。

检验方法：观察检查。

7.5.6 过滤层应铺设平整、接缝严密，其搭接宽度的允许偏差应为±30mm。

检验方法：观察和尺量检查。

7.6 种植土层

7.6.1 种植土层和植被层均应按其规格、质量进行检测、验收。

7.6.2 地形整理应符合竖向设计要求。

　　检验方法：观察检查。

7.6.3 种植土的质量应符合设计要求。

　　检验方法：检查出厂合格证、质量检验报告和进场检验报告。

7.6.4 种植土的厚度、密度应符合设计要求。

　　检验方法：尺量检查，环刀和称量检查。

7.6.5 种植土的 pH 值应符合设计要求。

　　检验方法：用便携式 pH 计检查。

7.6.6 有机肥料应充分腐熟。

　　检验方法：检查出厂合格证、质量检验报告和进场检验报告。

7.7　植被层

7.7.1 建设单位或监理单位应对植被层施工的每道工序全过程进行检查验收。

7.7.2 乔灌木的成活率应达到 95％ 以上，无病残枝。

　　检验方法：观察统计。

7.7.3 乔灌木应固定牢固，符合设计要求。

　　检验方法：观察检查。

7.7.4 地被植物种植区域应均匀满覆盖，无杂草、无病虫害、无枯枝落叶。

　　检验方法：观察统计。

7.7.5 草坪覆盖率应达到 100％，表面整洁、无杂物。

　　检验方法：观察统计。

7.7.6 植物的整形修剪应符合设计要求。

　　检验方法：观察检查。

7.7.7 缓冲带的设置和宽度应符合设计要求。

　　检验方法：观察和尺量检查。

7.7.8 植被层竣工后，场地应整洁、无杂物。

　　检验方法：观察检查。

7.8　园路铺装和护栏

7.8.1 铺装层应符合下列规定：

　　1 铺装面层应与基层粘结牢固，无空鼓现象。

　　检验方法：叩击和观察检查。

　　2 表面平整、无积水。

　　检验方法：用 2m 靠尺和楔形塞尺检查、观察检查。

　　3 铺贴面层接缝应均匀，周边应顺滑。

　　检验方法：观察检查。

7.8.2 路缘石应符合下列规定：

　　1 路缘石的基层应砌筑稳固、顺滑，衔接无折角。

　　检验方法：观察检查。

　　2 路缘石标高应符合设计要求。

　　检验方法：用水准仪测量检查。

7.8.3 护栏应符合下列规定：

　　1 护栏材料、高度、形式、色彩应符合设计要求。

　　检验方法：观察检查。

　　2 护栏栏杆安装应坚实牢固，整体垂直平顺，无毛刺、锐角。

　　检验方法：观察和尺量检查。

7.9　灌　溉　系　统

7.9.1 灌溉系统的材料质量应符合设计要求。

　　检验方法：检查出厂合格证、质量检验报告和进场检验报告。

7.9.2 给水系统应进行水压实验，实验压力为工作压力的 1.5 倍，且不应小于 0.6MPa。

　　检验方法：测量检查。

7.9.3 分钟压力降不应大于 0.05MPa。

　　检验方法：观察检查。

7.9.4 点喷范围不得超过绿地边缘。

　　检验方法：观察检查。

7.10　电气和照明系统

7.10.1 电气照明系统的材料质量应符合设计要求。

　　检验方法：检查出厂合格证、质量检验报告和进场检验报告。

7.10.2 电气照明系统连接应紧密、牢固。

　　检验方法：观察检查。

7.10.3 电气接头连接处应做绝缘处理，漏电保护器应反应灵敏、可靠。

　　检验方法：用万用电表遥测和观察检查。

7.10.4 景观照明安装完成后应进行全负荷试验和接地阻值试验。

　　检验方法：用仪表测试和观察检查。

7.10.5 夜景灯光安装完成后应进行效果试验。

　　检验方法：观察检查。

7.11　园　林　小　品

7.11.1 园林小品的材料、质量应符合设计要求。

　　检验方法：检查出厂合格证、质量检验报告和进场检验报告。

7.11.2 园林小品的布局、规格尺寸应符合设计要求。

　　检验方法：尺量检查和观察检查。

7.11.3 花架、园亭应符合设计要求，安装稳固、立柱垂直，外观无明显缺陷。

　　检验方法：观察检查。

7.11.4 景观桥应符合设计要求，安装稳固，桥面平整。

　　检验方法：尺量检查和观察检查。

7.12 避雷设施

7.12.1 避雷设施及其配套材料的质量应符合设计要求。

检验方法：检查出厂合格证、质量检验报告和进场检验报告。

7.12.2 避雷设施应接地可靠，并应满足设计要求。

检验方法：观察检查。

7.12.3 浪涌保护器应反应灵敏、可靠。

检验方法：观察检查。

8 维护管理

8.1 植物养护

8.1.1 种植屋面绿化养护管理应符合下列规定：

1 种植屋面工程应建立绿化养护管理制度；

2 定期观察、测定土壤含水量，并根据墒情灌溉补水；

3 根据季节和植物生长周期测定土壤肥力，可适当补充环保、长效的有机肥或复合肥；

4 定期检查并及时补充种植土。

8.1.2 种植屋面可通过控制施肥和定期修剪控制植物生长。

8.1.3 根据设计要求、不同植物的生长习性，适时或定期对植物进行修剪。

8.1.4 及时清理死株，更换或补植老化及生长不良的植株。

8.1.5 在植物生长季节应及时除草，并及时清运。

8.1.6 植物病虫害防治应采用物理或生物防治措施，也可采用环保型农药防治。

8.1.7 根据植物种类、季节和天气情况实施灌溉。

8.1.8 根据植物种类、地域和季节不同，应采取防寒、防晒、防风、防火措施。

8.2 设施维护

8.2.1 定期检查排水沟、水落口和检查井等排水设施，及时疏通排水管道。

8.2.2 园林小品应保持外观整洁，构件和各项设施完好无损。

8.2.3 应保持园路、铺装、路缘石和护栏等的安全稳固、平整完好。

8.2.4 应定期检查、清理水景设施的水循环系统。应保持水质清洁，池壁安全稳固，无缺损。

8.2.5 应保持外露的给排水设施清洁、完整，冬季应采取防冻裂措施。

8.2.6 应定期检查电气照明系统，保持照明设施正常工作，无带电裸露。

8.2.7 应保持引导牌、标识牌外观整洁、构件完整；应急避险标识应清晰醒目。

8.2.8 设施损坏后应及时修复。

附录 A 种植屋面常用植物

A.0.1 北方地区屋面种植的植物可按表 A.0.1 选用。

表 A.0.1 北方地区选用植物

类别	中 名	学 名	科 目	生物学习性
乔木类	侧柏	*Platycladus orientalis*	柏科	阳性，耐寒，耐干旱、瘠薄，抗污染
	洒金柏	*Platycladus orientalis cv. aurea. nana*		阳性，耐寒，耐干旱、瘠薄，抗污染
	铅笔柏	*Sabina chinensis var. pyramidalis*		中性，耐寒
	圆柏	*Sabina chinensis*		中性，耐寒，耐修剪
	龙柏	*Sabina chinensis cv. kaizuka*		中性，耐寒，耐修剪
	油松	*Pinus tabulaeformis*	松科	强阳性，耐寒，耐干旱、瘠薄和碱土
	白皮松	*Pinus bungeana*		阳性，适应干冷气候，抗污染
	白杆	*Picea meyeri*		耐阴，喜湿润冷凉
	柿子树	*Diospyros kaki*	柿树科	阳性，耐寒，耐干旱
	枣树	*Ziziphus jujuba*	鼠李科	阳性，耐寒，耐干旱
	龙爪枣	*Ziziphus jujuba var. tortuosa*		阳性，耐干旱，瘠薄，耐寒
	龙爪槐	*Sophora japonica cv. pendula*	蝶形花科	阳性，耐寒
	金枝槐	*Sophora japonica "Golden Stem"*		阳性，浅根性，喜湿润肥沃土壤
	白玉兰	*Magnolia denudata*	木兰科	阳性，耐寒，稍耐阴
	紫玉兰	*Magnolia liliflora*		阳性，稍耐寒
	山桃	*Prunus davidiana*	蔷薇科	喜光，耐寒，耐干旱、瘠薄，怕涝

类别	中 名	学 名	科 目	生物学习性
灌木类	小叶黄杨	*Buxus sinica var. parvifolia*	黄杨科	阳性，稍耐寒
	大叶黄杨	*Buxus megistophylla*	卫矛科	中性，耐修剪，抗污染
	凤尾丝兰	*Yucca gloriosa*	龙舌兰科	阳性，稍耐严寒
	丁香	*Syringa oblata*	木樨科	喜光，耐半阴，耐寒，耐旱，耐瘠薄
	黄栌	*Cotinus coggygria*	漆树科	喜光，耐寒，耐干旱、瘠薄
	红枫	*Acer palmatum* "Atropurpureum"	槭树科	弱阳性，喜湿凉，喜肥沃土壤，不耐寒
	鸡爪槭	*Acer palmatum*		弱阳性，喜湿凉，喜肥沃土壤，稍耐寒
	紫薇	*Lagerstroemia indica*	千屈菜科	耐旱，怕涝，喜温暖潮润，喜光，喜肥
	紫叶李	*Prunus cerasifera* "Atropurpurea"	蔷薇科	弱阳性，耐寒，耐干旱、瘠薄和盐碱
	紫叶矮樱	*Prunus cistena*		弱阳性，喜肥沃土壤，不耐寒
	海棠	*Malus. spectabilis*		阳性，耐寒，喜肥沃土壤
	樱花	*Prunus serrulata*		喜光，喜温暖湿润，不耐盐碱，忌积水
	榆叶梅	*Prunus triloba*		弱阳性，耐寒，耐干旱
	碧桃	*Prunus. persica* "Duplex"		喜光，耐旱、耐高温、较耐寒、畏涝怕碱
	紫荆	*Cercis chinensis*	豆科	阳性，耐寒，耐干旱、瘠薄
	锦鸡儿	*Caragana sinica*		中性，耐寒，耐干旱、瘠薄
	沙枣	*Elaeagnus angustifolia*	胡颓子科	阳性，耐干旱、水湿和盐碱
	木槿	*Hiriscus sytiacus*	锦葵科	阳性，稍耐寒
	蜡梅	*Chimonanthus praecox*	蜡梅科	阳性，耐寒
	迎春	*Jasminum nudiflorum*	木樨科	阳性，不耐寒
	金叶女贞	*Ligustrum vicaryi*		弱阳性，耐干旱、瘠薄和盐碱
	连翘	*Forsythia suspensa*		阳性，耐寒，耐干旱
	绣线菊	*Spiraea spp.*		中性，较耐寒
	珍珠梅	*Sorbaria kirilowii*		耐阴，耐寒，耐瘠薄
	月季	*Rosa chinensis*	蔷薇科	阳性，较耐寒
	黄刺玫	*Rosa xanthina*		阳性，耐寒，耐干旱
	寿星桃	*Prunus spp.*		阳性，耐寒，耐干旱
	棣棠	*Kerria japonica*		中性，较耐寒
	郁李	*Prunus japonica*		阳性，耐寒，耐干旱
	平枝栒子	*Cotoneaster horizontalis*		阳性，耐寒，耐干旱
	金银木	*Lonicera maackii*	忍冬科	耐阴，耐寒，耐干旱
	天目琼花	*Viburnum sargentii*		阳性，耐寒
	锦带花	*Weigcla florida*		阳性，耐寒，耐干旱
	猬实	*Kolkwitzia amabilis*		阳性，耐寒，耐干旱、瘠薄
	荚蒾	*Viburmum farreri*		中性，耐寒，耐干旱
	红瑞木	*Cornus alba*	山茱萸科	中性，耐寒，耐干旱
	石榴	*Punica granatum*	石榴科	中性，耐寒，耐干旱、瘠薄
	紫叶小檗	*Berberis thunberggii* "Atroputpurea"	小檗科	中性，耐寒，耐修剪
	花椒	*Zanthoxylum bungeanum*	芸香科	阳性，耐寒，耐干旱、瘠薄
	枸杞	*Pocirus tirfoliata*	茄科	阳性，耐寒，耐干旱、瘠薄和盐碱

类别	中 名	学 名	科 目	生物学习性
地被	沙地柏	*Sabina vulgaris*	柏科	阳性，耐寒，耐干旱，瘠薄
	萱草	*Hemerocallis fulva*	百合科	耐寒，喜湿润，耐旱，喜光，耐半阴
	玉簪	*Hosta plantaginea*		耐寒冷，性喜阴湿环境，不耐强烈日光照射
	麦冬	*Ophiopogon japonicus*		耐阴，耐寒
	假龙头	*Physostegia virginiana*	唇形科	喜肥沃、排水良好的沙壤，夏季干燥生长不良
	鼠尾草	*Salvia farinacea*		喜日光充足，通风良好
	百里香	*Thymus mongolicus*		喜光，耐干旱
	薄荷	*Mentha haplocalyx*		喜湿润环境
	藿香	*Wrinkled Gianthyssop*		喜温暖湿润气候，稍耐寒
	白三叶	*Trifolium repens*	豆科	阳性，耐寒
	苜蓿	*Medicago sativa*		耐干旱，耐冷热
	小冠花	*Coronilla varia*		喜光，不耐阴，喜温暖湿润气候，耐寒
	高羊茅	*Festuca arundinacea*	禾本科	耐热，耐践踏
	结缕草	*Zoysia japonica*		阳性，耐旱
	狼尾草	*Pennisetum alopecuroides*		耐寒，耐旱，耐砂土贫瘠土壤
	蓝羊茅	*Festuca glauca*		喜光，耐寒，耐旱，耐贫瘠
	斑叶芒	*Miscanthus sinensis Andress*		喜光，耐半阴，性强健，抗性强
	落新妇	*Astilbe chinensis*	虎耳草科	喜半阴，湿润环境，性强健，耐寒
	八宝景天	*Sedum spectabile*	景天科	极耐旱，耐寒
	三七景天	*sedum spetabiles*		极耐旱，耐寒，耐瘠薄
	胭脂红景天	*Sedum spurium "Coccineum"*		耐旱，稍耐瘠薄，稍耐寒
	反曲景天	*Sedum reflexum*		耐旱，稍耐瘠薄，稍耐寒
	佛甲草	*Sedum lineare*		极耐旱，耐瘠薄，稍耐寒
	垂盆草	*Sedum sarmentosum*		耐旱，耐瘠薄，稍耐寒
	风铃草	*Campanula punctata*	桔梗科	耐寒，忌酷暑
	桔梗	*Platycodon grandiflorum*		喜阳光，怕积水，抗干旱，耐严寒，怕风害
	蓍草	*Achillea sibirca*	菊科	耐寒，喜温暖，湿润，耐半阴
	荷兰菊	*Aster novi-belgii*		喜温暖湿润，喜光、耐寒、耐炎热
	金鸡菊	*Coreopsis basalis*		耐寒耐旱，喜光，耐半阴
	黑心菊	*Rudbeckia hirta*		耐寒，耐旱，喜向阳通风的环境
	松果菊	*Echinacea purpurea*		稍耐寒，喜生于温暖向阳处
	亚菊	*Ajania trilobata*		阳性，耐干旱、瘠薄
	耧斗菜	*Aquilegia vulgaris*	毛茛科	炎夏宜半阴，耐寒
	委陵菜	*Potentilla aiscolor*	蔷薇科	喜光，耐干旱
	芍药	*Paeonia lactiflora*	芍药科	喜温耐寒，喜光照充足、喜干燥土壤环境
	常夏石竹	*Dianthus plumarius*	石竹科	阳性，耐半阴，耐寒，喜肥
	婆婆纳	*Veronica spicata*	玄参科	喜光，耐半阴，耐寒
	紫露草	*Tradescantia reflexa*	鸭跖草科	喜日照充足，耐半阴，紫露草生性强健，耐寒

续表 A.0.1

类别	中　名	学　名	科　目	生物学习性
地被	马蔺	*Iris lactea var. chinensis*	鸢尾科	阳性，耐寒，耐干旱，耐重盐碱
	鸢尾	*Iris tenctorum*		喜阳光充足，耐寒，亦耐半阴
	紫藤	*Weateria sinensis*	豆科	阳性，耐寒
	葡萄	*Vitis vinifera*	葡萄科	阳性，耐旱
	爬山虎	*Parthenocissus tricuspidata*		耐阴，耐寒
	五叶地锦	*Parthenocissus quinquefolia*		耐阴，耐寒
	蔷薇	*Rosa multiflora*	蔷薇科	阳性，耐寒
	金银花	*Lonicera orbiculatus*	忍冬科	喜光，耐阴，耐寒
	台尔曼忍冬	*Lonicerra tellmanniana*		喜光，喜温湿环境，耐半阴
藤本植物	小叶扶芳藤	*Euonymus fortunei var. radicans*	卫矛科	喜阴湿环境，较耐寒
	常春藤	*Hedera helix*	五加科	阴性，不耐旱，常绿
	凌霄	*Campsis grandiflora*	紫葳科	中性，耐寒

A.0.2 南方地区屋面种植的植物可按表 A.0.2 选用。

表 A.0.2　南方地区选用植物

类别	中　名	学　名	科　目	生物学习性
乔木类	云片柏	*Chamaecyparis obtusa* "Breviramea"	柏科	中性
	日本花柏	*Chamaecyparis pisifera*		中性
	圆柏	*Sabina chinensis*		中性，耐寒，耐修剪
	龙柏	*Sabina chinensis* "Kaizuka"		阳性，耐寒，耐干旱、瘠薄
	南洋杉	*Araucaria cunninghamii*	南洋杉科	阳性，喜暖热气候，不耐寒
	白皮松	*Pinus bungeana*	松科	阳性，适应干冷气候，抗污染
	苏铁	*Cycas revoluta*	苏铁科	中性，喜温湿气候，喜酸性土
	红背桂	*Excoecaria bicolor*	大戟科	喜光，喜肥沃沙壤
	刺桐	*Erythrina variegana*	蝶形科	喜光，喜暖热气候，喜酸性土
	枫香	*Liquidanbar fromosana*	金缕梅科	喜光，耐旱，瘠薄
	罗汉松	*Podocarpus macrophyllus*	罗汉松科	半阴性，喜温暖湿润
	广玉兰	*Magnolia grandiflora*	木兰科	喜光，颇耐阴，抗烟尘
	白玉兰	*Magnolia denudata*		喜光，耐寒，耐旱
	紫玉兰	*M. liliflora*		喜光，喜湿润肥沃土壤
	含笑	*Michelia figo*		喜弱阴，喜酸性土，不耐暴晒和干旱
	雪柳	*Fontanesia fortunei*	木樨科	稍耐阴，较耐寒
	桂花	*Osmanthus fragrans*		稍耐阴，喜肥沃沙壤土，抗有毒气体
	芒果	*Mangifera persiciformis*	漆树科	阳性，喜暖湿肥沃土壤
	红枫	*Acer palmatum* "Atropurpureum"	槭树科	弱阳性，喜湿凉、肥沃土壤，耐寒差
	元宝枫	*Acer truncatum*		弱阳性，喜湿凉、肥沃土壤
	紫薇	*Lagerstroemia indica*	千屈菜科	稍耐阴，耐寒性差，喜排水良好石灰性土
	沙梨	*Pyrus pyrifolia*	蔷薇科	喜光，较耐寒，耐干旱
	枇杷	*Eriobotrya japonica*		稍耐阴，喜温暖湿润，宜微酸、肥沃土壤
	海棠	*Malus spectabilis*		喜光，较耐寒，耐干旱
	樱花	*Prunus serrulata*		喜光，较耐寒
	梅	*Prunus mume*		喜光，耐寒，喜温暖潮湿环境

类别	中 名	学 名	科 目	生物学习性
乔木类	碧桃	*Prunus persica* "Duplex"	蔷薇科	喜光，耐寒，耐旱
	榆叶梅	*Prunus triloba*		喜光，耐寒，耐旱，耐轻盐碱
	麦李	*Prunus glandulosa*		喜光，耐寒，耐旱
	紫叶李	*Prunus cerasifera* "Atropurpurea"		弱阳性，耐寒、干旱、瘠薄和盐碱
	石楠	*Photinia serrulata*		稍耐阴，较耐寒，耐干旱、瘠薄
	荔枝	*Litchi chinensis*	无患子科	喜光，喜肥沃深厚、酸性土
	龙眼	*Dimocarpus longan*		稍耐阴，喜肥沃深厚、酸性土
	金叶刺槐	*Robinia pseudoacacia* "Aurea"	云实科	耐干旱、瘠薄，生长快
	紫荆	*Cercis chinensis*		喜光，耐寒，耐修剪
	羊蹄甲	*Bauhinia variegata*		喜光，喜温暖气候、酸性土
	无忧花	*Saraca indica*		喜光，喜温暖气候、酸性土
	柚	*Citrus grandis*	芸香科	喜温暖湿润，宜微酸、肥沃土壤
	柠檬	*Citrus limon*		喜温暖湿润，宜微酸、肥沃土壤
灌木类	百里香	*Thymus mogolicus*	唇形科	喜光，耐旱
	变叶木	*Codiaeum variegatum*	大戟科	喜光，喜湿润环境
	杜鹃	*Rhododendron simsii*	杜鹃花科	喜光，耐寒，耐修剪
	番木瓜	*Carica papaya*	番木科	喜光，喜暖热多雨气候
	海桐	*Pittosporum tobira*	海桐花科	中性，抗海潮风
	山梅花	*Philadelphus coronarius*	虎耳草科	喜光，较耐寒，耐旱
	溲疏	*Deutzia scabra*		半耐阴，耐寒，耐旱，耐修剪，喜微酸土
	八仙花	*Hydrangea macrophylla*		喜阴，喜温暖气候、酸性土
	黄杨	*Buxus sinia*	黄杨科	中性，抗污染，耐修剪
	雀舌黄杨	*Buxus bodinieri*		中性，喜暖湿气侯
	夹竹桃	*Nerium indicum*	夹竹桃科	喜光，耐旱，耐修剪，抗烟尘及有害气体
	红檵木	*Loropetalum chinense*	金缕梅科	耐半阴，喜酸性土，耐修剪
	木芙蓉	*Hibiscus mutabils*	锦葵科	喜光，适应酸性肥沃土壤
	木槿	*Hiriscus sytiacus*		喜光，耐寒，耐旱、瘠薄，耐修剪
	扶桑	*Hibiscus rosa-sinensis*		喜光，适应酸性肥沃土壤
	米兰	*Aglaria odorata*	楝科	喜光，半耐阴
	海州常山	*Clerodendrum trichotomum*	马鞭草科	喜光，喜温暖气候，喜酸性土
	紫珠	*Callicarpa japonica*		喜光，半耐阴
	流苏树	*Chionanthus*	木樨科	喜光，耐旱，耐寒
	云南黄馨	*Jasminum mesnyi*		喜光，喜湿润，不耐寒
	迎春	*Jasminum nudiflorum*		喜光，耐旱，较耐寒
	金叶女贞	*Ligustrum vicaryi*		弱阳性，耐干旱、瘠薄和盐碱
	女贞	*Ligustrun lucidum*		稍耐阴，抗污染，耐修剪
	小蜡	*Ligustrun sinense*		稍耐阴，耐寒，耐修剪
	小叶女贞	*Ligustrun quihoui*		稍耐阴，抗污染，耐修剪
	茉莉	*Jasminum sambac*		稍耐阴，喜肥沃沙壤土

续表 A.0.2

类别	中 名	学 名	科 目	生物学习性
灌木类	栀子	*Gardenia jasminoides*	茜草科	喜光也耐阴，耐干旱、瘠薄，耐修剪，抗 SO₂
	白鹃梅	*Exochorda racemosa*	蔷薇科	耐半阴，耐寒，喜肥沃土壤
	月季	*Rosa chinensis*		喜光，适应酸性肥沃土壤
	棣棠	*Kerria japonica*		喜半阴，喜略湿土壤
	郁李	*Prunus japonica*		喜光，耐寒，耐旱
	绣线菊	*Spiraea thunbergii*		喜光，喜温暖
	悬钩子	*Rubus chingii*		喜肥沃、湿润土壤
	平枝枸子	*Cotoneaster horizontalis*		喜光，耐寒，耐干旱、瘠薄
	火棘	*Puracantha*		喜光不耐寒，要求土壤排水良好
	猬实	*Kolkwitzia amabilis*	忍冬科	喜光，耐旱、瘠薄，颇耐寒
	海仙花	*Weigela coraeensis*		稍耐阴，喜湿润、肥沃土壤
	木本绣球	*Viburnum macrocephalum*		稍耐阴，喜湿润、肥沃土壤
	珊瑚树	*Viburnum awabuki*		稍耐阴，喜湿润、肥沃土壤
	天目琼花	*Viburnum sargentii*		喜光充足，半耐阴
	金银木	*Lonicera maackii*		喜光充足，半耐阴
	山茶花	*Camellia japonica*	山茶科	喜半阴，喜温暖湿润环境
	四照花	*Dentrobenthamia japonica*	山茱萸科	喜光，耐半阴，喜暖热湿润气候
	山茱萸	*Cornus officinalis*		喜光，耐旱，耐寒
	石榴	*Punica granatum*	石榴科	喜光，稍耐寒，土壤需排水良好石灰质土
	晚香玉	*Polianthes tuberose*	石蒜科	喜光，耐旱
	鹅掌柴	*Schefflera octophylla*	五加科	喜光，喜暖热湿润气候
	八角金盘	*Fatsia jiaponica*		喜阴，喜暖热湿润气候
	紫叶小檗	*Berberis thunberggii* "Atroputpurea"	小檗科	中性，耐寒，耐修剪
	佛手	*Citrus medica*	芸香科	喜光，喜暖热多雨气候
	胡椒木	*Zanthoxylum* "Odorum"		喜光，喜砂质壤土
	九里香	*Murraya paniculata*		较耐阴，耐旱
	叶子花	*Bougainvillea spectabilis*	紫茉莉科	喜光，耐旱、瘠薄，耐修剪
地被	沙地柏	Sabina vulgaris	柏科	阳性，耐寒，耐干旱、瘠薄
	萱草	*Hemerocallis fulva*	百合科	阳性，耐寒
	麦冬	*Ophiopogon japonicus*		喜阴湿温暖，常绿，耐阴，耐寒
	火炬花	*Kniphofia unavia*		半耐阴，较耐寒
	玉簪	*Hosta plantaginea*		耐阴，耐寒
	紫萼	*Hosta ventricosa*		耐阴，耐寒
	葡萄风信子	*Muscari botryoides*		半耐阴
	麦冬	*Ophiopogon japonicus*		耐阴，耐寒
	金叶过路黄	*Lysimachia nummlaria*	报春花科	阳性，耐寒
	薰衣草	*Lawandula officinalis*	唇形科	喜光，耐旱
	白三叶	*Trifolium repens*	蝶形花科	阳性，耐寒
	结缕草	*Zoysia japonica*	禾本科	阳性，耐旱
	狼尾草	*Pennisetum alopecuroides*		耐寒，耐旱，耐砂土贫瘠土壤
	蓝羊茅	*Festuca glauca*		喜光，耐寒，耐旱，耐贫瘠
	斑叶芒	*Miscanthus sinensis* "Andress"		喜光，耐半阴，性强健，抗性强

续表 A.0.2

类别	中名	学名	科目	生物学习性
地被	蜀葵	*Althaea rosea*	锦葵科	阳性，耐寒
	秋葵	*Hibiscus palustris*		阳性，耐寒
	罂粟葵	*Callirhoe involucrata*		阳性，较耐寒
	胭脂红景天	*Sedum spurium* "Coccineum"	景天科	耐旱，稍耐瘠薄，稍耐寒
	反曲景天	*Sedum reflexum*		耐旱，耐瘠薄，稍耐寒
	佛甲草	*Sedum lineare*		极耐旱，耐瘠薄，稍耐寒
	垂盆草	*Sedum sarmentosum*		耐旱，瘠薄，稍耐寒
	蓍草	*Achillea sibirica*	菊科	阳性，半耐阴，耐寒
	荷兰菊	*Aster novi－belgii*		阳性，喜温暖湿润，较耐寒
	金鸡菊	*Coreopsis lanceolata*		阳性，耐寒，耐瘠薄
	蛇鞭菊	*Liatris specata*		阳性，喜温暖湿润，较耐寒
	黑心菊	*Rudbeckia hybrida*		阳性，喜温暖湿润，较耐寒
	天人菊	*Gaillardia aristata*		阳性，喜温暖湿润，较耐寒
	亚菊	*Ajania pacifica*		阳性，喜温暖湿润，较耐寒
	月见草	*Oenothera biennis*	柳叶菜科	喜光，耐旱
	耧斗菜	*Aquilegia vulgaria*	毛茛科	半耐阴，耐寒
	美人蕉	*Canna indica*	美人蕉科	阳性，喜温暖湿润
	翻白草	*Potentilla discola*	蔷薇科	阳性，耐寒
	蛇莓	*Duchesnea indica*		阳性，耐寒
	石蒜	*Lycoris radiata*	石蒜科	阳性，喜温暖湿润
	百莲	*Agapanthus africanus*		阳性，喜温暖湿润
	葱兰	*Zephyranthes candida*		阳性，喜温暖湿润
	婆婆纳	*Veronica spicata*	玄参科	阳性，耐寒
	鸭跖草	*Setcreasea pallida*	鸭跖草科	半耐阴，较耐寒
	鸢尾	*Iris tectorum*	鸢尾科	半耐阴，耐寒
	蝴蝶花	*Iris japonica*		半耐阴，耐寒
	有髯鸢尾	*Iris Barbata*		半耐阴，耐寒
	射干	*Belamcanda chinensis*		阳性，较耐寒
藤本植物	紫藤	*Weateria sinensis*	蝶形花科	阳性，耐寒，落叶
	络石	*Trachelospermum jasminordes*	夹竹桃科	耐阴，不耐寒，常绿
	铁线莲	*Clematis florida*	毛茛科	中性，不耐寒，半常绿
	猕猴桃	*Actinidiaceae chinensis*	猕猴桃科	中性，落叶，耐寒弱
	木通	*Akebia quinata*	木通科	中性
	葡萄	*Vitis vinifera*	葡萄科	阳性，耐干旱
	爬山虎	*Parthenocissus tricuspidata*		耐阴，耐寒、干旱
	五叶地锦	*P. quinquefolia*		耐阴，耐寒
	蔷薇	*Rosa multiflora*	蔷薇科	阳性，较耐寒
	十姊妹	*Rosa multifolra* "Platyphylla"		阳性，较耐寒
	木香	*Rosa banksiana*		阳性，较耐寒，半常绿

类别	中名	学名	科目	生物学习性
藤本植物	金银花	*Lonicera orbiculatus*	忍冬科	喜光，耐阴，耐寒，半常绿
	扶芳藤	*Euonymus fortunei*	卫矛科	耐阴，不耐寒，常绿
	胶东卫矛	*Euonymus kiautshovicus*		耐阴，稍耐寒，半常绿
	常春藤	*Hedera helix*	五加科	阳性，不耐寒，常绿
	凌霄	*Campsis grandiflora*	紫葳科	中性，耐寒
竹类与棕榈类	孝顺竹	*Bambusa multiplex*	禾本科	喜向阳凉爽，能耐阴
	凤尾竹	*Bambusa multiplex var. nana*		喜温暖湿润，耐寒稍差，不耐强光，怕渍水
	黄金间碧玉竹	*Bambusa vulgalis*		喜温暖湿润，耐寒稍差，怕渍水
	小琴丝竹	*Bambusa multiplex*	禾本科	喜光，稍耐阴，喜温暖湿润
	罗汉竹	*Phyllostachys aures*		喜光，喜温暖湿润，不耐寒
	紫竹	*Phyllostachys nigra*		喜向阳凉爽的地方，喜温暖湿润，稍耐寒
	箬竹	*Indocalamun latifolius*		喜光，稍耐阴，不耐寒
	蒲葵	*Livistona chinensisi*	棕榈科	阳性，喜温暖湿润，不耐阴，较耐旱
	棕竹	*Rhapis excelsa*		喜温暖湿润，极耐阴，不耐积水
	加纳利海枣	*Phoenix canariensis*		阳性，喜温暖湿润，不耐阴
	鱼尾葵	*Caryota monostachya*		阳性，喜温暖湿润，较耐寒，较耐旱
	散尾葵	*Chrysalidocarpus lutescens*		阳性，喜温暖湿润，不耐寒，较耐阴
	狐尾棕	*Wodyetia bifurcata*		阳性，喜温暖湿润，耐寒，耐旱，抗风

本规程用词说明

1 为便于在执行本规程条文时区别对待，对于要求严格程度不同的用词说明如下：

1）表示很严格，非这样做不可的：
正面词采用"必须"，反面词采用"严禁"；
2）表示严格，在正常情况下均应这样做的：
正面词采用"应"，反面词采用"不应"或"不得"；
3）表示允许稍有选择，在条件许可时首先应这样做的：
正面词采用"宜"，反面词采用"不宜"；
4）表示有选择，在一定条件下可以这样做的，采用"可"。

2 条文中指明应按其他标准执行的写法为："应符合……的规定"或"应按……执行"。

引用标准名录

1 《建筑结构荷载规范》GB 50009
2 《建筑设计防火规范》GB 50016
3 《建筑物防雷设计规范》GB 50057
4 《喷灌工程技术规范》GB/T 50085

5 《地下工程防水技术规范》GB 50108
6 《屋面工程质量验收规范》GB 50207
7 《地下防水工程质量验收规范》GB 50208
8 《建筑工程施工质量验收统一标准》GB 50300
9 《屋面工程技术规范》GB 50345
10 《硬泡聚氨酯保温防水工程技术规范》GB 50404
11 《微灌工程技术规范》GB/T 50485
12 《坡屋面工程技术规范》GB 50693
13 《建设工程施工现场消防安全技术规范》GB 50720
14 《绝热用挤塑聚苯乙烯泡沫塑料（XPS）》GB/T 10801.2
15 《聚氯乙烯（PVC）防水卷材》GB 12952
16 《低压电气装置 第 7-705 部分：特殊装置或场所的要求 农业和园艺设施》GB 16895.27
17 《土工合成材料 聚乙烯土工膜》GB/T 17643
18 《高分子防水材料 第 1 部分：片材》GB 18173.1
19 《弹性体改性沥青防水卷材》GB 18242
20 《塑性体改性沥青防水卷材》GB 18243
21 《绝热用硬质酚醛泡沫制品（PF）》GB/T 20974

22 《喷涂聚脲防水涂料》GB/T 23446

23 《绝热用聚异氰脲酸酯制品》GB/T 25997

24 《热塑性聚烯烃(TPO)防水卷材》GB 27789

25 《园林绿化工程施工及验收规范》CJJ 82

26 《民用建筑电气设计规范》JGJ 16

27 《喷涂聚脲防水工程技术规程》JGJ/T 200

28 《城市绿化和园林绿地用植物材料 木本苗》CJ/T 24

29 《种植屋面用耐根穿刺防水卷材》JC/T 1075

中华人民共和国行业标准

种植屋面工程技术规程

JGJ 155—2013

条 文 说 明

修 订 说 明

《种植屋面工程技术规程》JGJ 155－2013，经住房和城乡建设部 2013 年 6 月 9 日以第 47 号公告批准、发布。

本规程是在《种植屋面工程技术规程》JGJ 155－2007 的基础上修订而成，上一版的主编单位是中国建筑防水材料工业协会，参编单位是北京市园林科学研究所、中国化建公司苏州防水研究设计所、深圳大学建筑设计院、德尉达（上海）贸易有限公司、盘锦禹王防水建材集团、沈阳蓝光新型防水材料有限公司、北京华盾雪花塑料集团有限责任公司、北京圣洁防水材料有限公司、渗耐防水系统（上海）有限公司、德高瓦国际贸易（北京）有限公司、中防佳缘防水材料有限公司、浙江骏宁特种防漏有限公司。主要起草人员是：王天、朱冬青、李承刚、孙庆祥、张道真、颉朝华、韩丽莉、周文琴、李翔、朱志远、杜昕、尚华胜。本次修订的主要技术内容是：1. 增加了屋面植被层设计、施工和质量验收的内容；2. 增加了容器种植和附属设施的设计、施工和质量验收的内容；3. 调整了种植屋面用耐根穿刺防水材料种类；4. 增加了"养护管理"的内容；5. 调整了常用植物表。

本规程修订过程中，编制组对国内外种植屋面的设计和施工应用情况进行了广泛的调查研究，总结了我国近年来工程建设中种植屋面设计、施工领域的实践经验，同时参考了国外先进技术法规、技术标准，并通过耐根穿刺试验确定了一批可用于种植屋面的耐根穿刺防水材料。

为便于广大设计、施工、检测、科研、学校等单位有关人员正确理解和执行条文内容，《种植屋面工程技术规程》编制组按章、节、条顺序编制了本规程的条文说明，对条文规定的目的、依据以及执行中需要注意的有关事项进行了说明。但是，本条文说明不具备与规程正文同等法律效力，仅供使用者作为正确理解和把握规程规定的参考。

目 次

1 总　则

1.0.1 对于建筑节能来讲，种植屋面（屋顶绿化）可以在一定程度上起到保温隔热、节能减排、节约淡水资源，对建筑结构及防水起到保护作用，滞尘效果显著，同时也是有效缓解城市热岛效应的重要途径。

种植屋面工程由种植、防水、排水、绝热等多项技术构成。随着我国城市化建设的推进，技术不断进步，种植屋面已在一些城市大力推广。因此，修订种植屋面工程技术规程十分必要，有利于进一步规范种植屋面工程的材料、设计、施工和验收，确保工程质量，促进种植屋面工程的发展。

1.0.3 种植屋面工程涉及方方面面，除应按本规程执行外，尚应符合相关标准的规定，具体见本规程引用标准目录。

2 术　语

本规程从种植屋面工程设计、施工和质量验收的角度列出了18条术语。术语中包括以下2种情况。

1　对尚未出现在国家标准、行业标准中的术语，在这次修订时予以增加，如"地下建筑顶板"、"园林小品"等。

2　对过去在国家标准、行业标准不统一的术语，在这次修订时予以统一，如"种植池"、"缓冲带"等。

2.0.3 简单式种植屋面一般仅种植地被植物、低矮灌木，除必要维护通道外，不设置园路、坐凳等休憩设施。

2.0.6 防止植物根系刺穿的防水层，又称隔根层、阻根层、抗根层等。为统一名词称谓，本规程定为耐根穿刺防水层。

2.0.9 种植土一般要求理化性能好，结构疏松，通气保水保肥能力强，适宜于植物生长。

2.0.18 缓冲带具有滤水、排水、防火、养护通道、隔离等功能，也可降低土的侧压力，一般使用卵石、陶粒等材料构成。

在寒冷地区，缓冲带可以起到消除冻胀作用。

3 基 本 规 定

3.1 材　料

3.1.3 普通防水材料和找坡材料应按现行的国家标准或行业标准选用，本规程不再摘录各种防水材料和找坡材料的主要物理性能指标。

3.1.4 因为植物根系容易穿透防水层，造成屋面渗漏，为此必须设置一道耐根穿刺防水层，使其具有长期的防水和耐根穿刺性能。对防水材料耐根穿刺性能的验证，应经过种植试验。我国已制定颁布《种植屋面用耐根穿刺防水卷材》JC/T 1075标准。

耐根穿刺防水材料应提供包含耐根穿刺性能和防水性能的全项检测报告。

3.2 设　计

3.2.1 我国地域辽阔，各地气候差异很大，种植屋面工程设计应掌握因地制宜原则，确定构造层次、种植形式、种植土厚度和植物种类。

3.2.2 倒置式屋面是将绝热层设置在防水层之上的一种屋面类型。由于有些绝热材料耐水性较差、不耐根穿刺，易导致绝热层性能降低或失效，故不宜种植，但可采用容器种植。

3.2.3 建筑荷载涉及建筑结构安全，新建种植屋面工程的设计应首先确定种植屋面基本构造层次，根据各层次的荷载进行结构计算。既有建筑屋面改造成种植屋面，应首先对其原结构安全性进行检测鉴定，必要时还应进行检测，以确定是否适宜种植及种植形式。种植荷载主要包括植物荷重和饱和水状态下种植土荷重。

3.2.7 屋面坡度大于20%时，绝热层、排水层、排（蓄）水层、种植土层等易出现滑移，为防止发生滑坡等安全事故，应采取相应的防滑措施。

3.2.8 地被植物可采取张网方式，乔灌木可采取地上支撑固定法、地上牵引固定法、预埋索固法和地下锚固法等抗风揭措施。

3.3 施　工

3.3.1 为确保种植屋面工程质量，防水工程施工单位和园林绿化单位应取得国家或相关主管部门规定的设计和施工资质；防水施工和绿化种植作业人员应取得上岗资质。

3.3.3 种植屋面施工时，易发生安全事故，施工现场要采取一系列安全防护措施。

3.4 质 量 验 收

3.4.3 防水工程完工进行淋水或蓄水检验是种植屋面的一道关键检查项目，要从严执行，符合要求后方可验收。

3.4.4 种植屋面各分项工程的质量验收，主控项目必须验收。

4 种植屋面工程材料

4.1 一 般 规 定

4.1.1 散状绝热材料由于抗压强度低、吸水率大，不宜选用。

4.1.2 坡长越长所用找坡材料越多越厚，屋面荷载也就越大。应根据屋面荷载及坡长大小选择合适的找坡材料。

4.1.4 沥青基防水卷材如不含化学阻根剂，植物根易穿透防水卷材，破坏防水层。

4.1.5 目前，国内使用较多的是塑料排（蓄）水板，与传统的卵石、砾石材料相比，具有厚度薄、质量轻，降低建筑荷载、施工简便等优势。

4.2 绝 热 材 料

4.2.6 为减轻种植屋面荷载，本规程建议选用密度不大于 100 kg/m³ 的绝热材料。

4.3 耐根穿刺防水材料

4.3.1～4.3.8 设计选用的耐根穿刺防水材料应符合《种植屋面用耐根穿刺防水卷材》JC/T 1075 及相关标准的规定。

4.4 排（蓄）水材料和过滤材料

4.4.1 为减轻屋面荷载，排（蓄）水层应选择轻质材料，建议优先选用聚乙烯塑料类凹凸型排（蓄）水板和聚丙烯类网状交织排水板，满足抗压强度的要求。

4.4.2 过滤层太薄易导致种植土流失，太厚则滤水过慢，不利排水，且成本过高。

4.5 种 植 土

4.5.2 改良土的种类很多，本条文所列配比仅供参考。

4.6 种 植 植 物

4.6.1～4.6.4 考虑到种植屋面的特殊性和安全要求，应选用耐旱、耐瘠薄、生长缓慢、方便养护的植物。宜种植低矮花灌木、地被植物。

4.7 种 植 容 器

4.7.2 普通塑料种植容器材质易老化破损，从安全、经济和使用寿命等方面考虑，建议使用耐久性较好的工程塑料或玻璃钢制品。

4.7.3 目前，具有排水、蓄水、阻根和过滤功能的种植容器如图 1 所示。

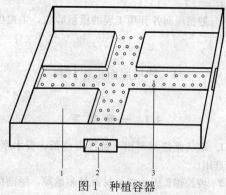

图 1 种植容器
1—种植土区域；2—连接口；3—排水孔

5 种植屋面工程设计

5.1 一 般 规 定

5.1.5 出于安全和节材的考虑，荷载较大的设施不应设置在受弯构件梁、板上面。

5.1.6 现浇钢筋混凝土屋面板具有整体性好、结构变形小、承载力大，隔绝室内水汽作用好等特点。

5.1.7 鉴于种植屋面工程一次性投资大，维修费用高，若发生渗漏则不易查找与修缮，国外一般要求种植屋面防水层的使用寿命至少 20 年，因此本规程规定屋面防水层应满足《屋面工程技术规范》GB 50345 中一级防水等级要求。为防止植物根系对防水层的穿刺破坏，因此必须设置一道耐根穿刺防水层。

5.1.8 《屋面工程技术规范》GB 50345 规定一级防水应采用不少于两道防水设防。种植屋面为一级防水等级，采用两道防水设防，上层必须是耐根穿刺防水层。为确保防水效果，两道防水层应相邻铺设，形成整体。

5.1.10 第 1 款 本规程第 4.3 节列出了常用的耐根穿刺防水材料。

在德国等国外发达国家的实践中，花园式种植更多适用于现浇钢筋混凝土屋面，一般较多采用含阻根剂的改性沥青防水卷材特别是复合铜胎基改性沥青卷材作为耐根穿刺防水材料，以满粘法施工为主；而装配式结构、压型金属板等大跨度屋面更多采用简单式种植，较多采用高分子类防水卷材作为耐根穿刺防水材料，以机械固定法施工为主。

第 3 款 聚乙烯丙纶防水卷材＋聚合物水泥胶结料复合耐根穿刺防水材料采用双层做法，即（0.6mm＋1.3mm）×2 的做法。

5.1.13 第 3 款 采用板状排（蓄）水材料的优点是荷重较轻，并可有效蓄积雨水，过滤土壤微粒，减少市政管井淤泥隐患，同时其良好的绝热功能可减少植物根部冻害，更加适合架空屋面或廊桥绿化。

5.1.16 种植屋面划分种植区是为了便于管理和设计排灌系统。

5.1.18 管道、预埋件等应先进行施工，然后做防水层。避免防水层施工完毕后打眼凿洞，留下渗漏隐患。如必须后安装设备基座，应在适当部位增铺一道防水增强层。

5.2 平 屋 面

5.2.1 图 5.2.1 的屋面基本构造层次为标准的覆土种植构造。可根据地区或种植形式不同，减少某一层次。例如干旱少雨地区可不设排水层。

5.2.2 屋面应具有一定的坡度，便于排水。

5.3 坡 屋 面

5.3.2 坡度小于10%的坡屋面的植被层和种植土层不易滑坡，可按平屋面种植设计要求执行。

5.3.3 第2款 非满覆土种植的坡屋面采用阶梯式、台地式种植，可以防止种植土滑动，也便于管理，不仅可种植地被植物，也可局部种植小乔木或灌木。

5.4 地下建筑顶板

5.4.1 第4款 覆土厚度大于2.0m时，可不设过滤层和排（蓄）水层；覆土厚度小于2.0m时，宜设置内排水系统；

第5款 下沉式顶板种植因有封闭的周界墙，为防止积水，应设自流排水系统；

第6款 采取排水措施，是为避免排水层积水，避免植物沤根。

5.4.2 面积较大一般指1万平方米以上的地下建筑顶板。

5.5 既有建筑屋面

5.5.1 既有建筑屋面的结构布局业已固定，为安全起见，在屋面种植设计前，必须对其结构承载力进行检测鉴定，并根据承载力确定种植形式和构造层次。

既有建筑屋面改造成种植屋面是一项很复杂的设计、施工过程，原有防水层是否保留、如何设置构造层次和耐根穿刺防水层、周边如何设挡墙和其他安全设施，以及作满覆土种植还是容器种植等都是应周密考虑的问题。

5.6 容器种植

5.6.2 第4款 种植容器下设保护层是为避免对基层造成破坏。

5.7 植 被 层

5.7.1 种植土中的水分和养分是植物赖以生存的条件。种植土厚度过薄，肥力及保水能力差，植物难以存活。干旱少雨、冬季偏长等地区，屋顶绿化种植土厚度建议在150mm以上。寒冷地区最小土深应适当加厚至200mm～300mm。

5.7.3 第1款 高大乔木荷重和风荷载大，速生乔、灌木类植物长势过快，也会导致荷重和风荷载大，从安全性考虑，不宜选择；

第2款 根状茎发达的植物主要有部分竹类、芦苇、偃麦草等。

第4款 为防止大风将树木刮落，考虑到安全性，栽植的树木与边墙应保持一定的距离。

5.7.4 对于较高的乔木、灌木可采用地上支撑或地下锚固的方式增强其抗风能力。

第2款 树木绑扎时，绑扎处应采用衬垫以避免损伤树干。

5.8 细 部 构 造

5.8.4 第3款 为确保整体防水效果，种植屋面檐口挡墙的防水层应与檐沟防水层连续铺设。

5.8.9 种植挡墙高于铺装时应尽可能引导铺装面向种植区内排水（图2）。

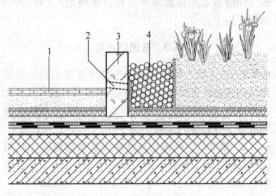

图 2 硬质铺装排水
1—硬质铺装；2—排水孔；3—种植挡墙；
4—卵石缓冲带

5.8.10 可采用微地形处理方式（图3），满足不同植物对种植土层厚度的要求。

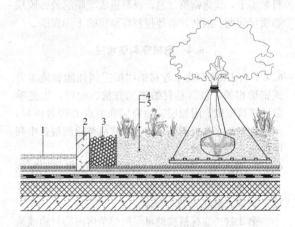

图 3 植被层微地形处理
1—渗水铺装；2—种植挡墙；3—卵石缓冲带；
4—植被层；5—种植土

5.9 设 施

5.9.3 种植屋面的透气孔高出种植土可以保证透气孔处有足够的泛水高度。

5.9.4 风口周围设置封闭式遮挡是为了防止植物被干热风吹死。

5.9.6 太阳能采光板高于植物高度，可发挥最大的采光功能。

5.9.8 第3款 景灯配置市政电路可保证双路供电，以备遇有阴天等特殊气候条件时应急使用。

6 种植屋面工程施工

6.2 绝 热 层

6.2.3 喷涂硬泡聚氨酯绝热材料对施工环境和场地要求较高，为保证绝热、防水的功能和工程质量，应按《硬泡聚氨酯保温防水工程技术规范》GB 50404 的规定施工。

6.3 普通防水层

6.3.1 第 3 款 种植屋面防水层的细部构造，是屋面结构变形较大的部位，防水层容易遭受破坏。为加强整体防水层质量，在细部构造部位铺设一层防水增强层是十分必要的。

6.3.2 第 2 款 高聚物改性沥青防水卷材采用热熔法满粘施工时，加热不均匀出现过火或欠火，均会影响粘结质量。因此，火焰加热应控制火势和时间。

6.3.4 第 1 款 基层上满涂基层胶粘剂，涂刷量过少露底或过多堆积，都会影响防水层粘结质量。为保证防水卷材与基层具有良好的粘结性，卷材底面和基层均应满涂基层胶粘剂。

6.3.5 涂刷防水涂料实干才能成膜，如果第一遍涂料未实干，就涂刷第二遍，极易造成涂膜起鼓、脱层等质量问题。因此，必须控制好涂层的干燥程度。

6.4 耐根穿刺防水层

6.4.1 耐根穿刺防水卷材的耐根穿刺性能和施工方式密切相关，包括卷材的施工方法、配件、工艺参数、搭接宽度、附加层、加强层和节点处理等内容，耐根穿刺防水卷材的现场施工方式应与检测报告中列明的施工方式一致。

6.4.2 第 2 款 塑料类材料储存期间会出现增塑剂迁移现象、表面熟化和施工环境都会影响搭接性能，故应在施工前进行试焊。

第 3 款 卷材搭接缝可采用焊条熔出物封边或采用密封胶封边，防止芯吸效应。

6.4.6 第 3 款 聚乙烯丙纶防水卷材＋聚合物水泥胶结料复合防水层应尽量避免冬季施工。当施工环境温度低于 5℃时，聚合物水泥胶结料无法可靠成膜，可采用特种水泥、添加防冻剂或采用保温被覆盖等防冻措施。

6.6 种 植 土 层

6.6.1 竖向设计是对项目平面进行高程确定的设计，形成的竖向空间。比如园路的上下起伏、绿地内的缓坡内地面的高低落差、台阶、观景平台、花池、水侧灯就是竖向设计。应根据图纸竖向设计要求合理堆放种植土或者相关轻质填充材料。

6.7 植 被 层

6.7.1 植物宜在休眠季节或营养生长期移栽，成活率较高。如反季节移栽会影响植物成活，尤其不宜在开花结果期移栽。

6.7.3 第 1 款 株的行距以成苗后能覆盖地面为宜。

第 2 款 球茎植物种植深度宜为球茎的（1～2）倍。块根、块茎、根茎类植物可覆土 30mm。

6.7.7 本条主要针对乔灌木，根据当地情况，防冻可采用无纺布、草绳、麻袋片等包缠干径或搭设寒风障；防晒可采用草席、遮光网等材料搭建遮阳棚，并适时喷淋保湿。

6.9 设 施

6.9.1～6.9.4 屋面风大，为防止风揭应安装铺设牢固。木质材料日晒雨淋为防止腐烂要采取防腐措施，通常采用防腐木。

6.10 既有建筑屋面

6.10.1、6.10.2 既有建筑屋面改造做种植屋面的施工必须按照屋面设计构造层次的要求，有步骤地分项实施，重点作好防水层、排水层施工，严格按本规程的施工规定执行。

7 质 量 验 收

7.1 一 般 规 定

7.1.1 技术文件资料对日后检查、检验工程质量，工程修缮、改造，以及一旦发生工程质量事故纠纷进行民事、刑事诉讼时，都是十分重要的档案证件。

7.1.2 种植屋面工程的施工单位在办理工程质量验收时，应按规定的程序与手续做好各项准备工作。

需要指出：种植屋面工程施工涉及土建、防水、保温、种植等多项专业，工程开工前应签订专业分包或直接承包合同。建设单位应进行协调，明确工程合同签订的各方义务、责任和必须执行的相关规定。这样才能顺利完成验收。

7.1.3 为保证防水工程质量，应对相关的分项工程及各道工序，在完工后进行外观检验或取样检测，以便及时发现并纠正施工中出现的质量问题。

7.1.5 在《建筑工程施工质量验收统一标准》GB 50300 中将"种植屋面"作为"隔热屋面"的分项工程，由于种植屋面涉及保温、防水、种植、排水等诸多分项工程，故本规程将其作为子分部工程。

7.1.6 第 4 款 细部构造部位是屋面工程中最容易出现渗漏的薄弱环节。据调查表明，在渗漏的屋面工程中，70%以上是节点渗漏。因此，明确规定，对细部构造必须全部进行检查，以确保种植屋面工质量。

7.1.7 细部构造内容很多，在《屋面工程质量验收规范》GB 50207 和《地下防水工程质量验收规范》GB 50208 中有详细描述，本规程不再赘述。

7.8 园路铺装和护栏

7.8.1 铺装层的验收可参考下列验收项目要求：

1 木铺装面层的允许偏差可按下表验收；

表1 木铺装面层的允许偏差

项 目	允许偏差（mm）	检验方法
表面平整度	3	用 2m 靠尺和楔形塞尺检查
板面拼缝平直度	3	拉 5m 线，不足 5m 拉通线和尺量检查
缝隙宽度	2	用塞尺和目测检查
相邻板材高低差	1	尺量检查

检查数量：每 200m² 检查 3 处。不足 200m² 的不少于 1 处

2 砖面层的允许偏差可按下表验收；

表2 砖面层允许偏差

项目	允许偏差（mm）				检验方法
	水泥砖	透水砖	青砖	嵌草砖	
表面平整度	3	3	2	3	用 2m 靠尺和楔形塞尺检查
缝格平直	3	3	3	3	拉 5m 线和钢尺检查
接槎高低差	2	2	2	3	用钢尺和楔形塞尺检查
板块间隙宽度	2	2	2	3	用钢尺检查

检查数量：每 200m² 检查 3 处。不足 200m² 的，不少于 1 处

3 混凝土面层的允许偏差可按下表验收。

表3 混凝土面层允许偏差

项目	允许偏差（mm）	检查方法
表面平整度	±5	用 2m 靠尺和楔形塞尺检查
分格缝平直度	±3	拉 5m 线尺量检查

续表 3

项目	允许偏差（mm）	检查方法
标高	±10	用水准仪检查
宽度	−20	用钢尺
横坡	±10	用坡度尺或水准仪测量
蜂窝麻面	≤2%	用尺量蜂窝总面积

检查数量：每 500m² 检查 3 处。不足 500m² 的，不少于 2 处

7.8.2 路缘石的允许偏差可按下表验收。

表4 路缘石允许偏差

项目	允许偏差（mm）	检查方法
直顺度	±3	拉 10m 小线尺量最大值
相邻块高低差	±2	尺量
缝宽	2	尺量
路缘石（道牙）顶面高程	±3	用水准仪测量

检查数量：每 100m 检查 1 处。不足 100m 不少于 1 处

8 维 护 管 理

8.1 植 物 养 护

8.1.1 种植屋面的绿化养护非常重要，养护不当会造成植物死亡、扬尘、引起屋面渗漏。本条强调了对种植屋面的后期养护管理。

第 1 款 种植屋面工程交付使用后，应定期修剪、除草、病虫害防治、施肥、补植；重点检查水落口、天沟、檐沟等部位不被堵塞，以保证种植屋面效果处于良好状态。

第 4 款 定期检查并及时补充种植土可以防止种植土厚度不够而影响植物正常生长。

8.1.2 不宜过量施肥，以避免植物生长过快，导致荷重增加，影响建筑安全。

8.1.3 乔木和灌木及时修剪是非常必要的，即可控制高度，又能保持根冠比平衡。修剪一般在休眠期和生长期进行；有伤流和易流胶液树种的修剪，要避开生长旺季和伤流盛期；抗寒性差、易抽条的树种适宜在早春修剪；一般可根据不同草种的习性、观赏效果、季节、环境等因素定期进行修剪。

树木修剪分为休眠期修剪和生长期修剪。更新修剪只能在休眠期进行；有严重伤流和易流胶的树种要在休眠期进行修剪；常绿树的修剪要避开生长旺盛期。

藤本植物落叶后要疏剪过密枝条，清除枯死枝；吸附类的植物要在生长期剪去未能吸附墙体而下垂的枝条；钩刺类的植物可按灌木修剪方法疏枝。

多年生植物萌芽前要剪除上年残留枯枝、枯叶，生长期及时剪除多余萌蘖。

佛甲草等景天类植物在植株出现徒长现象时，要在秋季进行修剪，修剪量一般保持在 1/3～1/2。

草坪修剪高度因草坪草的种类、生长的立地条件、季节、自身的生长状况及绿地的使用要求而异。常用草坪植物的剪留高度可参照表 5 执行。

表 5　常用草坪植物剪留高度

草　种	全光照剪留高度（mm）	树荫下剪留高度（mm）
野牛草	40～60	—
结缕草	30～50	60～70
高羊茅	50～70	80～100
黑麦草	40～60	70～90
匍匐翦股颖	30～50	80～100
草地早熟禾	40～50（3、4、5、9、10、11 月）80～100（6、7、8 月）	80～100

8.1.6 病虫害生物防治主要指微生物治虫、虫治虫、鸟治虫、螨治虫、激素治虫、菌治病虫等方法；植物生长期的病虫害防治以预防为主，要定期喷洒高效、低毒、低残留生物药剂。佛甲草、垂盆草等常用景天类植物常见的虫害有蜗牛、鼠妇、蛞蝓、马陆、蟋蟀、蛴螬、窄胸金针虫、蚜虫和红蜘蛛等。蜗牛、蛞蝓等可在其活动范围内撒生石灰或喷洒灭蜗灵颗粒。其他防治措施可适时喷洒低毒杀虫剂。佛甲草的主要病害是霉污病，由蚜虫、粉虱类诱发，防治方法是及早消灭蚜虫、粉虱，宜在发病初期用广谱杀菌剂防治。

8.1.7 花园式种植屋面的灌溉频次一般为 10d～15d。在特殊干热气候条件下，或土层较薄宜 2d～3d 灌溉一次；夏季高温，注意在早晚时间进行浇水。冬季浇上冻水适当延后；春季浇解冻水比地面应提前 20d～30d；小气候条件好的屋顶，冬季应适当补水。

简单式种植屋面可以根据植物种类和季节不同，适当增加灌溉次数。

佛甲草、垂盆草等常用景天类植物需适时适量补水，尤其应做好春季返青水、越冬前防冻水和干旱时节的补水灌溉。

8.2　设施维护

8.2.3 由于种植屋面日晒雨淋，为了安全应定期检查腐烂腐蚀现象。

8.2.4 定期检查清理水循环系统，采取过滤和杀菌措施，及时清理树叶等杂物，避免水体富氧化，确保水景水体水质清洁。

8.2.6 定期检查配电系统，确保无老化、毁坏或漏电现象。

中华人民共和国行业标准

供热计量技术规程

Technical specification for heat metering of
district heating system

JGJ 173—2009

批准部门：中华人民共和国住房和城乡建设部
施行日期：２００９年７月１日

中华人民共和国住房和城乡建设部
公　告

第 237 号

关于发布行业标准
《供热计量技术规程》的公告

　　现批准《供热计量技术规程》为行业标准，编号为 JGJ 173-2009，自 2009 年 7 月 1 日起实施。其中，第 3.0.1、3.0.2、4.2.1、5.2.1、7.2.1 条为强制性条文，必须严格执行。

　　本规程由我部标准定额研究所组织中国建筑工业

出版社出版发行。

中华人民共和国住房和城乡建设部
2009 年 3 月 15 日

前　言

　　根据原建设部《关于印发〈二〇〇四年度工程建设城建、建工行业标准制订、修订计划〉的通知》（建标［2004］66 号）的要求，由中国建筑科学研究院为主编单位，会同有关单位共同编制本规程。

　　编制组经广泛调查研究，认真总结实践经验，参考国内外相关先进标准，在广泛征求意见的基础上，制定了本规程。

　　本规程共分 7 章，主要技术内容是：总则、术语、基本规定、热源和热力站热计量、楼栋热计量、分户热计量及室内供暖系统等。

　　本规程中以黑体字标志的条文为强制性条文，必须严格执行。

　　本规程由住房和城乡建设部负责管理和对强制性条文的解释，由中国建筑科学研究院负责具体技术内容的解释。

　　本规程在执行过程中，请各单位注意总结经验，积累资料，随时将有关意见和建议反馈给中国建筑科学研究院（地址：北京市北三环东路 30 号，邮政编码：100013），以供今后修订时参考。

　　本规程主编单位：中国建筑科学研究院
　　本规程参编单位：北京市建筑设计研究院
　　　　　　　　　　清华大学
　　　　　　　　　　哈尔滨工业大学
　　　　　　　　　　山东省建筑设计研究院
　　　　　　　　　　贵州省建筑设计研究院
　　　　　　　　　　中国建筑西北设计研究院
　　　　　　　　　　天津市建筑设计院
　　　　　　　　　　北京市热力集团有限责任公司
　　　　　　　　　　北京市计量检测科学研究院
　　　　　　　　　　北京华仪乐业节能服务有限

公司
欧文托普阀门系统（北京）有限公司
北京金房暖通节能技术有限公司
丹佛斯（上海）自动控制有限公司
德国费特拉公司北京代表处
埃迈贸易（上海）有限公司
北京众力德邦智能机电科技有限公司
丹麦贝娜塔公司天津代表处
兰吉尔仪表系统（珠海）有限公司
伦敦弋阳联合有限公司
德国泰西姆能源服务（大连）有限公司

本规程主要起草人员：	徐　伟	邹　瑜	黄　维
	曹　越	狄洪发	方修睦
	于晓明	孙延勋	宋　波
	陆耀庆	伍小亭	董重成
	俞英鹤	陈　明	张立谦
	马学东	丁　琦	李晓鹏
	王兆立	冯铁栓	俞　光
	瓢　林	段晓军	李宝军
	周品偌	李迎建	
本规程主要审查人员：	吴德绳	许文发	郎四维
	陈贻谅	温　丽	金丽娜
	刘伟亮	李德英	高明亮

目　次

Contents

1 总　则

1.0.1 为了对集中供热系统热计量及其相应调控技术的应用加以规范，做到技术先进、经济合理、安全适用和保证工程质量，制定本规程。

1.0.2 本规程适用于民用建筑集中供热计量系统的设计、施工、验收和节能改造。

1.0.3 各地应根据气候条件、经济发展、技术水平和工作基础等情况统筹考虑、科学论证，确定本地区的技术措施。

1.0.4 集中供热计量系统的设计、施工和验收，除应符合本规程外，尚应符合国家现行有关标准的规定。

2 术　语

2.0.1 热计量　heat metering

对集中供热系统的热源供热量、热用户的用热量进行的计量。

2.0.2 集中供热计量系统　heat metering and controlling system for central heating system

集中供热系统的热量计量仪表及其相应的调节控制系统。

2.0.3 热量结算点　heat settlement site

供热方和用热方之间通过热量表计量的热量值直接进行贸易结算的位置。

2.0.4 热量计量装置　heat metering device

热量表以及对热量表的计量值进行分摊的、用以计量用户消费热量的仪表。

2.0.5 热量测量装置　heat testing device

一般由流量传感器、计算器和配对温度传感器等部件组成，用于计量热源、热力站以及建筑物的供热量或用热量的仪表。

2.0.6 分户热计量　heat metering in consumers

以住宅的户（套）为单位，以热量直接计量或热量分摊计量方式计量每户的供热量。热量直接计量方式是采用户用热量表直接结算的方法，对各独立核算用户计量热量。热量分摊计量方式是在楼栋热力入口处（或热力站）安装热量表计量总热量，再通过设置在住宅户内的测量记录装置，确定每个独立核算用户的用热量占总热量的比例，进而计算出用户的分摊热量，实现分户热计量。用户热分摊方法主要有散热器热分配法、流量温度法、通断时间面积法和户用热量表法。

2.0.7 室温调控　indoor temperature controlling

通过设在供暖系统末端的调节装置，实现对室温的自动调节控制。

2.0.8 静态水力平衡阀　static hydraulic balancing valve

具有良好流量调节特性、开度显示和开度限定功能，可以在现场通过和阀体连接的专用仪表测量流经

阀门流量的手动调节阀门，简称水力平衡阀或平衡阀。

2.0.9 自力式压差控制阀　self-operate differential pressure control valve

通过自力式动作，无需外界动力驱动，在某个压差范围内自动控制压差保持恒定的调节阀。

2.0.10 自力式流量控制阀　self-operate flow limiter

通过自力式动作，无需外界动力驱动，在某个压差范围内自动控制流量保持恒定的调节阀。又叫流量限制阀（flow limiter）。

2.0.11 户间传热　heat transfer between apartments

同一栋建筑内相邻的不同供暖住户之间，因室温差异而引起的热量传递现象。

2.0.12 供热量自动控制装置　automatic control device of heating load

安装在热源或热力站位置，能够根据室外气候的变化，结合供热参数的反馈，通过相关设备的执行动作，实现对供热量自动调节控制的装置。

3 基本规定

3.0.1 集中供热的新建建筑和既有建筑的节能改造必须安装热量计量装置。

3.0.2 集中供热系统的热量结算点必须安装热量表。

3.0.3 设在热量结算点的热量表应按《中华人民共和国计量法》的规定检定。

3.0.4 既有民用建筑供热系统的热计量及节能技术改造应保证室内热舒适要求。

3.0.5 既有集中供热系统的节能改造应优先实行室外管网的水力平衡、热源的气候补偿和优化运行等系统节能技术，并通过热量表对节能改造效果加以考核和跟踪。

3.0.6 热量表的设计、安装及调试应符合以下要求：

　　1 热量表应根据公称流量选型，并校核在设计流量下的压降。公称流量可按照设计流量的80%确定。

　　2 热量表的流量传感器的安装位置应符合仪表安装要求，且宜安装在回水管上。

　　3 热量表安装位置应保证仪表正常工作要求，不应安装在有碍检修、易受机械损伤、有腐蚀和振动的位置。仪表安装前应将管道内部清扫干净。

　　4 热量表数据储存宜能够满足当地供暖季供暖天数的日供热量的储存要求，且宜具备功能扩展的能力及数据远传功能。

　　5 热量表调试时，应设置存储参数和周期，内部时钟应校准一致。

3.0.7 散热器恒温控制阀、静态水力平衡阀、自力式流量控制阀、自力式压差控制阀和自力式温度调节阀等应具备产品合格证、使用说明书和技术监督部门出具的性能检测报告；其调节特性等指标应符合产品标准的要求。

3.0.8 管网循环水应根据热量测量装置和散热器恒温控制阀的要求，采用相应的水处理方式，在非供暖期间，应对集中供热系统进行满水保养。

4 热源和热力站热计量

4.1 计 量 方 法

4.1.1 热源和热力站的供热量应采用热量测量装置加以计量监测。

4.1.2 水—水热力站的热量测量装置的流量传感器应安装在一次管网的回水管上。

4.1.3 热量测量装置应采用不间断电源供电。

4.1.4 热源或热力站的燃料消耗量、补水量、耗电量均应计量。循环水泵耗电量宜单独计量。

4.2 调节与控制

4.2.1 热源或热力站必须安装供热量自动控制装置。

4.2.2 供热量自动控制装置的室外温度传感器应放置于通风、遮阳、不受热源干扰的位置。

4.2.3 变水量系统的一、二次循环水泵，应采用调速水泵。调速水泵的性能曲线宜为陡降型。循环水泵调速控制方式宜根据系统的规模和特性确定。

4.2.4 对用热规律不同的热用户，在供热系统中宜实行分时分区调节控制。

4.2.5 新建热力站宜采用小型的热力站或者混水站。

4.2.6 地面辐射供暖系统宜在热力入口设置混水站或组装式热交换机组。

4.2.7 热力站宜采用分级水泵调控技术。

5 楼栋热计量

5.1 计 量 方 法

5.1.1 居住建筑应以楼栋为对象设置热量表。对建筑类型相同、建设年代相近、围护结构做法相同、用户热分摊方式一致的若干栋建筑，也可确定一个共用的位置设置热量表。

5.1.2 公共建筑应在热力入口或热力站设置热量表，并以此作为热量结算点。

5.1.3 新建建筑的热量表应设置在专用表计小室中；既有建筑的热量表计算器宜就近安装在建筑物内。

5.1.4 专用表计小室的设置，应符合下列要求：

　　1 有地下室的建筑，宜设置在地下室的专用空间内，空间净高不应低于 2.0m，前操作面净距离不应小于 0.8m。

　　2 无地下室的建筑，宜于楼梯间下部设置小室，操作面净高不应低于 1.4m，前操作面净距离不应小于 1.0m。

5.1.5 楼栋热计量的热量表宜选用超声波或电磁式热量表。

5.2 调节与控制

5.2.1 集中供热工程设计必须进行水力平衡计算，工程竣工验收必须进行水力平衡检测。

5.2.2 集中供热系统中，建筑物热力入口应安装静态水力平衡阀，并应对系统进行水力平衡调试。

5.2.3 当室内供暖系统为变流量系统时，不应设自力式流量控制阀，是否设置自力式压差控制阀应通过计算热力入口的压差变化幅度确定。

5.2.4 静态水力平衡阀或自力式控制阀的规格应按热媒设计流量、工作压力及阀门允许压降等参数经计算确定；其安装位置应保证阀门前后有足够的直管段，没有特别说明的情况下，阀门前直管段长度不应小于 5 倍管径，阀门后直管段长度不应小于 2 倍管径。

5.2.5 供热系统进行热计量改造时，应对系统的水力工况进行校核。当热力入口资用压差不能满足既有供暖系统要求时，应采取提高管网循环泵扬程或增加局部加压泵等补偿措施，以满足室内系统资用压差的需要。

6 分户热计量

6.1 一 般 规 定

6.1.1 在楼栋或者热力站安装热量表作为热量结算点时，分户热计量应采取用户热分摊的方法确定；在每户安装户用热量表作为热量结算点时，可直接进行分户热计量。

6.1.2 应根据建筑类别、室内供暖系统形式、经济发展水平，结合当地实践经验及供热管理方式，合理地选择计量方法，实施分户热计量。分户热计量可采用楼栋计量用户热分摊的方法，对按户分环的室内供暖系统也可采用户用热量表直接计量的方法。

6.1.3 同一个热量结算点计量范围内，用户热分摊方式应统一，仪表的种类和型号应一致。

6.2 散热器热分配计法

6.2.1 散热器热分配计法可用于采暖散热器供暖系统。

6.2.2 散热器热分配计的质量和使用方法应符合国家相关产品标准要求，选用的热分配计应与用户的散热器相匹配，其修正系数应在实验室测算得出。

6.2.3 散热器热分配计水平安装位置应选在散热器水平方向的中心，或最接近中心的位置；其安装高度应根据散热器的种类形式，按照产品标准要求确定。

6.2.4 散热器热分配计法宜选用双传感器电子式热

分配计。当散热器平均热媒设计温度低于 55℃ 时，不应采用蒸发式热分配计或单传感器电子式热分配计。

6.2.5 散热器热分配计法的操作应由专业公司统一管理和服务，用户热计量计算过程中的各项参数应有据可查，计算方法应清楚明了。

6.2.6 入户安装或更换散热器热分配计及读取数据时，服务人员应尽量减少对用户的干扰，对可能出现的无法入户读表或者用户恶意破坏热分配计的情况，应提前准备应对措施并告知用户。

6.3 户用热量表法

6.3.1 户用热量表法可用于共用立管的分户独立室内供暖系统和地面辐射供暖系统。

6.3.2 户用热量表应符合《热量表》CJ 128 的规定，户用热量表宜采用电池供电方式。

6.3.3 户内系统入口装置应由供水管调节阀、置于户用热量表前的过滤器、户用热量表及回水截止阀组成。

6.3.4 安装户用热量表时，应保证户用热量表前后有足够的直管段，没有特别说明的情况下，户用热量表前直管段长度不应小于 5 倍管径，户用热量表后直管段长度不应小于 2 倍管径。

6.3.5 户用热量表法应考虑仪表堵塞或损坏的问题，并提前制定处理方案。

7 室内供暖系统

7.1 系 统 配 置

7.1.1 新建居住建筑的室内供暖系统宜采用垂直双管系统、共用立管的分户独立循环系统，也可采用垂直单管跨越式系统。

7.1.2 既有居住建筑的室内垂直单管顺流式系统应改成垂直双管系统或垂直单管跨越式系统，不宜改造为分户独立循环系统。

7.1.3 新建公共建筑的室内散热器供暖系统可采用垂直双管或单管跨越式系统；既有公共建筑的室内垂直单管顺流式散热器系统应改成垂直单管跨越式系统或垂直双管系统。

7.1.4 垂直单管跨越式系统的垂直层数不宜超过 6 层。

7.1.5 新建建筑散热器选型时，应考虑户间传热对供暖负荷的影响，计算负荷可附加不超过 50% 的系数，其建筑供暖总负荷不应附加。

7.1.6 新建建筑户间楼板和隔墙，不应为减少户间传热而作保温处理。

7.2 系 统 调 控

7.2.1 新建和改扩建的居住建筑或以散热器为主的

公共建筑的室内供暖系统应安装自动温度控制阀进行室温调控。

7.2.2 散热器恒温控制阀的选用和设置应符合下列要求：

　1 当室内供暖系统为垂直或水平双管系统时，应在每组散热器的供水支管上安装恒温控制阀。

　2 垂直双管系统宜采用有预设阻力功能的恒温控制阀。

　3 恒温控制阀应具备产品合格证、使用说明书和质量检测部门出具的性能检测报告；其调节特性等指标应符合产品标准《散热器恒温控制阀》JG/T 195 的要求。

　4 恒温控制阀应具有带水带压清堵或更换阀芯的功能，施工运行人员应掌握专用工具和方法并及时清堵。

　5 恒温控制阀的阀头和温包不得被破坏或遮挡，应能够正常感应室温并便于调节。温包内置式恒温控制阀应水平安装，暗装散热器应匹配温包外置式恒温控制阀。

　6 工程竣工之前，恒温控制阀应按照设计要求完成阻力预设定和温度限定工作。

7.2.3 散热器系统不宜安装散热器罩，一定要安装散热器罩时应采用温包外置式散热器恒温控制阀。

7.2.4 设有恒温控制阀的散热器系统，选用铸铁散热器时，应选用内腔无砂的合格产品。

本规程用词说明

　1 为便于在执行本规程条文时区别对待，对要求严格程度不同的用词说明如下：

　　1）表示很严格，非这样做不可的用词：
　　正面词采用"必须"，反面词采用"严禁"；

　　2）表示严格，在正常情况下均应这样做的用词：
　　正面词采用"应"，反面词采用"不应"或"不得"；

　　3）表示允许稍有选择，在条件许可时首先应这样做的用词：
　　正面词采用"宜"，反面词采用"不宜"；
　　表示有选择，在一定条件下可以这样做的，采用"可"。

　2 条文中指明应按其他有关标准执行的写法为："应符合……的规定"或"应按……执行"。

引用标准名录

　1 《散热器恒温控制阀》JG/T 195；

　2 《热量表》CJ 128。

中华人民共和国行业标准

供热计量技术规程

JGJ 173—2009

条 文 说 明

制 订 说 明

《供热计量技术规程》JGJ 173 - 2009 经住房和城乡建设部 2009 年 3 月 15 日以住房和城乡建设部第 237 号公告批准、发布。

为便于广大设计、施工、科研、学校等单位有关人员在使用本规程时能正确理解和执行条文的规定，《供热计量技术规程》编制组按章、节、条顺序编制了本规程的条文说明，供使用者参考。在使用中如发现本条文说明有不妥之处，请将意见函寄中国建筑科学研究院环境与节能研究院标准规范室（地址：北京市北三环东路 30 号；邮政编码：100013；电子信箱：kts@cabr.com.cn）。

目　次

1 总 则

1.0.1 供热计量的目的在于推进城镇供热体制改革，在保证供热质量、改革收费制度的同时，实现节能降耗。室温调控等节能控制技术是热计量的重要前提条件，也是体现热计量节能效果的基本手段。《中华人民共和国节约能源法》第三十八条规定：国家采取措施，对实行集中供热的建筑分步骤实行供热分户计量、按照用热量收费的制度。新建建筑或者对既有建筑进行节能改造，应当按照规定安装用热计量装置、室内温度调控装置和供热系统调控装置。因此，本规程以实现分户热计量为出发点，在规定热计量方式、计量器具和施工要求的同时，也规定了相应的节能控制技术。

1.0.2 本规程对于新建、改扩建的民用建筑，以及既有民用建筑的改造都适用。

1.0.3 本规程在紧紧围绕热计量和节能目标的前提下，留有较大技术空间和余地，没有强制规定热计量的方式、方法和器具，供各地根据自身具体情况自主选择。特别是分户热计量的若干方法都有各自的缺点，没有十全十美的方法，需要根据具体情况具体分析，选择比较适用的计量方法。

2 术 语

2.0.4 热量计量装置包括用于热量结算的热量表，还有针对若干不同的用户热分摊方法所采用的仪器仪表。

2.0.5 热量测量装置包括符合《热量表》CJ 128 产品标准的热量表，也包括其他的用户自身管理使用的不作结算用的测量热量的仪表。

2.0.6 分户热计量从计量结算的角度看，分为两种方法，一种是采用楼栋热量表进行楼栋计量再按户分摊；另一种是采用户用热量表按户计量直接结算。其中，按户分摊的方法又有若干种。本术语条文列出了当前应用的四种分摊方法，排名不分先后，其工作原理分别如下：

散热器热分配计法是通过安装在每组散热器上的散热器热分配计（简称热分配计）进行用户热分摊的方式。

流量温度法是通过连续测量散热器或共用立管的分户独立系统的进出口温差，结合测算的每个立管或分户独立系统与热力入口的流量比例关系进行用户热分摊的方式。

通断时间面积法是通过控制安装在每户供暖系统入口支管上的电动通断阀门，根据阀门的接通时间与每户的建筑面积进行用户热分摊的方式。

户用热量表法是通过安装在每户的户用热量表进

行用户热分摊的方式，采用户表作为分摊依据时，楼栋或者热力站需要确定一个热量结算点，由户表分摊总热量值。该方式与户用热量表直接计量结算的做法是不同的。采用户表直接结算的方式时，结算点确定在每户供暖系统上，设在楼栋或者热力站的热量表不可再作结算之用；如果公共区域有独立供暖系统，应要考虑这部分热量由谁承担的问题。

2.0.7 室温调控包括两个调节控制功能，一是自动的室温恒温控制，二是人为主动的调节设定温度。

3 基 本 规 定

3.0.1 本条是强制性条文。根据《中华人民共和国节约能源法》的规定，新建建筑和既有建筑的节能改造应当按照规定安装用热计量装置。目前很多项目只是预留了计量表的安装位置，没有真正具备热计量的条件，所以本条文强调必须安装热量计量仪表，以推动热计量工作的实现。

3.0.2 本条是强制性条文。供热企业和终端用户间的热量结算，应以热量表作为结算依据。用于结算的热量表应符合相关国家产品标准，且计量检定证书应在检定的有效期内。

3.0.3 《中华人民共和国计量法》第九条规定：县级以上人民政府计量行政部门对社会公用计量标准器具，部门和企业、事业单位使用的最高计量标准器具，以及用于贸易结算、安全防护、医疗卫生、环境监测方面的列入强制检定目录的工作计量器具，实行强制检定。未按照规定申请检定或者检定不合格的，不得使用。实行强制检定的工作计量器具的目录和管理办法，由国务院制定。其他计量标准器具和工作计量器具，使用单位应当自行定期检定或者送其他计量检定机构检定，县级以上人民政府计量行政部门应当进行监督检查。

依据《计量法》规定，用于热量结算点的热量表应该实行首检和周期性强制检定，不设置于热量结算点的热量表和热量分摊仪表如散热器热分配计应按照产品标准，具备合格证书和型式检验证书。

3.0.4 热计量和节能改造工作应采用技术和管理手段，不能一味为了供热节能，而牺牲了室内热舒适度，甚至造成室温不达标。当然，室内温度过高是不合理的，在改造中没有必要保持原来过高的室温。

3.0.5 只有在水力平衡条件具备的前提下，气候补偿和室内温控计量才能起到节能作用，在热源处真正体现出节能效果；这些节能技术之中，水力平衡技术是其他技术的前提；同时，既有住宅的室内温控改造工作量较大，对居民的生活干扰也比较大，应在供热系统外网节能和建筑围护结构保温节能达标的前提下开展进行。

本条文提倡在改造工程中热计量先行，是为了对于改造效果加以量化考核，避免虚假宣传等行为，鼓励节能市场公平，为能源服务创造良好的市场条件。同时，在关注热量计量的同时，还应该关注热源的耗水、耗电的分项计量工作。

3.0.6 热量表的选型，不可按照管道直径直接选用，应按照流量和压降选用。理论上讲，设计流量是最大流量，在供热负荷没达到设计值时流量不应达到设计流量。因此，热量测量装置在多数工作时间里在低于设计流量的条件下工作，由此根据经验本条文建议按照80%设计流量选用热量表。目前热量表选型时，忽视热量表的流量范围、设计压力、设计温度等与设计工况相适应，不是根据仪表的流量范围来选择热量表，而是根据管径来选择热量表，从而导致热量表工作在高误差区。一般表示热量表的流量特性的指标主要有起始流量 qV_m（有的资料称为最小流量）；最小流量 qV_t，即最大误差区域向最小误差区域过渡的流量（有的资料称为分界流量）；最大流量 qV_{max}，额定流量或常用流量 qV_n。选择热量流量表，应保证其流量经常工作在 qV_t 与 qV_n 之间。机械式热量表流量特性如图1所示。

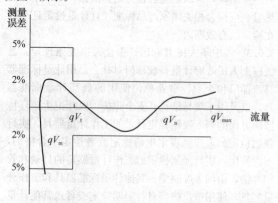

图1 机械式热量表流量特性

流量传感器安装在回水管上，有利于降低仪表所处环境温度，延长电池寿命和改善仪表使用工况。曾经一度有观点提出热量表安装在供水上能够防止用户偷水，实际上仅供水装表既不能测出偷水量，也不能挽回多少偷水损失，还令热量表的工作环境变得恶劣。

本条文规定热量表存储当地供暖季供暖天数的日供热量的要求，是为了对供暖季运行管理水平的考核和追溯。在住户和供热企业对供暖效果有争议的情况下，通过热量表可以进行追溯和判定，这种做法在北京已经有了成功的案例；通过室外实测日平均温度记录和日供热量记录的对照，可以考核供热企业的实际运行是否按照气象变化主动调节控制。本条文建议热量表具有数据远传扩展功能，也是为了监控、管理和读表方便的需要。

通常情况下，为了满足仪表测量精度的要求，需要有对直管段的要求。有些地方安装热量表虽然提供

了直管段，但是把变径段设在直管段和仪表之间，这种做法是错误的。目前有些热量表的安装不需要直管段也能保证测量精度，这种方式也是可行的，而且对于供热系统改造工程非常有用。在仪表生产厂家没有特别说明的情况下，热量表上游侧直管段长度不应小于5倍管径，下游侧直管段长度不应小于2倍管径。

在试点测试过程中出现过这种情况，由于热量表的时钟没有校准一致，致使统计处理数据时出现误差，影响了工作，因此在此作出提醒。

3.0.7 目前伪劣的恒温控制阀和平衡阀在市场上占有很高比例，很多手动阀门冒充恒温控制阀，很多没有测压孔和测量仪表的阀门也冒充平衡阀，这些伪劣产品既不能实现调节控制的功能，又浪费了大量能量，本条文提出的目的是要求对此加以严格管理。

3.0.8 当前集中供热水质问题比较突出，致使散热器腐蚀漏水和调控设备阻塞等问题频频出现，迫切需要制定一个合理可行的标准加以严格贯彻，有关系统水质要求的国家标准正在制定之中。

4 热源和热力站热计量

4.1 计 量 方 法

4.1.1 热源包括热电厂、热电联产锅炉房和集中锅炉房；热力站包括换热站和混水站。在热源处计量仪表分为两类，一类为贸易结算用表，用于产热方与购热方贸易结算的热量计量，如热力站供应某个公共建筑并按表结算热费，此处必须采用热量表；另一类为企业管理用表，用于计算锅炉燃烧效率、统计输出能耗，结合楼栋计量计算管网损失等，此处的测量装置不用作热量结算，计量精度可以放宽，例如采用孔板流量计或者弯管流量计等测量流量，结合温度传感器计算热量。

4.1.2 本条文建议安装热量测量装置于一次管网的回水管上，是因为高温水温差大、流量小，管径较小，可以节省计量设备投资；考虑到回水温度较低，建议热量测量装置安装在回水管路上。如果计量结算有具体要求，应按照需要选取计量位置。

4.1.3 在热源或热力站，连接电源比较方便，建议采用有断电保护的市电供电。

4.1.4 在热源进行耗电量分项计量有助于分析能耗构成，寻找节能途径，选择和采取节能措施。

4.2 调节与控制

4.2.1 本条是强制性条文，为了有效地降低能源的浪费。过去，锅炉房操作人员凭经验"看天烧火"，但是效果并不很好。近年来的试点实践发现，供热能耗浪费并不是主要浪费在严寒期，而是在初寒、末寒期，由于没有根据气候变化调节供热量，造成能耗大

量浪费。供热量自动控制装置能够根据负荷变化自动调节供水温度和流量,实现优化运行和按需供热。

热源处应设置供热量自动控制装置,通过锅炉系统热特性识别和工况优化程序,根据当前的室外温度和前几天的运行参数等,预测该时段的最佳工况,实现对系统用户侧的运行指导和调节。

气候补偿器是供热量自动控制装置的一种,比较简单和经济,主要用在热力站。它能够根据室外气候变化自动调节供热出力,从而实现按需供热,大量节能。气候补偿器还可以根据需要设成分时控制模式,如针对办公建筑,可以设定不同时间段的不同室温需求,在上班时间设定正常供暖,在下班时间设定值班供暖。结合气候补偿器的系统调节做法比较多,也比较灵活,监测的对象除了用户侧供水温度之外,还可能包含回水温度和代表房间的室内温度,控制的对象可以是热源侧的电动调节阀,也可以是水泵的变频器。

4.2.3 水泵变频调速控制的要求是为了强调量调节的重要性,以往的供热系统多年来一直采用质调节的方式,这种调节方式不能很好地节省水泵电能,因此,量调节正日益受到重视。同时,随着散热器恒温控制阀等室内流量控制手段的应用,水泵变频调速控制成为不可或缺的控制手段。水泵变频调速控制是系统动态控制的重要环节,也是水泵节电的重要手段。

水泵变频调速技术目前普及很快,但是水泵变频调速技术并不能解决水泵设计选型不合理的问题,对水泵的设计选型不能因为有了变频调速控制而予以忽视。

调速水泵的性能曲线采用陡降型有利于调速节能。

目前,变频调速控制方式主要有以下三种:

1 控制热力站进出口压差恒定:该方式简便易行,但流量调节幅度相对较小,节能潜力有限。

2 控制管网最不利环路压差恒定:该方式流量调节幅度相对较大,节能效果明显;但需要在每个热力入口都设置压力传感器,随时检测、比较、控制,投资相对较高。

3 控制回水温度:这种方式响应较慢,滞后较长,节能效果相对较差。

4.2.4 本条文的目的是将住宅和公建等不同用热规律的建筑在管网系统分开,实现独立分时分区调节控制,以节省能量。对于系统管网能够分开的系统,可以在管网源头分开调节控制,对于无法分开的管网系统,可以在热用户热力入口通过调节阀分别调节。

4.2.5 过去由于热力站的人工值守要求和投资成本的增加限制了热力站的小型化,如今随着自动化程度的提高,热力站已经能够实现无人值守,同时,组装式热力站的普及也使得小型站的投资和占地大幅度下降,开始具备了推广普及的基础。随着建筑节能设计

指标的不断提高,特别是在居住建筑实行三步节能之后,小型站和分级泵将成为一个重要的发展方向。

本条文推荐使用小型热力站技术的原因如下:

1 热力站的供热面积越小,调控设备的节能效果就越显著。

2 采用小型热力站之后,外网采用大温差、小流量的运行模式,有利于水泵节电;这种成功的案例非常多,节电效果也明显。

3 由于温差较小、流量较大,地面辐射供暖系统的输配电耗比散热器系统高出很多,造成了节热不节电的现状;通过采用楼宇热力站,在热源侧实现大温差供热,在建筑内实现小温差供暖,就可以大幅度降低外网的输配电耗。所以在此重点强调地暖系统。其中,混水站的优势更加明显。

4 采用小型热力站技术,水力平衡比较容易,特别是具备了分级泵的条件。

4.2.6 地面辐射供暖系统供回水温差较小,循环水量相应较大,长距离输送能耗较高。推荐在热力入口设置混水站或组装式热交换机组,可以降低地面辐射供暖系统长距离输送能耗。

4.2.7 分级水泵技术是在混水站或热力站的一次管网上应用二级泵,实现"以泵代阀",不但比较容易消除水力失调,还能够节省很多水泵电耗,也便于调节控制。调速的多级循环水泵选择陡降型水泵有利于节能。

5 楼栋热计量

5.1 计 量 方 法

5.1.1 建筑物围护结构保温水平是决定供暖能耗的重要因素,供热系统水平和运行水平也是重要因素。当前的供热系统中,热源、管网对能耗所占的影响比重远大于室内行为作用。设在居住建筑热力入口处的楼栋热量表可以判断围护结构保温质量、判断管网损失和运行调节水平以及水力失调情况等,是判定能耗症结的重要依据。

从我国建筑的特点来看,建筑物的耗热量是楼内所有用户共同消耗的,只有将建筑物作为贸易结算的基本单位,才能够将复杂的热计量问题简单化,准确、合理地计量整栋建筑消耗的热量。在瑞典、挪威、芬兰等多数发达国家,实行的就是楼栋计量面积收费的办法。同时,楼栋计量结算还是户间分摊方法的前提条件,是供热计量收费的重要步骤,是近年来国内试点研究的重要成果和结论,符合原建设部等八部委颁布的《关于进一步推行热计量工作的指导意见》的要求。

由于入口总表为所耗热量的结算表,精度及可靠性要求高,如果在每个入口设置热量表,投资相对比

较高昂。为了降低计量投资，应在一栋楼设置一个热力入口，以每栋楼作为一个计量单元。对于建筑结构相近的小区（组团），从降低热表投资角度，可以若干栋建筑物设置一个热力入口，以一块热表进行结算。

共用热量表的做法，既是为了节省热量表投资，还有一个考虑在其中，就是在同一小区之中，同样年代、做法的建筑，由于位置不同、楼层高度不同，能耗差距也较大，例如塔楼和板楼之间的差距较大，如果按照分栋计量结算的话，还会出现热费较大差异而引起的纠纷。因此，可以将这些建筑合并结算，再来分摊热费。

5.1.2 公建的情况不尽相同，作为热量结算终端对象，有可能一个建筑物是一个对象，也有可能一个建筑群是一个结算对象，还有可能一个建筑物中有若干结算对象，因此本条文只是推荐在建筑物或建筑群的热力入口处设立结算点进行计量，具体采取什么做法应该由结算双方进行协商和比较来确定。

5.1.3 一些地下管沟中的环境非常恶劣，潮湿闷热甚至管路被污水浸泡，因此建议采取措施保护热量表。若安装环境恶劣，不符合热量表要求时，应加装保护箱，计算器的防护等级应满足安装环境要求。有些地区将热量表计算器放置在建筑物热力入口的室外地平，并外加保护箱，起到防盗、防水和防冻的作用。

5.1.5 通常的机械式热量表表阻力较大、容易阻塞，易损件较多，检定维修的工作量也较大；超声波和电磁式热量表故障较少，计量精度高，不容易堵塞，水阻力较小。而且作为楼栋热量表不像户用热量表那样数量较多，投资大一些对总成本增加不大。

5.2 调节与控制

5.2.1 本条是强制性条文。近年来的试点验证，供热系统能耗浪费主要原因还是水力失调。水力失调造成的近端用户开窗散热、远端用户室温偏低造成投诉现象在我国依然严重。变流量、气候补偿、室温调控等供热系统节能技术的实施，也离不开水力平衡技术。水力平衡技术推广了20多年，取得了显著的效果，但还是有很多系统依然没有做到平衡，造成了供热质量差和能源的浪费。水力平衡有利于提高管网输送效率，降低系统能耗，满足住户室温要求。

5.2.2 按照产品标准术语和体系，水力调控的阀门主要有静态水力平衡阀、自力式流量控制阀和自力式压差控制阀，三种产品调控反馈的对象分别是阻力、流量和压差，而不是互相取代的关系。

静态水力平衡阀又叫水力平衡阀或平衡阀，具备开度显示、压差和流量测量、调节线性和限定开度等功能，通过操作平衡阀对系统调试，能够实现设计要求的水力平衡，当水泵处于设计流量或者变流量运行

时，各个用户能够按照设计要求，基本上能够按比例地得到分配流量。

静态水力平衡阀需要系统调试，没有调试的平衡阀和普通截止阀没有差别。

静态水力平衡阀的调试是一项比较复杂，且具有一定技术含量的工作。实际上，对一个管网水力系统而言，由于工程设计和施工中存在种种不确定因素，不可能完全达到设计要求，必须通过人工的调试，辅以必要的调试设备和手段，才能达到设计的要求。很多系统存在的问题都是由于调试工作不到位甚至没有调试而造成的。通过"自动"设备可以免去调试工作的说法，实际上是一种概念的混淆和对工作的不负责任。

通过安装静态水力平衡阀解决水力失调是供热系统节能的重点工作和基础工作，平衡阀与普通调节阀相比价格提高不多，且安装平衡阀可以取代一个截止阀，整体投资增加不多。因此无论规模大小，一并要求安装使用。

5.2.3 变流量系统能够大幅度节省水泵电耗，目前应用越来越广泛。在变流量系统的末端（热力入口）采用自力式流量控制阀（定流量阀）是不妥的。当系统根据气候负荷改变循环流量时，我们要求所有末端按照设计要求分配流量，而彼此间的比例维持不变，这个要求需要通过静态水力平衡阀来实现；当用户室内恒温阀进行调节改变末端工况时，自力式流量控制阀具有定流量特性，对改变工况的用户作用相抵触；对未改变工况的用户能够起到保证流量不变的作用，但是未变工况用户的流量变化不是改变工况用户"排挤"过来的，而主要是受水泵扬程变化的影响，如果水泵扬程有控制，这个"排挤"影响是较小的，所以对于变流量系统，不应采用自力式流量控制阀。

水力平衡调节、压差控制和流量控制的目的都是为了控制室温不会过高，而且还可以调低，这些功能都由末端温控装置来实现。只要保证了恒温阀（或其他温控装置）不会产生噪声，压差波动一些也没有关系，因此应通过计算压差变化幅度选择自力式压差控制阀，计算的依据就是保证恒温阀的阀权以及在关闭过程中的压差不会产生噪声。

5.2.5 对于既有供热系统，局部进行室温调控和热计量改造工作时，由于改造增加了阻力，会造成水力失调及系统压头不足，因此需要进行水力平衡及系统压头的校核，考虑增设加压泵或者重新进行平衡调试。

6 分户热计量

6.1 一 般 规 定

6.1.1 以楼栋或者热力站为热量结算点时，该位置

的热量表是供热量的热量结算依据，而楼内住户应理解为热量分摊，当然每户应设置相应的测量装置对整栋楼的耗热量进行户间分摊。当以户用热量表直接作为结算点时，则不必再度进行分摊。

6.1.2 用户热量分摊计量的方法主要有散热器热分配计法、流量温度法、通断时间面积法和户用热量表法。该四种方法及户用热量表直接计量的方法，各有不同特点和适用性，单一方法难以适应各种情况。分户热计量方法的选择基本原则为用户能够接受且鼓励用户主动节能，以及技术可行、经济合理、维护简便等。各种方法都有其特点、适用条件和优缺点，没有一种方法完全合理、尽善尽美，在不同的地区和条件下，不同方法的适应性和接受程度也会不同，因此分户热计量方法的选择，应从多方面综合考虑确定。

分户热计量方法中散热器热分配计法及户用热量表法，在国内外应用时间较长，应用面积较多，相关的产品标准已出台，人们对其方法的优缺点认识也较清。其他两种方法在国内都有项目应用，也经过了原建设部组织的技术鉴定，相关的产品标准尚未出台，有待于进一步扩大应用规模，总结经验。需要指出的是，每种方法都有其特点，有自己的适用范围和应用条件，工程应用中要因地制宜、综合考虑。四种分摊方法中有些需要专业公司统一管理和服务，这一点应在推广使用之中加以注意。

近几年供热计量技术发展很快，随着技术进步和热计量工程的推广，除了本文提及的方法，还有新的热计量分摊方法正在实验和试点，国家和行业也非常鼓励这些技术创新，各种方法都需要工程实践的检验，加以补充和完善。

以下对各种方法逐一阐述。

1 散热器热分配计法

散热器热分配计法是利用散热器热分配计所测量的每组散热器的散热量比例关系，来对建筑的总供热量进行分摊的。其具体做法是，在每组散热器上安装一个散热器热分配计，通过读取热分配计的读数，得出各组散热器的散热量比例关系，对总热量表的读数进行分摊计算，得出每个住户的供热量。

该方法安装简单，有蒸发式、电子式及电子远传式三种，在德国和丹麦大量应用。

散热器热分配计法适用于新建和改造的散热器供暖系统，特别是对于既有供暖系统的热计量改造比较方便、灵活性强，不必将原有垂直系统改成按户分环的水平系统。该方法不适用于地面辐射供暖系统。

采用该方法的前提是热分配计和散热器需要在实验室进行匹配试验，得出散热量的对应数据才可应用，而我国散热器型号种类繁多，试验检测工作量较大；居民用户还可能私自更换散热器，给分配计的检定工作带来了不利因素。该方法的另一个缺点是需要入户安装和每年抄表换表（电子远传式分配计无需入户读表，但是投资较大）；用户是否容易作弊的问题，例如遮挡散热器是否能够有效作弊，目前还存在着争议和怀疑；老旧建筑小区的居民很多安装了散热器罩，也会影响分配计的安装、读表和计量效果。

2 户用热量表法

热量表的主要类型有机械式热量表、电磁式热量表、超声波式热量表。机械式热量表的初投资相对较低，但流量测量精度相对不高，表阻力较大、容易阻塞，易损件较多，因此对水质有一定要求。电磁式热量表、超声波式热量表的初投资相对机械式热量表要高很多，但流量测量精度高、压损小、不易堵塞，使用寿命长。

户用热量表法适用于按户分环的室内供暖系统。该方法计量的是系统供热量，比较直观，容易理解。使用时应考虑仪表堵塞或损坏的问题，并提前制定处理方案，做到及时修理或者更换仪表，并处理缺失数据。

无论是采用户用热量表直接计量结算还是再行分摊总热量，户表的投资高或者故障率高都是主要的问题。户用热表的故障主要有两个方面，一是由于水质处理不好容易堵塞，二是仪表运动部件难以满足供热系统水温高、工作时间长的使用环境，目前在工程实践中，户用热量表的故障率较高，这是近年来推行热计量的一个重要棘手问题。同时，采用户用热量表需要室内系统为按户分环独立系统，目前普遍采用的是化学管材埋地布管的做法，化学管材漏水事故时有发生，而且为了将化学管材埋在地下，需要大量混凝土材料，增加了投资、减少了层高、增加了建筑承重负荷，综合成本比较高。

3 流量温度法

流量温度法是利用每个立管或分户独立系统与热力入口流量之比相对不变的原理，结合现场测出的流量比例和各分支三通前后温差，分摊建筑的总供热量。流量比例是每个立管或分户独立系统占热力入口流量的比例。

该方法非常适合既有建筑垂直单管顺流式系统的热计量改造，还可用于共用立管的按户分环供暖系统，也适用于新建建筑散热器供暖系统。

采用流量温度法时，应注意以下问题：

1) 采用的设备和部件的产品质量和使用方法应符合其产品标准要求。

2) 测量入水温度的传感器应安装在散热器或分户独立系统的分流三通的入水端，距供水立管距离宜大于200mm；测量回水温度的传感器应安装在合流三通的出水端，距合流三通距离宜大于100mm，同时距回水立管的距离宜大于200mm。

3) 测温仪表、计算处理设备和热量结算点的热量表之间，应实现数据的网络通信传输。

4）流量温度分摊法的系统供货、安装、调试和后期服务应由专业公司统一实施，用户热计量计算过程中的各项参数应有据可查、计算方法应清楚明了。

该方法计量的是系统供热量，比较容易为业内人士接受，计量系统安装的同时可以实现室内系统水力平衡的初调节及室温调控功能。缺点是前期计量准备工作量较大。

4 通断时间面积法

通断时间面积法是以每户的供暖系统通水时间为依据，分摊建筑的总供热量。其具体做法是，对于接户分环的水平式供暖系统，在各户的分支支路上安装室温通断控制阀，对该用户的循环水进行通断控制来实现该户的室温调节。同时在各户的代表房间里放置室温控制器，用于测量室内温度和供用户设定温度，并将这两个温度值传输给室温通断控制阀。室温通断控制阀根据实测室温与设定值之差，确定在一个控制周期内通断阀的开停比，并按照这一开停比控制通断调节阀的通断，以此调节送入室内热量，同时记录和统计各户通断控制阀的接通时间，按照各户的累计接通时间结合供暖面积分摊整栋建筑的热量。

该方法应用的前提是住宅每户须为一个独立的水平串联式系统，设备选型和设计负荷要良好匹配，不能改变散热末端设备容量，户与户之间不能出现明显水力失调，户内散热末端不能分室或分区控温，以免改变户内环路的阻力。该方法能够分摊热量、分户控温，但是不能实现分室的温控。

采用通断时间面积法时，应注意以下问题：

1）采用的温度控制器和通断执行器等产品的质量和使用方法应符合国家相关产品标准的要求。

2）通断执行器应安装在每户的入户管道上，温度控制器宜放置在住户房间内不受日照和其他热源影响的位置。

3）通断执行器和中央处理器之间应实现网络连接控制。

4）通断时间面积法的系统供货、安装、调试和后期服务应由专业公司统一实施，用户热计量计算过程中的各项参数应有据可查、计算方法应清楚明了。

5）通断时间面积法在操作实施前，应进行户间的水力平衡调节，消除系统的垂直失调和水平失调；在实施过程中，用户的散热器不可自行改动更换。

通断时间面积法应用较直观，可同时实现室温控制功能，适用按户分环、室内阻力不变的供暖系统。

通断法的不足在于，首先它测量的不是供热系统给予房间的供热量，而是根据供暖的通断时间再分摊

总热量，二者存在着差异，如散热器大小匹配不合理，或者散热器堵塞，都会对测量结果产生影响，造成计量误差。

需要指出的是，室内温控是住户按照量计费的必要前提条件，否则，在没有提供用户节能手段的时候就按照计量的热量收费，既令用户难以接受，又不能起到促进节能的作用，因此对于不具备室温调控手段的既有住宅，只能采用按面积分摊的过渡方式。按面积分摊也需要有热量结算点的计量热量。

6.2 散热器热分配计法

6.2.1～6.2.6 散热器热分配计法是利用散热器热分配计所测量的每组散热器的散热量比例关系，来对建筑的总供热量进行分摊的。

其具体做法是，在每组散热器上安装一个散热器热分配计，通过读取分配表分配计的读数，得出各组散热器的散热量比例关系，对总热量表的读数进行分摊计算，得出每个住户的供热量。

热分配计法安装简单，有蒸发式、电子式及电子远传式三种。

散热器热分配计法适用于新建和改造的散热器供暖的系统，特别是对于既有供暖系统的热计量改造比较方便，不必将原有垂直系统改成按户分环的水平系统。不适用于地面辐射供暖系统。

散热器热分配计的产品国家标准正在组织制定中，将等同采用欧洲标准 EN834 和 EN835。

7 室内供暖系统

7.1 系 统 配 置

7.1.2 既有建筑的分户改造曾经在北方一些城市大面积推行，多数室内管路为明装，其投入较大且扰民较多，本规程不建议这种做法继续推行，应采取其他计费的办法，而不应强行推行分户热表。

7.1.3 本条文所指的散热器系统，都是冬季以散热器为主要供暖方式的系统。

7.1.4 安装恒温阀时，从图2可以看出，散热器流量和散热量的关系曲线是与进出口温差有关的，温差

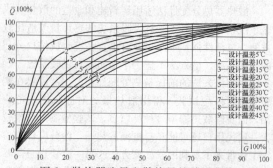

图 2 散热器流量和散热量的关系曲线

越大越接近线性。双管系统 25℃温差时，比较接近线性，5 层楼的单管，每组温差为 5℃，已经是快开特性。为了使调节性能较好，增加跨越管，并在散热器支管上放恒温阀，使散热器的流量减少，增大温差。因此恒温阀用在双管中比较好，尤其像丹麦等国家采用 40～45℃ 温差的双管系统，调节性能最好，几乎是线性了。在空调系统中，加热器的温差也比较小，一般采用调节性能为等百分比的电动阀加以配合，综合后形成线性特性。由于散热器恒温阀是接近线性的调节性能，因此只能采用加大散热器温差的办法。当系统温差为 25℃ 时，对于 6 层以下的建筑，单管系统每层散热器的温差在 4℃ 以上，流经散热器的流量减少到 30% 时，散热器的温差约为 13℃ 以上，在图中曲线 2 与曲线 3 之间，性能并不够好。如果 12 层的单管，每层的温差只有 2℃，要达到 13℃ 的目标，散热器的流量只能是 15% 左右，如果达到 25℃ 的目标，则流量减少到 7.5% 左右才行。而跨越管采用减小一号的做法，流经散热器的流量一般为 30% 左右。

减少流量后，散热器的平均温度将降低，其散热面积必须增加。对 6 层的单管系统计算表明，散热器面积约增加 10%。层数越多，散热器需要增加的面积也越大，因此，垂直单管加跨越管的系统，比较适合 6 层以下多层建筑的改造。

7.1.5 我国开展供热计量试点工作近十余年，这期间积累了很多经验，针对供热计量所涉及的户间传热问题，目前尚存在不同的户间传热负荷设计计算方法。本条文提供以下户间传热负荷计算方法供参考：

1 计算通过户间楼板和隔墙的传热量时，与邻户的温差，宜取 5～6℃。

2 以户内各房间传热量取适当比例的总和，作为户间总传热负荷。该比例应根据住宅入住率情况、建筑围护结构状况及其具体采暖方式等综合考虑。

3 按上述计算得出的户间传热量，不宜大于按《采暖通风与空气调节设计规范》GB 50019 - 2003 第 4.2 节的有关规定计算出的设计采暖负荷的 50%。

7.1.6 在邻户内墙做保温隔热处理的做法，既增加了投资，又减少了室内空间，不如将投资用作建筑外保温上。提高整个建筑的保温水平，真正实现建筑节能的目的。

7.2 系统调控

7.2.1 本条是强制性条文。供热体制改革以"多用热，多交费"为原则，实现供暖用热的商品化、货币化。因此，用户能够根据自身的用热需求，利用供暖系统中的调节阀主动调节室温、有效控制室温是实施供热计量收费的重要前提条件。按照《中华人民共和国节约能源法》第三十七条规定：使用空调采暖、制冷的公共建筑应当实行室内温度控制制度。

以往传统的室内供暖系统中安装使用的手动调节阀，对室内供暖系统的供热量能够起到一定的调节作用，但因其缺乏感温元件及自力式动作元件，无法对系统的供热量进行自动调节，从而无法有效利用室内的自由热，节能效果大打折扣。

散热器系统应在每组散热器安装散热器恒温阀或者其他自动阀门（如电动调温阀门）来实现室内温控；通断面积法可采用通断阀控制户内室温。散热器恒温控制阀具有感受室内温度变化并根据设定的室内温度对系统流量进行自力式调节的特性。正确使用散热器恒温控制阀可实现对室温的主动调节以及不同室温的恒定控制。散热器恒温控制阀对室内温度进行恒温控制时，可有效利用室内自由热、消除供暖系统的垂直失调从而达到节省室内供热量的目的。

低温热水地面辐射供暖系统分室温控的作用不明显，且技术和投资上较难实现，因此，低温热水地面辐射供暖系统应在户内系统入口处设置自动控温的调节阀，实现分户自动控温，其户内分集水器上每支环路上应安装手动流量调节阀；有条件的情况下宜实现分室自动温控。自动控温可采用自力式的温度控制阀、恒温阀或者温控器加热电阀等。

7.2.2 《散热器恒温控制阀》JG/T 195 - 2007 行业标准已于 2007 年 4 月 1 日起实施，因我国行标与欧标中的要求有所不同（例如：规定的恒温控制阀调温上限不同，还增加了阀杆密封试验和感温包密闭试验，等等），所以应按照国内标准控制产品质量。

目前市场上比较关注恒温控制阀的调节性能，而忽视其机械性能，如恒温控制阀的阀杆密封性能和供热工况下的抗弯抗扭性能。因为恒温控制阀的阀杆经常动作，如果密封性能不好，就会造成在住户室内漏水，所以恒温控制阀的阀杆密封性能非常重要；在供热高温工况下，有些恒温控制阀的阀头会变软脱落。一些地区应用的散热器恒温控制阀已经出现机械性能方面的问题，这对恒温控制阀的推广使用产生了一定影响。

所谓记忆合金原理的恒温控制阀，均为不合格产品。因为记忆合金的动作原理和感温包相去甚远（只有开关动作，不能实现调节要求；只能在剧烈温度变化下动作，不能感应供暖室温变化而相应动作；开启温度和关闭温度误差 6℃ 左右，不能实现恒温控制，等等），目前还没有记忆合金的阀门达到恒温控制阀标准的检测要求。

恒温控制阀一定是自动控温的产品，不能用手动阀门替代。因为室温调控节能分为自动恒温控制的利用自由热节能和人为主动调温的行为节能两部分，行为节能的节能潜力还有待商榷和验证，自动恒温的节能潜力比较重要和突出，而手动阀门达不到这样的节能效果。如果建设工程中要求使用恒温控制阀，那么一定要用自动温控的合格产品。

无论国内标准还是欧洲标准，都要求恒温控制阀能够带水带压清堵或更换阀芯。这一功能非常重要，能够避免恒温控制阀堵塞造成大面积泄水检修，而目前有很多产品没有这一功能，没有该功能的恒温控制阀均为不合格产品。

7.2.3 散热器罩影响散热器的散热量以及散热器恒温阀对室内温度的调节。基于以下原因，对既有采暖系统进行热计量改造时宜将原有的散热器罩拆除。

1 原有垂直单管顺流系统改造为设跨越管的垂直单管系统后，上部散热器特别是第一、二组散热器的平均温度有所下降。

2 单双管系统改造为设跨越管的垂直单管系统后，散热器水流量减小。

3 散热器罩影响感温元件内置式的恒温阀和热分配表分配计的正常工作。当散热器罩不能拆除时，应采用感温元件外置式的恒温阀。

4 计算表明散热器罩拆除后，所增加的散热量足以补偿由于系统变化对散热器散热量的不利影响。

7.2.4 要求选用内腔无砂的铸铁散热器，是为了避免恒温阀等堵塞。

中华人民共和国行业标准

公共建筑节能改造技术规范

Technical code for the retrofitting of public building on energy efficiency

JGJ 176—2009

批准部门：中华人民共和国住房和城乡建设部
施行日期：2 0 0 9 年 1 2 月 1 日

中华人民共和国住房和城乡建设部
公　告

第 313 号

关于发布行业标准《公共建筑
节能改造技术规范》的公告

　　现批准《公共建筑节能改造技术规范》为行业标准，编号为 JGJ 176 - 2009，自 2009 年 12 月 1 日起实施。其中，第 5.1.1、6.1.6 条为强制性条文，必须严格执行。

　　本规范由我部标准定额研究所组织中国建筑工业出版社出版发行。

中华人民共和国住房和城乡建设部

2009 年 5 月 19 日

前　　言

　　根据原建设部《关于印发〈2006 年工程建设标准规范制订、修订计划（第一批）〉的通知》（建标〔2006〕77 号）的要求，规范编制组经广泛调查研究，认真总结实践经验，参考国内外相关标准，并在广泛征求意见的基础上制定了本规范。

　　本规范主要技术内容是：1. 总则；2. 术语；3. 节能诊断；4. 节能改造判定原则与方法；5. 外围护结构热工性能改造；6. 采暖通风空调及生活热水供应系统改造；7. 供配电与照明系统改造；8. 监测与控制系统改造；9. 可再生能源利用；10. 节能改造综合评估。

　　本规范中用黑体字标志的条文为强制性条文，必须严格执行。

　　本规范由住房和城乡建设部负责管理和对强制性条文的解释，由中国建筑科学研究院负责具体技术内容的解释。

　　本规范主编单位：中国建筑科学研究院
　　（北京市北三环东路 30 号，邮政编码：100013）
　　本规范参编单位：同济大学
　　　　　　　　　　重庆大学
　　　　　　　　　　上海市建筑科学研究院（集团）有限公司
　　　　　　　　　　深圳市建筑科学研究院
　　　　　　　　　　中国建筑西南设计研究院
　　　　　　　　　　中国建筑业协会智能建筑专业委员会
　　　　　　　　　　北京市建筑设计研究院
　　　　　　　　　　浙江省建筑科学设计研究院

合肥工业大学建筑设计研究院
开利空调销售服务（上海）有限公司
远大空调有限公司
清华同方人工环境有限公司
达尔凯国际股份有限公司
贵州汇通华城楼宇科技有限公司
深圳市鹏瑞能源技术有限公司
南京丰盛能源环境有限公司
北京天正工程软件有限公司
北京振利高新技术有限公司
北京江河幕墙装饰工程有限公司
威固国际有限公司
欧文斯科宁（中国）投资有限公司
北京泰豪智能工程有限公司
上海大智科技发展有限公司
西门子楼宇科技（天津）有限公司

本规范主要起草人：徐　伟　邹　瑜　龙惟定
　　　　　　　　　付祥钊　冯晓梅　朱伟峰
　　　　　　　　　宋业辉　王　虹　卜增文
　　　　　　　　　周　辉　冯　雅　毛剑瑛
　　　　　　　　　万水娥　宋　波　潘金炎
　　　　　　　　　万　力　张　勇　姜　仁
　　　　　　　　　黄振利　袁莉莉　俞　菁

目　次

Contents

1 总　则

1.0.1 为贯彻国家有关建筑节能的法律法规和方针政策，推进建筑节能工作，提高既有公共建筑的能源利用效率，减少温室气体排放，改善室内热环境，制定本规范。

1.0.2 本规范适用于各类公共建筑的外围护结构、用能设备及系统等方面的节能改造。

1.0.3 公共建筑节能改造应在保证室内热舒适环境的基础上，提高建筑的能源利用效率，降低能源消耗。

1.0.4 公共建筑的节能改造应根据节能诊断结果，结合节能改造判定原则，从技术可靠性、可操作性和经济性等方面进行综合分析，选取合理可行的节能改造方案和技术措施。

1.0.5 公共建筑的节能改造，除应符合本规范的规定外，尚应符合国家现行有关标准的规定。

2 术　语

2.0.1 节能诊断　energy diagnosis

通过现场调查、检测以及对能源消费账单和设备历史运行记录的统计分析等，找到建筑物能源浪费的环节，为建筑物的节能改造提供依据的过程。

2.0.2 能源消费账单　energy expenditure bill

建筑物使用者用于能源消费结算的凭证或依据。

2.0.3 能源利用效率　energy utilization efficiency

广义上是指能源在形式转换过程中终端能源形式蕴含能量与始端能源形式蕴含能量的比值。本规范中是指公共建筑用能系统的能源利用效率。

2.0.4 冷源系统能效系数　energy efficiency ratio of cooling source system

冷源系统单位时间供冷量与冷水机组、冷水泵、冷却水泵和冷却塔风机单位时间耗能的比值。

3 节能诊断

3.1 一般规定

3.1.1 公共建筑节能改造前应对建筑物外围护结构热工性能、采暖通风空调及生活热水供应系统、供配电与照明系统、监测与控制系统进行节能诊断。

3.1.2 公共建筑节能诊断前，宜提供下列资料：

　1　工程竣工图和技术文件；

　2　历年房屋修缮及设备改造记录；

　3　相关设备技术参数和近1~2年的运行记录；

　4　室内温湿度状况；

　5　近1~2年的燃气、油、电、水、蒸汽等能源

消费账单。

3.1.3 公共建筑节能改造前应制定详细的节能诊断方案，节能诊断后应编写节能诊断报告。节能诊断报告应包括系统概况、检测结果、节能诊断与节能分析、改造方案建议等内容。对于综合诊断项目，应在完成各子系统节能诊断报告的基础上再编写项目节能诊断报告。

3.1.4 公共建筑节能诊断项目的检测方法应符合现行行业标准《公共建筑节能检验标准》JGJ 177 的有关规定。

3.1.5 承担公共建筑节能检测的机构应具备相应资质。

3.2 外围护结构热工性能

3.2.1 对于建筑外围护结构热工性能，应根据气候区和外围护结构的类型，对下列内容进行选择性节能诊断：

　1　传热系数；

　2　热工缺陷及热桥部位内表面温度；

　3　遮阳设施的综合遮阳系数；

　4　外围护结构的隔热性能；

　5　玻璃或其他透明材料的可见光透射比、遮阳系数；

　6　外窗、透明幕墙的气密性；

　7　房间气密性或建筑物整体气密性。

3.2.2 外围护结构热工性能节能诊断应按下列步骤进行：

　1　查阅竣工图，了解建筑外围护结构的构造做法和材料，建筑遮阳设施的种类和规格，以及设计变更等信息；

　2　对外围护结构状况进行现场检查，调查了解外围护结构保温系统的完好程度，实际施工做法与竣工图纸的一致性，遮阳设施的实际使用情况和完好程度；

　3　对确定的节能诊断项目进行外围护结构热工性能的计算和检测；

依据诊断结果和本规范第4章的规定，确定外围护结构的节能环节和节能潜力，编写外围护结构热工性能节能诊断报告。

3.3 采暖通风空调及生活热水供应系统

3.3.1 对于采暖通风空调及生活热水供应系统，应根据系统设置情况，对下列内容进行选择性节能诊断：

　1　建筑物室内的平均温度、湿度；

　2　冷水机组、热泵机组的实际性能系数；

　3　锅炉运行效率；

　4　水系统回水温度一致性；

　5　水系统供回水温差；

6 水泵效率；

7 水系统补水率；

8 冷却塔冷却性能；

9 冷源系统能效系数；

10 风机单位风量耗功率；

11 系统新风量；

12 风系统平衡度；

13 能量回收装置的性能；

14 空气过滤器的积尘情况；

15 管道保温性能。

3.3.2 采暖通风空调及生活热水供应系统节能诊断应按下列步骤进行：

1 通过查阅竣工图和现场调查，了解采暖通风空调及生活热水供应系统的冷热源形式、系统划分形式、设备配置及系统调节控制方法等信息；

2 查阅运行记录，了解采暖通风空调及生活热水供应系统运行状况及运行控制策略等信息；

3 对确定的节能诊断项目进行现场检测；

4 依据诊断结果和本规范第 4 章的规定，确定采暖通风空调及生活热水供应系统的节能环节和节能潜力，编写节能诊断报告。

3.4 供配电系统

3.4.1 供配电系统节能诊断应包括下列内容：

1 系统中仪表、电动机、电器、变压器等设备状况；

2 供配电系统容量及结构；

3 用电分项计量；

4 无功补偿；

5 供用电电能质量。

3.4.2 对供配电系统中仪表、电动机、电器、变压器等设备状况进行节能诊断时，应核查是否使用淘汰产品、各电器元件是否运行正常以及变压器负载率状况。

3.4.3 对供配电系统容量及结构进行节能诊断时，应核查现有的用电设备功率及配电电气参数。

3.4.4 对供配电系统用电分项计量进行节能诊断时，应核查常用供电主回路是否设置电能表对电能数据进行采集与保存，并应对分项计量电能回路用电量进行校核检验。

3.4.5 对无功补偿进行节能诊断时，应核查是否采用提高用电设备功率因数的措施以及无功补偿设备的调节方式是否符合供配电系统的运行要求。

3.4.6 供用电电能质量节能诊断应采用电能质量监测仪在公共建筑物内出现或可能出现电能质量问题的部位进行测试。供用电电能质量节能诊断宜包括下列内容：

1 三相电压不平衡度；

2 功率因数；

3 各次谐波电压和电流及谐波电压和电流总畸变率；

4 电压偏差。

3.5 照 明 系 统

3.5.1 照明系统节能诊断应包括下列项目：

1 灯具类型；

2 照明灯具效率和照度值；

3 照明功率密度值；

4 照明控制方式；

5 有效利用自然光情况；

6 照明系统节电率。

3.5.2 照明系统节能诊断应提供照明系统节电率。

3.6 监测与控制系统

3.6.1 监测与控制系统节能诊断应包括下列内容：

1 集中采暖与空气调节系统监测与控制的基本要求；

2 生活热水监测与控制的基本要求；

3 照明、动力设备监测与控制的基本要求；

4 现场控制设备及元件状况。

3.6.2 现场控制设备及元件节能诊断应包括下列内容：

1 控制阀门及执行器选型与安装；

2 变频器型号和参数；

3 温度、流量、压力仪表的选型及安装；

4 与仪表配套的阀门安装；

5 传感器的准确性；

6 控制阀门、执行器及变频器的工作状态。

3.7 综 合 诊 断

3.7.1 公共建筑应在外围护结构热工性能、采暖通风空调及生活热水供应系统、供配电与照明系统、监测与控制系统的分项诊断基础上进行综合诊断。

3.7.2 公共建筑综合诊断应包括下列内容：

1 公共建筑的年能耗量及其变化规律；

2 能耗构成及各分项所占比例；

3 针对公共建筑的能源利用情况，分析存在的问题和关键因素，提出节能改造方案；

4 进行节能改造的技术经济分析；

5 编制节能诊断总报告。

4 节能改造判定原则与方法

4.1 一 般 规 定

4.1.1 公共建筑进行节能改造前，应首先根据节能诊断结果，并结合公共建筑节能改造判定原则与方法，确定是否需要进行节能改造及节能改造内容。

4.1.2 公共建筑节能改造应根据需要采用下列一种或多种判定方法：

　　1 单项判定；

　　2 分项判定；

　　3 综合判定。

4.2 外围护结构单项判定

4.2.1 当公共建筑因结构或防火等方面存在安全隐患而需进行改造时，宜同步进行外围护结构方面的节能改造。

4.2.2 当公共建筑外墙、屋面的热工性能存在下列情况时，宜对外围护结构进行节能改造：

　　1 严寒、寒冷地区，公共建筑外墙、屋面保温性能不满足现行国家标准《民用建筑热工设计规范》GB 50176 的内表面温度不结露要求；

　　2 夏热冬冷、夏热冬暖地区，公共建筑外墙、屋面隔热性能不满足现行国家标准《民用建筑热工设计规范》GB 50176 的内表面温度要求。

4.2.3 公共建筑外窗、透明幕墙的传热系数及综合遮阳系数存在下列情况时，宜对外窗、透明幕墙进行节能改造：

　　1 严寒地区，外窗或透明幕墙的传热系数大于 3.8W/(m^2·K)；

　　2 严寒、寒冷地区，外窗的气密性低于现行国家标准《建筑外窗气密、水密、抗风压性能分级及检测方法》GB/T 7106 中规定的 2 级，透明幕墙的气密性低于现行国家标准《建筑幕墙》GB/T 21086 中规定的 1 级；

　　3 非严寒地区，除北向外，外窗或透明幕墙的综合遮阳系数大于 0.60；

　　4 非严寒地区，除超高层及特别设计的透明幕墙外，外窗或透明幕墙的可开启面积低于外墙总面积的 12%。

4.2.4 公共建筑屋面透明部分的传热系数、综合遮阳系数存在下列情况时，宜对屋面透明部分进行节能改造。

　　1 严寒地区，屋面透明部分的传热系数大于 3.5W/(m^2·K)；

　　2 非严寒地区，屋面透明部分的综合遮阳系数大于 0.60。

4.3 采暖通风空调及生活热水供应系统单项判定

4.3.1 当公共建筑的冷源或热源设备满足下列条件之一时，宜进行相应的节能改造或更换：

　　1 运行时间接近或超过其正常使用年限；

　　2 所使用的燃料或工质不满足环保要求。

4.3.2 当公共建筑采用燃煤、燃油、燃气的蒸汽或热水锅炉作为热源，其运行效率低于表 4.3.2 的规定，且锅炉改造或更换的静态投资回收期小于或等于

8 年时，宜进行相应的改造或更换。

表 4.3.2　锅炉的运行效率

锅炉类型、燃料种类		在下列锅炉容量（MW）下的最低运行效率（%）						
		0.7	1.4	2.8	4.2	7.0	14.0	>28.0
燃煤	烟煤Ⅱ	—	—	60	61	64	65	67
	烟煤Ⅲ	—	—	61	63	64	67	68
燃油、燃气		76	76	76	78	78	80	80

4.3.3 当电机驱动压缩机的蒸气压缩循环冷水机组或热泵机组实际性能系数（COP）低于表 4.3.3 的规定，且机组改造或更换的静态投资回收期小于或等于 8 年时，宜进行相应的改造或更换。

表 4.3.3　冷水机组或热泵机组制冷性能系数

类　型		额定制冷量（CC）kW	性能系数（COP）W/W
水冷	活塞式/涡旋式	<528	3.40
		528~1163	3.60
		>1163	3.80
	螺杆式	<528	3.80
		528~1163	4.00
		>1163	4.20
	离心式	<528	3.80
		528~1163	4.00
		>1163	4.20
风冷或蒸发冷却	活塞式/涡旋式	≤50	2.20
		>50	2.40
	螺杆式	≤50	2.40
		>50	2.60

4.3.4 对于名义制冷量大于 7100W、采用电机驱动压缩机的单元式空气调节机、风管送风式和屋顶式空调机组，在名义制冷工况和规定条件下，当其能效比低于表 4.3.4 的规定，且机组改造或更换的静态投资回收期小于或等于 5 年时，宜进行相应的改造或更换。

表 4.3.4　机组能效比

类　型		能效比（W/W）
风冷式	不接风管	2.40
	接风管	2.10
水冷式	不接风管	2.80
	接风管	2.50

4.3.5 当溴化锂吸收式冷水机组实际性能系数（COP）不符合表 4.3.5 的规定，且机组改造或更换的静态投资回收期小于或等于 8 年时，宜进行相应的

改造或更换。

表 4.3.5　溴化锂吸收式机组性能参数

机型	运行工况		性能参数		
	蒸汽压力（MPa）	单位制冷量蒸汽耗量[kg/(kW·h)]	性能系数（W/W）		
			制冷	供热	
蒸汽双效	0.25	≤1.56			
	0.4				
	0.6	≤1.46			
	0.8	≤1.42			
直燃	—	—	≥1.0		
	—	—		≥0.80	

注：直燃机的性能系数为：制冷量（供热量）/[加热源消耗量（以低位热值计）＋电力消耗量（折算成一次能）]。

4.3.6　对于采用电热锅炉、电热水器作为直接采暖和空调系统的热源，当符合下列情况之一，且当静态投资回收期小于或等于 8 年时，应改造为其他热源方式：

　　1　以供冷为主，采暖负荷小且无法利用热泵提供热源的建筑；

　　2　无集中供热与燃气源，煤、油等燃料的使用受到环保或消防严格限制的建筑；

　　3　夜间可利用低谷电进行蓄热，且蓄热式电锅炉不在昼间用电高峰时段启用的建筑；

　　4　采用可再生能源发电地区的建筑；

　　5　采暖和空调系统中需要对局部外区进行加热的建筑。

4.3.7　当公共建筑采暖空调系统的热源设备无随室外气温变化进行供热量调节的自动控制装置时，应进行相应的改造。

4.3.8　当公共建筑冷源系统的能效系数低于表4.3.8 的规定，且冷源系统节能改造的静态投资回收期小于或等于 5 年时，宜对冷源系统进行相应的改造。

表 4.3.8　冷源系统能效系数

类　型	单台额定制冷量（kW）	冷源系统能效系数（W/W）
水冷冷水机组	＜528	1.8
	528～1163	2.1
	＞1163	2.5
风冷或蒸发冷却	≤50	1.4
	＞50	1.6

4.3.9　当采暖空调系统循环水泵的实际水量超过原设计值的 20％，或循环水泵的实际运行效率低于铭牌值的 80％时，应对水泵进行相应的调节或改造。

4.3.10　当空调水系统实际供回水温差小于设计值

40％的时间超过总运行时间的 15％时，宜对空调水系统进行相应的调节或改造。

4.3.11　采用二次泵的空调冷水系统，当二次泵未采用变速变流量调节方式时，宜对二次泵进行变速变流量调节方式的改造。

4.3.12　当空调通风系统风机的单位风量耗功率大于表 4.3.12 的规定时，宜对风机进行相应的调节或改造。

表 4.3.12　风机的单位风量耗功率限值[W/(m³/h)]

系统形式	办公建筑		商业、旅馆建筑	
	粗效过滤	粗、中效过滤	粗效过滤	粗、中效过滤
两管制定风量系统	0.46	0.53	0.51	0.57
四管制定风量系统	0.52	0.58	0.56	0.64
两管制变风量系统	0.64	0.70	0.68	0.75
四管制变风量系统	0.69	0.76	0.47	0.81
普通机械通风系统	0.32			

注：1　普通机械通风系统中不包括厨房等需要特定过滤装置的房间的通风系统；

　　2　严寒地区增设预热盘管时，单位风量耗功率可以再增加 0.035W/(m³/h)；

　　3　当空调机组内采用湿膜加湿方法时，单位风量耗功率可以再增加 0.053W/(m³/h)。

4.3.13　当公共建筑存在较大的冬季需要制冷的内区，且原有空调系统未利用天然冷源时，宜进行相应的改造。

4.3.14　在过渡季，公共建筑的外窗开启面积和通风系统均不能直接利用新风实现降温需求时，宜进行相应的改造。

4.3.15　当设有新风的空调系统的新风量不满足现行国家标准《公共建筑节能设计标准》GB 50189 规定时，宜对原有新风系统进行改造。

4.3.16　当冷水系统各主支管路回水温度最大差值大于 2℃，热水系统各主支管路回水温度最大差值大于4℃时，宜进行相应的水力平衡改造。

4.3.17　当空调系统冷水管的保温存在结露情况时，应进行相应的改造。

4.3.18　当冷却塔的实际运行效率低于铭牌值的80％时，宜对冷却塔进行相应的清洗或改造。

4.3.19　当公共建筑中的采暖空调系统不具备室温调控手段时，应进行相应改造。

4.3.20　对于采用区域性冷源或热源的公共建筑，当冷源或热源入口处没有设置冷量或热量计量装置时，宜进行相应的改造。

4.4　供配电系统单项判定

4.4.1　当供配电系统不能满足更换的用电设备功率、配电电气参数要求时，或主要电器为淘汰产品时，应对配电柜（箱）和配电回路进行改造。

4.4.2 当变压器平均负载率长期低于 20%且今后不再增加用电负荷时，宜对变压器进行改造。

4.4.3 当供配电系统未根据配电回路合理设置用电分项计量或分项计量电能回路用电量校核不合格时，应进行改造。

4.4.4 当无功补偿不能满足要求时，应论证改造方法合理性并进行投资效益分析，当投资静态回收期小于 5 年时，宜进行改造。

4.4.5 当供用电电能质量不能满足要求时，应论证改造方法合理性并进行投资效益分析，当投资静态回收期小于 5 年时，宜进行改造。

4.5 照明系统单项判定

4.5.1 当公共建筑的照明功率密度值超过现行国家标准《建筑照明设计标准》GB 50034 规定的限值时，宜进行相应的改造。

4.5.2 当公共建筑公共区域的照明未合理设置自动控制时，宜进行相应的改造。

4.5.3 对于未合理利用自然光的照明系统，宜进行相应改造。

4.6 监测与控制系统单项判定

4.6.1 未设置监测与控制系统的公共建筑，应根据监控对象特性合理增设监测与控制系统。

4.6.2 当集中采暖与空气调节等用能系统进行节能改造时，应对与之配套的监测与控制系统进行改造。

4.6.3 当监测与控制系统不能正常运行或不能满足节能管理要求时，应进行改造。

4.6.4 当监测与控制系统配置的传感器、阀门及配套执行器、变频器等的选型及安装不符合设计、产品说明书及现行国家标准《自动化仪表工程施工及验收规范》GB 50093 中有关规定时，或准确性及工作状态不能满足要求时，应进行改造。

4.6.5 当监测与控制系统无用电分项计量或不能满足改造前后节能效果对比时，应进行改造。

4.7 分 项 判 定

4.7.1 公共建筑经外围护结构节能改造，采暖通风空调能耗降低 10%以上，且静态投资回收期小于或等于 8 年时，宜对外围护结构进行改造。

4.7.2 公共建筑的采暖通风空调及生活热水供应系统经节能改造，系统的能耗降低 20%以上且静态投资回收期小于或等于 5 年时，或者静态投资回收期小于或等于 3 年时，宜进行节能改造。

4.7.3 公共建筑未采用节能灯具或采用的灯具效率及光源等不符合国家现行有关标准的规定，且改造静态投资回收期小于或等于 2 年或节能率达到 20%以上时，宜进行相应的改造。

4.8 综 合 判 定

4.8.1 通过改善公共建筑外围护结构的热工性能，提高采暖通风空调及生活热水供应系统、照明系统的效率，在保证相同的室内热环境参数前提下，与未采取节能改造措施前相比，采暖通风空调及生活热水供应系统、照明系统的全年能耗降低 30%以上，且静态投资回收期小于或等于 6 年时，应进行节能改造。

5 外围护结构热工性能改造

5.1 一 般 规 定

5.1.1 公共建筑外围护结构进行节能改造后，所改造部位的热工性能应符合现行国家标准《公共建筑节能设计标准》GB 50189 的规定性指标限值的要求。

5.1.2 对外围护结构进行节能改造时，应对原结构的安全性进行复核、验算；当结构安全不能满足节能改造要求时，应采取结构加固措施。

5.1.3 外围护结构进行节能改造所采用的保温材料和建筑构造的防火性能应符合现行国家标准《建筑内部装修设计防火规范》GB 50222、《建筑设计防火规范》GB 50016 和《高层民用建筑设计防火规范》GB 50045 的规定。

5.1.4 公共建筑的外围护结构节能改造应根据建筑自身特点，确定采用的构造形式以及相应的改造技术。保温、隔热、防水、装饰改造应同时进行。对原有外立面的建筑造型、凸窗应有相应的保温改造技术措施。

5.1.5 外围护结构节能改造过程中，应通过传热计算分析，对热桥部位采取合理措施并提交相应的设计施工图纸。

5.1.6 外围护结构节能改造施工前应编制施工组织设计文件，改造施工及验收应符合现行国家标准《建筑节能工程施工质量验收规范》GB 50411 的规定。

5.2 外墙、屋面及非透明幕墙

5.2.1 外墙采用可粘结工艺的外保温改造方案时，应检查基墙墙面的性能，并应满足表 5.2.1 的要求。

表 5.2.1 基墙墙面性能指标要求

基墙墙面性能指标	要 求
外表面的风化程度	无风化、酥松、开裂、脱落等
外表面的平整度偏差	±4mm 以内
外表面的污染度	无积灰、泥土、油污、霉斑等附着物，钢筋无锈蚀
外表面的裂缝	无结构性和非结构性裂缝
饰面砖的空鼓率	≤10%
饰面砖的破损率	≤30%
饰面砖的粘结强度	≥0.1MPa

5.2.2 当基墙墙面性能指标不满足本规范表 5.2.1 的要求时，应对基墙墙面进行处理，并可采用下列处理措施：

1 对裂缝、渗漏、冻害、析盐、侵蚀所产生的损坏进行修复；

2 对墙面缺损、孔洞应填补密实，损坏的砖或砌块应进行更换；

3 对表面油迹、疏松的砂浆进行清理；

4 外墙饰面砖应根据实际情况全部或部分剔除，也可采用界面剂处理。

5.2.3 外墙采用内保温改造方案时，应对外墙内表面进行下列处理：

1 对内表面涂层、积灰油污及杂物、粉刷空鼓应刮掉并清理干净；

2 对内表面脱落、虫蛀、霉烂、受潮所产生的损坏进行修复；

3 对裂缝、渗漏进行修复，墙面的缺损、孔洞应填补密实；

4 对原不平整的外围护结构表面加以修复；

5 室内各类主要管线安装完成并经试验检测合格后方可进行。

5.2.4 外墙外保温系统与基层应有可靠的结合，保温系统与墙身的连接、粘结强度应符合现行行业标准《外墙外保温工程技术规程》JGJ 144 的要求。对于室内散湿量大的场所，还应进行围护结构内部冷凝受潮验算，并应按照现行国家标准《民用建筑热工设计规范》GB 50176 的规定采取防潮措施。

5.2.5 非透明幕墙改造时，保温系统安装应牢固、不松脱。幕墙支承结构的抗震和抗风压性能等应符合现行行业标准《金属与石材幕墙工程技术规范》JGJ 133 的规定。

5.2.6 非透明幕墙构造缝、沉降缝以及幕墙周边与墙体接缝处等热桥部位应进行保温处理。

5.2.7 非透明围护结构节能改造采用石材、人造板材幕墙和金属板幕墙时，除应满足现行国家标准《建筑幕墙》GB/T 21086 和现行行业标准《金属与石材幕墙工程技术规范》JGJ 133 的规定外，尚应满足下列规定：

1 面板材料应满足国家有关产品标准的规定，石材面板宜选用花岗石，可选用大理石、洞石和砂岩等，当石材弯曲强度标准值小于 8.0MPa 时，应采取附加构造措施保证面板的可靠性；

2 在严寒和寒冷地区，石材面板的抗冻系数不应小于 0.8；

3 当幕墙为开放式结构形式时，保温层与主体结构间不宜留有空气层，且宜在保温层和石材面板间进行防水隔汽处理；

4 后置埋件应满足承载力设计要求，并应符合现行行业标准《混凝土结构后锚固技术规程》JGJ

145 的规定。

5.2.8 公共建筑屋面节能改造时，应根据工程的实际情况选择适当的改造措施，并应符合现行国家标准《屋面工程技术规范》GB 50345 和《屋面工程质量验收规范》GB 50207 的规定。

5.3 门窗、透明幕墙及采光顶

5.3.1 公共建筑的外窗改造可根据具体情况确定，并可选用下列措施：

1 采用只换窗扇、换整窗或加窗的方法，满足外窗的热工性能要求；加窗时，应避免层间结露；

2 采用更换低辐射中空玻璃，或在原有玻璃表面贴膜的措施，也可增设可调节百叶遮阳或遮阳卷帘；

3 外窗改造更换外框时，应优先选择隔热效果好的型材；

4 窗框与墙体之间应采取合理的保温密封构造，不应采用普通水泥砂浆补缝；

5 外窗改造时所选外窗的气密性等级应不低于现行国家标准《建筑外门窗气密、水密、抗风压性能分级及检测方法》GB/T 7106 中规定的 6 级；

6 更换外窗时，宜优先选择可开启面积大的外窗。除超高层外，外窗的可开启面积不得低于外墙总面积的 12%。

5.3.2 对外窗或透明幕墙的遮阳设施进行改造时，宜采用外遮阳措施。外遮阳的遮阳系数应按现行标准《公共建筑节能设计标准》GB 50189 的规定进行确定。加装外遮阳时，应对原结构的安全性进行复核、验算。当结构安全不能满足要求时，应对其进行结构加固或采取其他遮阳措施。

5.3.3 外门、非采暖楼梯间门节能改造时，可选用下列措施：

1 严寒、寒冷地区建筑的外门口应设门斗或热空气幕；

2 非采暖楼梯间门宜为保温、隔热、防火、防盗一体的单元门；

3 外门、楼梯间门应在缝隙部位设置耐久性和弹性好的密封条；

4 外门应设置闭门装置，或设置旋转门、电子感应式自动门等。

5.3.4 透明幕墙、采光顶节能改造应提高幕墙玻璃和外框型材的保温隔热性能，并应保证幕墙的安全性能。根据实际情况，可选用下列措施：

1 透明幕墙玻璃可增加中空玻璃的中空层数，或更换保温性能好的玻璃；

2 可采用低辐射中空玻璃，或采用在原有玻璃的表面贴膜或涂膜的工艺；

3 更换幕墙外框时，直接参与传热过程的型材应选择隔热效果好的型材；

4 在保证安全的前提下，可增加透明幕墙的可开启扇。除超高层及特别设计的透明幕墙外，透明幕墙的可开启面积不宜低于外墙总面积的 12%。

6 采暖通风空调及生活热水供应系统改造

6.1 一般规定

6.1.1 公共建筑采暖通风空调及生活热水供应系统的节能改造宜结合系统主要设备的更新换代和建筑物的功能升级进行。

6.1.2 确定公共建筑采暖通风空调及生活热水供应系统的节能改造方案时，应充分考虑改造施工过程中对未改造区域使用功能的影响。

6.1.3 对公共建筑的冷热源系统、输配系统、末端系统进行改造时，各系统的配置应互相匹配。

6.1.4 公共建筑采暖通风空调系统综合节能改造后应能实现供冷、供热量的计量和主要用电设备的分项计量。

6.1.5 公共建筑采暖通风空调及生活热水供应系统节能改造后应具备按实际需冷、需热量进行调节的功能。

6.1.6 公共建筑节能改造后，采暖空调系统应具备室温调控功能。

6.1.7 公共建筑采暖通风空调及生活热水供应系统的节能改造施工和调试应符合现行国家标准《建筑节能工程施工质量验收规范》GB 50411、《通风与空调工程施工质量验收规范》GB 50243 和《建筑给水排水及采暖工程施工质量验收规范》GB 50242 的规定。

6.2 冷热源系统

6.2.1 公共建筑的冷热源系统节能改造时，首先应充分挖掘现有设备的节能潜力，并应在现有设备不能满足需求时，再予以更换。

6.2.2 冷热源系统改造应根据原有冷热源运行记录，进行整个供冷、供暖季负荷的分析和计算，确定改造方案。

6.2.3 公共建筑的冷热源进行更新改造时，应在原有采暖通风空调及生活热水供应系统的基础上，根据改造后建筑的规模、使用特征，结合当地能源结构以及价格政策、环保规定等因素，经综合论证后确定。

6.2.4 公共建筑的冷热源更新改造后，系统供回水温度应能保证原有输配系统和空调末端系统的设计要求。

6.2.5 冷水机组或热泵机组的容量与系统负荷不匹配时，在确保系统安全性、匹配性及经济性的情况下，宜采用在原有冷水机组或热泵机组上，增设变频装置，以提高机组的实际运行效率。

6.2.6 对于冷热需求时间不同的区域，宜分别设置冷热源系统。

6.2.7 当更换冷热源设备时，更换后的设备性能应符合本规范附录 A 的规定。

6.2.8 采用蒸汽吸收式制冷机组时，应回收所产生的凝结水，凝结水回收系统宜采用闭式系统。

6.2.9 对于冬季或过渡季存在供冷需求的建筑，在保证安全运行的条件下，宜采用冷却塔供冷的方式。

6.2.10 在满足使用要求的前提下，对于夏季空调室外计算湿球温度较低、温度的日较差大的地区，空气的冷却可考虑采用蒸发冷却的方式。

6.2.11 在符合下列条件的情况下，宜采用水环热泵空调系统：

1 有较大内区且有稳定的大量余热的建筑物；

2 原建筑冷热源机房空间有限，且以出租为主的办公楼及商业建筑。

6.2.12 当更换生活热水供应系统的锅炉及加热设备时，更换后的设备应根据设定的温度，对燃料的供给量进行自动调节，并应保证其出水温度稳定；当机组不能保证出水温度稳定时，应设置贮热水罐。

6.2.13 集中生活热水供应系统的热源应优先采用工业余热、废热和冷凝热；有条件时，应利用地热和太阳能。

6.2.14 生活热水供应系统宜采用直接加热热水机组。除有其他用汽要求外，不应采用燃气或燃油锅炉制备蒸汽再进行热交换后供应生活热水的热源方式。

6.2.15 对水冷冷水机组或热泵机组，宜采用具有实时在线清洗功能的除垢技术。

6.2.16 燃气锅炉和燃油锅炉宜增设烟气热回收装置。

6.2.17 集中供热系统应设置根据室外温度变化自动调节供热量的装置。

6.2.18 确定空调冷热源系统改造方案时，应结合建筑物负荷的实际变化情况，制定冷热源系统在不同阶段的运行策略。

6.3 输配系统

6.3.1 公共建筑的空调冷热水系统改造后，系统的最大输送能效比（ER）应符合表 6.3.1 的规定。

表 6.3.1 空调冷热水系统的最大输送能效比（ER）

管道类型	两管制热水管道			四管制热水管道	空调冷水管道
	严寒地区	寒冷地区/夏热冬冷地区	夏热冬暖地区		
ER×10⁻³	5.77	6.18	8.65	6.73	24.10

注：1 表中的数据适用于独立建筑物内的空调冷热水系统，最远环路总长度一般在 200～500m 范围；区域供冷（热）或超大型建筑物设集中冷（热）站，管道总长过长的水系统可参照执行。

2 表中两管制热水管道系统中的输送能效比值，不适用于采用直燃式冷（温）水机组、空气源热泵、地源热泵等作为热源，供回水温差小于 10℃的系统。

6.3.2 公共建筑的集中热水采暖系统改造后，热水循环水泵的耗电输热比（EHR）应满足现行国家标准《公共建筑节能设计标准》GB 50189 的规定。

6.3.3 公共建筑空调风系统节能改造后，风机的单位风量耗功率应满足现行国家标准《公共建筑节能设计标准》GB 50189 的规定。

6.3.4 当对采暖通风空调系统的风机或水泵进行更新时，更换后的风机不应低于现行国家标准《通风机能效限定值及节能评价值》GB 19761 中的节能评价值；更换后的水泵不应低于现行国家标准《清水离心泵能效限定值及节能评价值》GB 19762 中的节能评价值。

6.3.5 对于全空气空调系统，当各空调区域的冷、热负荷差异和变化大、低负荷运行时间长，且需要分别控制各空调区温度时，宜通过增设风机变速控制装置，将定风量系统改造为变风量系统。

6.3.6 当原有输配系统的水泵选型过大时，宜采取叶轮切削技术或水泵变速控制装置等技术措施。

6.3.7 对于冷热负荷随季节或使用情况变化较大的系统，在确保系统运行安全可靠的前提下，可通过增设变速控制系统，将定水量系统改造为变水量系统。

6.3.8 对于系统较大、阻力较高、各环路负荷特性或压力损失相差较大的一次泵系统，在确保具有较大的节能潜力和经济性的前提下，可将其改造为二次泵系统，二次泵应采用变流量的控制方式。

6.3.9 空调冷却水系统应设置必要的控制手段，并应在确保系统运行安全可靠的前提下，保证冷却水系统能够随系统负荷以及外界温湿度的变化而进行自动调节。

6.3.10 对于设有多台冷水机组和冷却塔的系统，应防止系统在运行过程中发生冷水或冷却水通过不运行冷水机组而产生的旁通现象。

6.3.11 在采暖空调水系统的分、集水器和主管段处，应增设平衡装置。

6.3.12 在技术可靠、经济合理的前提下，采暖空调水系统可采用大温差、小流量技术。

6.3.13 对于设置集中热水水箱的生活热水供应系统，其供水泵宜采用变速控制装置。

6.4 末端系统

6.4.1 对于全空气空调系统，宜采取措施实现全新风和可调新风比的运行方式。新风量的控制和工况转换，宜采用新风和回风的焓值控制方法。

6.4.2 过渡季节或供暖季节局部房间需要供冷时，宜优先采用直接利用室外空气进行降温的方式。

6.4.3 当进行新、排风系统的改造时，应对可回收能量进行分析，并应合理设置排风热回收装置。

6.4.4 对于风机盘管加新风系统，处理后的新风宜直接送入各空调区域。

6.4.5 对于餐厅、食堂和会议室等高负荷区域空调通风系统的改造，应根据区域的使用特点，选择合适的系统形式和运行方式。

6.4.6 对于由于设计不合理，或者使用功能改变而造成的原有系统分区不合理的情况，在进行改造设计时，应根据目前的实际使用情况，对空调系统重新进行分区设置。

7 供配电与照明系统改造

7.1 一般规定

7.1.1 供配电与照明系统的改造不宜影响公共建筑的工作、生活环境，改造期间应有保障临时用电的技术措施。

7.1.2 供配电与照明系统的改造设计宜结合系统主要设备的更新换代和建筑物的功能升级进行。

7.1.3 供配电与照明系统的改造应在满足用电安全、功能要求和节能需要的前提下进行，并应采用高效节能的产品和技术。

7.1.4 供配电与照明系统的改造施工质量应符合现行国家标准《建筑节能工程施工质量验收规范》GB 50411 和《建筑电气工程施工质量验收规范》GB 50303 的要求。

7.2 供配电系统

7.2.1 当供配电系统改造需要增减用电负荷时，应重新对供配电容量、敷设电缆、供配电线路保护和保护电器的选择性配合等参数进行核算。

7.2.2 供配电系统改造的线路敷设宜使用原有路由进行敷设。当现场条件不允许或原有路由不合理时，应按照合理、方便施工的原则重新敷设。

7.2.3 对变压器的改造应根据用电设备实际耗电率总和，重新计算变压器容量。

7.2.4 未设置用电分项计量的系统应根据变压器、配电回路原设置情况，合理设置分项计量监测系统。分项计量电能表宜具有远传功能。

7.2.5 无功补偿宜采用自动补偿的方式运行，补偿后仍达不到要求时，宜更换补偿设备。

7.2.6 供用电电能质量改造应根据测试结果确定需进行改造的位置和方法。对于三相负载不平衡的回路宜采用重新分配回路上用电设备的方法；功率因数的改善宜采用无功自动补偿的方式；谐波治理应根据谐波源制定针对性方案，电压偏差高于标准值时宜采用合理方法降低电压。

7.3 照明系统

7.3.1 照明配电系统改造设计时各回路容量应按现行国家标准《建筑照明设计标准》GB 50034 的规定

对原回路容量进行校核，并应选择符合节能评价值和节能效率的灯具。

7.3.2 当公共区照明采用就地控制方式时，应设置声控或延时等感应功能；当公共区照明采用集中监控系统时，宜根据照度自动控制照明。

7.3.3 照明配电系统改造设计宜满足节能控制的需要，且照明配电回路应配合节能控制的要求分区、分回路设置。

7.3.4 公共建筑进行节能改造时，应充分利用自然光来减少照明负荷。

8 监测与控制系统改造

8.1 一般规定

8.1.1 对建筑物内的机电设备进行监视、控制、测量时，应做到运行安全、可靠、节省人力。

8.1.2 监测与控制系统应实时采集数据，对设备的运行情况进行记录，且应具有历史数据保存功能，与节能相关的数据应能至少保存 12 个月。

8.1.3 监测与控制系统改造应遵循下列原则：

    1 应根据控制对象的特性，合理设置控制策略；

    2 宜在原控制系统平台上增加或修改监控功能；

    3 当需要与其他控制系统连接时，应采用标准、开放接口；

    4 当采用数字控制系统时，宜将变配电、智能照明等机电设备的监测纳入该系统之中；

    5 涉及修改冷水机组、水泵、风机等用电设备运行参数时，应做好保护措施；

    6 改造应满足管理的需求。

8.1.4 冷热源、采暖通风空调系统的监测与控制系统调试，应在完成各自的系统调试并达到设计参数后再进行，并应确认采用的控制方式能满足预期的控制要求。

8.2 采暖通风空调及生活热水供应系统的监测与控制

8.2.1 节能改造后，集中采暖与空气调节系统监测与控制应符合现行国家标准《公共建筑节能设计标准》GB 50189 的规定。

8.2.2 冷热源监控系统宜对冷冻、冷却水进行变流量控制，并应具备连锁保护功能。

8.2.3 公共场合的风机盘管温控器宜联网控制。

8.2.4 生活热水供应监控系统应具备下列功能：

    1 热水出口压力、温度、流量显示；

    2 运行状态显示；

    3 顺序启停控制；

    4 安全保护信号显示；

    5 设备故障信号显示；

    6 能耗量统计记录；

    7 热交换器按设定出水温度自动控制进汽或进水量；

    8 热交换器进汽或进水阀与热水循环泵连锁控制。

8.3 供配电与照明系统的监测与控制

8.3.1 低压配电系统电压、电流、有功功率、功率因数等监测参数宜通过数据网关与监测与控制系统集成，满足用电分项计量的要求。

8.3.2 照明系统的监测及控制宜具有下列功能：

    1 分组照明控制；

    2 经济技术合理时，宜采用办公区域的照明调节控制；

    3 照明系统与遮阳系统的联动控制；

    4 走道、门厅、楼梯的照明控制；

    5 洗手间的照明控制与感应控制；

    6 泛光照明的控制；

    7 停车场照明控制。

9 可再生能源利用

9.1 一般规定

9.1.1 公共建筑进行节能改造时，有条件的场所应优先利用可再生能源。

9.1.2 当公共建筑采用可再生能源时，其外围护结构的性能指标宜符合现行国家标准《公共建筑节能设计标准》GB 50189 的规定。

9.2 地源热泵系统

9.2.1 公共建筑的冷热源改造为地源热泵系统前，应对建筑物所在地的工程场地及浅层地热能资源状况进行勘察，并应从技术可行性、可实施性和经济性等三方面进行综合分析，确定是否采用地源热泵系统。

9.2.2 公共建筑的冷热源改造为地源热泵系统时，地源热泵系统的工程勘察、设计、施工及验收应符合现行国家标准《地源热泵系统工程技术规范》GB 50366 的规定。

9.2.3 公共建筑的冷热源改造为地源热泵系统时，宜保留原有系统中与地源热泵系统相适合的设备和装置，构成复合式系统；设计时，地源热泵系统宜承担基础负荷，原有设备宜作为调峰或备用措施。

9.2.4 地源热泵系统供回水温度，应能保证原有输配系统和空调末端系统的设计要求。

9.2.5 建筑物有生活热水需求时，地源热泵系统宜采用热泵热回收技术提供或预热生活热水。

9.2.6 当地源热泵系统地埋管换热器的出水温度、地下水或地表水的温度满足末端进水温度需求时，应设置直接利用的管路和装置。

9.3 太阳能利用

9.3.1 公共建筑进行节能改造时，应根据当地的年太阳辐照量和年日照时数确定太阳能的可利用情况。

9.3.2 公共建筑进行节能改造时，采用的太阳能系统形式，应根据所在地的气候、太阳能资源、建筑物类型、使用功能、业主要求、投资规模及安装条件等因素综合确定。

9.3.3 在公共建筑上增设或改造的太阳能热水系统，应符合现行国家标准《民用建筑太阳能热水系统应用技术规范》GB 50364 的规定。

9.3.4 采用太阳能光伏发电系统时，应根据当地的太阳辐照参数和建筑的负载特性，确定太阳能光伏系统的总功率，并应依据所设计系统的电压电流要求，确定太阳能光伏电板的数量。

9.3.5 太阳能光伏发电系统生产的电能宜为建筑自用，也可并入电网。并入电网的电能质量应符合现行国家标准《光伏系统并网技术要求》GB/T 19939 的要求，并应符合相关的安全与保护要求。

9.3.6 太阳能光伏发电系统应设置电能计量装置。

9.3.7 连接太阳能光伏发电系统和电网的专用低压开关柜应有醒目标识。标识的形状、颜色、尺寸和高度应符合现行国家标准《安全标志》GB 2894 和《安全标志使用导则》GB 16179 的规定。

10 节能改造综合评估

10.1 一般规定

10.1.1 公共建筑节能改造后，应对建筑物的室内环境进行检测和评估，室内热环境应达到改造设计要求。

10.1.2 公共建筑节能改造后，应对建筑内相关的设备和运行情况进行检查。

10.1.3 公共建筑节能改造后，应对被改造的系统或设备进行检测和评估，并应在相同的运行工况下采取同样的检测方法。

10.1.4 公共建筑节能改造后，应定期对节能效果进行评估。

10.2 节能改造效果检测与评估

10.2.1 节能改造效果应采用节能量进行评估。改造后节能量应按下式进行计算：

$$E_{con} = E_{baseline} - E_{pre} + E_{cal} \qquad (10.2.1)$$

式中 E_{con}——节能措施的节能量；

$E_{baseline}$——基准能耗，即节能改造前，1 年内设备或系统的能耗，也就是改造前的能耗；

E_{pre}——当前能耗，即改造后的能耗；

E_{cal}——调整量。

10.2.2 节能效果应按下列步骤进行检测和评估：

1 针对项目特点制定具体的检测和评估方案；

2 收集改造前的能耗及运行数据；

3 收集改造后的能耗和运行数据；

4 计算节能量并进行评估；

5 撰写节能改造效果评估报告。

10.2.3 节能改造效果可采用下列 3 种方法进行评估：

1 测量法；

2 账单分析法；

3 校准化模拟法。

10.2.4 符合下列情况之一时，宜采用测量法进行评估：

1 仅需评估受节能措施影响的系统的能效；

2 节能措施之间或与其他设备之间的相互影响可忽略不计或可测量和计算；

3 影响能耗的变量可以测量，且测量成本较低；

4 建筑内装有分项计量表；

5 期望得到单个节能措施的节能量；

6 参数的测量费用比采用校准化模拟法的模拟费用低。

10.2.5 符合下列情况之一时，宜采用账单分析法进行评估：

1 需评估改造前后整幢建筑的能效状况；

2 建筑中采取了多项节能措施，且存在显著的相互影响；

3 被改造系统或设备与建筑内其他部分之间存在较大的相互影响，很难采用测量法进行测量或测量费用很高；

4 很难将被改造的系统或设备与建筑的其他部分的能耗分开；

5 预期的节能量比较大，足以摆脱其他影响因素对能耗的随机干扰。

10.2.6 符合下列情况之一时，宜采用校准化模拟法进行评估：

1 无法获得整幢建筑改造前或改造后的能耗数据，或获得的数据不可靠；

2 建筑中采取了多项节能措施，且存在显著的相互影响；

3 采用多项节能措施的项目中需要得到每项节能措施的节能效果，用测量法成本过高；

4 被改造系统或设备与建筑内其他部分之间存在较大的相互影响，很难采用测量法进行测量或测量费用很高；

5 被改造的建筑和采取的节能措施可以用成熟的模拟软件进行模拟，并有实际能耗或负荷数据进行比对。

6 预期的节能量不够大，无法采用账单分析法通过账单或表计数据将其区分出来。

10.2.7 采用测量法进行评估时，应符合下列规定：

1 当被改造系统或设备运行负荷较稳定时，可只测量关键参数，其他参数宜估算确定；

2 当被改造系统或设备运行负荷变化较大时，应对与能耗相关的所有参数进行测量；

3 当实施节能改造的设备数量较多时，宜对被改造的设备进行抽样测量。

10.2.8 采用校准化模拟法进行评估时，应符合下列规定：

1 评估前应制定校准化模拟方案；

2 应采用逐时能耗模拟软件，且气象资料应为1年（8760h）的逐时气象参数；

3 除了节能改造措施外，改造前的能耗模型（基准能耗模型）和改造后的能耗模型应采用相同的输入条件；

4 能耗模拟输出的逐月能耗和峰值结果应与实际账单数据进行比对，月误差应控制在±15%之内，均方差应控制在±10%之内。

10.2.9 计算节能量时，应进行不确定性分析，并应注明计算得到节能量的不确定度或模型的精度。

附录A 冷热源设备性能参数选择

A.0.1 当更换电机驱动压缩机的蒸汽压缩循环冷水机组或热泵机组时，在额定制冷工况和规定条件下，机组的制冷性能系数（COP）不应低于表A.0.1的规定。

表A.0.1 冷水机组或热泵机组制冷性能系数

类 型		额定制冷量CC（kW）	性能系数COP（W/W）
水 冷	活塞式/涡旋式	＜528	4.10
		528～1163	4.30
		＞1163	4.60
	螺杆式	＜528	4.40
		528～1163	4.70
		＞1163	5.10
	离心式	＜528	4.70
		528～1163	5.10
		＞1163	5.60
风冷或蒸发冷却	活塞式/涡旋式	≤50	2.60
		＞50	2.80
	螺杆式	≤50	2.80
		＞50	3.00

A.0.2 当更换电机驱动压缩机的蒸汽压缩循环冷水机组或热泵机组时，机组综合部分负荷性能系数

（IPLV）不应低于现行国家标准《公共建筑节能设计标准》GB 50189的规定。

A.0.3 当更换名义制冷量大于7100W、采用电机驱动压缩机的单元式空气调节机、风管送风式和屋顶式空调（热泵）机组时，在名义制冷工况和规定条件下，机组能效比（EER）不应低于表A.0.3中的规定。

表A.0.3 机组能效比

类 型		能效比（W/W）
风冷式	不接风管	2.80
	接风管	2.50
水冷式	不接风管	3.20
	接风管	2.90

A.0.4 当更换蒸汽、热水型溴化锂吸收式冷水机组及直燃型溴化锂吸收式冷（温）水机组时，机组的性能系数不应低于现行国家标准《公共建筑节能设计标准》GB 50189的规定。

A.0.5 当更换多联式空调（热泵）机组时，机组的制冷综合性能系数不应低于表A.0.5的规定。

表A.0.5 多联式空调（热泵）机组的制冷综合性能系数

名义制冷量CC（W）	制冷综合性能系数（W/W）
CC≤28000	3.20
28000＜CC≤84000	3.15
CC＞84000	3.10

注：1 多联式空调（热泵）机组包含双制冷循环和多制冷循环系统。

2 制冷综合性能系数按《多联式空调（热泵）机组》GB/T 18837规定的工况进行试验和计算。

A.0.6 当更换房间空调器时，其能效等级不应低于表A.0.6的规定。房间空调器的能效等级测试方法应按照现行国家标准《房间空气调节器》GB/T 7725、《单元式空气调节机》GB/T 17758的规定执行。

表A.0.6 房间空调器能效等级

类型	额定制冷量CC（W）	能效等级EER（W/W）
		2
整体式	—	2.90
分体式	CC≤4500	3.20
	4500＜CC≤7100	3.10
	7100＜CC≤14000	3.00

A.0.7 当更换转速可控型房间空调器时，其能效等级不应低于表 A.0.7 的规定。转速可控型房间空调器能效等级的测试方法应按照现行国家标准《房间空气调节器》GB/T 7725 的规定执行。

表 A.0.7 转速可控型房间空调器能效等级

类型	额定制冷量 CC (W)	能效等级 EER（W/W）
		3
分体式	CC≤4500	3.90
	4500＜CC≤7100	3.60
	7100＜CC≤14000	3.30

注：能效等级的实测值保留两位小数。

A.0.8 当更换锅炉时，锅炉的额定效率不应低于现行国家标准《公共建筑节能设计标准》GB 50189 的规定。

本规范用词说明

1 为便于在执行本规范条文时区别对待，对要求严格程度不同的用词说明如下：

　　1）表示很严格，非这样做不可的用词：
　　　正面词采用"必须"，反面词采用"严禁"；
　　2）表示严格，在正常情况下均应这样做的用词：
　　　正面词采用"应"，反面词采用"不应"或"不得"；
　　3）表示允许稍有选择，在条件许可时首先应这样做的用词：
　　　正面词采用"宜"，反面词采用"不宜"；
　　　表示有选择，在一定条件下可以这样做的用词，采用"可"。

2 规范中指明应按其他有关标准执行的写法为："应符合……的规定"或"应按……执行"。

引用标准名录

1 《建筑设计防火规范》GB 50016
2 《建筑照明设计标准》GB 50034
3 《高层民用建筑设计防火规范》GB 50045
4 《自动化仪表工程施工及验收规范》GB 50093
5 《民用建筑热工设计规范》GB 50176
6 《公共建筑节能设计标准》GB 50189
7 《屋面工程质量验收规范》GB 50207
8 《建筑内部装修设计防火规范》GB 50222
9 《建筑给水排水及采暖工程施工质量验收规范》GB 50242
10 《通风与空调工程施工质量验收规范》GB 50243
11 《建筑电气工程施工质量验收规范》GB 50303
12 《屋面工程技术规范》GB 50345
13 《民用建筑太阳能热水系统应用技术规范》GB 50364
14 《地源热泵系统工程技术规范》GB 50366
15 《建筑节能工程施工质量验收规范》GB 50411
16 《安全标志》GB 2894
17 《建筑外门窗气密、水密、抗风压性能分级及检测方法》GB/T 7106
18 《安全标志使用导则》GB 16179
19 《通风机能效限定值及节能评价值》GB 19761
20 《清水离心泵能效限定值及节能评价值》GB 19762
21 《光伏系统并网技术要求》GB/T 19939
22 《建筑幕墙》GB/T 21086
23 《金属与石材幕墙工程技术规范》JGJ 133
24 《外墙外保温工程技术规程》JGJ 144
25 《混凝土结构后锚固技术规程》JGJ 145
26 《公共建筑节能检验标准》JGJ 177

中华人民共和国行业标准

公共建筑节能改造技术规范

JGJ 176—2009

条 文 说 明

制 订 说 明

《公共建筑节能改造技术规范》JGJ 176—2009 经住房和城乡建设部 2009 年 5 月 19 日以第 313 号公告批准发布。

为便于广大设计、施工、科研、学校等单位的有关人员在使用本规程时能正确理解和执行条文规定，《公共建筑节能改造技术规范》编制组按章、节、条顺序编制了本规程的条文说明，供使用时参考。在使用中如发现本条文说明有不妥之处，请将意见函寄中国建筑科学研究院。

目　次

1 总 则

1.0.1 据推算，我国现有公共建筑面积约 45 亿 m^2，为城镇建筑面积的 27%，占城乡房屋建筑总面积的 10.7%，但公共建筑能耗约占建筑总能耗的 20%。公共建筑单位能耗较居住建筑高很多，以北京市为例，普通居民住宅每年的用电能耗仅为 $10\sim20kWh/m^2$，而大型公共建筑平均每年的耗电量约为 $150kWh/m^2$，是普通居民住宅用电能耗的 7.5～15 倍，因此公共建筑节能潜力巨大。

对公共建筑，过去在节能降耗方面重视不够，规范也不健全，2005 年才正式颁布《公共建筑节能设计标准》GB 50189，对新建或改、扩建公共建筑节能设计进行了规范，而对于大量的没有达到现行国家标准《公共建筑节能设计标准》GB 50189 的既有公共建筑，如何进行节能改造，目前还没有标准可依。制定并实施公共建筑节能改造标准，将改善既有公共建筑用能浪费的状况，推进建筑节能工作的开展，为实现国家节约能源和保护环境的战略作出贡献。

1.0.2 公共建筑包括办公、旅游、商业、科教文卫、通信及交通运输用房等。在公共建筑中，尤以办公建筑、高档旅馆及大中型商场等几类建筑，在建筑标准、功能及空调系统等方面有许多共性，而且能耗高、节能潜力大。因此，办公建筑、旅游建筑、商业建筑是公共建筑节能改造的重点领域。

在公共建筑（特别是高档办公楼、高档旅馆建筑及大型商场）的全年能耗中，大约 50%～60%消耗于采暖、通风、空调、生活热水，20%～30%用于照明。而在采暖、通风、空调、生活热水这部分能耗中，大约 20%～50%由外围护结构传热所消耗（夏热冬暖地区大约 20%，夏热冬冷地区大约 35%，寒冷地区大约 40%，严寒地区大约 50%），30%～40%为处理新风所消耗。从目前情况分析，公共建筑在外围护结构、采暖通风空调生活热水及照明方面有较大的节能潜力。所以本规范节能改造的主要目标是降低采暖、通风、空调、生活热水及照明方面的能源消耗。电梯节能也是公共建筑节能的重要组成部分，但由于电梯设备在应用及管理上的特殊性，电器设备的节能主要取决于产品，因此本规范不包括电梯、电器设备、炊事等方面的内容。

电器设备是指办公设备（电脑、打印机、复印件、传真机等）、饮水机、电视机、监控器等与采暖、通风、空调、生活热水及照明无关的用电设备。

本规范仅涉及建筑外围护结构、用能设备及系统等方面的节能改造。改造完毕后，运行管理节能至关重要。但由于运行方面的节能不单纯是技术问题，很大程度上取决于运行管理的水平，因此，本规范未包括运行管理方面的内容。

1.0.3 公共建筑节能改造的目的是节约能源消耗和改善室内热环境，但节约能源不能以降低室内热舒适度作为代价，所以要在保证室内热舒适环境的基础上进行节能改造。室内热舒适环境应该满足现行国家标准《采暖通风与空气调节设计规范》GB 50019 和《公共建筑节能设计标准》GB 50189 的相关规定。

1.0.4 节能改造的原则是最大限度挖掘现有设备和系统的节能潜力，通过节能改造，降低高能耗环节，提高系统的实际运行能效。

1.0.5 本规范对公共建筑进行节能改造时的节能诊断、节能改造判定原则与方法、进行节能改造的具体措施和方法及节能改造评估等内容进行了规定，但公共建筑节能改造涉及的专业较多，相关专业均制定有相应的标准及规定，特别是进行节能改造时，应保证改造建筑在结构、防火等方面符合相关标准的规定。因此在进行公共建筑节能改造时，除应符合本规范外，尚应符合国家现行的有关标准的规定。

3 节 能 诊 断

3.1 一 般 规 定

3.1.2 建筑物的竣工图、设备的技术参数和运行记录、室内温湿度状况、能源消费账单等是进行公共建筑节能诊断的重要依据，节能诊断前应予以提供。室内温湿度状况指建筑使用或管理人员对房间室内温湿度的概括性评价，如舒适、不舒适、偏热、偏冷等。

3.1.3 子系统节能诊断报告中系统概况是对子系统工程（建筑外围护结构、采暖通风空调及生活热水供应系统、供配电与照明系统、监测与控制系统）的系统形式、设备配置等情况进行文字或图表说明；检测结果为子系统工程测试结果；节能诊断与节能分析是依据节能改造判定原则与方法，在检测结果的基础上发现子系统工程存在节能潜力的环节并计算节能潜力；改造方案与经济性分析要提出子系统工程进行节能改造的具体措施并进行静态投资回收期计算。项目节能诊断报告是对各子系统节能诊断报告内容的综合、汇总。

3.1.5 为确保节能诊断结果科学、准确、公正，要求从事公共建筑节能检测的机构需要通过计量认证，且通过计量认证项目中应包括现行行业标准《公共建筑节能检验标准》JGJ 177 中规定的项目。

3.2 外围护结构热工性能

3.2.1 我国幅员辽阔，不同地区气候差异很大，公共建筑外围护结构节能改造时应考虑气候的差异。严寒、寒冷地区公共建筑外围护结构节能改造的重点应关注建筑本身的保温性能，而夏热冬暖地区应重点关注建筑本身的隔热与通风性能，夏热冬冷地区则二者均需兼顾。因此不同地区公共建筑外围护结构节能诊断的重点应有所差异。外围护结构的检测项目可根据建筑物所处气候区、外围护结构类型有所侧重，对上述检测项目进行选择性节能诊断。检测方法参照国家现行标准《建筑节能工程施工质量验收规范》GB 50411 和《公共建筑节能检验标准》JGJ 177 的有关规定。

建筑物外围护结构主体部位主要是指外围护结构中不受热桥、裂缝和空气渗漏影响的部位。外围护结构主体部位传热系数测试时测点位置应不受加热、制冷装置和风扇的直接影响，被测区域的外表面也应避免雨雪侵袭和阳光直射。

3.3 采暖通风空调及生活热水供应系统

3.3.1　由于不同公共建筑采暖通风空调及生活热水供应系统形式不同，存在问题不同，相应节能潜力也不同，节能诊断项目应根据具体情况选择确定。节能诊断相关参数的测试参见现行行业标准《公共建筑节能检验标准》JGJ 177。由于冷源及其水系统的节能诊断是在运行工况下进行的，而现行国家标准《公共建筑节能设计标准》GB 50189—2005 中规定的集中热水采暖系统热水循环水泵的耗电输热比（EHR）和空调冷热水系统循环水泵的输送能效比（ER）是设计工况的数据，不便作为判定的依据，故在检测项目中不包含该两项指标，而是以水系统供回水温差、水泵效率及冷源系统能效系数代替此项性能。能量回收装置性能测试可参考现行国家标准《空气—空气能量回收装置》GB/T 21087 的规定。

3.4 供配电系统

3.4.1　供配电系统是为建筑内所有用电设备提供动力的系统，因此用电设备是否运行合理、节能均从消耗电量来反映，因此其系统状况及合理性直接影响了建筑节能用电的水平。

3.4.2　根据有关部门规定应淘汰能耗高、落后的机电产品，检查是否有淘汰产品存在。

3.4.3　根据观察每台变压器所带常用设备一个工作周期耗电量，或根据目前正在运行的用电设备铭牌功率总和，核算变压器负载率，当变压器平均负载率在 $60\%\sim70\%$ 时，为合理节能运行状况。

3.4.4　常用供电主回路一般包括：

1　变压器进出线回路；

2　制冷机组主供电回路；

3　单独供电的冷热源系统附泵回路；

4　集中供电的分体空调回路；

5　给水排水系统供电回路；

6　照明插座主回路；

7　电子信息系统机房；

8　单独计量的外供电回路；

9　特殊区供电回路；

10　电梯回路；

11　其他需要单独计量的用电回路。

以上这些回路设置是根据常规电气设计而定的，一般是指低压配电室内的配电柜的馈出线，分项计量原则上不在楼层配电柜（箱）处设置表计。基于这条原则，照明插座主回路就是指配电室内配电柜中的出线，而不包括层照明配电箱的出线。

对变压器进出线进行计量是为了实时监视变压器的损耗，因为负载损耗是随着建筑物内用电设备用电量的大小而变化的。

特殊区供电回路负载特性是指餐饮，厨房，信息中心，多功能区，洗浴，健身房等混合负载。

外供电是指出租部分的用电，也是混合负载，如一栋办公楼的一层出租给商场，包括照明、自备集中空调、地下超市的冷冻保鲜设备等，这部分供电费用需要与大厦物业进行结算，涉及内部的收费管理。

分项计量电能回路用电量校核检验采用现行行业标准《公共建筑节能检验标准》JGJ 177 规定的方法。

3.4.5　建筑物内低压配电系统的功率因数补偿应满足设计要求，或满足当地供电部门的要求。要求核查调节方式主要是为了保证任何时候无功补偿均能达到要求，若建筑内用电设备出现周期性负荷变化很大的情况，如果未采用正确的补偿方式很容易造成电压水平不稳定的现象。

3.4.6　随着建筑物内大量使用的计算机、各种电子设备、变频电器、节能灯具及其他新型办公电器等，使供配电网的非线性（谐波）、非对称性（负序）和波动性日趋严重，产生大量的谐波污染和其他电能质量问题。这些电能质量问题会引起中性线电流超过相线电流、电容器爆炸、电机的烧损、电能计量不准、变压器过热、无功补偿系统不能正常投运、继电器保护和自动装置误动跳闸等危害。同时许多网络中心，广播电视台，大型展览馆和体育场馆，急救中心和医院的手术室等大量使用的敏感设备对供配电系统的电能质量也提出了更高和更严格的要求，因此应重视电能质量问题。三相电压不平衡度、功率因数、谐波电压及谐波电流、电压偏差检验均采用现行行业标准《公共建筑节能检验标准》JGJ 177 规定的方法。

3.5 照 明 系 统

3.5.1　灯具类型诊断方法为核查光源和附件型号，是否采用节能灯具，其能效等级是否满足国家相关标准。

荧光灯具包括光源部分、反光罩部分和灯具配件部分，灯具配件耗电部分主要是镇流器，国家对光源和镇流器部分的能效限定值都有相关标准，而我们使用灯具一般都配有反光罩，对于反光罩的反射效率国家目前没有相关规定，因此需要对灯具的整体效率有一个评判。照度值是测评照明是否符合使用要求的一个重要指标，防止有人为了达到规定的照明功率密度而使用照度水平低劣的产品，虽然可以满足功率密度指标而不能满足使用功能的需要。

照明功率密度值是衡量照明耗电是否符合要求的重要指标，需要根据改造前的实际功率密度值判断是否需要进行改造。

照明控制诊断方法为核查是否采用分区控制，公共区控制是否采用感应、声音等合理有效控制方式。目前公共区照明是能耗浪费的重灾区，经常出现长明灯现象，单靠人为的管理很难做到合理利用，因此需要对这部分照明加强控制和管理。

照明系统诊断还应检查有效利用自然光情况，有效利用自然光诊断方法为核查在靠近采光窗处的灯具能否在满足照度要求时手动或自动关闭。其采光系数和采光窗的面积比应符合规范要求。

照明灯具效率、照度值、功率密度值、公共区照明控制检验均采用《公共建筑节能检验标准》JGJ 177 中规定的检验方法。

3.5.2 照明系统节电率是衡量照明系统改造后节能效果的重要量化指标，它比照明功率密度指标更直接更准确地反映了改造后照明实际节省的电能。

3.6 监测与控制系统

3.6.1 现行国家标准《公共建筑节能设计标准》GB 50189—2005 中规定集中采暖与空气调节系统监测与控制的基本要求：

1 对于冷、热源系统，控制系统应满足下列基本要求：

1）冷、热量瞬时值和累计值的监测，冷水机组优先采用由冷量优化控制运行台数的方式；

2）冷水机组或热交换器、水泵、冷却塔等设备连锁启停；

3）供、回水温度及压差的控制或监测；

4）设备运行状态的监测及故障报警；

5）技术可靠时，宜考虑冷水机组出水温度优化设定。

2 对于空气调节冷却水系统，应满足下列基本控制要求：

1）冷水机组运行时，冷却水最低回水温度的控制；

2）冷却塔风机的运行台数控制或风机调速控制；

3）采用冷却塔供应空气调节冷水时的供水温度控制；

4）排污控制。

3 对于空气调节风系统（包括空气调节机组），应满足下列基本控制要求：

1）空气温、湿度的监测和控制；

2）采用定风量全空气空调系统时，宜采用变新风比焓值控制方式；

3）采用变风量系统时，风机宜采用变速控制方式；

4）设备运行状态的监测及故障报警；

5）需要时，设置盘管防冻保护；

6）过滤器超压报警或显示。

对间歇运行的空调系统，宜设自动启停控制装置；控制装置应具备按照预定时间进行最优启停的功能。

采用二次泵系统的空气调节水系统，其二次泵应采用自动变速控制方式。

对末端变水量系统中的风机盘管，应采用电动温控阀和三档风速结合的控制方式。

其中，空气温、湿度的监测和控制、供、回水压差的控制及末端变水量系统中的风机盘管控制性能检测均采用现行行业标准《公共建筑节能检验标准》JGJ 177 中规定的检验方法。

通常，生活热水系统监测与控制的基本要求包括：

1 供水量瞬时值和累计值的监测；

2 热源及水泵等设备连锁启停；

3 供水温度控制或监测；

4 设备运行状态的监测及故障报警。

照明、动力设备监测与控制应具有对照明或动力主回路的电压、电流、有功功率、功率因数、有功电度（kW/h）等电气参数进行监测记录的功能，以及对供电回路电器元件工作状态进行监测、报警的功能。检测方法采用现行行业标准《公共建筑节能检验标准》JGJ 177 中规定的检验方法。

3.6.2 阀门型号和执行器应配套，参数应符合设计要求，其安装位置、阀前后直管段长度、流体方向等应符合产品安装要求；执行器的安装位置、方向应符合产品要求。变频器型号和参数应符合设计要求及国家有关规定；流量仪表的型号和参数、仪表前后的直管段长度等应符合产品要求；压力和差压仪表的取压点、仪表配套的阀门安装应符合产品要求；温度传感器精度、量程应符合设计要求；安装位置、插入深度应符合产品要求等。传感器（包括温湿度、风速、流量、压力等）数据是否准确，量程是否合理，阀门执行器与阀门旋转方向是否一致，阀门开闭是否灵活，手动操作是否有效；变频器、节电器等设备是否处于自控状态，现场控制器是否工作正常（包括通信、输入输出点，电池等）等。监测与控制系统中安装了大量的传感器、阀门及配套执行器、变频器等现场设备，这些现场设备的安装直接影响控制功能和控制精度，因此应特别注意这些设备的安装和线路敷设方式，严格按照产品说明书的要求安装，产品说明中没有注明安装方式的应按照现行国家标准《自动化仪表工程施工及验收规范》GB 50093 的规定执行。

3.7 综合诊断

3.7.1 综合诊断的目的是为了在外围护结构热工性能、采暖通风空调及生活热水供应系统、供配电与照明系统、监测与控制系统分项诊断的基础上，对建筑物整体节能性能进行综合诊断，并给出建筑物的整体能源利用状况和节能潜力。

3.7.2 节能诊断总报告是在外围护结构、采暖通风空调及生活热水供应系统、供配电与照明系统、监测与控制系统各分报告的基础上，对建筑物的整体能耗量及其变化规律、能耗构成和分项能耗进行汇总与分析；针对各分报告中确定的主要问题、重点节能环节及其节能潜力，通过技术经济分析，提出建筑物综合节能改造方案。

4 节能改造判定原则与方法

4.1 一般规定

4.1.1 节能诊断涉及公共建筑外围护结构的热工性能、采暖通风空调及生活热水供应系统、供配电与照明系统以及监测与控制系统等方面的内容。节能改造内容的确定应根据目前系统的实际运行能效、节能改造的潜力以及节能改造的经济性综合确定。

4.1.2 单项判定是针对某一单项指标是否进行节能改造的判定；分项判定是针对外围护结构或采暖通风空调及生活热水供应系统或照明系统是否进行节能改造的判定；综合判定是综合考虑外围护结构、采暖通风空调及生活热水供应系统及照明系统是否进行节能改造的判定。

分项判定方法及综合判定方法是通过计算节能率及静态投资回收期进行判定，可以预测公共建筑进行节能改造时的节能潜力。

单项判定、分项判定、综合判定之间是并列的关系，满足任何一种判定原则，都可进行相应节能改造。

本规范提供了单项、分项、综合三种判定方法，业主可以根据需要选择采取一种或多种判定方法以及改造方案。

4.2 外围护结构单项判定

4.2.1 公共建筑在进行结构、防火等改造时，如涉及外围护结构保温隔热方面时，可考虑同步进行外围护结构方面的节能改造。但外围护结构是否需要节能改造，需结合公共建筑节能改造判定原则与方法确定。

4.2.2 严寒、寒冷地区主要考虑建筑的冬季防寒保温，建筑外围护结构传热系数对建筑的采暖能耗影响很大，提高这一地区的外围护结构传热系数，有利于提高改造对象的节能潜力，并满足节能改造的经济性综合要求。未设保温或保温破损面积过大的建筑，当进入冬季供暖期时，外墙内表面易产生结露现象，会造成外围护结构内表面材料受潮，严重影响室内环境。因此，对此类公共建筑节能改造时，应强化其外围护结构的保温要求。

夏热冬冷、夏热冬暖地区太阳辐射得热是造成夏季室内过热的主要原因，对建筑能耗的影响很大。这一地区应主要关注建筑外围护结构的夏季隔热，当公共建筑采用轻质结构和复合结构时，应提高其外围护结构的热稳定性，不能简单采用增加墙体、屋面保温隔热材料厚度的方式来达到降低能耗的目的。

外围护结构节能改造的单项判定中，外墙、屋面的热工性能考虑了现行国家标准《民用建筑热工设计规范》GB 50176 的设计要求，确定了判定的最低限值。

4.2.3 外窗、透明幕墙对建筑能耗高低的影响主要有两个方面，一是外窗和透明幕墙的热工性能影响冬季采暖、夏季空调室内外温差传热；另外就是窗和幕墙的透明材料（如玻璃）受太阳辐射影响而造成的建筑室内的得热。冬季，通过窗口和透明幕墙进入室内的太阳辐射有利于建筑的节能，因此，减小窗和透明幕墙的传热系数，抑制温差传热是降低窗口和透明幕墙热损失的主要途径之一；夏季，通过窗口透明幕墙进入室内的太阳辐射成为空调降温的负荷，因此，减少进入室内的太阳辐射以及减小窗或透明幕墙的温差传热都是降低空调能耗的途径。

外窗及透明幕墙的传热系数及综合遮阳系数的判定综合考虑了现行国家标准《采暖通风与空气调节设计规范》GB 50019 和原有《旅游旅馆建筑及空气调节节能设计标准》GB 50189—93（现已废止）的设计要求，并进行相应的补充，确定了判定外围护结构节能改造的最低限值。

许多公共建筑外窗的可开启率有逐渐下降的趋势，有的甚至使外窗完全封闭。在春、秋季节和冬、夏季的某些时段，开窗通风是减少空调设备的运行时间、改善室内空气质量和提高室内热舒适性的重要手段。对于有很多内区的公共建筑，扩大外窗的可开启面积，会显著增强建筑室内的自然通风降温效果。参考北京市《公共建筑节能设计标准》DBJ 01—621，采用占外墙总面积比例来控制外窗的可开启面积。而 12% 的外墙总面积，相当于窗墙比为 0.40 时，30% 的窗面积。超高层建筑外窗的开启判定不执行本条规定。对于特别设计的透明幕墙，如双层幕墙，透明幕墙的可开启面积应按照双层幕墙的内侧立面上的可开启面积计算。

实际改造工程判定中，当遇到外窗及透明幕墙的热工性能优于条文规定的最低限值时，而业主有能力进行外立面节能改造的，也应在根据分项判定和综合判定后，确定节能改造的内容。

4.2.4 夏季屋面水平面太阳辐射强度最大，屋面的透明面积越大，相应建筑的能耗也越大，而屋面透明部分冬季天空辐射的散热量也很大，因此对屋面透明部分的热工性能改造应予以重视。

4.3 采暖通风空调及生活热水供应系统单项判定

4.3.1 按中国目前的制造水平和运行管理水平，冷、热源设备的使用年限一般为 15 年，但由于南北地域、气候差异等因素导致设备使用时间不同，在具体改造过程中，要根据设备实际运行状况来判定是否需要改造或更换。冷、热源设备所使用的燃料或工质要符合国家的相关政策。1991 年我国政府签署了《关于消耗臭氧层物质的蒙特利尔协议书》伦敦修正案，成为按该协议书第五条第一款行事的缔约国。我国编制的《中国消耗臭氧层物质逐步淘汰国家方案》由国务院批准，其中规定，对臭氧层有破坏作用的 CFC-11、CFC-12 制冷剂最终禁用时间为 2010 年 1 月 1 日。同时，我国政府在《蒙特利尔议定书》多边基金执委会上申请并获批准加速淘汰 CFC 计划，定于 2007 年 7 月 1 日起完全停止 CFC 的生产和消费，比原规定提前了两年半。对于目前广泛用于空气调节制冷设备的 HCFC-22 以及 HCFC-123 制冷剂，按"蒙特利尔议定书缔约方第十九次会议"对第五条缔约方的规定，我国将于 2030 年完成其生产与消费的加速淘汰，至 2030 年削减至 2.5%。

4.3.2 本条文中锅炉的运行效率是指锅炉日平均运行效率，其数值是根据现有锅炉实际运行状况确定的，且其值低于现行行业标准《居住建筑节能检测标准》JGJ 132-2009 中规定的节能合格指标值，如表 1 所示。锅炉日平均运行效率测试条件和方法见现行行业标准《居住建筑节能检测标准》JGJ 132。

表 1 采暖锅炉日平均运行效率

锅炉类型、燃料种类		在下列锅炉额定容量（MW）下的日平均运行效率（%）						
		0.7	1.4	2.8	4.2	7.0	14.0	>28.0
燃煤	烟煤 Ⅱ	—	—	65	66	70	70	71
	Ⅲ	—	—	66	68	70	71	73
燃油、燃气		77	78	79	80	81	81	81

4.3.3 现行国家标准《冷水机组能效限定值及能源效率等级》GB 19577—2004 中，5 级产品是未来淘汰的产品，所以本条文对冷水机组或热泵机组制冷性能系数的规定以 5 级或低于 5 级作为进行改造或更换的依据。其中，水冷螺杆式、水冷离心式、风冷或蒸发冷却螺杆式机组以 5 级作为进行改造或更换的依据；水冷活塞式/涡旋式、风冷或蒸发冷却活塞式/涡旋式机组以 5 级标准的 90% 作为进行改造或更换的依据。冷水机组或热泵机组实际性能系数的测试工况和方法见现行行业标准《公共建筑节能检验标准》JGJ 177。

4.3.4 现行国家标准《单元式空气调节机能效限定值及能源效率等级》GB 19576—2004 中，5 级产品是未来淘汰的产品，所以本条文对机组能效比的规定以 5 级作为进行改造或更换的依据。单元式空气调节机、风管送风式和屋顶式空调机组需进行送检，以测定其能效比。

4.3.5 本条文中溴化锂吸收式冷水机组实际性能系数（COP）约为《公共建筑节能设计标准》GB 50189—2005 中规定数值的 90%，其测试工况和方法见现行行业标准《公共建筑节能检验标准》JGJ 177。

4.3.6 用高品位的电能直接转换为低品位的热能进行采暖或空调的方式，能源利用率低，是不合适的。

4.3.7 当公共建筑采暖空调系统的热源设备无随室外气温变化进行供热量调节的自动控制装置时，容易造成冬季室温过高，无法调节，浪费能源。

4.3.8 本条文冷源系统能效系数的测试工况和方法见现行行业标准《公共建筑节能检验标准》JGJ 177。表 4.3.8 中的数值是综合考虑目前公共建筑中冷源系统的实际情况确定的，其值约为现行行业标准《公共建筑节能检验标准》JGJ 177 中规定数值的 80% 左右。

4.3.9 在过去的 30 年内，冷水机组的效率提高很快，使其占空调水系统能耗的比例已降低了 20% 以上，而水泵的能耗比例却相应提高了。在实际工程中，由于设计选型偏大而造成的系统大流量运行的现象非常普遍，因此以减少水泵能耗为目的的空调水系统改造方案，值得推荐。

4.3.10 由于受气象条件等因素变化的影响，空调系统的冷热负荷在全年是不断变化的，因此要求空调水系统具有随负荷变化的调节功能。长时间小温差运行是造成运行能耗高的主要原因之一。本条中的总运行时间是指一年中供暖季或制冷季空调系统的实际运行时间。

4.3.11 本条文的规定是为了降低输配能耗，并且二次泵变流量的设置不影响制冷主机对流量的要求。但为了系统的稳定性，变流量调节的最大幅度不宜超过设计流量的 50%。空调冷水系统改造为变流量调节方式后，应对系统进行调试，使得变流量的调节方式与末端的控制相匹配。

4.3.12 本条文风机的单位风量耗功率为风机实际耗电量与风机实际风量的比值。测试工况和方法见现行行业标准《公共建筑节能检验标准》JGJ 177。表 4.3.12 中的数值是综合考虑目前公共建筑中风机的单位风量耗功率的实际情况确定的，其值为现行国家标准《公共建筑节能设计标准》GB 50189—2005 中规定数值的 1.1 倍左右。根据本条文进行改造的空调风系统服务的区域不宜过大，在办公建筑中，空调风管道通常不应超过 90m，商业与旅游建筑中，空调风管不宜超过 120m。

4.3.13 在冬季需要制冷时，若启用人工冷源，势必会造成能源的大量浪费，不符合国家的能源政策，所以需要采用天然冷源。天然冷源包括：室外的空气、地下水、地表水等。

4.3.14 在过渡季，当室外空气焓值低于室内焓值时，为节约能源，应充分利用室外的新风。本条文适合于全空气空调系统，不适合于风机盘管加新风系统。

4.3.15 空调系统需要的新风主要有两个用途：一是稀释室内有害物质的浓度，满足人员的卫生要求；二是补充室内排风和保持室内正压。2003 年中国经历了 SARS 事件，使得人们意识到建筑内良好通风的重要性。现行国家标准《公共建筑节能设计标准》GB 50189—2005 中明确规定了公共建筑主要空间的设计新风量的要求。鉴于新风量的重要性，本条文对不满足现行国家标准《公共建筑节能设计标准》GB 50189—2005 中规定的新风量指标的公共建筑，提出了进行新风系统改造或增设新风系统的要求。现行国家标准《公共建筑节能设计标准》GB 50189—2005 中对主要空间的设计新风量的规定如表 2 所示。

表 2 公共建筑主要空间的设计新风量

建筑类型与房间名称			新风量 [$m^3/(h \cdot p)$]
旅游旅馆	客房	5 星级	50
		4 星级	40
		3 星级	30
	餐厅、宴会厅、多功能厅	5 星级	30
		4 星级	25
		3 星级	20
		2 星级	15
	大堂、四季厅	4～5 星级	10
	商业、服务	4～5 星级	20
		2～3 星级	10
	美容、理发、康乐设施		30
旅店	客房	1～3 星级	30
		4 级	20
文化娱乐	影剧院、音乐厅、录像厅		20
	游艺厅、舞厅（包括卡拉 OK 歌厅）		30
	酒吧、茶座、咖啡厅		10
体育馆			20
商场（店）、书店			20
饭馆（餐厅）			20
办公			30
学校	教室	小学	11
		初中	14
		高中	17

4.3.16 各主支管路回水温度最大差值即主支管路回水温度的一致性反映了水系统的水力平衡状况。主支管路回水温度的一致性测试工况和方法见现行行业标准《公共建筑节能检验标准》JGJ 177。

4.3.17 从卫生及节能的角度，不结露是冷水管保温的基本要求。

4.3.19 《中华人民共和国节约能源法》第三十七条规定："使用空调采暖、制冷的公共建筑应当实行室内温度控制制度。"第三十八条规定："新建建筑或者对既有建筑进行节能改造，应当按照规定安装用热计量装置、室内温度调控装置和供热系统调控装置。"为满足此要求，公共建筑必须具有室温调控手段。

4.3.20 集中空调系统的冷热量计量和我国北方地区的采暖热计量一样，是一项重要的节能措施。设置热量计量装置有利于管理与收费，用户也能及时了解和分析用能情况，及时采取节能措施。

4.4 供配电系统单项判定

4.4.1 当确定的改造方案中，涉及各系统的用电设备时，其配电柜（箱）、配电回路等均应根据更换的用电设备参数，进行改造。这首先是为了保证用电安全，其次是保证改造后系统功能的合理运行。

4.4.2 一般变压器容量是按照用电负荷确定的，但有些建筑建成后使用功能发生了变化，这样就造成了变压器容量偏大，造成低效率运行，变压器的固有损耗占全部电耗的比例会较大，用户消耗的电费中有很大一部分是变压器的固有损耗，如果建筑物的用电负荷在建筑的生命周期内可以确定不会发生变化，则应当更换合适容量的变压器。变压器平均负载率的周期应根据春夏秋冬四个季节的用电负荷计算。

4.4.3 设置电能分项计量可以使管理者清楚了解各种用电设备的耗电情况，进行准确的分类统计，制定科学的用电管理规定，从而节约电能。

4.4.4 在进行建筑供配电设计时设计单位均按照当地供电部门的要求设计了无功补偿，但随着建筑功能的扩展或变更，大量先进用电设备的投入，使原有无功补偿设备或调节方式不能满足要求，这时应制定详细的改造方案，应包含集中补偿或就地补偿的分析内容，并进行投资效益分析。

4.4.5 对于建筑电气节能要求，供用电电能质量只包含了三相电压不平衡度、功率因数、谐波和电压偏差。三相电压不平衡一般出现在照明和混合负载回路，初步判定不平衡可以根据 A、B、C 三相电流表示值，当某相电流值与其他相的偏差为 15% 左右时可以初步判定为不平衡回路。功率因数需要核查基波功率因数和总功率因数两个指标，一般我们所说的功率因数是指总功率因数。谐波的核查比较复杂，需要电气专业工程师来完成。电压偏差检验是为了考察是否具有节能潜力，当系统电压偏高时可以采取合理的改造措施实现节能。

4.5 照明系统单项判定

4.5.1 现行国家标准《建筑照明设计标准》GB 50034 中对各类建筑、各类使用功能的照明功率密度都有明确的要求，但由于此标准是 2004 年才公布的，对于很多既有公共建筑照明照度值和功率密度都可能达不到要求，有些建筑的功率密度值很低但实际上其照度没有达到要求的值，如果业主对不达标的照度指标可以接受，其功率密度低于标准要求，则可以不改造；如果大于标准要求则必须改造。

4.5.2 公共区的照明容易产生长明灯现象，尤其是既有公共建筑的公共区，一般都没有采用合理的控制方式。对于不同使用功能的公共照明应采用合理的控制方式，例如办公楼的公共区可以采用定时与感应控制相结合的控制方式，上班时间采用定时方式，下班时间采用声控方式，总之不要因为采用不合理的控制方式影响使用功能。

4.5.3 对于办公建筑，可核查靠近窗户附近的照明灯具是否可以单独开关，若不能则需要分析照明配电回路的设置是否可以进行相应的改造，改造应选择在非办公时间进行。

4.6 监测与控制系统单项判定

4.6.1 目前很多公共建筑没有设置监测控制系统，全部依靠人力对建筑设备进行简单的启停操作，人为操作有很大的随意性，尤其是耗能在建筑中占很大比例的空调系统，这种人为操作会造成能源的浪费或不能满足人们工作环境的要求，不利于设备运行管理和节能考核。

4.6.2 当对既有公共建筑的集中采暖与空气调节系统，生活热水系统，照明、动力系统进行节能改造时，原有的监测与控制系统应尽量保留，新增的控制功能应在原监测与控制系统平台上添加，如果原有监测与控制系统已不能满足改造后系统要求，且升级原系统的性价比已明显不合理时，应更换原系统。

4.6.3 有些既有公共建筑的监测与控制系统由于各种原因不能正常运行，造成人力、物力等资源的浪费，没有发挥监测与控制系统的先进控制管理功能；还有一些系统虽然控制功能比较完善，但没有数据存储功能，不能利用数据对运行能耗进行分析，无法满足节能管理要求。这些现象比较普遍，因此应查明原因，尽量恢复原系统的监测与控制功能，增加数据存储功能，如果恢复成本过高性价比已明显不合理时，则建议更换原监测与控制系统。

4.6.4 监测与控制系统配置的现场传感器及仪表等安装方式正确与否直接影响系统的控制功能和控制精度，有些系统不能正常运行的原因就是现场设备安装不合理，造成控制失灵。因此应严格按照产品要求和国家有关规范执行，这样才能确保监测与控制系统的正常运行。

4.6.5 用电分项计量是实施节能改造前后节能效果对比的基本条件。

4.7 分项判定

4.7.1 公共建筑外围护结构的节能改造，应采取现场考察与能耗模拟计算相结合的方式，应按以下步骤进行判定：

1 通过节能诊断，取得外围护结构各部分实际参数。首先进行复核检验，确定外围护结构保温隔热性能是否达到设计要求，对节能改造重点部位初步判断。

2 利用建筑能耗模拟软件，建立计算模型。对节能改造前后的能耗分别进行计算，判断能耗是否降低 10% 以上。

3 综合考虑每种改造方案的节能量、技术措施成熟度、一次性工程投资、维护费用以及静态投资回收期等因素，进行方案可行性优化分析，确定改造方案。

公共建筑节能改造技术方案的可行性，不但要从技术观点评价，还必须从经济观点评价，只有那些技术上先进，经济上合理的方案才能在实际中得到应用和推广。

在工程中，评价项目的经济性通常用投资回收期法。投资回收期是指项目投资的净收益回收项目投资所需要的时间，一般以年为单位。投资回收期分为静态投资回收期和动态投资回收期，两者的区别为静态投资回收期不考虑资金的时间价值，而动态投资回收期考虑资金的时间价值。

静态投资回收期虽然不考虑资金的时间价值，但在一定程度上反映了投资效果的优劣，经济意义明确、直观，计算简便。动态投资回收期虽然考虑了资金的时间价值，计算结果符合实际情况，但计算过程繁琐，非经济类专业人员难以掌握，因此，本标准中的投资回收期均采用静态投资回收期。本标准中，静态投资回收期的计算公式如下：

$$T = \frac{K}{M} \tag{1}$$

式中　T——静态投资回收期，年；

　　　K——进行节能改造时用于节能的总投资，万元；

　　　M——节能改造产生的年效益，万元/年。

在编制现行国家标准《公共建筑节能设计标准》时曾有过节能率分担比例的计算分析，以 20 世纪 80 年代为基准，通过改善围护结构热工性能，从北方至南方，围护结构可分担的节能率约 25%~13%。而对既有公共建筑外围护结构节能改造，经估算，改造前后建筑采暖空调能耗可降低 5%~8%。而从工程技术经济的角度，外围护结构改造的投资回收期一般为15～20年。另外，本规范编制时参考了国外能源服务公司的实际经验，为规避投资风险性和提高收益率，能源服务公司一般也都将外围护结构节能改造合同的投资回收期签订在8年以内。综上分析，本规范采用两项指标控制外围护结构节能改造的范围，指标要求是比较严格的。

4.7.2 本条文对采暖通风空调及生活热水供应系统分项判定方法作了规定。当进行两项以上的单项改造时，可以采用本条文进行判定。分项判定主要是根据节能量和静态投资回收期进行判定。对一些投资少、简单易行的改造项目可仅用静态投资回收期进行判定。系统的能耗降低20%是指由于采暖通风空调及生活热水供应系统采取一系列节能措施后，直接导致采暖通风空调及生活热水供应系统的能源消耗（电、燃煤、燃油、燃气）降低了20%，不包括由于外围护结构的节能改造而间接导致采暖通风空调及生活热水供应系统的能源消耗的降低量。根据对现有公共建筑的调查情况，结合公共建筑节能改造经验，通过调节冷水机组的运行策略、变流量控制等节能措施，系统能耗可降低20%左右，静态投资回收期基本可控制在5年以内。同时大多数业主比较能接受的静态投资回收期在5～8年的范围内。对一些投资少，简单易行的改造项目，静态投资回收期基本可控制在3年以内。

4.7.3 目前国家对灯具的能耗有明确规定，现行国家标准有：《管形荧光灯镇流器能效限定值及节能评价值》GB 17896，《普通照明用双端荧光灯能效限定值及能效等级》GB 19043，《普通照明用自镇流荧光灯能效限定值及能效等级》GB 19044，《单端荧光灯能效限定值及节能评价值》GB 19415，《高压钠灯能效限定值及能效等级》GB 19573 等。这些标准规定了荧光灯和镇流器的能耗限定值等参数。如果建筑物中采用的灯具不是节能灯具或不符合能效限定值的要求，就应该进行更换。

4.8 综 合 判 定

4.8.1 综合判定的目的是为了预测公共建筑进行节能改造的综合节能潜力。本规范中全年能耗仅包括采暖、通风、空调、生活热水、照明方面的能源消耗，不包括其他方面的能源消耗。

本规范中，进行节能改造的判定方法有单项判定、分项判定、综合判定，各判定方法之间是并列的关系，满足任何一种判定，都宜进行相应节能改造。综合判定涉及了外围护结构、采暖通风空调及生活热水供应系统、照明系统三方面的改造。

全年能耗降低30%是通过如下方法估算的：

以某一办公建筑为例，在分项判定中，通过进行外围护结构的改造，大概可以节约10%的能耗；通过采暖通风空调及生活热水供应系统的改造，可以节约20%的能耗；通过照明系统的改造，可以节约20%的照明能耗。而在上述全年能耗中，约有80%通过采暖通风空调及生活热水供应系统消耗，约有20%通过照明系统消耗。经过加权计算，通过进行外围护结构、采暖通风空调及生活热水供应系统、照明系统三方面的改造，大概可以节约28%以上的能耗。

静态投资回收期通过如下方法估算：在分项判定中，进行外围护结构的改造，静态投资回收期为8年；进行采暖通风空调及生活热水供应系统的改造，静态投资回收期为5年；进行照明系统的改造，静态投资回收期为2年。假定外围护结构、采暖通风空调及生活热水供应系统改造时，投资方面的比例约为4：6。采暖通风空调及生活热水供应系统的能耗与照明系统的能耗比例约为4：1。

根据以上条件，经过加权计算，进行外围护结构、采暖通风空调及生活热水供应系统、照明系统三方面的改造时，静态投资回收期为5.36年。

根据以上计算，若节约30%的能耗，则静态投资回收期为5.74年，取整后，规定为6年。

5 外围护结构热工性能改造

5.1 一 般 规 定

5.1.1 公共建筑的外围护结构节能改造是一项复杂的系统工程，一般情况下，其难度大于新建建筑。其难点在于需要在原有建筑基础上进行完善和改造，而既有公共建筑体系复杂、外围护结构的状况千差万别，出现问题的原因也多种多样，改造难度、改造成本都很大。但经确认需要进行节能改造的建筑，要求外围护结构进行节能改造后，所改部位的热工性能需至少达到新建公共建筑节能水平。

现行国家标准《公共建筑节能设计标准》GB 50189对外围护结构的性能要求有两种方法：一是规定性指标要求，即不同窗墙比条件下的限值要求；二是性能性指标要求，即当不满足规定性指标要求时，需要通过权衡判断法进行计算确定建筑物整体节能性能是否满足要求。第二种方法相对复杂，不便于实施和监督。

为了便于判断改造后的公共建筑外围护结构是否满足要求，本规范要求公共建筑外围护结构经节能改造后，其热工性能限值需满足现行国家标准《公共建筑节能设计标准》GB 50189的规定性指标要求，而不能通过权衡判断法进行判断。

5.1.2 节能改造对结构安全影响，主要是施工荷载、施工工艺对原结构安全影响，以及改造后增加的荷载或荷载重分布等对结构的影响，应分别复核、验算。

5.1.3 根据建筑防火设计多年实践，以及发生火灾的经验教训，完善外保温系统的防火构造技术措施，并在公共建筑节能改造中贯彻这些防火要求，这对于防止和减少公共建筑火灾的危害，保护人身和财产的安全，是十分必要的。

建筑外墙、幕墙、屋顶等部位的节能改造时，所采用的保温材料和建筑构造的防火性能应符合现行国家标准《建筑内部装修设计防火规范》GB 50222、《建筑设计防火规范》GB 50016 和《高层民用建筑设计防火规范》GB 50045 等的规定和设计要求。

公共建筑的外墙外保温系统、幕墙保温系统、屋顶保温系统等应具有一定的防火攻击能力和防止火焰蔓延能力。

5.1.4 外围护结构节能改造要求根据工程的实际情况，具体问题具体分析。虽然不可能存在一种固定的、普遍适用的方法，但公共建筑的外围护结构节能改造施工应遵循"扰民少、速度快、安全度高、环境污染少"的基本原则。建筑自身特点包括：建筑的历史、文化背景、建筑的类型、使用功能、建筑现有立面形式、外装饰材料、建筑结构形式、建筑层数、窗墙比、墙体材料性能、门窗形式等因素。严寒、寒冷地区宜优先选用外保温技术。对于那些有保留外部造型价值的建筑物可采用内保温技术，但必须处理好冷热桥和结露。目前国内可选择的保温系统和构造形式很多，无论采用哪种，保温系统的基本要求必须满足。保温系统有 7 项要求：力学安全性、防火性能、节能性能、耐久性、卫生健康和环保性、使用安全性、抗噪声性能。针对既有公共建筑节能改造的特点，在保证节能要求的基础上，保温系统的其他性能要求也应关注。

5.1.5 热桥是外墙和屋面等外围护结构中的钢筋混凝土或金属梁、柱、肋等部位，因其传热能力强，热流较密集，内表面温度较低，故容易造成结露。常见的热桥有外墙周转的钢筋混凝土抗震柱、圈梁、门窗过梁、钢筋混凝土或钢框架梁、柱、钢筋混凝土或金属屋面板中的边肋或小肋，以及金属玻璃窗幕墙中和金属窗中的金属框和框料等。冬季采暖期时，这些部位容易产生结露现象，影响人们生活。因此节能改造过程中应对冷热桥采取合理措施。

5.1.6 外围护结构节能改造的施工组织设计应遵循下列几方面原则：

1 做好对现状的保护，包括道路、绿化、停车场、通信、电力、照明等设施的现状；

2 做好场地规划，安全措施：

  1）通道安全及分流，包括施工人员通道、职工通道、施工车道；

  2）施工安装中的安全；

  3）室内工作人员的安全。

3 注意材料物品等堆放：

  1）材料和施工工具的堆放；

  2）拆除材料的堆放。

4 施工组织：

  1）原有墙面的处理；

  2）宜采用干作业施工，减少对环境的污染；

  3）拆除材料。

5.2 外墙、屋面及非透明幕墙

5.2.1 公共建筑中常见的旧墙面基层一般分为旧涂层表面和旧瓷砖表面等。对于旧涂层表面，常见的问题有：墙面污染、涂层起皮剥落、空鼓、裂缝、钢筋锈蚀等；对于旧瓷砖表面，常见的问题有：渗水、空鼓、脱落等。因此，旧墙面的诊断工作应按不同旧基层墙面（混凝土墙面、混凝土小砌块墙面、加气混凝土砌块墙面等）、不同旧基层饰面材料（旧陶瓷锦砖、瓷砖墙面、旧涂层墙面、旧水刷石墙面、湿贴石材等）、不同"病变"情况（裂缝、脱落、空鼓、发霉等），分门别类进行诊断分析。

既有公共建筑外墙表面满足条件时，方可采用可粘结工艺的外保温改造方案。可粘结工艺的外保温系统包括：聚苯板薄抹灰、聚苯板外墙挂板、胶粉聚苯颗粒保温浆料、硬质聚氨酯外墙外保温系统。

5.2.4 公共建筑节能改造中外墙外保温的技术要求应符合现行行业标准《外墙外保温工程技术规程》JGJ 144 的规定。另外，公共建筑室内温湿度状况复杂，特别对于游泳馆、浴室等室内散湿量较大的场所，外墙外保温改造时还应考虑室内湿度的影响。

5.2.5 幕墙节能改造工程使用的保温材料，其厚度应符合设计要求，保温系统安装应牢固，不得松脱。当外围护结构改造为非透明幕墙时，其龙骨支撑体系的后加锚固埋件应与原主体结构有效连接，并应满足现行行业标准《金属与石材幕墙技术规范》JGJ 133 的相关规定。非透明幕墙的主体平均传热系数应符合现行国家标准《公共建筑节能设计标准》GB 50189 的相关规定。

5.2.8 公共建筑屋面节能改造比较复杂，应注意保温和防水两方面处理方式。

平屋面节能改造前，应对原屋面面层进行处理，清理表面、修补裂缝、铲去空鼓部位。根据实际现场诊断勘查，确定保温层含水率和屋面传热系数。

屋面节能改造基本可以分为四种情况：

1 保温层不符合节能标准要求，防水层破损；

2 保温层破损，防水层完好；

3 保温层符合节能标准要求，防水层破损；

4 保温层、防水层均完好，但保温隔热效果达不到要求。

上述四种情况可按下列措施进行处理：

情况1，这是屋面改造中最难的情况。可加设坡屋面。如仍保持平屋面，则需彻底翻修。应清除原有保温层、防水层，重新铺设保温及防水构造。施工中要做到上要防雨、下要防水。

情况 2，当建筑原屋面保温层含水率较低时，可采用直接加铺保温层的方式进行倒置式屋面改造或架空屋面做法。倒置式屋面的保温层宜采用挤塑聚苯板（XPS）等吸湿率极低的材料。

情况 3，需要重新翻修防水层。对传统屋面，宜在屋面板上加铺隔汽层。

情况 4，可设置架空通风间层或加设坡屋面。

改造中保温材料的选用不应选用低密度 EPS 板、高密度的多孔砖，宜选用低密度、高强度的保温材料或复合材料。

如条件允许，可将平屋面改造为绿化屋面。也可根据屋面结构条件和设计要求加装太阳能设施。

屋面节能改造时，应根据工程特点、地区自然条件，按照屋面防水等级的设防要求，进行防水构造设计。应注意天沟、檐口、檐沟、泛水等部位的防水处理。

5.3 门窗、透明幕墙及采光顶

5.3.1 在北方严寒、寒冷地区，采取必要的改造措施，加强外窗的保温性能有利于提高公共建筑节能潜力。而在南方夏热冬暖地区，加强外窗的遮阳性能是外围护结构节能改造的重点之一。

既有公共建筑的门窗节能改造，可采用只换窗扇、换整窗或加窗的方法。只换窗扇：当既有公共建筑门窗的热工性能经诊断达不到本规程 4.2 节的要求时，可根据现场实际情况只进行更换窗扇的改造。整窗拆换：当既有公共建筑中门窗的热工性能经诊断达不到本规程 4.2 节的要求，且无法继续利用原窗框时，可实施整窗拆换的改造。加窗改造：当不想改变原外窗，而窗台又有足够宽度时，可以考虑加窗改造方案。

更新外窗可根据设计要求，选择节能铝合金窗、未增塑聚氯乙烯塑料窗、玻璃钢窗、隔热钢窗和铝木复合窗。

为了提高窗框与墙、窗框与窗扇之间的密封性能，应采用性能好的橡塑密封条来改善其气密性，对窗框与墙体之间的缝隙，宜采用高效保温气密材料加弹性密封胶封堵。

室内可安装手动卷帘式百叶外遮阳、电动式百叶外遮阳，也可安装有热反射和绝热功能的布窗帘。

为了保证建筑节能，要求外窗具有良好的气密性能，以避免冬季室外空气过多地向室内渗漏。现行国家标准《建筑外门窗气密、水密、抗风压性能分级及检测方法》GB/T 7106 中规定的 6 级对应的性能是：在 10Pa 压差下，每小时每米缝隙的空气渗透量不大于 1.5m³，且每小时每平方米面积的空气渗透量不大于 4.5m³。

5.3.2 由于现代公共建筑透明玻璃窗面积较大，因而相当大部分的室内冷负荷是由透过玻璃的日射得热引起的。为了减少进入室内的日射得热，采用各种类型的遮阳设施是必要的。从降低空调冷负荷角度，外遮阳设施的遮阳效果明显。因此，对外窗的遮阳设施进行改造时，宜采用外遮阳措施。可设置水平或小幅倾斜简易固定外遮阳，其挑檐宽度按节能设计要求。室外可使用软质篷布可伸缩外遮阳。东西向外窗宜采用卷帘式百叶外遮阳。南向外窗若无简易外遮阳，也可安装手动卷帘式百叶外遮阳。

遮阳设施的安装应满足设计和使用要求，且牢固、安全。采用外遮阳措施时应对原结构的安全性进行复核、验算；当结构安全不能满足节能改造要求时，应采取结构加固措施或采取玻璃贴膜等其他遮阳措施。

遮阳设施的设计和安装宜与外窗或幕墙的改造进行一体化设计，同步实施。

5.3.3 为了保证建筑节能，要求外门、楼梯间门具有良好的气密性能，以避免冬季室外空气过多地向室内渗漏。严寒地区若设电子感应式自动门，门外宜增设门斗。

5.3.4 提高保温性能可增加中空玻璃的中空层数，对重要或特殊建筑，可采用双层幕墙或装饰性幕墙进行节能改造。

更换幕墙玻璃可采用充惰性气体中空玻璃、三中空玻璃、真空玻璃、中空玻璃暖边等技术；提高玻璃幕墙的保温性能。

提高幕墙玻璃的遮阳性能采用在原有玻璃的表面贴膜工艺时，可优先选择可见光透射比与遮阳系数之比大于 1 的高效节能型窗膜。

宜优先采用隔热铝合金型材，对有外露、直接参与传热过程的铝合金型材应采用隔热铝合金型材或其他隔热措施。

6 采暖通风空调及生活热水供应系统改造

6.1 一般规定

6.1.1 考虑到节能改造过程中的设备更换、管路重新铺设等，可能会对建筑物装修造成一定程度的破坏并影响建筑物的正常使用，因此建议节能改造与系统主要设备的更新换代和建筑物的功能升级结合进行，以减低改造的成本，提高改造的可行性。

6.1.3 空调系统是由冷热源、输配和末端设备组成的复杂系统，各设备和系统之间的性能相互影响和制约。因此在节能改造时，应充分考虑各系统之间的匹配问题。

6.1.4 通过设置采暖通风空调系统分项计量装置，用户可及时了解和分析目前空调系统的实际用能情况，并根据分析结果，自觉采取相应的节能措施，提高节能意识和节能的积极性。因此在某种意义上说，实现用能系统的分项计量，是培养用户节能意识、提高我国公共建筑能源管理水平的前提条件。

6.1.6 室温调控是建筑节能的前提及手段，《中华人民共和国节约能源法》要求，"使用空调采暖、制冷的公共建筑应当实行室内温度控制制度。"因此，节能改造后，公共建筑采暖空调系统应具有室温调控手段。

对于全空气空调系统可采用电动两通阀变水量和风机变速的控制方式；风机盘管系统可采用电动温控阀和三挡风速相结合的控制方式。采用散热器采暖时，在每组散热器的进水支管上，应安装散热器恒温控制阀或手动散热器调节阀。采用地板辐射采暖系统时，房间的室内温度也应有相应控制措施。

6.2 冷热源系统

6.2.1 与新建建筑相比，既有公共建筑更换冷热源设备的难度和成本相对较高，因此公共建筑的冷热源系统节能改造应以挖掘现有设备的节能潜力为主。压缩机的运行磨损，易损件的损坏，管路的脏堵，换热器表面的结垢，制冷剂的泄漏，电气系统的损耗等都会导致机组运行效率降低。以换热器表面结垢，污垢系数增加为例，可能影响换热效率5%～10%，结垢情况严重则甚至更多。不注意冷、热源设备的日常维护保养是机组效率衰减的主要原因，建议定期（每月）检查机组运行情况，至少每年进行一次保养，使机组在最佳状态下运行。

在充分挖掘现有设备的节能潜力基础上，仍不能满足需求时，再考虑更换设备。设备更换之前，应对目前冷热源设备的实际性能进行测试和评估，并根据测评结果，对设备更换后系统运行的节能性和经济性进行分析，同时还要考虑更换设备的可实施性。只有同时具备技术可行性、改造可实施性和经济可行性时才考虑对设备进行更换。

6.2.2 运行记录是反映空调系统负荷变化情况、系统运行状态、设备运行性能和空调实际使用效果的重要数据，是了解和分析目前空调系统实际用能情况的主要技术依据。改造设计应建立在系统实际需求的基础上，保证改造后的设备容量和配置满足使用要求，且冷热源设备在不同负荷工况下，保持高效运行。目前由于我国空调系统运行人员的技术水平相对较低、管理制度不够完善，运行记录的重要性并未得到足够重视。运行记录过于简单、记录的数据误差较大、运行人员只是简单的记录数据，不具备基本的分析能力、不能根据记录结果对设备的运行状态进行调整是目前普遍存在的问题。针对上述情况，各用能单位应根据系统的具体配置情况制订详细的运行记录，通过对运行人员的培训或聘请相关技术人员加强对运行记录的分析能力，定期对空调系统的运行状态进行分析

和评价，保证空调系统始终处于高效运行的状态。

6.2.3 冷热源更新改造确定原则可参照现行国家标准《公共建筑节能设计标准》GB 50189—2005第5.4.1条的规定。

6.2.5 在对原有冷水机组或热泵机组进行变频改造时，应充分考虑变频后冷水机组或热泵机组运行的安全性问题。目前并不是所有冷水机组或热泵机组均可通过增设变频装置，来实现机组的变频运行。因此建议在确定冷水机组或热泵机组变频方案时，应充分听取原设备厂家的意见。另外，变频冷水机组或热泵机组的价格要高于普通的机组，所以改造前，要进行经济分析，保证改造方案的合理性。

6.2.6 由于所处内外区和使用功能的不同，可能导致部分区域出现需要提前供冷或供热的现象，对于上述区域宜单独设置冷热源系统，以避免由于小范围的供冷或供热需求，导致集中冷热源提前开启现象的发生。

6.2.7 附录A中部分冷热源设备的性能要求高于现行国家标准《公共建筑节能设计标准》GB 50189中的相关规定。这主要是考虑到更换冷热源设备的难度较大、成本较高，因此在选择设备时，应具有一定的超前性，应优先选择高于现行国家标准《公共建筑节能设计标准》GB 50189规定的产品。

6.2.9 冷却塔直接供冷是指在常规空调水系统基础上适当增设部分管路及设备，当室外湿球温度低至某个值以下时，关闭制冷机组，以流经冷却塔的循环冷却水直接或间接向空调系统供冷，提供建筑所需的冷负荷。由于减少了冷水机组的运行时间，因此节能效果明显。冷却塔供冷技术特别适用于需全年供冷或有需常年供冷内区的建筑如大型办公建筑内区、大型百货商场等。

冷却塔供冷可分为间接供冷系统和直接供冷系统两种形式，间接供冷系统是指系统中冷却水环路与冷水环路相互独立，不相连接，能量传递主要依靠中间换热设备来进行。其最大优点是保证了冷水系统环路的完整性，保证环路的卫生条件，但由于其存在中间换热损失，使供冷效果有所下降。直接供冷系统是指在原有空调水系统中设置旁通管道，将冷水环路与冷却水环路连接在一起的系统形式。夏季按常规空调水系统运行，转入冷却塔供冷时，将制冷机组关闭，通过阀门打开旁通，使冷却水直接进入用户末端。对于直接供冷系统，当采用开式冷却塔时，冷却水与外界空气直接接触易被污染，污物易随冷却水进入室内空调水管路，从而造成盘管被污物阻塞。采用闭式冷却塔虽可满足卫生要求，但由于其间接蒸发冷却原理降温，传热效果会受到影响。目前在工程中通常采用冷却塔间接供冷的方式。对于同时需要供冷和供热的建筑，需要考虑系统分区和管路设置是否满足同时供冷和供热的要求。另外由于冷却塔供冷主要在过渡季

节和冬季运行，因此如果在冬季温度较低地区应用，冷却水系统应采取相应的防冻设施。

6.2.11 水环热泵空调系统是指用水环路将小型的水/空气热泵机组并联在一起，构成一个以回收建筑物内部余热为主要特点的热泵供暖、供冷的空调系统。与普通空调系统相比，水环热泵空调系统具有建筑物余热回收、节省冷热源设备和机房、便于分户计量、便于安装、管理等特点。实际设计中，应进行供冷、供热需求的平衡计算，以确定是否设置辅助热源或冷源及其容量。

6.2.12 当更换生活热水供应系统的锅炉及加热设备时，机组的供水温度应符合以下要求：生活热水水温低于60℃；间接加热热媒水水温低于90℃。

6.2.13 对于常年需要生活热水的建筑，如旅游宾馆、医院等，宜优先采用太阳能、热泵供热水技术和冷水机组或热泵机组热回收技术；特别对于夏季有供冷需求，同时有生活热水需求的公共建筑，应充分利用冷水机组或热泵机组的冷凝热。

6.2.15 水冷冷水机组或热泵机组应考虑实际运行过程中机组换热器结垢对换热效果的影响，冷水机组或热泵机组在实际运行使用过程中，换热管管壁所产生的水垢、污垢及细菌、微生物膜会逐渐堵塞腐蚀管道，降低热交换效率，增加运行能耗。相关研究成果表明1mm污垢，可多导致30%左右的耗电量。污垢严重时还会影响设备正常安全运行，同时也产生军团菌等细菌病毒，危害公共环境卫生安全。目前解决的方法主要是采用人工化学清洗，通过平时加药进行水处理，停机人工清洗的方式。该方式存在随意性大、效果不稳定、需要停机、不能实现实时在线清污、对设备腐蚀磨损等问题，而且会产生大量的化学污水，严重污染环境。所以建议使用实时在线清洗技术。目前实时在线清洗技术有两种，一种是橡胶球清洗技术，一种是清洗刷清洗技术。

6.2.16 燃气锅炉和燃油锅炉的排烟温度一般在120～250℃，烟气中大量热量未被利用就被直接排放到大气中，这不仅造成大量的能源浪费同时也加剧了环境的热污染。通过增设烟气热回收装置可降低锅炉的排烟温度，提高锅炉效率。

6.2.17 室外温度的变化很大程度上决定了建筑物需热量的大小，也决定了能耗的高低。运行参数（供暖水温、水量）应随室外温度的变化时刻进行调整，始终保持供热量与建筑物的需热量相一致，实现按需供热。

6.2.18 冷热源运行策略是指冷热源系统在整个制冷季或供热季的运行方式，是影响空调系统能耗的重要因素。应根据历年冷热源系统运行的记录，对建筑物在不同季节、不同月份和不同时间的冷热负荷进行分析，并根据建筑物负荷的变化情况，确定合理的冷热源运行策略。冷热源运行策略既应体现设备随建筑负

荷的变化进行调节的性能，也应保证冷热源系统在较高的效率下运行。

6.3 输配系统

6.3.4 通风机的节能评价值按表3～表5确定。

表3 离心通风机节能评价值

压力系数	比转速 n_s	使用区最高通风机效率 η_r（%）		
		2<机号<5	5≤机号<10	机号≥10
1.4～1.5	45<n_s≤65	61	65	—
1.1～1.3	35<n_s≤55	65	69	—
1.0	10≤n_s<20	69	72	75
	20≤n_s<30	71	74	77
0.9	5≤n_s<15	72	75	78
	15≤n_s<30	74	77	80
	30≤n_s<45	76	79	82
0.8	5≤n_s<15	72	75	78
	15≤n_s<30	75	78	81
	30≤n_s<45	77	80	82
0.7	10≤n_s<30	74	76	78
	30≤n_s<50	76	78	80
0.6	20≤n_s<45 翼型	77	79	81
	板型	74	76	78
	45≤n_s<70 翼型	78	80	82
	板型	75	77	79
0.5	10≤n_s<30 翼型	76	78	80
	板型	73	75	77
	30≤n_s<50 翼型	79	81	83
	板型	76	77	80
	50≤n_s<70 翼型	80	82	84
	板型	77	79	81
0.4	50≤n_s<65 翼型	81	83	85
	板型	78	80	82
	65≤n_s<80	机号<3.5	3.5≤机号<5	
		/		—
	翼型	75	80	84	86
	板型	72	77	81	83
0.3	65≤n_s<85 翼型	—	81	83
	板型	—	78	80

表 4　轴流通风机节能评价值

毂比 γ	使用区最高通风机效率 η_r（%）		
	2.5≤机号<5	5≤机号<10	机号≥10
γ<0.3	66	69	72
0.3≤γ<0.4	68	71	74
0.4≤γ<0.55	70	73	76
0.55≤γ<0.75	72	75	78

注：1　γ=d/D，γ——轴流通风机毂比；d——叶轮的轮毂外径；D——叶轮的叶片外径。
　　2　子午加速轴流通风机毂比按轮毂出口直径计算。
　　3　轴流通风机出口面积按圆面积计算。

表 5　采用外转子电动机的空调离心通风机节能评价值

压力系数	比转数 n_s	使用区最高总效率 η_e（%）				
		机号≤2	2<机号≤2.5	2.5<机号<3.5	3.5<机号≤4.5	机号≥4.5
1.0~1.4	40<n_s≤65	43	—	—	—	—
1.1~1.3	40<n_s≤65	—	49	—	—	—
1.0~1.2	40<n_s≤65	—	—	50	—	—
1.3~1.5	40<n_s≤65	—	—	48	—	—
1.2~1.4	40<n_s≤65	—	—	—	55	59
1.0~1.4	40<n_s≤65	—	—	—	—	—

水泵的节能评价值按现行国家标准《清水离心泵能效限定值及节能评价值》GB 19762 中规定的方法确定。

6.3.5　变风量空调系统是通过改变进入房间的风量来满足室内变化的负荷，当房间低于设计额定负荷时，系统随之减少送风量，亦即降低了风机的能耗。当全年需要送冷风时，它还可以通过直接采用低温全新风冷却的方式来实现节能。故变风量系统比较适合多房间且负荷有一定变化和全年需要送冷风的场合，如办公、会议、展厅等；对于大堂公共空间、影剧院等负荷变化较小的场合，采用变风量系统的意义不大。

变风量系统的形式和控制方式较多，系统的运行状态复杂，设计和调试的难度较大。因此在选择设计和调试单位时应慎重。另外，在变风量空调系统的实际运行过程中，随着送风量的变化，送至空调区域的新风量也相应改变。为了确保新风量能符合卫生标准的要求，应采取必要的措施，确保室内的最小新风量。

6.3.6　水泵的配用功率过大，是目前空调系统中普遍存在的问题。通过叶轮切削技术和水泵变速技术，可有效地降低水泵的实际运行能耗，因此推荐采用。在水泵变速改造，特别是对多台水泵并联运行进行变速改造时，应根据管路特性曲线和水泵特性曲线，对不同状态下的水泵实际运行参数进行分析，确定合理的变速控制方案，保证水泵变速的节能效果，否则如

果盲目使用，可能会事与愿违。而且变速调节不可能无限制调速，应结合水泵本身的运行特性，确定合理的调速范围。更换设备与增设变速装置，比较后选取。对于上述技术措施难以解决或经过经济分析，改造成本过高时，可考虑直接更换水泵。

6.3.7　一次泵变流量系统利用变速装置，根据末端负荷调节系统水流量，最大限度地降低了水泵的能耗，与传统的一次泵定流量系统和二次泵系统相比具有很大的节能优势。在进行系统变水量改造设计时，应同时考虑末端空调设备的水量调节方式和冷水机组对变水量系统的适应性，确保变水量系统的可行性和安全性。另外，目前大部分空调系统均存在不同程度的水力失调现象，在实际运行中，为了满足所有用户的使用要求，许多使用方不是采取调节系统平衡的措施，而是采用增大系统的循环水量来克服自身的水力失调，造成大量的空调系统处于"大流量、小温差"的运行状态。系统采用变水量后，由于在低负荷状态下，系统水量降低，系统自身的水力失调现象将会表现得更加明显，会导致不利端用户的空调使用效果无法保证。因此在进行变水量系统改造时，应采取必要的措施，保证末端空调系统的水力平衡特性。

6.3.8　二次泵系统冷源侧采用一次泵，定流量运行；负荷侧采用二次泵，变流量运行，既可保证冷水机组定水量运行的要求，同时也能满足各环路不同的负荷需求，因此适用于系统较大、阻力较高且各环路负荷特性和阻力相差悬殊的场合。但是由于需要增加耗能设备，因此建议在改造前，应根据系统历年来的运行记录，进行系统全年运行能耗的分析和对比，否则可能造成改造后系统的能耗反而增加。

6.3.9　对冷却水系统采取的节能控制方式有：

　　1　冷却塔风机根据冷却水温度进行台数或变速控制；

　　2　冷却水泵台数或变速控制。

冷却水系统改造时应考虑对主机性能的影响，确保水系统能耗的节省大于冷机增加的耗能，达到节能改造的效果。

6.3.10　为了适应建筑负荷的变化，目前大多数建筑物制冷系统都采用多台冷水机组、冷水泵、冷却水泵和冷却塔并联运行，并联系统的最大优势是可根据建筑负荷的变化情况，确定冷水机组开启的台数，保证冷水机组在较高的效率下运行，以达到节能运行的目的。对于并联系统，一般要求冷水机组与冷水泵、冷却水泵和冷却塔采用一对一运行，即开启一台冷水机组时，只需开启与其对应的冷水泵、冷却水泵和冷却塔。而目前大多数建筑的实际运行情况是冷水机组与冷水泵、冷却水泵和冷却塔采用一对多运行，即开启一台冷水机组时，同时开启多台冷水泵、冷却水泵和冷却塔，冷水和冷却水旁通导致的能耗浪费比较严重。造成冷水、冷却水旁通的主要原因是未开启冷水

机组的进出口阀门未关闭或空调水系统未进行平衡调试，系统水量分配不平衡，开启单台水泵时，末端散热设备水量降低，系统水力失调现象加重，部分区域空调效果无法保证。因此在改造设计时，应采取连锁控制和水量平衡等必要的手段，防止系统在运行过程中发生冷水和冷却水旁通现象。

6.3.11 系统的平衡装置一般采用静态平衡阀。

6.3.12 大温差、小流量是相对于冬季采暖空调为10℃温差，夏季空调为5℃温差的系统而言的。该技术通过提高供、回水温差、降低系统循环水量，可以达到降低输送水泵能耗的目的。但是由于加大供、回温差会导致主机、水泵和末端设备的运行参数发生变化，因此采用该方案时，应在技术可靠、经济合理的前提下进行。

6.4 末 端 系 统

6.4.1 在过渡季，空调系统采用全新风或增大新风比的运行方式，既可以节省空气处理所消耗的能量，也可有效地改善空调区域内的空气品质。但要实现全新风运行，必须在设备的选择、新风口和新风管的设置、新风和排风之间的相互匹配等方面进行全面的考虑，以保证系统全新风和可调新风比的运行能够真正实现。

6.4.2 公共建筑，特别是大型公共建筑，由于其外围护结构负荷所占比例较小，因此其内外区和不同使用功能的区域之间冷热负荷需求相差较大。对于人员、设备和灯光较为密集的内区存在过渡季或供暖季节需要供冷的情况，为了节约能源，推迟或减少人工冷源的使用时间，对于过渡季节或供暖季节局部房间需要供冷时，宜优先采用直接利用室外空气进行降温的方式。

6.4.3 空调区域排风中所含的能量十分可观，排风热回收装置通过回收排风中的冷热量来对新风进行预处理，具有很好的节能效益和环境效益。目前常用的排风热回收装置主要有转轮式热回收、板翅式热回收和热管式热回收等几种方式。在进行热回收系统的设计时，应根据当地的气候条件、使用环境等选用不同的热回收方式。不同热回收装置的主要优缺点详见表6。

表6　不同热回收装置的主要优缺点

热回收方式	优　点	缺　点
转轮式热回收	1　能同时回收潜热和显热； 2　排风和新风逆向交替过程中具有一定的自净作用； 3　通过转速控制，能适应不同室内外空气参数； 4　回收效率高，可达到70%～80%； 5　能适用于较高温度的排风系统	1　接管位置固定，配管的灵活性差； 2　有传动设备，自身需要消耗动力； 3　压力损失较大，易脏堵，维护成本高； 4　有渗漏，无法完全避免交叉污染

续表6

热回收方式	优　点	缺　点
板翅式热回收	1　传热效率高； 2　结构紧凑； 3　没有传动设备，不需要消耗电力； 4　设备初投资低，经济性好	1　换热效率低于转轮式热回收； 2　设备体积较大，占用建筑面积和空间多； 3　压力损失较大，易脏堵，维护成本高
热管式热回收	1　结构紧凑，单位面积的传热面积大； 2　没有传动设备，不需要消耗电力； 3　不易脏堵，便于更换，维护成本低； 4　使用寿命长	1　只能回收显热，不能回收潜热； 2　接管位置固定，配管的灵活性差

由于使用排风热回收装置时，装置自身要消耗能量，因此应本着回收能量高于其自身消耗能量的原则进行选择计算，表7和表8给出了我国不同气候分区代表城市办公建筑中排风热回收装置回收能量与装置自身消耗能量相等时热回收效率的限定值，只有排风热回收装置的效率高于限定值时，集中空调系统使用该装置才能实现节能。

表7　代表城市显热效率限定值

状态	哈尔滨	乌鲁木齐	北京	上海	广州	昆明
制热	0.09	0.10	0.14	0.20	0.44	0.26

表8　代表城市全热效率限定值

状态	哈尔滨	乌鲁木齐	北京	上海	广州	昆明
制热	0.06	0.09	0.11	0.18	0.42	0.18
制冷	—	0.31	0.30	0.26	0.21	—

注：表中"—"表示不建议采用。

6.4.4 新风直接送入吊顶或新风与回风混合后再进入风机盘管是目前风机盘管加新风系统普遍采用的设置方式。前者会导致新风的再次污染、新风利用率降低、不同房间和区域互相串味等问题；后者风机盘管的运行与否对新风量的变化有较大影响，易造成浪费或新风不足；并且采用这种方式增加了风机盘管中风机的风量，不利于节能。因此建议将处理后的新风直接送入空调区域。

6.4.5 与普通空调区域相比，餐厅、食堂和会议室等功能性用房，具有冷热负荷指标高、新风量大、使用时间不连续等特点。而且在过渡季，当其他区域需要供热时，上述区域由于设备、人员和灯光的负荷较大，可能存在需要供冷的情况。近年的调查发现，在大型公共建筑中，上述区域虽然所占的面积不大，但其能耗较高，属高耗能区域。因此在进行空调通风系统改造设计时，应充分考虑上述区域的使用特点，采用调节性强、运行灵活、具有排风热回收功能的系统形式，在条件允许的情况下，应考虑系统在过渡季全新风运行的可能性。

7 供配电与照明系统改造

7.1 一般规定

7.1.1 进行改造之前，施工方要提前制定详细的施工方案，方案中应包括进度计划、应急方案等。

7.1.2 尤其是配电系统改造，当变压器、配电柜中元器件等仍然使用国家淘汰产品时，要考虑更换。

7.1.3 应采用国家有关部门推荐的绿色节能产品和设备。照明灯具的选择应符合现行国家标准《建筑节能工程施工质量验收规范》GB 50411 中规定的光源和灯具。

7.1.4 此条规定了改造施工应满足的质量标准。

7.2 供配电系统

7.2.1 配电系统改造设计要认真核查负荷增减情况，避免因用电设备功率变化引起断路器、继电器及保护元件参数的不匹配。

7.2.2 供配电系统改造线路敷设非常重要，一定要进行现场踏勘，对原有路由需要仔细考虑，一些老建筑的配电线路很多都经过二次以上的改造，有些图纸与实际情况根本不符，如果不认真进行现场踏勘会严重影响改造施工的顺利进行。

7.2.3 目前建筑供配电设计容量是一个比较矛盾的问题，既需要考虑长久用电负荷的增长又要考虑变压器容量的合理性，如果没有充分考虑负荷的增长就会造成运行一段时间后变压器容量不能满足用电要求，而如果变压器容量选择太大又会造成变压器损耗的增加，不利于建筑节能，这两者之间应该有一个比较合理的平衡点，需要电气设计人员与业主充分讨论并对未来用电设备发展有较深入的了解。随着可再生能源的运用和节能型用电设备的推广，变压器容量的预留应合理。若变压器改造后，变压器容量有所改变，则需按照国家规定的要求重新进行报审。

7.2.4 设置电能分项计量可以使管理者清楚了解各种用电设备的耗电情况，进行准确的分类统计，制定科学的用电管理规定，从而节约电能。建筑面积超过2 万 m^2 的为大型公共建筑，这类建筑的用电分项计量应采用具有远传功能的监测系统，合理设置用电分项计量是指采用直接计量和间接计量相结合的方式，在满足分项计量要求的基础上尽量减少安装表计的回路，以最少的投资获取数据。电能分项计量监测系统应包括下列回路的分项计量：

1 变压器进出线回路；

2 制冷机组主供电回路；

3 单独供电的冷热源系统附泵回路；

4 集中供电的分体空调回路；

5 给水排水系统供电回路；

6 照明插座主回路；

7 电子信息系统机房；

8 单独计量的外供电回路；

9 特殊区供电回路；

10 电梯回路；

11 其他需要单独计量的用电回路。

安装表计回路设置应根据常规电气设计而定。需要注意的是对变压器损耗的计量，但是否能在变压器进线回路上增加计量需要确定变配电室产权是属于业主还是属于供电部门，并与当地供电部门协商，是否具有增加表计的可能，需要特别注意的是在供电局计量柜中只能取其电压互感器的值，不能改动计量柜内的电流互感器，电流值需要取自变压器进线柜内单独设置 10kV 电流互感器，不要与原电流互感器串接。

7.2.5 无功补偿是电气系统节能和合理运行的重要因素，有些建筑虽然设计了无功补偿设备但不投入运行，或运行方式不合理，若补偿设备确实无法达到要求时，经过投资回收分析后可更换设备。

7.2.6 一般对谐波的治理可采用滤波器、增加电抗器等方法，采用何种方法需要对谐波源进行分析，最可靠的方法是首先对谐波源进行治理，例如节能灯是谐波源时，可对比直接改造灯具和增加各种谐波治理装置方案的优劣，最终确定改造方案。当照明回路的电压偏高时，有些节电设备的节能原理是利用智能化技术降低供电电压，既达到节电的目的又可延长灯管的使用寿命。

7.3 照明系统

7.3.1 照明回路配电设计应重新根据现行国家标准《建筑照明设计标准》GB 50034 中规定的功率密度值进行负荷计算，并核查原配电回路的断路器、电线电缆等技术参数。

7.3.2 面积较小且要求不高的公共区照明一般采用就地控制方式，这种控制方式价格便宜，能起到事半功倍的效果；大面积且要求较高公共区可根据需要设置集中监控系统，如已经具备楼宇自控系统的建筑可将此部分纳入其监控系统。

7.3.3 照明配电系统改造设计时要预留足够的接口，如果接口预留数量不足或不符合监测与控制系统要求，就无法实施对照明系统的控制，照明配电箱做成后若再增加接口，一是位置空间可能不合适，二是需要现场更改增加很多麻烦。在大型建筑内，照明控制系统应采用分支配电方式。在这种情况下，可以在过道内分布若干个同样类型的分支配电装置，由楼层配电箱负责分支配电装置的供电。由此可以使线路敷设简单而且层次分明。

7.3.4 除对靠近窗户附近的照明灯具单独设置开关外，还可以在条件具备的情况下，通过光导管技术，将太阳光直接导入室内。

8 监测与控制系统改造

8.1 一 般 规 定

8.1.1 此条规定了监测与控制系统改造的总原则。

8.1.2 节能改造时最重要的是根据改造前后的数据对比，判断节能量，因此涉及节能运行的关键数据必须经过1个供暖季、供冷季和过渡季，所以至少需要12个月的时间。由于数据的重要性，本条文规定，无论系统停电与否，与节能相关的数据应都能至少保存12个月。

8.1.3 此条分别规定了改造时需遵循的原则。尤其是当进行节能优化控制时需要修改其他机电设备运行参数，如进行变冷水量调节等，尤其需要做好保护措施，避免冷机出现故障。

8.1.4 监测与控制系统的节能调试不同于其他系统，调试和验收是非常重要的环节，且这个系统是否能够合理运行并起到节能作用与其涉及的空调、照明、配电等系统密切相关，因此必须在这些系统手动运行正常的情况下才能投入自控运行，否则会使原系统运行更加混乱，反而造成系统振荡。当工艺达到要求时，方可进行自控调试。

8.2 采暖通风空调及生活热水供应系统的监测与控制

8.2.3 主要考虑公共区人员复杂，每个人要求的温度不尽相同，温控器容易被人频繁改动，例如医院就诊等候区等，曾发现病人频繁改变温度设定值，造成温度较大波动，温控器损坏，因此在公共区设置联网控制有利于系统的稳定运行和延长设备使用寿命。

8.2.4 此条给出生活热水的基本监控要求，但不限于此种监控。

8.3 供配电与照明系统的监测与控制

8.3.1 一般供配电系统会单独设置其监测系统，可采用数据网关的形式和监测与控制系统相连，此方法已在很多项目上实施，具有安全可靠、使用方便等优点。以往在监测与控制系统中再设置低压配电系统传感器采集数据的方式，费时费力，不可能在所有重要回路设置传感器，造成数据不全，不能满足用电分项计量的要求。

8.3.2 照明系统有两种控制方式，一种是照明系统单独设置的监控系统，一般用于大型照明调光系统，如体育场馆等，这种系统以满足照明功能需求为主要

条件，这种系统一般不和监测与控制系统相连。另一种照明系统只是单纯满足照度要求，不进行调光控制，这种系统一般应用于办公楼、酒店等一般建筑，这类建筑的公共区照明宜纳入监测与控制系统。

9 可再生能源利用

9.1 一 般 规 定

9.1.1 在《中华人民共和国可再生能源法》中，国家将可再生能源的开发利用列为能源发展的优先领域，因此，本条文规定了公共建筑进行节能改造时，有条件的场所应优先利用可再生能源。可再生能源包括风能、太阳能、水能、生物质能、地热能、海洋能等非化石能源，其中与建筑用能紧密关联的主要有地热能和太阳能。目前，利用地热能的技术主要有地源热泵供热、制冷技术；利用太阳能的技术主要有被动式太阳房、太阳能热水、太阳能采暖与制冷、太阳能光伏发电及光导管技术等。

9.1.2 可再生能源的应用与其他常规能源相比，初投资较高，因此在利用可再生能源时，围护结构达到节能标准要求，可降低建筑物本身的冷、热负荷值，从而降低初投资及减少运行费用。可再生能源的应用与建筑外围护结构的节能改造相结合，可以最大限度地发挥可再生能源的节能、环保优势。

9.2 地源热泵系统

9.2.1 地源热泵系统包括地埋管、地下水及地表水地源热泵系统。工程场地状况调查及浅层地热能资源勘察的内容应符合现行国家标准《地源热泵系统工程技术规范》GB 50366 的相关规定。地源热泵系统技术可行性主要包括：

1 地埋管地源热泵系统：当地岩土体温度适宜，热物性参数适合地埋管换热器换热，冬、夏取热量和排热量基本平衡；

2 地下水地源热泵系统：当地政策法规允许抽灌地下水、水温适宜、地下水量丰富、取水稳定充足、水质符合热泵机组或换热设备使用要求、可实现同层回灌；

3 地表水地源热泵系统：地表水源水温适宜、水量充足、水质符合热泵机组或换热设备使用要求。

改造的可实施性应综合考虑各类地源热泵系统的性能特点进行分析：

1 地埋管地源热泵系统：是否具备足够的地埋管换热器设置空间、项目所在地地质条件是否适合地埋管换热器钻孔、成孔的施工；

2 地下水地源热泵系统：是否具备进行地下水钻井的条件、取排水管道的位置、钻井是否会对建筑基础结构或防水造成影响、是否会破坏地下管道或构

筑物；

 3 地表水地源热泵系统：调查当地水务部门是否允许建造取水和排水设施，是否具备设置取排水管道和取水泵站的位置；

 4 进行改造可实施性分析时，还应同时考虑建筑物现有系统（如既有空调末端系统是否适应地源热泵系统的改造、供配电是否可以满足要求、机房面积和高度是否足够放置改造设备、穿墙孔洞及设备入口是否具备等）能否与改造后的地源热泵系统相适应。

 改造的经济性分析应以全年为周期的动态负荷计算为基础，以建筑规模和功能适宜采用的常规空调的冷热源方式和当地能源价格为计算依据，综合考虑改造前后能源、电力、水资源、占地面积和管理人员的需求变化。

9.2.3 原有空调系统的冷热源设备，当与地源热泵系统可以较高的效率联合运行时，可以予以保留，构成复合式系统。在复合式系统中，地源热泵系统宜承担基础负荷，原有设备作为调峰或备用措施。另外，原有机房内补水定压设备和管道接口等能够满足改造后系统使用要求的也宜予以保留和再利用。

9.2.4 由于建筑节能改造，建筑物的空调负荷降低。因此，在进行地源热泵系统设计时，冬季可以适当降低供水温度，夏季可以适当提高供水温度，以提高地源热泵机组效率，减少主机电耗。供水温度提高或降低的程度应通过末端设备性能衰减情况和改造后空调负荷情况综合确定。

9.2.5 在有生活热水需求的项目中可将夏季供冷、冬季供暖和供应生活热水结合起来改造，并积极采用热回收技术在供冷季利用热泵机组的排热提供或预热生活热水。

9.2.6 当地埋管换热器的出水温度、地下水或地表水的温度可以满足末端需求时，应优先采用上述低位冷（热）源直接供冷（供热），而不应启动热泵机组，以降低系统的运行费用，当负荷增大，水温不能满足末端进水温度需求时，再启动热泵机组供冷（供热）。

9.3 太阳能利用

9.3.1 在太阳能资源丰富或较丰富的地区应充分利用太阳能；在太阳能资源一般的地区，宜结合建筑实际情况确定是否利用太阳能；在太阳能资源贫乏的地区，不推荐利用太阳能。各地区太阳能资源情况如表9所示。

表9 太阳能资源表

等级	太阳能条件	年日照时数(h)	水平面上年太阳辐照量[MJ/(m²·a)]	地 区
一	资源丰富区	3200～3300	＞6700	宁夏北、甘肃西、新疆东南、青海西、西藏西

续表9

等级	太阳能条件	年日照时数(h)	水平面上年太阳辐照量[MJ/(m²·a)]	地 区
二	资源较丰富区	3000～3200	5400～6700	冀西北、京、津、晋北、内蒙古及宁夏南、甘肃中东、青海东、西藏南、新疆南
三	资源一般区	2200～3000	5000～5400	鲁、豫、冀东南、晋南、新疆北、吉林、辽宁、云南、陕北、甘肃东南、粤南
		1400～2200	4200～5000	湘、桂、赣、苏、浙、沪、皖、鄂、闽北、粤北、陕南、黑龙江
四	资源贫乏区	1000～1400	＜4200	川、黔、渝

9.3.2 目前，利用太阳能的技术主要有被动式太阳房、太阳能热水、太阳能采暖与制冷、太阳能光伏发电及光导管技术等。为了最大限度发挥太阳能的节能作用，太阳能应实现全年综合利用。

9.3.3 太阳能热水系统设计、安装与验收等方面要符合现行国家标准《民用建筑太阳能热水系统应用技术规范》GB 50364 的规定。

9.3.5 电能质量包括电压偏差、频率、谐波和波形畸变、功率因数、电压不平衡度及直流分量等。

10 节能改造综合评估

10.1 一 般 规 定

10.1.1 建筑物室内环境检测的内容包括室内温度、相对湿度和风速。检测方法参见《公共建筑节能检验标准》JGJ 177。

10.1.2 这样做便于发现改造前后运行工况或建筑使用等的变化。一旦发生变化，应对改造前或改造后的能耗进行调整。

10.1.3 被改造系统或设备的检测方法参见现行行业标准《公共建筑节能检验标准》JGJ 177，评估方法按本规范10.2节的规定进行。在相同的运行工况下采取相同的检测方法进行检测主要是为了保证测试结果的一致性。

10.1.4 定期对节能效果进行评估，是为了保证节能量的持续性，定期评估的时间一般为1年。节能效果不应是短期的，而应至少在回收期内保持同样的节能效果。

10.2 节能改造效果检测与评估

10.2.1 调整量的产生是因为测量基准能耗和当前能耗时，两者的外部条件不同造成的。外部条件包括：天气、入住率、设备容量或运行时间等，这些因素的变化跟节能措施无关，但却会影响建筑的能耗。为了公正科学地评价节能措施的节能效果，应把两个时间段的能耗量放到"同等条件"下考察，而将这些非节能措施因素造成的影响作为"调整量"。调整量可正可负。

"同等条件"是指一套标准条件或工况，可以是改造前的工况、改造后的工况或典型年的工况。通常把改造后的工况作为标准工况，这样将改造前的能耗调整至改造后工况下，即为不采取节能措施时建筑当前状况下的能耗（图1中调整后的基准能耗），通过比较该值与改造后实际能耗即可得到节能量，见图1。

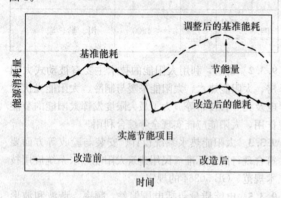

图 1　节能量的确定方法

10.2.2 节能改造项目实施前应编写节能效果检测与评估方案，节能检测和评估方案应精确、透明，具有可重复性。主要包括下列内容：

　　1　节能目标；

　　2　节能改造项目概况；

　　3　确定测量边界；

　　4　测量的参数、测点的布置、测量时间的长短、测量仪器的精度等；

　　5　采用的评估方法；

　　6　基准能耗及运行工况；

　　7　改造后的能耗及其运行工况；

　　8　建立标准工况；

　　9　明确影响能耗的各个因素的来源、说明调整情况；

　　10　能耗的计算方法和步骤、相关的假设等；

　　11　规定节能量的计算精度，建立不确定性控制目标。

10.2.3 测量法是将被改造的系统或设备的能耗与建筑其他部分的能耗隔离开，设定一个测量边界，然后

用仪表或其他测量装置分别测量改造前后该系统或设备与能耗相关的参数，以计算得到改造前后的能耗从而确定节能量。可根据节能项目实际需要测量部分参数或者对所有的参数进行测量。

一般来说，对运行负荷恒定或变化较小的设备进行节能改造可以只测量某些关键参数，其他的参数可进行估算，如，对定速水泵改造，可以只测量改造前后的功率，而对水泵的运行时间进行估算，假定改造前后运行时间不变。对运行负荷变化较大的设备改造，如冷机改造，则要对所有与能耗相关的参数进行测量。参数的测量方法参见《公共建筑节能检验标准》JGJ 177。

账单分析法是用电力公司或燃气公司的计量表及建筑内的分项计量表等对改造前后整幢大楼的能耗数据进行采集，通过分析账单和表计数据，计算得到改造前后整幢大楼的能耗，从而确定改造措施的节能量。

校准化模拟法是对采取节能改造措施的建筑，用能耗模拟软件建立模型（模型的输入参数应通过现场调研和测量得到），并对其改造前后的能耗和运行状况进行校准化模拟，对模拟结果进行分析从而计算得到改造措施的节能量。

测量法主要测量建筑中受节能措施影响部分的能耗量，因此该法侧重于评估具体节能措施的节能效果；账单分析法的研究对象是整幢建筑，主要用来评估建筑水平的节能效果。校准化模拟法既可以用来评估具体系统或设备的改造效果，也可用来评估建筑综合改造的节能效果，一般在前两种方法不适用的情况下才使用。

10.2.6 一般当测量法和账单分析法不适用时才使用校准化模拟法来计算节能效果。这主要是考虑到能耗模拟软件的局限性，目前很多建筑结构、空调系统形式、节能措施都无法进行模拟，如具有复杂外部形状的建筑、新型的空调系统形式等。

10.2.7 当设备的运行负荷较稳定或变化较小时（如照明灯具或定速水泵改造），可只测量影响能耗的关键参数，对其他参数进行估算，估算值可以基于历史数据、厂家样本或工程实际情况来判定。应确保估算值符合实际情况，估算的参数值及其对节能效果的影响程度应包含在节能效果评估报告中。如果参数估算导致误差较大，则应根据项目需要对其进行测量或采用账单分析法和校准化模拟法。对被改造的设备进行抽样测量时，抽样应能够代表总体情况，且测量结果具备统计意义的精度。

10.2.8 校准化模拟方案应包括：采用的模拟软件的名称及版本、模拟结果与实际能耗数据的比对方法、比对误差。

"相同的输入条件"主要指改造前后的建筑模型、气象参数、运行时间、人员密度等参数应一致，这些

数据应通过调研收集。此外，还应对主要用能系统和设备进行调研和测试。

校准化模拟法的模拟过程和节能量的计算过程应进行记录并以文件的形式保存。文件应详细记录建模和校准化的过程，包括输入数据和气象数据，以便其他人可以核查模拟过程和结果。

10.2.9 三种评估方法都涉及一些不确定因素，如测量法中对某些参数进行估算、抽样测量等会给计算结果引入误差，账单分析法用账单或表计数据对综合节能改造效果进行评估时，非节能措施的影响是主要的误差，一般会对主要影响因素（天气、入住率、运行时间等）进行分析和调整。以天气为例，可以根据采暖能耗与采暖度日数之间的线性关系，见式（2），将改造前的采暖能耗调整至改造后的气象工况下，或将改造前和改造后的采暖能耗均调整至典型气象年工况下：

$$E_{(h)ajusted} = \frac{HDD}{HDD_0} \times E_{h0} \qquad (2)$$

式中　E_{h0}——改造前的采暖能耗；

　　　$E_{(h)ajusted}$——调整后的改造前的采暖能耗；

　　　HDD_0——改造前的采暖度日数；

　　　HDD——改造后的采暖度日数。

相应地，也可以建立能耗与入住率和运行时间等参数的关系式，对非节能措施的影响进行调整。这些关系式本身存在一定的误差，而且被忽略的影响因素也是账单分析法的误差来源之一。校准化模拟法的误差主要来源于模拟软件、输入数据与实际情况不一致等因素。因此，对节能量进行计算和评估时，必须考虑到计算过程存在的不确定性并建立正确、合理的不确定性控制目标。

附录 A　冷热源设备性能参数选择

A.0.1 现行国家标准《冷水机组能效限定值及能源效率等级》GB 19577—2004 中，将产品分成 1、2、3、4、5 五个等级。能效等级的含义，1级是企业努力的目标；2级代表节能型产品的门槛；3、4级代表我国的平均水平，5级产品是未来淘汰的产品。本条文对冷水或热泵机组制冷性能系数的规定高于现行国家标准《公共建筑节能设计标准》GB 50189—2005的规定，其中，水冷离心式机组以 2 级作为选择的依据；水冷螺杆式、风冷或蒸发冷却螺杆式机组以 3 级

作为选择的依据；水冷活塞式/涡旋式、风冷或蒸发冷却活塞式/涡旋式机组以 4 级作为选择的依据。

A.0.3 本条文采用现行国家标准《单元式空气调节机能效限定值及能源效率等级》GB 19576—2004 中规定的 3 级产品的能效比。

A.0.5 本条文采用现行国家标准《多联式空调（热泵）机组能效限定值及能源效率等级》GB 21454—2008 中的 3 级标准，其他级别具体指标如表 10 所示。

表 10　多联式空调（热泵）机组的制冷综合性能系数

名义制冷量 CC（W）	能 效 等 级				
	5	4	3	2	1
CC≤28000	2.80	3.00	3.20	3.40	3.60
28000<CC≤84000	2.75	2.95	3.15	3.35	3.55
CC>84000	2.70	2.90	3.10	3.30	3.50

A.0.6 本条文的房间空调器适用于采用空气冷却冷凝器、全封闭型电动机-压缩机，制冷量在 14000W 及以下的空气调节器，不适用于移动式、变频式、多联式空调机组。本条文采用现行国家标准《房间空气调节器能效限定值及能源效率等级》GB 12021.3—2004中的 2 级标准。其他级别具体指标如表 11 所示。

表 11　房间空调器能效等级

类型	额定制冷量 CC（W）	能 效 等 级				
		5	4	3	2	1
整体式	—	2.30	2.50	2.70	2.90	3.10
分体式	CC≤4500	2.60	2.80	3.00	3.20	3.40
	4500<CC≤7100	2.50	2.70	2.90	3.10	3.30
	7100<CC≤14000	2.40	2.60	2.80	3.00	3.20

A.0.7 本条文采用现行国家标准《转速可控型房间空气调节器能效限定值及能源效率等级》GB 21455—2008 中的 3 级标准，其他级别具体指标如表 12 所示。

表 12　转速可控型房间空调器能效等级

类型	额定制冷量 CC（W）	能 效 等 级				
		5	4	3	2	1
分体式	CC≤4500	3.00	3.40	3.90	4.50	5.20
	4500<CC≤7100	2.90	3.20	3.60	4.10	4.70
	7100<CC≤14000	2.80	3.00	3.30	3.70	4.20

中华人民共和国行业标准

民用建筑太阳能光伏系统应用技术规范

Technical code for application of solar photovoltaic system
of civil buildings

JGJ 203—2010

批准部门：中华人民共和国住房和城乡建设部
施行日期：2 0 1 0 年 8 月 1 日

中华人民共和国住房和城乡建设部
公 告

第 521 号

关于发布行业标准《民用建筑
太阳能光伏系统应用技术规范》的公告

现批准《民用建筑太阳能光伏系统应用技术规范》为行业标准，编号为 JGJ 203-2010，自 2010 年 8 月 1 日起实施。其中，第 1.0.4、3.1.5、3.1.6、3.4.2、4.1.2、4.1.3、5.1.5 条为强制性条文，必须严格执行。

本规范由我部标准定额研究所组织中国建筑工业出版社出版发行。

中华人民共和国住房和城乡建设部
2010 年 3 月 18 日

前 言

根据原建设部《关于印发〈2007 年工程建设标准规范制订、修订计划（第一批）〉的通知（建标 [2007] 125 号）的要求，规范编制组经广泛调查研究，认真总结实践经验，参考有关国际标准和国外先进标准，并在广泛征求意见的基础上，制定本规范。

本规范的主要技术内容是：1 总则；2 术语；3 太阳能光伏系统设计；4 规划、建筑和结构设计；5 太阳能光伏系统安装；6 工程验收。

本规范中以黑体字标志的条文为强制性条文，必须严格执行。

本规范由住房和城乡建设部负责管理和对强制性条文的解释，由中国建筑设计研究院负责具体技术内容的解释。执行过程中如有意见或建议，请寄送中国建筑设计研究院（地址：北京市西城区车公庄大街 19 号，邮编：100044）。

本 规 范 主 编 单 位：中国建筑设计研究院
中国可再生能源学会太阳能建筑专业委员会

本 规 范 参 编 单 位：中国标准化研究院
中山大学太阳能系统研究所
无锡尚德太阳能电力有限公司
常州天合光能有限公司
英利绿色能源控股有限公司

北京市计科能源新技术开发公司
上海太阳能工程技术研究中心有限公司
上海伏奥建筑科技发展有限公司
深圳市创益科技发展有限公司
深圳南玻幕墙及光伏工程有限公司
广东金刚玻璃科技股份有限公司

本规范主要起草人员：仲继寿　张　磊　李爱仙
　　　　　　　　　　沈　辉　孟昭渊　经士农
　　　　　　　　　　于　波　叶东嵘　赵欣侃
　　　　　　　　　　陈　涛　李　毅　徐　宁
　　　　　　　　　　庄大建　张晓泉　林建平
　　　　　　　　　　王　贺　娄　霓　曾　雁
　　　　　　　　　　张兰英　焦　燕　班　焯
　　　　　　　　　　王斯成　邱第明　李新春
　　　　　　　　　　郑寿森　熊景峰　李涛勇
　　　　　　　　　　李亮龙　黄向阳　何　清
　　　　　　　　　　温建军

本规范主要审查人员：赵玉文　张树君　吴达成
　　　　　　　　　　张文才　崔容强　王志峰
　　　　　　　　　　胡润青　黄　汇　杨西伟

目 次

Contents

1 总 则

1.0.1 为推动太阳能光伏系统（简称光伏系统）在民用建筑中的应用，促进光伏系统与建筑的结合，规范太阳能光伏系统的设计、安装和验收，保证工程质量，制定本规范。

1.0.2 本规范适用于新建、改建和扩建的民用建筑光伏系统工程，以及在既有民用建筑上安装或改造已安装的光伏系统工程的设计、安装和验收。

1.0.3 新建、改建和扩建的民用建筑光伏系统设计应纳入建筑工程设计，统一规划、同步设计、同步施工、同步验收，与建筑工程同时投入使用。

1.0.4 在既有建筑上安装或改造光伏系统应按建筑工程审批程序进行专项工程的设计、施工和验收。

1.0.5 民用建筑应用太阳能光伏系统的设计、安装和验收除应符合本规范外，尚应符合国家现行有关标准的规定。

2 术 语

2.0.1 太阳能光伏系统 solar photovoltaic (PV) system

利用太阳电池的光伏效应将太阳辐射能直接转换成电能的发电系统，简称光伏系统。

2.0.2 光伏建筑一体化 building integrated photovoltaic (BIPV)

在建筑上安装光伏系统，并通过专门设计，实现光伏系统与建筑的良好结合。

2.0.3 光伏构件 PV components

工厂模块化预制的，具备光伏发电功能的建筑材料或建筑构件，包括建材型光伏构件和普通型光伏构件。

2.0.4 建材型光伏构件 PV modules as building components

太阳电池与建筑材料复合在一起，成为不可分割的建筑材料或建筑构件。

2.0.5 普通型光伏构件 conventional PV components

与光伏组件组合在一起，维护更换光伏组件时不影响建筑功能的建筑构件，或直接作为建筑构件的光伏组件。

2.0.6 光伏电池 PV cell

将太阳辐射能直接转换成电能的一种器件。

2.0.7 光伏组件 PV module

具有封装及内部联结的、能单独提供直流电流输出的，最小不可分割的太阳电池组合装置。

2.0.8 光伏方阵 PV array

由若干个光伏组件或光伏构件在机械和电气上按一定方式组装在一起，并且有固定的支撑结构而构成的直流发电单元。

2.0.9 光伏电池倾角 tilt angle of PV cell

光伏电池所在平面与水平面的夹角。

2.0.10 并网光伏系统 grid-connected PV system

与公共电网联结的光伏系统。

2.0.11 独立光伏系统 stand-alone PV system

不与公共电网联结的光伏系统。

2.0.12 光伏接线箱 PV connecting box

保证光伏组件有序连接和汇流功能的接线装置。该装置能够保障光伏系统在维护、检查时易于分离电路，当光伏系统发生故障时减小停电的范围。

2.0.13 直流主开关 DC main switch

安装在光伏方阵输出汇总点与后续设备之间的开关，包括隔离电器和短路保护电器。

2.0.14 直流分开关 DC branch switch

安装在光伏方阵侧，为维护、检查方阵，或分离异常光伏组件而设置的开关，包括隔离电器和短路保护电器。

2.0.15 并网接口 utility interface

光伏系统与电网配电系统之间相互联结的公共连接点。

2.0.16 并网逆变器 grid-connected inverter

将来自太阳电池方阵的直流电流变换为符合电网要求的交流电流的装置。

2.0.17 孤岛效应 islanding effect

电网失压时，并网光伏系统仍保持对失压电网中的某一部分线路继续供电的状态。

2.0.18 电网保护装置 protection device for grid

监测光伏系统并网的运行状态，在技术指标越限情况下将光伏系统与电网安全解列的装置。

2.0.19 应急电源系统 emergency power supply system

当电网因故停电时能够为特定负荷继续供电的电源系统。通常由逆变器、保护开关、控制电路、储能装置（如蓄电池）和充电控制装置等组成，简称应急电源。

3 太阳能光伏系统设计

3.1 一般规定

3.1.1 民用建筑太阳能光伏系统设计应有专项设计或作为建筑电气工程设计的一部分。

3.1.2 光伏组件或方阵的选型和设计应与建筑结合，在综合考虑发电效率、发电量、电气和结构安全、适用、美观的前提下，应优先选用光伏构件，并应与建筑模数相协调，满足安装、清洁、维护和局部更换的要求。

3.1.3 太阳能光伏系统输配电和控制用缆线应与其他管线统筹安排,安全、隐蔽、集中布置,满足安装维护的要求。

3.1.4 光伏组件或方阵连接电缆及其输出总电缆应符合现行国家标准《光伏(PV)组件安全鉴定 第1部分:结构要求》GB/T 20047.1 的相关规定。

3.1.5 在人员有可能接触或接近光伏系统的位置,应设置防触电警示标识。

3.1.6 并网光伏系统应具有相应的并网保护功能,并应安装必要的计量装置。

3.1.7 太阳能光伏系统应满足国家关于电压偏差、闪变、频率偏差、相位、谐波、三相平衡度和功率因数等电能质量指标的要求。

3.2 系统分类

3.2.1 太阳能光伏系统按接入公共电网的方式可分为下列两种系统:

  1 并网光伏系统;

  2 独立光伏系统。

3.2.2 太阳能光伏系统按储能装置的形式可分为下列两种系统:

  1 带有储能装置系统;

  2 不带储能装置系统。

3.2.3 太阳能光伏系统按负荷形式可分为下列三种系统:

  1 直流系统;

  2 交流系统;

  3 交直流混合系统。

3.2.4 太阳能光伏系统按系统装机容量的大小可分为下列三种系统:

  1 小型系统,装机容量不大于20kW的系统;

  2 中型系统,装机容量在20kW至100kW(含100kW)之间的系统;

  3 大型系统,装机容量大于100kW的系统。

3.2.5 并网光伏系统按允许通过上级变压器向主电网馈电的方式可分为下列两种系统:

  1 逆流光伏系统;

  2 非逆流光伏系统。

3.2.6 并网光伏系统按其在电网中的并网位置可分为下列两种系统:

  1 集中并网系统;

  2 分散并网系统。

3.3 系统设计

3.3.1 应根据建筑物使用功能、电网条件、负荷性质和系统运行方式等因素,确定光伏系统的类型。

3.3.2 光伏系统设计应符合下列规定:

  1 光伏系统设计应根据用电要求按表3.3.2进行选择;

  2 并网光伏系统应由光伏方阵、光伏接线箱、并网逆变器、蓄电池及其充电控制装置(限于带有储能装置系统)、电能表和显示电能相关参数的仪表组成;

表 3.3.2 光伏系统设计选用表

系统类型	电流类型	是否逆流	有无储能装置	适用范围
并网光伏系统	交流系统	是	有	发电量大于用电量,且当地电力供应不可靠
			无	发电量大于用电量,且当地电力供应比较可靠
		否	有	发电量小于用电量,且当地电力供应不可靠
			无	发电量小于用电量,且当地电力供应比较可靠
独立光伏系统	直流系统	否	有	偏远无电网地区,电力负荷为直流设备,且供电连续性要求较高
			无	偏远无电网地区,电力负荷为直流设备,且供电无连续性要求
	交流系统		有	偏远无电网地区,电力负荷为交流设备,且供电连续性要求较高
			无	偏远无电网地区,电力负荷为交流设备,且供电无连续性要求

  3 并网光伏系统的线路设计宜包括直流线路设计和交流线路设计。

3.3.3 光伏系统的设备性能及正常使用寿命应符合下列规定:

  1 系统中设备及其部件的性能应满足国家现行标准的相关要求,并应获得相关认证;

  2 系统中设备及其部件的正常使用寿命应满足国家现行标准的相关要求。

3.3.4 光伏方阵的选择应符合下列规定:

  1 光伏组件的类型、规格、数量、安装位置、安装方式和可安装场地面积应根据建筑设计及其电力负荷确定;

  2 应根据光伏组件规格及安装面积确定光伏系统最大装机容量;

  3 应根据并网逆变器的额定直流电压、最大功率跟踪控制范围、光伏组件的最大输出工作电压及其温度系数,确定光伏组件的串联数(简称光伏组件串);

  4 应根据总装机容量及光伏组件串的容量确定光伏组件串的并联数。

3.3.5 光伏接线箱设置应符合下列规定：

1 光伏接线箱内应设置汇流铜母排；

2 每一个光伏组件串应分别由线缆引至汇流母排，在母排前应分别设置直流分开关，并宜设置直流主开关；

3 光伏接线箱内应设置防雷保护装置；

4 光伏接线箱的设置位置应便于操作和检修，并宜选择室内干燥的场所。设置在室外的光伏接线箱应采取防水、防腐措施，其防护等级不应低于IP65。

3.3.6 并网光伏系统逆变器的总额定容量应根据光伏系统装机容量确定。独立光伏系统逆变器的总额定容量应根据交流侧负荷最大功率及负荷性质确定。并网逆变器的数量应根据光伏系统装机容量及单台并网逆变器额定容量确定。并网逆变器的选择还应符合下列规定：

1 并网逆变器应具备自动运行和停止功能、最大功率跟踪控制功能和防止孤岛效应功能；

2 逆流型并网逆变器应具备自动电压调整功能；

3 不带工频隔离变压器的并网逆变器应具备直流检测功能；

4 无隔离变压器的并网逆变器应具备直流接地检测功能；

5 并网逆变器应具有并网保护装置，并应与电力系统具备相同的电压、相数、相位、频率及接线方式；

6 并网逆变器应满足高效、节能、环保的要求。

3.3.7 直流线路的选择应符合下列规定：

1 耐压等级应高于光伏方阵最大输出电压的1.25倍；

2 额定载流量应高于短路保护电器整定值，短路保护电器整定值应高于光伏方阵的标称短路电流的1.25倍；

3 线路损耗应控制在2%以内。

3.3.8 光伏系统防雷和接地保护应符合下列规定：

1 设置光伏系统的民用建筑应采取防雷措施，其防雷等级分类及防雷措施应按现行国家标准《建筑物防雷设计规范》GB 50057的相关规定执行；

2 光伏系统防直击雷和防雷击电磁脉冲的措施应按现行国家标准《建筑物防雷设计规范》GB 50057的相关规定执行；

3.4 系 统 接 入

3.4.1 光伏系统与公用电网并网时，除应符合现行国家标准《光伏系统并网技术要求》GB/T 19939的相关规定外，还应符合下列规定：

1 光伏系统在供电负荷与并网逆变器之间和公共电网与负荷之间应设置隔离开关，隔离开关应具有明显断开点指示及断零功能；

2 中型或大型光伏系统宜设置独立控制机房，

机房内应设置配电柜、仪表柜、并网逆变器、监视器及蓄电池（限于带有储能装置系统）等；

3 光伏系统专用标识的形状、颜色、尺寸和安装高度应符合现行国家标准《安全标志及其使用导则》GB 2894的相关规定；

4 光伏系统在并网处设置的并网专用低压开关箱（柜）应设置手动隔离开关和自动断路器，断路器应采用带可视断点的机械开关；除非当地供电部门要求，否则不得采用电子式开关。

3.4.2 并网光伏系统与公共电网之间应设隔离装置。光伏系统在并网处应设置并网专用低压开关箱（柜），并应设置专用标识和"警告"、"双电源"提示性文字和符号。

3.4.3 并网光伏系统应具有自动检测功能及并网切断保护功能，并应符合下列规定：

1 光伏系统应安装电网保护装置，并应符合现行国家标准《光伏（PV）系统电网接口特性》GB/T 20046的相关规定；

2 光伏系统与公共电网之间的隔离开关和断路器均应具有断零功能，且相线和零线应能同时分断和合闸；

3 当公用电网电能质量超限时，光伏系统应自动与公用电网解列，在公用电网质量恢复正常后的5min之内，光伏系统不得向电网供电。

3.4.4 逆流光伏系统宜按照"无功就地平衡"的原则配置相应的无功补偿装置。

3.4.5 通信与电能计量装置应符合下列规定：

1 光伏系统自动控制、通信和电能计量装置应根据当地公共电网条件和供电机构的要求配置，并应与光伏系统工程同时设计、同时建设、同时验收、同时投入使用；

2 光伏系统宜配置相应的自动化终端设备，以采集光伏系统装置及并网线路的遥测、遥信数据，并传输至相应的调度主站；

3 光伏系统应在发电侧和电能计量点分别配置、安装专用电能计量装置，并宜接入自动化终端设备；

4 电能计量装置应符合现行行业标准《电测量及电能计量装置设计技术规程》DL/T 5137和《电能计量装置技术管理规程》DL/T 448的相关规定；

5 大型逆流并网光伏系统应配置2部调度电话。

3.4.6 作为应急电源的光伏系统应符合下列规定：

1 应保证在紧急情况下光伏系统与公用电网解列，并应切断由光伏系统供电的非消防负荷；

2 开关柜（箱）中的应急回路应设置相应的应急标志和警告标识；

3 光伏系统与电网之间的自动切换开关宜选用不自复方式。

4 规划、建筑和结构设计

4.1 一般规定

4.1.1 光伏组件类型、安装位置、安装方式和色泽的选择应结合建筑功能、建筑外观以及周围环境条件进行，并应使之成为建筑的有机组成部分。

4.1.2 安装在建筑各部位的光伏组件，包括直接构成建筑围护结构的光伏构件，应具有带电警告标识及相应的电气安全防护措施，并应满足该部位的建筑围护、建筑节能、结构安全和电气安全要求。

4.1.3 在既有建筑上增设或改造光伏系统，必须进行建筑结构安全、建筑电气安全的复核，并应满足光伏组件所在建筑部位的防火、防雷、防静电等相关功能要求和建筑节能要求。

4.1.4 建筑设计应根据光伏组件的类型、安装位置和安装方式，为光伏组件的安装、使用、维护和保养等提供必要的承载条件和空间。

4.2 规划设计

4.2.1 规划设计应根据建设地点的地理位置、气候特征及太阳能资源条件，确定建筑的布局、朝向、间距、群体组合和空间环境。安装光伏系统的建筑，主要朝向宜为南向或接近南向。

4.2.2 安装光伏系统的建筑不应降低相邻建筑或建筑本身的建筑日照标准。

4.2.3 光伏组件在建筑群体中的安装位置应合理规划，光伏组件周围的环境设施与绿化种植不应对投射到光伏组件上的阳光形成遮挡。

4.2.4 对光伏组件可能引起建筑群体间的二次辐射应进行预测，对可能造成的光污染应采取相应的措施。

4.3 建筑设计

4.3.1 光伏系统各组成部分在建筑中的位置应合理确定，并应满足其所在部位的建筑防水、排水和系统的检修、更新与维护的要求。

4.3.2 建筑体形及空间组合应为光伏组件接收更多的太阳能创造条件。宜满足光伏组件冬至日全天有3h以上建筑日照时数的要求。

4.3.3 建筑设计应为光伏系统提供安全的安装条件，并应在安装光伏组件的部位采取安全防护措施。

4.3.4 光伏组件不应跨越建筑变形缝设置。

4.3.5 光伏组件的安装不应影响所在建筑部位的雨水排放。

4.3.6 晶体硅电池光伏组件的构造及安装应符合通风降温要求，光伏电池温度不应高于85℃。

4.3.7 在多雪地区建筑屋面上安装光伏组件时，宜设置人工融雪、清雪的安全通道。

4.3.8 在平屋面上安装光伏组件应符合下列规定：

　　1 光伏组件安装宜按最佳倾角进行设计；当光伏组件安装倾角小于10°时，应设置维修、人工清洗的设施与通道；

　　2 光伏组件安装支架宜采用自动跟踪型或手动调节型的可调节支架；

　　3 采用支架安装的光伏方阵中光伏组件的间距应满足冬至日投射到光伏组件上的阳光不受遮挡的要求；

　　4 在建筑平屋面上安装光伏组件，应选择不影响屋面排水功能的基座形式和安装方式；

　　5 光伏组件基座与结构层相连时，防水层应铺设到支座和金属埋件的上部，并应在地脚螺栓周围做密封处理；

　　6 在平屋面防水层上安装光伏组件时，其支架基座下部应增设附加防水层；

　　7 对直接构成建筑屋面面层的建材型光伏构件，除应保障屋面排水通畅外，安装基层还应具有一定的刚度；在空气质量较差的地区，还应设置清洗光伏组件表面的设施；

　　8 光伏组件周围屋面、检修通道、屋面出入口和光伏方阵之间的人行通道上部应铺设保护层；

　　9 光伏组件的引线穿过平屋面处应预埋防水套管，并应做防水密封处理；防水套管应在平屋面防水层施工前埋设完毕。

4.3.9 在坡屋面上安装光伏组件应符合下列规定：

　　1 坡屋面坡度宜按光伏组件全年获得电能最多的倾角设计；

　　2 光伏组件宜采用顺坡镶嵌或顺坡架空安装方式；

　　3 建材型光伏构件与周围屋面材料连接部位应做好建筑构造处理，并应满足屋面整体的保温、防水等功能要求；

　　4 顺坡支架安装的光伏组件与屋面之间的垂直距离应满足安装和通风散热间隙的要求。

4.3.10 在阳台或平台上安装光伏组件应符合下列规定：

　　1 低纬度地区安装在阳台或平台栏板上的晶体硅光伏组件应有适当的倾角；

　　2 安装在阳台或平台栏板上的光伏组件支架应与栏板主体结构上的预埋件牢固连接；

　　3 构成阳台或平台栏板的光伏构件，应满足刚度、强度、防护功能和电气安全要求；

　　4 应采取保护人身安全的防护措施。

4.3.11 在墙面上安装光伏组件应符合下列规定：

　　1 低纬度地区安装在墙面上的晶体硅光伏组件宜有适当的倾角；

　　2 安装在墙面的光伏组件支架应与墙面结构主

3 光伏组件与墙面的连接不应影响墙体的保温构造和节能效果；

4 对设置在墙面上的光伏组件，引线穿过墙面处应预埋防水套管；穿墙管线不宜设在结构柱处；

5 光伏组件镶嵌在墙面时，宜与墙面装饰材料、色彩、分格等协调处理；

6 对安装在墙面上提供遮阳功能的光伏构件，应满足室内采光和日照的要求；

7 当光伏组件安装在窗面上时，应满足窗面采光、通风等使用功能要求；

8 应采取保护人身安全的防护措施。

4.3.12 在建筑幕墙上安装光伏组件应符合下列规定：

1 安装在建筑幕墙上的光伏组件宜采用建材型光伏构件；

2 光伏组件尺寸应符合幕墙设计模数，光伏组件表面颜色、质感应与幕墙协调统一；

3 光伏幕墙的性能应满足所安装幕墙整体物理性能的要求，并应满足建筑节能的要求；

4 对有采光和安全双重性能要求的部位，应使用双玻光伏幕墙，其使用的夹胶层材料应为聚乙烯醇缩丁醛（PVB），并应满足建筑室内对视线和透光性能的要求；

5 玻璃光伏幕墙的结构性能和防火性能应满足现行行业标准《玻璃幕墙工程技术规范》JGJ 102 的要求；

6 由玻璃光伏幕墙构成的雨篷、檐口和采光顶，应满足建筑相应部位的刚度、强度、排水功能及防止空中坠物的安全性能要求。

4.3.13 光伏系统的控制机房宜采用自然通风，当不具备条件时应采取机械通风措施。

4.4 结 构 设 计

4.4.1 结构设计应与工艺和建筑专业配合，合理确定光伏系统各组成部分在建筑中的位置。

4.4.2 在新建建筑上安装光伏系统，应考虑其传递的荷载效应。

4.4.3 在既有建筑上增设光伏系统，应对既有建筑的结构设计、结构材料、耐久性、安装部位的构造及强度等进行复核验算，并应满足建筑结构及其他相应的安全性能要求。

4.4.4 支架、支撑金属件及其连接节点，应具有承受系统自重、风荷载、雪荷载、检修荷载和地震作用的能力。

4.4.5 对光伏系统的支架和连接件的结构设计应符合下列规定：

1 当非抗震设计时，应计算系统自重、风荷载和雪荷载作用效应；

2 当抗震设计时，应计算系统自重、风荷载、雪荷载和地震作用效应。

4.4.6 应考虑风压变化对光伏组件及其支架的影响。光伏组件或方阵宜安装在风压较小的位置。

4.4.7 蓄电池、并网逆变器等较重的设备和部件宜安装在承载能力大的结构构件上，并应进行构件的强度与变形验算。

4.4.8 当选用建材型光伏构件时，应向产品生产厂家确认相关结构性能指标，并应满足建筑物使用期间对产品的结构性能要求。

4.4.9 光伏组件或方阵的支架，应由埋设在钢筋混凝土基座中的钢制热浸镀锌连接件或不锈钢地脚螺栓固定。钢筋混凝土基座的主筋应锚固在主体结构内；当不能与主体结构锚固时，应设置支架基座。应采取提高支架基座与主体结构间附着力的措施，满足风荷载、雪荷载与地震荷载作用的要求。

4.4.10 连接件与基座的锚固承载力设计值应大于连接件本身的承载力设计值。

4.4.11 支架基座设计应进行抗滑移和抗倾覆等稳定性验算。

4.4.12 当光伏方阵与主体结构采用后加锚栓连接时，应符合下列规定：

1 锚栓产品应有出厂合格证；

2 碳素钢锚栓应经过防腐处理；

3 应进行锚栓承载力现场试验，必要时应进行极限拉拔试验；

4 每个连接节点不应少于 2 个锚栓；

5 锚栓直径应通过承载力计算确定，并不应小于10mm；

6 不宜在与化学锚栓接触的连接件上进行焊接操作；

7 锚栓承载力设计值不应大于其选用材料极限承载力的50%；

8 在地震设防区必须使用抗震适用型锚栓；

9 应符合现行行业标准《混凝土结构后锚固技术规程》JGJ 145 的相关规定。

4.4.13 安装光伏系统的预埋件设计使用年限应与主体结构相同。

4.4.14 支架、支撑金属件和其他的安装材料，应根据光伏系统设定的使用寿命选择相应的耐候性能材料并应采取适宜的维护保养措施。

4.4.15 受盐雾影响的安装区域和场所，应选择符合使用环境的材料及部件作为支撑结构，并应采取相应的防护措施。

4.4.16 地面安装光伏系统时，光伏组件最低点距硬质地面不宜小于 300mm，距一般地面不宜小于1000mm，并应对地基承载力、基础的强度和稳定性进行验算。

5 太阳能光伏系统安装

5.1 一般规定

5.1.1 新建建筑光伏系统的安装施工应纳入建筑设备安装施工组织设计，并应制定相应的安装施工方案和采取特殊安全措施。

5.1.2 光伏系统安装前应具备下列条件：

1 设计文件齐备，且已审查通过；

2 施工组织设计及施工方案已经批准；

3 场地、供电、道路等条件能满足正常施工需要；

4 预留基座、预留孔洞、预埋件、预埋管和设施符合设计要求，并已验收合格。

5.1.3 安装光伏系统时，应制定详细的施工流程与操作方案，应选择易于施工、维护的作业方式。

5.1.4 安装光伏系统时，应对已完成土建工程的部位采取保护措施。

5.1.5 施工安装人员应采取防触电措施，并应符合下列规定：

1 应穿绝缘鞋、戴低压绝缘手套、使用绝缘工具；

2 当光伏系统安装位置上空有架空电线时，应采取保护和隔离措施；

3 不应在雨、雪、大风天作业。

5.1.6 光伏系统安装施工应采取安全措施，并应符合下列规定：

1 光伏系统的产品和部件在存放、搬运和吊装等过程中不得碰撞受损；吊装光伏组件时，光伏组件底部应衬垫木，背面不得受到碰撞和重压；

2 光伏组件在安装时，表面应铺遮光板遮挡阳光，防止电击危险；

3 光伏组件的输出电缆不得非正常短路；

4 对无断弧功能的开关进行连接时，不得在有负荷或能形成低阻回路的情况下接通正负极或断开；

5 连接完成或部分完成的光伏系统，遇有光伏组件破裂的情况应及时采取限制接近的措施，并应由专业人员处置；

6 不得局部遮挡光伏组件，避免产生热斑效应；

7 在坡度大于10°的坡屋面上安装施工，应采取专用踏脚板等安全措施。

5.2 基座

5.2.1 安装光伏组件或方阵的支架应设置基座。

5.2.2 基座应与建筑主体结构连接牢固，并应由专业施工人员完成施工。

5.2.3 屋面结构层上现场砌筑（或浇筑）的基座，完工后应做防水处理，并应符合现行国家标准《屋面工程质量验收规范》GB 50207 的规定。

5.2.4 预制基座应放置平稳、整齐，固定牢固，且不得破坏屋面的防水层。

5.2.5 钢基座顶面及混凝土基座顶面的预埋件，在支架安装前应涂防腐涂料，并应妥善保护。

5.2.6 连接件与基座之间的空隙，应采用细石混凝土填捣密实。

5.3 支架

5.3.1 安装光伏组件或方阵的支架应按设计要求制作。钢结构支架的安装和焊接应符合现行国家标准《钢结构工程施工质量验收规范》GB 50205 的要求。

5.3.2 支架应按设计要求安装在主体结构上，位置应准确，并应与主体结构牢靠固定。

5.3.3 固定支架前应根据现场安装条件采取合理的抗风措施。

5.3.4 钢结构支架应与建筑物接地系统可靠连接。

5.3.5 钢结构支架焊接完毕，应按设计要求做防腐处理。防腐施工应符合现行国家标准《建筑防腐蚀工程施工及验收规范》GB 50212 和《建筑防腐蚀工程质量检验评定标准》GB 50224 的要求。

5.3.6 装配式方阵支架梁柱连接节点应保证结构的安全可靠，不得采用单一摩擦型节点连接方式，各支架部件的防腐镀层要求应由设计根据实际使用条件确定。

5.4 光伏组件

5.4.1 光伏组件上应标有带电警告标识，光伏组件强度应满足设计强度要求。

5.4.2 光伏组件或方阵应按设计要求可靠地固定在支架或连接件上。

5.4.3 光伏组件或方阵应排列整齐。光伏组件之间的连接件，应便于拆卸和更换。

5.4.4 光伏组件或方阵与建筑面层之间应留有安装空间和散热间隙，并不得被施工等杂物填塞。

5.4.5 光伏组件或方阵安装时必须严格遵守生产厂指定的安装条件。

5.4.6 坡屋面上安装光伏组件时，其周边的防水连接构造必须严格按设计要求施工，且不得渗漏。

5.4.7 光伏幕墙的安装应符合下列规定：

1 双玻光伏幕墙应满足现行行业标准《玻璃幕墙工程质量检验标准》JGJ/T 139 的相关规定；

2 光伏幕墙应排列整齐、表面平整、缝宽均匀，安装允许偏差应满足现行国家标准《建筑幕墙》GB/T 21086 的相关规定；

3 光伏幕墙应与普通幕墙同时施工，共同接受幕墙相关的物理性能检测。

5.4.8 在盐雾、寒冷、积雪等地区安装光伏组件时，应与产品生产厂协商制定合理的安装施工和运营维护方案。

5.4.9 在既有建筑上安装光伏组件,应根据建筑物的建设年代、结构状况,选择可靠的安装方法。

5.5 电气系统

5.5.1 电气装置安装应符合现行国家标准《建筑电气工程施工质量验收规范》GB 50303 的相关规定。

5.5.2 电缆线路施工应符合现行国家标准《电气装置安装工程电缆线路施工及验收规范》GB 50168 的相关要求。

5.5.3 电气系统接地应符合现行国家标准《电气装置安装工程接地装置施工及验收规范》GB 50169 的相关要求。

5.5.4 光伏系统直流侧施工时,应标识正负极性,并宜分别布线。

5.5.5 带蓄能装置的光伏系统,蓄电池的上方和周围不得堆放杂物,并应保障蓄电池的正常通风,防止蓄电池两极短路。

5.5.6 在并网逆变器等控制器的表面,不得设置其他电气设备和堆放杂物,并应保证设备的通风环境。

5.5.7 穿过楼面、屋面和外墙的引线应做防水套管和防水密封处理。

5.6 系统调试和检测

5.6.1 建筑工程验收前应对光伏系统进行调试与检测。

5.6.2 调试和检测应符合国家现行标准的相关规定。

6 工 程 验 收

6.1 一 般 规 定

6.1.1 建筑工程验收时应对光伏系统工程进行专项验收。

6.1.2 光伏系统工程验收前,应在安装施工中完成下列隐蔽项目的现场验收:

   1 预埋件或后置螺栓(或锚栓)连接件;

   2 基座、支架、光伏组件四周与主体结构的连接节点;

   3 基座、支架、光伏组件四周与主体围护结构之间的建筑构造做法;

   4 系统防雷与接地保护的连接节点;

   5 隐蔽安装的电气管线工程。

6.1.3 光伏系统工程验收应根据其施工安装特点进行分项工程验收和竣工验收。

6.1.4 所有验收应做好记录,签署文件,立卷归档。

6.2 分项工程验收

6.2.1 分项工程验收宜根据工程施工特点分期进行。

6.2.2 对影响工程安全和系统性能的工序,必须在本工序验收合格后才能进入下一道工序的施工。主要工序应包括下列内容:

   1 在屋面光伏系统工程施工前,进行屋面防水工程的验收;

   2 在光伏组件或方阵支架就位前,进行基座、支架和框架的验收;

   3 在建筑管道井封口前,进行相关预留管线的验收;

   4 光伏系统电气预留管线的验收;

   5 在隐蔽工程隐蔽前,进行施工质量验收;

   6 既有建筑增设或改造的光伏系统工程施工前,进行建筑结构和建筑电气安全检查。

6.3 竣 工 验 收

6.3.1 光伏系统工程交付用户前,应进行竣工验收。竣工验收应在分项工程验收或检验合格后进行。

6.3.2 竣工验收应提交下列资料:

   1 设计变更证明文件和竣工图;

   2 主要材料、设备、成品、半成品、仪表的出厂合格证明或检验资料;

   3 屋面防水检漏记录;

   4 隐蔽工程验收记录和分项工程验收记录;

   5 系统调试和试运行记录;

   6 系统运行、监控、显示、计量等功能的检验记录;

   7 工程使用、运行管理及维护说明书。

本规范用词说明

   1 为便于在执行本规范条文时区别对待,对要求严格程度不同的用词说明如下:

   1)表示很严格,非这样做不可的:

     正面词采用"必须",反面词采用"严禁";

   2)表示严格,在正常情况下均应这样做的:

     正面词采用"应",反面词采用"不应"或"不得";

   3)表示允许稍有选择,在条件许可时首先应这样做的:

     正面词采用"宜",反面词采用"不宜";

   4)表示有选择,在一定条件下可以这样做的,采用"可"。

   2 条文中指明应按其他有关标准执行的写法为:"应符合……的规定"或"应按……执行"。

引用标准名录

   1 《建筑物防雷设计规范》GB 50057

2 《电气装置安装工程电缆线路施工及验收规范》GB 50168

3 《电气装置安装工程接地装置施工及验收规范》GB 50169

4 《钢结构工程施工质量验收规范》GB 50205

5 《屋面工程质量验收规范》GB 50207

6 《建筑防腐蚀工程施工及验收规范》GB 50212

7 《建筑防腐蚀工程质量检验评定标准》GB 50224

8 《建筑电气工程施工质量验收规范》GB 50303

9 《安全标志及其使用导则》GB 2894

10 《光伏系统并网技术要求》GB/T 19939

11 《光伏(PV)系统电网接口特性》GB/T 20046

12 《光伏(PV)组件安全鉴定 第1部分：结构要求》GB/T 20047.1

13 《建筑幕墙》GB/T 21086

14 《玻璃幕墙工程技术规范》JGJ 102

15 《玻璃幕墙工程质量检验标准》JGJ/T 139

16 《混凝土结构后锚固技术规程》JGJ 145

17 《电能计量装置技术管理规程》DL/T 448

18 《电测量及电能计量装置设计技术规程》DL/T5137

中华人民共和国行业标准

民用建筑太阳能光伏系统应用技术规范

JGJ 203—2010

条 文 说 明

制　订　说　明

《民用建筑太阳能光伏系统应用技术规范》JGJ
203-2010，经住房和城乡建设部 2010 年 3 月 18 日
以第 521 号公告批准、发布。

本规范制订过程中，编制组进行了广泛、深入的
调查研究，总结了国内主要的太阳能光伏系统优秀工
程以及国外有代表性的太阳能光伏系统工程的实践经
验，同时参考了德国、日本相关民用建筑太阳能光伏
系统的设计指南。

为便于广大设计、施工、科研、学校等单位有关
人员在使用本规范时能正确理解和执行条文规定，
《民用建筑太阳能光伏系统应用技术规范》编制组按
章、节、条顺序编制了本标准的条文说明，对条文规
定的目的、依据以及执行中需注意的有关事项进行了
说明，还着重对强制性条文的强制性理由做了解释。
但是，本条文说明不具备与标准正文同等的法律效
力，仅供使用者作为理解和把握标准规定的参考。

目　次

1 总　则

1.0.1 在我国，民用建筑工程中利用太阳能光伏发电技术正在成为建筑节能的新趋势。广大工程技术人员，尤其是建筑工程设计人员，只有掌握了光伏系统的设计、安装、验收和运行维护等方面的工程技术要求，才能促进光伏系统在建筑中的应用，并达到与建筑结合。为了确保工程质量，本规范编制组在大量工程实例调查分析的基础上，编制了本规范。

1.0.2 在我国，除了在新建、扩建、改建的民用建筑工程中设计安装光伏系统的项目不断增多，在既有建筑中安装光伏系统的项目也在增多。编制规范时对这两个方面的适应性进行了研究，使规范在两个方面均可适用。

1.0.3 新建民用建筑安装光伏系统时，光伏系统设计应纳入建筑工程设计；如有可能，一般建筑设计应为将来安装光伏系统预留条件。

1.0.4 在既有建筑上改造或安装光伏系统，容易影响房屋结构安全和电气系统的安全，同时可能造成对房屋其他使用功能的破坏。因此要求按建筑工程审批程序，进行专项工程的设计、施工和验收。

2 术　语

2.0.1 "太阳能光伏系统"为本规范主要用语，规范给出了英语的全称。在以下条文中简称为"光伏系统"。

2.0.2 光伏建筑一体化在光伏系统与建筑或建筑环境的结合上，具有更深的含义和更高的技术要求，也是当前人们努力追求的较高目标。这里的建筑环境除建筑本体环境外，还包括建筑小品、围墙、喷泉和景观照明等。

2.0.3~2.0.5 在民用建筑中，光伏构件包括建材型光伏构件和普通型光伏构件两种形式。

　　建材型光伏构件是指将太阳电池与瓦、砖、卷材、玻璃等建筑材料复合在一起、成为不可分割的建筑材料或建筑构件。

　　建材型光伏构件的表现形式为复合型光伏建筑材料（如光伏瓦、光伏砖、光伏卷材等），或复合型光伏建筑构件（如光伏幕墙、光伏窗、光伏雨篷、光伏遮阳板、光伏阳台板、光伏采光顶等）。

　　建材型光伏构件的安装形式包括：在平屋面上直接铺设光伏卷材或在坡屋面上采用光伏瓦，并可替代部分或全部屋面材料；直接替代建筑幕墙的光伏幕墙和直接替代部分或全部采光玻璃的光伏采光顶等。

　　普通型光伏构件是指与光伏组件组合在一起，维护更换光伏组件时不影响建筑功能的建筑构件，或直接作为建筑构件的光伏组件。

　　普通型光伏构件的表现形式为组合型光伏建筑构件或普通光伏组件。对于组合型光伏建筑构件，由于光伏组件与建筑构件仅仅是组合在一起，可以分开，因此，维护更换时只需针对光伏组件，而不会影响构件的建筑功能；当采用普通光伏组件直接作为建筑构件时，光伏组件在发电的同时，实现相应的建筑功能。比如，采用普通光伏组件或根据建筑要求定制的光伏组件直接作为雨篷构件、遮阳构件、栏板构件、檐口构件等建筑构件。

　　普通型光伏构件安装方式一般为支架式安装。为了实现光伏建筑一体化，支架式安装形式包括：在平屋面上采用支架安装的通风隔热屋面形式（如平改坡）；在构架上采用支架安装的屋面形式（如遮阳棚、雨篷）；在坡屋面上采用支架顺坡架空安装的通风隔热屋面形式（坡屋面上的主要安装形式）；在墙面上采用支架或支座与墙面平行安装的通风隔热墙面形式等。

2.0.6 目前已经商业化生产和规模化应用的光伏电池包括晶体硅光伏电池、薄膜光伏电池和硅异质结光伏电池（HIT）。

　　晶体硅光伏电池是使用晶体硅片制造的光伏电池，包括单晶硅光伏电池和多晶硅光伏电池等。其中，使用单晶硅片制成的光伏电池称单晶硅光伏电池（mono-silicon PV cell），具有较高的光电转化效率和价格；使用多晶硅片制成的光伏电池称多晶硅光伏电池（multi-silicon PV cell），其光电转换效率和价格一般稍低于单晶硅光伏电池。

　　薄膜光伏电池是以薄膜形态的半导体材料制造的光伏电池，主要有薄硅膜和化合物半导体薄膜等。其优点是消耗半导体材料少，制造成本较低，输出功率受温度影响小，电池组件易于设计成不同的形态。

　　HIT电池是以晶体硅和薄膜硅为原料制造的光伏电池，外形和封装工艺更像晶体硅光伏电池。由于其兼有晶体硅和薄膜硅两类光伏电池的优点，光电转换效率较高，价格也较高。

2.0.8 光伏方阵通过对组件串和必要的控制元件，进行适当的串联、并联，以电气及机械方式相连形成光伏方阵，能够输出供变换、传输和使用的直流电压和电功率。光伏方阵不包括基座、太阳跟踪器、温度控制器等类似的部件。如果一个方阵中有不同结构类型的组件，或组件的连接方式不同，一般将结构和连接方式相同的部分方阵称为子方阵。光伏方阵可由几个子方阵串并联组成。

2.0.9 光伏电池倾角和光伏组件的方位角唯一地决定了光伏电池的朝向。光伏组件的方位角指光伏组件向阳面的法线在水平面上的投影与正南方向的夹角。水平面内正南方向为0度，向西为正，向东为负，单位为度（°）。

2.0.16 并网逆变器可将电能变换成一种或多种电能

形式，以供后续电网使用。并网逆变器一般包括最大功率跟踪等功能。

3 太阳能光伏系统设计

3.1 一般规定

3.1.1 民用建筑光伏系统由专业人员进行设计，并贯穿于工程建设的全过程，以提高光伏系统的投资效益。光伏系统应符合国家现行相关的民用建筑电气设计规范的要求。光伏组件形式的选择以及安装数量、安装位置的确定需要与建筑师配合进行设计，在设备承载及安装固定等方面需要与结构专业配合，在电气、通风、排水等方面与设备专业配合，使光伏系统与建筑物本身和谐统一，实现光伏系统与建筑的良好结合。

3.1.5 人员有可能接触或接近的、高于直流 50V 或 240W 以上的系统属于应用等级 A，适用于应用等级 A 的设备被认为是满足安全等级 Ⅱ 要求的设备，即 Ⅱ 类设备。当光伏系统从交流侧断开后，直流侧的设备仍有可能带电，因此，在光伏系统直流侧设置必要的触电警示和防止触电的安全措施。

3.1.6 对于并网光伏系统，只有具备并网保护功能，才能保障电网和光伏系统的正常运行，确保上述一方如发生异常情况不至于影响另一方的正常运行。同时并网保护也是电力检修人员人身安全的基本要求。另外，安装计量装置还便于用户对光伏系统的运行效果进行统计、评估。同时也考虑到随着国家相关政策的出台，国家对光伏系统用户进行补偿的可能。

3.1.7 光伏系统所产电能应满足国家电能质量的指标要求，主要包括：

    1 10kV 及以下并网光伏系统正常运行时，与公共电网接口处电压允许偏差如下：三相为额定电压的 ±7%，单相为额定电压的 +7%、-10%；

    2 并网光伏系统与公共电网同步运行，频率允许偏差为 ±0.5Hz；

    3 并网光伏系统的输出有较低的电压谐波畸率和谐波电流含有率；总谐波电流含量小于功率调节器输出电流的 5%；

    4 光伏系统并网运行时，逆变器向公共电网馈送的直流分量不超其交流额定值的 1%。

3.2 系统分类

3.2.1 并网光伏系统主要应用于当地已存在公共电网的区域，并网光伏系统为用户提供电能，不足部分由公共电网作为补充；独立光伏系统一般应用于远离公共电网覆盖的区域，如山区、岛屿等边远地区，独立光伏系统容量需满足用户最大电力负荷的需求。

3.2.2 光伏系统所提供电能受外界环境变化的影响

较大，如阴雨天气或夜间都会使系统提供电能大大降低，不能满足用户的电力需求。因此，对于无公共电网作为补充的独立光伏系统用户，要满足稳定的电能供应就需设置储能装置。储能装置一般用蓄电池，在阳光充足的时间产生的剩余电能储存在蓄电池内，阴雨天或夜间由蓄电池放电提供所需电能。对于供电连续性要求较高用户的独立光伏系统，需设置储能装置，对于无供电连续性要求的用户可不设储能装置。并网光伏系统是否设置成蓄电型系统，可根据用电负荷性质和用户要求设置。如光伏系统负荷仅为一般负荷，且又有当地公共电网作为补充，在这种情况下可不设置储能装置；若光伏系统负荷为消防等重要设备，就应该根据重要负荷的容量设置储能装置，同时，在储能装置放电为重要设备供电时，需首先切断光伏系统的非重要负荷。

3.2.3 只有直流负荷的光伏系统为直流系统。在直流系统中，由太阳电池产生的电能直接提供给负荷或经充电控制器给蓄电池充电。交流系统是指负荷均为交流设备的光伏系统，在此系统中，由太阳电池产生的直流电需经功率调节器进行直—交流转换再提供给负荷。对于并网光伏系统功率调节器尚需具备并网保护功能。负荷中既有交流供电设备又有直流供电设备的光伏系统为交直流混合系统。

3.2.4 装机容量（Capacity of installation）指光伏系统中所采用的光伏组件的标称功率之和，也称标称容量、总容量、总功率等，计量单位是峰瓦（W_P）。规范对光伏系统的大、中、小型系统规模进行了界定，既参照了日本建筑光伏系统的规模分级标准，也符合《光伏发电站接入电力系统技术规定》GB/Z 19964 关于大规模光伏电站为 100kW 及以上的规定，同时可为将来出台其他建筑光伏电站管理规定提供规范依据。

3.2.5 在公共电网区域内的光伏系统往往是并网系统，原因是光伏系统输出功率受制于天气等外界环境变化的影响。为了使用户得到可靠的电能供应，有必要把光伏系统与当地公共电网并网，当光伏系统输出功率不能满足用户需求时，不足部分由当地公共电网补充。反之，当光伏系统输出电能超出用户本身的电能需求时，超出部分电能则向公共电网逆向流入。此种并网光伏系统称为逆流系统。非逆流并网光伏系统中，用户本身电能需求远大于光伏系统本身所产生的电能，在正常情况下，光伏系统产生的电能不可能向公共电网送入。逆流或非逆流并网光伏系统均须采取并网保护措施。各种光伏系统在并网前均需与当地电力公司协商取得一致后方能并入。

3.2.6 集中并网光伏系统的特点是系统所产生的电能被直接输送到当地公共电网，由公共电网向区域内电力用户供电。此种光伏系统一般需要建设大型光伏电站，规模大、投资大、建设周期长。由于上述条件的限制，目前集中并网光伏系统的发展受到一定的抑制。分散并网光伏系统由于具备规模小、占地面积小、建设周期短、投资相对少等特点而发展迅速。

3.3 系 统 设 计

3.3.3 民用建筑光伏系统各部件的技术性能包括：电气性能、耐久性能、安全性能、可靠性能等几个方面。

①电气性能强调了光伏系统各部件产品要满足国家标准中规定的电性能要求。如太阳电池的最大输出功率、开路电压、短路电流、最大输出工作电压、最大输出工作电流等，另外，系统中各电气部件的电压等级、额定电压、额定电流、绝缘水平、外壳防护类别等。

②耐久性能规定了系统中主要部件的正常使用寿命。如光伏组件寿命不少于 20 年，并网逆变器正常使用寿命不少于 8 年。在正常使用寿命期间，允许有主要部件的局部更换以及易损件的更换。

③安全性能是光伏系统各项技术性能中最重要的一项，其中特别强调了并网光伏系统需带有保证光伏系统本身及所并电力电网的安全。

④可靠性能强调了光伏系统要具有防御各种自然条件异常的能力，其中包括应有可靠的防结露、防过热、防雷、抗雹、抗风、抗震、除雪、除沙尘等技术措施。

⑤在民用建筑设计中，可采用各种防护措施以保证光伏系统的性能。如采用电热技术除结露、除雪，预留给水、排水条件除沙尘，在太阳电池下面预留通风道防电池板过热，选用抗雹电池板，光伏系统防雷与建筑物防雷统一设计施工，在结构设计上选择合适的加固措施防风、防震等。

3.3.5 设置在室外的光伏接线箱要具有可靠防止雨水向内渗漏的结构设计。

3.3.6 并网逆变器还需满足电能转换效率高、待机电能损失小、噪声小、谐波少、寿命长、可靠性高及起、停平稳等功能要求。

3.3.8 光伏系统防雷和接地保护的要求：

1 支架、紧固件等正常时不带电金属材料要采取等电位联结措施和防雷措施。安装在建筑屋面的光伏组件，采用金属固定构件时，每排（列）金属构件均可靠联结，且与建筑物屋顶避雷装置有不少于两点可靠联结；采用非金属固定构件时，不在屋顶避雷装置保护范围之内的光伏组件，需单独加装避雷装置。

2 光伏组件需采取严格措施防直击雷和雷击电磁脉冲，防止建筑光伏系统和电气系统遭到破坏。

3.4 系 统 接 入

3.4.1 光伏系统并网需满足并网技术要求。大型并网光伏系统要进行接入系统的方案论证，并先征得当地供电机构同意方可实施。

根据日本、德国等国家的经验，接入公共电网的光伏系统，其总装机容量一般控制在上级变压器单台主变额定容量的 30% 以内。

光伏系统电网接入点选择要根据系统总装机容量、电网条件和当地供电机构的要求确定：当系统总装机容量小于或等于 100kW 时，接入点电压等级宜为 400V；当系统总装机容量大于 100kW 时，接入点电压等级可选择 400V 或 10kV。

在中型或大型光伏系统中，功率调节器柜（箱）、仪表柜、配电柜较多，且系统又存留一定量的备品备件，因此，宜设置独立的光伏系统控制机房。

3.4.2 光伏系统并网后，一旦公共电网或光伏系统本身出现异常或处于检修状态时，两系统之间如果没有可靠的脱离，可能带来对电力系统或人身安全的影响或危害。因此，在公共电网与光伏系统之间一定要有专用的联结装置，在电网或系统出现异常时，能够通过醒目的联结装置及时人工切断两者之间的联系。另外，还需要通过醒目的标识提示光伏系统可能危害人身安全。

3.4.3 光伏系统和公共电网异常或故障时，为保障人员和设备安全，应具有相应的并网保护功能和装置，并应满足光伏系统并网保护的基本技术要求。

1 光伏系统要能具有电压自动检测及并网切断控制功能。

1）在公共电网接口处的电压超出表 1 规定的范围时，光伏系统要停止向公共电网送电。

表 1 公共电网接口处的电压

电压（公共电网接口处）	最大分闸时间[注1]
$U < 50\% \ U_{正常}$[注2]	0.1s
$50\% U_{正常} \leqslant U < 85\% \ U_{正常}$	2.0s
$85\% U_{正常} \leqslant U \leqslant 110\% \ U_{正常}$	继续运行
$110\% U_{正常} < U < 135\% \ U_{正常}$	2.0s
$135\% U_{正常} \leqslant U$	0.05s

注1：最大分闸时间是指异常状态发生到逆变器停止向公共电网送电的时间；

注2：$U_{正常}$ 为正常电压值（范围）。

2）光伏系统在公共电网接口处频率偏差超出规定限值时，频率保护要在 0.2s 内动作，将光伏系统与公共电网断开。

3）当公共电网失压时，防孤岛效应保护应在 2s 内完成，将光伏系统与公共电网断开。

4）光伏系统对公共电网应设置短路保护。当公共电网短路时，逆变器的过电流不大于额定电流的 1.5 倍，并在 0.1s 内将光伏系统与公共电网断开。

　　5）非逆流并网光伏系统在公共电网供电变压器次级设置逆流检测装置。当检测到的逆电流超出逆变器额定输出的 5% 时，逆向功率保护在 0.5s～2s 内将光伏系统与公共电网断开。

　　2　在光伏系统与公共电网之间设置的隔离开关和断路器均应具有断零功能。目的是防止在并网光伏系统与公共电网脱离时，由于异常情况的出现而导致零线带电，容易发生电击检修人员的危险。

　　3　当公用电网异常而导致光伏系统自动解列后，只有当公用电网恢复正常到规定时限后光伏系统方可并网。

3.4.4　光伏系统并入上级电网宜按照"无功就地平衡"的原则配置相应的无功补偿装置，对接入公共连接点的每个用户，其"功率因数"要符合现行的《供电营业规则》（中华人民共和国电力工业部 1996 年第 8 号令）的相关规定。光伏系统以三相并入公共电网，其三相电压不平衡度不超过《电能质量　三相电压允许不平衡度》GB/T 15543 的相关规定。对接入公共连接点的每个用户，其电压不平衡度允许值不超过 1.3%。

3.4.5　与民用建筑结合的光伏系统设计应包括通信与计量系统，以确保工程实施的可行性、安全性和可靠性。

3.4.6　作为应急电源的光伏系统应符合以下规定：

　　1　当光伏系统作为消防应急电源时，需先切断光伏系统的日常设备负荷，并与公用电网解列，以确保消防设备启动的可靠性。

　　2　光伏系统的标识需符合消防设施管理的基本要求。

　　3　当光伏系统与公用电网分别作为消防设备的二路电源时，配电末端所设置的双电源自动切换开关宜选用自投不自复方式。因为电网是否真正恢复供电需判定，自动转换开关来回自投自复反而对设备和人身安全不利。

4　规划、建筑和结构设计

4.1　一般规定

4.1.1　光伏系统的选型是建筑设计的重点内容，设计者不仅要创造新颖美观的建筑立面、设计光伏组件安装的位置，还要结合建筑功能及其对电力供应方式的需求，综合考虑环境、气候、太阳能资源、能耗、施工条件等因素，比较光伏系统的性能、造价，进行技术经济分析。

　　光伏系统设计应由建筑设计单位和光伏系统产品供应商相互配合共同完成。建筑师不仅需要根据建筑类型和使用要求确定光伏系统的类型、安装位置、色调和构图要求，还应向建筑电气工程师提出对于电力的使用要求；电气工程师进行光伏系统设计、布置管线、确定管线走向；结构工程师在建筑结构设计时，应考虑光伏系统的荷载，以保证结构的安全性，并埋设预埋件，为光伏构件的锚固、安装提供安全牢靠的条件。光伏系统产品供应商需向建筑设计单位提供光伏组件的规格、尺寸、荷载，预埋件的规格、尺寸、安全位置及安全要求；提供光伏系统的发电性能等技术指标及其检测报告；保证产品质量和使用性能。

4.1.2　安装在建筑屋面、阳台、墙面、窗面或其他部位的光伏组件，应满足该部位的承载、保温、隔热、防水及防护要求，并应成为建筑的有机组成部分，保持与建筑和谐一的外观。

4.1.3　在既有建筑上增设或改造的光伏系统，其重量会增加建筑荷载。另外，安装过程也会对建筑结构和建筑功能有影响，因此，必须进行建筑结构安全、建筑电气安全等方面的复核和检验。

4.1.4　一般情况下，建筑的设计寿命是光伏系统寿命的 2～3 倍，光伏组件及系统其他部件在构造、形式上应利于在建筑围护结构上安装，便于维护、修理、局部更换。为此建筑设计不仅要考虑地震、风荷载、雪荷载、冰雹等自然破坏因素，还应为光伏系统的日常维护，尤其是光伏组件的安装、维护、日常保养、更换提供必要的安全便利条件。

4.2　规划设计

4.2.1　根据安装光伏系统的区域气候特征及太阳能资源条件，合理进行建筑群体的规划和建筑朝向的选择。建筑群体或建筑单体朝南可为光伏系统接收更多的太阳能创造条件。

4.2.2　安装光伏系统的建筑，建筑间距应满足所在地区日照间距要求，且不得因布置光伏系统而降低相邻建筑的日照标准。

4.2.3　在进行建筑周围的景观设计和绿化种植时，要避免对投射到光伏组件上的阳光造成遮挡，从而保证光伏组件的正常工作。

4.2.4　建筑上安装的光伏组件应优先选择光反射较低的材料，避免自身引起的太阳光二次辐射对本栋建筑或周围建筑造成光污染。

4.3　建筑设计

4.3.1　建筑设计应与光伏系统设计同步进行。建筑设计根据选定的光伏系统类型，确定光伏组件形式、安装面积、尺寸大小、安装位置方式；了解连接管线走向；考虑辅助能源及辅助设施条件；明确光伏系统各部分的相对关系。然后，合理安排光伏系统各组成部分在建筑中的位置，并满足所在部位防水、排水等技术要求。建筑设计应为光伏系统各部分的安全检修、光伏构件表面清洗等提供便利条件。

4.3.2 光伏组件安装在建筑屋面、阳台、墙面或其他部位，不应有任何障碍物遮挡太阳光。光伏组件总面积根据需要电量、建筑上允许的安装面积、当地的气候条件等因素确定。安装位置要满足冬至日全天有3h以上日照时数的要求。有时，为争取更多的采光面积，建筑平面往往凹凸不规则，容易造成建筑自身对太阳光的遮挡。除此以外，对于体形为L形、凵形的平面，也要注意避免自身的遮挡。

本条中用于确定建筑日照条件的建筑日照时数（insolation standards）与用于计算光伏系统发电量的峰值日照时数（peak sun hours）不同。日照标准是根据建筑物所在的气候区，城市大小和建筑物的使用性质决定的，在规定的日照标准日（冬至日或大寒日）有效时间范围内，以底层窗台面为计算起点的建筑外窗获得的日照时间。峰值日照时数是指当地水平面上单位面积接受到的年平均辐射能转化为标准日照条件（AM1.5，1000W/m²，25℃）的小时数。按年计算是全年标准日照时数，计量单位是（h/a）；按日计算是平均每天的标准日照时数，计量单位是（h/d）。

4.3.3 建筑设计时应考虑在安装光伏组件的墙面、阳台或挑檐等部位采取必要的安全防范措施，防止光伏组件损坏而掉下伤人，如设置挑檐、入口处设置雨篷或进行绿化种植等，使人不易靠近。

4.3.4 建筑主体结构在伸缩缝、沉降缝、防震缝的变形缝两侧会发生相对位移，光伏组件跨越变形缝时容易遭到破坏，造成漏电、脱落等危险。所以光伏组件不应跨越主体结构的变形缝，或应采用与主体建筑的变形缝相适应的构造措施。

4.3.5 光伏组件不应影响安装部位建筑雨水系统设计，不应造成局部积水、防水层破坏、渗漏等情况。

4.3.6 安装光伏组件时，应采取必要的通风降温措施以抑制其表面温度升高。一般情况下，组件与安装面层之间设置50mm以上的空隙，组件之间也留有空隙，会有效控制组件背面的温度升高。

4.3.7 冬季光伏组件上的积雪不易清除，因此在多雪地区的建筑屋面上安装光伏组件时，应采取融雪、扫雪及避免积雪滑落后遮挡光伏组件的措施。如采取扫雪措施，应设置扫雪通道及人员安全保障设施。

4.3.8 平屋面上安装光伏组件应符合以下要求：

1 在太阳高度角较小时，光伏方阵排列过密会造成彼此遮挡，降低运行效率。为使光伏方阵实现高效、经济的运行，应对光伏组件的相互遮挡进行日照计算和分析。

2 采用自动跟踪型和手动调节型支架可提高系统的发电量。自动跟踪型支架还需配置包括太阳辐射测量设备、计算机控制的步进电机等自动跟踪系统。手动调节型支架经济可靠，适合于以月、季度为周期的调节系统。

3 屋面上设置光伏方阵时，前排光伏组件的阴影不应影响后排光伏组件正常工作。另外，还应注意组件的日斑影响。

4 在建筑屋面上安装光伏组件支架，应选择点式的基座形式，以利于屋面排水。特别要避免与屋面排水方向垂直的条形基座。

5 光伏组件支座与结构层相连时，防水层应包到支座和金属埋件的上部，形成较高的泛水，地脚螺栓周围缝隙容易渗水，应作密封处理。

6 支架基座部位应做附加防水层。附加层宜空铺，空铺宽度不应小于200mm。为防止卷材防水层收头翘边，避免雨水从开口处渗入防水层下部，应按设计要求做好收头处理。卷材防水层应用压条钉压固定，或用密封材料封严。

7 构成屋面面层的建材型光伏构件，其安装基层应为具有一定刚度的保护层，以避免光伏组件变形引起表面局部积灰现象。

8 需要经常维修的光伏组件周围屋面、检修通道、屋面出入口以及人行通道上面应设置刚性保护层保护防水层，一般可铺设水泥砖。

9 光伏组件的引线穿过屋面处，应预埋防水套管，并作防水密封处理。防水套管应在屋面防水层施工前埋设完毕。

4.3.9 坡屋面上安装光伏组件还应符合以下要求：

1 为了获得较多太阳光，屋面坡度宜采用光伏组件全年获得电能最多的倾角。一般情况下可根据当地纬度±10°来确定屋面坡度，低纬度地区还要特别注意保证屋面的排水功能。

2 安装在坡屋面上的光伏组件宜根据建筑设计要求，选择顺坡镶嵌设置或顺坡架空设置方式。

3 建材型光伏构件安装在坡屋面上时，其与周围屋面材料连接部位应做好建筑构造处理，并应满足屋面整体的保温、防水等围护结构功能要求。

4 顺坡架空在坡屋面上的光伏组件与屋面间宜留有大于100mm的通风间隙。控制通风间隙的目的有两个，一是通过加强屋面通风降低光伏组件背面温升，二是保证组件的安装维护空间。

4.3.10 阳台或平台上安装光伏组件应符合以下要求：

1 在低纬度地区，由于太阳高度角较小，安装在阳台栏板上的光伏组件或直接构成阳台栏板的光伏构件应有适当的倾角，以接受较多的太阳能光。

2 对不具有阳台栏板功能，通过其他连接方式安装在阳台栏板上的光伏组件，其支架应与阳台栏板上的预埋件牢固连接，并通过计算确定预埋件的尺寸与预埋深度，防止坠落事件的发生。

3 作为阳台栏板的光伏构件，应满足建筑阳台栏板强度及高度的要求。阳台栏板高度应随建筑高度而增高，如低层、多层住宅的阳台栏板净高不应低于1.05m，中高层、高层住宅的阳台栏板不应低于1.10m，这是根据人体重心和心理因素而定的。

4 光伏组件背面温度较高，或电气连接损坏都可能会引起安全事故（儿童烫伤、电气安全），因此要采取必要的保护措施，避免人身直接触及光伏组件。

4.3.11 墙面上安装光伏组件应符合以下要求：

1 在低纬度地区，由于太阳高度角较小，因此安装在墙上或直接构成围护结构的光伏组件应有适当的倾角，以接受较多的太阳光；

2 通过支架连接方式安装在外墙上的光伏组件，在结构设计时应作为墙体的附加永久荷载。对安装光伏组件而可能产生的墙体局部变形、裂缝等等，应通过构造措施予以防止；

3 光伏组件安装在外保温构造的墙体上时，其与墙面连接部位易产生冷桥，应作特殊断桥或保温构造处理；

4 预埋防水套管可防止水渗入墙体构造层；管线穿越结构柱会影响结构性能，因此穿墙管线不宜设在结构柱内；

5 光伏组件镶嵌在墙面时，应由建筑设计专业结合建筑立面进行统筹设计；

8 建筑设计时，为防止光伏组件损坏而掉下伤人，应考虑在安装光伏组件的墙面采取必要的安全防护措施，如设置挑檐、雨篷，或进行绿化种植等，使人不易靠近。

4.3.12 幕墙上安装光伏组件应符合以下要求：

1 安装在幕墙上的光伏组件宜采用光伏幕墙，并根据建筑立面的需要进行统筹设计；

2 安装在幕墙上的光伏组件尺寸应符合所安装幕墙板材的模数，既有利于安装，又与建筑幕墙在视觉上融为一体；

3 光伏幕墙的性能应与所安装普通幕墙具备同等的强度，以及具有同等保温、隔热、防水等性能，保证幕墙的整体性能；

4 PVB（Polyvinyl butyral）中间膜是一种半透明的薄膜，是由聚乙烯醇缩丁醛树脂经增塑剂塑化挤压成型的一种高分子材料。使用PVB夹胶层的光伏构件可以满足建筑上使用安全玻璃的要求；用EVA（Ethylene viny acetate）层压的光伏构件需要采用特殊的结构，防止玻璃自爆后因EVA强度不够而引发事故；

5 层间防火构造在正常使用条件下，应具有伸缩变形能力、密封性和耐久性；在遇火状态下，应在规定的耐火极限内，不发生开裂或脱落，保持相对稳定性；防火封堵时限应高于建筑幕墙本身的防火时限要求；玻璃光伏幕墙应尽量避免遮挡建筑室内视线，并应与建筑遮阳、采光统筹考虑；

6 为防止光伏组件损坏而掉下伤人，应安装牢固并采取必要的防护措施。

4.3.13 光伏系统控制机房，一般会布置较多的配电柜（箱）、逆变器、充电控制器等设备，上述设备在正常工作中都会产生一定的热量；当系统带有储能装置时，系统中的蓄电池在特定情况下可能对空气产生一定的污染，因此，控制机房应采取通风措施。

4.4 结 构 设 计

4.4.1 结构设计应根据光伏系统各组成部分在建筑中的位置进行专门设计，防止对结构安全造成威胁。

4.4.2 在新建建筑上安装光伏系统，结构设计时应事先考虑其传递的荷载效应。

4.4.3 既有建筑结构形式和使用年限各不相同。在既有建筑上增设光伏系统必须进行结构验算，保证结构本身的安全性。

4.4.4 进行结构设计时，不但要校核安装部位结构的强度和变形，而且需要计算支架、支撑金属件及各个连接节点的承载能力。

光伏方阵与主体结构的连接和锚固必须牢固可靠，主体结构的承载力必须经过计算或实物试验予以确认，并要留有余地，防止偶然因素产生破坏。光伏方阵和支架的重量大约在（0.24～0.49）kg/m²，建议设计时取不小于1.0kN/m²。

主体结构必须具备承受光伏方阵等传递的各种作用的能力。主体结构为混凝土结构时，混凝土强度等级不应低于C20。

4.4.5 光伏系统结构设计应区分是否抗震。对非抗震设防的地区，只需考虑系统自重、风荷载和雪荷载；对抗震设防的地区，还应考虑地震作用。

安装在建筑屋面等部位的光伏方阵主要受风荷载作用，抗风设计是主要考虑的因素。但由于地震是动力作用，对连接节点会产生较大影响，使连接发生震害甚至造成光伏方阵脱落，所以，除计算地震作用外，还必须加强构造措施。

4.4.6 墙角、凹口、山墙、屋檐、屋面坡度大于10°的屋脊等部位，风压大，变化复杂，在这些部位安装光伏系统，对抗风压性能要求较高，因此宜将光伏组件或方阵安装在风压较小的部位，如屋顶中央。在坡屋面上安装光伏组件或方阵时，宜采用与屋面平行的方式，减小风荷载的作用。

4.4.8 建材型光伏构件，应满足该类建筑材料本身的结构性能。如光伏幕墙，应至少满足普通幕墙的强度、抗风压和防热炸裂等要求，以及在木质、合成材料和金属框架上的安装要求，应符合《玻璃幕墙工程技术规范》JGJ 102或《金属与石材幕墙工程技术规范》JGJ 133中对幕墙材料结构性能的要求；作为屋面材料使用的光伏构件，应满足相应屋面材料的结构要求。

4.4.10 连接件与主体结构的锚固承载力应大于连接件本身的承载力，任何情况不允许发生锚固破坏。采用锚栓连接时，应有可靠的防松、防滑措施；采用挂接或插接时，应有可靠的防脱、防滑措施。

4.4.11 大多数情况下支架基座比较容易满足稳定性要求（抗滑移、抗倾覆）。但在风荷载较大的地区，支架基座的稳定性对结构安全起控制作用，必须经过验算来确保。

4.4.12 当土建施工中未设预埋件，预埋件漏放或偏离设计位置较远，设计变更，或在既有建筑增设光伏系统时，往往要使用后锚固螺栓进行连接。采用后锚固螺栓（机械膨胀螺栓或化学锚栓）时，应采取多种措施，保证连接的可靠性及安全性。

另外，在地震设防区使用金属锚栓时，应符合建筑行业标准《混凝土用膨胀型、扩孔型建筑锚栓》JG 160 相关抗震专项性能试验要求；在抗震设防区使用的化学锚栓，应符合国家标准《混凝土结构加固设计规范》GB 50367 中相关适用于开裂混凝土的定型化学锚栓的技术要求。

4.4.13 应进行光伏系统与建筑的同生命周期设计。预埋件的设计使用年限应与主体结构相同，避免光伏构件更新时对主体结构造成损害。

4.4.14 支架、支撑金属件应根据光伏系统设定的使用寿命选择材料及其维护保养方法。根据目前常见方法以及使用经验，给出如下几种建议：

1 钢制＋表面涂漆（有颜色）：5～10 年，再涂漆。

2 钢制＋热浸镀锌：20～30 年。

镀锌层的厚度要求取决于使用条件和使用寿命，应根据环境变化确定镀锌层的厚度。日本的经验表明，要获得 20 年的使用寿命，在国内重要工业区或沿海地区镀锌量为 550g/m² ～600g/m² 以上，郊区为 400g/m² 以上。

在任何特定的使用环境里，锌镀层的保护作用一般正比于单位面积内锌镀层的质量（表面密度），通常也正比于锌镀层的厚度，因此，对于某些特殊的用途，可采用 40μm 厚度的锌镀层。

在我国，采用碳素钢和低合金高强度结构钢作为支撑结构时，一般采取热浸镀锌防腐处理，锌膜厚度应符合现行国家标准《金属覆盖层钢铁制品热浸镀锌技术要求》GB/T 13912 的相关规定。

钢构件采用氟碳喷涂或聚氨酯喷涂的表面处理办法时，涂膜厚度应满足《玻璃幕墙工程技术规范》JGJ 102 中的相关规定。

3 不锈钢：30 年以上。

不锈钢对盐害等具有高抵抗性，但价格较高，在海上安装的场合应用较多。

4 铝合金＋氟碳漆喷涂：20 年以上。

铝合金型材采用氟碳喷涂进行表面处理时，应符合现行国家标准《铝合金建筑型材》GB/T 5237 规定的质量要求，表面处理层的厚度：平均膜厚 $t \geq 40\mu m$，局部膜厚 $t \geq 34\mu m$。其他表面处理方法应满足《玻璃幕墙工程技术规范》JGJ 102 中的相关规定。

4.4.15 在有盐害的地方，不同的金属材料相互接触会产生接触腐蚀，所以应在不同金属材料之间垫上绝缘物，或采用同一金属材料的支撑结构。

4.4.16 地面安装光伏系统时，应对地基承载力、基础的强度和稳定性进行验算。光伏组件最低点距地面应有一定距离。当为一般地面时，为防止泥沙上溅或小动物的破坏，不宜小于1000mm。

5 太阳能光伏系统安装

5.1 一般规定

5.1.1 目前光伏系统施工安装人员的技术水平差别较大，为规范光伏系统的施工安装，应先设计后施工，严禁无设计的盲目施工。施工组织设计、施工方案以及安全措施应经监理和建设方审批后方可施工。

5.1.2 光伏系统安装应按照建筑设计和施工要求进行，应具备施工组织设计及施工方案。

5.1.3 光伏系统安装应进行施工组织设计，制定详细的施工流程与操作方案。

5.1.4 鉴于光伏系统的安装一般在土建工程完工后进行，而土建部位的施工多由其他施工单位完成，因此应加强对已施工土建部位的保护。

5.1.5 光伏系统安装时应采取防触电措施，确保人员安全。

5.1.6 光伏系统安装时应采取安全措施，以保证设备、系统和人员的安全。

5.2 基　　座

5.2.1 光伏组件或方阵的支架应固定在预设的基座上，不得直接放置在建筑面层上，否则既无法保证支架安装牢固，还会对建筑面层造成损害。

5.2.2 基座关系到光伏系统的稳定和安全，因此必须由专业技术人员来完成。

5.2.3 一般情况下，光伏组件或方阵的承重基座都是在屋面结构层上现场砌筑（或浇筑）。对于在既有建筑上安装的光伏系统工程，需要揭开建筑面层做基座，因此将破坏建筑原有的防水结构。基座完工后，被破坏的部位应重新做防水工程。

5.2.4 不少光伏系统工程采用预制支架基座，直接放置在建筑屋面上，易对屋面构造造成损害，应附加防水层和保护层。

5.2.5 对外露的金属预埋件应进行防腐防锈处理，防止预埋件受损而失去强度。

5.2.6 连接件与基座之间的空隙，多为金属构件，为避免此部位锈蚀损坏，安装完毕后应采用细石混凝土填捣密实。

5.3 支　　架

5.3.2 支架在基座上的安装位置不正确将造成支架偏移，影响主体结构的受力。

5.3.3 光伏组件或方阵的防风主要是通过支架实现的。由于现场条件不同，防风措施也不同。

5.3.4 为防止漏电伤人，钢结构支架应与建筑接地系统可靠连接。

5.3.6 由于光伏方阵支吊架用于室外，受到风、雪荷载作用，如果使用单一摩擦型节点连接方式，容易造成支架的松脱，存在使用安全隐患。

5.4 光伏组件

5.4.1 由于安装在不同建筑部位，光伏组件所受的风荷载、雪荷载和地震作用等均不同，安装时光伏组件的强度应与设计时选定的产品强度相符合。

5.4.2 光伏组件应按设计要求可靠地固定在支架上，防止脱落、变形，影响发电功能。

5.4.4 为抑制光伏组件使用期间产生温升，屋顶与光伏组件之间应留有通风间隙，从施工方便角度，通风间隙不宜小于100mm。

5.4.5 光伏组件的强度，一般与无色透明强化玻璃的厚度、铝框的厚度及形状、固定用金属零件或螺栓的直径、数量等有关，安装时必须严格遵守产品厂家指定的安装条件。

5.4.6 坡屋面上安装光伏组件时，会破坏周边的防水连接构造，因此必须制定专门的构造措施，如附加防水层等，并严格按要求施工，不得出现渗漏。

5.4.7 由于光伏幕墙的施工安装目前还没有对应的国家标准，光伏幕墙的安装应符合《玻璃幕墙建筑工程技术规范》JGJ 102 和《建筑装饰装修工程质量验收规范》GB 50210 等现行国家标准的相关规定。

幕墙中常用的双玻光伏幕墙也是建材型光伏构件的一种，是指由两片以上的玻璃，采用PVB胶片将太阳电池组装在一起，能单独提供直流输出的光伏构件。《玻璃幕墙工程技术规范》JGJ 102 要求，玻璃幕墙采用夹层玻璃时，应采用干法加工合成，其夹层宜采用聚乙烯醇缩丁醛（PVB）胶片；夹层玻璃合片时，应严格控制温、湿度。

5.4.8 在盐雾、寒冷、积雪等地区，光伏系统对设备选型、材料和安装工艺均有特殊要求，产品生产厂家和安装施工单位应共同研究制定适宜的安装施工方案。

5.4.9 既有建筑的建造年代、承载状况等均不同，安装光伏系统时，应根据具体情况，选择支架式、叠合式或一体式的安装方法。

5.5 电气系统

5.5.4 光伏系统直流部分的接线，由于目前采用了标准接头，一般不会发生正负极性错接的情况。但也经常会发生把接头切去、加长电缆后重新连接的情况，此时应严格防止接线错误。

5.5.5 蓄电池周围应保持良好通风，以保证蓄电池散热和正常工作。

5.5.6 并网逆变器等控制器的工作环境应保持良好，以保证其安全工作和检修方便。

5.5.7 光伏系统中的电缆防水套管与建筑主体之间的缝隙必须做好防水密封，建筑表面需进行光洁处理。

6 工 程 验 收

6.1 一 般 规 定

6.1.1 民用建筑光伏系统工程验收应包括建筑工程验收和光伏系统工程验收。

6.1.3 光伏系统工程验收应规范化。分项工程验收应由监理工程师（或建设单位项目技术负责人）组织施工单位专业质量（技术）负责人等进行验收。

6.1.4 光伏系统工程施工验收后，施工单位应向建设单位提交竣工验收报告和光伏系统施工图。建设单位收到工程竣工验收报告后，应组织设计、施工、监理等单位（项目）负责人联合进行竣工验收。所有验收应做好记录，签署文件，立卷归档。

6.2 分项工程验收

6.2.1 由于光伏系统工程施工受多种条件的制约，分项工程验收可根据工程施工特点分期进行。

6.2.2 为了保证工程质量，避免返工，光伏系统工程施工工序必须在前一道工序完成并质量合格后才能进行下道工序，并明确了必须验收的项目。

6.3 竣 工 验 收

6.3.1 当分项工程验收或检验合格后方可进行竣工验收。

中华人民共和国行业标准

预拌砂浆应用技术规程

Technical specification for application of ready-mixed mortar

JGJ/T 223—2010

批准部门：中华人民共和国住房和城乡建设部
施行日期：2 0 1 1 年 1 月 1 日

中华人民共和国住房和城乡建设部
公　告

第 727 号

关于发布行业标准
《预拌砂浆应用技术规程》的公告

现批准《预拌砂浆应用技术规程》为行业标准，编号为 JGJ/T 223 - 2010，自 2011 年 1 月 1 日起实施。

本规程由我部标准定额研究所组织中国建筑工业出版社出版发行。

中华人民共和国住房和城乡建设部

2010 年 8 月 3 日

前　言

根据住房和城乡建设部《关于印发〈2008 年工程建设标准规范制订、修订计划（第一批）〉的通知》（建标〔2008〕102 号）的要求，规程编制组经广泛调查研究，认真总结实践经验，参考有关国内外先进标准，并在广泛征求意见的基础上，制订本规程。

本规程的主要技术内容是：1. 总则；2. 术语和符号；3. 基本规定；4. 预拌砂浆进场检验、储存与拌合；5. 砌筑砂浆施工与质量验收；6. 抹灰砂浆施工与质量验收；7. 地面砂浆施工与质量验收；8. 防水砂浆施工与质量验收；9. 界面砂浆施工与质量验收；10. 陶瓷砖粘结砂浆施工与质量验收。

本规程由住房和城乡建设部负责管理，由中国建筑科学研究院负责具体技术内容的解释。执行过程中如有意见或建议，请寄送中国建筑科学研究院（地址：北京市北三环东路 30 号，邮编：100013）。

本 规 程 主 编 单 位：中国建筑科学研究院
　　　　　　　　　　　广州市建筑集团有限公司

本 规 程 参 编 单 位：广州市建筑科学研究院有限公司
　　　　　　　　　　　中国散装水泥推广发展协会干混砂浆专业委员会
　　　　　　　　　　　陕西省建筑科学研究院
　　　　　　　　　　　上海市建筑科学研究院（集团）有限公司
　　　　　　　　　　　深圳市亿东阳建材公司
　　　　　　　　　　　厦门兴华岳新型建材有限公司
　　　　　　　　　　　无锡江加建设机械有限公司
　　　　　　　　　　　上海曹杨建筑粘合剂厂
　　　　　　　　　　　秦皇岛市第三建筑工程公司开发分公司
　　　　　　　　　　　上海浩赛干粉建材制品有限公司
　　　　　　　　　　　江西时代高科节能环保建材有限公司
　　　　　　　　　　　中国工程建设标准化协会建筑防水专业委员会
　　　　　　　　　　　重庆市建筑科学研究院
　　　　　　　　　　　杭州益生宜居建材科技有限公司
　　　　　　　　　　　福建沙县华鸿化工有限公司
　　　　　　　　　　　常州市伟凝建材有限公司
　　　　　　　　　　　北京能高共建新型建材有限公司

本 规 程 参 加 单 位：北京建筑材料科学研究总院有限公司
　　　　　　　　　　　中国建筑第八工程局有限公司

本规程主要起草人员：张秀芳　赵霄龙　高俊岳
　　　　　　　　　　　任　俊　王新民　李　荣
　　　　　　　　　　　赵立群　宿　东　陈义青
　　　　　　　　　　　薛国龙　杨宇峰　尚文广
　　　　　　　　　　　徐海军　刘承英　舒文锋

高延继　宋开伟　俞锡贤
陈虬生　茆阿林　袁泽辉
梁天宇

本规程主要审查人员：马保国　张增寿　陈家珑
　　　　　　　　　　　兰明章　杨秉钧　张俊生
　　　　　　　　　　　李清海　牛贯仲　刘洪波

目　次

目　次

Contents

1 总 则

1.0.1 为规范预拌砂浆在建筑工程中的应用，并做到技术先进，经济合理，安全适用，确保质量，制定本规程。

1.0.2 本规程适用于水泥基砌筑砂浆、抹灰砂浆、地面砂浆、防水砂浆、界面砂浆和陶瓷砖粘结砂浆等预拌砂浆的施工与质量验收。

1.0.3 预拌砂浆的施工与质量验收除应符合本规程外，尚应符合国家现行有关标准的规定。

2 术语和符号

2.1 术 语

2.1.1 预拌砂浆 ready-mixed mortar

专业生产厂生产的湿拌砂浆或干混砂浆。

2.1.2 湿拌砂浆 wet-mixed mortar

水泥、细骨料、矿物掺合料、外加剂、添加剂和水，按一定比例，在搅拌站经计量、拌制后，运至使用地点，并在规定时间内使用的拌合物。

2.1.3 干混砂浆 dry-mixed mortar

水泥、干燥骨料或粉料、添加剂以及根据性能确定的其他组分，按一定比例，在专业生产厂经计量、混合而成的混合物，在使用地点按规定比例加水或配套组分拌合使用。

2.1.4 验收批 acceptance batch

由同种材料、相同施工工艺、同类基体或基层的若干个检验批构成，用于合格性判定的总体。

2.1.5 可操作时间 operation time

干混砂浆拌制后，放置在标准试验条件下，砂浆稠度损失率不大于30%或砂浆拉伸粘结强度不降低的一段时间。

2.1.6 薄层砂浆施工法 thin-bed mortar construction method

采用专用砂浆施工，砂浆厚度不大于5mm的施工方法。

2.2 符 号

C_v ——砂浆细度离散系数；

C'_v ——砂浆抗压强度离散系数；

T ——砂浆细度均匀度；

T' ——砂浆抗压强度均匀度；

W_i ——75μm筛的筛余量；

X ——75μm筛的通过率；

$\overline{X}$ ——各样品的75μm筛通过率的平均值；

$\overline{X'}$ ——各样品的砂浆试块抗压强度的平均值；

σ ——各样品的75μm筛通过率的标准差；

σ' ——各样品的砂浆试块抗压强度的标准差。

3 基 本 规 定

3.0.1 预拌砂浆的品种选用应根据设计、施工等的要求确定。

3.0.2 不同品种、规格的预拌砂浆不应混合使用。

3.0.3 预拌砂浆施工前，施工单位应根据设计和工程要求及预拌砂浆产品说明书等编制施工方案，并应按施工方案进行施工。

3.0.4 预拌砂浆施工时，施工环境温度宜为5℃～35℃。当温度低于5℃或高于35℃施工时，应采取保证工程质量的措施。五级风及以上、雨天和雪天的露天环境条件下，不应进行预拌砂浆施工。

3.0.5 施工单位应建立各道工序的自检、互检和专职人员检验制度，并应有完整的施工检查记录。

3.0.6 预拌砂浆抗压强度、实体拉伸粘结强度应按验收批进行评定。

4 预拌砂浆进场检验、储存与拌合

4.1 进 场 检 验

4.1.1 预拌砂浆进场时，供方应按规定批次向需方提供质量证明文件。质量证明文件应包括产品型式检验报告和出厂检验报告等。

4.1.2 预拌砂浆进场时应进行外观检验，并应符合下列规定：

1 湿拌砂浆应外观均匀，无离析、泌水现象。

2 散装干混砂浆应外观均匀，无结块、受潮现象。

3 袋装干混砂浆应包装完整，无受潮现象。

4.1.3 湿拌砂浆应进行稠度检验，且稠度允许偏差应符合表4.1.3的规定。

表 4.1.3 湿拌砂浆稠度偏差

规定稠度（mm）	允许偏差（mm）
50、70、90	±10
110	+5 −10

4.1.4 预拌砂浆外观、稠度检验合格后，应按本规程附录A的规定进行复验。

4.2 湿拌砂浆储存

4.2.1 施工现场宜配备湿拌砂浆储存容器，并应符合下列规定：

1 储存容器应密闭、不吸水；

2 储存容器的数量、容量应满足砂浆品种、供货量的要求；

　　3　储存容器使用时，内部应无杂物、无明水；

　　4　储存容器应便于储运、清洗和砂浆存取；

　　5　砂浆存取时，应有防雨措施；

　　6　储存容器宜采取遮阳、保温等措施。

4.2.2　不同品种、强度等级的湿拌砂浆应分别存放在不同的储存容器中，并应对储存容器进行标识，标识内容应包括砂浆的品种、强度等级和使用时限等。砂浆应先存先用。

4.2.3　湿拌砂浆在储存及使用过程中不应加水。砂浆存放过程中，当出现少量泌水时，应拌合均匀后使用。砂浆用完后，应立即清理其储存容器。

4.2.4　湿拌砂浆储存地点的环境温度宜为5℃～35℃。

4.3　干混砂浆储存

4.3.1　不同品种的散装干混砂浆应分别储存在散装移动筒仓中，不得混存混用，并应对筒仓进行标识。筒仓数量应满足砂浆品种及施工要求。更换砂浆品种时，筒仓应清空。

4.3.2　筒仓应符合现行行业标准《干混砂浆散装移动筒仓》SB/T 10461的规定，并应在现场安装牢固。

4.3.3　袋装干混砂浆应储存在干燥、通风、防潮、不受雨淋的场所，并应按品种、批号分别堆放，不得混堆混用，且应先存先用。配套组分中的有机类材料应储存在阴凉、干燥、通风、远离火和热源的场所，不应露天存放和曝晒，储存环境温度应为5℃～35℃。

4.3.4　散装干混砂浆在储存及使用过程中，当对砂浆质量的均匀性有疑问或争议时，应按本规程附录B的规定检验其均匀性。

4.4　干混砂浆拌合

4.4.1　干混砂浆应按产品说明书的要求加水或其他配套组分拌合，不得添加其他成分。

4.4.2　干混砂浆拌合水应符合现行行业标准《混凝土用水标准》JGJ 63中对混凝土拌合用水的规定。

4.4.3　干混砂浆应采用机械搅拌，搅拌时间除应符合产品说明书的要求外，尚应符合下列规定：

　　1　采用连续式搅拌器搅拌时，应搅拌均匀，并应使砂浆拌合物均匀稳定。

　　2　采用手持式电动搅拌器搅拌时，应先在容器中加入规定量的水或配套液体，再加入干混砂浆搅拌，搅拌时间宜为3min～5min，且应搅拌均匀。应按产品说明书的要求静停后再拌合均匀。

　　3　搅拌结束后，应及时清洗搅拌设备。

4.4.4　砂浆拌合物应在砂浆可操作时间内用完，且应满足工程施工的要求。

4.4.5　当砂浆拌合物出现少量泌水时，应拌合均匀后使用。

5　砌筑砂浆施工与质量验收

5.1　一般规定

5.1.1　本章适用于砖、石、砌块等块材砌筑时所用预拌砌筑砂浆的施工与质量验收。

5.1.2　砌筑砂浆的稠度可按表5.1.2选用。

表5.1.2　砌筑砂浆的稠度

砌体种类	砂浆稠度（mm）
烧结普通砖砌体 粉煤灰砖砌体	70～90
混凝土多孔砖、实心砖砌体 普通混凝土小型空心砌块砌体 蒸压灰砂砖砌体 蒸压粉煤灰砖砌体	50～70
烧结多孔砖、空心砖砌体 轻骨料混凝土小型空心砌块砌体 蒸压加气混凝土砌块砌体	60～80
石砌体	30～50

注：1　砌筑其他块材时，砌筑砂浆的稠度可根据块材吸水特性及气候条件确定。
　　2　采用薄层砂浆施工法砌筑蒸压加气混凝土砌块等砌体时，砌筑砂浆稠度可根据产品说明书确定。

5.1.3　砌体砌筑时，块材应表面清洁，外观质量合格，产品龄期应符合国家现行有关标准的规定。

5.2　块材处理

5.2.1　砌筑非烧结砖或砌块砌体时，块材的含水率应符合国家现行有关标准的规定。

5.2.2　砌筑烧结普通砖、烧结多孔砖、蒸压灰砂砖、蒸压粉煤灰砖砌体时，砖应提前浇水湿润，并宜符合国家现行有关标准的规定。不应采用干砖或处于吸水饱和状态的砖。

5.2.3　砌筑普通混凝土小型空心砌块、混凝土多孔砖及混凝土实心砖砌体时，不宜对其浇水湿润；当天气干燥炎热时，宜在砌筑前对其喷水湿润。

5.2.4　砌筑轻骨料混凝土小型空心砌块砌体时，应提前浇水湿润。砌筑时，砌块表面不应有明水。

5.2.5　采用薄层砂浆施工法砌筑蒸压加气混凝土砌块砌体时，砌块不宜湿润。

5.3　施　　工

5.3.1　砌筑砂浆的水平灰缝厚度宜为10mm，允许误差宜为±2mm。采用薄层砂浆施工法时，水平灰缝厚度不应大于5mm。

5.3.2 采用铺浆法砌筑砖砌体时，一次铺浆长度不得超过750mm；当施工期间环境温度超过30℃时，一次铺浆长度不得超过500mm。

5.3.3 对砖砌体、小砌块砌体，每日砌筑高度宜控制在1.5m以下或一步脚手架高度内；对石砌体，每日砌筑高度不应超过1.2m。

5.3.4 砌体的灰缝应横平竖直、厚薄均匀、密实饱满。砖砌体的水平灰缝砂浆饱满度不得小于80%；砖柱水平灰缝和竖向灰缝的砂浆饱满度不得小于90%；小砌块砌体灰缝的砂浆饱满度，按净面积计算不得低于90%，填充墙砌体灰缝的砂浆饱满度，按净面积计算不得低于80%。竖向灰缝不应出现瞎缝和假缝。

5.3.5 竖向灰缝应采用加浆法或挤浆法使其饱满，不应先干砌后灌缝。

5.3.6 当砌体上的砖或砌块被撞动或需移动时，应将原有砂浆清除再铺浆砌筑。

5.4 质量验收

5.4.1 对同品种、同强度等级的砌筑砂浆，湿拌砌筑砂浆应以50m³为一个检验批，干混砌筑砂浆应以100t为一个检验批；不足一个检验批的数量时，应按一个检验批计。

5.4.2 每检验批应至少留置1组抗压强度试块。

5.4.3 砌筑砂浆取样时，干混砌筑砂浆宜从搅拌机出料口、湿拌砌筑砂浆宜从运输车出料口或储存容器随机取样。砌筑砂浆抗压强度试块的制作、养护、试压等应符合现行行业标准《建筑砂浆基本性能试验方法标准》JGJ/T 70 的规定，龄期应为28d。

5.4.4 砌筑砂浆抗压强度应按验收批进行评定，其合格条件应符合下列规定：

　　1 同一验收批砌筑砂浆试块抗压强度平均值应大于或等于设计强度等级所对应的立方体抗压强度的1.10倍，且最小值应大于或等于设计强度等级所对应的立方体抗压强度的0.85倍；

　　2 当同一验收批砌筑砂浆抗压强度试块少于3组时，每组试块抗压强度值应大于或等于设计强度等级所对应的立方体抗压强度的1.10倍。

　　检验方法：检查砂浆试块抗压强度检验报告单。

6 抹灰砂浆施工与质量验收

6.1 一般规定

6.1.1 本章适用于墙面、柱面和顶棚一般抹灰所用预拌抹灰砂浆的施工与质量验收。

6.1.2 抹灰砂浆的稠度应根据施工要求和产品说明书确定。

6.1.3 砂浆抹灰层的总厚度应符合设计要求。

6.1.4 外墙大面积抹灰时，应设置水平和垂直分格缝。水平分格缝的间距不宜大于6m，垂直分格缝宜按墙面面积设置，且不宜大于30m²。

6.1.5 施工前，施工单位宜和砂浆生产企业、监理单位共同模拟现场条件制作样板，在规定龄期进行实体拉伸粘结强度检验，并应在检验合格后封存留样。

6.1.6 天气炎热时，应避免基层受日光直接照射。施工前，基层表面宜洒水湿润。

6.1.7 采用机械喷涂抹灰时，应符合现行行业标准《机械喷涂抹灰施工规程》JGJ/T 105 的规定。

6.2 基层处理

6.2.1 基层应平整、坚固，表面应洁净。上道工序留下的沟槽、孔洞等应进行填实修整。

6.2.2 不同材质的基体交接处，应采取防止开裂的加强措施。当采用在抹灰前铺设加强网时，加强网与各基体的搭接宽度不应小于100mm。门窗口、墙阳角处的加强护角应提前抹好。

6.2.3 在混凝土、蒸压加气混凝土砌块、蒸压灰砂砖、蒸压粉煤灰砖等基体上抹灰时，应采用相配套的界面砂浆对基层进行处理。

6.2.4 在混凝土小型空心砌块、混凝土多孔砖等基体上抹灰时，宜采用界面砂浆对基层进行处理。

6.2.5 在烧结砖等吸水速度快的基体上抹灰时，应提前对基层浇水湿润。施工时，基层表面不得有明水。

6.2.6 采用薄层砂浆施工法抹灰时，基层可不做界面处理。

6.3 施 工

6.3.1 抹灰施工应在主体结构完工并验收合格后进行。

6.3.2 抹灰工艺应根据设计要求、抹灰砂浆产品说明书、基层情况等确定。

6.3.3 采用普通抹灰砂浆抹灰时，每遍涂抹厚度不宜大于10mm；采用薄层砂浆施工法抹灰时，宜一次成活，厚度不应大于5mm。

6.3.4 当抹灰砂浆厚度大于10mm时，应分层抹灰，且应在前一层砂浆凝结硬化后再进行后一层抹灰。每层砂浆应分别压实、抹平，且抹平应在砂浆凝结前完成。抹面层砂浆时，表面应平整。

6.3.5 当抹灰砂浆总厚度大于或等于35mm时，应采取加强措施。

6.3.6 室内墙面、柱面和门洞口的阳角做法应符合设计要求。

6.3.7 顶棚宜采用薄层抹灰砂浆找平，不应反复赶压。

6.3.8 抹灰砂浆层在凝结前应防止快干、水冲、撞击、振动和受冻。抹灰砂浆施工完成后，应采取措施防止玷污和损坏。

6.3.9 除薄层抹灰砂浆外，抹灰砂浆层凝结后应及时保湿养护，养护时间不得少于 7d。

6.4 质 量 验 收

6.4.1 抹灰工程检验批的划分应符合下列规定：

1 相同材料、工艺和施工条件的室外抹灰工程，每 1000m² 应划分为一个检验批；不足 1000m² 时，应按一个检验批计。

2 相同材料、工艺和施工条件的室内抹灰工程，每 50 个自然间（大面积房间和走廊按抹灰面积 30m² 为一间）应划分为一个检验批；不足 50 间时，应按一个检验批计。

6.4.2 抹灰工程检查数量应符合下列规定：

1 室外抹灰工程，每检验批每 100m² 应至少抽查一处，每处不得小于 10m²。

2 室内抹灰工程，每检验批应至少抽查 10%，并不得少于 3 间；不足 3 间时，应全数检查。

6.4.3 抹灰层应密实，应无脱层、空鼓，面层应无起砂、爆灰和裂缝。

检验方法：观察和用小锤轻击检查。

6.4.4 抹灰表面应光滑、平整、洁净、接槎平整、颜色均匀，分格缝应清晰。

检验方法：观察检查。

6.4.5 护角、孔洞、槽、盒周围的抹灰表面应整齐、光滑；管道后面的抹灰表面应平整。

检验方法：观察检查。

6.4.6 室外抹灰砂浆层应在 28d 龄期时，按现行行业标准《抹灰砂浆技术规程》JGJ/T 220 的规定进行实体拉伸粘结强度检验，并应符合下列规定：

1 相同材料、工艺和施工条件的室外抹灰工程，每 5000m² 应至少取一组试件；不足 5000m² 时，也应取一组。

2 实体拉伸粘结强度应按验收批进行评定。当同一验收批实体拉伸粘结强度的平均值不小于 0.25MPa 时，可判定为合格；否则，应判定为不合格。

检验方法：检查实体拉伸粘结强度检验报告单。

6.4.7 当抹灰砂浆外表面粘贴饰面砖时，应按现行行业标准《外墙饰面砖工程施工及验收规程》JGJ 126、《建筑工程饰面砖粘结强度检验标准》JGJ 110 的规定进行验收。

7 地面砂浆施工与质量验收

7.1 一 般 规 定

7.1.1 本章适用于建筑地面工程的找平层和面层所用预拌地面砂浆的施工与质量验收。

7.1.2 地面砂浆的强度等级不应小于 M15，面层砂浆的稠度宜为 50mm±10mm。

7.1.3 地面找平层和面层砂浆的厚度应符合设计要求，且不应小于 20mm。

7.2 基 层 处 理

7.2.1 基层应平整、坚固，表面应洁净。上道工序留下的沟槽、孔洞等应进行填实修整。

7.2.2 基层表面宜提前洒水湿润，施工时表面不得有明水。

7.2.3 光滑基面宜采用相匹配的界面砂浆进行界面处理。

7.2.4 有防水要求的地面，施工前应对立管、套管和地漏与楼板节点之间进行密封处理。

7.3 施 工

7.3.1 面层砂浆的铺设宜在室内装饰工程基本完工后进行。

7.3.2 地面砂浆铺设时，应随铺随压实。抹平、压实工作应在砂浆凝结前完成。

7.3.3 做踢脚线前，应弹好水平控制线，并应采取措施控制出墙厚度一致。踢脚线突出墙面厚度不应大于 8mm。

7.3.4 踏步面层施工时，应采取保证每级踏步尺寸均匀的措施，且误差不应大于 10mm。

7.3.5 地面砂浆铺设时宜设置分格缝，分格缝间距不宜大于 6m。

7.3.6 地面面层砂浆凝结后，应及时保湿养护，养护时间不应少于 7d。

7.3.7 地面砂浆施工完成后，应采取措施防止玷污和损坏。面层砂浆的抗压强度未达到设计要求前，应采取保护措施。

7.4 质 量 验 收

7.4.1 地面砂浆检验批的划分应符合下列规定：

1 每一层次或每层施工段（或变形缝）应作为一个检验批。

2 高层及多层建筑的标准层可按每 3 层作为一个检验批，不足 3 层时，应按一个检验批计。

7.4.2 地面砂浆的检查数量应符合下列规定：

1 每检验批应按自然间或标准间随机检验，抽查数量不应少于 3 间，不足 3 间时，应全数检查。走廊（过道）应以 10 延长米为 1 间，工业厂房（按单跨计）、礼堂、门厅应以两个轴线为 1 间计算。

2 对有防水要求的建筑地面，每检验批应按自然间（或标准间）总数随机检验，抽查数量不应少于 4 间，不足 4 间时，应全数检查。

7.4.3 砂浆层应平整、密实，上一层与下一层应结合牢固，应无空鼓、裂缝。当空鼓面积不大于400mm²，且每自然间（标准间）不多于2处时，可不计。

检验方法：观察和用小锤轻击检查。

7.4.4 砂浆层表面应洁净，并应无起砂、脱皮、麻面等缺陷。

检验方法：观察检查。

7.4.5 踢脚线应与墙面结合牢固、高度一致、出墙厚度均匀。

检验方法：观察和用钢尺、小锤轻击检查。

7.4.6 砂浆面层的允许偏差和检验方法应符合表7.4.6的规定。

表7.4.6 砂浆面层的允许偏差和检验方法

项　　目	允许偏差（mm）	检验方法
表面平整度	4	用2m靠尺和楔形塞尺检查
踢脚线上口平直	4	拉5m线和用钢尺检查
缝格平直	3	拉5m线和用钢尺检查

7.4.7 对同一品种、同一强度等级的地面砂浆，每检验批且不超过1000m²应至少留置一组抗压强度试块。抗压强度试块的制作、养护、试压等应符合现行行业标准《建筑砂浆基本性能试验方法标准》JGJ/T 70的规定，龄期应为28d。

7.4.8 地面砂浆抗压强度应按验收批进行评定。当同一验收批地面砂浆试块抗压强度平均值大于或等于设计强度等级所对应的立方体抗压强度值时，可判定该批地面砂浆的抗压强度为合格；否则，应判定为不合格。

检验方法：检查砂浆试块抗压强度检验报告单。

8 防水砂浆施工与质量验收

8.1 一般规定

8.1.1 本章适用于在混凝土或砌体结构基层上铺设预拌普通防水砂浆、聚合物水泥防水砂浆作刚性防水层的施工与质量验收。

8.1.2 防水砂浆的施工应在基体及主体结构验收合格后进行。

8.1.3 防水砂浆施工前，相关的设备预埋件和管线应安装固定好。

8.1.4 防水砂浆施工完成后，严禁在防水层上凿孔打洞。

8.2 基层处理

8.2.1 基层应平整、坚固，表面应洁净。当基层平整度超出允许偏差时，宜采用适宜材料补平或剔平。

8.2.2 防水砂浆施工时，基层混凝土或砌筑砂浆抗压强度应不低于设计值的80%。

8.2.3 基层宜采用界面砂浆进行处理；当采用聚合物水泥防水砂浆时，界面可不做处理。

8.2.4 当管道、地漏等穿越楼板、墙体时，应在管道、地漏根部做出一定坡度的环形凹槽，并嵌填适宜的防水密封材料。

8.3 施　工

8.3.1 防水砂浆可采用抹压法、涂刮法施工，且宜分层涂抹。砂浆应压实、抹平。

8.3.2 普通防水砂浆应采用多层抹压法施工，并应在前一层砂浆凝结后再涂抹后一层砂浆。砂浆总厚度宜为18mm～20mm。

8.3.3 聚合物水泥防水砂浆的厚度，对墙面、室内防水层，厚度宜为3mm～6mm；对地下防水层，砂浆层单层厚度宜为6mm～8mm，双层厚度宜为10mm～12mm。

8.3.4 砂浆防水层各层应紧密结合，每层宜连续施工，当需留施工缝时，应采用阶梯坡形槎，且离阴阳角处不得小于200mm，上下层接槎应至少错开100mm。防水层的阴阳角处宜做成圆弧形。

8.3.5 屋面做砂浆防水层时，应设置分格缝，分格缝间距不宜大于6m，缝宽宜为20mm，分格缝应嵌填密封材料，且应符合现行国家标准《屋面工程技术规范》GB 50345的规定。

8.3.6 砂浆凝结硬化后，应保湿养护，养护时间不应少于14d。

8.3.7 防水砂浆凝结硬化前，不得直接受水冲刷。储水结构应待砂浆强度达到设计要求后再注水。

8.4 质量验收

8.4.1 对同一类型、同一品种、同施工条件的砂浆防水层，每100m²应划分为一个检验批，不足100m²时，应按一个检验批计。

8.4.2 每检验批应至少抽查一处，每处应为10m²。同一验收批抽查数量不得少于3处。

8.4.3 砂浆防水层各层之间应结合牢固、无空鼓。

检验方法：观察和用小锤轻击检查。

8.4.4 砂浆防水层表面应平整、密实，不得有裂纹、起砂、麻面等缺陷。

检验方法：观察检查。

8.4.5 砂浆防水层的平均厚度应符合设计要求，最小厚度不得小于设计值的85%。

检验方法：观察和尺量检查。

9 界面砂浆施工与质量验收

9.1 一般规定

9.1.1 本章适用于对混凝土、蒸压加气混凝土、模塑聚苯板和挤塑聚苯板等表面采用界面砂浆进行界面处理的施工与质量验收。

9.1.2 界面处理时，应根据基层的材质、设计和施工要求、施工工艺等选择相匹配的界面砂浆。

9.1.3 界面砂浆的施工应在基层验收合格后进行。

9.2 施 工

9.2.1 基层应平整、坚固，表面应洁净、无杂物。上道工序留下的沟槽、孔洞等应进行填实修整。

9.2.2 界面砂浆的施工方法应根据基层的材性、平整度及施工要求等确定，并可采用涂抹法、滚刷法及喷涂法。

9.2.3 在混凝土、蒸压加气混凝土基层涂抹界面砂浆时，应涂抹均匀，厚度宜为 2mm，并应待表干时再进行下道工序施工。

9.2.4 在模塑聚苯板、挤塑聚苯板表面滚刷或喷涂界面砂浆时，应刷涂均匀，厚度宜为 1mm～2mm，并应待表干时再进行下道工序施工。当预先在工厂滚刷或喷涂界面砂浆时，应待涂层固化后再进行下道工序施工。

9.3 质量验收

9.3.1 界面砂浆层应涂刷（抹）均匀，不得漏涂（抹）。

检验方法：全数观察检查。

9.3.2 除模塑聚苯板和挤塑聚苯板表面涂抹界面砂浆外，涂抹界面砂浆的工程应在 28d 龄期进行实体拉伸粘结强度检验，检验方法可按现行行业标准《抹灰砂浆技术规程》JGJ/T 220 的规定进行，也可根据对涂抹在界面砂浆外表面的抹灰砂浆层实体拉伸粘结强度的检验结果进行判定，并应符合下列规定：

1 相同材料、相同施工工艺的涂抹界面砂浆的工程，每 5000m² 应至少取一组试件；不足 5000m² 时，也应取一组。

2 当实体拉伸粘结强度检验时的破坏面发生在非界面砂浆层时，可判定为合格；否则，应判定为不合格。

检验方法：检查实体拉伸粘结强度检验报告单。

10 陶瓷砖粘结砂浆施工与质量验收

10.1 一般规定

10.1.1 本章适用于在水泥基砂浆、混凝土等基层采用陶瓷砖粘结砂浆粘贴陶瓷墙地砖的施工与质量验收。

10.1.2 陶瓷砖粘结砂浆的品种应根据设计要求、施工部位、基层及所用陶瓷砖性能确定。

10.1.3 陶瓷砖的粘贴方法及涂层厚度应根据施工要求、陶瓷砖规格和性能、基层等情况确定。陶瓷砖粘结砂浆涂层平均厚度不宜大于 5mm。

10.1.4 粘贴外墙饰面砖时应设置伸缩缝。伸缩缝应采用柔性防水材料嵌填。

10.1.5 天气炎热时，贴砖后应在 24h 内对已贴砖部位采取遮阳措施。

10.1.6 施工前，施工单位应和砂浆生产单位、监理单位等共同制作样板，并应经拉伸粘结强度检验合格后再施工。

10.2 基层要求

10.2.1 基层应平整、坚固，表面应洁净。当基层平整度超出允许偏差时，宜采用适宜材料补平或剔平。

10.2.2 基体或基层的拉伸粘结强度不应小于 0.4MPa。

10.2.3 天气干燥、炎热时，施工前可向基层浇水湿润，但基层表面不得有明水。

10.3 施 工

10.3.1 陶瓷砖的粘贴应在基层或基体验收合格后进行。

10.3.2 对有防水要求的厨卫间内墙，应在墙地面防水层及保护层施工完成并验收合格后再粘贴陶瓷砖。

10.3.3 陶瓷砖应清洁，粘结面应无浮灰、杂物和油渍等。

10.3.4 粘贴陶瓷砖前，应按设计要求，在基层表面弹出分格控制线或挂件外控制线。

10.3.5 陶瓷砖粘贴的施工工艺应根据陶瓷砖的吸水率、密度及规格等确定。

10.3.6 采用单面粘贴法粘贴陶瓷砖时，应按下列程序进行：

1 用齿形抹刀的直边，将配制好的陶瓷砖粘结砂浆均匀地涂抹在基层上。

2 用齿形抹刀的疏齿边，以与基面成 60° 的角度，对基面上的砂浆进行梳理，形成带肋的条纹状砂浆。

3 将陶瓷砖稍用力扭压在砂浆上。

4 用橡皮锤轻轻敲击陶瓷砖，使其密实、平整。

10.3.7 采用双面粘贴法粘贴陶瓷砖时，应按下列程序进行：

1 根据本规程第 10.3.6 条规定的程序，在基层上制成带肋的条纹状砂浆。

2 将陶瓷砖粘结砂浆均匀涂抹在陶瓷砖的背面，再将陶瓷砖稍用力扭压在砂浆上。

3 用橡皮锤轻轻敲击陶瓷砖，使其密实、平整。

10.3.8 陶瓷砖位置的调整应在陶瓷砖粘结砂浆晾置时间内完成。

10.3.9 陶瓷砖粘贴完成后，应擦除陶瓷砖表面的污垢、残留物等，并应清理砖缝中多余的砂浆。72h后应检查陶瓷砖有无空鼓，合格后宜采用填缝剂处理陶瓷砖之间的缝隙。

10.3.10 施工完成后，应自然养护7d以上，并应做好成品的保护。

10.4 质量验收

10.4.1 饰面砖工程检验批的划分应符合下列规定：

1 同类墙体、相同材料和施工工艺的外墙饰面砖工程，每1000m²应划分为一个检验批；不足1000m²时，应按一个检验批计。

2 同类墙体、相同材料和施工工艺的内墙饰面砖工程，每50个自然间（大面积房间和走廊按施工面积30m²为一间）应划分为一个检验批；不足50间时，应按一个检验批计。

3 同类地面、相同材料和施工工艺的地面饰面砖工程，每1000m²应划分为一个检验批；不足1000m²时，应按一个检验批计。

10.4.2 饰面砖工程检查数量应符合下列规定：

1 外墙饰面砖工程，每检验批每100m²应至少抽查一处，每处应为10m²。

2 内墙饰面砖工程，每检验批应至少抽查10%，并不得少于3间；不足3间时，应全数检查。

3 地面饰面砖工程，每检验批每100m²应至少抽查一处，每处应为10m²。

10.4.3 陶瓷砖应粘贴牢固，不得有空鼓。

检验方法：观察和用小锤轻击检查。

10.4.4 饰面砖墙面或地面应平整、洁净、色泽均匀，不得有歪斜、缺棱掉角和裂缝现象。

检验方法：观察检查。

10.4.5 饰面砖砖缝应连续、平直、光滑，嵌填密实，宽度和深度一致，并应符合设计要求。

检验方法：观察和尺量检查。

10.4.6 陶瓷砖粘贴的尺寸允许偏差和检验方法应符合表10.4.6的要求。

表10.4.6 陶瓷砖粘贴的尺寸允许偏差和检验方法

检验项目	允许偏差（mm）	检验方法
立面垂直度	3	用2m托线板检查
表面平整度	2	用2m靠尺、楔形塞尺检查
阴阳角方正	2	用方尺、楔形塞尺检查
接缝平直度	3	拉5m线，用尺检查
接缝深度	1	用尺量
接缝宽度	1	用尺量

10.4.7 对外墙饰面砖工程，每检验批应至少检验一组实体拉伸粘结强度。试样应随机抽取，一组试样应由3个试样组成，取样间距不得小于500mm，每相邻的三个楼层应至少取一组试样。

10.4.8 拉伸粘结强度的检验评定应符合现行行业标准《建筑工程饰面砖粘结强度检验标准》JGJ 110 的规定。

附录A 预拌砂浆进场检验

A.0.1 预拌砂浆进场时，应按表A.0.1的规定进行进场检验。

表A.0.1 预拌砂浆进场检验项目和检验批量

砂浆品种		检验项目	检验批量
湿拌砌筑砂浆		保水率、抗压强度	同一生产厂家、同一品种、同一等级、同一批号且连续进场的湿拌砂浆，每250m³为一个检验批，不足250m³时，应按一个检验批计
湿拌抹灰砂浆		保水率、抗压强度、拉伸粘结强度	
湿拌地面砂浆		保水率、抗压强度	
湿拌防水砂浆		保水率、抗压强度、抗渗压力、拉伸粘结强度	
干混砌筑砂浆	普通砌筑砂浆	保水率、抗压强度	同一生产厂家、同一品种、同一等级、同一批号且连续进场的干混砂浆，每500t为一个检验批，不足500t时，应按一个检验批计
	薄层砌筑砂浆	保水率、抗压强度	
干混抹灰砂浆	普通抹灰砂浆	保水率、抗压强度、拉伸粘结强度	
	薄层抹灰砂浆	保水率、抗压强度	
干混地面砂浆		保水率、抗压强度	
干混普通防水砂浆		保水率、抗压强度、抗渗压力、拉伸粘结强度	
聚合物水泥防水砂浆		凝结时间、耐碱性、耐热性	同一生产厂家、同一品种、同一批号且连续进场的砂浆，每50t为一个检验批，不足50t时，应按一个检验批计

砂浆品种	检验项目	检验批量
界面砂浆	14d 常温常态拉伸粘结强度	同一生产厂家、同一品种、同一批号且连续进场的砂浆，每30t 为一个检验批，不足 30t 时，应按一个检验批计
陶瓷砖粘结砂浆	常温常态拉伸粘结强度、晾置时间	同一生产厂家、同一品种、同一批号且连续进场的砂浆，每50t 为一个检验批，不足 50t 时，应按一个检验批计

A. 0. 2 当预拌砂浆进场检验项目全部符合现行国家标准《预拌砂浆》GB/T 25181 的规定时，该批产品可判定为合格；当有一项不符合要求时，该批产品应判定为不合格。

附录 B 散装干混砂浆均匀性试验

B. 0. 1 本方法适用于测定散装干混砂浆运送到施工现场后的均匀性。

B. 0. 2 砂浆均匀性试验应采用下列仪器：

1 试验筛：筛孔边长分别为 4.75mm、2.36mm、1.18mm、600μm、300μm、150μm、75μm 的方孔筛各一支，筛的底盘和盖各一支，筛筐直径为 300mm 或 200mm，其质量应符合现行国家标准《建筑用砂》GB/T 14684 的规定。

2 天平：称量 1000g，感量 1g；秤：称量 10kg，感量 10g。

3 砂浆稠度仪：应符合现行行业标准《建筑砂浆基本性能试验方法标准》JGJ/T 70 的规定。

4 试模：尺寸为 70.7mm×70.7mm×70.7mm 的带底试模，其质量应符合现行行业标准《建筑砂浆基本性能试验方法标准》JGJ/T 70 的规定。

B. 0. 3 取样应符合下列规定：

1 散装干混砂浆移动筒仓中砂浆总量应均匀分为 10 个部分，并应分别对应每个部分，从筒仓底部下料口随机取样，每份样品的取样数量不应少于 8kg。

2 当移动筒仓中砂浆为非连续性使用时，可将每次连续使用砂浆总量均匀分为 10 个部分，然后按照第 1 款的方法取样。

B. 0. 4 砂浆细度均匀度试验应按下列步骤进行：

1 取一份样品，充分拌合均匀，称取筛分试样 500g；

2 将称好的试样倒入附有筛底的砂试验套筛中，按现行国家标准《建筑用砂》GB/T 14684 规定的方法进行筛分试验，称量 75μm 筛的筛余量；

3 75μm 筛的通过率应按下式计算：

$$X = \frac{500 - W_i}{500} \times 100\% \qquad (B. 0. 4)$$

式中：X——75μm 筛的通过率（%），精确至 0.1%；

W_i——75μm 筛的筛余量（g），精确至 0.1g；

500——样品质量，g。

应以两次试验结果的算术平均值作为测定值，并应精确至 0.1%。

4 按照本条第 1 款～第 3 款的步骤分别对其他 9 个样品进行筛分试验，求出各样品的 75μm 筛的通过率。

B. 0. 5 砂浆细度均匀度试验结果应按下列步骤计算：

1 计算 10 个样品的 75μm 筛通过率的平均值（$\overline{X}$），精确至 0.1%；

2 计算 10 个样品的 75μm 筛通过率的标准差（σ），精确至 0.1%；

3 砂浆细度离散系数应按下式计算：

$$C_v = \frac{\sigma}{\overline{X}} \times 100\% \qquad (B. 0. 5-1)$$

式中：C_v——砂浆细度离散系数（%），精确至 0.1%；

σ——各样品的 75μm 筛通过率的标准差（%）；

$\overline{X}$——各样品的 75μm 筛通过率的平均值（%）。

4 砂浆细度均匀度应按下式计算：

$$T = 100\% - C_v \qquad (B. 0. 5-2)$$

式中：T——砂浆细度均匀度（%），精确至 1%。

5 当砂浆细度均匀度不小于 90% 时，该筒仓中的砂浆均匀性可判定为合格；当砂浆细度均匀度小于 90% 时，尚应进行砂浆抗压强度均匀度试验。

B. 0. 6 砂浆抗压强度均匀度试验应按下列步骤进行：

1 在已取得的 10 份样品中，分别称取 4000g 试样，加水拌合。加水量按砂浆稠度控制，干混砌筑砂浆稠度为 70mm～80mm，干混抹灰砂浆稠度为 90mm～100mm，干混地面砂浆稠度为 45mm～55mm，干混普通防水砂浆稠度为 70mm～80mm。砂浆稠度试验应按现行行业标准《建筑砂浆基本性能试验方法标准》JGJ/T 70 规定的方法进行。

2 每个样品成型一组抗压强度试块，测试其 28d 抗压强度。试块的成型、养护及试压应符合现行行业标准《建筑砂浆基本性能试验方法标准》JGJ/T 70 的规定。

B. 0. 7 砂浆抗压强度均匀度试验结果应按下列步骤

计算：

    1 计算 10 组砂浆试块的 28d 抗压强度的平均值，精确至 0.1MPa；

    2 计算 10 组砂浆试块的 28d 抗压强度的标准差，精确至 0.01MPa；

    3 砂浆抗压强度离散系数应按下式计算：

$$C'_v = \frac{\sigma'}{\overline{X}'} \times 100\% \qquad (B.0.7-1)$$

式中：C'_v——砂浆抗压强度离散系数（%），精确至 0.1%；

    σ'——各样品的砂浆试块抗压强度的标准差（MPa）；

    $\overline{X}'$——各样品的砂浆试块抗压强度的平均值（MPa）。

    4 砂浆抗压强度均匀度应按下式计算：

$$T' = 100\% - C'_v \qquad (B.0.7-2)$$

式中：T'——砂浆抗压强度均匀度（%），精确至 1%。

    5 当砂浆抗压强度均匀度不小于 85% 时，该筒仓中的砂浆均匀性可判定为合格。

本规程用词说明

    1 为便于在执行本规程条文时区别对待，对要求严格程度不同的用词说明如下：

    1）表示很严格，非这样做不可的：

        正面词采用"必须"，反面词采用"严禁"；

    2）表示严格，在正常情况下均应这样做的：

        正面词采用"应"，反面词采用"不应"或"不得"；

    3）表示允许稍有选择，在条件许可时首先应这样做的：

        正面词采用"宜"，反面词采用"不宜"；

    4）表示有选择，在一定条件下可以这样做的，采用"可"。

    2 条文中指明应按其他有关标准执行的写法为："应符合……的规定"或"应按……执行"。

引用标准名录

    1 《屋面工程技术规范》GB 50345

    2 《建筑用砂》GB/T 14684

    3 《混凝土用水标准》JGJ 63

    4 《建筑砂浆基本性能试验方法标准》JGJ/T 70

    5 《机械喷涂抹灰施工规程》JGJ/T 105

    6 《建筑工程饰面砖粘结强度检验标准》JGJ 110

    7 《外墙饰面砖工程施工及验收规程》JGJ 126

    8 《抹灰砂浆技术规程》JGJ/T 220

    9 《预拌砂浆》GB/T 25181

    10 《干混砂浆散装移动筒仓》SB/T 10461

中华人民共和国行业标准

预拌砂浆应用技术规程

JGJ/T 223—2010

条 文 说 明

制 订 说 明

《预拌砂浆应用技术规程》JGJ/T 223-2010，经住房和城乡建设部 2010 年 8 月 3 日以第 727 号公告批准、发布。

本规程制订过程中，编制组进行了广泛的调查研究，总结了我国预拌砂浆工程应用实践经验，同时参考了国外先进技术法规、技术标准(欧洲标准《硬化粉刷和抹灰砂浆与基底层粘结强度的测定》(Determination of adhesive strength of hardened rendering and plastering mortars on stubstrates) BS EN 1015-12: 2000 等)，并通过大量的调研及验证试验，提出了各品种预拌砂浆施工及质量验收的要点。

为便于广大设计、施工、科研、学校等单位有关人员在使用本规程时能正确理解和执行条文规定，《预拌砂浆应用技术规程》编制组按章、节、条顺序编制了本规程的条文说明，对条文规定的目的、依据以及执行中需注意的有关事项进行了说明。但是，本条文说明不具备与规程正文同等的法律效力，仅供使用者作为理解和把握规程规定的参考。在使用过程中如果发现本条文说明有不妥之处，请将意见函寄中国建筑科学研究院。

目 次

1 总 则

1.0.1 预拌砂浆是近年来随着建筑业科技进步和文明施工要求发展起来的一种新型建筑材料，它具有产品质量高、品种全、生产效率高、使用方便、对环境污染小、便于文明施工等优点，它可大量利用粉煤灰等工业废渣，并可促进推广应用散装水泥。推广使用预拌砂浆是提高散装水泥使用量的一项重要措施，也是保证建筑工程质量、提高建筑施工现代化水平、实现资源综合利用、促进文明施工的一项重要技术手段。

由于预拌砂浆在我国的发展历史并不长，为了规范预拌砂浆在工程中的应用，使设计、施工及监理各方掌握预拌砂浆的特性，正确使用预拌砂浆，从而保证预拌砂浆的工程质量，制定本规程。

1.0.2 用于建筑工程中量大面广的砂浆主要有砌筑砂浆、抹灰砂浆及地面砂浆，此外还有防水砂浆、陶瓷砖粘结砂浆、界面砂浆等，而且绝大部分砂浆为水泥基的，因此对这六类水泥基预拌砂浆作了规定。

1.0.3 不同品种的预拌砂浆应用于不同的工程中，还应满足相应工程的验收规范，如砌筑砂浆还应符合《砌体工程施工质量验收规范》GB 50203 的要求，抹灰砂浆还应符合《建筑装饰装修工程质量验收规范》GB 50210 的要求，地面砂浆还应符合《建筑地面工程施工质量验收规范》GB 50209 的要求等等。

3 基 本 规 定

3.0.1 预拌砂浆的品种、规格、型号很多，不同的基体、基材、环境条件、施工工艺等对砂浆有着不同的要求，因此，应根据设计、施工等要求选择与之配套的产品。

传统建筑砂浆往往是按照材料的比例进行设计的，如 1：3（水泥：砂）水泥砂浆、1：1：4（水泥：石灰膏：砂）混合砂浆等，而普通预拌砂浆则是按照抗压强度等级划分的。为了使设计及施工人员了解两者之间的关系，给出表1，供选择预拌砂浆时参考。

表1 预拌砂浆与传统砂浆的对应关系

品 种	预拌砂浆	传统砂浆
砌筑砂浆	WM M5、DM M5 WM M7.5、DM M7.5 WM M10、DM M10 WM M15、DM M15 WM M20、DM M20	M5 混合砂浆、M5 水泥砂浆 M7.5 混合砂浆、M7.5 水泥砂浆 M10 混合砂浆、M10 水泥砂浆 M15 水泥砂浆 M20 水泥砂浆

续表1

品 种	预拌砂浆	传统砂浆
抹灰砂浆	WP M5、DP M5 WP M10、DP M10 WP M15、DP M15 WP M20、DP M20	1：1：6混合砂浆 1：1：4混合砂浆 1：3水泥砂浆 1：2水泥砂浆、1：2.5 水泥砂浆、1：1：2混合砂浆
地面砂浆	WS M15、DS M15 WS M20、DS M20	1：3水泥砂浆 1：2水泥砂浆

3.0.2 不同品种的砂浆其性能也不同，混用将会影响砂浆质量及工程质量，因此，作此规定。

3.0.3 预拌砂浆施工时，对不同的基体、基层或块材等所采取的处理措施、施工工艺等也不同，因此，需根据预拌砂浆的性能、基体或基层情况、块材的材性等并参考预拌砂浆产品说明书，制定有针对性的施工方案，并按施工方案组织施工。

3.0.4 在低温环境中，砂浆会因水泥水化迟缓或停止而影响强度的发展，导致砂浆达不到预期的性能；另外，砂浆通常是以薄层使用，极易受冻害，因此，应避免在低温环境中施工。当必须在5℃以下施工时，应采取冬期施工措施，如砂浆中掺入防冻剂、缩短砂浆凝结时间、适当降低砂浆稠度等；对施工完的砂浆层及时采取保温防冻措施，确保砂浆在凝结硬化前不受冻；施工时尽量避开早晚低温。

高温天气下，砂浆失水较快，尤其是抹灰砂浆，因其涂抹面积较大且厚度较薄，水分蒸发更快，砂浆会因缺水而影响强度的发展，导致砂浆达不到预期的性能，因此，应避免在高温环境中施工。当必须在35℃以上施工时，应采取遮阳措施，如搭设遮阳棚、避开正午高温时施工、及时给硬化的砂浆喷水养护、增加喷水养护的次数等。

雨天露天施工时，雨水会混进砂浆中，使砂浆水灰比发生变化，从而改变砂浆性能，难以保证砂浆质量及工程质量，故应避免雨天露天施工。大风天气施工，砂浆会因失水太快，容易引起干燥收缩，导致砂浆开裂，尤其对抹灰层质量影响极大，而且对施工人员也不安全，故应避免大风天气室外施工。

3.0.5 施工质量对保证砂浆的最终质量起着很关键的作用，因此要加强施工现场的质量管理水平。

3.0.6 抗压强度试块、实体拉伸粘结强度检验是按照检验批进行留置或检测的，在评定其质量是否合格时，按由同种材料、相同施工工艺、同类基体或基层的若干个检验批构成的验收批进行评定。

4 预拌砂浆进场检验、储存与拌合

4.1 进场检验

4.1.1 预拌砂浆进场时，生产厂家应提供产品质量证明文件，它们是验收资料的一部分。质量证明文件包括产品型式检验报告和出厂检验报告等，进场时提交的出厂检验报告可先提供砂浆拌合物性能检验结果，如稠度、保水率等，其他力学性能出厂检验结果应在试验结束后的7d内提供给需方。

同时，生产厂家还需提供产品使用说明书等，使用说明书是施工时参考的主要依据，必要的内容信息一定要完善齐全。

4.1.2 预拌砂浆在储存与运输过程中，容易造成物料分离，从而影响砂浆的质量，因此，预拌砂浆进场时，首先应进行外观检验，初步判断砂浆的匀质性与质量变化。

湿拌砂浆在运输过程中，会因颠簸造成颗粒分离、泌水现象等，因此湿拌砂浆进场后，应先进行外观的目测检查。

干混砂浆如储存不当，会发生受潮、结块现象，从而影响砂浆的品质，因此干混砂浆进场后，应先进行外观检查。

干混砂浆中掺有较多的胶凝材料，如水泥等，如果包装袋破损，容易使水泥受潮，而水泥受潮后就会结块，影响砂浆的品质，也会缩短干混砂浆的储存期，因此要求包装袋要完整，不能破损。

4.1.3 随着时间的延长，湿拌砂浆稠度会逐步损失，当稠度损失过大时，就会影响砂浆的可施工性，因此，湿拌砂浆稠度偏差应控制在表4.1.3允许的范围内。

4.1.4 预拌砂浆经外观、稠度检验合格后，还应检验其他性能指标。不同品种预拌砂浆的进厂检验项目详见附录A，复验结果应符合《预拌砂浆》GB/T 25181的要求。

4.2 湿拌砂浆储存

4.2.1 湿拌砂浆是在专业生产厂经计量、加水拌制后，用搅拌运输车运至使用地点。目前，湿拌砂浆大多由混凝土搅拌站供应，与混凝土相比，砂浆用量要少得多，搅拌站通常集中在某段时间拌制砂浆，然后运到工地，因此一次运输量往往较大。而目前我国建筑砂浆施工大部分为手工操作，施工速度较慢，运到工地的砂浆不能很快使用完，需放置较长时间，甚至一昼夜，因此，砂浆除了直接使用外，其余砂浆应储存在储存容器中，随用随取。储存容器要求密闭、不吸水，容器大小不作要求，可根据工程实际情况决定，但应遵循经济、实用原则，且便于储运和清洗。

湿拌砂浆在现场储存时间较长，可通过掺用缓凝剂来延缓砂浆的凝结，并通过调整缓凝剂掺量，来调整砂浆的凝结时间，使砂浆在不失水的情况下能长时间保持不凝结，一旦使用则能正常凝结硬化。

拌制好的砂浆应防止水分的蒸发，夏季应采取遮阳、防雨措施，冬季应采取保温防冻措施。

4.2.2 目前，湿拌砂浆的品种主要有四种：砌筑砂浆、抹灰砂浆、地面砂浆和防水砂浆，其基本性能为抗压强度，因此采用抗压强度对普通预拌砂浆进行标识。由于湿拌砂浆已加水搅拌好，其使用时间受到一定的限制，当超过其凝结时间后，砂浆会逐渐硬化，失去可操作性，因此，要在其规定的时间内使用。

4.2.3 随意加水会改变砂浆的性能，降低砂浆的强度，因此规定砂浆储存时不应加水。由于普通砂浆的保水率不是很高，湿拌砂浆在存放期间往往会出现少量泌水现象，使用前可再次拌合。储存容器中的砂浆用完后，如不立即清理，砂浆硬化后会粘附在底板和容器壁上，造成清理的难度。

4.2.4 湿拌砂浆在高温下，水分蒸发较快，稠度损失也较大，从而影响其可操作性能；在低温下，湿拌砂浆中的水泥会因水化速度缓慢，影响其强度等性能的发展，因此对湿拌砂浆储存地点的温度作出规定。

4.3 干混砂浆储存

4.3.1 施工现场应配备散装干混砂浆移动筒仓。在筒仓外壁明显位置做好砂浆标记，内容有砂浆品种、类型、批号等。散装干混砂浆在输送和储存过程中，应避免颗粒与粉状材料的分离。

存放在现场的砂浆品种有时很多，而不同品种的砂浆其性能也不同，混用将会影响砂浆的性能及工程质量，因此，砂浆不得混存混用。更换砂浆品种时，筒仓要清理干净。

4.3.2 干混砂浆散装移动筒仓一般较高，盛载砂浆时重量较重，可达30t～40t。如果基础沉降不均匀，可能造成安全隐患，因此，筒仓应按照筒仓供应商的要求安装牢固、安全。

4.3.3 袋装干混砂浆的保存、防潮是关键。干混砂浆中含有较多的水泥组分，水泥遇水会发生化学反应，使水泥结块，从而影响砂浆性能，降低砂浆强度，并缩短砂浆的储存期，因此，干混砂浆储存时不得受潮和遭受雨淋。由于干混砂浆的储存期较短，先进场的砂浆先用，以免超过储存期。有机类材料主要指聚合物乳液等，有机材料易燃，且燃烧时可能会挥发出有毒有害气体，因此要远离火源、热源。聚合物乳液在低温下，会因受冻而失效，因此，规定储存温度应为5℃～35℃。

4.3.4 干混砂浆在运输、装卸及储存过程中，容易造成颗粒与粉状材料分离，进而影响砂浆性能的均质性。可采用不同抽样点的各样品的筛分结果及抗压强度,用砂浆细度均匀度或抗压强度均匀度对材料的均匀性进行合格判定。

4.4 干混砂浆拌合

4.4.1 干混砂浆是在施工现场加水(或配套组分)搅拌而成,而用水量对砂浆性能有着较大的影响,因此规定应按照产品说明书的要求进行配制。干混砂浆产品说明书中规定了加水量或加水范围,这是生产厂家经反复试验、验证后给定的,超过这个范围,将会影响砂浆的性能及可操作性。

4.4.3 干混砂浆中常常掺有少量的外加剂、添加剂等组分,为使各组分在砂浆中均匀分布,只有通过一定时间的机械搅拌,才能保证砂浆的均匀性,从而保证砂浆的质量。因干混砂浆有散装和袋装之分,其搅拌方式也不一样。散装干混砂浆通常储存在干混砂浆散装移动筒仓中,在筒仓的下部设有连续搅拌器,接上水后,即可连续搅拌,搅拌时间应符合设备的要求。袋装普通干混砂浆一般采用强制式搅拌机进行搅拌,因砂浆中掺有矿物掺合料、添加剂等组分,搅拌时间一般不少于 3min。而使用量较少的特种干混砂浆,有时采用手持式搅拌器进行搅拌,搅拌时间一般为 3min~5min,当砂浆中掺有粉状聚合物(如可再分散乳胶粉)时,搅拌完后需静置 5min 左右,让砂浆熟化,然后再搅拌 3min。因搅拌时间与砂浆的储存方式、砂浆品种、搅拌设备等有关,不宜作统一规定,应根据具体情况及产品说明书的要求确定,以砂浆搅拌均匀为准。

砂浆搅拌结束后要及时清理搅拌设备,否则,砂浆硬化后会粘附在搅拌叶片及容器上,造成清理的难度。

4.4.4 随着时间的推移,砂浆拌合物中的水分会逐渐蒸发,稠度逐渐减小,当稠度损失到一定程度时,砂浆就失去了可操作性,不能正常使用,因此要控制一次搅拌的数量。当天气干燥炎热时,水泥水化较快,水分蒸发也快,砂浆稠度损失较大,宜适当减少一次搅拌的数量。

4.4.5 普通干混砂浆保水率较低,在存放过程中会出现少量泌水。为了保证砂浆材料均匀,易于施工,搅拌好的砂浆当出现少量泌水现象时,使用前应再拌合均匀。

5 砌筑砂浆施工与质量验收

5.1 一般规定

5.1.3 混凝土多孔砖、混凝土普通砖、灰砂砖、粉煤灰砖等块材早期收缩较大,如果过早用于墙体上,会容易出现明显的收缩裂缝,因而要求砌筑时块材的生产龄期应符合相关标准的要求,这样使其早期收缩

值在此期间内完成大部分,这是预防墙体早期开裂的一个重要技术措施。大多数块材的生产龄期为 28d,如混凝土多孔砖、混凝土实心砖、蒸压灰砂砖、蒸压粉煤灰砖、普通混凝土小型空心砌块等。

5.2 块材处理

5.2.1 非烧结制品含水率过大时,会导致砌体后期收缩偏大,因此应控制其上墙时的含水率。由于各类块材的吸水特性,如吸水率、初始吸水速度和失水速度不同,以及环境湿度的差异,块材砌筑时适宜的含水率也各异。

5.2.2 烧结砖砌筑前,应提前 1d~2d 浇水湿润,做到表干内湿,表面不得有明水。砖的湿润程度对砌体的施工质量影响较大。试验证明,适宜的含水率不仅可以提高砖与砂浆之间的粘结力,提高砌体的抗剪强度,还可以使砂浆强度保持正常增长,提高砌体的抗压强度。同时,适宜的含水率还可以使砂浆在操作面上保持一定的摊铺流动性能,便于施工操作,有利于保证砂浆的饱满度,因而对确保砖砌体的力学性能和施工质量是十分有利的。

试验表明,干砖砌筑会大大降低砌体的抗剪和抗压强度,还会造成砌筑困难并影响砂浆强度正常增长;吸水饱和的砖砌筑时,不仅使刚砌的砌体稳定性差,还会影响砂浆与砖的粘结力。

5.2.3 普通混凝土小砌块具有吸水率低和吸水速度迟缓的特点,一般情况下砌筑时可不浇水。

5.2.4 轻骨料混凝土小砌块的吸水率较大,砌筑时应提前浇水湿润。

5.2.5 蒸压加气混凝土砌块具有吸水速率慢、总吸水量大的特点,不适宜采用提前洒水湿润的方法。由于蒸压加气混凝土砌块尺寸偏差较小,可采用薄层砌筑砂浆进行干法施工。

5.3 施 工

5.3.1 灰缝增厚会降低砌体抗压强度,过薄将不能很好垫平块材,产生局部挤压现象。由于薄层砌筑砂浆中常掺有少量添加剂,砂浆的保水性及粘结性能均较好,可以实现薄层砌筑。目前薄层砂浆施工法多用于块材尺寸精确度高的块材砌筑,如蒸压加气混凝土砌块。

5.3.2 砖砌体砌筑宜随铺砂浆随砌筑。采用铺浆法砌筑时,铺浆长度对砌体的抗剪强度有明显影响,因而对铺浆长度作了规定。当空气干燥炎热时,提前湿润的砖及砂浆中的水分蒸发较快,影响工人操作和砌筑质量,因而应缩短铺浆长度。

5.3.3 对墙体砌筑时每日砌筑高度进行控制,目的是保证砌体的砌筑质量和安全生产。

5.3.4 灰缝横平竖直,厚薄均匀,不仅使砌体表面美观,还能保证砌体的变形及传力均匀。此外,对各

种块材墙体砌筑时的砂浆饱满度作了规定,以保证砌体的砌筑质量和使用安全。由于砖柱为独立受力的重要构件,为保证其安全性,对灰缝砂浆饱满度的要求有所提高。

小砌块砌体的砂浆饱满度严于砖砌体的要求。究其原因:一是由于小砌块壁较薄、肋较窄,小砌块与砂浆的粘结面不大;二是砂浆饱满度对砌体强度及墙体整体性影响比砖砌体大,其中,抗剪强度较低又是小砌块的一个弱点;三是考虑了建筑物使用功能(如防渗漏)的需要。另外,竖向灰缝饱满度对防止墙体裂缝和渗水至关重要。

5.3.5 竖向灰缝砂浆的饱满度一般对砌体的抗压强度影响不大,但对砌体的抗剪强度影响明显。此外,透明缝、瞎缝和假缝对房屋的使用功能也会产生不良影响。因此,对砌体施工时的竖向灰缝的质量要求作出了相应的规定,以保证竖向灰缝饱满,避免出现假缝、瞎缝、透明缝等。

5.3.6 块材位置变动,会影响与砂浆的粘结性能,降低砌体的安全性。

5.4 质 量 验 收

5.4.1 砌筑砂浆的使用量较大,且预拌砌筑砂浆的质量比较稳定,验收批量比现场拌制砂浆可适当放宽。根据现场实际使用情况及施工进度,分别规定了湿拌砌筑砂浆和干混砌筑砂浆的验收批量。

5.4.2 预拌砂浆是在专业生产厂生产的,材料稳定,计量准确,砂浆质量较好,强度值离散性较小,可适当减少现场砂浆抗压强度试块的制作量,但每验收批各类型、各强度等级的预拌砌筑砂浆留置的试块组数不宜少于3组。

5.4.4 明确抗压强度是按验收批进行评定,其合格标准参考了相关的标准规范。当同一验收批砂浆试块抗压强度平均值和最小值或单组值均满足规定要求时,判该验收批砂浆试块抗压强度合格。

6 抹灰砂浆施工与质量验收

6.1 一 般 规 定

6.1.2 抹灰砂浆稠度应满足施工的要求,施工单位可根据抹灰部位、基层情况、气候条件以及产品说明书等确定抹灰砂浆的稠度。表2是不同抹灰部位砂浆稠度的参考表。

表 2 抹灰砂浆稠度参考表

抹灰层部位	稠度(mm)
底层	100~120
中层	70~90
面层	70~80

6.1.4 设置分格缝的目的是释放收缩应力,避免外墙大面积抹灰时引起的砂浆开裂。

6.1.5 抹灰层空鼓、起壳和开裂既有材料因素,也有施工操作因素,制作样板和留样是为了明确界面,分清职责,方便日后出现问题时查找原因和划分责任。

6.1.6 天气干燥炎热时,水分蒸发较快,砂浆会因失水而影响强度的发展,可根据现场条件采取相应的遮阳措施。施工前,对基层表面洒水湿润,可避免基层从砂浆中吸取较多的水分。

6.1.7 机械喷涂抹灰可加快施工进度,提高施工质量,提倡使用。

6.2 基 层 处 理

6.2.1 抹灰前对基层进行认真处理,是保证抹灰质量,防止抹灰层裂缝、起鼓、脱落极为关键的工序,抹灰工程应对此给予高度重视。孔洞、缝隙等处的堵塞、填平,若与抹灰同时进行,这些部位的抹灰厚度会过厚,导致与其他部位的抹灰层有不同收缩,易产生裂缝。明显凸凹处如不处理,会使抹灰层过薄或过厚,影响抹灰层的质量。

6.2.2 不同材质基体相接处,由于材质的吸水和收缩不一致,容易导致交接处表面的抹灰层开裂,故应采取加强措施。可采取在同一表面钉金属网或钢板等措施,可避免因基体收缩、变形不同引起的砂浆裂缝。

6.2.3 混凝土墙体表面比较光滑,不容易吸附砂浆;蒸压加气混凝土砌块具有吸水速度慢,但吸水量大的特点,在这些材料基层上抹灰比较困难。采用与之配套的界面砂浆在基层上先进行界面增强处理,然后再抹灰,这样可增加抹灰层与基底之间的粘结,也可降低高吸水性蒸压加气混凝土砌块吸收砂浆中水分的能力。

可采用涂抹、喷涂、滚涂等方法在基层上先均匀涂抹一层1mm~2mm厚的界面砂浆,表面稍收浆后,进行第一遍抹灰。

6.2.4 这些块材也有与之配套的界面砂浆,优先采用界面砂浆对基层进行界面增强处理,也可参照烧结黏土砖砌体抹灰的施工方法,即提前洒水湿润。

6.2.5 基底湿润是保证抹灰砂浆质量的重要环节,为了避免砂浆中的水分过快损失,影响施工操作和砂浆的固化质量,在吸水性较强的基底上抹灰时应提前洒水湿润基层。洒水量及洒水时间应根据材料、基底、气候等条件进行控制,不可过多或过少。洒水过少易使砂浆中的水分被基底吸走,使水泥缺水不能正常硬化;过多会造成抹灰时产生流淌,挂不住砂浆,也会因超量的水产生相对运动,降低抹灰层与基底层的粘结。一般,天气干燥有风时多洒,天气寒冷、蒸发小时少洒。我国幅员辽阔,各地气候不同,各种基底的吸水能力又有很大差异,应根据具体情况,掌握洒水的频次与洒水量。

6.2.6 对平整度较好的基底，如蒸压加气混凝土砌块砌体，可通过采用薄层抹灰砂浆实现薄层抹灰。由于薄层抹灰砂浆中掺入少量的添加剂，砂浆的保水性及粘结性能较好，可直接抹灰，不需做界面处理。

6.3 施 工

6.3.1 主体结构一般在28d后进行验收，这时砌体上的砌筑砂浆或混凝土结构达到了一定的强度且趋于稳定，而且墙体收缩变形也减小，此时抹灰可减少对抹灰砂浆体积变形的影响。

6.3.2 抹灰工艺因砂浆品种、基层的不同而有所差异，通常，抹灰砂浆的产品说明书中会对施工方法有详细的描述。

6.3.3 砂浆一次涂抹厚度过厚，容易引起砂浆开裂，因此应控制一次抹灰厚度。薄层抹灰砂浆中常掺有少量添加剂，砂浆的保水性及粘结性能均较好，当基底平整度较好时，涂层厚度可控制在5mm以内，而且涂抹一遍即可。

6.3.4 为防止砂浆内外收水不均匀，引起裂缝、起鼓，也为了易于找平，一次抹的不宜太厚，应分层涂抹。每层施工的间隔时间视不同品种砂浆的特性以及气候条件而定，并参考生产厂家的建议，要求后一层砂浆施工应待前一层砂浆凝结硬化后进行。为了增加抹灰层与底基层间的粘结，底层要用力压实；为了提高与上一层砂浆的粘结力，底层砂浆与中间层砂浆表面要搓毛。在抹中间层和面层砂浆时，需注意表面平整，使之能符合设定的规、距。抹面层时要注意压光，用木抹抹平，铁抹压光。压光时间过早，表面易出现泌水，影响砂浆强度；压光时间过迟，会影响砂浆强度的增长。

6.3.5 为了防止抹灰总厚度太厚引起砂浆层裂缝、脱落，当总厚度超过35mm时，需采取增设金属网等加强措施。

6.3.7 顶棚基本为混凝土或混凝土构件，其表面平整度较好，且光滑，可采用薄层抹灰砂浆进行找平，也可采用腻子进行找平。

6.3.8 砂浆过快失水，会引起砂浆开裂，影响砂浆力学性能的发展，从而影响砂浆抹灰层的质量；由于抹灰层很薄，极易受冻害，故应避免早期受冻。目前高层建筑窗墙比大，靠近高层窗洞口墙体往往受穿堂风影响很大，应采取措施，不然，抹灰层失水较快，造成空鼓、起壳和开裂。对完后的抹灰砂浆层进行保护，以保证砂浆的外观质量。

6.3.9 养护是保证抹灰工程质量的关键。砂浆中的水泥有了充足的水，才能正常水化、凝结硬化。由于抹灰层厚度较薄，基底层的吸水和砂浆表层水分的蒸发，都会使抹灰砂浆中的水分散失。如砂浆失水过多，将不能保证水泥的正常水化硬化，砂浆的抗压强度和粘结强度将不能满足设计要求。因此，抹灰砂浆

凝结后应及时保湿养护，使抹灰层在养护期内经常保持湿润。

保湿养护的方式有：喷水、洒水、涂养护剂或养护膜、覆盖湿草帘等。

采用洒水养护时，当气温在15℃以上时，每天宜洒2次以上养护水。当砂浆保水性较差、基底吸水性强或天气干燥、蒸发量大时，应增加洒水次数。洒水次数以抹灰层在养护期内经常保持湿润、不影响砂浆正常硬化为原则。目前国内许多抹灰工程没有进行养护，这样既浪费了材料，又不能保证工程质量，有的还发生抹灰层起鼓、脱落等质量事故，应引起足够的重视。为了节约用水，避免多洒的水流淌，可改用喷嘴雾化水养护。

因薄层抹灰砂浆中掺入少量的保水增稠材料、砂浆的保水性和粘结强度较高，砂浆中的水分不易蒸发，可采用自然养护。

6.4 质 量 验 收

6.4.1、6.4.2 检验批的划分和检查数量是参考现行国家标准《建筑装饰装修工程质量验收规范》GB 50210的相关规定确定的。

6.4.3～6.4.5 这几项要求是保证抹灰工程质量的最基本要求。

6.4.6 抹灰砂浆质量的好坏关键在于抹灰层与基底层之间及各抹灰层之间必须粘结牢固，判别方法是在实体抹灰层上进行拉拔试验。

为了给出抹灰砂浆实体拉伸粘结强度的验收指标，规程编制组做了大量验证试验，在不同品种的砌块、烧结砖及非烧结砖墙体上进行抹灰，采用不同的基层处理方法（不处理、提前24h洒水、涂界面砂浆、刷水泥净浆等）和养护方法（洒水养护、自然养护），在不同龄期进行实体拉伸粘结强度检测。试验结果表明，对拉伸粘结强度影响最大的因素是养护的方式，不管抹灰前采取何种基层处理方法，包括涂刷界面砂浆，但抹灰后未采取任何措施进行养护，其拉伸粘结强度基本在0.2MPa以下，而同样经过7d洒水养护的，其拉伸粘结强度大部分在0.3MPa～0.6MPa，可见，抹灰后进行适当保湿养护，拉伸粘结强度达到0.25MPa是容易通过的。

6.4.7 若抹灰层外表面设计粘贴饰面砖时，还应符合相应的标准。

7 地面砂浆施工与质量验收

7.1 一 般 规 定

7.1.1 建筑地面工程是指无特殊要求的地面，包括屋面、楼（地）面。

7.1.2 地面砂浆层需承受一定的荷载，且要求具有

一定的耐磨性，因而要求地面砂浆应具有较高的抗压强度。砂浆稠度过大，容易造成砂浆失水收缩而引起的开裂，因此，控制砂浆用水量，是保证地面面层砂浆不起砂、不起灰的有效措施。

7.1.3 地面砂浆层需承受一定的荷载，故对其厚度作了规定。

7.2 基 层 处 理

7.2.1 基层表面的处理效果直接影响到地面砂浆的施工质量，因而要对基层进行认真处理，使基层表面达到平整、坚固、清洁。

7.2.2 地面比较容易洒水，对粗糙地面可以采取提前洒水湿润的处理方法。

7.2.3 对光滑基层，如混凝土地面，可采取涂抹界面砂浆等界面处理措施，以提高砂浆与基层的粘结强度。

7.3 施 工

7.3.2 地面面层砂浆施工时应刮抹平整；表面需要压光时，应做到收水压光均匀，不得泛砂。压光时间要恰当，若压光时间出现过早，表面易出现泌水，影响表层砂浆强度；压光时间过迟，易损伤水泥胶凝体的凝结结构，影响砂浆强度的增长，容易导致面层砂浆起砂。

7.3.3 目的是保证踢脚线与墙面紧密结合，高度一致，厚度均匀。

7.3.4 踏步面层施工时，可根据平台和楼面的建筑标高，先在侧面墙上弹一道踏级标准斜线，然后根据踏级步数将斜线等分，等分各点即为踏级的阳角位置。每级踏步的高（宽）度与上一级踏步和下一级踏步的高（宽）度误差不应大于 10mm。楼梯踏步齿角要整齐，防滑条顺直。

7.3.5 客厅、会议室、集体活动室、仓库等房间的面积较大，设置变形缝是为了避免地面砂浆由于收缩变形导致的较多裂缝的发生。

7.3.6 养护工作的好坏对地面砂浆质量影响极大，潮湿环境有利于砂浆强度的增长；养护不够，且水分蒸发过快，水泥水化减缓甚至停止水化，从而影响砂浆的后期强度。另外，地面砂浆一般面积大，面层厚度薄，又是湿作业，故应特别防止早期受冻，为此要确保施工环境温度在 5℃ 以上。

7.3.7 地面砂浆受到污染或损坏，会影响到其美观及使用。当面层砂浆强度较低时就过早使用，面层易遭受损伤。

7.4 质 量 验 收

7.4.1、7.4.2 检验批的划分和检查数量是参考国家标准《建筑地面工程施工质量验收规范》GB 50209 的相关规定确定的。

7.4.7 预拌砂浆是专业工厂生产的，质量比较稳定，每检验批可留取一组抗压强度试块。

7.4.8 砂浆抗压强度按验收批进行评定，给出了砂浆试块抗压强度合格的判别标准。

8 防水砂浆施工与质量验收

8.1 一 般 规 定

8.1.1 本章所指防水砂浆包括预拌普通防水砂浆和聚合物水泥防水砂浆。普通防水砂浆主要指掺外加剂的防水砂浆，为刚性防水材料，适应变形能力较差，需与基层粘结牢固并连成一体，共同承受外力及压力水的作用，适用于防水要求较低的工程。聚合物水泥防水砂浆具有一定的柔性，可适应较小的变形要求。

刚性防水砂浆主要用于混凝土浇筑体（包括现浇混凝土和预制混凝土构件）、砌体结构（包括框架混凝土结构的填充砌块和独立的砌块砌体）。根据工程类型、防水要求，可以做成独立防水层，可以与结构自防水进行复合，也可以与其他类型的防水材料构成复合防水。

8.1.3 防水砂浆施工前，应将节点部位、相关的设备预埋件和管线安装固定好，验收合格后方可进行防水砂浆的施工。

8.1.4 凿孔打洞会破坏防水砂浆层，引起渗漏，因此，应作好砂浆防水层的保护工作，避免对防水砂浆层造成破坏。

8.2 基 层 处 理

8.2.1 基层的平整、坚固、清洁，对保证砂浆防水层的施工质量具有很重要的作用，因此，需要作好此环节的工作。

8.2.2 本条是依据现行国家标准《地下防水工程质量验收规范》GB 50208 作出的规定。

8.2.3 使用界面砂浆进行界面处理，可提高防水砂浆与基层的粘结强度。聚合物水泥防水砂浆具有较好的黏性和保水性，界面可不用处理，直接施工。

8.2.4 嵌填防水密封材料是为了强化管道、地漏根部的防水。有一定的坡度是保证排水效果，坡度一般为 5%。

8.3 施 工

8.3.1 用于混凝土或砌体结构基层上的水泥砂浆防水层，应采用多层抹压的施工工艺，以提高砂浆层的防水能力。多层抹压可防止砂浆防水层的空鼓、裂缝，有利于提高防水效果。

8.3.2 普通防水砂浆为刚性防水材料，抗裂性能相对较差，只有达到一定的厚度才能满足防水的要求。为了防止一次涂抹太厚，引起砂浆层空鼓、裂缝和脱落，砂浆防水层应分层施工，分层还有利于毛细孔阻断，提高防水效果。抹灰时要压实，以保证防水层各层之间结合牢固、无空鼓现象，但注意不要反复压的次数过多，以免产生空鼓、裂缝。

砂浆铺抹时，通常在砂浆收水后二次压光，使表面坚固密实、平整。

8.3.3 由于聚合物水泥防水砂浆中的聚合物为合成高分子材料，具有堵塞毛细孔的作用，可以提高防水的效能，同时又具有一定的柔性，因此，砂浆厚度可薄些。

8.3.4 施工缝是砂浆防水层的薄弱部位，由于施工缝接槎不严密及位置留设不当等原因，导致防水层渗漏。因此，各层应紧密结合，每层宜连续施工，如必须留槎时，应采用阶梯坡形槎，并符合本条要求。接槎要依层次顺序操作，层层搭接紧密。

8.3.5 屋面分格缝的设置是防止砂浆防水层变形产生的裂缝，具体做法、间隔距离、处理方法等应符合现行国家标准《屋面工程技术规范》GB 50345 的规定。

8.3.6 保湿养护是保证砂浆防水层质量的关键。砂浆中的水泥有充足的水才能正常水化硬化，如砂浆失水过多，砂浆的抗压强度和粘结强度都无法达到设计要求，砂浆的防水性能将得不到保证。因此需从砂浆凝结后立即开始保湿养护，以防止砂浆层早期脱水而产生裂缝，导致渗水。保湿养护可采用浇水、喷雾、覆盖浇水、喷养护剂、涂刷冷底子油等方式。采用淋水方式时，每天不宜少于两次。当基底吸水性强或天气干燥、蒸发量大时，应增加淋水次数。墙面防水层可采用喷雾器洒水养护，地面防水层可采用湿草袋覆盖养护。

聚合物水泥砂浆防水层可采用干湿交替的养护方法，早期（硬化后 7d 内）采用潮湿养护，后期采用自然养护。在潮湿环境中，可在自然条件下养护。

8.3.7 砂浆未凝结硬化前受到水的冲刷，会使砂浆表层受到损害。储水结构如过早使用，面层砂浆宜遭受损伤，不能起到防水的作用，因此，应等到砂浆强度达到设计要求后方可使用。

8.4 质量验收

8.4.1 根据不同的砂浆防水层工程做法确定的检验批。

8.4.3、8.4.4 此两条是参考现行国家标准《地下防水工程质量验收规范》GB 50208 确定的。

8.4.5 砂浆防水层须达到必要的厚度，以保证砂浆防水层的防水效果。

9 界面砂浆施工与质量验收

9.1 一般规定

9.1.1 界面砂浆主要用于基层表面比较光滑、吸水慢但总吸水量较大的基层处理，如混凝土、加气混凝土基层，解决由于这些表面光滑或吸水特性引起的界面不易粘结，抹灰层空鼓、开裂、剥落等问题，可大大提高砂浆与基层之间的粘结力，从而提高施工质量，加快施工进度。在很多不易被砂浆粘结的致密材料上，界面砂浆作为必不可少的辅助材料，得到广泛的应用。

界面砂浆在轻质砌块、加气混凝土砌块等易产生干缩变形的砌体结构上，具有一定的防止墙体吸水，降低开裂，使基材稳定的作用。

9.1.2 界面砂浆的种类很多，有混凝土、加气混凝土专用界面砂浆，有模塑聚苯板、挤塑聚苯板专用界面砂浆，还有自流平砂浆专用界面砂浆，随着预拌砂浆的发展，还会开发出更多、性能更全的品种。由于各种界面砂浆的性能要求不同，适应性也不同，因此，应根据基层、施工要求等情况选择相匹配的界面砂浆。

9.2 施 工

9.2.1 基层良好的处理是保证界面砂浆与基层结合牢固，不空鼓、不开裂的关键工序，应认真处理好基层，使其平整、坚固、洁净。

9.2.2 当基层表面比较光滑、平整时，可采用滚刷法施工。

9.2.3 界面砂浆涂抹好后，待其表面稍收浆（用手指触摸，不粘手）后即可进行下道抹灰施工。夏季气温高时，界面砂浆干燥较快，一般间隔时间在 10min～20min；气温低时，界面砂浆干燥较慢，一般间隔时间约 1h～2h。

9.2.4 在工厂预先对保温板进行界面处理时，应待界面砂浆固化（大约 24h）后才可进行下道工序。

9.3 质量验收

9.3.1 涂刷不均匀会影响下道工序的施工质量。

9.3.2 界面砂浆施工完成后，即被下道施工工序所覆盖，可通过对涂抹在界面砂浆外表面的抹灰砂浆实体拉伸粘结强度的检验结果判定界面砂浆的材料及施工质量。

10 陶瓷砖粘结砂浆施工与质量验收

10.1 一般规定

10.1.1 陶瓷砖粘结砂浆适用范围为普通的工业（不含耐酸碱腐蚀等特殊要求）和民用建筑，规定了陶瓷砖粘结砂浆的适用基层及其粘结对象。

10.1.2 施工部位分为内墙、外墙、地面及外保温系统等，它们对粘结砂浆的要求也不一样，内墙上粘贴的陶瓷砖，所处环境的温湿度变化幅度不是很大，对粘结砂浆的要求相对低些；而外墙上粘贴的陶瓷砖，所处的环境条件比较恶劣，要能经受得住严寒酷暑及雨水的侵袭，因此对粘结砂浆的要求高于内墙用的粘结砂浆；而在外保温系统上粘贴陶瓷砖，除了能经受得住严寒酷暑及雨水的侵袭，还要求粘结砂浆具有较好的柔韧性，能适应基底的变形。

陶瓷砖的质量差异也很大，有吸水率高的陶质砖，吸水率低的瓷质砖，还有几乎不吸水的玻化砖，所以应针对具体情况选择相匹配的粘结砂浆。

10.1.3 陶瓷砖的粘贴方法有单面粘贴法和双面粘贴法，根据施工要求、陶瓷砖种类、基层等情况选择适宜的粘贴方法。表3给出不同种类陶瓷砖常采用的粘贴方法及涂层厚度，其中涂层厚度为基层质量符合验收标准的情况下粘结砂浆的最佳厚度，供参考。

表3　陶瓷墙地砖的粘贴方法及涂层厚度

陶瓷墙地砖种类	粘贴方法	涂层厚度(mm)
纸面小面砖	双面粘贴	2～3
纸面马赛克	双面粘贴	2～3
釉面面砖	单面粘贴	2～3
陶瓷面砖(嵌缝)	单面粘贴	2～3
陶瓷地砖	单面粘贴	3～4
大理石、花岗石	双面粘贴	5～7
陶瓦土片(正打)	单面粘贴	3～5
陶瓦土片(反打)	单面粘贴	2～3

10.1.5 刚贴完砖的部位如过早受阳光照射，会影响陶瓷砖的粘贴质量，降低陶瓷砖与砂浆的粘结强度，所以应在早期采取防护措施。

10.1.6 为避免大面积粘贴陶瓷砖后出现拉伸粘结强度不合格造成的损失，施工前应制作样板，经检验拉伸粘结强度合格后方可按所用材料及施工工艺进行施工。

10.2　基层要求

10.2.1 基层表面附着物处理干净与否直接影响粘结砂浆的粘结质量。应将基层表面的尘土、污垢、油渍、墙面的混凝土残渣和隔离剂、养护剂等清理干净。基层表面平整度应符合施工要求，对墙面平整度超差部分应剔凿或修补，表面疏松处必须剔除，以保

证陶瓷砖的粘贴质量。

10.2.2 外墙饰面砖验收标准是其平均拉伸粘结强度不小于0.4MPa，因此，要求贴砖的基体或基层也应达到0.4MPa，方能满足饰面砖的验收要求。

10.2.3 天气干燥、炎热时，基层吸附水的能力比较强，水分蒸发也比较快，施工前可向基层适量浇水湿润。

10.3　施　　工

10.3.1 基层或基体属于隐蔽工程，应待其验收合格后方可贴砖。

10.3.3 陶瓷砖一定要清理干净，尤其是砖背面的隔离粉等必须擦净，否则会影响粘贴质量。

10.3.5 由于陶瓷砖的品种、规格较多，其性能也千差万别，应根据陶瓷砖的特点如吸水率、密度、规格尺寸等选择相适应的施工工艺。一般，对吸水率较大的陶质类面砖，可先浸湿阴干，然后再粘贴；而对吸水率较小的瓷质砖、玻化砖，不需浸湿，直接粘贴。对轻质、尺寸小的砖，可从上向下粘贴，而对重质、尺寸较大的砖，应自下而上双面粘贴。

10.3.6 单面粘贴法也称为镘抹法，适用于密度较轻、尺寸较小的陶瓷砖粘贴。

10.3.7 双面粘贴法也称为组合法。优先选择双面粘贴法，虽然该方法多用掉一些砂浆，但粘贴较牢固、安全。

通常情况下，可先在基面上按压批刮一层较薄的胶浆，以达到胶浆嵌固润湿基面的增强效果。

10.3.8 超过陶瓷砖粘结砂浆晾置时间后再调整陶瓷砖的位置，会影响砖的粘贴质量，导致陶瓷砖粘贴不牢固。

10.3.10 养护期间应做好防止陶瓷砖污染、碰撞及损坏等保护工作。

10.4　质量验收

10.4.1、10.4.2 检验批的划分及检查数量是参考相关标准确定的。

10.4.7 外墙饰面砖若粘贴不牢固，饰面砖容易脱落，伤人毁物，威胁到人民生命财产的安全，因此，对外墙饰面砖要进行拉伸粘结强度的检验。

中华人民共和国行业标准

民用建筑绿色设计规范

Code for green design of civil buildings

JGJ/T 229—2010

批准部门：中华人民共和国住房和城乡建设部
施行日期：２０１１年１０月１日

中华人民共和国住房和城乡建设部
公 告

第 806 号

关于发布行业标准
《民用建筑绿色设计规范》的公告

现批准《民用建筑绿色设计规范》为行业标准，编号为 JGJ/T 229‑2010，自 2011 年 10 月 1 日起实施。

本规范由我部标准定额研究所组织中国建筑工业

出版社出版发行。

中华人民共和国住房和城乡建设部

2010 年 11 月 17 日

前　　言

根据住房和城乡建设部《关于印发〈2008 年工程建设标准规范制订、修订计划（第一批）〉的通知》（建标〔2008〕102 号）的要求，规范编制组经广泛调查研究，认真总结实践经验，参考有关国际标准和国外先进标准，并在广泛征求意见的基础上，制定本规范。

本规范的主要技术内容是：1. 总则；2. 术语；3. 基本规定；4. 绿色设计策划；5. 场地与室外环境；6. 建筑设计与室内环境；7. 建筑材料；8. 给水排水；9. 暖通空调；10. 建筑电气。

本规范由住房和城乡建设部负责管理，由中国建筑科学研究院负责具体技术内容的解释。执行过程中如有意见或建议，请寄送中国建筑科学研究院（地址：北京市北三环东路 30 号，邮政编码：100013）。

本 规 范 主 编 单 位：中国建筑科学研究院
深圳市建筑科学研究院有限公司

本 规 范 参 编 单 位：中国建筑设计研究院
上海市建筑科学研究院（集团）有限公司

中国建筑标准设计研究院
清华大学
北京市建筑设计研究院
万科企业股份有限公司

本规范主要起草人员：曾　捷　叶　青　仲继寿
曾　宇　鄢　涛　薛　明
刘圣龙　张宏儒　李建琳
盛晓康　刘俊跃　吴　燕
杨金明　张江华　许　荷
马晓雯　刘　丹　王莉芸
杨　杰　卜增文　施钟毅
冯忠国　林　琳　孙　兰
林波荣　宋晔皓　刘晓钟
王　鹏　张纪文　时　宇

本规范主要审查人员：杨　榕　吴德绳　叶耀先
张　桦　车　伍　程大章
徐永模　张　播　刘祖玲
冯　勇

目　次

Contents

1 总　则

1.0.1 为贯彻执行节约资源和保护环境的国家技术经济政策,推进建筑行业的可持续发展,规范民用建筑的绿色设计,制定本规范。

1.0.2 本规范适用于新建、改建和扩建民用建筑的绿色设计。

1.0.3 绿色设计应统筹考虑建筑全寿命周期内,满足建筑功能和节能、节地、节水、节材、保护环境之间的辩证关系,体现经济效益、社会效益和环境效益的统一;应降低建筑行为对自然环境的影响,遵循健康、简约、高效的设计理念,实现人、建筑与自然和谐共生。

1.0.4 民用建筑的绿色设计除应符合本规范的规定外,尚应符合国家现行有关标准的规定。

2 术　语

2.0.1 民用建筑绿色设计 green design of civil buildings

在民用建筑设计中体现可持续发展的理念,在满足建筑功能的基础上,实现建筑全寿命周期内的资源节约和环境保护,为人们提供健康、适用和高效的使用空间。

2.0.2 被动措施 passive techniques

直接利用阳光、风力、气温、湿度、地形、植物等现场自然条件,通过优化建筑设计,采用非机械、不耗能或少耗能的方式,降低建筑的采暖、空调和照明等负荷,提高室内外环境性能。通常包括天然采光、自然通风、围护结构的保温、隔热、遮阳、蓄热、雨水入渗等措施。

2.0.3 主动措施 active techniques

通过采用消耗能源的机械系统,提高室内舒适度,实现室内外环境性能。通常包括采暖、空调、机械通风、人工照明等措施。

2.0.4 绿色建筑增量成本 incremental cost of green building

因实施绿色建筑理念和策略而产生的投资成本的增加值或减少值。

2.0.5 建筑全寿命周期 building life cycle

建筑从建造、使用到拆除的全过程。包括原材料的获取,建筑材料与构配件的加工制造,现场施工与安装,建筑的运行和维护,以及建筑最终的拆除与处置。

3 基本规定

3.0.1 绿色设计应综合建筑全寿命周期的技术与经济特性,采用有利于促进建筑与环境可持续发展的场地、建筑形式、技术、设备和材料。

3.0.2 绿色设计应体现共享、平衡、集成的理念。在设计过程中,规划、建筑、结构、给水排水、暖通空调、燃气、电气与智能化、室内设计、景观、经济等各专业应紧密配合。

3.0.3 绿色设计应遵循因地制宜的原则,结合建筑所在地域的气候、资源、生态环境、经济、人文等特点进行。

3.0.4 民用建筑绿色设计应进行绿色设计策划。

3.0.5 方案和初步设计阶段的设计文件应有绿色设计专篇,施工图设计文件中应注明对绿色建筑施工与建筑运营管理的技术要求。

3.0.6 民用建筑在设计理念、方法、技术应用等方面应积极进行绿色设计创新。

4 绿色设计策划

4.1 一般规定

4.1.1 绿色设计策划应明确绿色建筑的项目定位、建设目标及对应的技术策略、增量成本与效益,并编制绿色设计策划书。

4.1.2 绿色设计策划宜采用团队合作的工作模式。

4.2 策划内容

4.2.1 绿色设计策划应包括下列内容:

1 前期调研;

2 项目定位与目标分析;

3 绿色设计方案;

4 技术经济可行性分析。

4.2.2 前期调研应包括下列内容:

1 场地调研:包括地理位置、场地生态环境、场地气候环境、地形地貌、场地周边环境、道路交通和市政基础设施规划条件等;

2 市场调研:包括建设项目的功能要求、市场需求、使用模式、技术条件等;

3 社会调研:包括区域资源、人文环境、生活质量、区域经济水平与发展空间、公众意见与建议、当地绿色建筑激励政策等。

4.2.3 项目定位与目标分析应包括下列内容:

1 明确项目自身特点和要求;

2 确定达到现行国家标准《绿色建筑评价标准》GB/T 50378或其他绿色建筑相关标准的相应等级或要求;

3 确定适宜的实施目标,包括节地与室外环境的目标、节能与能源利用的目标、节水与水资源利用的目标、节材与材料资源利用的目标、室内环境质量的目标、运营管理的目标等。

4.2.4 绿色设计方案的确定宜符合下列要求：

 1 优先采用被动设计策略；

 2 选用适宜、集成技术；

 3 选用高性能建筑产品和设备；

 4 当实际条件不符合绿色建筑目标时，可采取调整、平衡和补充措施。

4.2.5 经济技术可行性分析应包括下列内容：

 1 技术可行性分析；

 2 经济效益、环境效益与社会效益分析；

 3 风险评估。

5 场地与室外环境

5.1 一般规定

5.1.1 场地的规划应符合当地城乡规划的要求。

5.1.2 场地规划与设计应通过协调场地开发强度和场地资源，满足场地和建筑的绿色目标与可持续运营的要求。

5.1.3 应提高场地空间的利用效率，并应做到场地内及周边的公共服务设施和市政基础设施的集约化建设与共享。

5.1.4 场地规划应考虑室外环境的质量，优化建筑布局并进行场地环境生态补偿。

5.2 场地要求

5.2.1 建筑场地应优先选择已开发用地或废弃地。

5.2.2 城市已开发用地或废弃地的利用应符合下列要求：

 1 对原有的工业用地、垃圾填埋场等可能存在健康安全隐患的场地，应进行土壤化学污染检测与再利用评估；

 2 应根据场地及周边地区环境影响评估和全寿命周期成本评价，采取场地改造或土壤改良等措施；

 3 改造或改良后的场地应符合国家相关标准的要求。

5.2.3 宜选择具备良好市政基础设施的场地，并宜根据市政条件进行场地建设容量的复核。

5.2.4 场地应安全可靠，并应符合下列要求：

 1 应避开可能产生洪水、泥石流、滑坡等自然灾害的地段；

 2 应避开地震时可能发生滑坡、崩坍、地陷、地裂、泥石流及地震断裂带上可能发生地表错位等对工程抗震危险的地段；

 3 应避开容易产生风切变的地段；

 4 当场地选择不能避开上述安全隐患时，应采取措施保证场地对可能产生的自然灾害或次生灾害有充分的抵御能力；

 5 利用裸岩、石砾地、陡坡地、塌陷地、沙荒地、沼泽地、废窑坑等废弃场地时，应进行场地安全性评价，并应采取相应的防护措施。

5.2.5 场地大气质量、场地周边电磁辐射和场地土壤氡浓度的测定及防护应符合有关标准的规定。

5.3 场地资源利用与生态环境保护

5.3.1 场地规划与设计时应对场地内外的自然资源、市政基础设施和公共服务设施进行调查与评估，确定合理的利用方式，并应符合下列要求：

 1 宜保持和利用原有地形、地貌，当需要进行地形改造时，应采取合理的改良措施，保护和提高土地的生态价值；

 2 应保护和利用地表水体，禁止破坏场地与周边原有水系的关系，并采取措施，保持地表水的水量和水质；

 3 应调查场地内表层土壤质量，妥善回收、保存和利用无污染的表层土；

 4 应充分利用场地及周边已有的市政基础设施和公共服务设施；

 5 应合理规划和适度开发地下空间，提高土地利用效率，并应采取措施保证雨水的自然入渗。

5.3.2 场地规划与设计时应对可利用的可再生能源进行调查与利用评估，确定合理利用方式，确保利用效率，并应符合下列要求：

 1 利用地下水时，应符合地下水资源利用规划，并应取得政府有关部门的许可；应对地下水系和形态进行评估，并应采取措施，防止场地污水渗漏对地下水产生污染；

 2 利用地热能时，应编制专项规划报当地有关部门批准，应对地下土壤分层、温度分布和渗透能力进行调查，评估地热能开采对邻近地下空间、地下动物、植物或生态环境的影响；

 3 利用太阳能时，应对场地内太阳能资源等进行调查和评估；

 4 利用风能时，应对场地和周边风力资源以及风能利用对场地声环境的影响进行调查和评估。

5.3.3 场地规划与设计时应对场地的生物资源情况进行调查，保持场地及周边的生态平衡和生物多样性，并应符合下列要求：

 1 应调查场地内的植物资源，保护和利用场地原有植被，对古树名木采取保护措施，维持或恢复场地植物多样性；

 2 应调查场地和周边地区的动物资源分布及动物活动规律，规划有利于动物跨越迁徙的生态走廊；

 3 应保护原有湿地，可根据生态要求和场地特征规划新的湿地；

 4 采取措施，恢复或补偿场地和周边地区原有生物生存的条件。

5.3.4 场地规划与设计时应进行场地雨洪控制利用

的评估和规划，减少场地雨水径流量及非点源污染物排放，并应符合下列要求：

    1 进行雨洪控制利用规划，保持和利用河道、景观水系的滞洪、蓄洪及排洪能力；

    2 进行水土保持规划，采取避免水土流失的措施；

    3 结合场地绿化景观进行雨水径流的入渗、滞蓄、消纳和净化利用的设计；

    4 采取措施加强雨水渗透对地下水的补给，保持地下水自然涵养能力；

    5 因地制宜地采取雨水收集与利用措施。

5.3.5 应将场地内有利用或保护价值的既有建筑纳入建筑规划。

5.3.6 应规划场地内垃圾分类收集方式及回收利用的场所或设施。

5.4 场地规划与室外环境

5.4.1 场地光环境应符合下列要求：

    1 应合理地进行场地和道路照明设计，室外照明不应对居住建筑外窗产生直射光线，场地和道路照明不得有直射光射入空中，地面反射光的眩光限值宜符合相关标准的规定；

    2 建筑外表面的设计与选材应合理，并应有效避免光污染。

5.4.2 场地风环境应符合下列要求：

    1 建筑规划布局应营造良好的风环境，保证舒适的室外活动空间和室内良好的自然通风条件，减少气流对区域微环境和建筑本身的不利影响；

    2 建筑布局宜避开冬季不利风向，并宜通过设置防风墙、板、防风林带、微地形等挡风措施阻隔冬季冷风；

    3 宜进行场地风环境典型气象条件下的模拟预测，优化建筑规划布局。

5.4.3 场地声环境设计应符合现行国家标准《声环境质量标准》GB 3096 的规定。应对场地周边的噪声现状进行检测，并应对项目实施后的环境噪声进行预测。当存在超过标准的噪声源时，应采取下列措施：

    1 噪声敏感建筑物应远离噪声源；

    2 对固定噪声源，应采用适当的隔声和降噪措施；

    3 对交通干道的噪声，应采取设置声屏障或降噪路面等措施。

5.4.4 场地设计时，宜采取下列措施改善室外热环境：

    1 种植高大乔木为停车场、人行道和广场等提供遮阳；

    2 建筑物表面宜为浅色，地面材料的反射率宜为 0.3～0.5，屋面材料的反射率宜为 0.3～0.6；

    3 采用立体绿化、复层绿化，合理进行植物配

置，设置渗水地面，优化水景设计；

    4 室外活动场地、道路铺装材料的选择除应满足场地功能要求外，宜选择透水性铺装材料及透水铺装构造。

5.4.5 场地交通设计应符合下列要求：

    1 场地出入口宜设置与周边公共交通设施便捷连通的人行通道、自行车道，方便人员出行；

    2 场地内应设置安全、舒适的人行道路、自行车道，并应设便捷的自行车停车设施。

5.4.6 场地景观设计应符合下列要求：

    1 场地水景的设计应结合雨洪控制设计，并宜进行生态化设计；

    2 场地绿化宜保持连续性；

    3 当场地栽植土壤影响植物正常生长时，应进行土壤改良；

    4 种植设计应符合场地使用功能、绿化安全间距、绿化效果及绿化养护的要求；

    5 应选择适应当地气候和场地种植条件、易养护的乡土植物，不应选择易产生飞絮、有异味、有毒、有刺等对人体健康不利的植物；

    6 宜根据场地环境进行复层种植设计。

6 建筑设计与室内环境

6.1 一般规定

6.1.1 建筑设计应按照被动措施优先的原则，优化建筑形体和内部空间布局，充分利用天然采光、自然通风，采用围护结构保温、隔热、遮阳等措施，降低建筑的采暖、空调和照明系统的负荷，提高室内舒适度。

6.1.2 根据所在地区地理与气候条件，建筑宜采用最佳朝向或适宜朝向。当建筑处于不利朝向时，宜采取补偿措施。

6.1.3 建筑形体设计应根据周围环境、场地条件和建筑布局，综合考虑场地内外建筑日照、自然通风与噪声等因素，确定适宜的形体。

6.1.4 建筑造型应简约，并应符合下列要求：

    1 应符合建筑功能和技术的要求，结构及构造应合理；

    2 不宜采用纯装饰性构件；

    3 太阳能集热器、光伏组件及具有遮阳、导光、导风、载物、辅助绿化等功能的室外构件应与建筑进行一体化设计。

6.2 空间合理利用

6.2.1 建筑设计应提高空间利用效率，提倡建筑空间与设施的共享。在满足使用功能的前提下，宜减少交通等辅助空间的面积，并宜避免不必要的高大

空间。

6.2.2 建筑设计应根据功能变化的预期需求，选择适宜的开间和层高。

6.2.3 建筑设计应根据使用功能要求，充分利用外部自然条件，并宜将人员长期停留的房间布置在有良好日照、采光、自然通风和视野的位置，住宅卧室、医院病房、旅馆客房等空间布置应避免视线干扰。

6.2.4 室内环境需求相同或相近的空间宜集中布置。

6.2.5 有噪声、振动、电磁辐射、空气污染的房间应远离有安静要求、人员长期居住或工作的房间或场所，当相邻设置时，应采取有效的防护措施。

6.2.6 设备机房、管道井宜靠近负荷中心布置。机房、管道井的设置应便于设备和管道的维修、改造和更换。

6.2.7 设电梯的公共建筑的楼梯应便于日常使用，该楼梯的设计宜符合下列要求：

　　1 楼梯宜靠近建筑主出入口及门厅，各层均宜靠近电梯候梯厅，楼梯间入口应设清晰易见的指示标志；

　　2 楼梯间在地面以上各层宜有自然通风和天然采光。

6.2.8 建筑设计应为绿色出行提供便利条件，并应符合下列要求：

　　1 应有便捷的自行车库，并应设置自行车服务设施，有条件的可配套设置淋浴、更衣设施；

　　2 建筑出入口位置应方便利用公共交通及步行者出行。

6.2.9 宜利用连廊、架空层、上人屋面等设置公共步行通道、公共活动空间、公共开放空间，且设置完善的无障碍设施，满足全天候的使用需求。

6.2.10 宜充分利用建筑的坡屋顶空间，并宜合理开发利用地下空间。

6.3 日照和天然采光

6.3.1 进行规划与建筑单体设计时，应符合现行国家标准《城市居住区规划设计规范》GB 50180 对日照的要求，应使用日照模拟软件进行日照分析。

6.3.2 应充分利用天然采光，房间的有效采光面积和采光系数除应符合现行国家标准《民用建筑设计通则》GB 50352 和《建筑采光设计标准》GB/T 50033 的要求外，尚应符合下列要求：

　　1 居住建筑的公共空间宜有天然采光，其采光系数不宜低于 0.5%；

　　2 办公、旅馆类建筑的主要功能空间室内采光系数不宜低于现行国家标准《建筑采光设计标准》GB/T 50033 的要求；

　　3 地下空间宜有天然采光；

　　4 天然采光时宜避免产生眩光；

　　5 设置遮阳设施时应符合日照和采光标准的

要求。

6.3.3 可采取下列措施改善室内的天然采光效果：

　　1 采用采光井、采光天窗、下沉广场、半地下室等；

　　2 设置反光板、散光板和集光、导光设备等。

6.4 自 然 通 风

6.4.1 建筑物的平面空间组织布局、剖面设计和门窗的设置，应有利于组织室内自然通风。宜对建筑室内风环境进行计算机模拟，优化自然通风系统。

6.4.2 房间平面宜采取有利于形成穿堂风的布局，避免单侧通风的布局。

6.4.3 严寒、寒冷地区与夏热冬冷地区的自然通风设计应兼顾冬季防寒要求。

6.4.4 外窗的位置、方向和开启方式应合理设计；外窗的开启面积应符合国家现行有关标准的要求。

6.4.5 可采取下列措施加强建筑内部的自然通风：

　　1 采用导风墙、捕风窗、拔风井、太阳能拔风道等诱导气流的措施；

　　2 设有中庭的建筑宜在适宜季节利用烟囱效应引导热压通风；

　　3 住宅建筑可设置通风器，有组织地引导自然通风。

6.4.6 可采取下列措施加强地下空间的自然通风：

　　1 设计可直接通风的半地下室；

　　2 地下室局部设置下沉式庭院；

　　3 地下室设置通风井、窗井。

6.4.7 宜考虑在室外环境不利时的自然通风措施。当采用通风器时，应有方便灵活的开关调节装置，应易于操作和维修，宜有过滤和隔声功能。

6.5 围 护 结 构

6.5.1 建筑物的体形系数、窗墙面积比、围护结构的热工性能、外窗的气密性能、屋顶透明部分面积比等，应符合国家现行有关建筑节能设计标准的规定。

6.5.2 除严寒地区外，主要功能空间的外窗夏季得热负荷较大时，该外窗应设置外遮阳设施，并应对夏季遮阳和冬季阳光利用进行综合分析，其中天窗、东西向外窗宜设置活动外遮阳。

6.5.3 墙体设计应符合下列要求：

　　1 严寒、寒冷地区与夏热冬冷地区的外墙出挑构件及附墙部件等部位的外保温层宜闭合，避免出现热桥；

　　2 夹芯保温外墙上的钢筋混凝土梁、板处，应采取保温隔热措施；

　　3 连续采暖和空调建筑的夹芯保温外墙的内页墙宜采用热惰性良好的重质密实材料；

　　4 非采暖房间与采暖房间的隔墙和楼板应设置保温层；

5 温度要求差异较大或空调、采暖时段不同的房间之间宜有保温隔热措施。

6.5.4 外墙设计可采用下列保温隔热措施：

　　1 采用自身保温性能好的外墙材料；

　　2 夏热冬冷地区和夏热冬暖地区外墙采用浅色饰面材料或热反射型涂料；

　　3 有条件时外墙设置通风间层；

　　4 夏热冬冷地区及夏热冬暖地区东、西向外墙采取遮阳隔热措施。

6.5.5 严寒、寒冷地区与夏热冬冷地区的外窗设计应符合下列要求：

　　1 宜避免大量设置凸窗和屋顶天窗；

　　2 外窗或幕墙与外墙之间缝隙应采用高效保温材料填充并用密封材料嵌缝；

　　3 采用外墙保温时，窗洞口周边墙面应作保温处理，凸窗的上下及侧向非透明墙体应作保温处理；

　　4 金属窗和幕墙型材宜采取隔断热桥措施。

6.5.6 屋顶设计可采取下列保温隔热措施：

　　1 屋面选用浅色屋面或热反射型涂料；

　　2 平屋顶设置架空通风层，坡屋顶设置可通风的阁楼层；

　　3 设置屋顶绿化；

　　4 屋面设置遮阳装置。

6.6 室内声环境

6.6.1 建筑室内的允许噪声级、围护结构的空气声隔声量及楼板撞击声隔声量应符合现行国家标准《民用建筑隔声设计规范》GB/T 50118 的规定，环境噪声应符合现行国家标准《声环境质量标准》GB 3096 的规定。

6.6.2 毗邻城市交通干道的建筑，应加强外墙、外窗、外门的隔声性能。

6.6.3 下列场所的顶棚、楼面、墙面和门窗宜采取相应的吸声和隔声措施：

　　1 学校、医院、旅馆、办公楼建筑的走廊及门厅等人员密集场所；

　　2 车站、体育场馆、商业中心等大型建筑的人员密集场所；

　　3 空调机房、通风机房、发电机房、水泵房等有噪声污染的设备用房。

6.6.4 可采用浮筑楼板、弹性面层、隔声吊顶、阻尼板等措施加强楼板撞击声隔声性能。

6.6.5 建筑采用轻型屋盖时，屋面宜采取防止雨噪声的措施。

6.6.6 与有安静要求房间相邻的设备机房，应选用低噪声设备。设备、管道应采用有效的减振、隔振、消声措施。对产生振动的设备基础应采取减振措施。

6.6.7 电梯机房及井道应避免与有安静要求的房间紧邻，当受条件限制而紧邻布置时，应采取下列隔声和减振措施：

　　1 电梯机房墙面及顶棚应作吸声处理，门窗应选用隔声门窗，地面应作隔声处理；

　　2 电梯井道与安静房间之间的墙体作隔声处理；

　　3 电梯设备应采取减振措施。

6.7 室内空气质量

6.7.1 室内装修设计时宜进行室内空气质量的预评价。

6.7.2 室内装饰装修材料必须符合相应国家标准的要求，材料中甲醛、苯、氨、氡等有害物质限量应符合现行国家标准《室内装饰装修材料人造板及其制品中甲醛释放限量》GB 18580～《室内装饰装修材料混凝土外加剂释放氨的限量》GB 18588、《建筑材料放射性核素限量》GB 6566 和《民用建筑工程室内环境污染控制规范》GB 50325 的要求。

6.7.3 吸烟室、复印室、打印室、垃圾间、清洁间等产生异味或污染物的房间应与其他房间分开设置。

6.7.4 公共建筑的主要出入口宜设置具有截尘功能的固定设施。

6.7.5 可采用改善室内空气质量的功能材料。

6.8 工业化建筑产品应用

6.8.1 建筑设计宜遵循模数协调的原则，住宅、旅馆、学校等建筑宜进行标准化设计。

6.8.2 建筑宜采用工业化建筑体系或工业化部品，可选择下列构件或部品：

　　1 预制混凝土构件、钢结构构件等工业化生产程度较高的构件；

　　2 整体厨卫、单元式幕墙、装配式隔墙、多功能复合墙体、成品栏杆、雨篷等建筑部品。

6.8.3 建筑宜采用现场干式作业的技术及产品；宜采用工业化的装修方式。

6.8.4 用于砌筑、抹灰、建筑地面工程的砂浆及各类特种砂浆，宜选用预拌砂浆。

6.8.5 建筑宜采用结构构件与设备、装修分离的方式。

6.9 延长建筑寿命

6.9.1 建筑体系宜适应建筑使用功能和空间的变化。

6.9.2 频繁使用的活动配件应选用长寿命的产品，并应考虑部品组合的同寿命性；不同使用寿命的部品组合在一起时，其构造应便于分别拆换、更新和升级。

6.9.3 建筑外立面应选择耐久性好的外装修材料和建筑构造，并宜设置便于建筑外立面维护的设施。

6.9.4 结构设计使用年限可高于现行国家标准《工程结构可靠性设计统一标准》GB 50153 的规定。结构构件的抗力及耐久性应符合相应设计使用年限的要求。

6.9.5 新建建筑宜通过采用先进技术,适当提高结构的可靠度水平,提高结构对建筑功能变化的适应能力及承受各种作用效应的能力。

6.9.6 改、扩建工程宜保留原建筑的结构构件,必要时可对原建筑的结构构件进行维护加固。

7 建 筑 材 料

7.1 一 般 规 定

7.1.1 绿色设计应提高材料的使用效率,节省材料的用量。

7.1.2 严禁采用高耗能、污染超标及国家和地方限制使用或淘汰的材料。

7.1.3 应选用对人体健康有益的材料。

7.1.4 建筑材料的选用应综合其各项指标对绿色目标的贡献与影响。设计文件中应注明与实现绿色目标有关的材料及其性能指标。

7.2 节 材

7.2.1 在满足使用功能和性能的前提下,应控制建筑规模与空间体量,并应符合下列要求:

1 建筑体量宜紧凑集中;

2 宜采用较低的建筑层高。

7.2.2 绿色建筑的装修应符合下列要求:

1 建筑、结构、设备与室内装修应进行一体化设计;

2 宜采用无需外加饰面层的材料;

3 应采用简约、功能化、轻量化装修。

7.2.3 在保证安全性与耐久性的情况下,应通过优化结构设计降低材料的用量,并应符合下列要求:

1 根据受力特点选择材料用量少的结构体系,宜采用节材节能一体化、绿色性能较好的新型建筑结构体系;

2 在高层和大跨度结构中,合理采用钢结构、钢与混凝土混合结构及组合构件;

3 对于由变形控制的钢结构,应首先调整并优化钢结构布置和构件截面,增加钢结构刚度;对于由强度控制的钢结构,应优先选用高强钢材;

4 在跨度较大的钢筋混凝土结构中,采用预应力混凝土技术、现浇混凝土空心楼板技术等;

5 基础形式应根据工程实际,经技术经济比较合理确定,宜选择埋深较浅的天然地基或采用人工处理地基和复合地基。

7.2.4 应合理采用高性能结构材料,并应符合下列规定:

1 高层混凝土结构的下部墙柱及大跨度结构的水平构件宜采用高强混凝土;

2 高层钢结构和大跨度钢结构宜选用高强钢材;

3 受力钢筋宜选用高强钢筋。

7.2.5 当建筑因改建、扩建或需要提高既有结构的可靠度标准而进行结构整体加固时,应采用加固作业量最少的结构体系加固或构件加固方案,并应采用节材、节能、环保的加固技术。

7.3 选 材

7.3.1 在满足功能要求的情况下,材料的选择宜符合下列要求:

1 宜选用可再循环材料、可再利用材料;

2 宜使用以废弃物为原料生产的建筑材料;

3 应充分利用建筑施工、既有建筑拆除和场地清理时产生的尚可继续利用的材料;

4 宜采用速生的材料及其制品;采用木结构时,宜选用速生木材制作的高强复合材料;

5 宜选用本地的建筑材料。

7.3.2 材料选择时应评估其资源的消耗量,选择资源消耗少、可集约化生产的建筑材料和产品。

7.3.3 材料选择时应评估其能源的消耗量,并应符合下列要求:

1 宜选用生产能耗低的建筑材料;

2 宜选用施工、拆除和处理过程中能耗低的建筑材料。

7.3.4 材料选择时应评估其对环境的影响,应采用生产、施工、使用和拆除过程中对环境污染程度低的建筑材料。

7.3.5 设计宜选用功能性建筑材料,并应符合下列要求:

1 宜选用减少建筑能耗和改善室内热环境的建筑材料;

2 宜选用防潮、防霉的建筑材料;

3 宜选用具有自洁功能的建筑材料;

4 宜选用具有保健功能和改善室内空气质量的建筑材料。

7.3.6 设计宜选用耐久性优良的建筑材料。

7.3.7 设计宜选用轻质混凝土、木结构、轻钢以及金属幕墙等轻量化建材。

8 给 水 排 水

8.1 一 般 规 定

8.1.1 在方案设计阶段应制定水资源规划方案,统筹、综合利用各种水资源。水资源规划方案应包括中水、雨水等非传统水源综合利用的内容。

8.1.2 设有生活热水系统的建筑,宜优先采用余热、废热、可再生能源等作为热源,并合理配置辅助加热系统。

8.2 非传统水源利用

8.2.1 景观用水、绿化用水、车辆冲洗用水、道路浇洒用水、冲厕用水等不与人体接触的生活用水，宜采用市政再生水、雨水、建筑中水等非传统水源，且应达到相应的水质标准。有条件时应优先使用市政再生水。

8.2.2 非传统水源供水系统严禁与生活饮用水管道连接，必须采取下列安全措施：

1 供水管道应设计涂色或标识，并应符合现行国家标准《建筑中水设计规范》GB 50336、《建筑与小区雨水利用工程技术规范》GB 50400 的要求；

2 水池、水箱、阀门、水表及给水栓、取水口等均应采取防止误接、误用、误饮的措施。

8.2.3 使用非传统水源应采取下列用水安全保障措施，且不得对人体健康与周围环境产生不良影响：

1 雨水、中水等非传统水源在储存、输配等过程中应有足够的消毒杀菌能力，且水质不得被污染；

2 供水系统应设有备用水源、溢流装置及相关切换设施等；

3 雨水、中水等在处理、储存、输配等环节中应采取安全防护和监测、检测控制措施；

4 采用海水冲厕时，应对管材和设备进行防腐处理，污水应处理达标后排放。

8.2.4 应根据气候特点及非传统水源供应情况，合理规划人工景观水体规模，并进行水量平衡计算，人工景观水体的补充水不得使用自来水，应优先采用雨水作为补充水，并应采取下列水质及水量安全保障措施：

1 场地条件允许时，采取湿地工艺进行景观用水的预处理和景观水的循环净化；

2 采用生物措施净化水体，减少富营养化及水体腐败的潜在因素；

3 可采用以可再生能源驱动的机械设施，加强景观水体的水力循环，增强水面扰动，破坏藻类的生长环境。

8.2.5 雨水入渗、积蓄、处理及利用的方案应通过技术经济比较后确定，并应符合下列规定：

1 雨水收集利用系统应设置雨水初期弃流装置和雨水调节池，收集、处理及利用系统可与景观水体设计相结合；

2 处理后的雨水宜用于空调冷却水补水、绿化、景观、消防等用水，水质应达到相应用途的水质标准。

8.3 供水系统

8.3.1 供水系统应节水、节能，并应采取下列措施：

1 充分利用市政供水压力；高层建筑生活给水系统合理分区，各分区最低卫生器具配水点处的静水压不大于 0.45MPa；

2 采取减压限流的节水措施，建筑用水点处供水压力不大于 0.2MPa。

8.3.2 热水用水量较小且用水点分散时，宜采用局部热水供应系统；热水用水量较大、用水点比较集中时，应采用集中热水供应系统，并应设置完善的热水循环系统。热水系统设置应符合下列规定：

1 住宅设集中热水供应时，应设干、立管循环；用水点出水温度达到 45℃ 的放水时间不应大于 15s；

2 医院、旅馆等公共建筑用水点出水温度达到 45℃ 的放水时间不应大于 10s；

3 公共浴室淋浴热水系统应采取节水措施。

8.4 节水措施

8.4.1 避免管网漏损应采取下列措施：

1 给水系统中使用的管材、管件，必须符合现行国家标准的要求。管道和管件的工作压力不得大于产品标准标称的允许工作压力，管件与管道宜配套提供；

2 选用高性能的阀门；

3 合理设计供水系统，避免供水压力过高或压力骤变；

4 选择适宜的管道敷设及基础处理方式。

8.4.2 卫生器具、水嘴、淋浴器等应符合现行行业标准《节水型生活用水器具》CJ 164 的要求。

8.4.3 绿化灌溉应采用喷灌、微灌等高效节水灌溉方式，并应符合下列规定：

1 宜采用湿度传感器或根据气候变化调节的控制器；

2 采用微灌方式时，应在供水管路的入口处设过滤装置。

8.4.4 水表应按照使用用途和管网漏损检测要求设置，并应符合下列规定：

1 住宅建筑每个居住单元和景观、灌溉等不同用途的供水均应设置水表；

2 公共建筑应对不同用途和不同付费单位的供水设置水表。

9 暖通空调

9.1 一般规定

9.1.1 暖通空调系统的形式，应根据工程所在地的地理和气候条件、建筑功能的要求，遵循被动措施优先、主动措施优化的原则合理确定。

9.1.2 暖通空调系统设计时，宜进行全年动态负荷和能耗变化的模拟，分析能耗与技术经济性，选择合理的冷热源和暖通空调系统形式。

9.1.3 暖通空调系统的设计，应结合工程所在地的能源结构和能源政策，统筹建筑物内各系统的用能情况，通过技术经济比较，选择综合能源利用率高的冷热源和空调系统形式，并宜优先选用可再生能源。

9.1.4 室内环境设计参数的确定应符合下列规定：

　　1 除工艺要求严格规定外，舒适性空调室内环境设计参数应符合节能标准的限值要求；

　　2 室内热环境的舒适性应考虑空气干球温度、空气湿度、空气流动速度、平均辐射温差和室内人员的活动与衣着情况；

　　3 应采用符合室内空气卫生标准的新风量，选择合理的送、排风方式和流向，保持适当的压力梯度，有效排除室内污染与气味。

9.1.5 空调设备数量和容量的确定，应符合下列规定：

　　1 应以热负荷、逐时冷负荷和相关水力计算结果为依据，确定暖通空调冷热源、空气处理设备、风水输送设备的容量；

　　2 设备选择应考虑容量和台数的合理搭配，使系统在经常性部分负荷运行时处于相对高效率状态。

9.1.6 下列情况下宜采用变频调速节能技术：

　　1 新风机组、通风机宜选用变频调速风机；

　　2 变流量空调水系统的冷源侧，在满足冷水机组设备运行最低水量要求前提下，经技术经济比较分析合理时，宜采用变频调速水泵；

　　3 在采用二次泵系统时，二次泵宜采用变频调速水泵；

　　4 空调冷却塔风机宜采用变频调速型。

9.1.7 集中空调系统的设计，宜计算分析空调系统设计综合能效比，优化设计空调系统的冷热源、水系统和风系统。

9.2　暖通空调冷热源

9.2.1 在技术经济合理的情况下，建筑采暖、空调系统应优先选用电厂或其他工业余热作为热源。

9.2.2 暖通空调系统的设计宜通过计算或计算机模拟的手段优化冷热源系统的形式、容量和设备数量配置，并确定冷热源的运行模式。

9.2.3 在空气源热泵机组冬季制热运行性能系数低于1.8的情况下，不宜采用空气源热泵系统为建筑物供热。

9.2.4 在严寒和寒冷地区，集中供暖空调系统的热源不应采用直接电热方式，冬季不宜使用制冷机为建筑物提供冷量。

9.2.5 全年运行中存在供冷和供热需求的多联机空调系统宜采用热泵式机组。

9.2.6 当公共建筑内区较大，且冬季内区有稳定和足够的余热量，通过技术经济比较合理时，宜采用水环热泵空调系统。在建筑中同时有供冷和供热要求的，当其冷、热需求基本匹配时，宜合并为同一系统并采用热回收型机组。

9.2.7 热水系统宜充分利用燃气锅炉烟气的冷凝热，采用冷凝热回收装置或冷凝式炉型。燃气锅炉宜选用配置比例调节燃烧控制的燃烧器。

9.2.8 根据当地的分时电价政策和建筑物暖通空调负荷的时间分布，经过经济技术比较合理时，宜采用蓄能形式的冷热源。

9.2.9 在夏季室外空气干燥的地区，经过计算分析合理时，宜采用蒸发式冷却技术去除建筑物室内余热。

9.3　暖通空调水系统

9.3.1 暖通空调系统供回水温度的确定应符合下列规定：

　　1 除温、湿度独立调节系统外，电制冷空调冷水系统的供水温度不宜高于7℃，供回水温差不应小于5℃；

　　2 当采用四管制空调水系统时，除利用太阳能热水、废热或热泵系统外，空调热水系统的供水温度不宜低于60℃，供回水温差不应小于10℃；

　　3 当采用冰蓄冷空调冷源或有不高于4℃的冷水可利用，空调末端为全空气系统形式时，宜采用大温差空调冷水系统；

　　4 当暖通空调的水系统供应距离大于300m，经过技术经济比较合理时，宜加大供回水温差。

9.3.2 空调水系统的设计应符合下列规定：

　　1 除采用蓄冷蓄热水池和空气处理需喷水处理等情况外，空调冷热水均应采用闭式循环水系统；

　　2 应根据当地的水质情况对水系统采取必要的过滤除污、防腐蚀、阻垢、灭藻、杀菌等水处理措施。

9.3.3 以蒸汽作为暖通空调系统及生活热水热源的汽水换热系统，蒸汽凝结水应回收利用。

9.3.4 旅馆、餐饮、医院、洗浴等生活热水耗量较大且稳定的场所，宜采用冷凝热回收型冷水机组，或采用空调冷却水对生活热水的补水进行预热。

9.3.5 利用室外新风在过渡季节和冬季不能全部消除室内余热、经过技术经济比较合理时，冬季可利用冷却水自然冷却制备空调用冷水。

9.3.6 民用建筑当采用散热器热水采暖时，应采用水容量大、热惰性好、外形美观、易于清洁的明装散热器。

9.4　空调通风系统

9.4.1 经技术经济比较合理时，新风宜经排风热回收装置进行预冷或预热处理。

9.4.2 当吊顶空间的净空高度大于房间净高的1/3时，房间空调系统不宜采用吊顶回风的形式。

9.4.3 在过渡季节和冬季，当部分房间有供冷需要时，应优先利用室外新风供冷。舒适性空调的全空气系统，应具备最大限度利用室外新风作冷源的条件。新风入口、过滤器等应按最大新风量设计，新风比应可调节以满足增大新风量运行的要求。排风系统的设计和运行应与新风量的变化相适应。

9.4.4 通风系统设计宜综合利用不同功能的设备和管道。消防排烟系统和人防通风系统在技术合理、措施可靠的前提下，宜综合利用平时通风的设备和管道。

9.4.5 矩形空调通风干管的宽高比不宜大于 4，且不应大于 8；高层建筑同一空调通风系统所负担的楼层数量不宜超过 10 层。

9.4.6 吸烟室、复印室、打印室、垃圾间、清洁间等产生异味或污染物的房间，应设置机械排风系统，并应维持该类房间的负压状态。排风应直接排到室外。

9.4.7 室内游泳池空调应采用全空气空调系统，并应具备全新风运行功能；除夏热冬暖地区外，冬季排风应采取热回收措施，游泳池冷却除湿设备的冷凝热应回收用于加热空气或池水。

9.5 暖通空调自动控制系统

9.5.1 应对建筑采暖通风空调系统能耗进行分项、分级计量。在同一建筑中宜根据建筑的功能、物业归属等情况，分别对能耗进行计量。

9.5.2 冷热源中心应能根据负荷变化要求、系统特性或优化程序进行运行调节。

9.5.3 集中空调系统的多功能厅、展览厅、报告厅、大型会议室等人员密度变化相对较大的房间，宜设置二氧化碳检测装置，该装置宜联动控制室内新风量和空调系统的运行。

9.5.4 应合理选择暖通空调系统的手动或自动控制模式，并应与建筑物业管理制度相结合，根据使用功能实现分区、分时控制。

9.5.5 设置机械通风的汽车库，宜设一氧化碳检测和控制装置控制通风系统运行。

10 建筑电气

10.1 一般规定

10.1.1 在方案设计阶段应制定合理的供配电系统、智能化系统方案，合理采用节能技术和设备。

10.1.2 太阳能资源、风能资源丰富的地区，当技术经济合理时，宜采用太阳能发电、风力发电作为补充电力能源。

10.1.3 风力发电机的选型和安装应避免对建筑物和周边环境产生噪声污染。

10.2 供配电系统

10.2.1 对于三相不平衡或采用单相配电的供配电系统，应采用分相无功自动补偿装置。

10.2.2 当供配电系统谐波或设备谐波超出国家或地方标准的谐波限值规定时，宜对建筑内的主要电气和电子设备或其所在线路采取高次谐波抑制和治理，并应符合下列规定：

　　1 当系统谐波或设备谐波超出谐波限值规定时，应对谐波源的性质、谐波参数等进行分析，有针对性地采取谐波抑制及谐波治理措施；

　　2 供配电系统中具有较大谐波干扰的地点宜设置滤波装置。

10.2.3 10kV 及以下电力电缆截面应结合技术条件、运行工况和经济电流的方法来选择。

10.3 照　　明

10.3.1 应根据建筑的照明要求，合理利用天然采光。

　　1 在具有天然采光条件或天然采光设施的区域，应采取合理的人工照明布置及控制措施；

　　2 合理设置分区照明控制措施，具有天然采光的区域应能独立控制；

　　3 可设置智能照明控制系统，并应具有随室外自然光的变化自动控制或调节人工照明照度的功能。

10.3.2 应根据项目规模、功能特点、建设标准、视觉作业要求等因素，确定合理的照度指标。照度指标为 300 lx 及以上，且功能明确的房间或场所，宜采用一般照明和局部照明相结合的方式。

10.3.3 除有特殊要求的场所外，应选用高效照明光源、高效灯具及其节能附件。

10.3.4 人员长期工作或停留的房间或场所，照明光源的显色指数不应小于 80。

10.3.5 各类房间或场所的照明功率密度值，宜符合现行国家标准《建筑照明设计标准》GB 50034 规定的目标值要求。

10.4 电气设备节能

10.4.1 变压器应选择低损耗、低噪声的节能产品，并应达到现行国家标准《三相配电变压器能效限定值及节能评价值》GB 20052中规定的目标能效限定值及节能评价值的要求。

10.4.2 配电变压器应选用［D，yn11］结线组别的变压器。

10.4.3 应采用配备高效电机及先进控制技术的电梯。自动扶梯与自动人行道应具有节能拖动及节能控制装置，并设置感应传感器以控制自动扶梯与自动人行道的启停。

10.4.4 当 3 台及以上的客梯集中布置时，客梯控制系统应具备按程序集中调控和群控的功能。

10.5 计量与智能化

10.5.1 根据建筑的功能、归属等情况，对照明、电梯、空调、给水排水等系统的用电能耗宜进行分项、分区、分户的计量。

10.5.2 计量装置宜集中设置，当条件限制时，宜采用远程抄表系统或卡式表具。

10.5.3 大型公共建筑应具有对公共照明、空调、给水排水、电梯等设备进行运行监控和管理的功能。

10.5.4 公共建筑宜设置建筑设备能源管理系统，并宜具有对主要设备进行能耗监测、统计、分析和管理的功能。

本规范用词说明

1 为便于在执行本规范条文时区别对待，对要求严格程度不同的用词说明如下：

  1） 表示很严格，非这样做不可的：

   正面词采用"必须"，反面词采用"严禁"；

  2） 表示严格，在正常情况下均应这样做的：

   正面词采用"应"，反面词采用"不应"或"不得"；

  3） 表示允许稍有选择，在条件许可时首先应这样做的：

   正面词采用"宜"，反面词采用"不宜"；

  4） 表示有选择，在一定条件下可以这样做的，采用"可"。

2 条文中指明应按其他有关标准执行的写法为："应符合……的规定"或"应按……执行"。

引用标准名录

1 《建筑采光设计标准》GB/T 50033

2 《建筑照明设计标准》GB 50034

3 《民用建筑隔声设计规范》GB/T 50118

4 《工程结构可靠性设计统一标准》GB 50153

5 《城市居住区规划设计规范》GB 50180

6 《民用建筑工程室内环境污染控制规范》GB 50325

7 《建筑中水设计规范》GB 50336

8 《民用建筑设计通则》GB 50352

9 《绿色建筑评价标准》GB/T 50378

10 《建筑与小区雨水利用工程技术规范》GB 50400

11 《声环境质量标准》GB 3096

12 《建筑材料放射性核素限量》GB 6566

13 《室内装饰装修材料人造板及其制品中甲醛释放限量》GB 18580

14 《室内装饰装修材料溶剂木器涂料中有害物质限量》GB 18581

15 《室内装饰装修材料内墙涂料中有害物质限量》GB 18582

16 《室内装饰装修材料胶粘剂中有害物质限量》GB 18583

17 《室内装饰装修材料木家具中有害物质限量》GB 18584

18 《室内装饰装修材料壁纸中有害物质限量》GB 18585

19 《室内装饰装修材料聚氯乙烯卷材地板中有害物质限量》GB 18586

20 《室内装饰装修材料地毯、地毯衬垫及地毯用胶粘剂中有害物质释放限量》GB 18587

21 《室内装饰装修材料混凝土外加剂释放氨的限量》GB 18588

22 《三相配电变压器能效限定值及节能评价值》GB 20052

23 《节水型生活用水器具》CJ 164

中华人民共和国行业标准

民用建筑绿色设计规范

JGJ/T 229—2010

条 文 说 明

制 定 说 明

《民用建筑绿色设计规范》JGJ/T 229－2010 经住房和城乡建设部 2010 年 11 月 17 日以第 806 号公告批准、发布。

本规范制定过程中，编制组进行了广泛的调查研究，总结了我国绿色建筑的实践经验，同时参考了国外先进技术法规、技术标准。

为便于广大设计、施工、科研、学校等单位有关人员在使用本规范时能正确理解和执行条文规定，《民用建筑绿色设计规范》编制组按章、节、条顺序编制了本标准的条文说明，对条文规定的目的、依据以及执行中需注意的有关事项进行了说明。但是，本条文说明不具备与标准正文同等的法律效力，仅供使用者作为理解和把握标准规定的参考。

目 次

1 总　则

1.0.1　建筑活动是人类对自然资源、环境影响最大的活动之一。我国正处于经济快速发展阶段，资源消耗总量逐年迅速增长，环境污染形势严峻，因此，必须牢固树立和认真落实科学发展观，坚持可持续发展理念，大力发展低碳经济，在建筑行业推进绿色建筑的发展。建筑设计是建筑全寿命周期的一个重要环节，它主导了建筑从选材、施工、运营、拆除等环节对资源和环境的影响，制定本规范的目的是从规划设计阶段入手，规范和指导绿色建筑的设计，推进建筑行业的可持续发展。

1.0.2　本规范不仅适用于新建民用建筑的绿色设计，同时也适用于改建和扩建民用建筑的绿色设计。既有建筑的改建和扩建有利于充分发掘既有建筑的价值、节约资源、减少对环境的污染，在中国既有建筑的改造具有很大的市场，绿色建筑的理念也应当应用到既有建筑的改造中去。

1.0.3　建筑从建造、使用到拆除的全过程，包括原材料的获取，建筑材料与构配件的加工制造，现场施工与安装，建筑的运行和维护，以及建筑最终的拆除与处置，都会对资源和环境产生一定的影响。关注建筑的全寿命周期，意味着不仅在规划设计阶段充分考虑保护并利用环境因素，而且确保施工过程中对环境的影响最低，运营阶段能为人们提供健康、舒适、低耗、无害的活动空间，拆除后又对环境危害降到最低。

绿色建筑要求在建筑全寿命周期内，在满足建筑功能的同时，最大限度地节能、节地、节水、节材与保护环境。处理不当时这几者会存在彼此矛盾的现象，如为片面追求小区景观而过多地用水，为达到节能的单项指标而过多地消耗材料，这些都是不符合绿色建筑理念的；而降低建筑的功能要求、降低适用性，虽然消耗资源少，也不是绿色建筑所提倡的。节能、节地、节水、节材、保护环境及建筑功能之间的矛盾，必须放在建筑全寿命周期内统筹考虑与正确处理，同时还应重视信息技术、智能技术和绿色建筑的新技术、新产品、新材料与新工艺的应用。绿色建筑最终应能体现出经济效益、社会效益和环境效益的统一。

绿色建筑最终的目的是要实现与自然和谐共生，建筑行为应尊重和顺应自然，绿色建筑应最大限度地减少对自然环境的扰动和对资源的耗费，遵循健康、简约、高效的设计理念。

1.0.4　符合国家的法律法规与相关标准是进行建筑绿色设计的必要条件。本规范未全部涵盖通常建筑物所应有的功能和性能要求，而是着重提出与绿色建筑性能相关的内容，主要包括节能、节地、节水、节材与保护环境等方面。因此建筑的基本要求，如结构安全、防火安全等要求不列入本规范。设计时除应符合本规范要求外，还应符合国家现行的有关标准的规定。

3 基本规定

3.0.1　绿色建筑是在全寿命周期内兼顾资源节约与环境保护的建筑，绿色设计应追求在建筑全寿命周期内，技术经济的合理和效益的最大化。为此，需要从建筑全寿命周期的各个阶段综合评估建筑场地、建筑规模、建筑形式、建筑技术与投资之间的相互影响，综合考虑安全、耐久、经济、美观、健康等因素，比较、选择最适宜的建筑形式、技术、设备和材料，应避免过度追求奢华的形式或配置。

3.0.2　绿色设计过程中应以共享、平衡为核心，通过优化流程、增加内涵、创新方法实现集成设计，全面审视、综合权衡设计中每个环节涉及的内容，以集成工作模式为业主、工程师和项目其他关系人创造共享平台，使技术资源得到高效利用。

绿色设计的共享有两个方面的内涵：第一是建筑设计的共享，建筑设计是共享参与的过程，在设计的全过程中要体现权利和资源的共享，关系人共同参与设计。第二是建筑本身的共享，建筑本是一个共享平台，设计的结果是要使建筑本身为人与人、人与自然、物质与精神、现在与未来的共享提供一个有效、经济的交流平台。

实现共享的基本方法是平衡，没有平衡的共享可能会造成混乱。平衡是绿色建筑设计的根本，是需求、资源、环境、经济等因素之间的综合选择。要求建筑师在建筑设计时改变传统设计思想，全面引入绿色理念，结合建筑所在地的特定气候、环境、经济和社会等多方面的因素，并将其融合在设计方法中。

集成包括集成的工作模式和技术体系。集成工作模式衔接业主、使用者和设计师，共享设计需求、设计手法和设计理念。不同专业的设计师通过调研、讨论、交流的方式在设计全过程捕捉和理解业主和（或）使用者的需求，共同完成创作和设计，同时达到技术体系的优化和集成。

绿色设计强调全过程控制，各专业在项目的每个阶段都应参与讨论、设计与研究。绿色设计强调以定量化分析与评估为前提，提倡在规划设计阶段进行如场地自然生态系统、自然通风、日照与天然采光、围护结构节能、声环境优化等多种技术策略的定量化分析与评估。定量化分析往往需要通过计算机模拟、现场检测或模型实验等手段来完成，这样就增加了对各类设计人员特别是建筑师的专业要求，传统的专业分工的设计模式已经不能适应绿色建筑的设计要求。因此，绿色建筑设计是对现有设计管理和运作模式的创造性变革，是具备综合专业技能的人员、团队或专业咨询机构的共同参与，并充分体现信息技术成果的过程。

绿色设计并不忽视建筑学的内涵，尤为强调从方案设计入手，将绿色设计策略与建筑的表现力相结合，重视建筑的精神功能和社会功能，重视与周边建筑和景观环境的协调以及对环境的贡献，避免沉闷单调或忽视地域性和艺术性的设计。

3.0.3 我国地域辽阔，不同地区的气候、地理环境、自然资源、经济发展与社会习俗等都存在差异。绿色建筑重点关注建筑行为对资源和环境的影响，因此绿色建筑的设计应注重地域性特点，因地制宜、实事求是，充分分析建筑所在地域的气候、资源、自然环境、经济、文化等特点，考虑各类技术的适用性，特别是技术的本土适宜性。设计时应因地制宜、因势利导地控制各类不利因素，有效利用对建筑和人的有利因素，以实现极具地域特色的绿色建筑设计。

绿色设计还应吸收传统建筑中适应生态环境、符合绿色建筑要求的设计元素、方法乃至建筑形式，采用传统技术、本土适宜技术实现具有中国特色的绿色建筑。

3.0.4 建筑设计是建筑全寿命周期中最重要的阶段之一，它主导了后续建筑活动对环境的影响和资源的消耗，因此在设计阶段应进行绿色设计策划。设计策划是对建筑设计进行定义的阶段，是发现并提出问题的阶段。方案设计阶段又是设计的首要环节，对后续设计具有主导作用，方案设计阶段需要结合策划提出的目标确定设计方案，因此最好在规划和单体方案设计阶段进行设计策划。如果在设计的后期才开始绿色设计，很容易陷入简单的产品和技术的堆砌，并不得不以高成本、低效益作为代价。因此，在方案设计阶段进行绿色建筑策划是很有必要的。

策划规定或论证了项目的设计规模、性质、内容和尺度，其结论是后续设计的依据。不同的策划结论，会对同一项目带来不同的设计思想甚至空间内容，甚至建成之后会引发人们在使用方式、价值观念、经济模式上的变更以及新文化的创造。

在设计的前期进行绿色设计策划，可以通过统筹考虑项目自身的特点和绿色建筑的理念，在对各种技术方案进行技术经济性的统筹对比和优化的基础上，达到合理控制成本、实现各项指标的目的。

3.0.5 在方案和初步设计阶段的设计文件中，通过绿色设计专篇对采用的各项技术进行比较系统的分析与总结；在施工图设计文件中注明对项目施工与运营管理的要求和注意事项，会引导设计人员、施工人员以及使用者关注设计成果在项目的施工、运营管理阶段的有效落实。

绿色设计专篇中一般包括下列内容：

1 工程的绿色目标与主要策略；

2 符合绿色施工的工艺要求；

3 确保运行达到绿色建筑设计目标的使用说明书。

3.0.6 随着建筑技术的不断发展，绿色建筑的实现手段更趋多样化，层出不穷的新技术和适宜技术促进了绿色建筑综合效益的提高，包括经济效益、社会效益和环境效益。因此，在提高建筑经济效益、社会效益和环境效益的前提下，绿色建筑鼓励结合项目特征在设计方法、新技术利用与系统整合等方面进行创新设计，如：

1 有条件时，优先采用被动措施实现设计目标；

2 各专业宜利用现代信息技术协同设计；

3 通过精细化设计提升常规技术与产品的功能；

4 新技术应用应进行适宜性分析；

5 设计阶段宜定量分析并预测建筑建成后的运行状况，并设置监测系统。

当然，在设计创新的同时，应保证建筑整体功能的合理落实，同时确保结构、消防等基本安全要求。

4 绿色设计策划

4.1 一般规定

4.1.1 绿色设计策划的目的是指明绿色设计的方向，预见并提出设计过程中可能出现的问题，完善建筑设计的内容，将总体规划思想科学地贯彻到设计中去，以达到预期的目标。

绿色设计策划的成果将直接决定下一阶段方案设计策略的选择，对于优化绿色建筑设计方案至关重要。

绿色设计策划时宜提倡采用本土、适宜的技术，提倡采用性能化、精细化与集成化的设计方法，对设计方案进行定量验证、优化调整与造价分析，保证在全寿命周期内经济技术合理的前提下，有效控制建设工程的投资。

绿色建筑强调资源的节约与高效利用。过大的建筑面积设置、不必要的功能布置，造成空间闲置，以及设施、设备的过分高端配置等都是对资源的浪费，也是建筑在运行过程中资源消耗大、效率低的重要原因。而这些问题往往可以在策划阶段得到解决。

4.1.2 设计策划目标的确定和实现，需要建筑全寿命周期内所有利益相关方的积极参与，需综合平衡各阶段、各因素的利益，积极协调各参与方、各专业之间的关系。通过组建"绿色团队"确立项目目标，是实现绿色建筑最基础的步骤。

"绿色团队"的组成可包括建筑开发商、业主、建筑师、工程师、咨询顾问、承包商等。传统的设计流程，是由每个成员完成他们的职责，然后传递给下一家。而在绿色建筑设计中，应从分阶段、划区块的工作模式，转换到多学科融合的工作模式，"绿色团队"成员要在充分理解绿色建筑目标的基础上协调一致，确保项目目标的完整实现。

4.2 策 划 内 容

4.2.1 绿色设计策划阶段的基本流程如图1所示：

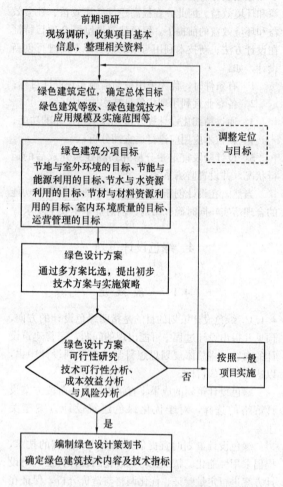

图1 绿色设计策划流程图

绿色设计策划是设计团队知识管理和创新增值的过程。通过策划，可以对项目开发中的各个方面进行充分调查和研究，为项目目标的实现提供解决途径。

4.2.2 绿色设计前期调研的主要目的是了解项目所处的自然环境、建设环境（能源、资源、基础设施）、市场环境以及建筑环境等，结合政策环境与宏观经济环境，为项目的定位和目标的确定提供支撑。

绿色设计前期调研工作的主要内容包括市场调查、场地分析和对开发企业或业主的调查等。首先对用地环境进行分析与研究，包括场地状况、周边环境、道路交通等，由此得出绿色设计策划的环境分析，包括人流、绿地构成及与周边道路的关系等；其次进行市场环境分析与研究，并考虑市场需求，使策划具有市场适应性。

4.2.3 确定绿色建筑的目标与定位，是建设单位和

设计师们面临的首要任务，是实现绿色建筑的第一步。绿色建筑目标包括总体目标和分项目标。

绿色建筑总体目标和定位主要取决于自然条件（如地理、气候与水文等）、社会条件（如经济发展水平、文化教育与社会认识等）、项目的基础条件（是否满足国家绿色建筑评价标准控制项要求）等方面。项目的总体目标应满足绿色建筑的基本内涵，项目的规模、组成、功能和标准应经济适宜。

在明确绿色建筑建设的总体目标后，可进一步确定符合项目特征的节能率、节水率、可再生能源利用率、绿地率及室内外环境质量等分项目标，为下一步的技术方案的确定提供基础。

4.2.4 明确绿色建筑建设目标后，应进一步确定节地、节能、节水、节材、室内环境和运营管理等指标值，确定被动技术优先原则下的绿色建筑方案，采用适宜、集成的技术体系，选择合适的设计方法和产品。

优先通过场地生态规划、建筑形态与平面布局优化等规划设计手段和被动技术策略，利用场地与气候特征，实现绿色建筑性能的提升；无法通过规划设计手段和被动技术策略实现绿色建筑目标时，可考虑增加高性能的建筑产品和设备的使用。

应基于保证场地安全、保持场地及周边生态平衡、维持生物多样性、保护文化遗产等原则，判断场地内是否存在不适宜建设的区域。当需要在不适宜建设的区域进行项目建设时，应采取相应措施进行调整、恢复或补偿场地及周边地区原有地形、地物与生态系统。

4.2.5 在确定绿色设计技术方案时，应进行经济技术可行性分析，包括技术可行性、成本效益和风险等分析与评估。首先，可将方案与绿色建筑相关认证控制项或相关强制要求一一对比，审查项目有无成为绿色建筑的可能性，可根据需要编制并填写绿色设计可行性控制表。如果初步判断不满足，可寻求解决方案并分析解决方案的成本或调整设计目标。

其次，应进行技术方案的成本效益和风险分析，对于投资回收期较长和投资额度较大的技术方案应充分论证。当然，分析时应兼顾经济效益、环境效益和社会效益，不能只关注某一方面效益而使得项目存在潜在风险。风险评估一般包括政策风险、经济风险、技术风险、组织管理风险等的评估。

5 场地与室外环境

5.1 一 般 规 定

5.1.2 场地资源包括自然资源、生物资源、市政基础设施和公共服务设施等。

为实现场地和建筑的可持续运营的要求，需要确

定场地的资源条件是否能够满足预定的场地开发强度。场地资源条件对开发强度的影响包括：周边城市地下空间规划（管沟、地铁等地下工程）对场地地下空间的开发限制；地下水条件对建筑地源热泵技术应用的影响；雨水涵养利用对场地绿化的要求；城市交通条件对建筑容量的限制；动植物生存环境对建筑场地的要求等。

5.1.3 土地的不合理利用导致土地资源的浪费，为了促进土地资源的节约和集约利用，鼓励提高场地的空间利用效率，可采取适当开发地下空间、充分利用绿地等开放空间滞蓄、渗透和净化雨水等方式提高土地空间利用效率。应积极实现公共服务设施和市政基础设施的共享，减少重复建设，降低资源能源消耗。鼓励制定相关激励政策，开放场地内绿地等空间作为城市公共活动空间。在新建区域宜设置市政共同管沟，统一规划开发利用地下空间实现区域设施资源共享和可持续开发。

5.1.4 场地规划应考虑建筑布局对建筑室外风、光、热、声、水环境和场地内外动植物等环境因素的影响，考虑建筑周围及建筑与建筑之间的自然环境、人工环境的综合设计布局，考虑场地开发活动对当地生态系统的影响。

生态补偿是指对场地整体生态环境进行改造、恢复和建设，以弥补开发活动引起的不可避免的环境变化影响。室外环境的生态补偿重点是改造、恢复场地自然环境，通过采取植物补偿等措施，改善环境质量，减少自然生态系统对人工干预的依赖，逐步恢复系统自身的调节功能并保持系统的健康稳定，保证人工-自然复合生态系统的良性发展。

5.2 场地要求

5.2.1 选择已开发用地或利用废弃地，是节地的首选措施。废弃地包括不可建设用地（由于各种原因未能使用或尚不能使用的土地，如裸岩、石砾地、陡坡地、塌陷地、盐碱地、沙荒地、沼泽地、废窑坑等）、仓库与工厂弃置地等。利用废弃地前，应对原有场地进行检测并作相应处理后方可使用。

5.2.2 对原有的工业用地、垃圾填埋场等场地进行再生利用时，应提供场地检测与再利用评估报告，为场地改造措施的选择和实施提供依据。

5.2.3 市政基础设施应包括供水、供电、供气、通信、道路交通和排水排污等基本市政条件。应根据市政条件进行场地建设容量的复核，建设容量的指标包括城市空间、紧急疏散空间、交通流量。如果复核后不满足条件，应与上层规划条件的编制和审批单位进行协调，保障场地的可持续发展。

5.2.4 风切变（WindShear）简单的定义是空间任意两点之间风向和风速的突然变化，属于气象学范畴的一种大气现象。除了大气运动本身的变化所造成的风

切变外，地理、环境因素也容易造成风切变，或由两者综合形成。这里的地理、环境因素主要是指山地地形、水陆界面、高大建筑物、成片树林与其他自然的和人为的因素，这些因素也能引起风切变现象。其风切变状况与当时的盛行风状况（方向和大小）有关，也与山地地形的大小和复杂程度、场地迎风背风位置、水面的大小和建筑场地离水面的距离、建筑物的大小和外形等有关。一般山地高差大、水域面积大、建筑物高大，不仅容易产生风切变，而且其强度也较大。

5.2.5 场地环境质量包括大气质量、噪声、电磁辐射污染、放射性污染和土壤氡浓度等，应通过调查，明确相关环境质量指标。当相关指标不符合现行国家标准要求时，应采取相应措施，并对措施的可操作性和实施效果进行评估。

与土壤氡浓度的测定、防护、控制相关的国家标准为《民用建筑工程室内环境污染控制规范》GB 50325，该规范 4.1.1 条规定"新建、扩建的民用建筑工程设计前，必须进行建筑场地土壤中氡浓度的测定，并提供相应的检测报告"；在 4.2 节中提出了民用建筑工程地点土壤中氡浓度的测定方法及防氡措施。

5.3 场地资源利用与生态环境保护

5.3.1 应对可利用的自然资源进行勘察，包括地形、地貌和地表水体、水系以及雨水资源等。应对自然资源的分布状况、利用和改造方式进行技术经济评价，为充分利用自然资源提供依据。

1 保持和利用原有地形，尽量减少开发建设过程对场地及周边环境生态系统的改变，包括原有植被和动物栖息环境。

2 建设场地应避免靠近水源保护区；应尽量保护并利用原有场地水面。在条件许可时，尽量恢复场地原有河道的形态和功能。场地开发不能破坏场地与周边原有水系的关系，尽量维持原有水文条件，保护区域生态环境。

3 应保护并利用场地浅层土壤资源和植被资源。场地表层土的保护和回收利用是土壤资源保护、维持生物多样性的重要方法之一。

4 充分利用场地及周边已有的市政基础设施和绿色基础设施，可减少基础设施投入，避免重复投资。应调查分析周边地区公共服务设施的数量、规模和服务半径，避免重复建设，提高公共服务设施的利用效率和服务质量。

5 保证雨水能自然渗透涵养地下水，合理规划地下空间的开发利用。

5.3.2 应对可资利用的可再生能源进行勘察，包括太阳能、风能、地下水、地热能等。应对资源分布状况和资源利用进行技术经济评价，为充分利用可再生

能源提供依据。

利用地下水应通过政府相关部门的审批，应保持原有地下水的形态和流向，不得过量使用地下水，避免造成地下水位下降或场地沉降。

场地建筑规划设计，不仅应符合国家相关的日照标准要求，还应为太阳能热利用和光伏发电提供有利条件。太阳能利用应防止建筑物的相互遮挡、自遮挡、局部热环境和集热器或电池板表面积灰等因素对利用效率的影响。应对太阳能资源利用的区域适应性、季节平衡等进行定量评估。

利用风能发电时应进行风能利用评估，包括选择适宜的风能发电技术、评估对场地声环境和动物生存环境的影响等。

5.3.3 生物资源包括动物资源、植物资源、微生物资源和生态湿地资源。场地规划应因地制宜，与周边自然环境建立有机共生关系，保持或提升场地及周边地区的生物多样性指标。

5.3.4 雨洪控制利用是生态景观设计的重要内容，即充分利用河道、景观水体和绿化空间的容纳功能，通过场地竖向设计和不同季节的水位控制，减少市政雨洪排放压力，也为雨水利用、渗透地下提供可能。另外，通过充分利用开放的绿地空间滞蓄、渗透和净化雨水可提高土地利用效率。

5.3.5 旧城改造和城镇化进程中，既有建筑的保护和利用规划是节能减排的重要内容之一，也是保护建筑文化和生态文明的重要措施之一。大规模拆迁重建与绿色建筑的理念是矛盾的。

5.3.6 场地内的建筑垃圾和生活垃圾包括开发建设过程和建筑运营过程中产生的垃圾。分类收集是回收利用的前提。

5.4 场地规划与室外环境

5.4.1 应根据室外环境最基本的照明要求进行室外照明规划及场地和道路照明设计。建筑物立面、广告牌、街景、园林绿地、喷泉水景、雕塑小品等景观照明的规划，应根据道路功能、所在位置、环境条件等确定景观照明的亮度水平，同一条道路上的景观照明的亮度水平宜一致；重点建筑照明的亮度水平及其色彩应与园林绿地、喷泉水景、雕塑小品等景观照明亮度以及它们之间的过渡空间亮度水平应协调。

在运动场地和道路照明的灯具选配时，应分析所选用的灯具的光强分布曲线，确定灯具的瞄准角（投射角、仰角），控制灯具直接射向空中的光线及数量。建筑物立面采用泛光照明时应考核所选用的灯具的配光是否合适，设置位置是否合理，投射角度是否正确，预测有多少光线溢出建筑物范围以外。还应考核建筑物立面照明所选用的标准是否合适。场地和道路照明设计中，所选用的路灯和投光灯的配光、挡光板设置、灯具的安装高度、设置位置、投光角度等都可

能会对周围居住建筑窗户上的垂直照度产生眩光影响，需要通过分析研究确定。

玻璃幕墙所产生的有害光反射，是白天光污染的主要来源，应考虑所选用的玻璃产品、幕墙的设计、组装和安装、玻璃幕墙的设置位置等是否合适，并应符合《玻璃幕墙光学性能》GB/T 18091 的规定。

5.4.2 建筑布局不仅会产生二次风，还会严重地阻碍风的流动，在某些区域形成无风区或涡旋区，这对于室外散热和污染物排放是非常不利的，应尽量避免。

建筑布局采用行列式、自由式或采用"前低后高"和有规律地"高低错落"，有利于自然风进入到小区深处，建筑前后形成压差，促进建筑自然通风。当然具体工程中最好采用计算机模拟手段优化设计。

计算机模拟辅助设计是解决建筑复杂布局条件下风环境评估和预测的有效手段。实际工程中应采用可靠的计算机模拟程序，合理确定边界条件，基于典型的风向、风速进行建筑风环境模拟，并达到下列要求：

1 在建筑物周围行人区 1.5m 处风速小于 5m/s；

2 冬季保证建筑物前后压差不大于 5Pa；

3 夏季保证 75% 以上的板式建筑前后保持 1.5Pa 左右的压差，避免局部出现旋涡或死角，从而保证室内有效的自然通风。

由于风向风速的统计方法十分复杂，尚无典型风环境气象条件的定义可循，国外进行风环境模拟时多采用风速风向联合概率密度作为依据，因此，如果能取得当地冬季、夏季和过渡季各季风速风向联合概率密度数据时，可选用此数据作为场地风环境典型气象条件。若无法取得风速风向联合概率密度数据时，可选取当地的冬季、夏季和过渡季各季中月平均风速最大月的风向风速作为场地风环境典型气象条件。

关于风环境模拟，建议参考 COST（欧洲科技研究领域合作组织）和 AIJ（日本建筑学会）风工程研究小组的研究成果进行模拟，具体要求如下：

1 计算区域：建筑覆盖区域小于整个计算域面积 3%；以目标建筑为中心，半径 5H 范围内为水平计算区域。建筑上方计算区域要大于 3H；

2 模型再现区域：目标建筑边界 H 范围内应以最大的细节要求再现；

3 网格划分：建筑的每一边人行区 1.5m 或 2m 高度应划分 10 个网格或以上；重点观测区域要在地面以上第 3 个网格和更高的网格以内；

4 入口边界条件：给定入口风速的分布（梯度风）进行模拟计算，有可能的情况下入口的 k/e 也应采用分布参数进行定义；

5 地面边界条件：对于未考虑粗糙度的情况，采用指数关系式修正粗糙度带来的影响；对于实际建筑的几何再现，应采用适应实际地面条件的边界

条件；对于光滑壁面应采用对数定律。

5.4.3 根据不同类别的居住区，要求对场地周边的噪声现状进行检测，并对规划实施后的环境噪声进行预测，使之符合国家标准《声环境质量标准》GB 3096 中对于不同类别住宅区环境噪声标准的规定（见表1）。对于交通干线两侧的居住区域，应满足白天 $LA_{eq} \leqslant 70$dB（A），夜间 $LA_{eq} \leqslant 55$dB（A）。当不能满足时，需要在临街建筑外窗和围护结构等方面采取额外的隔声措施。

表1 不同区域环境噪声标准

类别	0类	1类	2类	3类	4类
昼间（dB）	50	55	60	65	70
夜间（dB）	40	45	50	55	55

注：0类——疗养院、高级别墅区、高级旅馆；

1类——居住、文化机关为主的区域；

2类——居住、商业、工业混杂区；

3类——工业区；

4类——城市中的道路干线两侧区域。

总平面规划中应注意噪声源及噪声敏感建筑物的合理布局，注意不把噪声敏感性高的居住用建筑安排在临近交通干道的位置，同时确保不会受到固定噪声源的干扰。通过对建筑朝向、位置及开口的合理布置，降低所受外部环境噪声影响。

临街的居住和办公建筑的室内声环境应符合国家标准《民用建筑隔声设计规范》GB/T 50118 中规定的室内噪声标准。采用适当的隔离或降噪措施，如道路声屏障、低噪声路面、绿化降噪、限制重载车通行等隔离和降噪措施，减少环境噪声干扰。对于可能产生噪声干扰的固定的设备噪声源采取隔声和消声措施，降低其环境噪声。

当拟建噪声敏感建筑不能避免临近交通干线，或不能远离固定的设备噪声源时，应采取措施来降低噪声干扰。

声屏障是指在声源与接收者之间插入的一个设施，使声波的传播有一个显著的附加衰减，从而减弱了接收者所在一定区域内的噪声影响。

声屏障主要用于高速公路、高架桥道路、城市轻轨地铁以及铁路等交通市政设施中的降噪处理，也可应用于工矿企业和大型冷却设备等噪声源的降噪处理。采用声屏障时应保证建筑处于声屏障有效屏蔽范围内。

5.4.4 地面铺装材料的反射率对建设用地内的室外平均辐射温度有显著影响，从而影响室外热舒适度，同时地面反射会影响周围建筑物的光、热环境。

屋顶材料的反射率同样对建设用地内的室外平均辐射温度产生显著影响，从而影响室外热舒适度。另外，低层建筑的屋面反射还会影响周围建筑物的光、热环境。因此，需要根据建筑的密度、高度和布局情

况，选择地面铺装材料和屋面材料，以保证良好的局部微气候。

绿化遮阳是有效的改善室外微气候和热环境的措施，植物的搭配选择应避免对建筑室内和室外活动区的自然通风和视野产生不利影响。

水景的设置可有效降低场地热岛。水景在场地中的位置与当地典型风向有关，避免将水景放在夏季风向的下风区和冬季风向的上风区。水景设计和植物种类选择应有机搭配。

可通过计算机模拟手段进行室外景观园林设计对热岛的影响分析，这项工作应由景观园林师和工程师合作完成，以便指导设计。

5.4.5 场地交通设计应处理好区域交通与内部交通网络之间的关系，场地附近应有便利的公共交通系统；规划建设用地内应设置便捷的自行车停车设施；交通规划设计应遵循环保原则。

道路系统应分等级规划，避免越级连接，保证等级最高的道路与区域交通网络联系便捷。

建设用地周围至少有一条公共交通线路与城市中心区或其他主要交通换乘站直接联系。场地出入口到邻近公交站点的距离控制在合理范围（500m）内。

5.4.6 水景的设计应从科学、合理的生态原则出发，充分考虑场地的情况，合理确定水景规模及形式，从驳岸、自然水底、水生植物、水生动物等各角度综合考虑，进行优化设计，例如用缓坡植被驳岸取代硬质堤岸，恢复水岸的生态环境；尽可能采用自然池底；种植水生植物；充分利用雨水及再生水等。

场地绿化的连续性是指绿地系统的水平生态过程和垂直生态过程的连续性。水平生态过程的连续性是指要把分散绿地组成一个连贯的绿化生态走廊，与周边自然环境建立有机共生关系，保持或提升场地及周边地区的生物多样性指标。垂直生态过程的连续性是指同一绿地单元，不同植物之间的互相协调和联系，注重垂直方向上植物群落林缘线的分布，采用健康、稳定的乔木、灌木、藤本、地被复层绿化组合，增强垂直生态过程的连续性和稳定性。因此，场地绿化的连续性设计要结合城市规划、场地布局和场地交通系统等进行合理安排，使大地景观形成一个有机的系统，构成统一的绿化体系。

乡土植物，指本地区原有天然分布或长期生长于本地、适应本地自然条件并融入本地自然生态系统的植物。

植物种类的选择与当地气候条件，如温度、湿度、降雨量等有关；还与场地种植条件，如原土场地条件、地下工程上方的覆土层厚度、种植方式、种植位置等有关。

就种植位置而言，垂直绿化植物材料的选择应考虑不同习性的攀援植物对环境条件的不同要求，结合攀援植物的观赏效果和功能要求进行设计，并创造满

足其生长的条件。屋顶绿化的植物选择应根据屋顶绿化形式，选择维护成本较低、适应屋顶环境的植物材料；生态水景中水生植物的选择应根据场地微气候条件，选择具有良好的生态适应能力和生态营建功能的植物。

种植设计应满足场地使用功能的要求。如，室外活动场地宜选用高大乔木，枝下净空不低于2.2m，且夏季乔木蔽荫面积宜大于活动范围的50%；停车场宜选用高大乔木蔽荫，树木种植间距应满足车位、通道、转弯、回车半径的要求，场地内种植池宽度应大于1.5m，并应设置保护措施。

种植设计应满足安全距离的要求。如，植物种植位置与建筑物、构筑物、道路和地下管线、高压线等设施的距离应符合相关要求。

种植设计应满足绿化效果的要求。如，集中绿地应栽植多种类型植物，采用乔、灌、草复层绿化。上下层植物的配置应符合植物的生态习性要求，优化草、灌木的位置和数量，增加乔木的数量。

6 建筑设计与室内环境

6.1 一般规定

6.1.1 绿色建筑的建筑设计非常重要。设计时应根据场地条件和当地的气候条件，在满足建筑功能和美观要求的前提下，通过优化建筑外形和内部空间布局以及优先采用被动式的构造措施，为提高室内舒适度并降低建筑能耗提供前提条件。

如何优化建筑外形和内部空间布局以及采用被动式的天然采光、自然通风、保温、隔热、遮阳等构造措施，可以通过定性分析的手段来判断，更科学的则是采用计算机模拟的定量分析手段。条件许可时，可进行全年动态负荷变化的模拟，优化建筑外形和内部空间布局设计。

采用计算机的全年动态负荷模拟的方法目前已经基本成熟，但还有待完善。应该鼓励绿色建筑，尤其是规模较大、目标级别较高的绿色建筑在建筑设计阶段就引入计算机全年动态负荷模拟，一方面有利于绿色建筑节能指标的提高，另一方面也有利于全年动态负荷模拟方法的不断完善。

6.1.2 建筑朝向的选择，涉及当地气候条件、地理环境、建筑用地情况等，必须全面考虑。选择的总原则是：在节约用地的前提下，冬季争取较多的日照，夏季避免过多的日照，并有利于形成自然通风。建筑朝向应结合各种设计条件，因地制宜地确定合理的范围，以满足生产和生活的需求。表2是我国部分地区建议建筑朝向表。

建筑朝向与夏季主导季风方向宜控制在30°到60°间。建筑朝向应考虑可迎纳有利的局部地形风，

例如海陆风等。

在非炎热地区，为了尽量减少风压对房间气温的影响，建筑物尽量避免迎向当地冬季的主导风向。

表2 我国部分地区建议建筑朝向表

地区	最佳朝向	适宜朝向	不利朝向
北京地区	南至南偏东30°	南偏东45°范围内 南偏西35°范围内	北偏西30°~60°
上海地区	南至南偏东15°	南偏东30°， 南偏西15°	北、西北
石家庄地区	南偏东15°	南至南偏东30°	西
太原地区	南偏东15°	南偏东至东	西北
呼和浩特地区	南至南偏东 南至南偏西	东南、西南	北、西北
哈尔滨地区	南偏东15°~20°	南至南偏东15° 南至南偏西15°	西北、北
长春地区	南偏东30° 南偏西10°	南偏东45° 南偏西45°	北、东北、西北
沈阳地区	南、偏东20°	南偏东至东 南偏西至西	东北至西北西
济南地区	南、南偏东10°~15°	南偏东30°	西偏北5°~10°
南京地区	南、南偏东15°	南偏东25° 南偏西10°	西、北
合肥地区	南偏东5°~15°	南偏东15° 南偏西5°	西
杭州地区	南偏东10°~15°	南、南偏东30°	北、西
郑州地区	南偏东15°	南偏东25°	西北
武汉地区	南、南偏东15°	南偏东15°	西、西北
长沙地区	南偏东9°左右	南	西、西北
重庆地区	南偏东30°至 南偏西30°范围内	南偏东45°至 南偏西45°范围内	西、西北
福州地区	南、偏东5°~10°	南偏东20°以内	西
深圳地区	南偏东15°至 南偏西15°范围内	南偏东45°至 南偏西30°范围	西、西北

注：以上数据部分来源于各地区建筑节能设计标准或规范，还未实施建筑节能地方设计标准或细则的地区，可取相近地区推荐值。

建筑朝向受各方面条件的制约，有时不能均处于最佳或适宜朝向。当建筑采取东西向和南北向拼接时，应考虑两者接受日照的程度和相互遮挡的关系。对朝向不佳的建筑可增加下列补偿措施：

1 将次要房间放在西面，适当加大西向房间的进深；

2 在西面设置进深较大的阳台，减小西窗面积，设遮阳设施，在西窗外种植枝大叶茂的落叶乔木；

3 住宅建筑尽量避免纯朝西户的出现，并组织好穿堂风，利用晚间通风带走室内余热。

6.1.3 建筑形体与日照、自然通风与噪声等因素都有密切的关系，在设计中仅仅孤立地考虑形体因素是不够的，需要与其他因素综合考虑，才能处理好节能、节地、节材等要求之间的关系。建筑形体的设计应充分利用场地的自然条件，综合考虑建筑的朝向、间距、开窗位置和比例等因素，使建筑获得良好的日照、通风、采光和视野。

可采用下列措施：

1 利用计算机日照模拟分析等方法，以建筑周边场地以及既有建筑为边界条件，确定满足建筑物日照标准的形体，并结合建筑节能和经济成本权衡分析；

2 夏热冬冷和夏热冬暖地区宜通过改变建筑形体，如合理设计底层架空来改善后排住宅的通风；

3 建筑单体设计时，在场地风环境分析的基础上，通过调整建筑长宽高比例，使建筑迎风面压力合理分布，避免背风面形成涡旋区，并可适度采用凹凸面设计，降低下沉风速；

4 建筑造型宜与隔声降噪有机结合，可利用建筑裙房或底层凸出设计等遮挡沿路交通噪声，且面向交通主干道的建筑面宽不宜过宽。

6.1.4 有些建筑由于体形过于追求形式新异，造成结构不合理、空间浪费或构造过于复杂等情况，引起建造材料大量增加或运营费用过高。这些做法为片面追求美观而以巨大的资源消耗为代价，不符合绿色建筑的原则，应该在建筑设计中避免。在设计中应控制造型要素中没有功能作用的装饰构件的应用，有功能作用的室外构件和室外设备应在设计时就与建筑进行一体化设计，避免后补造成的防水、荷载、稳固、材料浪费等问题。

6.2 空间合理利用

6.2.1 建筑中休息空间、交往空间、会议设施、健身设施等的共享，可以有效提高空间的利用效率、节约用地、节约建设成本及减少对资源的消耗。应通过精心设计，避免过多的大厅、走廊等交通辅助空间，避免因设计不当形成一些很难使用或使用效率低的空间。建筑设计中追求过于高大的大厅、过高的建筑层高、过大的房间面积等做法，会增加建筑能耗、浪费土地和空间资源，宜尽量避免。

6.2.2 为适应预期的功能变化，设计时应选择适宜的开间和层高，并应尽可能采用轻质内隔墙。公共建筑宜考虑使用功能、使用人数和使用方式的未来变化。居住建筑宜考虑如下预期使用变化：

1 家庭人口的预期变化，包括人数及构成的变化；

2 考虑住户的不同需求，使室内空间可以进行灵活分隔。

6.2.3 各功能空间要充分利用各种自然资源，例如

充分利用直射或漫射的阳光，发挥其采光、采暖和杀菌的作用；充分利用自然通风降低能耗，提高舒适性。窗户除了有自然通风和天然采光的功能外，还具有在从视觉上起到沟通内外的作用，良好的视野有助于使用者心情愉悦，可适当加大拥有良好景观视野朝向的开窗面积以获得景观资源，但必须对可能出现的围护结构热工性能、声环境质量下降采取补偿措施。城市中建筑间距一般较小，住宅卧室、医院病房、旅馆客房等空间布置应避免视线干扰。

6.2.4 将需求相同或相近的空间集中布置，有利于统筹布置设备管线，减少能源损耗，减少管道材料的使用。根据房间声环境要求的不同，对各类房间进行布局和划分，可以达到区域噪声控制的良好效果。

6.2.5 有噪声、振动、电磁辐射、空气污染的水泵房、空调机房、发电机房、变配电房等设备机房和停车库，宜远离住宅、宿舍、办公室、旅馆客房、医院病房、学校教室等人员长期居住或工作的房间或场所。当受条件限制无法避开时，应采取隔声降噪、减振、电磁屏蔽、通风等措施。条件许可时，宜将噪声源设置在地下，宜避免将水泵房布置在住宅的正下方，空调机房门宜避免直接开向办公空间。

6.2.6 设备机房布置在负荷中心以利于减少管线敷设量及管路耗损。设备和管道的维修、改造和更换应在机房和管道井的设计时就加以充分考虑，留好检修门、检修通道、扩容空间、更换通道等，以免使用时空间不足，或造成拆除墙体、空间浪费等现象。

6.2.7 设置便捷、舒适的日常使用楼梯，可以鼓励人们减少电梯的使用，在健身的同时节约电梯能耗。日常使用楼梯的设置应尽量结合消防疏散楼梯，并提高其舒适度，使其便于人们使用。

6.2.8 自行车库的停车数量应满足实际需求。配套的淋浴、更衣设施可以借用建筑中其他功能的淋浴、更衣设施，但要便于骑自行车人的使用。要充分考虑班车、出租车停靠、等候和下车后步行到建筑入口的流线。

6.2.9 有条件的建筑开放一些空间给社会公众使用，增加公众的活动与交流空间，使建筑服务于更多的人群，提高建筑的利用效率，节约社会资源，节约土地，为人们提供更多的沟通和休闲的机会。

6.2.10 建筑的坡屋顶空间可以用作储存空间，还可以作为自然通风间层，在夏季遮挡阳光直射并引导通风降温，冬季作为温室加强屋顶保温。地下空间宜充分利用，可以作为车库、机房、公共设施、超市、储藏等空间；人防空间应尽量做好平战结合设计。为地下空间引入天然采光和自然通风，将使地下空间更加舒适、健康，并节约通风和照明能耗，有利于地下空间的充分利用。

6.3 日照和天然采光

6.3.1 不同类型的建筑如住宅、医院、中小学校、

幼儿园等设计规范都对日照有具体明确的规定，设计时应执行国家和地方现行的法规和标准规范。

6.3.2 《建筑采光设计标准》GB/T 50033 和《民用建筑设计通则》GB 50352 规定了各类建筑房间采光系数的最低值。

一般情况下住宅各房间的采光系数与窗地面积比密切相关，因此可利用窗地面积比的大小调节室内天然采光。房间采光效果还与当地的光气候条件有关，《建筑采光设计标准》GB/T 50033 根据年平均总照度的大小，将我国分成 5 类光气候区，每类光气候区有不同的光气候系数 K，K 值小说明当地的天空比较"亮"，因此达到同样的采光效果，窗墙面积比可以小一些，反之亦然。

办公、旅馆类建筑主要功能空间不包括储藏室、机房、走廊、楼梯间、卫生间及其他人员不经常停留和不需要阳光的房间。

6.3.3 建筑功能的复杂性和土地资源的紧缺，使建筑进深不断加大，为满足人们心理和生理的健康需求并节约人工照明的能耗，可以通过一些技术手段将天然光引入地上采光不足的建筑空间和地下建筑空间。

为改善室内的天然采光效果，可以采用反光板、棱镜窗等措施将室外光线反射、折射、衍射到进深较大的室内空间。无天然采光的室内大空间，尤其是儿童活动区域、公共活动空间，可使用导光管、光导纤维等技术，将阳光从屋顶或侧墙引入，以改善室内照明舒适度和节约人工照明能耗。

地下空间充分利用天然采光可节省白天人工照明能耗，创造健康的光环境。可设计下沉式庭院、采光窗井、采光天窗来实现地下室的天然采光，但要处理好排水、防水等问题。使用镜面反射式导光管时，地下车库的覆土厚度不宜大于 3m。也可将地下室设计为半地下室，直接对外开门窗洞口，从而获得天然采光和自然通风，提高地下空间的品质，减少照明和通风能耗。

6.4 自然通风

6.4.1 为有效利用自然通风，需要进行合理的室内平面设计、室内空间组织以及门窗位置、尺寸与开启方式的精细化设计。考虑建筑冬季防寒时，宜使主要房间，如卧室、起居室、办公室等主要工作与生活房间，避免冬季主导风向，防止冷风渗透。夏季需要通过自然通风为建筑降温，宜使主要房间迎向夏季主导风向。

宜采用室内气流模拟设计的方法进行室内平面布置和门窗位置与开口的设计，综合比较不同建筑设计及构造设计方案，确定最优的自然通风系统方案。

6.4.2 穿堂通风可有效避免单侧通风中出现的进排气流参混、短路、进气气流不能充分深入房间内部等缺点，因此房间的平面布局宜有利于形成穿堂通风。

同时，要取得好的室内空气品质，还应尽量使主要房间处于上游段，避免厨房、卫生间等房间的污浊空气随气流进入其他房间。要获得良好的自然穿堂风，需要如下一些基本条件：室外风要达到一定的强度；室外空气首先进入卧室、客厅等主要房间；穿堂气流通道上，应避免出现喉部；气流通道宜短而直；减小建筑外门窗的气流阻力。

6.4.3 为了避免冬季因自然通风而导致的室内热量流失，可采取必要的防寒措施，如设置门斗、自然通风器、双层玻璃幕墙以及对新风进行预热等措施。

6.4.4 开窗位置宜选在周围空气清洁、灰尘较少、室外空气污染小的地方，避免开向噪声较大的地方。高层建筑应考虑风速过高对窗户开启方式的影响。

建筑能否获取足够的自然通风与通风开口面积的大小密切相关，近来有些建筑为了追求外窗的视觉效果和建筑立面的设计风格，外窗的可开启率有逐渐下降的趋势，有的甚至使外窗完全封闭，导致房间自然通风不足，不利于室内空气的流通和散热，不利于节能。

《绿色建筑评价标准》GB/T 50378－2006 中要求居住空间的"通风开口面积在夏热冬暖和夏热冬冷地区不小于该房间地板面积的 8%，在其他地区不小于 5%"，公共建筑要求"建筑外窗可开启面积不小于外窗总面积的 30%，建筑幕墙具有可开启部分或设有通风换气装置"。《住宅设计规范》GB 50096－1999 (2003 年版) 中规定"厨房的通风开口面积不应小于该房间地板面积的 10%，并不得小于 0.60m²"。透明幕墙也应具有可开启部分或设通风换气装置，结合幕墙的安全性和气密性要求，幕墙可开启面积宜不小于幕墙透明面积的 10%。

办公建筑与教学楼内的室内人员密度比较大，建筑室内空气流动，特别是自然、新鲜空气的流动，对提高室内工作人员与学生的工作、学习效率非常关键。日本绿色建筑评价标准（CASBEE for New Construction）对办公建筑和学校的外窗可开启面积设定了 3 个等级：1) 确保可开启窗户的面积达到居室面积的 1/10 以上；2) 确保可开启窗户的面积达到居室面积的 1/8 以上；3) 确保可开启窗户的面积达到居室面积的 1/6 以上。为了取得较好的自然通风效果，提高工作与学习效率，宜采用 1/6 的数值。

自然通风的效果不仅与开口面积有关，还与通风开口之间的相对位置密切相关。在设计过程中，应考虑通风开口的位置，尽量使之有利于形成穿堂风。

6.4.5 中庭的热压通风，是利用空气相对密度差加强通风，中庭上部空气被太阳加热，密度较小，而下部空气从外墙进入后温度相对较低，密度较大，这种由于气温不同产生的压力差会使室内热空气升起，通过中庭上部的开口逸散到室外，形成自然通风过程的烟囱效应，烟囱效应的抽吸作用会强化自然对流换热,以达到室内通风降温的目的。中庭上部可开启窗的设置,应注意避免中庭热空气在高处倒灌进入功能房间的情况,以免影响高层房间的热环境。在冬季中庭宜封闭,以便白天充分利用温室效应提高室温。拔风井、通风器等的设置应考虑在自然环境不利时可控制、可关闭的措施。

6.4.6 地下空间(如地下车库、超市)的自然通风,可提高地下空间品质,节省机械通风能耗。设置下沉式庭院不仅促进了天然采光通风,还可以丰富景观空间。地下停车库的下沉庭院要注意避免汽车尾气对建筑使用空间的影响。

6.4.7 夏季暴雨时、冬季采暖季节等室外环境不利时,多数用户会关闭外窗,造成室内通风不畅、新风不足,影响室内空气品质。设计时可以采用自然通风器等在室外环境不利时仍能保证自然通风的措施。

对于毗邻交通干道、长期处于门窗密闭状态下的住宅,在夜间休息时段,室内空气质量显著降低,因此宜通过安装有消声降噪功能的通风器来满足新风的需求。

6.5 围护结构

6.5.1 建筑围护结构节能设计达到国家和地方节能设计标准的规定,是保证建筑节能的关键,在绿色建筑中更应该严格执行。我国由于地域气候差异较大,经济发展水平也很不平衡,在符合国家建筑节能设计标准的基础上,各地也制定了相应的地方建筑节能设计标准;此外,不同建筑类型如公共建筑和住宅建筑,在节能特点上也有差别,因此体形系数、窗墙面积比、外围护结构热工性能、外窗气密性、屋顶透明部分面积比的规定限值应符合相应建筑类型的要求。

体形系数控制建筑的表面面积,有利于减少热损失。窗户是建筑外围护结构的薄弱环节,控制窗墙面积比,是提高整个外围护结构热工性能的有效途径。围护结构热工性能通常包括屋顶、外墙、外窗等部位的传热系数、遮阳系数、热惰性指标等参数。屋顶透明部分的夏季阳光辐射热量对制冷负荷影响很大,对建筑的保温性能也影响较大,因此建筑应控制屋顶透明部分的面积比。建筑中庭常设的透明屋顶天窗,应适当设置可开启扇,在适宜季节利用烟囱效应引导热压通风,使热空气从中庭顶部排出。

鼓励绿色建筑的围护结构节能率高于国家和地方的节能标准,在设计时可利用计算机软件模拟分析的方法计算其节能率,以定量地判断其节能效果。

6.5.2 西向日照对夏季空调负荷影响最大,西向主要使用空间的外窗应做遮阳。可采取固定或活动外遮阳措施,也可借助建筑阳台、垂直绿化等措施进行遮阳。

南向宜设置水平遮阳,西向宜采取竖向遮阳等形式。

如果条件允许,外窗、玻璃幕墙或玻璃采光顶宜设置可调节式外遮阳,设置部位可优先考虑西向、玻璃采光顶、东向、南向。

可提高玻璃的遮阳性能,如南向、西向外窗选用低辐射镀膜(Low-E)玻璃。

可利用绿化植物进行遮阳,在建筑物的南向与西向种植高大乔木对建筑进行遮阳,还可在外墙种植攀缘植物,利用攀缘植物进行遮阳。

6.5.4 自身保温性能好的外墙材料如加气混凝土。外墙遮阳措施可采用花格构件或爬藤植物等方式。一般而言外墙设置通风间层代价比较大,需作综合经济分析,有些墙体构造(例如外挂石材类的幕墙)应该设置通风间层,一般的墙体采用浅色饰面材料或太阳辐射反射涂料可能是更经济的措施。

6.6 室内声环境

6.6.1 随着城市建筑、交通运输的发展,机械设施的增多,以及人口密度的增长,噪声问题日益严重,甚至成为污染环境的一大公害。人们每天生活在噪声环境中,对身心造成诸多危害:损害听力、降低工作效率甚至引发多种疾病,控制室内噪声水平已经成为室内环境设计的重要工作之一。

尽管建筑的隔声在技术上基本都可以解决,而且实施难度也不是特别大,但现实设计中却往往不被重视,绿色建筑倡导营造健康舒适的室内环境,因此设计人员应依据现行国家标准《民用建筑隔声设计规范》GB/T 50118中的要求,对各类功能的建筑进行室内环境的隔声降噪设计。

建筑空间的围护结构一般包括内墙、外墙、楼(地)面、顶板(屋面板)、门窗,这些都是噪声的传入途径,传入整个空间的总噪声级与各面的隔声性能、吸声性能、传声性能以及噪声源密切相关。所以室内隔声设计应综合考虑各种因素,对各部位进行构造设计,才能满足《民用建筑隔声设计规范》GB/T 50118中的要求。

2008年我国颁布实施《声环境质量标准》GB 3096,为防治环境噪声污染、保护和改善工作生活环境、保障人身健康,规定了环境噪声的最高允许数值。

建筑受到环境噪声与室内噪声的影响,可以通过计算机模拟与噪声地图等创新技术对项目的环境噪声现状进行模拟分析,同时对不同的降噪措施进行综合评估与选型,从而寻求一个科学的解决方案。

6.6.2 城市交通干道是建筑常见的噪声源,设计时应对外窗、外门等提出整体隔声性能要求,对外墙的材料和构造应进行隔声设计。除选用隔声性能较好的产品和材料外,还可使用声屏障、阳台板、广告牌等设施来阻隔交通噪声。

6.6.3 人员密集场所及设备用房的噪声多来自使用

者和设备，噪声源来自房间内部，针对这种情况降噪措施应以吸声为主同时兼顾隔声。

顶棚的降噪措施多采用吸声吊顶，根据质量定律，厚重的吊顶比轻薄的吊顶隔声性能更好，因此宜选用面密度大的板材。吊顶板材的种类很多，选择时不但要考虑其隔声性能，还要符合防火的要求。另外，在满足房间使用要求的前提下吊顶与楼板之间的空气层越厚隔声越好；吊顶与楼板之间应采用弹性连接，这样可以减少噪声的传递。

墙体的隔声及吸声构造类型比较多，技术也相对成熟，在不同性质的房间及不同部位选用时，要结合噪声源的种类，针对不同噪声频率特性选用适合的构造，同时还要兼顾装饰效果及防火的要求。

6.6.4 民用建筑的楼板大多为普通钢筋混凝土楼板，具有较好的隔绝空气声性能。据测定，120mm厚的钢筋混凝土楼板的空气声隔声量为48dB～50dB，但其计权标准化撞击声压级却在80dB以上，所以在工程设计中应着重解决楼板撞击声隔声问题。

以前多采用弹性面层来解决这个问题，即在混凝土楼板上铺设地毯或木地板，经测定其撞击声压级可达到小于或等于65dB的标准。

在楼板下设隔声吊顶也是切实可行的方法，但为减弱楼板向室内传递空气声，吊顶要离开楼板一定的距离，对层高不大的房间净高影响较大。

目前各种各样的浮筑隔声楼板被越来越广泛地采用，其做法是在混凝土楼板上铺设隔声减振垫层，在垫层之上做不小于40mm厚细石混凝土，然后根据设计要求铺装各种面层。经测定这种构造的楼板可达到隔绝撞击声小于或等于65dB的标准。

铺设隔声减振垫层时要防止混凝土水泥浆渗入垫层下，四周与墙交界处要用隔声垫将上层的细石混凝土与混凝土楼板隔开，否则会影响隔声效果。目前市场上各种隔声减振垫层的种类比较繁多，可根据不同工程要求进行选择。

6.6.5 近年来轻型屋盖在各种大型建筑（车站、机场航站楼、体育馆、商业中心等）中被广泛采用，在隔绝空气声和撞击声两方面轻型屋盖本身都很难达到要求，在轻型屋面铺设阻尼材料、吸声材料或设置吊顶能够达到降低噪声尤其是雨噪声的目的。

6.6.6 有安静要求的房间如住宅居住空间、宿舍、办公室、旅馆客房、医院病房、学校教室等。

基础隔振主要是消除设备沿建筑构件的固体传声，是通过切断设备与设备基础的刚性连接来实现的。目前国内的减振装置主要包括弹簧和隔振垫两类产品。基础隔振装置宜选用定型的专用产品，并按其技术资料计算各项参数，对非定型产品，应通过相应的实验和测试来确定其各项参数。

管道减振主要是通过管道与相关构件之间的软连接来实现的，与基础减振不同，管道内介质振动的再生贯穿整个传递过程，所以管道减振措施也一直延伸到管道的末端。管道与楼板或墙体之间采用弹性构件连接，可以减少噪声的传递。

暖通空调系统可通过下列方式降低噪声：

1 选用低噪声的暖通空调设备系统；

2 同一隔断或轻质墙体两侧的空调系统控制装置应错位安装，不可贯通；

3 根据相邻房间的安静要求对机房采取合理的吸声和隔声、隔振措施；

4 管道系统的隔声、消声和隔振措施应根据实际要求进行合理设计。空调系统、通风系统的管道宜设置消声器，靠近机房的固定管道应做隔振处理，管道与楼板或墙体之间采用弹性构件连接。管道穿过墙体或楼板时应设减振套管或套框，套管或套框内径大于管道外径至少50mm，管道与套管或套框之间的应采用隔声材料填充密实。

给水排水系统可通过下列方式降低噪声：

1 合理确定给水管管径，管道内水流速度符合《建筑给水排水设计规范》GB 50015 的规定；

2 选用内螺旋排水管、芯层发泡管等有隔声效果的塑料排水管；

3 优先选用虹吸式冲水方式的坐便器；

4 降低水泵房噪声：选择低转速（不大于1450r/min）水泵、屏蔽泵等低噪声水泵；水泵基础设减振、隔振措施；水泵进出管上装设柔性接头；水泵出水管上采用缓闭式止回阀；与水泵连接的管道吊架采用弹性吊架等。

另外，应选用低噪声的变配电设备，发电机房采取可靠的消声、隔声降噪措施。

6.6.7 有安静要求的房间如住宅居住空间、宿舍、办公室、旅馆客房、医院病房、学校教室等，电梯噪声对相邻房间的影响可以通过一系列的措施缓解，井道与相邻房间可设置隔声墙或在井道内做吸声构造隔绝井道内的噪声，机房和井道之间可设置隔声层来隔离机房设备通过井道向下部相邻房间传递噪声。

6.7 室内空气质量

6.7.1 根据室内环境空气污染的测试数据，目前室内环境空气中以化学性污染最为严重，在公共建筑和居住建筑中，TVOC、甲醛气体污染严重，同时部分人员密集区域由于新风量不足而造成室内空气中二氧化碳浓度超标。通过调查，造成室内环境空气污染的主要有毒有害气体（氡气污染除外）主要是通过装饰装修工程中使用的建筑材料、装饰材料、家具等释放出的。其中，机拼细木工板（大芯板）、三合板、复合木地板、密度板等板材类，内墙涂料、油漆等涂料类，各种粘合剂均释放出甲醛气体、非甲烷类挥发性有机气体，是造成室内环境空气污染的主要污染源。室内装修设计时应少用人造板材、胶粘剂、壁纸、化纤地毯等，禁止使用无合格报告的人造板材、劣质胶水等不合格产品，尽量不使用添加甲醛树脂的木质和家用纤维产品。

为避免过度装修导致的空气污染物浓度超标，在进行室内装修设计时，宜进行室内环境质量预评价，设计时根据室内装修设计方案和空间承载量、材料的使用量、室内新风量等因素，对最大限度能够使用的各种材料的数量做出预算。根据设计方案的内容，分析、预测建成后存在的危害室内环境质量因素的种类和危害程度，提出科学、合理和可行的技术对策措施，作为该工程项目改善设计方案和项目建筑材料供应的主要依据。

完善后的装修设计应保证室内空气质量符合现行国家标准的要求，空气的物理性、化学性、生物性、放射性参数必须符合现行国家标准《室内空气质量标准》GB/T 18883 等标准的要求。室外环境空气质量较差的地区，室内新风系统宜采取必要的处理措施以提高室内空气品质。

6.7.2 因使用的室内装修材料、施工辅助材料以及施工工艺不合规范，造成建筑建成后室内环境长期污染难以消除，也对施工人员健康产生危害，是目前较为普遍的问题。为杜绝此类问题，必须严格按照《民用建筑工程室内环境污染控制规范》GB 50325 和现行国家标准关于室内建筑装饰装修材料有害物质限量的相关规定，选用装修材料及辅助材料。鼓励选用比国家标准更健康环保的材料，鼓励改进施工工艺。

目前主要采用的有关建筑材料放射性和有害物质的国家标准有：

1 《建筑材料放射性核素限量》GB 6566

2 《室内装饰装修材料人造板及其制品中甲醛释放限量》GB 18580

3 《室内装饰装修材料溶剂木器涂料中有害物质限量》GB 18581

4 《室内装饰装修材料内墙涂料中有害物质限量》GB 18582

5 《室内装饰装修材料胶粘剂中有害物质限量》GB 18583

6 《室内装饰装修材料木家具中有害物质限量》GB 18584

7 《室内装饰装修材料壁纸中有害物质限量》GB 18585

8 《室内装饰装修材料聚氯乙烯卷材地板中有害物质限量》GB 18586

9 《室内装饰装修材料地毯、地毯衬垫及地毯用胶粘剂中有害物质释放限量》GB 18587

10 《室内装饰装修材料混凝土外加剂释放氨的限量》GB 18588

11 《民用建筑工程室内环境污染控制规范》GB 50325

6.7.3 产生异味或空气污染物的房间与其他房间分开设置，可避免其影响其他空间的室内空气品质，便于设置独立机械排风系统。

6.7.4 在人流较大建筑的主要出入口，在地面采用至少 2m 长的固定门道系统，阻隔带入的灰尘、小颗粒等，使其无法进入该建筑。固定门道系统包括格栅、格网、地垫等。地垫宜每周保洁清理。

6.7.5 目前较为成熟的这类功能材料包括化学分解法的除醛涂料、产生负离子功能材料、稀土激活抗菌材料、温度调节材料等。

6.8 工业化建筑产品应用

6.8.1 模数协调是标准化的基础，标准化是建筑工业化的根本，建筑的标准化应该满足社会化生产的要求，不同设计单位、生产厂家、建设单位应能在统一平台上共同完成建筑的工业化建造。不依照模数设计，尺度种类过多，就难以进行工业化的生产，对应的模数协调问题显得尤为重要。

建筑工业化应遵循《建筑模数协调统一标准》GBJ 2、《住宅厨房家具及厨房设备模数系列》JG/T 219 等相关标准进行设计。房屋的建筑、结构、设备等设计宜遵循模数设计原则，并协调部件及各功能部位与主体间的空间位置关系。强化建筑模数协调的推广应用将有利于推动建筑工业化的快速发展。

住宅、旅馆、学校等建筑的相当数量的房间平面、功能、装修相同或相近，对于这些类型的建筑宜进行标准化设计。标准化设计的内容不仅包括平面空间，还应对建筑构件、建筑部品等进行标准化、系列化设计，以便进行工业化生产和现场安装。

6.8.2 大部分建筑部品和部件在工厂生产完成，在现场仅需要进行相对简单的拼装工作，是国际建筑业的发展方向，也是我国建筑业的努力方向。这样做可以保证建筑质量，提高建筑的施工精度，缩短工期，提高材料的使用效率，降低施工能耗，同时减少建造过程中产生的垃圾和减轻对环境的污染。

工业化建筑体系主要包括预制混凝土体系（由预制混凝土板、梁、柱、墙、楼梯等构件组成）、钢结构体系、复合木结构等及其配套产品体系，其特点是主要构件在工厂生产加工、现场连接组装。

工业化部品包括装配式隔墙、复合外墙、整体厨卫等以及成品门、窗、栏杆、百叶、雨棚、烟道以及水、暖、电、卫生设备等。

6.8.3 现场干式作业与湿作业相比可更有效保证施工质量，降低现场劳动强度，施工过程更环保、卫生，同时还能缩短工期，符合建筑工业化的发展方向。

工业化的装修方式是将装修部分从结构体系中拆分出来，合理地分为隔墙系统、顶棚系统、地面系统、厨卫系统等若干系统，最大限度地推进这些系统中相关部品的工业化生产，减少现场湿作业，这样做可大大提高部品的加工和安装精度，减少材料浪费，保证装修工程质量，缩短工期，并有利于建筑的维护及改造工作，是绿色建筑的发展方向。

6.8.4 预拌砂浆（或称商品砂浆）包括干拌砂浆和湿拌砂浆，由专业化工厂生产，在生产时添加各种外加剂，能保证砂浆性能且质量稳定。同时，预拌砂浆可以利用工业固体废弃物制造成人工机制砂石代替天然砂石，既可以回收利用废弃物，减少原材料消耗，又可以减少对环境的破坏。

现浇混凝土施工采用预拌混凝土在我国已经比较普遍，且主要由政府有关建设施工管理法规及施工规范管理，不在设计范围。而预拌砂浆的分类及性能等级较多，需要在设计文件中作出明确规定，故列入本规范。

6.8.5 为了使建筑的室内分隔方式可以更加灵活多样，设备的维护、更新可以更加方便，宜采用结构构件与设备、装修分离的方式，以保证结构主体不被设备管线、装修破坏，装修空间不受结构主体约束。

6.9 延长建筑寿命

6.9.1 建筑建成之后在使用过程中因为各种条件的变化，会出现建筑设备更新、平面布置变化的情况。在设计阶段考虑这些情况预留变更、改善的可能，是符合全寿命周期原则的。具体措施有：选择适宜的开间和层高，室内分隔采用轻质隔墙、隔断，设备布置便于灵活分区，空间设计上考虑方便设备、管道的更新等等。

6.9.2 建筑的各种五金配件、管道阀门、开关龙头等应考虑选用长寿命的优质产品，构造上易于更换。幕墙的结构胶、密封胶等也应选用长寿命的优质产品。同时设计还应考虑为维护、更换操作提供方便条件。

6.9.3 在选择外墙装饰材料时（特别是高层建筑时），宜选择耐久性较好的材料，以延长外立面维护、维修的时间间隔。我国建筑因为造价低廉，外墙装饰材料选用涂料、面砖的比较多。涂料每隔 5 年左右需要重新粉刷，维护费用较高，高层建筑尤为突出。面砖则因为施工质量的原因经常脱落，应用在高层建筑上容易形成安全隐患，所以在仅使用化学胶粘剂固定面砖时，应采取有效措施防止其脱落。此外室外露出的钢制部件宜使用不锈钢、热镀锌等进行表面处理或采用铝合金等防腐性能较好的产品替代。空调室外机应采取可靠措施固定于钢筋混凝土板上。

为便于外立面的维护，高层建筑宜设置擦窗机，低层建筑可考虑在屋顶女儿墙处设置不锈钢制圆环（应保证强度），便于固定维护人员使用的安全带。此外，窗的开启方式便于擦窗，设置维护用阳台或走道等也是较好的方式。

6.9.4 建筑寿命周期越长，单位时间内对资源消耗、

能源消耗和环境影响越小，绿色性能越好。而我国建筑的平均使用寿命与国外相比普遍偏短，因此提倡适当延长建筑寿命周期。

现行国家标准《工程结构可靠性设计统一标准》GB 50153，根据建筑的重要性对结构设计使用年限作了相应规定。这个规定是最低标准，结构设计不能低于此标准。但为延长建筑寿命，业主可以适当提高结构设计使用年限，此时结构构件的抗力及耐久性设计应符合相应设计使用年限的要求。

6.9.5 国家规范规定的结构可靠度是最低要求，可以根据业主要求，在国家规范的基础上适当提高结构的荷载富余度、抗风抗震设防水准等，这也是提高结构的适应性、延长建筑寿命的一个方面。但对绿色建筑设计，实现上述目标，宜依靠先进技术而不是增加建筑材料消耗，如采用隔震和消能减震技术提高结构抵御地震作用的能力等。

6.9.6 对改扩建工程，应尽可能保留原建筑结构构件，应进行结构技术检测鉴定，根据鉴定结果，进行必要的维修加固，满足结构可靠度及耐久性要求后仍可继续使用。经鉴定确实需要拆除时，方可实施拆除作业。避免对结构构件大拆大改。

7 建筑材料

7.1 一般规定

7.1.1 绿色建筑设计应通过控制建筑规模、集中体量、减小体积，优化结构体系与设备系统，使用高性能及耐久性好的材料等手段，减少在施工、运行和维护过程中的材料消耗总量，同时考虑材料的循环利用，以达到节约材料的目标。

7.1.2 此条是为了促进资源节约和环境保护，推广应用符合国家和地方标准要求的建筑材料，强制淘汰不符合节能、节地、节水、节材和环保要求的材料。

高能耗材料是指从获取原料、加工运输、成品制作、施工安装、维护、拆除、废弃物处理的全寿命周期中消耗大量能源的建筑材料。应选择在此过程中耗能少的材料以更有利于实现建筑的绿色目标。

建筑材料中有害物质含量应符合现行国家标准GB 18580～18588、《建筑材料放射性核素限量》GB 6566 和《室内空气质量标准》GB/T 18883 的规定，民用建筑工程所选用的建筑材料和装修材料必须符合《民用建筑工程室内环境污染控制规范》GB 50325的规定。应通过对材料的释放特性和生产、施工、拆除过程的环境污染控制，达到绿色建筑全寿命周期的环境保护目标。环境污染控制的标准是随着技术和经济的发展而变化的，应按照最新的相关标准选用材料。

消防气体灭火系统应采用 ODP＝0 的洁净气体作为灭火剂。空调制冷设备应采用符合环保要求的制

冷剂。

7.1.3 绿色建筑应营造有利于人的身心健康的良好室内外环境，因此，不但要考虑其满足建筑功能的需要，还应考虑通过人的视觉、触觉等感官引起生理和心理的良性反应。例如：在寒冷地区多采用暖色材料，在休息区域采用色调柔和的材料；接触人体的部位采用传热慢、触感柔和的材料；人员长时间站立的地面采用有一定弹性的材料等。

7.1.4 每种材料都牵涉到重量、能耗、可回收性、运输、污染性、功能、性能、施工工艺等多个方面的指标，影响总体绿色目标的实现。因此不可仅按照材料的单一或几项指标进行选用，而忽视其他指标的负面影响，而应通过对材料的综合评估进行比较和筛选，在可能的条件下达到最优的绿色效应。

在施工图中明确对材料性能指标的要求，可以保证实际使用材料以及工程预算的准确性。节材计算等预评估计算是绿色建筑设计必需的控制手段，应保证计算输入的材料参数与施工图设计文件中要求的一致，设计文件中应注明与实现绿色目标有关的材料及其性能指标，并与相关计算一致，以保证计算的有效性。

7.2 节　　材

7.2.1 绿色建筑设计应避免设置超出需求的建筑功能及空间，材料的节省首先有赖于建筑空间的高效利用；每一功能空间的大小应根据使用需求来确定，不应设置无功能空间，或随意扩大过渡性和辅助性空间。

建筑体量过于分散，则其地下室、屋顶、外墙等的外围护材料和施工、维护耗材等都将大量增加，因此应尽量将建筑集中布置；另一方面，由于高层建筑单位面积的结构、设备等材料消耗量较高，所以在集中的同时尚应注意控制高层建筑的数量。

层高的增加会带来材料用量的增加，尤其高层建筑的层高需要严格控制。层高的降低需综合平衡，降低层高的手段包括优化结构设计和设备系统设计、不设装饰吊顶等。

7.2.2 首先，一体化设计是节省材料用量、实现绿色目标的重要手段之一。土建和装修一体化设计可以事先统一进行建筑构件上的孔洞预留和装修面层固定件的预埋，避免在装修施工阶段对已有建筑构件打凿、穿孔和拆改，既保证了结构的安全性，又减少了噪声、能耗和建筑垃圾；一体化设计可减少材料消耗，并降低装修成本。一体化设计也应考虑用户个性化的需求。

设备系统已成为现代建筑中必不可少的组成部分。给水、排水、热水、直饮水、采暖、通风、空调、燃气、照明、电力、电话、网络、有线电视等，构成了建筑设备工程丰富的内容，通过优化设备系统的设计可以减少材料的用量。

管线综合设计可以避免在施工过程中出现碰撞、难于排放甚至返工等问题，从而避免材料的浪费。建筑设备管线综合设计在遵守各专业的工艺、规范要求的前提下，应注重相互避让关系，如：拟建管线让现状管线，可弯曲管线让不易弯曲管线，压力管线让重力流管线，分支管线让主干管线，小管径管线让大管径管线，临时管线让长期管线等。

其次，鼓励建筑设计中采用本身具有装饰效果的建筑材料，目前此类材料中应用较多的有：清水混凝土、清水砌块、饰面石膏板等。这类材料的使用大幅度减少了涂料、饰面等装饰材料的用量，从而减少了装饰材料中有害气体的排放。

最后，建筑装修应遵循形式简约、高度功能化的设计理念，并尽量减少使用重质装修材料，如石材等，提倡使用轻质隔断、轻质地板等，以减少结构荷载、施工消耗及拆除时的建筑垃圾。室内装修应围绕建筑使用功能进行设计，过度装修使用太多的装修材料、涂料，使本来宽敞的空间变得狭窄，还可能影响通风和采光等使用性能。

7.2.3 建筑材料用量中绝大部分是结构材料。在设计过程中应根据建筑功能、层数、跨度、荷载等情况，优化结构体系、平面布置、构件类型及截面尺寸的设计，充分利用不同结构材料的强度、刚度及延性等特性，减少对材料尤其是不可再生资源的消耗。

当地基土承载力偏低压缩性偏大时，基础形式的选择需综合分析比选。对地基进行人工处理，采用复合地基可减少建筑材料的消耗；预制桩或预应力混凝土管桩等在节材方面具有优势。

7.2.4 采用高强混凝土可以减小构件截面尺寸和混凝土用量，增加使用空间；梁、板及层数较低的结构可采用普通混凝土。

选用高强钢材可减轻结构自重，减少材料用量。在普通混凝土结构中，受力钢筋优先选用 HRB400 级或更高级热轧带肋钢筋；在预应力混凝土结构中，宜使用中、高强螺旋肋钢丝以及三股钢绞线。

7.2.5 建筑改建、扩建，包括建筑功能改变、建筑加层或平面加大等。某些情况下，采用结构体系加固方案，如增设剪力墙（或支撑）将纯框架结构改造成框-剪（支撑）结构；采用隔震和消能减震技术提高结构抗震能力等；可减少构件加固的数量，减少材料消耗及对环境的影响。

目前结构构件的加固方法较多，对需要加固的结构构件，在保证安全性及耐久性的前提下，应采用节约资源、节约能源及保护环境的加固方案及技术。

7.3 选　　材

7.3.1 首先，建筑中可再循环材料包含两部分内容，一是使用的材料本身就是可再循环材料；二是建筑拆除时能够被再循环利用的材料。钢材、铜材等金属材料属于可再循环材料，除此之外还包括：铝合金型材、玻璃、石膏制品、木材等。

可再利用材料指在不改变所回收物质形态的前提下进行材料的直接再利用，或经过再组合、再修复后再利用的材料。可再利用材料的使用可延长还具有使用价值的建筑材料的使用周期，降低材料生产的资源消耗，同时可减少材料运输对环境造成的影响。可再利用材料包括从旧建筑拆除的材料以及从其他场所回收的旧建筑材料。可再利用材料包括砌块、砖石、管道、板材、木地板、木制品（门窗）、钢材、钢筋、部分装饰材料等。

充分使用可再循环材料及可再利用材料，可以减少新材料的使用及生产加工新材料带来的资源、能源消耗和环境污染。

其次，用于生产制造再生材料的废弃物主要包括建筑废弃物、工业废弃物和生活废弃物。在满足使用性能的前提下，鼓励使用利用建筑废弃物再生骨料制作的混凝土砌块、水泥制品和配制再生混凝土；鼓励使用利用工业废弃物、农作物秸秆、建筑垃圾、淤泥为原料制作的水泥、混凝土、墙体材料、保温材料等建筑材料；鼓励使用生活废弃物经处理后制成的建筑材料。

第三，在设计过程中，应最大限度利用建设用地内拆除的或其他渠道收集得到的既有建筑的材料，以及建筑施工和场地清理时产生的废弃物等，延长其使用期，达到节约原材料、减少废物的目的，同时也降低由于更新所需材料的生产及运输对环境的影响。设计中需考虑的回收物包括木地板、木板材、木制品、混凝土预制构件、金属、装饰灯具、砌块、砖石、保温材料、玻璃、石膏板、沥青等。

第四，可快速再生的天然材料指持续的更新速度快于传统的开采速度（从栽种到收获周期不到10年）。可快速更新的天然材料主要包括树木、竹、藤、农作物茎秆等在有限时间阶段内收获以后还可再生的资源。我国目前主要的产品有：各种轻质墙板、保温板、装饰板、门窗等等。快速再生天然材料及其制品的应用一定程度上可节约不可再生资源，并且不会明显地损害生物多样性，不会影响水土流失和影响空气质量，是一种可持续的建材，它有着其他材料无可比拟的优势。但是木材的利用需要以森林的良性循环为支撑，采用木结构时，应利用速生丰产林生产的高强复合工程用木材，在技术经济允许的条件下，利用从森林资源已形成良性循环的国家进口的木材也是可以的。

第五，宜选用距离施工现场500km以内的本地的建筑材料。绿色建筑除要求材料优异的使用性能外，还要注意材料运输过程中是否节能和环保，因此应充分了解当地建筑材料的生产和供应的有关信息，以便在设计和施工阶段尽可能实现就地取材，减少材料运输过程资源、能源消耗和环境污染。

7.3.2 为降低建筑材料生产过程中天然和矿产资源的消耗，本条鼓励建筑设计时选择节约资源的建筑材料。

对建筑材料评价体系的研究目前在我国还处于起步阶段，需要大量的实践数据和经验积累，又由于我国地域辽阔，目前还很难获得全面的、最新的、精确的和适应性强的数据。下列提供的公式及数据，可为设计者初步设计阶段选择资源消耗小的建筑材料提供参考依据。

根据初步设计阶段（建筑概算书）提供的建筑材料清单，计算建筑物单位建筑面积所用建筑材料生产过程中消耗的天然及矿产资源量 C（t/m^2）：

$$C = \sum_{i=1}^{n} X_i B_i (1-\alpha)/S \qquad (1)$$

式中：X_i——第 i 种建筑材料生产过程中单位重量消耗资源的指标（见表3）；

B_i——单体建筑用第 i 种建筑材料的总重量（t）；

S——单体建筑的建筑面积（m^2）；

α——单体建筑所用第 i 种建筑材料的回收系数（见表4）。

表3　单位重量建筑材料生产过程中消耗资源的指标 X_i（t/t）

钢材	铝材	水泥	建筑玻璃	建筑卫生陶瓷	混凝土砌块	实心黏土砖	木材制品
1.8	4.5	1.6	1.4	1.3	1.2	1.9	0.1

注：本表中的 X_i 值来源于《绿色奥运建筑评估体系》（2003年）。

表4　可再生材料的回收系数 α

型　钢	钢　筋	铝　材
0.90	0.50	0.95

注：本表中的 α 值来源于《绿色奥运建筑评估体系》（2003年）。

设计阶段必须考虑的主要建筑材料包括钢材、铝材、水泥、建筑玻璃、建筑卫生陶瓷、实心黏土砖、混凝土砌块、木材制品等。在计算建筑材料资源消耗时必须考虑建筑材料的可再生性。具备可再生性的建筑材料包括：钢筋、型钢、建筑玻璃、铝合金型材、木材等。其中建筑玻璃和木材虽然可全部或部分回收，但回收后的玻璃一般不再用于建筑，木材也很难不经处理而直接应用于建筑中。因此，计算时可不考虑玻璃和木材的回收再利用因素。

采用砌体结构时，结构的材料应严格限制黏土砖的使用，少用其他黏土制品，设计中宜选用本地工业、矿业、农业废料制成的墙材产品。如：混凝土小型空心砌块、粉煤灰砖、粉煤灰空心砌块、灰砂砖、煤矸石砖、页岩砖、海泥砖、植物纤维石膏渣增强砌块等。通过这些材料的选用有利于资源的综合利用。

7.3.3 首先，建筑材料从获取原料、加工运输、成品制作、施工安装、维护、拆除、废弃物处理的全寿命周期中会消耗大量能源。在此过程中耗能少的材料更有利于实现建筑的绿色目标。

为降低建筑材料生产过程中能源的消耗，本条鼓励建筑设计阶段选择生产能耗少的建筑材料。以下提供的公式及数据，可为初步设计阶段选择能耗低的建筑材料提供参考依据。

根据初步设计阶段（建筑概算书）提供的建筑材料清单，计算建筑物单位建筑面积所用建筑材料生产过程中消耗的能源量 E（GJ/m^2）：

$$E = \sum_{i=1}^{n} B_i \left[X_i (1-\alpha) + \alpha X_{ri} \right] / S \qquad (2)$$

式中：X_i——第 i 种建筑材料生产过程中单位重量消耗能源的指标（GJ/t）（见表5）；

B_i——单体建筑所用第 i 种建筑材料的总重量（t）；

S——单体建筑的建筑面积（m^2）；

α——单体建筑所用第 i 种建筑材料的回收系数（见表4）；

X_{ri}——单体建筑所用第 i 种建筑材料的回收后再利用过程的生产能耗指标（GJ/t）。

表5 单位重量建筑材料生产过程中消耗能源的指标 X_i（GJ/t）

钢材	铝材	水泥	建筑玻璃	建筑卫生陶瓷	实心黏土砖	混凝土砌块	木材制品
29.0	180.0	5.5	16.0	15.4	2.0	1.2	1.8

注：1 本表中的 X_i 值来源于《绿色奥运建筑评估体系》（2003年）。

2 其中混凝土砌块的生产能耗中未计入原材料的生产能耗。

在设计阶段必须考虑的主要建筑材料有钢材、铝材、水泥、建筑玻璃、建筑卫生陶瓷、实心黏土砖、砌体材料、木材制品等。在计算建筑材料生产能耗时也必须考虑建筑材料的可再生性。与资源消耗不同的是，回收的建筑材料循环再生过程同样需要消耗能源。我国回收钢材重新加工的能耗为钢材原始生产能耗的20%～50%，取40%进行计算；可循环再生铝生产能耗占原生铝的5%～8%，取6%进行计算。建筑材料回收后循环利用的生产能耗指标为：钢材为11.6GJ/t，铝材为10.8GJ/t。

建筑材料的生产能耗在建筑能耗中所占比例很大。因此，使用生产能耗低的建筑材料对降低建筑能耗具有重要意义。在评价建筑材料的生产能耗时必须考虑建筑材料的可再生性，用建筑材料全生命周期的观点看，像钢材、铝材这样高初始生产能耗的建筑材料其综合能耗并不高。

其次，鼓励使用施工及拆除能耗低的建筑材料，

施工和拆除时采用不同的建筑材料对能源的消耗有着明显的差别，例如：混凝土装饰保温承重空心砌块可简化施工工序，节约施工能耗；建筑模网混凝土施工过程中免支模、免振捣、免拆模，采用机械化施工，简单、方便，减少了模板的消耗和浪费；永久性模板在灌入模板的混凝土达到拆模强度时不再拆除，而是作为结构的一部分或者作为其表面装饰、保护材料而成为建筑物的永久结构或构造，避免了一般模板的反复支、拆和周转使用。

7.3.4 为降低建筑材料生产过程中对环境的污染，最大限度地减少温室气体排放，保护生态环境，本条鼓励建筑设计阶段选择对环境影响小的建筑体系和建筑材料，以下提供的公式及数据，可为设计者初步设计阶段选择对环境污染小的建筑材料提供参考依据。

根据初步设计阶段（建筑概算书）提供的建筑材料清单，计算建筑物单位建筑面积所用建筑材料生产过程中排放的 CO_2 量 P（t/m^2）（其他排放污染物如 SO_2、NO_x、粉尘等因数量相对较小，与排放 CO_2 量存在数量级上的差别，故仅以排放 CO_2 的量表示）：

$$P = \sum_{i=1}^{n} B_i \left[X_i (1-\alpha) + \alpha X_{ri} \right] / S \qquad (3)$$

式中：X_i——第 i 种建筑材料生产过程中单位重量排放 CO_2 的指标（t/t）（见表6）；

B_i——单体建筑所用第 i 种建筑材料的总重量（t）；

S——建筑单体的建筑面积总和（m^2）；

α——单体建筑所用第 i 种建筑材料的回收系数（见表4）；

X_{ri}——单体建筑所用第 i 种建筑材料的回收过程排放 CO_2 指标（t/t）。

在设计阶段必须考虑的主要建筑材料有钢材、铝材、水泥、建筑玻璃、建筑卫生陶瓷、实心黏土砖、混凝土砌块、木材制品等。在计算建筑材料生产过程排放 CO_2 量时也必须考虑建筑材料的可再生性。与资源消耗不同的是，回收的建筑材料循环再生过程同样要排放 CO_2，我国回收钢材重新加工的 CO_2 排放量为钢材原始生产 CO_2 排放量的20%～50%，取40%进行计算；可循环再生铝生产 CO_2 排放量占原生铝的5%～8%，取6%进行计算。因此，建筑材料回收后再利用的生产过程排放 CO_2 的指标为：钢材为0.8t/t，铝材为0.57t/t，参见表6。

表6 单位重量建筑材料生产过程中排放 CO_2 的指标 X_i（t/t）

钢材	铝材	水泥	建筑玻璃	建筑卫生陶瓷	实心黏土砖	混凝土砌块	木材制品
2.0	9.5	0.8	1.4	1.4	0.2	0.12	0.2

注：本表中的 X_i 值来源于《绿色奥运建筑评估体系》（2003年）。

7.3.5 功能性建材是在使用过程中具有利于环境保护或有益于人体健康功能的，对地球环境负荷相对较小的建筑材料。它的主要特征是：①在使用过程中具有净化、治理、修复环境的功能；②在其使用过程中不形成二次污染；③其本身易于回收或再生。此类产品具有多种功能，如防腐、防蛀、防霉、除臭、隔热、调湿、抗菌、防射线、抗静电等，甚至具有调节人体机能的作用。例如：抗菌材料、空气净化材料、保健功能材料、电磁波防护材料等。

1 随着人们对室内环境的热舒适要求越来越高，建筑能耗也相应随之增大，造成能源消耗持续增长，为达到舒适和节能的双赢，人们正进行着积极的探索。如：在建筑围护结构中加入相变储能构件，提供了一种改善室内热舒适性、降低能耗和缓解对大气环境负面影响的有效途径。

2 建筑物的地下室和不设地下室的首层地面因直接与地基相连，故在春天或雨季时常常"回潮"，在我国南方和沿海地区，建筑物的防潮问题尤为突出，若不采取有效的防潮措施，建筑材料很容易霉变，在通风不畅的情况下易产生霉菌，影响室内人员的身体健康，同时建筑材料的耐久性受到较大的影响。根据不同的需要，防潮材料的种类有很多，如：防潮石膏墙体材料、聚乙烯薄膜、烧结灰砂砖等。

3 鼓励采用具有自洁功能的建筑材料。近年来各种新型表面自洁材料相继问世，应用较多的有表面自洁玻璃、表面自洁陶瓷洁具、表面自洁型涂料等，它们的使用可提高表面抗污能力，减少清洁建材表面污染带来的浪费，达到节能和环保的目的。

4 室内空气中甲醛、苯、甲苯、有机挥发物、人造矿物纤维是危害人体健康的主要污染物。为积极提供有利于人体健康的环境，鼓励选用具有改善居室生态环境和保健功能的建筑材料。现在国内开发了很多有利于改善室内环境及人体健康的材料，如：防腐、防蛀、防霉、除臭、隔热、调湿、抗菌、防射线、抗静电等功能的多功能材料。这些新材料的研究开发为营造良好室内环境提供了新的途径。

7.3.6 绿色建筑提倡采用耐久性好的建筑材料，可保证建筑材料保持较长的使用功能，延长建筑使用寿命，减少建筑的维修次数，从而减少社会对材料的需求量，也减少废旧拆除物的数量，采用耐久性好的建筑材料是最大的节约措施之一。

7.3.7 轻质混凝土包括轻骨料混凝土、多孔混凝土（如加气混凝土、泡沫混凝土）和大孔混凝土（如无砂或少砂的大孔混凝土等）。轻骨料混凝土是以天然轻骨料（如浮石、凝灰岩等）、工业废渣轻骨料（如炉渣、粉煤灰陶粒、自燃煤矸石等）、人造轻骨料（页岩陶粒、黏土陶粒、膨胀珍珠岩等）取代普通骨料所制成的混凝土材料。采用轻质混凝土是建材轻量化的重要手段之一，轻质混凝土大量应用于工业与民

用建筑及其他工程，可以节约材料用量、减轻建筑自重、减小地基荷载及地震作用。同时使用轻质混凝土还可提高构件运输和吊装效率等。

在主要建筑材料中，木材是唯一可再生利用的、具有最好环境效益的材料。木结构房屋从木构件的采集、加工成型到现场拼装对环境影响最小，几乎不产生任何有害气体，是完全环保型的建筑体系。建筑废弃后，建筑的大部分构件可以得到再次利用或其他利用，做到资源的永续循环。我国木结构研究尚处于初级阶段，在木结构住宅的开发方面，尚有许多工作要做，随着我国经济的不断发展和人们对生活环境要求的不断提高，木结构建筑的发展，将进入新阶段。

采用轻钢以及金属幕墙等建材是建材轻量化的最直接有效的办法，直接降低了建材使用量，进而减少建材生产能耗和碳排放。

8 给 水 排 水

8.1 一 般 规 定

8.1.1 在《绿色建筑评价标准》GB/T 50378 中，方案设计阶段制定水资源规划方案的要求是作为控制项提出的。在进行绿色建筑设计前，应充分了解项目所在区域的市政给排水条件、水资源状况、气候特点等客观情况，综合分析研究各种水资源利用的可能性和潜力，制定水资源规划方案，提高水资源循环利用率，减少市政供水量和雨、污水排放量。

制定水资源规划方案是绿色建筑给排水设计的必要环节，是设计者确定设计思路和设计方案的可行性论证过程。

水资源规划方案，包括但不限于下列内容：

1 当地政府规定的节水要求、地区水资源状况、气象资料、地质条件及市政设施情况等的说明；

2 用水定额的确定、用水量估算（含用水量计算表）及水量平衡表的编制；

3 给水排水系统设计说明；

4 采用节水器具、设备和系统的方案；

5 污水处理设计说明；

6 雨水及再生水等非传统水源利用方案的论证、确定和设计计算与说明。

8.1.2 绿色建筑设计中应优先采用废热回收及可再生能源作为热源以达到节能减排的目的。

当采用太阳能热水系统时，应综合考虑场地环境、用水量及水电配备等情况，合理配置其辅助加热系统使其确实达到节能效果；根据建筑物的使用需求及集热器与储水箱的相对安装位置等因素确定太阳能热水系统的运行方式，并符合《太阳能热水系统设计安装及工程验收技术规范》GB/T 18713 和《民用建筑太阳能热水系统应用技术规范》GB 50364 中

有关系统设计的规定。除太阳能资源贫乏区（Ⅳ类区）外，均可采用太阳能热水系统。

8.2 非传统水源利用

8.2.1 设置分质供水系统是建筑节水的重要措施之一。

在《绿色建筑评价标准》GB/T 50378 中，对住宅、办公楼、商场、旅馆类建筑均提出了非传统水源利用率的要求。该标准中规定凡缺水城市均应参评此项。参考联合国系统制定的一些标准，我国提出的缺水标准为：人均水资源量低于 $1700m^3 \sim 3000m^3$ 为轻度缺水；$1000m^3 \sim 1700m^3$ 为中度缺水；$500m^3 \sim 1000m^3$ 为重度缺水；低于 $500m^3$ 的为极度缺水；$300m^3$ 为维持适当人口生存的最低标准。

采用非传统水源时，应根据其使用性质采用不同的水质标准：

1 采用雨水或中水用于冲厕、绿化灌溉、洗车、道路浇洒，其水质应满足《污水再生利用工程设计规范》GB 50335 中规定的城镇杂用水水质控制指标。

2 采用雨水、中水作为景观用水时，其水质应满足《污水再生利用工程设计规范》GB 50335 中规定的景观环境用水的水质控制指标。

中水包括市政再生水（以城市污水处理厂出水或城市污水为水源）和建筑中水（以生活排水、杂排水、优质杂排水为水源），应结合城市规划、城市中水设施建设管理办法、水量平衡等，从经济、技术和水源水质、水量稳定性等各方面综合考虑确定。项目周围存在市政再生水供应时，使用市政再生水达成节水目的，具有较高的经济性。当不具备市政供水条件时，建筑内可自建中水处理站，设计应明确中水原水量、原水来源、水处理设备规模、水处理流程、中水供应位置、系统设计、防止误接误饮措施。建筑中水水源可依次考虑建筑优质杂排水、杂排水、生活排水等。

雨水和中水利用工程应依据《建筑与小区雨水利用工程技术规范》GB 50400 和《建筑中水设计规范》GB 50336 进行设计。

8.2.2 为确保非传统水源的使用不带来公共卫生安全事件，供水系统应采取可靠的防止误接、误用、误饮措施。其措施包括：非传统水源供水管道外壁涂成浅绿色，并模印或打印明显耐久的标识，如"中水"、"雨水"、"再生水"；对设在公共场所的非传统水源取水口，设置带锁装置；用于绿化浇洒的取水龙头，明显标识"不得饮用"，或安装供专人使用的带锁龙头。

8.2.3 本条文主要是针对非传统水源的用水及水质保障而制定。中水及雨水利用应严格执行《建筑中水设计规范》GB 50336 和《建筑与小区雨水利用工程技术规范》GB 50400 的规定。

海水利用是指通过一定的技术手段在某些用水领域采用海水替代宝贵的淡水资源。沿海城市的冲洗厕所、消防等用水，也在逐渐使用海水。海水的直接利用为解决淡水资源不足提供了新的途径。

在海水利用方面，持续、充分加氯以保证余氯浓度，对于抑制供水系统内海生物等的沉积是很有必要的。

由于海水中的氯化物和硫酸盐含量甚高，是强电解质溶液，对金属有较强的腐蚀作用，海水冲厕供应系统的每个部分（包括调蓄水池），均需以适用于海水的材料制造。在内部供水设施方面，常采用球墨铸铁管及低塑性聚氯乙烯水管，或者在凡海水流经的管道内敷贴衬里，最常用的衬里有：橡胶衬里、焦油环氧基树脂涂层和聚乙烯衬里。

利用海水冲厕后的污水，应与其他水源的生活污水分开处理，不宜排入同一收集系统。

8.2.4 当住宅项目场地内设有景观水体时，根据《绿色建筑评价标准》GB/T 50378 中的要求，不得采用市政给水作为景观用水。

根据雨水或再生水等非传统水源的水量和季节变化的情况，设置合理的住区水景面积，避免美化环境的同时却大量浪费宝贵的水资源。景观水体的规模应根据景观水体所需补充的水量和非传统水源可提供的水量确定，非传统水源水量不足时应缩小水景规模。

景观水体补水采用雨水时，应考虑旱季景观，确保雨季观水、旱季观石；住区景观水体补水采用中水时，应采取措施避免发生景观水体的富营养化问题。

采用生物措施就是在水域中人为地建立起一个生态系统，并使其适应外界的影响，处在自然的生态平衡状态，实现良性可持续发展。景观生态法主要有三种，即曝气法、生物药剂法及净水生物法。其中净水生物法是最直接的生物处理方法。目前利用水生动、植物的净化作用，吸收水中养分和控制藻类，将人工湿地与雨水利用、中水处理、绿化灌溉相结合的工程实例越来越多，已经积累了很多的经验，可以在有条件的项目中推广使用。

当采用曝气或提升等机械设施时，可使用太阳能风光互补发电等可再生能源提供电源，在保证水质的同时综合考虑节水、节能措施。

8.2.5 目前在我国部分缺水地区，水务部门对雨水利用已形成政府文件，要求在设计中统一考虑；同时《建筑与小区雨水利用工程技术规范》GB 50400 也于 2006 年发布，因此在绿色建筑设计中雨水利用作为一项有效的节水措施被推荐采用。

我国幅员辽阔，地区差异巨大，降雨分布不均，因此在雨水的综合利用中一定要进行技术经济比较，制定合理、适用的方案。

建议在常年降雨量大于 800mm 的地区采用雨水收集的直接利用方式；而低于上述年降雨量地区采用以渗透为主的间接雨水利用方式。

在征得当地水务部门的同意下，可利用自然水体作为雨水的调节设施。

8.3 供水系统

8.3.1 合理的供水系统是给水排水设计中达到节水、节能目的的保障。

为减少建筑给水系统超压出流造成的水量浪费，应从给水系统的设计、合理进行压力分区、采取减压措施等多方面采取对策。另外，设施的合理配置和有效使用，是控制超压出流的技术保障。减压阀作为简便易用的设施在给水系统中得到广泛的应用。

充分利用市政供水压力，作为一项节能条款《住宅建筑规范》GB 50368 中明确"生活给水系统应充分利用城镇给水管网的水压直接供水"。加压供水可优先采用变频供水、管网叠压供水等节能的供水技术；当采用管网叠压供水技术时应获得当地供水部门的同意。

在执行本条款过程中还需做到：掌握准确的供水水压、水量等可靠资料；满足卫生器具配水点的水压要求；高层建筑分区供水压力应满足《建筑给水排水设计规范》GB 50015－2003（2009 年版）中第 3.3.5 条及第 3.3.5A 条的要求。

8.3.2 用水量较小且分散的建筑如：办公楼、小型饮食店等。热水用水量较大，用水点比较集中的建筑，如：高级住宅、旅馆、公共浴室、医院、疗养院等。

在设有集中供应生活热水系统的建筑，应设置完善的热水循环系统。

《建筑给水排水设计规范》GB 50015 中提出了建筑集中热水供应系统的三种循环方式：干管循环（仅干管设对应的回水管）、立管循环（立管、干管均设对应的回水管）和干管、立管、支管循环（干管、立管、支管均设对应的回水管）。同一座建筑的热水供应系统，选用不同的循环方式，其无效冷水的出流量是不同的。

集中热水供应系统的节水措施有：保证用水点处冷、热水供水压力平衡的措施，最不利用水点处冷、热水供水压力差不宜大于 0.02MPa；宜设带调节压差功能的混合器、混合阀；公共浴室可设置感应式或全自动刷卡式淋浴器。

设有集中热水供应的住宅建筑中考虑到节水及使用舒适性，当因建筑平面布局使得用水点分散且距离较远时，宜设支管循环以保证使用时的冷水出流时间较短。

8.4 节水措施

8.4.1 小区管网漏失水量包括：室内卫生器具漏水量、屋顶水箱漏水量和管网漏水量。住宅区漏损率应小于自身最高日用水量的 5%，公共建筑其漏损率应小于自身最高日用水量的 2%。可采用水平衡测试法检测建筑或建筑群管道漏损量。同时适当地设置检修阀门也可以减少检修时的排水量。

8.4.2 本着"节流为先"的原则，根据用水场合的不同，合理选用节水水龙头、节水便器、节水淋浴装置等。

节水器具可作如下选择：

1 公共卫生间洗手盆应采用感应式水嘴或延时自闭式水嘴；

2 蹲式大便器、小便器宜采用延时自闭冲洗阀、感应式冲洗阀；

3 住宅建筑中坐式大便器宜采用设有大、小便分档的冲洗水箱；不得使用一次冲洗水量大于 6L 的坐式大便器；

4 水嘴、淋浴喷头宜设置限流配件。

8.4.3 绿化灌溉鼓励采用喷灌、微灌等节水灌溉方式；鼓励采用湿度传感器或根据气候变化调节的控制器。

喷灌是充分利用市政给水、中水的压力通过管道输送将水通过喷头进行喷洒灌溉，或采用雨水以水泵加压供应喷灌用水。微灌包括滴灌、微喷灌、涌流灌和地下渗灌等。微灌是高效的节水灌溉技术，它可以缓慢而均匀的直接向植物的根部输送计量精确的水量，从而避免了水的浪费。

喷灌比地面漫灌省水约 30%～50%，安装雨天关闭系统，可再节水 15%～20%。微灌除具有喷灌的主要优点外，比喷灌更节水（约 15%）、节能（50%～70%）。

8.4.4 按使用性质设水表是供水管理部门的要求。绿色建筑设计中应将水表适当分区集中设置或设置远传水表；当建筑项目内设建筑自动化管理系统时，建议将所有水表计量数据统一输入该系统，以达到漏水探查监控的目的。

公共建筑应对不同用途和不同付费单位的供水设置水表，如餐饮、洗浴、中水补水、空调补水等。

9 暖通空调

9.1 一般规定

9.1.1 建筑设计应充分利用自然条件，采取保温、隔热、遮阳、自然通风等被动措施减少暖通空调的能耗需求。建筑物室内采暖空调系统的形式、技术措施应根据建筑功能、空间特点、使用要求，并结合建筑所采取的被动措施综合考虑确定。

9.1.2 采用计算机能耗模拟技术能优化建筑节能设计，便于在设计过程中的各阶段对设计进行节能评估。利用建筑物能耗分析和动态负荷模拟等计算机软件，可估算建筑物整个使用期能耗费用，提供建筑能耗计算及优化设计、建筑设计方案分析及能耗评估分析，使得设计可以从传统的单点设计拓展到全工况设计。当建筑有高于现行节能标准的要求时，宜通过计算机模拟手段分析建筑物能耗，改进和完善空调系统设计。

9.1.3 冷热源形式的确定，影响能源的使用效率；而各地区的能源种类、能源结构和能源政策也不尽相同。任何冷热源形式的确定都不应该脱离工程所在地的具体条件。同时对整个建筑物的用能效率应进行整体分析，而不只是片面地强调某一个机电系统的效率。如利用热泵系统在提供空调冷冻水的同时提供生活热水、回收建筑排水中的余热作为建筑的辅助热源（污废水热泵系统）等。

绿色建筑倡导可再生能源的利用，但可再生能源的利用也受到工程所在地的地理条件、气候条件和工程性质的影响。

邻近河流、湖泊的建筑，在征得当地主管部门许可的前提下，经过技术经济比较合理时，宜采用地表水水源热泵作为建筑的集中冷热源。在征得当地主管部门许可的前提下，经过技术经济比较合理时，宜采用土壤源热泵或水源热泵作为建筑空调、采暖系统的冷热源。

9.1.4 室内环境参数标准涉及舒适性和能源消耗，科学合理地确定室内环境参数，不仅是满足室内人员舒适的要求，也是为了避免片面追求过高的室内环境参数标准而造成能耗的浪费。鼓励通过合理、适宜的送风方式、气流组织和正确的压力梯度，提高室内的舒适度和空气品质。

9.1.5 强调设备容量的选择应以计算为依据。全年大多时间，空调系统并非在100%空调设计负荷下工作。部分负荷工作时，空调设备、系统的运行效率同100%负荷下工作的空调设备和系统有很大差别。确定空调冷热源设备和空调系统形式时，要求充分考虑和兼顾部分负荷时空调设备和系统的运行效率，应力求全年综合效率最高。

9.1.6 为了满足部分负荷运行的需要，能量输送系统，无论是水系统还是风系统，经常采用变流量的形式。通过采用变频节能技术满足变流量的要求，可以节省水泵或风机的输送能耗；夜间冷却塔的低速运行还可以减少其噪声对周围环境的影响。

9.1.7 空调系统的节能设计是空调节能的前提。《公共建筑节能设计标准》GB 50189-2005对空调系统的节能设计进行了相关规定，如：冷水机组的性能系数（COP）、冷水系统的输送能效比（ER）和风系统风机的单位风量耗功率（WS）均应满足相关限值要求，即分别对空调系统的冷源系统、水系统、风系统等子系统的节能设计提出了要求，但没有体现子系统之间的匹配和关联关系。

空调各子系统相互耦合而非孤立，子系统最优，并非空调系统综合最优，某个子系统能效高可能会降低其他子系统的能效。所以空调系统的节能设计关键是空调系统各子系统的合理匹配与优化，使空调系统综合能效最高。因此，评价空调系统的节能优劣，应以空调系统综合能效比来衡量。

空调系统设计综合能效比（Designing comprehensive energy efficiency ratio）（以下简称 CEER）反映一个空调系统在设计负荷下的总能耗水平。本条文提出了空调系统设计综合能效比的理论计算方法，以供空调系统节能设计时参考。

空调系统设计综合能效比限值采用的理论计算公式详见表7：

表7 空调系统综合能效比限值的理论计算式

分项	理论计算式
空调系统的综合能效比 $CEER$	$CEER = \dfrac{Q_C}{N_C + N_{CP} + N_{CT} + N_{CWP} + \sum N_k + \sum N_x + \sum N_{FP}}$ 或者， $CEER = \dfrac{1}{\dfrac{N_C + N_{CP} + N_{CT}}{Q_C} + \dfrac{N_{CWP}}{Q_C} + \dfrac{\sum N_k + \sum N_x + \sum N_{FP}}{Q_C}}$ 或者， $CEER = \dfrac{1}{\dfrac{1}{CEER_1} + \dfrac{1}{CEER_2} + \dfrac{1}{CEER_3}}$ 式中，Q_C为空调系统的总供冷量（kW）；N_C为冷水机组的耗电量（kW）；N_{CP}为冷却水泵的耗电量（kW）；N_{CT}为冷却塔风机的耗电量（kW）；N_{CWP}为冷水泵的耗电量（kW）；$\sum N_k$为所有末端空气处理机组的耗电量（kW）；$\sum N_x$为所有末端新风处理机组的耗电量（kW）；$\sum N_{FP}$为所有末端风机盘管机组的耗电量（kW）。
冷源系统的综合能效比 $CEER_1$	$CEER_1 = \dfrac{1}{\dfrac{1}{COP} + \dfrac{(1+COP) \cdot g \cdot H_C}{1000 \cdot \Delta T_2 \cdot C_W \cdot \eta_{CP}} + \dfrac{0.035 \times 3600 \times (1+COP)}{COP \cdot \Delta T_2 \cdot C_W \cdot \rho_W}}$ 式中，COP为冷水机组的性能参数（W/W）；ΔT_2为冷却水的供回水温差（℃）；H_C为冷却水泵的扬程（m）；η_{CP}为冷却水泵的效率；C_W为水的比热容，取 4.1868kJ/kg；ρ_W为水的密度，取 1×10^3 kg/m^3。
冷水系统的综合能效比 $CEER_2$	$CEER_2 = \dfrac{1000 \cdot \Delta T_1 \cdot C_W \cdot \eta_{CWP}}{g \cdot H_{Cw}}$ 或者， $CEER_2 = \dfrac{1}{ER_{CW}}$ 式中，ΔT_1为冷水供回水温差（℃）；H_{Cw}为冷水泵的扬程（m）；η_{CWP}为冷水泵的效率；g为重力加速度，取 9.8067m/s^2。
风系统的综合能效比 $CEER_3$	$CEER_3 = \dfrac{1}{\sum \dfrac{a \cdot P_k}{1000 \cdot \rho_a \cdot \Delta i_k \cdot \eta_k} + \sum \dfrac{b \cdot P_x}{1000 \cdot \rho_a \cdot \Delta i_x \cdot \eta_x} + \sum \dfrac{c \cdot W_{SFD} \cdot 3600}{\rho_a \cdot \Delta i_{FP}}}$ 或者， $CEER_3 = \dfrac{1}{\sum \dfrac{a \cdot W_{sk} \cdot 3600}{\rho_a \cdot \Delta i_k} + \sum \dfrac{b \cdot W_{sx} \cdot 3600}{\rho_a \cdot \Delta i_x} + \sum \dfrac{c \cdot W_{SFD} \cdot 3600}{\rho_a \cdot \Delta i_{FP}}}$ 式中，P_k、η_k、Δi_k 分别为空气处理机组风机的全压（Pa）、风机的总效率和空气处理机组进出口空气的焓差（kJ/kg）；P_x、η_x、Δi_x 分别为新风机组风机的全压（Pa）、风机的总效率和新风机组进出口空气的焓差（kJ/kg）；Δi_{FP}为风机盘管机组进出口空气的焓差（kJ/kg）；ρ_a为空气的密度（kg/m^3）；W_{sk}、W_{sx}、W_{SFD} 分别为空气处理机组、新风机组、风机盘管机组单位风量耗功率 W_{sx}[W/(m^3/h)]；a、b、c 分别为空气处理机组、新风机组、风机盘管机组承担系统冷负荷的比例（$a+b+c=1$）。

9.2 暖通空调冷热源

9.2.1 余热利用是节能手段之一。城市供热网多由电厂余热或大型燃煤供热中心提供，其一次能源利用效率较高，污染物治理可集中实现。优先使用此类热源，有利于大气环境的保护和节能。

9.2.2 计算机技术的发展为建筑物全年空调负荷的计算、各种冷热源和系统形式能耗的模拟分析提供了可能，能够帮助我们更加科学、合理地确定负荷、冷热源和设备系统形式。

9.2.3 当室外环境温度降低时，风冷热泵的制热性能系数随之降低。虽然热泵机组能够在很低的环境温度下启动或工作，但当制热运行性能系数低至1.8时，已经不及一次能源的燃烧发电和效率。所以在冬季室外空调计算温度下，如果空气源热泵的冬季制热运行性能系数小于1.8，其一次能源的综合利用率不如直接燃烧化石能源。

9.2.4 没有热电联产、工业余热和废热可资利用的严寒、寒冷地区，应建设以集中锅炉房为热源的供热系统。为满足严寒和寒冷地区冬季内区供冷要求，应优先考虑利用室外空气消除建筑物内区的余热，或采用自然冷却水系统消除室内余热。

9.2.5 采用多联机空调系统的建筑，当不同时间存在供冷和供热需求时，采用热泵型变制冷剂流量多联分体空调系统比分别设置冷热源节省设备材料投入、节能效果明显。如果部分时间同时有供冷和供热需求，在经过技术经济比较分析合理时，应优先采用热回收型变制冷剂流量多联分体空调系统。

9.2.6 在冬季建筑物外区需要供热的地区，大型公共建筑的内区在冬季仍然需要供冷。消耗少量电能采用水环热泵空调，将内区多余热量转移至建筑物外区，分别同时满足外区供热和内区供冷的空调需要比同时运行空调热源和冷源两套系统更节能。但需要注意冷热负荷的匹配，当水环热泵系统的供冷和供热能力不能匹配建筑物的冷热负荷时，应设置其他冷热源给予补充。

9.2.7 通常锅炉的烟气温度可达到180℃以上，在烟道上安装烟气冷凝器或省煤器可以用烟气的余热加热或预热锅炉的补水。供水温度不高于80℃的低温热水锅炉，可采用冷凝锅炉，以降低排烟温度，提高锅炉的热效率。

9.2.8 蓄能空调系统虽然对建筑物本身不是节能措施，但是可以为用户节省空调系统的运行费用，同时对电网起到移峰填谷作用，提高电厂和电网的综合效率，也是社会节能环保的重要手段之一。

9.2.9 在我国西北等部分夏季炎热、空气干燥的地区，湿球温度较低。采用循环水蒸发冷却空气，当送风温度低于室内设计温度时，可采用此方式，减少一次设备投资并节省制冷机耗电。

9.3 暖通空调水系统

9.3.1 建筑物空调冷冻水的供水温度如果高于7℃，对空调设备末端的选型不利，同时也不利于夏季除湿。供回水温差小于5℃，将增大水流量，冷冻水管径增大，消耗更多的水泵输送能耗，于管材和节能都不利。由于空调冷热水系统管道夏季输送冷水，冬季输送热水，管径多依据冷水流量确定，所以本条没有规定空调冷热水系统的热水供回水温差。但当采用四管制空调水系统时，热水管道的管径依据热水流量确定，所以规定四管制时的空调热水温度及温差。

9.3.2 开式空调水系统已经较少使用，原因是其水质保证困难、增加系统排气的困难、增加循环水泵电耗。保证水系统的水质和管路系统的清洁可以提高换热效率、减少流动阻力、避免细菌和病毒滋生，故提出对水质处理的要求。

9.3.3 蒸汽锅炉的补水通常经过软化和除氧，成本较高，其凝结温度高于生活热水所需的温度，所以无论从节能，还是从节水的角度来讲，蒸汽凝结水都应回收利用。

9.3.4 旅馆、餐饮、医院、洗浴等建筑全年生活热水耗量大，生活热水的能耗巨大。利用空调系统的排热对生活热水在空调季节进行加热，可以节省大量能耗，现有空调设备技术也支持这一系统形式。或设置单独的换热系统，利用37℃的空调冷却水至少可将生活热水的补水加热至30℃。但在严寒和寒冷地区，由于没有冬季空调冷负荷或负荷很小，其排热在冬季往往不能满足生活热水加热的要求，冬季通常需要配备其他形式的热源。由此可见，空调系统全年运行时间越长，生活热水采用此类预热系统效益越显著。

9.3.5 利用冬季室外新风消除室内余热虽然直接、简单、成本低，但由于风系统在分区域或分室调节、控制方面的困难，不能满足个性化控制调节的要求。采用冷却制冷提供"免费"冷冻水，可以适用于各分区域的空调末端，利用其原有的控制方法实现个性化调节目的。

9.3.6 散热器暗装，特别是安装方式不恰当时会影响散热器的散热效果，既浪费材料，也不利于节能，与绿色建筑所倡导的节材和节能相悖，故应限制这种散热器暗装的方式，鼓励采用外形美观、散热效果好的明装散热器。

9.4 空调通风系统

9.4.1 在大部分地区，空调系统的新风能耗占空调系统总能耗的1/3，所以减少新风能耗对建筑物节能的意义非常重大。室内外温差越大、温差大的时间越长，排风能量回收的效益越明显。由于在回收排风能量的同时也增加了空气侧的阻力和风机能耗，所以本条规定一方面强调在过渡季节设置旁通，减少风侧阻力；在另一方面，由于热回收的效益与各地气候关系很大，所以应经过技术经济比较分析，满足当地节能标准，确定是否采用、采用何种排风能量回收形式对新风进行预冷（热）处理。

9.4.2 封闭吊顶的上、下两个空间通常存在温度差，吊顶回风的方式使得吊顶上、下两空间的温度基本趋于一致，增加了空调系统的负荷。当吊顶空间较大时，增加的空调负荷也相应加大。采用吊顶回风的方式时多是由于吊顶空间紧张，一般不会超过层高的1/3；而当吊顶空间高度超过1/3层高时，吊顶空间已经比较大了，应该可以采用风管回风的方式。

9.4.3 当室外空气焓值低于室内空气焓值时，有可能利用室外新风消除室内热湿负荷。在过渡季和冬季，当部分房间有供冷需要时，空调通风系统的设计应优先考虑为实现利用室外新风消除室内热湿负荷创造必要条件，包括新风口的大小、风机的大小、排风量的变化能够适应新风量的改变从而维持房间的空气平衡。全空气定风量系统新风量的变化在满足人员卫生标准的前提下，也应根据室外气候和室内负荷适当改变新风送风量，实现在过渡季节或冬季利用室外新风消除室内热湿负荷，同时由于提高了新风量而改善了室内空气品质。

9.4.4 不同的通风系统，利用同一套通风管道，通过阀门的切换、设备的切换、风口的启闭等措施实现不同的功能，既可以节省通风系统的管道材料，又可以节省风管所占据的室内空间，是满足绿色建筑节材、节地要求的有效措施。

9.4.5 相同截面积、长宽比不同的风管，其比摩阻可能相差几倍以上。为减少风管高度而单纯的改变长宽比，忽略了比摩阻的差别而造成风压不足，或者由于系统阻力过大使得单位风量的风机耗功率不满足节能标准要求的做法是不可取的。所以在此强调风管的长宽比和风系统的规模不应过大。高层建筑空调通风系统竖向所负担的楼层数，通过计算仍然经济合理时，可不受10层的限制。

9.4.6 本条强调这些特殊房间排风的重要性，因为个别房间的异味如果不能及时、有效地迅速排除，可能影响整个建筑的室内空气品质。吸烟室必须设置无回风的排气装置，使含烟草烟雾（ETS）的空气不循环到非吸烟区。在吸烟室门关闭，启动排风系统时，使吸烟室相对于相邻空间应至少有平均5Pa的空气负压，最低负压也应大于1Pa。

9.4.7 游泳池的室内空气湿度控制需要依赖全空气系统，地板采暖仅可用于冬季供暖的一部分并增加冬季地面舒适性。冬季除湿的游泳池如果不采用热回收机组，除湿的制冷耗电和加热新风的能耗都非常巨大。由于冬季游泳池室内温度较高，所以新风能耗巨大；如果再加上对湿冷空气的再热，则使得游泳池的冬季能耗数倍于其他功能的建筑。采用除湿热回收

机组，可将湿空气的冷凝热和电机能耗用于加热送风，节能效果显著。

9.5 暖通空调自动控制系统

9.5.1 建筑物暖通空调能耗的计量和统计是反映建筑物实际能耗和判别是否节能的客观手段，也是检验节能设计合理、适用与否的标准；通过对各类能耗的计量、统计和分析可以发现问题、发掘节能的潜力，同时也是节能改造和引导人们行为节能的手段。

9.5.2 如果建筑的冷热源中心缺乏必要的调节手段，则不能随时根据室外气候的变化、室内的使用要求进行必要和有效的调节，势必造成不必要的能源浪费。本条的出发点在于，提倡在设计上提供必要的调控手段，为采用不同的运行模式提供手段。

9.5.3 在人员密度相对较大，且变化较大的房间，为保证室内空气质量并减少不必要的新风能耗，宜采用新风量需求控制。即在不利于新风作冷源的季节，应根据室内二氧化碳浓度监测值增加或减少新风量，在二氧化碳浓度符合卫生标准的前提下减少新风冷热负荷。

9.5.4 空调冷源系统的节能，可结合使用和运行的实际情况，采用模糊调节、预测调节等智能型控制方案。同时由于机电系统运行维护单位的技术水平、管理经验不一，不应一味强调自动控制运行。应根据工程项目的实际情况、气候条件和特点、设备系统的形式采取因地制宜的控制策略，不断总结和完善运行措施，逐步取得节能效果。

9.5.5 汽车库不同时间使用频率有很大差别，室内空气质量随使用频率变化较大。为了避免片面强调节能和节省运行费用而置室内空气品质于不顾，长时间不运转通风系统，在条件许可时宜设置一氧化碳浓度探测传感装置，控制机械车库通风系统的运行，或采用分级风量通风的措施兼顾节能与车库内空气品质的保证。

10 建筑电气

10.1 一般规定

10.1.1 在方案设计阶段，应制定合理的供配电系统方案，优先利用市政提供的可再生能源，并尽量设置变配电所和配电间居于用电负荷中心位置，以减少线路损耗。在《绿色建筑评价标准》GB/T 50378-2006 中，"建筑智能化系统定位合理，信息网络系统功能完善"作为一般项要求，因此绿色建筑应根据《智能建筑设计标准》GB 50314 中所列举的各功能建筑的智能化基本配置要求，并从项目的实际情况出发，选择合理的建筑智能化系统。

在方案设计阶段，应合理采用节能技术和节能设

备，最大化的节约能源。

10.1.2 太阳能是常用的可再生能源之一，其中太阳能光伏发电是具发展潜力的能源开发领域，但目前其高昂的成本阻碍了太阳能光伏技术的实际应用。近年来，太阳能光伏发电发展很快，光伏发电初始投资每年以 10% 的速度下降，随着技术工艺的不断改进、制造成本降低、光电转换效率提高，光伏发电成本将大大降低。

我国风能资源丰富，居世界首位。风力发电是一种主要的风能利用形式，虽然风力发电较太阳能而言，它的成本优势明显，但应用在建筑上也会有一些特殊要求：如风力发电和建筑应进行一体化设计、在建筑周围设置小型风力发电机不能影响声环境质量等。

综上所述，在项目地块的太阳能资源或风能资源丰富时，应进行技术经济比较分析，合理时，宜采用太阳能光伏发电系统或风力发电系统作为电力能源的补充。

当项目地块采用太阳能光伏发电系统或风力发电系统时，应征得有关部门的同意，优先采用并网型系统。因为风能或太阳能是不稳定的、不连续的能源，采用并网型系统与市政电网配套使用，则系统不必配备大量的储能装置，可以降低系统造价使之更加经济，还增加了供电的可靠性和稳定性。当项目地块采用太阳能光伏发电系统和风力发电系统时，建议采用风光互补发电系统，如此可综合开发和利用风能、太阳能，使太阳能与风能充分发挥互补性，以获得更好的社会经济效益。

此外，在条件许可时，景观照明和非主要道路照明可采用小型太阳能路灯和风光互补路灯。

10.1.3 风力发电装置一般设置在风力条件较好的地块周围或建筑屋顶，或者没有遮挡的城市道路及公园，其噪声问题是限制其发展的主要原因之一，因此，风力发电机在选型和安装时均应避免产生噪声污染。建议采取下列措施：

1 在建筑周围或城市道路及公园安装风力发电机时，单台功率宜小于 50kW；

2 若在建筑物之上架设风力发电机组时，风机风轮的下缘宜高于建筑物屋面 2.4m，风力发电机的总高度不宜超过 4m，单台风机安装容量宜小于 10kW；

3 风力发电机应选用静音型产品；

4 风机塔架应根据环境条件进行安全设计，安装时应有可靠的基础。

10.2 供配电系统

10.2.1 在民用建筑中，由于大量使用了单相负荷，如照明、办公用电设备等，其负荷变化随机性很大，容易造成三相负载的不平衡，即使设计时努力做到三

相平衡，在运行时也会产生差异较大的三相不平衡，因此，作为绿色建筑的供配电系统设计，宜采用分相无功自动补偿装置，否则不但不节能，反而浪费资源，而且难以对系统的无功补偿进行有效补偿，补偿过程中所产生的过、欠补偿等弊端更是对整个电网的正常运行带来了严重的危害。

10.2.2 采用高次谐波抑制和治理的措施可以减少电气污染和电力系统的无功损耗，并可提高电能使用效率。目前，国家标准有《电能质量、公用电网谐波》GB/T 14549-1993、《电磁兼容限值对额定电流小于 16A 的设备在低压供电系统中产生的谐波电流的限制》GB/Z 17625.1-2003、《电磁兼容限值对额定电流大于 16A 的设备在低压供电系统中产生的谐波电流的限制》GB/Z 17625.3-2003，地方标准有北京市地方标准《建筑物供配电系统谐波抑制设计规程》DBJ/T 11-626-2007 及上海市地方标准《公共建筑电磁兼容设计规范》DG/TJ 08-1104-2005，有关的谐波限值、谐波抑制、谐波治理可参考以上标准执行。

10.2.3 电力电缆截面的选择是电气设计的主要内容之一，正确选择电缆截面应包括技术和经济两个方面，《电力工程电缆设计规范》GB 50217-2007 第3.7.1 条提出了选择电缆截面的技术性和经济性的要求，但在实际工程中，设计人员往往只单纯从技术条件选择。对于长期连续运行的负荷应采用经济电流选择电缆截面，可以节约电力运行费和总费用，可节约能源，还可以提高电力运行的可靠性。因此，作为绿色建筑，设计人员应根据用电负荷的工作性质和运行工况，并结合近期和长远规划，不仅依据技术条件还应按经济电流来选择供电和配电电缆截面。经济电流截面的选用方法可参照《电力工程电缆设计规范》GB 50217-2007 附录 B。

10.3 照 明

10.3.1 在照明设计时，应根据照明部位的自然环境条件，结合天然采光与人工照明的灯光布置形式，合理选择照明控制模式。

当项目经济条件许可的情况下，为了灵活地控制和管理照明系统，并更好的结合人工照明与天然采光设施，宜设置智能照明控制系统以营造良好的室内光环境、并达到节电目的。如当室内天然采光随着室外光线的强弱变化时，室内的人工照明应按照人工照明的照度标准，利用光传感器自动启闭或调节部分灯具。

10.3.2 选择适合的照度指标是照明设计合理节能的基础。在《建筑照明设计标准》GB 50034 中，对居住建筑、公共建筑、工业建筑及公共场所的照度指标分别作了详细的规定，同时规定可根据实际需要提高或者降低一级照度标准值。因此，在照明设计中，应首

先根据各房间或场合的使用功能需求来选择适合的照度指标，同时还应根据项目的实际定位进行调整。此外，对于照度指标要求较高的房间或场所，在经济条件允许的情况下，宜采用一般照明和局部照明结合的方式。由于局部照明可根据需求进行灵活开关控制，从而可进一步减少能源的浪费。

10.3.3 选用高效照明光源、高效灯具及其节能附件，不仅能在保证适当照明水平及照明质量时降低能耗，而且还减少了夏季空调冷负荷从而进一步达到节能的目的。下列为光源、灯具及节能附件的一些参考资料，供设计人员参考。

1　光源的选择

1）紧凑型荧光灯具有光效较高、显色性好、体积小巧、结构紧凑、使用方便等优点，是取代白炽灯的理想电光源，适合于为开阔的地方提供分散、亮度较低的照明，可被广泛应用于家庭住宅、旅馆、餐厅、门厅、走廊等场所；

2）在室内照明设计时，应优先采用显色指数高、光效高的稀土三基色荧光灯，可广泛应用于大面积区域且分布均匀的照明，如办公室、学校、居所、工厂等；

3）金属卤化物灯具有定向性好、显色能力非常强、发光效率高、使用寿命长、可使用小型照明设备等优点，但其价格昂贵，故一般用于分散或者光束较宽的照明，如层高较高的办公室照明、对色温要求较高的商品照明、要求较高的学校和工厂、户外场所等；

4）高压钠灯具有定向性好、发光效率极高、使用寿命很长等优点，但其显色能力很差，故可用于分散或者光束较宽、且光线颜色无关紧要的照明，如户外场所、工厂、仓库，以及内部和外部的泛光照明；

5）发光二极管（LED）灯是极具潜力的光源，它发光效率高且寿命长，随着成本的逐年减低，它的应用将越来越广泛。LED适合在较低功率的设备上使用，目前常被应用于户外的交通信号灯、紧急疏散灯、建筑轮廓灯等。

2　高效灯具的选择

1）在满足眩光限制和配光要求的情况下，应选用高效率灯具，灯具效率不应低于《建筑照明设计标准》GB 50034中有关规定；

2）应根据不同场所和不同的室空间比 RCR，合理选择灯具的配光曲线，从而使尽量多的直射光通落到工作面上，以提高灯具的利用系数；由于在设计中 RCR 为定值，当利用系数较低（0.5）时，应调换不同配光

的灯具；

3）在保证光质的条件下，首选不带附件的灯具，并应尽量选用开启式灯罩；

4）选用对灯具的反射面、漫射面、保护罩、格栅材料和表面等进行处理的灯具，以提高灯具的光通维持率，如涂二氧化硅保护膜及防尘密封式灯具、反射器采用真空镀铝工艺、反射板选用蒸镀银反射材料和光学多层膜反射材料等；

5）尽量使装饰性灯具功能化。

3　灯具附属装置选择

1）自镇流荧光灯应配用电子镇流器；

2）直管形荧光灯应配用电子镇流器或节能型电感镇流器；

3）高压钠灯、金属卤化物灯等应配用节能型电感镇流器，在电压偏差较大的场所，宜配用恒功率镇流器；功率较小者可配用电子镇流器；

4）荧光灯或高强度气体放电灯应采用就地电容补偿，使其功率因数达 0.9 以上。

10.3.4 在《建筑照明设计标准》GB 50034 中规定，长期工作或停留的房间或场所，照明光源的显色指数（Ra）不宜小于 80。《建筑照明设计标准》GB 50034 中的显色指数（Ra）值是参照 CIE 标准《室内工作场所照明》S008/E - 2001 制定的，而且当前的光源和灯具产品也具备这种条件。作为绿色建筑，应更加关注室内照明环境质量。此外，在《绿色建筑评价标准》GB/T 50378 - 2006 中，建筑室内照度、统一眩光值、一般显示指数等指标应满足现行国家标准《建筑照明设计标准》GB 50034 中有关要求，是作为公共建筑绿色建筑评价的控制项条款来要求的。因此，我们将《建筑照明设计标准》GB 50034 中规定的"宜"改为"应"，以体现绿色建筑对室内照明质量的重视。

10.3.5 在《建筑照明设计标准》GB 50034 中，提出 LPD 不超过限定值的要求，同时提出了 LPD 的目标值，此目标值要求可能在几年之后会变成限定值要求，而作为绿色建筑应有一定的前瞻性和引导性，因此，本条提出 LPD 值符合《建筑照明设计标准》GB 50034 规定的目标值要求。

10.4　电气设备节能

10.4.1 作为绿色建筑，所选择的油浸或干式变压器不应局限于满足《三相配电变压器能效限定值及节能评价值》GB 20052 - 2006 里规定的能效限定值，还应达到目标能效限定值。同时，在项目资金允许的条件下，亦可采用非晶合金铁心型低损耗变压器。

10.4.2 ［D，yn11］结线组别的配电变压器具有缓解三相负荷不平衡、抑制三次谐波等优点。

10.4.3 乘客电梯宜选用永磁同步电机驱动的无齿轮曳引机，并采用调频调压（VVVF）控制技术和微机控制技术。对于高速电梯，在资金充足的情况下，优先采用"能量再生型"电梯。

对于自动扶梯与自动人行道，当电动机在重载、轻载、空载的情况下均能自动获得与之相适应的电压、电流输入，保证电动机输出功率与扶梯实际载荷始终得到最佳匹配，以达到节电运行的目的。

感应探测器包括红外、运动传感器等。当自动扶梯与自动人行道在空载时，电梯可暂停或低速运行，当红外或运动传感器探测到目标时，自动扶梯与自动人行道转为正常工作状态。

10.4.4 群控功能的实施，可提高电梯调度的灵活性，减少乘客等候时间，并可达到节约能源的目的。

10.5 计量与智能化

10.5.1 作为绿色建筑，针对建筑的功能、归属等情况，对照明、电梯、空调、给排水等系统的用电能耗宜采取分区、分项计量的方式，对照明除进行分项计量外，还宜进行分区或分层、分户的计量，这些计量数据可为将来运营管理时按表进行收费提供可行性，

同时，还可为专用软件进行能耗的监测、统计和分析提供基础数据。

10.5.2 一般来说，计量装置应集中设置在电气小间或公共区等场所。当受到建筑条件限制时，分散的计量装置将不利于收集数据，因此采用卡式表具或远程抄表系统能减轻管理人员的抄表工作。

10.5.3 在《绿色建筑评价标准》GB/T 50378－2006中，"建筑通风、空调、照明等设备自动化监控系统技术合理，系统高效运行"作为一般项要求，因此，当公共建筑中设置有空调机组、新风机组等集中空调系统时，应设置建筑设备监控管理系统，以实现绿色建筑高效利用资源、管理灵活、应用方便、安全舒适等要求，并可达到节约能源的目的。

10.5.4 在条件许可时，公共建筑设置建筑设备能源管理系统，如此可利用专用软件对以上分项计量数据进行能耗的监测、统计和分析，以最大化地利用资源、最大限度地减少能源消耗。同时，可减少管理人员配置。此外，在《民用建筑节能设计标准》JGJ 26要求其对锅炉房、热力站及每个独立的建筑物设置总电表，若每个独立的建筑物设置总电表较困难时，应按照照明、动力等设置分项总电表。

中华人民共和国行业标准

被动式太阳能建筑技术规范

Technical code for passive solar buildings

JGJ/T 267—2012

批准部门：中华人民共和国住房和城乡建设部
施行日期：２０１２年５月１日

中华人民共和国住房和城乡建设部
公 告

第 1238 号

关于发布行业标准
《被动式太阳能建筑技术规范》的公告

现批准《被动式太阳能建筑技术规范》为行业标准，编号为 JGJ/T 267-2012，自 2012 年 5 月 1 日起实施。

本规范由我部标准定额研究所组织中国建筑工业出版社出版发行。

中华人民共和国住房和城乡建设部

2012 年 1 月 6 日

前 言

根据住房和城乡建设部《关于印发〈2008 年工程建设标准规范制订、修订计划（第一批）〉的通知》（建标 [2008] 102 号）的要求，规范编制组经广泛调查研究，认真总结实践经验，参考有关国际标准和国外先进标准，并在广泛征求意见的基础上，编制本规范。

本规范的主要技术内容是：1 总则；2 术语；3 基本规定；4 规划与建筑设计；5 技术集成设计；6 施工与验收；7 运行维护及性能评价。

本规范由住房和城乡建设部负责管理，由中国建筑设计研究院负责具体技术内容的解释。执行过程中如有意见或建议，请寄送中国建筑设计研究院国家住宅工程中心（地址：北京市西城区车公庄大街 19 号，邮编：100044）。

本 规 范 主 编 单 位：中国建筑设计研究院
　　　　　　　　　　　山东建筑大学

本 规 范 参 编 单 位：中国建筑西南设计研究院
　　　　　　　　　　　国家住宅与居住环境工程
　　　　　　　　　　　技术研究中心
　　　　　　　　　　　中国建筑标准设计研究院
　　　　　　　　　　　甘肃自然能源研究所
　　　　　　　　　　　大连理工大学

天津大学
国家太阳能热水器质量监督检验中心（北京）
中国可再生能源学会太阳能建筑专业委员会
深圳华森建筑与工程设计咨询顾问有限公司
上海中森建筑与工程设计顾问有限公司
昆明新元阳光科技有限公司

本规范主要起草人员：仲继寿　张　磊　王崇杰
　　　　　　　　　　　薛一冰　冯　雅　喜文华
　　　　　　　　　　　陈　滨　张树君　王立雄
　　　　　　　　　　　鞠晓磊　刘叶瑞　何　涛
　　　　　　　　　　　曾　雁　管振忠　高庆龙
　　　　　　　　　　　刘　鸣　朱佳音　杨倩苗
　　　　　　　　　　　徐　丹　朱培世　郝睿敏
　　　　　　　　　　　梁咏华　鲁永飞

本规范主要审查人员：孙克放　薛　峰　黄　汇
　　　　　　　　　　　陈衍庆　刘加平　杨西伟
　　　　　　　　　　　袁　镔　曾　捷　张伯仑

目 次

Contents

1 总　则

1.0.1 为在建筑中充分利用太阳能，推广和应用被动式太阳能建筑技术，规范被动式太阳能建筑设计、施工、验收、运行和维护，保证工程质量，制定本规范。

1.0.2 本规范适用于新建、扩建、改建被动式太阳能建筑的设计、施工、验收、运行和维护。

1.0.3 被动式太阳能建筑设计，应充分考虑环境因素和建筑的使用特性，满足建筑的功能要求，实现其环境效益、经济效益和社会效益。

1.0.4 被动式太阳能建筑设计、施工、验收、运行和维护除应符合本规范外，尚应符合国家现行有关标准的规定。

2 术　语

2.0.1 被动式太阳能建筑　passive solar building

不借助机械装置，冬季直接利用太阳能进行采暖、夏季采用遮阳散热的房屋。

2.0.2 直接受益式　direct gain

太阳辐射直接通过玻璃或其他透光材料进入需采暖的房间的采暖方式。

2.0.3 集热蓄热墙式　thermal storage wall

利用建筑南向垂直的集热蓄热墙面吸收穿过玻璃或其他透光材料的太阳辐射热，然后通过传导、辐射及对流的方式将热量送到室内的采暖方式。

2.0.4 附加阳光间　attached sunspace

在建筑的南侧采用玻璃等透光材料建造的能够封闭的空间，空间内的温度会因温室效应而升高。该空间既可以对建筑的房间提供热量，又可以作为一个缓冲区，减少房间的热损失。

2.0.5 蓄热屋顶　thermal storage roof

利用设置在建筑屋面上的集热蓄热材料，白天吸热，晚上通过顶棚向室内放热的屋顶。

2.0.6 对流环路式　convective loop

在被动式太阳能建筑南墙设置太阳能空气集热蓄热墙或空气集热器，利用在墙体上设置的上下通风口进行对流循环的采暖方式。

2.0.7 集热部件　thermal storage component

被动式太阳能建筑的直接受益窗、集热蓄热墙或附加阳光间等用来完成被动式太阳能采暖的集热功能设施或构件。

2.0.8 参照建筑　reference building

是与设计的被动式太阳能建筑同种类型、同样面积、符合当地现行节能设计标准热工参数规定的建筑，作为计算节能率和经济性的比较对象。

2.0.9 辅助热量　auxiliary heat

当被动式太阳能建筑的室内温度低于设计计算温度时，由辅助能源系统向房间提供的热量。

2.0.10 太阳能贡献率　energy saving fraction

太阳能建筑的供热负荷中，太阳能得热所占的百分率。

2.0.11 蓄热体　thermal mass

能够吸收和储存热量的密实材料。

2.0.12 南向辐射温差比　south radiation temperature difference ratio

南向垂直面的平均辐照度与室内外温差的比值。

3 基 本 规 定

3.0.1 被动式太阳能建筑设计应遵循因地制宜的原则，结合所在地区的气候特征、资源条件、技术水平、经济条件和建筑的使用功能等要素，选择适宜的被动式建筑技术。

3.0.2 被动式太阳能建筑围护结构的热工与节能设计，应符合现行国家标准《民用建筑热工设计规范》GB 50176 和国家现行有关建筑节能设计标准的规定。

3.0.3 当建筑仅采用被动式太阳能技术时，室内的温度和空气品质应满足人体健康及基本舒适度的要求。

3.0.4 被动式太阳能采暖气候分区可按表 3.0.4 划分为四个气候区。

表 3.0.4　被动式太阳能采暖气候分区

被动太阳能采暖气候分区	南向辐射温差比 ITR [W/(m²·℃)]	南向垂直面太阳辐照度 I(W/m²)	典型城市
最佳气候区	A区 (SHIa)	ITR≥8	I≥160	拉萨、日喀则、稻城、小金、理塘、得荣、昌都、巴塘
	B区 (SHIb)	ITR≥8	160>I>60	昆明、大理、西昌、会理、木里、林芝、马尔康、九龙、道孚、德格
适宜气候区	A区 (SHIIa)	6≤ITR<8	I≥120	西宁、银川、格尔木、哈密、民勤、敦煌、甘孜、松潘、阿坝、若尔盖
	B区 (SHIIb)	6≤ITR<8	120>I>60	康定、阳泉、昭觉、昭通
	C区 (SHIIc)	4≤ITR<4	I≥60	北京、天津、石家庄、太原、呼和浩特、长春、上海、济南、西安、兰州、青岛、郑州、长春、张家口、吐鲁番、安康、伊宁、民和、大同、锦州、保定、承德、唐山、大连、洛阳、日照、徐州、宝鸡、开封、玉树、齐齐哈尔
一般气候区 (SHIII)		3≤ITR<4	I≥60	乌鲁木齐、沈阳、吉林、武汉、长沙、南京、杭州、合肥、南昌、延安、商丘、邢台、淄博、泰安、海拉尔、克拉玛依、鹤岗、天水、安阳、通化

被动太阳能采暖气候分区	南向辐射温差比 ITR [W/(m²·℃)]	南向垂直面太阳辐照度 I(W/m²)	典型城市
不宜气候区 (SHⅣ)	ITR≤3	—	成都，重庆，贵阳，绵阳，遂宁，南充，达县，泸州，南阳，遵义，岳阳，信阳，吉首，常德
	—	I<60	

3.0.5 被动式降温气候分区可按表3.0.5划分为四个气候区。

表3.0.5 被动式降温气候分区

被动降温气候分区	7月平均气温 T(℃)	7月平均相对湿度 φ(%)	典型城市
最佳气候区	A区 (CHⅠa)	T≥26	φ<50	吐鲁番，若羌，克拉玛依，哈密，库尔勒
	B区 (CHⅠb)	T≥26	φ≥50	天津，石家庄，上海，南京，合肥，南昌，济南，郑州，武汉，长沙，广州，南宁，海口，重庆，西安，福州，杭州，桂林，香港，台北，澳门，珠海，常德，景德镇，宜昌，蚌埠，达县，信阳，驻马店，安康，南阳，济南，郑州，商丘，徐州，宜宾
适宜气候区	A区 (CHⅡa)	22<T<26	φ<50	乌鲁木齐，敦煌，民勤，库车，喀什，和田，莎车，安西，民丰，阿勒泰
	B区 (CHⅡb)	22<T<26	φ≥50	北京，太原，沈阳，长春，吉林，哈尔滨，成都，贵阳，兰州，银川，齐齐哈尔，汉中，宝鸡，酉阳，雅安，承德，绥德，通辽，黔西，安达，延安，伊宁，西昌，天水
可利用气候区 (CHⅢ)		18<T≤22	—	昆明，呼和浩特，大同，盘县，毕节，张掖，会理，玉溪，小金，民和，敦化，昭通，巴塘，腾冲，昭觉
不需降温气候区 (CHⅣ)		T≤18	—	拉萨，西宁，丽江，康定，林芝，日喀则，格尔木，马尔康，昌都，道孚，九龙，松潘，德格，甘孜，玉树，阿坝，稻城，红原，若尔盖，理塘，色达，石渠

3.0.6 被动式太阳能建筑设计应体现共享、平衡、

集成的理念。规划、建筑、结构、暖通空调、电气与智能化、经济等各专业应紧密配合。

4 规划与建筑设计

4.1 一般规定

4.1.1 被动式太阳能建筑规划、建筑设计前期，应对建设场地周边的环境和建筑使用功能等要素进行调研。

4.1.2 被动式太阳能建筑规划与设计应依据地理、气候等基本要素，结合工程性质和使用功能，满足被动式太阳能建筑的朝向、日照条件。

4.1.3 被动式太阳能建筑的集热部件和通风口等，应与建筑功能和造型有机结合，应有防风、雨、雪、雷电、沙尘等技术措施。

4.2 场地与规划

4.2.1 场地设计应充分利用场地地形、地表水体、植被和微气候等资源，或通过改造场地地形地貌，调节场地微气候。

4.2.2 以采暖为主地区的被动式太阳能建筑规划应符合下列规定：

　　1 当仅采用被动式太阳能集热部件供暖时，集热部件在冬至日应有 4h 以上日照；

　　2 宜在建筑冬季主导风向一侧设置挡风屏障。

4.2.3 以降温为主地区的被动式太阳能建筑规划应符合下列规定：

　　1 建筑应朝向夏季主导风向，充分利用自然通风；

　　2 应利用道路、景观通廊等措施引导夏季通风，满足夏季被动式降温的要求。

4.3 形体、空间与围护结构

4.3.1 建筑形体宜规整，体形系数应符合国家现行建筑节能设计标准的规定。

4.3.2 建筑的主要朝向宜为南向或南偏东至南偏西不大于30°范围内。

4.3.3 建筑南向采光房间的进深不宜大于窗上口至地面距离的2倍，双侧采光房间的进深不宜大于窗上口至地面距离的4倍。

4.3.4 建筑设计应对平面功能进行合理分区。以采暖为主地区的建筑主要房间宜避开冬季主导风向，对热环境要求较高的房间宜布置在南侧。

4.3.5 以采暖为主的地区，建筑围护结构应符合下列规定：

　　1 外围护结构的保温性能不应低于所在地区的国家现行建筑节能设计标准的规定；

　　2 墙面、地面应选用蓄热材料；

3 在满足天然采光与室内热环境要求的前提下，应加大南向开窗面积，减少北向开窗面积；

4 建筑的主要出入口应设置防风门斗。

4.3.6 以降温为主的地区，建筑围护结构宜符合下列规定：

1 宜具有良好的隔热性能；

2 建筑在主导风向迎风面上的开窗面积不宜小于在背风面上的开窗面积；

3 在满足天然采光的前提下，受太阳直接辐射的建筑外窗宜设置外遮阳；

4 屋面宜采用架空隔热、植被绿化、被动蒸发等降温技术；

5 围护结构表面宜采用太阳吸收率小于 0.4 的饰面材料，外墙宜采用垂直绿化等隔热措施。

4.4 集热与蓄热

4.4.1 在以采暖为主的地区，建筑南向可根据需要，选择直接受益窗、集热蓄热墙、附加阳光间、对流环路等集热装置。

4.4.2 采取直接受益窗时，应根据其面积、玻璃层数、传热系数和空气渗透系数等参数确定房间的集热量。

4.4.3 采取集热蓄热墙时，应根据其集热面积、空腔厚度、蓄热性能、进出风口大小等参数确定房间的集热量，并应采取夏季通风降温措施。

4.4.4 蓄热材料应根据需要，因地制宜地选用砖、石、混凝土等重质材料及水体、相变材料等。

4.4.5 蓄热体的设置方式、位置、厚度和面积应根据建筑采暖或降温的要求确定。

4.4.6 蓄热体宜与建筑构件相结合，并应布置在阳光直射且有利于蓄热换热的部位。

4.5 通风降温与遮阳

4.5.1 附加阳光间宜与走廊、阳台、露台、温室等功能空间结合设计，并应采取夏季通风降温措施。

4.5.2 建筑设计宜设置天井、中庭等垂直公用空间。当利用垂直公用空间的通风降温效果不能满足要求时，宜采用通风道等其他措施。

4.5.3 直接受益窗、附加阳光间应设置夏季遮阳和避免眩光的装置。

4.5.4 建筑遮阳应优先采用活动外遮阳。

4.5.5 固定式水平遮阳设施的设置不应影响室内冬季日照的要求。

4.5.6 建筑南墙面和山墙面宜采用植被遮阳。

4.5.7 建筑南侧场地宜种植枝少叶茂的落叶乔木。

4.6 建 筑 构 造

4.6.1 建筑外门窗的气密性等级应符合国家现行建筑节能设计标准的规定。以采暖为主的地区，窗户宜加装活动保温装置。

4.6.2 采暖为主地区的建筑，应减少建筑构配件、窗框、窗扇等设施对南向集热窗的遮挡。

4.6.3 当采用辅助能源系统时，建筑设计应为设备的布置、安装和维护提供条件。多层、高层建筑应考虑集热装置、构件的更换和清洁。

4.7 建筑设计评估

4.7.1 被动式太阳能建筑设计应进行评估，且应符合下列规定：

1 在被动式太阳能建筑方案设计阶段，应对被动式太阳能建筑运行效果进行预评估；

2 在被动式太阳能建筑扩初设计文件中，应对被动式太阳能建筑规划要求和选用技术进行专项说明；

3 在被动式太阳能建筑施工图设计阶段，应对建筑耗热量指标进行评估，并应对需要的辅助热源系统进行优化设计；

4 在施工图设计文件中，应对被动式太阳能建筑设计、施工与验收、运行与维护等技术要求进行专项说明；

5 在建筑运行一年后，应对建筑能耗、运行成本、回收年限、节能率以及太阳能贡献率等进行技术经济性能评价。

4.7.2 对于被动式太阳能建筑的综合节能效果，居住建筑应高于国家现行居住建筑节能设计标准的规定；公共建筑应高于现行国家标准《公共建筑节能设计标准》GB 50189 的规定。被动式太阳能建筑的太阳能贡献率应按本规范附录 A～附录 D 估算，并宜符合表 4.7.2 的规定。

表 4.7.2　被动式太阳能建筑的太阳能贡献率

被动式太阳能采暖气候分区		典型城市	太阳能贡献率	
			室内设计温度 13℃	室内设计温度 16℃～18℃
最佳气候区	A区(SHIa)	西藏的拉萨及山南地区	≥65%	45%～50%
	B区(SHIb)	昆明	≥90%	60%～80%
适宜气候区	A区(SHIIa)	兰州、北京、呼和浩特、乌鲁木齐	≥35%	20%～30%
	B区(SHIIb)	石家庄、济南	≥40%	25%～35%
可利用气候区(SHIII)		长春、沈阳、哈尔滨	≥30%	20%～25%
一般气候区(SHIV)		西安、郑州、杭州、上海、南京、福州、武汉、合肥、南宁	≥25%	15%～20%
不利气候区(SHV)		贵阳、重庆、成都、长沙	≥20%	10%～15%

注：当同时采用主被动式采暖措施时，室内设计温度取 16℃～18℃，太阳能贡献率限值应对应其室内设计温度的取值。

4.7.3 冬季被动式太阳能采暖的室内计算温度宜大于13℃；夏季被动式降温的室内计算温度宜为29℃～31℃，高温高湿地区取值宜低于29℃。

5 技术集成设计

5.1 一般规定

5.1.1 被动式太阳能供暖和降温设施，应结合建筑形式综合考虑冬季采暖和夏季降温的技术措施，减少设施在冬季的热量损失和冷风渗透以及夏季向室内的传热。

5.1.2 被动式太阳能建筑设计不能满足建筑基本热舒适度要求时，应设置其他辅助供暖或制冷系统，辅助系统设计应与被动式太阳能建筑设计同步进行。

5.2 采 暖

5.2.1 建筑采暖方式应根据采暖气候分区、太阳能利用效率和房间热环境设计指标，按表5.2.1进行选用。

表 5.2.1 建筑采暖方式

被动式太阳能建筑采暖气候分区		推荐选用的单项或组合采暖方式
最佳气候区	最佳气候A区	集热蓄热墙式、附加阳光间式、直接受益式、对流环路式、蓄热屋顶式
	最佳气候B区	集热蓄热墙式、附加阳光间式、对流环路式、蓄热屋顶式
适宜气候区	适宜气候A区	直接受益式、集热蓄热墙式、附加阳光间式、蓄热屋顶式
	适宜气候B区	集热蓄热墙式、附加阳光间式、直接受益式、蓄热屋顶式
	适宜气候C区	集热蓄热墙式、附加阳光间式、蓄热屋顶式
可利用气候区		集热蓄热墙式、附加阳光间式、蓄热屋顶式
一般气候区		直接受益式、附加阳光间式

5.2.2 采暖方式应根据建筑结构、房间使用性质、造价，选择适宜的单项或组合采暖方式。以白天使用为主的房间，宜选用直接受益窗式或附加阳光间式；以夜间使用为主的房间，宜选用具有较大蓄热能力的集热蓄热墙式和蓄热屋顶式。

5.2.3 直接受益窗设计应符合下列规定：

1 应对建筑的得热与失热进行热工计算，合理确定窗洞口面积，南向集热窗的窗墙面积宜为50%；

2 窗户的热工性能应优于国家现行有关建筑节能设计标准的规定。

5.2.4 集热蓄热墙设计应符合下列规定：

1 集热蓄热墙的组成材料应有较大的热容量和导热系数，并应确定其合理厚度；

2 集热蓄热墙向阳面外侧应安装玻璃或透明材料，并应与集热蓄热墙向阳面保持100mm以上的距离；

3 集热蓄热墙向阳面应选择太阳辐射吸收系数大、耐久性能强的表面涂层进行涂覆；

4 透光和保温装置的外露边框构造应坚固耐用、密封性好；

5 应根据建筑热工计算或南墙条件确定集热蓄热墙的形式和面积；

6 集热蓄热墙应设置对流风口，对流风口上应设置可自动或者便于关闭的保温风门，并宜设置风门逆止阀；

7 宜利用建筑结构构件作为集热蓄热体；

8 应设置防止夏季室内过热的排气口。

5.2.5 附加阳光间设计应符合下列规定：

1 附加阳光间应设置在南向或南偏东至南偏西夹角不大于30°范围内的墙外侧；

2 附加阳光间与采暖房间之间公共墙上的开孔位置应有利于空气热循环，并应方便开启和严密关闭，开孔率宜大于15%；

3 采光窗宜设置活动遮阳设施；

4 附加阳光间内地面和墙面宜采用深色表面；

5 应合理确定透光盖板的层数，并应设置夜间保温措施；

6 附加阳光间应设置夏季降温用排风口。

5.2.6 蓄热屋顶设计应符合下列规定：

1 蓄热屋顶保温盖板宜采用轻质、防水、耐候性强的保温构件；

2 蓄热屋顶盖板应根据房间温度、蓄热介质（水等）温度和室外太阳辐射照度进行灵活调节和启闭；

3 保温板下方放置蓄热体的空间净高宜为200mm～300mm；

4 蓄热屋顶应有良好的保温性能，并应符合国家现行有关建筑节能设计标准的规定。

5.2.7 对流环路设计应符合下列规定：

1 集热器安装位置应低于蓄热体，集热器背面应设置保温材料；

2 蓄热材料应选用重质材料，蓄热体接受集热器空气流的表面面积宜为集热器面积的50%～75%；

3 集热器应设置防止空气反向流动的逆止风门。

5.2.8 蓄热体设计应符合下列规定：

1 应采用能抑制室温波动、成本低、比热容大、性能稳定、无毒、无害、吸热放热能力强的材料作为建筑蓄热体；

2 蓄热体应布置在能直接接收阳光照射的位置，蓄热地面、墙面内表面不宜铺设地毯、挂毯等隔热材料；

3 蓄热体的厚度和质量应根据建筑整体的热平衡计算确定；蓄热体的面积宜为集热面积的（3～5）倍。

5.3 通 风

5.3.1 应组织好建筑的自然通风。宜采用可开启的外窗作为自然通风的进风口和排风口，或专设自然通风的进风口和排风口。

5.3.2 自然通风口应设置可开启、关闭装置。应按空调和采暖季节卫生通风的要求设置卫生通风口或进行机械通风。卫生通风口应有防雨、隔声、防水、防虫的功能，其净面积（S_f）应满足下式要求：

$$S_f \geqslant 0.0016S \qquad (5.3.2)$$

式中：S_f——卫生通风口净面积（m^2）；

S——该房间的地板净面积（m^2）。

5.4 降 温

5.4.1 应控制室内热源散热。室内热源散热量大的房间应设置隔热性能良好的门窗，房间内产生的废热应能直接排放到室外。

5.4.2 建筑外窗不宜采用两层通窗和天窗。

5.4.3 夏热冬冷、夏热冬暖、温和地区的建筑屋面宜采用浅色面层，采用植被屋面或蒸发冷却屋面时，应设置被动蒸发冷却屋面的液态物质补给装置和清洁装置。

5.4.4 夏热冬冷、夏热冬暖、温和地区的建筑外墙外饰面层宜采用浅色材料，并辅助外遮阳及绿化等隔热措施，外饰面材料太阳吸收率宜小于0.4。

5.4.5 建筑遮阳应综合考虑地区气候特征、经济技术条件、房间使用功能等因素，在满足建筑夏季遮阳、冬季阳光入射、自然通风、采光、视野等要求的情况下，确定遮阳形式和措施。

5.4.6 夏季室外计算湿球温度较低、日间温差较大的干热地区，应采用被动蒸发冷却降温方式。

5.4.7 应优先采用能产生穿堂风、烟囱效应和风塔效应的建筑形式，合理组织被动式通风降温。

6 施工与验收

6.1 一般规定

6.1.1 被动式太阳能建筑验收应符合现行国家标准《建筑节能工程施工质量验收规范》GB 50411 的规定。

6.1.2 被动式太阳能建筑应进行专项验收。

6.2 施 工

6.2.1 建筑施工及设备安装不得破坏建筑的结构、屋面防水层、建筑保温和附属设施，不得削弱建筑在寿命期内承受荷载作用的能力。

6.2.2 被动式太阳能建筑施工前，应编制详细的施工组织方案。太阳能系统及装置安装应与建筑主体结构施工、其他设备安装、装饰装修等相配合。

6.2.3 被动式太阳能建筑施工应做好细部处理，并应做好密封和防水等。

6.2.4 被动式太阳能集热部件的安装应符合下列规定：

1 安装直接受益窗、集热器等部件时，应对预埋件、连接件进行防腐处理；

2 边框与墙体间缝隙应用密封胶嵌填满密实，表面应平整光滑、无裂缝，填塞材料及方法应符合设计要求。

6.2.5 被动式太阳能建筑构造施工应符合下列规定：

1 围护结构周边热桥部位应采取保温措施；

2 地面应选用蓄热性能较好的材料，宜设置防潮层。

6.3 验 收

6.3.1 被动式太阳能建筑工程验收应符合下列规定：

1 被动式太阳能建筑屋面应符合现行国家标准《屋面工程质量验收规范》GB 50207 的有关规定；

2 保温门的内装保温材料应填充密实，性能应满足设计要求，门与门框间应加设密封条；

3 在结构墙体开洞时，开洞位置和洞口截面大小应满足结构抗震及受力的要求；

4 墙面留洞的位置、大小及数量应符合设计要求；应按图纸设计逐个检查核对墙体上洞口的尺寸大小、数量及位置的准确性，洞边框正侧面垂直度允许偏差不应大于 1.5mm，框的对角线长度差不宜大于 1mm；洞口及墙洞内抹灰应平直光滑，洞内宜刷深色（无光）漆；

5 热桥部位应按设计要求采取隔断热桥的措施。

6.3.2 应在工程移交用户前、分项工程验收合格后进行系统调试和竣工验收，并应提交包括系统热性能在内的检验记录。

7 运行维护及性能评价

7.1 一般规定

7.1.1 设计单位应编制被动式太阳能建筑用户使用手册。

7.1.2 被动式太阳能建筑应按建筑类型，分类制定相应的维护管理措施。

7.1.3 被动式太阳能建筑节能、环保效益的分析评定指标应包括系统的年节能量、年节能费用、费效比、回收年限和温室气体减排量。

7.2 运行与管理

7.2.1 对被动式太阳能建筑系统和装置应定期检查维护，并应符合下列规定：

1 对附加阳光间或集热部件的密封性能应进行定期检查，对流环路系统和蓄热屋顶系统的上下通风孔应保持畅通，并应确保开闭设施能够正常使用；

2 蓄热地面不应有影响蓄热性能的覆盖物；

3 应确保通风换气设施的正常使用，气流通道上不得覆盖障碍物；

4 对于安装有可调节天窗、移动式遮阳或保温设施的建筑，应对调节装置、移动轨道和限位机构等进行定期的检查和维护；

5 应对集热装置、蓄热装置定期进行系统检查、清洁与更换；

6 应对蓄热屋顶的蓄热水箱、屋面、保温盖板等做定期的防水、防破损检修，并应定期补充和更新蓄热介质（水等）。

7.3 性能评价

7.3.1 应对被动式太阳能建筑的建造、运行成本和投资回收年限及对环境的影响进行评价。建造与运行成本应按本规范附录 E 估算，投资回收年限应按本规范附录 F 估算。

附录 A 全国主要城市平均日照时数

表 A 全国主要城市平均日照时数（h）

城市	月份												全年
	1	2	3	4	5	6	7	8	9	10	11	12	
北 京	210.3	160.2	270.8	254.9	261.2	231.7	200.5	185.4	192.3	216.3	192.7	199.8	2576.1
天 津	178.4	132.3	244.3	219.5	237.8	229.1	183.4	148.9	199.3	215.9	174.4	184.9	2348.2
石 家 庄	168.4	98.5	266	250.1	247.8	203.5	144.9	170.4	168	189.9	195.4	171.2	2274.1
太 原	157.4	147.4	256.7	277.9	271.1	254.2	251.5	243.8	166.1	190.6	220.7	183.5	2620.9
呼和浩特	121.6	151.9	285.2	279.1	313.1	300.3	276.9	236.4	235	233	209	175.3	2816.8
沈 阳	148.8	169.5	263.1	211.3	212.2	140.6	166.7	146.5	234.3	220.6	172.8	163.5	2249.9
大 连	228.2	198.2	269.6	245.7	286.6	246.9	204.4	218.6	235.7	253.4	195.8	166.6	2749.7
长 春	154.9	196.5	238.3	204.3	228.6	151	147.1	188	241.9	221.5	190.6	161.9	2324.6
哈 尔 滨	77.5	148.5	245.4	162	213.7	234.7	155.1	201.8	212.3	215.4	159.7	107.9	2134
上 海	113.9	83	170.2	195.3	176.5	201.5	154.9	161.4	164.7	159.5	112.6	135.5	1829
南 京	130	98.3	202.1	230.5	184.5	211.1	195.7	163.6	131.9	161.6	106.6	146.7	1937.5
杭 州	92.4	56.4	161.3	200.2	124	216.9	180.8	156.4	197	132.9	102.6	141.8	1762.2
合 肥	98.2	75.2	184.6	219.2	194.6	214	191.4	141	130.3	156	95.3	134.3	1834.1
福 州	74.4	34.1	100.3	137.9	66.8	123.8	246.5	154.4	174.8	120.2	111.1	124.9	1469.2
南 昌	43.7	51.6	109.2	200	106.9	183.4	274.3	222.7	214.7	165	86.8	136.2	1794.5
济 南	197.7	115.5	219.6	249.1	286.5	254.1	159.3	185.7	139.9	194.4	183.9	183.8	2369.5
青 岛	201.8	151.9	235.4	256.6	278.8	209.2	160.9	165.3	138.1	210.7	174.5	171.9	2355.1
武 汉	110.4	51.3	149.6	212.4	170.3	177.5	233.8	173	167.4	139.6	110.2	134.3	1829.7
郑 州	83.8	79.5	181.5	227.8	186.6	201.5	78.7	139.8	125.4	147.5	146.9	141.9	1740.9
广 州	83.9	16	52.8	44.5	72.6	61	175.3	147.7	146.7	210.6	145.7	131.9	1288.5

续表A

城市	月 份												全年
	1	2	3	4	5	6	7	8	9	10	11	12	
长　沙	26.8	38.1	80.6	158.4	80	149	249.4	181.6	144	116.9	91.6	106.7	1423.1
南　宁	33.4	19.7	44	92.4	189.6	84.9	231.1	171	164	170.6	121.7	100.8	1423.2
海　口	88.4	103.6	104.2	138.6	232	165.3	228.4	225.5	180.5	180.4	132.9	60.7	1840.5
桂　林	37	17.1	33.6	109.3	143	80.4	246.9	208.2	202.4	174.9	111.4	102.6	1466.8
重　庆	12.2	29.7	62.3	125.1	80.6	118.3	179.4	97.2	171	17.9	5.9	4.3	903.9
温　江	30.7	26.5	78.2	111.9	94.7	118	76.4	77.3	70.7	32.8	30.1	29.7	777
贵　阳	25.5	51	39.2	117.5	106.4	97.2	188.9	97.7	145.9	76.1	49.4	9.3	1004.1
昆　明	216.4	244.7	188	238	280.4	105.5	109.6	96.6	114.4	129.7	181.4	149.6	2054.3
拉　萨	237.6	208.2	253.6	267.7	273.9	291.7	263.3	206.4	277.8	267.3	284.7	267.8	3100
西　安	82.3	76.9	198.2	228.3	207.8	253	190.6	143.3	153.4	131.9	129.2	154.5	1949.4
兰　州	185.9	180.8	201.5	235.7	251.5	260	221.6	215	163.8	167.9	184.1	202.1	2469.9
西　宁	186.2	188.2	189.5	253.6	259.1	261.1	198.4	198.6	153.9	161.9	207	220	2477.5
银　川	165.2	171.6	262	273.7	282.2	293.3	262.7	253.9	216.4	225.1	214.2	193.1	2813.4
乌鲁木齐	40	88.5	204.7	294	311.4	334.8	289.8	270.2	285.3	225.6	109.6	74.8	2528.7

注：本表引自《中国统计年鉴数据库》（2005年版）。

附录B　全国部分代表性城市采暖期日照保证率

表B　全国部分代表性城市采暖期日照保证率（%）

城　市	月　份				
	11	12	1	2	3
北　京	26.76	27.75	29.21	22.25	37.61
天　津	24.22	25.68	24.78	18.38	33.93
石家庄	27.14	23.78	23.39	13.68	36.94
太　原	30.65	25.49	21.86	20.47	35.65
呼和浩特	29.03	24.35	16.89	21.10	39.61
沈　阳	24.00	22.71	20.67	23.54	36.54
大　连	27.19	23.14	31.69	27.53	37.44
长　春	26.47	22.49	21.51	27.29	33.10
哈尔滨	22.18	14.99	10.76	20.63	34.08
上　海	15.64	18.82	15.82	11.53	23.64
南　京	14.81	20.38	18.06	13.65	28.07
杭　州	14.25	19.69	12.83	7.83	22.40
合　肥	13.24	18.65	13.64	10.44	25.64

城市	月 份				
	11	12	1	2	3
福 州	15.43	17.35	10.33	4.74	13.93
南 昌	12.06	18.92	6.07	7.17	15.17
济 南	25.54	25.53	27.46	16.04	30.50
青 岛	24.24	23.88	28.03	21.10	32.69
郑 州	20.40	19.71	11.64	11.04	25.21
武 汉	15.31	18.65	15.33	7.13	20.76
长 沙	12.72	14.82	3.72	5.29	11.19
广 州	20.24	18.32	11.65	2.22	7.33
南 宁	16.90	14.00	4.64	2.74	6.11
海 口	18.46	8.43	12.28	14.39	14.47
桂 林	15.47	14.25	5.14	2.38	4.67
重 庆	0.82	0.60	1.69	4.13	8.65
温 江	4.18	4.13	4.26	3.68	10.86
贵 阳	6.86	1.29	3.54	7.08	5.44
昆 明	25.19	20.78	30.06	33.99	26.11
拉 萨	39.54	37.19	33.00	28.92	35.22
西 安	17.94	21.46	11.43	10.68	27.53
兰 州	25.57	28.07	25.82	25.11	27.99
西 宁	28.75	30.56	25.86	26.14	26.32
银 川	29.75	26.82	22.94	23.83	36.39
乌鲁木齐	15.22	10.39	5.56	12.29	28.43

注：本表根据附录 A 提供的日照时数计算得出。

附录 C 全国主要城市垂直南向面总日射月平均日辐照量

表 C 全国主要城市垂直南向面总日射月平均日辐照量[MJ/(m² · d)]

城市 \ 月份	1	2	3	4	5	6	7	8	9	10	11	12
北 京	14.81	15.00	13.70	11.07	10.28	8.99	8.46	9.25	12.43	14.41	13.84	13.75
沈 阳	11.93	14.20	13.49	10.97	9.63	8.43	8.02	9.02	12.35	14.03	12.71	11.40
哈 尔 滨	12.63	14.00	13.33	10.84	9.40	9.08	8.68	9.62	12.26	13.73	7.35	11.12
长 春	14.80	15.83	14.13	11.01	9.61	8.92	8.19	9.11	12.69	14.30	14.01	12.97
西 安	9.18	8.89	8.34	7.79	7.49	7.61	7.36	8.59	7.70	8.84	9.12	9.00
呼和浩特	15.73	17.30	14.53	11.64	10.61	10.15	9.52	10.81	14.09	16.99	15.74	16.25
乌鲁木齐	11.18	12.11	13.09	11.72	11.11	10.27	10.16	11.82	13.35	16.20	14.44	11.24
拉 萨	23.93	19.90	15.05	10.83	8.70	7.87	8.45	9.73	12.79	20.11	24.62	25.20

月份\城市	1	2	3	4	5	6	7	8	9	10	11	12
兰　州	9.77	11.68	10.91	10.37	9.17	8.87	8.22	9.23	9.72	11.83	11.03	9.27
郑　州	11.34	10.68	9.56	8.30	8.07	7.43	6.90	7.78	8.74	11.02	11.35	11.34
银　川	16.48	16.37	13.16	11.38	10.20	9.34	8.99	10.28	12.35	15.50	16.92	16.32
济　南	12.56	12.51	11.45	9.26	8.68	7.72	6.85	7.74	10.47	12.87	13.15	12.76
太　原	14.50	14.12	12.41	10.16	9.49	8.42	7.84	8.96	10.75	13.67	13.90	13.84
南　京	10.34	9.73	8.75	7.43	6.89	6.53	6.66	8.02	8.39	11.19	11.53	11.26
合　肥	9.94	8.95	8.15	7.04	6.77	6.68	6.39	7.56	7.81	10.38	10.61	10.10
上　海	9.95	9.20	8.17	7.06	6.53	6.26	6.94	7.98	7.99	10.01	10.69	10.47
成　都	5.30	5.48	6.48	6.76	6.71	6.66	6.73	7.15	5.44	5.43	5.03	5.03
汉　口	8.94	8.33	7.23	6.96	6.78	6.95	7.13	8.47	9.07	10.10	10.14	9.42
福　州	8.65	5.54	4.38	4.50	5.23	4.97	6.48	6.02	6.98	8.25	7.63	7.72
广　州	6.42	4.69	3.52	4.06	4.71	4.10	5.07	4.86	6.19	8.58	9.31	9.17
南　宁	5.57	4.28	4.26	4.42	4.28	4.96	4.93	5.51	6.92	7.04	7.88	7.55
贵　阳	3.91	5.23	5.33	4.86	5.19	5.83	7.31	6.31	5.09	4.40	6.23	4.68
海　口	6.37	6.83	5.53	5.04	5.30	8.82	6.61	5.49	6.32	7.47	6.63	7.11
石家庄	7.64	8.33	7.67	7.83	6.89	5.94	5.68	7.12	8.45	8.49	8.37	7.91
长　沙	4.20	3.38	4.13	3.90	4.46	4.34	4.50	5.41	6.22	6.67	6.48	6.83
南　昌	5.51	3.91	3.74	4.81	4.30	3.62	4.39	6.37	7.23	8.94	8.21	7.84
杭　州	7.23	7.33	6.38	5.56	5.58	5.60	5.67	6.45	6.25	7.55	8.48	10.12
西　宁	16.74	16.01	13.28	11.30	9.69	8.79	8.49	9.94	10.98	14.71	17.06	17.11

注：本表引自《中国建筑热环境分析专用气象数据集》。

附录 D　被动式太阳能建筑太阳能贡献率计算方法

D. 0. 1　太阳能贡献率（f）应按下式计算：

$$f = \frac{Q_u}{q} \qquad (D.0.1)$$

式中：Q_u——采暖期单位建筑面积净太阳辐射得热量（MJ/m^2）；

q——参照建筑的采暖期单位建筑耗热量（MJ/m^2）。

D. 0. 2　采暖期单位建筑面积净太阳辐射得热量（Q_u）应按下式计算：

$$Q_u = \sum_i \eta_i I_i c_i \qquad (D.0.2)$$

式中：η_i——第 i 个集热部件热效率（%）；

I_i——采暖期内投射在第 i 个集热部件所在面上的总日射辐照量（MJ/m^2）；

c_i——第 i 个集热部件集热面积占总建筑面积的百分比（%）。

D. 0. 3　单位建筑面积耗热量（q）应按下式计算：

$$q = q_{HT} + q_{INF} - q_{IH} \qquad (D.0.3)$$

式中：q_{HT}——单位建筑面积通过围护结构的传热耗热量（W/m^2）；

q_{INF}——单位建筑面积的空气渗透耗热量（W/m^2）；

q_{IH}——单位建筑面积的建筑物内部，包括炊事、照明、家电和人体散热在内的得热量（W/m^2），住宅取 $3.8W/m^2$。

D. 0. 4　单位建筑面积围护结构的传热耗热量（q_{HT}）应按下式计算：

$$q_{HT} = (t_i - t_e) \times (\sum_{i=1}^{n} \xi_i K_i F_i)/A_0 \qquad (D.0.4)$$

式中：t_i——室内设计温度（℃），根据是否采取主动采暖措施，选取 13℃ 或 16℃；

t_e——采暖期室外平均温度（℃）；

A_0——建筑面积（m²）；

ξ_i——围护结构传热系数的修正系数；

K_i——围护结构的平均传热系数 [W/(m²·K)]；

F_i——围护结构的面积（m²）。

D.0.5 单位建筑面积的空气渗透耗热量应按下式计算：

$$q_{INF} = 0.278c_p V\rho(t_i - t_e)/A_0 \quad (D.0.5)$$

式中：c_p——干空气的定压质量比热容 [kJ/(kg·℃)]，可取 1.0056kJ/(kg·℃)；

ρ——室外温度下的空气密度（kg/m³）；

V——渗透空气的体积流量（m³/h），可由建筑物换气次数与建筑总体积之乘积求得。

附录 E 被动式太阳能建筑建造与运行成本计算方法

E.0.1 建筑建造与运行成本（LCC）应按下式计算：

$$LCC = CF \cdot E_{LCE} \quad (E.0.1)$$

式中：CF——常规能源价格（元/kWh）；

E_{LCE}——建筑建造与运营能耗（kWh）。

E.0.2 常规能源价格（CF）应按下式计算：

$$CF = CF'/(g \cdot E_{ff}) \quad (E.0.2)$$

式中：CF'——常规燃料价格（元/kg），可取标准煤；

g——常规燃料发热量（kWh/kg），标煤发热量为 8.13kWh/kg；

E_{ff}——常规采暖设备的热效率（%）。

E.0.3 建筑建造与运行周期内，建材生产总能耗（E_1）应按下式计算：

$$E_1 = \sum_{i=1}^{n} \frac{L_b}{L_i} m_i (1 + w_i/100) M_i \quad (E.0.3)$$

式中：n——材料种类数；

L_b——建筑寿命（年）；

L_i——建筑材料的使用寿命（年）；

m_i——i 材料的总使用量（t 或 m³）；

w_i——建造过程中 i 材料的废弃比率（%）；

M_i——生产单位使用量 i 材料的能耗（kWh/t 或 kWh/m³）。

E.0.4 建筑建造与运行周期内，运行能耗（E_4）应按下式计算：

$$E_4 = L_b E_a \quad (E.0.4)$$

式中：E_a——全年采暖及空调能耗之和（kWh）。

附录 F 被动式太阳能建筑投资回收年限计算方法

F.0.1 回收年限（n）应按下式计算：

$$n = \frac{\ln[1 - PI(d - e)]}{\ln\left(\dfrac{1+e}{1+d}\right)} \quad (F.0.1)$$

式中：PI——折现系数；

d——银行贷款利率（%）；

e——年燃料价格上涨率（%）。

F.0.2 折现系数（PI）应按下式计算：

$$PI = A/(\Delta Q_{aux,q} \cdot CF - A \cdot DJ) \quad (F.0.2)$$

式中：A——总增加投资（元）；

$\Delta Q_{aux,q}$——被动式太阳能建筑与参照建筑相比的节能量（kWh）；

CF——常规燃料价格（元/kWh）；

DJ——维修费用系数（%）。

F.0.3 常规能源价格应按本规范式（E.0.2）计算。

F.0.4 总增加投资（A）应按下式计算：

$$A = A_p - A_{ref} \quad (F.0.4)$$

式中：A_p——被动式太阳能建筑的总初投资（元）；

A_{ref}——参照建筑初投资（元）。

本规范用词说明

1 为便于在执行本规范条文时区别对待，对要求严格程度不同的用词说明如下：

1）表示很严格，非这样做不可的：
正面词采用"必须"，反面词采用"严禁"；

2）表示严格，在正常情况下均应这样做的：
正面词采用"应"，反面词采用"不应"或"不得"；

3）表示允许稍有选择，在条件许可时首先应这样做的：
正面词采用"宜"，反面词采用"不宜"；

4）表示有选择，在一定条件下可以做的，采用"可"。

2 条文中指明应按其他有关标准执行的写法为："应符合……的规定"或"应按……执行"。

引用标准名录

1 《民用建筑热工设计规范》GB 50176

2 《公共建筑节能设计标准》GB 50189

3 《屋面工程质量验收规范》GB 50207

4 《建筑节能工程施工质量验收规范》GB 50411

中华人民共和国行业标准

被动式太阳能建筑技术规范

JGJ/T 267—2012

条 文 说 明

制 订 说 明

《被动式太阳能建筑技术规范》JGJ/T 267 - 2012，经住房和城乡建设部 2012 年 1 月 6 日以第 1238 号公告批准、发布。

本规范制订过程中，编制组进行了广泛的调查研究，总结了我国被动式太阳能建筑工程建设的实践经验，同时参考了国外先进技术法规、技术标准。

为便于广大设计、施工、科研、学校等单位有关人员在使用本规范时能正确理解和执行条文规定，《被动式太阳能建筑技术规范》编制组按章、节、条顺序编制了本规范的条文说明，对条文规定的目的、依据以及执行中需注意的有关事项进行了说明。但是，本条文说明不具备与规范正文同等的法律效力，仅供使用者作为理解和把握规范规定的参考。

目　次

1 总　则

1.0.1 被动式太阳能建筑像生态住宅、绿色建筑一样，是建筑理念或技术手段之一。被动式太阳能建筑的核心理念是被动技术在建筑中的应用。被动技术（passive techniques）强调直接利用阳光、风力、气温、湿度、地形、植物等场地自然条件，通过优化规划和建筑设计，实现建筑在非机械、不耗能或少耗能的运行方式下，全部或部分满足建筑采暖降温等要求，达到降低建筑使用能耗，提高室内环境性能的目的。被动式太阳能建筑技术通常包括天然采光，自然通风，围护结构的保温、隔热、遮阳、集热、蓄热等方式。与之对应的是主动技术（active techniques），是指通过采用消耗能源的机械系统，提高室内舒适度，通常包括以消耗能源为基础的机械方式满足建筑采暖、空调、通风等要求，当然也包括太阳能采暖、空调等主动太阳能利用技术。

我国正处于快速城镇化和大规模建设时期，在建筑的全生命周期内，推广被动式太阳能建筑理念和技术，对于节约资源和能源，实现与自然和谐共生具有重要意义。制定本规范的目的是引导人们从规划阶段入手，在建筑设计、施工、验收、运行和维护的过程中，充分利用太阳能，正确实施被动式太阳能建筑理念和技术，促进建筑的可持续发展。

1.0.2 本规范不仅适用于新建的被动式太阳能建筑，同时也适用于改建和扩建的被动式太阳能建筑，包括局部采用被动式太阳能技术的建筑。被动式太阳能建筑理念与既有建筑改造在节约资源、降低运行能耗、减少环境污染方面目的一致，在既有建筑改造中更应充分应用被动优先的建筑设计与运营理念。

1.0.3 被动式太阳能建筑的目标是在建筑全寿命周期内，适应地区气候特征，充分利用阳光、风力、地形、植被等场地自然条件，在满足建筑使用功能的同时，减少对自然环境的扰动，降低建筑运营对化石能源的需求，实现其经济效益、社会效益和环境效益。

1.0.4 符合国家现行法律法规与相关标准是被动式太阳能建筑的必要条件。本规范没有涵盖通常建筑物所应有的功能和性能要求，而是着重提出与被动技术应用相关的内容，主要包括规划与建筑设计、集热与降温设计、施工与验收、运行维护及性能评价等方面。因此，对建筑的基本要求，如结构安全、防火安全等重要要求未列入本规范，而由其他相关的国家现行标准进行规定。

2 术　语

2.0.1 被动式太阳能建筑是指通过建筑朝向的合理选择和周围环境的合理布置，内部空间和外部形体的巧妙

处理，以及建筑材料和结构、构造的恰当选择，使其在冬季能集取、蓄存并使用太阳能，从而解决建筑物的采暖问题；同时在夏季通过采取遮阳等措施又能遮蔽太阳辐射，及时地散逸室内热量，从而解决建筑物的降温问题。其他的降温方式还有对流降温、辐射降温、蒸发降温和大地降温。

2.0.2 在北半球阳光通过南向窗玻璃直接进入房间，被室内地板、墙壁、家具等吸收后转变为热能，为房间供暖。直接受益式供热效率较高，缺点是晚上降温快，室内温度波动较大，对于仅需要白天供热的办公室、学校教室等比较适用，直接受益式太阳能建筑利用方式参见图1。

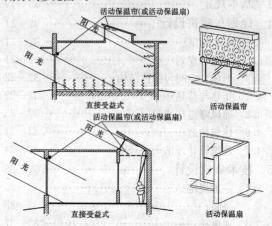

图1　直接受益式太阳能建筑利用方式

2.0.3 集热蓄热墙又称特朗勃墙，在南向外墙除窗户以外的墙面上覆盖玻璃，墙表面涂成黑色，在墙的上下部位留有通风口，使热风自然对流循环，把热量交换到室内。一部分热量通过热传导传送到墙的内表面，然后以辐射和对流的形式向室内供热；另一部分热量加热玻璃与墙体间夹层内的空气，热空气由墙体上部的风口向室内供热。室内冷空气由墙体下部风口进入墙外的夹层，再由太阳加热进入室内，如此反复循环，向室内供热，集热蓄热墙参见图2。

2.0.4 阳光间附加在房间南侧，通过墙体将房间与阳光间隔开，墙上开有门窗。阳光间的南墙或屋面为玻璃或其他透明材料。阳光间受到太阳照射而升温，白天可向室内供热，晚间可作房间的保温层。东西朝向的阳光间提供的热量比南向少一些，且夏季西向阳光间会产生过热，因而不宜采用。北向虽不能提供太阳热能，但可获得介于室内与室外之间的温度，从而减少房间的热量损失。附加阳光间参见图3。

2.0.5 蓄热屋顶也称屋顶浅池，有两种应用方式。其中一种是在屋顶建造浅水池，利用浅水池集热蓄热，而后通过屋面板向室内传热；另一种是由充满水的黑色袋子"覆盖屋面"。冬季，它们受到太阳照射时，集取、储存太阳能，热量通过支撑它的金属顶棚，将热量辐射到房间；夏季，室内热量向上传递给

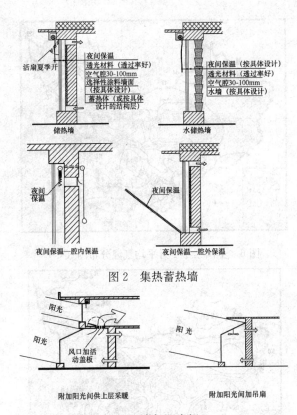

图 2 集热蓄热墙

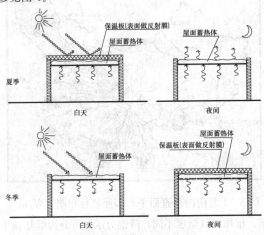

图 3 附加阳光间

水池，从而使室内降温。夜间，水中的热量通过辐射、对流和蒸发，释放到空气中。浅池或水袋上设置可移动的保温板，冬季白天开启，夜间关闭；夏季白天关闭，夜间开启，从而提高屋顶浅池的采暖降温性能。利用其他蓄热体也可达到同样的效果。蓄热屋顶参见图 4。

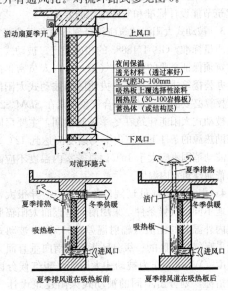

图 4 蓄热屋顶

2.0.6 对流环路式是唯一在无太阳照射时不损失热量的采暖方式。早期对流环路式是借助建筑地坪与室外地面的高差安装空气集热器并用风道与地面卵石床连通，卵石设在室内地坪以下，热空气加热卵石后借助风扇强制循环向室内供热。现在对流环路式是利用

南向外墙中的对流环路金属板（铁板、铝板）和保温材料，补充南向窗户直接提供太阳能的不足。对流环路板是一层或两层高透光率玻璃或阳光板，覆盖在一层黑色金属吸热板上，吸热板后面有保温层，墙上下部位开有通风孔。对流环路式参见图 5。

图 5 对流环路集热方式

2.0.8 参照建筑是指以设计的被动式太阳能建筑为原型，将设计建筑各项围护结构的传热系数改为符合当地建筑节能设计标准的限值，窗墙比改为符合本规范推荐值的虚拟建筑，计算所得的建筑物耗热量指标，即参照建筑耗热量指标，作为设计的被动式太阳能建筑的耗热量指标下限值。设计建筑的实际耗热量指标，应在满足至少小于参照建筑耗热量指标的基础上，同时满足被动式太阳能采暖气候分区所对应的太阳能贡献率下限值时，才可判定为被动式太阳能建筑设计。

2.0.9 由于太阳辐射存在较大的间歇性和不稳定性，所以必须设置辅助能源系统以提供能量补充。

2.0.10 太阳能贡献率是分析被动式太阳能利用经济效益的重要指标之一。它是指被动式太阳能贡献的能量与总能量消耗及占用量之比，即产出量与投入量之比，或所得量与所费量之比。计算公式为，太阳能贡献率（％）＝贡献量（产出量，所得量）/投入量（消耗量，占用量）×100％

2.0.12 南向辐射温差比是衡量南向窗太阳辐射得热和因室内外温度差失热平衡关系的指标。

3 基 本 规 定

3.0.1 被动式太阳能建筑设计应因地制宜，遵循适用、坚固、经济的原则。并应注意建筑造型美观大方，符合地域文化特点，与周围建筑群体相协调，同时必须兼顾所在地区气候、资源、生态环境、经济水

平等因素，合理地选择被动式采暖与降温技术。

3.0.2 本条文的目的是要求被动式太阳能建筑必须是节能建筑，相应被动式太阳能建筑围护结构的热工与节能设计，必须符合《民用建筑热工设计规范》GB 50176 建筑热工设计分区中所在气候区国家和地方建筑节能设计标准和实施细则的要求。

3.0.3 被动式太阳能建筑应符合现行国家标准《室内空气质量标准》GB/T 18883 的相应规定。被动式太阳能建筑须保证必要的新鲜空气量，室内人员密集的学校、办公楼等或建设在高海拔地区的被动式太阳能建筑应核算必要的换气量。综合气象因素在 $SDM>20$ 地区，被动式太阳能建筑在冬季采暖期间，主要房间在无辅助热源的条件下，室内平均温度应达到 12℃；室温日波动范围不应大于 10℃。夏季室内温度不应高于当地普通建筑室内温度。

3.0.4 由于我国幅员辽阔，各地气候差异很大，针对各地不同的气候条件，采用南向垂直面太阳辐照度与室内外温差的比值（辐射温差比），作为被动式太阳能采暖气候分区的一级分区指标，南向垂直面太阳辐照度（W/m²）作为被动式太阳能采暖气候分区的二级指标，划分出不同的被动式太阳建筑设计气候区。采用南向垂直面太阳能辐照度作为气候分区的主要参数是因为被动式太阳能采暖建筑的集热构件一般采用南向垂直布置的方式。条文中根据不同的累年 1 月平均气温、水平面或南向垂直墙面 1 月太阳平均辐照度，将被动式太阳能采暖划分为四个气候区。

某地方是否可以采用被动式太阳能采暖设计，应该用不同的指标进行分类。被动式太阳能采暖设计除了 1 月水平面和南向垂直墙面太阳辐照度外，还与一年中最冷月的平均温度有直接的关系，当太阳辐射很强时，即使最冷月的平均温度较低，在不采用其他能源采暖，室内最低温度也能达到 10℃以上。因此，本标准用累年 1 月南向垂直墙面太阳辐照度与 1 月室内外温差的比值作为被动太阳能采暖建筑设计气候分区的一级指标，同时采用南向垂直面的太阳辐照度作为二级分区指标比较科学。

图 6～图 9 中各气候区具体城市依据本地的累年 1 月平均气温、1 月水平面和南向垂直墙面太阳辐照度值、南向辐射温差比，靠近相邻不同气候区城市作比较，选择气候类似的邻近城市作为气候分区区属。

建筑设计阶段是决定建筑全年能耗的重要环节。在建筑规划及建筑设计过程中，应充分考察地域气候条件和太阳能资源，巧妙地利用室外气候的季节变化和周期性波动规律，综合运用保温隔热、蓄热构件的蓄放热特性、自然通风、被动采暖降温技术等建筑设计方法，以最大限度地降低建筑全年室内环境调节的能量需求。

3.0.5 被动式降温分区的主要思路为，当最热月温度高于舒适的温度时，应采用遮阳等被动式降温措

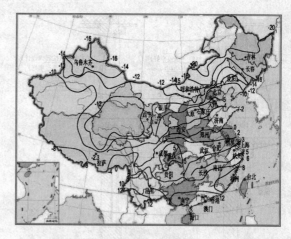

图 6　全国累年 1 月平均气温分布图（℃）

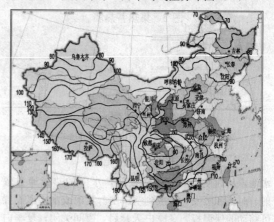

图 7　1 月水平面平均辐照度分布图（W/m²）

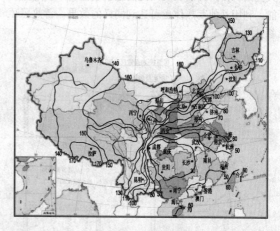

图 8　1 月南向垂直面平均辐照度分布图（W/m²）

施。根据空气湿度不同，降温分区又可分为湿热和干热两种类型，所以本规范根据最热月的相对湿度、平均温度确定分区指标。

根据累年 7 月平均气温和 7 月平均相对湿度指标，将被动式太阳能降温气候分区划分为条文中表3.0.5 所示的四个区，被动温降应充分利用遮蔽太阳辐射、增强自然通风、蒸发冷却等被动式降温措施。被动降温技术的效率主要由夏季太阳辐照度、平均温

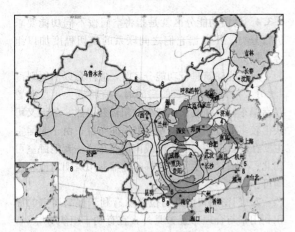

图 9　1月南向辐射温差比等值曲线分布图

度、相对湿度来确定。因此，本规范采用累年7月平均气温和相对湿度作为被动式太阳能建筑降温设计气候分区的指标，见图10、图11。

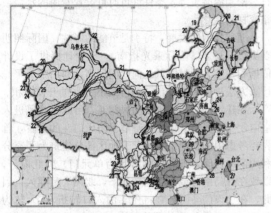

图 10　7月平均干球温度等高线分布图（℃）

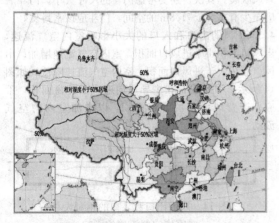

图 11　累年7月相对湿度等于50%分界图（%）

3.0.6 本条文规定被动式太阳能建筑设计应体现学科和专业之间的结合，尤其强调各专业间的相互配合。被动式太阳能建筑技术是多学科、多层面、多技术相融合的综合性工程，在相关技术的实用性、先进性与可操作性等方面需要共享、平衡与集成，才能使设计的被动式太阳能建筑性能发挥得更好。

4　规划与建筑设计

4.1　一般规定

4.1.1 在建筑设计开展之前，应收集与被动式太阳能建筑设计相关的数据，充分掌握建筑所在地区的特征，包括：

　　1 太阳能资源：太阳辐射强度、全年的太阳日照时数、在典型日和时段的太阳高度角等；

　　2 气候条件：全年温度数据、冬季的主导风向及风速、夏季的主导风向及风速、全年的主导风向及风速、全年的采暖度日数和全年的空调度日数等；

　　3 建筑场地环境：建筑周围其他建筑或构筑物、自然地形、植被等的遮挡情况、建筑周围有无水体等；

　　4 能源供应情况：建筑物冬季供暖情况、建筑周围有无可利用的冷热源。

4.1.2 在进行建筑规划设计时，应确保建筑特别是建筑的集热部分有充分的日照时间和强度，以保证建筑充分地利用太阳能。如果一天的日照时数少于4h，太阳能的利用价值会大大下降，因此设计被动式太阳能建筑时应尽可能地利用自然条件，避免因遮挡造成的有效日照时数缩短。拟建建筑向阳面的前方应无固定遮挡，同时应避免周围地形、地物（包括附近建筑物）在冬季对建筑物接收阳光的遮挡。

4.1.3 集热部件和通风口等应与建筑功能和造型有机结合，应有防风、雨、雪、雷电、沙尘以及防火、防震等技术措施。例如集热蓄热墙的玻璃盖板应是部分或全部可开启的，以便定期清扫灰尘，保证集热效率。同时玻璃盖板周边应密封，防止冷风渗透。

4.2　场地与规划

4.2.1 改造和利用现有地形及自然条件，以创造有利于被动式太阳能建筑的外部环境。例如植被在夏季提供阴影，并利用蒸腾作用产生凉爽的空气流；落叶乔木的冬夏变化、水环境的合理设计等。以上措施都能改变建筑的外部热环境。

4.2.2 通常冬季9时至15时之间6h中太阳辐照度值占全天总太阳辐照度的90%左右，若前后各缩短半小时（9:30～14:30），则降为75%左右。因此，为在冬季能获得较多的太阳辐射，被动式太阳能建筑日照间距应保证冬至日正午前后4h～6h的日照时间，并且在9时至15时之间没有较大遮挡。

　　冬季防风不仅能提高户外活动空间的舒适度，同时也能减少建筑由冷风渗透引起的热损失。在冬季上风向处，利用地形或周边建筑、构筑物及常绿植被为建筑竖立起一道风屏障，避免冷风的直接侵袭，能有效减少建筑冬季的热损失。有关研究表明，距4倍建筑高度处的单排、高密度的防风林（穿透率为36%），能使风速降低90%，同时可以减少被遮挡建筑60%的冷风渗透量，节约15%的常规能源消耗。设置适当高度、密度与间距的防风林会取得很好的挡风效果。

4.2.3 应在场地规划中优化建筑布局，结合道路、景观等设计，提高组团内的风环境质量，引导夏季季风朝向主要建筑，加快局部风速，降低建筑周边环境温度；另一方面，还要考虑控制冬季局部最大风速以减少冷风渗透。

4.3 形体、空间与围护结构

4.3.1 建筑的体形系数是指建筑与室外大气接触的外表面面积（不包括地面）与其所包围的建筑体积之比。体形系数越大，单位建筑空间散热面积越大，能耗越多。

4.3.2 当接收面面积相同时，由于方位的差异，其各自所接收到的太阳辐射也不相同。假设朝向正南的垂直面在冬季所能接收到的太阳辐照量为100%，其他方向的垂直面所能接收到的太阳辐照量如图12所示。从图中看出，当集热面的方位角超过30°时，其接收到的太阳辐照量就会急剧减少。因此，为了尽可能多地接收太阳辐射，应使建筑的主要朝向在偏离正南±30°夹角以内。最佳朝向是南向，以及南偏东或西15°范围。超过了这一范围，不但影响冬季被动式太阳能采暖效果，而且会造成其他季节室内过热的现象。

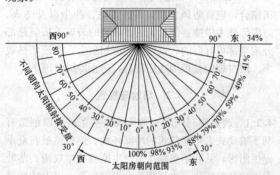

图12 不同方向的太阳辐照量

4.3.3 根据《建筑采光设计标准》GB/T 50033，一般单侧采光时房间进深不大于窗上口至地面距离的2倍，双侧采光时进深可较单侧采光时增大一倍，如图13所示。

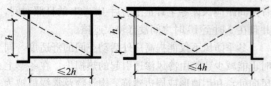

图13 进深与采光方式的关系

4.3.4 所谓功能分区就是指将空间按不同功能要求进行分类，并根据它们之间联系的密切程度加以组合、划分。

对居住建筑进行功能分区时，应注意以下原则：

1 布置住宅建筑的房间时，宜将老人用房布置在南偏东侧，在夏天可减少太阳辐射得热，冬天又可获得较多的日照；儿童用房宜南向布置；由于起居室主要在晚上使用，宜南向或南偏西布置，其他卧室可朝北；厕所、卫生间及楼梯间等辅助用房朝北或朝西均可。

2 门窗洞口的开启位置除有利于提高居室的面积利用率与合理布置家具外，宜有利于组织穿堂风，避免"口袋屋"形平面布局。

3 厨房和卫生间进出排风口的设置要避免强风时的倒灌现象和油烟等对周围环境的污染。

4.3.5 墙体、地面应采用比热容大的材料，如砖、石、密实混凝土等。条件许可时可设置专用的水墙或相变材料蓄热。

随着技术的发展，特别是节能的影响，国际照明委员会编写了《国际采光指南》，为设计提供了设计依据和标准。通过降低北向房间层高，利用晴天采光计算方法进行采光设计，约可减小15%的开窗面积。

在建筑的外门口加设防风门斗，可减少冷风进入室内，使室内热环境更为舒适。防风门斗的设置，首先要考虑门的朝向。我国北方地区部分建筑为了充分利用南向房间，把外门（多数为单元门）朝北向开，以致在外门敞开或损坏的情况下，北风大量灌入。因此，在加设门斗时，宜将门斗的入口转折90°。转为朝东，以避开冬天主要风向——北向和西北向，减少寒风吹袭。其次，还要考虑门斗的尺寸大小。门斗后应至少有1.2m～1.8m的空间，门斗应该密封良好。

4.3.6 风的出口和入口的大小影响室内空气流速，出风口面积小于进风口面积，室内空气流速增加；出风口面积大于进风口面积，室内空气流速降低，如图14所示。因此建筑在主导风向迎风面开窗面积，不应小于背风面上的开窗面积，以增加室内的空气流动。

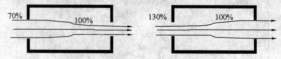

图14 风的出口和入口的相对大小
对室内空气流速的影响

4.4 集热与蓄热

4.4.1 被动式太阳能采暖按照南向集热方式分为直接受益式、集热蓄热墙式、附加阳光间式、对流环路式等基本集热方式，可根据使用情况采用其中任何一种基本方式。但由于每种基本形式各有其不足之处，如直接受益式易产生过热现象，集热蓄热墙式构造复杂，操作稍显繁琐，且与建筑立面设计难于协调。因此在设计中，建议采用两种或三种集热方式相组合的复合式太阳能采暖。

4.4.2 直接受益窗的形式有侧窗、高侧窗、天窗三种。在相同面积的情况下，天窗获得的太阳辐照量最多；同样，由于热空气分布在房间顶部，通过天窗对外辐射散失的热量也最多。一般的天窗玻璃、保温板很难保证天窗全天热收支盈余，因此，直接受益窗多选用侧窗、高侧窗两种形式。应用天窗时应进行热工计算，确保天窗全天热收支盈余。

4.4.3 采用集热蓄热墙时，空气间层宽度宜取其垂直高度的1/20～1/30。集热蓄热墙空气间层宽度宜为80mm～100mm。对流风口面积一般取集热蓄热墙面积的1%～3%，集热蓄热墙风口可略大些，对流风口面积等于空气间层截面积。风口形状一般为矩形，宜做成扁宽形。对于较宽的集热蓄热墙可将风口分成若干个，在宽度方向均匀布置。上下风口垂直间距应尽量拉大。

夏天为避免热风从集热蓄热墙上风口进入室内应关闭上风口，打开空气夹层通向室外的风口，使间层中热空气排入大气，并可辅之以遮阳板遮挡阳光的直射。但必须合理地设计以避免其冬天对集热蓄热墙的遮挡。

4.4.4 常用蓄热材料的热物理参数见表1。

表1 常用蓄热材料的热物理参数

材料名称	表观密度 ρ kg/m³	比热 C_p kJ/ (kg·℃)	容积比热 $y·C_p$ kJ/ (m³·℃)	导热系数 λ W/ (m·K)
水	1000	4.20	4180	2.10
砾石	1850	0.92	1700	1.20～1.30
砂子	1500	0.92	1380	1.10～1.20
土（干燥）	1300	0.92	1200	1.90
土（湿润）	1100	1.10	1520	4.60
混凝土砌块	2200	0.84	1840	5.90
砖	1800	0.84	1920	3.20
松木	530	1.30	665	0.49
硬纤维板	500	1.30	628	0.33
塑料	1200	1.30	1510	0.84
纸	1000	0.84	837	0.42

4.4.5 通过控制蓄热体的蓄热和散热，减小因室外太阳辐射变化对室内热舒适度的影响。蓄热体应能够直接而又长时间地接收太阳辐射，因为要储存同样数量的太阳辐射热量，非直接照射所需的蓄热体体积要比直接照射的蓄热体大4倍。

根据建筑整体的热收支、蓄热体位置、蓄热体表面性质和蓄热材料来决定蓄热体的厚度和面积，建议采用以下厚度的蓄热墙：土坯墙200mm～300mm，黏土砖墙240mm～360mm，混凝土墙300mm～400mm，水墙150mm以上。半透明或透明的水墙可应用于建筑的门厅，在创造柔和的光环境的同时储存

太阳热能，减小室温波动。采用直接受益窗时，蓄热体的表面积占室内总表面积的1/2以上为宜。

4.4.6 蓄热体可以是建筑构件本身，也可以另外设置。蓄热体设在容易接收太阳照射的位置，其位置如图15所示。

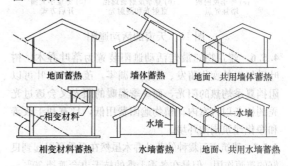

图15 蓄热体的位置

4.5 通风降温与遮阳

4.5.1 附加阳光间室内阳光充足可作多种生活空间，也可作为温室种植花卉，美化室内外环境；阳光间与相邻内层房间之间的关系变化比较灵活，既可设砖石墙，又可设落地门窗或带槛墙的门窗，适应性强。附加阳光间的冬季通风也很重要，因为种植植物等原因，阳光间内湿度较大，容易出现结露现象。夏季可以利用室外植物遮阳，或安装遮阳板、百叶帘，开启甚至拆除玻璃扇来达到通风降温目的。

4.5.2 采用天井、楼梯、中庭等自然通风措施时应满足相关防火规范的要求。

4.5.3 夏季应通过遮阳设施有效地遮挡太阳辐射，防止室内过热。遮阳设施主要有内遮阳和外遮阳两种，外遮阳能更有效地遮挡太阳辐射。建筑使用的外遮阳通常分为四种类型：水平式、垂直式、格子式、表面式。垂直式对东、西向的遮阳有效，不适合南向的直接受益窗。格子式遮挡率高，但难以安装活动构件，不利于室内在冬季接收太阳辐射。表面式外遮阳主要为热反射玻璃、热吸收玻璃、细条纹玻璃板、金属丝网，特种平板玻璃，其不占用额外的空间，但对室内冬季接收太阳辐射造成很大阻碍，影响直接受益窗的集热效果。水平式对南向窗户遮阳效果最佳，适合直接受益窗的夏季遮阳。水平式外遮阳又分为固定遮阳和活动遮阳。附加阳光间的夏季遮阳设置与直接受益窗相同。

4.5.4 由于太阳方位角在一天中随着太阳的运动而变化，活动遮阳装置可根据太阳高度角来调节角度以控制入光量，从而起到遮挡太阳辐射的作用。屋顶天窗（包括采光顶）、东西向外窗（包括透明幕墙）尤其应采用有效的活动遮阳装置，如图16所示。

4.5.5 固定式遮阳应与墙体隔开一定距离（一般为100mm），目的是使大部分热空气沿墙排走，起到散热的作用。

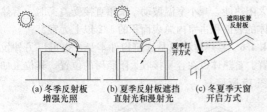

| (a) 冬季反射板
增强光照 | (b) 夏季反射板遮挡
直射光和漫射光 | (c) 冬夏季天窗
开启方式 |

图 16 天窗的活动遮阳

4.5.6 建筑物的最佳活动遮阳装置为落叶乔木。树叶随气温的变化萌发、生长和凋零，茂盛的枝叶可以阻挡夏季灼热的阳光，而冬季温暖的阳光又会透过光秃的枝条射入室内。植物遮阳费用低，且有利于改善和净化建筑周围环境。

4.5.7 建筑南面栽种的落叶乔木虽然在夏季可以起到良好的遮荫作用，但是在冬季干秃的枝干也会遮挡30%～60%的阳光。所以，建筑南面的树木高度最好总是控制在太阳能采集边界的高度以下，既可以遮挡夏季阳光，又可以在冬季让阳光照射到建筑的南墙面上。

4.6 建 筑 构 造

4.6.1 门窗的气密性能和绝热性能是提高太阳能利用率的重要因素，平开窗的气密性好，因此宜优先采用平开窗。冬季夜晚通过窗户大约会损失50%的热量，所以在以冬季采暖为主的地区的建筑上安装了节能窗户后还必须对窗户采取保温措施，表2给出了6种窗户的活动保温装置。

表 2 外窗活动保温装置

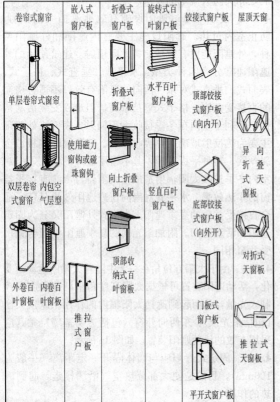

卷帘式窗帘	嵌入式 窗户板	折叠式 窗户板	旋转式百 叶窗板	铰接式窗户板	屋顶天窗
单层卷帘式窗帘	使用磁力 窗钩或碰 珠窗钩	折叠式 窗户板	水平百叶 窗户板	顶部铰接 式窗户板 (向内开)	异向 折叠 式天 窗
双层卷帘 式窗帘	内包空 气层型	向上折叠 窗户板	竖直百叶 窗户板	底部铰接 式窗户板 (向外开)	对折式 天窗
外卷百 叶窗板	内卷百 叶窗板	顶部收 纳式百 叶窗板		门板式 窗户板	推拉式 天窗板
		推拉式窗户板		平开式窗户板	

4.6.2 在以采暖为主地区，合理加大窗格尺寸，在满足通风的前提下，缩小开启扇，减少窗框与窗扇的自身遮挡，可获得更多的太阳光。

4.6.3 主动式太阳能供暖应与被动式太阳能建筑统一设计、施工、管理，以减少初投资和运行费用。多层、高层建筑应考虑集热装置、构件的更换和清洁。例如非上人坡屋面考虑日后更换集热板的搭梯口和维修通道，集热器表面设置自动清洗积灰装置等。

4.7 建筑设计评估

4.7.1 被动式太阳能建筑除必须遵守建筑现行相关设计、施工规范、规程之外，还有其他的特殊要求，所以应在规划设计、建筑设计和系统设计方案阶段的设计文件节能专篇中，对被动式太阳能建筑技术进行同步说明。在施工图设计文件中除应对被动式太阳能建筑的施工与验收、运行与维护等技术要求进行说明外，特别应对特殊构造部位（例如集热蓄热墙、夹心墙、保温隔热层、防水等部位）和重点施工部位，以及重要材料或非常规材料，如透光材料、蓄热材料以及非定型构件、防水材料的铺设等技术验收要求进行说明。

对被动式太阳能建筑的舒适性和节能率进行评估的目的是为了保证在任何天气情况下都能满足人们对热舒适性的基本需求。由于被动式太阳能建筑采暖受室外天气影响，其热性能具有不确定性，而太阳能贡献率不可能达到100%，因此，在连阴天、下雪天、下雨天等特殊时期，为保证室内的设计温度，配置合适的辅助供暖系统是有必要的。

4.7.2 太阳能贡献率是对被动式太阳能建筑性能进行评价的重要指标，体现了在设计过程中被动式太阳能采暖降温技术的应用水平。在计算各太阳能资源区划对应地区被动式太阳能建筑的太阳能贡献率最低限值时，太阳能集热部件的热效率应高于30%。

由于太阳能贡献率与建筑的耗热量指标密切相关，所以室内设计温度至关重要。根据我国国情及冬季人体可接受的舒适性温度下限值，当只采取被动式措施时，被动式太阳能建筑的室内设计温度设为13℃；当同时采用主被动式采暖措施时，室内设计温度应达到16℃～18℃。下面选取北京市为例，给出太阳能贡献率的计算过程。

选取北京地区某四单元五层居住建筑，建筑朝向为南北向，按照北京市居住建筑节能65%标准选择围护结构的墙体材料、厚度及窗户类型。建筑信息见表3。被动式太阳能建筑在与参照建筑相同的建筑类型、建筑面积与围护结构基础上，增加被动式太阳能采暖措施。

表3 建 筑 信 息

建筑类型	建筑外形尺寸 长度×进深×高度 (m)	体形系数	建筑面积 (m²)	围护结构传热系数 W/(m²·K)			
				外墙	屋顶	地面	窗户
多层	41×14.04×14.45	0.264	2328.8	0.6	0.6	0.5	2.8

1 围护结构的传热耗热量

假设采取主被动式采暖措施，室内设计温度设为16℃，北京市采暖期室外空气平均温度为−1.6℃，依次代入各围护结构的传热系数及面积，则依照本规范式（D.0.4）可计算得单位建筑面积围护结构的传热耗热量为 12.88W/m²。

2 空气渗透耗热量

根据北京市新颁布的《居住建筑节能设计标准》，冬季室内的换气次数取 0.5 次/h，代入公式（D.0.5）计算得出 q_{INF} 为 5.58W/m²。

3 参照建筑的耗热量

依照《居住建筑节能设计标准》，北京市采暖期天数取为 129d，则参照建筑的采暖期内单位面积的总耗热量按公式（D.0.3）计算得 163.39MJ/m²。

4 根据附录C，查得北京地区垂直南向面的总日射月平均日辐照量，计算得知采暖期内垂直南向面上总日射辐照量为 1834.38MJ/m²。

5 假设在参照建筑的南向垂直面上安装太阳能空气集热器，根据参照建筑的南墙面积及南向窗墙比计算得知，南向垂直面的可利用最大集热面积为 338m²，集热面积可达到建筑面积的 14.5%。在这里集热器效率、集热面积占总建筑面积比例分别取下限值为 30% 和 10%，则依照公式（D.0.2）计算得采暖期内单位建筑面积净太阳辐射得热量 Q_s 为 55.03MJ/m²。

6 太阳能贡献率

利用以上计算数据，参照公式（D.0.1）计算得太阳能贡献率 f 为 33.68%。

4.7.3 从表4可以看出，在13℃～18℃之间人体感觉微凉，会产生轻微冷应激反应。采用被动式太阳能技术措施的目的是节能减排，不能保证满足人体的舒适度要求；主动式太阳能技术和常规采暖降温技术，能充分达到舒适度的要求。因此室内采暖计算温度取13℃，能满足人体的耐受要求。

表4 PET及相应人体热感觉

PET（℃）	人体感觉	生理应激水平
<4	很冷	极端冷应激反应
4～8	冷	强烈冷应激反应
8～13	凉	中等冷应激反应
13～18	微凉	轻微冷应激反应

续表4

PET（℃）	人体感觉	生理应激水平
18～23	舒适	无冷应激反应
23～29	温暖	轻微热应激反应
29～35	暖	中等热应激反应
35～41	热	强烈热应激反应
>41	很热	极端热应激反应

南方大部分地区夏季高温高湿气候居多，同时无风日也较多，室内温度过高，人会觉得闷热难耐，因此室内温度的取值略低于北方地区。另外，通过对南、北方一些夏季较炎热的主要城市典型气候年夏季室外温度变化数据的统计分析可知，南方地区平均日温差为 7℃ 左右，北方地区为 9℃ 左右，都具有夜间自然通风降温的潜力。

5 技术集成设计

5.1 一 般 规 定

5.1.1 本条是针对进行被动式太阳能建筑设计给出的总的设计原则。

5.1.2 对于被动式太阳能建筑采暖，在阴天和夜间不能保证室内基本热舒适度要求时，应采用其他主动式采暖系统进行辅助采暖，来保证建筑室内热舒适度要求。要根据当地太阳能资源条件、常规能源的供应状况、建筑热负荷和周围环境条件等因素，做综合经济性分析，以确定适宜的辅助加热设备。太阳能供暖系统中可以选择的辅助热源主要有小型燃气壁挂炉、城市热网或区域锅炉房、空气源热泵、地源热泵等。

5.2 采 暖

5.2.1 五种太阳能系统的集热形式、特点和适用范围见表5。

表5 被动式太阳能建筑基本集热方式及特点

基本集热方式	集热及热利用过程	特点及适应范围
直接受益式	1. 采暖房间开设大面积南向玻璃窗，晴天时阳光直接射入室内，使室温上升。 2. 射入室内的阳光照到地面、墙面上，使其吸收并蓄存一部分热量。 3. 夜晚室外降温时，将保温帘或保温窗扇关闭，此时储存在地板和墙内的热量开始释放，使室温维持在一定水平	1. 构造简单，施工、管理及维修方便。 2. 室内光照好，便于建筑外形处理。 3. 晴天时升温快、白天室温高，但日夜波动大。 4. 较适用于主要为白天使用的房间。

基本集热方式	集热及热利用过程	特点及适应范围
阳光 玻璃 空气夹层 蓄热墙 热风 房间 冷风 **集热蓄热墙式**	1. 在采暖房间南墙上设置带玻璃外罩的吸热墙体，晴天时接受阳光照射。 2. 阳光透过玻璃外罩照射到墙体表面使其升温，并将间层内空气加热。 3. 供热方式：被加热的空气靠热压经上下风口与室内空气对流，使室温上升；受热的墙体传热至内墙面，夜晚以辐射和对流方式向室内供热	1. 构造比直接受益式复杂，清理及维修稍困难。 2. 晴天时室内升温较直接受益式慢。但由于蓄热墙体可在夜晚向室内供热，日夜波幅小，室温较均匀。 3. 适用于全天或主要为夜间使用的房间，如卧室等
附加阳光间式	1. 在带南窗的采暖房间外用玻璃等透明材料围合成一定的空间。 2. 阳光透过大面积透光外罩，加热阳光间空气，并照射到地面、墙面上，使其吸收和储存一部分热能；一部分阳光可直接射入采暖房间。 3. 供热方式：靠热压经上下风口与室内空气循环对流，使室温上升；受热墙体传热至内墙面，夜晚以辐射和对流方式向室内供热	1. 材料用量大，造价较高。但清理、维修较方便。 2. 阳光间内晴天时升温快温度高，但日夜温差大。应组织好气流循环，向室内供热，否则易产生白天过热现象。 3. 阳光间可放置盆花，具有观赏、娱乐、休息等多种功能；也可作为入口兼起冬季室内外空间缓冲区的作用
白天 夜晚 **蓄热屋顶式**	1. 冬季采暖季节，晴天白天打开盖板，将蓄热体暴露在阳光下，吸收热量；夜晚盖上隔热板保温，使白天吸收了太阳能的蓄热体释放热量，并以辐射和对流的形式传到室内。 2. 夏季白天盖上隔热板，阻止太阳能通过屋顶向室内传递热量，夜间移去隔热板，利用天空辐射、长波辐射和对流换热等自然传热过程降低屋顶池内蓄热体的温度从而达到夏天降温的目的	1. 适合冬季不太寒冷且纬度低的地区。 2. 要求系统中隔热板的热阻大，封装蓄热材料容器的密闭性好。 3. 使用相变材料，可提高热效率

基本集热方式	集热及热利用过程	特点及适应范围
热风 冷风 回风门 **对流环路式**	1. 系统由太阳能集热器和蓄热体组成。 2. 集热器内被加热的空气，借助于温差产生的热压直接送入采暖房间，也可送入蓄热材料储存热量，在需要时向房间供热	1. 构造较复杂，造价较高。 2. 集热和蓄热量大，蓄热体的位置合理，能获得较好的室内热环境。 3. 适用于有一定高差的南向坡地建筑

5.2.2 这几种基本集热方式具有各自的特点和适用性，对起居室（堂屋）等主要在白天使用的房间，为保证白天的用热环境，宜选用直接受益窗或附加阳光间。对于以夜间使用为主的房间（卧室等），宜选用具有较大蓄热能力的集热蓄热墙。常用的蓄热材料分为建筑类材料和相变类化学材料。建筑类蓄热材料包括土、石、砖及混凝土砌块，室内家具（木、纤维板等）也可作为蓄热材料，其性能见表1。水的比热容大，且无毒、价廉，是最佳的显热蓄热材料，但需有容器。鹅卵石、混凝土、砖等蓄热材料的比热容比水小得多，因此在蓄热量相同的条件下，所需体积就要大得多，但这些材料可以作为建筑构件，不需额外容器。在建筑设计中选用太阳能集热方式时，还应根据建筑的使用功能、技术及经济的可行性来确定。

5.2.3 为了获得更多的太阳辐射，南向集热窗的面积应尽可能大，但同时需要避免产生过热现象及减少外窗的传热损失，要确定合理的窗口面积，同时做好夜间保温。

能耗软件动态模拟结果表明，随着窗墙比的增大，采暖能耗逐渐降低。当南向集热窗的窗墙面积比大于50%后，单位建筑面积采暖能耗量的减少将趋于稳定，但随着窗户面积的增大，通过窗户散失的热量也会增大，因此，规定南向集热窗的窗墙面积比取50%较为合适。

5.2.4 集热蓄热墙是在玻璃与它所供暖的房间之间设置蓄热体。与直接受益窗比较，由于其良好的蓄热能力，室内的温度波动较小，热舒适性较好。但是集热蓄热墙系统构造较复杂，系统效率取决于集热蓄热墙的蓄热能力、是否设置通风口以及外表面的玻璃性能。经过分析计算，在总辐射强度大于300W/m²时，有通风孔的实体墙式效率最高，其效率较无通风孔的实体墙式高出一倍以上。集热效率的大小随风口面积与空气间层截面面积的比值的增大略有增加，适宜比值为0.80左右。集热蓄热墙表面的玻璃应具有良好的透光性和保温性。

5.2.5 附加阳光间增加了地面部分为蓄热体，同时减少了温度波动和眩光。当共用墙上的开孔率大于15%时，附加阳光间内的可利用热量可通过空气自然循环进入采暖房间。采用附加阳光间集热时，应根据设定的太阳能节能率确定集热负荷系数，选取合理的玻璃层数和夜间保温装置。阳光间进深加大，将会减少进入室内的热量，热损失增加。

5.2.6 蓄热屋顶兼有冬季采暖和夏季降温两种功能，适合冬季不甚寒冷，而夏季较热的地区。用装满水的密封塑料袋作为蓄热体，置于屋顶顶棚之上，其上设置可水平推拉开闭的保温板。冬季白天晴天时，将保温板敞开，水袋充分吸收太阳辐射热，其所蓄热量通过辐射和对流传至下面房间。夜间则关闭保温板，阻止向外的热损失。夏季保温板启闭情况则与冬季相反。白天关闭保温板，隔绝阳光及室外热空气，同时水袋吸收房间内的热量，降低室内温度，夜晚则打开保温板，使水袋冷却。保温板还可根据房间温度、水袋内水温和太阳辐照度，实现自动调节启闭。

5.2.7 对流环路板的传热系数宜小于2；蓄热材料多为石块，石块的最佳尺寸取决于石床的深度，蓄热体接受集热器空气流的横断面面积宜为集热器面积的50%~75%；在集热器中设置防止空气反向流动的逆止风门或者集热器安装位置低于蓄热体的位置都能有效防止空气反向气流。

5.2.8 在利用太阳能采暖的房间中，为了营造良好的室内热环境，可采用砖、石、密实混凝土、水体或相变蓄热材料作为建筑蓄热体。蓄热体可按以下原则设置：

    1）设置足够的蓄热体，防止室内温度波动过大。

    2）蓄热体应尽量布置在能受阳光直接照射的地方。参考国外的经验，单位集热蓄热墙面积，宜设置（3~5）倍面积的蓄热体。如采用直接受益窗系统时，包括地面在内，最好蓄热体的表面积在室内总面积的50%以上。

5.3 通 风

5.3.1 建筑室内通风是提高室内空气质量、改善室内热环境的重要措施。目前建筑外窗设计中，尽管外窗面积有越来越大的趋势，但外窗的可开启面积却逐渐减少，甚至达不到外窗面积30%的要求。在这种外窗开启面积下创造一个室内自然通风良好的热环境是不可能的。为保证居住建筑室内的自然通风环境，提出本条规定是非常必要和现实的。

5.3.2 自然通风是我国南方地区防止室内过热的有效措施。为了达到空气品质与节能的平衡而对房间通风口的面积作出规定，以在满足改善室内热环境条件、室内卫生要求的同时，达到节约能源的目的。自

然通风口净面积 S_f 的确定主要根据以下理由：

热压通风口的面积与进排风口的垂直距离、室内外的温差、房间面积密切相关。表6给出了房间面积为18m²、夏季空调时段室内温度为26℃时，不同的上下通风口垂直距离 H、不同的室内外温差 Δt 下的进排风口的面积 F。图17给出了单个通风口面积与上下通风口的垂直距离、室内外温差的关系。

表6 不同的上下通风口垂直距离 H、不同的室内外温差 Δt 下的进排风口的面积 F（m²）

H(m) Δt(℃)	1	1.2	1.4	1.6	1.8	2	2.2	2.4
6	0.032	0.029	0.027	0.025	0.024	0.023	0.022	0.021
8	0.028	0.025	0.023	0.022	0.021	0.02	0.019	0.018
10	0.025	0.023	0.021	0.02	0.019	0.018	0.017	0.016
12	0.023	0.021	0.019	0.018	0.017	0.016	0.015	0.015
14	0.02	0.018	0.017	0.016	0.015	0.014	0.013	0.013

当房间面积 $A \neq 18m^2$ 时，单个通风口的面积 F' 可按下式计算：

$$F' = nF \qquad (1)$$

式中：n——修正系数，$n = A/18$；

    A——实际房间面积（m²）。

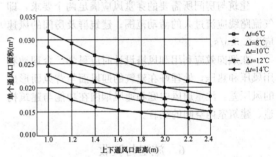

图17 单个通风口面积与上下通风口垂直距离、室内外温差的关系曲线

5.4 降 温

5.4.1 夏季室内过热除了建筑室外热作用外，室内热源散热也是一个重要的因素，因此，控制室内热源散热是非常重要的降温措施。

5.4.2 太阳辐射通过窗户进入室内的热量是造成夏季室内过热的主要原因，特别是别墅或跃层式建筑在外窗设计时采用连通两层的通窗，其建筑窗墙面积比过大，不利于夏季建筑的隔热。为此，对天窗的节能设计也作了规定。

5.4.3 生态植被绿化屋面不仅具有优良的保温隔热性能，也是集环境生态效益、节能效益和热环境舒适效益为一体的屋顶形式，适用于夏热冬冷地区、夏热冬暖地区与温和地区。

屋面多孔材料被动式蒸发冷却降温技术是利用水分蒸发消耗大量的太阳热量，以减少传入建筑的热量，在我国南方实际工程应用中有非常好的隔热降温效果。

5.4.4 采用浅色饰面材料的围护结构外墙面，在夏季能反射较多的太阳辐射，从而能降低外墙内表面温度；当无太阳直射时，能将围护结构内部在白天所积蓄的太阳辐射热较快地向天空辐射出去。

活动外遮阳装置应便于操作和维护，如外置活动百叶窗、遮阳帘等。外遮阳措施应避免对窗口通风产生不利影响。

5.4.5 建筑物外、内遮阳宜采用活动式遮阳，可以随季节的变化，或一天中时间的变化和天空的阴暗情况进行调节，在不影响自然通风、采光、视野的前提下冬季争取日照，遮阳设施应注意窗口向外眺望的视野以及它与建筑立面造型之间的协调，并且力求遮阳系统构造简单。

5.4.7 在夏季夜间或室外温度较低时，利用室外温度较低的空气进行通风是建筑降温、降低能耗的有效措施。穿堂风是我国南方地区传统建筑解决潮湿闷热和通风换气的主要措施，不论是在住宅群体的布局上，或是在单个住宅的平面与空间构成上，都应注重穿堂风的利用。

建筑与房间所需要的穿堂风应满足两个要求，即气流路线应流过人的活动范围；建筑群及房间的风速应≥0.3m/s。

在烟囱效应利用和风塔设计时应科学、合理地利用风压和热压，处理好在建筑的迎风面与背风面形成的风压差，注重通风中庭和通风烟囱在功能与建筑构造、建筑室内空间的结合。

6 施工与验收

6.1 一般规定

6.1.1 本条强调被动式太阳能建筑验收应符合的国家规范。

6.1.2 被动式太阳能建筑竣工后，主要通过包括热性能评价（通过太阳能贡献率衡量）、经济评价（被动式太阳能建筑节能率衡量）、相对于参照建筑的辅助热量、年节约的标煤量、年节能收益及投资回收年限等指标对其进行验收。

6.2 施 工

6.2.1 被动式太阳能建筑施工安装不能破坏建筑的结构、屋面防水层和附属设施，确保建筑在寿命期内承受荷载的能力。

1 太阳能集热部件施工

集热部件主要包括直接受益窗、空气集热器、附加阳光间等。这些部件的框架宜采用隔热性能好，对框扇遮挡少的材料，最大限度地接收太阳辐射，满足保温隔热要求。直接受益窗、空气集热器等部件的安装，应采用不锈钢预埋件、连接件，如非不锈钢件应做镀锌防腐处理。连接件每边不少于2个，且不大于400mm。为防止在使用过程中由于窗缝隙及施工缝造成冷风渗透，边框与墙体间缝隙应用密封胶填嵌饱满密实，表面平整光滑，无裂缝，填塞材料、方法符合设计要求。窗扇应嵌贴经济耐用、密封效果好的弹性密封条。

2 屋面施工顺序及施工方法

被动式太阳能建筑屋面保温做法有两种形式，一种是平屋顶屋面保温，另一种是坡屋顶屋面保温。

1）平屋顶施工顺序及施工方法

平屋顶施工顺序是：屋面板、找平层、隔汽层、保温层、找坡层、找平层、防水层、保护层。

保温层一般采用板状保温材料或散状保温材料，厚度根据当地的纬度和气候条件决定。在保温层上按600mm×600mm配置 $\phi6$ 钢筋网后做找平层；散状保温材料施工时，应设加气混凝土支撑垫块，在支撑垫块之间均匀地码放用塑料袋包装封口的散状保温材料，厚度为180mm左右，支撑垫块上铺薄混凝土板。其他做法与一般建筑相同。

2）坡屋顶施工顺序及施工方法

坡屋顶屋面一般坡度为 $26°\sim30°$。屋面基层的构造通常有三种：①檩条、望板、顺水条、挂瓦条；②檩条、椽条、挂瓦条；③檩条、椽条、苇箔、草泥。

坡屋顶屋面保温一般采用室内吊顶。吊顶方法很多，有轻钢龙骨吊纸面石膏板或吸声板、木方龙骨吊PVC板或胶合板、高粱秆抹麻刀灰等。保温材料有袋装珍珠岩、岩棉毡等。

3 地面施工方法

被动式太阳能建筑地面除了具有普通房屋地面的功能以外，还具有蓄热和保温功能，由于地面散失热量较少，仅占房屋总散热量的5%左右，因此，被动式太阳能建筑地面与普通房屋的地面稍有不同。其做法有两种：

1）保温地面法

素土夯实，铺一层油毡或塑料薄膜用来防潮。铺150mm～200mm厚干炉渣用来保温。铺300mm～400mm厚毛石、碎砖或砂石用来蓄热，按常规方法做地面。

2）防寒沟地面法

在房屋基础四周挖600mm深，400mm～500mm宽的沟，内填干炉渣保温。

6.2.2～6.2.4 施工前应熟悉被动式太阳能建筑的全套施工图纸，在确定施工方案时要着重确定各主要部件、节点的施工方法和施工顺序，在材料的选择和采购中，应该注意以下问题：

1 保温材料性能指标应符合设计要求；

2 为确保保温材料的耐久和保温性能，其含水率必须严格控制，如果设计无要求时，应以自然风干状态的含水率为准；吸水性较强的材料必须采取严格的防水防潮措施，不宜露天存放；

3 保温材料进场所提供的质量证明文件应包括其技术指标；

4 选用稻壳、棉籽壳、麦秸等有机材料作保温材料时，应进行防腐、防蛀、防潮处理；

5 板状保温材料在运输及搬运过程中应轻拿轻放，防止损伤断裂，缺棱掉角，以保证板的外形完整；

6 吸热、透光材料应按设计要求选用，无设计要求时，按下列指标选用：吸热体材料，如铁皮、铝板的厚度应该不小于 0.05mm；纤维板、胶合板的厚度应该不小于 3mm；透光材料，如玻璃厚度不小于 3mm；

7 对集热材料、蓄热材料的使用有特殊设计要求时，施工中应严格执行保证措施；使用蓄热材料、化学材料应有相应的防水、防毒、防潮等安全措施。

6.2.5 本条根据被动式太阳能建筑构造区别于普通建筑的情况，强调指出被动式太阳能建筑在外围护结构的构造及其施工过程中的要求。

6.3 验 收

6.3.2 本条强调被动式太阳能建筑系统工程相对复杂，所以在验收时必须进行系统调试，以确保系统正常运行。

7 运行维护及性能评价

7.1 一 般 规 定

7.1.1 编制用户使用手册的目的是使用户能够借助本手册，了解被动式太阳能系统、装置的作用及如何通过被动式调节手段，营造适宜的室内环境，减少对常规能源的依赖。

7.1.2 不同的被动式太阳能建筑类型，其使用功能和时间都有所不同，根据具体情况制定相应的维护管理措施是非常必要的。

7.1.3 被动式太阳能建筑是具有超低能耗特征的建筑形式。对这类特殊建筑进行性能评价是为了更好地了解被动式设计策略的有效性，对其技术经济综合性能、节能率等进行评价以及为辅助能源系统设计提供参考依据。

7.2 运行与管理

7.2.1 对被动式太阳能建筑系统进行定期检查维护是十分必要的。

1 附加阳光间和集热部件的密封状况直接影响太阳能的利用效率，所以必须对其进行定期密封检查，确保集热部件的正常使用。对流换热式集热蓄热构件是通过集热构件上下通风孔的热空气循环达到采暖目的的，如果通风孔内堆满杂物，热空气无法流动，则会降低甚至失去采暖效果。

2 由于热质材料的衰减和延迟特性，热质蓄热地面白天通过窗户吸收太阳辐射热，所吸收的热量在夜间释放出来，起到抑制室温波动的作用。如果地面有其他覆盖物会影响热质蓄热地面的蓄放热效果。

3 气流通道受阻，会直接影响自然通风效果，甚至完全失去自然通风作用，从而影响室内空气品质和自然通风降温效果。

4 冬季，可调节天窗能起到增强室内天然采光、控制太阳辐射、调节室内换气次数等作用；夏季和过渡季节，可调节天窗可诱导自然通风避免室内过热。因此有必要定期检查天窗调节部件，确保其开关正常，充分发挥可调节天窗的优势。

5 集热部件外表面涂有吸收率高的深色无光涂层，若表面覆盖灰尘，集热效率就会大幅度下降。所以应对蓄热装置定期进行系统检查与清洁，确保灰尘、杂质等不会影响其蓄热性能。

6 蓄热屋顶的屋面、蓄热水箱、保温板如有破损，势必会降低屋顶的蓄热能力，而且屋顶很可能出现漏水、渗水现象。

7.3 性能评价

7.3.1 建筑建造和运行成本是指建筑材料的生产、建筑规划、设计、施工、运行维护过程花费的费用。环境影响的评价包括以下几个方面：资源、能源枯竭、沙漠化、温室效应、城市热岛、土壤污染、臭氧层破坏、对生态系统的恶劣影响等。

附录 B 全国部分代表性城市
采暖期日照保证率

采暖期日照保证率（f_{ss}）按下式计算：

$$f_{ss} = \frac{n}{N} \qquad (2)$$

式中：n——月平均日照时数（h）；

N——月总小时数（h）。

依据附录 B 及公式（2），可得到部分代表性城市采暖期日照保证率。

《中国建筑热环境分析专用气象数据集》以中国气象局气象信息中心气象资料室收集的全国 270 个地面气象台站 1971 年～2003 年的实测气象数据为基础，通过分析、整理、补充源数据以及合理的插值计算，获得了全国 270 个台站的建筑热环境分析专用气象数据集。其内容包括根据观测资料整理出的设计用室外气象参数，以及由实测数据生成的动态模拟分析用逐时气象参数。

附录 D　被动式太阳能建筑太阳能贡献率计算方法

D.0.1　太阳能贡献率 f 是指被动式太阳能建筑与参照建筑相比所节省的采暖能耗百分比。即采暖期内单位建筑面积被动太阳能建筑的净太阳辐射得热量 Q_u 与参照建筑耗热量 q 之比。

中华人民共和国行业标准

高强混凝土应用技术规程

Technical specification for application of high strength concrete

JGJ/T 281—2012

批准部门：中华人民共和国住房和城乡建设部
施行日期：２０１２年１１月１日

中华人民共和国住房和城乡建设部
公 告

第 1366 号

关于发布行业标准《高强混凝土应用技术规程》的公告

现批准《高强混凝土应用技术规程》为行业标准，编号为 JGJ/T 281-2012，自 2012 年 11 月 1 日起实施。

本规程由我部标准定额研究所组织中国建筑工业出版社出版发行。

中华人民共和国住房和城乡建设部

2012 年 5 月 3 日

前　言

根据住房和城乡建设部《关于印发〈2010 年工程建设标准规范制订、修订计划〉的通知》（建标〔2010〕43 号）的要求，编制组经广泛调查研究，认真总结实践经验，参考有关国际标准和国外先进标准，并在广泛征求意见的基础上，编制本规程。

本规程的主要技术内容是：1. 总则；2. 术语和符号；3. 基本规定；4. 原材料；5. 混凝土性能；6. 配合比；7. 施工；8. 质量检验。

本规程由住房和城乡建设部负责管理，由中国建筑科学研究院负责具体技术内容的解释。执行过程中如有意见或建议，请寄送至中国建筑科学研究院（地址：北京市北三环东路 30 号；邮政编码：100013）。

本规程主编单位：中国建筑科学研究院
　　　　　　　　　浙江大东吴集团建设有限公司

本规程参编单位：四川华蓥建工集团有限公司
　　　　　　　　　上海建工（集团）总公司
　　　　　　　　　甘肃三远硅材料有限公司
　　　　　　　　　东莞市万科建筑技术研究有限公司
　　　　　　　　　江苏博特新材料有限公司
　　　　　　　　　深圳市安托山混凝土有限公司
　　　　　　　　　合肥天柱包河特种混凝土有限公司
　　　　　　　　　上海市建筑科学研究院（集团）有限公司
　　　　　　　　　中建商品混凝土有限公司
　　　　　　　　　辽宁省建设科学研究院
　　　　　　　　　北京东方建宇混凝土科学技术研究院有限公司
　　　　　　　　　上海建工材料工程有限公司
　　　　　　　　　广东三和管桩有限公司
　　　　　　　　　青岛一建集团有限公司
　　　　　　　　　云南建工混凝土有限公司
　　　　　　　　　中国建筑第八工程局有限公司
　　　　　　　　　贵州中建建筑科研设计院有限公司
　　　　　　　　　陕西建工集团第三建筑工程有限公司
　　　　　　　　　浙江中联建设集团有限公司
　　　　　　　　　山西省建筑科学研究院
　　　　　　　　　青岛理工大学

本规程主要起草人员：冷发光　丁　威　韦庆东
　　　　　　　　　　　周永祥　姚新良　郭朝友
　　　　　　　　　　　龚　剑　王洪涛　谭宇昂
　　　　　　　　　　　刘建忠　高芳胜　沈　骥
　　　　　　　　　　　俞海勇　王　军　王　元
　　　　　　　　　　　路来军　吴德龙　魏宜龄
　　　　　　　　　　　孙从磊　李章建　曹建华
　　　　　　　　　　　王玉岭　冉志伟　刘军选
　　　　　　　　　　　王芳芳　赵铁军　王　晶
　　　　　　　　　　　张　俐　孙　俊　纪宪坤
　　　　　　　　　　　王永海

本规程主要审查人员：石云兴　郝挺宇　张仁瑜
　　　　　　　　　　　杜　雷　杨再富　陈文耀
　　　　　　　　　　　闻德荣　罗保恒　封孝信
　　　　　　　　　　　李帼英　刘数华

目　次

Contents

1 总　则

1.0.1 为规范高强混凝土应用技术，保证工程质量，做到技术先进、安全可靠、经济合理，制定本规程。

1.0.2 本规程适用于高强混凝土的原材料控制、性能要求、配合比设计、施工和质量检验。

1.0.3 高强混凝土的应用除应符合本规程外，尚应符合国家现行有关标准的规定。

2　术语和符号

2.1　术　语

2.1.1 高强混凝土 high strength concrete

强度等级不低于 C60 的混凝土。

2.1.2 硅灰 silica fume

在冶炼硅铁合金或工业硅时，通过烟道收集的以无定形二氧化硅为主要成分的粉体材料。

2.2　符　号

$f_{cu,0}$——混凝土配制强度；

$f_{cu,k}$——混凝土立方体抗压强度标准值；

$t_{sf,m}$——两次试验测得的倒置坍落度筒中混凝土拌合物排空时间的平均值；

t_{sf1}, t_{sf2}——两次试验分别测得的倒置坍落度筒中混凝土拌合物排空时间。

3　基本规定

3.0.1 高强混凝土的拌合物性能、力学性能、耐久性能和长期性能应满足设计和施工的要求。

3.0.2 高强混凝土应采用预拌混凝土，其标记应符合现行国家标准《预拌混凝土》GB/T 14902 的规定。

3.0.3 强度等级不小于 C60 的纤维混凝土、补偿收缩混凝土、清水混凝土和大体积混凝土除应符合本规程的规定外，还应分别符合国家现行标准《纤维混凝土应用技术规程》JGJ/T 221、《补偿收缩混凝土应用技术规程》JGJ/T 178、《清水混凝土应用技术规程》JGJ 169 和《大体积混凝土施工规范》GB 50496 的规定。

3.0.4 当施工难度大的重要工程结构采用高强混凝土时，生产和施工前宜进行实体模拟试验。

3.0.5 对有预防混凝土碱骨料反应设计要求的高强混凝土工程结构，尚应符合现行国家标准《预防混凝土碱骨料反应技术规范》GB/T 50733 的规定。

4　原　材　料

4.1　水　泥

4.1.1 配制高强混凝土宜选用硅酸盐水泥或普通硅酸盐水泥。水泥应符合现行国家标准《通用硅酸盐水泥》GB 175 的规定。

4.1.2 配制 C80 及以上强度等级的混凝土时，水泥 28d 胶砂强度不宜低于 50MPa。

4.1.3 对于有预防混凝土碱骨料反应设计要求的高强混凝土工程，宜采用碱含量低于 0.6% 的水泥。

4.1.4 水泥中氯离子含量不应大于 0.03%。

4.1.5 配制高强混凝土不得采用结块的水泥，也不宜采用出厂超过 3 个月的水泥。

4.1.6 生产高强混凝土时，水泥温度不宜高于 60℃。

4.2　矿物掺合料

4.2.1 用于高强混凝土的矿物掺合料可包括粉煤灰、粒化高炉矿渣粉、硅灰、钢渣粉和磷渣粉。粉煤灰应符合现行国家标准《用于水泥和混凝土中的粉煤灰》GB/T 1596 的规定，粒化高炉矿渣粉应符合现行国家标准《用于水泥和混凝土中的粒化高炉矿渣粉》GB/T 18046 的规定，钢渣粉应符合现行国家标准《用于水泥和混凝土中的钢渣粉》GB/T 20491 的规定，磷渣粉应符合现行行业标准《混凝土用粒化电炉磷渣粉》JG/T 317 的规定，硅灰应符合现行国家标准《高强高性能混凝土用矿物外加剂》GB/T 18736 的规定。

4.2.2 配制高强混凝土宜采用Ⅰ级或Ⅱ级的 F 类粉煤灰。

4.2.3 配制 C80 及以上强度等级的高强混凝土掺用粒化高炉矿渣粉时，粒化高炉矿渣粉不宜低于 S95 级。

4.2.4 当配制 C80 及以上强度等级的高强混凝土掺用硅灰时，硅灰的 SiO_2 含量宜大于 90%，比表面积不宜小于 $15 \times 10^3 \, m^2/kg$。

4.2.5 钢渣粉和粒化电炉磷渣粉宜用于强度等级不大于 C80 的高强混凝土，并应经过试验验证。

4.2.6 矿物掺合料的放射性应符合现行国家标准《建筑材料放射性核素限量》GB 6566 的有关规定。

4.3　细骨料

4.3.1 细骨料应符合现行行业标准《普通混凝土用砂、石质量及检验方法标准》JGJ 52 和《人工砂混凝土应用技术规程》JGJ/T 241 的规定；混凝土用海砂应符合现行行业标准《海砂混凝土应用技术规范》JGJ 206 的规定。

4.3.2 配制高强混凝土宜采用细度模数为 2.6～3.0 的Ⅱ区中砂。

4.3.3 砂的含泥量和泥块含量应分别不大于 2.0% 和 0.5%。

4.3.4 当采用人工砂时，石粉亚甲蓝（MB）值应小于 1.4，石粉含量不应大于 5%，压碎指标值应小于 25%。

4.3.5 当采用海砂时，氯离子含量不应大于 0.03%，贝壳最大尺寸不应大于 4.75mm，贝壳含量不应大于 3%。

4.3.6 高强混凝土用砂宜为非碱活性。

4.3.7 高强混凝土不宜采用再生细骨料。

4.4 粗 骨 料

4.4.1 粗骨料应符合现行行业标准《普通混凝土用砂、石质量及检验方法标准》JGJ 52 的规定。

4.4.2 岩石抗压强度应比混凝土强度等级标准值高 30%。

4.4.3 粗骨料应采用连续级配，最大公称粒径不宜大于 25mm。

4.4.4 粗骨料的含泥量不应大于 0.5%，泥块含量不应大于 0.2%。

4.4.5 粗骨料的针片状颗粒含量不宜大于 5%，且不应大于 8%。

4.4.6 高强混凝土用粗骨料宜为非碱活性。

4.4.7 高强混凝土不宜采用再生粗骨料。

4.5 外 加 剂

4.5.1 外加剂应符合现行国家标准《混凝土外加剂》GB 8076 和《混凝土外加剂应用技术规范》GB 50119 的规定。

4.5.2 配制高强混凝土宜采用高性能减水剂；配制 C80 及以上等级混凝土时，高性能减水剂的减水率不宜小于 28%。

4.5.3 外加剂应与水泥和矿物掺合料有良好的适应性，并应经试验验证。

4.5.4 补偿收缩高强混凝土宜采用膨胀剂，膨胀剂及其应用应符合国家现行标准《混凝土膨胀剂》GB 23439 和《补偿收缩混凝土应用技术规程》JGJ/T 178 的规定。

4.5.5 高强混凝土冬期施工可采用防冻剂，防冻剂应符合现行行业标准《混凝土防冻剂》JC 475 的规定。

4.5.6 高强混凝土不应采用受潮结块的粉状外加剂，液态外加剂应储存在密闭容器内，并应防晒和防冻，当有沉淀等异常现象时，应经检验合格后再使用。

4.6 水

4.6.1 高强混凝土拌合用水和养护用水应符合现行

行业标准《混凝土用水标准》JGJ 63 的规定。

4.6.2 混凝土搅拌与运输设备洗刷水不宜用于高强混凝土。

4.6.3 未经淡化处理的海水不得用于高强混凝土。

5 混凝土性能

5.1 拌合物性能

5.1.1 泵送高强混凝土拌合物的坍落度、扩展度、倒置坍落度筒排空时间和坍落度经时损失宜符合表 5.1.1 的规定。

表 5.1.1 泵送高强混凝土拌合物的坍落度、扩展度、倒置坍落度筒排空时间和坍落度经时损失

项 目	技 术 要 求
坍落度(mm)	≥220
扩展度(mm)	≥500
倒置坍落度筒排空时间(s)	>5 且<20
坍落度经时损失(mm/h)	≤10

5.1.2 非泵送高强混凝土拌合物的坍落度宜符合表 5.1.2 的规定。

表 5.1.2 非泵送高强混凝土拌合物的坍落度

项 目	技 术 要 求	
	搅拌罐车运送	翻斗车运送
坍落度(mm)	100～160	50～90

5.1.3 高强混凝土拌合物不应离析和泌水，凝结时间应满足施工要求。

5.1.4 高强混凝土拌合物的坍落度、扩展度和凝结时间的试验方法应符合现行国家标准《普通混凝土拌合物性能试验方法标准》GB/T 50080 的规定；坍落度经时损失试验方法应符合现行国家标准《混凝土质量控制标准》GB 50164 的规定；倒置坍落度筒排空试验方法应符合本规程附录 A 的规定。

5.2 力 学 性 能

5.2.1 高强混凝土的强度等级应按立方体抗压强度标准值划分为 C60、C65、C70、C75、C80、C85、C90、C95 和 C100。

5.2.2 高强混凝土力学性能试验方法应符合现行国家标准《普通混凝土力学性能试验方法标准》GB/T 50081 的规定。

5.3 长期性能和耐久性能

5.3.1 高强混凝土的抗冻、抗硫酸盐侵蚀、抗氯离子渗透、抗碳化和抗裂等耐久性能等级划分应符合国家现行标准《混凝土质量控制标准》GB 50164 和《混凝土耐久性检验评定标准》JGJ/T 193 的规定。

5.3.2 高强混凝土早期抗裂试验的单位面积的总开裂面积不宜大于 $700mm^2/m^2$。

5.3.3 用于受氯离子侵蚀环境条件的高强混凝土的抗氯离子渗透性能宜满足电通量不大于 1000C 或氯离子迁移系数（D_{RCM}）不大于 $1.5\times10^{-12}\,m^2/s$ 的要求；用于盐冻环境条件的高强混凝土的抗冻等级不宜小于 F350；用于滨海盐渍土或内陆盐渍土环境条件的高强混凝土的抗硫酸盐等级不宜小于 KS150。

5.3.4 高强混凝土长期性能与耐久性能的试验方法应符合现行国家标准《普通混凝土长期性能和耐久性能试验方法标准》GB/T 50082 的规定。

6 配 合 比

6.0.1 高强混凝土配合比设计应符合现行行业标准《普通混凝土配合比设计规程》JGJ 55 的规定，并应满足设计和施工要求。

6.0.2 高强混凝土配制强度应按下式确定：

$$f_{cu,0} \geqslant 1.15 f_{cu,k} \qquad (6.0.2)$$

式中：$f_{cu,0}$——混凝土配制强度（MPa）；

$f_{cu,k}$——混凝土立方体抗压强度标准值（MPa）。

6.0.3 高强混凝土配合比应经试验确定，在缺乏试验依据的情况下宜符合下列规定：

1 水胶比、胶凝材料用量和砂率可按表 6.0.3 选取，并应经试配确定；

表 6.0.3 水胶比、胶凝材料用量和砂率

强度等级	水胶比	胶凝材料用量（kg/m³）	砂率（%）
≥C60，<C80	0.28～0.34	480～560	
≥C80，<C100	0.26～0.28	520～580	35～42
C100	0.24～0.26	550～600	

2 外加剂和矿物掺合料的品种、掺量，应通过试配确定；矿物掺合料掺量宜为 25%～40%；硅灰掺量不宜大于 10%。

6.0.4 对于有预防混凝土碱骨料反应设计要求的工程，高强混凝土中最大碱含量不应大于 $3.0kg/m^3$；粉煤灰的碱含量可取实测值的 1/6，粒化高炉矿渣粉和硅灰的碱含量可分别取实测值的 1/2。

6.0.5 配合比试配应采用工程实际使用的原材料，进行混凝土拌合物性能、力学性能和耐久性能试验，试验结果应满足设计和施工的要求。

6.0.6 大体积高强混凝土配合比试配和调整时，宜控制混凝土绝热温升不大于 50℃。

6.0.7 高强混凝土设计配合比应在生产和施工前进行适应性调整，应以调整后的配合比作为施工配合比。

6.0.8 高强混凝土生产过程中，应及时测定粗、细骨料的含水率，并应根据其变化情况及时调整称量。

7 施 工

7.1 一般规定

7.1.1 高强混凝土的施工应符合现行国家标准《混凝土结构工程施工规范》GB 50666 和《混凝土质量控制标准》GB 50164 的有关规定。

7.1.2 生产高强混凝土的搅拌站（楼）应符合现行国家标准《混凝土搅拌站（楼）》GB/T 10171 的规定。

7.1.3 在施工之前，应制订高强混凝土施工技术方案，并应做好各项准备工作。

7.1.4 在高强混凝土拌合物的运输和浇筑过程中，严禁往拌合物中加水。

7.2 原材料贮存

7.2.1 各种原材料贮存应符合下列规定：

1 水泥应按品种、强度等级和生产厂家分别贮存，不得与矿物掺合料等其他粉状料相混，并应防止受潮；

2 骨料应按品种、规格分别堆放，堆场应采用能排水的硬质地面，并应有遮雨防尘措施；

3 矿物掺合料应按品种、质量等级和产地分别贮存，不得与水泥等其他粉状料相混，并应防雨和防潮；

4 外加剂应按品种和生产厂家分别贮存。粉状外加剂应防止受潮结块；液态外加剂应贮存在密闭容器内，并应防晒和防冻，使用前应搅拌均匀。

7.2.2 各种原材料贮存处应有明显标识。

7.3 计 量

7.3.1 原材料计量应采用电子计量设备，其精度应符合现行国家标准《混凝土搅拌站（楼）》GB/T 10171 的规定。每一工作班开始前，应对计量设备进行零点校准。

7.3.2 原材料的计量允许偏差应符合表 7.3.2 的规定，并应每班检查 1 次。

表 7.3.2 原材料的计量允许偏差（按质量计，%）

原材料品种	水泥	骨料	水	外加剂	掺合料
每盘计量允许偏差	±2	±3	±1	±1	±2
累计计量允许偏差	±1	±2	±1	±1	±1

注：累计计量允许偏差是指每一运输车中各盘混凝土的每种材料计量和的偏差。

7.3.3 在原材料计量过程中，应根据粗、细骨料的含水率的变化及时调整水和粗、细骨料的称量。

7.4 搅 拌

7.4.1 高强混凝土采用的搅拌机应符合现行国家标准《混凝土搅拌站（楼）》GB/T 10171 的规定，宜采用双卧轴强制式搅拌机，搅拌时间宜符合表 7.4.1 的规定。

表 7.4.1 高强混凝土搅拌时间（s）

混凝土强度等级	施工工艺	搅拌时间
C60～C80	泵送	60～80
	非泵送	90～120
＞C80	泵送	90～120
	非泵送	≥120

7.4.2 当高强混凝土掺用纤维、粉状外加剂时，搅拌时间宜在表 7.4.1 的基础上适当延长，延长时间不宜少于 30s；也可先将纤维、粉状外加剂和其他干料投入搅拌机干拌不少于 30s，然后再加水按表 7.4.1 的搅拌时间进行搅拌。

7.4.3 清洁过的搅拌机搅拌第一盘高强混凝土时，宜分别增加 10% 水泥用量、10% 砂子用量和适量外加剂，相应调整用水量，保持水胶比不变，补偿搅拌机容器挂浆造成的混凝土拌合物中的砂浆损失；未清理过的搅拌高水胶比混凝土的搅拌机用来搅拌高强混凝土时，该盘混凝土宜增加适量水泥和外加剂，且水胶比不应增大。

7.4.4 搅拌应保证高强混凝土拌合物质量均匀，同一盘混凝土的搅拌匀质性应符合现行国家标准《混凝土质量控制标准》GB 50164 的有关规定。

7.5 运 输

7.5.1 运输高强混凝土的搅拌运输车应符合现行行业标准《混凝土搅拌运输车》JG/T 5094 的规定；翻斗车应仅限于现场运送坍落度小于 90mm 的混凝土拌合物。

7.5.2 搅拌运输车装料前，搅拌罐内应无积水或积浆。

7.5.3 高强混凝土从搅拌机装入搅拌运输车至卸料时的时间不宜大于 90min；当采用翻斗车时，运输时间不宜大于 45min；运输应保证浇筑连续性。

7.5.4 搅拌运输车到达浇筑现场时，应使搅拌罐高速旋转20s～30s后再将混凝土拌合物卸出。当混凝土拌合物因稠度原因出罐困难而掺加减水剂时，应符合下列规定：

1 应采用同品种减水剂；

2 减水剂掺量应有经试验确定的预案；

3 减水剂掺入混凝土拌合物后，应使搅拌罐高速旋转不少于 90s。

7.6 浇 筑

7.6.1 高强混凝土浇筑前，应检查模板支撑的稳定性以及接缝的密合情况，并应保证模板在混凝土浇筑过程中不失稳、不跑模和不漏浆；天气炎热时，宜采取遮挡措施避免阳光照射金属模板，或从金属模板外侧进行浇水降温。

7.6.2 当暑期施工时，高强混凝土拌合物入模温度不应高于 35℃，宜选择温度较低时段浇筑混凝土；当冬期施工时，拌合物入模温度不应低于 5℃，并应有保温措施。

7.6.3 泵送设备和管道的选择、布置及其泵送操作可按现行行业标准《混凝土泵送施工技术规程》JGJ/T 10 的有关规定执行。

7.6.4 当缺乏高强混凝土泵送经验时，施工前宜进行试泵。

7.6.5 当泵送高度超过 100m 时，宜采用高压泵进行泵送。

7.6.6 对于泵送高度超过 100m 的、强度等级不低于 C80 的高强混凝土，宜采用 150mm 管径的输送管。

7.6.7 当向下泵送高强混凝土时，输送管与垂线的夹角不宜小于 12°。

7.6.8 在向上泵送高强混凝土过程中，当泵送间歇时间超过 15min 时，应每隔 4min～5min 进行四个行程的正、反泵，且最大间歇时间不宜超过 45min；当向下泵送高强混凝土时，最大间歇时间不宜超过 15min。

7.6.9 当改泵较高强度等级混凝土时，应清空输送管道中原有的较低强度等级混凝土。

7.6.10 当高强混凝土自由倾落高度大于 3m 时，宜采用导管等辅助设备。

7.6.11 高强混凝土浇筑的分层厚度不宜大于 500mm，上下层同一位置浇筑的间隔时间不宜超过 120min。

7.6.12 不同强度等级混凝土现浇对接处应设在低强度等级混凝土构件中，与高强度等级构件间距不宜小于 500mm；现浇对接处可设置密孔钢丝网拦截混凝土拌合物，浇筑时应先浇高强度等级混凝土，后浇低强度等级混凝土；低强度等级混凝土不得流入高强度等级混凝土构件中。

7.6.13 高强混凝土可采用振捣棒捣实，插入点间距不应大于振捣棒振动作用半径，泵送高强混凝土每点振捣时间不宜超过 20s，当混凝土拌合物表面出现泛浆，基本无气泡逸出，可视为捣实；连续多层浇筑时，振捣棒应插入下层拌合物 50mm 进行振捣。

7.6.14 浇筑大体积高强混凝土时，应采取温控措施，温控应符合现行国家标准《大体积混凝土施工规范》GB 50496 的规定。

7.6.15 混凝土拌合物从搅拌机卸出后到浇筑完毕的延续时间不宜超过表 7.6.15 的规定。

表 7.6.15 混凝土拌合物从搅拌机卸出后到浇筑完毕的延续时间（min）

混凝土施工情况		气 温	
		≤25℃	>25℃
泵送高强混凝土		150	120
非泵送高强混凝土	施工现场	120	90
	制品厂	60	45

7.7 养 护

7.7.1 高强混凝土浇筑成型后，应及时对混凝土暴露面进行覆盖。混凝土终凝前，应用抹子搓压表面至少两遍，平整后再次覆盖。

7.7.2 高强混凝土可采取潮湿养护，并可采取蓄水、浇水、喷淋洒水或覆盖保湿等方式，养护水温与混凝土表面温度之间的温差不宜大于 20℃；潮湿养护时间不宜少于 10d。

7.7.3 当采用混凝土养护剂进行养护时，养护剂的有效保水率不应小于 90%，7d 和 28d 抗压强度比均不应小于 95%。养护剂有效保水率和抗压强度比的试验方法应符合现行行业标准《公路工程混凝土养护剂》JT/T 522 的规定。

7.7.4 在风速较大的环境下养护时，应采取适当的防风措施。

7.7.5 当高强混凝土构件或制品进行蒸汽养护时，应包括静停、升温、恒温和降温四个阶段。静停时间不宜小于 2h，升温速度不宜大于 25℃/h，恒温温度不应超过 80℃，恒温时间应通过试验确定，降温速度不宜大于 20℃/h。构件或制品出池或撤除养护措施时的表面与外界温差不宜大于 20℃。

7.7.6 对于大体积高强混凝土，宜采取保温养护等温控措施；混凝土内部和表面的温差不宜超过 25℃，表面与外界温差不宜大于 20℃。

7.7.7 当冬期施工时，高强混凝土养护应符合下列规定：

1 宜采用带模养护；

2 混凝土受冻前的强度不得低于 10MPa；

3 模板和保温层应在混凝土冷却到 5℃ 以下再拆除，或在混凝土表面温度与外界温度相差不大于 20℃ 时再拆除，拆模后的混凝土应及时覆盖；

4 混凝土强度达到设计强度等级标准值的 70% 时，可撤除养护措施。

8 质量检验

8.0.1 高强混凝土的原材料质量检验、拌合物性能检验和硬化混凝土性能检验应符合现行国家标准《混凝土质量控制标准》GB 50164 的规定。

8.0.2 高强混凝土的原材料质量应符合本规程第 4 章的规定；拌合物性能、力学性能、长期性能和耐久性能应符合本规程第 5 章的规定。

附录 A 倒置坍落度筒排空试验方法

A.0.1 本方法适用于倒置坍落度筒中混凝土拌合物排空时间的测定。

A.0.2 倒置坍落度筒排空试验应采用下列设备：

1 倒置坍落度筒：材料、形状和尺寸符合现行行业标准《混凝土坍落度仪》JG/T 248 的规定，小口端应设置可快速开启的封盖。

2 台架：当倒置坍落度筒支撑在台架上时，其小口端距地面不宜小于 500mm，且坍落度筒中轴线应垂直于地面；台架应能承受装填混凝土和插捣。

3 捣棒：应符合现行行业标准《混凝土坍落度仪》JG/T 248 的规定。

4 秒表：精度 0.01s。

5 小铲和抹刀。

A.0.3 混凝土拌合物取样与试样的制备应符合现行国家标准《普通混凝土拌合物性能试验方法标准》GB/T 50080 的有关规定。

A.0.4 倒置坍落度筒排空试验测试应按下列步骤进行：

1 将倒置坍落度筒支撑在台架上，筒内壁应湿润且无明水，关闭封盖。

2 用小铲把混凝土拌合物分两层装入筒内，每层捣实后高度宜为筒高的 1/2。每层用捣棒沿螺旋方向由外向中心插捣 15 次，插捣应在横截面上均匀分布，插捣筒边混凝土时，捣棒可以稍稍倾斜。插捣第一层时，捣棒应贯穿混凝土拌合物整个深度；插捣第二层时，捣棒应插透到第一层表面下 50mm。插捣完刮去多余的混凝土拌合物，用抹刀抹平。

3 打开封盖，用秒表测量自开盖至坍落度筒内混凝土拌合物全部排空的时间（t_{sf}），精确至 0.01s。从开始装料到打开封盖的整个过程应在 150s 内完成。

A.0.5 试验应进行两次，并应取两次试验测得排空时间的平均值作为试验结果，计算应精确至 0.1s。

A.0.6 倒置坍落度筒排空试验结果应符合下式规定：

$$|t_{sf1} - t_{sf2}| \leqslant 0.05 t_{sf,m} \qquad (A.0.6)$$

式中：$t_{sf,m}$——两次试验测得的倒置坍落度筒中混凝土拌合物排空时间的平均值（s）；

t_{sf1}，t_{sf2}——两次试验分别测得的倒置坍落度筒中混凝土拌合物排空时间（s）。

本规程用词说明

1 为便于在执行本规程条文时区别对待，对要求严格程度不同的用词说明如下：

    1）表示很严格，非这样做不可的：

        正面词采用"必须"，反面词采用"严禁"；

    2）表示严格，在正常情况下均应这样做的：

        正面词采用"应"，反面词采用"不应"或"不得"；

    3）表示允许稍有选择，在条件许可时，首先应这样做的：

        正面词采用"宜"，反面词采用"不宜"；

    4）表示有选择，在一定条件下可以这样做的，采用"可"。

2 条文中指明应按其他有关标准执行的写法为："应符合……的规定"或"应按……执行"。

引用标准名录

1 《普通混凝土拌合物性能试验方法标准》GB/T 50080

2 《普通混凝土力学性能试验方法标准》GB/T 50081

3 《普通混凝土长期性能和耐久性能试验方法标准》GB/T 50082

4 《混凝土外加剂应用技术规范》GB 50119

5 《混凝土质量控制标准》GB 50164

6 《大体积混凝土施工规范》GB 50496

7 《混凝土结构工程施工规范》GB 50666

8 《预防混凝土碱骨料反应技术规范》GB/T 50733

9 《通用硅酸盐水泥》GB 175

10 《用于水泥和混凝土中的粉煤灰》GB/T 1596

11 《建筑材料放射性核素限量》GB 6566

12 《混凝土外加剂》GB 8076

13 《混凝土搅拌站（楼）》GB/T 10171

14 《预拌混凝土》GB/T 14902

15 《用于水泥和混凝土中的粒化高炉矿渣粉》GB/T 18046

16 《高强高性能混凝土用矿物外加剂》GB/T 18736

17 《用于水泥和混凝土中的钢渣粉》GB/T 20491

18 《混凝土膨胀剂》GB 23439

19 《混凝土泵送施工技术规程》JGJ/T 10

20 《普通混凝土用砂、石质量及检验方法标准》JGJ 52

21 《普通混凝土配合比设计规程》JGJ 55

22 《混凝土用水标准》JGJ 63

23 《清水混凝土应用技术规程》JGJ 169

24 《补偿收缩混凝土应用技术规程》JGJ/T 178

25 《混凝土耐久性检验评定标准》JGJ/T 193

26 《海砂混凝土应用技术规范》JGJ 206

27 《纤维混凝土应用技术规程》JGJ/T 221

28 《人工砂混凝土应用技术规程》JGJ/T 241

29 《混凝土防冻剂》JC 475

30 《混凝土坍落度仪》JG/T 248

31 《混凝土用粒化电炉磷渣粉》JG/T 317

32 《混凝土搅拌运输车》JG/T 5094

33 《公路工程混凝土养护剂》JT/T 522

中华人民共和国行业标准

高强混凝土应用技术规程

JGJ/T 281—2012

条 文 说 明

制 订 说 明

《高强混凝土应用技术规程》JGJ/T 281－2012，经住房和城乡建设部 2012 年 5 月 3 日以第 1366 号公告批准、发布。

本规程编制过程中，编制组进行了广泛而深入的调查研究，总结了我国工程建设中高强混凝土应用技术的实践经验，同时参考了国外先进技术法规、技术标准，通过试验取得了高强混凝土应用技术的相关重要技术参数。

为便于广大设计、施工、科研、学校等单位有关人员在使用本规程时能正确理解和执行条文规定，《高强混凝土应用技术规程》编制组按章、节、条顺序编制了本规程的条文说明，供使用者参考。但是，本条文说明不具备与规程正文同等的法律效力，仅供使用者作为理解和把握规程规定的参考。

目　次

1 总 则

1.0.1 近年来，高强混凝土及其应用技术迅速发展并逐步成熟，在我国得到广泛应用，总结和归纳高强混凝土技术成果和应用经验，制订高强混凝土技术标准，有利于进一步促进高强混凝土的健康发展。

1.0.2 由于高强混凝土强度等级高，因此其特性和有关技术要求与常规的普通混凝土有所不同，原材料、混凝土性能、配合比和施工的控制要求也比常规的普通混凝土严格。本规程是针对高强混凝土的原材料、配合比、性能要求、施工和质量检验的专用标准，可以指导我国高强混凝土的应用。

1.0.3 与本规程有关的、难以详尽的技术要求，应符合国家现行标准的有关规定。

2 术语和符号

2.1 术 语

2.1.1 高强混凝土属于普通混凝土范畴，由于强度等级高带来的技术特殊性，现行国家标准《预拌混凝土》GB/T 14902 将高强混凝土列为特制品。

2.1.2 硅灰主要用于强度等级不低于 C80 的混凝土。国家标准《砂浆、混凝土用硅灰》正在编制过程中，在其发布并实施之前，可采用现行国家标准《高强高性能混凝土用矿物外加剂》GB/T 18736 中有关硅灰的规定。

3 基 本 规 定

3.0.1 本条规定了控制高强混凝土拌合物性能、力学性能、长期性能与耐久性能的基本原则。高强混凝土拌合物性能包括坍落度、扩展度、倒置坍落度筒排空时间、坍落度经时损失、凝结时间、不离析和不泌水等；力学性能包括抗压强度、轴压强度、弹性模量、抗折强度和劈拉强度等；长期性能与耐久性能主要包括收缩、徐变、抗冻、抗硫酸盐侵蚀、抗氯离子渗透、抗碳化和抗裂等性能。

3.0.2 高强混凝土技术要求高，预拌混凝土有利于质量控制。现行国家标准《预拌混凝土》GB/T 14902 规定高强混凝土为特制品，特制品代号 B，高强混凝土代号 H。高强混凝土标记示例：C80 强度等级、240mm 坍落度、F350 抗冻等级的高强混凝土，其标记为 B-H-C80-240(S5)-F350-GB/T 14902。

3.0.3 强度等级不小于 C60 的纤维混凝土、补偿收缩混凝土、清水混凝土和大体积混凝土可属于高强混凝土范畴。由于纤维混凝土、补偿收缩混凝土、清水混凝土和大体积混凝土都有较大的特殊性，所以有各

自的专业技术标准。本标准与纤维混凝土、补偿收缩混凝土、清水混凝土和大体积混凝土的相关标准是协调的。高强混凝土用于压蒸养护工艺生产的离心混凝土桩可按相关专业标准的技术要求操作。

3.0.4 高强混凝土经常用于重要的或特殊的工程，这些结构往往比较复杂，对生产施工要求较高，并且情况差异较大，因此，对于这类工程结构，进行生产和施工的实体模拟试验是保证工程质量的比较通行的做法。

3.0.5 预防混凝土碱骨料反应对于高强混凝土工程结构非常重要，尤其是在不得不采用碱活性骨料的情况下。现行国家标准《预防混凝土碱骨料反应技术规范》GB/T 50733 中包括了抑制骨料碱活性有效性的检验和预防混凝土碱骨料反应技术措施等重要内容。

4 原 材 料

4.1 水 泥

4.1.1 配制高强混凝土宜选用新型干法窑或旋窑生产的硅酸盐水泥或普通硅酸盐水泥。立窑水泥的质量稳定性不如新型干法窑和旋窑生产的水泥。硅酸盐水泥或普通硅酸盐水泥之外的通用硅酸盐水泥内掺混合材比例高，混合材品质也较低，胶砂强度较低，与之比较，采用硅酸盐水泥或普通硅酸盐水泥并掺加较高质量的矿物掺合料配制高强混凝土更具有技术和经济的合理性。

4.1.2 采用胶砂强度低于 50MPa 的水泥配制 C80 及其以上强度等级混凝土的技术经济合理性较差，甚至难以实现强度等级上限水平的配制目的。

4.1.3 混凝土碱骨料反应的重要条件之一就是混凝土中有较高的碱含量，引起混凝土碱骨料反应的有效碱主要是水泥带来的，因此，采用低碱水泥是预防混凝土碱骨料反应的重要技术措施。

4.1.4 烧成后的水泥熟料中残留的氯离子含量很低，但在粉磨工艺中采用的助磨剂却良莠不齐，严格控制水泥中氯离子含量有利于避免熟料烧成后粉磨时掺入不良材料。再者高强混凝土水泥用量较高，控制水泥中氯离子含量有利于控制混凝土中总的氯离子含量。

4.1.5 配制高强混凝土对水泥要求相对较严，结块的水泥和过期水泥的质量会有变化。

4.1.6 在水泥供应紧张时，散装水泥运到搅拌站输入储罐时，经常会温度过高，如立即采用，会对混凝土性能带来不利影响，应引起充分注意。

4.2 矿物掺合料

4.2.1 高强混凝土中可掺入较大掺量的矿物掺合料，有利于改善高强混凝土技术性能（比如改善泵送性能，减少水化热，减少收缩等）和经济性。粉煤灰、

粒化高炉矿渣粉和硅灰是高强混凝土最常用的矿物掺合料,磷渣粉和钢渣粉经过试验证也是可以适量掺用的。

4.2.2 配备粉煤灰分选设备的年发电能力较大的电厂产出的粉煤灰,一般可达到Ⅱ级灰或Ⅰ级灰质量水平。实践表明,Ⅱ级粉煤灰也能够满足高强混凝土的配制要求,目前许多高强混凝土工程采用的是Ⅱ级灰。C类粉煤灰为高钙灰,由于潜在的游离氧化钙问题,技术安全性不及F类粉煤灰。

4.2.3 S95级和S105级的粒化高炉矿渣粉,活性较好,易于配制C80及以上强度等级的高强混凝土。

4.2.4 配制C80及以上强度等级的高强混凝土时,对硅灰质量要求较高。

4.2.5 钢渣粉和粒化电炉磷渣粉活性一般低于粒化高炉矿渣粉,并且质量稳定性也比粒化高炉矿渣粉差,在采用普通硅酸盐水泥的情况下,在混凝土中掺用限量为20%,比粒化高炉矿渣粉低得多。

4.2.6 矿物掺合料属于工业废渣,可能出现放射性问题,比如粒化电炉磷渣粉等,应避免使用放射性不符合现行国家标准《建筑材料放射性核素限量》GB 6566规定的矿物掺合料。

4.3 细 骨 料

4.3.1 天然砂包括河砂、山砂和海砂等,人工砂是采用除软质岩和风化岩之外的岩石经机械破碎和筛分制成的砂。现行行业标准《普通混凝土用砂、石质量及检验方法标准》JGJ 52和《人工砂混凝土应用技术规程》JGJ/T 241包括了对天然砂和人工砂的规定,但对于海砂,现行行业标准《海砂混凝土应用技术规范》JGJ 206的规定更为合理,主要表现在氯离子含量和贝壳含量的规定方面。

4.3.2 采用细度模数为2.6~3.0的Ⅱ区中砂配制高强混凝土有利于混凝土性能和经济性的优化。

4.3.3 砂的含泥量和泥块含量会影响混凝土强度和耐久性,高强混凝土的强度对此尤为敏感。

4.3.4 高强混凝土胶凝材料用量多,控制人工砂的石粉含量,有利于减少混凝土中粉体总量,从而有利于控制混凝土收缩等不利影响。规定人工砂的压碎指标值便于人工砂颗粒强度控制,对实现高强混凝土的强度要求是比较重要的。

4.3.5 现行行业标准《海砂混凝土应用技术规范》JGJ 206借鉴了日本和我国台湾地区的标准,并同时考虑到我国大陆地区的实际情况,将钢筋混凝土用海砂的氯离子含量限值规定为0.03%,低于现行行业标准《普通混凝土用砂、石质量及检验方法标准》JGJ 52规定的0.06%。现行行业标准《海砂混凝土应用技术规范》JGJ 206规定的海砂氯离子含量低于现行行业标准《普通混凝土用砂、石质量及检验方法标准》JGJ 52的另一个原因是,现行行业标准《普通混凝土用砂、石质量及检验方法标准》JGJ 52测定氯离子含量的制样存在烘干过程,而海砂净化后实际应用是湿砂状态,研究表明,这种差异会低估实际应用时海砂中氯离子的含量。因此,在不改变现行行业标准《普通混凝土用砂、石质量及检验方法标准》JGJ 52干砂制样方法的前提下,可以通过降低氯离子含量的限值来解决这一问题。

规定贝壳最大尺寸的原因是,大贝壳会影响高强混凝土的性能,尤其是强度。目前宁波、舟山地区经过净化的海砂,其贝壳含量的常见范围是5%~8%。试验研究发现,采用贝壳含量在7%~8%的海砂可以配制C60混凝土,且试验室的耐久性指标良好。从目前取得的贝壳含量对普通混凝土抗压强度和自然碳化深度影响的10年数据来看,贝壳含量从2.4%增加到22.0%,抗压强度和自然碳化深度无明显变化。2003年发布的《宁波市建筑工程使用海砂管理规定》(试行)对贝壳含量有如下规定:混凝土强度等级大于C60,净化海砂的贝壳含量小于4.0%;强度等级为C30~C60,净化海砂的贝壳含量小于(4.0%~8.0%);强度等级小于C30,净化海砂的贝壳含量小于(8.0%~10.0%)。《普通混凝土用砂、石质量及检验方法标准》JGJ 52规定:用于不小于C60强度等级的混凝土,海砂的贝壳含量不应大于3.0%。

4.3.6 通常高强混凝土用于重要结构,且水泥用量略高,出于安全性考虑,尽量不要采用碱活性骨料。由于高强混凝土结构的混凝土用量一般有限,尚可接受调运骨料的情况。

4.3.7 现行行业标准《再生骨料应用技术规程》JGJ/T 240规定再生细骨料最高可配制C40及以下强度等级混凝土。在国内实际工程中应用,目前仅北京和青岛等地区应用了C40等级再生骨料混凝土。

4.4 粗 骨 料

4.4.1 现行行业标准《普通混凝土用砂、石质量及检验方法标准》JGJ 52对高强混凝土用粗骨料是适用的。

4.4.2 岩石抗压强度高的粗骨料有利于配制高强混凝土,尤其混凝土强度等级值越高就越明显。试验研究和工程实践表明,用于高强混凝土的岩石的抗压强度比混凝土设计强度等级值高30%是比较合理的。

4.4.3 连续级配粗骨料堆积相对比较紧密,空隙率比较小,有利于混凝土性能,也有利于节约其他更重要资源的原材料。试验研究和工程实践表明,高强混凝土粗骨料的最大公称粒径为25mm比较合理,既有利于强度、控制收缩,也有利于施工性能,经济上也比较合理。

4.4.4 粗骨料含泥(包括泥块)较多将明显影响混凝土强度,高强混凝土的强度对此比较敏感。

4.4.5 如果粗骨料针片状颗粒含量较多,则级配较差，空隙率比较大，针片状颗粒易于断裂，这些对混凝土性能会有影响，强度等级值越高影响越明显，同时对混凝土泵送性能影响也较明显。

4.4.6 与4.3.6条文说明相同。

4.4.7 由于高强混凝土多数用于重要或特殊工程，目前尚缺乏再生粗骨料用于高强混凝土工程的实例。

4.5 外 加 剂

4.5.1 现行国家标准《混凝土外加剂》GB 8076规定的外加剂品种包括高性能减水剂、高效减水剂、普通减水剂、引气减水剂、泵送剂、早强剂、缓凝剂和引气剂等；现行国家标准《混凝土外加剂应用技术规范》GB 50119规定了不同剂种外加剂的应用技术要求。

4.5.2 现行国家标准《混凝土外加剂》GB 8076规定的高性能减水剂包括不同品种，但规定减水率不小于25％。工程实践表明，采用减水率不小于28％的聚羧酸系高性能减水剂配制C80及以上等级混凝土具有良好的表现，也是目前主要的做法。

4.5.3 外加剂品种多，差异大，掺量范围也不同，在实际工程应用时，不同产地、品种或品牌的水泥对外加剂和矿物掺合料的适应情况有差异，可能与水泥和矿物掺合料产生适应性问题，只有经过试验验证，才能证明是否适用。

4.5.4 膨胀剂是与水泥、水拌合后经水化反应生成钙矾石、氢氧化钙或钙矾石和氢氧化钙，使混凝土产生体积膨胀的外加剂。补偿收缩混凝土是由膨胀剂或膨胀水泥配制的自应力为0.2MPa～1.0MPa的混凝土。对于高强混凝土结构，减少高强混凝土早期收缩是非常重要的，采用适量膨胀剂可以在一定程度上改善高强混凝土早期收缩。

4.5.5 采用防冻剂是混凝土冬期施工常用的低成本方法，高强混凝土也可采用。

4.5.6 配制高强混凝土对外加剂要求严格，结块的粉状外加剂，即便重新粉磨处理后质量也会有变化；液态外加剂出现沉淀等异常现象后质量会有变化。

4.6 水

4.6.1 高强混凝土用水技术要求与其他普通混凝土用水并无差异。现行行业标准《混凝土用水标准》JGJ 63包括了对各种水用于混凝土的规定。

4.6.2 混凝土企业设备洗刷水碱含量高，且水中粉体颗粒含量高，质量却不高，不适宜配制高强混凝土。

4.6.3 未经淡化处理的海水含有大量氯盐和其他盐类，会引起严重的混凝土钢筋锈蚀问题和其他混凝土性能问题，危及混凝土结构的安全性。

5 混凝土性能

5.1 拌合物性能

5.1.1 试验研究和工程实践表明，泵送高强混凝土拌合物性能在表5.1.1给出的技术范围内，即能较好地满足泵送施工要求和硬化混凝土的各方面性能，并在一般情况下，泵送高强混凝土坍落度220mm～250mm，扩展度500mm～600mm，坍落度经时损失值0mm～10mm，对工程有比较强的适应性。泵送高强混凝土拌合物黏度较大，倒置坍落度筒流出时间指标的设置，有利于将拌合物黏度控制在可顺利泵送施工的水平，并且使大高程泵送的泵压不至于过高。

5.1.2 采用搅拌罐车运输，出罐的最低坍落度约为90mm，否则出罐困难。另外，由于调度、运输、泵送前压车等情况的影响，坍落度需有一定的富余。对于非泵送高强混凝土，坍落度50mm～90mm混凝土的各方面性能较好，翻斗车运送时坍落度大了混凝土拌合物易于分层和离析。

5.1.3 高强混凝土控制拌合物不泌水、不离析很重要；对于不同的现场条件，可以通过采用外加剂调节凝结时间满足施工要求。

5.1.4 高强混凝土拌合物性能试验方法与常规的普通混凝土拌合物性能试验方法基本相同。

5.2 力 学 性 能

5.2.1 立方体抗压强度标准值系指按标准方法制作和养护的边长为150mm的立方体试体，在28d龄期用标准试验方法测得的具有不小于95％保证率的抗压强度值。目前我国混凝土相关企业配制的混凝土强度可以超过130MPa，相当于超过C110，本规程最大强度等级为C100是可行的。

5.2.2 现行国家标准《普通混凝土力学性能试验方法标准》GB/T 50081规定了抗压强度、轴压强度、弹性模量、抗折强度和劈拉强度等试验方法。

5.3 长期性能和耐久性能

5.3.1 国家现行标准《混凝土质量控制标准》GB 50164和《混凝土耐久性检验评定标准》JGJ/T 193对混凝土抗冻、抗硫酸盐侵蚀、抗氯离子渗透、抗碳化和抗裂等耐久性能划分了等级。现行国家标准《混凝土质量控制标准》GB 50164关于耐久性能等级的划分同样适用高强混凝土，只是高强混凝土的耐久性能等级不会落入比较低的等级范围。一般来说，高强混凝土的耐久性能可以达到表1的指标范围。

5.3.2 早期抗裂试验的单位面积上的总开裂面积不大于$700mm^2/m^2$是采用萘系外加剂的一般强度等级混凝土的较好的水平，而采用聚羧酸系外加剂的一般

表1　高强混凝土可达到的耐久性能指标范围

耐久性项目	技术要求	
	≥C60	≥C80
抗冻等级	≥F250	≥F350
抗渗等级	>P12	>P12
抗硫酸盐等级	≥KS150	≥KS150
28d氯离子渗透(库仑电量，C)	≤1500	≤1000
84d氯离子迁移系数 D_{RCM} (RCM法)($\times 10^{-12} \text{m}^2/\text{s}$)	≤2.5	≤1.5
碳化深度(mm)	≤1.0	≤0.1

强度等级混凝土的较好水平是不大于 $400 \text{mm}^2/\text{m}^2$。

5.3.3 滨海或海洋等氯离子侵蚀环境条件，以及盐冻和盐渍土环境条件是典型的不利于混凝土耐久性能的严酷环境条件，本条文关于高强混凝土耐久性能指标的有关规定，有利于提高高强混凝土在上述典型严酷环境条件下应用的耐久性水平。试验研究和工程实践表明，高强混凝土达到本条文规定的高强混凝土耐久性能指标范围是可行的。

5.3.4 现行国家标准《普通混凝土长期性能和耐久性能试验方法标准》GB/T 50082规定了收缩、徐变、抗冻、抗水渗透、抗硫酸盐侵蚀、抗氯离子渗透、碳化和抗裂等与本规程高强混凝土长期性能与耐久性能有关的试验方法。

6 配　合　比

6.0.1 现行行业标准《普通混凝土配合比设计规程》JGJ 55包括了高强混凝土配合比设计的技术内容，因此对高强混凝土配合比设计也是适用的。本标准未涉及的配合比设计的通用技术内容可执行现行行业标准《普通混凝土配合比设计规程》JGJ 55的规定。

6.0.2 对于高强混凝土配制强度计算公式，现行行业标准《普通混凝土配合比设计规程》JGJ 55和《公路桥涵施工技术规范》JTG/T F50都已经采用了本条文给出的计算公式［即式（6.0.2）］，实际上，这一公式早已经在公路桥涵和建筑工程等混凝土工程中得到应用和检验。

6.0.3 高强混凝土配合比参数变化范围相对比较小，适合于根据经验直接选择参数然后通过试验确定配合比。试验研究和工程应用表明，本条给出的配合比参数范围对高强混凝土配合比设计具有实际应用的指导意义。对于泵送高强混凝土，为保证泵送施工顺利，推荐控制每立方米高强混凝土拌合物中粉料浆体的体积为340L～360L（水泥、粉煤灰、粒化高炉矿渣粉、硅灰和水等密度可知大致，容易估算粉料浆体的体积），这也有利于配合比参数的优选。对于高强混凝土，较高强度等级水胶比较低，在满足拌合物施工性

能要求前提下宜采用较少的胶凝材料用量和较小的砂率，矿物掺合料掺量应满足混凝土性能要求并兼顾经济性，这些规律与常规的普通混凝土配合比设计规律没有太大差别。

6.0.4 对于高强混凝土，要将混凝土中碱含量控制在 3.0kg/m^3 以内，需要采用低碱水泥，并采用较大掺量的碱含量较低的粉煤灰和粒化高炉矿渣粉等矿物掺合料。混凝土中碱含量是测定的混凝土各原材料碱含量计算之和，而实测的粉煤灰和粒化高炉矿渣粉等矿物掺合料碱含量并不是参与碱骨料反应的有效碱含量，对于矿物掺合料中有效碱含量，粉煤灰碱含量取实测值的1/6，粒化高炉矿渣粉和硅灰的碱含量分别取实测值的1/2，已经被混凝土工程界采纳。

6.0.5 配合比试配采用的工程实际原材料，以基本干燥为准，即细骨料含水率小于 0.5%，粗骨料含水率小于 0.2%。高强混凝土配合比设计不仅仅应满足强度要求，还应满足施工性能、其他力学性能和耐久性能的要求。

6.0.6 混凝土绝热温升可以在试验室通过测试绝热容器中混凝土的温度升高过程测得，也可以在现场通过实测足尺寸混凝土模拟试件内的温度升高过程测得。

6.0.7 现行行业标准《普通混凝土配合比设计规程》JGJ 55中配合比设计过程中经历计算配合比、试拌合比，然后形成设计配合比。生产和施工现场会出现各种情况，需要对设计配合比进行适应性调整后才能用于生产和施工。

6.0.8 在高强混凝土生产过程中，堆场上的粗、细骨料的含水率会变化，从而影响高强混凝土的水胶比和用水量等，因此，在生产过程中，应根据粗、细骨料的含水率变化情况及时调整配合比。

7 施　　工

7.1 一　般　规　定

7.1.1 高强混凝土的施工要求严于常规的普通混凝土，因此，在符合现行国家标准《混凝土结构工程施工规范》GB 50666和《混凝土质量控制标准》GB 50164的基础上，还应符合本规程的规定。

7.1.2 现行国家标准《混凝土搅拌站（楼）》GB/T 10171对主要参数系列、搅拌设备、供料系统、贮料仓、配料装置、混凝土贮斗、安全环保和其他方面作出了全面细致的规定，对保证高强混凝土生产质量十分重要。

7.1.3 高强混凝土施工技术方案可分为两个方面：一方面是搅拌站的生产技术方案（涉及原材料、混凝土制备和运输等），进行生产质量控制；另一方面是工程现场的施工技术方案（涉及浇筑、成型、养护及其相关的工艺和技术等），进行现场施工质量控制。

当然，这两个方面可以合为一体。

7.1.4 高强混凝土水胶比低，强度对用水量的变化极其敏感，因此，在运输和浇筑成型过程中往混凝土拌合物中加水会明显影响混凝土强度，同时也会对高强混凝土的耐久性能和其他力学性能产生影响，对工程质量具有很大危害。

7.2 原材料贮存

7.2.1 高强混凝土所用的粉料种类多，避免相混和防潮是共同的要求。骨料堆场采用遮雨设施已逐步在预拌混凝土搅拌站得到实施，高强混凝土水胶比低，强度对用水量的变化极其敏感，采用遮雨措施防止骨料含水量波动，对保证施工配合比的准确性非常重要。高强混凝土常用的液态外加剂（比如聚羧酸系高性能减水剂）受冻后性能会降低。

7.2.2 原材料分别标识清楚有利于避免混乱和用料错误。

7.3 计 量

7.3.1 高强混凝土生产对原材料计量要求较高，尤其是对水和外加剂的计量要求高。采用电子计量设备有利于保证计量精度，保证高强混凝土生产质量。

7.3.2 符合现行国家标准《混凝土搅拌站（楼）》GB/T 10171 规定称量装置可以满足表 7.3.2 的要求。

7.3.3 如果堆场上的粗、细骨料的含水率变化而称量不变，对水胶比和用水量会有影响，从而影响高强混凝土性能；相对而言，粗、细骨料用量对高强混凝土性能影响较小。

7.4 搅 拌

7.4.1 采用双卧轴强制式搅拌机有利于高强混凝土的搅拌。对于高强混凝土，强度等级高比强度等级低的搅拌时间长；非泵送施工比泵送施工搅拌时间长。

7.4.2 高强混凝土拌合物黏度较大，适当延长搅拌时间或采取合适的投料措施，有利于纤维和粉状外加剂在高强混凝土中分散均匀。

7.4.3 本条文的规定仅针对清洁过的或未清理过的搅拌机搅拌的第一盘混凝土。

7.4.4 现行国家标准《混凝土质量控制标准》GB 50164 关于同一盘混凝土的搅拌匀质性的规定有两点：①混凝土中砂浆密度两次测值的相对误差不应大于 0.8%；②混凝土稠度两次测值的差值不应大于混凝土拌合物稠度允许偏差的绝对值。

7.5 运 输

7.5.1 搅拌运输车难以将坍落度小于 90mm 的高强混凝土拌合物卸出。

7.5.2 罐内积水或积浆会使混凝土配合比欠准确。

7.5.3 采用外加剂调整混凝土拌合物的可操作时间并控制混凝土出机至现场接收不超过 90min 是易行的。运输保证浇筑的连续性有利于避免高强混凝土结构出现因浇筑间断产生的"冷缝"或薄弱层。

7.5.4 在现场施工组织不畅而导致压车或因交通阻塞延长运输时间等场合下，多发生混凝土拌合物坍落度损失过大导致搅拌运输车卸料困难的问题，向搅拌罐内掺加适量减水剂并搅拌均匀可改善拌合物稠度将混凝土拌合物卸出。

7.6 浇 筑

7.6.1 高强混凝土拌合物中浆体多，流动性大，浇筑时对模板的压力大，浇筑时易于漏浆和胀模，因此，支模是高强混凝土施工的关键环节之一；天气炎热时金属模板会被晒得发烫，对高强混凝土性能不利。

7.6.2 在不得已的情况下，降低高强混凝土拌合物温度的常用方法是采用加冰的拌合水；提高拌合物温度的常用方法是采用加热的拌合水，拌合用水可加热到 60℃以上，应先投入骨料和热水搅拌，然后再投入胶凝材料等共同搅拌。

7.6.3 现行行业标准《混凝土泵送施工技术规程》JGJ/T 10 规定了普通混凝土和高强混凝土的泵送设备和管道的选择、布置及其泵送操作的有关规定。

7.6.4 高强混凝土泵送是施工的关键环节之一。一般认为：高强混凝土拌合物用水量小，黏度大，尤其在大高程泵送情况下，有一定的控制难度，解决了高强混凝土的泵送问题，基本就解决了高强混凝土施工的主要问题。施工前进行高强混凝土试泵能够为提高泵送的可靠性做准备。

7.6.5 由于高强混凝土黏度大，间歇后开始泵送瞬间黏滞作用大，进行较大高程的高强混凝土泵送，对泵压要求高。

7.6.6 强度等级不低于 C80 的高强混凝土黏度很大，采用较大管径的输送管有利于减小黏度对泵送的影响。

7.6.7 向下泵送高强混凝土时，控制输送管与垂线的夹角大一些有利于防止形成空气栓塞引起堵泵。

7.6.8 在泵送过程中，为了防止混凝土在输送管中形成栓塞导致堵泵，应尽量避免混凝土在输送管中长时间停滞不动。当向下泵送高强混凝土时，反泵无益。

7.6.9 输送管道中的原有较低强度等级混凝土混入后来浇筑的较高强度等级混凝土中会引发工程事故。

7.6.10 高强混凝土自由倾落不易离析，但结构配筋较密时，高强混凝土会被结构配筋筛打成离析状态。

7.6.11 高强混凝土结构通常是分层浇筑的，分层厚度不宜过大和层间浇筑间隔时间不宜过长，有利于保证每层混凝土浇筑质量和整体结构的匀质性。自密实高强混凝土浇筑不受此条规定的限制。

7.6.12 例如，在整体现浇柱和梁时，柱可能是高强混凝土，而梁不是高强混凝土，那么现浇对接处应设在梁中；由于高强混凝土流动性大，所以需要设置密孔钢丝网拦截；填补柱头混凝土时应注意不要采用梁的混凝土。

7.6.13 泵送高强混凝土振捣时间不宜过长，以避免石子和浆体分层。非泵送的高强混凝土也可以采用其他密实方法，比如预制桩采用的离心法等。

7.6.14 高强混凝土结构尺寸较大的情况不少，并且由于高强混凝土温升较高，温控就尤为重要。采取措施后，高强混凝土可以满足现行国家标准《大体积混凝土施工规范》GB 50496 的温控要求。

7.6.15 混凝土制品厂采用的高强混凝土可以是塑性混凝土或低流动性混凝土，操作时间相对减少。

7.7 养 护

7.7.1 高强混凝土早期收缩比较大，如果再发生表面水分损失，会加大混凝土开裂倾向，因此，应采取措施防止混凝土浇筑成型后的表面水分损失。

7.7.2 一方面，高强混凝土强度发展比较快，另一方面，由于施工性能要求和经济原因，矿物掺合料掺量比较大，因此，潮湿养护时间不宜少于10d。

7.7.3 对于竖向结构的混凝土立面，采用混凝土养护剂比较有利。

7.7.4 风速较大对高强混凝土养护十分不利，一方面，如果混凝土不好，混凝土表面会迅速失水，导致表面裂缝，另一方面，大风会破坏养护的覆盖条件。

7.7.5 混凝土成型后蒸汽养护前的静停时间长一些有利于减少混凝土在蒸养过程中的内部损伤；控制升温速度和降温速度慢一些，可减小温度应力对混凝土内部结构的不利影响；如果生产效率和时间允许，控制最高和恒温温度不超过65℃比较合适。

7.7.6 对于大体积高强混凝土，通常采用保温措施控制混凝土内部、表面和外界的温差。

7.7.7 冬期施工时，高强混凝土结构带模养护比较有利，易于采取保温措施（比如保温模板等），保湿效果也可以；采用高强混凝土的结构往往比较重要，提高受冻前的强度要求是有益的；对通常用于重要结构的高强混凝土，撤除养护措施时混凝土强度达到设计强度等级的70%比常规普通混凝土的50%高一些有利于结构安全，主要是考虑到高强混凝土强度后期发展潜力比较小。

8 质 量 检 验

8.0.1 高强混凝土的检验规则与常规的普通混凝土一致，现行国家标准《混凝土质量控制标准》GB 50164 第7章混凝土质量检验完全适用于高强混凝土的检验。

8.0.2 高强混凝土性能以满足设计和施工要求为合格；设计和施工未提出要求的性能可不评价。

附录 A 倒置坍落度筒排空试验方法

高强混凝土拌合物黏性较大，流动速度也较慢，对泵送施工有影响。本试验方法可用于检验评价混凝土拌合物的流动速度和与输送管壁的黏滞性。对于高强混凝土，排空时间越短，拌合物与输送管壁的黏滞性就越小，流动速度也越大，有利于高强混凝土的泵送施工。

中华人民共和国行业标准

公共建筑能耗远程监测系统技术规程

Technical specification for the remote monitoring system
of public building energy consumption

JGJ/T 285—2014

批准部门：中华人民共和国住房和城乡建设部
施行日期：２０１５年５月１日

中华人民共和国住房和城乡建设部
公　告

第 599 号

住房城乡建设部关于发布行业标准
《公共建筑能耗远程监测系统技术规程》的公告

现批准《公共建筑能耗远程监测系统技术规程》为行业标准，编号为 JGJ/T 285-2014，自 2015 年 5 月 1 日起实施。

本规程由我部标准定额研究所组织中国建筑工业

出版社出版发行。

中华人民共和国住房和城乡建设部

2014 年 10 月 20 日

前　　言

根据住房和城乡建设部《关于印发〈2008 年工程建设标准规范制定、修订计划（第一批）〉的通知》（建标〔2008〕102 号）的要求，规程编制组经广泛调查研究，认真总结实践经验，参考国际标准和国外先进标准，并在广泛征求意见的基础上，编制本规程。

本规程主要技术内容是：1. 总则；2. 术语；3. 基本规定；4. 系统设计；5. 系统施工；6. 系统调试与检查；7. 系统验收；8. 运行维护。

本规程由住房和城乡建设部负责管理，由深圳市建筑科学研究院股份有限公司负责具体技术内容的解释。执行过程中如有意见或建议，请寄送深圳市建筑科学研究院股份有限公司（地址：深圳市福田区上梅林梅坳三路 29 号，邮编：518049）。

本 规 程 主 编 单 位：深圳市建筑科学研究院股份有限公司

本 规 程 参 编 单 位：中国建筑科学研究院

上海市建筑科学研究院（集团）有限公司

广州市建筑科学研究院有

限公司

深圳市紫衡技术有限公司

西安建筑科技大学

天津大学

中国建筑设计研究院

同济大学

中控科技集团有限公司

本规程主要起草人员：刘俊跃　卢　振　郭春雨

　　　　　　　　　　陈勤平　任　俊　何　影

　　　　　　　　　　邹　骁　王良平　阎增峰

　　　　　　　　　　朱　能　丁　高　臧建彬

　　　　　　　　　　马晓雯　刘　勇　何晓燕

　　　　　　　　　　陈国朝　刘　芳　田　喆

　　　　　　　　　　赵　伟　李　辉

本规程主要审查人员：方修睦　谢　卫　魏庆芃

　　　　　　　　　　操云甫　屈利娟　张　欧

　　　　　　　　　　许锦峰　金丽娜　冯家禄

　　　　　　　　　　姚志明　徐斌斌

目 次

Contents

1 总　则

1.0.1 为贯彻执行国家有关法律法规和方针政策，推进建筑节能工作，加强公共建筑的节能监管，规范公共建筑能耗远程监测系统的设计、施工、调试与检查、验收和运行维护，制定本规程。

1.0.2 本规程适用于新建和既有公共建筑能耗远程监测系统的设计、施工、调试与检查、验收和运行维护。

1.0.3 公共建筑能耗远程监测系统的设计、施工、调试与检查、验收和运行维护除应符合本规程的规定外，尚应符合国家现行有关标准的规定。

2 术　语

2.0.1 建筑能耗远程监测系统 remote monitoring system of building energy consumption

通过对公共建筑安装分类和分项能耗计量装置，采用远程传输等手段实时采集能耗数据，实现公共建筑能耗在线监测和动态分析功能的硬件和软件系统的统称。

2.0.2 建筑能耗数据中心 energy consumption data center

由计算机系统和与之配套的网络系统、存储系统、数据通信连接、环境控制设备以及各种安全装置组成，具有采集、存储建筑能耗数据，并对能耗数据进行处理、分析、显示和发布等功能的一整套设施。

2.0.3 分类能耗 energy consumption of different sorts

根据公共建筑消耗的主要能源种类划分的能耗，包括电、水、燃气（天然气、液化石油气和人工煤气）、集中供热量、集中供冷量、煤、汽油、煤油、柴油、建筑直接使用的可再生能源及其他能源消耗等。

2.0.4 分项能耗 energy consumption of different items

根据公共建筑中各项按用途划分的用电能耗，包括照明插座用电能耗、采暖空调用电能耗、动力用电能耗和特殊用电能耗等。

2.0.5 大数审核 massive data mining

审核数据或数据变动是否符合实际用能情况，是否存在逻辑性或趋势性差错的过程。

2.0.6 数据采集器 data acquisition unit

通过信道对其管辖的各类计量装置的信息进行采集、处理和存储，并与数据中心交换数据，具有实时采集、自动存储、即时显示、即时反馈、自动处理以及自动传输等功能的设备。

2.0.7 定时采集 timing acquisition

数据采集器根据设定的参数自动定时采集建筑能耗数据的模式。

2.0.8 命令采集 command acquisition

数据采集器根据数据中心下达的指令采集建筑能耗数据的模式。

2.0.9 增量备份 incremental backup

对上一次备份后发生变化的文件进行备份。

2.0.10 完全备份 complete backup

备份时不依赖文件的存档属性，对全部文件进行备份，包括系统和数据。

3 基本规定

3.0.1 公共建筑能耗远程监测系统应由能耗数据采集系统、能耗数据传输系统和能耗数据中心的软硬件设备及系统组成。

3.0.2 公共建筑能耗远程监测系统应采集建筑基本信息和建筑附加信息。建筑基本信息应符合本规程附录 A 的规定，建筑附加信息宜符合本规程附录 B 的规定。

3.0.3 公共建筑能耗远程监测内容应包括分类能耗和分项能耗，并应符合本规程附录 C 的规定。

3.0.4 建筑中的电、水、燃气、集中供热（冷）及建筑直接使用的可再生能源等能耗应采用自动实时采集方式；当无法采用自动方式采集时，可采用人工采集方式。

3.0.5 公共建筑能耗远程监测数据应按统一的通信协议及数据传输格式进行数据通信与传输。通信过程与数据传输格式应符合本规程附录 D 的规定。

3.0.6 用于能耗远程监测系统的能耗计量装置应采用国家认可计量核定单位检定合格的产品。

3.0.7 能耗远程监测系统的建设不应影响用能系统与设备的功能，不应降低用能系统与设备的技术指标。

3.0.8 新建公共建筑的能耗远程监测系统应与用能系统和配电系统同步设计、同步施工并同步验收。

3.0.9 既有公共建筑的能耗远程监测系统应以各能系统现状、变配电相关技术资料和现场条件为基础进行建设，并应充分利用公共建筑现有的监测系统或设备。

4 系统设计

4.1 能耗数据采集系统的设计

4.1.1 能耗数据采集系统的设计应包括下列内容：

1 确定需要进行能耗数据采集的用能系统和设备。

2 选择能耗计量装置，并确定安装位置。

3 选择能耗数据采集器，并确定安装位置。

4 设计采集系统的布线，包括能耗计量装置与能耗数据采集器之间的布线、能耗数据采集器与网络接口间的布线。当能耗数据采集器与网络接口间的布线存在困难时，可采用无线网络传输方式。

4.1.2 能耗数据采集系统的设计文件应满足工程设计深度要求，并应包括下列内容：

1 建筑的基本信息、用能系统状况、用能类别和用量的描述。

2 能耗计量装置、能耗数据采集器及布线平面布置图。

3 能耗计量装置系统图，包括出线开关额定容量、互感器变比、供电回路名称、能耗计量装置位置及编号。

4 能耗计量装置和能耗数据采集器的接线原理图和安装详图。

5 能耗计量装置与能耗数据采集器的通信传输接线图。

6 能耗数据采集系统的设备与材料表，包括系统所需的能耗计量装置、表箱、能耗数据采集器和所有安装所需的材料及线缆。

4.1.3 能耗计量装置的性能应符合下列规定：

1 应具有 RS-485 标准的串行通信接口，并能实现数据远传功能。通信接口应符合国家现行标准《基于 Modbus 协议的工业自动化网络规范》GB/T 19582 和《多功能电能表通信协议》DL/T 645 的有关规定。

2 电能表精度等级不应低于 1 级，水表精度等级不应低于 2 级，热（冷）量表精度等级不应低于 3 级。

3 水表、热（冷）量表和燃气表应符合国家现行标准《户用计量仪表数据传输技术条件》CJ/T 188 或《基于 Modbus 协议的工业自动化网络规范》GB/T 19582 的有关规定。

4.1.4 能耗数据采集器的性能应符合下列规定：

1 应具备 2 路及以上 RS-485 串行接口，每个接口应具备至少连接 32 块能耗计量装置的功能。接口应具有完整的串口属性配置功能，支持完整的通信协议配置功能，并应符合国家现行标准《基于 Modbus 协议的工业自动化网络规范》GB/T 19582、《多功能电能表通信协议》DL/T 645 和《户用计量仪表数据传输技术条件》CJ/T 188 的有关规定。

2 应支持有线通信方式或无线通信方式，且应具有支持至少与 2 个能耗数据中心同时建立连接并进行数据传输的功能。

3 存储容量不应小于 32M。

4 应具有采集频率可调节的功能。

5 应采用低功耗嵌入式系统，且功率应小于 10W。

6 应支持现场和远程配置、调试及故障诊断的功能。

4.1.5 能耗数据采集器应支持根据能耗数据中心命令采集和定时采集两种数据采集模式，定时采集频率不宜大于 1 次/h。

4.1.6 能耗数据采集系统的设备应布置在不影响数据稳定采集与传输的场所，并应留有检修空间。

4.1.7 能耗数据采集系统的供电与接地应符合现行行业标准《民用建筑电气设计规范》JGJ 16 的有关规定。

4.2 能耗数据传输系统的设计

4.2.1 能耗数据传输系统的设计应包括传输网络的选择、数据传输通信协议和数据加密。

4.2.2 能耗计量装置与能耗数据采集器之间的数据传输通信协议应符合国家现行标准《多功能电能表通信协议》DL/T 645 或《基于 Modbus 协议的工业自动化网络规范》GB/T 19582 的有关规定。

4.2.3 能耗数据采集器与能耗数据中心之间的数据通信应采用基于 TCP/IP 协议的数据网络。

4.2.4 能耗数据采集器与能耗数据中心建立连接时，能耗数据中心应采用消息摘要算法第 5 版（MD5）对能耗数据采集器进行身份认证。

4.2.5 能耗数据采集器与能耗数据中心之间、能耗数据中心与能耗数据中心之间的数据包传输应采用可扩展标记语言（XML）格式，并应采用高级数据加密标准（AES）进行加密。

4.2.6 能耗数据采集器上传数据出现故障时，应有报警和信息记录；与能耗数据中心重新建立连接后，应能进行历史数据的断点续传。

4.3 能耗数据中心的设计

4.3.1 能耗数据中心的设计应根据辖区内的实际需求进行，包括计算机和网络的硬件配置、软件设计、网络布线及机房设计。

4.3.2 能耗数据中心硬件设备的配置应满足功能要求和数据存储容量需求。硬件设备配置应包括服务器、交换机、防火墙、存储设备、备份设备、不间断电源设备和机柜。

4.3.3 能耗数据中心软件的设计应符合下列规定：

1 应包括能耗远程监测系统应用软件和基础软件，基础软件应包括操作系统、数据库软件、杀毒软件和备份软件。

2 基础软件设计时应考虑相互兼容性。

4.3.4 能耗数据中心机房的网络布线系统设计应符合现行国家标准《综合布线系统工程设计规范》GB 50311 的有关规定。

4.3.5 能耗数据中心机房设计应符合现行国家标准《电子信息系统机房设计规范》GB 50174 的有关规定。

4.3.6 能耗数据中心设计成果应包括下列内容：

1 公共建筑能耗远程监测系统基本情况描述。

2 能耗数据中心软、硬件部署图。

3 能耗数据中心计算机、网络等硬件配置清单。

4 能耗数据中心的基础软件配置清单。

5 能耗远程监测系统应用软件架构和功能说明。

6 能耗数据中心接收和上传数据的方式和协议。

4.3.7 能耗数据中心的设计宜符合现行国家标准《电子政务系统总体设计要求》GB/T 21064 的有关规定。

4.4 监测系统应用软件的开发

4.4.1 能耗远程监测系统应用软件的开发应符合现行国家标准《软件工程产品质量》GB/T 16260 的有关规定，软件开发文档应包括用户需求规格说明书、系统架构设计说明书和用户手册。

4.4.2 能耗远程监测系统应用软件应具有下列功能：

1 能耗数据采集器命令下达、数据采集接收、数据处理、数据分析、数据展示和系统管理。

2 支持 B/S 架构。

3 能耗数据的直观反映和对比展示。

4.4.3 能耗远程监测系统应用软件的数据编码应保证数据可进行计算机或人工识别与处理，并应保证数据得到有效的管理，支持高效率的查询服务，实现数据组织、存储及交换的一致性。

4.4.4 数据的编码规则应符合下列规定：

1 能耗数据编码应包括 7 类细则编码，包括行政区划代码编码、建筑类别编码、建筑识别编码、分类能耗编码、分项能耗编码、分项能耗一级子项编码和分项能耗二级子项编码。

2 数据采集点识别编码应包括 5 类细则编码，包括行政区划代码编码、建筑类别编码、建筑识别编码、能耗数据采集器识别编码和数据采集点识别编码。

3 能耗数据和数据采集点识别的编码规则应符合本规程附录 E 的规定。

4.4.5 能耗远程监测系统应用软件能耗指标的计算应符合下列规定：

1 建筑总能耗应按下式计算：

$$E_0 = \sum_{i=1}^{n}(E_{si} \times p_i) \qquad (4.4.5-1)$$

式中：E_0——建筑总能耗（tce）；

   E_{si}——建筑消耗的第 i 类能源实物量；

   p_i——第 i 类能源标准煤当量值折算系数；各类能源标准煤当量值折算系数应按本规程附录 F 取值。

2 总用电量应按下式计算：

$$E_e = \sum_{i=1}^{n}E_{li} + \sum_{j=1}^{m}E_{hj} \qquad (4.4.5-2)$$

式中：E_e——总用电量（kWh）；

   E_{li}——建筑第 i 个变压器低压侧总表直接计量值（kWh）；

   E_{hj}——建筑第 j 个高压设备用电量计量值（kWh）。

3 单位建筑面积用电量应按下式计算：

$$e_e = E_e/A \qquad (4.4.5-3)$$

式中：e_e——单位建筑面积用电量（kWh/m²）；

   A——总建筑面积（m²）。

4 单位建筑面积各分类能耗量应按下式计算：

$$e_s = E_s/A \qquad (4.4.5-4)$$

式中：e_s——单位建筑面积某类能源消耗量；

   E_s——建筑消耗的某类能源实物量。

5 单位建筑面积分类能耗等效用电量应按下列公式计算：

$$e_{eq} = E_{eq}/A \qquad (4.4.5-5)$$

$$E_{eq} = \sum_{i=1}^{n}(E_{si} \times q_i) \qquad (4.4.5-6)$$

式中：e_{eq}——单位建筑面积分类能耗等效用电量（kWh/m²）；

   E_{eq}——分类能耗等效电量值（kWh）；

   E_{si}——建筑消耗的第 i 类能源实物量；

   q_i——第 i 类能源等效电量折算系数，各类能源等效电量折算系数应按本规程附录 G 的规定取值。

6 单位建筑面积分项用电量应按下式计算：

$$e_{le} = E_{le}/A \qquad (4.4.5-7)$$

式中：e_{le}——单位面积分项用电量（kWh/m²）；

   E_{le}——分项用电量直接计量值（kWh）。

4.4.6 能耗远程监测系统应用软件能耗指标的计算根据实际情况及要求可包括单位体积能耗、单位采暖面积采暖系统能耗、单位空调面积空调系统能耗、单位营业额能耗、建筑人均能耗、单位床（座位）数能耗等，能耗指标计算应符合下列规定：

1 单位体积能耗应按下式计算：

$$e_v = E_0/V \qquad (4.4.6-1)$$

式中：e_v——单位建筑体积能源消耗量（tce/m³）；

   V——建筑体积（m³）。

2 单位采暖面积采暖系统能耗应按下式计算：

$$e_n = E_n/A_n \qquad (4.4.6-2)$$

式中：e_n——单位采暖面积能耗（MJ/m²）；

   E_n——采暖系统能耗量（MJ）；

   A_n——建筑采暖面积（m²）。

3 单位空调面积空调系统能耗应按下式计算：

$$e_k = E_k/A_k \qquad (4.4.6-3)$$

式中：e_k——单位空调面积能耗（kWh/m²）；

   E_k——空调系统能耗量（kWh）；

A_k——建筑空调面积（m^2）。

4 单位营业额能耗应按下式计算：

$$e_m = E_0/M \quad (4.4.6\text{-}4)$$

式中：e_m——单位营业额能耗（tce/万元）；

M——总营业额（万元）。

5 建筑人均能耗应按下式计算：

$$e_p = E_0/P \quad (4.4.6\text{-}5)$$

式中：e_p——建筑人均能耗（tce/人）；

P——办公建筑为固定办公人数，商场/交通建筑为年客流量，学校建筑为学校注册学生人数（人）。

6 单位床（座位）数能耗应按下式计算：

$$e_w = E_0/W \quad (4.4.6\text{-}6)$$

式中：e_w——单位床（座位）数能耗（tce/床或tce/座位）；

W——总床位数或总座位数（床或座）。

4.4.7 分类和分项能耗增量应根据能耗计量装置的原始数据增量计算能耗日结数据，包括当天的能耗增量和采集数据的最大值、最小值与平均值；并应根据能耗日结数据计算逐月、逐年能耗数据及最大值、最小值与平均值。

4.4.8 能耗远程监测系统应用软件数据展示功能宜包括下列内容：

1 辖区内建筑数量和总建筑面积。

2 辖区内各类建筑数量和建筑面积。

3 各建筑的基本信息、能源使用种类和分项能耗监测情况。

4 辖区内不同类型不同范围建筑能耗指标的展示，包括逐时、逐日、逐月、逐年指标值。

5 辖区内建筑总能耗的平均值和各分类能耗的平均值。

6 辖区内各类建筑的总能耗平均值和分类能耗的平均值。

7 辖区内同一类建筑的相关能耗指标的排序，上、下四分位值和建筑数量。

8 辖区内各类建筑的相关指标的最大值、最小值与平均值。

9 辖区内下级能耗数据中心相关能耗指标的对比和排序。

4.4.9 能耗远程监测系统应用软件的数据质量控制应包括下列数据自动验证功能：

1 能耗计量装置采集数据一般性验证：应根据能耗计量装置量程的最大值和最小值进行判定，小于最小值或者大于最大值的采集数据应判定为无效数据。

2 电表有功电能验证：应通过两次连续采集数据计算出该段时间的耗电量，不应大于本支路耗能设备在该段时间额定耗电量的2倍。

5 系 统 施 工

5.1 一 般 规 定

5.1.1 能耗远程监测系统施工应符合现行国家标准《智能建筑工程质量验收规范》GB 50339和《建筑电气工程施工质量验收规范》GB 50303的有关规定。

5.1.2 能耗远程监测系统数据传输线路的施工应符合现行国家标准《综合布线系统工程验收规范》GB 50312的有关规定。

5.1.3 能耗远程监测系统隐蔽工程的过程检查和质量验收应进行记录。

5.1.4 能耗远程监测系统施工与设计文件不符时，应及时提出设计变更，并形成书面文件及时归档。

5.2 施 工 准 备

5.2.1 施工场地应具备能耗远程监测系统能耗计量装置的安装条件。

5.2.2 施工前应做好技术准备工作并应符合下列规定：

1 系统施工图应经建设单位、设计单位、施工单位会审会签。

2 原材料及设备进场时应进行验收并经监理工程师认可，且应形成质量记录。

3 应对施工人员进行安全培训。

5.3 管 线 施 工

5.3.1 桥架和管线的施工应符合现行国家标准《智能建筑工程施工规范》GB 50606的有关规定。

5.3.2 电力线缆和信号线缆不得在同一线管内敷设。

5.3.3 电线、电缆的线路两端标记应清晰，编号应准确。

5.3.4 能耗计量装置与能耗数据采集器之间的连接线规格应符合设计要求。

5.3.5 安装设备前应对系统所有线路进行全面检查，避免断线、短路或绝缘损坏现象。

5.3.6 端接完毕后，应对连接的正确性进行检查，绑扎导线束应整齐。设备端管线接头安装应符合现行国家标准《建筑电气工程施工质量验收规范》GB 50303的有关规定。

5.4 能耗计量装置与能耗数据采集器的安装

5.4.1 能耗计量装置与能耗数据采集器安装前应对型号、规格、尺寸、数量、性能参数进行检验，并应符合设计要求。

5.4.2 能耗计量装置的施工应符合现行国家标准《自动化仪表工程施工及质量验收规范》GB 50093的有关规定。

5.4.3 能耗数据采集器应安装在安全、便于管理与维护的位置。能耗计量装置与能耗数据采集器之间的有线连接长度不宜大于200m。

5.5 能耗数据中心的施工

5.5.1 能耗数据中心机房的施工应符合现行国家标准《电子信息系统机房设计规范》GB 50174和《电子信息系统机房施工及验收规范》GB 50462的有关规定。

5.5.2 能耗数据中心的施工应包括部署和配置计算机、网络硬件、基础软件和应用软件，设置运行环境和参数。施工后应确认软件运行正常。

6 系统调试与检查

6.1 一般规定

6.1.1 公共建筑能耗远程监测系统的调试应由施工单位负责，监理单位、设计单位与建设单位共同配合完成。

6.1.2 公共建筑能耗远程监测系统调试宜按下列步骤进行：调试准备、系统接线和校线调试、网络通信调试、单体设备调试、系统联动调试和能耗数据中心调试。

6.1.3 系统调试的过程应进行记录，并应包括下列内容：

  1 调试时间、对象和人员。

  2 调试内容和调试方案。

  3 调试的输入和输出数据及分析。

  4 调试结论。

6.1.4 公共建筑能耗远程监测系统检查应具备下列条件：

  1 设计、供货、安装的相关技术文件及工程实施和质量控制记录应齐全。

  2 工程安装质量应检验合格，并应具有结论报告。

  3 系统应完成调试并自检合格。

  4 系统调试后在实际工作条件下试运行不应少于120h。

6.1.5 公共建筑能耗远程监测系统的检查应符合现行国家标准《智能建筑工程质量验收规范》GB 50339的有关规定，并应对系统功能和设备性能进行重点检查。

6.1.6 公共建筑能耗远程监测系统的检查应依据下列文件：

  1 工程设计文件。

  2 设备及产品的技术文件。

  3 国家现行有关标准。

6.1.7 公共建筑能耗远程监测系统的检查结果应分

为合格和不合格两个等级。系统查测不合格项应整改直至合格，重新检查时抽样数量应加倍。系统重新检查不合格时应全部检查。

6.2 系统调试

6.2.1 系统调试前的准备应符合下列规定：

  1 应编制调试大纲，内容包括项目概况、调试范围和内容、进度计划、人员组织、调试方案、调试质量保障措施和调试记录。

  2 对安装完毕的设备外观和安装状况应进行检查，确认设备外观良好，安装质量、安装位置符合设计要求。

  3 应确认设备的工作环境符合设计和产品说明书要求。

  4 应规划和设置系统网络上节点设备名称、通信地址和参数，并进行记录。

6.2.2 能耗计量装置与能耗数据采集器的调试应符合下列规定：

  1 应测试能耗计量装置的直读数据与通信数据的一致性。

  2 应在能耗数据采集器中配置能耗计量装置监测点参数，设置通信端口、波特率和校验位等信息，并应测试监测点值与相关能耗计量装置的直读数据的一致性。

  3 应测试能耗计量装置与能耗数据采集器之间的通信，并应符合下列规定：

    1）应按现行行业标准《多功能电能表通信协议》DL/T 645，通过能耗数据采集器按通信地址测试能耗计量装置正常通信情况。

    2）应按现行国家标准《基于Modbus协议的工业自动化网络规范》GB/T 19582的有关要求，通过能耗数据采集器按能耗计量装置的地址测试正常通信情况。

    3）应按现行行业标准《户用计量仪表数据传输技术条件》CJ/T 188、《热量表》CJ 128的有关规定，通过能耗数据采集器按能耗计量装置的地址测试正常通信情况。

6.2.3 能耗数据采集器与能耗数据中心的调试应符合下列规定：

  1 应按现场分配的IP地址、网关及DNS，测试所分配IP地址与互联网的网络通信连接、网络带宽和网络延时，保证网络通畅、稳定。

  2 应设置能耗数据采集器的现场IP地址、网关及DNS和能耗数据中心的IP地址、端口，测试能耗数据采集器与能耗数据中心服务器的数据正常传输情况。

6.2.4 能耗数据中心网络和硬件的调试应符合下列规定：

  1 应对局域网内计算机及路由器的IP地址进行

规划，包括 IP 地址分段、子网掩码、网关和 DNS 的设定。

2 应设定能耗数据中心的通信服务器、处理服务器、展示服务器和数据库服务器的固定 IP 地址。

3 服务器、网络性能应符合设计要求。

4 应设定防火墙策略，并可设置 DMZ 安全区，数据展示服务器、数据通信服务器可连接互联网。

5 应架设防病毒的主服务器，并应安装防病毒客户端并保证病毒库的持续更新。

6.2.5 能耗远程监测系统应用软件的调试应符合下列规定：

1 应登录网站查看能耗远程监测系统应用软件的显示功能情况。

2 能耗远程监测系统应用软件的数据采集、处理及发布功能应正常，并应验证数据处理的正确性。

3 能耗远程监测系统应用软件各项性能应满足设计要求。

6.2.6 能耗远程监测系统联动调试应符合下列规定：

1 能耗远程监测系统的能耗计量装置、能耗数据采集器、服务器、交换机、存储设备等设备之间的网络连接应正确无误，并应符合设计和产品说明书要求。

2 网络上各节点通信接口的通信协议、数据传输格式、传输频率、校验方式、地址设置应符合设计和产品说明书要求并应正确无误。

3 应对通信过程中发送和接收数据的准确性、及时性、可靠性进行验证，并应符合设计要求。

6.3 系 统 检 查

6.3.1 能耗计量装置的检查应符合下列规定：

1 能耗计量装置的安装与标识应与设计相符。

2 能耗计量装置的接线应连接正确，RS-485 通信屏蔽线应接地，接线端子标识应清晰。

3 需要供电的能耗计量装置应接通电源检查。

4 应逐点核对能耗计量装置地址、传输协议，并确认无误。

5 应对能耗计量装置进行检测：单相电能表按每栋建筑抽检 20%，且数量不得少于 20 点，数量少于 20 点时应全部检测；三相多功能电能表、冷/热表、水表等能耗计量装置应全部检测，被检参数合格率应为 100%。

6.3.2 能耗数据采集器的检查应符合下列规定：

1 能耗数据采集器的安装与标识应与设计相符。

2 通信线与能耗数据采集器的通信端口连接应正确。

3 能耗数据采集器的 IP 地址、网关应与现场所分配 IP 地址、网关一致。

6.3.3 能耗数据采集系统的检查应符合下列规定：

1 能耗数据采集器采集的数据和能耗计量装置的读数应准确、真实和稳定。

2 数据传输、采集数据发送频率应符合设计要求。

3 能耗数据采集器的上传数据应正常、稳定，通过大数审核，并应符合设计要求。

4 能耗数据采集器的接收和数据打包后的发送应正常，并应符合设计要求。

5 数据的分类、格式和编码应符合设计要求。

6.3.4 能耗数据中心的检查应具备下列条件：

1 至少有 5 栋建筑完成了能耗数据采集系统和能耗数据传输系统的建设，并能稳定上传数据。

2 完成能耗数据中心机房建设，完成服务器、网络和存储系统的安装，网络传输应满足规定的网络性能要求，硬件环境应满足规定的信息安全要求，同时相应的服务器、交换机和数据存储系统应满足规定的性能要求。

3 完成基础软件和能耗远程监测系统应用软件的部署，应用软件应通过第三方检测，并满足软件开发的功能需求。

4 能够正常接收上传的能耗数据并进行相关计算。

5 能够按设定的时间和数据质量要求向上一级能耗数据中心上传数据。

6.3.5 能耗数据中心的检查应包括机房检查、硬件检查、软件检查、能耗数据检查和运行维护制度检查，并应符合下列规定：

1 机房检查应符合现行国家标准《电子信息系统机房施工及验收规范》GB 50462 的有关规定。

2 硬件检查应根据硬件配置清单，逐项检查硬件的型号、配置、数量、售后服务等情况。

3 软件检查应检查基础软件的配置、性能。能耗远程监测系统应用软件应能够对能耗数据进行处理、分析、展示和发布，并反馈能耗异常情况。

4 能耗数据检查应检查能耗数据中心采集能耗数据的准确性、真实性和稳定性。

5 运行维护制度检查应检查能耗数据中心运行维护制度是否健全。

7 系 统 验 收

7.1 一 般 规 定

7.1.1 公共建筑能耗远程监测系统的竣工验收应符合现行国家标准《智能建筑工程质量验收规范》GB 50339 的有关规定。

7.1.2 公共建筑能耗远程监测系统的竣工验收应在完成设备和管线安装、系统调试与检查、系统试运行后进行。

7.1.3 公共建筑能耗远程监测系统试运行的正常连

续投运时间不应少于 3 个月。

7.2 验 收 内 容

7.2.1 公共建筑能耗远程监测系统的质量控制资料应完整,并应包括下列内容:

1 施工现场质量管理检验记录。

2 设备材料进场检验记录。

3 隐蔽工程验收记录。

4 工程安装质量及观感质量验收记录。

5 系统试运行记录。

6 设计变更审核记录。

7.2.2 公共建筑能耗远程监测系统的竣工验收文件资料应完整,并应包括下列内容:

1 工程合同技术文件。

2 竣工图纸。

3 系统设备产品说明书。

4 系统技术、操作和维护手册。

5 设备及系统测试记录。

6 其他文件。

7.2.3 能耗数据中心的软硬件应符合设计要求,能耗远程监测系统应用软件应通过国家第三方测试机构评测。

7.3 验 收 结 论

7.3.1 验收结论应分为合格和不合格,验收合格的系统应全部符合要求。

7.3.2 验收不合格时,建设单位应责成责任单位限期整改,直至验收合格,否则不得通过验收。

8 运 行 维 护

8.1 能耗数据采集与传输系统的运行维护

8.1.1 能耗数据采集与传输系统的运行维护应建立技术档案和信息台账。信息台账应包括系统技术规格、设置信息、运行维护的工作日志、事故及处理情况记录、检修记录和密码设置等内容。

8.1.2 能耗计量装置和能耗数据采集器应定期进行检查、维护和管理,并应按相关规定对能耗计量装置进行标定。

8.1.3 传输线路应定期进行检查,保证传输数据的准确性和完整性。

8.2 能耗数据中心的运行维护

8.2.1 能耗数据中心硬件维护应包括下列内容:

1 定期检查硬件设备的供电。

2 定期检查网络是否正常。

3 定期检查设备是否正常运行。

4 定期检查备用设备是否正常运行。

8.2.2 能耗数据中心软件维护应符合下列规定:

1 应定期对基础软件和能耗远程监测系统应用软件进行升级维护。

2 能耗数据中心应每 24h 对数据进行增量备份,每周进行完全备份,定期使用离线存储介质进行备份存档,并应在线保存近 5 年的能耗数据。

3 公共建筑能耗远程监测系统采集数据的大数据审核每年不应少于 2 次,发现错误或负载配电线路变更时应采取必要的更正措施。

附录 A 建筑基本信息

A.0.1 建筑基本信息应符合表 A.0.1 的规定。

表 A.0.1 建筑基本信息

序号	名 称	序号	名 称
1	建筑名称	9	建筑结构形式
2	建筑地址	10	建筑外墙材料类型
3	竣工时间	11	建筑外墙保温形式
4	建筑层数(地上和地下)	12	建筑外窗类型
5	建筑类型	13	建筑玻璃类型
6	总建筑面积	14	建筑窗框材料类型
7	体形系数	15	建筑采暖形式
8	窗墙面积比	16	建筑空调形式

A.0.2 建筑类型应符合表 A.0.2 的规定。

表 A.0.2 建筑类型

序号	名 称	序号	名 称
1	办公建筑	6	体育建筑
2	商场建筑	7	交通建筑
3	宾馆饭店建筑	8	综合建筑
4	学校建筑	9	其他建筑
5	医疗卫生建筑		

A.0.3 建筑结构形式应符合表 A.0.3 的规定。

表 A.0.3 建筑结构形式

序号	名 称	序号	名 称
1	砖混结构	4	木结构
2	混凝土结构	5	其他
3	钢结构		

A.0.4 建筑外墙材料类型应符合表 A.0.4 的规定。

表 A.0.4 建筑外墙材料类型

序号	名　称	序号	名　称
1	实心黏土砖	4	加气混凝土砌块
2	空心黏土砖（多孔）	5	玻璃幕墙
3	灰砂砖	6	其他

A.0.5 建筑外墙保温形式应符合表 A.0.5 的规定。

表 A.0.5 建筑外墙保温形式

序号	名　称	序号	名　称
1	内保温	3	夹芯保温
2	外保温	4	其他

A.0.6 建筑外窗类型应符合表 A.0.6 的规定。

表 A.0.6 建筑外窗类型

序号	名　称	序号	名　称
1	单玻单层窗	5	中空三层玻璃窗
2	单玻双层窗	6	中空充惰性气体
3	单玻单层窗＋单玻双层窗	7	其他
4	中空双层玻璃窗		

A.0.7 建筑玻璃类型应符合表 A.0.7 的规定。

表 A.0.7 建筑玻璃类型

序号	名　称	序号	名　称
1	普通玻璃	3	Low-E 玻璃
2	镀膜玻璃	4	其他

A.0.8 建筑窗框材料类型应符合表 A.0.8 的规定。

表 A.0.8 建筑窗框材料类型

序号	名　称	序号	名　称
1	钢窗	4	断热窗
2	铝合金窗	5	其他
3	木窗		

A.0.9 建筑采暖形式应符合表 A.0.9 的规定。

表 A.0.9 建筑采暖形式

序号	名　称	序号	名　称
1	散热器采暖	3	电辐射采暖
2	地板辐射采暖	4	其他

A.0.10 建筑空调形式应符合表 A.0.10 的规定。

表 A.0.10 建筑空调形式

序号	名　称	序号	名　称
1	全空气系统	3	分体式空调或变制冷剂流量多联式分体空调机组
2	风机盘管＋新风系统	4	其他

附录 B 建筑附加信息

表 B 建筑附加信息

序号	建筑类型	名　称	单位
1	各类建筑	空调面积	m²
2		采暖面积	m²
3		运营时间	h/d
4	办公建筑	固定办公人数	人
5	商场建筑	商场年客流量	人/年
6	宾馆饭店建筑	宾馆星级（饭店档次）	星
		宾馆平均入住率	%
		宾馆客房数量	间
7	学校建筑	学校注册学生人数	人
8	医疗卫生建筑	医院等级	级（等）
		床位数	个
		年就诊人数	人/年
9	体育建筑	座位数	个
		年均上座率	%
10	交通建筑	年客流量	人/年
11	综合建筑	反映建筑用能特点情况的信息	一
12	其他建筑	反映建筑用能特点情况的信息	一

附录 C 建筑能耗的分类

C.0.1 建筑能耗分类应符合表 C.0.1 的规定。

表 C.0.1 建筑能耗分类

序号	名　称	单位
1	电	kWh
2	水	t
3	燃气 天然气	m³
	液化石油气	kg
	人工煤气	m³
4	集中供热量	MJ
5	集中供冷量	MJ
6	煤	t
7	汽油	t
8	煤油	t
9	柴油	t
10	建筑直接使用的可再生能源	一
11	其他能源	

C.0.2 建筑能耗分项应符合表 C.0.2 的规定。

表 C.0.2　建筑能耗分项（kWh）

分项能耗	一级子项	二级子项
照明插座用电	房间照明和插座	建筑物房间内照明灯具和包括计算机、打印机等办公设备和风机盘管、分体空调等没有单独供电回路的空调设备等从插座取电的室内设备
	公共区域照明	走廊、大堂等公共区域的灯具照明和应急照明等
	室外景观照明	建筑室外的照明灯具、室外景观等
采暖空调用电	冷热源系统	冷源系统主要包括冷水机组、冷却泵和冷却塔；热源系统包括电锅炉、采暖循环泵（对于热网通过板换供热的建筑，仅包括板换二次泵；对于采用自备锅炉的，包括一、二次泵）、补水泵和定压泵
	空调水系统	包括一次冷冻泵、二次冷冻泵、冷冻水加压泵等
	空调风系统	包括空调机组、新风机组、变风量末端、热回收机组和有单独供电回路的风机盘管等
动力用电	电梯	包括货梯、客梯、消防梯、扶梯及其附属设备，如专用空调等
	水泵	包括给水泵、生活热水泵、排污泵、中水泵等
	通风机	包括地下室通风机、车库通风机、厕所排风机等
特殊用电	信息机房	包括通信、网络和计算机设备和机房空调设备等
	洗衣房	包括洗衣机、脱水机、烘干机和烫平机等
	厨房	包括电炉、微波炉、冷柜、洗碗机、消毒柜、电蒸锅和厨房送、排风机等
	游泳池	包括采暖、空调、通风和水处理等设备
	健身房	包括健身器械、空调和通风等
	洁净室	包括净化空调、工艺设备等
	其　他	包括开水器、电热水器等建筑中所需的其他设备

附录 D　通信过程和数据传输格式

D.1　能耗数据采集器的身份认证过程和数据加密

D.1.1　能耗数据中心应使用消息摘要算法第五版（MD5）对能耗数据采集器进行身份认证，密钥长度应为 128bit。

D.1.2　能耗数据采集器的身份认证过程应符合下列程序：

1　TCP 连接建立成功后，能耗数据采集器向能耗数据中心发送身份认证请求。

2　能耗数据中心向能耗数据采集器发送一个随机序列。

3　能耗数据采集器将接收到的随机序列和本地存储的认证密钥组合成一连接串，计算连接串的 MD5 值并发送给能耗数据中心。

4　能耗数据中心将接收到的 MD5 值和本地计算结果相比较，如果一致则认证成功，否则认证失败。

5　认证密钥存储在能耗数据中心和能耗数据采集器的本地文件系统中，能耗数据中心可以通过网络对能耗数据采集器的认证密钥进行更新。

D.1.3　能耗数据采集器应使用 AES 加密算法对 XML 数据包进行加密，密钥长度为 128bit。AES 采用 CBC 算法模式，PKCS7/PKCS5 填充模式。加密密钥应存储在能耗数据中心和能耗数据采集器的本地文件系统中，能耗数据中心可通过网络对能耗数据采集器的加密密钥进行更新。

D.2　能耗数据采集器和能耗数据中心的通信过程

D.2.1　能耗数据采集器和能耗数据中心的通信过程应符合下列规定：

1　能耗数据采集器和能耗数据中心连接成功后，能耗数据采集器应定时向能耗数据中心发送心跳包并保持连接的有效性。

2　能耗数据采集器应根据系统配置，在主动定时和被动查询模式间选择。

3　能耗数据采集器对能耗数据的处理功能应根据系统配置选择。

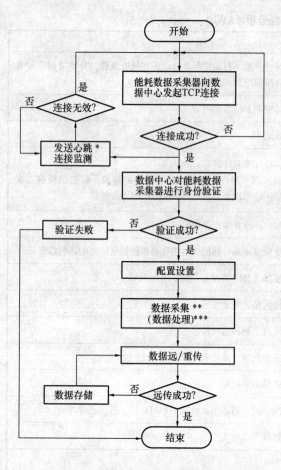

图 D.2.2　能耗数据采集器和能耗
数据中心的通信过程

D.2.2　能耗数据采集器和能耗数据中心的通信过程
宜符合下列流程（图 D.2.2）。

D.3　数据封包格式

D.3.1　数据封包的基本结构应符合表 D.3.1 的
规定。

表 D.3.1　数据封包的基本结构

项目	长度	定　义	说　明
包头	4 字节	0×68　0×68 0×16　0×16	—
有效数据 总长度	4 字节	—	代表当前数据包中的 "有效数据"的长度
有效数据	N 字节 (M+4)	—	"有效数据" 为数据包的 实体内容
包尾	4 字节	0×55　0×AA 0×55　0×AA	—

D.3.2　有效数据结构应符合表 D.3.2 的规定。

表 D.3.2　有效数据结构

项目	长度	定义	说　明
指令序号	4 字节	1.1	该标识符由指令发起方指定，标识了指令发起方向指令应答方发送的指令，指令应答方应答时，本项内容需要按照指令发起方提供的标识符来进行填充
指令内容	M 字节	1.2	根据指令的不同，内容不同，指令内容为经过 AES 加密后的 XML 文本

D.4　数据传输的 XML 数据格式

D.4.1　身份验证数据包格式应符合下列规定：

1　能耗数据采集器发送请求身份验证应按下列
格式编写：

$<?xml version = "1.0" encoding = "utf-8"?>$

$<root>$

$<common>$

$<building\_id><!--$ 建筑编号$--></building\_id>$

$<gateway\_id><!--$ 采集器编号$--></gateway\_id>$

$<type>request</type>$

$</common>$

$<id\_validate operation = "request">$

$</id\_validate>$

$</root>$

2　能耗数据中心发送一串随机序列应按下列格
式编写：

$<?xml version = "1.0" encoding = "utf-8"?>$

$<root>$

$<common>$

$<building\_id><!--$ 建筑编号$--></building\_id>$

$<gateway\_id><!--$ 采集器编号$--></gateway\_id>$

$<type>sequence</type>$

$</common>$

$<id\_validate operation = "sequence">$

$<sequence><!--$ 随机序列$--></sequence>$

$</id\_validate>$

$</root>$

3　能耗数据采集器发送计算的 MD5 值应按下列

格式编写：

```xml
<?xml version="1.0" encoding="utf-8"?>
<root>
  <common>
    <building_id><!-- 建筑编号--></building_id>
    <gateway_id><!-- 采集器编号--></gateway_id>
    <type>md5</type>
  </common>
  <id_validate operation="md5">
    <md5><!-- 能耗数据中心随机序列MD5值--></md5>
  </id_validate>
</root>
```

4 能耗数据中心发送验证结果应按下列格式编写：

```xml
<?xml version="1.0" encoding="utf-8"?>
<root>
  <common>
    <building_id><!-- 建筑编号--></building_id>
    <gateway_id><!-- 采集器编号--></gateway_id>
    <type>result</type>
  </common>
  <id_validate operation="result">
    <result><!-- 验证成功:pass;验证失败:fail--></result>
  </id_validate>
</root>
```

D.4.2 心跳/校时数据包格式应符合下列规定：

1 能耗数据采集器定期给能耗数据中心发送存活通知应按下列格式编写：

```xml
<?xml version="1.0" encoding="utf-8"?>
<root>
  <common>
    <building_id><!-- 建筑编号--></building_id>
    <gateway_id><!-- 采集器编号--></gateway_id>
    <type>notify</type>
  </common>
  <heart_beat operation="notify" />
  </heart_beat>
```

```xml
</root>
```

2 能耗数据中心在收到存活通知后发送授时信息应按下列格式编写：

```xml
<?xml version="1.0" encoding="utf-8"?>
<root>
  <common>
    <building_id><!-- 建筑编号--></building_id>
    <gateway_id><!-- 采集器编号--></gateway_id>
    <type>time</type>
  </common>
  <heart_beat operation="time">
    <time><!-- 格式：yyyyMMhhHHmmss--></time>
  </heart_beat>
</root>
```

D.4.3 能耗数据远传数据格式包应符合下列规定：

1 能耗数据中心查询能耗数据采集器应按下列格式编写：

```xml
<?xml version="1.0" encoding="utf-8"?>
<root>
  <common>
    <building_id><!-- 建筑编号--></building_id>
    <gateway_id><!-- 采集器编号--></gateway_id>
    <type>query</type>
  </common>
  <data operation="query" />
  </data>
</root>
```

2 能耗数据采集器对能耗数据中心查询的应答应按下列格式编写：

```xml
<?xml version="1.0" encoding="utf-8"?>
<root>
  <common>
    <building_id><!-- 建筑编号--></building_id>
    <gateway_id><!-- 采集器编号--></gateway_id>
    <type>reply</type>
  </common>
  <data operation="reply">
    <sequence>
```

```
            <!-- 采集器向能耗数据中心发送数据
的序号-->
          </sequence>
          <parse>
            <!--
                yes:向能耗数据中心发送的数据经过
采集器解析;
                no:向能耗数据中心发送的数据未经
过采集器解析;
            -->
          </parse>
          <time>
            <!-- 数据采集时间 -->
          </time>
            <!--
        计量装置信息,一个或多个
            meter 元素属性:
                id:计量装置的数据采集功能编号
                conn:计量装置诊断信息,取值 conn:
计量装置连接正常 disconn:计量装置连接断开
            -->
          <meter id = "1" conn = "conn">
            <!--
        计量装置的具体采集功能,一个或多个
            function 元素属性:
                id:计量装置的具体采集功能编号
                coding:能耗数据分类/分项编号
                error:该功能出现错误的状态码,0
表示没有错误
            -->
          < function id = "1" coding = "abc"
error = "0" sample_time = "yyyyMMddHHmmss">
            <!-- 具体数据-->
          </function>
          </meter>
        </data>
      </root>
```

3 能耗数据采集器定时上报的能耗数据应按下列格式编写:

```
    <?xml version = "1.0" encoding = "utf-8"
?>
      <root>
      <common>
        <building_id><!-- 建筑编号--></
building_id>
        <gateway_id><!-- 采集器编号-->
</gateway_id>
        <type>report</type>
```

```
      </common>
      <data operation = "report">
        <sequence>
            <!-- 采集器向能耗数据中心发送数据
的序号-->
          </sequence>
          <parse>
            <!--
                yes:向能耗数据中心发送的数据经过
采集器解析;
                no:向能耗数据中心发送的数据未经
过采集器解析;
            -->
          </parse>
          <time>
            <!-- 数据采集时间-->
          </time>
            <!--
        计量装置信息,一个或多个
            meter 元素属性:
                id:计量装置的数据采集功能编号
                conn:计量装置诊断信息,取值 conn:
计量装置连接正常 disconn:计量装置连接断开
            -->
          <meter id = "1" conn = "conn">
            <!--
        计量装置的具体采集功能,一个或多个
            function 元素属性:
                id:计量装置的具体采集功能编号
                coding:能耗数据分类/分项编号
                error:该功能出现错误的状态码,0
表示没有错误
            -->
          < function id = "1" coding = "abc"
error = "0"
    sample_time = "yyyyMMddHHmmss">
            <!-- 具体数据-->
          </function>
          </meter>
        </data>
      </root>
```

4 能耗数据采集器断点续传的能耗数据应按下列格式编写:

```
    <?xml version = "1.0" encoding = "utf-8"
?>
      <root>
      <common>
        <building_id><!-- 建筑编号--></
```

```
building_id>
        <gateway_id><!-- 采集器编号-->
</gateway_id>
        <type>continuous</type>
    </common>
    <data operation = "continuous">
        <sequence>
        <!-- 采集器向能耗数据中心发送数据
的序号-->
        </sequence>
        <parse>
        <!--
            yes:向能耗数据中心发送的数据经过
采集器解析;
            no:向能耗数据中心发送的数据未经
过采集器解析;
        -->
        </parse>
        <time>
            <!-- 数据采集时间-->
        </time>
        <total>
            <!-- 需要断点续传数据包的总数-->
        </total>
        <current>
            <!-- 当前断点续传数据包的编号-->
        </current>
        <!--
计量装置信息,一个或多个
    meter 元素属性:
        id:计量装置的数据采集功能编号
        conn:计量装置诊断信息,取值conn:计量装
置连接正常disconn:计量装置连接断开
        -->
        <meter id="1" conn="conn">
            <!--
计量装置的具体采集功能,一个或多个
    function 元素属性:
        id:计量装置的具体采集功能编号
        coding:能耗数据分类/分项编号
        error:该功能出现错误的状态码,0
表示没有错误
        -->
        <function id="1" coding="abc" er-
ror="0"
sample_time="yyyyMMddHHmmss">
            <!-- 具体数据-->
        </function>
```

```
        </meter>
    </data>
</root>
```
5 全部续传数据包接收完成后,能耗数据中心
对断点续传的应答按下列格式编写:
```
<?xml version = "1.0" encoding = "utf-8"
?>
<root>
    <common>
        <building_id><!-- 建筑编号--></
building_id>
        <gateway_id><!-- 采集器编号-->
</gateway_id>
        <type>continuous_ack</type>
    </common>
    <data operation = "continuous_ack" />
    </data>
</root>
```

D.4.4 配置信息数据包格式应符合下列规定:

1 能耗数据中心对能耗数据采集器采集周期的
配置应按下列格式编写:
```
<?xml version = "1.0" encoding = "utf-8"
?>
<root>
    <common>
        <building_id><!-- 建筑编号--></
building_id>
        <gateway_id><!-- 采集器编号-->
</gateway_id>
        <type>period</type>
    </common>
    <config operation = "period">
        <period>
        <!-- 能耗数据中心对采集器采集的周期
-->
        </period>
    </config>
</root>
```

2 能耗数据采集器对能耗数据中心采集周期
的配置的应答应按下列格式编写:
```
<?xml version = "1.0" encoding = "utf-8"
?>
<root>
    <common>
        <building_id><!-- 建筑编号--></
building_id>
        <gateway_id><!-- 采集器编号-->
</gateway_id>
```

```
        <type>period_ack</type>
    </common>
    <config operation = "period_ack" />
    </config>
</root>
```

D.4.5 标准应答指令格式应符合下列规定：

```
<?xml version = "1.0" encoding = "utf-8"
?>
    <root>
    <common>
        <building_id><!-- 建筑编号--></
building_id>
        <gateway_id><!-- 采集器编号-->
</gateway_id>
        <type> * _ack</type>
    </common>
    <extend operation = " * _ack">
    <return>
    <!--1：成功;0：不支持请求指令;<0：执行失
败,表示错误代码-->
    </return>
    </extend>
</root>
```

D.4.6 获取设备信息记录格式应符合下列规定：

1 能耗数据中心发送应按下列格式编写：

```
<?xml version = "1.0" encoding = "utf-8"
?>
    <root>
    <common>
        <building_id><!-- 建筑编号--></
building_id>
        <gateway_id><!-- 采集器编号-->
</gateway_id>
        <type>getrunninginfo</type>
    </common>
    <!--
    获取系统运行记录
        -->
    <extend operation = " getrunninginfo"
/>
        <type>
        <!--
            0:系统运行信息
            1:报警信息
        -->
    </type>
</root>
```

2 能耗数据采集器应答应按下列格式编写：

```
<?xml version = "1.0" encoding = "utf-8"
?>
    <root>
    <common>
        <building_id><!-- 建筑编号--></
building_id>
        <gateway_id><!-- 采集器编号-->
</gateway_id>
        <type>getrunninginfo_ack</type>
    </common>
    <!--
    运行信息记录
        -->
    <extend operation = " getrunninginfo_
ack">
    <return><!-- 1：成功；0：不支持请求指
令；<0：执行失败,表示错误代码--></return>
        <type>
            <!--
            0:系统运行信息
            1:报警信息
            -->
        </type>
        <value>
            <!-- 信息内容-->
        </value>
    </extend>
</root>
```

D.4.7 设备重启格式应符合下列规定：

1 能耗数据中心发送应按下列格式编写：

```
<?xml version = "1.0" encoding = "utf-8"
?>
    <root>
    <common>
        <building_id><!-- 建筑编号--></
building_id>
        <gateway_id><!-- 采集器编号-->
</gateway_id>
        <type>restart</type>
    </common>
    <!--
    重新启动设备
        -->
    <extend operation = "restart" />
    </extend>
</root>
```

2 能耗数据采集器应答应按下列格式编写：

```
<?xml version = "1.0" encoding = "utf-8"
```

```
?>
    <root>
      <common>
        <building_id><!-- 建筑编号--></building_id>
        <gateway_id><!-- 采集器编号--></gateway_id>
        <type>*_ack</type>
      </common>
      <extend operation = " * _ack">
      <return>
      <!--1:成功;0:不支持请求指令;<0:执行失败,表示错误代码 -->
      </return>
      </extend>
    </root>
```

D.4.8 主动历史数据续传申请格式应符合下列规定:

1 能耗数据采集器发送给能耗数据中心应按下列格式编写:

```
<?xml version = "1.0" encoding = " utf-8"?>
    <root>
      <common>
        <building_id><!-- 建筑编号--></building_id>
        <gateway_id><!-- 采集器编号--></gateway_id>
        <type>auto_history</type>
      </common>
      <!-- 启动历史数据发送指令-->
      <extend operation = "auto_history" />
      </extend>
    </root>
```

2 能耗数据中心应答应按下列格式编写:

```
<?xml version = "1.0" encoding = " utf-8"?>
    <root>
      <common>
        <building_id><!-- 建筑编号--></building_id>
        <gateway_id><!-- 采集器编号--></gateway_id>
        <type>auto_history_ack</type>
      </common>
      < extend operation = " auto _ history _ ack">
        <type>
```

<!-- 启动历史数据发送指令,type:0:禁止,1:允许-->
```
      </type>
      </extend>
    </root>
```

D.4.9 获取全部位号历史数据格式应符合下列规定:

1 能耗数据采集器发送给能耗数据中心应按下列格式编写:

```
<?xml version = "1.0" encoding = " utf-8"?>
    <root>
      <common>
        <building_id><!-- 建筑编号--></building_id>
        <gateway_id><!-- 采集器编号--></gateway_id>
        <type>history</type>
      </common>
      <!--获取历史数据指令-->
      <extend operation = "history">
      <begin_at>
        <!-- 起始时间: yyyy-MM-dd HH:mm:ss-->
      </begin_at>
      <end_at>
        <!-- 结束时间 yyyy-MM-dd HH:mm:ss-->
      </end_at>
      <interval>
        <!-- 采样间隔-->
      </interval>
      <!-- type = "0"表示全部。-->
      <ids type = "1">
        <id>XXXX</id>
      </ids>
      </extend>
    </root>
```

2 能耗数据中心应答应按下列格式编写:

```
<?xml version = "1.0" encoding = " utf-8"?>
    <root>
      <common>
        <building_id><!-- 建筑编号--></building_id>
        <gateway_id><!-- 采集器编号--></gateway_id>
        <type>*_ack</type>
```

```
        </common>
        <extend operation="*_ack">
    <return>
    <!--1:成功;0:不支持请求指令;<0:执行失
败,表示错误代码-->
    </return>
    </extend>
    </root>
```

D.4.10 设置密钥格式应符合下列规定:

1 能耗数据中心发送应按下列格式编写:

```
<?xml version="1.0" encoding="utf-8"
?>
<root>
    <common>
        <building_id><!-- 建筑编号--></
building_id>
        <gateway_id><!-- 采集器编号-->
</gateway_id>
        <type>setkey</type>
    </common>
    <extend operation="setkey">
        <type>
        <!--
        0:设置MD5密钥
        1:设置AES密钥
        2:设置AES初始向量
        -->
        </type>
        <key>
        <!-- 密钥-->
        </key>
    </extend>
    </root>
```

2 能耗数据采集器应答应按下列格式编写:

```
<?xml version="1.0" encoding="utf-8"
?>
<root>
    <common>
        <building_id><!-- 建筑编号--></
building_id>
        <gateway_id><!-- 采集器编号-->
</gateway_id>
        <type>*_ack</type>
    </common>
    <extend operation="*_ack">
    <return>
    <!--1:成功;0:不支持请求指令;<0:执行失
败,表示错误代码-->
```

```
    </return>
    </extend>
    </root>
```

附录 E 能耗数据编码规则

E.0.1 能耗数据编码后(图 E.0.1)应由 16 位符号组成;当某一项目无须使用某编码时,应采用相应位数的"0"代替,并应符合下列规定:

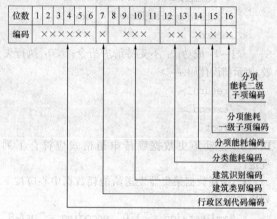

图 E.0.1 能耗数据编码示意图

1 行政区划代码编码应为第 1~6 位数编码,建筑所在地的行政区划代码应符合现行国家标准《中华人民共和国行政区划代码》GB/T 2260 的有关规定,编码分到区、县(市)。

2 建筑类别编码应为第 7 位数编码,采用 1 位大写英文字母表示;建筑类别编码应符合表 E.0.1-1 的规定。

3 建筑识别编码应为第 8~11 位数编码,应采用 4 位阿拉伯数字表示;根据建筑基本情况数据采集指标,建筑识别编码应由建筑所在地的县市建设行政主管部门统一规定;建筑识别编码结合行政区划代码编码后,应保证各县市内所监测建筑识别编码的唯一性。

表 E.0.1-1 建筑类别编码

建筑类别	编码
办公建筑	A
商场建筑	B
宾馆饭店建筑	C
学校建筑	D
医疗卫生建筑	E
体育建筑	F
交通建筑	G
综合建筑	H
其他建筑	J

4 分类能耗编码应为第12、13位数编码，应采用2位阿拉伯数字表示；分类能耗编码应符合表E.0.1-2的规定。

表 E.0.1-2 分类能耗编码

分类能耗	编码
电	01
水	02
燃气（天然气、液化石油气和人工煤气）	03
集中供热量	04
集中供冷量	05
煤	06
汽油	07
煤油	08
柴油	09
建筑直接使用的可再生能源	10
其他能源	11

5 分项能耗编码应为第14位数编码，应采用1位大写英文字母表示；分项能耗编码应符合表E.0.1-3的规定。

表 E.0.1-3 分项能耗编码

分项能耗	编码
照明插座用电	A
采暖空调用电	B
动力用电	C
特殊用电	D

6 分项能耗一级子项编码应为第15位数编码，应采用1位阿拉伯数字表示；分项能耗一级子项编码应符合表E.0.1-4的规定。

表 E.0.1-4 分项能耗一级子项编码

分项能耗	分项能耗编码	一级子项	一级子项编码
照明插座用电	A	房间照明与插座	1
		公共区域	2
		室外景观	3
空调用电	B	冷热源系统	1
		空调水系统	2
		空调风系统	3
动力用电	C	电梯	1
		水泵	2
		通风机	3

续表 E.0.1-4

分项能耗	分项能耗编码	一级子项	一级子项编码
特殊用电	D	信息中心	1
		洗衣房	2
		厨房	3
		游泳池	4
		健身房	5
		洁净室	6
		其他	7

7 分项能耗二级子项编码应为第16位数编码，应采用1位大写英文字母表示；分项能耗二级子项编码应符合表E.0.1-5的规定。

表 E.0.1-5 分项能耗二级子项编码

二级子项	二级子项编码
冷机	A
冷却泵	B
冷却塔	C
电锅炉	D
采暖循环泵	E
补水泵	F
定压泵	G
冷冻泵	H
加压泵	I
空调机组	J
新风机组	K
风机盘管	L
变风量末端	M
热回收机组	N

E.0.2 能耗数据采集点识别编码（图 E.0.2）应由17位符号组成；当某一项目无须使用某一编码时，应采用相应位数的"0"代替；并应符合下列规定：

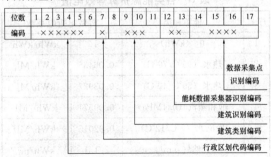

图 E.0.2 能耗数据编码示意图

1 行政区划代码编码应为第1~6位，建筑类别编码应为第7位，建筑识别编码应为第8~11位，编码方法应符合本规程第 E.0.1 条的规定。

2 能耗数据采集器识别编码为第 12、13 位，并采用 2 位阿拉伯数字表示；应根据单一建筑内的能耗数据采集器布置数量，按顺序编号。

3 数据采集点识别编码应为第 14～17 位数编码，并采用 4 位阿拉伯数字表示；应根据单一建筑内数据采集点的数量，按顺序编号。

附录 F 各类能源折算标准煤的折算系数

F.0.1 各类能源折算标准煤的折算系数应符合表 F.0.1 的规定。

表 F.0.1 各类能源折算标准煤的折算系数

序号	能源类型	标准煤量/各类能源量
1	电	3050kgce/万 kWh
2	水	0.0857kgce/t
3	天然气	12143kgce/万 m³
4	液化石油气	1.7143kgce/kg
5	人工煤气	3570～6143kgce/万 m³
6	集中供热/热量	34.12kgce /百万 kJ
7	煤	0.7143kgce/kg
8	汽油	1.4714kgce/kg
9	煤油	1.4714kgce/kg
10	柴油	1.4571kgce/kg

F.0.2 其他类型能源折算标准煤的折算系数应按下式计算：

$$p = H_{value}/7000 \quad (F.0.2)$$

式中：p——某种能源折标准煤的折算系数；

H_{value}——某种能源实际热值（kcal）。

附录 G 各类能源折算等效电值

表 G 各类能源折算等效电值

序号	能源种类	等效电折电系数	
1	电（kWh）	1	kWh/kWh
2	热水（95℃/70℃）	0.06435	kWh/MJ
3	热水（50℃/40℃）	0.03927	kWh/MJ
4	饱和蒸汽（0.4MPa）	0.09571	kWh /MJ
5	冷冻水（7℃/12℃）	0.02015	kWh/MJ
6	天然气（m³）	7.131	kWh/m³
7	液化石油气（kg）	6.977	kWh/kg
8	人工煤气（m³）	3.578	kWh/m³
9	煤（kg）	2.928	kWh/kg

续表 G

序号	能源种类	等效电折电系数	
10	原油（kg）	7.659	kWh/kg
11	汽油（kg）	7.889	kWh/kg
12	柴油（kg）	7.812	kWh/kg

本规程用词说明

1 为便于在执行本规程条文时区别对待，对要求严格程度不同的用词说明如下：

1）表示很严格，非这样做不可的：
正面词采用"必须"，反面词采用"严禁"；

2）表示严格，在正常情况下均应这样做的：
正面词采用"应"，反面词采用"不应"或"不得"；

3）表示允许稍有选择，在条件许可时首先应这样做的：
正面词采用"宜"，反面词采用"不宜"；

4）表示有选择，在一定条件下可以这样做的，采用"可"。

2 规程中指明应按其他有关标准执行的写法为："应符合……的规定"或"应按……执行"。

引用标准名录

1 《自动化仪表工程施工及质量验收规范》GB 50093

2 《电子信息系统机房设计规范》GB 50174

3 《建筑电气工程施工质量验收规范》GB 50303

4 《综合布线系统工程设计规范》GB 50311

5 《综合布线系统工程验收规范》GB 50312

6 《智能建筑工程质量验收规范》GB 50339

7 《电子信息系统机房施工及验收规范》GB 50462

8 《智能建筑工程施工规范》GB 50606

9 《中华人民共和国行政区划代码》GB/T 2260

10 《软件工程产品质量》GB/T 16260

11 《基于 Modbus 协议的工业自动化网络规范》GB/T 19582

12 《电子政务系统总体设计要求》GB/T 21064

13 《户用计量仪表数据传输技术条件》CJ/T 188

14 《热量表》CJ 128

15 《多功能电能表通信协议》DL/T 645

16 《民用建筑电气设计规范》JGJ 16

中华人民共和国行业标准

公共建筑能耗远程监测系统技术规程

JGJ/T 285—2014

条 文 说 明

制 订 说 明

《公共建筑能耗远程监测系统技术规程》JGJ/T 285-2014，经住房和城乡建设部 2014 年 10 月 20 日以第 599 号公告批准、发布。

本规程编制过程中，编制组对我国公共建筑能耗远程监测系统进行了调查研究，总结了我国公共建筑能耗远程监测系统工程中的实践经验，同时参考了国外先进技术法规、技术标准，对公共建筑能耗远程监测系统的设计、施工、调试与检查、验收和运行维护等分别作了规定。

为便于广大设计、施工、科研、学校等单位的有关人员在使用本规程时能正确理解和执行条文规定，《公共建筑能耗远程监测系统技术规程》编制组按章、节、条顺序编制了本规程的条文说明，对条文规定的目的、依据以及执行中需注意的有关事项进行了说明。但是，本条文说明不具备规程正文同等的法律效力，仅供使用者作为理解和把握规程规定的参考。

目　次

1 总　则

1.0.1 我国现有公共建筑面积约 50 亿 m^2，为城镇建筑面积的 27%，占城乡房屋建筑总面积的 10.7%，但据测算分析，公共建筑能耗约占建筑总能耗的 20%。因此，公共建筑节能已成为目前建筑节能的重点。2007 年国家住房城乡建设部和财政部发布《关于加强国家机关办公建筑和大型公共建筑节能管理工作的实施意见》（建科〔2007〕245 号），要求开展节能监管体系建设工作。通过逐步建立国家机关办公建筑和大型公共建筑能耗监测平台，对重点建筑能耗进行实时监测，采用能耗定额和超定额加价等制度，促使国家机关办公建筑和大型公共建筑提高节能运行管理水平，为高能耗建筑的进一步节能改造准备条件。

早期大型公共建筑（建筑面积大于或等于 2 万 m^2）多采用中央空调系统，室内舒适性以及能耗特性与中小型公共建筑（建筑面积小于 2 万 m^2）差异较为明显。但随着经济的发展，人们对室内舒适度要求的提升，越来越多中小型公共建筑的用能系统、能耗特点与大型公共建筑的差距缩小，能耗水平甚至超过大型公共建筑。另一方面，随着人们对管理节能认识的加深，建筑面积小于 2 万 m^2 的中小型公共建筑也实施了能耗远程监测，其技术措施无异于大型公建能耗远程监测。因此，本规程涵盖对象包括所有公共建筑。

1.0.2 既有公共建筑是我国建筑节能的重要组成部分，实施能耗远程监测系统建设是此类建筑节能的主要措施。新建建筑建成后也属于节能监管范围。新建建筑可考虑与能耗远程监测系统同步设计、同步施工。因此本规程不仅适用于既有建筑，也适用于新建建筑。

3 基本规定

3.0.1 公共建筑能耗远程监测系统的组成包括三部分：

能耗数据采集系统，由能耗计量装置和能耗数据采集器组成，实现对公共建筑分类、分项能耗数据的采集功能。

能耗数据传输系统，采用有线网络（如 Internet）或无线网络（如 GPRS），提供能耗计量装置、数据采集器及能耗数据中心之间的数据传输功能。

能耗数据中心，由数据通信服务器、数据处理服务器、数据展示服务器、数据库服务器、能耗监测系统应用软件和中心机房组成，实现能耗数据的采集并存储其管理区域内监测建筑的能耗数据，并对区域内的能耗数据进行处理、分析、展示和发布的场所等功能。

3.0.2 公共建筑能耗远程监测系统采集的建筑信息内容包括：建筑基本信息和建筑附加信息。采集建筑基本信息与附加信息的主要目的是，计算建筑的各种能耗指标，根据建筑不同类型和用能情况，进行对比分析挖掘建筑节能潜力。建筑基本信息是分析指标的基础，为便于能耗远程监测系统应用软件对基础分析指标进行统计、分析、比较及评价监测建筑的能耗情况，因此建筑基本信息是必选项。由于建筑类型、功能及能耗分析程度的不同，建筑附加信息可进行有选择性和针对性的采集。

3.0.3 公共建筑能耗远程监测目的在于掌握公共建筑的各类能源消耗量和用电系统的分项能耗情况，为进一步开展建筑的节能降耗工作准备条件和提供基础数据依据。因此公共建筑消耗的各种能源电、燃气（天然气、液化石油气和人工煤气）、集中供热量、集中供冷量、煤、汽油、煤油、柴油、建筑直接使用的可再生能源和其他能源及公共建筑的照明插座用电、采暖空调用电、动力用电和特殊用电等分项能耗均属于监测内容。

3.0.4 公共建筑能耗数据采集方式分自动采集和人工采集两种方式。其中，电、水、燃气、集中供热（冷）及建筑直接使用的可再生能源等通过能耗计量装置自动获得实时数据，因此应采用自动实时采集方式；其他不能通过自动计量装置获取、无法采用自动方式采集的能耗数据采用人工采集方式。

3.0.5 能耗数据采集器与能耗数据中心之间以及数据中心与数据中心之间的数据通信和传输均需要统一格式以便维护和数据的汇总、分析，因此采用统一的通信过程和数据传输格式。

3.0.6 建立公共建筑能耗远程监测系统旨在为开展建筑节能运行管理及政府监管提供基础数据，因此要保证监测数据的准确性和可靠性。对于新采购的能耗计量装置，需具有出厂检验的质量合格证。对于原有的能耗计量装置，需到具备检定资质的单位进行计量检定，合格后方可使用。

3.0.7 能耗远程监测系统能耗计量装置的安装不能影响原有系统电表、水表等能耗计量装置的使用，或降低其计量精度，也不能干扰原有系统的正常功能。

3.0.8 新建建筑在配电系统的规划、设计阶段考虑能耗远程监测系统的建设要满足本规程的有关要求，并与配电系统同步施工、验收，这可降低能耗监测系统的建设难度，减少重复性工作。

3.0.9 公共建筑能耗数据采集系统应根据配电系统和用能系统的实际状况进行设计，以满足分类、分项能耗监测的目的。对既有建筑而言，由于其配电系统的复杂性，在使用过程中难免会发生变动，因此在设计前应详细调研既有建筑的现状，同时可适当结合业主提出的一些便于实际运行管理的要求进行系统设计。当既有建筑已有监测系统或设备时，充分利用已有资源，以减少重复建设。

4 系统设计

4.1 能耗数据采集系统的设计

4.1.2 公共建筑能耗远程监测采集系统根据建筑的实际用能情况进行设计，设计文件明确能耗采集系统材料、设备及有关施工安装要求，达到施工图深度，指导施工和确保实施按照设计的有关要求。

4.1.3 根据现行国家标准《电力装置的电测量仪表装置设计规范》GB/T 50063 的有关规定，月平均用电量在 100MWh 以上或负荷量为 315kVA 及以上的计费用户，应安装Ⅲ类计量装置，有功电能表对应的为 1.0 级。这符合大多数公共建筑的配电情况。

根据实际情况，电表、水表、冷（热）量表可在设计阶段由设计人员选用，因此给出了相应的精度要求，而燃气表一般是由燃气公司统一配置，因此只对传输条件进行了规定。

4.1.4 能耗数据采集器是能耗数据采集系统的重要装置，负责采集能耗计量装置的能耗数据并向数据中心发送。作为数据终端设备，能耗数据采集器应符合计量仪表等关于通信方面的规定。

4.1.5 一般每小时采集 1 次的能耗数据能够满足对建筑的用能分析和运行管理的要求，同时为了减轻数据中心的存储容量，因此建议采集频率为每小时 1 次。

4.1.6 本条规定了能耗数据采集系统的仪器设备布置场所的要求。由于公共建筑能耗远程监测采用 Internet 技术，采集器向能耗数据中心发送数据包过程需要无干扰环境，为避免其他信号影响监测系统数据传输的稳定性和正确性，能耗数据采集系统的仪器设备应布置在不影响数据稳定采集与传输的场所。为保证后期对系统的运行维护和检修，需留有一定的检修空间。

4.1.7 数据采集系统的设计应满足建筑电气方面的有关要求。

4.2 能耗数据传输系统的设计

4.2.1 传输网络可以简单地分为有线（包括架设光缆、电缆或租用电信专线）和无线（分为建立专用无线数据传输系统或借用 CDPD、GSM、CDMA 等公用网信息平台）两大类方式。

4.2.3 能耗数据中心为服务器端，建立 TCP 监听，接收来自能耗数据采集器的连接。能耗数据采集器为客户端，不启动 TCP 监听。能耗数据采集器启动后向设定好的数据中心发起 TCP 连接，TCP 连接建立后保持连接状态不主动断开，能耗数据采集器定时向数据中心发送心跳包并检测 TCP 连接的状态，一旦连接断开则重新建立连接。

4.2.4 消息摘要算法第 5 版（即 Message Digest Al-

gorithm MD5）为计算机安全领域广泛使用的一种散列函数，用以提供消息的完整性保护。

4.2.5 XML（extensible markup language）即可扩展标记语言，它与 HTML 一样，都是 SGML（standard generalized markup language，标准通用标记语言）。XML 是 Internet 环境中跨平台的，依赖于内容的技术，是当前处理结构化文档信息的有力工具。

AES：密码学中的高级加密标准（advanced encryption standard，AES），又称 Rijndael 加密法，是美国联邦政府采用的一种区块加密标准，用来替代原先的 DES，已经被多方分析且为全世界所使用。

4.2.6 本条规定了能耗数据采集器的报警和信息记录功能，以及历史数据的断点续传功能，从而避免数据的重复上传或数据丢失。

4.3 能耗数据中心的设计

4.3.1 本条规定了能耗数据中心设计的基本内容。

4.3.2 本条规定了能耗数据中心为满足功能要求一般需要具备的硬件设备。

4.3.3 本条文规定了能耗数据中心的软件要求，数据库软件应符合 ANSI/ISO SQL-99 标准的规定。

4.3.6 本条规定了能耗数据中心设计的成果文件。

4.3.7 能耗数据中心的数据传输、数据处理、数据展示、数据库服务、防火墙防病毒服务、存储备份和管理服务等功能和要求与电子政务系统接近，因此在设计时宜参照现行国家标准《电子政务系统总体设计要求》GB/T 21064 的有关规定，来确定系统设计目标、设计要素和实际实施方法等。

4.4 监测系统应用软件的开发

4.4.1 能耗监测系统应用软件除应符合软件工程开发的相关规定和要求外，还应符合《国家机关办公建筑和大型公共建筑能耗监测系统软件开发指导说明书》的要求。

4.4.4 为了统一数据便于交流和计算，规定能耗远程监测系统应用软件的编码规则，包括能耗数据编码和数据采集点编码规则。编码规则应符合本规程附录 E 的规定。

4.4.5 此条规定了能耗监测系统指标计算应包含的内容。

为便于统一比较，对采用多种不同能源种类的建筑计算其总能耗时可统一折算成标准煤或等效电。各类能源折算标准煤和等效电系数分别应符合本规程附录 F 和附录 G 的规定。

可根据具体情况采用标准煤或等效电对能耗进行计算。对民用建筑一般变压器容量为低压，因此其总用电量为各变压器低压侧总表直接计量值之和；但也有极个别用电负荷较高的建筑，用电设备为高压供电，对此类建筑，其总用电为各变压器低压侧总表直接计量值及高压供电计量值之和。

高压设备是指电压等级在 1000V 以上的用电设备。

4.4.6 能耗监测系统指标可根据实际需求选用的参考指标内容。

4.4.7 各分项能耗增量应根据各能耗计量装置的原始数据增量进行数学计算获得。分项能耗日结、月结和年度数据均应根据各分项能耗增量计算获得。

4.4.8 本条规定了能耗远程监测系统应用软件需具备的展示功能。对能耗数据的展示应直观、清楚，采用图和表的形式以反映其中的规律性。

4.4.9 为控制数据质量，能耗远程监测系统应用软件的应具备自动验证功能，本条只规定了最基本的两个自动验证功能，鼓励软件开发过程中增加更多的自动验证功能以提高数据质量。

5 系统施工

5.1 一般规定

5.1.3 本系统工程中的线缆或桥架、被安装于封闭部位或埋设于结构内或直接埋地时，均属于隐蔽工程。隐蔽工程在封闭前，必须对该部分工程的施工质量进行验收，且必须得到现场监理人员认可的合格签证，否则不得进行封闭作业。

5.1.4 本条文是对施工单位提出的。由施工人员发现工程施工图纸实施中的问题和部分差错是正常的，如能耗计量装置所计量的回路负载与设计不符等。要按正规的手续反映情况和及时更正，并将文件归档，这符合工程管理的基本规定。

5.2 施工准备

5.2.2 第3款 在能耗计量装置的安装过程中为保证安全应尽量停电施工，但有时由于建筑的使用无法停电，需要带电施工时，则需符合有关安全施工的规定。

5.4 能耗计量装置与能耗数据采集器的安装

5.4.3 目前采用 RS-485 总线的能耗数据采集器的有线传输距离可以达到更远，但是考虑到每栋建筑宜采用独立的能耗数据采集器，以及传输距离过长信号的干扰问题，根据相关实践经验，本条给出了传输距离的建议值。

6 系统调试与检查

6.1 一般规定

6.1.1 公共建筑能耗远程监测系统工程完工后的调试，是将施工完毕的工程系统进行正确地调整，直至符合设计规定要求。本条文规定系统的调试应以施工单位为主，监理单位监督，设计单位和建设单位参与配合。设计单位的参与，除应提供工程设计的参数外，还应对调试过程中出现的问题提出明确的修改意见。

6.1.3 本条规定系统调试工作应形成书面记录和记录应包括的内容。调试记录是日后进行验收、保养、维护的重要文档资料。

6.1.5 本章关于检查的内容既适用于第三方检查，也适用于施工单位的自检自查。施工单位的自检自查应当全部检查，并有自检记录，接受第三方检查时，应提供自检记录。

公共建筑能耗远程监测系统检查以系统的功能和设备的性能为主，设备的选择和安装质量对系统的功能和性能起重要作用，必须严格检查。

6.3 系统检查

6.3.4 第3款 能耗远程监测系统应用软件的功能应能够满足设计的需求，包括监测建筑数量、能耗指标、安装环境和页面刷新时间等。

能耗数据中心能耗监测系统软件应优先选用经过建设主管部门认定的软件。

7 系统验收

7.2 验收内容

7.2.2 竣工图纸应包括设计说明、系统图、平面布置图和设备清单等。

系统及设备测试记录包括设备测试记录、系统功能检查及测试记录、系统联动功能测试记录。

其他文件是指工程实施和质量控制资料等。

8 运行维护

8.1 能耗数据采集与传输系统的运行维护

8.1.1 能耗数据采集与传输系统的运行维护技术档案包括各种规章制度，如岗位责任制度、运行值班制度、巡回检查制度、维修保养制度、事故报告制度和系统操作规定及突发事件应急处预案等。数据中心技术档案的建立可参照本条执行。

8.2 能耗数据中心的运行维护

8.2.2 由于建筑末端用电设备的配电线路有时会发生变动，一般建筑业主很难及时发出通知，因此应对采集数据进行大数审核，判断是否有逻辑性、趋势性的变化，及时核对发现错误和变更，采取相应的措施。建筑的主要耗能系统——空调系统和采暖系统是按季节来运行的，因此一年至少要进行 2 次大数审核。

附录 C 建筑能耗的分类

C.0.2 建筑分项能耗分为 4 项，包括照明插座用电、采暖空调用电、动力用电和特殊用电。

1 照明插座用电

照明插座用电是指建筑物主要功能区域的照明、插座等设备用电的总称。照明插座用电包括房间照明和插座用电、公共区域照明用电和室外景观照明用电，共 3 个子项。

房间照明和插座用电是指建筑物房间内照明灯具和从插座取电的室内设备的用电，如计算机等办公设备；若空调末端设备用电不可单独计量，则应计算在房间照明和插座子项中，如风机盘管和分体式空调器等。

公共区域照明用电是指建筑物内的公共区域灯具照明和应急用电等，如走廊、大堂等的照明用电。

室外景观照明用电是指建筑物室外的照明灯具用电及用于室外的景观用电。

2 采暖空调用电

采暖空调用电是为建筑物提供空调、采暖服务的设备用电的统称。暖通空调用电包括冷热源系统、空调水系统和空调风系统的用电，共 3 个子项。

冷热源系统是暖通空调系统中制备冷/热量的设备总称。常见的冷源系统主要包括冷水机组、冷却泵和冷却塔；热源系统包括电锅炉、采暖循环泵（对于热网通过板换供热的建筑，仅包括板换二次泵；对于采用自备锅炉的，包括一、二次泵）、补水泵和定压泵。

空调水系统包括一次冷冻泵、二次冷冻泵、冷冻水加压泵等。

空调风系统是指可单独测量的所有空调系统末端设备，包括空调机组、新风机组、风机盘管、变风量末端和热回收机组等。

3 动力用电

动力用电是集中提供各种动力服务（包括电梯、非空调区域通风、生活热水、自来水加压、排污等）的设备（不包括空调采暖系统设备）用电的统称。动力用电包括电梯用电、水泵用电和通风机用电，共 3 个子项。

电梯用电是指建筑物中所有电梯（包括货梯、客梯、消防梯、扶梯等）及其附属的机房专用空调等设备的用电。

水泵用电是指除空调采暖系统和消防系统以外的所有水泵，包括自来水加压泵、生活热水泵、排污泵、中水泵等的用电。

通风机用电是指除空调采暖系统和消防系统以外的风机，如车库通风机、厕所排风机等的用电。

4 特殊用电

特殊区域用电是指不属于建筑物常规功能的用电设备的耗电量，特殊用电的特点是能耗密度高、满足建筑某种功能或生产需要的区域及设备用电。特殊用电包括信息机房、洗衣房、厨房、游泳池、健身房设备、洁净室和其他特殊设备或工艺用电。

信息机房用电包括通信、网络和计算机设备，及机房空调设备等的用电。

洗衣房用电包括用于满足洗衣服务的所有设备，包括洗衣机、脱水机、烘干机和烫平机等的用电。

厨房用电包括电炉、微波炉、冷柜、洗碗机、消毒柜、电蒸锅和厨房送、排风机等的用电。

游泳池用电包括满足游泳池使用功能的所有设备，包括采暖、通风、水处理等设备的用电。

健身房用电包括满足健身房使用功能的所用设备，包括健身器械、空调和通风等设备的用电。

洁净室用电包括各种洁净室中满足净化要求的工艺空调和洁净室中的各种功能设备的用电。

其他用电是指开水器、电热水器等建筑中所需的其他特殊设备或工艺的用电。

附录 E 能耗数据编码规则

E.0.1 能耗数据编码示例如表 1 所示。

表 1 能耗数据编码示例

序号	能耗数据的描述分段与组合示例	编码
1	北京市 东城区 第 0001 号商场建筑 电 照明插座用电	110101 B 0001 01 A 1 0
2	吉林省长春市 南关区 第 0009 号办公建筑 电 空调用电 冷热站 冷却泵	220102 A 0009 01 B 1 B
3	北京市 朝阳区 第 0099 号宾馆饭店建筑 水	110105 C 0099 02 0 0 0

E.0.2 能耗数据采集点识别编码示例如表 2 所示。

表 2 能耗数据采集点识别编码示例

序号	能耗数据采集端识别编码的描述分段与组合示例	编码
1	北京市 朝阳区 第 0025 号医疗卫生建筑 第 08 号数据采集器 第 0003 号采集点	110105 E 0025 08 0003
2	吉林省长春市 南关区 第 0009 号办公建筑 第 25 号数据采集器 第 0112 号采集点	220102 A 0009 25 0112

中华人民共和国行业标准

建筑能效标识技术标准

Standard for building energy performance certification

JGJ/T 288—2012

批准部门：中华人民共和国住房和城乡建设部
施行日期：2 0 1 3 年 3 月 1 日

中华人民共和国住房和城乡建设部
公　　告

第 1512 号

住房城乡建设部关于发布行业标准
《建筑能效标识技术标准》的公告

现批准《建筑能效标识技术标准》为行业标准，编号为 JGJ/T 288‑2012，自 2013 年 3 月 1 日起实施。

本标准由我部标准定额研究所组织中国建筑工业出版社出版发行。

中华人民共和国住房和城乡建设部
2012 年 11 月 1 日

前　　言

根据住房和城乡建设部《关于印发〈2009 年工程建设标准规范制订、修订计划〉的通知》（建标〔2009〕88 号）的要求，标准编制组经广泛调查研究，认真总结实践经验，参考有关国际标准和国外先进标准，并在广泛征求意见的基础上，编制本标准。

本标准的主要技术内容是：1. 总则；2. 术语；3. 基本规定；4. 测评与估估方法；5. 居住建筑能效测评；6. 公共建筑能效测评；7. 居住建筑能效实测评估；8. 公共建筑能效实测评估；9. 建筑能效标识报告。

本标准由住房和城乡建设部负责管理，由中国建筑科学研究院负责具体技术内容的解释。执行过程中如有意见或建议，请寄送中国建筑科学研究院（地址：北京市北三环东路 30 号；邮政编码：100013）。

本 标 准 主 编 单 位：中国建筑科学研究院
住房和城乡建设部科技发展促进中心
本 标 准 参 加 单 位：河南省建筑科学研究院
上海市建筑科学研究院
深圳市建筑科学研究院有限公司
陕西省建筑科学研究院
四川省建筑科学研究院
辽宁省建设科学研究院
福建省建筑科学研究院
山东省建筑科学研究院
甘肃土木工程科学研究院
特灵空调系统（中国）有限公司

本标准主要起草人员：邹　瑜　徐　伟　郝　斌
吕晓辰　栾景阳　叶　倩
刘俊跃　宋业辉　李　荣
于　忠　王庆辉　周　辉
赵士怀　孙峙峰　曹　勇
程　杰　王守宪　杜　雷
贾　晶　朱伟峰　刘　珊
本标准主要审查人员：冯　雅　郎四维　万水娥
杨仕超　李安桂　方廷勇
田　喆　田桂清　莫争春

目　次

Contents

1 总　则

1.0.1 为建设资源节约型和环境友好型社会，提高建筑能源利用效率，推行民用建筑能效标识，制定本标准。

1.0.2 本标准适用于民用建筑能效标识。

1.0.3 民用建筑能效标识除应符合本标准外，尚应符合国家现行有关标准的规定。

2 术　语

2.0.1 建筑物用能系统 building energy system

　　与建筑物同步设计、同步安装的用能设备及其配套设施的集合。居住建筑的用能设备是指供暖通风空调及生活热水系统的用能设备，公共建筑的用能设备是指供暖通风空调、生活热水和照明系统的用能设备；配套设施是指与设备相配套的、为满足设备运行需要而设置的服务系统。

2.0.2 建筑能效测评 building energy performance evaluation

　　对反映建筑物能源消耗量及建筑物用能系统效率等性能指标进行计算、核查与必要的检测，并给出其所处等级的活动。

2.0.3 建筑能效标识 building energy performance certification

　　依据建筑能效测评结果，对建筑能耗相关信息向社会或产权所有人明示的活动。

2.0.4 比对建筑 comparitive building

　　形状、大小、朝向、内部的空间划分和使用功能等与所标识建筑完全一致，围护结构热工性能指标及供暖通风、空调系统及照明节能性能满足国家现行有关节能设计标准的假想建筑。

2.0.5 相对节能率 relative energy saving rate

　　标识建筑全年单位建筑面积能耗与比对建筑全年单位建筑面积能耗之间的差值，与比对建筑全年单位建筑面积能耗之比。

2.0.6 建筑能效实测评估 building energy performance measurement and evaluation

　　对建筑物实际使用能耗进行实测，并对建筑物用能系统效率进行现场检测与判定。

3 基本规定

3.0.1 建筑能效标识应包括建筑能效测评和建筑能效实测评估两个阶段。建筑能效标识应以建筑能效测评结果为依据。居住建筑和公共建筑应分别进行建筑能效标识。对于兼有居住、公共建筑双重特性的综合建筑，当居住或公共建筑面积占整个建筑面积的比例

大于 10%，且面积大于 1000m² 时，应分别进行标识。

3.0.2 新建建筑能效测评应在建筑节能分部工程验收合格后、建筑物竣工验收之前进行。建筑能效实测评估应在建筑物正常使用 1 年后，且入住率大于 30% 时进行。

3.0.3 建筑能效标识应以单栋建筑为对象。对居住小区中的同类型建筑进行建筑能效标识时，可抽取有代表性的单体建筑进行测评，作为同类型建筑能效标识依据。抽测数量不得少于 10%，并不得少于 1 栋。同类型建筑能效标识的等级应按抽测单体建筑能效标识的最低级别确定。

3.0.4 建筑能效测评时，应将与该建筑物用能系统相连的管网和冷热源设备包括在测评范围内，并应在对相关文件资料、构配件性能检测报告审查、现场检查及性能检测的基础上，结合全年建筑能耗计算结果进行测评。建筑能耗计算应采用国务院建设主管部门认定备案的软件。

3.0.5 建筑能效测评应包括基础项、规定项与选择项，并应符合下列规定：

　　1 基础项应为计算得到的相对节能率。相对节能率计算时，应先将电能之外的其他能源折算为标准煤，再根据上年度国家统计部门发布的发电煤耗折算为耗电量进行计算。

　　2 规定项应为按国家现行有关建筑节能设计标准的规定，围护结构及供暖空调、照明系统需满足的要求。

　　3 选择项应为对规定项中未包括且国家鼓励的节能环保新技术进行加分的项目。对未明确节能环保新技术应用比例的选择项，该技术应用比例应达到 60% 以上时，才能作为加分项目。

3.0.6 建筑能效标识等级划分应符合表 3.0.6-1 和表 3.0.6-2 的规定。

表 3.0.6-1　**居住建筑能效标识等级**

标识等级	基础项 (η)	规定项	选择项
☆	$0 \leqslant \eta < 15\%$	均满足国家现行有关建筑节能设计标准的要求	若得分超过 60 分（满分 130 分）则再加一星
☆☆	$15\% \leqslant \eta < 30\%$		
☆☆☆	$\eta \geqslant 30\%$		—

表 3.0.6-2　**公共建筑能效标识等级**

标识等级	基础项 (η)	规定项	选择项
☆	$0 \leqslant \eta < 15\%$	均满足国家现行有关建筑节能设计标准的要求	若得分超过 60 分（满分 150 分）则再加一星
☆☆	$15\% \leqslant \eta < 30\%$		
☆☆☆	$\eta \geqslant 30\%$		—

3.0.7 建筑能效实测评估应包括基础项与规定项，并应符合下列规定：

　　1 基础项应为实测得到的全年单位建筑面积实

际使用能耗；

2　规定项应为按国家现行建筑节能设计标准的规定，围护结构及供暖空调、照明系统需满足的要求。规定项实测结果应全部满足要求。

3.0.8　申请建筑能效测评时，应提交下列资料：

1　土地使用证、立项批复文件、规划许可证、施工许可证等项目立项、审批文件；

2　建筑施工设计文件审查报告及审查意见；

3　全套竣工图纸；

4　与建筑节能相关的设备、材料和构配件的产品合格证；

5　由国家认可的检测机构出具的围护结构热工性能及产品节能性能检测报告；对于提供建筑门窗节能性能标识证书和标签的门窗，可不提供检测报告；

6　节能工程及隐蔽工程施工质量检查记录和验收报告；

7　节能环保新技术的应用情况报告。

3.0.9　申请建筑能效实测评估时，应提交下列资料：

1　建筑能耗计量报告；

2　与建筑节能相关的设备运行记录。

4　测评与评估方法

4.0.1　建筑能效测评的基础项应采用计算评估的方法，且计算评估的方法应符合国家现行有关建筑节能设计标准的规定。采用软件进行计算评估时，标识建筑和比对建筑的建模与计算方法应一致。所采用的软件应包含下列功能：

1　建筑几何建模和能耗计算参数的输入与设置；

2　逐时的建筑使用时间表的设置与修改；

3　全年逐时冷、热负荷计算；

4　全年供暖、空调和照明能耗计算。

4.0.2　建筑能效测评的规定项宜采用文件审查、现场检查的方法；当无国家认可检测机构出具的检测报告时，宜进行性能检测。

4.0.3　建筑能效测评的选择项采用文件审查、现场检查的方法。

4.0.4　文件审查应对文件的合法性、完整性、科学性及时效性等进行审查；现场检查应采用现场核对的方式，进行设计符合性检查。性能检测应符合国家现行有关建筑节能检测标准的规定。

4.0.5　建筑能效实测评估应符合下列规定：

1　基础项的实测评估宜采用统计分析方法。对设有用能分项计量装置的建筑，可利用能源消耗清单分析获得。统计分析方法应符合国家现行有关建筑节能检测标准的规定。

2　规定项的实测评估应采用性能检测方法。性能检测方法应符合国家现行有关建筑节能检测标准的规定。

5　居住建筑能效测评

5.1　基　础　项

5.1.1　居住建筑能效测评的基础项计算应符合下列规定：

1　严寒和寒冷地区，应以全年单位建筑面积供暖能耗为基础，计算相对节能率；

2　夏热冬冷地区，应以全年单位建筑面积供暖和空调能耗为基础，计算相对节能率；

3　夏热冬暖地区，应以全年单位建筑面积空调能耗为基础，计算相对节能率；

4　温和地区，应按与其最接近的建筑气候分区进行相对节能率的计算。

5.1.2　确定居住建筑能效测评的基础项时，应先分别计算标识建筑及比对建筑的全年单位建筑面积供暖空调能耗，再按下式计算相对节能率：

$$\eta = \left(\frac{B_0 - B_1}{B_0} \right) \times 100\% \qquad (5.1.2)$$

式中：η——相对节能率；

B_1——标识建筑全年单位建筑面积供暖空调能耗（kWh/m²）；

B_0——比对建筑全年单位建筑面积供暖空调能耗（kWh/m²）。

5.1.3　标识建筑全年能耗计算所需数据应按下列方法确定：

1　建筑物构造尺寸及围护结构构造做法应按竣工图纸确定。

2　对于透明幕墙和不具有建筑门窗节能性能标识的外窗的传热系数、气密性能及遮阳系数，应以施工进场见证取样检测报告为准；当存在异议时，应现场抽样检测，并以检测数据为准。对于具有建筑门窗节能性能标识的外窗的传热系数、气密性能及遮阳系数，可按标识证书和标签确定。

3　外墙保温材料的导热系数应以施工进场见证取样检测报告为准，其厚度应按现场钻芯检验的厚度和施工验收时厚度的平均值确定。当差异较大时，应现场抽样检测，并以检测数据为准。

4　屋面及楼地面、楼梯间隔墙、地下室外墙、不供暖地下室上部顶板保温材料的导热系数应以施工进场见证取样检测报告为准，其厚度应按施工验收时的平均厚度。如有必要时，可现场抽样检测，并以检测数据为准。

5.1.4　计算标识建筑全年能耗时，计算条件应按下列规定设置：

1　建筑物构造尺寸、围护结构参数应符合本标准第5.1.3条的规定。

2　建筑的通风、室内热源应按设计文件确定。

当设计文件没有要求时，可按国家现行居住建筑节能设计标准确定。

3 室内供暖温度和空调温度应均取设计值。当设计文件没有要求时，可按国家现行居住建筑节能设计标准确定。

4 供暖空调系统的年运行时间表和日运行时间表，可按国家现行居住建筑节能设计标准确定。

5.1.5 计算比对建筑全年能耗时，计算条件应按下列规定设置：

1 建筑的形状、大小、朝向、内部的空间划分和使用功能应与所标识建筑完全一致；

2 建筑体形系数、窗墙面积比及围护结构热工性能参数应按国家现行居住建筑节能设计标准的规定值进行取值；

3 建筑的通风、室内得热平均强度设定应符合国家现行居住建筑节能设计标准的规定；

4 室内热环境设计计算指标应符合国家现行居住建筑节能设计标准的规定；

5 供暖空调系统的年运行时间表和日运行时间表应符合国家现行居住建筑节能设计标准的规定；

6 供暖、空调末端形式应与标识建筑相同。水环路的划分应与所标识建筑的空气调节和供暖系统的划分一致。

5.1.6 标识建筑和比对建筑供暖空调的全年累计冷热负荷应采用同一计算方法计算，计算模型建立及参数输入符合本标准第 5.1.4 条、第 5.1.5 条规定的计算条件。采用软件计算时，室外气象计算参数应采用典型气象年数据。

5.1.7 严寒和寒冷地区居住建筑供暖能耗应为供暖热源及水泵等设备能耗之和，并应符合下列规定：

1 比对建筑供暖热源应为燃煤锅炉，锅炉额定热效率及室外管网输送效率应按现行行业标准《严寒和寒冷地区居住建筑节能设计标准》JGJ 26 取值；锅炉耗煤量应折算为耗电量；

2 标识建筑应根据实际采用的热源系统形式计算；

3 循环水泵能耗应根据耗电输热比计算。

5.1.8 夏热冬冷地区居住建筑供暖空调系统能耗应为供暖热源及空调冷源、水泵等设备能耗之和，并应符合下列规定：

1 比对建筑供暖、空调冷热源应为家用空气源热泵空调器，性能参数应按现行行业标准《夏热冬冷地区居住建筑节能设计标准》JGJ 134 取值；

2 标识建筑应根据实际采用的冷热源系统形式计算。热源效率应按设计工况确定。冷源采用单元式空调时，冷源效率应按设计工况确定；冷源采用冷水（热泵）机组时，冷源效率根据不同负荷时的性能系数确定。

5.1.9 夏热冬暖地区居住建筑空调系统能耗应包括空调冷源及水泵等设备能耗之和，并应符合下列规定：

1 比对建筑冷源应为家用空气源热泵空调器，性能参数应按现行行业标准《夏热冬暖地区居住建筑节能设计标准》JGJ 75 取值。

2 标识建筑应根据实际采用的冷源系统形式计算。冷源采用单元式空调时，冷源效率应按设计工况确定；冷源采用冷水（热泵）机组时，冷源效率应根据不同负荷时的性能系数确定。

5.1.10 居住建筑能效测评基础项的能耗计算方法可按本标准附录 A 执行。

5.2 规 定 项

Ⅰ 围护结构

5.2.1 外窗应具有良好的密闭性能，外窗气密性等级应符合设计和国家现行居住建筑节能设计标准的规定。

5.2.2 严寒、寒冷地区和夏热冬冷地区外门窗洞口室外部分的侧墙面、变形缝及外墙与屋面的热桥部位均应采取保温措施，且在室内空气设计温、湿度条件下，热桥部位的内表面温度不应低于露点温度。

5.2.3 严寒、寒冷地区和夏热冬冷地区外门窗框与墙体之间的缝隙，应采用保温材料填堵，不得采用普通水泥砂浆补缝。

5.2.4 严寒地区除南向外，不应设置凸窗；寒冷地区北向的卧室、起居室不得设置凸窗。夏热冬冷和夏热冬暖地区居住建筑外窗（包括阳台门）的可开启面积应分别符合现行行业标准《夏热冬冷地区居住建筑节能设计标准》JGJ 134 和《夏热冬暖地区居住建筑节能设计标准》JGJ 75 的规定。

5.2.5 夏热冬暖地区的房间窗地面积比及外窗玻璃的可见光透射比应符合现行行业标准《夏热冬暖地区居住建筑节能设计标准》JGJ 75 的规定。

Ⅱ 冷热源及空调系统

5.2.6 除当地电力充足和供电政策支持或者建筑所在地无法利用其他形式的能源外，严寒寒冷及夏热冬冷地区的居住建筑，不应设计直接电热供暖。

5.2.7 锅炉额定热效率应符合现行行业标准《严寒和寒冷地区居住建筑节能设计标准》JGJ 26 的规定。

5.2.8 采用户式燃气炉作为热源时，其热效率应达到国家标准《家用燃气快速热水器和燃气采暖热水炉能效限定值及能效等级》GB 20665 - 2006 中的第 2 级。

5.2.9 采用户式燃气炉作为热源时，应设置专用的进气及排烟通道，并应符合下列规定：

1 燃气炉应配置完善、可靠的自动安全保护装置；

2 应具有同时自动调节燃气量和燃烧空气量的功能，并应配置室温控制器；

3 配套供应的循环水泵的工况参数应与供暖系统的要求相匹配。

5.2.10 锅炉房和热力站的总管上，应设置计量总供热量的热量表。集中供暖系统或集中空调系统中建筑物的热力入口处，应设置楼前热量表。

5.2.11 室外管网应进行水力平衡计算。当室外管网通过阀门截流进行阻力平衡时，各并联环路之间的压力损失差值不应大于15%。当室外管网水力平衡计算达不到要求时，应在热力站和建筑物热力入口处设置静态水力平衡阀。

5.2.12 集中供暖系统循环水泵的耗电输热比应符合现行行业标准《严寒和寒冷地区居住建筑节能设计标准》JGJ 26 的规定。

5.2.13 集中冷热源采用自动监测与控制的运行方式时，应符合现行行业标准《严寒和寒冷地区居住建筑节能设计标准》JGJ 26 的规定。

5.2.14 对于未采用计算机自动监测与控制的锅炉房和热力站，应设置供热量控制装置。

5.2.15 集中供暖或集中空调系统，应设置住户分室（户）温度调节、控制装置及分户热（冷）量计量或分摊装置。

5.2.16 电驱动压缩机的蒸汽压缩循环冷水（热泵）机组，在额定制冷工况和规定条件下，性能系数（COP）不应低于现行国家标准《公共建筑节能设计标准》GB 50189 中的规定值。

5.2.17 名义制冷量大于7100W、采用电机驱动压缩机的单元式空气调节机时，在名义制冷工况和规定条件下，其能效比（EER）不应低于现行国家标准《公共建筑节能设计标准》GB 50189中的规定值。

5.2.18 蒸汽、热水型溴化锂吸收式冷水机组及直燃型溴化锂吸收式冷（温）水机组应选用能量调节装置灵敏、可靠的机型，在名义工况下的性能参数应符合现行国家标准《公共建筑节能设计标准》GB 50189 的规定。

5.2.19 当设计采用多联式空调（热泵）机组作为户式集中空调（供暖）机组时，所选用机组的制冷综合性能系数不应低于国家标准《多联式空调（热泵）机组能效限定值及能源效率等级》GB 21454 - 2008 中规定的第3级。

5.2.20 严寒和寒冷地区设有集中新风供应的居住建筑，当新风系统的送风量大于或等于 3000 m³/h 时，应设置排风热回收装置。

5.2.21 当选择地源热泵系统作为居住区或户用空调（热泵）机组的冷热源时，严禁破坏、污染地下资源。

5.3 选 择 项

5.3.1 居住建筑宜根据当地气候和自然资源条件，充分利用太阳能、浅层地能等可再生能源。居住建筑可再生能源利用的加分应符合表 5.3.1 的规定。

表 5.3.1 居住建筑可再生能源利用的加分

项　目	比　例	分　数
设计太阳能供生活热水保证率（或太阳能供暖保证率）	≥30%（或≥20%）	10（或15）
	≥50%（或≥30%）	20（或25）
可再生能源发电装机容量占建筑配电装机容量的比例	≥2%	5
地源热泵系统设计供暖供热量占建筑热源总装机容量的比例	≥50%	10
	≥75%	15
	100%	20
地源热泵系统设计生活热水供热量占建筑生活热水总装机容量的比例	≥50%	5
	100%	10

注：1 设计地源热泵供热量占建筑热源总装机容量的比例满足要求，且全年供暖供热量占全年供暖供冷量之和的比例不低于20%，才能加分；

2 地源热泵系统包括土壤源、地下水、地表水、海水、污水、利用电厂冷却水余热等形式的热泵系统。

5.3.2 在住宅小区规划布局、单体建筑设计时，应对自然通风进行优化设计，并实现良好的自然通风利用效果。加分应符合下列规定：

1 在居住小区规划布局时，进行室外风环境模拟设计，且小区内未出现滞留区，或即使出现滞留但采取了增加绿化、水体等改善措施，可得5分；

2 在单体建筑设计时，进行合理的自然通风模拟设计，可得10分。

5.3.3 在单体建筑设计时，对自然采光进行优化设计，并符合现行国家标准《建筑采光设计标准》GB 50033 的规定时，应加5分。

5.3.4 在单体建筑设计时，采用合理的遮阳措施，严寒和寒冷地区应加5分；夏热冬冷和夏热冬暖地区应加10分。

5.3.5 建筑外窗选用具有建筑门窗节能性能标识的产品，且气密性等级比国家现行居住建筑节能设计标准要求的等级高一个级别，应加5分。

5.3.6 集中供热（冷）系统根据负荷变化采用循环泵变流量或变速等调节措施时，应加5分。

5.3.7 居住建筑选用的电动蒸汽压缩循环冷水（热泵）机组、单元式空调机、多联机比现行国家标准的限定值高一个等级以上的产品时，应加5分。

5.3.8 当采用其他新型节能措施时，应提供相应节能技术分析报告。加分方法应符合下列规定：

1 每项技术加分不应高于5分，总分不应高于25分；

2 每项技术节能率不应小于 2%。

6 公共建筑能效测评

6.1 基 础 项

6.1.1 公共建筑能效测评的基础项计算时,应综合考虑围护结构和设备系统等因素,进行建筑物单位建筑面积供暖空调、照明全年能耗计算及相对节能率的计算。

6.1.2 确定公共建筑能效测评的基础项时,应先分别计算标识建筑及比对建筑的全年单位建筑面积供暖空调、照明能耗,再按下式计算相对节能率:

$$\eta = \left(\frac{B_0 - B_1}{B_0}\right) \times 100\% \qquad (6.1.2)$$

式中:η——相对节能率;

B_1——标识建筑全年单位建筑面积的供暖、空调、照明能耗 (kWh/m²);

B_0——比对建筑全年单位建筑面积的供暖、空调、照明能耗 (kWh/m²)。

6.1.3 计算标识建筑全年能耗时,计算条件应按下列规定设置:

1 建筑物构造尺寸、围护结构参数应符合本标准第 5.1.3 条的规定。

2 标识建筑运行时间、室内温度、照明功率、人员密度及电气设备功率宜按所标识建筑设计文件确定;当设计文件没有确定时,可按国家标准《公共建筑节能设计标准》GB 50189 的规定设置。

3 标识建筑空气调节和供暖应采用两管制风机盘管系统。供暖空调系统的年运行时间表和日运行时间表可按现行国家标准《公共建筑节能设计标准》GB 50189 执行。

6.1.4 计算比对建筑全年能耗时,计算条件应按下列要求设置:

1 比对建筑的形状、大小、朝向、内部的空间划分和使用功能应与所标识建筑完全一致;

2 比对建筑各部分的围护结构传热系数、遮阳系数、窗墙比、屋面开窗面积和体形系数应按现行国家标准《公共建筑节能设计标准》GB 50189 的规定值进行取值;

3 比对建筑室内温度、照明功率、人员密度及电气设备功率应符合现行国家标准《公共建筑节能设计标准》GB 50189 的规定;

4 比对建筑供暖空调系统的年运行时间表和日运行时间表应符合现行国家标准《公共建筑节能设计标准》GB 50189 的规定;

5 比对建筑空气调节和供暖应采用两管制风机盘管系统。水环路的划分应与所标识建筑的空气调节

和供暖系统的划分一致。

6.1.5 标识建筑和比对建筑供暖空调的年累计冷热负荷应采用同一软件计算,且计算模型与参数应符合本标准第 6.1.3 条、第 6.1.4 条的规定。计算能耗时,室外气象计算参数应采用典型气象年数据。

6.1.6 公共建筑能耗应为供暖空调系统、照明系统能耗之和。供暖空调能耗应包括冷水(热泵)机组及循环泵等设备能耗,并应符合下列规定:

1 比对建筑热源应为燃煤锅炉,冷源为冷水机组;冷热源效率应符合国家现行有关标准的规定;

2 标识建筑应根据实际采用的冷热源系统形式计算。

6.1.7 公共建筑能效测评的基础项能耗计算方法可按本标准附录 B 执行。

6.2 规 定 项

Ⅰ 围 护 结 构

6.2.1 外窗应具有良好的密闭性能,外窗气密性等级应符合设计和现行国家标准《公共建筑节能设计标准》GB 50189 的规定。透明幕墙的气密性应符合现行国家标准《建筑幕墙》GB/T 21086 的规定。

6.2.2 外墙与屋面的热桥部位应采取保温措施,且在室内空气设计温、湿度条件下,热桥部位的内表面温度不应低于露点温度。

6.2.3 严寒、寒冷地区和夏热冬冷地区外门窗框与墙体之间的缝隙,应采用保温材料填堵,不得采用普通水泥砂浆补缝。

6.2.4 除卫生间、楼梯间、设备房以外,每个房间的外窗可开启面积应符合现行国家标准《公共建筑节能设计标准》GB 50189 的规定。透明幕墙应具有可开启部分或设有通风换气装置。

Ⅱ 冷热源及空调系统

6.2.5 公共建筑主要空间的空调设计新风量应符合现行国家标准《公共建筑节能设计标准》GB 50189 的规定。

6.2.6 集中空调系统冷热源设备、末端设备容量的选择确定应以逐项逐时的冷负荷计算值作为基本依据。

6.2.7 除了符合下列情况之一外,不得采用电热锅炉、电热水器作为直接供暖和空气调节系统的热源:

1 电力充足、供电政策支持和电价优惠地区的建筑;

2 以供冷为主,供暖负荷较小且无法利用热泵提供热源的建筑;

3 无集中供热与燃气源,用煤、油等燃料受到环保或消防限制的建筑;

4 利用可再生能源发电地区的建筑;

5 内、外区合一的变风量系统中需要对局部外区进行加热的建筑;

6 夜间可利用低谷电进行蓄热,且蓄热式电锅炉不在昼间用电高峰时段启用的建筑。

6.2.8 当选择地源热泵系统作为冷热源时,严禁破坏、污染地下资源。

6.2.9 锅炉额定热效率应符合现行国家标准《公共建筑节能设计标准》GB 50189 的规定。

6.2.10 对于电机驱动压缩机的蒸汽压缩循环冷水(热泵)机组,在额定制冷工况和规定条件下,性能系数(COP)不应低于现行国家标准《公共建筑节能设计标准》GB 50189 的规定。

6.2.11 名义制冷量大于 7100W、采用电机驱动压缩机的单元式空气调节机、风管送风式和屋顶式空气调节机组时,在名义制冷工况和规定条件下,其能效比(EER)不应低于现行国家标准《公共建筑节能设计标准》GB 50189 的规定。

6.2.12 蒸汽、热水型溴化锂吸收式冷水机组及直燃型溴化锂吸收式冷(温)水机组应选用能量调节装置灵敏、可靠的机型,且在名义工况下的性能参数应符合现行国家标准《公共建筑节能设计标准》GB 50189 的规定。

6.2.13 多联式空调(热泵)机组的空调部分负荷综合性能系数[IPLV(C)]不应低于现行国家标准《多联式空调(热泵)机组能效限定值及能源效率等级》GB 21454-2008 中规定的第 2 级。

6.2.14 集中热水供暖系统热水循环水泵的耗电输热比应符合现行国家标准《公共建筑节能设计标准》GB 50189 的规定。

6.2.15 集中空调系统风机单位风量耗功率应符合现行国家标准《公共建筑节能设计标准》GB 50189 中的规定。

6.2.16 空气调节冷热水系统的输送能效比应符合现行国家标准《公共建筑节能设计标准》GB 50189 中的规定。

6.2.17 设置集中供暖和(或)集中空调系统的建筑,应具备室温调节功能。

6.2.18 采用区域供热空调的建筑,集中冷、热源及建筑热力入口处均应设置冷、热量计量装置。采用独立冷热源的单体建筑,其冷、热源系统应设置冷、热量计量装置。对有使用分区要求的建筑,空调系统的划分和布置应考虑能实现分区冷、热量计量。

6.2.19 集中供暖空调水系统应采取有效的水力平衡措施。

6.2.20 集中供暖与空气调节系统应设有监控系统。

Ⅲ 照 明

6.2.21 照明功率密度应满足现行国家标准《建筑照明设计标准》GB 50034 的规定。

6.2.22 照明设计应采用适当控制方式,对室内公共区域及室外功能性照明和景观照明进行控制,降低照明能耗。当公共区照明采用就地控制方式时,应设置声控或感应延时等措施。

6.3 选 择 项

6.3.1 公共建筑宜根据当地气候和自然资源条件,充分利用太阳能、浅层地能等可再生能源。公共建筑可再生能源利用的加分项目应符合表 6.3.1 的规定。

表 6.3.1 公共建筑可再生能源利用的加分

项 目	比 例	分 数
生活热水系统设计太阳能保证率	≥30%	5
	≥50%	10
供暖系统设计太阳能保证率	20%	5
可再生能源发电装机容量占建筑总配电装机容量的比例	≥1%	5
地源热泵系统设计供暖或供冷量占建筑热源或冷源总装机容量的比例	≥50%	10
	100%	15
地源热泵系统设计生活热水供热量占建筑热源总装机容量的比例	≥50%	5
	100%	10

注:地源热泵系统包括土壤源、地下水、地表水、海水、污水、利用电厂冷却水余热等形式的热泵系统。

6.3.2 在单体建筑设计时,对自然通风进行优化设计,实现良好的自然通风利用效果,应加 5 分。

6.3.3 在单体建筑设计时,对自然采光进行优化设计,实现良好的自然采光效果,并符合现行国家标准《建筑采光设计标准》GB 50033 的规定时,应加 5 分。

6.3.4 单体建筑设计采用合理遮阳措施时,严寒和寒冷地区应加 5 分,夏热冬冷和夏热冬暖地区应加 10 分。

6.3.5 采用分布式冷热电联供技术,并具有节能效益时,应加 5 分。

6.3.6 采用适宜的蓄冷蓄热技术达到调节昼夜电力峰谷差异的作用时,应加 5 分。

6.3.7 利用排风对新风预热(或预冷)处理,且回收比例不低于 60% 时,应加 10 分。

6.3.8 选用空调冷凝热等方式提供 60% 以上建筑所需生活热水负荷,或集中空调系统空调冷凝热全部回收用以加热生活热水时,应加 5 分。

6.3.9 空调系统能根据全年空调负荷变化规律,进行全新风或可变新风比等节能控制调节,满足季节及部分负荷要求时,应加 10 分。

6.3.10 空调系统采用水泵变流量或风机变风量节能控制方式时,应加 10 分。

6.3.11 空调水系统的供回水温差大于 5℃，应加 5分。

6.3.12 对建筑空调系统、照明等部分能耗实现分项和分区域计量与统计，并具备下列节能控制措施中的3项及以上时，应加5分：

1 冷热源设备采用群控方式，楼宇自控系统（BAS）根据冷热源负荷的需求自动调节冷热源机组的启停控制；

2 进行空调系统设备最佳启停和运行时间控制，进行空调系统末端装置的运行时间和负荷控制；

3 根据区域照度、人体动作或使用时间自动控制公共区域和室外照明的开启和关闭；

4 在人员密度相对较大且变化较大的房间，根据室内 CO_2 浓度检测值，实现新风量需求控制；

5 停车库的通风系统采用自然通风方式；采用机械通风方式时，采取了下列措施之一：

　　1）对通风机设置定时启停、变频或改变运行台数的控制；

　　2）设置 CO_2 气体浓度传感器，根据车库内的 CO_2 浓度，自动控制通风机的运行状态。

6.3.13 公共建筑选用的电动蒸汽压缩循环冷水（热泵）机组、单元式空调机、多联机比现行国家标准《公共建筑节能设计标准》GB 50189 的规定值高一个等级或一个等级以上，且高等级产品所占比例达到50%以上时，应加5分。

6.3.14 当采用其他新型节能措施时，应提供相应节能技术分析报告，且加分方法应符合下列规定：

1 每项加分不应高于 5 分，总分不应高于25分；

2 每项技术节能率不应小于2%。

7 居住建筑能效实测评估

7.1 基 础 项

7.1.1 居住建筑能效实测评估的基础项应为单位建筑面积建筑实际使用总能耗；对于采用集中供暖或空调的居住建筑，基础项还应包括单位建筑面积供暖或空调实际使用能耗。

7.1.2 居住建筑实际使用总能耗应包括全年供暖空调、照明、生活热水等所有耗能系统及设备的耗能总量。

7.2 规 定 项

7.2.1 居住建筑室内平均温度检测值应达到设计文件要求，当设计文件无要求时，应符合国家现行有关居住建筑节能设计标准的规定。室内平均温度检测应符合下列规定：

1 应考虑不同体形系数、不同楼层、不同朝向

用户等因素，抽检有代表性的用户。抽检数量不得少于用户总数的 10%，并不得少于 3 户，每户不得少于 2 个房间。

2 检测方法应符合现行行业标准《居住建筑节能检测标准》JGJ/T 132 的规定。

7.2.2 居住建筑供暖系统能效应按现行行业标准《居住建筑节能检测标准》JGJ/T 132 的规定进行检测。供热系统能效检测应包括下列项目：

1 锅炉运行效率；

2 室外管网热损失率；

3 集中供暖系统耗电输热比。

8 公共建筑能效实测评估

8.1 基 础 项

8.1.1 公共建筑能效实测评估的基础项应包括单位建筑面积实际使用总能耗、单位建筑面积供暖或空调实际使用能耗。

8.1.2 公共建筑实际使用总能耗应包括全年供暖空调系统、照明系统、办公设备、动力设备、生活热水等所有耗能系统的耗能总量。

8.1.3 公共建筑供暖空调实际使用能耗应包括供暖空调系统耗电量，燃气、蒸汽、煤、油等类型的能耗及区域集中冷热源提供的供暖、供冷量。

8.1.4 公共建筑区域集中冷热源提供的供暖、供冷量的检测方法应符合现行行业标准《公共建筑节能检测标准》JGJ/T 177 的规定。

8.2 规 定 项

8.2.1 公共建筑室内平均温度、湿度检测值应达到设计文件要求，当设计文件无要求时，应符合现行国家标准《公共建筑节能设计标准》GB 50189 的规定。公共建筑室内平均温度、湿度的检测方法应符合现行行业标准《公共建筑节能检测标准》JGJ/T 177 的规定。

8.2.2 公共建筑供暖空调水系统性能应按现行行业标准《公共建筑节能检测标准》JGJ/T 177 的方法进行检测。公共建筑供暖空调水系统性能的检测应包括下列项目：

1 冷水（热泵）机组实际性能系数；

2 冷源系统能效系数。

8.2.3 公共建筑空调风系统应按现行行业标准《公共建筑节能检测标准》JGJ/T 177 的方法对风机单位风量耗功率进行检测。

9 建筑能效标识报告

9.0.1 建筑能效测评报告应包括下列内容：

1 建筑能效测评表；

2 建筑能效测评汇总表；

3 建筑围护结构热工性能表；

4 建筑和用能系统概况；

5 基础项计算说明书；

6 测评过程中依据的文件及性能检测报告；

7 建筑能效测评联系人、电话和地址等。

9.0.2 建筑能效测评表可按本标准附录 C～附录 E 执行。围护结构热工性能表可按本标准附录 F～附录 G 执行。

9.0.3 建筑能效测评的基础项计算说明书应包括计算输入数据、软件的名称、版本与出品公司及计算过程等。

9.0.4 建筑能效实测评估报告应包括下列内容：

1 建筑能效实测评估表；

2 建筑能效实测评估汇总表；

3 建筑和用能系统概况；

4 基础项实测评估报告；

5 规定项实测评估报告；

6 实测评估过程中依据的文件及性能检测报告；

7 建筑能效实测评估联系人、电话和地址等。

9.0.5 建筑能效实测评估表可按本标准附录 H～附录 K 执行。

附录 A 居住建筑能效测评基础项能耗计算

A.1 严寒和寒冷地区居住建筑

A.1.1 严寒和寒冷地区居住建筑能效测评时，比对建筑单位建筑面积全年供暖能耗（B_{0h}）可按下列公式计算：

$$B_{0h} = E_{01h} + E_{02h} \quad\quad (A.1.1-1)$$

$$E_{01h} = \frac{Q_{0h}}{A \eta_{01} \eta_{02} q_1 q_2} \quad\quad (A.1.1-2)$$

$$Q_{0h} = 0.024 q_{0h} \times Z \times A \quad\quad (A.1.1-3)$$

$$E_{02h} = 0.024 q_{0h} \times A \times EHR_0 \times Z$$
$$\quad\quad (A.1.1-4)$$

式中：B_{0h}——比对建筑单位建筑面积全年供暖能耗（kWh/m^2）；

E_{01h}——比对建筑单位建筑面积全年锅炉耗煤量折合的耗电量（kWh/m^2）；

E_{02h}——比对建筑单位建筑面积全年循环水泵能耗（kWh/m^2）；

Q_{0h}——比对建筑全年累计热负荷（kWh）；

A——总建筑面积（m^2）；

η_{01}——室外管网热输送效率，取 0.92；

η_{02}——锅炉的设计效率限值，按现行行业标准《严寒和寒冷地区居住建筑节能设计标准》JGJ 26 的规定取值；

q_1——标准煤热值（kWh/kg），取 8.14；

q_2——上年度国家统计局发布的发电煤耗（kg/kWh）；

q_{0h}——比对建筑建筑物耗热量指标（W/m^2）；

Z——计算供暖期天数（d）；

EHR_0——集中供暖系统热水循环水泵的耗电输热比，按现行行业标准《严寒和寒冷地区居住建筑节能设计标准》JGJ 26 的规定取值。

A.1.2 严寒和寒冷地区居住建筑能效测评时，标识建筑能耗计算应符合下列规定：

1 热源为锅炉时，标识建筑单位建筑面积全年供暖能耗（B_{1h}）可按下列公式计算：

$$B_{1h} = E_{1h} + E_{2h} \quad\quad (A.1.2-1)$$

$$E_{1h} = \frac{Q_{1h}}{A \eta_1 \eta_2 q_1 q_2} \quad\quad (A.1.2-2)$$

$$E_{2h} = Q_{1h} \times EHR_1 \quad\quad (A.1.2-3)$$

式中：B_{1h}——标识建筑单位建筑面积全年供暖能耗（kWh/m^2）；

E_{1h}——标识建筑单位建筑面积全年锅炉耗煤量折合的耗电量（kWh/m^2）；

E_{2h}——标识建筑单位建筑面积全年循环水泵能耗（kWh/m^2）；

Q_{1h}——标识建筑全年累计热负荷（kWh）；

η_1——室外管网热输送效率，取 0.92；

η_2——标识建筑锅炉额定热效率；

EHR_1——标识建筑集中供暖系统热水循环水泵的耗电输热比，按现行行业标准《严寒和寒冷地区居住建筑节能设计标准》JGJ 26 规定的方法计算。

2 热源为热泵时，标识建筑应进行全年动态负荷计算，标识建筑单位建筑面积全年供暖能耗（B_{1h}）可按下式计算：

$$B_{1h} = \left(\frac{Q_{1h,a}}{COP_{s,a}} + \frac{Q_{1h,b}}{COP_{s,b}} + \frac{Q_{1h,c}}{COP_{s,c}} + \frac{Q_{1h,d}}{COP_{s,d}} \right) \cdot \frac{1}{A}$$
$$\quad\quad (A.1.2-4)$$

$$COP_{s,a} = \frac{Q_{jz,a}}{W_{jz,a} + W_{b,a}} \quad\quad (A.1.2-5)$$

$$COP_{s,b} = \frac{Q_{jz,b}}{W_{jz,b} + W_{b,b}} \quad\quad (A.1.2-6)$$

$$COP_{s,c} = \frac{Q_{jz,c}}{W_{jz,c} + W_{b,c}} \quad\quad (A.1.2-7)$$

$$COP_{s,d} = \frac{Q_{jz,d}}{W_{jz,d} + W_{b,d}} \quad\quad (A.1.2-8)$$

式中：$Q_{1h,a}$、$Q_{1h,b}$、$Q_{1h,c}$、$Q_{1h,d}$——负荷率分别在 0～25%、25%～50%、50%～75%、75%～100% 区间内的累计热负荷

$COP_{s,a\sim d}$——负荷率分别在 $0\sim$ 25%、25%~50%、50%~75%、75%~100%区间内的系统性能系数;

$Q_{jz,a\sim d}$——热泵机组分别在系统25%、50%、75%、100%负荷下的制热量(kW);

$W_{jz,a\sim d}$——热泵机组分别在系统25%、50%、75%、100%负荷下的耗电量(kW);

$W_{b,a\sim d}$——水泵在系统25%、50%、75%、100%负荷下的耗电量(kW)。

3 热源为市政热力时,标识建筑单位建筑面积全年供暖能耗(B_{1h})可按下列公式计算:

$$B_{1h} = E_{1h} + E_{2h} \qquad (A.1.2-9)$$

$$E_{1h} = \frac{Q_{1h}}{A\eta_1 q_1 q_2} \qquad (A.1.2-10)$$

式中:E_{1h}——市政热力单位建筑面积全年耗热量折算后的耗电量(kWh/m²);

E_{2h}——标识建筑二次网循环水泵单位建筑面积全年能耗(kWh/m²),按本标准式(A.1.2-3)计算。

A.2 夏热冬冷地区居住建筑

A.2.1 夏热冬冷地区居住建筑能效测评时,比对建筑单位建筑面积全年供暖空调能耗(B_0)可按下列公式计算:

$$B_0 = B_{0h} + B_{0c} \qquad (A.2.1-1)$$

$$B_{0h} = \frac{Q_{0h}}{COP_h} \cdot \frac{1}{A} \qquad (A.2.1-2)$$

$$B_{0c} = \frac{Q_{0c}}{COP_c} \cdot \frac{1}{A} \qquad (A.2.1-3)$$

式中:B_0——比对建筑单位建筑面积全年供暖空调能耗(kWh/m²);

B_{0h}——比对建筑单位建筑面积全年供暖能耗(kWh/m²);

B_{0c}——比对建筑单位建筑面积全年空调能耗(kWh/m²);

Q_{0h}——比对建筑全年累计热负荷(kWh);

Q_{0c}——比对建筑全年累计冷负荷(kWh);

COP_h——比对建筑供暖额定能效比,取1.9;

COP_c——比对建筑供冷额定能效比,取2.3。

A.2.2 夏热冬冷地区居住建筑能效测评时,标识建筑单位建筑面积全年供暖空调能耗(B_1)可按下式计算:

$$B_1 = B_{1h} + B_{1c} \qquad (A.2.2)$$

式中:B_1——标识建筑单位建筑面积全年供暖空调能耗(kWh/m²);

B_{1h}——标识建筑单位建筑面积全年供暖能耗(kWh/m²);

B_{1c}——标识建筑单位建筑面积全年空调能耗(kWh/m²)。

A.2.3 采用冷水(热泵)机组时,标识建筑单位建筑面积全年空调能耗(B_{1c})或供暖能耗(B_{1h})可按本标准第A.1.2条第2款的规定进行计算。

A.3 夏热冬暖地区居住建筑

A.3.1 夏热冬暖地区居住建筑能效测评时,比对建筑单位建筑面积全年空调能耗(B_{0c})可按下式计算:

$$B_{0c} = \frac{Q_{0c}}{COP_c} \cdot \frac{1}{A} \qquad (A.3.1)$$

式中:B_{0c}——比对建筑单位建筑面积全年空调能耗(kWh/m²);

Q_{0c}——比对建筑全年累计冷负荷(kWh);

COP_c——比对建筑空调额定能效比,取2.7。

A.3.2 夏热冬暖地区居住建筑能效测评时,标识建筑单位建筑面积全年空调能耗(B_{1c})的计算方法可按本标准第A.1.2条第2款的规定进行计算。

附录 B 公共建筑能效测评基础项能耗计算

B.0.1 公共建筑能效测评时,比对建筑单位建筑面积全年供暖空调及照明能耗(B_0)可按下式计算:

$$B_0 = E_{01} + E_{02} + E_{03} \qquad (B.0.1)$$

式中:B_0——比对建筑单位建筑面积全年供暖空调及照明能耗(kWh/m²);

E_{01}——单位建筑面积全年冷热源能耗(kWh/m²);

E_{02}——单位建筑面积全年循环水泵能耗(kWh/m²);

E_{03}——单位建筑面积全年照明能耗(kWh/m²)。

B.0.2 公共建筑能效测评时,比对建筑单位建筑面积全年冷热源能耗(E_{01})可按下列公式计算:

$$E_{01} = E_{01h} + E_{01c} \qquad (B.0.2-1)$$

$$E_{01c} = \left(\frac{Q_{0c,a}}{COP_a} + \frac{Q_{0c,b}}{COP_b} + \frac{Q_{0c,c}}{COP_c} + \frac{Q_{0c,d}}{COP_d} \right) \cdot \frac{1}{A}$$

(B.0.2-2)

式中：E_{01h}——单位建筑面积全年锅炉耗煤量折合的耗电量（kWh/m²），按本标准第A.1.1条规定计算；

E_{01c}——单位建筑面积全年冷水机组耗电量（kWh/m²）；

$Q_{0c,a\sim d}$——比对建筑负荷率分别在 0～25%、25%～50%、50%～75%、75%～100%区间内的累计冷负荷（kWh）；

$COP_{a\sim d}$——比对建筑负荷率分别在 0～25%、25%～50%、50%～75%、75%～100%区间内的机组性能系数；可按本标准第 B.0.4 条确定。

B.0.3 公共建筑能效测评时，比对建筑单位建筑面积全年循环水泵能耗（E_{02}）可按下列公式计算：

$$E_{02} = E_{02h} + E_{02c} + E_{02e}$$ (B.0.3-1)

$$E_{02h} = q_{h,max} \times EHR_0$$
$$\times \frac{n_{h1} \cdot T_a + n_{h2} \cdot T_b + n_{h3} \cdot T_c + n_{h4} \cdot T_d}{n_h}$$

(B.0.3-2)

$$E_{02c} = q_{c,max} \times ER_0$$
$$\times \frac{n_{c1} \cdot T_a + n_{c2} \cdot T_b + n_{c3} \cdot T_c + n_{c4} \cdot T_d}{n_c}$$ (B.0.3-3)

$$E_{02e} = q_{c,max} \times \left(1 + \frac{1}{COP_c} \right) \times ER_e$$
$$\times \frac{n_{e1} \cdot T_a + n_{e2} \cdot T_b + n_{e3} \cdot T_c + n_{e4} \cdot T_d}{n_e}$$ (B.0.3-4)

式中：E_{02h}——单位建筑面积全年供暖循环泵能耗（kWh/m²）；

E_{02c}——单位建筑面积全年空调冷冻水循环泵能耗（kWh/m²）；

E_{02e}——单位建筑面积全年空调冷却水循环泵能耗（kWh/m²）；

$q_{h,max}$——比对建筑的峰值热负荷（kW）；

EHR_0——供暖循环水泵输送能效比，取现行国家标准《公共建筑节能设计标准》GB 50189 的限定值；

n_h——供暖循环泵总台数，与标识建筑供暖循环泵台数相同；

$n_{h1\sim4}$——供暖循环泵分别在系统 0～25%负荷、25%～50%负荷、50%～75%负荷、75%～100%负荷下的开启台数；

$T_{a\sim d}$——水泵分别在系统 0～25%负荷、25%～50%负荷、50%～75%负荷、75%～100%负荷下的运行时间（h）；

$q_{c,max}$——比对建筑的峰值冷负荷（kW）；

ER_0——空调冷冻水水泵输送能效比，取现行国家标准《公共建筑节能设计标准》

GB 50189 的限定值；

n_c——空调冷冻水循环泵总台数，与标识建筑空调冷冻水循环泵台数相同；

$n_{c1\sim4}$——空调冷冻水循环泵分别在系统 0～25%负荷、25%～50%负荷、50%～75%负荷、75%～100%负荷下的开启台数；

COP_c——取现行国家标准《公共建筑节能设计标准》GB 50189 中规定的冷机 COP 的限值；

ER_e——冷却水泵输送能效比，取 0.0214；

n_e——空调冷却水循环泵总台数，与标识建筑空调冷却水循环泵台数相同；

$n_{e1\sim4}$——空调冷却水循环泵分别在系统 0～25%负荷、25%～50%负荷、50%～75%负荷、75%～100%负荷下的开启台数。

B.0.4 公共建筑能效测评时，比对建筑不同负荷区间内的机组性能系数应根据标识建筑机组设置台数及比对建筑单台机组部分负荷性能系数综合确定。比对建筑单台机组部分负荷性能系数可按表 B.0.4 选取。

表 B.0.4 比对建筑单台机组部分负荷性能系数

冷机类型		额定制冷量	COP 限值	100% 负荷	75% 负荷	50% 负荷	25% 负荷	$IPLV$ 限值
水冷	螺杆	<528	4.1	4.11	4.21	4.77	4.26	4.47
		528～1163	4.3	4.28	4.65	5.12	4.23	4.82
		>1163	4.6	4.62	5.03	5.41	4.35	5.13
	离心式	<528	4.4	4.44	4.81	4.47	3.32	4.49
		528～1163	4.7	4.73	5.32	4.80	3.51	4.88
		>1163	5.1	5.13	5.68	5.41	4.45	5.42

B.0.5 公共建筑能效测评且建筑冷热源分别为锅炉或市政热力及冷水机组时，标识建筑单位建筑面积全年供暖空调及照明能耗计算应符合下列规定：

1 标识建筑单位建筑面积全年供暖空调及照明能耗（B_1）可按下式计算：

$$B_1 = E_{1h} + E_{2h} + E_{1c} + E_{1l}$$ (B.0.5)

式中：B_1——标识建筑单位建筑面积全年供暖空调及照明能耗（kWh/m²）；

E_{1h}——单位建筑面积全年锅炉折合耗电量或市政热力折合耗电量（kWh/m²）；

E_{2h}——单位建筑面积全年供暖循环水泵能耗（kWh/m²）；

E_{1c}——单位建筑面积全年供冷耗电量（kWh/m²）；

E_{1l}——单位建筑面积全年照明耗电量（kWh/m²）。

2 锅炉或市政热力及供暖循环泵能耗可按本标准第 B.0.2 条和第 B.0.3 条规定的方法计算，性能参数应按设计文件取值。市政热力折合耗电量计算方法可按本标准式（A.1.2-10）计算。

3 供冷耗电量（E_{1c}）可按本标准第 A.1.2 条第 2 款的规定进行计算。

B.0.6 公共建筑能效测评且标识建筑冷热源为冷水（热泵）机组时，单位建筑面积全年供暖空调及照明能耗计算应符合下列规定：

1 标识建筑单位建筑面积全年供暖空调及照明能耗（B_1）可按下式计算：

$$B_1 = E_{1h} + E_{1c} + E_{11} \qquad (B.0.6)$$

式中：B_1——单位建筑面积全年供暖空调及照明能耗（kWh/m²）；

E_{1h}——单位建筑面积全年供热耗电量（kWh/m²）；

E_{1c}——单位建筑面积全年供冷耗电量（kWh/m²）；

E_{11}——单位建筑面积全年照明耗电量（kWh/m²）。

2 供热耗电量（E_{1h}）和供冷耗电量（E_{1c}）可按本标准第 A.1.2 条第 2 款的规定进行计算。

附录 C 居住建筑能效测评表

表 C 居住建筑能效测评表

项目名称			
项目地址			
建筑面积（m²）/层数	气候区域		
建设单位			
设计单位			
施工单位			

	测评内容	测评方法	测评结果	备注
基础项	相对节能率			5.1.1
规定项（围护结构）	外窗气密性			5.2.1
	热桥部位（严寒寒冷/夏热冬冷）			5.2.2
	门窗保温（严寒寒冷/夏热冬冷）			5.2.3
	外窗			5.2.4
	外窗玻璃可见光透射比			5.2.5
规定项（冷热源及空调系统）	热源			5.2.6
	锅炉类型及额定热效率			5.2.7
	户式燃气炉			5.2.8
				5.2.9
	热量表			5.2.10
	水力平衡			5.2.11
	集中供暖系统循环水泵耗电输热比			5.2.12
	自动监测与控制			5.2.13

续表 C

	测评内容	测评方法	测评结果	备注
规定项（冷热源及空调系统）	供热量控制			5.2.14
	分户温控及计量			5.2.15
	冷水（热泵）机组			5.2.16
	单元式机组			5.2.17
	溴化锂吸收式机组			5.2.18
	多联式空调（热泵）机组			5.2.19
	排风热回收			5.2.20
	地源热泵系统			5.2.21
选择项	可再生能源			5.3.1
	自然通风			5.3.2
	自然采光			5.3.3
	遮阳措施			5.3.4
	建筑外窗			5.3.5
	变流量或变速			5.3.6
	高等级设备			5.3.7
	其他			5.3.8
民用建筑能效测评机构意见：				

测评人员：　　　测评机构：　　　年 月 日

注：测评方法填入内容为计算评估、文件审查、现场检查或性能检测；测评结果基础项为节能率，规定项为是否满足对应条目要求，选择项为所加分数；备注为各项所对应的条目。

附录 D 公共建筑能效测评表

表 D 公共建筑能效测评表

项目名称			
项目地址			
建筑面积（m²）/层数	气候区域		
建设单位			
设计单位			
施工单位			

	测评内容	测评方法	测评结果	备注
基础项	相对节能率			6.1.1

续表 D

<table>
<tr><td colspan="3">测评内容</td><td>测评
方法</td><td>测评
结果</td><td>备注</td></tr>
<tr><td rowspan="22">规定项</td><td rowspan="13">围护结构</td><td>外窗、透明幕墙气密性</td><td></td><td></td><td>6.2.1</td></tr>
<tr><td>热桥部位</td><td></td><td></td><td>6.2.2</td></tr>
<tr><td>门窗洞口密封</td><td></td><td></td><td>6.2.3</td></tr>
<tr><td>外窗、透明幕墙可开启面积</td><td></td><td></td><td>6.2.4</td></tr>
<tr><td>设计新风量</td><td></td><td></td><td>6.2.5</td></tr>
<tr><td>设备选型依据</td><td></td><td></td><td>6.2.6</td></tr>
<tr><td>热源</td><td></td><td></td><td>6.2.7</td></tr>
<tr><td>地源热泵系统</td><td></td><td></td><td>6.2.8</td></tr>
<tr><td>锅炉</td><td></td><td></td><td>6.2.9</td></tr>
<tr><td>冷水（热泵）机组</td><td></td><td></td><td>6.2.10</td></tr>
<tr><td>单元式机组</td><td></td><td></td><td>6.2.11</td></tr>
<tr><td>溴化锂吸收式机组</td><td></td><td></td><td>6.2.12</td></tr>
<tr><td>多联式空调（热泵）机组</td><td></td><td></td><td>6.2.13</td></tr>
<tr><td rowspan="7">冷热源及
空调系统</td><td>集中供暖系统热水循环泵耗电输热比</td><td></td><td></td><td>6.2.14</td></tr>
<tr><td>风机单位风量耗功率</td><td></td><td></td><td>6.2.15</td></tr>
<tr><td>空调水系统输送能效比</td><td></td><td></td><td>6.2.16</td></tr>
<tr><td>室温调节</td><td></td><td></td><td>6.2.17</td></tr>
<tr><td>计量方式</td><td></td><td></td><td>6.2.18</td></tr>
<tr><td>水力平衡</td><td></td><td></td><td>6.2.19</td></tr>
<tr><td>监控系统</td><td></td><td></td><td>6.2.20</td></tr>
<tr><td rowspan="2">照明</td><td>照明功率密度</td><td></td><td></td><td>6.2.21</td></tr>
<tr><td>照明控制</td><td></td><td></td><td>6.2.22</td></tr>
<tr><td rowspan="14">选择项</td><td colspan="2">可再生能源</td><td></td><td></td><td>6.3.1</td></tr>
<tr><td colspan="2">自然通风</td><td></td><td></td><td>6.3.2</td></tr>
<tr><td colspan="2">自然采光</td><td></td><td></td><td>6.3.3</td></tr>
<tr><td colspan="2">遮阳措施</td><td></td><td></td><td>6.3.4</td></tr>
<tr><td colspan="2">分布式冷热电联供</td><td></td><td></td><td>6.3.5</td></tr>
<tr><td colspan="2">蓄冷蓄热技术</td><td></td><td></td><td>6.3.6</td></tr>
<tr><td colspan="2">能量回收</td><td></td><td></td><td>6.3.7</td></tr>
<tr><td colspan="2">冷凝热利用</td><td></td><td></td><td>6.3.8</td></tr>
<tr><td colspan="2">全新风/变新风比</td><td></td><td></td><td>6.3.9</td></tr>
<tr><td colspan="2">变水量/变风量</td><td></td><td></td><td>6.3.10</td></tr>
<tr><td colspan="2">供回水温差</td><td></td><td></td><td>6.3.11</td></tr>
<tr><td colspan="2">计量＋节能控制</td><td></td><td></td><td>6.3.12</td></tr>
<tr><td colspan="2">高等级设备</td><td></td><td></td><td>6.3.13</td></tr>
<tr><td colspan="2">其他</td><td></td><td></td><td>6.3.14</td></tr>
<tr><td colspan="6">民用建筑能效测评机构意见：

测评人员：　　测评机构：　　　年 月 日</td></tr>
</table>

附录 E 建筑能效测评汇总表

表 E 建筑能效测评汇总表

<table>
<tr><td>项目名称</td><td colspan="3"></td></tr>
<tr><td>项目地址</td><td colspan="3"></td></tr>
<tr><td>建筑面积（m²）/层数</td><td colspan="2"></td><td>气候区域</td></tr>
<tr><td>建设单位</td><td colspan="3"></td></tr>
<tr><td>设计单位</td><td colspan="3"></td></tr>
<tr><td>施工单位</td><td colspan="3"></td></tr>
<tr><td colspan="4" align="center">审查内容</td></tr>
<tr><td>基础项</td><td colspan="3">相对节能率（%）</td></tr>
<tr><td>规定项</td><td colspan="3">共 项，满足 项</td></tr>
<tr><td rowspan="7">选择项</td><td colspan="2">满 足 项</td><td>分数</td></tr>
<tr><td>1</td><td></td><td></td></tr>
<tr><td>2</td><td></td><td></td></tr>
<tr><td>3</td><td></td><td></td></tr>
<tr><td>4</td><td></td><td></td></tr>
<tr><td>5</td><td></td><td></td></tr>
<tr><td colspan="2">合计</td><td></td></tr>
<tr><td>能效等级</td><td colspan="2"></td><td>有效期限</td></tr>
<tr><td rowspan="3">节能建议</td><td>1</td><td colspan="2"></td></tr>
<tr><td>2</td><td colspan="2"></td></tr>
<tr><td>3</td><td colspan="2"></td></tr>
<tr><td>测评机构</td><td>负责人</td><td>审核人</td><td>日期</td></tr>
<tr><td colspan="4"></td></tr>
</table>

说明：

本表中相对节能率等数据根据我国现行节能设计标准，基于建筑所处地理位置、标准化的假设的空调供暖系统运行时间等数据计算得出（居住建筑为供暖空调能耗，公共建筑为供暖空调及照明能耗），未考虑其他服务、维护、安检等辅助设备的能耗。建筑在实际使用过程中不可能完全按照能耗计算中假设的标准工况运行，因此本表中数据仅供不同建筑之间的节能率比较，不用作其他用途。

附录 F 居住建筑围护结构热工性能表

表 F 居住建筑围护结构热工性能表

项目名称	项目地址		建筑类型	建筑面积（m²）/层数
建筑外表面积 F_0	建筑体积 V_0		体形系数 $S=F_0/V_0$	
围护结构部位	传热系数 K [W/(m²·K)]、热惰性指标		做 法	
屋面				
外墙				
底面接触室外空气的架空或外挑楼板				
非供暖地下室顶板				
分隔供暖与非供暖空间的隔墙、楼板				
分户墙和楼板				
户门				
阳台门下部门芯板				
地面　周边地面				
非周边地面				
地下室外墙（与土壤接触的外墙）				

外窗（含阳台门透明部分）	方向	窗墙面积比	传热系数 K[W/(m²·K)]	遮阳系数 SC	外遮阳系数

窗地面积比（夏热冬暖地区）				
外窗通风开口面积（夏热冬暖地区）				
天窗				
单位面积全年能耗（kWh/m²）		计算方法（软件名称）		

计算人员	日期	审核人员	日期

附录 G 公共建筑围护结构热工性能表

表 G 公共建筑围护结构热工性能表

项目名称	项目地址		建筑类型	建筑面积（m²）/层数
建筑外表面积 F_0（m²）	建筑体积 V_0（m³）		体形系数 $S=F_0/V_0$	
围护结构部位	传热系数 K [W/(m²·K)] /热阻 R（m²·K/W）		做 法	
屋面				
外墙（含非透明幕墙）				
底面接触室外空气的架空或外挑楼板				
分隔供暖与非供暖空间的隔墙、楼板				
地面　周边地面				
非周边地面				
供暖空调地下室外墙（与土壤接触的墙）				

外窗（含透明幕墙）	方向	窗墙面积比	传热系数 K[W/(m²·K)]	遮阳系数 SC	玻璃可见光透射比

屋顶透明部分				
单位面积全年能耗（kWh/m²）		计算软件		

计算人员	日期	审核人员	日期

附录 H 居住建筑能效实测评估表

表 H 居住建筑能效实测评估表

项目名称			
项目地址			
建筑面积（m²）/层数		占地面积（m²）	
建筑类型		竣工时间	
气候区域		抽样描述	
建设单位			
设计单位			
施工单位			

	评 估 内 容	评估方法	评估结果	备注
基础项	单位建筑面积供暖能耗（kWh/m²）（严寒寒冷、夏热冬冷）			
	单位建筑面积空调能耗（kWh/m²）（夏热冬冷、夏热冬暖）			7.1.1
	单位建筑面积实际使用总能耗（kWh/m²）			
规定项	室内平均温度			7.2.1
	锅炉运行效率			
	室外管网热损失率			7.2.2
	集中供暖系统耗电输热比			

民用建筑能效测评机构意见：

測评人员：　测评机构：　　　年 月 日

附录 J 公共建筑能效实测评估表

表 J 公共建筑能效实测评估表

项目名称			
项目地址			
建筑面积（m²）/层数		占地面积（m²）	
建筑类型		竣工时间	
气候区域		抽样描述	
建设单位			
设计单位			
施工单位			

		评 估 内 容	评估方法	评估结果	备注
基础项		单位建筑面积供暖能耗（kWh/m²）			
		单位建筑面积空调能耗（kWh/m²）			8.1.1
		单位建筑面积实际使用总能耗（kWh/m²）			
规定项		室内平均温/湿度			8.2.1
	水系统	机组性能系数			8.2.2
		系统能效系数			
	风系统	风机单位风量耗功率			8.2.3

民用建筑能效测评机构意见：

測评人员：　测评机构：　　　年 月 日

附录 K 建筑能效实测评估汇总表

表 K 建筑能效实测评估汇总表

项目名称				
项目地址				
建筑面积（m²）/层数		占地面积（m²）		
建筑类型		竣工时间		
气候区域		抽样描述		
建设单位				
设计单位				
施工单位				
评 估 内 容				
基础项	单位建筑面积供暖能耗（kWh/m²）			
	单位建筑面积空调能耗（kWh/m²）			
	单位建筑面积实际使用总能耗（kWh/m²）			
规定项	共 项，满足 项			
合格判定		有效期限		
节能建议	1			
	2			
	3			
测评机构	负责人	审核人		日期

本标准用词说明

1 为便于在执行本标准条文时区别对待，对要求严格程度不同的用词说明如下：

1）表示很严格，非这样做不可的：

正面词采用"必须"，反面词采用"严禁"；

2）表示严格，在正常情况下均应这样做的：

正面词采用"应"，反面词采用"不应"或"不得"；

3）表示允许稍有选择，在条件许可时首先应这样做的：

正面词采用"宜"，反面词采用"不宜"；

4）表示有选择，在一定条件下可以这样做的，采用"可"。

2 条文中指明应按其他有关标准执行的写法为："应符合……的规定"或"应按……执行"。

引用标准名录

1 《建筑采光设计标准》GB 50033

2 《建筑照明设计标准》GB 50034

3 《公共建筑节能设计标准》GB 50189

4 《家用燃气快速热水器和燃气采暖热水炉能效限定值及能效等级》GB 20665

5 《建筑幕墙》GB/T 21086

6 《多联式空调（热泵）机组能效限定值及能源效率等级》GB 21454

7 《严寒和寒冷地区居住建筑节能设计标准》JGJ 26

8 《夏热冬暖地区居住建筑节能设计标准》JGJ 75

9 《夏热冬冷地区居住建筑节能设计标准》JGJ 134

10 《居住建筑节能检测标准》JGJ/T 132

11 《公共建筑节能检测标准》JGJ/T 177

中华人民共和国行业标准

建筑能效标识技术标准

JGJ/T 288—2012

条 文 说 明

制 订 说 明

《建筑能效标识技术标准》JGJ/T 288－2012，经住房和城乡建设部 2012 年 11 月 1 日以第 1512 号公告批准、发布。

本标准编制过程中，编制组进行了广泛深入的调查研究，总结了我国工程建设建筑能效标识领域的实践经验，同时参考了国外先进技术法规、技术标准，提出了定性与定量相结合的建筑能效测评标识的内容及方法，明确了能效标识的两个阶段，提出了相对节能率的概念、计算条件及方法，并据其进行等级划分。

为便于广大设计、施工、科研、学校等单位有关人员在使用本标准时能正确理解和执行条文规定，《建筑能效标识技术标准》编制组按章、节、条顺序编制了本标准的条文说明，对条文规定的目的、依据以及执行中需注意的有关事项进行了说明。但是，本条文说明不具备与标准正文同等的法律效力，仅供使用者作为理解和把握标准规定的参考。

目 次

2 术 语

2.0.5 对于居住建筑，全年能耗为供暖空调能耗；对于公共建筑，全年能耗为供暖空调及照明能耗。

3 基本规定

3.0.2 建筑能效标识分两步进行，第一步以竣工资料为依据进行建筑能效测评，第二步在建筑投入正常运行后，以实际运行能效为依据进行建筑能效实测评估。既有建筑节能改造项目建筑能效标识应在改造工程竣工验收之前进行。

3.0.3 裙房连通的建筑群视为单栋建筑；只有地下车库连通的建筑视为多栋建筑。同类型建筑是指同期建设的使用相同设计图纸、使用功能相同的建筑，具体划分为低层、多层、小高层、高层。

3.0.4 建筑能效测评应包括与建筑物相关的整个供暖空调系统，对设有集中供热空调系统的建筑而言，应包括室外管网及集中冷热源设备。建筑能效测评应尽可能利用已有文件资料及测试报告，避免重复检测；同时注重建筑能耗理论计算及实际效果的结合。

建筑能耗计算分析结果是标识的主要依据，所以计算评估方法和软件必须统一要求。

3.0.5 根据《综合能耗计算通则》GB/T 2589－2008，燃料能源应以其低位发热量为计算基础折算。各种能源折标准煤参考系数见表1。

表1 各种能源折标准煤参考系数

能源名称	平均低位发热量	折标准煤系数
原煤	20908kJ/kg(5000kcal/kg)	0.7143kgce/kg
标准煤	29307kJ/kg(7000kcal/kg)	1.0000kgce/kg
原油/燃料油	41816kJ/kg(10000kcal/kg)	1.4286kgce/kg
汽油/煤油	43070kJ/kg(10300kcal/kg)	1.4714kgce/kg
柴油	42652kJ/kg(10200kcal/kg)	1.4571kgce/kg
油田天然气	38931kJ/m³(9310kcal/m³)	1.3300kgce/m³
气田天然气	35544kJ/m³(8500kal/m³)	1.2143kgce/m³
热力(当量值)	—	0.03412kgce/MJ
蒸汽(低压)	3763MJ/t(900Mcal/t)	0.1286kgce/kg

注：引自《综合能耗计算通则》GB/T 2589－2008。

规定项依据的国家现行建筑节能设计标准包括《严寒和寒冷地区居住建筑节能设计标准》JGJ 26、《夏热冬冷地区居住建筑节能设计标准》JGJ 134、《夏热冬暖地区居住建筑节能设计标准》JGJ 75 及《公共建筑节能设计标准》GB 50189。

3.0.6 基础项即相对节能率 η，为标识建筑相对于满足国家现行节能设计标准的建筑的节能率，该值与国家现行节能设计标准对应的节能率无关，即不论国家现行节能设计标准对应的节能率是50%或65%，只要相对节能率一样，标识级别也一样。基础项计算方法应符合本标准第5.1.2条和第6.1.2条的规定。

节能率 η' 是指标识建筑相对于20世纪80年代建筑（即基准建筑）的节能率。相对节能率与节能率的关系见表2～表4。

表2 居住建筑能效标识等级
（相对于节能65%标准）

标识等级	相对节能率 η（相对于满足现行节能设计标准的节能率）	节能率 η'（相对于20世纪80年代建筑的节能率）
☆	$0 \leqslant \eta < 15\%$	$65\% \leqslant \eta' < 70.25\%$
☆☆	$15\% \leqslant \eta < 30\%$	$70.25\% \leqslant \eta' < 75.5\%$
☆☆☆	$\eta \geqslant 30\%$	$\eta' \geqslant 75.5\%$

表3 居住建筑能效标识等级
（相对于节能50%标准）

标识等级	相对节能率 η（相对于满足现行节能设计标准的节能率）	节能率 η'（相对于20世纪80年代建筑的节能率）
☆	$0 \leqslant \eta < 15\%$	$50\% \leqslant \eta' < 57.5\%$
☆☆	$15\% \leqslant \eta < 30\%$	$57.5\% \leqslant \eta' < 65\%$
☆☆☆	$\eta \geqslant 30\%$	$\eta' \geqslant 65\%$

表4 公共建筑能效标识等级

标识等级	相对节能率 η（相对于满足现行节能设计标准的节能率）	节能率 η'（相对于20世纪80年代建筑的节能率）
☆	$0 \leqslant \eta < 15\%$	$50\% \leqslant \eta' < 57.5\%$
☆☆	$15\% \leqslant \eta < 30\%$	$57.5\% \leqslant \eta' < 65\%$
☆☆☆	$\eta \geqslant 30\%$	$\eta' \geqslant 65\%$

3.0.7 对居住建筑，基础项为实测得到的全年单位建筑面积实际使用总能耗、供暖或空调实际使用能耗；对公共建筑，基础项为实测得到的全年单位建筑面积实际使用总能耗，供暖、空调和照明实际使用能耗。建筑面积采用备案竣工建筑面积。建筑能效实测评估的规定项依据国家现行建筑节能检测标准《居住建筑节能检测标准》JGJ/T 132 和《公共建筑节能检测标准》JGJ/T 177 进行检测，检测结果全部满足要求时，判定建筑能效实测评估合格。

3.0.8 本条第5款中建筑门窗节能性能标识包括证书和标签。证书内容包括证书编号、企业名称、产品产地、产品规格、窗框生产企业、玻璃生产企业、主要配件生产企业、标准规格产品的节能性能指标（传热系数、遮阳系数、空气渗透率和可见光透射比）、批准日期与有效期、标识实验室、用户指导信息及查询网址等，并附该产品不同尺寸组合的节能性能数据表。标签包括的基本内容：（一）标识编号；（二）企业名称；（三）产品基本信息（产地）；（四）节能性能指标；（五）标识使用证书的批准日；（六）标识实验室代码、查询网址；（七）用户指导信息。建筑门窗标识实验室出具的《建筑门窗节能性能标识测评报告》包括《企业生产条件现场检查报告》和《建筑门窗节能性能模拟计算与检测报告》。

4 测评与评估方法

4.0.2 规定项性能检测包括建筑外窗（玻璃幕墙）气密、水密、抗风压性能及借助红外热像仪进行热工缺陷的检测。

4.0.4 国家现行建筑节能检测标准包括《居住建筑节能检测标准》JGJ/T 132、《公共建筑节能检测标准》JGJ/T 177。

4.0.5 按照建筑能效测评规定项要求，标识建筑在建筑热力入口处必须安装冷热计量表。实测评估基础项即全年单位建筑面积供暖空调能耗或供暖、空调和照明能耗，对于设置用能分项计量的建筑，可直接通过分项计量仪表记录的数据，统计得到该建筑物的年供暖空调能耗。对于没有设置用能分项计量的建筑，建筑物年供暖空调能耗可根据建筑物全年的运行记录、设备的实际运行功率和建筑的实际使用情况等统计分析得到。统计时应符合下列规定：

  1 对于冷水机组、水泵、电锅炉等运行记录中记录了实际运行功率或运行电流的设备，运行数据经校核后，可直接统计得到设备的年运行能耗；

  2 当运行记录没有有关能耗数据时，可先实测设备运行功率，并从运行记录中得到设备的实际运行时间，再分析得到该设备的年运行能耗。

5 居住建筑能效测评

5.1 基 础 项

5.1.2 测评方法：计算评估。

5.1.3 外墙、屋面、外窗（含透明幕墙）、底面接触室外空气的架空或外挑楼板、分户墙、供暖空调与非供暖空调房间隔墙、屋顶透明部分、地下室外墙、不供暖地下室上部顶板、地面、外门等围护结构构造做法均按竣工图纸确定。

  外门、外窗（含透明幕墙）的保温性能在无见证取样检测报告时，可采用门窗的型式检验报告或理论

计算值，但必须现场核实，确保其和设计一致，在必要情况下，应现场取样检测。

5.2 规 定 项

Ⅰ 围 护 结 构

5.2.1 测评方法：文件审查、现场检查、性能检测。

  测评要点：审查设计文件、进场见证取样检测报告，查看门窗气密性等级是否符合设计或国家现行标准中相应等级要求，在无复检报告情况下，可现场检测门窗气密性，检测方法应按照现行行业标准《建筑外窗气密、水密、抗风压性能现场检测方法》JG/T 211规定的方法进行。

  为了保证建筑节能，要求外窗具有良好的气密性能，以避免夏季和冬季室外空气过多地向室内渗漏，本标准要求窗的气密性等级符合现行行业标准《严寒和寒冷地区居住建筑节能设计标准》JGJ 26、《夏热冬冷地区居住建筑节能设计标准》JGJ 134及《夏热冬暖地区居住建筑节能设计标准》JGJ 75 的相关规定。

  严寒地区外窗及敞开式阳台门的气密性等级不应低于现行国家标准《建筑外门窗气密、水密、抗风压性能分级及检测方法》GB/T 7106-2008 中规定的 6 级。寒冷地区1～6层的外窗及敞开式阳台门的气密性等级不应低于现行国家标准《建筑外门窗气密、水密、抗风压性能分级及检测方法》GB/T 7106-2008 中规定的 4 级；7 层及 7 层以上不应低于 6 级。

  夏热冬冷地区建筑物1～6层的外窗及敞开式阳台门的气密性等级不应低于现行国家标准《建筑外门窗气密、水密、抗风压性能分级及检测方法》GB/T 7106-2008 中规定的 4 级；7 层及 7 层以上的外窗及敞开式阳台门的气密性等级，不应低于该标准规定的 6 级。

  夏热冬暖地区建筑物1～9层的外窗及敞开式阳台门的气密性等级不应低于现行国家标准《建筑外门窗气密、水密、抗风压性能分级及检测方法》GB/T 7106-2008 中规定的 4 级；10 层及 10 层以上的外窗及敞开式阳台门的气密性等级，不应低于该标准规定的 6 级。

  现行国家标准《建筑外门窗气密、水密、抗风压性能分级及检测方法》GB/T 7106-2008 中规定的 4 级对应的性能是：在 10Pa 压差下，每小时每米缝隙的空气渗透量不大于 2.5m³，且每小时每平方米的空气渗透量不大于 7.5m³；6 级对应的性能是：在 10 Pa 压差下，每小时每米缝隙的空气渗透量不大于 1.5m³，且每小时每平方米的空气渗透量不大于 4.5m³。

5.2.2 测评方法：文件审查、现场检查、性能检测。

  测评要点：审查设计文件，要求应按设计要求采

取隔断热桥或节能保温措施。查看外墙、屋面主体部位及结构性冷（热）桥部位热阻或传热系数值，看是否低于本地区低限热阻或传热系数。同时应进行现场检查，查看外墙、屋面结构性冷（热）桥部位是否存在发霉、起壳等现象，必要时应借助红外热像仪进行热工缺陷的检测。

严寒寒冷地区和夏热冬冷地区室外温度相对较低，都易在冬季出现结露现象，故作此项规定。严寒寒冷地区的外墙与屋面热桥对于围护结构总体保温效果影响较大。

住宅室内表面发生结露会给室内环境带来负面影响，给居住者的生活带来不便。如果长时间的结露还会滋生霉菌，对居住者的健康造成有害影响，这是不允许的。室内表面出现结露最直接的原因是表面温度低于室内空气的露点温度。

一般说来，外围护结构的内表面大面积结露的可能性不大，结露大都出现在金属窗框、窗玻璃表面、墙角、墙面、屋面上可能出现热桥的位置附近。本条文规定在设计过程中，应注意外墙与屋面可能出现热桥的部位的特殊保温措施，核算在设计条件下可能结露部位的内表面温度是否高于露点温度，防止在室内温、湿度设计条件下产生结露现象。

另一方面，热桥是出现高密度热流的部位，加强热桥部位的保温，可以减小供暖负荷。

值得指出的是，要彻底杜绝内表面的结露现象有时也是非常困难的。本条文规定的是在"室内空气设计温、湿度条件下"不应出现结露。"室内空气设计温、湿度条件下"就是一般的正常情况，不包括室内特别潮湿的情况。

5.2.3 测评方法：文件审查、现场检查。

测评要点：审查设计文件，查看门窗洞口之间的密封方法和材料是否符合设计要求，同时还应现场检查，查看是否和设计一致。

窗框四周与抹灰层之间的缝隙，宜采用保温材料和嵌缝密封膏密封，避免不同材料界面开裂影响窗户的热工性能。

5.2.4 测评方法：文件审查、现场检查。

测评要点：《严寒和寒冷地区居住建筑节能设计标准》JGJ 26‐2010 中规定：当设置凸窗时，凸窗凸出（从外墙面至凸窗外表面）不应大于 400mm；凸窗的传热系数限值应比普通窗降低 15%，且其不透明的顶部、底部、侧面的传热系数应小于或等于外墙的传热系数。当计算窗墙面积比时，凸窗的窗面积和凸窗所占的墙面积应按窗洞口面积计算。

5.2.5 测评方法：文件审查、现场检查。

测评要点：审查玻璃（透明材料）可见光透射比检测报告。

自然采光对于居住建筑很重要，因此不能为节能只注意低的遮阳系数，而忽略可见光透射比。

5.2.6 测评方法：文件审查、现场检查。

测评要点：文件审查该地区情况是否符合条文所指的特殊情况。

本条内容为《严寒和寒冷地区居住建筑节能设计标准》JGJ 26‐2010、《夏热冬冷地区居住建筑节能设计标准》JGJ 134‐2010 强制性条文。

建设节约型社会已成为全社会的责任和行动，用高品位的电能直接转换为低品位的热能进行供暖，热效率低，是不合适的。同时，必须指出，"火电"并非清洁能源。在发电过程中，不仅对大气环境造成严重污染；而且，还产生大量温室气体（CO_2），对保护地球、抑制全球气候变暖非常不利。

严寒和寒冷地区全年有 4～6 个月供暖，时间长，供暖能耗占有较高比例。近年来由于供暖用电所占比例逐年上升，致使一些省市冬季尖峰负荷迅速增长，电网运行困难，出现冬季电力紧缺。盲目推广没有蓄热配置的电锅炉，直接电热供暖，将进一步劣化电力负荷特性，影响民众日常用电。因此，应严格限制应用直接电热进行集中供暖的方式。当然，作为居住建筑来说，并不限制居住者选择直接电热方式自行进行分散形式的供暖。考虑到国内各地区的具体情况，在只有符合本条所指的特殊情况时方可采用。

5.2.7 测评方法：文件审查、现场检查。

测评要点：文件审查所使用锅炉的检测报告，现场核查锅炉型号。

本条内容为《严寒和寒冷地区居住建筑节能设计标准》JGJ 26‐2010 强制性条文。

锅炉的选型，应与当地长期供应的燃料种类相适应。锅炉的设计效率不应低于表 5 中规定的数值。

表 5　锅炉的最低设计效率（%）

锅炉类型、燃料种类			在下列锅炉容量（MW）下的额定热效率（%）						
			0.7	1.4	2.8	4.2	7.0	14.0	>28.0
燃煤	烟煤	Ⅱ	—	—	73	74	78	79	80
		Ⅲ	—	—	74	76	78	80	82
燃油、燃气			86	87	87	88	89	90	90

锅炉运行效率是以长期监测和记录数据为基础，统计时期内全部瞬时效率的平均值。本标准中规定的锅炉运行效率是以整个供暖季作为统计时间的，它是反映各单位锅炉运行管理水平的重要指标。它既和锅炉及其辅机的状况有关，也和运行制度等因素有关。国务院于 1982 年发布节约工业锅炉用煤的四号指令，规定了运行效率的最低要求（在燃烧Ⅱ、Ⅲ类烟煤的条件下）如表 6 所示。

表 6　锅炉运行效率的最低要求

锅炉容量 MW (t/h)	运行效率 (%)
0.7 (1)	55
1.4 (2)	60
2.8~4.2 (4~6)	65
≥7.0 (10)	72

　　为了保证达到上述要求，所选锅炉额定热效率应高于运行效率。锅炉运行效率要达到70%的要求，首先要保证所选用锅炉的锅炉额定热效率不应低于73%。表5中数据是根据目前国内企业生产的锅炉的设计效率来确定的。

5.2.8　测评方法：文件审查、现场检查。

　　测评要点：文件审查所使用户式燃气炉的检测报告，现场核查型号。

　　现行国家标准《家用燃气快速热水器和燃气采暖热水炉能效限定值及能效等级》GB 20665 - 2006 中规定采暖炉能效等级分为3级，其中1级能效最高。能效限定值为能效等级的3级。节能评价值为能效等级的2级。第2级数值见表7。

表 7　热水器和供暖炉能效等级

类　型		热负荷	最低热效率值 (%)（能效等级2级）
热水器		额定热负荷	88
		≤60%额定热负荷	84
供暖炉（单供暖）		额定热负荷	88
		≤50%额定热负荷	84
供暖炉（两用型）	供暖	额定热负荷	88
		≤50%额定热负荷	84
	热水	额定热负荷	88
		≤50%额定热负荷	84

　　本条内容为《夏热冬冷地区居住建筑节能设计标准》JGJ 134 强制性条文。

　　采用户式燃气炉作为热源时，其热效率应达到现行国家标准《家用燃气快速热水器和燃气采暖热水炉能效限定值和能效等级》GB 20665 中的节能评价等级要求。

5.2.9　测评方法：文件审查、现场检查。

　　测评要点：审查设计文件、所使用户式燃气炉的检测报告；现场核查。

　　户式燃气供暖炉包括热风炉和热水炉，已经在一定范围内应用于多层住宅和低层住宅供暖，在建筑围护结构热工性能较好（至少达到节能标准规定）和产品选用得当的条件下，也是一种可供选择的供暖

方式。

　　为保证锅炉运行安全，要求户式供暖炉设置专用的进气及排气通道。燃气炉自身必须配置有完善且可靠的自动安全保护装置。

　　燃气供暖炉大部分时间只需要部分负荷运行，如果单纯进行燃烧量调节而不相应改变燃烧空气量，会由于过剩空气系数增大使热效率下降。因此宜采用具有自动同时调节燃气量和燃烧空气量功能的产品。

　　设计提供水泵校核计算书，保证水泵满足供暖系统要求。

5.2.10　测评方法：文件审查、现场检查。

　　测评要点：审查设计文件中是否设计热计量装置、所使用热量表的见证检测报告；现场核查是否安装了热计量装置。

　　本条内容为《严寒和寒冷地区居住建筑节能设计标准》JGJ 26 - 2010 强制性条文。锅炉房安装总热计量装置，可以确定供热单位的热量输出，作为核算供热成本的基础。热力站的一次侧安装热计量装置，可以确定一次管线的热输送效率。二次侧安装热计量装置，可以确定热力站的热量输出，作为评估二次管线供热效率的基础。建筑物热力入口处安装热量表，可以作为该建筑物供暖耗热量的依据。

5.2.11　测评方法：文件审查、现场检查。

　　测评要点：审查水力计算设计文件，现场检查系统是否安装了水力平衡装置。热水供暖系统各并联环路是否压力平衡。

　　本条内容为《严寒和寒冷地区居住建筑节能设计标准》JGJ 26 - 2010 强制性条文。

5.2.12　测评方法：文件审查、现场检查。

　　测评要点：应文件审查和现场检查公式中的各项参数，详细计算后进行判定。

　　规定耗电输热比 EHR，是为了防止采用过大的水泵，以使得水泵的选择在合理范围。

　　集中供暖系统循环水泵的耗电输热比应符合下式要求：

$$EHR = \frac{N}{Q\eta} \leqslant \frac{A \times (20.4 + a\Sigma L)}{\Delta t}$$

式中：EHR——循环水泵的耗电输热比；

　　　　N——水泵在设计工况点的轴功率 (kW)；

　　　　Q——建筑供热负荷 (kW)；

　　　　η——电机和传动部分的效率，应按表7选取；

　　　　Δt——设计供回水温度差 (℃)，应按设计要求选取；

　　　　A——与热负荷有关的计算系数，应按表8选取；

　　　　ΣL——室外主干线（包括供回水管）总长度 (m)；

　　　　a——与 ΣL 有关的计算系数，应按如下选

取或计算：

当 $\Sigma L \leqslant 400m$ 时，$a=0.0115$；

当 $400m < \Sigma L < 1000m$ 时，$a=0.003833+3.067/\Sigma L$；

当 $\Sigma L \geqslant 1000m$ 时，$a=0.0069$。

表8 电机和传动部分的效率及循环
水泵的耗电输热比计算系数

热负荷 Q（kW）		<2000	$\geqslant 2000$
电机和传动部分的效率 η	直联方式	0.87	0.89
	联轴器连接方式	0.85	0.87
计算系数 A		0.0062	0.0054

5.2.13 测评方法：文件审查、现场检查。

测评要点：应文件审查和现场检查是否满足上述功能要求。

本条内容为《严寒和寒冷地区居住建筑节能设计标准》JGJ 26 - 2010 强制性条文。

集中冷热源采用自动监测与控制的运行方式时，应满足下列规定：

1 应通过计算机自动监测系统，全面、及时地了解锅炉或冷热站的运行状况；

2 应随时测量室外的温度和整个热网的需求，按照预先设定的程序，通过调节投入燃料量实现锅炉供热量调节，满足整个热网的热量需求，保证供暖质量；

3 应通过锅炉系统热特性识别和工况优化分析程序，根据前几天的运行参数、室外温度，预测该时段的最佳工况；

4 应通过对锅炉或冷热站机组运行参数的分析，作出及时判断；

5 应建立各种信息数据库，对运行过程中的各种信息数据进行分析，并能够根据需要打印各类运行记录，储存历史数据；

6 锅炉房、冷热站的动力用电、水泵用电和照明用电应分别计量。

条文中提出的6项要求，是确保安全，实现高效、节能与经济运行的必要条件。

5.2.14 测评方法：文件审查、现场检查。

测评要点：应文件审查和现场检查是否设置供热量控制装置。

本条内容为《严寒和寒冷地区居住建筑节能设计标准》JGJ 26 - 2010 强制性条文。设置供热量控制装置的主要目的是对供热系统进行总体调节，使锅炉运行参数在保持室内温度的前提下，随室外空气温度的变化随时进行调整，始终保持锅炉房的供热量与建筑物的需热量基本一致，实现按需供热；达到最佳的运行效率和最稳定的供热质量。

5.2.15 测评方法：文件审查、现场检查。

测评要点：应文件审查和现场检查是否设置温控与计量装置，并达到分室（户）调节及分户热计量要求。

本条内容为《严寒和寒冷地区居住建筑节能设计标准》JGJ 26 - 2010、《夏热冬冷地区居住建筑节能设计标准》JGJ 134 - 2010 强制性条文。

集中供暖（集中空调）系统分室（户）温控及用热（冷）计量是一项重要的建筑节能措施。设置分户计量装置不仅有利于管理与收费，用户也能及时了解和分析用能情况，提高节能意识和节能积极性，自觉采取节能措施。在采用计量的情况下，必须允许使用人员根据自身需求进行温度控制，才能保证行为节能的公平性。因此规定了分户室内温度控制的要求。在夏热冬冷地区可以根据严寒、寒冷地区热量计量的原则和适当的方法，进行用户使用热（冷）量的计量和收费。

5.2.16 测评方法：文件审查、现场检查。

测评要点：应文件审查所使用机组的检测报告，现场检查机组型号。

国家标准《公共建筑节能设计标准》GB 50189 - 2005 中的规定值见表9。

表9 冷水（热泵）机组制冷性能系数

类 型		额定制冷量（kW）	性能系数（W/W）
水冷	活塞式/涡旋式	<528	3.8
		$528\sim1163$	4.0
		>1163	4.2
	螺杆式	<528	4.10
		$528\sim1163$	4.30
		>1163	4.60
	离心式	<528	4.40
		$528\sim1163$	4.70
		>1163	5.10
风冷或蒸发冷却	活塞式/涡旋式	$\leqslant50$	2.40
		>50	2.60
	螺杆式	$\leqslant50$	2.60
		>50	2.80

本条内容为《严寒和寒冷地区居住建筑节能设计标准》JGJ 26 - 2010 强制性条文，当采用电机驱动压缩机的蒸汽压缩循环冷水（热泵）机组或采用名义制冷量大于 7100W 的电机驱动压缩机单元式空气调节机作为住宅小区或整栋楼的冷热源机组时，所选用机组的能效比（性能系数）不应低于现行国家标准《公共建筑节能设计标准》GB 50189 中的规定值。《公共建筑节能设计标准》GB 50189 - 2005 在确定能效最

低值时，以国家标准《冷水机组能效限定值及能源效率等级》GB 19577－2004、《单元式空气调节机能效限定值及能源效率等级》GB 19576－2004 等强制性国家能效标准为依据。能源效率等级判定方法，目的是配合我国能效标识制度的实施。能源效率等级划分的依据：一是拉开档次，鼓励先进，二是兼顾国情，以及对市场产生的影响，三是逐步与国际接轨。根据我国能效标识管理办法（征求意见稿）和消费者调查结果，建议依据能效等级的大小，将产品分成 1、2、3、4、5 五个等级。能效等级的含义：1 等级是企业努力的目标；2 等级代表节能型产品的门槛（最小寿命周期成本）；3、4 等级代表我国的平均水平；5 等级产品是未来淘汰的产品。目的是能够为消费者提供明确的信息，帮助其购买的选择，促进高效产品的市场。表 10 摘录国家标准《冷水机组能效限定值及能源效率等级》GB 19577－2004 中"能源效率等级指标"。

表 10　冷水机组能源效率等级指标

类　型	额定制冷量CC(kW)	能效等级(COP, W/W)				
		1	2	3	4	5
风冷式或蒸发冷却式	$CC \leqslant 50$	3.20	3.00	2.80	2.60	2.40
	$50 < CC$	3.40	3.20	3.00	2.80	2.60
水冷式	$CC \leqslant 528$	5.00	4.70	4.40	4.10	3.80
	$528 < CC \leqslant 1163$	5.50	5.10	4.70	4.30	4.00
	$1163 < CC$	6.10	5.60	5.10	4.60	4.20

表 10 中制冷性能系数（COP）值考虑了以下因素：国家的节能政策；我国产品现有与发展水平；鼓励国产机组尽快提高技术水平。同时，从科学合理的角度出发，考虑到不同压缩式的技术特点，对其制冷性能系数分别作了不同要求。活塞/涡旋式采用第 5 级，水冷离心式采用第 3 级，螺杆机则采用第 4 级。

5.2.17　测评方法：文件审查、现场检查。

测评要点：应文件审查所使用机组的检测报告，现场检查机组型号。

国家标准《公共建筑节能设计标准》GB 50189－2005 中的规定值见表 11。

表 11　单元式机组能效比

类　型		能效比（W/W）
风冷式	不接风管	2.60
	接风管	2.30
水冷式	不接风管	3.00
	接风管	2.70

表 11 中名义制冷量时能效比（EER）值，相当于国家标准《单元式空气调节机能效限定值及能源效率等级》GB 19576－2004 中"能源效率等级指标"的第 4 级（见表 12）。

表 12　单元式空气调节机能源效率等级指标

类　型		能效等级（COP, W/W）				
		1	2	3	4	5
风冷式	不接风管	3.20	3.00	2.80	2.60	2.40
	接风管	2.90	2.70	2.50	2.30	2.10
水冷式	不接风管	3.60	3.40	3.20	3.00	2.80
	接风管	3.30	3.10	2.90	2.70	2.50

5.2.18　测评方法：文件审查、现场检查。

国家标准《公共建筑节能设计标准》GB 50189－2005 中的规定见表 13。

表 13　溴化锂吸收式机组性能参数

机型	名义工况			性能参数		
	冷(温)水进/出口温度(℃)	冷却水进/出口温度(℃)	蒸汽压力(MPa)	单位制冷量蒸汽耗量[kg/(kWh)]	性能参数(W/W)	
					制冷	供热
蒸汽双效	18/13		0.25	≤1.40	—	—
	12/7	30/35	0.4		—	—
			0.6	≤1.31	—	—
			0.8	≤1.28	—	—
直燃	空调 12/7	30/35	—	—	≥1.10	—
	供热出口 60	—	—	—	—	≥0.90

注：直燃机的性能系数为：制冷量(供热量)/[加热源消耗量(以低位热值计)＋电力消耗量(折算成一次能)]。

5.2.19　测评方法：文件审查、现场检查。

测评要点：审查设计文件、机组性能检测报告；现场核查机组型号。

本条为《严寒和寒冷地区居住建筑节能设计标准》JGJ 26－2010、《夏热冬冷地区居住建筑节能设计标准》JGJ 134－2010 强制性条文。国家标准《多联式空调（热泵）机组能效限定值及能源效率等级》GB 21454－2008 将多联机产品的能效水平分成 5 个等级，其中 1 级产品的能效水平最高，2 级是达到节能认证所允许的最小值即节能评价值，3、4 等级代表了我国多联机产品的平均能效水平，5 级是标准实施后市场准入的门槛即能效限定值。同时，标准还明确将 3 级能效水平作为超前性能效指标，该指标的实施时间为 2011 年，标准中的 4、5 级能效水平的产品被淘汰。国家标准《多联式空调（热泵）机组能效限定值及能源效率等级》GB 21454-2008 中规定的第 3 级数值见表 14。

表 14　多联式空调（热泵）机组制冷综合性能系数［$IPLV(C)$］限定值

名义制冷量（CC） （W）	空调部分负荷综合性能系数［$IPLV(C)$］ （W/W）
$CC\leqslant28000$	3.20
$28000<CC\leqslant84000$	3.15
$CC>84000$	3.10

5.2.20 测评方法：文件审查、现场检查。

测评要点：审查设计文件，现场核查是否具备运行条件。

对于供暖期较长的地区，比如 HDD 大于 2000 的地区，回收排风热，能效和经济效益都很明显。

5.2.21 测评方法：文件审查、现场检查。

测评要点：文件审查是否具备前期工程勘察报告，包括土壤源热泵系统岩土热响应试验报告与土壤热平衡分析报告，地下水抽回灌试验报告及抽水量、回灌量及其水质监测系统，地表水、污水水源水资源勘察报告等；现场检查抽回灌井数量及回灌情况。

本条为《严寒和寒冷地区居住建筑节能设计标准》JGJ 26-2010 强制性条文。地源热泵系统包括土壤源、地下水源、地表水源（淡水、海水、污水）热泵系统。应用时，不能破坏地下资源。《地源热泵系统工程技术规范》GB 50366-2009 的强制性条文第 3.1.1 条规定：地源热泵系统方案设计前，应进行工程场地状况调查，并对浅层地热能资源进行勘察。第 5.1.1 条规定：地下水换热系统应根据水文地质勘察资料进行设计，并必须采取可靠的回灌措施，确保置换冷量或热量后的地下水全部回灌到同一含水层，不得对地下水资源造成浪费及污染。地源热泵系统投入运行后，应对抽水量、回灌量及其水质进行监测。

水源热泵对水资源的利用还应符合《中华人民共和国水法》、《取水许可和水资源费征收管理条例》、《取水许可管理办法》、《地下水环境质量标准》GB/T 14848-1993 等法律法规、标准规范的规定。水源热泵热源井设计除应符合现行国家标准《供水管井技术规范》GB 50296 的相关规定外，还应包括以下内容，体现对水资源的保护：

1 热源井抽水量和回灌量、水温和水质；

2 热源井数量、井位分布及取水层位；

3 井管配置及管材选用，抽灌设备选择；

4 井身结构、填砾位置、滤料规格及止水材料；

5 抽水试验和回灌试验要求及措施；

6 井口装置及附属设施。

水源热泵对水资源的保护是否符合要求，主要从以下方面来评定：

1 抽灌是否在同一含水层内；

2 回灌水质是否不低于原地下水水质；

3 对抽水井和回灌井分别安装计量水表，回灌水量是否与抽水水量相当。

另外，如果地源热泵系统采用地下埋管式换热器，要注意并进行长期应用后土壤温度变化趋势的预测。由于应用地区供暖和空调使用时间不同，对于以供暖为主的地区，抽取土壤热量（冬季）会大于向地下土壤排热量（夏季），长期使用后（如 5 年、10 年、15 年），土壤温度会逐渐下降，以致冬季机组运行效率下降，甚至不能正常运行。对于以空调为主的地区，向地下土壤排热量（夏季）会大于抽取土壤热量（冬季），长期使用后，土壤温度会逐渐上升，同样，导致机组夏季运行效率下降。因此，在设计阶段，应进行长期应用后（如 25 年）土壤温度变化趋势平衡模拟计算，或者要考虑如果地下土壤温度出现下降或上升变化时的应对措施，如采用冷却塔、地下埋管式地源热泵产生热水、辅助热源、复合式系统等。

5.3　选　择　项

5.3.1 测评方法：文件审查、现场检查。

目前我国可再生能源在建筑中的应用情况，主要包括太阳能光热利用，即应用太阳能热水器供生活热水、供暖等，以及应用地源热泵系统进行供暖、供热水和空调。

测评要点：

1 文件审查设计选用的太阳能保证率，现场检查设备设置情况。户式热水器的太阳能保证率是对整栋楼的热水热量而言。对于采用太阳能供生活热水的系统，供生活热水保证率≥30％时加 10 分，供生活热水保证率≥50％时加 20 分；对于采用太阳能供暖的系统，供暖保证率≥20％时加 15 分，供暖保证率≥30％时加 25 分。例如，某系统太阳能供生活热水保证率为 30％，供暖保证率为 10％，则加 10 分。

2 文件审查设计可再生能源发电装机容量及建筑配电装机容量，现场检查设备设置情况。

3 文件审查地源热泵供暖设计文件，现场检查设备设置情况。由于夏热冬暖地区全年供热量较低，因此除了设计地源热泵供暖量占建筑热源总装机容量的比例满足要求外，还需满足全年供暖供热量占全年供暖供冷量之和的比例不应低于 20％。

4 文件审查地源热泵供生活热水设计文件，现场检查设备设置情况。地源热泵系统包括土壤源、地下水、地表水、海水、污水、利用电厂冷却水余热等多种形式的热泵系统。对无常规辅助热源的系统，其比例即为 100％。

5.3.2 测评方法：文件审查、现场检查。

测评要点：文件审查自然通风模拟设计文件，进行竣工图和现场检查。

单体建筑物自然通风设计应以夏季为主，重点考虑夜间自然通风。设置本条文的目的是提倡在进行住宅小区规划布局、单体建筑设计时，采用计算机模拟软件或其他计算工具，对自然通风进行专项分析，实现良好的自然通风利用效果。

自然通风对于减少空调能耗、改善建筑室内外热环境具有重要意义，其实现需要从居住区规划开始，到单体建筑设计落脚。合理的自然通风设计可以向室内引导更多室外新鲜空气，在过渡季节还可取代（或部分取代）传统空调制冷系统，在不消耗能源的情况下达到对室内温度的调节。传统的自然通风设计主要是定性分析，随着近年来计算机技术的发展和新技术的进步，自然通风设计开始由定性分析到定量计算转变，通风效果通过具体指标被量化和评判。

小区自然通风设计可按以下步骤进行：（1）自然通风定性设计；（2）自然通风软件模拟设计；（3）建筑物布局修改设计。即根据当地夏季主导风向及风速，考虑建筑物对气流的阻挡与引导作用，以有利于小区气流流动顺畅为原则，定性地布置建筑物，然后应用自然通风模拟软件，对建筑小区内自然通风进行定量的模拟设计。模型建立时，应将小区周边沿风向距离 50 m 范围内的建筑、地形等影响通风的因素考虑在内，再根据模拟结果调整建筑物布局，使建筑小区的规划布局有利于自然通风。

单体建筑自然通风设计应在完成建筑小区自然通风模拟设计的基础上进行。可按以下步骤进行：（1）自然通风定性设计；（2）自然通风软件模拟设计；（3）单体建筑外窗修改设计。即定性地布置单体建筑开窗位置、开窗大小、户内布局，然后将建筑小区建筑物前后的风压差或风速作为单体建筑自然通风模拟设计的边界条件进行单体建筑自然通风模拟设计，再根据模拟结果调整建筑物开窗位置、开窗大小、户内布局，使建筑物户内有利于自然通风。

5.3.3 测评方法：文件审查、现场检查。

测评要点：文件审查自然采光设计文件，进行竣工图和现场检查。

自然采光即在室内引入自然光线，除了可以创造空间氛围外，还可以满足室内的照明，减少人工照明，节约能源。传统的自然采光设计主要是定性分析，随着近年来计算机技术的发展和新技术的进步，自然采光设计开始由定性分析到定量计算转变，自然采光效果通过具体指标被量化和评判。

本标准设置本条文的目的是提倡在进行单体建筑设计时，采用计算机模拟软件或其他计算工具，对自然采光进行专项分析，实现良好的自然采光利用效果。

5.3.4 测评方法：文件审查、现场检查。

测评要点：文件审查遮阳模拟报告，进行竣工图和现场检查。

本标准设置本条文的目的是提倡在进行单体建筑设计时，采用计算机模拟软件或其他计算工具，对遮阳进行专项分析，实现良好的遮阳效果。

对于温和地区，按与其最接近的建筑气候分区加分。

5.3.5 测评方法：文件检查、现场检查。

"建筑门窗节能性能标识"是指门窗的传热系数、遮阳系数、空气渗透率、可见光透射比等节能性能指标的一种信息性标识，反映该性能信息的标签粘贴在门窗显著位置，能够综合体现其节能性能，标签上同时标明有门窗产品的适宜地区，便于选择使用。"门窗节能性能标识"认证由企业自愿提出申请，住房城乡建设部认定批准的"建筑门窗节能性能标识实验室"负责申请企业的生产条件现场检查、产品抽样和样品节能性能指标的检测与模拟计算，并出具《建筑门窗节能性能标识测评报告》。门窗标识包括证书和标签，证书由住房城乡建设部印制并统一编号和发放，标签由企业按照统一的样式、规格以及标注规定自行印制。建筑外窗选用通过标识认证的产品，有利于建筑物提高节能性能，降低能耗。标识产品是有地区适宜性的，应避免盲目选用。外窗使用地区应与标识推荐的适宜地区相一致。

5.3.6 测评方法：文件审查、现场检查。

测评要点：空调的水系统设计是否有变水量设计（包括可分区域启停或分档控制），或者循环泵是否采用变频等。

5.3.7 测评方法：文件检查、现场检查。

5.3.8 测评方法：文件审查、现场检查。

每项技术节能率为采用节能措施的节能量占全年供暖空调能耗的比例。

6 公共建筑能效测评

6.1 基 础 项

6.1.1 测评方法：计算评估。

6.2 规 定 项

I 围 护 结 构

6.2.1 测评方法：文件审查、现场检查、性能检测。

为了保证公共建筑的节能，外窗和幕墙需要具有良好的气密性能，以抵御夏季室外空气过多的向室内渗透。

测评要点：审查设计文件、进场复检报告，查看门窗气密性等级是否符合设计或国家标准《建筑外门窗气密、水密、抗风压性能分级及检测方法》GB/T 7106-2008 中相应等级要求；透明幕墙的气密性是否符合设计或现行国家标准《建筑幕墙》GB/T 21086 中的规定。在无复检报告情况下，可现场检测，检测方法应按照国家现行行业标准《公共建筑节能检测标准》JGJ/T 177 规定的方法进行。

6.2.2 测评方法：文件审查、现场检查、性能检测（围护结构热工缺陷检测）。

测评要点：审查设计文件，要求应按设计要求采取隔断热桥或节能保温措施。查看外墙、屋面主体部位及结构性冷（热）桥部位热阻或传热系数值，看是否低于本地区低限热阻或传热系数。同时应进行现场检查，查看外墙、屋面结构性冷（热）桥部位是否存在发霉、起壳等现象，宜借助红外热像仪进行热工缺陷的检测。

6.2.3 测评方法：文件审查、现场检查。

测评要点：审查设计文件，查看门窗洞口之间的密封方法和材料是否符合设计要求，同时还应现场检查，查看是否和设计一致。

窗框四周与抹灰层之间的缝隙，宜采用保温材料和嵌缝密封膏密封，避免不同材料界面开裂影响窗户的热工性能。

6.2.4 测评方法：审查竣工图、现场核查。

设置本条是为了保证室内有良好的自然通风。

Ⅱ 冷热源及空调系统

6.2.5 测评方法：文件审查、现场检查。

测评要点：审查空调竣工图纸及新风处理机组说明书，计算评估。

《公共建筑节能设计标准》GB 50189－2005 第 3.0.2 条规定的公共建筑主要空间的空调设计新风量见表15。

表15 公共建筑主要空间的空调设计新风量

建筑类型与房间名称		新风量 [m³/ (h·p)]
旅游旅馆	客房 5星级	50
	客房 4星级	40
	客房 3星级	30
	餐厅、宴会厅、多功能厅 5星级	30
	餐厅、宴会厅、多功能厅 4星级	25
	餐厅、宴会厅、多功能厅 3星级	20
	餐厅、宴会厅、多功能厅 2星级	15
	大堂、四季厅 4～5星级	10
	商业、服务 4～5星级	20
	商业、服务 2～3星级	10
	美容、理发、康乐设施	30

续表15

建筑类型与房间名称		新风量 [m³/ (h·p)]
旅店	客房 一～三级	30
	客房 四级	20
文化娱乐	影剧院、音乐厅、录像厅	20
	游艺厅、舞厅（包括卡拉OK歌厅）	30
	酒吧、茶座、咖啡厅	10
	体育馆	20
	商场（店）、书店	20
	饭馆（餐厅）	20
	办公	30
学校	教室 小学	11
	教室 初中	14
	教室 高中	17

6.2.6 测评方法：文件审查、现场检查。

测评要点：审查空调设计计算书，现场核查空调冷热源设备选型是否相符合。

本条依据《公共建筑节能设计标准》GB 50189－2005 第 5.1.1 条：竣工图设计阶段必须进行热负荷和逐项逐时的冷负荷计算。电动压缩式冷水机组的总装机容量，应根据计算的空调系统冷负荷值直接选定，不另作附加；在设计条件下，当机组的规格不能符合计算冷负荷的要求时，所选择机组的总装机容量与计算冷负荷的比值不得超过1.1。

6.2.7 测评方法：文件审查、现场检查。

本条依据《公共建筑节能设计标准》GB 50189－2005 第 5.4.2 条。

6.2.8 测评方法：文件审查、现场检查。

6.2.9 测评方法：文件审查、现场检查。

6.2.10 测评方法：文件审查、现场检查。

《公共建筑节能设计标准》GB 50189－2005 第 5.4.5 条规定了。冷水（热泵）机组制冷性能系数见本标准表9。

6.2.11 测评方法：文件审查、现场检查。

《公共建筑节能设计标准》GB 50189－2005 第 5.4.8 条规定了。单元式机组能效比见本标准表11。

6.2.12 测评方法：文件审查、现场检查。

《公共建筑节能设计标准》GB 50189－2005 第 5.4.9 条规定了。溴化锂吸收式机组性能参数见本标准表13。

6.2.13 测评方法：文件审查、现场检查。

国家标准《多联式空调（热泵）机组能效限定值及能源效率等级》GB 21454－2008 中规定的第 2 级限定值见表16。

表 16 多联式空调（热泵）机组部分负荷综合性能系数［IPLV（C）］限定值

名义制冷量 CC（W）	空调部分负荷综合性能系数 IPLV（C）（W/W）
$CC \leqslant 28000$	3.40
$28000 < CC \leqslant 84000$	3.35
$CC > 84000$	3.30

6.2.14 测评方法：文件审查、现场检查。

6.2.15 测评方法：文件审查、现场检查。

《公共建筑节能设计标准》GB 50189-2005 第5.3.26 条规定。

集中空调系统风机单位风量耗功率（W_s）应按下式计算：

$$W_s = P / (3600 \eta_t)$$

式中：W_s——单位风量耗功率［W/（m³/h）］，风机的单位风量耗功率限值见表17。

P—— 风机全压值（Pa）；

η_t——包含风机、电机及传动效率在内的总效率（%）。

表 17 风机的单位风量耗功率限值［W/（m³/h）］

系统形式	办公建筑		商业、旅馆建筑	
	粗效过滤	粗、中效过滤	粗效过滤	粗、中效过滤
两管制定风量系统	0.42	0.48	0.46	0.52
四管制定风量系统	0.47	0.53	0.51	0.58
两管制变风量系统	0.58	0.64	0.62	0.68
四管制变风量系统	0.63	0.69	0.67	0.74
普通机械通风系统	0.32			

注：1 普通机械通风系统中不包括厨房等需要特定过滤装置的房间的通风系统；

2 严寒地区增设预热盘管时，单位风量耗功率可增加 0.035［W/（m³/h）］；

3 当空气调节机组内采用湿膜加湿方法时，单位风量耗功率可增加 0.053［W/（m³/h）］。

6.2.16 测评方法：文件审查、现场检查。

6.2.17 测评方法：文件审查、现场检查。

室温调控是建筑节能的前提及手段，《中华人民共和国节约能源法》要求"使用空调供暖、制冷的公共建筑应当实行室内温度控制制度"。公共建筑供暖空调系统应具有室温调控手段。

对于全空气空调系统可采用电动两通阀变水量和风机变速的控制方式；风机盘管系统可采用电动温控阀和三挡风速相结合的控制方式。采用散热器供暖时，在每组散热器的进水支管上，应安装散热器恒温控制阀或手动散热器调节阀。采用地板辐射供暖系统时，房间的室内温度也应有相应控制措施。

6.2.18 测评方法：文件审查、现场检查。

目前，我国出租型公共建筑中，集中空调费用多按照用户承租建筑面积大小收取，这种收费方式的效果是用与不用一个样、用多用少一个样，使用户产生"不用白不用"的心理，使室内过热或过冷，造成能源浪费。公共建筑集中空调系统，按用冷量计量收取空调使用费是更合理的方式，也是今后的发展趋势，它不仅能够降低空调运行能耗，也能够有效地提高公共建筑的能源管理水平。

　　1）采用区域性冷源时，在每栋公共建筑的冷源入口处，应设置冷量计量装置；

　　2）公共建筑内部归属不同的使用单位时，应分别设置冷量计量装置。

6.2.19 测评方法：文件审查、现场检查。

审查是否具有水力平衡计算书，现场检查平衡装置设置情况。

6.2.20 测评方法：文件审查、现场检查。

监测与控制系统应包括参数检测、参数与设备状态显示、自动调节与控制、工况自动转换、设备连锁与自动保护、能量计量以及中央监控与管理等；系统规模大，制冷空气调节设备台数多且相关联各部分相距较远时，应采用集中监控系统。

Ⅲ　照　明

6.2.21 测评方法：审查电气竣工图、现场抽查核实，抽查面积不低于20%。

当房间或场所的照度值高于或低于现行国家标准《建筑照明设计标准》GB 50034 规定的对应照度值时，其照明功率密度值应按比例提高或折减。

6.2.22 测评方法：审查电气竣工图、现场检查。

6.3 选择项

6.3.1 测评方法：文件审查、现场检查。

1 根据各地的太阳能资源条件和经济合理性，本条规定太阳能提供的热量不低于建筑生活热水消耗热量的30%，加5分；太阳能提供的热量不低于建筑生活热水消耗热量的50%，加10分；

2 设计可再生能源发电装机容量不低于建筑总配电装机容量的1%，加5分；

3 当设计建筑热负荷大于冷负荷时，判断比例为地源热泵系统设计供暖容量占建筑供暖热源总装机容量的比例；反之，当设计建筑冷负荷大于热负荷时，判断比例为地源热泵系统设计供冷容量占建筑冷源总装机容量的比例。

6.3.2 测评方法：文件审查、现场检查。

测评要点：文件审查自然通风模拟设计文件，进行竣工图和现场检查。公共空间尽量采用自然通风以减少空调安装。例如在海南、湛江等气候条件适宜的地区，尽量充分利用自然通风，以最低的费用、最少的能耗获得最大的收益。

6.3.3 测评方法：文件审查、现场检查。

测评要点：对照自然采光设计文件及分析报告，

进行竣工图和现场核查，达到要求可得 5 分。

本条依据现行国家标准《建筑采光设计标准》GB 50033 确定采光系数标准值。

6.3.4 测评方法：文件审查、现场检查。

测评要点：文件审查遮阳模拟报告，进行竣工图和现场检查。

本标准设置本条文的目的是提倡在进行单体建筑设计时，采用计算机模拟软件或其他计算工具，对遮阳进行专项分析，实现良好的遮阳效果。

对于温和地区，按与其最接近的建筑气候分区加分。

6.3.5 测评方法：文件审查、现场检查。

测评要点：

1 应对建筑物的热负荷、电负荷进行详细分析；

2 从系统配置、运行模式以及经济和环保效益等方面对拟采用的分布式热电联供系统进行可行性分析；

3 系统设计应满足规范要求；

4 应有对选用系统的效率分析，以实现一定规模下系统效率最高。

6.3.6 测评方法：文件审查、现场检查。

测评要点：

1 使用蓄能材料时，需针对气候、用能特点进行详细论证；

2 审查蓄冷蓄热技术设计说明及计算报告；

3 在蓄能系统设计说明中，提供用于蓄冷的电驱动蓄能设备提供空调量的比例计算过程。

合理采用蓄冷蓄热技术对于调节昼夜电力峰谷差异有积极的作用，能够满足城市能源结构调整和环境保护的要求。

常见的蓄冷蓄热技术设备有：冰蓄冷、水蓄冷、溶液除湿机组中的储液罐、太阳能热水系统的蓄水池等。采用冰蓄冷、水蓄冷的空调系统，电驱动溶液除湿机组中的储液罐，太阳能热水系统的储水池均可利用夜间电力蓄能，起到调节昼夜电力峰谷的作用；而热驱动溶液除湿机组由于不使用电力作为动力，故其储液罐无法起到调节昼夜电力峰谷的作用，不属于本条文中提出的蓄冷蓄热技术。

通过专家论证，合理采用蓄冷蓄热的定量指标为：用于蓄冷的电驱动蓄能设备提供的冷量达到30%；参考《公共建筑节能设计标准》GB 50189－2005，电加热装置的蓄能设备能保证高峰时段不用电，则判定此项达标。

6.3.7 测评方法：文件审查、现场检查。

测评要点：审查热回收系统设计说明，包括系统形式、对应的建筑区域、经济性分析等；暖通设计图纸中应包括利用排风对新风预热（冷）的系统设计图。

近年来随着空调的普及，空调的耗能已成为人们的关注焦点，空调耗能已经占到了整个建筑耗能的30%～40%，而且在空调系统中，大部分空调回风经冷却和再热后作为送风送到空调房间，而其余的回风则排出室外，回风携带的热（冷）量就白白浪费了，同时送风进入空调房间时必须经过加热（冷却）处理，需要消耗相当多的能量，所以如何将空调系统回风热（冷）量回收，再用于空调系统，对空调系统节能将具有重要的意义。

在排风热回收系统中，通过排风和新风实现热湿传递，将排风带出的能量传递给新风，能够使能量得以最大限度地保留。在夏季，如采用高效的吸湿性转轮热回收装置，其全热回收效率可达48%，十分可观。

6.3.8 测评方法：文件审查、现场检查。

达到以下任一要求者，可得 5 分。

1 不低于 60% 的生活热水由空调冷凝热提供；

2 集中空调系统空调冷凝热全部回收用以加热生活热水。

空调系统一般通过冷水机组和冷却塔将室内的热量排出室外，从而将室内温度降至人体感觉舒适的温度。大量的冷凝热量如果直接排入大气，除了造成较大的能源浪费，还使环境温度升高，造成环境热污染。冷凝热回收技术可以很好地利用这部分热量，对空调系统向室外排放的这部分热量进行回收再利用，从而有效降低建筑的运行费用。

宾馆、酒店、医院等公共建筑，在使用空调的同时，还利用各种燃料或电加热锅炉、热水炉、蒸汽炉等制备热水，消耗大量能源。若在空调机组上设置废热回收装置，可实现在开空调的同时，把制冷循环中制冷工质冷凝放热过程放出的热量利用起来制备热水，一是可少用或停用现有的热水制备系统，节省燃料；二是对于改造后的制冷机组，冷凝效果大大提高，降低制冷机组和冷却系统的电耗，减少对环境的污染。

6.3.9 测评方法：文件审查、现场检查。

空调系统设计时不仅要考虑到设计工况，而且应考虑全年运行模式。在过渡季，空调系统采用全新风或增大新风比运行，都可以有效改善空调室内空气的品质，大量节省空气处理所需消耗的能量，应该大力推广应用。但要实现全新风运行，设计时必须认真考虑新风取风口和新风管所需的截面积，妥善安排好排风出路，并应确保室内合理的正压值。

测评要点：

1 审核图纸中新风取风口和新风道面积，其新风风道尺寸应能满足最大新风运行的需要，以此判断是否具有新风可调性；

2 施工图设计说明中应明确提出新风系统在过渡季节、冬夏季节的运行策略；

3 需提供空调机组调节新风比的范围；最大总

新风比不应低于50%，允许时宜取更大值；

4 具备调节功能的系统占新风系统的比例应不低于50%。

6.3.10 测评方法：文件审查、现场检查。

测评要点：

1 当循环水系统变流量运行时：审核图纸中末端机组出水管段是否设电动二通阀，并与机组联动开闭。循环水泵是否选用变频水泵和恒压差控制方法。循环水系统是否采用总流量根据末端机组的运行数量改变的变流量运行方式。

2 采用变风量系统时：审核图纸中是否采用根据设定的室内温度改变末端设备的一次风风量的运行方式。是否根据室内温度控制末端装置风机的启停。风机是否采用变速控制。

大多数公共建筑的空调系统都是按照最不利情况（满负荷）进行系统设计和设备选型的，而建筑在绝大部分时间内是处于部分负荷状况的，或者同一时间仅有一部分空间处于使用状态。面对这种部分负荷、部分空间使用条件的情况，如何采取有效的措施以节约能源，就显得至关重要。系统设计应能保证在建筑物处于部分冷热负荷时和仅部分建筑使用时，能根据实际需要提供恰当的能源供给，同时不降低能源转换效率。要实现这一目的，空调系统在部分负荷下的变水量或变风量调控措施也是十分必要的。

6.3.11 测评方法：文件审查、现场检查。

测评要点：

1 应对建筑物的冷水机组、水泵的能耗及冷水系统的整体能耗进行详细分析；

2 对拟采用的大温差小流量系统进行技术经济的分析比较；

3 系统设计应满足空调末端的供冷要求。

6.3.12 测评方法：文件审查、现场检查。

公共建筑的空调、通风和照明系统能耗是建筑运行中的主要能耗。为此，空调通风系统冷热源、风机、水泵等设备应进行有效监测，对关键数据进行实时采集并记录；对上述设备系统按照设计要求进行可靠的自动化控制。对照明系统，除了在保证照明质量的前提下尽量减小照明功率密度设计外，还应根据区域照度、人体动作感应器和使用时间实现对该区域照明的自动控制，达到建筑照明节能运行的目的。

6.3.13 测评方法：文件检查、现场检查。

在民用建筑中，供暖空调设备的能效对建筑能耗影响是很大的。《公共建筑节能设计标准》GB 50189-2005确定的供暖空调设备能效等级采用值见表18。

以离心式冷水机组为例，摘录了一家国外品牌机组和一家国产品牌机组的制冷效率与《公共建筑节能设计标准》GB 50189-2005规定的机组制冷效率和节电效果进行对比，见表19。

表18　供暖空调设备能效等级采用值

冷热源类型		能效等级
冷水（热泵）机组	活塞/涡旋式	第5级
	螺杆式	第4级
	离心式	第3级
单元式机组	风冷式/水冷式	第4级

表19　制冷机制冷效率对比和节电效果

类型		《公共建筑节能设计标准》COP规定值	国外品牌机组		国产品牌机组	
			平均COP	节电效果	平均COP	节电效果
水冷离心式机组制冷量（kW）	528~1163	4.70	5.05	6.93%	4.93	4.67%
	>1163	5.10	5.55	8.11%	5.62	9.25%

从表19可看出，国内外品牌的空调制冷机组能效大部分超过3级，接近或达到2级，机组节电5%～9%。目前市场上，大部分制冷机组能效值均超过《公共建筑节能设计标准》GB 50189-2005的规定值。这表明，应考虑制冷机组实际能效对建筑节能和能效测评的影响。

6.3.14 测评方法：文件审查、现场检查。

采用新型节能措施包括采用新型节能材料、新型节能设备、新型节能施工工艺、新型节能控制系统等。

每项技术节能率为采用节能措施的节能量占全年供暖空调及照明能耗的比例。

7 居住建筑能效实测评估

7.1 基　础　项

7.1.2 评估方法：统计分析、现场性能检测。

建筑总能耗通过查阅建筑物的能源消耗清单，并辅以现场实测的方法确定。不同能耗的计量单位进行统一折算。

7.2 规　定　项

7.2.1 评估方法：现场检测。

7.2.2 评估方法：现场检测。

锅炉运行效率测评要点：检测应在供暖系统正常运行120h后进行，检测持续时间不应小于24h。

锅炉的负荷率对锅炉的运行效率影响较大，所以，检测期间，燃煤锅炉的日平均运行负荷不应低于额定负荷的60%。由于燃油和燃气锅炉的负荷特性好，当负荷率在30%以上时，锅炉效率可接近额定效率，所以，燃油和燃气锅炉的负荷率应大于30%。由于在日供热量相同的条件下，运行时数长的锅炉日平均运行效率高于运行时数短的锅炉，所以，锅炉日累计运行时数应不小于 10h。

燃煤锅炉的耗煤量应按批计量，在一个供暖期内锅炉房所需的煤量往往不只一批，为了防止在检测期间，当各批煤煤质之间存在较大差异时可能导致的较大误差，所以煤样低位发热值的化验批数应与供暖锅炉房进煤批数相一致。燃油和燃气的低位发热值也应根据需要进行取样化验，以保证取得准确的数据。

对以热电厂为热源的系统，此项不作测评。

室外管网热损失率不应大于 10%。小区供暖系统室外管网热输送效率的检测应在供暖系统正常运行 120h 后进行，检测持续时间不应少于 72h。检测期间，热源供水温度的逐时值不应低于 35℃。

建筑物的供暖供热量应在建筑物热力入口处采用热计量装置测量，热计量装置中温度计和流量计的安装应符合相关产品的使用规定。

按规定建筑物外墙外表面 2.5m 以内属于室内系统，而 2.5m 以外属于室外管网系统。供回水温度传感器宜位于受检建筑物外墙外侧且距外墙外表面 2.5m 以内的地方。供暖系统总供暖供热量应在供暖热源出口处测量，热量计量装置中供回水温度传感器宜安装在供暖锅炉房或热力站内，安装在室外时，距锅炉房或热力站或热泵机房外墙外表面的垂直距离不应超过 2.5m。

对以热电厂为热源的系统，室外管网热损失率测评范围为热力站到用户。

为了监管和杜绝设备供应商和承包商偷工减料、以次充好等现象的发生，要求检测前对水泵铭牌参数进行校核，即循环水泵的水量和扬程。

供热负荷率达到 50% 时，即可实施对集中供暖系统耗电输热比检测。供热负荷率到 50% 时，系统的流量调节量和温差调整量均偏离设计值不大。

在供暖系统循环水泵的配备上，一般有四种方式，即变频制、多台泵并联制、大小泵制和常规一用一备制系统。变频制水泵通过调节水泵电机的输入频率来跟踪系统阻力的变化，为供暖系统提供恒定的资用压头。这种系统由于采用了变频技术，使得实际耗电输热比较低。多台泵并联制系统根据室外气温的变化，增加或减少水泵的台数，例如，严寒期启动两台泵，初寒期和末寒期启动一台泵，这样可以实现阶段量调节，再结合质调节便可以适应全供暖期负荷的变化。但这种方式下，当并联的水泵台数超过三台时，并联的效率降低显著。大小泵制也是一种行之有效的方式，严寒期使用大泵，初寒和末寒期使用小泵，小泵的流量为大泵的 75% 左右，扬程为大泵的 60% 左右，轴功率为大泵的 45% 左右。这种方式将负荷调节和设备的安全备用合二为一考虑，不失为一种智慧之举。常规一用一备制系统节能效果最差，但仍然有不少的系统在使用之中，因为它的安全余量大。但不管对何种系统，检测均应在水泵运行在设计状态时进行，以便使系统的实际耗电输热比取最大值，才能鉴别系统的优劣，检测时间应为 24h。

对以热电厂为热源的系统，集中供暖系统耗电输热比测评范围为热力站到用户二次网。

8 公共建筑能效实测评估

8.1 基 础 项

8.1.2 评估方法：统计分析、现场检测。

建筑总能耗通过查阅建筑物的能源消耗清单，并辅以现场实测的方法确定。不同能耗的计量单位进行统一折算。特殊区域（如 24h 空调的计算中心、网络中心、大型通信机房、有大型实验装置的实验室等）的能耗不包含在建筑总能耗中。

8.1.3 评估方法：统计分析、现场检测。

单位供暖空调能耗可采用以下方法：

1 对于已设分项计量装置的建筑，其供暖空调能耗可根据计量结果确定；

2 对于未设分项计量装置的建筑，可采用以下方法确定建筑能耗：

　　1）对供暖空调系统性能进行现场测试，根据测试结果并结合以往运行记录进行分析计算；

　　2）设置监测仪表，对供暖空调系统能耗进行长期监测，根据监测结果计算。

8.1.4 评估方法：现场检测。

水系统供冷（热）量应按现行国家标准《容积式和离心式冷水（热泵）机组性能试验方法》GB/T 10870 规定的液体载冷剂法进行检测。

检测时应同时分别对冷水（热水）的进、出口水温和流量进行检测，根据进出口温差和流量检测值计算得到系统的供冷（热）量。检测过程中应同时对冷却侧的参数进行监测，并应保证检测工况符合检测要求。

水系统供冷（热）量测点布置应符合下列规定：

1 温度计应设在靠近机组的进出口处；

2 流量传感器应设在设备进口或出口的直管段上，并应符合产品测量要求。

水系统供冷（热）量测量仪表应符合下列规定：

1 温度测量仪表可采用玻璃水银温度计、电阻温度计或热电偶温度计；

2 流量测量仪表应采用超声波流量计。

8.2 规 定 项

8.2.1 评估方法：现场检测。

根据国家标准《公共建筑节能设计标准》GB 50189-2005，空气调节系统室内计算参数宜符合表 20 的规定。

表20 空气调节系统室内计算参数

参	数	冬 季	夏 季
温度（℃）	一般房间	20	25
	大堂、过厅	18	室内外温差≤10
风速（v）（m/s）		0.10≤v≤0.20	0.15≤v≤0.30
相对湿度（%）		30~60	40~65

8.2.2 评估方法：现场检测。

8.2.3 评估方法：现场检测。

附录A 居住建筑能效测评基础项能耗计算

A.1 严寒和寒冷地区居住建筑

A.1.1 基础项能耗计算是相对节能率计算的基础。计算标识建筑的全年单位面积供暖空调能耗量时，其计算条件应符合本标准第5.1.4条的规定；计算比对建筑的全年单位面积供暖空调系统耗能量时，其计算条件应符合本标准第5.1.5条的规定。能耗模拟计算应采用典型气象年数据，计算中不考虑电梯、生活热水等设备及照明的运行能耗。

行业标准《严寒和寒冷地区居住建筑节能设计标准》JGJ 26-2010规定了锅炉的最低设计效率，如表21所示。

表21 锅炉的最低设计效率

锅炉类型、燃料种类		在下列锅炉容量（MW）下的额定热效率（%）						
		0.7	1.4	2.8	4.2	7.0	14.0	>28.0
燃煤	烟煤 Ⅱ	—	—	73	74	78	79	80
	Ⅲ	—	—	74	76	78	80	82
燃油、燃气		86	87	87	88	89	90	90

A.1.2 严寒和寒冷地区标识建筑的热源为锅炉或市政热力时，标识建筑全年累计热负荷可采用建筑物耗热量指标进行计算，当热源为热泵时，根据国家标准《地源热泵系统工程技术规范》GB 50366-2005（2009年版）第4.3.2条的规定，标识建筑应进行全年动态负荷计算。

A.2 夏热冬冷地区居住建筑

A.2.3 空调系统水泵能耗包括冷冻循环泵、冷却循环泵的能耗。

附录B 公共建筑能效测评基础项能耗计算

B.0.1~B.0.3 采用比对建筑对比评定法，比较整幢建筑的单位面积供暖空调全年能耗相对值。计算时，应符合本标准第6.1.4条和第6.1.5条的规定。能耗模拟计算应采用典型气象年数据，计算中不考虑电梯、生活热水等设备的运行能耗。

由于公共建筑空气侧输配系统的设备能耗计算复杂，供暖空调能耗未考虑空气侧输配系统的设备能耗；若系统使用冷却塔，由于冷却塔能耗相对很小，供暖空调能耗忽略冷却塔能耗。

在计算水泵能耗时，按照选取多台相同水泵计算，若选取大小泵制或其他方式，可参照此方法根据4段负荷下的运行时间和对应的水泵能耗进行计算。

关于冷却水泵输送能效比ER_e，考虑一般建筑冷却水泵的扬程小于冷冻水泵的扬程，因此，取冷却水泵扬程为32m，效率为70%，供回水温差为5℃，冷却塔为闭式冷却塔，则冷却水泵输送能效比的限值为：

$$ER_e = 0.002342H/(\Delta T \cdot \eta)$$
$$= 0.002342 \times 32/(5 \times 0.7) = 0.0214$$

B.0.4 在计算比对建筑冷水机组的耗电量时，由于单纯根据COP或IPLV计算都不可取，计算供冷系统能耗时不分气候区域、不分建筑类型仅给出一个供冷系统COP又过于笼统。因此本标准根据《公共建筑节能设计标准》GB 50189-2005中针对冷水（热泵）机组规定的COP和IPLV限值给出了机组分别在100%负荷、75%负荷、50%负荷和25%负荷下的性能系数，在冷水（热泵）机组的耗电量计算中根据建筑的不同负荷分段计算。

例如，冷水机组台数为2台。当建筑负荷在0~25%负荷区间时，设定单台机组在0~50%负荷区间运行；当建筑负荷在25%~50%负荷区间时，设定2台机组均在25%~50%负荷区间运行；当建筑负荷在50%~75%负荷区间时，设定2台机组均在50%~75%负荷区间运行；当建筑负荷在75%~100%负荷区间时，设定2台机组均在75%~100%负荷区间运行。按以上设定条件，计算比对建筑冷水机组在不同负荷工况下的COP。

B.0.5 采用冷水机组时，标识建筑单位建筑面积全年供冷耗电量E_{1c}可按下式计算：

$$E_{1c} = \left(\frac{Q_{lc,a}}{COP_{s,a}} + \frac{Q_{lc,b}}{COP_{s,b}} + \frac{Q_{lc,c}}{COP_{s,c}} + \frac{Q_{lc,d}}{COP_{s,d}} \right) \cdot \frac{1}{A}$$

$$COP_{s,a} = \frac{Q_{jz,a}}{W_{jz,a} + W_{b,a}}$$

$$COP_{s,b} = \frac{Q_{jz,b}}{W_{jz,b} + W_{b,b}}$$

$$COP_{s,c} = \frac{Q_{jz,c}}{W_{jz,c} + W_{b,c}}$$

$$COP_{s,d} = \frac{Q_{jz,d}}{W_{jz,d} + W_{b,d}}$$

式中：E_{1c}——单位建筑面积全年供冷耗电量（kWh/m²）；

$Q_{1c,a\sim d}$——负荷率分别在 0～25%、25%～50%、50%～75%、75%～100% 区间内的累计冷负荷（kWh）；

$COP_{s,a\sim d}$——负荷率分别在 0～25%、25%～50%、50%～75%、75%～100% 区间内的系统性能系数，为冷水机组制冷量之和与冷水机组、冷冻水泵、冷却水泵等功率叠加总和的比值；

A——总建筑面积（m²）；

$Q_{jz,a\sim d}$——冷水机组分别在系统 25%、50%、75%、100% 负荷下的制冷量（kW）；

$W_{jz,a\sim d}$——冷水机组分别在系统 25%、50%、75%、100% 负荷下的耗电量（kW）；

$W_{b,a\sim d}$——冷冻水泵和冷却水泵分别在系统 25%、50%、75%、100% 负荷下的耗电量（kW）。

B.0.6 采用冷水（热泵）机组时，标识建筑单位建筑面积全年供热耗电量（E_{1h}）和供冷耗电量（E_{1c}）可按下式计算：

$$E_{1h} = \left(\frac{Q_{1h,a}}{COP_{s,a}} + \frac{Q_{1h,b}}{COP_{s,b}} + \frac{Q_{1h,c}}{COP_{s,c}} + \frac{Q_{1h,d}}{COP_{s,d}} \right) \cdot \frac{1}{A}$$

$$E_{1c} = \left(\frac{Q_{1c,a}}{COP_{s,a}} + \frac{Q_{1c,b}}{COP_{s,b}} + \frac{Q_{1c,c}}{COP_{s,c}} + \frac{Q_{1c,d}}{COP_{s,d}} \right) \cdot \frac{1}{A}$$

式中：E_{1h}——单位建筑面积全年供热耗电量（kWh/m²）；

E_{1c}——单位建筑面积全年供冷耗电量（kWh/m²）；

$COP_{s,a\sim d}$——负荷率分别在 0～25%、25%～50%、50%～75%、75%～100% 区间内的系统性能系数，为冷水（热泵）机组制冷（热）量之和与冷水（热泵）机组、循环水泵等功率叠加总和的比值。计算方法与第 B.0.5 条类似。

中华人民共和国行业标准

预拌混凝土绿色生产及管理技术规程

Technical specification for green production and management of
ready-mixed concrete

JGJ/T 328—2014

批准部门：中华人民共和国住房和城乡建设部
施行日期：2 0 1 4 年 1 0 月 1 日

中华人民共和国住房和城乡建设部
公　告

第 382 号

住房城乡建设部关于发布行业标准
《预拌混凝土绿色生产及管理技术规程》的公告

现批准《预拌混凝土绿色生产及管理技术规程》为行业标准，编号为 JGJ/T 328-2014，自 2014 年 10 月 1 日起实施。

本规程由我部标准定额研究所组织中国建筑工业出版社出版发行。

中华人民共和国住房和城乡建设部

2014 年 4 月 16 日

前　言

根据住房和城乡建设部《关于印发 2012 年工程建设标准规范制订修订计划的通知》（建标〔2012〕5 号）的要求，编制组经广泛调查研究，认真总结实践经验，参考有关国际标准和国外先进标准，并在广泛征求意见的基础上，编制本规程。

本规程的主要技术内容是：1 总则；2 术语；3 厂址选择和厂区要求；4 设备设施；5 控制要求；6 监测控制；7 绿色生产评价。

本规程由住房和城乡建设部负责管理，由中国建筑科学研究院负责具体技术内容的解释。执行过程中如有意见和建议，请寄送至中国建筑科学研究院（地址：北京市北三环东路 30 号，邮政编码：100013）。

本规程主编单位：中国建筑科学研究院
博坤建设集团公司

本规程参编单位：江苏大自然新材料有限公司
上海城建物资有限公司
中建商品混凝土有限公司
河北建设集团有限公司混凝土分公司
江苏苏博特新材料股份有限公司
江苏铸本混凝土工程有限公司
北京金隅混凝土有限公司
广东省建筑科学研究院
新疆西部建设股份有限公司
深圳市为海建材有限公司
上海建工材料工程有限公司
深圳市安托山混凝土有限公司
华新水泥股份有限公司
辽宁省建设科学研究院
北京天恒泓混凝土有限公司
天津港保税区航保商品砼供应有限公司
天津市澳川混凝土科技有限公司
浙江省台州四强新型建材有限公司
舟山市金土木混凝土技术开发有限公司
浙江建工检测科技有限公司

本规程主要起草人员：韦庆东　周永祥　丁　威
冷发光　仇心金　徐亚玲
吴文贵　刘加平　刘永奎
余尧天　龙　宇　陈旭峰
王新祥　孙　俊　朱炎宁
杨根宏　吴德龙　梁锡武
齐广华　王　元　高金枝

目　次

目　次

Contents

1 总 则

1.0.1 为规范预拌混凝土绿色生产及管理技术，保证混凝土质量，满足节地、节能、节材、节水和环境保护要求，做到技术先进、经济合理、安全适用，制定本规程。

1.0.2 本规程适用于预拌混凝土绿色生产、管理及评价。

1.0.3 专项试验室宜具备监测噪声和生产性粉尘的能力。

1.0.4 在绿色生产过程中，不得向厂界以外直接排放生产废水和废弃混凝土。

1.0.5 预拌混凝土绿色生产、管理及评价除应符合本规程外，尚应符合国家现行有关标准的规定。

2 术 语

2.0.1 废浆 industrial waste nud

清洗混凝土搅拌设备、运输设备和搅拌站（楼）出料位置地面所形成的含有较多固体颗粒物的液体。

2.0.2 生产废水处置系统 treatment system of industrial waste water

对生产废水、废浆进行回收和循环利用的设备设施的总称。

2.0.3 砂石分离机 separator

将废弃的新拌混凝土分离处理成可再利用砂、石的设备。

2.0.4 厂界 boundary

以法律文书确定的业主拥有使用权或所有权的场所或建筑物的边界。

2.0.5 生产性粉尘 industrial dust

预拌混凝土生产过程中产生的总悬浮颗粒物、可吸入颗粒物和细颗粒物的总称。

2.0.6 无组织排放 unorganized emission

未经专用排放设备进行的、无规则的大气污染物排放。

2.0.7 总悬浮颗粒物 total suspended particle

环境空气中空气动力学当量直径不大于 $100\mu m$ 的颗粒物。

2.0.8 可吸入颗粒物 particulate matter under 10 microns

环境空气中空气动力学当量直径不大于 $10\mu m$ 的颗粒物。

2.0.9 细颗粒物 particulate matter under 2.5microns

环境空气中空气动力学当量直径不大于 $2.5\mu m$ 的颗粒物。

3 厂址选择和厂区要求

3.1 厂 址 选 择

3.1.1 搅拌站（楼）厂址应符合规划、建设和环境保护的要求。

3.1.2 搅拌站（楼）厂址宜满足生产过程中合理利用地方资源和方便供应产品的要求。

3.2 厂 区 要 求

3.2.1 厂区内的生产区、办公区和生活区宜分区布置，可采取下列隔离措施降低生产区对生活区和办公区环境的影响：

　　1 可设置围墙和声屏障，或种植乔木和灌木来减弱或阻止粉尘和噪声传播；

　　2 可设置绿化带来规范引导人员和车辆流动。

3.2.2 厂区内道路应硬化，功能应满足生产和运输要求。

3.2.3 厂区内未硬化的空地应进行绿化或采取其他防止扬尘措施，且应保持卫生清洁。

3.2.4 生产区内应设置生产废弃物存放处。生产废弃物应分类存放、集中处理。

3.2.5 厂区内应配备生产废水处置系统。宜建立雨水收集系统并有效利用。

3.2.6 厂区门前道路和环境应符合环境卫生、绿化和社会秩序的要求。

4 设 备 设 施

4.0.1 预拌混凝土绿色生产宜选用技术先进、低噪声、低能耗、低排放的搅拌、运输和试验设备。设备应符合国家现行标准《混凝土搅拌站（楼）》GB/T 10171、《混凝土搅拌机》GB/T 9142 和《混凝土搅拌运输车》GB/T 26408 等的相应规定。

4.0.2 搅拌站（楼）宜采用整体封闭方式。

4.0.3 搅拌站（楼）应安装除尘装置，并应保持正常使用。

4.0.4 搅拌站（楼）的搅拌层和称量层宜设置水冲洗装置，冲洗产生的废水宜通过专用管道进入生产废水处置系统。

4.0.5 搅拌主机卸料口应设置防喷溅设施。装料区域的地面和墙壁应保持清洁卫生。

4.0.6 粉料仓应标识清晰并配备料位控制系统，料位控制系统应定期检查维护。

4.0.7 骨料堆场应符合下列规定：

　　1 地面应硬化并确保排水通畅；

　　2 粗、细骨料应分隔堆放；

　　3 骨料堆场宜建成封闭式堆场，宜安装喷淋抑尘装置。

4.0.8 配料地仓宜与骨料仓一起封闭，配料用皮带输送机宜侧面封闭且上部加盖。

4.0.9 粗、细骨料装卸作业宜采用布料机。

4.0.10 处理废弃新拌混凝土的设备设施宜符合下列规定：

    1 当废弃新拌混凝土用于成型小型预制构件时，应具有小型预制构件成型设备；

    2 当采用砂石分离机处置废弃新拌混凝土时，砂石分离机应状态良好且运行正常；

    3 可配备压滤机等处理设备；

    4 废弃新拌混凝土处理过程中产生的废水和废浆应通过专用管道进入生产废水和废浆处置系统。

4.0.11 预拌混凝土绿色生产应配备运输车清洗装置，冲洗产生的废水应通过专用管道进入生产废水处置系统。

4.0.12 搅拌站（楼）宜在皮带传输机、搅拌主机和卸料口等部位安装实时监控系统。

5 控制要求

5.1 原 材 料

5.1.1 原材料的运输、装卸和存放应采取降低噪声和粉尘的措施。

5.1.2 预拌混凝土生产用大宗粉料不宜使用袋装方式。

5.1.3 当掺加纤维等特殊原材料时，应安排专人负责技术操作和环境安全。

5.2 生产废水和废浆

5.2.1 预拌混凝土绿色生产应配备完善的生产废水处置系统，可包括排水沟系统、多级沉淀池系统和管道系统。排水沟系统应覆盖连通搅拌站（楼）装车层、骨料堆场、砂石分离机和车辆清洗场等区域，并与多级沉淀池连接；管道系统可连通多级沉淀池和搅拌主机。

5.2.2 当采用压滤机对废浆进行处理时，压滤后的废水应通过专用管道进入生产废水回收利用装置，压滤后的固体应做无害化处理。

5.2.3 经沉淀或压滤处理的生产废水用作混凝土拌合用水时，应符合下列规定：

    1 与取代的其他混凝土拌合用水按实际生产用比例混合后，水质应符合现行行业标准《混凝土用水标准》JGJ 63 的规定，掺量应通过混凝土试配确定；

    2 生产废水应经专用管道和计量装置输入搅拌主机。

5.2.4 废浆用于预拌混凝土生产时，应符合下列规定：

    1 取废浆静置沉淀24h后的澄清水与取代的其他混凝土拌合用水按实际生产用比例混合后，水质应符合现行行业标准《混凝土用水标准》JGJ 63 的规定；

    2 在混凝土用水中可掺入适当比例的废浆，配合比设计时可将废浆中的水计入混凝土用水量，固体颗粒量计入胶凝材料用量，废浆用量应通过混凝土试配确定；

    3 掺用废浆前，应采用均化装置将废浆中固体颗粒分散均匀；

    4 每生产班检测废浆中固体颗粒含量不应少于1次；

    5 废浆应经专用管道和计量装置输入搅拌主机。

5.2.5 生产废水、废浆不宜用于制备预应力混凝土、装饰混凝土、高强混凝土和暴露于腐蚀环境的混凝土；不得用于制备使用碱活性或潜在碱活性骨料的混凝土。

5.2.6 经沉淀或压滤处理的生产废水也可用于硬化地面降尘和生产设备冲洗。

5.3 废弃混凝土

5.3.1 废弃新拌混凝土可用于成型小型预制构件，也可采用砂石分离机进行处置。分离后的砂石应及时清理、分类使用。

5.3.2 废弃硬化混凝土可生产再生骨料和粉料由预拌混凝土生产企业消纳利用，也可由其他固体废弃物再生利用机构消纳利用。

5.4 噪 声

5.4.1 预拌混凝土绿色生产应根据现行国家标准《声环境质量标准》GB 3096 和《工业企业厂界环境噪声排放标准》GB 12348 的规定以及规划，确定厂界和厂区声环境功能区类别，制定噪声区域控制方案和绘制噪声区划图，建立环境噪声监测网络与制度，评价和控制声环境质量。

5.4.2 搅拌站（楼）的厂界声环境功能区类别划分和环境噪声最大限值应符合表 5.4.2 的规定。

表 5.4.2 搅拌站（楼）的厂界声环境功能区
类别划分和环境噪声最大限值（dB（A））

声环境功能区域	时段	
	昼间	夜间
以居民住宅、医疗卫生、文化教育、科研设计、行政办公为主要功能，需要保持安静的区域	55	45
以商业金融、集市贸易为主要功能，或者居住、商业、工业混杂，需要维护住宅安静的区域	60	50

声环境功能区域	时段	
	昼间	夜间
以工业生产、仓储物流为主要功能，需要防止工业噪声对周围环境产生严重影响的区域	65	55
高速公路、一级公路、二级公路、城市快速路、城市主干路、城市次干路、城市轨道交通地面段、内河航道两侧区域，需要防止交通噪声对周围环境产生严重影响的区域	70	55
铁路干线两侧区域，需要防止交通噪声对周围环境产生严重影响的区域	70	60

注：环境噪声限值是指等效声级。

5.4.3 对产生噪声的主要设备设施应进行降噪处理。

5.4.4 搅拌站（楼）临近居民区时，应在对应厂界安装隔声装置。

5.5 生产性粉尘

5.5.1 预拌混凝土绿色生产应根据现行国家标准《环境空气质量标准》GB 3095 和《水泥工业大气污染物排放标准》GB 4915 的规定以及环境保护要求，确定厂界和厂区内环境空气功能区类别，制定厂区生产性粉尘监测点平面图，建立环境空气监测网络与制度，评价和控制厂区和厂界的环境空气质量。

5.5.2 搅拌站（楼）厂界环境空气功能区类别划分和环境空气污染物中的总悬浮颗粒物、可吸入颗粒物和细颗粒物的浓度控制要求应符合表 5.5.2 的规定。厂界平均浓度差值应符合下列规定：

    1 厂界平均浓度差值应是在厂界处测试 1h 颗粒物平均浓度与当地发布的当日 24h 颗粒物平均浓度的差值。

    2 当地不发布或发布值不符合混凝土站（楼）所处实际环境时，厂界平均浓度差值应采用在厂界处测试 1h 颗粒物平均浓度与参照点当日 24h 颗粒物平均浓度的差值。

表 5.5.2 总悬浮颗粒物、可吸入颗粒物和细颗粒物的浓度控制要求

污染物项目	测试时间	厂界平均浓度差值最大限值（$\mu g/m^3$）	
		自然保护区、风景名胜区和其他需要特殊保护的区域	居住区、商业交通居民混合区、文化区、工业区和农村地区
总悬浮颗粒物	1h	120	300
可吸入颗粒物	1h	50	150
细颗粒物	1h	35	75

5.5.3 厂区内生产时段无组织排放总悬浮颗粒物的 1h 平均浓度应符合下列规定：

    1 混凝土搅拌站（楼）的计量层和搅拌层不应大于 $1000\mu g/m^3$；

    2 骨料堆场不应大于 $800\mu g/m^3$；

    3 搅拌站（楼）的操作间、办公区和生活区不应大于 $400\mu g/m^3$。

5.5.4 预拌混凝土绿色生产宜采取下列防尘技术措施：

    1 对产生粉尘排放的设备设施或场所进行封闭处理或安装除尘装置；

    2 采用低粉尘排放量的生产、运输和检测设备；

    3 利用喷淋装置对砂石进行预湿处理。

5.6 运输管理

5.6.1 运输车应达到当地机动车污染物排放标准要求，并应定期保养。

5.6.2 原材料和产品运输过程应保持清洁卫生，符合环境卫生要求。

5.6.3 预拌混凝土绿色生产应制定运输管理制度，并应合理指挥调度车辆，且宜采用定位系统监控车辆运行。

5.6.4 冲洗运输车辆宜使用循环水，冲洗运输车产生的废水可进入废水回收利用设施。

5.7 职业健康安全

5.7.1 预拌混凝土绿色生产除应符合现行国家标准《职业健康安全管理体系 要求》GB/T 28001 的规定外，尚应符合下列规定：

    1 应设置安全生产管理小组和专业安全工作人员，制定安全生产管理制度和安全事故应急预案，每年度组织不少于一次的全员安全培训；

    2 在生产区内噪声、粉尘污染较重的场所，工作人员应佩戴相应的防护器具；

    3 工作人员应定期进行体检。

5.7.2 生产区的危险设备和地段应设置醒目安全标识，安全标识的设定应符合现行国家标准《安全标志及其使用导则》GB 2894 的规定。

6 监测控制

6.0.1 绿色生产监测控制对象应包括生产性粉尘和噪声。当生产废水和废浆用于制备混凝土时，监测控制对象尚应包括生产废水和废浆。预拌混凝土绿色生产应编制监测控制方案，并针对监测控制对象定期组织第三方监测和自我监测。废浆、生产废水、噪声和生产性粉尘的监测时间应选择满负荷生产时段，监测频率最小限值应符合表 6.0.1 的规定，检测结果应符合本规程第 5 章的规定。

表6.0.1 废浆、生产废水、生产性粉尘和噪声的监测频率最小限值

监测对象	监测频率（次/年）		
	第三方监测	自我监测	总计
废浆	1	—	1
生产废水	1	—	1
噪声	1	2	3
生产性粉尘	1	—	2

6.0.2 生产废水的检测方法应符合现行行业标准《混凝土用水标准》JGJ 63的规定。废浆的固体颗粒含量检测方法可按现行国家标准《混凝土外加剂匀质性试验方法》GB/T 8077的规定执行。

6.0.3 环境噪声的测点分布和监测方法除应符合现行国家标准《声环境质量标准》GB 3096和《工业企业厂界环境噪声排放标准》GB 12348的规定外，尚应符合下列规定：

　　1 当监测厂界环境噪声时，应在厂界均匀设置四个以上监控点，并应包括受被测声源影响大的位置；

　　2 当监测厂区内环境噪声时，应在厂区的骨料堆场、搅拌站（楼）控制室、食堂、办公室和宿舍等区域设置监控点，并应包括噪声敏感建筑物的受噪声影响方向；

　　3 各监控点应分别监测昼间和夜间环境噪声，并应单独评价。

6.0.4 生产性粉尘排放的测点分布和监测方法除应符合国家现行标准《大气污染物无组织排放监测技术导则》HJ/T 55、《环境空气　总悬浮颗粒物的测定　重量法》GB/T 15432和《环境空气　PM₁₀和PM₂.₅的测定　重量法》HJ 618的规定外，尚应符合下列规定：

　　1 当监测厂界生产性粉尘排放时，应在厂界外20m处、下风口方向均匀设置二个以上监控点，并应包括受被测粉尘源影响大的位置，各监控点应分别监测1h平均值，并应单独评价；

　　2 当监测厂区内生产性粉尘排放时，当日24h细颗粒物平均浓度值不大于75$\mu g/m^3$，应在厂区的骨料堆场、搅拌站（楼）的搅拌层、称量层、办公和生活等区域设置监控点，各监控点应分别监测1h平均值，并应单独评价；

　　3 当监测参照点大气污染物浓度时，应在上风口方向且距离厂界50m位置均匀设置二个以上参照点，各参照点应分别监测24h平均值，取算术平均值作为参照点当日24h颗粒物平均浓度。

6.0.5 预拌混凝土绿色生产应定期检查和维护除尘、降噪和废水处理等环保设施，并应记录运行情况。

7 绿色生产评价

7.0.1 预拌混凝土绿色生产评价指标体系可由厂址选择和厂区要求、设备设施、控制要求和监测控制四类指标组成。每类指标应包括控制项和一般项。当控制项不合格时，绿色生产评价结果应为不通过。

7.0.2 绿色生产评价等级应划分为一星级、二星级和三星级。绿色生产评价等级、总分和评价指标要求应符合表7.0.2的规定。

表7.0.2 绿色生产评价等级、总分和评价指标要求

等级	总分	厂区要求			设备设施			控制要求			监测控制		
		控制项	一般项	分值	控制项	一般项	分值	控制项	一般项	分值	控制项	一般项	分值
★	100	1	5	10	2	10	50	1	7	30	1	3	10
★★	130	1	5	10	12	0	50	4	12	60	1	3	10
★★★	160	1	5	10	12	0	50	7	15	90	1	3	10

7.0.3 一星级绿色生产评价应按本规程附录A的规定进行评价。当评价总分不低于80分时，评价结果应为通过。

7.0.4 二星级绿色生产评价应符合下列规定：

　　1 应按本规程附录A和附录B分别评价，并累计评价总分；

　　2 按本规程附录A进行评价，评价总分不应低于85分，且设备设施评价应得满分；按本规程附录B进行评价，评价总分不应低于20分；

　　3 当累计评价总分不低于110分时，评价结果应为通过。

7.0.5 三星级绿色生产评价宜符合下列规定：

　　1 应按本规程附录A、附录B和附录C分别评价，并累计评价总分；

　　2 按本规程附录A进行评价，评价总分不应低于90分，且设备设施评价应得满分；按本规程附录B进行评价，评价总分不应低于25分；按本规程附录C进行评价，评价总分不应低于20分；

　　3 当累计评价总分不低于140分时，评价结果应为通过。

附录 A 绿色生产评价通用要求

表 A 绿色生产评价通用要求

评价指标	指标类型	分值	分项评价内容	分项分值	评价要素
厂区要求	控制项	4	道路硬化及质量	4	道路硬化率达到100%，得2分；硬化道路质量良好、无明显破损，得2分
	一般项	6	功能分区	1	厂区内的生产区、办公区和生活区采用分区布置，得1分
			未硬化空地的绿化	1	厂区内未硬化空地的绿化率达到80%以上，得1分
			绿化面积	1	厂区整体绿化面积达10%以上，得1分
			生产废弃物存放处的设置	1	生产区内设置生产废弃物存放处，得0.5分；生产废弃物分类存放、集中处理，得0.5分
			整体清洁卫生	2	厂区门前道路、环境按门前三包要求进行管理，并符合要求，得1分；厂区内保持卫生清洁，得1分
设备设施	控制项	14	除尘装置	7	粉料筒仓顶部、粉料贮料斗、搅拌机进料口或骨料贮料斗的进料口均安装除尘装置，除尘装置状态和功能完好，运转正常，得7分
			生产废水、废浆处置系统	7	生产废水、废浆处置系统包括排水沟系统、多级沉淀池系统和管道系统且正常运转，得4分；排水沟系统覆盖连通装车层、骨料堆场和废弃新拌混凝土处置设备设施，并与多级沉淀池连接，得1分。当生产废水和废浆用作混凝土拌合用水时，管道系统连通多级沉淀池和搅拌主机，得1分，沉淀池设有均化装置，得1分；当经沉淀或压滤处理的生产废水用于硬化地面降尘、生产设备和运输车辆冲洗时，得2分
	一般项	36	监测设备	3	拥有经校准合格的噪声测试仪，得1分；拥有经校准合格的粉尘检测仪，得2分
			清洗装置	4	预拌混凝土绿色生产配备运输车清洗装置，得2分；搅拌站（楼）的搅拌层和称量层设置水冲洗装置，冲洗废水通过专用管道进入生产废水处置系统，得2分
			防喷溅设施	2	搅拌主机卸料口设下料软管等防喷溅设施，得2分
			配料地仓、皮带输送机	6	配料地仓与骨料仓一起封闭，得2分；当采用高塔式骨料仓时，配料地仓单独封闭得2分。骨料用皮带输送机侧面封闭且上部加盖，得4分
			废弃新拌混凝土处置设备设施	4	采用砂石分离机时，砂石分离机的状态和功能良好，运行正常，得4分；利用废弃新拌混凝土成型小型预制构件时，小型预制构件成型设备的状态和功能良好，运行正常，得4分；采用其他先进设备设施处理废弃新拌混凝土并实现砂、石和水的循环利用时，得4分
			粉料仓标识和料位控制系统	3	水泥、粉煤灰矿粉等粉料仓标识清晰，得1分；粉料仓均配备料位控制系统，得2分
			雨水收集系统	2	设有雨水收集系统并有效利用，得2分
			骨料堆场或高塔式骨料仓	5	当采用高塔式骨料仓时，得5分。当采用骨料堆场时：地面硬化率100%，并排水通畅，得1分；采用有顶盖无围墙的简易封闭骨料堆场，得2分，噪声和生产性粉尘排放满足本规程5.4节和5.5要求，得2分；采用有三面以上围墙的封闭式堆场，得3分，噪声和生产性粉尘排放满足本规程5.4节和5.5节要求，得1分；采用有三面以上围墙且安装喷淋抑尘装置的封闭式堆场，得4分

续表 A

评价指标	指标类型	分值	分项评价内容	分项分值	评价要素
设备设施	一般项	36	整体封闭的搅拌站（楼）	5	当搅拌站（楼）四周封闭时，得4分，噪声和生产性粉尘排放满足本规程5.4节和5.5节要求，得1分；当搅拌站（楼）四周及顶部同时封闭时，得5分；当搅拌站不封闭并满足本规程第5.4节和第5.5节要求时，得5分
			隔声装置	2	搅拌站（楼）临近居民区时，在厂界安装隔声装置，得2分；搅拌站（楼）厂界与居民区最近距离大于50m时，不安装隔声装置，得2分
控制要求	控制项	5	废弃物排放	5	不向厂区以外直接排放生产废水、废浆和废弃混凝土，得5分
	一般项	25	环境噪声控制	5	第三方监测的厂界声环境噪声限值符合本规程表5.4.2的规定，得5分
			生产性粉尘控制	7	第三方监测的厂界环境空气污染物中的总悬浮颗粒物、可吸入颗粒物和细颗粒物的浓度符合本规程表5.5.2中浓度限值的规定，得4分；厂区无组织排放总悬浮颗粒物的1h平均浓度限值符合本规程第5.5.3条规定，得3分
			生产废水利用	3	沉淀或压滤处理的生产废水用作混凝土拌合用水并符合本规程第5.2.3条的规定，得3分；沉淀或压滤处理的生产废水完全循环用于硬化地面降尘、生产设备和运输车辆冲洗时，得3分
			废浆处置和利用	2	利用压滤机处置废浆并做无害化处理，且有应用证明，得2分；或者废浆直接用于预拌混凝土生产并符合本规程第5.2.4条的规定，得2分
			废弃混凝土利用	2	利用废弃新拌混凝土成型小型预制构件且利用率不低于90%，得1分；或者废弃新拌混凝土经砂石分离机分离生产砂石且砂石利用率不低于90%，得1分；当循环利用硬化混凝土时：由固体废弃物再生利用机构消纳利用并有相关证明材料，得1分；由混凝土生产商自己生产再生骨料和粉料消纳利用，得1分
			运输管理	3	采用定位系统监控车辆运行，得1分；运输车达到当地机动车污染物排放标准要求并定期保养，得2分
			职业健康安全管理	3	每年度组织不少于一次的全员安全培训，得1分；在生产区内噪声、粉尘污染较重的场所，工作人员佩戴相应的防护器具，得1分；工作人员定期进行体检，得1分
监测控制	控制项	5	监测资料	5	具有第三方监测结果报告，得2分；具有生产废水和废浆处置或循环利用记录，得1分；具有除尘、降噪和废水处理等环保设施检查或维护记录，得1分；具有料位控制系统定期检查记录，得1分
	一般项	5	生产性粉尘的监测	2	生产性粉尘的监测符合本规程第6.0.4条的规定，监测频率符合本规程表6.0.1的规定，具有监测结果报告，得2分
			生产废水和废浆的监测	2	生产废水和废浆用于制备混凝土时，监测符合本规程第6.0.2条的规定，监测频率符合本规程表6.0.1的规定，具有监测结果报告，得2分；生产废水完全循环用于硬化地面降尘、生产设备和运输车辆冲洗时，不需要监测，得2分
			环境噪声的监测	1	环境噪声的监测符合本规程第6.0.3条的规定，监测频率符合本规程表6.0.1的规定，具有监测结果报告，得1分

附录 B 二星级及以上绿色生产评价专项要求

表 B 二星级及以上绿色生产评价专项要求

评价指标	指标类型	分值	分项评价内容	分项分值	评价要素
控制技术	控制项	12	生产废水控制	4	全年的生产废水消纳利用率或循环利用率达到100%，并有相关证明材料
			厂界生产性粉尘控制	5	厂区位于住区、商业交通居民混合区、文化区、工业区和农村地区时，总悬浮颗粒物、可吸入颗粒物和细颗粒物的厂界浓度差值最大限值分别为250μg/m³、120μg/m³ 和 55μg/m³
			厂界噪声控制	3	比本规程第5.4节规定的所属声环境昼间噪声限值低5dB（A）以上，或最大噪声限值55dB（A）
	一般项	18	废浆和废弃混凝土控制	4	废浆和废弃混凝土的回收利用率或集中消纳利用率均达到90%以上
			厂区内生产性粉尘控制	4	厂区内无组织排放总悬浮颗粒物的1h平均浓度限值符合下列规定：混凝土搅拌站（楼）的计量层和搅拌层不应大于800μg/m³；骨料堆场不应大于600μg/m³
			厂区内噪声控制	3	厂区内噪声敏感建筑物的环境噪声最大限值（dB（A））符合下列规定：昼间生活区55，办公区60；夜间生活区45，办公区50
			环境管理	4	应符合现行国家标准《环境管理体系 要求及使用指南》GB/T 24001 规定
			质量管理	3	应符合现行国家标准《质量管理体系 要求》GB/T 19001 规定

附录 C 三星级绿色生产评价专项要求

表 C 三星级绿色生产评价专项要求

评价指标	指标类型	分值	分项评价内容	分项分值	评价要素
控制技术	控制项	18	生产废弃物	6	全年的生产废弃物的消纳利用率或循环利用率达到100%，达到零排放
			厂界生产性粉尘控制	6	厂区位于住区、商业交通居民混合区、文化区、工业区和农村地区时，总悬浮颗粒物、可吸入颗粒物和细颗粒物的厂界浓度差值最大限值分别为200μg/m³、80μg/m³ 和 35μg/m³
			厂界噪声控制	6	比本规程第5.4节规定的所属声环境昼间噪声限值低10dB（A）以上，或最大噪声限值55dB（A）
	一般项	12	厂区内生产性粉尘控制	5	厂区内无组织排放总悬浮颗粒物的1h平均浓度限值符合下列规定：混凝土搅拌站（楼）的计量层和搅拌层不应大于600μg/m³；骨料堆场不应大于400μg/m³
			厂区内噪声控制	5	厂区内噪声敏感建筑物的环境噪声最大限值（dB（A））符合下列规定：昼间办公区55；夜间办公区45
			职业健康安全管理	2	应符合现行国家标准《职业健康安全管理体系 要求》GB/T 28001 规定

本规程用词说明

1 为便于在执行本规程条文时区别对待,对要求严格程度不同的用词说明如下:

    1) 表示很严格,非这样做不可的:

        正面词采用"必须",反面词采用"严禁";

    2) 表示严格,在正常情况下均应这样做的:

        正面词采用"应",反面词采用"不应"或"不得";

    3) 表示允许稍有选择,在条件许可时,首先应这样做的:

        正面词采用"宜",反面词采用"不宜";

    4) 表示有选择,在一定条件下可以这样做的,采用"可"。

2 条文中指明应按其他有关标准执行的写法为:"应符合……的规定"或"应按……执行"。

引用标准名录

1 《安全标志及其使用导则》GB 2894

2 《环境空气质量标准》GB 3095

3 《声环境质量标准》GB 3096

4 《水泥工业大气污染物排放标准》GB 4915

5 《混凝土外加剂匀质性试验方法》GB/T 8077

6 《混凝土搅拌机》GB/T 9142

7 《混凝土搅拌站(楼)》GB/T 10171

8 《工业企业厂界环境噪声排放标准》GB 12348

9 《环境空气　总悬浮颗粒物的测定　重量法》GB/T 15432

10 《质量管理体系　要求》GB/T 19001

11 《环境管理体系　要求及使用指南》GB/T 24001

12 《混凝土搅拌运输车》GB/T 26408

13 《职业健康安全管理体系　要求》GB/T 28001

14 《混凝土用水标准》JGJ 63

15 《大气污染物无组织排放监测技术导则》HJ/T 55

16 《环境空气　PM_{10} 和 $PM_{2.5}$ 的测定　重量法》HJ 618

中华人民共和国行业标准

预拌混凝土绿色生产及管理技术规程

JGJ/T 328—2014

条 文 说 明

制 订 说 明

《预拌混凝土绿色生产及管理技术规程》JGJ/T 328—2014，经住房和城乡建设部 2014 年 4 月 16 日以第 382 号公告批准、发布。

本规程编制过程中，编制组进行了广泛而深入的调查研究，总结了我国预拌混凝土绿色生产及管理的实践经验，同时参考了国外先进技术法规、技术标准，通过试验和监测取得了绿色生产的相关重要技术参数。

为便于广大设计、施工、科研、学校等单位有关人员在使用本规程时能正确理解和执行条文规定，《预拌混凝土绿色生产及管理技术规程》编制组按章、节、条顺序编制了本规程的条文说明，供使用者参考。但是，本条文说明不具备与规程正文同等的法律效力，仅供使用者作为理解和把握规程规定的参考。

目 次

1 总　则

1.0.1 我国预拌混凝土通常在预拌混凝土搅拌站（楼）、预制混凝土构件厂及施工现场搅拌楼进行集中搅拌生产。采用绿色生产及管理技术，保证混凝土质量并满足节地、节能、节材、节水和保护环境，对于我国混凝土行业健康发展具有重要意义。

1.0.2 本条规定了本规程的适用范围。

1.0.3 实施绿色生产时，必须严格控制粉尘和噪声排放并实现动态管理，并须具备及时发现问题和解决问题的能力。因此，在绿色生产过程中除第三方检测外，专项试验室尚需要自身具备检测噪声和生产性粉尘的能力，以加强过程监控力度，特别是二星级及以上绿色生产必须具备噪声和粉尘检测设备。

1.0.4 预拌混凝土生产废水含有较多的固体，直接排放到厂界外面的河道或市政管道会造成河床污染或管道堵塞，并对环境产生较大的负面影响。直接排放废弃混凝土不仅给环境带来压力，也造成材料浪费。废弃混凝土应按本规程第5章的规定循环利用，以达到节材目标。

1.0.5 预拌混凝土绿色生产、管理和评价涉及不同标准和管理制度规定内容，在使用中除应执行本规程外，尚应符合国家现行有关标准规范的规定。

2 术　语

2.0.1 本条文明确了废浆的主要来源及组分。含泥量较高的废浆不宜回收利用。

2.0.2 本条文定义的生产废水处置系统包括用于回收目的的收集管道系统和用于沉淀的多级沉淀池系统。当生产废水和废浆用于制备混凝土时，还应包括用于循环利用的计量和均匀搅拌系统，应当注意，使用萘系外加剂生产混凝土形成的生产废水不得和使用聚羧酸系外加剂生产混凝土形成的生产废水相混合使用。当生产废水完全用于循环冲洗或除尘，生产废水处置系统则不包括搅拌系统。

2.0.3 砂石分离机通常包括进料槽、搅拌分离机、供水系统和筛分系统，有滚筒式分离机和螺旋式分离机等产品类型。其工作原理是废弃新拌混凝土在水流冲击下通过进料槽进入搅拌分离机，利用离心原理和筛分系统，分离并生产出砂石，伴随产生生产废水。分离出的砂石可部分替代生产用骨料用于生产混凝土。

2.0.4 厂界是由法律文书确定的业主所拥有使用权或所有权的场所或建筑物的边界。现行国家标准《工业企业厂界环境噪声排放标准》GB 12348 规定了"厂界"术语，本规程基本等同采用。

2.0.5 根据现行国家职业卫生标准《工作场所职业病危害作业分级 第1部分：生产性粉尘》GBZ/T 229.1规定，生产性粉尘分为无机粉尘、有机粉尘和混合性粉尘。预拌混凝土生产过程主要产生无机粉尘，本规程是指总悬浮颗粒物、可吸入颗粒物和细颗粒物的总称。

2.0.6 搅拌站（楼）的大气污染物排放方式主要是无组织排放。

2.0.7 总悬浮颗粒物又称 TSP。现行国家标准《环境空气质量标准》GB 3095 规定了"总悬浮颗粒物"术语，本规程等同采用。

2.0.8 可吸入颗粒物又称 PM_{10}。现行国家标准《环境空气质量标准》GB 3095 规定了"可吸入颗粒物"术语，本规程等同采用。

2.0.9 细颗粒物又称 $PM_{2.5}$。现行国家标准《环境空气质量标准》GB 3095 规定了"细颗粒物"术语，本规程等同采用。

3 厂址选择和厂区要求

3.1 厂址选择

3.1.1 搅拌站（楼）新建、改建或扩建时，应向所在区（市）规划和建设主管部门提出相关申请和材料，并符合所在区域环境保护要求。具体选址时，宜注意自身对环境和交通可能造成的负面影响。

3.1.2 厂址选择时应考虑原材料及产品运输距离对成本的影响。减少运输过程的碳排放并降低运输成本。

3.2 厂区要求

3.2.1 绿色生产时应将厂区划分为办公区、生活区和生产区，应采用有效措施降低生产过程产生的噪声和粉尘对生活和办公活动的影响。其中设置围墙或声屏障，或种植乔木和灌木均可降低粉尘和噪声传播。利用绿化带来规范引导人员和车辆流动也是有效措施之一。

3.2.2 厂区道路硬化是控制道路扬尘的基本要求，也是保持环境卫生的重要手段。应根据厂区道路荷载要求，按照相关标准进行道路混凝土配合比设计及施工。

3.2.3 厂区内绿化除了保持生态平衡和保持环境作用外，还可以利用高大乔木类植物达到降低噪声和减少粉尘排放的目的。对不宜绿化的空地，应做好防尘措施。

3.2.4 生产废弃物包括混凝土生产过程中直接或间接产生的各种废弃物，对其分类存放、集中处理有利于提高其消纳利用率。

3.2.5 配备生产废水处置系统是实现生产废水有效利用的基本条件。实现雨污分流并建立雨水收集系统可以达到利用雨水以达到节水目的。从实际应用情况来看，当厂区设计排水沟系统时，生产废水处置系统和雨水收集系统可以合并使用，即雨水通过排水沟收集并进入生产废水处置系统，从而实现有效利用。

3.2.6 本条规定了预拌混凝土生产时在门前责任区内应承担的市容环境责任，即"一包"清扫保洁；"二包"秩序良好；"三包"设施、设备和绿地整洁等。

4 设 备 设 施

4.0.1 国家现行标准《混凝土搅拌站（楼）》GB/T 10171、《混凝土搅拌机》GB/T 9142 和《混凝土搅拌运输车》GB/T 26408 详细规定了混凝土搅拌机、运输车和搅拌站（楼）配套主机、供料系统、储料仓、配料装置、混凝土贮斗、电气系统、气路系统、液压系统、润滑系统、安全环保等技术要求。噪声和粉尘排放，以及碳排放与设备密切相关，因此绿色生产应优先采购技术先进、节能、绿色环保的各种设备。

4.0.2 生产性粉尘和噪声排放达到标准要求是搅拌站（楼）绿色生产主要控制目标，搅拌站（楼）可以采用开放式或整体封闭式生产方式，开放式生产必须采用加装吸尘装置、降低生产噪声等各种综合技术措施，要求均高。当开放式生产不能满足标准要求时，则应采用整体封闭式。

4.0.3 对粉料筒仓顶部、粉料贮料斗、搅拌机进料口安装除尘装置可以避免粉尘的外泄，滤芯等易损装置应定期保养或更换。胶凝材料粉尘收集后可作为矿物掺合料使用，通过管道和计量装置进入搅拌主机。当矿粉与粉煤灰共用收尘器时，收集后粉尘可作为粉煤灰计量并循环使用。

4.0.4 一般来说，搅拌站（楼）的搅拌层和称量层是生产性粉尘较多区域，因此对于开放或封闭搅拌站（楼）来说，均应配置水冲洗设施，及时清除粉尘并保持搅拌层和称量层卫生。当搅拌层和称量层地面存有油污时，应先清除油污，避免油污进入冲洗废水中。冲洗废水应进入生产废水处置系统实现循环利用。

4.0.5 可通过加长搅拌机下料软管等方式防止混凝土喷溅。对于喷溅混凝土应及时清除以保持卫生。保持装车层的地面和墙壁卫生是绿色生产的考核指标之一。

4.0.6 粉料仓是指存储水泥和矿物掺合料的各种筒仓，标识清楚方可避免材料误用。配备料位控制系统并进行定期维护有利于原材料管理。

4.0.7 建成封闭式骨料堆场的目的是控制骨料含水率稳定性，并减少生产性粉尘排放，对于绿色生产和控制混凝土质量均具有重要意义。因此，当不封闭骨料堆场也能达到上述目的时，预拌混凝土绿色生产可

采用其他灵活方式。

4.0.8 本条规定的技术措施主要是避免配料地仓和配料用皮带输送机造成的生产性粉尘外排。

4.0.9 采用布料机进行砂石装卸作业更有利于噪声控制，但是初次投入成本较高，后期用电成本较低。

4.0.10 利用废弃新拌混凝土成型小型构件可取得了较好的经济效益。利用砂石分离机可及时实现新拌混凝土的砂石分离，并循环利用。利用压滤机处置废浆也是常见技术手段。也可利用其他有效技术措施，实现废弃混凝土的循环利用。

4.0.11 绿色生产时应设计运输车清洗装置，并可以实现运输车辆的自动清洗，以达到车辆外观清洁卫生的目标，确保运输车出入厂区时外观清洁。冲洗用水可采用自来水或沉淀后的生产废水。当搅拌车表面存有油污时，应先清除油污，避免油污、草酸和洗涤剂等进入冲洗废水中，冲洗废水应进入生产废水处置系统实现循环利用。

4.0.12 利用实时监控系统有利于专业技术人员和管理人员全面掌握生产原材料进场、混凝土生产、混凝土出厂以及过程质量控制等信息，并能及时作出相关处理。

5 控 制 要 求

5.1 原 材 料

5.1.1 容易扬尘或遗洒的原材料在运输过程中应采用封闭或遮盖措施。声环境要求较高时，砂石装卸作业宜采用低噪声装载机。

5.1.2 预拌混凝土生产用粉料宜采用散装水泥等材料。使用袋装粉料不仅提高了生产成本、降低了生产效率，同时不利于控制混凝土质量和生产性粉尘排放。

5.1.3 对于掺加纤维等特殊材料时，通过专人负责计量方式可控制生产质量并提高管理水平。

5.2 生产废水和废浆

5.2.1 本条规定了生产废水处置设备设施的一般性构成，其主要包括排水沟、各种管道和沉淀池，其中排水沟系统不仅起到引导生产废水作用，还有助于保护良好的环境卫生。当生产废水和废浆用于制备混凝土时，还应包括均化装置和计量装置等。

5.2.2 利用压滤机处置生产废浆，将产生的废水回收利用，将压滤后的固体进行无害化处理也是有效的处置办法。利用压滤后的固体做道路地基材料或回填材料也是循环利用的有效途径之一。

5.2.3 本条规定了沉淀或压滤处理后的生产废水用作混凝土拌合用水时的质量要求及使用方法。

5.2.4 本条规定了废浆直接使用时的应用要求，包

括检测指标、检测频率、配合比设计及控制技术指标。废浆中含有胶凝材料和外加剂等组分，硬化及未硬化颗粒具有微填充作用，可以改善混凝土拌合物性能，因此可以计入胶凝材料总量之中。但是由于废浆中同样会存在一定量的泥，会对混凝土性能产生负面作用。所以废浆的实际用量必须经过试验来确定。

5.2.5 由于生产废水和废浆的碱含量较高，因此不得用于使用碱活性或潜在碱活性骨料的混凝土和高强混凝土。此外，使用生产废水和废浆对预应力混凝土、装饰混凝土和暴露于腐蚀环境的混凝土性能也有负面影响。

5.2.6 生产废水处置系统产生的生产废水，可完全用于循环冲洗或除尘，从而大幅提高节水效果，此时，生产废水不宜用作混凝土拌合用水，也不需要监测其水质变化。即，经沉淀或压滤处理的生产废水可直接用于硬化地面喷淋降尘，用于冲洗搅拌主机、装车层地面和冲洗装置。

5.3　废弃混凝土

5.3.1 利用废弃新拌混凝土成型小型预制构件是普遍采取的处理方式。预拌混凝土资质管理规定可生产"市政工程方砖、道牙、隔离墩、地面砖、花饰、植草砖等小型预制构件"。另外，采用砂石分离机对新拌混凝土处置，并及时对分离后的砂石进行清理和使用也是绿色生产的主要技术手段。传统砂石分离机分离的砂石在机身同一个侧面，容易形成混料。应安排专人对分离后的砂石及时清理，并分类使用。

5.3.2 自身配置简易破碎机对废弃硬化混凝土处置，在控制再生骨料质量的前提下，通过与天然骨料复配使用方式，可实现再生骨料的消纳并保证混凝土质量。利用各地区已有的建筑垃圾固体废弃物再生利用专业机构集中消纳利用废弃混凝土也是有效措施之一。不得直接用作垃圾填埋。

5.4　噪　声

5.4.1 现行国家标准《声环境质量标准》GB 3096和《工业企业厂界环境噪声排放标准》GB 12348均详细规定了噪声要求。对噪声进行有效控制并达到相关标准要求，是绿色生产核心内容之一。应根据厂界的声环境功能区类别以及厂区内不同区域要求，建立监测网络和制度，因地制宜地针对厂区内不同区域进行差异性控制，最终达到整体、有效控制噪声的目的。

5.4.2 本规程等同采用现行国家标准《声环境质量标准》GB 3096规定的声环境功能区类别及环境噪声限值。

5.4.3 环境噪声限值不符合本规程规定时，对搅拌主机等主要设备进行降噪隔声处理是有效技术措施。

5.4.4 混凝土站（楼）临近居民区且环境噪声限值

不符合本规程规定的情况，应采取安装隔声装置的措施。

5.5　生产性粉尘

5.5.1 现行国家标准《环境空气质量标准》GB 3095和《水泥工业大气污染物排放标准》GB 4915均详细规定了粉尘排放要求。对生产性粉尘进行有效控制并达到相关标准要求，也是绿色生产核心内容之一。应根据厂界和厂区的环境空气功能区类别，建立监测网络和制度，因地制宜地针对厂区内不同粉尘来源进行差异性控制，最终达到整体、有效控制生产性粉尘的目的。

5.5.2 对于生产性粉尘控制而言，现行国家标准《水泥工业大气污染物排放标准》GB 4915规定混凝土企业的厂界无组织排放总悬浮颗粒物的1h平均浓度不应大于$500\mu g/m^3$，而现行国家标准《环境空气质量标准》GB 3095规定控制项目包括总悬浮颗粒物、可吸入颗粒物和细颗粒物，且控制技术指标更严格。考虑我国混凝土行业整体技术水平和混凝土生产特点可知，利用《环境空气质量标准》GB 3095控制混凝土绿色生产要求偏严，而利用《水泥工业大气污染物排放标准》GB 4915控制则要求偏松。因此，为确保混凝土绿色生产满足生产和环保要求，本规程分别提出厂界和厂区内粉尘控制指标，且厂界控制项目包括总悬浮颗粒物、可吸入颗粒物和细颗粒物。此外，监测浓度规定为1h颗粒物平均浓度，限制并可避免某时间粉尘集中排放现象的产生，浓度限值修改为平均浓度差值则合理降低了控制指标，避免上风口监测的大气污染物对混凝土生产性粉尘排放的干扰。本条根据搅拌站（楼）厂界环境空气功能区类别划分，给出环境空气污染物中的总悬浮颗粒物、可吸入颗粒物和细颗粒物的浓度控制指标，即厂界平均浓度差值。该指标系指在厂界处测试1h颗粒物平均浓度与当地发布的当日24h颗粒物平均浓度的差值。本条同时给出当地不发布当日24h颗粒物平均浓度或发布数据不符合混凝土站（楼）所处实际环境时的空气质量控制指标。

5.5.3 现行国家标准《水泥工业大气污染物排放标准》GB 4915没有规定厂区内无组织排放总悬浮颗粒物的1h平均浓度限值。一般而言，搅拌站（楼）粉尘排放最严重区域为计量层和搅拌层，因此本规程规定其1h平均浓度限值不应大于$1000\mu g/m^3$。骨料堆场也是粉尘排放的重点区域，但是通过骨料预湿或喷淋方法可以有效降低粉尘排放，因此规定其不应大于$800\mu g/m^3$。操作间和办公区和生活区是人员密集区，不应大于$400\mu g/m^3$，以保证身体健康。通过控制厂区内总悬浮颗粒物浓度限值，确保厂界生产性粉尘排放浓度限值达到本规程规定。

5.5.4 本条针对生产粉尘排放不符合本规程规定的

情况，提出控制粉尘排放的具体技术措施。

5.6 运 输 管 理

5.6.1 车辆尾气显著影响空气质量。运输车污染物排放应满足各地要求。对车辆定期保养有利于延长车辆寿命和保证交通安全。

5.6.2 原材料和产品运输过程清洁卫生，也是绿色生产的重要内容。

5.6.3 本条主要规定车辆运输管理要求，提高车辆利用率并节能减排。中国建设的北斗卫星导航系统BDS可提供开放服务和授权服务（属于第二代系统）两种服务方式。目前"北斗"终端价格已经趋于全球定位系统GPS终端价格。采用BDS或GPS可避免交通拥挤，降低运输成本。

5.6.4 利用生产废水循环冲洗运输车辆有利于节水。将冲洗运输车产生的废水进行回收利用时，应避免混入油污。

5.7 职业健康安全

5.7.1 职业健康和安全生产是绿色生产的基石。现行国家标准《职业健康安全管理体系　要求》GB/T 28001对职业健康和安全生产管理提出具体要求。在噪声、粉尘污染较重的场所从业人员应通过佩戴防护器具，保护身体健康。而定期进行体检可及时了解长久面临粉尘和噪声的从业人员的身体健康情况，并体现人文关怀。

5.7.2 对生产区的危险设备和地段设置安全标志，可提高安全生产水平。

6 监 测 控 制

6.0.1 预拌混凝土绿色生产时可利用自我检测结果加强内部控制，可利用第三方监测结果进行绿色生产等级评价。二星级及以上绿色生产等级应具备生产性粉尘和噪声自我监测能力。未达到绿色生产等级或一星级绿色生产等级也可委托法定检测机构监测来替代自我监测。应当强调的是，生产废水和废浆用于制备混凝土时，方需要进行监测。生产废水完全循环用于路面除尘、生产和运输设备清洗时，则不需要监测。废浆不用于制备混凝土时，也不需要监测，但是其作为固体废弃物被处置时，必须有处置记录。由于混凝土生产规模的不同，会影响生产废水、废浆、生产性粉尘和噪声的指标，一般来说，连续生产时粉尘和噪声指标会偏高。因此，监测时间应选择满负荷生产期。预拌混凝土绿色生产的废弃物监测控制方案应包括监测对象、控制目标、监测方法、监测结果记录和应急预案等内容。

6.0.2 本条规定了生产废水的检测方法，以及废浆的固体颗粒含量检测方法。

6.0.3 本条针对噪声提出具体的测点分布和监测方法。当第三方检测机构出具噪声检测报告时，应注明当天混凝土实际生产量和气象条件。

6.0.4 针对生产性粉尘提出具体的测点分布和监测方法。当第三方检测机构出具粉尘检测报告时，应注明当天混凝土实际生产量和气象条件。

6.0.5 本条规定了除尘、降噪和废水处理环保设施的日常管理。

7 绿色生产评价

7.0.1 本条规定了预拌混凝土绿色生产评价指标体系组成，即由厂址选择和厂区要求、设备设施、控制要求和监测控制四类指标组成。控制项应为绿色生产的必备条件，一般项为划分绿色生产等级的可选条件。一般项的单项可不合格。

7.0.2 本条规定了绿色生产评价等级划分，及其对应不同评价指标的控制项、一般项和分值规定，用以评价和表征不同混凝土企业的绿色生产及管理技术水平。

7.0.3 本条规定了一星级绿色生产的评价标准，一星级绿色生产是绿色生产的初级，重点关注设备设施的硬件要求以及关键控制技术。

7.0.4 本条规定了二星级绿色生产的评价标准。混凝土绿色生产达到二星级绿色生产等级时，应完全满足绿色生产所需设备设施要求，并显著提升废弃物利用、厂界噪声和厂区内总悬浮颗粒物控制水平。含职工宿舍的生活区和含食堂的办公区噪声不宜过高，以保障职工生活舒适性和身心健康。因此，本规程参照现行国家标准《声环境质量标准》GB 3096给出了生活区和办公区的噪声控制要求。二星级绿色生产累计评价总分是指按本规程附录A表A得到的评价总分与按本规程附录B表B得到的评价总分之和。

7.0.5 本条规定了三星级绿色生产的具体要求。混凝土绿色生产达到三星级绿色生产等级时，同样应完全满足设备设施要求，并具有更高绿色生产水平。具体表现为：混凝土生产过程的厂界和厂区噪声、粉尘排放均能得到有效控制，并与周边环境和谐共处；生产过程产生的生产废水、废浆和废弃混凝土100%回收利用或消纳。三星级绿色生产累计评价总分是指按本规程附录A表A得到的评价总分、按本规程附录B表B得到的评价总分和按本规程附录C表C得到的评价总分三者之和。

附录A　绿色生产评价通用要求

绿色生产评价通用要求包括厂址选择和厂区要求、设备设施、控制要求和监测控制四类指标，突出设备设施和关键控制技术指标，共包括 5 个控制项和 25 个一般项。本规程针对不同绿色生产评价等级，提出了不同评分要求，用以表征不同混凝土企业的绿色生产及管理技术水平。绿色生产评价达到二星级和三星级等级时，必须具备通用要求所规定的设备设施，即设备设施评价应得满分。

附录 B 二星级及以上绿色生产评价专项要求

二星级绿色生产等级代表预拌混凝土绿色生产及管理更高水平。申请二星级绿色生产评价时，应完全满足设备设施要求，具有较高的废弃物利用、噪声和生产性粉尘控制水平，并可通过环境管理体系认证和质量管理体系认证。因此，二星级及以上绿色生产评价专项要求重点针对上述内容提出详细要求，共包括 3 个控制项和 5 个一般项。此外，申请三星级绿色生产评价时，应基本满足二星级及以上绿色生产评价专项要求。

附录 C 三星级绿色生产评价专项要求

三星级绿色生产等级代表预拌混凝土绿色生产及管理最高水平。申请三星级绿色生产评价时，同样应完全满足设备设施要求，具有更高的废弃物利用、噪声和生产性粉尘控制水平，并可通过职业健康安全管理体系认证。因此，三星级绿色生产评价专项要求重点针对上述内容提出详细要求，共包括 3 个控制项和 3 个一般项。